齿 轮 便 查 手 册

《齿轮便查手册》编委会　编

机 械 工 业 出 版 社

本手册是在总结各类齿轮书籍的基础上编撰的，本书中所涉及的标准尽可能采用现行最新标准，各类数表尽可能采用编程制作，保证了数据的准确度，各类引用资料均取自成熟、实用性较高的文献。

本手册中涵盖了齿轮设计及加工基础性内容、常见齿轮加工工艺要点、齿轮加工中常用工艺数据等内容，以数据、公式、图表、简要说明和实用价值的案例为主要特色。本手册共分为4章，第1章主要内容为常用基础资料汇总；第2章主要内容包括齿轮的几何计算方法、常用参数速查表格等；第3章主要包括滚、插、磨等渐开线圆柱齿轮齿形加工，锥齿轮的刨齿及铣齿加工，刀具机床调整等内容；第4章内容为机械式齿轮机床加工中经常需要使用的比值挂轮。手册中也采纳了不少企业工程技术人员和工人的实践经验，具有较好的实用价值。

本手册可供工矿企业技术人员、齿轮工和大专院校、技工学校师生参考。

图书在版编目（CIP）数据

齿轮便查手册/《齿轮便查手册》编委会编．—北京：机械工业出版社，2013.3

ISBN 978-7-111-40876-5

Ⅰ.①齿…　Ⅱ.①齿…　Ⅲ.①齿轮加工－技术手册　Ⅳ.①TG61-62

中国版本图书馆CIP数据核字（2012）第301189号

机械工业出版社（北京市百万庄大街22号　邮政编码100037）
策划编辑：沈　红　责任编辑：沈　红　高依楠
版式设计：霍永明　责任校对：张　媛
封面设计：陈　沛　责任印制：邓　博
北京机工印刷厂印刷（三河市南杨庄国丰装订厂装订）
2013年3月第1版第1次印刷
184mm×260mm · 60印张 · 1725千字
0 001—3 000册
标准书号：ISBN 978-7-111-40876-5
定价：188.00元

凡购本书，如有缺页、倒页、脱页，由本社发行部调换
电话服务
社服务中心：（010）88361066
销售一部：（010）68326294
销售二部：（010）88379649
读者购书热线：（010）88379203
策划编辑：（010）88379778
网络服务
教材网：http://www.cmpedu.com
机工官网：http://www.cmpbook.com
机工官博：http://weibo.com/cmp1952
封面无防伪标均为盗版

编　委　会

编审人员

章次	编写	审校
前言	韩翠蝉（中信重工机械股份有限公司）	王长路（郑州机械研究所）
		瞿　铁（中信重工机械股份有限公司）
第1章	陶定新（中信重工机械股份有限公司）	戚天明（中信重工机械股份有限公司）
	张宇伟（河南工程学院）	瞿　铁（中信重工机械股份有限公司）
	韩翠蝉	武文辉（中信重工机械股份有限公司）
	崔文斌（中信重工机械股份有限公司）	张帮栋（中信重工机械股份有限公司）
	赵　刚（中信重工机械股份有限公司）	
	张　磊（中信重工机械股份有限公司）	
	马洪磊（中信重工机械股份有限公司）	
	刘正魁（中信重工机械股份有限公司）	
	杨鸣放（中实洛阳重型机械有限公司）	
第2章	武文辉	王长路
	张宇伟（河南工程学院）	黄新华（中信重工机械股份有限公司）
	韩翠蝉	张元国（郑州机械研究所）
	俞国栋（一拖集团）	邓效忠（河南科技大学）
	刘发强（洛阳中齿传动有限公司）	张帮栋
	马超（洛阳中齿传动有限公司）	
	李伟志（洛阳鸿拓重型齿轮箱有限公司）	
	袁海洋（中信重工机械股份有限公司）	
	李铁峰（中信重工机械股份有限公司）	
	林晓晖（中信重工机械股份有限公司）	
	马淑萍（中信重工机械股份有限公司）	
	张　磊（中信重工机械股份有限公司）	
	刘瑞莉（中信重工机械股份有限公司）	
	杨鸣放	
第3章	俞国栋	张元国（郑州机械研究所）
	武文辉	崔学连（中信重工机械股份有限公司）
	张宇伟（河南工程学院）	赵天亮（中信重工机械股份有限公司）
	吴志强（德昌电机（深圳）有限公司）	韩翠蝉
	刘发强	邓效忠
	杨春兵（中信重工机械股份有限公司）	陶定新

	李永昌（中信重工机械股份有限公司）	郭千世（中信重工机械股份有限公司）
	魏冰阳（河南科技大学）	
	张　展（上海水工机械厂）	
	张　雁（中信重工机械股份有限公司）	
	闫建慧（中信重工机械股份有限公司）	
	刘　成（中信重工机械股份有限公司）	
	马　涛（中信重工机械股份有限公司）	
第4章	武文辉	亢再章（中信重工机械股份有限公司）
	张宇伟（河南工程学院）	刘发强
	张帮栋	李国锋（中信重工机械股份有限公司）
	刘发强	杨春兵（中信重工机械股份有限公司）
	张志勇（中信重工机械股份有限公司）	
	牛艳芳（中信重工机械股份有限公司）	
	姬朝阳（中信重工机械股份有限公司）	
	李卫军（中信重工机械股份有限公司）	
	亢志强（中信重工机械股份有限公司）	
附　录	武文辉	亢再章（中信重工机械股份有限公司）
	刘　成（中信重工机械股份有限公司）	韩翠蝉

前　　言

目前，世界机械工业发展飞速，而我国正在从机械大国向机械制造强国转移。我们多年在基层工厂的工程技术人员了解到近几年国有企业从国外引进不少设备，其中最难解决的是齿轮制造技术问题，民营企业更是设备奇缺、技术人员稀少。齿轮技术是机械设备的关键技术，它的设计、制造、使用都十分重要。为了给现场的工艺人员、工人、技师解决问题提供帮助，提高工作效率，我们在现场调研的基础上组织编写了本手册。

本手册以现行国内外最新标准为依据，以图表、公式的形式给出了各种计算和查表的准确数据。本手册主要内容是基础资料、渐开线齿轮的几何计算、圆弧齿轮的几何计算、锥齿轮的几何计算、蜗轮蜗杆的几何计算、简易的检测方法、几种常用的齿轮加工方法以及提高加工精度、解决加工过程中故障的办法。本手册有较大篇幅的齿轮挂轮速查表，这样既给工矿企业带来方便又提高生产效率。

本手册的出版缘于一位多年在集体企业从事齿轮加工的俞国栋师傅编写的《齿轮加工计算速查汇表》投稿。由于该稿离正式出版物要求相差相当距离，因此机械工业出版社在充分肯定俞国栋师傅工作成果的基础上，委托中信重工齿轮行业的学科带头人团队，为本手册的编写付出辛勤劳动。本手册主编之一张帮栋高级工程师是齿轮刀具全国技术革新能手，且始终工作在工业生产第一线，实际经验丰富，一直为本手册的编写出谋划策。刘发强工程硕士也为本手册的编写提供了很多帮助。还有没有署名的专家和学者及编委会专家同仁都对本手册的编写提供了大力支持和帮助，在此致以诚挚的感谢。

由于本手册编写过程特殊，且时间有限，错漏在所难免，敬请广大读者批评指正。

目　　录

第1章　常用基础资料汇总

1.1　常用资料

1.1.1　常用材料密度（表1-1）

表1-1　常用材料的密度　　（单位：g/cm^3）

材料名称	密度	材料名称	密度	材料名称	密度
碳钢	7.81～7.85	铅	11.37	酚醛层压板	1.3～1.45
铸钢	7.8	锡	7.29	尼龙6	1.13～1.14
高速钢[w(W)=9%]	8.3	金	19.32	尼龙66	1.14～1.15
高速钢[w(W)=18%]	8.7	银	10.5	尼龙1010	1.04～1.06
合金钢	7.9	汞	13.55	橡胶夹布传动带	0.3～1.2
镍铬钢	7.9	镁合金	1.74	木材	0.4～0.75
灰铸铁	7.0	硅钢片	7.55～7.8	石灰石	2.4～2.6
白口铸铁	7.55	锡基轴承合金	7.34～7.75	花岗石	2.6～3.0
可锻铸铁	7.3	铅基轴承合金	9.33～10.67	砌砖	1.9～2.3
纯铜	8.9	硬质合金(钨钴)	14.4～14.9	混凝土	1.8～2.45
黄铜	8.4～8.85	硬质合金(钨钴钛)	9.5～12.4	生石灰	1.1
铸造黄铜	8.62	胶木板、纤维板	1.3～1.4	熟石灰、水泥	1.2
锡青铜	8.7～8.9	纯橡胶	0.93	粘土耐火砖	2.10
无锡青铜	7.5～8.2	皮革	0.4～1.2	硅质耐火砖	1.8～1.9
轧制磷青铜、冷拉青铜	8.8	聚氯乙烯	1.35～1.40	镁质耐火砖	2.6
工业用铝、铝镍合金	2.7	聚苯乙烯	0.91	镁铬质耐火砖	2.8
可铸铝合金	2.7	有机玻璃	1.18～1.19	高铬质耐火砖	2.2～2.5
镍	8.9	无填料的电木	1.2	碳化硅	3.10
轧锌	7.1	赛璐珞	1.4		

1.1.2　常用材料弹性模量、切变模量与泊松比（表1-2）

表1-2　常用材料弹性模量、切变模量与泊松比

名称	弹性模量 E/GPa	切变模量 G/GPa	泊松比 μ	名称	弹性模量 E/GPa	切变模量 G/GPa	泊松比 μ
灰铸铁	118～126	44.3	0.3	轧制锌	82	31.4	0.27
球墨铸铁	173		0.3	铅	16	6.8	0.42
碳钢、镍铬钢	206	79.4	0.3	玻璃	55	1.96	0.25
合金钢	206	79.4	0.3	有机玻璃	2.35～29.42		
铸钢	202		0.3	橡胶	0.0078		0.47
轧制纯铜	108	39.2	0.31～0.34	电木	1.96～2.91	0.69～2.06	0.35～0.38
冷拔纯铜	127	48.0		夹布酚醛塑料	3.92～8.83		
轧制磷锡青铜	113	41.2	0.32～0.35	赛璐珞	1.71～1.89	0.69～0.98	0.4
冷拔黄铜	89～97	34.3～36.3	0.32～0.42	尼龙1010	0.07		
轧制锰青铜	108	39.2	0.35	硬聚氯乙烯	3.11～3.92		0.34～0.35
轧制铝	68	25.3～26.5	0.32～0.36	聚四氟乙烯	1.14～1.42		
拔制铝线	69			低压聚乙烯	0.54～0.75		
铸铝青铜	103	41.1	0.3	高压聚乙烯	0.147～0.245		
铸锡青铜	103		0.3	混凝土	13.73～39.2	4.9～15.69	0.1～0.18
硬铝合金	70	26.5	0.3				

1.1.3　常用材料线膨胀系数（表 1-3）

表 1-3　常用材料线膨胀系数 α_t　　　（单位：$\times10^{-6}$/℃）

材料	温度范围/℃								
	20	20～100	20～200	20～300	20～400	20～600	20～700	20～900	70～1000
工程用铜		16.6～17.1	17.1～17.2	17.6	18～18.1	18.6			
黄铜		17.8	18.8	20.9					
青铜		17.6	17.9	18.2					
铸铝合金	18.41～24.5								
铝合金		22.0～24.0	23.4～24.8	24.0～25.9					
碳钢		10.6～12.2	11.3～13	12.1～13.5	12.9～13.9	13.5～14.3	14.7～15		
铬钢		11.2	11.8	12.4	13	13.6			
30Cr13		10.2	11.1	11.6	11.9	12.3	12.8		
12Cr18Ni9Ti		16.6	17	17.2	17.5	17.9	18.6	19.3	
铸铁		8.7～11.1	8.5～11.6	10.1～12.1	11.5～12.7	12.9～13.2			
镍铬合金		14.5							17.6
砖	9.5								
水泥、混凝土	10～14								
胶木、硬橡皮	64～77								
玻璃		4～11.5							
赛璐珞		100							
有机玻璃		130							

1.2　三角及渐开线函数计算

1.2.1　常用三角函数基本计算公式

1. 三角函数间的关系

$$\sin^2\alpha + \cos^2\alpha = 1$$

$$\sec^2\alpha - \tan^2\alpha = 1$$

$$\csc^2\alpha - \cot^2\alpha = 1$$

$$\tan\alpha = \frac{\sin\alpha}{\cos\alpha}$$

$$\cot\alpha = \frac{\cos\alpha}{\sin\alpha}$$

$$\tan\alpha = \frac{1}{\cot\alpha}$$

$$\sec\alpha = \frac{1}{\cos\alpha}$$

$$\csc\alpha = \frac{1}{\sin\alpha}$$

2. 和差角公式

$$\sin(\alpha \pm \beta) = \sin\alpha\cos\beta \pm \cos\alpha\sin\beta$$

$$\cos(\alpha \pm \beta) = \cos\alpha\cos\beta \mp \sin\alpha\sin\beta$$

$$\tan(\alpha \pm \beta) = \frac{\tan\alpha \pm \tan\beta}{1 \mp \tan\alpha\tan\beta}$$

$$\cot(\alpha \pm \beta) = \frac{\cot\alpha\cot\beta \mp 1}{\cot\beta \pm \cot\alpha}$$

1.2.2　三角函数表(表 1-4)

表 1-4　三角函数表

$x=0°$	$\sin x$	$\cos x$	$\tan x$	$\cot x$	$1/\cos x$	$1/\sin x$
0′	0	1	0	∞	1	∞
5′	0.0014544	0.9999989	0.0014544	687.5489	1.000001	687.5496
10′	0.0029089	0.9999958	0.0029089	343.7737	1.000004	343.7752
15′	0.0043633	0.9999905	0.0043634	229.1817	1.00001	229.1839
20′	0.0058177	0.9999831	0.0058178	171.8854	1.000017	171.8883
25′	0.0072721	0.9999736	0.0072723	137.5074	1.000026	137.5111
30′	0.0087265	0.9999619	0.0087269	114.5887	1.000038	114.593
35′	0.0101809	0.9999482	0.0101814	98.21794	1.000052	98.22304
40′	0.0116353	0.9999323	0.0116361	85.9398	1.000068	85.94561
45′	0.0130896	0.9999143	0.0130907	76.39001	1.000086	76.39655
50′	0.0145439	0.9998942	0.0145454	68.75008	1.000106	68.75736
55′	0.0159982	0.999872	0.0160002	62.49915	1.000128	62.50715
$x=1°$	$\sin x$	$\cos x$	$\tan x$	$\cot x$	$1/\cos x$	$1/\sin x$
0′	0.0174524	0.9998477	0.0174551	57.28996	1.000152	57.29869
5′	0.0189066	0.9998213	0.01891	52.88211	1.000179	52.89156
10′	0.0203608	0.9997927	0.020365	49.10388	1.000207	49.11406
15′	0.0218149	0.999762	0.0218201	45.82935	1.000238	45.84026
20′	0.023269	0.9997292	0.0232753	42.96408	1.000271	42.97572
25′	0.024723	0.9996943	0.0247305	40.43584	1.000306	40.4482
30′	0.0261769	0.9996573	0.0261859	38.18846	1.000343	38.20155
35′	0.0276309	0.9996182	0.0276414	36.1776	1.000382	36.19141
40′	0.0290847	0.999577	0.029097	34.36777	1.000423	34.38232
45′	0.0305385	0.9995336	0.0305528	32.73026	1.000467	32.74554
50′	0.0319922	0.9994881	0.0320086	31.24158	1.000512	31.25758
55′	0.0334459	0.9994405	0.0334646	29.8823	1.00056	29.89903
$x=2°$	$\sin x$	$\cos x$	$\tan x$	$\cot x$	$1/\cos x$	$1/\sin x$
0′	0.0348995	0.9993908	0.0349208	28.63625	1.00061	28.65371
5′	0.036353	0.999339	0.0363771	27.48985	1.000661	27.50803
10′	0.0378065	0.9992851	0.0378335	26.4316	1.000715	26.45051
15′	0.0392598	0.999229	0.0392901	25.4517	1.000772	25.47134
20′	0.0407131	0.9991709	0.0407469	24.54176	1.00083	24.56212
25′	0.0421663	0.9991106	0.0422038	23.69454	1.00089	23.71563
30′	0.0436194	0.9990482	0.0436609	22.90377	1.000953	22.92559
35′	0.0450724	0.9989837	0.0451183	22.16398	1.001017	22.18653
40′	0.0465253	0.9989171	0.0465757	21.4704	1.001084	21.49368
45′	0.0479781	0.9988484	0.0480334	20.81883	1.001153	20.84283
50′	0.0494308	0.9987775	0.0494913	20.20555	1.001224	20.23029
55′	0.0508835	0.9987046	0.0509495	19.6273	1.001297	19.65275

（续）

x = 3°	sinx	cosx	tanx	cotx	1/cosx	1/sinx
0′	0.052336	0.9986295	0.0524078	19.08114	1.001372	19.10732
5′	0.0537884	0.9985524	0.0538663	18.56447	1.00145	18.59139
10′	0.0552406	0.9984731	0.0553251	18.07498	1.001529	18.10262
15′	0.0566928	0.9983917	0.0567841	17.61056	1.001611	17.63893
20′	0.0581448	0.9983082	0.0582434	17.16934	1.001695	17.19843
25′	0.0595967	0.9982225	0.0597029	16.74961	1.001781	16.77944
30′	0.0610485	0.9981348	0.0611626	16.34986	1.001869	16.38041
35′	0.0625002	0.998045	0.0626226	15.96867	1.001959	15.99995
40′	0.0639517	0.997953	0.0640829	15.60478	1.002051	15.63679
45′	0.0654031	0.9978589	0.0655435	15.25705	1.002146	15.28979
50′	0.0668544	0.9977627	0.0670043	14.92442	1.002242	14.95788
55′	0.0683055	0.9976645	0.0684654	14.60592	1.002341	14.64011
x = 4°	sinx	cosx	tanx	cotx	1/cosx	1/sinx
0′	0.0697565	0.9975641	0.0699268	14.30067	1.002442	14.33559
5′	0.0712073	0.9974615	0.0713885	14.00786	1.002545	14.0435
10′	0.072658	0.9973569	0.0728505	13.72674	1.00265	13.76311
15′	0.0741085	0.9972502	0.0743128	13.45663	1.002757	13.49373
20′	0.0755589	0.9971413	0.0757755	13.19688	1.002867	13.23472
25′	0.0770091	0.9970304	0.0772384	12.94692	1.002978	12.98549
30′	0.0784591	0.9969173	0.0787017	12.7062	1.003092	12.74549
35′	0.079909	0.9968022	0.0801653	12.47422	1.003208	12.51424
40′	0.0813587	0.9966849	0.0816293	12.25051	1.003326	12.29125
45′	0.0828082	0.9965655	0.0830936	12.03462	1.003446	12.0761
50′	0.0842576	0.996444	0.0845583	11.82617	1.003569	11.86837
55′	0.0857067	0.9963204	0.0860233	11.62476	1.003693	11.66769
x = 5°	sinx	cosx	tanx	cotx	1/cosx	1/sinx
0′	0.0871557	0.9961947	0.0874887	11.43005	1.00382	11.47371
5′	0.0886046	0.9960669	0.0889544	11.24171	1.003949	11.2861
10′	0.0900532	0.995937	0.0904206	11.05943	1.00408	11.10455
15′	0.0915016	0.9958049	0.0918871	10.88292	1.004213	10.92877
20′	0.0929499	0.9956708	0.093354	10.71191	1.004348	10.75849
25′	0.0943979	0.9955345	0.0948213	10.54615	1.004485	10.59346
30′	0.0958458	0.9953962	0.096289	10.3854	1.004625	10.43343
35′	0.0972934	0.9952557	0.0977572	10.22943	1.004767	10.27819
40′	0.0987408	0.9951132	0.0992257	10.07803	1.004911	10.12752
45′	0.1001881	0.9949685	0.1006947	9.931009	1.005057	9.98123
50′	0.1016351	0.9948217	0.1021641	9.788174	1.005205	9.839123
55′	0.1030819	0.9946729	0.1036339	9.649348	1.005356	9.701027

（续）

$x=6°$	$\sin x$	$\cos x$	$\tan x$	$\cot x$	$1/\cos x$	$1/\sin x$
0′	0.1045285	0.9945219	0.1051042	9.514364	1.005508	9.566772
5′	0.1059748	0.9943688	0.106575	9.383066	1.005663	9.436203
10′	0.107421	0.9942136	0.1080462	9.255303	1.00582	9.30917
15′	0.1088669	0.9940563	0.1095178	9.130935	1.005979	9.185531
20′	0.1103126	0.9938969	0.1109899	9.009826	1.00614	9.065151
25′	0.111758	0.9937355	0.1124625	8.89185	1.006304	8.947905
30′	0.1132032	0.9935719	0.1139356	8.776887	1.00647	8.833671
35′	0.1146482	0.9934062	0.1154092	8.664823	1.006638	8.722336
40′	0.1160929	0.9932384	0.1168832	8.555547	1.006808	8.61379
45′	0.1175374	0.9930685	0.1183578	8.448957	1.00698	8.50793
50′	0.1189816	0.9928965	0.1198329	8.344955	1.007154	8.404658
55′	0.1204256	0.9927224	0.1213085	8.243448	1.007331	8.303882

$x=7°$	$\sin x$	$\cos x$	$\tan x$	$\cot x$	$1/\cos x$	$1/\sin x$
0′	0.1218693	0.9925462	0.1227846	8.144346	1.00751	8.205509
5′	0.1233128	0.9923678	0.1242612	8.047565	1.007691	8.109457
10′	0.124756	0.9921874	0.1257384	7.953022	1.007874	8.015645
15′	0.126199	0.9920049	0.1272161	7.860642	1.00806	7.923995
20′	0.1276416	0.9918204	0.1286943	7.77035	1.008247	7.834434
25′	0.1290841	0.9916337	0.1301731	7.682077	1.008437	7.74689
30′	0.1305262	0.9914449	0.1316525	7.595754	1.008629	7.661297
35′	0.1319681	0.991254	0.1331324	7.511317	1.008823	7.577591
40′	0.1334096	0.991061	0.1346129	7.428706	1.00902	7.49571
45′	0.1348509	0.9908659	0.136094	7.347861	1.009218	7.415596
50′	0.1362919	0.9906687	0.1375757	7.268726	1.009419	7.337191
55′	0.1377327	0.9904694	0.139058	7.191246	1.009622	7.260442

$x=8°$	$\sin x$	$\cos x$	$\tan x$	$\cot x$	$1/\cos x$	$1/\sin x$
0′	0.1391731	0.9902681	0.1405408	7.11537	1.009828	7.185297
5′	0.1406132	0.9900646	0.1420243	7.041048	1.010035	7.111706
10′	0.1420531	0.989859	0.1435084	6.968234	1.010245	7.039622
15′	0.1434926	0.9896514	0.1449931	6.89688	1.010457	6.968999
20′	0.1449319	0.9894416	0.1464784	6.826943	1.010671	6.899794
25′	0.1463708	0.9892298	0.1479644	6.758383	1.010888	6.831964
30′	0.1478094	0.9890159	0.149451	6.691156	1.011106	6.765469
35′	0.1492477	0.9887998	0.1509382	6.625226	1.011327	6.70027
40′	0.1506857	0.9885817	0.1524262	6.560554	1.01155	6.636329
45′	0.1521234	0.9883615	0.1539147	6.497104	1.011775	6.573611
50′	0.1535607	0.9881392	0.155404	6.434843	1.012003	6.512081
55′	0.1549978	0.9879148	0.1568939	6.373736	1.012233	6.451706

（续）

x = 9°	sinx	cosx	tanx	cotx	1/cosx	1/sinx
0′	0. 1564345	0. 9876883	0. 1583844	6. 313751	1. 012465	6. 392453
5′	0. 1578708	0. 9874598	0. 1598757	6. 254858	1. 012699	6. 334292
10′	0. 1593069	0. 9872291	0. 1613677	6. 197028	1. 012936	6. 277193
15′	0. 1607426	0. 9869964	0. 1628604	6. 14023	1. 013175	6. 221127
20′	0. 1621779	0. 9867615	0. 1643537	6. 084438	1. 013416	6. 166067
25′	0. 1636129	0. 9865246	0. 1658478	6. 029625	1. 013659	6. 111986
30′	0. 1650476	0. 9862856	0. 1673426	5. 975764	1. 013905	6. 058858
35′	0. 1664819	0. 9860445	0. 1688381	5. 922832	1. 014153	6. 006658
40′	0. 1679159	0. 9858013	0. 1703344	5. 870804	1. 014403	5. 955362
45′	0. 1693495	0. 9855561	0. 1718314	5. 819657	1. 014656	5. 904948
50′	0. 1707828	0. 9853087	0. 1733292	5. 769369	1. 01491	5. 855392
55′	0. 1722157	0. 9850593	0. 1748277	5. 719917	1. 015167	5. 806673

x = 10°	sinx	cosx	tanx	cotx	1/cosx	1/sinx
0′	0. 1736482	0. 9848078	0. 176327	5. 671281	1. 015427	5. 75877
5′	0. 1750803	0. 9845541	0. 177827	5. 623442	1. 015688	5. 711663
10′	0. 1765121	0. 9842985	0. 1793279	5. 576378	1. 015952	5. 665333
15′	0. 1779436	0. 9840407	0. 1808295	5. 530072	1. 016218	5. 61976
20′	0. 1793746	0. 9837808	0. 1823319	5. 484505	1. 016487	5. 574925
25′	0. 1808053	0. 9835189	0. 1838351	5. 439659	1. 016757	5. 530813
30′	0. 1822355	0. 9832549	0. 1853391	5. 395517	1. 01703	5. 487404
35′	0. 1836654	0. 9829888	0. 1868439	5. 352062	1. 017306	5. 444683
40′	0. 1850949	0. 9827206	0. 1883495	5. 309279	1. 017583	5. 402633
45′	0. 186524	0. 9824504	0. 1898559	5. 267151	1. 017863	5. 361239
50′	0. 1879528	0. 9821781	0. 1913632	5. 225664	1. 018145	5. 320486
55′	0. 1893811	0. 9819037	0. 1928714	5. 184803	1. 01843	5. 280358

x = 11°	sinx	cosx	tanx	cotx	1/cosx	1/sinx
0′	0. 190809	0. 9816272	0. 1943803	5. 144554	1. 018717	5. 240843
5′	0. 1922365	0. 9813486	0. 1958901	5. 104902	1. 019006	5. 201925
10′	0. 1936636	0. 981068	0. 1974008	5. 065835	1. 019297	5. 163592
15′	0. 1950903	0. 9807853	0. 1989124	5. 027339	1. 019591	5. 12583
20′	0. 1965166	0. 9805005	0. 2004248	4. 989402	1. 019887	5. 088628
25′	0. 1979425	0. 9802136	0. 2019381	4. 952012	1. 020186	5. 051972
30′	0. 1993679	0. 9799247	0. 2034523	4. 915157	1. 020487	5. 015851
35′	0. 200793	0. 9796337	0. 2049674	4. 878825	1. 02079	4. 980254
40′	0. 2022176	0. 9793406	0. 2064834	4. 843004	1. 021095	4. 945168
45′	0. 2036418	0. 9790455	0. 2080003	4. 807685	1. 021403	4. 910584
50′	0. 2050655	0. 9787482	0. 2095181	4. 772856	1. 021713	4. 87649
55′	0. 2064888	0. 978449	0. 2110369	4. 738508	1. 022026	4. 842877

（续）

$x=12°$	$\sin x$	$\cos x$	$\tan x$	$\cot x$	$1/\cos x$	$1/\sin x$
0′	0.2079117	0.9781476	0.2125566	4.70463	1.022341	4.809734
5′	0.2093341	0.9778442	0.2140772	4.671212	1.022658	4.777052
10′	0.2107561	0.9775387	0.2155988	4.638246	1.022977	4.744821
15′	0.2121777	0.9772311	0.2171213	4.605721	1.023299	4.713031
20′	0.2135988	0.9769215	0.2186448	4.573628	1.023624	4.681674
25′	0.2150194	0.9766098	0.2201692	4.541961	1.02395	4.650743
30′	0.2164396	0.976296	0.2216947	4.510708	1.024279	4.620226
35′	0.2178594	0.9759802	0.2232211	4.479864	1.024611	4.590117
40′	0.2192786	0.9756623	0.2247485	4.449418	1.024945	4.560408
45′	0.2206974	0.9753423	0.2262769	4.419364	1.025281	4.53109
50′	0.2221158	0.9750203	0.2278063	4.389694	1.02562	4.502156
55′	0.2235337	0.9746962	0.2293368	4.3604	1.025961	4.473599
$x=13°$	$\sin x$	$\cos x$	$\tan x$	$\cot x$	$1/\cos x$	$1/\sin x$
0′	0.2249511	0.9743701	0.2308682	4.331476	1.026304	4.445411
5′	0.226368	0.9740419	0.2324007	4.302913	1.02665	4.417586
10′	0.2277844	0.9737116	0.2339342	4.274706	1.026998	4.390116
15′	0.2292004	0.9733793	0.2354688	4.246848	1.027349	4.362994
20′	0.2306159	0.9730449	0.2370044	4.219331	1.027702	4.336215
25′	0.2320309	0.9727084	0.238541	4.192151	1.028057	4.309772
30′	0.2334454	0.9723699	0.2400788	4.165299	1.028415	4.283658
35′	0.2348594	0.9720294	0.2416176	4.138772	1.028775	4.257867
40′	0.2362729	0.9716867	0.2431575	4.112561	1.029138	4.232394
45′	0.2376859	0.9713421	0.2446985	4.086662	1.029503	4.207233
50′	0.2390984	0.9709953	0.2462405	4.06107	1.029871	4.182378
55′	0.2405104	0.9706466	0.2477837	4.035778	1.030241	4.157824
$x=14°$	$\sin x$	$\cos x$	$\tan x$	$\cot x$	$1/\cos x$	$1/\sin x$
0′	0.2419219	0.9702957	0.249328	4.010781	1.030614	4.133565
5′	0.2433329	0.9699428	0.2508734	3.986073	1.030989	4.109596
10′	0.2447434	0.9695879	0.25242	3.961651	1.031366	4.085913
15′	0.2461533	0.9692309	0.2539677	3.937509	1.031746	4.062509
20′	0.2475627	0.9688719	0.2555165	3.913642	1.032128	4.03938
25′	0.2489717	0.9685108	0.2570665	3.890044	1.032513	4.016521
30′	0.25038	0.9681476	0.2586176	3.866713	1.0329	3.993929
35′	0.2517879	0.9677824	0.2601699	3.843642	1.03329	3.971597
40′	0.2531952	0.9674152	0.2617234	3.820828	1.033682	3.949522
45′	0.254602	0.9670459	0.263278	3.798266	1.034077	3.9277
50′	0.2560082	0.9666746	0.2648339	3.775952	1.034474	3.906125
55′	0.2574139	0.9663012	0.2663909	3.753881	1.034874	3.884794

（续）

$x=15°$	$\sin x$	$\cos x$	$\tan x$	$\cot x$	$1/\cos x$	$1/\sin x$
0′	0.2588191	0.9659258	0.2679492	3.732051	1.035276	3.863703
5′	0.2602237	0.9655484	0.2695087	3.710456	1.035681	3.842848
10′	0.2616277	0.9651689	0.2710694	3.689092	1.036088	3.822225
15′	0.2630312	0.9647873	0.2726313	3.667957	1.036498	3.80183
20′	0.2644342	0.9644037	0.2741945	3.647047	1.03691	3.78166
25′	0.2658366	0.9640181	0.2757589	3.626356	1.037325	3.76171
30′	0.2672384	0.9636304	0.2773246	3.605883	1.037742	3.741977
35′	0.2686397	0.9632407	0.2788915	3.585624	1.038162	3.722459
40′	0.2700403	0.962849	0.2804597	3.565575	1.038584	3.70315
45′	0.2714404	0.9624552	0.2820292	3.545732	1.039009	3.684049
50′	0.27284	0.9620594	0.2835999	3.526094	1.039437	3.665152
55′	0.274239	0.9616616	0.285172	3.506655	1.039867	3.646455
$x=16°$	$\sin x$	$\cos x$	$\tan x$	$\cot x$	$1/\cos x$	$1/\sin x$
0′	0.2756374	0.9612617	0.2867454	3.487415	1.040299	3.627955
5′	0.2770352	0.9608598	0.2883201	3.468368	1.040735	3.60965
10′	0.2784324	0.9604558	0.2898961	3.449512	1.041172	3.591536
15′	0.279829	0.9600499	0.2914734	3.430845	1.041613	3.573611
20′	0.2812251	0.9596418	0.2930521	3.412363	1.042055	3.555871
25′	0.2826205	0.9592318	0.2946321	3.394063	1.042501	3.538314
30′	0.2840154	0.9588197	0.2962135	3.375943	1.042949	3.520936
35′	0.2854096	0.9584056	0.2977962	3.358001	1.043399	3.503736
40′	0.2868032	0.9579895	0.2993804	3.340233	1.043853	3.486711
45′	0.2881963	0.9575714	0.3009658	3.322636	1.044309	3.469858
50′	0.2895887	0.9571512	0.3025527	3.305209	1.044767	3.453174
55′	0.2909805	0.956729	0.304141	3.287949	1.045228	3.436656
$x=17°$	$\sin x$	$\cos x$	$\tan x$	$\cot x$	$1/\cos x$	$1/\sin x$
0′	0.2923717	0.9563048	0.3057307	3.270853	1.045692	3.420304
5′	0.2937623	0.9558785	0.3073218	3.253918	1.046158	3.404113
10′	0.2951522	0.9554502	0.3089143	3.237144	1.046627	3.388082
15′	0.2965416	0.9550199	0.3105082	3.220526	1.047099	3.372209
20′	0.2979303	0.9545876	0.3121036	3.204064	1.047573	3.35649
25′	0.2993184	0.9541533	0.3137005	3.187754	1.04805	3.340925
30′	0.3007058	0.953717	0.3152988	3.171595	1.048529	3.32551
35′	0.3020926	0.9532786	0.3168986	3.155584	1.049011	3.310243
40′	0.3034788	0.9528382	0.3184998	3.139719	1.049496	3.295123
45′	0.3048643	0.9523958	0.3201025	3.123999	1.049984	3.280148
50′	0.3062492	0.9519514	0.3217067	3.108421	1.050474	3.265315
55′	0.3076334	0.951505	0.3233124	3.092983	1.050967	3.250623

（续）

$x=18°$	$\sin x$	$\cos x$	$\tan x$	$\cot x$	$1/\cos x$	$1/\sin x$
0′	0.309017	0.9510565	0.3249197	3.077683	1.051462	3.236068
5′	0.3103999	0.9506061	0.3265285	3.06252	1.05196	3.22165
10′	0.3117822	0.9501536	0.3281387	3.047491	1.052461	3.207367
15′	0.3131638	0.9496991	0.3297506	3.032595	1.052965	3.193217
20′	0.3145448	0.9492426	0.3313639	3.01783	1.053471	3.179198
25′	0.3159251	0.9487841	0.3329789	3.003194	1.05398	3.165308
30′	0.3173047	0.9483236	0.3345953	2.988685	1.054492	3.151545
35′	0.3186836	0.9478611	0.3362134	2.974301	1.055007	3.137908
40′	0.3200619	0.9473966	0.337833	2.960042	1.055524	3.124396
45′	0.3214395	0.9469301	0.3394543	2.945905	1.056044	3.111006
50′	0.3228164	0.9464616	0.3410771	2.931889	1.056567	3.097736
55′	0.3241926	0.9459911	0.3427015	2.917991	1.057092	3.084586

$x=19°$	$\sin x$	$\cos x$	$\tan x$	$\cot x$	$1/\cos x$	$1/\sin x$
0′	0.3255682	0.9455186	0.3443276	2.904211	1.057621	3.071553
5′	0.326943	0.9450441	0.3459553	2.890547	1.058152	3.058637
10′	0.3283172	0.9445675	0.3475847	2.876997	1.058686	3.045835
15′	0.3296906	0.944089	0.3492156	2.86356	1.059222	3.033146
20′	0.3310634	0.9436085	0.3508483	2.850235	1.059762	3.020569
25′	0.3324355	0.943126	0.3524826	2.837019	1.060304	3.008102
30′	0.3338069	0.9426415	0.3541186	2.823913	1.060849	2.995744
35′	0.3351775	0.942155	0.3557563	2.810913	1.061396	2.983494
40′	0.3365475	0.9416665	0.3573956	2.79802	1.061947	2.971349
45′	0.3379167	0.941176	0.3590367	2.785231	1.0625	2.959309
50′	0.3392852	0.9406835	0.3606795	2.772545	1.063057	2.947373
55′	0.340653	0.9401891	0.362324	2.759961	1.063616	2.935538

$x=20°$	$\sin x$	$\cos x$	$\tan x$	$\cot x$	$1/\cos x$	$1/\sin x$
0′	0.3420201	0.9396926	0.3639702	2.747478	1.064178	2.923805
5′	0.3433865	0.9391942	0.3656182	2.735094	1.064742	2.91217
10′	0.3447521	0.9386938	0.367268	2.722808	1.06531	2.900635
15′	0.3461171	0.9381913	0.3689195	2.710619	1.065881	2.889196
20′	0.3474812	0.9376869	0.3705728	2.698525	1.066454	2.877853
25′	0.3488447	0.9371806	0.3722278	2.686527	1.06703	2.866605
30′	0.3502074	0.9366722	0.3738847	2.674622	1.067609	2.855451
35′	0.3515693	0.9361618	0.3755433	2.662808	1.068191	2.844389
40′	0.3529306	0.9356495	0.3772038	2.651087	1.068776	2.833419
45′	0.354291	0.9351352	0.3788661	2.639455	1.069364	2.822538
50′	0.3556507	0.9346189	0.3805302	2.627912	1.069955	2.811747
55′	0.3570097	0.9341007	0.3821962	2.616457	1.070548	2.801044

（续）

$x=21°$	$\sin x$	$\cos x$	$\tan x$	$\cot x$	$1/\cos x$	$1/\sin x$
0′	0. 358368	0. 9335804	0. 383864	2. 605089	1. 071145	2. 790428
5′	0. 3597254	0. 9330582	0. 3855337	2. 593807	1. 071744	2. 779898
10′	0. 3610821	0. 932534	0. 3872053	2. 582609	1. 072347	2. 769453
15′	0. 3624381	0. 9320079	0. 3888787	2. 571496	1. 072952	2. 759092
20′	0. 3637932	0. 9314797	0. 3905541	2. 560465	1. 073561	2. 748814
25′	0. 3651476	0. 9309496	0. 3922313	2. 549516	1. 074172	2. 738618
30′	0. 3665012	0. 9304176	0. 3939105	2. 538648	1. 074786	2. 728504
35′	0. 3678541	0. 9298835	0. 3955916	2. 52786	1. 075403	2. 718469
40′	0. 3692062	0. 9293475	0. 3972746	2. 517151	1. 076024	2. 708514
45′	0. 3705574	0. 9288096	0. 3989595	2. 50652	1. 076647	2. 698637
50′	0. 3719079	0. 9282696	0. 4006465	2. 495966	1. 077273	2. 688837
55′	0. 3732577	0. 9277277	0. 4023354	2. 485489	1. 077903	2. 679115
$x=22°$	$\sin x$	$\cos x$	$\tan x$	$\cot x$	$1/\cos x$	$1/\sin x$
0′	0. 3746066	0. 9271839	0. 4040262	2. 475087	1. 078535	2. 669467
5′	0. 3759547	0. 926638	0. 4057191	2. 46476	1. 07917	2. 659895
10′	0. 3773021	0. 9260902	0. 4074139	2. 454506	1. 079808	2. 650396
15′	0. 3786486	0. 9255405	0. 4091108	2. 444325	1. 08045	2. 640971
20′	0. 3799944	0. 9249888	0. 4108097	2. 434217	1. 081094	2. 631618
25′	0. 3813393	0. 9244351	0. 4125106	2. 42418	1. 081742	2. 622336
30′	0. 3826834	0. 9238795	0. 4142136	2. 414213	1. 082392	2. 613126
35′	0. 3840268	0. 923322	0. 4159186	2. 404317	1. 083046	2. 603985
40′	0. 3853693	0. 9227624	0. 4176257	2. 394489	1. 083702	2. 594913
45′	0. 3867109	0. 922201	0. 4193348	2. 384729	1. 084362	2. 585911
50′	0. 3880518	0. 9216376	0. 421046	2. 375037	1. 085025	2. 576975
55′	0. 3893919	0. 9210722	0. 4227594	2. 365412	1. 085691	2. 568107
$x=23°$	$\sin x$	$\cos x$	$\tan x$	$\cot x$	$1/\cos x$	$1/\sin x$
0′	0. 3907311	0. 9205049	0. 4244748	2. 355852	1. 08636	2. 559305
5′	0. 3920695	0. 9199356	0. 4261924	2. 346358	1. 087033	2. 550568
10′	0. 3934071	0. 9193644	0. 4279121	2. 336929	1. 087708	2. 541896
15′	0. 3947439	0. 9187912	0. 4296339	2. 327563	1. 088387	2. 533288
20′	0. 3960798	0. 9182161	0. 4313579	2. 318261	1. 089068	2. 524744
25′	0. 3974148	0. 9176391	0. 433084	2. 309021	1. 089753	2. 516262
30′	0. 3987491	0. 9170601	0. 4348124	2. 299843	1. 090441	2. 507843
35′	0. 4000825	0. 9164791	0. 4365429	2. 290726	1. 091132	2. 499485
40′	0. 401415	0. 9158963	0. 4382756	2. 281669	1. 091827	2. 491187
45′	0. 4027467	0. 9153115	0. 4400105	2. 272673	1. 092524	2. 48295
50′	0. 4040775	0. 9147247	0. 4417477	2. 263736	1. 093225	2. 474773
55′	0. 4054075	0. 9141361	0. 443487	2. 254857	1. 093929	2. 466654

（续）

x = 24°	sinx	cosx	tanx	cotx	1/cosx	1/sinx
0′	0. 4067367	0. 9135455	0. 4452287	2. 246037	1. 094636	2. 458593
5′	0. 4080649	0. 9129529	0. 4469726	2. 237274	1. 095347	2. 45059
10′	0. 4093923	0. 9123584	0. 4487187	2. 228568	1. 09606	2. 442645
15′	0. 4107189	0. 911762	0. 4504672	2. 219918	1. 096777	2. 434755
20′	0. 4120445	0. 9111637	0. 4522179	2. 211323	1. 097498	2. 426922
25′	0. 4133693	0. 9105634	0. 4539709	2. 202784	1. 098221	2. 419144
30′	0. 4146933	0. 9099613	0. 4557263	2. 1943	1. 098948	2. 411421
35′	0. 4160163	0. 9093572	0. 457484	2. 185869	1. 099678	2. 403752
40′	0. 4173385	0. 9087511	0. 459244	2. 177492	1. 100411	2. 396137
45′	0. 4186597	0. 9081432	0. 4610063	2. 169168	1. 101148	2. 388575
50′	0. 4199801	0. 9075333	0. 462771	2. 160896	1. 101888	2. 381065
55′	0. 4212996	0. 9069215	0. 4645382	2. 152676	1. 102631	2. 373607
x = 25°	sinx	cosx	tanx	cotx	1/cosx	1/sinx
0′	0. 4226183	0. 9063078	0. 4663077	2. 144507	1. 103378	2. 366202
5′	0. 423936	0. 9056922	0. 4680796	2. 136389	1. 104128	2. 358847
10′	0. 4252528	0. 9050746	0. 4698539	2. 128321	1. 104881	2. 351542
15′	0. 4265687	0. 9044551	0. 4716306	2. 120303	1. 105638	2. 344288
20′	0. 4278838	0. 9038338	0. 4734098	2. 112335	1. 106398	2. 337083
25′	0. 4291979	0. 9032105	0. 4751914	2. 104415	1. 107162	2. 329928
30′	0. 4305111	0. 9025853	0. 4769755	2. 096544	1. 107929	2. 32282
35′	0. 4318234	0. 9019582	0. 4787621	2. 08872	1. 108699	2. 315761
40′	0. 4331348	0. 9013292	0. 4805512	2. 080944	1. 109473	2. 30875
45′	0. 4344452	0. 9006982	0. 4823427	2. 073215	1. 11025	2. 301786
50′	0. 4357548	0. 9000654	0. 4841368	2. 065532	1. 11103	2. 294869
55′	0. 4370634	0. 8994307	0. 4859334	2. 057895	1. 111814	2. 287997
x = 26°	sinx	cosx	tanx	cotx	1/cosx	1/sinx
0′	0. 4383711	0. 898794	0. 4877326	2. 050304	1. 112602	2. 281172
5′	0. 4396779	0. 8981555	0. 4895343	2. 042758	1. 113393	2. 274392
10′	0. 4409838	0. 8975151	0. 4913386	2. 035256	1. 114187	2. 267657
15′	0. 4422887	0. 8968727	0. 4931454	2. 027799	1. 114985	2. 260967
20′	0. 4435927	0. 8962285	0. 4949549	2. 020386	1. 115787	2. 25432
25′	0. 4448957	0. 8955824	0. 4967669	2. 013016	1. 116592	2. 247718
30′	0. 4461978	0. 8949344	0. 4985816	2. 00569	1. 1174	2. 241158
35′	0. 447499	0. 8942844	0. 5003989	1. 998406	1. 118212	2. 234642
40′	0. 4487992	0. 8936326	0. 5022189	1. 991164	1. 119028	2. 228168
45′	0. 4500984	0. 892979	0. 5040415	1. 983964	1. 119847	2. 221736
50′	0. 4513967	0. 8923234	0. 5058668	1. 976805	1. 12067	2. 215346
55′	0. 4526941	0. 8916659	0. 5076947	1. 969687	1. 121496	2. 208997

（续）

x = 27°	sinx	cosx	tanx	cotx	1/cosx	1/sinx
0′	0. 4539905	0. 8910065	0. 5095254	1. 962611	1. 122326	2. 202689
5′	0. 4552859	0. 8903453	0. 5113588	1. 955574	1. 12316	2. 196422
10′	0. 4565804	0. 8896822	0. 513195	1. 948577	1. 123997	2. 190195
15′	0. 4578739	0. 8890171	0. 5150338	1. 94162	1. 124838	2. 184007
20′	0. 4591664	0. 8883503	0. 5168755	1. 934702	1. 125682	2. 17786
25′	0. 460458	0. 8876815	0. 5187199	1. 927823	1. 12653	2. 171751
30′	0. 4617486	0. 8870108	0. 520567	1. 920982	1. 127382	2. 165681
35′	0. 4630382	0. 8863383	0. 522417	1. 91418	1. 128237	2. 159649
40′	0. 4643269	0. 8856639	0. 5242698	1. 907415	1. 129097	2. 153655
45′	0. 4656145	0. 8849877	0. 5261254	1. 900687	1. 129959	2. 1477
50′	0. 4669012	0. 8843095	0. 5279839	1. 893997	1. 130826	2. 141781
55′	0. 4681868	0. 8836295	0. 5298452	1. 887344	1. 131696	2. 135899

x = 28°	sinx	cosx	tanx	cotx	1/cosx	1/sinx
0′	0. 4694715	0. 8829476	0. 5317094	1. 880727	1. 13257	2. 130055
5′	0. 4707552	0. 8822639	0. 5335765	1. 874146	1. 133448	2. 124246
10′	0. 4720379	0. 8815782	0. 5354465	1. 8676	1. 134329	2. 118474
15′	0. 4733196	0. 8808907	0. 5373194	1. 861091	1. 135215	2. 112737
20′	0. 4746004	0. 8802014	0. 5391952	1. 854616	1. 136104	2. 107036
25′	0. 4758801	0. 8795102	0. 5410739	1. 848176	1. 136997	2. 10137
30′	0. 4771587	0. 8788171	0. 5429557	1. 841771	1. 137893	2. 095739
35′	0. 4784364	0. 8781222	0. 5448404	1. 8354	1. 138794	2. 090142
40′	0. 4797131	0. 8774254	0. 5467281	1. 829063	1. 139698	2. 084579
45′	0. 4809887	0. 8767268	0. 5486187	1. 82276	1. 140606	2. 079051
50′	0. 4822634	0. 8760263	0. 5505125	1. 816489	1. 141518	2. 073556
55′	0. 483537	0. 8753239	0. 5524092	1. 810252	1. 142434	2. 068094

x = 29°	sinx	cosx	tanx	cotx	1/cosx	1/sinx
0′	0. 4848096	0. 8746197	0. 554309	1. 804048	1. 143354	2. 062665
5′	0. 4860812	0. 8739137	0. 5562119	1. 797876	1. 144278	2. 05727
10′	0. 4873517	0. 8732058	0. 5581179	1. 791736	1. 145205	2. 051906
15′	0. 4886212	0. 872496	0. 5600269	1. 785629	1. 146137	2. 046575
20′	0. 4898897	0. 8717844	0. 5619391	1. 779552	1. 147073	2. 041276
25′	0. 4911571	0. 871071	0. 5638543	1. 773508	1. 148012	2. 036008
30′	0. 4924236	0. 8703557	0. 5657728	1. 767494	1. 148955	2. 030772
35′	0. 4936889	0. 8696386	0. 5676943	1. 761511	1. 149903	2. 025567
40′	0. 4949532	0. 8689196	0. 5696191	1. 755559	1. 150854	2. 020393
45′	0. 4962165	0. 8681988	0. 5715471	1. 749637	1. 15181	2. 015249
50′	0. 4974787	0. 8674762	0. 5734783	1. 743745	1. 152769	2. 010136
55′	0. 4987399	0. 8667517	0. 5754126	1. 737883	1. 153733	2. 005053

（续）

$x=30°$	$\sin x$	$\cos x$	$\tan x$	$\cot x$	$1/\cos x$	$1/\sin x$
0′	0. 5	0. 8660254	0. 5773503	1. 732051	1. 154701	2
5′	0. 501259	0. 8652973	0. 5792911	1. 726248	1. 155672	1. 994977
10′	0. 5025171	0. 8645673	0. 5812353	1. 720474	1. 156648	1. 989982
15′	0. 503774	0. 8638355	0. 5831827	1. 714728	1. 157628	1. 985017
20′	0. 5050299	0. 8631019	0. 5851335	1. 709012	1. 158612	1. 980081
25′	0. 5062846	0. 8623664	0. 5870876	1. 703323	1. 1596	1. 975173
30′	0. 5075384	0. 8616291	0. 589045	1. 697663	1. 160592	1. 970294
35′	0. 508791	0. 8608901	0. 5910058	1. 692031	1. 161589	1. 965443
40′	0. 5100426	0. 8601491	0. 59297	1. 686426	1. 162589	1. 960621
45′	0. 5112931	0. 8594064	0. 5949375	1. 680849	1. 163594	1. 955825
50′	0. 5125425	0. 8586618	0. 5969085	1. 675299	1. 164603	1. 951058
55′	0. 5137908	0. 8579155	0. 5988828	1. 669776	1. 165616	1. 946317

$x=31°$	$\sin x$	$\cos x$	$\tan x$	$\cot x$	$1/\cos x$	$1/\sin x$
0′	0. 5150381	0. 8571673	0. 6008607	1. 664279	1. 166633	1. 941604
5′	0. 5162842	0. 8564173	0. 6028419	1. 65881	1. 167655	1. 936918
10′	0. 5175293	0. 8556655	0. 6048267	1. 653366	1. 168681	1. 932258
15′	0. 5187733	0. 8549119	0. 6068149	1. 647949	1. 169711	1. 927624
20′	0. 5200162	0. 8541564	0. 6088067	1. 642557	1. 170746	1. 923017
25′	0. 5212579	0. 8533992	0. 610802	1. 637192	1. 171785	1. 918436
30′	0. 5224986	0. 8526401	0. 6128009	1. 631852	1. 172828	1. 913881
35′	0. 5237381	0. 8518793	0. 6148032	1. 626537	1. 173875	1. 909351
40′	0. 5249766	0. 8511166	0. 6168093	1. 621247	1. 174927	1. 904847
45′	0. 5262139	0. 8503522	0. 6188188	1. 615982	1. 175983	1. 900368
50′	0. 5274502	0. 849586	0. 6208321	1. 610742	1. 177044	1. 895914
55′	0. 5286853	0. 8488179	0. 6228489	1. 605526	1. 178109	1. 891484

$x=32°$	$\sin x$	$\cos x$	$\tan x$	$\cot x$	$1/\cos x$	$1/\sin x$
0′	0. 5299193	0. 8480481	0. 6248694	1. 600334	1. 179178	1. 88708
5′	0. 5311522	0. 8472764	0. 6268936	1. 595167	1. 180252	1. 8827
10′	0. 5323839	0. 846503	0. 6289215	1. 590024	1. 181331	1. 878344
15′	0. 5336145	0. 8457278	0. 6309531	1. 584904	1. 182413	1. 874012
20′	0. 5348441	0. 8449508	0. 6329884	1. 579808	1. 183501	1. 869704
25′	0. 5360724	0. 844172	0. 6350275	1. 574735	1. 184593	1. 86542
30′	0. 5372997	0. 8433914	0. 6370704	1. 569685	1. 185689	1. 861159
35′	0. 5385257	0. 8426091	0. 6391169	1. 564659	1. 18679	1. 856922
40′	0. 5397507	0. 8418249	0. 6411674	1. 559655	1. 187896	1. 852707
45′	0. 5409745	0. 841039	0. 6432217	1. 554674	1. 189005	1. 848516
50′	0. 5421972	0. 8402513	0. 6452798	1. 549715	1. 19012	1. 844347
55′	0. 5434187	0. 8394618	0. 6473418	1. 544779	1. 191239	1. 840202

（续）

$x=33°$	sin$x$	cos$x$	tan$x$	cot$x$	1/cos$x$	1/sin$x$
0′	0.544639	0.8386706	0.6494076	1.539865	1.192363	1.836078
5′	0.5458582	0.8378775	0.6514774	1.534973	1.193492	1.831977
10′	0.5470763	0.8370827	0.6535511	1.530102	1.194625	1.827899
15′	0.5482932	0.8362862	0.6556287	1.525254	1.195763	1.823842
20′	0.549509	0.8354878	0.6577104	1.520426	1.196906	1.819806
25′	0.5507236	0.8346877	0.6597959	1.51562	1.198053	1.815793
30′	0.551937	0.8338858	0.6618856	1.510835	1.199205	1.811801
35′	0.5531492	0.8330822	0.6639792	1.506071	1.200362	1.80783
40′	0.5543603	0.8322768	0.6660769	1.501328	1.201523	1.803881
45′	0.5555702	0.8314696	0.6681786	1.496606	1.20269	1.799952
50′	0.556779	0.8306607	0.6702845	1.491904	1.203861	1.796045
55′	0.5579865	0.82985	0.6723944	1.487222	1.205037	1.792158

$x=34°$	sin$x$	cos$x$	tan$x$	cot$x$	1/cos$x$	1/sin$x$
0′	0.5591929	0.8290376	0.6745086	1.482561	1.206218	1.788292
5′	0.5603981	0.8282234	0.6766268	1.47792	1.207404	1.784446
10′	0.5616021	0.8274074	0.6787492	1.473298	1.208594	1.78062
15′	0.5628049	0.8265897	0.6808758	1.468697	1.20979	1.776814
20′	0.5640066	0.8257703	0.6830066	1.464115	1.210991	1.773029
25′	0.565207	0.8249491	0.6851417	1.459552	1.212196	1.769263
30′	0.5664063	0.8241262	0.687281	1.455009	1.213406	1.765517
35′	0.5676043	0.8233015	0.6894246	1.450485	1.214622	1.761791
40′	0.5688012	0.8224751	0.6915725	1.44598	1.215842	1.758084
45′	0.5699968	0.8216469	0.6937247	1.441494	1.217068	1.754396
50′	0.5711912	0.820817	0.6958813	1.437027	1.218298	1.750727
55′	0.5723844	0.8199854	0.6980422	1.432578	1.219534	1.747077

$x=35°$	sin$x$	cos$x$	tan$x$	cot$x$	1/cos$x$	1/sin$x$
0′	0.5735765	0.819152	0.7002076	1.428148	1.220775	1.743447
5′	0.5747673	0.8183169	0.7023773	1.423736	1.22202	1.739835
10′	0.5759569	0.8174801	0.7045516	1.419343	1.223271	1.736241
15′	0.5771452	0.8166415	0.7067302	1.414967	1.224527	1.732666
20′	0.5783324	0.8158012	0.7089134	1.41061	1.225789	1.72911
25′	0.5795183	0.8149592	0.711101	1.40627	1.227055	1.725571
30′	0.580703	0.8141155	0.7132932	1.401948	1.228327	1.722051
35′	0.5818865	0.81327	0.7154898	1.397644	1.229604	1.718548
40′	0.5830687	0.8124228	0.7176912	1.393357	1.230886	1.715064
45′	0.5842497	0.811574	0.7198971	1.389088	1.232174	1.711597
50′	0.5854295	0.8107233	0.7221076	1.384835	1.233466	1.708148
55′	0.586608	0.809871	0.7243228	1.3806	1.234764	1.704716

（续）

$x=36°$	sin$x$	cos$x$	tan$x$	cot$x$	1/cos$x$	1/sin$x$
0′	0.5877853	0.809017	0.7265426	1.376382	1.236068	1.701302
5′	0.5889613	0.8081612	0.7287671	1.372181	1.237377	1.697904
10′	0.5901361	0.8073038	0.7309964	1.367996	1.238691	1.694524
15′	0.5913096	0.8064446	0.7332303	1.363828	1.240011	1.691161
20′	0.592482	0.8055837	0.7354692	1.359676	1.241336	1.687815
25′	0.593653	0.8047211	0.7377127	1.355541	1.242666	1.684486
30′	0.5948228	0.8038568	0.7399611	1.351422	1.244003	1.681173
35′	0.5959913	0.8029909	0.7422143	1.34732	1.245344	1.677877
40′	0.5971586	0.8021232	0.7444725	1.343233	1.246691	1.674597
45′	0.5983246	0.8012538	0.7467354	1.339162	1.248044	1.671334
50′	0.5994894	0.8003827	0.7490034	1.335107	1.249402	1.668086
55′	0.6006528	0.79951	0.7512762	1.331068	1.250766	1.664855
$x=37°$	sin$x$	cos$x$	tan$x$	cot$x$	1/cos$x$	1/sin$x$
0′	0.6018151	0.7986355	0.7535541	1.327045	1.252136	1.66164
5′	0.602976	0.7977594	0.7558369	1.323037	1.253511	1.658441
10′	0.6041356	0.7968815	0.7581248	1.319044	1.254892	1.655257
15′	0.605294	0.796002	0.7604177	1.315067	1.256278	1.65209
20′	0.6064511	0.7951208	0.7627157	1.311105	1.257671	1.648937
25′	0.6076069	0.7942379	0.7650188	1.307157	1.259069	1.645801
30′	0.6087615	0.7933533	0.7673271	1.303225	1.260473	1.642679
35′	0.6099147	0.7924671	0.7696404	1.299308	1.261882	1.639574
40′	0.6110667	0.7915791	0.771959	1.295406	1.263298	1.636483
45′	0.6122173	0.7906896	0.7742828	1.291518	1.264719	1.633407
50′	0.6133667	0.7897983	0.7766118	1.287645	1.266146	1.630346
55′	0.6145147	0.7889053	0.7789461	1.283786	1.267579	1.6273
$x=38°$	sin$x$	cos$x$	tan$x$	cot$x$	1/cos$x$	1/sin$x$
0′	0.6156615	0.7880107	0.7812857	1.279942	1.269018	1.624269
5′	0.616807	0.7871145	0.7836306	1.276111	1.270463	1.621253
10′	0.6179511	0.7862165	0.7859809	1.272296	1.271914	1.618251
15′	0.619094	0.7853169	0.7883365	1.268494	1.273371	1.615264
20′	0.6202355	0.7844156	0.7906976	1.264706	1.274834	1.612291
25′	0.6213758	0.7835127	0.793064	1.260932	1.276304	1.609332
30′	0.6225147	0.7826081	0.795436	1.257172	1.277779	1.606388
35′	0.6236523	0.7817019	0.7978134	1.253426	1.27926	1.603458
40′	0.6247886	0.780794	0.8001964	1.249693	1.280748	1.600541
45′	0.6259235	0.7798845	0.8025849	1.245974	1.282241	1.597639
50′	0.6270572	0.7789732	0.8049791	1.242268	1.283741	1.594751
55′	0.6281894	0.7780604	0.8073788	1.238576	1.285247	1.591877

（续）

$x=39°$	sin$x$	cos$x$	tan$x$	cot$x$	1/cos$x$	1/sin$x$
0′	0. 6293204	0. 7771459	0. 8097841	1. 234897	1. 28676	1. 589016
5′	0. 63045	0. 7762298	0. 8121951	1. 231231	1. 288278	1. 586169
10′	0. 6315784	0. 775312	0. 8146118	1. 227579	1. 289803	1. 583335
15′	0. 6327053	0. 7743926	0. 8170343	1. 223939	1. 291335	1. 580515
20′	0. 633831	0. 7734716	0. 8194625	1. 220312	1. 292872	1. 577708
25′	0. 6349553	0. 7725489	0. 8218965	1. 216698	1. 294416	1. 574914
30′	0. 6360782	0. 7716246	0. 8243364	1. 213097	1. 295967	1. 572134
35′	0. 6371998	0. 7706986	0. 8267821	1. 209509	1. 297524	1. 569366
40′	0. 6383201	0. 769771	0. 8292338	1. 205933	1. 299088	1. 566612
45′	0. 639439	0. 7688418	0. 8316912	1. 202369	1. 300658	1. 563871
50′	0. 6405566	0. 767911	0. 8341548	1. 198818	1. 302234	1. 561142
55′	0. 6416728	0. 7669785	0. 8366242	1. 19528	1. 303818	1. 558427
$x=40°$	sin$x$	cos$x$	tan$x$	cot$x$	1/cos$x$	1/sin$x$
0′	0. 6427876	0. 7660444	0. 8390997	1. 191754	1. 305407	1. 555724
5′	0. 6439011	0. 7651087	0. 8415812	1. 188239	1. 307004	1. 553033
10′	0. 6450133	0. 7641714	0. 8440688	1. 184737	1. 308607	1. 550356
15′	0. 646124	0. 7632325	0. 8465625	1. 181248	1. 310217	1. 547691
20′	0. 6472334	0. 7622919	0. 8490624	1. 17777	1. 311834	1. 545038
25′	0. 6483414	0. 7613497	0. 8515684	1. 174304	1. 313457	1. 542397
30′	0. 6494481	0. 7604059	0. 8540808	1. 170849	1. 315087	1. 539769
35′	0. 6505533	0. 7594606	0. 8565992	1. 167407	1. 316724	1. 537153
40′	0. 6516573	0. 7585135	0. 8591241	1. 163976	1. 318368	1. 534549
45′	0. 6527598	0. 757565	0. 8616552	1. 160557	1. 320019	1. 531957
50′	0. 6538609	0. 7566147	0. 8641927	1. 157149	1. 321677	1. 529377
55′	0. 6549607	0. 755663	0. 8667365	1. 153753	1. 323341	1. 526809
$x=41°$	sin$x$	cos$x$	tan$x$	cot$x$	1/cos$x$	1/sin$x$
0′	0. 6560591	0. 7547095	0. 8692868	1. 150368	1. 325013	1. 524253
5′	0. 657156	0. 7537546	0. 8718435	1. 146995	1. 326692	1. 521709
10′	0. 6582517	0. 752798	0. 8744068	1. 143632	1. 328378	1. 519176
15′	0. 6593458	0. 7518398	0. 8769765	1. 140281	1. 330071	1. 516655
20′	0. 6604387	0. 75088	0. 8795529	1. 136941	1. 331771	1. 514145
25′	0. 6615301	0. 7499186	0. 8821358	1. 133612	1. 333478	1. 511647
30′	0. 6626201	0. 7489557	0. 8847254	1. 130294	1. 335192	1. 50916
35′	0. 6637087	0. 7479912	0. 8873216	1. 126987	1. 336914	1. 506685
40′	0. 6647959	0. 747025	0. 8899246	1. 123691	1. 338643	1. 504221
45′	0. 6658817	0. 7460573	0. 8925342	1. 120405	1. 340379	1. 501768
50′	0. 6669661	0. 745088	0. 8951507	1. 11713	1. 342123	1. 499326
55′	0. 6680491	0. 7441172	0. 897774	1. 113866	1. 343874	1. 496896

（续）

x = 42°	sinx	cosx	tanx	cotx	1/cosx	1/sinx
0′	0. 6691306	0. 7431448	0. 9004041	1. 110613	1. 345633	1. 494477
5′	0. 6702108	0. 7421708	0. 9030411	1. 107369	1. 347399	1. 492068
10′	0. 6712895	0. 7411952	0. 9056851	1. 104136	1. 349172	1. 48967
15′	0. 6723668	0. 7402181	0. 908336	1. 100914	1. 350953	1. 487283
20′	0. 6734427	0. 7392394	0. 9109941	1. 097702	1. 352742	1. 484907
25′	0. 6745172	0. 7382592	0. 9136591	1. 0945	1. 354538	1. 482542
30′	0. 6755902	0. 7372773	0. 9163312	1. 091308	1. 356342	1. 480187
35′	0. 6766618	0. 7362939	0. 9190104	1. 088127	1. 358153	1. 477843
40′	0. 677732	0. 735309	0. 9216969	1. 084955	1. 359972	1. 475509
45′	0. 6788007	0. 7343225	0. 9243905	1. 081794	1. 361799	1. 473186
50′	0. 6798681	0. 7333344	0. 9270915	1. 078642	1. 363634	1. 470874
55′	0. 6809339	0. 7323448	0. 9297996	1. 075501	1. 365477	1. 468571

x = 43°	sinx	cosx	tanx	cotx	1/cosx	1/sinx
0′	0. 6819984	0. 7313537	0. 9325152	1. 072369	1. 367327	1. 466279
5′	0. 6830614	0. 730361	0. 935238	1. 069247	1. 369186	1. 463997
10′	0. 6841229	0. 7293667	0. 9379684	1. 066134	1. 371052	1. 461726
15′	0. 685183	0. 728371	0. 9407061	1. 063031	1. 372927	1. 459464
20′	0. 6862417	0. 7273736	0. 9434514	1. 059938	1. 374809	1. 457213
25′	0. 6872988	0. 7263748	0. 9462042	1. 056854	1. 3767	1. 454971
30′	0. 6883546	0. 7253743	0. 9489647	1. 05378	1. 378598	1. 45274
35′	0. 6894089	0. 7243724	0. 9517326	1. 050715	1. 380505	1. 450518
40′	0. 6904617	0. 7233689	0. 9545084	1. 04766	1. 382421	1. 448306
45′	0. 6915131	0. 7223639	0. 9572918	1. 044614	1. 384344	1. 446104
50′	0. 692563	0. 7213574	0. 960083	1. 041577	1. 386275	1. 443912
55′	0. 6936114	0. 7203494	0. 962882	1. 038549	1. 388215	1. 441729

x = 44°	sinx	cosx	tanx	cotx	1/cosx	1/sinx
0′	0. 6946584	0. 7193398	0. 9656889	1. 03553	1. 390164	1. 439556
5′	0. 6957039	0. 7183287	0. 9685036	1. 032521	1. 39212	1. 437393
10′	0. 6967479	0. 717316	0. 9713263	1. 02952	1. 394086	1. 435239
15′	0. 6977905	0. 7163019	0. 9741569	1. 026529	1. 396059	1. 433095
20′	0. 6988316	0. 7152862	0. 9769957	1. 023546	1. 398042	1. 43096
25′	0. 6998712	0. 7142691	0. 9798424	1. 020572	1. 400033	1. 428834
30′	0. 7009093	0. 7132504	0. 9826974	1. 017607	1. 402032	1. 426718
35′	0. 7019459	0. 7122302	0. 9855604	1. 014651	1. 40404	1. 424611
40′	0. 7029811	0. 7112085	0. 9884318	1. 011704	1. 406057	1. 422513
45′	0. 7040148	0. 7101853	0. 9913113	1. 008765	1. 408083	1. 420425
50′	0. 705047	0. 7091606	0. 9941992	1. 005835	1. 410118	1. 418345
55′	0. 7060776	0. 7081344	0. 9970954	1. 002913	1. 412161	1. 416275

（续）

x = 45°	sinx	cosx	tanx	cotx	1/cosx	1/sinx
0′	0. 7071068	0. 7071068	1	1	1. 414214	1. 414214
5′	0. 7081345	0. 7060776	1. 002913	0. 9970954	1. 416275	1. 412161
10′	0. 7091607	0. 7050469	1. 005835	0. 994199	1. 418345	1. 410118
15′	0. 7101854	0. 7040147	1. 008765	0. 9913112	1. 420425	1. 408083
20′	0. 7112086	0. 702981	1. 011704	0. 9884316	1. 422513	1. 406057
25′	0. 7122303	0. 7019459	1. 014651	0. 9855603	1. 424611	1. 40404
30′	0. 7132505	0. 7009092	1. 017607	0. 9826972	1. 426718	1. 402032
35′	0. 7142691	0. 6998711	1. 020572	0. 9798423	1. 428835	1. 400033
40′	0. 7152863	0. 6988315	1. 023546	0. 9769955	1. 43096	1. 398042
45′	0. 7163019	0. 6977905	1. 026529	0. 9741569	1. 433095	1. 396059
50′	0. 7173161	0. 6967479	1. 02952	0. 9713261	1. 435239	1. 394086
55′	0. 7183287	0. 6957039	1. 032521	0. 9685035	1. 437393	1. 39212

1.2.3 渐开线函数表（表 1-5）

表 1-5 渐开线函数表（inv$x$ = tan$x$ − x）

角度值 = 6°									
分	函数值	分	函数值	分	函数值	分	函数值	分	函数值
0	0. 0003845	1	0. 0003877	2	0. 0003909	3	0. 0003942	4	0. 0003975
5	0. 0004008	6	0. 0004041	7	0. 0004074	8	0. 0004108	9	0. 0004141
10	0. 0004175	11	0. 0004209	12	0. 0004244	13	0. 0004278	14	0. 0004313
15	0. 0004347	16	0. 0004382	17	0. 0004417	18	0. 0004453	19	0. 0004488
20	0. 0004524	21	0. 000456	22	0. 0004596	23	0. 0004632	24	0. 0004669
25	0. 0004706	26	0. 0004743	27	0. 000478	28	0. 0004817	29	0. 0004854
30	0. 0004892	31	0. 000493	32	0. 0004968	33	0. 0005006	34	0. 0005045
35	0. 0005083	36	0. 0005122	37	0. 0005161	38	0. 00052	39	0. 0005240
40	0. 000528	41	0. 0005319	42	0. 0005359	43	0. 00054	44	0. 0005440
45	0. 0005481	46	0. 0005522	47	0. 0005563	48	0. 0005604	49	0. 0005645
50	0. 0005687	51	0. 0005729	52	0. 0005771	53	0. 0005813	54	0. 0005856
55	0. 0005898	56	0. 0005941	57	0. 0005985	58	0. 0006028	59	0. 0006071

角度值 = 7°									
分	函数值	分	函数值	分	函数值	分	函数值	分	函数值
0	0. 0006115	1	0. 0006159	2	0. 0006203	3	0. 0006248	4	0. 0006292
5	0. 0006337	6	0. 0006382	7	0. 0006427	8	0. 0006473	9	0. 0006518
10	0. 0006564	11	0. 000661	12	0. 0006657	13	0. 0006703	14	0. 000675
15	0. 0006797	16	0. 0006844	17	0. 0006892	18	0. 0006939	19	0. 0006987
20	0. 0007035	21	0. 0007083	22	0. 0007132	23	0. 0007181	24	0. 000723
25	0. 0007279	26	0. 0007328	27	0. 0007378	28	0. 0007428	29	0. 0007478
30	0. 0007528	31	0. 0007579	32	0. 0007629	33	0. 000768	34	0. 0007732
35	0. 0007783	36	0. 0007835	37	0. 0007887	38	0. 0007939	39	0. 0007991
40	0. 0008044	41	0. 0008096	42	0. 000815	43	0. 0008203	44	0. 0008256
45	0. 000831	46	0. 0008364	47	0. 0008418	48	0. 0008473	49	0. 0008527
50	0. 0008582	51	0. 0008638	52	0. 0008693	53	0. 0008749	54	0. 0008805
55	0. 0008861	56	0. 0008917	57	0. 0008974	58	0. 0009031	59	0. 0009088

（续）

角度值 = 8°									
分	函数值	分	函数值	分	函数值	分	函数值	分	函数值
0	0.0009145	1	0.0009203	2	0.0009260	3	0.0009318	4	0.0009377
5	0.0009435	6	0.0009494	7	0.0009553	8	0.0009612	9	0.0009672
10	0.0009732	11	0.0009792	12	0.0009852	13	0.0009913	14	0.0009973
15	0.0010034	16	0.0010096	17	0.0010157	18	0.0010219	19	0.0010281
20	0.0010343	21	0.0010406	22	0.0010469	23	0.0010532	24	0.0010595
25	0.0010659	26	0.0010722	27	0.0010786	28	0.0010851	29	0.0010915
30	0.001098	31	0.0011045	32	0.0011111	33	0.0011176	34	0.0011242
35	0.0011308	36	0.0011375	37	0.0011441	38	0.0011508	39	0.0011575
40	0.0011643	41	0.0011711	42	0.0011779	43	0.0011847	44	0.0011915
45	0.0011984	46	0.0012053	47	0.0012122	48	0.0012192	49	0.0012262
50	0.0012332	51	0.0012402	52	0.0012473	53	0.0012544	54	0.0012615
55	0.0012687	56	0.0012758	57	0.0012830	58	0.0012903	59	0.0012975

角度值 = 9°									
分	函数值	分	函数值	分	函数值	分	函数值	分	函数值
0	0.0013048	1	0.0013121	2	0.0013195	3	0.0013268	4	0.0013342
5	0.0013416	6	0.0013491	7	0.0013566	8	0.0013641	9	0.0013716
10	0.0013792	11	0.0013868	12	0.0013944	13	0.001402	14	0.0014097
15	0.0014174	16	0.0014251	17	0.0014329	18	0.0014407	19	0.0014485
20	0.0014563	21	0.0014642	22	0.0014721	23	0.00148	24	0.001488
25	0.001496	26	0.001504	27	0.001512	28	0.0015201	29	0.0015282
30	0.0015363	31	0.0015445	32	0.0015527	33	0.0015609	34	0.0015691
35	0.0015774	36	0.0015857	37	0.0015941	38	0.0016024	39	0.0016108
40	0.0016193	41	0.0016277	42	0.0016362	43	0.0016447	44	0.0016533
45	0.0016618	46	0.0016704	47	0.0016791	48	0.0016877	49	0.0016964
50	0.0017051	51	0.0017139	52	0.0017227	53	0.0017315	54	0.0017403
55	0.0017492	56	0.0017581	57	0.0017671	58	0.0017760	59	0.0017850

角度值 = 10°									
分	函数值	分	函数值	分	函数值	分	函数值	分	函数值
0	0.0017941	1	0.0018031	2	0.0018122	3	0.0018213	4	0.0018305
5	0.0018397	6	0.0018489	7	0.0018581	8	0.0018674	9	0.0018767
10	0.001886	11	0.0018954	12	0.0019048	13	0.0019142	14	0.0019237
15	0.0019332	16	0.0019427	17	0.0019523	18	0.0019619	19	0.0019715
20	0.0019812	21	0.0019909	22	0.0020006	23	0.0020103	24	0.0020201
25	0.0020299	26	0.0020398	27	0.0020496	28	0.0020596	29	0.0020695
30	0.0020795	31	0.0020895	32	0.0020995	33	0.0021096	34	0.0021197
35	0.0021298	36	0.00214	37	0.0021502	38	0.0021605	39	0.0021707
40	0.002181	41	0.0021914	42	0.0022017	43	0.0022121	44	0.0022226
45	0.002233	46	0.0022435	47	0.0022541	48	0.0022646	49	0.0022752
50	0.0022859	51	0.0022965	52	0.0023073	53	0.002318	54	0.0023288
55	0.0023396	56	0.0023504	57	0.0023613	58	0.0023722	59	0.0023831

（续）

角度值 = 11°									
分	函数值	分	函数值	分	函数值	分	函数值	分	函数值
0	0.0023941	1	0.0024051	2	0.0024161	3	0.0024272	4	0.0024383
5	0.0024495	6	0.0024607	7	0.0024719	8	0.0024831	9	0.0024944
10	0.0025057	11	0.0025171	12	0.0025285	13	0.0025399	14	0.0025513
15	0.0025628	16	0.0025744	17	0.0025859	18	0.0025975	19	0.0026091
20	0.0026208	21	0.0026325	22	0.0026443	23	0.002656	24	0.0026678
25	0.0026797	26	0.0026916	27	0.0027035	28	0.0027154	29	0.0027274
30	0.0027394	31	0.0027515	32	0.0027636	33	0.0027757	34	0.0027879
35	0.0028001	36	0.0028123	37	0.0028246	38	0.0028369	39	0.0028493
40	0.0028616	41	0.0028741	42	0.0028865	43	0.002899	44	0.0029115
45	0.0029241	46	0.0029367	47	0.0029494	48	0.002962	49	0.0029747
50	0.0029875	51	0.0030003	52	0.0030131	53	0.003026	54	0.0030389
55	0.0030518	56	0.0030648	57	0.0030778	58	0.0030908	59	0.0031039

角度值 = 12°									
分	函数值	分	函数值	分	函数值	分	函数值	分	函数值
0	0.0031171	1	0.0031302	2	0.0031434	3	0.0031566	4	0.0031699
5	0.0031832	6	0.0031966	7	0.00321	8	0.0032234	9	0.0032369
10	0.0032504	11	0.0032639	12	0.0032775	13	0.0032911	14	0.0033048
15	0.0033185	16	0.0033322	17	0.003346	18	0.0033598	19	0.0033736
20	0.0033875	21	0.0034014	22	0.0034154	23	0.0034294	24	0.0034434
25	0.0034575	26	0.0034716	27	0.0034858	28	0.0035000	29	0.0035142
30	0.0035285	31	0.0035428	32	0.0035572	33	0.0035716	34	0.003586
35	0.0036005	36	0.003615	37	0.0036296	38	0.0036441	39	0.0036588
40	0.0036735	41	0.0036882	42	0.0037029	43	0.0037177	44	0.0037325
45	0.0037474	46	0.0037623	47	0.0037773	48	0.0037923	49	0.0038073
50	0.0038224	51	0.0038375	52	0.0038527	53	0.0038679	54	0.0038831
55	0.0038984	56	0.0039137	57	0.0039291	58	0.0039445	59	0.0039599

角度值 = 13°									
分	函数值	分	函数值	分	函数值	分	函数值	分	函数值
0	0.0039754	1	0.0039909	2	0.0040065	3	0.0040221	4	0.0040377
5	0.0040534	6	0.0040692	7	0.0040849	8	0.0041007	9	0.0041166
10	0.0041325	11	0.0041484	12	0.0041644	13	0.0041804	14	0.0041965
15	0.0042126	16	0.0042288	17	0.004245	18	0.0042612	19	0.0042775
20	0.0042938	21	0.0043101	22	0.0043266	23	0.004343	24	0.0043595
25	0.004376	26	0.0043926	27	0.0044092	28	0.0044259	29	0.0044426
30	0.0044593	31	0.0044761	32	0.0044929	33	0.0045098	34	0.0045267
35	0.0045437	36	0.0045607	37	0.0045777	38	0.0045948	39	0.004612
40	0.0046291	41	0.0046464	42	0.0046636	43	0.0046809	44	0.0046983
45	0.0047157	46	0.0047331	47	0.0047506	48	0.0047681	49	0.0047857
50	0.0048033	51	0.004821	52	0.0048387	53	0.0048564	54	0.0048742
55	0.0048921	56	0.0049099	57	0.0049279	58	0.0049458	59	0.0049638

（续）

角度值 = 14°									
分	函数值	分	函数值	分	函数值	分	函数值	分	函数值
0	0.0049819	1	0.005	2	0.0050182	3	0.0050364	4	0.0050546
5	0.0050729	6	0.0050912	7	0.0051096	8	0.005128	9	0.0051465
10	0.005165	11	0.0051835	12	0.0052021	13	0.0052208	14	0.0052395
15	0.0052582	16	0.005277	17	0.0052958	18	0.0053147	19	0.0053336
20	0.0053526	21	0.0053716	22	0.0053907	23	0.0054098	24	0.0054289
25	0.0054481	26	0.0054674	27	0.0054867	28	0.005506	29	0.0055254
30	0.0055448	31	0.0055643	32	0.0055838	33	0.0056034	34	0.005623
35	0.0056427	36	0.0056624	37	0.0056822	38	0.005702	39	0.0057218
40	0.0057417	41	0.0057617	42	0.0057817	43	0.0058017	44	0.0058218
45	0.005842	46	0.0058622	47	0.0058824	48	0.0059027	49	0.005923
50	0.0059434	51	0.0059638	52	0.0059843	53	0.0060048	54	0.0060254
55	0.006046	56	0.0060667	57	0.0060874	58	0.0061081	59	0.0061289

角度值 = 15°									
分	函数值	分	函数值	分	函数值	分	函数值	分	函数值
0	0.0061498	1	0.0061707	2	0.0061917	3	0.0062127	4	0.0062337
5	0.0062548	6	0.006276	7	0.0062972	8	0.0063184	9	0.0063397
10	0.0063611	11	0.0063825	12	0.0064039	13	0.0064254	14	0.006447
15	0.0064686	16	0.0064902	17	0.0065119	18	0.0065337	19	0.0065555
20	0.0065773	21	0.0065992	22	0.0066211	23	0.0066431	24	0.0066652
25	0.0066873	26	0.0067094	27	0.0067316	28	0.0067539	29	0.0067762
30	0.0067985	31	0.0068209	32	0.0068434	33	0.0068659	34	0.0068884
35	0.006911	36	0.0069337	37	0.0069564	38	0.0069791	39	0.0070019
40	0.0070248	41	0.0070477	42	0.0070706	43	0.0070936	44	0.0071167
45	0.0071398	46	0.007163	47	0.0071862	48	0.0072095	49	0.0072328
50	0.0072561	51	0.0072796	52	0.007303	53	0.0073266	54	0.0073501
55	0.0073738	56	0.0073975	57	0.0074212	58	0.007445	59	0.0074688

角度值 = 16°									
分	函数值	分	函数值	分	函数值	分	函数值	分	函数值
0	0.0074927	1	0.0075167	2	0.0075406	3	0.0075647	4	0.0075888
5	0.007613	6	0.0076372	7	0.0076614	8	0.0076857	9	0.0077101
10	0.0077345	11	0.007759	12	0.0077835	13	0.0078081	14	0.0078327
15	0.0078574	16	0.0078822	17	0.0079069	18	0.0079318	19	0.0079567
20	0.0079817	21	0.0080067	22	0.0080317	23	0.0080568	24	0.008082
25	0.0081072	26	0.0081325	27	0.0081578	28	0.0081832	29	0.0082087
30	0.0082342	31	0.0082597	32	0.0082853	33	0.008311	34	0.0083367
35	0.0083625	36	0.0083883	37	0.0084142	38	0.0084401	39	0.0084661
40	0.0084921	41	0.0085182	42	0.0085444	43	0.0085706	44	0.0085969
45	0.0086232	46	0.0086496	47	0.008676	48	0.0087025	49	0.008729
50	0.0087556	51	0.0087823	52	0.008809	53	0.0088358	54	0.0088626
55	0.0088895	56	0.0089164	57	0.0089434	58	0.0089704	59	0.0089975

（续）

角度值 = 17°

分	函数值	分	函数值	分	函数值	分	函数值	分	函数值
0	0. 0090247	1	0. 0090519	2	0. 0090792	3	0. 0091065	4	0. 0091339
5	0. 0091614	6	0. 0091889	7	0. 0092164	8	0. 009244	9	0. 0092717
10	0. 0092994	11	0. 0093272	12	0. 0093551	13	0. 009383	14	0. 0094109
15	0. 009439	16	0. 009467	17	0. 0094952	18	0. 0095234	19	0. 0095516
20	0. 0095799	21	0. 0096083	22	0. 0096367	23	0. 0096652	24	0. 0096937
25	0. 0097223	26	0. 009751	27	0. 0097797	28	0. 0098084	29	0. 0098373
30	0. 0098662	31	0. 0098951	32	0. 0099241	33	0. 0099532	34	0. 0099823
35	0. 0100115	36	0. 0100407	37	0. 01007	38	0. 0100994	39	0. 0101288
40	0. 0101583	41	0. 0101878	42	0. 0102174	43	0. 0102471	44	0. 0102768
45	0. 0103066	46	0. 0103364	47	0. 0103663	48	0. 0103963	49	0. 0104263
50	0. 0104564	51	0. 0104865	52	0. 0105167	53	0. 0105469	54	0. 0105773
55	0. 0106076	56	0. 0106381	57	0. 0106686	58	0. 0106991	59	0. 0107298

角度值 = 18°

分	函数值	分	函数值	分	函数值	分	函数值	分	函数值
0	0. 0107604	1	0. 0107912	2	0. 010822	3	0. 0108528	4	0. 0108838
5	0. 0109147	6	0. 0109458	7	0. 0109769	8	0. 0110081	9	0. 0110393
10	0. 0110706	11	0. 0111019	12	0. 0111333	13	0. 0111648	14	0. 0111964
15	0. 011228	16	0. 0112596	17	0. 0112913	18	0. 0113231	19	0. 011355
20	0. 0113869	21	0. 0114189	22	0. 0114509	23	0. 011483	24	0. 0115151
25	0. 0115474	26	0. 0115796	27	0. 011612	28	0. 0116444	29	0. 0116769
30	0. 0117094	31	0. 011742	32	0. 0117747	33	0. 0118074	34	0. 0118402
35	0. 011873	36	0. 0119059	37	0. 0119389	38	0. 011972	39	0. 0120051
40	0. 0120382	41	0. 0120715	42	0. 0121048	43	0. 0121381	44	0. 0121715
45	0. 012205	46	0. 0122386	47	0. 0122722	48	0. 0123059	49	0. 0123396
50	0. 0123734	51	0. 0124073	52	0. 0124412	53	0. 0124752	54	0. 0125093
55	0. 0125434	56	0. 0125776	57	0. 0126119	58	0. 0126462	59	0. 0126806

角度值 = 19°

分	函数值	分	函数值	分	函数值	分	函数值	分	函数值
0	0. 0127151	1	0. 0127496	2	0. 0127842	3	0. 0128188	4	0. 0128535
5	0. 0128883	6	0. 0129232	7	0. 0129581	8	0. 0129931	9	0. 0130281
10	0. 0130632	11	0. 0130984	12	0. 0131336	13	0. 0131689	14	0. 0132043
15	0. 0132398	16	0. 0132753	17	0. 0133108	18	0. 0133465	19	0. 0133822
20	0. 013418	21	0. 0134538	22	0. 0134897	23	0. 0135257	24	0. 0135617
25	0. 0135978	26	0. 013634	27	0. 0136702	28	0. 0137065	29	0. 0137429
30	0. 0137794	31	0. 0138159	32	0. 0138525	33	0. 0138891	34	0. 0139258
35	0. 0139626	36	0. 0139994	37	0. 0140364	38	0. 0140734	39	0. 0141104
40	0. 0141475	41	0. 0141847	42	0. 014222	43	0. 0142593	44	0. 0142967
45	0. 0143342	46	0. 0143717	47	0. 0144093	48	0. 014447	49	0. 0144847
50	0. 0145225	51	0. 0145604	52	0. 0145983	53	0. 0146363	54	0. 0146744
55	0. 0147126	56	0. 0147508	57	0. 0147891	58	0. 0148275	59	0. 0148659

（续）

角度值 = 20°									
分	函数值	分	函数值	分	函数值	分	函数值	分	函数值
0	0.0149044	1	0.014943	2	0.0149816	3	0.0150203	4	0.0150591
5	0.0150979	6	0.0151369	7	0.0151758	8	0.0152149	9	0.015254
10	0.0152932	11	0.0153325	12	0.0153718	13	0.0154113	14	0.0154507
15	0.0154903	16	0.0155299	17	0.0155696	18	0.0156094	19	0.0156492
20	0.0156891	21	0.0157291	22	0.0157692	23	0.0158093	24	0.0158495
25	0.0158898	26	0.0159301	27	0.0159705	28	0.016011	29	0.0160516
30	0.0160922	31	0.0161329	32	0.0161737	33	0.0162145	34	0.0162554
35	0.0162964	36	0.0163375	37	0.0163786	38	0.0164198	39	0.0164611
40	0.0165024	41	0.0165439	42	0.0165854	43	0.0166269	44	0.0166686
45	0.0167103	46	0.0167521	47	0.0167939	48	0.0168359	49	0.0168779
50	0.01692	51	0.0169621	52	0.0170044	53	0.0170467	54	0.0170891
55	0.0171315	56	0.017174	57	0.0172166	58	0.0172593	59	0.0173021

角度值 = 21°									
分	函数值	分	函数值	分	函数值	分	函数值	分	函数值
0	0.0173449	1	0.0173878	2	0.0174308	3	0.0174738	4	0.0175169
5	0.0175601	6	0.0176034	7	0.0176468	8	0.0176902	9	0.0177337
10	0.0177773	11	0.0178209	12	0.0178646	13	0.0179084	14	0.0179523
15	0.0179963	16	0.0180403	17	0.0180844	18	0.0181286	19	0.0181728
20	0.0182172	21	0.0182616	22	0.0183061	23	0.0183506	24	0.0183953
25	0.01844	26	0.0184848	27	0.0185296	28	0.0185746	29	0.0186196
30	0.0186647	31	0.0187099	32	0.0187551	33	0.0188004	34	0.0188458
35	0.0188913	36	0.0189369	37	0.0189825	38	0.0190282	39	0.019074
40	0.0191199	41	0.0191659	42	0.0192119	43	0.019258	44	0.0193042
45	0.0193504	46	0.0193968	47	0.0194432	48	0.0194897	49	0.0195363
50	0.0195829	51	0.0196296	52	0.0196765	53	0.0197233	54	0.0197703
55	0.0198174	56	0.0198645	57	0.0199117	58	0.019959	59	0.0200063

角度值 = 22°									
分	函数值	分	函数值	分	函数值	分	函数值	分	函数值
0	0.0200538	1	0.0201013	2	0.0201489	3	0.0201966	4	0.0202444
5	0.0202922	6	0.0203401	7	0.0203881	8	0.0204362	9	0.0204844
10	0.0205326	11	0.0205809	12	0.0206293	13	0.0206778	14	0.0207264
15	0.020775	16	0.0208238	17	0.0208726	18	0.0209215	19	0.0209704
20	0.0210195	21	0.0210686	22	0.0211178	23	0.0211671	24	0.0212165
25	0.021266	26	0.0213155	27	0.0213651	28	0.0214148	29	0.0214646
30	0.0215145	31	0.0215644	32	0.0216145	33	0.0216646	34	0.0217148
35	0.0217651	36	0.0218154	37	0.0218659	38	0.0219164	39	0.021967
40	0.0220177	41	0.0220685	42	0.0221193	43	0.0221703	44	0.0222213
45	0.0222724	46	0.0223236	47	0.0223749	48	0.0224262	49	0.0224777
50	0.0225292	51	0.0225808	52	0.0226325	53	0.0226843	54	0.0227361
55	0.0227881	56	0.0228401	57	0.0228922	58	0.0229444	59	0.0229967

（续）

角度值 = 23°									
分	函数值	分	函数值	分	函数值	分	函数值	分	函数值
0	0.0230491	1	0.0231015	2	0.0231541	3	0.0232067	4	0.0232594
5	0.0233122	6	0.0233651	7	0.0234181	8	0.0234711	9	0.0235242
10	0.0235775	11	0.0236308	12	0.0236842	13	0.0237376	14	0.0237912
15	0.0238449	16	0.0238986	17	0.0239524	18	0.0240063	19	0.0240603
20	0.0241144	21	0.0241686	22	0.0242228	23	0.0242772	24	0.0243316
25	0.0243861	26	0.0244407	27	0.0244954	28	0.0245502	29	0.024605
30	0.02466	31	0.024715	32	0.0247702	33	0.0248254	34	0.0248807
35	0.0249361	36	0.0249916	37	0.0250471	38	0.0251028	39	0.0251585
40	0.0252143	41	0.0252703	42	0.0253263	43	0.0253824	44	0.0254386
45	0.0254948	46	0.0255512	47	0.0256076	48	0.0256642	49	0.0257208
50	0.0257775	51	0.0258343	52	0.0258912	53	0.0259482	54	0.0260053
55	0.0260625	56	0.0261197	57	0.0261771	58	0.0262345	59	0.026292

角度值 = 24°									
分	函数值	分	函数值	分	函数值	分	函数值	分	函数值
0	0.0263497	1	0.0264074	2	0.0264652	3	0.0265231	4	0.026581
5	0.0266391	6	0.0266973	7	0.0267555	8	0.0268139	9	0.0268723
10	0.0269308	11	0.0269894	12	0.0270481	13	0.0271069	14	0.0271658
15	0.0272248	16	0.0272839	17	0.027343	18	0.0274023	19	0.0274617
20	0.0275211	21	0.0275806	22	0.0276403	23	0.0277	24	0.0277598
25	0.0278197	26	0.0278797	27	0.0279398	28	0.0279999	29	0.0280602
30	0.0281206	31	0.028181	32	0.0282416	33	0.0283022	34	0.028363
35	0.0284238	36	0.0284848	37	0.0285458	38	0.0286069	39	0.0286681
40	0.0287294	41	0.0287908	42	0.0288523	43	0.0289139	44	0.0289756
45	0.0290373	46	0.0290992	47	0.0291612	48	0.0292232	49	0.0292854
50	0.0293476	51	0.02941	52	0.0294724	53	0.0295349	54	0.0295976
55	0.0296603	56	0.0297231	57	0.029786	58	0.029849	59	0.0299121

角度值 = 25°									
分	函数值	分	函数值	分	函数值	分	函数值	分	函数值
0	0.0299753	1	0.0300386	2	0.030102	3	0.0301655	4	0.0302291
5	0.0302928	6	0.0303566	7	0.0304205	8	0.0304844	9	0.0305485
10	0.0306127	11	0.0306769	12	0.0307413	13	0.0308058	14	0.0308703
15	0.030935	16	0.0309997	17	0.0310646	18	0.0311295	19	0.0311946
20	0.0312597	21	0.031325	22	0.0313903	23	0.0314557	24	0.0315213
25	0.0315869	26	0.0316526	27	0.0317185	28	0.0317844	29	0.0318504
30	0.0319166	31	0.0319828	32	0.0320491	33	0.0321156	34	0.0321821
35	0.0322487	36	0.0323154	37	0.0323823	38	0.0324492	39	0.0325162
40	0.0325833	41	0.0326506	42	0.0327179	43	0.0327853	44	0.0328528
45	0.0329205	46	0.0329882	47	0.033056	48	0.0331239	49	0.033192
50	0.0332601	51	0.0333283	52	0.0333967	53	0.0334651	54	0.0335336
55	0.0336023	56	0.033671	57	0.0337399	58	0.0338088	59	0.0338778

（续）

角度值 = 26°

分	函数值	分	函数值	分	函数值	分	函数值	分	函数值
0	0. 033947	1	0. 0340162	2	0. 0340856	3	0. 034155	4	0. 0342246
5	0. 0342942	6	0. 034364	7	0. 0344339	8	0. 0345038	9	0. 0345739
10	0. 0346441	11	0. 0347144	12	0. 0347847	13	0. 0348552	14	0. 0349258
15	0. 0349965	16	0. 0350673	17	0. 0351382	18	0. 0352092	19	0. 0352803
20	0. 0353515	21	0. 0354228	22	0. 0354942	23	0. 0355658	24	0. 0356374
25	0. 0357091	26	0. 035781	27	0. 0358529	28	0. 0359249	29	0. 0359971
30	0. 0360694	31	0. 0361417	32	0. 0362142	33	0. 0362868	34	0. 0363594
35	0. 0364322	36	0. 0365051	37	0. 0365781	38	0. 0366512	39	0. 0367244
40	0. 0367977	41	0. 0368712	42	0. 0369447	43	0. 0370183	44	0. 0370921
45	0. 0371659	46	0. 0372399	47	0. 0373139	48	0. 0373881	49	0. 0374624
50	0. 0375368	51	0. 0376113	52	0. 0376859	53	0. 0377606	54	0. 0378354
55	0. 0379103	56	0. 0379853	57	0. 0380605	58	0. 0381357	59	0. 0382111

角度值 = 27°

分	函数值	分	函数值	分	函数值	分	函数值	分	函数值
0	0. 0382865	1	0. 0383621	2	0. 0384378	3	0. 0385136	4	0. 0385895
5	0. 0386655	6	0. 0387416	7	0. 0388178	8	0. 0388942	9	0. 0389706
10	0. 0390472	11	0. 0391239	12	0. 0392006	13	0. 0392775	14	0. 0393545
15	0. 0394316	16	0. 0395088	17	0. 0395862	18	0. 0396636	19	0. 0397411
20	0. 0398188	21	0. 0398966	22	0. 0399745	23	0. 0400524	24	0. 0401305
25	0. 0402088	26	0. 0402871	27	0. 0403655	28	0. 0404441	29	0. 0405227
30	0. 0406015	31	0. 0406804	32	0. 0407594	33	0. 0408385	34	0. 0409177
35	0. 040997	36	0. 0410765	37	0. 041156	38	0. 0412357	39	0. 0413155
40	0. 0413954	41	0. 0414754	42	0. 0415555	43	0. 0416358	44	0. 0417161
45	0. 0417966	46	0. 0418772	47	0. 0419579	48	0. 0420386	49	0. 0421196
50	0. 0422006	51	0. 0422818	52	0. 042363	53	0. 0424444	54	0. 0425259
55	0. 0426075	56	0. 0426892	57	0. 042771	58	0. 042853	59	0. 0429351

角度值 = 28°

分	函数值	分	函数值	分	函数值	分	函数值	分	函数值
0	0. 0430172	1	0. 0430995	2	0. 0431819	3	0. 0432645	4	0. 0433471
5	0. 0434299	6	0. 0435128	7	0. 0435957	8	0. 0436788	9	0. 0437621
10	0. 0438454	11	0. 0439289	12	0. 0440124	13	0. 0440961	14	0. 0441799
15	0. 0442639	16	0. 0443479	17	0. 0444321	18	0. 0445163	19	0. 0446007
20	0. 0446852	21	0. 0447699	22	0. 0448546	23	0. 0449395	24	0. 0450245
25	0. 0451096	26	0. 0451948	27	0. 0452801	28	0. 0453656	29	0. 0454512
30	0. 0455369	31	0. 0456227	32	0. 0457086	33	0. 0457947	34	0. 0458808
35	0. 0459671	36	0. 0460535	37	0. 0461401	38	0. 0462267	39	0. 0463135
40	0. 0464004	41	0. 0464874	42	0. 0465745	43	0. 0466618	44	0. 0467491
45	0. 0468366	46	0. 0469242	47	0. 047012	48	0. 0470998	49	0. 0471878
50	0. 0472759	51	0. 0473641	52	0. 0474524	53	0. 0475409	54	0. 0476295
55	0. 0477182	56	0. 047807	57	0. 047896	58	0. 047985	59	0. 0480742

（续）

角度值 =29°

分	函数值	分	函数值	分	函数值	分	函数值	分	函数值
0	0.0481636	1	0.048253	2	0.0483426	3	0.0484323	4	0.0485221
5	0.048612	6	0.0487021	7	0.0487922	8	0.0488825	9	0.048973
10	0.0490635	11	0.0491542	12	0.049245	13	0.0493359	14	0.0494269
15	0.0495181	16	0.0496094	17	0.0497008	18	0.0497923	19	0.049884
20	0.0499758	21	0.0500677	22	0.0501598	23	0.0502519	24	0.0503442
25	0.0504367	26	0.0505292	27	0.0506219	28	0.0507147	29	0.0508076
30	0.0509006	31	0.0509938	32	0.0510871	33	0.0511806	34	0.0512741
35	0.0513678	36	0.0514616	37	0.0515555	38	0.0516496	39	0.0517438
40	0.0518381	41	0.0519326	42	0.0520271	43	0.0521218	44	0.0522167
45	0.0523116	46	0.0524067	47	0.0525019	48	0.0525973	49	0.0526927
50	0.0527884	51	0.0528841	52	0.0529799	53	0.0530759	54	0.0531721
55	0.0532683	56	0.0533647	57	0.0534612	58	0.0535578	59	0.0536546

角度值 =30°

分	函数值	分	函数值	分	函数值	分	函数值	分	函数值
0	0.0537515	1	0.0538485	2	0.0539457	3	0.054043	4	0.0541404
5	0.0542379	6	0.0543356	7	0.0544334	8	0.0545314	9	0.0546295
10	0.0547277	11	0.054826	12	0.0549245	13	0.0550231	14	0.0551218
15	0.0552207	16	0.0553197	17	0.0554188	18	0.0555181	19	0.0556175
20	0.055717	21	0.0558166	22	0.0559164	23	0.0560164	24	0.0561164
25	0.0562166	26	0.056317	27	0.0564174	28	0.056518	29	0.0566187
30	0.0567196	31	0.0568206	32	0.0569217	33	0.057023	34	0.0571244
35	0.0572259	36	0.0573276	37	0.0574294	38	0.0575313	39	0.0576334
40	0.0577356	41	0.057838	42	0.0579405	43	0.0580431	44	0.0581459
45	0.0582487	46	0.0583518	47	0.0584549	48	0.0585582	49	0.0586617
50	0.0587653	51	0.058869	52	0.0589728	53	0.0590768	54	0.0591809
55	0.0592852	56	0.0593896	57	0.0594941	58	0.0595988	59	0.0597036

角度值 =31°

分	函数值	分	函数值	分	函数值	分	函数值	分	函数值
0	0.0598086	1	0.0599136	2	0.0600189	3	0.0601243	4	0.0602297
5	0.0603354	6	0.0604412	7	0.0605471	8	0.0606532	9	0.0607594
10	0.0608657	11	0.0609722	12	0.0610788	13	0.0611856	14	0.0612925
15	0.0613995	16	0.0615067	17	0.061614	18	0.0617215	19	0.0618291
20	0.0619368	21	0.0620447	22	0.0621527	23	0.0622609	24	0.0623692
25	0.0624777	26	0.0625863	27	0.062695	28	0.0628039	29	0.0629129
30	0.0630221	31	0.0631314	32	0.0632408	33	0.0633504	34	0.0634602
35	0.06357	36	0.0636801	37	0.0637902	38	0.0639005	39	0.064011
40	0.0641216	41	0.0642323	42	0.0643432	43	0.0644543	44	0.0645654
45	0.0646767	46	0.0647882	47	0.0648998	48	0.0650116	49	0.0651235
50	0.0652355	51	0.0653477	52	0.06546	53	0.0655725	54	0.0656852
55	0.0657979	56	0.0659108	57	0.0660239	58	0.0661371	59	0.0662505

（续）

角度值 = 32°									
分	函数值	分	函数值	分	函数值	分	函数值	分	函数值
0	0. 066364	1	0. 0664777	2	0. 0665915	3	0. 0667054	4	0. 0668195
5	0. 0669337	6	0. 0670482	7	0. 0671627	8	0. 0672774	9	0. 0673922
10	0. 0675072	11	0. 0676223	12	0. 0677376	13	0. 067853	14	0. 0679686
15	0. 0680843	16	0. 0682002	17	0. 0683163	18	0. 0684324	19	0. 0685488
20	0. 0686652	21	0. 0687819	22	0. 0688986	23	0. 0690156	24	0. 0691326
25	0. 0692499	26	0. 0693673	27	0. 0694848	28	0. 0696025	29	0. 0697203
30	0. 0698383	31	0. 0699564	32	0. 0700747	33	0. 0701931	34	0. 0703117
35	0. 0704305	36	0. 0705494	37	0. 0706684	38	0. 0707876	39	0. 070907
40	0. 0710265	41	0. 0711461	42	0. 0712659	43	0. 0713859	44	0. 071506
45	0. 0716263	46	0. 0717467	47	0. 0718673	48	0. 071988	49	0. 0721089
50	0. 07223	51	0. 0723512	52	0. 0724725	53	0. 0725941	54	0. 0727157
55	0. 0728375	56	0. 0729595	57	0. 0730816	58	0. 0732039	59	0. 0733264

角度值 = 33°									
分	函数值	分	函数值	分	函数值	分	函数值	分	函数值
0	0. 0734489	1	0. 0735717	2	0. 0736946	3	0. 0738177	4	0. 0739409
5	0. 0740643	6	0. 0741878	7	0. 0743115	8	0. 0744354	9	0. 0745594
10	0. 0746836	11	0. 0748079	12	0. 0749324	13	0. 075057	14	0. 0751818
15	0. 0753068	16	0. 0754319	17	0. 0755571	18	0. 0756826	19	0. 0758082
20	0. 0759339	21	0. 0760598	22	0. 0761859	23	0. 0763122	24	0. 0764385
25	0. 0765651	26	0. 0766918	27	0. 0768187	28	0. 0769457	29	0. 0770729
30	0. 0772003	31	0. 0773278	32	0. 0774555	33	0. 0775833	34	0. 0777113
35	0. 0778395	36	0. 0779678	37	0. 0780963	38	0. 0782249	39	0. 0783537
40	0. 0784827	41	0. 0786118	42	0. 0787411	43	0. 0788706	44	0. 0790002
45	0. 07913	46	0. 07926	47	0. 0793901	48	0. 0795204	49	0. 0796508
50	0. 0797814	51	0. 0799122	52	0. 0800431	53	0. 0801742	54	0. 0803055
55	0. 0804369	56	0. 0805685	57	0. 0807003	58	0. 0808322	59	0. 0809643

角度值 = 34°									
分	函数值	分	函数值	分	函数值	分	函数值	分	函数值
0	0. 0810966	1	0. 081229	2	0. 0813616	3	0. 0814944	4	0. 0816273
5	0. 0817604	6	0. 0818936	7	0. 0820271	8	0. 0821607	9	0. 0822944
10	0. 0824284	11	0. 0825624	12	0. 0826967	13	0. 0828311	14	0. 0829657
15	0. 0831005	16	0. 0832355	17	0. 0833706	18	0. 0835058	19	0. 0836413
20	0. 0837769	21	0. 0839127	22	0. 0840486	23	0. 0841848	24	0. 084321
25	0. 0844575	26	0. 0845942	27	0. 0847309	28	0. 0848679	29	0. 0850051
30	0. 0851424	31	0. 0852799	32	0. 0854175	33	0. 0855554	34	0. 0856934
35	0. 0858315	36	0. 0859699	37	0. 0861084	38	0. 0862471	39	0. 086386
40	0. 086525	41	0. 0866642	42	0. 0868036	43	0. 0869432	44	0. 0870829
45	0. 0872228	46	0. 0873629	47	0. 0875031	48	0. 0876435	49	0. 0877841
50	0. 0879249	51	0. 0880659	52	0. 088207	53	0. 0883483	54	0. 0884898
55	0. 0886314	56	0. 0887732	57	0. 0889153	58	0. 0890574	59	0. 0891998

（续）

角度值 = 35°									
分	函数值	分	函数值	分	函数值	分	函数值	分	函数值
0	0. 0893423	1	0. 089485	2	0. 0896279	3	0. 089771	4	0. 0899142
5	0. 0900576	6	0. 0902012	7	0. 090345	8	0. 0904889	9	0. 0906331
10	0. 0907774	11	0. 0909219	12	0. 0910665	13	0. 0912114	14	0. 0913564
15	0. 0915016	16	0. 091647	17	0. 0917925	18	0. 0919383	19	0. 0920842
20	0. 0922303	21	0. 0923766	22	0. 092523	23	0. 0926697	24	0. 0928165
25	0. 0929635	26	0. 0931107	27	0. 093258	28	0. 0934056	29	0. 0935533
30	0. 0937012	31	0. 0938493	32	0. 0939976	33	0. 094146	34	0. 0942947
35	0. 0944435	36	0. 0945925	37	0. 0947417	38	0. 094891	39	0. 0950406
40	0. 0951904	41	0. 0953403	42	0. 0954904	43	0. 0956407	44	0. 0957912
45	0. 0959418	46	0. 0960927	47	0. 0962437	48	0. 0963949	49	0. 0965463
50	0. 0966979	51	0. 0968497	52	0. 0970016	53	0. 0971538	54	0. 0973061
55	0. 0974586	56	0. 0976113	57	0. 0977642	58	0. 0979173	59	0. 0980706

角度值 = 36°									
分	函数值	分	函数值	分	函数值	分	函数值	分	函数值
0	0. 098224	1	0. 0983776	2	0. 0985315	3	0. 0986855	4	0. 0988397
5	0. 0989941	6	0. 0991487	7	0. 0993035	8	0. 0994584	9	0. 0996136
10	0. 0997689	11	0. 0999245	12	0. 1000802	13	0. 1002361	14	0. 1003922
15	0. 1005485	16	0. 100705	17	0. 1008617	18	0. 1010185	19	0. 1011756
20	0. 1013328	21	0. 1014903	22	0. 1016479	23	0. 1018057	24	0. 1019637
25	0. 1021219	26	0. 1022804	27	0. 102439	28	0. 1025977	29	0. 1027567
30	0. 1029159	31	0. 1030753	32	0. 1032348	33	0. 1033946	34	0. 1035546
35	0. 1037147	36	0. 1038751	37	0. 1040356	38	0. 1041963	39	0. 1043572
40	0. 1045184	41	0. 1046797	42	0. 1048412	43	0. 1050029	44	0. 1051648
45	0. 1053269	46	0. 1054892	47	0. 1056517	48	0. 1058144	49	0. 1059773
50	0. 1061404	51	0. 1063037	52	0. 1064672	53	0. 1066309	54	0. 1067948
55	0. 1069588	56	0. 1071231	57	0. 1072876	58	0. 1074523	59	0. 1076171

角度值 = 37°									
分	函数值	分	函数值	分	函数值	分	函数值	分	函数值
0	0. 1077822	1	0. 1079475	2	0. 108113	3	0. 1082787	4	0. 1084446
5	0. 1086106	6	0. 1087769	7	0. 1089434	8	0. 1091101	9	0. 109277
10	0. 1094441	11	0. 1096114	12	0. 1097789	13	0. 1099466	14	0. 1101144
15	0. 1102825	16	0. 1104509	17	0. 1106194	18	0. 1107881	19	0. 110957
20	0. 1111261	21	0. 1112954	22	0. 1114649	23	0. 1116347	24	0. 1118046
25	0. 1119747	26	0. 1121451	27	0. 1123157	28	0. 1124864	29	0. 1126574
30	0. 1128285	31	0. 1129999	32	0. 1131715	33	0. 1133433	34	0. 1135153
35	0. 1136875	36	0. 1138599	37	0. 1140325	38	0. 1142053	39	0. 1143784
40	0. 1145516	41	0. 1147251	42	0. 1148987	43	0. 1150726	44	0. 1152467
45	0. 115421	46	0. 1155955	47	0. 1157702	48	0. 1159451	49	0. 1161202
50	0. 1162956	51	0. 1164711	52	0. 1166468	53	0. 1168228	54	0. 116999
55	0. 1171754	56	0. 117352	57	0. 1175288	58	0. 1177058	59	0. 1178831

（续）

角度值 = 38°

分	函数值	分	函数值	分	函数值	分	函数值	分	函数值
0	0. 1180605	1	0. 1182382	2	0. 1184161	3	0. 1185942	4	0. 1187725
5	0. 118951	6	0. 1191298	7	0. 1193087	8	0. 1194879	9	0. 1196673
10	0. 1198468	11	0. 1200266	12	0. 1202067	13	0. 1203869	14	0. 1205674
15	0. 120748	16	0. 1209289	17	0. 12111	18	0. 1212913	19	0. 1214729
20	0. 1216546	21	0. 1218366	22	0. 1220188	23	0. 1222012	24	0. 1223838
25	0. 1225667	26	0. 1227498	27	0. 122933	28	0. 1231165	29	0. 1233003
30	0. 1234842	31	0. 1236684	32	0. 1238527	33	0. 1240373	34	0. 1242222
35	0. 1244072	36	0. 1245925	37	0. 1247779	38	0. 1249636	39	0. 1251496
40	0. 1253357	41	0. 1255221	42	0. 1257087	43	0. 1258955	44	0. 1260825
45	0. 1262698	46	0. 1264573	47	0. 126645	48	0. 1268329	49	0. 1270211
50	0. 1272095	51	0. 1273981	52	0. 1275869	53	0. 127776	54	0. 1279652
55	0. 1281547	56	0. 1283445	57	0. 1285344	58	0. 1287246	59	0. 128915

角度值 = 39°

分	函数值	分	函数值	分	函数值	分	函数值	分	函数值
0	0. 1291056	1	0. 1292965	2	0. 1294876	3	0. 1296789	4	0. 1298704
5	0. 1300622	6	0. 1302542	7	0. 1304465	8	0. 1306389	9	0. 1308316
10	0. 1310245	11	0. 1312177	12	0. 1314111	13	0. 1316047	14	0. 1317985
15	0. 1319925	16	0. 1321869	17	0. 1323814	18	0. 1325761	19	0. 1327711
20	0. 1329664	21	0. 1331618	22	0. 1333575	23	0. 1335534	24	0. 1337495
25	0. 1339459	26	0. 1341426	27	0. 1343394	28	0. 1345365	29	0. 1347338
30	0. 1349314	31	0. 1351291	32	0. 1353271	33	0. 1355254	34	0. 1357239
35	0. 1359226	36	0. 1361216	37	0. 1363208	38	0. 1365202	39	0. 1367199
40	0. 1369198	41	0. 1371199	42	0. 1373203	43	0. 1375209	44	0. 1377218
45	0. 1379229	46	0. 1381242	47	0. 1383258	48	0. 1385276	49	0. 1387296
50	0. 1389319	51	0. 1391344	52	0. 1393372	53	0. 1395402	54	0. 1397434
55	0. 1399469	56	0. 1401506	57	0. 1403546	58	0. 1405588	59	0. 1407632

角度值 = 40°

分	函数值	分	函数值	分	函数值	分	函数值	分	函数值
0	0. 140968	1	0. 1411729	2	0. 1413781	3	0. 1415835	4	0. 1417891
5	0. 141995	6	0. 1422012	7	0. 1424076	8	0. 1426142	9	0. 1428211
10	0. 1430282	11	0. 1432356	12	0. 1434432	13	0. 1436511	14	0. 1438591
15	0. 1440675	16	0. 1442761	17	0. 1444849	18	0. 144694	19	0. 1449034
20	0. 1451129	21	0. 1453227	22	0. 1455328	23	0. 1457432	24	0. 1459537
25	0. 1461645	26	0. 1463756	27	0. 1465869	28	0. 1467985	29	0. 1470103
30	0. 1472224	31	0. 1474347	32	0. 1476472	33	0. 1478601	34	0. 1480731
35	0. 1482864	36	0. 1485	37	0. 1487138	38	0. 1489279	39	0. 1491422
40	0. 1493568	41	0. 1495716	42	0. 1497867	43	0. 1500021	44	0. 1502177
45	0. 1504335	46	0. 1506496	47	0. 1508659	48	0. 1510825	49	0. 1512994
50	0. 1515165	51	0. 1517339	52	0. 1519515	53	0. 1521694	54	0. 1523875
55	0. 1526059	56	0. 1528246	57	0. 1530435	58	0. 1532627	59	0. 1534821

（续）

角度值 = 41°									
分	函数值	分	函数值	分	函数值	分	函数值	分	函数值
0	0. 1537018	1	0. 1539217	2	0. 1541419	3	0. 1543624	4	0. 1545831
5	0. 1548041	6	0. 1550253	7	0. 1552468	8	0. 1554686	9	0. 1556906
10	0. 1559129	11	0. 1561354	12	0. 1563582	13	0. 1565813	14	0. 1568046
15	0. 1570282	16	0. 1572521	17	0. 1574762	18	0. 1577005	19	0. 1579252
20	0. 1581501	21	0. 1583752	22	0. 1586006	23	0. 1588264	24	0. 1590523
25	0. 1592785	26	0. 1595051	27	0. 1597318	28	0. 1599588	29	0. 1601861
30	0. 1604137	31	0. 1606415	32	0. 1608696	33	0. 161098	34	0. 1613266
35	0. 1615555	36	0. 1617846	37	0. 1620141	38	0. 1622437	39	0. 1624737
40	0. 162704	41	0. 1629345	42	0. 1631652	43	0. 1633963	44	0. 1636276
45	0. 1638592	46	0. 1640911	47	0. 1643232	48	0. 1645556	49	0. 1647883
50	0. 1650213	51	0. 1652545	52	0. 1654879	53	0. 1657217	54	0. 1659558
55	0. 1661901	56	0. 1664247	57	0. 1666596	58	0. 1668947	59	0. 1671301

角度值 = 42°									
分	函数值	分	函数值	分	函数值	分	函数值	分	函数值
0	0. 1673658	1	0. 1676017	2	0. 167838	3	0. 1680745	4	0. 1683113
5	0. 1685484	6	0. 1687858	7	0. 1690234	8	0. 1692613	9	0. 1694995
10	0. 1697379	11	0. 1699767	12	0. 1702157	13	0. 170455	14	0. 1706946
15	0. 1709344	16	0. 1711746	17	0. 171415	18	0. 1716557	19	0. 1718967
20	0. 172138	21	0. 1723795	22	0. 1726214	23	0. 1728635	24	0. 1731059
25	0. 1733486	26	0. 1735916	27	0. 1738348	28	0. 1740783	29	0. 1743222
30	0. 1745663	31	0. 1748106	32	0. 1750553	33	0. 1753003	34	0. 1755455
35	0. 1757911	36	0. 1760369	37	0. 176283	38	0. 1765294	39	0. 1767761
40	0. 1770231	41	0. 1772703	42	0. 1775178	43	0. 1777657	44	0. 1780138
45	0. 1782622	46	0. 178511	47	0. 17876	48	0. 1790092	49	0. 1792588
50	0. 1795087	51	0. 1797589	52	0. 1800093	53	0. 1802601	54	0. 1805111
55	0. 1807624	56	0. 181014	57	0. 181266	58	0. 1815182	59	0. 1817707

角度值 = 43°									
分	函数值	分	函数值	分	函数值	分	函数值	分	函数值
0	0. 1820235	1	0. 1822766	2	0. 1825301	3	0. 1827837	4	0. 1830377
5	0. 183292	6	0. 1835466	7	0. 1838015	8	0. 1840566	9	0. 1843121
10	0. 1845679	11	0. 1848239	12	0. 1850803	13	0. 185337	14	0. 1855939
15	0. 1858512	16	0. 1861088	17	0. 1863666	18	0. 1866248	19	0. 1868833
20	0. 187142	21	0. 1874011	22	0. 1876605	23	0. 1879202	24	0. 1881801
25	0. 1884404	26	0. 188701	27	0. 1889619	28	0. 1892231	29	0. 1894846
30	0. 1897464	31	0. 1900085	32	0. 1902709	33	0. 1905336	34	0. 1907966
35	0. 19106	36	0. 1913236	37	0. 1915876	38	0. 1918518	39	0. 1921163
40	0. 1923813	41	0. 1926464	42	0. 1929119	43	0. 1931777	44	0. 1934438
45	0. 1937102	46	0. 193977	47	0. 194244	48	0. 1945113	49	0. 194779
50	0. 195047	51	0. 1953153	52	0. 1955839	53	0. 1958528	54	0. 196122
55	0. 1963915	56	0. 1966614	57	0. 1969316	58	0. 197202	59	0. 1974728

（续）

角度值 = 44°

分	函数值	分	函数值	分	函数值	分	函数值	分	函数值
0	0. 197744	1	0. 1980154	2	0. 1982872	3	0. 1985592	4	0. 1988316
5	0. 1991042	6	0. 1993773	7	0. 1996506	8	0. 1999242	9	0. 2001982
10	0. 2004725	11	0. 2007471	12	0. 2010221	13	0. 2012973	14	0. 2015728
15	0. 2018487	16	0. 202125	17	0. 2024015	18	0. 2026783	19	0. 2029555
20	0. 203233	21	0. 2035108	22	0. 2037889	23	0. 2040674	24	0. 2043462
25	0. 2046253	26	0. 2049048	27	0. 2051845	28	0. 2054646	29	0. 2057451
30	0. 2060258	31	0. 2063069	32	0. 2065883	33	0. 20687	34	0. 2071521
35	0. 2074344	36	0. 2077172	37	0. 2080002	38	0. 2082836	39	0. 2085672
40	0. 2088513	41	0. 2091357	42	0. 2094203	43	0. 2097054	44	0. 2099907
45	0. 2102764	46	0. 2105625	47	0. 2108488	48	0. 2111355	49	0. 2114225
50	0. 2117099	51	0. 2119976	52	0. 2122856	53	0. 212574	54	0. 2128627
55	0. 2131517	56	0. 213441	57	0. 2137308	58	0. 2140208	59	0. 2143112

角度值 = 45°

分	函数值	分	函数值	分	函数值	分	函数值	分	函数值
0	0. 2146019	1	0. 2148929	2	0. 2151843	3	0. 2154761	4	0. 2157681
5	0. 2160605	6	0. 2163533	7	0. 2166464	8	0. 2169398	9	0. 2172336
10	0. 2175277	11	0. 2178222	12	0. 218117	13	0. 2184122	14	0. 2187076
15	0. 2190035	16	0. 2192997	17	0. 2195962	18	0. 219893	19	0. 2201903
20	0. 2204878	21	0. 2207857	22	0. 221084	23	0. 2213826	24	0. 2216816
25	0. 2219808	26	0. 2222805	27	0. 2225805	28	0. 2228808	29	0. 2231816
30	0. 2234826	31	0. 223784	32	0. 2240857	33	0. 2243879	34	0. 2246903
35	0. 2249931	36	0. 2252963	37	0. 2255998	38	0. 2259036	39	0. 2262078
40	0. 2265124	41	0. 2268173	42	0. 2271226	43	0. 2274283	44	0. 2277343
45	0. 2280406	46	0. 2283473	47	0. 2286544	48	0. 2289618	49	0. 2292695
50	0. 2295777	51	0. 2298862	52	0. 230195	53	0. 2305043	54	0. 2308138
55	0. 2311238	56	0. 231434	57	0. 2317448	58	0. 2320558	59	0. 2323671

角度值 = 46°

分	函数值	分	函数值	分	函数值	分	函数值	分	函数值
0	0. 2326789	1	0. 232991	2	0. 2333035	3	0. 2336163	4	0. 2339295
5	0. 2342431	6	0. 234557	7	0. 2348713	8	0. 235186	9	0. 235501
10	0. 2358164	11	0. 2361321	12	0. 2364483	13	0. 2367648	14	0. 2370816
15	0. 2373989	16	0. 2377165	17	0. 2380345	18	0. 2383528	19	0. 2386716
20	0. 2389906	21	0. 2393101	22	0. 2396299	23	0. 2399502	24	0. 2402707
25	0. 2405917	26	0. 240913	27	0. 2412347	28	0. 2415568	29	0. 2418793
30	0. 2422021	31	0. 2425253	32	0. 2428488	33	0. 2431728	34	0. 2434972
35	0. 2438219	36	0. 244147	37	0. 2444724	38	0. 2447983	39	0. 2451245
40	0. 2454512	41	0. 2457781	42	0. 2461055	43	0. 2464333	44	0. 2467614
45	0. 2470899	46	0. 2474189	47	0. 2477481	48	0. 2480778	49	0. 2484078
50	0. 2487383	51	0. 2490691	52	0. 2494003	53	0. 249732	54	0. 2500639
55	0. 2503963	56	0. 250729	57	0. 2510622	58	0. 2513958	59	0. 2517297

（续）

角度值 = 47°

分	函数值	分	函数值	分	函数值	分	函数值	分	函数值
0	0. 252064	1	0. 2523987	2	0. 2527339	3	0. 2530693	4	0. 2534052
5	0. 2537415	6	0. 2540782	7	0. 2544152	8	0. 2547526	9	0. 2550905
10	0. 2554288	11	0. 2557674	12	0. 2561065	13	0. 2564459	14	0. 2567857
15	0. 2571259	16	0. 2574666	17	0. 2578076	18	0. 2581489	19	0. 2584908
20	0. 258833	21	0. 2591756	22	0. 2595186	23	0. 259862	24	0. 2602058
25	0. 26055	26	0. 2608947	27	0. 2612397	28	0. 2615851	29	0. 261931
30	0. 2622772	31	0. 2626238	32	0. 2629708	33	0. 2633183	34	0. 2636662
35	0. 2640144	36	0. 2643631	37	0. 2647122	38	0. 2650616	39	0. 2654115
40	0. 2657619	41	0. 2661125	42	0. 2664636	43	0. 2668152	44	0. 2671672
45	0. 2675195	46	0. 2678723	47	0. 2682255	48	0. 268579	49	0. 268933
50	0. 2692875	51	0. 2696423	52	0. 2699975	53	0. 2703532	54	0. 2707093
55	0. 2710658	56	0. 2714227	57	0. 27178	58	0. 2721378	59	0. 2724959

角度值 = 48°

分	函数值	分	函数值	分	函数值	分	函数值	分	函数值
0	0. 2728545	1	0. 2732135	2	0. 273573	3	0. 2739328	4	0. 274293
5	0. 2746537	6	0. 2750149	7	0. 2753764	8	0. 2757384	9	0. 2761008
10	0. 2764636	11	0. 2768268	12	0. 2771905	13	0. 2775546	14	0. 2779191
15	0. 278284	16	0. 2786494	17	0. 2790152	18	0. 2793814	19	0. 2797481
20	0. 2801152	21	0. 2804826	22	0. 2808506	23	0. 281219	24	0. 2815878
25	0. 281957	26	0. 2823267	27	0. 2826968	28	0. 2830673	29	0. 2834384
30	0. 2838098	31	0. 2841816	32	0. 2845538	33	0. 2849266	34	0. 2852997
35	0. 2856733	36	0. 2860474	37	0. 2864218	38	0. 2867967	39	0. 287172
40	0. 2875479	41	0. 2879241	42	0. 2883008	43	0. 2886779	44	0. 2890555
45	0. 2894334	46	0. 289812	47	0. 2901908	48	0. 2905701	49	0. 2909499
50	0. 2913302	51	0. 2917108	52	0. 2920919	53	0. 2924736	54	0. 2928556
55	0. 293238	56	0. 2936209	57	0. 2940043	58	0. 2943881	59	0. 2947724

角度值 = 49°

分	函数值	分	函数值	分	函数值	分	函数值	分	函数值
0	0. 2951571	1	0. 2955423	2	0. 295928	3	0. 296314	4	0. 2967005
5	0. 2970875	6	0. 297475	7	0. 2978629	8	0. 2982512	9	0. 2986401
10	0. 2990293	11	0. 299419	12	0. 2998092	13	0. 3001999	14	0. 300591
15	0. 3009825	16	0. 3013746	17	0. 3017671	18	0. 30216	19	0. 3025534
20	0. 3029473	21	0. 3033416	22	0. 3037364	23	0. 3041317	24	0. 3045274
25	0. 3049236	26	0. 3053203	27	0. 3057174	28	0. 306115	29	0. 3065131
30	0. 3069116	31	0. 3073106	32	0. 3077101	33	0. 3081101	34	0. 3085105
35	0. 3089114	36	0. 3093128	37	0. 3097146	38	0. 3101169	39	0. 3105197
40	0. 310923	41	0. 3113267	42	0. 3117309	43	0. 3121357	44	0. 3125408
45	0. 3129464	46	0. 3133526	47	0. 3137592	48	0. 3141663	49	0. 3145738
50	0. 3149819	51	0. 3153904	52	0. 3157994	53	0. 316209	54	0. 3166189
55	0. 3170294	56	0. 3174403	57	0. 3178518	58	0. 3182637	59	0. 3186761

（续）

角度值 = 50°									
分	函数值	分	函数值	分	函数值	分	函数值	分	函数值
0	0.3190891	1	0.3195024	2	0.3199164	3	0.3203307	4	0.3207455
5	0.3211609	6	0.3215767	7	0.3219931	8	0.3224098	9	0.3228272
10	0.323245	11	0.3236633	12	0.3240821	13	0.3245014	14	0.3249212
15	0.3253414	16	0.3257623	17	0.3261835	18	0.3266053	19	0.3270276
20	0.3274504	21	0.3278736	22	0.3282974	23	0.3287217	24	0.3291465
25	0.3295718	26	0.3299976	27	0.3304239	28	0.3308507	29	0.3312781
30	0.3317058	31	0.3321341	32	0.332563	33	0.3329923	34	0.3334222
35	0.3338525	36	0.3342834	37	0.3347148	38	0.3351467	39	0.3355791
40	0.3360121	41	0.3364455	42	0.3368794	43	0.3373139	44	0.3377489
45	0.3381844	46	0.3386204	47	0.3390569	48	0.339494	49	0.3399315
50	0.3403697	51	0.3408082	52	0.3412474	53	0.3416871	54	0.3421272
55	0.3425679	56	0.3430091	57	0.3434509	58	0.3438932	59	0.344336

1.3　齿轮基础

1.3.1　齿轮的总论及代号

1. 总论

齿轮传动具有传动比准确，可用的传动比、圆周速度和传递功率的范围大，以及传动效率高，使用寿命长，结构紧凑，工作可靠等一系列优点。因此，齿轮传动是各种机器中应用最广的机械传动形式之一，而齿轮是机械工业中重要的基础件。

齿轮传动在使用上也受某些条件的限制：制造工艺较复杂，成本较高，特别是高精度齿轮；轮齿啮合传动无过载自保护功能(同带传动比较)；中心距通常不能调整，并且可用的范围小(同带传动、链传动比较)；单纯的齿轮传动无法组成无级变速传动(同带传动、摩擦传动比较)；使用和维护的要求高。虽然存在这些局限性，但只要选用适当，考虑周到，齿轮传动不失为一种最可靠、最经济的传动形式。

2. 齿轮传动的分类

齿轮传动的种类很多，目前还没有一种统一的分类方法，图 1-1 中的分类可供参考。

3. 齿轮几何要素代号

1998 年，国际标准化组织正式发布 ISO 701：1998 International gear notation Symbols for geometrical data 标准，在这个标准的基础上，我国制定了标准 GB/T 2821—2003《齿轮几何要素代号》。

标准中给出的代号由主代号和下标两部分组成：

主代号——由单个基本字母组成；

下标——用来限定主代号。

几何要素代号组合的主要规则如下：

- 齿轮传动
  - 定轴齿轮传动
    - 平行轴齿轮传动
      - 圆柱齿轮传动
        - 渐开线齿轮传动
          - 普通渐开线齿轮传动
          - 点线啮合渐开线齿轮传动
          - 分阶式渐开线齿轮传动
          - 变齿厚渐开线齿轮传动
          - 偏心渐开线齿轮传动
        - 渐开线-非渐开线齿轮传动
        - 圆弧圆柱齿轮传动
        - 摆线齿轮传动
        - 摆线针轮定轴传动
      - 非圆齿轮传动
    - 相交轴齿轮传动
      - 直齿锥齿轮传动
      - 斜齿锥齿轮传动
      - 曲线齿锥齿轮传动
        - 弧齿锥齿轮传动
        - 摆线齿锥齿轮传动
        - 准渐开线锥齿轮传动
    - 交错轴齿轮传动
      - 准双曲面齿轮传动
        - 弧齿准双曲线齿轮传动
        - 摆线齿准双曲面齿轮传动
      - 交错轴斜齿轮传动
      - 蜗杆传动
        - 圆柱蜗杆传动
          - 阿基米德圆柱蜗杆传动或轴向直廓圆柱蜗杆传动（ZA 蜗杆）
          - 渐开线圆柱蜗杆传动（ZI 蜗杆）
          - 法向直廓圆柱蜗杆传动（ZN 蜗杆）
          - 圆弧圆柱蜗杆传动（ZC 蜗杆）
          - 圆环面包络圆柱蜗杆传动
          - 锥面包络圆柱蜗杆传动（ZK 蜗杆）
        - 环面蜗杆传动
          - 平面齿包络环面蜗杆传动（TP 蜗杆）
          - 直廓环面蜗杆传动（TA 蜗杆）
          - 锥面包络环面蜗杆传动（TK 蜗杆）
          - 渐开面包络环面蜗杆传动（TI 蜗杆）
        - 锥面蜗杆传动
  - 动轴齿轮传动
    - 渐开线齿轮行星传动
    - 非圆齿轮行星传动
    - 少齿差齿轮传动
      - 摆线少齿差传动
      - 渐开线少齿差传动
      - 圆弧少齿差传动
      - 活齿少齿差传动
      - 锥齿少齿差传动
    - 谐波齿轮传动

图 1-1　齿轮传动的分类

1）代号由主代号组成。主代号可有一个或多个下标，或有一个上标。

2）主代号可以是单独的大写字母或小写字母。字母应是拉丁文或斜体的希腊字母，见表 1-6。

3）数字下标为整数、小数或罗马数字。一个代号仅能有一个数字下标。

4）所有下标均应标在同一线上，并低于主代号。

5）划了线条的代号（上面或下面划了线条），除指数外的上标、前置下标、前置上标、二次下标、二次上标以及破折号均应避免使用。

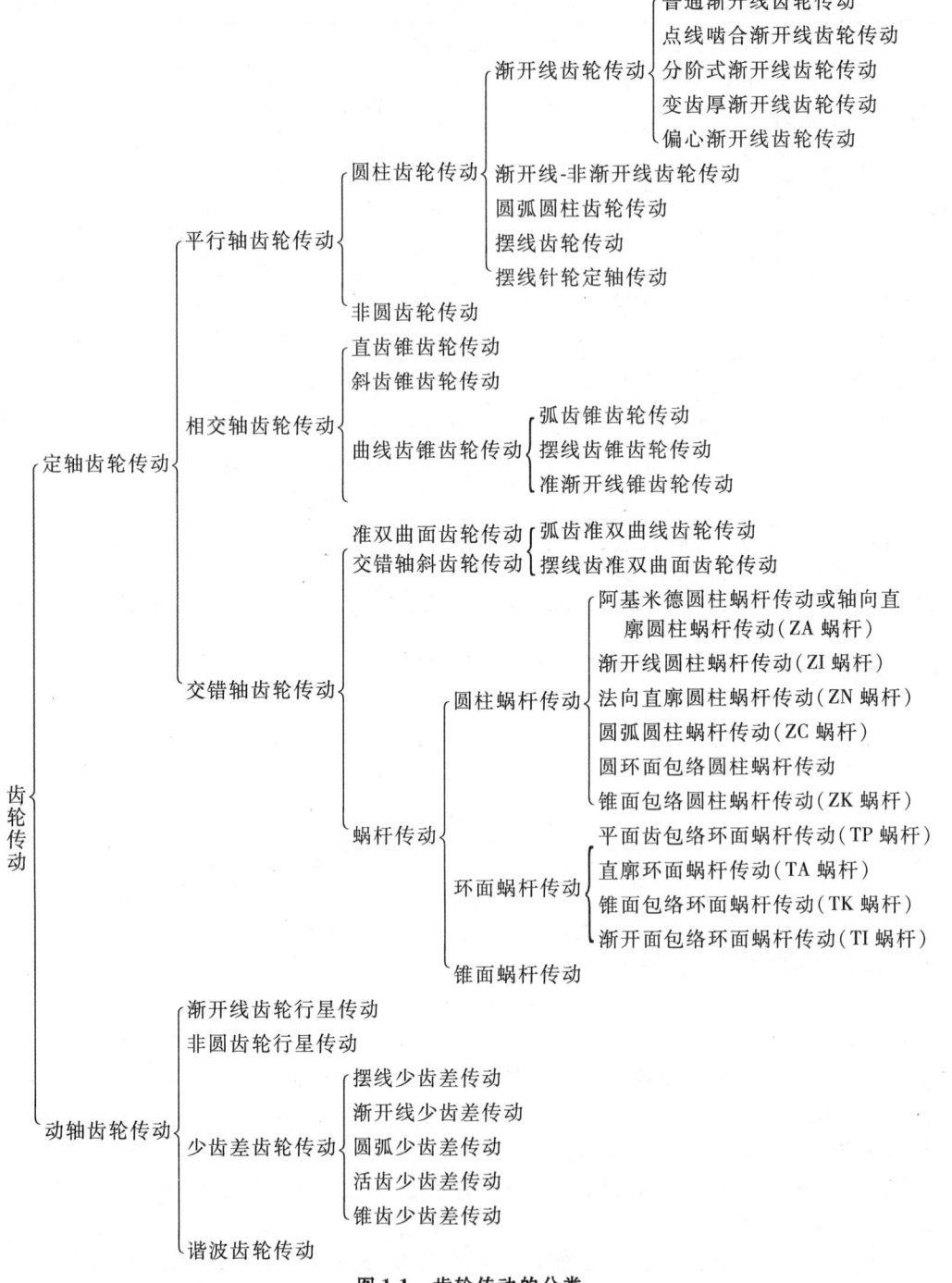

作为下标的同一字母可以有不同的含义，根据下标定义的符号而定。表 1-7 给出了常用下标；表 1-8 给出了两个或三个字母的缩写下标；表 1-9 给出了数字下标。下标与主代号一起使用作为一个代号。当使用一个以上的下标符号时，推荐用表 1-10 给出的顺序。

表 1-6　主要几何要素代号

代　号	意　义	代　号	意　义
a	中心距	u	齿数比
b	齿宽	w	跨 k 个齿的公法线长度
c	顶隙和根隙	x	径向变位系数
d	直径，分度圆直径	y	中心距变动系数
e	齿槽宽	z	齿数
g	接触轨迹长度	α	压力角
h	齿高（全齿高、齿顶高、齿根高）	β	螺旋角
i	总传动比	γ	导程角
j	侧隙	δ	锥角
M	量柱或量球的测量距	ε	重合度
m	模数	η	槽宽半角
p	齿距，导程	θ	锥齿轮的齿形角
q	蜗杆的直径系数	ρ	曲率半径
R	锥距	Σ	轴交角
r	半径	ψ	齿厚半角
s	齿厚		

表 1-7　常用下标

代　号	意　义	代　号	意　义	代　号	意　义
a	顶	n	法向	y	任意点
b	基圆	p	基本齿条齿廓	z	导程
e	外	r	半径的	α	齿廓
f	根	t	端平面	β	螺旋方向上（齿向）
i	内	u	有效的	γ	总的
k	跨齿数	w	啮合状态		
m	平均	x	轴向		

表 1-8　缩写下标

下　标	意　义	下　标	意　义
act	实际的	min	最小的
max	最大的	pr	突台

表 1-9　数字下标

下　标	意　义	下　标	意　义
0	刀具	3	标准齿轮
1	小轮	……	其他齿轮
2	大轮		

表 1-10　下标顺序

下标	a，b，m，f	e，i	pr	n，r，t，x	max，min	0，1，2，3，…
意义	圆柱或圆锥	外、内	突起	平面或方向	缩写	齿轮

表 1-11 给出了齿轮几何要素代号示例。

表 1-11　代号示例

代　号	定　义	代　号	定　义
u	齿数比	d_1	小轮的分度圆直径
m_n	法向模数	d_{w2}	大轮的节圆直径
α_{wt}	端面啮合角	R_2	大轮的锥距

1.3.2　渐开线圆柱齿轮原始齿廓及其参数

1. 通用机械和重型机械用圆柱齿轮标准基本齿条齿廓

1998 年，国际标准化组织发布了新的圆柱齿轮基本齿条齿廓标准 ISO 53：1998 Cylindrical gears for general and heavy egineering-Standard basic rack tooth profile。在这个标准的基础上，我国发布了 GB/T 1356—2001《通用机械和重型机械用圆柱齿轮　标准基本齿条齿廓》国家标准，以替代 GB 1356—1988《渐开线圆柱齿轮基本齿廓》标准。

GB/T 1356—2001 标准规定了通用机械和重型机械用渐开线圆柱齿轮（外齿或内齿）的标准基本齿条齿廓的几何参数。此标准齿廓没有考虑内齿轮齿高可能进行的修正，因此内齿轮对不同情况应分别计算。标准中也不包括对刀具的定义，但为了获得合适的齿廓，可以根据标准基本齿条的齿廓规定刀具的参数。

（1）标准基本齿条齿廓　标准基本齿条齿廓是指基本齿条的法向截面齿廓，基本齿条相当于齿数 $z=\infty$ 、直径 $d\ =\ \infty$ 的外齿轮，如图 1-2 所示。

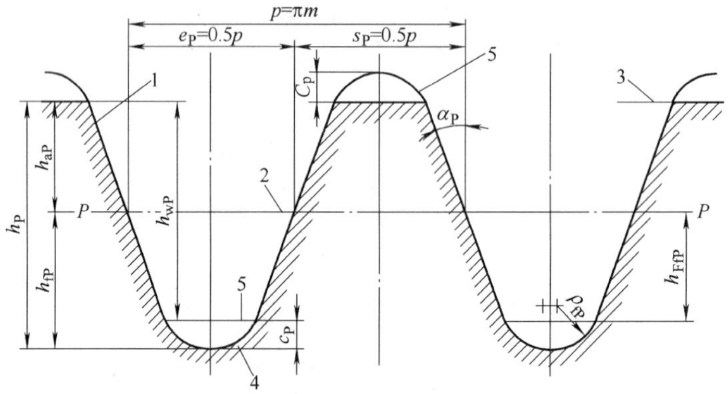

图 1-2　标准基本齿条齿廓和相啮标准基本齿条齿廓

1—标准基本齿条齿廓　2—基准线　3—齿顶线　4—齿根线　5—相啮标准基本齿条齿廓

图 1-2 中的相啮标准齿条齿廓是指齿条齿廓在基准线 $P—P$ 上对称于标准基本齿条齿廓，且相对于标准基本齿条齿廓的半个齿距的齿廓。

图 1-2 中各代号的意义和单位见表 1-12；标准基本齿条齿廓的几何参数见表 1-13。

表 1-12　代号和单位

符号	意 义	单位
c_P	标准基本齿条轮齿与相啮标准基本齿条轮齿之间的顶隙	mm
e_P	标准基本齿条轮齿齿槽宽	mm
h_{aP}	标准基本齿条轮齿齿顶高	mm
h_{fP}	标准基本齿条轮齿齿根高	mm
h_{FfP}	标准基本齿条轮齿齿根直线部分的高度	mm
h_P	标准基本齿条的齿高	mm

（续）

符号	意 义	单位
h_{wP}	标准基本齿条轮齿和相啮标准基本齿条轮齿的有效齿高	mm
m	模数	mm
p	齿距	mm
s_P	标准基本齿条轮齿的齿厚	mm
u_{FP}	挖根量	mm
α_{FP}	挖根角	(°)
α_P	压力角	(°)
ρ_{fP}	基本齿条的齿根圆角半径	mm

表 1-13　标准基本齿条齿廓的几何参数

项　目	标准基本齿条值	项　目	标准基本齿条值
α_P	20°	h_{fP}	$1.25m$
h_{aP}	$1m$	ρ_{fP}	$0.38m$
c_P	$0.25m$		

标准基本齿条齿廓的几何关系如下：

1）标准基本齿条齿廓的齿距为 $p=\pi m$。

2）在 h_{aP}加 h_{FfP}的高度上，齿廓的齿侧面为直线。

3）P-P 线上的齿厚等于齿槽宽，即齿距的一半。

$$s_P=e_P=\frac{p}{2}=\frac{\pi m}{2}$$

式中代号的意义见表 1-12。

4）标准基本齿条齿廓的齿侧面与基准线的垂线之间的夹角为压力角 α_P。

5）齿顶线和齿根线分别平行于基准线 P-P，且距 P-P 线之间距离分别为 h_{aP}和 h_{fP}。

6）标准基本齿条齿廓和相啮标准基本齿条齿廓的有效齿高 h_{wP}等于 $2h_{aP}$。

7）标准基本齿条齿廓的参数用 P-P 线作为基准。

8）标准基本齿条的齿根圆角半径 ρ_{fP}由标准间隙 c_P 确定。

对于 $\alpha_P=20°$，$c_P\leqslant 0.295m$，$h_{FfP}=1m$ 的基本齿条来说，有

$$\rho_{fP\max}=\frac{c_P}{1-\sin\alpha_P}$$

式中　$\rho_{fP\max}$——基本齿条的最大齿根圆角半径。

其他代号意义见表 1-12 和表 1-13。

对于 $\alpha_P=20°$，$0.295m<c_P\leqslant 0.396m$ 的基本齿条来说，有

$$\rho_{fP\max}=\frac{\pi m/4-h_{fP}\tan\alpha_P}{\tan[(90°-\alpha_P)/2]}$$

式中代号的意义见表 1-12 和表 1-13。

基本齿条的最大齿根圆角半径 $\rho_{fP\max}$的圆心在齿槽的中心线上。

实际齿根圆角(在有效齿廓以外)会随一些影响因素的不同而变化，如制造方法、齿廓修形、齿数等。

9）标准基本齿条齿廓的参数 c_P、h_{aP}、h_{fP}和 h_{wP}也可以表示为模数 m 的倍数，即相对于 $m=1$mm 时的值，可加一个星号表示，例如 $h_{fP}=h_{fP}^{*}m$。

（2）不同使用场合下推荐的基本齿条齿廓

1）基本齿条齿廓几何参数和应用。在不同使用场合下推荐的基本齿条齿廓几何参数见表 1-14。

表 1-14 不同使用场合下推荐的基本齿条齿廓几何参数

项目代号	基本齿条齿廓类别			
	A	B	C	D
α_P	20°	20°	20°	20°
h_{aP}	$1m$	$1m$	$1m$	$1m$
c_P	$0.25m$	$0.25m$	$0.25m$	$0.4m$
h_{fP}	$1.25m$	$1.25m$	$1.25m$	$1.4m$
ρ_{fP}	$0.38m$	$0.3m$	$0.25m$	$0.39m$

A 型标准基本齿条齿廓推荐用于传递大转矩的齿轮。

根据不同的使用要求可以使用替代的基本齿条齿廓（GB/T 1356—2001 提示的附录）。

B 型和 C 型基本齿条齿廓推荐用于普通的场合。用标准滚刀加工时，可以用 C 型。

D 型基本齿条齿廓的齿根圆角为单圆弧齿根圆角。当保持最大齿根圆角半径时，增大的齿根高（$h_{fP}=1.4m$，齿根圆角半径 $\rho_{fP}=0.39m$）使得精加工刀具能在没有干涉的情况下工作。这种齿廓推荐用于高精度、传递大转矩的齿轮；齿廓精加工用磨齿或剃齿，并要小心避免齿根圆角处产生凹痕，凹痕会导致应力集中。

2）具有挖根的基本齿条齿廓。具有给定挖根量 u_{FP} 和挖根角 α_{FP} 的基本齿条齿廓见图 1-3。这种齿廓用带凸台的刀具切齿并用磨齿或剃齿精加工齿轮。u_{FP} 和 α_{FP} 的值取决于一些影响因素，如加工方法等。

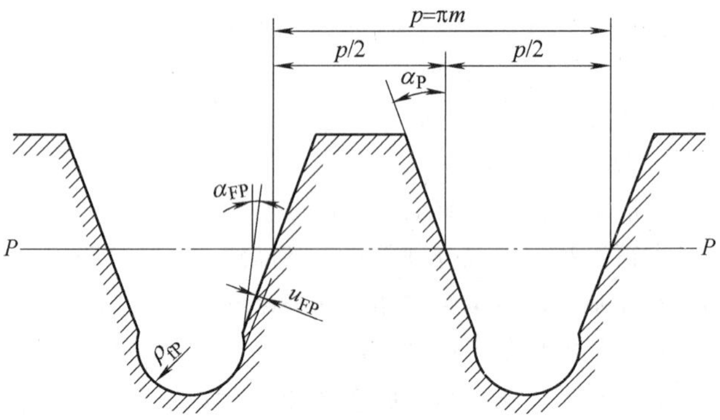

图 1-3 具有给定挖根量和挖根角的基本齿条齿廓

2. 小模数渐开线圆柱齿轮标准基本齿条齿廓

对于模数 $m<1$mm 的小模数渐开线圆柱齿轮来说，基本齿廓应采用现行的 GB/T 2363—1990《小模数渐开线圆柱齿轮精度》，其参数如下：

齿形角 $\alpha=20°$；

齿顶高 $h_a=h_a^* m(h_a^*=1)$，工作齿高 $h'_w=2m$，在工作齿高部分的齿形是直线；

齿距 $p=\pi m$，中线上的齿厚和齿槽宽度相等；

顶隙 $c=c^* m(c^*=0.35)$；

齿根圆角半径 $\rho_f\leqslant 0.2m$。

1.3.3 圆弧齿轮原始齿廓及其参数

我国原机械工业部在 1967 年颁布了单圆弧齿轮滚刀的齿形标准——JB 929—1967《圆弧齿轮滚刀法面齿形的标准》，此标准规定了单圆弧齿轮滚刀法面齿形及其参数。加工凸齿的滚刀法面齿形如图 1-4a 所示，加工凹齿的滚刀法面齿形如图 1-4b 所示，滚刀的法面齿形参数和接触点处侧隙见表 1-15。图表中的参数名称和代号参照 GB/T 12759—1991《双圆弧圆柱齿轮基本齿廓》，作了适当的调整。

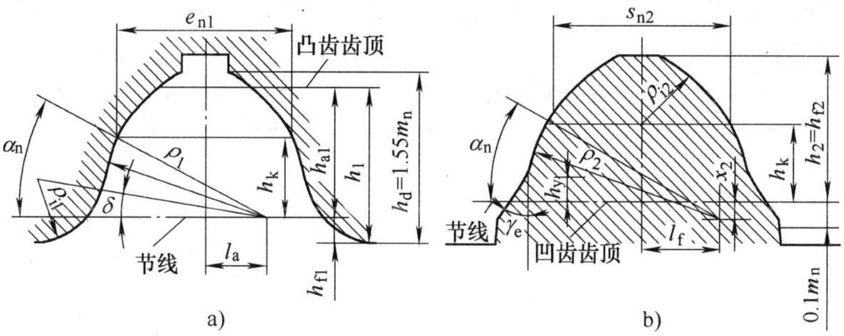

图 1-4　单圆弧齿轮滚刀法面齿形

表 1-15　单圆弧齿轮滚刀法面齿形参数

参数名称	代　号	加工凸齿	加工凹齿	
		$m_n=2\sim30$mm	$m_n=2\sim6$mm	$m_n=7\sim30$mm
压力角	α	30°	30°	
接触点到节线距离	h_k	$0.75m_n$	$0.75m_n$	
全齿高	h	$h_1=1.5m_n$	$h_2=1.36m_n$	
齿顶高	h_a	$h_{a1}=1.2m_n$	$h_{a2}=0$	
齿根高	h_f	$h_{f1}=0.3m_n$	$h_{f2}=1.36m_n$	
齿廓圆弧半径	ρ_a，ρ_f	$\rho_a=1.5m_n$	$\rho_f=1.65m_n$	$\rho_f=1.655m_n+0.6$
齿廓圆心移距量	x_a，x_f	$x_a=0$	$x_f=0.075m_n$	$x_f=0.025m_n+0.3$
齿廓圆心偏移量	l_a，l_f	$l_a=0.529m_n$	$l_f=0.6289m_n$	$l_f=0.5523m_n+0.5196$
接触点处齿厚	$\bar{s}_a$，$\bar{s}_f$	$\bar{s}_a=1.54$	$\bar{s}_f=1.5416m_n$	$\bar{s}_f=1.5616m_n$
接触点处槽宽	$\bar{e}_a$，$\bar{e}_f$	$\bar{e}_a=1.6016m_n$	$\bar{e}_f=1.60m_n$	$\bar{e}_f=1.58m_n$
接触点处侧隙	j	—	$0.06m_n$	$0.04m_n$
凸齿工艺角	δ_a	8°47′34″	—	
凹齿齿顶倒角	γ_e	—	30°	
凹齿齿顶倒角高度	h_e	—	$0.25m_n$	
齿根圆弧半径	r_g	$0.6248m_n$	$0.6227m_n$	$\frac{2.935m_n+0.9}{2}$ $\frac{l_f^2}{2(0.165m_n+0.3)}$

注：本标准已于 1994 年废止，但考虑到有一些工厂仍在使用此齿形生产单圆弧齿轮，故在此列出相关参数供查阅。

1.3.4　双圆弧齿轮原始齿廓及其参数

我国使用的双圆弧齿轮的基本齿廓是分阶式双圆弧齿廓。其基本齿廓是将凸、凹齿廓进行切向变位，凸、凹齿之间用过渡圆弧相连，呈现台阶形，从而加大了齿根厚度。这种齿廓啮合时，非工作齿面间形成较大的空隙，既避免了非工作齿面的接触，又增加了保存齿面润滑油的空间，同时，加大的齿根厚度可提高圆弧齿轮的弯曲强度。

我国在 1991 年颁布了 GB/T 12759—1991《双圆弧圆柱齿轮基本齿廓》标准。标准中规定的基本齿廓是指基本齿条在法平面内的齿廓，如图 1-5 所示。该标准适用于法向模数为 1.5 ~

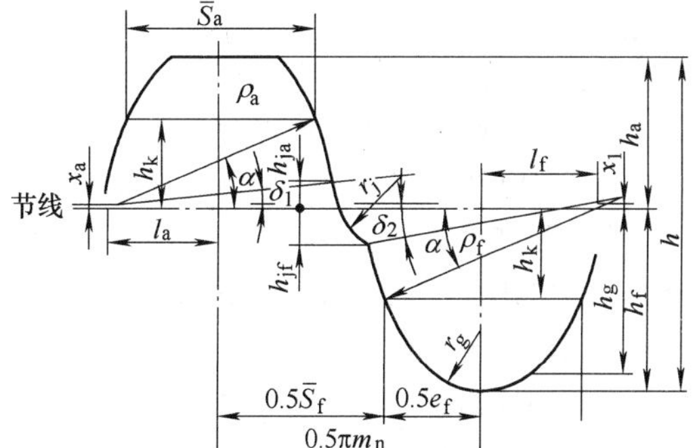

图 1-5　双圆弧圆柱齿轮基本齿廓

50mm 的双圆弧圆柱齿轮传动，其基本齿廓齿形参数见表 1-16，双圆弧圆柱齿轮的啮合侧隙见表 1-17。侧隙是由基本齿廓决定的。

表 1-16　双圆弧齿轮基本齿廓参数（根据 GB/T 12759—1991）

序号	参数名称	代号	法向模数 m_n/mm					
			1.5~3	>3~6	>6~10	>10~16	>16~32	>32~50
1	压力角	α_0	24°	24°	24°	24°	24°	24°
2	全齿高	h^*	2	2	2	2	2	2
3	齿顶高	h_a^*	0.9	0.9	0.9	0.9	0.9	0.9
4	齿根高	h_f^*	1.1	1.1	1.1	1.1	1.1	1.1
5	凸齿齿廓圆弧半径	ρ_a^*	1.3	1.3	1.3	1.3	1.3	1.3
6	凹齿齿廓圆弧半径	ρ_f^*	1.420	1.410	1.395	1.380	1.360	1.340
7	凸齿齿廓圆心移距量	x_a^*	0.0163	0.0163	0.0163	0.0163	0.0163	0.0163
8	凹齿齿廓圆心移距量	x_f^*	0.0325	0.0285	0.0224	0.0163	0.0081	0.0000
9	凸齿齿廓圆心偏移量	l_a^*	0.6289	0.6289	0.6289	0.6289	0.6289	0.6289
10	凹齿齿廓圆心偏移量	l_f	0.7086	0.6994	0.6957	0.6820	0.6638	0.6455
11	凸齿接触点处弦齿厚	$\overline{s}_a^*$	1.1173	1.1173	1.1173	1.1173	1.1173	1.1173
12	接触点到接节线的距离	h_k^*	0.5450	0.5450	0.5450	0.5450	0.5450	0.5450
13	过渡圆弧和凸齿圆弧的切点到节线的距离	h_{ja}^*	0.16	0.16	0.16	0.16	0.16	0.16
14	过渡圆弧和凹齿圆弧的切点到节线的距离	h_{jf}^*	0.20	0.20	0.20	0.20	0.20	0.20
15	凹齿接触点处槽宽	$\overline{e}_f^*$	1.1173	1.1173	1.1573	1.1573	1.1573	1.1573
16	凹齿接触点处弦齿厚	$\overline{s}_f^*$	1.9643	1.9643	1.9843	1.9843	1.9843	1.9843
17	凸齿工艺角	δ_1	6°20′52″	6°20′52″	6°20′52″	6°20′52″	6°20′52″	6°20′52″
18	凹齿工艺角	δ_2	9°25′31″	9°19′30″	9°10′21″	9°0′59″	8°48′11″	8°35′01″
19	过渡圆弧半径	r_j^*	0.5049	0.5043	0.4884	0.4877	0.4868	0.4858
20	齿根圆弧半径	r_g^*	0.4030	0.4004	0.3710	0.3663	0.3595	0.3520
21	齿根圆弧和凹齿圆弧的切点到节线的距离	h_g^*	1.0186	1.0168	1.0236	1.0210	1.0176	1.0145

注：表中带 * 号的尺寸参数，是指该尺寸与法向模数的比值，例如 $h^*=h/m_n$，$\rho_a^*=\rho_a/m_n$ 等。

表 1-17　双圆弧齿轮传动的侧隙（根据 GB/T 12759—1991 附录）

法向模数 m_n/mm	1.5~3	>3~6	>6~10	>10~16	>16~32	>32~50
侧隙 j/mm	0.06 m_n	0.05 m_n	0.04 m_n	0.04 m_n	0.04 m_n	0.04 m_n

通常根据 GB/T 12759—1991 确定的双圆弧齿轮基本齿廓用作软齿面（≤320 HBW）和中硬齿面（>320~350HBW）；在高速传动中（线速度 $v>50$m/s）也有做成硬齿面（≥55HRC）的。由于齿高的增加，弯曲强度约成平方降低；齿面硬度增加，齿面接触强度约成平方增加。因此，对中、低速齿轮传动，采用硬齿面双圆弧齿轮，其齿面接触强度大幅度增加，能传递更大的转矩。为了相应提高硬齿面双圆弧齿轮的弯曲强度，使其接触强度与弯曲强度相匹配，就需要降低双圆弧齿轮齿形的齿高，因此出现了超短齿硬齿面双圆弧齿轮。表 1-18 是太原理工大学齿轮研究所提出，并且在冶金机械、石油机械和煤矿机械中得到应用的超短齿硬齿面双圆弧齿轮齿廓参数，其齿形齿廓简图与 GB/T 12759—1991 相似，如图 1-5 所示。

表 1-18　FDPH-79 型超短齿双圆弧齿轮基本齿廓参数

序号	参数名称	代号	法向模数 m_n/mm			
			1.5 ~ 3	> 3 ~ 6	> 6 ~ 10	> 10 ~ 16
1	压力角	α_0	30°	30°	30°	30°
2	全齿高	h^*	1.45	1.45	1.45	1.45
3	齿顶高	h_a^*	0.65	0.65	0.65	0.65
4	齿根高	h_f^*	0.8	0.8	0.8	0.8
5	凸齿齿廓圆弧半径	ρ_a^*	0.75	0.75	0.75	0.75
6	凹齿齿廓圆弧半径	ρ_f^*	0.90	0.87	0.85	0.84
7	凸齿齿廓圆心移距量	x_a^*	0.035	0.03	0.025	0.0225
8	凹齿齿廓圆心移距量	x_f^*	0.04	0.03	0.025	0.0225
9	凸齿齿廓圆心偏移量	l_a^*	0.0937	0.0900	0.0840	0.0748
10	凹齿齿廓圆心偏移量	l_f	0.1936	0.1690	0.1057	0.1327
11	凸齿接触点处弦齿厚	$\overline{s_a^*}$	1.1116	1.1190	1.1310	1.1495
12	凹齿接触点处槽宽	$\overline{e_f^*}$	1.1716	1.1690	1.1710	1.1895
13	接触点到接节线的距离	h_k^*	0.41	0.405	0.4	0.3975
14	凸齿工艺角	δ_1	6°30′	6°30′	6°30′	6°30′
15	凹齿工艺角	δ_2	10°	10°	10°	10°
16	过渡圆弧半径	r_j^*	0.2773	0.2695	0.2471	0.2471
17	齿根圆弧半径	r_g^*	0.5576	0.4932	0.3836	0.3280
18	侧隙	j^*	0.06	0.05	0.04	0.04

注：表中带 * 号的尺寸参数，是指该尺寸与法向模数的比值，例如：$h^* = h/m_n$；$\rho_a^* = \rho_a/m_n$ 等。

1.3.5　渐开线齿轮的模数系列

渐开线圆柱齿轮模数的现行标准是 GB/T 1357—2008《通用机械和重型机械用圆柱齿轮　模数》，见表 1-19。表中模数的代号为 m，其单位为 mm，对于斜齿轮是指法向模数 m_n，选用时优先采用第一系列，括号内的模数尽可能不用。

表 1-19　渐开线圆柱齿轮模数

系　列		系　列		系　列	
Ⅰ	Ⅱ	Ⅰ	Ⅱ	Ⅰ	Ⅱ
0.1		1.5		8	
0.12			1.75		9
0.15		2		10	
0.2			2.25		(11)
0.25		2.5		12	
0.3			2.75		14
	0.35	3		16	
0.4			(3.25)		18
0.5			3.5	20	
0.6			(3.75)		22
	0.7	4		25	
0.8			4.5		28
	0.9	5		32	
1			5.5		36
	1.125	6		40	
1.25			(6.5)		45
	1.375		7	50	

注：根据国际标准化组织发布的新的圆柱齿轮模数标准 ISO 54：1996，表中新增了模数值为 1.125 和 1.375 的两个模数。

1.3.6 渐开线齿轮新旧公差对照及精度组合与选择

设计齿轮时，必须按照使用要求确定其精度等级。国家颁布了 GB/T 10095.1—2008 与 GB/T 10095.2—2008 两项渐开线圆柱齿轮精度标准和配套使用的有关检验实施规范的 4 项指导性技术文件，共同组成了一个渐开线圆柱齿轮精度的标准体系，见表 1-20。

表 1-20　齿轮精度标准体系的构成

序号	项　目	名　称	采用 ISO 标准程度及文件号
1	GB/T 10095.1—2008	圆柱齿轮　精度制　第 1 部分：轮齿同侧齿面偏差的定义和允许值	等同采用 ISO 1328-1：1995
2	GB/T 10095.2—2008	圆柱齿轮　精度制　第 2 部分：径向综合偏差与径向跳动的定义和允许值	等同采用 ISO 1328-2：1997
3	GB/Z 18620.1—2008	圆柱齿轮　检验实施规范　第 1 部分：轮齿同侧齿面的检验	等同采用 ISO/TR 10064-1：1996
4	GB/Z 18620.2—2008	圆柱齿轮　检验实施规范　第 2 部分：径向综合偏差、径向跳动、齿厚和侧隙的检验	等同采用 ISO/ TR 10064-2：1996
5	GB/Z 18620.3—2008	圆柱齿轮　检验实施规范　第 3 部分：齿轮坯、轴中心距和轴线平行度的检验	等同采用 ISO/TR 10064-3：1996
6	GB/Z 18620.4—2008	圆柱齿轮　检验实施规范　第 4 部分：表面结构和轮齿接触斑点的检验	等同采用 ISO/TR 10064-4：1998

1. 齿轮精度标准适用范围

(1) 适用范围　GB/T 10095.1—2008 和 GB/T 10095.2—2008 适用于基本齿廓符合 GB/T 1356—2001《通用机械和重型机械用圆柱齿轮　标准基本齿条齿廓》规定的单个渐开线圆柱齿轮。

GB/T 10095.1—2008 对法向模数 m_n 为 0.5 ~ 70mm、分度圆直径 d 为 5 ~ 10000mm、齿宽 b 为 4 ~ 1000mm 的单个渐开线圆柱齿轮规定了轮齿同侧齿面偏差的定义和允许值。

GB/T 10095.2—2008 对法向模数 m_n 为 0.2 ~ 10mm、分度圆直径 d 为 5 ~ 1000mm 的单个渐开线圆柱齿轮规定了径向综合偏差与径向跳动的定义和允许值。

上述两项标准不适用于渐开线圆柱齿轮副。

(2) 使用要求　使用 GB/T 10095.1—2008 的各方，应十分熟悉 GB/Z 18620.1—2008《圆柱齿轮　检验实施规范　第 1 部分：轮齿同侧齿面的检验》所叙述的检验方法和步骤。如不使用上述方法和技术而采用 GB/T 10095.1—2008 规定的允许值是不适宜的。

2. 齿轮偏差的定义及代号(表 1-21)

表 1-21　齿轮偏差的定义及代号

序号	名　称	代　号	定　义	标 准 号
1	齿距偏差			
1.1	单个齿距偏差	f_{pt} $\pm f_{pt}$	在端平面上，在接近齿高中部的一个与齿轮轴线同心的圆上，实际齿距与理论齿距的代数差(图 1-6)	
1.2	齿距累积偏差	F_{pk}	任意 k 个齿距的实际弧长与理论弧长的代数差(图 1-6)。理论上它等于这 k 个齿距的各单个齿距偏差的代数和	GB/T 10095.1—2008
1.3	齿距累积总偏差	F_p	齿轮同侧齿面任意弧段($k=1$ 至 $k=z$)内的最大齿距累积偏差。它表现为齿距累积偏差曲线的总幅值	

（续）

序号	名　称	代　号	定　义	标准号
2	齿廓偏差		实际齿廓偏离设计齿廓的量，该量在端平面内沿垂直于渐开线齿廓的方向计值	GB/T 10095.1—2008
2.1	齿廓总偏差	F_α	在计值范围(L_α)内，包容实际齿廓迹线的两条设计齿廓迹线间的距离(图 1-7a)	
2.2	齿廓形状偏差	$f_{f\alpha}$	在计值范围(L_α)内，包容实际齿廓迹线的两条与平均齿廓迹线完全相同的曲线间的距离，且两条曲线与平均齿廓迹线的距离为常数(图 1-7b)	
2.3	齿廓倾斜偏差	$f_{H\alpha}$	在计值范围(L_α)的两端与平均齿廓迹线相交的两条设计齿廓迹线间的距离(图 1-7c)	
3	螺旋线偏差		在端面基圆切线方向上测得的实际螺旋线偏离设计螺旋线的量	GB/T 10095.1—2008
3.1	螺旋线总偏差	F_β	在计值范围(L_β)内，包容实际螺旋线迹线的两条设计螺旋线迹线间的距离(图 1-8a)	
3.2	螺旋线形状偏差	$f_{f\beta}$	在计值范围(L_β)内，包容实际螺旋线迹线的两条与平均螺旋线迹线完全相同的曲线间的距离，且两条曲线与平均螺旋线迹线的距离为常数(图 1-8b)	
3.3	螺旋线倾斜偏差	$f_{H\beta}$	在计值范围(L_β)的两端与平均螺旋线迹线相交的两条设计螺旋线迹线间的距离(图 1-8c)	
4 4.1	切向综合偏差 切向综合总偏差	F'_i	被测齿轮与测量齿轮单面啮合检验时，被测齿轮一转内，齿轮分度圆上实际圆周位移与理论圆周位移的最大差值(图 1-9)	GB/T 10095.1—2008
4.2	一齿切向综合偏差	f'_i	在一个齿距内的切向综合偏差(图 1-9)	
5 5.1	径向综合偏差 径向综合总偏差	F''_i	在径向(双面)综合检验时，产品齿轮的左、右齿面同时与测量齿轮接触，并转过一整圈时，出现的中心距最大值和最小值之差(图 1-10)	GB/T 10095.2—2008
5.2	一齿径向综合偏差	f''_i	当产品齿轮啮合一整圈时，对应一个齿距(360°/z)的径向综合偏差值(图 1-10)	
6	径向跳动 径向跳动公差	F_r	测头(球形、圆柱形、砧形)相置于每个齿槽内时，从它到齿轮轴线的最大和最小径向距离之差。检查中，测头在近似齿高中部与左右齿面接触(图 1-11)	GB/T 10095.2—2008

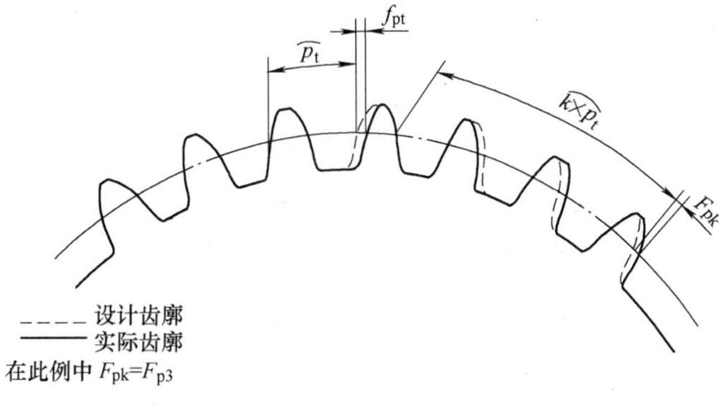

图 1-6　齿距偏差与齿距累积偏差

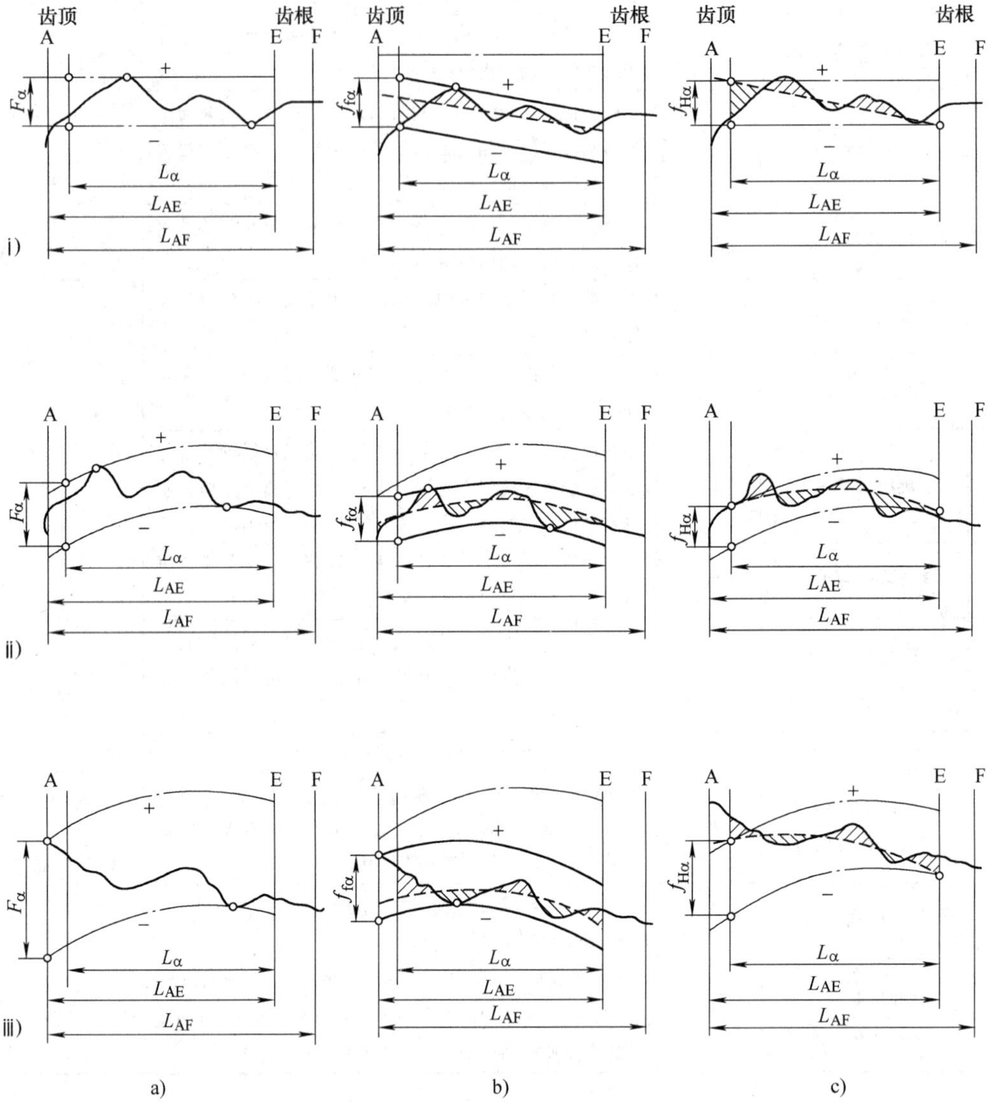

图 1-7　齿廓偏差

a）齿廓总偏差　b）齿廓形状偏差　c）齿廓倾斜偏差

L_{AF}—可用长度　L_{AE}—有效长度　L_α—齿廓计值范围

点画线—设计齿廓　粗实线—实际齿廓　虚线—平均齿廓

i）设计齿廓：未修形的渐开线　实际齿廓：在减薄区内具有偏向体内的负偏差

ii）设计齿廓：修形的渐开线（举例）　实际齿廓：在减薄区内具有偏向体内的负偏差

iii）设计齿廓：修形的渐开线（举例）　实际齿廓：在减薄区内具有偏向体外的正偏差

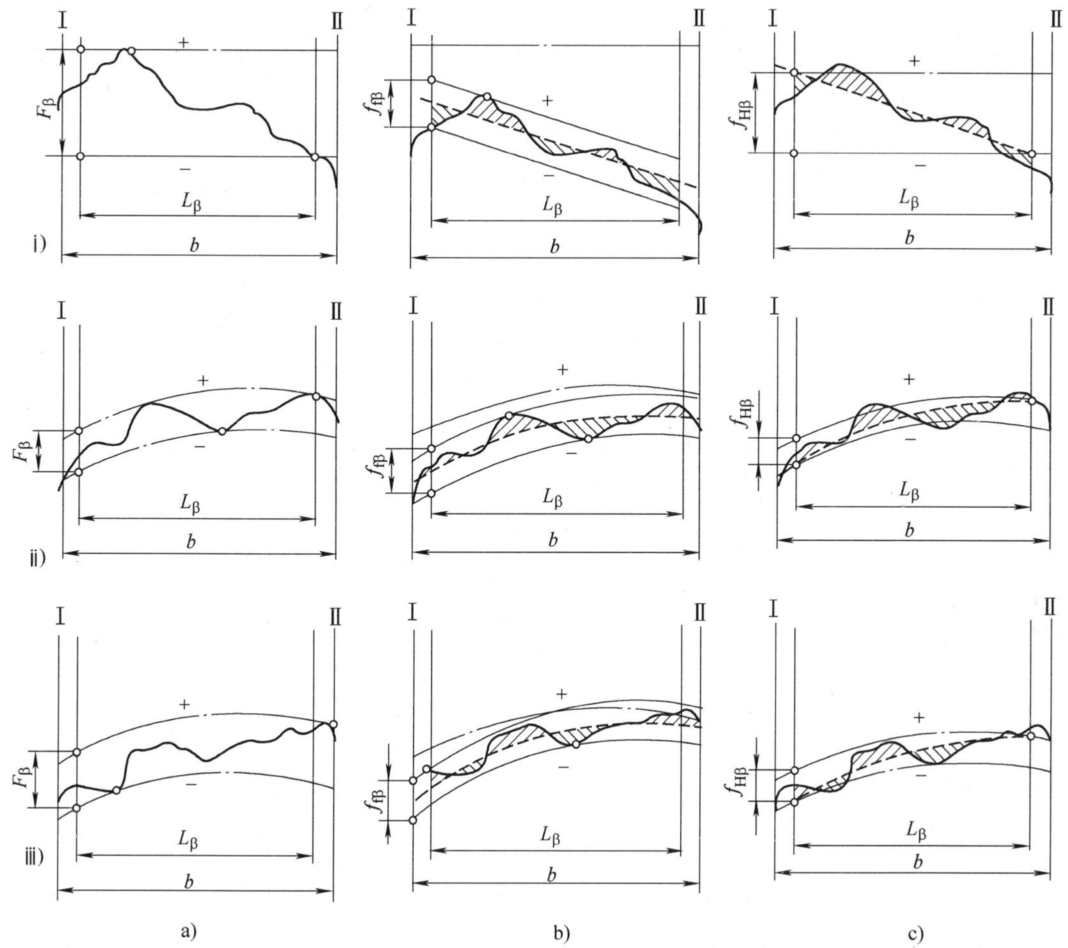

图 1-8　螺旋线偏差

a）螺旋线总偏差　b）螺旋线形状偏差　c）螺旋线倾斜偏差

b—齿轮螺旋线长度（与齿宽成正比）　$L_β$—螺旋线计值范围

点画线—设计螺旋线　粗实线—实际螺旋线　虚线—平均螺旋线

i）设计螺旋线：未修形的螺旋线　实际螺旋线：在减薄区内具有偏向体内的负偏差

ii）设计螺旋线：修形的螺旋线（举例）　实际螺旋线：在减薄区内具有偏向体内的负偏差

iii）设计螺旋线：修形的螺旋线（举例）　实际螺旋线：在减薄区内具有偏向体外的正偏差

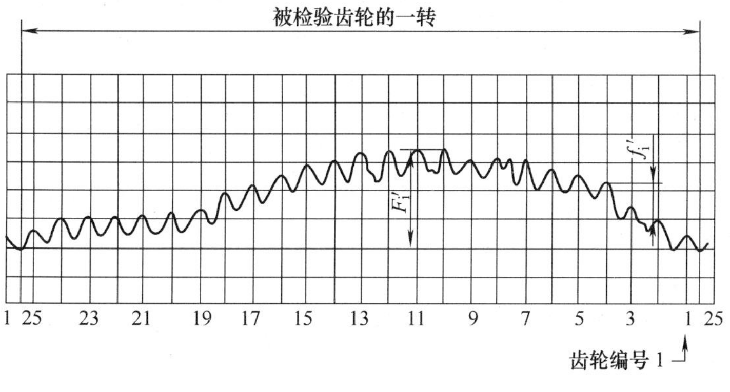

图 1-9　切向综合偏差

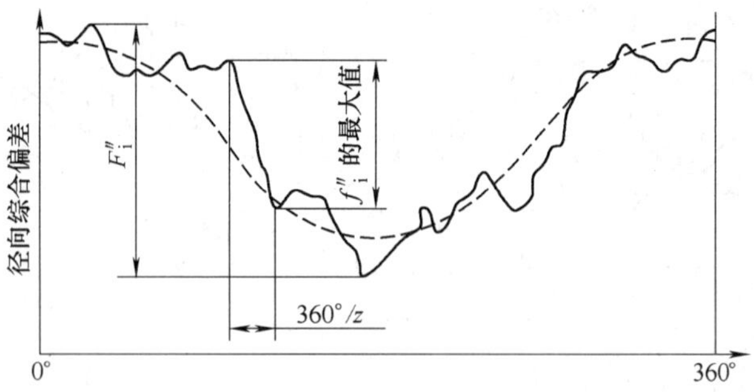

图 1-10　径向综合偏差

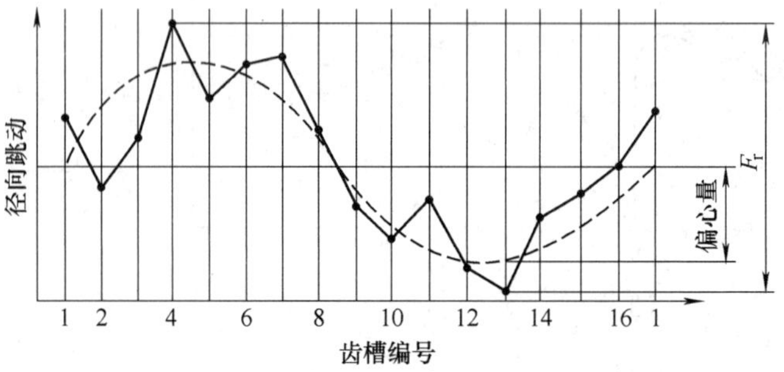

图 1-11　一个齿轮（16 齿）的径向跳动

3. 齿轮精度等级及其选择

（1）精度等级

1）GB/T 10095.1—2008 对单个渐开线圆柱齿轮规定了 13 个精度等级，按 0～12 数序由高到低顺序排列，其中 0 级精度最高，12 级精度最低。

2）GB/T 10095.2—2008 对单个渐开线圆柱齿轮的径向综合偏差（F_i''、f_i''）规定了 4～12 共 9 个精度等级，其中 4 级精度最高，12 级精度最低。

0～2 级精度的齿轮要求非常高，各项偏差的公差很小，是有待发展的精度等级。通常，将 3～5 级称为高精度等级，6～8 级称为中等精度等级，9～12 级称为低精度等级。

（2）精度等级的选择

1）一般情况下，在给定的技术文件中，如所要求的齿轮精度为 GB/T 10095.1—2008（或 GB/T 10095.2—2008）的某个精度等级，则齿距偏差、齿廓偏差、螺旋线偏差（或径向综合偏差、径向跳动）的公差均按该精度等级。然而，按协议，可对工作齿面和非工作齿面规定不同的精度等级，或可对不同的偏差项目规定不同的精度等级。另外，也可仅对工作齿面规定所要求的精度等级。

2）径向综合偏差不一定与 GB/T 10095.1—2008 中的偏差项目选用相同的精度等级。

3）选择齿轮精度时，必须根据其用途、工作条件等来确定，即必须考虑齿轮的工作速度、传递功率、工作的持续时间、振动、噪声和使用寿命等方面的要求。精度等级的选用一般有下述两种方法。

①　计算法。

a. 如果已知传动链末端元件的传动精度要求，则可按传动链误差的传递规律，分配各级齿轮副的传动精度要求，确定齿轮的精度等级。

b. 根据传动装置所允许的机械振动，用机械动力学和机械振动学的理论在确定装置的动态特性过程中确定齿轮的精度要求。

c. 根据齿轮承载能力的要求，适当确定齿轮精度的要求。

②　经验法（表格法）。原有的传动装置设计具有成熟经验时，新设计的齿轮传动可以参照采

用相似的精度等级。目前采用的主要是表格法。表 1-22 为各类机械传动中所应用的齿轮精度等级；表 1-23 为各精度等级齿轮的适用范围。

表 1-22　各类机械传动中所应用的齿轮精度等级

产品类型	精度等级	产品类型	精度等级	产品类型	精度等级
测量齿轮	2～5	轻型汽车	5～8	轧钢机	6～10
涡轮机齿轮	3～6	载重汽车	6～9	矿用绞车	6～10
金属切削机床	3～8	航空发动机	4～8	起重机械	7～10
内燃机车	6～7	拖拉机	6～9	农业机械	8～11
汽车底盘	5～8	通用减速器	6～9		

表 1-23　各精度等级齿轮的适用范围

精度等级	工作条件与适用范围	最大圆周速度概略值/(m/s)		齿面的最后加工
		直齿	斜齿	
3	用于最平稳且无噪声的极高速下工作的齿轮；特别精密的分度机构齿轮；特别精密机械中的齿轮；控制机构齿轮；检测 5、6 级的测量齿轮	50	75	特别精密的磨齿和珩磨；用精密滚刀滚齿或单边剃齿后的大多数不经淬火的齿轮
4	用于精密分度机构的齿轮；特别精密机械中的齿轮；高速涡轮机齿轮；控制机构齿轮，检测 7 级的测量齿轮	40	70	精密磨齿。大多数用精密滚刀滚齿和珩齿或单边剃齿
5	用于高平稳且低噪声的高速传动中的齿轮；精密机构中的齿轮；涡轮机传动的齿轮；检测 8、9 级的测量齿轮 重要的航空、船用齿轮箱齿轮	20	40	精密磨齿；大多数用精密滚刀加工，进而研齿或剃齿
6	用于高速下平稳工作，需要高效率及低噪声的齿轮；航空、汽车用齿轮，读数装置中的精密齿轮。机床传动链齿轮；机床传动齿轮	15	30	精密磨齿或剃齿
7	在中速或大功率下工作的齿轮；机床变速箱进给齿轮；减速器齿轮；起重机齿轮；汽车以及读数装置中的齿轮	10	15	无需热处理的齿轮，用精确刀具加工 对淬硬齿轮必须精整加工（磨齿、研齿、珩磨）
8	一般机器中无特殊精度要求的齿轮，机床变速齿轮。汽车制造业中不重要的齿轮，冶金、起重机械齿轮；通用减速器的齿轮；农业机械中的重要齿轮	6	10	滚、插齿均可，不用磨齿；必要时剃齿或研齿
9	用于不提出精度要求的粗糙工作的齿轮；因结构上考虑，受载低于计算载荷的传动用齿轮；低速的不重要工作的机械动力齿轮；农机齿轮	2	4	不需要特殊的精加工工序

4. 齿轮检验

指导性技术文件 GB/Z 18620.1—2008 是渐开线圆柱齿轮轮齿同侧齿面的检验实施规范，即齿距、齿廓、螺旋线等偏差和切向综合偏差的检验实施规范，作为 GB/T 10095.1—2008 的补充，它提供了齿轮检测方法和测量结果分析方面的建议。

指导性技术文件 GB/Z 18620.2—2008 是渐开线圆柱齿轮的径向综合偏差、径向跳动、齿厚和侧隙的检验实施规范，它涉及双面接触的测量方法和测量结果的分析，并补充了 GB/T 10095.2—2008。

齿轮各项偏差的检验需要多种测量仪器，首先必须保证齿轮实际工作的轴线与测量过程中的回转轴线重合。

测量齿轮所有偏差项目(如单个齿距、齿距累积、齿廓、螺旋线、切向和径向综合偏差、径向跳动、表面粗糙度等)既没有必要，同时也不经济。这是因为其中有些偏差对于特定齿轮的功能并没有明显影响。另外，有些测量项目可以代替别的一些项目，例如切向综合偏差检验能代替齿距偏差的检验，径向综合偏差检验能代替径向跳动的检验等。

(1) 齿距偏差(f_{pt}、F_{pk}、F_p)的检验

1) 除另有规定外，齿距偏差均在接近齿高和齿宽中部的位置测量。f_{pt}需对每个轮齿的两侧齿面都进行测量。当齿宽大于250mm时，应增加两个测量部位，即在各距齿宽每侧约15%的齿宽处测量。

2) 除另有规定外，F_{pk}值被限定在不大于1/8的圆周上评定。F_{pk}适用于齿距数k为$2 \sim z/8$的范围。通常，检验$F_{pz/8}$值就足够了。如果对于特殊的应用场合（如高速齿轮）还需检验较小的弧段并规定相应的齿距数k。

(2) 齿廓偏差(F_α、$f_{f\alpha}$、$f_{H\alpha}$)的检验

1) 有关定义的说明。

① 齿廓偏差。应在齿轮端面内沿垂直于渐开线齿廓的方向计值。如果在齿面的法向测量，应将测量值除以$\cos\beta_b$后再与公差值进行比较。

② 设计齿廓。是指符合设计规定的端面齿廓，它可以是修正的理论渐开线，包括修缘齿廓、凸齿廓等。

③ 平均齿廓。被测齿面的平均齿廓是设计齿廓迹线的纵坐标减去一条斜直线的纵坐标后得到的一条迹线。这条斜直线使得在计值范围(L_α)内实际齿廓迹线偏差对平均齿廓迹线偏差的平方和为最小。因此，需要用最小二乘法确定平均齿廓迹线的位置和倾斜。

平均齿廓是用于确定$f_{f\alpha}$(图1-7 b）和$f_{H\alpha}$(图1-7 c)的一条辅助齿廓迹线。

④ 可用长度(L_{AF})。等于两条端面基圆切线长度之差，一条是从基圆到可用齿廓的外界限点，另一条是从基圆到可用齿廓的内界限点。

依据设计，可用长度外界限点被齿顶、齿顶倒棱或齿顶倒圆的起始点(A点)限定，在朝齿根方向，可用长度的内界限点被齿根圆角或挖根的起始点(F点)所限定。

⑤ 有效长度(L_{AE})。可用长度对应于有效齿廓的那部分。对齿顶，L_{AE}有与可用长度同样的限定(A点)。对齿根，有效长度延伸到与之配对齿轮有效啮合的终止点E(即有效齿廓的起始点)。若不知道配对齿轮，则E点为与基本齿条相啮合的有效齿廓的起始点。

⑥ 齿廓计值范围(L_α)。可用长度中的一部分，在L_α内应遵照规定精度等级的公差。除另有规定外，其长度等于从E点开始延伸到有效长度L_{AE}的92%（图1-7)。

对于L_{AE}剩余的8%，即靠近齿顶处的L_{AE}与L_α之差的区段，其齿廓总偏差和齿廓形状偏差按下列规则计算：

a. 使偏差量增加的偏向齿体外的正偏差，必须计入偏差值。

b. 除另有规定外，对于负偏差，其公差为计值范围L_α规定公差的3倍。

齿轮设计者应确保适用的齿廓计值范围。

2) 检验要求。

① 齿廓偏差。应在齿宽中部位置测量。当齿宽大于250mm时，应增加两个测量部位，即在各距齿宽每侧约15%的齿宽处测量。除另有规定外，应至少测三个轮齿的两侧齿面，这三个轮齿应在沿齿轮圆周近似三等分位置处。

② $f_{f\alpha}$、$f_{H\alpha}$不是标准的必检项目，但却是十分有用的参数，需要时应在供需协议中予以规

定。

(3) 螺旋线偏差(F_β、$f_{f\beta}$、$f_{H\beta}$)的检验

1) 有关定义的说明。

① 螺旋线偏差。是在端面基圆切线方向测量的实际螺旋线与设计螺旋线之间的差值。如果偏差是在齿面的法向测量，则应除以 $\cos\beta_b$ 换算成端面的偏差量，然后才能与公差值比较。

② 迹线长度。与齿轮的齿宽成正比的长度，不包括轮齿倒角或圆角。

③ 螺旋线计值范围(L_β)。除另有规定外，L_β 等于迹线长度在其两端各减去齿宽的5%或一个模数的长度(取两个数值中较小的值)。

齿轮设计者应确保适用的螺旋线计值范围。

在两端缩减的区段中，按下述规则评定螺旋线总偏差和螺旋线形状偏差：

a. 使偏差量增加的偏向齿体外的正偏差，必须计入偏差值。

b. 除另有规定外，对于负偏差，其公差为计值范围 L_β 规定公差的3倍。

④ 设计螺旋线。与设计规定一致的螺旋线，它可以是修正的圆柱螺旋线，包括鼓形线、齿端修薄及其他修形曲线。

⑤ 被测齿面的平均螺旋线。它是从设计螺旋线迹线的纵坐标减去一条斜直线的纵坐标后得到的一条迹线，这条斜直线使得在计值范围内实际螺旋线迹线对平均螺旋线迹线之偏差的平方和为最小。因此，需用最小二乘法确定平均螺旋线迹线的位置和倾斜。

平均螺旋线是用来确定$f_{f\beta}$(图1-8b)和$f_{H\beta}$(图1-8c)的一条辅助螺旋线。

2) 检验要求。

① 螺旋线偏差。应在沿齿轮圆周均布的不少于3个轮齿的两侧面的齿高中部测量。

② $f_{f\beta}$、$f_{H\beta}$不是标准的必检项目，但它是十分有用的参数。需要时，应在供需协议中予以规定。

(4) 切向综合偏差(F'_i、f'_i)的检验

1) F'_i、f'_i是标准的检验项目，但不是必须检验的项目。

2)“测量齿轮”的精度影响测量结果，其精度至少比被测齿轮的精度高4级。否则要考虑测量齿轮的制造精度所带来的影响。

检验时，可用齿条、蜗杆、测头等测量元件代替“测量齿轮”，但应在协议中予以规定。

3) 检验时，被测齿轮与测量齿轮处于公称中心距，并施与很轻的载荷，以较低的速度保证齿面接触保持单面啮合状态，直到获得一整圈的偏差曲线图为止。

4) 总重合度 ε_γ 影响 f'_i 的测量。当被测齿轮和测量齿轮的齿宽不同时，按较小的齿宽计算 ε_γ。

如果对轮齿的齿廓和螺旋线进行了较大的修形，检测时 ε_γ 和系数 K 会受到较大的影响。在评定测量结果时，需考虑这些因素，在这种情况下，需对检验条件和记录曲线的评定规定专门的协议。

(5) 径向综合偏差(F''_i、f''_i)的检验

1) 检验时，测量齿轮应在有效长度 L_{AE}上与产品齿轮(被测齿轮)保持双面啮合。应特别注意测量齿轮的精度和参数设计，如应有足够的啮合深度，使其与产品齿轮的整个实际有效齿廓接触，而不应与非有效部分或齿根部接触。

2) 当检验精密齿轮时，供需双方应协商所用测量齿轮的精度和测量步骤。

3) 标准在其附录中给出的公差值，可直接用于直齿轮。对于斜齿轮来说，因纵向重合度 ε_β 影响径向测量结果，故按供需双方的协议来使用。当用于斜齿轮时，其测量齿轮的齿宽应使与产品齿轮啮合时的 $\varepsilon_\beta \leqslant 0.5$。

(6) 径向跳动（F_r）的检验　检验时，应按定义将测头（球形、圆柱形及砧形）在齿轮旋转时逐齿放置在齿槽中，并与齿的两侧齿面接触。测量时，测头的直径应选择得使其接触到齿深的中间部位，并应置于齿宽中部。砧形测头的尺寸应选择得使其在齿槽中大致在分度圆的位置接触两齿面。

(7) 检验项目的确定　标准没有规定齿轮的公差组和检验组。对产品齿轮可采用两种不同的检验形式来评定和验收其制造质量，一种是综合检验，另一种是单项检验，但不能同时采用两种检验形式。

1）综合检验。其检验项目有 F''_i 与 f''_i。

2）单项检验。按照齿轮的使用要求，可选择下列检验组中的一组来评定和验收齿轮精度：

① f_{pt}、F_p、F_α、F_β、F_r。

② f_{pt}、F_{pk}、F_p、F_α、F_β、F_r。

③ f_{pt} 与 F_r（仅用于 10 ~ 12 级）。

(8) 齿轮的公差与极限偏差　齿轮的单个齿距偏差 $\pm f_{pt}$、齿距累积总偏差 F_p、齿廓总偏差 F_α、齿廓形状偏差 $f_{f\alpha}$、齿廓倾斜极限偏差 $\pm f_{H\alpha}$、螺旋线总偏差 F_β、螺旋线形状偏差 $f_{f\beta}$、螺旋线倾斜偏差 $\pm f_{H\beta}$、一齿切向综合偏差 f'_i（测量一齿切向综合偏差时，其值受总重合度 ε_γ 影响、故标准给出了 f'_i/K 值）、径向综合总偏差 F''_i、一齿径向综合偏差 f''_i、径向跳动公差 F_r 等数值，见表 1-24 ~ 表 1-34。

齿轮的齿距累积偏差 $\pm F_{pk}$、切向综合总偏差 F'_i 应按表 1-35 中的公差计算式或关系式计算。

表 1-24　单个齿距偏差 $\pm f_{pt}$　　　（单位：μm）

分度圆直径 d/mm	模数 m/mm	精度等级 0	1	2	3	4	5	6	7	8	9	10	11	12
		$\pm f_{pt}$												
$5 \leqslant d \leqslant 20$	$0.5 \leqslant m \leqslant 2$	0.8	1.2	1.7	2.3	3.3	4.7	6.5	9.5	13.0	19.0	26.0	37.0	53.0
	$2 < m \leqslant 3.5$	0.9	1.3	1.8	2.6	3.7	5.0	7.5	10.0	15.0	21.0	29.0	41.0	59.0
$20 < d \leqslant 50$	$0.5 < m \leqslant 2$	0.9	1.2	1.8	2.5	3.5	5.0	7.0	10.0	14.0	20.0	28.0	40.0	56.0
	$2 < m \leqslant 3.5$	1.0	1.4	1.9	2.7	3.9	5.5	7.5	11.0	15.0	22.0	31.0	44.0	62.0
	$3.5 < m \leqslant 6$	1.1	1.5	2.1	3.0	4.3	6.0	8.5	12.0	17.0	24.0	34.0	48.0	68.0
	$6 < m \leqslant 10$	1.2	1.7	2.5	3.5	4.9	7.0	10.0	14.0	20.0	28.0	40.0	56.0	79.0
$50 < d \leqslant 125$	$0.5 \leqslant m \leqslant 2$	0.9	1.3	1.9	2.7	3.8	5.5	7.5	11.0	15.0	21.0	30.0	43.0	61.0
	$2 < m \leqslant 3.5$	1.0	1.5	2.1	2.9	4.1	6.0	8.5	12.0	17.0	23.0	33.0	47.0	66.0
	$3.5 < m \leqslant 6$	1.1	1.6	2.3	3.2	4.6	6.5	9.0	13.0	18.0	26.0	36.0	52.0	73.0
	$6 < m \leqslant 10$	1.3	1.8	2.6	3.7	5.0	7.5	10.0	15.0	21.0	30.0	42.0	59.0	84.0
	$10 < m \leqslant 16$	1.6	2.2	3.1	4.4	6.5	9.0	13.0	18.0	25.0	35.0	50.0	71.0	100.0
	$16 < m \leqslant 25$	2.0	2.8	3.9	5.5	8.0	11.0	16.0	22.0	31.0	44.0	63.0	89.0	125.0
$125 < d \leqslant 280$	$0.5 \leqslant m \leqslant 2$	1.1	1.5	2.1	3.0	4.2	6.0	8.5	12.0	17.0	24.0	34.0	48.0	67.0
	$2 < m \leqslant 3.5$	1.1	1.6	2.3	3.2	4.6	6.5	9.0	13.0	18.0	26.0	36.0	51.0	73.0
	$3.5 < m \leqslant 6$	1.2	1.8	2.5	3.5	5.0	7.0	10.0	14.0	20.0	28.0	40.0	56.0	79.0
	$6 < m \leqslant 10$	1.4	2.0	2.8	4.0	5.5	8.0	11.0	16.0	23.0	32.0	45.0	64.0	90.0
	$10 < m \leqslant 16$	1.7	2.4	3.3	4.7	6.5	9.5	13.0	19.0	27.0	38.0	53.0	75.0	107.0
	$16 < m \leqslant 25$	2.1	2.9	4.1	6.0	8.0	12.0	16.0	23.0	33.0	47.0	66.0	93.0	132.0
	$25 < m \leqslant 40$	2.7	3.8	5.5	7.5	11.0	15.0	21.0	30.0	43.0	61.0	86.0	121.0	171.0

（续）

分度圆直径 d/mm	模数 m/mm	精度等级												
		0	1	2	3	4	5	6	7	8	9	10	11	12
		$\pm f_{pt}$												
$280<d\leqslant560$	$0.5\leqslant m\leqslant2$	1.2	1.7	2.4	3.3	4.7	6.5	9.5	13.0	19.0	27.0	38.0	54.0	76.0
	$2<m\leqslant3.5$	1.3	1.8	2.5	3.6	5.0	7.0	10.0	14.0	20.0	29.0	41.0	57.0	81.0
	$3.5<m\leqslant6$	1.4	1.9	2.7	3.9	5.5	8.0	11.0	16.0	22.0	31.0	44.0	62.0	88.0
	$6<m\leqslant10$	1.5	2.2	3.1	4.4	6.0	8.5	12.0	17.0	25.0	35.0	49.0	70.0	99.0
	$10<m\leqslant16$	1.8	2.5	3.6	5.0	7.0	10.0	14.0	20.0	29.0	41.0	58.0	81.0	115.0
	$16<m\leqslant25$	2.2	3.1	4.4	6.0	9.0	12.0	18.0	25.0	35.0	50.0	70.0	99.0	140.0
	$25<m\leqslant40$	2.8	4.0	5.5	8.0	11.0	16.0	22.0	32.0	45.0	63.0	90.0	127.0	180.0
	$40<m\leqslant70$	3.9	5.5	8.0	11.0	16.0	22.0	31.0	45.0	63.0	89.0	126.0	178.0	252.0
$560<d\leqslant1000$	$0.5\leqslant m\leqslant2$	1.3	1.9	2.7	3.8	5.5	7.5	11.0	15.0	21.0	30.0	43.0	61.0	86.0
	$2<m\leqslant3.5$	1.4	2.0	2.9	4.0	5.5	8.0	11.0	16.0	23.0	32.0	46.0	65.0	91.0
	$3.5<m\leqslant6$	1.5	2.2	3.1	4.3	6.0	8.5	12.0	17.0	24.0	35.0	49.0	69.0	98.0
	$6<m\leqslant10$	1.7	2.4	3.4	4.8	7.0	9.5	14.0	19.0	27.0	38.0	54.0	77.0	109.0
	$10<m\leqslant16$	2.0	2.8	3.9	5.5	8.0	11.0	16.0	22.0	31.0	44.0	63.0	89.0	125.0
	$16<m\leqslant25$	2.3	3.3	4.7	6.5	9.5	13.0	19.0	27.0	38.0	53.0	75.0	106.0	150.0
	$25<m\leqslant40$	3.0	4.2	6.0	8.5	12.0	17.0	24.0	34.0	47.0	67.0	95.0	134.0	190.0
	$40<m\leqslant70$	4.1	6.0	8.0	12.0	16.0	23.0	33.0	46.0	65.0	93.0	131.0	185.0	262.0
$1000<d\leqslant1600$	$2\leqslant m\leqslant3.5$	1.6	2.3	3.2	4.5	6.5	9.0	13.0	18.0	26.0	36.0	51.0	72.0	103.0
	$3.5<m\leqslant6$	1.7	2.4	3.4	4.8	7.0	9.5	14.0	19.0	27.0	39.0	55.0	77.0	109.0
	$6<m\leqslant10$	1.9	2.6	3.7	5.5	7.5	11.0	15.0	21.0	30.0	42.0	60.0	85.0	120.0
	$10<m\leqslant16$	2.1	3.0	4.3	6.0	8.5	12.0	17.0	24.0	34.0	48.0	68.0	97.0	136.0
	$16<m\leqslant25$	2.5	3.6	5.0	7.0	10.0	14.0	20.0	29.0	40.0	57.0	81.0	114.0	161.0
	$25<m\leqslant40$	3.1	4.4	6.5	9.0	13.0	18.0	25.0	36.0	50.0	71.0	100.0	142.0	201.0
	$40<m\leqslant70$	4.3	6.0	8.5	12.0	17.0	24.0	34.0	48.0	68.0	97.0	137.0	193.0	273.0
$1600<d\leqslant2500$	$3.5\leqslant m\leqslant6$	1.9	2.7	3.8	5.5	7.5	11.0	15.0	21.0	30.0	43.0	61.0	86.0	122.0
	$6<m\leqslant10$	2.1	2.9	4.1	6.0	8.5	12.0	17.0	23.0	33.0	47.0	66.0	94.0	132.0
	$10<m\leqslant16$	2.3	3.3	4.7	6.5	9.5	13.0	19.0	26.0	37.0	53.0	74.0	105.0	149.0
	$16<m\leqslant25$	2.7	3.8	5.5	7.5	11.0	15.0	22.0	31.0	43.0	61.0	87.0	123.0	174.0
	$25<m\leqslant40$	3.3	4.7	6.5	9.5	13.0	19.0	27.0	38.0	53.0	75.0	107.0	151.0	213.0
	$40<m\leqslant70$	4.5	6.5	9.0	13.0	18.0	25.0	36.0	50.0	71.0	101.0	143.0	202.0	286.0
$2500<d\leqslant4000$	$6\leqslant m\leqslant10$	2.3	3.3	4.6	6.5	9.0	13.0	18.0	26.0	37.0	52.0	74.0	105.0	148.0
	$10<m\leqslant16$	2.6	3.6	5.0	7.5	10.0	15.0	21.0	29.0	41.0	58.0	82.0	116.0	165.0
	$16<m\leqslant25$	3.0	4.2	6.0	8.5	12.0	17.0	24.0	33.0	47.0	67.0	95.0	134.0	189.0
	$25<m\leqslant40$	3.6	5.0	7.0	10.0	14.0	20.0	29.0	40.0	57.0	81.0	114.0	162.0	229.0
	$40<m\leqslant70$	4.7	6.5	9.5	13.0	19.0	27.0	38.0	53.0	75.0	106.0	151.0	213.0	301.0
$4000<d\leqslant6000$	$6\leqslant m\leqslant10$	2.6	3.7	5.0	7.5	10.0	15.0	21.0	29.0	42.0	59.0	83.0	118.0	167.0
	$10<m\leqslant16$	2.9	4.0	5.5	8.0	11.0	16.0	23.0	32.0	46.0	65.0	92.0	130.0	183.0
	$16<m\leqslant25$	3.3	4.6	6.5	9.0	13.0	18.0	26.0	37.0	52.0	74.0	104.0	147.0	208.0
	$25<m\leqslant40$	3.9	5.5	7.5	11.0	15.0	22.0	31.0	44.0	62.0	88.0	124.0	175.0	248.0
	$40<m\leqslant70$	5.0	7.0	10.0	14.0	20.0	28.0	40.0	57.0	80.0	113.0	160.0	226.0	320.0

（续）

分度圆直径 d/mm	模数 m/mm	精度等级												
		0	1	2	3	4	5	6	7	8	9	10	11	12
		$\pm f_{pt}$												
$6000 < d \leqslant 8000$	$10 \leqslant m \leqslant 16$	3.1	4.4	6.5	9.0	13.0	18.0	25.0	36.0	50.0	71.0	101.0	142.0	201.0
	$16 < m \leqslant 25$	3.5	5.0	7.0	10.0	14.0	20.0	28.0	40.0	57.0	80.0	113.0	160.0	226.0
	$25 < m \leqslant 40$	4.1	6.0	8.5	12.0	17.0	23.0	33.0	47.0	66.0	94.0	133.0	188.0	266.0
	$40 < m \leqslant 70$	5.5	7.5	11.0	15.0	21.0	30.0	42.0	60.0	84.0	119.0	169.0	239.0	338.0
$8000 < d \leqslant 10000$	$10 \leqslant m \leqslant 16$	3.4	4.8	7.0	9.5	14.0	19.0	27.0	38.0	54.0	77.0	108.0	153.0	217.0
	$16 < m \leqslant 25$	3.8	5.5	7.5	11.0	15.0	21.0	30.0	43.0	60.0	85.0	121.0	171.0	242.0
	$25 < m \leqslant 40$	4.4	6.0	9.0	12.0	18.0	25.0	35.0	50.0	70.0	99.0	140.0	199.0	281.0
	$40 < m \leqslant 70$	5.5	8.0	11.0	16.0	22.0	31.0	44.0	62.0	88.0	125.0	177.0	250.0	353.0

表 1-25　齿距累积总偏差 F_p　　（单位：μm）

分度圆直径 d/mm	模数 m/mm	精度等级												
		0	1	2	3	4	5	6	7	8	9	10	11	12
		F_p												
$5 \leqslant d \leqslant 20$	$0.5 \leqslant m \leqslant 2$	2.0	2.8	4.0	5.5	8.0	11.0	16.0	23.0	32.0	45.0	64.0	90.0	127.0
	$2 < m \leqslant 3.5$	2.1	2.9	4.2	6.0	8.5	12.0	17.0	23.0	33.0	47.0	66.0	94.0	133.0
$20 < d \leqslant 50$	$0.5 \leqslant m \leqslant 2$	2.5	3.6	5.0	7.0	10.0	14.0	20.0	29.0	41.0	57.0	81.0	115.0	162.0
	$2 < m \leqslant 3.5$	2.6	3.7	5.0	7.5	10.0	15.0	21.0	30.0	42.0	59.0	84.0	119.0	168.0
	$3.5 < m \leqslant 6$	2.7	3.9	5.5	7.5	11.0	15.0	22.0	31.0	44.0	62.0	87.0	123.0	174.0
	$6 < m \leqslant 10$	2.9	4.1	6.0	8.0	12.0	16.0	23.0	33.0	46.0	65.0	93.0	131.0	185.0
$50 < d \leqslant 125$	$0.5 \leqslant m \leqslant 2$	3.3	4.6	6.5	9.0	13.0	18.0	26.0	37.0	52.0	74.0	104.0	147.0	208.0
	$2 < m \leqslant 3.5$	3.3	4.7	6.5	9.5	13.0	19.0	27.0	38.0	53.0	76.0	107.0	151.0	214.0
	$3.5 < m \leqslant 6$	3.4	4.9	7.0	9.5	14.0	19.0	28.0	39.0	55.0	78.0	110.0	156.0	220.0
	$6 < m \leqslant 10$	3.6	5.0	7.0	10.0	14.0	20.0	29.0	41.0	58.0	82.0	116.0	164.0	231.0
	$10 < m \leqslant 16$	3.9	5.5	7.5	11.0	15.0	22.0	31.0	44.0	62.0	88.0	124.0	175.0	248.0
	$16 < m \leqslant 25$	4.3	6.0	8.5	12.0	17.0	24.0	34.0	48.0	68.0	96.0	136.0	193.0	273.0
$125 < d \leqslant 280$	$0.5 \leqslant m \leqslant 2$	4.3	6.0	8.5	12.0	17.0	24.0	35.0	49.0	69.0	98.0	138.0	195.0	276.0
	$2 < m \leqslant 3.5$	4.4	6.0	9.0	12.0	18.0	25.0	35.0	50.0	70.0	100.0	141.0	199.0	282.0
	$3.5 < m \leqslant 6$	4.5	6.5	9.0	13.0	18.0	25.0	36.0	51.0	72.0	102.0	144.0	204.0	288.0
	$6 < m \leqslant 10$	4.7	6.5	9.5	13.0	19.0	26.0	37.0	53.0	75.0	106.0	149.0	211.0	299.0
	$10 < m \leqslant 16$	4.9	7.0	10.0	14.0	20.0	28.0	39.0	56.0	79.0	112.0	158.0	223.0	316.0
	$16 < m \leqslant 25$	5.5	7.5	11.0	15.0	21.0	30.0	43.0	60.0	85.0	120.0	170.0	241.0	341.0
	$25 < m \leqslant 40$	6.0	8.5	12.0	17.0	24.0	34.0	47.0	67.0	95.0	134.0	190.0	269.0	380.0
$280 < d \leqslant 560$	$0.5 \leqslant m \leqslant 2$	5.5	8.0	11.0	16.0	23.0	32.0	46.0	64.0	91.0	129.0	182.0	257.0	364.0
	$2 < m \leqslant 3.5$	6.0	8.0	12.0	16.0	23.0	33.0	46.0	65.0	92.0	131.0	185.0	261.0	370.0
	$3.5 < m \leqslant 6$	6.0	8.5	12.0	17.0	24.0	33.0	47.0	66.0	94.0	133.0	188.0	266.0	376.0
	$6 < m \leqslant 10$	6.0	8.5	12.0	17.0	24.0	34.0	48.0	68.0	97.0	137.0	193.0	274.0	387.0
	$10 < m \leqslant 16$	6.5	9.0	13.0	18.0	25.0	36.0	50.0	71.0	101.0	143.0	202.0	285.0	404.0
	$16 < m \leqslant 25$	6.5	9.5	13.0	19.0	27.0	38.0	54.0	76.0	107.0	151.0	214.0	303.0	428.0
	$25 < m \leqslant 40$	7.5	10.0	15.0	21.0	29.0	41.0	58.0	83.0	117.0	165.0	234.0	331.0	468.0
	$40 < m \leqslant 70$	8.5	12.0	17.0	24.0	34.0	48.0	68.0	95.0	135.0	191.0	270.0	382.0	540.0

（续）

分度圆直径 d/mm	模数 m/mm	精度等级												
		0	1	2	3	4	5	6	7	8	9	10	11	12
		F_p												
560 < d ≤1000	0. 5≤m≤2	7. 5	10. 0	15. 0	21. 0	29. 0	41. 0	59. 0	83. 0	117. 0	166. 0	235. 0	332. 0	469. 0
	2 < m≤3. 5	7. 5	10. 0	15. 0	21. 0	30. 0	42. 0	59. 0	84. 0	119. 0	168. 0	238. 0	336. 0	475. 0
	3. 5 < m≤6	7. 5	11. 0	15. 0	21. 0	30. 0	43. 0	60. 0	85. 0	120. 0	170. 0	241. 0	341. 0	482. 0
	6 < m≤10	7. 5	11. 0	15. 0	22. 0	31. 0	44. 0	62. 0	87. 0	123. 0	174. 0	246. 0	348. 0	492. 0
	10 < m≤16	8. 0	11. 0	16. 0	22. 0	32. 0	45. 0	64. 0	90. 0	127. 0	180. 0	254. 0	360. 0	509. 0
	16 < m≤25	8. 5	12. 0	17. 0	24. 0	33. 0	47. 0	67. 0	94. 0	133. 0	189. 0	267. 0	378. 0	534. 0
	25 < m≤40	9. 0	13. 0	18. 0	25. 0	36. 0	51. 0	72. 0	101. 0	143. 0	203. 0	287. 0	405. 0	573. 0
	40 < m≤70	10. 0	14. 0	20. 0	29. 0	40. 0	57. 0	81. 0	114. 0	161. 0	228. 0	323. 0	457. 0	646. 0
1000 < d ≤1600	2≤m≤3. 5	9. 0	13. 0	18. 0	26. 0	37. 0	52. 0	74. 0	105. 0	148. 0	209. 0	296. 0	418. 0	591. 0
	3. 5 < m≤6	9. 5	13. 0	19. 0	26. 0	37. 0	53. 0	75. 0	106. 0	149. 0	211. 0	299. 0	423. 0	598. 0
	6 < m≤10	9. 5	13. 0	19. 0	27. 0	38. 0	54. 0	76. 0	108. 0	152. 0	215. 0	304. 0	430. 0	608. 0
	10 < m≤16	10. 0	14. 0	20. 0	28. 0	39. 0	55. 0	78. 0	111. 0	156. 0	221. 0	313. 0	442. 0	625. 0
	16 < m≤25	10. 0	14. 0	20. 0	29. 0	41. 0	57. 0	81. 0	115. 0	163. 0	230. 0	325. 0	460. 0	650. 0
	25 < m≤40	11. 0	15. 0	22. 0	30. 0	43. 0	61. 0	86. 0	122. 0	172. 0	244. 0	345. 0	488. 0	690. 0
	40 < m≤70	12. 0	17. 0	24. 0	34. 0	48. 0	67. 0	95. 0	135. 0	190. 0	269. 0	381. 0	539. 0	762. 0
1600 < d ≤2500	3. 5≤m≤6	11. 0	16. 0	23. 0	32. 0	45. 0	64. 0	91. 0	129. 0	182. 0	257. 0	364. 0	514. 0	727. 0
	6 < m≤10	12. 0	16. 0	23. 0	33. 0	46. 0	65. 0	92. 0	130. 0	184. 0	261. 0	369. 0	522. 0	738. 0
	10 < m≤16	12. 0	17. 0	24. 0	33. 0	47. 0	67. 0	94. 0	133. 0	189. 0	267. 0	377. 0	534. 0	755. 0
	16 < m≤25	12. 0	17. 0	24. 0	34. 0	49. 0	69. 0	97. 0	138. 0	195. 0	276. 0	390. 0	551. 0	780. 0
	25 < m≤40	13. 0	18. 0	26. 0	36. 0	51. 0	72. 0	102. 0	145. 0	205. 0	290. 0	409. 0	579. 0	819. 0
	40 < m≤70	14. 0	20. 0	28. 0	39. 0	56. 0	79. 0	111. 0	158. 0	223. 0	315. 0	446. 0	603. 0	891. 0
2500 < d ≤4000	6≤m≤10	14. 0	20. 0	28. 0	40. 0	56. 0	80. 0	113. 0	159. 0	225. 0	318. 0	450. 0	637. 0	901. 0
	10 < m≤16	14. 0	20. 0	29. 0	41. 0	57. 0	81. 0	115. 0	162. 0	229. 0	324. 0	459. 0	649. 0	917. 0
	16 < m≤25	15. 0	21. 0	29. 0	42. 0	59. 0	83. 0	118. 0	167. 0	236. 0	333. 0	471. 0	666. 0	942. 0
	25 < m≤40	15. 0	22. 0	31. 0	43. 0	61. 0	87. 0	123. 0	174. 0	245. 0	347. 0	491. 0	694. 0	982. 0
	40 < m≤70	16. 0	23. 0	33. 0	47. 0	66. 0	93. 0	132. 0	186. 0	264. 0	373. 0	525. 0	745. 0	1054. 0
4000 < d ≤6000	6≤m≤10	17. 0	24. 0	34. 0	48. 0	68. 0	97. 0	137. 0	194. 0	274. 0	387. 0	548. 0	775. 0	1095. 0
	10 < m≤16	17. 0	25. 0	35. 0	49. 0	69. 0	98. 0	139. 0	197. 0	278. 0	393. 0	556. 0	786. 0	1112. 0
	16 < m≤25	18. 0	25. 0	36. 0	50. 0	71. 0	100. 0	142. 0	201. 0	284. 0	402. 0	568. 0	804. 0	1137. 0
	25 < m≤40	18. 0	26. 0	37. 0	52. 0	74. 0	104. 0	147. 0	208. 0	294. 0	416. 0	588. 0	832. 0	1176. 0
	40 < m≤70	20. 0	28. 0	39. 0	55. 0	78. 0	110. 0	156. 0	221. 0	312. 0	441. 0	624. 0	883. 0	1249. 0
6000 < d ≤8000	10≤m≤16	20. 0	29. 0	41. 0	57. 0	81. 0	115. 0	162. 0	230. 0	325. 0	459. 0	650. 0	919. 0	1299. 0
	16 < m≤25	21. 0	29. 0	41. 0	59. 0	83. 0	117. 0	166. 0	234. 0	331. 0	468. 0	662. 0	936. 0	1324. 0
	25 < m≤40	21. 0	30. 0	43. 0	60. 0	85. 0	121. 0	170. 0	241. 0	341. 0	482. 0	682. 0	964. 0	1364. 0
	40 < m≤70	22. 0	32. 0	45. 0	63. 0	90. 0	127. 0	179. 0	254. 0	359. 0	508. 0	718. 0	1015. 0	1436. 0
8000 < d ≤10000	10≤m≤16	23. 0	32. 0	46. 0	65. 0	91. 0	129. 0	182. 0	258. 0	365. 0	516. 0	730. 0	1032. 0	1460. 0
	16 < m≤25	23. 0	33. 0	46. 0	66. 0	93. 0	131. 0	186. 0	262. 0	371. 0	525. 0	742. 0	1050. 0	1485. 0
	25 < m≤40	24. 0	34. 0	48. 0	67. 0	95. 0	135. 0	191. 0	269. 0	381. 0	539. 0	762. 0	1078. 0	1524. 0
	40 < m≤70	25. 0	35. 0	50. 0	71. 0	100. 0	141. 0	200. 0	282. 0	399. 0	564. 0	798. 0	1129. 0	1596. 0

表 1-26　齿廓总偏差 F_α　（单位：μm）

分度圆直径 d/mm	模数 m/mm	精度等级 0	1	2	3	4	5	6	7	8	9	10	11	12
		F_α												
5≤d≤20	0.5≤m≤2	0.8	1.1	1.6	2.3	3.2	4.6	6.5	9.0	13.0	18.0	26.0	37.0	52.0
	2<m≤3.5	1.2	1.7	2.3	3.3	4.7	6.5	9.5	13.0	19.0	26.0	37.0	53.0	75.0
20<d≤50	0.5<m≤2	0.9	1.3	1.8	2.6	3.6	5.0	7.5	10.0	15.0	21.0	29.0	41.0	58.0
	2<m≤3.5	1.3	1.8	2.5	3.6	5.0	7.0	10.0	14.0	20.0	29.0	40.0	57.0	81.0
	3.5<m≤6	1.6	2.2	3.1	4.4	6.0	9.0	12.0	18.0	25.0	35.0	50.0	70.0	99.0
	6<m≤10	1.9	2.7	3.8	5.5	7.5	11.0	15.0	22.0	31.0	43.0	61.0	87.0	123.0
50<d≤125	0.5≤m≤2	1.0	1.5	2.1	2.9	4.1	6.0	8.5	12.0	17.0	23.0	33.0	47.0	66.0
	2<m≤3.5	1.4	2.0	2.8	3.9	5.5	8.0	11.0	16.0	22.0	31.0	44.0	63.0	89.0
	3.5<m≤6	1.7	2.4	3.4	4.8	6.5	9.5	13.0	19.0	27.0	38.0	54.0	76.0	108.0
	6<m≤10	2.0	2.9	4.1	6.0	8.0	12.0	16.0	23.0	33.0	46.0	65.0	92.0	131.0
	10<m≤16	2.5	3.5	5.0	7.0	10.0	14.0	20.0	28.0	40.0	56.0	79.0	112.0	159.0
	16<m≤25	3.0	4.2	6.0	8.5	12.0	17.0	24.0	34.0	48.0	68.0	96.0	136.0	192.0
125<d≤280	0.5≤m≤2	1.2	1.7	2.4	3.5	4.9	7.0	10.0	14.0	20.0	28.0	39.0	55.0	78.0
	2<m≤3.5	1.6	2.2	3.2	4.5	6.5	9.0	13.0	18.0	25.0	36.0	50.0	71.0	101.0
	3.5<m≤6	1.9	2.6	3.7	5.5	7.5	11.0	15.0	21.0	30.0	42.0	60.0	84.0	119.0
	6<m≤10	2.2	3.2	4.5	6.5	9.0	13.0	18.0	25.0	36.0	50.0	71.0	101.0	143.0
	10<m≤16	2.7	3.8	5.5	7.5	11.0	15.0	21.0	30.0	43.0	60.0	85.0	121.0	171.0
	16<m≤25	3.2	4.5	6.5	9.0	13.0	18.0	25.0	36.0	51.0	72.0	102.0	144.0	204.0
	25<m≤40	3.8	5.5	7.5	11.0	15.0	22.0	31.0	43.0	61.0	87.0	123.0	174.0	246.0
280<d≤560	0.5≤m≤2	1.5	2.1	2.9	4.1	6.0	8.5	12.0	17.0	23.0	33.0	47.0	66.0	94.0
	2<m≤3.5	1.8	2.6	3.6	5.0	7.5	10.0	15.0	21.0	29.0	41.0	58.0	82.0	116.0
	3.5<m≤6	2.1	3.0	4.2	6.0	8.5	12.0	17.0	24.0	34.0	48.0	67.0	95.0	135.0
	6<m≤10	2.5	3.5	4.9	7.0	10.0	14.0	20.0	28.0	40.0	56.0	79.0	112.0	158.0
	10<m≤16	2.9	4.1	6.0	8.0	12.0	17.0	23.0	33.0	47.0	66.0	93.0	132.0	186.0
	16<m≤25	3.4	4.8	7.0	9.5	14.0	19.0	27.0	39.0	55.0	78.0	110.0	155.0	219.0
	25<m≤40	4.1	6.0	8.0	12.0	16.0	23.0	33.0	46.0	65.0	92.0	131.0	185.0	261.0
	40<m≤70	5.0	7.0	10.0	14.0	20.0	28.0	40.0	57.0	80.0	113.0	160.0	227.0	321.0
560<d≤1000	0.5≤m≤2	1.8	2.5	3.6	5.0	7.0	10.0	14.0	20.0	28.0	40.0	56.0	79.0	112.0
	2<m≤3.5	2.1	3.0	4.2	6.0	8.5	12.0	17.0	24.0	34.0	48.0	67.0	95.0	135.0
	3.5<m≤6	2.4	3.4	4.8	7.0	9.5	14.0	19.0	27.0	38.0	54.0	77.0	109.0	154.0
	6<m≤10	2.8	3.9	5.5	8.0	11.0	16.0	22.0	31.0	44.0	62.0	88.0	125.0	177.0
	10<m≤16	3.2	4.5	6.5	9.0	13.0	18.0	26.0	36.0	51.0	72.0	102.0	145.0	205.0
	16<m≤25	3.7	5.5	7.5	11.0	15.0	21.0	30.0	42.0	59.0	84.0	119.0	168.0	238.0
	25<m≤40	4.4	6.0	8.5	12.0	17.0	25.0	35.0	49.0	70.0	99.0	140.0	198.0	280.0
	40<m≤70	5.5	7.5	11.0	15.0	21.0	30.0	42.0	60.0	85.0	120.0	170.0	240.0	339.0
1000<d≤1600	2≤m≤3.5	2.4	3.4	4.9	7.0	9.5	14.0	19.0	27.0	39.0	55.0	78.0	110.0	155.0
	3.5<m≤6	2.7	3.8	5.5	7.5	11.0	15.0	22.0	31.0	43.0	61.0	87.0	123.0	174.0
	6<m≤10	3.1	4.4	6.0	8.5	12.0	17.0	25.0	35.0	49.0	70.0	99.0	139.0	197.0
	10<m≤16	3.5	5.0	7.0	10.0	14.0	20.0	28.0	40.0	56.0	80.0	113.0	159.0	225.0
	16<m≤25	4.0	5.5	8.0	11.0	16.0	23.0	32.0	46.0	65.0	91.0	129.0	183.0	258.0

（续）

分度圆直径 d/mm	模数 m/mm	精度等级												
		0	1	2	3	4	5	6	7	8	9	10	11	12
		F_{α}												
$1000<d\leqslant1600$	$25<m\leqslant40$	4.7	6.5	9.5	13.0	19.0	27.0	38.0	53.0	75.0	106.0	150.0	212.0	300.0
	$40<m\leqslant70$	5.5	8.0	11.0	16.0	22.0	32.0	45.0	64.0	90.0	127.0	180.0	254.0	360.0
$1600<d\leqslant2500$	$3.5\leqslant m\leqslant6$	3.1	4.3	6.0	8.5	12.0	17.0	25.0	35.0	49.0	70.0	98.0	139.0	197.0
	$6<m\leqslant10$	3.4	4.9	7.0	9.5	14.0	19.0	27.0	39.0	55.0	78.0	110.0	155.0	220.0
	$10<m\leqslant16$	3.9	5.5	7.5	11.0	15.0	22.0	31.0	44.0	62.0	88.0	124.0	175.0	248.0
	$16<m\leqslant25$	4.4	6.0	9.0	12.0	18.0	25.0	35.0	50.0	70.0	99.0	141.0	199.0	281.0
	$25<m\leqslant40$	5.0	7.0	10.0	14.0	20.0	29.0	40.0	57.0	81.0	114.0	161.0	228.0	323.0
	$40<m\leqslant70$	6.0	8.5	12.0	17.0	24.0	34.0	48.0	68.0	96.0	135.0	191.0	271.0	383.0
$2500<d\leqslant4000$	$6\leqslant m\leqslant10$	3.9	5.5	8.0	11.0	16.0	22.0	31.0	44.0	62.0	88.0	124.0	176.0	249.0
	$10<m\leqslant16$	4.3	6.0	8.5	12.0	17.0	24.0	35.0	49.0	69.0	98.0	138.0	196.0	277.0
	$16<m\leqslant25$	4.8	7.0	9.5	14.0	19.0	27.0	39.0	55.0	77.0	110.0	155.0	219.0	310.0
	$25<m\leqslant40$	5.5	8.0	11.0	16.0	22.0	31.0	44.0	62.0	88.0	124.0	176.0	249.0	351.0
	$40<m\leqslant70$	6.5	9.0	13.0	18.0	26.0	36.0	51.0	73.0	103.0	145.0	206.0	291.0	411.0
$4000<d\leqslant6000$	$6\leqslant m\leqslant10$	4.4	6.5	9.0	13.0	18.0	25.0	35.0	50.0	71.0	100.0	141.0	200.0	283.0
	$10<m\leqslant16$	4.9	7.0	9.5	14.0	19.0	27.0	39.0	55.0	78.0	110.0	155.0	220.0	311.0
	$16<m\leqslant25$	5.5	7.5	11.0	15.0	22.0	30.0	43.0	61.0	86.0	122.0	172.0	243.0	344.0
	$25<m\leqslant40$	6.0	8.5	12.0	17.0	24.0	34.0	48.0	68.0	96.0	136.0	193.0	273.0	386.0
	$40<m\leqslant70$	7.0	10.0	14.0	20.0	28.0	39.0	56.0	79.0	111.0	158.0	223.0	315.0	445.0
$6000<d\leqslant8000$	$10\leqslant m\leqslant16$	5.5	7.5	11.0	15.0	21.0	30.0	43.0	61.0	86.0	122.0	172.0	243.0	344.0
	$16<m\leqslant25$	6.0	8.5	12.0	17.0	24.0	33.0	47.0	67.0	94.0	133.0	189.0	267.0	377.0
	$25<m\leqslant40$	6.5	9.0	13.0	19.0	26.0	37.0	52.0	74.0	105.0	148.0	209.0	296.0	419.0
	$40<m\leqslant70$	7.5	11.0	15.0	21.0	30.0	42.0	60.0	85.0	120.0	169.0	239.0	338.0	478.0
$8000<d\leqslant10000$	$10\leqslant m\leqslant16$	6.0	8.0	12.0	16.0	23.0	33.0	47.0	66.0	93.0	132.0	186.0	263.0	372.0
	$16<m\leqslant25$	6.5	9.0	13.0	18.0	25.0	36.0	51.0	72.0	101.0	143.0	203.0	287.0	405.0
	$25<m\leqslant40$	7.0	10.0	14.0	20.0	28.0	40.0	56.0	79.0	112.0	158.0	223.0	316.0	447.0
	$40<m\leqslant70$	8.0	11.0	16.0	22.0	32.0	45.0	63.0	90.0	127.0	179.0	253.0	358.0	507.0

表 1-27　齿廓形状偏差 $f_{f\alpha}$　　（单位：μm）

分度圆直径 d/mm	模数 m/mm	精度等级												
		0	1	2	3	4	5	6	7	8	9	10	11	12
		$f_{f\alpha}$												
$5\leqslant d\leqslant20$	$0.5\leqslant m\leqslant2$	0.6	0.9	1.3	1.8	2.5	3.5	5.0	7.0	10.0	14.0	20.0	28.0	40.0
	$2<m\leqslant3.5$	0.9	1.3	1.8	2.6	3.6	5.0	7.0	10.0	14.0	20.0	29.0	41.0	58.0
$20<d\leqslant50$	$0.5<m\leqslant2$	0.7	1.0	1.4	2.0	2.8	4.0	5.5	8.0	11.0	16.0	22.0	32.0	45.0
	$2<m\leqslant3.5$	1.0	1.4	2.0	2.8	3.9	5.5	8.0	11.0	16.0	22.0	31.0	44.0	62.0
	$3.5<m\leqslant6$	1.2	1.7	2.4	3.4	4.8	7.0	9.5	14.0	19.0	27.0	39.0	54.0	77.0
	$6<m\leqslant10$	1.5	2.1	3.0	4.2	6.0	8.5	12.0	17.0	24.0	34.0	48.0	67.0	95.0
$50<d\leqslant125$	$0.5\leqslant m\leqslant2$	0.8	1.1	1.6	2.3	3.2	4.5	6.5	9.0	13.0	18.0	26.0	36.0	51.0
	$2<m\leqslant3.5$	1.1	1.5	2.1	3.0	4.3	6.0	8.5	12.0	17.0	24.0	34.0	49.0	69.0
	$3.5<m\leqslant6$	1.3	1.8	2.6	3.7	5.0	7.5	10.0	15.0	21.0	29.0	42.0	59.0	83.0
	$6<m\leqslant10$	1.6	2.2	3.2	4.5	6.5	9.0	13.0	18.0	25.0	36.0	51.0	72.0	101.0

（续）

分度圆直径 d/mm	模数 m/mm	精度等级												
		0	1	2	3	4	5	6	7	8	9	10	11	12
		$f_{f\alpha}$												
$50<d\leqslant125$	$10<m\leqslant16$	1.9	2.7	3.9	5.5	7.5	11.0	15.0	22.0	31.0	44.0	62.0	87.0	123.0
	$16<m\leqslant25$	2.3	3.3	4.7	6.5	9.5	13.0	19.0	26.0	37.0	53.0	75.0	106.0	149.0
$125<d\leqslant280$	$0.5\leqslant m\leqslant2$	0.9	1.3	1.9	2.7	3.8	5.5	7.5	11.0	15.0	21.0	30.0	43.0	60.0
	$2<m\leqslant3.5$	1.2	1.7	2.4	3.4	4.9	7.0	9.5	14.0	19.0	28.0	39.0	55.0	78.0
	$3.5<m\leqslant6$	1.4	2.0	2.9	4.1	6.0	8.0	12.0	16.0	23.0	33.0	46.0	65.0	93.0
	$6<m\leqslant10$	1.7	2.4	3.5	4.9	7.0	10.0	14.0	20.0	28.0	39.0	55.0	78.0	111.0
	$10<m\leqslant16$	2.1	2.9	4.0	6.0	8.5	12.0	17.0	23.0	33.0	47.0	66.0	94.0	133.0
	$16<m\leqslant25$	2.5	3.5	5.0	7.0	10.0	14.0	20.0	28.0	40.0	56.0	79.0	112.0	158.0
	$25<m\leqslant40$	3.0	4.2	6.0	8.5	12.0	17.0	24.0	34.0	48.0	68.0	96.0	135.0	191.0
$280<d\leqslant560$	$0.5\leqslant m\leqslant2$	1.1	1.6	2.3	3.2	4.5	6.5	9.0	13.0	18.0	26.0	36.0	51.0	72.0
	$2<m\leqslant3.5$	1.4	2.0	2.8	4.0	5.5	8.0	11.0	16.0	22.0	32.0	45.0	64.0	90.0
	$3.5<m\leqslant6$	1.6	2.3	3.3	4.6	6.5	9.0	13.0	18.0	26.0	37.0	52.0	74.0	104.0
	$6<m\leqslant10$	1.9	2.7	3.8	5.5	7.5	11.0	15.0	22.0	31.0	43.0	61.0	87.0	123.0
	$10<m\leqslant16$	2.3	3.2	4.5	6.5	9.0	13.0	18.0	26.0	36.0	51.0	72.0	102.0	145.0
	$16<m\leqslant25$	2.7	3.8	5.5	7.5	11.0	15.0	21.0	30.0	43.0	60.0	85.0	121.0	170.0
	$25<m\leqslant40$	3.2	4.5	6.5	9.0	13.0	18.0	25.0	36.0	51.0	72.0	101.0	144.0	203.0
	$40<m\leqslant70$	3.9	5.5	8.0	11.0	16.0	22.0	31.0	44.0	62.0	88.0	125.0	177.0	250.0
$560<d\leqslant1000$	$0.5\leqslant m\leqslant2$	1.4	1.9	2.7	3.8	5.5	7.5	11.0	15.0	22.0	31.0	43.0	61.0	87.0
	$2<m\leqslant3.5$	1.6	2.3	3.3	4.6	6.5	9.0	13.0	18.0	26.0	37.0	52.0	74.0	104.0
	$3.5<m\leqslant6$	1.9	2.6	3.7	5.5	7.5	11.0	15.0	21.0	30.0	42.0	59.0	84.0	119.0
	$6<m\leqslant10$	2.1	3.0	4.3	6.0	8.5	12.0	17.0	24.0	34.0	48.0	68.0	97.0	137.0
	$10<m\leqslant16$	2.5	3.5	5.0	7.0	10.0	14.0	20.0	28.0	40.0	56.0	79.0	112.0	159.0
	$16<m\leqslant25$	2.9	4.1	6.0	8.0	12.0	16.0	23.0	33.0	46.0	65.0	92.0	131.0	185.0
	$25<m\leqslant40$	3.4	4.8	7.0	9.5	14.0	19.0	27.0	38.0	54.0	77.0	109.0	154.0	217.0
	$40<m\leqslant70$	4.1	6.0	8.5	12.0	17.0	23.0	33.0	47.0	66.0	93.0	132.0	187.0	264.0
$1000<d\leqslant1600$	$2\leqslant m\leqslant3.5$	1.9	2.7	3.8	5.5	7.5	11.0	15.5	21.0	30.0	42.0	60.0	85.0	120.0
	$3.5<m\leqslant6$	2.1	3.0	4.2	6.0	8.5	12.0	17.0	24.0	34.0	48.0	67.0	95.0	135.0
	$6<m\leqslant10$	2.4	3.4	4.8	7.0	9.5	14.0	19.0	27.0	38.0	54.0	76.0	108.0	153.0
	$10<m\leqslant16$	2.7	3.9	5.5	7.5	11.0	15.0	22.0	31.0	44.0	62.0	87.0	124.0	175.0
	$16<m\leqslant25$	3.1	4.4	6.5	9.0	13.0	18.0	25.0	35.0	50.0	71.0	100.0	142.0	201.0
	$25<m\leqslant40$	3.6	5.0	7.5	10.0	15.0	21.0	29.0	41.0	58.0	82.0	117.0	165.0	233.0
	$40<m\leqslant70$	4.4	6.0	8.5	12.0	17.0	25.0	35.0	49.0	70.0	99.0	140.0	198.0	280.0
$1600<d\leqslant2500$	$3.5\leqslant m\leqslant6$	2.4	3.4	4.8	6.5	9.5	13.0	19.0	27.0	38.0	54.0	76.0	108.0	152.0
	$6<m\leqslant10$	2.7	3.8	5.5	7.5	11.0	15.0	21.0	30.0	43.0	60.0	85.0	120.0	170.0
	$10<m\leqslant16$	3.0	4.2	6.0	8.5	12.0	17.0	24.0	34.0	48.0	68.0	96.0	136.0	192.0
	$16<m\leqslant25$	3.4	4.8	7.0	9.5	14.0	19.0	27.0	39.0	55.0	77.0	109.0	154.0	218.0
	$25<m\leqslant40$	3.9	5.5	8.0	11.0	16.0	22.0	31.0	44.0	63.0	89.0	125.0	177.0	251.0
	$40<m\leqslant70$	4.6	6.5	9.5	13.0	19.0	26.0	37.0	53.0	74.0	105.0	149.0	210.0	297.0

（续）

分度圆直径 d/mm	模数 m/mm	精度等级												
		0	1	2	3	4	5	6	7	8	9	10	11	12
		$f_{f\alpha}$												
$2500<d\leqslant4000$	$6\leqslant m\leqslant10$	3.0	4.3	6.0	8.5	12.0	17.0	24.0	34.0	48.0	68.0	96.0	136.0	193.0
	$10<m\leqslant16$	3.4	4.7	6.5	9.5	13.0	19.0	27.0	38.0	54.0	76.0	107.0	152.0	214.0
	$16<m\leqslant25$	3.8	5.5	7.5	11.0	15.0	21.0	30.0	42.0	60.0	85.0	120.0	170.0	240.0
	$25<m\leqslant40$	4.3	6.0	8.5	12.0	17.0	24.0	34.0	48.0	68.0	96.0	136.0	193.0	273.0
	$40<m\leqslant70$	5.0	7.0	10.0	14.0	20.0	28.0	40.0	56.0	80.0	113.0	160.0	226.0	320.0
$4000<d\leqslant6000$	$6\leqslant m\leqslant10$	3.4	4.8	7.0	9.5	14.0	19.0	27.0	39.0	55.0	77.0	109.0	155.0	219.0
	$10<m\leqslant16$	3.8	5.5	7.5	11.0	15.0	21.0	30.0	43.0	60.0	85.0	120.0	170.0	241.0
	$16<m\leqslant25$	4.2	6.0	8.5	12.0	17.0	24.0	33.0	47.0	67.0	94.0	133.0	189.0	267.0
	$25<m\leqslant40$	4.7	6.5	9.5	13.0	19.0	26.0	37.0	53.0	75.0	106.0	150.0	212.0	299.0
	$40<m\leqslant70$	5.5	7.5	11.0	15.0	22.0	31.0	43.0	61.0	87.0	122.0	173.0	245.0	346.0
$6000<d\leqslant8000$	$10\leqslant m\leqslant16$	4.2	6.0	8.5	12.0	17.0	24.0	33.0	47.0	67.0	94.0	133.0	188.0	266.0
	$16<m\leqslant25$	4.6	6.5	9.0	13.0	18.0	26.0	37.0	52.0	73.0	103.0	146.0	207.0	292.0
	$25<m\leqslant40$	5.0	7.0	10.0	14.0	20.0	29.0	41.0	57.0	81.0	115.0	162.0	230.0	325.0
	$40<m\leqslant70$	6.0	8.0	12.0	16.0	23.0	33.0	46.0	66.0	93.0	131.0	186.0	263.0	371.0
$8000<d\leqslant10000$	$10\leqslant m\leqslant16$	4.5	6.5	9.0	13.0	18.0	25.0	36.0	51.0	72.0	102.0	144.0	204.0	288.0
	$16<m\leqslant25$	4.9	7.0	10.0	14.0	20.0	28.0	39.0	56.0	79.0	111.0	157.0	222.0	314.0
	$25<m\leqslant40$	5.5	7.5	11.0	15.0	22.0	31.0	43.0	61.0	87.0	123.0	173.0	245.0	347.0
	$40<m\leqslant70$	6.0	8.5	12.0	17.0	25.0	35.0	49.0	70.0	98.0	139.0	197.0	278.0	393.0

表 1-28　齿廓倾斜极限偏差 $\pm f_{H\alpha}$　（单位：μm）

分度圆直径 d/mm	模数 m/mm	精度等级												
		0	1	2	3	4	5	6	7	8	9	10	11	12
		$f_{H\alpha}$												
$5\leqslant d\leqslant20$	$0.5\leqslant m\leqslant2$	0.5	0.7	1.0	1.5	2.1	2.9	4.2	6.0	8.5	12.0	17.0	24.0	33.0
	$2<m\leqslant3.5$	0.7	1.0	1.5	2.1	3.0	4.2	6.0	8.5	12.0	17.0	24.0	34.0	47.0
$20<d\leqslant50$	$0.5<m\leqslant2$	0.6	0.8	1.2	1.6	2.3	3.3	4.6	6.5	9.5	13.0	19.0	26.0	37.0
	$2<m\leqslant3.5$	0.8	1.1	1.6	2.3	3.2	4.5	6.5	9.0	13.0	18.0	26.0	36.0	51.0
	$3.5<m\leqslant6$	1.0	1.4	2.0	2.8	3.9	5.5	8.0	11.0	16.0	22.0	32.0	45.0	63.0
	$6<m\leqslant10$	1.2	1.7	2.4	3.4	4.8	7.0	9.5	14.0	19.0	27.0	39.0	55.0	78.0
$50<d\leqslant125$	$0.5\leqslant m\leqslant2$	0.7	0.9	1.3	1.9	2.6	3.7	5.5	7.5	11.0	15.0	21.0	30.0	42.0
	$2<m\leqslant3.5$	0.9	1.2	1.8	2.5	3.5	5.0	7.0	10.0	14.0	20.0	28.0	40.0	57.0
	$3.5<m\leqslant6$	1.1	1.5	2.1	3.0	4.3	6.0	8.5	12.0	17.0	24.0	34.0	48.0	68.0
	$6<m\leqslant10$	1.3	1.8	2.6	3.7	5.0	7.5	10.0	15.0	21.0	29.0	41.0	58.0	83.0
	$10<m\leqslant16$	1.6	2.2	3.1	4.4	6.5	9.0	13.0	18.0	25.0	35.0	50.0	71.0	100.0
	$16<m\leqslant25$	1.9	2.7	3.8	5.5	7.5	11.0	15.0	21.0	30.0	43.0	60.0	86.0	121.0
$125<d\leqslant280$	$0.5\leqslant m\leqslant2$	0.8	1.1	1.6	2.2	3.1	4.4	6.0	9.0	12.0	18.0	25.0	35.0	50.0
	$2<m\leqslant3.5$	1.0	1.4	2.0	2.8	4.0	5.5	8.0	11.0	16.0	23.0	32.0	45.0	64.0
	$3.5<m\leqslant6$	1.2	1.7	2.4	3.3	4.7	6.5	9.5	13.0	19.0	27.0	38.0	54.0	76.0
	$6<m\leqslant10$	1.4	2.0	2.8	4.0	5.5	8.0	11.0	16.0	23.0	32.0	45.0	64.0	90.0
	$10<m\leqslant16$	1.7	2.4	3.4	4.8	6.5	9.5	13.0	19.0	27.0	38.0	54.0	76.0	108.0
	$16<m\leqslant25$	2.0	2.8	4.0	5.5	8.0	11.0	16.0	23.0	32.0	45.0	64.0	91.0	129.0
	$25<m\leqslant40$	2.4	3.4	4.8	7.0	9.5	14.0	19.0	27.0	39.0	55.0	77.0	109.0	155.0

（续）

分度圆直径 d/mm	模数 m/mm	精度等级												
		0	1	2	3	4	5	6	7	8	9	10	11	12
		$f_{H\alpha}$												
$280<d\leqslant560$	$0.5\leqslant m\leqslant2$	0.9	1.3	1.9	2.6	3.7	5.5	7.5	11.0	15.0	21.0	30.0	42.0	60.0
	$2<m\leqslant3.5$	1.2	1.6	2.3	3.3	4.6	6.5	9.0	13.0	18.0	26.0	37.0	52.0	74.0
	$3.5<m\leqslant6$	1.3	1.9	2.7	3.8	5.5	7.5	11.0	15.0	21.0	30.0	43.0	61.0	86.0
	$6<m\leqslant10$	1.6	2.2	3.1	4.4	6.5	9.0	13.0	18.0	25.0	35.0	50.0	71.0	100.0
	$10<m\leqslant16$	1.8	2.6	3.7	5.0	7.5	10.0	15.0	21.0	29.0	42.0	59.0	83.0	118.0
	$16<m\leqslant25$	2.2	3.1	4.3	6.0	8.5	12.0	17.0	24.0	35.0	49.0	69.0	98.0	138.0
	$25<m\leqslant40$	2.6	3.6	5.0	7.5	10.0	15.0	21.0	29.0	41.0	58.0	82.0	116.0	164.0
	$40<m\leqslant70$	3.2	4.5	6.5	9.0	13.0	18.0	25.0	36.0	50.0	71.0	101.0	143.0	202.0
$560<d\leqslant1000$	$0.5\leqslant m\leqslant2$	1.1	1.6	2.2	3.2	4.5	6.5	9.0	13.0	18.0	25.0	36.0	51.0	72.0
	$2<m\leqslant3.5$	1.3	1.9	2.7	3.8	5.5	7.5	11.0	15.0	21.0	30.0	43.0	61.0	86.0
	$3.5<m\leqslant6$	1.5	2.2	3.0	4.3	6.0	8.5	12.0	17.0	24.0	34.0	49.0	69.0	97.0
	$6<m\leqslant10$	1.7	2.5	3.5	4.9	7.0	10.0	14.0	20.0	28.0	40.0	56.0	79.0	112.0
	$10<m\leqslant16$	2.0	2.9	4.0	5.5	8.0	11.0	16.0	23.0	32.0	46.0	65.0	92.0	129.0
	$16<m\leqslant25$	2.3	3.3	4.7	6.5	9.5	13.0	19.0	27.0	38.0	53.0	75.0	106.0	150.0
	$25<m\leqslant40$	2.8	3.9	5.5	8.0	11.0	16.0	22.0	31.0	44.0	62.0	88.0	125.0	176.0
	$40<m\leqslant70$	3.3	4.7	6.5	9.5	13.0	19.0	27.0	38.0	53.0	76.0	107.0	151.0	214.0
$1000<d\leqslant1600$	$2\leqslant m\leqslant3.5$	1.5	2.2	3.1	4.4	6.0	8.5	12.0	17.0	25.0	35.0	49.0	70.0	99.0
	$3.5<m\leqslant6$	1.7	2.4	3.5	4.9	7.0	10.0	14.0	20.0	28.0	39.0	55.0	78.0	110.0
	$6<m\leqslant10$	2.0	2.8	3.9	5.5	8.0	11.0	16.0	22.0	31.0	44.0	62.0	88.0	125.0
	$10<m\leqslant16$	2.2	3.1	4.5	6.5	9.0	13.0	18.0	25.0	36.0	50.0	71.0	101.0	142.0
	$16<m\leqslant25$	2.5	3.6	5.0	7.0	10.0	14.0	20.0	29.0	41.0	58.0	82.0	115.0	163.0
	$25<m\leqslant40$	3.0	4.2	6.0	8.5	12.0	17.0	24.0	33.0	47.0	67.0	95.0	134.0	189.0
	$40<m\leqslant70$	3.5	5.0	7.0	10.0	14.0	20.0	28.0	40.0	57.0	80.0	113.0	160.0	227.0
$1600<d\leqslant2500$	$3.5\leqslant m\leqslant6$	2.0	2.8	3.9	5.5	8.0	11.0	16.0	22.0	31.0	44.0	62.0	88.0	125.0
	$6<m\leqslant10$	2.2	3.1	4.4	6.0	8.5	12.0	17.0	25.0	35.0	49.0	70.0	99.0	139.0
	$10<m\leqslant16$	2.5	3.5	4.9	7.0	10.0	14.0	20.0	28.0	39.0	55.0	78.0	111.0	157.0
	$16<m\leqslant25$	2.8	3.9	5.5	8.0	11.0	16.0	22.0	31.0	44.0	63.0	89.0	126.0	178.0
	$25<m\leqslant40$	3.2	4.5	6.5	9.0	13.0	18.0	25.0	36.0	51.0	72.0	102.0	144.0	204.0
	$40<m\leqslant70$	3.8	5.5	7.5	11.0	15.0	21.0	30.0	43.0	60.0	85.0	121.0	170.0	241.0
$2500<d\leqslant4000$	$6\leqslant m\leqslant10$	2.5	3.5	4.9	7.0	10.0	14.0	20.0	28.0	39.0	56.0	79.0	112.0	158.0
	$10<m\leqslant16$	2.7	3.9	5.5	7.5	11.0	15.0	22.0	31.0	44.0	62.0	88.0	124.0	175.0
	$16<m\leqslant25$	3.1	4.3	6.0	8.5	12.0	17.0	24.0	35.0	49.0	69.0	98.0	139.0	196.0
	$25<m\leqslant40$	3.5	4.9	7.0	10.0	14.0	20.0	28.0	39.0	55.0	78.0	111.0	157.0	222.0
	$40<m\leqslant70$	4.1	5.5	8.0	11.0	16.0	22.0	32.0	46.0	65.0	92.0	130.0	183.0	259.0
$4000<d\leqslant6000$	$6\leqslant m\leqslant10$	2.8	4.0	5.5	8.0	11.0	16.0	22.0	32.0	45.0	63.0	90.0	127.0	179.0
	$10<m\leqslant16$	3.1	4.4	6.0	8.5	12.0	17.0	25.0	35.0	49.0	70.0	98.0	139.0	197.0
	$16<m\leqslant25$	3.4	4.8	7.0	9.5	14.0	19.0	27.0	38.0	54.0	77.0	109.0	154.0	218.0
	$25<m\leqslant40$	3.8	5.5	7.5	11.0	15.0	22.0	30.0	43.0	61.0	86.0	122.0	172.0	244.0
	$40<m\leqslant70$	4.4	6.0	9.0	12.0	18.0	25.0	35.0	50.0	70.0	99.0	141.0	199.0	281.0

（续）

分度圆直径 d/mm	模数 m/mm	精度等级												
		0	1	2	3	4	5	6	7	8	9	10	11	12
		$f_{H\alpha}$												
$6000<d\leqslant8000$	$10\leqslant m\leqslant16$	3.4	4.8	7.0	9.5	14.0	19.0	27.0	39.0	54.0	77.0	109.0	154.0	218.0
	$16<m\leqslant25$	3.7	5.5	7.5	11.0	15.0	21.0	30.0	42.0	60.0	84.0	119.0	169.0	239.0
	$25<m\leqslant40$	4.1	6.0	8.5	12.0	17.0	23.0	33.0	47.0	66.0	94.0	132.0	187.0	265.0
	$40<m\leqslant70$	4.7	6.5	9.5	13.0	19.0	27.0	38.0	53.0	76.0	107.0	151.0	214.0	302.0
$8000<d\leqslant10000$	$10\leqslant m\leqslant16$	3.7	5.0	7.5	10.0	15.0	21.0	29.0	42.0	59.0	83.0	118.0	167.0	236.0
	$16<m\leqslant25$	4.0	5.5	8.0	11.0	16.0	23.0	32.0	45.0	64.0	91.0	128.0	181.0	257.0
	$25<m\leqslant40$	4.4	6.0	9.0	12.0	18.0	25.0	35.0	50.0	71.0	100.0	141.0	200.0	283.0
	$40<m\leqslant70$	5.0	7.0	10.0	14.0	20.0	28.0	40.0	57.0	80.0	113.0	160.0	226.0	320.0

表 1-29　螺旋线总偏差 F_β　（单位：μm）

分度圆直径 d/mm	齿宽 b/mm	精度等级												
		0	1	2	3	4	5	6	7	8	9	10	11	12
		F_β												
$5\leqslant d\leqslant20$	$4\leqslant b\leqslant10$	1.1	1.5	2.2	3.1	4.3	6.0	8.5	12.0	17.0	24.0	35.0	49.0	69.0
	$10<b\leqslant20$	1.2	1.7	2.4	3.4	4.9	7.0	9.5	14.0	19.0	28.0	39.0	55.0	78.0
	$20<b\leqslant40$	1.4	2.0	2.8	3.9	5.5	8.0	11.0	16.0	22.0	31.0	45.0	63.0	89.0
	$40<b\leqslant80$	1.6	2.3	3.3	4.6	6.5	9.5	13.0	19.0	26.0	37.0	52.0	74.0	105.0
$20<d\leqslant50$	$4\leqslant b\leqslant10$	1.1	1.6	2.2	3.2	4.5	6.5	9.0	13.0	18.0	25.0	36.0	51.0	72.0
	$10<b\leqslant20$	1.3	1.8	2.5	3.6	5.0	7.0	10.0	14.0	20.0	29.0	40.0	57.0	81.0
	$20<b\leqslant40$	1.4	2.0	2.9	4.1	5.5	8.0	11.0	16.0	23.0	32.0	46.0	65.0	92.0
	$40<b\leqslant80$	1.7	2.4	3.4	4.8	6.5	9.5	13.0	19.0	27.0	38.0	54.0	76.0	107.0
	$80<b\leqslant160$	2.0	2.9	4.1	5.5	8.0	11.0	16.0	23.0	32.0	46.0	65.0	92.0	130.0
$50<d\leqslant125$	$4\leqslant b\leqslant10$	1.2	1.7	2.4	3.3	4.7	6.5	9.5	13.0	19.0	27.0	38.0	53.0	76.0
	$10<b\leqslant20$	1.3	1.9	2.6	3.7	5.5	7.5	11.0	15.0	21.0	30.0	42.0	60.0	84.0
	$20<b\leqslant40$	1.5	2.1	3.0	4.2	6.0	8.5	12.0	17.0	24.0	34.0	48.0	68.0	95.0
	$40<b\leqslant80$	1.7	2.5	3.5	4.9	7.0	10.0	14.0	20.0	28.0	39.0	56.0	79.0	111.0
	$80<b\leqslant160$	2.1	2.9	4.2	6.0	8.5	12.0	17.0	24.0	33.0	47.0	67.0	94.0	133.0
	$160<b\leqslant250$	2.5	3.5	4.9	7.0	10.0	14.0	20.0	28.0	40.0	56.0	79.0	112.0	158.0
	$250<b\leqslant400$	2.9	4.1	6.0	8.0	12.0	16.0	23.0	33.0	46.0	65.0	92.0	130.0	184.0
$125<d\leqslant280$	$4\leqslant b\leqslant10$	1.3	1.8	2.5	3.6	5.0	7.0	10.0	14.0	20.0	29.0	40.0	57.0	81.0
	$10<b\leqslant20$	1.4	2.0	2.8	4.0	5.5	8.0	11.0	16.0	22.0	32.0	45.0	63.0	90.0
	$20<b\leqslant40$	1.6	2.2	3.2	4.5	6.5	9.0	13.0	18.0	25.0	36.0	50.0	71.0	101.0
	$40<b\leqslant80$	1.8	2.6	3.6	5.0	7.5	10.0	15.0	21.0	29.0	41.0	58.0	82.0	117.0
	$80<b\leqslant160$	2.2	3.1	4.3	6.0	8.5	12.0	17.0	25.0	35.0	49.0	69.0	98.0	139.0
	$160<b\leqslant250$	2.6	3.6	5.0	7.0	10.0	14.0	20.0	29.0	41.0	58.0	82.0	116.0	164.0
	$250<b\leqslant400$	3.0	4.2	6.0	8.5	12.0	17.0	24.0	34.0	47.0	67.0	95.0	134.0	190.0
	$400<b\leqslant650$	3.5	4.9	7.0	10.0	14.0	20.0	28.0	40.0	56.0	79.0	112.0	158.0	224.0
$280<d\leqslant560$	$10\leqslant b\leqslant20$	1.5	2.1	3.0	4.3	6.0	8.5	12.0	17.0	24.0	34.0	48.0	68.0	97.0
	$20<b\leqslant40$	1.7	2.4	3.4	4.8	6.5	9.5	13.0	19.0	27.0	38.0	54.0	76.0	108.0
	$40<b\leqslant80$	1.9	2.7	3.9	5.5	7.5	11.0	15.0	22.0	31.0	44.0	62.0	87.0	124.0

（续）

分度圆直径 d/mm	齿宽 b/mm	精度等级												
		0	1	2	3	4	5	6	7	8	9	10	11	12
		F_β												
$280 < d \leqslant 560$	$80 < b \leqslant 60$	2.3	3.2	4.6	6.5	9.0	13.0	18.0	26.0	36.0	52.0	73.0	103.0	146.0
	$160 < b \leqslant 250$	2.7	3.8	5.5	7.5	11.0	15.0	21.0	30.0	43.0	60.0	85.0	121.0	171.0
	$250 < b \leqslant 400$	3.1	4.3	6.0	8.5	12.0	17.0	25.0	35.0	49.0	70.0	98.0	139.0	197.0
	$400 < b \leqslant 650$	3.6	5.0	7.0	10.0	14.0	20.0	29.0	41.0	58.0	82.0	115.0	163.0	231.0
	$650 < b \leqslant 1000$	4.3	6.0	8.5	12.0	17.0	24.0	34.0	48.0	68.0	96.0	136.0	193.0	272.0
$560 < d \leqslant 1000$	$10 \leqslant b \leqslant 20$	1.6	2.3	3.3	4.7	6.5	9.5	13.0	19.0	26.0	37.0	53.0	74.0	105.0
	$20 < b \leqslant 40$	1.8	2.6	3.6	5.0	7.5	10.0	15.0	21.0	29.0	41.0	58.0	82.0	116.0
	$40 < b \leqslant 80$	2.1	2.9	4.1	6.0	8.5	12.0	17.0	23.0	33.0	47.0	66.0	93.0	132.0
	$80 < b \leqslant 160$	2.4	3.4	4.8	7.0	9.5	14.0	19.0	27.0	39.0	55.0	77.0	109.0	154.0
	$160 < b \leqslant 250$	2.8	4.0	5.5	8.0	11.0	16.0	22.0	32.0	45.0	63.0	90.0	127.0	179.0
	$250 < b \leqslant 400$	3.2	4.5	6.5	9.0	13.0	18.0	26.0	36.0	51.0	73.0	103.0	145.0	205.0
	$400 < b \leqslant 650$	3.7	5.5	7.5	11.0	15.0	21.0	30.0	42.0	60.0	85.0	120.0	169.0	239.0
	$650 < b \leqslant 1000$	4.4	6.0	9.0	12.0	18.0	25.0	35.0	50.0	70.0	99.0	140.0	199.0	281.0
$1000 < d \leqslant 1600$	$20 \leqslant b \leqslant 40$	2.0	2.8	3.9	5.5	8.0	11.0	16.0	22.0	31.0	44.0	63.0	89.0	126.0
	$40 < b \leqslant 80$	2.2	3.1	4.4	6.0	9.0	12.0	18.0	25.0	35.0	50.0	71.0	100.0	141.0
	$80 < b \leqslant 160$	2.6	3.6	5.0	7.0	10.0	14.0	20.0	29.0	41.0	58.0	82.0	116.0	164.0
	$160 < b \leqslant 250$	2.9	4.2	6.0	8.5	12.0	17.0	24.0	33.0	47.0	67.0	94.0	133.0	189.0
	$250 < b \leqslant 400$	3.4	4.7	6.5	9.5	13.0	19.0	27.0	38.0	54.0	76.0	107.0	152.0	215.0
	$400 < b \leqslant 650$	3.9	5.5	8.0	11.0	16.0	22.0	31.0	44.0	62.0	88.0	124.0	176.0	249.0
	$650 < b \leqslant 1000$	4.5	6.5	9.0	13.0	18.0	26.0	36.0	51.0	73.0	103.0	145.0	205.0	290.0
$1600 < d \leqslant 2500$	$20 \leqslant b \leqslant 40$	2.1	3.0	4.3	6.0	8.5	12.0	17.0	24.0	34.0	48.0	68.0	96.0	136.0
	$40 < b \leqslant 80$	2.4	3.4	4.7	6.5	9.5	13.0	19.0	27.0	38.0	54.0	76.0	107.0	152.0
	$80 < b \leqslant 160$	2.7	3.8	5.5	7.5	11.0	15.0	22.0	31.0	43.0	61.0	87.0	123.0	174.0
	$160 < b \leqslant 250$	3.1	4.4	6.0	9.0	12.0	18.0	25.0	35.0	50.0	70.0	99.0	141.0	199.0
	$250 < b \leqslant 400$	3.5	5.0	7.0	10.0	14.0	20.0	28.0	40.0	56.0	80.0	112.0	159.0	225.0
	$400 < b \leqslant 650$	4.0	5.5	8.0	11.0	16.0	23.0	32.0	46.0	65.0	92.0	130.0	183.0	259.0
	$650 < b \leqslant 1000$	4.7	6.5	9.5	13.0	19.0	27.0	38.0	53.0	75.0	106.0	150.0	212.0	300.0
$2500 < d \leqslant 4000$	$40 \leqslant b \leqslant 80$	2.6	3.6	5.0	7.5	10.0	15.0	21.0	29.0	41.0	58.0	82.0	116.0	165.0
	$80 < b \leqslant 160$	2.9	4.1	6.0	8.5	12.0	17.0	23.0	33.0	47.0	66.0	93.0	132.0	187.0
	$160 < b \leqslant 250$	3.3	4.7	6.5	9.5	13.0	19.0	26.0	37.0	53.0	75.0	106.0	150.0	212.0
	$250 < b \leqslant 400$	3.7	5.5	7.5	11.0	15.0	21.0	30.0	42.0	59.0	84.0	119.0	168.0	238.0
	$400 < b \leqslant 650$	4.3	6.0	8.5	12.0	17.0	24.0	34.0	48.0	68.0	96.0	136.0	192.0	272.0
	$650 < b \leqslant 1000$	4.9	7.0	10.0	14.0	20.0	28.0	39.0	55.0	78.0	111.0	157.0	222.0	314.0
$4000 < d \leqslant 6000$	$80 \leqslant b \leqslant 160$	3.2	4.5	6.5	9.0	13.0	18.0	25.0	36.0	51.0	72.0	101.0	143.0	203.0
	$160 < b \leqslant 250$	3.6	5.0	7.0	10.0	14.0	20.0	28.0	40.0	57.0	80.0	114.0	161.0	228.0
	$250 < b \leqslant 400$	4.0	5.5	8.0	11.0	16.0	22.0	32.0	45.0	63.0	90.0	127.0	179.0	253.0
	$400 < b \leqslant 650$	4.5	6.5	9.0	13.0	18.0	25.0	36.0	51.0	72.0	102.0	144.0	203.0	288.0
	$650 < b \leqslant 1000$	5.0	7.5	10.0	15.0	21.0	29.0	41.0	58.0	82.0	116.0	165.0	233.0	329.0

（续）

分度圆直径 d/mm	齿宽 b/mm	精度等级												
		0	1	2	3	4	5	6	7	8	9	10	11	12
		F_β												
$6000 < d \leqslant 8000$	$80 \leqslant b \leqslant 160$	3.4	4.8	7.0	9.5	14.0	19.0	27.0	38.0	54.0	77.0	109.0	154.0	218.0
	$160 < b \leqslant 250$	3.8	5.5	7.5	11.0	15.0	21.0	30.0	43.0	61.0	86.0	121.0	171.0	242.0
	$250 < b \leqslant 400$	4.2	6.0	8.5	12.0	17.0	24.0	34.0	47.0	67.0	95.0	134.0	190.0	268.0
	$400 < b \leqslant 650$	4.7	6.5	9.5	13.0	19.0	27.0	38.0	53.0	76.0	107.0	151.0	214.0	303.0
	$650 < b \leqslant 1000$	5.5	7.5	11.0	15.0	22.0	30.0	43.0	61.0	86.0	122.0	172.0	243.0	344.0
$8000 < d \leqslant 10000$	$80 \leqslant b \leqslant 160$	3.6	5.0	7.0	10.0	14.0	20.0	29.0	41.0	58.0	81.0	115.0	163.0	230.0
	$160 < b \leqslant 250$	4.0	5.5	8.0	11.0	16.0	23.0	32.0	45.0	64.0	90.0	128.0	181.0	255.0
	$250 < b \leqslant 400$	4.4	6.0	9.0	12.0	18.0	25.0	35.0	50.0	70.0	99.0	141.0	199.0	281.0
	$400 < b \leqslant 650$	4.9	7.0	10.0	14.0	20.0	28.0	39.0	56.0	79.0	112.0	158.0	223.0	315.0
	$650 < b \leqslant 1000$	5.5	8.0	11.0	16.0	22.0	32.0	45.0	63.0	89.0	126.0	178.0	252.0	357.0

表 1-30　螺旋线形状偏差 $f_{f\beta}$ 和螺旋线倾斜偏差 $\pm f_{H\beta}$　（单位：μm）

分度圆直径 d/mm	齿宽 b/mm	精度等级												
		0	1	2	3	4	5	6	7	8	9	10	11	12
		$f_{f\beta}=f_{H\beta}$												
$5 \leqslant d \leqslant 20$	$4 \leqslant b \leqslant 10$	0.8	1.1	1.5	2.2	3.1	4.4	6.0	8.5	12.0	17.0	25.0	35.0	49.0
	$10 < b \leqslant 20$	0.9	1.2	1.7	2.5	3.5	4.9	7.0	10.0	14.0	20.0	28.0	39.0	56.0
	$20 < b \leqslant 40$	1.0	1.4	2.0	2.8	4.0	5.5	8.0	11.0	16.0	22.0	32.0	45.0	64.0
	$40 < b \leqslant 80$	1.2	1.7	2.3	3.3	4.7	6.5	9.5	13.0	19.0	26.0	37.0	53.0	75.0
$20 < d \leqslant 50$	$4 \leqslant b \leqslant 10$	0.8	1.1	1.6	2.3	3.2	4.5	6.5	9.0	13.0	18.0	26.0	36.0	51.0
	$10 < b \leqslant 20$	0.9	1.3	1.8	2.5	3.6	5.0	7.0	10.0	14.0	20.0	29.0	41.0	58.0
	$20 < b \leqslant 40$	1.0	1.4	2.0	2.9	4.1	6.0	8.0	12.0	16.0	23.0	33.0	46.0	65.0
	$40 < b \leqslant 80$	1.2	1.7	2.4	3.4	4.8	7.0	9.5	14.0	19.0	27.0	38.0	54.0	77.0
	$80 < b \leqslant 160$	1.4	2.0	2.9	4.1	6.0	8.0	12.0	16.0	23.0	33.0	46.0	65.0	93.0
$50 < d \leqslant 125$	$4 \leqslant b \leqslant 10$	0.8	1.2	1.7	2.4	3.4	4.8	6.5	9.5	13.0	19.0	27.0	38.0	54.0
	$10 < b \leqslant 20$	0.9	1.3	1.9	2.7	3.8	5.5	7.5	11.0	15.0	21.0	30.0	43.0	60.0
	$20 < b \leqslant 40$	1.1	1.5	2.1	3.0	4.3	6.0	8.5	12.0	17.0	24.0	34.0	48.0	68.0
	$40 < b \leqslant 80$	1.2	1.8	2.5	3.5	5.0	7.0	10.0	14.0	20.0	28.0	40.0	56.0	79.0
	$80 < b \leqslant 160$	1.5	2.1	3.0	4.2	6.0	8.5	12.0	17.0	24.0	34.0	48.0	67.0	95.0
	$160 < b \leqslant 250$	1.8	2.5	3.5	5.0	7.0	10.0	14.0	20.0	28.0	40.0	56.0	80.0	113.0
	$250 < b \leqslant 400$	2.1	2.9	4.1	6.0	8.0	12.0	16.0	23.0	33.0	46.0	66.0	93.0	132.0
$125 < d \leqslant 280$	$4 \leqslant b \leqslant 10$	0.9	1.3	1.8	2.5	3.6	5.0	7.0	10.0	14.0	20.0	29.0	41.0	58.0
	$10 < b \leqslant 20$	1.0	1.4	2.0	2.8	4.0	5.5	8.0	11.0	16.0	23.0	32.0	45.0	64.0
	$20 < b \leqslant 40$	1.1	1.6	2.2	3.2	4.5	6.5	9.0	13.0	18.0	25.0	36.0	51.0	72.0
	$40 < b \leqslant 80$	1.3	1.8	2.6	3.7	5.0	7.5	10.0	15.0	21.0	29.0	42.0	59.0	83.0
	$80 < b \leqslant 160$	1.5	2.2	3.1	4.4	6.0	8.5	12.0	17.0	25.0	35.0	49.0	70.0	99.0
	$160 < b \leqslant 250$	1.8	2.6	3.6	5.0	7.5	10.0	15.0	21.0	29.0	41.0	58.0	83.0	117.0
	$250 < b \leqslant 400$	2.1	3.0	4.2	6.0	8.5	12.0	17.0	24.0	34.0	48.0	68.0	96.0	135.0
	$400 < b \leqslant 650$	2.5	3.5	5.0	7.0	10.0	14.0	20.0	28.0	40.0	56.0	80.0	113.0	160.0

（续）

分度圆直径 d/mm	齿宽 b/mm	精度等级												
		0	1	2	3	4	5	6	7	8	9	10	11	12
		$f_{f\beta}=f_{H\beta}$												
$280<d\leqslant560$	$10\leqslant b\leqslant20$	1.1	1.5	2.2	3.0	4.3	6.0	8.5	12.0	17.0	24.0	34.0	49.0	69.0
	$20<b\leqslant40$	1.2	1.7	2.4	3.4	4.8	7.0	9.5	14.0	19.0	27.0	38.0	54.0	77.0
	$40<b\leqslant80$	1.4	1.9	2.7	3.9	5.5	8.0	11.0	16.0	22.0	31.0	44.0	62.0	88.0
	$80<b\leqslant160$	1.6	2.3	3.2	4.6	6.5	9.0	13.0	18.0	26.0	37.0	52.0	73.0	104.0
	$160<b\leqslant250$	1.9	2.7	3.8	5.5	7.5	11.0	15.0	22.0	30.0	43.0	61.0	86.0	122.0
	$250<b\leqslant400$	2.2	3.1	4.4	6.0	9.0	12.0	18.0	25.0	35.0	50.0	70.0	99.0	140.0
	$400<b\leqslant650$	2.6	3.6	5.0	7.5	10.0	15.0	21.0	29.0	41.0	58.0	82.0	116.0	165.0
	$650<b\leqslant1000$	3.0	4.3	6.0	8.5	12.0	17.0	24.0	34.0	49.0	69.0	97.0	137.0	194.0
$560<d\leqslant1000$	$10\leqslant b\leqslant20$	1.2	1.7	2.3	3.3	4.7	6.5	9.5	13.0	19.0	26.0	37.0	53.0	75.0
	$20<b\leqslant40$	1.3	1.8	2.6	3.7	5.0	7.5	10.0	15.0	21.0	29.0	41.0	58.0	83.0
	$40<b\leqslant80$	1.5	2.1	2.9	4.1	6.0	8.5	12.0	17.0	23.0	33.0	47.0	66.0	94.0
	$80<b\leqslant160$	1.7	2.4	3.4	4.9	7.0	9.5	14.0	19.0	27.0	39.0	55.0	78.0	110.0
	$160<b\leqslant250$	2.0	2.8	4.0	5.5	8.0	11.0	16.0	23.0	32.0	45.0	64.0	90.0	128.0
	$250<b\leqslant400$	2.3	3.2	4.6	6.5	9.0	13.0	18.0	26.0	37.0	52.0	73.0	103.0	146.0
	$400<b\leqslant650$	2.7	3.8	5.5	7.5	11.0	15.0	21.0	30.0	43.0	60.0	85.0	121.0	171.0
	$650<b\leqslant1000$	3.1	4.4	6.5	9.0	13.0	18.0	25.0	35.0	50.0	71.0	100.0	142.0	200.0
$1000<d\leqslant1600$	$20\leqslant b\leqslant40$	1.4	2.0	2.8	3.9	5.5	8.0	11.0	16.0	22.0	32.0	45.0	63.0	89.0
	$40<b\leqslant80$	1.6	2.2	3.1	4.4	6.5	9.0	13.0	18.0	25.0	35.0	50.0	71.0	100.0
	$80<b\leqslant160$	1.8	2.6	3.6	5.0	7.5	10.0	15.0	21.0	29.0	41.0	58.0	82.0	116.0
	$160<b\leqslant250$	2.1	3.0	4.2	6.0	8.5	12.0	17.0	24.0	34.0	47.0	67.0	95.0	134.0
	$250<b\leqslant400$	2.4	3.4	4.8	6.5	9.5	13.0	19.0	27.0	38.0	54.0	76.0	108.0	153.0
	$400<b\leqslant650$	2.8	3.9	5.5	8.0	11.0	16.0	22.0	31.0	44.0	63.0	89.0	125.0	177.0
	$650<b\leqslant1000$	3.2	4.6	6.5	9.0	13.0	18.0	26.0	37.0	52.0	73.0	103.0	146.0	207.0
$1600<d\leqslant2500$	$20\leqslant b\leqslant40$	1.5	2.1	3.0	4.3	6.0	8.5	12.0	17.0	24.0	34.0	48.0	68.0	96.0
	$40<b\leqslant80$	1.7	2.4	3.4	4.8	6.5	9.5	13.0	19.0	27.0	38.0	54.0	76.0	108.0
	$80<b\leqslant160$	1.9	2.7	3.9	5.5	7.5	11.0	15.0	22.0	31.0	44.0	62.0	87.0	124.0
	$160<b\leqslant250$	2.2	3.1	4.4	6.0	9.0	12.0	18.0	25.0	35.0	50.0	71.0	100.0	141.0
	$250<b\leqslant400$	2.5	3.5	5.0	7.0	10.0	14.0	20.0	28.0	40.0	57.0	80.0	113.0	160.0
	$400<b\leqslant650$	2.9	4.1	6.0	8.0	12.0	16.0	23.0	33.0	46.0	65.0	92.0	130.0	184.0
	$650<b\leqslant1000$	3.3	4.7	6.5	9.5	13.0	19.0	27.0	38.0	53.0	76.0	107.0	151.0	214.0
$2500<d\leqslant4000$	$40\leqslant b\leqslant80$	1.8	2.6	3.6	5.0	7.5	10.0	15.0	21.0	29.0	41.0	58.0	83.0	117.0
	$80<b\leqslant160$	2.1	2.9	4.1	6.0	8.5	12.0	17.0	23.0	33.0	47.0	66.0	94.0	133.0
	$160<b\leqslant250$	2.4	3.3	4.7	6.5	9.5	13.0	19.0	27.0	38.0	53.0	75.0	106.0	150.0
	$250<b\leqslant400$	2.6	3.7	5.5	7.5	11.0	15.0	21.0	30.0	42.0	60.0	85.0	120.0	169.0
	$400<b\leqslant650$	3.0	4.3	6.0	8.5	12.0	17.0	24.0	34.0	48.0	68.0	97.0	137.0	193.0
	$650<b\leqslant1000$	3.5	4.9	7.0	10.0	14.0	20.0	28.0	39.0	56.0	79.0	112.0	158.0	223.0
$4000<d\leqslant6000$	$80\leqslant b\leqslant160$	2.2	3.2	4.5	6.5	9.0	13.0	18.0	25.0	36.0	51.0	72.0	101.0	144.0
	$160<b\leqslant250$	2.5	3.6	5.0	7.0	10.0	14.0	20.0	29.0	40.0	57.0	81.0	114.0	161.0
	$250<b\leqslant400$	2.8	4.0	5.5	8.0	11.0	16.0	22.0	32.0	45.0	64.0	90.0	127.0	180.0
	$400<b\leqslant650$	3.2	4.5	6.5	9.0	13.0	18.0	25.0	36.0	51.0	72.0	102.0	144.0	204.0
	$650<b\leqslant1000$	3.7	5.0	7.5	10.0	15.0	21.0	29.0	41.0	58.0	83.0	117.0	165.0	234.0

（续）

分度圆直径 d/mm	齿宽 b/mm	精度等级												
		0	1	2	3	4	5	6	7	8	9	10	11	12
		$f_{f\beta}=f_{H\beta}$												
$6000<d\leqslant8000$	$80\leqslant b\leqslant160$	2.4	3.4	4.8	7.0	9.5	14.0	19.0	27.0	39.0	54.0	77.0	109.0	154.0
	$160<b\leqslant250$	2.7	3.8	5.5	7.5	11.0	15.0	21.0	30.0	43.0	61.0	86.0	122.0	172.0
	$250<b\leqslant400$	3.0	4.2	6.0	8.5	12.0	17.0	24.0	34.0	48.0	67.0	95.0	135.0	190.0
	$400<b\leqslant650$	3.4	4.7	6.5	9.5	13.0	19.0	27.0	38.0	54.0	76.0	107.0	152.0	215.0
	$650<b\leqslant1000$	3.8	5.5	7.5	11.0	15.0	22.0	31.0	43.0	61.0	86.0	122.0	173.0	244.0
$8000<d\leqslant10000$	$80\leqslant b\leqslant160$	2.5	3.6	5.0	7.0	10.0	14.0	20.0	29.0	41.0	58.0	81.0	115.0	163.0
	$160<b\leqslant250$	2.8	4.0	5.5	8.0	11.0	16.0	23.0	32.0	45.0	64.0	90.0	128.0	181.0
	$250<b\leqslant400$	3.1	4.4	6.0	9.0	12.0	18.0	25.0	35.0	50.0	70.0	100.0	141.0	199.0
	$400<b\leqslant650$	3.5	4.9	7.0	10.0	14.0	20.0	28.0	40.0	56.0	79.0	112.0	158.0	224.0
	$650<b\leqslant1000$	4.0	5.5	8.0	11.0	16.0	22.0	32.0	45.0	63.0	90.0	127.0	179.0	253.0

表 1-31　f_i'/K 值　（单位：μm）

分度圆直径 d/mm	模数 m/mm	精度等级												
		0	1	2	3	4	5	6	7	8	9	10	11	12
		f_i'/K												
$5\leqslant d\leqslant20$	$0.5\leqslant m\leqslant2$	2.4	3.4	4.8	7.0	9.5	14.0	19.0	27.0	38.0	54.0	77.0	109.0	154.0
	$2<m\leqslant3.5$	2.8	4.0	5.5	8.0	11.0	16.0	23.0	32.0	45.0	64.0	91.0	129.0	182.0
$20<d\leqslant50$	$0.5\leqslant m\leqslant2$	2.5	3.6	5.0	7.0	10.0	14.0	20.0	29.0	41.0	58.0	82.0	115.0	163.0
	$2<m\leqslant3.5$	3.0	4.2	6.0	8.5	12.0	17.0	24.0	34.0	48.0	68.0	96.0	135.0	191.0
	$3.5<m\leqslant6$	3.4	4.8	7.0	9.5	14.0	19.0	27.0	38.0	54.0	77.0	108.0	153.0	217.0
	$6<m\leqslant10$	3.9	5.5	8.0	11.0	16.0	22.0	31.0	44.0	63.0	89.0	125.0	177.0	251.0
$50<d\leqslant125$	$0.5\leqslant m\leqslant2$	2.7	3.9	5.5	8.0	11.0	16.0	22.0	31.0	44.0	62.0	88.0	124.0	176.0
	$2<m\leqslant3.5$	3.2	4.5	6.5	9.0	13.0	18.0	25.0	36.0	51.0	72.0	102.0	144.0	204.0
	$3.5<m\leqslant6$	3.6	5.0	7.0	10.0	14.0	20.0	29.0	40.0	57.0	81.0	115.0	162.0	229.0
	$6<m\leqslant10$	4.1	6.0	8.0	12.0	16.0	23.0	33.0	47.0	66.0	93.0	132.0	186.0	263.0
	$10<m\leqslant16$	4.8	7.0	9.5	14.0	19.0	27.0	38.0	54.0	77.0	109.0	154.0	218.0	308.0
	$16<m\leqslant25$	5.5	8.0	11.0	16.0	23.0	32.0	46.0	65.0	91.0	129.0	183.0	259.0	366.0
$125<d\leqslant280$	$0.5\leqslant m\leqslant2$	3.0	4.3	6.0	8.5	12.0	17.0	24.0	34.0	49.0	69.0	97.0	137.0	194.0
	$2<m\leqslant3.5$	3.5	4.9	7.0	10.0	14.0	20.0	28.0	39.0	56.0	79.0	111.0	157.0	222.0
	$3.5<m\leqslant6$	3.9	5.5	7.5	11.0	15.0	22.0	31.0	44.0	62.0	88.0	124.0	175.0	247.0
	$6<m\leqslant10$	4.4	6.0	9.0	12.0	18.0	25.0	35.0	50.0	70.0	100.0	141.0	199.0	281.0
	$10<m\leqslant16$	5.0	7.0	10.0	14.0	20.0	29.0	41.0	58.0	82.0	115.0	163.0	231.0	326.0
	$16<m\leqslant25$	6.0	8.5	12.0	17.0	24.0	34.0	48.0	68.0	96.0	136.0	192.0	272.0	384.0
	$25<m\leqslant40$	7.5	10.0	15.0	21.0	29.0	41.0	58.0	82.0	116.0	165.0	233.0	329.0	465.0
$280<d\leqslant560$	$0.5\leqslant m\leqslant2$	3.4	4.8	7.0	9.5	14.0	19.0	27.0	39.0	54.0	77.0	109.0	154.0	218.0
	$2<m\leqslant3.5$	3.8	5.5	7.5	11.0	15.0	22.0	31.0	44.0	62.0	87.0	123.0	174.0	246.0
	$3.5<m\leqslant6$	4.2	6.0	8.5	12.0	17.0	24.0	34.0	48.0	68.0	96.0	136.0	192.0	271.0
	$6<m\leqslant10$	4.8	6.5	9.5	13.0	19.0	27.0	38.0	54.0	76.0	108.0	153.0	216.0	305.0
	$10<m\leqslant16$	5.5	7.5	11.0	15.0	22.0	31.0	44.0	62.0	88.0	124.0	175.0	248.0	350.0
	$16<m\leqslant25$	6.5	9.0	13.0	18.0	26.0	36.0	51.0	72.0	102.0	144.0	204.0	289.0	408.0
	$25<m\leqslant40$	7.5	11.0	15.0	22.0	31.0	43.0	61.0	86.0	122.0	173.0	245.0	346.0	489.0
	$40<m\leqslant70$	9.5	14.0	19.0	27.0	39.0	55.0	78.0	110.0	155.0	220.0	311.0	439.0	621.0

（续）

分度圆直径 d/mm	模数 m/mm	精度等级												
		0	1	2	3	4	5	6	7	8	9	10	11	12
		f'_i/K												
$560<d\leqslant1000$	$0.5\leqslant m\leqslant2$	3.9	5.5	7.5	11.0	15.0	22.0	31.0	44.0	62.0	87.0	123.0	174.0	247.0
	$2<m\leqslant3.5$	4.3	6.0	8.5	12.0	17.0	24.0	34.0	49.0	69.0	97.0	137.0	194.0	275.0
	$3.5<m\leqslant6$	4.7	6.5	9.5	13.0	19.0	27.0	38.0	53.0	75.0	106.0	150.0	212.0	300.0
	$6<m\leqslant10$	5.0	7.5	10.0	15.0	21.0	30.0	42.0	59.0	84.0	118.0	167.0	236.0	334.0
	$10<m\leqslant16$	6.0	8.5	12.0	17.0	24.0	33.0	47.0	67.0	95.0	134.0	189.0	268.0	379.0
	$16<m\leqslant25$	7.0	9.5	14.0	19.0	27.0	39.0	55.0	77.0	109.0	154.0	218.0	309.0	437.0
	$25<m\leqslant40$	8.0	11.0	16.0	23.0	32.0	46.0	65.0	92.0	129.0	183.0	259.0	366.0	518.0
	$40<m\leqslant70$	10.0	14.0	20.0	29.0	41.0	57.0	81.0	115.0	163.0	230.0	325.0	460.0	650.0
$1000<d\leqslant1600$	$2\leqslant m\leqslant3.5$	4.8	7.0	9.5	14.0	19.0	27.0	38.0	54.0	77.0	108.0	153.0	217.0	307.0
	$3.5<m\leqslant6$	5.0	7.5	10.0	15.0	21.0	29.0	41.0	59.0	83.0	117.0	166.0	235.0	332.0
	$6<m\leqslant10$	5.5	8.0	11.0	16.0	23.0	32.0	46.0	65.0	91.0	129.0	183.0	259.0	366.0
	$10<m\leqslant16$	6.5	9.0	13.0	18.0	26.0	36.0	51.0	73.0	103.0	145.0	205.0	290.0	410.0
	$16<m\leqslant25$	7.5	10.0	15.0	21.0	29.0	41.0	59.0	83.0	117.0	166.0	234.0	331.0	468.0
	$25<m\leqslant40$	8.5	12.0	17.0	24.0	34.0	49.0	69.0	97.0	137.0	194.0	275.0	389.0	550.0
	$40<m\leqslant70$	11.0	15.0	21.0	30.0	43.0	60.0	85.0	120.0	170.0	241.0	341.0	482.0	682.0
$1600<d\leqslant2500$	$3.5\leqslant m\leqslant6$	5.5	8.0	11.0	16.0	23.0	32.0	46.0	65.0	92.0	130.0	183.0	259.0	367.0
	$6<m\leqslant10$	6.5	9.0	13.0	18.0	25.0	35.0	50.0	71.0	100.0	142.0	200.0	283.0	401.0
	$10<m\leqslant16$	7.0	10.0	14.0	20.0	28.0	39.0	56.0	79.0	111.0	158.0	223.0	315.0	446.0
	$16<m\leqslant25$	8.0	11.0	16.0	22.0	31.0	45.0	63.0	89.0	126.0	178.0	252.0	356.0	504.0
	$25<m\leqslant40$	9.0	13.0	18.0	26.0	37.0	52.0	73.0	103.0	146.0	207.0	292.0	413.0	585.0
	$40<m\leqslant70$	11.0	16.0	22.0	32.0	45.0	63.0	90.0	127.0	179.0	253.0	358.0	507.0	717.0
$2500<d\leqslant4000$	$6\leqslant m\leqslant10$	7.0	10.0	14.0	20.0	28.0	39.0	56.0	79.0	111.0	157.0	223.0	315.0	445.0
	$10<m\leqslant16$	7.5	11.0	15.0	22.0	31.0	43.0	61.0	87.0	122.0	173.0	245.0	346.0	490.0
	$16<m\leqslant25$	8.5	12.0	17.0	24.0	34.0	48.0	68.0	97.0	137.0	194.0	274.0	387.0	548.0
	$25<m\leqslant40$	10.0	14.0	20.0	28.0	39.0	56.0	79.0	111.0	157.0	222.0	315.0	445.0	629.0
	$40<m\leqslant70$	12.0	17.0	24.0	34.0	48.0	67.0	95.0	135.0	190.0	269.0	381.0	538.0	761.0
$4000<d\leqslant6000$	$6\leqslant m\leqslant10$	8.0	11.0	16.0	22.0	31.0	44.0	62.0	88.0	125.0	176.0	249.0	352.0	498.0
	$10<m\leqslant16$	8.5	12.0	17.0	24.0	34.0	48.0	68.0	96.0	136.0	192.0	271.0	384.0	543.0
	$16<m\leqslant25$	9.5	13.0	19.0	27.0	38.0	53.0	75.0	106.0	150.0	212.0	300.0	425.0	601.0
	$25<m\leqslant40$	11.0	15.0	21.0	30.0	43.0	60.0	85.0	121.0	170.0	241.0	341.0	482.0	682.0
	$40<m\leqslant70$	13.0	18.0	25.0	36.0	51.0	72.0	102.0	144.0	204.0	288.0	407.0	576.0	814.0
$6000<d\leqslant8000$	$10\leqslant m\leqslant16$	9.5	13.0	19.0	26.0	37.0	52.0	74.0	105.0	148.0	210.0	297.0	420.0	594.0
	$16<m\leqslant25$	10.0	14.0	20.0	29.0	41.0	58.0	81.0	115.0	163.0	230.0	326.0	461.0	652.0
	$25<m\leqslant40$	11.0	16.0	23.0	32.0	46.0	65.0	92.0	130.0	183.0	259.0	366.0	518.0	733.0
	$40<m\leqslant70$	14.0	19.0	27.0	38.0	54.0	76.0	108.0	153.0	216.0	306.0	432.0	612.0	865.0
$8000<d\leqslant10000$	$10\leqslant m\leqslant16$	10.0	14.0	20.0	28.0	40.0	56.0	80.0	113.0	159.0	225.0	319.0	451.0	637.0
	$16<m\leqslant25$	11.0	15.0	22.0	31.0	43.0	61.0	87.0	123.0	174.0	246.0	348.0	492.0	695.0
	$25<m\leqslant40$	12.0	17.0	24.0	34.0	49.0	69.0	97.0	137.0	194.0	275.0	388.0	549.0	777.0
	$40<m\leqslant70$	14.0	20.0	28.0	40.0	57.0	80.0	114.0	161.0	227.0	321.0	454.0	642.0	909.0

表 1-32 径向综合总偏差 F''_i （单位：μm）

分度圆直径 d/mm	模数 m/mm	精度等级								
		4	5	6	7	8	9	10	11	12
		F''_i								
5≤d≤20	0.2≤m≤0.5	7.5	11	15	21	30	42	60	85	120
	0.5<m≤0.8	8.0	12	16	23	33	46	66	93	131
	0.8<m≤1.0	9.0	12	18	25	35	50	70	100	141
	1.0<m≤1.5	10	14	19	27	38	54	76	108	153
	1.5<m≤2.5	11	16	22	32	45	63	89	126	179
	2.5<m≤4.0	14	20	28	39	56	79	112	158	223
20<d≤50	0.2≤m≤0.5	9.0	13	19	26	37	52	74	105	148
	0.5<m≤0.8	10	14	20	28	40	56	80	113	160
	0.8<m≤1.0	11	15	21	30	42	60	85	120	169
	1.0<m≤1.5	11	16	23	32	45	64	91	128	181
	1.5<m≤2.5	13	18	26	37	52	73	103	146	207
	2.5<m≤4.0	16	22	31	44	63	89	126	178	251
	4.0<m≤6.0	20	28	39	56	79	111	157	222	314
	6.0<m≤10.0	26	37	52	74	104	147	209	295	417
50<d≤125	0.2≤m≤0.5	12	16	23	33	46	66	93	131	185
	0.5<m≤0.8	12	17	25	35	49	70	98	139	197
	0.8<m≤1.0	13	18	26	36	52	73	103	146	206
	1.0<m≤1.5	14	19	27	39	55	77	109	154	218
	1.5<m≤2.5	15	22	31	43	61	86	122	173	244
	2.5<m≤4.0	18	25	36	51	72	102	144	204	288
	4.0<m≤6.0	22	31	44	62	88	124	176	248	351
	6.0<m≤10.0	28	40	57	80	114	161	227	321	454
125<d≤280	0.2≤m≤0.5	15	21	30	42	60	85	120	170	240
	0.5<m≤0.8	16	22	31	44	63	89	126	178	252
	0.8<m≤1.0	16	23	33	46	65	92	131	185	261
	1.0<m≤1.5	17	24	34	48	68	97	137	193	273
	1.5<m≤2.5	19	26	37	53	75	106	149	211	299
	2.5<m≤4.0	21	30	43	61	86	121	172	243	343
	4.0<m≤6.0	25	36	51	72	102	144	203	287	406
	6.0<m≤10.0	32	45	64	90	127	180	255	360	509
280<d≤560	0.2≤m≤0.5	19	28	39	55	78	110	156	220	311
	0.5<m≤0.8	20	29	40	57	81	114	161	228	323
	0.8<m≤1.0	21	29	42	59	83	117	166	235	332
	1.0<m≤1.5	22	30	43	61	86	122	172	243	344
	1.5<m≤2.5	23	33	46	65	92	131	185	262	370
	2.5<m≤4.0	26	37	52	73	104	146	207	293	414
	4.0<m≤6.0	30	42	60	84	119	169	239	337	477
	6.0<m≤10.0	36	51	73	103	145	205	290	410	580

（续）

分度圆直径 d/mm	模数 m/mm	精度等级								
		4	5	6	7	8	9	10	11	12
		F''_i								
560 < d≤1000	0. 2≤m≤0. 5	25	35	50	70	99	140	198	280	396
	0. 5 < m≤0. 8	25	36	51	72	102	144	204	288	408
	0. 8 < m≤1. 0	26	37	52	74	104	148	209	295	417
	1. 0 < m≤1. 5	27	38	54	76	107	152	215	304	429
	1. 5 < m≤2. 5	28	40	57	80	114	161	228	322	455
	2. 5 < m≤4. 0	31	44	62	88	125	177	250	353	499
	4. 0 < m≤6. 0	35	50	70	99	141	199	281	398	562
	6. 0 < m≤10. 0	42	59	83	118	166	235	333	471	665

表 1-33　一齿径向综合偏差 f''_i　（单位：μm）

分度圆直径 d/mm	模数 m/mm	精度等级								
		4	5	6	7	8	9	10	11	12
		f''_i								
5≤d≤20	0. 2≤m≤0. 5	1. 0	2. 0	2. 5	3. 5	5. 0	7. 0	10	14	20
	0. 5 < m≤0. 8	2. 0	2. 5	4. 0	5. 5	7. 5	11	15	22	31
	0. 8 < m≤1. 0	2. 5	3. 5	5. 0	7. 0	10	14	20	28	39
	1. 0 < m≤1. 5	3. 0	4. 5	6. 5	9. 0	13	18	25	36	50
	1. 5 < m≤2. 5	4. 5	6. 5	9. 5	13	19	26	37	53	74
	2. 5 < m≤4. 0	7. 0	10	14	20	29	41	58	82	115
20 < d≤50	0. 2≤m≤0. 5	1. 5	2. 0	2. 5	3. 5	5. 0	7. 0	10	14	20
	0. 5 < m≤0. 8	2. 0	2. 5	4. 0	5. 5	7. 5	11	15	22	31
	0. 8 < m≤1. 0	2. 5	3. 5	5. 0	7. 0	10	14	20	28	40
	1. 0 < m≤1. 5	3. 0	4. 5	6. 5	9. 0	13	18	25	36	51
	1. 5 < m≤2. 5	4. 5	6. 5	9. 5	13	19	26	37	53	75
	2. 5 < m≤4. 0	7. 0	10	14	20	29	41	58	82	116
	4. 0 < m≤6. 0	11	15	22	31	43	61	87	123	174
	6. 0 < m≤10. 0	17	24	34	48	67	95	135	190	269
50 < d≤125	0. 2≤m≤0. 5	1. 5	2. 0	2. 5	3. 5	5. 0	7. 5	10	15	21
	0. 5 < m≤0. 8	2. 0	3. 0	4. 0	5. 5	8. 0	11	16	22	31
	0. 8 < m≤1. 0	2. 5	3. 5	5. 0	7. 0	10	14	20	28	40
	1. 0 < m≤1. 5	3. 0	4. 5	6. 5	9. 0	13	18	25	36	51
	1. 5 < m≤2. 5	4. 5	6. 5	9. 5	13	19	26	37	53	75
	2. 5 < m≤4. 0	7. 0	10	14	20	29	41	58	82	116
	4. 0 < m≤6. 0	11	15	22	31	43	61	87	123	174
	6. 0 < m≤10. 0	17	24	34	48	67	95	135	190	269
125 < d≤280	0. 2≤m≤0. 5	1. 5	2. 0	2. 5	3. 5	5. 5	7. 5	11	15	21
	0. 5 < m≤0. 8	2. 0	3. 0	4. 0	5. 5	8. 0	11	16	22	32
	0. 8 < m≤1. 0	2. 5	3. 5	5. 0	7. 0	10	14	20	29	41
	1. 0 < m≤1. 5	3. 0	4. 5	6. 5	9. 0	13	18	26	36	52
	1. 5 < m≤2. 5	4. 5	6. 5	9. 5	13	19	26	37	53	75

（续）

分度圆直径 d/mm	模数 m/mm	精度等级								
		4	5	6	7	8	9	10	11	12
		f''_i								
$125<d\leqslant280$	$2.5<m\leqslant4.0$	7.5	10	15	21	29	41	58	82	116
	$4.0<m\leqslant6.0$	11	15	22	31	44	62	87	124	175
	$6.0<m\leqslant10.0$	17	24	34	48	67	95	135	191	270
$280<d\leqslant560$	$0.2\leqslant m\leqslant0.5$	1.5	2.0	2.5	4.0	5.5	7.5	11	15	22
	$0.5<m\leqslant0.8$	2.0	3.0	4.0	5.5	8.0	11	16	23	32
	$0.8<m\leqslant1.0$	2.5	3.5	5.0	7.0	10	15	21	29	41
	$1.0<m\leqslant1.5$	3.5	4.5	6.5	9.0	13	18	26	36	52
	$1.5<m\leqslant2.5$	4.5	6.5	9.5	13	19	27	38	54	76
	$2.5<m\leqslant4.0$	7.5	10	15	21	29	41	59	83	117
	$4.0<m\leqslant6.0$	11	15	22	31	44	62	88	124	175
	$6.0<m\leqslant10.0$	17	24	34	48	68	96	135	191	271
$560<d\leqslant1000$	$0.2\leqslant m\leqslant0.5$	1.5	2.0	3.0	4.0	5.5	8.0	11	16	23
	$0.5<m\leqslant0.8$	2.0	3.0	4.0	6.0	8.5	12	17	24	33
	$0.8<m\leqslant1.0$	2.5	3.5	5.5	7.5	11	15	21	30	42
	$1.0<m\leqslant1.5$	3.5	4.5	6.5	9.5	13	19	27	38	53
	$1.5<m\leqslant2.5$	5.0	7.0	9.5	14	19	27	38	54	77
	$2.5<m\leqslant4.0$	7.5	10	15	21	30	42	59	83	118
	$4.0<m\leqslant6.0$	11	16	22	31	44	62	88	125	176
	$6.0<m\leqslant10.0$	17	24	34	48	68	96	136	192	272

表 1-34　径向跳动公差 F_r　（单位：μm）

分度圆直径 d/mm	模数 m/mm	精度等级												
		0	1	2	3	4	5	6	7	8	9	10	11	12
		F_r												
$5\leqslant d\leqslant20$	$0.5\leqslant m\leqslant2.0$	1.5	2.5	3.0	4.5	6.5	9.0	13	18	25	36	51	72	102
	$2.0<m\leqslant3.5$	1.5	2.5	3.5	4.5	6.5	9.5	13	19	27	38	53	75	106
$20<d\leqslant50$	$0.5\leqslant m\leqslant2.0$	2.0	3.0	4.0	5.5	8.0	11	16	23	32	46	65	92	130
	$2.0<m\leqslant3.5$	2.0	3.0	4.0	6.0	8.5	12	17	24	34	47	67	95	134
	$3.5<m\leqslant6.0$	2.0	3.0	4.5	6.0	8.5	12	17	25	35	49	70	99	139
	$6.0<m\leqslant10$	2.5	3.5	4.5	6.5	9.5	13	19	26	37	52	74	105	148
$50<d\leqslant125$	$0.5\leqslant m\leqslant2.0$	2.5	3.5	5.0	7.5	10	15	21	29	42	59	83	118	167
	$2.0<m\leqslant3.5$	2.5	4.0	5.5	7.5	11	15	21	30	43	61	86	121	171
	$3.5<m\leqslant6.0$	3.0	4.0	5.5	8.0	11	16	22	31	44	62	88	125	176
	$6.0<m\leqslant10$	3.0	4.0	6.0	8.0	12	16	23	33	46	65	92	131	185
	$10<m\leqslant16$	3.0	4.5	6.0	9.0	12	18	25	35	50	70	99	140	198
	$16<m\leqslant25$	3.5	5.0	7.0	9.5	14	19	27	39	55	77	109	154	218
$125<d\leqslant280$	$0.5\leqslant m\leqslant2.0$	3.5	5.0	7.0	10	14	20	28	39	55	78	110	156	221
	$2.0<m\leqslant3.5$	3.5	5.0	7.0	10	14	20	28	40	56	80	113	159	225
	$3.5<m\leqslant6.0$	3.5	5.0	7.0	10	14	20	29	41	58	82	115	163	231
	$6.0<m\leqslant10$	3.5	5.5	7.5	11	15	21	30	42	60	85	120	169	239

（续）

分度圆直径 d/mm	模数 m/mm	精度等级												
		0	1	2	3	4	5	6	7	8	9	10	11	12
		F_r												
$125 < d \leqslant 280$	$10 < m \leqslant 16$	4.0	5.5	8.0	11	16	22	32	45	63	89	126	179	252
	$16 < m \leqslant 25$	4.5	6.0	8.5	12	17	24	34	48	68	96	136	193	272
	$25 < m \leqslant 40$	4.5	6.5	9.5	13	19	27	38	54	76	107	152	215	304
$280 < d \leqslant 560$	$0.5 \leqslant m \leqslant 2.0$	4.5	6.5	9.0	13	18	26	36	51	73	103	146	206	291
	$2.0 < m \leqslant 3.5$	4.5	6.5	9.0	13	18	26	37	52	74	105	148	209	296
	$3.5 < m \leqslant 6.0$	4.5	6.5	9.5	13	19	27	38	53	75	106	150	213	301
	$6.0 < m \leqslant 10$	5.0	7.0	9.5	14	19	27	39	55	77	109	155	219	310
	$10 < m \leqslant 16$	5.0	7.0	10	14	20	29	40	57	81	114	161	228	323
	$16 < m \leqslant 25$	5.5	7.5	11	15	21	30	43	61	86	121	171	242	343
	$25 < m \leqslant 40$	6.0	8.5	12	17	23	33	47	66	94	132	187	265	374
	$40 < m \leqslant 70$	7.0	9.5	14	19	27	38	54	76	108	153	216	306	432
$560 < d \leqslant 1000$	$0.5 \leqslant m \leqslant 2.0$	6.0	8.5	12	17	23	33	47	66	94	133	188	266	376
	$2.0 < m \leqslant 3.5$	6.0	8.5	12	17	24	34	48	67	95	134	190	269	380
	$3.5 < m \leqslant 6.0$	6.0	8.5	12	17	24	34	48	68	96	134	190	269	380
	$6.0 < m \leqslant 10$	6.0	8.5	12	17	25	35	49	70	98	139	197	279	394
	$10 < m \leqslant 16$	6.5	9.0	13	18	25	36	51	72	102	144	204	288	407
	$16 < m \leqslant 25$	6.5	9.5	13	19	27	38	53	76	107	151	214	302	427
	$25 < m \leqslant 40$	7.0	10	14	20	29	41	57	81	115	162	229	324	459
	$40 < m \leqslant 70$	8.0	11	16	23	32	46	65	91	129	183	258	365	517
$1000 < d \leqslant 1600$	$2.0 \leqslant m \leqslant 3.5$	7.5	10	15	21	30	42	59	84	118	167	236	334	473
	$3.5 < m \leqslant 6.0$	7.5	11	15	21	30	42	60	85	120	169	239	338	478
	$6.0 < m \leqslant 10$	7.5	11	15	22	30	43	61	86	122	172	243	344	487
	$10 < m \leqslant 16$	8.0	11	16	22	31	44	63	88	125	177	250	354	500
	$16 < m \leqslant 25$	8.0	11	16	23	33	46	65	92	130	183	260	368	520
	$25 < m \leqslant 40$	8.5	12	17	24	34	49	69	98	138	195	276	390	552
	$40 < m \leqslant 70$	9.5	13	19	27	38	54	76	108	152	215	305	431	609
$1600 < d \leqslant 2500$	$3.5 \leqslant m \leqslant 6.0$	9.0	13	18	26	36	51	73	103	145	206	291	411	582
	$6.0 < m \leqslant 10$	9.0	13	18	26	37	52	74	104	148	209	295	417	590
	$10 < m \leqslant 16$	9.5	13	19	27	38	53	75	107	151	213	302	427	604
	$16 < m \leqslant 25$	9.5	14	19	28	39	55	78	110	156	220	312	441	624
	$25 < m \leqslant 40$	10	14	20	29	41	58	82	116	164	232	328	463	655
	$40 < m \leqslant 70$	11	16	22	32	45	63	89	126	178	252	357	504	713
$2500 < d \leqslant 4000$	$6.0 \leqslant m \leqslant 10$	11	16	23	32	45	64	90	127	180	255	360	510	721
	$10 < m \leqslant 16$	11	16	23	32	46	65	92	130	183	259	367	519	734
	$16 < m \leqslant 25$	12	17	24	33	47	67	94	133	188	267	377	533	754
	$25 < m \leqslant 40$	12	17	25	35	49	69	98	139	196	278	393	555	785
	$40 < m \leqslant 70$	13	19	26	37	53	75	105	149	211	298	422	596	843

（续）

分度圆直径 d/mm	模数 m/mm	精度等级												
		0	1	2	3	4	5	6	7	8	9	10	11	12
		F_r												
$4000<d\leqslant6000$	$6.0\leqslant m\leqslant10$	14	19	27	39	55	77	110	155	219	310	438	620	876
	$10<m\leqslant16$	14	20	28	39	56	79	111	157	222	315	445	629	890
	$16<m\leqslant25$	14	20	28	40	57	80	114	161	227	322	455	643	910
	$25<m\leqslant40$	15	21	29	42	59	83	118	166	235	333	471	665	941
	$40<m\leqslant70$	16	22	31	44	62	88	125	177	250	353	499	706	999
$6000<d\leqslant8000$	$6.0\leqslant m\leqslant10$	16	23	32	45	64	91	128	181	257	363	513	726	1026
	$10<m\leqslant16$	16	23	32	46	65	92	130	184	260	367	520	735	1039
	$16<m\leqslant25$	17	23	33	47	66	94	132	187	265	375	530	749	1059
	$25<m\leqslant40$	17	24	34	48	68	96	136	193	273	386	545	771	1091
	$40<m\leqslant70$	18	25	36	51	72	102	144	203	287	406	574	812	1149
$8000<d\leqslant10000$	$6.0\leqslant m\leqslant10$	18	26	36	51	72	102	144	204	289	408	577	816	1154
	$10<m\leqslant16$	18	26	36	52	73	103	146	206	292	413	584	826	1168
	$16<m\leqslant25$	19	26	37	52	74	105	148	210	297	420	594	840	1188
	$25<m\leqslant40$	19	27	38	54	76	108	152	216	305	431	610	862	1219
	$40<m\leqslant70$	20	28	40	56	80	113	160	226	319	451	639	903	1277

表 1-35　5 级精度齿轮公差计算式

项目代号	计算式	级间公比 φ	项目代号	计算式	级间公比 φ
$\pm f_{pt}$	$0.3(m_n+0.4\sqrt{d})+4$	$\sqrt{2}$	F_i'	F_p+f_i'	$\sqrt{2}$
$\pm F_{pk}$	$f_{pt}+1.6\sqrt{(k-1)m_n}$		f_i'	$k(4.3+f_{pt}+F_\alpha)$ $=k(9+0.3m_n+3.2\sqrt{m_n}+0.34\sqrt{d})$ 当 $\varepsilon_\gamma<4$ 时，$k=0.2(\varepsilon_\gamma+4)/\varepsilon_\gamma$ 当 $\varepsilon_\gamma\geqslant4$ 时，$k=0.4$	
F_p	$0.3m_n+1.25\sqrt{d}+7$				
F_α	$3.2\sqrt{m_n}+0.22\sqrt{d}+0.7$				
$f_{f\alpha}$	$2.5\sqrt{m_n}+0.17\sqrt{d}+0.5$				
$\pm f_{H\alpha}$	$2\sqrt{m_n}+0.14\sqrt{d}+0.5$		F_i''	$F_r+f_i''=3.2m_n+1.01\sqrt{d}+0.8$	
F_β	$0.1\sqrt{d}+0.63\sqrt{b}+4.2$		f_i''	$2.96m_n+0.01\sqrt{d}+0.8$	
$f_{f\beta}=f_{H\beta}$	$0.07\sqrt{d}+0.45\sqrt{b}+3$		F_r	$0.8F_p=0.24m_n+1.0\sqrt{d}+5.6$	

5. 齿轮坯

齿轮坯是指在轮齿加工前供制造齿轮用的工件。齿轮坯的尺寸偏差和形状位置偏差都直接影响齿轮的加工和检验，影响轮齿的接触和运行。

GB/Z 18620.3—2008 推荐了齿轮坯的相关数值和要求。

（1）术语和定义　有关齿轮坯的术语和定义见表 1-36。

表 1-36　齿轮坯的术语和定义

术　语	定　义
工作安装面	用来安装齿轮的面
工作轴线	齿轮工作时绕其旋转的轴线，由工作安装面的中心确定，工作轴线只有考虑整个齿轮组件时才有意义
基准面	用来确定基准轴线的面

（续）

术　语	定　义
基准轴线	由基准面的中心确定，齿轮依此轴线来确定齿轮的细节，特别是确定齿距、齿廓和螺旋线的公差
制造安装面	齿轮制造或检验时用来安装齿轮的面

（2）齿轮坯精度　齿轮坯精度涉及对基准轴线与相关安装面的选择及其制造公差。测量时，齿轮的旋转轴线（基准轴线）若有改变，则齿廓偏差、相邻齿距偏差的测量数值也将会改变。因此，必须在齿轮图样上把规定公差的基准轴线明确表示出来，并标明对齿轮坯的技术要求。

1）基准轴线与工作轴线间的关系。基准轴线是制造者（或检验者）用于对单个零件确定轮齿几何形状的轴线，设计者应确保其精确地确定，使齿轮相应于工作轴线的技术要求得到满足。通常使基准轴线与工作轴线重合，即将安装面作为基准面。

一般情况下，先确定一个基准轴线，然后将其他的所有轴线（包括工作轴线及可能的一些制造轴线）用适当的公差与之联系。此时，应考虑公差链中所增加的链环的影响。

2）基准轴线的确定方法。一个零件的基准轴线是用基准面来确定的，它可用三种基本方法来确定，见表1-37。

表1-37　确定基准轴线的方法

序　号	说　明	图　示
1	用两个“短的”圆柱或圆锥形基准面上设定的两个圆的圆心来确定轴线上的两点	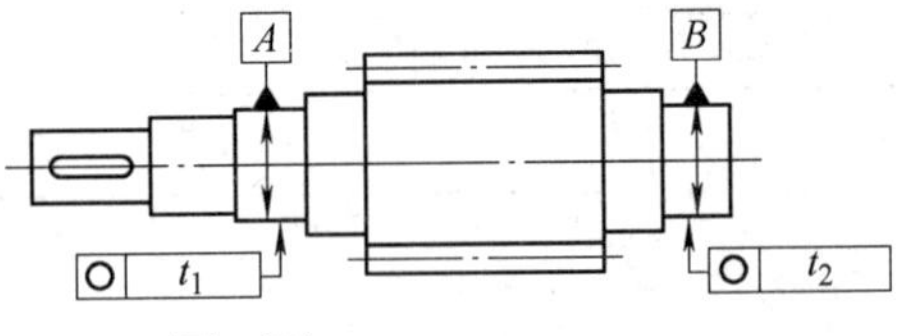 A和B是预定的轴承安装表面
2	用一个“长的”圆柱或圆锥形的面来同时确定轴线的位置和方向。孔的轴线可以用与之相匹配且正确装配的工作心轴的轴线来代表	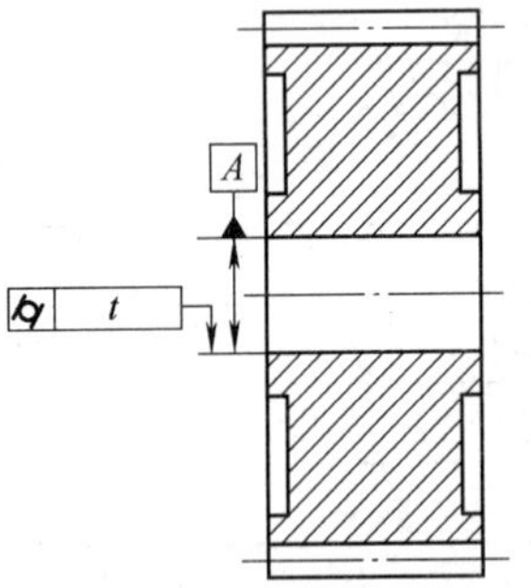
3	轴线的位置用一个“短的”圆柱形基准面上的一个圆的圆心来确定，而其方向则用垂直于轴线的一个基准端面来确定	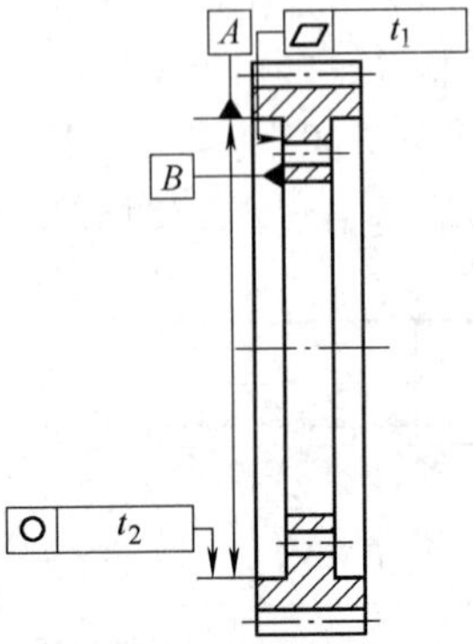

设计时，如果采用序号 1 或序号 3 的方法，其圆柱或圆锥形基准面必须在轴向很短，以保证它们自己不会单独确定另一条轴线。在序号 3 的方法中，基准面的直径应该越大越好。

在一个与小齿轮做成一体的轴上，常常有一段安装大齿轮的地方，此安装面的公差数值必须与大齿轮的技术要求相适应。

3）中心孔的应用。在制造和检验与轴做成一体的小齿轮时，最常用也是最满意的方法，是将该零件安置于两端的顶尖上。这样，两个中心孔就确定了它的基准轴线，齿轮公差及（轴承）安装面的公差均须相对此轴线来规定（图 1-12）。显然，安装面相对于中心孔的跳动必须规定严格的公差。

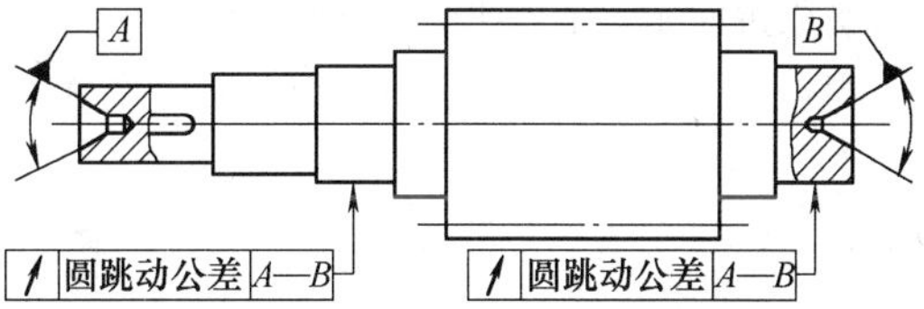

图 1-12　由中心孔确定基准轴线

必须注意，中心孔 60°接触角内应对准成一直线。

4）基准面的形状公差。基准面的精度要求取决于以下几方面：

①　齿轮的精度。要求基准面形状公差的极限值大大小于单个轮齿的公差值。

②　基准面的相对位置。一般来说，跨距相对于齿轮分度圆直径的比例越大，给定的公差就可以越松。

这些基准面的精度要求必须在零件图上予以规定。

根据确定轴线基准面方法的不同，表 1-38 对基准面的圆度、圆柱度和平面度规定了公差数值，使用时公差应减至能经济制造的最小值。

表 1-38　基准面的形状公差

确定轴线的基准面	公差项目		
	圆度	圆柱度	平面度
两个“短的”圆柱或圆锥形基准面	$0.04(L/b)F_{\beta}$ 或 $0.1F_{p}$，取两者中的小值		
一个“长的”圆柱或圆锥形基准面		$0.04(L/b)F_{\beta}$ 或 $0.1F_{p}$，取两者中的小值	
一个“短的”圆柱面和一个端面	$0.06F_{p}$		$0.06(D_{d}/b)F_{\beta}$

注：1. 齿轮坯的公差应减至能经济制造的最小值。
2. L—较大的轴承跨距；D_{d}—基准面直径；b—齿宽。

5）工作及制造安装面的形状公差不应大于表 1-38 中规定的公差。

6）工作轴线的跳动公差。当基准轴线与工作轴线不重合时，则工作安装面相对于基准轴线的跳动必须标注在齿轮图样上予以控制。跳动公差应不大于表 1-39 中规定的数值。

表 1-39　安装面的跳动公差

确定轴线的基准面	跳动量（总的指示幅度）	
	径向	轴向
仅指圆柱或圆锥形基准面	$0.15(L/b)F_{\beta}$ 或 $0.3F_{p}$，取两者中的大值	
一个圆柱基准面和一个端面基准面	$0.3F_{p}$	$0.2(D_{d}/b)F_{\beta}$

注：齿轮坯的公差应减至能经济制造的最小值。

7）齿轮切削和检验时使用的安装面。齿轮在切削和检验过程中，安装齿轮时应使旋转的实际轴线与图样上规定的基准轴线重合。表 1-39 中规定了这些面的跳动公差。

对大批生产的齿轮，在制造齿轮坯的控制过程中，应采用精确的膨胀式心轴以齿轮坯的轴线定位，用适当的夹具支承齿轮坯，使其跳动限定在规定的范围内。同时，还需要选用高质量的切齿机床进行加工，并检查首件。

对高精度齿轮，必须设置专用的基准面（图 1-13）。对特高精度的齿轮，加工前需先装在轴上，此时，轴颈可用作基准面。

8）齿顶圆柱面。应对齿顶圆直径选择合适的公差，以保证有最小的设计重合度，并具有足够的齿顶间隙。如果将齿顶圆柱面作为基准面，除了上述数值仍可用作尺寸公差外，其形状公差应不大于表 1-38 所规定的相关数值。

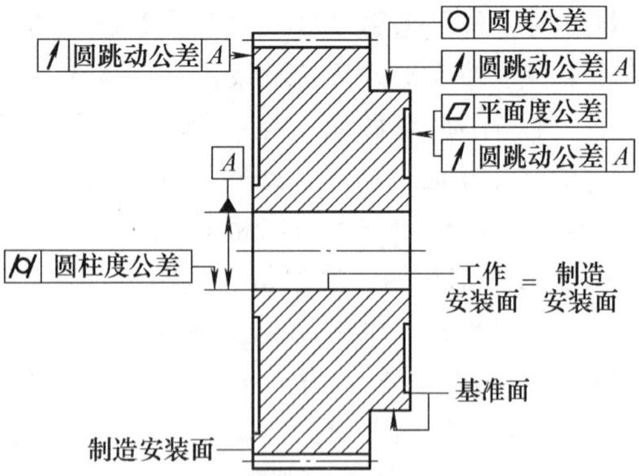

图 1-13　高精度齿轮带有基准面

9）公差的组合。当基准轴线与工作轴线重合时，或可直接以工作轴线来规定公差时，可直接应用表 1-39 的公差。当不是上述情形时，则两者之间存在着一公差链，此时需要把表 1-38 和表 1-39 中的单个公差数值适当减小。减小的程度取决于该公差链排列，一般大致与 n（公差链中的链节数）的平方根成正比。

10）齿轮其他的安装面。在一个与小齿轮做成一体的轴上，常有一段用来安装一个大齿轮。这时，大齿轮安装面的公差应在妥善考虑大齿轮的质量要求后选择。常用的办法是相对于已定的基准轴线规定其允许的跳动量。

11）基准面。轴向和径向基准面应与齿轮坯的实际轴孔、轴颈和肩部完全同轴（图 1-14）。当在机床上精加工，或安装在检测仪上，以及最后在使用中安装时，用它们可以进行找正。对更高精度的工件，基准面还需进行校正，标明其跳动的高点位置和量值，以控制高精度齿轮的技术要求。

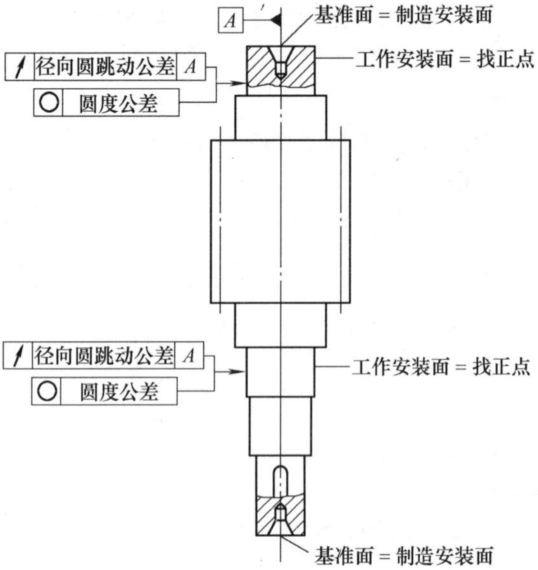

图 1-14　切削齿时轴齿轮的安装示例

对中等精度的齿轮，部分齿顶圆柱面可用来作为径向基准面，而轴向位置则可用齿轮切削时的安装面进行校核。

12）制造和测量时的安装面。为保证切齿和测量后误差的精度，提出以下考虑安装面的意见。

①　切齿和检验中使用的安装面图例如图 1-15 和图 1-16 所示，即实际旋转轴线与图样规定的基准轴线越接近越好。

②　建议将加工内孔、切齿的安装面和齿顶面上用来校核径向跳动的那部分在一次装夹中完成（图 1-16）。

6. 表面结构的影响

表面结构是表面粗糙度、表面波纹度、表面缺陷、表面几何形状的总称，即表面结构包括表面粗糙度、表面波纹度、表面缺陷、表面几何形状等表面特性。

表面粗糙度是指加工表面上具有较小间距和峰谷所组成的微观几何形状特性。它主要是由所采用的加工方法决定的，如在切削过程中工件表面上的刀具痕迹以及切削撕裂时的材料塑性变形等。表面波纹度是粗糙度叠加在上面的那个表面特征成分。它可能由机床或工件的挠曲、振动、颤动、形成材料应变的各种原因以及其他一些外部影响等因素引起。

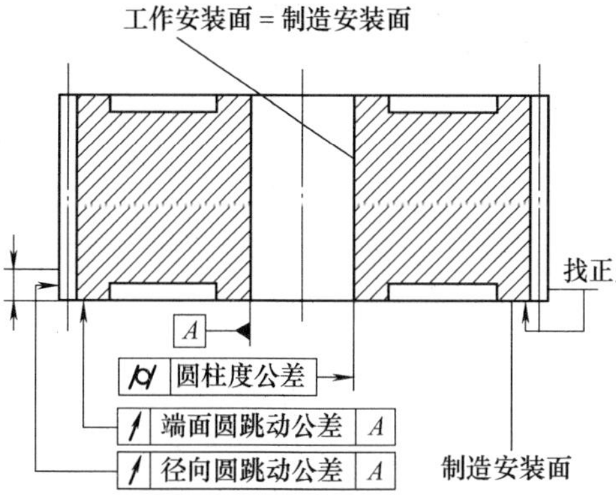

图 1-15　切削齿时齿轮安装的示例

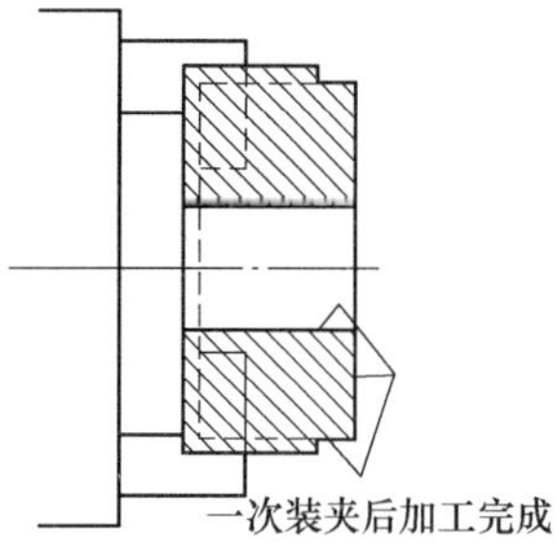

图 1-16　在一次装夹后加工的几个面

表面结构的形成直接影响着机械零件的功能，如摩擦磨损、疲劳强度、接触刚度、冲击强度、密封性能、振动和噪声、金属表面镀涂以及外观质量等，直接关系机械产品的使用性能和工作寿命。因此，根据零件的功能要求、加工设备和加工方法合理选用结构特性参数及其数值是至关重要的。

试验研究和使用经验表明，表面结构等级和齿轮承载能力状况存在着一定关系。GB/T 3480—1997 叙述了表面粗糙度对轮齿点蚀和弯曲强度的影响，ISO/TR 13989-1 ~ 2：2000 论述了表面粗糙度对胶合的影响。

同表面粗糙度一样，表面波纹度和表面结构的其他特征也会影响材料的表面抗疲劳能力。因此，当需要高的性能和可靠性时，要细心地记录未滤波的轮廓，反映轮齿表面结构。

GB/Z 18620. 4—2008 没有推荐适用于特定用途的表面粗糙度、表面波纹度的等级和表面加工纹理的形状或类型，也未鉴别这种表面不平度的成因。文件强调：在规定轮齿表面结构的特征极限之前，齿轮设计师和工程师们应熟悉有关的国家标准和这方面的参考文献。

（1）表面结构对齿轮功能的影响　在试验研究和使用经验的基础上，将受表面结构影响的轮齿功能特性分为三类：传动精度（噪声和振动）；表面承载能力（如点蚀、胶合和磨损）；弯曲强度（齿根过渡曲面状况）。

1）对传动精度的影响。表面结构的两个主要特征是表面粗糙度和表面波纹度。

表面波纹度或齿面波纹度会引起传动误差，这种影响依赖波纹的纹理相对于瞬时接触线和接触线的方向。如果波纹的纹理平行于瞬时接触线或接触区（垂直于接触迹线），齿轮啮合时会出现尖锐的刺耳声（高于啮合频率的“古怪的”谐波成分）。

在少数情况下，表面粗糙度会使齿轮噪声产生差异（光滑的齿面与粗糙的齿面比较），一般它对齿轮啮合频率的噪声及其谐波成分不产生影响。

2）对承载能力的影响。轮齿表面结构可在两个大致的方面影响轮齿耐久性——齿面劣化和弯曲强度。

①　齿面劣化。齿面劣化有磨损、胶合或擦伤和点蚀等。齿廓上的表面粗糙度和表面波纹度与此有关。表面结构、温度和润滑剂决定影响齿面耐久性的弹性流体动力（EHD）膜的厚度。

②　弯曲强度。轮齿折断可能是疲劳（高循环应力）的结果，表面结构是影响齿根过渡区应力的一个因素。

（2）齿面粗糙度　齿面粗糙度对齿轮的工作性能和使用寿命有重要影响，设计者可根据有关参数的影响选取适当数值。

1）图样上应标注的数据。设计者应按齿轮加工要求，在图样上标注出完工状态的齿面粗糙度的数据，如图 1-17 所示。

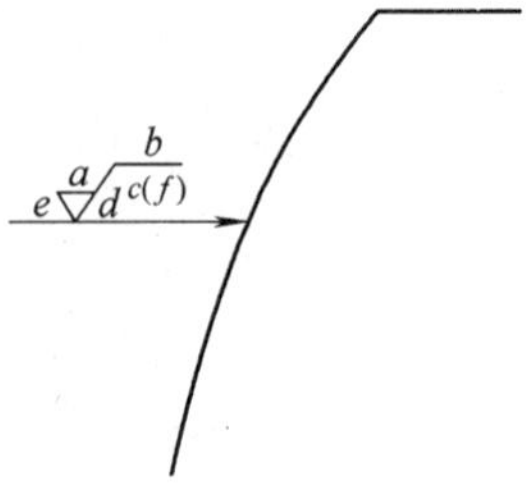

表面结构的符号

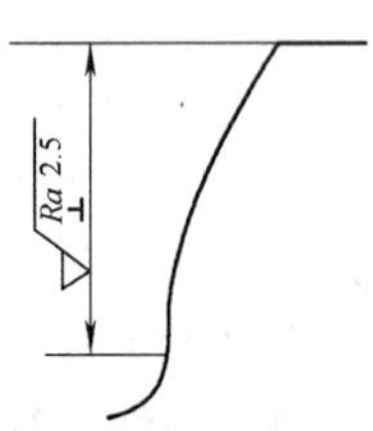

除开齿根过渡区的齿面

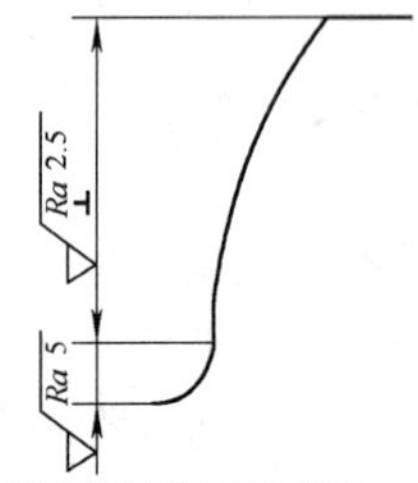

包括齿根过渡区的齿面

齿面粗糙度和表面加工纹理的符号

图 1-17　齿面粗糙度标注

a—*Ra* 或 *Rz*（μm）　*b*—加工方法、表面处理等　*c*—取样长度

d— 加工纹理方向　*e*— 加工余量　*f*—表面粗糙度的其他数值（括号内）

2）参数值。GB/T 18620.4—2008 给定的参数值，应优先从表 1-40 或表 1-41 给出的范围中选择。无论是 *Ra* 还是 *Rz* 都可用作判断依据，但两者不应在同一部分使用。GB/T 10095.1 ~.2—2008 规定的齿轮精度等级和表 1-40、表 1-41 中的齿面粗糙度等级之间没有直接的关系，也不与特定的制造工艺相对应。

表 1-40　粗糙度轮廓的算术平均偏差 *Ra* 推荐极限值　　（单位：μm）

等级	*Ra*			等级	*Ra*		
	模数/mm				模数/mm		
	$m<6$	$6\leqslant m\leqslant 25$	$m>25$		$m<6$	$6\leqslant m\leqslant 25$	$m>25$
1		0.04		7	1.25	1.6	2.0
2		0.08		8	2.0	2.5	3.2
3		0.16		9	3.2	4.0	5.0
4		0.32		10	5.0	6.3	8.0
5	0.5	0.63	0.80	11	10.0	12.5	16
6	0.8	1.00	1.25	12	20	25	32

表 1-41　粗糙度轮廓的最大高度 *Rz* 的推荐极限值　　（单位：μm）

等级	*Rz*			等级	*Rz*		
	模数/mm				模数/mm		
	$m<6$	$6\leqslant m\leqslant 25$	$m>25$		$m<6$	$6\leqslant m\leqslant 25$	$m>25$
1		0.25		7	8.0	10.0	12.5
2		0.50		8	12.5	16	20
3		1.0		9	20	25	32
4		2.0		10	32	40	50
5	3.2	4.0		11	63	80	100
6	5.0	6.3		12	125	160	200

另外，有关参考资料推荐了 4 ~ 9 级精度齿轮齿面粗糙度的参数值，见表 1-42。

表 1-42　齿面粗糙度　（单位：μm）

齿轮精度等级	4		5		6		7		8		9	
齿面	硬	软	硬	软	硬	软	硬	软	硬	软	硬	软
齿面粗糙度 *Ra*	≤0.4	≤0.8		≤1.6	≤0.8	<1.6	≤1.6	≤3.2		≤6.3	≤3.2	≤6.3

7. 轴中心距和轴线平行度

设计者应对中心距 a 和轴线的平行度两项偏差选择适当的公差。公差值的选择应按其使用要求能保证相啮合轮齿间的侧隙和齿长方向的正确接触。

（1）轴中心距　中心距公差是指设计者规定的允许偏差，公称中心距是在考虑了最小侧隙及两齿轮的齿顶和其相啮合的非渐开线齿廓齿根部分的干涉后确定的。

当齿轮只是单向承载运转而不经常反转时，最大侧隙的控制就不是一个重要的因素，此时中心距允许偏差主要取决于重合度的考虑。

在控制运动用的齿轮中，其侧隙必须得到控制；若轮齿上的负载常常反向变化，对中心距的公差必须仔细地考虑下列因素：

1）轴、箱体和轴承的偏斜。

2）由于箱体的偏差和轴承的间隙导致齿轮轴线的不一致。

3）由于箱体的偏差和轴承的间隙导致齿轮轴线的位移和倾斜。

4）安装误差。

5）轴承跳动。

6）温度的影响（随箱体和齿轮零件间的温度、中心距和材料不同而变化）。

7）旋转件的离心伸胀。

8）其他因素，例如润滑剂污染的允许程度及非金属齿轮材料的熔胀。

GB/Z 18620.3—2008 没有推荐中心距公差，设计者可以借鉴某些成熟产品的设计经验来确定中心距公差，也可参照表 1-43 中的齿轮副中心距极限偏差数值。

表 1-43　中心距极限偏差 $\pm f_a$ 值　（单位：μm）

齿轮精度等级			1 ~ 2	3 ~ 4	5 ~ 6	7 ~ 8	9 ~ 10	11 ~ 12
f_a			$\frac{1}{2}$IT4	$\frac{1}{2}$IT5	$\frac{1}{2}$IT7	$\frac{1}{2}$IT8	$\frac{1}{2}$IT9	$\frac{1}{2}$IT11
齿轮副的中心距/mm	大于	到						
	6	10	2	4.5	7.5	11	18	45
	10	18	2.5	5.5	9	13.5	21.5	55
	18	30	3	6.5	10.5	16.5	26	65
	30	50	3.5	8	12.5	19.5	31	80
	50	80	4	9.5	15	28	37	90
	80	120	5	11	17.5	27	43.5	110
	120	180	6	12.5	20	31.5	50	125
	180	250	7	14.5	23	36	57.5	145
	250	315	8	16	26	40.5	65	160
	315	400	9	18	28.5	44.5	70	180
	400	500	10	20	31.5	48.5	77.5	200
	500	630	11	22	35	55	87	220
	630	800	12.5	25	40	62	100	250
	800	1000	14.5	28	45	70	115	280
	1000	1250	17	33	52	82	130	330
	1250	1600	20	39	62	97	155	390
	1600	2000	24	46	75	115	185	460
	2000	2500	28.5	50	87	149	220	550
	2500	3150	34.5	67.5	105	165	270	676

注：本表引自 GB/T 10095—1988，齿轮精度等级为其第Ⅱ公差组精度等级。

（2）轴线平行度　GB/Z 18620. 3—2008 对轴线平行度提供了推荐数值，不应认为该数值是严格的质量准则，而是对钢制或铁制的齿轮在商定相互协议时的一个指导。

由于轴线平行度偏差与其向量的方向有关，所以规定轴线平面内的偏差 $f_{\Sigma\delta}$ 和垂直平面上的偏差 $f_{\Sigma\beta}$，如图 1-18 所示。

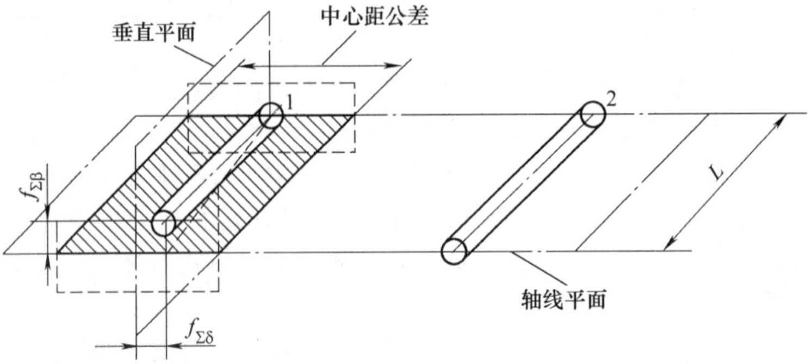

图 1-18　轴线平行度偏差

轴线平面内的偏差 $f_{\Sigma\delta}$ 是在两轴线的公共平面上测量的。该公共平面是用两轴的轴承跨距中较长的一个 L 和另一根轴上的一个轴承来确定的。垂直平面上的偏差 $f_{\Sigma\beta}$ 是在与轴线公共平面相垂直的交错轴平面上测量的。

每项平行度偏差以与有关轴轴承间距 L（轴承中间距 L）相关联的值表示。

轴线平面内的轴线偏差将影响螺旋线啮合偏差，它的影响是工作压力角的正弦函数，而垂直平面上的轴线偏差的影响是工作压力角的余弦函数。可见，垂直平面上的偏差所导致的啮合偏差将比同样大小的轴线平面内偏差导致的啮合偏差大 2 ~ 3 倍。

轴线平行度公差的最大推荐值如下：

1）轴线平面内的轴线平行度公差的最大推荐值为

$$f_{\Sigma\delta} = 2f_{\Sigma\beta}$$

2）垂直平面上的轴线平行度公差的最大推荐值为

$$f_{\Sigma\beta} = 0.5\left(\frac{L}{b}\right)F_{\beta}$$

8. 轮齿接触斑点

GB/Z 18620. 4—2008 提供了齿轮轮齿接触斑点的检测方法，对获得与分析接触斑点的方法进行了解释，还给出了对齿轮精度估计的指导。

检验产品齿轮副在其箱体内啮合所产生的接触斑点，可评估轮齿间的载荷分布。产品齿轮和测量齿轮的接触斑点，可用于评估装配后的齿轮螺旋线和齿廓精度。

（1）检测条件　对产品齿轮和测量齿轮，在轻载下的轮齿齿面接触斑点可以从安装在机架上的两相啮合的齿轮得到，但两轴线的平行度在产品齿轮齿宽上要小于 0. 005mm，并且测量齿轮的齿宽也不小于产品齿轮的齿宽。相配的产品齿轮副的接触斑点也可在相啮合的机架上得到，但用于获得轻载接触斑点所施加的载荷应能恰好保证被测齿面保持稳定接触。

用于检验用的印痕涂料有装配工用蓝色印痕涂料和其他专用涂料，涂层厚度为 0. 006 ~ 0. 012mm。

通常用勾画草图、照片、录像等形式记录接触斑点，或用透明胶带覆盖其上，然后撕下贴在白纸上保存备查。

对完成轮齿接触斑点检测工作的人员，应进行正确操作训练，并定期检查训练效果，以确保操作效能的一致性。

（2）接触斑点的判断　接触斑点可以给出齿长方向配合不准确的程度，包括齿长方向的不准确配合和波纹度，也可以给出齿廓不准确的程度。必须强调的是，对接触斑点的判断作出的任何结论都带有主观性，只能是近似的并且依赖于有关人员的经验。

1）与测量齿轮相啮合的接触斑点。图 1-19 ~ 图 1-22 所示的是产品齿轮与测量齿轮对滚产生的典型的接触斑点示意图。

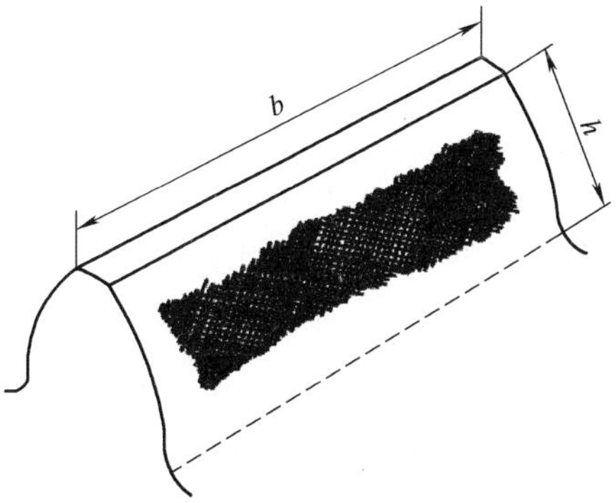

图1-19　典型的规范：接触近似为齿宽 b 的 80%、有效齿面高度 h 的 70%，齿端修薄

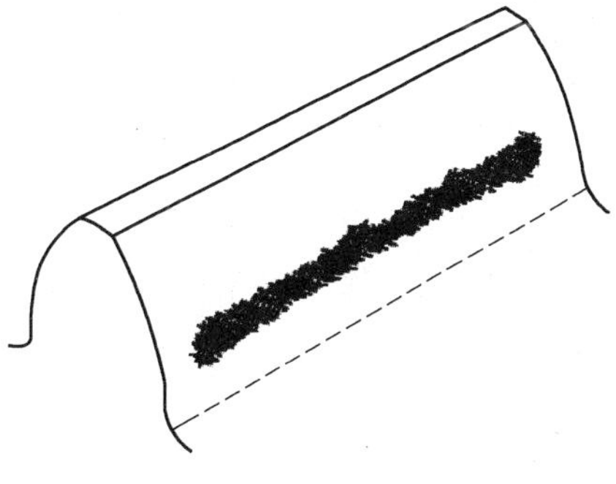

图1-20　齿长方向配合正确，有齿廓偏差

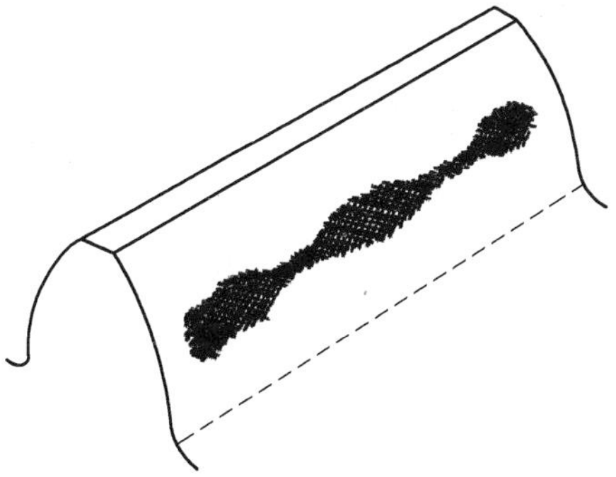

图 1-21　波纹度

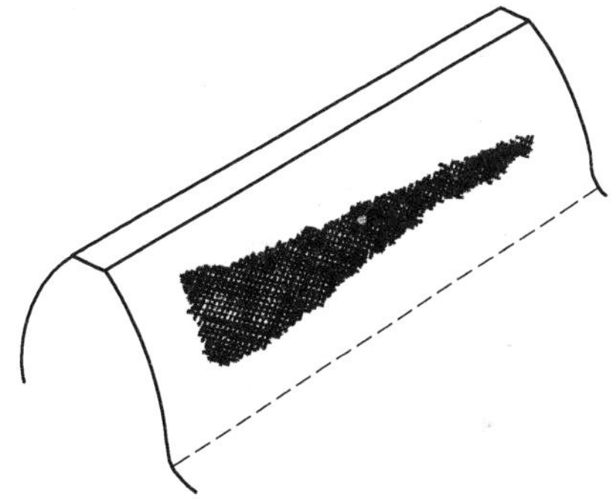

图 1-22　有螺旋线偏差，齿廓正确，有齿端修薄

2）齿轮精度和接触斑点。图 1-23 和表 1-44、表 1-45 给出了在齿轮装配后（空载）检测时，所预计的齿轮精度等级和接触斑点分布之间关系的一般指示，但不能作为证明齿轮精度等级的替代方法。实际的接触斑点不一定与图 1-23 中所示的一致，在啮合机架上所获得的齿轮检查结果应当是相似的。

图 1-23 和表 1-44、表 1-45 对齿廓和螺旋线修形的齿面是不适用的。

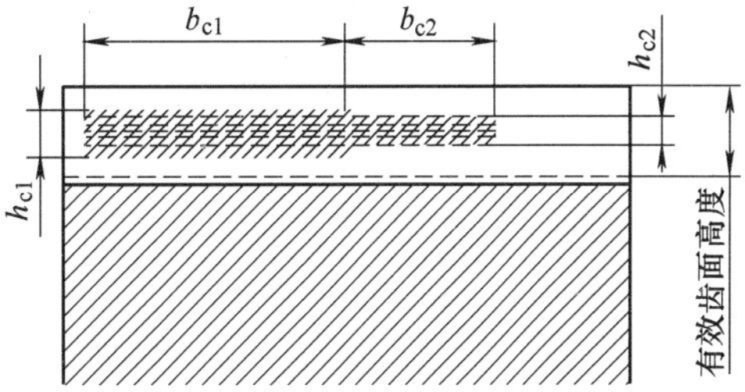

图 1-23　接触斑点分布的示意图

表 1-44　斜齿轮装配后的接触斑点

精度等级按 GB/T 10095.1	b_{c1} 占齿宽的百分比（%）	h_{c1} 占有效齿面高度的百分比（%）	b_{c2} 占齿宽的百分比（%）	h_{c2} 占有效齿面高度的百分比（%）
4 级及更高	50	50	40	30
5 和 6	45	40	35	20
7 和 8	35	40	35	20
9 ~ 12	25	40	25	20

表 1-45　直齿轮装配后的接触斑点

精度等级按 GB/T 10095.1	b_{c1} 占齿宽的百分比（%）	h_{c1} 占有效齿面高度的百分比（%）	b_{c2} 占齿宽的百分比（%）	h_{c2} 占有效齿面高度的百分比（%）
4 级及更高	50	70	40	50
5 和 6	45	50	35	30
7 和 8	35	50	35	30
9 ~ 12	25	50	25	30

9. 侧隙

GB/Z 18620.2—2008 给出了渐开线圆柱齿轮侧隙的检验实施规范，并在附录中提供了齿轮啮合时选择齿厚公差和最小侧隙的方法及其建议的数值。

（1）定义　有关齿厚、侧隙的术语及定义见表 1-46。

表 1-46　术语及定义

术　语	定　义
公称齿厚	在分度圆柱上法向平面的公称齿厚 s_n 是指齿厚理论值，该齿轮与具有理论齿厚的相配齿轮在基本中心距之下无侧隙啮合。公称齿厚可用下列公式计算： 对外齿轮　$s_n = m_n\left(\frac{\pi}{2} + 2\tan\alpha_n x\right)$ 对内齿轮　$s_n = m_n\left(\frac{\pi}{2} - 2\tan\alpha_n x\right)$ 对斜齿轮，s_n 值应在法向平面内测量
齿厚的“最大和最小极限”	齿厚的最大和最小极限（s_{ns} 和 s_{ni}）是指齿厚的两个极端的允许尺寸，齿厚的实际尺寸应该位于这两个极端尺寸之间（含极端尺寸），如图 1-24 所示
齿厚的极限偏差	齿厚上偏差和下偏差（E_{sns} 和 E_{sni}）统称齿厚的极限偏差，如图 1-24 所示 $E_{sns} = s_{ns} - s_n$ $E_{sni} = s_{ni} - s_n$
齿厚公差	齿厚公差 T_{sn}，是指齿厚上偏差与下偏差之差 $T_{sn} = E_{sns} - E_{sni}$
实际齿厚	实际齿厚 $s_{nactual}$ 是指通过测量确定的齿厚
功能齿厚	功能齿厚 s_{func} 是指用经标定的测量齿轮在径向综合（双面）啮合测试中所得到的最大齿厚值 这种测量包含了齿廓、螺旋线、齿距等要素偏差的综合影响，类似于最大实体状态的概念，它绝不可超过设计齿厚
实效齿厚	齿轮的实效齿厚是指测量所得的齿厚加上轮齿各要素偏差及安装所产生的综合影响的量，类似于功能齿厚的含义 这是最终包容条件，包含了所有的影响因素，确定最大实体状态时，必须考虑这些因素 相配齿轮的要素偏差，在啮合的不同角度位置时，可能产生叠加的影响，也可能产生相互抵消的影响，想把个别的轮齿要素偏差从实效齿厚中区分出来是不可能的
侧隙	侧隙是两个相配齿轮的工作齿面相接触时，在两个非工作齿面之间所形成的间隙，如图 1-25 所示 注：图 1-25 是按最紧中心距位置绘制的，如中心距有所增加，则侧隙也将增大，最大实效齿厚（最小侧隙）由于轮齿各要素偏差的综合影响以及安装的影响，与测量齿厚的值是不相同的，类似于功能齿厚，这是最终包容条件，它包含了所有影响因素，在确定最大实体状态时，必须考虑这些因素 通常，在稳定的工作状态下的侧隙（工作侧隙）与齿轮在静态条件下安装于箱体内所测得的侧隙（装配侧隙）是不相同的（工作侧隙 < 装配侧隙）

（续）

术　语	定　义
圆周侧隙	圆周侧隙 j_{wt}（图 1-26）是，固定两相啮合齿轮中的一个时，另一个齿轮所能转过的节圆弧长的最大值
法向侧隙	法向侧隙 j_{bn}（图 1-26）是，两个齿轮的工作齿面互相接触时，其非工作齿面之间的最短距离。它与圆周侧隙 j_{wt} 的关系按下面的公式表示 $j_{bn}=j_{wt}\cos\alpha_{wt}\cos\beta_{b}$
径向侧隙	将两个相配齿轮的中心距缩小，直到左侧和右侧齿面都接触时，这个缩小的量为径向侧隙 j_r（图 1-26），即 $j_r=\dfrac{j_{wt}}{2\tan\alpha_{wt}}$
最小侧隙	最小侧隙 j_{wtmin} 是节圆上的最小圆周侧隙，即当具有最大允许实效齿厚的轮齿与也具有最大允许实效齿厚相配轮齿相啮合时，在静态条件下和最紧允许中心距时的圆周侧隙（图 1-25） 所谓最紧中心距，对于外齿轮来说是指最小的工作中心距，而对于内齿轮来说是指最大的工作中心距
最大侧隙	最大侧隙 j_{wtmax} 是节圆上的最大圆周侧隙，即当具有最小允许实效齿厚的轮齿与也具有最小允许实效齿厚相配轮齿相啮合时，在静态条件下和最大允许中心距时的圆周侧隙（图 1-25）

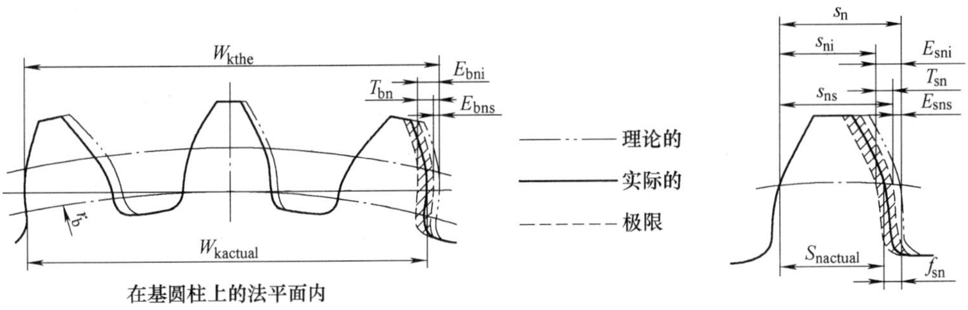

图 1-24　公法线长度和齿厚的允许偏差

W_{kthe}—公法线的最大极限　$W_{kactual}$—实际公法线长度　E_{bni}—公法线下偏差　E_{bns}—公法线上偏差　T_{bn}—公法线公差　s_n—公称齿厚　s_{ni}—齿厚的最小极限　s_{ns}—齿厚的最大极限　$s_{nactual}$—实际齿厚　E_{sni}—齿厚允许的下偏差　E_{sns}—齿厚允许的上偏差　f_{sn}—齿厚偏差　T_{sn}—齿厚公差　$T_{sn}=E_{sns}-E_{sni}$

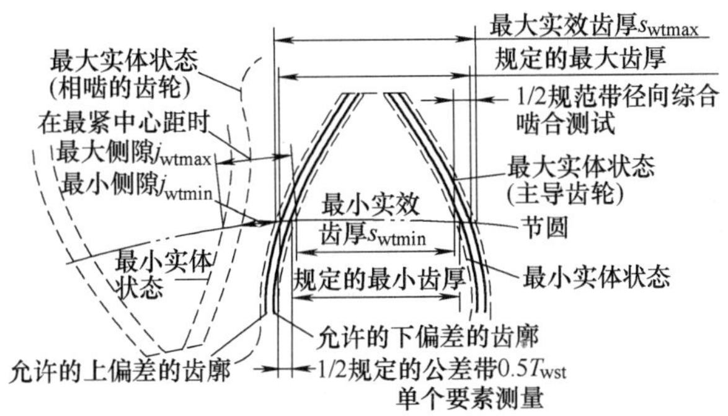

图 1-25　端平面上齿厚

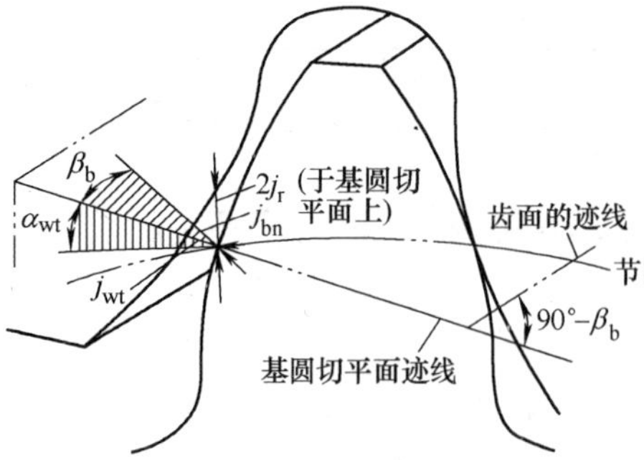

图 1-26　圆周侧隙 j_{wt}、法向侧隙 j_{bn} 与径向侧隙 j_r 之间的关系

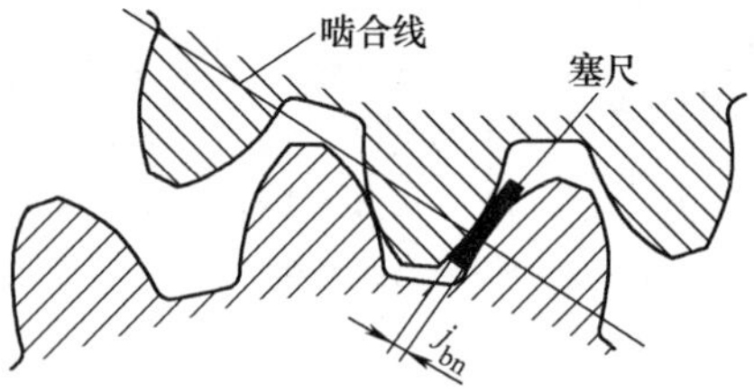

图 1-27　用塞尺测量侧隙（法向平面）

（2）侧隙及其计算　在一对装配好的齿轮副中，侧隙 j 是在两工作齿面接触时，在两非工作齿面间的间隙，它是在节圆上齿槽宽度超过轮齿齿厚的量。侧隙可以在法平面上或沿啮合线（图 1-27）测量，但应在端平面上或啮合平面（基圆切平面）上计算和确定。

侧隙受一对齿轮运行时的中心距以及每个齿轮的实际齿厚所控制。运行时还因速度、温度、载荷等的变化而变化。在静态可测量的条件下，侧隙必须要足够大，以保证在带载荷运行最不利的工作条件下仍有足够的侧隙。

最小侧隙 j_{bnmin} 受下列因素影响：

1）箱体、轴和轴承的偏斜。

2）因箱体的偏差和轴承的间隙导致齿轴线的不对准和歪斜。

3）安装误差，如轴的偏心。

4）轴承径向跳动。

5）温度影响（由箱体与齿轮零件的温差，中心距和材料差异所致）。

6）旋转零件的离心胀大。

7）其他因素，如润滑剂的污染以及非金属齿轮材料的熔胀。

表 1-47 列出了对中、大模数齿轮传动装置推荐的最小法向侧隙 j_{bnmin}。这些传动装置是用黑色金属齿轮和箱体制造的，工作时节圆线速度小于 15m/s，其箱体、轴和轴承都采用常用商业制造公差。

表 1-47　对于中、大模数齿轮传动装置推荐的最小法向侧隙 j_{bnmin}　（单位：mm）

m_n	中心距 a_i					
	50	100	200	400	800	1600
1.5	0.09	0.11	—	—	—	—
2	0.10	0.12	0.15	—	—	—
3	0.12	0.14	0.17	0.24	—	—
5	—	0.18	0.21	0.28	—	—
8	—	0.24	0.27	0.34	0.47	—
12	—	—	0.35	0.42	0.55	—
18	—	—	—	0.54	0.67	0.94

表中的数值，也可用下式计算，即

$$j_{bnmin}=\frac{2}{3}(0.06+0.0005|a_i|+0.03m_n) \tag{1-1}$$

$$j_{bn}=|(E_{sns1}+E_{sns2})|\cos\alpha_n \tag{1-2}$$

如果 $E_{sns1}=E_{sns2}$，则 $j_{bn}=2E_{sns}\cos\alpha_n$，小齿轮和大齿轮的切削深度和根部间隙相等，且重合度为最大。

(3) 齿厚偏差 齿厚偏差是指实际齿厚与公称齿厚之差（对斜齿轮系指法向齿厚）。为了获得齿轮副最小侧隙，必须对齿厚削薄，其最小削薄量（即齿厚上偏差）可以通过计算求得。

1）齿厚上偏差 E_{sns}。齿厚上偏差除了取决于最小侧隙外，还要考虑齿轮和齿轮副的加工和安装误差的影响。例如中心距的下偏差（$-f_a$）、轴线平行度（$f_{\Sigma\beta}$、$f_{\Sigma\delta}$）、基节偏差（f_{pb}）、螺旋线总偏差（F_β）等。

其关系式为

$$E_{sns1} + E_{sns2} = -2f_a \tan\alpha_n - \frac{j_{bnmin} + J_n}{\cos\alpha_n} \qquad (1\text{-}3)$$

式中 J_n——齿轮和齿轮副的加工及安装误差对侧隙减小的补偿量。

$$J_n = \sqrt{f_{pb1}^2 + f_{pb2}^2 + 2F_\beta^2 + (f_{\Sigma\delta}\sin\alpha_n)^2 + (f_{\Sigma\beta}\cos\alpha_n)^2} \qquad (1\text{-}4)$$

求出两个齿轮的齿厚上偏差之和后，便可将此值分配给大齿轮和小齿轮。分配方法有等值分配和不等值分配两种。

等值分配即 $E_{sns1} = E_{sns2}$，则

$$E_{sns} = -f_a \tan\alpha_n - \frac{j_{bnmin} + J_n}{2\cos\alpha_n} \qquad (1\text{-}5)$$

不等值分配可使小齿轮的减薄量小些，大齿轮的减薄量大些，以期使小齿轮的强度和大齿轮的强度匹配。在进行齿轮承载能力计算时，必须验证一下加工后的齿厚是否变薄，如果 $|E_{sns}/m_n| > 0.05$，则在任何情况下都会出现变薄现象。

2）齿厚公差 T_{sn}。齿厚公差的选择，基本上与轮齿的精度无关。在很多应用场合，允许用较松的齿厚公差或工作侧隙。这样做不会影响齿轮的性能和承载能力，却可以获得较低的制造成本。除非十分必要，不应选择很严格的齿厚公差。如果出于工作运行的原因必须控制最大侧隙时，则需对各影响因素仔细研究，对有关齿轮的精度等级、中心距公差和测量方法予以仔细地规定。

设计者在无经验的情况下可参考式（1-6）来计算齿厚公差：

$$T_{sn} = \left(\sqrt{F_r^2 + b_r^2}\right) \times 2\tan\alpha_n \qquad (1\text{-}6)$$

式中 F_r——径向跳动公差；

b_r——切齿径向进刀公差，可按表 1-48 选用。

表 1-48 切齿径向进刀公差 b_r

齿轮精度等级	4	5	6	7	8	9
b_r	1.26IT7	IT8	1.26IT8	IT9	1.26IT9	IT10

3）齿厚下偏差 E_{sni}。齿厚下偏差等于齿厚上偏差减去齿厚公差，即

$$E_{sni} = E_{sns} - T_{sn} \qquad (1\text{-}7)$$

4）齿厚偏差代用项目。

① 公法线长度偏差。当齿厚有减薄量时，公法线长度也变小。因此，齿厚偏差也可用公法线长度偏差 E_{bn} 代替。

公法线长度偏差是指公法线的实际长度与公称长度之差。GB/Z 18620.2—2008 给出了齿厚极限偏差与公法线长度极限偏差的关系式。

公法线长度上偏差：

$$E_{bns} = E_{sns}\cos\alpha_n \qquad (1\text{-}8)$$

公法线长度下偏差：

$$E_{bni} = E_{sni}\cos\alpha_n \qquad (1\text{-}9)$$

公法线测量对内齿轮是不适用的。另外对于斜齿轮来说，公法线测量受齿轮齿宽的限制，只有满足下式条件时才可能进行：

$$b > 1.015W_k \sin\beta_b \tag{1-10}$$

② 跨球（圆柱）尺寸偏差。当斜齿轮的齿宽太窄或内齿轮不允许作公法线测量时，可以用间接检验齿厚的方法，即把两个球或圆柱（销子）置于尽可能在直径上相对的齿槽内（图1-28），然后测量跨球（圆柱）尺寸。

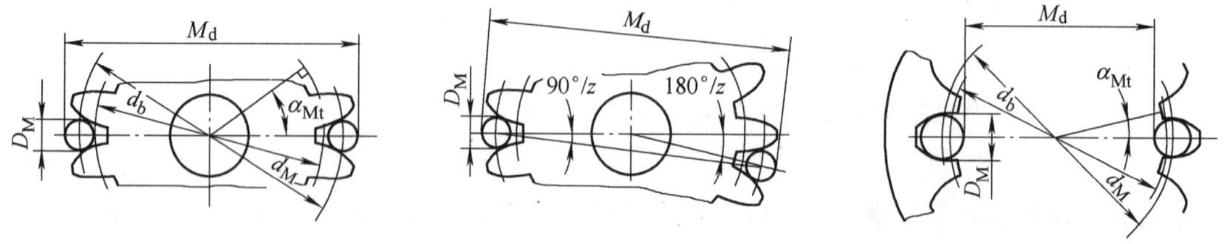

图1-28　直齿轮的跨球（圆柱）尺寸 M_d

GB/Z 18620.2—2008给出了齿厚极限偏差与跨球（圆柱）尺寸极限偏差的关系式。

偶数齿时：

跨球（圆柱）尺寸上偏差：

$$E_{yns} \approx E_{sns}\frac{\cos\alpha_t}{\sin\alpha_{Mi}\cos\beta_b} \tag{1-11}$$

跨球（圆柱）尺寸下偏差：

$$E_{yni} \approx E_{sni}\frac{\cos\alpha_t}{\sin\alpha_{Mi}\cos\beta_b} \tag{1-12}$$

奇数齿时：

跨球（圆柱）尺寸上偏差：

$$E_{yns} \approx E_{sns}\frac{\cos\alpha_t}{\sin\alpha_{Mi}\cos\beta_b}\cos\left(\frac{90°}{z}\right) \tag{1-13}$$

跨球（圆柱）尺寸下偏差：

$$E_{yni} \approx E_{sni}\frac{\cos\alpha_t}{\sin\alpha_{Mi}\cos\beta_b}\cos\left(\frac{90°}{z}\right) \tag{1-14}$$

式中　α_{Mi}——工作端面压力角。

10. 新旧标准的差异（表1-49）

表1-49　新旧标准的差异

序号	新标准	旧标准
1	组成	
	GB/T 10095.1—2008、GB/T 10095.2—2008 GB/Z 18620.1—2008、GB/Z 18620.2—2008 GB/Z 18620.3—2008、GB/Z 18620.4—2008	GB 10095—1988
2	采用ISO标准程度	
	等效采用ISO 20世纪90年代标准	等效采用ISO 1328：1975
3	适用范围	

（续）

序　号	新 标 准	旧 标 准
3	基本齿廓符合 GB/T 1356—2001 规定的单个渐开线圆柱齿轮： GB/T 10095.1—2008 对 $m_n \geqslant 0.5 \sim 70\text{mm}$、$d \geqslant 5 \sim 10000\text{mm}$、$b \geqslant 4 \sim 1000\text{mm}$ 的齿轮规定了公差 GB/T 10095.2—2008 对 $m_n \geqslant 0.2 \sim 10\text{mm}$、$d \geqslant 5 \sim 1000\text{mm}$ 的齿轮规定了公差	基本齿廓符合 GB/T 1356—1988 规定的平行轴传动的渐开线圆柱齿轮及齿轮副： 对 $m_n \geqslant 1 \sim 40\text{mm}$、$d \leqslant 4000\text{mm}$、$b \leqslant 630\text{mm}$ 的齿轮规定了公差
4	偏差项目及代号	
4.1	单个齿距偏差　f_{pt} $\pm f_{pt}$	齿距偏差　Δf_{pt} 齿距极限偏差　$\pm f_{pt}$
4.2	齿距累积偏差　F_{pk}	k 个齿距累积误差　ΔF_{pk} k 个齿距累积公差　F_{pk}
4.3	齿距累积总偏差　F_p	齿距累积误差　ΔF_p 齿距累积公差　F_p
4.4	齿廓总偏差　F_α	齿形误差　Δf_f 齿形公差　f_f
4.5	齿廓形状偏差　$f_{f\alpha}$	
4.6	齿廓倾斜偏差　$f_{H\alpha}$ $\pm f_{H\alpha}$	
4.7	螺旋线总偏差　F_β	齿向误差　ΔF_β 齿向公差　F_β
4.8	螺旋线形状偏差　$f_{f\beta}$	
4.9	螺旋线倾斜偏差　$f_{H\beta}$ $\pm f_{H\beta}$	
4.10	切向综合总偏差　F'_i	切向综合误差　$\Delta F'_i$ 切向综合公差　F'_i
4.11	一齿切向综合偏差　f'_i	一齿切向综合误差　$\Delta f'_i$ 一齿切向综合公差　f'_i
4.12	径向综合总偏差　F''_i	径向综合误差　$\Delta F''_i$ 径向综合公差　F''_i
4.13	一齿径向综合偏差　f''_i	一齿径向综合误差　$\Delta f''_i$ 一齿径向综合公差　f''_i
4.14	径向跳动　F_r 径向跳动公差　F_r	齿圈径向跳动　ΔF_r 齿圈径向跳动公差　F_r
4.15		基节偏差　Δf_{pb} 基节极限偏差　$\pm f_{pb}$
4.16		公法线长度变动　ΔF_w 公法线长度变动公差　F_w
4.17		接触线误差　ΔF_b 接触线公差　F_b
4.18		轴向齿距偏差　ΔF_{px} 轴向齿距极限偏差　$\pm F_{px}$
4.19		螺旋线波度误差　$\Delta f_{f\beta}$ 螺旋线波度公差　$f_{f\beta}$

（续）

序　号	新 标 准	旧 标 准
4.20	齿厚偏差　E_{sn} 齿厚上偏差　E_{sns} 齿厚下偏差　E_{sni} 齿厚公差 T_{sn} （见 GB/Z 18620.2—2008，未推荐数值）	齿厚偏差　ΔE_s 齿厚上偏差　E_{ss} 齿厚下偏差　E_{si} 齿厚公差 T_s （规定了 14 个字代号）
4.21	公法线长度偏差　E_{bn} 公法线长度上偏差　E_{bns} $E_{bns} = E_{sns}\cos\alpha$ 公法线长度下偏差　E_{bni} $E_{bni} = E_{sni}\cos\alpha$ 公法线长度公差　T_{bn} $T_{bn} = T_{sn}\cos\alpha$ （见 GB/Z 18620.2—2008）	公法线平均长度偏差　ΔE_{wm} 公法线平均长度上偏差　E_{wms} $E_{wms} = E_{ss}\cos\alpha - 0.72F_r\sin\alpha$ 公法线平均长度下偏差　E_{wmi} $E_{wmi} = E_{si}\cos\alpha + 0.72F_r\sin\alpha$ 公法线长度公差　T_{wm} $T_{wm} = T_s\cos\alpha - 1.44F_r\sin\alpha$
4.22	传动总偏差 F' （仅有代号，见 GB/Z 18620.1—2008）	齿轮副的切向综合误差　$\Delta F'_{ic}$ 齿轮副的切向综合公差　F'_{ic}
4.23	一齿传动偏差 f' （仅有代号，见 GB/Z 18620.1—2008）	齿轮副的一齿切向综合误差　$\Delta f'_{ic}$ 齿轮副的一齿切向综合公差　f'_{ic}
4.24	轮齿接触斑点（见 GB/Z 18620.4—2008）	齿轮副的接触斑点
4.25	侧隙　j	齿轮副的侧隙
4.25.1	圆周侧隙　j_{wt} 最小圆周侧隙　j_{wtmin} 最大圆周侧隙　j_{wtmax}	圆周侧隙　j_t 最小圆周侧隙　j_{tmin} 最大圆周侧隙　j_{tmax}
4.25.2	法向侧隙　j_{bn} 最小法向侧隙　j_{bnmin} 最大法向侧隙　j_{bnmax} （GB/Z 18620.2—2008 推荐了 j_{bnmin} 计算式及数值表）	法向侧隙　j_n 最小法向侧隙　j_{nmin} 最大法向侧隙　j_{nmax} （j_{nmin} 由设计者确定）
4.25.3	径向侧隙　j_r	
4.26	中心距偏差 （见 GB/Z 18620.3—2008，没有推荐极限偏差数值，仅有说明）	齿轮副的中心距偏差　Δf_a 齿轮副的中心距极限偏差　$\pm f_a$
4.27	轴线平行度（见 GB/Z 18620.3—2008）	轴线的平行度误差
4.27.1	轴线平面内的偏差　$f_{\Sigma\delta}$ 推荐的最大值：$f_{\Sigma\delta} = \left(\frac{L}{b}\right)F_\beta$	x 方向的轴线的平行度误差　Δf_x x 方向的轴线的平行度公差　$f_x = F_\beta$
4.27.2	垂直平面上的偏差　$f_{\Sigma\beta}$ 推荐的最大值：$f_{\Sigma\beta} = 0.5\left(\frac{L}{b}\right)F_\beta$	y 方向的轴线的平行度误差　Δf_y y 方向的轴线的平行度公差　$f_y = 0.5F_\beta$
5	精度等级	

（续）

序 号	新 标 准	旧 标 准
5	GB/T 10095.1—2008 对单个齿轮轮齿同侧齿面偏差规定了从 0 ~ 12 级共 13 个精度等级 GB/T 10095.2—2008 对单个齿轮的径向综合偏差规定了从 4 ~ 12 级共 9 个精度等级；对径向跳动规定了从 0 ~ 12 级共 13 个精度等级 GB/T 10095.1—2008 规定：按协议，对工作和非工作齿面可规定不同的精度等级，或对不同的偏差项目规定不同的精度等级。另外，也可仅对工作齿面规定所要求的精度等级，对各项偏差的测量位置、点数及仪器的重复精度作了规定	对齿轮和齿轮副规定了从 1 ~ 12 级共 12 个精度等级 齿轮的各项公差和极限偏差分成三个公差组 根据使用要求的不同，允许各公差组选用不同的精度等级，但在同一公差组内，各项公差与极限偏差应保持相同的精度等级
6	齿轮坯	
	GB/T 18620.3—2008 推荐了齿轮坯的基准与安装面的几何公差，以及安装面的跳动公差	在附录中，补充规定了齿坯公差
7	齿轮检验与公差	
7.1	齿轮检验	
	GB/T 10095.1—2008 规定：F_i'、f_i'、$f_{f\alpha}$、$f_{H\alpha}$、$f_{f\beta}$、$f_{H\beta}$不是必检项目 GB/T 18620.1—2008 规定：在检验中，测量全部轮齿要素的偏差既没有必要也不经济	根据齿轮副的使用要求和生产规模，在各公差组中，选定检验组来检定和验收齿轮精度
7.2	齿轮公差 F_i'、f_i'、$\pm F_{pk}$按公差关系式或计算式求出，其他项目均给出了公差表	F_i'、f_i'、$f_{f\beta}$、F_{px}、F_b、F_{ic}'、f_{ic}'按公差关系式或计算式求出，其他项目均给出了公差表
7.3	尺寸参数分段 模数 m_n 0.5/2/3.5/6/10/16/25/40/70 （F_i''，f_i''）0.2/0.5/0.8/1.0/1.5/2.5/4/6/10 分度圆直径 d 5/20/50/125/280/560/1000/1600/2500/4000/6000/8000/10000 齿宽 b 4/10/20/40/80/160/250/400/560/1000	1/3.5/6.3/10/16/25/40 ≤ 125/400/800/1600/2500/4000 ≤ 40/100/160/250/400/630
7.4	级间公比 φ 各精度等级采用相同的公比	高精度等级采用较大的级间公比 低精度等级来用较小的级间公比
8	表面结构	
	GB/T 18620.4—2008 对轮齿表面粗糙度推荐了 Ra、Rz 数表	
9	图样标注	
	在齿轮零件图上应标注齿轮的精度等级和齿厚极限偏差	在齿轮零件图上应标注齿轮的精度等级和齿厚极限偏差的字母代号

1.3.7 圆弧齿轮的模数系列

GB/T 1840—1989 规定了适用于单圆弧和双圆弧齿轮的模数系列（表 1-50），表中的模数是指法向模数，选用时应优先采用第一系列。

表 1-50　圆弧齿轮模数系列（根据 GB/T 1840—1989）　　（单位：μm）

第一系列	第二系列	第一系列	第二系列	第一系列	第二系列	第一系列	第二系列
1.5		4		10		25	
2			4.5	12			28
	2.25	5			14	32	
2.5			5.5	16			36
	2.75	6			18	40	
3			7	20			45
	3.5	8			22	50	
			9				

1.3.8　圆弧齿轮的精度组合与选择

1. 圆弧齿轮精度等级和传动侧隙

本节内容主要摘自 GB/T 15753—1995《圆弧圆柱齿轮精度》。此标准适用于平行轴传动的圆弧齿轮及其齿轮副，齿轮的基本齿廓符合 GB 12759—1991 和 JB 929—1967 的规定，齿轮模数符合 GB/T 1840—1989 的规定，法向模数等于 1.5～40mm，分度圆直径≤4000mm，有效齿宽≤630mm。对法向模数、分度圆直径和有效齿宽超出此限制的，可参照极限偏差及公差与几何关系式计算得出。对不是 GB 12759—1991 和 JB 929—1967 齿廓的圆弧齿轮设计，可参照、套用此标准的相应数据。

圆弧齿轮和齿轮副的精度等级从高到低分为五个（4 级，5 级，6 级，7 级，8 级）。按照误差的特性及它们对传动性能的主要影响，将圆弧齿轮的各项公差和极限偏差分为三个组（Ⅰ、Ⅱ、Ⅲ公差组）。根据使用的要求不同，允许各公差组选用不同的精度等级；但在同一公差组内，各项公差与极限偏差应取相同的精度等级。

圆弧齿轮传动的侧隙由基准齿形决定（表 1-15 和表 1-17），不能依靠加工时刀具的径向变位和改变中心距的偏差来获得各种侧隙的配合。若对齿轮副的侧隙有特殊要求，可设计专用滚刀或在加工时用滚刀切向移位来改变侧隙。对齿轮副的侧隙无特殊要求时，可不检查侧隙数据，只要求齿轮副能灵活转动即可。

2. 齿轮、齿轮副误差及侧隙的定义和代号

齿轮、齿轮副误差及侧隙的定义和代号见表 1-51。本节的定义和代号与渐开线齿轮的相关部分大致相同，故在定义图形中只列出与渐开线齿轮不同的图形，如弦齿深偏差、齿根圆直径偏差、齿轮副的接触迹线、齿轮副接触斑点等。

表 1-51　齿轮、齿轮副误差及侧隙的定义和代号（摘自 GB/T 15753—1995）

序号	名　称	代号	定　义
1	切向综合误差 切向综合公差	$\Delta F_i'$ F_i'	被测齿轮与理想精确的测量齿轮单面啮合时，在被测齿轮一转内，实际转角与公称转角之差的总幅度值以分度圆弧长计值
2	一齿切向综合误差 一齿切向综合公差	$\Delta f_i'$ f_i'	被测齿轮与理想精确的测量齿轮单面啮合时，在被测齿轮一齿距角内，实际转角与公称转角之差的最大幅度值 以分度圆弧长计值
3	齿距累积误差 k 个齿距累积误差 齿距累积公差 k 个齿距累积公差	ΔF_p ΔF_{pk} F_p F_{pk}	在检查圆①上任意两个同侧齿面间的实际弧长与公称弧长之差的最大值 在检查圆上，k 个齿距的实际弧长与公称弧长之差的最大值，k 为 2 到小于 $\frac{z}{2}$ 的整数

（续）

序号	名称	代号	定义
4	齿圈径向跳动 齿圈径向跳动公差	ΔF_r F_r	在齿轮一转范围内，测头在齿槽内，与凸齿或凹齿中部双面接触，测头相对于齿轮轴线的最大变动量
5	公法线长度变动 公法线长度变动公差	ΔF_w F_w	在齿轮一转范围内，实际公法线长度最大值与最小值之差 $\Delta F_w = W_{max} - W_{min}$
6	齿距偏差 齿距极限偏差	Δf_{pt} $\pm f_{pt}$	在检查圆上，实际齿距与公称齿距之差 采用相对测量法时，公称齿距是指所有实际齿距的平均值
7	齿向误差 一个轴向齿距内的齿向偏差 齿向公差 一个轴向齿距内的齿向公差	ΔF_β Δf_β F_β f_β	在检查圆柱上，在有效齿宽范围内（端部倒角部分除外），包容实际齿向线的两条最近的设计齿线之间的端面距离 在有效齿宽中，任一轴向齿距范围内，包容实际齿线的两条最近的设计齿线之间的端面距离 设计齿线可以是修正的圆柱螺旋线，包括齿端修薄及其修形曲线 齿宽两端的齿向误差只允许逐渐偏向齿体内
8	螺旋线波度误差 螺旋线波度公差	$\Delta f_{f\beta}$ $f_{f\beta}$	在有效齿宽范围内，凸齿或凹齿中部实际齿线波纹的最大波幅 沿齿面法线方向计值
9	轴向齿距偏差 一个轴向齿距偏差 轴向齿距极限偏差 一个轴向齿距极限偏差	ΔF_{px} Δf_{px} $\pm F_{px}$ $\pm f_{px}$	在有效齿宽内，与齿轮基准轴线平行而大约通过凸齿或凹齿中部的一条直线上，任意两个同侧齿面间的实际距离与公称距离之差 沿齿面法线方向计值 在有效齿宽范围内，与齿轮基准轴线平行而大约通过凸齿或凹齿中部的一条直线上，任一轴向齿距内，两个同侧齿面间的实际距离与公称距离之差 沿齿面法线方向计值
10	弦齿深偏差 弦齿深极限偏差	ΔE_h $\pm E_h$	在齿轮一周内，实际弦齿深减去实际外圆直径偏差后与公称弦齿深之差 在法面中测量
11	齿根圆直径偏差 齿根圆直径极限偏差	ΔE_{df} $\pm E_{df}$	齿根圆直径实际尺寸和公称尺寸之差，对于奇数齿可用齿根圆斜径代替
12	齿厚偏差 齿厚极限偏差 上偏差 下偏差 公差	ΔE_s E_{ss} E_{si} T_s	接触点所在圆柱面上，法向齿厚实际值与公称值之差
13	公法线长度偏差 公法线长度极限偏差 上偏差 下偏差 公差	ΔE_w E_{ws} E_{wi} T_w	在齿轮一周内，公法线实际长度值与公称值之差
14	齿轮副的切向综合误差 齿轮副的切向综合误差	$\Delta F'_{ic}$ F'_{ic}	在设计中心距下安装好的齿轮副，在啮合转动足够多的转数内，一个齿轮相对于另一个齿轮的实际转角与公称转角之差的总幅度值 以分度圆弧长计值

（续）

序号	名　　称	代号	定　　义
15	齿轮副的一齿切向综合误差 齿轮副的一齿切向综合公差	$\Delta f'_{ic}$ f'_{ic}	安装好的齿轮副，在啮合足够多的转数内，一个齿轮相对于另一个齿轮的一个齿距的实际转角与公称转角之差的最大幅度值 以分度圆弧长计值
16	接触迹线位置偏差 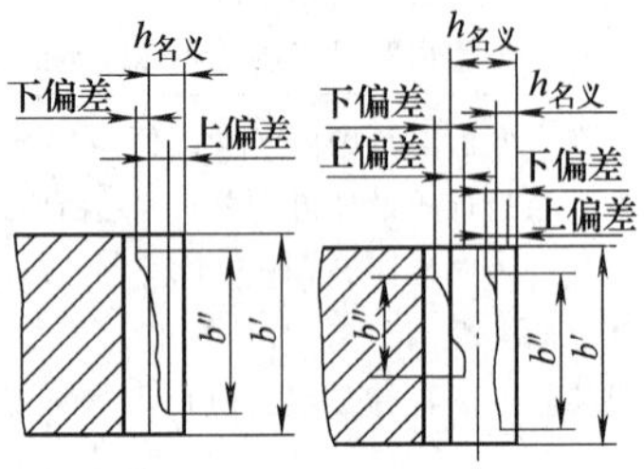 接触迹线沿齿宽分布的长度		装配好的齿轮副，在磨合之前进行着色检验，在轻微制动下，齿面实际接触迹线偏离名义接触迹线的高度 对双圆弧齿轮 凸齿：$h_{名义}=0.355m_n$　凹齿：$h_{名义}=1.445m_n$ 对单圆弧齿轮 凸齿：$h_{名义}=0.45m_n$　凹齿：$h_{名义}=0.75m_n$ 沿齿长方向，接触迹线的长度 b''与工作长度 b' ②之比，即 $\frac{b''}{b'}\times 100\%$
17	齿轮副的接触斑点 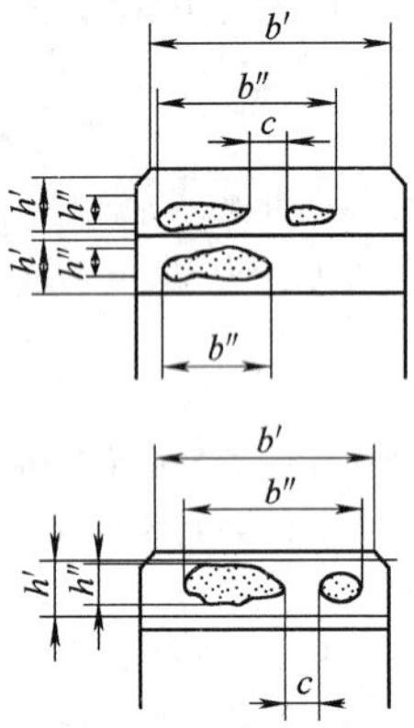 		装配好的齿轮副，经空载检验，在名义接触迹线位置附近齿面上的接触擦亮痕迹 接触痕迹的大小在齿面展开图上用百分数计算 沿齿长方向：接触痕迹的长度 b''（扣除超过模数值的断开部分 c）与工作长度 b'之比的百分数，即 $\frac{b''-c}{b'}\times 100\%$ 沿齿高方向：接触痕迹的平均高度 h''与工作高度 h'之比的百分数，即 $\frac{h''}{h'}\times 100\%$
18	齿轮副的侧隙 圆周侧隙 法向侧隙 最大极限侧隙 最小极限侧隙	j_t j_n j_{tmax} j_{nmax} j_{tmin} j_{nmin}	装配好的齿轮副，当一个齿轮固定时，另一个齿轮的圆周晃动量 以接触点所在圆的弧长计值 装配好的齿轮副，当工作齿面接触时，非工作齿面之间的最小距离
19	齿轮副的中心距偏差 齿轮副的中心距极限偏差	Δf_a $\pm f_a$	在齿轮副的齿宽中间平面内，实际中心距与公称中心距之差
20	轴线的平行度误差 x 方向轴线的平行度误差 y 方向轴线的平行度误差 x 方向轴线的平行度公差 y 方向轴线的平行度公差	Δf_x Δf_y f_x f_y	一对齿轮的轴线在其基准平面 H 上投影的平行度误差 在等于齿宽的长度上测量 一对齿轮的轴线，在垂直于基准平面并且平行于基准轴线的平面 V 上投影的平行度误差 在等于齿宽的长度上测量 包含基轴线，并通过由另一轴线与齿宽中间平面相交的点所形成的平面，称为基准平面；两条轴线中任何一条轴线都可作为基准轴线

① 检查圆是指凸齿或凹齿中部与分度圆同心的圆。

② 工作长度 b'是指全齿长扣除小齿轮两端修薄长度。

3. 圆弧齿轮各项精度指标的分组和选用

圆弧齿轮公差分组及推荐检验组项目见表 1-52。

选择圆弧齿轮副各级精度时可根据圆弧齿轮传动的工作情况和圆周速度由表 1-53 查出。

表 1-52 圆弧齿轮公差分组及推荐检验组项目（参照 GB/T 15753—1995）

公差组	公差与极限偏差项目	误差特性及其影响	推荐的检查项目及说明
Ⅰ	F_i'；F_p（F_{pk}）；F_r，F_w	以齿轮一转为周期的误差；主要影响传递运动的准确性和低频的振动、噪声	F_i'目前尚无圆弧齿轮专用量仪 F_p（F_{pk}）推荐用 F_p，F_{pk}仅在必要时加检 F_r 和 F_w 用于低精度齿轮，当其中一项超差时，应按规定验收
Ⅱ	f_i'，f_{pt}，f_β（f_{px}）；$f_{f\beta}$	在齿轮一周内，多次周期性重复出现的误差，影响传动的平稳性和产生高频的振动、噪声	f_i'目前尚无圆弧齿轮专用量仪 推荐用f_{pt}与f_β（或f_{px}），对 6 级或高于 6 级的齿轮，检验f_{pt}时，推荐加检$f_{f\beta}$
Ⅲ	F_β，F_{px}，E_{df}，E_h（E_w，E_s）	齿向误差、轴向齿距偏差，主要影响载荷沿齿向分布的均匀性 齿形的径向位位置误差，影响齿高方向的接触部位和承载能力	推荐用 F_β 与 E_{df}（或 E_h），或用 F_{px}与 E_{df}（或 E_h），必要时加检 E_w 和 E_s
齿轮副	F_{ic}'，f_{ic}' 接触迹线位置偏差、接触斑点及齿侧间隙	综合性误差，影响工作平稳性和承载能力 接触迹线位置偏差和接触斑点是圆弧齿轮传动的重要检查项目	可用传动误差测量仪检查 F_{ic}'和f_{ic}' 磨合前必须检查接触迹线位置和侧隙，合格后进行磨合；磨合后检查接触斑点

表 1-53 圆弧齿轮的精度等级选用表

精度等级	加工方法	工作情况	圆周速度 /（m/s）
4 级（超精密级）	理想级别，目前尚无成熟的加工方法	要求传动很平稳、振动和噪声很小的齿轮，如大功率高速齿轮、标准齿轮等	> 120
5 级（精密级）	用高精度滚刀在周期误差较小的高精度滚齿机上滚齿，装配后进行研磨磨合	要求传动很平稳、振动和噪声小、速度高及齿面负荷系数大的齿轮，如高速透平齿轮等	≤ 120
6 级（高精度级）	在精密滚齿机上用高精度滚刀滚齿；在表面硬化处理后，进行刮削或齿面珩齿，装配后进行研磨磨合	要求工作平稳、振动和噪声较小、速度较高及齿面负荷系数较大的齿轮，如透平齿轮、鼓风机齿轮、航空齿轮等	≤ 100
7 级（较高精度级）	用较高精度滚刀在较高精度的滚齿机上滚齿，齿面硬化处理后，进行刮削或齿面珩齿，装配后进行研磨磨合	速度较高的中等负荷齿轮或中等速度的重载齿轮，如船用齿轮、提升机齿轮、轧机齿轮等	≤ 25
8 级（普通精度级）	在普通滚齿机上用滚刀滚齿	一般用途的齿轮，如起重机齿轮、抽油机齿轮和标准减速器齿轮等	≤ 10

目前对硬齿面圆弧齿轮可采用高精度硬质合金滚刀刮削、软砂轮（PVC 砂轮）珩齿、研磨膏磨合研齿（磨合后必须清洗干净）等手段得到。

为了加速磨合，可采用研磨磨合、电火花磨合或在齿面保证不胶合的情况下，采用低速加载、低粘度润滑的分级快速磨合等。

尽管圆弧齿轮副的磨合可以弥补一些加工误差，但效果是有限的，故在加工时要尽量保证加工精度，不能把磨合作为提高精度的必要手段。

4. 各检验项目的公差数值

圆弧齿轮精度标准的公差值与渐开线齿轮标准的公差值有许多相同之处，请参见前面章节渐开线齿轮精度标准中相应的公差值或查 GB/T 15753—1995。其余检查项目的公差值见表 1-54 ~ 表 1-65。

表 1-54　齿坯公差

齿轮精度等级①		4	5	6	7	8
孔	尺寸公差 形状公差	IT4	IT5	IT6	IT7	
轴	尺寸公差 形状公差	IT4	IT5		IT6	
顶圆直径②		IT6		IT7		

① 当三个公差组的精度等级不同时，按最高的精度等级确定公差值。

② 当顶圆不作测量齿深和齿厚的基准时，尺寸公差按 IT11 给足，但不大于 $0.1m_n$。

表 1-55　齿坯基准面径向和轴向圆跳动公差①　（单位：μm）

分度圆直径/mm		精度等级		
大于	到	4	5 和 6	7 和 8
—	125	7	11	18
125	400	9	14	22
400	800	12	20	32
800	1600	18	28	45
1600	2500	25	40	63
2500	4000	40	63	100

① 当以顶圆作基准面时，表 1-55 就指顶圆的径向圆跳动。

表 1-56　齿距累积公差 F_p 及 k 个齿距累积公差 F_{pk}　（单位：μm）

精度等级	L /mm						
	≤ 32	> 32 ~ 50	> 50 ~ 80	> 80 ~ 160	> 160 ~ 315	> 315 ~ 630	> 630 ~ 1000
4	8	9	10	12	18	25	32
5	12	14	16	20	28	40	50
6	20	22	25	32	45	63	80
7	28	32	36	45	63	90	112
8	40	45	50	63	90	125	160

精度等级	L /mm					
	> 1000 ~ 1600	> 1600 ~ 2500	> 2500 ~ 3150	> 3150 ~ 4000	> 4000 ~ 5000	> 5000 ~ 7200
4	40	45	56	63	71	80
5	63	71	90	100	112	125
6	100	112	140	160	180	200
7	140	160	200	224	250	280
8	200	224	280	315	355	400

注：1. F_p 和 F_{pk} 按分度圆弧长 L 查表。查 F_p 时，取 $L=\frac{1}{2}\pi d=\frac{\pi m_n z}{2\cos\beta}$；查 F_{pk} 时，取 $L=\frac{k\pi m_n}{\cos\beta}$（$k$ 为 2 到小于 $z/2$ 的整数）。

2. 除特殊情况外，对 k 值规定取为小于 $z/6$ 或 $z/8$ 的最大整数。

表 1-57 齿圈径向跳动公差 F_r 值 (单位：μm)

分度圆直径/mm		法向模数/mm	精度等级				
大于	到		4	5	6	7	8
—	125	1.5～3.5	9	14	22	36	50
		>3.5～6.3	11	16	28	45	63
		>6.3～10	13	20	32	50	71
		>10～16	—	22	36	56	80
125	400	1.5～3.5	10	16	25	40	56
		>3.5～6.3	13	18	32	50	71
		>6.3～10	14	22	36	56	80
		>10～16	16	25	40	63	90
		>16～25	20	32	50	80	112
400	800	1.5～3.5	11	18	28	45	63
		>3.5～6.3	13	20	32	50	71
		>6.3～10	14	22	36	56	80
		>10～16	18	28	45	71	100
		>16～25	22	36	56	90	125
		>25～40	28	45	71	112	160
800	1600	>3.5～6.3	14	22	36	56	80
		>6.3～10	16	25	40	63	90
		>10～16	18	28	45	71	100
		>16～25	22	36	56	90	125
		>25～40	28	45	71	112	160
1600	2500	>6.3～10	18	28	45	71	100
		>10～16	20	32	50	80	112
		>16～25	25	40	63	100	140
		>25～40	32	50	80	125	180
2500	4000	>10～16	22	36	56	90	125
		>16～25	25	40	63	100	140
		>25～40	32	50	80	125	180

表 1-58 公法线长度变动公差 F_w (单位：μm)

精度等级	分度圆直径/mm					
	≤125	>125～400	>400～800	>800～1600	>1600～2500	>2500～4000
4	8	10	12	16	18	25
5	12	16	20	25	28	40
6	20	25	32	40	45	63
7	28	36	45	56	71	90
8	40	50	63	80	100	125

表 1-59 齿距极限偏差 f_{pt} 值 (单位：μm)

分度圆直径/mm		法向模数/mm	精度等级				
大于	到		4	5	6	7	8
—	125	2～3.5	4	6	10	14	20
		>3.5～6.3	5	8	13	18	25
		>6.3～10	5.5	9	14	20	28
		>10～16	—	10	16	22	32

（续）

分度圆直径/mm		法向模数/mm	精度等级				
大于	到		4	5	6	7	8
125	400	2 ~ 3.5	4.5	7	11	16	22
		> 3.5 ~ 6.3	5.5	9	14	20	28
		> 6.3 ~ 10	6	10	16	22	32
		> 10 ~ 16	7	11	18	25	36
		> 16 ~ 25	9	14	22	32	45
400	800	2 ~ 3.5	5	8	13	18	25
		> 3.5 ~ 6.3	5.5	9	14	20	28
		> 6.3 ~ 10	7	10	18	25	36
		> 10 ~ 16	8	11	20	28	40
		> 16 ~ 25	10	13	25	36	50
		> 25 ~ 40	13	16	32	—	63
800	1600	> 3.5 ~ 6.3	6	10	16	22	32
		> 6.3 ~ 10	7	11	18	25	36
		> 10 ~ 16	8	13	20	28	40
		> 16 ~ 25	10	16	25	36	50
		> 25 ~ 40	13	20	32	45	63
1600	2500	> 6.3 ~ 10	8	13	20	28	40
		> 10 ~ 16	9	14	22	32	45
		> 16 ~ 25	11	18	28	40	56
		> 25 ~ 40	14	22	36	50	71
2500	4000	> 10 ~ 16	10	16	25	36	50
		> 16 ~ 25	11	18	28	40	56
		> 25 ~ 40	14	22	36	50	71

表 1-60　齿向公差 F_β（一个轴向齿距内齿向公差 f_β）　（单位：μm）

精度等级	齿轮宽度（轴向齿距）/mm					
	≤ 40	> 40 ~ 100	> 100 ~ 160	> 160 ~ 250	> 250 ~ 400	> 400 ~ 630
4	5.5	8	10	12	14	17
5	7	10	12	16	18	22
6	9	12	16	19	24	28
7	11	16	20	24	28	34
8	18	25	32	38	45	55

注：一个轴向齿距内齿向公差按轴向齿距查表。

表 1-61　轴线平行度公差

x 方向轴线的平行度公差 $f_x = F_\beta$	F_β 的取值见表 1-60
y 方向轴线的平行度公差 $f_y = \frac{1}{2}F_\beta$	

表 1-62　弦齿深极限偏差 E_h　（单位：μm）

分度圆直径/mm		法向模数/	精度等级		
大于	到	mm	4	5，6	7，8
—	50	1.5～3.5	10	12	15
		>3.5～6.3	12	15	19
50	80	1.5～3.5	11	14	17
		>3.5～6.3	13	16	20
		>6.3～10	15	19	24
80	120	1.5～3.5	12	15	18
		>3.5～6.3	14	18	21
		>6.3～10	17	21	26
		>10～16	—	—	32
120	200	1.5～3.5	13	16	21
		>3.5～6.3	15	19	23
		>6.3～10	18	23	27
		>10～16	—	—	34
		>16～32	—	—	49
200	320	1.5～3.5	15	18	23
		>3.5～6.3	17	21	26
		>6.3～10	21	24	30
		>10～16	—	—	36
		>16～32	—	—	53
320	500	1.5～3.5	17	21	24
		>3.5～6.3	18	23	27
		>6.3～10	21	26	32
		>10～16	—	—	38

分度圆直径/mm		法向模数/	精度等级		
大于	到	mm	4	5，6	7，8
320	500	>16～32	—	—	57
500	800	1.5～3.5	18	23	—
		>3.5～6.3	21	26	30
		>6.3～10	23	28	34
		>10～16	—	—	42
		>16～32	—	—	57
800	1250	>3.5～6.3	—	—	34
		>6.3～10	23	28	38
		>10～16	25	31	45
		>16～32	—	—	60
1250	2000	>3.5～6.3	25	31	38
		>6.3～10	27	34	42
		>10～16	—	—	49
		>16～32	—	—	68
2000	3150	>3.5～6.3	27	34	—
		>6.3～10	30	38	45
		>10～16	—	—	53
		>16～32	—	—	68
3150	4000	>3.5～6.3	30	38	—
		>6.3～10	36	45	49
		>10～16	—	—	57
		>16～32	—	—	75

注：对单圆弧齿轮，弦齿深极限偏差取 $\pm E_h/0.75$。

表 1-63　齿根圆直径极限偏差 $\pm E_{df}$　（单位：μm）

分度圆直径/mm		法向模数/	精度等级		
大于	到	mm	4	5，6	7，8
—	50	1.5～3.5	15	19	23
		>3.5～6.3	19	24	30
50	80	1.5～3.5	17	21	26
		>3.5～6.3	21	26	33
		>6.3～10	27	34	42
80	120	1.5～3.5	19	24	29
		>3.5～6.3	23	28	36
		>6.3～10	29	36	45
		>10～16	—	—	57
120	200	1.5～3.5	22	27	33
		>3.5～6.3	26	32	38
		>6.3～10	32	39	49
		>10～16	—	—	60
		>16～32	—	—	90
200	320	1.5～3.5	24	30	38
		>3.5～6.3	29	36	42
		>6.3～10	34	42	53
		>10～16	—	—	64
		>16～32	—	—	94

分度圆直径/mm		法向模数/	精度等级		
大于	到	mm	4	5，6	7，8
500	800	1.5～3.5	32	39	39
		>3.5～6.3	36	45	45
		>6.3～10	41	51	60
		>10～16	—	—	75
		>16～32	—	—	105
800	1250	>3.5～6.3	41	51	60
		>6.3～10	46	57	68
		>10～16	—	—	83
		>16～32	—	—	113
1250	2000	>6.3～10	48	60	75
		>10～16	—	—	90
		>16～32	—	—	120
2000	3150	>6.3～10	60	75	—
		>10～16	—	—	105
		>16～32	—	—	135
3150	4000	>10～16	—	—	120
		>16～32	—	—	150

注：对单圆弧齿轮，齿根圆直径极限偏差取 $\pm E_{df}/0.75$。

表 1-64　接触迹线长度和位置偏差

齿轮类型及检验项目			齿轮精度等级				
			4	5，6		7，8	
双圆弧齿轮	接触迹线位置偏差		±0.11m_n	±0.15m_n		±0.18m_n	
	按齿长不少于工作齿长（%）	第一条	95	90	90	85	80
		第二条	75	70	60	50	40
单圆弧齿轮	接触迹线位置偏差		±0.15m_n	±0.20m_n		±0.25m_n	
	按齿长不少于工作齿长（%）		95	90		85	

表 1-65　接触斑点　　（%）

齿轮类型及检验项目			齿轮精度等级				
			4	5	6	7	8
双圆弧齿轮	按齿高不少于工作齿高		60	55	50	45	40
	按齿长不少于工作齿长	第一条	95	95	90	85	80
		第二条	90	85	80	70	60
单圆弧齿轮	按齿高不少于工作齿高		60	55	50	45	40
	按齿长不少于工作齿长		95	95	90	85	80

注：对于齿面硬度≥300HBW 的齿轮副，其接触斑点沿齿高方向应≥0.3m_n。

查阅圆弧齿轮各项公差时需注意以下几点：

1）圆弧齿轮的精度等级现只取 4、5、6、7、8 五个等级。

2）要查圆弧齿轮的 f_β 值，用有效齿宽来代替标注齿宽。

3）由于圆弧齿轮的加工主要是以齿坯的端面和顶圆为加工基准，因此对齿坯的精度要求要高一些。

5. 圆弧齿轮公差关系式与计算式

当圆弧齿轮的几何尺寸（分度圆直径、法向模数、中心距或有效齿宽等）不在上述的公差表中，或为了使用计算机计算方便时，可采用齿轮公差关系式与计算式来计算相应的公差值，见表 1-66 和表 1-67。

表 1-66　齿轮公差关系式与计算式（根据 GB/T 15753—1995）

公差项目	关系式	公差项目	关系式
切向综合公差	$F_i' = F_p + f_\beta$	一齿切向综合公差	$f_i' = 0.6\ (f_{pt} + f_\beta)$
螺旋线波度公差	$f_{f\beta} = f_i' \cos\beta$	轴向齿距极限偏差	$F_{px} = F_\beta$
一个轴向齿距偏差	$f_{px} = f_\beta$	中心距极限偏差	$f_a = 0.5$（IT6，IT7，IT8）
公法线长度极限偏差	$E_{ws} = -2\sin\alpha\ (-E_h)$ $E_{wi} = -2\sin\alpha\ (+E_h)$	齿厚极限偏差	$E_{ss} = -2\tan\alpha\ (-E_h)$ $E_{si} = -2\tan\alpha\ (+E_h)$
公法线长度公差	$T_w = E_{ws} - E_{wi}$	齿厚公差	$T_s = E_{ss} - E_{si}$

表 1-67　极限偏差及公差与齿轮几何参数的关系式（根据 GB/T 15753—1995）

精度等级	F_p		F_r		F_w		f_{pt}		F_β		E_h			E_{df}	
	$A\sqrt{L}+C$		$Am_n + B\sqrt{d} + C$ $B = 0.25A$		$B\sqrt{d}+C$		$Am_n + B\sqrt{d} + C$ $B = 0.25A$		$A\sqrt{b}+C$		$Am_n + B\sqrt[3]{d} + C$			$Am_n + B\sqrt[3]{d}$	
	A	C	A	C	B	C	A	C	A	C	A	B	C	A	B
4	1.0	2.5	0.56	7.1	0.34	5.4	0.25	3.15	0.63	3.15	0.72	1.44	2.16	1.44	2.88
5	1.6	4	0.90	11.2	0.54	8.7	0.40	5	0.80	4	0.9	1.8	2.7	1.8	3.5
6	2.5	6.3	1.40	18	0.87	14	0.63	8	1	5					
7	3.55	9	2.24	28	1.22	19.4	0.90	11.2	1.25	6.3	1.125	2.25	3.375	2.25	4.5
8	5	12.5	3.15	40	1.7	27	1.25	16	2	10					

注：d 为齿轮分度圆直径；b 为轮齿宽度，L 为分度圆弧长。

另外，齿轮副的切向综合公差 F'_{ic} 等于两齿轮的切向综合公差 F'_i 之和。当两齿轮的齿数比为不大于 3 的整数且采用选配时，F'_i 可比计算值少 25% 或更多。

1.3.9　锥齿轮传动的精度选择

锥齿轮精度标准 GB/T 11365—1989 适用于 $m_n \geq 1\text{mm}$ 的直齿、斜齿、曲线齿锥齿轮和准双曲面齿轮。

1. 误差项目、接触斑点和侧隙的名称、代号和定义（表 1-68）

表 1-68　锥齿轮和齿轮副误差项目、接触斑点和侧隙的名称、代号和定义

序号	名　称	代号	定　义
1	切向综合误差 切向综合公差	$\Delta F'_i$ F'_i	被测齿轮与理想精确的测量齿轮按规定的安装位置单面啮合时，被测齿轮一转内，实际转角与理论转角之差的总幅度值 以齿宽中点分度圆弧长计
2	一齿切向综合误差 一齿切向综合公差	$\Delta f'_i$ f'_i	被测齿轮与理想精确的测量齿轮按规定的安装位置单面啮合时，被测齿轮一齿距角内，实际转角与理论转角之差的最大幅度值 以齿宽中点分度圆弧长计
3	轴交角综合误差 轴交角综合公差	$\Delta F''_{i\Sigma}$ $F''_{i\Sigma}$	被测齿轮与理想精确的测量齿轮在分锥顶点重合的条件下双面啮合时，被测齿轮一转内，齿轮副轴交角的最大变动量 以齿宽中点处线值计
4	一齿轴交角综合误差 一齿轴交角综合公差	$\Delta f''_{i\Sigma}$ $f''_{i\Sigma}$	被测齿轮与理想精确的测量齿轮在分锥顶点重合的条件下双面啮合时，被测齿轮一齿距角内，齿轮副轴交角的最大变动量 以齿宽中点处线值计
5	周期误差 周期公差	$\Delta f'_{zk}$ f'_{zk}	被测齿轮与理想精确的测量齿轮按规定的安装位置单面啮合时，被测齿轮一转内，两次（包括两次）以上各次谐波的总幅度值
6	齿距累积误差 齿距累积公差	ΔF_p F_p	在中点分度圆①上，任意两个同侧齿面间的实际弧长与公称弧长之差的最大绝对值
7	k 个齿距累积误差 k 个齿距累积公差	ΔF_{pk} F_{pk}	在中点分度圆①上，k 个齿距的实际弧长与公称弧长之差的最大绝对值，k 为 2 到小于 $z/2$ 的整数
8	齿圈跳动 齿圈跳动公差	ΔF_r F_r	齿轮一转范围内，测头在齿槽内与齿面中部双向接触时，沿分锥法向相对齿轮轴线的最大变动量
9	齿距偏差 齿距极限偏差　上偏差 下偏差	Δf_{pt} $+f_{pt}$ $-f_{pt}$	在中点分度圆①上，实际齿距与公称齿距之差
10	齿形相对误差 齿形相对误差的公差	Δf_c f_c	齿轮绕工艺轴线旋转时，各轮齿实际齿面相对于基准实际齿面传递运动的转角之差，以齿宽中点处线值计
11	齿厚偏差 齿厚极限偏差　上偏差 下偏差 公差	$\Delta E_{\bar{s}}$ $E_{\bar{s}s}$ $E_{\bar{s}i}$ $T_{\bar{s}}$	齿宽中点法向弦齿厚的实际值与公称值之差

（续）

序号	名　称	代号	定　义
12	齿轮副切向综合误差 齿轮副切向综合公差	$\Delta F'_{ic}$ F'_{ic}	齿轮副按规定的安装位置单面啮合时，在转动的整周期②内，一个齿轮相对另一个齿轮的实际转角与理论转角之差的总幅度值 以齿宽中点分度圆弧长计
13	齿轮副一齿切向综合误差 齿轮副一齿切向综合公差	$\Delta f'_{ic}$ f'_{ic}	齿轮副按规定的安装位置单面啮合时，在一齿距角内，一个齿轮相对另一个齿轮的实际转角与理论转角之差的最大值 在整周期②内取值，以齿宽中点分度圆弧长计
14	齿轮副轴交角综合误差 齿轮副轴交角综合公差	$\Delta F''_{i\Sigma c}$ $F''_{i\Sigma c}$	齿轮副在分锥顶点重合条件下双面啮合时，在转动的整周期②内，轴交角的最大变动量 以齿宽中点处线值计
12	齿轮副切向综合误差 齿轮副切向综合公差	$\Delta F'_{ic}$ F'_{ic}	齿轮副按规定的安装位置单面啮合时，在转动的整周期②内，一个齿轮相对另一个齿轮的实际转角与理论转角之差的总幅度值 以齿宽中点分度圆弧长计
13	齿轮副一齿切向综合误差 齿轮副一齿切向综合公差	$\Delta f'_{ic}$ f'_{ic}	齿轮副按规定的安装位置单面啮合时，在一齿距角内，一个齿轮相对另一个齿轮的实际转角与理论转角之差的最大值 在整周期②内取值，以齿宽中点分度圆弧长计
14	齿轮副轴交角综合误差 齿轮副轴交角综合公差	$\Delta F''_{i\Sigma c}$ $F''_{i\Sigma c}$	齿轮副在分锥顶点重合条件下双面啮合时，在转动的整周期②内，轴交角的最大变动量 以齿宽中点处线值计
15	齿轮副一齿轴交角综合误差 齿轮副一齿轴交角综合公差	$\Delta f''_{i\Sigma c}$ $f''_{i\Sigma c}$	齿轮副在分锥顶点重合条件下双面啮合时，在一齿距角内，轴交角的最大变动量 在整周期②内取值，以齿宽中点处线值计
16	齿轮副周期误差 齿轮副周期误差的公差	$\Delta f'_{zkc}$ f'_{zkc}	齿轮副按规定的安装位置单面啮合时，在大轮一转范围内，两次（包括两次）以上各次谐波的总幅度值
17	齿轮副齿频周期误差 齿轮副齿频周期误差的公差	$\Delta f'_{zzc}$ f'_{zzc}	齿轮副按规定的安装位置单面啮合时，以齿数为频率的谐波的总幅度值
18	接触斑点 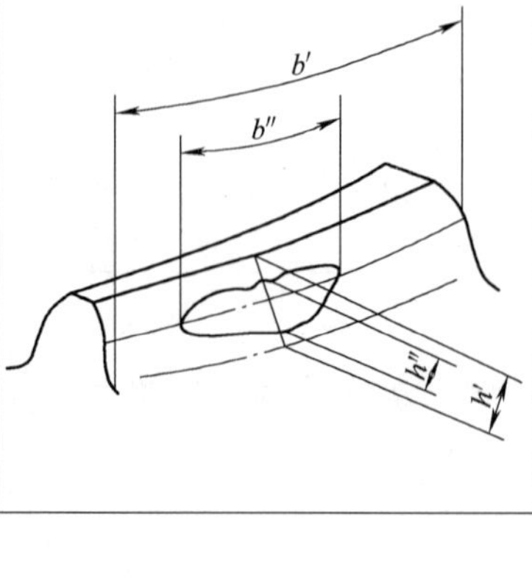 		安装好的齿轮副（或被测齿轮与测量齿轮）在轻微力的制动下运转后，在齿轮工作齿面上得到的接触痕迹 接触斑点包括形状、位置、大小三方面的要求 接触痕迹的大小按百分比确定 沿齿长方向：接触痕迹的长度 b'' 与工作长度 b' 之比，即 $\frac{b''}{b'}\times 100\%$ 沿齿高方向：接触痕迹高度 h'' 与接触痕迹中部的工作高度 h' 之比，即 $\frac{h''}{h'}\times 100\%$

（续）

序号	名　称	代号	定　义
19	齿轮副的侧隙 圆周侧隙 法向侧隙 最大圆周侧隙 最小圆周侧隙 最大法向侧隙 最小法向侧隙	j_t j_n j_{tmax} j_{tmin} j_{nmax} j_{nmin}	齿轮副按规定的位置安装后，其中一个齿轮固定时，另一个齿轮从工作齿面接触到非工作齿面接触所转过的齿宽中点分度圆弧长 齿轮副按规定的位置安装后，工作齿面接触时，非工作齿面间的最小距离 以齿宽中点处计 $j_n = j_t \cos\beta\cos\alpha$
20	齿轮副侧隙变动量 齿轮副侧隙变动公差	ΔF_{vj} F_{vj}	齿轮副按规定的位置安装后，在转动的整周期②内，法向侧隙的最大值与最小值之差
21	齿圈轴向位移 齿圈轴向位移极限偏差　上偏差 下偏差	Δf_{AM} $+f_{AM}$ $-f_{AM}$	齿轮装配后，齿圈相对于滚动检查机上确定的最佳啮合位置的轴向位移量
22	齿轮副轴间距偏差 齿轮副轴间距极限偏差　上偏差 下偏差	Δf_a $+f_a$ $-f_a$	齿轮副实际轴间距与公称轴间距之差
23	齿轮副轴交角偏差 齿轮副轴交角极限偏差　上偏差 下偏差	ΔE_Σ $+E_\Sigma$ $-E_\Sigma$	齿轮副实际轴交角与公称轴交角之差 以齿宽中点处线值计

① 允许在齿面中部测量。

② 齿轮副转动整周期按下式计算，即

$$n_2 = z_1 / X$$

式中　n_2—大轮转数；z_1—小轮齿数；X—大小轮齿数的最大公约数。

2. 精度等级

标准设置 12 个精度等级，1 级精度最高，12 级最低。限于目前的锥齿轮加工水平，1 ~ 3 级暂不规定具体数值。本章只给出常用的 5 ~ 10 级精度的部分公差表，且对外径和中点锥距的尺寸作了限制。

根据齿轮的圆周速度、传递功率、运动精确性和传动平稳性等工作条件，按类比法或通过计算，选定锥齿轮的精度等级。

3. 公差组和检验组

各误差项目按其特性及对齿轮传动性能的影响分成三个公差组。第Ⅰ组主要影响运动精度；第Ⅱ组主要影响工作的平稳性；第Ⅲ组主要影响接触质量。允许各公差组选用不同的精度等级，但配对两齿轮的精度等级必须一致。各公差组中，又分适用不同精度等级的检验组。根据齿轮的精度等级、批量的大小和检验条件，选一适当的检验组，评定齿轮及齿轮副的精度等级。各公差组、检验组及其适用的精度等级见表 1-69。

表 1-69　公差组、检验组及其适用的精度等级

公差组	检验对象	检验组：公差与极限偏差项目	检验组：代号	适用的精度等级	备注
第Ⅰ公差组	齿轮	切向综合公差	F'_i	4 ~ 8	
		轴交角综合公差	$F''_{i\Sigma}$	7 ~ 12	对斜齿、曲线齿锥齿轮适用 9 ~ 12 级
		齿距累积公差与 k 个齿距累积公差	F_p 与 F_{pk}	4 ~ 6	
		齿距累积公差	F_p	7 ~ 8	
		齿圈跳动公差	F_r	7 ~ 12	其中 7 ~ 8 级用于分度圆直径大于 1600mm 的情况
	齿轮副	齿轮副切向综合公差	F'_{ic}	4 ~ 8	
		齿轮副轴交角综合公差	$F''_{i\Sigma c}$	7 ~ 12	对斜齿、曲线齿锥齿轮适用 9 ~ 12 级
		齿轮副侧隙变动公差	F_{vj}	9 ~ 12	
第Ⅱ公差组	齿轮	一齿切向综合公差	f'_i	4 ~ 12	
		一齿轴交角综合公差	$f''_{i\Sigma}$	7 ~ 12	对斜齿、曲线齿锥齿轮适用 9 ~ 12 级
		周期公差	f'_{zk}	4 ~ 8	纵向重合度 ε_β 大于界限值
		齿距极限偏差	f_p	7 ~ 12	
	齿轮副	齿轮副一齿切向综合公差	f'_{ic}	4 ~ 8	
		齿轮副一齿轴交角综合公差	$f''_{i\Sigma c}$	7 ~ 12	对斜齿、曲线齿锥齿轮适用 9 ~ 12 级
		齿轮副周期误差的公差	f'_{zkc}	4 ~ 8	纵向重合度 ε_β 小于界限值
		齿轮副齿频周期误差的公差	f'_{zzc}	4 ~ 8	纵向重合度 ε_β 大于界限值
第Ⅲ公差组	齿轮	接触斑点		4 ~ 12	
	齿轮副	接触斑点		4 ~ 12	

注：1. 纵向重合度 ε_β 的界限值：第Ⅲ公差组精度 4 ~ 6 级时为 1.35；6 ~ 7 级时为 1.55；8 级时为 2.0。

2. 第Ⅲ公差组中齿轮的接触斑点，是指批量互换中被测工件齿轮与测量母轮对滚时，得到的接触印痕。

4. 锥齿轮齿坯公差

锥齿轮加工、检验和装配时的定位基准面应尽量一致，并在图样上标明。齿坯公差见表 1 ~ 70 ~ 表 1-72。

表 1-70　齿坯尺寸公差

精度等级	5	6	7	8	9	10
轴径尺寸公差	IT5		IT6		IT7	
孔径尺寸公差	IT6		IT7		IT8	
外径尺寸极限偏差	IT8				IT9	

注：1. IT 为标准公差。

2. 当三个公差组精度等级不同时，按最高精度等级确定公差值。

表 1-71　锥齿轮齿坯顶锥母线跳动和基准端面跳动公差　　（单位：μm）

外径或基准端面直径/mm		顶锥母线跳动公差（按外径查）			基准端面跳动公差（按基准端面直径查）		
		精度等级[①]					
大于	到	5 ~ 6	7 ~ 8	9 ~ 10	5 ~ 6	7 ~ 8	9 ~ 10
—	30	15	25	50	6	10	15
30	50	20	30	60	8	12	20
50	120	25	40	80	10	15	25
120	250	30	50	100	12	20	30
250	500	40	60	120	15	25	40
500	800	50	80	150	20	30	50
800	1250	60	100	200	25	40	60
1250	2000	80	120	250	30	50	80

① 当三个公差组精度等级不同时，按最高精度等级确定公差值。

表 1-72　锥齿轮冠距和顶锥角极限偏差

中点法向模数/mm	冠距极限偏差/μm	顶锥角极限偏差/（′）
≤ 1.2	0 −50	+15 0
> 1.2 ~ 10	0 −75	+8 0
> 10	0 −100	+8 0

5. 锥齿轮副的法向侧隙

锥齿轮副的最小法向侧隙设置 a、b、c、d、e、h 共六种，a 最大，h 为零。法向侧隙原则上与精度等级无关，但精度低的齿轮副不宜使用较小的法向侧隙。按表 1-73 确定最小法向侧隙 j_{nmin}，然后按表 1-74 和表 1-77 查取 $E_{\bar{s}s}$和 $\pm E_{\Sigma}$ 值。有特殊需要 j_{nmin}不按表 1-73 确定时，用插值法由表 1-74 和表 1-77 查取 $E_{\bar{s}s}$和 $\pm E_{\Sigma}$ 值。

齿轮副的法向侧隙公差分 A、B、C、D、H 共五种，与最小法向侧隙的对应关系如图 1-29 所示。

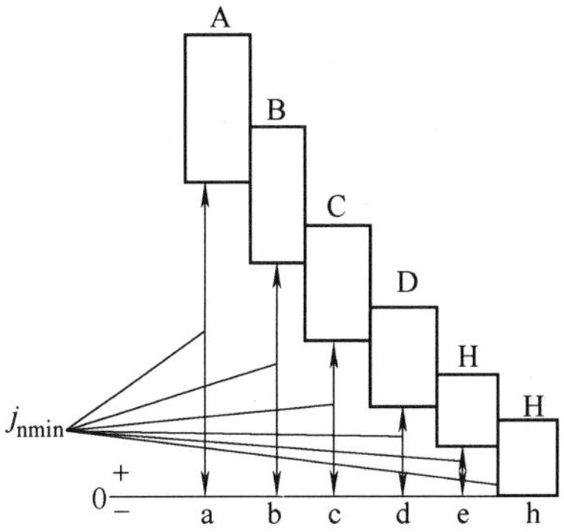

图 1-29　最小法向侧隙与公差种类

最大法向侧隙：

$$j_{nmax} = \left(\left| E_{\bar{s}s1} + E_{\bar{s}s2} \right| + T_{\bar{s}1} + T_{\bar{s}2} + E_{\bar{s}\Delta 1} + E_{\bar{s}\Delta 2} \right) \cos\alpha_n \tag{1-15}$$

式中，$E_{\bar{s}\Delta}$为制造误差的补偿部分，由表 1-76 查取；$T_{\bar{s}}$为齿厚公差，按表 1-75 查取。

表 1-73　锥齿轮副最小法向侧隙 j_{nmin}　（单位：μm）

中点锥距/mm		小轮分锥角 /（°）		最小法向侧隙种类					
大于	到	小于	到	h	e	d	c	b	a
—	50	—	15	0	15	22	36	58	90
		15	25	0	21	33	52	84	130
		25	—	0	25	39	62	100	160
50	100	—	15	0	21	33	52	84	130
		15	25	0	25	39	62	100	160
		25	—	0	30	46	74	120	190
100	200	—	15	0	25	39	62	100	160
		15	25	0	30	54	87	140	220
		25	—	0	40	63	100	160	250
200	400	—	15	0	30	46	74	120	190
		15	25	0	46	72	115	185	290
		25	—	0	52	81	130	210	320
400	800	—	15	0	40	63	100	160	250
		15	25	0	57	89	140	230	360
		25	—	0	70	110	175	280	440

表 1-74　锥齿轮齿厚上偏差 $E_{\bar{s}s}$ 值　　（单位：μm）

	中点法向模数/mm	中点分度圆直径/mm								
		≤125			>125～400			>400～800		
		分　锥　角/(°)								
		≤20	>20～45	>45	≤20	>20～45	>45	≤20	>20～45	>45
基本值	≥1～3.5	-20	-20	-22	-28	-32	-30	-36	-50	-45
	>3.5～6.3	-22	-22	-25	-32	-32	-30	-38	-55	-45
	>6.3～10	-25	-25	-28	-36	-36	-34	-40	-55	-50
	>10～16	-28	-28	-30	-36	-38	-36	-48	-60	-55
	>16～25	—	—	—	-40	-40	-40	-50	-65	-60

	最小法向侧隙种类	第Ⅱ公差组精度等级				
		5～6	7	8	9	10
系数	h	0.9	1.0	—	—	—
	e	1.45	1.6	—	—	—
	d	1.8	2.0	2.2	—	—
	c	2.4	2.7	3.0	3.2	—
	b	3.4	3.8	4.2	4.6	4.9
	a	5.0	5.5	6.0	6.6	7.0

注：$E_{\bar{s}s}$值由基本值栏查出的数值乘上系数得出。

表 1-75　锥齿轮齿厚公差 $T_{\bar{s}}$　　（单位：μm）

齿圈跳动公差		法向侧隙公差种类				
大于	到	H	D	C	B	A
—	8	21	25	30	40	52
8	10	22	28	34	45	55
10	12	24	30	36	48	60
12	16	26	32	40	52	65
16	20	28	36	45	58	75
20	25	32	42	52	65	85
25	32	38	48	60	75	95
32	40	42	55	70	85	110
40	50	50	65	80	100	130
50	60	60	75	95	120	150
60	80	70	90	110	130	180
80	100	90	110	140	170	220
100	125	110	130	170	200	260
125	160	130	160	200	250	320
160	200	160	200	260	320	400
200	250	200	250	320	380	500
250	320	240	300	400	480	630

表 1-76 锥齿轮副最大法向侧隙 j_{nmin} 的制造误差补偿部分 $E_{\bar{s}\Delta}$ 值 （单位：μm）

第Ⅰ公差组精度等级	中点法向模数/mm	中点分度圆直径/mm											
		≤125			>125～400			>400～800			>800～1600		
		分锥角/(°)											
		≤20	>20～45	>45	≤20	>20～45	>45	≤20	>20～45	>45	≤20	>20～45	>45
4～6	≥1～3.5	18	18	20	25	28	28	32	45	40	—	—	—
	>3.5～6.3	20	20	22	28	28	28	34	50	40	67	75	72
	>6.3～10	22	22	25	32	32	30	36	50	45	72	80	75
	>10～16	25	25	28	32	34	32	45	55	50	72	90	75
	>16～25	—	—	—	36	36	36	45	56	55	72	90	85
7	≥1～3.5	20	20	22	28	32	30	36	50	45	—	—	—
	>3.5～6.3	22	22	25	32	32	30	38	55	45	75	85	80
	>6.3～10	25	25	28	36	36	34	40	55	50	80	90	85
	>10～16	28	28	30	36	38	36	48	60	55	80	100	85
	>16～25	—	—	—	40	40	40	50	65	60	80	100	95
8	≥1～3.5	22	22	24	30	36	32	40	55	50	—	—	—
	>3.5～6.3	24	24	28	36	36	32	42	60	50	80	90	85
	>6.3～10	28	28	30	40	40	38	45	60	55	85	100	95
	>10～16	30	30	32	40	42	40	55	65	60	85	110	95
	>16～25	—	—	—	45	45	45	55	72	65	85	110	105
9	≥1～3.5	24	24	25	32	38	36	45	65	55	—	—	—
	>3.5～6.3	25	25	30	38	38	36	45	65	55	90	100	95
	>6.3～10	30	30	32	45	45	40	48	65	60	95	110	100
	>10～16	32	32	36	45	45	45	48	70	65	95	120	100
	>16～25	—	—	—	48	48	48	60	75	70	95	120	115
10	≥1～3.5	25	25	28	36	42	40	48	65	60	—	—	—
	>3.5～6.3	28	28	32	42	42	40	50	70	60	95	110	105
	>6.3～10	32	32	36	48	48	45	50	70	65	105	115	110
	>10～16	36	36	40	48	50	48	60	80	70	105	130	110
	>16～25	—	—	—	50	50	50	65	85	80	105	130	125

6. 齿轮的安装精度

为保证齿轮副在要求的相对位置正确啮合，锥齿轮规定了轴交角极限偏差 $\pm E_{\Sigma}$（表 1-77）、安装距极限偏差 $\pm f_{AM}$（表 1-78）和轴间距极限偏差 $\pm f_{a}$（表 1-79）。

表 1-77 锥齿轮轴交角极限偏差 $\pm E_{\Sigma}$ （单位：μm）

中点锥距/mm		小轮分锥角/(°)		最小法向侧隙种类				
大于	到	小于	到	h、e	d	c	b	a
—	50	—	15	7.5	11	18	30	45
		15	25	10	16	26	42	63
		25	—	12	19	30	50	80
50	100	—	15	10	16	26	42	63
		15	25	12	19	30	50	80
		25	—	15	22	32	60	95
100	200	—	15	12	19	30	50	80
		15	25	17	26	45	71	110
		25	—	20	32	50	80	125
200	400	—	15	15	22	32	60	95
		15	25	24	36	56	90	140
		25	—	26	40	63	100	160
400	800	—	15	20	32	50	80	125
		15	25	28	45	71	110	180
		25	—	34	56	85	140	220

注：当 $\alpha \neq 20°$ 时，表中数值乘以 $\sin 20°/\sin\alpha$。

表 1-78　锥齿轮安装距极限偏差 $\pm f_{AM}$　　（单位：μm）

中点锥距/mm		分锥角/(°)		精度等级 5				6				7					8					9					10				
				中点法向模数/mm																											
大于	到	大于	到	≥1~3.5	>3.5~6.3	>6.3~10	>10~16	≥1~3.5	>3.5~6.3	>6.3~10	>10~16	≥1~3.5	>3.5~6.3	>6.3~10	>10~16	>16~25	≥1~3.5	>3.5~6.3	>6.3~10	>10~16	>16~25	≥1~3.5	>3.5~6.3	>6.3~10	>10~16	>16~25	≥1~3.5	>3.5~6.3	>6.3~10	>10~16	>16~25
—	50	—	20	9	5	—	—	14	8	—	—	20	11	—	—	—	28	16	—	—	—	40	22	—	—	—	56	32	—	—	—
		20	45	7.5	4.2	—	—	12	6.7	—	—	17	905	—	—	—	24	13	—	—	—	34	19	—	—	—	48	26	—	—	—
		45	—	3	1.7	—	—	5	2.8	—	—	7	4	—	—	—	10	5.6	—	—	—	14	8	—	—	—	20	11	—	—	—
50	100	—	20	30	16	11	8	48	26	17	13	67	38	24	18	—	95	53	34	26	—	140	75	50	38	—	190	105	71	50	—
		20	45	25	14	9	7.1	40	22	15	11	56	32	21	16	—	80	45	30	22	—	120	63	42	30	—	160	90	60	45	—
		45	—	10.5	6	3.8	3	17	9.5	6	4.5	24	13	805	6.7	—	34	17	12	9	—	48	26	17	13	—	67	38	24	18	—
100	200	—	20	60	36	24	16	105	60	38	28	150	80	53	40	30	200	120	75	56	45	300	160	105	80	63	420	240	150	110	85
		20	45	50	30	20	14	90	50	32	24	130	71	45	34	26	180	100	63	48	36	260	140	90	67	53	360	190	130	95	75
		45	—	21	13	8.5	5.6	38	21	13	10	53	30	19	14	11	75	40	26	20	15	105	60	38	28	22	150	80	53	40	30
200	400	—	20	130	80	53	36	240	130	85	60	340	180	120	85	67	480	250	170	120	95	670	360	240	170	130	950	500	320	240	190
		20	45	110	67	45	30	200	105	71	50	280	150	100	71	56	400	210	140	100	80	560	300	200	150	110	800	420	180	200	160
		45	—	48	28	18	12	85	45	30	21	120	63	40	30	22	170	90	60	42	32	240	130	85	60	48	340	180	120	85	67
400	800	—	20	300	180	110	75	530	280	186	130	750	400	250	180	140	1050	560	360	260	200	1500	800	500	380	280	2100	1100	710	500	400
		20	45	250	160	95	63	450	240	150	110	630	340	210	160	120	900	480	300	220	170	1300	670	440	300	240	1700	950	600	440	340
		45	—	105	63	40	26	190	100	63	45	270	140	90	67	50	380	200	125	90	70	530	280	180	130	100	750	400	250	180	140

注：对修形齿轮允许采用低一级的 $\pm f_{AM}$ 值；当 $\alpha \neq 20°$ 时，表中数值乘以 $\sin 20°/\sin\alpha$。

表 1-79 锥齿轮副轴间距极限偏差 $\pm f_a$ （单位：μm）

中点锥距/mm		精度等级					
大于	到	5	6	7	8	9	10
—	50	10	12	18	28	36	67
50	100	12	15	20	30	45	75
100	200	15	18	25	36	55	90
200	400	18	25	30	45	75	120
400	800	25	30	36	60	90	150

注：对纵向修形齿轮允许采用低一级的 $\pm f_a$ 值。

7. 接触斑点

根据齿轮的用途、承受载荷的大小、轮齿的刚性以及齿线形状特点，可参考表 1-80，由设计者自行规定接触斑点的形状、位置和大小。

表 1-80 锥齿轮副接触斑点

精度等级	5	6～7	8～9	10
沿齿长方向(%)	60～80	50～70	35～65	25～55
沿齿高方向(%)	65～85	55～75	40～70	30～60

注：表中数值用于齿面修形的齿轮，对于不修形齿轮来说，其接触斑点大小不小于其平均值。

8. 公差数值

标准中以公差数值表和公差关系式的形式规定了各检验项目的公差数值，除本节已列出的之外，详见 GB/T 11365—1989。

1.3.10 普通蜗杆传动

1. 普通圆柱蜗杆传动的基本参数

(1) 基本齿廓 圆柱蜗杆基本齿廓的尺寸参数是指蜗杆轴平面内的参数，其值在 GB/T 10087—1988 中已有规定(图 1-30)。

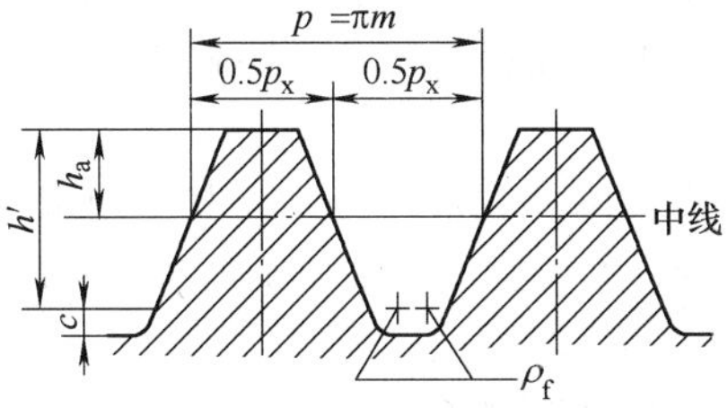

图 1-30 圆柱蜗杆的基本齿廓

注：1. 齿顶高 $h_a=1m$，工作齿高 $h'=2m$；短齿 $h_a=0.8m$，$h'=1.6m$；轴向齿距 $p_x=\pi m$，中线齿厚和齿槽宽相等，顶隙 $c=0.2m$，必要时 $0.15m\leqslant c\leqslant 0.35m$。齿根圆角半径 $\rho_f=0.3m$，必要时 $0.2m\leqslant\rho_f\leqslant 0.4m$，也允许用单圆弧。齿顶允许倒圆，但圆角半径不应大于 $0.2m$。

2. ZA 蜗杆的轴向齿形角 $\alpha_x=20°$；ZN、ZI 蜗杆的法向齿形角 $\alpha_n=20°$；ZK 蜗杆的锥形刀具产形角 $\alpha_0=20°$。

3. 在动力传动中，导程角 $\gamma\geqslant 30°$时，允许增大齿形角，推荐用 25°；在分度传动中，允许减小齿形角，推荐用 15°或 12°。

（2）中心距 a　中心距 a 的标准值见表 1-81。

表 1-81　圆柱蜗杆传动中心距 a 的标准值（摘自 GB/T 10085—1988）　（单位：mm）

40	50	63	80	100	125	160	（180）	200
（225）	250	（280）	315	（355）	400	（450）	500	

注：括号中的数字尽可能不采用。

（3）模数 m_n　对于 $\Sigma=90°$的蜗杆传动来说，蜗杆轴向齿距 p_{x1} 应与蜗轮端面齿距 p_{t2} 相等。因此蜗杆的轴向模数 m_{x1} 和蜗轮端面模数 m_{t2} 相等，均以 m 表示。蜗杆模数 m 标准值见表 1-82。

表 1-82　蜗杆模数 m 标准值（摘自 GB/T 10088—1988）　（单位：mm）

第一系列	1	1.25	1.6	2	2.5	3.15	4	5	6.3
	8	10	12.5	16	20	25	31.5	40	
第二系列	1.5	3	3.5	4.5	5.5	6	7	12	14

注：优先采用第一系列。

（4）蜗杆分度圆直径 d_1　为了限制加工蜗轮齿的蜗杆滚刀数不致过多，蜗杆滚刀可由专业工厂精确制造，因此将蜗杆分度圆直径 d_1 标准化。

蜗杆分度圆直径 d_1 标准值见表 1-83。

表 1-83　蜗杆分度圆直径 d_1 标准值（摘自 GB/T 10088—1988）　（单位：mm）

第一系列	4	4.5	5	5.6	6.3	7.1	8	9	10	11.2	12.5	14	16	18
	20	22.4	25	25	28	31.5	35.5	40	45	50	56	63	71	80
	90	100	112	125	140	160	180	200	224	250	280	315	355	400
第二系列	6	7.5	8.5	15	30	38	48	53	60	67	75	95	106	118
	132	144	170	190	300									

注：优先采用第一系列。

（5）蜗杆直径系数 q　蜗杆直径系数 q 是蜗杆分度圆直径 d_1 与模数 m 的比值，同时也是蜗杆头数 z_1 与导程角 γ 正切的比值，即

$$q = d_1/m = z_1/\tan\gamma \tag{1-16}$$

当蜗杆的分度圆直径和模数选定后，q 值也就确定了。但在设计蜗杆传动时，考虑到蜗杆的强度和刚度，往往先选定 m 和 q。显然 q 值大 d_1 值也大，提高了蜗杆的强度和刚度。但是 q 值大 γ 值小了，降低了传动效率。因此，一般在保证蜗杆强度和刚度的前提下，要使 q 值尽量小些。

2. 圆柱蜗杆传动精度

GB/ T 10089—1988 规定了圆柱蜗杆、蜗轮精度。其适用范围为轴交角 $\Sigma=90°$、模数 $m \geqslant$ 1mm、蜗杆分度圆直径 $d_1 \leqslant 400$mm、蜗轮分度圆直径 $d_2 \leqslant 4000$mm 的圆柱蜗杆、蜗轮及其传动。

（1）定义和代号（表 1-84）

表 1-84　蜗杆、蜗轮的误差以及传动和侧隙的定义、代号

序号	名 称	代 号	定 义
1	蜗杆螺旋线误差 蜗杆螺旋线公差	Δf_{hL} f_{hL}	在蜗杆、轮齿的工作齿宽范围（两端不完整齿部分应除外）内，蜗杆分度圆柱面①上，包容实际螺旋线的最近两条公称螺旋线间的法向距离
2	蜗杆一转螺旋线误差 蜗杆一转螺旋线公差	Δf_h f_h	在蜗杆轮齿的一转范围，蜗杆分度圆柱面①上，包容实际螺旋线的最近两条理论螺旋线间的法向距离
3	蜗杆轴向齿距偏差 蜗杆轴向齿距极限偏差　上偏差 　　　　　　　　　　　下偏差	Δf_{px} $+f_{px}$ $-f_{px}$	在蜗杆轴向截面上实际齿距与公称齿距之差

（续）

序号	名 称	代 号	定 义
4	蜗杆轴向齿距累积误差 蜗杆轴向齿距累积公差	Δf_{pxL} f_{pxL}	在蜗杆轴向截面上的工作齿宽范围（两端不完整齿部分应除外）内，任意两个同侧齿面间实际轴向距离与公称轴向距离之差的最大绝对值
5	蜗杆齿形误差 蜗杆齿形公差	Δf_{f1} f_{f1}	在蜗杆轮齿给定截面上的齿形工作部分内，包容实际齿形且距离为最小的两条设计齿形间的法向距离 当两条设计齿形线为非等距离的曲线时，应在靠近齿体内的设计齿形线的法线上确定其两者间的法向距离
6	蜗杆齿槽径向跳动 蜗杆齿槽径向跳动公差	Δf_r f_r	在蜗杆任意一转范围内，测头在齿槽内与齿高中部的齿面双面接触，其测头相对于蜗杆轴线的径向最大变动量
7	蜗杆齿厚偏差 蜗杆齿厚偏差　上偏差 　　　　　　　下偏差 蜗杆齿厚公差	ΔE_{s1} E_{ss1} E_{si1} T_{s1}	在蜗杆分度圆柱上，法向齿厚的实际值与公称值之差
8	蜗轮切向综合误差 蜗轮切向综合公差	$\Delta F'_i$ F'_i	被测蜗轮与理想精确的测量蜗杆[②]在公称轴线位置上单面啮合时，在被测蜗轮一转范围内，实际转角与理论转角之差的总幅度值 以分度圆弧长计
9	蜗轮一齿切向综合误差 蜗轮一齿切向综合公差	$\Delta f_i'$ f_i'	被测蜗轮与理想精确的测量蜗杆[②]在公称轴线位置上单面啮合时，在被测蜗轮一转范围内，实际转角与理论转角之差的最大幅度值 以分度圆弧长计
10	蜗轮径向综合误差 蜗轮径向综合公差	$\Delta F''_i$ F''_i	被测蜗轮与理想精确的测量蜗杆双面啮合时，在被测蜗轮一转范围内，双啮中心距的最大变动量
11	蜗轮一齿径向综合误差 蜗轮一齿径向综合公差	$\Delta f_i''$ f_i''	被测蜗轮与理想精确的测量蜗杆双面啮合时，在被测蜗轮一齿距角范围内，双啮中心距的最大变动量
12	蜗轮齿距累积误差 蜗轮齿距累积公差	ΔF_p F_p	在蜗轮分度圆上[③]，任意两个同侧齿面间的实际弧长与公称弧长之差的最大绝对值
13	蜗轮 k 个齿距累积误差 蜗轮 k 个齿距累积公差	ΔF_{pk} F_{pk}	在蜗轮分度圆上[③]，k 个齿距内同侧齿面间的实际弧长与公称弧长之差的最大绝对值 k 为 2 到小于 $z_2/2$ 的整数
14	蜗轮齿圈径向跳动 蜗轮齿圈径向跳动公差	ΔF_r F_r	在蜗轮一转范围内，测头在靠近中间平面的齿槽内与齿高中部的齿面双面接触，其测头相对于蜗轮轴线径向距离的最大变动量
15	蜗轮齿距偏差 蜗杆齿距极限偏差　上偏差 　　　　　　　　　下偏差	Δf_{pt} $+f_{pt}$ $-f_{pt}$	在蜗轮分度圆上[③]，实际齿距与公称齿距之差 用相对法测量时，公称齿距是指所有实际齿距的平均值
16	蜗轮齿形误差 蜗轮齿形公差	Δf_{f2} f_{f2}	在蜗轮轮齿给定截面上的齿形工作部分内，包容实际齿形且距离为最小的两条设计齿形间的法向距离 当两条设计齿形线为非等距离曲线时，应在靠近齿体内的设计齿形线的法线上确定其两者间的法向距离

（续）

序号	名 称	代 号	定 义
17	蜗轮齿厚偏差 蜗轮齿厚偏差　上偏差 　　　　　　　下偏差 蜗轮齿厚公差	ΔE_{s2} E_{ss2} E_{si2} T_{s2}	在蜗轮中间平面上，分度圆齿厚的实际值与公称值之差
18	蜗杆副的切向综合误差 蜗杆副的切向综合公差	$\Delta F'_{ic}$ F'_{ic}	安装好的蜗杆副啮合转动时，在蜗轮和蜗杆相对位置变化的一个整周期内，蜗轮的实际转角与理论转角之差的总幅度值 以蜗轮分度圆弧长计
19	蜗杆副的一齿切向综合误差 蜗杆副的一齿切向综合公差	$\Delta f'_{ic}$ f'_{ic}	安装好的蜗杆副啮合转动时，在蜗轮一转范围内，多次出现的周期性转角误差的最大幅度值 以蜗轮分度圆弧长计
20	蜗杆副的接触斑点 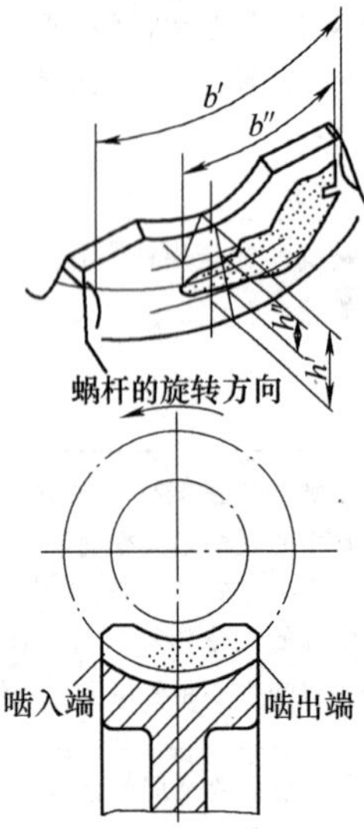		安装好的蜗杆副，在轻微力的制动下，蜗杆与蜗轮啮合运转后，在蜗轮齿面上分布的接触痕迹。接触斑点以接触面积大小、形状和分布位置表示 接触面积大小按接触痕迹的百分比计算确定 沿齿长方向：接触痕迹的长度 b''[④] 与工作长度 b' 之比的百分数，即 $\frac{b''}{b'}\times 100\%$ 沿齿高方向：接触痕迹的平均高度 h'' 与工作高度 h' 之比的百分数，即 $\frac{h''}{h'}\times 100\%$ 接触形状以齿面接触痕迹总的几何形状的状态确定 接触位置以接触痕迹离齿面啮入、啮出端或齿顶、齿根的位置确定
21	蜗杆副的中心距偏差 蜗杆副的中心距极限偏差　上偏差 　　　　　　　　　　　　下偏差	Δf_a $+f_a$ $-f_a$	在安装好的蜗杆副中间平面内，实际中心距与公称中心距之差
22	蜗杆副的中间平面偏移 蜗杆副的中间平面极限偏差　上偏差 　　　　　　　　　　　　　下偏差	Δf_x $+f_x$ $-f_x$	在安装好的蜗杆副中，蜗轮中间平面与传动中间平面之间的距离
23	蜗杆副的轴交角偏差 蜗杆副的轴交角极限偏差　上偏差 　　　　　　　　　　　　下偏差	Δf_Σ $+f_\Sigma$ $-f_\Sigma$	在安装好的蜗杆副中，实际轴交角与公称轴交角之差 偏差值按蜗轮齿宽确定，以其线性值计

（续）

序号	名 称	代 号	定 义
24	齿轮副的侧隙 圆周侧隙 法向侧隙 最大圆周侧隙 最小圆周侧隙 最大法向侧隙 最小法向侧隙	j_t j_n j_{tmax} j_{tmin} j_{nmax} j_{nmin}	在安装好的蜗杆副中，蜗杆固定不动时，蜗轮从工作齿面接触到非工作齿面接触所转过的分度圆弧长 在安装好的蜗杆副中，蜗杆和蜗轮的工作齿面接触时，两非工作齿面间的最小距离

① 允许在靠近蜗杆分度圆柱的同轴圆柱面上检验。

② 允许用配对蜗杆代替测量蜗杆进行检验。这时，也即为蜗杆副的误差。

③ 允许在靠近中间平面的齿高中部进行测量。

④ 在确定接触痕迹长度 b''时，应扣除超过模数值的断开部分。

（2）精度等级　对蜗杆、蜗轮和蜗杆传动规定了 12 个精度等级，1 级精度最高，12 级精度最低，并按照公差特性对传动性能的保证作用，将蜗杆、蜗轮和传动的公差（或极限偏差）分成三个公差组（表 1-85）。

表 1-85　圆柱蜗杆传动的公差组

公 差 组	名称	代 号
第 Ⅰ 公差组 （保证运动的准确性）	蜗轮：切向综合公差 径向综合公差 齿距累积公差 k 个齿距累积公差 齿圈径向跳动公差 传动：传动切向综合公差	F_i' F_i'' F_p F_{pk} F_r F_{ic}'
第 Ⅱ 公差组 （保证传动的平稳性）	蜗杆：一转螺旋线公差 螺旋线公差 轴向齿距极限偏差 轴向齿距累积公差 齿槽径向跳动公差 蜗轮：一齿切向综合公差 一齿径向综合公差 齿距极限偏差 传动：一齿切向综合公差	f_h f_{hL} f_{px} f_{pxL} f_r f_i' f_i'' f_{pt} f_{ic}'
第 Ⅲ 公差组 （保证载荷分布均匀性）	蜗杆：齿形公差 蜗轮：齿形公差 传动：接触斑点 中心距极限偏差 轴交角极限偏差 中间平面极限偏差	f_{f1} f_{f2} f_a f_Σ f_x

根据使用要求不同，允许各公差组选用不同的精度等级组合，但在同一公差组中，各项公差与极限偏差应保持相同的精度等级。具体公差或偏差值见表 1-86 ~ 表 1-93。

表 1-86　蜗杆的公差和极限偏差 f_h、f_{hL}、f_{px}、f_{pxL}、f_{fl} 值　　（单位：μm）

代 号	模数 m/mm	精度等级 4	5	6	7	8	9
f_h	≥1～3.5	4.5	7.1	11	14	—	—
	>3.5～6.3	5.6	9	14	20	—	—
	>6.3～10	7.1	11	18	25	—	—
	>10～16	9	15	24	32	—	—
	>16～25	–	–	32	45	—	—
f_{hL}	≥1～3.5	9	14	22	32	—	—
	>3.5～6.3	11	17	28	40	—	—
	>6.3～10	14	22	36	50	—	—
	>10～16	18	32	45	63	—	—
	>16～25	—	—	63	90	—	—
$\pm f_{px}$	≥1～3.5	3.0	4.8	7.5	11	14	20
	>3.5～6.3	3.6	6.3	9	14	20	25
	>6.3～10	4.8	7.5	12	17	25	32
	>10～16	6.3	10	16	22	32	46
	>16～25	—	—	22	32	45	63
f_{pxL}	≥1～3.5	5.3	8.5	13	18	25	36
	>3.5～6.3	6.7	10	16	24	34	48
	>6.3～10	8.5	13	21	32	45	63
	>10～16	11	17	28	40	56	80
	>16～25	—	—	40	53	75	100
f_1	≥1～3.5	4.5	7.1	11	16	22	32
	>3.5～6.3	5.6	9	14	22	32	45
	>6.3～10	7.5	12	19	28	40	53
	>10～16	11	16	25	36	53	75
	>16～25	—	—	36	53	75	100

表 1-87　蜗杆齿槽径向跳动公差 f_r 值　　（单位：μm）

分度圆直径 d_1/mm	模数 m/mm	精度等级 4	5	6	7	8	9
≤10	≥1～3.5	4.5	7.1	11	14	20	28
>10～18	≥1～3.5	4.5	7.1	12	15	21	29
>18～31.5	≥1～6.3	4.8	7.5	12	16	22	30
>31.5～50	≥1～10	5.0	8.0	13	17	23	32
>50～80	≥1～16	5.6	9.0	14	18	25	36
>80～125	≥1～16	6.3	10	16	20	28	40
>125～180	≥1～25	7.5	12	18	25	32	45
>180～250	≥1～25	8.5	14	22	28	40	53
>250～315	≥1～25	10	16	25	32	45	63
>315～400	≥1～25	11.5	18	28	36	53	71

表1-88　蜗轮齿距累积公差 F_p 及 k 个齿距累积公差 F_{pk} 值　（单位：μm）

分度圆弧长 L/mm	精度等级					
	4	5	6	7	8	9
≤11.2	4.5	7	11	16	22	32
>11.2～20	6	10	16	22	32	45
>20～32	8	12	20	28	40	56
>32～50	9	14	22	32	45	63
>50～80	10	16	25	36	50	71
>80～160	12	20	32	45	63	90
>160～315	18	28	45	63	90	125
>315～630	25	40	63	90	125	180
>630～1000	32	50	80	112	160	224
>1000～1600	40	63	100	140	200	280
>1600～2500	45	71	112	160	224	315
>2500～3150	56	90	140	200	280	400
>3150～4000	63	100	160	224	315	450
>4000～5000	71	112	180	250	355	500
>5000～6300	80	125	200	280	400	560

注：1. F_p 和 F_{pk} 按分度圆弧长 L 查表：查 F_p 时，取 $L=\frac{1}{2}\pi m z_2$；查 F_{pk} 时，取 $L=k\pi n$（k 为2到小于 $z_2/2$ 的整数）。

2. 除特殊情况外，对 F_{pk} 的 k 值规定取为小于 $z_2/6$ 的最大整数。

表1-89　蜗轮齿圈径向跳动公差 F_r 值　（单位：μm）

分度圆直径 d_2 /mm	模数 m /mm	精度等级											
		1	2	3	4	5	6	7	8	9	10	11	12
≤125	≥1～3.5	3.0	4.5	7.0	11	18	28	40	50	63	80	100	125
	>3.5～6.3	3.6	5.5	9.0	14	22	36	50	63	80	100	125	160
	>6.3～10	4.0	6.3	10	16	25	40	56	71	90	112	140	180
>125～400	≥1～3.5	3.6	5.0	8	13	20	32	45	56	71	90	112	140
	>3.5～6.3	4.0	6.3	10	16	25	40	56	71	90	112	140	180
	>6.3～10	4.5	7.0	11	18	28	45	63	80	100	125	160	200
	>10～16	5.0	8	13	20	32	50	71	90	112	140	180	224
>400～800	≥1～3.5	4.5	7.0	11	18	28	45	63	80	100	125	160	200
	>3.5～6.3	5.0	8.0	13	20	32	50	71	90	112	140	180	224
	>6.3～10	5.5	9.0	14	22	36	56	80	100	125	160	200	250
	>10～16	7.0	11	18	28	45	71	100	125	160	200	250	315
	>16～25	9.0	14	22	36	56	90	125	160	200	250	315	400
>800～1600	≥1～3.5	5.0	8.0	13	20	32	50	71	90	112	140	180	224
	>3.5～6.3	5.5	9.0	14	22	36	56	80	100	125	160	200	250
	>6.3～10	6.0	10	16	25	40	63	90	112	140	180	224	280
	>10～16	7.0	11	18	28	45	71	100	125	160	200	250	315
	>16～25	9.0	14	22	36	56	90	125	160	200	250	315	400
>1600～2500	≥1～3.5	5.5	9.0	14	22	36	56	80	100	125	160	200	250
	>3.5～6.3	6.0	10	16	25	40	63	90	112	140	180	224	280
	>6.3～10	7.0	11	18	28	45	71	100	125	160	200	250	315
	>10～16	8.0	13	20	32	50	80	112	140	180	224	280	355
	>16～25	10	16	25	40	63	100	140	180	224	280	355	450

（续）

分度圆直径 d_2 /mm	模数 m /mm	精度等级											
		1	2	3	4	5	6	7	8	9	10	11	12
>2500 ~ 4000	≥1 ~ 3.5	6.0	10	16	25	40	63	90	112	140	180	224	280
	>3.5 ~ 6.3	7.0	11	18	28	45	71	100	125	160	200	250	315
	>6.3 ~ 10	8.0	13	20	32	50	80	112	140	180	224	280	355
	>10 ~ 16	9.0	14	22	36	56	90	125	160	200	250	315	400
	>16 ~ 25	10	16	25	40	63	100	140	180	224	280	355	450

表 1-90　蜗轮径向综合公差 F_i'' 值　（单位：μm）

分度圆直径 d_2 /mm	模数 m /mm	精度等级					
		4	5	6	7	8	9
≤125	≥1 ~ 3.5	—	—	—	56	71	90
	>3.5 ~ 6.3	—	—	—	71	90	112
	>6.3 ~ 10	—	—	—	80	100	125
>125 ~ 400	≥1 ~ 3.5	—	—	—	63	80	100
	>3.5 ~ 6.3	—	—	—	80	100	125
	>6.3 ~ 10	—	—	—	90	112	140
	>10 ~ 16	—	—	—	100	125	160
>400 ~ 800	≥1 ~ 3.5	—	—	—	90	112	140
	>3.5 ~ 6.3	—	—	—	100	125	160
	>6.3 ~ 10	—	—	—	112	140	180
	>10 ~ 16	—	—	—	140	180	224
	>16 ~ 25	—	—	—	180	224	280
>800 ~ 1600	≥1 ~ 3.5	—	—	—	100	125	160
	>3.5 ~ 6.3	—	—	—	112	140	180
	>6.3 ~ 10	—	—	—	125	160	200
	>10 ~ 16	—	—	—	140	180	224
	>16 ~ 25	—	—	—	180	224	280
>1600 ~ 2500	≥1 ~ 3.5	—	—	—	112	140	180
	>3.5 ~ 6.3	—	—	—	125	160	200
	>6.3 ~ 10	—	—	—	140	180	224
	>10 ~ 16	—	—	—	160	200	250
	>16 ~ 25	—	—	—	200	250	315
>2500 ~ 4000	≥1 ~ 3.5	—	—	—	125	160	200
	>3.5 ~ 6.3	—	—	—	140	180	224
	>6.3 ~ 10	—	—	—	160	200	250
	>10 ~ 16	—	—	—	180	224	280
	>16 ~ 25	—	—	—	200	250	315

表 1-91　蜗轮一齿径向综合公差 f_i' 值　（单位：μm）

分度圆直径 d_2 /mm	模数 m /mm	精度等级					
		4	5	6	7	8	9
≤ 125	≥1 ~ 3.5	—	—	—	20	28	36
	>3.5 ~ 6.3	—	—	—	25	36	45
	>6.3 ~ 10	—	—	—	28	40	50
>125 ~ 400	≥1 ~ 3.5	—	—	—	22	32	40
	>3.5 ~ 6.3	—	—	—	28	40	50
	>6.3 ~ 10	—	—	—	32	45	56
	>10 ~ 16	—	—	—	36	50	63
>400 ~ 800	≥1 ~ 3.5	—	—	—	25	36	45
	>3.5 ~ 6.3	—	—	—	28	40	50
	>6.3 ~ 10	—	—	—	32	45	56
	>10 ~ 16	—	—	—	40	56	71
	>16 ~ 25	—	—	—	50	71	90
>800 ~ 1600	≥1 ~ 3.5	—	—	—	28	40	50
	>3.5 ~ 6.3	—	—	—	32	45	56
	>6.3 ~ 10	—	—	—	36	50	63
	>10 ~ 16	—	—	—	40	56	71
	>16 ~ 25	—	—	—	50	71	90
>1600 ~ 2500	≥1 ~ 3.5	—	—	—	32	45	56
	>3.5 ~ 6.3	—	—	—	36	50	63
	>6.3 ~ 10	—	—	—	40	56	71
	>10 ~ 16	—	—	—	45	63	80
	>16 ~ 25	—	—	—	56	80	100
>2500 ~ 4000	≥1 ~ 3.5	—	—	—	36	50	63
	>3.5 ~ 6.3	—	—	—	40	56	71
	>6.3 ~ 10	—	—	—	45	63	80
	>10 ~ 16	—	—	—	50	71	90
	>16 ~ 25	—	—	—	56	80	100

表 1-92　蜗轮齿距极限偏差（$\pm f_{pt}$）的 f_{pt} 值　（单位：μm）

分度圆直径 d_2 /mm	模数 m /mm	精度等级					
		4	5	6	7	8	9
≤125	≥1 ~ 3.5	4.0	6	10	14	20	28
	>3.5 ~ 6.3	5.0	8	13	18	25	36
	>6.3 ~ 10	5.5	9	14	20	28	40
>125 ~ 400	≥1 ~ 3.5	4.5	7	11	16	22	32
	>3.5 ~ 6.3	5.5	9	14	20	28	40
	>6.3 ~ 10	6.0	10	16	22	32	45
	>10 ~ 16	7.0	11	18	25	36	50
>400 ~ 800	≥1 ~ 3.5	5.0	8	13	18	25	36
	>3.5 ~ 6.3	5.5	9	14	20	28	40
	>6.3 ~ 10	7.0	11	18	25	36	50
	>10 ~ 16	8.0	13	20	28	40	56
	>16 ~ 25	10	16	25	36	50	71

（续）

分度圆直径 d_2 /mm	模数 m /mm	精度等级					
		4	5	6	7	8	9
>800～1600	≥1～3.5	5.5	9	14	20	28	40
	>3.5～6.3	6.0	10	16	22	32	45
	>6.3～10	7.0	11	18	25	36	50
	>10～16	8.0	13	20	28	40	56
	>16～25	10	16	25	36	50	71
>1600～2500	≥1～3.5	6.0	10	16	22	32	45
	>3.5～6.3	7.0	11	18	25	36	50
	>6.3～10	8.0	13	20	28	40	56
	>10～16	9.0	14	22	32	45	63
	>16～25	11	18	28	40	56	80
>2500～4000	≥1～3.5	7.0	11	18	25	36	50
	>3.5～6.3	8.0	13	20	28	40	56
	>6.3～10	9.0	14	22	32	45	63
	>10～16	10	16	25	36	50	71
	>16～25	11	18	28	40	56	80

表 1-93　蜗轮齿形公差 f_{f2} 值　　（单位：μm）

分度圆直径 d_2 /mm	模数 m /mm	精度等级					
		4	5	6	7	8	9
≤125	≥1～3.5	4.8	6	8	11	14	22
	>3.5～6.3	5.3	7	10	14	20	32
	>6.3～10	6.0	8	12	17	22	36
>125～400	≥1～3.5	5.3	7	9	13	18	28
	>3.5～6.3	6.0	8	11	16	22	36
	>6.3～10	6.5	9	13	19	28	45
	>10～16	7.5	11	16	22	32	50
>400～800	≥1～3.5	6.5	9	12	17	25	40
	>3.5～6.3	7.0	10	14	20	28	45
	>6.3～10	7.5	11	16	24	36	56
	>10～16	9.0	13	18	26	40	63
	>16～25	10.5	16	24	36	56	90
>800～1600	≥1～3.5	8.0	11	17	24	36	56
	>3.5～6.3	9.0	13	18	28	40	63
	>6.3～10	9.5	14	20	30	45	71
	>10～16	10.5	15	22	34	50	80
	>16～25	12	19	28	42	63	100
>1600～2500	≥1～3.5	11	16	24	36	50	80
	>3.5～6.3	11.5	17	25	38	56	90
	>6.3～10	12	18	28	40	63	100
	>10～16	13	20	30	45	71	112
	>16～25	15	22	36	53	80	125

（续）

分度圆直径 d_2 /mm	模数 m /mm	精度等级					
		4	5	6	7	8	9
>2500~4000	≥1~3.5	14	21	32	50	71	112
	>3.5~6.3	15	22	34	53	80	125
	>6.3~10	16	24	36	56	90	140
	>10~16	17	25	38	60	90	140
	>16~25	19	28	45	67	100	160

蜗杆与配对蜗轮的精度等级一般取成相同，但也允许取成不同。对有特殊要求的蜗杆传动，除 F_r、F'_i、f_i'、f_r 外，其蜗杆、蜗轮左右齿面的精度等级也可取成不同。

（3）蜗杆、蜗轮的检验与公差　根据蜗杆传动的工作要求和生产规模，在各公差组中选定一个检验组来评定和验收蜗杆、蜗轮的精度（表1-94）。当检验组中有两项或两项以上公差或极限偏差时，应以检验组中最低的一项精度来评定蜗杆、蜗轮的精度等级。当对蜗杆副的接触斑点有要求时，可用蜗轮的齿形误差 Δf_{f2} 进行检验。

表1-94　圆柱蜗杆和蜗轮的检验组

公差组	蜗杆检验组	蜗轮检验组	公差组	蜗杆检验组	蜗轮检验组
第Ⅰ公差组		F'_i F_p，F_{pk} F_p（用于5~12级） F_r（用于9~12级） F''_i（用于7~12级）	第Ⅱ公差组	f_h，f_{hL}（用于单头蜗杆） f_{px}，f_{hL}（用于多头蜗杆） f_{px}，f_{pxL}，f_r f_{px}，f_{pxL}（用于7~9级） f_{px}（用于10~12级）	f_i' f_i'' （用于7~12级） f_{pt}（用于5~12级）
			第Ⅲ公差组	f_{f1}	f_{f2} 接触斑点（此时可不检验 f_{f2}）

对各精度等级，蜗杆、蜗轮各检验项目的公差或极限偏差见表1-94。蜗轮的 F'_i、f'_i 值按下列关系式计算确定：

$$F'_i = F_p + f_{f2} \tag{1-17}$$

$$f'_i = 0.6(f_{pt} + f_{f2}) \tag{1-18}$$

标准中规定的公差值以蜗杆、蜗轮的工作轴线为测量的基准轴线。当实际测量基准不符合规定时，应从测量结果中消除因基准不同所带来的影响。

当基本蜗杆齿形角 α 不等于20°时，则 f_r、F_r、F''_i 和 f''_i 应乘以 $\sin20°/\sin\alpha$。

（4）传动的检验与公差　蜗杆传动的精度主要以蜗杆副切向综合误差 $\Delta F'_{ic}$、蜗杆副一齿切向综合误差 $\Delta f_{ic}'$ 和蜗杆副接触斑点的形状、分布位置与面积大小来评定。

对5级精度以下（含5级）的传动，允许用 $\Delta F'_i$ 和 $\Delta f_i'$ 来代替 $\Delta F'_{ic}$、$\Delta f'_{ic}$ 进行检验，或以蜗杆、蜗轮相应公差组的检验组中最低结果来评定传动的第Ⅰ、Ⅱ公差组的精度等级。

对不可调中心距的蜗杆传动，应检验 Δf_a、Δf_x、Δf_Σ 和接触斑点，各值见表1-95~表1-98。

F'_{ic}、f_{ic}' 值按下列关系式确定，即

$$F'_{ic} = F_p + f_{ic}' \tag{1-19}$$

$$f_{ic}' = 0.7(f_{ic}' + f_h) \tag{1-20}$$

进行 $\Delta F'_{ic}$、f_{ic}' 和接触斑点检验的蜗杆传动，允许相应的第Ⅰ、Ⅱ、Ⅲ公差组的蜗杆、蜗轮检验组和 Δf_a、Δf_x、Δf_Σ 中任意一项误差超差。

表 1-95　传动接触斑点的要求

精度等级	接触面积的百分比（%）		接触形状	接触位置
	沿齿高不小于	沿齿长不小于		
1 和 2 3 和 4 5 和 6	75 70 65	70 65 60	接触斑点在齿高方向无断缺，不允许成带状条纹	接触斑点痕迹的分布位置趋近齿面中部，允许略偏于啮入端。在齿顶和啮入、啮出端的棱边处不允许接触
7 和 8 9 和 10 11 和 12	55 45 30	50 40 30	不作要求	接触斑点痕迹应偏于啮出端，但不允许在齿顶和啮入、啮出端的棱边接触

注：1. 采用修形齿面的蜗杆传动，接触斑点的要求可不受本标准规定的限制。

2. 配对蜗轮、蜗杆作为蜗杆副在检查仪上检验接触面积时，应将表值增加 5%。

表 1-96　传动中心距极限偏差（$\pm f_a$）的 f_a 值　　（单位：μm）

传动中心距 a /mm	精度等级 4	5 和 6	7 和 8	9	传动中心距 a /mm	精度等级 4	5 和 6	7 和 8	9
≤30	11	17	26	42	>400 ~ 500	32	50	78	125
>30 ~ 50	13	20	31	50	>500 ~ 630	35	55	87	140
>50 ~ 80	15	23	37	60	>630 ~ 800	40	62	100	160
>80 ~ 120	18	27	44	70	>800 ~ 1000	45	70	115	180
>120 ~ 180	20	32	50	80	>1000 ~ 1250	52	82	130	210
>180 ~ 250	23	36	58	92	>1250 ~ 1600	62	97	155	250
>250 ~ 315	26	40	65	105	>1600 ~ 2000	75	115	185	300
>315 ~ 400	28	45	70	115	>2000 ~ 2500	87	140	220	350

表 1-97　传动轴交角极限偏差（$\pm f_\Sigma$）的 f_Σ 值　　（单位：μm）

蜗轮齿宽 b_2 /mm	精度等级 4	5	6	7	8	9
≤30	6	8	10	12	17	24
>30 ~ 50	7.1	9	11	14	19	28
>50 ~ 80	8	10	13	16	22	32
>80 ~ 120	9	12	15	19	24	36
>120 ~ 180	11	14	17	22	28	42
>180 ~ 250	13	16	20	25	32	48
>250			22	28	36	53

表 1-98　传动中间平面极限偏差（$\pm f_x$）的 f_x 值　　（单位：μm）

传动中心距 a /mm	精度等级 4	5 和 6	7 和 8	9	传动中心距 a /mm	精度等级 4	5 和 6	7 和 8	9
≤30	9	14	21	34	>400 ~ 500	26	40	63	100
>30 ~ 50	10.5	16	25	40	>500 ~ 630	28	44	70	112
>50 ~ 80	12	18.5	30	48	>630 ~ 800	32	50	80	130
>80 ~ 120	14.5	22	36	56	>800 ~ 1000	36	56	92	145
>120 ~ 180	16	27	40	64	>1000 ~ 1250	42	66	105	170
>180 ~ 250	18.5	29	47	74	>1250 ~ 1600	50	78	125	200
>250 ~ 315	21	32	52	85	>1600 ~ 2000	60	92	150	240
>315 ~ 400	23	36	56	92	>2000 ~ 2500	70	112	180	280

(5) 蜗杆传动的侧隙　将最小侧隙种类分为八种：a、b、c、d、e、f、g、h，其值以 a 为最大，依次减小，h 为零（图 1-31）。侧隙种类与精度等级无关。

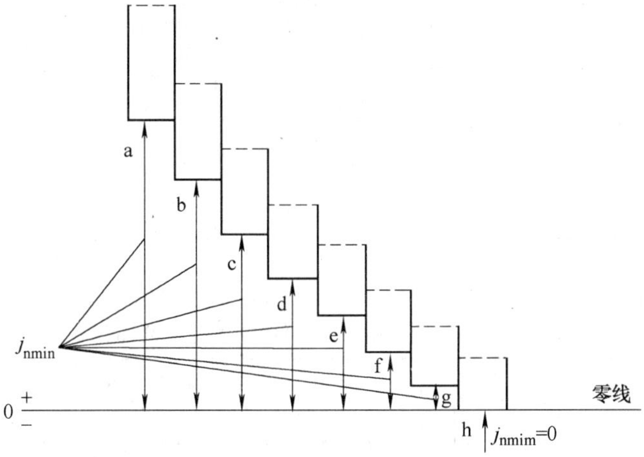

图 1-31　侧隙种类

蜗杆传动的侧隙要求，应根据工作条件和使用要求用侧隙种类的代号表示。各种侧隙的最小法向侧隙 j_{nmin} 值列于表 1-99。

表 1-99　传动的最小法向侧隙 j_{nmin} 值　（单位：μm）

传动中心距 a /mm	侧隙种类							
	h	g	f	e	d	c	b	a
≤ 30	0	9	13	21	33	52	84	130
>30 ~ 50	0	11	16	25	39	62	100	160
>50 ~ 80	0	13	19	30	46	74	120	190
>80 ~ 120	0	15	22	35	54	87	140	220
>120 ~ 180	0	18	25	40	63	100	160	250
>180 ~ 250	0	20	29	46	72	115	185	290
>250 ~ 315	0	23	32	52	81	130	210	320
>315 ~ 400	0	25	36	57	89	140	230	360
>400 ~ 500	0	27	40	63	97	155	250	400
>500 ~ 630	0	30	44	70	110	175	280	440
>630 ~ 800	0	35	50	80	125	200	320	500
>800 ~ 1000	0	40	56	90	140	230	360	560
>1000 ~ 1250	0	46	66	105	165	260	420	660
>1250 ~ 1600	0	54	78	125	195	310	500	780
>1600 ~ 2000	0	65	92	150	230	370	600	920
>2000 ~ 2500	0	77	110	175	280	440	700	1100

注：1. 传动的最小圆周侧隙

$$j_{tmin} \approx j_{nmin} / (\cos\gamma' \cos\alpha_n)$$

式中　γ'—— 蜗杆节圆柱导程角；

α_n——蜗杆法向齿形角。

2. 本表按标准温度 20℃ 考虑，如温度较高可适当考虑线膨胀因素。

传动的最小法向侧隙由蜗杆齿厚的减薄量来保证，即取蜗杆齿厚上偏差 $E_{ss1} = -[(j_{nmin}/\cos\alpha_n) + E_{s\Delta}]$，齿厚下偏差 $E_{si1} = E_{ss1} - T_{s1}$，$E_{s\Delta}$ 为制造误差的补偿部分。最大法向侧隙由蜗杆、蜗轮齿厚公差 T_{s1}、T_{s2} 确定，蜗轮齿厚上偏差 $E_{ss2} = 0$，下偏差 $E_{si2} = -T_{s2}$。各精度等级的 T_{s1}、$E_{s\Delta}$ 和 T_{s2} 值分别列于表 1-100 ~ 表 1-102。

表 1-100　蜗杆齿厚公差 T_{s1} 值　（单位：μm）

模数 m /mm	精度等级					
	4	5	6	7	8	9
≥1 ~3.5	25	30	36	45	53	67
>3.5 ~6.3	32	38	45	56	71	90
>6.3 ~10	40	48	60	71	90	110
>10 ~16	50	60	80	95	120	150
>16 ~25	—	85	110	130	160	200

注：1. 精度等级按蜗杆第Ⅱ公差组确定。

2. 对传动最大法向侧隙 j_{nmax} 无要求时，允许蜗杆齿厚公差 T_{s1} 增大，最大不超过两倍。

表 1-101　蜗杆齿厚上偏差（E_{ss1}）中的误差补偿部分 $E_{s\Delta}$ 值　（单位：μm）

精度等级	模数 m /mm	传动中心距 a/mm															
		≤30	>30 ~50	>50 ~80	>80 ~120	>120 ~180	>180 ~250	>250 ~315	>315 ~400	>400 ~500	>500 ~630	>630 ~800	>800 ~1000	>1000 ~1250	>1250 ~1600	>1600 ~2000	>2000 ~2500
4	≥1 ~3.5	15	16	18	20	22	25	28	30	32	36	40	46	53	63	75	90
	>3.5 ~6.3	16	18	19	22	24	26	30	32	36	38	42	48	56	63	75	90
	>6.3 ~10	19	20	22	24	25	28	30	32	36	38	45	50	56	65	80	90
	>10 ~16	—	—	—	28	30	32	32	36	38	40	45	50	56	65	80	90
5	≥1 ~3.5	25	25	28	32	36	40	45	48	51	56	63	71	85	100	115	140
	>3.5 ~6.3	28	28	30	36	38	40	45	50	53	58	65	75	85	100	120	140
	>6.3 ~10	—	—	—	38	40	45	48	50	56	60	68	75	85	100	120	145
	>10 ~16	—	—	—	—	45	48	50	56	60	65	71	80	90	105	120	145
6	≥1 ~3.5	30	30	32	36	40	45	48	50	56	60	65	75	85	100	120	140
	>3.5 ~6.3	32	36	38	40	45	48	50	56	60	63	70	75	90	100	120	140
	>6.3 ~10	42	45	45	48	50	52	56	60	63	68	75	80	90	105	120	145
	>10 ~16	—	—	—	58	60	63	65	68	71	75	80	85	95	110	125	150
	>16 ~25	—	—	—	—	75	78	80	85	85	90	95	100	110	120	135	160
7	≥1 ~3.5	45	48	50	56	60	71	75	80	85	95	105	120	135	160	190	225
	>3.5 ~6.3	50	56	56	63	68	75	80	85	90	100	110	125	140	160	190	225
	>6.3 ~10	60	63	65	71	75	80	85	90	95	105	115	130	140	165	195	225
	>10 ~16	—	—	—	80	85	90	95	100	105	110	125	135	150	170	200	230
	>16 ~25	—	—	—	—	115	120	120	125	130	135	145	155	165	185	210	240
8	≥1 ~3.5	50	56	58	63	68	75	80	85	90	100	110	125	140	160	190	225
	>3.5 ~6.3	68	71	75	78	80	85	90	95	100	110	120	130	145	170	195	230
	>6.3 ~10	80	85	90	90	95	100	100	105	110	120	130	140	150	175	200	235
	>10 ~16	—	—	—	110	115	115	120	125	130	135	140	155	165	185	210	240
	>16 ~25	—	—	—	—	150	155	155	160	160	170	175	180	190	210	230	260
9	≥1 ~3.5	75	80	90	95	100	110	120	130	140	155	170	190	220	260	310	360
	>3.5 ~6.3	90	95	100	105	110	120	130	140	150	160	180	200	225	260	310	360
	>6.3 ~10	110	115	120	125	130	140	145	155	160	170	190	210	235	270	320	370
	>10 ~16	—	—	—	160	165	170	180	185	190	200	220	230	255	290	335	380
	>16 ~25	—	—	—	—	215	220	225	230	235	245	255	270	290	320	360	400

注：精度等级按蜗杆第Ⅱ公差组确定。

表1-102　蜗轮齿厚公差 T_{s2} 值　(单位:μm)

分度圆直径 d_2 /mm	模数 m /mm	精度等级					
		4	5	6	7	8	9
≤125	≥1~3.5	45	56	71	90	110	130
	>3.5~6.3	48	63	85	110	130	160
	>6.3~10	50	67	90	120	140	170
>125~400	≥1~3.5	48	60	80	100	120	140
	>3.5~6.3	50	67	90	120	140	170
	>6.3~10	56	71	100	130	160	190
	>10~16	—	80	110	140	170	210
	>16~25	—	—	130	170	210	260
>400~800	≥1~3.5	48	63	85	110	130	160
	>3.5~6.3	50	67	90	120	140	170
	>6.3~10	56	71	100	130	160	190
	>10~16	—	85	120	160	190	230
	>16~25	—	—	140	190	230	290
>800~1600	≥1~3.5	50	67	90	120	140	170
	>3.5~6.3	56	71	100	130	160	190
	>6.3~10	60	80	110	140	170	210
	>10~16	—	85	120	160	190	230
	>16~25	—	—	140	190	230	290
>1600~2500	≥1~3.5	56	71	100	130	160	190
	>3.5~6.3	60	80	110	140	170	210
	>6.3~10	63	85	120	160	190	230
	>10~16	—	90	130	170	210	260
	>16~25	—	—	160	210	260	320
>2500~4000	≥1~3.5	60	80	110	140	170	210
	>3.5~6.3	63	85	120	160	190	230
	>6.3~10	67	90	130	170	210	260
	>10~16	—	100	140	190	230	290
	>16~25	—	—	160	210	260	320

注：1. 精度等级按蜗杆第Ⅱ公差组确定。

2. 在最小法向侧隙能保证的条件下，T_{s2} 公差带允许采用对称分布。

对可调中心距传动或不要求互换的传动，其蜗轮的齿厚公差可不作规定，蜗杆齿厚的上、下偏差由设计者按需要确定。

各种侧隙种类的侧隙规范数值是蜗杆传动在20℃时的情况，未计入传动发热和传动弹性变形的影响。

(6) 齿坯公差及各公差、极限偏差的关系式　蜗杆、蜗轮齿坯的尺寸、形状公差见表1-103。基准面的径向和轴向圆跳动公差见表1-104。各精度等级的极限偏差和公差与蜗杆、蜗轮几何参数的关系式见表1-105～表1-107。超出本标准规定几何参数范围的蜗杆、蜗轮及传动，允许按表1-105～表1-107所列的关系式计算确定。

对齿坯的要求：蜗杆、蜗轮在加工、检验、安装时的径向、轴向基准面应尽可能一致，并应在相应的零件工作图上标注。

表 1-103　蜗杆、蜗轮齿坯的尺寸、形状公差

精度等级		1	2	3	4	5	6	7	8	9	10	11	12
孔	尺寸公差	IT4	IT4	IT4		IT5	IT6	IT7		IT8		IT8	
	形状公差	IT1	IT2	IT3		IT4	IT5	IT6		IT7		—	
轴	尺寸公差	IT4	IT4	IT4		IT5		IT6		IT7		IT8	
	形状公差	IT1	IT2	IT3		IT4		IT5		IT6		—	
齿顶圆直径公差		IT6		IT7		IT8				IT9		IT11	

注：1. 当三个公差组的精度等级不同时，按最高精度等级确定公差。

2. 当齿顶圆不作测量齿厚基准时，尺寸公差按 IT11 确定，但不得大于 0.1mm。

3. IT 为标准公差，按 GB/T 1800.1—2009 的规定确定。

表 1-104　蜗杆、蜗轮齿坯基准面的径向和轴向圆跳动公差　（单位：μm）

基准面直径 d /mm	精度等级 1～2	3～4	5～6	7～8	9～10	11～12
≤31.5	1.2	2.8	4	7	10	10
>31.5～63	1.6	4	6	10	16	18
>63～125	2.2	5.5	8.5	14	22	22
>125～400	2.8	7	11	18	28	28
>400～800	3.6	9	14	22	36	36
>800～1600	5.0	12	20	32	50	50
>1600～2500	7.0	18	28	45	71	71
>2500～4000	10	25	40	63	100	100

注：1. 当三个公差组的精度等级不同时，按最高精度等级确定公差。

2. 当以齿顶圆作为测量基准时，也即为蜗杆、蜗轮的齿坯基准面。

表 1-105　极限偏差和公差与蜗杆几何参数的关系式

精度等级	f_h		f_{hL}		f_{px}		f_{pxL}		f_r		f_{f1}		T_{s1}	
	$f_h=Am+C$		$f_{hL}=Am+C$		$f_{px}=Am+C$		$f_{pxL}=Am+C$		$f_r=Ad_1+C$		$f_{f1}=Am+C$		$T_{s1}=Am+C$	
	A	C	A	C	A	C	A	C	A	C	A	C	A	C
1	0.110	0.8	0.22	1.64	0.08	0.56	0.132	1.02	0.005	1.0	0.13	0.80	1.23	8.9
2	0.180	1.32	0.364	2.62	0.12	0.92	0.212	1.63	0.007	1.52	0.21	1.33	1.5	11.1
3	0.284	2.09	0.575	4.15	0.19	1.45	0.335	2.55	0.011	2.4	0.34	2.1	1.9	13.9
4	0.45	3.3	0.91	6.56	0.3	2.28	0.53	4.03	0.018	3.8	0.53	3.3	2.4	17.3
5	0.72	5.2	1.44	10.4	0.48	3.6	0.84	6.38	0.028	6.0	0.84	5.2	3.0	21.6
6	1.14	8.2	2.28	16.5	0.76	5.7	1.33	10.1	0.044	9.5	1.33	8.2	3.8	27
7	1.6	11.5	3.2	23.1	1.08	8.2	1.88	14.3	0.063	13.4	1.88	11.8	4.7	33.8
8	—	—	—	—	1.51	11.4	2.64	20	0.088	18.8	2.64	16.3	5.9	42.2
9	—	—	—	—	2.10	16	3.8	28	0.124	26.4	3.69	22.8	7.3	52.8
10	—	—	—	—	3.0	22.4	—	—	0.172	36.9	5.2	32	10.2	73.8
11	—	—	—	—	4.2	31	—	—	0.24	52	7.24	44.8	14.4	103.4
12	—	—	—	—	5.8	44	—	—	0.34	72	10.2	63	20.1	144.7

注：采用代号：m 为蜗杆轴向模数（mm）；d_1 为蜗杆分度圆直径（mm）。

表 1-106　极限偏差和公差与蜗轮几何参数的关系式

精度等级	F_p（或 F_{pk}）		F_r		F_i'		$\pm f_{pt}$		f_i''		f_{f2}		f_Σ	
	$F_p=B\sqrt{L}+C$		$F_r=Am+B\sqrt{d_2}+C$ $B=0.25A$		$F_i''=Am+B\sqrt{d_2}+C$ $B=0.25A$		$f_{pt}=Am+B\sqrt{d_2}+C$ $B=0.25A$		$f_i''=Am+B\sqrt{d_2}+C$ $B=0.25A$		$f_{f2}=Am+B\sqrt{d_2}+C$ $B=0.0125A$		$f_\Sigma=B\sqrt{b_2}+C$	
	B	C	A	C	A	C	A	C	A	C	A	C	B	C
1	0.25	0.63	0.224	2.8	—	—	0.063	0.8	—	—	0.063	2	—	—
2	0.40	1	0.355	4.5	—	—	0.10	1.25	—	—	0.10	2.5	—	—
3	0.63	1.6	0.56	7.1	—	—	0.16	2	—	—	0.16	3.15	0.50	2.5
4	1	2.5	0.90	11.2	—	—	0.25	3.15	—	—	0.25	4	0.63	3.2
5	1.6	4	1.40	18	—	—	0.40	5	—	—	0.40	5	0.8	4
6	2.5	6.3	2.24	28	—	—	0.63	8	—	—	0.63	6.3	1	5
7	3.55	9	3.15	40	4.5	56	0.90	11.2	1.25	16	1	8	1.25	6.3
8	5	12.5	4	50	5.6	71	1.25	16	1.8	22.4	1.6	10	1.8	8
9	7.1	18	5	63	7.1	90	1.8	22.4	2.24	28	2.5	16	2.5	11.2
10	10	25	6.3	80	9.0	112	2.5	31.5	2.8	35.5	4	25	3.55	16
11	14	35.5	8	100	11.2	140	3.55	45	3.55	45	6.3	40	5	22.4
12	20	50	10	125	14.0	180	5	63	4.5	56	10	63	7.1	31.5

注：1. 采用代号：m 为模数（mm）；d_2 为蜗轮分度圆直径（mm）；L 为蜗轮分度圆弧长（mm）；b_2 为蜗轮齿宽（mm）。

2. $d_2\leqslant 400$mm 的 F_r、F_r'' 公差按表中所列关系式再乘以 0.8 确定。

表 1-107　极限偏差或公差间的相关关系式

序号	代号	精度等级											
		1	2	3	4	5	6	7	8	9	10	11	12
1	f_a	$\frac{1}{2}$IT4	$\frac{1}{2}$IT5	$\frac{1}{2}$IT6	$\frac{1}{2}$IT7	$\frac{1}{2}$IT8		$\frac{1}{2}$IT9		$\frac{1}{2}$IT10		$\frac{1}{2}$IT11	
2	f_x	$0.8f_a$											
3	j_{nmin}	h(0)，g(IT5)，f（IT6)，e（IT7)，d（IT8)，c(IT9)，b（IT10)，a（IT11）											
4	j_{tmax}	$\left\|E_{ss1}\right\|+T_{s1}+T_{s2}\cos\gamma'\cos\alpha_n+2\sin\sqrt{\frac{1}{4}F_r^2+f_a^2}$											
5	j_t	$\approx j_n/(\cos\gamma'\cos\alpha_n)$											
6	E_{ss1}	$-[(j_{nmin}/\cos\alpha_n)+E_{s\Delta}]$											
7	$E_{s\Delta}$	$\sqrt{f_a^2+10f_{px}^2}$											
8	T_{s2}	$1.3F_r+25$											

注：采用代号：γ'为蜗杆节圆柱导程角；α_n 为蜗杆法向齿形角；IT 为标准公差。

1.3.11　齿条的精度等级

本节简要介绍标准 GB/T 10096—1988《齿条精度》。

标准规定了齿条及齿条副的误差定义、代号、精度等级，齿坯要求，齿条与齿条副的公差与检验，侧隙和图样标注。

标准适用于齿条及由直齿或斜齿圆柱齿轮与齿条组成的齿条副。齿条的法向模数为 1～40mm，齿条的工作宽度≤630mm。基本齿廓参照 GB/T 1356—2001 的规定。

1. 齿条、齿条副及侧隙的定义和代号（表 1-108）。

表 1-108　齿条、齿条副及侧隙的定义和代号

名称与代号	定义
切向综合误差 $\Delta F_i'$ 切向综合公差 F_i'	当齿轮轴线与齿条基准面①在公称位置上，被测齿条与理想精确测量齿轮单面啮合时，被测齿条沿其分度线在工作长度内平移的实际值与公称值之差的总幅度值
一齿切向综合误差 $\Delta f_i'$ 一齿切向综合公差 f_i'	当齿轮轴线与齿条基准面在公称位置上，被测齿条与理想精确的测量齿轮单面啮合时，被测齿条沿其分度线在工作长度内平移一个齿距的实际值与公称值之差的最大幅度值
径向综合误差 $\Delta F_i''$ 径向综合公差 F_i'	被测齿条与理想精确的测量齿轮双面啮合时，在工作长度内（在齿条上取不超过 50 个齿距的任意一段），被测齿条基准面到理想精确的测量齿轮中心之间距离的最大变动量
一齿径向综合误差 $\Delta f_i''$ 一齿径向综合公差 f_i'	被测齿条与理想精确的测量齿轮双面啮合时，齿条移动一个齿距（在齿条上取不超过 50 个齿距的任意一段），被测齿条基准面到理想精确的测量齿轮中心之间距离的最大变动量
齿距累积误差 ΔF_p 齿距累积公差 F_p	在齿条的分度线上，任意两个同侧齿廓间实际齿距与公称齿距之差的最大绝对值（在齿条上取不超过 50 个齿距的任意一段来确定）
齿槽跳动 ΔF_r 齿槽跳动公差 F_r	从齿槽等宽处到齿条基准面距离的最大差值（在齿条取不超过 50 个齿距的任意一段来确定）
齿形误差 Δf_f 齿形公差 f_f	在法截面（垂直于齿向的截面）上，齿形工作部分内，包容实际齿形且距离为最小的两条设计齿形间的距离
齿距偏差 Δf_{pt} 齿距极限偏差 $\pm f_{pt}$	在齿条分度线上，实际齿距与公称齿距之差
齿向偏差 ΔF_β 齿向公差 F_β	在齿条分度面上，有效齿宽范围内，包容实际齿线且距离为最小的两条设计齿线之间的端面距离
齿厚偏差 ΔE_s 齿厚极限偏差　上偏差 E_{ss} 　　　　　　　下偏差 E_{si} 　　　　　　　公差 T_s	在分度面上，齿厚实际值与公称值之差 对斜齿条，指法向齿厚
齿条副的切向综合误差 $\Delta F_{ic}'$ 齿条副的切向综合误差 F_{ic}'	安装好的齿条副，在工作长度内，齿条沿分度线平移的实际值与公称值之差的总幅度值
齿条副的一齿切向综合误差 $\Delta f_{ic}'$ 齿条副的一齿切向综合公差 f_{ic}'	安装好的齿条副，在工作长度内，齿条沿分度线平移一个齿距的实际值与公称值之差的最大幅度值
齿条副的侧隙 圆周侧隙 j_t	装配好的齿条副，齿条固定不动时，齿轮的圆周晃动量。以分度圆上弧长计算
法向侧隙 j_n 最大圆周侧隙 j_{tmax} 最小圆周侧隙 j_{tmin} 最大法向侧隙 j_{nmax} 最小法向侧隙 j_{nmin}	装配好的齿条副，当工作齿面接触时，非工作齿面间的最小距离 $j_n = j_t \cos\beta\cos\alpha$

（续）

名称与代号	定义
齿条副的接触斑点 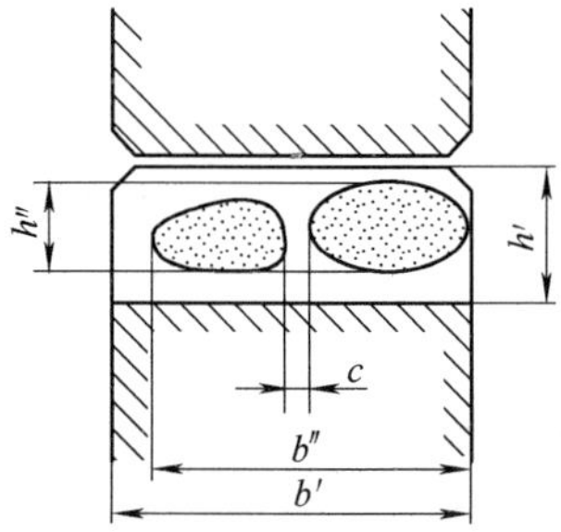 	装配好的齿条副，在轻微的制动下，运转后齿面上分布的接触擦亮痕迹 接触痕迹的大小在齿面上用百分数计算 沿齿长方向：接触痕迹的长度 b''（扣除超过模数值的断开部分 c）与工作长度 b' 之比的百分数，即 $\frac{b''-c}{b'}\times 100\%$ 沿齿高方向：接触痕迹的平均高度 h'' 与工作高度 h' 之比的百分数，即 $\frac{h''}{h'}\times 100\%$
轴线的平行度误差 Δf_x 轴线的平行度公差 f_x	安装好的齿条副，齿轮的旋转轴线对齿条基准面的平行度误差 在等于齿轮齿宽的长度上测量
轴线的垂直度误差 Δf_y 轴线的垂直度公差 f_y	安装好的齿条副，齿轮的旋转轴线对齿条基准面的平行度误差 在等于齿轮齿宽的长度上测量
安装距偏差 Δf_a 安装距极限偏差 $\pm\Delta f_a$	安装好的齿条副，齿轮轴线到齿条基准面的实际距离与公称距离之差

① 基准面是用于确定齿条分度线与齿线位置的平面。

2. 精度等级

标准对齿条及齿条副规定 12 个精度等级，1 级精度等级最高，12 级精度等级最低。其中 1 级与 2 级精度预定为将来的发展精度，其公差与偏差未列出。

齿条的各项公差与极限偏差分成三个公差组。根据不同的使用要求，允许各公差组选用不同的精度等级，但在同一公差组内，各项公差与极限偏差应保持相同的精度等级。齿条与齿条副的公差及检验项目见表 1-109。

表 1-109　齿条与齿条副的公差及检验项目

<table>
<tr><td rowspan="7">齿条</td><td colspan="6">公差组</td></tr>
<tr><td colspan="2">Ⅰ</td><td colspan="2">Ⅱ</td><td colspan="2">Ⅲ</td></tr>
<tr><td>检验组</td><td>公差或偏差</td><td>检验组</td><td>公差或偏差</td><td>检验组</td><td>公差或偏差</td></tr>
<tr><td>$\Delta F_i'$</td><td>$F_i' = F_p + f_f$</td><td>$\Delta f_i'$</td><td rowspan="4">f_i'（表 1-113）
f_f（表 1-114）
f_i''（表 1-115）
f_{pt}（表 1-116）</td><td rowspan="4">ΔF_β</td><td rowspan="4">F_β（表 1-117）</td></tr>
<tr><td>ΔF_p</td><td>F_p（表 1-110）</td><td>Δf_{pt} 与 Δf_f</td></tr>
<tr><td>$\Delta F_i''$</td><td>F_i''（表 1-111）</td><td>$\Delta f_i''$</td></tr>
<tr><td>ΔF_r</td><td>F_r（表 1-112）</td><td>Δf_{pt}①</td></tr>
<tr><td rowspan="2">齿条副</td><td>检验项目</td><td>$\Delta F_{ic}'$</td><td colspan="2">$\Delta f_{ic}'$</td><td>接触斑点②</td><td>Δf_x、Δf_y</td><td>侧隙</td></tr>
<tr><td>公差</td><td>$F_{ic}' = F_{i1}' + F_{i2}'$③</td><td colspan="2">$f_{ic}' = \lvert f_{pt1} \rvert + \lvert f_{pt2} \rvert$④</td><td>见表 1-118</td><td>f_x、f_y（表 1-119）</td><td></td></tr>
</table>

① 用于 9～12 级精度。

② 若接触斑点的精度确有保证时，则齿条副中齿轮与齿条的第Ⅲ公差组可不予检验。

③ F_{i1}' 为齿轮的切向综合误差，F_{i2}' 为齿条的切向综合误差。当齿条与齿轮的齿数比为不大于 3 的整数，且采用选配时，F_{ic}' 应比计算式少 25% 左右。

④ f_{pt1} 为齿轮的齿距极限偏差，f_{pt2} 为齿条的齿距极限偏差，见表 1-116。

表 1-110　齿距累积公差 F_p 值　（单位：μm）

精度等级	法向模数 m_n/mm	齿条长度/mm								
		~32	>32~50	>50~80	>80~160	>160~315	>315~630	>630~1000	>1000~1600	>1600~2500
3	≥1~10	6	6.5	7	10	13	18	24	35	50
4	≥1~10	10	11	12	15	20	30	40	55	75
5	≥1~16	15	17	20	24	35	50	60	75	95
6	≥1~16	24	27	30	40	55	75	95	120	135
7	≥1~25	35	40	45	55	75	110	135	170	200
8	≥1~25	50	56	63	75	105	150	190	240	280
9	≥1~40	70	80	90	106	150	212	265	335	400
10	≥1~40	95	110	125	150	210	300	375	475	550
11	≥1~40	132	160	170	212	280	425	530	670	750
12	≥1~40	190	212	240	300	400	600	710	900	1000

表 1-111　径向综合公差 F_i'' 值　（单位：μm）

法向模数 m_n/mm	精度等级									
	3	4	5	6	7	8	9	10	11	12
≥1~3.5	—	14	22	38	50	70	105	150	210	300
>3.5~6.3	—	20	32	50	70	105	150	200	300	420
>6.3~10	—	24	38	60	80	120	170	240	350	480
>10~16	—	32	50	75	105	150	200	300	420	600

表 1-112　齿槽跳动公差 F_r 值　（单位：μm）

法向模数 m_n/mm	精度等级									
	3	4	5	6	7	8	9	10	11	12
≥1~3.5	6	7	14	24	32	45	65	90	130	180
>3.5~6.3	8	13	21	34	45	65	90	130	180	260
>6.3~10	9	15	24	38	55	75	105	150	220	300
>10~16	11	18	30	45	63	90	130	180	260	370
>16~25	14	24	36	56	90	112	160	220	320	460
>25~40	17	28	45	71	100	140	200	300	420	600

表 1-113　一齿切向综合公差 f_i' 值　（单位：μm）

法向模数 m_n/mm	精度等级									
	3	4	5	6	7	8	9	10	11	12
≥1~3.5	5.5	9	14	22	32	45	63	90	125	170
>3.5~6.3	8	12	19	30	45	63	90	125	170	240
>6.3~10	9	14	22	36	50	70	100	140	190	265
>10~16	12	19	30	45	63	90	125	170	240	340
>16~25	14	22	36	56	80	112	160	220	300	425
>25~40	20	30	45	71	95	132	190	265	360	530

表 1-114　齿形公差 $\pm f_f$ 值　（单位：μm）

法向模数 m_n/mm	精度等级									
	3	4	5	6	7	8	9	10	11	12
≥1 ~ 3.5	3	5	7.5	12	18	25	35	50	70	100
>3.5 ~ 6.3	4.5	7	10	17	24	34	48	63	90	130
>6.3 ~ 10	5	8	12	20	28	40	55	75	110	150
>10 ~ 16	7	10	16	25	35	50	70	95	132	190
>16 ~ 25	8	12	20	32	45	63	90	125	170	240
>25 ~ 40	10	16	25	40	56	71	100	140	190	265

表 1-115　一齿径向综合公差 f_i' 值　（单位：μm）

法向模数 m_n/mm	精度等级									
	3	4	5	6	7	8	9	10	11	12
≥1 ~ 3.5	—	5	8	14	19	28	40	55	80	110
>3.5 ~ 6.3	—	7.5	12	19	26	40	55	75	110	155
>6.3 ~ 10	—	9	14	22	30	45	60	90	125	170
>10 ~ 16	—	12	18	28	40	55	75	110	155	210

表 1-116　齿距极限偏差 $\pm f_{pt}$ 值　（单位：μm）

法向模数 m_n/mm	精度等级									
	3	4	5	6	7	8	9	10	11	12
≥1 ~ 3.5	2.5	4	6	10	14	20	28	40	56	80
>3.5 ~ 6.3	3.6	5.5	9	14	20	28	40	56	85	112
>6.3 ~ 10	4	6	10	16	22	32	45	63	90	125
>10 ~ 16	5.5	9	13	20	28	40	56	80	112	160
>16 ~ 25	6	10	16	22	35	50	71	100	140	200
>25 ~ 40	9	13	20	28	40	63	90	125	180	250

表 1-117　齿向公差 F_β 值　（单位：μm）

精度等级	法向模数 m_n/mm	齿条长度/mm					
		≈40	>40 ~ 100	>100 ~ 160	>160 ~ 250	>250 ~ 400	>400 ~ 630
3	≥1 ~ 10	4.5	6	8	10	12	14
4	≥1 ~ 10	5.5	8	10	12	14	17
5	≥1 ~ 16	7	10	12	14	18	22
6	≥1 ~ 16	9	12	16	20	24	28
7	≥1 ~ 25	11	16	20	24	28	34
8	≥1 ~ 25	18	25	32	38	45	55
9	≥1 ~ 40	28	40	50	60	75	90
10	≥1 ~ 40	45	65	80	105	120	140
11	≥1 ~ 40	71	100	125	160	190	220
12	≥1 ~ 40	112	160	200	240	300	360

表 1-118　接触斑点　(%)

接触斑点	精度等级						
	3	4	5	6	7	8	9
按高度不小于	65	60	55	50	45	30	20
按长度不小于	95	90	80	70	60	40	25

表 1-119　公差 f_x、f_y

轴线的平行度公差 $f_x = F_\beta$	F_β（表 1-117）
轴线的垂直度公差 $f_y = \frac{1}{2}F_\beta$	

3. 齿条与齿条副的公差及检验

根据齿条副的使用要求和生产规模，在各公差组中，选定检查组来检定和验收齿条的精度，或按订货协议来检定和验收齿条。

齿轮副的精度要求包括齿条副的切向综合误差 $\Delta F'_{ic}$、齿条副的一齿切向综合误差 $\Delta f'_{ic}$、齿条副的接触斑点大小及侧隙要求，如这四方面要求均能满足，则此齿条副即为合格。齿条副中，允许齿轮与齿条的精度等级不同，通常齿轮精度不低于齿条精度。对于采用修形齿面的齿条副或有特殊要求的齿条副来说，接触斑点精度可以自定。

4. 侧隙

齿条副的侧隙要求应根据工作齿条作用、最大极限侧隙 j_{nmax}（或 j_{tmax}）与最小极限侧隙 j_{nmin}（或 j_{tmin}）来规定。齿厚极限偏差的上偏差 E_{ss} 及下偏差 E_{si} 的代号和数值与圆柱齿轮副相同。测量齿条副侧隙时的安装距极限偏差 $\pm f_a$ 见表 1-120。

表 1-120　安装距极限偏差 $\pm f_a$　（单位：μm）

第Ⅱ公差组精度等级			3～4	5～6	7～8	9～10	11～12
齿条副的安装距/mm	大于	到	$\frac{1}{2}$IT6	$\frac{1}{2}$IT7	$\frac{1}{2}$IT8	$\frac{1}{2}$IT9	$\frac{1}{2}$IT11
	18	30	6.5	10.5	16.5	26	65
	30	50	8	12.5	19.5	31	80
	50	80	9.5	15	23	37	90
	80	120	11	17.5	27	43.5	110
	120	180	12.5	20	31.5	50	125
	180	250	14.5	23	36	57.5	145
	250	315	16	26	40.5	65	160
	315	400	18	28.5	44.5	70	180
	400	500	20	31.5	48.5	77.5	200
	500	630	22	35	55	87	220
	630	800	258	40	62	100	250
	800	1000	28	45	70	115	280
	1000	1250	33	52	82	130	330
	1250	1600	39	62	97	155	390
	1600	2000	45	75	115	185	460

1.3.12　齿轮的图样标注

这里只举例说明渐开线圆柱齿轮的图样标注。

1. 齿轮图样上应注明的尺寸数据

齿轮图样是进行加工、检验和安装的重要原始依据，是组织生产和全面质量管理必不可少的技术文件。

齿轮图样反映了设计师为保证产品性能要求，对齿轮制造质量所提出的技术要求。设计师在齿轮图样上除了标注材料和热处理质量外，还应按照 GB/T 6443—1986《渐开线圆柱齿轮图样上应注明的尺寸数据》的规定，进行尺寸数据的标注。

（1）需要在图样上标注的一般尺寸数据

1）顶圆直径及其公差。

2）分度圆直径。

3）齿宽。

4）孔（或轴）径及其公差。

5）定位面及其要求。

6）齿轮表面粗糙度。

（2）需要用表格列出的数据

1）法向模数。

2）齿数。

3）基本齿廓（符合 GB/T 1356—2001《通用机械和重型机械用圆柱　齿轮　标准基本齿条齿廓》时仅注明齿形角，不符合时则应以图样详述其特性）。

4）齿顶高系数。

5）螺旋角。

6）螺旋方向。

7）径向变位系数。

8）齿厚：公称值及其上、下偏差（法向齿厚公称值及其上、下偏差，或公法线长度及其上、下偏差，或跨球尺寸及其上、下偏差）。

9）精度等级。

10）齿轮副中心距。

11）配对齿轮的图号及其齿数。

12）检验项目代号及其公差（或极限偏差）值。

（3）其他数据　根据齿轮的具体形状及其技术要求，还应给出其他一切在加工和测量时所必需的数据。

1）对带轴的小齿轮以及轴或孔不作定心基准的大齿轮，在切齿前作定心检查用的表面应规定其最大径向圆跳动量。

2）为检验轮齿的加工精度，对某些齿轮还需指出其他一些技术参数（如基圆直径、接触线长度等），或其他用作检验的尺寸参数的几何公差（如齿顶圆柱面）。

3）当采用设计齿廓或设计螺旋线时，应以图样详述其参数。

（4）参数表　图样上的参数表一般应放在图样的右上角。参数表中列出的参数项目可根据需要增减，检验项目根据功能要求从 GB/T 10095.1—2008 或 GB/T 10095.2—2008 中选取。图样中的技术要求一般放在图的右下角。

2. 图样标注

对于齿轮精度等级在图样上的标注，新标准未作规定，但它规定了在技术文件需叙述齿轮精度等级时，应注明 GB/T 10095.1—2008 或 GB/T 10095.2—2008。

为此，关于齿轮精度等级的标注建议如下：

1）若齿轮的各检验项目同为某一精度等级时，可标注精度等级和标准号，如齿轮各检验项目

同为6级，则标注为

6 GB/T 10095. 1—2008 或 6 GB/T 10095. 2—2008

2）若齿轮各检验项目的精度等级不同时，如齿廓总偏差 F_{α} 为6级，单个齿距偏差 f_{pt}、齿距累积总偏差 F_{p}、螺旋线总偏差 F_{β} 均为7级，则标注为

6（F_{α}），7（f_{pt}、F_{p}、F_{β}）GB/T 10095. 1—2008

1.4　常用钢制齿轮材料

1.4.1　常用调质、表面淬火齿轮用钢选择（表1-121）

表1-121　常用调质、表面淬火齿轮用钢

<table>
<tr><th colspan="2">齿轮种类</th><th colspan="2">钢号选择</th><th>备注</th></tr>
<tr><td colspan="2">汽车、拖拉机及机床中非重要齿轮</td><td colspan="2" rowspan="2">45</td><td>调质</td></tr>
<tr><td colspan="2">中速、中载机床变速箱次要齿轮及高速、中载磨床砂轮齿轮</td><td>调质＋表面淬火</td></tr>
<tr><td colspan="2">中速、中载并带一定冲击性的机床变速箱齿轮及高速、重载并要求齿面硬度高的机床齿轮</td><td colspan="2" rowspan="2">40Cr、42SiMn、35SiMn、45MnB</td><td>调质</td></tr>
<tr><td colspan="2">中速、中载较大截面机床齿轮</td><td>调质＋表面淬火</td></tr>
<tr><td rowspan="5">起重机械、运输机械、建筑机械、水泥机械、冶金机械、矿山机械、工程机械、石油机械等设备中的低速重载齿轮</td><td rowspan="2">一般载荷不大、截面尺寸也不大，要求不太高的齿轮</td><td>Ⅰ</td><td>35、45、55</td><td rowspan="5">1. 少数直径大、载荷小、转速不高的末级传动大齿轮可采用SiMn钢正火
2. 根据齿轮截面尺寸大小及重要程度，分别选用各类钢材（从Ⅰ到Ⅴ，淬透性逐渐提高）
3. 根据设计，要求表面硬度大于40HRC的齿轮应采用调质＋表面淬火</td></tr>
<tr><td>Ⅱ</td><td>40Mn、50Mn2、40Cr、42SiMn、35SiMn</td></tr>
<tr><td>截面尺寸较大，承受较大载荷，要求比较高的齿轮</td><td>Ⅲ</td><td>35CrMo、42CrMo、40CrMnMo、45CrMnSi、40CrNi、40CrNiMo、45CrNiMoV</td></tr>
<tr><td rowspan="2">截面尺寸很大，承受载荷大，并要求有足够韧性的重要齿轮</td><td>Ⅳ</td><td>35CrNi2Mo、40CrNi2Mo</td></tr>
<tr><td>Ⅴ</td><td>30CrNi3、40CrNi3Mo、37SiMn2MoV</td></tr>
</table>

1.4.2　渗氮齿轮用钢（表1-122）

表1-122　渗氮齿轮用钢

齿轮种类	性能要求	选择钢号
一般齿轮	表面耐磨	20Cr、20CrMnTi、40Cr
在冲击载荷下工作的齿轮	表面耐磨，心部韧性高	18CrNiWA、18Cr2Ni4WA、30CrNi3、35CrMo
在重载荷下工作的齿轮	表面耐磨，心部强度高	30CrMnSi、35CrMoV、25Cr2MoV、42CrMo
在重载荷及冲击下工作的齿轮	表面耐磨，心部强度高、韧性高	30CrNiMoA、40CrNiMoA、30Cr2Ni2Mo
精密耐磨齿轮	表面高硬度、形变小	38CrMoAlA、30CrMnA

1.4.3　各国常用渗碳淬火钢种选择及其应用范围

我国常用渗碳淬火钢种选择见表 1-123。国外常用的齿轮渗碳钢见表 1-124。

表 1-123　我国常用渗碳淬火钢种选择

齿轮种类的应用	选择钢号
汽车变速器、分动箱、起重机及驱动桥的各类齿轮	20Cr、20MnVB、20CrMnTi、20CrMo、20CrMnMo、25MnTiB
拖拉机动力传动机的各类齿轮	
机床变速器、龙门铣床电动机及立式车床等机械中的高速、重载、受冲击的齿轮	
起重、运输、矿山、通用、化工、机床等机械变速器中的小齿轮	
化工、冶金、电站、宇航、海运等设备中的汽轮发电机、工业汽轮机、燃汽轮机、高速鼓风机、压缩机等要求长时间、安全稳定运行的高速齿轮	12Cr2Ni4、20Cr2Ni4、20CrNi2Mo、18Cr2Ni4W、20Cr2Mn2Mo、20CrNi3、17CrNiMo6
大型轧钢机减速器、人字机座轴齿轮、大型皮带运输机传动轴齿轮、锥齿轮、大型挖掘机传动箱主动齿轮、井下采煤机传动齿轮、坦克齿轮等低速重载并受冲击载荷的传动齿轮	

表 1-124　国外常用的齿轮渗碳钢

国家标准	钢 号	化学成分（质量分数,%）						
		C	Si	Mn	P、S	Ni	Cr	Mo
美国 AISI SAE	4118H	0.17~0.23	0.20~0.35	0.60~1.00	<0.040	—	0.30~0.70	0.08~0.15
	4320H	0.16~0.23	0.20~0.35	0.40~0.70	<0.040	1.50~2.00	0.35~0.65	0.20~0.30
	4620H	0.17~0.24	0.20~0.35	0.40~0.70	<0.040	1.50~2.00	—	0.20~0.30
	4720H	0.17~0.23	0.20~0.35	0.45~0.75	<0.040	0.85~1.25	0.30~0.60	0.15~0.25
	4820H	0.17~0.24	0.20~0.35	0.45~0.75	<0.040	3.20~3.80	—	0.20~0.30
	8620H	0.17~0.24	0.20~0.35	0.60~0.95	<0.040	0.35~0.75	0.35~0.65	0.15~0.25
	8720H	0.17~0.24	0.20~0.35	0.60~0.95	<0.040	0.35~0.75	0.35~0.65	0.20~0.30
	8822H	0.19~0.25	0.20~0.35	0.70~1.05	<0.040	0.35~0.75	0.35~0.65	0.30~0.40
	9310H	0.07~0.14	0.20~0.35	0.40~0.70	<0.040	2.95~3.55	1.00~1.45	0.08~0.15
日本 JIS	SCr420H	0.17~0.23	0.15~0.35	0.55~0.90	<0.030	—	0.85~1.25	—
	SCM420H	0.17~0.23	0.15~0.35	0.55~0.90	<0.030	—	0.85~1.25	0.15~0.35
	SCM822H	0.19~0.25	0.15~0.35	0.55~0.90	<0.030	—	0.85~1.25	0.35~0.45
	SNC815H	0.12~0.18	0.15~0.35	0.60~0.85	<0.030	3.00~3.50	0.70~1.00	—
	SNCM220H	0.17~0.23	0.15~0.35	0.60~0.95	<0.030	0.35~0.75	0.35~0.65	0.15~0.30
	SNCM420H	0.17~0.23	0.15~0.35	0.40~0.70	<0.030	1.55~2.00	0.35~0.65	0.15~0.30
英国 BS	En35A	0.20~0.25	0.10~0.35	0.30~0.60	<0.050	1.05~2.00	—	0.20~0.30
	En353	<0.20	<0.35	0.50~1.00	<0.050	1.00~1.50	0.75~1.25	0.08~0.15
	En352	<0.20	<0.35	0.50~1.00	<0.050	0.85~1.25	0.60~1.00	<0.10
	En361	0.13~0.17	<0.35	0.70~1.00	<0.050	0.40~0.70	0.55~0.80	0.06~0.15
德国 DIN	16MnCr5	0.14~0.19	0.15~0.35	1.00~1.30	<0.035	—	0.80~1.10	—
	20MnCr5	0.17~0.22	0.15~0.35	1.00~1.40	<0.035	—	1.00~1.30	—
	20MoCr4	0.17~0.22	0.15~0.35	0.60~0.90	<0.035	—	0.30~0.50	0.40~0.50
	25MoCr4	0.23~0.29	0.15~0.35	0.60~0.90	<0.035	—	0.40~0.60	0.40~0.50
	18CrNi8	0.15~0.20	0.15~0.35	0.40~0.60	<0.035	1.80~2.10	1.80~2.00	—
	17CrNiMo6	0.14~0.19	0.15~0.35	0.40~0.60	<0.035	1.40~1.70	1.50~1.80	0.25~0.35

（续）

国家标准	钢 号	化学成分（质量分数,%）						
		C	Si	Mn	P、S	Ni	Cr	Mo
法国 NF	20NC6	0.16~0.22	0.10~0.40	0.60~0.90	<0.040	1.20~1.60	0.85~1.20	—
	18CD4	0.15~0.22	0.10~0.40	0.60~0.90	<0.040	—	0.85~1.15	0.15~0.30
	16NCD6	0.12~0.18	0.10~0.40	0.60~0.90	<0.040	1.20~1.60	0.85~1.15	0.15~0.30
	16NCD13	0.12~0.18	0.10~0.40	0.40~0.70	<0.040	3.00~3.50	0.70~0.90	0.15~0.30

第2章　齿轮的几何尺寸计算

2.1　渐开线直齿圆柱齿轮几何尺寸计算

2.1.1　渐开线标准直齿圆柱齿轮的基本参数

决定渐开线齿轮尺寸的基本参数是齿数 z、模数 m、压力角 α、齿顶高系数 h_a^* 和顶隙系数 c^*。

1. 分度圆、模数和压力角

齿轮上作为齿轮尺寸基准的圆称为分度圆，分度圆直径以 d 表示，半径以 r 表示。相邻两齿同侧齿廓间的分度圆弧长称为齿距，以 p 表示，$p=\pi d/z$，z 为齿数。齿距 p 与 π 的比值 p/π 称为模数，以 m 表示，模数是齿轮的基本参数。由此可知：

齿距 $$p = \pi m \tag{2-1}$$

分度圆直径 $$d = mz \tag{2-2}$$

渐开线齿廓上与分度圆交点处的压力角 α 称为分度圆压力角，简称压力角。国标规定标准压力角 $\alpha=20°$。

由式（2-1）和式（2-2）可推出基圆直径：

$$d_b = d\cos\alpha = mz\cos\alpha \tag{2-3}$$

2. 齿距、齿厚和槽宽

齿距 p 分为齿厚 s 和槽宽 e 两部分（图2-1），即

$$s + e = p = \pi m \tag{2-4}$$

标准齿轮的齿厚和槽宽相等，即

$$s = e = \pi m/2 \tag{2-5}$$

齿距、齿厚和槽宽都是分度圆上的尺寸。

3. 齿顶高、顶隙和齿根高

由分度圆到齿顶的径向高度称为齿顶高，用 h_a 表示：

$$h_a = h_a^* m \tag{2-6}$$

两齿轮装配后，两啮合齿沿径向留下的空隙距离称为顶隙，以 c 表示：

$$c = c^* m \tag{2-7}$$

由分度圆到齿根圆的径向高度称为齿根高，用 h_f 表示：

$$h_f = h_a + c = (h_a^* + c^*)m \tag{2-8}$$

式中　h_a^*、c^*——齿顶高系数和顶隙系数，GB/T 1356—2001 标准规定 $h_a^*=1$、$c^*=0.25$（必要时可以选择 $c^*=0.4$）。

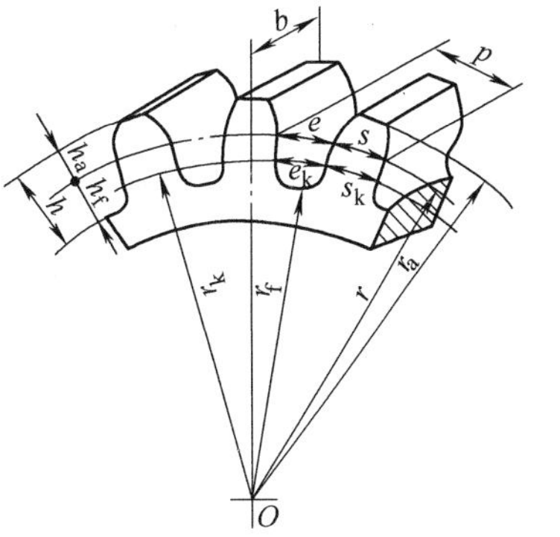

图2-1　齿轮各部分代号

由齿顶圆到齿根圆的径向高度称为全齿高，用 h 表示：

$$h = h_a + h_f = (2h_a^* + c^*)m \tag{2-9}$$

齿顶高、齿根高、全齿高及顶隙都是齿轮的径向尺寸。

2.1.2　渐开线标准直齿圆柱齿轮的几何尺寸计算

渐开线标准直齿圆柱齿轮（外啮合）几何尺寸计算公式见表 2-1。标准直齿圆柱齿轮的齿厚测量尺寸见表 2-2 ~ 表 2-7。表 2-3 ~ 表 2-7 中的数据也可以用于模数 $m \neq 1$mm 的齿轮，只要将表中数据乘以模数 m 即可。对标准斜齿轮可以按照相应的当量齿数（假想齿数）查取。

表 2-1　渐开线标准直齿圆柱齿轮（外啮合）几何尺寸计算公式

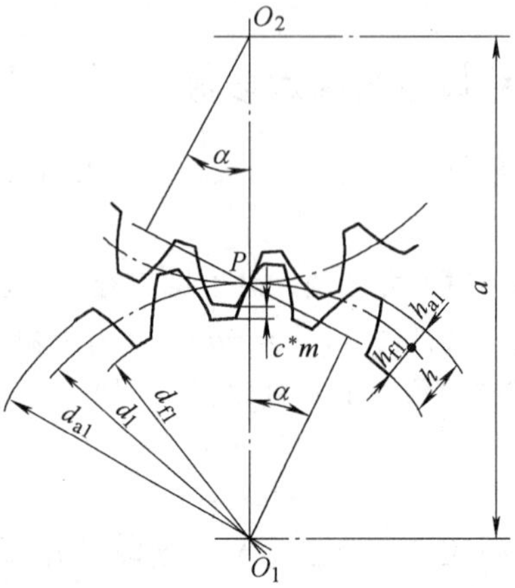

名称	符号	计算公式	说明
齿数	z		分度圆压力角简称压力角。标准公制齿轮 $\alpha = 20°$；径节制齿轮 $\alpha = 14.5°$、$20°$、$22.5°$、$25°$等，美制工业齿轮多采用 $\alpha = 25°$ 径节 DP（分度圆周上每英寸的齿数）与模数 m 的换算关系：$DP \cdot m = 25.4$
模数	m		
分度圆压力角	α		
齿距	p	$p = \pi m$	
齿厚	s	$s = \pi m/2$	
槽宽	e	$e = \pi m/2$	
齿顶隙	c	$c = c^* m$	c^*—顶隙系数。标准公制齿轮 $c^* = 0.25$，经剃前、磨前刀具加工的齿轮 $c^* = 0.3 \sim 0.4$；【英】旧径节制齿轮 $c^* = 0.157$；【美】径节制齿轮 $c^* = 0.35$
齿顶高	h_a	$h_a = h_a^* m$	h_a^*—齿顶高系数。通常齿轮 $h_a^* = 1$，短齿制 $h_a^* = 0.8$
齿根高	h_f	$h_f = h_a + c = (h_a^* + c^*)m$	
全齿高	h	$h = h_a + h_f = (2h_a^* + c^*)m$	
分度圆直径	d	$d = mz$	径节制 $d = z/DP$，单位为 in（1in = 25.4mm）
齿顶圆直径	d_a	$d_a = d + 2h_a = m(z + 2h_a^*)$	
齿根圆直径	d_f	$d_f = d - 2h_f = m(z - 2h_a^* - 2c^*)$	
基圆直径	d_b	$d_b = d\cos\alpha = mz\cos\alpha$	
中心距	a	$a = m(z_1 + z_2)/2$	
齿厚测量尺寸　固定弦齿高	$\bar{h}_c$	$\bar{h}_c = h_a - \frac{\pi}{8} m \sin 2\alpha$	固定弦齿厚是指齿轮的轮齿与基本齿廓对称相切时，两切点间的距离，其公称值与齿数无关。固定弦尺寸计算简便

（续）

名称		符号	计算公式	说明
齿厚测量尺寸	固定弦齿厚	$\bar{s}_c$	$\bar{s}_c=\dfrac{\pi}{2}m\cos^2\alpha$	目前国际通用推荐齿厚测量尺寸 对于非变位齿轮来说，其公称值与压力角无关 不适合齿顶圆误差较大的齿轮齿厚尺寸准确测量（如通常的渗碳淬火齿轮）
	分度圆弦齿高	$\bar{h}$	$\bar{h}=h_a+\dfrac{mz}{2}\left(1-\cos\dfrac{90°}{z}\right)$ $\approx h_a+\dfrac{\pi^2}{16z}m=h_a+\dfrac{0.61685}{z}m$	
	分度圆弦齿厚	$\bar{s}$	$\bar{s}=mz\sin\dfrac{90°}{z}$ $\approx\dfrac{\pi}{2}m\left(1-\dfrac{\pi^2}{24z^2}\right)=1.5708m-\dfrac{0.646}{z^2}m$	
	跨齿数	k	$k=\dfrac{\alpha}{180°}z+0.5$（4 舍 5 入取整）	公法线的测量精度不受齿顶圆误差的影响，测量精度较高 跨齿数相差一个的公法线差值为齿轮的基节值： $W_n-W_{n-1}=\pi m\cos\alpha$ 以上关系式在齿轮测绘中经常应用
	公法线长度	W	$W=m\cos\alpha[\pi(k-0.5)+z\mathrm{inv}\alpha]$ 式中　$\mathrm{inv}\alpha$—渐开线函数（也就是分度圆上齿廓点的渐开线展角 θ，单位为 rad），$\mathrm{inv}\alpha=\tan\alpha-\alpha$，当 $\alpha=20°$时，$\mathrm{inv}\alpha=0.0149044$	

表 2-2　$\alpha=20°$的标准直齿圆柱齿轮固定弦齿高和弦齿厚的数值　　（单位：mm）

模数 m	固定弦齿厚 $\bar{s}_c$	固定弦齿高 $\bar{h}_c$	模数 m	固定弦齿厚 $\bar{s}_c$	固定弦齿高 $\bar{h}_c$	模数 m	固定弦齿厚 $\bar{s}_c$	固定弦齿高 $\bar{h}_c$
1	1.3871	0.7476	4.25	5.8950	3.1772	12	16.6446	8.9709
1.25	1.7338	0.9344	4.5	6.2417	3.3641	13	18.0316	9.7185
1.5	2.0806	1.1214	4.75	6.5885	3.5510	14	19.4187	10.4661
1.75	2.4273	1.3082	5	6.9353	3.7379	15	20.8057	11.2137
2	2.7741	1.4951	5.5	7.6288	4.1117	16	22.1928	11.9612
2.25	3.1209	1.6820	6	8.3223	4.4854	18	24.9669	13.4564
2.5	3.4677	1.8689	6.5	9.0158	4.8592	20	27.7410	14.9515
2.75	3.8144	2.0558	7	9.7093	5.2330	22	30.5151	16.4467
3	4.1611	2.2427	7.5	10.4029	5.6068	24	33.2892	17.9419
3.25	4.5079	2.4296	8	11.0964	5.9806	25	34.6762	18.6895
3.5	4.8547	2.6165	9	12.4834	6.7282	28	38.8373	20.9322
3.75	5.2017	2.8034	10	13.8705	7.4757	30	41.6114	22.4273
4	5.5482	2.9903	11	15.2575	8.2233	32	44.3855	23.9225

注：1. 表中数据也可以用于斜齿轮，模数按法向值（m_n）查取。

2. 计算式：$\bar{s}_c=1.387048m$，$\bar{h}_c=0.747578m$。

3. 其他压力角的标准直齿圆柱齿轮固定弦齿高和弦齿厚计算式：

$\alpha=25°$，$\bar{s}_c=1.290242m$，$\bar{h}_c=0.699175m$；

$\alpha=14.5°$，$\bar{s}_c=1.472323m$，$\bar{h}_c=0.809616m$；

$\alpha=22.5°$，$\bar{s}_c=1.340759m$，$\bar{h}_c=0.722320m$。

表 2-3　模数 $m=1$mm 的标准直齿圆柱齿轮分度圆弦齿高和弦齿厚的数值（单位:mm）

齿数 z	弦齿厚 $\bar{s}$	弦齿高 $\bar{h}$	齿数 z	弦齿厚 $\bar{s}$	弦齿高 $\bar{h}$	齿数 z	弦齿厚 $\bar{s}$	弦齿高 $\bar{h}$
13	1.56698	1.04739	58	1.57060	1.01063	103	1.57074	1.00599
14	1.56750	1.04401	59	1.57061	1.01045	104	1.57074	1.00593
15	1.56793	1.04109	60	1.57062	1.01028	105	1.57074	1.00587
16	1.56827	1.03852	61	1.57062	1.01011	106	1.57074	1.00582
17	1.56856	1.03626	62	1.57063	1.00995	107	1.57074	1.00576
18	1.56880	1.03425	63	1.57063	1.00979	108	1.57074	1.00571
19	1.56901	1.03245	64	1.57064	1.00964	109	1.57074	1.00566
20	1.56918	1.03083	65	1.57064	1.00949	110	1.57074	1.00561
21	1.56933	1.02936	66	1.57065	1.00935	111	1.57074	1.00556
22	1.56946	1.02803	67	1.57065	1.00921	112	1.57074	1.00551
23	1.56958	1.02681	68	1.57066	1.00907	113	1.57075	1.00546
24	1.56968	1.02569	69	1.57066	1.00894	114	1.57075	1.00541
25	1.56976	1.02467	70	1.57066	1.00881	115	1.57075	1.00536
26	1.56984	1.02372	71	1.57067	1.00869	116	1.57075	1.00532
27	1.56991	1.02284	72	1.57067	1.00857	117	1.57075	1.00527
28	1.56997	1.02202	73	1.57068	1.00845	118	1.57075	1.00523
29	1.57003	1.02127	74	1.57068	1.00834	119	1.57075	1.00518
30	1.57008	1.02056	75	1.57068	1.00822	120	1.57075	1.00514
31	1.57012	1.01989	76	1.57068	1.00812	121	1.57075	1.00510
32	1.57017	1.01927	77	1.57069	1.00801	122	1.57075	1.00506
33	1.57020	1.01869	78	1.57069	1.00791	123	1.57075	1.00502
34	1.57024	1.01814	79	1.57069	1.00781	124	1.57075	1.00497
35	1.57027	1.01762	80	1.57070	1.00771	125	1.57076	1.00493
36	1.57030	1.01713	81	1.57070	1.00762	126	1.57076	1.00490
37	1.57032	1.01667	82	1.57070	1.00752	127	1.57076	1.00486
38	1.57035	1.01623	83	1.57070	1.00743	128	1.57076	1.00482
39	1.57037	1.01581	84	1.57070	1.00734	129	1.57076	1.00478
40	1.57039	1.01542	85	1.57071	1.00726	130	1.57076	1.00474
41	1.57041	1.01504	86	1.57071	1.00717	131	1.57076	1.00471
42	1.57043	1.01469	87	1.57071	1.00709	132	1.57076	1.00467
43	1.57045	1.01434	88	1.57071	1.00701	133	1.57076	1.00464
44	1.57046	1.01402	89	1.57071	1.00693	134	1.57076	1.00460
45	1.57048	1.01371	90	1.57072	1.00685	135	1.57076	1.00457
46	1.57049	1.01341	91	1.57072	1.00678	136	1.57076	1.00454
47	1.57050	1.01312	92	1.57072	1.00670	137	1.57076	1.00450
48	1.57052	1.01285	93	1.57072	1.00663	138	1.57076	1.00447
49	1.57053	1.01259	94	1.57072	1.00656	139	1.57076	1.00444
50	1.57054	1.01234	95	1.57072	1.00649	140	1.57076	1.00441
51	1.57055	1.01209	96	1.57073	1.00643	141	1.57076	1.00437
52	1.57056	1.01186	97	1.57073	1.00636	142	1.57076	1.00434
53	1.57057	1.01164	98	1.57073	1.00629	143	1.57076	1.00431
54	1.57057	1.01142	99	1.57073	1.00623	144	1.57077	1.00428
55	1.57058	1.01121	100	1.57073	1.00617	145	1.57077	1.00425
56	1.57059	1.01101	101	1.57073	1.00611	146	1.57077	1.00423
57	1.57060	1.01082	102	1.57073	1.00605	147	1.57077	1.00420

（续）

齿数 z	弦齿厚 $\bar{s}$	弦齿高 $\bar{h}$	齿数 z	弦齿厚 $\bar{s}$	弦齿高 $\bar{h}$	齿数 z	弦齿厚 $\bar{s}$	弦齿高 $\bar{h}$
148	1.57077	1.00417	193	1.57078	1.00320	238	1.57078	1.00259
149	1.57077	1.00414	194	1.57078	1.00318	239	1.57079	1.00258
150	1.57077	1.00411	195	1.57078	1.00316	240	1.57079	1.00257
151	1.57077	1.00409	196	1.57078	1.00315	241	1.57079	1.00256
152	1.57077	1.00406	197	1.57078	1.00313	242	1.57079	1.00255
153	1.57077	1.00403	198	1.57078	1.00312	243	1.57079	1.00254
154	1.57077	1.00401	199	1.57078	1.00310	244	1.57079	1.00253
155	1.57077	1.00398	200	1.57078	1.00308	245	1.57079	1.00252
156	1.57077	1.00395	201	1.57078	1.00307	246	1.57079	1.00251
157	1.57077	1.00393	202	1.57078	1.00305	247	1.57079	1.00250
158	1.57077	1.00390	203	1.57078	1.00304	248	1.57079	1.00249
159	1.57077	1.00388	204	1.57078	1.00302	249	1.57079	1.00248
160	1.57077	1.00386	205	1.57078	1.00301	250	1.57079	1.00247
161	1.57077	1.00383	206	1.57078	1.00299	251	1.57079	1.00246
162	1.57077	1.00381	207	1.57078	1.00298	252	1.57079	1.00245
163	1.57077	1.00378	208	1.57078	1.00297	253	1.57079	1.00244
164	1.57077	1.00376	209	1.57078	1.00295	254	1.57079	1.00243
165	1.57077	1.00374	210	1.57078	1.00294	255	1.57079	1.00242
166	1.57077	1.00372	211	1.57078	1.00292	256	1.57079	1.00241
167	1.57077	1.00369	212	1.57078	1.00291	257	1.57079	1.00240
168	1.57077	1.00367	213	1.57078	1.00290	258	1.57079	1.00239
169	1.57077	1.00365	214	1.57078	1.00288	259	1.57079	1.00238
170	1.57077	1.00363	215	1.57078	1.00287	260	1.57079	1.00237
171	1.57077	1.00361	216	1.57078	1.00286	261	1.57079	1.00236
172	1.57077	1.00359	217	1.57078	1.00284	262	1.57079	1.00235
173	1.57077	1.00357	218	1.57078	1.00283	263	1.57079	1.00235
174	1.57077	1.00355	219	1.57078	1.00282	264	1.57079	1.00234
175	1.57078	1.00352	220	1.57078	1.00280	265	1.57079	1.00233
176	1.57078	1.00350	221	1.57078	1.00279	266	1.57079	1.00232
177	1.57078	1.00348	222	1.57078	1.00278	267	1.57079	1.00231
178	1.57078	1.00347	223	1.57078	1.00277	268	1.57079	1.00230
179	1.57078	1.00345	224	1.57078	1.00275	269	1.57079	1.00229
180	1.57078	1.00343	225	1.57078	1.00274	270	1.57079	1.00228
181	1.57078	1.00341	226	1.57078	1.00273	271	1.57079	1.00228
182	1.57078	1.00339	227	1.57078	1.00272	272	1.57079	1.00227
183	1.57078	1.00337	228	1.57078	1.00271	273	1.57079	1.00226
184	1.57078	1.00335	229	1.57078	1.00269	274	1.57079	1.00225
185	1.57078	1.00333	230	1.57078	1.00268	275	1.57079	1.00224
186	1.57078	1.00332	231	1.57078	1.00267	276	1.57079	1.00223
187	1.57078	1.00330	232	1.57078	1.00266	277	1.57079	1.00223
188	1.57078	1.00328	233	1.57078	1.00265	278	1.57079	1.00222
189	1.57078	1.00326	234	1.57078	1.00264	279	1.57079	1.00221
190	1.57078	1.00325	235	1.57078	1.00262	280	1.57079	1.00220
191	1.57078	1.00323	236	1.57078	1.00261	281	1.57079	1.00220
192	1.57078	1.00321	237	1.57078	1.00260	282	1.57079	1.00219

（续）

齿数 z	弦齿厚 $\bar{s}$	弦齿高 $\bar{h}$	齿数 z	弦齿厚 $\bar{s}$	弦齿高 $\bar{h}$	齿数 z	弦齿厚 $\bar{s}$	弦齿高 $\bar{h}$
283	1.57079	1.00218	289	1.57079	1.00213	295	1.57079	1.00209
284	1.57079	1.00217	290	1.57079	1.00213	296	1.57079	1.00208
285	1.57079	1.00216	291	1.57079	1.00212	297	1.57079	1.00208
286	1.57079	1.00216	292	1.57079	1.00211	298	1.57079	1.00207
287	1.57079	1.00215	293	1.57079	1.00211	299	1.57079	1.00206
288	1.57079	1.00214	294	1.57079	1.00210	300	1.57079	1.00206

表 2-4 模数 $m=1$mm、压力角 $\alpha=20°$的渐开线标准直齿圆柱齿轮公法线长度

（单位：mm）

齿数 z	跨齿数 k	公法线长度 W	齿数 z	跨齿数 k	公法线长度 W	齿数 z	跨齿数 k	公法线长度 W
13	2	4.61027	47	6	16.89498	81	10	29.17970
14	2	4.62427	48	6	16.90899	82	10	29.19370
15	2	4.63828	49	6	16.92299	83	10	29.20771
16	2	4.65229	50	6	16.93700	84	10	29.22171
17	2	4.66629	51	6	16.95101	85	10	29.23572
18	3	7.63243	52	6	16.96501	86	10	29.24972
19	3	7.64643	53	6	16.97902	87	10	29.26373
20	3	7.66044	54	7	19.94515	88	10	29.27774
21	3	7.67444	55	7	19.95916	89	10	29.29174
22	3	7.68845	56	7	19.97316	90	11	32.25788
23	3	7.70246	57	7	19.98717	91	11	32.27188
24	3	7.71646	58	7	20.00118	92	11	32.28589
25	3	7.73047	59	7	20.01518	93	11	32.29989
26	3	7.74447	60	7	20.02919	94	11	32.31390
27	4	10.71061	61	7	20.04319	95	11	32.32791
28	4	10.72462	62	7	20.05720	96	11	32.34191
29	4	10.73862	63	8	23.02333	97	11	32.35592
30	4	10.75263	64	8	23.03734	98	11	32.36992
31	4	10.76663	65	8	23.05135	99	12	35.33606
32	4	10.78064	66	8	23.06535	100	12	35.35007
33	4	10.79464	67	8	23.07936	101	12	35.36407
34	4	10.80865	68	8	23.09336	102	12	35.37808
35	4	10.82265	69	8	23.10737	103	12	35.39208
36	5	13.78879	70	8	23.12137	104	12	35.40609
37	5	13.80280	71	8	23.13538	105	12	35.42009
38	5	13.81680	72	9	26.10152	106	12	35.43410
39	5	13.83081	73	9	26.11552	107	12	35.44810
40	5	13.84481	74	9	26.12953	108	13	38.41424
41	5	13.85882	75	9	26.14353	109	13	38.42825
42	5	13.87282	76	9	26.15754	110	13	38.44225
43	5	13.88683	77	9	26.17154	111	13	38.45626
44	5	13.90084	78	9	26.18555	112	13	38.47026
45	6	16.86697	79	9	26.19955	113	13	38.48427
46	6	16.88098	80	9	26.21356	114	13	38.49827

（续）

齿数 z	跨齿数 k	公法线长度 W	齿数 z	跨齿数 k	公法线长度 W	齿数 z	跨齿数 k	公法线长度 W
115	13	38.51228	132	15	44.65464	149	17	50.79699
116	13	38.52629	133	15	44.66864	150	17	50.81100
117	14	41.49242	134	15	44.68265	151	17	50.82500
118	14	41.50643	135	16	47.64878	152	17	50.83901
119	14	41.52043	136	16	47.66279	153	18	53.80515
120	14	41.53444	137	16	47.67680	154	18	53.81915
121	14	41.54844	138	16	47.69080	155	18	53.83316
122	14	41.56245	139	16	47.70481	156	18	53.84716
123	14	41.57646	140	16	47.71881	157	18	53.86117
124	14	41.59046	141	16	47.73282	158	18	53.87517
125	14	41.60447	142	16	47.74682	159	18	53.88918
126	15	44.57060	143	16	47.76083	160	18	53.90319
127	15	44.58461	144	17	50.72697	161	18	53.91719
128	15	44.59861	145	17	50.74097	162	19	56.88333
129	15	44.61262	146	17	50.75498	163	19	56.89733
130	15	44.62663	147	17	50.76898	164	19	56.91134
131	15	44.64063	148	17	50.78299	165	19	56.92535

表 2-5　模数 m = 1mm、压力角 α = 25°的渐开线标准直齿圆柱齿轮公法线长度

（单位:mm）

齿数 z	跨齿数 k	公法线长度 W	齿数 z	跨齿数 k	公法线长度 W	齿数 z	跨齿数 k	公法线长度 W
11	2	4.56971	34	5	13.73630	57	8	22.90289
12	2	4.59688	35	5	13.76347	58	9	25.77730
13	2	4.62404	36	6	16.63788	59	9	25.80447
14	2	4.65121	37	6	16.66505	60	9	25.83164
15	3	7.52563	38	6	16.69222	61	9	25.85880
16	3	7.55279	39	6	16.71938	62	9	25.88597
17	3	7.57996	40	6	16.74655	63	9	25.91314
18	3	7.60713	41	6	16.77372	64	9	25.94030
19	3	7.63430	42	6	16.80088	65	10	28.81472
20	3	7.66146	43	6	16.82805	66	10	28.84189
21	3	7.68863	44	7	19.70247	67	10	28.86906
22	4	10.56305	45	7	19.72963	68	10	28.89622
23	4	10.59021	46	7	19.75680	69	10	28.92339
24	4	10.61738	47	7	19.78397	70	10	28.95056
25	4	10.64455	48	7	19.81113	71	10	28.97772
26	4	10.67171	49	7	19.83830	72	11	31.85214
27	4	10.69888	50	7	19.86547	73	11	31.87931
28	4	10.72605	51	8	22.73989	74	11	31.90647
29	5	13.60046	52	8	22.76705	75	11	31.93364
30	5	13.62763	53	8	22.79422	76	11	31.96081
31	5	13.65480	54	8	22.82139	77	11	31.98797
32	5	13.68196	55	8	22.84855	78	11	32.01514
33	5	13.70913	56	8	22.87572	79	11	32.04231

（续）

齿数 z	跨齿数 k	公法线长度 W	齿数 z	跨齿数 k	公法线长度 W	齿数 z	跨齿数 k	公法线长度 W
80	12	34.91672	109	16	47.09356	138	20	59.27040
81	12	34.94389	110	16	47.12073	139	20	59.29757
82	12	34.97106	111	16	47.14790	140	20	59.32474
83	12	34.99823	112	16	47.17506	141	20	59.35190
84	12	35.02539	113	16	47.20223	142	20	59.37907
85	12	35.05256	114	16	47.22940	143	20	59.40624
86	12	35.07973	115	16	47.25657	144	21	62.28065
87	13	37.95414	116	17	50.13098	145	21	62.30782
88	13	37.98131	117	17	50.15815	146	21	62.33499
89	13	38.00848	118	17	50.18532	147	21	62.36215
90	13	38.03564	119	17	50.21248	148	21	62.38932
91	13	38.06281	120	17	50.23965	149	21	62.41649
92	13	38.08998	121	17	50.26682	150	21	62.44366
93	13	38.11714	122	17	50.29398	151	21	62.47082
94	14	40.99156	123	18	53.16840	152	22	65.34524
95	14	41.01873	124	18	53.19557	153	22	65.37241
96	14	41.04589	125	18	53.22273	154	22	65.39957
97	14	41.07306	126	18	53.24990	155	22	65.42674
98	14	41.10023	127	18	53.27707	156	22	65.45391
99	14	41.12740	128	18	53.30423	157	22	65.48107
100	14	41.15456	129	18	53.33140	158	22	65.50824
101	15	44.02898	130	19	56.20582	159	23	68.38266
102	15	44.05615	131	19	56.23298	160	23	68.40982
103	15	44.08331	132	19	56.26015	161	23	68.43699
104	15	44.11048	133	19	56.28732	162	23	68.46416
105	15	44.13765	134	19	56.31449	163	23	68.49132
106	15	44.16481	135	19	56.34165	164	23	68.51849
107	15	44.19198	136	19	56.36882	165	23	68.54566
108	16	47.06640	137	20	59.24324			

表 2-6　模数 m = 1mm、压力角 α = 14.5°的渐开线标准直齿圆柱齿轮公法线长度

（单位：mm）

齿数 z	跨齿数 k	公法线长度 W	齿数 z	跨齿数 k	公法线长度 W	齿数 z	跨齿数 k	公法线长度 W
20	2	4.66965	30	3	7.76486	40	4	10.86007
21	2	4.67502	31	3	7.77023	41	4	10.86544
22	2	4.68039	32	3	7.77560	42	4	10.87080
23	2	4.68576	33	3	7.78097	43	4	10.87617
24	2	4.69113	34	3	7.78633	44	4	10.88154
25	3	7.73802	35	3	7.79170	45	4	10.88691
26	3	7.74339	36	3	7.79707	46	4	10.89228
27	3	7.74876	37	3	7.80244	47	4	10.89765
28	3	7.75412	38	4	10.84933	48	4	10.90301
29	3	7.75949	39	4	10.85470	49	4	10.90838

（续）

齿数 z	跨齿数 k	公法线长度 W	齿数 z	跨齿数 k	公法线长度 W	齿数 z	跨齿数 k	公法线长度 W
50	5	13.95528	89	8	23.28921	128	11	32.62315
51	5	13.96064	90	8	23.29458	129	11	32.62852
52	5	13.96601	91	8	23.29995	130	11	32.63389
53	5	13.97138	92	8	23.30532	131	11	32.63926
54	5	13.97675	93	8	23.31069	132	11	32.64462
55	5	13.98212	94	8	23.31605	133	11	32.64999
56	5	13.98749	95	8	23.32142	134	11	32.65536
57	5	13.99285	96	8	23.32679	135	11	32.66073
58	5	13.99822	97	8	23.33216	136	11	32.66610
59	5	14.00359	98	8	23.33753	137	12	35.71299
60	5	14.00896	99	8	23.34290	138	12	35.71836
61	5	14.01433	100	9	26.38979	139	12	35.72373
62	5	14.01969	101	9	26.39516	140	12	35.72909
63	6	17.06659	102	9	26.40053	141	12	35.73446
64	6	17.07196	103	9	26.40589	142	12	35.73983
65	6	17.07732	104	9	26.41126	143	12	35.74520
66	6	17.08269	105	9	26.41663	144	12	35.75057
67	6	17.08806	106	9	26.42200	145	12	35.75594
68	6	17.09343	107	9	26.42737	146	12	35.76130
69	6	17.09880	108	9	26.43274	147	12	35.76667
70	6	17.10417	109	9	26.43810	148	12	35.77204
71	6	17.10953	110	9	26.44347	149	13	38.81893
72	6	17.11490	111	9	26.44884	150	13	38.82430
73	6	17.12027	112	10	29.49573	151	13	38.82967
74	6	17.12564	113	10	29.50110	152	13	38.83504
75	7	20.17253	114	10	29.50647	153	13	38.84041
76	7	20.17790	115	10	29.51184	154	13	38.84578
77	7	20.18327	116	10	29.51721	155	13	38.85114
78	7	20.18864	117	10	29.52257	156	13	38.85651
79	7	20.19401	118	10	29.52794	157	13	38.86188
80	7	20.19937	119	10	29.53331	158	13	38.86725
81	7	20.20474	120	10	29.53868	159	13	38.87262
82	7	20.21011	121	10	29.54405	160	13	38.87798
83	7	20.21548	122	10	29.54942	161	13	38.88335
84	7	20.22085	123	10	29.55478	162	14	41.93025
85	7	20.22621	124	10	29.56015	163	14	41.93562
86	7	20.23158	125	11	32.60705	164	14	41.94098
87	8	23.27848	126	11	32.61241	165	14	41.94635
88	8	23.28385	127	11	32.61778			

表 2-7 模数 $m=1$mm、压力角 $\alpha=22.5°$的渐开线标准直齿圆柱齿轮公法线长度

(单位:mm)

齿数 z	跨齿数 k	公法线长度 W	齿数 z	跨齿数 k	公法线长度 W	齿数 z	跨齿数 k	公法线长度 W
11	2	4.57232	55	7	19.95917	99	13	38.24847
12	2	4.59220	56	8	22.88150	100	13	38.26834
13	2	4.61208	57	8	22.90138	101	13	38.28822
14	2	4.63195	58	8	22.92125	102	13	38.30810
15	2	4.65183	59	8	22.94113	103	13	38.32797
16	3	7.57416	60	8	22.96101	104	14	41.25030
17	3	7.59404	61	8	22.98088	105	14	41.27018
18	3	7.61392	62	8	23.00076	106	14	41.29006
19	3	7.63379	63	8	23.02064	107	14	41.30993
20	3	7.65367	64	9	25.94297	108	14	41.32981
21	3	7.67355	65	9	25.96284	109	14	41.34969
22	3	7.69342	66	9	25.98272	110	14	41.36956
23	3	7.71330	67	9	26.00260	111	14	41.38944
24	4	10.63563	68	9	26.02247	112	15	44.31177
25	4	10.65551	69	9	26.04235	113	15	44.33165
26	4	10.67538	70	9	26.06223	114	15	44.35152
27	4	10.69526	71	9	26.08210	115	15	44.37140
28	4	10.71514	72	10	29.00443	116	15	44.39128
29	4	10.73501	73	10	29.02431	117	15	44.41115
30	4	10.75489	74	10	29.04419	118	15	44.43103
31	4	10.77477	75	10	29.06406	119	15	44.45091
32	5	13.69710	76	10	29.08394	120	16	47.37324
33	5	13.71697	77	10	29.10382	121	16	47.39311
34	5	13.73685	78	10	29.12369	122	16	47.41299
35	5	13.75673	79	10	29.14357	123	16	47.43287
36	5	13.77660	80	11	32.06590	124	16	47.45275
37	5	13.79648	81	11	32.08578	125	16	47.47262
38	5	13.81636	82	11	32.10565	126	16	47.49250
39	5	13.83623	83	11	32.12553	127	16	47.51238
40	6	16.75856	84	11	32.14541	128	17	50.43471
41	6	16.77844	85	11	32.16528	129	17	50.45458
42	6	16.79832	86	11	32.18516	130	17	50.47446
43	6	16.81819	87	11	32.20504	131	17	50.49434
44	6	16.83807	88	12	35.12737	132	17	50.51421
45	6	16.85795	89	12	35.14725	133	17	50.53409
46	6	16.87782	90	12	35.16712	134	17	50.55397
47	6	16.89770	91	12	35.18700	135	17	50.57384
48	7	19.82003	92	12	35.20688	136	18	53.49617
49	7	19.83991	93	12	35.22675	137	18	53.51605
50	7	19.85978	94	12	35.24663	138	18	53.53593
51	7	19.87966	95	12	35.26651	139	18	53.55580
52	7	19.89954	96	13	38.18884	140	18	53.57568
53	7	19.91942	97	13	38.20871	141	18	53.59556
54	7	19.93929	98	13	38.22859	142	18	53.61543

（续）

齿数 z	跨齿数 k	公法线长度 W	齿数 z	跨齿数 k	公法线长度 W	齿数 z	跨齿数 k	公法线长度 W
143	18	53.63531	151	19	56.69678	159	20	59.75825
144	19	56.55764	152	20	59.61911	160	21	62.68058
145	19	56.57752	153	20	59.63898	161	21	62.70045
146	19	56.59739	154	20	59.65886	162	21	62.72033
147	19	56.61727	155	20	59.67874	163	21	62.74021
148	19	56.63715	156	20	59.69862	164	21	62.76008
149	19	56.65702	157	20	59.71849	165	21	62.77996
150	19	56.67690	158	20	59.73837			

2.2　渐开线斜齿圆柱齿轮几何尺寸计算

2.2.1　斜齿轮齿廓的形成

如图 2-2a 所示，直齿圆柱齿轮的齿廓实际上是由与基圆柱相切作纯滚动的发生面 S 上的一条与基圆柱轴线平行的任意直线 KK 展成的渐开线曲面。

当一对直齿圆柱齿轮啮合时，轮齿的接触线是与轴线平行的直线，如图 2-2b 所示。轮齿沿整个齿宽突然同时进入啮合和退出啮合，所以易引起冲击、振动和噪声，传动平稳性差。

斜齿轮齿面形成的原理和直齿轮类似，所不同的是形成渐开线齿面的直线 KK 与基圆轴线偏斜了一个角度 β_b（图 2-3a），KK 线展成斜齿轮的齿廓曲面，称为渐开线螺旋面。该曲面与任意一个以轮轴为轴线的圆柱面的交线都是螺旋线。由斜齿轮齿面的形成原理可知，在端平面上，斜齿轮与直齿轮一样具有准确的渐开线齿形。

如图 2-3b 所示，斜齿轮啮合传动时，齿面接触线的长度随啮合位置而变化，开始时接触线长度由短变长，然后由长变短，直至脱离啮合，因此提高了啮合的平稳性。

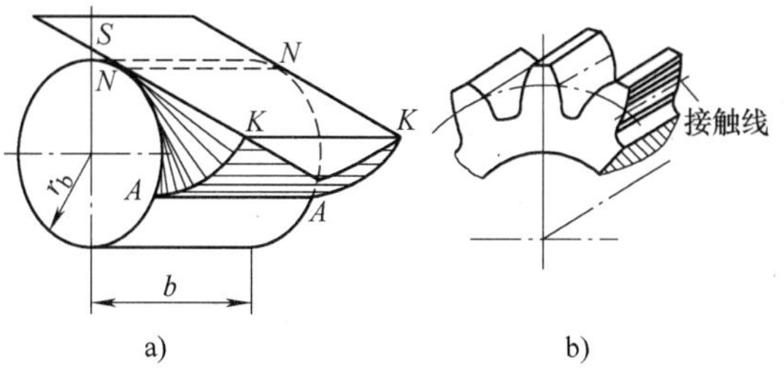

图 2-2　直齿轮齿面形成及接触线

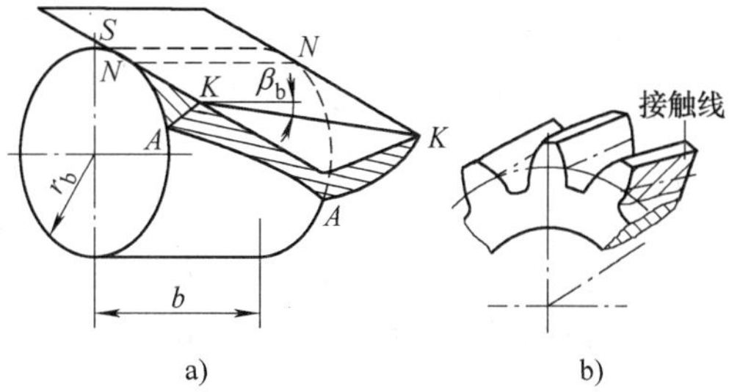

图 2-3　斜齿轮齿面形成及接触线

2.2.2　斜齿圆柱齿轮的主要参数

斜齿轮与直齿轮的主要区别是：斜齿轮的齿向倾斜，如图 2-4 所示。虽然端面（垂直于齿轮轴线的平面）齿形与直齿轮齿形相同，均为渐开线，但斜齿轮切制时刀具是沿螺旋线方向切齿的，其法向（垂直于轮齿齿线的方向）压力角与刀具标准齿形角相一致，端面压力角与刀具齿形角是不同的（图 2-5）。

因此，对于斜齿轮来说，存在端面参数和法向参数两种表征齿形的参数，两者之间因为螺旋角 β（分度圆上的螺旋角）而存在确定的几何关系。

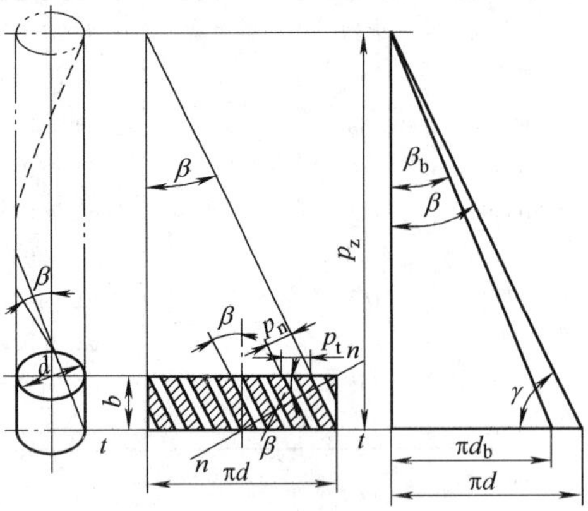

图 2-4　斜齿圆柱齿轮分度圆柱面展开图

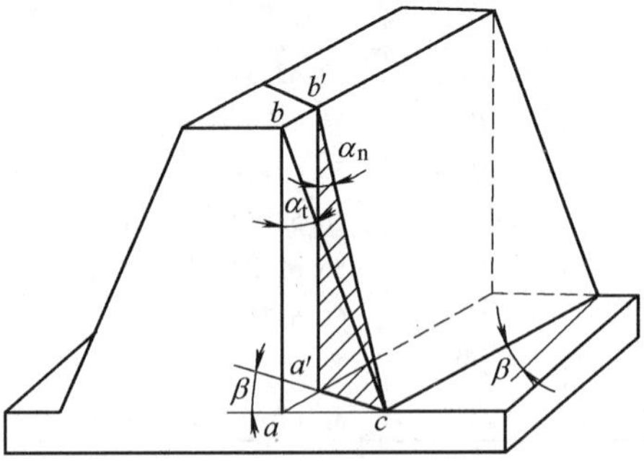

图 2-5　端面压力角和法向压力角

1. 法向参数与端面参数间的关系

（1）法向齿距 p_n 与端面齿距 p_t

$$p_n = p_t \cos\beta \tag{2-10}$$

（2）法向模数 m_n 与端面模数 m_t

$$m_n = m_t \cos\beta \tag{2-11}$$

（3）法向压力角 α_n 与端面压力角 α_t

$$\tan\alpha_n = \tan\alpha_t \cos\beta \tag{2-12}$$

由于切齿刀具齿形为标准齿形，所以斜齿轮的法向基本参数也为标准值，设计、加工和测量斜齿轮时均以法向为基准。

2. 斜齿轮的螺旋角 β

如图 2-4 所示，由于斜齿轮各个圆柱面上螺旋线的导程 p_z 相同，因此斜齿轮分度圆柱面上的螺旋角 β 与基圆柱面上的螺旋角 β_b 的计算公式为

$$\tan\beta = \pi d / p_z \tag{2-13}$$

$$\tan\beta_b = \pi d_b / p_z \tag{2-14}$$

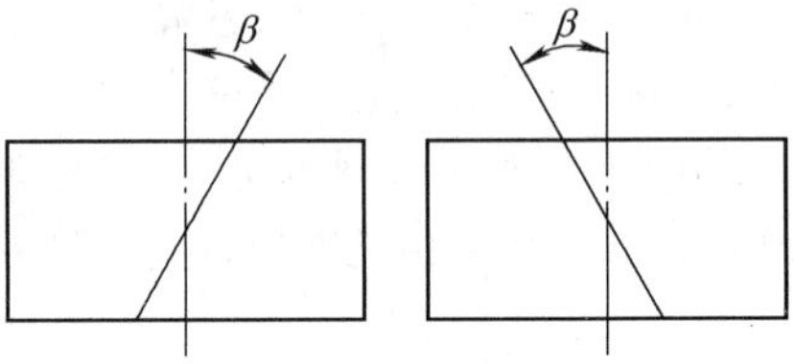

a)　　b)

图 2-6　斜齿轮的旋向

a) 右旋　b) 左旋

从上式中可知 $\beta_b < \beta$，因此可推知，各圆柱面上直径越大，其螺旋角也越大，基圆柱螺旋角最小，但不等于零。如图 2-6 所示，斜齿轮按其齿廓渐开线螺旋面的旋向，可分为右旋（图 2-6a）和左旋（图 2-6b）两种。

2.2.3　渐开线标准斜齿圆柱齿轮的几何尺寸计算

渐开线标准斜齿圆柱齿轮（外啮合）的几何尺寸计算公式见表 2-8。斜齿轮传动的中心距与螺旋角 β 有关，当一对齿轮的模数、齿数一定时，可以通过改变螺旋角 β 来配凑中心距。

表 2-8　渐开线标准斜齿圆柱齿轮（外啮合）的几何尺寸计算公式

名称	符号	计算公式
齿顶高	h_a	$h_a = h_{an}^* m_n$
齿根高	h_f	$h_f = (h_{an}^* + c_n^*) m_n$
全齿高	h	$h = (2h_{an}^* + c_n^*) m_n$
分度圆直径	d	$d = m_t z = (m_n / \cos\beta) z$

（续）

名称		符号	计算公式
齿顶圆直径		d_a	$d_a=d+2h_a=m_n[(z/\cos\beta)+2h_{an}^*]$
齿根圆直径		d_f	$d_f=d-2h_f=m_n[(z/\cos\beta)-2h_{an}^*-2c_n^*]$
基圆直径		d_b	$d_b=d\cos\alpha_t$
中心距		a	$a=m_n(z_1+z_2)(2\cos\beta)$
当量齿数		z_v	$z_v=z/(\cos\beta_b\cos^2\beta)\approx z/\cos^3\beta$
齿厚测量尺寸	固定弦齿高	$\bar{h}_{cn}$	$\bar{h}_{cn}=h_a-\frac{\pi}{8}m_n\sin2\alpha_n$
	固定弦齿厚	$\bar{s}_{cn}$	$\bar{s}_{cn}=\frac{\pi}{2}m_n\cos^2\alpha_n$
	分度圆弦齿高	$\bar{h}_n$	$\bar{h}_n=h_a+\frac{m_nz_v}{2}\left(1-\cos\frac{90°}{z_v}\right)$
	分度圆弦齿厚	$\bar{s}_n$	$\bar{s}=m_nz_v\sin\frac{90°}{z_v}$
	跨齿数	k	$k=\frac{\alpha_n}{180°}z'+0.5$　（4 舍 5 入取整） 式中　z'—假想齿数，$z'=z\text{inv}\alpha_t/\text{inv}\alpha_n$（跨齿数计算中可近似以当量齿数 z_v 替代） $k\approx\frac{\alpha_n}{180°\cos^3\beta}z+0.5$　（4 舍 5 入取整）
	公法线长度	W	$W=m_n\cos\alpha_n[\pi(k-0.5)+z\text{inv}\alpha_t]$ $=m_n\cos\alpha_n[\pi(k-0.5)+z'\text{inv}\alpha_n]$

2.2.4　斜齿轮的当量齿数与假想齿数

1. 当量齿数

用仿形法加工斜齿轮时，盘状铣刀是沿螺旋线方向切齿的。因此，刀具需按斜齿轮的法向齿形来选择。如图 2-7 所示，用法截面截斜齿轮的分度圆柱得一椭圆，椭圆短半轴顶点 C 处被切齿槽两侧为与标准刀具一致的标准渐开线齿形。工程中为计算方便，特引入当量齿轮的概念。当量齿轮是指按 C 处曲率半径 ρ_c 为分度圆半径 r_v，以 m_n、α_n 为标准齿形的假想直齿轮。当量齿数 z_v 可由式（2-15）近似求得

$$z_v\approx\frac{z}{\cos^3\beta}\tag{2-15}$$

用仿形法加工时，应按当量齿数选择铣刀号码。在计算齿形角为 20°的标准斜齿轮不发生根切的齿数时，可根据螺旋角近似求得

$$z_{min}\approx17\cos^3\beta\tag{2-16}$$

对非标准齿轮则可按式（2-17）计算最小不根切齿数：

$$z_{min}\approx\frac{2h_a^*}{\sin^2\alpha_n}\cos^3\beta\tag{2-17}$$

当螺旋角或压力角较大时，当量齿数可按式（2-18）更准确地计算：

$$z_v=\frac{z}{\cos^2\beta_b\cos\beta}\tag{2-18}$$

基圆螺旋角可按下列关系求得

$$\sin\beta_b = \sin\beta\tan\alpha_n$$

齿形角为20°、25°、14.5°、22.5°的斜齿轮的当量齿数比例系数 k_v 可由表2-9～表2-12查取，$z_v = zk_v$。

2. 假想齿数

假想齿数用于公法线计算。

齿形角为20°、25°、14.5°、22.5°的斜齿轮的假想齿数比例系数 B_w 可由表2-13～表2-16查取，$z_v = zB_w$。

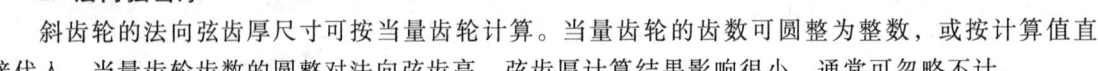

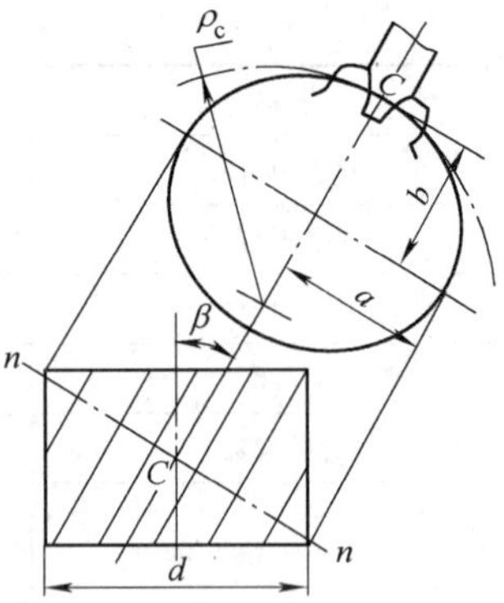

图2-7　斜齿轮的当量齿数

2.2.5　斜齿轮的齿厚测量尺寸

1. 法向弦齿厚

斜齿轮的法向弦齿厚尺寸可按当量齿轮计算。当量齿轮的齿数可圆整为整数，或按计算值直接代入。当量齿轮齿数的圆整对法向弦齿高、弦齿厚计算结果影响很小，通常可忽略不计。

法向弦齿厚用查表法确定，完全可利用直齿轮的相关表格（模数、压力角按法向值）。

2. 公法线长度

斜齿轮的公法线尺寸可按假想齿轮计算。

根据公法线计算原理，法向值是通过端面值导出的，公法线长度的计算式中一般需较准确地（精确到0.01）代入假想齿数 $z' = z\mathrm{inv}\alpha_t/\mathrm{inv}\alpha_n$。

利用直齿轮的相关表格查表确定时，可以先按圆整的假想齿数对应查取，然后再进行相应的修正。假想齿数的剩余差值 Δz 产生的公法线的修正值可按式（2-19）计算：

$$\Delta W = \Delta z m_n \mathrm{inv}\alpha_n \cos\alpha_n \tag{2-19}$$

当 $\alpha = 20°$时，　　$\Delta W = 0.01401\Delta z m_n$；

当 $\alpha = 25°$时，　　$\Delta W = 0.02717\Delta z m_n$；

当 $\alpha = 14.5°$时，　　$\Delta W = 0.00537\Delta z m_n$；

当 $\alpha = 22.5°$时，　　$\Delta W = 0.01988\Delta z m_n$。

查表时，在相邻齿数对应的跨齿数不变的情况下，也可按线性插入法求得。

表2-9　$\alpha_n = 20°$斜齿轮当量齿数比例系数 k_v ［$k_v = 1/(\cos^2\beta_b\cos\beta)$］

β	比例系数 k_v	β	比例系数 k_v	β	比例系数 k_v	β	比例系数 k_v	β	比例系数 k_v	β	比例系数 k_v
3°0′	1.0038	4°36′	1.0090	6°12′	1.0164	7°48′	1.0260	9°24′	1.0381	11°0′	1.0526
3°6′	1.0041	4°42′	1.0094	6°18′	1.0169	7°54′	1.0267	9°30′	1.0389	11°6′	1.0535
3°12′	1.0043	4°48′	1.0098	6°24′	1.0174	8°0′	1.0274	9°36′	1.0397	11°12′	1.0545
3°18′	1.0046	4°54′	1.0102	6°30′	1.0180	8°6′	1.0281	9°42′	1.0406	11°18′	1.0556
3°24′	1.0049	5°0′	1.0106	6°36′	1.0186	8°12′	1.0288	9°48′	1.0415	11°24′	1.0566
3°30′	1.0052	5°6′	1.0110	6°42′	1.0191	8°18′	1.0295	9°54′	1.0423	11°30′	1.0576
3°36′	1.0055	5°12′	1.0115	6°48′	1.0197	8°24′	1.0303	10°0′	1.0432	11°36′	1.0586
3°42′	1.0058	5°18′	1.0119	6°54′	1.0203	8°30′	1.0310	10°6′	1.0441	11°42′	1.0597
3°48′	1.0061	5°24′	1.0124	7°0′	1.0209	8°36′	1.0317	10°12′	1.0450	11°48′	1.0608
3°54′	1.0064	5°30′	1.0128	7°6′	1.0215	8°42′	1.0325	10°18′	1.0459	11°54′	1.0618
4°0′	1.0068	5°36′	1.0133	7°12′	1.0221	8°48′	1.0333	10°24′	1.0468	12°0′	1.0629
4°6′	1.0071	5°42′	1.0138	7°18′	1.0228	8°54′	1.0340	10°30′	1.0478	12°6′	1.0640
4°12′	1.0075	5°48′	1.0143	7°24′	1.0234	9°0′	1.0348	10°36′	1.0487	12°12′	1.0651
4°18′	1.0078	5°54′	1.0148	7°30′	1.0240	9°6′	1.0356	10°42′	1.0496	12°18′	1.0662
4°24′	1.0082	6°0′	1.0153	7°36′	1.0247	9°12′	1.0364	10°48′	1.0506	12°24′	1.0673
4°30′	1.0086	6°6′	1.0158	7°42′	1.0254	9°18′	1.0372	10°54′	1.0516	12°30′	1.0685

（续）

β	比例系数 k_v	β	比例系数 k_v	β	比例系数 k_v	β	比例系数 k_v	β	比例系数 k_v	β	比例系数 k_v
12°36′	1.0696	16°30′	1.1229	20°24′	1.1951	24°18′	1.2901	28°12′	1.4134	32°6′	1.5726
12°42′	1.0708	16°36′	1.1245	20°30′	1.1973	24°24′	1.2929	28°18′	1.4170	32°12′	1.5772
12°48′	1.0719	16°42′	1.1261	20°36′	1.1994	24°30′	1.2957	28°24′	1.4206	32°18′	1.5819
12°54′	1.0731	16°48′	1.1278	20°42′	1.2016	24°36′	1.2985	28°30′	1.4242	32°24′	1.5866
13°0′	1.0743	16°54′	1.1294	20°48′	1.2038	24°42′	1.3014	28°36′	1.4279	32°30′	1.5914
13°6′	1.0755	17°0′	1.1311	20°54′	1.2059	24°48′	1.3042	28°42′	1.4316	32°36′	1.5961
13°12′	1.0767	17°6′	1.1327	21°0′	1.2082	24°54′	1.3071	28°48′	1.4353	32°42′	1.6009
13°18′	1.0779	17°12′	1.1344	21°6′	1.2104	25°0′	1.3100	28°54′	1.4390	32°48′	1.6058
13°24′	1.0792	17°18′	1.1361	21°12′	1.2126	25°6′	1.3129	29°0′	1.4428	32°54′	1.6106
13°30′	1.0804	17°24′	1.1378	21°18′	1.2149	25°12′	1.3158	29°6′	1.4466	33°0′	1.6155
13°36′	1.0817	17°30′	1.1395	21°24′	1.2171	25°18′	1.3188	29°12′	1.4504	33°6′	1.6204
13°42′	1.0829	17°36′	1.1412	21°30′	1.2194	25°24′	1.3217	29°18′	1.4542	33°12′	1.6254
13°48′	1.0842	17°42′	1.1430	21°36′	1.2217	25°30′	1.3247	29°24′	1.4581	33°18′	1.6304
13°54′	1.0855	17°48′	1.1447	21°42′	1.2240	25°36′	1.3277	29°30′	1.4620	33°24′	1.6354
14°0′	1.0868	17°54′	1.1465	21°48′	1.2264	25°42′	1.3308	29°36′	1.4659	33°30′	1.6405
14°6′	1.0881	18°0′	1.1483	21°54′	1.2287	25°48′	1.3338	29°42′	1.4698	33°36′	1.6456
14°12′	1.0894	18°6′	1.1501	22°0′	1.2311	25°54′	1.3369	29°48′	1.4738	33°42′	1.6507
14°18′	1.0907	18°12′	1.1519	22°6′	1.2335	26°0′	1.3400	29°54′	1.4778	33°48′	1.6559
14°24′	1.0921	18°18′	1.1537	22°12′	1.2359	26°6′	1.3431	30°0′	1.4818	33°54′	1.6611
14°30′	1.0934	18°24′	1.1555	22°18′	1.2383	26°12′	1.3462	30°6′	1.4859	34°0′	1.6663
14°36′	1.0948	18°30′	1.1574	22°24′	1.2407	26°18′	1.3494	30°12′	1.4899	34°6′	1.6716
14°42′	1.0962	18°36′	1.1593	22°30′	1.2432	26°24′	1.3526	30°18′	1.4940	34°12′	1.6769
14°48′	1.0976	18°42′	1.1611	22°36′	1.2456	26°30′	1.3557	30°24′	1.4982	34°18′	1.6822
14°54′	1.0990	18°48′	1.1630	22°42′	1.2481	26°36′	1.3590	30°30′	1.5023	34°24′	1.6876
15°0′	1.1004	18°54′	1.1649	22°48′	1.2506	26°42′	1.3622	30°36′	1.5065	34°30′	1.6930
15°6′	1.1018	19°0′	1.1668	22°54′	1.2531	26°48′	1.3655	30°42′	1.5107	34°36′	1.6985
15°12′	1.1032	19°6′	1.1688	23°0′	1.2556	26°54′	1.3687	30°48′	1.5149	34°42′	1.7039
15°18′	1.1047	19°12′	1.1707	23°6′	1.2582	27°0′	1.3720	30°54′	1.5192	34°48′	1.7095
15°24′	1.1061	19°18′	1.1727	23°12′	1.2607	27°6′	1.3754	31°0′	1.5235	34°54′	1.7150
15°30′	1.1076	19°24′	1.1746	23°18′	1.2633	27°12′	1.3787	31°6′	1.5278	35°0′	1.7206
15°36′	1.1091	19°30′	1.1766	23°24′	1.2659	27°18′	1.3821	31°12′	1.5322	35°6′	1.7263
15°42′	1.1106	19°36′	1.1786	23°30′	1.2685	27°24′	1.3855	31°18′	1.5365	35°12′	1.7319
15°48′	1.1121	19°42′	1.1806	23°36′	1.2712	27°30′	1.3889	31°24′	1.5409	35°18′	1.7376
15°54′	1.1136	19°48′	1.1827	23°42′	1.2738	27°36′	1.3923	31°30′	1.5454	35°24′	1.7434
16°0′	1.1151	19°54′	1.1847	23°48′	1.2765	27°42′	1.3958	31°36′	1.5498	35°30′	1.7492
16°6′	1.1167	20°0′	1.1868	23°54′	1.2792	27°48′	1.3992	31°42′	1.5543	35°36′	1.7550
16°12′	1.1182	20°6′	1.1888	24°0′	1.2819	27°54′	1.4027	31°48′	1.5588	35°42′	1.7609
16°18′	1.1198	20°12′	1.1909	24°6′	1.2846	28°0′	1.4063	31°54′	1.5634	35°48′	1.7668
16°24′	1.1213	20°18′	1.1930	24°12′	1.2874	28°6′	1.4098	32°0′	1.5680	35°54′	1.7727

表 2-10　$\alpha_n = 25°$斜齿轮当量齿数比例系数 k_v [$k_v = 1/(\cos^2\beta_b\cos\beta)$]

β	比例系数 k_v	β	比例系数 k_v	β	比例系数 k_v	β	比例系数 k_v	β	比例系数 k_v	β	比例系数 k_v
3°0′	1.0036	3°30′	1.0049	4°0′	1.0065	4°30′	1.0082	5°0′	1.0101	5°30′	1.0123
3°6′	1.0039	3°36′	1.0052	4°6′	1.0068	4°36′	1.0086	5°6′	1.0105	5°36′	1.0127
3°12′	1.0041	3°42′	1.0055	4°12′	1.0071	4°42′	1.0089	5°12′	1.0110	5°42′	1.0132
3°18′	1.0044	3°48′	1.0058	4°18′	1.0075	4°48′	1.0093	5°18′	1.0114	5°48′	1.0136
3°24′	1.0047	3°54′	1.0061	4°24′	1.0078	4°54′	1.0097	5°24′	1.0118	5°54′	1.0141

（续）

β	比例系数 k_v	β	比例系数 k_v	β	比例系数 k_v	β	比例系数 k_v	β	比例系数 k_v	β	比例系数 k_v
6°0′	1.0146	11°0′	1.0501	16°0′	1.1095	21°0′	1.1975	26°0′	1.3211	31°0′	1.4916
6°6′	1.0151	11°6′	1.0511	16°6′	1.1110	21°6′	1.1996	26°6′	1.3240	31°6′	1.4956
6°12′	1.0156	11°12′	1.0520	16°12′	1.1125	21°12′	1.2017	26°12′	1.3270	31°12′	1.4996
6°18′	1.0161	11°18′	1.0530	16°18′	1.1140	21°18′	1.2038	26°18′	1.3299	31°18′	1.5037
6°24′	1.0166	11°24′	1.0539	16°24′	1.1154	21°24′	1.2059	26°24′	1.3329	31°24′	1.5078
6°30′	1.0172	11°30′	1.0549	16°30′	1.1170	21°30′	1.2081	26°30′	1.3359	31°30′	1.5119
6°36′	1.0177	11°36′	1.0559	16°36′	1.1185	21°36′	1.2102	26°36′	1.3389	31°36′	1.5160
6°42′	1.0183	11°42′	1.0569	16°42′	1.1200	21°42′	1.2124	26°42′	1.3419	31°42′	1.5201
6°48′	1.0188	11°48′	1.0579	16°48′	1.1215	21°48′	1.2146	26°48′	1.3449	31°48′	1.5243
6°54′	1.0194	11°54′	1.0589	16°54′	1.1231	21°54′	1.2168	26°54′	1.3480	31°54′	1.5285
7°0′	1.0200	12°0′	1.0600	17°0′	1.1247	22°0′	1.2191	27°0′	1.3511	32°0′	1.5327
7°6′	1.0205	12°6′	1.0610	17°6′	1.1262	22°6′	1.2213	27°6′	1.3542	32°6′	1.5370
7°12′	1.0211	12°12′	1.0621	17°12′	1.1278	22°12′	1.2235	27°12′	1.3573	32°12′	1.5412
7°18′	1.0217	12°18′	1.0631	17°18′	1.1294	22°18′	1.2258	27°18′	1.3604	32°18′	1.5456
7°24′	1.0223	12°24′	1.0642	17°24′	1.1310	22°24′	1.2281	27°24′	1.3636	32°24′	1.5499
7°30′	1.0229	12°30′	1.0653	17°30′	1.1327	22°30′	1.2304	27°30′	1.3667	32°30′	1.5542
7°36′	1.0236	12°36′	1.0664	17°36′	1.1343	22°36′	1.2327	27°36′	1.3699	32°36′	1.5586
7°42′	1.0242	12°42′	1.0675	17°42′	1.1359	22°42′	1.2350	27°42′	1.3732	32°42′	1.5631
7°48′	1.0248	12°48′	1.0686	17°48′	1.1376	22°48′	1.2374	27°48′	1.3764	32°48′	1.5675
7°54′	1.0255	12°54′	1.0697	17°54′	1.1393	22°54′	1.2397	27°54′	1.3797	32°54′	1.5720
8°0′	1.0262	13°0′	1.0708	18°0′	1.1410	23°0′	1.2421	28°0′	1.3829	33°0′	1.5765
8°6′	1.0268	13°6′	1.0720	18°6′	1.1427	23°6′	1.2445	28°6′	1.3862	33°6′	1.5810
8°12′	1.0275	13°12′	1.0731	18°12′	1.1444	23°12′	1.2469	28°12′	1.3896	33°12′	1.5856
8°18′	1.0282	13°18′	1.0743	18°18′	1.1461	23°18′	1.2494	28°18′	1.3929	33°18′	1.5902
8°24′	1.0289	13°24′	1.0754	18°24′	1.1478	23°24′	1.2518	28°24′	1.3963	33°24′	1.5948
8°30′	1.0296	13°30′	1.0766	18°30′	1.1496	23°30′	1.2542	28°30′	1.3996	33°30′	1.5994
8°36′	1.0303	13°36′	1.0778	18°36′	1.1513	23°36′	1.2567	28°36′	1.4031	33°36′	1.6041
8°42′	1.0310	13°42′	1.0790	18°42′	1.1531	23°42′	1.2592	28°42′	1.4065	33°42′	1.6088
8°48′	1.0317	13°48′	1.0802	18°48′	1.1549	23°48′	1.2617	28°48′	1.4099	33°48′	1.6135
8°54′	1.0325	13°54′	1.0814	18°54′	1.1567	23°54′	1.2642	28°54′	1.4134	33°54′	1.6183
9°0′	1.0332	14°0′	1.0827	19°0′	1.1585	24°0′	1.2668	29°0′	1.4169	34°0′	1.6231
9°6′	1.0340	14°6′	1.0839	19°6′	1.1603	24°6′	1.2693	29°6′	1.4204	34°6′	1.6279
9°12′	1.0348	14°12′	1.0852	19°12′	1.1621	24°12′	1.2719	29°12′	1.4240	34°12′	1.6328
9°18′	1.0355	14°18′	1.0864	19°18′	1.1640	24°18′	1.2745	29°18′	1.4275	34°18′	1.6377
9°24′	1.0363	14°24′	1.0877	19°24′	1.1659	24°24′	1.2771	29°24′	1.4311	34°24′	1.6426
9°30′	1.0371	14°30′	1.0890	19°30′	1.1677	24°30′	1.2797	29°30′	1.4347	34°30′	1.6476
9°36′	1.0379	14°36′	1.0903	19°36′	1.1696	24°36′	1.2824	29°36′	1.4383	34°36′	1.6526
9°42′	1.0387	14°42′	1.0916	19°42′	1.1715	24°42′	1.2850	29°42′	1.4420	34°42′	1.6576
9°48′	1.0395	14°48′	1.0929	19°48′	1.1734	24°48′	1.2877	29°48′	1.4457	34°48′	1.6626
9°54′	1.0404	14°54′	1.0942	19°54′	1.1754	24°54′	1.2904	29°54′	1.4494	34°54′	1.6677
10°0′	1.0412	15°0′	1.0956	20°0′	1.1773	25°0′	1.2931	30°0′	1.4531	35°0′	1.6728
10°6′	1.0421	15°6′	1.0969	20°6′	1.1793	25°6′	1.2958	30°6′	1.4568	35°6′	1.6780
10°12′	1.0429	15°12′	1.0983	20°12′	1.1812	25°12′	1.2985	30°12′	1.4606	35°12′	1.6832
10°18′	1.0438	15°18′	1.0996	20°18′	1.1832	25°18′	1.3013	30°18′	1.4644	35°18′	1.6884
10°24′	1.0447	15°24′	1.1010	20°24′	1.1852	25°24′	1.3041	30°24′	1.4682	35°24′	1.6936
10°30′	1.0456	15°30′	1.1024	20°30′	1.1872	25°30′	1.3069	30°30′	1.4721	35°30′	1.6989
10°36′	1.0464	15°36′	1.1038	20°36′	1.1892	25°36′	1.3097	30°36′	1.4759	35°36′	1.7042
10°42′	1.0474	15°42′	1.1052	20°42′	1.1913	25°42′	1.3125	30°42′	1.4798	35°42′	1.7096
10°48′	1.0483	15°48′	1.1067	20°48′	1.1933	25°48′	1.3154	30°48′	1.4837	35°48′	1.7150
10°54′	1.0492	15°54′	1.1081	20°54′	1.1954	25°54′	1.3183	30°54′	1.4877	35°54′	1.7204

表 2-11　α_n = 14.5°斜齿轮当量齿数比例系数 k_v[$k_v = 1/(\cos^2\beta_b \cos\beta)$]

β	比例系数 k_v	β	比例系数 k_v	β	比例系数 k_v	β	比例系数 k_v	β	比例系数 k_v	β	比例系数 k_v
3°0′	1.0039	7°24′	1.0243	11°48′	1.0633	16°12′	1.1233	20°36′	1.2085	25°0′	1.3252
3°6′	1.0042	7°30′	1.0250	11°54′	1.0644	16°18′	1.1249	20°42′	1.2108	25°6′	1.3283
3°12′	1.0045	7°36′	1.0257	12°0′	1.0655	16°24′	1.1266	20°48′	1.2131	25°12′	1.3314
3°18′	1.0048	7°42′	1.0264	12°6′	1.0667	16°30′	1.1283	20°54′	1.2154	25°18′	1.3345
3°24′	1.0051	7°48′	1.0271	12°12′	1.0678	16°36′	1.1299	21°0′	1.2177	25°24′	1.3377
3°30′	1.0054	7°54′	1.0278	12°18′	1.0690	16°42′	1.1316	21°6′	1.2201	25°30′	1.3409
3°36′	1.0057	8°0′	1.0285	12°24′	1.0701	16°48′	1.1333	21°12′	1.2224	25°36′	1.3441
3°42′	1.0060	8°6′	1.0292	12°30′	1.0713	16°54′	1.1350	21°18′	1.2248	25°42′	1.3473
3°48′	1.0063	8°12′	1.0300	12°36′	1.0725	17°0′	1.1368	21°24′	1.2272	25°48′	1.3505
3°54′	1.0067	8°18′	1.0307	12°42′	1.0737	17°6′	1.1385	21°30′	1.2296	25°54′	1.3538
4°0′	1.0070	8°24′	1.0315	12°48′	1.0749	17°12′	1.1403	21°36′	1.2320	26°0′	1.3570
4°6′	1.0074	8°30′	1.0322	12°54′	1.0762	17°18′	1.1420	21°42′	1.2345	26°6′	1.3603
4°12′	1.0078	8°36′	1.0330	13°0′	1.0774	17°24′	1.1438	21°48′	1.2369	26°12′	1.3637
4°18′	1.0081	8°42′	1.0338	13°6′	1.0787	17°30′	1.1456	21°54′	1.2394	26°18′	1.3670
4°24′	1.0085	8°48′	1.0346	13°12′	1.0799	17°36′	1.1474	22°0′	1.2419	26°24′	1.3704
4°30′	1.0089	8°54′	1.0354	13°18′	1.0812	17°42′	1.1493	22°6′	1.2444	26°30′	1.3738
4°36′	1.0093	9°0′	1.0362	13°24′	1.0825	17°48′	1.1511	22°12′	1.2469	26°36′	1.3772
4°42′	1.0097	9°6′	1.0371	13°30′	1.0838	17°54′	1.1530	22°18′	1.2495	26°42′	1.3806
4°48′	1.0101	9°12′	1.0379	13°36′	1.0851	18°0′	1.1548	22°24′	1.2520	26°48′	1.3841
4°54′	1.0106	9°18′	1.0387	13°42′	1.0864	18°6′	1.1567	22°30′	1.2546	26°54′	1.3876
5°0′	1.0110	9°24′	1.0396	13°48′	1.0877	18°12′	1.1586	22°36′	1.2572	27°0′	1.3911
5°6′	1.0115	9°30′	1.0405	13°54′	1.0891	18°18′	1.1605	22°42′	1.2598	27°6′	1.3946
5°12′	1.0119	9°36′	1.0413	14°0′	1.0904	18°24′	1.1624	22°48′	1.2625	27°12′	1.3981
5°18′	1.0124	9°42′	1.0422	14°6′	1.0918	18°30′	1.1644	22°54′	1.2651	27°18′	1.4017
5°24′	1.0129	9°48′	1.0431	14°12′	1.0932	18°36′	1.1663	23°0′	1.2678	27°24′	1.4053
5°30′	1.0134	9°54′	1.0440	14°18′	1.0946	18°42′	1.1683	23°6′	1.2705	27°30′	1.4090
5°36′	1.0138	10°0′	1.0450	14°24′	1.0960	18°48′	1.1703	23°12′	1.2732	27°36′	1.4126
5°42′	1.0143	10°6′	1.0459	14°30′	1.0974	18°54′	1.1723	23°18′	1.2759	27°42′	1.4163
5°48′	1.0149	10°12′	1.0468	14°36′	1.0988	19°0′	1.1743	23°24′	1.2786	27°48′	1.4200
5°54′	1.0154	10°18′	1.0478	14°42′	1.1002	19°6′	1.1763	23°30′	1.2814	27°54′	1.4237
6°0′	1.0159	10°24′	1.0487	14°48′	1.1017	19°12′	1.1784	23°36′	1.2842	28°0′	1.4275
6°6′	1.0165	10°30′	1.0497	14°54′	1.1032	19°18′	1.1804	23°42′	1.2870	28°6′	1.4312
6°12′	1.0170	10°36′	1.0507	15°0′	1.1046	19°24′	1.1825	23°48′	1.2898	28°12′	1.4350
6°18′	1.0176	10°42′	1.0517	15°6′	1.1061	19°30′	1.1846	23°54′	1.2927	28°18′	1.4389
6°24′	1.0181	10°48′	1.0527	15°12′	1.1076	19°36′	1.1867	24°0′	1.2955	28°24′	1.4427
6°30′	1.0187	10°54′	1.0537	15°18′	1.1091	19°42′	1.1888	24°6′	1.2984	28°30′	1.4466
6°36′	1.0193	11°0′	1.0547	15°24′	1.1107	19°48′	1.1909	24°12′	1.3013	28°36′	1.4505
6°42′	1.0199	11°6′	1.0557	15°30′	1.1122	19°54′	1.1931	24°18′	1.3042	28°42′	1.4545
6°48′	1.0205	11°12′	1.0568	15°36′	1.1137	20°0′	1.1952	24°24′	1.3072	28°48′	1.4584
6°54′	1.0211	11°18′	1.0578	15°42′	1.1153	20°6′	1.1974	24°30′	1.3101	28°54′	1.4624
7°0′	1.0217	11°24′	1.0589	15°48′	1.1169	20°12′	1.1996	24°36′	1.3131	29°0′	1.4664
7°6′	1.0224	11°30′	1.0600	15°54′	1.1185	20°18′	1.2018	24°42′	1.3161	29°6′	1.4705
7°12′	1.0230	11°36′	1.0611	16°0′	1.1201	20°24′	1.2040	24°48′	1.3191	29°12′	1.4745
7°18′	1.0237	11°42′	1.0622	16°6′	1.1217	20°30′	1.2063	24°54′	1.3222	29°18′	1.4786

（续）

β	比例系数 k_v	β	比例系数 k_v	β	比例系数 k_v	β	比例系数 k_v	β	比例系数 k_v	β	比例系数 k_v
29°24′	1.4827	30°30′	1.5300	31°36′	1.5809	32°42′	1.6358	33°48′	1.6951	34°54′	1.7590
29°30′	1.4869	30°36′	1.5345	31°42′	1.5858	32°48′	1.6410	33°54′	1.7007	35°0′	1.7651
29°36′	1.4911	30°42′	1.5390	31°48′	1.5906	32°54′	1.6463	34°0′	1.7063	35°6′	1.7712
29°42′	1.4953	30°48′	1.5435	31°54′	1.5955	33°0′	1.6516	34°6′	1.7120	35°12′	1.7773
29°48′	1.4995	30°54′	1.5481	32°0′	1.6004	33°6′	1.6569	34°12′	1.7178	35°18′	1.7835
29°54′	1.5038	31°0′	1.5527	32°6′	1.6054	33°12′	1.6622	34°18′	1.7235	35°24′	1.7897
30°0′	1.5081	31°6′	1.5573	32°12′	1.6104	33°18′	1.6676	34°24′	1.7293	35°30′	1.7960
30°6′	1.5124	31°12′	1.5620	32°18′	1.6154	33°24′	1.6730	34°30′	1.7352	35°36′	1.8023
30°12′	1.5168	31°18′	1.5667	32°24′	1.6205	33°30′	1.6785	34°36′	1.7411	35°42′	1.8087
30°18′	1.5211	31°24′	1.5714	32°30′	1.6256	33°36′	1.6840	34°42′	1.7470	35°48′	1.8151
30°24′	1.5256	31°30′	1.5761	32°36′	1.6307	33°42′	1.6895	34°48′	1.7530	35°54′	1.8215

表 2-12　$\alpha_n = 22.5°$斜齿轮当量齿数比例系数 k_v $[k_v = 1/(\cos^2\beta_b\cos\beta)]$

β	比例系数 k_v	β	比例系数 k_v	β	比例系数 k_v	β	比例系数 k_v	β	比例系数 k_v	β	比例系数 k_v
3°0′	1.0037	5°54′	1.0145	8°48′	1.0325	11°42′	1.0584	14°36′	1.0926	17°30′	1.1362
3°6′	1.0040	6°0′	1.0150	8°54′	1.0333	11°48′	1.0594	14°42′	1.0940	17°36′	1.1379
3°12′	1.0042	6°6′	1.0155	9°0′	1.0341	11°54′	1.0605	14°48′	1.0953	17°42′	1.1396
3°18′	1.0045	6°12′	1.0160	9°6′	1.0348	12°0′	1.0615	14°54′	1.0967	17°48′	1.1413
3°24′	1.0048	6°18′	1.0165	9°12′	1.0356	12°6′	1.0626	15°0′	1.0981	17°54′	1.1430
3°30′	1.0051	6°24′	1.0171	9°18′	1.0364	12°12′	1.0637	15°6′	1.0994	18°0′	1.1448
3°36′	1.0054	6°30′	1.0176	9°24′	1.0372	12°18′	1.0647	15°12′	1.1008	18°6′	1.1465
3°42′	1.0057	6°36′	1.0182	9°30′	1.0380	12°24′	1.0658	15°18′	1.1023	18°12′	1.1483
3°48′	1.0060	6°42′	1.0187	9°36′	1.0389	12°30′	1.0669	15°24′	1.1037	18°18′	1.1500
3°54′	1.0063	6°48′	1.0193	9°42′	1.0397	12°36′	1.0681	15°30′	1.1051	18°24′	1.1518
4°0′	1.0066	6°54′	1.0199	9°48′	1.0405	12°42′	1.0692	15°36′	1.1066	18°30′	1.1536
4°6′	1.0070	7°0′	1.0204	9°54′	1.0414	12°48′	1.0703	15°42′	1.1080	18°36′	1.1554
4°12′	1.0073	7°6′	1.0210	10°0′	1.0423	12°54′	1.0715	15°48′	1.1095	18°42′	1.1573
4°18′	1.0077	7°12′	1.0216	10°6′	1.0431	13°0′	1.0726	15°54′	1.1110	18°48′	1.1591
4°24′	1.0080	7°18′	1.0223	10°12′	1.0440	13°6′	1.0738	16°0′	1.1124	18°54′	1.1610
4°30′	1.0084	7°24′	1.0229	10°18′	1.0449	13°12′	1.0750	16°6′	1.1139	19°0′	1.1628
4°36′	1.0088	7°30′	1.0235	10°24′	1.0458	13°18′	1.0762	16°12′	1.1155	19°6′	1.1647
4°42′	1.0092	7°36′	1.0242	10°30′	1.0467	13°24′	1.0774	16°18′	1.1170	19°12′	1.1666
4°48′	1.0096	7°42′	1.0248	10°36′	1.0476	13°30′	1.0786	16°24′	1.1185	19°18′	1.1685
4°54′	1.0100	7°48′	1.0255	10°42′	1.0485	13°36′	1.0798	16°30′	1.1201	19°24′	1.1704
5°0′	1.0104	7°54′	1.0261	10°48′	1.0495	13°42′	1.0810	16°36′	1.1216	19°30′	1.1723
5°6′	1.0108	8°0′	1.0268	10°54′	1.0504	13°48′	1.0823	16°42′	1.1232	19°36′	1.1743
5°12′	1.0112	8°6′	1.0275	11°0′	1.0514	13°54′	1.0835	16°48′	1.1248	19°42′	1.1763
5°18′	1.0117	8°12′	1.0282	11°6′	1.0524	14°0′	1.0848	16°54′	1.1264	19°48′	1.1782
5°24′	1.0121	8°18′	1.0289	11°12′	1.0533	14°6′	1.0861	17°0′	1.1280	19°54′	1.1802
5°30′	1.0126	8°24′	1.0296	11°18′	1.0543	14°12′	1.0874	17°6′	1.1296	20°0′	1.1822
5°36′	1.0130	8°30′	1.0303	11°24′	1.0553	14°18′	1.0887	17°12′	1.1312	20°6′	1.1842
5°42′	1.0135	8°36′	1.0311	11°30′	1.0563	14°24′	1.0900	17°18′	1.1329	20°12′	1.1863
5°48′	1.0140	8°42′	1.0318	11°36′	1.0573	14°30′	1.0913	17°24′	1.1346	20°18′	1.1883

（续）

β	比例系数 k_v	β	比例系数 k_v	β	比例系数 k_v	β	比例系数 k_v	β	比例系数 k_v	β	比例系数 k_v
20°24′	1.1904	23°0′	1.2491	25°36′	1.3191	28°12′	1.4019	30°48′	1.4999	33°24′	1.6157
20°30′	1.1924	23°6′	1.2516	25°42′	1.3220	28°18′	1.4054	30°54′	1.5040	33°30′	1.6206
20°36′	1.1945	23°12′	1.2541	25°48′	1.3249	28°24′	1.4089	31°0′	1.5081	33°36′	1.6255
20°42′	1.1966	23°18′	1.2566	25°54′	1.3279	28°30′	1.4124	31°6′	1.5123	33°42′	1.6304
20°48′	1.1987	23°24′	1.2591	26°0′	1.3309	28°36′	1.4159	31°12′	1.5164	33°48′	1.6354
20°54′	1.2009	23°30′	1.2617	26°6′	1.3339	28°42′	1.4195	31°18′	1.5206	33°54′	1.6404
21°0′	1.2030	23°36′	1.2642	26°12′	1.3369	28°48′	1.4231	31°24′	1.5249	34°0′	1.6454
21°6′	1.2052	23°42′	1.2668	26°18′	1.3400	28°54′	1.4267	31°30′	1.5292	34°6′	1.6504
21°12′	1.2074	23°48′	1.2694	26°24′	1.3431	29°0′	1.4303	31°36′	1.5335	34°12′	1.6555
21°18′	1.2095	23°54′	1.2720	26°30′	1.3462	29°6′	1.4340	31°42′	1.5378	34°18′	1.6606
21°24′	1.2118	24°0′	1.2746	26°36′	1.3493	29°12′	1.4376	31°48′	1.5421	34°24′	1.6658
21°30′	1.2140	24°6′	1.2773	26°42′	1.3524	29°18′	1.4413	31°54′	1.5465	34°30′	1.6710
21°36′	1.2162	24°12′	1.2799	26°48′	1.3556	29°24′	1.4451	32°0′	1.5509	34°36′	1.6762
21°42′	1.2185	24°18′	1.2826	26°54′	1.3587	29°30′	1.4488	32°6′	1.5554	34°42′	1.6815
21°48′	1.2207	24°24′	1.2853	27°0′	1.3619	29°36′	1.4526	32°12′	1.5598	34°48′	1.6867
21°54′	1.2230	24°30′	1.2880	27°6′	1.3651	29°42′	1.4564	32°18′	1.5643	34°54′	1.6921
22°0′	1.2253	24°36′	1.2907	27°12′	1.3684	29°48′	1.4602	32°24′	1.5688	35°0′	1.6974
22°6′	1.2276	24°42′	1.2935	27°18′	1.3716	29°54′	1.4641	32°30′	1.5734	35°6′	1.7028
22°12′	1.2299	24°48′	1.2963	27°24′	1.3749	30°0′	1.4679	32°36′	1.5780	35°12′	1.7083
22°18′	1.2323	24°54′	1.2990	27°30′	1.3782	30°6′	1.4718	32°42′	1.5826	35°18′	1.7137
22°24′	1.2346	25°0′	1.3018	27°36′	1.3815	30°12′	1.4758	32°48′	1.5872	35°24′	1.7192
22°30′	1.2370	25°6′	1.3047	27°42′	1.3849	30°18′	1.4797	32°54′	1.5919	35°30′	1.7248
22°36′	1.2394	25°12′	1.3075	27°48′	1.3882	30°24′	1.4837	33°0′	1.5966	35°36′	1.7303
22°42′	1.2418	25°18′	1.3104	27°54′	1.3916	30°30′	1.4877	33°6′	1.6013	35°42′	1.7360
22°48′	1.2442	25°24′	1.3132	28°0′	1.3950	30°36′	1.4917	33°12′	1.6061	35°48′	1.7416
22°54′	1.2467	25°30′	1.3161	28°6′	1.3984	30°42′	1.4958	33°18′	1.6109	35°54′	1.7473

表 2-13　α_n = 20°斜齿轮假想齿数比例系数 B_w（$B_w = \mathrm{inv}\alpha_t / \mathrm{inv}\alpha_n$）

β	比例系数 B_w	β	比例系数 B_w	β	比例系数 B_w	β	比例系数 B_w	β	比例系数 B_w	β	比例系数 B_w
3°0′	1.0039	4°30′	1.0089	6°0′	1.0158	7°30′	1.0248	9°0′	1.0360	10°30′	1.0494
3°6′	1.0042	4°36′	1.0093	6°6′	1.0163	7°36′	1.0255	9°6′	1.0368	10°36′	1.0504
3°12′	1.0045	4°42′	1.0097	6°12′	1.0169	7°42′	1.0262	9°12′	1.0377	10°42′	1.0513
3°18′	1.0048	4°48′	1.0101	6°18′	1.0175	7°48′	1.0269	9°18′	1.0385	10°48′	1.0523
3°24′	1.0050	4°54′	1.0105	6°24′	1.0180	7°54′	1.0276	9°24′	1.0393	10°54′	1.0533
3°30′	1.0053	5°0′	1.0109	6°30′	1.0186	8°0′	1.0283	9°30′	1.0402	11°0′	1.0544
3°36′	1.0057	5°6′	1.0114	6°36′	1.0192	8°6′	1.0290	9°36′	1.0411	11°6′	1.0554
3°42′	1.0060	5°12′	1.0118	6°42′	1.0198	8°12′	1.0298	9°42′	1.0420	11°12′	1.0564
3°48′	1.0063	5°18′	1.0123	6°48′	1.0204	8°18′	1.0305	9°48′	1.0429	11°18′	1.0575
3°54′	1.0066	5°24′	1.0128	6°54′	1.0210	8°24′	1.0313	9°54′	1.0438	11°24′	1.0585
4°0′	1.0070	5°30′	1.0133	7°0′	1.0216	8°30′	1.0320	10°0′	1.0447	11°30′	1.0596
4°6′	1.0073	5°36′	1.0138	7°6′	1.0222	8°36′	1.0328	10°6′	1.0456	11°36′	1.0607
4°12′	1.0077	5°42′	1.0143	7°12′	1.0229	8°42′	1.0336	10°12′	1.0465	11°42′	1.0618
4°18′	1.0081	5°48′	1.0148	7°18′	1.0235	8°48′	1.0344	10°18′	1.0475	11°48′	1.0629
4°24′	1.0085	5°54′	1.0153	7°24′	1.0242	8°54′	1.0352	10°24′	1.0484	11°54′	1.0640

（续）

β	比例系数 B_w	β	比例系数 B_w	β	比例系数 B_w	β	比例系数 B_w	β	比例系数 B_w	β	比例系数 B_w
12°0′	1.0651	16°0′	1.1192	20°0′	1.1938	24°0′	1.2933	28°0′	1.4240	32°0′	1.5952
12°6′	1.0662	16°6′	1.1208	20°6′	1.1960	24°6′	1.2961	28°6′	1.4277	32°6′	1.6001
12°12′	1.0674	16°12′	1.1225	20°12′	1.1982	24°12′	1.2990	28°12′	1.4315	32°12′	1.6050
12°18′	1.0685	16°18′	1.1241	20°18′	1.2004	24°18′	1.3019	28°18′	1.4353	32°18′	1.6100
12°24′	1.0697	16°24′	1.1257	20°24′	1.2026	24°24′	1.3048	28°24′	1.4391	32°24′	1.6150
12°30′	1.0709	16°30′	1.1274	20°30′	1.2048	24°30′	1.3078	28°30′	1.4430	32°30′	1.6200
12°36′	1.0720	16°36′	1.1290	20°36′	1.2070	24°36′	1.3107	28°36′	1.4468	32°36′	1.6251
12°42′	1.0732	16°42′	1.1307	20°42′	1.2093	24°42′	1.3137	28°42′	1.4507	32°42′	1.6302
12°48′	1.0744	16°48′	1.1324	20°48′	1.2116	24°48′	1.3167	28°48′	1.4546	32°48′	1.6353
12°54′	1.0757	16°54′	1.1341	20°54′	1.2139	24°54′	1.3197	28°54′	1.4586	32°54′	1.6405
13°0′	1.0769	17°0′	1.1358	21°0′	1.2162	25°0′	1.3227	29°0′	1.4626	33°0′	1.6457
13°6′	1.0781	17°6′	1.1376	21°6′	1.2185	25°6′	1.3258	29°6′	1.4666	33°6′	1.6510
13°12′	1.0794	17°12′	1.1393	21°12′	1.2208	25°12′	1.3289	29°12′	1.4706	33°12′	1.6563
13°18′	1.0807	17°18′	1.1411	21°18′	1.2232	25°18′	1.3320	29°18′	1.4747	33°18′	1.6616
13°24′	1.0819	17°24′	1.1428	21°24′	1.2255	25°24′	1.3351	29°24′	1.4787	33°24′	1.6669
13°30′	1.0832	17°30′	1.1446	21°30′	1.2279	25°30′	1.3382	29°30′	1.4828	33°30′	1.6723
13°36′	1.0845	17°36′	1.1464	21°36′	1.2303	25°36′	1.3414	29°36′	1.4870	33°36′	1.6778
13°42′	1.0858	17°42′	1.1482	21°42′	1.2327	25°42′	1.3446	29°42′	1.4912	33°42′	1.6832
13°48′	1.0872	17°48′	1.1501	21°48′	1.2352	25°48′	1.3478	29°48′	1.4953	33°48′	1.6888
13°54′	1.0885	17°54′	1.1519	21°54′	1.2376	25°54′	1.3510	29°54′	1.4996	33°54′	1.6943
14°0′	1.0898	18°0′	1.1537	22°0′	1.2401	26°0′	1.3542	30°0′	1.5038	34°0′	1.6999
14°6′	1.0912	18°6′	1.1556	22°6′	1.2426	26°6′	1.3575	30°6′	1.5081	34°6′	1.7055
14°12′	1.0926	18°12′	1.1575	22°12′	1.2451	26°12′	1.3608	30°12′	1.5124	34°12′	1.7112
14°18′	1.0939	18°18′	1.1594	22°18′	1.2476	26°18′	1.3641	30°18′	1.5167	34°18′	1.7169
14°24′	1.0953	18°24′	1.1613	22°24′	1.2502	26°24′	1.3675	30°24′	1.5211	34°24′	1.7226
14°30′	1.0967	18°30′	1.1632	22°30′	1.2527	26°30′	1.3708	30°30′	1.5255	34°30′	1.7284
14°36′	1.0981	18°36′	1.1652	22°36′	1.2553	26°36′	1.3742	30°36′	1.5299	34°36′	1.7342
14°42′	1.0996	18°42′	1.1671	22°42′	1.2579	26°42′	1.3776	30°42′	1.5344	34°42′	1.7401
14°48′	1.1010	18°48′	1.1691	22°48′	1.2605	26°48′	1.3810	30°48′	1.5389	34°48′	1.7460
14°54′	1.1025	18°54′	1.1711	22°54′	1.2631	26°54′	1.3845	30°54′	1.5434	34°54′	1.7519
15°0′	1.1039	19°0′	1.1731	23°0′	1.2658	27°0′	1.3880	31°0′	1.5479	35°0′	1.7579
15°6′	1.1054	19°6′	1.1751	23°6′	1.2685	27°6′	1.3915	31°6′	1.5525	35°6′	1.7639
15°12′	1.1069	19°12′	1.1771	23°12′	1.2711	27°12′	1.3950	31°12′	1.5571	35°12′	1.7700
15°18′	1.1084	19°18′	1.1791	23°18′	1.2738	27°18′	1.3985	31°18′	1.5618	35°18′	1.7761
15°24′	1.1099	19°24′	1.1812	23°24′	1.2766	27°24′	1.4021	31°24′	1.5665	35°24′	1.7823
15°30′	1.1114	19°30′	1.1833	23°30′	1.2793	27°30′	1.4057	31°30′	1.5712	35°30′	1.7885
15°36′	1.1130	19°36′	1.1853	23°36′	1.2821	27°36′	1.4093	31°36′	1.5759	35°36′	1.7947
15°42′	1.1145	19°42′	1.1874	23°42′	1.2848	27°42′	1.4129	31°42′	1.5807	35°42′	1.8010
15°48′	1.1161	19°48′	1.1896	23°48′	1.2876	27°48′	1.4166	31°48′	1.5855	35°48′	1.8073
15°54′	1.1177	19°54′	1.1917	23°54′	1.2905	27°54′	1.4203	31°54′	1.5903	35°54′	1.8137

表 2-14　$\alpha_n=25°$斜齿轮假想齿数比例系数 B_w（$B_w=\mathrm{inv}\alpha_t/\mathrm{inv}\alpha_n$）

β	比例系数 B_w	β	比例系数 B_w	β	比例系数 B_w	β	比例系数 B_w	β	比例系数 B_w	β	比例系数 B_w
3°0′	1.0038	7°24′	1.0235	11°48′	1.0610	16°12′	1.1188	20°36′	1.2005	25°0′	1.3118
3°6′	1.0041	7°30′	1.0241	11°54′	1.0621	16°18′	1.1204	20°42′	1.2027	25°6′	1.3148
3°12′	1.0043	7°36′	1.0248	12°0′	1.0632	16°24′	1.1220	20°48′	1.2049	25°12′	1.3177
3°18′	1.0046	7°42′	1.0255	12°6′	1.0643	16°30′	1.1236	20°54′	1.2071	25°18′	1.3207
3°24′	1.0049	7°48′	1.0261	12°12′	1.0654	16°36′	1.1252	21°0′	1.2093	25°24′	1.3237
3°30′	1.0052	7°54′	1.0268	12°18′	1.0665	16°42′	1.1268	21°6′	1.2115	25°30′	1.3267
3°36′	1.0055	8°0′	1.0275	12°24′	1.0677	16°48′	1.1284	21°12′	1.2138	25°36′	1.3297
3°42′	1.0058	8°6′	1.0282	12°30′	1.0688	16°54′	1.1301	21°18′	1.2161	25°42′	1.3328
3°48′	1.0061	8°12′	1.0289	12°36′	1.0700	17°0′	1.1317	21°24′	1.2183	25°48′	1.3359
3°54′	1.0065	8°18′	1.0297	12°42′	1.0711	17°6′	1.1334	21°30′	1.2206	25°54′	1.3390
4°0′	1.0068	8°24′	1.0304	12°48′	1.0723	17°12′	1.1351	21°36′	1.2230	26°0′	1.3421
4°6′	1.0071	8°30′	1.0311	12°54′	1.0735	17°18′	1.1368	21°42′	1.2253	26°6′	1.3452
4°12′	1.0075	8°36′	1.0319	13°0′	1.0747	17°24′	1.1385	21°48′	1.2276	26°12′	1.3484
4°18′	1.0079	8°42′	1.0327	13°6′	1.0759	17°30′	1.1402	21°54′	1.2300	26°18′	1.3515
4°24′	1.0082	8°48′	1.0334	13°12′	1.0771	17°36′	1.1420	22°0′	1.2324	26°24′	1.3547
4°30′	1.0086	8°54′	1.0342	13°18′	1.0783	17°42′	1.1437	22°6′	1.2348	26°30′	1.3580
4°36′	1.0090	9°0′	1.0350	13°24′	1.0796	17°48′	1.1455	22°12′	1.2372	26°36′	1.3612
4°42′	1.0094	9°6′	1.0358	13°30′	1.0808	17°54′	1.1473	22°18′	1.2396	26°42′	1.3645
4°48′	1.0098	9°12′	1.0366	13°36′	1.0821	18°0′	1.1491	22°24′	1.2421	26°48′	1.3677
4°54′	1.0102	9°18′	1.0374	13°42′	1.0833	18°6′	1.1509	22°30′	1.2445	26°54′	1.3710
5°0′	1.0106	9°24′	1.0382	13°48′	1.0846	18°12′	1.1527	22°36′	1.2470	27°0′	1.3744
5°6′	1.0111	9°30′	1.0391	13°54′	1.0859	18°18′	1.1545	22°42′	1.2495	27°6′	1.3777
5°12′	1.0115	9°36′	1.0399	14°0′	1.0872	18°24′	1.1564	22°48′	1.2520	27°12′	1.3811
5°18′	1.0120	9°42′	1.0408	14°6′	1.0885	18°30′	1.1582	22°54′	1.2545	27°18′	1.3845
5°24′	1.0124	9°48′	1.0416	14°12′	1.0898	18°36′	1.1601	23°0′	1.2571	27°24′	1.3879
5°30′	1.0129	9°54′	1.0425	14°18′	1.0912	18°42′	1.1620	23°6′	1.2597	27°30′	1.3913
5°36′	1.0134	10°0′	1.0434	14°24′	1.0925	18°48′	1.1639	23°12′	1.2622	27°36′	1.3948
5°42′	1.0139	10°6′	1.0443	14°30′	1.0939	18°54′	1.1658	23°18′	1.2648	27°42′	1.3983
5°48′	1.0144	10°12′	1.0452	14°36′	1.0953	19°0′	1.1677	23°24′	1.2675	27°48′	1.4018
5°54′	1.0149	10°18′	1.0461	14°42′	1.0966	19°6′	1.1697	23°30′	1.2701	27°54′	1.4053
6°0′	1.0154	10°24′	1.0470	14°48′	1.0980	19°12′	1.1716	23°36′	1.2728	28°0′	1.4089
6°6′	1.0159	10°30′	1.0480	14°54′	1.0994	19°18′	1.1736	23°42′	1.2754	28°6′	1.4125
6°12′	1.0164	10°36′	1.0489	15°0′	1.1009	19°24′	1.1756	23°48′	1.2781	28°12′	1.4161
6°18′	1.0170	10°42′	1.0499	15°6′	1.1023	19°30′	1.1776	23°54′	1.2808	28°18′	1.4197
6°24′	1.0175	10°48′	1.0508	15°12′	1.1037	19°36′	1.1796	24°0′	1.2835	28°24′	1.4233
6°30′	1.0181	10°54′	1.0518	15°18′	1.1052	19°42′	1.1816	24°6′	1.2863	28°30′	1.4270
6°36′	1.0186	11°0′	1.0528	15°24′	1.1067	19°48′	1.1836	24°12′	1.2891	28°36′	1.4307
6°42′	1.0192	11°6′	1.0538	15°30′	1.1081	19°54′	1.1857	24°18′	1.2918	28°42′	1.4344
6°48′	1.0198	11°12′	1.0548	15°36′	1.1096	20°0′	1.1878	24°24′	1.2946	28°48′	1.4382
6°54′	1.0204	11°18′	1.0558	15°42′	1.1111	20°6′	1.1899	24°30′	1.2975	28°54′	1.4419
7°0′	1.0210	11°24′	1.0568	15°48′	1.1126	20°12′	1.1920	24°36′	1.3003	29°0′	1.4457
7°6′	1.0216	11°30′	1.0579	15°54′	1.1142	20°18′	1.1941	24°42′	1.3031	29°6′	1.4496
7°12′	1.0222	11°36′	1.0589	16°0′	1.1157	20°24′	1.1962	24°48′	1.3060	29°12′	1.4534
7°18′	1.0229	11°42′	1.0600	16°6′	1.1172	20°30′	1.1983	24°54′	1.3089	29°18′	1.4573

（续）

β	比例系数 B_w	β	比例系数 B_w	β	比例系数 B_w	β	比例系数 B_w	β	比例系数 B_w	β	比例系数 B_w
29°24′	1.4612	30°30′	1.5058	31°36′	1.5538	32°42′	1.6054	33°48′	1.6609	34°54′	1.7207
29°30′	1.4651	30°36′	1.5100	31°42′	1.5583	32°48′	1.6103	33°54′	1.6662	35°0′	1.7264
29°36′	1.4690	30°42′	1.5143	31°48′	1.5629	32°54′	1.6152	34°0′	1.6715	35°6′	1.7321
29°42′	1.4730	30°48′	1.5185	31°54′	1.5675	33°0′	1.6201	34°6′	1.6768	35°12′	1.7378
29°48′	1.4770	30°54′	1.5228	32°0′	1.5721	33°6′	1.6251	34°12′	1.6822	35°18′	1.7436
29°54′	1.4811	31°0′	1.5272	32°6′	1.5768	33°12′	1.6301	34°18′	1.6876	35°24′	1.7494
30°0′	1.4851	31°6′	1.5315	32°12′	1.5815	33°18′	1.6352	34°24′	1.6930	35°30′	1.7553
30°6′	1.4892	31°12′	1.5359	32°18′	1.5862	33°24′	1.6403	34°30′	1.6985	35°36′	1.7612
30°12′	1.4933	31°18′	1.5403	32°24′	1.5909	33°30′	1.6454	34°36′	1.7040	35°42′	1.7671
30°18′	1.4974	31°24′	1.5448	32°30′	1.5957	33°36′	1.6505	34°42′	1.7095	35°48′	1.7731
30°24′	1.5016	31°30′	1.5493	32°36′	1.6005	33°42′	1.6557	34°48′	1.7151	35°54′	1.7791

表 2-15　$\alpha_n=14.5°$斜齿轮假想齿数比例系数 B_w（$B_w=\mathrm{inv}\alpha_t/\mathrm{inv}\alpha_n$）

β	比例系数 B_w	β	比例系数 B_w	β	比例系数 B_w	β	比例系数 B_w	β	比例系数 B_w	β	比例系数 B_w
3°0′	1.0040	5°54′	1.0157	8°48′	1.0352	11°42′	1.0633	14°36′	1.1006	17°30′	1.1484
3°6′	1.0043	6°0′	1.0162	8°54′	1.0360	11°48′	1.0644	14°42′	1.1021	17°36′	1.1503
3°12′	1.0046	6°6′	1.0167	9°0′	1.0369	11°54′	1.0655	14°48′	1.1036	17°42′	1.1521
3°18′	1.0049	6°12′	1.0173	9°6′	1.0377	12°0′	1.0667	14°54′	1.1051	17°48′	1.1540
3°24′	1.0052	6°18′	1.0179	9°12′	1.0386	12°6′	1.0679	15°0′	1.1066	17°54′	1.1559
3°30′	1.0055	6°24′	1.0184	9°18′	1.0394	12°12′	1.0690	15°6′	1.1081	18°0′	1.1578
3°36′	1.0058	6°30′	1.0190	9°24′	1.0403	12°18′	1.0702	15°12′	1.1096	18°6′	1.1597
3°42′	1.0061	6°36′	1.0196	9°30′	1.0412	12°24′	1.0714	15°18′	1.1112	18°12′	1.1617
3°48′	1.0065	6°42′	1.0202	9°36′	1.0421	12°30′	1.0726	15°24′	1.1127	18°18′	1.1636
3°54′	1.0068	6°48′	1.0209	9°42′	1.0430	12°36′	1.0738	15°30′	1.1143	18°24′	1.1656
4°0′	1.0072	6°54′	1.0215	9°48′	1.0439	12°42′	1.0751	15°36′	1.1159	18°30′	1.1676
4°6′	1.0075	7°0′	1.0221	9°54′	1.0448	12°48′	1.0763	15°42′	1.1175	18°36′	1.1696
4°12′	1.0079	7°6′	1.0228	10°0′	1.0458	12°54′	1.0776	15°48′	1.1191	18°42′	1.1716
4°18′	1.0083	7°12′	1.0234	10°6′	1.0467	13°0′	1.0788	15°54′	1.1207	18°48′	1.1736
4°24′	1.0087	7°18′	1.0241	10°12′	1.0477	13°6′	1.0801	16°0′	1.1223	18°54′	1.1757
4°30′	1.0091	7°24′	1.0248	10°18′	1.0486	13°12′	1.0814	16°6′	1.1240	19°0′	1.1777
4°36′	1.0095	7°30′	1.0254	10°24′	1.0496	13°18′	1.0827	16°12′	1.1256	19°6′	1.1798
4°42′	1.0099	7°36′	1.0261	10°30′	1.0506	13°24′	1.0840	16°18′	1.1273	19°12′	1.1819
4°48′	1.0103	7°42′	1.0268	10°36′	1.0516	13°30′	1.0853	16°24′	1.1290	19°18′	1.1840
4°54′	1.0108	7°48′	1.0275	10°42′	1.0526	13°36′	1.0866	16°30′	1.1307	19°24′	1.1861
5°0′	1.0112	7°54′	1.0283	10°48′	1.0536	13°42′	1.0880	16°36′	1.1324	19°30′	1.1882
5°6′	1.0117	8°0′	1.0290	10°54′	1.0547	13°48′	1.0894	16°42′	1.1341	19°36′	1.1904
5°12′	1.0121	8°6′	1.0297	11°0′	1.0557	13°54′	1.0907	16°48′	1.1359	19°42′	1.1925
5°18′	1.0126	8°12′	1.0305	11°6′	1.0567	14°0′	1.0921	16°54′	1.1376	19°48′	1.1947
5°24′	1.0131	8°18′	1.0313	11°12′	1.0578	14°6′	1.0935	17°0′	1.1394	19°54′	1.1969
5°30′	1.0136	8°24′	1.0320	11°18′	1.0589	14°12′	1.0949	17°6′	1.1412	20°0′	1.1991
5°36′	1.0141	8°30′	1.0328	11°24′	1.0600	14°18′	1.0963	17°12′	1.1430	20°6′	1.2013
5°42′	1.0146	8°36′	1.0336	11°30′	1.0611	14°24′	1.0977	17°18′	1.1448	20°12′	1.2036
5°48′	1.0151	8°42′	1.0344	11°36′	1.0622	14°30′	1.0992	17°24′	1.1466	20°18′	1.2058

（续）

β	比例系数 B_w	β	比例系数 B_w	β	比例系数 B_w	β	比例系数 B_w	β	比例系数 B_w	β	比例系数 B_w
20°24′	1.2081	23°0′	1.2734	25°36′	1.3516	28°12′	1.4451	30°48′	1.5569	33°24′	1.6907
20°30′	1.2104	23°6′	1.2761	25°42′	1.3549	28°18′	1.4491	30°54′	1.5616	33°30′	1.6964
20°36′	1.2127	23°12′	1.2789	25°48′	1.3582	28°24′	1.4530	31°0′	1.5664	33°36′	1.7021
20°42′	1.2151	23°18′	1.2817	25°54′	1.3616	28°30′	1.4570	31°6′	1.5712	33°42′	1.7078
20°48′	1.2174	23°24′	1.2845	26°0′	1.3649	28°36′	1.4611	31°12′	1.5760	33°48′	1.7136
20°54′	1.2198	23°30′	1.2874	26°6′	1.3683	28°42′	1.4651	31°18′	1.5808	33°54′	1.7194
21°0′	1.2221	23°36′	1.2902	26°12′	1.3717	28°48′	1.4692	31°24′	1.5857	34°0′	1.7252
21°6′	1.2245	23°42′	1.2931	26°18′	1.3752	28°54′	1.4733	31°30′	1.5906	34°6′	1.7311
21°12′	1.2269	23°48′	1.2960	26°24′	1.3786	29°0′	1.4774	31°36′	1.5955	34°12′	1.7371
21°18′	1.2294	23°54′	1.2989	26°30′	1.3821	29°6′	1.4816	31°42′	1.6005	34°18′	1.7431
21°24′	1.2318	24°0′	1.3018	26°36′	1.3856	29°12′	1.4858	31°48′	1.6055	34°24′	1.7491
21°30′	1.2343	24°6′	1.3048	26°42′	1.3892	29°18′	1.4900	31°54′	1.6106	34°30′	1.7551
21°36′	1.2368	24°12′	1.3077	26°48′	1.3927	29°24′	1.4943	32°0′	1.6157	34°36′	1.7612
21°42′	1.2393	24°18′	1.3107	26°54′	1.3963	29°30′	1.4985	32°6′	1.6208	34°42′	1.7674
21°48′	1.2418	24°24′	1.3138	27°0′	1.3999	29°36′	1.5028	32°12′	1.6260	34°48′	1.7736
21°54′	1.2443	24°30′	1.3168	27°6′	1.4035	29°42′	1.5072	32°18′	1.6311	34°54′	1.7798
22°0′	1.2469	24°36′	1.3199	27°12′	1.4072	29°48′	1.5115	32°24′	1.6364	35°0′	1.7861
22°6′	1.2494	24°42′	1.3229	27°18′	1.4109	29°54′	1.5159	32°30′	1.6416	35°6′	1.7924
22°12′	1.2520	24°48′	1.3260	27°24′	1.4146	30°0′	1.5204	32°36′	1.6469	35°12′	1.7988
22°18′	1.2546	24°54′	1.3292	27°30′	1.4183	30°6′	1.5248	32°42′	1.6523	35°18′	1.8052
22°24′	1.2572	25°0′	1.3323	27°36′	1.4221	30°12′	1.5293	32°48′	1.6577	35°24′	1.8117
22°30′	1.2599	25°6′	1.3355	27°42′	1.4258	30°18′	1.5338	32°54′	1.6631	35°30′	1.8182
22°36′	1.2626	25°12′	1.3386	27°48′	1.4296	30°24′	1.5384	33°0′	1.6685	35°36′	1.8248
22°42′	1.2652	25°18′	1.3419	27°54′	1.4335	30°30′	1.5430	33°6′	1.6740	35°42′	1.8314
22°48′	1.2679	25°24′	1.3451	28°0′	1.4373	30°36′	1.5476	33°12′	1.6796	35°48′	1.8381
22°54′	1.2706	25°30′	1.3483	28°6′	1.4412	30°42′	1.5522	33°18′	1.6851	35°54′	1.8448

表 2-16　α_n = 22.5°斜齿轮假想齿数比例系数 B_w ($B_w = \mathrm{inv}\alpha_t / \mathrm{inv}\alpha_n$)

β	比例系数 B_w	β	比例系数 B_w	β	比例系数 B_w	β	比例系数 B_w	β	比例系数 B_w	β	比例系数 B_w
3°0′	1.0039	4°24′	1.0084	5°48′	1.0146	7°12′	1.0226	8°36′	1.0324	10°0′	1.0441
3°6′	1.0041	4°30′	1.0087	5°54′	1.0151	7°18′	1.0232	8°42′	1.0331	10°6′	1.0450
3°12′	1.0044	4°36′	1.0091	6°0′	1.0156	7°24′	1.0239	8°48′	1.0339	10°12′	1.0459
3°18′	1.0047	4°42′	1.0095	6°6′	1.0161	7°30′	1.0245	8°54′	1.0347	10°18′	1.0468
3°24′	1.0050	4°48′	1.0100	6°12′	1.0167	7°36′	1.0252	9°0′	1.0355	10°24′	1.0478
3°30′	1.0053	4°54′	1.0104	6°18′	1.0172	7°42′	1.0259	9°6′	1.0363	10°30′	1.0487
3°36′	1.0056	5°0′	1.0108	6°24′	1.0178	7°48′	1.0265	9°12′	1.0372	10°36′	1.0497
3°42′	1.0059	5°6′	1.0112	6°30′	1.0183	7°54′	1.0272	9°18′	1.0380	10°42′	1.0506
3°48′	1.0062	5°12′	1.0117	6°36′	1.0189	8°0′	1.0279	9°24′	1.0388	10°48′	1.0516
3°54′	1.0066	5°18′	1.0122	6°42′	1.0195	8°6′	1.0287	9°30′	1.0397	10°54′	1.0526
4°0′	1.0069	5°24′	1.0126	6°48′	1.0201	8°12′	1.0294	9°36′	1.0405	11°0′	1.0536
4°6′	1.0072	5°30′	1.0131	6°54′	1.0207	8°18′	1.0301	9°42′	1.0414	11°6′	1.0546
4°12′	1.0076	5°36′	1.0136	7°0′	1.0213	8°24′	1.0309	9°48′	1.0423	11°12′	1.0556
4°18′	1.0080	5°42′	1.0141	7°6′	1.0219	8°30′	1.0316	9°54′	1.0432	11°18′	1.0567

（续）

β	比例系数 B_w	β	比例系数 B_w	β	比例系数 B_w	β	比例系数 B_w	β	比例系数 B_w	β	比例系数 B_w
11°24′	1.0577	15°30′	1.1099	19°36′	1.1826	23°42′	1.2803	27°48′	1.4095	31°54′	1.5794
11°30′	1.0588	15°36′	1.1114	19°42′	1.1847	23°48′	1.2831	27°54′	1.4131	32°0′	1.5841
11°36′	1.0598	15°42′	1.1129	19°48′	1.1867	23°54′	1.2859	28°0′	1.4168	32°6′	1.5889
11°42′	1.0609	15°48′	1.1144	19°54′	1.1888	24°0′	1.2886	28°6′	1.4204	32°12′	1.5937
11°48′	1.0620	15°54′	1.1160	20°0′	1.1909	24°6′	1.2914	28°12′	1.4241	32°18′	1.5986
11°54′	1.0631	16°0′	1.1176	20°6′	1.1931	24°12′	1.2943	28°18′	1.4278	32°24′	1.6035
12°0′	1.0642	16°6′	1.1191	20°12′	1.1952	24°18′	1.2971	28°24′	1.4316	32°30′	1.6084
12°6′	1.0653	16°12′	1.1207	20°18′	1.1974	24°24′	1.3000	28°30′	1.4353	32°36′	1.6133
12°12′	1.0664	16°18′	1.1223	20°24′	1.1995	24°30′	1.3028	28°36′	1.4391	32°42′	1.6183
12°18′	1.0676	16°24′	1.1239	20°30′	1.2017	24°36′	1.3057	28°42′	1.4429	32°48′	1.6233
12°24′	1.0687	16°30′	1.1256	20°36′	1.2039	24°42′	1.3087	28°48′	1.4468	32°54′	1.6284
12°30′	1.0699	16°36′	1.1272	20°42′	1.2061	24°48′	1.3116	28°54′	1.4506	33°0′	1.6335
12°36′	1.0710	16°42′	1.1289	20°48′	1.2084	24°54′	1.3146	29°0′	1.4545	33°6′	1.6386
12°42′	1.0722	16°48′	1.1305	20°54′	1.2106	25°0′	1.3175	29°6′	1.4584	33°12′	1.6437
12°48′	1.0734	16°54′	1.1322	21°0′	1.2129	25°6′	1.3205	29°12′	1.4624	33°18′	1.6489
12°54′	1.0746	17°0′	1.1339	21°6′	1.2152	25°12′	1.3235	29°18′	1.4663	33°24′	1.6541
13°0′	1.0758	17°6′	1.1356	21°12′	1.2175	25°18′	1.3266	29°24′	1.4703	33°30′	1.6594
13°6′	1.0771	17°12′	1.1373	21°18′	1.2198	25°24′	1.3296	29°30′	1.4744	33°36′	1.6647
13°12′	1.0783	17°18′	1.1390	21°24′	1.2221	25°30′	1.3327	29°36′	1.4784	33°42′	1.6700
13°18′	1.0795	17°24′	1.1408	21°30′	1.2245	25°36′	1.3358	29°42′	1.4825	33°48′	1.6754
13°24′	1.0808	17°30′	1.1425	21°36′	1.2268	25°42′	1.3389	29°48′	1.4866	33°54′	1.6808
13°30′	1.0821	17°36′	1.1443	21°42′	1.2292	25°48′	1.3421	29°54′	1.4907	34°0′	1.6863
13°36′	1.0833	17°42′	1.1461	21°48′	1.2316	25°54′	1.3452	30°0′	1.4949	34°6′	1.6917
13°42′	1.0846	17°48′	1.1479	21°54′	1.2340	26°0′	1.3484	30°6′	1.4990	34°12′	1.6972
13°48′	1.0859	17°54′	1.1497	22°0′	1.2364	26°6′	1.3516	30°12′	1.5033	34°18′	1.7028
13°54′	1.0873	18°0′	1.1515	22°6′	1.2389	26°12′	1.3549	30°18′	1.5075	34°24′	1.7084
14°0′	1.0886	18°6′	1.1534	22°12′	1.2413	26°18′	1.3581	30°24′	1.5118	34°30′	1.7140
14°6′	1.0899	18°12′	1.1552	22°18′	1.2438	26°24′	1.3614	30°30′	1.5161	34°36′	1.7197
14°12′	1.0913	18°18′	1.1571	22°24′	1.2463	26°30′	1.3647	30°36′	1.5204	34°42′	1.7254
14°18′	1.0926	18°24′	1.1589	22°30′	1.2488	26°36′	1.3680	30°42′	1.5248	34°48′	1.7312
14°24′	1.0940	18°30′	1.1608	22°36′	1.2513	26°42′	1.3713	30°48′	1.5291	34°54′	1.7369
14°30′	1.0954	18°36′	1.1627	22°42′	1.2539	26°48′	1.3747	30°54′	1.5336	35°0′	1.7428
14°36′	1.0968	18°42′	1.1647	22°48′	1.2565	26°54′	1.3781	31°0′	1.5380	35°6′	1.7486
14°42′	1.0982	18°48′	1.1666	22°54′	1.2590	27°0′	1.3815	31°6′	1.5425	35°12′	1.7546
14°48′	1.0996	18°54′	1.1685	23°0′	1.2616	27°6′	1.3849	31°12′	1.5470	35°18′	1.7605
14°54′	1.1010	19°0′	1.1705	23°6′	1.2643	27°12′	1.3883	31°18′	1.5515	35°24′	1.7665
15°0′	1.1025	19°6′	1.1725	23°12′	1.2669	27°18′	1.3918	31°24′	1.5561	35°30′	1.7725
15°6′	1.1039	19°12′	1.1745	23°18′	1.2696	27°24′	1.3953	31°30′	1.5607	35°36′	1.7786
15°12′	1.1054	19°18′	1.1765	23°24′	1.2722	27°30′	1.3988	31°36′	1.5653	35°42′	1.7847
15°18′	1.1069	19°24′	1.1785	23°30′	1.2749	27°36′	1.4024	31°42′	1.5700	35°48′	1.7909
15°24′	1.1084	19°30′	1.1805	23°36′	1.2776	27°42′	1.4059	31°48′	1.5746	35°54′	1.7971

2.3　标准内齿轮几何尺寸计算

2.3.1　标准直齿内齿轮

内齿轮传动几何图如图 2-8 所示。

内齿轮与外齿轮相比较有下列不同点：

1）内齿轮的轮齿相当于外齿轮的齿槽，内齿轮的齿槽相当于外齿轮的轮齿，所以外齿轮的齿廓是外凸的，而内齿轮的齿廓是内凹的。

2）内齿轮的齿根圆大于齿顶圆。这与外齿轮正好相反。

3）为了使内齿轮齿顶的齿廓全部为渐开线，其齿顶圆必须大于基圆。

4）为了使内齿轮齿顶齿廓不与相啮合的外齿轮齿根过渡曲线发生干涉，内齿轮的齿顶高应当适当减小。

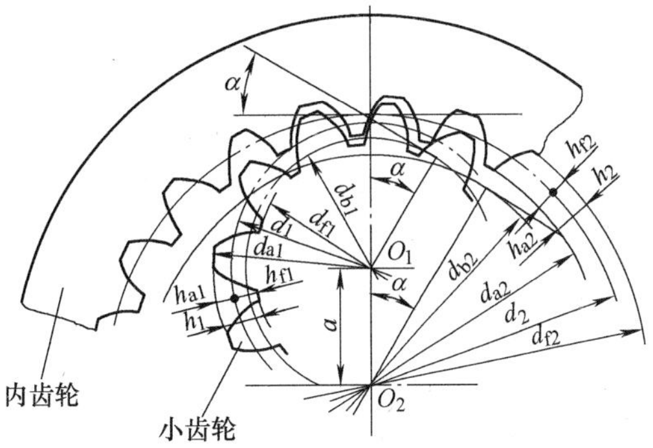

图 2-8　内齿轮传动几何图

渐开线标准直齿内齿圆柱齿轮几何尺寸计算公式见表 2-17。

弦齿高计算中，$\alpha=20°$、$h_a=0.8m$ 及 $h_a=0.9m$ 内齿轮的齿顶圆弧弓高可由表 2-18 及表 2-19 查取；其分度圆弦齿高、弦齿厚可由表 2-20 及表 2-21 查取。

$\alpha=20°$的 $d_p=1.65m$、$1.44m$、$1.5m$、$1.68m$ 标准直齿内齿轮量棒距 M 值可分别由表 2-22 ~ 表 2-25 查取。理论公法线数值与相同参数的外齿轮相同。

表 2-18 ~ 表 2-25 中数据均按单位模数 $m=1\text{mm}$ 给出，当模数 $m\neq 1\text{mm}$ 时表值乘以模数 m 即可。

表 2-17　渐开线标准直齿内齿圆柱齿轮几何尺寸计算公式

名称	符号	计算公式
齿距	p	$p=\pi m$
齿厚	s	$s=\pi m/2$
槽宽	e	$e=\pi m/2$
齿顶高	h_a	$h_a=h_a^* m-\Delta h_a$ 式中　Δh_a—避免齿顶与相配外齿轮齿根过渡曲线干涉的齿顶高缩短量 $\Delta h_a=h_a^* m/(z\tan^2\alpha)$ $\alpha=20°$时，$\Delta h_a=7.55h_a^* m/z$。实际中也常定值选取 $\Delta h_a=0.1\sim0.2m$
齿根高	h_f	$h_f=(h_a^*+c^*)m$
全齿高	h	$h=h_a+h_f$
分度圆直径	d	$d=mz$
齿顶圆直径	d_a	$d_a=d-2h_a$
齿根圆直径	d_f	$d_f=d+2h_f=m(z+2h_a^*+2c^*)$
基圆直径	d_b	$d_b=d\cos\alpha=mz\cos\alpha$
中心距	a	$a=m(z_2-z_1)/2$

（续）

名称		符号	计算公式
齿厚测量尺寸	固定弦齿高	$\bar{h}_c$	$\bar{h}_c = h_a - \frac{\pi}{8} m\sin 2\alpha + \Delta h$ 式中　Δh—内齿轮的齿顶圆弧弓高，可根据下式计算 $\Delta h = \frac{d_a}{2}(1-\cos\delta_a)$ $\delta_a = \frac{\pi}{2z} - \mathrm{inv}\alpha + \mathrm{inv}\alpha_a$ $\alpha_a = \arccos\left(\frac{d\cos\alpha}{d_a}\right)$
	固定弦齿厚	$\bar{s}_c$	$\bar{s}_c = \frac{\pi}{2} m\cos^2\alpha$
	分度圆弦齿高	$\bar{h}$	$\bar{h} = h_a - \frac{mz}{2}\left(1-\cos\frac{90°}{z}\right) + \Delta h$ 式中　Δh—内齿轮的齿顶圆弧弓高（同前）
	分度圆弦齿厚	$\bar{s}$	$\bar{s} = mz\sin\frac{90°}{z}$
	跨齿槽数	k	$k = \frac{\alpha}{180°}z + 0.5$　（4 舍 5 入取整）
	公法线长度	W	$W = m\cos\alpha[\pi(k-0.5) + z\mathrm{inv}\alpha]$
	量棒（球）直径	d_p	$d_p = 1.65m$（定值量棒，量棒与齿廓切于分度圆附近）
	量棒距	M	偶数齿： $M = \frac{mz\cos\alpha}{\cos\alpha_y} - d_p$ 奇数齿： $M = \frac{mz\cos\alpha}{\cos\alpha_y}\cos\frac{\pi}{2z} - d_p$ $\mathrm{inv}\alpha_y = \mathrm{inv}\alpha - \frac{d_p}{mz\cos\alpha} + \frac{\pi}{2z}$

表 2-18　$\alpha = 20°$、$h_a = 0.8m$ 标准直齿内齿轮齿顶圆弧弓高（$m = 1$mm）　（单位：mm）

齿数 z	弓高 Δh	齿数 z	弓高 Δh	齿数 z	弓高 Δh	齿数 z	弓高 Δh	齿数 z	弓高 Δh	齿数 z	弓高 Δh
36	0.00853	51	0.00558	66	0.00415	81	0.00331	96	0.00275	111	0.00235
37	0.00823	52	0.00545	67	0.00408	82	0.00326	97	0.00272	112	0.00233
38	0.00796	53	0.00534	68	0.00402	83	0.00322	98	0.00269	113	0.00231
39	0.00771	54	0.00522	69	0.00395	84	0.00318	99	0.00266	114	0.00229
40	0.00747	55	0.00511	70	0.00389	85	0.00314	100	0.00263	115	0.00226
41	0.00725	56	0.00501	71	0.00383	86	0.00310	101	0.00260	116	0.00224
42	0.00704	57	0.00491	72	0.00377	87	0.00306	102	0.00258	117	0.00222
43	0.00684	58	0.00481	73	0.00371	88	0.00302	103	0.00255	118	0.00220
44	0.00665	59	0.00472	74	0.00366	89	0.00298	104	0.00252	119	0.00218
45	0.00647	60	0.00463	75	0.00360	90	0.00295	105	0.00250	120	0.00216
46	0.00630	61	0.00454	76	0.00355	91	0.00291	106	0.00247	121	0.00215
47	0.00614	62	0.00446	77	0.00350	92	0.00288	107	0.00245	122	0.00213
48	0.00599	63	0.00438	78	0.00345	93	0.00285	108	0.00242	123	0.00211
49	0.00585	64	0.00430	79	0.00340	94	0.00281	109	0.00240	124	0.00209
50	0.00571	65	0.00422	80	0.00335	95	0.00278	110	0.00237	125	0.00207

（续）

齿数 z	弓高 Δh	齿数 z	弓高 Δh	齿数 z	弓高 Δh	齿数 z	弓高 Δh	齿数 z	弓高 Δh	齿数 z	弓高 Δh
126	0.00205	139	0.00185	152	0.00169	165	0.00155	178	0.00143	191	0.00133
127	0.00204	140	0.00184	153	0.00167	166	0.00154	179	0.00142	192	0.00132
128	0.00202	141	0.00182	154	0.00166	167	0.00153	180	0.00141	193	0.00131
129	0.00200	142	0.00181	155	0.00165	168	0.00152	181	0.00140	194	0.00131
130	0.00199	143	0.00180	156	0.00164	169	0.00151	182	0.00140	195	0.00130
131	0.00197	144	0.00178	157	0.00163	170	0.00150	183	0.00139	196	0.00129
132	0.00196	145	0.00177	158	0.00162	171	0.00149	184	0.00138	197	0.00129
133	0.00194	146	0.00176	159	0.00161	172	0.00148	185	0.00137	198	0.00128
134	0.00193	147	0.00175	160	0.00160	173	0.00147	186	0.00137	199	0.00127
135	0.00191	148	0.00173	161	0.00159	174	0.00146	187	0.00136	200	0.00127
136	0.00190	149	0.00172	162	0.00158	175	0.00146	188	0.00135		
137	0.00188	150	0.00171	163	0.00157	176	0.00145	189	0.00134		
138	0.00187	151	0.00170	164	0.00156	177	0.00144	190	0.00134		

表 2-19　$\alpha=20°$、$h_a=0.9m$ 标准直齿内齿轮齿顶圆弧弓高（$m=1$mm）　（单位：mm）

齿数 z	弓高 Δh	齿数 z	弓高 Δh	齿数 z	弓高 Δh	齿数 z	弓高 Δh	齿数 z	弓高 Δh	齿数 z	弓高 Δh
72	0.00336	94	0.00248	116	0.00197	138	0.00163	160	0.00139	182	0.00122
73	0.00331	95	0.00246	117	0.00195	139	0.00162	161	0.00139	183	0.00121
74	0.00326	96	0.00243	118	0.00193	140	0.00161	162	0.00138	184	0.00120
75	0.00321	97	0.00240	119	0.00192	141	0.00160	163	0.00137	185	0.00120
76	0.00316	98	0.00237	120	0.00190	142	0.00158	164	0.00136	186	0.00119
77	0.00311	99	0.00235	121	0.00188	143	0.00157	165	0.00135	187	0.00118
78	0.00307	100	0.00232	122	0.00187	144	0.00156	166	0.00134	188	0.00118
79	0.00302	101	0.00229	123	0.00185	145	0.00155	167	0.00133	189	0.00117
80	0.00298	102	0.00227	124	0.00183	146	0.00154	168	0.00132	190	0.00116
81	0.00294	103	0.00225	125	0.00182	147	0.00153	169	0.00132	191	0.00116
82	0.00290	104	0.00222	126	0.00180	148	0.00152	170	0.00131	192	0.00115
83	0.00286	105	0.00220	127	0.00179	149	0.00150	171	0.00130	193	0.00114
84	0.00282	106	0.00218	128	0.00177	150	0.00149	172	0.00129	194	0.00114
85	0.00278	107	0.00215	129	0.00176	151	0.00148	173	0.00128	195	0.00113
86	0.00275	108	0.00213	130	0.00174	152	0.00147	174	0.00128	196	0.00112
87	0.00271	109	0.00211	131	0.00173	153	0.00146	175	0.00127	197	0.00112
88	0.00268	110	0.00209	132	0.00171	154	0.00145	176	0.00126	198	0.00111
89	0.00264	111	0.00207	133	0.00170	155	0.00144	177	0.00125	199	0.00111
90	0.00261	112	0.00205	134	0.00169	156	0.00143	178	0.00125	200	0.00110
91	0.00258	113	0.00203	135	0.00167	157	0.00142	179	0.00124		
92	0.00255	114	0.00201	136	0.00166	158	0.00141	180	0.00123		
93	0.00251	115	0.00199	137	0.00165	159	0.00140	181	0.00122		

表 2-20　$\alpha=20°$、$h_a=0.8m$ 标准直齿内齿轮分度圆弦齿高和弦齿厚的数值（$m=1$mm）

（单位：mm）

齿数 z	弦齿厚 $\bar{s}$	弦齿高 $\bar{h}$	齿数 z	弦齿厚 $\bar{s}$	弦齿高 $\bar{h}$	齿数 z	弦齿厚 $\bar{s}$	弦齿高 $\bar{h}$
36	1.57030	0.79139	39	1.57037	0.79189	42	1.57043	0.79235
37	1.57032	0.79157	40	1.57039	0.79205	43	1.57045	0.79249
38	1.57035	0.79173	41	1.57041	0.79220	44	1.57046	0.79263

（续）

齿数 z	弦齿厚 $\bar{s}$	弦齿高 $\bar{h}$	齿数 z	弦齿厚 $\bar{s}$	弦齿高 $\bar{h}$	齿数 z	弦齿厚 $\bar{s}$	弦齿高 $\bar{h}$
45	1.57048	0.79277	89	1.57071	0.79605	133	1.57076	0.79730
46	1.57049	0.79290	90	1.57072	0.79609	134	1.57076	0.79732
47	1.57050	0.79302	91	1.57072	0.79613	135	1.57076	0.79734
48	1.57052	0.79314	92	1.57072	0.79617	136	1.57076	0.79736
49	1.57053	0.79326	93	1.57072	0.79621	137	1.57076	0.79738
50	1.57054	0.79338	94	1.57072	0.79625	138	1.57076	0.79740
51	1.57055	0.79349	95	1.57072	0.79629	139	1.57076	0.79741
52	1.57056	0.79359	96	1.57073	0.79632	140	1.57076	0.79743
53	1.57057	0.79370	97	1.57073	0.79636	141	1.57076	0.79745
54	1.57057	0.79380	98	1.57073	0.79639	142	1.57076	0.79747
55	1.57058	0.79390	99	1.57073	0.79643	143	1.57076	0.79748
56	1.57059	0.79399	100	1.57073	0.79646	144	1.57077	0.79750
57	1.57060	0.79408	101	1.57073	0.79650	145	1.57077	0.79752
58	1.57060	0.79417	102	1.57073	0.79653	146	1.57077	0.79753
59	1.57061	0.79426	103	1.57074	0.79656	147	1.57077	0.79755
60	1.57062	0.79435	104	1.57074	0.79659	148	1.57077	0.79757
61	1.57062	0.79443	105	1.57074	0.79662	149	1.57077	0.79758
62	1.57063	0.79451	106	1.57074	0.79665	150	1.57077	0.79760
63	1.57063	0.79459	107	1.57074	0.79668	151	1.57077	0.79761
64	1.57064	0.79466	108	1.57074	0.79671	152	1.57077	0.79763
65	1.57064	0.79474	109	1.57074	0.79674	153	1.57077	0.79764
66	1.57065	0.79481	110	1.57074	0.79677	154	1.57077	0.79766
67	1.57065	0.79488	111	1.57074	0.79679	155	1.57077	0.79767
68	1.57066	0.79495	112	1.57074	0.79682	156	1.57077	0.79769
69	1.57066	0.79501	113	1.57075	0.79685	157	1.57077	0.79770
70	1.57066	0.79508	114	1.57075	0.79688	158	1.57077	0.79771
71	1.57067	0.79514	115	1.57075	0.79690	159	1.57077	0.79773
72	1.57067	0.79520	116	1.57075	0.79693	160	1.57077	0.79774
73	1.57068	0.79526	117	1.57075	0.79695	161	1.57077	0.79776
74	1.57068	0.79532	118	1.57075	0.79698	162	1.57077	0.79777
75	1.57068	0.79538	119	1.57075	0.79700	163	1.57077	0.79778
76	1.57068	0.79543	120	1.57075	0.79702	164	1.57077	0.79780
77	1.57069	0.79549	121	1.57075	0.79705	165	1.57077	0.79781
78	1.57069	0.79554	122	1.57075	0.79707	166	1.57077	0.79782
79	1.57069	0.79559	123	1.57075	0.79709	167	1.57077	0.79783
80	1.57070	0.79564	124	1.57075	0.79712	168	1.57077	0.79785
81	1.57070	0.79569	125	1.57076	0.79714	169	1.57077	0.79786
82	1.57070	0.79574	126	1.57076	0.79716	170	1.57077	0.79787
83	1.57070	0.79579	127	1.57076	0.79718	171	1.57077	0.79788
84	1.57070	0.79584	128	1.57076	0.79720	172	1.57077	0.79790
85	1.57071	0.79588	129	1.57076	0.79722	173	1.57077	0.79791
86	1.57071	0.79593	130	1.57076	0.79724	174	1.57077	0.79792
87	1.57071	0.79597	131	1.57076	0.79726	175	1.57078	0.79793
88	1.57071	0.79601	132	1.57076	0.79728	176	1.57078	0.79794

（续）

齿数 z	弦齿厚 $\bar{s}$	弦齿高 $\bar{h}$	齿数 z	弦齿厚 $\bar{s}$	弦齿高 $\bar{h}$	齿数 z	弦齿厚 $\bar{s}$	弦齿高 $\bar{h}$
177	1.57078	0.79795	185	1.57078	0.79804	193	1.57078	0.79812
178	1.57078	0.79796	186	1.57078	0.79805	194	1.57078	0.79813
179	1.57078	0.79798	187	1.57078	0.79806	195	1.57078	0.79814
180	1.57078	0.79799	188	1.57078	0.79807	196	1.57078	0.79815
181	1.57078	0.79800	189	1.57078	0.79808	197	1.57078	0.79816
182	1.57078	0.79801	190	1.57078	0.79809	198	1.57078	0.79816
183	1.57078	0.79802	191	1.57078	0.79810	199	1.57078	0.79817
184	1.57078	0.79803	192	1.57078	0.79811	200	1.57078	0.79818

表 2-21　$\alpha=20°$、$h_a=0.9m$ 标准直齿内齿轮分度圆弦齿高和弦齿厚的数值（$m=1$mm）

（单位：mm）

齿数 z	弦齿厚 $\bar{s}$	弦齿高 $\bar{h}$	齿数 z	弦齿厚 $\bar{s}$	弦齿高 $\bar{h}$	齿数 z	弦齿厚 $\bar{s}$	弦齿高 $\bar{h}$
72	1.57067	0.89479	104	1.57074	0.89629	136	1.57076	0.89712
73	1.57068	0.89486	105	1.57074	0.89632	137	1.57076	0.89714
74	1.57068	0.89492	106	1.57074	0.89636	138	1.57076	0.89716
75	1.57068	0.89498	107	1.57074	0.89639	139	1.57076	0.89718
76	1.57068	0.89504	108	1.57074	0.89642	140	1.57076	0.89720
77	1.57069	0.89510	109	1.57074	0.89645	141	1.57076	0.89722
78	1.57069	0.89516	110	1.57074	0.89648	142	1.57076	0.89724
79	1.57069	0.89521	111	1.57074	0.89651	143	1.57076	0.89726
80	1.57070	0.89527	112	1.57074	0.89654	144	1.57077	0.89728
81	1.57070	0.89532	113	1.57075	0.89657	145	1.57077	0.89729
82	1.57070	0.89537	114	1.57075	0.89660	146	1.57077	0.89731
83	1.57070	0.89543	115	1.57075	0.89663	147	1.57077	0.89733
84	1.57070	0.89548	116	1.57075	0.89665	148	1.57077	0.89735
85	1.57071	0.89552	117	1.57075	0.89668	149	1.57077	0.89736
86	1.57071	0.89557	118	1.57075	0.89671	150	1.57077	0.89738
87	1.57071	0.89562	119	1.57075	0.89673	151	1.57077	0.89740
88	1.57071	0.89567	120	1.57075	0.89676	152	1.57077	0.89741
89	1.57071	0.89571	121	1.57075	0.89678	153	1.57077	0.89743
90	1.57072	0.89575	122	1.57075	0.89681	154	1.57077	0.89745
91	1.57072	0.89580	123	1.57075	0.89683	155	1.57077	0.89746
92	1.57072	0.89584	124	1.57075	0.89686	156	1.57077	0.89748
93	1.57072	0.89588	125	1.57076	0.89688	157	1.57077	0.89749
94	1.57072	0.89592	126	1.57076	0.89691	158	1.57077	0.89751
95	1.57072	0.89596	127	1.57076	0.89693	159	1.57077	0.89752
96	1.57073	0.89600	128	1.57076	0.89695	160	1.57077	0.89754
97	1.57073	0.89604	129	1.57076	0.89697	161	1.57077	0.89755
98	1.57073	0.89608	130	1.57076	0.89700	162	1.57077	0.89757
99	1.57073	0.89612	131	1.57076	0.89702	163	1.57077	0.89758
100	1.57073	0.89615	132	1.57076	0.89704	164	1.57077	0.89760
101	1.57073	0.89619	133	1.57076	0.89706	165	1.57077	0.89761
102	1.57073	0.89622	134	1.57076	0.89708	166	1.57077	0.89762
103	1.57074	0.89626	135	1.57076	0.89710	167	1.57077	0.89764

（续）

齿数 z	弦齿厚 $\bar{s}$	弦齿高 $\bar{h}$	齿数 z	弦齿厚 $\bar{s}$	弦齿高 $\bar{h}$	齿数 z	弦齿厚 $\bar{s}$	弦齿高 $\bar{h}$
168	1.57077	0.89765	179	1.57078	0.89779	190	1.57078	0.89792
169	1.57077	0.89767	180	1.57078	0.89780	191	1.57078	0.89793
170	1.57077	0.89768	181	1.57078	0.89782	192	1.57078	0.89794
171	1.57077	0.89769	182	1.57078	0.89783	193	1.57078	0.89795
172	1.57077	0.89770	183	1.57078	0.89784	194	1.57078	0.89796
173	1.57077	0.89772	184	1.57078	0.89785	195	1.57078	0.89797
174	1.57077	0.89773	185	1.57078	0.89786	196	1.57078	0.89798
175	1.57078	0.89774	186	1.57078	0.89787	197	1.57078	0.89799
176	1.57078	0.89776	187	1.57078	0.89788	198	1.57078	0.89800
177	1.57078	0.89777	188	1.57078	0.89789	199	1.57078	0.89801
178	1.57078	0.89778	189	1.57078	0.89791	200	1.57078	0.89802

表 2-22　$\alpha=20°$、$d_p=1.65m$ 标准直齿内齿轮量棒距 M 值（$m=1$mm）　（单位：mm）

齿数	M 值	齿数	M 值	齿数	M 值	齿数	M 值	齿数	M 值	齿数	M 值
36	33.8090	63	60.8050	90	87.8299	117	114.8222	144	141.8344	171	168.8284
37	34.7772	64	61.8247	91	88.8165	118	115.8328	145	142.8260	172	169.8356
38	35.8110	65	62.8061	92	89.8301	119	116.8225	146	143.8345	173	170.8285
39	36.7808	66	63.8252	93	90.8171	120	117.8329	147	144.8262	174	171.8356
40	37.8128	67	64.8072	94	91.8304	121	118.8228	148	145.8346	175	172.8287
41	38.7840	68	65.8258	95	92.8176	122	119.8331	149	146.8264	176	173.8357
42	39.8144	69	66.8083	96	93.8306	123	120.8231	150	147.8347	177	174.8288
43	40.7868	70	67.8263	97	94.8181	124	121.8332	151	148.8266	178	175.8358
44	41.8158	71	68.8092	98	95.8309	125	122.8234	152	149.8348	179	176.8289
45	42.7894	72	69.8267	99	96.8186	126	123.8333	153	150.8268	180	177.8358
46	43.8171	73	70.8102	100	97.8311	127	124.8237	154	151.8349	181	178.8291
47	44.7918	74	71.8271	101	98.8191	128	125.8335	155	152.8270	182	179.8359
48	45.8183	75	72.8110	102	99.8313	129	126.8240	156	153.8350	183	180.8292
49	46.7939	76	73.8276	103	100.8195	130	127.8336	157	154.8272	184	181.8360
50	47.8193	77	74.8118	104	101.8315	131	128.8243	158	155.8350	185	182.8294
51	48.7959	78	75.8279	105	102.8199	132	129.8337	159	156.8273	186	183.8360
52	49.8203	79	76.8126	106	103.8317	133	130.8245	160	157.8351	187	184.8295
53	50.7977	80	77.8283	107	104.8203	134	131.8338	161	158.8275	188	185.8361
54	51.8212	81	78.8133	108	105.8319	135	132.8248	162	159.8352	189	186.8296
55	52.7994	82	79.8287	109	106.8207	136	133.8340	163	160.8277	190	187.8362
56	53.8220	83	80.8140	110	107.8321	137	134.8250	164	161.8353	191	188.8297
57	54.8009	84	81.8290	111	108.8211	138	135.8341	165	162.8279	192	189.8362
58	55.8227	85	82.8147	112	109.8323	139	136.8253	166	163.8354	194	191.8363
59	56.8024	86	83.8293	113	110.8215	140	137.8342	167	164.8280	195	192.8300
60	57.8234	87	84.8153	114	111.8324	141	138.8255	168	165.8354	196	193.8363
61	58.8037	88	85,8296	115	112.8218	142	139.8343	169	166.8282	198	195.8364
62	59.8241	89	86.8159	116	113.8326	143	140.8257	170	167.8355	200	197.8364

表 2-23　$\alpha=20°$、$d_p=1.44m$ 标准直齿内齿轮量棒距 M 值（$m=1$mm）　（单位：mm）

齿数	M 值	齿数	M 值	齿数	M 值	齿数	M 值	齿数	M 值	齿数	M 值
36	34.6643	63	61.6452	90	88.6650	117	115.6545	144	142.6652	171	169.6580
37	35.6309	64	62.6648	91	89.6514	118	116.6651	145	143.6566	172	170.6652
38	36.6644	65	63.6458	92	90.6650	119	117.6547	146	144.6652	173	171.6581
39	37.6327	66	64.6648	93	91.6517	120	118.6651	147	145.6568	174	172.6652
40	38.6644	67	65.6464	94	92.6650	121	119.6549	148	146.6652	175	173.6582
41	39.6343	68	66.6648	95	93.6520	122	120.6651	149	147.6569	176	174.6652
42	40.6645	69	67.6469	96	94.6650	123	121.6551	150	148.6652	177	175.6582
43	41.6357	70	68.6649	97	95.6523	124	122.6651	151	149.6570	178	176.6652
44	42.6645	71	69.6475	98	96.6650	125	123.6552	152	150.6652	179	177.6583
45	43.6371	72	70.6649	99	97.6526	126	124.6651	153	151.6571	180	178.6652
46	44.6646	73	71.6480	100	98.6650	127	125.6554	154	152.6652	181	179.6584
47	45.6383	74	72.6649	101	99.6528	128	126.6651	155	153.6572	182	180.6652
48	46.6646	75	73.6484	102	100.6650	129	127.6556	156	154.6652	183	181.6585
49	47.6394	76	74.6649	103	101.6531	130	128.6651	157	155.6573	184	182.6652
50	48.6646	77	75.6489	104	102.6650	131	129.6557	158	156.6652	185	183.6586
51	49.6404	78	76.6649	105	103.6533	132	130.6651	159	157.6574	186	184.6652
52	50.6647	79	77.6493	106	104.6651	133	131.6559	160	158.6652	187	185.6586
53	51.6414	80	78.6649	107	105.6535	134	132.6651	161	159.6575	188	186.6652
54	52.6647	81	79.6497	108	106.6651	135	133.6560	162	160.6652	189	187.6587
55	53.6422	82	80.6649	109	107.6537	136	134.6651	163	161.6576	190	188.6652
56	54.6647	83	81.6501	110	108.6651	137	135.6561	164	162.6652	191	189.6588
57	55.6430	84	82.6650	111	109.6540	138	136.6651	165	163.6577	192	190.6652
58	56.6647	85	83.6504	112	110.6651	139	137.6563	166	164.6652	194	192.6652
59	57.6438	86	84.6650	113	111.6542	140	138.6651	167	165.6578	195	193.6589
60	58.6648	87	85.6508	114	112.6651	141	139.6564	168	166.6652	196	194.6652
61	59.6445	88	86.6650	115	113.6544	142	140.6652	169	167.6579	198	196.6652
62	60.6648	89	87.6511	116	114.6651	143	141.6565	170	168.6652	200	198.6652

表 2-24　$\alpha=20°$、$d_p=1.5m$ 标准直齿内齿轮量棒距 M 值（$m=1$mm）　（单位：mm）

齿数	M 值	齿数	M 值	齿数	M 值	齿数	M 值	齿数	M 值	齿数	M 值
36	34.4295	63	61.4102	90	88.4298	117	115.4193	144	142.4299	171	169.4227
37	35.3962	64	62.4297	91	89.4163	118	116.4299	145	143.4214	172	170.4299
38	36.4295	65	63.4108	92	90.4298	119	117.4195	146	144.4299	173	171.4228
39	37.3980	66	64.4297	93	91.4166	120	118.4299	147	145.4215	174	172.4299
40	38.4296	67	65.4113	94	92.4298	121	119.4197	148	146.4299	175	173.4229
41	39.3995	68	66.4297	95	93.4168	122	120.4299	149	147.4216	176	174.4299
42	40.4296	69	67.4119	96	94.4298	123	121.4198	150	148.4299	177	175.4229
43	41.4009	70	68.4298	97	95.4171	124	122.4299	151	149.4217	178	176.4299
44	42.4296	71	69.4124	98	96.4298	125	123.4200	152	150.4299	179	177.4230
45	43.4022	72	70.4298	99	97.4174	126	124.4299	153	151.4218	180	178.4299
46	44.4296	73	71.4129	100	98.4298	127	125.4202	154	152.4299	181	179.4231
47	45.4034	74	72.4298	101	99.4176	128	126.4299	155	153.4220	182	180.4299
48	46.4296	75	73.4133	102	100.4298	129	127.4203	156	154.4299	183	181.4232
49	47.4045	76	74.4298	103	101.4179	130	128.4299	157	155.4220	184	182.4299
50	48.4296	77	75.4138	104	102.4298	131	129.4205	158	156.4299	185	183.4232
51	49.4055	78	76.4298	105	103.4181	132	130.4299	159	157.4221	186	184.4299
52	50.4297	79	77.4142	106	104.4298	133	131.4206	160	158.4299	187	185.4233
53	51.4064	80	78.4298	107	105.4183	134	132.4299	161	159.4222	188	186.4299
54	52.4297	81	79.4146	108	106.4298	135	133.4207	162	160.4299	189	187.4234
55	53.4073	82	80.4298	109	107.4185	136	134.4299	163	161.4223	190	188.4299
56	54.4297	83	81.4149	110	108.4298	137	135.4209	164	162.4299	191	189.4235
57	55.4081	84	82.4298	111	109.4187	138	136.4299	165	163.4224	192	190.4299
58	56.4297	85	83.4153	112	110.4299	139	137.4210	166	164.4299	194	192.4299
59	57.4088	86	84.4298	113	111.4189	140	138.4299	167	165.4225	195	193.4236
60	58.4297	87	85.4156	114	112.4299	141	139.4211	168	166.4299	196	194.4299
61	59.4095	88	86.4298	115	113.4191	142	140.4299	169	167.4226	198	196.4299
62	60.4297	89	87.4160	116	114.4299	143	141.4213	170	168.4299	200	198.4299

表 2-25　$\alpha=20°$、$d_p=1.68m$ 标准直齿内齿轮量棒距 M 值($m=1$mm)　（单位:mm）

齿数	M 值	齿数	M 值	齿数	M 值	齿数	M 值	齿数	M 值	齿数	M 值
36	33.6774	63	60.6805	90	87.7076	117	114.7011	144	141.7140	171	168.7084
37	34.6462	64	61.7003	91	88.6943	118	115.7117	145	142.7056	172	169.7156
38	35.6804	65	62.6819	92	89.7080	119	116.7015	146	143.7141	173	170.7086
39	36.6507	66	63.7011	93	90.6950	120	117.7119	147	144.7058	174	171.7157
40	37.6831	67	64.6832	94	91.7084	121	118.7019	148	145.7142	175	172.7087
41	38.6547	68	65.7018	95	92.6956	122	119.7121	149	146.7061	176	173.7158
42	39.6854	69	66.6844	96	93.7087	123	120.7022	150	147.7144	177	174.7089
43	40.6582	70	67.7025	97	94.6962	124	121.7123	151	148.7063	178	175.7159
44	41.6875	71	68.6856	98	95.7090	125	122.7026	152	149.7145	179	176.7091
45	42.6615	72	69.7032	99	96.6968	126	123.7125	153	150.7065	180	177.7160
46	43.6894	73	70.6867	100	97.7094	127	124.7029	154	151.7146	181	178.7092
47	44.6644	74	71.7038	101	98.6974	128	125.7127	155	152.7068	182	179.7161
48	45.6911	75	72.6878	102	99.7096	129	126.7032	156	153.7148	183	180.7094
49	46.6670	76	73.7043	103	100.6979	130	127.7129	157	154.7070	184	181.7162
50	47.6926	77	74.6887	104	101.7099	131	128.7036	158	155.7149	185	182.7096
51	48.6694	78	75.7049	105	102.6984	132	129.7130	159	156.7072	186	183.7162
52	49.6940	79	76.6897	106	103.7102	133	130.7039	160	157.7150	187	184.7097
53	50.6716	80	77.7054	107	104.6989	134	131.7132	161	158.7074	188	185.7163
54	51.6953	81	78.6905	108	105.7105	135	132.7042	162	159.7151	189	186.7099
55	52.6737	82	79.7059	109	106.6994	136	133.7134	163	160.7076	190	187.7164
56	53.6964	83	80.6914	110	107.7107	137	134.7045	164	161.7152	191	188.7100
57	54.6756	84	81.7064	111	108.6998	138	135.7135	165	162.7078	192	189.7165
58	55.6975	85	82.6922	112	109.7110	139	136.7048	166	163.7153	194	191.7166
59	56.6773	86	83.7068	113	110.7002	140	137.7137	167	164.7080	195	192.7103
60	57.6985	87	84.6929	114	111.7112	141	138.7050	168	165.7154	196	193.7166
61	58.6789	88	85.7072	115	112.7007	142	139.7138	169	166.7082	198	195.7167
62	59.6994	89	86.6937	116	113.7115	143	140.7053	170	167.7155	200	197.7168

2.3.2　标准斜齿内齿轮

渐开线标准斜齿内齿圆柱齿轮几何尺寸计算公式见表 2-26。

表 2-26　渐开线标准斜齿内齿圆柱齿轮几何尺寸计算公式

名称	符号	计算公式
齿顶高	h_a	$h_a=h_{an}^*m_n-\Delta h_a$ 式中　Δh_a——避免齿顶与相配外齿轮齿根过渡曲线干涉的齿顶高缩短量 $\Delta h_a=h_a^*m_n\cos^3\beta/(z\tan^2\alpha)$ 实际中也常定值选取 $\Delta h_a=0.1\sim0.2m_n$
齿根高	h_f	$h_f=(h_{an}^*+c_n^*)m_n$
全齿高	h	$h=h_a+h_f$
分度圆直径	d	$d=m_tz=(m_n/\cos\beta)z$
齿顶圆直径	d_a	$d_a=d-2h_a$　$d_a>d_b$
齿根圆直径	d_f	$d_f=d+2h_f=m_n[(z/\cos\beta)+2h_{an}^*+2c_n^*]$
基圆直径	d_b	$d_b=d\cos\alpha_t$

（续）

名称		符号	计算公式
中心距		a	$a=m_n(z_2-z_1)/(2\cos\beta)$
齿厚测量尺寸	固定弦齿高	$\bar{h}_{cn}$	$\bar{h}_{cn}=h_a-\frac{\pi}{8}m_n\sin2\alpha_n+\Delta h$ 式中 Δh——内齿轮的齿顶圆弧弓高，可根据下式计算 $\Delta h=\frac{d_a}{2}(1-\cos\delta_a)$ $\delta_a=\frac{\pi}{2z}-\mathrm{inv}\alpha_t+\mathrm{inv}\alpha_a$ $\alpha_a=\arccos\left(\frac{d\cos\alpha}{d_a}\right)$
	固定弦齿厚	$\bar{s}_{cn}$	$\bar{s}_{cn}=\frac{\pi}{2}m_n\cos^2\alpha_n$
	分度圆弦齿高	$\bar{h}_n$	$\bar{h}_n=h_a-\frac{m_nz_v}{2}\left(1-\cos\frac{90°}{z_v}\right)+\Delta h$ 式中 Δh——内齿轮的齿顶圆弧弓高（同前）
	分度圆弦齿厚	$\bar{s}_n$	$\bar{s}_n=m_nz_v\sin\frac{90°}{z_v}$
	量球直径	d_p	$d_p=1.65m_n$（定值量球，量球与齿廓切于分度圆附近）
	量球距	M	偶数齿 $M=\frac{m_iz\cos\alpha_t}{\cos\alpha_y}-d_p$ 奇数齿 $M=\frac{m_tz\cos\alpha_t}{\cos\alpha_y}\cos\frac{\pi}{2z}-d_p$ $\mathrm{inv}\alpha_y=\mathrm{inv}\alpha_t-\frac{d_p}{m_tz\cos\alpha_t}+\frac{\pi}{2z}$

2.4 齿条几何尺寸计算

当齿轮的直径为无穷大时即得到齿条（图 2-9），各圆演变为相互平行的直线，渐开线齿廓演变为直线，同侧齿廓相互平行。因此，齿条具有这样的特点：所有平行直线上的齿距 p、压力角 α 相同，都是标准值；齿条的齿形角等于压力角；标准齿条分度线上齿厚和槽宽相等，该分度线又称为中线。齿条没有径向变位的概念（或者说径向变位不能改变齿条的廓形），必要时，可以通过切向变位改变齿条中线上的齿厚，与之相啮合的齿轮一般也需要进行相应的切向变位（正负相异，绝对值相同）。

标准齿条指齿廓与齿轮基本齿形一致的齿条。它与齿轮啮合时，与齿轮的分度圆处为纯滚动啮合。

同斜齿轮一样，齿条齿向可呈倾斜状（可视作是直径无穷大的斜齿轮），称为斜齿条。斜齿条的齿向线仍然为直线，倾斜角处处相等。斜齿条只能与等角反向螺旋的斜齿轮形成平行轴线接触啮合传动。

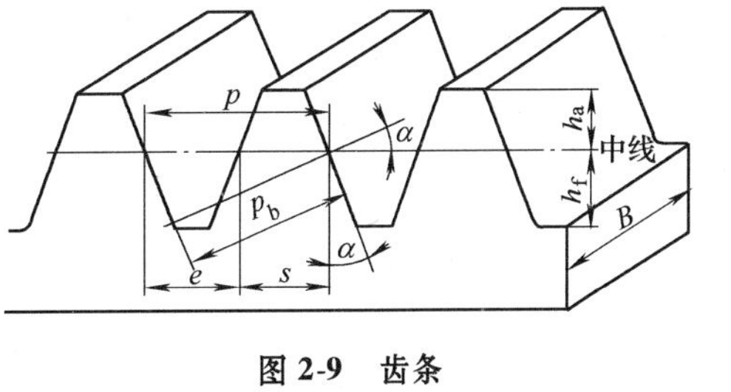

图 2-9 齿条

对于标准斜齿条来说，模数、压力角、齿顶高系数、齿厚等参数的法向参数为标准值。可用直齿条计算式代入法向参数进行计算。必要时，其齿距、齿厚、槽宽等端面值也可按简单投影关系进行换算（法向值/端面值 = 倾斜角的余弦）。

齿条几何尺寸计算公式见表 2-27

表 2-27　齿条几何尺寸计算公式

名称	符号	计算公式	
		直齿	斜齿
齿距	p	$p = \pi m$	$p_n = \pi m_n$
齿厚	s	$s = \pi m/2$	$s_n = \pi m_n/2$
槽宽	e	$e = \pi m/2$	$e_n = \pi m_n/2$
齿顶高	h_a	$h_a = h_a^* m$	$h_a = h_{an}^* m_n$
齿根高	h_f	$h_f = h_a + c = (h_a^* + c^*)m$	$h_f = h_a + c = (h_{an}^* + c_n^*)m_n$
全齿高	h	$h = h_a + h_f = (2h_a^* + c^*)m$	$h = h_a + h_f = (2h_{an}^* + c_n^*)m_n$

2.5　变位圆柱齿轮几何尺寸计算

当用范成法加工齿数较少的齿轮时，会出现轮齿根部的渐开线齿廓被部分切除的现象，这种现象被称为根切。严重的根切不仅会削弱轮齿的弯曲强度，也将减小齿轮传动的重合度，应设法避免。为避免根切，应使所设计直齿轮的齿数大于最少齿数 z_{min}。

当被加工齿轮齿数小于 z_{min} 时，为避免根切，可以采用将刀具移离齿坯，使刀具顶线低于极限啮合点 N_1 的办法来切齿。这种采用改变刀具与齿坯位置的切齿方法称作变位。刀具中线（或分度线）相对齿坯移动的距离称为变位量（或移距）X，常用 xm 表示，x 称为变位系数。刀具移离齿坯称正变位，$x>0$；刀具移近齿坯称负变位，$x<0$。变位切制所得的齿轮称为变位齿轮。

与标准齿轮相比，正变位齿轮分度圆齿厚和齿根圆齿厚增大，轮齿强度增大，负变位齿轮齿厚的变化恰好相反，轮齿强度削弱。

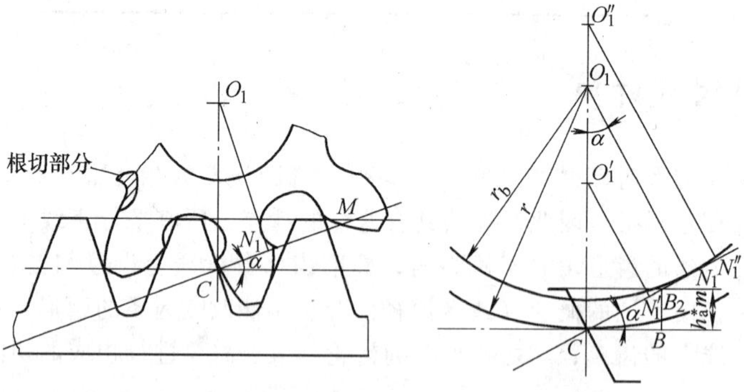

图 2-10　根切现象与切齿干涉的参数关系

从图 2-10 中，不难看出标准齿轮不根切条件为

$$r\sin^2\alpha \geqslant h_a^* m \quad 即\ z_{min} = \frac{2h_a^*}{\sin^2\alpha}$$

对变位齿轮为

$$z \geqslant \frac{2(h_a^* - x)}{\sin^2\alpha}$$

由此可得，最小变位系数为

$$x_{min} = \frac{z_{min} - z}{z_{min}} h_a^*$$

对于 $h_a^* = 1$、$\alpha = 20°$的直齿轮，最小变位系数可用式（2-20）计算：

$$x_{min} = \frac{17 - z}{17} \tag{2-20}$$

对其他 $h_a^* = 1$ 的标准齿轮，可将最小不根切齿数代替式（2-20）中的 17 进行计算（$\alpha = 25°$ 时，$z_{min} = 11$；$\alpha = 14.5°$时，$z_{min} = 32$）。

对的磨前刀具加工的齿轮最小不根切齿数与刀具凸台参数有关，应根据情况做计算。

2.5.1　齿轮变位类型及特点

按照一对齿轮的变位系数之和 $x_\Sigma = x_1 + x_2$ 的取值情况不同，可将变位齿轮传动分为以下三种基本类型。

（1）零传动　若一对齿轮的变位系数之和为零（$x_1 + x_2 = 0$），则称为零传动。零传动又可分为两种情况。一种是两齿轮的变位系数都等于零（$x_1 = x_2 = 0$），这种齿轮传动就是标准齿轮传动。为了避免根切，两轮齿数均需大于 z_{min}。另一种是两轮的变系数绝对值相等，即 $x_1 = -x_2$，这种齿轮传动称为高度变位齿轮传动。采用高度变位必须满足齿数和条件：$z_1 + z_2 \geqslant 2z_{min}$。

高度变位可以在不改变中心距的前提下合理协调大小齿轮的强度，有利于提高传动的工作寿命。

（2）正传动　若一对齿轮的变位系数之和大于零（$x_1 + x_2 > 0$），则这种传动称为正传动。因为正传动时实际中心距 $a' > a$，因而啮合角 $\alpha' > \alpha$，因此也称为正角度变位。正角度变位有利于提高齿轮传动的强度，但使重合度略有减少。

（3）负传动　若一对齿轮的变位系数之和小于零（$x_1 + x_2 < 0$），则这种传动称为负传动。负传动时实际中心距 $a' < a$，因而啮合角 $\alpha' < \alpha$，因此也称为负角度变位。负角度变位使齿轮传动强度削弱，只用于安装中心距要求小于标准中心距的场合。为了避免根切，其齿数和条件为 $z_1 + z_2 > 2z_{min}$。

齿轮变位类型及性能、特点汇总于表 2-28。

表 2-28　齿轮变位类型及性能、特点

传动类型	高度变位传动又称零传动	角度变位传动	
		正传动	负传动
齿数条件	$z_1 + z_2 \geqslant 2z_{min}$	任意，可用于 $z_1 + z_2 < 2z_{min}$	$z_1 + z_2 > 2z_{min}$
变位系数要求	$x_1 + x_2 = 0$，$x_1 = -x_2 \neq 0$	$x_1 + x_2 > 0$	$x_1 + x_2 < 0$
传动特点	$a' = a$，$\alpha' = \alpha$，$y = 0$	$a' > a$，$\alpha' > \alpha$，$y > 0$	$a' < a$，$\alpha' < \alpha$，$y < 0$
主要优点	小齿轮取正变位，允许 $z_1 < z_{min}$，减小传动尺寸。提高了小齿轮齿根强度，减小了小齿轮齿面磨损，可成对替换标准齿轮	传动机构更加紧凑，提高了抗弯强度和接触强度，提高了耐磨性能，可满足 $a' > a$ 的中心距要求	重合度略有提高，满足 $a' < a$ 的中心距要求
主要缺点	互换性差，小齿轮齿顶易变尖，重合度略有下降	互换性差，齿顶变尖，重合度下降较多	互换性差，抗弯强度和接触强度下降，轮齿磨损加剧

2.5.2　高变位外啮合直齿圆柱齿轮几何尺寸计算

高变位直齿圆柱齿轮（外啮合）几何尺寸计算公式见表 2-29。

表 2-29 高变位直齿圆柱齿轮(外啮合)几何尺寸计算公式

名称		符号	计算公式	
			小齿轮	大齿轮
变位系数		x	x_1	$x_2 = -x_1$
齿厚		s	$s_1 = (\pi m/2) + 2x_1 m\tan\alpha$	$s_2 = (\pi m/2) - 2x_1 m\tan\alpha$
齿顶高		h_a	$h_{a1} = (h_a^* + x_1)m$	$h_{a2} = (h_a^* - x_1)m$
齿根高		h_f	$h_{f1} = h_{a1} + c = (h_a^* + c^* - x_1)m$	$h_{f2} = h_{a2} + c = (h_a^* + c^* + x_1)m$
全齿高		h	$h_1 = h_2 = h = (2h_a^* + c^*)m$	
分度圆直径		d	$d_1 = mz_1$	$d_2 = mz_2$
齿顶圆直径		d_a	$d_{a1} = d_1 + 2h_{a1} = m(z_1 + 2h_a^* + 2x_1)$	$d_{a2} = d_2 + 2h_{a2} = m(z_2 + 2h_a^* - 2x_1)$
齿根圆直径		d_f	$d_{f1} = d_1 - 2h_{f1} = m(z_1 - 2h_a^* - 2c^* + 2x_1)$	$d_{f2} = d_2 - 2h_{f2} = m(z_2 - 2h_a^* - 2c^* - 2x_1)$
基圆直径		d_b	$d_{b1} = d_1\cos\alpha = mz_1\cos\alpha$	$d_{b2} = d_2\cos\alpha = mz_2\cos\alpha$
中心距		a	$a = m(z_1 + z_2)/2$	
齿厚测量尺寸	固定弦齿高	$\bar{h}_c$	$\bar{h}_c = h_a - \frac{\pi}{8}m\sin2\alpha - xm\sin^2\alpha$ 当 $\alpha = 20°$时:$\bar{h}_c = h_a - 0.25242m - 0.11698xm$	
	固定弦齿厚	$\bar{s}_c$	$\bar{s}_c = \frac{\pi}{2}m\cos^2\alpha + xm\sin2\alpha$ 当 $\alpha = 20°$时:$\bar{s}_c = 1.38705m + 0.64278xm$	
	分度圆弦齿高	$\bar{h}$	$\bar{h} = h_a + \frac{mz}{2}\left[1 - \cos\left(\frac{\pi}{2z} + \frac{2x\tan\alpha}{z}\right)\right]$	
	分度圆弦齿厚	$\bar{s}$	$\bar{s} = mz\sin\left(\frac{\pi}{2z} + \frac{2x\tan\alpha}{z}\right)$	
	跨齿数	k	$k \approx \frac{\alpha}{180°}z + \frac{2x}{\pi\tan\alpha} + 0.5$ (4 舍 5 入取整) 当 $\alpha = 20°$时:$k \approx (z/9) + 1.749x + 0.5$ (4 舍 5 入取整)	
	公法线长度	W	$W = m\cos\alpha[\pi(k - 0.5) + z\text{inv}\alpha] + 2xm\sin\alpha$ 当 $\alpha = 20°$时:$W = 2.95213(k - 0.5)m + 0.014006mz + 0.68404xm$	

齿顶高系数 $h_a^* = 1$、齿形角 $\alpha = 20°$、25°、14.5°的高变位圆柱齿轮的固定弦测量尺寸见表 2-30 ~ 表 2-32。当模数 $m \neq 1$mm 时,表中数据乘以 m 即可;对斜齿轮代入法向数据。

表 2-30 $\alpha = 20°$的高变位圆柱齿轮固定弦齿高和弦齿厚的数值(模数 $m = 1$mm)

(单位:mm)

变位系数 x	固定弦齿厚 $\bar{s}_c$	固定弦齿高 $\bar{h}_c$	变位系数 x	固定弦齿厚 $\bar{s}_c$	固定弦齿高 $\bar{h}_c$	变位系数 x	固定弦齿厚 $\bar{s}_c$	固定弦齿厚 $\bar{s}_c$	变位系数 x	固定弦齿厚 $\bar{s}_c$	固定弦齿高 $\bar{h}_c$
-0.40	1.1299	0.3944	-0.32	1.1814	0.4650	-0.24	1.2328	0.5357	-0.16	1.2842	0.6063
-0.39	1.1364	0.4032	-0.31	1.1878	0.4738	-0.23	1.2392	0.5445	-0.15	1.2906	0.6151
-0.38	1.1428	0.4120	-0.30	1.1942	0.4827	-0.22	1.2456	0.5533	-0.14	1.2971	0.6240
-0.37	1.1492	0.4209	-0.29	1.2006	0.4915	-0.21	1.2521	0.5621	-0.13	1.3035	0.6328
-0.36	1.1556	0.4297	-0.28	1.2071	0.5003	-0.20	1.2585	0.5710	-0.12	1.3099	0.6416
-0.35	1.1621	0.4385	-0.27	1.2135	0.5092	-0.19	1.2649	0.5798	-0.11	1.3163	0.6504
-0.34	1.1685	0.4474	-0.26	1.2199	0.5180	-0.18	1.2713	0.5886	-0.10	1.3228	0.6593
-0.33	1.1749	0.4562	-0.25	1.2264	0.5268	-0.17	1.2778	0.5975	-0.09	1.3292	0.6681

（续）

变位系数 x	固定弦齿厚 $\bar{s}_c$	固定弦齿高 $\bar{h}_c$	变位系数 x	固定弦齿厚 $\bar{s}_c$	固定弦齿高 $\bar{h}_c$	变位系数 x	固定弦齿厚 $\bar{s}_c$	固定弦齿厚 $\bar{s}_c$	变位系数 x	固定弦齿厚 $\bar{s}_c$	固定弦齿高 $\bar{h}_c$
-0.08	1.3356	0.6769	0.08	1.4385	0.8182	0.24	1.5413	0.9595	0.40	1.6442	1.1008
-0.07	1.3421	0.6858	0.09	1.4449	0.8270	0.25	1.5477	0.9683	0.41	1.6506	1.1096
-0.06	1.3485	0.6946	0.10	1.4513	0.8359	0.26	1.5542	0.9772	0.42	1.6570	1.1184
-0.05	1.3549	0.7034	0.11	1.4578	0.8447	0.27	1.5606	0.9860	0.43	1.6634	1.1273
-0.04	1.3613	0.7123	0.12	1.4642	0.8535	0.28	1.5670	0.9948	0.44	1.6699	1.1361
-0.03	1.3678	0.7211	0.13	1.4706	0.8624	0.29	1.5735	1.0037	0.45	1.6763	1.1449
-0.02	1.3742	0.7299	0.14	1.4770	0.8712	0.30	1.5799	1.0125	0.46	1.6827	1.1538
-0.01	1.3806	0.7387	0.15	1.4835	0.8800	0.31	1.5863	1.0213	0.47	1.6892	1.1626
0.00	1.3870	0.7476	0.16	1.4899	0.8889	0.32	1.5927	1.0301	0.48	1.6956	1.1714
0.01	1.3935	0.7564	0.17	1.4963	0.8977	0.33	1.5992	1.0390	0.49	1.7020	1.1803
0.02	1.3999	0.7652	0.18	1.5027	0.9065	0.34	1.6056	1.0478	0.50	1.7084	1.1891
0.03	1.4063	0.7741	0.19	1.5092	0.9154	0.35	1.6120	1.0566	0.51	1.7149	1.1979
0.04	1.4128	0.7829	0.20	1.5156	0.9242	0.36	1.6185	1.0655	0.52	1.7213	1.2067
0.05	1.4192	0.7917	0.21	1.5220	0.9330	0.37	1.6249	1.0743	0.53	1.7277	1.2156
0.06	1.4256	0.8006	0.22	1.5285	0.9418	0.38	1.6313	1.0831	0.54	1.7342	1.2244
0.07	1.4320	0.8094	0.23	1.5349	0.9507	0.39	1.6377	1.0920	0.55	1.7406	1.2332

表 2-31 $\alpha=25°$的高变位圆柱齿轮固定弦齿高和弦齿厚的数值（模数 $m=1$mm）

（单位：mm）

变位系数 x	固定弦齿厚 $\bar{s}_c$	固定弦齿高 $\bar{h}_c$	变位系数 x	固定弦齿厚 $\bar{s}_c$	固定弦齿高 $\bar{h}_c$	变位系数 x	固定弦齿厚 $\bar{s}_c$	固定弦齿厚 $\bar{s}_c$	变位系数 x	固定弦齿厚 $\bar{s}_c$	固定弦齿高 $\bar{h}_c$
-0.40	0.9838	0.3706	-0.16	1.1677	0.5678	0.08	1.3515	0.7649	0.32	1.5354	0.9620
-0.39	0.9915	0.3788	-0.15	1.1753	0.5760	0.09	1.3592	0.7731	0.33	1.5430	0.9702
-0.38	0.9991	0.3870	-0.14	1.1830	0.5842	0.10	1.3668	0.7813	0.34	1.5507	0.9784
-0.37	1.0068	0.3953	-0.13	1.1907	0.5924	0.11	1.3745	0.7895	0.35	1.5584	0.9867
-0.36	1.0145	0.4035	-0.12	1.1983	0.6006	0.12	1.3822	0.7977	0.36	1.5660	0.9949
-0.35	1.0221	0.4117	-0.11	1.2060	0.6088	0.13	1.3898	0.8060	0.37	1.5737	1.0031
-0.34	1.0298	0.4199	-0.10	1.2136	0.6170	0.14	1.3975	0.8142	0.38	1.5813	1.0113
-0.33	1.0374	0.4281	-0.09	1.2213	0.6252	0.15	1.4051	0.8224	0.39	1.5890	1.0195
-0.32	1.0451	0.4363	-0.08	1.2290	0.6335	0.16	1.4128	0.8306	0.40	1.5967	1.0277
-0.31	1.0528	0.4445	-0.07	1.2366	0.6417	0.17	1.4205	0.8388	0.41	1.6043	1.0359
-0.30	1.0604	0.4528	-0.06	1.2443	0.6499	0.18	1.4281	0.8470	0.42	1.6120	1.0442
-0.29	1.0681	0.4610	-0.05	1.2519	0.6581	0.19	1.4358	0.8552	0.43	1.6196	1.0524
-0.28	1.0757	0.4692	-0.04	1.2596	0.6663	0.20	1.4435	0.8635	0.44	1.6273	1.0606
-0.27	1.0834	0.4774	-0.03	1.2673	0.6745	0.21	1.4511	0.8717	0.45	1.6350	1.0688
-0.26	1.0911	0.4856	-0.02	1.2749	0.6827	0.22	1.4588	0.8799	0.46	1.6426	1.0770
-0.25	1.0987	0.4938	-0.01	1.2826	0.6910	0.23	1.4664	0.8881	0.47	1.6503	1.0852
-0.24	1.1064	0.5020	0.00	1.2902	0.6992	0.24	1.4741	0.8963	0.48	1.6579	1.0934
-0.23	1.1141	0.5103	0.01	1.2979	0.7074	0.25	1.4818	0.9045	0.49	1.6656	1.1017
-0.22	1.1217	0.5185	0.02	1.3056	0.7156	0.26	1.4894	0.9127	0.50	1.6733	1.1099
-0.21	1.1294	0.5267	0.03	1.3132	0.7238	0.27	1.4971	0.9210	0.51	1.6809	1.1181
-0.20	1.1370	0.5349	0.04	1.3209	0.7320	0.28	1.5047	0.9292	0.52	1.6886	1.1263
-0.19	1.1447	0.5431	0.05	1.3285	0.7402	0.29	1.5124	0.9374	0.53	1.6962	1.1345
-0.18	1.1524	0.5513	0.06	1.3362	0.7485	0.30	1.5201	0.9456	0.54	1.7039	1.1427
-0.17	1.1600	0.5595	0.07	1.3439	0.7567	0.31	1.5277	0.9538	0.55	1.7116	1.1509

表 2-32 $\alpha=14.5°$的高变位圆柱齿轮固定弦齿高和弦齿厚的数值(模数 $m=1$mm)

(单位:mm)

变位系数 x	固定弦齿厚 $\bar{s}_c$	固定弦齿高 $\bar{h}_c$	变位系数 x	固定弦齿厚 $\bar{s}_c$	固定弦齿高 $\bar{h}_c$	变位系数 x	固定弦齿厚 $\bar{s}_c$	固定弦齿厚 $\bar{s}_c$	变位系数 x	固定弦齿厚 $\bar{s}_c$	固定弦齿高 $\bar{h}_c$
-0.40	1.2784	0.4347	-0.16	1.3948	0.6596	0.08	1.5111	0.8846	0.32	1.6275	1.1096
-0.39	1.2832	0.4441	-0.15	1.3996	0.6690	0.09	1.5160	0.8940	0.33	1.6323	1.1189
-0.38	1.2881	0.4534	-0.14	1.4044	0.6784	0.10	1.5208	0.9033	0.34	1.6372	1.1283
-0.37	1.2929	0.4628	-0.13	1.4093	0.6878	0.11	1.5257	0.9127	0.35	1.6420	1.1377
-0.36	1.2978	0.4722	-0.12	1.4141	0.6971	0.12	1.5305	0.9221	0.36	1.6469	1.1470
-0.35	1.3026	0.4816	-0.11	1.4190	0.7065	0.13	1.5353	0.9315	0.37	1.6517	1.1564
-0.34	1.3075	0.4909	-0.10	1.4238	0.7159	0.14	1.5402	0.9408	0.38	1.6566	1.1658
-0.33	1.3123	0.5003	-0.09	1.4287	0.7253	0.15	1.5450	0.9502	0.39	1.6614	1.1752
-0.32	1.3172	0.5097	-0.08	1.4335	0.7346	0.16	1.5499	0.9596	0.40	1.6662	1.1845
-0.31	1.3220	0.5190	-0.07	1.4384	0.7440	0.17	1.5547	0.9690	0.41	1.6711	1.1939
-0.30	1.3269	0.5284	-0.06	1.4432	0.7534	0.18	1.5596	0.9783	0.42	1.6759	1.2033
-0.29	1.3317	0.5378	-0.05	1.4481	0.7628	0.19	1.5644	0.9877	0.43	1.6808	1.2127
-0.28	1.3366	0.5472	-0.04	1.4529	0.7721	0.20	1.5693	0.9971	0.44	1.6856	1.2220
-0.27	1.3414	0.5565	-0.03	1.4578	0.7815	0.21	1.5741	1.0065	0.45	1.6905	1.2314
-0.26	1.3463	0.5659	-0.02	1.4626	0.7909	0.22	1.5790	1.0158	0.46	1.6953	1.2408
-0.25	1.3511	0.5753	-0.01	1.4675	0.8002	0.23	1.5838	1.0252	0.47	1.7002	1.2502
-0.24	1.3560	0.5847	0.00	1.4723	0.8096	0.24	1.5887	1.0346	0.48	1.7050	1.2595
-0.23	1.3608	0.5940	0.01	1.4772	0.8190	0.25	1.5935	1.0439	0.49	1.7099	1.2689
-0.22	1.3657	0.6034	0.02	1.4820	0.8284	0.26	1.5984	1.0533	0.50	1.7147	1.2783
-0.21	1.3705	0.6128	0.03	1.4869	0.8377	0.27	1.6032	1.0627	0.51	1.7196	1.2876
-0.20	1.3754	0.6222	0.04	1.4917	0.8471	0.28	1.6081	1.0721	0.52	1.7244	1.2970
-0.19	1.3802	0.6315	0.05	1.4966	0.8565	0.29	1.6129	1.0814	0.53	1.7293	1.3064
-0.18	1.3851	0.6409	0.06	1.5014	0.8659	0.30	1.6178	1.0908	0.54	1.7341	1.3158
-0.17	1.3899	0.6503	0.07	1.5063	0.8752	0.31	1.6226	1.1002	0.55	1.7390	1.3251

2.5.3 角变位直齿圆柱齿轮几何尺寸计算

角变位直齿圆柱齿轮几何尺寸计算见表 2-33 ~ 表 2-34。外齿轮齿厚测量尺寸计算公式同表 2-29。内齿轮齿厚测量尺寸见表 2-35。$\alpha=20°$、$d_p=1.65m$ 或 $1.68m$ 的正变位直齿内齿轮量棒距可查表 2-36 及表 2-37。

表 2-33 角变位直齿圆柱齿轮(外啮合)几何尺寸计算公式

名称	符号	计算公式	
		小齿轮	大齿轮
变位系数	x	x_1	$x_2=x_\Sigma-x_1$
齿厚	s	$s_1=(\pi m/2)+2x_1 m\tan\alpha$	$s_2=(\pi m/2)+2x_2 m\tan\alpha$
啮合角	α_w	$\mathrm{inv}\alpha_w=\mathrm{inv}\alpha+2x_\Sigma\tan\alpha/(z_1+z_2)$	
标准中心距	a	$a=m(z_1+z_2)/2$	
啮合中心距	a_w	$a_w=a\cos\alpha/\cos\alpha_w$	
中心距变动系数	y	$y=(a_w-a)/m$	
齿顶高变动系数	Δy	$\Delta y=x_\Sigma-y$	
齿顶高	h_a	$h_{a1}=(h_a^*+x_1-\Delta y)m$	$h_{a2}=(h_a^*+x_2-\Delta y)m$
齿根高	h_f	$h_{f1}=h_{a1}+c=(h_a^*+c^*-x_1)m$	$h_{f2}=h_{a2}+c=(h_a^*+c^*-x_2)m$
全齿高	h	$h_1=h_2=h=(2h_a^*+c^*-\Delta y)m$	
分度圆直径	d	$d_1=mz_1$	$d_2=mz_2$
齿顶圆直径	d_a	$d_{a1}=d_1+2h_{a1}=m(z_1+2h_a^*+2x_1-2\Delta y)$	$d_{a2}=d_2+2h_{a2}=m(z_2+2h_a^*+2x_2-2\Delta y)$
齿根圆直径	d_f	$d_{f1}=d_1-2h_{f1}=m(z_1-2h_a^*-2c^*+2x_1)$	$d_{f2}=d_2-2h_{f2}=m(z_2-2h_a^*-2c^*+2x_2)$
基圆直径	d_b	$d_{b1}=d_1\cos\alpha=mz_1\cos\alpha$	$d_{b2}=d_2\cos\alpha=mz_2\cos\alpha$

表 2-34　角变位直齿圆柱齿轮(内啮合)几何尺寸计算公式

名称	符号	计算公式	
		小齿轮	大齿轮(内齿轮)
变位系数	x	x_1	$x_2 = x_\Sigma + x_1$
齿厚	s	$s_1 = (\pi m/2) + 2x_1 m\tan\alpha$	$s_2 = (\pi m/2) - 2x_2 m\tan\alpha$
啮合角	α_w	$\mathrm{inv}\alpha_w = \mathrm{inv}\alpha + 2x_\Sigma \tan\alpha/(z_2 - z_1)$	
标准中心距	a	$a = m(z_2 - z_1)/2$	
啮合中心距	a_w	$a_w = a\cos\alpha / \cos\alpha_w$	
中心距变动系数	y	$y = (a_w - a)/m$	
齿顶高变动系数	Δy	$\Delta y = x_\Sigma - y$	
齿顶高	h_a	$h_{a1} = (h_a^* + x_1 + \Delta y)m$	$h_{a2} = (h_a^* - x_2 + \Delta y)m - \Delta h_a$ 式中　Δh_a——避免干涉的齿顶高缩短量 $\Delta h_a = (h_a^* - x_2)^2 m/z\tan^2\alpha$ $\alpha = 20°$时，$\Delta h_a = 7.55(h_a^* - x_2)^2 m/z$
齿根高	h_f	$h_{f1} = h_{a1} + c = (h_a^* + c^* - x_1)m$	$h_{f2} = h_{a2} + c = (h_a^* + c^* + x_2)m$
全齿高	h	$h_1 = (2h_a^* + c^* + \Delta y)m$	$h_2 = h_{a2} + h_{f2}$
分度圆直径	d	$d_1 = mz_1$	$d_2 = mz_2$
齿顶圆直径	d_a	$d_{a1} = d_1 + 2h_{a1} = m(z_1 + 2h_a^* + 2x_1 + 2\Delta y)$	$d_{a2} = d_2 - 2h_{a2}$
齿根圆直径	d_f	$d_{f1} = d_1 - 2h_{f1} = m(z_1 - 2h_a^* - 2c^* + 2x_1)$	$d_{f2} = d_2 + 2h_{f2} = m(z_2 + 2h_a^* + 2c^* + 2x_2)$
基圆直径	d_b	$d_{b1} = d_1\cos\alpha = mz_1\cos\alpha$	$d_{b2} = d_2\cos\alpha = mz_2\cos\alpha$

表 2-35　变位直齿内齿轮齿厚尺寸计算公式

名称	符号	计算公式
固定弦弦齿高	$\bar{h}_c$	$\bar{h}_c = h_a - \frac{\pi}{8}m\sin2\alpha + xm\sin^2\alpha + \Delta h$ 式中　Δh——内齿轮的齿顶圆弧弓高，可根据下式计算 $\Delta h = \frac{d_a}{2}(1 - \cos\delta_a)$ $\delta_a = \frac{\pi}{2z} - \frac{2x\tan\alpha}{z} - \mathrm{inv}\alpha + \mathrm{inv}\alpha_a$ $\alpha_a = \arccos\left(\frac{d\cos\alpha}{d_a}\right)$
固定弦弦齿厚	$\bar{s}_c$	$\bar{s}_c = \frac{\pi}{2}m\cos^2\alpha - xm\sin2\alpha$
分度圆弦齿高	$\bar{h}$	$\bar{h} = h_a - \frac{mz}{2}\left[1 - \cos\left(\frac{\pi}{2z} - \frac{2x\tan\alpha}{z}\right)\right] + \Delta h$ 式中　Δh——内齿轮的齿顶圆弧弓高(同前)
分度圆弦齿厚	$\bar{s}$	$\bar{s} = mz\sin\left(\frac{\pi}{2z} - \frac{2x\tan\alpha}{z}\right)$
跨齿槽数	k	$k = \frac{\alpha}{180°}z + \frac{2x}{\pi\tan\alpha} + 0.5$　(4 舍 5 入取整)
公法线长度	W	$W = m\cos\alpha[\pi(k - 0.5) + z\mathrm{inv}\alpha] + 2xm\sin\alpha$
量棒(球)直径	d_p	$d_p = 1.65m$ (定值量棒)或根据情况确定
量棒距	M	偶数齿 $M = \frac{mz\cos\alpha}{\cos\alpha_y} - d_p$ 奇数齿 $M = \frac{mz\cos\alpha}{\cos\alpha_y}\cos\frac{\pi}{2z} - d_p$ $\mathrm{inv}\alpha_y = \mathrm{inv}\alpha - \frac{d_p}{mz\cos\alpha} + \frac{\pi}{2z} + \frac{2x\tan\alpha}{z}$

表 2-36　$\alpha=20°$、$d_p=1.65m$ 直齿内齿轮量棒距 M 值（$m=1$mm）

（单位：mm）

齿数	变位系数												
	-0.05	0	0.05	0.10	0.15	0.20	0.25	0.30	0.35	0.40	0.45	0.50	0.55
30	27.6798	27.8007	27.9165	28.0279	28.1355	28.2399	28.3414	28.4404	28.5371	28.6318	28.7245	28.8155	28.9050
31	28.6435	28.7633	28.8782	28.9890	29.0962	29.2003	29.3017	29.4006	29.4972	29.5919	29.6847	29.7759	29.8655
32	29.6849	29.8039	29.9183	30.0288	30.1359	30.2400	30.3414	30.4405	30.5374	30.6323	30.7255	30.8169	30.9069
33	30.6505	30.7686	30.8823	30.9922	31.0990	31.2028	31.3041	31.4030	31.4999	31.5949	31.6881	31.7797	31.8698
34	31.6892	31.8066	31.9199	32.0297	32.1363	32.2401	32.3414	32.4405	32.5376	32.6328	32.7263	32.8182	32.9086
35	32.6565	32.7731	32.8858	32.9951	33.1014	33.2050	33.3062	33.4052	33.5023	33.5975	33.6911	33.7831	33.8736
36	33.6929	33.8090	33.9213	34.0304	34.1366	34.2402	34.3414	34.4406	34.5378	34.6333	34.7271	34.8193	34.9102
37	34.6618	34.7772	34.8890	34.9977	35.1036	35.2070	35.3081	35.4072	35.5044	35.5999	35.6937	35.7861	35.8771
38	35.6961	35.8110	35.9225	36.0310	36.1368	36.2402	36.3414	36.4406	36.5380	36.6337	36.7277	36.8204	36.9116
39	36.6665	36.7808	36.8918	37.0000	37.1055	37.2087	37.3098	37.4090	37.5063	37.6020	37.6961	37.7888	37.8802
40	37.6989	37.8128	37.9236	38.0316	38.1371	38.2403	38.3414	38.4407	38.5382	38.6340	38.7284	38.8213	38.9129
41	38.6706	38.7840	38.8943	39.0020	39.1073	39.2103	39.3114	39.4105	39.5080	39.6039	39.6983	39.7913	39.8830
42	39.7014	39.8144	39.9246	40.0321	40.1373	40.2404	40.3414	40.4407	40.5383	40.6343	40.7289	40.8222	40.9141
43	40.6742	40.7868	40.8966	41.0039	41.1089	41.2118	41.3128	41.4120	41.5096	41.6056	41.7003	41.7936	41.8856
44	41.7036	41.8158	41.9254	42.0326	42.1375	42.2404	42.3414	42.4408	42.5384	42.6347	42.7295	42.8229	42.9152
45	42.6776	42.7894	42.8987	43.0056	43.1103	43.2131	43.3140	43.4133	43.5110	43.6072	43.7021	43.7956	43.8880
46	43.7055	43.8171	43.9262	44.0330	44.1377	44.2405	44.3414	44.4408	44.5386	44.6349	44.7299	44.8237	44.9162
47	44.6806	44.7918	44.9006	45.0071	45.1116	45.2143	45.3152	45.4145	45.5123	45.6087	45.7037	45.7975	45.8901
48	45.7073	45.8183	45.9269	46.0334	46.1379	46.2405	46.3414	46.4408	46.5387	46.6352	46.7304	46.8243	46.9171
49	46.6833	46.7939	46.9023	47.0085	47.1129	47.2154	47.3163	47.4156	47.5135	47.6100	47.7052	47.7992	47.8921
50	47.7089	47.8193	47.9276	48.0337	48.1380	48.2405	48.3414	48.4408	48.5388	48.6354	48.7308	48.8250	48.9180
51	48.6858	48.7959	48.9039	49.0098	49.1140	49.2164	49.3173	49.4166	49.5146	49.6112	49.7066	49.8008	49.8940
52	49.7104	49.8203	49.9281	50.0340	50.1381	50.2406	50.3414	50.4409	50.5389	50.6356	50.7312	50.8255	50.9188
53	50.6880	50.7977	50.9053	51.0111	51.1150	51.2174	51.3182	51.4175	51.5156	51.6123	51.7079	51.8023	51.8957
54	51.7117	51.8212	51.9287	52.0343	52.1383	52.2406	52.3414	52.4409	52.5390	52.6358	52.7315	52.8261	52.9196
55	52.6902	52.7994	52.9067	53.0122	53.1160	53.2182	53.3190	53.4184	53.5165	53.6134	53.7091	53.8037	53.8973
56	53.7129	53.8220	53.9292	54.0346	54.1384	54.2406	54.3414	54.4409	54.5391	54.6360	54.7318	54.8266	54.9203
57	54.6921	54.8009	54.9079	55.0132	55.1169	55.2191	55.3198	55.4192	55.5174	55.6144	55.7102	55.8050	55.8988
58	55.7140	55.8227	55.9296	56.0349	56.1385	56.2407	56.3414	56.4409	56.5391	56.6362	56.7322	56.8270	56.9209
59	56.6939	56.8024	56.9091	57.0142	57.1177	57.2198	57.3205	57.4200	57.5182	57.6153	57.7113	57.8062	57.9001
60	57.7151	57.8234	57.9301	58.0351	58.1386	58.2407	58.3414	58.4409	58.5392	58.6364	58.7324	58.8275	58.9216

（续）

齿数	变位系数												
	−0.05	0	0.05	0.10	0.15	0.20	0.25	0.30	0.35	0.40	0.45	0.50	0.55
61	58.6956	58.8037	58.9102	59.0151	59.1185	59.2205	59.3212	59.4207	59.5190	59.6161	59.7122	59.8073	59.9014
62	59.7160	59.8241	59.9305	60.0353	60.1387	60.2407	60.3414	60.4409	60.5393	60.6365	60.7327	60.8279	60.9221
63	60.6971	60.8050	60.9112	61.0159	61.1192	61.2212	61.3219	61.4213	61.5197	61.6169	61.7132	61.8084	61.9027
64	61.7169	61.8247	61.9308	62.0355	62.1388	62.2407	62.3414	62.4410	62.5394	62.6367	62.7330	62.8283	62.9227
65	62.6986	62.8061	62.9122	63.0167	63.1199	63.2218	63.3225	63.4220	63.5204	63.6177	63.7140	63.8094	63.9038
66	63.7178	63.8252	63.9312	64.0357	64.1389	64.2408	64.3414	64.4410	64.5394	64.6368	64.7332	64.8287	64.9232
67	64.6999	64.8072	64.9131	65.0175	65.1206	65.2224	65.3230	65.4225	65.5210	65.6184	65.7148	65.8103	65.9049
68	65.7186	65.8258	65.9315	66.0359	66.1390	66.2408	66.3414	66.4410	66.5395	66.6369	66.7334	66.8290	66.9237
69	66.7012	66.8083	66.9139	67.0182	67.1212	67.2229	67.3236	67.4231	67.5216	67.6191	67.7156	67.8112	67.9059
70	67.7193	67.8263	67.9318	68.0360	68.1390	68.2408	68.3414	68.4410	68.5395	68.6371	68.7337	68.8293	68.9242
71	68.7024	68.8092	68.9147	69.0188	69.1217	69.2235	69.3241	69.4236	69.5221	69.6197	69.7163	69.8120	69.9069
72	69.7200	69.8267	69.9321	70.0362	70.1391	70.2408	70.3414	70.4410	70.5396	70.6372	70.7339	70.8297	70.9246
73	70.7035	70.8102	70.9154	71.0195	71.1223	71.2240	71.3245	71.4241	71.5227	71.6203	71.7170	71.8128	71.9078
74	71.7206	71.8271	71.9324	72.0364	72.1392	72.2408	72.3414	72.4410	72.5396	72.6373	72.7341	72.8300	72.9250
75	72.7046	72.8110	72.9161	73.0201	73.1228	73.2244	73.3250	73.4246	73.5232	73.6208	73.7176	73.8135	73.9087
76	73.7212	73.8276	73.9326	74.0365	74.1392	74.2409	74.3414	74.4410	74.5397	74.6374	74.7342	74.8302	74.9254
77	74.7056	74.8118	74.9168	75.0206	75.1233	75.2249	75.3254	75.4250	75.5236	75.6214	75.7182	75.8143	75.9095
78	75.7218	75.8279	75.9329	76.0366	76.1393	76.2409	76.3414	76.4410	76.5397	76.6375	76.7344	76.8305	76.9258
79	76.7066	76.8126	76.9174	77.0211	77.1237	77.2253	77.3258	77.4254	77.5241	77.6219	77.7188	77.8149	77.9103
80	77.7223	77.8283	77.9331	78.0368	78.1393	78.2409	78.3414	78.4411	78.5398	78.6376	78.7346	78.8308	78.9262
81	78.7075	78.8133	78.9181	79.0216	79.1242	79.2257	79.3262	79.4258	79.5245	79.6224	79.7194	79.8156	79.9110
82	79.7228	79.8287	79.9333	80.0369	80.1394	80.2409	80.3414	80.4411	80.5398	80.6377	80.7347	80.8310	80.9265
83	80.7083	80.8140	80.9186	81.0221	81.1246	81.2261	81.3266	81.4262	81.5249	81.6228	81.7199	81.8162	81.9117
84	81.7233	81.8290	81.9335	82.0370	82.1394	82.2409	82.3414	82.4411	82.5398	82.6378	82.7349	82.8312	82.9268
85	82.7091	82.8147	82.9192	83.0226	83.1250	83.2264	83.3269	83.4266	83.5253	83.6233	83.7204	83.8168	83.9124
86	83.7238	83.8293	83.9337	84.0371	84.1395	84.2409	84.3414	84.4411	84.5399	84.6379	84.7350	84.8315	84.9272
87	84.7099	84.8153	84.9197	85.0230	85.1254	85.2268	85.3273	85.4269	85.5257	85.6237	85.7209	85.8173	85.9130
88	85.7242	85.8296	85.9339	86.0372	86.1395	86.2409	86.3414	86.4411	86.5399	86.6379	86.7352	86.8317	86.9275
89	86.7107	86.8159	86.9202	87.0234	87.1257	87.2271	87.3276	87.4272	87.5260	87.6241	87.7213	87.8178	87.9137
90	87.7246	87.8299	87.9341	88.0373	88.1396	88.2410	88.3414	88.4411	88.5399	88.6380	88.7353	88.8319	88.9278

（续）

齿数	变位系数											
	-0.05	0	0.05	0.10	0.15	0.20	0.25	0.30	0.35	0.40	0.45	0.50	0.55
91	88.7114	88.8165	88.9207	89.0238	89.1261	89.2274	89.3279	89.4275	89.5264	89.6245	89.7218	89.8184	89.9143
92	89.7250	89.8301	89.9342	90.0374	90.1396	90.2410	90.3414	90.4411	90.5400	90.6381	90.7354	90.8321	90.9280
93	90.7120	90.8171	90.9211	91.0242	91.1264	91.2277	91.3282	91.4278	91.5267	91.6248	91.7222	91.8188	91.9148
94	91.7254	91.8304	91.9344	92.0375	92.1397	92.2410	92.3414	92.4411	92.5400	92.6382	92.7356	92.8323	92.9283
95	92.7127	92.8176	92.9216	93.0246	93.1267	93.2280	93.3285	93.4281	93.5270	93.6252	93.7226	93.8193	93.9154
96	93.7258	93.8306	93.9346	94.0376	94.1397	94.2410	94.3414	94.4411	94.5400	94.6382	94.7357	94.8325	94.9286
97	94.7133	94.8181	94.9220	95.0249	95.1270	95.2283	95.3287	95.4284	95.5273	95.6255	95.7230	95.8198	95.9159
98	95.7261	95.8309	95.9347	96.0377	96.1397	96.2410	96.3414	96.4411	96.5401	96.6383	96.7358	96.8326	96.9288
99	96.7139	96.8186	96.9224	97.0253	97.1273	97.2285	97.3290	97.4287	97.5276	97.6258	97.7233	97.8202	97.9164
100	97.7264	97.8311	97.9348	98.0377	98.1398	98.2410	98.3414	98.4411	98.5401	98.6383	98.7359	98.8328	98.9290
101	98.7145	98.8191	98.9228	99.0256	99.1276	99.2288	99.3292	99.4289	99.5279	99.6261	99.7237	99.8206	99.9169
102	99.7268	99.8313	99.9350	100.0378	100.1398	100.2410	100.3414	100.4411	100.5401	100.6384	100.7360	100.8330	100.9293
103	100.7150	100.8195	100.9231	101.0259	101.1279	101.2290	101.3295	101.4292	101.5281	101.6264	101.7240	101.8210	101.9173
104	101.7271	101.8315	101.9351	102.0379	102.1398	102.2410	102.3414	102.4411	102.5401	102.6385	102.7361	102.8331	102.9295
105	102.7155	102.8199	102.9235	103.0262	103.1281	103.2293	103.3297	103.4294	103.5284	103.6267	103.7244	103.8214	103.9178
106	103.7273	103.8317	103.9352	104.0379	104.1399	104.2410	104.3414	104.4412	104.5402	104.6385	104.7362	104.8333	104.9297
107	104.7160	104.8203	104.9238	105.0265	105.1284	105.2295	105.3299	105.4296	105.5286	105.6270	105.7247	105.8218	105.9182
108	105.7276	105.8319	105.9354	106.0380	106.1399	106.2410	106.3414	106.4412	106.5402	106.6386	106.7363	106.8334	106.9299
109	106.7165	106.8207	106.9241	107.0268	107.1286	107.2297	107.3301	107.4298	107.5289	107.6272	107.7250	107.8221	107.9186
110	107.7279	107.8321	107.9355	108.0381	108.1399	108.2410	108.3414	108.4412	108.5402	108.6386	108.7364	108.8335	108.9301
111	108.7170	108.8211	108.9245	109.0270	109.1288	109.2299	109.3303	109.4300	109.5291	109.6275	109.7253	109.8225	109.9190
112	109.7282	109.8323	109.9356	110.0381	110.1400	110.2411	110.3414	110.4412	110.5402	110.6387	110.7365	110.8337	110.9303
113	110.7174	110.8215	110.9248	111.0273	111.1291	111.2301	111.3305	111.4302	111.5293	111.6277	111.7256	111.8228	111.9194
114	111.7284	111.8324	111.9357	112.0382	112.1400	112.2411	112.3414	112.4412	112.5403	112.6387	112.7366	112.8338	112.9305
115	112.7179	112.8218	112.9251	113.0275	113.1293	113.2303	113.3307	113.4304	113.5295	113.6280	113.7258	113.8231	113.9198
116	113.7286	113.8326	113.9358	114.0383	114.1400	114.2411	114.3414	114.4412	114.5403	114.6388	114.7366	114.8339	114.9307
117	114.7183	114.8222	114.9253	115.0278	115.1295	115.2305	115.3309	115.4306	115.5297	115.6282	115.7261	115.8234	115.9202
118	115.7289	115.8328	115.9359	116.0383	116.1400	116.2411	116.3414	116.4412	116.5403	116.6388	116.7367	116.8341	116.9308
119	116.7187	116.8225	116.9256	117.0280	117.1297	117.2307	117.3311	117.4308	117.5299	117.6284	117.7264	117.8237	117.9205
120	117.7291	117.8329	117.9360	118.0384	118.1401	118.2411	118.3414	118.4412	118.5403	118.6388	118.7368	118.8342	118.9310

表 2-37　$\alpha=20°$、$d_p=1.68m$ 直齿内齿轮量棒距 M 值（$m=1$mm）　　（单位：mm）

齿数	变位系数												
	-0.05	0	0.05	0.10	0.15	0.20	0.25	0.30	0.35	0.40	0.45	0.50	0.55
30	27.5384	27.6649	27.7852	27.9004	28.0113	28.1185	28.2225	28.3237	28.4224	28.5189	28.6133	28.7058	28.7966
31	28.5036	28.6285	28.7477	28.8620	28.9723	29.0792	29.1829	29.2839	29.3826	29.4790	29.5734	29.6660	29.7570
32	29.5460	29.6698	29.7882	29.9021	30.0122	30.1189	30.2226	30.3237	30.4225	30.5192	30.6139	30.7068	30.7981
33	30.5127	30.6353	30.7528	30.8660	30.9755	31.0819	31.1854	31.2864	31.3851	31.4817	31.5764	31.6694	31.7608
34	31.5522	31.6739	31.7908	31.9036	32.0129	32.1192	32.2227	32.3237	32.4226	32.5194	32.6144	32.7077	32.7994
35	32.5205	32.6411	32.7572	32.8694	32.9783	33.0843	33.1876	33.2885	33.3873	33.4841	33.5791	33.6725	33.7643
36	33.5576	33.6774	33.7930	33.9049	34.0136	34.1194	34.2227	34.3237	34.4226	34.5196	34.6149	34.7085	34.8006
37	34.5273	34.6462	34.7611	34.8725	34.9808	35.0864	35.1895	35.2904	35.3892	35.4862	35.5815	35.6752	35.7674
38	35.5621	35.6804	35.7949	35.9060	36.0142	36.1197	36.2228	36.3237	36.4227	36.5198	36.6153	36.7092	36.8017
39	36.5331	36.6507	36.7646	36.8752	36.9831	37.0883	37.1913	37.2921	37.3910	37.4881	37.5836	37.6776	37.7701
40	37.5661	37.6831	37.7966	37.9070	38.0147	38.1199	38.2228	38.3237	38.4227	38.5200	38.6157	38.7099	38.8026
41	38.5383	38.6547	38.7677	38.8777	38.9851	39.0900	39.1928	39.2936	39.3926	39.4899	39.5856	39.6798	39.7726
42	39.5695	39.6854	39.7981	39.9079	40.0152	40.1201	40.2229	40.3237	40.4228	40.5202	40.6160	40.7105	40.8035
43	40.5429	40.6582	40.7705	40.8799	40.9869	41.0916	41.1943	41.2950	41.3941	41.4915	41.5873	41.6818	41.7749
44	41.5726	41.6875	41.7994	41.9087	42.0156	42.1203	42.2229	42.3237	42.4228	42.5203	42.6164	42.7110	42.8043
45	42.5471	42.6615	42.7730	42.8819	42.9886	43.0930	43.1956	43.2963	43.3954	43.4929	43.5889	43.6836	43.7770
46	43.5754	43.6894	43.8007	43.9094	44.0160	44.1204	44.2230	44.3237	44.4229	44.5205	44.6167	44.7115	44.8051
47	44.5508	44.6644	44.7753	44.8838	44.9901	45.0944	45.1968	45.2975	45.3966	45.4942	45.5904	45.6853	45.7789
48	45.5778	45.6911	45.8018	45.9101	46.0163	46.1206	46.2230	46.3237	46.4229	46.5206	46.6169	46.7120	46.8058
49	46.5542	46.6670	46.7774	46.8854	46.9915	47.0956	47.1979	47.2986	47.3977	47.4954	47.5918	47.6868	47.7807
50	47.5800	47.6926	47.8028	47.9107	48.0166	48.1207	48.2230	48.3237	48.4229	48.5207	48.6172	48.7124	48.8065
51	48.5572	48.6694	48.7793	48.8870	48.9927	49.0967	49.1989	49.2995	49.3987	49.4965	49.5930	49.6882	49.7823
52	49.5821	49.6940	49.8037	49.9113	50.0169	50.1208	50.2230	50.3237	50.4230	50.5208	50.6174	50.7128	50.8071
53	50.5600	50.6716	50.7810	50.8884	50.9939	51.0977	51.1998	51.3005	51.3997	51.4975	51.5941	51.6896	51.7839
54	51.5839	51.6953	51.8045	51.9118	52.0172	52.1209	52.2231	52.3237	52.4230	52.5210	52.6177	52.7132	52.8076
55	52.5626	52.6737	52.7827	52.8897	52.9950	53.0986	53.2007	53.3013	53.4005	53.4985	53.5952	53.6908	53.7853
56	53.5856	53.6964	53.8053	53.9122	54.0174	54.1210	54.2231	54.3237	54.4230	54.5210	54.6179	54.7135	54.8081
57	54.5650	54.6756	54.7842	54.8910	54.9960	55.0995	55.2015	55.3021	55.4014	55.4994	55.5962	55.6919	55.7866
58	55.5871	55.6975	55.8060	55.9127	56.0177	56.1211	56.2231	56.3237	56.4230	56.5211	56.6181	56.7139	56.8086
59	56.5672	56.6773	56.7856	56.8921	56.9970	57.1003	57.2023	57.3028	57.4021	57.5002	57.5971	57.6930	57.7878
60	57.5885	57.6985	57.8066	57.9131	58.0179	58.1212	58.2231	58.3237	58.4231	58.5212	58.6182	58.7142	58.8091

（续）

齿数	变位系数												
	-0.05	0	0.05	0.10	0.15	0.20	0.25	0.30	0.35	0.40	0.45	0.50	0.55
61	58.5692	58.6789	58.7869	58.8932	58.9979	59.1011	59.2030	59.3035	59.4028	59.5010	59.5980	59.6940	59.7889
62	59.5898	59.6994	59.8072	59.9134	60.0181	60.1213	60.2232	60.3237	60.4231	60.5213	60.6184	60.7145	60.8095
63	60.5711	60.6805	60.7881	60.8942	60.9987	61.1018	61.2036	61.3042	61.4035	61.5017	61.5988	61.6949	61.7900
64	61.5910	61.7003	61.8078	61.9138	62.0183	62.1214	62.2232	62.3237	62.4231	62.5214	62.6186	62.7147	62.8099
65	62.5729	62.6819	62.7892	62.8951	62.9995	63.1025	63.2042	63.3048	63.4041	63.5024	63.5996	63.6958	63.7910
66	63.5922	63.7011	63.8083	63.9141	64.0184	64.1215	64.2232	64.3237	64.4231	64.5214	64.6187	64.7150	64.8103
67	64.5745	64.6832	64.7903	64.8960	65.0002	65.1031	65.2048	65.3053	65.4047	65.5030	65.6003	65.6966	65.7920
68	65.5932	65.7018	65.8088	65.9144	66.0186	66.1215	66.2232	66.3237	66.4231	66.5215	66.6189	66.7152	66.8107
69	66.5760	66.6844	66.7913	66.8968	67.0009	67.1037	67.2054	67.3059	67.4053	67.5036	67.6010	67.6974	67.7929
70	67.5942	67.7025	67.8093	67.9147	68.0188	68.1216	68.2232	68.3237	68.4232	68.5216	68.6190	68.7155	68.8110
71	68.5775	68.6856	68.7923	68.8976	69.0015	69.1043	69.2059	69.3064	69.4058	69.5042	69.6016	69.6981	69.7937
72	69.5952	69.7032	69.8097	69.9150	70.0189	70.1217	70.2232	70.3237	70.4232	70.5216	70.6191	70.7157	70.8114
73	70.5789	70.6867	70.7932	70.8983	71.0022	71.1048	71.2064	71.3068	71.4063	71.5047	71.6022	71.6988	71.7945
74	71.5960	71.7038	71.8101	71.9152	72.0191	72.1217	72.2233	72.3237	72.4232	72.5217	72.6192	72.7159	72.8117
75	72.5801	72.6878	72.7940	72.8990	73.0027	73.1053	73.2068	73.3073	73.4067	73.5052	73.6028	73.6995	73.7953
76	73.5968	73.7043	73.8105	73.9155	74.0192	74.1218	74.2233	74.3237	74.4232	74.5217	74.6193	74.7161	74.8120
77	74.5814	74.6887	74.7948	74.8996	75.0033	75.1058	75.2073	75.3077	75.4072	75.5057	75.6033	75.7001	75.7960
78	75.5976	75.7049	75.8109	75.9157	76.0193	76.1218	76.2233	76.3237	76.4232	76.5218	76.6195	76.7163	76.8123
79	76.5825	76.6897	76.7956	76.9002	77.0038	77.1063	77.2077	77.3081	77.4076	77.5061	77.6038	77.7007	77.7967
80	77.5983	77.7054	77.8112	77.9159	78.0194	78.1219	78.2233	78.3237	78.4232	78.5218	78.6196	78.7164	78.8125
81	78.5836	78.6905	78.7963	78.9008	79.0043	79.1067	79.2081	79.3085	79.4080	79.5066	79.6043	79.7012	79.7973
82	79.5990	79.7059	79.8116	79.9161	80.0195	80.1219	80.2233	80.3237	80.4232	80.5219	80.6197	80.7166	80.8128
83	80.5846	80.6914	80.7970	80.9014	81.0048	81.1071	81.2085	81.3089	81.4084	81.5070	81.6048	81.7018	81.7980
84	81.5997	81.7064	81.8119	81.9163	82.0196	82.1220	82.2233	82.3237	82.4233	82.5219	82.6198	82.7168	82.8130
85	82.5856	82.6922	82.7976	82.9019	83.0052	83.1075	83.2088	83.3092	83.4087	83.5074	83.6052	83.7023	83.7986
86	83.6003	83.7068	83.8122	83.9165	84.0197	84.1220	84.2233	84.3237	84.4233	84.5220	84.6198	84.7169	84.8133
87	84.5865	84.6929	84.7982	84.9024	85.0056	85.1079	85.2092	85.3096	85.4091	85.5078	85.6057	85.7028	85.7991
88	85.6009	85.7072	85.8125	85.9166	86.0198	86.1220	86.2233	86.3237	86.4233	86.5220	86.6199	86.7171	86.8135
89	86.5874	86.6937	86.7988	86.9029	87.0061	87.1082	87.2095	87.3099	87.4094	87.5081	87.6061	87.7032	87.7997
90	87.6014	87.7076	87.8127	87.9168	88.0199	88.1221	88.2233	88.3237	88.4233	88.5220	88.6200	88.7172	88.8137

（续）

齿数	变位系数												
	-0.05	0	0.05	0.10	0.15	0.20	0.25	0.30	0.35	0.40	0.45	0.50	0.55
91	88.5883	88.6943	88.7994	88.9034	89.0064	89.1086	89.2098	89.3102	89.4097	89.5085	89.6064	89.7037	89.8002
92	89.6020	89.7080	89.8130	89.9170	90.0200	90.1221	90.2234	90.3237	90.4233	90.5221	90.6201	90.7174	90.8139
93	90.5891	90.6950	90.7999	90.9038	91.0068	91.1089	91.2101	91.3105	91.4100	91.5088	91.6068	91.7041	91.8007
94	91.6025	91.7084	91.8132	91.9171	92.0201	92.1222	92.2234	92.3237	92.4233	92.5221	92.6202	92.7175	92.8141
95	92.5898	92.6956	92.8004	92.9043	93.0072	93.1092	93.2104	93.3108	93.4103	93.5091	93.6072	93.7045	93.8012
96	93.6030	93.7087	93.8135	93.9173	94.0202	94.1222	94.2234	94.3237	94.4233	94.5221	94.6202	94.7176	94.8143
97	94.5906	94.6962	94.8009	94.9047	95.0075	95.1095	95.2107	95.3110	95.4106	95.5094	95.6075	95.7049	95.8016
98	95.6034	95.7090	95.8137	95.9174	96.0202	96.1222	96.2234	96.3237	96.4233	96.5222	96.6203	96.7177	96.8145
99	96.5913	96.6968	96.8014	96.9051	97.0079	97.1098	97.2109	97.3113	97.4109	97.5097	97.6078	97.7053	97.8020
100	97.6039	97.7094	97.8139	97.9175	98.0203	98.1223	98.2234	98.3237	98.4233	98.5222	98.6204	98.7178	98.8147
101	98.5920	98.6974	98.8018	98.9054	99.0082	99.1101	99.2112	99.3115	99.4111	99.5100	99.6081	99.7056	99.8025
102	99.6043	99.7096	99.8141	99.9177	100.0204	100.1223	100.2234	100.3237	100.4233	100.5222	100.6204	100.7180	100.8148
103	100.5926	100.6979	100.8023	100.9058	101.0085	101.1103	101.2114	101.3118	101.4114	101.5102	101.6085	101.7060	101.8029
104	101.6047	101.7099	101.8143	101.9178	102.0204	102.1223	102.2234	102.3237	102.4233	102.5223	102.6205	102.7181	102.8150
105	102.5932	102.6984	102.8027	102.9061	103.0088	103.1106	103.2117	103.3120	103.4116	103.5105	103.6087	103.7063	103.8033
106	103.6051	103.7102	103.8145	103.9179	104.0205	104.1223	104.2234	104.3237	104.4234	104.5223	104.6206	104.7182	104.8151
107	104.5938	104.6989	104.8031	104.9065	105.0090	105.1108	105.2119	105.3122	105.4118	105.5107	105.6090	105.7066	105.8036
108	105.6055	105.7105	105.8147	105.9180	106.0206	106.1224	106.2234	106.3237	106.4234	106.5223	106.6206	106.7183	106.8153
109	106.5944	106.6994	106.8035	106.9068	107.0093	107.1111	107.2121	107.3124	107.4120	107.5110	107.6093	107.7070	107.8040
110	107.6058	107.7107	107.8148	107.9181	108.0206	108.1224	108.2234	108.3237	108.4234	108.5223	108.6207	108.7184	108.8154
111	108.5949	108.6998	108.8039	108.9071	109.0096	109.1113	109.2123	109.3126	109.4122	109.5112	109.6095	109.7073	109.8044
112	109.6062	109.7110	109.8150	109.9182	110.0207	110.1224	110.2234	110.3237	110.4234	110.5224	110.6207	110.7185	110.8156
113	110.5955	110.7002	110.8042	110.9074	111.0098	111.1115	111.2125	111.3128	111.4125	111.5114	111.6098	111.7075	111.8047
114	111.6065	111.7112	111.8152	111.9183	112.0207	112.1224	112.2234	112.3237	112.4234	112.5224	112.6208	112.7185	112.8157
115	112.5960	112.7007	112.8046	112.9077	113.0101	113.1117	113.2127	113.3130	113.4127	113.5117	113.6100	113.7078	113.8050
116	113.6068	113.7115	113.8153	113.9184	114.0208	114.1225	114.2234	114.3237	114.4234	114.5224	114.6208	114.7186	114.8158
117	114.5965	114.7011	114.8049	114.9080	115.0103	115.1119	115.2129	115.3132	115.4128	115.5119	115.6103	115.7081	115.8053
118	115.6071	115.7117	115.8155	115.9185	116.0209	116.1225	116.2234	116.3237	116.4234	116.5224	116.6209	116.7187	116.8160
119	116.5970	116.7015	116.8052	116.9082	117.0105	117.1121	117.2131	117.3134	117.4130	117.5121	117.6105	117.7084	117.8056
120	117.6074	117.7119	117.8156	117.9186	118.0209	118.1225	118.2234	118.3237	118.4234	118.5225	118.6209	118.7188	118.8161

2.5.4　角变位外啮合斜齿圆柱齿轮几何尺寸计算

角变位外啮合斜齿圆柱齿轮几何尺寸计算公式见表 2-38。

表 2-38　角变位外啮合斜齿圆柱齿轮几何尺寸计算公式

名称		符号	计算公式	
			小齿轮	大齿轮
端面模数		m_t	$m_t=m_n/\cos\beta$	
端面压力角		α_t	$\tan\alpha_t=\tan\alpha_n/\cos\beta$	
端面变位系数		x_t	$x_t=x_n\cos\beta$	
端面齿厚		s_t	$s_t=m_t[(\pi/2)+2x_n\tan\alpha_n]$	
齿数和		z_Σ	$z_\Sigma=z_1+z_2$	
法向变位系数和		$x_{n\Sigma}$	$x_{n\Sigma}=x_{n1}+x_{n2}$	
端面啮合角		α_{wt}	$\mathrm{inv}\alpha_{wt}=\mathrm{inv}\alpha_t+2x_{n\Sigma}\tan\alpha_n/z_\Sigma$	
基圆螺旋角		β_b	$\sin\beta_b=\sin\beta\cos\alpha_n$	
标准中心距		a	$a=m_nz_\Sigma/(2\cos\beta)$	
啮合中心距		a_w	$a_w=a\cos\alpha_t/\cos\alpha_{wt}$	
中心距变动系数		y_n	$y_n=(a_w-a)/m_n$	
齿顶高变动系数		Δy_n	$\Delta y_n=x_{n\Sigma}-y_n$	
法向变位系数		x_n	x_{n1}	$x_{n2}=x_{n\Sigma}-x_{n1}$
齿顶高		h_a	$h_{a1}=(h_a^*+x_{n1}-\Delta y_n)m_n$	$h_{a2}=(h_a^*+x_{n2}-\Delta y_n)m_n$
齿根高		h_f	$h_{f1}=h_{a1}+c=(h_a^*+c^*-x_1)m$	$h_{f2}=h_{a2}+c=(h_a^*+c^*-x_2)m$
全齿高		h	$h_1=h_2=h=(2h_{an}^*+c_n^*-\Delta y_n)m_n$	
分度圆直径		d	$d_1=m_nz_1/\cos\beta$	$d_2=m_nz_2/\cos\beta$
齿顶圆直径		d_a	$d_{a1}=d_1+2h_{a1}$	$d_{a2}=d_2+2h_{a2}$
齿根圆直径		d_f	$d_{f1}=d_1-2h_{f1}$	$d_{f2}=d_2-2h_{f2}$
基圆直径		d_b	$d_{b1}=d_1\cos\alpha_t=m_nz_1\cos\alpha_t/\cos\beta$	$d_{b2}=d_2\cos\alpha_t=m_nz_2\cos\alpha_t/\cos\beta$
齿厚测量尺寸	固定弦齿高	$\bar{h}_{cn}$	$\bar{h}_{cn}=h_a-\frac{\pi}{8}m_n\sin2\alpha_n-x_nm_n\sin^2\alpha_n$	
	固定弦齿厚	$\bar{s}_{cn}$	$\bar{s}_{cn}=\frac{\pi}{2}m_n\cos^2\alpha_n+x_nm_n\sin2\alpha_n$	
	分度圆弦齿高	$\bar{h}_n$	$\bar{h}_n=h_a+\frac{m_nz_v}{2}\left[1-\cos\left(\frac{\pi}{2z_v}+\frac{2x_n\tan\alpha_n}{z_v}\right)\right]$	
	分度圆弦齿厚	$\bar{s}_n$	$\bar{s}_n=m_nz_v\sin\left(\frac{\pi}{2z_v}+\frac{2x_n\tan\alpha_n}{z_v}\right)$	
	跨齿数	k	$k=\frac{\alpha_n}{180°}z'+\frac{2x_n}{\pi\tan\alpha_n}+0.5$　(4 舍 5 入取整) 式中　z'——假想齿数 $z'=z\cdot\mathrm{inv}\alpha_t/\mathrm{inv}\alpha_n$	
	公法线长度	W	$W=m_n\cos\alpha_n[\pi(k-0.5)+z'\mathrm{inv}\alpha_n]$	

角变位斜齿圆柱齿轮计算比较繁琐，尤其中心距变动系数等参数的手算比较费事，为便于手算确定，将最常用的压力角 $\alpha_n=20°$的角变位齿轮的 $\Delta y_n(100/z_\Sigma)$电算值表格列于表 2-39，可灵活应用。表 2-39 可以通过齿轮的 $x_{n\Sigma}/z_\Sigma$、分度圆螺旋角 β 参数直接查到 $\Delta y_n(100/z_\Sigma)$值，表中无直接对应的数据均可进行简单线性插值计算。

表 2-39　$\alpha_n=20°$角变位齿轮的 $\Delta y_n(100/z_\Sigma)$值

$x_{n\Sigma}/z_\Sigma$	分度圆螺旋角							
	0°	5°	10°	15°	20°	25°	30°	35°
-0.00200	0.00316	0.00312	0.00301	0.00284	0.00260	0.00233	0.00202	0.00170
-0.00190	0.00285	0.00281	0.00271	0.00255	0.00234	0.00210	0.00182	0.00154
-0.00180	0.00255	0.00252	0.00243	0.00229	0.00210	0.00188	0.00163	0.00138
-0.00170	0.00227	0.00224	0.00216	0.00204	0.00187	0.00167	0.00145	0.00123
-0.00160	0.00200	0.00198	0.00191	0.00180	0.00165	0.00148	0.00129	0.00108
-0.00150	0.00176	0.00174	0.00168	0.00158	0.00145	0.00130	0.00113	0.00095
-0.00140	0.00153	0.00151	0.00146	0.00137	0.00126	0.00113	0.00098	0.00083
-0.00130	0.00131	0.00130	0.00125	0.00118	0.00109	0.00097	0.00084	0.00071
-0.00120	0.00112	0.00110	0.00107	0.00100	0.00092	0.00083	0.00072	0.00061
-0.00110	0.00094	0.00093	0.00089	0.00084	0.00077	0.00069	0.00060	0.00051
-0.00100	0.00077	0.00076	0.00074	0.00069	0.00064	0.00057	0.00050	0.00042
-0.00090	0.00062	0.00062	0.00060	0.00056	0.00052	0.00046	0.00040	0.00034
-0.00080	0.00049	0.00049	0.00047	0.00044	0.00041	0.00036	0.00032	0.00027
-0.00070	0.00038	0.00037	0.00036	0.00034	0.00031	0.00028	0.00024	0.00021
-0.00060	0.00028	0.00027	0.00026	0.00025	0.00023	0.00020	0.00018	0.00015
-0.00050	0.00019	0.00019	0.00018	0.00017	0.00016	0.00014	0.00012	0.00010
-0.00040	0.00012	0.00012	0.00012	0.00011	0.00010	0.00009	0.00008	0.00007
-0.00030	0.00007	0.00007	0.00007	0.00006	0.00006	0.00005	0.00004	0.00004
-0.00020	0.00003	0.00003	0.00003	0.00003	0.00003	0.00002	0.00002	0.00002
-0.00010	0.00001	0.00001	0.00001	0.00001	0.00001	0.00001	0.00000	0.00000
0.00000	0.00000	0.00000	0.00000	0.00000	0.00000	0.00000	0.00000	0.00000
0.00010	0.00001	0.00001	0.00001	0.00001	0.00001	0.00001	0.00000	0.00000
0.00020	0.00003	0.00003	0.00003	0.00003	0.00002	0.00002	0.00002	0.00002
0.00030	0.00007	0.00007	0.00006	0.00006	0.00006	0.00005	0.00004	0.00004
0.00040	0.00012	0.00012	0.00011	0.00011	0.00010	0.00009	0.00008	0.00007
0.00050	0.00019	0.00018	0.00018	0.00017	0.00016	0.00014	0.00012	0.00010
0.00060	0.00027	0.00027	0.00026	0.00024	0.00022	0.00020	0.00017	0.00015
0.00070	0.00036	0.00036	0.00035	0.00033	0.00030	0.00027	0.00024	0.00020
0.00080	0.00047	0.00047	0.00045	0.00043	0.00040	0.00036	0.00031	0.00026
0.00090	0.00060	0.00059	0.00057	0.00054	0.00050	0.00045	0.00039	0.00033
0.00100	0.00074	0.00073	0.00071	0.00067	0.00062	0.00055	0.00048	0.00041
0.00110	0.00089	0.00088	0.00085	0.00081	0.00074	0.00067	0.00058	0.00050
0.00120	0.00106	0.00105	0.00101	0.00096	0.00088	0.00079	0.00069	0.00059
0.00130	0.00124	0.00123	0.00119	0.00112	0.00103	0.00093	0.00081	0.00069
0.00140	0.00144	0.00142	0.00137	0.00130	0.00120	0.00108	0.00094	0.00080
0.00150	0.00164	0.00163	0.00157	0.00149	0.00137	0.00123	0.00108	0.00092
0.00160	0.00187	0.00185	0.00179	0.00169	0.00156	0.00140	0.00123	0.00104
0.00170	0.00210	0.00208	0.00201	0.00190	0.00176	0.00158	0.00138	0.00117
0.00180	0.00235	0.00233	0.00225	0.00213	0.00196	0.00177	0.00155	0.00131
0.00190	0.00262	0.00259	0.00250	0.00237	0.00218	0.00197	0.00172	0.00146

（续）

$x_{n\Sigma}/z_{\Sigma}$	分度圆螺旋角							
	0°	5°	10°	15°	20°	25°	30°	35°
0.00200	0.00289	0.00286	0.00277	0.00262	0.00242	0.00218	0.00191	0.00162
0.00210	0.00318	0.00315	0.00305	0.00288	0.00266	0.00239	0.00210	0.00178
0.00220	0.00349	0.00345	0.00334	0.00315	0.00291	0.00262	0.00230	0.00195
0.00230	0.00380	0.00376	0.00364	0.00344	0.00318	0.00286	0.00251	0.00213
0.00240	0.00413	0.00409	0.00395	0.00374	0.00346	0.00311	0.00273	0.00232
0.00250	0.00447	0.00443	0.00428	0.00405	0.00374	0.00337	0.00296	0.00251
0.00260	0.00483	0.00478	0.00462	0.00437	0.00404	0.00364	0.00319	0.00272
0.00270	0.00520	0.00514	0.00498	0.00471	0.00435	0.00392	0.00344	0.00293
0.00280	0.00558	0.00552	0.00534	0.00505	0.00467	0.00421	0.00369	0.00314
0.00290	0.00597	0.00591	0.00572	0.00541	0.00500	0.00451	0.00396	0.00337
0.00300	0.00638	0.00631	0.00611	0.00578	0.00534	0.00482	0.00423	0.00360
0.00310	0.00680	0.00672	0.00651	0.00616	0.00570	0.00514	0.00451	0.00384
0.00320	0.00723	0.00715	0.00692	0.00655	0.00606	0.00546	0.00480	0.00408
0.00330	0.00767	0.00759	0.00735	0.00696	0.00643	0.00580	0.00509	0.00434
0.00340	0.00813	0.00804	0.00778	0.00737	0.00682	0.00615	0.00540	0.00460
0.00350	0.00860	0.00850	0.00823	0.00780	0.00721	0.00651	0.00571	0.00487
0.00360	0.00908	0.00898	0.00869	0.00823	0.00762	0.00687	0.00604	0.00514
0.00370	0.00957	0.00947	0.00917	0.00868	0.00803	0.00725	0.00637	0.00543
0.00380	0.01007	0.00997	0.00965	0.00914	0.00846	0.00764	0.00671	0.00572
0.00390	0.01059	0.01048	0.01015	0.00961	0.00890	0.00803	0.00706	0.00602
0.00400	0.01112	0.01100	0.01065	0.01009	0.00934	0.00843	0.00741	0.00632
0.00410	0.01166	0.01153	0.01117	0.01058	0.00980	0.00885	0.00778	0.00663
0.00420	0.01221	0.01208	0.01170	0.01109	0.01027	0.00927	0.00815	0.00695
0.00430	0.01277	0.01264	0.01224	0.01160	0.01074	0.00970	0.00853	0.00728
0.00440	0.01335	0.01321	0.01279	0.01213	0.01123	0.01014	0.00892	0.00761
0.00450	0.01394	0.01379	0.01336	0.01266	0.01173	0.01059	0.00932	0.00795
0.00460	0.01453	0.01438	0.01393	0.01321	0.01223	0.01105	0.00972	0.00830
0.00470	0.01514	0.01499	0.01452	0.01376	0.01275	0.01152	0.01014	0.00866
0.00480	0.01576	0.01560	0.01512	0.01433	0.01328	0.01200	0.01056	0.00902
0.00490	0.01640	0.01623	0.01572	0.01491	0.01381	0.01249	0.01099	0.00939
0.00500	0.01704	0.01686	0.01634	0.01549	0.01436	0.01298	0.01143	0.00976
0.00510	0.01770	0.01751	0.01697	0.01609	0.01491	0.01349	0.01187	0.01015
0.00520	0.01836	0.01817	0.01761	0.01670	0.01548	0.01400	0.01233	0.01054
0.00530	0.01904	0.01884	0.01826	0.01732	0.01605	0.01452	0.01279	0.01093
0.00540	0.01973	0.01952	0.01892	0.01795	0.01664	0.01505	0.01326	0.01134
0.00550	0.02043	0.02022	0.01960	0.01859	0.01723	0.01559	0.01374	0.01175
0.00560	0.02114	0.02092	0.02028	0.01924	0.01784	0.01614	0.01422	0.01216
0.00570	0.02186	0.02163	0.02097	0.01989	0.01845	0.01670	0.01472	0.01259
0.00580	0.02259	0.02236	0.02167	0.02056	0.01907	0.01727	0.01522	0.01302
0.00590	0.02333	0.02309	0.02239	0.02124	0.01971	0.01784	0.01573	0.01346
0.00600	0.02409	0.02384	0.02311	0.02193	0.02035	0.01842	0.01624	0.01390
0.00610	0.02485	0.02460	0.02385	0.02263	0.02100	0.01901	0.01677	0.01435
0.00620	0.02563	0.02536	0.02459	0.02334	0.02166	0.01961	0.01730	0.01481

（续）

$x_{n\Sigma}/z_{\Sigma}$	分度圆螺旋角							
	0°	5°	10°	15°	20°	25°	30°	35°
0.00630	0.02641	0.02614	0.02535	0.02406	0.02233	0.02022	0.01784	0.01527
0.00640	0.02721	0.02693	0.02611	0.02479	0.02300	0.02084	0.01838	0.01574
0.00650	0.02801	0.02773	0.02689	0.02552	0.02369	0.02147	0.01894	0.01622
0.00660	0.02883	0.02854	0.02767	0.02627	0.02439	0.02210	0.01950	0.01670
0.00670	0.02965	0.02936	0.02847	0.02703	0.02509	0.02274	0.02007	0.01719
0.00680	0.03049	0.03018	0.02927	0.02780	0.02581	0.02339	0.02065	0.01769
0.00690	0.03134	0.03102	0.03009	0.02857	0.02653	0.02405	0.02123	0.01820
0.00700	0.03220	0.03187	0.03091	0.02936	0.02726	0.02472	0.02182	0.01871
0.00710	0.03306	0.03273	0.03175	0.03015	0.02801	0.02539	0.02242	0.01922
0.00720	0.03394	0.03360	0.03259	0.03096	0.02876	0.02608	0.02303	0.01975
0.00730	0.03483	0.03448	0.03345	0.03177	0.02951	0.02677	0.02364	0.02028
0.00740	0.03573	0.03537	0.03431	0.03259	0.03028	0.02747	0.02427	0.02081
0.00750	0.03663	0.03627	0.03519	0.03343	0.03106	0.02818	0.02489	0.02136
0.00760	0.03755	0.03718	0.03607	0.03427	0.03184	0.02889	0.02553	0.02190
0.00770	0.03848	0.03810	0.03696	0.03512	0.03264	0.02961	0.02617	0.02246
0.00780	0.03942	0.03902	0.03786	0.03598	0.03344	0.03035	0.02682	0.02302
0.00790	0.04036	0.03996	0.03878	0.03685	0.03425	0.03109	0.02748	0.02359
0.00800	0.04132	0.04091	0.03970	0.03772	0.03507	0.03183	0.02815	0.02416
0.00810	0.04228	0.04187	0.04063	0.03861	0.03590	0.03259	0.02882	0.02474
0.00820	0.04326	0.04283	0.04157	0.03951	0.03673	0.03335	0.02950	0.02533
0.00830	0.04424	0.04381	0.04252	0.04041	0.03758	0.03412	0.03018	0.02592
0.00840	0.04524	0.04479	0.04347	0.04133	0.03843	0.03490	0.03088	0.02652
0.00850	0.04624	0.04579	0.04444	0.04225	0.03929	0.03569	0.03158	0.02713
0.00860	0.04726	0.04679	0.04542	0.04318	0.04016	0.03648	0.03228	0.02774
0.00870	0.04828	0.04781	0.04640	0.04412	0.04104	0.03729	0.03300	0.02836
0.00880	0.04931	0.04883	0.04740	0.04507	0.04193	0.03810	0.03372	0.02898
0.00890	0.05035	0.04986	0.04840	0.04603	0.04282	0.03891	0.03445	0.02961
0.00900	0.05140	0.05090	0.04941	0.04699	0.04373	0.03974	0.03518	0.03025
0.00910	0.05246	0.05195	0.05044	0.04797	0.04464	0.04057	0.03593	0.03089
0.00920	0.05353	0.05301	0.05147	0.04895	0.04556	0.04141	0.03667	0.03154
0.00930	0.05461	0.05408	0.05251	0.04994	0.04648	0.04226	0.03743	0.03220
0.00940	0.05570	0.05516	0.05355	0.05094	0.04742	0.04311	0.03819	0.03286
0.00950	0.05679	0.05624	0.05461	0.05195	0.04836	0.04398	0.03896	0.03352
0.00960	0.05790	0.05734	0.05568	0.05297	0.04931	0.04485	0.03974	0.03420
0.00970	0.05901	0.05844	0.05675	0.05400	0.05027	0.04572	0.04052	0.03488
0.00980	0.06014	0.05955	0.05783	0.05503	0.05124	0.04661	0.04131	0.03556
0.00990	0.06127	0.06068	0.05892	0.05607	0.05222	0.04750	0.04211	0.03625
0.01000	0.06241	0.06181	0.06002	0.05712	0.05320	0.04840	0.04291	0.03695
0.01010	0.06356	0.06295	0.06113	0.05818	0.05419	0.04931	0.04372	0.03765
0.01020	0.06472	0.06409	0.06225	0.05925	0.05519	0.05022	0.04454	0.03836
0.01030	0.06588	0.06525	0.06338	0.06032	0.05620	0.05114	0.04536	0.03907
0.01040	0.06706	0.06642	0.06451	0.06141	0.05721	0.05207	0.04619	0.03980
0.01050	0.06824	0.06759	0.06565	0.06250	0.05823	0.05301	0.04703	0.04052

（续）

$x_{n\Sigma}/z_{\Sigma}$	分度圆螺旋角							
	0°	5°	10°	15°	20°	25°	30°	35°
0.01060	0.06943	0.06877	0.06680	0.06360	0.05926	0.05395	0.04787	0.04125
0.01070	0.07064	0.06996	0.06796	0.06471	0.06030	0.05490	0.04872	0.04199
0.01080	0.07185	0.07116	0.06913	0.06582	0.06135	0.05586	0.04957	0.04273
0.01090	0.07306	0.07237	0.07031	0.06694	0.06240	0.05683	0.05044	0.04348
0.01100	0.07429	0.07358	0.07149	0.06808	0.06346	0.05780	0.05131	0.04424
0.01110	0.07553	0.07481	0.07268	0.06922	0.06453	0.05878	0.05218	0.04500
0.01120	0.07677	0.07604	0.07388	0.07036	0.06560	0.05976	0.05306	0.04577
0.01130	0.07802	0.07728	0.07509	0.07152	0.06668	0.06075	0.05395	0.04654
0.01140	0.07928	0.07853	0.07631	0.07268	0.06777	0.06175	0.05485	0.04732
0.01150	0.08055	0.07979	0.07753	0.07385	0.06887	0.06276	0.05575	0.04810
0.01160	0.08183	0.08105	0.07877	0.07503	0.06998	0.06377	0.05665	0.04889
0.01170	0.08311	0.08233	0.08001	0.07622	0.07109	0.06479	0.05757	0.04969
0.01180	0.08440	0.08361	0.08125	0.07741	0.07221	0.06582	0.05849	0.05049
0.01190	0.08570	0.08490	0.08251	0.07861	0.07334	0.06686	0.05941	0.05129
0.01200	0.08701	0.08620	0.08378	0.07982	0.07447	0.06790	0.06034	0.05211
0.01210	0.08833	0.08750	0.08505	0.08104	0.07561	0.06894	0.06128	0.05292
0.01220	0.08966	0.08882	0.08633	0.08226	0.07676	0.07000	0.06223	0.05375
0.01230	0.09099	0.09014	0.08762	0.08350	0.07792	0.07106	0.06318	0.05457
0.01240	0.09233	0.09147	0.08891	0.08474	0.07908	0.07213	0.06414	0.05541
0.01250	0.09368	0.09281	0.09021	0.08598	0.08025	0.07320	0.06510	0.05625
0.01260	0.09504	0.09415	0.09153	0.08724	0.08143	0.07429	0.06607	0.05709
0.01270	0.09640	0.09550	0.09284	0.08850	0.08261	0.07537	0.06705	0.05794
0.01280	0.09777	0.09687	0.09417	0.08977	0.08380	0.07647	0.06803	0.05880
0.01290	0.09915	0.09823	0.09550	0.09105	0.08500	0.07757	0.06901	0.05966
0.01300	0.10054	0.09961	0.09685	0.09233	0.08621	0.07868	0.07001	0.06053
0.01310	0.10194	0.10099	0.09819	0.09362	0.08742	0.07979	0.07101	0.06140
0.01320	0.10334	0.10239	0.09955	0.09492	0.08864	0.08091	0.07202	0.06228
0.01330	0.10475	0.10379	0.10092	0.09623	0.08987	0.08204	0.07303	0.06316
0.01340	0.10617	0.10519	0.10229	0.09754	0.09110	0.08318	0.07404	0.06405
0.01350	0.10760	0.10661	0.10367	0.09886	0.09234	0.08432	0.07507	0.06494
0.01360	0.10903	0.10803	0.10505	0.10019	0.09359	0.08546	0.07610	0.06585
0.01370	0.11047	0.10946	0.10645	0.10152	0.09484	0.08662	0.07713	0.06675
0.01380	0.11192	0.11089	0.10785	0.10286	0.09610	0.08778	0.07818	0.06766
0.01390	0.11338	0.11234	0.10925	0.10421	0.09737	0.08894	0.07922	0.06858
0.01400	0.11484	0.11379	0.11067	0.10557	0.09864	0.09012	0.08028	0.06950
0.01410	0.11631	0.11525	0.11209	0.10693	0.09993	0.09129	0.08134	0.07042
0.01420	0.11779	0.11672	0.11352	0.10830	0.10121	0.09248	0.08240	0.07135
0.01430	0.11928	0.11819	0.11496	0.10968	0.10251	0.09367	0.08347	0.07229
0.01440	0.12077	0.11967	0.11640	0.11106	0.10381	0.09487	0.08455	0.07323
0.01450	0.12227	0.12116	0.11786	0.11245	0.10512	0.09607	0.08563	0.07418
0.01460	0.12378	0.12266	0.11931	0.11385	0.10643	0.09728	0.08672	0.07513
0.01470	0.12529	0.12416	0.12078	0.11526	0.10775	0.09850	0.08782	0.07609
0.01480	0.12682	0.12567	0.12225	0.11667	0.10908	0.09972	0.08892	0.07705

（续）

$x_{n\Sigma}/z_\Sigma$	分度圆螺旋角							
	0°	5°	10°	15°	20°	25°	30°	35°
0. 01490	0. 12835	0. 12718	0. 12373	0. 11809	0. 11041	0. 10095	0. 09002	0. 07802
0. 01500	0. 12988	0. 12871	0. 12522	0. 11951	0. 11176	0. 10219	0. 09113	0. 07899
0. 01510	0. 13143	0. 13024	0. 12671	0. 12094	0. 11310	0. 10343	0. 09225	0. 07997
0. 01520	0. 13298	0. 13178	0. 12821	0. 12238	0. 11446	0. 10468	0. 09337	0. 08095
0. 01530	0. 13454	0. 13332	0. 12972	0. 12383	0. 11582	0. 10593	0. 09450	0. 08194
0. 01540	0. 13610	0. 13488	0. 13124	0. 12528	0. 11718	0. 10719	0. 09564	0. 08293
0. 01550	0. 13767	0. 13644	0. 13276	0. 12674	0. 11856	0. 10846	0. 09677	0. 08393
0. 01560	0. 13925	0. 13800	0. 13429	0. 12821	0. 11994	0. 10973	0. 09792	0. 08494
0. 01570	0. 14084	0. 13958	0. 13582	0. 12968	0. 12132	0. 11101	0. 09907	0. 08594
0. 01580	0. 14243	0. 14116	0. 13736	0. 13116	0. 12271	0. 11229	0. 10023	0. 08696
0. 01590	0. 14403	0. 14274	0. 13891	0. 13264	0. 12411	0. 11358	0. 10139	0. 08798
0. 01600	0. 14564	0. 14434	0. 14047	0. 13414	0. 12552	0. 11488	0. 10256	0. 08900
0. 01610	0. 14725	0. 14594	0. 14203	0. 13563	0. 12693	0. 11618	0. 10373	0. 09003
0. 01620	0. 14887	0. 14754	0. 14360	0. 13714	0. 12835	0. 11749	0. 10491	0. 09106
0. 01630	0. 15050	0. 14916	0. 14517	0. 13865	0. 12977	0. 11880	0. 10609	0. 09210
0. 01640	0. 15213	0. 15078	0. 14676	0. 14017	0. 13120	0. 12012	0. 10728	0. 09314
0. 01650	0. 15377	0. 15241	0. 14835	0. 14169	0. 13264	0. 12144	0. 10848	0. 09419
0. 01660	0. 15542	0. 15404	0. 14994	0. 14322	0. 13408	0. 12278	0. 10968	0. 09525
0. 01670	0. 15708	0. 15568	0. 15154	0. 14476	0. 13553	0. 12411	0. 11088	0. 09630
0. 01680	0. 15874	0. 15733	0. 15315	0. 14631	0. 13698	0. 12545	0. 11209	0. 09737
0. 01690	0. 16040	0. 15899	0. 15477	0. 14786	0. 13844	0. 12680	0. 11331	0. 09844
0. 01700	0. 16208	0. 16065	0. 15639	0. 14941	0. 13991	0. 12816	0. 11453	0. 09951
0. 01710	0. 16376	0. 16231	0. 15802	0. 15097	0. 14138	0. 12952	0. 11576	0. 10059
0. 01720	0. 16545	0. 16399	0. 15965	0. 15254	0. 14286	0. 13088	0. 11699	0. 10167
0. 01730	0. 16714	0. 16567	0. 16129	0. 15412	0. 14435	0. 13226	0. 11823	0. 10276
0. 01740	0. 16884	0. 16736	0. 16294	0. 15570	0. 14584	0. 13363	0. 11947	0. 10385
0. 01750	0. 17055	0. 16905	0. 16459	0. 15729	0. 14733	0. 13502	0. 12072	0. 10495
0. 01760	0. 17226	0. 17075	0. 16625	0. 15888	0. 14884	0. 13640	0. 12198	0. 10605
0. 01770	0. 17398	0. 17246	0. 16792	0. 16048	0. 15035	0. 13780	0. 12323	0. 10715
0. 01780	0. 17571	0. 17417	0. 16959	0. 16209	0. 15186	0. 13920	0. 12450	0. 10827
0. 01790	0. 17744	0. 17589	0. 17127	0. 16370	0. 15338	0. 14060	0. 12577	0. 10938
0. 01800	0. 17918	0. 17762	0. 17296	0. 16532	0. 15491	0. 14202	0. 12704	0. 11050
0. 01810	0. 18093	0. 17935	0. 17465	0. 16695	0. 15644	0. 14343	0. 12832	0. 11163
0. 01820	0. 18268	0. 18109	0. 17635	0. 16858	0. 15798	0. 14486	0. 12961	0. 11276
0. 01830	0. 18444	0. 18283	0. 17805	0. 17021	0. 15952	0. 14628	0. 13090	0. 11390
0. 01840	0. 18620	0. 18458	0. 17976	0. 17186	0. 16107	0. 14772	0. 13220	0. 11504
0. 01850	0. 18797	0. 18634	0. 18148	0. 17351	0. 16263	0. 14916	0. 13350	0. 11618
0. 01860	0. 18975	0. 18810	0. 18320	0. 17516	0. 16419	0. 15060	0. 13480	0. 11733
0. 01870	0. 19153	0. 18987	0. 18493	0. 17682	0. 16576	0. 15205	0. 13611	0. 11849
0. 01880	0. 19332	0. 19165	0. 18666	0. 17849	0. 16733	0. 15351	0. 13743	0. 11964

例：一对齿轮参数：$\alpha_n=20°$、$m_n=5\text{mm}$、$z_1=18$、$z_2=87$、$x_{n1}=x_{n2}=0.5$。

1）已知 $\beta=8°19'9''$，求齿轮副的啮合中心距 a_w。

2）已知 $a_w=270\text{mm}$，求齿轮螺旋角。

解：

齿数和　　$z_{\Sigma}=z_1+z_2=18+87=105$

变位系数和　　$x_{n\Sigma}=x_{n1}+x_{n2}=0.5+0.5=1.0$

$$x_{n\Sigma}/z_{\Sigma}=1.0/105=0.009524$$

1）已知β，计算a_w。

① 确定标准中心距a。

螺旋角$\beta=8°19'9''=8.31917°$

标准中心距　$a=m_n z_{\Sigma}/2\cos\beta=[5\times105/(2\times\cos8.31917°)]\text{mm}=265.2915\text{mm}$

② 确定齿顶高变动系数Δy_n及中心距变动系数y_n。

查表2-39确定$\Delta y_n(100/z_{\Sigma})$，按$x_{n\Sigma}/z_{\Sigma}=0.00950$，$\beta=5°$、$\beta=10°$分别查得

$$\Delta y_n(100/z_{\Sigma})=0.05624(5°)、0.05461(10°)$$

插值计算：$x_{n\Sigma}/z_{\Sigma}=0.00950$，$\beta=8.32°$时（查表时螺旋角精确到0.01°即可），

$$\Delta y_n(100/z_{\Sigma})=0.05624+(0.05461-0.05624)\times(8.32-5)/5$$
$$=0.05624-0.00108=0.05516$$

按$x_{n\Sigma}/z_{\Sigma}=0.00960$，$\beta=5°$、$\beta=10°$查得

$$\Delta y_n(100/z_{\Sigma})=0.05734(5°)、0.05568(10°)$$

插值计算：$x_{n\Sigma}/z_{\Sigma}=0.00960$，$\beta=8.32°$时，

$$\Delta y_n(100/z_{\Sigma})=0.05734+(0.05568-0.05734)\times(8.32-5)/5$$
$$=0.05734-0.00110=0.05624$$

当$x_{n\Sigma}/z_{\Sigma}=0.009524$，$\beta=8.32°$时，

$$\Delta y_n(100/z_{\Sigma})=0.05516+(0.05624-0.05516)\times(0.009524-0.00950)/0.0001$$
$$=0.05516+0.00026=0.05542$$

齿顶高变动系数：

$$\Delta y_n=\Delta y_n(100/z_{\Sigma})\times z_{\Sigma}/100=0.05542\times105/100=0.05819$$

计算中心距变动系数：

$$y_n=x_{\Sigma}-\Delta y_n=1.0-0.05819=0.94181$$

③ 计算啮合中心距。

$$a_w=a+y_n m_n=(265.2915+0.94181\times5)\text{mm}=270.0006\text{mm}$$

即齿轮副的啮合中心距$a_w=270\text{mm}$。

2）已知a_w，计算β。

① 计算齿轮副的大致螺旋角区间。

$$\cos\beta=\frac{0.5z_{\Sigma}}{a_w/m_n-y_n}\geqslant\frac{0.5z_{\Sigma}}{a_w/m_n-x_{n\Sigma}}=\frac{0.5\times105}{270/5-1.0}=0.990566$$

$$\beta\geqslant7.88°$$

齿轮的螺旋角处于5°~10°范围。

② 确定中心距变动系数的范围。

按$x_{n\Sigma}/z_{\Sigma}=0.0950$，$\beta=5°$、$\beta=10°$查得

$$\Delta y_n(100/z_{\Sigma})=0.05624(5°)、0.05461(10°)$$

按$x_{n\Sigma}/z_{\Sigma}=0.0960$，$\beta=5°$、$\beta=10°$查得

$$\Delta y_n(100/z_{\Sigma})=0.05734(10°)、0.05568(10°)$$

插值计算：

$x_{n\Sigma}/z_{\Sigma}=0.009524$，$\beta=5°$时，

$$\Delta y_n(100/z_\Sigma) = 0.05624 + (0.05734 - 0.05624) \times (0.009524 - 0.00950)/0.0001$$
$$= 0.05624 + 0.00026 = 0.05650$$

$x_{n\Sigma}/z_\Sigma = 0.009524$，$\beta = 10°$时，

$$\Delta y_n(100/z_\Sigma) = 0.05461 + (0.05568 - 0.05461) \times (0.009524 - 0.00950)/0.0001$$
$$= 0.05461 + 0.00026 = 0.05487$$

由此可得 $x_{n\Sigma}/z_\Sigma = 0.009524$，$\beta = 5°$、$\beta = 10°$时，

$$\Delta y_n = 0.05933(5°)、0.05761(10°)$$
$$y_n = 0.94067(5°)、0.094239(10°)$$

③　确定齿轮的螺旋角的近似值。

$$\cos\beta = \frac{0.5z_\Sigma}{a_w/m_n - y_n} = \frac{0.5 \times 105}{270/5 - (0.94067 \sim 0.94239)} = 0.989458 \sim 0.989490$$
$$\beta = 8.32686° \sim 8.31400°$$

齿轮螺旋角的近似值为 $\beta \approx 8.3°$（精确度根据上下限确定，一般可精确到 0.05°）。

④　螺旋角的计算。

按 $\beta \approx 8.3°$则有（按区间范围插值）：

$$y_n = 0.94067 + (0.94239 - 0.94067) \times (8.3 - 5)/5 = 0.94181$$

齿轮螺旋角计算：

$$\cos\beta = \frac{0.5z_\Sigma}{a_w/m_n - y_n} = \frac{0.5 \times 105}{270/5 - 0.94181} = 0.98947966$$
$$\beta = 8.31829° \approx 8°19'6''$$

即齿轮的分度圆螺旋角 $\beta = 8°19'6''$（对照 1，β 值的逆运算误差小于 5″）。

2.6　圆弧齿轮几何尺寸计算

圆弧齿轮在端面的啮合属于瞬间点啮合，其端面重合度为 0，必须采用斜齿轮形式。圆弧齿轮没有根切和变位的概念。单圆弧齿轮的大小齿轮需要配对加工（凸凹齿分别需要采用不同的刀具），目前的应用趋于减少。双圆弧齿轮的大小齿轮的基本齿廓相同，可以采用同一种刀具加工，应用相对普遍一些。

2.6.1　单圆弧齿轮几何尺寸计算

单圆弧齿轮（67 型）几何尺寸计算见表 2-40。

表 2-40　单圆弧齿轮（67 型）几何尺寸计算

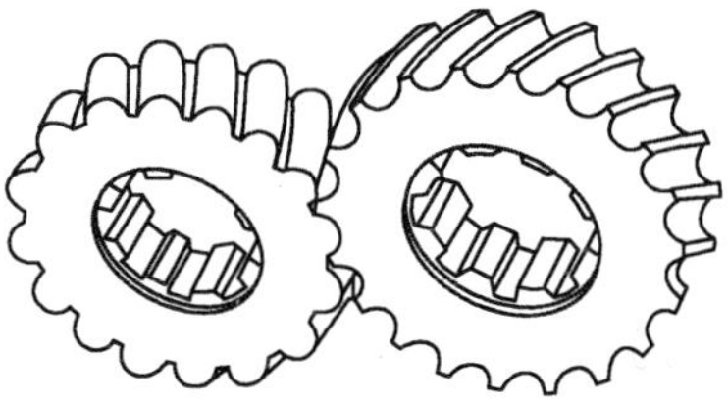

（续）

名称	符号	计算公式	
		小齿轮（凸齿）	大齿轮（凹齿）
压力角	α_n	$\alpha_n=30°$	
模数	m_n	根据需要按标准系列选择	
螺旋角	β	根据需要选择，准确值计算 $\cos\beta=m_n(z_1+z_2)/(2a)$	
中心距	a	$a=m_n(z_1+z_2)/(2\cos\beta)$	
齿宽	b	根据需要选择，$b\geqslant3.5m_n/\sin\beta$	
分度圆直径	d	$d_1=m_nz_1/\cos\beta$	$d_2=m_nz_2/\cos\beta$
齿顶高	h_a	$h_{a1}=1.2m_n$	$h_{a2}=0$
齿根高	h_f	$h_{f1}=0.3m_n$	$h_{f2}=1.36m_n$
全齿高	h	$h_1=h_{a1}+h_{f1}=1.5m_n$	$h_2=h_{f2}=1.36m_n$
齿顶圆直径	d_a	$d_{a1}=d_1+2h_{a1}=d_1+2.4m_n$	$d_{a2}=d_2$
齿根圆直径	d_f	$d_{f1}=d_1-2h_{f1}=d_1-0.6m_n$	$d_{f2}=d_2-2h_{f2}=d_2-2.72m_n$

2.6.2 双圆弧齿轮几何尺寸计算

双圆弧齿轮几何尺寸计算见表2-41。

表2-41 双圆弧齿轮几何尺寸计算

名称	符号	计算公式	
		小齿轮	大齿轮
压力角	α_n	$\alpha_n=24°$	
模数	m_n	根据需要按标准系列选择	
螺旋角	β	根据需要选择，准确值计算：$\cos\beta=m_n(z_1+z_2)/(2a)$	
中心距	a	$a=m_n(z_1+z_2)/(2\cos\beta)$	
齿宽	b	根据需要选择，$b\geqslant3.5m_n/\sin\beta$	
分度圆直径	d	$d_1=m_nz_1/\cos\beta$	$d_2=m_nz_2/\cos\beta$
齿顶高	h_a	$h_{a1}=h_{a2}=h_a=0.9m_n$	
齿根高	h_f	$h_{f1}=h_{f2}=h_f=1.1m_n$	
全齿高	h	$h_1=h_2=h_a+h_f=2m_n$	
齿顶圆直径	d_a	$d_{a1}=d_1+2h_a=d_1+1.8m_n$	$d_{a2}=d_2+2h_a=d_2+1.8m_n$
齿根圆直径	d_f	$d_{f1}=d_1-2h_f=d_1-2.2m_n$	$d_{f2}=d_2-2h_f=d_2-2.2m_n$

2.7 直齿锥齿轮几何尺寸计算

见表2-42。

表2-42 直齿锥齿轮几何尺寸计算

名称	符号	计算公式	
		小齿轮	大齿轮
轴交角	Σ	正交传动 $\Sigma=90°$	
传动比	i	$i=z_2/z_1$	
大端模数	m	由强度计算或根据需要决定，按标准系列选择	

（续）

名称	符号	计算公式	
		小齿轮	大齿轮
压力角	α	通常 $\alpha=20°$（格里森齿制 $\alpha=20°$、14.5°或 25°）	
齿顶高系数	h_a^*	通常 $h_a^*=1$	
顶隙系数	c^*	通常 $c^*=0.2$（格里森齿制 $c^*=0.188+0.05/m$）	
分度圆直径	d	$d_1=mz_1$	$d_2=mz_2$
高变位系数	x	按选定的变位制确定，$x_1=x \quad x_2=-x$	
切向变位系数	x_τ	按选定的变位制确定 $x_{\tau1}=x_\tau \quad x_{\tau2}=-x_\tau$	
齿顶高	h_a	$h_{a1}=(h_a^*+x)m$	$h_{a2}=(h_a^*-x)m$
齿根高	h_f	$h_{f1}=(h_a^*+c^*-x)m$	$h_{f2}=(h_a^*+c^*+x)m$
全齿高	h	$h_1=h_2=h=(2h_a^*+c^*)m_n$	
节锥角	δ	$\tan\delta_1=\sin(180°-\Sigma)/[i-\cos(180°-\Sigma)]$ $\Sigma=90°$时，$\tan\delta_1=1/i=z_1/z_2$	$\delta_2=\Sigma-\delta_1$
节锥距	R	$R=d_1/(2\sin\delta_1)=d_2/(2\sin\delta_2)$	
齿根角	θ_f	$\tan\theta_{f1}=h_{f1}/R$	$\tan\theta_{f2}=h_{f2}/R$
齿顶角	θ_a	不等顶隙收缩齿 $\tan\theta_{a1}=h_{a1}/R$ 等顶隙收缩齿 $\theta_{a1}=\theta_{f2}$	不等顶隙收缩齿 $\tan\theta_{a2}=h_{a2}/R$ 等顶隙收缩齿 $\theta_{a2}=\theta_{f1}$
顶锥角	δ_a	$\delta_{a1}=\delta_1+\theta_{a1}$	$\delta_{a2}=\delta_2+\theta_{a2}$
根锥角	δ_f	$\delta_{f1}=\delta_1-\theta_{f1}$	$\delta_{f2}=\delta_2-\theta_{f2}$
齿顶圆直径	d_a	$d_{a1}=d_1+2h_{a1}\cos\delta_1$	$d_{a2}=d_2+2h_{a2}\cos\delta_2$
冠顶距	A_d	$A_{d1}=R\cos\delta_1-h_{a1}\sin\delta_1$	$A_{d21}=R\cos\delta_2-h_{a2}\sin\delta_2$
当量齿数	z_v	$z_{v1}=z_1/\sin\delta_1$	$z_{v2}=z_2/\sin\delta_2$
分度圆弧齿厚	s	$s_1=m((\pi/2)+2x\tan\alpha+x_\tau)$	$s_2=m((\pi/2)-2x\tan\alpha-x_\tau)$
分度圆弦齿厚	$\bar{s}$	$\bar{s}_1\approx s_1-(s_1^3/6d_1^2)$	$\bar{s}_2\approx s_2-(s_2^3/6d_2^2)$
分度圆弦齿高	$\bar{h}$	$\bar{h}_1\approx h_{a1}-[s_1^2\cos\delta_1/(4d_1)]$	$\bar{h}_2\approx h_{a2}-[s_2^2\cos\delta_2/(4d_2)]$
收缩齿图例		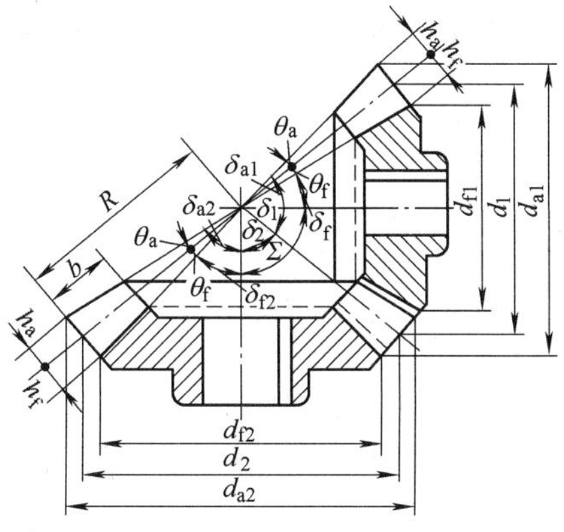 不等顶隙收缩齿 顶锥顶点、节锥顶点和根锥顶点三者重合。齿根圆角小，不利于齿根强度和切齿刀具的寿命。目前不推荐应用	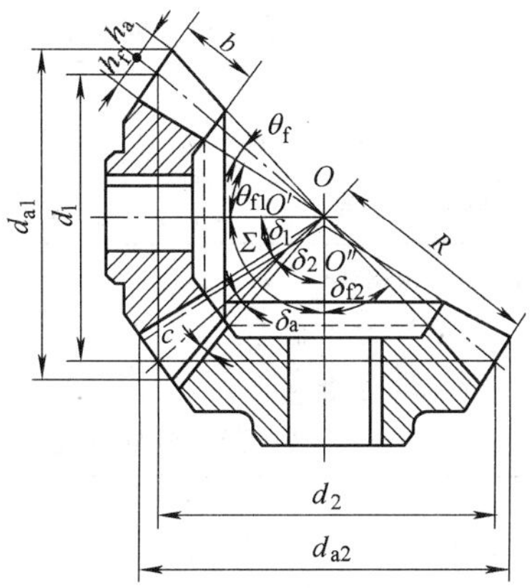 等顶隙收缩齿 顶锥母线与相啮合轮齿的根锥母线相平行，由大端到小端齿顶间隙相等

2.8 蜗轮和蜗杆的几何尺寸计算

2.8.1 普通圆柱蜗杆传动的基本参数

1）基本齿廓圆柱蜗杆基本齿廓的尺寸参数是指蜗杆轴平面内的参数，其值在 GB/T 10087—1988 中已有规定，如图 2-11 所示。

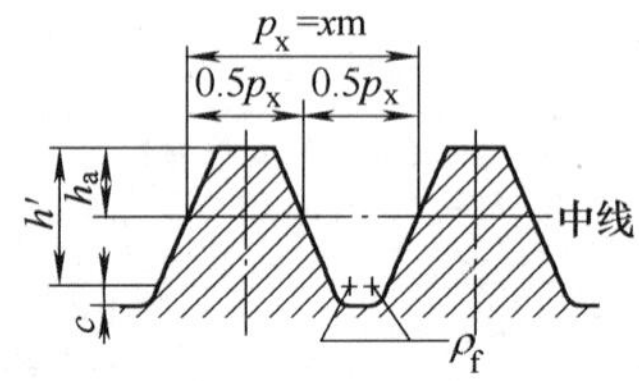

图 2-11　圆柱蜗杆的基本齿廓

注：1. 齿顶高 $h_a=1m$，工作齿高 $h'=2m$，短齿 $h_a=0.8m$，$h'=1.6m$；轴向齿距 $p_x=\pi m$，中线齿厚和齿槽宽相等，顶隙 $c=0.2m$，必要时 $0.15m\leqslant c\leqslant 0.35m$。齿根圆角半径 $\rho_f=0.3m$，必要时 $0.2m\leqslant\rho_f\leqslant 0.4m$，也允许用单圆弧。齿顶允许倒圆，但圆角半径不大于 $0.2m$。

2. ZA 蜗杆的轴向齿形角 $\alpha_x=20°$；ZN、ZI 蜗杆的法向齿形角 $\alpha_n=20°$；ZK 蜗杆的锥形刀具产形角 $\alpha_0=20°$。

3. 在动力传动中，导程角 $\gamma\geqslant 39°$时，允许增大齿形角，推荐用 25°；在分度传动中，允许减小齿形角，推荐用 15°或 12°。

2）中心距 a 的标准值见表 2-43。

表 2-43　中心距 a 的标准值

40	50	63	80	100	125	160	(180)	200
(225)	250	(280)	315	(355)	400	(450)	500	

注：括号内的尽量不采用。

3）模数。对于 $\Sigma=90°$蜗杆的传动，蜗杆的轴向模数 m_{x1} 和蜗轮的端面模数 m_{t2} 相等，均以 m 表示，蜗杆模数 m 见表 2-44。

表 2-44　蜗杆模数 m 值（摘自 GB/T 10088—1988，DIN 780-1—1977）

第一系列	1	1.25	1.6	2	2.5	3.15	4.5	5	6.3
	8	10	12.5	16	20	25	31.5	40	
第二系列	1.5	3	3.5	4.5	5.5	6	7	12	14

注：优先采用第一系列。

4）蜗杆分度圆直径。为了限制加工蜗轮齿的滚刀数，滚刀可由专业厂精确制造，因此将蜗杆分度圆直径 d_1 标准化。

表 2-45　蜗杆分度圆直径 d_1（摘自 GB/T 10088—1988，DIN 780-1—1977）

第一系列	4	4.5	5	5.6	6.3	7.1	8	9	10	11.2	12.5	14	16	18
	20	22.4	25	28	31.5	35.5	40	45	50	56	63	71	80	90
	100	112	125	140	160	180	200	224	250	280	315	355	400	
第二系列	6	7.5	8.5	15	30	38	48	53	60	67	75	95	106	118
	132	144	170	190	300									

注：优先采用第一系列。

5）蜗杆头数 z_1 和蜗轮齿数 z_2。蜗杆头数一般为 $z_1=1\sim10$，常用 1、2、4、6。z_1 过多时制造较高精度的蜗杆和蜗轮滚刀有困难。传动比大时及要求自锁的蜗杆传动取 $z_1=1$。

蜗轮齿数一般取 $z_2=27\sim80$，z_2 增多虽然可增加同时接触的齿数，运转平稳性也得到改善。但当 $z_2>80$ 后，会导致模数过小而削弱齿的齿根部强度或使蜗杆轴刚度降低。$z_2<27$ 时蜗轮齿将产生根切与干涉。z_1 与 z_2 推荐值见表 2-46。

表 2-46 各种传动比的 z_1 与 z_2 推荐值

i	5 ~ 6	7 ~ 8	9 ~ 13	14 ~ 24	25 ~ 27	28 ~ 40	>40
z_1	6	4	3 ~ 4	2 ~ 3	2 ~ 3	1 ~ 2	1
z_2	29 ~ 36	28 ~ 32	27 ~ 52	28 ~ 72	50 ~ 81	28 ~ 80	>40

2.8.2 普通圆柱蜗杆传动的基本参数及其匹配（表 2-47）

表 2-47 普通圆柱蜗杆传动的基本参数及其匹配（摘自 GB/T 10085—1988，DIN 3976—1980）

a/mm	i	m/mm	d_1/mm	z_1	z_2	x_2	γ
40	4.83	2	22.4	6	29	-0.100	28°10′43″
	7.25	2	22.4	4	29	-0.100	19°39′14″
	9.5①	1.6	20	4	38	-0.250	17°44′41″
	—	—	—	—	—	—	—
	14.5	2	22.4	2	29	-0.100	10°07′29″
	19①	1.6	20	2	38	-0.250	9°05′25″
	29	2	22.4	1	29	-0.100	5°06′08″
	38①	1.6	20	1	38	-0.250	4°34′26″
	49	1.25	20	1	49	-0.500	3°34′35″
	62	1	18	1	62	0.000	3°10′47″
50	4.83	2.5	28	6	29	-0.100	28°10′43″
	7.25	2.5	28	4	29	-0.100	19°39′14″
	9.75①	2	22.4	4	39	-0.100	19°39′14″
	12.75	1.6	20	4	51	-0.500	17°44′41″
	14.5	2.5	28	2	29	-0.100	10°07′29″
	19.5①	2	22.4	2	39	-0.100	10°07′29″
	25.5	1.6	20	2	51	-0.500	9°05′25″
	29	2.5	28	1	29	-0.100	5°06′08″
	39①	2	22.4	1	39	-0.100	5°06′08″
	51	1.6	20	1	51	-0.500	4°34′26″
	62	1.25	22.4	1	62	+0.040	3°11′38″
	—	—	—	—	—	—	—
	82①	1	18	1	82	0.000	3°10′47″
63	4.83	3.15	35.5	6	29	-0.1349	28°01′50″
	7.25	3.15	35.5	4	29	-0.1349	19°32′29″
	9.75①	2.5	28	4	39	+0.100	19°39′14″
	12.75	2	22.4	4	51	+0.400	19°39′14″
	14.5	3.15	35.5	2	29	-0.1349	10°03′48″
	19.5①	2.5	28	2	39	+0.100	10°07′29″
	25.5	2	22.4	2	51	+0.400	10°07′29″
	29	3.15	35.5	1	29	+0.1349	5°04′15″
	39①	2.5	28	1	39	+0.100	5°06′08″
	51	2	22.4	1	51	+0.400	5°06′08″
	61	1.6	28	1	61	+0.125	3°16′14″
	67	1.6	20	1	67	-0.375	4°34′26″
	82①	1.25	22.4	1	82	+0.440	3°11′38″

（续）

a/mm	i	m/mm	d_1/mm	z_1	z_2	x_2	γ
	5.17	4	40	6	31	-0.500	30°57′50″
	7.75	4	40	4	31	-0.500	21°48′05″
	9.75①	3.15	35.5	4	39	+0.2619	19°32′29″
	13.25	2.5	28	4	53	-0.100	19°39′14″
	15.5	34	40	2	31	-0.500	11°18′36″
	19.5①	3.15	35.5	2	39	+0.2619	10°03′48″
80	26.5	2.5	28	2	53	-0.100	10°07′29″
	31	4	40	1	31	-0.500	5°42′38″
	39①	3.15	35.5	1	39	+0.2619	5°04′15″
	53	2.5	28	1	53	-0.100	5°06′08″
	62	2	35.5	1	62	+0.125	3°13′28″
	69	2	22.4	1	69	-0.100	5°06′08″
	82①	1.6	28	1	82	+0.250	3°16′14″
	5.17	5	50	6	31	-0.500	30°57′50″
	7.75	5	50	4	31	-0.500	21°48′05″
	10.25①	4	40	4	41	-0.500	21°48′05″
	13.25	3.15	35.5	4	53	-0.3889	19°32′29″
	15.5	5	50	2	31	-0.500	11°18′36″
	20.5①	4	40	2	41	-0.500	11°18′36″
100	26.5	3.15	35.5	2	53	-0.3889	10°03′48″
	31	5	50	1	31	-0.500	5°42′38″
	41①	4	40	1	41	-0.500	5°42′38″
	53	3.15	35.5	1	53	-0.3889	5°04′15″
	62	2.5	45	1	62	0.000	3°10′47″
	70	2.5	28	1	70	-0.600	5°06′08″
	82①	2	35.5	1	82	+0.125	3°13′28″
	5.17	6.3	63	6	31	-0.6587	30°57′50″
	7.75	6.3	63	4	31	-0.6587	21°48′05″
	10.25①	5	50	4	41	-0.500	21°48′05″
	12.75	4	40	4	51	+0.750	21°48′05″
	15.5	6.3	63	2	31	-0.6587	11°18′36″
	20.5①	5	50	2	41	-0.500	11°18′36″
125	25.5	4	40	2	51	+0.750	11°18′36″
	31	6.3	63	1	31	-0.6587	5°42′38″
	41①	5	50	1	41	-0.500	5°42′38″
	51	4	40	1	51	+0.750	5°42′38″
	62	3.15	56	1	62	-0.2063	3°13′10″
	69	3.15	35.5	1	69	-0.4524	5°04′15″
	82①	2.5	45	1	82	0.000	3°10′47″
	5.17	8	80	6	31	-0.500	30°57′50″
	7.75	8	80	4	31	-0.500	21°48′05″
	10.25①	6.3	63	4	41	-0.1032	21°48′05″
	13.25	5	50	4	53	+0.500	21°48′05″
	15.5	8	80	2	31	-0.500	11°18′36″
160	20.5①	6.3	63	2	41	-0.1032	11°18′36″
	26.5	5	50	2	53	+0.500	11°18′36″
	31	8	80	1	31	-0.500	5°42′38″
	41①	6.3	63	1	41	-0.1032	5°42′38″
	53	5	50	1	53	+0.500	5°42′38″

（续）

a/mm	i	m/mm	d_1/mm	z_1	z_2	x_2	γ
160	62	4	71	1	62	+0.125	3°13′28″
	70	4	40	1	70	0.000	5°42′38″
	83①	3.15	56	1	83	+0.4048	3°13′10″
180	—	—	—	—	—	—	—
	7.25	10	(71)	4	29	-0.050	29°23′46″
	9.5①	8	(63)	4	38	-0.4375	26°53′40″
	—	—	—	—	—	—	—
	12	6.3	63	4	48	-0.429	21°48′05″
	15.3	5	50	4	61	+0.500	21°48′05″
	19①	8	63	2	38	-0.438	14°15′00″
	24	6.3	63	2	48	-0.429	11°18′36″
	30.5	5	50	2	61	+0.500	11°18′36″
	38①	8	63	1	38	-0.438	7°14′13″
	48	6.3	63	1	48	-0.429	5°42′38″
	61	5	50	1	61	+0.500	5°42′38″
	71	4	71	1	71	+0.625	3°13′28″
	80①	4	40	1	80	0.000	5°42′38″
200	5.17	10	90	6	31	0.000	33°41′24″
	7.75	10	90	4	31	0.000	23°57′45″
	10.25①	8	80	4	41	-0.500	21°48′05″
	13.3	6.3	63	4	53	+0.246	21°48′05″
	15.5	10	90	2	31	0.000	12°31′44″
	20.5①	8	80	2	41	-0.500	11°18′36″
	26.5	6.3	63	2	53	+0.246	11°18′36″
	31	10	90	1	31	0.000	6°20′25″
	41①	8	80	1	41	-0.500	5°42′38″
	53	6.3	63	1	53	+0.246	5°42′38″
	62	5	90	1	62	0.000	3°10′47″
	70	5	50	1	70	0.000	5°42′38″
	82①	4	71	1	82	+0.125	3°13′28″
225	7.25	12.5	(90)	4	29	-0.100	29°03′17″
	9.5①	10	(71)	4	38	-0.050	29°23′46″
	11.8	8	80	4	47	-0.375	21°48′05″
	15.3	6.3	63	4	61	+0.2143	21°48′05″
	19.5①	10	(71)	2	38	-0.050	15°43′55″
	23.5	8	80	2	47	-0.375	11°18′36″
	30.5	6.3	63	2	61	+0.2143	11°18′36″
	38①	10	(71)	1	38	-0.050	8°01′02″
	47	8	80	1	47	-0.375	5°42′38″
	61	6.3	63	1	61	+0.2143	5°42′38″
	71	5	90	1	71	+0.500	3°10′47″
	80①	5	50	1	80	0.000	5°42′38″
250	7.75	12.5	112	4	31	+0.020	24°03′26″
	10.25①	10	90	4	41	0.000	23°57′45″
	13	8	80	4	52	+0.250	21°48′05″
	15.5	12.5	112	2	31	+0.020	12°34′59″
	20.5①	10	90	2	41	0.000	12°31′44″
	26	8	80	2	52	+0.250	11°18′36″
	31	12.5	112	1	31	+0.020	6°22′06″

（续）

a/mm	i	m/mm	d_1/mm	z_1	z_2	x_2	γ
250	41[①]	10	90	1	41	0.000	6°20′25″
	52	8	80	1	52	+0.250	5°42′38″
	61	6.3	112	1	61	+0.2937	3°13′10″
	70	6.3	63	1	70	−0.3175	5°42′38″
	81[①]	5	90	1	81	+0.500	3°10′47″
280	7.3	16	(112)	4	29	−0.500	29°44′42″
	9.5[①]	13	(90)	4	38	−0.200	29°03′17″
	12	10	90	4	48	−0.500	23°57′45″
	15	8	80	4	61	−0.500	21°48′05″
	19[①]	13	(90)	2	38	−0.200	15°31′27″
	24	10	90	2	48	−0.500	12°31′44″
	31	8	80	2	61	−0.500	11°18′36″
	38[①]	13	(90)	1	38	−0.200	7°50′26″
	48	10	90	1	48	−0.500	6°20′25″
	61	8	80	1	61	−0.500	5°42′38″
	71	6.3	112	1	71	+0.0556	3°13′10″
	80[①]	6.3	63	1	80	−0.5556	5°42′38″
315	7.8	16	140	4	31	−0.1875	24°34′02″
	10.25[①]	13	112	4	41	+0.220	24°03′26″
	13	10	90	4	53	+0.500	23°57′45″
	16	16	140	2	31	−0.1875	12°52′30″
	20.5[①]	13	112	2	41	+0.220	12°34′59″
	27	10	90	2	53	+0.500	12°31′44″
	31	16	140	1	31	+0.1875	6°31′11″
	41[①]	13	112	1	41	+0.220	6°22′06″
	53	10	90	1	53	+0.500	6°20′25″
	61	8	140	1	61	+0.125	3°16′14″
	69	8	80	1	69	−0.125	5°42′38″
	82[①]	6.3	112	1	82	+0.1111	3°13′10″
355	7.3	20	(140)	4	29	−0.250	29°44′42″
	9.5[①]	16	(112)	4	38	−0.3125	29°44′42″
	12	13	112	4	49	−0.580	24°03′26″
	15	10	90	4	61	+0.500	23°57′45″
	19[①]	16	(112)	2	38	−0.3125	15°56′43″
	25	13	112	2	49	−0.580	12°34′59″
	31	10	90	2	61	+0.500	12°31′44″
	38[①]	16	(112)	1	38	−0.3125	8°07′48″
	49	13	112	1	49	−0.580	6°22′06″
	61	10	90	1	61	+0.500	6°20′25″
	71	8	140	1	71	+0.125	3°16′14″
	79[①]	8	80	1	79	−0.125	5°42′38″
400	7.8	20	160	4	31	+0.500	26°33′54″
	10.25[①]	16	140	4	41	+0.125	24°34′02″
	14	13	112	4	54	+0.520	24°03′26″
	16	20	160	2	31	+0.500	14°02′10″
	20.5[①]	16	140	2	41	+0.125	12°52′30″
	27	13	112	2	54	+0.520	12°34′50″
	31	20	160	1	31	+0.050	7°07′30″
	41[①]	16	140	1	41	+0.125	6°31′11″

（续）

a/mm	i	m/mm	d_1/mm	z_1	z_2	x_2	γ
400	54	12.5	112	1	54	+0.520	6°22′06″
	63	10	160	1	63	+0.500	3°34′35″
	71	10	90	1	71	0.000	6°20′25″
	82①	8	140	1	82	+0.250	3°16′14″
450	7.25	25	(180)	4	29	-0.100	27°03′17″
	9.75①	20	(140)	4	39	-0.500	29°44′42″
	12.25	16	(112)	4	49	+0.125	29°44′42″
	15.75	12.5	112	4	63	+0.020	24°03′25″
	19.5①	20	(140)	2	39	-0.500	15°56′43″
	24.5	16	(112)	2	49	+0.125	15°56′43″
	31.5	12.5	112	2	63	+0.020	12°34′59″
	39①	20	(140)	1	39	-0.500	8°07′48″
	49	16	(112)	1	49	+0.125	8°07′48″
	63	12.5	112	1	63	+0.020	6°22′06″
	73	10	160	1	73	+0.500	3°50′26″
	81①	10	90	1	81	0.000	6°20′25″
500	7.75	25	200	4	31	+0.500	26°33′54″
	10.25①	20	160	4	41	+0.500	26°33′54″
	13.25	16	140	4	53	+0.375	24°34′02″
	15.5	25	200	2	31	+0.500	14°02′10″
	20.5①	20	160	2	41	+0.500	14°02′10″
	26.5	16	140	2	53	+0.375	12°52′30″
	31	25	200	1	31	+0.500	7°07′30″
	41①	20	160	1	41	+0.500	7°07′30″
	53	16	140	1	53	+0.375	6°31′11″
	63	12.5	200	1	63	+0.500	3°34′35″
	71	12.5	112	1	71	+0.020	6°22′06″
	83①	10	160	1	83	+0.500	3°34′35″
	—	—	—	—	—	—	—

注：①为基本传动比。

2.8.3　蜗杆传动几何尺寸计算

普通圆柱蜗杆类型见表 2-48。几何尺寸计算见表 2-49。

表 2-48　普通圆柱蜗杆类型

类　型	图　例	说　明
阿基米德蜗杆传动—ZA 型	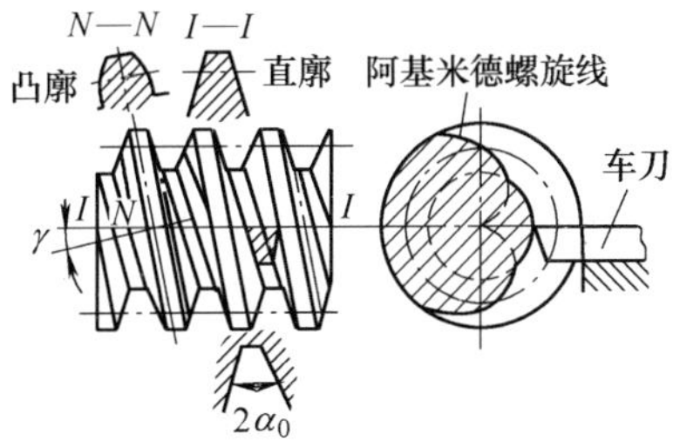	1）端面为阿基米德螺旋线，轴截面内的轴向齿廓为直线，齿面为阿基米德螺旋面 2）与阿基米德蜗杆啮合的蜗轮齿在中间平面内为渐开线齿廓 3）阿基米德蜗杆传动在中间平面内相当于齿条与斜齿圆柱齿轮啮合 4）蜗杆齿面难于精确磨削，故难以采用硬齿面。因此用蜗轮滚刀加工的蜗轮齿面精度不高，以致阿基米德蜗杆传动的强度和效率都较低

（续）

类　　型	图　　例	说　　明
法向直廓蜗杆传动—ZN 型	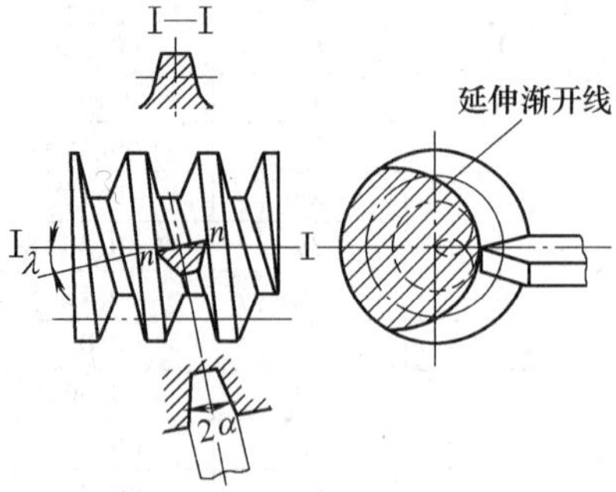	1）蜗杆齿廓在法截面中为直线，在轴截面内为曲线形齿廓，在端面内为延伸渐开线 2）由于刀具法向放置，故易于加工导程角大的多头蜗杆（三头以上或 $\gamma > 15°$），但由于磨削困难而难以得到精确的蜗轮滚刀，以致影响了蜗轮的齿面精度
渐开线圆柱蜗杆传动—ZI 型	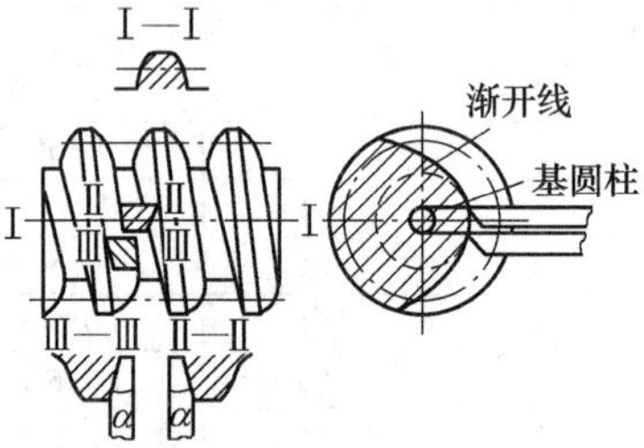	1）端面为渐开线，齿面为渐开线螺旋面，在基圆柱的轴向截面内，齿廓的一侧为直线，另一侧为曲线 2）可精确磨削加工，故蜗杆可采用硬齿面，同时可以得到较精确的蜗轮滚刀而提高蜗轮齿面精度，得到好的啮合性能。一般可用于较大载荷和较高速度的场合
锥面包络圆柱蜗杆传动—ZK 型	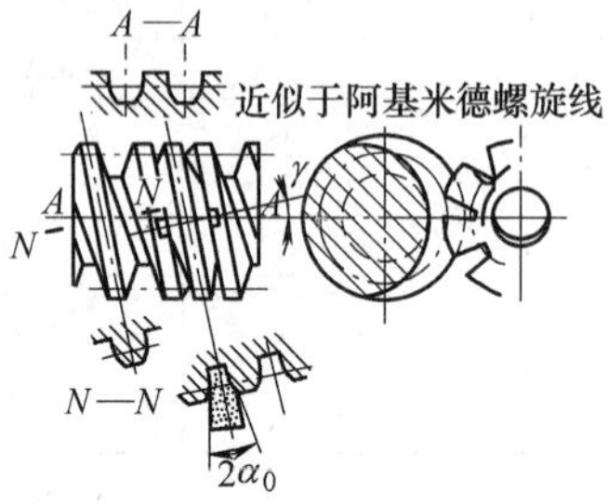	1）蜗杆齿面是由锥面盘状铣刀或砂轮包络而成的螺旋面，是非线性的。齿廓在各个截面内均为曲线形状 2）齿形曲线的形状与刀盘的直径有关，因此加工时要求对刀盘直径作严格控制。但是在加工时刀具难免磨损，因而加大了加工的难度 3）一般用在导程角比较大的场合效果较好
圆弧圆柱蜗杆传动—ZC 型	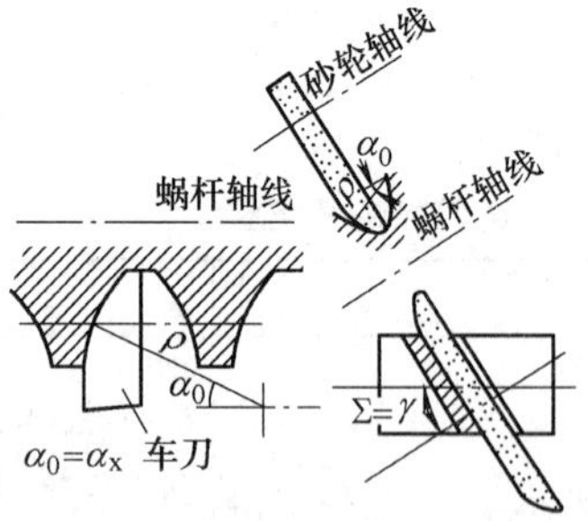	与普通圆柱蜗杆相比，齿廓形状不同，蜗杆的螺旋齿面是用刃边与凸圆弧形刀具切制，所在中间平面内，蜗杆齿廓是凹圆弧形，而配对蜗轮的齿廓为凸弧形。接触应力小，精度高，承载能力大，结构紧凑，传动效率高，适于重载

表 2-49　蜗杆传动几何尺寸计算

名　　称	代号	计算关系式	说　　明
中心距	a	$a=(d_1+d_2+2x_2m)/2$	按规定选取
蜗杆头数	z_1		按规定选取
蜗轮齿数	z_2		按传动比确定
齿形角	α	$\alpha_x=20°$ 或 $\alpha_n=20°$（对 ZC 型蜗杆，$\alpha_x=20°\sim24°$，通常取 $\alpha_x=23°$）	按蜗杆类型确定

（续）

名　　称	代号	计算关系式	说　　明
模数	m	$m = m_a = m_n/\cos\gamma$	按规定选取
传动比	i	$i = n_1/n_2$	蜗杆为主动，按规定选取
齿数比	u	$u = z_2/z_1$ 当蜗杆主动时，$i = u$	
蜗轮变位系数	x_2	$x_2 = a/m - (d_1 + d_2)/(2m)$	
蜗杆直径系数	q	$q = d_1/m$	
蜗杆轴向齿距	p_x	$p_x = \pi m$	
蜗杆导程	p_z	$p_z = \pi m z_1$	
蜗杆分度圆直径	d_1	$d_1 = mq$	按规定选取
蜗杆齿顶圆直径	d_{a1}	$d_{a1} = d_1 + 2h_{a1} = d_1 + 2h_a^* m$	
蜗杆齿根圆直径	d_{f1}	$d_{f1} = d_1 - 2h_{f1} = d_a - 2(h_a^* m + c)$	
顶隙	c	$c = c^* m$	按规定，通常 $c^* = 0.2$
渐开线蜗杆齿根圆直径	d_{b1}	$d_{b1} = d_1\tan\gamma/\tan\gamma_b = mz_1/\tan\gamma_b$	
蜗杆齿顶高	h_{a1}	$h_{a1} = h_a^* m = (d_{a1} - d_1)/2$	按规定，通常 $h_a^* = 1$
蜗杆齿根高	h_{f1}	$h_{f1} = (h_a^* + c^*)m = (d_{a1} - d_{f1})/2$	
蜗杆齿高	h_1	$h_1 = h_{f1} + h_{a1} = (d_{a1} + d_{f1})/2$	
蜗杆导程角	γ	$\tan\gamma = mz_1/d_1 = z_1/q$	
渐开线蜗杆基圆导程角	r_b	$\cos\gamma_b = \cos\gamma\cos a_n$	
蜗杆齿宽	b_1	$z_1 = 1,2$ 时 $b_1 \geqslant (12 \sim 13 + 0.1z_2)m$ $z_1 = 3,4$ 时 $b_1 \geqslant (13 \sim 14 + 0.1z_2)m$	由设计确定，对 ZC 型蜗杆取较大值
蜗轮分度圆直径	d_2	$d_2 = mz_2 = 2a - d_1 - 2x_2 m$	
蜗轮喉圆直径	d_{a2}	$d_{a2} = d_2 + 2h_{a2}$	
蜗轮齿根圆直径	d_{f2}	$d_{f2} = d_2 - 2h_{a2}$	
蜗轮齿顶高	h_{a2}	$h_{a2} = (d_{a2} - d_2)/2 = m(h_a^* + x_2)$	
蜗轮齿根高	h_{f2}	$h_{f2} = (d_2 - d_{f2})/2 = m(h_a^* - x_2 + c^*)$	
蜗轮齿高	h_2	$h_2 = h_{a2} + h_{f2} = (d_{a2} - d_{f2})/2$	
蜗轮咽喉母圆半径	r_{g2}	$r_{g2} = a - d_{a2}/2$	
蜗轮外圆直径	d_{e2}	$d_{e2} \leqslant d_{a2} + (0.8 \sim 1)m$（取整）	
蜗轮齿宽	b_2	$b_2 \geqslant 0.65d_{a1}$	由设计确定
蜗轮齿宽角	θ	$\theta = 2\arcsin(b_2/d_1)$	
蜗杆轴向齿厚	s_x	$s_x = \pi m/2$ 对 ZC 型蜗杆 $s_x = 0.4\pi m$	
蜗杆法向齿厚	s_n	$s_n = s_a\cos\gamma$	
蜗轮齿厚	s_t	按蜗杆节圆处轴向齿槽宽 e_a' 确定	
蜗杆节圆直径	d_1'	$d_1' = d_1 + 2x_2 m = m(q + 2x_2)$	
蜗杆节圆直径	d_2'	$d_2' = d_2$	

在动力传动中，为提高传动的效率，应力求取大的 γ 值，即应选用多头数、小分度圆直径 d_1 的蜗杆传动。对要求具有自锁性能的传动，则应采用 $\gamma < 3°30'$ 的蜗杆传动。

2.8.4 计算常用数表

计算常用数见表 2-50 ~ 表 2-52。

表 2-50 模数 m 和直径系数 q 的匹配(摘自 GB/T 10085—1988)

模数 m/mm	直径系数 q	模数 m/mm	直径系数 q
1	18	6.3	(7.936) 10 (12.698) 17.778
1.25	16 17.92	8	(7.875) 10 (12.5) 17.5
1.6	12.5 17.5	10	(7.1) 9 (11.2) 16
2	(9) 11.2 (14) 17.75	12.5	(7.2) 8.96 (11.2) 16
2.5	(8.96) 11.2 (14.2) 18	16	(7) 8.75 (11.25) 15.625
3.15	(8.889) 11.27 (14.286) 17.778	20	(7) 8 (11.2) 15.75
4	(7.875) 10 (12.5) 17.75	25	(7.2) 8 (11.2) 16
5	(8) 10 (12.6) 18		

注:括号中的数字尽可能不采用。

表 2-51 z_1、q 与 γ 的对应值

z_1	q					z_1	q				
	16	12	10	9	8		16	12	10	9	8
1	3°34′35″	4°45′49″	5°42′38″	6°20′25″	7°07′30″	3	10°37′11″	14°02′10″	16°41′57″	18°26′06″	20°33′22″
2	7°07′30″	9°27′44″	11°18′36″	12°31′44″	14°02′10″	4	14°02′10″	18°26′06″	21°48′05″	23°57′45″	26°33′54″

表 2-52 各种传动比的推荐 z_1、z_2 值

$i=z_2/z_1$	z_1	z_2
5 ~ 6	6	29 ~ 31
7 ~ 15	4	29 ~ 61
14 ~ 30	2	29 ~ 61
29 ~ 82	1	29 ~ 82

2.9 人字齿渐开线圆柱齿轮滚切空刀槽的确定

2.9.1 计算方法

人字齿空刀槽依据齿轮边缘完整滚切，滚刀与相邻齿肩不干涉等空间几何条件确定。

空刀槽宽度与滚刀顶圆半径 r_{ao}、滚刀螺纹部分长度 L_1、滚切深度 h、齿轮螺旋角 β、滚刀搬动角度 β_0、齿轮齿顶圆半径 r_a 及滚刀完成完整切削所需沿工件轴线的越程量 b_H 等参数有关。

根据空间几何关系，空刀槽宽度计算包括以下三部分。

1. 越程宽度 b_H

越程宽度 b_H：越程最小宽度与齿轮的滚切展成线、工件螺旋角 β、滚刀螺旋升角 γ_z、滚刀搬动角度 β_0 螺旋有关，滚切展成线由齿轮齿顶及齿根展成线长度中的较大者决定（径向变位会使滚刀的展成线发生偏置），越程宽度最小值 b_{Hmin} 可由下式近似确定：

$$b_{Hmin}=\frac{(h_{an}^{*}+|x_n|)m_n}{\tan\alpha_n\cos\gamma_z}\sin\beta_0$$

式中　$|x_n|$——工件的径向变位系数绝对值。

其他符号意义同 2.2 节。

对所有斜齿轮，滚刀的切入、切出端都必须具有不小于以上越程宽度 b_{Hmin} 的越程，否则齿端部初始切入（或最后退出切出）齿面的渐开线展成是不完全的。

模数不超过 20mm 的斜齿轮 b_{Hmin} 的快速近似估算式为

$$b_{Hmin} \approx \frac{\beta}{\alpha_n}(h_{an}^* + |x_n|)m_n$$

2. 滚刀沿工件轴向的前倾量 b_Q

前倾量 b_Q 指滚刀螺纹半宽 $0.5L_1$ 在工件轴向的几何投影宽度，与滚刀搬动角度 β_0 有关，几何关系为

$$b_Q = 0.5L_1 \sin\beta_0$$

滚刀螺纹部分长度 L_1，通常按滚刀长度 $L-10$mm 确定。

滚刀搬动角度 β_0 = 齿轮螺旋角 β ± 滚刀螺旋升角 γ_z（齿轮滚刀螺旋同向取“-”，反向取“+”。对 $\beta<30°$ 的齿轮通常仅配备右旋滚刀，取“+”）。

3. 沿工件轴向上，滚刀刀圆与工件相邻空刀槽轴肩最近点的距离 b_K

该距离尺寸为空间相交尺寸，需要按以下方程式求解：

设工件与滚刀螺纹端面相交，滚刀相交圆弧的半弦长为 a，则相交点相对工件齿顶的沉缩距离 = 相交点与滚刀全切深的位差 P：

$$r_a - \sqrt{r_a^2 - (0.5l\cos\beta_0 - a\sin\beta_0)^2} = \sqrt{r_{a0}^2 - a^2} + h - r_{a0} \qquad [a \leqslant \sqrt{r_{a0}^2 - (r_{a0} - h)^2}]$$

$$b_K = a\cos\beta_0$$

齿轮全齿高 h：按齿轮的实际切削深度选择（对粗加工滚刀，对精加工滚刀可近似取 h = 齿轮的理论全齿高高度 $+0.05\times$ 法向模数 m_n）。

当 $r_a > 5r_{ao}$ 时：

$$a \approx \sqrt{r_{a0}^2 - (r_{a0} - h)^2}$$

a 值实际计算时，可以采用迭代法，可按：

$$P = r_a - \sqrt{r_a^2 - (0.5l\cos\beta_0 - a\sin\beta_0)^2}$$

$$a = \sqrt{r_{a0}^2 - (r_{a0} - h + P)^2} \qquad (P \leqslant h)$$

迭代初值：$P_0=0$，$a_0 = \sqrt{r_{a0}^2 - (r_{a0} - h)^2}$

对齿数较多的大齿轮通常迭代计算 3 次左右即可。

人字齿滚切空刀槽最小宽度 B_{min}：

$$B_{min} = 0.5l\sin\beta_0 + a\cos\beta_0 + b_{Hmin}$$

当齿轮端部齿高方向倒角时，空刀槽最小宽度可以相应减小：

$$B_{min} = 0.5l\sin\beta_0 + a\cos\beta_0 + b_{Hmin} - C$$

式中　C——沿齿宽的倒角宽度。

2.9.2　计算举例

已知：齿轮齿顶圆半径 $r_a=455$mm，压力角 $\alpha_n=20°$，模数 $m_n=30$mm，齿轮螺旋角 $\beta=26°$，变位系数 $x_n=0.275$，滚刀一把（右旋），半径 $r_{ao}=180$mm，滚刀螺纹部分长度 $l=360$，滚切深度 $h=68.5$mm。

求：人字齿滚切空刀槽最小宽度 B_{min}。

解：

1）滚刀搬动角度。

滚刀升角：

$$\sin\gamma_z = \frac{m_n}{d_{a0} - 2h_{a0}} = \frac{30}{360 - 42} = \frac{15}{159}$$

$$\gamma_z = 5.41°$$

滚刀最大搬动角度：

$$\beta_0 = 26° + 5.41° = 31.41°$$

2）最小越程长度 b_{Hmin}。

$$b_{Hmin} = \frac{(h_{an}^* + |x_n|)m_n}{\tan\alpha_n\cos\gamma_z}\sin\beta_0$$

$$= \frac{1 + 0.275}{\tan 20° \times \cos 5.41°} \times 30 \times \sin 31.41°\text{mm} = 55\text{mm}$$

3）滚刀相交圆弧的半弦长 a 值。

$$a = \sqrt{r_{a0}^2 - (r_{a0} - h + P)^2}$$

$$P = r_a - \sqrt{r_a^2 - (0.5l\cos\beta_0 - a\sin\beta_0)^2}$$

迭代求 a，取 $P_0 = 0$。

$$a_0 = \sqrt{r_{a0}^2 - (r_{a0} - h)^2} = \sqrt{180^2 - (180 - 68.5)^2} = 141.31$$

$$P_1 = r_a - \sqrt{r_a^2 - (0.5l\cos\beta_0 - a_0\sin\beta_0)^2}$$

$$= 455 - \sqrt{455^2 - (180 \times \cos 31.41° - 141.31 \times \sin 31.41°)^2} = 7.08$$

$$a_1 = \sqrt{r_{a0}^2 - (r_{a0} - h + P_1)^2} = \sqrt{180^2 - (180 - 68.5 + 7.08)^2} = 135.42$$

$$P_2 = 455 - \sqrt{455^2 - (180 \times \cos 31.41° - 135.42 \times \sin 31.41°)^2} = 7.64$$

$$a_2 = \sqrt{180^2 - (180 - 68.5 + 7.64)^2} = 134.93$$

$$P_3 = 455 - \sqrt{455^2 - (180 \times \cos 31.41° - 138.93 \times \sin 31.41°)^2} = 7.69$$

$$a_3 = \sqrt{r_{a0}^2 - (r_{a0} - h + P_2)^2} = \sqrt{180^2 - (180 - 68.5 + 7.69)^2} = 134.88$$

即 $a \approx 135$mm。

4）空刀槽最小宽度。

$$B_{min} = 0.5l\sin\beta_0 + a\cos\beta_0 + b_H = (180\sin 31.41° + 135\cos 31.41° + 55)\text{mm}$$

$$= 264\text{mm}$$

即空刀槽最小宽度 $B_{min} = 264$mm。

对于齿数较多的与之相配的大齿轮，空刀槽最小宽度为

$$B_{min} \approx [264 + (141 - 135) \times \cos 31.41°]\text{mm} = 269\text{mm}$$

表 2-53、表 2-54 列出了法向压力角为 20°、法向模数 2 ~ 40mm 的人字齿滚刀越程宽度及所需齿轮空刀槽宽度，可分别供齿数 30 以内及 160 以内的齿轮参照查阅。对其他压力角的齿轮也可利用表 2-53 求得，差值部分为 $\Delta b_{Hmin} = b_{Hmin}(\tan 20°/\tan\alpha_n - 1)$。

上例中，用标准滚刀加工，按表 2-53 查取，可得 $m_n = 30$、$\beta = 26°$时，$B_{min} \approx 263$mm。

表 2-53　滚切人字齿滚刀越程宽度及所需齿轮空刀槽宽度(齿数 = 28)

法向模数 m_n	滚刀参考参数		齿轮径向变位系数							
			$x_n=-0.3$		$x_n=0$		$x_n=0.3$		$x_n=0.6$	
	外径 d_{a0}	螺纹长度 L_1	越程 b_{Hmin}	空刀槽宽度 B_{min}	越程 b_{Hmin}	空刀槽宽 B_{min}	越程 l_{Hmin}	空刀槽宽 B_{min}	越程 b_{Hmin}	空刀槽宽 B_{min}
齿轮螺旋角 $\beta=23°$										
2	80	70	3	24	2	24	2	24	3	24
2.25	85	75	3	26	3	26	3	26	3	27
2.5	90	80	4	29	3	28	3	29	4	29
2.75	90	80	4	31	3	30	3	30	4	31
3.25	100	90	5	35	4	34	4	35	5	36
3.5	105	95	5	38	4	37	4	37	5	38
4	110	100	6	42	5	41	5	41	6	43
4.5	120	110	7	47	5	45	6	46	7	47
5	125	115	8	51	6	49	6	50	8	52
5.6	135	125	9	56	7	55	7	56	9	57
6	140	130	9	60	7	58	8	59	9	61
7	155	145	11	69	8	67	9	68	11	70
8	170	160	13	78	10	75	10	77	13	79
9	185	175	14	79	11	78	12	81	14	84
10	200	210	16	95	12	93	13	94	16	98
11	210	215	18	93	13	93	15	96	17	101
12	215	225	19	110	15	107	16	109	19	113
14	230	245	23	132	18	127	19	129	23	133
16	250	260	26	151	20	145	22	147	26	152
18	265	275	30	167	23	161	25	163	30	168
20	280	295	34	183	26	176	28	178	34	184
22	295	310	37	199	29	190	31	193	37	199
25	320	335	43	222	33	212	36	215	43	222
28	345	360	48	245	37	234	40	237	48	245
32	375	395	56	275	43	262	47	266	56	275
36	400	410	64	300	49	286	53	290	64	301
40	420	430	72	326	56	309	60	314	72	326
齿轮螺旋角 $\beta=26°$										
2	80	70	3	26	3	25	3	26	3	26
2.25	85	75	4	29	3	28	3	28	4	29
2.5	90	80	4	31	3	30	4	31	4	31
2.75	90	80	5	33	4	32	4	33	5	34
3.25	100	90	5	38	4	37	5	38	6	39
3.5	105	95	6	41	5	40	5	40	6	41
4	110	100	7	45	5	44	6	45	7	46
4.5	120	110	8	51	6	49	6	50	8	51
5	125	115	9	55	7	54	7	54	9	56
5.6	135	125	10	61	7	59	8	60	10	62
6	140	130	10	65	8	63	9	64	10	66
7	155	145	12	75	9	72	10	74	12	76
8	170	160	14	82	11	80	12	81	14	84
9	185	175	16	94	12	91	13	92	16	96
10	200	210	17	104	13	101	15	103	18	106

（续）

法向模数 m_n	滚刀参考参数		齿轮径向变位系数							
			$x_n=-0.3$		$x_n=0$		$x_n=0.3$		$x_n=0.6$	
	外径 d_{a0}	螺纹长度 L_1	越程 b_{Hmin}	空刀槽宽度 B_{min}	越程 b_{Hmin}	空刀槽宽 B_{min}	越程 l_{Hmin}	空刀槽宽 B_{min}	越程 b_{Hmin}	空刀槽宽 B_{min}
齿轮螺旋角 $\beta=26°$										
11	210	215	19	112	15	109	16	111	20	115
12	215	225	21	123	16	119	18	121	22	125
14	230	245	25	143	19	137	21	140	25	144
16	250	260	29	161	22	154	24	157	29	162
18	265	275	33	177	25	170	28	173	33	178
20	280	295	37	194	28	185	31	188	37	195
22	295	310	41	209	31	200	35	203	41	210
25	320	335	47	233	36	222	40	226	48	234
28	345	360	53	256	41	244	45	248	54	257
32	375	395	61	287	47	273	52	278	62	288
36	400	410	70	313	54	297	59	302	71	314
40	420	430	79	338	61	320	67	326	80	340
齿轮螺旋角 $\beta=29°$										
2	80	70	4	28	3	27	3	27	4	28
2.25	85	75	4	30	3	30	4	30	4	31
2.5	90	80	5	33	4	32	4	33	5	34
2.75	90	80	5	36	4	34	4	35	5	36
3.25	100	90	6	41	5	40	5	41	6	42
3.5	105	95	6	44	5	43	6	43	7	45
4	110	100	7	49	6	47	6	48	8	50
4.5	120	110	8	55	6	53	7	54	9	55
5	125	115	9	60	7	58	8	59	10	60
5.6	135	125	11	66	8	64	9	65	11	67
6	140	130	11	66	9	65	10	66	12	69
7	155	145	13	80	10	77	11	79	14	82
8	170	160	15	92	12	88	13	90	16	93
9	185	175	17	103	13	99	15	101	18	104
10	200	210	19	111	15	107	16	110	20	114
11	210	215	21	124	16	119	18	121	22	125
12	215	225	23	133	18	128	20	131	24	135
14	230	245	27	152	21	146	23	149	28	154
16	250	260	32	170	24	163	27	166	32	171
18	265	275	36	186	28	178	31	181	37	187
20	280	295	40	203	31	194	34	197	41	204
22	295	310	44	219	34	208	38	212	46	220
25	320	335	51	243	39	231	44	236	52	244
28	345	360	57	267	44	253	49	258	59	268
32	375	395	66	298	51	283	57	289	68	300
36	400	410	75	324	58	307	65	313	78	326
40	420	430	85	350	65	330	73	338	87	352
齿轮螺旋角 $\beta=32°$										
2	80	70	4	29	3	28	3	29	4	30
2.25	85	75	4	32	3	31	4	32	5	33
2.5	90	80	5	35	4	34	4	35	5	36

（续）

法向模数 m_n	滚刀参考参数		齿轮径向变位系数							
			$x_n=-0.3$		$x_n=0$		$x_n=0.3$		$x_n=0.6$	
	外径 d_{a0}	螺纹长度 L_1	越程 b_{Hmin}	空刀槽宽度 B_{min}	越程 b_{Hmin}	空刀槽宽 B_{min}	越程 l_{Hmin}	空刀槽宽 B_{min}	越程 b_{Hmin}	空刀槽宽 B_{min}
齿轮螺旋角 $\beta=32°$										
2.75	90	80	5	38	4	37	5	37	6	38
3.25	100	90	6	44	5	43	6	43	7	45
3.5	105	95	7	47	5	45	6	46	7	48
4	110	100	8	52	6	51	7	52	8	53
4.5	120	110	9	59	7	57	8	58	9	59
5	125	115	10	62	8	60	9	61	11	64
5.6	135	125	11	70	9	68	10	69	12	72
6	140	130	12	75	9	73	11	74	13	77
7	155	145	14	87	11	84	12	86	15	88
8	170	160	16	99	13	95	14	97	17	100
9	185	175	19	110	14	106	16	108	19	111
10	200	210	21	122	16	118	18	120	22	124
11	210	215	23	132	18	127	20	130	24	134
12	215	225	25	142	19	136	22	139	26	143
14	230	245	30	160	23	153	26	157	31	162
16	250	260	34	178	26	170	30	173	35	179
18	265	275	39	194	30	185	33	189	40	196
20	280	295	43	211	33	201	37	205	45	213
22	295	310	48	227	37	216	42	221	50	229
25	320	335	55	251	42	239	48	244	57	254
28	345	360	62	276	47	261	54	268	64	278
32	375	395	71	308	55	292	62	299	74	311
36	400	410	81	334	62	315	70	323	84	337
40	420	430	91	360	70	339	79	348	95	364

注：按法向压力角为 20°，用一把旋向的滚刀，滚切深度为 $2.3m_n$ 计算。

表 2-54　滚切人字齿滚刀越程宽度及所需齿轮空刀槽宽度（齿数＝150）

法向模数 m_n	滚刀参考参数		齿轮径向变位系数							
			$x_n=-0.3$		$x_n=0$		$x_n=0.3$		$x_n=0.6$	
	外径 d_{a0}	螺纹长度 L_1	越程 b_{Hmin}	空刀槽宽度 B_{min}	越程 b_{Hmin}	空刀槽宽 B_{min}	越程 l_{Hmin}	空刀槽宽 B_{min}	越程 b_{Hmin}	空刀槽宽 B_{min}
齿轮螺旋角 $\beta=23°$										
2	80	70	3	30	2	30	3	30	3	31
2.25	85	75	3	34	3	33	3	33	4	34
2.5	90	80	4	37	3	36	4	37	4	37
2.75	90	80	4	39	3	38	4	39	5	40
3.25	100	90	5	45	4	44	5	45	6	46
3.5	105	95	5	48	4	47	5	48	6	49
4	110	100	6	53	5	51	6	52	7	54
4.5	120	110	7	58	5	57	7	58	8	60
5	125	115	8	63	6	61	7	63	9	64
5.6	135	125	9	69	7	67	8	69	10	71

（续）

法向模数 m_n	滚刀参考参数		齿轮径向变位系数							
			$x_n=-0.3$		$x_n=0$		$x_n=0.3$		$x_n=0.6$	
	外径 d_{a0}	螺纹长度 L_1	越程 b_{Hmin}	空刀槽宽度 B_{min}	越程 b_{Hmin}	空刀槽宽 B_{min}	越程 l_{Hmin}	空刀槽宽 B_{min}	越程 b_{Hmin}	空刀槽宽 B_{min}
齿轮螺旋角 $\beta=23°$										
6	140	130	9	73	7	71	9	73	11	75
7	155	145	11	83	8	80	10	83	13	85
8	170	160	13	93	10	90	12	92	15	95
9	185	175	14	103	11	100	14	102	17	105
10	200	210	16	116	12	113	15	116	18	119
11	210	215	18	124	13	120	17	123	20	127
12	215	225	19	132	15	127	18	131	23	135
14	230	245	23	147	18	142	22	147	27	151
16	250	260	26	163	20	157	25	162	31	167
18	265	275	30	177	23	170	29	176	35	182
20	280	295	34	193	26	185	32	191	39	198
22	295	310	37	207	29	199	36	206	44	213
25	320	335	43	229	33	220	41	228	50	237
28	345	360	48	252	37	241	46	250	57	260
32	375	395	56	281	43	268	54	279	66	291
36	400	410	64	305	49	291	61	303	75	316
40	420	430	72	330	56	313	69	327	85	342
齿轮螺旋角 $\beta=26°$										
2	80	70	3	33	3	32	3	33	4	33
2.25	85	75	4	36	3	35	4	36	4	37
2.5	90	80	4	39	3	38	4	39	5	40
2.75	90	80	5	41	4	40	4	41	5	42
3.25	100	90	5	48	4	46	5	47	6	49
3.5	105	95	6	51	5	49	6	50	7	52
4	110	100	7	55	5	54	7	55	8	57
4.5	120	110	8	61	6	60	7	61	9	63
5	125	115	9	66	7	64	8	66	10	67
5.6	135	125	10	73	7	70	9	72	11	74
6	140	130	10	76	8	74	10	76	12	78
7	155	145	12	87	9	84	12	86	14	89
8	170	160	14	97	11	94	13	97	16	100
9	185	175	16	108	12	104	15	107	18	110
10	200	210	17	122	13	118	17	121	21	125
11	210	215	19	130	15	125	19	129	23	133
12	215	225	21	138	16	133	20	137	25	141
14	230	245	25	154	19	148	24	153	30	158
16	250	260	29	170	22	163	28	168	34	175
18	265	275	33	185	25	177	32	183	39	190
20	280	295	37	201	28	192	35	199	43	207
22	295	310	41	215	31	206	39	214	48	222
25	320	335	47	238	36	227	45	236	55	246
28	345	360	53	261	41	249	51	259	62	270
32	375	395	61	292	47	278	59	289	72	302
36	400	410	70	316	54	300	67	313	82	328

（续）

法向模数 m_n	滚刀参考参数		齿轮径向变位系数							
			$x_n = -0.3$		$x_n = 0$		$x_n = 0.3$		$x_n = 0.6$	
	外径 d_{a0}	螺纹长度 L_1	越程 b_{Hmin}	空刀槽宽度 B_{min}	越程 b_{Hmin}	空刀槽宽 B_{min}	越程 l_{Hmin}	空刀槽宽 B_{min}	越程 b_{Hmin}	空刀槽宽 B_{min}
齿轮螺旋角 $\beta = 26°$										
40	420	430	79	341	61	323	76	338	92	355
齿轮螺旋角 $\beta = 29°$										
2	80	70	4	35	3	34	4	35	4	36
2.25	85	75	4	38	3	37	4	38	5	39
2.5	90	80	5	42	4	41	4	41	5	42
2.75	90	80	5	44	4	42	5	43	6	44
3.25	100	90	6	50	5	49	6	50	7	51
3.5	105	95	6	53	5	52	6	53	8	54
4	110	100	7	58	6	56	7	58	9	59
4.5	120	110	8	64	6	62	8	64	10	66
5	125	115	9	69	7	67	9	69	11	71
5.6	135	125	11	76	8	73	10	75	12	78
6	140	130	11	80	9	77	11	79	13	82
7	155	145	13	90	10	87	13	90	16	93
8	170	160	15	101	12	98	15	101	18	104
9	185	175	17	112	13	108	17	111	20	115
10	200	210	19	127	15	123	18	127	23	131
11	210	215	21	135	16	130	20	134	25	139
12	215	225	23	143	18	138	22	142	27	147
14	230	245	27	160	21	154	26	159	32	165
16	250	260	32	176	24	169	30	175	37	182
18	265	275	36	191	28	183	35	190	42	198
20	280	295	40	208	31	198	39	206	47	215
22	295	310	44	223	34	213	43	221	52	231
25	320	335	51	246	39	235	49	245	60	255
28	345	360	57	270	44	257	55	268	68	280
32	375	395	66	301	51	286	64	299	78	313
36	400	410	75	326	58	309	73	324	89	340
40	420	430	85	352	65	332	82	349	100	367
齿轮螺旋角 $\beta = 32°$										
2	80	70	4	37	3	36	4	37	5	38
2.25	85	75	4	40	3	39	4	40	5	41
2.5	90	80	5	44	4	43	5	44	6	45
2.75	90	80	5	46	4	44	5	45	6	47
3.25	100	90	6	52	5	51	6	52	8	53
3.5	105	95	7	55	5	54	7	55	8	57
4	110	100	8	60	6	58	8	60	10	62
4.5	120	110	9	67	7	65	9	67	11	68
5	125	115	10	71	8	69	10	71	12	73
5.6	135	125	11	79	9	76	11	78	13	81
6	140	130	12	83	9	80	12	82	14	85
7	155	145	14	94	11	90	14	93	17	96
8	170	160	16	105	13	101	16	104	19	108
9	185	175	19	116	14	111	18	115	22	119

（续）

法向模数 m_n	滚刀参考参数		齿轮径向变位系数							
			$x_n=-0.3$		$x_n=0$		$x_n=0.3$		$x_n=0.6$	
	外径 d_{a0}	螺纹长度 L_1	越程 b_{Hmin}	空刀槽宽度 B_{min}	越程 b_{Hmin}	空刀槽宽 B_{min}	越程 l_{Hmin}	空刀槽宽 B_{min}	越程 b_{Hmin}	空刀槽宽 B_{min}
齿轮螺旋角 $\beta=32°$										
10	200	210	21	132	16	127	20	131	24	136
11	210	215	23	140	18	134	22	139	27	144
12	215	225	25	148	19	142	24	147	30	153
14	230	245	30	165	23	158	29	164	35	171
16	250	260	34	182	26	174	33	181	40	188
18	265	275	39	197	30	188	37	196	46	204
20	280	295	43	214	33	204	42	213	51	222
22	295	310	48	230	37	219	46	228	57	238
25	320	335	55	254	42	241	53	252	65	264
28	345	360	62	278	47	264	60	276	73	289
32	375	395	71	310	55	294	69	308	84	323
36	400	410	81	335	62	317	78	333	96	350
40	420	430	91	361	70	340	88	358	108	378

注：按法向压力角为20°，用一把旋向的滚刀，滚切深度为$2.3m_n$计算。

第3章 制齿加工

3.1 滚齿加工

3.1.1 常用滚刀及 Y38 型滚齿机调整计算

1. 滚刀

GB/T 6083—2001 规定，整体渐开线齿轮滚刀的基本型式和尺寸，分为Ⅰ型和Ⅱ型。Ⅰ型尺寸较大，适于重型滚齿机使用；Ⅱ型尺寸较小，适于小型滚齿机使用，具体规格尺寸列于表3-1。

表3-1 整体渐开线齿轮滚刀型式和尺寸（GB/T 6083—2001） （单位：mm）

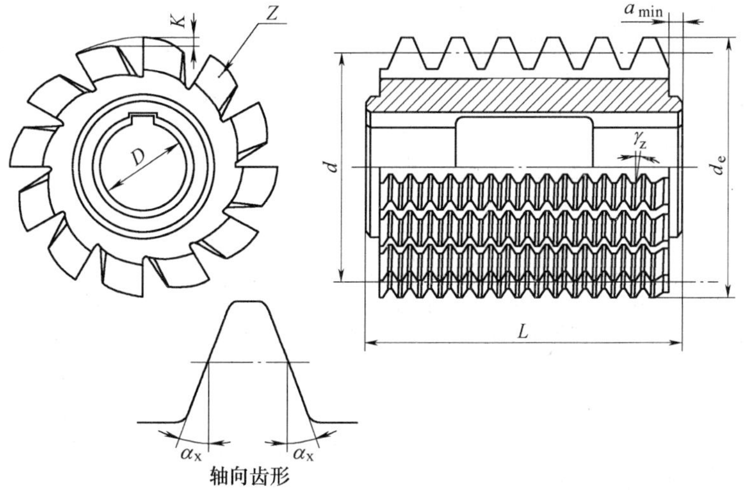

模数系列		Ⅰ型						Ⅱ型					
Ⅰ	Ⅱ	d_e	L	D	γ_z	α_x	z	d_e	L	D	γ_z	α_x	z
1		63	63	27	57′	20°0′9″	16	50	32	22	1°13′	20°	12
1.25					1°12′	20°0′15″			40		1°33′		
1.5		71	71	32	1°17′	20°0′17″		63	40	27	1°28′		
	1.75				1°31′	20°0′24″					1°44′		
2		80	80		1°33′	20°0′23″	14	71	50		1°46′	20°1′	
	2.25				1°45′	20°0′31″					2°		
2.5		90	90	40	1°44′	20°0′30″		71	63		2°15′		
	2.75				1°55′	20°0′37″					2°30′		
3		100	100		1°53′	20°0′36″		80	71	32	2°24′		
	3.25*				2°3′	20°0′42″					2°38′		
	3.5				2°13′	20°0′50″					2°51′		
	3.75*				2°24′	20°0′58″		90	80		2°43′		10
4		112	112		2°16′	20°0′52″			90		2°55′		
	4.5				2°35′	20°1′7″					3°20′	20°2′	
5		125	125	50	2°35′	20°1′7″	12	100	100		3°20′		
	5.5				2°50′	20°1′21″				40	3°43′		
6		140	140		2°47′	20°1′18″		112	112		3°37′		
	6.5*				3°3′	20°1′34″		118	118		3°44′		
	7				3°19′	20°1′51″		118	125		4°4′	20°3′	
8		160	160	60	3°19′	20°1′51″		125	140		4°27′		
	9	180	180		3°19′	20°1′51″		140			4°28′		
10		200	200		3°19′	20°1′51″		150	170	50	4°40′	20°4′	

注：带模数标记“*”的滚刀参数为厂标。

滚刀的精度等级分为 AAA、AA、A、B、C 五个等级。滚切齿形的精度很大程度上取决于滚刀的精度，要滚切高精度齿轮，必须选用高精度滚刀。加工不同精度（GB/T 10095.1～.2—2008）齿轮时，滚刀精度等级的选择见表 3-2。

表 3-2　加工不同精度齿轮时滚刀精度等级的选择

齿轮精度等级	6 及更高	7	8	9	10 及更低
滚刀精度等级	AAA	AA	A	B	C

注：本表齿轮精度等级主要指影响工作平稳性的偏差项目（旧标准称为第 II 公差组），如 f'_i、f''_i、F_α、$\pm f_{pt}$ 等。

2. Y38 型滚齿机调整计算

Y38 型滚齿机的主要技术参数见表 3-3。

表 3-3　Y38 型滚齿机的主要技术参数

序号	规格名称		数值	序号	规格名称		数值
1	最大工件模数/mm	标准时	6	9	滚刀心轴与工件轴线间的距离/mm	最小	30
		低速切削时	8			最大	470
2	加工直齿轮时最大工件直径/mm	有外支架时	450	10	滚刀心轴直径/mm	22、27、32	
		无外支架时	800	11	滚刀转速/(r/min)	最低	47
3	加工斜齿轮时最大工件直径/mm	$\beta=30°$时	500			最高	192
		$\beta=60°$时	190			级数	7
4	最大工件宽度/mm		240	12	滚刀垂直进给量/(mm/r)	最小	0.5
5	最大滚刀直径/mm		120			最大	3
6	工作台直径/mm		550	13	主电动机	功率/kW	2.8
7	工作台孔径/mm		80			转速/(r/min)	1430
8	刀架最大回转角度/(°)		±60	14	机床净重/kg	4500	

（1）滚刀转速挂轮[⊖]　在 Y38 型滚齿机上，变速挂轮 A 和 B 的中心距是固定的，两挂轮的齿数和是个常数，$A+B=60$（斜体表示齿数）。Y38 型滚齿机变速挂轮共有八只，可搭配成七种滚刀转速，见表 3-4。

表 3-4　Y38 型滚齿机滚刀转速挂轮表

挂轮速比 $i_0=\frac{A}{B}$	$\frac{18}{42}$	$\frac{22}{38}$	$\frac{25}{35}$	$\frac{28}{32}$	$\frac{32}{28}$	$\frac{35}{25}$	$\frac{38}{22}$
滚刀转速 n_0/（r/min）	47	64	79	97	127	155	192

（2）分齿挂轮　为了使分齿挂轮的速比不至过大，在分齿运动链中设置跨轮 e 和 f，当工件齿数较多时（$z>161$），采用速比为 1∶2 的跨轮。

Y38 型滚齿机分齿挂轮的计算式见表 3-5。

表 3-5　Y38 型滚齿机分齿挂轮的计算式

工件齿数	跨轮	分齿挂轮计算式
$z \leqslant 161$	$\frac{e}{f}=\frac{36}{36}$	$\frac{a_1 \times c_1}{b_1 \times d_1}=24\frac{z_0}{z}$
$z>161$	$\frac{e}{f}=\frac{24}{48}$	$\frac{a_1 \times c_1}{b_1 \times d_1}=48\frac{z_0}{z}$

注：1. 表中 z 为工件齿数；z_0 为滚刀头数。滚切直齿、斜齿圆柱齿轮公式相同。

2. Y38 型滚齿机分齿挂轮（与差动挂轮共用一套）齿数：20（两件）、23、24、25（两件）、30、33、34、35、37、40、41、43、45、47、48、50、53、55、57、58、59、60、61、62、65、67、70、71、73、75、79、80、83、85、89、90、92、95、97、98、100。

Y38 型滚齿机分齿挂轮表可见机床说明书。四挂轮表格也可参见表 3-6 和表 3-7。

⊖ 挂轮又称交换齿轮，本书采用挂轮一词。

表 3-6 Y38 滚齿机分齿挂轮表（用于单头滚刀 $z_0=1$）

齿数	挂轮比	a_1	c_1	b_1	d_1	齿数	挂轮比	a_1	c_1	b_1	d_1	齿数	挂轮比	a_1	c_1	b_1	d_1
9	8/3	70	35	80	60	62	12/31	45	62	48	90	120	1/5	35	70	40	100
10	12/5	60	35	70	50	63	8/21	35	45	48	98	122	12/61	20	61	60	100
11	24/11	60	35	70	55	64	3/8	40	48	45	100	123	8/41	20	41	40	100
12	2/1	60	48	80	50	65	24/65	45	65	48	90	124	6/31	20	62	60	100
13	24/13	60	35	70	65	66	4/11	40	55	50	100	125	24/125	24	60	48	100
14	12/7	48	35	50	40	67	24/67	45	67	48	90	126	4/21	35	75	40	98
15	8/5	60	35	70	75	68	6/17	30	34	40	100	128	3/16	25	60	45	100
16	3/2	57	24	60	95	69	8/23	40	60	48	92	129	8/43	20	43	40	100
17	24/17	60	35	70	85	70	12/35	30	35	40	100	130	12/65	20	65	60	100
18	4/3	55	33	60	75	71	24/71	34	71	60	85	132	2/11	20	55	50	100
19	24/19	48	50	75	57	72	1/3	40	60	50	100	133	24/133	20	70	60	95
20	6/5	57	30	60	95	73	24/73	40	73	48	80	134	12/67	20	67	60	100
21	8/7	50	35	60	75	74	12/37	30	37	40	100	135	8/45	20	45	40	100
22	12/11	57	33	60	95	75	8/25	40	60	48	100	136	3/17	30	85	45	90
23	24/23	48	23	50	100	76	6/19	30	57	60	100	138	4/23	20	75	60	92
24	1/1	55	33	60	100	77	24/77	35	55	48	98	140	6/35	20	70	60	100
25	24/25	48	25	50	100	78	4/13	30	65	60	90	141	8/47	20	47	40	100
26	12/13	45	60	80	65	79	24/79	40	79	48	80	142	12/71	24	71	50	100
27	8/9	48	33	55	90	80	3/10	40	60	45	100	143	24/143	20	55	30	65
28	6/7	50	35	60	100	81	8/27	25	45	48	90	144	1/6	25	75	50	100
29	24/29	40	50	60	58	82	12/41	30	41	40	100	145	24/145	20	58	48	100
30	4/5	48	33	55	100	83	24/83	30	75	60	83	146	12/73	24	73	50	100
31	24/31	40	50	60	62	84	2/7	35	60	48	98	147	8/49	24	75	50	98
32	3/4	50	40	60	100	85	24/85	30	75	60	85	148	6/37	24	37	25	100
33	8/11	48	33	50	100	86	12/43	30	43	40	100	150	4/25	24	75	50	100
34	12/17	48	34	50	100	87	8/29	24	58	60	90	152	3/19	20	57	45	100
35	24/35	48	35	50	100	88	3/11	30	55	50	100	153	8/51	24	85	50	90
36	2/3	50	45	57	95	89	24/89	40	75	45	89	154	12/77	24	55	35	98
37	24/37	48	37	50	100	90	4/15	25	45	48	100	155	24/155	20	62	48	100
38	12/19	48	40	50	95	91	24/91	35	65	48	98	156	2/13	20	65	50	100
39	8/13	50	65	60	75	92	6/23	35	70	48	92	158	12/79	30	79	40	100
40	3/5	48	40	50	100	93	8/31	24	62	60	90	159	8/53	20	53	40	100
41	24/41	40	41	60	100	94	12/47	24	47	50	100	160	3/20	30	80	40	100
42	4/7	40	35	50	100	95	24/95	24	57	60	100	161	24/161	20	70	48	92
43	24/43	40	43	60	100	96	1/4	30	60	50	100	162	8/27	30	45	40	90
44	6/11	40	33	45	100	97	24/97	35	70	48	97	164	12/41	30	41	40	100
45	8/15	40	45	60	100	98	12/49	30	60	48	98	165	16/55	34	55	40	85
46	12/23	40	50	60	92	99	8/33	24	55	50	90	166	24/83	33	55	40	83
47	24/47	40	47	60	100	100	6/25	30	60	48	100	168	2/7	24	60	50	70
48	1/2	40	48	60	100	102	4/17	25	75	60	85	170	24/85	33	55	40	85
49	24/49	40	50	60	98	104	3/13	25	65	60	100	171	16/57	30	45	40	95
50	12/25	40	50	60	100	105	8/35	24	70	60	90	172	12/43	30	43	40	100
51	8/17	48	60	50	85	106	12/53	24	53	50	100	174	8/29	34	58	40	85
52	6/13	40	65	60	80	108	2/9	25	45	40	100	175	48/175	24	60	48	70
53	24/53	40	53	57	95	110	12/55	24	55	50	100	178	24/89	45	48	89	90
54	4/9	40	45	50	100	111	8/37	24	37	30	90	180	4/15	40	50	75	100
55	24/55	40	55	57	95	112	3/14	30	70	50	100	182	24/91	35	48	65	98
56	3/7	35	50	60	98	114	4/19	24	57	50	100	183	16/61	24	60	61	90
57	8/19	45	57	48	90	115	24/115	30	75	48	92	184	6/23	34	60	85	92
58	12/29	40	58	57	95	116	6/29	24	58	50	100	186	8/31	24	60	62	90
59	24/59	45	59	48	90	117	8/39	20	65	60	90	187	48/187	24	50	55	85
60	2/5	45	60	48	90	118	12/59	24	59	50	100	188	12/47	24	50	47	100
61	24/61	45	61	48	90	119	24/119	20	70	60	85	189	16/63	20	40	45	70

（续）

齿数	挂轮比	a_1	c_1	b_1	d_1	齿数	挂轮比	a_1	c_1	b_1	d_1	齿数	挂轮比	a_1	c_1	b_1	d_1
190	24/95	25	50	48	95	256	3/16	23	60	45	92	328	6/41	20	41	30	100
192	1/4	30	48	40	100	258	8/43	20	43	40	100	329	48/329	20	47	24	70
194	24/97	25	50	48	97	260	12/65	30	65	34	85	330	8/55	20	55	40	100
195	16/65	20	65	60	75	261	16/87	20	58	48	90	332	12/83	24	70	35	83
196	12/49	30	50	40	98	264	2/11	25	55	40	100	335	48/335	24	67	34	85
198	8/33	24	55	50	90	265	48/265	24	53	40	100	336	1/7	24	60	35	98
200	6/25	30	50	40	100	266	24/133	20	70	60	95	340	12/85	24	70	35	85
201	16/67	24	67	50	75	267	16/89	20	60	48	89	341	48/341	20	55	24	62
203	48/203	20	58	48	70	268	12/67	30	67	34	85	342	8/57	20	57	40	100
204	4/17	24	60	50	85	270	8/45	20	60	48	90	343	48/343	20	70	48	98
205	48/205	24	41	40	100	272	3/17	30	70	35	85	344	6/43	20	43	30	100
207	16/69	24	45	40	92	273	16/91	20	65	40	70	345	16/115	20	75	48	92
208	3/13	24	65	50	80	275	48/275	24	55	40	100	348	4/29	20	58	40	100
209	48/209	30	55	40	95	276	4/23	20	60	48	92	350	24/175	24	70	34	85
210	8/35	24	70	50	75	279	16/93	20	62	48	90	351	16/117	20	65	40	90
212	12/53	23	53	48	92	280	6/35	24	50	35	98	352	3/22	25	55	30	100
213	16/71	24	71	50	75	282	8/47	20	47	40	100	354	8/59	20	59	40	100
215	48/215	24	43	40	100	284	12/71	30	71	34	85	355	48/355	24	71	34	85
216	2/9	30	60	40	90	285	16/95	24	60	40	95	356	12/89	24	70	35	89
217	48/217	20	62	48	70	286	24/143	20	55	30	65	357	16/119	20	70	40	85
219	16/73	30	73	40	75	287	48/287	20	41	24	70	360	2/15	20	60	40	100
220	12/55	23	55	48	92	288	1/6	23	60	40	92	361	48/361	24	57	30	95
221	48/221	30	65	40	85	290	24/145	24	58	34	85	364	12/91	24	65	35	98
222	8/37	24	37	30	90	291	16/97	24	75	50	97	365	48/365	24	73	34	85
224	3/14	30	50	35	98	292	12/73	24	73	40	80	366	8/61	24	61	30	90
225	16/75	24	50	40	90	294	8/49	24	75	50	98	368	3/23	24	60	30	92
228	4/19	25	50	40	95	295	48/295	24	59	34	85	369	16/123	20	41	24	90
230	24/115	24	50	40	92	296	6/37	24	37	25	100	371	48/371	20	53	24	70
231	16/77	20	55	40	70	297	16/99	20	55	40	90	372	4/31	24	62	30	90
232	6/29	24	58	45	90	299	48/299	20	65	48	92	374	24/187	20	55	30	85
234	8/39	20	65	50	75	300	4/25	24	55	33	90	375	16/125	24	75	34	85
235	48/235	24	47	40	100	301	48/301	20	43	24	70	376	6/47	20	47	30	100
236	12/59	24	59	45	90	304	3/19	20	60	45	95	377	48/377	20	58	24	65
237	16/79	20	60	48	79	305	48/305	24	61	34	85	378	8/63	20	70	40	90
238	24/119	20	70	60	85	306	8/51	20	60	40	85	380	12/95	24	57	30	100
240	1/5	25	50	40	100	308	12/77	24	55	35	98	384	1/8	25	60	30	100
243	16/81	20	45	40	90	310	24/155	24	62	34	85	385	48/385	20	55	24	70
244	12/61	24	61	45	90	312	2/13	23	65	40	92	387	16/129	20	43	24	90
245	48/245	24	50	40	98	315	16/105	20	70	40	75	388	12/97	24	60	30	97
246	8/41	20	41	40	100	316	12/79	20	75	45	79	390	8/65	24	65	30	90
247	48/247	20	65	60	95	318	8/53	20	53	40	100	391	48/391	20	85	48	92
248	6/31	27	62	40	90	319	48/319	20	55	24	58	392	6/49	24	60	30	98
249	16/83	20	60	48	83	320	3/20	25	55	33	100	395	48/395	24	75	30	79
250	24/125	24	50	40	100	322	24/161	20	70	48	92	396	4/33	20	55	30	90
252	4/21	20	70	50	75	323	48/323	30	85	40	95	399	16/133	20	70	40	95
253	48/253	20	55	48	92	324	4/27	20	60	40	90	400	3/25	24	60	30	100
255	16/85	20	60	48	85	325	48/325	24	65	34	85						

表 3-7 Y38 滚齿机分齿挂轮表（用于双头滚刀 $z_0=2$）

齿数	挂轮比	a_1	c_1	b_1	d_1	齿数	挂轮比	a_1	c_1	b_1	d_1	齿数	挂轮比	a_1	c_1	b_1	d_1
18	8/3	70	35	80	60	72	2/3	50	45	57	95	129	16/43	30	43	48	90
20	12/5	60	35	70	50	73	48/73	40	50	60	73	130	24/65	45	65	48	90
21	16/7	48	33	55	35	74	24/37	48	37	50	100	132	4/11	40	55	50	100
22	24/11	60	35	70	55	75	16/25	40	30	48	100	133	48/133	30	35	40	95
24	2/1	60	48	80	50	76	12/19	48	40	50	95	134	24/67	45	67	48	90
26	24/13	60	35	70	65	77	48/77	40	55	60	70	135	16/45	40	60	48	90
27	16/9	48	33	55	45	78	8/13	50	65	60	75	136	6/17	30	34	40	100
28	12/7	48	35	50	40	79	48/79	40	50	60	79	138	8/23	40	60	48	92
29	48/29	60	50	80	58	80	3/5	48	40	50	100	140	12/35	30	35	40	100
30	8/5	60	35	70	75	81	16/27	40	45	60	90	141	16/47	30	47	48	90
31	48/31	48	25	50	62	82	24/41	40	41	60	100	142	24/71	34	71	60	85
32	3/2	57	24	60	95	83	48/83	40	50	60	83	143	48/143	24	55	50	65
33	16/11	48	30	50	55	84	4/7	40	35	50	100	144	1/3	40	60	50	100
34	24/17	60	35	70	85	85	48/85	40	34	48	100	145	48/145	40	58	48	100
35	48/35	48	25	50	70	86	24/43	40	43	60	100	146	24/73	40	73	48	80
36	4/3	55	33	60	75	87	16/29	40	58	60	75	147	16/49	40	60	48	98
38	24/19	48	50	75	57	88	6/11	40	33	45	100	148	12/37	30	37	40	100
39	16/13	48	33	55	65	89	48/89	40	50	60	89	150	8/25	40	60	48	100
40	6/5	57	30	60	95	90	8/15	40	45	60	100	152	6/19	30	57	60	100
41	48/41	40	41	60	50	91	48/91	40	65	60	70	153	16/51	40	75	50	85
42	8/7	50	35	60	75	92	12/23	40	50	60	92	154	24/77	35	55	48	98
43	48/43	40	43	60	50	93	16/31	40	62	60	75	155	48/155	40	62	48	100
44	12/11	57	33	60	95	94	24/47	40	47	60	100	156	4/13	30	65	60	90
45	16/15	48	25	50	90	95	48/95	40	50	60	95	158	24/79	40	79	48	80
46	24/23	48	23	50	100	96	1/2	40	48	60	100	159	16/53	30	53	48	90
47	48/47	40	47	60	50	97	48/97	40	50	60	97	160	3/10	40	60	45	100
48	1/1	55	33	60	100	98	24/49	40	50	60	98	161	48/161	40	70	48	92
49	48/49	48	25	50	98	99	16/33	40	55	60	90	162	16/27	40	45	50	75
50	24/25	48	25	50	100	100	12/25	40	50	60	100	164	24/41	40	41	48	80
51	16/17	48	34	60	90	102	8/17	48	60	50	85	165	32/55	40	55	48	60
52	12/13	45	60	80	65	104	6/13	40	65	60	80	166	48/83	40	50	60	83
53	48/53	40	50	60	53	105	16/35	34	35	40	85	168	4/7	40	35	45	90
54	8/9	48	33	55	90	106	24/53	40	53	57	95	170	48/85	40	34	48	100
55	48/55	48	33	60	100	108	4/9	40	45	50	100	171	32/57	40	57	48	60
56	6/7	50	35	60	100	110	24/55	40	55	57	95	172	24/43	40	43	48	80
57	16/19	48	33	55	95	111	16/37	34	37	40	85	174	16/29	40	58	48	60
58	24/29	40	50	60	58	112	3/7	35	50	60	98	175	96/175	40	50	48	70
59	48/59	40	50	60	59	114	8/19	45	57	48	90	176	6/11	40	33	45	100
60	4/5	48	33	55	100	115	48/115	40	50	48	92	177	32/59	40	59	48	60
61	48/61	40	50	60	61	116	12/29	40	58	57	95	178	48/89	40	50	60	89
62	24/31	40	50	60	62	117	16/39	40	65	50	75	180	8/15	40	45	48	80
63	16/21	48	35	50	90	118	24/59	45	59	48	90	182	48/91	40	65	60	70
64	3/4	50	40	60	100	119	48/119	30	35	40	85	183	32/61	40	60	48	61
65	48/65	40	50	60	65	120	2/5	45	60	48	90	184	12/23	40	50	60	92
66	8/11	48	33	50	100	122	24/61	45	61	48	90	185	96/185	40	37	48	100
67	48/67	40	50	60	67	123	16/41	30	41	48	90	186	16/31	40	60	48	62
68	12/17	48	34	50	100	124	12/31	45	62	48	90	187	96/187	40	55	60	85
69	16/23	48	45	60	92	125	48/125	40	50	48	100	188	24/47	40	47	48	80
70	24/35	48	35	50	100	126	8/21	35	45	48	98	190	48/95	40	50	60	95
71	48/71	40	50	60	71	128	3/8	40	48	45	100	192	1/2	40	48	45	75

（续）

齿数	挂轮比	a_1	c_1	b_1	d_1	齿数	挂轮比	a_1	c_1	b_1	d_1	齿数	挂轮比	a_1	c_1	b_1	d_1
194	48/97	40	50	60	97	259	96/259	24	37	40	70	328	12/41	30	41	40	100
195	32/65	40	60	48	65	260	24/65	35	65	48	70	329	96/329	24	47	40	70
196	24/49	40	50	60	98	261	32/87	40	58	48	90	330	16/55	34	55	40	85
198	16/33	40	55	50	75	264	4/11	30	55	50	75	332	24/83	33	55	40	83
200	12/25	34	40	48	85	265	96/265	34	53	48	85	333	32/111	24	37	40	90
201	32/67	40	60	48	67	266	48/133	30	57	48	70	335	96/335	30	67	48	75
203	96/203	40	58	48	70	267	32/89	30	45	48	89	336	2/7	24	60	50	70
204	8/17	48	60	50	85	268	24/67	35	67	48	70	340	24/85	33	55	40	85
205	96/205	34	41	48	85	270	16/45	30	45	48	90	341	96/341	20	55	48	62
207	32/69	40	45	48	92	272	6/17	30	34	40	100	342	16/57	30	45	40	95
208	6/13	40	60	45	65	275	96/275	30	55	48	75	344	12/43	30	43	40	100
209	96/209	40	55	60	95	276	8/23	30	45	48	92	345	32/115	24	45	48	92
210	16/35	40	60	48	70	279	32/93	40	62	48	90	348	8/29	34	58	40	85
212	24/53	40	53	45	75	280	12/35	30	60	48	70	350	48/175	24	60	48	70
213	32/71	40	60	48	71	282	16/47	30	47	48	90	351	32/117	20	45	40	65
215	96/215	34	43	48	85	284	24/71	30	60	48	71	352	3/11	30	55	45	90
216	4/9	34	45	50	85	285	32/95	30	45	48	95	354	16/59	34	59	40	85
217	96/217	40	62	48	70	286	48/143	24	55	50	65	355	96/355	24	60	48	71
219	32/73	40	73	60	75	287	96/287	24	41	40	70	356	24/89	33	55	40	89
220	24/55	30	55	60	75	288	1/3	34	48	40	85	360	4/15	30	45	40	100
221	96/221	40	65	60	85	290	48/145	30	58	48	75	361	96/361	24	57	60	95
222	16/37	34	37	40	85	291	32/97	30	45	48	97	364	24/91	20	65	60	70
224	3/7	40	60	45	70	292	24/73	30	60	48	73	365	96/365	24	60	48	73
225	32/75	34	45	48	85	294	16/49	40	60	48	98	366	16/61	34	61	40	85
228	8/19	40	57	45	75	295	96/295	30	59	48	75	368	6/23	33	55	40	92
230	48/115	40	50	48	92	296	12/37	30	37	40	100	369	32/123	24	41	40	90
232	12/29	40	58	45	75	297	32/99	20	45	40	55	370	48/185	24	37	40	100
234	16/39	40	65	50	75	299	96/299	40	65	48	92	371	96/371	20	53	48	70
235	96/235	34	47	48	85	300	8/25	30	50	48	90	372	8/31	24	62	50	75
236	24/59	40	59	45	75	301	96/301	24	43	40	70	374	48/187	24	55	50	85
237	32/79	30	45	48	79	304	6/19	30	57	48	80	375	32/125	24	50	48	90
238	48/119	30	35	40	85	305	96/305	24	61	60	75	376	12/47	30	47	40	100
240	2/5	30	45	48	80	306	16/51	30	45	40	85	377	96/377	20	58	48	65
244	24/61	35	61	48	70	308	24/77	35	55	48	98	378	16/63	20	45	40	70
245	96/245	40	50	48	98	310	48/155	30	62	48	75	380	24/95	25	50	48	95
246	16/41	34	41	40	85	312	4/13	30	65	50	75	384	1/4	30	48	40	100
247	96/247	30	57	48	65	315	32/105	40	70	48	90	385	96/385	20	55	48	70
248	12/31	35	62	48	70	316	24/79	30	60	48	79	387	32/129	24	43	40	90
249	32/83	30	45	48	83	318	16/53	34	53	40	85	388	24/97	25	50	48	97
250	48/125	34	50	48	85	319	96/319	20	55	48	58	390	16/65	20	65	60	75
252	8/21	35	45	48	98	320	3/10	30	50	45	90	392	12/49	30	50	40	98
253	96/253	40	55	48	92	322	48/161	40	70	48	92	395	96/395	24	60	48	79
255	32/85	30	45	48	85	323	96/323	30	57	48	85	396	8/33	24	55	50	90
256	3/8	34	48	45	85	324	8/27	30	45	40	90	399	32/133	20	57	48	70
258	16/43	30	43	48	90	325	96/325	30	65	48	75	400	6/25	30	50	40	100

（3）滚刀的垂直进给运动

垂直进给挂轮：
$$\frac{a_2 \times c_2}{b_2 \times d_2} = \frac{3}{4}f_a$$

（4）工件的附加运动（差动运动）

差动挂轮：
$$\frac{a_3 \times c_3}{b_3 \times d_3} - \frac{7.95775 \times \sin\beta}{m_n \times z_0}$$

（5）滚刀的径向进给运动

$$\frac{a_2 \times c_2}{b_2 \times d_2} = \frac{25}{4}f_r$$

（6）滚刀的切向进给运动

$$\frac{a_2 \times c_2}{b_2 \times d_2} = \frac{5}{4}f_t$$

Y38 型滚齿机进给挂轮见机床说明书或表 3-8。

表 3-8 Y38 滚齿机进给挂轮表

工作台转动一周时间内			进给挂轮			
垂直进给量 f_a/mm	径向进给量 f_r/mm	切向进给量 f_t/mm	a_1	b_2	c_2	d_2
0.1	0.012	0.06	20	80	24	79
			20	79	23	75
0.2	0.024	0.12	20	75	45	80
			30	60	24	80
0.3	0.036	0.18	45	50	20	80
			24	40	30	80
0.4	0.048	0.24	20	40	30	50
			30	60	45	75
0.5	0.06	0.30	30	80	—	—
			35	70	60	80
0.6	0.072	0.36	35	50	45	70
			40	50	45	80
0.7	0.084	0.42	35	40	30	50
			35	60	45	50
0.8	0.092	0.48	30	50	—	—
			33	50	—	—
1.0	0.120	0.60	30	40	—	—
			60	40	35	70
1.2	0.144	0.72	60	40	30	50
			45	50	—	—

（7）惰轮（介轮）的使用　惰轮用来改变挂轮的转动方向，不影响挂轮比值。分齿挂轮的惰轮是用来保证滚刀与工件的转向符合一对螺旋齿轮的旋转方向。当滚刀转动方向如图 3-1 所示，采用右旋滚刀滚切齿轮时，工件必须逆时针方向（从工件上方向下看）转动；采用左旋滚刀时，工

件须按顺时针方向转动。

速度挂轮的惰轮被用来改变滚刀的旋转方向。

垂直进给挂轮的惰轮被用来改变进给运动方向，以实现“顺滚”或“逆滚”。

差动挂轮的惰轮被用来改变附加运动方向，保证用右旋滚刀滚切右旋斜齿轮时工件的附加运动是增值，即工件多转一点，附加运动与分齿运动同向回转；滚切左旋斜齿轮时，工件的附加运动是减值，即工件少转一点，附加运动和分齿运动异向回转。反之，用左旋滚刀滚切右旋斜齿轮时工件的附加运动是减值；滚切左旋斜齿轮时工件的附加运动是增值。

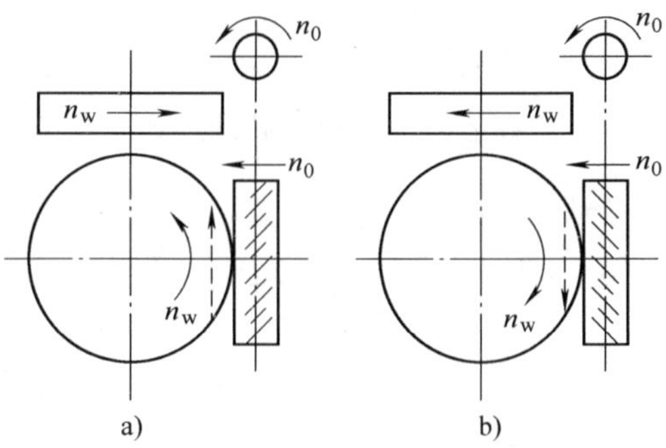

图 3-1　滚刀的旋向与工作台旋转方向的关系

a）右旋　b）左旋

Y38 型滚齿机各挂轮组中的介轮使用情况见表 3-9。

表 3-9　Y38 型滚齿机各挂轮组中的介轮使用情况

滚刀旋转方向	工件旋转方向	跨轮	分齿挂轮		进给挂轮				差动挂轮	
		$\frac{e}{f}$	$\frac{a_1}{b_1}$	$\frac{a_1 \times c_1}{b_1 \times d_1}$	$\frac{a_2}{b_2}$ 或 $\frac{a_2 \times c_2}{b_2 \times d_2}$				$\frac{a_3}{b_3}$	$\frac{a_3 \times c_3}{b_3 \times d_3}$
			2 个	4 个	顺铣		逆铣		2 个	4 个
					2 个	4 个	2 个	4 个		
右旋滚刀	直齿轮	○	+	○	○	+	+	○	不挂	
	右旋齿轮	+	+	○	○	+	+	○	+	○
	左旋齿轮	+	+	○	○	+	+	○	○	+
左旋滚刀	直齿轮	+	+	○	+	○	○	+	不挂	
	右旋齿轮	○	+	○	+	○	○	+	○	+
	左旋齿轮	○	+	○	+	○	○	+	+	○

注：“+”号表示要加介轮，“○”号表示不加介轮。

3.1.2　滚齿加工工艺参数的选择

滚刀转速的确定需考虑工件的材料、大小，滚刀和滚齿机的刚度，还应注意滚切齿数少的齿轮，特别是用多头滚刀滚切少齿数齿轮时，机床分度蜗杆的转速将很高，因此，滚刀的转速应限制在滚齿机分度蜗杆的极限转速之内。滚刀转速 n_o 与切削速度 v 的关系是

$$n_o = \frac{1000v}{\pi d_{a0}}$$

式中　n_o——滚刀转速（r/min）；

v——切削速度（m/min）；

d_{a0}——滚刀外径（mm）。

切削速度 v 与进给量 f 的选用，应当以保证工件质量、提高生产率、延长滚刀寿命为前提，根据机床、工件、刀具系统的刚度、工件的模数、齿数、材料及精度要求综合考虑。

滚切不同材质的齿轮时的切削速度可参考表 3-10。

采用高性能高速钢普通滚刀，每天工作 8h、最大磨损宽度约 0.4mm 的经济切削速度如图 3-2 所示。

表 3-10　高速钢滚刀滚切不同材质的齿轮时的切削速度　　（单位：m/min）

工件材料	粗　滚	精　滚
铸　铁	16～20	20～25
钢件（抗拉强度 600MPa 以下）	25～28	30～35
钢件（抗拉强度 600MPa 以上）	20～25	25～30
铬钼钢	20～25	25～30
青　铜	25～50	
塑　料	25～50	

注：表中数据可根据具体生产条件选用，一般选用较小值。在粗加工中宜用低切削速度大进给量，在精加工中宜用高切削速度小进给量。

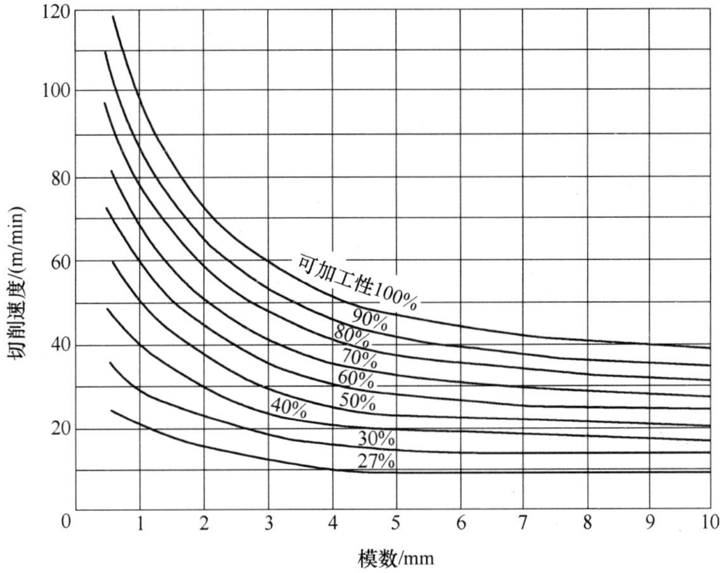

图 3-2　按齿坯可加工性和模数选取切削速度

轮坯材料可加工性如图 3-3 所示。

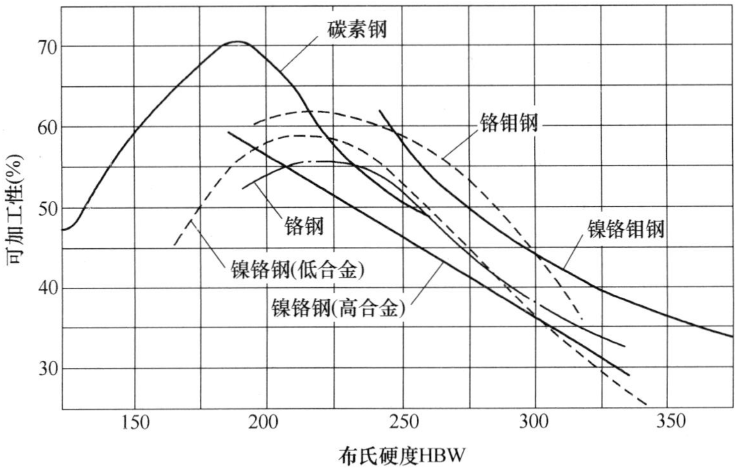

图 3-3　轮坯材料可加工性

普通高速钢滚刀切削 45 钢齿轮常用切削用量见表 3-11。

表 3-11　普通高速钢滚刀切削 45 钢齿轮常用切削用量

模数/mm	粗滚		精滚	
	v/（m/min）	f/（mm/r）	v/（m/min）	f/（mm/r）
≤10	25～30	1.5～3.0	30～40	1.0～2.0
>10	12～20	1.2～2.5	15～25	1.0～1.5

滚切不同材质的齿轮时的进给量可参考表 3-12。

表 3-12　滚切不同材质的齿轮时的进给量　　（单位：mm/r）

加工性质	钢件			铸铁		
	$m_n \leqslant 5$	$m_n > 5 \sim 8$	$m_n > 8 \sim 12$	$m_n \leqslant 5$	$m_n > 5 \sim 8$	$m_n > 8 \sim 12$
粗　滚	1.25～2.0	1.50～2.5	2.0～3.50	1.5～2.25	1.75～2.75	2.50～4.0
精　滚	0.60～0.8	0.70～0.9	0.8～1.20	0.7～1.20	1.0～1.50	1.20～2.0

大批量生产时应根据上述切削用量，通过试验获得经济的切削速度和进给量。

3.1.3　Y38 型滚齿机上的加工实例

例 1：在 Y38 型滚齿机上加工一直齿圆柱齿轮，采用逆铣，齿数 $z=50$，模数 $m=4\text{mm}$，压力角 $\alpha=20°$，精度 8 级，材料为 45 钢。试确定机床的调整数据。

1）选用滚刀：Ⅱ型、单头、右旋滚刀，A 级，滚刀外径 $d_e=90\text{mm}$，螺旋升角 $\gamma_z=2°55'$，滚刀安装角 $\gamma_{安}=\gamma_z=2°55'$。

2）确定变速挂轮：查表 3-6，选用切削速度 20～25m/min，对应的滚刀转速为 70.7～88.4r/min，从表 3-4 查得接近的转速为 79r/min。

变速挂轮为$\dfrac{A}{B}=\dfrac{25}{35}$。

3）确定分齿挂轮：由表 3-5 查得，$z\leqslant161$ 时，$\dfrac{e}{f}=\dfrac{36}{36}$，$\dfrac{a_1\times c_1}{b_1\times d_1}=24\dfrac{z_0}{z}=\dfrac{24}{50}$。

4）确定进给挂轮：选用垂直进给量为 1mm/r，$\dfrac{a_2\times c_2}{b_2\times d_2}=\dfrac{3}{4}f_a=\dfrac{30}{40}=\dfrac{60\times35}{40\times70}$。采用逆铣加工，若挂轮由 2 个组成，加惰轮；若挂轮由 4 个组成，不加惰轮。

例 2：在 Y38 型滚齿机上滚切一材料为 45 钢的斜齿圆柱齿轮，齿数 $z=60$，模数 $m_n=3$，螺旋角 $\beta=20°15'$，右旋，选用单头右旋齿轮滚刀。试确定各组挂轮。

1）速度挂轮：$i_0=\dfrac{A}{B}$。

根据合理的切削速度，选取 $n_0=79\text{r/min}$，

$$i_0=\frac{A}{B}=\frac{25}{35}$$

2）分齿挂轮：

当 $z\leqslant161$ 时，$\dfrac{e}{f}=\dfrac{36}{36}$，$\dfrac{a_1\times c_1}{b_1\times d_1}=24\dfrac{z_0}{z}$，得

$$\frac{a_1\times c_1}{b_1\times d_1}=\frac{24\times1}{60}=\frac{24}{60}$$

3）进给挂轮：

$$\frac{a_2\times c_2}{b_2\times d_2}=\frac{3}{4}f_a$$

选取垂直进给量$f_a = 1\text{r/min}$，代入后得

$$\frac{a_2 \times c_2}{b_2 \times d_2} = \frac{3}{4} \times 1 = \frac{3}{4} = \frac{30}{40}$$

4）差动挂轮：$\dfrac{a_3 \times c_3}{b_3 \times d_3} = \dfrac{7.95775 \times \sin\beta}{m_n \times z_0}$，得

$$\frac{a_3 \times c_3}{b_3 \times d_3} = \frac{7.95775\sin20°15'}{3 \times 1} = 0.9181043$$

查通用挂轮表得

$$\frac{a_3 \times c_3}{b_3 \times d_3} = \frac{41 \times 58}{37 \times 70} = 0.9181468$$

挂轮比误差为$0.9181468 - 0.9181043 = 4.25 \times 10^{-5}$，在误差允许范围内。

3.1.4　吃刀深度的调整

滚齿时滚刀的径向切削深度应是全齿高（标准齿轮为$2.25m_n$），但一般齿顶圆的精度不高，若以齿顶圆为基准，按$2.25m_n$进刀只能作参考，最终尺寸应以测量公法线长度、齿厚或量球（柱）距为准。切齿时首次切入深度控制在比正常切入深度少0.3～1mm（因模数而异）而进行试切，测定试切后的齿厚用以确定切齿深度差值Δh，切齿深度差值和齿厚余量的关系式见表3-13。进行两次滚齿时，第二次滚齿的加工余量少到不留下第一次粗滚的刀纹即可加工出光洁的齿面。

表3-13　切齿深度差值和齿厚余量的关系

<table>
<tr><td></td><td>固定弦齿厚</td><td>分度圆弦齿厚</td><td>公法线长度</td><td>量球（柱）距</td></tr>
<tr><td>齿厚测量方式</td><td>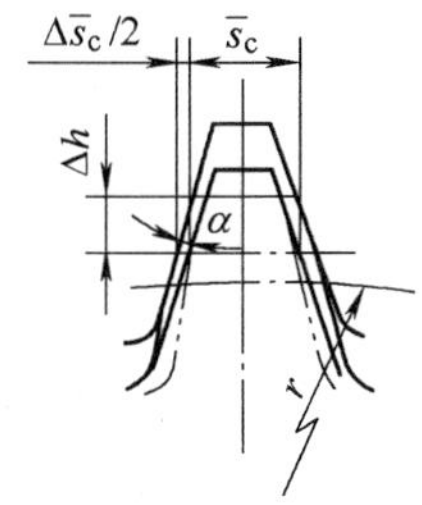
</td><td>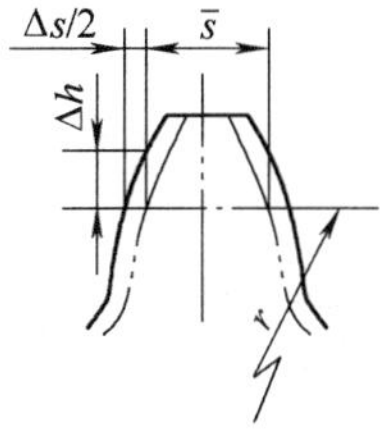
</td><td>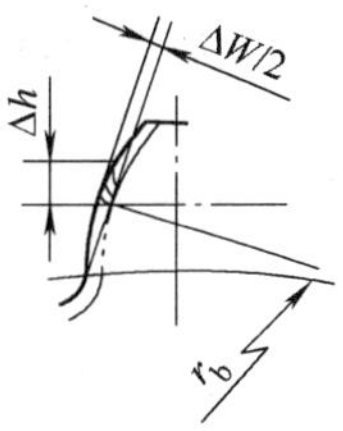
</td><td>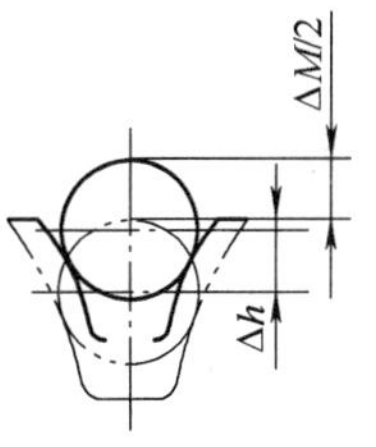
</td></tr>
<tr><td>关系式</td><td>$\Delta h = \dfrac{\Delta \bar{s}_c}{2\tan\alpha}$</td><td>$\Delta h = \dfrac{\Delta \bar{s}}{2\tan\alpha}$</td><td>$\Delta h = \dfrac{\Delta W}{2\sin\alpha}$</td><td>$\Delta h = \dfrac{\Delta M}{2}$</td></tr>
</table>

α	14.5°	15°	17.5°	20°	25°	30°
Δh	$1.93\Delta \bar{s}_c$	$1.87\Delta \bar{s}_c$	$1.58\Delta \bar{s}_c$	$1.37\Delta \bar{s}_c$	$1.07\Delta \bar{s}_c$	$0.87\Delta \bar{s}_c$
	$1.99\Delta W$	$1.93\Delta W$	$1.66\Delta W$	$1.46\Delta W$	$1.18\Delta W$	$1.00\Delta W$

在选择测量方法时应注意：

1）测量公法线长度时，不以齿顶圆为基准，可以放宽齿顶圆的公差及径向圆跳动公差。在单件及小批量生产中可用普通的游标卡尺测量，在大批量生产中可用极限量规进行检验。

2）固定弦齿厚和它到分度圆的距离同齿轮的齿数无关，而只与原始齿形角、模数及变位系数有关，特别是用于测量斜齿圆柱齿轮时，可以省去当量齿数的换算。测量固定弦齿厚是以齿顶圆为基准的，齿顶圆直径及其径向圆跳动的公差应予以严格控制。对斜齿圆柱齿轮，应在法向上进行测量固定弦齿厚。

3.1.5　滚齿加工齿数大于 100 的质数齿轮

当被加工齿轮的齿数为质数时，有以下三种情况：

1）齿数在 20 以下的质数齿轮，例如 13、17、19 等。加工时，分齿挂轮的搭配取它的整数倍即可。

2）齿数在 20～100 范围内的质数齿轮，共有 18 个，即 23、29、31、37、41、43、47、53、59、61、67、71、73、79、83、89、91、97。加工时，机床附件中通常已备有相应齿数的挂轮，能满足加工要求。

3）齿数在 100 以上的质数齿轮，例如 101、103、107、109、113、127 等，加工时，因无法选取到上述分齿挂轮，又不能作因子分解而致使加工无法进行，这种齿轮，常称为大质数齿轮。

1. 滚切大质数齿轮的加工调整原理

在加工大质数齿轮计算分齿挂轮时，可另选一个工件齿数 z'，这个 z'既能选取到分齿挂轮，同时又与被加工齿轮齿数 z 比较接近，z'与 z 的差数 Δz（称为齿数差数），用机床中的附加运动进行补偿，附加运动的大小利用差动挂轮的速比进行调整，附加运动的方向则利用加置介轮与否进行控制。

2. 滚切大质数直齿圆柱齿轮的调整计算方法

（1）分齿挂轮的计算　因为工件齿数 z 不能作因子分解，所以另选一个 z'，有 $z'=z\pm\Delta z$。Δz 是一个任意取定的小于 1 的分数值，但必须使 $z+\Delta z$ 或 $z-\Delta z$ 可以与机床分齿挂轮相约或化简，从而能够在现有机床附件的挂轮中找到相应的分齿挂轮。

分齿挂轮的计算式为

$$\frac{e}{f}\times\frac{a_1\times c_1}{b_1\times d_1}=K\frac{z_0}{z\pm\Delta z}$$

通常，采用单头滚刀加工大质数齿轮，所以上式为

$$\frac{e}{f}\times\frac{a_1\times c_1}{b_1\times d_1}=K\frac{1}{z\pm\Delta z}$$

式中　K——所用滚齿机的分齿常数，对 Y38 型滚齿机，$K=24$。

（2）差动挂轮的计算式　为了使加工后的工件齿数仍保持成原来齿数 z，z 与 z'的差数 Δz 依靠机床附加运动进行补偿纠正，其补偿量大小应该符合一定的传动关系。因为分齿挂轮调整为加工 z'齿，所以每切削一个齿（单头滚刀旋转一整圈），工作台多转或少转圈数是

$$\frac{1}{z'}-\frac{1}{z}=\frac{z-z'}{zz'}=\frac{\mp\Delta z}{zz'}$$

在工作台转动一圈的时间内，多转或少转的圈数是

$$z\times\frac{\mp\Delta z}{zz'}=\frac{\mp\Delta z}{z'}=\frac{\mp\Delta z}{z\pm\Delta z}$$

在工作台转动一圈的时间内，滚刀的垂直进给量为 f_a，这个附加运动的传动关系是滚刀垂直进给 f_a→工作台附加转动$\frac{\mp\Delta z}{z\pm\Delta z}$。传动路线为垂直进给丝杠→工作台。以 Y38 型滚齿机为例，其传动运动方程式为

$$\frac{f_a}{10}\times\frac{30}{5}\times\frac{20}{4}\times\frac{17}{17}\times\frac{17}{17}\times\frac{36}{45}\times\frac{a_3\times c_3}{b_3\times d_3}\times\frac{1}{30}\times i_{差}\times\frac{e}{f}\times\frac{a_1\times c_1}{b_1\times d_1}\times\frac{1}{96}=\frac{\mp\Delta z}{z\pm\Delta z}$$

式中　$i_{差}=2$，$\frac{e}{f}\times\frac{a_1\times c_1}{b_1\times d_1}=24\frac{z_0}{z\pm\Delta z}$

代入上述传动平衡方程式化简后得

$$\frac{a_3 \times c_3}{b_3 \times d_3} = 25 \times \frac{\mp \Delta z}{z_0 \times f_a}$$

在常用滚齿机上，滚切大质数直齿圆柱齿轮时机床各组挂轮的计算式见表3-14。

表3-14 滚切大质数直齿圆柱齿轮时机床各组挂轮的计算式

使用机床	工件齿数	分齿挂轮		进给挂轮	差动挂轮
		$\frac{e}{f}$	$\frac{a_1 \times c_1}{b_1 \times d_1}$	$\frac{a_2 \times c_2}{b_2 \times d_2}$	$\frac{a_3 \times c_3}{b_3 \times d_3}$
Y38	$z \leqslant 161$	$\frac{36}{36}$	$\frac{24z_0}{z \pm \Delta z}$	$\frac{3}{4}f_a$	$25\frac{\mp \Delta z}{z_0 \times f_a}$
	$z > 161$	$\frac{24}{48}$	$\frac{48z_0}{z \pm \Delta z}$		
Y3150	$z \leqslant 161$	$\frac{36}{36}$	$\frac{48z_0}{z \pm \Delta z}$	f_a	$\frac{105}{4} \times \frac{\mp \Delta z}{z_0 \times f_a}$
	$z > 161$	$\frac{24}{48}$	$\frac{96z_0}{z \pm \Delta z}$		

附加运动的方向取决于Δz的符号，当取用$+\Delta z$时，工件齿数被增大，调整分齿挂轮后，工作台转速被放慢，用差动运动附加运动补偿时，应加快工作台转速，差动挂轮公式前应使用“-”号，以使附加运动与分齿运动的转向相同；反之，取用$-\Delta z$，工件齿数减小，工作台转速被加快，差动挂轮公式前应使用“+”号，以使附加运动的转向与分齿运动的转向相反。附加运动的方向用加置介轮与否进行控制，它根据差动挂轮的计算结果所带符号，按表3-15选定。

表3-15 滚切大质数齿轮时差动挂轮中的介轮

z'的大小	差动挂轮计算结果所带符号	滚切方式	差动挂轮中的介轮	
			由两轮组成时	由四轮组成时
$z+\Delta z$	“-”号	逆　滚	＋	○
		顺　滚	○	＋
$z-\Delta z$	“+”号	逆　滚	○	＋
		顺　滚	＋	○

注：1. 表中内容适合于用右旋滚刀加工齿轮时。
2. “＋”号表示加介轮，“○”号表示不加介轮。

滚切大质数直齿圆柱齿轮时各组挂轮的搭配方式可按表3-16所列内容进行复查和校核。

表3-16 滚切大质数齿轮时各组挂轮的搭配方式

滚刀旋向	z'的大小	滚切方式	差动挂轮的搭配形式
右旋	$z+\Delta z$	逆　滚	与右旋滚刀滚切右旋斜齿轮相同
		顺　滚	与右旋滚刀滚切左旋斜齿轮相同
	$z-\Delta z$	逆　滚	与右旋滚刀滚切左旋斜齿轮相同
		顺　滚	与右旋滚刀滚切右旋斜齿轮相同
左旋	$z+\Delta z$	逆　滚	与左旋滚刀滚切右旋斜齿轮相同
		顺　滚	与左旋滚刀滚切左旋斜齿轮相同
	$z-\Delta z$	逆　滚	与左旋滚刀滚切左旋斜齿轮相同
		顺　滚	与左旋滚刀滚切右旋斜齿轮相同

3. 滚切大质数斜齿圆柱齿轮的调整计算方法

滚切大质数斜齿圆柱齿轮通常有以下两种方法：

1）利用滚齿或插齿先加工一只齿数与被加工大质数斜齿轮齿数相同的直齿轮（挂轮），再利用这只质数挂轮来滚切所要加工的大质数斜齿圆柱齿轮。

2）直接利用滚齿机中的差动机构切出。此时，分齿挂轮的计算方法与前述相同，但机床的附加运动应由两部分组成：

① 补偿 Δz 的附加运动。

② 形成螺旋齿所需的附加运动。

差动挂轮的计算式：
$$\frac{a_3 \times c_3}{b_3 \times d_3} = Q\left[\frac{(z \pm \Delta z)\ \sin\beta}{\pi m_n z_0 z} \mp \frac{\Delta z}{z_0 \times f_a}\right]$$

式中 f_a——垂直进给量，通常取整数值；

Q——计算滚切大质数斜齿圆柱齿轮差动挂轮的系数，Q = 滚齿机差动常数 × π，Y38 型滚齿机的 $Q = 7.95775\pi = 25$，Y3150 型滚齿机的 $Q = 8.3556346\pi = \frac{105}{4}$。

在常用滚齿机上，滚切大质数斜齿圆柱齿轮时机床各组挂轮的计算式见表 3-17。

表 3-17 滚切大质数斜齿圆柱齿轮时机床各组挂轮的计算式

使用机床	工件齿数	分齿挂轮 $\frac{e}{f}$	分齿挂轮 $\frac{a_1 \times c_1}{b_1 \times d_1}$	进给挂轮 $\frac{a_2 \times c_2}{b_2 \times d_2}$	差动挂轮 $\frac{a_3 \times c_3}{b_3 \times d_3}$
Y38	$z \leqslant 161$	$\frac{36}{36}$	$\frac{24z_0}{z \pm \Delta z}$	$\frac{3}{4}f_a$	$\pm\frac{7.95775\ (z \pm \Delta z)\ \sin\beta}{m_n z_0 z} \mp \frac{25 \times \Delta z}{z_0 \times f_a}$
	$z > 161$	$\frac{24}{48}$	$\frac{48z_0}{z \pm \Delta z}$		
Y3150	$z \leqslant 161$	$\frac{36}{36}$	$\frac{48z_0}{z \pm \Delta z}$	f_a	$\pm\frac{8.3556346\ (z \pm \Delta z)\ \sin\beta}{m_n z_0 z} \mp \frac{105 \times \Delta z}{4 \times z_0 \times f_a}$
	$z > 161$	$\frac{24}{48}$	$\frac{96z_0}{z \pm \Delta z}$		

差动挂轮计算公式中，当工件与滚刀螺旋方向相同时，第一项前面用“－”号；方向相反时，第一项前面用“＋”号。当取用 $+\Delta z$ 时，差动挂轮计算公式中的第一项也用 $+\Delta z$，此时第二项前面用“－”号；当取用 $-\Delta z$ 时，差动挂轮计算公式中的第一项也用 $-\Delta z$，此时第二项前面用“＋”号。

上面公式若记为一般形式，则成为 $\frac{a_3 \times c_3}{b_3 \times d_3} = Q\ (A \pm B)$，式中的正负号及各组挂轮的搭配形式见表 3-18。

表 3-18 滚切大质数斜齿轮时差动挂轮的调整

滚刀旋向	工件旋向	z' 的大小	滚切方式	差动挂轮计算公式
右旋	右旋	$z + \Delta z$	逆滚	$Q\ (A + B)$
			顺滚	$Q\ (A - B)$
		$z - \Delta z$	逆滚	$Q\ (A - B)$
			顺滚	$Q\ (A + B)$
	左旋	$z + \Delta z$	逆滚	$Q\ (A - B)$
			顺滚	$Q\ (A + B)$
		$z - \Delta z$	逆滚	$Q\ (A + B)$
			顺滚	$Q\ (A - B)$

（续）

滚刀旋向	工件旋向	z′的大小	滚切方式	差动挂轮计算公式
左旋	右旋	$z+\Delta z$	逆 滚	$Q\ (A-B)$
			顺 滚	$Q\ (A+B)$
		$z-\Delta z$	逆 滚	$Q\ (A+B)$
			顺 滚	$Q\ (A-B)$
	左旋	$z+\Delta z$	逆 滚	$Q\ (A+B)$
			顺 滚	$Q\ (A-B)$
		$z-\Delta z$	逆 滚	$Q\ (A-B)$
			顺 滚	$Q\ (A+B)$

4. 滚切大质数圆柱齿轮时的注意事项

1）在滚切过程中，机床的分齿运动、进给运动和附加运动传动链是相互关联的，在加工过程中不能随便断开，否则将会造成“破头”而又得重新对刀。滚齿时如分粗精加工，粗加工完毕后只能采用手动使刀架作上下垂向移动，然后将手动重新恢复到机动位置，进行第二刀精加工，不得开动刀架的垂直方向快速电动机将滚刀快速返回切削行程的起始点。

2）如果快速退回滚刀，必须重新对刀，或使快速退刀的返回行程长度为被加工斜齿轮轴向齿距的整倍数即可。

3）在加工过程中，不能变更垂直进给量的大小，如果必须变换垂直进给量时，应重新计算并调整差动挂轮。

4）确定差动挂轮比时，垂直进给量必须按所配进给挂轮准确计算。

5. Δz 的选取

在加工大质数齿轮时，通常使 Δz 值满足 $\Delta z=\pm\frac{1}{5}\sim\pm\frac{1}{50}$，$\Delta z$ 的选取可查表3-19。

表3-19 Δz 及计算分齿挂轮因数表

齿数 z	$\frac{1}{\Delta z}$	$\frac{z}{\Delta z}+1$	齿数 z	$\frac{1}{\Delta z}$	$\frac{z}{\Delta z}+1$	齿数 z	$\frac{1}{\Delta z}$	$\frac{z}{\Delta z}+1$
101	-17	33×52	113	+15	32×53	127	-15	34×56
	+20	43×47		+23	40×65		+17	45×48
	-23	43×54		+34	61×63		-23	40×73
	-35	57×62		+35	43×92		-25	46×69
	-45	64×71		-45	62×82		+35	57×78
103	-20	29×71	179	+15	34×79	131	-20	27×97
	-23	37×64		-23	42×98		+25	52×63
	+25	46×56		+23	58×71		-34	61×73
	-35	53×68		-35	72×87		+45	67×88
	+45	61×76		+45	53×152		-50	59×111
107	+15	22×73	181	-15	46×59	137	-15	26×79
	-20	31×69		+20	51×71		-20	33×83
	-23	41×60		+25	62×73		-23	45×70
	-35	39×96		-30	61×89		-35	47×102
	+45	56×86		+35	64×99		-45	67×92
109	-15	38×43	191	+17	56×58	139	+25	44×79
	+25	47×58		-20	57×67		+30	43×97
	+35	53×72		-23	61×72		-35	64×76
	+40	49×89		-25	62×77		+40	67×83
	+50	69×79		-39	76×98		+45	68×92

（续）

齿数 z	$\frac{1}{\Delta z}$	$\frac{z}{\Delta z}+1$	齿数 z	$\frac{1}{\Delta z}$	$\frac{z}{\Delta z}+1$	齿数 z	$\frac{1}{\Delta z}$	$\frac{z}{\Delta z}+1$
149	+15	43×52	151	+20	53×57	173	+15	44×59
	−25	49×76		−23	56×62		−17	49×60
	+25	54×69		−25	51×74		−23	51×78
	−35	66×79		+25	59×64		−25	47×92
	−39	70×83		−45	79×86		+43	80×93
193	−17	41×80	157	+15	38×62	211	+17	39×92
	+20	39×99		+17	30×89		+20	63×67
	+23	60×74		−20	43×73		+29	72×85
	−25	67×72		+23	43×84		−35	71×104
	−40	83×93		−35	67×82		−40	87×97
197	−17	54×62	163	−15	47×52	223	−15	38×88
	+17	50×67		+23	50×75		+17	48×79
	−29	68×84		−25	42×97		−20	49×91
	+40	71×111		+30	67×73		+23	54×95
	−50	67×147		−35	62×92		+25	68×82
199	+17	47×72	167	+17	40×71	227	−20	51×89
	−23	52×88		−20	53×63		−23	58×90
	−34	41×165		−23	60×64		+25	66×86
	+35	81×86		+25	58×72		+37	84×100
	−39	80×97		+35	74×79		−41	94×99

注：1. $\Delta z=\pm\frac{1}{5}\sim\pm\frac{1}{50}$。

2. $\frac{z}{\Delta z}+1$ 栏内的因数为绝对值。

3. $i_1=\frac{a_1\times c_1}{b_1\times d_1}=K\frac{z_0}{z\pm\Delta z}=\frac{Kz_0\times\frac{1}{\Delta z}}{\frac{z}{\Delta z}+1}$，简化后乘以适当因数，就可得到所需的分齿挂轮。

6. 应用实例

例 1：在 Y38 型滚齿机上滚切一大质数直齿圆柱齿轮，模数 $m_n=2$，齿数 $z=139$，用单头右旋滚刀逆铣加工，刀架垂直进给量 $f_a=1\text{mm/r}$。试确定分齿、进给、差动挂轮及其介轮。

1）分齿挂轮的确定。查表 3-5，当 $z\leqslant161$ 时，$\frac{e}{f}=\frac{36}{36}$。选取 $\Delta z=+\frac{1}{40}$。

$$\frac{a_1\times c_1}{b_1\times d_1}=24\frac{z_0}{z+\Delta z}=\frac{24\times1}{139+\frac{1}{40}}=\frac{24\times40}{5560+1}=\frac{24\times40}{5561}=\frac{24\times40}{67\times83}$$

查表 3-15，用右旋滚刀逆铣滚切直齿轮，分齿挂轮由四轮组成时，不加介轮。

2）进给挂轮的确定。垂直进给量 $f_a=1\text{mm/r}$，得进给挂轮为

$$\frac{a_2\times c_2}{b_2\times d_2}=\frac{3}{4}f_a=\frac{3}{4}\times1=\frac{3}{4}=\frac{30}{40}\left(=\frac{60}{80}=\frac{60\times35}{40\times70}\right)$$

用逆铣加工时，刀架垂直进给挂轮由两轮$\left(\frac{30}{40}\right)$或$\left(\frac{60}{80}\right)$（单式轮系）组成时，应该加置一个介轮；由四轮$\left(\frac{60\times35}{40\times70}\right)$（复式轮系）组成时，分齿挂轮中不要加介轮。

3）差动挂轮的确定。

由表 3-15 可知，分齿挂轮公式中使用 $z+\Delta z$，则差动挂轮中使用“－”号。

$$f_a = 1\text{mm/r},$$

$$\frac{a_3 \times c_3}{b_3 \times d_3} = 25 \times \frac{-\Delta z}{z_0 \times f_a} = -\frac{25 \times \frac{1}{40}}{1 \times 1} = -\frac{25}{40}$$

计算结果带“-”号，查表3-15，逆铣加工时，差动挂轮由两轮（单式轮系）组成时，应加置一介轮。

滚齿时其余调整方法与通常滚齿时基本相同，并按滚齿工艺守则所规定的要求进行。

例2：在Y38型滚齿机上用单头右旋滚刀滚切右旋大质数斜齿轮，模数 $m_n = 2$，齿数 $z = 103$，螺旋角 $\beta = 30°$，逆铣，刀架垂直进给量 $f_a = 1\text{mm/r}$。试确定分齿、进给、差动挂轮。

1）分齿挂轮的确定。查表3-5，当 $z \leqslant 161$ 时，$\frac{e}{f} = \frac{36}{36}$，选取 $\Delta z = -\frac{1}{25}$。

$$\frac{a_1 \times c_1}{b_1 \times d_1} = 24\frac{z_0}{z - \Delta z} = \frac{24 \times 1}{103 - \frac{1}{25}} = \frac{24 \times 25}{2575 - 1} = \frac{24 \times 25}{2574} = \frac{24 \times 25}{2 \times 3 \times 3 \times 11 \times 13}$$

$$= \frac{24 \times 25}{6 \times 33 \times 13} = \frac{4 \times 25}{33 \times 13} = \frac{20 \times 25}{33 \times 65}$$

2）进给挂轮的确定。垂直进给量 $f_a = 1\text{mm/r}$，得进给挂轮为

$$\frac{a_2 \times c_2}{b_2 \times d_2} = \frac{3}{4}f_a = \frac{3}{4} \times 1 = \frac{3}{4} = \frac{30}{40}\left(= \frac{60}{80} = \frac{60 \times 35}{40 \times 70}\right)$$

3）差动挂轮的确定。

因工件与滚刀的螺旋线方向相同，故公式第一项前面用“-”号。当取用 $-\Delta z$ 时，差动挂轮计算公式中的第一项用 $-\Delta z$，第二项前面用“+”号。

$$f_a = 1\text{mm/r},$$

$$\frac{a_3 \times c_3}{b_3 \times d_3} = \pm\frac{7.95775(z + \Delta z)\sin\beta}{m_n z_0 z} \mp \frac{25 \times \Delta z}{z_0 \times f_a} = -\frac{7.95775 \times \left(103 - \frac{1}{25}\right)\sin30°}{2 \times 1 \times 103} + \frac{25 \times \frac{1}{25}}{1 \times 1}$$

$$= -\frac{7.95775 \times \frac{2574}{25} \times \frac{1}{2}}{2 \times 1 \times 103} + 1 = -\frac{7.95775 \times 1287}{2 \times 103 \times 25} + 1 = -\frac{10241.62425}{5150} + 1$$

$$= -1.988664903 + 1 = -0.988664902 \approx -\frac{87}{88} = -\frac{29 \times 3}{11 \times 8} = -\frac{29 \times 3 \times 30}{11 \times 8 \times 30}$$

$$= -\frac{29 \times 2 \times 3 \times 15}{11 \times 5 \times 8 \times 6} = -\frac{58 \times 45}{55 \times 48}(= -0.988636363)$$

计算结果带“-”号，使用两对挂轮时不加介轮。

挂轮比误差 $0.988664902 - 0.988636363 = 2.8539 \times 10^{-5}$，在误差允许范围内。

7. 滚切齿数大于100的非质数齿轮

在滚切齿数为121、169、202、214、218、226、243、254等齿轮时，这些齿轮虽然不是质数齿，但计算分齿挂轮时仍然无法选到所需的分齿挂轮。这是因为把这些齿数分解因数，有的因数仍是大于100的质数，有的因数虽然小于100，但根据这些因数，无法选到所需的分齿挂轮。滚切这种齿数的齿轮时，需采用滚切大于100的质数齿轮的方法。

例1：在Y38型滚齿机上滚切一直齿圆柱齿轮，模数 $m_n = 2$，齿数 $z = 121$，用单头右旋滚刀逆铣加工，刀架垂直进给量 $f_a = 1\text{mm/r}$。试确定分齿、进给、差动挂轮。

1）分齿挂轮的确定。查表3-5，当 $z \leqslant 161$ 时，$\frac{e}{f} = \frac{36}{36}$。选取 $\Delta z = -\frac{1}{10}$。

$$\frac{a_1 \times c_1}{b_1 \times d_1} = 24\frac{z_0}{z-\Delta z} = \frac{24\times 1}{121-\frac{1}{10}} = \frac{24\times 10}{1210-1} = \frac{24\times 10}{1209} = \frac{24\times 10}{31\times 39} = \frac{8\times 10}{31\times 13} = \frac{40\times 20}{62\times 65}$$

2）进给挂轮的确定。垂直进给量 $f_a = 1\text{mm/r}$，得进给挂轮为

$$\frac{a_2 \times c_2}{b_2 \times d_2} = \frac{3}{4}f_a = \frac{3}{4}\times 1 = \frac{3}{4} = \frac{30}{40}\left(=\frac{60}{80}=\frac{60\times 35}{40\times 70}\right)$$

3）差动挂轮的确定。

由表 3-11 可知，分齿挂轮公式中使用 $z-\Delta z$，则差动挂轮中使用“+”号。

$$f_a = 1\text{mm/r},$$

$$\frac{a_3 \times c_3}{b_3 \times d_3} = 25\times\frac{+\Delta z}{z_0\times f_a} = -\frac{25\times\left(-\frac{1}{10}\right)}{1\times 1} = -\frac{25}{10} = -\frac{50}{20}$$

例 2：在 Y38 型滚齿机上滚切一直齿圆柱齿轮，模数 $m_n = 2$，齿数 $z = 202$，用单头右旋滚刀逆铣加工，刀架垂直进给量 $f_a = 1\text{mm/r}$。试确定分齿、进给、差动挂轮。

1）分齿挂轮的确定。查表 3-5，当 $z > 161$ 时，$\frac{e}{f} = \frac{24}{48}$。选取 $\Delta z = +\frac{1}{10}$。

$$\frac{a_1 \times c_1}{b_1 \times d_1} = 48\frac{z_0}{z-\Delta z} = \frac{48\times 1}{202+\frac{1}{10}} = \frac{48\times 10}{2020+1} = \frac{48\times 10}{2021} = \frac{48\times 10}{43\times 47} = \frac{24\times 20}{43\times 47}$$

2）进给挂轮的确定。垂直进给量 $f_a = 1\text{mm/r}$，得进给挂轮为

$$\frac{a_2 \times c_2}{b_2 \times d_2} = \frac{3}{4}f_a = \frac{3}{4}\times 1 = \frac{3}{4} = \frac{30}{40}\left(=\frac{60}{80}=\frac{60\times 35}{40\times 70}\right)$$

3）差动挂轮的确定。

由表 3-11 可知，分齿挂轮公式中使用 $z+\Delta z$，则差动挂轮中使用“-”号。

$$f_a = 1\text{mm/r},$$

$$\frac{a_3 \times c_3}{b_3 \times d_3} = 25\times\frac{-\Delta z}{z_0\times f_a} = -\frac{25\times\left(\frac{1}{10}\right)}{1\times 1} = -\frac{25}{10} = -\frac{50}{20}$$

8. 查表法及其应用实例

虽然上述计算方法应用较多，但对于初学者来说，在取用 Δz 值时，往往感到困难，甚至算错而造成废品，为此，可采用编制的便查表（表 3-20）。利用查表法计算，既简捷正确，又易于掌握。应说明的是对于每一个大质数，可以取用的 Δz 值往往不止一个，所以，机床各组挂轮的调整方案也有好几个，表列数值只是其中的一个。

（1）查表法的计算原理

1）分齿挂轮。由前述可知，滚切大质数直齿圆柱齿轮时，分齿挂轮的计算式为

$$\frac{e}{f}\times\frac{a_1 \times c_1}{b_1 \times d_1} = K\frac{z_0}{z\pm\Delta z}$$

通常，采用单头滚刀加工大质数齿轮，即 $z_0 = 1$，所以上式为

$$\frac{e}{f}\times\frac{a_1 \times c_1}{b_1 \times d_1} = K\frac{1}{z\pm\Delta z}$$

式中　K——所用滚齿机的分齿常数。Y38 型滚齿机，$K = 24$；Y3150 型滚齿机，$K = 48$。

取 $R = \frac{1}{z_0}$，代入上式得

$$\frac{e}{f}\times\frac{a_1\times c_1}{b_1\times d_1}=K\frac{1}{z\pm\frac{1}{R}}=\frac{K\times R}{z\times R\pm 1}=\frac{K\times R}{y_1y_2}$$

式中分母的因数分解 y_1、y_2 在表 3-20 中可直接查到。

2）差动挂轮。由前述可知，对 Y38 型滚齿机，差动挂轮的计算式为：

$$\frac{a_3\times c_3}{b_3\times d_3}=25\times\frac{\mp\Delta z}{z_0\times f_a}$$

取 Q 为计算滚切大质数圆柱齿轮差动挂轮的系数，Q = 滚齿机差动常数 ×π，Y38 型滚齿机的 $Q=7.95775\pi=25$，Y3150 型滚齿机的 $Q=8.3556346\pi=\frac{105}{4}$，则上式可写为 $\frac{a_3\times c_3}{b_3\times d_3}=Q\times\frac{\mp\Delta z}{z_0\times f_a}$。通常，采用单头滚刀加工大质数齿轮，即 $z_0=1$，将 $R=\frac{1}{z_0}$ 代入上式得

$$\frac{a_3\times c_3}{b_3\times d_3}=Q\times\frac{\mp\frac{1}{R}}{1\times f_a}=\mp\frac{Q}{R\times f_a}$$

式中各项在表 3-20 中可直接查到。

表 3-20　大质数直齿轮调整计算便查表

工件齿数 z	差数 Δz	倒数 R	分解因数 $zR\pm1=y_1\times y_2$	分齿挂轮 $\frac{a_1\times c_1}{b_1\times d_1}$	差动挂轮 $\frac{a_3\times c_3}{b_3\times d_3}$
101	$+\frac{1}{37}$	37	3788 = 42 × 89	$\frac{K\times37}{42\times89}$	$-\frac{Q}{37\times f_a}$
103	$+\frac{1}{38}$	38	3915 = 45 × 87	$\frac{K\times38}{45\times87}$	$-\frac{Q}{38\times f_a}$
107	$+\frac{1}{37}$	37	3960 = 60 × 66	$\frac{K\times37}{60\times66}$	$-\frac{Q}{37\times f_a}$
109	$+\frac{1}{31}$	31	3380 = 52 × 65	$\frac{K\times31}{52\times65}$	$-\frac{Q}{31\times f_a}$
113	$+\frac{1}{34}$	34	3843 = 61 × 63	$\frac{K\times34}{61\times63}$	$-\frac{Q}{34\times f_a}$
127	$-\frac{1}{31}$	31	3936 = 41 × 96	$\frac{K\times31}{41\times96}$	$\frac{Q}{31\times f_a}$
131	$-\frac{1}{31}$	31	4060 = 58 × 70	$\frac{K\times31}{58\times70}$	$\frac{Q}{31\times f_a}$
137	$-\frac{1}{35}$	35	4794 = 51 × 94	$\frac{K\times35}{51\times94}$	$\frac{Q}{35\times f_a}$
139	$+\frac{1}{30}$	30	4171 = 43 × 97	$\frac{K\times30}{43\times97}$	$-\frac{Q}{30\times f_a}$
149	$-\frac{1}{35}$	35	5214 = 66 × 79	$\frac{K\times35}{66\times79}$	$\frac{Q}{35\times f_a}$
151	$-\frac{1}{31}$	31	4680 = 52 × 90	$\frac{K\times31}{52\times90}$	$\frac{Q}{31\times f_a}$
157	$+\frac{1}{32}$	32	5025 = 67 × 75	$\frac{K\times32}{67\times75}$	$-\frac{Q}{32\times f_a}$
163	$+\frac{1}{30}$	30	4891 = 67 × 73	$\frac{K\times30}{67\times73}$	$-\frac{Q}{30\times f_a}$
167	$-\frac{1}{33}$	33	5510 = 58 × 95	$\frac{K\times33}{58\times95}$	$\frac{Q}{33\times f_a}$

（续）

工件齿数 z	差数 Δz	倒数 R	分解因数 $zR \pm 1 = y_1 \times y_2$	分齿挂轮 $\frac{a_1 \times c_1}{b_1 \times d_1}$	差动挂轮 $\frac{a_3 \times c_3}{b_3 \times d_3}$
173	$+\frac{1}{37}$	37	$6420 = 66 \times 97$	$\frac{K \times 37}{66 \times 97}$	$-\frac{Q}{37 \times f_a}$
179	$-\frac{1}{30}$	30	$5369 = 59 \times 91$	$\frac{K \times 30}{59 \times 91}$	$\frac{Q}{30 \times f_a}$
181	$-\frac{1}{30}$	30	$5429 = 61 \times 89$	$\frac{K \times 30}{61 \times 89}$	$\frac{Q}{30 \times f_a}$
191	$-\frac{1}{31}$	31	$5920 = 74 \times 80$	$\frac{K \times 31}{74 \times 80}$	$\frac{Q}{31 \times f_a}$
193	$-\frac{1}{16}$	16	$3087 = 49 \times 63$	$\frac{K \times 16}{49 \times 63}$	$\frac{Q}{16 \times f_a}$
197	$-\frac{1}{17}$	17	$3348 = 54 \times 62$	$\frac{K \times 17}{54 \times 62}$	$\frac{Q}{17 \times f_a}$
199	$+\frac{1}{16}$	16	$3185 = 49 \times 65$	$\frac{K \times 16}{49 \times 65}$	$-\frac{Q}{16 \times f_a}$
211	$-\frac{1}{16}$	16	$3375 = 45 \times 75$	$\frac{K \times 16}{45 \times 75}$	$\frac{Q}{16 \times f_a}$
223	$-\frac{1}{15}$	15	$3344 = 44 \times 76$	$\frac{K \times 15}{44 \times 76}$	$\frac{Q}{15 \times f_a}$
227	$-\frac{1}{15}$	15	$3404 = 46 \times 74$	$\frac{K \times 15}{46 \times 74}$	$\frac{Q}{15 \times f_a}$
229	$-\frac{1}{16}$	16	$3663 = 37 \times 99$	$\frac{K \times 16}{37 \times 99}$	$\frac{Q}{16 \times f_a}$
233	$+\frac{1}{15}$	15	$3496 = 46 \times 76$	$\frac{K \times 15}{46 \times 76}$	$-\frac{Q}{15 \times f_a}$
239	$-\frac{1}{15}$	15	$3584 = 56 \times 64$	$\frac{K \times 15}{56 \times 64}$	$\frac{Q}{15 \times f_a}$
241	$+\frac{1}{24}$	24	$5785 = 65 \times 89$	$\frac{K \times 24}{65 \times 89}$	$-\frac{Q}{24 \times f_a}$
251	$-\frac{1}{16}$	16	$4015 = 55 \times 73$	$\frac{K \times 16}{55 \times 73}$	$\frac{Q}{16 \times f_a}$
257	$-\frac{1}{15}$	15	$3854 = 47 \times 82$	$\frac{K \times 15}{47 \times 82}$	$\frac{Q}{15 \times f_a}$
263	$+\frac{1}{16}$	16	$4209 = 61 \times 69$	$\frac{K \times 16}{61 \times 69}$	$-\frac{Q}{16 \times f_a}$
269	$+\frac{1}{19}$	19	$5112 = 71 \times 72$	$\frac{K \times 19}{71 \times 72}$	$-\frac{Q}{19 \times f_a}$
271	$-\frac{1}{16}$	16	$4335 = 51 \times 85$	$\frac{K \times 16}{51 \times 85}$	$\frac{Q}{16 \times f_a}$
277	$-\frac{1}{15}$	15	$4154 = 62 \times 67$	$\frac{K \times 15}{62 \times 67}$	$\frac{Q}{15 \times f_a}$
281	$+\frac{1}{15}$	15	$4216 = 62 \times 68$	$\frac{K \times 15}{62 \times 68}$	$-\frac{Q}{15 \times f_a}$
283	$-\frac{1}{17}$	17	$4810 = 65 \times 74$	$\frac{K \times 17}{65 \times 74}$	$\frac{Q}{17 \times f_a}$
293	$+\frac{1}{17}$	17	$4982 = 53 \times 94$	$\frac{K \times 17}{53 \times 94}$	$-\frac{Q}{17 \times f_a}$

（续）

工件齿数 z	差数 Δz	倒数 R	分解因数 $zR\pm1=y_1\times y_2$	分齿挂轮 $\frac{a_1\times c_1}{b_1\times d_1}$	差动挂轮 $\frac{a_3\times c_3}{b_3\times d_3}$
307	$+\frac{1}{15}$	15	$4606=49\times94$	$\frac{K\times15}{49\times94}$	$-\frac{Q}{15\times f_a}$
311	$-\frac{1}{15}$	15	$4664=53\times88$	$\frac{K\times15}{53\times88}$	$\frac{Q}{15\times f_a}$
313	$-\frac{1}{17}$	17	$5320=56\times95$	$\frac{K\times17}{56\times95}$	$\frac{Q}{17\times f_a}$
317	$+\frac{1}{15}$	15	$4756=58\times82$	$\frac{K\times15}{58\times82}$	$-\frac{Q}{15\times f_a}$
331	$-\frac{1}{15}$	15	$4964=68\times73$	$\frac{K\times15}{68\times73}$	$\frac{Q}{15\times f_a}$
337	$+\frac{1}{15}$	15	$5056=64\times79$	$\frac{K\times15}{64\times79}$	$-\frac{Q}{15\times f_a}$
347	$-\frac{1}{16}$	16	$5551=61\times91$	$\frac{K\times16}{61\times91}$	$\frac{Q}{16\times f_a}$
349	$+\frac{1}{15}$	15	$5236=68\times77$	$\frac{K\times15}{68\times77}$	$-\frac{Q}{15\times f_a}$
353	$-\frac{1}{17}$	17	$6000=75\times80$	$\frac{K\times17}{75\times80}$	$\frac{Q}{17\times f_a}$
359	$-\frac{1}{18}$	18	$6461=71\times81$	$\frac{K\times18}{71\times81}$	$\frac{Q}{18\times f_a}$
367	$-\frac{1}{15}$	15	$5504=64\times86$	$\frac{K\times15}{64\times86}$	$\frac{Q}{15\times f_a}$
379	$-\frac{1}{19}$	19	$7200=80\times90$	$\frac{K\times19}{80\times90}$	$\frac{Q}{19\times f_a}$
383	$+\frac{1}{17}$	17	$6512=77\times88$	$\frac{K\times17}{77\times88}$	$-\frac{Q}{17\times f_a}$
389	$+\frac{1}{16}$	16	$6225=75\times83$	$\frac{K\times16}{75\times83}$	$-\frac{Q}{16\times f_a}$
397	$-\frac{1}{16}$	16	$6351=73\times87$	$\frac{K\times16}{73\times87}$	$\frac{Q}{16\times f_a}$

注：表列数值仅适用于采用单头滚刀滚切大质数直齿圆柱齿轮。

（2）查表法的应用实例

例1：在Y38型滚齿机上，滚切一大质数直齿圆柱齿轮，齿数 $z=349$，选用单头右旋齿轮滚刀，顺铣加工，刀架垂直进给量 $f_a=1\text{mm/r}$。试确定各组挂轮及其介轮。

1）分齿挂轮的确定。查表3-5，当 $z>161$ 时，$\frac{e}{f}=\frac{24}{48}$，$K=48$。查表3-20 $\Delta z=+\frac{1}{15}$，$R=\frac{1}{\Delta z}=15$，分齿挂轮为

$$\frac{a_1\times c_1}{b_1\times d_1}=\frac{48\times15}{68\times77}=\frac{24\times30}{68\times77}$$

查表3-9选用单头右旋齿轮滚刀滚切直齿圆柱齿轮，分齿挂轮由四轮（复式轮系）组成时，分齿挂轮中要加介轮。

2）进给挂轮的确定。垂直进给量 $f_a=1\text{mm/r}$，得进给挂轮为

$$\frac{a_2\times c_2}{b_2\times d_2}=\frac{3}{4}f_a=\frac{3}{4}\times1=\frac{3}{4}=\frac{30}{40}\left(=\frac{60}{80}=\frac{60\times35}{40\times70}\right)$$

用顺铣加工时，刀架垂直进给挂轮由两轮$\left(\frac{30}{40}\right)$或$\left(\frac{60}{80}\right)$（单式轮系）组成时，不必加置一个介轮；由四轮$\left(\frac{60\times35}{40\times70}\right)$（复式轮系）组成时，分齿挂轮中要加置介轮。

3）差动挂轮的确定。

采用$f_a=1\text{mm/r}$，直接查表3-20得

$$\frac{a_3\times c_3}{b_3\times d_3}=-\frac{Q}{R\times f_a}=-\frac{25}{15\times1}=-\frac{75}{45}$$

查表3-15，因Δz取正值，差动计算结果应带负号，采用顺铣加工时，差动挂轮由两轮（单式轮系）组成，不必加介轮。

例2：在Y38型滚齿机上，滚切一大质数右旋斜齿圆柱齿轮，齿数$z=103$，模数$m_n=2$，螺旋角$\beta=15°$，选用单头右旋齿轮滚刀，逆铣加工，刀架垂直进给量$f_a=1\text{mm/r}$。试确定各组挂轮及其介轮。

1）分齿挂轮的确定。查表3-5，当$z\leqslant161$时，$\frac{e}{f}=\frac{36}{36}$，$K=24$。查表3-20，$\Delta z=+\frac{1}{38}$，$R=\frac{1}{\Delta z}=38$，分齿挂轮为

$$\frac{a_1\times c_1}{b_1\times d_1}=\frac{24\times38}{45\times87}$$

查表3-9，选用单头右旋齿轮滚刀逆铣加工右旋斜齿圆柱齿轮，分齿挂轮由四轮（复式轮系）组成时，分齿挂轮中不必加置介轮。

2）进给挂轮的确定。垂直进给量$f_a=1\text{mm/r}$，得进给挂轮为

$$\frac{a_2\times c_2}{b_2\times d_2}=\frac{3}{4}f_a=\frac{3}{4}\times1=\frac{3}{4}=\frac{30}{40}\left(=\frac{60}{80}=\frac{60\times35}{40\times70}\right)$$

用逆铣加工时，刀架垂直进给挂轮由两轮$\left(\frac{30}{40}\right)$或$\left(\frac{60}{80}\right)$（单式轮系）组成时，应加置介轮；由四轮$\left(\frac{60\times35}{40\times70}\right)$（复式轮系）组成时，分齿挂轮中不必加置介轮。

3）差动挂轮的确定。

采用$f_a=1\text{mm/r}$，则

$$\frac{a_3\times c_3}{b_3\times d_3}=Q(A+B)=25\left[\frac{(z+\Delta z)\sin\beta}{\pi n_n z_0 z}+\frac{\Delta z}{z_0\times f_a}\right]=25\left[\frac{\left(103+\frac{1}{38}\right)\sin15°}{\pi\times2\times1\times103}+\frac{\frac{1}{38}}{1\times1}\right]$$

$$=25\times[0.041202854+0.026315789]=1.687966087$$

查挂轮表得

$$\frac{a_3\times c_3}{b_3\times d_3}=\frac{72\times55}{46\times51}=1.68797954$$

挂轮比误差为$1.68797954-1.687966087=1.267\times10^{-5}$，在误差允许范围内。

查表3-15，用逆铣加工时，差动挂轮由四轮（复式轮系）组成时，不必加置介轮。

3.1.6　滚刀安装角的调整

滚齿时为了使滚刀的螺旋方向和被切齿轮切于一假想齿条，必须使滚刀轴线与齿轮端面倾斜一安装角$\gamma_{安}$的角度，这个角度的大小根据滚刀和工件的螺旋角的大小和方向来确定。

在滚切直齿圆柱齿轮时

$$\gamma_{安} = \gamma_0$$

在滚切斜齿轮时

$$\gamma_{安} = \beta \pm \gamma_0$$

式中 γ_0——滚刀的公称导程角（°）；

β——齿轮的分度圆螺旋角（°）。

滚切斜齿轮时，滚刀与工件的螺旋方向相同时取“-”号，相反时取“+”号。滚刀的安装角应与滚刀的导程角、工件的分度圆螺旋角的大小及方向相适应，见表3-21。

加工变位齿轮时，当滚刀的导程角大于4°且工件的变位系数超过±0.4时，应对滚刀导程角进行修正，并按修正后的导程角调整滚刀架安装角。修正后的滚刀导程角按下式计算：

$$\tan\gamma_0' = \frac{1}{\cot\gamma_0 + 2x_n\cos\gamma_0}$$

式中 γ_0——滚刀的公称导程角（°）；

x_n——齿轮的法向变位系数。

γ_0'的数值可查图3-4。

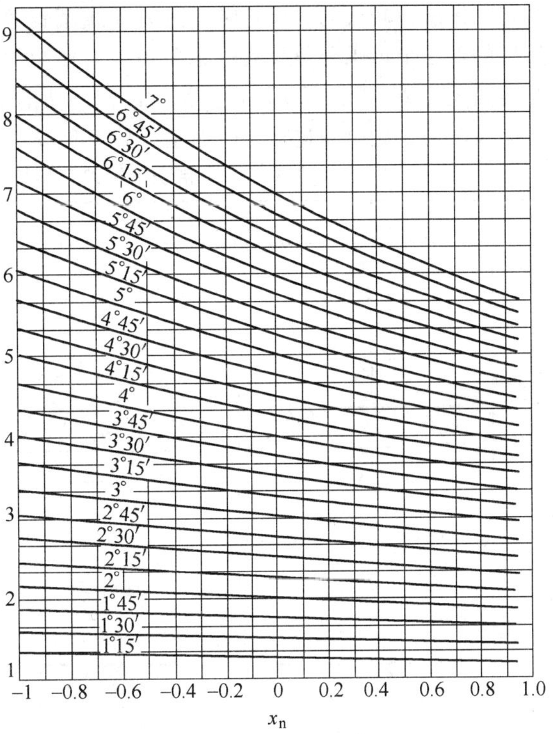

图3-4 修正后的滚刀导程角 γ_0'

当 $\gamma_0 < 7°$时，变位系数为正值时，滚刀导程角修正值（°）也可按下式近似计算：

$$\gamma_0' \approx \gamma_0(1 - 0.035x_n\gamma_0)$$

表3-21 滚刀安装角的调整

滚刀旋向	直齿轮	与滚刀异旋向斜齿轮	与滚刀同旋向斜齿轮 $\beta > \gamma_0$	与滚刀同旋向斜齿轮 $\beta < \gamma_0$
右旋滚刀	直齿轮 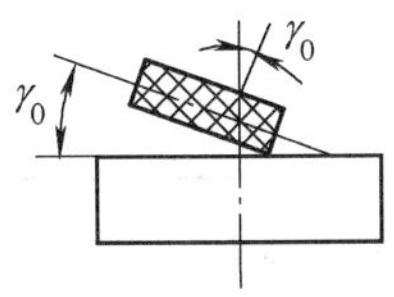	左旋斜齿轮 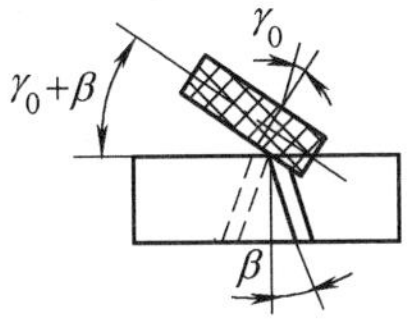	右旋斜齿轮 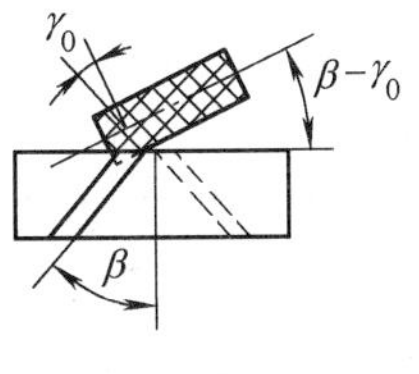	右旋斜齿轮 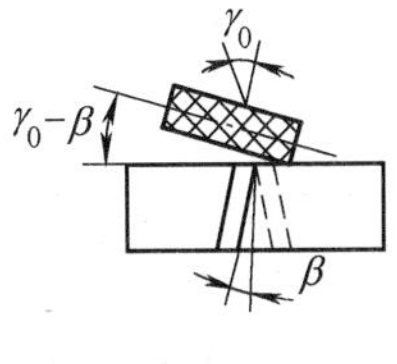
左旋滚刀	直齿轮 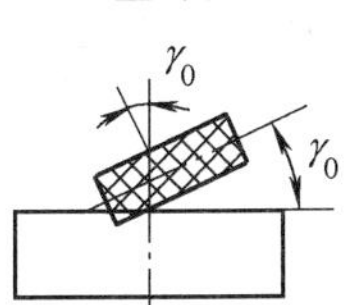	右旋斜齿轮 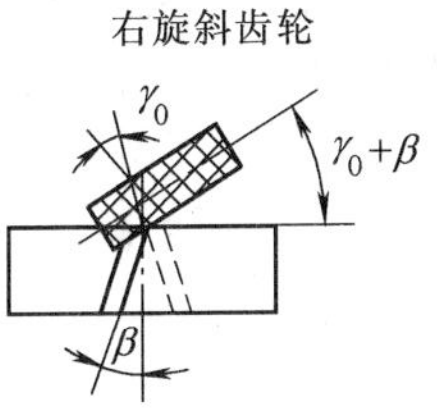	左旋斜齿轮 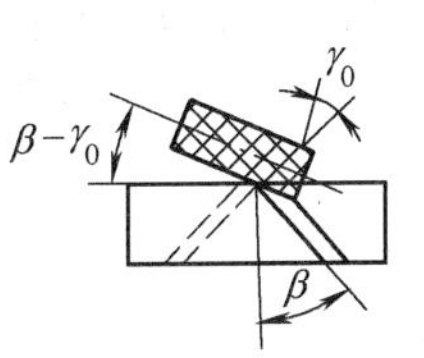	左旋斜齿轮 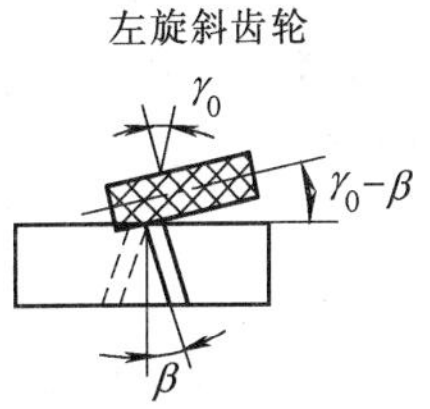

注：β—工件螺旋角，γ_0—滚刀导程角。

切削螺旋角较大的斜齿轮时，滚刀轴线倾斜角较大，滚刀在水平面的投影长度缩短，滚刀切入齿坯的前几个齿承受很大的过载负荷。为使滚刀工作刀齿之间的负荷分配均匀，当被加工齿轮的螺旋角大于20°时，可使用带切削锥滚刀。切削锥的部位根据被加工齿轮的螺旋方向、滚刀的螺旋方向及滚切齿轮时的进给方向而定，见表3-22。

表 3-22　用带切削锥滚刀滚切斜齿轮时滚刀切削锥的部位

	右旋滚刀		左旋滚刀	
逆滚	右旋斜齿轮 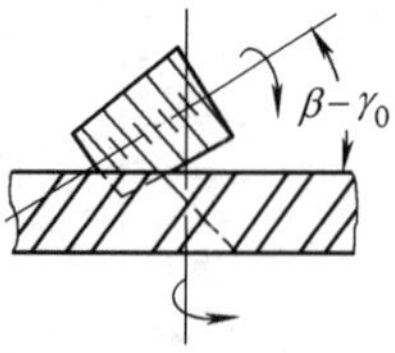	左旋斜齿轮 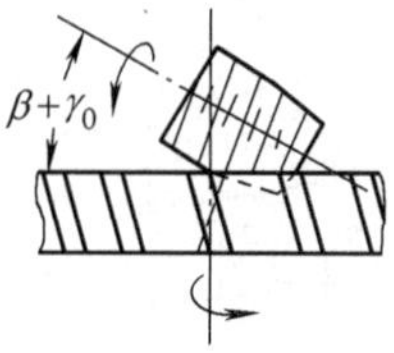	右旋斜齿轮 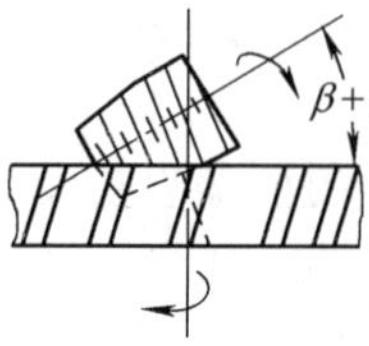	左旋斜齿轮 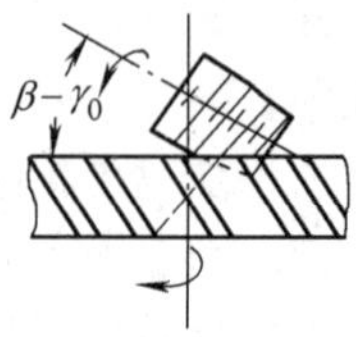
顺滚	右旋斜齿轮 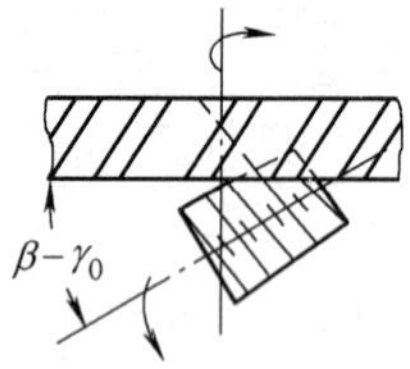	左旋斜齿轮 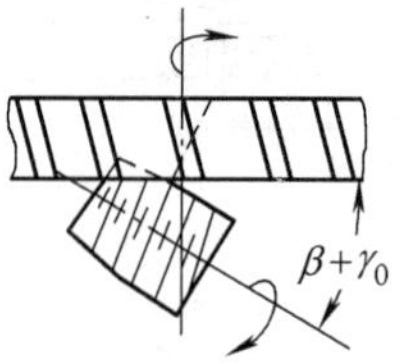	右旋斜齿轮 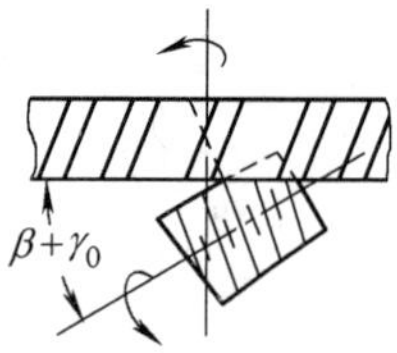	左旋斜齿轮 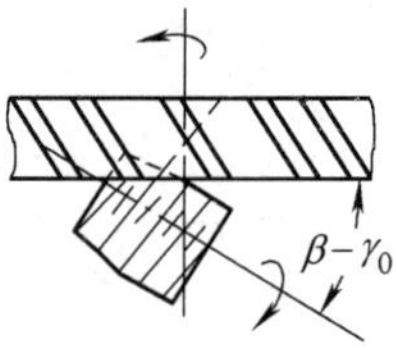

注：β—工件螺旋角，γ_0—滚刀导程角。

3.1.7　滚齿机的调整

1. 挂轮的调整

（1）挂轮的调整　滚切直、斜齿轮挂轮调整公式见表3-23。

表 3-23　直、斜齿轮挂轮调整公式

挂轮名称	速度挂轮 i	分度挂轮 i_1	垂直进给挂轮 i_2	差动挂轮 i_3
公 式	$i=An_0$	$i_1=\frac{A_1z_0}{z}$	$i_2=A_2f$	$i_3=\frac{A_3\sin\beta}{z_0m_n}$

注：表中 $n_o=\frac{1000v}{\pi d_{a0}}$，$n_o$—滚刀转速（r/min），$v$—切削速度（m/min），$d_{a0}$—滚刀外径（mm）；$A$—机床速度挂轮定数；$A_1$—机床分度挂轮定数；$A_2$—机床轴向进给挂轮定数；$A_3$—机床差动挂轮定数；$z_o$—滚刀头数；$z$—工件齿数；$f$—轴向进给量（mm/r）；$\beta$—齿轮的分度圆螺旋角（°）；$m_n$—齿轮的法向模数。

（2）差动挂轮的允许误差　滚齿机差动挂轮的计算误差直接影响斜齿轮的螺旋角误差（即齿向误差），一般要求差动挂轮误差应精确到小数点后五位以上。差动挂轮的允许误差 Δi 也可按下式验算：

$$\Delta i \leqslant \frac{2/3\times\Delta F_\beta\times\cos^2\beta\times C}{m_nz_0b}$$

式中　ΔF_β——齿轮的齿向公差（mm）；

β——齿轮的分度圆螺旋角（°）；

C——滚齿机的差动定数；

m_n——齿轮的法向模数；

z_0——滚刀头数；

b——齿轮的齿宽（mm）。

（3）挂轮、惰轮的安装和调整　检查分齿、进给、主轴旋转方向时均开空车进行。

挂轮和惰轮的齿面质量、啮合间隙都会影响加工齿轮的质量。如分齿挂轮齿面严重磕碰或啮合间隙太大都会影响公法线长度的变动量。因此在安装调整挂轮和惰轮之前，要检查齿面有无严重磕碰现象，挂轮轴、轴套、键、垫圈和螺母是否完好，特别是挂轮、惰轮的轴套要安装灵活，否则会造成脱轮现象，以致引起工件突然乱齿、打刀等情况。挂轮啮合间隙应保持在0.10～0.20mm范围。

挂轮齿数关系如下（图3-5）：

$$a+b>c+\text{挂轮轴直径}/m+2.5$$

$$c+d>b+\text{挂轮轴直径}/m+2.5$$

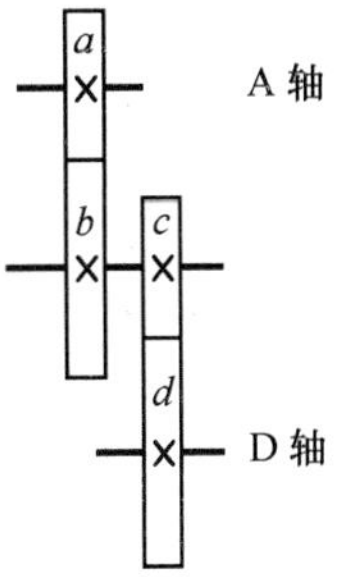

图3-5　挂轮的配置

装好挂轮以后，一般先开空车试转，检查滚刀、工件、滚刀架、差动挂轮的主动轮和被动轮的运动方向是否正确，否则要增加或减少一个惰轮来调整。

（4）滚切小螺旋角斜齿轮的调整方法　滚切小螺旋角斜齿轮时，由于差动挂轮的比值较小，选择挂轮困难，其加工方法可借鉴滚切齿数大于100的质数直齿轮的挂轮调整方法。

（5）挂轮的计算　滚切斜齿轮、大质数齿轮（包括选不到所需要的分齿挂轮）和切向进给加工蜗轮时，都需要差动挂轮。差动挂轮的速比直接影响被加工齿轮的精度，必须精确地选取挂轮，以满足加工要求。确定挂轮有多种方法，其中查表法可利用通用挂轮表（或类似有关书籍）直接查出，这里介绍三种用计算法确定挂轮的方法。

1）单纯加减法。当分子和分母都很大时，在分子或分母上加（或减）一个很小的数后，仍与原来的分数值相近似。应用这一原理即可将分数约简或分解。单纯加减法计算简单，但处理不好则准确度较低。

例1：在Y38型滚齿机上用单头右旋滚刀滚切一斜齿圆柱齿轮，齿数$z=60$，模数$m_n=5$，螺旋角$\beta=18°14'$，试确定差动挂轮。

Y38型滚齿机差动挂轮计算式为$\dfrac{a_3\times c_3}{b_3\times d_3}=\dfrac{7.95775\times\sin\beta}{m_n\times z_0}$，得

$$\frac{a_3\times c_3}{b_3\times d_3}=\frac{7.95775\times\sin18°14'}{5\times1}=\frac{7.95775\times0.312887537}{5}=0.497976159$$

$$\approx0.49798\approx\frac{49798+2}{100000}=\frac{49800}{100000}=\frac{498}{1000}=\frac{249}{500}=\frac{83\times3}{50\times10}=\frac{83\times30}{50\times100}$$

$$(=0.498000)$$

挂轮比误差为$0.498000-0.497976159=2.3841\times10^{-5}$，在误差允许范围内。

例2：在滚齿机上加工斜齿圆柱齿轮时，求得差动挂轮速比为0.86403，试确定差动挂轮。

$$\frac{a_3\times c_3}{b_3\times d_3}=0.86403=\frac{86403}{100000}\approx\frac{86403-3}{100000}=\frac{86400}{100000}=\frac{864}{1000}=\frac{108}{125}$$

$$=\frac{6\times18}{25\times5}=\frac{24\times90}{100\times25}(=0.864000)$$

挂轮比误差为$0.86403-\quad86400=3\times10^{-5}$，在误差允许范围内。

2）辗转相除法。利用繁分数略去最末尾的分数后仍与原来的分数值相近似的道理，并用数学规律归纳出简便的计算步骤。辗转相除法计算繁琐，但能达到需要的准确度。

例1：在滚齿机上加工斜齿圆柱齿轮时，求得差动挂轮速比为0.536509，试确定差动挂轮。

差动挂轮速比为 $0.536509\approx\dfrac{1}{1.8639}=\dfrac{10000}{18639}$

第一步：辗转相除。辗转相除后的商，记入如下表格。

①	②	③	④	⑤	⑥	⑦	⑧	⑨	…

计算步骤：

以分子10000为除数，以分母18639为被除数，18639 - 10000 × 1 = 8639，商为1，余数为8639。表格中①处记录商1。

以余数8639为除数，以10000为被除数，10000 - 8639 × 1 = 1361，商为1，余数为1361。表格中②处记录商1。

以余数1361为除数，以8639（上次计算所得的余数）为被除数，8639 - 1361 × 6 = 473，商为6，余数为473。表格中③处记录商6。

以余数473为除数，以1361（上次计算所得的余数）为被除数，1361 - 473 × 2 = 415，商为2，余数为415。表格中④处记录商2。

以余数415为除数，以473（上次计算所得的余数）为被除数，473 - 415 × 1 = 58，商为1，余数为58。表格中⑤处记录商1。

以余数58为除数，以415（上次计算所得的余数）为被除数，415 - 58 × 7 = 9，商为7，余数为9。表格中⑥处记录商7。

以余数9为除数，以58（上次计算所得的余数）为被除数，58 - 9 × 6 = 4，商为6，余数为4。表格中⑦处记录商6。

以余数4为除数，以9（上次计算所得的余数）为被除数，9 - 4 × 2 = 1，商为2，余数为1。表格中⑧处记录商2。

以余数1为除数，以4（上次计算所得的余数）为被除数，4 - 1 × 4 = 0，商为4，余数为0。表格中⑨处记录商4。

余数为0，计算完毕。辗转相除的次数视计算精度而定，不必计算到余数为0。计算后的表格如下：

①	②	③	④	⑤	⑥	⑦	⑧	⑨	
1	1	6	2	1	7	6	2	4	

第二步：划简分数。划简结果记入如下表格。

		①	②	③	④	⑤	⑥	⑦	⑧	⑨	…
		1	1	6	2	1	7	6	2	4	…
1	0	a	b	c	d	e	f	g	h	i	…
0	1	A	B	C	D	E	F	G	H	I	…

表格中左边两列的数字是固定的，表中最上一行即是第一步（辗转相除）的计算结果。

计算步骤：

过程1：计算第二行每格的数字。

a格的数字是a格上边一格的商①乘上a格左边第一格的数字0，再加上a格左边第二格的数字1：$a=1\times0+1=1$。

b格的数字是b格上边一格的商②乘上b格左边第一格的数字a，再加上b格左边第二格的数字0：$b=1\times a+0=1\times 1+0=1$。

c格的数字是c格上边一格的商③乘上c格左边第一格的数字b，再加上c格左边第二格的数字a：$c=6\times b+a=6\times 1+1=7$。

d格的数字是d格上边一格的商④乘上d格左边第一格的数字c，再加上d格左边第二格的数字b：$d=2\times c+b=2\times 7+1=15$。

e格的数字是e格上边一格的商⑤乘上e格左边第一格的数字d，再加上e格左边第二格的数字c：$e=1\times d+c=1\times 15+7=22$。

f格的数字是f格上边一格的商⑥乘上f格左边第一格的数字e，再加上f格左边第二格的数字d：$f=7\times e+d=7\times 22+15=169$……（按同样的规律可以计算其他数字$g$、$h$、$i$，计算次数视计算精度而定，不必计算完毕）。计算结果如下：

		a	b	c	d	e	f	g	h	i	…
1	0	1	1	7	15	22	169	…	…	…	…

过程2：计算第三行每格的数字。

A格的数字是A格上边一格的商①乘上A格左边第一格的数字1，再加上A格左边第二格的数字0：$A=1\times 1+0=1$。

B格的数字是B格上边一格的商②乘上B格左边第一格的数字A，再加上B格左边第二格的数字1：$B=1\times A+1=1\times 1+1=2$。

C格的数字是C格上边一格的商③乘上C格左边第一格的数字B，再加上C格左边第二格的数字A：$C=6\times B+A=6\times 2+1=13$。

D格的数字是D格上边一格的商④乘上D格左边第一格的数字C，再加上D格左边第二格的数字B：$D=2\times C+B=2\times 13+2=28$。

E格的数字是E格上边一格的商⑤乘上E格左边第一格的数字D，再加上E格左边第二格的数字C：$E=1\times D+C=1\times 28+13=41$。

F格的数字是F格上边一格的商⑥乘上F格左边第一格的数字E，再加上F格左边第二格的数字D：$F=7\times E+D=7\times 41+28=315$……（按同样的规律可以计算其他数字$G$、$H$、$I$，计算次数视计算精度而定，不必计算完毕）。计算结果如下：

		A	B	C	D	E	F	G	H	I	…
0	1	1	2	13	28	41	315	…	…	…	…

过程3：合并以上两个过程的计算结果，记入表格中。

		①	②	③	④	⑤	⑥	⑦	⑧	⑨	…
		1	1	6	2	1	7	6	2	4	…
1	0	1	1	7	15	22	169	…	…	…	…
0	1	1	2	13	28	41	315	…	…	…	…

第三步：得出计算结果。第二步计算结果的表格中第二行与第三行对应的数值之比值$\left(\frac{1}{1},\frac{1}{2},\frac{7}{13},\frac{15}{28},\frac{22}{41},\frac{169}{315}\cdots\cdots\right)$就是我们所需要的近似分数值，越靠右边的比值越精确。

例如取$\frac{7}{13}$，则

$$\frac{a_3\times c_3}{b_3\times d_3}=\frac{7}{13}=\frac{7\times 5}{13\times 5}=\frac{35}{65}(=0.538461538)$$

挂轮比误差为0.538461538 - 0.536509 = 1.9525×10^{-3}，在误差允许范围之外。

如果取$\frac{22}{41}$，则

$$\frac{a_3\times c_3}{b_3\times d_3}=\frac{22}{41}=\frac{11\times2}{41}=\frac{55\times2}{41\times5}=\frac{55\times20}{41\times50}(=0.536585365)$$

挂轮比误差为0.536585365 - 0.536509 = 7.6366×10^{-5}，在误差允许范围内。

例2：在Y38型滚齿机上滚切一右旋大质数斜齿圆柱齿轮，模数$m_n=2$，螺旋角$\beta=30°$，齿数$z=103$，用单头右旋滚刀逆铣加工，刀架垂直进给量$f_a=1$mm/r。取$\Delta z=-1/25$，求得差动挂轮比为 -0.988664902，试确定差动挂轮。

即已知差动挂轮比为

$$\frac{a_3\times c_3}{b_3\times d_3}=-0.988664902=-\frac{988664902}{1000000000}$$

第一步：辗转相除。辗转相除后的商，记入如下表格。

①	②	③	④	⑤	⑥	⑦	⑧	⑨	…

计算步骤：

以分子988664902为除数，以分母1000000000为被除数，1000000000 - 988664902 × 1 = 11335098，商为1，余数为11335098。表格中①处记录商1。

以余数11335098为除数，以988664902为被除数，988664902 - 11335098 × 87 = 2511376，商为87，余数为2511376。表格中②处记录商87。

以余数2511376为除数，以11335098（上次计算所得的余数）为被除数，11335098 - 2511376 × 4 = 1289594，商为4，余数为1289594。表格中③处记录商4。

以余数1289594为除数，以2511376（上次计算所得的余数）为被除数，2511376 - 1289594 × 1 = 1221782，商为1，余数为1221782。表格中④处记录商1。

以余数1221782为除数，以1289594（上次计算所得的余数）为被除数，1289594 - 1221782 × 1 = 67812，商为1，余数为67812。表格中⑤处记录商1……按同样的规律可以继续辗转相除，相除次数视计算精度而定。计算后的表格如下：

①	②	③	④	⑤	⑥	⑦	⑧	⑨	…
1	87	4	1	1	…	…	…	…	…

第二步：划简分数。划简结果记入如下表格。

		①	②	③	④	⑤	⑥	⑦	⑧	⑨	…
		1	87	4	1	1	…	…	…	…	…
1	0	a	b	c	d	e	f	g	h	i	…
0	1	A	B	C	D	E	F	G	H	I	…

表格中左边两列的数字是固定的，表中最上一行即是第一步（辗转相除）的计算结果。

过程1：计算第二行每格的数字，按例1规律计算结果如下：

		a	b	c	d	e	f	g	h	i	…
1	0	1	87	349	436	785	…	…	…	…	…

过程2：计算第三行每格的数字，按例1规律计算结果如下：

		A	B	C	D	E	F	G	H	I	…
0	1	1	88	353	441	794	…	…	…	…	…

过程3：合并以上两个过程的计算结果，记入表格中。

		①	②	③	④	⑤	⑥	⑦	⑧	⑨	…
		1	87	4	1	1	…	…	…	…	…
1	0	1	87	349	436	785	…	…	…	i…	…
0	1	1	88	353	441	794	…	…	…	…	…

第三步：得出计算结果。第二步计算结果的表格中第二行与第三行对应的数值之比值$\left(\frac{1}{1}, \frac{87}{88}, \frac{349}{353}, \frac{436}{441}, \frac{785}{794}\cdots\cdots\right)$就是我们所需要的近似分数值，越靠右边的比值越精确。

例如取$\frac{87}{88}$，则

$$\frac{a_3 \times c_3}{b_3 \times d_3} = -\frac{87}{88} = -\frac{29 \times 3}{11 \times 8} = -\frac{29 \times 3 \times 30}{11 \times 8 \times 30} = -\frac{29 \times 2 \times 3 \times 15}{11 \times 5 \times 8 \times 6} = -\frac{58 \times 45}{55 \times 48}(=-0.988636363)$$

挂轮比误差为$0.988664902-0.988636363=2.8539\times10^{-5}$，在误差允许范围内。

3）整数小数法。将差动挂轮速比分成整数部分和小数部分，小数部分的倒数继续分解。

例：若在滚齿机上加工斜齿轮时求得差动挂轮速比为0.5741239，试确定差动挂轮。

$\frac{a_3 \times c_3}{b_3 \times d_3}=0.5741239$，整数部分$a=0$，小数部分$a'=0.5741239$。

$\frac{1}{a'}=\frac{1}{0.5741239}=1.7417843$，整数部分$b=1$，小数部分$b'=0.7417843$。

$\frac{1}{b'}=\frac{1}{0.7417843}=1.3481008$，整数部分$c=1$，小数部分$c'=0.3481008$。

$\frac{1}{c'}=\frac{1}{0.3481008}=2.8727311$，整数部分$d=2$，小数部分$d'=0.8727311$。

$\frac{1}{d'}=\frac{1}{0.8727311}=1.1458283$，整数部分$e=1$，小数部分$e'=0.1458283$。

$\frac{1}{e'}=\frac{1}{0.1458283}=6.8573795$，整数部分$f=6$，小数部分$f'=0.8573795$。

$\frac{1}{f'}=\frac{1}{0.8573795}=1.1663446$，整数部分$g=1$，小数部分$g'=0.1663446$。

$\frac{1}{g'}=\frac{1}{0.1663446}=6.0116168$，整数部分$h=6$，小数部分$h'=0.0116168\cdots\cdots$

按同样的规律可以继续计算，计算所取项数由要求的精度来确定，取各次计算所得整数部分即可计算差动挂轮速比：

$$\frac{a_3 \times c_3}{b_3 \times d_3} = 0.5741239 \approx a+\cfrac{1}{b+\cfrac{1}{c+\cfrac{1}{d+\cfrac{1}{e+\cfrac{1}{f+\cfrac{1}{g+\cfrac{1}{h}}}}}}} = 0+\cfrac{1}{1+\cfrac{1}{1+\cfrac{1}{2+\cfrac{1}{1+\cfrac{1}{6+\cfrac{1}{1+\cfrac{1}{6}}}}}}}$$

$$= \frac{213}{371} = \frac{3 \times 71}{7 \times 53} = \frac{30 \times 71}{70 \times 53} (= 0.574123989)$$

挂轮比误差为 $0.574123989 - 0.5741239 = 8.9 \times 10^{-8}$，在误差允许范围内。

2. 刀具的安装

（1）滚刀心轴和滚刀的安装要求　滚刀安装前要检查刀杆和滚刀的配合，以用手能把滚刀推入刀杆为准。如果间隙太大，会引起滚刀的径向圆跳动。安装时不准锤击滚刀，以免刀杆弯曲。目前，滚刀的拆卸和安装采用滚刀和心轴一体式装拆，消除了因心轴引起的误差，具有操作简单、精度易保证的特点。刀杆支架外锥垫的内孔与刀杆的配合间隙、外锥垫与支架孔的配合间隙都要适当，太松了，将在滚切过程中产生滚刀振动，影响工件质量；太紧则会使外锥垫和支架孔研伤。滚刀安装好后，要在滚刀的两端凸台处检查滚刀的径向和轴向圆跳动量。滚刀安装时须注意以下几点：

1）机床主轴孔、滚刀、刀杆、刀垫、刀杆支承套、夹具在每次安装前均须仔细检查安装面，若发现毛刺，应用磨石将突起磨平，仔细擦拭干净。

2）安装滚刀前应检查滚刀刀杆，滚刀刀杆在顶尖上检查时允许的最大圆跳动量见表 3-24。滚刀刀杆应定期进行精度检查，若超差应及时更新。发生打刀事故时应检查滚刀刀杆是否丧失精度。

3）安装滚刀后应检查滚刀两端台肩，允许的最大圆跳动量见表 3-24。滚刀台肩圆跳动量超差时，应在滚齿机上悬空检查滚刀刀杆的径向和轴向圆跳动，允许的最大圆跳动量见表 3-24。达不到时应根据检查结果进行具体分析，找出原因加以解决。

表 3-24　滚刀刀杆悬空检查时允许的最大圆跳动量　　（单位：mm）

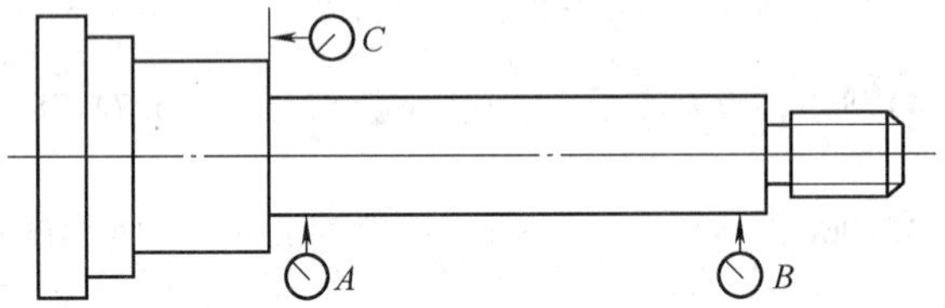

齿轮精度等级	法向模数	允　许　跳　动　量		
		A	*B*	*C*
7	1 ~ 20	0.020	0.025	0.020
8	≤8	0.020	0.025	0.020
	>8	0.030	0.035	0.025
9	≤8	0.035	0.040	0.030
	>8	0.045	0.055	0.040

注：齿轮精度等级可按第Ⅱ公差组。

（2）滚刀安装角的调整　滚齿时必须使滚刀轴线和工件轴线符合一定的轴交角，这个角度的大小和方向是根据工件和滚刀的螺旋角的大小和方向来确定的，安装角大小的误差一般不大于 6′~10′。安装角的调整误差会产生一定的齿厚误差。

（3）滚刀的对中　滚刀不对中将影响被切齿轮左右齿面的齿形不对称，特别滚切齿数较少的工件时，尤其要注意滚刀的对中。通过对中保证滚刀一个刀齿或齿槽的对称中心线与工件的中心线重合，就能加工出齿形对称的工件。滚刀对中通常有以下三种方法：

1）对刀规法。把对刀规固定在机床上一定位置，移动滚刀或滚刀架，使滚刀的一个刀齿或齿槽对正对刀架上的对刀样板（图 3-6）。

2）刀印法。将滚刀的前刀面转到水平位置，在刀齿和工件之间放一张薄纸，将纸压紧在工件上，观察滚刀中间槽相邻两刀刃的左、右侧是否同时在薄纸上落有刀痕（图3-7）。

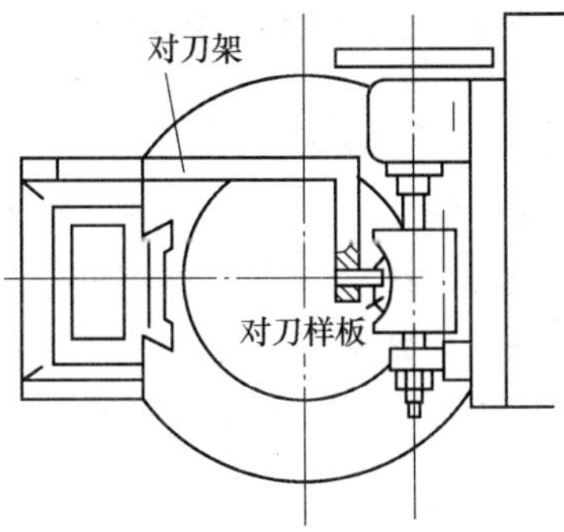

图3-6 用对刀样板对中

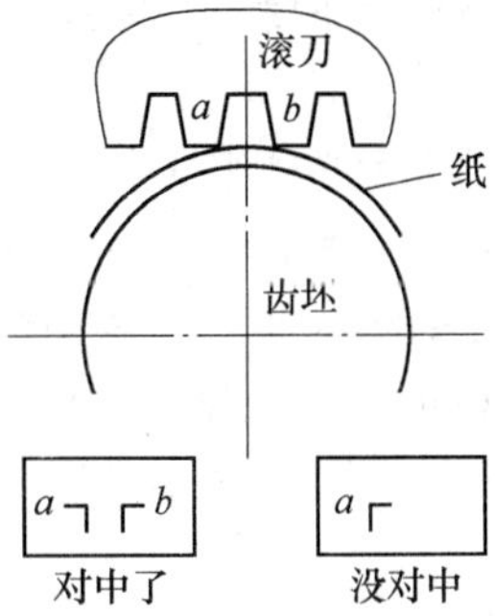

图3-7 刀印法对中

3）试滚法。在工件外圆表面上切出很浅的刀痕，观察刀痕两侧是否对称。

（4）滚刀使用时的注意事项

1）加工不同精度齿轮时，滚刀精度等级的选择见表3-2。

2）磨齿前齿形的预加工一般采用磨前滚刀，剃齿前齿形的预加工必须采用剃前滚刀。

3）滚刀在搬运过程中严防碰伤。

4）在装卸滚刀时，禁止用锤子、榔头等物敲打。尤其镶片滚刀的端面禁止敲打，以防刀片移位。

5）必须注意滚刀的轴向安装位置是否正确。粗铣时，必须避免边牙切削负荷过大，精铣时，必须保证齿形充分展成。

6）当滚刀达到极限磨损量后，必须及时换刀重磨，不得勉强加工，以防造成滚刀过度磨损。滚刀刀齿后面的极限磨损量见表3-26。滚刀重磨后必须检查重磨精度及是否烧伤，合格后方可使用。

7）整体滚刀磨耗达新刀齿厚的60%时应予以报废，镶片滚刀磨耗达新刀片厚度的2/3时应予以报废。

3. 齿坯和夹具的安装

齿坯和夹具安装时，必须注意以下几点。

1）安装滚齿夹具时，应找正其定位轴向圆跳动及定位心轴的径向圆跳动。

定位轴向圆跳动 E_t（mm）公差为 $E_t \leqslant \dfrac{F_\beta d}{5b}$

式中 F_β——齿轮的齿向公差（mm）；

d——齿轮的分度圆直径（mm）；

b——齿轮的齿宽（mm），人字齿轮为半人字齿齿宽。

定位心轴径向圆跳动 E_r（mm）允差为

$$E_r = \frac{F_r}{4}$$

式中 F_r——齿轮的齿圈径向圆跳动公差（mm）。

若定位端面跳动超差，应在滚齿机刀架上安装车削装置，精车定位端面，不得在夹具底面垫纸或铜皮。

2）齿坯安装前必须先检查夹具及齿坯定位面，若发现毛刺，应用油石将突起磨平，然后将夹具及齿坯定位面仔细擦拭干净。

3）安装齿坯时，必须将工件的基准面贴于夹具的定位端面，其间不得垫纸或铜皮。

4）夹具支承面应尽量靠近切削力作用处，最好支承在轮缘靠近齿根圆处。

5）敲打齿坯找正时，必须采用铜棒或镶铜头的锤棒，不得在压紧螺栓紧固的状态下硬性敲打。

6）齿坯的夹紧必须牢固、可靠，但夹紧力不应过大，以防造成齿坯变形。

7）齿轮轴的夹紧，当 $m_n<14$mm 时，夹爪与轴径间必须垫铜皮，以防精加工成的轴径被夹伤。当 $14\leqslant m_n\leqslant 20$mm 时，夹紧部位轴径须留量，表面粗糙，夹爪与轴径间不得垫铜皮，以方便夹紧。当 $m_n>20$mm 时，夹紧部位轴径须留余量并铣扁，夹爪直接夹紧扁部，防止因切削力过大致使齿坯相对夹爪转动。滚切轴齿轮采用卡罐时，必须采用镶铜头的紧固螺钉，以防精加工成的轴径被顶伤。

8）齿轮轴应按两端基准轴径找正，齿轮应按基准端面及辅助工艺基准找正。

当两端基准轴径或一端基准轴径与辅助工艺基准面的径向圆跳动相位相同时，两径向圆跳动的允差 E_r（mm）有 $E_r\leqslant\dfrac{F_r}{3}$。当两端基准轴径，或一端基准轴径与辅助工艺基准面的径向圆跳动相位相反时，两径向圆跳动之和的允差 E_r'(mm）有 $E_r'\leqslant\dfrac{F_\beta l}{2b}$。

式中　F_r——齿轮的齿圈径向圆跳动公差（mm）；

F_β——齿轮的齿向公差（mm）；

l——齿轮轴两端基准轴径的距离或齿轮一端基准轴径与辅助工艺基准面之间的距离（mm）；

b——齿轮的齿宽（mm），人字齿轮为半人字齿齿宽。

4. 斜齿轮的无差动滚切

在没有差动机构的滚齿机上滚切斜齿轮，或者在有差动机构的滚齿机上滚切 $\beta<3°$ 或 $\beta>45°$ 的斜齿轮和齿数大于 100 的质数斜齿轮均可用无差动滚齿法。其调整特点是不用差动机构，而利用分度传动链的特殊计算法来实现工件和滚刀间的相对运动，所需附加运动由分度传动链和进给传动链相互配合实现，即工件转一转，滚刀转 $\dfrac{z}{z_0}\left(1\pm\dfrac{f}{p_z}\right)$ 转。

z 为工件的齿数；z_0 为滚刀头数；f 为滚刀的垂直进给量；p_z 为斜齿圆柱齿轮的导程，$p_z=\dfrac{\pi m_n z}{\sin\beta}$。

将上式代入分度挂轮的计算式得

$$i_1=\frac{A_1\times z_0}{z\mp\dfrac{f\times\sin\beta}{\pi m_n}}$$

式中　A_1——机床分度挂轮定数。

用无差动法加工斜齿轮时，工作台从分度传动链得到的运动包括两部分：一部分是与齿数有关的基本转动，其方向与加工直齿圆柱齿轮时相同，仅与刀具的旋向有关；另一部分是加工斜齿所必需的附加转动，与工件和刀具的旋向有关。若采用逆铣法，当工件与刀具的旋向相同时，附加运动的方向与基本转动方向相同，i_1 的数值应增大，公式中分母的后一项用“－”号；当工件与刀具的旋向相反时，附加运动的方向与基本转动方向相反，i_1 的数值应减小，公式中分母的后一项用“＋”号。若采用顺铣法，则与上述情况相反。

用无差动法加工斜齿轮时，分度挂轮与轴向进给量有密切关系，因此进给挂轮必须严格按照选择的进给量 f 进行计算，不能任意改变。若要改变，则分度挂轮必须重新计算。此外，无差动滚切法在第一次走刀完毕反向退回刀具时，工件因无补偿运动会造成乱牙，解决办法与滚切齿数大于100的质数直、斜齿轮的解决办法相同。

用无差动法加工斜齿轮时，去掉了差动机构的影响，机床的传动精度高。此外，每台机床配备的挂轮数量有限，当差动挂轮比超过一定数值时，往往很难搭配挂轮，在此情况下，若用无差动调整法，且搭配挂轮合适，就能保证较高的加工精度。

用无差动法加工斜齿轮时，分度挂轮速比的误差应精确到小数点后六位，也可按下式验算：

$$\Delta i \leqslant \frac{2/3 \times A_1 \times \Delta F_\beta \times z_0 \times p_z \times \cos\beta}{z^2 b \pi m_n}$$

式中　ΔF_β——齿轮的齿向公差（mm）；

b——齿轮的齿宽（mm）。

例： 在Y38型滚齿机上用单头右旋滚刀采用无差动法滚切一左旋斜齿轮，逆铣，齿数 $z=63$，模数 $m_n=2.5$，螺旋角 $\beta=20°22'$，刀架垂直进给量 $f_a=1\text{mm/r}$。试确定各组挂轮。

1）进给挂轮的确定。垂直进给量 $f_a=1\text{mm/r}$，得进给挂轮为

$$\frac{a_2 \times c_2}{b_2 \times d_2} = \frac{3}{4}f_a = \frac{3}{4} \times 1 = \frac{3}{4} = \frac{30}{40}\left(=\frac{60}{80}=\frac{75}{100}=\frac{60 \times 35}{40 \times 70}\right)$$

2）分齿挂轮的确定。查表3-5，当 $z \leqslant 161$ 时，$\frac{e}{f}=\frac{36}{36}$，分度挂轮定数 $A_1=24$。采用逆铣加工，工件与刀具的旋向相反，公式中分母的后一项用“+”号。

$$i_1 = \frac{a_1 \times c_1}{b_1 \times d_1} = \frac{A_1 \times z_0}{z \mp \frac{f \times \sin\beta}{\pi m_n}} = \frac{24 \times 1}{63 + \frac{1 \times \sin 20°22'}{\pi \times 2.5}} = 0.380684619$$

查通用挂轮表得

$$\frac{a_1 \times c_1}{b_1 \times d_1} = \frac{53 \times 58}{85 \times 95} = 0.380681115$$

挂轮比误差为 $0.380681115 - 0.380684619 = -3.504 \times 10^{-6}$，误差在允许范围内。

3.1.8　滚齿加工常见缺陷和解决方法

在滚齿加工中，经常会出现工件精度指标超差或工件齿面存在某些缺陷。滚齿加工中常见缺陷的产生原因及相应的解决方法列于表3-25。

表3-25　滚齿加工中常见缺陷的产生原因及相应的解决方法

序号	常见缺陷		产生缺陷的主要原因	相应的解决方法
1	齿距误差	齿距累积误差过大，同时，齿圈径向圆跳动、公法线长度变动都超差	1. 机床分度蜗轮精度过低 2. 工作台圆形导轨磨损 3. 加工时，工件安装偏心	1. 提高机床分度蜗轮的精度或装置校正机构 2. 修理工作台圆形导轨，并精滚（或珩）一次分度蜗轮 3. 提高夹具或顶尖精度；提高齿坯精度；安装工件时仔细校正
2	齿距误差	齿距累积误差超差，但是齿圈径向圆跳动不超差	1. 机床分度蜗轮精度过低 2. 工作台圆形导轨磨损或与分度蜗轮不同轴 3. 分齿挂轮精度低，啮合太松或存在磕碰现象	1. 提高机床分度蜗轮的精度或装置校正机构 2. 修刮导轨，并以此为基准，精滚（或珩）一次分度蜗轮 3. 检查分齿挂轮的精度、啮合紧松和运转状况

（续）

序号	常见缺陷		产生缺陷的主要原因	相应的解决方法
3	齿距误差	齿距累积误差未超差，但是齿圈径向圆跳动超差	主要是由于工件轴线与工作台回转轴度不重合，即出现几何偏心 1. 有关机床、夹具方面： ①工件心轴的径向圆跳动误差大 ②心轴磨损或径向圆跳动大 ③上下顶针有摆差或松动 ④夹具定位端面与工作台回转轴线不垂直 ⑤工件装夹元件，例如垫圈和螺母的精度不够 2. 有关工件方面 ①工件内孔直径超差 ②以工件外圆作为找正基准时，外圆与内孔的同轴度超差 ③工件夹紧形式不合理或刚性差	着重于工件的正确安装和检查工作台的回转精度 1. 有关机床、夹具方面 ①检查并修复 ②合理使用和保养工件心轴 ③修复后立柱及上顶针的精度 ④校正夹具定位端面的圆跳动，定位端面只准内凹 ⑤装夹元件、垫圈两平面应平行，螺母端面应与螺纹轴线垂直 2. 有关工件方面 ①控制工件定位内孔的尺寸精度 ②控制工件外圆与内孔的同轴度误差 ③改进夹紧方法，夹紧力应施加于工件刚性较好的部位；定位元件与夹紧分离
4	齿距误差	齿距偏差超差（误差呈周期性分布）	1. 机床分度蜗杆误差大，或存在装配偏心 2. 滚刀安装误差过大 3. 滚刀主轴的回转精度太低 4. 多头滚刀的分头误差大	1. 提高分度蜗杆的精度，修复并纠正装配误差 2. 复查滚刀的安装精度 3. 修复滚刀主轴的回转精度，并按表3-26“滚齿工艺守则”中刀杆与滚刀装夹要求进行检查 4. 选用合格滚刀，或提高滚刀的精度，详见表3-26“滚齿工艺守则”
5	齿距误差	齿距偏差超差（误差分布无周期性）	机床分度蜗轮副的精度低	提高机床分度蜗轮副的精度
6	基节偏差超差		1. 滚刀的齿距误差大，多头滚刀的分头误差大 2. 滚刀的齿形角误差大 3. 滚刀的安装误差大 4. 滚刀的刃磨质量差	1. 选用合格滚刀，或提高滚刀的精度，详见表3-26“滚齿工艺守则” 2. 选用合格滚刀，或提高滚刀的精度，详见表3-26“滚齿工艺守则” 3. 复查滚刀的安装精度 4. 控制滚刀刃磨质量
7	齿形误差	齿形角不对 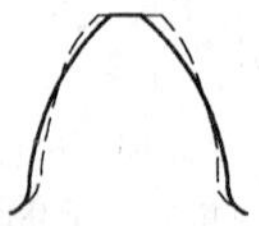	1. 滚刀的齿形角误差大 2. 滚刀刃磨后，刀齿前面的径向性误差大 3. 滚刀安装角的误差大	1. 合理选用滚刀或提高精度 2. 控制滚刀刃磨质量 3. 重新调整滚刀的安装角
8	齿形误差	齿形不对称 	1. 滚刀安装不对中 2. 滚刀刃磨后，螺旋槽导程误差大 3. 直槽滚刀刃磨后，前刀面与轴线的平行度超差 4. 滚刀安装角的调整误差太大或安装歪斜	1. 用“啃刀花”方法或用对刀规对刀 2. 控制滚刀刃磨质量 3. 控制滚刀刃磨质量 4. 复查，并重新调整滚刀的安装角或两端轴台的径向圆跳动

（续）

序号	常见缺陷		产生缺陷的主要原因	相应的解决方法
9	齿形误差	齿面出棱 	1. 滚刀刃磨后，容屑槽的齿距累积误差大 2. 滚刀安装后，轴向窜动大 3. 滚刀安装后，径向圆跳动大 4. 滚刀用钝	1. 控制滚刀刃磨质量 2. 复查滚刀主轴的轴向窜动；修复调整机床主轴的前后轴承，尤其是止推垫圈；保证滚刀的安装精度 3. 复查机床主轴精度并修复之；保证滚刀的安装精度 4. 窜刀；刃磨滚刀；更换新刀
10		齿形周期性误差 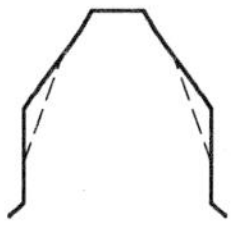	1. 滚刀安装后，径向圆跳动和轴向窜动大 2. 机床分度蜗杆的径向圆跳动和轴向窜动大 3. 机床分齿挂轮安装偏心或齿面有磕碰 4. 刀架滑板有松动	1. 控制滚刀的安装精度 2. 修复分度蜗杆的装配精度 3. 检查分齿挂轮的安装及运转状况 4. 调整刀架滑板的塞铁
11	齿向误差	齿向误差超差（对于直齿圆柱齿轮）	1. 机床立柱导轨对工作台回转轴线的平行度及歪斜度超差 2. 上、下顶针不同心，使工件轴线歪斜 3. 工件安装歪斜 ①滚齿心轴歪斜 ②垫圈两端面平行度超差或平面不平 ③齿坯定位端面的圆跳动误差大	1. 修复立柱精度，控制机床热变形 2. 修复后立柱支架的精度，控制上、下顶针的制造与安装精度 3. 针对病因解决 ①检查滚齿心轴精度，并修复或更换 ②研磨两平面，并控制平行度误差 ③控制齿坯的制造精度
12		齿面螺旋线波度误差超差或轴向齿距偏差超差（对于斜齿圆柱齿轮）	1. 差动挂轮的计算误差大 2. 机床垂直进给丝杠的螺距误差大 3. 差动挂轮的安装误差大 4. 机床分度蜗轮副的啮合间隙大	1. 重算挂轮，并控制计算误差 2. 使用时久，因磨损而丧失精度，应更换 3. 检查差动挂轮的安装，并纠正 4. 合理调整分度蜗轮副的啮合间隙 5. 采取措施同第 11 项
13	齿面缺陷	撕裂 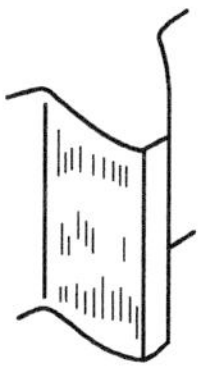	1. 齿坯材质不均匀 2. 齿坯热处理方法不当 3. 切削用量选用不当，产生积屑瘤 4. 切削液效能不高 5. 滚刀用钝，不锋利	1. 控制齿坯材料质量 2. 正确选用热处理方法，尤其是应控制调质处理的硬度，一般推荐正火处理 3. 正确选用切削用量，避免产生积屑瘤 4. 正确选用切削液，尤其要注意它的润滑性能 5. 窜刀、刃磨或更换新刀

（续）

序号	常见缺陷		产生缺陷的主要原因	相应的解决方法
14	齿面缺陷	啃齿 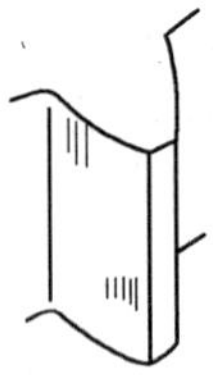	由于滚刀与工件的相互位置发生突然变化而造成 1. 刀架滑板移动导轨太松，使垂直进给产生突变；或者是太紧，由于爬行造成突变 2. 刀架斜齿轮副的啮合间隙大 3. 油压不稳定	寻找和消除造成突变的因素 1. 调整移动导轨的塞铁，要求紧松适当 2. 使用时久而磨损，应更换 3. 合理保养机床，应保持油液清洁、油路畅通
15		振纹 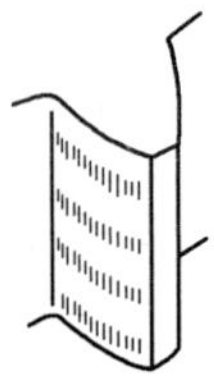	由于振动造成 1. 机床内部某传动环节的间隙大 2. 工件的安装刚度不足 3. 滚刀的安装刚度不足 4. 刀轴后托座安装后，存在较大间隙	寻找和消除振动源 1. 对使用时久而磨损严重的机床，应及时大修 2. 提高工件的安装刚度，例如，尽量加大支承端面；支承端面（包括工件）只准内凹；缩短上下顶针间的距离等 3. 提高滚刀的安装刚度，例如，尽量缩小支承间距离；带柄滚刀尽量加大轴径尺寸等 4. 正确安装刀轴后托座
16		鱼鳞 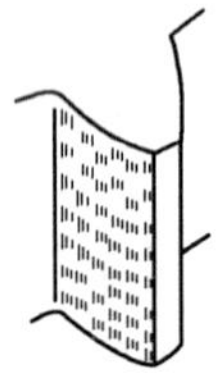	齿坯热处理方法不当，其中，在加工调质处理后的钢件时比较多见	1. 酌情控制调质处理的硬度 2. 建议采用正火处理作为齿坯的预先热处理

3.1.9　滚齿工艺守则

1. 齿轮加工通用工艺守则的适用范围和一般要求

1）齿坯装夹前应检查其编号和实际尺寸是否与工艺规程要求相符合。

2）装夹齿坯时应注意查看其基面标记，不得将定位基面装错。

3）计算齿轮加工机床滚比挂轮时，一定要计算到小数点后有效数字第五位。

2. 滚齿工艺守则（表 3-26）

表 3-26　滚齿工艺守则

准备工作	本守则适用于滚切法加工 GB/T 10095 中规定的 7、8、9 级精度渐开线圆柱齿轮 滚齿前的准备 1. 加工斜齿或人字齿轮时，必须验算差动挂轮的误差，一般差动挂轮应计算到小数点后有效数字第五位。差动挂轮误差应按下列公式计算 $$\delta \leqslant \frac{K \times C}{m \times N \times B}$$ 式中　δ——差动挂轮误差 m——齿轮模数 N——滚刀头数 B——齿轮齿宽 K——齿轮精度系数：对 7 级齿轮，K 为 0.001；对 8 级齿轮，K 为 0.002；对 9 级齿轮，K 为 0.002 C——滚齿机差动定数 2. 加工有偏重的齿轮时，应在相应处安置适当的配重

（续）

齿坯的装夹

在滚齿机上滚齿夹具安装中的调整：

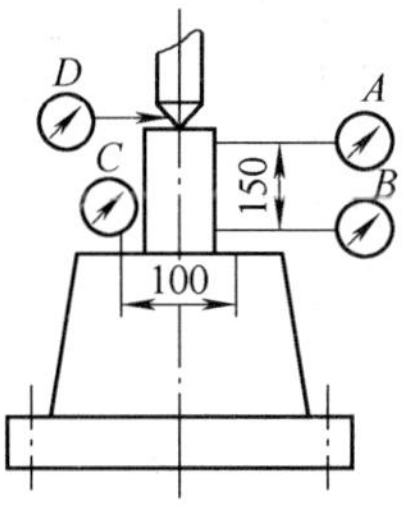

齿轮精度等级	检查部位			
	A	*B*	*C*	*D*
	圆跳动误差/mm			
7	0.015	0.010	0.005	0.015
8	0.020	0.012	0.008	
9	0.025	0.015	0.010	

在滚齿机上齿坯的装夹。在滚齿机上装夹齿坯时，应将有标记的基准面向下，使其与支承面贴合，不得垫纸或铜皮等物。压紧前用指示表检查齿坯外圆径向圆跳动和基准端面跳动，其跳动公差不得大于下列所规定数值。压紧后需再次检查，以防压紧时产生变形。齿坯装夹压紧时，压紧力应通过支承面，不得压在悬空处，压紧力应适当

齿轮精度等级	齿轮分度圆直径/mm					
	≤125	>125 ~ 400	>400 ~ 800	>800 ~ 1600	>1600 ~ 2500	>2500 ~ 4000
	齿坯外圆径向圆跳动和基准端面跳动误差/mm					
7	0.018	0.022	0.032	0.045	0.063	0.100
8	0.018	0.022	0.032	0.045	0.063	0.100
9	0.028	0.036	0.060	0.071	0.100	0.160

在滚齿机上齿轮轴的装夹

1. 在滚齿机上装夹齿轮轴时，应用指示表检查其两基准轴颈（一个基准轴颈及顶圆）的径向圆跳动，其跳动误差应按下列公式计算：

$$t \leqslant \frac{L}{B}K$$

式中　t——跳动公差（mm）

L——两测量点的距离（mm）

B——齿轮轴的齿宽（mm）

K——精度系数：对7级和8级精度齿轮轴，K值取0.008～0.010；对9级精度齿轮轴，K值取0.011～0.013

2. 在滚齿机上装夹齿轮轴时，应用指示表在90°方向检查齿顶圆母线与刀架垂直移动的平行度，在100mm长度内不得大于0.01mm

刀杆与滚刀的装夹

粗、精加工刀杆、刀垫必须严格分开，精加工用刀垫两端面平行度误差不得大于0.005mm

刀杆及滚刀装夹前，刀架主轴孔及所有垫圈、支承轴套、滚刀内孔端面都必须擦净

滚刀应轻轻推入刀杆中，严禁敲打

刀杆装夹后，悬臂检查刀杆径向和端面圆跳动，其跳动公差不得大于下面规定的数值

（续）

刀杆与滚刀的装夹

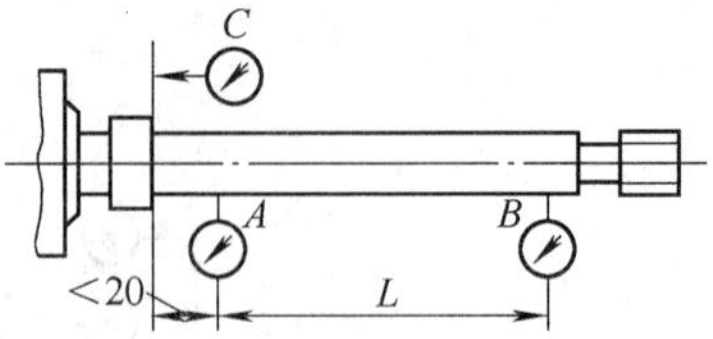

齿轮精度等级	圆跳动误差/mm		
	A	*B*	*C*
7	0.005	0.008	0.005
8	0.008	0.010	0.008
9	0.010	0.015	0.010

注：1. 精度等级按第 II 公差组要求

2. 表中 *B* 点跳动是指 *L* 小于或等于 100mm 时的数值，*L* 每增加 100mm，*B* 点跳动允许增加 0.01mm

滚刀安装后必须检查滚刀轴台径向圆跳动，其跳动误差不得大于下面规定，且要求两轴台径向圆跳动方向一致

齿轮模数/mm	齿轮精度等级		
	7	8	9
	跳动公差/mm		
≤10	0.015	0.020	0.040
>10	0.020	0.030	0.050

注：精度等级按第 II 公差组要求

滚刀选择及磨钝标准

滚刀选择根据被加工齿轮的精度要求选择滚刀

齿轮精度等级	滚刀精度等级	
	粗滚齿	精滚齿
7	B 或 C	AA
8	B 或 C	A
9	C	B

注：精度等级按第 II 公差组要求

滚刀磨钝标准。在滚齿时，如发现齿面有光斑、拉毛、粗糙度变坏等现象时，必须检查滚刀磨损量，其磨损量不得大于下面的规定

滚刀模数		2～8	>8～14	>14～25	>25～30
磨损量/mm	粗滚刀	0.4	0.6	0.8	1.0
	精滚刀	0.2	0.3	0.4	0.5

精滚刀每次刃磨后均需检查容屑槽齿距累积误差、容屑槽相邻周节误差、刀齿前面的非径向性、齿面粗糙度和刀齿前面与内孔轴线的平行度等，并要有检查合格证方可使用

机床调整

为了保证滚齿机在加工过程中的平稳性，分齿挂轮、差动挂轮啮合间隙应为 0.10～0.15mm

在大型滚齿机上加工大型齿轮时，必须根据齿坯的实际重量和夹具重量，调整机床的卸载机构，并检查其可靠性

根据被加工齿轮的技术参数、精度要求、材质和齿面硬度等情况决定切削用量。用单头滚刀时推荐采用以下加工规范

滚切次数：模数在 20mm 以下时，粗滚、精滚各一次；模数在 20～30mm 时，粗滚、半精滚、精滚各一次

切削深度：采用两次滚切时，粗滚后齿厚须留有 0.50～1.00mm 余量；采用三次滚切时，第一次粗滚深度为全齿深的 70%～80%，第二次半精滚齿厚须留有 1.00～1.50mm 的精滚余量

切削速度在 15～40m/min 范围内选取

进给量：粗滚进给量在 0.5～2.0mm/r 范围内选取，精滚进给量在 0.6～5.0mm/r 范围内选取

滚齿加工

机床调整后用啃刀花进行试切，检查分齿、螺旋方向是否与设计要求相符

粗精滚齿应严格分开，有条件时，粗、精滚齿应分别在两台滚齿机上进行

在滚切人字齿轮时，左右方向实际齿厚之差不得大于 0.10mm

3.2 插齿加工

3.2.1 插齿刀概况

GB/T 6081—2001《直齿插齿刀　基本型式和尺寸》中规定了模数1~12mm，分圆压力角为20°的盘形直齿插齿刀、碗形直齿插齿刀和锥柄直齿插刀三种。

盘形直齿插齿刀主要用于加工大直径的内齿轮、外齿轮和齿条等，其公称分圆直径有75mm、100mm、125mm、160mm和200mm五种，精度等级分为AA、A、B三种，按照GB/T 6082—2001规定的各项标准检查。

碗形直齿插齿刀多用于加工多联齿轮和带凸肩空刀槽小的齿轮，也可加工盘形插齿刀能加工的各种齿轮、齿条等。其公称分圆直径为50mm、75mm、100mm、125mm四种，精度等级为AA、A、B三种。

锥柄直齿插齿刀主要用于加工齿数少的内齿轮，其公称分度圆直径为25mm、38mm两种。

3.2.2 插齿机种类及工作精度

1. 插齿机种类

插齿机分类方法有许多种。

插齿机按其工件轴线的位置分为立式插齿机和卧式插齿机。立式插齿机又可分为工件（工作台）让刀和插齿刀（刀架）让刀两种。卧式插齿机又可分为单插齿刀和双插齿刀两种。

插齿机按其刀具形状分为齿条刀插齿机和圆盘刀插齿机两种。

从工件的加工类别，可分为普通插齿机、斜齿插齿机、齿条插齿机等。

从机床的加工效率、自动化程度及机床精度又可分为普通型、精密型、高速型、轻型、专用型、数控型等。

GB/T 15375—2008中规定了金属切削机床型号编制方法，其中插齿机属于齿轮加工机床类（代号Y）5组，组下各系别代号如下：1—插齿机（基本型）；2—端面插齿机；3—非圆齿轮插齿机；4—万能斜齿插齿机；5—人字齿轮插齿机；6—扇形齿轮插齿机；8—齿条插齿机。如Y51××表示插齿机（普通型），Y58××表示齿条插齿机。插齿机基本型号命名规则见表3-27。

表3-27　插齿机基本型号命名规则

组		系		主参数	
代号	名称	代号	名　称	折算系数	
5		0	（预留）		
		1	插齿机	1/10	最大工件直径
		2	端面插齿机		最大工件直径
		3	非圆齿轮插齿机		最大工件回转直径
		4	万能斜齿插齿机		最大工件直径
		5	人字齿轮插齿机		最大工件直径
		6	扇形齿轮插齿机		最大工件直径
		7	（预留）		
		8	齿条插齿机	1/10	最大工件长度
		9	（预留）		

注：对插齿机“最大工件直径”一般指加工外齿轮的最大公称外径，加工内齿轮的实际直径要比公称参数大一些。

如果插齿机为精密型、高速型等，则分别在类别代号“Y”后标志字母：M—精密型、S—高速型、Z—自动型、Q—轻型、K—数控型 ……，如 YM51125 表示加工直径规格为 1250mm 的精密插齿机、YK51125 表示加工直径规格为 1250mm 的数控插齿机。

我国机床型号的编制是根据 JB 1838—1976“金属切削机床型号编制方法”的规定进行的，早期生产的插齿机型号可能与以上规则不符，如 Y52（俄 5A12）、Y54、Y514（俄 514），Y58（俄 5A150）等。国内部分插齿机的型号和主要技术参数见表 3-28。

表 3-28　国内部分插齿机的型号和主要技术参数

制造厂	型号	直径 D /mm	模数 m /mm	齿宽 B /mm	行程数 /(次/min)	功率 P /kW	重量 /kg	备　注
天津第一机床厂	Y5130	300	6	60	800	3.5/5.5	3500	
	Y5145	450	6	105	400	3	3700	
	Y54	500	6	105	359	2.2	3500	
	Y54A	500	6	105	240	2.2	3500	
	Y54B	500	4	105/75	80 ~ 400	3	3500	
	Y5150A	500	8	100	538	4	5500	
	YM5150A	500	8	100	538	4	5500	
	Y58	800	12	170	25 ~ 150	7.5	5400	
	Y58A	800	12	170	25 ~ 150	7.5	5400	
	YT54	L500	6	90	240	2.2	3500	齿条插齿机
	Y58125A	L1250	8	100	538	4	6000	齿条插齿机
	YK5332	300	3	90	700	3	3000	数控非圆齿轮插齿机
	YK58	600	6	255	120	7.5	8500	数控非圆齿轮插齿机
	YM5150H	500	8	100	79 ~ 704	4/5.5	7500	
	YZ5125	250	6	60	250 ~ 900	3/4	5000	
	YZX5125	250	6	60	250 ~ 1350	3/4	5000	高速插齿机
	YKD5130	300	6	60	100 ~ 800	4	3000	
	YKD5180	800	6	270	20 ~ 120	7.5	7500	
	YBJ5612	120	6.5	40	125 ~ 350	3.3/4.5	4500	齿扇插齿机
	KD501	160	10	75	80 ~ 240	3/4.5	4000	数控齿扇插齿
宜昌长江机床厂	YS5120	200	6	50	1050	2.2/3.6	4000	
	Y5132C	320	6	80	700	3/4	4000	
	Y5132D	320	6	80	115 ~ 700	3/4	4000	
	YS5132	320	6	80	1000	3/4	4000	
	YM5132	320	6	80	115 ~ 700	3/4	4000	
	Y5150	500	8	100	65 ~ 540	4.5/6.5	7500	
	YM5150	500	8	100	65 ~ 540	4.5/6.5	7500	
	Y5150A	500	8	100	65 ~ 540	4.5/6.5	7500	
	Y5180	800	8	100	64 ~ 540	4.5/6.5	7500	
	YM5180	800	8	100	64 ~ 540	4.5/6.5	7500	
	Y51125	1250	12	160	250	10	17000	

（续）

制造厂	型号	直径 D /mm	模数 m /mm	齿宽 B /mm	行程数 /(次/min)	功率 P /kW	重量 /kg	备　注
宜昌长江机床厂	Y51125A	1250	12	200	45 ~ 262	9/12	18000	
	YM51125	1250	12	200	45 ~ 262	9/12	18000	
	Y51160	1600	16	330	13 ~ 65	11	30000	
	YM51160	1600	16	330	13 ~ 65	11	30000	
	YQ51250	2500	12	250	250	10	27000	
	Y51250B	2500	16	250	23 ~ 125	11	28000	
	YM51250	2500	20	320	23 ~ 125	11	30000	
南京第二机床厂	Y5120A	200	4	30	600	1. 7	1700	
	YS5120	200	4	50	1250	3/4	6000	
	Y5150	500	8	100	500	3/3. 5	6000	
	Y5150A	500	8	125	80 ~ 700	3/3. 5	6500	
	YKS5120	200	4	30	300 ~ 1500	7. 5	6000	单轴数控高速型
	YK5132	320	6	70	160 ~ 800	3. 5/5	6500	
上海仪表机床厂	HY-014A	160	1	25	185 ~ 475	1. 1/1. 5	1200	
	Y5120A	200	4	50	200 ~ 600	2. 1	1700	
营口机床厂	Y5150	500	8	115	443	2. 8/3. 5	5500	
宁江机床厂	YM5116	160	1. 5	25	830	1. 1	1260	

2. 插齿机的工作精度检验概况

（1）普通插齿机

现行标准：GB/T 4686—2008《插齿机　精度检验》。

试件材料：铸铁或 45 钢（正火）。

试件规格：直径≥公称规格的 1/2 ~ 2/3；模数≥公称规格的 2/3；宽度≥公称规格 1/2；齿数由制造厂核定。

切削条件：AA 级插齿刀，切削规范及其他条件由制造厂确定。

试件检验要求（GB/T 10095. 1—2008）：

① 齿距累积总偏差不超过 6 级精度许用值的 120%。

② 单个齿距偏差不超过 6 级精度许用值的 120%。

③ 螺旋线总偏差不超过 6 级精度许用值的 84%。

（2）精密插齿机

现行标准：JB/T 8358. 2—2006《精密插齿机　第 2 部分：精度》。

试件检验要求（GB/T 10095. 1—2008）：

① 齿距累积总偏差不达到 5 级精度要求（普通插齿机允差的 63%）。

② 单个齿距偏差达到 6 级精度要求（普通插齿机允差的 80%）。

③ 螺旋线总偏差达到 5 级精度要求（普通插齿机允差的 80%）。

3. 2. 3　插齿机挂轮计算

常见的插齿机挂轮计算见表 3-29。

对 Y54 等插齿机，加工内齿轮时，分齿挂轮中必须要加中介轮。

表 3-29　常见的插齿机挂轮计算

技术参数		插齿机型号			
		Y5120	Y5132	Y54	Y5150A
最大工件直径 /mm	外齿	200	320	500	500
	内齿	200	500	550	500
加工齿轮模数/mm		1～4	8	2～6	8
最大加工齿宽/mm		50	80	105	100
插齿刀往复行程数/（往复/min）		200、315、425、600	115～780（12 级）	125、179、253、359	83～538（12 级）
插齿刀最大行程 /mm		63	120	125	
每行程圆周进给量 /mm		0.1～0.46（8 级）	0.097～0.526（26 级）	0.17～0.44（6 级）	0.1～0.6（32 级）
每行程径向进给量 /mm		三次进给	0.02～0.07	0.024～0.095	0.02～0.10
让刀量 /mm		0.50	>0.50	>0.50	>0.40
挂轮计算公式	切削主运动 $i_v = Cn_0$	$\frac{n_0}{940}$	$\frac{n_0}{518}$或$\frac{n_0}{345}$	$\frac{n_0}{514}$	$\frac{n_0}{480}$
	滚切分度运动 $i_f = C_1\frac{z_0}{z} = \frac{a}{b} \times \frac{c}{d}$	$\frac{z_0}{z}$	$\frac{z_0}{z}$	$2.4\frac{z_0}{z}$	$\frac{z_0}{z}$
	圆周进给运动(f_c) $i_c = C_2\frac{f_c}{d_0} = \frac{a_1}{b_1}$	$358\frac{f_c}{d_0}$（计算直径 $d_0=75$）	$263\frac{f_c}{d_0}$或$327\frac{f_c}{d_0}$（计算直径 $d_0=100$）	$366\frac{f_c}{d_0}$（计算直径 $d_0=100$）	$190\frac{f_c}{d_0}$（计算直径 $d_0=100$）
	径向进给运动(f_r) $i_r = C_3 f_r = \frac{a_2}{b_2}$	凸轮进给	液压系统操纵	凸轮进给 $21f_r$	凸轮进给 $f_r/8$
	让刀运动	工作台让刀	刀具主轴摆动让刀	工作台让刀	刀具主轴摆动让刀

Y54 插齿机圆周进给量、径向进给量（插齿刀每一行程的平均径向进给量）见表 3-30 和表 3-31。

表 3-30　Y54 插齿机圆周进给量（按 $d_0=100$mm）

圆周挂轮齿数 a/b	34/55	39/50	42/47	47/42	50/39	55/34
圆周进给量 f_c/mm	0.17	0.21	0.24	0.31	0.35	0.44

表 3-31　Y54 径向进给量

径向进给挂轮齿数 a_1/b_1	25/50	40/40	50/25
径向进给量 f_r/mm	0.024	0.048	0.095

3.2.4　常用插齿机联接尺寸

JB/T 3193.1—1999《插齿机 参数》标准中规定了插齿机工作台孔径、T 形槽型式、插齿刀主轴尺寸等参数，详见表 3-32，国内各家生产的插齿机有所不同，表 3-32 中为参考数据。一些常见插齿机型号的联接尺寸见表 3-33。

表 3-32 插齿机参数 （单位：mm）

最大工件直径 D		200	320	500（800）	1250（2000）	3150
最大模数 m		4	6	8	12	16
最大加工齿宽		50	70	100	160	240
插齿刀主轴	轴径 d	31.743				80
	锥孔	莫氏 3 号	—	—	—	1:20
工作台	孔径 d_2	60	80	100	180	240
	T 形槽槽数	—	4	4	8	16
	T 形槽槽宽	—	12	14	22	36

注：1. 括号内主要参数用于变形产品。

2. 当 D = 1250mm 时，刀轴应增加轴颈直径为 88.9mm、101.6mm 的接套；当 D = 3150mm 时，刀轴应增加轴颈直径为 31.743mm、88.9mm、101.6mm 的接套。

表 3-33 常见插齿机型号的联接尺寸 （单位：mm）

型 号			Y5120A	Y54	Y58	5B12
插齿刀主轴	轴径		31.751	31.751	44.399	31.751
	轴颈长度		25	20	23	25
	挡肩直径		60	85	82	45
	螺纹直径		M24	M24	M39 × 3	M14
	螺纹长度		15	26	22	15
	锥孔		莫氏 3 号	莫氏 4 号	—	莫氏 3 号
工作台	外径		160	240	800	250
	孔径		—	—	130	—
	心轴孔小端直径 d_2		40	40	—	40
	心轴孔锥度		1:10	1:10	—	1:10
	凸缘直径		140	140	—	140
	凸缘高度		8	15	—	6
	3 个均布螺纹孔直径		M10	M16	—	M10
	螺纹分布圆直径	外圈	—	185	—	205
		内圈	100	—	—	100
	T 形槽槽数		—	—	8	—
	T 形槽槽宽		—	—	22	—

3.2.5 进给量的选择

圆周进给量推荐按表 3-34 选取。径向进给量 f_r 推荐按圆周进给量 f_c 的 0.1 ~ 0.3 倍确定。

表 3-34 圆周进给量 f_c 选择表

加工性质	齿轮模数 /mm	机床传动功率/kW			
		<1.5	1.5 ~ 2.5	2.5 ~ 5	>5
		圆周进给量 f_c/（mm/行程）			
粗切齿	2 ~ 4	0.35	0.45	—	—

（续）

加工性质	齿轮模数 /mm	机床传动功率/kW			
		<1.5	1.5~2.5	2.5~5	>5
		圆周进给量 f_c/（mm/行程）			
粗切齿	5	0.25	0.40	—	—
	6	0.2	0.35	0.45	—
	8	—	—	0.35	0.45
	10	—	—	0.25	0.35
	12	—	—	0.15	0.25
精切齿	2~12	0.25~0.35			

注：1. 表中参数适合工件材质为45钢正火或HT200铸铁，当材料不同时圆周进给量 f_c 材料修正系数参考值如下：

材质硬度 HBW	≤190	>190~220	>220~240	>240~290	>290~320
修正系数	1	0.9	0.8	0.7	0.6

2. 当粗、精加工的 f_c 不同时，应取较小值。

3.2.6　内齿轮插齿插齿刀的选用

1. 插齿刀精度等级

可加工齿轮精度列于表3-35。

表3-35　插齿刀精度等级和可加工齿轮精度

插齿刀型式	直齿插齿刀（GB/T 6081—2001）							
	盘　形			碗　形			锥　柄	
插齿刀精度	AA	A	B	AA	A	B	A	B
被切齿轮精度	6	7	8	6	7	8	7	8

2. 按齿轮齿数初选插齿刀

已知齿轮齿数后，可按表3-36初步选定插齿刀齿数，表中所列数值没有考虑插齿刀和内齿轮的变位系数，用于齿轮联轴器，换挡内齿轮等，基本可以满足要求，是单件小批生产中常使用的

表3-36　按内齿轮齿数允许的插齿刀最多齿数

内齿轮齿数 z_2	允许的插齿刀最多齿数 z_{0max}		
	$\alpha=14.5°$　$h_{a2}^*=1$	$\alpha=20°$　$h_{a2}^*=1$	$\alpha=20°$　$h_{a2}^*=0.8$ $\alpha=25°$　$h_{a2}^*=1$
24			10
28			11
32		10	12
36		13	14
40	14	17	18
44	16	21	23
48	18	25	27
52	21	29	32
56	24	34	36
60	27	38	40
64	30	42	45
68	33	46	49
72	36	50	53

表格。若用于重要的传动内齿轮，以及批量生产时，应按干涉顶切、切入顶切、过渡曲线干涉等限制条件验算确定。

为了避免顶切现象，内齿轮与插齿刀齿数之差不宜少于 12。表 3-37 为插齿刀主要参数（α = 20°）及可加工内齿轮工件最少齿数的限制。

3.2.7　插齿刀的安装与调整方法

1. 插齿刀的选取与校验

插齿刀的选取是根据被加工工件的精度等级、并按被加工工件与所选用插齿刀在插齿过程中是否会产生插齿的根切或顶切现象进行校验后确定。

2. 插齿刀的安装

（1）盘形、碗形、锥柄插齿刀的安装　安装插齿刀前，必须将插齿刀的内孔、支承端面及机床刀具主轴的配合部位擦拭干净，不应有脏物和锈斑。安装时，刀具主轴不要处在最低位置，并用手将刀具轻轻地装上主轴，切勿用别的东西敲击，以免损伤刀具或影响主轴的精度。

在安装盘形与碗形插齿刀时，上、下刀垫的两平面平行度为 0.002mm，表面粗糙度 Ra 为 1.25μm。如不用下刀垫也可直接用带肩的六角螺母，注意拧紧螺母时，不要用力过大，更不允许在专用扳手上加接长的套筒来加大力矩，以免使刀具主轴产生弯曲。

表 3-37　插齿刀主要参数（α = 20°）及可加工内齿轮工件最少齿数的限制

插齿刀主要参数							内齿轮变位参数 x						
插齿刀形式及标准号	分度圆直径 d_0 /mm	模数 m_n /mm	齿数 z_0	变位系数 x_0	齿顶圆直径 d_a /mm	齿顶高系数 h_a^*	0	0.2	0.4	0.6	0.8	1.0	1.2
							内齿轮最少齿数						
公称分度圆 ϕ26mm 锥柄插齿刀（GB/T 6081—2001）	26	1	26	0.1	28.72	1.25	46	41	38	35	33	31	30
	25	1.25	20	0.1	28.36		40	35	32	29	26	25	24
	27	1.5	18	0.1	31.04		38	33	29	27	24	23	22
	26.25	1.75	15	0.08	30.89		35	30	26	23	21	19	18
	26	2	13	0.06	31.24		34	28	24	21	19	17	16
	27	2.25	12	0.06	32.90		34	27	23	20	18	16	13
	25	2.5	10	0	31.26		34	27	20	17	15	14	13
	27.5	2.75	10	0.02	34.48		34	27	20	17	15	14	13
公称分度圆 ϕ38mm 锥柄插齿刀（GB/T 6081—2001）	38	1	38	0.1	40.72	1.25	58	54	50	47	45	13	42
	37.5	1.25	30	0.1	40.88		50	46	42	39	37	35	34
	37.5	1.5	25	0.1	41.54		45	40	37	34	32	30	29
	38.5	1.75	22	0.1	43.24		42	37	34	31	28	27	26
	38	2	19	0.1	43.40		39	34	31	28	25	24	23
	36	2.25	16	0.08	41.98		36	31	27	24	22	21	19
	37.5	2.5	15	0.1	44.26		35	30	26	23	21	20	18
	38.5	2.75	14	0.09	43.88		34	29	25	22	20	19	17
	36	3	12	0.04	43.74		34	27	23	20	18	16	15
	39	3.25	12	0.07	47.58		34	27	23	20	18	16	15
	38.5	2.5	11	0.04	47.52		34	27	22	19	17	15	14
	37.5	3.75	10	0	46.88		34	27	20	17	15	14	13

（续）

插齿刀主要参数							内齿轮变位参数 x						
插齿刀形式及标准号	分度圆直径 d_0 /mm	模数 m_n /mm	齿数 z_0	变位系数 x_0	齿顶圆直径 d_a /mm	齿顶高系数 h_a^*	0	0.2	0.4	0.6	0.8	1.0	1.2
							内齿轮最少齿数						
公称分度圆 ϕ50mm 碗形插齿刀（GB/T 6081—2001）	50	1	50	0.1	52.72	1.25	70	56	62	58	57	55	54
	50	1.25	40	0.1	53.38		60	56	52	49	47	45	44
	51	1.5	34	0.1	55.04		54	50	46	43	41	39	38
	50.75	1.75	29	0.1	55.49		49	45	41	38	36	34	33
	50	2	25	0.1	55.4		45	40	37	34	32	30	29
	49.5	2.25	22	0.1	55.56		42	37	34	31	28	27	26
	50	2.5	20	0.1	56.76		40	35	32	20	26	25	24
	49.5	2.75	18	0.1	56.92		38	34	29	27	24	23	33
	51	3	17	0.1	59.14		37	32	28	25	23	22	20
	48.76	3.25	15	0.1	57.53		35	30	26	23	21	20	18
	49	3.5	14	0.1	58.44		31	29	23	22	20	19	17
公称分度圆 ϕ75mm 碗形插齿刀（GB/T 6081—2001）	76	1	76	0.1	78.72	1.25	96	92	22	85	83	81	89
	75	1.25	60	0.1	78.38		80	76	85	69	67	65	64
	75	1.5	50	0.1	79.04		70	66	69	59	57	55	54
	75.25	1.75	43	0.1	79.99		63	59	59	52	50	48	47
	76	2	38	0.1	81.4		58	54	52	47	45	43	42
	76.5	2.25	34	0.1	82.56		54	50	47	44	41	39	38
	75	2.5	30	0.1	81.76		50	45	45	39	37	35	34
	77	2.75	28	0.1	84.42		48	43	40	37	36	33	42
	75	3	25	0.1	83.1		45	40	37	34	32	30	39
	78	3.25	24	0.1	86.78		44	39	36	33	30	29	28
	77	3.5	22	0.1	86.44		42	37	34	31	28	27	25
	75	3.75	20	0.1	86.14		40	35	32	29	26	25	24
	76	4	19	0.1	86.80		39	34	31	28	25	24	23
公称分度圆 ϕ75mm 盘形插齿刀（GB/T 6081—2001）	76	1	74	0	76.5	1.25	94	90	87	84	82	81	76
	75	1.25	60	0.18	78.56		82	77	76	70	68	65	61
	75	1.5	50	0.27	79.56		74	69	66	61	59	56	55
	75.25	1.75	43	0.31	80.71		68	63	58	55	52	50	48
	76	2	38	0.31	82.24		63	58	53	50	47	45	43
	76.5	2.25	34	0.30	83.45		59	53	49	45	43	40	39
	76	2.5	30	0.22	82.34		53	48	44	40	38	36	34
	77	2.75	28	0.19	84.92		50	45	41	38	35	34	32
	75	3	25	0.14	83.34		46	41	37	34	32	30	29
	78	3.25	24	0.13	86.96		45	40	36	33	31	29	28
	77	3.5	22	0.1	86.44		42	37	34	31	28	27	26
	75	3.75	20	0.07	84.90		40	35	31	28	26	25	23
	76	4	19	0.04	86.32		38	33	30	27	23	23	22

（续）

插齿刀主要参数							内齿轮变位参数 x						
插齿刀形式及标准号	分度圆直径 d_0 /mm	模数 m_n /mm	齿数 z_0	变位系数 x_0	齿顶圆直径 d_a /mm	齿顶高系数 h_a^*	0	0.2	0.4	0.6	0.8	1.0	1.2
							内齿轮最少齿数						
公称分度圆 ϕ100mm 插齿刀 （GB/T 6081—2001）	100	1	100	0.06	102.62	1.25	119	115	112	109	107	105	104
	100	1.25	80	0.33	103.94		106	101	96	90	90	87	85
	102	1.5	68	0.46	107.14		97	92	87	83	49	76	74
	102.5	1.75	58	0.5	107.62		88	82	77	73	70	67	65
	100	2	50	0.5	107.80		80	74	69	65	61	59	57
公称分度圆 ϕ100mm 插齿刀 （GB/T 6081—2001）	101.25	2.25	45	0.19	109.09	1.25	73	69	64	60	56	54	51
	100	2.5	40	0.42	108.36		68	62	57	53	50	48	46
	99	2.75	36	0.36	107.86		62	57	52	48	45	43	41
	102	3	34	0.34	111.54		60	54	50	46	43	41	39
	100.75	3.25	31	0.28	110.7		55	50	46	42	39	37	36
	101.5	3.5	29	0.26	112.08		53	47	43	40	37	35	34
	101.25	3.75	27	0.23	112.35		50	45	41	37	35	33	31
	100	4	25	0.18	111.46		47	42	38	35	32	30	29
	99	4.5	22	0.12	111.78	1.3	43	38	34	31	29	27	26
	100	5	20	0.09	113.90		40	35	32	29	27	25	24
	104.5	5.5	19	0.08	119.68		39	34	31	28	25	24	23
	108	6	18	0.08	124.56		38	33	29	27	24	23	22
公称分度圆 ϕ100mm 插齿刀 （GB/T 6081—2001）	124	4	31	0.3	136.8	1.3	56	50	46	42	40	37	36
	126	4.5	28	0.27	140.14		52	47	43	39	36	34	33
	125	5	25	0.22	140.20		48	43	39	35	33	31	29
	126.5	5.5	23	0.2	143.00		45	40	36	33	31	29	27
	126	6	21	0.16	143.52		43	38	34	31	28	26	25
	123.5	6.5	19	0.12	141.96		40	35	31	28	26	24	23
	126	7	18	0.11	145.74		39	34	30	27	25	23	22
	126	8	16	0.07	149.92		36	31	27	24	22	21	20

在安装锥柄插齿刀时，先安装刀具的过渡套，才能安装锥柄插齿刀，并要在刀具下面（工作台面上）垫上一木块，且用扳手拨动偏心圆盘，使刀具主轴上、下移动，以施加适当的压力来压紧刀具即可。切忌用手锤或其他有损刀具的东西敲打。

（2）插齿刀安装后的检验　插齿刀安装后，应采用指示表检验其安装精度，如图3-8所示。

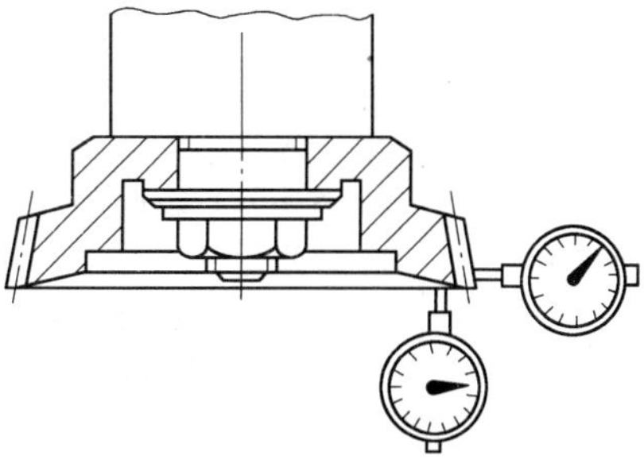

图3-8　插齿刀安装后的检验

当插削一般精度齿轮时，如采用公称分度圆直径100mm、中等模数的盘形或碗形插齿刀时，安装后，应保证其前刀面的端面斜向圆跳动及齿顶圆跳动不大于0.025mm。当插削精度较高的齿轮时，则以上两项跳动应不大于0.01mm（其要求参见表3-38）。但当其安装精度超差时，应在跳动最高点上用粉笔做上标记，然后松开螺母，转动插齿刀进行调整，直至符合要求时为止。每次更换插齿刀都要重复进行检查。

表 3-38　插齿刀安装要求

齿轮精度	插齿刀公称分度圆直径/mm	检查项目	
		前刀面跳动/mm	外圆跳动/mm
6	≤75	0.013	0.008 ~ 0.010
	>75 ~ 125	0.013 ~ 0.016	0.010 ~ 0.013
	>120 ~ 200	0.020	0.016 ~ 0.020
7	≤75	0.016 ~ 0.020	0.013 ~ 0.016
	>75 ~ 125	0.020 ~ 0.025	0.016 ~ 0.020
	>120 ~ 200	0.032	0.025 ~ 0.032

3.2.8　插削加工中常出现的缺陷和解决方法

在插齿加工中，影响插齿加工误差的因素很多，除外界因素如温度、振动及安装基础变形等外，主要有以下几个方面：

① 插齿刀几何形状的误差。

② 插齿刀及工件装夹的误差。

③ 在插齿加工中，机床、刀具、夹具、工件，即整个工艺系统的振动、热变形及受力变形等造成的误差。

④ 机床几何精度的误差。

⑤ 机床传动链精度的误差等。

总之，影响插齿加工误差的原因很多，情况也比较复杂，插齿操作工的主要任务，在于找出影响插齿加工误差的主要因素，通过分析和研究，正确地得出消除其误差的相应方法，以求生产更多的合格产品。

齿轮插齿加工中常出现的缺陷及解决方法见表 3-39 。

表 3-39　齿轮插齿加工中常出现的缺陷及解决方法

超差项目	主要原因	解决方法
公法线长度的变动量	1. 刀架系统，如蜗轮偏心，主轴偏心等误差 2. 刀具本身制造误差和安装偏心或倾斜 3. 径向进给机构不稳定 4. 工作台的摆动及让刀不稳定	修理恢复刀架系统精度，检查修理径向进给机构 调整工作台让刀及检验刀具安装情况
相邻齿距误差	1. 工作台或刀架体分度蜗杆的轴向窜动过大 2. 精切时余量过大	1. 调整工作台或刀架体的分度蜗杆的轴向窜动 2. 适当增加粗切次数，使精切时留量较少
齿距累积误差	1. 工作台或刀架体分度蜗轮蜗杆有磨损、啮合间隙过大 2. 工作台有较大的径向跳动 3. 插齿刀主轴轴向圆跳动（安装插齿刀部分）超差 4. 进给凸轮轮廓不精确 5. 插齿刀安装后有径向与轴向圆跳动 6. 工件安装不符合要求 7. 工件定位心轴本身精度不合要求	1. 调整工作台或刀架分度窜轮窜杆的啮合间隙，必要时修复蜗轮副 2. 仔细刮研工作台主轴及工作台壳体上的圆锥接触面 3. 重新安装插齿刀的位置，使误差相互抵消，必要时修磨插齿刀主轴端面 4. 修磨凸轮轮廓 5. 修磨插齿刀的垫圈 6. 工件定位心轴须与工作台回转轴线重合 工件的两端面须平行，安装时工件端面须与安装孔垂直 工件垫圈的两平面须平行，并不得有铁屑及污物粘着 7. 检查工件定位心轴的精度，并加修正或更换新件

（续）

超差项目	主要原因	解决方法
齿形误差	1. 分度蜗杆轴向窜动过大或其他传动链零件精度太差 2. 工作台有较大的径向跳动 3. 插齿刀主轴轴向圆跳动（安装插齿刀部分）超差 4. 插齿刀刃磨不良 5. 插齿刀安装后有径向与轴向圆跳动 6. 工件安装不合要求	1. 检查与调整分度蜗杆的轴向窜动，检查与更换链中精度太差的零件 2. 与齿距累积误差2. 同 3. 与齿距累积误差3. 同 4. 重磨刃口 5. 修磨插齿刀垫圈 6. 与齿距累积误差6. 同
齿向误差	1. 插齿刀主轴中心线与工作台轴线间的位置不正确 2. 插齿刀安装扣有径向与轴向圆跳动 3. 工件安装不合要求	1. 重新安装刀架工进行校正 2. 修磨插齿刀垫圈 3. 与齿距累积误差6. 同
表面粗糙度	1. 机床传动链的精度不高，某些环节在运转中出现振动或冲击，以致影响机床传动平稳性 2. 工作台主轴与工作台壳体圆锥导轨面接触情况不合要求，圆锥导轨面接触过硬，工作台转动沉重，运转时产生振动 3. 分度蜗杆的轴向窜动或分度蜗杆蜗轮副的啮合间隙过大，运转中产生振动 4. 让刀机构工作不正常，回刀刮伤工件表面 5. 插齿刀刃磨质量不良 6. 进给量过大 7. 工件安装不牢靠，切削中产生振动 8. 切削液脏或者冲入切削齿槽	1. 找出严谨不良环节，加以校正或更换件 2. 修刮圆锥导轨面，使其接触面略硬于平面导轨，并要求接触均匀 3. 修磨调整垫片纠正分度蜗杆的轴向窜动，调整分度蜗杆支座以校正分度蜗杆蜗轮副的间隙大小 4. 调整让刀机构 5. 修磨刃口 6. 选择适当的进给量 7. 合理安排工件 8. 更换切削液，将切削液对准切削区

Y54型插齿机在插齿加工中常见的误差产生原因及消除方法列于表3-40，供参考。

表3-40　Y54型插齿机在插齿加工中常见的误差产生原因及消除方法

项目	产生原因	消除方法
齿距累积误差较大	属于机床方面	
	工作台和刀架体的蜗杆蜗轮副的蜗杆轴向窜动过大	重新调整蜗杆的轴向窜动，使窜动量保持在0.003～0.008mm范围内
	由于长期使用，工作台和刀架体的蜗杆蜗轮副齿面已磨损，啮合间隙过大	配磨调整垫片，使蜗杆蜗轮副的啮合间隙在0.02～0.05mm范围内，必要时修复蜗轮，重配蜗杆
	径向进给中的丝杠、弹簧在切削加工时弹力不够	调整弹簧弹力
	工作台和刀架体的蜗杆蜗轮副中，尤其蜗轮的齿面有研损现象或齿面有磕碰毛刺	用油石修磨或用刮刀刮削。如损伤较大，可考虑重新滚齿、研齿，以恢复蜗轮的精度，这时应重新配制蜗杆

（续）

项目	产生原因	消除方法
齿距累积误差较大	工作台主轴与工作台的 1∶20 的圆锥导轨接触过松，工作台主轴在转动时有浮动现象，定心不好	修刮圆锥导轨面，使圆锥导轨面的接触面略硬于平面导轨，且要求接触均匀。修刮要求以 100N 左右的力用 500mm 的撬杠转动工作台主轴时，在旋转一转中应无过轻或过重的感觉
	让刀不稳定	调整让刀机构，使让刀量处在 0.3～0.5mm 的范围内，并且每次让刀的复位误差不大于 0.02mm
	刀架体齿条套筒的镶条松动	调整镶条
	自动径向进给凸轮的等半径部分（*R*79mm ±0.005mm）径向圆跳动超差	重新修磨凸轮使其误差在 ±0.005mm 范围内
	插齿刀刀轴 ϕ31.743mm 圆柱面上有拉毛现象，插齿刀在紧固后歪斜或定心不正	用油石磨去拉毛毛刺
	机床传动链中的零件，尤其是工作台蜗轮和刀架蜗轮的精度已丧失	重新修复蜗轮，滚齿或研齿，严重丧失精度时，应考虑更换蜗轮
	机床的几何精度项目中有关项目超差，其中影响较大的有 1. 工作台面的端面圆跳动 2. 工作台锥孔中心线的径向圆跳动 3. 刀架体刀具主轴定心轴径的径向圆跳动	修复工作台或刀架体的有关零件
	属于刀具方面	
	插齿刀刀齿刃部已钝或有磕碰	重新刃磨插齿刀
	插齿刀刀齿本身精度不合格	插齿刀刀齿本身精度，对被插齿轮精度有直接影响，应重新更换插齿刀
	插齿刀的基准孔及端面精度超差	更换合格插齿刀
	属于安装方面	
	插齿刀安装后的径向圆跳动与端面圆跳动太大	重新检查插齿刀的定心轴径，定位孔、刀垫等，安装时应清洗干净
	齿坯安装不好 1. 齿坯的安装偏心 2. 工件两定位端面不平行，安装后产生歪斜，使心轴或夹具产生变形、弯曲等现象 3. 工件的上、下的平垫两端面不平行或有毛刺、切屑、污物等 4. 插齿心轴本身精度不高或刚性不好	正确安装齿坯 1. 检查齿坯的定心表面与插齿心轴或夹具之间的配合间隙，一般插削 7 级精度齿轮时，其配合不能低于 H7/h6 精度要求 2. 应保证齿坯端面与基准孔的垂直度不大于 0.02mm，两端面的平行度不大于 0.03mm（视工件的精度要求而定） 3. 安装工件时，应将两端面擦拭干净，应保证两端面的平行度小于 0.01mm 4. 检查插齿心轴的精度，如超差或刚性不够，应修磨或重新制造

（续）

项目	产生原因	消除方法
齿距极限偏差或齿形误差较大	属于机床方面	
	工作台或刀架体的分度螺杆的轴向窜动过大	重新调整蜗杆或更换轴承，使轴向窜动处在0.003～0.008mm的范围内
	分度传动链中的传动元件，尤其是工作台、刀架体的蜗杆精度丧失严重	应对工作台的蜗杆和蜗轮、两对锥齿轮，刀架体的蜗杆和蜗轮等零件进行检查，若超差，应修复或更换新件
	刀架体的固定导轨和滑动导轨的滑动面，由于磨损不均匀（经常插削一定宽度范围内齿轮）而出现平面度或与ϕ165mm外径母线平行度超差，致使插齿时刀齿运动轨迹不正确	对固定导轨和滑动导轨、镶条应予修磨或刮研，磨损严重则更换新件
	工作台主轴与工作台1:20锥度的圆锥导轨接触面过硬，运转时产生摩擦发热，插齿时工作台主轴产生颤动	圆锥导轨的1:20圆锥体的刮研应合适，一般用500mm长的撬杠以100N左右的力转动工作台时应无过重或过轻感觉
	工作台或刀具主轴有过大的径向圆跳动，致使切削不均匀	检查机床的几何精度，并及时地进行修复
	属于刀具方面	
	插齿刀刀齿本身精度不合格	插齿刀刀齿本身精度对工件的齿距极限偏差及齿形误差影响很大、如插齿刀精度超差时，应予修磨或更换合格新刀
	插齿刀基准孔或基准端面的精度超差	应更换合格新刀
	插齿刀刀齿刃口已变钝或有磕碰，刃磨质量差、烧伤等现象	应重新进行刃磨，并进行充分冷却，以提高插齿刀前刀面的刃磨质量
	属于安装方面及操作方面	
	插齿刀安装与齿坯安装不合要求	重新安装，并严格按工艺与技术要求操作
	切削规范选择不适当	插削不同材料和工件模数时，应选择不同的切削规范，参照机床说明书并结合实践经验。一般当插削模数大于2mm时，应适当增加粗插次数
齿向误差较大	属于机床方面	
	机床刀具主轴轴线对工作台主轴轴线平行度的精度超差，产生原因有以下几个方面 1. 刀架体的固定导轨与滑动导轨是用镶条来调整，如配合不好或间隙过大，对齿向均有影响 2. 刀架体内，蜗轮上的环与刀具主轴轴线不重合 3. 刀架体支承蜗轮端面或支承环的端面与刀具主轴轴线不垂直	严格控制机床刀具主轴轴线对工作台主轴轴线平行度的精度超差，具体措施如下 1. 根据齿向超差情况，调整镶条位置使滑动导轨与蜗轮孔的间隙不大于0.005mm 2. 找正后，紧固螺钉，并重新配铰定位销 3. 修刮这两个端面，使其垂直度在0.01mm以内
	插齿机的让刀不稳定	调整让刀机构，使复位精度达0.01mm

（续）

项目	产生原因	消除方法
	属于操作、齿坯精度和安装方面	
齿向误差较大	插齿心轴、夹具等安装不正	重新安装找正，有关心轴和夹具安装要求及安装后的检验要求见表3-41
	齿坯上、下的平垫两端面不平行或有切屑、污物等	应将两端面擦干净，并保持两端面平行度在0.01mm以内
	齿坯的安装基面与基准孔的误差过大	应使齿坯的加工精度视工件的加工要求相适应
	插齿刀行程的超越量选择过小，插齿时在齿宽上尚未切削完毕时，工作台带动工件即已让刀	重新调整超越量（按规定合理选取超越量）
	属于机床方面	
齿面粗糙度不好	机床传动链中零件，如刀具主轴、工作台主轴等，精度已丧失或磨损，传动件之间的间隙变大，在切削时产生松动和冲击	找出精度丧失严重的零件，予以修复、校正。不能修复的应换新件
	工作台主轴与工作台圆锥导轨面接触过硬，工作台转动沉重，因而在旋转时摩擦发热，产生振动；或接触过松，运转时工作台产生晃动	修刮圆锥导轨面，使圆锥导轨面的接触情况略硬于平面导轨，而且要保持接触均匀，在旋转一周内无轻重感觉
	刀架体及工作台两分度蜗杆在运转时轴向窜动过大，或蜗杆与蜗轮的啮合间隙过大，运转时引起跳动	修磨调整垫片并更换轴承后，重新调整，保证其轴向窜动在0.005mm左右，且保持蜗杆蜗轮副之间的合理啮合间隙
	机床的让刀机构工作不正常，插齿刀回程时将工件的已加工表面擦伤	重新调整让刀机构，尤其应注意当加工模数大于4mm或较小模数时，这种现象出现比较多
	属于刀具方面	
	插齿刀刃部已磨钝，使被插齿轮的轮齿表面出现撕裂等情况	重新刃磨插齿刀，使刃部锋利，并在刃磨时充分冷却，以提高前刀面的刃磨质量
	插齿刀在插削过程中，产生积屑瘤并粘结在刀刃上，刃磨时未将粘刀部分磨掉，提高了刀齿表面粗糙度	重新刃磨插齿刀，将粘刀部分磨掉，并适当提高插削速度（即插齿刀的往复行程数，以抑制积屑瘤的产生）
	插齿刀前角应适应被插齿轮的材料，如插削调质处理后的合金钢材料时，仍采用前角为5°的插齿刀，则插削时易产生积屑瘤	适当增大插齿刀的前角，但一般插齿刀的前角不应大于10°
	插齿刀安装后未紧固好，插削时产生位移和振动	重新安装并紧固插齿刀
	属于安装、冷却、工件材质及热处理方面	
	插削钢质材料时，切削液选择不当或太脏	加工45钢时可选用L-AN32号润滑油，加工经调质处理的合金钢件时，可选用硫化油或防腐乳化油。太脏的切削液应予及时更换
	齿坯安装不牢固，插削时产生位移和振动	应重新安装并紧固齿坯
	材料硬度过高，使被插齿轮的齿面产生撕裂、鱼鳞等缺陷	对45钢或中碳合金钢，一般推荐采用正火处理。根据被插齿坯的材料和硬度，应通过切削工艺试验和生产实践经验，以选用合适的切削用量与精加工余量

3.2.9　插齿工艺守则（表 3-41）

表 3-41　插齿工艺守则（摘自 JB/T 9168.9—1998）

一般要求

齿坯装夹前应检查其编号和实际尺寸是否与工艺规程要求相符合

装夹齿坯时应注意查看其基面标记，不得将定位基面装错

计算齿轮加工机床滚比挂轮时，一定要计算到小数点后有效数字第五位

准备工作

本守则适用于用齿轮型插齿刀加工 GB/T 10095.1-2—2008 中规定的 7、8、9 级精度渐开线圆柱齿轮

1. 调整分齿挂轮的啮合间隙在 0.1 ~ 0.15mm 内

2. 按加工方法和工件模数、材质、硬度进行切削速度挂轮、进给挂轮的选择与调整

插齿心轴及齿坯的装夹

心轴装夹后，其径向圆跳动应不大于 0.005mm

装夹齿坯时应将有标记的基面向下，使之与支承面贴合，不得垫纸或铜皮等物。压紧前要用指示表检查外圆的径向圆跳动和基准轴向圆跳动，其跳动公差不得大于以下数值

齿坯外圆径向圆跳动和基准轴向圆跳动公差

齿轮精度等级	齿轮分度圆直径/mm					
	≤125	>125 ~400	>400 ~800	>800 ~1600	>1600 ~2500	>2500 ~4000
	齿坯外圆径向圆跳动和基准轴向圆跳动公差/mm					
7、8	0.018	0.022	0.032	0.045	0.063	0.100
9	0.028	0.036	0.050	0.071	0.100	0.160

注：当三个公差组的精度等级不同时，按最高的精度等级确定公差值；当以顶圆作基准时，表中的数值就指顶圆的径向圆跳动

在装夹直径较大或刚性较差易受振动的齿坯时，应加辅助支承

插齿刀的选用与装夹

插齿刀的精度选择情况如下

齿轮精度等级	7	8	9
插齿刀精度等级	AA、A	A	B

刀垫的两端面平行度误差应不大于 0.005 mm，刀杆和螺母的螺纹部分与其端面垂直度误差应不大于 0.01 mm

装夹插齿刀前应用指示表检查装刀部位的径向圆跳动、轴向圆跳动及外径 d 的磨损极限偏差，其值不得超过以下数值（mm）

齿轮精度等级	7	8	9
轴向圆跳动	0.005	0.005	0.006
径向圆跳动	0.008	0.008	0.009
磨损量	0.01	0.02	0.02

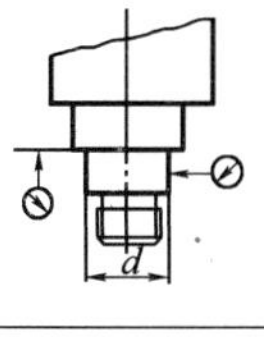

机床调整

根据齿轮模数、齿数、材质、硬度选择适当的切削速度。一般切削速度可在 8 ~ 20 m/min 范围内选取

调整插齿刀的行程次数，按下式计算

$$n=\frac{1000v_c}{2(B+\Delta)}$$

式中　n——插齿刀每分钟行程次数

v_c——切削速度（m/min）

B——被加工齿轮的宽度（mm）

Δ——插齿刀切入、切出长度之和（mm）

插齿过程中，应随时注意刀具的磨损情况，当刀尖磨损达到 0.15 ~ 0.30 mm 时，应及时换刀

3.3 磨齿加工

3.3.1 磨削余量及磨削用量的选择

磨齿余量应尽可能小，这样不仅有利于提高磨齿生产率，而且可减小从齿面上磨去的淬硬层厚度，提高齿轮承载能力。

表 3-42 是普通渗碳齿轮的磨齿余量概略值，这些数值只能作为制定磨齿工艺时的参考，磨齿余量的合理数值，应根据齿轮规格、结构形式和材料，齿坯精度（包括磨前齿轮的基准孔精度和齿部精度），热处理变形情况等决定。

表 3-42 磨齿余量表（公法线余量） （单位：mm）

模数	加工齿轮的直径					
	≤100	>100～200	>200～500	>500～1000	>1000～2000	>2000
≤2.5	0.15～0.25 (0.15～0.20)	0.25～0.35 (0.15～0.20)	0.35～0.45 (0.18～0.30)	—	—	—
>2.5～4	0.20～0.30 (0.18～0.25)	0.30～0.40 (0.18～0.30)	0.40～0.50 (0.20～0.35)	0.50～0.65 (0.25～0.45)	—	—
>4～6	0.25～0.35	0.30～0.40	0.40～0.50	0.50～0.65	0.65～0.80	—
>6～10	0.30～0.40	0.35～0.45	0.45～0.60	0.60～0.75	0.70～0.90	0.80～1.0
>10～18	—	0.40～0.50	0.50～0.65	0.60～0.75	0.70～0.90	0.80～1.0

注：括号中的数值用于有效渗层不深（例不大于模数的 0.2 倍）、变形控制措施得力、预切精度较高的齿轮生产时参考。

磨削深度规范的选择与砂轮、被加工齿轮材料、磨齿精度要求、表面质量要求及生产批量等因素有关，较小的磨削深度有利于提高加工精度和减少表面粗糙度。磨削模数较大的齿轮，工件不易变形，且产生振动时可用较大的磨削深度。

一般情况下，各种磨齿机的磨削深度规范见表 3-43。

表 3-43 各种磨齿机的磨削深度规范 （单位：mm）

磨齿工况 / 工件材料	碟形双砂轮磨齿机		锥面砂轮磨齿机		蜗杆形砂轮磨齿机		大平面砂轮磨齿机		成形砂轮磨齿机	
	粗磨	精磨	粗磨	精磨	粗磨	精磨	粗磨	精磨	粗磨	精磨
普通碳素钢	0.03～0.05	0～0.02	0.05～0.10	0.01～0.02	0.005～0.02	0～0.001	0.03～0.04	0～0.01	0.10～0.15	0.02～0.04
合金钢 (48HRC 以上)	0.02～0.03	0～0.02	0.03～0.06	0～0.01	0.003～0.015	0～0.005	0.02～0.003	0～0.01	0.05～0.10	0.02～0.03

磨齿纵向进给量 v_f 一般是指砂轮在工件轴线方向的进给速度，单位为 mm/min。但不同的磨齿机表示进给速度的方法不尽相同，如锥面砂轮磨齿机多以每分钟的双行程次数（次/min）表示。对锥面砂轮磨齿机，砂轮每分钟往复行程次数越多则砂轮沿工件齿线的移动速度越高。这一速度太低时，工件表面易烧伤；太高时，机床可能产生振动。纵向进给量的选择应遵循机床说明书的

有关规范。

各种磨齿机的纵向进给量表示方法及选用范围见表 3-44。

表 3-44　各种磨齿机的纵向进给量表示方法及选用范围

磨齿机类别	磨齿纵向进给量表示方法	选用范围
碟形双砂轮磨齿机	每次展成双行程中，工件沿其轴线移动的距离	粗磨：6～8mm/展成往复 精磨：4～6①mm/展成往复
锥面砂轮磨齿机	单位时间内，砂轮沿工件轴线移动的双行程次数	80～170 次/min
	单位时间内，砂轮沿工件轴线移动的距离	8～10② m/min
蜗杆形砂轮磨齿机	工件每转砂轮的轴向进给量	粗磨：～2mm/r 精磨：0.3～0.6mm/r
	单位时间内，砂轮沿工件轴线移动的距离	20～100mm/min
成形砂轮磨齿机	单位时间内，工件沿其轴向移动的距离	7～11m/min

① 此为 Y7032A 推荐的数据，一般精磨时可进一步减小到 1～2.5mm/展成往复。

② 此为 Y7132A 推荐的数据，在立式磨齿机上可提高到 11～18m/min。

展成进给量是指工件在展成方向上的移动速度（也就是被磨齿轮与产形齿条啮合时节圆的线速度），可用单位时间内展成移动的距离来表示，单位为 mm/min。也可用单位时间内的展成往复次数来表示，即展成往复次数/min。不同型号的磨齿机可根据说明书推荐的图表查取，在实际工作中，还应进一步结合磨削深度和纵向进给量等磨削规范综合考虑对磨齿效率和磨齿精度的影响进行修正。

对锥面砂轮磨齿机，若将工件取定为某一转速，此时展成进给量也可用砂轮每次往复行程中工件的移动量（圆周进给量）来表示，单位为 mm/往复行程。锥面砂轮磨齿机的圆周进给量参考表 3-45（磨削渗碳淬火齿轮时进给量还应减少 20% 左右）。

表 3-45　锥面砂轮磨齿机的圆周进给量　（单位：mm/往复行程）

齿厚磨齿余量/mm	加工性质	分度圆直径/mm			
		≤40	>40～80	>80～160	>160
0.12	粗磨、半精磨	2.7	3.4	4.3	5.4
	精　磨	0.5	0.65	0.8	1.0
0.15	粗磨、半精磨	2.0	2.5	3.2	4.0
	精　磨	0.5	0.65	0.8	1.0
0.20	粗磨、半精磨	1.7	2.1	2.7	3.3
	精　磨	0.7	0.9	1.1	1.4
0.25	粗磨、半精磨	2.3	2.9	3.7	4.6
	精磨	0.5	0.65	0.8	1.0
0.30	粗磨、半精磨	2.0	2.5	3.2	3.9
	精　磨	0.5	0.65	0.8	1.0

3.3.2　几种磨齿机的砂轮选择表

几种典型磨齿机使用的砂轮可参考表 3-46。

表面粗糙度与砂轮粒度的近似关系参见表 3-47。

表 3-46 几种典型磨齿机使用的砂轮

磨齿机类型	代表性机床	齿轮模数/mm	使用的砂轮（旧代号）
大平面砂轮	Y7125 Y7432 5892A（俄）	2～12	GB（GB/GG）$46^{\#}$～$60^{\#}$R2～3AD_1
			GB（GB/GG）$80^{\#}$～$150^{\#}$R2～3AD_1
碟形双砂轮型	MAAG（瑞士）	4～16	GB（GB/GG）$46^{\#}$～$60^{\#}$R1～3AD_3
	Y 7032 Y 70160	2～12	GB（GB/GG）$46^{\#}$～$60^{\#}$R3～ZR3AD_3
锥面砂轮型	Y7131 Y7132	1.5～6	GB（GB/GG）$60^{\#}$～$80^{\#}$ZR2～Z1$APSX_1$
蜗杆砂轮型	Y 7215 Y7120K 5832（俄）	1.25～2	GB$120^{\#}$～$150^{\#}$ZR2AP
		0.5～1	GB$120^{\#}$～W40ZR2AP
		0.3～0.4	GBW40Z1AP
		0.1～0.3	GBW20～28Z1AP
成形砂轮型	Y 7550 586（俄）	>2	GB$60^{\#}$～$80^{\#}$ZR1～2A

注：1. 刀的材料通常是 W18Cr4V，淬火硬度 63～66HRC，所以应用的磨料大多是白刚玉 GB。表中的 GB/GG 是白刚玉和铬刚玉的混合磨料，它兼有两种磨料的优点，能获得较好的磨削效果。

2. 表中的粒度、硬度有一个范围，可以照前面所说的选择原则，按工件材料、切削条件等选用，如精磨时粒度应比粗磨时细些，磨硬材料时砂轮选软些等。

3. 用成形砂轮磨削时，砂轮与工件的接触面积大，发热大，容易造成烧焦，所以砂轮最好选得软些。但是软的砂轮磨损快，在磨削齿数多的齿轮时，会影响齿轮的精度。这是一个矛盾，所以选择砂轮硬度要综合各种因素来考虑。

4. 干磨时（如大平面砂轮型、碟形双砂轮型等机床都是用干磨），散热条件较差，所以砂轮的硬度要软些，组织要松些，粒度要粗些。但是，粒度太粗，又可能使工件表面粗糙度达不到要求，这一点也要注意。

5. 锥面砂轮型磨齿机上，砂轮磨损后，不像碟形双砂轮那样可以自动补偿。同时，它又可以湿磨，散热条件较好。所以，选用的砂轮硬度可以比碟形双砂轮的稍硬一点，以免它很快磨损。

6. 蜗杆砂轮磨小模数齿轮时，粒度要细（模数越小，粗度越细），硬度稍高并且砂轮的粒度和硬度要均匀，否则不容易保证齿形的精度。

7. 磨齿机上使用的砂轮，必须经过仔细的平衡，否则磨削时会有振动，影响磨齿表面粗糙度。有些实验表明，大平面砂轮、锥面砂轮和碟形砂轮只要经过静平衡就可以了。而蜗杆砂轮，由于它的宽度大，最好要经过动平衡。例如，在莱斯豪威尔 ZB 型蜗杆砂轮磨齿机上磨削模数 1.5mm、齿数 80 的齿轮，砂轮经静平衡后，磨出的齿形误差为 4～7μm，而经过动平衡后，齿形误差可以减少到 2～3μm。

表 3-47 表面粗糙度与砂轮粒度的近似关系

粒度						
粒度	旧标号	30～36	46～60	80～120	150～W40	W28～W10
	新标号	F30～F36	F46～F60	F80～F120	F150～F280	F320～F800
磨粒基本粒度尺寸范围/μm		710～500	425～250	212～106	106～28	28～7
表面粗糙度 *Ra*/μm		2.5～5	0.32～1.25	0.04～0.16	0.04～0.08	0.02～0.04

注：GB/T 2481.1—1998 中“F”粗磨粒粒度分为 26 个粒度号，即 F4、F5、F6、F7、F8、F10、F12、F14、F16、F20、F22、F24、F30、F36、F40、F46、F54、F60、F70、F80、F90、F100、F120、F150、F180、F220（与 GB/T 2477—1983 中磨粒粒度 4#～220#对应）；GB/T 2481.2—1998 中“F”微粉系列分为 11 个粒度号，即 F230、F240、F280、F320、F360、F400、F500、F600、F800、F1000、F1200（磨粒粒度范围大致对应 GB/T 2477—1983 中 W50～W3.5）。

3.3.3　磨齿缺陷和解决方法

1. 各种磨齿机的加工误差与校正方法

各种磨齿机的结构上的差异，特别是展成元件和分度元件的不同，导致它们经常出现的加工误差和所采用的校正方法也不尽相同。

2. 典型磨齿机的磨齿误差和纠正方法

（1）蜗杆砂轮磨齿机（YE7272、AZA）　齿形误差见表3-48；齿向误差见表3-49。

表3-48　蜗杆砂轮磨齿机齿形误差

齿形形状	原因及纠止措施	齿形形状	原因及纠正措施
	压力角偏小（－）或压力角偏大（＋） 重新调整金刚石滚轮修整器装置的角度整规块值		齿顶塌入 金刚石滚轮顶端磨损或修整进给量及修整次数不当，重新更换滚轮或改变修整参数
	齿顶凸出 砂轮齿形有效深度不足；对于用滚压轮预开齿槽的砂轮，开槽太宽或中心偏移也会引起此类误差。采取相应措施		大波齿形 检查砂轮动平衡；检查砂轮上轴的一次误差；检查砂轮法兰与主轴的接触；检查砂轮上的冷却水是否甩干
	不规则齿形 金刚石滚轮不均匀磨损；砂轮粒度不当。更换金刚石滚轮，采用较细粒度的砂轮		中凹齿形 少齿数齿轮、正变位系数较大或采用凸头滚刀预切齿时，均会产生较大的中凹齿形。为此，在这种情况下，需要采用此种滚刀预切齿，在磨齿时改变磨削用量参数，最终精磨行程采用夹紧磨削
	中波齿形（改变齿数模数时，节距不变） 修整丝杆轴向窜动；传动齿轮与挂轮安装误差。检查并修复相应部位	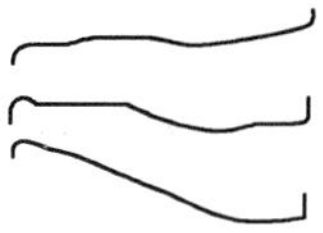	齿形一致性差 加工中心与测量重心不一致；心轴中心孔接触差；工件夹头脏或有缺陷；阻尼压力的调整不当；挂轮轴向窜动。采取相应纠正措施，仔细安排最终精磨行程

表3-49　蜗杆砂轮磨齿机齿向误差

齿向曲线形状	原因及纠正措施	齿向曲线形状	原因及纠正措施
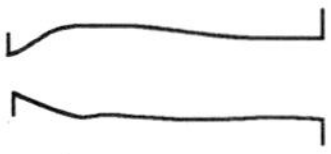	上端行程长度不足，重新调整		阻尼压力太大，检查和调整阻尼压力
	下端行程出头量过长，重新调整	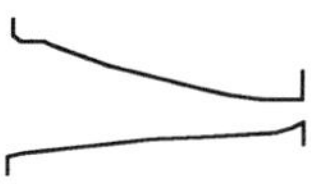	头尾架对中精度差，调整尾架
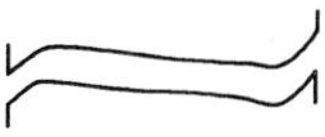	工件架回转角不当，重新调整	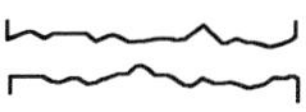	精磨时进给量太大，走刀速度太快，减小磨削用量

（续）

齿向曲线形状	原因及纠正措施	齿向曲线形状	原因及纠正措施
	差动挂轮比不当，进行小调整		阻尼泵压太低，增大阻尼压力
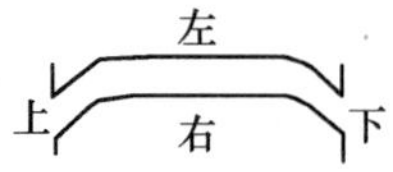	阻尼泵压力太小，检查和调整阻尼压力		

（2）锥面砂轮磨齿机（表3-50～表3-51）

表3-50　锥面砂轮磨齿机（Y7132A）的缺陷项目

缺陷项目	原因及纠正措施	缺陷项目	原因及纠正措施
齿形角偏大	1. 砂轮修正器修正杆夹角偏大，致使砂轮齿形角偏大，需检查调整 2. 钢带滚盘直径偏小 3. 钢带附加运动速度偏大 4. 钢带附加运动方向错误	齿距偏差超差	1. 蜗杆轴向圆跳动大于0.002mm 2. 蜗杆副啮合侧隙大于0.015mm 3. 蜗杆、蜗轮表面拉毛或不洁 4. 定位爪与单槽定位盘的槽接触不良 5. 蜗杆、蜗轮自身的齿距偏差不符合要求 6. 分度挂轮侧隙偏大，齿面有毛刺 7. 分度挂轮键槽配合偏松 需作相应的检查调整
齿形角偏小	1. 砂轮修正器修正杆夹角偏小，致使砂轮齿形角偏小，需检查调整 2. 钢带滚盘直径偏大 3. 钢带附加运动速度偏小 4. 钢带附加运动方向错误	齿距累积误差超差	1. 头尾架顶尖同轴度误差大于0.015mm 2. 头架顶尖跳动大于0.002mm 3. 头尾架顶尖敲毛 4. 尾架主轴体壳配合间隙偏大 5. 工件心轴夹头装夹螺钉拧得太紧 6. 工件心轴跳动偏大，中心孔不圆，与顶尖接触不良 7. 分度蜗轮外圆径向圆跳动偏大 8. 磨前齿轮齿距累积误差偏大 需作相应的检查调整
齿顶塌角	1. 换向阀未调好，台面换向冲击大 2. 四根钢带不同面，松紧程度不一致 3. 修整砂轮时，金刚钻行程长度不足 4. 修整器燕尾导轨未塞紧 5. 钢带滚盘圆度不符合要求 6. 砂轮磨损不均匀（开齿坯时更易产生） 需作相应的检查调整（修整）	齿线直线性差	1. 砂轮架滑座振动 2. 滑座、立柱导轨直线性差，接触不良 3. 润滑油太多，台面有飘浮现象 4. 滑座行程长度太短 需作相应的检查调整
齿根凹入	1. 修整砂轮时，金刚钻行程长度不足 2. 砂轮磨损不均匀 需作相应的检查调整和修整	齿面两侧有方向相同的齿向误差	立柱回转角度有误差，需作相应的检查调整
齿形不规则，有中凸或中凹现象	1. 砂轮修整器修整杆导轨直线性不符合要求，楔铁螺钉偏松 2. 金刚钻运动轨迹未通过砂轮轴线，致使砂轮廓形中凸 3. 砂轮架滑座冲击大 4. 头架导轨润滑油太多，有飘浮现象 需作相应的检查调整	齿面两侧的齿向误差相反	工件轴线与滑座的运动方向在垂直面内不平行，需作相应的检查，提高安装精度

表3-51　锥面砂轮磨齿机（Y7163、ZSTZ630C2）的缺陷项目

缺陷项目	原因及纠正措施
齿形误差	1. 展成长度调整太短 2. 进给量太大 3. 砂轮每双行程运动展成进给太大 4. 展成丝杆、蜗杆轴向窜动，蜗轮副磨损 5. 修整器金刚笔磨损，或修整参数调整不当 6. 台面直线运动阻尼松弛或不均匀 需重新调整有关参数或更换有关零件
基节误差	1. 砂轮磨削角偏大或偏小 2. 金刚笔变钝 3. 磨斜齿轮时，挂轮搭配不当 需重新调整、更换金刚笔、重新计算挂轮
齿向误差	1. 转臂调整不当 2. 滑座行程速度太高 3. 滑座导轨间隙太大 4. 磨斜齿轮时，挂轮搭配不当需重新调整有关环节，重新计算挂轮
齿圈径向圆跳动误差	1. 工件安装偏心 2. 测量中心与加工中心不一致，需校正加工时的安装定位基准和测量基准
齿距误差	1. 砂轮进退重复定位精度降低 2. 砂轮磨损 3. 工作台回转阻尼松弛 4. 分度装置故障 5. 展成丝杆和蜗杆轴向窜动 6. 工件安装偏心 7. 砂轮主轴精度降低 8. 进给位置不当 需作相应的检查相测整或更换及修整有关零部件
齿面质量问题（表面粗糙度、波纹度等）	1. 砂轮平衡欠佳 2. 砂轮驱动皮带松弛或磨损 3. 砂轮主轴精度降低 4. 砂轮选用不当 5. 滑座行程驱动块中有间隙 6. 滑座导轨间隙过大 需作相应的检查调整，包括更换有关的零部件

（3）大平面砂轮磨齿机（表3-52）

表3-52　大平面砂轮磨齿机的缺陷项目

缺陷项目	原因及纠正措施
压力角误差	稍稍调整滑座导轨的安装角
齿形的齿根部凸起	1. 展成长度不足或展成位置调整不当 2. 砂轮离工件中心太远 3. 齿根部余量过大，砂轮让刀及磨损需重新调整，减小根部余量
齿形的齿根部凹坑	1. 砂轮离工件中心太近 2. 不允许自由通磨条件下进行通磨需使砂轮远离工件中心。改变磨削角或调整工件展成长度
齿形的齿根高部分上增厚	1. 渐开线凸轮磨损 2. 砂轮修整器导轨有问题 需检查和调整修整器导轨，修磨渐开线凸轮
齿形的齿顶部分上增厚	展成长度不够或展成位置不当，使齿顶部没有磨完全，需作相应的调整
齿顶塌角	由于磨到接近齿顶时，磨削面积和磨削力减小，而此时砂轮部位厚度和刚性增加，故而容易多磨去一些余量。在磨齿根部时，情况相反，磨去余量减小纠正措施如下 1. 正确调整分度位置，待分度爪插入分度板后，开始磨削齿顶部 2. 减小进给量，并多次光刀 3. 调整展成位置，用展成不完全来补偿齿顶坍角 4. 用砂轮修形的办法，补偿坍角误差
齿形表面波浪形	1. 砂轮没有平衡好 2. 砂轮主轴轴向、径向圆跳动超差 3. 工件主轴轴承磨损 需作相应检查和修整，平衡好砂轮

（续）

缺陷项目	原因及纠正措施
齿距误差	1. 分度盘、工件、滚圆盘安装误差 2. 分度机构的调整和动作缺陷 3. 工件主轴轴承磨损 需作相应的检查和修整，提高安装精度
牙齿两侧面齿向同方向倾斜	小调整磨削螺旋角
180°方向上牙齿两侧面齿向产生相反方向的偏斜	工件轴线与工件主轴旋转轴线不重合 需提高工件安装精度，检查调整主轴偏摆
牙齿齿向成鼓形或凹形	砂轮工作面不是平面，而修整成内凹锥面或外凸锥面 需调整修整位置，使金刚钻运动轨迹垂直于砂轮轴线
齿面粗糙度差	1. 选用砂轮的硬度和粒度不当 2. 磨削用量和磨削循环组合不当 3. 砂轮平衡不好 4. 金刚钻磨钝 需采用相应纠正措施

（4）碟形砂轮磨齿机（Y7032A、SD32X、HSS30BC）（表 3-53）

表 3-53　碟形砂轮磨齿机的缺陷项目

缺陷项目	磨削方式	原因及纠正措施
压力角偏大或偏小	15°、20°	1. 砂轮磨削角大 2. 滚圆盘直径小 3. “X”机构的差动行程调整不当 需重新调整
	0°	1. 滚圆直径偏小或偏大 2. 当砂轮外圆高于基圆时，产生压力角偏大 需作相应调整
齿面塌角	0°、15°、20°	砂轮刚性差。需采取以下措施 1. 减少磨削深度 2. 保持砂轮锋利，经常进行修整 3. 多次光刀
齿根凹入	0°	展成长度太长、需适当减少展成长度
	15°、20°	砂轮切入齿槽太深，需减小切入深度
齿顶凸出	0°、15°、20°	展成长度太短，造成不完全展成 需适当加大展成长度
齿根凸出	15°、20°	1. 砂轮切入齿槽不够深 2. 展成长度太短 需作相应调整
	0°	展成长度太短，需适当加大展成长度
螺旋角偏大或偏小	0°、15°、20°	导向机构角度调整不当，需重新调整
齿向直线性差	0°、15°、20°	1. 导向机构磨损或有间隙 2. 切削用量过大 需修整导向机构，选择适当的切削用量

（续）

缺陷项目	磨削方式	原因及纠正措施
齿距误差	0°、15°、20°	1. 分度板精度超差 2. 砂轮自动补偿失灵 3. 砂轮轴向窜动 需作相应的修理调整，更换分度板
累积误差	0°、15°、20°	1. 分度板安装偏心 2. 头架顶尖振摆大 3. 头尾架顶尖不同心 4. 工件安装偏心 需作相应检查和修整

（5）成形砂轮磨齿机（表3-54）

表3-54 成形砂轮磨齿机的缺陷项目

缺陷项目	原因及纠正措施
压力角偏小	砂轮径向坐标位置偏差（机床原因），利用标定过的标准齿轮修正坐标
压力角偏大	工件温升过大，检查切削冷却液及供给情况、砂轮修整频率，合理控制磨削功率
左右齿面压力角偏差方向相反	砂轮轴向坐标位置偏差（机床原因），利用标定过的标准齿轮修正坐标
齿形的齿根部凸起	磨削深度不足或齿根部余量过大，核算渐开线起始圆，减小根部余量
齿形的齿顶部分上增厚	砂轮修整曲线不完全（砂轮厚度不足），使齿顶部没有磨完全，需增加砂轮厚度
齿形表面波浪形	1. 砂轮没有平衡好 2. 砂轮主轴轴向、径向圆跳动超差 需作相应检查和修整，平衡好砂轮
齿距误差	1. 分度机构的调整和动作缺陷 2. 工件安装偏心 需作相应的检查和修整，提高安装精度
牙齿两侧面齿向同方向倾斜	1. 稍稍调整磨削螺旋角 2. 机床立柱倾斜，检查调整机床
牙齿两侧面齿向反方向倾斜	1. 工件安装倾斜（轴向圆跳动超差），提高安装精度 2. 精磨余量过大，增加磨削次数 3. 机床立柱倾斜，检查调整机床
180°方向上牙齿两侧面齿向产生相反方向的偏斜	工件轴线与工件主轴旋转轴线不重合 需提高工件安装精度，检查调整主轴偏摆
齿面粗糙度差	1. 选用砂轮的硬度和粒度不当 2. 磨削用量和磨削循环组合不当 3. 砂轮平衡不好 4. 金刚滚轮磨钝 需采用相应纠正措施

3.4　直齿锥齿轮刨齿加工（Y236型刨齿机）

3.4.1　Y236型刨齿机主要技术规格

Y236型刨齿机适用于加工外啮合直齿锥齿轮、鼓形齿及各种不同齿形角的直齿锥齿轮。它是按照平顶产形齿轮原理，用展成法加工的半自动齿轮刨床。在汽车及拖拉机制造、机器制造以及航空航天等工业领域得到了广泛应用。

在大量生产的条件下，为保持机床的精度，轮齿的粗加工宜在专用机床上进行，刨齿机只作精加工。在小批生产或单件生产时，轮齿的粗、精加工都可在本机床上完成。

Y236型刨齿机的主要技术规格见表3-55。

表3-55　Y236型刨齿机的主要技术规格

序号	规格名称		数值
1	工件最大模数/mm		8
2	工件最大节锥距/mm		305
3	工件最大直径/mm		610
4	工件最大齿宽/mm		90
5	工件节锥角		5°42′~84°18′
6	工件齿数范围		10~200
7	轴交角为90°齿轮的最大传动比		1:10
8	传动比为1:1时，工件的最少齿数 $\alpha=20°$时 $\alpha=15°$时		 12 13
9	刨齿刀滑板的最大调整角		8°
10	分齿箱主轴端面至机床中心距离/mm		65~380
11	刨齿刀每分钟往复行程数（15级）		85~442
12	加工每一齿所需要的时间（15级）/s		7.6~86.5
13	分齿箱主轴孔的锥度（莫氏）		6号
14	摇台最大摆角 零线以上 零线以下		 38.7° 21.1°
15	刨齿刀行程长度/mm		13~100
16	主电动机	功率/kW	2.8
		转速/（r/min）	1430

3.4.2　刨齿加工工艺守则

本守则适用于用展成法加工7、8、9级精度直齿锥齿轮。

刨齿前的准备：

1）按加工方法和齿轮模数、材质、硬度进行速度挂轮、进给挂轮的选择与调整。

2）调整分齿挂轮和滚切挂轮，其啮合间隙应保证在0.1~0.15mm范围。

3）根据粗、精刨齿要求准确调整鼓轮的滚柱位置。

4）分齿挂轮调整后，开动机床，以主轴座分度盘刻线验证分齿挂轮的正确性。

5）刀架角和滚切挂轮的滚切比分别按下式计算：

$$\omega = \frac{57.296\left(\frac{s}{2} + h_f \tan\alpha\right)}{R}$$

$$i = \frac{z\cos\theta_f}{K_g \sin\delta'}$$

式中　ω——刀架角（°）；

i——滚切比；

s——分度圆上弧齿厚；

h_f——齿根高（mm）；

θ_f——齿根角（°）；

δ'——节锥角（°）；

R——外锥距（mm）；

α——齿轮压力角（°）；

z——齿轮齿数；

K_g——机床系数。

当刨刀齿形角 α_0 不等于齿轮压力角 α 时：

$$i = \frac{z\cos\theta_f}{K_g \sin\delta'} \frac{\cos\alpha_0}{\cos\alpha}$$

夹具（或心轴）装入主轴锥孔后，应校正其径向圆跳动和端面圆跳动，其径向圆跳动应不大于齿坯基准面径向圆跳动公差的三分之一，端面圆跳动应小于0.005mm。

齿坯的装夹应保证轮位、床位的正确性。

刨齿刀的装夹应使用本机床的长度和高度对刀规对刀，以保证刨齿刀的正确位置。

在精刨相啮合的齿轮副时，应选用同一副刨齿刀，以保证工件齿形角一致。

装夹齿坯时，应保证锥顶和机床中心重合，并根据齿坯定位基面至其锥顶的距离调整刨齿刀行程长度，调整时应避免刀具与鞍架相碰。

刨齿刀的使用和刃磨：

1）粗刨时，刨齿刀磨损量应不超过0.2mm。

2）精刨时，刨齿刀磨损量应不超过0.1mm。刨齿刀刃磨后的前角与前面的倾角应符合刀具标准有关规定。

3）精刨齿刀刃磨后刀刃的直线度应不大于0.01mm，前面的表面粗糙度 Ra 值应不大于1.6μm，并不得有裂纹烧伤和退火现象。

刨锥齿轮副时，应先刨大齿轮，然后配对加工小齿轮，并做配对标记。

3.4.3　Y236型刨齿机各种运动及挂轮

Y236型刨齿机的传动系统如图3-9所示，主要由如下五条传动链组成。

1. 刨齿刀的往复运动传动链

主电动机→锥齿轮副 $z15/z43$→轴Ⅰ经锥齿轮副 $z34/z34$→锥齿轮副 $z34/z34$→切削速度挂轮 A_1/B_1→锥齿轮副 $z19/z43$→摇台中心轴，经曲柄连杆机构使刨齿刀获得往复运动。

其运动平衡方程式为

$$1430\frac{r}{\min} \times \frac{15}{43} \times \frac{34}{34} \times \frac{34}{34} \times \frac{A_1}{B_1} \times \frac{19}{43} = n$$

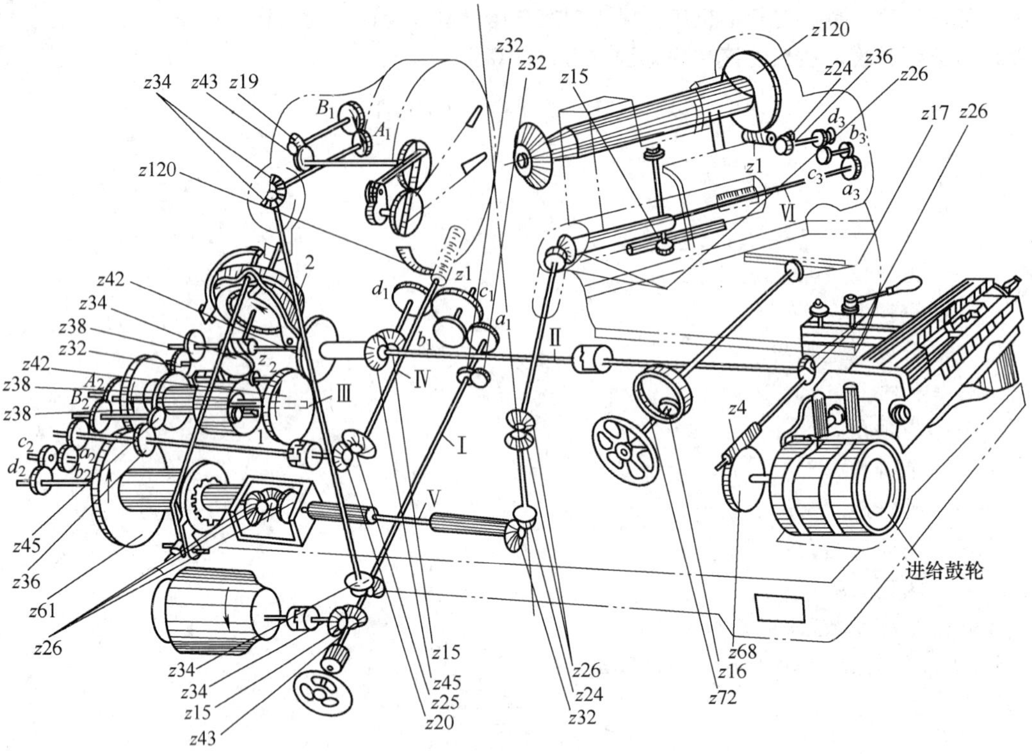

图 3-9　Y236 型刨齿机的传动系统

化简后得

$$\frac{A_1}{B_1} = \frac{n}{220}$$

刨齿刀每分钟往复行程数共分 15 级，从表 3-56 中可直接查到相应的切削速度挂轮齿数比。

表 3-56　Y236 型刨齿机切削速度挂轮表

刨齿刀每分钟往复行程数	挂轮齿数		刨齿刀每分钟往复行程数	挂轮齿数	
	A_1	B_1		A_1	B_1
85	20	52	221	36	36
97	22	50	247	38	34
110	24	48	276	40	32
125	26	46	309	42	30
141	28	44	347	44	28
158	30	42	391	46	26
177	32	40	442	48	24
198	34	38			

2. 进给运动传动链

运动自轴Ⅰ→进给挂轮（α_1/b_1）×（c_1/d_1）→锥齿轮副 z15/z45→轴Ⅱ→锥齿轮副 z26/z26→蜗杆副 z4/z68→进给鼓轮。

设 t 为单分齿时加工一齿时间（s）或双分齿时加工两齿时间（s），在此时间内主电动机回转（1430/60）×t（r），而进给鼓轮回转 1 转，即主电动机（1430/60）×t（r）→进给鼓轮转 1 转。其运动平衡方程式为

$$\frac{1430}{60}\times t\times\frac{15}{43}\times\frac{a_1\times c_1}{b_1\times d_1}\times\frac{15}{45}\times\frac{26}{26}\times\frac{4}{68}=1$$

化简后得

$$\frac{a_1}{b_1}\times\frac{c_1}{d_1}=\frac{6.13}{t}$$

加工一齿所需时间 t 应根据被加工工件材料、加工方法、刨齿刀每分钟行程数、齿宽及模数而定。可从表 3-57 中查得加工一齿时间和相应的进给速度挂轮齿数比。

表 3-57　Y236 型刨齿机进给速度挂轮表

加工一齿的时间/s	a_1	b_1	c_1	d_1
	主动	被动	主动	被动
86.5	21	79	22	83
76	21	79	25	83
60.5	21	79	30	83
53.6	30	70	21	79
45	30	70	25	79
39.2	37	63	21	79
32.9	37	63	25	79
27.4	37	63	30	79
23.7	42	58	25	70
19.7	42	58	30	70
16	42	58	37	70
13.3	58	42	21	63
11.2	58	42	25	63
9.3	58	42	30	63
7.6	58	42	37	63

3. 滚切运动传动链

运动经由摇台蜗杆副 $z120/z1$→锥齿轮副 $z25/z20$→滚切挂轮→（a_2/b_2）×（c_2/d_2）→差动机构锥齿轮 $z26$（差动机构壳体在工作行程时不动）→轴Ⅴ→锥齿轮副 $z32/z24$→锥齿轮副 $z26/z26$→锥齿轮副 $z26/z26$→伸缩轴Ⅵ→分齿挂轮（a_3/b_3）×（c_3/d_3）→锥齿轮副 $z36/z24$→蜗杆副 $z1/z120$→分齿箱主轴。

摇台 1 转→工件转 z_0/z（r）。

其运动平衡方程式为

$$1(\text{摇台 1 转})\times\frac{120}{1}\times\frac{25}{20}\times\frac{a_2}{b_2}\times\frac{c_2}{d_2}\times\frac{32}{24}\times\frac{26}{26}\times\frac{a_3}{b_3}\times\frac{c_3}{d_3}\times\frac{36}{24}\times\frac{1}{120}=\frac{z_0}{z}$$

其中 $\frac{a_3}{b_3}\times\frac{c_3}{d_3}=\frac{30}{z}$

化简后得

$$\frac{a_2}{b_2}\times\frac{c_2}{d_2}=\frac{z_0}{75}$$

式中　z_0——产形齿轮齿数；

　　z——工件齿数

4. 分齿运动传动链

运动自轴Ⅲ→齿轮 $z38/z61$→差动机构→轴Ⅴ附加回转→锥齿轮副 $z32/z24$→锥齿轮副 $z26/z26$→锥齿轮副 $z26/z26$→分齿挂轮（a_3/b_3）×（c_3/d_3）→锥齿轮副 $z36/z24$→蜗杆副 $z1/z120$→被加工工件分齿。

当差动机构的壳体回转一周时，轴Ⅴ旋转 2r，在此时间内，被加工工件应转过一个齿，即 $1/z$

(r)，在双分齿时应转过两个齿即 $2/z$ (r)。

其运动平衡方程式为

$$2(\text{轴 V2 转}) \times \frac{32}{24} \times \frac{26}{26} \times \frac{26}{26} \times \frac{a_3}{b_3} \times \frac{c_3}{d_3} \times \frac{36}{24} \times \frac{1}{120} = \frac{1}{z}$$

化简后得

$$\frac{a_3}{b_3} \times \frac{c_3}{d_3} = \frac{30}{z}\ (\text{单分齿时})$$

$$\frac{a_3}{b_3} \times \frac{c_3}{d_3} = \frac{60}{z}\ (\text{双分齿时})$$

5. 摇台摆动角度传动链

运动自轴Ⅲ→摇台摆动角挂轮 A_2/B_2→齿轮 $z45/z36$→锥齿轮副 $z20/z25$→蜗杆副 $z1/z120$→摇台。

在轴Ⅱ的左端装有齿轮 $z42$ 与齿轮 $z38$，齿轮 $z42$ 与轴Ⅲ上的齿轮 $z42$ 相啮合，齿轮 $z38$ 则经过中间齿轮 $z32$ 与轴Ⅲ上的齿轮 $z38$ 相啮合，液压离合器 1 由凸轮 2 操纵，凸轮 2 的运动从轴Ⅱ经蜗杆副 $z2/z34$ 传入，并在进给鼓轮旋转 1 转的时间内旋转 1 转，这一转的前半转是接通轴Ⅲ上的齿轮 $z38$，后半转接通 $z42$，从而使轴Ⅲ得到方向相反的运动。

当进给鼓轮转 1/2r 时，轴Ⅲ旋转 (1/2) × (34/2) = 8.5r，这 8.5r 中，换向时消耗量 1/2r，以液压离合器缓冲装置又消耗 1/3r，所以，轴Ⅲ向每一方向旋转时实际只转了 8.5 − 1/3 − 1/2 = 23/3r，因此，可视为轴Ⅲ转 23/3r 时，摇台应回转 $\theta/360$r。

其运动平衡方程式为

$$\frac{23}{3} \times \frac{A_2}{B_2} \times \frac{45}{36} \times \frac{20}{25} \times \frac{1}{120} = \frac{\theta}{360}$$

化简后得

$$\frac{A_2}{B_2} = \frac{\theta}{23}$$

式中　θ——摇台的总摆角 (°)；

　　θ_1——摇台在零线以下的摇角 (°)；

　　θ_2——摇台在零线以上的摇角 (°)。

θ 由两部分组成：$\theta = \theta_1 + \theta_2$

在实际生产中 θ_1 可按下式计算：

当 $\alpha = 20°$时：

$$\theta_1 = \left[\frac{355.3\dfrac{h_f}{m} + 90}{z} - 0.8\right]\sin\delta'$$

当 $\alpha = 15°$或 $\alpha = 14.5°$时：

$$\theta_1 = \left[\frac{458.4\dfrac{h_f}{m} + 90}{z} - 0.4\right]\sin\delta'$$

为了方便起见，可直接从表 3-58 中查得摇台摆角数值及相应的挂轮齿数比。

表 3-58　Y236 型刨齿机摇台摆角挂轮表

摇台摆角			齿数	
零线以上摆角 θ_2	零线以下摆角 θ_1	总摆角 θ	A_2	B_2
			主动	被动
6.6°	3.5°	10.1°	22	50

（续）

摇台摆角			齿数	
零线以上摆角 θ_2	零线以下摆角 θ_1	总摆角 θ	A_2 主动	B_2 被动
7.5°	4.0°	11.5°	24	48
8.4°	4.6°	13.0°	26	46
9.5°	5.1°	14.6°	28	44
10.6°	5.8°	16.4°	30	42
11.9°	6.5°	18.4°	32	40
13.4°	7.2°	20.6°	34	38
14.9°	8.1°	23.0°	36	36
16.7°	9.0°	25.7°	38	34
18.7°	10.1°	28.8°	40	32
20.9°	11.3°	32.2°	42	30
23.5°	12.7°	36.2°	44	28
26.4°	14.3°	40.7°	46	26
29.8°	16.2°	46.0°	48	24
33.9°	18.4°	52.3°	50	22
38.7°	21.1°	59.8°	52	20

3.4.4　刨齿机切齿前的调整

1. 刨齿刀的安装及刀架齿角的计算

（1）刨齿刀的安装与校准　刨齿刀安装时必须满足下列要求：

1）在刨削过程中刨齿刀的刀尖要在通过机床中心、并垂直于摇台中心线的平面内移动。

2）刨齿刀刀尖的运动轨迹应通过摇台中心线。

为了达到上述要求，机床上备有用于专门检查刨齿刀安装情况的两种对刀规，即长度对刀规及高度对刀规。长度对刀规是用于刨齿刀安装的第一点要求，高度对刀规是用于刨齿刀安装的第二点要求，如图3-10所示。

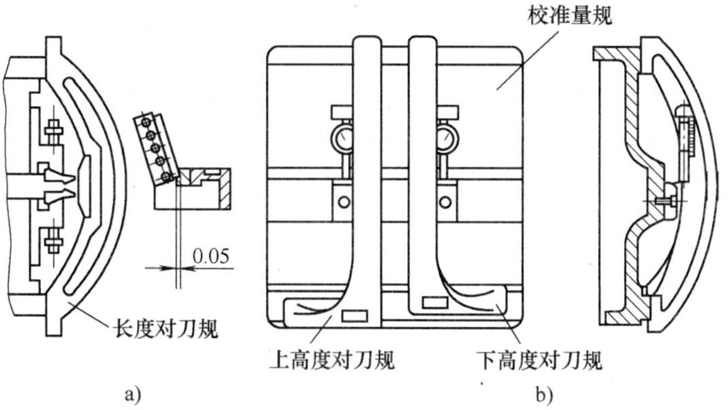

图3-10　检查刨齿刀安装的对刀规

a）长度对刀规　b）高度对刀规及校准量规

刨齿刀安装及调整的质量好坏，将直接影响工件轮齿齿形及齿面接触区的位置等，所以，刨齿刀安装时还应注意如下事项：

1）刨齿刀的安装和调整，必须在调整好刨齿刀刀架齿角之后进行，以免产生机床重复调整误差。

2）在调整高度对刀规时，要看准对刀规上的压表值，当转移到刨齿刀上测量时要注意轻拿轻放，保证对刀规上压表值与刨齿刀上压表值相一致，以达到校刀正确性。

3）在调整长度对刀规以及高度对刀规时，刨齿刀应处于切削工作位置上（即抬刀位置），并按刨齿工艺守则规定的要求进行。

（2）刀架齿角的计算　按 Y236 型刨齿机的工作原理可知（图 3-11）刨齿刀滑板安装角（单分齿法精刨）的计算公式为

$$\omega = \frac{57.296\left(\frac{s}{2} + h_f\tan\alpha\right)}{R}$$

式中　ω——刨齿刀滑板安装角（°）；

s——工件分度圆上的弧齿厚（mm）；

h_f——工件的齿根高（mm）；

α——工件压力角（°）；

R——工件的锥距（mm）。

例： 在 Y236 型刨齿机上加工一对标准直齿锥齿轮，其轴交角 $\Sigma = 90°$，模数 $m = 4\text{mm}$，压力角 $\alpha = 20°$，齿顶高系数 $h_a^* = 1$，顶隙系数 $c^* = 0.2$，齿面宽 $b = 30\text{mm}$，小齿轮齿数 $z_1 = 20$，大齿轮齿数 $z_2 = 40$，小齿轮节锥角 $\delta_1' = 26°34'$，大齿轮节锥角 $\delta_2' = 63°26'$，节锥距 $R = 89.44\text{mm}$。试求刨齿刀上、下滑板安装角及各组挂轮。

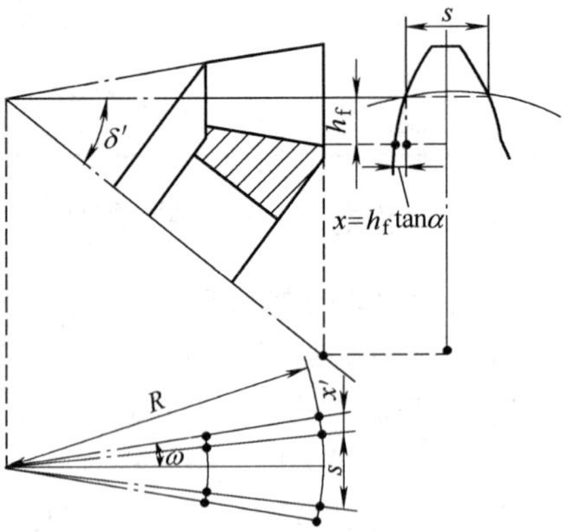

图 3-11　刨齿刀滑板安装角计算原理图

解：

1）用单分齿法精刨时，刨齿刀滑板安装角 ω 为

① 计算法：

$$\omega = 57.296\left(\frac{s}{2} + h_f\tan\alpha\right)\frac{1}{R}$$

$$= 57.296 \times \left(\frac{6.283}{2} + 4.8 \times \tan 20°\right) \times \frac{1}{89.44}$$

$$= 3°08'$$

② 图表法：为了减少计算时间，当加工标准直齿锥齿轮时，根据被加工工件的齿根角 θ_f 制成图 3-12，由齿根角 θ_f 可直接查得刨齿刀滑板安装角 ω。按示例当 $\theta_f = 3°04'$时，对应下面的刀架滑板安装角 ω 为 3°08′。

所以，用单分齿法精刨时，刀架上、下滑板安装角按 $\omega = 3°08'$进行调整。

2）用单分齿法粗刨时，因为需留精刨余时，所以刀架滑板安装角应增大 $\Delta\omega$，$\Delta\omega$ 角称为余量增角，其计算式为

$$\omega = 57.296° \frac{\Delta s}{R}$$

为减少计算，$\Delta\omega$ 角的大小也可直接查表 3-59 得到。

表 3-59　用单分齿法粗刨时的余量增角 Δω

锥距 R /mm	轮齿大端每边的精刨余量/mm					
	0.25	0.50	0.75	1.00	1.25	1.50
25	0°35′	1°9′	1°43′	2°18′	2°52′	3°26′
50	0°17′	0°35′	0°52′	1°9′	1°26′	1°43′
75	0°12′	0°23′	0°35′	0°46′	0°57′	1°9′

（续）

锥距 R /mm	轮齿大端每边的精刨余量/mm					
	0.25	0.50	0.75	1.00	1.25	1.50
100	0°9′	0°17′	0°26′	0°35′	0°43′	0°52′
125	0°7′	0°14′	0°21′	0°28′	0°35′	0°41′
150	0°6′	0°12′	0°17′	0°23′	0°29′	0°35′
175	0°5′	0°10′	0°15′	0°20′	0°25′	0°30′
200	0°4′	0°9′	0°13′	0°17′	0°22′	0°26′
225	0°4′	0°8′	0°12′	0°15′	0°19′	0°23′
250	0°4′	0°7′	0°11′	0°14′	0°17′	0°21′
275	0°3′	0°6′	0°10′	0°13′	0°16′	0°19′
300	0°3′	0°6′	0°9′	0°12′	0°15′	0°17′

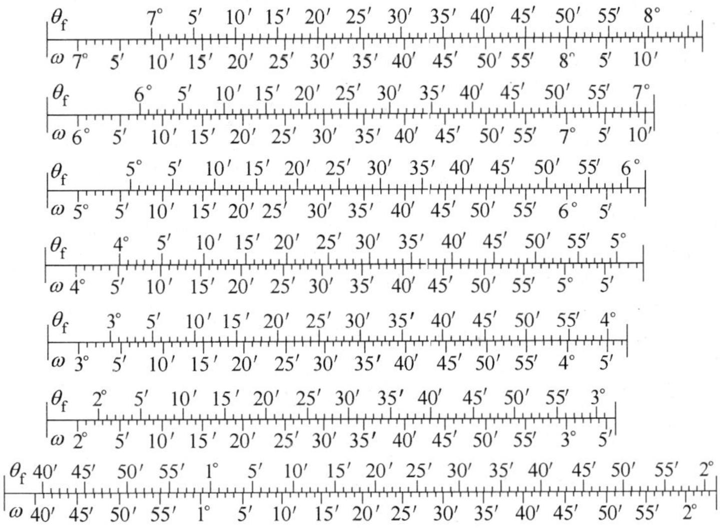

图3-12 刨齿滑板安装角选取图

按示例中已知条件，选取轮齿大端每边精刨余量为0.5mm时，查表3-37得粗刨时的余量增角为17′，所以用单分齿法粗刨时的刀架滑板安装角为精刨时刀架滑板安装角加上余量增角$\Delta\omega$，即

$$\omega + \Delta\omega = 3°08' + 17' = 3°25'$$

待粗刨结束后，精刨时刀架滑板安装角仍按3°08′进行调整。

2. 工件的装夹及安装角的确定

（1）工件的装夹 刨齿加工时，工件的装夹应保证以下要求：

1）被加工工件的中心线应与机床分齿箱主轴中心线重合。

2）被加工工件的锥顶应与机床中心重合（详见刨齿工艺守则的要求）。

为满足上述要求，当刨齿心轴安装之后，应检查其径向圆跳动和轴向窜动、工件和心轴之间的配合间隙应符合被加工工件的精度要求。

工件的轴向安装位置（常称轮位），必须使被加工工件的锥顶与机床中心重合，为此，工件安装前，必须正确测得机床中心至分齿箱主轴端面、实际使用心轴以及被加工工件锥顶至支承端面距离等有关尺寸，不能盲目进行或仅做粗略估计。

（2）工件安装角的确定

1）精刨时，工件安装角（也就是分齿箱回转板的安装角）等于被加工工件的根锥角 δ_f。

2）粗刨时，为了使工件齿槽底部切削深度为 Δh，如图 3-13 所示，试件安装角应减小 $\Delta\delta_f$。但必须指出，粗刨时的工件安装角 δ_f' 的计算方法将随切削方法而异，具体如下所述：

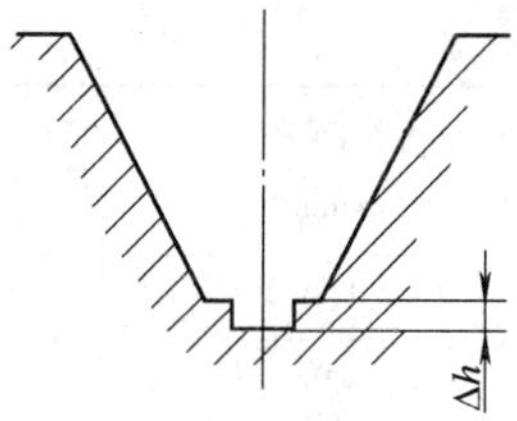

图 3-13 粗刨后的工件齿槽底部

① 用单分齿法粗刨时，工件安装角 δ_f' 的计算式为

$$\delta_f' = \delta_f - \Delta\delta_f$$

$$\Delta\delta_f = 3440' \frac{\Delta h}{R}$$

为了减少计算，$\Delta\delta_f$ 角的大小也可直接查表 3-60 得到。

表 3-60 用单分齿法粗刨时，工件安装角的减小量 $\Delta\delta_f$ （单位：′）

锥距 R/mm	齿底节深时 Δh/mm			锥距 R/mm	齿底节深时 Δh/mm		
	0.1	0.2	0.3		0.1	0.2	0.3
25	13.76	27.52	41.28	175	1.97	3.93	5.90
50	6.88	13.76	20.64	200	1.72	3.44	5.16
75	4.59	9.17	13.76	225	1.53	3.06	5.59
100	3.44	6.88	10.32	250	1.38	2.75	4.13
125	2.75	5.50	8.26	275	1.25	2.50	3.57
150	2.29	4.59	6.88	300	1.15	2.29	3.44

② 用双分齿法粗刨时，工件安装角 δ_f' 的计算式为

$$\tan\delta_f' = \tan\delta_f \cos\frac{180°}{z}$$

按示例中已知条件，选齿底切削深度 Δh 为 0.2mm 时（已知小齿轮根锥角），δ_{f1} 为 23°30′，大齿轮根锥角 δ_{f2} 为 60°22′）。

用单分齿法粗刨时，工件安装角的减小量 $\Delta\delta_f$ 为

$$\Delta\delta_f = 3440 \times \frac{0.2}{89.44} = 7'41''(\text{取 } 8')$$

则

$$\delta_{f1}' = 23°30' - 8' = 23°22'$$

$$\delta_{f2}' = 60°22' - 8' = 60°14'$$

用双分齿法粗刨时，有

$$\tan\delta_f' = \tan\delta_f \cos\frac{180°}{z} = \tan 23°30' \times \cos\frac{180°}{20} = 0.429459$$

$$\delta_{f1}' = 23°14'$$

$$\delta_{f2}' = \tan\delta_{f2}\cos\frac{180°}{z_2} = \tan 60°22' \times \cos\frac{180°}{40} = 1.752517$$

$$\delta_{f2}' = 60°17'$$

精刨时，工件安装角仍等于工件根锥角即 δ_f。

（3）轮齿齿厚余量与工件轴向移动量的关系　当工件齿厚尚有余量时，为达到图样所要求的齿厚，工件应沿其轴线移动量 Δx 按下式计算：

当 $\alpha = 20°$ 时：

$$\Delta x = 1.3737 \frac{\Delta \bar{s}}{\sin\delta'}(\text{mm})$$

式中 δ'——工件的锥角（°）。

当 $\alpha=20°$，$\Delta\bar{s}=0.10$mm 时，工件沿其轴线移动时的 Δx 可按工件的节锥角从表 3-61 中直接查得。

表 3-61 当 $\alpha=20°$，$\Delta\bar{s}=0.10$mm 时，分齿箱轴线移动量 Δx （单位：mm）

节锥角 δ'	轴线移动量 Δx	节锥角 δ'	轴线移动量 Δx	节锥角 δ'	轴线移动量 Δx
5°	1.5762	31°	0.26673	57°	0.16380
6°	1.3142	32°	0.25924	58°	0.16199
7°	1.1272	33°	0.25223	59°	0.16027
8°	0.9871	34°	0.24566	60°	0.15863
9°	0.8782	35°	0.23950	61°	0.15707
10°	0.7911	36°	0.23371	62°	0.15559
11°	0.71996	37°	0.22827	63°	0.15418
12°	0.66073	38°	0.22313	64°	0.15284
13°	0.61068	39°	0.21829	65°	0.15158
14°	0.56785	40°	0.21372	66°	0.15037
15°	0.53077	41°	0.20939	67°	0.14924
16°	0.49839	42°	0.20530	68°	0.14816
17°	0.46986	43°	0.20143	69°	0.14715
18°	0.44455	44°	0.19776	70°	0.15619
19°	0.42195	45°	0.19428	71°	0.14529
20°	0.40165	46°	0.19097	72°	0.14444
21°	0.38333	47°	0.18784	73°	0.14365
22°	0.36672	48°	0.18485	74°	0.14291
23°	0.35158	49°	0.18202	75°	0.14222
24°	0.33775	50°	0.17933	76°	0.14158
25°	0.32505	51°	0.17677	77°	0.14099
26°	0.31337	52°	0.17433	78°	0.14044
27°	0.30259	53°	0.17201	79°	0.13995
28°	0.29261	54°	0.16980	80°	0.13949
29°	0.28637	55°	0.16770		
30°	0.27475	56°	0.16570		

3. Y236 型刨齿机各组挂轮的确定

Y236 型刨齿机各组挂轮的计算公式汇总见表 3-62。

表 3-62 Y236 型刨齿机各组挂轮的计算公式汇总

项 目	计算公式	备 注
切削速度挂轮	$\frac{A_1}{B_1}=\frac{n}{220}$，其中 $n=\frac{500v_c}{L}$，$L=b+(7\sim10)$ 式中 n——刨齿刀每分钟行程数 v_c——刨齿刀的平均速度（m/min） L——刨齿刀行程长度（mm） b——工件的齿宽	切削速度挂轮查表 3-56

（续）

项 目	计算公式	备 注
进给挂轮	$$\frac{a_1}{b_1}\times\frac{c_1}{d_1}=\frac{6.13}{t}$$ 式中 t——加工一个齿的时间（s）	进给挂轮查表 3-57
滚切挂轮	$$\frac{a_2}{b_2}\times\frac{c_2}{d_2}=\frac{z_0}{75}，其中 z_0=\frac{z}{\sin\delta'}$$ 式中 z——工件齿数 δ'——工件的节锥角 z_0——产形齿轮的齿数。对于轴交角 $\Sigma=90°$ 的正交传动 $z_0=\sqrt{z_1^2+z_2^2}$	滚切挂轮借助有关工具书确定
分齿挂轮	单分齿时：$\frac{a_3}{b_3}\times\frac{c_3}{d_3}=\frac{30}{z}$ 双分齿时：$\frac{a_3}{b_3}\times\frac{c_3}{d_3}=\frac{60}{z}$ 式中 z——工件齿数	单分齿法用于粗、精刨；双分齿法用于粗刨
摇台摆角挂轮	$$\frac{A_2}{B_2}=\frac{\theta}{23}$$ 式中 θ——摇台的总摆角（°）；$\theta=\theta_1+\theta_2$ θ_1——摇台在零线以下摆角（°）； θ_2——摇台在零线以上摆角（°）	摇台在零线以下摆角 θ_1 查表 3-58

（1）切削速度齿轮的确定　确定切削速度挂轮的依据是所采用的切削用量（Y236 型刨齿机推荐的节削用量见表 3-63）。

表 3-63　Y236 型刨齿机推荐的切削用量

机床工作规范表															
加工方法	材料	刨齿刀每分钟行程数	齿长/mm	模数											
				1.5	1.75	2	2.5	2.75	3	3.5	4.25	5	6.5	7.25	8
				刨一齿整个循环所需的时间/s											
双分齿法粗刨	15 钢	442	13	7.6	9.3	11.2	13.3	16							
		391	20	9.3	11.2	13.3	16.0	16	19.7	23.7	27.4				
		309	25	11.2	13.3	16.0	19.7	19.7	23.7	27.4	27.4	27.4	32.9		
		247	32	13.3	16.0	19.7	19.7	23.7	27.4	27.4	32.9	32.9	39.2		
		198	38			19.7	23.7	27.4	27.4	32.9	32.9	39.2	45.0		
		158	50					27.4	32.9	32.9	39.2	45.0	53.6		
		125	63						32.9	39.2	45.0	53.6	60.5		
		97	82							45.0	53.6	60.5	72.6		
	灰铸铁（170～200 HBW）	442	13	7.6	7.6	9.3	11.2	13.3							
		391	20	7.6	9.3	11.2	13.3	16.0	16.0	19.7	19.7				
		247	25	9.3	11.2	13.3	16.0	16.0	19.7	23.7	23.7	27.4	32.9		
		198	32	11.2	13.3	16.0	16.0	19.7	23.7	27.4	27.4	27.4	32.9		
		158	38			16.0	19.7	23.7	27.4	27.4	32.9	32.9	39.2		
		125	50					23.7	27.4	32.9	32.9	39.2	45.0		
		110	63						32.9	32.9	39.2	45.0	53.6		
		85	82							39.2	45.0	53.6	60.5		

（续）

机床工作规范表

加工方法	材料	刨齿刀每分钟行程数	齿长/mm	模数											
				1.5	1.75	2	2.5	2.75	3	3.5	4.25	5	6.5	7.25	8
				刨一齿整个循环所需的时间/s											
单分齿法粗刨	15 钢	442	13	7.6	7.6	9.3	11.2	13.3							
		391	20	7.6	9.3	11.2	13.3	13.3	16.0	16.0	19.7				
		309	25	9.3	9.3	13.0	16.0	16.0	19.7	19.7	23.7	27.4	32.9		
		247	32	93	11.2	13.3	16.0	19.7	23.7	27.4	27.4	32.9	39.2	45.0	53.6
		198	38			16.0	19.7	23.7	27.4	32.9	32.9	39.2	45.0	53.6	60.5
		158	50					23.7	27.4	32.9	39.9	45.0	53.6	53.6	60.5
		125	63						32.9	39.2	45.0	53.6	60.5	60.5	72.6
		97	82							45.0	53.6	60.5	72.6	72.5	86.5
	灰铸铁（170～200HBW）	442	13	7.6	7.6	7.6	9.3	11.2							
		309	20	7.6	7.6	9.3	11.2	13.3	13.3	16.0	19.7				
		247	25	7.6	9.3	11.2	13.3	13.3	16.0	19.7	19.7	23.7	27.4		
		198	32	9.3	11.2	13.3	13.3	16.0	16.0	19.7	23.7	27.4	32.9	32.9	39.2
		158	38			13.3	16.0	16.0	19.7	23.7	27.4	32.9	39.2	39.2	45.0
		125	50					19.7	23.7	23.7	27.4	32.9	39.2	45.0	53.6
		97	63						23.7	27.4	32.9	39.2	45.0	53.6	60.5
		85	82							32.9	39.2	45.0	53.6	60.5	72.6
精刨	15 钢	442	13	7.6	9.3	9.3	11.2	13.2							
		442	20	9.3	11.2	11.2	13.3	13.3	16.0	16.0	19.7				
		391	25	11.2	11.2	13.3	13.3	16.0	16.0	19.7	23.7	43.7	27.4		
		309	32	11.2	13.3	16.0	16.6	19.7	19.7	23.7	23.7	27.4	32.9	45.0	53.6
		276	38				19.7	19.7	23.7	23.7	27.4	32.9	39.2	53.6	60.5
		198	50					23.7	27.4	27.4	32.9	39.2	45.9	60.5	39.2
		158	63						27.4	32.9	39.2	46.0	53.6	39.2	45.0
		125	82							39.2	45.0	53.6	60.5	40.5	53.6
	灰铸铁（170～200HBW）	442	13	7.6	7.6	7.6	7.6	9.3							
		442	20	7.6	7.6	7.6	9.3	11.2	13.3	16.0	19.7				
		347	25	7.6	9.3	9.3	11.2	13.3	16.0	19.7	19.7	23.7	27.3		
		276	32	7.6	9.3	11.2	13.3	16.0	19.7	23.7	23.7	27.4	32.9	32.9	39.2
		247	38				16.0	19.7	19.7	23.7	27.4	32.9	32.9	39.2	45.0
		177	50					19.7	23.7	27.4	27.4	32.9	89.2	45.0	53.6
		141	63						27.4	27.4	32.9	39.2	45.0	53.6	60.5
		97	82							32.9	39.2	45.0	53.6	60.5	72.6

切削用量选择具体步骤如下：

首先确定切削速度 v_c，但切削速度 v_c 应根据工件材料、加工要求、齿轮参数、刀具状况等进行选定，一般 $v_c = 15 \sim 20\text{m/min}$。

其次是确定刨齿刀每分钟行程数 n，按下式计算：

$$n = \frac{500v_c}{L}$$

式中　L——刨齿刀行程长度（mm），$L = b + 10\text{mm}$

　　b——工件齿宽（mm）。

切削速度挂轮的确定如下：

刨齿刀的行程长度为

$$L = b + 10\text{mm} = (30 + 10)\text{mm} = 40\text{mm}$$

切削速度选取为 $v_c = 15\text{m/min}$。

刨齿刀每分钟行程数为

$$n = \frac{500v_c}{L} = \frac{500 \times 15}{40}\text{行程/min} = 188\text{行程/min}$$

切削速度挂轮齿数查表3-56，188的邻近值为198，所以，切削速度挂轮齿数比为

$$\frac{A_1}{B_1} = \frac{34}{38}$$

（2）进给挂轮的确定　进给挂轮应根据进给量而定。Y236型刨齿机的刨齿进给量是用刨削一个齿所需的时间 t（s）来表示的。t 值越大，进给量越小；反之则越大。

进给量的大小是根据工件材料、加工方法、刨齿刀每分钟行程数、齿宽等选定的。在工件模数较大，齿面较宽、材料强度和硬度较高时，宜选用较小的进给量；反之，宜选用较大的进给量。

根据示例，已知模数 $m = 4\text{mm}$，齿宽 $b = 30\text{mm}$，刨齿刀每分钟行程数 $n = 188$ 行程/min，加工方法为单分齿法粗刨及精刨等条件，参照表3-63，选取单齿加工时间 t 为39.2s，查表3-57得进给挂轮的齿数比为

$$\frac{a_1}{b_1} \times \frac{c_1}{d_1} = \frac{37}{63} \times \frac{21}{79}$$

（3）滚切挂轮的确定

1）平顶产形齿轮的计算。平顶产形齿轮齿数 z_0，对于锥齿轮传动的几何计算和切削加工都是一个重要参数。平顶产形齿轮的计算式为

$$z_0 = \frac{z\cos\theta_f}{\sin\delta'}\text{（精确值）}$$

通常，工件齿根角 θ_f 在 $2° \sim 6°$ 范围内，可认为 $\cos\theta_f \approx 1$，此外，在同一台机床上加工出来的一对互相啮合的锥齿轮，其偏差也是一样的，由于锥齿轮要求成对性，不像圆柱齿轮那样要求互换性，因此在实际生产中不考虑由齿根角 θ_f 带来的差异，而将平顶产形齿轮齿数计算式以近似来替代，为

$$z_0 = \frac{z}{\sin\delta'}\text{（近似值）}$$

上式计算式虽是近似的，但误差对加工精度影响极小，可略去不计，对于非正交（轴交角 $\Sigma \neq 90°$）锥齿轮传动也是适用的。对正交（轴交角 $\Sigma = 90°$）锥齿轮传动，其平顶产形齿轮齿数还可按下式计算：

$$z_0 = \sqrt{z_1^2 + z_2^2}$$

2）根据示例，已知 $z_1 = 20$，$z_2 = 40$，且成正交传动的条件，计算该锥齿轮的平顶产形齿轮的齿数：

$$z_0 = \sqrt{z_1^2 + z_2^2} = \sqrt{20^2 + 40^2} = 44.721359$$

然后，查表3-62，确定滚切挂轮齿数比：

$$\frac{a_2}{b_2} \times \frac{c_2}{d_2} = \frac{z_0}{75} = \frac{44.721359}{75} = 0.59628479$$

滚切挂轮的齿数，用“挂轮选取表”等有关工具书确定为

$$\frac{a_2}{b_2} \times \frac{c_2}{d_2} = \frac{58}{75} \times \frac{64}{83}$$

(4) 分齿挂轮的确定

1) 用单分齿法粗加工小齿轮时:

$$\frac{a_3}{b_3}\times\frac{c_3}{d_3}=\frac{30}{z_1}=\frac{30}{20}=\frac{75}{60}\times\frac{60}{50}$$

2) 用单分齿法粗加工大齿轮时:

$$\frac{a_3}{b_3}\times\frac{c_3}{d_3}=\frac{30}{z_2}=\frac{30}{40}=\frac{60}{48}\times\frac{54}{90}$$

精刨时,分齿挂轮的调整同上。

(5) 摇台摆角挂轮的确定 摇台在零线以下摆角 θ_1 公式为

$$\theta_1=\left(\frac{516.36}{z}-0.8\right)\sin\delta'$$

1) 加工小齿轮时摇台在零线以下摆角:

$$\theta_1=\left(\frac{516.36}{z}-0.8\right)\sin\delta'_1=\left(\frac{516.36}{20}-0.8\right)\sin26°34'=11.19°$$

2) 加工大齿轮时摇台在零线以下摆角:

$$\theta_1=\left(\frac{516.36}{z}-0.8\right)\sin\delta'_2=\left(\frac{516.36}{40}-0.8\right)\sin63°26'=10.83°$$

本例 θ_1 计算结果虽不同,但在通常刨齿时以小齿轮在零线以下摆角为准,在刨削一对大小齿轮时,可以不必更换该组挂轮。

按表取 θ_1 的较大值 $\theta_1=11.3°$,则得

$$\theta_2=20.9° \qquad \theta=32.2°$$

当 $\theta_1=11.3°$时,摇台摆角挂轮为

$$\frac{A_2}{B_2}=\frac{42}{30}$$

为了减少机床调整计算时间,根据被加工工件的不同分锥角 δ 及齿数 z 制成图 3-14,由分锥角 δ 及齿数 z 直接可查得 θ_1,既方便又可靠。

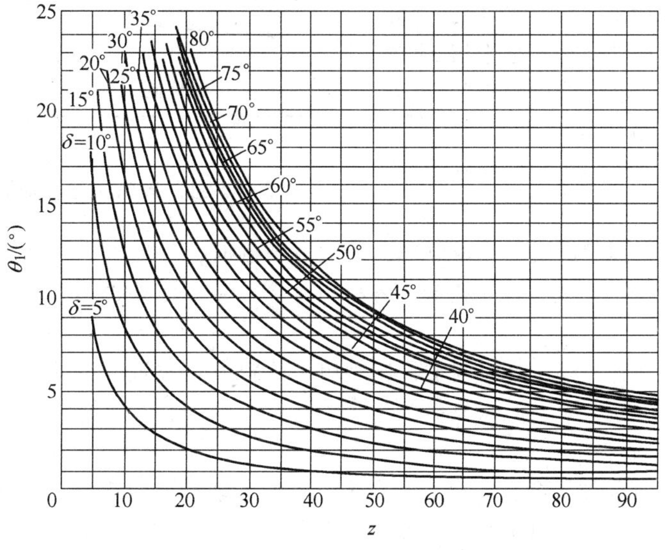

图 3-14 摇台摆角选取图

4. 粗刨花时滚切运动的断开

前面已经说过,粗刨时不需要滚切运动,所以应该把滚切运动断开。

调整时，开动机床（摇台自下而上摆动），使摇台停在中间位置（摇台零线对齐），然后取下摇台摆角挂轮 A_2/B_2，再将固定套杆装在两轮的轴上，以取代取下的摆角挂轮，如图 3-15 所示。该固定套杆是用来固定被动轴Ⅱ的，因而使滚切运动断开（即摇台摆动运动停止）。当主动轴Ⅰ继续转动时，使控制机构照常工作（花键套装在固定套杆的下面），注意切不可将固定套杆倒置，以免发生设备事故。同时滚切挂轮上应装有准备精刨时的滚切挂轮，以防止刨齿时，受到分齿动作的作用而产生回转运动。

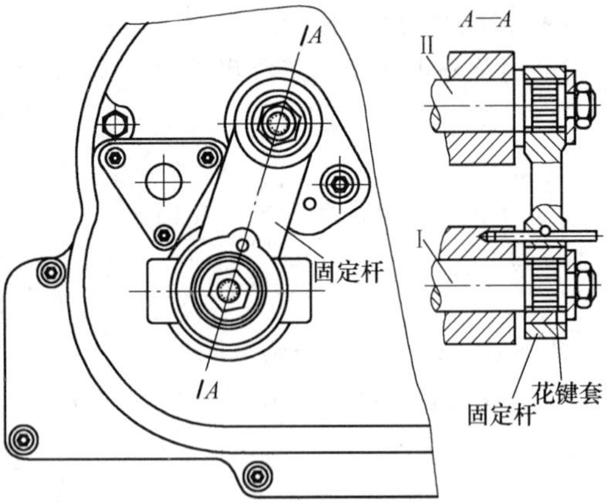

图 3-15　固定杆的安装

5. 进给深度（床鞍行程量）的调整

床鞍行程量的大小，应等于被加工工件全齿高 h 加上一附加量 a，a 的大小是为了使被加工工件从刨齿刀处退离后进行分齿，以使工件不至碰到刨齿刀所必须增加的值。a 的数值可根据被加工齿轮模数的大小在 0.8～1.5mm 的范围内选取。按示例，当模数 $m=4\text{mm}$，a 值选取为 1mm 时，床鞍行程量为 $h+a=(8.8+1)\ \text{mm}=9.8\text{mm}$。

6. 进给鼓轮的调整

从分析机床的传动系统中已知道，进给鼓轮转一整圈，就完成一个工作循环，也就是刨削成一个轮齿。在进给鼓轮上带有两条 T 形槽，其中一条用作轮齿的精切，而另一条在粗加工时应用。

图 3-16 是进给鼓轮 T 形槽的展开形状，上面是精切用槽的形状；下面是粗切用槽的形状。

在粗切用槽的 A 段上，使带有齿坯的床鞍慢慢地向刨齿刀进给，以便切削到一定的齿深。而在 B 段上时，轮坯就从刨齿刀处退出，然后进行分齿，也就是使轮坯转过一个齿或两个齿。

在精切用槽的 C 段上，装有轮坯的床鞍向刨齿刀作进给运动，D 段是半精切，E 段是床鞍快速进给到轮齿的全部深度，F 段是轮齿作最后的精加工，G 段是床鞍快速从刨齿刀中退出，并进行分齿，即转过一个齿。

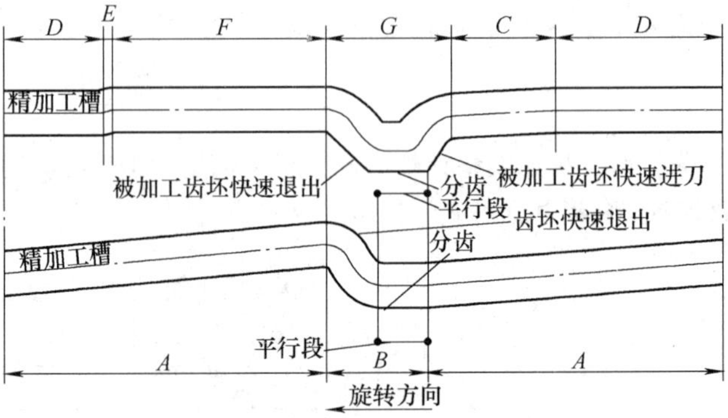

图 3-16　进给鼓轮 T 形槽的展开形状

调整时，如果机床调配成粗刨，现要把它调配成精刨时，开动机床，当进给机构的摇臂处在最外端（平行线中段）的时候，停止机床，将粗切 T 形槽中的滚柱退出，然后把另一滚柱进给到精切 T 形槽即可。

在鼓轮外端面上刻有零线，是在调整机床时用于确定鼓轮位置。另外，在摇臂上也装有刻线指示器。

7. 加工余量的分配

（1）利用刨齿刀分配加工余量　为了达到轮齿上加工余量分配均匀，精刨时必须正确地分配加工余量。开动机床，当摇台由下而上摆动到中间位置（摇台刻度尺的零线对正摇台座上零线）时，停止机床，用手转动手轮，使两刨齿刀的刀刃位于同一垂直面内，并使两刨齿刀处在工作位置上（即抬刀位置）。移动床鞍将粗切过的齿坯送向刨齿刀，同时，转动齿坯使轮齿置于两刨齿刀的中心位置，然后把齿坯固定在心轴上，移开床鞍即可。

(2) 用分配规调整加工余量　在成批生产的情况下，当精加工第一个齿轮时，可采用上述的利用刨齿刀分配加工余量的方法，但在精加工其余齿轮时，就可应用加工余量分配规来分配加工余量，如图3-17所示。

调整时，当第一个齿轮精刨完毕后，机床由终点开关控制自动停止，将转臂3放下，转动支架2，使量块4的球端插入邻近的齿槽内，并将量块4的另一端对准零刻线，旋转手柄1，紧固支架2，并把转臂3向上推开，然后取下精刨好的齿轮，装上第二个齿坯，放下转臂3，将量块4插入齿轮齿的齿槽，如不能进入齿槽时，只要把齿坯转动一下即可，随即拧紧螺母5，然后，开动机床进行刨齿。

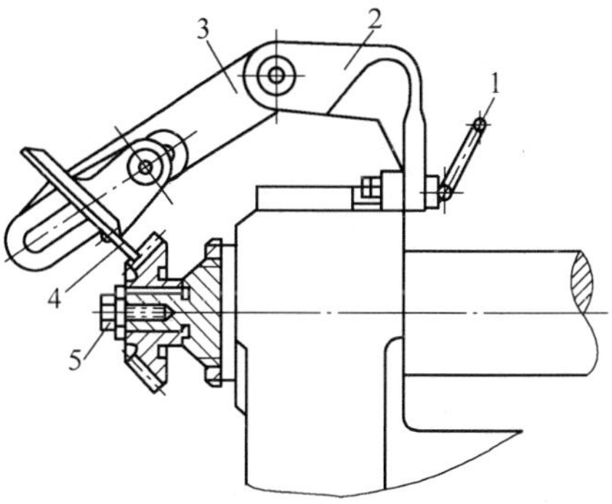

图3-17　用分配规调整加工余量

1—旋转手柄　2—支架　3—转臂
4—量块　5—螺母

在刨齿过程中，应注意刨削时，刨齿刀是否处于工作位置（即抬刀位置）上，以及刨齿刀在轮齿小端的冲出量是否足够等情况，如机床运转一切都正常，就可继续进行刨削，直至被加工齿轮的齿规尺寸达到图样规定的要求时为止。

3.4.5　提高齿面接触精度的方法

一对"互通有无"的相啮合的锥齿轮，齿面之间接触斑点的分布位置和面积大小对齿轮的传动质量、使用寿命的影响很大。因此，在刨齿加工（小轮首件加工）后，应在专门的滚动检查机上作对滚检查，然后，根据检查机数据，对刨齿机作相应调整，以提高工作齿面的接触精度，直至达到图样要求时为止。

齿面接触状况的常见形式见表3-64。表中所列纠正方法，主要有齿向修正和齿廓修正两种，或者是两种修正需同时进行。

1. "齿向修正"方法

为叙述方便，刨齿加工时，刀具与工件的相对位置、移动方向及各部分名称如图3-18所示。

表3-64　齿面接触斑点的分布形式及其纠正方法

	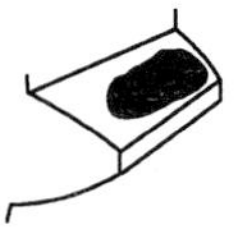	正确接触斑点的分布状况如下 在齿高方向：位于齿高中部 在齿长方向：小端接触较强，大轮接触较弱			
1		齿的小端接触较强——作齿向修正	2		齿的大端接触较强——作齿向修正
3		齿根接触——作齿廓修正	4	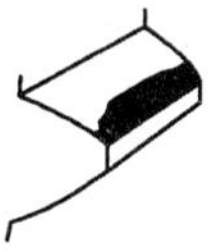	齿顶接触——作齿廓修正
5		齿的小端和齿根接触较强——作齿向与齿廓修正	6		齿的大端和齿根接触较强——作齿向与齿廓修正

（续）

7	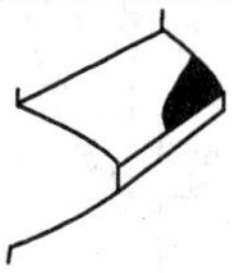	齿的小端和齿根接触较强——作齿向与齿廓修正	8	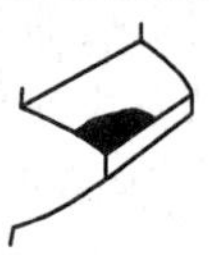	齿的大端和齿根接触较强——作齿向与齿廓修正
9	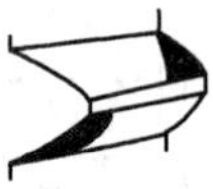	交错接触——作齿向修正齿的一侧，大端齿顶接触；齿的另一侧，小端齿项接触	10	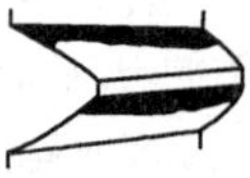	不对称接触作齿廓修正齿的一侧，齿顶接触；齿的另一侧，齿根接触

“齿向修正”实质上是沿工件齿长方向，对接触斑点的分布位置进行纠正，从而获得良好的接触精度。具体进行方法如下：

在滚动检查机上，上下移动小轮位置，同时观察齿面的接触状况，直至获得正确的接触位置为止，此时记下这一位移量 ΔH。

然后，在刨齿机上，升高或降低刨齿刀的位置。同时，为了使工件轮齿的大端尺寸不至于切去太多，再相应改变上刀架或下刀架的齿角 ω，即增大或减小 $\Delta\omega$，详见表 3-65。

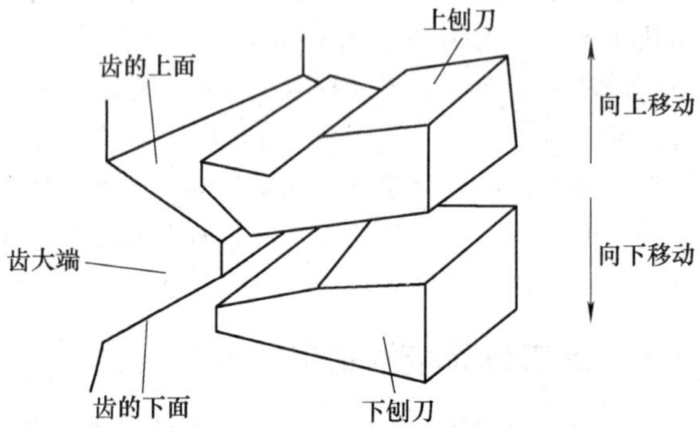

图 3-18　刨齿加工时的各部位名称

表 3-65　“齿向修正”的方法

接触斑点的位置	项目	分布位置及其纠正方法
位于齿的大端	分布形状	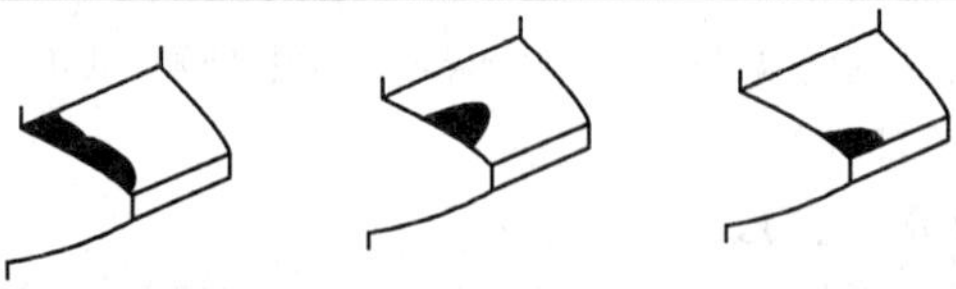
	纠正方法	修正齿的上面时，刨齿刀升高 ΔH，上刀架齿角减少 $\Delta\omega$；修正齿的下面时，刨齿刀下降 ΔH，下刀架齿角减少 $\Delta\omega$
	有关计算	$$\Delta\omega = \frac{\Delta H}{R} \times 3500'$$ 式中　ΔH——刨齿刀上升或下降的距离（mm） R——工件的锥距（mm）
位于齿的小端	分布形状	
	纠正方法	修正齿的上面时，刨齿刀下降 ΔH，上刀架齿角增大 $\Delta\omega$；修正齿的下面时，刨齿刀升高 ΔH，下刀架齿角增大 $\Delta\omega$
	有关计算	$\Delta\omega$ 的计算方法同前述
交错分布	分布形状	
	纠正方法	分别进行齿两侧的修正，方法同上列

注：1. 表列纠正方法仅在齿的单侧进行。
2. 若两轮齿数相等，且两轮同时作修正时，其修正量等于表列数据的一半。
3. 表列纠正也适用于刨削非正交锥齿轮传动。

2. “齿廓修正”方法

“齿廓修正”实质上是沿工件齿廓方向，对接触斑点的分布位置进行修正，最终达到良好的接触精度。具体进行方法如下：

在滚动检查机上，沿轴线移动一齿轮（一般移动小齿轮）直到获得满意的齿面接触斑点后为止，此时记下这一位移量。这一位移量即是调整刨齿机的依据，记为 Δ。

为叙述方便，对移动方向的名称作如下规定，如图 3-19 所示。用小齿轮进行配刨时，小轮向大轮锥体内位移称前移（负方向）；小轮向大轮锥体外位移称后移（正方向）。大轮的位移方向同理，但正负号与小轮相反。

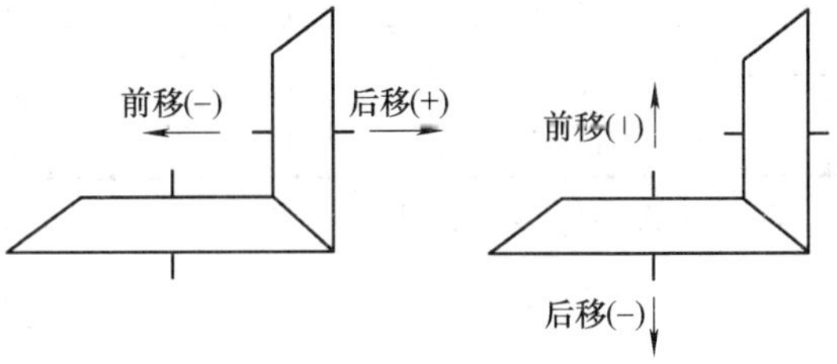

图 3-19 在检查机上的齿轮位移方向

“齿廓修正”方法包括改变分齿箱位置、改变滚切传动比和倾斜刨齿刀三种，详见表 3-66。

表 3-66 “齿廓修正”方法

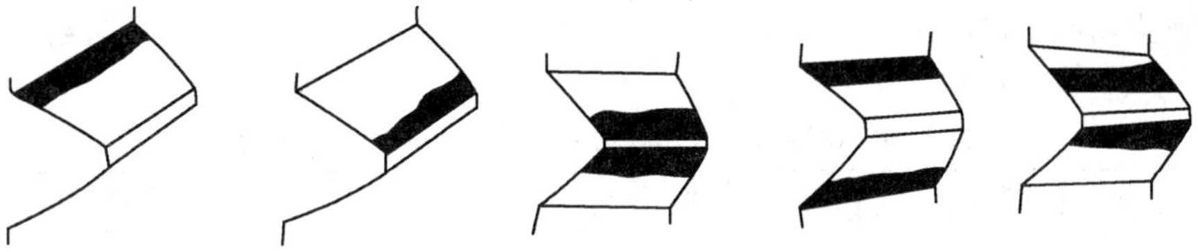

方法名称	纠正方法	修正量的数值
改变工件箱的位置	接触斑点位于齿根时，工件箱退离机床中心，刨齿刀移近机床中心；接触斑点位于齿顶时，工件箱移近机床中心，刨齿刀退离机床中心	工件箱位移量 $\Delta_{工}$ 和刨齿刀位移量 $\Delta_{刀}$ 查表。并按有关说明计算后求得
改变滚切传动比	配刨小轮时 小轮前移，滚切传动比减小 小轮后移，滚切传动比增大 配刨大轮时 大轮前移，滚切传动比增大 大轮后移，滚切传动比减小	滚切传动比的修正量 $\Delta_{切}$ 为 $\Delta_{切}=\Delta\dfrac{z\cot\delta'}{75R}$ 此式也适用于加工非正交锥齿轮
倾斜刨齿刀改变压力角	适用于接触斑点在两侧呈交错分布时（两侧交错） 修正分布在齿顶的一侧时，将刨齿刀的压力角增大；修正分布在齿根的一侧时，将刨齿刀的压力角减小	刨齿刀压力角的修正量可查表并按有关说明计算后求得

对表 3-66 所列内容作如下说明：

1）改变分齿箱位置。在改变分齿箱位置的同时，需改变刨齿刀的位置，其目的是为了使切削深度不变，确定位移量大小的方法有以下两种：

① 配刨小轮时，在检查机上移动小轮，若记下的移动量 $\Delta_1=0.25\text{mm}$ 时，分齿箱位移量 $\Delta_{分}$ 和刨齿刀位移量 $\Delta_{刀}$ 见表 3-67。

表 3-67　检查机上小轮移动 0.25mm 时的机床修正量

被加工的齿轮传动比 i	分齿箱位移量 $\Delta_{分}$/mm	刨齿刀位移量 $\Delta_{刀}$/mm
1:1	0.25	0.18
1.5:1	0.25	0.15
2:1	0.25	0.10
3:1	0.25	0.075
4:1	0.25	0.05

若记下的小轮移动量 $\Delta_1 \neq 0.25$mm 时，则按下式折算：

$$\Delta_{分} = \frac{\Delta_1}{0.25} \times (表值)$$

$$\Delta_{刀} = \frac{\Delta_1}{0.25} \times (表值)$$

表 3-67 所列数据适用于加工正交锥齿轮传动。对非正交锥齿轮传动，按下式折算：

$$\Delta_{分} = \Delta_1 \sin \delta_1'$$

$$\Delta_{刀} = \frac{\Delta_1}{0.25} \times (表值) \times \sin\delta_1'$$

② 配刨大轮时，在检查机上移动大轮，记下的移动量 $\Delta_2 = 0.25$mm 时，分齿箱位移量 $\Delta_{分}$ 和刨齿刀位移量 $\Delta_{刀}$ 见表 3-68。

表 3-68　检查机上大轮移动 0.25mm 时的机床修正量

被加工的齿轮传动比 i	分齿箱位移量 $\Delta_{分}$/mm	刨齿刀位移量 $\Delta_{分}$/mm
1:1	0.25	0.18
1.5:1	0.25	0.15
2:1	0.25	0.10
3:1	0.25	0.075
4:1	0.25	0.05

同理，若记下的大轮移动量 $\Delta_2 = 0.25$mm 时，则按下式折算：

$$\Delta_{分} = \frac{\Delta_2}{0.25} \times (表值)$$

$$\Delta_{刀} = \frac{\Delta_2}{0.25} \times (表值) \times \sin\delta_2'$$

表 3-68 所列数据也适用于加工非正交锥齿轮传动，对非正交锥齿轮传动，则按下式折算

$$\Delta_{分} = \Delta_2 \frac{\cos\delta_1'}{\cos\delta_2'}$$

$$\Delta_{刀} = \Delta_2 \cos\delta_1' \tan\delta_2'$$

式中　δ_1'、δ_2'——分别为两轮的节锥角。

2）改变滚刀传动比。当修正量较大，用改变齿箱位置方法无法纠正时，宜采用改变滚切传动比的方法。

滚切传动比的修正量按下式计算：

$$\Delta_{切} = \Delta \frac{z\cot\delta'}{K_g R}$$

式中　Δ——滚动检查机上所记下的位移量；

z——被加工工件的齿数；

δ'——被加工工件的节锥角；

R——被加工工件的锥距；

K_g——刨齿机滚切运动链常数，对 Y236 型机床，$K_g = 75$。

例：在 Y236 型刨齿机上，加工一对正交锥齿轮。大轮已刨制完成，开始刨削小轮，小轮齿数 $z_1=15$，节锥角 $\delta'=17°21'$，锥距 $R=130\text{mm}$，刨削时的滚切传动比 $i=0.670588$。首件刨成后，在滚动检查机上，与大轮作啮合对滚，测得小轮需前移 $\Delta_1=0.75\text{mm}$ 才能获得满意的接触斑点。试求修正后的滚切传动比及滚切挂轮。

解：今配刨小轮，用 Δ_1、z_1、δ'代入计算得

$$\Delta_{切}=\Delta\frac{z\cot\delta'}{K_gR}=0.75\times\frac{15\times\cot17°21'}{75\times130}=0.003693$$

由表 3-47 可知，配刨小轮时，小轮前移，滚切传动比减小，所以修正传动比为

$$i'=0.670588-0.003693=0.666895$$

滚切挂轮，经修正后应为

$$\frac{a_2}{b_2}\times\frac{c_2}{d_2}=\frac{50}{74}\times\frac{76}{77}$$

上述计算方法，也适用于非正交锥正交锥齿轮的刨削加工。

3）倾斜刨齿刀、改变压力角。这一方法主要用于接触斑点在轮齿的两侧呈交错分布时，修正时，调整刨齿刀下面的楔铁，使刨齿刀的压力角得到少量变化，从而达到纠正目的。

调整的依据仍然是检查机上所记下的小齿轮移动量 Δ_1 和大齿轮的移动量 Δ_2，记下的移动量 $\Delta_1=\Delta_2=0.25\text{mm}$时，其压力角修正量 Δ_α 的大小可按下列公式计算：

小齿轮移动量 Δ_1 为 0.25mm 时：

$$\Delta_\alpha=2360'\frac{\cos\delta_1'}{R}$$

大齿轮移动量 Δ_2 为 0.25mm 时：

$$\Delta_\alpha=2360'\frac{\cos\delta_2'}{R}$$

刨齿刀压力角的修正量也可直接查表 3-69 及表 3-70 得到。若在滚动检查机上记下的移动量不等于 0.25mm 时，仍按比例折算。

表 3-69 及表 3-70 所列数据适用于被加工齿轮的压力角 $\alpha=20°$时。在加工非正交锥齿轮时，表 3-69 及表 3-70 仍适用。但在查表时，应直接按照工件的节锥角进行取值，与第一栏的传动比无关。

表 3-69 检查机上小轮移动 0.25mm 时的压力角修正量 （单位:′）

被加工齿轮		工件锥距 R/mm											
传动比	节圆锥角	25	38	50	63	76	89	102	115	127	152	203	254
1∶1	45°	67	45	33	27	22	19	17	15	13	11	8	7
1.5∶1	33°41′	79	52	39	31	26	22	20	18	16	13	10	8
2∶1	26°34′	84	56	42	34	28	24	21	19	17	14	10	8
3∶1	18°26′	90	60	45	36	30	26	22	20	18	15	11	9
4∶1	14°2′	92	61	46	37	31	26	23	20	18	15	11	9

表 3-70 检查机上大轮移动 0.25mm 时的压力角修正量 （单位:′）

被加工齿轮		工件锥距 R/mm											
传动比	节圆锥角	25	38	50	63	76	89	102	115	127	152	203	254
1∶1	45°	67	44	33	27	22	19	17	15	13	11	8	7
1.5∶1	56°19′	52	34	26	21	17	15	13	11	10	9	6	5
2∶1	63°26′	42	28	21	17	14	12	10	9	8	7	5	4
3∶1	71°34′	30	20	15	12	10	8	7	7	6	5	4	3
4∶1	75°58′	23	15	11	9	8	6	6	5	5	4	3	2

当被加工齿轮的参数与表列数据不相同时，可用内插法取值。

3.5 弧齿锥齿轮的铣齿加工

3.5.1 弧齿锥齿轮的切齿方法

传统的螺旋锥齿轮加工方法有若干种，其基本原理是利用平顶齿轮或平面齿轮与被切齿轮相啮合的原理来加工。根据齿制的不同，可以分为端面铣齿法与端面滚齿法两种。端面铣齿法主要用于加工“格里森”（Grisen）制锥齿轮，端面滚齿法主要用于加工“奥利康”（Oerlikon）、“克林贝格”（Klingelnberg）制锥齿轮。

“格里森”制锥齿轮多采用收缩齿；“奥利康”、“克林贝格”制锥齿轮均为等高齿。

目前我国车辆齿轮多采用“格里森”制锥齿轮。国内常用的 Y2212、Y2250（Y225、YT2250、YS2250）、Y2280 型弧齿锥齿轮铣齿机都是按照平顶齿轮原理进行切齿的。

弧齿锥齿轮的单齿切削方法分为成形法和展成法（滚切法）两大类。弧齿锥齿轮的切齿方法见表 3-71。

表 3-71 弧齿锥齿轮的切齿方法

切齿方法		加工特性	需要机床	需要刀盘	优缺点	适用范围
单刀号单面切削法		大轮和小轮轮齿两侧表面粗切一起切出，精切单独进行。小轮按大轮配切	至少需要 1 台万能切齿机床	1 把双面刀盘	接触区不太好，效率低；但可以解决机床和刀具数量不够的困难	适用于产品质量要求不太高的单件和小批量生产
双面切削法	单台双面切削法	大轮的粗切和精切使用单独的粗切刀盘和精切刀盘同时切出齿槽两侧表面 小轮粗切使用一把双面粗切刀盘；小轮精切分别用一把外精切刀盘和内精切刀盘切出齿槽的两侧面	至少需要 1 台万能切齿机床	大轮：粗切 1 把；精切 1 把 小轮：粗切 1 把；外精切 1 把；内精切 1 把	接触区和齿面光洁度较好。生产效率较前者高	适用于质量要求较高的小批和中批生产
	固定安装法	加工特性和单台双面切削法相同，但每道工序都在固定的机床上进行	大轮：粗切 1 台；精切 1 台 小轮：粗切 1 台；外精切 1 台；内精切 1 台	大轮：粗切 1 把；精切 1 把 小轮：粗切 1 把；外精切 1 把；内精切 1 把	接触区和齿面光洁度均好，生产效率也比较高。但是，需要的切齿机床和刀盘数量都比较多	适用于大批量生产
	半滚切法	加工特性和固定安装法相同，但大轮采用成形法切出，小齿轮轮齿两侧表面分别用展成法切出	和固定安装法相同	和固定安装法相同	优缺点和固定安装法相同，但大轮精切比用展成法的效率可以成倍提高	适用于 $i>2.5$ 的大批量流水生产

（续）

切齿方法		加工特性	需要机床	需要刀盘	优缺点	适用范围
双面切削法	螺旋成形法	加工特性和半滚切法相同。但在大轮精切时，刀盘还具有轴向的往复运动，即每当一个刀片通过一个齿槽时，刀盘就沿其自身轴线前后往复一次。刀盘每转一转，就切出一个齿槽	和固定安装法相同	和固定安装法相同	接触区最理想，齿面光洁度好，生产效率高，是目前比较先进的新工艺	和半滚切法相同
双重双面法		大轮和小轮均用双面刀盘同时切出齿槽两侧表面	大轮，小轮粗精切各1台，共用4台	大轮、小轮粗精切各1把，共需4把	生产率比固定安装法高，但接触区不易控制，质量较差	模数小于2.5及传动比为1∶1的大批量生产适用

1. 成形法

用成形法加工的大齿轮齿廓与刀具切削刃的形状一样。

渐开线齿廓的曲率和它的基圆大小有关，基圆越大、齿廓曲率就越小，渐开线就直些；当基圆足够大时，渐开线就接近于直线。而齿轮的基圆大小是由模数 m、齿数 z 和压力角 α 的余弦大小来决定的。模数和压力角一定时，齿数越多，基圆直径就越大，相应的齿廓曲率越小，也就是齿廓越接近于直线。对于螺旋锥齿轮来说，传动比也是影响因素之一，当传动比大一些时，大轮的齿廓就更直一些。

小轮齿数（z_1）一定时，传动比越大，大轮齿数也就越多，这时大轮的当量圆柱齿轮的基圆直径也越大，其齿廓接近于直线形，采用成形加工比较方便。

当锥齿轮传动比大于2.5时，大轮的节锥角往往在70°以上，大轮就可采用成形加工。同时，为了保证其正确啮合，相配小轮的齿廓应加以相应的修正，用展成法加工，这种组合切齿方法叫半滚切法或成形法。此法生产效率较高，适于大批量生产。

半滚切法用以下三种方法加工：

1）用普通铣刀盘加工，齿廓为直线形，用于被切齿轮节角大于45°的粗切或传动比大于2.5，节角大于70°的大轮的精切，如图3-20所示。

2）在专用机床上以圆盘拉刀加工，简称拉齿，齿廓是直线形的，粗、精拉可一次完成，适用于传动比大于2.5的大轮。

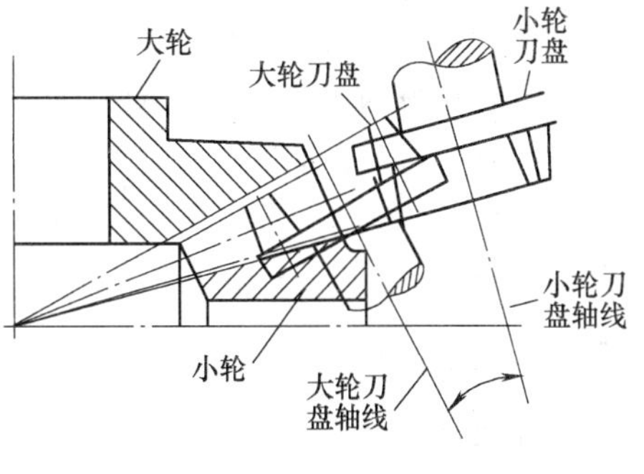

图3-20　成形法刀盘位置图

3）螺旋成形法是半滚切法的特殊形式。在专用机床上，用特殊的圆拉刀盘，精加工传动比大于2.5齿轮副中的大轮，齿廓是直线形的。如图3-21所示，切齿时，刀盘安装轴线垂直于被切齿轮的面锥母线，刀盘除具有圆周方向的旋转运动外，还沿其自身轴向作往复运动，每个刀片通过齿槽的同时，刀盘轴向往复一次，而使刀齿顶刃始终沿着被切齿轮齿根切削。由于大齿轮的顶锥母线与小齿轮的根锥母线平行，所以大轮圆盘拉刀与小轮铣刀盘的轴线平行。

螺旋成形法切出的轮齿纵向曲面是一个有规则的、可展的和同向弯曲的渐开螺旋面，它得到的是收缩齿。采用螺旋成型法加工的大、小齿轮，不仅在齿宽中点处，而且在齿宽任意一点处，相啮合的凸凹面的压力角都相等，这样就提高了大小齿轮的啮合质量，并且对载荷变化、安装误差不敏感。载荷增加时，接触区长度不变，其位置移向大端。螺旋成形法是当前弧齿锥齿轮和双曲线齿轮切齿方法中较完善的一种，但由于螺旋成形法拉齿设备调整较复杂，目前实际生产中并没有大规模应用。

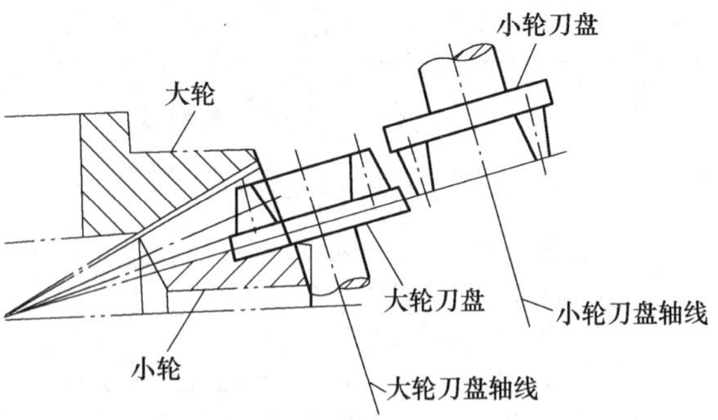

图 3-21　螺旋成形法刀盘位置图

2. 展成法

展成法是被切齿轮与旋转着的铣刀盘（摇台）按照一定的比例关系进行滚切运动，加工出来的齿廓是渐开线形的，它是由刀片切削刃顺序位置的包络线形成的，如图 3-22 所示，在切齿过程中刀片的顺序位置如图 3-23 所示。

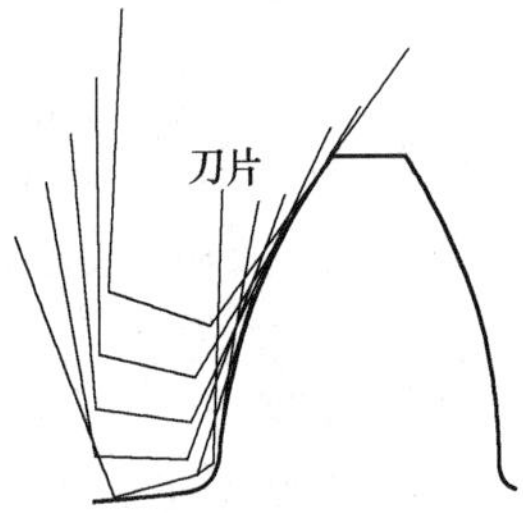

图 3-22　展成法示意

切削时，先切一面（如图中的上侧面）的齿顶和另一面（如图中的下侧面）的齿根：在滚切过程中，逐渐移向上侧面的齿根和下侧面的齿顶，最后脱离切削，如同一对轮齿的啮合运动一样。用此法加工的有以下两种常用的齿线形状：

1）在 Y2250、Y2280 或格利森 16 号等机床上，用刀片切削刃为直线的铣刀盘，齿长方向曲线是圆弧的一部分。

2）在奥利康 2 号等机床上用刀片切削刃为直线的铣刀盘用连续切削法加工，齿长方向曲线是延伸外摆线的一部分。

3. 弧齿锥齿轮的加工方法选择

弧齿锥齿轮的切齿方法组合很多，粗切多数是用双面刀盘同时切齿槽的两侧齿面，精切常用三种方法，即单面切削法、双面切削法和双重双面法。这些方法的特性、优缺点和适用范围见表 3-71。

选择切齿方法时，应按具体情况。诸如根据现有的切齿机床和刀盘的数量以及被加工齿轮的精度要求等，做出符合客观实际的决定。如果齿轮的加工精度要求较高，产量较大、机床与刀盘齐全时，采用固定安装法比较合适。精度要求不太高的齿轮可用单刀号单面切削法。半滚切和螺旋成形法适于大批量生产。

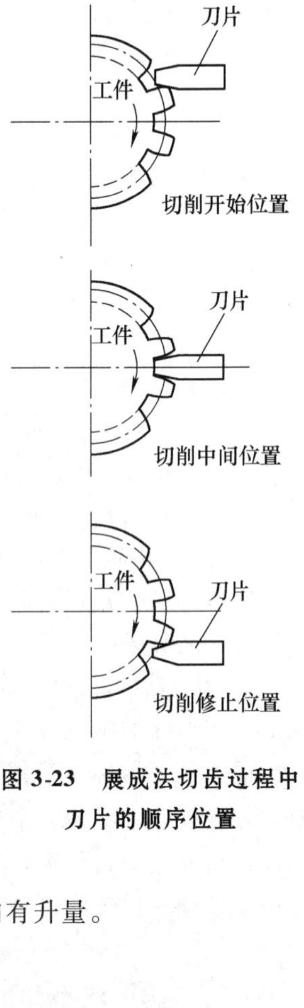

图 3-23　展成法切齿过程中刀片的顺序位置

3.5.2　刀具

1. 刀具分类

对弧齿锥齿轮，由于齿制、加工方法不同，切齿刀具繁多，格里森制常用的几种切齿刀具如下：

1）粗切三面刀。粗切三面刀起切齿开槽的作用，能同时切齿槽的三个面。刀体上按顺序装有内、外、中三种刀头。

2）螺旋成形法和单循环法精切圆拉刀。用于精切大轮，刀齿在径向有升量。

3）精切单面刀。用于小轮精切凸面或凹面，刀体上只装内切刀头或外切刀头。

2. 刀具主要参数

（1）公称直径 D_0　公称直径 D_0 主要取决于齿轮的设计参数，按表 3-72 选取。

表 3-72　铣刀盘公称直径的选择　（单位：mm）

公称直径 D_0		节锥距	最大齿面宽	最大全齿高	最大模数
in	mm				
0.5	12.7	6 ~ 13	5	1.75	0.8
1.1	27.94	13 ~ 19	6.5	3.5	1.75
1.5	38.1	19 ~ 25	8	5	2.5
2	50.8	25 ~ 38	11	5	2.5
3.5	88.9	38 ~ 70	19	9	3.5
6	152.4	70 ~ 89	32	9.5	4.5
7.5	190.5	89 ~ 102	38	13	6.5
9	228.6	102 ~ 133	48	14.5	7.5
12	304.8	133 ~ 190	64	19.5	10.5
18	457.2	190 ~ 381	102	25.5	15

（2）刀齿的齿形角和刀号　刀齿的公称齿形角等于被切齿轮的法向齿形角。当切削收缩齿弧齿锥齿轮时，如果要使轮齿中点处的两侧压力角相等，就需要对刀具的两个侧刃的压力角进行修正。修正时，外侧刃齿形角减少 $\Delta\alpha$，内侧刃增加 $\Delta\alpha$。

$\Delta\alpha$ 的确定可按以下公式计算：

$$\Delta\alpha \approx \theta_f \sin\beta$$

由于大轮与小轮具有不同齿根角 θ_f，所以从严格意义来讲，在加工大轮与小轮时，相应的切齿刀盘的刀刃修正量 $\Delta\alpha$ 也应不同。通常 θ_f 取大小轮的平均值。

按照现有的刀号制度，将 $\Delta\alpha$ 的单位设置为分，并规定 10 分为一号。刀号系列为 0、1/2、1、1½、2、…、20½。常用刀号及其对应的齿形角见表 3-73。

表 3-73　常用刀号及其对应的齿形角

刀号	3.5		4.5		5.5		6		7.5		9		12	
内/外齿形角	20°35′	19°25′	20°45′	19°15′	20°55′	19°05′	21°	19°	21°15′	18°45′	21°30′	18°30′	22°	18°

3.5.3　加工参数与机床的调整参数

对螺旋锥齿轮加工的固定安装法有以下几种组合：

大轮用成形法加工，小轮用刀倾法加工称为 SFT、HFT 法。大轮用滚切法加工，小轮用变性法加工称为 HGM、HGM 法。

以上三个英文字母表示的含义如下：

第一个字母表示被加工齿轮的类型，S——弧齿锥齿轮（Spiral bevel Gears），H——准双曲面齿轮（Hypoid Gears）。

第二个字母表示大轮的加工方法，G——展成法加工（Generated），F——成形法加工（Formate）。

第三个字母表示小轮的加工方法，T——刀倾法（Tite），M——变性法（Modified Roll）。

把上述两种方法做一下调整，重新组合，则可构成 SGT、HGT、SFM、HFM 两类四种方法。这里要说明的是，通常在应用刀倾的时候，不应用变性；在应用变性的时候，不应用刀倾。

针对不同的加工方法，加工参数上也有一些差别。在机床上对应的有不同的调整位置（以下用“加工参数”指代锥齿轮加工所对应的基本参数，这些参数与机床类型无关，“调整参数”指代针对各类机床的调整位置的参数，是加工参数在机床上的具体表现如图 3-24 所示）。小轮、大轮加工参数与机床调整参数对应关系见表 3-74、表 3-75。

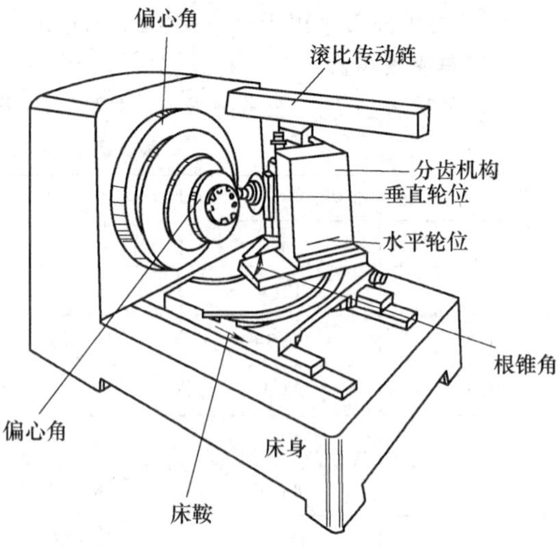

图 3-24　机床调整参数

表 3-74　小轮加工参数列表

加工参数名称	机床调整参数	备　注
径向刀位 S_{d1}	偏心角 ε_1	
角向刀位 q_1	摇台角 Q_1	
基本刀倾角 i	机床刀倾角（I_x）	在 SGT/HFT 法中应用
基本刀转角 j	机床刀转角（J）	在 SGT/HFT 法中应用
轮坯安装角 δ_{m1}	安装角 δ_{m1}	
垂直轮位 E_{m1}	垂直轮位 E_{01}	
轴向轮位修正值 X_{G1}	水平轮位 X_1	$X_1=X_{G1}$ + 安装距 + 夹具心轴尺寸
床位 X_{B1}	床位 X_{B1}	
滚比 i_{01}	滚比挂轮值 m_a	
二阶变性系数 2C	变性凸轮	在 SGM/HGM 法中应用，弧齿可不使用
分度参数	分齿挂轮值 m_i	通常分度不算作为加工参数

表 3-75　大轮加工参数列表

加工参数名称	机床调整参数	滚切法		成形法
		弧齿	准双曲面	
径向刀位 S_{d2}	偏心角 ε_2	√	√	×
角向刀位 q_2	摇台角 Q_2	√	√	×
垂直刀位 V_2	线性量规	×	×	√
水平刀位 H_2	线性量规	×	×	√
轮坯安装角 δ_{m2}	安装角 δ_{m2} 或线性量规	√	√	√
垂直轮位 E_{m2}	垂直轮位 E_{02}	×	√	×
轴向轮位修正值 X_{G2}	水平轮位 X_2	×	√	√
床位 X_{B2}	床位 X_{B2}	√	√	×
滚比 i_{02}	滚比挂轮值 m_a	√	√	×
分度参数	分齿挂轮值 m_i	通常分度不算作为加工参数		

注：“√”号表示有，“×”表示无。

1. 刀盘的位置参数——刀位

刀盘的位置由径向刀位 S_d 与角向刀位 q 两个参数确定，总称刀位，这是一种极坐标表示方法。也可以用直角坐标系垂直刀位 V、水平刀位 H 表示，但本质上是一致的。两种刀位表示方法之间的关系如下：

$$S_d = \sqrt{V^2 + H^2}$$

$$q = a\tan\left(\frac{V}{H}\right)$$

不同的机床有着不同的设定方法，但是都要实现刀盘与工件间正确的相对位置关系。例如，No. 116、Y2280 等机床通过偏心鼓轮的偏心角调整径向刀位 S_d，通过摇台角体现角向刀位 q，如图 3-25、图 3-26 所示。而 No. 607、No. 609 拉齿机则通过量棒尺寸控制垂直刀位 V、水平刀位 H。

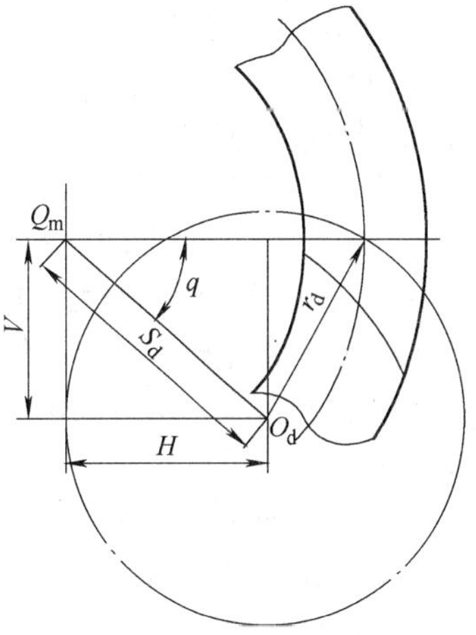

图 3-25　刀位的表示

以 Y2280 偏心机构为例，如图 3-26 所示，O_m 为机床摇台中心，O_e 为偏心鼓轮中心，O_d（O_d'）为刀盘中心，在初始位置 O_d 与 O_m 重合，当偏心鼓轮旋转 ε 角后，可使刀盘中心处于 O_d 的位置。实现径向刀位 S_d，即 $O_mO_d = S_d$。在 $\triangle O_mO_eO_d$ 中 $\sin\frac{\varepsilon}{2} = \frac{S_d}{K}$，所以偏心角为

$$\varepsilon = 2\sin^{-1}\frac{S_d}{K}$$

K 为机床常数，Y2280 机床 $K = 340$。偏心鼓轮旋转 ε 角后，刀位中心位于 O_d 的位置，要想得到正确的角向刀位 q，还需使摇台旋转一个角度 Q 到达 O_d'的位置，即为摇台角 Q，由图中可以看出：

$$Q = \frac{\varepsilon}{2} \pm q\begin{pmatrix} +\text{左旋} \\ -\text{右旋} \end{pmatrix}$$

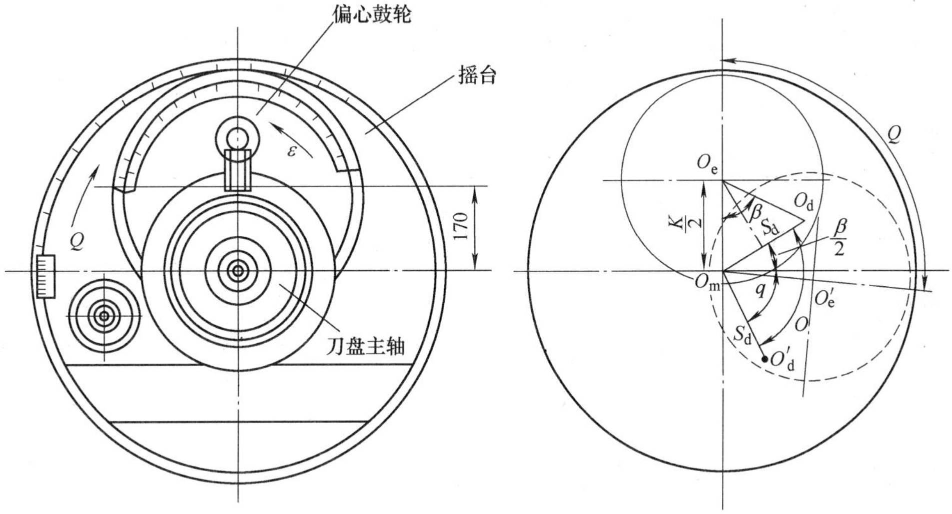

图 3-26　Y2280 刀位与偏心角、摇台角的关系

2. 水平轮位 X_{G1}

摇台中心到工件箱主轴端面的距离，为图样中的安装距。

3. 垂直轮位 E_{m1}

被切齿轮的中心线相对于摇台中心线的垂直偏置量。

4. 床位 X_{B1}

控制切齿时的深度。

5. 轮坯安装角 δ_{m1}

根据根锥角确定。

此外，对于 No. 116 等机床还有刀倾角 I_X（刀具主轴倾斜的角度，用来改变铣刀刀齿的压力角）、刀转角 J（刀轴回转装置的角度，它是刀轴倾斜后的相应改变）。

6. 二阶变性系数与变性凸轮

变性法是指小轮的滚切过程中，摇台与被切小轮之间的滚比是瞬时变化的。通过瞬时滚比变化对齿面进行修正。瞬时滚比变化通过变性凸轮实现，凸轮变性机构通常可实现 4 ~ 5 阶滚比加速度，对齿面进行高阶修正。这种方法机床调整比较繁琐，除了磨齿外，在铣齿加工中较少应用。

7. 滚比挂轮值

实现产形轮与被加工齿轮间的展成传动比。

8. 分齿挂轮值

加工完一个齿槽后分度实现连续加工。

以上各参数确定了在加工机床上，刀具和工件的空间相对位置，并确定了产形轮与工件间的传动比。这些是加工齿槽的全部机床调整数据。除了分齿挂轮比，其他量的变化会对加工时的齿形产生影响。

常见机床常数见表 3-76。

表 3-76　常见机床常数

机床型号	偏心鼓轮直径 K/mm	滚比挂轮值 m_a	分齿挂轮值 m_i
Y2250	222.25	$\frac{3.5z_i}{z_C}$，$z_C = z/\sin\delta$ $\frac{17.5}{z_C}$，切入法	$\frac{2z_i}{z}$，z_i − 跳齿数 $\frac{10}{z}$，切入法
Y225、YS2250、525	270		
Y2280、528、528C	340		
No116、No118	222.25	$\frac{z_C}{50}$	$\frac{22.5}{z}$
GH-35	150		
GH-45	180		
No26	342.9		
No463、No137	406.4	$\frac{z_C}{z_i}$	$\frac{z_i}{z}$
5C280	360	$\frac{z_C}{36}$	$\frac{24}{z}$
5C270	270	$\frac{30}{z_C}$	$\frac{15}{z}$
No16	355.25	$\frac{z_C}{75}$	$\frac{30}{z}$
No106	152.4		

3.5.4 刀顶距与齿规尺寸

大轮的刀顶距 W_2 是大轮刀盘的内刀和外刀刀尖半径之差，它的大小决定了大轮和小轮的尺厚。齿规尺寸则是测量齿厚时用到的法向弦齿高和法向弦齿厚。

1. 刀顶距的计算

（1）准双曲面齿轮　大轮刀顶距 W_2 根据要控制的弧齿厚来取，其理论值为

$$W_2 = 0.5p_n - (0.5h + c)(\tan\alpha_{f1} - \tan\alpha_{f2})$$

式中　p_n——齿轮中点法向周节，其值为 $p_n = \dfrac{2\pi r_2\cos\beta_{f2}}{z_2}$。实际采用的刀顶距是将 W_2 的值向上圆整到0.25的整数倍。

小轮粗切刀顶距 W_{1r} 为

$$W_{1r} = 0.5p_{ni} - W_2 - h_i(\tan\alpha_{f1} - \tan\alpha_{f2}) + j_{min} - \Delta s_1$$

式中　p_{ni}——齿轮内端法向周节，其值为 $p_{ni} = \dfrac{2\pi r_i\cos\beta_i}{z_2}$；

h_i——齿轮内端全齿高，$h_i = h_t - b_2$（$\tan\theta_{a2} - \tan\theta_{f2}$）$+c$；

j_{min}——两齿轮最小侧隙；

Δs_1——小轮精切余量，一般取0.7～1.0mm。

（2）弧齿锥齿轮　大轮刀顶距 W_2 理论值为

$$W_2 = \frac{R}{R_e}s_{e1}\cos\beta - 2h_{f2}\tan\alpha$$

实际采用的刀顶距是将 W_2 的值向上圆整到0.25的整数倍。

小轮粗切刀顶距为

$$W_{1r} = \min(w_{1e}, w_{1m}, w_{1i}) - W_2 + j_{min} - \Delta s_1$$

$$w_{1e} = p\cos\beta_e - 2(h_{fe1} + h_{fe2})\tan\alpha$$

$$w_{1m} = \frac{R}{R_e}p\cos\beta - 2(h_{f1} + h_{f2})\tan\alpha$$

$$w_{1i} = \frac{R_i}{R_e}p\cos\beta_i - 2(h_{fi1} + h_{fi2})\tan\alpha$$

式中　p——大端周节；

β_e——大端螺旋角；

h_{fe1}、h_{fe2}——大端齿根高；

β——中点螺旋角；

h_{f1}、h_{f2}——中点齿根高；

β_i——小端螺旋角；

h_{fi1}、h_{fi2}——小端齿根高。

2. 齿规尺寸的计算

齿规尺寸是齿轮加工时控制齿厚的工艺尺寸。为了便于用齿规卡尺测量，通常都给出齿轮在某中点法截面的法向弦齿高和法向弦齿厚。在实际加工中，被加工大轮的实际齿厚只能用外端的齿深和刀盘的刀顶距来控制，小轮的实际齿厚则用外端齿深和与大轮的啮合侧隙来控制。对于大批量生产来说，用标准齿轮来控制齿轮的齿厚比较理想。

小轮中点法向弦齿高 $\overline{h_1}$ 为

$$\overline{h_1} = h_{a1} + \frac{s_{n1}^2}{8r_1'}$$

小轮中点法向弦齿厚$\overline{s_1}$为

$$\overline{s_1} = s_{n1} - \frac{s_{n1}^3}{24r_1'^2}$$

式中　s_{n1}——小轮中点法向弧齿厚，$s_{n1} = W_2 + h_{f2}(\tan\alpha_{f1} - \tan\alpha_{f2}) - j_{min}$；

　　r_1'——小轮当量齿轮半径，$r_1' = \dfrac{R_1\tan\delta_1}{\cos^2\beta_{a1}}$。

大轮中点法向弦齿高$\overline{h_2}$为

$$\overline{h_2} = h_{a2} + \frac{s_{n2}^2}{8r_2'}$$

小轮中点法向弦齿厚$\overline{s_2}$为

$$\overline{s_2} = s_{n2} - \frac{s_{n2}^3}{24r_2'^2}$$

式中　s_{n2}——大轮中点法向弧齿厚，$s_{n2} = p_n - W_2 - h_{f2}(\tan\alpha_{f1} - \tan\alpha_{f2})$；

　　r_2'——小轮当量齿轮半径，$r_2' = \dfrac{R_2\tan\delta_2}{\cos^2\beta_{f2}}$。

对大轮用成形法加工，则小轮中点法向弦齿厚$\overline{s_1}$为

$$\overline{s_1} = s_{n1}$$

大轮外端测量齿深为

$$h_t' = h_t - \frac{b_2^2}{8\cos^2\beta_{f2}}\left(\frac{\sin^2\beta_{f2}}{R_{f2}\tan\delta_{f2}} + \frac{\tan\Delta\alpha_2}{r_0}\right)$$

式中　$\Delta\alpha_2$——大轮刀盘实际齿形角与理论齿形角的差值。

对弧齿锥齿轮，则

$$h_t' = h_t - \frac{b^2}{8\cos^2\beta}\left(\frac{\sin^2\beta}{R\tan\delta_2} + \frac{\tan\Delta\alpha_2}{r_0}\right)$$

对展成法大轮，外端测量齿深h_t'就等于设计齿深h_t，即$h_t' = h_t$。小轮总是使用展成法加工，其外端的测量齿深与设计值总是一致的。

3.5.5　Y2250型铣齿机介绍

Y2250型铣齿机是采用刀盘来粗精加工弧齿锥齿轮的机床，可以加工中心线成直角或不成直角的弧齿锥齿轮，最大加工公称直径为500mm。

1. 机床主要参数（表3-77）

表3-77　Y2250型铣齿机参数

被加工工件尺寸					
最大外锥距　螺旋角30°/0°	mm	200/180	传动比1:1	mm	350/250
最小外锥距	mm	0	最大加工模数	mm	10
最大传动比（轴交角Σ=90°时）		10:1	最大切齿深度	mm	20
根锥角		4°～90°	最大齿面宽度	mm	65
最大节圆直径　螺旋角30°/0°			螺旋角		0°～50°
传动比10:1	mm	500/360	齿数		5～100
传动比2:1	mm	450/320			

（续）

工件主轴		
主轴锥孔大端直径	mm	100
锥度		1:20
主轴通孔直径	mm	78
锥孔长度	mm	150
主轴端部凸台直径	mm	170
刀盘直径		6in、9in、12in
工件箱调整量		
主轴最大垂直位移	mm	向上 75， 向下 75
主轴端面至机床中心距离	mm	60 ~ 360

摇台及床位		
摇台调整角		0° ~ 360°
偏心鼓轮调整角		0° ~ 126°
摇台最大摆角		60°
床鞍偏离中心位置的最大位移	mm	前（或后）25
主轴与摇台中心的径向距离	mm	0 ~ 240
刀盘调整量		
转速	r/min	25 ~ 325
进给速度	s/齿	2.5 ~ 76
其他		
主电动机功率	kW	4（2900r/min）
液压传动电动机功率	kW	2.2（940r/min）
机床外形尺寸（长 × 宽 × 高）	mm	2885 × 1980 × 1995
机床净重	kg	8750

注：1in = 0.0254m。

2. Y2250 型铣齿机各组挂轮计算（见表 3-78）

表 3-78 Y2250 型铣齿机各组挂轮计算

项目	计算公式	备 注
变速挂轮	$\frac{n}{181.25}=\frac{A}{B}\frac{C}{D}$ 式中 n——铣刀盘转速（r/min）	变速挂轮（模数 $m=2.5$mm）齿数：20、24、30、32、32、35、35、36、38、40、40、42、44、45、45、48、48、50、56、60 条件：$A+B=C+D=80$ 可查表 3-79
进给挂轮	$\frac{4.8}{t}=\frac{A_1}{B_1}\frac{C_1}{D_1}$ 式中 t——铣削一齿槽工作行程时间（s）	进给挂轮可查表 3-80
分齿挂轮	用滚切法加工时 $\frac{2z_i}{z}=\frac{A_2}{B_2}\frac{C_2}{D_2}$ 用切入法加工时 $\frac{10}{z}=\frac{A_2}{B_2}\frac{C_2}{D_2}$ 式中 z——工件齿数 k——分齿时的跳齿数，与工件齿数互为质数	用滚切法加工时，手柄置于 1:1 位置（跳齿加工）；当铣削节锥角 $\delta \geqslant 60°$ 的齿轮时，采用切入法加工，手柄置于 1:5 位置（跳齿数 = 1）。 进给、分齿、滚比挂轮共用一套（模数 $m=1$mm），齿数：29 ~ 55（29、30 各二）、57 ~ 84（60 两个）、86 ~ 91、93、94、97、98、99、100、100、116、116 常用跳齿数见表 3-81 轴交角 $\Sigma=90°$时的冠轮齿数可查表 3-82
滚比挂轮	用滚切法加工时 $\frac{3.5z_i}{z_C}=\frac{A_3}{B_3}\frac{C_3}{D_3}$ 用切入法加工时 $\frac{17.5}{z_C}=\frac{A_3}{B_3}\frac{C_3}{D_3}$ 式中 z_C——假想冠轮齿数 $z_C=z/\sin\delta$ 式中 δ——齿轮节锥角 当轴交角 $\Sigma=90°$时 $z_C=\sqrt{z_1^2+z_2^2}$	

表 3-79　Y2250 型铣齿机变速挂轮表

刀盘转速 /（r/min）	变速挂轮				切削速度/（m/min）		
	A	*B*	*C*	*D*	6in 刀盘	9in 刀盘	12in 刀盘
25	24	56	20	60	12	18	24
35	30	50	20	60	15	23	30
40	32	48	20	60	19	28	38
50	32	48	24	56	24	36	48
60	35	45	24	56	30	45	60
82	35	45	30	50	37	56	74
91	35	45	32	48	46	70	92
120	40	40	32	48	57	85	114
162	40	40	38	42	77	116	154
197	40	40	42	38	94	140	188
240	45	35	42	38	115	172	230
325	48	32	44	36	155	233	310

表 3-80　Y2250 型铣齿机进给挂轮表

t/（s/齿）	进给挂轮				*t*/（s/齿）	进给挂轮			
	A_1	B_1	C_1	D_1		A_1	B_1	C_1	D_1
（2.5）	67	53	81	54	12.5	38	84	57	68
	66	51	75	52		36	80	59	70
	97	39	57	74		40	78	53	72
（3.2）	71	88	90	49	16	36	88	63	87
	72	86	91	51		34	86	62	83
	68	87	89	47		51	84	40	82
（4）	60	74	76	52	20	61	80	31	100
	63	72	73	54		57	81	33	98
	76	65	61	70		50	83	37	94
5	48	74	76	52	25	48	81	32	100
	47	72	77	53		50	80	30	99
	44	69	76	51		40	82	38	98
6.3	50	43	55	85	32	38	82	32	100
	60	45	47	83		41	98	35	99
	67	48	43	80	40	39	100	35	116
8	54	58	49	77		31	89	32	94
	58	60	46	75	50	31	100	35	116
	47	62	57	73		32	90	31	116
10	38	65	60	74	63	31	116	33	116
	39	63	55	72	76	29	116	29	116
	41	61	50	71					

注：1. *t*（铣削一齿槽的工作行程时间）一栏中，括号内的数值仅在工件齿数≤15 时才能采用。

2. 加工一齿槽的空行程时间常用 $t'=5s$。

表3-81 Y2250型铣齿机常用跳齿数

齿数 z	跳齿数 z_i	齿数 z	跳齿数 z_i
5	4、6、7、8、9	53	5、10~15
6	5、7、11、13、17	54	5、7、11、13、15、17
7	4、5、6、8、9、10、11	55	9、12、13、14、16、17
8	5、7、9、11、13、15、17	56	5、7、9、11、13、15、17
9	5、7、8、10、11、13、14	57	7、8、10、11、13、14、16
10	7、9、11、13、17、19	58	7、9、11、13、15、17
11	5、6、7、9、10、12、13、14	59	7~14
12	5、7、11、13、17、19	60	7、11、13、17
13	5、6、7、8、9、11、12、14	61	7~14
14	5、9、11、13、15、17、19	62	7、9、11、13、15、17
15	7、8、11、13、16、17、19	63	8、10、11、13、14、16
16	5、7、9、11、13、15、17	64	7、9、11、13、15、17
17	5~14	65	7、8、9、11、12、14、16
18	5、7、11、13、17	66	7、13、17
19	5~14	67	7~15
20	7、9、11、13、17	68	7、9、11、13、15
21	5、8、10、11、13、17	69	8、10、11、13、14、16
22	5、7、9、13、15、17	70	9、11、13、17
23	5~14	71	7~14
24	5、7、11、13、17	72	7、11、13、17
25	6~9、11~14	73	7~14
26	5、7、9、11、15、17	74	7、9、11、13、15、17
27	5、7、8、10、11、13、14	75	7、9、11、13、16
28	5、9、11、13、15、17	76	9、11、13、15、17
29	5~13	77	8、9、11、12、13、15、16
30	7、11、13、17	78	7、11、17、19
31	5~14	79	7~14
32	5、7、9、11、13、15、17	80	7、9、11、13、17
33	5、7、8、10、13、15、17	81	7、8、11、13、14、16
34	5、7、9、11、13、15	82	7、9、11、13、15、17
35	6、8、9、11、12、13、14、16	83	7、8、9、11、13、17
36	5、7、11、13、17	84	11、13、17
37	5~13	85	9、11、12、13、14、16、19
38	5、7、9、11、13、15、17	86	9、11、13、15、17
39	5、7、8、10、11、14、16	87	10、11、13、14、16、17
40	7、9、11、13、17	88	9、13、15、17
41	5~13	89	9~16
42	5、11、13、17	90	11、13、17
43	5~13	91	9~12、15~18
44	5、7、9、13、15、17	92	9、11、13、15、17
45	7、8、11、13、14、16、17	93	10、11、13、14、16、17
46	5、7、9、11、13、15、17	94	9、11、13、15、17
47	5~13	95	9、11、12、13、14、16、17、19
48	7、11、13、17	96	11、13、17
49	5、6、8~13	97	9~16
50	7、9、11、13、17	98	9、11、13、15、17
51	5、7、8、10、11、13、14	99	10、13、14、16、17
52	5、7、9、11、16、17	100	9、11、13、17

注：1. 跳齿数 k 与齿数 z 须互为质数。

2. 跳齿数的简单确定方法：齿数较少（$z \leqslant 12$）时，可取 $k=z+1$ 或 $k=z-1$；齿数较多时，可取 $k=7\sim15$。

表 3-82　冠轮齿数（用于轴交角 $\Sigma=90°$）

z_1	z_2	z_C	z_1	z_2	z_C	z_1	z_2	z_C	z_1	z_2	z_C
7	20	21.1896201	9	32	33.2415403	11	24	26.4007576	12	37	38.8973007
7	21	22.1359436	9	33	34.2052628	11	25	27.3130006	12	38	39.8497177
7	22	23.0867928	9	34	35.1710108	11	26	28.2311884	12	39	40.8044115
7	23	24.0416306	9	35	36.1386220	11	27	29.1547595	12	40	41.7612260
7	24	25.0000000	9	36	37.1079506	11	28	30.0832179	12	41	42.7200187
7	25	25.9615100	9	37	38.0788655	11	29	31.0161248	12	42	43.6806593
7	26	26.9258240	9	38	39.0512484	11	30	31.9530906	12	43	44.6430286
7	27	27.8926514	9	39	40.0249922	11	31	32.8937684	12	44	45.6070170
7	28	28.8617394	9	40	41.0000000	11	32	33.8378486	12	45	46.5725241
7	29	29.8328678	9	41	41.9761837	11	33	34.7850543	12	46	47.5394573
7	30	30.8058436	9	42	42.9534632	11	34	35.7351368	12	47	48.5077313
7	31	31.7804972	9	43	43.9317653	11	35	36.6878727	12	48	49.4772675
7	32	32.7566787	9	44	44.9110231	11	36	37.6430604	12	49	50.4479930
7	33	33.7342556	9	45	45.8911756	11	37	38.6005181	12	50	51.4198405
7	34	34.7131099	10	20	22.3606798	11	38	39.5600809	12	51	52.3927476
7	35	35.6931366	10	21	23.2594067	11	39	40.5215992	12	52	53.3666563
8	20	21.5406592	10	22	24.1660919	11	40	41.4849370	12	53	54.3415127
8	21	22.4722051	10	23	25.0798724	11	41	42.4499706	12	54	55.3172667
8	22	23.4093998	10	24	26.0000000	11	42	43.4165867	12	55	56.2938718
8	23	24.3515913	10	25	26.9258240	11	43	44.3846820	12	56	57.2712843
8	24	25.2982213	10	26	27.8567766	11	44	45.3541619	12	57	58.2494635
8	25	26.2488095	10	27	28.7923601	11	45	46.3249393	12	58	59.2283716
8	26	27.2029410	10	28	29.7321375	11	46	47.2969344	12	59	60.2079729
8	27	28.1602557	10	29	30.6757233	11	47	48.2700735	12	60	61.1882342
8	28	29.1204396	10	30	31.6227766	11	48	49.2442890	13	20	23.8537209
8	29	30.0832179	10	31	32.5729949	11	49	50.2195181	13	21	24.6981781
8	30	31.0483494	10	32	33.5261092	11	50	51.1957029	13	22	25.5538647
8	31	32.0156212	10	33	34.4818793	11	51	52.1727898	13	23	26.4196896
8	32	32.9848450	10	34	35.4400903	11	52	53.1507291	13	24	27.2946881
8	33	33.9558537	10	35	36.4005494	11	53	54.1294744	13	25	28.1780056
8	34	34.9284984	10	36	37.3630834	11	54	55.1089829	13	26	29.0688837
8	35	35.9026461	10	37	38.3275358	11	55	56.0892146	13	27	29.9666481
8	36	36.8781778	10	38	39.2937654	12	20	23.3238076	13	28	30.8706981
8	37	37.8549865	10	39	40.2616443	12	21	24.1867732	13	29	31.7804972
8	38	38.8329757	10	40	41.2310563	12	22	25.0599282	13	30	32.6955654
8	39	39.8120585	10	41	42.2018957	12	23	25.9422435	13	31	33.6154726
8	40	40.7921561	10	42	43.1740663	12	24	26.8328157	13	32	34.5398321
9	20	21.9317122	10	43	44.1474801	12	25	27.7308492	13	33	35.4682957
9	21	22.8473193	10	44	45.1220567	12	26	28.6356421	13	34	36.4005494
9	22	23.7697286	10	45	46.0977223	12	27	29.5465734	13	35	37.3363094
9	23	24.6981781	10	46	47.0744092	12	28	30.4630924	13	36	38.2753184
9	24	25.6320112	10	47	48.0520551	12	29	31.3847097	13	37	39.2173431
9	25	26.5706605	10	48	49.0306027	12	30	32.3109888	13	38	40.1621713
9	26	27.5136330	10	49	50.0099990	12	31	33.2415403	13	39	41.1096096
9	27	28.4604989	10	50	50.9901951	12	32	34.1760150	13	40	42.0594817
9	28	29.4108823	11	20	22.8254244	12	33	35.1140997	13	41	43.0116263
9	29	30.3644529	11	21	23.7065392	12	34	36.0555128	13	42	43.9658959
9	30	31.3209195	11	22	24.5967478	12	35	37.0000000	13	43	44.9221549
9	31	32.2800248	11	23	25.4950976	12	36	37.9473319	13	44	45.8802790

（续）

z_1	z_2	z_C	z_1	z_2	z_C	z_1	z_2	z_C	z_1	z_2	z_C
13	45	46.8401537	14	42	44.2718872	15	35	38.0788655	16	24	28.8444102
13	46	47.8016736	14	43	45.2216762	15	36	39.0000000	16	25	29.6816442
13	47	48.7647414	14	44	46.1735855	15	37	39.9249296	16	26	30.5286750
13	48	49.7292670	14	45	47.1274867	15	38	40.8533964	16	27	31.3847097
13	49	50.6951674	14	46	48.0832611	15	39	41.7851648	16	28	32.2490310
13	50	51.6623654	14	47	49.0407993	15	40	42.7200187	16	29	33.1209903
13	51	52.6307895	14	48	50.0000000	15	41	43.6577599	16	30	34.0000000
13	52	53.6003731	14	49	50.9607692	15	42	44.5982062	16	31	34.8855271
13	53	54.5710546	14	50	51.9230199	15	43	45.5411901	16	32	35.7770876
13	54	55.5427763	14	51	52.8866713	15	44	46.4865572	16	33	36.6742416
13	55	56.5154846	14	52	53.8516481	15	45	47.4341649	16	34	37.5765885
13	56	57.4891294	14	53	54.8178803	15	46	48.3838816	16	35	38.4837628
13	57	58.4636639	14	54	55.7853027	15	47	49.3355855	16	36	39.3954312
13	58	59.4390444	14	55	56.7538545	15	48	50.2891638	16	37	40.3112887
13	59	60.4152299	14	56	57.7234788	15	49	51.2445119	16	38	41.2310563
13	60	61.3921819	14	57	58.6941224	15	50	52.2015325	16	39	42.1544778
13	61	62.3698645	14	58	59.6657356	15	51	53.1601354	16	40	43.0813185
13	62	63.3482439	14	59	60.6382717	15	52	54.1202365	16	41	44.0113622
13	63	64.3272881	14	60	61.6116872	15	53	55.0817574	16	42	44.9444101
13	64	65.3069675	14	61	62.5859409	15	54	56.0446251	16	43	45.8802790
13	65	66.2872537	14	62	63.5609943	15	55	57.0087713	16	44	46.8187996
14	14	19.7989899	14	63	64.5368112	15	56	57.9741322	16	45	47.7598157
14	15	20.5182845	14	64	65.5133574	15	57	58.9406481	16	46	48.7031826
14	16	21.2602916	14	65	66.4906008	15	58	59.9082632	16	47	49.6487663
14	17	22.0227155	14	66	67.4685112	15	59	60.8769250	16	48	50.5964426
14	18	22.8035085	14	67	68.4470598	15	60	61.8465844	16	49	51.5460959
14	19	23.6008474	14	68	69.4262198	15	61	62.8171951	16	50	52.4976190
14	20	24.4131112	14	69	70.4059657	15	62	63.7887137	16	51	53.4509121
14	21	25.2388589	14	70	71.3862732	15	63	64.7610994	16	52	54.4058820
14	22	26.0768096	15	15	21.2132034	15	64	65.7343137	16	53	55.3624421
14	23	26.9258240	15	16	21.9317122	15	65	66.7083203	16	54	56.3205114
14	24	27.7848880	15	17	22.6715681	15	66	67.6830850	16	55	57.2800140
14	25	28.6530976	15	18	23.4307490	15	67	68.6585756	16	56	58.2408791
14	26	29.5296461	15	19	24.2074369	15	68	69.6347614	16	57	59.2030405
14	27	30.4138127	15	20	25.0000000	15	69	70.6116138	16	58	60.1664358
14	28	31.3049517	15	21	25.8069758	15	70	71.5891053	16	59	61.1310069
14	29	32.2024844	15	22	26.6270539	15	71	72.5672102	16	60	62.0966988
14	30	33.1058907	15	23	27.4590604	15	72	73.5459040	16	61	63.0634601
14	31	34.0147027	15	24	28.3019434	15	73	74.5251635	16	62	64.0312424
14	32	34.9284984	15	25	29.1547595	15	74	75.5049667	16	63	65.0000000
14	33	35.8468967	15	26	30.0166620	15	75	76.4852927	16	64	65.9696900
14	34	36.7695526	15	27	30.8868904	16	16	22.6274170	16	65	66.9402719
14	35	37.6961536	15	28	31.7647603	16	17	23.3452351	16	66	67.9117074
14	36	38.6264158	15	29	32.6496554	16	18	24.0831892	16	67	68.8839604
14	37	39.5600809	15	30	33.5410197	16	19	24.8394847	16	68	69.8569968
14	38	40.4969135	15	31	34.4383507	16	20	25.6124969	16	69	70.8307843
14	39	41.4366987	15	32	35.3411941	16	21	26.4007576	16	70	71.8052923
14	40	42.3792402	15	33	36.2491379	16	22	27.2029410	16	71	72.7804919
14	41	43.3243580	15	34	37.1618084	16	23	28.0178515	16	72	73.7563557

（续）

z_1	z_2	z_C	z_1	z_2	z_C	z_1	z_2	z_C	z_1	z_2	z_C
16	73	74. 7328576	17	58	60. 4400529	18	39	42. 9534632	18	88	89. 8220463
16	74	75. 7099729	17	59	61. 4003257	18	40	43. 8634244	18	89	90. 8019824
16	75	76. 6876783	17	60	62. 3618473	18	41	44. 7772264	18	90	91. 7823512
16	76	77. 6659514	17	61	63. 3245608	18	42	45. 6946386	19	19	26. 8700577
16	77	78. 6447710	17	62	64. 2884126	18	43	46. 6154481	19	20	27. 5862284
16	78	79. 6241169	17	63	65. 2533524	18	44	47. 5394573	19	21	28. 3196045
16	79	80. 6039701	17	64	66. 2193325	18	45	48. 4664833	19	22	29. 0688837
16	80	81. 5843122	17	65	67. 1863081	18	46	49. 3963561	19	23	29. 8328678
17	17	24. 0416306	17	66	68. 1542368	18	47	50. 3289181	19	24	30. 6104557
17	18	24. 7588368	17	67	69. 1230786	18	48	51. 2640225	19	25	31. 4006369
17	19	25. 4950976	17	68	70. 0927956	18	49	52. 2015325	19	26	32. 2024844
17	20	26. 2488095	17	69	71. 0633520	18	50	53. 1413210	19	27	33. 0151480
17	21	27. 0185122	17	70	72. 0347139	18	51	54. 0832691	19	28	33. 8378486
17	22	27. 8028775	17	71	73. 0068490	18	52	55. 0272660	19	29	34. 6698716
17	23	28. 6006993	17	72	73. 9797270	18	53	55. 9732079	19	30	35. 5105618
17	24	29. 4108823	17	73	74. 9533188	18	54	56. 9209979	19	31	36. 3593179
17	25	30. 2324329	17	74	75. 9275971	18	55	57. 8705452	19	32	37. 2155881
17	26	31. 0644491	17	75	76. 9025357	18	56	58. 8217647	19	33	38. 0788655
17	27	31. 9061123	17	76	77. 8781099	18	57	59. 7745765	19	34	38. 9486842
17	28	32. 7566787	17	77	78. 8542960	18	58	60. 7289058	19	35	39. 8246155
17	29	33. 6154726	17	78	79. 8310716	18	59	61. 6846821	19	36	40. 7062649
17	30	34. 4818793	17	79	80. 8084154	18	60	62. 6418391	19	37	41. 5932687
17	31	35. 3553391	17	80	81. 7863069	18	61	63. 6003145	19	38	42. 4852916
17	32	36. 2353419	17	81	82. 7647268	18	62	64. 5600496	19	39	43. 3820239
17	33	37. 1214224	17	82	83. 7436565	18	63	65. 5209890	19	40	44. 2831797
17	34	38. 0131556	17	83	84. 7230783	18	64	66. 4830806	19	41	45. 1884941
17	35	38. 9101529	17	84	85. 7029754	18	65	67. 4462749	19	42	46. 0977223
17	36	39. 8120585	17	85	86. 6833317	18	66	68. 4105255	19	43	47. 0106371
17	37	40. 7185461	18	18	25. 4558441	18	67	69. 3757883	19	44	47. 9270279
17	38	41. 6293166	18	19	26. 1725047	18	68	70. 3420216	19	45	48. 8466990
17	39	42. 5440948	18	20	26. 9072481	18	69	71. 3091859	19	46	49. 7694686
17	40	43. 4626276	18	21	27. 6586334	18	70	72. 2772440	19	47	50. 6951674
17	41	44. 3846820	18	22	28. 4253408	18	71	73. 2461603	19	48	51. 6236380
17	42	45. 3100430	18	23	29. 2061637	18	72	74. 2159013	19	49	52. 5547334
17	43	46. 2385121	18	24	30. 0000000	18	73	75. 1864349	19	50	53. 4883165
17	44	47. 1699057	18	25	30. 8058436	18	74	76. 1577311	19	51	54. 4242593
17	45	48. 1040539	18	26	31. 6227766	18	75	77. 1297608	19	52	55. 3624421
17	46	49. 0407993	18	27	32. 4499615	18	76	78. 1024968	19	53	56. 3027530
17	47	49. 9799960	18	28	33. 2866340	18	77	79. 0759129	19	54	57. 2450871
17	48	50. 9215082	18	29	34. 1320963	18	78	80. 0499844	19	55	58. 1893461
17	49	51. 8652099	18	30	34. 9857114	18	79	81. 0246876	19	56	59. 1354378
17	50	52. 8109837	18	31	35. 8468967	18	80	82. 0000000	19	57	60. 0832755
17	51	53. 7587202	18	32	36. 7151195	18	81	82. 9759001	19	58	61. 0327781
17	52	54. 7083175	18	33	37. 5898923	18	82	83. 9523674	19	59	61. 9838689
17	53	55. 6596802	18	34	38. 4707681	18	83	84. 9293824	19	60	62. 9364759
17	54	56. 6127194	18	35	39. 3573373	18	84	85. 9069264	19	61	63. 8905314
17	55	57. 5673519	18	36	40. 2492236	18	85	86. 8849814	19	62	64. 8459713
17	56	58. 5234996	18	37	41. 1460812	18	86	87. 8635305	19	63	65. 8027355
17	57	59. 4810894	18	38	42. 0475921	18	87	88. 8425574	19	64	66. 7607669

（续）

z_1	z_2	z_C	z_1	z_2	z_C	z_1	z_2	z_C	z_1	z_2	z_C
19	65	67.7200118	20	38	42.9418211	20	87	89.2692556	21	61	64.5135645
19	66	68.6804193	20	39	43.8292140	20	88	90.2441134	21	62	65.4599114
19	67	69.6419414	20	40	44.7213595	20	89	91.2195155	21	63	66.4078309
19	68	70.6045324	20	41	45.6179789	20	90	92.1954446	21	64	67.3572565
19	69	71.5681493	20	42	46.5188134	20	91	93.1718842	21	65	68.3081254
19	70	72.5327512	20	43	47.4236228	20	92	94.1488184	21	66	69.2603783
19	71	73.4982993	20	44	48.3321839	20	93	95.1262319	21	67	70.2139587
19	72	74.4647568	20	45	49.2442890	20	94	96.1041102	21	68	71.1688134
19	73	75.4320887	20	46	50.1597448	20	95	97.0824392	21	69	72.1248917
19	74	76.4002618	20	47	51.0783712	21	21	29.6984848	21	70	73.0821456
19	75	77.3692445	20	48	52.0000000	21	22	30.4138127	21	71	74.0405294
19	76	78.3390069	20	49	52.9244745	21	23	31.1448230	21	72	75.0000000
19	77	79.3095202	20	50	53.8516481	21	24	31.8904374	21	73	75.9605161
19	78	80.2807573	20	51	54.7813837	21	25	32.6496554	21	74	76.9220385
19	79	81.2526923	20	52	55.7135531	21	26	33.4215499	21	75	77.8845299
19	80	82.2253002	20	53	56.6480362	21	27	34.2052628	21	76	78.8479550
19	81	83.1985577	20	54	57.5847202	21	28	35.0000000	21	77	79.8122798
19	82	84.1724420	20	55	58.5234996	21	29	35.8050276	21	78	80.7774721
19	83	85.1469318	20	56	59.4642750	21	30	36.6196668	21	79	81.7435013
19	84	86.1220065	20	57	60.4069532	21	31	37.4432905	21	80	82.7103379
19	85	87.0976464	20	58	61.3514466	21	32	38.2753184	21	81	83.6779541
19	86	88.0738327	20	59	62.2976725	21	33	39.1152144	21	82	84.6463230
19	87	89.0505474	20	60	63.2455532	21	34	39.9624824	21	83	85.6154192
19	88	90.0277735	20	61	64.1950154	21	35	40.8166633	21	84	86.5852181
19	89	91.0054943	20	62	65.1459899	21	36	41.6773320	21	85	87.5556966
19	90	91.9836942	20	63	66.0984115	21	37	42.5440948	21	86	88.5268321
19	91	92.9623580	20	64	67.0522185	21	38	43.4165867	21	87	89.4986033
19	92	93.9414711	20	65	68.0073525	21	39	44.2944692	21	88	90.4709898
19	93	94.9210198	20	66	68.9637586	21	40	45.1774280	21	89	91.4439719
19	94	95.9009906	20	67	69.9213844	21	41	46.0651712	21	90	92.4175308
19	95	96.8813708	20	68	70.8801806	21	42	46.9574275	21	91	93.3916484
20	20	28.2842712	20	69	71.8401002	21	43	47.8539445	21	92	94.3663075
20	21	29.0000000	20	70	72.8010989	21	44	48.7544870	21	93	95.3414915
20	22	29.7321375	20	71	73.7631344	21	45	49.6588361	21	94	96.3171843
20	23	30.4795013	20	72	74.7261668	21	46	50.5667875	21	95	97.2933708
20	24	31.2409987	20	73	75.6901579	21	47	51.4781507	22	22	31.1126984
20	25	32.0156212	20	74	76.6550716	21	48	52.3927476	22	23	31.8276609
20	26	32.8024389	20	75	77.6208735	21	49	53.3104117	22	24	32.5576412
20	27	33.6005952	20	76	78.5875308	21	50	54.2309875	22	25	33.3016516
20	28	34.4093011	20	77	79.5550124	21	51	55.1543289	22	26	34.0587727
20	29	35.2278299	20	78	80.5232886	21	52	56.0802996	22	27	34.8281495
20	30	36.0555128	20	79	81.4923309	21	53	57.0087713	22	28	35.6089876
20	31	36.8917335	20	80	82.4621125	21	54	57.9396237	22	29	36.4005494
20	32	37.7359245	20	81	83.4326075	21	55	58.8727441	22	30	37.2021505
20	33	38.5875628	20	82	84.4037914	21	56	59.8080262	22	31	38.0131556
20	34	39.4461658	20	83	85.3756406	21	57	60.7453702	22	32	38.8329757
20	35	40.3112887	20	84	86.3481326	21	58	61.6846821	22	33	39.6610640
20	36	41.1825206	20	85	87.3212460	21	59	62.6258732	22	34	40.4969135
20	37	42.0594817	20	86	88.2949602	21	60	63.5688603	22	35	41.3400532

（续）

z_1	z_2	z_C	z_1	z_2	z_C	z_1	z_2	z_C	z_1	z_2	z_C
22	36	42.1900462	22	85	87.8009112	23	61	65.1920241	24	38	44.9444101
22	37	43.0464865	22	86	88.7693641	23	62	66.1286625	24	39	45.7930126
22	38	43.9089968	22	87	89.7385090	23	63	67.0671305	24	40	46.6476152
22	39	44.7772264	22	88	90.7083238	23	64	68.0073525	24	41	47.5078941
22	40	45.6508488	22	89	91.6787871	23	65	68.9492567	24	42	48.3735465
22	41	46.5295605	22	90	92.6498786	23	66	69.8927750	24	43	49.2442890
22	42	47.4130784	22	91	93.6215787	23	67	70.8378430	24	44	50.1198563
22	43	48.3011387	22	92	94.5938687	23	68	71.7843994	24	45	51.0000000
22	44	49.1934955	22	93	95.5667306	23	69	72.7323862	24	46	51.8844871
22	45	50.0899191	22	94	96.5401471	23	70	73.6817481	24	47	52.7730992
22	46	50.9901951	22	95	97.5141015	23	71	74.6324326	24	48	53.6656315
22	47	51.8941230	23	23	32.5269119	23	72	75.5843899	24	49	54.5618915
22	48	52.8015151	23	24	33.2415403	23	73	76.5375725	24	50	55.4616985
22	49	53.7121960	23	25	33.9705755	23	74	77.4919351	24	51	56.3648827
22	50	54.6260011	23	26	34.7131099	23	75	78.4474346	24	52	57.2712843
22	51	55.5427763	23	27	35.4682957	23	76	79.4040301	24	53	58.1807528
22	52	56.4623769	23	28	36.2353419	23	77	80.3616824	24	54	59.0931468
22	53	57.3846669	23	29	37.0135110	23	78	81.3203542	24	55	60.0083328
22	54	58.3095189	23	30	37.8021163	23	79	82.2800097	24	56	60.9261848
22	55	59.2368129	23	31	38.6005181	23	80	83.2406151	24	57	61.8465844
22	56	60.1664358	23	32	39.4081210	23	81	84.2021377	24	58	62.7694193
22	57	61.0982815	23	33	40.2243707	23	82	85.1645466	24	59	63.6945838
22	58	62.0322497	23	34	41.0487515	23	83	86.1278120	24	60	64.6219777
22	59	62.9682460	23	35	41.8807832	23	84	87.0919055	24	61	65.5515065
22	60	63.9061812	23	36	42.7200187	23	85	88.0567999	24	62	66.4830806
22	61	64.8459713	23	37	43.5660418	23	86	89.0224691	24	63	67.4166152
22	62	65.7875368	23	38	44.4184646	23	87	89.9888882	24	64	68.3520300
22	63	66.7308025	23	39	45.2769257	23	88	90.9560333	24	65	69.2892488
22	64	67.6756973	23	40	46.1410880	23	89	91.9238816	24	66	70.2281995
22	65	68.6221539	23	41	47.0106371	23	90	92.8924109	24	67	71.1688134
22	66	69.5701085	23	42	47.8852796	23	91	93.8616002	24	68	72.1110255
22	67	70.5195008	23	43	48.7647414	23	92	94.8314294	24	69	73.0547740
22	68	71.4702735	23	44	49.6487663	23	93	95.8018789	24	70	74.0000000
22	69	72.4223722	23	45	50.5371151	23	94	96.7729301	24	71	74.9466477
22	70	73.3757453	23	46	51.4295635	23	95	97.7445651	24	72	75.8946638
22	71	74.3303437	23	47	52.3259018	24	24	33.9411255	24	73	76.8439978
22	72	75.2861209	23	48	53.2259335	24	25	34.6554469	24	74	77.7946014
22	73	76.2430325	23	49	54.1294744	24	26	35.3836120	24	75	78.7464285
22	74	77.2010363	23	50	55.0363516	24	27	36.1247837	24	76	79.6994354
22	75	78.1600921	23	51	55.9464029	24	28	36.8781778	24	77	80.6535802
22	76	79.1201618	23	52	56.8594759	24	29	37.6430604	24	78	81.6088231
22	77	80.0812088	23	53	57.7754273	24	30	38.4187454	24	79	82.5651258
22	78	81.0431984	23	54	58.6941224	24	31	39.2045916	24	80	83.5224521
22	79	82.0060973	23	55	59.6154342	24	32	40.0000000	24	81	84.4807670
22	80	82.9698741	23	56	60.5392435	24	33	40.8044115	24	82	85.4400375
22	81	83.9344983	23	57	61.4654374	24	34	41.6173041	24	83	86.4002315
22	82	84.8999411	23	58	62.3939100	24	35	42.4381903	24	84	87.3613187
22	83	85.8661749	23	59	63.3245608	24	36	43.2666153	24	85	88.3232699
22	84	86.8331734	23	60	64.2572953	24	37	44.1021541	24	86	89.2860571

（续）

z_1	z_2	z_C	z_1	z_2	z_C	z_1	z_2	z_C	z_1	z_2	z_C
24	87	90.2496537	25	65	69.6419414	26	44	51.1077294	26	93	96.5660396
24	88	91.2140340	25	66	70.5762000	26	45	51.9711458	26	94	97.5294827
24	89	92.1791734	25	67	71.5122367	26	46	52.8393793	26	95	98.4936546
24	90	93.1450482	25	68	72.4499827	26	47	53.7121960	27	27	38.1837662
24	91	94.1116358	25	69	73.3893725	26	48	54.5893763	27	28	38.8973007
24	92	95.0789146	25	70	74.3303437	26	49	55.4707130	27	29	39.6232255
24	93	96.0468636	25	71	75.2728371	26	50	56.3560112	27	30	40.3608721
24	94	97.0154627	25	72	76.2167960	26	51	57.2450871	27	31	41.1096096
24	95	97.9846927	25	73	77.1621669	26	52	58.1377674	27	32	41.8688428
25	25	35.3553391	25	74	78.1088983	26	53	59.0338886	27	33	42.6380112
25	26	36.0693776	25	75	79.0569415	26	54	59.9332963	27	34	43.4165867
25	27	36.7967390	25	76	80.0062498	26	55	60.8358447	27	35	44.2040722
25	28	37.5366488	25	77	80.9567786	26	56	61.7413962	27	36	45.0000000
25	29	38.2883794	25	78	81.9084855	26	57	62.6498204	27	37	45.8039300
25	30	39.0512484	25	79	82.8613299	26	58	63.5609943	27	38	46.6154481
25	31	39.8246155	25	80	83.8152731	26	59	64.4748013	27	39	47.4341649
25	32	40.6078810	25	81	84.7702778	26	60	65.3911309	27	40	48.2597140
25	33	41.4004831	25	82	85.7263087	26	61	66.3098786	27	41	49.0917508
25	34	42.2018957	25	83	86.6833317	26	62	67.2309453	27	42	49.9299509
25	35	43.0116263	25	84	87.6413145	26	63	68.1542368	27	43	50.7740091
25	36	43.8292140	25	85	88.6002257	26	64	69.0796642	27	44	51.6236380
25	37	44.6542271	25	86	89.5600357	26	65	70.0071425	27	45	52.4785671
25	38	45.4862617	25	87	90.5207159	26	66	70.9365914	27	46	53.3385414
25	39	46.3249393	25	88	91.4822387	26	67	71.8679344	27	47	54.2033209
25	40	47.1699057	25	89	92.4445780	26	68	72.8010989	27	48	55.0726793
25	41	48.0208288	25	90	93.4077085	26	69	73.7360156	27	49	55.9464029
25	42	48.8773976	25	91	94.3716059	26	70	74.6726188	27	50	56.8242906
25	43	49.7393205	25	92	95.3362470	26	71	75.6108458	27	51	57.7061522
25	44	50.6063237	25	93	96.3016095	26	72	76.5506368	27	52	58.5918083
25	45	51.4781507	25	94	97.2676719	26	73	77.4919351	27	53	59.4810894
25	46	52.3545605	25	95	98.2344135	26	74	78.4346862	27	54	60.3738354
25	47	53.2353266	26	26	36.7695526	26	75	79.3788385	27	55	61.2698947
25	48	54.1202365	26	27	37.4833296	26	76	80.3243425	27	56	62.1691242
25	49	55.0090902	26	28	38.2099463	26	77	81.2711511	27	57	63.0713881
25	50	55.9016994	26	29	38.9486842	26	78	82.2192192	27	58	63.9765582
25	51	56.7978873	26	30	39.6988665	26	79	83.1685037	27	59	64.8845128
25	52	57.6974869	26	31	40.4598566	26	80	84.1189634	27	60	65.7951366
25	53	58.6003413	26	32	41.2310563	26	81	85.0705589	27	61	66.7083203
25	54	59.5063022	26	33	42.0119031	26	82	86.0232527	27	62	67.6239603
25	55	60.4152299	26	34	42.8018691	26	83	86.9770085	27	63	68.5419580
25	56	61.3269924	26	35	43.6004587	26	84	87.9317917	27	64	69.4622199
25	57	62.2414653	26	36	44.4072066	26	85	88.8875694	27	65	70.3846574
25	58	63.1585307	26	37	45.2216762	26	86	89.8443098	27	66	71.3091859
25	59	64.0780774	26	38	46.0434577	26	87	90.8019824	27	67	72.2357252
25	60	65.0000000	26	39	46.8721666	26	88	91.7605580	27	68	73.1641989
25	61	65.9241989	26	40	47.7074418	26	89	92.7200086	27	69	74.0945342
25	62	66.8505797	26	41	48.5489444	26	90	93.6803074	27	70	75.0266619
25	63	67.7790528	26	42	49.3963561	26	91	94.6414286	27	71	75.9605161
25	64	68.7095335	26	43	50.2493781	26	92	95.6033472	27	72	76.8960337

（续）

z_1	z_2	z_C	z_1	z_2	z_C	z_1	z_2	z_C	z_1	z_2	z_C
27	73	77.8331549	28	54	60.8276253	29	36	46.2276973	29	85	89.8109125
27	74	78.7718224	28	55	61.7170965	29	37	47.0106371	29	86	90.7579198
27	75	79.7119815	28	56	62.6099034	29	38	47.8016736	29	87	91.7060521
27	76	80.6535802	28	57	63.5059052	29	39	48.6004115	29	88	92.6552751
27	77	81.5965686	28	58	64.4049688	29	40	49.4064773	29	89	93.6055554
27	78	82.5408990	28	59	65.3069675	29	41	50.2195181	29	90	94.5568612
27	79	83.4865259	28	60	66.2117814	29	42	51.0392006	29	91	95.5091619
27	80	84.4334057	28	61	67.1192968	29	43	51.8652099	29	92	96.4624279
27	81	85.3814968	28	62	68.0294054	29	44	52.6972485	29	93	97.4166310
27	82	86.3307593	28	63	68.9420046	29	45	53.5350353	29	94	98.3717439
27	83	87.2811549	28	64	69.8569968	29	46	54.3783045	29	95	99.3277403
27	84	88.2326470	28	65	70.7742891	29	47	55.2268051	30	30	42.4264069
27	85	89.1852006	28	66	71.6937933	29	48	56.0802996	30	31	43.1393092
27	86	90.1387819	28	67	72.6154254	29	49	56.9385634	30	32	43.8634244
27	87	91.0933587	28	68	73.5391052	29	50	57.8013841	30	33	44.5982062
27	88	92.0489000	28	69	74.4647568	29	51	58.6685606	30	34	45.3431362
27	89	93.0053762	28	70	75.3923073	29	52	59.5399026	30	35	46.0977223
27	90	93.9627586	28	71	76.3216876	29	53	60.4152299	30	36	46.8614981
27	91	94.9210198	28	72	77.2528317	29	54	61.2943717	30	37	47.6340215
27	92	95.8801335	28	73	78.1856764	29	55	62.1771662	30	38	48.4148737
27	93	96.8400743	28	74	79.1201618	29	56	63.0634601	30	39	49.2036584
27	94	97.8008180	28	75	80.0562302	29	57	63.9531078	30	40	50.0000000
27	95	98.7623410	28	76	80.9938269	29	58	64.8459713	30	41	50.8035432
28	28	39.5979797	28	77	81.9328994	29	59	65.7419197	30	42	51.6139516
28	29	40.3112887	28	78	82.8733974	29	60	66.6408283	30	43	52.4309069
28	30	41.0365691	28	79	83.8152731	29	61	67.5425792	30	44	53.2541078
28	31	41.7731971	28	80	84.7584804	29	62	68.4470598	30	45	54.0832691
28	32	42.5205833	28	81	85.7029754	29	63	69.3541635	30	46	54.9181209
28	33	43.2781700	28	82	86.6487161	29	64	70.2637887	30	47	55.7584074
28	34	44.0454311	28	83	87.5956620	29	65	71.1758386	30	48	56.6038868
28	35	44.8218697	28	84	88.5437745	29	66	72.0902213	30	49	57.4543297
28	36	45.6070170	28	85	89.4930165	29	67	73.0068490	30	50	58.3095189
28	37	46.4004310	28	86	90.4433524	29	68	73.9256383	30	51	59.1692488
28	38	47.2016949	28	87	91.3947482	29	69	74.8465096	30	52	60.0333241
28	39	48.0104155	28	88	92.3471710	29	70	75.7693870	30	53	60.9015599
28	40	48.8262225	28	89	93.3005895	29	71	76.6941980	30	54	61.7737808
28	41	49.6487663	28	90	94.2549733	29	72	77.6208735	30	55	62.6498204
28	42	50.4777179	28	91	95.2102936	29	73	78.5493475	30	56	63.5295207
28	43	51.3127664	28	92	96.1665222	29	74	79.4795571	30	57	64.4127317
28	44	52.1536192	28	93	97.1236326	29	75	80.4114420	30	58	65.2993109
28	45	53.0000000	28	94	98.0815987	29	76	81.3449445	30	59	66.1891230
28	46	53.8516481	28	95	99.0403958	29	77	82.2800097	30	60	67.0820393
28	47	54.7083175	29	29	41.0121933	29	78	83.2165849	30	61	67.9779376
28	48	55.5697760	29	30	41.7252921	29	79	84.1546196	30	62	68.8767014
28	49	56.4358042	29	31	42.4499706	29	80	85.0940656	30	63	69.7782201
28	50	57.3061951	29	32	43.1856458	29	81	86.0348766	30	64	70.6823882
28	51	58.1807528	29	33	43.9317653	29	82	86.9770085	30	65	71.5891053
28	52	59.0592922	29	34	44.6878059	29	83	87.9204186	30	66	72.4982758
28	53	59.9416383	29	35	45.4532727	29	84	88.8650663	30	67	73.4098086

（续）

z_1	z_2	z_C	z_1	z_2	z_C	z_1	z_2	z_C	z_1	z_2	z_C
30	68	74.3236167	31	52	60.5392435	32	37	48.9182992	32	86	91.7605580
30	69	75.2396172	31	53	61.4003257	32	38	49.6789694	32	87	92.6984358
30	70	76.1577311	31	54	62.2655603	32	39	50.4479930	32	88	93.6375993
30	71	77.0778827	31	55	63.1347765	32	40	51.2249939	32	89	94.5780101
30	72	78.0000000	31	56	64.0078120	32	41	52.0096145	32	90	95.5196315
30	73	78.9240141	31	57	64.8845128	32	42	52.8015151	32	91	96.4624279
30	74	79.8498591	31	58	65.7647322	32	43	53.6003731	32	92	97.4063653
30	75	80.7774721	31	59	66.6483308	32	44	54.4058820	32	93	98.3514108
30	76	81.7067929	31	60	67.5351760	32	45	55.2177508	32	94	99.2975327
30	77	82.6377638	31	61	68.4251416	32	46	56.0357029	32	95	100.2447006
30	78	83.5703297	31	62	69.3181073	32	47	56.8594759	33	33	46.6690476
30	79	84.5044378	31	63	70.2139587	32	48	57.6888204	33	34	47.3814310
30	80	85.4400375	31	64	71.1125868	32	49	58.5234996	33	35	48.1040539
30	81	86.3770803	31	65	72.0138875	32	50	59.3632883	33	36	48.8364618
30	82	87.3155198	31	66	72.9177619	32	51	60.2079729	33	37	49.5782210
30	83	88.2553115	31	67	73.8241153	32	52	61.0573501	33	38	50.3289181
30	84	89.1964125	31	68	74.7328576	32	53	61.9112268	33	39	51.0881591
30	85	90.1387819	31	69	75.6439026	32	54	62.7694193	33	40	51.8555686
30	86	91.0823803	31	70	76.5571682	32	55	63.6317531	33	41	52.6307895
30	87	92.0271699	31	71	77.4725758	32	56	64.4980620	33	42	53.4134814
30	88	92.9731144	31	72	78.3900504	32	57	65.3681880	33	43	54.2033209
30	89	93.9201789	31	73	79.3095202	32	58	66.2419806	33	44	55.0000000
30	90	94.8683298	31	74	80.2309167	32	59	67.1192968	33	45	55.8032257
30	91	95.8175349	31	75	81.1541743	32	60	68.0000000	33	46	56.6127194
30	92	96.7677632	31	76	82.0792300	32	61	68.8839604	33	47	57.4282161
30	93	97.7189848	31	77	83.0060239	32	62	69.7710542	33	48	58.2494635
30	94	98.6711711	31	78	83.9344983	32	63	70.6611633	33	49	59.0762220
30	95	99.6242942	31	79	84.8645980	32	64	71.5541753	33	50	59.9082632
31	31	43.8406204	31	80	85.7962703	32	65	72.4499827	33	51	60.7453702
31	32	44.5533388	31	81	86.7294644	32	66	73.3484833	33	52	61.5873364
31	33	45.2769257	31	82	87.6641318	32	67	74.2495791	33	53	62.4339651
31	34	46.0108683	31	83	88.6002257	32	68	75.1531769	33	54	63.2850693
31	35	46.7546789	31	84	89.5377016	32	69	76.0591875	33	55	64.1404708
31	36	47.5078941	31	85	90.4765163	32	70	76.9675256	33	56	65.0000000
31	37	48.2700735	31	86	91.4166287	32	71	77.8781099	33	57	65.8634952
31	38	49.0407993	31	87	92.3579991	32	72	78.7908624	33	58	66.7308025
31	39	49.8196748	31	88	93.3005895	32	73	79.7057087	33	59	67.6017751
31	40	50.6063237	31	89	94.2443632	32	74	80.6225775	33	60	68.4762733
31	41	51.4003891	31	90	95.1892851	32	75	81.5414005	33	61	69.3541635
31	42	52.2015325	31	91	96.1353213	32	76	82.4621125	33	62	70.2353188
31	43	53.0094331	31	92	97.0824392	32	77	83.3846509	33	63	71.1196175
31	44	53.8237866	31	93	98.0306075	32	78	84.3089556	33	64	72.0069441
31	45	54.6443044	31	94	98.9797959	32	79	85.2349693	33	65	72.8971879
31	46	55.4707130	31	95	99.9299755	32	80	86.1626369	33	66	73.7902433
31	47	56.3027530	32	32	45.2548340	32	81	87.0919055	33	67	74.6860094
31	48	57.1401785	32	33	45.9673797	32	82	88.0227243	33	68	75.5843899
31	49	57.9827561	32	34	46.6904701	32	83	88.9550448	33	69	76.4852927
31	50	58.8302643	32	35	47.4236228	32	84	89.8888202	33	70	77.3886297
31	51	59.6824932	32	36	48.1663783	32	85	90.8240056	33	71	78.2943165

（续）

z_1	z_2	z_C	z_1	z_2	z_C	z_1	z_2	z_C	z_1	z_2	z_C
33	72	79. 2022727	34	59	68. 0955211	35	47	58. 6003413	36	36	50. 9116882
33	73	80. 1124210	34	60	68. 9637586	35	48	59. 4053870	36	37	51. 6236380
33	74	81. 0246876	34	61	69. 8355210	35	49	60. 2162769	36	38	52. 3450093
33	75	81. 9390017	34	62	70. 7106781	35	50	61. 0327781	36	39	53. 0754180
33	76	82. 8552955	34	63	71. 5891053	35	51	61. 8546684	36	40	53. 8144962
33	77	83. 7735042	34	64	72. 4706837	35	52	62. 6817358	36	41	54. 5618915
33	78	84. 6935653	34	65	73. 3552997	35	53	63. 5137780	36	42	55. 3172667
33	79	85. 6154192	34	66	74. 2428448	35	54	64. 3506022	36	43	56. 0802996
33	80	86. 5390085	34	67	75. 1332150	35	55	65. 1920241	36	44	56. 8506816
33	81	87. 4642784	34	68	76. 0263112	35	56	66. 0378679	36	45	57. 6281181
33	82	88. 3911760	34	69	76. 9220385	35	57	66. 8879660	36	46	58. 4123275
33	83	89. 3196507	34	70	77. 8203058	35	58	67. 7421582	36	47	59. 2030405
33	84	90. 2496537	34	71	78. 7210264	35	59	68. 6002915	36	48	60. 0000000
33	85	91. 1811384	34	72	79. 6241169	35	60	69. 4622199	36	49	60. 8029605
33	86	92. 1140597	34	73	80. 5294977	35	61	70. 3278039	36	50	61. 6116872
33	87	93. 0483745	34	74	81. 4370923	35	62	71. 1969100	36	51	62. 4259561
33	88	93. 9840412	34	75	82. 3468275	35	63	72. 0694110	36	52	63. 2455532
33	89	94. 9210198	34	76	83. 2586332	35	64	72. 9451849	36	53	64. 0702739
33	90	95. 8592719	34	77	84. 1724420	35	65	73. 8241153	36	54	64. 8999230
33	91	96. 7987603	34	78	85. 0881895	35	66	74. 7060908	36	55	65. 7343137
33	92	97. 7394496	34	79	86. 0058138	35	67	75. 5910048	36	56	66. 5732679
33	93	98. 6813052	34	80	86. 9252552	35	68	76. 4787552	36	57	67. 4166152
33	94	99. 6242942	34	81	87. 8464570	35	69	77. 3692445	36	58	68. 2641927
33	95	100. 5683847	34	82	88. 7693641	35	70	78. 2623792	36	59	69. 1158448
34	34	48. 0832611	34	83	89. 6939240	35	71	79. 1580697	36	60	69. 9714227
34	35	48. 7954916	34	84	90. 6200861	35	72	80. 0562302	36	61	70. 8307843
34	36	49. 5176736	34	85	91. 5478017	35	73	80. 9567786	36	62	71. 6937933
34	37	50. 2493781	34	86	92. 4770242	35	74	81. 8596360	36	63	72. 5603197
34	38	50. 9901951	34	87	93. 4077085	35	75	82. 7647268	36	64	73. 4302390
34	39	51. 7397333	34	88	94. 3398113	35	76	83. 6719786	36	65	74. 3034320
34	40	52. 4976190	34	89	95. 2732911	35	77	84. 5813218	36	66	75. 1797845
34	41	53. 2634959	34	90	96. 2081078	35	78	85. 4926897	36	67	76. 0591875
34	42	54. 0370243	34	91	97. 1442227	35	79	86. 4060183	36	68	76. 9415362
34	43	54. 8178803	34	92	98. 0815987	35	80	87. 3212460	36	69	77. 8267306
34	44	55. 6057551	34	93	99. 0202000	35	81	88. 2383137	36	70	78. 7146746
34	45	56. 4003546	34	94	99. 9599920	35	82	89. 1571646	36	71	79. 6052762
34	46	57. 2013986	34	95	100. 9009415	35	83	90. 0777442	36	72	80. 4984472
34	47	58. 0086200	35	35	49. 4974747	35	84	91. 0000000	36	73	81. 3941030
34	48	58. 8217647	35	36	50. 2095608	35	85	91. 9238816	36	74	82. 2921624
34	49	59. 6405902	35	37	50. 9313263	35	86	92. 8493403	36	75	83. 1925477
34	50	60. 4648658	35	38	51. 6623654	35	87	93. 7763296	36	76	84. 0951842
34	51	61. 2943717	35	39	52. 4022900	35	88	94. 7048045	36	77	85. 0000000
34	52	62. 1288983	35	40	53. 1507291	35	89	95. 6347217	36	78	85. 9069264
34	53	62. 9682460	35	41	53. 9073279	35	90	96. 5660396	36	79	86. 8158972
34	54	63. 8122245	35	42	54. 6717477	35	91	97. 4987179	36	80	87. 7268488
34	55	64. 6606526	35	43	55. 4436651	35	92	98. 4327181	36	81	88. 6397202
34	56	65. 5133574	35	44	56. 2227712	35	93	99. 3680029	36	82	89. 5544527
34	57	66. 3701740	35	45	57. 0087713	35	94	100. 3045363	36	83	90. 4709898
34	58	67. 2309453	35	46	57. 8013841	35	95	101. 2422837	36	84	91. 3892773

（续）

z_1	z_2	z_C	z_1	z_2	z_C	z_1	z_2	z_C	z_1	z_2	z_C
36	85	92.3092628	37	75	83.6301381	38	66	76.1577311	39	58	69.8927750
36	86	93.2308962	37	76	84.5281018	38	67	77.0259696	39	59	70.7248188
36	87	94.1541290	37	77	85.4283325	38	68	77.8973684	39	60	71.5611627
36	88	95.0789146	37	78	86.3307593	38	69	78.7718224	39	61	72.4016574
36	89	96.0052082	37	79	87.2353140	38	70	79.6492310	39	62	73.2461603
36	90	96.9329665	37	80	88.1419310	38	71	80.5294977	39	63	74.0945342
36	91	97.8621479	37	81	89.0505474	38	72	81.4125297	39	64	74.9466477
36	92	98.7927123	37	82	89.9611027	38	73	82.2982381	39	65	75.8023746
36	93	99.7246208	37	83	90.8735385	38	74	83.1865374	39	66	76.6615940
36	94	100.6578363	37	84	91.7877988	38	75	84.0773453	39	67	77.5241898
36	95	101.5923225	37	85	92.7038295	38	76	84.9705831	39	68	78.3900504
37	37	52.3259018	37	86	93.6215787	38	77	85.8661749	39	69	79.2590689
37	38	53.0377224	37	87	94.5409964	38	78	86.7640479	39	70	80.1311425
37	39	53.7587202	37	88	95.4620343	38	79	87.6641318	39	71	81.0061726
37	40	54.4885309	37	89	96.3846461	38	80	88.5663593	39	72	81.8840644
37	41	55.2268051	37	90	97.3087869	38	81	89.4706656	39	73	82.7647268
37	42	55.9732079	37	91	98.2344135	38	82	90.3769882	39	74	83.6480723
37	43	56.7274184	37	92	99.1614845	38	83	91.2852672	39	75	84.5340168
37	44	57.4891294	37	93	100.0899595	38	84	92.1954446	39	76	85.4224795
37	45	58.2580467	37	94	101.0198000	38	85	93.1074648	39	77	86.3133825
37	46	59.0338886	37	95	101.9509686	38	86	94.0212742	39	78	87.2066511
37	47	59.8163857	38	38	53.7401154	38	87	94.9368211	39	79	88.1022134
37	48	60.6052803	38	39	54.4518136	38	88	95.8540557	39	80	89.0000000
37	49	61.4003257	38	40	55.1724569	38	89	96.7729301	39	81	89.8999444
37	50	62.2012862	38	41	55.9016994	38	90	97.6933979	39	82	90.8019824
37	51	63.0079360	38	42	56.6392090	38	91	98.6154146	39	83	91.7060521
37	52	63.8200595	38	43	57.3846669	38	92	99.5389371	39	84	92.6120942
37	53	64.6374504	38	44	58.1377674	38	93	100.4639239	39	85	93.5200513
37	54	65.4599114	38	45	58.8982173	38	94	101.3903348	39	86	94.4298682
37	55	66.2872537	38	46	59.6657356	38	95	102.3181313	39	87	95.3414915
37	56	67.1192968	38	47	60.4400529	39	39	55.1543289	39	88	96.2548700
37	57	67.9558680	38	48	61.2209115	39	40	55.8659109	39	89	97.1699542
37	58	68.7968023	38	49	62.0080640	39	41	56.5862174	39	90	98.0866963
37	59	69.6419414	38	50	62.8012739	39	42	57.3149195	39	91	99.0050504
37	60	70.4911342	38	51	63.6003145	39	43	58.0517011	39	92	99.9249719
37	61	71.3442359	38	52	64.4049688	39	44	58.7962584	39	93	100.8464179
37	62	72.2011080	38	53	65.2150289	39	45	59.5482997	39	94	101.7693471
37	63	73.0616178	38	54	66.0302961	39	46	60.3075451	39	95	102.6937194
37	64	73.9256383	38	55	66.8505797	39	47	61.0737259	40	40	56.5685425
37	65	74.7930478	38	56	67.6756973	39	48	61.8465844	40	41	57.2800140
37	66	75.6637298	38	57	68.5054742	39	49	62.6258732	40	42	58.0000000
37	67	76.5375725	38	58	69.3397433	39	50	63.4113554	40	43	58.7281874
37	68	77.4144689	38	59	70.1783442	39	51	64.2028037	40	44	59.4642750
37	69	78.2943165	38	60	71.0211236	39	52	65.0000000	40	45	60.2079729
37	70	79.1770169	38	61	71.8679344	39	53	65.8027355	40	46	60.9590026
37	71	80.0624756	38	62	72.7186359	39	54	66.6108099	40	47	61.7170965
37	72	80.9506022	38	63	73.5730929	39	55	67.4240313	40	48	62.4819974
37	73	81.8413099	38	64	74.4311763	39	56	68.2422157	40	49	63.2534584
37	74	82.7345152	38	65	75.2927619	39	57	69.0651866	40	50	64.0312424

（续）

z_1	z_2	z_C	z_1	z_2	z_C	z_1	z_2	z_C	z_1	z_2	z_C
40	51	64.8151217	40	63	74.6257328	40	75	85.0000000	40	87	95.7548954
40	52	65.6048779	40	64	75.4718491	40	76	85.8836422	40	88	96.6643678
40	53	66.4003012	40	65	76.3216876	40	77	86.7698104	40	89	97.5756117
40	54	67.2011905	40	66	77.1751255	40	78	87.6584280	40	90	98.4885780
40	55	68.0073525	40	67	78.0320447	40	79	88.5494212	40	91	99.4032193
40	56	68.8186021	40	68	78.8923317	40	80	89.4427191	40	92	100.3194896
40	57	69.6347614	40	69	79.7558775	40	81	90.3382532	40	93	101.2373449
40	58	70.4556598	40	70	80.6225775	40	82	91.2359578	40	94	102.1567423
40	59	71.2811335	40	71	81.4923309	40	83	92.1357694	40	95	103.0776406
40	60	72.1110255	40	72	82.3650411	40	84	93.0376268			
40	61	72.9451849	40	73	83.2406151	40	85	93.9414711			
40	62	73.7834670	40	74	84.1189634	40	86	94.8472456			

注：z_1、z_2、z_C 分别为小轮齿数、大轮齿数和冠轮齿数。

3. 切削用量与加工余量

推荐值见表 3-83～表 3-87。使用者根据实际情况酌定。

表 3-83　弧齿锥齿轮铣齿切削速度（用于 Y2250、Y2280 型铣齿机）（单位：m/min）

钢　号		20Cr、20CrMnTi、20CrNiMo	30CrMnTi	40Cr
热处理方法		正　火		
硬度 HBW		156～197	179～207	197～220
粗切	切入法	25～35	25～30	25～30
	滚切法	30～45	34～38	34～38
精切		40～60	40～50	40～50

表 3-84　弧齿锥齿轮铣齿进给时间（用于在 Y2250 型铣齿机上粗铣）　　（单位：s/齿）

模　数/mm				3	3.5	4	5	6	7	8
切入法加工从动齿轮				17	18	20	22	25	30	35
滚切法	主、从动齿轮	传动比	≤2	20	25	30	35	40	45	60
			≥3	25	30	35	40	45	55	60
	主动齿轮	准双曲线齿轮		30	35	40	45	55	70	60①

注：1. 表中数值未包括分度时的空行程时间。

2. 表中的数值对应工件材料为 20Cr、20CrMnTi、20CrNiMo（156～197HBW）情况，对 30CrMnTi（179～207HBW）材料应乘以 1.1 系数，40Cr（197～220HBW）材料应乘以 1.15 系数。

① 分两次粗铣的每一次时间。

表 3-85　弧齿锥齿轮铣齿进给时间（用于在 Y2250 型铣齿机上精铣）　　（单位：s/齿）

模　数/mm				3	3.5	4	5	6	7	8
从动齿轮	双面切削	传动比	≤2	15	17	19	25	32	35	35
			>2	15	15	17	25	32	35	35
	单面切削			14	14	17	19	25	30	30
主动齿轮	传动比		≤2	17	19	19	22	30	30	35
			>2	19	22	25	30	35	35	40

注：1. 见表 3-84 注 1、2。

2. 采用弹簧夹头式心轴装夹主动齿轮时，表中的进给时间应增大 10%，加工高精度齿轮时，表中数值应增大 15% 左右。

表 3-86　弧齿锥齿轮滚切法加工齿面精切余量　（单位：mm）

模　数　/mm	2 ~ 3	3 ~ 5	5 ~ 7	7 ~ 10	10 ~ 12
齿侧两面的总余量	0.5	0.7	0.8	1.0	1.2

表 3-87　弧齿锥齿轮切削厚度和速度推荐值（精切）

材料硬度 HBW	切削厚度/mm		速度/（m/min）
	三刃刀具	双刃刀具	
160 ~ 190	0.18 ~ 0.30	0.12 ~ 0.20	42 ~ 52
179 ~ 228	0.15 ~ 0.18	0.10 ~ 0.12	36 ~ 42
217 ~ 269	0.10 ~ 0.15	0.08 ~ 0.10	30 ~ 36

第4章 比 值 挂 轮

4.1 比值挂轮简介

4.1.1 挂轮

在机床中，需要经常更换的齿轮称为交换齿轮，也常称为挂轮。挂轮的组合称为挂轮组。挂轮组的主要功能是调整传动链的传动比，以适合机械运动的特定关系。

最简单的挂轮组由两个挂轮组成，如在普通机加工机床中用于分级改变速度的挂轮。2挂轮组一般采用固定中心距的定轴系统，因而主动轮、被动轮的齿数和固定不变，所能调整的传动比种类（级数）有限。

4挂轮组至少由4个挂轮组成，其中只有第一主动轴、第二被动轴固定，中间轴的位置可在一定的范围内变化，因而齿数和可以变化，4个挂轮可以组合出各种细微差别的传动比来（图4-1）。4挂轮组在普通的机械式齿轮机床的分齿、差动传动系统中被广泛应用。

挂轮中加入中间轮（惰轮、介轮），不会改变总传动比，但可以改变运动轴转向。加入两个惰轮可以起“搭桥”的作用，能将距离较远的两轴的运动联系起来（图4-2）。

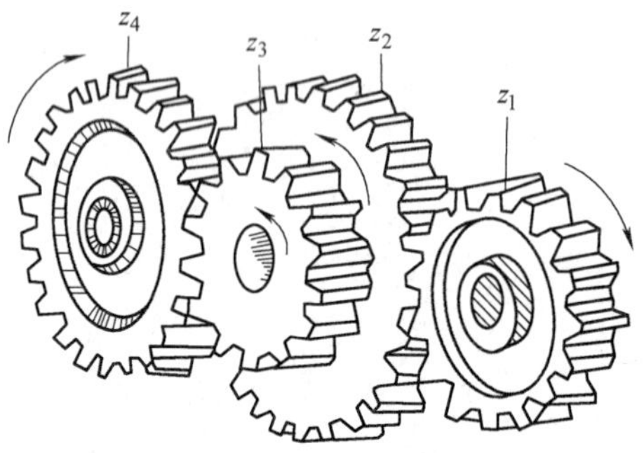

图4-1 4挂轮组示意图

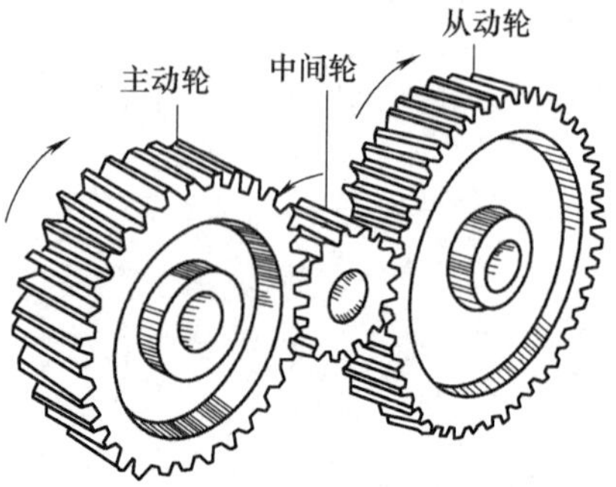

图4-2 加入中间轮示意图

4.1.2 挂轮比

挂轮组中，主动齿轮与被动齿轮齿数（或齿数乘积）的比值，通常称为挂轮比。挂轮比也就是被动轴（输出）转速与主动轴（输入）转速的比值。对于减速传动来说，比值小于1。对图4-1所示挂轮传动，当 z_1 为主动轮时，挂轮比 i 为

$$i = \frac{z_1 \times z_3}{z_2 \times z_4}$$

式中 z_1、z_3——主动轮齿数；

z_2、z_4——被动轮齿数。

4.1.3 挂轮齿数系列

挂轮齿数系列有多种，通常齿轮机床一般配备41系列的挂轮。

挂轮41个，齿数范围20~100，包括以下齿数：

20、23、24、25、30、33、34、35、37、40、41、43、45、47、48、50、53、55、57、58、59、60、61、62、65、67、70、71、73、75、79、80、83、85、89、90、92、95、97、98、100。

本章所附表4-1通用比值挂轮表就是按照41系列4挂轮电算得到的。

大致按41系列配备挂轮的滚齿机包括Y3150、Y38、Y3180、Y31125、Y320、Y31200等型号的机床。

一些齿轮机床，为了更好地适应多品种零件的加工，其备用挂轮的齿数范围在41系列的基础上作了扩充。个别机床提供了齿数20～100范围内的绝大部分挂轮，如Y36100卧式滚齿机提供了齿数22～100范围内的全部挂轮。

有不少齿轮机床可以利用齿数100～127的挂轮，有的甚至最多齿数可达到150以上，例如ZWF-50型立式滚齿机，分齿挂轮最大齿数达到181。最大、最小齿数决定了挂轮比的范围。

机械式齿轮机床在加工模数较大，而螺旋角较小的齿轮时，挂轮比会很小，难以准确选配挂轮，有时不能选配。如ZWF-50型立式滚齿机加工模数36mm、螺旋角6°的斜齿轮时，所需的差动挂轮比仅约为0.037，按常规20～100的挂轮齿数范围，不能选配出差动挂轮。出于类似情况，挂轮的齿数范围在客观上具有扩充的必要。在实际生产中，增加机床挂轮的费用往往是微不足道的，因此只要挂轮架机械系统能够容纳，应当结合实际需要，配备100～130之间的大齿数挂轮数个，为多品种生产提供很大的方便。其他的变通方法（例如差动与走刀系统联动可以加工出螺旋角很小的齿轮），毕竟不是人人都能很好掌握的，或在一定程度上影响到生产效率等。

表4-2列出了0.0300～0.0625之间的小挂轮比挂轮组，表中挂轮齿数范围有所扩充，所增加的齿数如下：

小齿数3种：21、22、26。

大齿数6种：105、107、110、113、115、120。

万能铣床挂轮齿数通常配置12种：

齿数25～60为5的倍数（8种），另外配置70、80、90、100四种齿数。

由于万能铣床挂轮齿数种类较少，所能搭配的挂轮比有限，挂轮比1/12～1之间仅能搭配约250组，平均级差较大。增配65、75、85、95四种齿数时，可使挂轮比细分到1000组以上，对实际生产具有较大的现实意义。

表4-1、表4-2中列出了挂轮齿数为5的倍数的挂轮组1300余组。在挂轮比值后加注“*”表示。为更便于类似场合快速查阅使用，将符合条件的所有5的倍数的挂轮组列于表4-3。对只配备齿数为5的倍数挂轮的车铣设备可直接查阅表4-3。

4.1.4 挂轮齿数条件

挂轮的主要齿数条件如下：

1）邻接条件（各挂轮与相邻轴不相碰）。

2）最大齿数限制（与挂轮箱壳不相碰）。

3）最小与最大齿数和限制（挂轮架固定轴的中心距及挂轮架调整范围限制）。

4）其他挂轮架结构尺寸限制。

4.1.4.1 邻接条件

设A、C分别为第一、第二主动轮齿数，B、D为第一、第二被动轮齿数，挂轮轴的直径一般为最小挂轮外径0.7倍左右。最少挂轮齿数一般为20（个别为18），一些机床挂轮最少齿数为29～30（如Y236刨齿机为29）。

邻接条件归纳起来如下：

$$A+B-C>15\sim23$$
$$B+D-B>15\sim23$$

为适合大部分机床，表 4-1、表 4-2 设定的邻接条件为

$$A+B-C\geqslant25$$
$$B+D-B\geqslant25$$

4.1.4.2 最大齿数限制

各种齿轮机床的挂轮最大齿数限制不等，几乎所有的齿轮机床可以达到齿数 100。表 4-1 按最大齿数 100 作限制。

超过 2/3 的齿轮机床挂轮最大齿数可以达到 120 或更大。表 4-2 按最大齿数 120 作限制。

4.1.4.3 最小与最大齿数和限制

各种机床在此方面的限制不等。

表 4-1、表 4-2 重点考虑常用的滚齿机床挂轮架情况，照顾大多数情况，限制条件为

$$75\leqslant A+B\leqslant145$$
$$C+D\leqslant180$$
$$A+B+C+D\geqslant210$$

4.1.5 部分滚齿机差动定数

各型号不同厂家生产的齿轮机床的分齿挂轮、差动挂轮机床定数不尽相同。具体要查看机床说明书。

下列机械式滚齿机的差动定数仅供参考：

Y3150、Y3180H（重庆）：	9
Y38（重庆、北京）：	$25/\pi=7.95774715$
J38（重庆）、J38-1（上海）：	6.96301
J315（重庆）：	9.8145319
Y320（武汉）、5432（俄罗斯）、RF-50（德国）：	15
Y31200E、Y31125E、YM31125E（重庆）：	10
Y3663（齐齐哈尔）：	25
Y36100（武汉）、RFW-10（德国）：	30
Y36125（武汉）：	16（单分齿时为 8）
FO-25（捷克）：	$64.8/\pi$
532（俄罗斯）：	$18.75/\pi=5.96831037$
5327（俄罗斯）：	$185/6\pi=9.81455482$
5370（俄罗斯）：	$17.0625/\pi=5.43116243$
ZWF-10（德国）：	$127/6\pi=6.73756$
ZWF-30、ZWF-50（德国）：	$20/\pi=6.36619772$、$40/\pi=12.7323954$
L2500（德国）：	21.09375、42.18750

4.2 比值挂轮表及其说明

4.2.1 比值挂轮表编制说明

1. 挂轮表查询导则

挂轮比值范围 0.0625 ~ 1.0000 通用比值挂轮组见表 4-1，比值范围 0.0300 ~ 0.0625 小比值挂

轮组见表4-2。万能铣床等挂轮组可直接查阅表4-3（比值范围0.3600~1.0000）。

表4-2中已经包括了表4-1中未列出的比值不大于0.0625的全部100余组数据。

挂轮组数据选择原则，在挂轮比范围一定时，依次在下列齿数组中查找，只将最早出现的列出。

1）优先齿数系列：25、30、35、40、45、50、55、60、70、80、90、100（共12种齿数）。

2）在以上优先齿数系列基础上，增加4种齿数：65、75、85、95（共16种）。

3）“41”齿数系列（共41种）。

4）对比值范围0.0300~0.0625小比值区间，在“41”系列基础上，增加9种齿数：21、22、26、105、107、110、113、115、120（共50种）。

2. 关于比值挂轮表显示数据的精度

表4-1~表4-3中出现的数据，不带小数的数据全部为准确值；保留小数的比值数据全部为有效值，小数尾数按四舍五入原则圆整。

3. 比值数据的取舍及涵盖范围

表4-1~表4-3列出的挂轮组，按比值间隔为1×10^{-5}的级差择优搜寻，挂轮组中出现的具体方案为典型方案之一（比值接近的方案只给出其中的一种，未列出比值相差更小的其他挂轮组）。必要时需要自行搭配。

表4-1及表4-2中，挂轮比值平均级差约2×10^{-5}，具有中等数据密度，适合通常需要。

表4-3中，挂轮比值平均级差约7×10^{-4}，数据密度较低一些，适合要求不太高的场合。

4.2.2　齿轮加工挂轮比的通常精度要求参考

对齿轮加工，可以接受的由加工工艺参数产生的齿向几何角度误差概略数据如下：

高精度磨齿、高精度滚齿（3~5级精度）——不大于0.0015°（约5″，通常中等精度数控系统的步进角度为3.6″左右）。

普通齿轮精加工（7~8级）——不大于0.003°（约10″）。

齿形预（粗）加工——不大于0.01°（约35″）。

不难推算出，对于齿轮精加工来说，差动挂轮的误差不超过$\pm(2\sim5)\times10^{-5}$可以满足绝大部分场合的需要。对于粗加工来说，挂轮比误差不超过$\pm1\times10^{-4}$可以满足需要。

对于分齿挂轮来说，一般应按挂轮比准确值配置，理论误差为0。

4.2.3　表格的应用

表4-1~表4-3仅列出了比值不大于1的挂轮比，大于1的挂轮比可按倒数查阅，绝大部分情况下，挂轮主从端180°调换位置是可行的，必要时两主动轮或从动轮调换位置即可。

例如需要比值$i=1.755694$的挂轮，按$i'=1/1.755694=0.5695753$查阅数据：

目标值	查表值	AC/BD	Δi	A	B	C	D	
0.5695753	.5695811	3127/5490	0.0000058	53	61	59	90	
1.755694	1.7556764	5490/3127	-0.000018	90	59	61	53	方案一
				61	59	90	53	方案二

表4-1、表4-2直接按邻近的比值查阅，如果表中没有所需要的值，一般需要另行配组（可能需要增加挂轮齿数种类）。附录中附表B给出了10~13200的整数因子分解方案，搭配挂轮分数

后，可查阅之。

查阅的值不符合精度要求，通常有两种情况：

1）表中相邻比值断档的（如小比值区），没有相差不超过预定误差的比值，一般需要增加挂轮齿数种类，另行配组。

2）表中数值未断档，需要更小误差的（如精确到 5×10^{-6}者），此时需要重新选配。

上述情况下，大部分时候均可借助表中给出的分数进行简单运算，求出挂轮组。该方法要点如下：

① 借助表中给出的简分数，将比值化为特定形式的繁分数（分子或分母与表中简分数一致）。

② 对以上繁分数进行变换求得比值近似分数。

③ 对比值近似分数进行因素分解得出挂轮组。

有时，也可以利用挂轮表衍生出的数据来快速求得挂轮组，该方法一般适合比值稍大的挂轮组。要点如下：

① 将比值减半（也可以按其他比例改变）后，找出精度符合要求的参照挂轮组（注意比值精度要求的相应变化）。

② 将参照挂轮组变换成所需比值的挂轮组。

也可以采用加合法等求解。

简单加合法公式（证明从略）：

对正数分数：

$$\frac{a}{b}=\frac{a\pm\frac{a}{b}m}{b\pm m}=\frac{a\pm m}{b\pm\frac{b}{a}m}$$

如果

$$\frac{a_1}{b_1}<\frac{a_2}{b_2}$$

则

$$\frac{a_1}{b_1}<\frac{ma_1+na_2}{mb_1+nb_2}<\frac{a_2}{b_2}(m>0,n>0)$$

例 1：需要比值为 $i=0.06269116$ 的挂轮，要求精确到 5×10^{-5}以内。

查表 4-1 得下列 2 组相邻数据：

比值	分数	*A*	*B*	*C*	*D*
.0626387	480/7663	20	79	24	97
.0627451	16/255	20	85	24	90

所需比值 $i=0.06269116$ 基本介于表格中相邻值中间。

方法一（利用第一组数据）：

$$i=0.06269116=\frac{480}{7656.5819}\approx\frac{480}{7656}=\frac{20\times24}{87\times88}=0.062695925$$

误差 4.8×10^{-6}，满足要求。

方法二（利用第二组数据）：

$$i=0.06269116=\frac{16}{16/0.06269116}=\frac{16}{255.21934}$$
$$\approx\frac{160}{2552}=\frac{20}{319}=\frac{20}{11\times29}=\frac{20\times24}{87\times88}$$
$$=0.062695925$$

误差 4.8×10^{-6}，满足要求。

例2：比值为 $i=0.72975911$ 挂轮，要求精确到 5×10^{-6} 以内。

表中相近数据如下：

比值	分数	*A*	*B*	*C*	*D*
.7297357	3286/4503	53	57	62	79
.7297653	3886/5325	58	71	67	75

以上数据不符合要求，需要重新查找。

利用挂轮表衍生的数据求挂轮组：

$$i/2=0.72975911/2=0.36487956$$

按以上值查得相近数据如下：

比值	分数	*A*	*B*	*C*	*D*
.3648801	1947/5336	33	58	59	92

误差很小，因此可按以下方案搭配挂轮：

比值	分数	*A*	*B*	*C*	*D*
.7297601	1947/2668	66	58	59	92

误差：1×10^{-6}

例3：比值为 $i=0.51701052$ 挂轮，要求精确到 1×10^{-5} 以内。

查表4-1得到相邻值如下：

比值	分数	*A*	*B*	*C*	*D*
.5170000	517/1000	48	67	70	97
.5170240	410/793	41	61	50	65

$$i=\frac{517+410}{1000+793}=\frac{927}{1793}=0.517010597$$

误差很小，但不能分解出合适的因子。

$$i=\frac{517\times2+410}{1000\times2+793}=\frac{1444}{2793}=\frac{76}{147}=0.517006803$$

误差 -3.7×10^{-6}，可行。

$$i=\frac{76}{147}=\frac{4\times19}{7\times21}=\frac{40\times57}{63\times70}$$

误差符合要求，满足需要。

表 4-1 通用比值挂轮表（0. 0625 ~ 1. 0000）

比值	分数	A	B	C	D
0. 0625					
. 0625000 *	1/16	20	80	25	100
. 0625850	46/735	20	75	23	98
. 0626387	480/7663	20	79	24	97
. 0627451	16/255	20	85	24	90
. 0628601	120/1909	20	83	24	92
0. 0630					
. 0630137	23/365	20	73	23	100
. 0631180	300/4753	20	97	30	98
. 0631579	6/95	20	80	24	95
. 0632302	92/1455	20	75	23	97
. 0632911	5/79	20	79	23	92
. 0634115	100/1577	20	83	25	95
. 0634501	96/1513	20	85	24	89
0. 0635					
. 0637755	25/392	20	80	25	98
. 0638889	23/360	20	80	23	90
. 0639386	25/391	20	85	25	92
. 0639574	96/1501	20	79	24	95
0. 0640					
. 0640000	8/125	20	75	24	100
. 0642570	16/249	20	83	24	90
. 0642997	230/3577	20	73	23	98
. 0644330	25/388	20	80	25	97
. 0644468	60/931	20	95	30	98
0. 0645					
. 0645614	92/1425	20	75	23	95
. 0645828	250/3871	20	79	25	98
. 0646067	23/356	20	80	23	89
. 0646976	46/711	20	79	23	90
. 0647887	23/355	20	71	23	100
. 0649412	138/2125	23	85	24	100
. 0649626	460/7081	20	73	23	97
. 0649790	480/7387	20	83	24	89
0. 0650					
. 0651112	120/1843	20	95	30	97
. 0651927	115/1764	23	90	25	98
. 0652020	92/1411	20	83	23	85
. 0652174	3/46	20	80	24	92
. 0652486	500/7663	20	79	25	97
. 0652868	552/8455	23	89	24	95
. 0653061	16/245	20	75	24	98
. 0653595 *	10/153	20	85	25	90
0. 0650					
. 0654245	460/7031	20	79	23	89
. 0654793	125/1909	20	83	25	92
0. 0655					
. 0657143	23/350	20	70	23	100
. 0657534	24/365	20	73	24	100
. 0657895 *	5/76	20	80	25	95
. 0658648	115/1746	23	90	25	97
. 0659252	575/8722	23	89	25	98
. 0659794	32/485	20	75	24	97
0. 0660					
. 0660429	120/1817	20	79	24	92
. 0660939	100/1513	20	85	25	89
. 0661110	230/3479	20	71	23	98
. 0662665	276/4165	23	85	24	98
. 0663302	92/1387	20	73	23	95
0. 0665					
. 0665060	138/2075	23	83	24	100
. 0665484	75/1127	20	92	30	98
. 0666049	575/8633	23	89	25	97
. 0666223	100/1501	20	79	25	95
. 0666667	1/15	20	75	23	92
. 0667925	460/6887	20	71	23	97
. 0669344	50/747	20	83	25	90
. 0669497	552/8245	23	85	24	97
0. 0670					
. 0670554	23/343	20	70	23	98
. 0670953	240/3577	20	73	24	98
. 0672344	150/2231	20	92	30	97
. 0672515	23/342	23	90	25	95
. 0673469	33/490	20	98	33	100
. 0673684	32/475	20	75	24	95
. 0674157	6/89	20	80	24	89
0. 0675					
. 0675105	16/237	20	79	24	90
. 0676056	24/355	20	71	24	100
. 0676471	23/340	23	85	25	100
. 0676865	500/7387	20	83	25	89
. 0677467	46/679	20	70	23	97
. 0677870	480/7081	20	73	24	97
. 0678633	276/4067	23	83	24	98
. 0679348	25/368	20	80	25	92

（续）

比值	分数	*A*	*B*	*C*	*D*
0. 0680					
. 0680071	115/1691	23	89	25	95
. 0680272	10/147	20	75	25	98
. 0680369	96/1411	20	83	24	85
. 0682691	480/7031	20	79	24	89
. 0683591	552/8075	23	85	24	95
. 0684932	5/73	20	73	25	100
0. 0685					
. 0685629	552/8051	23	83	24	97
. 0685714	12/175	20	70	24	100
. 0686499	30/437	20	92	30	95
. 0686567	23/335	20	67	23	100
. 0687285	20/291	20	75	25	97
. 0687947	125/1817	20	79	25	92
. 0689139	92/1335	23	89	24	90
. 0689853	240/3479	20	71	24	98
0. 0690					
. 0690000	69/1000	23	80	24	100
. 0690276	115/1666	23	85	25	98
. 0692141	96/1387	20	73	24	95
. 0692771	23/332	23	83	25	100
. 0693878	17/245	20	98	34	100
. 0694298	330/4753	20	97	33	98
. 0694444 *	5/72	20	80	25	90
. 0694737	33/475	20	95	33	100
0. 0695					
. 0695008	600/8633	20	89	30	97
. 0695652	8/115	20	75	24	92
. 0696965	480/6887	20	71	24	97
. 0697392	115/1649	23	85	25	97
. 0698734	138/1975	23	79	24	100
. 0698910	250/3577	20	73	25	98
. 0699708	24/343	20	70	24	98
0. 0700					
. 0700063	552/7885	23	83	24	95
. 0701031	34/485	20	97	34	100
. 0701754 *	4/57	20	75	25	95
. 0702247	25/356	20	80	25	89
. 0703235	50/711	20	79	25	90
. 0704082	69/980	23	80	24	98
. 0704225	5/71	20	71	25	100
0. 0705					
. 0705882	6/85	23	85	24	92
. 0706115	500/7081	20	73	25	97
. 0706922	48/679	20	70	24	97
. 0708717	100/1411	20	83	25	85
. 0708915	66/931	20	95	33	98
0. 0705					
. 0709639	120/1691	20	89	30	95
0. 0710					
. 0711136	500/7031	20	79	25	89
. 0711340	69/970	23	80	24	97
. 0711638	96/1349	20	71	24	95
. 0712074	23/323	23	85	25	95
. 0712994	276/3871	23	79	24	98
. 0714197	575/8051	23	83	25	97
. 0714286 *	1/14	20	70	25	100
0. 0715					
. 0715338	340/4753	20	97	34	98
. 0715789	34/475	20	95	34	100
. 0716224	132/1843	20	95	33	97
. 0716418	24/335	20	67	24	100
. 0717391	33/460	20	92	33	100
. 0717853	115/1602	23	89	25	90
. 0718597	250/3479	20	71	25	98
. 0718750	23/320	23	80	25	100
. 0718750	23/320	23	80	25	100
0. 0720					
. 0720345	552/7663	23	79	24	97
. 0720981	100/1387	20	73	25	95
. 0721569	92/1275	23	85	24	90
. 0722892	6/83	23	83	24	92
. 0724638	5/69	20	75	25	92
0. 0725					
. 0725857	345/4753	23	97	30	98
. 0726006	500/6887	20	71	25	97
. 0726316	69/950	23	80	24	95
. 0727714	120/1649	20	85	30	97
. 0727848	23/316	23	79	25	100
. 0728863	25/343	20	70	25	98
. 0729233	115/1577	23	83	25	95
. 0729676	552/7565	23	85	24	89
0. 0730					
. 0730397	68/931	20	95	34	98
. 0732032	165/2254	20	92	33	98
. 0732780	150/2047	20	89	30	92
. 0733333	11/150	20	90	33	100
. 0733418	115/1568	23	80	25	98
. 0734694	18/245	24	98	30	100
0. 0735					
. 0735294 *	5/68	20	80	25	85
. 0735510	552/7505	23	79	24	95
. 0736000	46/625	23	75	24	100
. 0736377	50/679	20	70	25	97

（续）

比值	分数	A	B	C	D
0.0735					
.0736842*	7/95	20	95	35	100
.0737644	300/4067	20	83	30	98
.0737927	136/1843	20	95	34	97
.0738956	92/1245	23	83	24	90
.0739130	17/230	20	92	34	100
.0739579	165/2231	20	92	33	97
0.0740					
.0740741*	2/27	20	75	25	90
.0740979	115/1552	23	80	25	97
.0741139	69/931	23	95	30	98
.0741290	100/1349	20	71	25	95
.0741573	33/445	20	89	33	100
.0742268	36/485	24	97	30	100
.0742702	575/7742	23	79	25	98
.0743034*	24/323	20	85	30	95
.0744491	125/1679	20	73	25	92
0.0745					
.0745249	600/8051	20	83	30	97
.0746269	5/67	20	67	25	100
.0747259	552/7387	23	83	24	89
.0748299	11/147	20	90	33	98
.0748779	138/1843	23	95	30	97
.0749064	20/267	20	89	30	90
0.0750					
.0750000	3/40	23	80	24	92
.0750359	575/7663	23	79	25	97
.0751020	92/1225	23	75	24	98
.0751634	23/306	23	85	25	90
.0751880*	10/133	20	70	25	95
.0753012	25/332	23	83	25	92
.0754215	85/1127	20	92	34	98
0.0755					
.0755149	33/437	20	92	33	95
.0755556	17/225	20	90	34	100
.0756014	22/291	20	90	33	97
.0756164	138/1825	23	73	24	100
.0756579	23/304	23	80	25	95
.0756707	330/4361	20	89	33	98
.0757416	360/4753	24	97	30	98
.0757895	36/475	24	95	30	100
.0758763	184/2425	23	75	24	97
.0759494	6/79	23	79	24	92
.0759631	140/1843	20	95	35	97
0.0760					
.0760079	115/1513	23	85	25	89
.0760938	120/1577	20	83	30	95
0.0760					
.0761499	250/3283	20	67	25	98
.0761990	170/2231	20	92	34	97
.0762887	37/485	20	97	37	100
.0764045	34/445	20	89	34	100
.0764508	660/8633	20	89	33	97
0.0765					
.0765306	15/196	20	80	30	98
.0766156	115/1501	23	79	25	95
.0766667	23/300	23	75	25	100
.0767263	30/391	20	85	30	92
.0769231*	1/13	20	65	25	100
.0769746	115/1494	23	83	25	90
0.0770					
.0770975	34/441	20	90	34	98
.0771596	276/3577	23	73	24	98
.0771930	22/285	20	90	33	95
.0773196	15/194	20	80	30	97
.0773362	72/931	24	95	30	98
.0774490	759/9800	23	98	33	100
.0774737	184/2375	23	75	24	95
.0774994	300/3871	20	79	30	98
0.0775					
.0775281	69/890	23	80	24	89
.0776371	92/1185	23	79	24	90
.0776471	33/425	20	85	33	100
.0777465	138/1775	23	71	24	100
.0777778*	7/90	20	90	35	100
.0778032	34/437	20	92	34	95
.0778394	575/7387	23	83	25	89
.0778456	370/4753	20	97	37	98
.0778923	68/873	20	90	34	97
.0779551	552/7081	23	73	24	97
0.0780					
.0780603	132/1691	20	89	33	95
.0781335	144/1843	24	95	30	97
.0782313	23/294	23	75	25	98
.0782424	552/7055	23	83	24	85
.0782474	759/9700	23	97	33	100
.0782609	9/115	24	92	30	100
.0782983	600/7663	20	79	30	97
.0784314*	4/51	20	85	30	90
.0784402	175/2231	20	92	35	97
0.0785					
.0785095	552/7031	23	79	24	89
.0785752	150/1909	20	83	30	92
.0786517	7/89	20	89	35	100

（续）

比值	分数	A	B	C	D
0.0785					
.0787671	23/292	23	73	25	100
.0788571	69/875	23	70	24	100
.0788975	375/4753	25	97	30	98
.0789474*	3/38	25	95	30	100
0.0790					
.0790378	23/291	23	75	25	97
.0791139	25/316	23	79	25	92
.0792317	66/833	20	85	33	98
.0793126	120/1513	20	85	30	89
.0793331	276/3479	23	71	24	98
.0793651	5/63	20	90	35	98
.0794844	74/931	20	95	37	98
0.0795					
.0795181	33/415	20	83	33	100
.0795322	68/855	20	90	34	95
.0795963	552/6935	23	73	24	95
.0797101	11/138	20	90	33	92
.0797959	391/4900	23	98	34	100
.0798443	759/9506	23	97	33	98
.0798611	23/288	23	80	25	90
.0798947	759/9500	23	95	33	100
.0799259	690/8633	23	89	30	97
.0799467	120/1501	20	79	30	95
0.0800					
.0800000	2/25	23	75	24	92
.0800485	132/1649	20	85	33	97
.0800915	35/437	20	92	35	95
.0801510	552/6887	23	71	24	97
.0801833	70/873	20	90	35	97
.0802568	50/623	20	89	35	98
.0803039	148/1843	20	95	37	97
.0803213	20/249	20	83	30	90
.0803746	575/7154	23	73	25	98
.0804258	136/1691	20	89	34	95
.0804665	138/1715	23	70	24	98
0.0805					
.0805585	75/931	25	95	30	98
.0806058	165/2047	20	89	33	92
.0806186	391/4850	23	97	34	100
.0806813	180/2231	24	92	30	97
.0807018	23/285	23	75	25	95
.0807584	115/1424	23	80	25	89
.0808163	99/1225	24	98	33	100
.0808720	115/1422	23	79	25	90
.0808989	36/445	24	89	30	100
.0809859	23/284	23	71	25	100
0.0810					
.0810842	700/8633	20	89	35	97
.0811409	330/4067	20	83	33	98
.0811765	69/850	23	80	24	85
.0812032	575/7081	23	73	25	97
.0812238	600/7387	20	83	30	89
.0812960	276/3395	23	70	24	97
.0813890	150/1843	25	95	30	97
0.0815					
.0815025	115/1411	23	83	25	85
.0815217	15/184	20	80	30	92
.0815252	759/9310	23	95	33	98
.0816085	138/1691	23	89	30	95
.0816327	4/49	20	75	30	98
.0816495	198/2425	24	97	33	100
.0817337	132/1615	20	85	33	95
.0817778	92/1125	23	75	24	90
.0818384	552/6745	23	71	24	95
.0818713*	14/171	20	90	35	95
.0819277	34/415	20	83	34	100
.0819774	660/8051	20	83	33	97
0.0820					
.0820763	185/2254	20	92	37	98
.0821256	17/207	20	90	34	92
.0821429	23/280	23	70	25	100
.0821918	6/73	23	73	24	92
.0822040	552/6715	23	79	24	85
.0822222	37/450	20	90	37	100
.0822638	391/4753	23	97	34	98
.0823158	391/4750	23	95	34	100
.0823529*	7/85	20	85	35	100
.0823657	759/9215	23	95	33	97
.0823799	36/437	24	92	30	95
.0823881	138/1675	23	67	24	100
.0823970	22/267	20	89	33	90
.0824742	8/97	20	75	30	97
0.0825					
.0825000	33/400	20	80	33	100
.0825537	150/1817	20	79	30	92
.0826387	575/6958	23	71	25	98
.0826966	184/2225	23	75	24	89
.0827912	140/1691	20	89	35	95
.0828331	69/833	23	85	30	98
.0829128	115/1387	23	73	25	95
.0829225	185/2231	20	92	37	97
.0829897	161/1940	23	97	35	100

（续）

比值	分数	A	B	C	D
0.0830					
.0830075	276/3325	23	70	24	95
.0830484	170/2047	20	89	34	92
.0831325	69/830	23	80	24	83
.0831461	37/445	20	89	37	100
.0831854	375/4508	25	92	30	98
.0832653	102/1225	24	98	34	100
.0833158	396/4753	24	97	33	98
.0833333*	1/12	25	90	30	100
.0833684	198/2375	24	95	33	100
.0834009	720/8633	24	89	30	97
.0834906	575/6887	23	71	25	97
0.0835					
.0835443	33/395	20	79	33	100
.0835997	340/4067	20	83	34	98
.0836735	41/490	20	98	41	100
.0836871	138/1649	23	85	30	97
.0837032	132/1577	20	83	33	95
.0838192	115/1372	23	70	25	98
.0838692	300/3577	20	73	30	98
.0839002	37/441	20	90	37	98
.0839957	391/4655	23	95	34	98
0.0840					
.0840183	92/1095	23	73	24	90
.0840336	10/119	20	85	35	98
.0840430	375/4462	25	92	30	97
.0840694	276/3283	23	67	24	98
.0841237	204/2425	24	97	34	100
.0841574	400/4753	20	97	40	98
.0841837	33/392	20	80	33	98
.0842105*	8/95	20	75	30	95
.0842697	15/178	20	80	30	89
.0843333	253/3000	23	90	33	100
.0843373	7/83	20	83	35	100
.0843882	20/237	20	79	30	90
.0843990	33/391	20	85	33	92
.0844616	680/8051	20	83	34	97
0.0845					
.0845070	6/71	23	71	24	92
.0845411	35/414	20	90	35	92
.0845588	23/272	23	80	25	85
.0846682	37/437	20	92	37	95
.0846834	115/1358	23	70	25	97
.0847059	36/425	24	85	30	100
.0847338	600/7081	20	73	30	97
.0847368	161/1900	23	95	35	100
.0847652	74/873	20	90	37	97
0.0845					
.0848291	345/4067	23	83	30	98
.0848429	370/4361	20	89	37	98
.0848616	782/9215	23	95	34	97
.0848939	68/801	20	89	34	90
.0848999	140/1649	20	85	35	97
.0849231	138/1625	23	65	24	100
.0849361	552/6499	23	67	24	97
0.0850					
.0850000	17/200	20	80	34	100
.0850340	25/294	25	90	30	98
.0850515	33/388	20	80	33	97
.0850698	396/4655	24	95	33	98
.0851567	144/1691	24	89	30	95
.0851852	23/270	23	75	25	90
.0852483	115/1349	23	71	25	95
.0852809	759/8900	23	89	33	100
.0853364	600/7031	20	79	30	89
.0854489	138/1615	23	85	30	95
.0854910	175/2047	20	89	35	92
0.0855					
.0856164	25/292	23	73	25	92
.0856292	115/1343	23	79	25	85
.0857036	690/8051	23	83	30	97
.0857143*	3/35	20	70	30	100
.0857176	740/8633	20	89	37	97
.0858124	75/874	25	92	30	95
.0858209	23/268	23	67	25	100
.0858405	408/4753	24	97	34	98
.0858947	204/2375	24	95	34	100
.0859107	25/291	25	90	30	97
.0859291	80/931	20	95	40	98
.0859468	792/9215	24	95	33	97
.0859895	375/4361	25	89	30	98
0.0860					
.0860544	253/2940	23	90	33	98
.0860585	50/581	20	83	35	98
.0860759	34/395	20	79	34	100
.0860870	99/1150	24	92	33	100
.0861281	660/7663	20	79	33	97
.0861423	23/267	23	75	25	89
.0862317	300/3479	20	71	30	98
.0862397	136/1577	20	83	34	95
.0862500	69/800	23	80	30	100
.0862613	410/4753	20	97	41	98
.0862745	22/255	20	85	33	90
.0863158	41/475	20	95	41	100

（续）

比值	分数	A	B	C	D
0.0860					
.0864327	165/1909	20	83	33	92
.0864662	23/266	23	70	25	95
0.0865					
.0865177	120/1387	20	73	30	95
.0865497	74/855	20	90	37	95
.0865964	115/1328	23	80	25	83
.0866562	276/3185	23	65	24	98
.0866873*	28/323	20	85	35	95
.0867347	17/196	20	80	34	98
.0867470	36/415	24	83	30	100
.0867873	825/9506	25	97	33	98
.0868150	160/1843	20	95	40	97
.0868421	33/380	20	80	33	95
.0868759	750/8633	25	89	30	97
.0868889	391/4500	23	90	34	100
.0869416	253/2910	23	90	33	97
.0869457	700/8051	20	83	35	97
.0869565	2/23	20	75	30	92
0.0870					
.0870213	759/8722	23	89	33	98
.0870588	37/425	20	85	37	100
.0871207	600/6887	20	71	30	97
.0872439	132/1513	20	85	33	89
.0873257	144/1649	24	85	30	97
.0873418	69/790	23	79	30	100
.0873576	161/1843	23	95	35	97
.0873908	70/801	20	89	35	90
.0874636	30/343	20	70	30	98
0.0875					
.0875000*	7/80	20	80	35	100
.0875079	138/1577	23	83	30	95
.0875190	115/1314	23	73	25	90
.0875723	575/6566	23	67	25	98
.0876289	17/194	20	80	34	97
.0876477	408/4655	24	95	34	98
.0876925	575/6557	23	79	25	83
.0877193*	5/57	25	90	30	95
.0877320	851/9700	23	97	37	100
.0877551	43/490	20	98	43	100
.0878326	340/3871	20	79	34	98
.0878438	99/1127	24	92	33	98
.0878652	391/4450	23	89	34	100
.0879185	759/8633	23	89	33	97
.0879336	180/2047	24	89	30	92
.0879414	132/1501	20	79	33	95
0.0880					
.0880000	11/125	20	75	33	100
.0880102	69/784	23	80	30	98
.0880282	25/284	23	71	25	92
.0880773	82/931	20	95	41	98
.0882353*	3/34	25	85	30	100
.0883534	22/249	20	83	33	90
.0883652	60/679	20	70	30	97
.0884211	42/475	24	95	35	100
.0884615	23/260	23	65	25	100
.0884752	575/6499	23	67	25	97
0.0885					
.0885024	575/6497	23	73	25	89
.0885173	360/4067	24	83	30	98
.0885513	816/9215	24	95	34	97
.0886076	7/79	20	79	35	100
.0886621	391/4410	23	90	34	98
.0887049	150/1691	25	89	30	95
.0887311	100/1127	20	92	40	98
.0887381	680/7663	20	79	34	97
.0887494	198/2231	24	92	33	97
.0887719	253/2850	23	90	33	95
.0887762	140/1577	20	83	35	95
.0888355	74/833	20	85	37	98
.0888889*	4/45	20	75	30	90
.0889175	69/776	23	80	30	97
.0889548	120/1349	20	71	30	95
.0889888	198/2225	24	89	33	100
0.0890					
.0890519	170/1909	20	83	34	92
.0891243	345/3871	23	79	30	98
.0891304	41/460	20	92	41	100
.0891566	37/415	20	83	37	100
.0892857	5/56	23	70	25	92
.0893389	150/1679	20	73	30	92
.0893522	120/1343	20	79	30	85
.0893720	37/414	20	90	37	92
.0894172	425/4753	25	97	34	98
.0894299	720/8051	24	83	30	97
.0894444	161/1800	23	90	35	100
.0894737	17/190	20	80	34	95
0.0895					
.0895141	35/391	20	85	35	92
.0895224	851/9506	23	97	37	98
.0895279	165/1843	25	95	33	97
.0895522	6/67	20	67	30	100
.0895762	391/4365	23	90	34	97

（续）

比值	分数	A	B	C	D	比值	分数	A	B	C	D
0.0895						0.0910					
.0896459	200/2231	20	92	40	97	.0913126	144/1577	24	83	30	95
.0896583	391/4361	23	89	34	98	.0913242	20/219	20	73	30	90
.0896739	33/368	20	80	33	92	.0913480	700/7663	20	79	35	97
.0897514	148/1649	20	85	37	97	.0913798	300/3283	20	67	30	98
.0897694	759/8455	23	89	33	95	.0914071	851/9310	23	95	37	98
.0897959	22/245	20	75	33	98	.0914388	204/2231	24	92	34	97
.0898876	8/89	20	75	30	89	.0914458	759/8300	23	83	33	100
0.0900						.0914620	391/4275	23	90	34	95
.0900000	9/100	24	80	30	100	0.0915					
.0900431	690/7663	23	79	30	97	.0915033 *	14/153	20	85	35	90
.0901961	23/255	23	85	30	90	.0915053	600/6557	20	79	30	83
.0902062	35/388	20	80	35	97	.0915332	40/437	20	92	40	95
.0902256 *	12/133	20	70	30	95	.0915464	222/2425	24	97	37	100
.0902669	115/1274	23	65	25	98	.0915975	375/4094	25	89	30	92
.0903378	115/1273	23	67	25	95	.0916409	148/1615	20	85	37	95
.0903614	15/166	20	80	30	83	.0916667	11/120	20	80	33	90
.0903762	185/2047	20	89	37	92	.0916854	204/2225	24	89	34	100
.0904110	33/365	20	73	33	100	.0917221	400/4361	20	89	40	98
.0904159	50/553	20	79	35	98	.0917410	792/8633	24	89	33	97
.0904494	161/1780	23	89	35	100	.0918367	9/98	24	80	30	98
.0904692	430/4753	20	97	43	98	.0918555	150/1633	20	71	30	92
0.0905						.0918870	205/2231	20	92	41	97
.0905058	102/1127	24	92	34	98	.0919140	740/8051	20	83	37	97
.0905263	43/475	20	95	43	100	.0919387	138/1501	23	79	30	95
.0905826	782/8633	23	89	34	97	0.0920					
.0906063	136/1501	20	79	34	95	.0920000	23/250	23	75	30	100
.0906178	198/2185	24	92	33	95	.0920536	680/7387	20	83	34	89
.0906667	34/375	20	75	34	100	.0920558	759/8245	23	85	33	97
.0907029	40/441	20	90	40	98	.0920716	36/391	24	85	30	92
.0907216	44/485	20	75	33	97	.0921053 *	7/76	25	95	35	100
.0907895	69/760	23	80	30	95	.0921348	41/445	20	89	41	100
.0908049	396/4361	24	89	33	98	.0922056	375/4067	25	83	30	98
.0908090	165/1817	20	79	33	92	.0922409	170/1843	25	95	34	97
.0909494	205/2254	20	92	41	98	.0922561	330/3577	20	73	33	98
.0909642	150/1649	25	85	30	97	.0922953	115/1246	23	89	35	98
.0909761	370/4067	20	83	37	98	.0923077 *	6/65	20	65	30	100
0.0910						.0923219	600/6499	20	67	30	97
.0910308	68/747	20	83	34	90	.0923503	600/6497	20	73	30	89
.0911111	41/450	20	90	41	100	.0923695	23/249	23	83	30	90
.0911164	759/8330	23	85	33	98	.0923845	74/801	20	89	37	90
.0911392	36/395	24	79	30	100	.0923913	17/184	20	80	34	92
.0911557	168/1843	24	95	35	97	.0924473	825/8924	25	92	33	97
.0911975	115/1261	23	65	25	97	.0924897	782/8455	23	89	34	95
.0912095	138/1513	23	85	30	89	0.0925					
.0912698	23/252	23	90	35	98	.0925000	37/400	20	80	37	100
.0913043	21/230	24	92	35	100	.0925170	68/735	20	75	34	98

（续）

比值	分数	A	B	C	D	比值	分数	A	B	C	D
0.0925						0.0940					
.0925314	140/1513	20	85	35	89	.0941282	210/2231	24	92	35	97
.0926316	44/475	20	75	33	95	.0941520	161/1710	23	90	35	95
.0926677	800/8633	20	89	40	97	.0941915	60/637	20	65	30	98
.0926966	33/356	20	80	33	89	.0942169	391/4150	23	83	34	100
.0927419	23/248	23	62	25	100	.0942655	120/1273	20	67	30	95
.0927835	9/97	24	80	30	97	.0942768	425/4508	25	92	34	98
.0928270	22/237	20	79	33	90	.0942857	33/350	20	70	33	100
.0928793*	30/323	25	85	30	95	.0943820	42/445	24	89	35	100
.0929577	33/355	20	71	33	100	.0943878	37/392	20	80	37	98
.0929705	41/441	20	90	41	98	.0944444	17/180	20	80	34	90
.0929992	360/3871	24	79	30	98	0.0945					
0.0930						.0945017	55/582	25	90	33	97
.0931507	34/365	20	73	34	100	.0945205	69/730	23	73	30	100
.0931561	750/8051	25	83	30	97	.0945556	851/9000	23	90	37	100
.0931677	15/161	20	70	30	92	.0945884	825/8722	25	89	33	98
.0931765	198/2125	24	85	33	100	.0946186	160/1691	20	89	40	95
.0932072	660/7081	20	73	33	97	.0946292	37/391	20	85	37	92
.0932468	805/8633	23	89	35	97	.0946770	450/4753	20	97	45	98
.0932712	140/1501	20	79	35	95	.0947059	161/1700	23	85	35	100
.0933120	759/8134	23	83	33	98	.0947368	9/95	24	80	30	95
.0933333*	7/75	20	75	35	100	.0947611	700/7387	20	83	35	89
.0933638	204/2185	24	92	34	95	.0948548	330/3479	20	71	33	98
.0934073	690/7387	23	83	30	89	.0948750	759/8000	23	80	33	100
.0934708	136/1455	20	75	34	97	.0949367	15/158	23	79	30	92
.0934783	43/460	20	92	43	100	.0949517	600/6319	20	71	30	89
0.0935						.0949844	820/8633	20	89	41	97
.0935374	55/588	25	90	33	98	0.0950					
.0935507	132/1411	20	83	33	85	.0950517	340/3577	20	73	34	98
.0935608	170/1817	20	79	34	92	.0950780	396/4165	24	85	33	98
.0935673*	16/171	20	90	40	95	.0951087	35/368	20	80	35	92
.0936330	25/267	25	89	30	90	.0951173	150/1577	25	83	30	95
.0936709	37/395	20	79	37	100	.0951626	120/1261	20	65	30	97
.0937082	70/747	20	83	35	90	.0951694	132/1387	20	73	33	95
.0937500*	3/32	25	80	30	100	.0951751	144/1513	24	85	30	89
.0938215	41/437	20	92	41	95	.0952099	161/1691	23	89	35	95
.0938491	148/1577	20	83	37	95	.0952381*	2/21	20	70	30	90
.0938700	660/7031	20	79	33	89	.0952488	425/4462	25	92	34	97
.0938776	23/245	23	75	30	98	.0953608	37/388	20	80	37	97
.0938967	20/213	20	71	30	90	.0953813	444/4655	24	95	37	98
.0939290	82/873	20	90	41	97	.0953860	215/2254	20	92	43	98
.0939580	720/7663	24	79	30	97	.0954217	198/2075	24	83	33	100
.0939850	25/266	25	95	35	98	.0954386	136/1425	20	75	34	95
.0939938	759/8075	23	85	33	95	0.0955					
0.0940						.0955056	17/178	20	80	34	89
.0940151	410/4361	20	89	41	98	.0955635	825/8633	25	89	33	97
.0941176*	8/85	20	75	30	85	.0955825	370/3871	20	79	37	98

（续）

比值	分数	A	B	C	D
0.0955					
.0956180	851/8900	23	89	37	100
.0956399	68/711	20	79	34	90
.0956522	11/115	20	75	33	92
.0956633	75/784	25	80	30	98
.0957746	34/355	20	71	34	100
.0958327	660/6887	20	71	33	97
.0958904	7/73	20	73	35	100
.0959079	75/782	25	85	30	92
.0959184	47/490	20	98	47	100
.0959360	144/1501	24	79	30	95
0.0960					
.0960000	12/125	24	75	30	100
.0960316	680/7081	20	73	34	97
.0960384	80/833	20	85	40	98
.0960582	792/8245	24	85	33	97
.0960759	759/7900	23	79	33	100
.0961098	42/437	24	92	35	95
.0961397	391/4067	23	83	34	98
.0962099	33/343	20	70	33	98
.0962199	28/291	20	75	35	97
.0962587	759/7885	23	83	33	95
.0963126	175/1817	20	79	35	92
.0963646	888/9215	24	95	37	97
.0963719	85/882	25	90	34	98
.0963855	8/83	20	83	34	85
.0964495	345/3577	23	73	30	98
.0964706	41/425	20	85	41	100
.0964912	11/114	25	90	33	95
0.0965					
.0965109	816/8455	24	89	34	95
.0965217	111/1150	24	92	37	100
.0965679	740/7663	20	79	37	97
.0966184	20/207	20	90	40	92
.0966292	43/445	20	89	43	100
.0966387	23/238	23	85	35	98
.0966495	75/776	25	80	30	97
.0966702	90/931	20	95	45	98
.0967145	680/7031	20	79	34	89
.0967320	74/765	20	85	37	90
.0967742	3/31	20	62	30	100
.0967810	460/4753	23	97	40	98
.0968112	759/7840	23	80	33	98
.0968421	46/475	23	75	30	95
.0968742	375/3871	25	79	30	98
.0969101	69/712	23	80	30	89
.0969840	164/1691	20	89	41	95
0.0965					
.0969880	161/1660	23	83	35	100
0.0970					
.0970285	160/1649	20	85	40	97
.0970464	23/237	23	79	30	90
.0970588	33/340	20	80	33	85
.0971308	782/8051	23	83	34	97
.0971429	17/175	20	70	34	100
.0971660*	24/247	20	65	30	95
.0971831	69/710	23	71	30	100
.0972018	66/679	20	70	33	97
.0972222*	7/72	25	90	35	100
.0972540	85/874	25	92	34	95
.0973011	840/8633	24	89	35	97
.0973070	925/9506	25	97	37	98
.0973684	37/380	20	80	37	95
.0974439	690/7081	23	73	30	97
.0974547	425/4361	25	89	34	98
.0974685	720/7387	24	83	30	89
.0974800	851/8730	23	90	37	97
0.0975					
.0975057	43/441	20	90	43	98
.0975694	851/8722	23	89	37	98
.0975754	165/1691	25	89	33	95
.0976349	161/1649	23	85	35	97
.0976668	180/1843	20	95	45	97
.0977040	200/2047	20	89	40	92
.0977292	340/3479	20	71	34	98
.0977500	391/4000	23	80	34	100
.0977778	22/225	20	75	33	90
.0978030	138/1411	23	83	30	85
.0978093	759/7760	23	80	33	97
.0978189	148/1513	20	85	37	89
.0978261	9/92	24	80	30	92
.0978503	132/1349	20	71	33	95
.0978729	750/7663	25	79	30	97
.0979592	24/245	24	75	30	98
0.0980					
.0980392*	5/51	25	85	30	90
.0980534	136/1387	20	73	34	95
.0980805	792/8075	24	85	33	95
.0981368	690/7031	23	79	30	89
.0982190	375/3818	25	83	30	92
.0982456*	28/285	20	75	35	95
.0982728	165/1679	20	73	33	92
.0982874	132/1343	20	79	33	85
.0983146	35/356	20	80	35	89

（续）

比值	分数	*A*	*B*	*C*	*D*
0.0980					
.0983526	400/4067	20	83	40	98
.0983607	6/61	20	61	30	100
.0983729	792/8051	24	83	33	97
.0983982	43/437	20	92	43	95
.0984394	82/833	20	85	41	98
.0984529	70/711	20	79	35	90
.0984594	850/8633	25	89	34	97
.0984916	111/1127	24	92	37	98
0.0985					
.0985075	33/335	20	67	33	100
.0985507	34/345	20	75	34	92
.0985714	69/700	23	70	30	100
.0985752	851/8633	23	89	37	97
.0985915	7/71	20	71	35	100
.0986009	148/1501	20	79	37	95
.0986301	36/365	24	73	30	100
.0986667	37/375	20	75	37	100
.0986842*	15/152	25	80	30	95
.0987368	680/6887	20	71	34	97
.0987492	150/1519	20	62	30	98
.0987952	41/415	20	83	41	100
.0988235	42/425	24	85	35	100
.0988561	700/7081	20	73	35	97
.0988764	44/445	20	75	33	89
.0989474	47/475	20	95	47	100
.0989691	48/485	24	75	30	97
.0989873	391/3950	23	79	34	100
0.0990					
.0990000	99/1000	24	80	33	100
.0990338	41/414	20	90	41	92
.0990396	165/1666	25	85	33	98
.0990474	759/7663	23	79	33	97
.0990644	180/1817	24	79	30	92
.0990712*	32/323	20	85	40	95
.0991254	34/343	20	70	34	98
.0991408	150/1513	25	85	30	89
.0991664	345/3479	23	71	30	98
.0991756	782/7885	23	83	34	95
.0992005	943/9506	23	97	41	98
.0992063	25/252	25	90	35	98
.0992204	140/1411	20	83	35	85
.0992481	66/665	20	70	33	95
.0992632	943/9500	23	95	41	100
.0993495	168/1691	24	89	35	95
.0993555	185/1862	25	95	37	98
.0993665	800/8051	20	83	40	97

比值	分数	*A*	*B*	*C*	*D*
0.0990					
.0993976	33/332	20	80	33	83
.0994152	17/171	25	90	34	95
.0994542	164/1649	20	85	41	97
.0994953	138/1387	23	73	30	95
0.0995					
.0995069	222/2231	24	92	37	97
.0995322	851/8550	23	90	37	95
.0995591	700/7031	20	79	35	89
.0996177	860/8633	20	89	43	97
.0996377	55/552	25	90	33	92
.0996580	204/2047	24	89	34	92
.0996904	161/1615	23	85	35	95
.0997449	391/3920	23	80	34	98
.0997753	222/2225	24	89	37	100
.0998225	225/2254	20	92	45	98
.0998372	184/1843	23	95	40	97
.0998684	759/7600	23	80	33	95
.0998752	80/801	20	89	40	90
.0999334	150/1501	25	79	30	95
.0999876	805/8051	23	83	35	97
0.1000					
.1000000*	1/10	25	75	30	100
.1000606	165/1649	25	85	33	97
.1001144	175/1748	25	92	35	95
.1001176	851/8500	23	85	37	100
.1001473	68/679	20	70	34	97
.1001760	740/7387	20	83	37	89
.1001888	690/6887	23	71	30	97
.1002291	175/1746	25	90	35	97
.1002532	198/1975	24	79	33	100
.1003196	408/4067	24	83	34	98
.1003305	759/7565	23	85	33	89
.1003798	185/1843	25	95	37	97
.1004016	25/249	25	83	30	90
.1004082	123/1225	24	98	41	100
.1004439	792/7885	24	83	33	95
.1004566	22/219	20	73	33	90
.1004994	161/1602	23	89	35	90
0.1005					
.1005178	330/3283	20	67	33	98
.1005322	170/1691	25	89	34	95
.1005435	37/368	20	80	37	92
.1005831	69/686	23	70	30	98
.1006036	50/497	20	71	35	98
.1006250	161/1600	23	80	35	100

（续）

比值	分数	*A*	*B*	*C*	*D*
0.1005					
.1006430	360/3577	24	73	30	98
.1006505	851/8455	23	89	37	95
.1006558	660/6557	20	79	33	83
.1006803	74/735	20	75	37	98
.1007407	68/675	20	75	34	90
.1007572	825/8188	25	89	33	92
.1007732	391/3880	23	80	34	97
.1008114	410/4067	20	83	41	98
.1008154	136/1349	20	71	34	95
.1008403	12/119	24	85	35	98
.1008516	225/2231	20	92	45	97
.1009184	989/9800	23	98	43	100
.1009373	140/1387	20	73	35	95
.1009667	94/931	20	95	47	98
.1009888	480/4753	20	97	48	98
0.1010					
.1010075	391/3871	23	79	34	98
.1010204	99/980	24	80	33	98
.1010410	165/1633	20	71	33	92
.1010526	48/475	24	75	30	95
.1011236	9/89	24	80	30	89
.1011326	759/7505	23	79	33	95
.1011765	43/425	20	85	43	100
.1012000	253/2500	23	75	33	100
.1012507	170/1679	20	73	34	92
.1012658	8/79	20	79	34	85
.1012788	198/1955	24	85	33	92
.1012889	943/9310	23	95	41	98
.1013539	816/8051	24	83	34	97
.1013553	875/8633	25	89	35	97
.1013699	37/365	20	73	37	100
.1014085	36/355	24	71	30	100
.1014261	825/8134	25	83	33	98
.1014433	246/2425	24	97	41	100
.1014493	7/69	20	75	35	92
.1014585	160/1577	20	83	40	95
.1014706	69/680	23	80	30	85
.1014925	34/335	20	67	34	100
0.1015					
.1015297	750/7387	25	83	30	89
.1015385	33/325	20	65	33	100
.1015541	660/6499	20	67	33	97
.1015853	660/6497	20	73	33	89
.1016018	222/2185	24	92	37	95
.1016064	253/2490	23	83	33	90
.1016200	69/679	23	70	30	97

比值	分数	*A*	*B*	*C*	*D*
0.1015					
.1016408	700/6887	20	71	35	97
.1016806	720/7081	24	73	30	97
.1017150	172/1691	20	89	43	95
.1017182	148/1455	20	75	37	97
.1018115	444/4361	24	89	37	98
.1018162	185/1817	20	79	37	92
.1018507	820/8051	20	83	41	97
.1018727	136/1335	20	75	34	89
.1018799	168/1649	24	85	35	97
.1018987	161/1580	23	79	35	100
.1019588	989/9700	23	97	43	100
0.1020					
.1020000	51/500	24	80	34	100
.1020076	188/1843	20	95	47	97
.1020408	5/49	20	70	35	98
.1020488	782/7663	23	79	34	97
.1020619	99/970	24	80	33	97
.1020926	161/1577	23	83	35	95
.1021609	851/8330	23	85	37	98
.1021672	33/323	25	85	33	95
.1022222	23/225	23	75	30	90
.1022556	68/665	20	70	34	95
.1022980	138/1349	23	71	30	95
.1023332	943/9215	23	95	41	97
.1023392*	35/342	25	90	35	95
.1023720	82/801	20	89	41	90
.1024036	720/7031	24	79	30	89
.1024096	17/166	20	80	34	83
.1024717	825/8051	25	83	33	97
.1024845	33/322	20	70	33	92
0.1025					
.1025000	41/400	20	80	41	100
.1025301	851/8300	23	83	37	100
.1025892	210/2047	24	89	35	92
.1025954	925/9016	25	92	37	98
.1026570	85/828	25	90	34	92
.1026786	23/224	23	80	35	98
.1027397	15/146	23	73	30	92
.1027481	759/7387	23	83	33	89
.1027550	138/1343	23	79	30	85
.1027778	37/360	20	80	37	90
.1028571	18/175	24	70	30	100
.1028947	391/3800	23	80	34	95
.1029412*	7/68	25	85	35	100
.1029748	45/437	20	92	45	95
.1029851	69/670	23	67	30	100
.1029963	55/534	25	89	33	90

（续）

比值	分数	*A*	*B*	*C*	*D*
0.1030					
.1030928	10/97	20	70	35	97
.1031149	96/931	20	95	48	98
.1031250	33/320	23	80	33	92
.1031921	375/3634	25	79	30	92
.1032141	851/8245	23	85	37	97
.1032413	86/833	20	85	43	98
.1032653	253/2450	23	75	33	98
.1032864	22/213	20	71	33	90
.1033325	400/3871	20	79	40	98
.1033538	792/7663	24	79	33	97
.1033708	46/445	23	75	30	89
.1034386	370/3577	20	73	37	98
.1034780	360/3479	24	71	30	98
.1034876	816/7885	24	83	34	95
0.1035					
.1035008	68/657	20	73	34	90
.1035136	492/4753	24	97	41	98
.1035294	44/425	20	75	33	85
.1035638	340/3283	20	67	34	98
.1035789	246/2375	24	95	41	100
.1036107	66/637	20	65	33	98
.1036531	925/8924	25	92	37	97
.1036921	132/1273	20	67	33	95
.1037037*	14/135	20	75	35	90
.1037060	680/6557	20	79	34	83
.1037192	198/1909	24	83	33	92
.1037371	161/1552	23	80	35	97
.1037594	69/665	23	70	30	95
.1037806	140/1349	20	71	35	95
.1037975	41/395	20	79	41	100
.1038105	425/4094	25	89	34	92
.1038212	144/1387	24	73	30	95
.1038596	148/1425	20	75	37	95
.1039157	69/664	23	80	30	83
.1039326	37/356	20	80	37	89
.1039726	759/7300	23	73	33	100
.1039783	115/1106	23	79	35	98
.1039949	164/1577	20	83	41	95
0.1040					
.1040248	168/1615	24	85	35	95
.1040396	989/9506	23	97	43	98
.1040788	74/711	20	79	37	90
.1041029	170/1633	20	71	34	92
.1041053	989/9500	23	95	43	100
.1041448	495/4753	30	97	33	98

比值	分数	*A*	*B*	*C*	*D*
0.1040					
.1041667*	5/48	25	80	30	90
.1041780	192/1843	20	95	48	97
.1041972	782/7505	23	79	34	95
.1042105	99/950	24	80	33	95
.1042254	37/355	20	71	37	100
.1042442	140/1343	20	79	35	85
.1042511	900/8633	20	89	45	97
.1042591	235/2254	20	92	47	98
.1042667	391/3750	23	75	34	100
.1043056	172/1649	20	85	43	97
.1043299	253/2425	23	75	33	97
.1043478	12/115	24	75	30	92
.1043978	800/7663	20	79	40	97
.1044304	33/316	20	79	33	80
.1044444	47/450	20	90	47	100
.1044469	660/6319	20	71	33	89
.1044706	222/2125	24	85	37	100
.1044776	7/67	20	67	35	100
.1044996	425/4067	25	83	34	98
0.1045					
.1045050	740/7081	20	73	37	97
.1045448	720/6887	24	71	30	97
.1045752*	16/153	20	85	40	90
.1045918	41/392	20	80	41	98
.1046154	34/325	20	65	34	100
.1046315	680/6499	20	67	34	97
.1046637	680/6497	20	73	34	89
.1046788	132/1261	20	65	33	97
.1046854	391/3735	23	83	34	90
.1047619	11/105	20	70	33	90
.1047669	200/1909	20	83	40	92
.1047778	943/9000	23	90	41	100
.1048365	375/3577	25	73	30	98
.1048593	41/391	20	85	41	92
.1048689	28/267	20	75	35	89
.1048753	185/1764	25	90	37	98
.1048901	148/1411	20	83	37	85
.1049563	36/343	24	70	30	98
0.1050					
.1050000	21/200	24	80	35	100
.1050228	23/219	23	73	30	90
.1050318	215/2047	20	89	43	92
.1050420	25/238	25	85	35	98
.1050502	805/7663	23	79	35	97
.1050868	345/3283	23	67	30	98

（续）

比值	分数	*A*	*B*	*C*	*D*	比值	分数	*A*	*B*	*C*	*D*
0. 1050						0. 1060					
. 1051546	51/485	24	80	34	97	. 1062422	851/8010	23	89	37	90
. 1051967	500/4753	20	97	50	98	. 1062500	17/160	23	80	34	92
. 1052311	690/6557	23	79	30	83	. 1063144	165/1552	25	80	33	97
. 1052482	740/7031	20	79	37	89	. 1063291	42/395	24	79	35	100
. 1052632*	2/19	25	75	30	95	. 1063373	99/931	30	95	33	98
. 1053061	129/1225	24	98	43	100	. 1063524	370/3479	20	71	37	98
. 1053339	235/2231	20	92	47	97	. 1063658	132/1241	20	73	33	85
. 1053371	75/712	25	80	30	89	. 1063946	391/3675	23	75	34	98
. 1053837	92/873	23	90	40	97	. 1064111	161/1513	23	85	35	89
. 1053870	851/8075	23	85	37	95	. 1064163	68/639	20	71	34	90
. 1053991	408/3871	24	79	34	98	. 1064516	33/310	20	62	33	100
. 1054217	35/332	20	80	35	83	. 1064774	120/1127	20	92	48	98
. 1054804	460/4361	23	89	40	98	. 1064857	816/7663	24	79	34	97
. 1054852	25/237	25	79	30	90	0. 1065					
. 1054987	165/1564	25	85	33	92	. 1065015	172/1615	20	85	43	95
0. 1055						. 1065263	253/2375	23	75	33	95
. 1055296	792/7505	24	79	33	95	. 1065449	70/657	20	73	35	90
. 1055769	850/8051	25	83	34	97	. 1065616	825/7742	25	79	33	98
. 1055901	17/161	20	70	34	92	. 1065678	920/8633	23	89	40	97
. 1056000	66/625	24	75	33	100	. 1065760	47/441	20	90	47	98
. 1056122	207/1960	23	98	45	100	. 1065956	160/1501	20	79	40	95
. 1056180	47/445	20	89	47	100	. 1066098	50/469	20	67	35	98
. 1056338	15/142	23	71	30	92	. 1066667	8/75	20	75	34	85
. 1056701	41/388	20	80	41	97	. 1067010	207/1940	23	97	45	100
. 1056763	175/1656	25	90	35	92	. 1067051	148/1387	20	73	37	95
. 1056928	492/4655	24	95	41	98	. 1067504	68/637	20	65	34	98
. 1057012	851/8051	23	83	37	97	. 1067561	700/6557	20	79	35	83
. 1057143	37/350	20	70	37	100	. 1067824	984/9215	24	95	41	97
. 1057290	430/4067	20	83	43	98	. 1068190	860/8051	20	83	43	97
. 1057502	160/1513	20	85	40	89	. 1068342	136/1273	20	67	34	95
. 1058352	185/1748	25	92	37	95	. 1068622	204/1909	24	83	34	92
. 1058616	782/7387	23	83	34	89	. 1068826	132/1235	20	65	33	95
. 1058824	9/85	24	80	30	85	. 1069014	759/7100	23	71	33	100
. 1059172	750/7081	25	73	30	97	. 1069161	943/8820	23	90	41	98
. 1059390	66/623	20	70	33	89	. 1069565	123/1150	24	92	41	100
. 1059551	943/8900	23	89	41	100	. 1069880	222/2075	24	83	37	100
0. 1060						0. 1070					
. 1060241	44/415	20	75	33	83	. 1070077	820/7663	20	79	41	97
. 1060383	72/679	24	70	30	97	. 1070733	165/1541	20	67	33	92
. 1060537	925/8722	25	89	37	98	. 1070950	80/747	20	83	40	90
. 1060945	759/7154	23	73	33	98	. 1071233	391/3650	23	73	34	100
. 1061249	175/1649	25	85	35	97	. 1071429*	3/28	25	70	30	100
. 1061538	69/650	23	65	30	100	. 1071470	925/8633	25	89	37	97
. 1061702	690/6499	23	67	30	97	. 1071647	175/1633	20	71	35	92
. 1062029	690/6497	23	73	30	89	. 1071883	759/7081	23	73	33	97
. 1062299	989/9310	23	95	43	98	. 1072067	180/1679	24	73	30	92

（续）

比值	分数	A	B	C	D	比值	分数	A	B	C	D
0.1070						0.1080					
.1072226	144/1343	24	79	30	85	.1081633	53/490	20	98	53	100
.1072464	37/345	20	75	37	92	.1081871	37/342	25	90	37	95
.1072618	161/1501	23	79	35	95	.1081967	33/305	20	61	33	100
.1073007	510/4753	30	97	34	98	.1082353	46/425	23	75	30	85
.1073333	161/1500	23	75	35	100	.1082474	21/194	24	80	35	97
.1073684	51/475	24	80	34	95	.1082707	72/665	24	70	30	95
.1073861	205/1909	20	83	41	92	.1082984	800/7387	20	83	40	89
.1074114	100/931	20	95	50	98	.1083203	69/637	23	65	30	98
.1074169	42/391	24	85	35	92	.1083591 *	35/323	25	85	35	95
.1074335	198/1843	30	95	33	97	.1083939	164/1513	20	85	41	89
.1074488	740/6887	20	71	37	97	.1084053	138/1273	23	67	30	95
.1074627	36/335	24	67	30	100	.1084184	85/784	25	80	34	98
.1074914	782/7275	23	75	34	97	.1084286	759/7000	23	70	33	100
0.1075						.1084514	222/2047	24	89	37	92
.1075000	43/400	20	80	43	100	.1084932	198/1825	24	73	33	100
.1075515	47/437	20	92	47	95	.1084991	60/553	24	79	35	98
.1075731	125/1162	25	83	35	98	0.1085					
.1075833	759/7055	23	83	33	85	.1085187	200/1843	20	95	50	97
.1075949	17/158	20	79	34	80	.1085526	33/304	25	80	33	95
.1076023	92/855	23	90	40	95	.1085630	516/4753	24	97	43	98
.1076120	680/6319	20	71	34	89	.1086111	391/3600	23	80	34	90
.1076602	825/7663	25	79	33	97	.1086241	165/1519	20	62	33	98
.1076747	94/873	20	90	47	97	.1086316	258/2375	24	95	43	100
.1076923 *	7/65	20	65	35	100	.1086822	875/8051	25	83	35	97
.1077016	888/8245	24	85	37	97	.1086957	5/46	20	70	35	92
.1077089	700/6499	20	67	35	97	.1087275	816/7505	24	79	34	95
.1077215	851/7900	23	79	37	100	.1088000	68/625	24	75	34	100
.1077420	700/6497	20	73	35	89	.1088114	184/1691	23	89	40	95
.1077551	132/1225	24	75	33	98	.1088235	37/340	20	80	37	85
.1077734	470/4361	20	89	47	98	.1088435	16/147	20	75	40	98
.1077896	375/3479	25	71	30	98	.1088608	43/395	20	79	43	100
.1077996	170/1577	25	83	34	95	.1088660	264/2425	24	75	33	97
.1078266	1025/9506	25	97	41	98	.1088845	940/8633	20	89	47	97
.1078431	11/102	25	85	33	90	.1089008	750/6887	25	71	30	97
.1078509	136/1261	20	65	34	97	.1089474	207/1900	23	95	45	100
.1078717	37/343	20	70	37	98	.1089708	198/1817	24	79	33	92
.1078947	41/380	20	80	41	95	.1089838	74/679	20	70	37	97
.1079264	851/7885	23	83	37	95	0.1090					
.1079365	34/315	20	70	34	90	.1090549	165/1513	25	85	33	89
.1079505	759/7031	23	79	33	89	.1090679	172/1577	20	83	43	95
.1079812	23/213	23	71	30	90	.1090831	759/6958	23	71	33	98
0.1080						.1091393	123/1127	24	92	41	98
.1080183	943/8730	23	90	41	97	.1091493	68/623	20	70	34	89
.1080409	825/7636	25	83	33	92	.1091571	180/1649	20	85	45	97
.1081174	943/8722	23	89	41	98	.1091714	444/4067	24	83	37	98
.1081471	150/1387	25	73	30	95	.1091772	69/632	23	79	30	80

（续）

比值	分数	A	B	C	D
0.1090					
.1091945	690/6319	23	71	30	89
.1092320	943/8633	23	89	41	97
.1092369	136/1245	20	75	34	83
.1092605	164/1501	20	79	41	95
.1092784	53/485	20	97	53	100
.1093095	391/3577	23	73	34	98
.1093294	75/686	25	70	30	98
.1094027	185/1691	25	89	37	95
.1094370	138/1261	23	65	30	97
.1094527	22/201	20	67	33	90
0.1095					
.1095238	23/210	23	70	30	90
.1095361	85/776	25	80	34	97
.1095462	70/639	20	71	35	90
.1095596	102/931	30	95	34	98
.1095890	8/73	20	73	34	85
.1096176	840/7663	24	79	35	97
.1096296	74/675	20	75	37	90
.1096558	360/3283	24	67	30	98
.1096774	17/155	20	62	34	100
.1096939	43/392	20	80	43	98
.1097109	148/1349	20	71	37	95
.1097439	330/3007	20	62	33	97
.1097544	782/7125	23	75	34	95
.1097724	82/747	20	83	41	90
.1097908	425/3871	25	79	34	98
.1098039*	28/255	20	75	35	85
.1098063	720/6557	24	79	30	83
.1098315	391/3560	23	80	34	89
.1098398	48/437	20	92	48	95
.1098901	10/91	20	65	35	98
.1099199	851/7742	23	79	37	98
.1099267	165/1501	25	79	33	95
.1099415	94/855	20	90	47	95
.1099656	32/291	20	75	40	97
.1099764	140/1273	20	67	35	95
.1099859	391/3555	23	79	34	90
0.1100					
.1100000	11/100	20	60	33	100
.1100052	210/1909	24	83	35	92
.1100715	200/1817	20	79	40	92
.1100967	205/1862	25	95	41	98
.1101215	136/1235	20	65	34	95
.1101408	391/3550	23	71	34	100
.1101846	185/1679	20	73	37	92
.1102010	148/1343	20	79	37	85
0.1100					
.1102076	759/6887	23	71	33	97
.1102266	180/1633	24	71	30	92
.1102645	246/2231	24	92	41	97
.1102740	161/1460	23	73	35	100
.1102941*	15/136	25	80	30	85
.1102969	888/8051	24	83	37	97
.1103061	1081/9800	23	98	47	100
.1103180	170/1541	20	67	34	92
.1103679	33/299	20	65	33	92
.1104048	330/2989	20	61	33	98
.1104364	782/7081	23	73	34	97
.1104478	37/335	20	67	37	100
.1104566	75/679	25	70	30	97
0.1105					
.1105263*	21/190	30	95	35	100
.1105618	246/2225	24	89	41	100
.1105882	47/425	20	85	47	100
.1106414	759/6860	23	70	33	98
.1106529	161/1455	23	75	35	97
.1106891	204/1843	30	95	34	97
.1107073	396/3577	24	73	33	98
.1107544	69/623	23	70	30	89
.1107595	35/316	20	79	35	80
.1107692	36/325	24	65	30	100
.1107770	700/6319	20	71	35	89
.1107863	720/6499	24	67	30	97
.1108204	720/6497	24	73	30	89
.1108434	46/415	23	75	30	83
.1108485	516/4655	24	95	43	98
.1108614	148/1335	20	75	37	89
.1108696	51/460	24	80	34	92
.1109139	125/1127	20	92	50	98
.1109226	850/7663	25	79	34	97
.1109412	943/8500	23	85	41	100
.1109702	175/1577	25	83	35	95
0.1110					
.1110000	111/1000	24	80	37	100
.1110058	820/7387	20	83	41	89
.1110230	140/1261	20	65	35	97
.1110377	168/1513	24	85	35	89
.1110531	851/7663	23	79	37	97
.1110824	430/3871	20	79	43	98
.1111111*	1/9	25	90	40	100
.1111236	989/8900	23	89	43	100
.1111579	264/2375	24	75	33	95
.1111708	207/1862	23	95	45	98

（续）

比值	分数	A	B	C	D
0.1110					
.1111768	188/1691	20	89	47	95
.1111935	150/1349	25	71	30	95
.1112006	138/1241	23	73	30	85
.1112217	782/7031	23	79	34	89
.1112317	205/1843	25	95	41	97
.1112360	99/890	24	80	33	89
.1112782	74/665	20	70	37	95
.1112903	69/620	23	62	30	100
.1113148	425/3818	25	83	34	92
.1113402	54/485	24	97	45	100
.1113924	44/395	24	79	33	90
.1114130	41/368	20	80	41	92
.1114433	1081/9700	23	97	47	100
.1114458	37/332	20	80	37	83
.1114551*	36/323	20	85	45	95
.1114754	34/305	20	61	34	100
0.1115					
.1115085	530/4753	20	97	53	98
.1115316	943/8455	23	89	41	95
.1115430	660/5917	20	61	33	97
.1115493	198/1775	24	71	33	100
.1115646	82/735	20	75	41	98
.1115828	184/1649	23	85	40	97
.1116071	25/224	25	80	35	98
.1116176	759/6800	23	80	33	85
.1116736	375/3358	25	73	30	92
.1116827	825/7387	25	83	33	89
.1116902	150/1343	25	79	30	85
.1117143	391/3500	23	70	34	100
.1117409	138/1235	23	65	30	95
.1117820	759/6790	23	70	33	97
.1117874	900/8051	20	83	45	97
.1118012	18/161	24	70	30	92
.1118056	161/1440	23	80	35	90
.1118256	400/3577	20	73	40	98
.1118421	17/152	25	80	34	95
.1118486	792/7081	24	73	33	97
.1118644	33/295	20	59	33	100
.1118926	175/1564	25	85	35	92
.1119157	170/1519	20	62	34	98
.1119254	168/1501	24	79	35	95
.1119403	15/134	23	67	30	92
.1119737	851/7600	23	80	37	95
.1119913	1032/9215	24	95	43	97
0.1120					
.1120000	14/125	24	75	35	100

比值	分数	A	B	C	D
0.1120					
.1120543	66/589	20	62	33	95
.1120574	250/2231	20	92	50	97
.1120924	165/1472	25	80	33	92
.1121315	989/8820	23	90	43	98
.1121649	272/2425	24	75	34	97
.1121739	129/1150	24	92	43	100
.1121892	185/1649	25	85	37	97
.1122297	680/6059	20	73	34	83
.1122449	11/98	20	60	33	98
.1122608	792/7055	24	83	33	85
.1122730	204/1817	24	79	34	92
.1122807*	32/285	20	75	40	95
.1123169	207/1843	23	95	45	97
.1123288	41/365	20	73	41	100
.1123596	10/89	20	70	35	89
.1123886	391/3479	23	71	34	98
.1124051	222/1975	24	79	37	100
.1124183	86/765	20	85	43	90
.1124444	253/2250	23	75	33	90
.1124498	28/249	20	75	35	83
.1124917	851/7565	23	85	37	89
0.1125					
.1125000*	9/80	20	80	45	100
.1125245	115/1022	23	73	35	98
.1125278	759/6745	23	71	33	95
.1125858	246/2185	24	92	41	95
.1126244	215/1909	20	83	43	92
.1126332	74/657	20	73	37	90
.1126440	792/7031	24	79	33	89
.1126531	138/1225	23	98	48	100
.1126761	8/71	20	71	34	85
.1127018	370/3283	20	67	37	98
.1127148	164/1455	20	75	41	97
.1127614	782/6935	23	73	34	95
.1127695	68/603	20	67	34	90
.1127820*	15/133	25	70	30	95
.1128122	140/1241	20	73	35	85
.1128233	205/1817	20	79	41	92
.1128451	94/833	20	85	47	98
.1128565	740/6557	20	79	37	83
.1129032	7/62	20	62	35	100
.1129412	48/425	24	75	30	85
.1129518	75/664	25	80	30	83
.1129702	925/8188	25	89	37	92
.1129784	800/7081	20	73	40	97

（续）

比值	分数	A	B	C	D	比值	分数	A	B	C	D
0. 1130						0. 1135					
. 1130137	33/292	23	73	33	92	. 1139421	720/6319	24	71	30	89
. 1130199	125/1106	25	79	35	98	. 1139812	984/8633	24	89	41	97
. 1130298	72/637	24	65	30	98	. 1139942	391/3430	23	70	34	98
. 1130618	161/1424	23	80	35	89	0. 1140					
. 1130695	340/3007	20	62	34	97	. 1140085	188/1649	20	85	47	97
. 1130865	1075/9506	25	97	43	98	. 1140366	680/5963	20	67	34	89
. 1131148	69/610	23	61	30	100	. 1140621	408/3577	24	73	34	98
. 1131186	144/1273	24	67	30	95	. 1141035	161/1411	23	83	35	85
. 1131322	255/2254	30	92	34	98	. 1141304	21/184	24	80	35	92
. 1131429	99/875	24	70	33	100	. 1141353	759/6650	23	70	33	95
. 1131579	43/380	20	80	43	95	. 1141474	330/2891	20	59	33	98
. 1132053	943/8330	23	85	41	98	. 1141553	25/219	25	73	30	90
. 1132208	161/1422	23	79	35	90	. 1141850	875/7663	25	79	35	97
. 1132530	47/415	20	83	47	100	. 1141951	144/1261	24	65	30	97
. 1132578	170/1501	25	79	34	95	. 1142248	375/3283	25	67	30	98
. 1132653	111/980	24	80	37	98	. 1142715	920/8051	23	83	40	97
. 1132836	759/6700	23	67	33	100	. 1142857	4/35	24	70	30	90
. 1132884	185/1633	20	71	37	92	. 1142985	255/2231	30	92	34	97
. 1133333	17/150	20	60	34	100	. 1143072	759/6640	23	80	33	83
. 1133603 *	28/247	20	65	35	95	. 1143723	943/8245	23	85	41	97
. 1133803	161/1420	23	71	35	100	. 1143791 *	35/306	25	85	35	90
. 1133911	851/7505	23	79	37	95	. 1144165	50/437	20	92	50	95
. 1134021	11/97	20	60	33	97	. 1144279	23/201	23	67	30	90
. 1134667	851/7500	23	75	37	100	. 1144632	129/1127	24	92	43	98
0. 1135						. 1144930	805/7031	23	79	35	89
. 1135113	825/7268	25	79	33	92	0. 1145					
. 1135266	47/414	20	90	47	92	. 1145263	272/2375	24	75	34	95
. 1135423	192/1691	20	89	48	95	. 1145511	37/323	25	85	37	95
. 1135473	782/6887	23	71	34	97	. 1145604	989/8633	23	89	43	97
. 1135616	345/3038	23	62	30	98	. 1145833	11/96	25	80	33	90
. 1136145	943/8300	23	83	41	100	. 1145903	172/1501	20	79	43	95
. 1136845	805/7081	23	73	35	97	. 1146067	51/445	24	80	34	89
. 1136868	1025/9016	25	92	41	98	. 1146212	410/3577	20	73	41	98
. 1137124	34/299	20	65	34	92	. 1146526	500/4361	20	89	50	98
. 1137202	925/8134	25	83	37	98	. 1146667	43/375	20	75	43	100
. 1137504	340/2989	20	61	34	98	. 1146762	990/8633	30	89	33	97
. 1137818	800/7031	20	79	40	89	. 1146990	444/3871	24	79	37	98
. 1137931	33/290	20	58	33	100	. 1147323	345/3007	23	62	30	97
. 1138144	276/2425	23	97	48	100	. 1147541	7/61	20	61	35	100
. 1138258	396/3479	24	71	33	98	. 1147679	136/1185	24	79	34	90
. 1138462	37/325	20	65	37	100	. 1147826	66/575	24	75	33	92
. 1138637	740/6499	20	67	37	97	. 1147959	45/392	20	80	45	98
. 1138889	41/360	20	80	41	90	. 1148194	375/3266	25	71	30	92
. 1138987	740/6497	20	73	37	89	. 1148564	92/801	23	89	40	90
. 1139241	9/79	24	79	30	80	. 1148926	925/8051	25	83	37	97
. 1139319	184/1615	23	85	40	95	. 1149068	37/322	20	70	37	92

（续）

比值	分数	A	B	C	D
0.1145					
.1149231	680/5917	20	61	34	97
.1149296	204/1775	24	71	34	100
.1149756	400/3479	20	71	40	98
0.1150					
.1150000	23/200	23	60	30	100
.1150298	212/1843	20	95	53	97
.1150685	42/365	24	73	35	100
.1150877	164/1425	20	75	41	95
.1151020	141/1225	24	98	47	100
.1151316*	35/304	25	80	35	95
.1151694	391/3395	23	70	34	97
.1152024	851/7387	23	83	37	89
.1152074	25/217	20	62	35	98
.1152174	53/460	20	92	53	100
.1152380	816/7081	24	73	34	97
.1152542	34/295	20	59	34	100
.1153201	825/7154	25	73	33	98
.1153305	82/711	20	79	41	90
.1153569	160/1387	20	73	40	95
.1153846*	3/26	25	65	30	100
.1154024	750/6499	25	67	30	97
.1154232	345/2989	23	61	30	98
.1154379	750/6497	25	73	30	89
.1154499	68/589	20	62	34	95
.1154639	56/485	24	75	35	97
.1154672	215/1862	25	95	43	98
.1154806	185/1602	25	89	37	90
.1154930	41/355	20	71	41	100
0.1155					
.1155306	700/6059	20	73	35	83
.1155643	470/4067	20	83	47	98
.1155698	72/623	24	70	30	89
.1155751	210/1817	24	79	35	92
.1155955	759/6566	23	67	33	98
.1156250	37/320	23	80	37	92
.1156432	258/2231	24	92	43	97
.1156463	17/147	20	60	34	98
.1156627	48/415	24	75	30	83
.1156725	989/8550	23	90	43	95
.1156942	115/994	23	71	35	98
.1157164	550/4753	20	97	55	98
.1157542	759/6557	23	79	33	83
.1157647	246/2125	24	85	41	100
.1157823	851/7350	23	75	37	98
.1157895	11/95	20	57	33	100
0.1155					
.1158029	820/7081	20	73	41	97
.1158059	74/639	20	71	37	90
.1158346	1000/8633	20	89	50	97
.1158519	391/3375	23	75	34	90
.1158708	165/1424	25	80	33	89
.1158815	888/7663	24	79	37	97
.1159331	943/8134	23	83	41	98
.1159377	782/6745	23	71	34	95
.1159551	258/2225	24	89	43	100
.1159794	45/388	20	80	45	97
.1159901	140/1207	20	71	35	85
0.1160					
.1160043	108/931	24	95	45	98
.1160338	55/474	25	79	33	90
.1160355	144/1241	24	73	30	85
.1160575	816/7031	24	79	34	89
.1160779	161/1387	23	73	35	95
.1160862	70/603	20	67	35	90
.1161117	1081/9310	23	95	47	98
.1161290	18/155	24	62	30	100
.1161372	552/4753	23	97	48	98
.1161609	800/6887	20	71	40	97
.1161695	74/637	20	65	37	98
.1161972	33/284	23	71	33	92
.1162132	205/1764	25	90	41	98
.1162296	164/1411	20	83	41	85
.1162490	450/3871	20	79	45	98
.1162608	148/1273	20	67	37	95
.1162913	222/1909	24	83	37	92
.1163265	57/490	20	98	57	100
.1163529	989/8500	23	85	43	100
.1163808	984/8455	24	89	41	95
.1163951	350/3007	20	62	35	97
.1164087	188/1615	20	85	47	95
.1164207	860/7387	20	83	43	89
.1164342	192/1649	20	85	48	97
.1164384	17/146	23	73	34	92
.1164596	75/644	25	70	30	92
.1164706	99/850	24	80	33	85
0.1165					
.1165090	825/7081	25	73	33	97
.1165714	102/875	24	70	34	100
.1165753	851/7300	23	73	37	100
.1165889	175/1501	25	79	35	95
.1165992	144/1235	24	65	30	95
.1166131	690/5917	23	61	30	97

（续）

比值	分数	*A*	*B*	*C*	*D*
0.1165					
.1166181	40/343	20	70	40	98
.1166264	820/7031	20	79	41	89
.1166421	396/3395	24	70	33	97
.1166576	215/1843	25	95	43	97
.1166667*	7/60	30	90	35	100
.1166772	184/1577	23	83	40	95
.1167048	51/437	30	92	34	95
.1167164	391/3350	23	67	34	100
.1167557	940/8051	20	83	47	97
.1167692	759/6500	23	65	33	100
.1167802	943/8075	23	85	41	95
.1167872	759/6499	23	67	33	97
.1168073	180/1541	24	67	30	92
.1168231	759/6497	23	73	33	89
.1168385	34/291	20	60	34	97
.1168478	43/368	20	80	43	92
.1168869	805/6887	23	71	35	97
.1169383	165/1411	25	83	33	85
.1169492	69/590	23	59	30	100
.1169591*	20/171	25	90	40	95
.1169722	989/8455	23	89	43	95
.1169759*	851/7275	23	75	37	97
0.1170					
.1170068	86/735	20	75	43	98
.1170569	35/299	20	65	35	92
.1170886	37/316	20	79	37	80
.1170960	50/427	20	61	35	98
.1171071	740/6319	20	71	37	89
.1171283	943/8051	23	83	41	97
.1171429	41/350	20	70	41	100
.1171477	69/589	23	62	30	95
.1172002	216/1843	24	95	45	97
.1172414	17/145	20	58	34	100
.1172751	408/3479	24	71	34	98
.1173114	185/1577	25	83	37	95
.1173333	44/375	24	75	33	90
.1173425	136/1159	20	61	34	95
.1173469	23/196	23	60	30	98
.1173672	148/1261	20	65	37	97
.1173827	888/7565	24	85	37	89
.1173906	700/5963	20	67	35	89
.1174112	205/1746	25	90	41	97
.1174203	792/6745	24	71	33	95
.1174475	900/7663	20	79	45	97
.1174603	37/315	20	70	37	90

比值	分数	*A*	*B*	*C*	*D*
0.1175					
.1175000	47/400	20	80	47	100
.1175189	1025/8722	25	89	41	98
.1175258	57/485	20	97	57	100
.1175510	144/1225	24	98	48	100
.1175688	265/2254	20	92	53	98
.1175940	391/3325	23	70	34	95
.1176064	340/2891	20	59	34	98
.1176471*	2/17	25	75	30	85
.1176640	816/6935	24	73	34	95
.1177278	943/8010	23	89	41	90
.1177394	75/637	25	65	30	98
.1177711	391/3320	23	80	34	83
.1177778	53/450	20	90	53	100
.1178082	43/365	20	73	43	100
.1178203	80/679	20	70	40	97
.1178319	150/1273	25	67	30	95
.1178500	410/3479	20	71	41	98
.1178571	33/280	23	70	33	92
.1178750	943/8000	23	80	41	100
.1178947	56/475	24	75	35	95
.1179273	198/1679	24	73	33	92
.1179449	792/6715	24	79	33	85
.1179775	21/178	24	80	35	89
0.1180					
.1180231	480/4067	20	83	48	98
.1180328	36/305	24	61	30	100
.1180556	17/144	25	80	34	90
.1180778	258/2185	24	92	43	95
.1181053	561/4750	33	95	34	100
.1181273	492/4165	24	85	41	98
.1181435	28/237	24	79	35	90
.1181513	1020/8633	30	89	34	97
.1181944	851/7200	23	80	37	90
.1182090	198/1675	24	67	33	100
.1182408	164/1387	20	73	41	95
.1182609	68/575	24	75	34	92
.1182732	200/1691	20	89	50	95
.1182864	185/1564	25	85	37	92
.1183032	700/5917	20	61	35	97
.1183099	42/355	24	71	35	100
.1183211	888/7505	24	79	37	95
.1183269	215/1817	20	79	43	92
.1183463	1125/9506	25	97	45	98
.1183673	29/245	20	98	58	100
.1183824	161/1360	23	80	35	85
.1184000	74/625	24	75	37	100

(续)

比值	分数	A	B	C	D	比值	分数	A	B	C	D
0.1180						0.1190					
.1184211*	9/76	25	95	45	100	.1192459	759/6365	23	67	33	95
.1184513	875/7387	25	83	35	89	.1192587	148/1241	20	73	37	85
.1184841	816/6887	24	71	34	97	.1192771	99/830	24	80	33	83
.1184990	180/1519	24	62	30	98	.1192982	34/285	20	57	34	100
0.1185						.1193359	345/2891	23	59	30	98
.1185185*	16/135	20	75	40	90	.1193548	37/310	20	62	37	100
.1185542	246/2075	24	83	41	100	.1193671	943/7900	23	79	41	100
.1185567	23/194	23	60	30	97	.1193820	85/712	25	80	34	89
.1185686	825/6958	25	71	33	98	.1194030	8/67	24	67	30	90
.1185822	552/4655	23	95	48	98	.1194386	851/7125	23	75	37	95
.1186064	160/1349	20	71	40	95	.1194709	840/7031	24	79	35	89
.1186273	840/7081	24	73	35	97	.1194782	925/7742	25	79	37	98
.1186441	7/59	20	59	35	100	0.1195					
.1186517	264/2225	24	75	33	89	.1195225	851/7120	23	80	37	89
.1186619	564/4753	24	97	47	98	.1195335	41/343	20	70	41	98
.1186709	75/632	25	79	30	80	.1195413	1032/8633	24	89	43	97
.1186897	750/6319	25	71	30	89	.1195499	85/711	25	79	34	90
.1187275	989/8330	23	85	43	98	.1195652	11/92	25	75	33	92
.1187368	282/2375	24	95	47	100	.1195942	943/7885	23	83	41	95
.1187629	288/2425	24	97	48	100	.1196341	170/1421	20	58	34	98
.1187801	74/623	20	70	37	89	.1196581*	14/117	20	65	35	90
.1188146	425/3577	25	73	34	98	.1196906	851/7110	23	79	37	90
.1188188	680/5723	20	59	34	97	.1197207	360/3007	24	62	30	97
.1188315	720/6059	24	73	30	83	.1197909	825/6887	25	71	33	97
.1188406	41/345	20	75	41	92	.1198047	1104/9215	23	95	48	97
.1188455	70/589	20	62	35	95	.1198381	148/1235	20	65	37	95
.1188755	148/1245	20	75	37	83	.1198502	32/267	20	75	40	89
.1188859	175/1472	25	80	35	92	.1198592	851/7100	23	71	37	100
.1189532	150/1261	25	65	30	97	.1198809	161/1343	23	79	35	85
.1189618	165/1387	25	73	33	95	.1198888	1035/8633	23	89	45	97
.1189655	69/580	23	58	30	100	.1198980	47/392	20	80	47	98
.1189873	47/395	20	79	47	100	.1199201	180/1501	20	79	45	95
0.1190						.1199515	989/8245	23	85	43	97
.1190259	391/3285	23	73	34	90	0.1200					
.1190476*	5/42	25	70	30	90	.1200000	3/25	24	60	30	100
.1190649	820/6887	20	71	41	97	.1200395	850/7081	25	73	34	97
.1190722	231/1940	33	97	35	100	.1200519	185/1541	20	67	37	92
.1190984	391/3283	23	67	34	98	.1200574	920/7663	23	79	40	97
.1191185	200/1679	20	73	40	92	.1200728	198/1649	30	85	33	97
.1191363	160/1343	20	79	40	85	.1200949	759/6320	23	79	33	80
.1191523	759/6370	23	65	33	98	.1201139	759/6319	23	71	33	89
.1191566	989/8300	23	83	43	100	.1201373	105/874	30	92	35	95
.1192010	185/1552	25	80	37	97	.1201493	161/1340	23	67	35	100
.1192137	188/1577	20	83	47	95	.1201767	408/3395	24	70	34	97
.1192325	1075/9016	25	92	43	98	.1202046	47/391	20	85	47	92
.1192398	960/8051	20	83	48	97	.1202125	430/3577	20	73	43	98

（续）

比值	分数	*A*	*B*	*C*	*D*
0.1200					
.1202624	165/1372	25	70	33	98
.1202749	35/291	20	60	35	97
.1202806	943/7840	23	80	41	98
.1203008*	16/133	20	70	40	95
.1203077	391/3250	23	65	34	100
.1203262	782/6499	23	67	34	97
.1203632	782/6497	23	73	34	89
.1203807	759/6305	23	65	33	97
.1203852	75/623	25	70	30	89
.1204013	36/299	24	65	30	92
.1204082	59/490	20	98	59	100
.1204416	360/2989	24	61	30	98
.1204617	1075/8924	25	92	43	97
.1204762	253/2100	23	70	33	90
0.1205					
.1205156	561/4655	33	95	34	98
.1205479	44/365	24	73	33	90
.1205882	41/340	20	80	41	85
.1205993	161/1335	23	75	35	89
.1206214	396/3283	24	67	33	98
.1206387	204/1691	30	89	34	95
.1206522	111/920	24	80	37	92
.1206897	7/58	20	58	35	100
.1207018	172/1425	20	75	43	95
.1207099	925/7663	25	79	37	97
.1207243	60/497	24	71	35	98
.1207446	720/5963	24	67	30	89
.1207658	82/679	20	70	41	97
.1207938	140/1159	20	61	35	95
.1208163	148/1225	24	75	37	98
.1208378	225/1862	25	95	45	98
.1208703	150/1241	25	73	30	85
.1208889	136/1125	24	75	34	90
.1209086	495/4094	30	89	33	92
.1209150	37/306	25	85	37	90
.1209564	86/711	20	79	43	90
.1209677	15/124	25	62	30	100
.1209785	816/6745	24	71	34	95
0.1210					
.1210220	270/2231	24	92	45	97
.1210354	851/7031	23	79	37	89
.1210526	23/190	23	57	30	100
.1210654	50/413	20	59	35	98
.1211247	168/1387	24	73	35	95
.1211268	43/355	20	71	43	100
.1211367	925/7636	25	83	37	92

比值	分数	*A*	*B*	*C*	*D*
0.1210					
.1211600	564/4655	24	95	47	98
.1211866	576/4753	24	97	48	98
.1212349	161/1328	23	80	35	83
.1212492	198/1633	24	71	33	92
.1212632	288/2375	24	95	48	100
.1212815	53/437	20	92	53	95
.1212856	200/1649	20	85	50	97
.1213115	37/305	20	61	37	100
.1213235	33/272	25	80	33	85
.1213483	54/445	24	89	45	100
.1214118	258/2125	24	85	43	100
.1214157	470/3871	20	79	47	98
.1214286	17/140	23	70	34	92
.1214518	860/7081	20	73	43	97
.1214575*	30/247	25	65	30	95
.1214815	82/675	20	75	41	90
0.1215					
.1215022	165/1358	25	70	33	97
.1215190	48/395	24	79	34	85
.1215278*	35/288	25	80	35	90
.1215714	851/7000	23	70	37	100
.1215789	231/1900	33	95	35	100
.1215884	989/8134	23	83	43	98
.1216127	184/1513	23	85	40	89
.1216263	1050/8633	30	89	35	97
.1216438	222/1825	24	73	37	100
.1216495	59/485	20	97	59	100
.1216742	375/3082	25	67	30	92
.1216833	720/5917	24	61	30	97
.1217105	37/304	25	80	37	95
.1217391	14/115	24	75	35	92
.1217502	192/1577	20	83	48	95
.1217647	207/1700	23	85	45	100
.1217656	80/657	20	73	40	90
.1217907	185/1519	20	62	37	98
.1218032	943/7742	23	79	41	98
.1218299	759/6230	23	70	33	89
.1218398	400/3283	20	67	40	98
.1218462	198/1625	24	65	33	100
.1218649	792/6499	24	67	33	97
.1218821	215/1764	25	90	43	98
.1219024	792/6497	24	73	33	89
.1219277	253/2075	23	75	33	83
.1219565	561/4600	33	92	34	100
.1219689	840/6887	24	71	35	97

（续）

比值	分数	*A*	*B*	*C*	*D*
0. 1220					
. 1220070	800/6557	20	79	40	83
. 1220339	36/295	24	59	30	100
. 1220619	296/2425	24	75	37	97
. 1220836	225/1843	25	95	45	97
. 1220965	205/1679	20	73	41	92
. 1221147	164/1343	20	79	41	85
. 1221324	740/6059	20	73	37	83
. 1221615	425/3479	25	71	34	98
. 1221794	222/1817	24	79	37	92
. 1222222	11/90	25	75	33	90
. 1222411	72/589	24	62	30	95
. 1222472	272/2225	24	75	34	89
. 1222736	185/1513	25	85	37	89
. 1222826	45/368	20	80	45	92
. 1223135	700/5723	20	59	35	97
. 1223207	759/6205	23	73	33	85
. 1223787	391/3195	23	71	34	90
. 1223881	41/335	20	67	41	100
. 1224128	207/1691	23	89	45	95
. 1224194	759/6200	23	62	33	100
. 1224490	6/49	24	60	30	98
. 1224740	200/1633	20	71	40	92
. 1224768	989/8075	23	85	43	95
0. 1225					
. 1225266	161/1314	23	73	35	90
. 1225624	1081/8820	23	90	47	98
. 1225667	170/1387	25	73	34	95
. 1225849	184/1501	23	79	40	95
. 1226013	115/938	23	67	35	98
. 1226087	141/1150	24	92	47	100
. 1226181	148/1207	20	71	37	85
. 1226667	46/375	23	75	34	85
. 1226804	119/970	34	97	35	100
. 1227068	408/3325	24	70	34	95
. 1227197	74/603	20	67	37	90
. 1227630	391/3185	23	65	34	98
. 1227696	805/6557	23	79	35	83
. 1227847	1060/8633	20	89	53	97
. 1228070*	7/57	25	75	35	95
. 1228410	825/6716	25	73	33	92
. 1228464	164/1335	20	75	41	89
. 1228594	782/6365	23	67	34	95
. 1228758	94/765	20	85	47	90
. 1228916	51/415	24	80	34	83
. 1229150	759/6175	23	65	33	95
. 1229407	500/4067	20	83	50	98

比值	分数	*A*	*B*	*C*	*D*
0. 1225					
. 1229508	15/122	25	61	30	100
. 1229661	990/8051	30	83	33	97
. 1229814	99/805	24	70	33	92
0. 1230					
. 1230000	123/1000	24	80	41	100
. 1230462	370/3007	20	62	37	97
. 1230589	943/7663	23	79	41	97
. 1230661	175/1422	25	79	35	90
. 1230769*	8/65	20	65	40	100
. 1230959	800/6499	20	67	40	97
. 1231145	555/4508	30	92	37	98
. 1231343	33/268	23	67	33	92
. 1231386	215/1746	25	90	43	97
. 1231527	25/203	20	58	35	98
. 1231593	92/747	23	83	40	90
. 1231884	17/138	25	75	34	92
. 1232394	35/284	23	71	35	92
. 1232512	185/1501	25	79	37	95
. 1232631	275/2231	20	92	55	97
. 1232680	943/7650	23	85	41	90
. 1232877	9/73	20	73	45	100
. 1233083	82/665	20	70	41	95
. 1233333	37/300	20	60	37	100
. 1234209	850/6887	25	71	34	97
. 1234365	375/3038	25	62	30	98
. 1234707	989/8010	23	89	43	90
. 1234940	41/332	20	80	41	83
0. 1235					
. 1235231	115/931	23	95	50	98
. 1235294*	21/170	30	85	35	100
. 1235661	851/6887	23	71	37	97
. 1235987	430/3479	20	71	43	98
. 1236061	1175/9506	25	97	47	98
. 1236250	989/8000	23	80	43	100
. 1236842	47/380	20	80	47	95
. 1237113	12/97	24	60	30	97
. 1237342	391/3160	23	79	34	80
. 1237379	576/4655	24	95	48	98
. 1237458	37/299	20	65	37	92
. 1237828	750/6059	25	73	30	83
. 1237872	370/2989	20	61	37	98
. 1238248	540/4361	24	89	45	98
. 1238305	225/1817	20	79	45	92
. 1238390*	40/323	25	85	40	95
. 1238462	161/1300	23	65	35	100
. 1238652	805/6499	23	67	35	97

（续）

比值	分数	*A*	*B*	*C*	*D*
0. 1235					
. 1238896	516/4165	24	85	43	98
. 1239033	805/6497	23	73	35	89
. 1239067	85/686	25	70	34	98
. 1239437	44/355	24	71	33	90
. 1239766	106/855	20	90	53	95
. 1239990	480/3871	20	79	48	98
0. 1240					
. 1240087	172/1387	20	73	43	95
. 1240285	782/6305	23	65	34	97
. 1240449	276/2225	23	89	48	100
. 1240525	851/6860	23	70	37	98
. 1240602	33/266	25	70	33	95
. 1240789	943/7600	23	80	41	95
. 1240986	740/5963	20	67	37	89
. 1241270	391/3150	23	70	34	90
. 1241379	18/145	24	58	30	100
. 1241869	210/1691	30	89	35	95
. 1242009	136/1095	24	73	34	90
. 1242082	1000/8051	20	83	50	97
. 1242236	20/161	20	70	40	92
. 1242353	264/2125	24	75	33	85
. 1242450	144/1159	24	61	30	95
. 1242564	188/1513	20	85	47	89
. 1242766	408/3283	24	67	34	98
. 1243178	205/1649	25	85	41	97
. 1243328	396/3185	24	65	33	98
. 1243373	258/2075	24	83	43	100
. 1243697	74/595	20	70	37	85
. 1243781	25/201	25	67	30	90
. 1243878	1219/9800	23	98	53	100
. 1244223	350/2813	20	58	35	97
. 1244262	759/6100	23	61	33	100
. 1244444	28/225	24	75	35	90
. 1244472	816/6557	24	79	34	83
. 1244898	61/490	20	98	61	100
0. 1245					
. 1245244	360/2891	24	59	30	98
. 1245367	168/1349	24	71	35	95
. 1245570	246/1975	24	79	41	100
. 1245725	255/2047	30	89	34	92
. 1245918	1221/9800	33	98	37	100
. 1245972	116/931	20	95	58	98
. 1246316	296/2375	24	75	37	95
. 1246377	43/345	20	75	43	92
. 1246530	943/7565	23	85	41	89
. 1246667	187/1500	33	90	34	100
0. 1245					
. 1246988	207/1660	23	83	45	100
. 1247090	375/3007	25	62	30	97
. 1247191	111/890	24	80	37	89
. 1247782	1125/9016	25	92	45	98
. 1247939	984/7885	24	83	41	95
. 1247965	230/1843	23	95	50	97
. 1248097	82/657	20	73	41	90
. 1248439	100/801	20	89	50	90
. 1248729	860/6887	20	71	43	97
. 1248858	410/3283	20	67	41	98
. 1249177	759/6076	23	62	33	98
0. 1250					
. 1250000*	1/8	25	60	30	100
. 1250136	1152/9215	24	95	48	97
. 1250634	740/5917	20	61	37	97
. 1250704	222/1775	24	71	37	100
. 1250931	168/1343	24	79	35	85
. 1251014	1080/8633	24	89	45	97
. 1251109	141/1127	24	92	47	98
. 1251471	851/6800	23	80	37	85
. 1251701	92/735	23	75	40	98
. 1251841	85/679	25	70	34	97
. 1251899	989/7900	23	79	43	100
. 1251956	80/639	20	71	40	90
. 1252200	925/7387	25	83	37	89
. 1252498	188/1501	20	79	47	95
. 1252632	119/950	34	95	35	100
. 1252682	759/6059	23	73	33	83
. 1252773	960/7663	20	79	48	97
. 1253133	50/399	20	57	35	98
. 1253165	99/790	24	79	33	80
. 1253314	851/6790	23	70	37	97
. 1253363	792/6319	24	71	33	89
. 1253644	43/343	20	70	43	98
. 1253731	42/335	24	67	35	100
. 1253996	510/4067	30	83	34	98
. 1254060	888/7081	24	73	37	97
. 1254237	37/295	20	59	37	100
. 1254280	989/7885	23	83	43	95
. 1254600	375/2989	25	61	30	98
. 1254902*	32/255	20	75	40	85
0. 1255					
. 1255102	123/980	24	80	41	98
. 1255217	391/3115	23	70	34	89
. 1255306	207/1649	23	85	45	97
. 1255385	204/1625	24	65	34	100

（续）

比值	分数	*A*	*B*	*C*	*D*
0.1255					
.1255549	198/1577	30	83	33	95
.1255578	816/6499	24	67	34	97
.1255727	740/5893	20	71	37	83
.1255887	80/637	20	65	40	98
.1255964	816/6497	24	73	34	89
.1256146	792/6305	24	65	33	97
.1256225	782/6225	23	75	34	83
.1256367	74/589	20	62	37	95
.1256473	825/6566	25	67	33	98
.1256701	1219/9700	23	97	53	100
.1256793	185/1472	25	80	37	92
.1256874	160/1273	20	67	40	95
.1257143	22/175	24	70	33	90
.1257203	240/1909	20	83	48	92
.1257333	943/7500	23	75	41	100
.1257545	125/994	25	71	35	98
.1257664	759/6035	23	71	33	85
.1257756	750/5963	25	67	30	89
.1258037	450/3577	20	73	45	98
.1258081	720/5723	24	59	30	97
.1258197	825/6557	25	79	33	83
.1258312	246/1955	24	85	41	92
.1258427	56/445	24	75	35	89
.1258503	37/294	20	60	37	98
.1258581	55/437	20	92	55	95
.1258706	253/2010	23	67	33	90
.1258817	232/1843	20	95	58	97
.1259259	17/135	25	75	34	90
.1259781	161/1278	23	71	35	90
0.1260					
.1260023	110/873	20	90	55	97
.1260143	1025/8134	25	83	41	98
.1260193	170/1349	25	71	34	95
.1260274	46/365	23	73	34	85
.1260381	258/2047	24	89	43	92
.1260504 *	15/119	25	70	30	85
.1260645	1125/8924	25	92	45	97
.1260741	851/6750	23	75	37	90
.1260870	29/230	20	92	58	100
.1261179	550/4361	20	89	55	98
.1261290	391/3100	23	62	34	100
.1261538	41/325	20	65	41	100
.1261733	820/6499	20	67	41	97
.1262055	759/6014	23	62	33	97
.1262383	943/7470	23	83	41	90
.1262745	161/1275	23	75	35	85

比值	分数	*A*	*B*	*C*	*D*
0.1260					
.1262755	99/784	30	80	33	98
.1263013	825/6532	25	71	33	92
.1263158 *	12/95	30	95	40	100
.1263736	23/182	23	65	35	98
.1264045	45/356	20	80	45	89
.1264327	1081/8550	23	90	47	95
.1264419	285/2254	20	92	57	98
.1264605	184/1455	23	75	40	97
.1264729	161/1273	23	67	35	95
0.1265					
.1265000	253/2000	23	60	33	100
.1265060	21/166	24	80	35	83
.1265306	31/245	20	98	62	100
.1265634	425/3358	25	73	34	92
.1265823	10/79	20	79	40	80
.1266023	800/6319	20	71	40	89
.1266397	782/6175	23	65	34	95
.1266568	86/679	20	70	43	97
.1266714	180/1421	24	58	30	98
.1266923	1020/8051	30	83	34	97
.1267081	102/805	24	70	34	92
.1267312	851/6715	23	79	37	85
.1267416	282/2225	24	89	47	100
.1267534	750/5917	25	61	30	97
.1267606	9/71	20	71	45	100
.1268041	123/970	24	80	41	97
.1268116	35/276	25	75	35	92
.1268231	200/1577	20	83	50	95
.1268571	111/875	24	70	37	100
.1268657	17/134	23	67	34	92
.1268834	160/1261	20	65	40	97
.1269002	192/1513	20	85	48	89
.1269231	33/260	23	65	33	92
.1269350	41/323	25	85	41	95
.1269426	825/6499	25	67	33	97
.1269655	759/5978	23	61	33	98
.1269841 *	8/63	20	70	40	90
0.1270					
.1270023	111/874	30	92	37	95
.1270149	851/6700	23	67	37	100
.1270510	875/6887	25	71	35	97
.1270588	54/425	24	85	45	100
.1271007	900/7081	20	73	45	97
.1271186	15/118	25	59	30	100
.1271268	396/3115	24	70	33	89
.1271437	215/1691	25	89	43	95

（续）

比值	分数	A	B	C	D
0. 1270					
. 1271478	37/291	20	60	37	97
. 1271765	1081/8500	23	85	47	100
. 1272109	187/1470	33	90	34	98
. 1272289	264/2075	24	75	33	83
. 1272437	1035/8134	23	83	45	98
. 1272506	940/7387	20	83	47	89
. 1272644	555/4361	30	89	37	98
. 1272727 *	7/55	20	55	35	100
. 1272849	759/5963	23	67	33	89
. 1273134	1025/8051	25	83	41	97
. 1273345	75/589	25	62	30	95
. 1273408	34/267	25	75	34	89
. 1273499	210/1649	30	85	35	97
. 1273666	74/581	20	70	37	83
. 1273936	805/6319	23	71	35	89
. 1274074	86/675	20	75	43	90
. 1274180	1100/8633	20	89	55	97
. 1274485	989/7760	23	80	43	97
. 1274906	851/6675	23	75	37	89
0. 1275					
. 1275019	172/1349	20	71	43	95
. 1275095	235/1843	25	95	47	97
. 1275510	25/196	25	60	30	98
. 1275630	759/5950	23	70	33	85
. 1275691	180/1411	20	83	45	85
. 1275773	99/776	30	80	33	97
. 1275862	37/290	20	58	37	100
. 1276229	444/3479	24	71	37	98
. 1276390	792/6205	24	73	33	85
. 1276567	943/7387	23	83	41	89
. 1276764	161/1261	23	65	35	97
. 1276963	148/1159	20	61	37	95
. 1277108	53/415	20	83	53	100
. 1277174	47/368	20	80	47	92
. 1277419	99/775	24	62	33	100
. 1277454	285/2231	20	92	57	97
. 1277728	144/1127	24	92	48	98
. 1277778	23/180	23	70	35	90
. 1278019	1032/8075	24	85	43	95
. 1278195	17/133	25	70	34	95
. 1278351	62/485	20	97	62	100
. 1278539	28/219	24	73	35	90
. 1278739	495/3871	30	79	33	98
. 1278772	50/391	20	85	50	92
. 1278912	94/735	20	75	47	98
. 1279147	192/1501	20	79	48	95

比值	分数	A	B	C	D
0. 1275					
. 1279170	148/1157	20	65	37	89
. 1279318	60/469	24	67	35	98
. 1279699	851/6650	23	70	37	95
. 1279834	370/2891	20	59	37	98
0. 1280					
. 1280000	16/125	24	75	34	85
. 1280120	85/664	25	80	34	83
. 1280193	53/414	20	90	53	92
. 1280524	215/1679	20	73	43	92
. 1280715	172/1343	20	79	43	85
. 1280899	57/445	20	89	57	100
. 1281005	408/3185	24	65	34	98
. 1281056	165/1288	25	70	33	92
. 1281250	41/320	23	80	41	92
. 1281627	851/6640	23	80	37	83
. 1281734	207/1615	23	85	45	95
. 1281828	1032/8051	24	83	43	97
. 1281967	391/3050	23	61	34	100
. 1282051 *	5/39	25	65	30	90
. 1282348	1219/9506	23	97	53	98
. 1282364	525/4094	30	89	35	92
. 1282591	792/6175	24	65	33	95
. 1282745	759/5917	23	61	33	97
. 1282993	943/7350	23	75	41	98
. 1283158	1219/9500	23	95	53	100
. 1283255	82/639	20	71	41	90
. 1283400	610/4753	20	97	61	98
. 1283582	43/335	20	67	43	100
. 1283673	629/4900	34	98	37	100
. 1283753	561/4370	33	92	34	95
. 1284109	80/623	20	70	40	89
. 1284211	61/475	20	95	61	100
. 1284452	1221/9506	33	97	37	98
. 1284722	37/288	25	80	37	90
. 1284880	198/1541	24	67	33	92
0. 1285					
. 1285141	32/249	20	75	40	83
. 1285223	187/1455	33	90	34	97
. 1285263	1221/9500	33	95	37	100
. 1285555	1035/8051	23	83	45	97
. 1285714 *	9/70	20	70	45	100
. 1285764	1110/8633	30	89	37	97
. 1285977	210/1633	24	71	35	92
. 1286275	164/1275	20	75	41	85
. 1286441	759/5900	23	59	33	100

（续）

比值	分数	A	B	C	D
0.1285					
.1286550*	22/171	20	90	55	95
.1286602	145/1127	20	92	58	98
.1286765*	35/272	25	80	35	85
.1287031	391/3038	23	62	34	98
.1287185	225/1748	25	92	45	95
.1287284	82/637	20	65	41	98
.1287671	47/365	20	73	47	100
.1287969	759/5893	23	71	33	83
.1288295	164/1273	20	67	41	95
.1288390	172/1335	20	75	43	89
.1288625	759/5890	23	62	33	95
.1288660	25/194	25	60	30	97
.1288889	29/225	20	90	58	100
.1289283	160/1241	20	73	40	85
.1289386	888/6887	24	71	37	97
.1289842	1125/8722	25	89	45	98
0.1290					
.1290000	129/1000	24	80	43	100
.1290323	4/31	20	62	40	100
.1290516	215/1666	25	85	43	98
.1290642	782/6059	23	73	34	83
.1290816	253/1960	23	60	33	98
.1290878	75/581	30	83	35	98
.1291080	55/426	25	71	33	90
.1291228	184/1425	23	75	40	95
.1291344	816/6319	24	71	34	89
.1291373	238/1843	34	95	35	97
.1291656	500/3871	20	79	50	98
.1291781	943/7300	23	73	41	100
.1291922	990/7663	30	79	33	97
.1292135	23/178	23	70	35	89
.1292308	42/325	24	65	35	100
.1292507	840/6499	24	67	35	97
.1292810	989/7650	23	85	43	90
.1292904	840/6497	24	73	35	89
.1293028	740/5723	20	59	37	97
.1293103	15/116	25	58	30	100
.1293233	86/665	20	70	43	95
.1293341	235/1817	20	79	47	92
.1293475	450/3479	20	71	45	98
.1293595	204/1577	30	83	34	95
.1293750	207/1600	23	80	45	100
.1293760	85/657	25	73	34	90
.1293920	615/4753	30	97	41	98
.1293952	92/711	23	79	40	90
.1294118	11/85	25	75	33	85

比值	分数	A	B	C	D
0.1290					
.1294219	150/1159	25	61	30	95
.1294263	1155/8924	33	92	35	97
.1294382	288/2225	24	89	48	100
.1294548	425/3283	25	67	34	98
.1294577	265/2047	20	89	53	92
.1294737	123/950	24	80	41	95
0.1295					
.1295133	165/1274	25	65	33	98
.1295238	68/525	24	70	34	90
.1295282	851/6570	23	73	37	90
.1295547*	32/247	20	65	40	95
.1295775	46/355	23	71	34	85
.1296071	851/6566	23	67	37	98
.1296151	165/1273	25	67	33	95
.1296296*	7/54	25	75	35	90
.1296490	495/3818	30	83	33	92
.1296849	391/3015	23	67	34	90
.1296907	629/4850	34	97	37	100
.1297129	375/2891	25	59	30	98
.1297335	185/1426	20	62	37	92
.1297436	253/1950	23	65	33	90
.1297468	41/316	20	79	41	80
.1297674	820/6319	20	71	41	89
.1297765	180/1387	20	73	45	95
.1297859	200/1541	20	67	40	92
.1297959	159/1225	24	98	53	100
.1298246	37/285	20	57	37	100
.1298309	215/1656	25	90	43	92
.1298361	198/1525	24	61	33	100
.1298824	276/2125	23	85	48	100
.1299157	185/1424	25	80	37	89
.1299252	920/7081	23	73	40	97
.1299580	960/7387	20	83	48	89
.1299664	1122/8633	33	89	34	97
.1299937	205/1577	25	83	41	95
0.1300					
.1300310*	42/323	30	85	35	95
.1300555	164/1261	20	65	41	97
.1300727	984/7565	24	85	41	89
.1300985	185/1422	25	79	37	90
.1301205	54/415	24	83	45	100
.1301286	425/3266	25	71	34	92
.1301587	41/315	20	70	41	90
.1301900	185/1421	20	58	37	98
.1302225	240/1843	20	95	60	97
.1302410	1081/8300	23	83	47	100

（续）

比值	分数	*A*	*B*	*C*	*D*
0.1300					
.1302632	99/760	30	80	33	95
.1302817	37/284	23	71	37	92
.1302859	875/6716	25	73	35	92
.1303053	175/1343	25	79	35	85
.1303172	530/4067	20	83	53	98
.1303333	391/3000	23	60	34	100
.1303371	58/445	20	89	58	100
.1303489	198/1519	24	62	33	98
.1303644	161/1235	23	65	35	95
.1303820	215/1649	25	85	43	97
.1303855	115/882	23	90	50	98
.1304040	184/1411	23	83	40	85
.1304124	253/1940	23	60	33	97
.1304186	1050/8051	30	83	35	97
.1304348	3/23	24	70	35	92
.1304439	620/4753	20	97	62	98
.1304972	1000/7663	20	79	50	97
0.1305					
.1305263	62/475	20	95	62	100
.1305380	165/1264	25	79	33	80
.1305586	825/6319	25	71	33	89
.1305736	1104/8455	23	89	48	95
.1305842	38/291	20	90	57	97
.1305882	111/850	24	80	37	85
.1305970	35/268	23	67	35	92
.1306122	32/245	20	75	48	98
.1306313	925/7081	25	73	37	97
.1306614	1128/8633	24	89	47	97
.1306810	900/6887	20	71	45	97
.1307040	570/4361	20	89	57	98
.1307146	792/6059	24	73	33	83
.1307190*	20/153	25	85	40	90
.1307336	989/7565	23	85	43	89
.1307398	205/1568	25	80	41	98
.1307692	17/130	23	65	34	92
.1307806	444/3395	24	70	37	97
.1307894	850/6499	25	67	34	97
.1308130	391/2989	23	61	34	98
.1308296	850/6497	25	73	34	89
.1308485	165/1261	25	65	33	97
.1308621	759/5800	23	58	33	100
.1308658	198/1513	30	85	33	89
.1308814	1032/7885	24	83	43	95
.1308980	86/657	20	73	43	90
.1309231	851/6500	23	65	37	100
.1309345	1219/9310	23	95	53	98
0.1305					
.1309432	851/6499	23	67	37	97
.1309524	11/84	25	70	33	90
.1309586	250/1909	20	83	50	92
.1309750	759/5795	23	61	33	95
.1309778	430/3283	20	67	43	98
.1309885	216/1649	24	85	45	97
0.1310					
.1310127	207/1580	23	79	45	100
.1310419	122/931	20	95	61	98
.1310501	750/5723	25	59	30	97
.1310742	205/1564	25	85	41	92
.1310843	272/2075	24	75	34	83
.1310861	35/267	25	75	35	89
.1311126	984/7505	24	79	41	95
.1311340	318/2425	24	97	53	100
.1311420	782/5963	23	67	34	89
.1311475	8/61	20	61	40	100
.1311575	860/6557	20	79	43	83
.1312014	759/5785	23	65	33	89
.1312345	792/6035	24	71	33	85
.1312500*	21/160	30	80	35	100
.1312619	207/1577	23	83	45	95
.1312695	759/5782	23	59	33	98
.1312833	222/1691	30	89	37	95
.1312897	1075/8188	25	89	43	92
.1313433	44/335	24	67	33	90
.1313950	470/3577	20	73	47	98
.1314286	23/175	23	70	34	85
.1314433	51/388	30	80	34	97
.1314554	28/213	24	71	35	90
.1314959	625/4753	25	97	50	98
0.1315					
.1315068	48/365	24	73	34	85
.1315193	58/441	20	90	58	98
.1315322	370/2813	20	58	37	97
.1315556	148/1125	24	75	37	90
.1315789*	5/38	25	60	30	95
.1316129	102/775	24	62	34	100
.1316212	82/623	20	70	41	89
.1316327	129/980	24	80	43	98
.1316531	888/6745	24	71	37	95
.1316595	215/1633	20	71	43	92
.1316656	200/1519	20	62	40	98
.1316927	396/3007	24	62	33	97
.1317269	164/1245	20	75	41	83
.1317489	510/3871	30	79	34	98

（续）

比值	分数	A	B	C	D
0.1315					
.1317647	56/425	24	75	35	85
.1317788	989/7505	23	79	43	95
.1318144	943/7154	23	73	41	98
.1318505	575/4361	23	89	50	98
.1318603	185/1403	20	61	37	92
.1318681	12/91	24	65	35	98
.1319003	270/2047	24	89	45	92
.1319121	198/1501	30	79	33	95
.1319298	188/1425	20	75	47	95
.1319493	375/2842	25	58	30	98
.1319588	64/485	20	75	48	97
.1319672	161/1220	23	61	35	100
.1319831	782/5925	23	75	34	79
.1319876	85/644	25	70	34	92
0.1320					
.1320000	33/250	24	60	33	100
.1320250	148/1121	20	59	37	95
.1320350	800/6059	20	73	40	83
.1320528	110/833	20	85	55	98
.1320798	576/4361	24	89	48	98
.1320859	240/1817	20	79	48	92
.1321160	123/931	30	95	41	98
.1321429	37/280	23	70	37	92
.1321457	816/6175	24	65	34	95
.1321616	782/5917	23	61	34	97
.1321877	200/1513	20	85	50	89
.1322082	94/711	20	79	47	90
.1322219	460/3479	23	71	40	98
.1322277	295/2231	20	92	59	97
.1322413	888/6715	24	79	37	85
.1322581	41/310	20	62	41	100
.1322843	1219/9215	23	95	53	97
.1323024	77/582	33	90	35	97
.1323077	43/325	20	65	43	100
.1323281	860/6499	20	67	43	97
.1323375	629/4753	34	97	37	98
.1323529 *	9/68	25	85	45	100
.1323688	860/6497	20	73	43	89
.1323816	204/1541	24	67	34	92
.1323944	47/355	20	71	47	100
.1323963	989/7470	23	83	43	90
.1324238	165/1246	25	70	33	89
.1324415	198/1495	24	65	33	92
.1324740	370/2793	20	57	37	98
.1324858	396/2989	24	61	33	98

比值	分数	A	B	C	D
0.1325					
.1325000	53/400	20	80	53	100
.1325301	11/83	25	75	33	83
.1325424	391/2950	23	59	34	100
.1325479	90/679	20	70	45	97
.1325601	160/1207	20	71	40	85
.1325843	59/445	20	89	59	100
.1326087	61/460	20	92	61	100
.1326228	759/5723	23	59	33	97
.1326301	943/7110	23	79	41	90
.1326531	13/98	20	98	65	100
.1326604	184/1387	23	73	40	95
.1326700	80/603	20	67	40	90
.1326998	782/5893	23	71	34	83
.1327059	282/2125	24	85	47	100
.1327231	58/437	20	92	58	95
.1327496	940/7081	20	73	47	97
.1327674	391/2945	23	62	34	95
.1327760	540/4067	24	83	45	98
.1327935	164/1235	20	65	41	95
.1328191	792/5963	24	67	33	89
.1328502	55/414	20	90	55	92
.1328602	805/6059	23	73	35	83
.1328751	116/873	20	90	58	97
.1328989	1081/8134	23	83	47	98
.1329114	21/158	24	79	35	80
.1329324	840/6319	24	71	35	89
.1329405	925/6958	25	71	37	98
.1329573	165/1241	25	73	33	85
.1329932	391/2940	23	60	34	98
.1329970	580/4361	20	89	58	98
0.1330					
.1330120	276/2075	23	83	48	100
.1330229	400/3007	20	62	40	97
.1330305	205/1541	20	67	41	92
.1330645	33/248	23	62	33	92
.1330738	1265/9506	23	97	55	98
.1330967	150/1127	20	92	60	98
.1331092	396/2975	24	70	33	85
.1331269	43/323	25	85	43	95
.1331579	253/1900	23	57	33	100
.1331733	943/7081	23	73	41	97
.1331768	851/6390	23	71	37	90
.1331901	124/931	20	95	62	98
.1332070	984/7387	24	83	41	89
.1332200	235/1764	25	90	47	98
.1332276	168/1261	24	65	35	97

（续）

比值	分数	*A*	*B*	*C*	*D*
0. 1330					
. 1332445	200/1501	20	79	50	95
. 1332533	111/833	30	85	37	98
. 1332623	125/938	25	67	35	98
. 1332989	516/3871	24	79	43	98
. 1333096	375/2813	25	58	30	97
. 1333333 *	2/15	30	90	40	100
. 1333483	595/4462	34	92	35	97
. 1333814	185/1387	25	73	37	95
. 1333886	161/1207	23	71	35	85
. 1334142	220/1649	20	85	55	97
. 1334322	180/1349	20	71	45	95
. 1334380	85/637	25	65	34	98
. 1334452	875/6557	25	79	35	83
. 1334780	246/1843	30	95	41	97
. 1334902	851/6375	23	75	37	85
. 1334992	161/1206	23	67	35	90
0. 1335					
. 1335052	259/1940	35	97	37	100
. 1335238	1075/8051	25	83	43	97
. 1335327	759/5684	23	58	33	98
. 1335428	170/1273	25	67	34	95
. 1335778	255/1909	30	83	34	92
. 1335950	851/6370	23	65	37	98
. 1336032	33/247	25	65	33	95
. 1336641	943/7055	23	83	41	85
. 1336709	264/1975	24	75	33	79
. 1336752	391/2925	23	65	34	90
. 1336936	940/7031	20	79	47	89
. 1336999	851/6365	23	67	37	95
. 1337079	119/890	34	89	35	100
. 1337349	111/830	24	80	37	83
. 1337461	216/1615	24	85	45	95
. 1337596	1025/7663	25	79	41	97
. 1337705	204/1525	24	61	34	100
. 1337793	40/299	20	65	40	92
. 1337889	1155/8633	33	89	35	97
. 1338102	636/4753	24	97	53	98
. 1338240	400/2989	20	61	40	98
. 1338398	740/5529	20	57	37	97
. 1338516	792/5917	24	61	33	97
. 1338688	100/747	20	83	50	90
. 1338776	164/1225	24	75	41	98
. 1338947	318/2375	24	95	53	100
. 1339041	391/2920	23	73	34	80
. 1339286	15/112	30	80	35	98
. 1339559	875/6532	25	71	35	92
0. 1335					
. 1339869	41/306	25	85	41	90
0. 1340					
. 1340083	225/1679	20	73	45	92
. 1340192	990/7387	30	83	33	89
. 1340283	180/1343	20	79	45	85
. 1340580	37/276	25	75	37	92
. 1341108	46/343	23	70	40	98
. 1341203	943/7031	23	79	41	89
. 1341448	1080/8051	24	83	45	97
. 1341607	800/5963	20	67	40	89
. 1341667	161/1200	23	60	35	100
. 1341772	53/395	20	79	53	100
. 1341907	480/3577	20	73	48	98
. 1342105	51/380	30	80	34	95
. 1342326	1025/7636	25	83	41	92
. 1342373	198/1475	24	59	33	100
. 1342642	125/931	25	57	30	98
. 1342690	1081/8051	23	83	47	97
. 1342857	47/350	20	70	47	100
. 1343013	74/551	20	58	37	95
. 1343110	925/6887	25	71	37	97
. 1343284	9/67	20	67	45	100
. 1343429	275/2047	20	89	55	92
. 1343643	391/2910	23	60	34	97
. 1343681	1160/8633	20	89	58	97
. 1343750	43/320	23	80	43	92
. 1343967	792/5893	24	71	33	83
. 1344262	41/305	20	61	41	100
. 1344394	235/1748	25	92	47	95
. 1344538 *	16/119	20	70	40	85
. 1344652	396/2945	24	62	33	95
. 1344937	85/632	25	79	34	80
0. 1345					
. 1345029	23/171	23	90	50	95
. 1345150	850/6319	25	71	34	89
. 1345455	37/275	20	55	37	100
. 1345578	989/7350	23	75	43	98
. 1345853	86/639	20	71	43	90
. 1345955	391/2905	23	70	34	83
. 1346154 *	7/52	25	65	35	100
. 1346270	222/1649	30	85	37	97
. 1346361	875/6499	25	67	35	97
. 1346519	851/6320	23	79	37	80
. 1346604	115/854	23	61	35	98
. 1346732	851/6319	23	71	37	89
. 1346757	816/6059	24	73	34	83

（续）

比值	分数	A	B	C	D
0. 1345					
. 1346939	33/245	24	60	33	98
. 1347143	943/7000	23	70	41	100
. 1347168	1175/8722	25	89	47	98
. 1347368	64/475	20	75	48	95
. 1347826	31/230	20	92	62	100
. 1347945	246/1825	24	73	41	100
. 1348136	170/1261	25	65	34	97
. 1348276	391/2900	23	58	34	100
. 1348397	185/1372	25	70	37	98
. 1348684	41/304	25	80	41	95
. 1349020	172/1275	20	75	43	85
. 1349093	759/5626	23	58	33	97
. 1349206	17/126	25	70	34	90
. 1349439	782/5795	23	61	34	95
. 1349572	205/1519	20	62	41	98
. 1349722	851/6305	23	65	37	97
. 1349992	805/5963	23	67	35	89
0. 1350					
. 1350078	86/637	20	65	43	98
. 1350211	32/237	20	75	40	79
. 1350540	225/1666	25	85	45	98
. 1350646	1035/7663	23	79	45	97
. 1350794	851/6300	23	70	37	90
. 1350877	77/570	33	90	35	95
. 1350963	470/3479	20	71	47	98
. 1351139	172/1273	20	67	43	95
. 1351250	1081/8000	23	80	47	100
. 1351493	258/1909	24	83	43	92
. 1351598	148/1095	24	73	37	90
. 1351661	118/873	20	90	59	97
. 1351772	782/5785	23	65	34	89
. 1352037	800/5917	20	61	40	97
. 1352113	48/355	24	71	34	85
. 1352348	550/4067	20	83	55	98
. 1352422	444/3283	24	67	37	98
. 1352473	391/2891	23	59	34	98
. 1352577	328/2425	24	75	41	97
. 1352941	23/170	23	70	35	85
. 1353093	105/776	30	80	35	97
. 1353234	136/1005	24	67	34	90
. 1353383*	18/133	20	70	45	95
. 1353747	168/1241	24	73	35	85
. 1353846	44/325	24	65	33	90
. 1353880	246/1817	24	79	41	92
. 1354148	759/5605	23	59	33	95

比值	分数	A	B	C	D
0. 1350					
. 1354278	888/6557	24	79	37	83
. 1354444	1219/9000	23	90	53	100
. 1354839	21/155	24	62	35	100
. 1354934	92/679	23	70	40	97
0. 1355					
. 1355072	187/1380	33	90	34	92
. 1355275	943/6958	23	71	41	98
. 1355443	188/1387	20	73	47	95
. 1355499	53/391	20	85	53	92
. 1355642	555/4094	30	89	37	92
. 1355741	960/7081	20	73	48	97
. 1355932	8/59	20	59	40	100
. 1356164	99/730	24	73	33	80
. 1356484	250/1843	25	95	50	97
. 1356725	116/855	20	90	58	95
. 1356834	408/3007	24	62	34	97
. 1357038	645/4753	30	97	43	98
. 1357266	552/4067	23	83	48	98
. 1357543	800/5893	20	71	40	83
. 1357801	825/6076	25	62	33	98
. 1357895	129/950	24	80	43	95
. 1358234	80/589	20	62	40	95
. 1358650	161/1185	23	75	35	79
. 1358696	25/184	25	70	35	92
. 1358754	253/1862	23	57	33	98
. 1359036	282/2075	24	83	47	100
. 1359094	204/1501	30	79	34	95
. 1359461	222/1633	24	71	37	92
. 1359769	943/6935	23	73	41	95
. 1359867	82/603	20	67	41	90
0. 1360					
. 1360000	17/125	24	60	34	100
. 1360142	230/1691	23	89	50	95
. 1360324	168/1235	24	65	35	95
. 1360544	20/147	20	60	40	98
. 1360737	192/1411	20	83	48	85
. 1360825	66/485	24	60	33	97
. 1360975	860/6319	20	71	43	89
. 1361056	1175/8633	25	89	47	97
. 1361224	667/4900	23	98	58	100
. 1361611	825/6059	25	73	33	83
. 1361842	207/1520	23	80	45	95
. 1362135	495/3634	30	79	33	92
. 1362229*	44/323	20	85	55	95
. 1362297	185/1358	25	70	37	97
. 1362507	1152/8455	24	89	48	95

（续）

比值	分数	*A*	*B*	*C*	*D*
0. 1360					
. 1362751	210/1541	24	67	35	92
. 1362963	92/675	23	75	40	90
. 1363116	119/873	34	90	35	97
. 1363167	396/2905	24	70	33	83
. 1363348	215/1577	25	83	43	95
. 1363485	410/3007	20	62	41	97
. 1363636*	3/22	25	55	30	100
. 1363997	172/1261	20	65	43	97
. 1364177	1032/7565	24	85	43	89
. 1364407	161/1180	23	59	35	100
. 1364548	204/1495	24	65	34	92
. 1364642	555/4067	30	83	37	98
. 1364706	58/425	20	85	58	100
. 1364890	940/6887	20	71	47	97
0. 1365					
. 1365005	408/2989	24	61	34	98
. 1365079	43/315	20	70	43	90
. 1365165	1258/9215	34	95	37	97
. 1365382	960/7031	20	79	48	89
. 1365517	99/725	24	58	33	100
. 1365756	205/1501	25	79	41	95
. 1365971	851/6230	23	70	37	89
. 1366056	231/1691	33	89	35	95
. 1366154	222/1625	24	65	37	100
. 1366290	1100/8051	20	83	55	97
. 1366416	782/5723	23	59	34	97
. 1366667	41/300	20	60	41	100
. 1366785	888/6497	24	73	37	89
. 1367026	165/1207	25	71	33	85
. 1367068	851/6225	23	75	37	83
. 1367183	1104/8075	23	85	48	95
. 1367347	67/490	20	98	67	100
. 1367391	629/4600	34	92	37	100
. 1367521*	16/117	20	65	40	90
. 1367557	650/4753	20	97	65	98
. 1368143	207/1513	23	85	45	89
. 1368159	55/402	25	67	33	90
. 1368439	816/5963	24	67	34	89
. 1368547	114/833	20	85	57	98
. 1369048	23/168	23	60	35	98
. 1369058	792/5785	24	65	33	89
. 1369246	943/6887	23	71	41	97
. 1369327	175/1278	25	71	35	90
. 1369689	216/1577	24	83	45	95
. 1369768	396/2891	24	59	33	98
. 1369863	10/73	20	73	40	80
0. 1370					
. 1370067	184/1343	23	79	40	85
. 1370221	1050/7663	30	79	35	97
. 1370262	47/343	20	70	47	98
. 1370370	37/270	25	75	37	90
. 1370698	450/3283	20	67	45	98
. 1370787	61/445	20	89	61	100
. 1370968	17/124	23	62	34	92
. 1371237	41/299	20	65	41	92
. 1371258	1104/8051	23	83	48	97
. 1371429	24/175	24	70	34	85
. 1371475	851/6205	23	73	37	85
. 1371696	410/2989	20	61	41	98
. 1371799	825/6014	25	62	33	97
. 1371930	391/2850	23	57	34	100
. 1371969	232/1691	20	89	58	95
. 1372155	205/1494	25	83	41	90
. 1372549*	7/51	25	75	35	85
. 1372581	851/6200	23	62	37	100
. 1372762	253/1843	23	57	33	97
. 1372913	74/539	20	55	37	98
. 1372998	60/437	20	92	60	95
. 1373134	46/335	23	67	40	100
. 1373283	110/801	20	89	55	90
. 1373494	57/415	20	83	57	100
. 1373626	25/182	25	65	35	98
. 1373962	1125/8188	25	89	45	92
. 1374269	47/342	25	90	47	95
. 1374570	40/291	20	60	40	97
. 1374705	175/1273	25	67	35	95
0. 1375					
. 1375000	11/80	25	60	33	100
. 1375147	820/5963	20	67	41	89
. 1375333	155/1127	20	92	62	98
. 1375454	492/3577	24	73	41	98
. 1375792	391/2842	23	58	34	98
. 1375894	250/1817	20	79	50	92
. 1376000	86/625	24	75	43	100
. 1376068	161/1170	23	65	35	90
. 1376518	34/247	25	65	34	95
. 1376812	19/138	20	90	57	92
. 1376936	80/581	20	70	40	83
. 1377049	42/305	24	61	35	100
. 1377215	272/1975	24	75	34	79
. 1377308	925/6716	25	73	37	92
. 1377513	185/1343	25	79	37	85
. 1377551	27/196	24	80	45	98

（续）

比值	分数	A	B	C	D
0.1375					
.1377832	225/1633	20	71	45	92
.1378138	851/6175	23	65	37	95
.1378151	82/595	20	70	41	85
.1378277	184/1335	23	75	40	89
.1378425	161/1168	23	73	35	80
.1378711	1110/8051	30	83	37	97
.1378827	1081/7840	23	80	47	98
.1378882	111/805	24	70	37	92
.1378975	425/3082	25	67	34	92
.1379077	816/5917	24	61	34	97
.1379310	4/29	20	58	40	100
.1379395	561/4067	33	83	34	98
.1379599	165/1196	25	65	33	92
.1379707	480/3479	20	71	48	98
0.1380					
.1380000	69/500	23	55	33	100
.1380060	825/5978	25	61	33	98
.1380417	86/623	20	70	43	89
.1380500	160/1159	20	61	40	95
.1380597	37/268	23	67	37	92
.1380804	1020/7387	30	83	34	89
.1381053	328/2375	24	75	41	95
.1381443	67/485	20	97	67	100
.1381526	172/1245	20	75	43	83
.1381579*	21/152	30	80	35	95
.1382022	123/890	24	80	41	89
.1382086	1219/8820	23	90	53	98
.1382443	989/7154	23	73	43	98
.1382488	30/217	24	62	35	98
.1382609	159/1150	24	92	53	100
.1382656	228/1649	20	85	57	97
.1382887	160/1157	20	65	40	89
.1382953	576/4165	24	85	48	98
.1383051	204/1475	24	59	34	100
.1383162	161/1164	23	60	35	97
.1383270	1060/7663	20	79	53	97
.1383532	825/5963	25	67	33	89
.1383604	400/2891	20	59	40	98
.1383841	495/3577	30	73	33	98
.1383890	792/5723	24	59	33	97
.1383966	164/1185	20	75	41	79
.1384283	192/1387	20	73	48	95
.1384389	94/679	20	70	47	97
.1384494	175/1264	25	79	35	80
.1384615*	9/65	20	65	45	100
.1384694	816/5893	24	71	34	83

比值	分数	A	B	C	D
0.1380					
.1384828	900/6499	20	67	45	97
0.1385					
.1385255	900/6497	20	73	45	89
.1385399	408/2945	24	62	34	95
.1385542	23/166	23	70	35	83
.1385621	106/765	20	85	53	90
.1385837	820/5917	20	61	41	97
.1385915	246/1775	24	71	41	100
.1385979	172/1241	20	73	43	85
.1386367	840/6059	24	73	35	83
.1386555	33/238	25	70	33	85
.1386765	943/6800	23	80	41	85
.1387097	43/310	20	62	43	100
.1387203	800/5767	20	73	40	79
.1387500	111/800	30	80	37	100
.1387573	1025/7387	25	83	41	89
.1387755	34/245	24	60	34	98
.1387931	161/1160	23	58	35	100
.1387952	288/2075	24	83	48	100
.1388070	989/7125	23	75	43	95
.1388161	265/1909	20	83	53	92
.1388499	99/713	24	62	33	92
.1388597	660/4753	24	97	55	98
.1388807	943/6790	23	70	41	97
.1388889*	5/36	25	70	35	90
.1389045	989/7120	23	80	43	89
.1389129	161/1159	23	61	35	95
.1389474	66/475	24	57	33	100
.1389634	984/7081	24	73	41	97
.1389671	148/1065	24	71	37	90
.1389831	41/295	20	59	41	100
.1389975	391/2813	23	58	34	97
0.1390					
.1390449	99/712	30	80	33	89
.1390977	37/266	25	70	37	95
.1391304	16/115	20	75	48	92
.1391530	161/1157	23	65	35	89
.1391566	231/1660	33	83	35	100
.1391753	27/194	24	80	45	97
.1391881	168/1207	24	71	35	85
.1392190	82/589	20	62	41	95
.1392252	115/826	23	59	35	98
.1392405	11/79	25	75	33	79
.1392593	94/675	20	75	47	90
.1392713	172/1235	20	65	43	95
.1392941	296/2125	24	75	37	85

（续）

比值	分数	A	B	C	D	比值	分数	A	B	C	D
0.1390						0.1400					
.1393035	28/201	24	67	35	90	.1400592	851/6076	23	62	37	98
.1393072	185/1328	25	80	37	83	.1400679	165/1178	25	62	33	95
.1393189*	45/323	25	85	45	95	.1400849	231/1649	33	85	35	97
.1393258	62/445	20	89	62	100	.1400966	29/207	20	90	58	92
.1393385	198/1421	24	58	33	98	.1401110	1035/7387	23	83	45	89
.1393625	188/1349	20	71	47	95	.1401157	460/3283	23	67	40	98
.1393931	960/6887	20	71	48	97	.1401524	570/4067	20	83	57	98
.1394035	444/3185	24	65	37	98	.1401709	82/585	20	65	41	90
.1394288	825/5917	25	61	33	97	.1401843	989/7055	23	83	43	85
.1394366	99/710	30	71	33	100	.1402062	68/485	24	60	34	97
.1394558	41/294	20	60	41	98	.1402174	129/920	24	80	43	92
.1394737	53/380	20	80	53	95	.1402525	100/713	20	62	40	92
.1394755	984/7055	24	83	41	85	.1402845	1075/7663	25	79	43	97
.1394872	136/975	24	65	34	90	.1402872	850/6059	25	73	34	83
.1394988	540/3871	24	79	45	98	.1402985	47/335	20	67	47	100
0.1395						.1403061	55/392	25	60	33	98
.1395082	851/6100	23	61	37	100	.1403260	198/1411	30	83	33	85
.1395183	782/5605	23	59	34	95	.1403412	255/1817	30	79	34	92
.1395297	629/4508	34	92	37	98	.1403509*	8/57	25	75	40	95
.1395624	236/1691	20	89	59	95	.1404110	41/292	20	73	41	80
.1395873	805/5767	23	73	35	79	.1404211	667/4750	23	95	58	100
.1396280	1081/7742	23	79	47	98	.1404319	943/6715	23	79	41	85
.1396741	420/3007	24	62	35	97	.1404475	408/2905	24	70	34	83
.1396904	1128/8075	24	85	47	95	.1404682	42/299	24	65	35	92
.1397037	943/6750	23	75	41	90	0.1405					
.1397210	1152/8245	24	85	48	97	.1405063	111/790	24	79	37	80
.1397260	51/365	24	73	34	80	.1405152	60/427	24	61	35	98
.1397516	45/322	20	70	45	92	.1405286	888/6319	24	71	37	89
.1397590	58/415	20	83	58	100	.1405622	35/249	25	75	35	83
.1397819	500/3577	20	73	50	98	.1405714	123/875	24	70	41	100
.1397868	800/5723	20	59	40	97	.1405896	62/441	20	90	62	98
.1398073	943/6745	23	71	41	95	.1406470	100/711	20	79	50	90
.1398305	33/236	25	59	33	100	.1406605	805/5723	23	59	35	97
.1398625	407/2910	33	90	37	97	.1406897	102/725	24	58	34	100
.1398762	610/4361	20	89	61	98	.1407323	123/874	30	92	41	95
.1398947	425/3038	25	62	34	98	.1407460	200/1421	20	58	40	98
.1398969	1357/9700	23	97	59	100	.1407609	259/1840	35	92	37	100
.1399067	210/1501	30	79	35	95	.1407750	396/2813	24	58	33	97
.1399417	48/343	20	70	48	98	.1407805	1075/7636	25	83	43	92
.1399516	984/7031	24	79	41	89	.1407915	185/1314	25	73	37	90
.1399643	235/1679	20	73	47	92	.1408110	816/5795	24	61	34	95
.1399928	391/2793	23	57	34	98	.1408240	188/1335	20	75	47	89
0.1400						.1408406	888/6305	24	65	37	97
.1400000*	7/50	30	75	35	100	.1408451	10/71	20	71	40	80
.1400127	1104/7885	23	83	48	95	.1408687	840/5963	24	67	35	89
.1400304	92/657	23	73	40	90	.1408772	925/6566	25	67	37	98

（续）

比值	分数	*A*	*B*	*C*	*D*
0.1405					
.1408935	41/291	20	60	41	97
.1409370	1080/7663	24	79	45	97
.1409524	74/525	24	70	37	90
.1409619	85/603	25	67	34	90
.1409682	629/4462	34	92	37	97
.1409836	43/305	20	61	43	100
0.1410					
.1410000	141/1000	24	80	47	100
.1410108	851/6035	23	71	37	85
.1410153	175/1241	25	73	35	85
.1410256	11/78	25	65	33	90
.1410545	816/5785	24	65	34	89
.1410564	235/1666	25	85	47	98
.1410706	925/6557	25	79	37	83
.1410825	159/1127	24	92	53	98
.1411276	408/2891	24	59	34	98
.1411360	82/581	20	70	41	83
.1411765*	12/85	30	85	40	100
.1412024	1219/8633	23	89	53	97
.1412230	1000/7081	20	73	50	97
.1412281	161/1140	23	57	35	100
.1412392	212/1501	20	79	53	95
.1412671	165/1168	25	73	33	80
.1412873	90/637	20	65	45	98
.1413024	792/5605	24	59	33	95
.1413072	1081/7650	23	85	47	90
.1413182	1220/8633	20	89	61	97
.1413333	53/375	20	75	53	100
.1413369	425/3007	25	62	34	97
.1413521	161/1139	23	67	35	85
.1413699	258/1825	24	73	43	100
.1413793	41/290	20	58	41	100
.1413983	180/1273	20	67	45	95
.1414199	492/3479	24	71	41	98
.1414286	99/700	30	70	33	100
.1414361	782/5529	23	57	34	97
.1414474	43/304	25	80	43	95
.1414947	816/5767	24	73	34	79
0.1415					
.1415013	164/1159	20	61	41	95
.1415405	215/1519	20	62	43	98
.1415602	920/6499	23	67	40	97
.1415663	47/332	20	80	47	83
.1415816	111/784	30	80	37	98
.1416038	920/6497	23	73	40	89
.1416105	925/6532	25	71	37	92
.1416256	115/812	23	58	35	98

比值	分数	*A*	*B*	*C*	*D*
0.1415					
.1416567	118/833	20	85	59	98
.1416667	17/120	25	60	34	100
.1417004*	35/247	25	65	35	95
.1417234	125/882	25	90	50	98
.1417434	200/1411	20	83	50	85
.1417526	55/388	25	60	33	97
.1417722	56/395	24	75	35	79
.1417830	132/931	24	57	33	98
.1418045	943/6650	23	70	41	95
.1418194	410/2891	20	59	41	98
.1418333	851/6000	23	60	37	100
.1418557	344/2425	24	75	43	97
.1418764	62/437	20	92	62	95
.1418890	984/6935	24	73	41	95
.1419009	106/747	20	83	53	90
.1419082	235/1656	25	90	47	92
.1419238	391/2755	23	58	34	95
.1419279	240/1691	20	89	60	95
.1419376	860/6059	20	73	43	83
.1419533	875/6164	25	67	35	92
.1419638	840/5917	24	61	35	97
.1419923	258/1817	24	79	43	92
.1419966	165/1162	25	70	33	83
0.1420					
.1420181	943/6640	23	80	41	83
.1420253	561/3950	33	79	34	100
.1420389	124/873	20	90	62	97
.1420821	550/3871	20	79	55	98
.1421018	215/1513	25	85	43	89
.1421053*	27/190	30	95	45	100
.1421348	253/1780	23	89	55	100
.1421405	85/598	25	65	34	92
.1421687	59/415	20	83	59	100
.1421818	391/2750	23	55	34	100
.1421880	425/2989	25	61	34	98
.1421969	400/2813	20	58	40	97
.1422222	32/225	20	75	48	90
.1422273	1000/7031	20	79	50	89
.1422414	33/232	25	58	33	100
.1422680	69/485	23	75	45	97
.1422823	495/3479	30	71	33	98
.1422955	1122/7885	33	83	34	95
.1423077	37/260	23	65	37	92
.1423221	38/267	20	89	57	90
.1423296	925/6499	25	67	37	97
.1423641	165/1159	25	61	33	95

（续）

比值	分数	*A*	*B*	*C*	*D*
0. 1420					
. 1423729	42/295	24	59	35	100
. 1424051	45/316	20	79	45	80
. 1424211	1353/9500	33	95	41	100
. 1424276	900/6319	20	71	45	89
. 1424765	1230/8633	30	89	41	97
0. 1425					
. 1425021	172/1207	20	71	43	85
. 1425106	235/1649	25	85	47	97
. 1425361	444/3115	24	70	37	89
. 1425517	200/1403	20	61	40	92
. 1425731	1219/8550	23	90	53	95
. 1425826	816/5723	24	59	34	97
. 1425988	552/3871	23	79	48	98
. 1426146	84/589	24	62	35	95
. 1426202	86/603	20	67	43	90
. 1426279	800/5609	20	71	40	79
. 1426506	296/2075	24	75	37	83
. 1426630	105/736	30	80	35	92
. 1426842	825/5782	25	59	33	98
. 1426901	122/855	20	90	61	95
. 1427134	851/5963	23	67	37	89
. 1427297	160/1121	20	59	40	95
. 1427439	180/1261	20	65	45	97
. 1427541	198/1387	30	73	33	95
. 1427627	216/1513	24	85	45	89
. 1427848	282/1975	24	79	47	100
. 1428070	407/2850	33	90	37	95
. 1428394	1150/8051	23	83	50	97
. 1428571*	1/7	25	70	40	100
. 1428779	984/6887	24	71	41	97
. 1428949	1081/7565	23	85	47	89
. 1429213	318/2225	24	89	53	100
. 1429422	240/1679	20	73	48	92
. 1429635	192/1343	20	79	48	85
. 1429997	430/3007	20	62	43	97
0. 1430					
. 1430206	125/874	25	92	50	95
. 1430252	851/5950	23	70	37	85
. 1430412	111/776	30	80	37	97
. 1430575	102/713	24	62	34	92
. 1430746	94/657	20	73	47	90
. 1430790	645/4508	30	92	43	98
. 1430857	805/5626	23	58	35	97
. 1431104	888/6205	24	73	37	85
. 1431170	236/1649	20	85	59	97
. 1431579	68/475	24	57	34	100
. 1431844	125/873	25	90	50	97
. 1432152	400/2793	20	57	40	98
. 1432258	111/775	24	62	37	100
. 1432447	264/1843	24	57	33	97
. 1432584	51/356	30	80	34	89
. 1432815	820/5723	20	59	41	97
. 1432868	667/4655	23	95	58	98
. 1433158	625/4361	25	89	50	98
. 1433333	43/300	20	60	43	100
. 1433582	940/6557	20	79	47	83
. 1433692	40/279	20	62	40	90
. 1434118	1219/8500	23	85	53	100
. 1434240	253/1764	23	90	55	98
. 1434426	35/244	23	61	35	92
. 1434599	34/237	25	75	34	79
. 1434783	33/230	30	75	33	92
. 1434949	225/1568	25	80	45	98
. 1434953	1060/7387	20	83	53	89
0. 1435					
. 1435052	348/2425	24	97	58	100
. 1435312	943/6570	23	73	41	90
. 1435469	1100/7663	20	79	55	97
. 1435609	204/1421	24	58	34	98
. 1435705	115/801	23	89	50	90
. 1435897	28/195	24	65	35	90
. 1436039	989/6887	23	71	43	97
. 1436218	161/1121	23	59	35	95
. 1436335	185/1288	25	70	37	92
. 1436539	850/5917	25	61	34	97
. 1436620	51/355	30	71	34	100
. 1437113	697/4850	34	97	41	100
. 1437195	500/3479	20	71	50	98
. 1437387	396/2755	24	58	33	95
. 1437491	990/6887	30	71	33	97
. 1437588	205/1426	20	62	41	92
. 1437908*	22/153	20	85	55	90
. 1438127	43/299	20	65	43	92
. 1438229	851/5917	23	61	37	97
. 1438356	21/146	24	73	35	80
. 1438596	41/285	20	57	41	100
. 1438776	141/980	24	80	47	98
. 1438889	259/1800	35	90	37	100
. 1439041	216/1501	24	79	45	95
. 1439069	235/1633	20	71	47	92
. 1439313	134/931	20	95	67	98
. 1439359	629/4370	34	92	37	95

（续）

比值	分数	*A*	*B*	*C*	*D*
0.1435					
.1439607	205/1424	25	80	41	89
.1439750	92/639	23	71	40	90
.1439860	164/1139	20	67	41	85
0.1440					
.1440000	18/125	24	55	33	100
.1440092	125/868	25	62	35	98
.1440217	53/368	20	80	53	92
.1440373	1081/7505	23	79	47	95
.1440475	1020/7081	30	73	34	97
.1440623	222/1541	24	67	37	92
.1440678	17/118	25	59	34	100
.1440815	1160/8051	20	83	58	97
.1441008	629/4365	34	90	37	97
.1441103	115/798	23	57	35	98
.1441333	1081/7500	23	75	47	100
.1441552	825/5723	25	59	33	97
.1441691	989/6860	23	70	43	98
.1441750	1219/8455	23	89	53	95
.1441948	77/534	33	89	35	90
.1441961	200/1387	20	73	50	95
.1442227	860/5963	20	67	43	89
.1442330	629/4361	34	89	37	98
.1442373	851/5900	23	59	37	100
.1442550	516/3577	24	73	43	98
.1442646	205/1421	20	58	41	98
.1442652	161/1116	23	62	35	90
.1442933	244/1691	20	89	61	95
.1443038	57/395	20	79	57	100
.1443124	85/589	25	62	34	95
.1443299	14/97	24	60	35	97
.1443609	96/665	20	70	48	95
.1443662	41/284	20	71	41	80
.1443750	231/1600	33	80	35	100
.1444086	851/5893	23	71	37	83
.1444270	92/637	23	65	40	98
.1444444*	13/90	20	90	65	100
.1444623	90/623	20	70	45	89
.1444689	525/3634	30	79	35	92
.1444822	851/5890	23	62	37	95
.1444898	177/1225	24	98	59	100
0.1445					
.1445405	184/1273	23	67	40	95
.1445540	645/4462	30	92	43	97
.1445578	85/588	25	60	34	98
.1445783	12/83	24	70	35	83
.1445876	561/3880	33	80	34	97
0.1445					
.1446154	47/325	20	65	47	100
.1446353	825/5704	25	62	33	92
.1446455	1375/9506	25	97	55	98
.1446743	1035/7154	23	73	45	98
.1446822	940/6497	20	73	47	89
.1446916	800/5529	20	57	40	97
.1447059	123/850	24	80	41	85
.1447279	851/5880	23	60	37	98
.1447368*	11/76	25	95	55	100
.1447536	1025/7081	25	73	41	97
.1447574	185/1278	25	71	37	90
.1447932	1250/8633	25	89	50	97
.1447964*	32/221	20	65	40	85
.1448190	116/801	20	89	58	90
.1448276	21/145	24	58	35	100
.1448421	344/2375	24	75	43	95
.1448519	1110/7663	30	79	37	97
.1448639	165/1139	25	67	33	85
.1449026	253/1746	23	90	55	97
.1449190	492/3395	24	70	41	97
.1449275	10/69	20	60	40	92
.1449438	129/890	24	80	43	89
.1449525	168/1159	24	61	35	95
.1449742	225/1552	25	80	45	97
.1449801	400/2759	20	62	40	89
.1449876	175/1207	25	71	35	85
0.1450					
.1450000	29/200	20	80	58	100
.1450054	135/931	30	95	45	98
.1450292	124/855	20	90	62	95
.1450409	408/2813	24	58	34	97
.1450718	1020/7031	30	79	34	89
.1450835	391/2695	23	55	34	98
.1450992	943/6499	23	67	41	97
.1451078	175/1206	25	67	35	90
.1451443	825/5684	25	58	33	98
.1451477	172/1185	20	75	43	79
.1451613	9/62	20	62	45	100
.1451715	690/4753	23	97	60	98
.1451906	80/551	20	58	40	95
.1452031	168/1157	24	65	35	89
.1452119	185/1274	25	65	37	98
.1452632	69/475	23	75	45	95
.1452785	60/413	24	59	35	98
.1452870	205/1411	25	83	41	85
.1452991	17/117	25	65	34	90

（续）

比值	分数	A	B	C	D	比值	分数	A	B	C	D
0.1450						0.1460					
.1453113	1125/7742	25	79	45	98	.1460102	86/589	20	62	43	95
.1453260	185/1273	25	67	37	95	.1460317	46/315	23	70	40	90
.1453439	860/5917	20	61	43	97	.1460481	85/582	25	60	34	97
.1453521	258/1775	24	71	43	100	.1460598	215/1472	25	80	43	92
.1453608	141/970	24	80	47	97	.1460674	13/89	20	89	65	100
.1453652	207/1424	23	80	45	89	.1460795	136/931	24	57	34	98
.1454027	204/1403	24	61	34	92	.1460980	161/1102	23	58	35	95
.1454082	57/392	20	80	57	98	.1461155	205/1403	20	61	41	92
.1454151	268/1843	20	95	67	97	.1461300	236/1615	20	85	59	95
.1454412	989/6800	23	80	43	85	.1461488	222/1519	24	62	37	98
.1454545*	8/55	20	55	40	100	.1461658	1035/7081	23	73	45	97
.1454701	851/5850	23	65	37	90	.1461936	820/5609	20	71	41	79
.1454760	246/1691	30	89	41	95	.1461988*	25/171	25	90	50	95
.1454938	875/6014	25	62	35	97	.1462077	480/3283	20	67	48	98
0.1455						.1462199	851/5820	23	60	37	97
.1455108	47/323	25	85	47	95	.1462366	68/465	24	62	34	90
.1455259	1075/7387	25	83	43	89	.1462585	43/294	20	60	43	98
.1455428	240/1649	20	85	60	97	.1462792	1032/7055	24	83	43	85
.1455479	85/584	25	73	34	80	.1462887	1419/9700	33	97	43	100
.1455738	222/1525	24	61	37	100	.1462979	164/1121	20	59	41	95
.1455843	816/5605	24	59	34	95	.1463211	175/1196	25	65	35	92
.1455927	920/6319	23	71	40	89	.1463382	1081/7387	23	83	47	89
.1455959	805/5529	23	57	35	97	.1463636	161/1100	23	55	35	100
.1456522	67/460	20	92	67	100	.1463700	125/854	25	61	35	98
.1456554	989/6790	23	70	43	97	.1463839	925/6319	25	71	37	89
.1456667	437/3000	23	90	57	100	.1463918	71/485	20	97	71	100
.1457045	212/1455	20	75	53	97	.1464084	960/6557	20	79	48	83
.1457143	51/350	30	70	34	100	.1464179	1122/7663	33	79	34	97
.1457195	80/549	20	61	40	90	.1464286	41/280	20	70	41	80
.1457421	1032/7081	24	73	43	97	.1464586	122/833	20	85	61	98
.1457519	410/2813	20	58	41	97	.1464716	851/5810	23	70	37	83
.1457627	43/295	20	59	43	100	.1464807	231/1577	33	83	35	95
.1457726	50/343	20	70	50	98	0.1465					
.1457778	164/1125	24	75	41	90	.1465003	270/1843	30	95	45	97
.1458027	99/679	30	70	33	97	.1465158	246/1679	24	73	41	92
.1458228	288/1975	24	79	48	100	.1465308	1265/8633	23	89	55	97
.1458333*	7/48	25	60	35	100	.1465376	984/6715	24	79	41	85
.1458448	265/1817	20	79	53	92	.1465517	17/116	25	58	34	100
.1458465	230/1577	23	83	50	95	.1465588	888/6059	24	73	37	83
.1458824	62/425	20	85	62	100	.1465690	220/1501	20	79	55	95
.1458858	984/6745	24	71	41	95	.1465786	1221/8330	33	85	37	98
.1459159	184/1261	23	65	40	97	.1465938	510/3479	30	71	34	98
.1459359	860/5893	20	71	43	83	.1466271	989/6745	23	71	43	95
.1459627	47/322	20	70	47	92	.1466406	825/5626	25	58	33	97
.1459794	354/2425	24	97	59	100	.1466588	248/1691	20	89	62	95
						.1466667	11/75	30	75	33	90

（续）

比值	分数	*A*	*B*	*C*	*D*	比值	分数	*A*	*B*	*C*	*D*
0.1465						0.1470					
.1466782	170/1159	25	61	34	95	.1473684*	14/95	30	75	35	95
.1466916	235/1602	25	89	47	90	.1473839	200/1357	20	59	40	92
.1467045	207/1411	23	83	45	85	.1473903	850/5767	25	73	34	79
.1467090	185/1261	25	65	37	97	.1474092	495/3358	30	73	33	92
.1467241	851/5800	23	58	37	100	.1474157	328/2225	24	75	41	89
.1467284	222/1513	30	85	37	89	.1474286	129/875	24	70	43	100
.1467382	875/5963	25	67	35	89	.1474510	188/1275	20	75	47	85
.1467710	75/511	30	73	35	98	.1474555	820/5561	20	67	41	83
.1467762	840/5723	24	59	35	97	.1474719	105/712	30	80	35	89
.1467956	410/2793	20	57	41	98	.1474978	168/1139	24	67	35	85
.1468093	1125/7663	25	79	45	97	0.1475					
.1468254	37/252	25	70	37	90	.1475289	600/4067	20	83	60	98
.1468354	58/395	20	79	58	100	.1475410	9/61	20	61	45	100
.1468507	851/5795	23	61	37	95	.1475472	391/2650	23	53	34	100
.1468657	246/1675	24	67	41	100	.1475637	851/5767	23	73	37	79
.1469072	57/388	20	80	57	97	.1475667	94/637	20	65	47	98
.1469317	170/1157	25	65	34	89	.1475855	272/1843	24	57	34	97
.1469388	36/245	24	55	33	98	.1475973	129/874	30	92	43	95
.1469534	41/279	20	62	41	90	.1476119	989/6700	23	67	43	100
.1469610	1325/9016	25	92	53	98	.1476316	561/3800	33	80	34	95
.1469688	240/1633	20	71	48	92	.1476555	444/3007	24	62	37	97
.1469880	61/415	20	83	61	100	.1476726	92/623	23	70	40	89
0.1470						.1476826	188/1273	20	67	47	95
.1470080	425/2891	25	59	34	98	.1476907	275/1862	25	57	33	98
.1470588*	5/34	25	70	35	85	.1476982	231/1564	33	85	35	92
.1470748	1081/7350	23	75	47	98	.1477150	960/6499	20	67	48	97
.1470800	204/1387	30	73	34	95	.1477378	160/1083	20	57	40	95
.1471046	851/5785	23	65	37	89	.1477612	99/670	30	67	33	100
.1471148	232/1577	20	83	58	95	.1477663	43/291	20	60	43	97
.1471345	629/4275	34	90	37	95	.1477833	30/203	24	58	35	98
.1471417	888/6035	24	71	37	85	.1477912	184/1245	23	75	40	83
.1471809	851/5782	23	59	37	98	.1478010	205/1387	25	73	41	95
.1471900	165/1121	25	59	33	95	.1478077	1190/8051	34	83	35	97
.1472000	92/625	23	75	48	100	.1478261	17/115	24	60	34	92
.1472052	1035/7031	23	79	45	89	.1478415	250/1691	25	89	50	95
.1472222	53/360	20	80	53	90	.1478495	55/372	25	62	33	90
.1472488	570/3871	20	79	57	98	.1478571	207/1400	23	70	45	100
.1472637	148/1005	24	67	37	90	.1478790	875/5917	25	61	35	97
.1472651	105/713	24	62	35	92	.1478873	21/142	24	71	35	80
.1472754	100/679	20	70	50	97	.1479014	222/1501	30	79	37	95
.1473034	1311/8900	23	89	57	100	.1479086	1075/7268	25	79	43	92
.1473124	1025/6958	25	71	41	98	.1479216	943/6375	23	75	41	85
.1473214	33/224	33	80	35	98	.1479381	287/1940	35	97	41	100
.1473284	1125/7636	25	83	45	92	.1479452	54/365	24	73	45	100
.1473416	1272/8633	24	89	53	97	.1479592	29/196	20	80	58	98
.1473568	800/5429	20	61	40	89	.1479699	492/3325	24	70	41	95

（续）

比值	分数	A	B	C	D	比值	分数	A	B	C	D
0. 1480						0. 1485					
. 1480000	37/250	24	60	37	100	. 1487496	1035/6958	23	71	45	98
. 1480207	86/581	20	70	43	83	. 1487577	940/6319	20	71	47	89
. 1480263 *	45/304	25	80	45	95	. 1487719	212/1425	20	75	53	95
. 1480377	943/6370	23	65	41	98	. 1487877	1258/8455	34	89	37	95
. 1480822	1081/7300	23	73	47	100	. 1487988	576/3871	24	79	48	98
. 1480944	408/2755	24	58	34	95	. 1488095	25/168	25	60	35	98
. 1481051	1020/6887	30	71	34	97	. 1488203	82/551	20	58	41	95
. 1481238	225/1519	20	62	45	98	. 1488311	1025/6887	25	71	41	97
. 1481481 *	4/27	25	75	40	90	. 1488402	231/1552	33	80	35	97
. 1481648	989/6675	23	75	43	89	. 1488595	124/833	20	85	62	98
. 1481689	530/3577	20	73	53	98	. 1488722	99/665	30	70	33	95
. 1481928	123/830	24	80	41	83	. 1488764	53/356	20	80	53	89
. 1481959	115/776	23	80	50	97	. 1488889	67/450	20	90	67	100
. 1482222	667/4500	23	90	58	100	. 1488982	250/1679	20	73	50	92
. 1482277	138/931	23	95	60	98	. 1489102	1100/7387	20	83	55	89
. 1482580	200/1349	20	71	50	95	. 1489183	888/5963	24	67	37	89
. 1482675	184/1241	23	73	40	85	. 1489458	989/6640	23	80	43	83
. 1482759	43/290	20	58	43	100	. 1489586	708/4753	24	97	59	98
. 1483089	820/5529	20	57	41	97	. 1489796	73/490	20	98	73	100
. 1483185	516/3479	24	71	43	98	. 1489879	184/1235	23	65	40	95
. 1483274	705/4753	30	97	47	98	. 1489985	305/2047	20	89	61	92
. 1483376	58/391	20	85	58	92	0. 1490					
. 1483636	204/1375	24	55	34	100	. 1490182	425/2852	25	62	34	92
. 1483871	23/155	23	62	40	100	. 1490498	1200/8051	20	83	60	97
. 1484038	172/1159	20	61	43	95	. 1490683	24/161	20	70	48	92
. 1484230	80/539	20	55	40	98	. 1490909	41/275	20	55	41	100
. 1484536	72/485	24	75	45	97	. 1490964	99/664	30	80	33	83
. 1484751	185/1246	25	70	37	89	. 1491077	1128/7565	24	85	47	89
. 1484950	222/1495	24	65	37	92	. 1491228	17/114	25	57	34	100
0. 1485						. 1491301	180/1207	20	71	45	85
. 1485235	850/5723	25	59	34	97	. 1491813	246/1649	30	85	41	97
. 1485447	444/2989	24	61	37	98	. 1491935	37/248	23	62	37	92
. 1485507	41/276	20	60	41	92	. 1492132	275/1843	25	57	33	97
. 1485569	175/1178	25	62	35	95	. 1492325	943/6319	23	71	41	89
. 1485944	37/249	25	75	37	83	. 1492437	444/2975	24	70	37	85
. 1486046	410/2759	20	62	41	89	. 1492537	10/67	25	67	34	85
. 1486068 *	48/323	30	85	40	95	. 1492741	1419/9506	33	97	43	98
. 1486247	335/2254	20	92	67	98	. 1492928	285/1909	20	83	57	92
. 1486395	437/2940	23	90	57	98	. 1492982	851/5700	23	57	37	100
. 1486611	161/1083	23	57	35	95	. 1493068	420/2813	24	58	35	97
. 1486880	51/343	30	70	34	98	. 1493386	1050/7031	30	79	35	89
. 1486982	851/5723	23	59	37	97	. 1493506	23/154	23	55	35	98
. 1487112	225/1513	25	85	45	89	. 1493625	82/549	20	61	41	90
. 1487218	989/6650	23	70	43	95	. 1493671	59/395	20	79	59	100
. 1487342	47/316	20	79	47	80	. 1493793	710/4753	20	97	71	98
. 1487375	430/2891	20	59	43	98	. 1493878	183/1225	24	98	61	100

（续）

比值	分数	*A*	*B*	*C*	*D*
0. 1490					
. 1493976	62/415	20	83	62	100
. 1494169	205/1372	25	70	41	98
. 1494340	198/1325	24	53	33	100
. 1494517	1104/7387	23	83	48	89
. 1494565	55/368	25	60	33	92
. 1494737	71/475	20	95	71	100
. 1494845	29/194	20	80	58	97
0. 1495					
. 1495003	1122/7505	33	79	34	95
. 1495166	696/4655	24	95	58	98
. 1495426	425/2842	25	58	34	98
. 1495638	943/6305	23	65	41	97
. 1495726 *	35/234	25	65	35	90
. 1496000	187/1250	33	75	34	100
. 1496156	253/1691	23	89	55	95
. 1496508	450/3007	20	62	45	97
. 1496599	22/147	20	75	55	98
. 1496793	210/1403	24	61	35	92
. 1496964	1060/7081	20	73	53	97
. 1497185	851/5684	23	58	37	98
. 1497278	165/1102	25	58	33	95
. 1497585	31/207	20	90	62	92
. 1497717	164/1095	24	73	41	90
. 1497976	37/247	25	65	37	95
. 1498127	40/267	20	75	50	89
. 1498239	851/5680	23	71	37	80
. 1498288	175/1168	25	73	35	80
. 1498475	1032/6887	24	71	43	97
. 1498629	492/3283	24	67	41	98
. 1498662	168/1121	24	59	35	95
. 1498876	667/4450	23	89	58	100
. 1499001	225/1501	25	79	45	95
. 1499053	1425/9506	25	97	57	98
. 1499250	100/667	20	58	40	92
. 1499531	160/1067	20	55	40	97
. 1499877	610/4067	20	83	61	98
0. 1500					
. 1500000 *	3/20	30	70	35	100
. 1500058	1295/8633	35	89	37	97
. 1500649	925/6164	25	67	37	92
. 1500686	984/6557	24	79	41	83
. 1500761	888/5917	24	61	37	97
. 1501106	1221/8134	33	83	37	98
. 1501389	1081/7200	23	80	47	90
. 1501569	335/2231	20	92	67	97
. 1501718	437/2910	23	90	57	97

比值	分数	*A*	*B*	*C*	*D*
0. 1500					
. 1502041	184/1225	23	75	48	98
. 1502209	102/679	30	70	34	97
. 1502347	32/213	20	71	48	90
. 1502481	212/1411	20	83	53	85
. 1502640	1110/7387	30	83	37	89
. 1502708	860/5723	20	59	43	97
. 1502831	1035/6887	23	71	45	97
. 1502998	1128/7505	24	79	47	95
. 1503096	1311/8722	23	89	57	98
. 1503328	1152/7663	24	79	48	97
. 1503436	175/1164	25	60	35	97
. 1503759 *	20/133	25	70	40	95
. 1503942	248/1649	20	85	62	97
. 1504000	94/625	24	75	47	100
. 1504373	258/1715	24	70	43	98
0. 1505					
. 1505017	45/299	20	65	45	92
. 1505085	222/1475	24	59	37	100
. 1505155	73/485	20	97	73	100
. 1505327	989/6570	23	73	43	90
. 1505376	14/93	24	62	35	90
. 1505520	450/2989	20	61	45	98
. 1505618	67/445	20	89	67	100
. 1505850	1300/8633	20	89	65	97
. 1505882	64/425	20	75	48	85
. 1506024	25/166	25	70	35	83
. 1506244	989/6566	23	67	43	98
. 1506329	119/790	34	79	35	100
. 1506430	246/1633	24	71	41	92
. 1506849	11/73	30	73	33	90
. 1506925	272/1805	24	57	34	95
. 1506982	1403/9310	23	95	61	98
. 1507064	96/637	20	65	48	98
. 1507243	1155/7663	33	79	35	97
. 1507353	41/272	25	80	41	85
. 1507640	444/2945	24	62	37	95
. 1507714	215/1426	20	62	43	92
. 1507767	495/3283	30	67	33	98
. 1508197	46/305	23	61	40	100
. 1508312	989/6557	23	79	43	83
. 1508429	170/1127	34	92	40	98
. 1508621	35/232	25	58	35	100
. 1508746	207/1372	23	70	45	98
. 1508772	43/285	20	57	43	100
. 1508903	161/1067	23	55	35	97
. 1508951	59/391	20	85	59	92

（续）

比值	分数	*A*	*B*	*C*	*D*
0. 1505					
. 1509054	75/497	30	71	35	98
. 1509195	238/1577	34	83	35	95
. 1509307	900/5963	20	67	45	89
. 1509573	205/1358	25	70	41	97
. 1509662	125/828	25	90	50	92
. 1509837	990/6557	30	79	33	83
. 1509922	175/1159	25	61	35	95
0. 1510					
. 1510040	188/1245	20	75	47	83
. 1510097	172/1139	20	67	43	85
. 1510204	37/245	24	60	37	98
. 1510297	66/437	24	92	55	95
. 1510407	820/5429	20	61	41	89
. 1510526	287/1900	35	95	41	100
. 1510581	1392/9215	24	95	58	97
. 1510685	205/1357	20	59	41	92
. 1510843	425/2813	25	58	34	97
. 1511043	1081/7154	23	73	47	98
. 1511111	34/225	30	75	34	90
. 1512027	44/291	20	75	55	97
. 1512074	1221/8075	33	85	37	95
. 1512231	204/1349	30	71	34	95
. 1512329	276/1825	23	73	48	100
. 1512532	175/1157	25	65	35	89
. 1512620	851/5626	23	58	37	97
. 1512775	675/4462	30	92	45	97
. 1513019	215/1421	20	58	43	98
. 1513158	23/152	23	80	50	95
. 1513317	125/826	25	59	35	98
. 1513414	660/4361	24	89	55	98
. 1513484	275/1817	20	79	55	92
. 1513644	943/6230	23	70	41	89
. 1513846	246/1625	24	65	41	100
. 1513915	408/2695	24	55	34	98
. 1514079	984/6499	24	67	41	97
. 1514154	230/1519	23	62	40	98
. 1514312	164/1083	20	57	41	95
. 1514411	310/2047	20	89	62	92
. 1514545	984/6497	24	73	41	89
. 1514612	425/2806	25	61	34	92
. 1514833	720/4753	24	97	60	98
. 1514907	188/1241	20	73	47	85
0. 1515					
. 1515217	697/4600	34	92	41	100
. 1515340	1220/8051	20	83	61	97
. 1515615	495/3266	30	71	33	92
0. 1515					
. 1515663	629/4150	34	83	37	100
. 1515789	72/475	24	75	45	95
. 1516018	265/1748	25	92	53	95
. 1516129	47/310	20	62	47	100
. 1516340	116/765	20	85	58	90
. 1516393	37/244	23	61	37	92
. 1516503	170/1121	25	59	34	95
. 1516582	1221/8051	33	83	37	97
. 1516854	27/178	24	80	45	89
. 1517204	851/5609	23	71	37	79
. 1517253	875/5767	25	73	35	79
. 1517526	368/2425	23	75	48	97
. 1517647	129/850	24	80	43	85
. 1517696	1175/7742	25	79	47	98
. 1517755	265/1746	25	90	53	97
. 1517949	148/975	24	65	37	90
. 1518147	1075/7081	25	73	43	97
. 1518287	851/5605	23	59	37	95
. 1518402	920/6059	23	73	40	83
. 1518519	41/270	20	60	41	90
. 1518607	253/1666	23	85	55	98
. 1518761	255/1679	30	73	34	92
. 1518868	161/1060	23	53	35	100
. 1518987	12/79	20	75	45	79
. 1519120	290/1909	20	83	58	92
. 1519228	960/6319	20	71	48	89
. 1519262	280/1843	24	57	35	97
. 1519643	851/5600	23	70	37	80
. 1519742	943/6205	23	73	41	85
. 1519882	516/3395	24	70	43	97
0. 1520					
. 1520000	19/125	20	75	57	100
. 1520159	230/1513	23	85	50	89
. 1520394	1081/7110	23	79	47	90
. 1520548	111/730	24	73	37	80
. 1520619	59/388	20	80	59	97
. 1520945	708/4655	24	95	59	98
. 1521041	900/5917	20	61	45	97
. 1521127	54/355	24	71	45	100
. 1521336	82/539	20	55	41	98
. 1521538	989/6500	23	65	43	100
. 1521661	425/2793	25	57	34	98
. 1521773	989/6499	23	67	43	97
. 1521877	240/1577	20	83	60	95
. 1522070	100/657	20	73	50	90
. 1522241	989/6497	23	73	43	89

（续）

比值	分数	A	B	C	D
0. 1520					
. 1522291	420/2759	24	62	35	89
. 1522383	925/6076	25	62	37	98
. 1522535	1081/7100	23	71	47	100
. 1522601	192/1261	20	65	48	97
. 1522802	1152/7565	24	85	48	89
. 1522946	1125/7387	25	83	45	89
. 1522997	500/3283	20	67	50	98
. 1523077	99/650	30	65	33	100
. 1523220	246/1615	30	85	41	95
. 1523297	85/558	25	62	34	90
. 1523426	530/3479	20	71	53	98
. 1523546	55/361	25	57	33	95
. 1523750	1219/8000	23	80	53	100
. 1523810	16/105	20	70	48	90
. 1523980	340/2231	34	92	40	97
. 1524096	253/1660	23	83	55	100
. 1524154	590/3871	20	79	59	98
. 1524300	207/1358	23	70	45	97
. 1524441	184/1207	23	71	40	85
. 1524501	84/551	24	58	35	95
. 1524612	1050/6887	30	71	35	97
. 1524719	1357/8900	23	89	59	100
. 1524984	235/1541	20	67	47	92
0. 1525					
. 1525090	851/5580	23	62	37	90
. 1525208	1080/7081	24	73	45	97
. 1525424	9/59	20	59	45	100
. 1525510	299/1960	23	98	65	100
. 1525705	92/603	23	67	40	90
. 1525773	74/485	24	60	37	97
. 1526104	38/249	20	83	57	90
. 1526206	1025/6716	25	73	41	92
. 1526316	29/190	20	80	58	95
. 1526433	205/1343	25	79	41	85
. 1526531	187/1225	33	75	34	98
. 1526621	1081/7081	23	73	47	97
. 1526655	925/6059	25	73	37	83
. 1526768	231/1513	33	85	35	89
. 1527007	1128/7387	24	83	47	89
. 1527126	943/6175	23	65	41	95
. 1527236	900/5893	20	71	45	83
. 1527273	42/275	24	55	35	100
. 1527778 *	11/72	25	90	55	100
. 1528014	90/589	20	62	45	95
. 1528090	68/445	30	75	34	89
. 1528399	444/2905	24	70	37	83
0. 1525					
. 1528479	212/1387	20	73	53	95
. 1528617	430/2813	20	58	43	97
. 1528918	875/5723	25	59	35	97
. 1529017	1320/8633	24	89	55	97
. 1529412 *	13/85	20	85	65	100
. 1529522	816/5335	24	55	34	97
. 1529764	460/3007	23	62	40	97
. 1529851	41/268	23	67	41	92
0. 1530					
. 1530022	1032/6745	24	71	43	95
. 1530055	28/183	24	61	35	90
. 1530300	851/5561	23	67	37	83
. 1530612	15/98	25	55	33	98
. 1530829	216/1411	24	83	45	85
. 1530925	250/1633	20	71	50	92
. 1531034	111/725	24	58	37	100
. 1531100 *	32/209	20	55	40	95
. 1531638	259/1691	35	89	37	95
. 1531686	713/4655	23	95	62	98
. 1532247	1081/7055	23	83	47	85
. 1532312	230/1501	23	79	50	95
. 1532431	215/1403	20	61	43	92
. 1532530	318/2075	24	83	53	100
. 1532609	141/920	24	80	47	92
. 1532726	185/1207	25	71	37	85
. 1532945	342/2231	24	92	57	97
. 1533181	67/437	20	92	67	95
. 1533333	23/150	23	60	40	100
. 1533377	232/1513	20	85	58	89
. 1533505	119/776	34	80	35	97
. 1533835	102/665	30	70	34	95
. 1534011	875/5704	25	62	35	92
. 1534344	172/1121	20	59	43	95
. 1534470	207/1349	23	71	45	95
. 1534694	188/1225	24	75	47	98
. 1534808	1325/8633	25	89	53	97
. 1534937	134/873	20	90	67	97
0. 1535					
. 1535004	888/5785	24	65	37	89
. 1535088 *	35/228	25	60	35	95
. 1535581	41/267	20	60	41	89
. 1535714	43/280	20	70	43	80
. 1535801	444/2891	24	59	37	98
. 1535948	47/306	25	85	47	90
. 1536000	96/625	24	75	48	100
. 1536055	1080/7031	24	79	45	89

（续）

比值	分数	A	B	C	D	比值	分数	A	B	C	D
0.1535						0.1540					
.1536232	53/345	20	75	53	92	.1542650	85/551	25	58	34	95
.1536345	670/4361	20	89	67	98	.1542848	920/5963	23	67	40	89
.1536435	175/1139	25	67	35	85	.1542857	27/175	24	70	45	100
.1536629	258/1679	24	73	43	92	.1543038	1219/7900	23	79	53	100
.1536732	205/1334	20	58	41	92	.1543193	552/3577	23	73	48	98
.1536759	625/4067	25	83	50	98	.1543252	1140/7387	20	83	57	89
.1536858	1032/6715	24	79	43	85	.1543529	328/2125	24	75	41	85
.1537020	164/1067	20	55	41	97	.1543675	205/1328	25	80	41	83
.1537071	85/553	34	79	35	98	.1543753	561/3634	33	79	34	92
.1537349	850/5529	25	57	34	97	.1543860*	44/285	20	75	55	95
.1537477	1081/7031	23	79	47	89	.1544118*	21/136	30	80	35	85
.1537601	550/3577	20	73	55	98	.1544256	82/531	20	59	41	90
.1537976	731/4753	34	97	43	98	.1544465	851/5510	23	58	37	95
.1538078	925/6014	25	62	37	97	.1544622	135/874	30	92	45	95
.1538462*	2/13	25	65	40	100	.1544741	492/3185	24	65	41	98
.1538698	1000/6499	20	67	50	97	.1544776	207/1340	23	67	45	100
.1538764	1175/7636	25	83	47	92	.1544944	55/356	20	80	55	89
.1538947	731/4750	34	95	43	100	.1544984	1075/6958	25	71	43	98
.1538976	460/2989	23	61	40	98	0.1545					
.1539132	1060/6887	20	71	53	97	.1545190	53/343	20	70	53	98
.1539157	851/5529	23	57	37	97	.1545312	295/1909	20	83	59	92
.1539409	125/812	25	58	35	98	.1545455	17/110	25	55	34	100
.1539491	115/747	23	83	50	90	.1545636	232/1501	20	79	58	95
.1539623	204/1325	24	53	34	100	.1545902	943/6100	23	61	41	100
.1539795	888/5767	24	73	37	79	.1545954	984/6365	24	67	41	95
.1539855	85/552	25	60	34	92	.1546067	344/2225	24	75	43	89
0.1540						.1546218	92/595	23	70	40	85
.1540000	77/500	33	75	35	100	.1546392	15/97	25	55	33	97
.1540080	732/4753	24	97	61	98	.1546484	860/5561	20	67	43	83
.1540181	1240/8051	20	83	62	97	.1546595	629/4067	34	83	37	98
.1540271	851/5525	23	65	37	85	.1546667	58/375	20	75	58	100
.1540413	425/2759	25	62	34	89	.1546823	185/1196	25	65	37	92
.1540493	175/1136	25	71	35	80	.1547070	235/1519	20	62	47	98
.1540789	1375/8924	25	92	55	97	.1547242	244/1577	20	83	61	95
.1540931	96/623	20	70	48	89	.1547273	851/5500	23	55	37	100
.1540984	47/305	20	61	47	100	.1547531	210/1357	24	59	35	92
.1541096	45/292	20	73	45	80	.1547731	989/6390	23	71	43	90
.1541219	43/279	20	62	43	90	.1547810	675/4361	30	89	45	98
.1541325	207/1343	23	79	45	85	.1547881	1125/7268	25	79	45	92
.1541353	41/266	25	70	41	95	.1547988*	50/323	25	85	50	95
.1541667	37/240	23	60	37	92	.1548065	124/801	20	89	62	90
.1541950	68/441	34	90	40	98	.1548270	85/549	25	61	34	90
.1542225	851/5518	23	62	37	89	.1548387	24/155	20	62	48	100
.1542268	374/2425	33	75	34	97	.1548510	1221/7885	33	83	37	95
.1542353	1311/8500	23	85	57	100	.1548619	129/833	30	85	43	98
.1542484	118/765	20	85	59	90	.1548913	57/368	20	80	57	92

（续）

比值	分数	A	B	C	D
0.1545					
.1549053	90/581	20	70	45	83
.1549296	11/71	30	71	33	90
.1549474	368/2375	23	75	48	95
.1549708	53/342	25	90	53	95
.1549828	451/2910	33	90	41	97
.1549987	600/3871	20	79	60	98
0.1550					
.1550091	851/5490	23	61	37	90
.1550515	376/2425	24	75	47	97
.1550562	69/445	23	75	45	89
.1551020	38/245	20	75	57	98
.1551247	56/361	24	57	35	95
.1551411	940/6059	20	73	47	83
.1551546	301/1940	35	97	43	100
.1551634	888/5723	24	59	37	97
.1551724	9/58	20	58	45	100
.1551880	516/3325	24	70	43	95
.1552008	943/6076	23	62	41	98
.1552170	540/3479	24	71	45	98
.1552511	34/219	30	73	34	90
.1552590	989/6370	23	65	43	98
.1552743	184/1185	23	75	40	79
.1552795	25/161	20	70	50	92
.1552941	66/425	30	75	33	85
.1553063	180/1159	20	61	45	95
.1553206	235/1513	25	85	47	89
.1553457	510/3283	30	67	34	98
.1553607	1081/6958	23	71	47	98
.1553810	989/6365	23	67	43	95
.1554160	99/637	30	65	33	98
.1554410	1357/8730	23	90	59	97
.1554622	37/238	25	70	37	85
.1554656	192/1235	20	65	48	95
.1554842	920/5917	23	61	40	97
.1554930	276/1775	23	71	48	100
0.1555					
.1555154	86/553	20	70	43	79
.1555279	875/5626	25	58	35	97
.1555435	860/5529	20	57	43	97
.1555556*	7/45	35	90	40	100
.1555748	180/1157	20	65	45	89
.1555836	1357/8722	23	89	59	98
.1556122	61/392	20	80	61	98
.1556391	207/1330	23	70	45	95
.1556604	33/212	25	53	33	100
.1556709	210/1349	30	71	35	95
0.1555					
.1556802	111/713	24	62	37	92
.1556911	740/4753	37	97	40	98
.1556962	123/790	24	79	41	80
.1557208	984/6319	24	71	41	89
.1557318	216/1387	24	73	45	95
.1557430	240/1541	20	67	48	92
.1557465	145/931	25	95	58	98
.1557581	188/1207	20	71	47	85
.1557847	136/873	34	90	40	97
.1557895	74/475	24	57	37	100
.1557971	43/276	20	60	43	92
.1558333	187/1200	33	80	34	90
.1558442	12/77	24	55	35	98
.1558536	430/2759	20	62	43	89
.1558735	207/1328	23	80	45	83
.1558760	1081/6935	23	73	47	95
.1558872	94/603	20	67	47	90
.1558989	111/712	30	80	37	89
.1559102	1104/7081	23	73	48	97
.1559159	875/5612	25	61	35	92
.1559322	46/295	23	59	40	100
.1559496	1152/7387	24	83	48	89
.1559815	236/1513	20	85	59	89
.1559924	246/1577	30	83	41	95
.1559993	875/5609	25	71	35	79
0.1560					
.1560122	205/1314	25	73	41	90
.1560241	259/1660	35	83	37	100
.1560549	125/801	25	89	50	90
.1560603	900/5767	20	73	45	79
.1560666	984/6305	24	65	41	97
.1560799	86/551	20	58	43	95
.1560912	1075/6887	25	71	43	97
.1561106	175/1121	25	59	35	95
.1561174	920/5893	23	71	40	83
.1561381	1221/7820	33	85	37	92
.1561543	255/1633	30	71	34	92
.1561644	57/365	20	73	57	100
.1561905	82/525	24	70	41	90
.1561969	92/589	23	62	40	95
.1562080	697/4462	34	92	41	97
.1562171	1485/9506	33	97	45	98
.1562280	222/1421	24	58	37	98
.1562500*	5/32	25	70	35	80
.1562552	943/6035	23	71	41	85
.1562670	288/1843	24	95	60	97

（续）

比值	分数	A	B	C	D	比值	分数	A	B	C	D
0.1560						0.1565					
.1563020	470/3007	20	62	47	97	.1569841	989/6300	23	70	43	90
.1563215	1025/6557	25	79	41	83	.1569859	100/637	20	65	50	98
.1563292	925/5917	25	61	37	97	.1569955	1020/6497	30	73	34	89
.1563380	111/710	24	71	37	80	0.1570					
.1563636	43/275	20	55	43	100	.1570182	198/1261	30	65	33	97
.1563692	205/1311	20	57	41	92	.1570326	1160/7387	20	83	58	89
.1563847	943/6030	23	67	41	90	.1570370	106/675	20	75	53	90
.1563886	705/4508	30	92	47	98	.1570458	185/1178	25	62	37	95
.1564045	348/2225	24	89	58	100	.1570649	259/1649	35	85	37	97
.1564500	1100/7031	20	79	55	89	.1570776	172/1095	20	73	43	75
.1564626	23/147	23	60	40	98	.1570876	1219/7760	23	80	53	97
.1564848	1104/7055	23	83	48	85	.1571092	200/1273	20	67	50	95
.1564945	100/639	20	71	50	90	.1571233	1265/8051	23	83	55	97
0.1565						.1571429	11/70	30	70	33	90
.1565121	989/6319	23	71	43	89	.1571534	212/1349	20	71	53	95
.1565217	18/115	24	75	45	92	.1571560	851/5415	23	57	37	95
.1565327	744/4753	24	97	62	98	.1571667	943/6000	23	60	41	100
.1565623	235/1501	25	79	47	95	.1571906	47/299	20	65	47	92
.1565789	119/760	34	80	35	95	.1572165	61/388	20	80	61	97
.1565954	425/2714	25	59	34	92	.1572285	236/1501	20	79	59	95
.1566265	13/83	20	83	65	100	.1572432	470/2989	20	61	47	98
.1566416	125/798	25	57	35	98	.1572547	1125/7154	25	73	45	98
.1566485	86/549	20	61	43	90	.1572602	900/5723	20	59	45	97
.1566563	253/1615	23	85	55	95	.1572691	1495/9506	23	97	65	98
.1566667	47/300	20	60	47	100	.1572890	123/782	30	85	41	92
.1567010	76/485	20	75	57	97	.1573034	14/89	30	75	35	89
.1567055	215/1372	25	70	43	98	.1573129	185/1176	25	60	37	98
.1567164	21/134	30	67	35	100	.1573227	275/1748	25	92	55	95
.1567347	192/1225	24	75	48	98	.1573333	59/375	20	75	59	100
.1567508	851/5429	23	61	37	89	.1573352	222/1411	30	83	37	85
.1567575	1110/7081	30	73	37	97	.1573458	875/5561	25	67	35	83
.1567797	37/236	23	59	37	92	.1573684	299/1900	23	95	65	100
.1568008	943/6014	23	62	41	97	.1573770	48/305	20	61	48	100
.1568100	175/1116	25	62	35	90	.1573890	1032/6557	24	79	43	83
.1568172	1080/6887	24	71	45	97	.1574344	54/343	24	70	45	98
.1568353	561/3577	33	73	34	98	.1574508	168/1067	24	55	35	97
.1568520	285/1817	20	79	57	92	.1574737	374/2375	33	75	34	95
.1568627*	8/51	25	75	40	85	0.1575					
.1568803	350/2231	20	92	70	97	.1575029	275/1746	25	90	55	97
.1568878	123/784	30	80	41	98	.1575232	1272/8075	24	85	53	95
.1569231	51/325	30	65	34	100	.1575342	23/146	23	73	40	80
.1569293	231/1472	33	80	35	92	.1575350	1360/8633	34	89	40	97
.1569378	164/1045	20	55	41	95	.1575476	645/4094	30	89	43	92
.1569472	1020/6499	30	67	34	97	.1575802	1081/6860	23	70	47	98
.1569624	1081/6887	23	71	47	97	.1575926	851/5400	23	60	37	90
.1569714	170/1083	25	57	34	95	.1576087	29/184	20	80	58	92

（续）

比值	分数	A	B	C	D	比值	分数	A	B	C	D
0.1575						0.1580					
.1576302	1035/6566	23	67	45	98	.1583333	19/120	20	80	57	90
.1576388	940/5963	20	67	47	89	.1583392	225/1421	20	58	45	98
.1576471	67/425	20	85	67	100	.1583477	92/581	23	70	40	83
.1576740	564/3577	24	73	47	98	.1583710*	35/221	25	65	35	85
.1576923	41/260	23	65	41	92	.1583851	51/322	30	70	34	92
.1576994	85/539	25	55	34	98	.1584085	860/5429	20	61	43	89
.1577143	138/875	23	70	48	100	.1584211	301/1900	35	95	43	100
.1577166	1025/6499	25	67	41	97	.1584300	888/5605	24	59	37	95
.1577320	153/970	34	97	45	100	.1584377	215/1357	20	59	43	92
.1577451	943/5978	23	61	41	98	.1584507	45/284	20	71	45	80
.1577651	1025/6497	25	73	41	89	.1584634	132/833	24	85	55	98
.1577840	225/1426	20	62	45	92	.1584906	42/265	24	53	35	100
.1577951	750/4753	20	97	75	98	0.1585					
.1578082	288/1825	24	73	48	100	.1585030	288/1817	24	79	48	92
.1578231	116/735	20	75	58	98	.1585145	175/1104	25	60	35	92
.1578320	265/1679	20	73	53	92	.1585289	250/1577	25	83	50	95
.1578386	444/2813	24	58	37	97	.1585610	238/1501	34	79	35	95
.1578466	1035/6557	23	79	45	83	.1585719	875/5518	25	62	35	89
.1578555	212/1343	20	79	53	85	.1585818	984/6205	24	73	41	85
.1578723	1110/7031	30	79	37	89	.1585936	645/4067	30	83	43	98
.1578850	851/5390	23	55	37	98	.1586043	200/1261	20	65	50	97
.1578947*	3/19	30	70	35	95	.1586207	23/145	23	58	40	100
.1579276	253/1602	23	89	55	90	.1586252	240/1513	20	85	60	89
.1579454	492/3115	24	70	41	89	.1586498	188/1185	20	75	47	79
.1579652	118/747	20	83	59	90	.1586663	552/3479	23	71	48	98
.1579832	94/595	20	70	47	85	.1586957	73/460	20	92	73	100
.1579914	258/1633	24	71	43	92	.1587097	123/775	24	62	41	100
.1579987	240/1519	20	62	48	98	.1587302*	10/63	25	70	40	90
0.1580						.1587480	989/6230	23	70	43	89
.1580056	225/1424	25	80	45	89	.1587575	184/1159	23	61	40	95
.1580334	180/1139	20	67	45	85	.1587692	258/1625	24	65	43	100
.1580499	697/4410	34	90	41	98	.1587937	1032/6499	24	67	43	97
.1580723	328/2075	24	75	41	83	.1588022	175/1102	25	58	35	95
.1580756	46/291	23	60	40	97	.1588235*	27/170	30	85	45	100
.1580914	550/3479	20	71	55	98	.1588425	1032/6497	24	73	43	89
.1581197	37/234	25	65	37	90	.1588643	940/5917	20	61	47	97
.1581325	105/664	30	80	35	83	.1588732	282/1775	24	71	47	100
.1581419	943/5963	23	67	41	89	.1588759	1125/7081	25	73	45	97
.1581633	31/196	20	80	62	98	.1589041	58/365	20	73	58	100
.1582090	53/335	20	67	53	100	.1589085	99/623	30	70	33	89
.1582192	231/1460	33	73	35	100	.1589158	1155/7268	33	79	35	92
.1582324	222/1403	24	61	37	92	.1589347	185/1164	25	60	37	97
.1582529	1000/6319	20	71	50	89	.1589689	148/931	24	57	37	98
.1582565	875/5529	25	57	35	97	0.1590					
.1582653	1551/9800	33	98	47	100	.1590000	159/1000	24	80	53	100
.1583211	215/1358	25	70	43	97	.1590055	1311/8245	23	85	57	97

（续）

比值	分数	*A*	*B*	*C*	*D*	比值	分数	*A*	*B*	*C*	*D*
0.1590						0.1595					
.1590320	184/1157	23	65	40	89	.1596204	185/1159	25	61	37	95
.1590361	66/415	30	75	33	83	.1596275	480/3007	20	62	48	97
.1590574	108/679	24	70	45	97	.1596366	246/1541	24	67	41	92
.1590721	192/1207	20	71	48	85	.1596467	235/1472	25	80	47	92
.1590761	1219/7663	23	79	53	97	.1596688	270/1691	30	89	45	95
.1590909*	7/44	25	55	35	100	.1596774	99/620	30	62	33	100
.1591011	354/2225	24	89	59	100	.1597212	1100/6887	20	71	55	97
.1591145	460/2891	23	59	40	98	.1597401	1180/7387	20	83	59	89
.1591215	355/2231	20	92	71	97	.1597523	258/1615	30	85	43	95
.1591304	183/1150	24	92	61	100	.1597695	305/1909	20	83	61	92
.1591398	74/465	24	62	37	90	.1597938	31/194	20	80	62	97
.1591615	205/1288	25	70	41	92	.1598174	35/219	30	73	35	90
.1591765	1353/8500	33	85	41	100	.1598305	943/5900	23	59	41	100
.1591925	1104/6935	23	73	48	95	.1598465	125/782	25	85	50	92
.1592040	32/201	20	67	48	90	.1598639	47/294	20	60	47	98
.1592083	185/1162	25	70	37	83	.1598934	240/1501	20	79	60	95
.1592308	207/1300	23	65	45	100	.1598963	185/1157	25	65	37	89
.1592405	629/3950	34	79	37	100	.1599147	75/469	30	67	35	98
.1592593	43/270	20	60	43	90	.1599716	450/2813	20	58	45	97
.1592726	1375/8633	25	89	55	97	.1599792	925/5782	25	59	37	98
.1593043	1035/6497	23	73	45	89	0.1600					
.1593220	47/295	20	59	47	100	.1600000*	4/25	30	75	40	100
.1593252	170/1067	25	55	34	97	.1600057	1125/7031	25	79	45	89
.1593371	1221/7663	33	79	37	97	.1600204	943/5893	23	71	41	83
.1593522	984/6175	24	65	41	95	.1600577	222/1387	30	73	37	95
.1593713	943/5917	23	61	41	97	.1600655	1075/6716	25	73	43	92
.1593807	175/1098	25	61	35	90	.1600894	215/1343	25	79	43	85
.1593876	989/6205	23	73	43	85	.1601019	943/5890	23	62	41	95
.1593985	106/665	20	70	53	95	.1601124	57/356	20	80	57	89
.1594069	172/1079	20	65	43	83	.1601186	216/1349	24	71	45	95
.1594203	11/69	20	75	55	92	.1601256	102/637	30	65	34	98
.1594388	125/784	25	80	50	98	.1601441	667/4165	23	85	58	98
.1594502	232/1455	20	75	58	97	.1601481	1081/6750	23	75	47	90
.1594614	225/1411	25	83	45	85	.1601619	989/6175	23	65	43	95
.1594828	37/232	23	58	37	92	.1601653	620/3871	20	79	62	98
.1594966	697/4370	34	92	41	95	.1601831	70/437	20	92	70	95
0.1595						.1602247	713/4450	23	89	62	100
.1595127	851/5335	23	55	37	97	.1602285	1290/8051	30	83	43	97
.1595161	989/6200	23	62	43	100	.1602514	204/1273	30	67	34	95
.1595286	555/3479	30	71	37	98	.1602669	1081/6745	23	71	47	95
.1595434	1258/7885	34	83	37	95	.1602857	561/3500	33	70	34	100
.1595547	86/539	20	55	43	98	.1603020	1104/6887	23	71	48	97
.1595790	1122/7031	33	79	34	89	.1603239	198/1235	30	65	33	95
.1595925	94/589	20	62	47	95	.1603261	59/368	20	80	59	92
.1596037	290/1817	20	79	58	92	.1603376	38/237	20	79	57	90
.1596078	407/2550	33	85	37	90	.1603499	55/343	20	70	55	98

（续）

比值	分数	*A*	*B*	*C*	*D*
0.1600					
.1603741	943/5880	23	60	41	98
.1603774	17/106	25	53	34	100
.1603947	1219/7600	23	80	53	95
.1603954	925/5767	25	73	37	79
.1604069	205/1278	25	71	41	90
.1604167	77/480	33	80	35	90
.1604324	1128/7031	24	79	47	89
.1604478	43/268	20	67	43	80
.1604564	900/5609	20	71	45	79
.1604967	1357/8455	23	89	59	95
0.1605					
.1605136	100/623	20	70	50	89
.1605263	61/380	20	80	61	95
.1605351	48/299	20	65	48	92
.1605634	57/355	20	71	57	100
.1605660	851/5300	23	53	37	100
.1605787	444/2765	24	70	37	79
.1605888	480/2989	20	61	48	98
.1606077	296/1843	24	57	37	97
.1606426	40/249	20	75	50	83
.1606579	1221/7600	33	80	37	95
.1606838	94/585	20	65	47	90
.1607035	265/1649	25	85	53	97
.1607143*	9/56	25	70	45	100
.1607240	888/5525	24	65	37	85
.1607548	920/5723	23	59	40	97
.1607843	41/255	25	75	41	85
.1608023	1435/8924	35	92	41	97
.1608100	270/1679	24	73	45	92
.1608187*	55/342	25	90	55	95
.1608340	216/1343	24	79	45	85
.1608496	1295/8051	35	83	37	97
.1608643	134/833	20	85	67	98
.1608696	37/230	24	60	37	92
.1608844	473/2940	33	90	43	98
.1609105	205/1274	25	65	41	98
.1609279	444/2759	24	62	37	89
.1609412	342/2125	24	85	57	100
.1609510	765/4753	34	97	45	98
.1609589	47/292	20	73	47	80
.1609829	1081/6715	23	79	47	85
.1609928	960/5963	20	67	48	89
.1609977	71/441	20	90	71	98
0.1610					
.1610127	318/1975	24	79	53	100
.1610288	576/3577	24	73	48	98

比值	分数	*A*	*B*	*C*	*D*
0.1610					
.1610369	205/1273	25	67	41	95
.1610487	43/267	20	60	43	89
.1610825	125/776	25	80	50	97
.1610938	1190/7387	34	83	35	89
.1611111	29/180	20	80	58	90
.1611171	150/931	20	57	45	98
.1611429	141/875	24	70	47	100
.1611503	297/1843	33	95	45	97
.1611615	444/2755	24	58	37	95
.1611694	215/1334	20	58	43	92
.1611753	1311/8134	23	83	57	98
.1611940	54/335	24	67	45	100
.1611996	172/1067	20	55	43	97
.1612115	330/2047	24	89	55	92
.1612245	79/490	20	98	79	100
.1612417	1392/8633	24	89	58	97
.1612532	561/3479	33	71	34	98
.1612690	244/1513	20	85	61	89
.1612903	5/31	20	62	45	90
.1613115	246/1525	24	61	41	100
.1613190	1272/7885	24	83	53	95
.1613272	141/874	30	92	47	95
.1613433	1081/6700	23	67	47	100
.1613520	253/1568	23	80	55	98
.1613626	360/2231	24	92	60	97
.1613924	51/316	30	79	34	80
.1614035	46/285	23	57	40	100
.1614130	297/1840	33	92	45	100
.1614179	1020/6319	30	71	34	89
.1614377	530/3283	20	67	53	98
.1614545	222/1375	24	55	37	100
.1614570	625/3871	25	79	50	98
.1614726	943/5840	23	73	41	80
.1614759	1488/9215	24	95	62	97
0.1615					
.1615023	172/1065	24	71	43	90
.1615120	47/291	20	60	47	97
.1615169	115/712	23	80	50	89
.1615385*	21/130	30	65	35	100
.1615452	184/1139	23	67	40	85
.1615633	1050/6499	30	67	35	97
.1615882	175/1083	25	57	35	95
.1616131	1050/6497	30	73	35	89
.1616285	925/5723	25	59	37	97
.1616438	59/365	20	73	59	100
.1616541	43/266	25	70	43	95

（续）

比值	分数	*A*	*B*	*C*	*D*
0. 1615					
. 1616593	1060/6557	20	79	53	83
. 1616676	1175/7268	25	79	47	92
. 1616844	1125/6958	25	71	45	98
. 1617251	60/371	24	53	35	98
. 1617440	115/711	23	79	50	90
. 1617486	148/915	24	61	37	90
. 1617647*	11/68	25	85	55	100
. 1617764	204/1261	30	65	34	97
. 1617900	94/581	20	70	47	83
. 1617978	72/445	24	75	45	89
. 1618076	111/686	30	70	37	98
. 1618165	1240/7663	20	79	62	97
. 1618414	900/5561	20	67	45	83
. 1618578	230/1421	23	58	40	98
. 1618750	259/1600	35	80	37	100
. 1618824	344/2125	24	75	43	85
. 1619048	17/105	30	70	34	90
. 1619343	365/2254	20	92	73	98
. 1619433*	40/247	25	65	40	95
. 1619487	246/1519	24	62	41	98
. 1619586	86/531	20	59	43	90
. 1619718	23/142	23	71	40	80
0. 1620					
. 1620029	110/679	20	70	55	97
. 1620094	516/3185	24	65	43	98
. 1620275	943/5820	23	60	41	97
. 1620370*	35/216	25	60	35	90
. 1620648	135/833	30	85	45	98
. 1620690	47/290	20	58	47	100
. 1620915	124/765	20	85	62	90
. 1621053	77/475	33	75	35	95
. 1621156	564/3479	24	71	47	98
. 1621311	989/6100	23	61	43	100
. 1621367	1032/6365	24	67	43	95
. 1621471	580/3577	20	73	58	98
. 1621562	731/4508	34	92	43	98
. 1621669	925/5704	25	62	37	92
. 1621835	205/1264	25	79	41	80
. 1621993	236/1455	20	75	59	97
. 1622088	188/1159	20	61	47	95
. 1622206	225/1387	25	73	45	95
. 1622323	250/1541	20	67	50	92
. 1622444	960/5917	20	61	48	97
. 1622535	288/1775	24	71	48	100
. 1622807	37/228	25	57	37	100
. 1622951	99/610	30	61	33	100
0. 1620					
. 1623064	943/5810	23	70	41	83
. 1623377	25/154	25	55	35	98
. 1623529	69/425	23	75	45	85
. 1623555	295/1817	20	79	59	92
. 1623711	63/388	35	97	45	100
. 1623780	183/1127	24	92	61	98
. 1623887	310/1909	20	83	62	92
. 1624030	984/6059	24	73	41	83
. 1624060	108/665	24	70	45	95
. 1624232	185/1139	25	67	37	85
. 1624250	1219/7505	23	79	53	95
. 1624444	731/4500	34	90	43	100
. 1624473	77/474	33	79	35	90
. 1624714	71/437	20	92	71	95
. 1624804	207/1274	23	65	45	98
. 1624892	188/1157	20	65	47	89
0. 1625					
. 1625000*	13/80	20	80	65	100
. 1625227	268/1649	20	85	67	97
. 1625333	1219/7500	23	75	53	100
. 1625430	473/2910	33	90	43	97
. 1625564	1081/6650	23	70	47	95
. 1625735	470/2891	20	59	47	98
. 1625862	943/5800	23	58	41	100
. 1626080	207/1273	23	67	45	95
. 1626257	275/1691	25	89	55	95
. 1626532	1128/6935	24	73	47	95
. 1626598	318/1955	24	85	53	92
. 1626667	61/375	20	75	61	100
. 1626761	231/1420	33	71	35	100
. 1626889	1152/7081	24	73	48	97
. 1626984	41/252	25	70	41	90
. 1627119	48/295	20	59	48	100
. 1627265	943/5795	23	61	41	95
. 1627375	925/5684	25	58	37	98
. 1627486	90/553	20	70	45	79
. 1627716	989/6076	23	62	43	98
. 1627781	300/1843	20	57	45	97
. 1628000	407/2500	33	75	37	100
. 1628070	232/1425	20	75	58	95
. 1628369	1311/8051	23	83	57	97
. 1628521	185/1136	25	71	37	80
. 1628571	57/350	20	70	57	100
. 1628708	851/5225	23	55	37	95
. 1628866	79/485	20	97	79	100
. 1628959*	36/221	20	65	45	85

（续）

比值	分数	A	B	C	D	比值	分数	A	B	C	D
0.1625						0.1635					
.1629051	960/5893	20	71	48	83	.1635962	222/1357	24	59	37	92
.1629156	1122/6887	33	71	34	97	.1636182	492/3007	24	62	41	97
.1629361	495/3038	30	62	33	98	.1636364*	9/55	20	55	45	100
.1629630*	22/135	20	75	55	90	.1636504	425/2597	25	53	34	98
.1629881	96/589	20	62	48	95	.1636704	437/2670	23	89	57	90
.1629964	940/5767	20	73	47	79	.1636796	1032/6305	24	65	43	97
0.1630						.1636983	625/3818	25	83	50	92
.1630078	943/5785	23	65	41	89	.1637137	231/1411	33	83	35	85
.1630155	253/1552	23	80	55	97	.1637222	1075/6566	25	67	43	98
.1630435	15/92	20	60	45	92	.1637314	595/3634	34	79	35	92
.1630489	984/6035	24	71	41	85	.1637427*	28/171	35	90	40	95
.1630612	799/4900	34	98	47	100	.1637647	348/2125	24	85	58	100
.1630769	53/325	20	65	53	100	.1637658	207/1264	23	79	45	80
.1630924	943/5782	23	59	41	98	.1637783	860/5251	20	59	43	89
.1631026	450/2759	20	62	45	89	.1637917	1035/6319	23	71	45	89
.1631126	1155/7081	33	73	35	97	.1638024	305/1862	25	95	61	98
.1631215	1250/7663	25	79	50	97	.1638095	86/525	24	70	43	90
.1631522	1060/6497	20	73	53	89	.1638187	1160/7081	20	73	58	97
.1631579	31/190	20	80	62	95	.1638279	731/4462	34	92	43	97
.1631841	164/1005	24	67	41	90	.1638429	851/5194	23	53	37	98
.1631879	86/527	20	62	43	85	.1638458	1152/7031	24	79	48	89
.1632170	276/1691	23	89	60	95	.1638554	68/415	30	75	34	83
.1632283	989/6059	23	73	43	83	.1638774	989/6035	23	71	43	85
.1632353	111/680	30	80	37	85	.1638907	246/1501	30	79	41	95
.1632632	1551/9500	33	95	47	100	.1639128	248/1513	20	85	62	89
.1632653	8/49	20	60	48	98	.1639241	259/1580	35	79	37	100
.1632911	129/790	24	79	43	80	.1639344	10/61	20	61	45	90
.1632990	396/2425	33	97	48	100	.1639469	1075/6557	25	79	43	83
.1633170	1032/6319	24	71	43	89	.1639805	875/5336	25	58	35	92
.1633268	1410/8633	30	89	47	97	.1639889	296/1805	24	57	37	95
.1633394	90/551	20	58	45	95	.1639969	215/1311	20	57	43	92
.1633512	1125/6887	25	71	45	97	0.1640					
.1633803	58/355	20	71	58	100	.1640112	175/1067	25	55	35	97
.1633933	990/6059	30	73	33	83	.1640221	920/5609	23	71	40	79
.1633987*	25/153	25	85	50	90	.1640431	198/1207	30	71	33	85
.1634058	451/2760	33	90	41	92	.1640520	366/2231	24	92	61	97
.1634538	407/2490	33	83	37	90	.1640816	201/1225	24	98	67	100
.1634675	264/1615	24	85	55	95	.1640867	53/323	25	85	53	95
.1634757	111/679	30	70	37	97	.1641026	32/195	20	65	48	90
.1634940	1357/8300	23	83	59	100	.1641069	780/4753	24	97	65	98
0.1635						.1641392	184/1121	23	59	40	95
.1635166	943/5767	23	73	41	79	.1641526	185/1127	37	92	40	98
.1635265	460/2813	23	58	40	97	.1641554	207/1261	23	65	45	97
.1635569	561/3430	33	70	34	98	.1641655	1258/7663	34	79	37	97
.1635660	888/5429	24	61	37	89	.1641791	11/67	30	67	33	90
.1635870	301/1840	35	92	43	100	.1641876	287/1748	35	92	41	95

（续）

比值	分数	*A*	*B*	*C*	*D*	比值	分数	*A*	*B*	*C*	*D*
0. 1640						0. 1645					
. 1642105	78/475	24	95	65	100	. 1648746	46/279	23	62	40	90
. 1642257	684/4165	24	85	57	98	. 1648754	675/4094	30	89	45	92
. 1642438	1175/7154	25	73	47	98	. 1648913	1517/9200	37	92	41	100
. 1642495	940/5723	20	59	47	97	. 1649123	47/285	20	57	47	100
. 1642725	1155/7031	33	79	35	89	. 1649427	590/3577	20	73	59	98
. 1642857	23/140	23	70	40	80	. 1649485	16/97	20	60	48	97
. 1642986	636/3871	24	79	53	98	. 1649647	210/1273	30	67	35	95
. 1643192	35/213	30	71	35	90	. 1649836	1160/7031	20	79	58	89
. 1643394	153/931	34	95	45	98	0. 1650					
. 1643693	1419/8633	33	89	43	97	. 1650000	33/200	30	60	33	100
. 1643836	12/73	20	73	45	75	. 1650176	984/5963	24	67	41	89
. 1643991	145/882	25	90	58	98	. 1650312	185/1121	25	59	37	95
. 1644080	1104/6715	23	79	48	85	. 1650437	1000/6059	20	73	50	83
. 1644152	925/5626	25	58	37	97	. 1650571	188/1139	20	67	47	85
. 1644315	282/1715	24	70	47	98	. 1650660	275/1666	25	85	55	98
. 1644444	37/225	24	60	37	90	. 1650790	1265/7663	23	79	55	97
. 1644496	989/6014	23	62	43	97	. 1650943	35/212	25	53	35	100
. 1644737 *	25/152	25	80	50	95	. 1650997	720/4361	24	89	60	98
. 1644837	540/3283	24	67	45	98	. 1651073	300/1817	20	79	60	92
. 1644851	1420/8633	20	89	71	97	. 1651550	1220/7387	20	83	61	89
0. 1645						. 1651822	204/1235	30	65	34	95
. 1645161	51/310	30	62	34	100	. 1651894	205/1241	25	73	41	85
. 1645265	205/1246	25	70	41	89	. 1652012	1334/8075	23	85	58	95
. 1645358	1081/6570	23	73	47	90	. 1652174	19/115	20	75	57	92
. 1645485	246/1495	24	65	41	92	. 1652324	96/581	20	70	48	83
. 1645570	13/79	20	79	65	100	. 1652430	561/3395	33	70	34	97
. 1645714	144/875	24	70	48	100	. 1652602	235/1422	25	79	47	90
. 1645820	250/1519	20	62	50	98	. 1652774	575/3479	23	71	50	98
. 1645933	172/1045	20	55	43	95	. 1652904	1221/7387	33	83	37	89
. 1646035	492/2989	24	61	41	98	. 1653016	222/1343	30	79	37	85
. 1646159	495/3007	30	62	33	97	. 1653226	41/248	23	62	41	92
. 1646360	1081/6566	23	67	47	98	. 1653333	62/375	20	75	62	100
. 1646586	41/249	25	75	41	83	. 1653399	270/1633	24	71	45	92
. 1646975	460/2793	23	57	40	98	. 1653595	253/1530	23	85	55	90
. 1647059 *	14/85	30	75	35	85	. 1653765	235/1421	20	58	47	98
. 1647406	670/4067	20	83	67	98	. 1653933	368/2225	23	75	48	89
. 1647495	444/2695	24	55	37	98	. 1654101	1075/6499	25	67	43	97
. 1647597	72/437	24	92	60	95	. 1654182	265/1602	25	89	53	90
. 1647737	943/5723	23	59	41	97	. 1654412 *	45/272	25	80	45	85
. 1647761	276/1675	23	67	48	100	. 1654610	1075/6497	25	73	43	89
. 1647940	44/267	20	75	55	89	. 1654770	255/1541	30	67	34	92
. 1647966	235/1426	20	62	47	92	. 1654930	47/284	20	71	47	80
. 1648193	342/2075	24	83	57	100	0. 1655					
. 1648333	989/6000	23	60	43	100	. 1655172	24/145	20	58	48	100
. 1648352	15/91	30	65	35	98	. 1655320	851/5141	23	53	37	97
. 1648620	1081/6557	23	79	47	83	. 1655518	99/598	30	65	33	92

（续）

比值	分数	*A*	*B*	*C*	*D*
0.1655					
.1655648	576/3479	24	71	48	98
.1655838	943/5695	23	67	41	85
.1655926	925/5586	25	57	37	98
.1656010	259/1564	35	85	37	92
.1656072	495/2989	30	61	33	98
.1656250	53/320	23	80	53	92
.1656501	516/3115	24	70	43	89
.1656601	192/1159	20	61	48	95
.1656716	111/670	30	67	37	100
.1656848	225/1358	25	70	45	97
.1656937	1334/8051	23	83	58	97
.1657001	200/1207	20	71	50	85
.1657143	29/175	20	70	58	100
.1657303	59/356	20	80	59	89
.1657609	61/368	20	80	61	92
.1657706	185/1116	25	62	37	90
.1657764	900/5429	20	61	45	89
.1657895*	63/380	35	95	45	100
.1658069	225/1357	20	59	45	92
.1658163	65/392	20	80	65	98
.1658255	230/1387	23	73	50	95
.1658375	100/603	20	67	50	90
.1658503	1219/7350	23	75	53	98
.1658561	989/5963	23	67	43	89
.1658842	106/639	20	71	53	90
.1659043	943/5684	23	58	41	98
.1659187	1368/8245	24	85	57	97
.1659370	1175/7081	25	73	47	97
.1659464	192/1157	20	65	48	89
.1659634	118/711	20	79	59	90
.1659700	675/4067	30	83	45	98
.1659794	161/970	23	97	70	100
.1659919	41/247	25	65	41	95
.1659960	165/994	33	71	35	98
0.1660					
.1660238	990/5963	30	67	33	89
.1660325	480/2891	20	59	48	98
.1660628	275/1656	25	90	55	92
.1660759	328/1975	24	75	41	79
.1660939	145/873	25	90	58	97
.1660967	340/2047	34	89	40	92
.1661139	1152/6935	24	73	48	95
.1661224	407/2450	33	75	37	98
.1661316	207/1246	23	70	45	89
.1661392	105/632	30	79	35	80
.1661538	54/325	24	65	45	100

比值	分数	*A*	*B*	*C*	*D*
0.1660					
.1661655	1050/6319	30	71	35	89
.1661794	1080/6499	24	67	45	97
.1662050	60/361	20	57	45	95
.1662108	790/4753	20	97	79	98
.1662185	989/5950	23	70	43	85
.1662306	1080/6497	24	73	45	89
.1662371	129/776	30	80	43	97
.1662463	725/4361	25	89	58	98
.1662651	69/415	23	75	45	83
.1662787	500/3007	20	62	50	97
.1662921	74/445	24	60	37	89
.1663005	984/5917	24	61	41	97
.1663077	1081/6500	23	65	47	100
.1663175	1032/6205	24	73	43	85
.1663333	1081/6499	23	67	47	97
.1663370	925/5561	25	67	37	83
.1663454	1122/6745	33	71	34	95
.1663653	92/553	23	70	40	79
.1663845	1081/6497	23	73	47	89
.1663866	99/595	30	70	33	85
.1663954	920/5529	23	57	40	97
.1664050	106/637	20	65	53	98
.1664168	111/667	24	58	37	92
.1664390	1340/8051	20	83	67	97
.1664480	888/5335	24	55	37	97
.1664644	960/5767	20	73	48	79
.1664876	155/931	25	95	62	98
0.1665					
.1665087	1230/7387	30	83	41	89
.1665158	184/1105	23	65	40	85
.1665345	210/1261	30	65	35	97
.1665357	212/1273	20	67	53	95
.1665465	231/1387	33	73	35	95
.1665556	250/1501	25	79	50	95
.1665794	318/1909	24	83	53	92
.1665882	354/2125	24	85	59	100
.1666021	430/2581	20	58	43	89
.1666236	645/3871	30	79	43	98
.1666316	792/4753	33	97	48	98
.1666431	1180/7081	20	73	59	97
.1666667*	1/6	25	60	40	100
.1667146	580/3479	20	71	58	98
.1667271	460/2759	23	62	40	89
.1667414	372/2231	24	92	62	97
.1667500	667/4000	23	80	58	100
.1667677	275/1649	25	85	55	97

（续）

比值	分数	*A*	*B*	*C*	*D*
0. 1665					
. 1667797	246/1475	24	59	41	100
. 1667902	225/1349	25	71	45	95
. 1668010	207/1241	23	73	45	85
. 1668211	180/1079	20	65	45	83
. 1668306	1357/8134	23	83	59	98
. 1668539	297/1780	33	89	45	100
. 1668814	259/1552	35	80	37	97
. 1669173	111/665	30	70	37	95
. 1669255	215/1288	25	70	43	92
. 1669355	207/1240	23	62	45	100
. 1669565	96/575	24	75	48	92
. 1669691	92/551	23	58	40	95
. 1669759	90/539	20	55	45	98
. 1669863	1219/7300	23	73	53	100
0. 1670					
. 1670175	238/1425	34	75	35	95
. 1670481	73/437	20	92	73	95
. 1670628	492/2945	24	62	41	95
. 1670738	342/2047	24	89	57	92
. 1670814	470/2813	20	58	47	97
. 1670886	66/395	30	75	33	79
. 1671111	188/1125	24	75	47	90
. 1671233	61/365	20	73	61	100
. 1671255	1032/6175	24	65	43	95
. 1671455	989/5917	23	61	43	97
. 1671687	111/664	30	80	37	83
. 1671827 *	54/323	30	85	45	95
. 1671910	372/2225	24	89	62	100
. 1671994	680/4067	34	83	40	98
. 1672131	51/305	30	61	34	100
. 1672241	50/299	20	65	50	92
. 1672316	148/885	24	59	37	90
. 1672394	146/873	20	90	73	97
. 1672603	1221/7300	33	73	37	100
. 1672727	46/275	23	55	40	100
. 1672800	500/2989	20	61	50	98
. 1672909	134/801	20	89	67	90
. 1672997	925/5529	25	57	37	97
. 1673145	990/5917	30	61	33	97
. 1673360	125/747	25	83	50	90
. 1673469	41/245	24	60	41	98
. 1673699	119/711	34	79	35	90
. 1673913	77/460	33	75	35	92
. 1674065	264/1577	24	83	55	95
. 1674208	37/221	25	65	37	85
. 1674277	110/657	20	73	55	90

比值	分数	*A*	*B*	*C*	*D*
0. 1670					
. 1674641 *	35/209	25	55	35	95
. 1674749	1416/8455	24	89	59	95
. 1674982	235/1403	20	61	47	92
0. 1675					
. 1675104	1125/6716	25	73	45	92
. 1675297	550/3283	20	67	55	98
. 1675354	225/1343	25	79	45	85
. 1675472	222/1325	24	53	37	100
. 1675601	1219/7275	23	75	53	97
. 1675725	185/1104	25	60	37	92
. 1675774	92/549	23	61	40	90
. 1675878	940/5609	20	71	47	79
. 1676146	943/5626	23	58	41	97
. 1676216	1258/7505	34	79	37	95
. 1676271	989/5900	23	59	43	100
. 1676413	86/513	20	57	43	90
. 1676471	57/340	20	80	57	85
. 1676810	1350/8051	30	83	45	97
. 1677008	1000/5963	20	67	50	89
. 1677074	188/1121	20	59	47	95
. 1677215	53/316	20	79	53	80
. 1677333	629/3750	34	75	37	100
. 1677442	960/5723	20	59	48	97
. 1677481	1060/6319	20	71	53	89
. 1677596	1100/6557	20	79	55	83
. 1677966	99/590	30	59	33	100
. 1678262	989/5893	23	71	43	83
. 1678351	407/2425	33	75	37	97
. 1678514 *	732/4361	24	89	61	98
. 1678571	47/280	20	70	47	80
. 1678736	255/1519	30	62	34	98
. 1678766	185/1102	25	58	37	95
. 1678940	114/679	20	70	57	97
. 1679117	989/5890	23	62	43	95
. 1679153	650/3871	20	79	65	98
. 1679300	288/1715	24	70	48	98
. 1679518	697/4150	34	83	41	100
. 1679571	282/1679	24	73	47	92
. 1679821	1128/6715	24	79	47	85
. 1679959	990/5893	30	71	33	83
0. 1680					
. 1680328	41/244	23	61	41	92
. 1680365	184/1095	23	73	40	75
. 1680537	1353/8051	33	83	41	97
. 1680554	1190/7081	34	73	35	97
. 1680672 *	20/119	25	70	40	85

（续）

比值	分数	A	B	C	D	比值	分数	A	B	C	D
0.1680						0.1685					
.1680815	99/589	30	62	33	95	.1688296	1392/8245	24	85	58	97
.1680899	374/2225	33	75	34	89	.1688608	667/3950	23	79	58	100
.1681044	799/4753	34	97	47	98	.1688704	1175/6958	25	71	47	98
.1681205	212/1261	20	65	53	97	.1688924	215/1273	25	67	43	95
.1681389	552/3283	23	67	48	98	.1688951	240/1421	20	58	48	98
.1681818	37/220	25	55	37	100	.1689139	451/2670	33	89	41	90
.1681973	989/5880	23	60	43	98	.1689231	1360/8051	34	83	40	97
.1682051	164/975	24	65	41	90	.1689433	1311/7760	23	80	57	97
.1682316	215/1278	25	71	43	90	.1689498	37/219	25	73	37	75
.1682426	943/5605	23	59	41	95	.1689576	295/1746	25	90	59	97
.1682540	53/315	20	70	53	90	.1689759	561/3320	33	80	34	83
.1682564	1517/9016	37	92	41	98	.1689888	376/2225	24	75	47	89
.1682778	470/2793	20	57	47	98	0.1690					
.1683029	120/713	20	62	48	92	.1690046	1000/5917	20	61	50	97
.1683125	1551/9215	33	95	47	97	.1690141	12/71	20	71	45	75
.1683446	1020/6059	30	73	34	83	.1690343	940/5561	20	67	47	83
.1683505	1633/9700	23	97	71	100	.1690435	1375/8134	25	83	55	98
.1683582	282/1675	24	67	47	100	.1690527	555/3283	30	67	37	98
.1683673	33/196	30	60	33	98	.1690598	989/5850	23	65	43	90
.1683929	943/5600	23	70	41	80	.1690722	82/485	24	60	41	97
.1684017	275/1633	20	71	55	92	.1690821	35/207	20	90	70	92
.1684070	629/3735	34	83	37	90	.1690962	58/343	20	70	58	98
.1684211 *	16/95	30	75	40	95	.1691126	1475/8722	25	89	59	98
.1684333	1160/6887	20	71	58	97	.1691176	23/136	23	80	50	85
.1684636	125/742	25	53	35	98	.1691250	1353/8000	33	80	41	100
.1684783	31/184	20	80	62	92	.1691437	1525/9016	25	92	61	98
.1684882	185/1098	25	61	37	90	.1691542	34/201	30	67	34	90
0.1685						.1691563	804/4753	24	97	67	98
.1685393	15/89	20	60	45	89	.1691729 *	45/266	25	70	45	95
.1685543	253/1501	23	79	55	95	.1691803	258/1525	24	61	43	100
.1685556	1517/9000	37	90	41	100	.1692184	210/1241	30	73	35	85
.1685689	192/1139	20	67	48	85	.1692308	11/65	30	65	33	90
.1685870	1551/9200	33	92	47	100	.1692350	615/3634	30	79	41	92
.1686275	43/255	25	75	43	85	.1692505	1190/7031	34	79	35	89
.1686463	1505/8924	35	92	43	97	.1692568	1100/6499	20	67	55	97
.1686576	1426/8455	23	89	62	95	.1692677	141/833	30	85	47	98
.1686657	225/1334	20	58	45	92	.1692847	1110/6557	30	79	37	83
.1686973	180/1067	20	55	45	97	.1692892	312/1843	24	95	65	97
.1687075	124/735	20	75	62	98	.1693089	1100/6497	20	73	55	89
.1687218	561/3325	33	70	34	95	.1693364	74/437	24	57	37	92
.1687500 *	27/160	30	80	45	100	.1693548	21/124	30	62	35	100
.1687598	215/1274	25	65	43	98	.1693632	492/2905	24	70	41	83
.1687764	40/237	20	75	50	79	.1693667	115/679	23	70	50	97
.1687980	66/391	24	85	55	92	.1694118	72/425	24	75	45	85
.1688149	943/5586	23	57	41	98	.1694304	235/1387	25	73	47	95
.1688235	287/1700	35	85	41	100	.1694444	61/360	20	80	61	90

（续）

比值	分数	A	B	C	D
0. 1690					
. 1694603	920/5429	23	61	40	89
. 1694676	1200/7081	20	73	60	97
. 1694915	10/59	20	59	45	90
0. 1695					
. 1695011	299/1764	23	90	65	98
. 1695205	99/584	30	73	33	80
. 1695304	148/873	37	90	40	97
. 1695447	108/637	24	65	45	98
. 1695738	943/5561	23	67	41	83
. 1695833	407/2400	33	80	37	90
. 1695890	590/3479	20	71	59	98
. 1696043	510/3007	30	62	34	97
. 1696241	564/3325	24	70	47	95
. 1696250	1357/8000	23	80	59	100
. 1696464	1300/7663	20	79	65	97
. 1696552	123/725	24	58	41	100
. 1696721	207/1220	23	61	45	100
. 1696779	216/1273	24	67	45	95
. 1696929	1000/5893	20	71	50	83
. 1697017	1081/6370	23	65	47	98
. 1697100	158/931	20	95	79	98
. 1697221	287/1691	35	89	41	95
. 1697439	285/1679	20	73	57	92
. 1697692	228/1343	20	79	57	85
. 1697793	100/589	20	62	50	95
. 1697878	136/801	34	89	40	90
. 1698016	984/5795	24	61	41	95
. 1698350	1081/6365	23	67	47	95
. 1698486	258/1519	24	62	43	98
. 1698630	62/365	20	73	62	100
. 1698723	1104/6499	23	67	48	97
. 1698795	141/830	24	80	47	83
. 1698984	184/1083	23	57	40	95
. 1699085	297/1748	33	92	45	95
. 1699246	1104/6497	23	73	48	89
. 1699313	989/5820	23	60	43	97
. 1699429	268/1577	20	83	67	95
. 1699522	888/5225	24	55	37	95
. 1699605	43/253	20	55	43	92
. 1699834	205/1206	25	67	41	90
. 1699880	708/4165	24	85	59	98
0. 1700					
. 1700000	17/100	30	60	34	100
. 1700127	940/5529	20	57	47	97
. 1700405 *	42/247	30	65	35	95
. 1700680	25/147	20	60	50	98

比值	分数	A	B	C	D
0. 1700					
. 1700949	215/1264	25	79	43	80
. 1701031	33/194	30	60	33	97
. 1701219	1075/6319	25	71	43	89
. 1701357	188/1105	20	65	47	85
. 1701493	57/335	20	67	57	100
. 1701637	1403/8245	23	85	61	97
. 1701833	492/2891	24	59	41	98
. 1702004	875/5141	25	53	35	97
. 1702238	989/5810	23	70	43	83
. 1702462	325/1909	20	83	65	92
. 1702591	1485/8722	33	89	45	98
. 1702786 *	55/323	25	85	55	95
. 1702899	47/276	20	60	47	92
. 1702992	1258/7387	34	83	37	89
. 1703134	288/1691	24	89	60	95
. 1703251	1032/6059	24	73	43	83
. 1703423	1035/6076	23	62	45	98
. 1703516	470/2759	20	62	47	89
. 1703704	23/135	23	60	40	90
. 1703813	925/5429	25	61	37	89
. 1703942	1219/7154	23	73	53	98
. 1703959	99/581	30	70	33	83
. 1704127	925/5428	25	59	37	92
. 1704357	1025/6014	25	62	41	97
. 1704467	248/1455	20	75	62	97
. 1704682	142/833	20	85	71	98
0. 1705					
. 1704996	215/1261	25	65	43	97
. 1705172	989/5800	23	58	43	100
. 1705283	184/1079	23	65	40	83
. 1705553	943/5529	23	57	41	97
. 1705686	51/299	30	65	34	92
. 1705882	29/170	20	80	58	85
. 1705989	94/551	20	58	47	95
. 1706113	1175/6887	25	71	47	97
. 1706256	510/2989	30	61	34	98
. 1706363	480/2813	20	58	48	97
. 1706644	989/5795	23	61	43	95
. 1706737	1221/7154	33	73	37	98
. 1706787	943/5525	23	65	41	85
. 1706865	92/539	23	55	40	98
. 1707474	265/1552	25	80	53	97
. 1707602	146/855	20	90	73	95
. 1707692	111/650	30	65	37	100
. 1707780	90/527	20	62	45	85
. 1707932	1152/6745	24	71	48	95

（续）

比值	分数	A	B	C	D	比值	分数	A	B	C	D
0.1705						0.1710					
.1707955	1110/6499	30	67	37	97	.1713372	1125/6566	25	67	45	98
.1708075	55/322	20	70	55	92	.1713483	61/356	20	80	61	89
.1708218	185/1083	25	57	37	95	.1713555	67/391	20	85	67	92
.1708333	41/240	23	60	41	92	.1713684	407/2375	33	75	37	95
.1708369	198/1159	30	61	33	95	.1713794	697/4067	34	83	41	98
.1708481	1110/6497	30	73	37	89	.1713959	900/5251	20	59	45	89
.1708560	1475/8633	25	89	59	97	.1714073	1380/8051	23	83	60	97
.1708803	561/3283	33	67	34	98	.1714286*	6/35	30	70	40	100
.1708861	27/158	24	79	45	80	.1714352	1480/8633	37	89	40	97
.1708953	943/5518	23	62	41	89	.1714545	943/5500	23	55	41	100
.1709091	47/275	20	55	47	100	.1714620	1025/5978	25	61	41	98
.1709239	629/3680	34	80	37	92	.1714930	989/5767	23	73	43	79
.1709402*	20/117	25	65	40	90	.1714996	207/1207	23	71	45	85
.1709594	989/5785	23	65	43	89	0.1715					
.1709665	444/2597	24	53	37	98	.1715307	288/1679	24	73	48	92
.1709819	350/2047	20	89	70	92	.1715562	1152/6715	24	79	48	85
.1709942	731/4275	34	90	43	95	.1715724	1125/6557	25	79	45	83
0.1710						.1715873	1081/6300	23	70	47	90
.1710025	1032/6035	24	71	43	85	.1715996	516/3007	24	62	43	97
.1710145	59/345	20	75	59	92	.1716141	185/1078	25	55	37	98
.1710262	85/497	34	71	35	98	.1716247	75/437	20	57	45	92
.1710443	1081/6320	23	79	47	80	.1716418	23/134	23	67	40	80
.1710526*	13/76	25	95	65	100	.1716495	333/1940	37	97	45	100
.1710620	240/1403	20	61	48	92	.1716599	212/1235	20	65	53	95
.1710714	1081/6319	23	71	47	89	.1716664	990/5767	30	73	33	79
.1710818	1311/7663	23	79	57	97	.1716810	816/4753	34	97	48	98
.1710877	1219/7125	23	75	53	95	.1716901	1219/7100	23	71	53	100
.1711111	77/450	33	75	35	90	.1717300	407/2370	33	79	37	90
.1711322	198/1157	30	65	33	89	.1717404	1416/8245	24	85	59	97
.1711434	943/5510	23	58	41	95	.1717647	73/425	20	85	73	100
.1711535	960/5609	20	71	48	79	.1717668	943/5490	23	61	41	90
.1711565	629/3675	34	75	37	98	.1717941	564/3283	24	67	47	98
.1711831	259/1513	35	85	37	89	.1718072	713/4150	23	83	62	100
.1711885	713/4165	23	85	62	98	.1718213	50/291	20	60	50	97
.1711957	63/368	35	92	45	100	.1718310	61/355	20	71	61	100
.1712079	1219/7120	23	80	53	89	.1718440	260/1513	20	85	65	89
.1712210	495/2891	30	59	33	98	.1718519	116/675	20	75	58	90
.1712329	25/146	20	73	50	80	.1718582	160/931	20	57	48	98
.1712380	231/1349	33	71	35	95	.1718933	1025/5963	25	67	41	89
.1712468	1265/7387	23	83	55	89	.1719072	667/3880	23	80	58	97
.1712584	230/1343	23	79	50	85	.1719166	775/4508	25	92	62	98
.1712658	1353/7900	33	79	41	100	.1719318	615/3577	30	73	41	98
.1712756	192/1121	20	59	48	95	.1719378	984/5723	24	59	41	97
.1712926	216/1261	24	65	45	97	.1719663	265/1541	20	67	53	92
.1712963	37/216	25	60	37	90	.1719792	232/1349	20	71	58	95
.1713265	1679/9800	23	98	73	100	.1719868	625/3634	25	79	50	92

（续）

比值	分数	A	B	C	D	比值	分数	A	B	C	D
0. 1720						0. 1725					
. 1720000	43/250	24	60	43	100	. 1726883	282/1633	24	71	47	92
. 1720117	59/343	20	70	59	98	. 1726951	1122/6497	33	73	34	89
. 1720299	1128/6557	24	79	47	83	. 1727219	290/1679	20	73	58	92
. 1720430	16/93	20	62	48	90	. 1727290	888/5141	24	53	37	97
. 1720984	1035/6014	23	62	45	97	. 1727476	232/1343	20	79	58	85
. 1721088	253/1470	23	75	55	98	. 1727700	184/1065	23	71	48	90
. 1721170	100/581	20	70	50	83	. 1727831	984/5695	24	67	41	85
. 1721311	21/122	30	61	35	100	. 1727893	1190/6887	34	71	35	97
. 1721440	110/639	20	71	55	90	. 1728115	989/5723	23	59	43	97
. 1721508	1219/7081	23	73	53	97	. 1728201	220/1273	20	67	55	95
. 1721739	99/575	33	92	48	100	. 1728261	159/920	24	80	53	92
. 1721939	135/784	30	80	45	98	. 1728608	200/1157	20	65	50	89
. 1722032	705/4094	30	89	47	92	. 1728654	330/1909	24	83	55	92
. 1722222	31/180	20	80	62	90	. 1728814	51/295	30	59	34	100
. 1722290	1125/6532	25	71	45	92	. 1728916	287/1660	35	83	41	100
. 1722374	943/5475	23	73	41	75	. 1728978	1392/8051	24	83	58	97
. 1722488 *	36/209	20	55	45	95	. 1729088	1325/7663	25	79	53	97
. 1722563	1320/7663	24	79	55	97	. 1729210	1258/7275	34	75	37	97
. 1722689	41/238	25	70	41	85	. 1729323	23/133	23	70	50	95
. 1722846	46/267	23	60	40	89	. 1729360	354/2047	24	89	59	92
. 1722920	1220/7081	20	73	61	97	. 1729505	500/2891	20	59	50	98
. 1723069	667/3871	23	79	58	98	. 1729862	990/5723	30	59	33	97
. 1723288	629/3650	34	73	37	100	. 1729958	41/237	25	75	41	79
. 1723602	111/644	30	70	37	92	0. 1730					
. 1723847	1020/5917	30	61	34	97	. 1730179	1353/7820	33	85	41	92
. 1723881	231/1340	33	67	35	100	. 1730337	77/445	33	75	35	89
. 1724138	5/29	20	58	45	90	. 1730353	240/1387	20	73	60	95
. 1724333	1221/7081	33	73	37	97	. 1730486	235/1358	25	70	47	97
. 1724461	184/1067	23	55	40	97	. 1730612	212/1225	24	75	53	98
. 1724634	600/3479	20	71	60	98	. 1730672	1032/5963	24	67	43	89
. 1724794	272/1577	34	83	40	95	. 1730769 *	9/52	25	65	45	100
. 1724859	1403/8134	23	83	61	98	. 1730867	1020/5893	30	71	34	83
0. 1725						. 1731036	1125/6499	25	67	45	97
. 1725000	69/400	23	60	45	100	. 1731175	246/1421	24	58	41	98
. 1725105	123/713	24	62	41	92	. 1731348	1035/5978	23	61	45	98
. 1725226	820/4753	40	97	41	98	. 1731442	940/5429	20	61	47	89
. 1725448	318/1843	30	95	53	97	. 1731462	1394/8051	34	83	41	97
. 1725522	215/1246	25	70	43	89	. 1731568	1125/6497	25	73	45	89
. 1725626	200/1159	20	61	50	95	. 1731749	102/589	30	62	34	95
. 1725753	258/1495	24	65	43	92	. 1731761	235/1357	20	59	47	92
. 1726154	561/3250	33	65	34	100	. 1731928	115/664	23	80	50	83
. 1726316	82/475	24	57	41	100	. 1732026	53/306	25	85	53	90
. 1726419	1122/6499	33	67	34	97	. 1732210	185/1068	25	60	37	89
. 1726533	1591/9215	37	95	43	97	. 1732297	1025/5917	25	61	41	97
. 1726667	259/1500	35	75	37	100	. 1732394	123/710	24	71	41	80
. 1726845	110/637	20	65	55	98	. 1732474	215/1241	25	73	43	85

（续）

比值	分数	A	B	C	D
0.1730					
.1732580	92/531	23	59	40	90
.1732877	253/1460	23	73	55	100
.1732959	1050/6059	30	73	35	83
.1733124	552/3185	23	65	48	98
.1733296	620/3577	20	73	62	98
.1733508	925/5336	25	58	37	92
.1733601	259/1494	35	83	37	90
.1733746*	56/323	35	85	40	95
.1733833	185/1067	25	55	37	97
.1733871	43/248	23	62	43	92
.1734004	1000/5767	20	73	50	79
.1734129	1598/9215	34	95	47	97
.1734245	355/2047	20	89	71	92
.1734485	1104/6365	23	67	48	95
.1734694	17/98	30	60	34	98
.1734940	72/415	24	75	45	83
0.1735					
.1735088	989/5700	23	57	43	100
.1735152	1081/6230	23	70	47	89
.1735294	59/340	20	80	59	85
.1735385	282/1625	24	65	47	100
.1735624	495/2852	30	62	33	92
.1735704	1035/5963	23	67	45	89
.1735849	46/265	23	53	40	100
.1735919	188/1083	20	57	47	95
.1735986	96/553	20	70	48	79
.1736111*	25/144	25	80	50	90
.1736217	570/3283	20	67	57	98
.1736300	320/1843	20	57	48	97
.1736546	1081/6225	23	75	47	83
.1736611	989/5695	23	67	43	85
.1736842*	33/190	30	95	55	100
.1736889	775/4462	25	92	62	97
.1736968	943/5429	23	61	41	89
.1737089	37/213	30	71	37	90
.1737288	41/236	23	59	41	92
.1737461	1403/8075	23	85	61	95
.1737557	192/1105	20	65	48	85
.1737705	53/305	20	61	53	100
.1737850	118/679	20	70	59	97
.1738010	1551/8924	33	92	47	97
.1738367	198/1139	30	67	33	85
.1738600	1140/6557	20	79	57	83
.1738832	253/1455	23	75	55	97
.1738914	1400/8051	20	83	70	97
.1739130	4/23	20	60	48	92

比值	分数	A	B	C	D
0.1735					
.1739280	1517/8722	37	89	41	98
.1739352	1025/5893	25	71	41	83
.1739496	207/1190	23	70	45	85
.1739691	135/776	30	80	45	97
.1739761	480/2759	20	62	48	89
.1739851	210/1207	30	71	35	85
.1739972	989/5684	23	58	43	98
0.1740					
.1740238	205/1178	25	62	41	95
.1740295	130/747	20	83	65	90
.1740351	248/1425	20	75	62	95
.1740532	216/1241	24	73	45	85
.1740741	47/270	20	60	47	90
.1740782	1100/6319	20	71	55	89
.1740891	43/247	25	65	43	95
.1741197	989/5680	23	71	43	80
.1741294	35/201	30	67	35	90
.1741429	1219/7000	23	70	53	100
.1741459	943/5415	23	57	41	95
.1741573	31/178	20	80	62	89
.1741731	495/2842	30	58	33	98
.1741772	344/1975	24	75	43	79
.1741935	27/155	24	62	45	100
.1741996	185/1062	25	59	37	90
.1742143	1081/6205	23	73	47	85
.1742236	561/3220	33	70	34	92
.1742287	96/551	20	58	48	95
.1742354	188/1079	20	65	47	83
.1742543	111/637	30	65	37	98
.1742641	1403/8051	23	83	61	97
.1742697	1551/8900	33	89	47	100
.1742857	61/350	20	70	61	100
.1742958	99/568	30	71	33	80
.1743197	205/1176	25	60	41	98
.1743311	1505/8633	35	89	43	97
.1743421	53/304	25	80	53	95
.1743510	450/2581	20	58	45	89
.1743590	34/195	30	65	34	90
.1743735	675/3871	30	79	45	98
.1743817	275/1577	25	83	55	95
.1743912	222/1273	30	67	37	95
.1743970	94/539	20	55	47	98
.1744127	1032/5917	24	61	43	97
.1744286	1221/7000	33	70	37	100
.1744361	116/665	20	70	58	95
.1744529	1419/8134	33	83	43	98

（续）

比值	分数	A	B	C	D	比值	分数	A	B	C	D
0. 1740						0. 1750					
. 1744569	265/1519	20	62	53	98	. 1751447	575/3283	23	67	50	98
. 1744898	171/980	24	80	57	98	. 1751487	265/1513	25	85	53	89
. 1744981	1608/9215	24	95	67	97	. 1751553	141/805	24	70	47	92
0. 1745						. 1751940	1219/6958	23	71	53	98
. 1745283	37/212	25	53	37	100	. 1752047	920/5251	23	59	40	89
. 1745435	325/1862	25	95	65	98	. 1752122	516/2945	24	62	43	95
. 1745455	48/275	20	55	48	100	. 1752381	92/525	23	70	48	90
. 1745731	92/527	23	62	40	85	. 1752577	17/97	30	60	34	97
. 1745759	710/4067	20	83	71	98	. 1752717	129/736	30	80	43	92
. 1745926	525/3007	30	62	35	97	. 1752777	1357/7742	23	79	59	98
. 1746032*	11/63	20	70	55	90	. 1752954	816/4655	34	95	48	98
. 1746130	282/1615	30	85	47	95	. 1753080	1295/7387	35	83	37	89
. 1746296	943/5400	23	60	41	90	. 1753156	125/713	20	62	50	92
. 1746479	62/355	20	71	62	100	. 1753386	246/1403	24	61	41	92
. 1746575	51/292	30	73	34	80	. 1753560	1416/8075	24	85	59	95
. 1746835	69/395	23	75	45	79	. 1753731	47/268	20	67	47	80
. 1746894	225/1288	25	70	45	92	. 1753846	57/325	20	65	57	100
. 1746988	29/166	20	80	58	83	. 1753851	1150/6557	23	79	50	83
. 1747112	1104/6319	23	71	48	89	. 1754028	1633/9310	23	95	71	98
. 1747222	629/3600	34	80	37	90	. 1754116	1140/6499	20	67	57	97
. 1747335	1000/5723	20	59	50	97	. 1754237	207/1180	23	59	45	100
. 1747610	1353/7742	33	79	41	98	. 1754323	984/5609	24	71	41	79
. 1747815	140/801	20	89	70	90	. 1754386*	10/57	25	60	40	95
. 1747915	943/5395	23	65	41	83	. 1754493	576/3283	24	67	48	98
. 1748000	437/2500	23	75	57	100	. 1754656	1140/6497	20	73	57	89
. 1748148	118/675	20	75	59	90	. 1754815	1221/6958	33	71	37	98
. 1748454	424/2425	24	75	53	97	0. 1755					
. 1748634	32/183	20	61	48	90	. 1755020	437/2490	23	83	57	90
. 1748662	1340/7663	20	79	67	97	. 1755102	43/245	24	60	43	98
. 1748931	450/2573	20	62	45	83	. 1755263	667/3800	23	80	58	95
. 1749022	492/2813	24	58	41	97	. 1755575	984/5605	24	59	41	95
. 1749153	258/1475	24	59	43	100	. 1755853	105/598	30	65	35	92
. 1749271	60/343	20	70	60	98	. 1756321	1035/5893	23	71	45	83
. 1749444	236/1349	20	71	59	95	. 1756440	75/427	30	61	35	98
. 1749536	943/5390	23	55	41	98	. 1756607	1110/6319	30	71	37	89
. 1749553	1175/6716	25	73	47	92	. 1756652	680/3871	34	79	40	98
. 1749814	235/1343	25	79	47	85	. 1756901	1152/6557	24	79	48	83
0. 1750						. 1756998	295/1679	20	73	59	92
. 1750000*	7/40	25	50	35	100	. 1757143	123/700	24	70	41	80
. 1750138	318/1817	24	79	53	92	. 1757216	207/1178	23	62	45	95
. 1750159	276/1577	23	83	60	95	. 1757260	236/1343	20	79	59	85
. 1750381	115/657	23	73	50	90	. 1757370	155/882	25	90	62	98
. 1750607	1081/6175	23	65	47	95	. 1757503	732/4165	24	85	61	98
. 1750991	1104/6305	23	65	48	97	. 1757619	248/1411	20	83	62	85
. 1751230	1032/5893	24	71	43	83	. 1757751	1219/6935	23	73	53	95
. 1751335	1410/8051	30	83	47	97	. 1757910	989/5626	23	58	43	97

（续）

比值	分数	*A*	*B*	*C*	*D*
0.1755					
.1757991	77/438	33	73	35	90
.1758087	125/711	25	79	50	90
.1758312	275/1564	25	85	55	92
.1758457	629/3577	34	73	37	98
.1758621	51/290	30	58	34	100
.1758671	360/2047	24	89	60	92
.1758827	264/1501	24	79	55	95
.1759036	73/415	20	83	73	100
.1759062	165/938	33	67	35	98
.1759193	244/1387	20	73	61	95
.1759324	250/1421	20	58	50	98
.1759511	259/1472	35	80	37	92
.1759687	495/2813	30	58	33	97
.1759848	1300/7387	20	83	65	89
.1759905	1488/8455	24	89	62	95
0.1760					
.1760000	22/125	33	75	34	85
.1760138	204/1159	30	61	34	95
.1760204	69/392	23	60	45	98
.1760300	47/267	20	60	47	89
.1760508	222/1261	30	65	37	97
.1760563	25/142	20	71	50	80
.1760766	184/1045	23	55	40	95
.1760859	1050/5963	30	67	35	89
.1761168	205/1164	25	60	41	97
.1761381	561/3185	33	65	34	98
.1761547	164/931	24	57	41	98
.1761619	235/1334	20	58	47	92
.1761712	1350/7663	30	79	45	97
.1761949	188/1067	20	55	47	97
.1762025	348/1975	24	79	58	100
.1762295	43/244	23	61	43	92
.1762452	46/261	23	58	40	90
.1762554	530/3007	20	62	53	97
.1762765	1122/6365	33	67	34	95
.1762887	171/970	24	80	57	97
.1762963	119/675	34	75	35	90
.1763181	204/1157	30	65	34	89
.1763285	73/414	20	90	73	92
.1763441	82/465	24	62	41	90
.1763531	795/4508	30	92	53	98
.1763625	288/1633	24	71	48	92
.1763756	1420/8051	20	83	71	97
.1763921	925/5244	25	57	37	92
.1764095	510/2891	30	59	34	98
.1764200	205/1162	25	70	41	83

比值	分数	*A*	*B*	*C*	*D*
0.1760					
.1764270	238/1349	34	71	35	95
.1764496	989/5605	23	59	43	95
.1764557	697/3950	34	79	41	100
.1764706*	3/17	30	70	35	85
.1764904	1575/8924	35	92	45	97
0.1765					
.1765021	990/5609	30	71	33	79
.1765178	1541/8730	23	90	67	97
.1765258	188/1065	20	71	47	75
.1765377	1392/7885	24	83	58	95
.1765490	265/1501	25	79	53	95
.1765601	116/657	20	73	58	90
.1765650	110/623	20	70	55	89
.1765918	943/5340	23	60	41	89
.1766091	225/1274	25	65	45	98
.1766280	198/1121	30	59	33	95
.1766477	1525/8633	25	89	61	97
.1766667	53/300	20	60	53	100
.1766797	1541/8722	23	89	67	98
.1766917	47/266	25	70	47	95
.1766985	684/3871	24	79	57	98
.1767123	129/730	24	73	43	80
.1767241	41/232	23	58	41	92
.1767305	120/679	20	70	60	97
.1767368	1679/9500	23	95	73	100
.1767478	225/1273	25	67	45	95
.1767573	943/5335	23	55	41	97
.1767749	615/3479	30	71	41	98
.1767790	236/1335	20	75	59	89
.1767857	99/560	30	70	33	80
.1768116	61/345	20	75	61	92
.1768218	1155/6532	33	71	35	92
.1768281	960/5429	20	61	48	89
.1768421	84/475	24	95	70	100
.1768607	240/1357	20	59	48	92
.1768684	1020/5767	30	73	34	79
.1768766	205/1159	25	61	41	95
.1769102	1160/6557	20	79	58	83
.1769231	23/130	23	65	45	90
.1769256	1075/6076	25	62	43	98
.1769412	376/2125	24	75	47	85
.1769466	984/5561	24	67	41	83
.1769565	407/2300	33	75	37	92
.1769663	63/356	35	89	45	100
0.1770					
.1770001	1219/6887	23	71	53	97

（续）

比值	分数	A	B	C	D
0. 1770					
. 1770245	94/531	20	59	47	90
. 1770335	37/209	25	55	37	95
. 1770498	989/5586	23	57	43	98
. 1770588	301/1700	35	85	43	100
. 1770708	295/1666	25	85	59	98
. 1770801	564/3185	24	65	47	98
. 1770892	943/5325	23	71	41	75
. 1771026	1632/9215	34	95	48	97
. 1771209	1426/8051	23	83	62	97
. 1771275	460/2597	23	53	40	98
. 1771429	31/175	20	70	62	100
. 1771453	1220/6887	20	71	61	97
. 1771824	205/1157	25	65	41	89
. 1771888	595/3358	34	73	35	92
. 1772031	185/1044	25	58	37	90
. 1772131	1081/6100	23	61	47	100
. 1772192	1128/6365	24	67	47	95
. 1772288	165/931	30	57	33	98
. 1772401	989/5580	23	62	43	90
. 1772575	53/299	20	65	53	92
. 1772743	1025/5782	25	59	41	98
. 1772764	220/1241	20	73	55	85
. 1772853	64/361	20	57	48	95
. 1773126	1152/6497	24	73	48	89
. 1773196	86/485	24	60	43	97
. 1773494	368/2075	23	75	48	83
. 1773612	246/1387	30	73	41	95
. 1773750	1419/8000	33	80	43	100
. 1773750	1419/8000	33	80	43	100
. 1773856	1357/7650	23	85	59	90
. 1773973	259/1460	35	73	37	100
. 1774098	300/1691	20	57	45	89
. 1774194	11/62	30	62	33	90
. 1774269	1517/8550	37	90	41	95
. 1774436	118/665	20	70	59	95
. 1774548	1050/5917	30	61	35	97
. 1774600	1551/8740	33	92	47	95
. 1774739	1311/7387	23	83	57	89
. 1774762	1360/7663	34	79	40	97
. 1774904	645/3634	30	79	43	92
0. 1775					
. 1775000	71/400	20	80	71	100
. 1775316	561/3160	33	79	34	80
. 1775439	253/1425	23	75	55	95
. 1775510	87/490	24	80	58	98
. 1775597	1122/6319	33	71	34	89
. 1775895	943/5310	23	59	41	90
. 1776027	1375/7742	25	79	55	98
. 1776119	119/670	34	67	35	100
. 1776248	516/2905	24	70	43	83
. 1776316 *	27/152	30	80	45	95
. 1776585	1258/7081	34	73	37	97
. 1776685	253/1424	23	80	55	89
. 1776923	231/1300	33	65	35	100
. 1776968	1219/6860	23	70	53	98
. 1777108	59/332	20	80	59	83
. 1777196	1155/6499	33	67	35	97
. 1777354	1025/5767	25	73	41	79
. 1777462	500/2813	20	58	50	97
. 1777629	1060/5963	20	67	53	89
. 1777744	1155/6497	33	73	35	89
. 1777778 *	8/45	30	75	40	90
. 1778026	636/3577	24	73	53	98
. 1778061	697/3920	34	80	41	98
. 1778262	1551/8722	33	89	47	98
. 1778351	69/388	23	60	45	97
. 1778457	989/5561	23	67	43	83
. 1778656	45/253	20	55	45	92
. 1779026	95/534	25	89	57	90
. 1779131	1081/6076	23	62	47	98
. 1779245	943/5300	23	53	41	100
. 1779310	129/725	24	58	43	100
. 1779425	192/1079	20	65	48	83
. 1779540	1122/6305	33	65	34	97
. 1779707	328/1843	24	57	41	97
. 1779775	396/2225	33	89	48	100
. 1779883	1221/6860	33	70	37	98
0. 1780					
. 1780012	301/1691	35	89	43	95
. 1780069	259/1455	35	75	37	97
. 1780255	990/5561	30	67	33	83
. 1780645	138/775	23	62	48	100
. 1780846	1032/5795	24	61	43	95
. 1780901	925/5194	25	53	37	98
. 1780995	984/5525	24	65	41	85
. 1781076	96/539	20	55	48	98
. 1781250	57/320	23	80	57	92
. 1781276	215/1207	25	71	43	85
. 1781377 *	44/247	20	65	55	95
. 1781513	106/595	20	70	53	85
. 1781598	943/5293	23	67	41	79
. 1781701	111/623	30	70	37	89

（续）

比值	分数	A	B	C	D	比值	分数	A	B	C	D
0.1780						0.1785					
.1781775	1050/5893	30	71	35	83	.1788427	989/5530	23	70	43	79
.1781896	250/1403	20	61	50	92	.1788500	1353/7565	33	85	41	89
.1782121	620/3479	20	71	62	98	.1788598	1440/8051	24	83	60	97
.1782255	460/2581	23	58	40	89	.1788663	325/1817	20	79	65	92
.1782387	1435/8051	35	83	41	97	.1788750	989/5529	23	57	43	97
.1782472	1080/6059	24	73	45	83	.1788880	222/1241	30	73	37	85
.1782609	41/230	24	60	41	92	.1789030	212/1185	20	75	53	79
.1782683	105/589	30	62	35	95	.1789091	246/1375	24	55	41	100
.1782753	215/1206	25	67	43	90	.1789219	1258/7031	34	79	37	89
.1783133	74/415	30	75	37	83	.1789374	943/5270	23	62	41	85
.1783255	492/2759	24	62	41	89	.1789535	920/5141	23	53	40	97
.1783496	201/1127	24	92	67	98	.1789639	114/637	20	65	57	98
.1783626	61/342	25	90	61	95	0.1790					
.1783681	94/527	20	62	47	85	.1790038	1035/5782	23	59	45	98
.1783924	1032/5785	24	65	43	89	.1790135	940/5251	20	59	47	89
.1784038	38/213	20	71	57	90	.1790190	500/2793	20	57	50	98
.1784121	200/1121	20	59	50	95	.1790323	111/620	30	62	37	100
.1784298	225/1261	25	65	45	97	.1790476	94/525	20	70	47	75
.1784483	207/1160	23	58	45	100	.1790559	330/1843	30	57	33	97
.1784615	58/325	20	65	58	100	.1790677	799/4462	34	92	47	97
.1784706	1517/8500	37	85	41	100	.1791019	1025/5723	25	59	41	97
.1784850	516/2891	24	59	43	98	.1791218	1081/6035	23	71	47	85
.1784890	1160/6499	20	67	58	97	.1791448	1060/5917	20	61	53	97
0.1785						.1791549	318/1775	24	71	53	100
.1785011	1541/8633	23	89	67	97	.1791667	43/240	23	60	43	92
.1785093	1128/6319	24	71	47	89	.1791855	198/1105	30	65	33	85
.1785202	1368/7663	24	79	57	97	.1791978	1175/6557	25	79	47	83
.1785263	424/2375	24	75	53	95	.1792115	50/279	20	62	50	90
.1785439	1160/6497	20	73	58	89	.1792169	119/664	34	80	35	83
.1785476	268/1501	20	79	67	95	.1792350	164/915	24	61	41	90
.1785714*	5/28	25	70	40	80	.1792405	354/1975	24	79	59	100
.1785844	492/2755	24	58	41	95	.1792525	235/1311	20	57	47	92
.1786022	207/1159	23	61	45	95	.1792647	1219/6800	23	80	53	85
.1786315	744/4165	24	85	62	98	.1792703	1081/6030	23	67	47	90
.1786471	1265/7081	23	73	55	97	.1792771	372/2075	24	83	62	100
.1786667	67/375	20	75	67	100	.1792918	400/2231	20	92	80	97
.1786778	300/1679	20	73	60	92	.1793003	123/686	30	70	41	98
.1786942	52/291	20	75	65	97	.1793055	253/1411	23	83	55	85
.1787044	240/1343	20	79	60	85	.1793372	92/513	23	57	40	90
.1787440	37/207	37	90	40	92	.1793478	33/184	30	60	33	92
.1787496	1075/6014	25	62	43	97	.1793750	287/1600	35	80	41	100
.1787640	1591/8900	37	89	43	100	.1793814	87/485	24	80	58	97
.1787755	219/1225	24	98	73	100	.1794128	495/2759	30	62	33	89
.1787854	1104/6175	23	65	48	95	.1794205	1517/8455	37	89	41	95
.1788032	248/1387	20	73	62	95	.1794336	1375/7663	25	79	55	97
.1788219	255/1426	30	62	34	92	.1794511	255/1421	30	58	34	98

（续）

比值	分数	A	B	C	D	比值	分数	A	B	C	D
0.1790						0.1800					
.1794694	1035/5767	23	73	45	79	.1800272	265/1472	25	80	53	92
.1794872*	7/39	30	65	35	90	.1800494	1240/6887	20	71	62	97
0.1795						.1800568	697/3871	34	79	41	98
.1795027	296/1649	37	85	40	97	.1800681	1375/7636	25	83	55	92
.1795287	1219/6790	23	70	53	97	.1800766	47/261	20	58	47	90
.1795436	1550/8633	25	89	62	97	.1800861	1380/7663	23	79	60	97
.1795506	799/4450	34	89	47	100	.1800963	561/3115	33	70	34	89
.1795588	1221/6800	33	80	37	85	.1801092	297/1649	33	85	45	97
.1795666	58/323	25	85	58	95	.1801242	29/161	20	70	58	92
.1795848	943/5251	23	59	41	89	.1801417	1475/8188	25	89	59	92
.1795890	1311/7300	23	73	57	100	.1801457	989/5490	23	61	43	90
.1796043	118/657	20	73	59	90	.1801667	1081/6000	23	60	47	100
.1796203	1419/7900	33	79	43	100	.1801883	402/2231	24	92	67	97
.1796356	1272/7081	24	73	53	97	.1802062	437/2425	23	75	57	97
.1796493	625/3479	25	71	50	98	.1802339	1541/8550	23	90	67	95
.1796610	53/295	20	59	53	100	.1802410	374/2075	33	75	34	83
.1796733	99/551	30	58	33	95	.1802451	250/1387	25	73	50	95
.1796760	122/679	20	70	61	97	.1802721	53/294	20	60	53	98
.1796985	1025/5704	25	62	41	92	.1802784	1075/5963	25	67	43	89
.1797137	590/3283	20	67	59	98	.1802977	1272/7055	24	83	53	85
.1797260	328/1825	24	73	41	75	.1803069	141/782	30	85	47	92
.1797386*	55/306	25	85	55	90	.1803187	645/3577	30	73	43	98
.1797473	1081/6014	23	62	47	97	.1803308	1025/5684	25	58	41	98
.1797571	222/1235	30	65	37	95	.1803437	1679/9310	23	95	73	98
.1797659	215/1196	25	65	43	92	.1803666	305/1691	25	89	61	95
.1797753	16/89	20	60	48	89	.1803797	57/316	20	79	57	80
.1797945	105/584	30	73	35	80	.1803922	46/255	23	75	50	85
.1797985	696/3871	24	79	58	98	.1804000	451/2500	33	75	41	100
.1798182	989/5500	23	55	43	100	.1804124	35/194	30	60	35	97
.1798260	1075/5978	25	61	43	98	.1804511*	24/133	30	70	40	95
.1798469	141/784	30	80	47	98	.1804577	205/1136	25	71	41	80
.1798611	259/1440	35	80	37	90	.1804730	1488/8245	24	85	62	97
.1798744	1060/5893	20	71	53	83	.1804785	943/5225	23	55	41	95
.1798836	1175/6532	25	71	47	92	0.1805					
.1798864	855/4753	30	97	57	98	.1805063	713/3950	23	79	62	100
.1799043	188/1045	20	55	47	95	.1805338	115/637	23	65	50	98
.1799100	120/667	20	58	48	92	.1805556*	13/72	25	90	65	100
.1799175	1265/7031	23	79	55	89	.1805778	225/1246	25	70	45	89
.1799261	925/5141	25	53	37	97	.1805926	1219/6750	23	75	53	90
.1799438	192/1067	20	55	48	97	.1806020	54/299	24	65	45	92
.1799603	1180/6557	20	79	59	83	.1806122	177/980	24	80	59	98
.1799660	106/589	20	62	53	95	.1806186	438/2425	24	97	73	100
.1799824	205/1139	25	67	41	85	.1806393	989/5475	23	73	43	75
.1799852	732/4067	24	83	61	98	.1806513	943/5220	23	58	41	90
0.1800						.1806624	540/2989	24	61	45	98
.1800000*	9/50	30	75	45	100	.1806723	43/238	25	70	43	85

（续）

比值	分数	A	B	C	D	比值	分数	A	B	C	D
0.1805						0.1810					
.1806756	230/1273	23	67	50	95	.1812116	1032/5695	24	67	43	85
.1807020	1560/8633	24	89	65	97	.1812193	1403/7742	23	79	61	98
.1807143	253/1400	23	70	55	100	.1812251	500/2759	20	62	50	89
.1807229	15/83	30	70	35	83	.1812367	85/469	34	67	35	98
.1807265	1219/6745	23	71	53	95	.1812488	984/5429	24	61	41	89
.1807407	122/675	20	75	61	90	.1812822	246/1357	24	59	41	92
.1807512	77/426	33	71	35	90	.1812922	188/1037	20	61	47	85
.1807580	62/343	20	70	62	98	.1813011	510/2813	30	58	34	97
.1807692	47/260	20	65	47	80	.1813054	225/1241	25	73	45	85
.1807780	79/437	20	92	79	95	.1813187	33/182	33	65	35	98
.1807910	32/177	20	59	48	90	.1813333	68/375	34	75	40	100
.1807970	1175/6499	25	67	47	97	.1813439	1460/8051	20	83	73	97
.1808089	228/1261	20	65	57	97	.1813621	940/5183	20	71	47	73
.1808219	66/365	30	73	33	75	.1813716	960/5293	20	67	48	79
.1808297	1081/5978	23	61	47	98	.1813987	1258/6935	34	73	37	95
.1808492	1035/5723	23	59	45	97	.1814059	80/441	20	90	80	98
.1808645	1000/5529	20	57	50	97	.1814346	43/237	25	75	43	79
.1808747	244/1349	20	71	61	95	.1814433	88/485	24	75	55	97
.1808824	123/680	30	80	41	85	.1814516	45/248	23	62	45	92
.1808889	407/2250	33	75	37	90	.1814611	231/1273	33	67	35	95
.1808989	161/890	23	89	70	100	.1814882	100/551	20	58	50	95
.1809131	1272/7031	24	79	53	89	0.1815					
.1809211*	55/304	25	80	55	95	.1815039	210/1157	30	65	35	89
.1809257	129/713	24	62	43	92	.1815126	108/595	24	70	45	85
.1809384	860/4753	40	97	43	98	.1815336	116/639	20	71	58	90
.1809524	19/105	20	70	57	90	.1815385	59/325	20	65	59	100
.1809580	306/1691	34	89	45	95	.1815481	1100/6059	20	73	55	83
.1809677	561/3100	33	62	34	100	.1815556	943/5194	23	53	41	98
.1809836	276/1525	23	61	48	100	.1815664	1180/6499	20	67	59	97
.1809898	1152/6365	24	67	48	95	.1815789	69/380	23	57	45	100
.1809955*	40/221	25	65	40	85	.1815923	1462/8051	34	83	43	97
0.1810						.1815981	75/413	30	59	35	98
.1810115	204/1127	34	92	48	98	.1816097	792/4361	33	89	48	98
.1810230	1221/6745	33	71	37	95	.1816223	1180/6497	20	73	59	89
.1810345	21/116	30	58	35	100	.1816521	1392/7663	24	79	58	97
.1810402	275/1519	20	62	55	98	.1816557	305/1679	20	73	61	92
.1810526	86/475	24	57	43	100	.1816799	1075/5917	25	61	43	97
.1810594	564/3115	24	70	47	89	.1816901	129/710	24	71	43	80
.1810742	354/1955	24	85	59	92	.1816985	276/1519	23	62	48	98
.1811169	1080/5963	24	67	45	89	.1817143	159/875	24	70	53	100
.1811263	119/657	34	73	35	90	.1817175	328/1805	24	57	41	95
.1811487	123/679	30	70	41	97	.1817294	372/2047	24	89	62	92
.1811594	25/138	20	60	50	92	.1817384	207/1139	23	67	45	85
.1811765	77/425	33	75	35	85	.1817534	255/1403	30	61	34	92
.1811907	210/1159	30	61	35	95	.1817602	285/1568	25	80	57	98
.1811966	106/585	20	65	53	90	.1817689	335/1843	25	95	67	97

（续）

比值	分数	*A*	*B*	*C*	*D*
0. 1815					
. 1817889	1128/6205	24	73	47	85
. 1818046	1221/6716	33	73	37	92
. 1818051	1265/6958	23	71	55	98
. 1818182*	2/11	25	55	40	100
. 1818317	1221/6715	33	79	37	85
. 1818408	1464/8051	24	83	61	97
. 1818506	1020/5609	30	71	34	79
. 1818708	943/5185	23	61	41	85
. 1818820	259/1424	35	80	37	89
. 1818878	713/3920	23	80	62	98
. 1818988	205/1127	40	92	41	98
. 1819131	1394/7663	34	79	41	97
. 1819222	159/874	30	92	53	95
. 1819284	300/1649	20	85	75	97
. 1819355	141/775	24	62	47	100
. 1819523	740/4067	37	83	40	98
. 1819608	232/1275	20	75	58	85
. 1819672	111/610	30	61	37	100
. 1819804	204/1121	30	59	34	95
. 1819908	1150/6319	23	71	50	89
0. 1820					
. 1820247	561/3082	33	67	34	92
. 1820366	1591/8740	37	92	43	95
. 1820616	136/747	34	83	40	90
. 1820704	1050/5767	30	73	35	79
. 1820833	437/2400	23	80	57	90
. 1820901	1035/5684	23	58	45	98
. 1821000	470/2581	20	58	47	89
. 1821128	1517/8330	37	85	41	98
. 1821235	705/3871	30	79	47	98
. 1821306	53/291	20	60	53	97
. 1821429	51/280	30	70	34	80
. 1821494	100/549	20	61	50	90
. 1821632	96/527	20	62	48	85
. 1821698	989/5429	23	61	43	89
. 1821800	595/3266	34	71	35	92
. 1821862*	45/247	25	65	45	95
. 1822034	43/236	23	59	43	92
. 1822083	1104/6059	23	73	48	83
. 1822222	41/225	24	60	41	90
. 1822251	285/1564	25	85	57	92
. 1822388	1221/6700	33	67	37	100
. 1822467	232/1273	20	67	58	95
. 1822590	1541/8455	23	89	67	95
. 1822701	220/1207	20	71	55	85
. 1822785	72/395	24	75	45	79
0. 1820					
. 1822944	348/1909	24	83	58	92
. 1822976	795/4361	30	89	53	98
. 1823073	1152/6319	24	71	48	89
. 1823188	629/3450	34	75	37	92
. 1823540	990/5429	30	61	33	89
. 1823573	246/1349	30	71	41	95
. 1823876	495/2714	30	59	33	92
. 1824000	114/625	24	75	57	100
. 1824081	253/1387	23	73	55	95
. 1824212	110/603	20	67	55	90
. 1824441	106/581	20	70	53	83
. 1824534	235/1288	25	70	47	92
. 1824561*	52/285	20	75	65	95
. 1824742	177/970	24	80	59	97
0. 1825					
. 1825000	73/400	20	80	73	100
. 1825127	215/1178	25	62	43	95
. 1825249	1080/5917	24	61	45	97
. 1825349	301/1649	35	85	43	97
. 1825397	23/126	23	70	50	90
. 1825603	492/2695	24	55	41	98
. 1825670	1485/8134	33	83	45	98
. 1825843	65/356	20	80	65	89
. 1825994	170/931	30	57	34	98
. 1826087	21/115	24	92	70	100
. 1826215	124/679	20	70	62	97
. 1826252	288/1577	24	83	60	95
. 1826408	989/5415	23	57	43	95
. 1826484	40/219	20	73	50	75
. 1826630	1258/6887	34	71	37	97
. 1826661	470/2573	20	62	47	83
. 1826811	943/5162	23	58	41	89
. 1826939	1081/5917	23	61	47	97
. 1826961	1400/7663	20	79	70	97
. 1827121	1152/6305	24	65	48	97
. 1827210	184/1007	23	53	40	95
. 1827420	1025/5609	25	71	41	79
. 1827532	231/1264	33	79	35	80
. 1827586	53/290	20	58	53	100
. 1827715	244/1335	20	75	61	89
. 1827821	1155/6319	33	71	35	89
. 1827957	17/93	30	62	34	90
. 1828112	636/3479	24	71	53	98
. 1828223	960/5251	20	59	48	89
. 1828255	66/361	30	57	33	95
. 1828411	130/711	20	79	65	90

（续）

比值	分数	*A*	*B*	*C*	*D*
0. 1825					
. 1828490	258/1411	30	83	43	85
. 1828571	32/175	20	70	48	75
. 1828724	205/1121	25	59	41	95
. 1828838	1295/7081	35	73	37	97
. 1828985	708/3871	24	79	59	98
. 1829066	550/3007	20	62	55	97
. 1829163	212/1159	20	61	53	95
. 1829329	1104/6035	23	71	48	85
. 1829358	744/4067	24	83	62	98
. 1829856	114/623	20	70	57	89
. 1829981	282/1541	24	67	47	92
0. 1830					
. 1830065 *	28/153	35	85	40	90
. 1830186	1580/8633	20	89	79	97
. 1830290	852/4655	24	95	71	98
. 1830357	41/224	25	70	41	80
. 1830508	54/295	24	59	45	100
. 1830574	188/1027	20	65	47	79
. 1830664	80/437	20	57	48	92
. 1830769	119/650	34	65	35	100
. 1830876	1403/7663	23	79	61	97
. 1830986	13/71	20	71	65	100
. 1831051	1190/6499	34	67	35	97
. 1831325	76/415	20	75	57	83
. 1831447	615/3358	30	73	41	92
. 1831481	989/5400	23	60	43	90
. 1831615	1190/6497	34	73	35	89
. 1831720	246/1343	30	79	41	85
. 1831879	231/1261	33	65	35	97
. 1831985	1110/6059	30	73	37	83
. 1832112	275/1501	25	79	55	95
. 1832203	1081/5900	23	59	47	100
. 1832325	212/1157	20	65	53	89
. 1832359	94/513	20	57	47	90
. 1832541	1311/7154	23	73	57	98
. 1832683	1080/5893	24	71	45	83
. 1832817	296/1615	37	85	40	95
. 1832860	1419/7742	33	79	43	98
. 1833083	1219/6650	23	70	53	95
. 1833179	989/5395	23	65	43	83
. 1833333 *	11/60	30	90	55	100
. 1833421	350/1909	20	83	70	92
. 1833616	108/589	24	62	45	95
. 1833677	1334/7275	23	75	58	97
. 1833819	629/3430	34	70	37	98
. 1833987	1403/7650	23	85	61	90
0. 1830					
. 1834202	1020/5561	30	67	34	83
. 1834273	943/5141	23	53	41	97
. 1834380	1081/5893	23	71	47	83
. 1834586	122/665	20	70	61	95
. 1834702	1050/5723	30	59	35	97
. 1834820	1584/8633	33	89	48	97
. 1834879	989/5390	23	55	43	98
0. 1835					
. 1835032	198/1079	30	65	33	83
. 1835314	1081/5890	23	62	47	95
. 1835443	29/158	20	79	58	80
. 1835616	67/365	20	73	67	100
. 1835717	552/3007	23	62	48	97
. 1835821	123/670	24	67	41	80
. 1835899	1300/7081	20	73	65	97
. 1836090	1221/6650	33	70	37	95
. 1836340	285/1552	25	80	57	97
. 1836735	9/49	30	55	33	98
. 1836794	1265/6887	23	71	55	97
. 1836918	205/1116	25	62	41	90
. 1837037	124/675	20	75	62	90
. 1837140	185/1007	25	53	37	95
. 1837228	228/1241	20	73	57	85
. 1837321	192/1045	20	55	48	95
. 1837607	43/234	25	65	43	90
. 1837741	410/2231	40	92	41	97
. 1838044	1060/5767	20	73	53	79
. 1838056	1505/8188	35	89	43	92
. 1838235 *	25/136	25	80	50	85
. 1838315	1353/7360	33	80	41	92
. 1838435	1081/5880	23	60	47	98
. 1838710	57/310	20	62	57	100
. 1838811	235/1278	25	71	47	90
. 1838917	258/1403	24	61	43	92
. 1839009	297/1615	33	85	45	95
. 1839080	16/87	20	58	48	90
. 1839344	561/3050	33	61	34	100
. 1839465	55/299	20	65	55	92
. 1839673	1035/5626	23	58	45	97
. 1839810	232/1261	20	65	58	97
. 1839900	1032/5609	24	71	43	79
0. 1840					
. 1840000	23/125	23	60	48	100
. 1840080	550/2989	20	61	55	98
. 1840278	53/288	25	80	53	90
. 1840610	1425/7742	25	79	57	98

（续）

比值	分数	A	B	C	D	比值	分数	A	B	C	D
0.1840						0.1845					
.1840696	275/1494	25	83	55	90	.1846722	200/1083	20	57	50	95
.1840813	525/2852	30	62	35	92	.1846771	552/2989	23	61	48	98
.1840943	125/679	25	70	50	97	.1847015	99/536	30	67	33	80
.1841072	1360/7387	34	83	40	89	.1847079	215/1164	25	60	43	97
.1841213	1032/5605	24	59	43	95	.1847291	75/406	30	58	35	98
.1841270	58/315	20	70	58	90	.1847390	46/249	23	75	50	83
.1841432	72/391	24	85	60	92	.1847476	172/931	24	57	43	98
.1841843	1295/7031	35	79	37	89	.1847690	148/801	37	89	40	90
.1841924	268/1455	20	75	67	97	.1847826	17/92	30	60	34	92
.1841960	1000/5429	20	61	50	89	.1847863	1081/5850	23	65	47	90
.1842105*	7/38	30	60	35	95	.1847953	158/855	20	90	79	95
.1842299	250/1357	20	59	50	92	.1848101	73/395	20	79	73	100
.1842404	325/1764	25	90	65	98	.1848214	207/1120	23	70	45	80
.1842697	82/445	24	60	41	89	.1848315	329/1780	35	89	47	100
.1842857	129/700	24	70	43	80	.1848496	510/2759	30	62	34	89
.1843046	876/4753	24	97	73	98	.1848592	105/568	30	71	35	80
.1843137	47/255	20	60	47	85	.1848739*	22/119	20	70	55	85
.1843194	1025/5561	25	67	41	83	.1848947	825/4462	30	92	55	97
.1843344	1645/8924	35	92	47	97	.1848955	1300/7031	20	79	65	89
.1843373	153/830	34	83	45	100	.1849117	576/3115	24	70	48	89
.1843478	106/575	24	75	53	92	.1849180	282/1525	24	61	47	100
.1843614	804/4361	24	89	67	98	.1849315	27/146	24	73	45	80
.1843723	210/1139	30	67	35	85	.1849448	285/1541	20	67	57	92
.1843750	59/320	23	80	59	92	.1849462	86/465	24	62	43	90
.1843882	437/2370	23	79	57	90	.1849624	123/665	30	70	41	95
.1844023	253/1372	23	70	55	98	.1849940	1541/8330	23	85	67	98
.1844078	123/667	24	58	41	92	0.1850					
.1844215	161/873	23	90	70	97	.1850000	37/200	25	50	37	100
.1844262	45/244	23	61	45	92	.1850258	215/1162	25	70	43	83
.1844424	984/5335	24	55	41	97	.1850602	384/2075	24	75	48	83
.1844485	102/553	30	70	34	79	.1850746	62/335	20	67	62	100
.1844584	235/1274	25	65	47	98	.1851027	1081/5840	23	73	47	80
.1844709	1100/5963	20	67	55	89	.1851180	102/551	30	58	34	95
.1844818	340/1843	30	57	34	97	.1851417	1104/5963	23	67	48	89
0.1845						.1851495	192/1037	20	61	48	85
.1845149	989/5360	23	67	43	80	.1851617	292/1577	20	83	73	95
.1845249	1035/5609	23	71	45	79	.1851791	1122/6059	33	73	34	83
.1845693	555/3007	30	62	37	97	.1851852*	5/27	25	60	40	90
.1845907	115/623	23	70	50	89	.1852041	363/1960	33	98	55	100
.1846033	235/1273	25	67	47	95	.1852060	989/5340	23	60	43	89
.1846053	1403/7600	23	80	61	95	.1852175	1060/5723	20	59	53	97
.1846154*	12/65	30	65	40	100	.1852433	118/637	20	65	59	98
.1846337	310/1679	20	73	62	92	.1852632	88/475	24	75	55	95
.1846438	1200/6499	20	67	60	97	.1852725	629/3395	34	70	37	97
.1846479	1311/7100	23	71	57	100	.1852846	345/1862	23	57	45	98
.1846566	207/1121	23	59	45	95	.1852941*	63/340	35	85	45	100

（续）

比值	分数	*A*	*B*	*C*	*D*
0.1850					
.1853107	164/885	24	59	41	90
.1853225	250/1349	25	71	50	95
.1853344	230/1241	23	73	50	85
.1853448	43/232	23	58	43	92
.1853526	205/1106	25	70	41	79
.1853568	200/1079	20	65	50	83
.1853796	989/5335	23	55	43	97
.1853861	1025/5529	25	57	41	97
.1853981	645/3479	30	71	43	98
.1854082	1817/9800	23	98	79	100
.1854227	318/1715	24	70	53	98
.1854374	354/1909	24	83	59	92
.1854545	51/275	30	55	34	100
.1854594	1403/7565	23	85	61	89
.1854839	23/124	23	62	45	90
.1854902	473/2550	33	85	43	90
0.1855					
.1855047	215/1159	25	61	43	95
.1855204	41/221	25	65	41	85
.1855288	100/539	20	55	50	98
.1855403	1219/6570	23	73	53	90
.1855462	552/2975	23	70	48	85
.1855670	18/97	30	55	33	97
.1855781	1032/5561	24	67	43	83
.1856000	116/625	24	75	58	100
.1856187	111/598	30	65	37	92
.1856250	297/1600	33	80	45	100
.1856485	282/1519	24	62	47	98
.1856604	246/1325	24	53	41	100
.1856742	1125/6059	25	73	45	83
.1856808	555/2989	30	61	37	98
.1856884	205/1104	25	60	41	92
.1857143*	13/70	20	70	65	100
.1857277	989/5325	23	71	43	75
.1857388	1081/5820	23	60	47	97
.1857457	675/3634	30	79	45	92
.1857585*	60/323	25	85	60	95
.1857708	47/253	20	55	47	92
.1857808	1675/9016	25	92	67	98
.1857923	34/183	30	61	34	90
.1858065	144/775	24	62	48	100
.1858345	265/1426	20	62	53	92
.1858447	407/2190	33	73	37	90
.1858667	697/3750	34	75	41	100
.1858824	79/425	20	85	79	100
.1858861	943/5073	23	57	41	89

比值	分数	*A*	*B*	*C*	*D*
0.1855					
.1859050	1100/5917	20	61	55	97
.1859218	1075/5782	25	59	43	98
.1859268	325/1748	25	92	65	95
.1859410	82/441	40	90	41	98
.1859471	1175/6319	25	71	47	89
.1859649	53/285	20	60	53	95
.1859744	480/2581	20	58	48	89
.1859794	451/2425	33	75	41	97
.1859985	720/3871	24	79	60	98
0.1860					
.1860130	258/1387	30	73	43	95
.1860152	415/2231	20	92	83	97
.1860254	205/1102	25	58	41	95
.1860585	1081/5810	23	70	47	83
.1860697	187/1005	33	67	34	90
.1860819	1591/8550	37	90	43	95
.1860890	1426/7663	23	79	62	97
.1860955	265/1424	25	80	53	89
.1861111	67/360	20	80	67	90
.1861176	1035/5561	23	67	45	83
.1861282	212/1139	20	67	53	85
.1861402	231/1241	33	73	35	85
.1861479	1110/5963	30	67	37	89
.1861585	1353/7268	33	79	41	92
.1861693	1128/6059	24	73	47	83
.1861945	1551/8330	33	85	47	98
.1861958	116/623	20	70	58	89
.1862069	27/145	24	58	45	100
.1862245	73/392	20	80	73	98
.1862348	46/247	23	65	50	95
.1862524	989/5310	23	59	43	90
.1862620	1608/8633	24	89	67	97
.1862745	19/102	25	85	57	90
.1862803	315/1691	35	89	45	95
.1862903	231/1240	33	62	35	100
.1863034	253/1358	23	70	55	97
.1863123	1500/8051	20	83	75	97
.1863158	177/950	24	80	59	95
.1863291	368/1975	23	75	48	79
.1863354	30/161	20	70	60	92
.1863454	232/1245	20	75	58	83
.1863636	41/220	23	55	41	92
.1863676	216/1159	24	61	45	95
.1863793	1081/5800	23	58	47	100
.1864126	225/1207	25	71	45	85
.1864407	11/59	30	59	33	90

（续）

比值	分数	*A*	*B*	*C*	*D*	比值	分数	*A*	*B*	*C*	*D*
0. 1860						0. 1870					
. 1864600	1311/7031	23	79	57	89	. 1870000	187/1000	33	60	34	100
. 1864662	124/665	20	70	62	95	. 1870243	516/2759	24	62	43	89
. 1864796	731/3920	34	80	43	98	. 1870445	231/1235	33	65	35	95
. 1864884	265/1421	20	58	53	98	. 1870635	1125/6014	25	62	45	97
0. 1865						. 1870748	55/294	20	60	55	98
. 1865011	1517/8134	37	83	41	98	. 1870787	333/1780	37	89	45	100
. 1865079	47/252	25	70	47	90	. 1870991	525/2806	30	61	35	92
. 1865292	1357/7275	23	75	59	97	. 1871130	816/4361	34	89	48	98
. 1865401	1081/5795	23	61	47	95	. 1871186	276/1475	23	59	48	100
. 1865647	561/3007	33	62	34	97	. 1871345	32/171	20	57	48	90
. 1865672	25/134	20	67	50	80	. 1871531	236/1261	20	65	59	97
. 1865810	1104/5917	23	61	48	97	. 1871609	207/1106	23	70	45	79
. 1866038	989/5300	23	53	43	100	. 1871778	1416/7565	24	85	59	89
. 1866131	697/3735	34	83	41	90	. 1871948	345/1843	23	57	45	97
. 1866184	516/2765	24	70	43	79	. 1871991	1050/5609	30	71	35	79
. 1866335	525/2813	30	58	35	97	. 1872146	41/219	25	73	41	75
. 1866417	299/1602	23	89	65	90	. 1872281	1334/7125	23	75	58	95
. 1866522	344/1843	24	57	43	97	. 1872635	1435/7663	35	79	41	97
. 1866621	1100/5893	20	71	55	83	. 1872659	50/267	20	60	50	89
. 1866667*	14/75	35	75	40	100	. 1872890	943/5035	23	53	41	95
. 1866897	216/1157	24	65	45	89	. 1872958	516/2755	24	58	43	95
. 1867031	205/1098	25	61	41	90	. 1873094	1290/6887	30	71	43	97
. 1867089	59/316	20	79	59	80	. 1873188	517/2760	33	90	47	92
. 1867173	492/2635	24	62	41	85	. 1873327	210/1121	30	59	35	95
. 1867340	259/1387	35	73	37	95	. 1873409	1104/5893	23	71	48	83
. 1867384	1180/6319	20	71	59	89	. 1873596	667/3560	23	80	58	89
. 1867470	31/166	20	80	62	83	. 1873783	1155/6164	33	67	35	92
. 1867572	110/589	20	62	55	95	. 1873929	984/5251	24	59	41	89
. 1867728	305/1633	20	71	61	92	. 1873973	342/1825	24	73	57	100
. 1867925	99/530	30	53	33	100	. 1874063	125/667	20	58	50	92
. 1868132	17/91	34	65	35	98	. 1874163	140/747	20	83	70	90
. 1868207	275/1472	25	80	55	92	. 1874286	164/875	24	70	41	75
. 1868294	888/4753	37	97	48	98	. 1874414	200/1067	20	55	50	97
. 1868353	650/3479	20	71	65	98	. 1874458	1081/5767	23	73	47	79
. 1868506	989/5293	23	67	43	79	. 1874846	1525/8134	25	83	61	98
. 1868626	1081/5785	23	65	47	89	0. 1875					
. 1868750	299/1600	23	80	65	100	. 1875000*	3/16	25	60	45	100
. 1868750	299/1600	23	80	65	100	. 1875385	1219/6500	23	65	53	100
. 1868916	288/1541	24	67	48	92	. 1875463	253/1349	23	71	55	95
. 1869012	1541/8245	23	85	67	97	. 1875624	564/3007	24	62	47	97
. 1869097	1128/6035	24	71	47	85	. 1875680	1035/5518	23	62	45	89
. 1869259	1221/6532	33	71	37	92	. 1875817	287/1530	35	85	41	90
. 1869416	272/1455	34	75	40	97	. 1875858	1230/6557	30	79	41	83
. 1869523	192/1027	20	65	48	79	. 1875951	1110/5917	30	61	37	97
. 1869595	1081/5782	23	59	47	98	. 1876234	285/1519	20	62	57	98

（续）

比值	分数	*A*	*B*	*C*	*D*
0. 1875					
. 1876254	561/2990	33	65	34	92
. 1876364	258/1375	24	55	43	100
. 1876660	989/5270	23	62	43	85
. 1876812	259/1380	35	75	37	92
. 1876882	561/2989	33	61	34	98
. 1876982	296/1577	37	83	40	95
. 1877065	284/1513	20	85	71	89
. 1877212	1220/6499	20	67	61	97
. 1877400	1320/7031	24	79	55	89
. 1877551	46/245	23	60	48	98
. 1877790	1220/6497	20	73	61	89
. 1877934	40/213	20	71	50	75
. 1878101	265/1411	25	83	53	85
. 1878179	1403/7470	23	83	61	90
. 1878403	207/1102	23	58	45	95
. 1878543	232/1235	20	65	58	95
. 1878558	99/527	30	62	33	85
. 1878669	96/511	20	70	48	73
. 1878799	1020/5429	30	61	34	89
. 1878873	667/3550	23	71	58	100
. 1879145	255/1357	30	59	34	92
. 1879160	1440/7663	24	79	60	97
. 1879329	1221/6497	33	73	37	89
. 1879518	78/415	24	83	65	100
. 1879699 *	25/133	25	70	50	95
. 1879781	172/915	24	61	43	90
. 1879927	310/1649	25	85	62	97
0. 1880					
. 1880000	47/250	24	60	47	100
. 1880342 *	22/117	20	65	55	90
. 1880354	1295/6887	35	71	37	97
. 1880466	129/686	30	70	43	98
. 1880702	268/1425	20	75	67	95
. 1880993	765/4067	34	83	45	98
. 1881140	1551/8245	33	85	47	97
. 1881250	301/1600	35	80	43	100
. 1881271	225/1196	25	65	45	92
. 1881356	111/590	30	59	37	100
. 1881499	1140/6059	20	73	57	83
. 1881603	1122/5963	33	67	34	89
. 1881720	35/186	30	62	35	90
. 1881818	207/1100	23	55	45	100
. 1881900	1125/5978	25	61	45	98
. 1882022	67/356	20	80	67	89
. 1882223	342/1817	24	79	57	92
. 1882312	1625/8633	25	89	65	97

比值	分数	*A*	*B*	*C*	*D*
0. 1880					
. 1882353 *	16/85	30	75	40	85
. 1882530	125/664	25	80	50	83
. 1882564	420/2231	24	92	70	97
. 1882653	369/1960	41	98	45	100
. 1882911	119/632	34	79	35	80
. 1883037	615/3266	30	71	41	92
. 1883239	100/531	20	59	50	90
. 1883254	984/5225	24	55	41	95
. 1883451	989/5251	23	59	43	89
. 1883591	1110/5893	30	71	37	83
. 1883657	68/361	30	57	34	95
. 1883830	120/637	20	65	60	98
. 1883915	1334/7081	23	73	58	97
. 1884021	731/3880	34	80	43	97
. 1884109	530/2813	20	58	53	97
. 1884162	1311/6958	23	71	57	98
. 1884307	329/1746	35	90	47	97
. 1884444	212/1125	24	75	53	90
. 1884511	1325/7031	25	79	53	89
. 1884642	1075/5704	25	62	43	92
. 1884669	134/711	20	79	67	90
. 1884932	344/1825	24	73	43	75
. 1884997	1426/7565	23	85	62	89
0. 1885					
. 1885057	82/435	24	58	41	90
. 1885246	23/122	23	61	45	90
. 1885310	240/1273	20	67	60	95
. 1885355	990/5251	30	59	33	89
. 1885714	33/175	33	70	34	85
. 1885841	1272/6745	24	71	53	95
. 1885965	43/228	23	57	43	92
. 1886189	295/1564	25	85	59	92
. 1886288	282/1495	24	65	47	92
. 1886517	1679/8900	23	89	73	100
. 1886634	1125/5963	25	67	45	89
. 1886742	1416/7505	24	79	59	95
. 1886919	564/2989	24	61	47	98
. 1887122	1080/5723	24	59	45	97
. 1887179	184/975	23	65	48	90
. 1887391	238/1261	34	65	35	97
. 1887550	47/249	20	60	47	83
. 1887755	37/196	25	50	37	98
. 1887872	165/874	30	57	33	92
. 1888009	1025/5429	25	61	41	89
. 1888150	1050/5561	30	67	35	83
. 1888158	287/1520	35	80	41	95

（续）

比值	分数	A	B	C	D
0.1885					
.1888357	1025/5428	25	59	41	92
.1888525	288/1525	24	61	48	100
.1888810	265/1403	20	61	53	92
.1888869	1081/5723	23	59	47	97
.1888981	228/1207	20	71	57	85
.1889288	1000/5293	20	67	50	79
.1889820	1060/5609	20	71	53	79
0.1890					
.1890034	55/291	20	60	55	97
.1890217	1739/9200	37	92	47	100
.1890411	69/365	23	73	45	75
.1890547	38/201	20	67	57	90
.1890639	204/1079	30	65	34	83
.1890740	1419/7505	33	79	43	95
.1890756*	45/238	25	70	45	85
.1890858	1334/7055	23	83	58	85
.1890984	732/3871	24	79	61	98
.1891109	1240/6557	20	79	62	83
.1891169	212/1121	20	59	53	95
.1891274	1075/5684	25	58	43	98
.1891579	1633/8633	23	89	71	97
.1891665	1128/5963	24	67	47	89
.1891765	402/2125	24	85	67	100
.1891855	1375/7268	25	79	55	92
.1892000	473/2500	33	75	43	100
.1892072	284/1501	20	79	71	95
.1892209	1450/7663	25	79	58	97
.1892308	123/650	24	65	41	80
.1892393	102/539	30	55	34	98
.1892599	1230/6499	30	67	41	97
.1892693	575/3038	23	62	50	98
.1892823	989/5225	23	55	43	95
.1892890	205/1083	25	57	41	95
.1893014	775/4094	25	89	62	92
.1893181	1230/6497	30	73	41	89
.1893287	110/581	20	70	55	83
.1893443	231/1220	33	61	35	100
.1893634	235/1241	25	73	47	85
.1893671	374/1975	33	75	34	79
.1893878	232/1225	24	75	58	98
.1893985	318/1679	24	73	53	92
.1894061	118/623	20	70	59	89
.1894175	1525/8051	25	83	61	97
.1894267	1272/6715	24	79	53	85
.1894410	61/322	20	70	61	92
.1894494	492/2597	24	53	41	98
0.1890					
.1894636	989/5220	23	58	43	90
.1894737*	18/95	30	75	45	95
0.1895					
.1895044	65/343	20	70	65	98
.1895131	253/1335	23	75	55	89
.1895161	47/248	23	62	47	92
.1895425	29/153	25	85	58	90
.1895577	570/3007	20	62	57	97
.1895798	564/2975	24	70	47	85
.1895984	288/1519	24	62	48	98
.1896109	960/5063	20	61	48	83
.1896231	1122/5917	33	61	34	97
.1896250	1517/8000	37	80	41	100
.1896400	216/1139	24	67	45	85
.1896491	1081/5700	23	57	47	100
.1896552	11/58	30	58	33	90
.1896841	1357/7154	23	73	59	98
.1896907	92/485	23	60	48	97
.1897097	660/3479	24	71	55	98
.1897233	48/253	20	55	48	92
.1897312	1334/7031	23	79	58	89
.1897436	37/195	30	65	37	90
.1897533	100/527	20	62	50	85
.1897590	63/332	35	83	45	100
.1897782	984/5185	24	61	41	85
.1898003	1150/6059	23	73	50	83
.1898148	41/216	25	60	41	90
.1898188	220/1159	20	61	55	95
.1898347	310/1633	20	71	62	92
.1898507	318/1675	24	67	53	100
.1898734	15/79	30	70	35	79
.1898947	451/2375	33	75	41	95
.1898990	94/495	20	55	47	90
.1899078	350/1843	30	57	35	97
.1899283	1403/7387	23	83	61	89
.1899362	268/1411	20	83	67	85
.1899642	53/279	20	62	53	90
.1899687	1640/8633	40	89	41	97
.1899907	205/1079	25	65	41	83
0.1900					
.1900000	19/100	20	75	57	80
.1900070	270/1421	24	58	45	98
.1900172	552/2905	23	70	48	83
.1900281	1353/7120	33	80	41	89
.1900385	1530/8051	34	83	45	97
.1900452*	42/221	30	65	35	85

（续）

比值	分数	*A*	*B*	*C*	*D*
0. 1900					
. 1900585 *	65/342	25	90	65	95
. 1900685	111/584	30	73	37	80
. 1900773	295/1552	25	80	59	97
. 1900903	1032/5429	24	61	43	89
. 1901034	680/3577	34	73	40	98
. 1901087	1749/9200	33	92	53	100
. 1901248	1752/9215	24	95	73	97
. 1901253	258/1357	24	59	43	92
. 1901408	27/142	24	71	45	80
. 1901469	220/1157	20	65	55	89
. 1901561	792/4165	33	85	48	98
. 1901670	205/1078	25	55	41	98
. 1901830	1081/5684	23	58	47	98
. 1901923	989/5200	23	65	43	80
. 1902062	369/1940	41	97	45	100
. 1902174	35/184	30	60	35	92
. 1902256	253/1330	23	70	55	95
. 1902588	125/657	25	73	50	90
. 1902834	47/247	25	65	47	95
. 1902863	525/2759	30	62	35	89
. 1902985	51/268	30	67	34	80
. 1903169	1081/5680	23	71	47	80
. 1903251	240/1261	20	65	60	97
. 1903448	138/725	23	58	48	100
. 1903503	288/1513	24	85	60	89
. 1903586	1311/6887	23	71	57	97
. 1903747	625/3283	25	67	50	98
. 1903797	376/1975	24	75	47	79
. 1903870	305/1602	25	89	61	90
. 1903954	1122/5893	33	71	34	83
. 1904120	989/5194	23	53	43	98
. 1904199	322/1691	23	89	70	95
. 1904283	1325/6958	25	71	53	98
. 1904399	1000/5251	20	59	50	89
. 1904561	1357/7125	23	75	59	95
. 1904762 *	4/21	30	70	40	90
. 1904924	561/2945	33	62	34	95
0. 1905					
. 1905034	333/1748	37	92	45	95
. 1905091	1104/5795	23	61	48	95
. 1905192	1475/7742	25	79	59	98
. 1905259	1460/7663	20	79	73	97
. 1905479	1645/8633	35	89	47	97
. 1905626	105/551	30	58	35	95
. 1905714	667/3500	23	70	58	100
. 1905817	344/1805	24	57	43	95

比值	分数	*A*	*B*	*C*	*D*
0. 1905					
. 1905899	1357/7120	23	80	59	89
. 1906045	495/2597	30	53	33	98
. 1906132	1060/5561	20	67	53	83
. 1906238	492/2581	24	58	41	89
. 1906255	1155/6059	33	73	35	83
. 1906428	1035/5429	23	61	45	89
. 1906510	1350/7081	30	73	45	97
. 1906552	355/1862	25	95	71	98
. 1906694	94/493	20	58	47	85
. 1906780	45/236	23	59	45	92
. 1906941	250/1311	20	57	50	92
. 1907131	115/603	23	67	50	90
. 1907216	37/194	30	60	37	97
. 1907425	989/5185	23	61	43	85
. 1907631	95/498	25	83	57	90
. 1907668	1219/6390	23	71	53	90
. 1907869	1462/7663	34	79	43	97
. 1907986	1240/6499	20	67	62	97
. 1908163	187/980	33	60	34	98
. 1908384	1104/5785	23	65	48	89
. 1908497	146/765	20	85	73	90
. 1908573	1240/6497	20	73	62	89
. 1908687	301/1577	35	83	43	95
. 1908772	272/1425	34	75	40	95
. 1908865	1152/6035	24	71	48	85
. 1909045	1125/5893	25	71	45	83
. 1909091 *	21/110	30	55	35	100
. 1909233	122/639	20	71	61	90
. 1909320	1815/9506	33	97	55	98
. 1909374	552/2891	23	59	48	98
. 1909458	426/2231	24	92	71	97
. 1909589	697/3650	34	73	41	100
. 1909722 *	55/288	25	80	55	90
. 1909938	123/644	30	70	41	92
0. 1910					
. 1910017	225/1178	25	62	45	95
. 1910112	17/89	30	60	34	89
. 1910249	315/1649	35	85	45	97
. 1910448	64/335	20	67	48	75
. 1910499	111/581	30	70	37	83
. 1910598	265/1387	25	73	53	95
. 1910747	1353/7081	33	73	41	97
. 1910771	1075/5626	25	58	43	97
. 1910931	236/1235	20	65	59	95
. 1911111	43/225	24	60	43	90
. 1911268	1357/7100	23	71	59	100

（续）

比值	分数	A	B	C	D
0.1910					
.1911357	69/361	23	57	45	95
.1911544	255/1334	30	58	34	92
.1911647	238/1245	34	75	35	83
.1911651	740/3871	37	79	40	98
.1911765*	13/68	25	85	65	100
.1911903	204/1067	30	55	34	97
.1911996	365/1909	20	83	73	92
.1912059	287/1501	35	79	41	95
.1912165	492/2573	24	62	41	83
.1912313	205/1072	25	67	41	80
.1912371	371/1940	35	97	53	100
.1912528	258/1349	30	71	43	95
.1912568	35/183	30	61	35	90
.1912782	636/3325	24	70	53	95
.1912882	1032/5395	24	65	43	83
.1913043	22/115	24	75	55	92
.1913185	1763/9215	41	95	43	97
.1913265	75/392	25	60	45	98
.1913402	464/2425	24	75	58	97
.1913536	270/1411	30	83	45	85
.1913658	1219/6370	23	65	53	98
.1913793	111/580	30	58	37	100
.1913876*	40/209	25	55	40	95
.1914025	984/5141	24	53	41	97
.1914135	1128/5893	24	71	47	83
.1914257	192/1003	20	59	48	85
.1914507	1160/6059	20	73	58	83
.1914580	130/679	20	70	65	97
.1914657	516/2695	24	55	43	98
.1914764	629/3285	34	73	37	90
0.1915					
.1915110	564/2945	24	62	47	95
.1915161	1219/6365	23	67	53	95
.1915294	407/2125	33	75	37	85
.1915444	222/1159	30	61	37	95
.1915538	1075/5612	25	61	43	92
.1915709	50/261	20	58	50	90
.1915761	141/736	30	80	47	92
.1915924	989/5162	23	58	43	89
.1915966	114/595	20	70	57	85
.1916151	1394/7275	34	75	41	97
.1916313	316/1649	20	85	79	97
.1916396	1357/7081	23	73	59	97
.1916476	335/1748	25	92	67	95
.1916563	1075/5609	25	71	43	79
.1916667	23/120	23	60	45	90

比值	分数	A	B	C	D
0.1915					
.1916797	1221/6370	33	65	37	98
.1916881	1416/7387	24	83	59	89
.1917218	667/3479	23	71	58	98
.1917526	93/485	24	80	62	97
.1917808	14/73	30	73	35	75
.1917861	495/2581	30	58	33	89
.1917997	697/3634	34	79	41	92
.1918129	164/855	24	57	41	90
.1918159	75/391	20	85	75	92
.1918303	1221/6365	33	67	37	95
.1918367	47/245	24	60	47	98
.1918519	259/1350	35	75	37	90
.1918552	212/1105	20	65	53	85
.1918721	288/1501	24	79	60	95
.1918755	222/1157	30	65	37	89
.1919355	119/620	34	62	35	100
.1919476	205/1068	25	60	41	89
.1919643	43/224	25	70	43	80
.1919659	540/2813	24	58	45	97
.1919751	555/2891	30	59	37	98
.1919941	259/1349	35	71	37	95
0.1920					
.1920000	24/125	24	60	48	100
.1920068	1350/7031	30	79	45	89
.1920223	207/1078	23	55	45	98
.1920327	188/979	20	55	47	89
.1920431	1675/8722	25	89	67	98
.1920519	1155/6014	33	62	35	97
.1920633	1360/7081	34	73	40	97
.1920743	1551/8075	33	85	47	95
.1920786	645/3358	30	73	43	92
.1920915	1025/5336	25	58	41	92
.1920986	530/2759	20	62	53	89
.1921072	258/1343	30	79	43	85
.1921233	561/2920	33	73	34	80
.1921275	205/1067	25	55	41	97
.1921436	1081/5626	23	58	47	97
.1921498	1591/8280	37	90	43	92
.1921881	989/5146	23	62	43	83
.1922002	1375/7154	25	73	55	98
.1922121	232/1207	20	71	58	85
.1922197	84/437	24	92	70	95
.1922296	1420/7387	20	83	71	89
.1922854	1660/8633	20	89	83	97
.1923077*	5/26	25	65	40	80
.1923253	1679/8730	23	90	73	97

（续）

比值	分数	A	B	C	D
0. 1920					
. 1923373	1250/6499	25	67	50	97
. 1923459	1357/7055	23	83	59	85
. 1923576	1334/6935	23	73	58	95
. 1923720	575/2989	23	61	50	98
. 1923750	989/5141	23	53	43	97
. 1923915	1325/6887	25	71	53	97
. 1923965	1250/6497	25	73	50	89
. 1924051	76/395	20	75	57	79
. 1924198	66/343	24	70	55	98
. 1924335	1353/7031	33	79	41	89
. 1924448	270/1403	24	61	45	92
. 1924528	51/265	30	53	34	100
. 1924552	301/1564	35	85	43	92
. 1924744	1110/5767	30	73	37	79
. 1924834	1475/7663	25	79	59	97
. 1924883	41/213	25	71	41	75
0. 1925					
. 1925000	77/400	33	60	35	100
. 1925100	915/4753	30	97	61	98
. 1925227	1550/8051	25	83	62	97
. 1925301	799/4150	34	83	47	100
. 1925373	129/670	24	67	43	80
. 1925466	31/161	20	70	62	92
. 1925695	990/5141	30	53	33	97
. 1925903	629/3266	34	71	37	92
. 1925998	989/5135	23	65	43	79
. 1926230	47/244	23	61	47	92
. 1926252	350/1817	20	79	70	92
. 1926421	288/1495	24	65	48	92
. 1926523	215/1116	25	62	43	90
. 1926592	1265/6566	23	67	55	98
. 1926761	342/1775	24	71	57	100
. 1926851	216/1121	24	59	45	95
. 1927066	576/2989	24	61	48	98
. 1927260	1081/5609	23	71	47	79
. 1927354	260/1349	20	71	65	95
. 1927711	16/83	20	60	48	83
. 1927835	187/970	33	60	34	97
. 1927875	989/5130	23	57	43	90
. 1927989	1419/7360	33	80	43	92
. 1928105	59/306	25	85	59	90
. 1928205	188/975	24	65	47	90
. 1928441	318/1649	30	85	53	97
. 1928471	275/1426	20	62	55	92
. 1928571 *	27/140	30	70	45	100
. 1928797	1219/6320	23	79	53	80
. 1928991	690/3577	23	73	60	98
. 1929058	1104/5723	23	59	48	97
. 1929236	1265/6557	23	79	55	83
. 1929348	71/368	20	80	71	92
. 1929412	82/425	24	60	41	85
. 1929654	1591/8245	37	85	43	97
. 1929825 *	11/57	25	75	55	95
. 1929941	292/1513	20	85	73	89
0. 1930					
. 1930024	1357/7031	23	79	59	89
. 1930219	1632/8455	34	89	48	95
. 1930320	205/1062	25	59	41	90
. 1930357	1081/5600	23	70	47	80
. 1930565	595/3082	34	67	35	92
. 1930685	1220/6319	20	71	61	89
. 1930783	106/549	20	61	53	90
. 1930926	123/637	30	65	41	98
. 1930970	207/1072	23	67	45	80
. 1931153	561/2905	33	70	34	83
. 1931438	231/1196	33	65	35	92
. 1931519	220/1139	20	67	55	85
. 1931640	1475/7636	25	83	59	92
. 1931913	1152/5963	24	67	48	89
. 1931962	1221/6320	33	79	37	80
. 1932084	165/854	33	61	35	98
. 1932228	268/1387	20	73	67	95
. 1932268	1221/6319	33	71	37	89
. 1932443	246/1273	30	67	41	95
. 1932584	86/445	24	60	43	89
. 1932836	259/1340	35	67	37	100
. 1932857	1353/7000	33	70	41	100
. 1932990	75/388	25	60	45	97
. 1933106	1075/5561	25	67	43	83
. 1933333	29/150	20	75	58	80
. 1933405	180/931	24	57	45	98
. 1933838	1175/6076	25	62	47	98
. 1933924	240/1241	20	73	60	85
. 1933962	41/212	25	53	41	100
. 1934058	1050/5429	30	61	35	89
. 1934291	1360/7031	34	79	40	89
. 1934396	1032/5335	24	55	43	97
. 1934483	561/2900	33	58	34	100
. 1934641	148/765	37	85	40	90
. 1934694	237/1225	24	98	79	100
. 1934921	1219/6300	23	70	53	90

（续）

比值	分数	*A*	*B*	*C*	*D*
0.1935					
.1935081	155/801	25	89	62	90
.1935195	1081/5586	23	57	47	98
.1935294	329/1700	35	85	47	100
.1935385	629/3250	34	65	37	100
.1935484	6/31	20	62	48	80
.1935553	901/4655	34	95	53	98
.1935682	1258/6499	34	67	37	97
.1935964	260/1343	20	79	65	85
.1936134	576/2975	24	70	48	85
.1936152	1122/5795	33	61	34	95
.1936317	225/1162	25	70	45	83
.1936520	1025/5293	25	67	41	79
.1936558	1221/6305	33	65	37	97
.1936709	153/790	34	79	45	100
.1936842	92/475	23	57	48	100
.1936944	1155/5963	33	67	35	89
.1936983	1334/6887	23	71	58	97
.1937234	500/2581	20	58	50	89
.1937276	1081/5580	23	62	47	90
.1937500	31/160	23	80	62	92
.1937647	1560/8051	24	83	65	97
.1937883	1485/7663	33	79	45	97
.1938028	344/1775	24	71	43	75
.1938144	94/485	24	60	47	97
.1938202	69/356	23	60	45	89
.1938543	1104/5695	23	67	48	85
.1938571	1357/7000	23	70	59	100
.1938776	19/98	25	75	57	98
.1939058	70/361	30	57	35	95
.1939216	989/5100	23	60	43	85
.1939264	1175/6059	25	73	47	83
.1939394	32/165	20	55	48	90
.1939542	1110/5723	30	59	37	97
.1939681	328/1691	24	57	41	89
.1939799	58/299	20	65	58	92
.1939912	1272/6557	24	79	53	83
0.1940					
.1940019	207/1067	23	55	45	97
.1940075	259/1335	35	75	37	89
.1940213	675/3479	30	71	45	98
.1940393	306/1577	34	83	45	95
.1940505	561/2891	33	59	34	98
.1940570	320/1649	20	85	80	97
.1940789	59/304	25	80	59	95
.1940928	46/237	23	75	50	79
.1940994	125/644	25	70	50	92

比值	分数	*A*	*B*	*C*	*D*
0.1940					
.1941098	145/747	25	83	58	90
.1941176*	33/170	30	85	55	100
.1941329	225/1159	25	61	45	95
.1941480	564/2905	24	70	47	83
.1941816	1375/7081	25	73	55	97
.1941866	795/4094	30	89	53	92
.1942029	67/345	20	75	67	92
.1942097	1080/5561	24	67	45	83
.1942222	437/2250	23	75	57	90
.1942294	276/1421	23	58	48	98
.1942487	1020/5251	30	59	34	89
.1942602	1435/7387	35	83	41	89
.1942771	129/664	30	80	43	83
.1942857	34/175	34	70	40	100
.1943087	1591/8188	37	89	43	92
.1943212	219/1127	24	92	73	98
.1943320*	48/247	30	65	40	95
.1943503	172/885	24	59	43	90
.1943552	1150/5917	23	61	50	97
.1943662	69/355	23	71	45	75
.1943836	1419/7300	33	73	43	100
.1943895	1081/5561	23	67	47	83
.1944035	132/679	24	70	55	97
.1944294	1075/5529	25	57	43	97
.1944444*	7/36	30	60	35	90
.1944524	1353/6958	33	71	41	98
.1944606	667/3430	23	70	58	98
.1944664	246/1265	24	55	41	92
.1944828	141/725	24	58	47	100
.1944863	1679/8633	23	89	73	97
.1944972	205/1054	25	62	41	85
0.1945					
.1945080	85/437	30	57	34	92
.1945153	305/1568	25	80	61	98
.1945330	1160/5963	20	67	58	89
.1945370	292/1501	20	79	73	95
.1945552	1122/5767	33	73	34	79
.1945694	1125/5782	25	59	45	98
.1945765	696/3577	24	73	58	98
.1946003	555/2852	30	62	37	92
.1946139	925/4753	37	97	50	98
.1946247	210/1079	30	65	35	83
.1946392	472/2425	24	75	59	97
.1946506	1128/5795	24	61	47	95
.1946647	270/1387	30	73	45	95
.1946667	73/375	24	90	73	100

（续）

比值	分数	A	B	C	D	比值	分数	A	B	C	D
0.1945						0.1950					
.1946788	300/1541	20	67	60	92	.1952381	41/210	25	70	41	75
.1946933	1152/5917	24	61	48	97	.1952542	288/1475	24	59	48	100
.1946976	235/1207	25	71	47	85	.1952632	371/1900	35	95	53	100
.1947052	1265/6497	23	73	55	89	.1952699	322/1649	23	85	70	97
.1947170	258/1325	24	53	43	100	.1952830	207/1060	23	53	45	100
.1947262	96/493	20	58	48	85	.1952850	555/2842	30	58	37	98
.1947368	37/190	30	57	37	100	.1952984	108/553	24	70	45	79
.1947464	215/1104	25	60	43	92	.1953061	957/4900	33	98	58	100
.1947566	52/267	20	75	65	89	.1953337	360/1843	24	57	45	97
.1948035	1462/7505	34	79	43	95	.1953387	989/5063	23	61	43	83
.1948052	15/77	30	55	35	98	.1953684	464/2375	24	75	58	95
.1948170	1075/5518	25	62	43	89	.1953775	1175/6014	25	62	47	97
.1948266	354/1817	24	79	59	92	.1953947	297/1520	33	80	45	95
.1948529	53/272	25	80	53	85	.1954023	17/87	30	58	34	90
.1948590	235/1206	25	67	47	90	.1954079	400/2047	20	89	80	92
.1948718	38/195	20	65	57	90	.1954225	111/568	30	71	37	80
.1948877	1380/7081	23	73	60	97	.1954320	984/5035	24	53	41	95
.1948972	275/1411	25	83	55	85	.1954545	43/220	23	55	43	92
.1949078	222/1139	30	67	37	85	.1954615	1025/5244	25	57	41	92
.1949153	23/118	23	59	45	90	.1954751	216/1105	24	65	45	85
.1949318	100/513	20	57	50	90	.1954887*	26/133	20	70	65	95
.1949367	77/395	33	75	35	79	0.1955					
.1949537	989/5073	23	57	43	89	.1955146	1081/5529	23	57	47	97
.1949580	116/595	20	70	58	85	.1955261	236/1207	20	71	59	85
.1949745	1032/5293	24	67	43	79	.1955413	1035/5293	23	67	45	79
.1949769	295/1513	25	85	59	89	.1955507	1802/9215	34	95	53	97
.1949870	1128/5785	24	65	47	89	.1955556	44/225	24	75	55	90
0.1950						.1955782	115/588	23	60	50	98
.1950000	39/200	24	80	65	100	.1955857	576/2945	24	62	48	95
.1950128	305/1564	25	85	61	92	.1955956	1128/5767	24	73	47	79
.1950273	1357/6958	23	71	59	98	.1956060	276/1411	23	83	60	85
.1950464*	63/323	35	85	45	95	.1956182	125/639	25	71	50	90
.1950633	1541/7900	23	79	67	100	.1956279	1575/8051	35	83	45	97
.1950700	1464/7505	24	79	61	95	.1956378	296/1513	37	85	40	89
.1950820	119/610	34	61	35	100	.1956522	9/46	30	55	33	92
.1950882	564/2891	24	59	47	98	.1956561	1081/5525	23	65	47	85
.1950998	215/1102	25	58	43	95	.1956716	1311/6700	23	67	57	100
.1951399	265/1358	25	70	53	97	.1956923	318/1625	24	65	53	100
.1951468	1150/5893	23	71	50	83	.1957005	264/1349	24	71	55	95
.1951637	799/4094	34	89	47	92	.1957231	540/2759	24	62	45	89
.1951665	1817/9310	23	95	79	98	.1957627	231/1180	33	59	35	100
.1951890	284/1455	24	90	71	97	.1957827	1272/6497	24	73	53	89
.1952009	1025/5251	25	59	41	89	.1957865	697/3560	34	80	41	89
.1952055	57/292	20	73	57	80	.1958106	215/1098	25	61	43	90
.1952153	204/1045	30	55	34	95	.1958233	1219/6225	23	75	53	83
.1952345	1311/6715	23	79	57	85	.1958333	47/240	23	60	47	92

（续）

比值	分数	*A*	*B*	*C*	*D*	比值	分数	*A*	*B*	*C*	*D*
0.1955						0.1960					
.1958525	85/434	34	62	35	98	.1964545	1219/6205	23	73	53	85
.1958696	901/4600	34	92	53	100	.1964571	1353/6887	33	71	41	97
.1958763	19/97	25	75	57	97	.1964666	645/3283	30	67	43	98
.1958889	1763/9000	41	90	43	100	.1964782	212/1079	20	65	53	83
.1959043	1081/5518	23	62	47	89	.1964912*	56/285	35	75	40	95
.1959064	67/342	25	90	67	95	0.1965					
.1959184	48/245	24	60	48	98	.1965206	305/1552	25	80	61	97
.1959442	1517/7742	37	79	41	98	.1965340	1032/5251	24	59	43	89
.1959839	244/1245	20	75	61	83	.1965356	295/1501	25	79	59	95
.1959872	1221/6230	33	70	37	89	.1965455	1081/5500	23	55	47	100
.1959952	1155/5893	33	71	35	83	.1965561	1541/7840	23	80	67	98
0.1960						.1965714	172/875	24	70	43	75
.1960073	108/551	24	58	45	95	.1965752	1125/5723	25	59	45	97
.1960215	1350/6887	30	71	45	97	.1966129	1219/6200	23	62	53	100
.1960258	365/1862	25	95	73	98	.1966236	198/1007	30	53	33	95
.1960384	960/4897	20	59	48	83	.1966292	35/178	30	60	35	89
.1960510	1122/5723	33	59	34	97	.1966667	59/300	20	75	59	80
.1960563	348/1775	24	71	58	100	.1967041	561/2852	33	62	34	92
.1960784*	10/51	25	60	40	85	.1967105	299/1520	23	80	65	95
.1960870	451/2300	33	75	41	92	.1967213	12/61	30	61	34	85
.1960951	231/1178	33	62	35	95	.1967320	301/1530	35	85	43	90
.1961134	1100/5609	20	71	55	79	.1967363	1290/6557	30	79	43	83
.1961185	192/979	20	55	48	89	.1967457	1584/8051	33	83	48	97
.1961446	407/2075	33	75	37	83	.1967766	525/2668	30	58	35	92
.1961610	1584/8075	33	85	48	95	.1967930	135/686	30	70	45	98
.1961722	41/209	25	55	41	95	.1967963	86/437	24	57	43	92
.1961765	667/3400	23	80	58	85	.1968135	210/1067	30	55	35	97
.1961887	1081/5510	23	58	47	95	.1968254	62/315	20	70	62	90
.1962025	31/158	20	79	62	80	.1968421	187/950	33	57	34	100
.1962134	114/581	20	70	57	83	.1968539	438/2225	24	89	73	100
.1962318	552/2813	23	58	48	97	.1968648	1394/7081	34	73	41	97
.1962560	325/1656	25	90	65	92	.1968701	629/3195	34	71	37	90
.1962736	1380/7031	23	79	60	89	.1968750*	63/320	35	80	45	100
.1962908	1450/7387	25	83	58	89	.1969035	1081/5490	23	61	47	90
.1962963	53/270	20	60	53	90	.1969123	1403/7125	23	75	61	95
.1963245	438/2231	24	92	73	97	.1969231	64/325	24	65	48	90
.1963291	1551/7900	33	79	47	100	.1969355	1221/6200	33	62	37	100
.1963380	697/3550	34	71	41	100	.1969615	363/1843	33	95	55	97
.1963470	43/219	25	73	43	75	.1969670	1104/5605	23	59	48	95
.1963636	54/275	24	55	45	100	.1969775	1525/7742	25	79	61	98
.1963743	1679/8550	23	90	73	95	0.1970					
.1963804	510/2597	30	53	34	98	.1970149	66/335	33	67	34	85
.1963947	207/1054	23	62	45	85	.1970218	172/873	40	90	43	97
.1964020	1190/6059	34	73	35	83	.1970279	1591/8075	37	85	43	95
.1964286*	11/56	25	70	55	100	.1970379	1357/6887	23	71	59	97
.1964418	265/1349	25	71	53	95	.1970485	1175/5963	25	67	47	89

(续)

比值	分数	A	B	C	D	比值	分数	A	B	C	D
0.1970						0.1975					
.1970614	228/1157	20	65	57	89	.1976143	1375/6958	25	71	55	98
.1970833	473/2400	33	80	43	90	.1976234	765/3871	34	79	45	98
.1970925	705/3577	30	73	47	98	.1976285	50/253	20	55	50	92
.1970994	1128/5723	24	59	47	97	.1976369	184/931	23	57	48	98
.1971053	1035/5251	23	59	45	89	.1976471	84/425	24	85	70	100
.1971220	1000/5073	20	57	50	89	.1976764	1140/5767	20	73	57	79
.1971326	55/279	20	62	55	90	.1976856	205/1037	25	61	41	85
.1971429	69/350	23	70	45	75	.1977011	86/435	24	58	43	90
.1971649	153/776	34	80	45	97	.1977328	1221/6175	33	65	37	95
.1971655	1739/8820	37	90	47	98	.1977401	35/177	30	59	35	90
.1971831	14/71	30	71	35	75	.1977528	88/445	24	75	55	89
.1972019	296/1501	37	79	40	95	.1977560	141/713	24	62	47	92
.1972084	989/5015	23	59	43	85	.1977740	231/1168	33	73	35	80
.1972222	71/360	20	80	71	90	.1977761	1334/6745	23	71	58	95
.1972300	1125/5704	25	62	45	92	.1977904	555/2806	30	61	37	92
.1972438	1875/9506	25	97	75	98	.1978061	1100/5561	20	67	55	83
.1972509	287/1455	35	75	41	97	.1978161	1250/6319	25	71	50	89
.1972603	72/365	24	73	45	75	.1978316	1551/7840	33	80	47	98
.1972789	29/147	25	75	58	98	.1978440	312/1577	24	83	65	95
.1972901	1325/6716	25	73	53	92	.1978495	92/465	23	62	48	90
.1972983	555/2813	30	58	37	97	.1978716	595/3007	34	62	35	97
.1973069	1392/7055	24	83	58	85	.1978750	1881/9506	33	97	57	98
.1973244	59/299	20	65	59	92	.1978947	94/475	24	57	47	100
.1973333	74/375	34	75	37	85	.1978962	1110/5609	30	71	37	79
.1973431	1025/5194	25	53	41	98	.1979240	1125/5684	25	58	45	98
.1973466	119/603	34	67	35	90	.1979346	115/581	23	70	50	83
.1973684*	15/76	25	60	45	95	.1979381	96/485	24	60	48	97
.1973821	1704/8633	24	89	71	97	.1979642	1517/7663	37	79	41	97
.1973962	561/2842	33	58	34	98	.1979656	253/1278	23	71	55	90
.1974089	1219/6175	23	65	53	95	.1979804	1392/7031	24	79	58	89
.1974318	123/623	30	70	41	89	0.1980					
.1974359	77/390	33	65	35	90	.1980000	99/500	30	50	33	100
.1974490	387/1960	43	98	45	100	.1980107	1075/5429	25	61	43	89
.1974565	295/1494	25	83	59	90	.1980337	141/712	30	80	47	89
.1974735	1360/6887	34	71	40	97	.1980375	222/1121	30	59	37	95
.1974790	47/238	25	70	47	85	.1980472	1075/5428	25	59	43	92
.1974882	629/3185	34	65	37	98	.1980634	225/1136	25	71	45	80
.1974989	1295/6557	35	79	37	83	.1980685	1128/5695	24	67	47	85
0.1975						.1980792	165/833	30	85	55	98
.1975120	1032/5225	24	55	43	95	.1980861	207/1045	23	55	45	95
.1975155	159/805	24	70	53	92	.1981132	21/106	30	53	35	100
.1975294	1679/8500	23	85	73	100	.1981288	360/1817	24	79	60	92
.1975417	225/1139	25	67	45	85	.1981424	64/323	20	57	48	85
.1975571	1763/8924	41	92	43	97	.1981740	369/1862	41	95	45	98
.1975945	115/582	23	60	50	97	.1981860	1464/7387	24	83	61	89
.1975978	510/2581	30	58	34	89	.1982143	111/560	30	70	37	80

（续）

比值	分数	*A*	*B*	*C*	*D*
0. 1980					
. 1982272	246/1241	30	73	41	85
. 1982507	68/343	34	70	40	98
. 1982554	250/1261	25	65	50	97
. 1982696	275/1387	25	73	55	95
. 1982759	23/116	23	58	45	90
. 1982906	116/585	20	65	58	90
. 1983007	1517/7650	37	85	41	90
. 1983122	47/237	25	75	47	79
. 1983193	118/595	20	70	59	85
. 1983333	119/600	34	60	35	100
. 1983376	1551/7820	33	85	47	92
. 1983506	1419/7154	33	73	43	98
. 1983696	73/368	20	80	73	92
. 1983752	1050/5293	30	67	35	79
. 1983871	123/620	30	62	41	100
. 1984050	1020/5141	30	53	34	97
. 1984127*	25/126	25	70	50	90
. 1984314	253/1275	23	75	55	85
. 1984408	280/1411	20	83	70	85
. 1984518	282/1421	24	58	47	98
. 1984615	129/650	24	65	43	80
. 1984847	1598/8051	34	83	47	97
. 1984921	1290/6499	30	67	43	97
0. 1985					
. 1985019	53/267	20	60	53	89
. 1985226	215/1083	25	57	43	95
. 1985294*	27/136	30	80	45	85
. 1985532	1290/6497	30	73	43	89
. 1985664	1025/5162	25	58	41	89
. 1985804	1175/5917	25	61	47	97
. 1985871	253/1274	23	65	55	98
. 1986207	144/725	24	58	48	100
. 1986301	29/146	20	73	58	80
. 1986351	1368/6887	24	71	57	97
. 1986507	265/1334	20	58	53	92
. 1986597	1334/6715	23	79	58	85
. 1986715	329/1656	35	90	47	92
. 1986908	516/2597	24	53	43	98
. 1986990	336/1691	24	89	70	95
. 1987111	185/931	30	57	37	98
. 1987431	253/1273	23	67	55	95
. 1987500	159/800	30	80	53	100
. 1987879	164/825	24	55	41	90
. 1987952	33/166	33	70	35	83
. 1988218	135/679	30	70	45	97
. 1988304	34/171	30	57	34	90
0. 1985					
. 1988401	240/1207	20	71	60	85
. 1988571	174/875	24	70	58	100
. 1988750	1591/8000	37	80	43	100
. 1988764	177/890	24	80	59	89
. 1988931	575/2891	23	59	50	98
. 1989018	1775/8924	25	92	71	97
. 1989116	731/3675	34	75	43	98
. 1989247	37/186	30	62	37	90
. 1989317	1080/5429	24	61	45	89
. 1989425	301/1513	35	85	43	89
. 1989683	270/1357	24	59	45	92
. 1989796	39/196	24	80	65	98
. 1989906	276/1387	23	73	60	95
. 1989967	119/598	34	65	35	92
0. 1990					
. 1990082	1525/7663	25	79	61	97
. 1990202	325/1633	20	71	65	92
. 1990357	1032/5185	24	61	43	85
. 1990506	629/3160	34	79	37	80
. 1990632	85/427	34	61	35	98
. 1990741	43/216	25	60	43	90
. 1990821	1258/6319	34	71	37	89
. 1990950*	44/221	20	65	55	85
. 1991125	1032/5183	24	71	43	73
. 1991159	1081/5429	23	61	47	89
. 1991331	1608/8075	24	85	67	95
. 1991379	231/1160	33	58	35	100
. 1991525	47/236	23	59	47	92
. 1991561	236/1185	20	75	59	79
. 1991838	1025/5146	25	62	41	83
. 1991903	246/1235	30	65	41	95
. 1991968	248/1245	20	75	62	83
. 1992308	259/1300	35	65	37	100
. 1992390	576/2891	24	59	48	98
. 1992481	53/266	25	70	53	95
. 1992586	215/1079	25	65	43	83
. 1992684	1035/5194	23	53	45	98
. 1992754	55/276	20	60	55	92
. 1992978	1419/7120	33	80	43	89
. 1993097	231/1159	33	61	35	95
. 1993228	1295/6497	35	73	37	89
. 1993290	713/3577	23	73	62	98
. 1993476	550/2759	20	62	55	89
. 1993671	63/316	35	79	45	100
. 1993776	1025/5141	25	53	41	97
. 1993891	1175/5893	25	71	47	83

（续）

比值	分数	A	B	C	D	比值	分数	A	B	C	D
0.1990						0.1995					
.1994018	200/1003	20	59	50	85	.1999287	561/2806	33	61	34	92
.1994104	1150/5767	23	73	50	79	.1999390	1311/6557	23	79	57	83
.1994169	342/1715	24	70	57	98	.1999645	1125/5626	25	58	45	97
.1994312	561/2813	33	58	34	97	.1999718	1416/7081	24	73	59	97
.1994434	215/1078	25	55	43	98	.1999752	1610/8051	23	83	70	97
.1994460	72/361	24	57	45	95	0.2000					
.1994845	387/1940	43	97	45	100	.2000000*	1/5	25	50	40	100
.1994907	235/1178	25	62	47	95	.2000357	1122/5609	33	71	34	79
0.1995						.2000575	696/3479	24	71	58	98
.1995047	725/3634	25	79	58	92	.2000725	552/2759	23	62	48	89
.1995149	329/1649	35	85	47	97	.2000924	1300/6497	20	73	65	89
.1995242	1258/6305	34	65	37	97	.2001020	1961/9800	37	98	53	100
.1995294	424/2125	24	75	53	85	.2001144	1749/8740	33	92	53	95
.1995434	437/2190	23	73	57	90	.2001213	330/1649	30	85	55	97
.1995457	615/3082	30	67	41	92	.2001339	299/1494	23	83	65	90
.1995640	1190/5963	34	67	35	89	.2001404	1426/7125	23	75	62	95
.1995781	473/2370	33	79	43	90	.2001483	270/1349	30	71	45	95
.1996044	1110/5561	30	67	37	83	.2001639	1221/6100	33	61	37	100
.1996143	207/1037	23	61	45	85	.2001784	1122/5605	33	59	34	95
.1996234	106/531	20	59	53	90	.2001852	1081/5400	23	60	47	90
.1996307	1081/5415	23	57	47	95	.2002067	775/3871	25	79	62	98
.1996383	552/2765	23	70	48	79	.2002222	901/4500	34	90	53	100
.1996543	231/1157	33	65	35	89	.2002288	175/874	30	57	35	92
.1996649	1311/6566	23	67	57	98	.2002376	1180/5893	20	71	59	83
.1996744	368/1843	23	57	48	97	.2002645	1060/5293	20	67	53	79
.1996825	629/3150	34	70	37	90	.2002740	731/3650	34	73	43	100
.1996860	636/3185	24	65	53	98	.2002774	1155/5767	33	73	35	79
.1997119	1525/7636	25	83	61	92	.2002946	136/679	34	70	40	97
.1997187	142/711	20	79	71	90	.2003106	129/644	30	70	43	92
.1997267	1608/8051	24	83	67	97	.2003449	697/3479	34	71	41	98
.1997423	155/776	25	80	62	97	.2003520	1480/7387	37	83	40	89
.1997500	799/4000	34	80	47	100	.2003630	552/2755	23	58	48	95
.1997579	165/826	33	59	35	98	.2003711	108/539	24	55	45	98
.1997787	1625/8134	25	83	65	98	.2003775	1380/6887	23	71	60	97
.1997852	186/931	30	95	62	98	.2003954	1419/7081	33	73	43	97
.1997980	989/4950	23	55	43	90	.2004076	295/1472	25	80	59	92
.1998051	205/1026	25	57	41	90	.2004219	95/474	25	79	57	90
.1998190	1104/5525	23	65	48	85	.2004286	1403/7000	23	70	61	100
.1998299	235/1176	25	60	47	98	.2004373	275/1372	25	70	55	98
.1998361	1219/6100	23	61	53	100	.2004633	1125/5612	25	61	45	92
.1998527	1357/6790	23	70	59	97	.2004706	426/2125	24	85	71	100
.1998597	285/1426	20	62	57	92	.2004831	83/414	20	90	83	92
.1998711	1551/7760	33	80	47	97	0.2005					
.1998800	333/1666	37	85	45	98	.2005037	1035/5162	23	58	45	89
.1998866	1763/8820	41	90	43	98	.2005063	396/1975	33	79	48	100
.1999225	516/2581	24	58	43	89	.2005186	232/1157	20	65	58	89

（续）

比值	分数	A	B	C	D	比值	分数	A	B	C	D
0. 2005						0. 2010					
. 2005330	301/1501	35	79	43	95	. 2011154	1190/5917	34	61	35	97
. 2005441	516/2573	24	62	43	83	. 2011271	1035/5146	23	62	45	83
. 2005479	366/1825	24	73	61	100	. 2011385	106/527	20	62	53	85
. 2005566	1081/5390	23	55	47	98	. 2011494	35/174	30	58	35	90
. 2005705	1125/5609	25	71	45	79	. 2011598	555/2759	30	62	37	89
. 2005930	1353/6745	33	71	41	95	. 2011696	172/855	24	57	43	90
. 2006015	667/3325	23	70	58	95	. 2011765	171/850	24	80	57	85
. 2006254	1219/6076	23	62	53	98	. 2011861	1357/6745	23	71	59	95
. 2006421	125/623	25	70	50	89	. 2011986	235/1168	25	73	47	80
. 2006579	61/304	25	80	61	95	. 2012072	100/497	20	70	50	71
. 2006689	60/299	20	65	60	92	. 2012245	493/2450	34	98	58	100
. 2006803	59/294	25	75	59	98	. 2012384 *	65/323	25	85	65	95
. 2006873	292/1455	24	90	73	97	. 2012489	1128/5605	24	59	47	95
. 2007042	57/284	20	71	57	80	. 2012658	159/790	24	79	53	80
. 2007136	225/1121	25	59	45	95	. 2012757	284/1411	20	83	71	85
. 2007233	111/553	30	70	37	79	. 2012930	1152/5723	24	59	48	97
. 2007273	276/1375	23	55	48	100	. 2012977	1272/6319	24	71	53	89
. 2007392	1032/5141	24	53	43	97	. 2013109	215/1068	25	60	43	89
. 2007491	268/1335	20	75	67	89	. 2013227	1035/5141	23	53	45	97
. 2007596	370/1843	30	57	37	97	. 2013534	1220/6059	20	73	61	83
. 2007937	253/1260	23	70	55	90	. 2013605	148/735	37	75	40	98
. 2008032	50/249	20	60	50	83	. 2013840	1426/7081	23	73	62	97
. 2008163	246/1225	41	98	48	100	. 2013938	1416/7031	24	79	59	89
. 2008439	238/1185	34	75	35	79	. 2013963	375/1862	25	57	45	98
. 2008547	47/234	25	65	47	90	. 2014066	315/1564	35	85	45	92
. 2008593	187/931	33	57	34	98	. 2014286	141/700	24	70	47	80
. 2008714	876/4361	24	89	73	98	. 2014379	1541/7650	23	85	67	90
. 2008806	365/1817	20	79	73	92	. 2014519	111/551	30	58	37	95
. 2008929 *	45/224	25	70	45	80	. 2014618	1075/5336	25	58	43	92
. 2009050	222/1105	30	65	37	85	. 2014728	684/3395	24	70	57	97
. 2009132	44/219	20	73	55	75	. 2014815	136/675	34	75	40	90
. 2009436	1150/5723	23	59	50	97	. 2014925	27/134	24	67	45	80
. 2009546	1221/6076	33	62	37	98	. 2014995	215/1067	25	55	43	97
. 2009569 *	42/209	30	55	35	95	0. 2015					
. 2009737	1032/5135	24	65	43	79	. 2015144	825/4094	30	89	55	92
. 2009804	41/204	25	60	41	85	. 2015184	1221/6059	33	73	37	83
. 2009979	282/1403	24	61	47	92	. 2015306	79/392	23	92	79	98
0. 2010						. 2015449	287/1424	35	80	41	89
. 2010125	675/3358	30	73	45	92	. 2015522	1740/8633	30	89	58	97
. 2010309	39/194	24	80	65	97	. 2015579	207/1027	23	65	45	79
. 2010356	660/3283	24	67	55	98	. 2015810	51/253	30	55	34	92
. 2010645	340/1691	30	57	34	89	. 2015863	305/1513	25	85	61	89
. 2010753	187/930	33	62	34	90	. 2016129	25/124	20	62	50	80
. 2010870	37/184	30	60	37	92	. 2016228	820/4067	40	83	41	98
. 2010962	1541/7663	23	79	67	97	. 2016308	272/1349	34	71	40	95
. 2011054	1128/5609	24	71	47	79	. 2016393	123/610	30	61	41	100

（续）

比值	分数	*A*	*B*	*C*	*D*
0.2015					
.2016487	318/1577	30	83	53	95
.2016743	265/1314	25	73	53	90
.2016807*	24/119	30	70	40	85
.2016949	119/590	34	59	35	100
.2017094	118/585	20	65	59	90
.2017233	1311/6499	23	67	57	97
.2017446	1272/6305	24	65	53	97
.2017544	23/114	23	57	45	90
.2017623	1122/5561	33	67	34	83
.2017663	297/1472	33	80	45	92
.2017755	1591/7885	37	83	43	95
.2017854	1311/6497	23	73	57	89
.2018048	246/1219	24	53	41	92
.2018072	67/332	20	80	67	83
.2018182	111/550	30	55	37	100
.2018284	287/1422	35	79	41	90
.2018383	1625/8051	25	83	65	97
.2018634	65/322	20	70	65	92
.2018663	1060/5251	20	59	53	89
.2018779	43/213	25	71	43	75
.2018900	235/1164	25	60	47	97
.2019048	106/525	20	70	53	75
.2019231*	21/104	30	65	35	80
.2019334	188/931	24	57	47	98
.2019403	1353/6700	33	67	41	100
.2019473	1763/8730	41	90	43	97
.2019635	144/713	24	62	48	92
.2019844	285/1411	25	83	57	85
.2019884	1219/6035	23	71	53	85
0.2020					
.2020202*	20/99	25	55	40	90
.2020290	697/3450	34	75	41	92
.2020408	99/490	30	50	33	98
.2020501	1025/5073	25	57	41	89
.2020741	1325/6557	25	79	53	83
.2020821	330/1633	24	71	55	92
.2020884	1258/6225	34	75	37	83
.2021053	96/475	24	57	48	100
.2021199	1392/6887	24	71	58	97
.2021319	1517/7505	37	79	41	95
.2021505	94/465	24	62	47	90
.2021563	75/371	30	53	35	98
.2021739	93/460	24	80	62	92
.2021858	37/183	30	61	37	90
.2022059*	55/272	25	80	55	85
.2022291	1633/8075	23	85	71	95

比值	分数	*A*	*B*	*C*	*D*
0.2020					
.2022375	235/1162	25	70	47	83
.2022472	18/89	24	60	45	89
.2022667	1517/7500	37	75	41	100
.2022827	1152/5695	24	67	48	85
.2022857	177/875	24	70	59	100
.2023017	1125/5561	25	67	45	83
.2023071	1403/6935	23	73	61	95
.2023223	575/2842	23	58	50	98
.2023529	86/425	24	60	43	85
.2023810	17/84	34	60	35	98
.2023988	135/667	24	58	45	92
.2024103	1394/6887	34	71	41	97
.2024179	1825/9016	25	92	73	98
.2024291*	50/247	25	65	50	95
.2024367	216/1067	24	55	45	97
.2024482	215/1062	25	59	43	90
.2024648	115/568	23	71	50	80
.2024719	901/4450	34	89	53	100
.2024895	1155/5704	33	62	35	92
0.2025					
.2025037	275/1358	25	70	55	97
.2025072	210/1037	30	61	35	85
.2025172	177/874	30	92	59	95
.2025316	16/79	20	75	60	79
.2025373	1357/6700	23	67	59	100
.2025575	396/1955	33	85	48	92
.2025692	205/1012	25	55	41	92
.2025819	204/1007	30	53	34	95
.2025862	47/232	23	58	47	92
.2026144	31/153	25	85	62	90
.2026242	1081/5335	23	55	47	97
.2026316*	77/380	35	95	55	100
.2026444	705/3479	30	71	47	98
.2026550	1435/7081	35	73	41	97
.2026604	259/1278	35	71	37	90
.2026742	288/1421	24	58	48	98
.2026838	725/3577	25	73	58	98
.2026937	1219/6014	23	62	53	97
.2026966	451/2225	33	75	41	89
.2027143	1419/7000	33	70	43	100
.2027397	74/365	30	73	37	75
.2027491	59/291	25	75	59	97
.2027610	235/1159	25	61	47	95
.2027778	73/360	20	80	73	90
.2027904	625/3082	25	67	50	92
.2028095	231/1139	33	67	35	85

（续）

比值	分数	A	B	C	D
0.2025					
.2028169	72/355	24	71	45	75
.2028302	43/212	23	53	43	92
.2028398	100/493	20	58	50	85
.2028475	1325/6532	25	71	53	92
.2028714	325/1602	25	89	65	90
.2028933	561/2765	33	70	34	79
.2029032	629/3100	34	62	37	100
.2029155	348/1715	24	70	58	98
.2029300	374/1843	33	57	34	97
.2029412	69/340	23	60	45	85
.2029639	315/1552	35	80	45	97
.2029725	915/4508	30	92	61	98
.2029851	68/335	34	67	40	100
0.2030					
.2030047	1081/5325	23	71	47	75
.2030075*	27/133	30	70	45	95
.2030263	1221/6014	33	62	37	97
.2030441	667/3285	23	73	58	90
.2030498	253/1246	23	70	55	89
.2030556	731/3600	34	80	43	90
.2030651	53/261	20	58	53	90
.2030769	66/325	33	65	34	85
.2030892	355/1748	25	92	71	95
.2030984	1075/5293	25	67	43	79
.2031115	235/1157	25	65	47	89
.2031250*	13/64	25	80	65	100
.2031250*	13/64	25	80	65	100
.2031373	259/1275	35	75	37	85
.2031534	335/1649	25	85	67	97
.2031667	1219/6000	23	60	53	100
.2032020	165/812	33	58	35	98
.2032070	697/3430	34	70	41	98
.2032169	1175/5782	25	59	47	98
.2032401	138/679	23	70	60	97
.2032609	187/920	33	60	34	92
.2032967	37/182	35	65	37	98
.2033133	135/664	30	80	45	83
.2033165	282/1387	30	73	47	95
.2033345	561/2759	33	62	34	89
.2033524	1104/5429	23	61	48	89
.2033611	1440/7081	24	73	60	97
.2033841	1815/8924	33	92	55	97
.2033898	12/59	24	59	45	90
.2034014	299/1470	23	75	65	98
.2034095	525/2581	30	58	35	89
.2034188	119/585	34	65	35	90

比值	分数	A	B	C	D
0.2030					
.2034299	344/1691	24	57	43	89
.2034358	225/1106	25	70	45	79
.2034467	1334/6557	23	79	58	83
.2034564	259/1273	35	67	37	95
.2034726	375/1843	25	57	45	97
0.2035					
.2035000	407/2000	33	60	37	100
.2035068	708/3479	24	71	59	98
.2035443	402/1975	24	79	67	100
.2035556	1935/9506	43	97	45	98
.2035750	205/1007	25	53	41	95
.2035782	1081/5310	23	59	47	90
.2036082	79/388	23	92	79	97
.2036199*	45/221	25	65	45	85
.2036298	561/2755	33	58	34	95
.2036386	1679/8245	23	85	73	97
.2036517	145/712	25	80	58	89
.2036842	387/1900	43	95	45	100
.2036874	232/1139	20	67	58	85
.2037037*	11/54	25	75	55	90
.2037143	713/3500	23	70	62	100
.2037247	1258/6175	34	65	37	95
.2037363	1505/7387	35	83	43	89
.2037454	1175/5767	25	73	47	79
.2037599	336/1649	24	85	70	97
.2037736	54/265	24	53	45	100
.2038043	75/368	25	60	45	92
.2038111	246/1207	30	71	41	85
.2038317	1032/5063	24	61	43	83
.2038356	372/1825	24	73	62	100
.2038462	53/260	20	65	53	80
.2038641	306/1501	34	79	45	95
.2038678	253/1241	23	73	55	85
.2038781	368/1805	23	57	48	95
.2038925	220/1079	20	65	55	83
.2039144	1219/5978	23	61	53	98
.2039216*	52/255	20	75	65	85
.2039315	1608/7885	24	83	67	95
.2039379	1419/6958	33	71	43	98
.2039526	258/1265	24	55	43	92
.2039623	1081/5300	23	53	47	100
.2039848	215/1054	25	62	43	85
0.2040					
.2040000	51/250	30	50	34	100
.2040213	345/1691	23	57	45	89
.2040323	253/1240	23	62	55	100

（续）

比值	分数	A	B	C	D
0. 2040					
. 2040420	525/2573	30	62	35	83
. 2040602	1357/6650	23	70	59	95
. 2040789	1551/7600	33	80	47	95
. 2040883	629/3082	34	67	37	92
. 2040961	1435/7031	35	79	41	89
. 2041139	129/632	30	79	43	80
. 2041237	99/485	30	50	33	97
. 2041462	1290/6319	30	71	43	89
. 2041650	500/2449	20	62	50	79
. 2041742	225/1102	25	58	45	95
. 2041806	1221/5980	33	65	37	92
. 2041852	322/1577	23	83	70	95
. 2042067	1000/4897	20	59	50	83
. 2042164	1763/8633	41	89	43	97
. 2042320	1081/5293	23	67	47	79
. 2042404	1050/5141	30	53	35	97
. 2042489	1221/5978	33	61	37	98
. 2042901	200/979	20	55	50	89
. 2043011	19/93	20	62	57	90
. 2043084	901/4410	34	90	53	98
. 2043203	1485/7268	33	79	45	92
. 2043344 *	66/323	30	85	55	95
. 2043373	424/2075	24	75	53	83
. 2043478	47/230	24	60	47	92
. 2043612	731/3577	34	73	43	98
. 2043716	187/915	33	61	34	90
. 2043868	205/1003	25	59	41	85
. 2044081	575/2813	23	58	50	97
. 2044243	1035/5063	23	61	45	83
. 2044273	1219/5963	23	67	53	89
. 2044444	46/225	23	60	48	90
. 2044575	1110/5429	30	61	37	89
. 2044674	119/582	34	60	35	97
. 2044837	301/1472	35	80	43	92
. 2044952	555/2714	30	59	37	92
0. 2045					
. 2045113	136/665	34	70	40	95
. 2045228	615/3007	30	62	41	97
. 2045361	496/2425	24	75	62	97
. 2045455 *	9/44	25	55	45	100
. 2045618	852/4165	24	85	71	98
. 2045677	1675/8188	25	89	67	92
. 2045882	1739/8500	37	85	47	100
. 2045995	258/1261	30	65	43	97
. 2046125	1180/5767	20	73	59	79
. 2046339	1104/5395	23	65	48	83

比值	分数	A	B	C	D
0. 2045					
. 2046408	732/3577	24	73	61	98
. 2046542	1240/6059	20	73	62	83
. 2046784 *	35/171	25	90	70	95
. 2046939	1003/4900	34	98	59	100
. 2046963	1665/8134	37	83	45	98
. 2047059	87/425	24	80	58	85
. 2047187	564/2755	24	58	47	95
. 2047336	1410/6887	30	71	47	97
. 2047441	164/801	40	89	41	90
. 2047636	576/2813	24	58	48	97
. 2047733	1450/7081	25	73	58	97
. 2047945	299/1460	23	73	65	100
. 2048002	1425/6958	25	71	57	98
. 2048073	1440/7031	24	79	60	89
. 2048237	552/2695	23	55	48	98
. 2048583	253/1235	23	65	55	95
. 2048739	1219/5950	23	70	53	85
. 2048909	310/1513	25	85	62	89
. 2048969	159/776	30	80	53	97
. 2049051	259/1264	35	79	37	80
. 2049180	25/122	20	61	50	80
. 2049336	108/527	24	62	45	85
. 2049375	1295/6319	35	71	37	89
. 2049474	1947/9500	33	95	59	100
. 2049652	1032/5035	24	53	43	95
. 2049861	74/361	30	57	37	95
0. 2050					
. 2050000	41/200	25	50	41	100
. 2050074	696/3395	24	70	58	97
. 2050231	1551/7565	33	85	47	89
. 2050276	1150/5609	23	71	50	79
. 2050420	122/595	20	70	61	85
. 2050562	73/356	20	80	73	89
. 2050909	282/1375	24	55	47	100
. 2051020	201/980	24	80	67	98
. 2051233	1081/5270	23	62	47	85
. 2051282 *	8/39	30	65	40	90
. 2051613	159/775	24	62	53	100
. 2051724	119/580	34	58	35	100
. 2051783	420/2047	24	89	70	92
. 2051930	1462/7125	34	75	43	95
. 2052101	1221/5950	33	70	37	85
. 2052239	55/268	20	67	55	80
. 2052308	667/3250	23	65	58	100
. 2052632 *	39/190	30	95	65	100
. 2052744	288/1403	24	61	48	92

（续）

比值	分数	A	B	C	D
0. 2050					
. 2052821	171/833	30	85	57	98
. 2052968	1155/5626	33	58	35	97
. 2053119	1175/5723	25	59	47	97
. 2053255	1334/6497	23	73	58	89
. 2053446	146/711	20	79	73	90
. 2053468	530/2581	20	58	53	89
. 2053571	23/112	23	70	50	80
. 2053733	795/3871	30	79	53	98
. 2053842	1152/5609	24	71	48	79
. 2053925	259/1261	35	65	37	97
. 2054082	2013/9800	33	98	61	100
. 2054645	188/915	24	61	47	90
. 2054681	248/1207	20	71	62	85
. 2054795	15/73	25	73	45	75
. 2054983	299/1455	23	75	65	97
0. 2055					
. 2055101	276/1343	23	79	60	85
. 2055308	1152/5605	24	59	48	95
. 2055394	141/686	30	70	47	98
. 2055611	207/1007	23	53	45	95
. 2055854	957/4655	33	95	58	98
. 2056046	675/3283	30	67	45	98
. 2056064	1775/8633	25	89	71	97
. 2056236	1426/6935	23	73	62	95
. 2056259	731/3555	34	79	43	90
. 2056385	124/603	20	67	62	90
. 2056471	437/2125	23	75	57	85
. 2056701	399/1940	35	97	57	100
. 2056751	1080/5251	24	59	45	89
. 2056856	123/598	30	65	41	92
. 2057044	238/1157	34	65	35	89
. 2057143	36/175	24	70	45	75
. 2057222	1776/8633	37	89	48	97
. 2057275	625/3038	25	62	50	98
. 2057416	43/209	25	55	43	95
. 2057544	615/2989	30	61	41	98
. 2057647	1749/8500	33	85	53	100
. 2057827	1032/5015	24	59	43	85
. 2057954	348/1691	30	89	58	95
. 2058111	85/413	34	59	35	98
. 2058718	575/2793	23	57	50	98
. 2058824 *	7/34	30	60	35	85
. 2058868	1350/6557	30	79	45	83
. 2059048	1081/5250	23	70	47	75
. 2059072	244/1185	20	75	61	79
. 2059191	1155/5609	33	71	35	79
. 2059278	799/3880	34	80	47	97
. 2059369	111/539	30	55	37	98
. 2059497	90/437	24	57	45	92
. 2059701	69/335	23	67	45	75
. 2059925	55/267	20	60	55	89
. 2059958	1175/5704	25	62	47	92
0. 2060					
. 2060091	1817/8820	23	90	79	98
. 2060166	1219/5917	23	61	53	97
. 2060274	376/1825	24	73	47	75
. 2060404	1419/6887	33	71	43	97
. 2060615	1353/6566	33	67	41	98
. 2060660	231/1121	33	59	35	95
. 2060759	407/1975	33	75	37	79
. 2060932	115/558	23	62	50	90
. 2061141	1517/7360	37	80	41	92
. 2061176	438/2125	24	85	73	100
. 2061404	47/228	23	57	47	92
. 2061483	114/553	20	70	57	79
. 2061644	301/1460	35	73	43	100
. 2061784	1475/7154	25	73	59	98
. 2061920	333/1615	37	85	45	95
. 2061972	366/1775	24	71	61	100
. 2062128	312/1513	24	85	65	89
. 2062222	232/1125	24	75	58	90
. 2062299	192/931	24	57	48	98
. 2062374	205/994	35	71	41	98
. 2062500 *	33/160	30	80	55	100
. 2062598	1575/7636	35	83	45	92
. 2062720	1230/5963	30	67	41	89
. 2062918	1541/7470	23	83	67	90
. 2063047	1250/6059	25	73	50	83
. 2063213	235/1139	25	67	47	85
. 2063348	228/1105	20	65	57	85
. 2063444	1353/6557	33	79	41	83
. 2063546	1221/5917	33	61	37	97
. 2063595	318/1541	24	67	53	92
. 2063809	207/1003	23	59	45	85
. 2063946	1517/7350	37	75	41	98
. 2063983	200/969	20	57	50	85
. 2064140	354/1715	24	70	59	98
. 2064175	1679/8134	23	83	73	98
. 2064265	212/1027	20	65	53	79
. 2064438	1525/7387	25	83	61	89
. 2064516	32/155	24	62	48	90
. 2064680	1462/7081	34	73	43	97
. 2064826	172/833	40	85	43	98

（续）

比值	分数	A	B	C	D	比值	分数	A	B	C	D
0.2065						0.2070					
.2065185	697/3375	34	75	41	90	.2071950	1221/5893	33	71	37	83
.2065290	310/1501	25	79	62	95	.2072022	374/1805	33	57	34	95
.2065404	120/581	20	70	60	83	.2072147	1752/8455	24	89	73	95
.2065728	44/213	20	71	55	75	.2072205	1125/5429	25	61	45	89
.2065823	408/1975	34	79	48	100	.2072289	86/415	24	60	43	83
.2065966	570/2759	20	62	57	89	.2072368 *	63/304	35	80	45	95
.2066102	1219/5900	23	59	53	100	.2072587	1125/5428	25	59	45	92
.2066274	1403/6790	23	70	61	97	.2072662	348/1679	24	73	58	92
.2066622	1551/7505	33	79	47	95	.2073005	1221/5890	33	62	37	95
.2066679	1122/5429	33	61	34	89	.2073129	1219/5880	23	60	53	98
.2066986	216/1045	24	55	45	95	.2073239	368/1775	23	71	48	75
.2067060	561/2714	33	59	34	92	.2073288	215/1037	25	61	43	85
.2067206	1175/5684	25	58	47	98	.2073529	141/680	30	80	47	85
.2067308	43/208	25	65	43	80	.2073552	265/1278	25	71	53	90
.2067416	92/445	23	60	48	89	.2073770	253/1220	23	61	55	100
.2067505	1464/7081	24	73	61	97	.2073984	342/1649	30	85	57	97
.2067669 *	55/266	25	70	55	95	.2074074 *	28/135	35	75	40	90
.2067973	1150/5561	23	67	50	83	.2074330	240/1157	20	65	60	89
.2068105	1160/5609	20	71	58	79	.2074364	106/511	20	70	53	73
.2068513	1419/6860	33	70	43	98	.2074543	295/1422	25	79	59	90
.2068556	1219/5893	23	71	53	83	.2074695	1311/6319	23	71	57	89
.2068662	235/1136	25	71	47	80	.2074830	61/294	25	75	61	98
.2068773	740/3577	37	73	40	98	.2074905	1590/7663	30	79	53	97
.2068900	1081/5225	23	55	47	95	.2074967	155/747	25	83	62	90
.2068966	6/29	24	58	45	90	0.2075					
.2069116	1425/6887	25	71	57	97	.2075099	105/506	30	55	35	92
.2069214	287/1387	35	73	41	95	.2075188	138/665	23	70	60	95
.2069353	1104/5335	23	55	48	97	.2075258	2013/9700	33	97	61	100
.2069492	1221/5900	33	59	37	100	.2075640	697/3358	34	73	41	92
.2069610	1219/5890	23	62	53	95	.2075762	1485/7154	33	73	45	98
.2069696	1075/5194	25	53	43	98	.2075949	82/395	30	75	41	79
.2069781	350/1691	30	57	35	89	.2076023	71/342	25	90	71	95
.2069892	77/372	33	62	35	90	.2076210	1591/7663	37	79	43	97
0.2070						.2076250	1258/6059	34	73	37	83
.2070015	136/657	34	73	40	90	.2076424	288/1387	24	73	60	95
.2070175	59/285	25	75	59	95	.2076531	407/1960	33	60	37	98
.2070253	1220/5893	20	71	61	83	.2076583	141/679	30	70	47	97
.2070441	629/3038	34	62	37	98	.2076659	363/1748	33	92	55	95
.2070626	129/623	30	70	43	89	.2076923 *	27/130	30	65	45	100
.2070707	41/198	25	55	41	90	.2076965	1155/5561	33	67	35	83
.2070783	275/1328	25	80	55	83	.2077243	1350/6499	30	67	45	97
.2070881	1081/5220	23	58	47	90	.2077275	500/2407	20	58	50	83
.2071021	1633/7885	23	83	71	95	.2077465	59/284	20	71	59	80
.2071206	1530/7387	34	83	45	89	.2077562	75/361	25	57	45	95
.2071276	680/3283	34	67	40	98	.2077731	1128/5429	24	61	47	89
.2071429	29/140	20	70	58	80	.2077778	187/900	33	60	34	90
.2071570	1152/5561	24	67	48	83	.2077882	1350/6497	30	73	45	89

（续）

比值	分数	*A*	*B*	*C*	*D*
0.2075					
.2078005	325/1564	25	85	65	92
.2078113	282/1357	24	59	47	92
.2078217	1100/5293	20	67	55	79
.2078313	69/332	23	60	45	83
.2078431	53/255	20	60	53	85
.2078484	625/3007	25	62	50	97
.2078614	312/1501	24	79	65	95
.2078652	37/178	30	60	37	89
.2078756	1230/5917	30	61	41	97
.2078947	79/380	23	92	79	95
.2078969	258/1241	30	73	43	85
.2079096	184/885	23	59	48	90
.2079322	540/2597	24	53	45	98
.2079363	1462/7031	34	79	43	89
.2079490	1240/5963	20	67	62	89
.2079566	115/553	23	70	50	79
.2079703	1122/5395	33	65	34	83
.2079942	1150/5529	23	57	50	97
.2079955	744/3577	24	73	62	98
0.2080					
.2080063	265/1274	25	65	53	98
.2080210	555/2668	30	58	37	92
.2080321	259/1245	35	75	37	83
.2080435	957/4600	33	92	58	100
.2080487	1675/8051	25	83	67	97
.2080600	222/1067	30	55	37	97
.2080805	1200/5767	20	73	60	79
.2080945	1815/8722	33	89	55	98
.2080952	437/2100	23	70	57	90
.2081094	426/2047	24	89	71	92
.2081248	1081/5194	23	53	47	98
.2081329	1817/8730	23	90	79	97
.2081448	46/221	23	65	50	85
.2081538	1353/6500	33	65	41	100
.2081633	51/245	30	50	34	98
.2081697	265/1273	25	67	53	95
.2081859	1353/6499	33	67	41	97
.2081962	1265/6076	23	62	55	98
.2082058	340/1633	34	71	40	92
.2082192	76/365	20	73	57	75
.2082278	329/1580	35	79	47	100
.2082353	177/850	24	80	59	85
.2082526	1075/5162	25	58	43	89
.2082932	216/1037	24	61	45	85
.2083019	276/1325	23	53	48	100
.2083102	376/1805	24	57	47	95
.2083183	576/2765	24	70	48	79
.2083333*	5/24	25	60	45	90
.2083460	684/3283	24	67	57	98
0.2080					
.2083559	384/1843	24	57	48	97
.2083735	1080/5183	24	71	45	73
.2083761	1219/5850	23	65	53	90
.2083932	725/3479	25	71	58	98
.2084034	124/595	20	70	62	85
.2084088	575/2759	23	62	50	89
.2084211	99/475	33	75	45	95
.2084270	371/1780	35	89	53	100
.2084507	74/355	30	71	37	75
.2084746	123/590	30	59	41	100
.2084848	172/825	24	55	43	90
.2084860	1081/5185	23	61	47	85
0.2085					
.2085068	1152/5525	24	65	48	85
.2085246	318/1525	24	61	53	100
.2085264	225/1079	25	65	45	83
.2085402	210/1007	30	53	35	95
.2085455	1679/8051	23	83	73	97
.2085665	1081/5183	23	71	47	73
.2085774	1104/5293	23	67	48	79
.2085956	1160/5561	20	67	58	83
.2086097	1541/7387	23	83	67	89
.2086235	629/3015	34	67	37	90
.2086255	595/2852	34	62	35	92
.2086694	207/992	23	62	45	80
.2086765	1419/6800	33	80	43	85
.2086957	24/115	24	60	48	92
.2087114	115/551	23	58	50	95
.2087199	225/1078	25	55	45	98
.2087287	110/527	20	62	55	85
.2087637	667/3195	23	71	58	90
.2087719	119/570	34	57	35	100
.2087803	1265/6059	23	73	55	83
.2088014	1357/6499	23	67	59	97
.2088101	365/1748	25	92	73	95
.2088235	71/340	20	80	71	85
.2088285	123/589	30	62	41	95
.2088353	52/249	20	75	65	83
.2088518	1175/5626	25	58	47	97
.2088608	33/158	33	70	35	79
.2088710	259/1240	35	62	37	100
.2088836	174/833	30	85	58	98
.2088889	47/225	24	60	47	90
.2088985	385/1843	33	57	35	97
.2089069	258/1235	30	65	43	95
.2089352	1403/6715	23	79	61	85
.2089552	14/67	34	67	35	85
.2089740	1495/7154	23	73	65	98
.2089838	1419/6790	33	70	43	97
.2089888	93/445	24	80	62	89

（续）

比值	分数	*A*	*B*	*C*	*D*
0.2090					
.2090000	209/1000	33	90	57	100
.2090100	1480/7081	37	73	40	97
.2090301	125/598	25	65	50	92
.2090395	37/177	30	59	37	90
.2090498	231/1105	33	65	35	85
.2090744	576/2755	24	58	48	95
.2090825	1128/5395	24	65	47	83
.2090909	23/110	23	55	45	90
.2091033	1075/5141	25	53	43	97
.2091136	335/1602	25	89	67	90
.2091156	1927/9215	41	95	47	97
.2091300	1947/9310	33	95	59	98
.2091429	183/875	24	70	61	100
.2091549	297/1420	33	71	45	100
.2091837	41/196	25	50	41	98
.2092105	159/760	30	80	53	95
.2092212	540/2581	24	58	45	89
.2092308	68/325	34	65	40	100
.2092391	77/368	33	60	35	92
.2092549	1334/6375	23	75	58	85
.2092630	1360/6499	34	67	40	97
.2092719	799/3818	34	83	47	92
.2092764	564/2695	24	55	47	98
.2093150	1155/5518	33	62	35	89
.2093233	696/3325	24	70	58	95
.2093306	516/2465	24	58	43	85
.2093421	1591/7600	37	80	43	95
.2093483	318/1519	24	62	53	98
.2093596	85/406	34	58	35	98
.2093728	1175/5612	25	61	47	92
.2093750	67/320	23	80	67	92
.2093853	1584/7565	33	85	48	89
.2093973	205/979	25	55	41	89
.2094150	1081/5162	23	58	47	89
.2094192	667/3185	23	65	58	98
.2094340	111/530	30	53	37	100
.2094545	288/1375	24	55	48	100
.2094565	1927/9200	41	92	47	100
.2094718	115/549	23	61	50	90
.2094848	1175/5609	25	71	47	79
.2094877	552/2635	23	62	48	85
0.2095					
.2095070	119/568	34	71	35	80
.2095238*	22/105	20	70	55	75
.2095517	215/1026	25	57	43	90
.2095588	57/272	25	80	57	85

比值	分数	*A*	*B*	*C*	*D*
0.2095					
.2095837	1334/6365	23	67	58	95
.2095890	153/730	34	73	45	100
.2096106	253/1207	23	71	55	85
.2096189	231/1102	33	58	35	95
.2096343	235/1121	25	59	47	95
.2096386	87/415	24	80	58	83
.2096519	265/1264	25	79	53	80
.2096599	1541/7350	23	75	67	98
.2096667	629/3000	34	60	37	100
.2096851	1325/6319	25	71	53	89
.2096996	1375/6557	25	79	55	83
.2097109	1110/5293	30	67	37	79
.2097166	259/1235	35	65	37	95
.2097378	56/267	20	75	70	89
.2097506	185/882	37	90	50	98
.2097649	116/553	20	70	58	79
.2097844	253/1206	23	67	55	90
.2097938	407/1940	33	60	37	97
.2098107	1219/5810	23	70	53	83
.2098214	47/224	25	70	47	80
.2098281	1550/7387	25	83	62	89
.2098361	64/305	24	61	48	90
.2098601	315/1501	35	79	45	95
.2098717	540/2573	24	62	45	83
.2098881	225/1072	25	67	45	80
.2099125	72/343	24	70	60	98
.2099333	1416/6745	24	71	59	95
.2099391	207/986	23	58	45	85
.2099548	232/1105	20	65	58	85
.2099634	1551/7387	33	83	47	89
.2099719	299/1424	23	80	65	89
.2099828	122/581	20	70	61	83
0.2100					
.2100000*	21/100	30	50	35	100
.2100147	713/3395	23	70	62	97
.2100242	1739/8280	37	90	47	92
.2100457	46/219	23	73	50	75
.2100635	430/2047	40	89	43	92
.2100661	1081/5146	23	62	47	83
.2100840*	25/119	25	70	50	85
.2100909	1295/6164	35	67	37	92
.2101005	1610/7663	23	79	70	97
.2101124	187/890	33	60	34	89
.2101178	731/3479	34	71	43	98
.2101398	1488/7081	24	73	62	97
.2101507	265/1261	25	65	53	97

（续）

比值	分数	A	B	C	D
0.2100					
.2101724	1219/5800	23	58	53	100
.2101785	318/1513	30	85	53	89
.2101873	1403/6675	23	75	61	89
.2101961	268/1275	20	75	67	85
.2102133	1025/4876	25	53	41	92
.2102222	473/2250	33	75	43	90
.2102287	855/4067	30	83	57	98
.2102398	1815/8633	33	89	55	97
.2102457	1104/5251	23	59	48	89
.2102564	41/195	30	65	41	90
.2102704	1081/5141	23	53	47	97
.2102857	184/875	23	70	48	75
.2103093	102/485	30	50	34	97
.2103213	216/1027	24	65	45	79
.2103261	387/1840	43	92	45	100
.2103425	1265/6014	23	62	55	97
.2103473	1175/5586	25	57	47	98
.2103581	329/1564	35	85	47	92
.2103679	629/2990	34	65	37	92
.2103825	77/366	33	61	35	90
.2104053	732/3479	24	71	61	98
.2104191	1240/5893	20	71	62	83
.2104334	1311/6230	23	70	57	89
.2104383	629/2989	34	61	37	98
.2104478	141/670	24	67	47	80
.2104615	342/1625	24	65	57	100
.2104714	1817/8633	23	89	79	97
.2104939	1368/6499	24	67	57	97
0.2105					
.2105021	1375/6532	25	71	55	92
.2105118	765/3634	34	79	45	92
.2105172	1221/5800	33	58	37	100
.2105263*	4/19	25	50	40	95
.2105416	1450/6887	25	71	58	97
.2105634	299/1420	23	71	65	100
.2105735	235/1116	25	62	47	90
.2105815	402/1909	24	83	67	92
.2106024	437/2075	23	75	57	83
.2106122	258/1225	43	98	48	100
.2106164	123/584	30	73	41	80
.2106262	111/527	30	62	37	85
.2106522	969/4600	34	92	57	100
.2106742	75/356	25	60	45	89
.2106944	1517/7200	37	80	41	90
.2106989	1221/5795	33	61	37	95
.2107112	240/1139	20	67	60	85
0.2105					
.2107212	1081/5130	23	57	47	90
.2107337	1551/7360	33	80	47	92
.2107595	333/1580	37	79	45	100
.2107705	1272/6035	24	71	53	85
.2107843	43/204	25	60	43	85
.2107982	816/3871	34	79	48	98
.2108147	1462/6935	34	73	43	95
.2108274	1032/4895	24	55	43	89
.2108398	354/1679	24	73	59	92
.2108716	225/1067	25	55	45	97
.2108844	31/147	25	75	62	98
.2109142	1488/7055	24	83	62	85
.2109157	1739/8245	37	85	47	97
.2109274	1633/7742	23	79	71	98
.2109453	212/1005	20	67	53	75
.2109589	77/365	33	73	35	75
.2109676	1258/5963	34	67	37	89
.2109774	1403/6650	23	70	61	95
.2109974	165/782	30	85	55	92
0.2110					
.2110204	517/2450	33	75	47	98
.2110294	287/1360	35	80	41	85
.2110370	348/1649	30	85	58	97
.2110631	1221/5785	33	65	37	89
.2110759	667/3160	23	79	58	80
.2111031	1464/6935	24	73	61	95
.2111094	1334/6319	23	71	58	89
.2111284	1495/7081	23	73	65	97
.2111604	333/1577	37	83	45	95
.2111726	1221/5782	33	59	37	98
.2111801	34/161	34	70	40	92
.2112000	132/625	33	75	48	100
.2112075	1485/7031	33	79	45	89
.2112281	301/1425	35	75	43	95
.2112360	94/445	24	60	47	89
.2112557	1250/5917	25	61	50	97
.2112676	15/71	25	71	45	75
.2112812	1311/6205	23	73	57	85
.2112919	1104/5225	23	55	48	95
.2112994	187/885	33	59	34	90
.2113068	228/1079	20	65	57	83
.2113179	1419/6715	33	79	43	85
.2113402	41/194	25	50	41	97
.2113539	1035/4897	23	59	45	83
.2113718	1000/4731	20	57	50	83
.2113751	1219/5767	23	73	53	79

（续）

比值	分数	*A*	*B*	*C*	*D*	比值	分数	*A*	*B*	*C*	*D*
0.2110						0.2120					
.2113943	141/667	24	58	47	92	.2120000	53/250	24	60	53	100
.2113981	1825/8633	25	89	73	97	.2120181	187/882	34	90	55	98
.2114159	1426/6745	23	71	62	95	.2120301	141/665	30	70	47	95
.2114339	1128/5335	24	55	47	97	.2120456	595/2806	34	61	35	92
.2114402	207/979	23	55	45	89	.2120579	1625/7663	25	79	65	97
.2114516	1311/6200	23	62	57	100	.2120690	123/580	30	58	41	100
.2114581	860/4067	40	83	43	98	.2120766	144/679	24	70	60	97
.2114669	284/1343	20	79	71	85	.2120974	270/1273	30	67	45	95
.2114754	129/610	30	61	43	100	.2121073	925/4361	37	89	50	98
.2114943	92/435	23	58	48	90	.2121212*	7/33	30	55	35	90
0.2115						.2121348	472/2225	24	75	59	89
.2115003	320/1513	20	85	80	89	.2121415	1265/5963	23	67	55	89
.2115065	636/3007	24	62	53	97	.2121504	220/1037	20	61	55	85
.2115180	595/2813	34	58	35	97	.2121590	1190/5609	34	71	35	79
.2115341	1845/8722	41	89	45	98	.2121739	122/575	24	75	61	92
.2115385*	11/52	25	65	55	100	.2121766	697/3285	34	73	41	90
.2115460	1081/5110	23	70	47	73	.2121938	1152/5429	24	61	48	89
.2115710	1375/6499	25	67	55	97	.2122115	285/1343	25	79	57	85
.2115781	1334/6305	23	65	58	97	.2122241	125/589	25	62	50	95
.2115942	73/345	24	90	73	92	.2122329	288/1357	24	59	48	92
.2116092	1265/5978	23	61	55	98	.2122353	451/2125	33	75	41	85
.2116342	1488/7031	24	79	62	89	.2122519	246/1159	30	61	41	95
.2116361	1375/6497	25	73	55	89	.2122642	45/212	23	53	45	92
.2116489	258/1219	24	53	43	92	.2122840	1462/6887	34	71	43	97
.2116705	185/874	30	57	37	92	.2122922	1392/6557	24	79	58	83
.2116981	561/2650	33	53	34	100	.2122951	259/1220	35	61	37	100
.2117219	1221/5767	33	73	37	79	.2123104	238/1121	34	59	35	95
.2117371	451/2130	33	71	41	90	.2123247	1075/5063	25	61	43	83
.2117460	667/3150	23	70	58	90	.2123288	31/146	20	73	62	80
.2117647*	18/85	30	75	45	85	.2123404	1380/6499	23	67	60	97
.2117910	1419/6700	33	67	43	100	.2123494	141/664	30	80	47	83
.2118056	61/288	25	80	61	90	.2123631	1357/6390	23	71	59	90
.2118213	1541/7275	23	75	67	97	.2123730	230/1083	23	57	50	95
.2118254	1150/5429	23	61	50	89	.2123840	1739/8188	37	89	47	92
.2118421	161/760	23	80	70	95	.2124019	1353/6370	33	65	41	98
.2118644	25/118	25	59	45	90	.2124057	1380/6497	23	73	60	89
.2118721	232/1095	20	73	58	75	.2124183*	65/306	25	85	65	90
.2118780	132/623	24	70	55	89	.2124294	188/885	24	59	47	90
.2118947	2013/9500	33	95	61	100	.2124402	222/1045	30	55	37	95
.2119062	1075/5073	25	57	43	89	.2124506	215/1012	25	55	43	92
.2119309	135/637	30	65	45	98	.2124608	474/2231	24	92	79	97
.2119608	1081/5100	23	60	47	85	.2124658	1551/7300	33	73	47	100
.2119718	301/1420	35	71	43	100	.2124774	235/1106	25	70	47	79
.2119781	1122/5293	33	67	34	79	.2124924	1752/8245	24	85	73	97
.2119862	1475/6958	25	71	59	98	0.2125					
						.2125000	17/80	34	70	35	80

（续）

比值	分数	*A*	*B*	*C*	*D*
0.2125					
.2125061	435/2047	30	89	58	92
.2125158	1175/5529	25	57	47	97
.2125316	1679/7900	23	79	73	100
.2125449	1125/5293	25	67	45	79
.2125529	552/2597	23	53	48	98
.2125578	1608/7565	24	85	67	89
.2125687	1353/6365	33	67	41	95
.2125843	473/2225	33	75	43	89
.2125850	125/588	25	60	50	98
.2125972	1394/6557	34	79	41	83
.2126077	1258/5917	34	61	37	97
.2126188	246/1157	30	65	41	89
.2126298	1495/7031	23	79	65	89
.2126437	37/174	30	58	37	90
.2126582	84/395	24	79	70	100
.2126697	47/221	25	65	47	85
.2126806	265/1246	25	70	53	89
.2126866	57/268	20	67	57	80
.2127048	740/3479	37	71	40	98
.2127090	318/1495	24	65	53	92
.2127292	615/2891	30	59	41	98
.2127424	384/1805	24	57	48	95
.2127464	1155/5429	33	61	35	89
.2127802	636/2989	24	61	53	98
.2127856	1155/5428	33	59	35	92
.2128078	1625/7636	25	83	65	92
.2128222	322/1513	23	85	70	89
.2128302	282/1325	24	53	47	100
.2128358	713/3350	23	67	62	100
.2128514	53/249	20	60	53	83
.2128623	235/1104	25	60	47	92
.2128918	360/1691	24	57	45	89
.2129032	33/155	33	62	34	85
.2129064	1290/6059	30	73	43	83
.2129219	1104/5185	23	61	48	85
.2129323	708/3325	24	70	59	95
.2129395	1175/5518	25	62	47	89
.2129547	240/1127	24	92	80	98
.2129630	23/108	23	60	50	90
.2129714	1632/7663	34	79	48	97
.2129853	1591/7470	37	83	43	90
0.2130					
.2130002	1219/5723	23	59	53	97
.2130326	85/399	34	57	35	98
.2130584	62/291	25	75	62	97
.2130667	799/3750	34	75	47	100
.2130889	1081/5073	23	57	47	89
.2131047	348/1633	24	71	58	92
.2131117	1128/5293	24	67	47	79
.2131195	731/3430	34	70	43	98
.2131336	185/868	35	62	37	98
.2131519	94/441	40	90	47	98
.2131603	230/1079	23	65	50	83
.2131675	1525/7154	25	73	61	98
.2131972	1357/6365	23	67	59	95
.2132124	1575/7387	35	83	45	89
.2132203	629/2950	34	59	37	100
.2132353	29/136	25	80	58	85
.2132486	235/1102	25	58	47	95
.2132616	119/558	34	62	35	90
.2132653	209/980	33	90	57	98
.2132797	106/497	20	70	53	71
.2132964	77/361	33	57	35	95
.2133123	1080/5063	24	61	45	83
.2133154	1272/5963	24	67	53	89
.2133333	16/75	24	60	48	90
.2133496	1221/5723	33	59	37	97
.2133581	115/539	23	55	50	98
.2133816	118/553	20	70	59	79
.2134012	1551/7268	33	79	47	92
.2134111	366/1715	24	70	61	98
.2134234	1485/6958	33	71	45	98
.2134251	124/581	20	70	62	83
.2134387	54/253	24	55	45	92
.2134503	73/342	25	90	73	95
.2134615	111/520	30	65	37	80
.2134725	225/1054	25	62	45	85
.2134831	19/89	25	75	57	89
.2134915	288/1349	24	71	60	95
0.2135					
.2135008	136/637	34	65	40	98
.2135055	215/1007	25	53	43	95
.2135310	1152/5395	24	65	48	83
.2135375	265/1241	25	73	53	85
.2135493	145/679	25	70	58	97
.2135648	1968/9215	41	95	48	97
.2135747	236/1105	20	65	59	85
.2135823	629/2945	34	62	37	95
.2136076	135/632	30	79	45	80
.2136223	69/323	23	57	45	85
.2136330	1426/6675	23	75	62	89
.2136364	47/220	23	55	47	92

（续）

比值	分数	*A*	*B*	*C*	*D*
0.2135					
.2136480	335/1568	25	80	67	98
.2136620	1517/7100	37	71	41	100
.2136736	1122/5251	33	59	34	89
.2136752*	25/117	25	65	50	90
.2136986	78/365	24	73	65	100
.2137081	555/2597	30	53	37	98
.2137245	408/1909	34	83	48	92
.2137291	576/2695	24	55	48	98
.2137531	258/1207	30	71	43	85
.2137583	550/2573	20	62	55	83
.2137652	264/1235	24	65	55	95
.2137815	636/2975	24	70	53	85
.2137908	1265/5917	23	61	55	97
.2138144	1037/4850	34	97	61	100
.2138158*	65/304	25	80	65	95
.2138266	1763/8245	41	85	43	97
.2138546	744/3479	24	71	62	98
.2138596	1219/5700	23	57	53	100
.2138706	552/2581	23	58	48	89
.2138889*	77/360	35	90	55	100
.2139037*	40/187	20	55	50	85
.2139130	123/575	41	92	48	100
.2139224	799/3735	34	83	47	90
.2139303	43/201	25	67	43	75
.2139419	1200/5609	20	71	60	79
.2139456	629/2940	34	60	37	98
.2139588	187/874	33	57	34	92
.2139698	1403/6557	23	79	61	83
.2139759	444/2075	37	83	48	100
.2139903	1190/5561	34	67	35	83
.2139989	1972/9215	34	95	58	97
0.2140					
.2140154	1640/7663	40	79	41	97
.2140255	235/1098	25	61	47	90
.2140417	564/2635	24	62	47	85
.2140474	1219/5695	23	67	53	85
.2140603	1221/5704	33	62	37	92
.2140791	222/1037	30	61	37	85
.2140871	231/1079	33	65	35	83
.2141111	1927/9000	41	90	47	100
.2141158	270/1261	30	65	45	97
.2141252	667/3115	23	70	58	89
.2141538	348/1625	24	65	58	100
.2141617	1110/5183	30	71	37	73
.2141716	1475/6887	25	71	59	97
.2141791	287/1340	35	67	41	100
0.2140					
.2141868	1392/6499	24	67	58	97
.2142039	187/873	34	90	55	97
.2142105	407/1900	33	57	37	100
.2142162	220/1027	20	65	55	79
.2142449	1125/5251	25	59	45	89
.2142527	1392/6497	24	73	58	89
.2142572	1608/7505	24	79	67	95
.2142857*	3/14	30	70	40	80
.2142972	1334/6225	23	75	58	83
.2143245	395/1843	25	95	79	97
.2143478	493/2300	34	92	58	100
.2143569	215/1003	25	59	43	85
.2143720	355/1656	25	90	71	92
.2143791	164/765	40	85	41	90
.2143986	1221/5695	33	67	37	85
.2144068	253/1180	23	59	55	100
.2144330	104/485	24	75	65	97
.2144361	713/3325	23	70	62	95
.2144453	288/1343	24	79	60	85
.2144616	1219/5684	23	58	53	98
.2144778	957/4462	33	92	58	97
.2144945	1394/6499	34	67	41	97
.2144985	216/1007	24	53	45	95
0.2145					
.2145237	322/1501	23	79	70	95
.2145309	375/1748	25	57	45	92
.2145356	552/2573	23	62	48	83
.2145522	115/536	23	67	50	80
.2145569	1300/6059	20	73	65	83
.2145749	53/247	25	65	53	95
.2145816	259/1207	35	71	37	85
.2145916	1353/6305	33	65	41	97
.2146127	1219/5680	23	71	53	80
.2146185	1935/9016	43	92	45	98
.2146395	390/1817	24	79	65	92
.2146615	1265/5893	23	71	55	83
.2146667	161/750	23	75	70	100
.2146835	424/1975	24	75	53	79
.2146971	1081/5035	23	53	47	95
.2147059	73/340	20	80	73	85
.2147152	1357/6320	23	79	59	80
.2147316	172/801	40	89	43	90
.2147442	1104/5141	23	53	48	97
.2147492	1357/6319	23	71	59	89
.2147567	684/3185	24	65	57	98
.2147708	253/1178	23	62	55	95

（续）

比值	分数	*A*	*B*	*C*	*D*
0.2145					
.2147766	125/582	25	60	50	97
.2147887	61/284	20	71	61	80
.2148135	1221/5684	33	58	37	98
.2148162	1128/5251	24	59	47	89
.2148338	84/391	24	85	70	92
.2148571	188/875	24	70	47	75
.2148684	1633/7600	23	80	71	95
.2148876	153/712	34	80	45	89
.2148976	1480/6887	37	71	40	97
.2149222	1230/5723	30	59	41	97
.2149254	72/335	24	67	45	75
.2149425	187/870	33	58	34	90
.2149512	969/4508	34	92	57	98
.2149578	1325/6164	25	67	53	92
.2149738	1272/5917	24	61	53	97
.2149813	287/1335	35	75	41	89
.2149879	1334/6205	23	73	58	85
0.2150					
.2150000	43/200	25	50	43	100
.2150101	106/493	20	58	53	85
.2150165	1240/5767	20	73	62	79
.2150329	555/2581	30	58	37	89
.2150427	629/2925	34	65	37	90
.2150607	1665/7742	37	79	45	98
.2151030	94/437	24	57	47	92
.2151244	1081/5025	23	67	47	75
.2151361	253/1176	23	60	55	98
.2151463	125/581	25	70	50	83
.2151613	667/3100	23	62	58	100
.2151800	275/1278	25	71	55	90
.2151899	17/79	34	70	35	79
.2152047	184/855	23	57	48	90
.2152239	1360/6319	34	71	40	89
.2152288	1190/5529	34	57	35	97
.2152430	1590/7387	30	83	53	89
.2152642	110/511	20	70	55	73
.2152778	31/144	25	80	62	90
.2152941	183/850	24	80	61	85
.2153110*	45/209	25	55	45	95
.2153166	731/3395	34	70	43	97
.2153309	1295/6014	35	62	37	97
.2153404	525/2438	30	53	35	92
.2153539	216/1003	24	59	45	85
.2153558	115/534	23	60	50	89
.2153651	1525/7081	25	73	61	97
.2153846*	14/65	35	65	40	100
0.2150					
.2153922	876/4067	24	83	73	98
.2153968	1357/6300	23	70	59	90
.2154101	260/1207	20	71	65	85
.2154167	517/2400	33	80	47	90
.2154269	1645/7636	35	83	47	92
.2154523	1860/8633	30	89	62	97
.2154639	209/970	33	90	57	97
.2154672	1003/4655	34	95	59	98
.2154799	348/1615	30	85	58	95
.2154851	231/1072	33	67	35	80
0.2155					
.2155102	264/1225	33	75	48	98
.2155172	25/116	25	58	45	90
.2155251	236/1095	20	73	59	75
.2155533	1081/5015	23	59	47	85
.2155576	230/1067	23	55	50	97
.2155732	299/1387	23	73	65	95
.2155797	119/552	34	60	35	92
.2155932	318/1475	24	59	53	100
.2156112	732/3395	24	70	61	97
.2156236	1485/6887	33	71	45	97
.2156250	69/320	23	80	75	100
.2156381	615/2852	30	62	41	92
.2156522	124/575	24	75	62	92
.2156578	595/2759	34	62	35	89
.2156863*	11/51	25	75	55	85
.2157032	250/1159	25	61	50	95
.2157104	1925/8924	35	92	55	97
.2157191	129/598	30	65	43	92
.2157303	96/445	24	60	48	89
.2157434	74/343	37	70	40	98
.2157534	63/292	35	73	45	100
.2157588	1517/7031	37	79	41	89
.2157670	1311/6076	23	62	57	98
.2157895	41/190	25	50	41	95
.2158163	423/1960	45	98	47	100
.2158333	259/1200	35	60	37	100
.2158462	1403/6500	23	65	61	100
.2158635	215/996	25	60	43	83
.2158730	68/315	34	70	40	90
.2158794	1403/6499	23	67	61	97
.2158852	1128/5225	24	55	47	95
.2159023	725/3358	25	73	58	92
.2159113	1110/5141	30	53	37	97
.2159325	1152/5335	24	55	48	97
.2159549	268/1241	20	73	67	85

（续）

比值	分数	*A*	*B*	*C*	*D*
0.2155					
.2159593	636/2945	24	62	53	95
.2159710	119/551	34	58	35	95
.2159789	246/1139	30	67	41	85
.2159980	1739/8051	37	83	47	97
0.2160					
.2160185	561/2597	33	53	34	98
.2160324	1334/6175	23	65	58	95
.2160470	552/2555	23	70	48	73
.2160592	1488/6887	24	71	62	97
.2160712	1530/7081	34	73	45	97
.2160761	250/1157	25	65	50	89
.2160920	94/435	24	58	47	90
.2161133	1419/6566	33	67	43	98
.2161222	1740/8051	30	83	58	97
.2161512	629/2910	34	60	37	97
.2161636	222/1027	30	65	37	79
.2161685	1591/7360	37	80	43	92
.2161882	625/2891	25	59	50	98
.2162191	2013/9310	33	95	61	98
.2162393	253/1170	23	65	55	90
.2162807	1541/7125	23	75	67	95
.2162921	77/356	33	60	35	89
.2162978	215/994	35	71	43	98
.2163188	114/527	20	62	57	85
.2163265	53/245	24	60	53	98
.2163380	384/1775	24	71	48	75
.2163462*	45/208	25	65	45	80
.2163636	119/550	34	55	35	100
.2163743	37/171	30	57	37	90
.2163934	66/305	33	61	34	85
.2163969	615/2842	30	58	41	98
.2164149	530/2449	20	62	53	79
.2164179	29/134	20	67	58	80
.2164303	1175/5429	25	61	47	89
.2164400	366/1691	30	89	61	95
.2164543	1155/5336	33	58	35	92
.2164591	1060/4897	20	59	53	83
.2164702	1175/5428	25	59	47	92
.2164769	1122/5183	33	71	34	73
.2164948	21/97	30	50	35	97
0.2165					
.2165232	629/2905	34	70	37	83
.2165414	144/665	24	70	60	95
.2165493	123/568	30	71	41	80
.2165552	259/1196	35	65	37	92
.2165725	115/531	23	59	50	90
0.2165					
.2165926	731/3375	34	75	43	90
.2165961	1125/5194	25	53	45	98
.2166096	253/1168	23	73	55	80
.2166276	185/854	35	61	37	98
.2166405	138/637	23	65	60	98
.2166620	775/3577	25	73	62	98
.2166667*	13/60	25	75	65	100
.2166934	135/623	30	70	45	89
.2167034	1575/7268	35	79	45	92
.2167143	1517/7000	37	70	41	100
.2167183*	70/323	25	85	70	95
.2167339	215/992	25	62	43	80
.2167370	1541/7110	23	79	67	90
.2167532	1462/6745	34	71	43	95
.2167577	119/549	34	61	35	90
.2167789	354/1633	24	71	59	92
.2167878	328/1513	40	85	41	89
.2168018	1551/7154	33	73	47	98
.2168107	276/1273	23	67	60	95
.2168310	1935/8924	43	92	45	97
.2168478	399/1840	35	92	57	100
.2168675	18/83	24	60	45	83
.2168950	95/438	25	73	57	90
.2168966	629/2900	34	58	37	100
.2169096	372/1715	24	70	62	98
.2169231	141/650	24	65	47	80
.2169336	474/2185	24	92	79	95
.2169492	64/295	24	59	48	90
.2169565	1410/6499	30	67	47	97
.2169720	225/1037	25	61	45	85
.2169811	23/106	23	53	45	90
.2169898	235/1083	25	57	47	95
.2169982	120/553	20	70	60	79
0.2170					
.2170068	319/1470	33	90	58	98
.2170232	1410/6497	30	73	47	89
.2170281	1221/5626	33	58	37	97
.2170423	1541/7100	23	71	67	100
.2170497	1464/6745	24	71	61	95
.2170558	1125/5183	25	71	45	73
.2170683	1081/4980	23	60	47	83
.2170837	1258/5795	34	61	37	95
.2171036	1739/8010	37	89	47	90
.2171053*	33/152	30	80	55	95
.2171196	799/3680	34	80	47	92
.2171260	1032/4753	43	97	48	98

（续）

比值	分数	A	B	C	D	比值	分数	A	B	C	D
0.2170						0.2175					
.2171429	38/175	20	70	57	75	.2177943	235/1079	25	65	47	83
.2171737	564/2597	24	53	47	98	.2178082	159/730	24	73	53	80
.2171794	713/3283	23	67	62	98	.2178170	1357/6230	23	70	59	89
.2171946*	48/221	30	65	40	85	.2178412	1221/5605	33	59	37	95
.2172131	53/244	20	61	53	80	.2178462	354/1625	24	65	59	100
.2172211	111/511	30	70	37	73	.2178571	61/280	20	70	61	80
.2172312	295/1358	25	70	59	97	.2178797	1416/6499	24	67	59	97
.2172382	1419/6532	33	71	43	92	.2178872	363/1666	33	85	55	98
.2172482	330/1519	24	62	55	98	.2179028	426/1955	24	85	71	92
.2172625	1100/5063	20	61	55	83	.2179245	231/1060	33	53	35	100
.2172681	1150/5293	23	67	50	79	.2179300	299/1372	23	70	65	98
.2172778	1665/7663	37	79	45	97	.2179388	1125/5162	25	58	45	89
.2173038	108/497	24	70	45	71	.2179467	1416/6497	24	73	59	89
.2173250	1425/6557	25	79	57	83	.2179676	148/679	37	70	40	97
.2173293	1219/5609	23	71	53	79	.2179914	1311/6014	23	62	57	97
.2173540	253/1164	23	60	55	97	.2179963	235/1078	25	55	47	98
.2173585	288/1325	24	53	48	100	0.2180					
.2173750	1739/8000	37	80	47	100	.2180159	1290/5917	30	61	43	97
.2173750	1739/8000	37	80	47	100	.2180334	561/2573	33	62	34	83
.2174129	437/2010	23	67	57	90	.2180357	1221/5600	33	70	37	80
.2174237	292/1343	20	79	73	85	.2180527	215/986	25	58	43	85
.2174359	212/975	20	65	53	75	.2180598	780/3577	24	73	65	98
.2174488	329/1513	35	85	47	89	.2180711	1325/6076	25	62	53	98
.2174589	1258/5785	34	65	37	89	.2180809	275/1261	25	65	55	97
.2174844	1219/5605	23	59	53	95	.2181034	253/1160	23	58	55	100
0.2175						.2181122	171/784	30	80	57	98
.2175000	87/400	30	80	58	100	.2181159	301/1380	35	75	43	92
.2175141	77/354	33	59	35	90	.2181273	1817/8330	23	85	79	98
.2175439	62/285	25	75	62	95	.2181377	1258/5767	34	73	37	79
.2175506	1128/5185	24	61	47	85	.2181534	697/3195	34	71	41	90
.2175633	275/1264	25	79	55	80	.2181568	1425/6532	25	71	57	92
.2175718	629/2891	34	59	37	98	.2181818*	12/55	30	55	40	100
.2175926	47/216	25	60	47	90	.2182127	1155/5293	33	67	35	79
.2175977	1375/6319	25	71	55	89	.2182241	1219/5586	23	57	53	98
.2176077	1530/7031	34	79	45	89	.2182258	1353/6200	33	62	41	100
.2176227	368/1691	23	57	48	89	.2182353	371/1700	35	85	53	100
.2176346	1128/5183	24	71	47	73	.2182540*	55/252	25	70	55	90
.2176471	37/170	30	60	37	85	.2182786	246/1127	41	92	48	98
.2176786	1219/5600	23	70	53	80	.2182916	253/1159	23	61	55	95
.2176859	1221/5609	33	71	37	79	.2182986	136/623	34	70	40	89
.2176966	155/712	25	80	62	89	.2183077	1419/6500	33	65	43	100
.2177215	86/395	30	75	43	79	.2183158	1037/4750	34	95	61	100
.2177349	248/1139	20	67	62	85	.2183282	1763/8075	41	85	43	95
.2177419	27/124	24	62	45	80	.2183413	1419/6499	33	67	43	97
.2177528	969/4450	34	89	57	100	.2183529	464/2125	24	75	58	85
.2177690	1880/8633	40	89	47	97	.2183735	145/664	25	80	58	83

（续）

比值	分数	A	B	C	D
0.2180					
.2183838	1081/4950	23	55	47	90
.2183890	1380/6319	23	71	60	89
.2184085	1419/6497	33	73	43	89
.2184169	1250/5723	25	59	50	97
.2184266	1541/7055	23	83	67	85
.2184507	1551/7100	33	71	47	100
.2184588	1219/5580	23	62	53	90
.2184739	272/1245	34	75	40	83
.2184783	201/920	24	80	67	92
.2184874*	26/119	20	70	65	85
0.2185					
.2185000	437/2000	23	60	57	100
.2185075	366/1675	24	67	61	100
.2185200	564/2581	24	58	47	89
.2185277	1505/6887	35	71	43	97
.2185501	205/938	35	67	41	98
.2185567	106/485	24	60	53	97
.2185714	153/700	34	70	45	100
.2185822	407/1862	33	57	37	98
.2185958	576/2635	24	62	48	85
.2186078	1633/7470	23	83	71	90
.2186235*	54/247	30	65	45	95
.2186278	615/2813	30	58	41	97
.2186441	129/590	30	59	43	100
.2186690	253/1157	23	65	55	89
.2186805	295/1349	25	71	59	95
.2186885	667/3050	23	61	58	100
.2186960	1392/6365	24	67	58	95
.2187135	187/855	33	57	34	90
.2187210	236/1079	20	65	59	83
.2187266	292/1335	24	89	73	90
.2187500*	7/32	35	80	45	90
.2187640	1947/8900	33	89	59	100
.2187672	795/3634	30	79	53	92
.2187824	1265/5782	23	59	55	98
.2188043	2013/9200	33	92	61	100
.2188054	370/1691	30	57	37	89
.2188172	407/1860	33	62	37	90
.2188290	1125/5141	25	53	45	97
.2188383	697/3185	34	65	41	98
.2188501	1435/6557	35	79	41	83
.2188609	1295/5917	35	61	37	97
.2188710	1357/6200	23	62	59	100
.2188776	429/1960	33	98	65	100
.2189038	1290/5893	30	71	43	83
.2189055	44/201	20	67	55	75
0.2185					
.2189157	1817/8300	23	83	79	100
.2189329	636/2905	24	70	53	83
.2189441	141/644	30	70	47	92
.2189474	104/475	24	75	65	95
.2189790	1763/8051	41	83	43	97
.2189931	957/4370	33	92	58	95
0.2190					
.2190000	219/1000	24	80	73	100
.2190059	1150/5251	23	59	50	89
.2190153	129/589	30	62	43	95
.2190262	1462/6675	34	75	43	89
.2190369	1551/7081	33	73	47	97
.2190476	23/105	23	70	50	75
.2190550	1975/9016	25	92	79	98
.2190669	108/493	24	58	45	85
.2190847	225/1027	25	65	45	79
.2190876	365/1666	25	85	73	98
.2191048	1679/7663	23	79	73	97
.2191093	1353/6175	33	65	41	95
.2191445	625/2852	25	62	50	92
.2191458	744/3395	24	70	62	97
.2191574	1160/5293	20	67	58	79
.2191732	615/2806	30	61	41	92
.2191781	16/73	20	73	60	75
.2191932	1190/5429	34	61	35	89
.2191994	564/2573	24	62	47	83
.2192052	1219/5561	23	67	53	83
.2192164	235/1072	25	67	47	80
.2192336	595/2714	34	59	35	92
.2192376	1110/5063	30	61	37	83
.2192645	1425/6499	25	67	57	97
.2192651	1104/5035	23	53	48	95
.2192904	1230/5609	30	71	41	79
.2192982*	25/114	25	60	50	95
.2193103	159/725	24	58	53	100
.2193163	2021/9215	43	95	47	97
.2193320	1425/6497	25	73	57	89
.2193548	34/155	34	62	40	100
.2193557	1675/7636	25	83	67	92
.2193676	111/506	30	55	37	92
.2193846	713/3250	23	65	62	100
.2193878	43/196	25	50	43	98
.2193968	371/1691	35	89	53	95
.2194126	1128/5141	24	53	47	97
.2194191	1035/4717	23	53	45	89
.2194286	192/875	24	70	48	75

（续）

比值	分数	A	B	C	D
0.2190					
.2194444	79/360	23	90	79	92
.2194469	246/1121	30	59	41	95
.2194771	1679/7650	23	85	73	90
.2194915	259/1180	35	59	37	100
.2194996	1272/5795	24	61	53	95
0.2195					
.2195222	1075/4897	25	59	43	83
.2195448	164/747	40	83	41	90
.2195523	667/3038	23	62	58	98
.2195648	1221/5561	33	67	37	83
.2195695	561/2555	33	70	34	73
.2195827	684/3115	24	70	57	89
.2195876	213/970	24	80	71	97
.2196078*	56/255	35	75	40	85
.2196248	1475/6716	25	73	59	92
.2196429	123/560	30	70	41	80
.2196564	1598/7275	34	75	47	97
.2196689	1128/5135	24	65	47	79
.2196796	96/437	24	57	48	92
.2196877	1435/6532	35	71	41	92
.2197015	368/1675	23	67	48	75
.2197183	78/355	24	71	65	100
.2197347	265/1206	25	67	53	90
.2197445	1961/8924	37	92	53	97
.2197522	1295/5893	35	71	37	83
.2197599	238/1083	34	57	35	95
.2198148	1258/5723	34	59	37	97
.2198441	1551/7055	33	83	47	85
.2198496	731/3325	34	70	43	95
.2198642	259/1178	35	62	37	95
.2198679	799/3634	34	79	47	92
.2198830	188/855	24	57	47	90
.2198908	765/3479	34	71	45	98
.2198991	305/1387	25	73	61	95
.2199156	625/2842	25	58	50	98
.2199313	64/291	24	90	80	97
.2199381	1776/8075	37	85	48	95
.2199498	1140/5183	20	71	57	73
.2199581	1155/5251	33	59	35	89
.2199810	1625/7387	25	83	65	89
.2199931	636/2891	24	59	53	98
0.2200					
.2200000*	11/50	30	75	55	100
.2200105	420/1909	24	83	70	92
.2200255	345/1568	23	80	75	98
.2200375	235/1068	25	60	47	89

比值	分数	A	B	C	D
0.2200					
.2200704	125/568	25	71	50	80
.2200784	1403/6375	23	75	61	85
.2200925	333/1513	37	85	45	89
.2200957	46/209	23	55	50	95
.2201266	1739/7900	37	79	47	100
.2201396	1104/5015	23	59	48	85
.2201493	59/268	20	67	59	80
.2201566	225/1022	25	70	45	73
.2201683	1334/6059	23	73	58	83
.2201767	299/1358	23	70	65	97
.2201933	205/931	30	57	41	98
.2202024	1175/5336	25	58	47	92
.2202142	329/1494	35	83	47	90
.2202437	235/1067	25	55	47	97
.2202517	385/1748	33	57	35	92
.2202701	1517/6887	37	71	41	97
.2202880	1392/6319	24	71	58	89
.2203065	115/522	23	58	50	90
.2203193	1325/6014	25	62	53	97
.2203361	1311/5950	23	70	57	85
.2203608	171/776	30	80	57	97
.2203704	119/540	34	60	35	90
.2203750	1763/8000	41	80	43	100
.2203947	67/304	25	80	67	95
.2204021	296/1343	37	79	40	85
.2204106	365/1656	25	90	73	92
.2204242	1403/6365	23	67	61	95
.2204301	41/186	30	62	41	90
.2204444	248/1125	24	75	62	90
.2204532	360/1633	24	71	60	92
.2204568	222/1007	30	53	37	95
.2204676	1075/4876	25	53	43	92
.2204785	1152/5225	24	55	48	95
.2204982	540/2449	24	62	45	79
0.2205					
.2205128	43/195	30	65	43	90
.2205289	492/2231	41	92	48	97
.2205432	1080/4897	24	59	45	83
.2205470	629/2852	34	62	37	92
.2205746	238/1079	34	65	35	83
.2205882*	15/68	25	60	45	85
.2206007	1300/5893	20	71	65	83
.2206148	122/553	20	70	61	79
.2206200	306/1387	34	73	45	95
.2206333	216/979	24	55	45	89
.2206360	340/1541	34	67	40	92

（续）

比值	分数	A	B	C	D
0.2205					
.2206452	171/775	24	62	57	100
.2206573	47/213	25	71	47	75
.2206722	348/1577	30	83	58	95
.2206897	32/145	24	58	48	90
.2207018	629/2850	34	57	37	100
.2207063	275/1246	25	70	55	89
.2207331	1927/8730	41	90	47	97
.2207358	66/299	24	65	55	92
.2207474	1081/4897	23	59	47	83
.2207692	287/1300	35	65	41	100
.2207792	17/77	34	55	35	98
.2207880	325/1472	25	80	65	92
.2208032	1435/6499	35	67	41	97
.2208096	660/2989	24	61	55	98
.2208333	53/240	20	60	53	80
.2208376	1081/4895	23	55	47	89
.2208712	1435/6497	35	73	41	89
.2208835	55/249	20	60	55	83
.2208904	129/584	30	73	43	80
.2208955	74/335	34	67	37	85
.2209134	1219/5518	23	62	53	89
.2209211	1679/7600	23	80	73	95
.2209287	1632/7387	34	83	48	89
.2209356	1927/8722	41	89	47	98
.2209524	116/525	20	70	58	75
.2209738	59/267	25	75	59	89
.2209771	493/2231	34	92	58	97
.2209955	1221/5525	33	65	37	85
0.2210					
.2210145	61/276	25	75	61	92
.2210182	1081/4891	23	67	47	73
.2210309	536/2425	24	75	67	97
.2210379	1265/5723	23	59	55	97
.2210526*	21/95	30	50	35	95
.2210640	1633/7387	23	83	71	89
.2210733	1240/5609	20	71	62	79
.2210944	1394/6305	34	65	41	97
.2211138	1485/6716	33	73	45	92
.2211198	312/1411	24	83	65	85
.2211282	1909/8633	23	89	83	97
.2211370	1517/6860	37	70	41	98
.2211538	23/104	23	65	50	80
.2211586	1340/6059	20	73	67	83
.2211709	374/1691	33	57	34	89
.2211765	94/425	24	60	47	85
.2211957	407/1840	33	60	37	92
0.2210					
.2212079	315/1424	35	80	45	89
.2212341	1219/5510	23	58	53	95
.2212438	402/1817	24	79	67	92
.2212500	177/800	30	80	59	100
.2212644	77/348	33	58	35	90
.2212698	697/3150	34	70	41	90
.2212806	235/1062	25	59	47	90
.2212941	1881/8500	33	85	57	100
.2213115	27/122	24	61	45	80
.2213230	629/2842	34	58	37	98
.2213280	110/497	20	70	55	71
.2213360	222/1003	30	59	37	85
.2213501	141/637	30	65	47	98
.2213675	259/1170	35	65	37	90
.2213924	1749/7900	33	79	53	100
.2213959	387/1748	43	92	45	95
.2214093	575/2597	23	53	50	98
.2214286	31/140	20	70	62	80
.2214717	1541/6958	23	71	67	98
.2214789	629/2840	34	71	37	80
.2214930	270/1219	24	53	45	92
0.2215					
.2215088	138/623	23	70	60	89
.2215164	1081/4880	23	61	47	80
.2215313	570/2573	20	62	57	83
.2215385	72/325	24	65	48	80
.2215650	1311/5917	23	61	57	97
.2215719	265/1196	25	65	53	92
.2215934	1488/6715	24	79	62	85
.2215971	1221/5510	33	58	37	95
.2216077	1122/5063	33	61	34	83
.2216364	1219/5500	23	55	53	100
.2216495	43/194	25	50	43	97
.2216659	1815/8188	33	89	55	92
.2216867	92/415	23	60	48	83
.2216981	47/212	23	53	47	92
.2217074	1914/8633	33	89	58	97
.2217228	296/1335	37	75	40	89
.2217347	2173/9800	41	98	53	100
.2217391	51/230	33	55	34	92
.2217466	259/1168	35	73	37	80
.2217623	375/1691	25	57	45	89
.2217742	55/248	20	62	55	80
.2217944	576/2597	24	53	48	98
.2218033	1353/6100	33	61	41	100
.2218112	1739/7840	37	80	47	98

（续）

比值	分数	*A*	*B*	*C*	*D*	比值	分数	*A*	*B*	*C*	*D*
0.2215						0.2220					
.2218158	667/3007	23	62	58	97	.2224634	410/1843	30	57	41	97
.2218310	63/284	35	71	45	100	.2224666	1416/6365	24	67	59	95
.2218487	132/595	24	70	55	85	.2224933	1003/4508	34	92	59	98
.2218599	2109/9506	37	97	57	98	0.2225					
.2218746	1560/7031	24	79	65	89	.2225086	259/1164	35	60	37	97
.2218782	215/969	25	57	43	85	.2225218	1403/6305	23	65	61	97
.2218947	527/2375	34	95	62	100	.2225266	731/3285	34	73	43	90
.2219101	79/356	23	89	79	92	.2225545	1265/5684	23	58	55	98
.2219298	253/1140	23	57	55	100	.2225564	148/665	37	70	40	95
.2219444	799/3600	34	80	47	90	.2225806	69/310	23	62	48	80
.2219527	366/1649	30	85	61	97	.2225882	473/2125	33	75	43	85
.2219841	725/3266	25	71	58	92	.2226027	65/292	20	73	65	80
.2219913	1175/5293	25	67	47	79	.2226057	258/1159	30	61	43	95
0.2220						.2226244	246/1105	30	65	41	85
.2220000	111/500	30	50	37	100	.2226316	423/1900	45	95	47	100
.2220058	228/1027	20	65	57	79	.2226359	299/1343	23	79	65	85
.2220310	129/581	30	70	43	83	.2226484	1219/5475	23	73	53	75
.2220401	1219/5490	23	61	53	90	.2226622	731/3283	34	67	43	98
.2220657	473/2130	33	71	43	90	.2226721*	55/247	25	65	55	95
.2220753	336/1513	24	85	70	89	.2226794	1353/6076	33	62	41	98
.2220896	372/1675	24	67	62	100	.2226891	53/238	25	70	53	85
.2221154	231/1040	33	65	35	80	.2226984	1403/6300	23	70	61	90
.2221328	552/2485	23	70	48	71	.2227113	253/1136	23	71	55	80
.2221386	295/1328	25	80	59	83	.2227370	625/2806	25	61	50	92
.2221577	1530/6887	34	71	45	97	.2227451	284/1275	24	85	71	90
.2221827	625/2813	25	58	50	97	.2227580	231/1037	33	61	35	85
.2221856	675/3038	30	62	45	98	.2227652	775/3479	25	71	62	98
.2222034	1311/5900	23	59	57	100	.2227819	575/2581	23	58	50	89
.2222062	1541/6935	23	73	67	95	.2227928	1128/5063	24	61	47	83
.2222222*	2/9	30	60	40	90	.2228090	1350/6059	30	73	45	83
.2222533	795/3577	30	73	53	98	.2228261	41/184	30	60	41	92
.2222611	1272/5723	24	59	53	97	.2228401	1122/5035	33	53	34	95
.2222651	1152/5183	24	71	48	73	.2228464	119/534	34	60	35	89
.2222920	708/3185	24	65	59	98	.2228571	39/175	24	70	65	100
.2223032	305/1372	25	70	61	98	.2228916	37/166	30	60	37	83
.2223158	528/2375	33	75	48	95	.2229102*	72/323	30	85	60	95
.2223320	225/1012	25	55	45	92	.2229249	282/1265	24	55	47	92
.2223356	1961/8820	37	90	53	98	.2229360	1180/5293	20	67	59	79
.2223536	376/1691	24	57	47	89	.2229508	68/305	34	61	40	100
.2223720	165/742	33	53	35	98	.2229592	437/1960	23	60	57	98
.2223785	1739/7820	37	85	47	92	.2229668	732/3283	24	67	61	98
.2223931	1591/7154	37	73	43	98	.2229815	1240/5561	20	67	62	83
.2224044	407/1830	33	61	37	90	.2229905	258/1157	30	65	43	89
.2224138	129/580	30	58	43	100	0.2230					
.2224231	123/553	30	70	41	79	.2230014	159/713	24	62	53	92
.2224282	240/1079	20	65	60	83	.2230135	595/2668	34	58	35	92

（续）

比值	分数	A	B	C	D	比值	分数	A	B	C	D
0.2230						0.2235					
.2230152	250/1121	25	59	50	95	.2236047	629/2813	34	58	37	97
.2230303	184/825	23	55	48	90	.2236145	464/2075	24	75	58	83
.2230553	238/1067	34	55	35	97	.2236287	53/237	20	60	53	79
.2230694	1375/6164	25	67	55	92	.2236364	123/550	30	55	41	100
.2230769	29/130	20	65	58	80	.2236482	1551/6935	33	73	47	95
.2230860	1320/5917	24	61	55	97	.2236573	1749/7820	33	85	53	92
.2230986	396/1775	33	71	48	100	.2236667	671/3000	33	90	61	100
.2231062	645/2891	30	59	43	98	.2236842	17/76	23	92	85	95
.2231166	1081/4845	23	57	47	85	.2236919	1150/5141	23	53	50	97
.2231343	299/1340	23	67	65	100	.2237049	285/1274	25	65	57	98
.2231366	1410/6319	30	71	47	89	.2237129	1334/5963	23	67	58	89
.2231516	667/2989	23	61	58	98	.2237175	1679/7505	23	79	73	95
.2231579	106/475	24	57	53	100	.2237288	66/295	33	59	34	85
.2231693	576/2581	24	58	48	89	.2237505	1155/5162	33	58	35	89
.2231799	1450/6497	25	73	58	89	.2237560	697/3115	34	70	41	89
.2232143*	25/112	25	70	50	80	.2237737	625/2793	25	57	50	98
.2232183	498/2231	24	92	83	97	.2237861	318/1421	24	58	53	98
.2232305	123/551	30	58	41	95	.2238095	47/210	25	70	47	75
.2232459	315/1411	35	83	45	85	.2238212	731/3266	34	71	43	92
.2232728	1464/6557	24	79	61	83	.2238315	340/1519	34	62	40	98
.2232759	259/1160	35	58	37	100	.2238548	259/1157	35	65	37	89
.2232893	186/833	30	85	62	98	.2238632	576/2573	24	62	48	83
.2233042	1353/6059	33	73	41	83	.2238667	1679/7500	23	75	73	100
.2233083	297/1330	33	70	45	95	.2238806	15/67	25	67	45	75
.2233333	67/300	20	75	67	80	.2239229	395/1764	25	90	79	98
.2233377	1357/6076	23	62	59	98	.2239310	1325/5917	25	61	53	97
.2233538	1272/5695	24	67	53	85	.2239351	552/2465	23	58	48	85
.2233715	799/3577	34	73	47	98	.2239533	230/1027	23	65	50	79
.2233833	1817/8134	23	83	79	98	.2239644	1357/6059	23	73	59	83
.2233930	212/949	20	65	53	73	.2239709	185/826	35	59	37	98
.2234168	1517/6790	37	70	41	97	.2239826	2064/9215	43	95	48	97
.2234350	696/3115	24	70	58	89	.2239946	1320/5893	24	71	55	83
.2234359	225/1007	25	53	45	95	0.2240					
.2234551	1591/7120	37	80	43	89	.2240000	28/125	24	75	70	100
.2234685	259/1159	35	61	37	95	.2240143	125/558	25	62	50	90
.2234818	276/1235	23	65	60	95	.2240206	2173/9700	41	97	53	100
.2234940	371/1660	35	83	53	100	.2240318	1128/5035	24	53	47	95
0.2235						.2240437	41/183	30	61	41	90
.2235040	310/1387	25	73	62	95	.2240506	177/790	24	79	59	80
.2235054	329/1472	35	80	47	92	.2240656	1175/5244	25	57	47	92
.2235294	19/85	25	75	57	85	.2240809	1152/5141	24	53	48	97
.2235545	1995/8924	35	92	57	97	.2240861	1416/6319	24	71	59	89
.2235616	408/1825	34	73	48	100	.2241026	437/1950	23	65	57	90
.2235726	975/4361	30	89	65	98	.2241055	119/531	34	59	35	90
.2235828	1625/7268	25	79	65	92	.2241274	366/1633	24	71	61	92
.2235891	1763/7885	41	83	43	95	.2241399	1935/8633	43	89	45	97

（续）

比值	分数	A	B	C	D	比值	分数	A	B	C	D
0.2240						0.2245					
.2241625	629/2806	34	61	37	92	.2248120	299/1330	23	70	65	95
.2241715	115/513	23	57	50	90	.2248252	1190/5293	34	67	35	79
.2241848	165/736	30	80	55	92	.2248387	697/3100	34	62	41	100
.2241922	1353/6035	33	71	41	85	.2248489	1265/5626	23	58	55	97
.2242017	667/2975	23	70	58	85	.2248550	1357/6035	23	71	59	85
.2242105	213/950	24	80	71	95	.2248724	1763/7840	41	80	43	98
.2242315	124/553	20	70	62	79	.2248804	47/209	25	55	47	95
.2242424	37/165	30	55	37	90	.2249033	1221/5429	33	61	37	89
.2242460	1896/8455	24	89	79	95	.2249073	1517/6745	37	71	41	95
.2242623	342/1525	24	61	57	100	.2249231	731/3250	34	65	43	100
.2242824	1258/5609	34	71	37	79	.2249252	1128/5015	24	59	47	85
.2243204	1081/4819	23	61	47	79	.2249447	1221/5428	33	59	37	92
.2243270	225/1003	25	59	45	85	.2249459	312/1387	24	73	65	95
.2243427	1152/5135	24	65	48	79	.2249576	265/1178	25	62	53	95
.2243457	540/2407	24	58	45	83	.2249688	901/4005	34	89	53	90
.2243669	1825/8134	25	83	73	98	.2249751	1353/6014	33	62	41	97
.2243781	451/2010	33	67	41	90	0.2250					
.2244000	561/2500	33	50	34	100	.2250000*	9/40	25	50	45	100
.2244425	1258/5605	34	59	37	95	.2250155	1817/8075	23	85	79	95
.2244462	1155/5146	33	62	35	83	.2250269	1462/6497	34	73	43	89
.2244595	1360/6059	34	73	40	83	.2250415	1357/6030	23	67	59	90
.2244674	1633/7275	23	75	71	97	.2250489	115/511	23	70	50	73
.2244762	675/3007	30	62	45	97	.2250595	1419/6305	33	65	43	97
.2244898	11/49	24	60	55	98	.2250704	799/3550	34	71	47	100
0.2245						.2250900	375/1666	25	85	75	98
.2245053	295/1314	25	73	59	90	.2250958	235/1044	25	58	47	90
.2245161	174/775	24	62	58	100	.2251077	1725/7663	23	79	75	97
.2245283	119/530	34	53	35	100	.2251154	1219/5415	23	57	53	95
.2245446	1590/7081	30	73	53	97	.2251462*	77/342	35	90	55	95
.2245534	1081/4814	23	58	47	83	.2251553	145/644	25	70	58	92
.2245614	64/285	24	57	48	90	.2251716	492/2185	41	92	48	95
.2245696	287/1278	35	71	41	90	.2251765	957/4250	33	85	58	100
.2245763	53/236	20	59	53	80	.2252006	1403/6230	23	70	61	89
.2245950	305/1358	25	70	61	97	.2252059	629/2793	34	57	37	98
.2246190	1739/7742	37	79	47	98	.2252308	366/1625	24	65	61	100
.2246269	301/1340	35	67	43	100	.2252381	473/2100	33	70	43	90
.2246421	1475/6566	25	67	59	98	.2252500	901/4000	34	80	53	100
.2246645	1155/5141	33	53	35	97	.2252577	437/1940	23	60	57	97
.2246835	71/316	20	79	71	80	.2252747	41/182	35	65	41	98
.2246858	1591/7081	37	73	43	97	.2252880	1584/7031	33	79	48	89
.2247407	1517/6750	37	75	41	90	.2253012	187/830	33	60	34	83
.2247539	799/3555	34	79	47	90	.2253314	153/679	34	70	45	97
.2247619	118/525	20	70	59	75	.2253401	265/1176	25	60	53	98
.2247694	804/3577	24	73	67	98	.2253521	16/71	20	71	60	75
.2247797	1250/5561	25	67	50	83	.2253669	215/954	25	53	43	90
.2247871	1003/4462	34	92	59	97	.2253815	1403/6225	23	75	61	83

（续）

比值	分数	*A*	*B*	*C*	*D*
0.2250					
.2253866	1749/7760	33	80	53	97
.2253981	552/2449	23	62	48	79
.2254063	1290/5723	30	59	43	97
.2254205	1300/5767	20	73	65	79
.2254251	1392/6175	24	65	58	95
.2254441	1104/4897	23	59	48	83
.2254521	1334/5917	23	61	58	97
.2254682	301/1335	35	75	43	89
.2254848	407/1805	33	57	37	95
.2254902	23/102	23	60	50	85
0.2255					
.2255000	451/2000	33	60	41	100
.2255104	1425/6319	25	71	57	89
.2255155	175/776	25	80	70	97
.2255304	1265/5609	23	71	55	79
.2255363	1104/4895	23	55	48	89
.2255639*	30/133	25	70	60	95
.2255715	2013/8924	33	92	61	97
.2255913	372/1649	30	85	62	97
.2256122	2211/9800	33	98	67	100
.2256329	713/3160	23	79	62	80
.2256402	1357/6014	23	62	59	97
.2256454	1311/5810	23	70	57	83
.2256686	1426/6319	23	71	62	89
.2256842	536/2375	24	75	67	95
.2256944*	65/288	25	80	65	90
.2257130	1480/6557	37	79	40	83
.2257207	1104/4891	23	67	48	73
.2257407	1219/5400	23	60	53	90
.2257525	135/598	30	65	45	92
.2257732	219/970	24	80	73	97
.2257798	1368/6059	24	73	57	83
.2257895	429/1900	33	95	65	100
.2258065	7/31	34	62	35	85
.2258280	675/2989	30	61	45	98
.2258427	201/890	24	80	67	89
.2258454	187/828	34	90	55	92
.2258824	96/425	24	60	48	85
.2258929	253/1120	23	70	55	80
.2259036	75/332	25	60	45	83
.2259121	1517/6715	37	79	41	85
.2259259	61/270	25	75	61	90
.2259404	925/4094	37	89	50	92
.2259500	1219/5395	23	65	53	83
.2259615	47/208	25	65	47	80
.2259725	395/1748	25	92	79	95

比值	分数	*A*	*B*	*C*	*D*
0.2260					
.2260111	285/1261	25	65	57	97
.2260274	33/146	33	70	35	73
.2260398	125/553	25	70	50	79
.2260597	144/637	24	65	60	98
.2260807	1250/5529	25	57	50	97
.2260931	636/2813	24	58	53	97
.2261111	407/1800	33	60	37	90
.2261168	329/1455	35	75	47	97
.2261390	680/3007	34	62	40	97
.2261518	697/3082	34	67	41	92
.2261596	1219/5390	23	55	53	98
.2261697	1426/6305	23	65	62	97
.2261798	2013/8900	33	89	61	100
.2261905	19/84	25	70	57	90
.2262226	1175/5194	25	53	47	98
.2262295	69/305	23	61	48	80
.2262443*	50/221	25	65	50	85
.2262542	1353/5980	33	65	41	92
.2262799	1295/5723	35	59	37	97
.2262857	198/875	33	70	48	100
.2263002	1375/6076	25	62	55	98
.2263158	43/190	25	50	43	95
.2263299	1353/5978	33	61	41	98
.2263427	177/782	30	85	59	92
.2263492	713/3150	23	70	62	90
.2263581	225/994	25	70	45	71
.2263703	1334/5893	23	71	58	83
.2263961	1350/5963	30	67	45	89
.2264151	12/53	24	53	45	90
.2264416	161/711	23	79	70	90
.2264493	125/552	25	60	50	92
.2264590	1265/5586	23	57	55	98
.2264706*	77/340	35	85	55	100
.2264789	402/1775	24	71	67	100
.2264856	667/2945	23	62	58	95
.2264957	53/234	25	65	53	90
0.2265					
.2265060	94/415	24	60	47	83
.2265306	111/490	30	50	37	98
.2265446	99/437	33	92	60	95
.2265511	1855/8188	35	89	53	92
.2265611	1230/5429	30	61	41	89
.2265769	370/1633	37	71	40	92
.2265918	121/534	33	89	55	90
.2266028	615/2714	30	59	41	92
.2266247	1081/4770	23	53	47	90

（续）

比值	分数	A	B	C	D	比值	分数	A	B	C	D
0.2265						0.2270					
.2266265	1881/8300	33	83	57	100	.2271930	259/1140	35	57	37	100
.2266572	318/1403	24	61	53	92	.2272000	142/625	24	75	71	100
.2266667	17/75	33	55	34	90	.2272065	1403/6175	23	65	61	95
.2266777	1368/6035	24	71	57	85	.2272361	282/1241	30	73	47	85
.2266903	1150/5073	23	57	50	89	.2272727 *	5/22	25	55	45	90
.2267025	253/1116	23	62	55	90	.2272792	1598/7031	34	79	47	89
.2267145	1200/5293	20	67	60	79	.2272873	708/3115	24	70	59	89
.2267206 *	56/247	35	65	40	95	.2273010	1830/8051	30	83	61	97
.2267382	1311/5782	23	59	57	98	.2273203	1739/7650	37	85	47	90
.2267497	1675/7387	25	83	67	89	.2273292	183/805	24	70	61	92
.2267620	222/979	30	55	37	89	.2273423	1485/6532	33	71	45	92
.2267784	1272/5609	24	71	53	79	.2273629	344/1513	40	85	43	89
.2268041	22/97	24	60	55	97	.2273690	1610/7081	23	73	70	97
.2268145	225/992	25	62	45	80	.2273924	259/1139	35	67	37	85
.2268347	306/1349	34	71	45	95	.2274052	78/343	24	70	65	98
.2268414	1817/8010	23	89	79	90	.2274190	1060/4661	20	59	53	79
.2268603	125/551	25	58	50	95	.2274254	1219/5360	23	67	53	80
.2268707	667/2940	23	60	58	98	.2274404	925/4067	37	83	50	98
.2268836	265/1168	25	73	53	80	.2274510	58/255	25	75	58	85
.2268908 *	27/119	30	70	45	85	.2274692	684/3007	24	62	57	97
.2268992	1353/5963	33	67	41	89	.2274771	1265/5561	23	67	55	83
.2269231	59/260	20	65	59	80	.2274864	629/2765	34	70	37	79
.2269260	595/2622	34	57	35	92	0.2275					
.2269402	1272/5605	24	59	53	95	.2275008	680/2989	34	61	40	98
.2269529	645/2842	30	58	43	98	.2275276	1258/5529	34	57	37	97
.2269580	1475/6499	25	67	59	97	.2275495	299/1314	23	73	65	90
.2269737	69/304	23	80	75	95	.2275700	1357/5963	23	67	59	89
.2269821	355/1564	25	85	71	92	.2275815	335/1472	25	80	67	92
.2269990	1357/5978	23	61	59	98	.2275862	33/145	33	58	34	85
0.2270						.2275971	287/1261	35	65	41	97
.2270059	116/511	20	70	58	73	.2276119	61/268	20	67	61	80
.2270186	731/3220	34	70	43	92	.2276250	1175/5162	25	58	47	89
.2270337	1295/5704	35	62	37	92	.2276295	145/637	25	65	58	98
.2270486	1704/7505	24	79	71	95	.2276456	555/2438	30	53	37	92
.2270570	287/1264	35	79	41	80	.2276632	265/1164	25	60	53	97
.2270697	1525/6716	25	73	61	92	.2276680	288/1265	24	55	48	92
.2270846	384/1691	24	57	48	89	.2276759	385/1691	33	57	35	89
.2270929	1435/6319	35	71	41	89	.2276867	125/549	25	61	50	90
.2271035	305/1343	25	79	61	85	.2277121	212/931	24	57	53	98
.2271127	129/568	30	71	43	80	.2277189	1763/7742	41	79	43	98
.2271231	345/1519	23	62	60	98	.2277273	1480/6499	37	67	40	97
.2271381	1150/5063	23	61	50	83	.2277370	1739/7636	37	83	47	92
.2271468	82/361	30	57	41	95	.2277512	238/1045	34	55	35	95
.2271617	465/2047	30	89	62	92	.2277604	1380/6059	23	73	60	83
.2271739	209/920	33	90	57	92	.2277689	1419/6230	33	70	43	89
.2271751	423/1862	45	95	47	98	.2277778	41/180	30	60	41	90

（续）

比值	分数	*A*	*B*	*C*	*D*
0.2275					
.2277985	1221/5360	33	67	37	80
.2278083	290/1273	25	67	58	95
.2278325	185/812	35	58	37	98
.2278376	275/1207	25	71	55	85
.2278481	18/79	30	75	45	79
.2278638	368/1615	23	57	48	85
.2278680	435/1909	30	83	58	92
.2278788	188/825	24	55	47	90
.2278912	67/294	25	75	67	98
.2278991	1075/4717	25	53	43	89
.2279125	1927/8455	41	89	47	95
.2279235	1608/7055	24	83	67	85
.2279412	31/136	25	80	62	85
.2279518	473/2075	33	75	43	83
.2279570	106/465	20	62	53	75
.2279693	119/522	34	58	35	90
.2279812	629/2759	34	62	37	89
.2279889	246/1079	30	65	41	83
0.2280					
.2280000	57/250	24	60	57	100
.2280238	345/1513	23	85	75	89
.2280342	667/2925	23	65	58	90
.2280368	2035/8924	37	92	55	97
.2280551	265/1162	25	70	53	83
.2280702*	13/57	25	75	65	95
.2280822	333/1460	37	73	45	100
.2280882	1551/6800	33	80	47	85
.2281013	901/3950	34	79	53	100
.2281124	284/1245	24	83	71	90
.2281203	1517/6650	37	70	41	95
.2281256	1155/5063	33	61	35	83
.2281383	1881/8245	33	85	57	97
.2281562	1350/5917	30	61	45	97
.2281763	264/1157	24	65	55	89
.2281947	225/986	25	58	45	85
.2282004	123/539	30	55	41	98
.2282069	322/1411	23	83	70	85
.2282303	325/1424	25	80	65	89
.2282396	1749/7663	33	79	53	97
.2282609	21/92	33	55	35	92
.2282772	1219/5340	23	60	53	89
.2282947	660/2891	24	59	55	98
.2282963	1541/6750	23	75	67	90
.2283122	629/2755	34	58	37	95
.2283327	1175/5146	25	62	47	83
.2283401	282/1235	30	65	47	95
0.2280					
.2283544	451/1975	33	75	41	79
.2283582	153/670	34	67	45	100
.2283701	1750/7663	25	79	70	97
.2283830	935/4094	34	89	55	92
.2283871	177/775	24	62	59	100
.2284012	230/1007	23	53	50	95
.2284066	1584/6935	33	73	48	95
.2284242	1551/6790	33	70	47	97
.2284337	474/2075	24	83	79	100
.2284354	1679/7350	23	75	73	98
.2284483	53/232	20	58	53	80
.2284615	297/1300	33	65	45	100
.2284655	1541/6745	23	71	67	95
.2284830	369/1615	41	85	45	95
.2284911	1219/5335	23	55	53	97
.2284967	1485/6499	33	67	45	97
0.2285					
.2285139	795/3479	30	71	53	98
.2285246	697/3050	34	61	41	100
.2285352	1802/7885	34	83	53	95
.2285548	1175/5141	25	53	47	97
.2285714*	8/35	30	70	40	75
.2285925	2173/9506	41	97	53	98
.2286231	885/3871	30	79	59	98
.2286332	1375/6014	25	62	55	97
.2286517	407/1780	33	60	37	89
.2286632	1353/5917	33	61	41	97
.2286661	276/1207	23	71	60	85
.2286917	1575/6887	35	71	45	97
.2287015	1608/7031	24	79	67	89
.2287273	629/2750	34	55	37	100
.2287358	1272/5561	24	67	53	83
.2287476	705/3082	30	67	47	92
.2287582*	35/153	25	85	70	90
.2287733	1975/8633	25	89	79	97
.2287936	1265/5529	23	57	55	97
.2287984	1152/5035	24	53	48	95
.2288136	27/118	30	59	45	100
.2288231	1221/5336	33	58	37	92
.2288391	684/2989	24	61	57	98
.2288462	119/520	34	65	35	80
.2288557	46/201	23	67	50	75
.2288660	111/485	30	50	37	97
.2288925	713/3115	23	70	62	89
.2289231	372/1625	24	65	62	100
.2289264	258/1127	43	92	48	98

（续）

比值	分数	A	B	C	D
0.2285					
.2289474	87/380	30	80	58	95
.2289591	1080/4717	24	53	45	89
.2289796	561/2450	33	50	34	98
.2289859	1610/7031	23	79	70	89
0.2290					
.2290196	292/1275	24	85	73	90
.2290288	1488/6497	24	73	62	89
.2290448	235/1026	25	57	47	90
.2290526	544/2375	34	75	48	95
.2290588	1947/8500	33	85	59	100
.2290715	301/1314	35	73	43	90
.2290757	1311/5723	23	59	57	97
.2290932	1104/4819	23	61	48	79
.2290981	348/1519	24	62	58	98
.2291105	85/371	34	53	35	98
.2291304	527/2300	34	92	62	100
.2291439	629/2745	34	61	37	90
.2291595	1325/5782	25	59	53	98
.2291667 *	11/48	25	60	55	100
.2291805	344/1501	40	79	43	95
.2291930	1633/7125	23	75	71	95
.2292020	135/589	30	62	45	95
.2292135	102/445	33	55	34	89
.2292424	820/3577	40	73	41	98
.2292497	1265/5518	23	62	55	89
.2292718	318/1387	30	73	53	95
.2292926	645/2813	30	58	43	97
.2292958	407/1775	33	71	37	75
.2293121	230/1003	23	59	50	85
.2293220	1353/5900	33	59	41	100
.2293311	552/2407	23	58	48	83
.2293392	1357/5917	23	61	59	97
.2293539	1633/7120	23	80	71	89
.2293567	1961/8550	37	90	53	95
.2293763	114/497	20	70	57	71
.2293942	231/1007	33	53	35	95
.2293981	888/3871	37	79	48	98
.2294118 *	39/170	30	85	65	100
.2294160	1591/6935	37	73	43	95
.2294273	697/3038	34	62	41	98
.2294395	438/1909	24	83	73	92
.2294521	67/292	20	73	67	80
.2294646	690/3007	23	62	60	97
.2294667	1450/6319	25	71	58	89
.2294776	123/536	30	67	41	80
.2294874	1625/7081	25	73	65	97
0.2295					
.2295082	14/61	34	61	35	85
.2295195	1003/4370	34	92	59	95
.2295257	1505/6557	35	79	43	83
.2295359	272/1185	34	75	40	79
.2295669	1219/5310	23	59	53	90
.2295826	253/1102	23	58	55	95
.2295918	45/196	25	50	45	98
.2296041	667/2905	23	70	58	83
.2296296	31/135	25	75	62	90
.2296444	2183/9506	37	97	59	98
.2296535	285/1241	25	73	57	85
.2296637	799/3479	34	71	47	98
.2296651 *	48/209	30	55	40	95
.2296765	1633/7110	23	79	71	90
.2296856	1125/4898	25	62	45	79
.2297109	1152/5015	24	59	48	85
.2297210	354/1541	24	67	59	92
.2297325	1125/4897	25	59	45	83
.2297409	1392/6059	24	73	58	83
.2297496	156/679	24	70	65	97
.2297555	1325/5767	25	73	53	79
.2297717	1258/5475	34	73	37	75
.2297778	517/2250	33	75	47	90
.2297851	1850/8051	37	83	50	97
.2297955	236/1027	20	65	59	79
.2298137	37/161	37	70	40	92
.2298264	225/979	25	55	45	89
.2298387	57/248	20	62	57	80
.2298462	1360/5917	34	61	40	97
.2298646	645/2806	30	61	43	92
.2298744	1739/7565	37	85	47	89
.2298876	1023/4450	33	89	62	100
.2298992	935/4067	34	83	55	98
.2299160	684/2975	24	70	57	85
.2299331	275/1196	25	65	55	92
.2299435	407/1770	33	59	37	90
.2299481	1551/6745	33	71	47	95
.2299576	1896/8245	24	85	79	97
.2299762	290/1261	25	65	58	97
.2299875	1290/5609	30	71	43	79
0.2300					
.2300000	23/100	23	60	48	80
.2300100	1375/5978	25	61	55	98
.2300181	636/2765	24	70	53	79
.2300354	1495/6499	23	67	65	97
.2300597	424/1843	24	57	53	97

（续）

比值	分数	*A*	*B*	*C*	*D*
0.2300					
.2300710	1394/6059	34	73	41	83
.2300752	153/665	34	70	45	95
.2301020	451/1960	33	60	41	98
.2301066	561/2438	33	53	34	92
.2301316	1749/7600	33	80	53	95
.2301370	84/365	24	73	70	100
.2301517	258/1121	30	59	43	95
.2301587	29/126	25	70	58	90
.2301813	1295/5626	35	58	37	97
.2301984	1334/5795	23	61	58	95
.2302077	1419/6164	33	67	43	92
.2302262	1272/5525	24	65	53	85
.2302450	1250/5429	25	61	50	89
.2302544	172/747	40	83	43	90
.2302632*	35/152	25	80	70	95
.2302732	1357/5893	23	71	59	83
.2302779	1947/8455	33	89	59	95
.2302874	625/2714	25	59	50	92
.2302981	564/2449	24	62	47	79
.2303091	231/1003	33	59	35	85
.2303204	2013/8740	33	92	61	95
.2303331	325/1411	25	83	65	85
.2303371	41/178	30	60	41	89
.2303451	1128/4897	24	59	47	83
.2303571	129/560	30	70	43	80
.2303774	1221/5300	33	53	37	100
.2303922	47/204	25	60	47	85
.2304042	1505/6532	35	71	43	92
.2304062	1855/8051	35	83	53	97
.2304189	253/1098	23	61	55	90
.2304348	53/230	24	60	53	92
.2304392	1128/4895	24	55	47	89
.2304517	1005/4361	30	89	67	98
.2304623	1675/7268	25	79	67	92
.2304759	1632/7081	34	73	48	97
.2304931	1220/5293	20	67	61	79
0.2305					
.2305048	1073/4655	37	95	58	98
.2305097	615/2668	30	58	41	92
.2305183	636/2759	24	62	53	89
.2305308	595/2581	34	58	35	89
.2305530	246/1067	30	55	41	97
.2305556	83/360	23	90	83	92
.2305797	1591/6900	37	75	43	92
.2305886	1375/5963	25	67	55	89
.2305964	1334/5785	23	65	58	89

比值	分数	*A*	*B*	*C*	*D*
0.2305					
.2306171	1633/7081	23	73	71	97
.2306277	1128/4891	24	67	47	73
.2306402	825/3577	30	73	55	98
.2306483	1320/5723	24	59	55	97
.2306610	164/711	40	79	41	90
.2306820	1221/5293	33	67	37	79
.2307059	1961/8500	37	85	53	100
.2307219	1125/4876	25	53	45	92
.2307256	407/1764	37	90	55	98
.2307425	1992/8633	24	89	83	97
.2307555	1295/5612	35	61	37	92
.2307692*	3/13	25	65	45	75
.2307823	1360/5893	34	71	40	83
.2307921	775/3358	25	73	62	92
.2307957	2013/8722	33	89	61	98
.2308099	1311/5680	23	71	57	80
.2308294	295/1278	25	71	59	90
.2308403	250/1083	25	57	50	95
.2308530	636/2755	24	58	53	95
.2308614	1541/6675	23	75	67	89
.2308698	1590/6887	30	71	53	97
.2308789	1295/5609	35	71	37	79
.2308861	456/1975	24	75	57	79
.2308998	136/589	34	62	40	95
.2309237	115/498	23	60	50	83
.2309345	215/931	30	57	43	98
.2309410	1551/6716	33	73	47	92
.2309613	185/801	37	89	50	90
.2309754	1551/6715	33	79	47	85
.2309859	82/355	30	71	41	75
0.2310					
.2310000	231/1000	33	50	35	100
.2310150	1591/6887	37	71	43	97
.2310272	1860/8051	30	83	62	97
.2310437	259/1121	35	59	37	95
.2310502	253/1095	23	73	55	75
.2310559	186/805	24	70	62	92
.2310924*	55/238	25	70	55	85
.2311009	804/3479	24	71	67	98
.2311111	52/225	24	75	65	90
.2311193	1625/7031	25	79	65	89
.2311286	940/4067	40	83	47	98
.2311396	144/623	24	70	60	89
.2311475	141/610	24	61	47	80
.2311644	135/584	30	73	45	80
.2311828	43/186	30	62	43	90

（续）

比值	分数	A	B	C	D	比值	分数	A	B	C	D
0.2310						0.2315					
.2311982	1368/5917	24	61	57	97	.2317429	238/1027	34	65	35	79
.2312241	391/1691	23	89	85	95	.2317612	629/2714	34	59	37	92
.2312299	1081/4675	23	55	47	85	.2317704	1300/5609	20	71	65	79
.2312382	1100/4757	20	67	55	71	.2317823	264/1139	24	67	55	85
.2312476	595/2573	34	62	35	83	.2317925	697/3007	34	62	41	97
.2312727	318/1375	24	55	53	100	.2317968	885/3818	30	83	59	92
.2312821	451/1950	33	65	41	90	.2318230	220/949	20	65	55	73
.2312925	34/147	34	60	40	98	.2318296	185/798	35	57	37	98
.2313093	1219/5270	23	62	53	85	.2318367	284/1225	24	75	71	98
.2313161	1334/5767	23	73	58	79	.2318548	115/496	23	62	50	80
.2313253	96/415	24	60	48	83	.2318644	342/1475	24	59	57	100
.2313402	561/2425	33	50	34	97	.2318673	1608/6935	24	73	67	95
.2313558	1517/6557	37	79	41	83	.2318795	1462/6305	34	65	43	97
.2313657	1462/6319	34	71	43	89	.2319109	125/539	25	55	50	98
.2313846	376/1625	24	65	47	75	.2319242	1591/6860	37	70	43	98
.2313883	115/497	23	70	50	71	.2319277	77/332	33	60	35	83
.2313985	2065/8924	35	92	59	97	.2319588	45/194	25	50	45	97
.2314165	165/713	24	62	55	92	.2319688	119/513	34	57	35	90
.2314271	1380/5963	23	67	60	89	0.2320					
.2314465	184/795	23	53	48	90	.2320000	29/125	24	60	58	100
.2314599	696/3007	24	62	58	97	.2320225	413/1780	35	89	59	100
.2314725	1190/5141	34	53	35	97	.2320314	1598/6887	34	71	47	97
.2314815*	25/108	25	60	50	90	.2320606	705/3038	30	62	47	98
.2314925	1551/6700	33	67	47	100	.2320675	55/237	20	60	55	79
0.2315						.2320755	123/530	30	53	41	100
.2315006	2021/8730	43	90	47	97	.2320862	366/1577	30	83	61	95
.2315051	363/1568	33	80	55	98	.2320972	363/1564	33	85	55	92
.2315219	1325/5723	25	59	53	97	.2321149	1632/7031	34	79	48	89
.2315261	1200/5183	20	71	60	73	.2321157	305/1314	25	73	61	90
.2315385	301/1300	35	65	43	100	.2321311	354/1525	24	61	59	100
.2315542	295/1274	25	65	59	98	.2321429*	13/56	25	70	65	100
.2315564	1403/6059	23	73	61	83	.2321463	1219/5251	23	59	53	89
.2315741	1505/6499	35	67	43	97	.2321557	322/1387	23	73	70	95
.2315789*	22/95	30	75	55	95	.2321687	1927/8300	41	83	47	100
.2315942	799/3450	34	75	47	92	.2321905	1219/5250	23	70	53	75
.2316119	148/639	37	71	40	90	.2321981*	75/323	25	85	75	95
.2316176*	63/272	35	80	45	85	.2322134	235/1012	25	55	47	92
.2316325	1775/7663	25	79	71	97	.2322165	901/3880	34	80	53	97
.2316384	41/177	30	59	41	90	.2322308	330/1421	24	58	55	98
.2316454	1505/6497	35	73	43	89	.2322413	1517/6532	37	71	41	92
.2316822	1464/6319	24	71	61	89	.2322581	36/155	24	62	48	80
.2316940	212/915	24	61	53	90	.2322693	1870/8051	34	83	55	97
.2316960	250/1079	25	65	50	83	.2322811	390/1679	24	73	65	92
.2317122	1739/7505	37	79	47	95	.2322931	1325/5704	25	62	53	92
.2317185	1258/5429	34	61	37	89	.2323118	1645/7081	35	73	47	97
.2317293	1541/6650	23	70	67	95	.2323232	23/99	23	55	50	90

（续）

比值	分数	A	B	C	D	比值	分数	A	B	C	D
0.2320						0.2325					
.2323333	697/3000	34	60	41	100	.2329317	58/249	25	75	58	83
.2323391	148/637	37	65	40	98	.2329446	799/3430	34	70	47	98
.2323529	79/340	23	85	79	92	.2329630	629/2700	34	60	37	90
.2323580	135/581	30	70	45	83	.2329825	332/1425	24	90	83	95
.2323813	1375/5917	25	61	55	97	0.2330					
.2323887	287/1235	35	65	41	95	.2330079	1265/5429	23	61	55	89
.2324070	1037/4462	34	92	61	97	.2330186	765/3283	34	67	45	98
.2324263	205/882	41	90	50	98	.2330337	1037/4450	34	89	61	100
.2324515	1775/7636	25	83	71	92	.2330435	134/575	24	75	67	92
.2324561	53/228	23	57	53	92	.2330508	55/236	23	59	55	92
.2324742	451/1940	33	60	41	97	.2330812	1140/4891	20	67	57	73
.2324786	136/585	34	65	40	90	.2330956	948/4067	24	83	79	98
.2324879	385/1656	35	90	55	92	.2331105	1325/5684	25	58	53	98
0.2325						.2331240	297/1274	33	65	45	98
.2325000	93/400	30	80	62	100	.2331325	387/1660	43	83	45	100
.2325216	296/1273	37	67	40	95	.2331429	204/875	34	70	48	100
.2325271	1221/5251	33	59	37	89	.2331461	83/356	23	89	83	92
.2325510	2279/9800	43	98	53	100	.2331680	329/1411	35	83	47	85
.2325714	407/1750	33	70	37	75	.2331789	1258/5395	34	65	37	83
.2325759	1525/6557	25	79	61	83	.2331884	697/2989	34	61	41	98
.2325899	2211/9506	33	97	67	98	.2331984	288/1235	24	65	60	95
.2326230	1419/6100	33	61	43	100	.2332090	125/536	25	67	50	80
.2326316	221/950	34	95	65	100	.2332331	1551/6650	33	70	47	95
.2326389	67/288	25	80	67	90	.2332527	1640/7031	40	79	41	89
.2326531	57/245	24	60	57	98	.2332609	1073/4600	37	92	58	100
.2326602	265/1139	25	67	53	85	.2332657	115/493	23	58	50	85
.2326700	1403/6030	23	67	61	90	.2332759	1353/5800	33	58	41	100
.2326804	2257/9700	37	97	61	100	.2333014	1219/5225	23	55	53	95
.2327044	37/159	30	53	37	90	.2333071	297/1273	33	67	45	95
.2327117	1410/6059	30	73	47	83	.2333152	430/1843	30	57	43	97
.2327273	64/275	24	55	48	90	.2333333*	7/30	30	45	35	100
.2327448	145/623	25	70	58	89	.2333384	1530/6557	34	79	45	83
.2327481	570/2449	20	62	57	79	.2333545	368/1577	23	57	48	83
.2327586	27/116	30	58	45	100	.2333621	270/1157	30	65	45	89
.2327727	429/1843	33	95	65	97	.2333664	235/1007	25	53	47	95
.2327759	348/1495	24	65	58	92	.2333846	1517/6500	37	65	41	100
.2328034	1435/6164	35	67	41	92	.2333861	295/1264	25	79	59	80
.2328173	376/1615	24	57	47	85	.2333952	629/2695	34	55	37	98
.2328275	2010/8633	30	89	67	97	.2334118	496/2125	24	75	62	85
.2328375	407/1748	33	57	37	92	.2334205	1517/6499	37	67	41	97
.2328538	696/2989	24	61	58	98	.2334337	155/664	25	80	62	83
.2328629	231/992	33	62	35	80	.2334395	1392/5963	24	67	58	89
.2328718	1295/5561	35	67	37	83	.2334509	1125/4819	25	61	45	79
.2328767	17/73	34	70	35	73	.2334582	187/801	34	89	55	90
.2328947	177/760	30	80	59	95	.2334660	1525/6532	25	71	61	92
.2329114	92/395	23	60	48	79	.2334832	675/2891	30	59	45	98

（续）

比值	分数	*A*	*B*	*C*	*D*
0.2330					
.2334924	1517/6497	37	73	41	89
0.2335					
.2335063	315/1349	35	71	45	95
.2335249	1219/5220	23	58	53	90
.2335418	1419/6076	33	62	43	98
.2335526	71/304	25	80	71	95
.2335628	1357/5810	23	70	59	83
.2335843	1551/6640	33	80	47	83
.2335950	744/3185	24	65	62	98
.2336000	146/625	24	75	73	100
.2336103	253/1083	23	57	55	95
.2336371	282/1207	30	71	47	85
.2336714	576/2465	24	58	48	85
.2336842	111/475	30	50	37	95
.2336934	1125/4814	25	58	45	83
.2336957	43/184	25	50	43	92
.2337079	104/445	24	75	65	89
.2337174	1927/8245	41	85	47	97
.2337315	1311/5609	23	71	57	79
.2337500	187/800	34	80	55	100
.2337567	957/4094	33	89	58	92
.2337749	1394/5963	34	67	41	89
.2337804	645/2759	30	62	43	89
.2338066	527/2254	34	92	62	98
.2338235	159/680	30	80	53	85
.2338308	47/201	25	67	47	75
.2338435	275/1176	25	60	55	98
.2338462	76/325	20	65	57	75
.2338710	29/124	23	62	58	92
.2338807	1353/5785	33	65	41	89
.2338918	363/1552	33	80	55	97
.2338983	69/295	23	59	48	80
.2339080	407/1740	33	58	37	90
.2339181*	40/171	25	90	80	95
.2339413	295/1261	25	65	59	97
.2339496	696/2975	24	70	58	85
.2339593	299/1278	23	71	65	90
.2339706	1591/6800	37	80	43	85
.2339886	369/1577	41	83	45	95
0.2340					
.2340021	1353/5782	33	59	41	98
.2340136	172/735	40	75	43	98
.2340153	183/782	30	85	61	92
.2340351	667/2850	23	60	58	95
.2340471	1104/4717	23	53	48	89
.2340580	323/1380	34	90	57	92
0.2340					
.2340735	1128/4819	24	61	47	79
.2340824	125/534	25	60	50	89
.2340905	1350/5767	30	73	45	79
.2341017	2021/8633	43	89	47	97
.2341071	1311/5600	23	70	57	80
.2341198	129/551	30	58	43	95
.2341270	59/252	25	70	59	90
.2341365	583/2490	33	83	53	90
.2341674	1357/5795	23	61	59	95
.2341772	37/158	35	70	37	79
.2341971	1419/6059	33	73	43	83
.2342143	1480/6319	37	71	40	89
.2342196	1295/5529	35	57	37	97
.2342315	765/3266	34	71	45	92
.2342411	1230/5251	30	59	41	89
.2342466	171/730	24	73	57	80
.2342579	625/2668	25	58	50	92
.2342717	1240/5293	20	67	62	79
.2342799	231/986	33	58	35	85
.2342857	41/175	30	70	41	75
.2343018	250/1067	25	55	50	97
.2343166	564/2407	24	58	47	83
.2343333	703/3000	37	90	57	100
.2343405	318/1357	24	59	53	92
.2343643	341/1455	33	90	62	97
.2343750*	15/64	25	80	75	100
.2343750*	15/64	25	80	75	100
.2343891	259/1105	35	65	37	85
.2344023	402/1715	24	70	67	98
.2344231	1219/5200	23	65	53	80
.2344355	1815/7742	33	79	55	98
.2344529	705/3007	30	62	47	97
.2344828	34/145	34	58	40	100
.2344895	480/2047	24	89	80	92
0.2345					
.2345070	333/1420	37	71	45	100
.2345293	1425/6076	25	62	57	98
.2345416	110/469	20	67	55	70
.2345455	129/550	30	55	43	100
.2345722	1357/5785	23	65	59	89
.2345752	1190/5073	34	57	35	89
.2345865	156/665	24	70	65	95
.2346014	259/1104	35	60	37	92
.2346107	1353/5767	33	73	41	79
.2346250	660/2813	24	58	55	97
.2346313	1416/6035	24	71	59	85

（续）

比值	分数	*A*	*B*	*C*	*D*	比值	分数	*A*	*B*	*C*	*D*
0.2345						0.2350					
.2346515	1525/6499	25	67	61	97	.2352127	680/2891	34	59	40	98
.2346709	731/3115	34	70	43	89	.2352201	187/795	33	53	34	90
.2346750	1650/7031	30	79	55	89	.2352309	219/931	30	95	73	98
.2346851	272/1159	34	61	40	95	.2352369	725/3082	25	67	58	92
.2347015	629/2680	34	67	37	80	.2352461	1152/4897	24	59	48	83
.2347059	399/1700	35	85	57	100	.2352568	371/1577	35	83	53	95
.2347237	1525/6497	25	73	61	89	.2352743	1394/5925	34	75	41	79
.2347343	296/1261	37	65	40	97	.2352843	1403/5963	23	67	61	89
.2347418	50/213	25	71	50	75	.2352941 *	4/17	30	60	40	85
.2347654	1776/7565	37	85	48	89	.2353043	1357/5767	23	73	59	79
.2347897	575/2449	23	62	50	79	.2353086	957/4067	33	83	58	98
.2347988	1896/8075	24	85	79	95	.2353234	473/2010	33	67	43	90
.2348077	1221/5200	33	65	37	80	.2353280	1632/6935	34	73	48	95
.2348178	58/247	25	65	58	95	.2353422	1152/4895	24	55	48	89
.2348259	236/1005	20	67	59	75	.2353461	799/3395	34	70	47	97
.2348377	1150/4897	23	59	50	83	.2353846	153/650	34	65	45	100
.2348454	1139/4850	34	97	67	100	.2354049	125/531	25	59	50	90
.2348592	667/2840	23	71	58	80	.2354067	246/1045	30	55	41	95
.2348782	299/1273	23	67	65	95	.2354208	1530/6499	34	67	45	97
.2349030	424/1805	24	57	53	95	.2354430	93/395	24	79	62	80
.2349101	1763/7505	41	79	43	95	.2354545	259/1100	35	55	37	100
.2349206	74/315	37	70	40	90	.2354561	684/2905	24	70	57	83
.2349336	230/979	23	55	50	89	.2354722	1633/6935	23	73	71	95
.2349367	464/1975	24	75	58	79	.2354803	1488/6319	24	71	62	89
.2349462	437/1860	23	62	57	90	.2354870	1221/5185	33	61	37	85
.2349727	43/183	30	61	43	90	0.2355					
.2349920	732/3115	24	70	61	89	.2355040	264/1121	24	59	55	95
0.2350						.2355137	1325/5626	25	58	53	97
.2350000	47/200	25	50	47	100	.2355243	301/1278	35	71	43	90
.2350055	1485/6319	33	71	45	89	.2355274	297/1261	33	65	45	97
.2350160	1541/6557	23	79	67	83	.2355489	1740/7387	30	83	58	89
.2350272	259/1102	35	58	37	95	.2355556	53/225	24	60	53	90
.2350427 *	55/234	25	65	55	90	.2355805	629/2670	34	60	37	89
.2350515	114/485	24	60	57	97	.2355924	1394/5917	34	61	41	97
.2350746	63/268	35	67	45	100	.2356002	1992/8455	24	89	83	95
.2350789	1221/5194	33	53	37	98	.2356164	86/365	30	73	43	75
.2350908	272/1157	34	65	40	89	.2356322	41/174	30	58	41	90
.2351013	1219/5185	23	61	53	85	.2356491	1679/7125	23	75	73	95
.2351250	1881/8000	33	80	57	100	.2356557	115/488	23	61	50	80
.2351257	1150/4891	23	67	50	73	.2356999	820/3479	40	71	41	98
.2351363	1665/7081	37	73	45	97	.2357143 *	33/140	30	70	55	100
.2351474	1037/4410	34	90	61	98	.2357234	2035/8633	37	89	55	97
.2351559	1802/7663	34	79	53	97	.2357302	318/1349	30	71	53	95
.2351779	119/506	34	55	35	92	.2357490	1311/5561	23	67	57	83
.2351920	1219/5183	23	71	53	73	.2357571	629/2668	34	58	37	92
.2351980	576/2449	24	62	48	79	.2357739	1272/5395	24	65	53	83

（续）

比值	分数	A	B	C	D
0.2355					
.2357860	141/598	30	65	47	92
.2358013	1258/5335	34	55	37	97
.2358065	731/3100	34	62	43	100
.2358245	1360/5767	34	73	40	79
.2358428	354/1501	30	79	59	95
.2358491	25/106	25	53	45	90
.2358621	171/725	24	58	57	100
.2358696	217/920	35	92	62	100
.2358834	259/1098	35	61	37	90
.2358903	1350/5723	30	59	45	97
.2358974	46/195	23	65	50	75
.2359155	67/284	23	71	67	92
.2359322	348/1475	24	59	58	100
.2359438	235/996	25	60	47	83
.2359495	1419/6014	33	62	43	97
.2359551	21/89	33	55	35	89
.2359694	185/784	37	80	50	98
.2359926	636/2695	24	55	53	98
0.2360					
.2360000	59/250	24	60	59	100
.2360075	253/1072	23	67	55	80
.2360462	960/4067	24	83	80	98
.2360646	775/3283	25	67	62	98
.2360656	72/305	24	61	48	80
.2360784	301/1275	35	75	43	85
.2361012	1325/5612	25	61	53	92
.2361111	17/72	23	90	85	92
.2361226	285/1207	25	71	57	85
.2361290	183/775	24	62	61	100
.2361431	1947/8245	33	85	59	97
.2361497	1104/4675	23	55	48	85
.2361610	1250/5293	25	67	50	79
.2361751	205/868	35	62	41	98
.2361905	124/525	20	70	62	75
.2361957	2173/9200	41	92	53	100
.2362105	561/2375	33	50	34	95
.2362169	1551/6566	33	67	47	98
.2362275	1325/5609	25	71	53	79
.2362441	1258/5325	34	71	37	75
.2362543	275/1164	25	60	55	97
.2362592	288/1219	24	53	48	92
.2362712	697/2950	34	59	41	100
.2362772	1739/7360	37	80	47	92
.2362883	1426/6035	23	71	62	85
.2363014	69/292	23	73	60	80
.2363050	220/931	24	57	55	98

比值	分数	A	B	C	D
0.2360					
.2363184	95/402	25	67	57	90
.2363328	696/2945	24	62	58	95
.2363456	238/1007	34	53	35	95
.2363730	915/3871	30	79	61	98
.2363886	1550/6557	25	79	62	83
.2363961	265/1121	25	59	53	95
.2364145	1353/5723	33	59	41	97
.2364179	396/1675	33	67	48	100
.2364261	344/1455	40	75	43	97
.2364493	301/1273	35	67	43	95
.2364582	1410/5963	30	67	47	89
.2364736	1368/5785	24	65	57	89
.2364780	188/795	24	53	47	90
.2364948	1147/4850	37	97	62	100
0.2365					
.2365000	473/2000	33	60	43	100
.2365090	355/1501	25	79	71	95
.2365217	136/575	34	75	48	92
.2365297	259/1095	35	73	37	75
.2365362	1221/5162	33	58	37	89
.2365518	1394/5893	34	71	41	83
.2365591	22/93	20	62	55	75
.2365729	185/782	37	85	50	92
.2365881	1495/6319	23	71	65	89
.2365963	684/2891	24	59	57	98
.2366071	53/224	25	70	53	80
.2366197	84/355	24	71	70	100
.2366422	1776/7505	37	79	48	95
.2366538	430/1817	40	79	43	92
.2366609	275/1162	25	70	55	83
.2366723	697/2945	34	62	41	95
.2366760	675/2852	30	62	45	92
.2366878	969/4094	34	89	57	92
.2367041	316/1335	24	89	79	90
.2367089	187/790	34	79	55	100
.2367347	58/245	24	60	58	98
.2367407	799/3375	34	75	47	90
.2367481	795/3358	30	73	53	92
.2367611	1462/6175	34	65	43	95
.2367673	1749/7387	33	83	53	89
.2367833	318/1343	30	79	53	85
.2367893	354/1495	24	65	59	92
.2368012	305/1288	25	70	61	92
.2368117	615/2597	30	53	41	98
.2368159	238/1005	34	67	35	75
.2368421*	9/38	25	50	45	95

（续）

比值	分数	A	B	C	D
0.2365					
.2368524	1815/7663	33	79	55	97
.2368745	1155/4876	33	53	35	92
.2368830	1219/5146	23	62	53	83
.2368914	253/1068	23	60	55	89
.2368952	235/992	25	62	47	80
.2369115	629/2655	34	59	37	90
.2369162	1598/6745	34	71	47	95
.2369322	1591/6715	37	79	43	85
.2369471	1425/6014	25	62	57	97
.2369748	141/595	30	70	47	85
.2369980	360/1519	24	62	60	98
0.2370					
.2370279	1914/8075	33	85	58	95
.2370500	270/1139	30	67	45	85
.2370690	55/232	23	58	55	92
.2370850	1464/6175	24	65	61	95
.2371053	901/3800	34	80	53	95
.2371371	825/3479	30	71	55	98
.2371592	374/1577	34	83	55	95
.2371703	1160/4891	20	67	58	73
.2371836	731/3082	34	67	43	92
.2371917	125/527	25	62	50	85
.2372001	1325/5586	25	57	53	98
.2372117	1368/5767	24	73	57	79
.2372228	246/1037	30	61	41	85
.2372449	93/392	30	80	62	98
.2372546	1680/7081	24	73	70	97
.2372561	2006/8455	34	89	59	95
.2372735	275/1159	25	61	55	95
.2372826	2183/9200	37	92	59	100
.2372881	14/59	34	59	35	85
.2373016	299/1260	23	70	65	90
.2373134	159/670	24	67	53	80
.2373238	1128/4753	47	97	48	98
.2373418	75/316	23	79	75	92
.2373585	629/2650	34	53	37	100
.2373737	47/198	25	55	47	90
.2373792	221/931	34	95	65	98
.2373905	1219/5135	23	65	53	79
.2374022	1517/6390	37	71	41	90
.2374142	415/1748	25	92	83	95
.2374245	118/497	20	70	59	71
.2374269	203/855	35	90	58	95
.2374429	52/219	20	73	65	75
.2374464	1551/6532	33	71	47	92
.2374552	265/1116	25	62	53	90
0.2370					
.2374737	564/2375	47	95	48	100
.2374866	2211/9310	33	95	67	98
0.2375					
.2375024	1221/5141	33	53	37	97
.2375088	675/2842	30	58	45	98
.2375215	138/581	23	70	60	83
.2375602	148/623	37	70	40	89
.2375716	1037/4365	34	90	61	97
.2375768	1353/5695	33	67	41	85
.2375861	1311/5518	23	62	57	89
.2376128	1290/5429	30	61	43	89
.2376218	1219/5130	23	57	53	90
.2376376	1360/5723	34	59	40	97
.2376566	645/2714	30	59	43	92
.2376724	1258/5293	34	67	37	79
.2376837	275/1157	25	65	55	89
.2376899	1815/7636	33	83	55	92
.2377049	29/122	23	61	58	92
.2377115	295/1241	25	73	59	85
.2377344	1914/8051	33	83	58	97
.2377510	296/1245	37	75	40	83
.2377577	369/1552	41	80	45	97
.2377709	384/1615	24	57	48	85
.2377799	1221/5135	33	65	37	79
.2377933	375/1577	25	57	45	83
.2378070	1375/5782	25	59	55	98
.2378321	1334/5609	23	71	58	79
.2378411	1961/8245	37	85	53	97
.2378517	93/391	30	85	62	92
.2378571	333/1400	37	70	45	100
.2378903	1935/8134	43	83	45	98
.2379032	59/248	23	62	59	92
.2379137	1560/6557	24	79	65	83
.2379236	330/1387	30	73	55	95
.2379392	799/3358	34	73	47	92
.2379487	232/975	20	65	58	75
.2379608	1517/6375	37	75	41	85
.2379747	94/395	24	60	47	79
.2379768	287/1206	35	67	41	90
.2379872	1679/7055	23	83	73	85
0.2380					
.2380000	119/500	34	50	35	100
.2380117	407/1710	33	57	37	90
.2380213	1073/4508	37	92	58	98
.2380366	1353/5684	33	58	41	98
.2380499	1250/5251	25	59	50	89

（续）

比值	分数	*A*	*B*	*C*	*D*
0.2380					
.2380791	1403/5893	23	71	61	83
.2380952 *	5/21	25	70	60	90
.2381298	1640/6887	40	71	41	97
.2381443	231/970	33	50	35	97
.2381476	1517/6370	37	65	41	98
.2381574	1825/7663	25	79	73	97
.2381706	1505/6319	35	71	43	89
.2381884	852/3577	24	73	71	98
.2382022	106/445	24	60	53	89
.2382143	667/2800	23	70	58	80
.2382192	1739/7300	37	73	47	100
.2382271	86/361	30	57	43	95
.2382592	969/4067	34	83	57	98
.2382665	1325/5561	25	67	53	83
.2382797	615/2581	30	58	41	89
.2382906	697/2925	34	65	41	90
.2382964	1410/5917	30	61	47	97
.2383105	1845/7742	41	79	45	98
.2383346	1517/6365	37	67	41	95
.2383367	235/986	25	58	47	85
.2383532	220/923	20	65	55	71
.2383628	297/1246	33	70	45	89
.2383677	625/2622	25	57	50	92
.2383808	159/667	24	58	53	92
.2383901 *	77/323	35	85	55	95
.2383988	1608/6745	24	71	67	95
.2384058	329/1380	35	75	47	92
.2384255	1272/5335	24	55	53	97
.2384444	1073/4500	37	90	58	100
.2384615	31/130	23	65	62	92
.2384694	2337/9800	41	98	57	100
.2384797	1920/8051	24	83	80	97
.2384874	1419/5950	33	70	43	85
.2384990	1125/4717	25	53	45	89
0.2385					
.2385075	799/3350	34	67	47	100
.2385173	296/1241	37	73	40	85
.2385338	1295/5429	35	61	37	89
.2385480	276/1157	23	65	60	89
.2385621	73/306	25	85	73	90
.2385716	1550/6497	25	73	62	89
.2385777	1295/5428	35	59	37	92
.2385965	68/285	34	57	40	100
.2386099	1435/6014	35	62	41	97
.2386154	1551/6500	33	65	47	100
.2386387	1150/4819	23	61	50	79
.2386521	1551/6499	33	67	47	97
.2386625	1763/7387	41	83	43	89
.2386822	1065/4462	30	92	71	97
.2386901	1968/8245	41	85	48	97
.2386994	301/1261	35	65	43	97
.2387097	37/155	34	62	37	85
.2387256	1551/6497	33	73	47	89
.2387412	440/1843	24	57	55	97
.2387476	122/511	20	70	61	73
.2387640	85/356	23	89	85	92
.2387978	437/1830	23	61	57	90
.2388060	16/67	20	67	60	75
.2388242	390/1633	24	71	65	92
.2388443	744/3115	24	70	62	89
.2388558	1645/6887	35	71	47	97
.2388664	59/247	25	65	59	95
.2388866	575/2407	23	58	50	83
.2389140	264/1105	24	65	55	85
.2389432	1221/5110	33	70	37	73
.2389513	319/1335	33	89	58	90
.2389558	119/498	34	60	35	83
.2389706 *	65/272	25	80	65	85
.2389831	141/590	24	59	47	80
.2389949	1265/5293	23	67	55	79
.2389995	1825/7636	25	83	73	92
0.2390					
.2390196	1219/5100	23	60	53	85
.2390271	855/3577	30	73	57	98
.2390355	1368/5723	24	59	57	97
.2390537	1152/4819	24	61	48	79
.2390681	667/2790	23	62	58	90
.2390826	2064/8633	43	89	48	97
.2390977	159/665	30	70	53	95
.2391103	258/1079	30	65	43	83
.2391156	703/2940	37	90	57	98
.2391304	11/46	24	60	55	92
.2391350	1128/4717	24	53	47	89
.2391505	259/1083	35	57	37	95
.2391579	568/2375	24	75	71	95
.2391667	287/1200	35	60	41	100
.2391753	116/485	24	60	58	97
.2391984	2065/8633	35	89	59	97
.2392171	660/2759	24	62	55	89
.2392344 *	50/209	25	55	50	95
.2392437	1240/5183	20	71	62	73
.2392531	1230/5141	30	53	41	97

（续）

比值	分数	A	B	C	D
0.2390					
.2392681	340/1421	34	58	40	98
.2392927	1475/6164	25	67	59	92
.2393020	576/2407	24	58	48	83
.2393105	1416/5917	24	61	59	97
.2393162*	28/117	35	65	40	90
.2393321	129/539	30	55	43	98
.2393491	1927/8051	41	83	47	97
.2393656	1947/8134	33	83	59	98
.2393888	141/589	30	62	47	95
.2394035	305/1274	25	65	61	98
.2394118	407/1700	33	60	37	85
.2394282	402/1679	24	73	67	92
.2394413	720/3007	24	62	60	97
.2394521	437/1825	23	73	57	75
.2394636	125/522	25	58	50	90
.2394737*	91/380	35	95	65	100
.2394937	473/1975	33	75	43	79
.2394958	57/238	25	70	57	85
0.2395					
.2395189	697/2910	34	60	41	97
.2395326	246/1027	30	65	41	79
.2395380	1763/7360	41	80	43	92
.2395480	212/885	24	59	53	90
.2395644	132/551	24	58	55	95
.2395734	1258/5251	34	59	37	89
.2395833	23/96	23	60	50	80
.2395915	305/1273	25	67	61	95
.2396022	265/1106	25	70	53	79
.2396084	1591/6640	37	80	43	83
.2396190	629/2625	34	70	37	75
.2396285	387/1615	43	85	45	95
.2396381	1139/4753	34	97	67	98
.2396455	1325/5529	25	57	53	97
.2396639	713/2975	23	70	62	85
.2396721	731/3050	34	61	43	100
.2396761	296/1235	37	65	40	95
.2396907	93/388	30	80	62	97
.2397004	64/267	24	89	80	90
.2397260	35/146	35	73	45	90
.2397433	2279/9506	43	97	53	98
.2397617	322/1343	23	79	70	85
.2397661	41/171	30	57	41	90
.2397895	1139/4750	34	95	67	100
.2397959	47/196	25	50	47	98
.2398148	259/1080	35	60	37	90
.2398175	1419/5917	33	61	43	97
.2398317	171/713	24	62	57	92
.2398639	1763/7350	41	75	43	98
.2398721	225/938	35	67	45	98
.2398849	1334/5561	23	67	58	83
.2398932	629/2622	34	57	37	92
.2399194	119/496	34	62	35	80
.2399312	697/2905	34	70	41	83
.2399428	1175/4897	25	59	47	83
.2399573	675/2813	30	58	45	97
.2399666	287/1196	35	65	41	92
0.2400					
.2400000*	6/25	30	50	40	100
.2400316	1517/6320	37	79	41	80
.2400409	235/979	25	55	47	89
.2400468	205/854	35	61	41	98
.2400696	1517/6319	37	71	41	89
.2400865	333/1387	37	73	45	95
.2401038	370/1541	37	67	40	92
.2401108	1560/6497	24	73	65	89
.2401232	1325/5518	25	62	53	89
.2401316	73/304	25	80	73	95
.2401471	1633/6800	23	80	71	85
.2401606	299/1245	23	75	65	83
.2401685	171/712	30	80	57	89
.2401884	153/637	34	65	45	98
.2402013	1575/6557	35	79	45	83
.2402071	1392/5795	24	61	58	95
.2402174	221/920	34	92	65	100
.2402372	1175/4891	25	67	47	73
.2402529	228/949	20	65	57	73
.2402597	37/154	35	55	37	98
.2402651	290/1207	25	71	58	85
.2402917	1219/5073	23	57	53	89
.2403008	799/3325	34	70	47	95
.2403174	1272/5293	24	67	53	79
.2403261	2211/9200	33	92	67	100
.2403448	697/2900	34	58	41	100
.2403535	816/3395	34	70	48	97
.2403614	399/1660	35	83	57	100
.2403846*	25/104	25	65	50	80
.2404040	119/495	34	55	35	90
.2404075	708/2945	24	62	59	95
.2404249	860/3577	40	73	43	98
.2404372	44/183	20	61	55	75
.2404643	145/603	25	67	58	90
.2404719	265/1102	25	58	53	95

（续）

比值	分数	*A*	*B*	*C*	*D*
0.2400					
.2404751	1073/4462	37	92	58	97
.2404906	1353/5626	33	58	41	97
0.2405					
.2405085	1419/5900	33	59	43	100
.2405248	165/686	30	70	55	98
.2405371	1881/7820	33	85	57	92
.2405522	1394/5795	34	61	41	95
.2405560	675/2806	30	61	45	92
.2405743	1927/8010	41	89	47	90
.2405797	83/345	24	90	83	92
.2406027	1517/6305	37	65	41	97
.2406250*	77/320	35	80	55	100
.2406250*	77/320	35	80	55	100
.2406417*	45/187	25	55	45	85
.2406507	1435/5963	35	67	41	89
.2406623	625/2597	25	53	50	98
.2406716	129/536	30	67	43	80
.2406756	342/1421	24	58	57	98
.2406860	407/1691	33	57	37	89
.2407045	123/511	30	70	41	73
.2407059	1023/4250	33	85	62	100
.2407154	1938/8051	34	83	57	97
.2407301	1675/6958	25	71	67	98
.2407407*	13/54	25	75	65	90
.2407471	696/2891	24	59	58	98
.2407656	1258/5225	34	55	37	95
.2407787	235/976	25	61	47	80
.2407937	1517/6300	37	70	41	90
.2408027	72/299	24	65	60	92
.2408163	59/245	24	60	59	98
.2408315	1425/5917	25	61	57	97
.2408385	1551/6440	33	70	47	92
.2408451	171/710	24	71	57	80
.2408564	270/1121	30	59	45	95
.2408750	1927/8000	41	80	47	100
.2408832	720/2989	24	61	60	98
.2408989	536/2225	24	75	67	89
.2409091	53/220	23	55	53	92
.2409168	1419/5890	33	62	43	95
.2409347	299/1241	23	73	65	85
.2409420	133/552	35	90	57	92
.2409480	366/1519	24	62	61	98
.2409680	1394/5785	34	65	41	89
.2409762	1175/4876	25	53	47	92
.2409962	629/2610	34	58	37	90

比值	分数	*A*	*B*	*C*	*D*
0.2410					
.2410112	429/1780	33	89	65	100
.2410160	2173/9016	41	92	53	98
.2410256	47/195	25	65	47	75
.2410589	1375/5704	25	62	55	92
.2410714*	27/112	30	70	45	80
.2410800	250/1037	25	61	50	85
.2410901	115/477	23	53	50	90
.2411041	725/3007	25	62	58	97
.2411146	1947/8075	33	85	59	95
.2411206	1575/6532	35	71	45	92
.2411614	1221/5063	33	61	37	83
.2411731	1250/5183	25	71	50	73
.2411765	41/170	30	60	41	85
.2411899	527/2185	34	92	62	95
.2411985	322/1335	23	75	70	89
.2412066	1975/8188	25	89	79	92
.2412195	1353/5609	33	71	41	79
.2412281*	55/228	25	60	55	95
.2412428	792/3283	33	67	48	98
.2412595	1180/4891	20	67	59	73
.2412834	1128/4675	24	55	47	85
.2412939	1462/6059	34	73	43	83
.2413043	111/460	33	55	37	92
.2413213	1147/4753	37	97	62	98
.2413265	473/1960	33	60	43	98
.2413357	1525/6319	25	71	61	89
.2413479	265/1098	25	61	53	90
.2413662	636/2635	24	62	53	85
.2413793	7/29	34	58	35	85
.2413916	1353/5605	33	59	41	95
.2414017	372/1541	24	67	62	92
.2414198	1850/7663	37	79	50	97
.2414399	275/1139	25	67	55	85
.2414480	1334/5525	23	65	58	85
.2414662	1054/4365	34	90	62	97
.2414809	1311/5429	23	61	57	89
.2414861*	78/323	30	85	65	95
.2414966	71/294	25	75	71	98
0.2415					
.2415094	64/265	24	53	48	90
.2415205	413/1710	35	90	59	95
.2415254	57/236	23	59	57	92
.2415397	935/3871	34	79	55	98
.2415464	2343/9700	33	97	71	100
.2415730	43/178	30	60	43	89
.2415808	703/2910	37	90	57	97

（续）

比值	分数	A	B	C	D
0.2415					
.2416045	259/1072	35	67	37	80
.2416071	1353/5600	33	70	41	80
.2416240	1464/6059	24	73	61	83
.2416327	296/1225	37	75	48	98
.2416567	2013/8330	33	85	61	98
.2416667	29/120	23	60	58	92
.2416756	225/931	30	57	45	98
.2416867	1003/4150	34	83	59	100
.2417201	1394/5767	34	73	41	79
.2417348	680/2813	34	58	40	97
.2417541	645/2668	30	58	43	92
.2417582*	22/91	20	65	55	70
.2417671	301/1245	35	75	43	83
.2417778	272/1125	34	75	48	90
.2417994	258/1067	30	55	43	97
.2418123	1425/5893	25	71	57	83
.2418173	495/2047	33	89	60	92
.2418333	1947/8051	33	83	59	97
.2418388	363/1501	33	79	55	95
.2418715	305/1261	25	65	61	97
.2418750	387/1600	43	80	45	100
.2419035	366/1513	30	85	61	89
.2419071	1375/5684	25	58	55	98
.2419231	629/2600	34	65	37	80
.2419326	1357/5609	23	71	59	79
.2419355	15/62	30	62	45	90
.2419474	984/4067	41	83	48	98
.2419570	1632/6745	34	71	48	95
.2419820	1426/5893	23	71	62	83
.2419870	2046/8455	33	89	62	95
0.2420					
.2420000	121/500	33	75	55	100
.2420091	53/219	25	73	53	75
.2420168	144/595	24	70	60	85
.2420513	236/975	20	65	59	75
.2420635	61/252	25	70	61	90
.2420723	1855/7663	35	79	53	97
.2420775	275/1136	25	71	55	80
.2420886	153/632	34	79	45	80
.2421269	1530/6319	34	71	45	89
.2421384	77/318	33	53	35	90
.2421542	625/2581	25	58	50	89
.2421566	795/3283	30	67	53	98
.2421694	1152/4757	24	67	48	71
.2421941	287/1185	35	75	41	79
.2422025	629/2597	34	53	37	98

比值	分数	A	B	C	D
0.2420					
.2422127	451/1862	33	57	41	98
.2422396	1272/5251	24	59	53	89
.2422535	86/355	30	71	43	75
.2422680	47/194	25	50	47	97
.2422785	957/3950	33	79	58	100
.2422857	212/875	24	70	53	75
.2423077*	63/260	35	65	45	100
.2423178	276/1139	23	67	60	85
.2423372	253/1044	23	58	55	90
.2423469	95/392	25	60	57	98
.2423604	230/949	23	65	50	73
.2423813	342/1411	30	83	57	85
.2423969	1881/7760	33	80	57	97
.2424242*	8/33	30	55	40	90
.2424275	2257/9310	37	95	61	98
.2424391	986/4067	34	83	58	98
.2424544	731/3015	34	67	43	90
.2424601	410/1691	30	57	41	89
.2424731	451/1860	33	62	41	90
.2424837	371/1530	35	85	53	90
.2424889	1590/6557	30	79	53	83
0.2425					
.2425025	1221/5035	33	53	37	95
.2425094	259/1068	35	60	37	89
.2425181	235/969	25	57	47	85
.2425301	2013/8300	33	83	61	100
.2425373	65/268	23	67	65	92
.2425463	301/1241	35	73	43	85
.2425629	106/437	24	57	53	92
.2425665	155/639	25	71	62	90
.2425849	1464/6035	24	71	61	85
.2425871	1219/5025	23	67	53	75
.2426160	115/474	23	60	50	79
.2426405	272/1121	34	59	40	95
.2426471*	33/136	30	80	55	85
.2426646	306/1261	34	65	45	97
.2426912	1295/5336	35	58	37	92
.2427114	333/1372	37	70	45	98
.2427166	1258/5183	34	71	37	73
.2427366	259/1067	35	55	37	97
.2427536	67/276	25	75	67	92
.2427584	1475/6076	25	62	59	98
.2427778	437/1800	23	60	57	90
.2427861	244/1005	20	67	61	75
.2428080	1975/8134	25	83	79	98
.2428235	516/2125	43	85	48	100

（续）

比值	分数	A	B	C	D
0.2425					
.2428313	940/3871	40	79	47	98
.2428408	212/873	40	90	53	97
.2428483	1961/8075	37	85	53	95
.2428571	17/70	34	50	35	98
.2429035	1720/7081	40	73	43	97
.2429150*	60/247	25	65	60	95
.2429167	583/2400	33	80	53	90
.2429282	1855/7636	35	83	53	92
.2429379	43/177	30	59	43	90
.2429563	595/2449	34	62	35	79
.2429719	121/498	33	83	55	90
.2429795	1419/5840	33	73	43	80
.2429872	667/2745	23	61	58	90
0.2430					
.2430028	1311/5395	23	65	57	83
.2430059	1190/4897	34	59	35	83
.2430380	96/395	24	60	48	79
.2430556*	35/144	25	80	70	90
.2430708	1219/5015	23	59	53	85
.2430830	123/506	30	55	41	92
.2431034	141/580	30	58	47	100
.2431052	238/979	34	55	35	89
.2431159	671/2760	33	90	61	92
.2431434	1250/5141	25	53	50	97
.2431507	71/292	23	73	71	92
.2431579	231/950	33	50	35	95
.2431662	1450/5963	25	67	58	89
.2431835	330/1357	24	59	55	92
.2431900	1357/5580	23	62	59	90
.2431973	143/588	33	90	65	98
.2432118	1675/6887	25	71	67	97
.2432203	287/1180	35	59	41	100
.2432291	1392/5723	24	59	58	97
.2432396	1817/7470	23	83	79	90
.2432692	253/1040	23	65	55	80
.2432807	1403/5767	23	73	61	79
.2432877	444/1825	37	73	48	100
.2432990	118/485	24	60	59	97
.2433132	282/1159	30	61	47	95
.2433281	155/637	25	65	62	98
.2433666	1440/5917	24	61	60	97
.2433962	129/530	30	53	43	100
.2434170	795/3266	30	71	53	92
.2434320	732/3007	24	62	61	97
.2434450	1272/5225	24	55	53	95
.2434457	65/267	25	75	65	89
0.2430					
.2434658	680/2793	34	57	40	98
.2434783	28/115	24	75	70	92
.2434851	1551/6370	33	65	47	98
0.2435					
.2435003	384/1577	24	57	48	83
.2435092	1435/5893	35	71	41	83
.2435192	310/1273	25	67	62	95
.2435333	885/3634	30	79	59	92
.2435701	1591/6532	37	71	43	92
.2435785	1394/5723	34	59	41	97
.2435897	19/78	25	65	57	90
.2436333	287/1178	35	62	41	95
.2436441	115/472	23	59	50	80
.2436530	1334/5475	23	73	58	75
.2436647	125/513	25	57	50	90
.2436667	731/3000	34	60	43	100
.2436782	106/435	24	58	53	90
.2436923	396/1625	33	65	48	100
.2437040	629/2581	34	58	37	89
.2437090	1598/6557	34	79	47	83
.2437247	301/1235	35	65	43	95
.2437276	68/279	34	62	40	90
.2437500*	39/160	30	80	65	100
.2437634	342/1403	24	61	57	92
.2437673	88/361	24	57	55	95
.2437841	402/1649	30	85	67	97
.2437990	1150/4717	23	53	50	89
.2438144	473/1940	33	60	43	97
.2438202	217/890	35	89	62	100
.2438265	1175/4819	25	61	47	79
.2438374	366/1501	30	79	61	95
.2438525	119/488	34	61	35	80
.2438603	705/2891	30	59	47	98
.2438677	1541/6319	23	71	67	89
.2438795	259/1062	35	59	37	90
.2438937	1368/5609	24	71	57	79
.2439241	1927/7900	41	79	47	100
.2439379	1680/6887	24	71	70	97
.2439730	253/1037	23	61	55	85
.2439863	71/291	25	75	71	97
0.2440					
.2440000	61/250	24	75	61	80
.2440068	285/1168	25	73	57	80
.2440209	1357/5561	23	67	59	83
.2440298	1870/7663	34	79	55	97
.2440393	174/713	24	62	58	92

（续）

比值	分数	A	B	C	D
0.2440					
.2440525	595/2438	34	53	35	92
.2440597	1325/5429	25	61	53	89
.2440678	72/295	24	59	48	80
.2440798	1175/4814	25	58	47	83
.2441046	1325/5428	25	59	53	92
.2441230	135/553	30	70	45	79
.2441315	52/213	20	71	65	75
.2441480	2013/8245	33	85	61	97
.2441596	1505/6164	35	67	43	92
.2441671	450/1843	30	57	45	97
.2441781	713/2920	23	73	62	80
.2441930	410/1679	40	73	41	92
.2442000	1221/5000	33	50	37	100
.2442105	116/475	24	60	58	95
.2442230	1152/4717	24	53	48	89
.2442341	1419/5810	33	70	43	83
.2442416	1739/7120	37	80	47	89
.2442647	1480/6059	37	73	40	83
.2442792	427/1748	35	92	61	95
.2442900	246/1007	30	53	41	95
.2442977	407/1666	37	85	55	98
.2443106	365/1494	25	83	73	90
.2443299	237/970	24	80	79	97
.2443439 *	54/221	30	65	45	85
.2443486	1416/5795	24	61	59	95
.2443609 *	65/266	25	70	65	95
.2443820	87/356	30	80	58	89
.2443899	697/2852	34	62	41	92
.2444010	1375/5626	25	58	55	97
.2444076	295/1207	25	71	59	85
.2444249	1392/5695	24	67	58	85
.2444444 *	11/45	40	90	55	100
.2444617	629/2573	34	62	37	83
.2444679	232/949	20	65	58	73
.2444822	144/589	24	62	60	95
.2444945	1410/5767	30	73	47	79
0.2445					
.2445074	345/1411	23	83	75	85
.2445473	370/1513	37	85	50	89
.2445614	697/2850	34	57	41	100
.2445652	45/184	25	50	45	92
.2445783	203/830	35	83	58	100
.2445896	1311/5360	23	67	57	80
.2446032	1541/6300	23	70	67	90
.2446103	295/1206	25	67	59	90
.2446154	159/650	24	65	53	80

比值	分数	A	B	C	D
0.2445					
.2446256	330/1349	30	71	55	95
.2446418	799/3266	34	71	47	92
.2446539	675/2759	30	62	45	89
.2446552	1419/5800	33	58	43	100
.2446710	264/1079	24	65	55	83
.2446774	1517/6200	37	62	41	100
.2446907	265/1083	25	57	53	95
.2446995	1258/5141	34	53	37	97
.2447097	451/1843	33	57	41	97
.2447283	1590/6497	30	73	53	89
.2447368	93/380	30	80	62	95
.2447489	268/1095	20	73	67	75
.2447570	957/3910	33	85	58	92
.2447710	1416/5785	24	65	59	89
.2447791	1219/4980	23	60	53	83
.2447917	47/192	25	60	47	80
.2448069	1591/6499	37	67	43	97
.2448161	366/1495	24	65	61	92
.2448370	901/3680	34	80	53	92
.2448454	95/388	25	60	57	97
.2448590	1155/4717	33	53	35	89
.2448663	1419/5795	33	61	43	95
.2448823	1591/6497	37	73	43	89
.2448869	1353/5525	33	65	41	85
.2449296	1739/7100	37	71	47	100
.2449375	1645/6716	35	73	47	92
.2449739	329/1343	35	79	47	85
.2449799	61/249	25	75	61	83
.2449854	1258/5135	34	65	37	79
0.2450					
.2450091	135/551	30	58	45	95
.2450533	161/657	23	73	70	90
.2450601	1265/5162	23	58	55	89
.2450704	87/355	24	71	58	80
.2450903	312/1273	24	67	65	95
.2450980 *	25/102	25	60	50	85
.2451087	451/1840	33	60	41	92
.2451250	1961/8000	37	80	53	100
.2451250	1961/8000	37	80	53	100
.2451417	1375/5609	25	71	55	79
.2451546	1189/4850	41	97	58	100
.2451613	38/155	20	62	57	75
.2451701	901/3675	34	75	53	98
.2451807	407/1660	33	60	37	83
.2451975	1353/5518	33	62	41	89
.2452135	333/1358	37	70	45	97

（续）

比值	分数	A	B	C	D	比值	分数	A	B	C	D
0.2450						0.2455					
.2452242	629/2565	34	57	37	90	.2457661	1219/4960	23	62	53	80
.2452341	1608/6557	24	79	67	83	.2457831	102/415	34	75	45	83
.2452361	296/1207	37	71	40	85	.2457865	175/712	25	80	70	89
.2452498	697/2842	34	58	41	98	.2458220	1265/5146	23	62	55	83
.2452642	246/1003	30	59	41	85	.2458256	265/1078	25	55	53	98
.2452716	1219/4970	23	70	53	71	.2458366	310/1261	25	65	62	97
.2452809	2183/8900	37	89	59	100	.2458462	799/3250	34	65	47	100
.2452895	1419/5785	33	65	43	89	.2458691	372/1513	30	85	62	89
.2452991	287/1170	35	65	41	90	.2458840	1598/6499	34	67	47	97
.2453111	1975/8051	25	83	79	97	.2458947	584/2375	24	75	73	95
.2453167	275/1121	25	59	55	95	.2459016	15/61	30	61	45	90
.2453347	1880/7663	40	79	47	97	.2459224	1357/5518	23	62	59	89
.2453421	1725/7031	23	79	75	89	.2459313	136/553	34	70	40	79
.2453486	1200/4891	20	67	60	73	.2459627	198/805	33	70	48	92
.2453608	119/485	34	50	35	97	.2459677	61/248	25	62	61	100
.2453704	53/216	25	60	53	90	.2459758	1360/5529	34	57	40	97
.2453888	1357/5530	23	70	59	79	.2459893	46/187	23	55	50	85
.2454027	387/1577	43	83	45	95	0.2460					
.2454135	816/3325	34	70	48	95	.2460000	123/500	30	50	41	100
.2454168	1419/5782	33	59	43	98	.2460317	31/126	25	70	62	90
.2454395	148/603	37	67	40	90	.2460445	1073/4361	37	89	58	98
.2454545*	27/110	30	55	45	100	.2460504	732/2975	24	70	61	85
.2454728	122/497	20	70	61	71	.2460646	297/1207	33	71	45	85
.2454812	1005/4094	30	89	67	92	.2460674	219/890	24	80	73	89
0.2455						.2460925	740/3007	37	62	40	97
.2455056	437/1780	23	60	57	89	.2460984	205/833	41	85	50	98
.2455224	329/1340	35	67	47	100	.2461064	1517/6164	37	67	41	92
.2455349	1416/5767	24	73	59	79	.2461322	175/711	25	79	70	90
.2455357*	55/224	25	70	55	80	.2461538*	16/65	30	65	40	75
.2455535	1353/5510	33	58	41	95	.2461637	385/1564	35	85	55	92
.2455556	221/900	34	90	65	100	.2461694	1221/4960	33	62	37	80
.2455693	2120/8633	40	89	53	97	.2461800	145/589	25	62	58	95
.2455859	153/623	34	70	45	89	.2461905	517/2100	33	70	47	90
.2455978	265/1079	25	65	53	83	.2461972	437/1775	23	71	57	75
.2456140*	14/57	35	60	40	95	.2462098	406/1649	35	85	58	97
.2456182	1023/4165	33	85	62	98	.2462626	1219/4950	23	55	53	90
.2456461	1749/7120	33	80	53	89	.2462687	33/134	24	67	55	80
.2456675	1290/5251	30	59	43	89	.2462772	215/873	43	90	50	97
.2456820	825/3358	30	73	55	92	.2463235	67/272	25	80	67	85
.2456897	57/232	25	58	57	100	.2463312	235/954	25	53	47	90
.2457019	1815/7387	33	83	55	89	.2463380	1749/7100	33	71	53	100
.2457143	43/175	30	70	43	75	.2463486	253/1027	23	65	55	79
.2457174	1334/5429	23	61	58	89	.2463565	1403/5695	23	67	61	85
.2457306	259/1054	35	62	37	85	.2463743	1410/5723	30	59	47	97
.2457516	188/765	40	85	47	90	.2463768	17/69	34	60	40	92
.2457627	29/118	25	59	58	100	.2464025	1250/5073	25	57	50	89

（续）

比值	分数	A	B	C	D
0.2460					
.2464135	292/1185	24	79	73	90
.2464171	1152/4675	24	55	48	85
.2464286	69/280	23	70	60	80
.2464356	1763/7154	41	73	43	98
.2464545	1425/5782	25	59	57	98
.2464557	1947/7900	33	79	59	100
.2464661	680/2759	34	62	40	89
.2464789	35/142	35	71	45	90
.2464918	1739/7055	37	83	47	85
.2464996	1426/5785	23	65	62	89
0.2465					
.2465060	1023/4150	33	83	62	100
.2465278	71/288	25	80	71	90
.2465497	1054/4275	34	90	62	95
.2465636	287/1164	35	60	41	97
.2465668	395/1602	25	89	79	90
.2465753	18/73	30	73	45	75
.2465887	253/1026	23	57	55	90
.2465986	145/588	25	60	58	98
.2466197	1295/5251	35	59	37	89
.2466336	348/1411	30	83	58	85
.2466495	957/3880	33	80	58	97
.2466555	295/1196	25	65	59	92
.2466667	37/150	33	55	37	90
.2466863	335/1358	25	70	67	97
.2467105 *	75/304	25	80	75	95
.2467213	301/1220	35	61	43	100
.2467282	1150/4661	23	59	50	79
.2467380	1475/5978	25	61	59	98
.2467511	1462/5925	34	75	43	79
.2467742	153/620	34	62	45	100
.2468112	387/1568	43	80	45	98
.2468240	136/551	34	58	40	95
.2468354	39/158	24	79	65	80
.2468495	333/1349	37	71	45	95
.2468745	1560/6319	24	71	65	89
.2468750	79/320	25	80	79	100
.2468900	258/1045	30	55	43	95
.2469118	1679/6800	23	80	73	85
.2469238	1485/6014	33	62	45	97
.2469388	121/490	33	75	55	98
.2469489	1295/5244	35	57	37	92
.2469636	61/247	25	65	61	95
.2469880	41/166	30	60	41	83
0.2470					
.2470044	1175/4757	25	67	47	71

比值	分数	A	B	C	D
0.2470					
.2470070	1403/5680	23	71	61	80
.2470206	228/923	20	65	57	71
.2470356	125/506	25	55	50	92
.2470497	1591/6440	37	70	43	92
.2470588 *	21/85	35	75	45	85
.2470847	1462/5917	34	61	43	97
.2470886	488/1975	24	75	61	79
.2470955	1425/5767	25	73	57	79
.2471109	1005/4067	30	83	67	98
.2471233	451/1825	33	73	41	75
.2471264	43/174	30	58	43	90
.2471402	1750/7081	25	73	70	97
.2471573	1152/4661	24	59	48	79
.2471686	371/1501	35	79	53	95
.2471767	1357/5490	23	61	59	90
.2471910	22/89	24	60	55	89
.2471957	595/2407	34	58	35	83
.2472056	2278/9215	34	95	67	97
.2472229	957/3871	33	79	58	98
.2472527	45/182	35	65	45	98
.2472617	1219/4930	23	58	53	85
.2472727	68/275	34	55	40	100
.2472826	91/368	35	92	65	100
.2473118	23/93	23	62	50	75
.2473348	116/469	20	67	58	70
.2473364	325/1314	25	73	65	90
.2473515	1541/6230	23	70	67	89
.2473587	1475/5963	25	67	59	89
.2473684	47/190	25	50	47	95
.2473763	165/667	24	58	55	92
.2474043	1525/6164	25	67	61	92
.2474138	287/1160	35	58	41	100
.2474386	1763/7125	41	75	43	95
.2474470	315/1273	35	67	45	95
.2474849	123/497	30	70	41	71
.2474916	74/299	37	65	40	92
0.2475					
.2475000	99/400	33	60	45	100
.2475057	2183/8820	37	90	59	98
.2475538	253/1022	23	70	55	73
.2475744	740/2989	37	61	40	98
.2475845	205/828	41	90	50	92
.2475856	282/1139	30	67	47	85
.2476018	1368/5525	24	65	57	85
.2476124	1763/7120	41	80	43	89
.2476190 *	26/105	20	70	65	75

（续）

比值	分数	*A*	*B*	*C*	*D*
0.2475					
.2476273	287/1159	35	61	41	95
.2476468	1105/4462	34	92	65	97
.2476573	185/747	37	83	50	90
.2476673	1221/4930	33	58	37	85
.2476780*	80/323	25	85	80	95
.2476856	1311/5293	23	67	57	79
.2476959	215/868	35	62	43	98
.2477118	1272/5135	24	65	53	79
.2477231	136/549	34	61	40	90
.2477325	1830/7387	30	83	61	89
.2477410	329/1328	35	80	47	83
.2477589	2211/8924	33	92	67	97
.2477733	306/1235	34	65	45	95
.2477782	697/2813	34	58	41	97
.2477966	731/2950	34	59	43	100
.2478067	1610/6497	23	73	70	89
.2478261	57/230	24	60	57	92
.2478448	115/464	23	58	50	80
.2478469	259/1045	35	55	37	95
.2478632	29/117	25	65	58	90
.2478903	235/948	25	60	47	79
.2478992	59/238	25	70	59	85
.2479093	1749/7055	33	83	53	85
.2479159	684/2759	24	62	57	89
.2479270	299/1206	23	67	65	90
.2479362	901/3634	34	79	53	92
.2479532	212/855	24	57	53	90
.2479606	1763/7110	41	79	43	90
.2479795	1258/5073	34	57	37	89
0.2480					
.2480000	31/125	24	75	62	80
.2480173	344/1387	40	73	43	95
.2480392	253/1020	23	60	55	85
.2480510	350/1411	25	83	70	85
.2480647	705/2842	30	58	47	98
.2480670	385/1552	35	80	55	97
.2480843	259/1044	35	58	37	90
.2480910	1462/5893	34	71	43	83
.2481129	1775/7154	25	73	71	98
.2481203*	33/133	30	70	55	95
.2481273	265/1068	25	60	53	89
.2481366	799/3220	34	70	47	92
.2481481	67/270	25	75	67	90
.2481568	1380/5561	23	67	60	83
.2481726	1392/5609	24	71	58	79
.2481840	205/826	35	59	41	98
0.2480					
.2481972	1480/5963	37	67	40	89
.2482173	731/2945	34	62	43	95
.2482278	1961/7900	37	79	53	100
.2482394	141/568	30	71	47	80
.2482468	177/713	24	62	59	92
.2482622	250/1007	25	53	50	95
.2482759	36/145	24	58	48	80
.2482939	1710/6887	30	71	57	97
.2482993	73/294	25	75	73	98
.2483133	1325/5336	25	58	53	92
.2483247	1927/7760	41	80	47	97
.2483278	297/1196	33	65	45	92
.2483418	1947/7840	33	80	59	98
.2483497	1392/5605	24	59	58	95
.2483635	645/2597	30	53	43	98
.2483908	1505/6059	35	73	43	83
.2483963	697/2806	34	61	41	92
.2484108	1485/5978	33	61	45	98
.2484211	118/475	24	60	59	95
.2484286	1739/7000	37	70	47	100
.2484632	2021/8134	43	83	47	98
.2484693	1258/5063	34	61	37	83
.2484848	41/165	30	55	41	90
.2484901	288/1159	24	61	60	95
0.2485					
.2485075	333/1340	37	67	45	100
.2485291	1394/5609	34	71	41	79
.2485380*	85/342	25	90	85	95
.2485532	816/3283	34	67	48	98
.2485569	732/2945	24	62	61	95
.2485714	87/350	24	70	58	80
.2485810	2146/8633	37	89	58	97
.2485876	44/177	24	59	55	90
.2485955	177/712	30	80	59	89
.2486166	629/2530	34	55	37	92
.2486301	363/1460	33	73	55	100
.2486395	731/2940	34	60	43	98
.2486451	1881/7565	33	85	57	89
.2486646	1350/5429	30	61	45	89
.2486656	792/3185	33	65	48	98
.2486828	236/949	20	65	59	73
.2486887	1375/5529	25	57	55	97
.2487001	1961/7885	37	83	53	95
.2487104	675/2714	30	59	45	92
.2487245	195/784	30	80	65	98
.2487395	148/595	37	70	40	85

（续）

比值	分数	A	B	C	D
0.2485					
.2487562	50/201	25	67	50	75
.2487666	1311/5270	23	62	57	85
.2487753	1625/6532	25	71	65	92
.2487946	258/1037	30	61	43	85
.2487961	155/623	25	70	62	89
.2488235	423/1700	45	85	47	100
.2488294	372/1495	24	65	62	92
.2488610	1584/6365	33	67	48	95
.2488688*	55/221	25	65	55	85
.2488771	1219/4898	23	62	53	79
.2488906	1290/5183	30	71	43	73
.2488977	1750/7031	25	79	70	89
.2489118	2173/8730	41	90	53	97
.2489196	288/1157	24	65	60	89
.2489279	1219/4897	23	59	53	83
.2489407	235/944	25	59	47	80
.2489474	473/1900	33	57	43	100
.2489567	1551/6230	33	70	47	89
.2489828	1591/6390	37	71	43	90
.2489953	1425/5723	25	59	57	97
0.2490					
.2490296	1219/4895	23	55	53	89
.2490385	259/1040	35	65	37	80
.2490468	1633/6557	23	79	71	83
.2490637	133/534	35	89	57	90
.2490734	336/1349	24	71	70	95
.2490942	275/1104	25	60	55	92
.2490990	1175/4717	25	53	47	89
.2491139	492/1975	41	79	48	100
.2491228	71/285	25	75	71	95
.2491409	145/582	25	60	58	97
.2491451	510/2047	24	89	85	92
.2491566	517/2075	33	75	47	83
.2491659	1419/5695	33	67	43	85
.2491837	1221/4900	33	50	37	98
.2491944	232/931	40	95	58	98
.2492089	315/1264	35	79	45	80
.2492172	1353/5429	33	61	41	89
.2492333	1219/4891	23	67	53	73
.2492522	250/1003	25	59	50	85
.2492631	1353/5428	33	59	41	92
.2492711	171/686	30	70	57	98
.2492817	1475/5917	25	61	59	97
.2492854	1221/4898	33	62	37	79
.2492958	177/710	24	71	59	80
.2493075	90/361	30	57	45	95

比值	分数	A	B	C	D
0.2490					
.2493199	2108/8455	34	89	62	95
.2493261	185/742	35	53	37	98
.2493363	1221/4897	33	59	37	83
.2493478	1147/4600	37	92	62	100
.2493594	1265/5073	23	57	55	89
.2493750	399/1600	35	80	57	100
.2493786	301/1207	35	71	43	85
.2493860	1320/5293	24	67	55	79
.2494044	1675/6716	25	73	67	92
.2494118	106/425	24	60	53	85
.2494382	111/445	33	55	37	89
.2494624	116/465	24	62	58	90
.2494737	237/950	24	80	79	95
.2494759	119/477	34	53	35	90
.2494929	123/493	30	58	41	85
.2494970	124/497	20	70	62	71
0.2495					
.2495292	265/1062	25	59	53	90
.2495388	1488/5963	24	67	62	89
.2495525	697/2793	34	57	41	98
.2495697	145/581	25	70	58	83
.2495798	297/1190	33	70	45	85
.2495854	301/1206	35	67	43	90
.2496075	159/637	30	65	53	98
.2496195	164/657	40	73	41	90
.2496422	1221/4891	33	67	37	73
.2496481	1419/5684	33	58	43	98
.2496584	2010/8051	30	83	67	97
.2496667	1311/5251	23	59	57	89
.2496894	201/805	24	70	67	92
.2496965	1440/5767	24	73	60	79
.2497143	437/1750	23	70	57	75
.2497248	1815/7268	33	79	55	92
.2497423	969/3880	34	80	57	97
.2497459	1720/6887	40	71	43	97
.2497589	259/1037	35	61	37	85
.2497738	276/1105	23	65	60	85
.2497890	296/1185	37	75	40	79
.2497951	1219/4880	23	61	53	80
.2498127	667/2670	23	60	58	89
.2498208	697/2790	34	62	41	90
.2498334	375/1501	25	79	75	95
.2498510	1258/5035	34	53	37	95
.2498615	451/1805	33	57	41	95
.2498795	1037/4150	34	83	61	100
.2498937	1763/7055	41	83	43	85

（续）

比值	分数	A	B	C	D
0.2495					
.2499031	645/2581	30	58	43	89
.2499145	731/2925	34	65	43	90
.2499281	1739/6958	37	71	47	98
.2499354	1935/7742	43	79	45	98
.2499540	1357/5429	23	61	59	89
.2499607	1591/6365	37	67	43	95
0.2500					
.2500000*	1/4	25	50	45	90
.2500311	2013/8051	33	83	61	97
.2500385	1625/6499	25	67	65	97
.2500513	1219/4875	23	65	53	75
.2500573	2183/8730	37	90	59	97
.2500719	870/3479	30	71	58	98
.2500840	744/2975	24	70	62	85
.2500906	690/2759	23	62	60	89
.2500951	1972/7885	34	83	58	95
.2501144	1640/6557	40	79	41	83
.2501154	1625/6497	25	73	65	89
.2501268	1480/5917	37	61	40	97
.2501408	444/1775	37	71	48	100
.2501489	420/1679	24	73	70	92
.2501613	1551/6200	33	62	47	100
.2501844	2035/8134	37	83	55	98
.2501862	336/1343	24	79	70	85
.2502049	1221/4880	33	61	37	80
.2502157	290/1159	25	61	58	95
.2502317	270/1079	30	65	45	83
.2502494	1505/6014	35	62	43	97
.2502564	244/975	24	65	61	90
.2502778	901/3600	34	80	53	90
.2502866	2183/8722	37	89	59	98
.2502970	1475/5893	25	71	59	83
.2503147	1392/5561	24	67	58	83
.2503229	969/3871	34	79	57	98
.2503306	1325/5293	25	67	53	79
.2503425	731/2920	34	73	43	80
.2503483	1258/5025	34	67	37	75
.2503713	1517/6059	37	73	41	83
.2503759	333/1330	37	70	45	95
.2503951	1426/5695	23	67	62	85
.2504102	1221/4876	33	53	37	92
.2504244	295/1178	25	62	59	95
.2504400	1850/7387	37	83	50	89
.2504548	413/1649	35	85	59	97
.2504638	135/539	30	55	45	98
.2504744	132/527	24	62	55	85

比值	分数	A	B	C	D
0.2500					
.2504756	395/1577	25	83	79	95
.2504997	376/1501	40	79	47	95
0.2505					
.2505065	1360/5429	34	61	40	89
.2505164	1334/5325	23	71	58	75
.2505263	119/475	34	50	35	95
.2505357	1403/5600	23	70	61	80
.2505527	340/1357	34	59	40	92
.2505556	451/1800	33	60	41	90
.2505669	221/882	34	90	65	98
.2505882	213/850	24	80	71	85
.2506024	104/415	24	75	65	83
.2506221	705/2813	30	58	47	97
.2506329	99/395	33	75	45	79
.2506482	290/1157	25	65	58	89
.2506743	1394/5561	34	67	41	83
.2506801	645/2573	30	62	43	83
.2507037	1425/5684	25	58	57	98
.2507127	1495/5963	23	67	65	89
.2507289	86/343	40	70	43	98
.2507392	424/1691	24	57	53	89
.2507467	1763/7031	41	79	43	89
.2507570	1739/6935	37	73	47	95
.2507673	1961/7820	37	85	53	92
.2507783	725/2891	25	59	58	98
.2507878	1353/5395	33	65	41	83
.2508000	627/2500	33	75	57	100
.2508120	1776/7081	37	73	48	97
.2508197	153/610	34	61	45	100
.2508333	301/1200	35	60	43	100
.2508475	74/295	34	59	37	85
.2508634	799/3185	34	65	47	98
.2508718	1295/5162	35	58	37	89
.2508803	285/1136	25	71	57	80
.2508859	354/1411	30	83	59	85
.2509012	348/1387	30	73	58	95
.2509239	1290/5141	30	53	43	97
.2509363	67/267	25	75	67	89
.2509718	1485/5917	33	61	45	97
.2509821	575/2291	23	58	50	79
.2509875	1525/6076	25	62	61	98
0.2510					
.2510040	125/498	25	60	50	83
.2510121	62/247	25	65	62	95
.2510204	123/490	30	50	41	98
.2510526	477/1900	45	95	53	100

（续）

比值	分数	A	B	C	D
0.2510					
.2510605	1598/6365	34	67	47	95
.2510716	410/1633	40	71	41	92
.2510769	408/1625	34	65	48	100
.2510870	231/920	33	50	35	92
.2511007	1825/7268	25	79	73	92
.2511097	396/1577	33	83	60	95
.2511229	615/2449	30	62	41	79
.2511416	55/219	25	73	55	75
.2511542	272/1083	34	57	40	95
.2511742	1230/4897	30	59	41	83
.2511765	427/1700	35	85	61	100
.2511929	1632/6497	34	73	48	89
.2512027	731/2910	34	60	43	97
.2512071	1925/7663	35	79	55	97
.2512171	258/1027	30	65	43	79
.2512344	1272/5063	24	61	53	83
.2512473	705/2806	30	61	47	92
.2512605	299/1190	23	70	65	85
.2512733	148/589	37	62	40	95
.2512768	246/979	30	55	41	89
.2512945	825/3283	30	67	55	98
.2513109	671/2670	33	89	61	90
.2513306	425/1691	25	89	85	95
.2513369	47/187	25	55	47	85
.2513543	232/923	20	65	58	71
.2513587	185/736	37	80	50	92
.2513670	1517/6035	37	71	41	85
.2513834	318/1265	24	55	53	92
.2513932	406/1615	35	85	58	95
.2514102	312/1241	24	73	65	85
.2514231	265/1054	25	62	53	85
.2514286	44/175	24	70	55	75
.2514405	480/1909	24	83	80	92
.2514620	43/171	30	57	43	90
.2514681	1927/7663	41	79	47	97
.2514823	1230/4891	30	67	41	73
.2514854	1947/7742	33	79	59	98
0.2515					
.2515091	125/497	25	70	50	71
.2515292	1357/5395	23	65	59	83
.2515356	1679/6675	23	75	73	89
.2515464	122/485	30	75	61	97
.2515611	282/1121	30	59	47	95
.2515778	1435/5704	35	62	41	92
.2515946	355/1411	25	83	71	85
.2516000	629/2500	34	50	37	100
.2516223	1551/6164	33	67	47	92
.2516340*	77/306	35	85	55	90
.2516351	731/2905	34	70	43	83
.2516518	1295/5146	35	62	37	83
.2516624	492/1955	41	85	48	92
.2516722	301/1196	35	65	43	92
.2516949	297/1180	33	59	45	100
.2517007	37/147	37	60	40	98
.2517086	2173/8633	41	89	53	97
.2517162	110/437	24	57	55	92
.2517413	253/1005	23	67	55	75
.2517526	1221/4850	33	50	37	97
.2517564	215/854	35	61	43	98
.2517803	1591/6319	37	71	43	89
.2517857	141/560	30	70	47	80
.2518104	765/3038	34	62	45	98
.2518409	171/679	30	70	57	97
.2518519	34/135	34	60	40	90
.2518571	1763/7000	41	70	43	100
.2518657	135/536	30	67	45	80
.2518780	570/2263	20	62	57	73
.2518871	901/3577	34	73	53	98
.2518965	1295/5141	35	53	37	97
.2519133	395/1568	25	80	79	98
.2519168	230/913	23	55	50	83
.2519457	1392/5525	24	65	58	85
.2519801	1368/5429	24	61	57	89
.2519939	1485/5893	33	71	45	83
0.2520					
.2520124	407/1615	33	57	37	85
.2520161	125/496	25	62	50	80
.2520265	342/1357	24	59	57	92
.2520380	371/1472	35	80	53	92
.2520492	123/488	30	61	41	80
.2520690	731/2900	34	58	43	100
.2520796	697/2765	34	70	41	79
.2520918	1175/4661	25	59	47	79
.2521008*	30/119	25	70	60	85
.2521222	297/1178	33	62	45	95
.2521252	1394/5529	34	57	41	97
.2521368	59/234	25	65	59	90
.2521739	29/115	24	60	58	92
.2521808	318/1261	30	65	53	97
.2521930	115/456	23	57	50	80
.2521990	1749/6935	33	73	53	95
.2522218	1419/5626	33	58	43	97

（续）

比值	分数	A	B	C	D	比值	分数	A	B	C	D
0.2520						0.2525					
.2522433	253/1003	23	59	55	85	.2528333	1517/6000	37	60	41	100
.2522559	615/2438	30	53	41	92	.2528447	1311/5185	23	61	57	85
.2522653	696/2759	24	62	58	89	.2528537	731/2891	34	59	43	98
.2522790	1190/4717	34	53	35	89	.2528571	177/700	24	70	59	80
.2522865	1462/5795	34	61	43	95	.2528736	22/87	24	58	55	90
.2523077	82/325	30	65	41	75	.2528881	1598/6319	34	71	47	89
.2523191	136/539	34	55	40	98	.2528978	240/949	20	65	60	73
.2523329	1325/5251	25	59	53	89	.2529123	1802/7125	34	75	53	95
.2523394	1591/6305	37	65	43	97	.2529412	43/170	30	60	43	85
.2523549	1152/4565	24	55	48	83	.2529570	1219/4819	23	61	53	79
.2523573	1927/7636	41	83	47	92	.2529748	2211/8740	33	92	67	95
.2523810	53/210	25	70	53	75	.2529946	697/2755	34	58	41	95
.2523897	1505/5963	35	67	43	89	.2529985	675/2668	30	58	45	92
.2524168	235/931	30	57	47	98	0.2530					
.2524254	1353/5360	33	67	41	80	.2530120	21/83	35	75	45	83
.2524366	259/1026	35	57	37	90	.2530459	270/1067	30	55	45	97
.2524544	180/713	24	62	60	92	.2530612	62/245	30	75	62	98
.2524631	205/812	35	58	41	98	.2530683	1464/5785	24	65	61	89
.2524706	1073/4250	37	85	58	100	.2530769	329/1300	35	65	47	100
0.2525						.2530899	901/3560	34	80	53	89
.2525030	1488/5893	24	71	62	83	.2531111	1139/4500	34	90	67	100
.2525121	1935/7663	43	79	45	97	.2531159	1645/6499	35	67	47	97
.2525169	1530/6059	34	73	45	83	.2531309	667/2635	23	62	58	85
.2525253*	25/99	25	55	50	90	.2531474	1870/7387	34	83	55	89
.2525362	697/2760	34	60	41	92	.2531579	481/1900	37	95	65	100
.2525510	99/392	33	60	45	98	.2531668	1419/5605	33	59	43	95
.2525575	395/1564	25	85	79	92	.2531813	2109/8330	37	85	57	98
.2525685	295/1168	25	73	59	80	.2531938	1645/6497	35	73	47	89
.2526026	825/3266	30	71	55	92	.2531969	99/391	33	85	60	92
.2526104	629/2490	34	60	37	83	.2532198	1219/4814	23	58	53	83
.2526250	2021/8000	43	80	47	100	.2532328	235/928	25	58	47	80
.2526316*	24/95	30	50	40	95	.2532646	737/2910	33	90	67	97
.2526408	287/1136	35	71	41	80	.2532695	1375/5429	25	61	55	89
.2526499	1740/6887	30	71	58	97	.2532895*	77/304	35	80	55	95
.2526619	1139/4508	34	92	67	98	.2532975	1037/4094	34	89	61	92
.2526697	1325/5244	25	57	53	92	.2533137	172/679	40	70	43	97
.2526804	2451/9700	43	97	57	100	.2533161	1375/5428	25	59	55	92
.2526882	47/186	30	62	47	90	.2533333	19/75	24	60	57	90
.2527062	1961/7760	37	80	53	97	.2533636	1450/5723	25	59	58	97
.2527226	1462/5785	34	65	43	89	.2533708	451/1780	33	60	41	89
.2527397	369/1460	41	73	45	100	.2533774	1763/6958	41	71	43	98
.2527636	2035/8051	37	83	55	97	.2533937*	56/221	35	65	40	85
.2527728	2279/9016	43	92	53	98	.2534049	1935/7636	43	83	45	92
.2527778*	91/360	35	90	65	100	.2534247	37/146	35	70	37	73
.2528014	564/2231	47	92	48	97	.2534332	203/801	35	89	58	90
.2528090	45/178	30	60	45	89	.2534364	295/1164	25	60	59	97

（续）

比值	分数	A	B	C	D
0.2530					
.2534545	697/2750	34	55	41	100
.2534722	73/288	25	80	73	90
.2534783	583/2300	33	75	53	92
.2534909	236/931	40	95	59	98
.2534985	1739/6860	37	70	47	98
0.2535					
.2535114	1462/5767	34	73	43	79
.2535211	18/71	30	71	45	75
.2535269	1240/4891	20	67	62	73
.2535497	125/493	25	58	50	85
.2535607	1353/5336	33	58	41	92
.2535750	1525/6014	25	62	61	97
.2535790	1665/6566	37	67	45	98
.2535885	53/209	25	55	53	95
.2535955	2257/8900	37	89	61	100
.2536082	123/485	30	50	41	97
.2536232	35/138	25	75	70	92
.2536290	629/2480	34	62	37	80
.2536352	1221/4814	33	58	37	83
.2536508	799/3150	34	70	47	90
.2536789	1517/5980	37	65	41	92
.2536908	1495/5893	23	71	65	83
.2537042	1815/7154	33	73	55	98
.2537071	1403/5530	23	70	61	79
.2537225	426/1679	24	73	71	92
.2537313	17/67	34	67	40	80
.2537500	203/800	35	80	58	100
.2537638	1517/5978	37	61	41	98
.2538028	901/3550	34	71	53	100
.2538143	2146/8455	37	89	58	95
.2538243	1875/7387	25	83	75	89
.2538314	265/1044	25	58	53	90
.2538462*	33/130	30	65	55	100
.2538582	1464/5767	24	73	61	79
.2538700	82/323	30	57	41	85
.2538852	1650/6499	30	67	55	97
.2539016	423/1666	45	85	47	98
.2539130	146/575	24	75	73	92
.2539243	275/1083	25	57	55	95
.2539271	1665/6557	37	79	45	83
.2539367	1403/5525	23	65	61	85
.2539583	1219/4800	23	60	53	80
.2539759	527/2075	34	83	62	100
0.2540					
.2540084	301/1185	35	75	43	79
.2540161	253/996	23	60	55	83

比值	分数	A	B	C	D
0.2540					
.2540279	473/1862	33	57	43	98
.2540560	1425/5609	25	71	57	79
.2540845	451/1775	33	71	41	75
.2540952	667/2625	23	70	58	75
.2541096	371/1460	35	73	53	100
.2541237	493/1940	34	80	58	97
.2541299	2046/8051	33	83	62	97
.2541414	629/2475	34	55	37	90
.2541520	2173/8550	41	90	53	95
.2541667	61/240	25	75	61	80
.2541837	2491/9800	47	98	53	100
.2541979	984/3871	41	79	48	98
.2542076	725/2852	25	62	58	92
.2542177	1763/6935	41	73	43	95
.2542343	1426/5609	23	71	62	79
.2542373	15/59	30	59	45	90
.2542536	792/3115	33	70	48	89
.2542623	1551/6100	33	61	47	100
.2542808	297/1168	33	73	45	80
.2542874	430/1691	30	57	43	89
.2542955	74/291	37	60	40	97
.2543324	1541/6059	23	73	67	83
.2543519	1505/5917	35	61	43	97
.2543590	248/975	24	65	62	90
.2543750	407/1600	33	60	37	80
.2543834	885/3479	30	71	59	98
.2543860	29/114	25	60	58	95
.2544021	1517/5963	37	67	41	89
.2544064	765/3007	34	62	45	97
.2544218	187/735	34	75	55	98
.2544304	201/790	24	79	67	80
.2544366	1147/4508	37	92	62	98
.2544643	57/224	25	70	57	80
.2544706	1608/6319	24	71	67	89
.2544838	1802/7081	34	73	53	97
.2544898	1247/4900	43	98	58	100
0.2545					
.2545012	1880/7387	40	83	47	89
.2545103	395/1552	25	80	79	97
.2545298	295/1159	25	61	59	95
.2545405	925/3634	37	79	50	92
.2545455*	14/55	35	55	40	100
.2545650	237/931	30	95	79	98
.2545805	264/1037	24	61	55	85
.2545894	527/2070	34	90	62	92
.2546093	290/1139	25	67	58	85

（续）

比值	分数	A	B	C	D	比值	分数	A	B	C	D
0.2545						0.2550					
.2546158	855/3358	30	73	57	92	.2552458	888/3479	37	71	48	98
.2546296*	55/216	25	60	55	90	.2552583	1250/4897	25	59	50	83
.2546429	713/2800	23	70	62	80	.2552719	230/901	23	53	50	85
.2546538	342/1343	30	79	57	85	.2552830	1353/5300	33	53	41	100
.2546584	41/161	40	70	41	92	.2552949	2013/7885	33	83	61	95
.2546739	2343/9200	33	92	71	100	.2553024	325/1273	25	67	65	95
.2546816	68/267	34	60	40	89	.2553067	1311/5135	23	65	57	79
.2547145	986/3871	34	79	58	98	.2553216	2183/8550	37	90	59	95
.2547170	27/106	30	53	45	100	.2553438	1541/6035	23	71	67	85
.2547332	148/581	37	70	40	83	.2553626	250/979	25	55	50	89
.2547368	121/475	33	75	55	95	.2553693	975/3818	30	83	65	92
.2547468	161/632	23	79	70	80	.2553763	95/372	25	62	57	90
.2547610	1311/5146	23	62	57	83	.2553926	296/1159	37	61	40	95
.2547897	1290/5063	30	61	43	83	.2553991	272/1065	34	71	40	75
.2548023	451/1770	33	59	41	90	.2554217	106/415	24	60	53	83
.2548077	53/208	25	65	53	80	.2554348	47/184	25	50	47	92
.2548193	423/1660	45	83	47	100	.2554522	1675/6557	25	79	67	83
.2548357	1357/5325	23	71	59	75	.2554604	1462/5723	34	59	43	97
.2548726	170/667	34	58	40	92	.2554839	198/775	33	62	48	100
.2548889	1147/4500	37	90	62	100	0.2555					
.2549020*	13/51	25	75	65	85	.2555048	615/2407	30	58	41	83
.2549144	402/1577	30	83	67	95	.2555072	1763/6900	41	75	43	92
.2549203	272/1067	34	55	40	97	.2555178	301/1178	35	62	43	95
.2549305	2275/8924	35	92	65	97	.2555274	705/2759	30	62	47	89
.2549407	129/506	30	55	43	92	.2555448	265/1037	25	61	53	85
.2549451	116/455	20	65	58	70	.2555715	1250/4891	25	67	50	73
.2549580	1517/5950	37	70	41	85	.2555823	1591/6225	37	75	43	83
.2549697	295/1157	25	65	59	89	.2555938	297/1162	33	70	45	83
.2549828	371/1455	35	75	53	97	.2556037	2064/8075	43	85	48	95
0.2550						.2556206	1353/5293	33	67	41	79
.2550000	51/200	34	60	45	100	.2556338	363/1420	33	71	55	100
.2550190	470/1843	30	57	47	97	.2556434	1325/5183	25	71	53	73
.2550300	1914/7505	33	79	58	95	.2556471	2173/8500	41	85	53	100
.2550403	253/992	23	62	55	80	.2556701	124/485	30	75	62	97
.2550538	1350/5293	30	67	45	79	.2556880	236/923	20	65	59	71
.2550607*	63/247	35	65	45	95	.2557021	1435/5612	35	61	41	92
.2550658	1435/5626	35	58	41	97	.2557148	660/2581	24	58	55	89
.2550847	301/1180	35	59	43	100	.2557159	1152/4505	24	53	48	85
.2551151	399/1564	35	85	57	92	.2557276	413/1615	35	85	59	95
.2551546	99/388	33	60	45	97	.2557438	1525/5963	25	67	61	89
.2551724	37/145	34	58	37	85	.2557479	990/3871	33	79	60	98
.2552036	282/1105	30	65	47	85	.2557656	1475/5767	25	73	59	79
.2552062	625/2449	25	62	50	79	.2557772	1295/5063	35	61	37	83
.2552239	171/670	24	67	57	80	.2557924	276/1079	23	65	60	83
.2552271	354/1387	30	73	59	95	.2558010	915/3577	30	73	61	98
.2552397	1230/4819	30	61	41	79	.2558178	1550/6059	25	73	62	83

（续）

比值	分数	A	B	C	D
0.2555					
.2558341	296/1157	37	65	40	89
.2558388	1435/5609	35	71	41	79
.2558528	153/598	34	65	45	92
.2558635	120/469	20	67	60	70
.2558673	1003/3920	34	80	59	98
.2558824	87/340	30	80	58	85
.2558984	141/551	30	58	47	95
.2559184	627/2450	33	75	57	98
.2559289	259/1012	35	55	37	92
.2559384	765/2989	34	61	45	98
.2559524	43/168	35	60	43	98
.2559551	1139/4450	34	89	67	100
.2559748	407/1590	33	53	37	90
.2559828	1551/6059	33	73	47	83
.2559895	1763/6887	41	71	43	97
0.2560					
.2560000	32/125	34	75	48	85
.2560214	287/1121	35	59	41	95
.2560345	297/1160	33	58	45	100
.2560386	53/207	40	90	53	92
.2560579	708/2765	24	70	59	79
.2560674	2279/8900	43	89	53	100
.2560923	1776/6935	37	73	48	95
.2561048	430/1679	40	73	43	92
.2561102	744/2905	24	70	62	83
.2561205	136/531	34	59	40	90
.2561404	73/285	25	75	73	95
.2561475	125/488	25	61	50	80
.2561644	187/730	34	73	55	100
.2561670	135/527	30	62	45	85
.2561798	114/445	24	60	57	89
.2561933	1665/6499	37	67	45	97
.2562009	816/3185	34	65	48	98
.2562066	258/1007	30	53	43	95
.2562249	319/1245	33	83	58	90
.2562450	318/1241	30	73	53	85
.2562500	41/160	30	60	41	80
.2562554	297/1159	33	61	45	95
.2562721	1665/6497	37	73	45	89
.2562896	1416/5525	24	65	59	85
.2563025	61/238	25	70	61	85
.2563114	731/2852	34	62	43	92
.2563197	1815/7081	33	73	55	97
.2563399	1961/7650	37	85	53	90
.2563577	625/2438	25	53	50	92
.2563718	171/667	24	58	57	92
.2563799	1517/5917	37	61	41	97
.2564008	1392/5429	24	61	58	89
.2564103*	10/39	25	65	50	75
.2564287	1426/5561	23	67	62	83
.2564480	348/1357	24	59	58	92
.2564642	1220/4757	20	67	61	71
.2564912	731/2850	34	57	43	100
0.2565					
.2565008	799/3115	34	70	47	89
.2565099	660/2573	24	62	55	83
.2565217	59/230	24	60	59	92
.2565299	275/1072	25	67	55	80
.2565385	667/2600	23	65	58	80
.2565558	1311/5110	23	70	57	73
.2565789*	39/152	30	80	65	95
.2565923	253/986	23	58	55	85
.2566038	68/265	34	53	40	100
.2566147	708/2759	24	62	59	89
.2566326	1480/5767	37	73	40	79
.2566425	425/1656	25	90	85	92
.2566468	473/1843	33	57	43	97
.2566620	183/713	24	62	61	92
.2566667*	77/300	35	75	55	100
.2566845*	48/187	30	55	40	85
.2566984	297/1157	33	65	45	89
.2567068	1598/6225	34	75	47	83
.2567164	86/335	30	67	43	75
.2567347	629/2450	34	50	37	98
.2567362	1353/5270	33	62	41	85
.2567622	1927/7505	41	79	47	95
.2567692	1394/5429	34	61	41	89
.2568041	2491/9700	47	97	53	100
.2568098	1961/7636	37	83	53	92
.2568165	697/2714	34	59	41	92
.2568315	1485/5782	33	59	45	98
.2568395	629/2449	34	62	37	79
.2568922	205/798	35	57	41	98
.2569020	1219/4745	23	65	53	73
.2569333	1927/7500	41	75	47	100
.2569431	1360/5293	34	67	40	79
.2569620	203/790	35	79	58	100
.2569697	212/825	24	55	53	90
.2569760	396/1541	33	67	48	92
.2569969	1258/4895	34	55	37	89
0.2570					
.2570060	1770/6887	30	71	59	97

（续）

比值	分数	A	B	C	D	比值	分数	A	B	C	D
0.2570						0.2575					
.2570225	183/712	30	80	61	89	.2576230	1073/4165	37	85	58	98
.2570281	64/249	24	83	80	90	.2576271	76/295	24	59	57	90
.2570447	374/1455	34	75	55	97	.2576389	371/1440	35	80	53	90
.2570526	1221/4750	33	50	37	95	.2576518	1591/6175	37	65	43	95
.2570588	437/1700	23	60	57	85	.2576622	1219/4731	23	57	53	83
.2570652	473/1840	33	60	43	92	.2576652	1353/5251	33	59	41	89
.2570939	1350/5251	30	59	45	89	.2576837	1375/5336	25	58	55	92
.2571134	1247/4850	43	97	58	100	.2576854	285/1106	25	70	57	79
.2571186	1517/5900	37	59	41	100	.2576975	385/1494	35	83	55	90
.2571255	424/1649	40	85	53	97	.2577114	259/1005	35	67	37	75
.2571429*	9/35	30	70	60	100	.2577266	492/1909	41	83	48	92
.2571584	1419/5518	33	62	43	89	.2577419	799/3100	34	62	47	100
.2571730	1219/4740	23	60	53	79	.2577465	183/710	24	71	61	80
.2571894	474/1843	30	95	79	97	.2577660	390/1513	30	85	65	89
.2571996	259/1007	35	53	37	95	.2577778	58/225	24	60	58	90
.2572132	731/2842	34	58	43	98	.2577869	629/2440	34	61	37	80
.2572169	1488/5785	24	65	62	89	.2578027	413/1602	35	89	59	90
.2572283	258/1003	30	59	43	85	.2578113	1675/6497	25	73	67	89
.2572549	328/1275	40	75	41	85	.2578206	1739/6745	37	71	47	95
.2572650	301/1170	35	65	43	90	.2578281	387/1501	43	79	45	95
.2572806	1334/5185	23	61	58	85	.2578372	2451/9506	43	97	57	98
.2572922	935/3634	34	79	55	92	.2578502	427/1656	35	90	61	92
.2573099*	44/171	40	90	55	95	.2578616	41/159	30	53	41	90
.2573203	290/1127	40	92	58	98	.2578662	713/2765	23	70	62	79
.2573405	1972/7663	34	79	58	97	.2578772	1776/6887	37	71	48	97
.2573529*	35/136	25	80	70	85	.2578947*	49/190	35	95	70	100
.2573695	1947/7565	33	85	59	89	.2578982	1551/6014	33	62	47	97
.2573799	1334/5183	23	71	58	73	.2579235	236/915	24	61	59	90
.2573932	235/913	25	55	47	83	.2579365*	65/252	25	70	65	90
.2574241	1517/5893	37	71	41	83	.2579494	795/3082	30	67	53	92
.2574331	1394/5415	34	57	41	95	.2579689	348/1349	30	71	58	95
.2574371	225/874	30	57	45	92	.2579802	1875/7268	25	79	75	92
.2574509	406/1577	35	83	58	95	.2579932	1517/5880	37	60	41	98
.2574568	164/637	40	65	41	98	0.2580					
.2574682	1560/6059	24	73	65	83	.2580000	129/500	30	50	43	100
.2574815	1325/5146	25	62	53	83	.2580092	451/1748	33	57	41	92
.2574906	275/1068	25	60	55	89	.2580167	1392/5395	24	65	58	83
.2574953	1357/5270	23	62	59	85	.2580331	265/1027	25	65	53	79
0.2575						.2580392	329/1275	35	75	47	85
.2575318	1419/5510	33	58	43	95	.2580513	1258/4875	34	65	37	75
.2575478	1817/7055	23	83	79	85	.2580645	8/31	34	62	40	85
.2575552	1517/5890	37	62	41	95	.2580850	407/1577	33	57	37	83
.2575721	2109/8188	37	89	57	92	.2580995	1426/5525	23	65	62	85
.2575847	1749/6790	33	70	53	97	.2581116	1591/6164	37	67	43	92
.2575949	407/1580	37	79	55	100	.2581250	413/1600	35	80	59	100
.2576087	237/920	24	80	79	92	.2581250	413/1600	35	80	59	100

（续）

比值	分数	A	B	C	D	比值	分数	A	B	C	D
0.2580						0.2585					
.2581425	1815/7031	33	79	55	89	.2586957	119/460	34	50	35	92
.2581481	697/2700	34	60	41	90	.2587065	52/201	24	67	65	90
.2581699	79/306	25	85	79	90	.2587540	2409/9310	33	95	73	98
.2581904	2183/8455	37	89	59	95	.2587719	59/228	25	60	59	95
.2581967	63/244	35	61	45	100	.2587816	1525/5893	25	71	61	83
.2582160	55/213	25	71	55	75	.2587854	1598/6175	34	65	47	95
.2582253	259/1003	35	59	37	85	.2588057	1881/7268	33	79	57	92
.2582418	47/182	35	65	47	98	.2588235*	22/85	30	75	55	85
.2582457	1425/5518	25	62	57	89	.2588422	1632/6305	34	65	48	97
.2582627	1219/4720	23	59	53	80	.2588510	1221/4717	33	53	37	89
.2582687	1265/4898	23	62	55	79	.2588776	2537/9800	43	98	59	100
.2582846	265/1026	25	57	53	90	.2588921	444/1715	37	70	48	98
.2583048	2115/8188	45	89	47	92	.2589134	305/1178	25	62	61	95
.2583133	536/2075	24	75	67	83	.2589155	530/2047	40	89	53	92
.2583214	1265/4897	23	59	55	83	.2589286	29/112	25	70	58	80
.2583333	31/120	25	75	62	80	.2589374	1311/5063	23	61	57	83
.2583384	426/1649	30	85	71	97	.2589474	123/475	30	50	41	95
.2583732*	54/209	30	55	45	95	.2589732	570/2201	20	62	57	71
.2583844	1980/7663	33	79	60	97	.2589825	901/3479	34	71	53	98
.2583874	1394/5395	34	65	41	83	.2589916	1541/5950	23	70	67	85
.2584000	323/1250	34	75	57	100	0.2590					
.2584192	376/1455	40	75	47	97	.2590000	259/1000	35	50	37	100
.2584337	429/1660	33	83	65	100	.2590206	201/776	30	80	67	97
.2584446	329/1273	35	67	47	95	.2590267	165/637	30	65	55	98
.2584546	1368/5293	24	67	57	79	.2590361	43/166	30	60	43	83
.2584699	473/1830	33	61	43	90	.2590476	136/525	34	70	40	75
.2584762	1357/5250	23	70	59	75	.2590580	143/552	33	90	65	92
.2584921	312/1207	24	71	65	85	.2590828	435/1679	30	73	58	92
0.2585						.2591038	1914/7387	33	83	58	89
.2585000	517/2000	33	60	47	100	.2591111	583/2250	33	75	53	90
.2585131	1450/5609	25	71	58	79	.2591214	348/1343	30	79	58	85
.2585338	2257/8730	37	90	61	97	.2591292	369/1424	41	80	45	89
.2585404	333/1288	37	70	45	92	.2591549	92/355	23	71	60	75
.2585542	1073/4150	37	83	58	100	.2591591	1054/4067	34	83	62	98
.2585567	627/2425	33	75	57	97	.2591781	473/1825	33	73	43	75
.2585770	1530/5917	34	61	45	97	.2591954	451/1740	33	58	41	90
.2585911	301/1164	35	60	43	97	.2592059	2337/9016	41	92	57	98
.2585966	925/3577	37	73	50	98	.2592213	253/976	23	61	55	80
.2586056	1480/5723	37	59	40	97	.2592305	667/2573	23	62	58	83
.2586207	15/58	30	58	45	90	.2592391	477/1840	45	92	53	100
.2586271	697/2695	34	55	41	98	.2592472	799/3082	34	67	47	92
.2586383	1265/4891	23	67	55	73	.2592593*	7/27	35	60	40	90
.2586466	172/665	40	70	43	95	.2592820	2109/8134	37	83	57	98
.2586563	1128/4361	47	89	48	98	.2592857	363/1400	33	70	55	100
.2586681	470/1817	40	79	47	92	.2592955	265/1022	25	70	53	73
.2586818	365/1411	25	83	73	85	.2593220	153/590	34	59	45	100

（续）

比值	分数	A	B	C	D	比值	分数	A	B	C	D
0.2590						0.2600					
.2593440	340/1311	34	57	40	92	.2600000*	13/50	30	75	65	100
.2593645	1551/5980	33	65	47	92	.2600103	2013/7742	33	79	61	98
.2593814	629/2425	34	50	37	97	.2600217	240/923	20	65	60	71
.2593899	1250/4819	25	61	50	79	.2600402	259/996	35	60	37	83
.2594072	2013/7760	33	80	61	97	.2600543	957/3680	33	80	58	92
.2594270	1947/7505	33	79	59	95	.2600619*	84/323	30	85	70	95
.2594378	323/1245	34	83	57	90	.2600695	1272/4891	24	67	53	73
.2594513	1551/5978	33	61	47	98	.2600806	129/496	30	62	43	80
.2594670	185/713	37	62	40	92	.2600932	335/1288	25	70	67	92
.2594828	301/1160	35	58	43	100	.2601040	1551/5963	33	67	47	89
.2594937	41/158	30	60	41	79	.2601110	328/1261	40	65	41	97
0.2595						.2601176	2211/8500	33	85	67	100
.2595347	1640/6319	40	71	41	89	.2601279	122/469	20	67	61	70
.2595406	1435/5529	35	57	41	97	.2601368	1065/4094	30	89	71	92
.2595522	1739/6700	37	67	47	100	.2601454	1968/7565	41	85	48	89
.2595628	95/366	25	61	57	90	.2601556	301/1157	35	65	43	89
.2595663	407/1568	37	80	55	98	.2601923	1353/5200	33	65	41	80
.2595825	684/2635	24	62	57	85	.2602011	440/1691	24	57	55	89
.2595908	203/782	35	85	58	92	.2602302	407/1564	37	85	55	92
.2596000	649/2500	33	75	59	100	.2602740	19/73	25	73	57	75
.2596154*	27/104	30	65	45	80	.2602848	329/1264	35	79	47	80
.2596301	1530/5893	34	71	45	83	.2602871	272/1045	34	55	40	95
.2596491	74/285	34	57	37	85	.2602975	455/1748	35	92	65	95
.2596593	625/2407	25	58	50	83	.2603175	82/315	40	70	41	90
.2596721	396/1525	33	61	48	100	.2603260	1645/6319	35	71	47	89
.2596831	295/1136	25	71	59	80	.2603436	1485/5704	33	62	45	92
.2596978	636/2449	24	62	53	79	.2603509	371/1425	35	75	53	95
.2597066	301/1159	35	61	43	95	.2603619	2475/9506	33	97	75	98
.2597163	1410/5429	30	61	47	89	.2603664	270/1037	30	61	45	85
.2597285	287/1105	35	65	41	85	.2603800	370/1421	37	58	40	98
.2597509	1272/4897	24	59	53	83	.2603878	94/361	30	57	47	95
.2597642	705/2714	30	59	47	92	.2603978	144/553	24	70	60	79
.2597771	1375/5293	25	67	55	79	.2604082	319/1225	33	75	58	98
.2597858	1334/5135	23	65	58	79	.2604167*	25/96	25	60	50	80
.2598039	53/204	25	60	53	85	.2604325	855/3283	30	67	57	98
.2598268	390/1501	30	79	65	95	.2604356	287/1102	35	58	41	95
.2598414	1802/6935	34	73	53	95	.2604566	1426/5475*	23	73	62	75
.2598570	1272/4895	24	55	53	89	.2604669	1350/5183	30	71	45	73
.2598749	1704/6557	24	79	71	83	.2604929	1353/5194	33	53	41	98
.2598771	296/1139	37	67	40	85	0.2605					
.2599147	1219/4690	23	67	53	70	.2605042	31/119	25	70	62	85
.2599153	675/2597	30	53	45	98	.2605132	731/2806	34	61	43	92
.2599363	1550/5963	25	67	62	89	.2605218	1368/5251	24	59	57	89
.2599638	287/1104	35	60	41	92	.2605263*	99/380	45	95	55	100
.2599731	580/2231	40	92	58	97	.2605364	68/261	34	58	40	90
.2599873	410/1577	30	57	41	83	.2605634	37/142	35	70	37	71

（续）

比值	分数	*A*	*B*	*C*	*D*	比值	分数	*A*	*B*	*C*	*D*
0.2605						0.2610					
.2605714	228/875	24	70	57	75	.2611765	111/425	33	55	37	85
.2605932	123/472	30	59	41	80	.2611867	1325/5073	25	57	53	89
.2605956	455/1746	35	90	65	97	.2612070	2255/8633	41	89	55	97
.2606061	43/165	30	55	43	90	.2612444	697/2668	34	58	41	92
.2606335	288/1105	24	65	60	85	.2612500	209/800	33	80	57	90
.2606426	649/2490	33	83	59	90	.2612597	1485/5684	33	58	45	98
.2606529	1517/5820	37	60	41	97	.2612676	371/1420	35	71	53	100
.2606557	159/610	24	61	53	80	.2612818	1488/5695	24	67	62	85
.2606742	116/445	24	60	58	89	.2612933	1394/5335	34	55	41	97
.2606838	61/234	25	65	61	90	.2613211	629/2407	34	58	37	83
.2606978	396/1519	33	62	48	98	.2613531	282/1079	30	65	47	83
.2607150	1320/5063	24	61	55	83	.2613741	1419/5429	33	61	43	89
.2607217	1380/5293	23	67	60	79	.2613843	287/1098	35	61	41	90
.2607445	1450/5561	25	67	58	83	.2613922	935/3577	34	73	55	98
.2607487	1219/4675	23	55	53	85	.2614085	464/1775	24	71	58	75
.2607590	1230/4717	30	53	41	89	.2614158	1311/5015	23	59	57	85
.2607843	133/510	35	85	57	90	.2614286	183/700	24	70	61	80
.2607900	1710/6557	30	79	57	83	.2614379*	40/153	25	85	80	90
.2608213	235/901	25	53	47	85	.2614458	217/830	35	83	62	100
.2608347	325/1246	25	70	65	89	.2614667	1961/7500	37	75	53	100
.2608385	1462/5605	34	59	43	95	.2614796	205/784	41	80	50	98
.2608508	1815/6958	33	71	55	98	0.2615					
.2608637	1927/7387	41	83	47	89	.2615038	1739/6650	37	70	47	95
.2609040	329/1261	35	65	47	97	.2615167	369/1411	41	83	45	85
.2609091	287/1100	35	55	41	100	.2615265	675/2581	30	58	45	89
.2609231	424/1625	24	65	53	75	.2615385	17/65	34	65	40	80
.2609393	1139/4365	34	90	67	97	.2615517	1517/5800	37	58	41	100
.2609450	1353/5185	33	61	41	85	.2615611	888/3395	37	70	48	97
.2609641	720/2759	24	62	60	89	.2615686	667/2550	23	60	58	85
.2609676	1505/5767	35	73	43	79	.2615789	497/1900	35	95	71	100
.2609776	315/1207	35	71	45	85	.2615868	333/1273	37	67	45	95
.2609875	481/1843	37	95	65	97	.2615955	141/539	30	55	47	98
0.2610						.2616133	1560/5963	24	67	65	89
.2610091	1464/5609	24	71	61	79	.2616162	259/990	35	55	37	90
.2610294	71/272	25	80	71	85	.2616368	1023/3910	33	85	62	92
.2610448	1749/6700	33	67	53	100	.2616541	174/665	30	70	58	95
.2610487	697/2670	34	60	41	89	.2616633	129/493	30	58	43	85
.2610568	667/2555	23	70	58	73	.2616853	795/3038	30	62	53	98
.2610714	731/2800	34	70	43	80	.2617025	1325/5063	25	61	53	83
.2610759	165/632	30	79	55	80	.2617165	1357/5185	23	61	59	85
.2610939	253/969	23	57	55	85	.2617257	731/2793	34	57	43	98
.2611015	1517/5810	37	70	41	83	.2617537	1403/5360	23	67	61	80
.2611111	47/180	25	50	47	90	.2617628	2064/7885	43	83	48	95
.2611173	1650/6319	30	71	55	89	.2617722	517/1975	33	75	47	79
.2611301	305/1168	25	73	61	80	.2617774	1517/5795	37	61	41	95
.2611594	901/3450	34	75	53	92	.2617881	855/3266	30	71	57	92

（续）

比值	分数	*A*	*B*	*C*	*D*
0.2615					
.2617960	172/657	40	73	43	90
.2618072	2173/8300	41	83	53	100
.2618175	1357/5183	23	71	59	73
.2618308	2108/8051	34	83	62	97
.2618406	680/2597	34	53	40	98
.2618549	1375/5251	25	59	55	89
.2618577	265/1012	25	55	53	92
.2618781	2337/8924	41	92	57	97
.2618889	1575/6014	35	62	45	97
.2619048*	11/42	30	70	55	90
.2619195	423/1615	45	85	47	95
.2619467	1935/7387	43	83	45	89
.2619555	860/3283	40	67	43	98
.2619672	799/3050	34	61	47	100
.2619863	153/584	34	73	45	80
0.2620					
.2620072	731/2790	34	62	43	90
.2620225	583/2225	33	75	53	89
.2620545	125/477	25	53	50	90
.2620648	2183/8330	37	85	59	98
.2620690	38/145	24	58	57	90
.2620833	629/2400	34	60	37	80
.2620909	1073/4094	37	89	58	92
.2621005	287/1095	35	73	41	75
.2621077	1353/5162	33	58	41	89
.2621261	1551/5917	33	61	47	97
.2621469	232/885	24	59	58	90
.2621687	544/2075	34	75	48	83
.2621849	156/595	24	70	65	85
.2621918	957/3650	33	73	58	100
.2622044	1375/5244	25	57	55	92
.2622061	145/553	25	70	58	79
.2622222	59/225	24	60	59	90
.2622299	1517/5785	37	65	41	89
.2622423	407/1552	37	80	55	97
.2622749	1704/6497	24	73	71	89
.2622951	16/61	34	61	40	85
.2623114	2365/9016	43	92	55	98
.2623151	1720/6557	40	79	43	83
.2623293	1633/6225	23	75	71	83
.2623397	675/2573	30	62	45	83
.2623528	1938/7387	34	83	57	89
.2623606	1247/4753	43	97	58	98
.2623660	1517/5782	37	59	41	98
.2623913	1207/4600	34	92	71	100
.2623963	1360/5183	34	71	40	73
.2624093	1845/7031	41	79	45	89
.2624166	354/1349	30	71	59	95
.2624434	58/221	25	65	58	85
.2624561	374/1425	34	75	55	95
.2624652	1416/5395	24	65	59	83
.2624793	1425/5429	25	61	57	89
0.2625					
.2625000*	21/80	35	60	45	100
.2625110	299/1139	23	67	65	85
.2625235	697/2655	34	59	41	90
.2625276	1425/5428	25	59	57	92
.2625387	424/1615	24	57	53	85
.2625465	1763/6715	41	79	43	85
.2625846	1591/6059	37	73	43	83
.2625948	1350/5141	30	53	45	97
.2626404	187/712	34	80	55	89
.2626748	1860/7081	30	73	62	97
.2626775	259/986	35	58	37	85
.2626866	88/335	24	67	55	75
.2627030	1003/3818	34	83	59	92
.2627155	1219/4640	23	58	53	80
.2627451	67/255	25	75	67	85
.2627582	1972/7505	34	79	58	95
.2627707	1250/4757	25	67	50	71
.2627752	1265/4814	23	58	55	83
.2627900	940/3577	40	73	47	98
.2628297	1475/5612	25	61	59	92
.2628520	2035/7742	37	79	55	98
.2628571	46/175	23	70	60	75
.2628660	1185/4508	30	92	79	98
.2628814	1551/5900	33	59	47	100
.2628866	51/194	34	60	45	97
.2629017	270/1027	30	65	45	79
.2629108	56/213	24	71	70	90
.2629227	1353/5146	33	62	41	83
.2629298	1881/7154	33	73	57	98
.2629630	71/270	25	75	71	90
.2629740	1505/5723	35	59	43	97
.2629889	1392/5293	24	67	58	79
.2630020	799/3038	34	62	47	98
0.2630					
.2630075	1749/6650	33	70	53	95
.2630189	697/2650	34	53	41	100
.2630311	2074/7885	34	83	61	95
.2630435	121/460	33	75	55	92
.2630484	1517/5767	37	73	41	79

（续）

比值	分数	A	B	C	D
0.2630					
.2630643	740/2813	37	58	40	97
.2630769	171/650	24	65	57	80
.2630928	638/2425	33	75	58	97
.2631016	246/935	30	55	41	85
.2631111	296/1125	37	75	48	90
.2631174	1710/6499	30	67	57	97
.2631343	1763/6700	41	67	43	100
.2631373	671/2550	33	85	61	90
.2631579	5/19	30	57	45	90
.2631749	1633/6205	23	73	71	85
.2631784	1353/5141	33	53	41	97
.2631936	1551/5893	33	71	47	83
.2632042	299/1136	23	71	65	80
.2632104	264/1003	24	59	55	85
.2632258	204/775	34	62	48	100
.2632424	164/623	40	70	41	89
.2632530	437/1660	23	60	57	83
.2632620	1464/5561	24	67	61	83
.2632653	129/490	30	50	43	98
.2632911	104/395	24	75	65	79
.2632959	703/2670	37	89	57	90
.2633062	1776/6745	37	71	48	95
.2633190	430/1633	40	71	43	92
.2633277	1551/5890	33	62	47	95
.2633391	153/581	34	70	45	83
.2633462	957/3634	33	79	58	92
.2633728	645/2449	30	62	43	79
.2633779	315/1196	35	65	45	92
.2633854	792/3007	33	62	48	97
.2634036	1749/6640	33	80	53	83
.2634100	275/1044	25	58	55	90
.2634266	1290/4897	30	59	43	83
.2634352	250/949	25	65	50	73
.2634538	328/1245	40	75	41	83
.2634638	680/2581	34	58	40	89
.2634660	225/854	35	61	45	98
.2634802	1334/5063	23	61	58	83
.2634859	1353/5135	33	65	41	79
0.2635					
.2635000	527/2000	34	80	62	100
.2635237	2275/8633	35	89	65	97
.2635342	258/979	30	55	43	89
.2635417	253/960	23	60	55	80
.2635497	885/3358	30	73	59	92
.2635714	369/1400	41	70	45	100
.2635890	354/1343	30	79	59	85
.2636128	305/1157	25	65	61	89
.2636250	2109/8000	37	80	57	100
.2636275	1625/6164	25	67	65	92
.2636428	372/1411	30	83	62	85
.2636473	2183/8280	37	90	59	92
.2636598	1023/3880	33	80	62	97
.2636735	323/1225	34	75	57	98
.2636816	53/201	25	67	53	75
.2637000	1357/5146	23	62	59	83
.2637131	125/474	25	60	50	79
.2637206	370/1403	37	61	40	92
.2637317	629/2385	34	53	37	90
.2637427	451/1710	33	57	41	90
.2637497	1290/4891	30	67	43	73
.2637755	517/1960	33	60	47	98
.2637931	153/580	34	58	45	100
.2638241	396/1501	33	79	60	95
.2638316	1855/7031	35	79	53	89
.2638380	1368/5185	24	61	57	85
.2638499	1505/5704	35	62	43	92
.2638617	1480/5609	37	71	40	79
.2638699	1541/5840	23	73	67	80
.2638789	366/1387	30	73	61	95
.2638889	19/72	25	60	57	90
.2639398	1368/5183	24	71	57	73
.2639531	1485/5626	33	58	45	97
.2639552	1272/4819	24	61	53	79
.2639726	1927/7300	41	73	47	100
.2639773	1950/7387	30	83	65	89
.2639893	986/3735	34	83	58	90
0.2640					
.2640000	33/125	33	60	48	100
.2640207	306/1159	34	61	45	95
.2640449	47/178	25	50	47	89
.2640500	296/1121	37	59	40	95
.2640665	413/1564	35	85	59	92
.2640761	333/1261	37	65	45	97
.2640870	1870/7081	34	73	55	97
.2641166	145/549	25	61	58	90
.2641335	285/1079	25	65	57	83
.2641366	696/2635	24	62	58	85
.2641791	177/670	24	67	59	80
.2641879	135/511	30	70	45	73
.2642148	1250/4731	25	57	50	83
.2642222	1189/4500	41	90	58	100
.2642293	636/2407	24	58	53	83

（续）

比值	分数	A	B	C	D	比值	分数	A	B	C	D
0.2640						0.2645					
.2642429	705/2668	30	58	47	92	.2648551	731/2760	34	60	43	92
.2642648	1357/5135	23	65	59	79	.2648684	2013/7600	33	80	61	95
.2642669	301/1139	35	67	43	85	.2648829	396/1495	33	65	48	92
.2642829	680/2573	34	62	40	83	.2648980	649/2450	33	75	59	98
.2642857	37/140	35	50	37	98	.2649093	2030/7663	35	79	58	97
.2643030	328/1241	40	73	41	85	.2649296	1881/7100	33	71	57	100
.2643145	1311/4960	23	62	57	80	.2649420	297/1121	33	59	45	95
.2643212	1435/5429	35	61	41	89	.2649481	740/2793	37	57	40	98
.2643336	355/1343	25	79	71	85	.2649573	31/117	25	65	62	90
.2643443	129/488	30	61	43	80	.2649716	792/2989	33	61	48	98
.2643699	1435/5428	35	59	41	92	.2649774	1464/5525	24	65	61	85
.2643831	795/3007	30	62	53	97	.2649989	1250/4717	25	53	50	89
.2643936	1295/4898	35	62	37	79	0.2650					
.2643963	427/1615	35	85	61	95	.2650136	684/2581	24	58	57	89
.2644231*	55/208	25	65	55	80	.2650220	1085/4094	35	89	62	92
.2644330	513/1940	45	97	57	100	.2650316	335/1264	25	79	67	80
.2644356	1525/5767	25	73	61	79	.2650602	22/83	24	60	55	83
.2644476	1295/4897	35	59	37	83	.2650708	1517/5723	37	59	41	97
.2644554	590/2231	40	92	59	97	.2650924	1392/5251	24	59	58	89
.2644737	201/760	30	80	67	95	.2651072	136/513	34	57	40	90
.2644771	306/1157	34	65	45	89	.2651282	517/1950	33	65	47	90
.2644928	73/276	25	75	73	92	.2651429	232/875	24	70	58	75
0.2645						.2651624	1845/6958	41	71	45	98
.2645161	41/155	34	62	41	85	.2651685	118/445	24	60	59	89
.2645297	2385/9016	45	92	53	98	.2651786	297/1120	33	70	45	80
.2645400	1360/5141	34	53	40	97	.2651880	275/1037	25	61	55	85
.2645494	1591/6014	37	62	43	97	.2652127	1739/6557	37	79	47	83
.2645611	645/2438	30	53	43	92	.2652174	61/230	30	75	61	92
.2645773	363/1372	33	70	55	98	.2652330	74/279	37	62	40	90
.2646048	77/291	35	75	55	97	.2652422	1440/5429	24	61	60	89
.2646143	765/2891	34	59	45	98	.2652941	451/1700	33	60	41	85
.2646154	86/325	30	65	43	75	.2653026	1530/5767	34	73	45	79
.2646561	1720/6499	40	67	43	97	.2653135	732/2759	24	62	61	89
.2646674	2021/7636	43	83	47	92	.2653226	329/1240	35	62	47	100
.2646880	1739/6570	37	73	47	90	.2653358	731/2755	34	58	43	95
.2647059*	9/34	30	60	45	85	.2653453	415/1564	25	85	83	92
.2647209	1560/5893	24	71	65	83	.2653595	203/765	35	85	58	90
.2647388	1419/5360	33	67	43	80	.2653689	259/976	35	61	37	80
.2647531	1485/5609	33	71	45	79	.2653846	69/260	23	65	60	80
.2647631	408/1541	34	67	48	92	.2653903	901/3395	34	70	53	97
.2647720	1295/4891	35	67	37	73	.2654008	629/2370	34	60	37	79
.2647783	215/812	35	58	43	98	.2654110	155/584	25	73	62	80
.2647887	94/355	30	71	47	75	.2654348	1221/4600	33	50	37	92
.2648305	125/472	25	59	50	80	.2654462	116/437	40	92	58	95
.2648421	629/2375	34	50	37	95	.2654732	1394/5251	34	59	41	89
.2648491	272/1027	34	65	40	79	.2654795	969/3650	34	73	57	100
						.2654992	1880/7081	40	73	47	97

（续）

比值	分数	A	B	C	D
0.2655					
.2655120	1763/6640	41	80	43	83
.2655238	697/2625	34	70	41	75
.2655280	171/644	30	70	57	92
.2655367	47/177	30	59	47	90
.2655577	1357/5110	23	70	59	73
.2655822	1551/5840	33	73	47	80
.2655865	1295/4876	35	53	37	92
.2656155	438/1649	30	85	73	97
.2656347	429/1615	33	85	65	95
.2656410	259/975	35	65	37	75
.2656463	781/2940	33	90	71	98
.2656646	1679/6320	23	79	73	80
.2656973	402/1513	30	85	67	89
.2657133	799/3007	34	62	47	97
.2657180	1830/6887	30	71	61	97
.2657303	473/1780	33	60	43	89
.2657407	287/1080	35	60	41	90
.2657503	232/873	40	90	58	97
.2657585	2146/8075	37	85	58	95
.2657690	375/1411	25	83	75	85
.2658182	731/2750	34	55	43	100
.2658276	697/2622	34	57	41	92
.2658432	495/1862	33	57	45	98
.2658460	1015/3818	35	83	58	92
.2658582	285/1072	25	67	57	80
.2658730	67/252	25	70	67	90
.2658810	925/3479	37	71	50	98
.2658863	159/598	30	65	53	92
.2659057	1258/4731	34	57	37	83
.2659239	1265/4757	23	67	55	71
.2659295	1419/5336	33	58	43	92
.2659537	1517/5704	37	62	41	92
.2659650	1870/7031	34	79	55	89
.2659794	129/485	30	50	43	97
.2659870	287/1079	35	65	41	83
0.2660					
.2660000	133/500	35	75	57	100
.2660131	407/1530	37	85	55	90
.2660204	2607/9800	33	98	79	100
.2660377	141/530	30	53	47	100
.2660535	1591/5980	37	65	43	92
.2660643	265/996	25	60	53	83
.2660674	592/2225	37	75	48	89
.2660819 *	91/342	35	90	65	95
.2660939	2013/7565	33	85	61	89
.2661147	450/1691	30	57	45	89
.2661290	33/124	24	62	55	80
.2661404	1517/5700	37	57	41	100
.2661654	177/665	30	70	59	95
.2661822	1575/5917	35	61	45	97
.2662100	583/2190	33	73	53	90
.2662185	792/2975	33	70	48	85
.2662338	41/154	35	55	41	98
.2662356	1935/7268	43	79	45	92
.2662539	86/323	30	57	43	85
.2662551	1380/5183	23	71	60	73
.2662651	221/830	34	83	65	100
.2662921	237/890	24	80	79	89
.2663024	731/2745	34	61	43	90
.2663333	799/3000	34	60	47	100
.2663605	232/871	20	65	58	67
.2663696	1375/5162	25	58	55	89
.2663809	435/1633	30	71	58	92
.2663896	1410/5293	30	67	47	79
.2663968	329/1235	35	65	47	95
.2664070	1368/5135	24	65	57	79
.2664265	2145/8051	33	83	65	97
.2664402	1961/7360	37	80	53	92
.2664481	1219/4575	23	61	53	75
.2664724	1189/4462	41	92	58	97
.2664789	473/1775	33	71	43	75
.2664948	517/1940	33	60	47	97
0.2665					
.2665008	2035/7636	37	83	55	92
.2665245	125/469	25	67	50	70
.2665254	629/2360	34	59	37	80
.2665359	1495/5609	23	71	65	79
.2665507	2146/8051	37	83	58	97
.2665663	177/664	30	80	59	83
.2665964	253/949	23	65	55	73
.2666097	2183/8188	37	89	59	92
.2666194	1881/7055	33	83	57	85
.2666403	1350/5063	30	61	45	83
.2666483	969/3634	34	79	57	92
.2666667 *	4/15	30	45	40	100
.2666761	1875/7031	25	79	75	89
.2666949	1258/4717	34	53	37	89
.2666965	595/2231	34	92	70	97
.2667061	451/1691	33	57	41	89
.2667269	295/1106	25	70	59	79
.2667378	1749/6557	33	79	53	83

（续）

比值	分数	*A*	*B*	*C*	*D*
0.2665					
.2667480	2405/9016	37	92	65	98
.2667638	183/686	30	70	61	98
.2667814	155/581	25	70	62	83
.2667943	1394/5225	34	55	41	95
.2667984	135/506	30	55	45	92
.2668120	1591/5963	37	67	43	89
.2668244	2256/8455	47	89	48	95
.2668354	527/1975	34	79	62	100
.2668539	95/356	25	60	57	89
.2668722	1645/6164	35	67	47	92
.2668776	253/948	23	60	55	79
.2668895	1517/5684	37	58	41	98
.2669138	288/1079	24	65	60	83
.2669173	71/266	35	95	71	98
.2669426	2257/8455	37	89	61	95
.2669492	63/236	35	59	45	100
.2669643	299/1120	23	70	65	80
.2669683	59/221	25	65	59	85
.2669973	2046/7663	33	79	62	97
0.2670					
.2670103	259/970	35	50	37	97
.2670318	1219/4565	23	55	53	83
.2670383	1485/5561	33	67	45	83
.2670498	697/2610	34	58	41	90
.2670677	888/3325	37	70	48	95
.2670842	1450/5429	25	61	58	89
.2671053	203/760	35	80	58	95
.2671233	39/146	24	73	65	80
.2671334	725/2714	25	59	58	92
.2671371	265/992	25	62	53	80
.2671502	2173/8134	41	83	53	98
.2671609	1802/6745	34	71	53	95
.2671910	1189/4450	41	89	58	100
.2671978	1375/5146	25	62	55	83
.2672065*	66/247	30	65	55	95
.2672241	799/2990	34	65	47	92
.2672316	473/1770	33	59	43	90
.2672381	1403/5250	23	70	61	75
.2672552	333/1246	37	70	45	89
.2672662	1575/5893	35	71	45	83
.2672859	259/969	35	57	37	85
.2673049	363/1358	33	70	55	97
.2673135	799/2989	34	61	47	98
.2673246	1219/4560	23	57	53	80
.2673423	1530/5723	34	59	45	97
.2673611*	77/288	35	80	55	90
0.2670					
.2673797*	50/187	25	55	50	85
.2673913	123/460	30	50	41	92
.2674024	315/1178	35	62	45	95
.2674138	1551/5800	33	58	47	100
.2674157	119/445	34	89	70	100
.2674510	341/1275	33	85	62	90
.2674646	1095/4094	30	89	73	92
.2674699	111/415	37	75	45	83
.2674838	371/1387	35	73	53	95
0.2675					
.2675080	1505/5626	35	58	43	97
.2675231	1416/5293	24	67	59	79
.2675295	1881/7031	33	79	57	89
.2675410	408/1525	34	61	48	100
.2675522	141/527	30	62	47	85
.2675618	2491/9310	47	95	53	98
.2675737	118/441	40	90	59	98
.2675778	1488/5561	24	67	62	83
.2676056	19/71	25	71	57	75
.2676205	1272/4753	48	97	53	98
.2676311	148/553	37	70	40	79
.2676445	1551/5795	33	61	47	95
.2676471*	91/340	35	85	65	100
.2676603	1311/4898	23	62	57	79
.2676667	803/3000	33	90	73	100
.2676768	53/198	25	55	53	90
.2676904	1290/4819	30	61	43	79
.2677032	1584/5917	33	61	48	97
.2677149	1311/4897	23	59	57	83
.2677239	287/1072	35	67	41	80
.2677335	1740/6499	30	67	58	97
.2677358	1419/5300	33	53	43	100
.2677485	132/493	24	58	55	85
.2677587	1749/6532	33	71	53	92
.2677702	275/1027	25	65	55	79
.2677788	305/1139	25	67	61	85
.2677934	1426/5325	23	71	62	75
.2678159	1740/6497	30	73	58	89
.2678571*	15/56	25	70	60	80
.2678715	667/2490	23	60	58	83
.2678840	1247/4655	43	95	58	98
.2678866	1947/7268	33	79	59	92
.2678960	1845/6887	41	71	45	97
.2679121	1219/4550	23	65	53	70
.2679151	1073/4005	37	89	58	90
.2679343	310/1157	25	65	62	89

（续）

比值	分数	A	B	C	D
0.2675					
.2679426*	56/209	35	55	40	95
.2679684	645/2407	30	58	43	83
.2679775	477/1780	45	89	53	100
.2679859	1598/5963	34	67	47	89
0.2680					
.2680000	67/250	24	75	67	80
.2680085	253/944	23	59	55	80
.2680229	1357/5063	23	61	59	83
.2680312	275/1026	25	57	55	90
.2680433	1311/4891	23	67	57	73
.2680612	2627/9800	37	98	71	100
.2680717	1272/4745	24	65	53	73
.2680769	697/2600	34	65	41	80
.2680859	1360/5073	34	57	40	89
.2681072	1551/5785	33	65	47	89
.2681231	270/1007	30	53	45	95
.2681250	429/1600	33	80	65	100
.2681406	473/1764	43	90	55	98
.2681625	2211/8245	33	85	67	97
.2681695	690/2573	23	62	60	83
.2681828	1250/4661	25	59	50	79
.2681961	1625/6059	25	73	65	83
.2682131	740/2759	37	62	40	89
.2682212	2013/7505	33	79	61	95
.2682328	765/2852	34	62	45	92
.2682353	114/425	24	60	57	85
.2682463	1551/5782	33	59	47	98
.2682993	986/3675	34	75	58	98
.2683145	901/3358	34	73	53	92
.2683188	1505/5609	35	71	43	79
.2683320	333/1241	37	73	45	85
.2683409	1763/6570	41	73	43	90
.2683544	106/395	24	60	53	79
.2683616	95/354	25	59	57	90
.2683824	73/272	25	80	73	85
.2683866	697/2597	34	53	41	98
.2684000	671/2500	33	75	61	100
.2684105	667/2485	23	70	58	71
.2684211	51/190	34	57	45	100
.2684458	171/637	30	65	57	98
.2684746	396/1475	33	59	48	100
.2684859	305/1136	25	71	61	80
0.2685					
.2685044	1763/6566	41	67	43	98
.2685103	301/1121	35	59	43	95
.2685203	1410/5251	30	59	47	89

比值	分数	A	B	C	D
0.2685					
.2685353	297/1106	33	70	45	79
.2685484	333/1240	37	62	45	100
.2685714	47/175	30	70	47	75
.2685838	495/1843	33	57	45	97
.2686025	148/551	37	58	40	95
.2686140	469/1746	35	90	67	97
.2686154	1360/5063	34	61	40	83
.2686301	1961/7300	37	73	53	100
.2686359	2501/9310	41	95	61	98
.2686475	1311/4880	23	61	57	80
.2686567	18/67	30	67	45	75
.2686703	295/1098	25	61	59	90
.2686907	708/2635	24	62	59	85
.2687143	1881/7000	33	70	57	100
.2687190	1353/5035	33	53	41	95
.2687266	287/1068	35	60	41	89
.2687439	276/1027	23	65	60	79
.2687500	43/160	30	60	43	80
.2687627	265/986	25	58	53	85
.2687747	68/253	34	55	40	92
.2687783	297/1105	33	65	45	85
.2687935	1584/5893	33	71	48	83
.2688172	25/93	25	62	50	75
.2688365	1495/5561	23	67	65	83
.2688525	82/305	34	61	41	85
.2688649	424/1577	24	57	53	83
.2688730	1763/6557	41	79	43	83
.2688787	235/874	30	57	47	92
.2688863	1591/5917	37	61	43	97
.2689231	437/1625	23	65	57	75
.2689280	1435/5336	35	58	41	92
.2689440	1551/5767	33	73	47	79
.2689516	667/2480	23	62	58	80
.2689552	901/3350	34	67	53	100
.2689784	287/1067	35	55	41	97
0.2690					
.2690020	407/1513	37	85	55	89
.2690071	1295/4814	35	58	37	83
.2690217	99/368	33	60	45	92
.2690716	455/1691	35	89	65	95
.2690769	1749/6500	33	65	53	100
.2690909	74/275	34	55	37	85
.2691022	2173/8075	41	85	53	95
.2691192	1485/5518	33	62	45	89
.2691706	172/639	40	71	43	90
.2691766	765/2842	34	58	45	98

（续）

比值	分数	*A*	*B*	*C*	*D*
0.2690					
.2691924	270/1003	30	59	45	85
.2692012	1749/6497	33	73	53	89
.2692105	1023/3800	33	80	62	95
.2692235	1425/5293	25	67	57	79
.2692308*	7/26	35	65	40	80
.2692402	1095/4067	30	83	73	98
.2692537	451/1675	33	67	41	75
.2692600	1419/5270	33	62	43	85
.2692945	1462/5429	34	61	43	89
.2693213	1488/5525	24	65	62	85
.2693327	1219/4526	23	62	53	73
.2693441	731/2714	34	59	43	92
.2693480	1855/6887	35	71	53	97
.2693551	1750/6497	25	73	70	89
.2693662	153/568	34	71	45	80
.2693878	66/245	33	60	48	98
.2693966	125/464	25	58	50	80
.2694124	1426/5293	23	67	62	79
.2694236	215/798	35	57	43	98
.2694264	2278/8455	34	89	67	95
.2694565	2479/9200	37	92	67	100
.2694667	2021/7500	43	75	47	100
.2694836	287/1065	35	71	41	75
.2694915	159/590	24	59	53	80
.2694978	660/2449	24	62	55	79
0.2695					
.2695100	297/1102	33	58	45	95
.2695164	1633/6059	23	73	71	83
.2695317	2170/8051	35	83	62	97
.2695446	2279/8455	43	89	53	95
.2695528	1320/4897	24	59	55	83
.2695705	885/3283	30	67	59	98
.2695811	148/549	37	61	40	90
.2695890	492/1825	41	73	48	100
.2696078*	55/204	25	60	55	85
.2696203	213/790	24	79	71	80
.2696410	1517/5626	37	58	41	97
.2696467	374/1387	34	73	55	95
.2696610	1591/5900	37	59	43	100
.2696721	329/1220	35	61	47	100
.2696793	185/686	37	70	50	98
.2696918	315/1168	35	73	45	80
.2697046	1598/5925	34	75	47	79
.2697133	301/1116	35	62	43	90
.2697228	253/938	23	67	55	70
.2697368	41/152	41	80	50	95
0.2695					
.2697704	423/1568	45	80	47	98
.2697826	1241/4600	34	92	73	100
.2697906	1353/5015	33	59	41	85
.2698039	344/1275	40	75	43	85
.2698077	1403/5200	23	65	61	80
.2698296	2565/9506	45	97	57	98
.2698413	17/63	34	90	70	98
.2698565	282/1045	30	55	47	95
.2698835	1320/4891	24	67	55	73
.2699020	1763/6532	41	71	43	92
.2699144	410/1519	40	62	41	98
.2699346	413/1530	35	85	59	90
.2699436	335/1241	25	73	67	85
.2699491	159/589	30	62	53	95
.2699625	1802/6675	34	75	53	89
.2699813	1591/5893	37	71	43	83
.2699908	1462/5415	34	57	43	95
0.2700					
.2700000*	27/100	30	50	45	100
.2700157	172/637	40	65	43	98
.2700311	1739/6440	37	70	47	92
.2700504	697/2581	34	58	41	89
.2700587	138/511	23	70	60	73
.2700693	1598/5917	34	61	47	97
.2701092	272/1007	34	53	40	95
.2701188	1591/5890	37	62	43	95
.2701332	426/1577	30	83	71	95
.2701370	493/1825	34	73	58	100
.2701674	355/1314	25	73	71	90
.2701754*	77/285	35	75	55	95
.2701863	87/322	30	70	58	92
.2701955	1368/5063	24	61	57	83
.2702116	498/1843	30	95	83	97
.2702247	481/1780	37	89	65	100
.2702342	1419/5251	33	59	43	89
.2702448	287/1062	35	59	41	90
.2702521	804/2975	24	70	67	85
.2702857	473/1750	33	70	43	75
.2703008	1914/7081	33	73	58	97
.2703136	1517/5612	37	61	41	92
.2703196	296/1095	37	73	40	75
.2703322	236/873	40	90	59	97
.2703436	299/1106	23	70	65	79
.2703704	73/270	25	75	73	90
.2703985	285/1054	25	62	57	85
.2704082	53/196	30	60	53	98

(续)

比值	分数	A	B	C	D
0.2700					
.2704225	96/355	24	71	60	75
.2704295	2065/7636	35	83	59	92
.2704403	43/159	30	53	43	90
.2704582	1517/5609	37	71	41	79
.2704843	888/3283	37	67	48	98
.2704918	33/122	24	61	55	80
0.2705					
.2705014	696/2573	24	62	58	83
.2705065	1207/4462	34	92	71	97
.2705186	1325/4898	25	62	53	79
.2705489	2021/7470	43	83	47	90
.2705738	1325/4897	25	59	53	83
.2705782	1591/5880	37	60	43	98
.2705950	473/1748	33	57	43	92
.2706000	1353/5000	33	50	41	100
.2706124	1710/6319	30	71	57	89
.2706186	105/388	35	60	45	97
.2706348	1505/5561	35	67	43	83
.2706512	1517/5605	37	59	41	95
.2706717	1640/6059	40	73	41	83
.2706767*	36/133	30	70	60	95
.2706926	1403/5183	23	71	61	73
.2707031	1775/6557	25	79	71	83
.2707084	1219/4503	23	57	53	79
.2707407	731/2700	34	60	43	90
.2707547	287/1060	35	53	41	100
.2707609	2491/9200	47	92	53	100
.2707692	88/325	24	65	55	75
.2707760	492/1817	41	79	48	92
.2708247	2627/9700	37	97	71	100
.2708333*	13/48	25	75	65	80
.2708475	799/2950	34	59	47	100
.2708559	250/923	25	65	50	71
.2708889	1219/4500	23	60	53	75
.2708955	363/1340	33	67	55	100
.2709057	1325/4891	25	67	53	73
.2709184	531/1960	45	98	59	100
.2709529	236/871	20	65	59	67
.2709737	885/3266	30	71	59	92
.2709774	901/3325	34	70	53	95
.2709917	1462/5395	34	65	43	83
0.2710					
.2710117	1551/5723	33	59	47	97
.2710267	1927/7110	41	79	47	90
.2710428	1375/5073	25	57	55	89
.2710598	399/1472	35	80	57	92
0.2710					
.2710653	1972/7275	34	75	58	97
.2710843	45/166	30	60	45	83
.2710887	376/1387	40	73	47	95
.2710997	106/391	40	85	53	92
.2711128	1435/5293	35	67	41	79
.2711268	77/284	35	71	55	100
.2711370	93/343	30	70	62	98
.2711535	1394/5141	34	53	41	97
.2711692	1598/5893	34	71	47	83
.2711793	1290/4757	30	67	43	71
.2711864	16/59	34	59	40	85
.2712133	342/1261	30	65	57	97
.2712154	636/2345	24	67	53	70
.2712308	1763/6500	41	65	43	100
.2712430	731/2695	34	55	43	98
.2712500	217/800	35	80	62	100
.2712725	1763/6499	41	67	43	97
.2712859	2173/8010	41	89	53	90
.2713028	1541/5680	23	71	67	80
.2713073	799/2945	34	62	47	95
.2713235	369/1360	41	80	45	85
.2713333	407/1500	33	50	37	90
.2713450	232/855	40	90	58	95
.2713624	1464/5395	24	65	61	83
.2713668	816/3007	34	62	48	97
.2713769	1425/5251	25	59	57	89
.2713924	536/1975	24	75	67	79
.2714010	1265/4661	23	59	55	79
.2714085	1927/7100	41	71	47	100
.2714286	19/70	25	70	57	75
.2714671	705/2597	30	53	47	98
.2714777	79/291	30	90	79	97
.2714932*	60/221	25	65	60	85
.2714969	1645/6059	35	73	47	83
0.2715					
.2715164	265/976	25	61	53	80
.2715261	1870/6887	34	71	55	97
.2715356	145/534	25	60	58	89
.2715517	63/232	35	58	45	100
.2715602	825/3038	30	62	55	98
.2715718	1517/5586	37	57	41	98
.2715789	129/475	30	50	43	95
.2716082	1037/3818	34	83	61	92
.2716190	713/2625	23	70	62	75
.2716298	135/497	30	70	45	71
.2716456	1073/3950	37	79	58	100

（续）

比值	分数	*A*	*B*	*C*	*D*	比值	分数	*A*	*B*	*C*	*D*
0.2715						0.2720					
.2716837	213/784	30	80	71	98	.2722558	315/1157	35	65	45	89
.2716867	451/1660	33	60	41	83	.2722811	1054/3871	34	79	62	98
.2716990	1105/4067	34	83	65	98	.2722960	287/1054	35	62	41	85
.2717105	413/1520	35	80	59	95	.2723077	177/650	24	65	59	80
.2717231	369/1358	41	70	45	97	.2723214	61/224	25	70	61	80
.2717349	697/2565	34	57	41	90	.2723333	817/3000	43	90	57	100
.2717481	328/1207	40	71	41	85	.2723442	1551/5695	33	67	47	85
.2717647	231/850	33	85	70	100	.2723496	1770/6499	30	67	59	97
.2717687	799/2940	34	60	47	98	.2723561	667/2449	23	62	58	79
.2717808	496/1825	24	73	62	75	.2723785	213/782	30	85	71	92
.2717860	315/1159	35	61	45	95	.2723940	1189/4365	41	90	58	97
.2717978	2419/8900	41	89	59	100	.2723971	225/826	35	59	45	98
.2718072	564/2075	47	83	48	100	.2724070	696/2555	24	70	58	73
.2718220	2211/8134	33	83	67	98	.2724230	407/1494	37	83	55	90
.2718391	473/1740	33	58	43	90	.2724315	1591/5840	37	73	43	80
.2718543	1925/7081	35	73	55	97	.2724458*	88/323	40	85	55	95
.2718638	1517/5580	37	62	41	90	.2724595	185/679	37	70	50	97
.2718651	258/949	30	65	43	73	.2724836	915/3358	30	73	61	92
.2718845	1525/5609	25	71	61	79	0.2725					
.2718922	444/1633	37	71	48	92	.2725027	2537/9310	43	95	59	98
.2719144	1551/5704	33	62	47	92	.2725138	1625/5963	25	67	65	89
.2719277	2257/8300	37	83	61	100	.2725242	366/1343	30	79	61	85
.2719383	282/1037	30	61	47	85	.2725343	2183/8010	37	89	59	90
.2719517	765/2813	34	58	45	97	.2725352	387/1420	43	71	45	100
.2719658	1591/5850	37	65	43	90	.2725543	1003/3680	34	80	59	92
0.2720						.2725748	975/3577	30	73	65	98
.2720000	34/125	34	50	40	100	.2725766	329/1207	35	71	47	85
.2720159	2190/8051	30	83	73	97	.2725948	187/686	34	70	55	98
.2720430	253/930	23	62	55	75	.2726101	1480/5429	37	61	40	89
.2720481	1311/4819	23	61	57	79	.2726183	2046/7505	33	79	62	95
.2720574	1440/5293	24	67	60	79	.2726316	259/950	35	50	37	95
.2720824	1189/4370	41	92	58	95	.2726449	301/1104	35	60	43	92
.2720856	1272/4675	24	55	53	85	.2726603	370/1357	37	59	40	92
.2720996	2010/7387	30	83	67	89	.2726696	430/1577	30	57	43	83
.2721053	517/1900	33	57	47	100	.2726757	481/1764	37	90	65	98
.2721440	1739/6390	37	71	47	90	.2726970	820/3007	40	62	41	97
.2721519	43/158	30	60	43	79	.2727273*	3/11	30	55	45	90
.2721649	132/485	33	60	48	97	.2727437	1505/5518	35	62	43	89
.2721686	310/1139	25	67	62	85	.2727459	1334/4891	23	67	58	73
.2721774	135/496	30	62	45	80	.2727612	731/2680	34	67	43	80
.2721950	1720/6319	40	71	43	89	.2727817	1368/5015	24	59	57	85
.2722011	1505/5529	35	57	43	97	.2727927	1517/5561	37	67	41	83
.2722113	2350/8633	47	89	50	97	.2727994	344/1261	40	65	43	97
.2722222*	49/180	35	90	70	100	.2728066	625/2291	25	58	50	79
.2722304	1295/4757	35	67	37	71	.2728354	2064/7565	43	85	48	89
.2722388	456/1675	24	67	57	75	.2728561	385/1411	35	83	55	85

（续）

比值	分数	A	B	C	D
0.2725					
.2728712	1551/5684	33	58	47	98
.2728846	1419/5200	33	65	43	80
.2728873	155/568	25	71	62	80
.2729028	1272/4661	24	59	53	79
.2729097	408/1495	34	65	48	92
.2729189	259/949	35	65	37	73
.2729323	363/1330	33	70	55	95
.2729412	116/425	24	60	58	85
.2729508	333/1220	37	61	45	100
.2729577	969/3550	34	71	57	100
.2729706	306/1121	34	59	45	95
.2729781	1880/6887	40	71	47	97
.2729885	95/348	25	58	57	90
0.2730					
.2730010	816/2989	34	61	48	98
.2730159	86/315	40	70	43	90
.2730382	1357/4970	23	70	59	71
.2730634	1551/5680	33	71	47	80
.2730697	145/531	25	59	58	90
.2730924	68/249	34	60	40	83
.2731034	198/725	33	58	48	100
.2731092*	65/238	25	70	65	85
.2731250	437/1600	23	60	57	80
.2731250	437/1600	23	60	57	80
.2731397	301/1102	35	58	43	95
.2731499	705/2581	30	58	47	89
.2731624	799/2925	34	65	47	90
.2731852	2115/7742	45	79	47	98
.2731998	1419/5194	33	53	43	98
.2732068	259/948	35	60	37	79
.2732240	50/183	25	61	50	75
.2732308	444/1625	37	65	48	100
.2732448	144/527	24	62	60	85
.2732546	1272/4655	48	95	53	98
.2732632	649/2375	33	75	59	95
.2732728	1776/6499	37	67	48	97
.2732813	1435/5251	35	59	41	89
.2732877	399/1460	35	73	57	100
.2732975	305/1116	25	62	61	90
.2733149	296/1083	37	57	40	95
.2733333	41/150	30	50	41	90
.2733391	1584/5795	33	61	48	95
.2733607	667/2440	23	61	58	80
.2733677	1591/5820	37	60	43	97
.2734013	295/1079	25	65	59	83
.2734051	330/1207	30	71	55	85
0.2730					
.2734286	957/3500	33	70	58	100
.2734465	2385/8722	45	89	53	98
.2734551	1947/7120	33	80	59	89
.2734694	67/245	30	75	67	98
.2734783	629/2300	34	50	37	92
.2734991	451/1649	41	85	55	97
0.2735					
.2735054	2013/7360	33	80	61	92
.2735310	1485/5429	33	61	45	89
.2735360	369/1349	41	71	45	95
.2735484	212/775	24	62	53	75
.2735814	1485/5428	33	59	45	92
.2735887	1357/4960	23	62	59	80
.2735969	429/1568	33	80	65	98
.2736204	2256/8245	47	85	48	97
.2736318	55/201	25	67	55	75
.2736364	301/1100	35	55	43	100
.2736461	1435/5244	35	57	41	92
.2736741	1419/5185	33	61	43	85
.2736842*	26/95	30	75	65	95
.2736877	1632/5963	34	67	48	89
.2736961	1207/4410	34	90	71	98
.2737089	583/2130	33	71	53	90
.2737245	1073/3920	37	80	58	98
.2737265	1295/4731	35	57	37	83
.2737417	2257/8245	37	85	61	97
.2737480	1219/4453	23	61	53	73
.2737578	1763/6440	41	70	43	92
.2737828	731/2670	34	60	43	89
.2737875	1925/7031	35	79	55	89
.2738116	1584/5785	33	65	48	89
.2738226	250/913	25	55	50	83
.2738337	135/493	30	58	45	85
.2738382	1591/5810	37	70	43	83
.2738654	175/639	25	71	70	90
.2738776	671/2450	33	75	61	98
.2738889	493/1800	34	80	58	90
.2738990	255/931	34	57	45	98
.2739158	1320/4819	24	61	55	79
.2739323	186/679	30	70	62	97
.2739536	792/2891	33	59	48	98
.2739880	731/2668	34	58	43	92
.2739992	705/2573	30	62	47	83
0.2740					
.2740290	1665/6076	37	62	45	98
.2740394	1462/5335	34	55	43	97

（续）

比值	分数	A	B	C	D	比值	分数	A	B	C	D
0.2740						0.2745					
.2740525	94/343	40	70	47	98	.2746269	92/335	23	67	60	75
.2740741	37/135	37	60	40	90	.2746411	287/1045	35	55	41	95
.2740816	1343/4900	34	98	79	100	.2746479	39/142	24	71	65	80
.2740964	91/332	35	83	65	100	.2746662	1584/5767	33	73	48	79
.2741062	253/923	23	65	55	71	.2746835	217/790	35	79	62	100
.2741228	125/456	25	57	50	80	.2746988	114/415	24	60	57	83
.2741348	301/1098	35	61	43	90	.2747171	1845/6716	41	73	45	92
.2741379	159/580	24	58	53	80	.2747253*	25/91	25	65	50	70
.2741573	122/445	30	75	61	89	.2747370	1541/5609	23	71	67	79
.2741667	329/1200	35	60	47	100	.2747475	136/495	34	55	40	90
.2741775	275/1003	25	59	55	85	.2747580	369/1343	41	79	45	85
.2741935	17/62	34	62	40	80	.2747840	1749/6365	33	67	53	95
.2742002	660/2407	24	58	55	83	.2747881	1394/5073	34	57	41	89
.2742308	713/2600	23	65	62	80	.2747978	1665/6059	37	73	45	83
.2742382	99/361	33	57	45	95	.2748148	371/1350	35	75	53	90
.2742475	82/299	40	65	41	92	.2748188	1517/5520	37	60	41	92
.2742616	65/237	25	75	65	79	.2748312	285/1037	25	61	57	85
.2742657	1410/5141	30	53	47	97	.2748447	177/644	30	70	59	92
.2742772	370/1349	37	71	50	95	.2748538	47/171	30	57	47	90
.2742857	48/175	24	70	60	75	.2748935	1419/5162	33	58	43	89
.2742967	429/1564	33	85	65	92	.2749042	287/1044	35	58	41	90
.2743103	1591/5800	37	58	43	100	.2749184	1517/5518	37	62	41	89
.2743219	1517/5530	37	70	41	79	.2749296	488/1775	24	71	61	75
.2743281	296/1079	37	65	40	83	.2749358	1392/5063	24	61	58	83
.2743392	820/2989	40	61	41	98	.2749533	1325/4819	25	61	53	79
.2743529	583/2125	33	75	53	85	.2749612	1947/7081	33	73	59	97
.2743644	259/944	35	59	37	80	.2749660	2021/7350	43	75	47	98
.2743715	1517/5529	37	57	41	97	.2749914	795/2891	30	59	53	98
.2743938	464/1691	40	89	58	95	0.2750					
.2744246	1073/3910	37	85	58	92	.2750000*	11/40	30	60	55	100
.2744311	205/747	41	83	50	90	.2750216	1591/5785	37	65	43	89
.2744422	1353/4930	33	58	41	85	.2750293	1640/5963	40	67	41	89
.2744578	1139/4150	34	83	67	100	.2750430	799/2905	34	70	47	83
.2744783	171/623	30	70	57	89	.2750533	129/469	30	67	43	70
.2744909	1995/7268	35	79	57	92	.2750633	2173/7900	41	79	53	100
0.2745						.2750836	329/1196	35	65	47	92
.2745001	2210/8051	34	83	65	97	.2750909	984/3577	41	73	48	98
.2745098*	14/51	35	60	40	85	.2751227	1065/3871	30	79	71	98
.2745280	2370/8633	30	89	79	97	.2751304	1530/5561	34	67	45	83
.2745389	1295/4717	35	53	37	89	.2751423	145/527	25	62	58	85
.2745470	1591/5795	37	61	43	95	.2751499	413/1501	35	79	59	95
.2745597	1403/5110	23	70	61	73	.2751643	1591/5782	37	59	43	98
.2745704	799/2910	34	60	47	97	.2751652	708/2573	24	62	59	83
.2745826	148/539	37	55	40	98	.2751756	235/854	35	61	47	98
.2745862	282/1027	30	65	47	79	.2751866	295/1072	25	67	59	80
.2746172	1704/6205	24	73	71	85	.2752018	1739/6319	37	71	47	89

（续）

比值	分数	A	B	C	D	比值	分数	A	B	C	D
0.2750						0.2755					
.2752053	1575/5723	35	59	45	97	.2758065	171/620	24	62	57	80
.2752186	2109/7663	37	79	57	97	.2758182	1517/5500	37	55	41	100
.2752281	1961/7125	37	75	53	95	.2758491	731/2650	34	53	43	100
.2752389	1325/4814	25	58	53	83	.2758621	8/29	34	58	40	85
.2752549	297/1079	33	65	45	83	.2758679	1645/5963	35	67	47	89
.2752857	1927/7000	41	70	47	100	.2758800	1591/5767	37	73	43	79
.2753120	2537/9215	43	95	59	97	.2758906	333/1207	37	71	45	85
.2753176	1517/5510	37	58	41	95	.2758998	1763/6390	41	71	43	90
.2753296	731/2655	34	59	43	90	.2759051	221/801	34	89	65	90
.2753425	201/730	24	73	67	80	.2759197	165/598	30	65	55	92
.2753600	1740/6319	30	71	58	89	.2759295	141/511	30	70	47	73
.2753731	369/1340	41	67	45	100	.2759358	258/935	30	55	43	85
.2753848	1950/7081	30	73	65	97	.2759450	803/2910	33	90	73	97
.2753902	1147/4165	37	85	62	98	.2759615	287/1040	35	65	41	80
.2754030	2255/8188	41	89	55	92	.2759715	348/1261	30	65	58	97
.2754050	187/679	34	70	55	97	.2759913	1914/6935	33	73	58	95
.2754213	1961/7120	37	80	53	89	0.2760					
.2754430	544/1975	34	75	48	79	.2760044	1003/3634	34	79	59	92
.2754547	2378/8633	41	89	58	97	.2760120	825/2989	30	61	55	98
.2754616	925/3358	37	73	50	92	.2760163	1419/5141	33	53	43	97
.2754802	1219/4425	23	59	53	75	.2760317	1739/6300	37	70	47	90
.2754941	697/2530	34	55	41	92	.2760417	53/192	25	60	53	80
0.2755						.2760558	1425/5162	25	58	57	89
.2755026	370/1343	37	79	50	85	.2760716	2544/9215	48	95	53	97
.2755102	27/98	30	50	45	98	.2760803	1265/4582	23	58	55	79
.2755172	799/2900	34	58	47	100	.2761044	275/996	25	60	55	83
.2755252	564/2047	47	89	48	92	.2761111	497/1800	35	90	71	100
.2755454	240/871	20	65	60	67	.2761224	1353/4900	33	50	41	98
.2755556	62/225	30	75	62	90	.2761379	1450/5251	25	59	58	89
.2755842	342/1241	30	73	57	85	.2761821	625/2263	25	62	50	73
.2755939	1311/4757	23	67	57	71	.2761905	29/105	25	70	58	75
.2756024	183/664	30	80	61	83	.2761972	1961/7100	37	71	53	100
.2756118	1633/5925	23	75	71	79	.2762139	1462/5293	34	67	43	79
.2756227	675/2449	30	62	45	79	.2762172	295/1068	25	60	59	89
.2756303	164/595	40	70	41	85	.2762316	1598/5785	34	65	47	89
.2756365	1938/7031	34	79	57	89	.2762352	1353/4898	33	62	41	79
.2756500	986/3577	34	73	58	98	.2762472	371/1343	35	79	53	85
.2756843	1551/5626	33	58	47	97	.2762557	121/438	33	73	55	90
.2756863	703/2550	37	85	57	90	.2762655	2385/8633	45	89	53	97
.2757066	1590/5767	30	73	53	79	.2762803	205/742	35	53	41	98
.2757353*	75/272	25	80	75	85	.2762916	1353/4897	33	59	41	83
.2757550	1598/5795	34	61	47	95	.2763043	1271/4600	41	92	62	100
.2757598	372/1349	30	71	62	95	.2763052	344/1245	40	75	43	83
.2757685	305/1106	25	70	61	79	.2763158*	21/76	35	60	45	95
.2757764	222/805	37	70	48	92	.2763291	2183/7900	37	79	59	100
.2757916	270/979	30	55	45	89	.2763389	1419/5135	33	65	43	79

（续）

比值	分数	A	B	C	D
0.2760					
.2763491	2074/7505	34	79	61	95
.2763750	799/2891	34	59	47	98
.2763855	1147/4150	37	83	62	100
.2764045	123/445	30	50	41	89
.2764099	2279/8245	43	85	53	97
.2764240	1815/6566	33	67	55	98
.2764286	387/1400	43	70	45	100
.2764391	413/1494	35	83	59	90
.2764483	1675/6059	25	73	67	83
.2764706	47/170	30	60	47	85
.2764946	407/1472	37	80	55	92
0.2765					
.2765027	253/915	23	61	55	75
.2765199	1551/5609	33	71	47	79
.2765333	1037/3750	34	75	61	100
.2765490	1763/6375	41	75	43	85
.2765584	315/1139	35	67	45	85
.2765823	437/1580	23	60	57	79
.2765917	1464/5293	24	67	61	79
.2766082	473/1710	33	57	43	90
.2766176	1881/6800	33	80	57	85
.2766305	1353/4891	33	67	41	73
.2766393	135/488	30	61	45	80
.2766541	2120/7663	40	79	53	97
.2766600	275/994	25	70	55	71
.2766727	153/553	34	70	45	79
.2767010	671/2425	33	75	61	97
.2767064	1650/5963	30	67	55	89
.2767227	510/1843	34	57	45	97
.2767405	1749/6320	33	79	53	80
.2767646	1290/4661	30	59	43	79
.2767661	1763/6370	41	65	43	98
.2767779	1584/5723	33	59	48	97
.2767857	31/112	25	70	62	80
.2768034	1815/6557	33	79	55	83
.2768209	1334/4819	23	61	58	79
.2768540	1665/6014	37	62	45	97
.2768620	1394/5035	34	53	41	95
.2768663	675/2438	30	53	45	92
.2768778	188/679	40	70	47	97
.2768987	175/632	25	79	70	80
.2769141	1425/5146	25	62	57	83
.2769231 *	18/65	30	65	45	75
.2769387	1632/5893	34	71	48	83
.2769474	1927/6958	41	71	47	98
.2769643	1551/5600	33	70	47	80
0.2765					
.2769675	2013/7268	33	79	61	92
.2769835	1763/6365	41	67	43	95
.2769918	372/1343	30	79	62	85
.2769953	59/213	25	71	59	75
0.2770					
.2770053	259/935	35	55	37	85
.2770250	1881/6790	33	70	57	97
.2770370	187/675	34	75	55	90
.2770455	1219/4400	23	55	53	80
.2770602	2145/7742	33	79	65	98
.2770798	816/2945	34	62	48	95
.2770936	225/812	35	58	45	98
.2771037	708/2555	24	70	59	73
.2771141	2343/8455	33	89	71	95
.2771242	212/765	40	85	53	90
.2771536	74/267	37	60	40	89
.2771739	51/184	34	60	45	92
.2771831	492/1775	41	71	48	100
.2771894	1073/3871	37	79	58	98
.2771958	344/1241	40	73	43	85
.2772150	1505/5429	35	61	43	89
.2772177	275/992	25	62	55	80
.2772308	901/3250	34	65	53	100
.2772424	374/1349	34	71	55	95
.2772541	1353/4880	33	61	41	80
.2772660	1505/5428	35	59	43	92
.2772887	315/1136	35	71	45	80
.2773109 *	33/119	30	70	55	85
.2773432	1950/7031	30	79	65	89
.2773543	1128/4067	47	83	48	98
.2773613	185/667	37	58	40	92
.2773684	527/1900	34	80	62	95
.2773913	319/1150	33	75	58	92
.2773989	1749/6305	33	65	53	97
.2774133	296/1067	37	55	40	97
.2774194	43/155	30	62	43	75
.2774436	369/1330	41	70	45	95
.2774484	1357/4891	23	67	59	73
.2774695	250/901	25	53	50	85
.2774815	1353/4876	33	53	41	92
.2774858	1320/4757	24	67	55	71
0.2775					
.2775000	111/400	37	60	45	100
.2775073	285/1027	25	65	57	79
.2775385	451/1625	33	65	41	75
.2775510	68/245	34	50	40	98

（续）

比值	分数	A	B	C	D	比值	分数	A	B	C	D
0.2775						0.2780					
.2775673	1392/5015	24	59	58	85	.2781287	1189/4275	41	90	58	95
.2775775	385/1387	35	73	55	95	.2781387	1584/5695	33	67	48	85
.2775927	1250/4503	25	57	50	79	.2781633	1363/4900	47	98	58	100
.2776080	636/2291	24	58	53	79	.2781818	153/550	34	55	45	100
.2776190	583/2100	33	70	53	90	.2781876	264/949	24	65	55	73
.2776323	530/1909	40	83	53	92	.2781955	37/133	37	70	50	95
.2776371	329/1185	35	75	47	79	.2782120	1139/4094	34	89	67	92
.2776471	118/425	24	60	59	85	.2782258	69/248	23	62	60	80
.2776584	517/1862	33	57	47	98	.2782353	473/1700	33	60	43	85
.2776660	138/497	23	70	60	71	.2782534	325/1168	25	73	65	80
.2776770	153/551	34	58	45	95	.2782895	423/1520	45	80	47	95
.2776908	1419/5110	33	70	43	73	.2782984	1485/5336	33	58	45	92
.2776999	198/713	33	62	48	92	.2783133	231/830	33	83	70	100
.2777060	1075/3871	43	79	50	98	.2783285	1825/6557	25	79	73	83
.2777211	1360/4897	34	59	40	83	.2783505	27/97	30	50	45	97
.2777425	438/1577	30	83	73	95	.2783590	1357/4875	23	65	59	75
.2777542	1311/4720	23	59	57	80	.2783673	341/1225	33	75	62	98
.2777778*	5/18	25	60	50	75	.2783761	336/1207	24	71	70	85
.2777902	2479/8924	37	92	67	97	.2784232	1462/5251	34	59	43	89
.2777989	732/2635	24	62	61	85	.2784281	333/1196	37	65	45	92
.2778345	272/979	34	55	40	89	.2784380	164/589	40	62	41	95
.2778374	1295/4661	35	59	37	79	.2784536	2701/9700	37	97	73	100
.2778456	2275/8188	35	89	65	92	.2784626	2485/8924	35	92	71	97
.2778650	177/637	30	65	59	98	.2784810	22/79	24	60	55	79
.2778659	1927/6935	41	73	47	95	.2784910	1410/5063	30	61	47	83
.2778772	2173/7820	41	85	53	92	0.2785					
.2778947	132/475	33	57	48	100	.2785114	232/833	40	85	58	98
.2779026	371/1335	35	75	53	89	.2785212	1665/5978	37	61	45	98
.2779149	1914/6887	33	71	58	97	.2785283	969/3479	34	71	57	98
.2779167	667/2400	23	60	58	80	.2785425	344/1235	40	65	43	95
.2779317	301/1083	35	57	43	95	.2785714*	39/140	30	70	65	100
.2779420	470/1691	30	57	47	89	.2785822	2405/8633	37	89	65	97
.2779570	517/1860	33	62	47	90	.2785882	592/2125	37	75	48	85
.2779661	82/295	34	59	41	85	.2786115	2135/7663	35	79	61	97
.2779930	1435/5162	35	58	41	89	.2786418	1272/4565	24	55	53	83
0.2780						.2786517	124/445	30	75	62	89
.2780010	1591/5723	37	59	43	97	.2786561	141/506	30	55	47	92
.2780125	1645/5917	35	61	47	97	.2786699	1475/5293	25	67	59	79
.2780172	129/464	30	58	43	80	.2786770	396/1421	33	58	48	98
.2780328	424/1525	24	61	53	75	.2786885	17/61	34	61	40	80
.2780617	1360/4891	34	67	40	73	.2787037	301/1080	35	60	43	90
.2780738	1357/4880	23	61	59	80	.2787085	915/3283	30	67	61	98
.2780833	354/1273	30	67	59	95	.2787194	148/531	37	59	40	90
.2780899	99/356	33	60	45	89	.2787268	1550/5561	25	67	62	83
.2780972	1935/6958	43	71	45	98	.2787518	795/2852	30	62	53	92
.2781244	1560/5609	24	71	65	79	.2787671	407/1460	37	73	55	100

（续）

比值	分数	A	B	C	D
0.2785					
.2787839	2109/7565	37	85	57	89
.2787948	731/2622	34	57	43	92
.2788000	697/2500	34	50	41	100
.2788136	329/1180	35	59	47	100
.2788235	237/850	24	80	79	85
.2788278	1608/5767	24	73	67	79
.2788462	29/104	25	65	58	80
.2788575	1650/5917	30	61	55	97
.2788732	99/355	33	71	45	75
.2788764	1241/4450	34	89	73	100
.2789047	275/986	25	58	55	85
.2789116	41/147	40	60	41	98
.2789171	340/1219	34	53	40	92
.2789271	1591/5704	37	62	43	92
.2789419	1065/3818	30	83	71	92
.2789474	53/190	24	57	53	80
.2789620	301/1079	35	65	43	83
.2789691	1353/4850	33	50	41	97
.2789855	77/276	35	75	55	92
.2789998	1763/6319	41	71	43	89
0.2790					
.2790108	440/1577	24	57	55	83
.2790195	387/1387	43	73	45	95
.2790259	1776/6365	37	67	48	95
.2790396	430/1541	40	67	43	92
.2790455	2409/8633	33	89	73	97
.2790607	713/2555	23	70	62	73
.2790850	427/1530	35	85	61	90
.2790948	259/928	35	58	37	80
.2791045	187/670	34	67	55	100
.2791228	1591/5700	37	57	43	100
.2791286	1435/5141	35	53	41	97
.2791447	1645/5893	35	71	47	83
.2791560	2183/7820	37	85	59	92
.2791746	1610/5767	23	73	70	79
.2791923	318/1139	30	67	53	85
.2792040	1403/5025	23	67	61	75
.2792135	497/1780	35	89	71	100
.2792208	43/154	35	55	43	98
.2792308	363/1300	33	65	55	100
.2792413	265/949	25	65	53	73
.2792453	74/265	37	53	40	100
.2792570	451/1615	33	57	41	85
.2792737	1815/6499	33	67	55	97
.2792754	1927/6900	41	75	47	92
.2792869	329/1178	35	62	47	95

比值	分数	A	B	C	D
0.2790					
.2792977	684/2449	24	62	57	79
.2793065	1015/3634	35	79	58	92
.2793367	219/784	30	80	73	98
.2793547	1368/4897	24	59	57	83
.2793597	1815/6497	33	73	55	89
.2793679	1591/5695	37	67	43	85
.2793808	2256/8075	47	85	48	95
.2794118	19/68	25	60	57	85
.2794253	1517/5429	37	61	41	89
.2794366	496/1775	24	71	62	75
.2794547	287/1027	35	65	41	79
.2794711	1247/4462	43	92	58	97
.2794768	1517/5428	37	59	41	92
.2794962	1265/4526	23	62	55	73
0.2795					
.2795121	1925/6887	35	71	55	97
.2795181	116/415	24	60	58	83
.2795309	1311/4690	23	67	57	70
.2795359	265/948	25	60	53	79
.2795451	2065/7387	35	83	59	89
.2795556	629/2250	34	50	37	90
.2795833	671/2400	33	80	61	90
.2795966	2135/7636	35	83	61	92
.2796146	1480/5293	37	67	40	79
.2796193	1763/6305	41	65	43	97
.2796392	217/776	35	80	62	97
.2796528	290/1037	25	61	58	85
.2796610	33/118	24	59	55	80
.2796761	1416/5063	24	61	59	83
.2796902	325/1162	25	70	65	83
.2796974	1368/4891	24	67	57	73
.2797161	473/1691	33	57	43	89
.2797271	287/1026	35	57	41	90
.2797468	221/790	34	79	65	100
.2797619	47/168	35	60	47	98
.2798025	1927/6887	41	71	47	97
.2798086	1462/5225	34	55	43	95
.2798218	1947/6958	33	71	59	98
.2798290	720/2573	24	62	60	83
.2798413	1763/6300	41	70	43	90
.2798734	2211/7900	33	79	67	100
.2798861	295/1054	25	62	59	85
.2799033	1968/7031	41	79	48	89
.2799085	1591/5684	37	58	43	98
.2799197	697/2490	34	60	41	83
.2799296	159/568	30	71	53	80

（续）

比值	分数	*A*	*B*	*C*	*D*
0.2795					
.2799433	395/1411	25	83	79	85
.2799502	1575/5626	35	58	45	97
.2799702	376/1343	40	79	47	85
.2799932	1650/5893	30	71	55	83
0.2800					
.2800000*	7/25	35	50	40	100
.2800215	2607/9310	33	95	79	98
.2800258	2173/7760	41	80	53	97
.2800397	282/1007	30	53	47	95
.2800470	2146/7663	37	79	58	97
.2800633	177/632	30	79	59	80
.2800676	1325/4731	25	57	53	83
.2800766	731/2610	34	58	43	90
.2800894	2255/8051	41	83	55	97
.2801020	549/1960	45	98	61	100
.2801056	1591/5680	37	71	43	80
.2801191	1881/6715	33	79	57	85
.2801411	1350/4819	30	61	45	79
.2801477	1517/5415	37	57	41	95
.2801592	915/3266	30	71	61	92
.2801698	462/1649	33	85	70	97
.2801820	2279/8134	43	83	53	98
.2801887	297/1060	33	53	45	100
.2801966	399/1424	35	80	57	89
.2802136	2256/8051	47	83	48	97
.2802247	1247/4450	43	89	58	100
.2802379	424/1513	40	85	53	89
.2802529	975/3479	30	71	65	98
.2802579	1739/6205	37	73	47	85
.2802686	1419/5063	33	61	43	83
.2802790	442/1577	34	83	65	95
.2802893	155/553	25	70	62	79
.2803075	474/1691	30	89	79	95
.2803279	171/610	24	61	57	80
.2803419	164/585	40	65	41	90
.2803509	799/2850	34	57	47	100
.2803922	143/510	33	85	65	90
.2804026	1003/3577	34	73	59	98
.2804124	136/485	34	50	40	97
.2804190	348/1241	30	73	58	85
.2804348	129/460	30	50	43	92
.2804544	1333/4753	43	97	62	98
.2804702	1551/5530	33	70	47	79
.2804839	1739/6200	37	62	47	100
0.2805					
.2805209	517/1843	33	57	47	97

比值	分数	*A*	*B*	*C*	*D*
0.2805					
.2805251	1560/5561	24	67	65	83
.2805430	62/221	25	65	62	85
.2805524	1219/4345	23	55	53	79
.2805592	1485/5293	33	67	45	79
.2805690	2150/7663	43	79	50	97
.2805907	133/474	35	79	57	90
.2805970	94/335	30	67	47	75
.2806122	55/196	30	60	55	98
.2806154	456/1625	24	65	57	75
.2806316	1333/4750	43	95	62	100
.2806486	1575/5612	35	61	45	92
.2806768	2173/7742	41	79	53	98
.2806944	2021/7200	43	80	47	90
.2807018*	16/57	30	45	40	95
.2807203	265/944	25	59	53	80
.2807268	1375/4898	25	62	55	79
.2807384	1749/6230	33	70	53	89
.2807463	1881/6700	33	67	57	100
.2807636	1353/4819	33	61	41	79
.2807842	1375/4897	25	59	55	83
.2807987	1575/5609	35	71	45	79
.2808219	41/146	35	70	41	73
.2808349	148/527	37	62	40	85
.2808544	355/1264	25	79	71	80
.2808696	323/1150	34	75	57	92
.2808794	2108/7505	34	79	62	95
.2808950	816/2905	34	70	48	83
.2809062	2145/7636	33	83	65	92
.2809238	1265/4503	23	57	55	79
.2809259	1517/5400	37	60	41	90
.2809524	59/210	25	70	59	75
.2809641	1935/6887	43	71	45	97
.2809783	517/1840	33	60	47	92
.2809930	1845/6566	41	67	45	98
.2809991	315/1121	35	59	45	95
0.2810					
.2810127	111/395	37	75	45	79
.2810309	1363/4850	47	97	58	100
.2810429	636/2263	24	62	53	73
.2810484	697/2480	34	62	41	80
.2810553	1353/4814	33	58	41	83
.2810667	527/1875	34	75	62	100
.2810801	1551/5518	33	62	47	89
.2811111	253/900	23	60	55	75
.2811245	70/249	25	75	70	83
.2811286	1375/4891	25	67	55	73

（续）

比值	分数	A	B	C	D	比值	分数	A	B	C	D
0.2810						0.2815					
.2811400	799/2842	34	58	47	98	.2817837	297/1054	33	62	45	85
.2811538	731/2600	34	65	43	80	.2817869	82/291	40	60	41	97
.2811565	282/1003	30	59	47	85	.2818004	144/511	24	70	60	73
.2811824	390/1387	30	73	65	95	.2818121	423/1501	45	79	47	95
.2811863	1517/5395	37	65	41	83	.2818199	1530/5429	34	61	45	89
.2811966	329/1170	35	65	47	90	.2818272	1419/5035	33	53	43	95
.2812345	1704/6059	24	73	71	83	.2818352	301/1068	35	60	43	89
.2812371	682/2425	33	75	62	97	.2818511	1480/5251	37	59	40	89
.2812500*	9/32	30	60	45	80	.2818718	765/2714	34	59	45	92
.2812701	1311/4661	23	59	57	79	.2818851	957/3395	33	70	58	97
.2812865	481/1710	37	90	65	95	.2819048	148/525	37	70	40	75
.2813144	2183/7760	37	80	59	97	.2819355	437/1550	23	62	57	75
.2813380	799/2840	34	71	47	80	.2819549	75/266	35	57	45	98
.2813725	287/1020	35	60	41	85	.2819672	86/305	34	61	43	85
.2813793	204/725	34	58	48	100	0.2820					
.2813926	1665/5917	37	61	45	97	.2820000	141/500	30	50	47	100
.2813997	1938/6887	34	71	57	97	.2820153	2211/7840	33	80	67	98
.2814059	1241/4410	34	90	73	98	.2820306	350/1241	25	73	70	85
.2814346	667/2370	23	60	58	79	.2820513*	11/39	25	65	55	75
.2814352	855/3038	30	62	57	98	.2820583	1025/3634	41	79	50	92
.2814471	1517/5390	37	55	41	98	.2820700	387/1372	43	70	45	98
.2814612	1541/5475	23	73	67	75	.2820760	1462/5183	34	71	43	73
.2814706	957/3400	33	80	58	85	.2820993	301/1067	35	55	43	97
.2814786	731/2597	34	53	43	98	.2821089	1632/5785	34	65	48	89
.2814882	1551/5510	33	58	47	95	.2821220	1739/6164	37	67	47	92
0.2815						.2821250	2257/8000	37	80	61	100
.2815126	67/238	25	70	67	85	.2821412	1850/6557	37	79	50	83
.2815217	259/920	35	50	37	92	.2821509	1380/4891	23	67	60	73
.2815364	645/2291	30	58	43	79	.2821739	649/2300	33	75	59	92
.2815499	792/2813	33	58	48	97	.2821769	1037/3675	34	75	61	98
.2815610	1075/3818	43	83	50	92	.2822034	333/1180	37	59	45	100
.2815663	2337/8300	41	83	57	100	.2822162	1360/4819	34	61	40	79
.2815818	1830/6499	30	67	61	97	.2822273	370/1311	37	57	40	92
.2815937	1357/4819	23	61	59	79	.2822368	429/1520	33	80	65	95
.2816100	1980/7031	33	79	60	89	.2822523	396/1403	33	61	48	92
.2816162	697/2475	34	55	41	90	.2822553	816/2891	34	59	48	98
.2816265	187/664	34	80	55	83	.2822719	164/581	40	70	41	83
.2816479	376/1335	40	75	47	89	.2822842	435/1541	30	67	58	92
.2816685	1830/6497	30	73	61	89	.2822938	1403/4970	23	70	61	71
.2816812	1776/6305	37	65	48	97	.2823034	201/712	30	80	67	89
.2817143	493/1750	34	70	58	100	.2823293	703/2490	37	83	57	90
.2817337*	91/323	35	85	65	95	.2823440	371/1314	35	73	53	90
.2817399	1995/7081	35	73	57	97	.2823529*	24/85	30	75	60	85
.2817477	690/2449	23	62	60	79	.2823684	1073/3800	37	80	58	95
.2817623	275/976	25	61	55	80	.2823759	290/1027	25	65	58	79
.2817723	725/2573	25	62	58	83	.2823881	473/1675	33	67	43	75

（续）

比值	分数	*A*	*B*	*C*	*D*
0.2820					
.2824033	1584/5609	33	71	48	79
.2824263	2491/8820	47	90	53	98
.2824444	1271/4500	41	90	62	100
.2824485	1495/5293	23	67	65	79
.2824619	1464/5183	24	71	61	73
.2824783	424/1501	24	57	53	79
.2824993	2021/7154	43	73	47	98
0.2825					
.2825093	680/2407	34	58	40	83
.2825160	265/938	25	67	53	70
.2825342	165/584	30	73	55	80
.2825386	1665/5893	37	71	45	83
.2825485	102/361	34	57	45	95
.2825584	1343/4753	34	97	79	98
.2825736	2275/8051	35	83	65	97
.2825849	258/913	30	55	43	83
.2826048	1584/5605	33	59	48	95
.2826087	13/46	30	75	65	92
.2826164	795/2813	30	58	53	97
.2826291	301/1065	35	71	43	75
.2826389	407/1440	37	80	55	90
.2826460	329/1164	35	60	47	97
.2826667	106/375	24	60	53	75
.2826825	333/1178	37	62	45	95
.2826966	629/2225	34	50	37	89
.2827068	188/665	40	70	47	95
.2827247	2013/7120	33	80	61	89
.2827397	516/1825	43	73	48	100
.2827586	41/145	34	58	41	85
.2827686	1961/6935	37	73	53	95
.2827782	399/1411	35	83	57	85
.2827942	1591/5626	37	58	43	97
.2828033	1485/5251	33	59	45	89
.2828283*	28/99	35	55	40	90
.2828399	984/3479	41	71	48	98
.2828571	99/350	33	70	45	75
.2828701	1435/5073	35	57	41	89
.2828767	413/1460	35	73	59	100
.2828947	43/152	30	57	43	80
.2829038	1855/6557	35	79	53	83
.2829083	2607/9215	33	95	79	97
.2829240	2419/8550	41	90	59	95
.2829412	481/1700	37	85	65	100
.2829511	1419/5015	33	59	43	85
.2829592	2773/9800	47	98	59	100
.2829710	781/2760	33	90	71	92

比值	分数	*A*	*B*	*C*	*D*
0.2825					
.2829856	1763/6230	41	70	43	89
0.2830					
.2830026	328/1159	40	61	41	95
.2830189	15/53	30	53	45	90
.2830704	2279/8051	43	83	53	97
.2830810	430/1519	40	62	43	98
.2830882*	77/272	35	80	55	85
.2830986	201/710	24	71	67	80
.2831108	1802/6365	34	67	53	95
.2831224	671/2370	33	79	61	90
.2831325	47/166	30	60	47	83
.2831422	1950/6887	30	71	65	97
.2831633	111/392	37	60	45	98
.2831808	495/1748	33	57	45	92
.2832010	1320/4661	24	59	55	79
.2832129	1763/6225	41	75	43	83
.2832236	731/2581	34	58	43	89
.2832339	522/1843	45	95	58	97
.2832389	1749/6175	33	65	53	95
.2832536	296/1045	37	55	40	95
.2832775	930/3283	30	67	62	98
.2832877	517/1825	33	73	47	75
.2833133	236/833	40	85	59	98
.2833215	795/2806	30	61	53	92
.2833333	17/60	34	60	40	80
.2833415	580/2047	40	89	58	92
.2833471	342/1207	30	71	57	85
.2833696	2607/9200	33	92	79	100
.2833755	1679/5925	23	75	73	79
.2833851	365/1288	35	92	73	98
.2834148	986/3479	34	71	58	98
.2834225	53/187	25	55	53	85
.2834275	301/1062	35	59	43	90
.2834445	2337/8245	41	85	57	97
.2834730	1590/5609	30	71	53	79
.2834918	328/1157	40	65	41	89
.2834996	1591/5612	37	61	43	92
0.2835					
.2835052	55/194	30	60	55	97
.2835249	74/261	37	58	40	90
.2835443	112/395	24	75	70	79
.2835556	319/1125	33	75	58	90
.2835661	264/931	33	57	48	98
.2835821	19/67	25	67	57	75
.2835968	287/1012	35	55	41	92
.2836207	329/1160	35	58	47	100

（续）

比值	分数	A	B	C	D
0.2835					
.2836389	820/2891	40	59	41	98
.2836478	451/1590	33	53	41	90
.2836601	217/765	35	85	62	90
.2836663	1860/6557	30	79	62	83
.2836802	259/913	35	55	37	83
.2837022	141/497	30	70	47	71
.2837113	688/2425	43	75	48	97
.2837443	1749/6164	33	67	53	92
.2837573	145/511	25	70	58	73
.2837658	1914/6745	33	71	58	95
.2837811	1426/5025	23	67	62	75
.2837923	1350/4757	30	67	45	71
.2838000	1419/5000	33	50	43	100
.2838108	426/1501	30	79	71	95
.2838192	1947/6860	33	70	59	98
.2838537	1591/5605	37	59	43	95
.2838590	153/539	34	55	45	98
.2838654	329/1159	35	61	47	95
.2838763	1368/4819	24	61	57	79
.2838898	1845/6499	41	67	45	97
.2839136	473/1666	43	85	55	98
.2839286	159/560	30	70	53	80
.2839623	301/1060	35	53	43	100
.2839772	1845/6497	41	73	45	89
.2839931	165/581	30	70	55	83
0.2840					
.2840000	71/250	24	75	71	80
.2840200	455/1602	35	89	65	90
.2840384	799/2813	34	58	47	97
.2840523	2173/7650	41	85	53	90
.2840737	1311/4615	23	65	57	71
.2840824	1517/5340	37	60	41	89
.2840909*	25/88	25	55	50	80
.2841042	731/2573	34	62	43	83
.2841071	1591/5600	37	70	43	80
.2841222	2065/7268	35	79	59	92
.2841257	1763/6205	41	73	43	85
.2841363	2701/9506	37	97	73	98
.2841476	285/1003	25	59	57	85
.2841555	1250/4399	25	53	50	83
.2841712	684/2407	24	58	57	83
.2841802	1085/3818	35	83	62	92
.2841976	696/2449	24	62	58	79
.2842105*	27/95	30	50	45	95
.2842238	2479/8722	37	89	67	98
.2842355	1675/5893	25	71	67	83
0.2840					
.2842475	2021/7110	43	79	47	90
.2842557	1392/4897	24	59	58	83
.2842738	1325/4661	25	59	53	79
.2842819	2013/7081	33	73	61	97
.2842896	2537/8924	43	92	59	97
.2842954	1517/5336	37	58	41	92
.2843137	29/102	25	60	58	85
.2843249	497/1748	35	92	71	95
.2843373	118/415	24	60	59	83
.2843486	1517/5335	37	55	41	97
.2843561	329/1157	35	65	47	89
.2843750*	91/320	35	80	65	100
.2843805	1462/5141	34	53	43	97
.2843945	1139/4005	34	89	67	90
.2844148	469/1649	35	85	67	97
.2844164	1440/5063	24	61	60	83
.2844350	667/2345	23	67	58	70
.2844471	481/1691	37	89	65	95
.2844562	2035/7154	37	73	55	98
.2844744	295/1037	25	61	59	85
.2844828	33/116	24	58	55	80
.2844898	697/2450	34	50	41	98
0.2845					
.2845036	235/826	35	59	47	98
.2845100	270/949	30	65	45	73
.2845194	2279/8010	43	89	53	90
.2845645	990/3479	33	71	60	98
.2845731	2173/7636	41	83	53	92
.2845842	1475/5183	25	71	59	73
.2845882	2419/8500	41	85	59	100
.2846044	1392/4891	24	67	58	73
.2846060	697/2449	34	62	41	79
.2846154	37/130	37	65	40	80
.2846271	187/657	34	73	55	90
.2846402	265/931	30	57	53	98
.2846479	2021/7100	43	71	47	100
.2846641	1394/4897	34	59	41	83
.2846667	427/1500	35	75	61	100
.2846939	279/980	45	98	62	100
.2847128	1462/5135	34	65	43	79
.2847222	41/144	41	80	50	90
.2847282	330/1159	30	61	55	95
.2847394	1961/6887	37	71	53	97
.2847470	799/2806	34	61	47	92
.2847619	299/1050	23	70	65	75
.2847804	1394/4895	34	55	41	89

（续）

比值	分数	A	B	C	D
0.2845					
.2847938	221/776	34	80	65	97
.2848005	935/3283	34	67	55	98
.2848101	45/158	30	60	45	79
.2848192	1591/5586	37	57	43	98
.2848421	1353/4750	33	50	41	95
.2848485	47/165	30	55	47	90
.2848616	525/1843	35	57	45	97
.2848750	2279/8000	43	80	53	100
.2848826	1517/5325	37	71	41	75
.2848993	1598/5609	34	71	47	79
.2849095	708/2485	24	70	59	71
.2849227	2211/7760	33	80	67	97
.2849294	363/1274	33	65	55	98
.2849442	740/2597	37	53	40	98
.2849462	53/186	25	62	53	75
.2849779	387/1358	43	70	45	97
.2849903	731/2565	34	57	43	90
0.2850					
.2850050	287/1007	35	53	41	95
.2850133	1394/4891	34	67	41	73
.2850212	470/1649	47	85	50	97
.2850335	1914/6715	33	79	58	85
.2850515	553/1940	35	97	79	100
.2850562	2537/8900	43	89	59	100
.2850679*	63/221	35	65	45	85
.2850820	1739/6100	37	61	47	100
.2850859	2074/7275	34	75	61	97
.2851026	1598/5605	34	59	47	95
.2851124	203/712	35	80	58	89
.2851153	136/477	34	53	40	90
.2851254	1591/5580	37	62	43	90
.2851423	1353/4745	33	65	41	73
.2851532	363/1273	33	67	55	95
.2851651	1632/5723	34	59	48	97
.2851772	531/1862	45	95	59	98
.2851852*	77/270	35	75	55	90
.2852041	559/1960	43	98	65	100
.2852204	330/1157	30	65	55	89
.2852405	172/603	40	67	43	90
.2852459	87/305	24	61	58	80
.2852638	1357/4757	23	67	59	71
.2853012	592/2075	37	75	48	83
.2853079	2006/7031	34	79	59	89
.2853261	105/368	35	60	45	92
.2853380	325/1139	25	67	65	85
.2853519	450/1577	30	57	45	83

比值	分数	A	B	C	D
0.2850					
.2853571	799/2800	34	70	47	80
.2853684	825/2891	30	59	55	98
.2853846	371/1300	35	65	53	100
.2853966	385/1349	35	71	55	95
.2854117	2021/7081	43	73	47	97
.2854197	969/3395	34	70	57	97
.2854295	1575/5518	35	62	45	89
.2854430	451/1580	33	60	41	79
.2854478	153/536	34	67	45	80
.2854560	1105/3871	34	79	65	98
.2854742	1189/4165	41	85	58	98
.2854839	177/620	24	62	59	80
0.2855					
.2855016	2109/7387	37	83	57	89
.2855061	1763/6175	41	65	43	95
.2855164	1855/6497	35	73	53	89
.2855263	217/760	35	80	62	95
.2855385	464/1625	24	65	58	75
.2855489	1480/5183	37	71	40	73
.2855603	265/928	25	58	53	80
.2855721	287/1005	35	67	41	75
.2855787	301/1054	35	62	43	85
.2855851	2211/7742	33	79	67	98
.2855996	2491/8722	47	89	53	98
.2856140	407/1425	37	75	55	95
.2856180	1271/4450	41	89	62	100
.2856253	1375/4814	25	58	55	83
.2856501	1272/4453	24	61	53	73
.2856557	697/2440	34	61	41	80
.2856716	957/3350	33	67	58	100
.2856816	1247/4365	43	90	58	97
.2856874	1517/5310	37	59	41	90
.2856962	2257/7900	37	79	61	100
.2857143*	2/7	30	70	60	90
.2857406	1551/5428	33	59	47	92
.2857558	1968/6887	41	71	48	97
.2857889	2190/7663	30	79	73	97
.2858049	1802/6305	34	65	53	97
.2858095	429/1501	33	79	65	95
.2858439	315/1102	35	58	45	95
.2858601	1961/6860	37	70	53	98
.2858757	253/885	23	59	55	75
.2858901	697/2438	34	53	41	92
.2859068	1485/5194	33	53	45	98
.2859198	1590/5561	30	67	53	83
.2859427	2146/7505	37	79	58	95

（续）

比值	分数	A	B	C	D
0.2855					
.2859487	1394/4875	34	65	41	75
.2859860	451/1577	33	57	41	83
0.2860					
.2860041	141/493	30	58	47	85
.2860169	135/472	30	59	45	80
.2860317	901/3150	34	70	53	90
.2860488	855/2989	30	61	57	98
.2860596	355/1241	25	73	71	85
.2860723	799/2793	34	57	47	98
.2860825	111/388	37	60	45	97
.2860887	1419/4960	33	62	43	80
.2860996	1591/5561	37	67	43	83
.2861057	731/2555	34	70	43	73
.2861150	204/713	34	62	48	92
.2861333	1073/3750	37	75	58	100
.2861416	287/1003	35	59	41	85
.2861538	93/325	24	65	62	80
.2861556	2501/8740	41	92	61	95
.2861989	1350/4717	30	53	45	89
.2862080	1739/6076	37	62	47	98
.2862208	1776/6205	37	73	48	85
.2862264	1517/5300	37	53	41	100
.2862397	2257/7885	37	83	61	95
.2862513	533/1862	41	95	65	98
.2862745	73/255	25	75	73	85
.2862829	935/3266	34	71	55	92
.2862860	1860/6497	30	73	62	89
.2863014	209/730	33	73	57	90
.2863138	2115/7387	45	83	47	89
.2863158	136/475	34	50	40	95
.2863366	1972/6887	34	71	58	97
.2863485	258/901	30	53	43	85
.2863636*	63/220	35	55	45	100
.2863726	435/1519	30	62	58	98
.2863799	799/2790	34	62	47	90
.2863915	1450/5063	25	61	58	83
.2864031	297/1037	33	61	45	85
.2864130	527/1840	34	80	62	92
.2864266	517/1805	33	57	47	95
.2864376	792/2765	33	70	48	79
.2864516	222/775	37	62	48	100
.2864583*	55/192	25	60	55	80
.2864758	1881/6566	33	67	57	98
.2864894	528/1843	33	57	48	97
.2864971	732/2555	24	70	61	73
0.2865					
.2865136	1485/5183	33	71	45	73
.2865169	51/178	34	60	45	89
.2865497*	49/171	35	90	70	95
.2865630	1640/5723	40	59	41	97
.2865672	96/335	24	67	60	75
.2866049	1517/5293	37	67	41	79
.2866121	1505/5251	35	59	43	89
.2866175	272/949	34	65	40	73
.2866304	1475/5146	25	62	59	83
.2866397	354/1235	30	65	59	95
.2866525	1353/4720	33	59	41	80
.2866667	43/150	30	50	43	90
.2866821	1608/5609	24	71	67	79
.2866906	2475/8633	33	89	75	97
.2866968	1584/5525	33	65	48	85
.2867106	740/2581	37	58	40	89
.2867213	1749/6100	33	61	53	100
.2867316	765/2668	34	58	45	92
.2867416	638/2225	33	75	58	89
.2867452	1947/6790	33	70	59	97
.2867647*	39/136	30	80	65	85
.2867684	1710/5963	30	67	57	89
.2867854	306/1067	34	55	45	97
.2868027	1054/3675	34	75	62	98
.2868056	413/1440	35	80	59	90
.2868151	335/1168	25	73	67	80
.2868349	1353/4717	33	53	41	89
.2868405	473/1649	43	85	55	97
.2868534	1403/4891	23	67	61	73
.2868690	1881/6557	33	79	57	83
.2868817	667/2325	23	62	58	75
.2868852	35/122	35	61	45	90
.2869198	68/237	34	60	40	79
.2869267	1927/6716	41	73	47	92
.2869388	703/2450	37	75	57	98
.2869474	1363/4750	47	95	58	100
.2869565	33/115	33	60	48	92
.2869695	1927/6715	41	79	47	85
.2869947	1505/5244	35	57	43	92
0.2870					
.2870000	287/1000	35	50	41	100
.2870111	1739/6059	37	73	47	83
.2870605	792/2759	33	62	48	89
.2870690	333/1160	37	58	45	100
.2870787	511/1780	35	89	73	100
.2870924	1488/5183	24	71	62	73

（续）

比值	分数	*A*	*B*	*C*	*D*
0.2870					
.2871073	265/923	25	65	53	71
.2871217	408/1421	34	58	48	98
.2871429	201/700	24	70	67	80
.2871512	885/3082	30	67	59	92
.2871579	682/2375	33	75	62	95
.2871795*	56/195	35	65	40	75
.2871870	195/679	30	70	65	97
.2871981	1189/4140	41	90	58	92
.2872222	517/1800	33	60	47	90
.2872290	1815/6319	33	71	55	89
.2872444	295/1027	25	65	59	79
.2872671	185/644	37	70	50	92
.2872841	183/637	30	65	61	98
.2872984	285/992	25	62	57	80
.2873134	77/268	35	67	55	100
.2873167	333/1159	37	61	45	95
.2873494	477/1660	45	83	53	100
.2873584	1598/5561	34	67	47	83
.2873694	1265/4402	23	62	55	71
.2873950	171/595	30	70	57	85
.2874227	697/2425	34	50	41	97
.2874272	2565/8924	45	92	57	97
.2874367	1645/5723	35	59	47	97
.2874469	474/1649	30	85	79	97
.2874584	259/901	35	53	37	85
.2874657	1360/4731	34	57	40	83
.2874773	792/2755	33	58	48	95
.2874884	1551/5395	33	65	47	83
.2874982	1980/6887	33	71	60	97
0.2875					
.2875098	366/1273	30	67	61	95
.2875175	205/713	40	62	41	92
.2875746	530/1843	30	57	53	97
.2875817*	44/153	40	85	55	90
.2875949	568/1975	24	75	71	79
.2876020	740/2573	37	62	40	83
.2876113	1776/6175	37	65	48	95
.2876254	86/299	40	65	43	92
.2876417	2537/8820	43	90	59	98
.2876712	21/73	35	73	45	75
.2876792	1485/5162	33	58	45	89
.2876923	187/650	34	65	55	100
.2877034	1591/5530	37	70	43	79
.2877193	82/285	34	57	41	85
.2877366	1870/6499	34	67	55	97
.2877551	141/490	30	50	47	98

比值	分数	*A*	*B*	*C*	*D*
0.2875					
.2877778	259/900	35	50	37	90
.2877949	1403/4875	23	65	61	75
.2878133	333/1157	37	65	45	89
.2878195	957/3325	33	70	58	95
.2878296	1419/4930	33	58	43	85
.2878539	1749/6076	33	62	53	98
.2878558	1517/5270	37	62	41	85
.2878726	705/2449	30	62	47	79
.2878817	1480/5141	37	53	40	97
.2879213	205/712	41	80	50	89
.2879314	1410/4897	30	59	47	83
.2879626	1665/5782	37	59	45	98
.2879719	328/1139	40	67	41	85
0.2880					
.2880000	36/125	33	55	48	100
.2880383	301/1045	35	55	43	95
.2880490	282/979	30	55	47	89
.2880556	1037/3600	34	80	61	90
.2880838	660/2291	24	58	55	79
.2880952	121/420	33	70	55	90
.2881164	1525/5293	25	67	61	79
.2881319	1311/4550	23	65	57	70
.2881356	17/59	34	59	40	80
.2881526	287/996	35	60	41	83
.2881608	387/1343	43	79	45	85
.2881690	1023/3550	33	71	62	100
.2881924	1462/5073	34	57	43	89
.2882022	513/1780	45	89	57	100
.2882086	1271/4410	41	90	62	98
.2882246	1591/5520	37	60	43	92
.2882267	590/2047	40	89	59	92
.2882353*	49/170	35	85	70	100
.2882530	957/3320	33	80	58	83
.2882846	1410/4891	30	67	47	73
.2883035	1368/4745	24	65	57	73
.2883142	301/1044	35	58	43	90
.2883188	1360/4717	34	53	40	89
.2883291	1591/5518	37	62	43	89
.2883444	2130/7387	30	83	71	89
.2883544	1139/3950	34	79	67	100
.2883632	451/1564	41	85	55	92
.2883824	1961/6800	37	80	53	85
.2883941	1645/5704	35	62	47	92
.2883988	2210/7663	34	79	65	97
.2884172	2378/8245	41	85	58	97
.2884281	2490/8633	30	89	83	97

（续）

比值	分数	A	B	C	D
0.2880					
.2884430	1495/5183	23	71	65	73
.2884454	1720/5963	40	67	43	89
.2884615*	15/52	25	65	60	80
.2884810	2279/7900	43	79	53	100
.2884861	1353/4690	33	67	41	70
.2884990	148/513	37	57	40	90
0.2885					
.2885099	1032/3577	43	73	48	98
.2885246	88/305	24	61	55	75
.2885292	410/1421	40	58	41	98
.2885440	2491/8633	47	89	53	97
.2885572	58/201	25	67	58	75
.2885662	159/551	30	58	53	95
.2885870	531/1840	45	92	59	100
.2885965	329/1140	35	57	47	100
.2886076	114/395	24	60	57	79
.2886189	2257/7820	37	85	61	92
.2886297	99/343	33	70	60	98
.2886497	295/1022	25	70	59	73
.2886583	1947/6745	33	71	59	95
.2886792	153/530	34	53	45	100
.2886891	1927/6675	41	75	47	89
.2887143	2021/7000	43	70	47	100
.2887214	2030/7031	35	79	58	89
.2887324	41/142	35	70	41	71
.2887477	1591/5510	37	58	43	95
.2887616	1462/5063	34	61	43	83
.2887701*	54/187	30	55	45	85
.2888128	253/876	23	60	55	73
.2888199	93/322	30	70	62	92
.2888265	1750/6059	25	73	70	83
.2888373	2365/8188	43	89	55	92
.2888543	1485/5141	33	53	45	97
.2888566	1392/4819	24	61	58	79
.2888761	1005/3479	30	71	67	98
.2888889*	13/45	30	75	65	90
.2888974	1517/5251	37	59	41	89
.2889107	1175/4067	47	83	50	98
.2889328	731/2530	34	55	43	92
.2889422	2046/7081	33	73	62	97
.2889524	1517/5250	37	70	41	75
.2889596	636/2201	24	62	53	71
.2889693	799/2765	34	70	47	79
.2889754	2747/9506	41	97	67	98
.2889978	1710/5917	30	61	57	97

比值	分数	A	B	C	D
0.2890					
.2890215	1598/5529	34	57	47	97
.2890298	2279/7885	43	83	53	95
.2890467	285/986	25	58	57	85
.2890574	1334/4615	23	65	58	71
.2890756	172/595	40	70	43	85
.2890909	159/550	24	55	53	80
.2890976	708/2449	24	62	59	79
.2891326	290/1003	25	59	58	85
.2891406	434/1501	35	79	62	95
.2891526	2607/9016	33	92	79	98
.2891586	1739/6014	37	62	47	97
.2891715	705/2438	30	53	47	92
.2891750	1325/4582	25	58	53	79
.2891918	297/1027	33	65	45	79
.2891957	2409/8330	33	85	73	98
.2892157	59/204	25	60	59	85
.2892308	94/325	30	65	47	75
.2892537	969/3350	34	67	57	100
.2892574	2006/6935	34	73	59	95
.2892727	1591/5500	37	55	43	100
.2892830	1517/5244	37	57	41	92
.2893145	287/992	35	62	41	80
.2893249	870/3007	30	62	58	97
.2893333	217/750	35	75	62	100
.2893390	1357/4690	23	67	59	70
.2893643	1880/6497	40	73	47	89
.2893738	305/1054	25	62	61	85
.2893846	1881/6500	33	65	57	100
.2893897	1541/5325	23	71	67	75
.2894022	213/736	30	80	71	92
.2894118	123/425	33	55	41	85
.2894231	301/1040	35	65	43	80
.2894291	1881/6499	33	67	57	97
.2894480	1185/4094	30	89	79	92
.2894737*	11/38	30	60	55	95
.2894779	1802/6225	34	75	53	83
.2894928	799/2760	34	60	47	92
0.2895					
.2895113	1416/4891	24	67	59	73
.2895182	1881/6497	33	73	57	89
.2895403	2173/7505	41	79	53	95
.2895495	2211/7636	33	83	67	92
.2895570	183/632	30	79	61	80
.2895721	697/2407	34	58	41	83
.2895918	1419/4900	33	50	43	98
.2895977	799/2759	34	62	47	89

（续）

比值	分数	A	B	C	D
0.2895					
.2896127	329/1136	35	71	47	80
.2896175	53/183	25	61	53	75
.2896282	148/511	37	70	40	73
.2896374	1350/4661	30	59	45	79
.2896597	1311/4526	23	62	57	73
.2896667	869/3000	33	90	79	100
.2896762	1995/6887	35	71	57	97
.2897023	2501/8633	41	89	61	97
.2897101	1419/4898	33	62	43	79
.2897278	330/1139	30	67	55	85
.2897384	144/497	24	70	60	71
.2897574	215/742	35	53	43	98
.2897692	1419/4897	33	59	43	83
.2897787	275/949	25	65	55	73
.2897996	1591/5490	37	61	43	90
.2898094	1749/6035	33	71	53	85
.2898246	413/1425	35	75	59	95
.2898305	171/590	24	59	57	80
.2898380	984/3395	41	70	48	97
.2898665	369/1273	41	67	45	95
.2898876	129/445	30	50	43	89
.2898990	287/990	35	55	41	90
.2899077	1037/3577	34	73	61	98
.2899415	2479/8550	37	90	67	95
.2899479	1947/6715	33	79	59	85
.2899787	136/469	34	67	40	70
0.2900					
.2900000	29/100	24	60	58	80
.2900071	2046/7055	33	83	62	85
.2900181	799/2755	34	58	47	95
.2900281	413/1424	35	80	59	89
.2900385	527/1817	34	79	62	92
.2900498	583/2010	33	67	53	90
.2900818	816/2813	34	58	48	97
.2900988	1380/4757	23	67	60	71
.2901087	1575/5429	35	61	45	89
.2901247	1419/4891	33	67	43	73
.2901402	1180/4067	40	83	59	98
.2901548	2343/8075	33	85	71	95
.2901621	1575/5428	35	59	45	92
.2901748	1710/5893	30	71	57	83
.2901786*	65/224	25	70	65	80
.2901961	74/255	37	60	40	85
.2902108	1927/6640	41	80	47	83
.2902286	1295/4462	37	92	70	97
.2902410	2409/8300	33	83	73	100
0.2900					
.2902519	265/913	25	55	53	83
.2902604	301/1037	35	61	43	85
.2902668	2013/6935	33	73	61	95
.2902811	1353/4661	33	59	41	79
.2902885	825/2842	30	58	55	98
.2902973	371/1278	35	71	53	90
.2903226	9/31	30	62	45	75
.2903349	1517/5225	37	55	41	95
.2903371	646/2225	34	75	57	89
.2903514	975/3358	30	73	65	92
.2903674	1462/5035	34	53	43	95
.2903797	1147/3950	37	79	62	100
.2903946	390/1343	30	79	65	85
.2904025	469/1615	35	85	67	95
.2904110	106/365	24	60	53	73
.2904167	697/2400	34	60	41	80
.2904271	986/3395	34	70	58	97
.2904360	413/1422	35	79	59	90
.2904494	517/1780	33	60	47	89
.2904615	472/1625	24	65	59	75
.2904707	253/871	23	65	55	67
.2904762	61/210	25	70	61	75
.2904930	165/568	30	71	55	80
.2904953	217/747	35	83	62	90
0.2905					
.2905104	2146/7387	37	83	58	89
.2905185	1961/6750	37	75	53	90
.2905455	799/2750	34	55	47	100
.2905612	1139/3920	34	80	67	98
.2905702	265/912	25	57	53	80
.2905936	1591/5475	37	73	43	75
.2905970	1947/6700	33	67	59	100
.2906130	1517/5220	37	58	41	90
.2906362	1375/4731	25	57	55	83
.2906452	901/3100	34	62	53	100
.2906672	1551/5336	33	58	47	92
.2906878	1720/5917	40	61	43	97
.2907042	516/1775	43	71	48	100
.2907143	407/1400	37	70	55	100
.2907216	141/485	30	50	47	97
.2907339	1961/6745	37	71	53	95
.2907549	2365/8134	43	83	55	98
.2907787	1419/4880	33	61	43	80
.2907895	221/760	34	80	65	95
.2908046	253/870	23	58	55	75
.2908054	408/1403	34	61	48	92

（续）

比值	分数	*A*	*B*	*C*	*D*
0.2905					
.2908163	57/196	30	60	57	98
.2908325	276/949	23	65	60	73
.2908434	1207/4150	34	83	71	100
.2908451	413/1420	35	71	59	100
.2908587	105/361	35	57	45	95
.2908728	2183/7505	37	79	59	95
.2909000	1739/5978	37	61	47	98
.2909091	16/55	34	55	40	85
.2909211	2211/7600	33	80	67	95
.2909313	1665/5723	37	59	45	97
.2909351	1425/4898	25	62	57	79
.2909483	135/464	30	58	45	80
.2909610	1632/5609	34	71	48	79
.2909677	451/1550	33	62	41	75
.2909774	387/1330	43	70	45	95
.2909945	1425/4897	25	59	57	83
.2909970	2046/7031	33	79	62	89
0.2910					
.2910112	259/890	35	50	37	89
.2910172	1419/4876	33	53	43	92
.2910448	39/134	24	67	65	80
.2910518	2150/7387	43	83	50	89
.2910747	799/2745	34	61	47	90
.2910751	287/986	35	58	41	85
.2910877	2074/7125	34	75	61	95
.2911475	444/1525	37	61	48	100
.2911647	145/498	25	60	58	83
.2911686	1632/5605	34	59	48	95
.2911765*	99/340	45	85	55	100
.2911937	744/2555	24	70	62	73
.2911957	2679/9200	47	92	57	100
.2912088	53/182	25	65	53	70
.2912281	83/285	30	90	83	95
.2912676	517/1775	33	71	47	75
.2912799	2385/8188	45	89	53	92
.2912921	1037/3560	34	80	61	89
.2913043	67/230	30	75	67	92
.2913136	275/944	25	59	55	80
.2913242	319/1095	33	73	58	90
.2913333	437/1500	23	60	57	75
.2913433	488/1675	24	67	61	75
.2913515	1425/4891	25	67	57	73
.2913731	1530/5251	34	59	45	89
.2913976	1128/3871	47	79	48	98
.2914089	424/1455	40	75	53	97
.2914203	2021/6935	43	73	47	95
0.2910					
.2914286	51/175	34	70	45	75
.2914375	371/1273	35	67	53	95
.2914458	2419/8300	41	83	59	100
.2914747	253/868	23	62	55	70
.2914843	2064/7081	43	73	48	97
.2914980*	72/247	30	65	60	95
0.2915					
.2915254	86/295	34	59	43	85
.2915537	1505/5162	35	58	43	89
.2915559	1426/4891	23	67	62	73
.2915663	121/415	33	75	55	83
.2915847	1334/4575	23	61	58	75
.2915948	1353/4640	33	58	41	80
.2916053	198/679	33	70	60	97
.2916317	1739/5963	37	67	47	89
.2916483	660/2263	24	62	55	73
.2916667*	7/24	35	60	40	80
.2916844	684/2345	24	67	57	70
.2916854	649/2225	33	75	59	89
.2917018	1037/3555	34	79	61	90
.2917105	2773/9506	47	97	59	98
.2917308	1517/5200	37	65	41	80
.2917406	1480/5073	37	57	40	89
.2917505	145/497	25	70	58	71
.2917620	255/874	34	57	45	92
.2917664	1584/5429	33	61	48	89
.2917829	1360/4661	34	59	40	79
.2917994	1740/5963	30	67	58	89
.2918055	438/1501	30	79	73	95
.2918202	396/1357	33	59	48	92
.2918280	1357/4650	23	62	59	75
.2918367	143/490	33	75	65	98
.2918542	2010/6887	30	71	67	97
.2918717	1720/5893	40	71	43	83
.2918892	2350/8051	47	83	50	97
.2919004	1665/5704	37	62	45	92
.2919255	47/161	40	70	47	92
.2919370	315/1079	35	65	45	83
.2919565	1343/4600	34	92	79	100
.2919728	1073/3675	37	75	58	98
.2919766	1845/6319	41	71	45	89
.2919937	186/637	30	65	62	98
0.2920					
.2920000	73/250	24	75	73	80
.2920082	285/976	25	61	57	80
.2920204	172/589	40	62	43	95

（续）

比值	分数	*A*	*B*	*C*	*D*
0.2920					
.2920328	1961/6715	37	79	53	85
.2920678	1517/5194	37	53	41	98
.2920804	1265/4331	23	61	55	71
.2920904	517/1770	33	59	47	90
.2921053	111/380	37	57	45	100
.2921196	215/736	43	80	50	92
.2921292	1763/6035	41	71	43	85
.2921481	986/3375	34	75	58	90
.2921590	272/931	34	57	48	98
.2921771	2409/8245	33	85	73	97
.2922078	45/154	35	55	45	98
.2922231	372/1273	30	67	62	95
.2922309	410/1403	40	61	41	92
.2922432	697/2385	34	53	41	90
.2922601	472/1615	40	85	59	95
.2922689	1739/5950	37	70	47	85
.2922857	1023/3500	33	70	62	100
.2922976	444/1519	37	62	48	98
.2923077	19/65	25	65	57	75
.2923168	1480/5063	37	61	40	83
.2923341	511/1748	35	92	73	95
.2923387	145/496	25	62	58	80
.2923531	1189/4067	41	83	58	98
.2923617	333/1139	37	67	45	85
.2923715	1763/6030	41	67	43	90
.2923925	1645/5626	35	58	47	97
.2924000	731/2500	34	50	43	100
.2924138	212/725	24	58	53	75
.2924198	1003/3430	34	70	59	98
.2924370	174/595	30	70	58	85
.2924602	1505/5146	35	62	43	83
.2924731	136/465	34	62	40	75
.2924901	74/253	37	55	40	92
0.2925					
.2925128	1426/4875	23	65	62	75
.2925208	528/1805	33	57	48	95
.2925510	2867/9800	47	98	61	100
.2925636	299/1022	23	70	65	73
.2925747	1517/5185	37	61	41	85
.2925773	1419/4850	33	50	43	97
.2925918	1410/4819	30	61	47	79
.2925959	328/1121	40	59	41	95
.2926249	369/1261	41	65	45	97
.2926415	1551/5300	33	53	47	100
.2926690	511/1746	35	90	73	97
.2926866	1961/6700	37	67	53	100

比值	分数	*A*	*B*	*C*	*D*
0.2925					
.2927002	413/1411	35	83	59	85
.2927181	406/1387	35	73	58	95
.2927262	495/1691	33	57	45	89
.2927446	1505/5141	35	53	43	97
.2927503	1272/4345	24	55	53	79
.2927591	469/1602	35	89	67	90
.2927678	1850/6319	37	71	50	89
.2927820	1947/6650	33	70	59	95
.2928034	1363/4655	47	95	58	98
.2928082	171/584	30	73	57	80
.2928230	306/1045	34	55	45	95
.2928396	1550/5293	25	67	62	79
.2928571	41/140	35	50	41	98
.2928716	1590/5429	30	61	53	89
.2928793	473/1615	33	57	43	85
.2928957	705/2407	30	58	47	83
.2929167	703/2400	37	80	57	90
.2929275	1665/5684	37	58	45	98
.2929374	365/1246	35	89	73	98
.2929526	1775/6059	25	73	71	83
.2929577	104/355	24	71	65	75
.2929767	1435/4898	35	62	41	79
0.2930					
.2930029	201/686	30	70	67	98
.2930190	957/3266	33	71	58	92
.2930285	1551/5293	33	67	47	79
.2930366	1435/4897	35	59	41	83
.2930526	696/2375	48	95	58	100
.2930558	1591/5429	37	61	43	89
.2930655	1065/3634	30	79	71	92
.2930752	1968/6715	41	79	48	85
.2930867	301/1027	35	65	43	79
.2931034	17/58	34	58	40	80
.2931098	1591/5428	37	59	43	92
.2931219	1645/5612	35	61	47	92
.2931338	333/1136	37	71	45	80
.2931379	440/1501	24	57	55	79
.2931493	1763/6014	41	62	43	97
.2931563	287/979	35	55	41	89
.2931744	1353/4615	33	65	41	71
.2931770	275/938	25	67	55	70
.2931868	667/2275	23	65	58	70
.2931993	2479/8455	37	89	67	95
.2932137	2385/8134	45	83	53	98
.2932229	1947/6640	33	80	59	83
.2932331*	39/133	30	70	65	95

（续）

比值	分数	*A*	*B*	*C*	*D*
0.2930					
.2932584	261/890	45	89	58	100
.2932692	61/208	25	65	61	80
.2932812	825/2813	30	58	55	97
.2932891	354/1207	30	71	59	85
.2933044	1485/5063	33	61	45	83
.2933087	1749/5963	33	67	53	89
.2933333*	22/75	40	75	55	100
.2933504	1147/3910	37	85	62	92
.2933614	1392/4745	24	65	58	73
.2933723	301/1026	35	57	43	90
.2933824	399/1360	35	80	57	85
.2933899	2419/8245	41	85	59	97
.2933960	1435/4891	35	67	41	73
.2934118	1247/4250	43	85	58	100
.2934179	370/1261	37	65	50	97
.2934402	2013/6860	33	70	61	98
.2934514	2021/6887	43	71	47	97
.2934737	697/2375	34	50	41	95
.2934783	27/92	30	50	45	92
.2934880	329/1121	35	59	47	95
.2934992	1368/4661	24	59	57	79
0.2935					
.2935127	371/1264	35	79	53	80
.2935238	1541/5250	23	70	67	75
.2935323	59/201	25	67	59	75
.2935508	396/1349	33	71	60	95
.2935636	187/637	34	65	55	98
.2935743	731/2490	34	60	43	83
.2935794	1925/6557	35	79	55	83
.2935911	820/2793	40	57	41	98
.2936052	1584/5395	33	65	48	83
.2936288	106/361	30	57	53	95
.2936508	37/126	37	70	50	90
.2936709	116/395	24	60	58	79
.2936842	279/950	45	95	62	100
.2936856	2279/7760	43	80	53	97
.2936986	536/1825	24	73	67	75
.2937079	1265/4307	23	59	55	73
.2937225	2405/8188	37	89	65	92
.2937313	492/1675	41	67	48	100
.2937400	183/623	30	70	61	89
.2937500	47/160	30	60	47	80
.2937593	2170/7387	35	83	62	89
.2937829	1394/4745	34	65	41	73
.2937942	374/1273	34	67	55	95
.2938135	1591/5415	37	57	43	95
0.2935					
.2938333	1763/6000	41	60	43	100
.2938369	1416/4819	24	61	59	79
.2938517	325/1106	25	70	65	79
.2938724	2537/8633	43	89	59	97
.2938776	72/245	33	55	48	98
.2938989	1739/5917	37	61	47	97
.2939068	82/279	40	62	41	90
.2939219	1325/4508	50	92	53	98
.2939271	363/1235	33	65	55	95
.2939424	296/1007	37	53	40	95
.2939496	1749/5950	33	70	53	85
.2939726	1073/3650	37	73	58	100
.2939759	122/415	30	75	61	83
.2939976	720/2449	24	62	60	79
0.2940					
.2940128	825/2806	30	61	55	92
.2940171	172/585	40	65	43	90
.2940412	1357/4615	23	65	59	71
.2940500	1023/3479	33	71	62	98
.2940574	287/976	35	61	41	80
.2940679	1740/5917	30	61	58	97
.2940839	2565/8722	45	89	57	98
.2940928	697/2370	34	60	41	79
.2941304	1353/4600	33	50	41	92
.2941650	731/2485	34	70	43	71
.2941701	1650/5609	30	71	55	79
.2941935	228/775	24	62	57	75
.2942029	203/690	35	75	58	92
.2942109	371/1261	35	65	53	97
.2942308	153/520	34	65	45	80
.2942431	138/469	23	67	60	70
.2942483	1325/4503	25	57	53	79
.2942712	2255/7663	41	79	55	97
.2942833	1776/6035	37	71	48	85
.2942986	1435/4876	35	53	41	92
.2943074	1551/5270	33	62	47	85
.2943201	171/581	30	70	57	83
.2943284	493/1675	34	67	58	100
.2943452	1598/5429	34	61	47	89
.2943590	287/975	35	65	41	75
.2943662	209/710	33	71	57	90
.2943800	330/1121	30	59	55	95
.2943994	799/2714	34	59	47	92
.2944083	1311/4453	23	61	57	73
.2944183	1440/4891	24	67	60	73
.2944444	53/180	25	60	53	75

（续）

比值	分数	A	B	C	D
0.2940					
.2944517	1815/6164	33	67	55	92
.2944594	1419/4819	33	61	43	79
.2944704	442/1501	34	79	65	95
.2944765	2655/9016	45	92	59	98
.2944862	235/798	35	57	47	98
0.2945					
.2945003	498/1691	30	89	83	95
.2945068	1914/6499	33	67	58	97
.2945205	43/146	35	70	43	73
.2945274	296/1005	37	67	40	75
.2945707	765/2597	34	53	45	98
.2945975	1914/6497	33	73	58	89
.2946064	2021/6860	43	70	47	98
.2946249	1025/3479	41	71	50	98
.2946312	675/2291	30	58	45	79
.2946429*	33/112	30	70	55	80
.2946523	1394/4731	34	57	41	83
.2946603	1054/3577	34	73	62	98
.2946667	221/750	34	75	65	100
.2946832	2544/8633	48	89	53	97
.2946912	272/923	34	65	40	71
.2947000	1935/6566	43	67	45	98
.2947173	318/1079	30	65	53	83
.2947289	1560/5293	24	67	65	79
.2947368*	28/95	35	50	40	95
.2947458	1739/5900	37	59	47	100
.2947581	731/2480	34	62	43	80
.2947653	1419/4814	33	58	43	83
.2947921	1517/5146	37	62	41	83
.2948029	329/1116	35	62	47	90
.2948161	1763/5980	41	65	43	92
.2948276	171/580	24	58	57	80
.2948370	217/736	35	80	62	92
.2948454	143/485	33	75	65	97
.2948571	258/875	43	70	48	100
.2948872	1961/6650	37	70	53	95
.2949027	1591/5395	37	65	43	83
.2949147	1763/5978	41	61	43	98
.2949153	87/295	24	59	58	80
.2949338	1403/4757	23	67	61	71
.2949355	297/1007	33	53	45	95
.2949734	2494/8455	43	89	58	95
.2949772	323/1095	34	73	57	90
.2949907	159/539	30	55	53	98
0.2950					
.2950011	1375/4661	25	59	55	79

比值	分数	A	B	C	D
0.2950					
.2950092	1927/6532	41	71	47	92
.2950252	2046/6935	33	73	62	95
.2950588	627/2125	33	75	57	85
.2950788	1517/5141	37	53	41	97
.2950980	301/1020	35	60	43	85
.2951062	1598/5415	34	57	47	95
.2951175	816/2765	34	70	48	79
.2951334	188/637	40	65	47	98
.2951649	1575/5336	35	58	45	92
.2951709	544/1843	34	57	48	97
.2951763	1591/5390	37	55	43	98
.2951899	583/1975	33	75	53	79
.2951958	1530/5183	34	71	45	73
.2952202	315/1067	35	55	45	97
.2952381	31/105	25	70	62	75
.2952462	1739/5890	37	62	47	95
.2952559	473/1602	43	89	55	90
.2952656	1740/5893	30	71	58	83
.2952859	1353/4582	33	58	41	79
.2953012	2451/8300	43	83	57	100
.2953109	888/3007	37	62	48	97
.2953313	1961/6640	37	80	53	83
.2953390	697/2360	34	59	41	80
.2953535	731/2475	34	55	43	90
.2953586	70/237	25	75	70	79
.2953723	1551/5251	33	59	47	89
.2953813	275/931	30	57	55	98
.2953964	231/782	33	85	70	92
.2954098	901/3050	34	61	53	100
.2954160	174/589	30	62	58	95
.2954286	517/1750	33	70	47	75
.2954426	564/1909	47	83	48	92
.2954743	1704/5767	24	73	71	79
.2954842	2035/6887	37	71	55	97
0.2955					
.2955224	99/335	33	67	45	75
.2955268	1394/4717	34	53	41	89
.2955556	133/450	35	75	57	90
.2955736	2257/7636	37	83	61	92
.2955782	869/2940	33	90	79	98
.2955890	1749/5917	33	61	53	97
.2955975	47/159	30	53	47	90
.2956250	473/1600	33	60	43	80
.2956250	473/1600	33	60	43	80
.2956388	2115/7154	45	73	47	98
.2956522	34/115	34	50	40	92

（续）

比值	分数	A	B	C	D	比值	分数	A	B	C	D
0.2955						0.2960					
.2956565	1763/5963	41	67	43	89	.2962365	2385/8051	45	83	53	97
.2956725	2405/8134	37	83	65	98	.2962500	237/800	30	80	79	100
.2956797	1403/4745	23	65	61	73	.2962712	437/1475	23	59	57	75
.2957045	1425/4819	25	61	57	79	.2962857	1037/3500	34	70	61	100
.2957115	1517/5130	37	57	41	90	.2963025	1763/5950	41	70	43	85
.2957284	270/913	30	55	45	83	.2963059	1147/3871	37	79	62	98
.2957377	451/1525	33	61	41	75	.2963362	275/928	25	58	55	80
.2957454	855/2891	30	59	57	98	.2963467	1525/5146	25	62	61	83
.2957593	816/2759	34	62	48	89	.2963563	366/1235	30	65	61	95
.2957666	517/1748	33	57	47	92	.2963770	2585/8722	47	89	55	98
.2958013	2501/8455	41	89	61	95	.2963855	123/415	33	55	41	83
.2958101	1645/5561	35	67	47	83	.2963967	765/2581	34	58	45	89
.2958173	1075/3634	43	79	50	92	.2964053	1410/4757	30	67	47	71
.2958333	71/240	25	75	71	80	.2964247	1368/4615	24	65	57	71
.2958501	221/747	34	83	65	90	.2964294	1320/4453	24	61	55	73
.2958596	2108/7125	34	75	62	95	.2964407	1749/5900	33	59	53	100
.2958763	287/970	35	50	41	97	.2964615	1927/6500	41	65	47	100
.2958861	187/632	34	79	55	80	.2964750	799/2695	34	55	47	98
.2959064	253/855	23	57	55	75	.2964838	1054/3555	34	79	62	90
.2959184	29/98	30	60	58	98	0.2965					
.2959259	799/2700	34	60	47	90	.2965072	1927/6499	41	67	47	97
.2959398	984/3325	41	70	48	95	.2965217	341/1150	33	75	62	92
.2959474	1665/5626	37	58	45	97	.2965276	1947/6566	33	67	59	98
.2959574	2555/8633	35	89	73	97	.2965414	986/3325	34	70	58	95
.2959839	737/2490	33	83	67	90	.2965517	43/145	34	58	43	85
.2959866	177/598	30	65	59	92	.2965642	164/553	40	70	41	79
0.2960						.2965767	901/3038	34	62	53	98
.2960000	37/125	37	50	40	100	.2965900	374/1261	34	65	55	97
.2960116	1425/4814	25	58	57	83	.2965984	1927/6497	41	73	47	89
.2960236	201/679	30	70	67	97	.2966102	35/118	35	59	45	90
.2960294	2013/6800	33	80	61	85	.2966178	1640/5529	40	57	41	97
.2960392	725/2449	25	62	58	79	.2966292	132/445	33	60	48	89
.2960526	45/152	30	57	45	80	.2966418	159/536	30	67	53	80
.2960674	527/1780	34	80	62	89	.2966472	407/1372	37	70	55	98
.2960856	885/2989	30	61	59	98	.2966686	1505/5073	35	57	43	89
.2960997	1450/4897	25	59	58	83	.2966772	375/1264	25	79	75	80
.2961117	297/1003	33	59	45	85	.2966857	1665/5612	37	61	45	92
.2961194	496/1675	24	67	62	75	.2967033*	27/91	30	65	45	70
.2961538*	77/260	35	65	55	100	.2967105	451/1520	33	57	41	80
.2961642	2409/8134	33	83	73	98	.2967273	408/1375	34	55	48	100
.2961816	287/969	35	57	41	85	.2967742	46/155	23	62	60	75
.2961887	816/2755	34	58	48	95	.2967807	295/994	25	70	59	71
.2962002	1598/5395	34	65	47	83	.2967928	1749/5893	33	71	53	83
.2962079	2109/7120	37	80	57	89	.2968017	696/2345	24	67	58	70
.2962222	1333/4500	43	90	62	100	.2968136	680/2291	34	58	40	79
.2962339	1935/6532	43	71	45	92	.2968326	328/1105	40	65	41	85

（续）

比值	分数	*A*	*B*	*C*	*D*
0.2965					
.2968421	141/475	30	50	47	95
.2968516	198/667	33	58	48	92
.2968750	19/64	25	60	57	80
.2968750	19/64	25	60	57	80
.2968851	915/3082	30	67	61	92
.2969014	527/1775	34	71	62	100
.2969072	144/485	33	55	48	97
.2969346	1947/6557	33	79	59	83
.2969440	1749/5890	33	62	53	95
.2969502	185/623	37	70	50	89
.2969625	1750/5893	25	71	70	83
.2969737	2257/7600	37	80	61	95
.2969815	305/1027	25	65	61	79
.2969900	444/1495	37	65	48	92
0.2970					
.2970000	297/1000	33	50	45	100
.2970068	2183/7350	37	75	59	98
.2970423	2109/7100	37	71	57	100
.2970518	1995/6716	35	73	57	92
.2970562	333/1121	37	59	45	95
.2970815	2046/6887	33	71	62	97
.2970893	888/2989	37	61	48	98
.2971014	41/138	40	60	41	92
.2971188	495/1666	33	85	75	98
.2971264	517/1740	33	58	47	90
.2971429	52/175	24	70	65	75
.2971549	282/949	30	65	47	73
.2971698	63/212	35	53	45	100
.2971888	74/249	37	60	40	83
.2972050	957/3220	33	70	58	92
.2972136*	96/323	30	85	80	95
.2972281	697/2345	34	67	41	70
.2972546	1505/5063	35	61	43	83
.2972650	1739/5850	37	65	47	90
.2972678	272/915	34	61	40	75
.2973099	1271/4275	41	90	62	95
.2973183	765/2573	34	62	45	83
.2973409	369/1241	41	73	45	85
.2973469	1457/4900	47	98	62	100
.2973790	295/992	25	62	59	80
.2973856*	91/306	35	85	65	90
.2974031	2279/7663	43	79	53	97
.2974055	2006/6745	34	71	59	95
.2974308	301/1012	35	55	43	92
.2974359	58/195	25	65	58	75
.2974510	1517/5100	37	60	41	85

比值	分数	*A*	*B*	*C*	*D*
0.2970					
.2974648	528/1775	33	71	48	75
.2974749	860/2891	40	59	43	98
.2974843	473/1590	33	53	43	90
0.2975					
.2975000	119/400	34	80	70	100
.2975124	299/1005	23	67	65	75
.2975222	1645/5529	35	57	47	97
.2975410	363/1220	33	61	55	100
.2975522	1325/4453	25	61	53	73
.2975628	1575/5293	35	67	45	79
.2975806	369/1240	41	62	45	100
.2975990	2479/8330	37	85	67	98
.2976075	1530/5141	34	53	45	97
.2976208	2064/6935	43	73	48	95
.2976266	1881/6320	33	79	57	80
.2976407	164/551	40	58	41	95
.2976623	2050/6887	41	71	50	97
.2976666	1416/4757	24	67	59	71
.2976804	231/776	33	80	70	97
.2976923	387/1300	43	65	45	100
.2976981	2108/7081	34	73	62	97
.2977376	329/1105	35	65	47	85
.2977528	53/178	30	60	53	89
.2977612	399/1340	35	67	57	100
.2977740	1739/5840	37	73	47	80
.2977796	1435/4819	35	61	41	79
.2977867	148/497	37	70	40	71
.2978192	1311/4402	23	62	57	71
.2978298	1935/6497	43	73	45	89
.2978367	1776/5963	37	67	48	89
.2978458	2627/8820	37	90	71	98
.2978839	549/1843	45	95	61	97
.2978873	423/1420	45	71	47	100
.2979085	2279/7650	43	85	53	90
.2979189	272/913	34	55	40	83
.2979309	2275/7636	35	83	65	92
.2979401	1591/5340	37	60	43	89
.2979452	87/292	30	73	58	80
.2979550	1763/5917	41	61	43	97
.2979760	795/2668	30	58	53	92
.2979920	371/1245	35	75	53	83
.2979985	402/1349	30	71	67	95
0.2980					
.2980072	329/1104	35	60	47	92
.2980319	318/1067	30	55	53	97
.2980556	1073/3600	37	80	58	90

（续）

比值	分数	A	B	C	D
0.2980					
.2980666	555/1862	37	57	45	98
.2980769	31/104	25	65	62	80
.2980889	1435/4814	35	58	41	83
.2981009	2747/9215	41	95	67	97
.2981053	708/2375	48	95	59	100
.2981153	1645/5518	35	62	47	89
.2981343	799/2680	34	67	47	80
.2981538	969/3250	34	65	57	100
.2981634	1591/5336	37	58	43	92
.2981716	212/711	40	79	53	90
.2981818	82/275	34	55	41	85
.2981928	99/332	33	60	45	83
.2981997	1938/6499	34	67	57	97
.2982193	1591/5335	37	55	43	97
.2982418	1357/4550	23	65	59	70
.2982456*	17/57	30	90	85	95
.2982648	1633/5475	23	73	71	75
.2982692	1551/5200	33	65	47	80
.2982766	675/2263	30	62	45	73
.2982915	1938/6497	34	73	57	89
.2982972	1419/4757	33	67	43	71
.2983051	88/295	24	59	55	75
.2983237	1139/3818	34	83	67	92
.2983347	1881/6305	33	65	57	97
.2983477	2257/7565	37	85	61	89
.2983673	731/2450	34	50	43	98
.2983871	37/124	37	62	40	80
.2984127	94/315	40	70	47	90
.2984194	1416/4745	24	65	59	73
.2984265	550/1843	30	57	55	97
.2984433	2013/6745	33	71	61	95
.2984547	2279/7636	43	83	53	92
.2984706	2537/8500	43	85	59	100
.2984779	1961/6570	37	73	53	90
.2984892	731/2449	34	62	43	79
0.2985					
.2985303	975/3266	30	71	65	92
.2985481	329/1102	35	58	47	95
.2985596	684/2291	24	58	57	79
.2985714	209/700	33	70	57	90
.2985915	106/355	30	71	53	75
.2986138	1551/5194	33	53	47	98
.2986272	1675/5609	25	71	67	79
.2986425*	66/221	30	65	55	85
.2986484	1392/4661	24	59	58	79
.2986598	1961/6566	37	67	53	98

比值	分数	A	B	C	D
0.2985					
.2986721	1462/4895	34	55	43	89
.2986897	1003/3358	34	73	59	92
.2987250	164/549	40	61	41	90
.2987288	141/472	30	59	47	80
.2987368	1419/4750	33	50	43	95
.2987793	1591/5325	37	71	43	75
.2987943	1710/5723	30	59	57	97
.2987973	1739/5820	37	60	47	97
.2988136	1763/5900	41	59	43	100
.2988172	1440/4819	24	61	60	79
.2988338	205/686	41	70	50	98
.2988391	901/3015	34	67	53	90
.2988520	2343/7840	33	80	71	98
.2988615	315/1054	35	62	45	85
.2988679	396/1325	33	53	48	100
.2988764	133/445	35	75	57	89
.2988975	732/2449	24	62	61	79
.2989076	301/1007	35	53	43	95
.2989188	1410/4717	30	53	47	89
.2989369	2109/7055	37	83	57	85
.2989525	371/1241	35	73	53	85
.2989583	287/960	35	60	41	80
.2989691	29/97	30	60	58	97
.2989818	2173/7268	41	79	53	92
.2989899	148/495	37	55	40	90
0.2990					
.2990164	456/1525	24	61	57	75
.2990341	1517/5073	37	57	41	89
.2990411	2183/7300	37	73	59	100
.2990516	1419/4745	33	65	43	73
.2990627	2074/6935	34	73	61	95
.2990697	1961/6557	37	79	53	83
.2990775	1394/4661	34	59	41	79
.2990909	329/1100	35	55	47	100
.2991071	67/224	25	70	67	80
.2991321	1551/5185	33	61	47	85
.2991381	1770/5917	30	61	59	97
.2991471	1403/4690	23	67	61	70
.2991573	213/712	30	80	71	89
.2991685	1763/5893	41	71	43	83
.2991935	371/1240	35	62	53	100
.2992236	1927/6440	41	70	47	92
.2992433	1305/4361	45	89	58	98
.2992509	799/2670	34	60	47	89
.2992632	1584/5293	33	67	48	79
.2992754	413/1380	35	75	59	92

（续）

比值	分数	A	B	C	D	比值	分数	A	B	C	D
0.2990						0.2995					
.2992853	1005/3358	30	73	67	92	.2998232	1357/4526	23	62	59	73
.2993025	472/1577	40	83	59	95	.2998276	1739/5800	37	58	47	100
.2993115	1739/5810	37	70	47	83	.2998359	731/2438	34	53	43	92
.2993151	437/1460	23	60	57	73	.2998637	660/2201	24	62	55	71
.2993253	1464/4891	24	67	61	73	.2998684	2279/7600	43	80	53	95
.2993421*	91/304	35	80	65	95	.2998974	1462/4875	34	65	43	75
.2993548	232/775	24	62	58	75	.2999366	473/1577	33	57	43	83
.2993606	2294/7663	37	79	62	97	.2999573	2109/7031	37	79	57	89
.2993671	473/1580	33	60	43	79	.2999720	1073/3577	37	73	58	98
.2993927	2120/7081	40	73	53	97	0.3000					
.2993952	297/992	33	62	45	80	.3000000*	3/10	30	50	45	90
.2994066	1665/5561	37	67	45	83	.3000116	2590/8633	37	89	70	97
.2994324	2585/8633	47	89	55	97	.3000462	1950/6499	30	67	65	97
.2994350	53/177	25	59	53	75	.3000591	2537/8455	43	89	59	95
.2994555	165/551	30	58	55	95	.3000687	2183/7275	37	75	59	97
.2994652*	56/187	35	55	40	85	.3000873	1375/4582	25	58	55	79
.2994753	799/2668	34	58	47	92	.3000997	301/1003	35	59	43	85
.2994863	1749/5840	33	73	53	80	.3001111	2701/9000	37	90	73	100
0.2995						.3001205	2491/8300	47	83	53	100
.2995025	301/1005	35	67	43	75	.3001298	925/3082	37	67	50	92
.2995186	1680/5609	24	71	70	79	.3001385	1950/6497	30	73	65	89
.2995314	1598/5335	34	55	47	97	.3001521	1776/5917	37	61	48	97
.2995385	1947/6500	33	65	59	100	.3001605	187/623	34	70	55	89
.2995544	1815/6059	33	73	55	83	.3001819	495/1649	33	85	75	97
.2995585	1425/4757	25	67	57	71	.3001887	1591/5300	37	53	43	100
.2995733	1334/4453	23	61	58	73	.3002028	148/493	37	58	40	85
.2995846	1947/6499	33	67	59	97	.3002143	1961/6532	37	71	53	92
.2995902	731/2440	34	61	43	80	.3002353	638/2125	33	75	58	85
.2995951	74/247	37	65	50	95	.3002497	481/1602	37	89	65	90
.2996234	1591/5310	37	59	43	90	.3002588	348/1159	30	61	58	95
.2996342	901/3007	34	62	53	97	.3002717	221/736	34	80	65	92
.2996357	329/1098	35	61	47	90	.3002813	427/1422	35	79	61	90
.2996491	427/1425	35	75	61	95	.3003077	488/1625	24	65	61	75
.2996575	175/584	25	73	70	80	.3003161	285/949	25	65	57	73
.2996670	270/901	30	53	45	85	.3003330	1353/4505	33	53	41	85
.2996768	1947/6497	33	73	59	89	.3003432	525/1748	35	57	45	92
.2996951	2064/6887	43	71	48	97	.3003564	1770/5893	30	71	59	83
.2997054	407/1358	37	70	55	97	.3004049	371/1235	35	65	53	95
.2997259	984/3283	41	67	48	98	.3004076	2211/7360	33	80	67	92
.2997368	1139/3800	34	80	67	95	.3004191	1147/3818	37	83	62	92
.2997468	592/1975	37	75	48	79	.3004310	697/2320	34	58	41	80
.2997583	372/1241	30	73	62	85	.3004478	2013/6700	33	67	61	100
.2997688	1426/4757	23	67	62	71	.3004649	1551/5162	33	58	47	89
.2997849	697/2325	34	62	41	75	.3004664	451/1501	33	57	41	79
.2997896	855/2852	30	62	57	92	.3004819	1247/4150	43	83	58	100
.2998024	1517/5060	37	55	41	92						

（续）

比值	分数	A	B	C	D
0.3005					
.3004961	424/1411	40	83	53	85
.3005093	177/589	30	62	59	95
.3005155	583/1940	33	60	53	97
.3005269	1426/4745	23	65	62	73
.3005417	1720/5723	40	59	43	97
.3005464	55/183	25	61	55	75
.3005693	792/2635	33	62	48	85
.3005797	1037/3450	34	75	61	92
.3005857	1591/5293	37	67	43	79
.3005996	2256/7505	47	79	48	95
.3006078	1632/5429	34	61	48	89
.3006250	481/1600	37	80	65	100
.3006329	95/316	25	60	57	79
.3006356	1419/4720	33	59	43	80
.3006505	2542/8455	41	89	62	95
.3006632	408/1357	34	59	48	92
.3006667	451/1500	33	50	41	90
.3006803	221/735	34	75	65	98
.3007042	427/1420	35	71	61	100
.3007070	1914/6365	33	67	58	95
.3007246	83/276	30	90	83	92
.3007328	2257/7505	37	79	61	95
.3007407	203/675	35	75	58	90
.3007457	363/1207	33	71	55	85
.3007610	1739/5782	37	59	47	98
.3007779	348/1157	30	65	58	89
.3008048	299/994	23	70	65	71
.3008107	2115/7031	45	79	47	89
.3008163	737/2450	33	75	67	98
.3008268	1419/4717	33	53	43	89
.3008386	287/954	35	53	41	90
.3008454	2491/8280	47	90	53	92
.3008746	516/1715	43	70	48	98
.3008824	1023/3400	33	80	62	85
.3008923	1450/4819	25	61	58	79
.3009232	2021/6716	43	73	47	92
.3009339	870/2891	30	59	58	98
.3009416	799/2655	34	59	47	90
.3009637	406/1349	35	71	58	95
.3009680	2021/6715	43	79	47	85
.3009840	1560/5183	24	71	65	73
.3009861	1343/4462	34	92	79	97
0.3010					
.3010000	301/1000	35	50	43	100
.3010127	1189/3950	41	79	58	100
.3010169	444/1475	37	59	48	100
.3010333	1311/4355	23	65	57	67
.3010526	143/475	33	75	65	95
.3010563	171/568	30	71	57	80
.3010850	333/1106	37	70	45	79
.3011236	134/445	30	75	67	89
.3011364	53/176	25	55	53	80
.3011471	2074/6887	34	71	61	97
.3011598	2337/7760	41	80	57	97
.3011850	915/3038	30	62	61	98
.3011930	2146/7125	37	75	58	95
.3012146	372/1235	30	65	62	95
.3012170	297/986	33	58	45	85
.3012520	385/1278	35	71	55	90
.3012640	429/1424	33	80	65	89
.3012658	119/395	34	79	70	100
.3012910	1517/5035	37	53	41	95
.3013209	1095/3634	30	79	73	92
.3013255	1023/3395	33	70	62	97
.3013378	901/2990	34	65	53	92
.3013575	333/1105	37	65	45	85
.3013699	22/73	24	60	55	73
.3013850	544/1805	34	57	48	95
.3013991	1551/5146	33	62	47	83
.3014130	2773/9200	47	92	59	100
.3014354*	63/209	35	55	45	95
.3014485	2310/7663	33	79	70	97
.3014706	41/136	41	80	50	85
.3014815	407/1350	37	75	55	90
0.3015					
.3015094	799/2650	34	53	47	100
.3015218	2120/7031	40	79	53	89
.3015280	888/2945	37	62	48	95
.3015351	275/912	25	57	55	80
.3015517	1749/5800	33	58	53	100
.3015649	1927/6390	41	71	47	90
.3015743	1475/4891	25	67	59	73
.3015853	2378/7885	41	83	58	95
.3016043	282/935	30	55	47	85
.3016129	187/620	34	62	55	100
.3016304	111/368	37	60	45	92
.3016418	2021/6700	43	67	47	100
.3016541	1003/3325	34	70	59	95
.3016568	1584/5251	33	59	48	89
.3016923	1551/5141	33	53	47	97
.3017050	407/1349	37	71	55	95
.3017078	159/527	30	62	53	85

（续）

比值	分数	*A*	*B*	*C*	*D*
0.3015					
.3017241	35/116	35	58	45	90
.3017398	1665/5518	37	62	45	89
.3017544	86/285	34	57	43	85
.3017647	513/1700	45	85	57	100
.3017657	188/623	40	70	47	89
.3017903	118/391	40	85	59	92
.3017958	1815/6014	33	62	55	97
.3018119	1749/5795	33	61	53	95
.3018316	1961/6497	37	73	53	89
.3018421	1147/3800	37	80	62	95
.3018500	310/1027	25	65	62	79
.3018600	2337/7742	41	79	57	98
.3018742	451/1494	41	83	55	90
.3018836	1763/5840	41	73	43	80
.3018868	16/53	34	53	40	85
.3018975	1591/5270	37	62	43	85
.3019068	285/944	25	59	57	80
.3019190	708/2345	24	67	59	70
.3019262	1881/6230	33	70	57	89
.3019608*	77/255	35	75	55	85
.3019718	536/1775	24	71	67	75
.3019808	2607/8633	33	89	79	97
0.3020					
.3020012	498/1649	30	85	83	97
.3020080	376/1245	40	75	47	83
.3020209	1360/4503	34	57	40	79
.3020300	1830/6059	30	73	61	83
.3020408	74/245	37	50	40	98
.3020531	2501/8280	41	90	61	92
.3020595	132/437	33	57	48	92
.3020737	1311/4340	23	62	57	70
.3020833	29/96	25	60	58	80
.3021053	287/950	35	50	41	95
.3021225	2491/8245	47	85	53	97
.3021371	410/1357	40	59	41	92
.3021542	533/1764	41	90	65	98
.3021641	740/2449	37	62	40	79
.3021687	627/2075	33	75	57	83
.3021779	333/1102	37	58	45	95
.3021924	1530/5063	34	61	45	83
.3021978*	55/182	25	65	55	70
.3022088	301/996	35	60	43	83
.3022222	68/225	34	50	40	90
.3022259	1480/4897	37	59	40	83
.3022541	295/976	25	61	59	80
.3022556	201/665	30	70	67	95
0.3020					
.3022745	1927/6375	41	75	47	85
.3022959	237/784	30	80	79	98
.3023083	406/1343	35	79	58	85
.3023336	1749/5785	33	65	53	89
.3023392	517/1710	33	57	47	90
.3023493	296/979	37	55	40	89
.3023715	153/506	34	55	45	92
.3023750	2419/8000	41	80	59	100
.3023910	215/711	43	79	50	90
.3024236	287/949	35	65	41	73
.3024297	473/1564	43	85	55	92
.3024352	385/1273	35	67	55	95
.3024590	369/1220	41	61	45	100
.3024731	477/1577	45	83	53	95
.3024925	1517/5015	37	59	41	85
0.3025					
.3025000	121/400	33	60	55	100
.3025102	1410/4661	30	59	47	79
.3025210*	36/119	30	70	60	85
.3025641	59/195	25	65	59	75
.3026038	430/1421	40	58	43	98
.3026087	174/575	48	92	58	100
.3026223	427/1411	35	83	61	85
.3026350	2343/7742	33	79	71	98
.3026670	2701/8924	37	92	73	97
.3027015	1311/4331	23	61	57	71
.3027118	1440/4757	24	67	60	71
.3027273	333/1100	37	55	45	100
.3027426	287/948	35	60	41	79
.3027494	1927/6365	41	67	47	95
.3027601	2479/8188	37	89	67	92
.3027692	492/1625	41	65	48	100
.3027829	816/2695	34	55	48	98
.3027995	1590/5251	30	59	53	89
.3028158	1968/6499	41	67	48	97
.3028340	374/1235	34	65	55	95
.3028351	235/776	47	80	50	97
.3028481	957/3160	33	79	58	80
.3028624	328/1083	40	57	41	95
.3028846*	63/208	35	65	45	80
.3028933	335/1106	25	70	67	79
.3028960	1914/6319	33	71	58	89
.3029090	1968/6497	41	73	48	89
.3029210	1763/5820	41	60	43	97
.3029441	2130/7031	30	79	71	89
.3029606	1054/3479	34	71	62	98

（续）

比值	分数	A	B	C	D
0.3025					
.3029815	376/1241	40	73	47	85
.3029899	1591/5251	37	59	43	89
0.3030					
.3030024	1645/5429	35	61	47	89
.3030077	2035/6716	37	73	55	92
.3030435	697/2300	34	50	41	92
.3030476	1591/5250	37	70	43	75
.3030612	297/980	33	50	45	98
.3030691	237/782	30	85	79	92
.3030822	177/584	30	73	59	80
.3030999	264/871	24	65	55	67
.3031111	341/1125	33	75	62	90
.3031231	495/1633	33	71	60	92
.3031312	455/1501	35	79	65	95
.3031426	1881/6205	33	73	57	85
.3031579	144/475	33	55	48	95
.3031716	325/1072	25	67	65	80
.3031850	1485/4898	33	62	45	79
.3031944	2183/7200	37	80	59	90
.3032037	265/874	30	57	53	92
.3032345	225/742	35	53	45	98
.3032386	2294/7565	37	85	62	89
.3032469	1485/4897	33	59	45	83
.3032609	279/920	45	92	62	100
.3032680	232/765	40	85	58	90
.3032787	37/122	37	61	40	80
.3032864	323/1065	34	71	57	90
.3032967	138/455	23	65	60	70
.3033098	559/1843	43	95	65	97
.3033185	1435/4731	35	57	41	83
.3033333*	91/300	35	75	65	100
.3033358	2046/6745	33	71	62	95
.3033708	27/89	30	50	45	89
.3033824	1462/4819	34	61	43	79
.3033944	1591/5244	37	57	43	92
.3034000	1517/5000	37	50	41	100
.3034056*	98/323	35	85	70	95
.3034274	301/992	35	62	43	80
.3034423	1763/5810	41	70	43	83
.3034483	44/145	24	58	55	75
.3034773	288/949	24	65	60	73
.3034929	2485/8188	35	89	71	92
0.3035					
.3035117	363/1196	33	65	55	92
.3035225	1551/5110	33	70	47	73
.3035275	370/1219	37	53	40	92

比值	分数	A	B	C	D
0.3035					
.3035391	1175/3871	47	79	50	98
.3035510	265/873	50	90	53	97
.3035686	1914/6305	33	65	58	97
.3035897	296/975	37	65	40	75
.3036132	1815/5978	33	61	55	98
.3036189	1485/4891	33	67	45	73
.3036294	2150/7081	43	73	50	97
.3036537	1845/6076	41	62	45	98
.3036552	2135/7031	35	79	61	89
.3036765	413/1360	35	80	59	85
.3036975	731/2407	34	58	43	83
.3037313	407/1340	37	67	55	100
.3037415	893/2940	47	90	57	98
.3037462	2173/7154	41	73	53	98
.3037608	315/1037	35	61	45	85
.3037677	387/1274	43	65	45	98
.3037801	442/1455	34	75	65	97
.3037858	329/1083	35	57	47	95
.3038003	1375/4526	25	62	55	73
.3038095	319/1050	33	70	58	90
.3038240	580/1909	40	83	58	92
.3038341	2623/8633	43	89	61	97
.3038380	285/938	25	67	57	70
.3038616	1739/5723	37	59	47	97
.3038729	306/1007	34	53	45	95
.3038793	141/464	30	58	47	80
.3039098	2021/6650	43	70	47	95
.3039234	1650/5429	30	61	55	89
.3039288	410/1349	41	71	50	95
.3039384	355/1168	25	73	71	80
.3039460	855/2813	30	58	57	97
.3039655	1763/5800	41	58	43	100
.3039794	825/2714	30	59	55	92
.3039852	328/1079	40	65	41	83
0.3040					
.3040000	38/125	24	60	57	75
.3040087	1403/4615	23	65	61	71
.3040254	287/944	35	59	41	80
.3040449	1353/4450	33	50	41	89
.3040512	713/2345	23	67	62	70
.3040726	1105/3634	34	79	65	92
.3040936*	52/171	40	90	65	95
.3040984	371/1220	35	61	53	100
.3041096	111/365	37	73	45	75
.3041176	517/1700	33	60	47	85
.3041350	1802/5925	34	75	53	79

（续）

比值	分数	*A*	*B*	*C*	*D*
0.3040					
.3041475	66/217	24	62	55	70
.3041667	73/240	25	75	73	80
.3041814	2146/7055	37	83	58	85
.3041890	1416/4655	48	95	59	98
.3042102	2211/7268	33	79	67	92
.3042188	1435/4717	35	53	41	89
.3042340	697/2291	34	58	41	79
.3042386	969/3185	34	65	57	98
.3042480	265/871	25	65	53	67
.3042623	464/1525	24	61	58	75
.3042672	164/539	40	55	41	98
.3042783	2475/8134	33	83	75	98
.3042900	915/3007	30	62	61	97
.3043033	297/976	33	61	45	80
.3043062	318/1045	30	55	53	95
.3043230	1598/5251	34	59	47	89
.3043478	7/23	34	85	70	92
.3043675	2021/6640	43	80	47	83
.3043770	1815/5963	33	67	55	89
.3043882	1311/4307	23	59	57	73
.3044027	2655/8722	45	89	59	98
.3044304	481/1580	37	79	65	100
.3044411	1419/4661	33	59	43	79
.3044534	376/1235	40	65	47	95
.3044587	2745/9016	45	92	61	98
.3044766	925/3038	37	62	50	98
.3044976	1591/5225	37	55	43	95
0.3045					
.3045057	1845/6059	41	73	45	83
.3045161	236/775	24	62	59	75
.3045351	1343/4410	34	90	79	98
.3045529	1485/4876	33	53	45	92
.3045614	434/1425	35	75	62	95
.3045662	667/2190	23	60	58	73
.3045833	731/2400	34	60	43	80
.3045886	385/1264	35	79	55	80
.3045977	53/174	25	58	53	75
.3046185	1517/4980	37	60	41	83
.3046296	329/1080	35	60	47	90
.3046368	1925/6319	35	71	55	89
.3046472	177/581	30	70	59	83
.3046623	1980/6499	33	67	60	97
.3046806	2747/9016	41	92	67	98
.3046948	649/2130	33	71	59	90
.3046995	1394/4575	34	61	41	75
.3047091	110/361	30	57	55	95

比值	分数	*A*	*B*	*C*	*D*
0.3045					
.3047292	799/2622	34	57	47	92
.3047384	1357/4453	23	61	59	73
.3047537	1763/5785	41	65	43	89
.3047560	1980/6497	33	73	60	89
.3047680	473/1552	43	80	55	97
.3047795	1320/4331	24	61	55	71
.3047893	1591/5220	37	58	43	90
.3048140	1450/4757	25	67	58	71
.3048308	1180/3871	40	79	59	98
.3048738	1739/5704	37	62	47	92
.3049050	690/2263	23	62	60	73
.3049118	1763/5782	41	59	43	98
.3049180	93/305	30	61	62	100
.3049367	2409/7900	33	79	73	100
.3049482	265/869	25	55	53	79
.3049673	792/2597	33	53	48	98
.3049825	2173/7125	41	75	53	95
.3049872	477/1564	45	85	53	92
0.3050					
.3050000	61/200	30	60	61	100
.3050095	481/1577	37	83	65	95
.3050343	1333/4370	43	92	62	95
.3050420	363/1190	33	70	55	85
.3050491	435/1426	30	62	58	92
.3050847	18/59	34	59	45	85
.3050877	1739/5700	37	57	47	100
.3051143	1575/5162	35	58	45	89
.3051440	2183/7154	37	73	59	98
.3051546	148/485	37	50	40	97
.3051613	473/1550	33	62	43	75
.3051724	177/580	30	58	59	100
.3051948	47/154	35	55	47	98
.3052039	217/711	35	79	62	90
.3052197	2146/7031	37	79	58	89
.3052308	496/1625	24	65	62	75
.3052412	1025/3358	41	73	50	92
.3052632	29/95	30	57	58	100
.3052738	301/986	35	58	43	85
.3052838	156/511	24	70	65	73
.3052867	410/1343	41	79	50	85
.3052995	265/868	25	62	53	70
.3053132	385/1261	35	65	55	97
.3053309	1850/6059	37	73	50	83
.3053520	1375/4503	25	57	55	79
.3053556	1739/5695	37	67	47	85
.3053669	1394/4565	34	55	41	83

（续）

比值	分数	*A*	*B*	*C*	*D*
0.3050					
.3053837	1333/4365	43	90	62	97
.3054014	2256/7387	47	83	48	89
.3054118	649/2125	33	75	59	85
.3054237	901/2950	34	59	53	100
.3054357	354/1159	30	61	59	95
.3054492	1037/3395	34	70	61	97
.3054696	296/969	37	57	40	85
.3054766	2365/7742	43	79	55	98
.3054902	779/2550	41	85	57	90
.3054966	1584/5185	33	61	48	85
0.3055					
.3055133	1003/3283	34	67	59	98
.3055168	2409/7885	33	83	73	95
.3055255	282/923	30	65	47	71
.3055368	2257/7387	37	83	61	89
.3055492	2665/8722	41	89	65	98
.3055556*	11/36	30	60	55	90
.3055696	1207/3950	34	79	71	100
.3055848	290/949	25	65	58	73
.3055901	246/805	41	70	48	92
.3056089	1749/5723	33	59	53	97
.3056180	136/445	34	50	40	89
.3056305	1927/6305	41	65	47	97
.3056515	1947/6370	33	65	59	98
.3056635	1495/4891	23	67	65	73
.3056799	888/2905	37	70	48	83
.3057018	697/2280	34	57	41	80
.3057234	860/2813	40	58	43	97
.3057284	1425/4661	25	59	57	79
.3057363	517/1691	33	57	47	89
.3057549	2343/7663	33	79	71	97
.3057692	159/520	30	65	53	80
.3057778	344/1125	43	75	48	90
.3057865	1802/5893	34	71	53	83
.3058190	1419/4640	33	58	43	80
.3058373	1598/5225	34	55	47	95
.3058471	204/667	34	58	48	92
.3058730	1927/6300	41	70	47	90
.3058824*	26/85	30	75	65	85
.3058916	1947/6365	33	67	59	95
.3059044	1632/5335	34	55	48	97
.3059072	145/474	25	60	58	79
.3059340	1325/4331	25	61	53	71
.3059423	901/2945	34	62	53	95
.3059465	1739/5684	37	58	47	98
.3059615	1591/5200	37	65	43	80
0.3055					
.3059701	41/134	35	67	41	70
.3059925	817/2670	43	89	57	90
0.3060					
.3060000	153/500	34	50	45	100
.3060201	183/598	30	65	61	92
.3060503	2337/7636	41	83	57	92
.3060630	1575/5146	35	62	45	83
.3060801	1475/4819	25	61	59	79
.3061303	799/2610	34	58	47	90
.3061527	413/1349	35	71	59	95
.3061620	1739/5680	37	71	47	80
.3061709	387/1264	43	79	45	80
.3061856	297/970	33	50	45	97
.3062025	2419/7900	41	79	59	100
.3062069	222/725	37	58	48	100
.3062193	1935/6319	43	71	45	89
.3062291	2109/6887	37	71	57	97
.3062358	2701/8820	37	90	73	98
.3062500*	49/160	35	80	70	100
.3062651	1271/4150	41	83	62	100
.3062857	268/875	24	70	67	75
.3063150	1591/5194	37	53	43	98
.3063291	121/395	33	75	55	79
.3063401	1551/5063	33	61	47	83
.3063606	1575/5141	35	53	45	97
.3063736	697/2275	34	65	41	70
.3063750	2451/8000	43	80	57	100
.3063927	671/2190	33	73	61	90
.3064010	2537/8280	43	90	59	92
.3064211	2911/9500	41	95	71	100
.3064286	429/1400	33	70	65	100
.3064433	1189/3880	41	80	58	97
.3064516	19/62	25	62	57	75
.3064646	1517/4950	37	55	41	90
.3064711	1776/5795	37	61	48	95
.3064778	1320/4307	24	59	55	73
.3064861	430/1403	40	61	43	92
0.3065					
.3065015*	99/323	45	85	55	95
.3065060	636/2075	48	83	53	100
.3065217	141/460	30	50	47	92
.3065426	2010/6557	30	79	67	83
.3065452	370/1207	37	71	50	85
.3065574	187/610	34	61	55	100
.3065714	1073/3500	37	70	58	100
.3065793	2013/6566	33	67	61	98

（续）

比值	分数	A	B	C	D
0.3065					
.3066011	2183/7120	37	80	59	89
.3066142	1247/4067	43	83	58	98
.3066269	1749/5704	33	62	53	92
.3066538	318/1037	30	61	53	85
.3066576	2257/7360	37	80	61	92
.3066684	2350/7663	47	79	50	97
.3066755	464/1513	40	85	58	89
.3066863	1665/5429	37	61	45	89
.3067010	119/388	34	80	70	97
.3067059	2607/8500	33	85	79	100
.3067186	315/1027	35	65	45	79
.3067428	1665/5428	37	59	45	92
.3067602	481/1568	37	80	65	98
.3067721	1590/5183	30	71	53	73
.3067842	1845/6014	41	62	45	97
.3067850	2419/7885	41	83	59	95
.3067993	185/603	37	67	50	90
.3068182*	27/88	30	55	45	80
.3068256	1416/4615	24	65	59	71
.3068421	583/1900	33	57	53	100
.3068467	1591/5185	37	61	43	85
.3068578	792/2581	33	58	48	89
.3068689	344/1121	40	59	43	95
.3068776	2173/7081	41	73	53	97
.3068879	1350/4399	30	53	45	83
.3068993	387/1261	43	65	45	97
.3069231	399/1300	35	65	57	100
.3069251	2739/8924	33	92	83	97
.3069388	376/1225	47	75	48	98
.3069519	287/935	35	55	41	85
.3069617	2650/8633	50	89	53	97
.3069703	1995/6499	35	67	57	97
.3069814	1860/6059	30	73	62	83
0.3070					
.3070009	1776/5785	37	65	48	89
.3070093	1625/5293	25	67	65	79
.3070175*	35/114	35	90	75	95
.3070258	1311/4270	23	61	57	70
.3070362	144/469	24	67	60	70
.3070648	1995/6497	35	73	57	89
.3070748	2257/7350	37	75	61	98
.3070833	737/2400	33	80	67	90
.3071035	1003/3266	34	71	59	92
.3071121	285/928	25	58	57	80
.3071161	82/267	40	60	41	89
.3071429	43/140	35	50	43	98
.3071543	2679/8722	47	89	57	98
.3071602	888/2891	37	59	48	98
.3071895	47/153	47	85	50	90
.3072034	145/472	25	59	58	80
.3072086	1368/4453	24	61	57	73
.3072231	957/3115	33	70	58	89
.3072289	51/166	34	60	45	83
.3072464	106/345	40	75	53	92
.3072593	1037/3375	34	75	61	90
.3072683	1505/4898	35	62	43	79
.3072917	59/192	25	60	59	80
.3073077	799/2600	34	65	47	80
.3073227	1343/4370	34	92	79	95
.3073310	1505/4897	35	59	43	83
.3073446	272/885	34	59	48	90
.3073463	205/667	40	58	41	92
.3073733	667/2170	23	62	58	70
.3073751	1938/6305	34	65	57	97
.3074039	328/1067	40	55	41	97
.3074141	170/553	34	79	70	98
.3074152	2475/8051	33	83	75	97
.3074344	2109/6860	37	70	57	98
.3074366	740/2407	37	58	40	83
.3074534	99/322	33	70	60	92
.3074566	301/979	35	55	43	89
.3074747	2065/6716	35	73	59	92
.3074792	111/361	37	57	45	95
.3074870	2074/6745	34	71	61	95
0.3075					
.3075000	123/400	41	60	45	100
.3075205	413/1343	35	79	59	85
.3075448	481/1564	37	85	65	92
.3075563	696/2263	24	62	58	73
.3075699	1353/4399	33	53	41	83
.3075843	219/712	30	80	73	89
.3075975	2745/8924	45	92	61	97
.3076104	2021/6570	43	73	47	90
.3076156	925/3007	37	62	50	97
.3076271	363/1180	33	59	55	100
.3076387	1325/4307	25	59	53	73
.3076531	603/1960	45	98	67	100
.3076627	799/2597	34	53	47	98
.3076692	1023/3325	33	70	62	95
.3076842	2923/9500	37	95	79	100
.3076923*	4/13	35	65	40	70
.3077016	2537/8245	43	85	59	97

（续）

比值	分数	A	B	C	D	比值	分数	A	B	C	D
0.3075						0.3080					
.3077079	1517/4930	37	58	41	85	.3082834	1645/5336	35	58	47	92
.3077159	1005/3266	30	71	67	92	.3082898	2183/7081	37	73	59	97
.3077259	705/2291	30	58	47	79	.3083090	423/1372	45	70	47	98
.3077399	497/1615	35	85	71	95	.3083156	1598/5183	34	71	47	73
.3077465	437/1420	23	60	57	71	.3083333	37/120	37	60	40	80
.3077570	1464/4757	24	67	61	71	.3083411	329/1067	35	55	47	97
.3077683	935/3038	34	62	55	98	.3083516	1403/4550	23	65	61	70
.3077895	731/2375	34	50	43	95	.3083607	1881/6100	33	61	57	100
.3077977	2021/6566	43	67	47	98	.3083796	2278/7387	34	83	67	89
.3078119	792/2573	33	62	48	83	.3084016	301/976	35	61	43	80
.3078216	2747/8924	41	92	67	97	.3084220	1073/3479	37	71	58	98
.3078263	2120/6887	40	71	53	97	.3084270	549/1780	45	89	61	100
.3078358	165/536	30	67	55	80	.3084388	731/2370	34	60	43	79
.3078493	1961/6370	37	65	53	98	.3084470	1855/6014	35	62	53	97
.3078587	427/1387	35	73	61	95	.3084577	62/201	25	67	62	75
.3078738	1435/4661	35	59	41	79	.3084677	153/496	34	62	45	80
.3078947*	117/380	45	95	65	100	.3084783	1419/4600	33	50	43	92
.3079126	860/2793	40	57	43	98	.3084967	236/765	40	85	59	90
.3079245	408/1325	34	53	48	100	0.3085					
.3079484	2867/9310	47	95	61	98	.3085150	2279/7387	43	83	53	89
.3079591	1776/5767	37	73	48	79	.3085284	369/1196	41	65	45	92
.3079734	2360/7663	40	79	59	97	.3085353	1464/4745	24	65	61	73
.3079812	328/1065	40	71	41	75	.3085526	469/1520	35	80	67	95
.3079925	1815/5893	33	71	55	83	.3085616	901/2920	34	73	53	80
.3079982	697/2263	34	62	41	73	.3085749	511/1656	35	90	73	92
0.3080						.3085931	1950/6319	30	71	65	89
.3080120	1334/4331	23	61	58	71	.3086022	287/930	35	62	41	75
.3080201	795/2581	30	58	53	89	.3086072	986/3195	34	71	58	90
.3080342	901/2925	34	65	53	90	.3086191	333/1079	37	65	45	83
.3080437	1551/5035	33	53	47	95	.3086316	1845/5978	41	61	45	98
.3080524	329/1068	35	60	47	89	.3086546	1505/4876	35	53	43	92
.3080552	1763/5723	41	59	43	97	.3086567	517/1675	33	67	47	75
.3080696	1947/6320	33	79	59	80	.3086735	121/392	33	60	55	98
.3080911	1961/6365	37	67	53	95	.3086931	522/1691	45	89	58	95
.3080986	175/568	25	71	70	80	.3086957	71/230	30	75	71	92
.3081113	1584/5141	33	53	48	97	.3087097	957/3100	33	62	58	100
.3081184	1947/6319	33	71	59	89	.3087179	301/975	35	65	43	75
.3081325	1023/3320	33	80	62	83	.3087349	205/664	41	80	50	83
.3081494	363/1178	33	62	55	95	.3087579	2006/6497	34	73	59	89
.3081552	1485/4819	33	61	45	79	.3087719*	88/285	40	75	55	95
.3081751	2013/6532	33	71	61	92	.3087806	1375/4453	25	61	55	73
.3081967	94/305	30	61	47	75	.3088025	1947/6305	33	65	59	97
.3082139	1591/5162	37	58	43	89	.3088148	1037/3358	34	73	61	92
.3082192	45/146	35	70	45	73	.3088235*	21/68	35	60	45	85
.3082437	86/279	40	62	43	90	.3088512	164/531	40	59	41	90
.3082690	1357/4402	23	62	59	71	.3088608	122/395	30	75	61	79

（续）

比值	分数	*A*	*B*	*C*	*D*
0.3085					
.3088719	282/913	30	55	47	83
.3089041	451/1460	41	73	55	100
.3089054	333/1078	37	55	45	98
.3089202	329/1065	35	71	47	75
.3089482	984/3185	41	65	48	98
.3089778	795/2573	30	62	53	83
.3089888	55/178	30	60	55	89
.3089968	1075/3479	43	71	50	98
0.3090					
.3090256	1462/4731	34	57	43	83
.3090379	106/343	40	70	53	98
.3090476	649/2100	33	70	59	90
.3090579	2211/7154	33	73	67	98
.3090703	1363/4410	47	90	58	98
.3090813	1763/5704	41	62	43	92
.3090909	17/55	34	55	45	90
.3091006	1739/5626	37	58	47	97
.3091335	132/427	24	61	55	70
.3091525	456/1475	24	59	57	75
.3091612	1360/4399	34	53	40	83
.3091667	371/1200	35	60	53	100
.3091781	2257/7300	37	73	61	100
.3091909	1968/6365	41	67	48	95
.3092105	47/152	30	57	47	80
.3092204	825/2668	30	58	55	92
.3092308	201/650	30	65	67	100
.3092369	77/249	35	75	55	83
.3092672	287/928	35	58	41	80
.3092982	1763/5700	41	57	43	100
.3093098	1927/6230	41	70	47	89
.3093333	116/375	24	60	58	75
.3093350	2419/7820	41	85	59	92
.3093645	185/598	37	65	50	92
.3093736	2010/6497	30	73	67	89
.3093750*	99/320	45	80	55	100
.3093929	2701/8730	37	90	73	97
.3093999	2021/6532	43	71	47	92
.3094141	470/1519	40	62	47	98
.3094203	427/1380	35	75	61	92
.3094340	82/265	34	53	41	85
.3094448	2146/6935	37	73	58	95
.3094499	1395/4508	45	92	62	98
.3094729	1591/5141	37	53	43	97
.3094881	2479/8010	37	89	67	90
0.3095					
.3095023	342/1105	30	65	57	85

比值	分数	*A*	*B*	*C*	*D*
0.3095					
.3095082	472/1525	24	61	59	75
.3095238*	13/42	25	70	65	75
.3095522	1037/3350	34	67	61	100
.3095582	1927/6225	41	75	47	83
.3095714	1394/4503	34	57	41	79
.3095787	1881/6076	33	62	57	98
.3095918	1517/4900	37	50	41	98
.3096220	901/2910	34	60	53	97
.3096397	318/1027	30	65	53	79
.3096467	2279/7360	43	80	53	92
.3096774	48/155	24	62	60	75
.3096901	1419/4582	33	58	43	79
.3097183	1517/4898	37	62	41	79
.3097400	2013/6499	33	67	61	97
.3097458	731/2360	34	59	43	80
.3097778	697/2250	34	50	41	90
.3097928	329/1062	35	59	47	90
.3098039	79/255	30	85	79	90
.3098193	1972/6365	34	67	58	95
.3098345	1591/5135	37	65	43	79
.3098432	1640/5293	40	67	41	79
.3098592	22/71	24	60	55	71
.3098717	1739/5612	37	61	47	92
.3098750	2479/8000	37	80	67	100
.3098949	855/2759	30	62	57	89
.3099081	1517/4895	37	55	41	89
.3099227	481/1552	37	80	65	97
.3099299	2035/6566	37	67	55	98
.3099428	1462/4717	34	53	43	89
.3099595	1914/6175	33	65	58	95
.3099656	451/1455	41	75	55	97
.3099804	792/2555	33	70	48	73
0.3100					
.3100000	31/100	30	60	62	100
.3100216	430/1387	43	73	50	95
.3100374	1739/5609	37	71	47	79
.3100499	435/1403	30	61	58	92
.3100604	1541/4970	23	70	67	71
.3100694	1475/4757	25	67	59	71
.3100840	369/1190	41	70	45	85
.3101031	752/2425	47	75	48	97
.3101161	187/603	34	67	55	90
.3101365	1591/5130	37	57	43	90
.3101549	901/2905	34	70	53	83
.3101639	473/1525	33	61	43	75
.3101689	1763/5684	41	58	43	98

（续）

比值	分数	*A*	*B*	*C*	*D*	比值	分数	*A*	*B*	*C*	*D*
0.3100						0.3105					
.3101754	442/1425	34	75	65	95	.3107777	1015/3266	35	71	58	92
.3102000	1551/5000	33	50	47	100	.3107878	1645/5293	35	67	47	79
.3102157	1740/5609	30	71	58	79	.3107979	1632/5251	34	59	48	89
.3102337	385/1241	35	73	55	85	.3108065	1927/6200	41	62	47	100
.3102405	2257/7275	37	75	61	97	.3108247	603/1940	45	97	67	100
.3102465	1850/5963	37	67	50	89	.3108345	1598/5141	34	53	47	97
.3102587	1739/5605	37	59	47	95	.3108434	129/415	33	55	43	83
.3102725	148/477	37	53	40	90	.3108535	295/949	25	65	59	73
.3102822	1880/6059	40	73	47	83	.3108607	1517/4880	37	61	41	80
.3103044	265/854	35	61	53	98	.3108696	143/460	33	75	65	92
.3103093	301/970	35	50	43	97	.3108781	1749/5626	33	58	53	97
.3103158	737/2375	33	75	67	95	.3109091	171/550	30	55	57	100
.3103268	1776/5723	37	59	48	97	.3109231	2021/6500	43	65	47	100
.3103448	9/29	34	58	45	85	.3109411	935/3007	34	62	55	97
.3103553	2035/6557	37	79	55	83	.3109577	1802/5795	34	61	53	95
.3103719	1185/3818	30	83	79	92	.3109709	2021/6499	43	67	47	97
.3103774	329/1060	35	53	47	100	.3109940	413/1328	35	80	59	83
.3103873	1763/5680	41	71	43	80	.3109996	1425/4582	25	58	57	79
.3104018	564/1817	47	79	48	92	0.3110					
.3104181	438/1411	30	83	73	85	.3110145	1073/3450	37	75	58	92
.3104286	2173/7000	41	70	53	100	.3110230	1961/6305	37	65	53	97
.3104371	348/1121	30	59	58	95	.3110307	172/553	40	70	43	79
.3104478	104/335	24	67	65	75	.3110368	93/299	30	65	62	92
.3104566	1054/3395	34	70	62	97	.3110666	2021/6497	43	73	47	89
.3104672	525/1691	35	57	45	89	.3110804	1575/5063	35	61	45	83
.3104839	77/248	35	62	55	100	.3110870	1720/5529	40	57	43	97
.3104956	213/686	30	70	71	98	.3110976	513/1649	45	85	57	97
0.3105						.3111111 *	14/45	35	45	40	100
.3105127	957/3082	33	67	58	92	.3111157	1517/4876	37	53	41	92
.3105263	59/190	30	57	59	100	.3111317	2686/8633	34	89	79	97
.3105357	1739/5600	37	70	47	80	.3111408	930/2989	30	61	62	98
.3105456	2294/7387	37	83	62	89	.3111546	159/511	30	70	53	73
.3105560	1927/6205	41	73	47	85	.3111599	2409/7742	33	79	73	98
.3105833	2380/7663	34	79	70	97	.3111842	473/1520	33	57	43	80
.3105882	132/425	33	60	48	85	.3111954	164/527	40	62	41	85
.3106038	2109/6790	37	70	57	97	.3112128	136/437	34	57	48	92
.3106250	497/1600	35	80	71	100	.3112245	61/196	30	60	61	98
.3106295	301/969	35	57	43	85	.3112329	568/1825	24	73	71	75
.3106432	2405/7742	37	79	65	98	.3112358	2385/7663	45	79	53	97
.3106742	553/1780	35	89	79	100	.3112648	315/1012	35	55	45	92
.3106897	901/2900	34	58	53	100	.3112698	1961/6300	37	70	53	90
.3106961	183/589	30	62	61	95	.3113140	1739/5586	37	57	47	98
.3107143	87/280	30	70	58	80	.3113208	33/106	33	53	45	90
.3107345	55/177	25	59	55	75	.3113253	646/2075	34	75	57	83
.3107351	2773/8924	47	92	59	97	.3113516	1525/4898	25	62	61	79
.3107678	684/2201	24	62	57	71	.3113604	222/713	37	62	48	92

（续）

比值	分数	*A*	*B*	*C*	*D*
0.3110					
.3113750	2491/8000	47	80	53	100
.3113924	123/395	41	75	45	79
.3114004	885/2842	30	58	59	98
.3114085	2211/7100	33	71	67	100
.3114155	341/1095	33	73	62	90
.3114314	1275/4094	30	89	85	92
.3114417	1968/6319	41	71	48	89
.3114458	517/1660	33	60	47	83
.3114564	2145/6887	33	71	65	97
.3114754	19/61	25	61	57	75
.3114930	290/931	30	57	58	98
0.3115					
.3115010	799/2565	34	57	47	90
.3115162	376/1207	40	71	47	85
.3115334	705/2263	30	62	47	73
.3115432	2035/6532	37	71	55	92
.3115730	2773/8900	47	89	59	100
.3115789	148/475	37	50	40	95
.3115942	43/138	40	60	43	92
.3115959	1357/4355	23	65	59	67
.3116052	1023/3283	33	67	62	98
.3116197	177/568	30	71	59	80
.3116304	2867/9200	47	92	61	100
.3116438	91/292	35	73	65	100
.3116536	1749/5612	33	61	53	92
.3116569	901/2891	34	59	53	98
.3116667	187/600	34	60	55	100
.3116819	1881/6035	33	71	57	85
.3116959	533/1710	41	90	65	95
.3117071	860/2759	40	62	43	89
.3117271	731/2345	34	67	43	70
.3117409*	77/247	35	65	55	95
.3117500	1247/4000	43	80	58	100
.3117619	660/2117	24	58	55	73
.3117745	188/603	40	67	47	90
.3117978	111/356	37	60	45	89
.3118134	1845/5917	41	61	45	97
.3118203	1749/5609	33	71	53	79
.3118280	29/93	25	62	58	75
.3118421	237/760	30	80	79	95
.3118525	1776/5695	37	67	48	85
.3118557	121/388	33	60	55	97
.3118681	1419/4550	33	65	43	70
.3118797	1037/3325	34	70	61	95
.3119007	2537/8134	43	83	59	98
.3119073	296/949	37	65	40	73

比值	分数	*A*	*B*	*C*	*D*
0.3115					
.3119235	1860/5963	30	67	62	89
.3119403	209/670	33	67	57	90
.3119565	287/920	35	50	41	92
.3119677	696/2231	48	92	58	97
.3119986	1750/5609	25	71	70	79
0.3120					
.3120244	205/657	41	73	50	90
.3120315	1665/5336	37	58	45	92
.3120428	1749/5605	33	59	53	95
.3120548	1139/3650	34	73	67	100
.3120648	1927/6175	41	65	47	95
.3120724	1551/4970	33	70	47	71
.3120900	333/1067	37	55	45	97
.3120968	387/1240	43	62	45	100
.3121118	201/644	30	70	67	92
.3121332	1968/6305	41	65	48	97
.3121429	437/1400	23	60	57	70
.3121535	732/2345	24	67	61	70
.3121597	172/551	40	58	43	95
.3121715	1485/4757	33	67	45	71
.3121824	2150/6887	43	71	50	97
.3121918	2279/7300	43	73	53	100
.3121981	517/1656	47	90	55	92
.3122144	1025/3283	41	67	50	98
.3122239	212/679	40	70	53	97
.3122347	2501/8010	41	89	61	90
.3122449	153/490	34	50	45	98
.3122566	1363/4365	47	90	58	97
.3122972	1925/6164	35	67	55	92
.3123055	1505/4819	35	61	43	79
.3123215	1640/5251	40	59	41	89
.3123288	114/365	24	60	57	73
.3123445	1632/5225	34	55	48	95
.3123494	1037/3320	34	80	61	83
.3123580	1375/4402	25	62	55	71
.3123724	765/2449	34	62	45	79
.3123810	164/525	40	70	41	75
.3123924	363/1162	33	70	55	83
.3124000	781/2500	33	75	71	100
.3124122	667/2135	23	61	58	70
.3124362	1530/4897	34	59	45	83
.3124519	2030/6497	35	73	58	89
.3124560	444/1421	37	58	48	98
.3124675	1802/5767	34	73	53	79
0.3125					
.3125201	1947/6230	33	70	59	89

（续）

比值	分数	A	B	C	D	比值	分数	A	B	C	D
0.3125						0.3130					
.3125278	2108/6745	34	71	62	95	.3131820	1435/4582	35	58	41	79
.3125430	1363/4361	47	89	58	98	.3131868	57/182	25	65	57	70
.3125638	306/979	34	55	45	89	.3132010	363/1159	33	61	55	95
.3125806	969/3100	34	62	57	100	.3132215	2035/6497	37	73	55	89
.3125982	1392/4453	24	61	58	73	.3132272	1023/3266	33	71	62	92
.3126050	186/595	30	70	62	85	.3132428	369/1178	41	62	45	95
.3126217	1927/6164	41	67	47	92	.3132530	26/83	30	75	65	83
.3126316	297/950	33	50	45	95	.3132584	697/2225	34	50	41	89
.3126437	136/435	34	58	48	90	.3132737	1645/5251	35	59	47	89
.3126584	1850/5917	37	61	50	97	.3132849	474/1513	30	85	79	89
.3126728	1357/4340	23	62	59	70	.3132911	99/316	33	60	45	79
.3126822	429/1372	33	70	65	98	.3132969	172/549	40	61	43	90
.3127016	1551/4960	33	62	47	80	.3133226	1357/4331	23	61	59	71
.3127119	369/1180	41	59	45	100	.3133333	47/150	30	50	47	90
.3127202	799/2555	34	70	47	73	.3133407	1980/6319	33	71	60	89
.3127273	86/275	34	55	43	85	.3133603	387/1235	43	65	45	95
.3127384	410/1311	40	57	41	92	.3133665	1763/5626	41	58	43	97
.3127612	1272/4067	48	83	53	98	.3133948	2211/7055	33	83	67	85
.3127702	1881/6014	33	62	57	97	.3134066	713/2275	23	65	62	70
.3127835	1517/4850	37	50	41	97	.3134240	530/1691	30	57	53	89
.3128022	1488/4757	24	67	62	71	.3134328	21/67	35	67	45	75
.3128103	315/1007	35	53	45	95	.3134409	583/1860	33	62	53	90
.3128205	61/195	25	65	61	75	.3134722	2257/7200	37	80	61	90
.3128303	1480/4731	37	57	40	83	.3134831	279/890	45	89	62	100
.3128514	779/2490	41	83	57	90	.3134939	690/2201	23	62	60	71
.3128580	1584/5063	33	61	48	83	0.3135					
.3128692	2701/8633	37	89	73	97	.3135000	627/2000	33	60	57	100
.3128934	1740/5561	30	67	58	83	.3135246	153/488	34	61	45	80
.3129056	434/1387	35	73	62	95	.3135294	533/1700	41	85	65	100
.3129310	363/1160	33	58	55	100	.3135417	301/960	35	60	43	80
.3129412	133/425	35	75	57	85	.3135593	37/118	37	59	40	80
.3129625	1311/4189	23	59	57	71	.3135656	423/1349	45	71	47	95
.3129652	2607/8330	33	85	79	98	.3135933	1488/4745	24	65	62	73
.3129856	282/901	30	53	47	85	.3136005	1870/5963	34	67	55	89
0.3130						.3136211	1591/5073	37	57	43	89
.3130016	195/623	30	70	65	89	.3136546	781/2490	33	83	71	90
.3130159	493/1575	34	70	58	90	.3136612	287/915	35	61	41	75
.3130435	36/115	33	55	48	92	.3136666	1462/4661	34	59	43	79
.3130769	407/1300	37	65	55	100	.3136918	1645/5244	35	57	47	92
.3130930	165/527	30	62	55	85	.3136966	213/679	30	70	71	97
.3131042	583/1862	33	57	53	98	.3137255*	16/51	30	85	80	90
.3131063	1517/4845	37	57	41	85	.3137424	363/1157	33	65	55	89
.3131246	470/1501	30	57	47	79	.3137457	913/2910	33	90	83	97
.3131251	2035/6499	37	67	55	97	.3137587	1480/4717	37	53	40	89
.3131455	667/2130	23	60	58	71	.3137705	957/3050	33	61	58	100
.3131579	119/380	34	80	70	95	.3137818	765/2438	34	53	45	92

（续）

比值	分数	A	B	C	D
0.3135					
.3137975	2479/7900	37	79	67	100
.3138199	2021/6440	43	70	47	92
.3138396	1025/3266	41	71	50	92
.3138462	102/325	34	65	45	75
.3138587	231/736	33	80	70	92
.3138756	328/1045	40	55	41	95
.3138871	495/1577	33	57	45	83
.3139052	1815/5782	33	59	55	98
.3139195	1935/6164	43	67	45	92
.3139269	275/876	25	60	55	73
.3139635	2923/9310	37	95	79	98
.3139706	427/1360	35	80	61	85
0.3140					
.3140154	531/1691	45	89	59	95
.3140323	1947/6200	33	62	59	100
.3140431	1590/5063	30	61	53	83
.3140578	315/1003	35	59	45	85
.3140741	212/675	40	75	53	90
.3140917	185/589	37	62	50	95
.3140964	2607/8300	33	83	79	100
.3141136	365/1162	35	83	73	98
.3141217	1368/4355	24	65	57	67
.3141298	518/1649	37	85	70	97
.3141509	333/1060	37	53	45	100
.3141553	344/1095	40	73	43	75
.3141762	82/261	40	58	41	90
.3141928	290/923	25	65	58	71
.3142087	816/2597	34	53	48	98
.3142292	159/506	30	55	53	92
.3142406	1591/5063	37	61	43	83
.3142466	1147/3650	37	73	62	100
.3142627	390/1241	30	73	65	85
.3142737	1495/4757	23	67	65	71
.3142857*	11/35	40	70	55	100
.3143021	2747/8740	41	92	67	95
.3143069	424/1349	40	71	53	95
.3143163	1763/5609	41	71	43	79
.3143424	2378/7565	41	85	58	89
.3143483	287/913	35	55	41	83
.3143677	2409/7663	33	79	73	97
.3143813	94/299	40	65	47	92
.3143944	2479/7885	37	83	67	95
.3143991	2773/8820	47	90	59	98
.3144068	371/1180	35	59	53	100
.3144269	1591/5060	37	55	43	92
.3144645	2211/7031	33	79	67	89
.3144665	1739/5530	37	70	47	79
.3144828	228/725	24	58	57	75
.3144865	940/2989	40	61	47	98
.3144989	295/938	25	67	59	70
0.3145					
.3145118	1749/5561	33	67	53	83
.3145234	1739/5529	37	57	47	97
.3145406	1763/5605	41	59	43	95
.3145485	1881/5980	33	65	57	92
.3145570	497/1580	35	79	71	100
.3145664	1665/5293	37	67	45	79
.3145763	464/1475	24	59	58	75
.3145917	235/747	47	83	50	90
.3145978	1584/5035	33	53	48	95
.3146107	885/2813	30	58	59	97
.3146186	297/944	33	59	45	80
.3146259	185/588	37	60	50	98
.3146453	275/874	30	57	55	92
.3146621	2747/8730	41	90	67	97
.3146667	118/375	24	60	59	75
.3146771	804/2555	24	70	67	73
.3146930	287/912	35	57	41	80
.3147043	580/1843	30	57	58	97
.3147217	1815/5767	33	73	55	79
.3147423	3053/9700	43	97	71	100
.3147541	96/305	24	61	60	75
.3147692	1023/3250	33	65	62	100
.3147761	2109/6700	37	67	57	100
.3147956	1517/4819	37	61	41	79
.3148187	1485/4717	33	53	45	89
.3148325	329/1045	35	55	47	95
.3148387	244/775	24	62	61	75
.3148475	1425/4526	25	62	57	73
.3148551	869/2760	33	90	79	92
.3148698	1802/5723	34	59	53	97
.3148756	1632/5183	34	71	48	73
.3148860	2623/8330	43	85	61	98
.3149020	803/2550	33	85	73	90
.3149137	1003/3185	34	65	59	98
.3149196	2115/6716	45	73	47	92
.3149321	348/1105	30	65	58	85
.3149406	371/1178	35	62	53	95
.3149507	2747/8722	41	89	67	98
.3149555	2405/7636	37	83	65	92
.3149742	183/581	30	70	61	83
.3149834	1419/4505	33	53	43	85

（续）

比值	分数	A	B	C	D	比值	分数	A	B	C	D
0.3150						0.3155					
.3150000 *	63/200	35	50	45	100	.3156716	423/1340	45	67	47	100
.3150099	957/3038	33	62	58	98	.3156772	888/2813	37	58	48	97
.3150235	671/2130	33	71	61	90	.3156888	495/1568	33	80	75	98
.3150332	855/2714	30	59	57	92	.3156962	1247/3950	43	79	58	100
.3150362	1739/5520	37	60	47	92	.3157143	221/700	34	70	65	100
.3150464	2544/8075	48	85	53	95	.3157290	275/871	25	65	55	67
.3150862	731/2320	34	58	43	80	.3157372	2542/8051	41	83	62	97
.3151233	473/1501	33	57	43	79	.3157489	820/2597	40	53	41	98
.3151341	329/1044	35	58	47	90	.3157647	671/2125	33	75	61	85
.3151504	1739/5518	37	62	47	89	.3157651	2726/8633	47	89	58	97
.3151610	2006/6365	34	67	59	95	.3157895	6/19	34	57	45	85
.3151765	2679/8500	47	85	57	100	.3158103	799/2530	34	55	47	92
.3151981	533/1691	41	89	65	95	.3158524	1584/5015	33	59	48	85
.3152074	342/1085	24	62	57	70	.3158624	1368/4331	24	61	57	71
.3152174	29/92	30	60	58	92	.3158663	1947/6164	33	67	59	92
.3152542	93/295	30	59	62	100	.3158909	984/3115	41	70	48	89
.3152677	477/1513	45	85	53	89	.3159016	1927/6100	41	61	47	100
.3152775	1880/5963	40	67	47	89	.3159057	429/1358	33	70	65	97
.3152941	134/425	30	75	67	85	.3159187	901/2852	34	62	53	92
.3153036	1947/6175	33	65	59	95	.3159304	236/747	40	83	59	90
.3153165	2491/7900	47	79	53	100	.3159393	333/1054	37	62	45	85
.3153333	473/1500	33	50	43	90	.3159498	1763/5580	41	62	43	90
.3153430	2565/8134	45	83	57	98	.3159551	703/2225	37	75	57	89
.3153481	1128/3577	47	73	48	98	.3159722 *	91/288	35	80	65	90
.3153661	2627/8330	37	85	71	98	.3159829	516/1633	43	71	48	92
.3153846	41/130	35	65	41	70	.3159881	1591/5035	37	53	43	95
.3153956	885/2806	30	61	59	92	0.3160					
.3154331	2050/6499	41	67	50	97	.3160000	79/250	30	75	79	100
.3154412	429/1360	33	80	65	85	.3160126	2013/6370	33	65	61	98
.3154452	1881/5963	33	67	57	89	.3160241	2623/8300	43	83	61	100
.3154639	153/485	34	50	45	97	.3160417	1517/4800	37	60	41	80
.3154762	53/168	35	60	53	98	.3160530	1073/3395	37	70	58	97
.3154930	112/355	24	71	70	75	.3160714	177/560	30	70	59	80
0.3155						.3160920	55/174	25	58	55	75
.3155136	301/954	35	53	43	90	.3161345	1881/5950	33	70	57	85
.3155172	183/580	30	58	61	100	.3161404	901/2850	34	57	53	100
.3155302	2050/6497	41	73	50	89	.3161565	816/2581	34	58	48	89
.3155416	201/637	30	65	67	98	.3161818	1739/5500	37	55	47	100
.3155643	1770/5609	30	71	59	79	.3161916	2607/8245	33	85	79	97
.3155738	77/244	35	61	55	100	.3161990	2479/7840	37	80	67	98
.3155882	1073/3400	37	80	58	85	.3162092	2419/7650	41	85	59	90
.3156105	1763/5586	41	57	43	98	.3162199	696/2201	24	62	58	71
.3156231	1598/5063	34	61	47	83	.3162259	1411/4462	34	92	83	97
.3156287	1860/5893	30	71	62	83	.3162393	37/117	37	65	50	90
.3156463	232/735	40	75	58	98	.3162608	2013/6365	33	67	61	95
.3156641	530/1679	40	73	53	92	.3162651	105/332	35	60	45	83

（续）

比值	分数	A	B	C	D
0.3160					
.3162754	2021/6390	43	71	47	90
.3162903	1961/6200	37	62	53	100
.3162970	328/1037	40	61	41	85
.3163166	1295/4094	37	89	70	92
.3163321	583/1843	33	57	53	97
.3163354	366/1157	30	65	61	89
.3163462	329/1040	35	65	47	80
.3163636	87/275	30	55	58	100
.3163666	2337/7387	41	83	57	89
.3163759	1505/4757	35	67	43	71
.3163889	1139/3600	34	80	67	90
.3164087	511/1615	35	85	73	95
.3164155	399/1261	35	65	57	97
.3164384	231/730	33	73	70	100
.3164474	481/1520	37	80	65	95
.3164647	444/1403	37	61	48	92
.3164835	144/455	24	65	60	70
.3164912	451/1425	41	75	55	95
.3164995	915/2891	30	59	61	98
0.3165					
.3165060	2627/8300	37	83	71	100
.3165306	1551/4900	33	50	47	98
.3165611	1749/5525	33	65	53	85
.3165775	296/935	37	55	40	85
.3165997	473/1494	43	83	55	90
.3166169	1591/5025	37	67	43	75
.3166311	297/938	33	67	45	70
.3166405	1410/4453	30	61	47	73
.3166599	1551/4898	33	62	47	79
.3166667	19/60	25	60	57	75
.3167116	235/742	35	53	47	98
.3167245	1551/4897	33	59	47	83
.3167291	2537/8010	43	89	59	90
.3167391	1457/4600	47	92	62	100
.3167577	1739/5490	37	61	47	90
.3167719	2257/7125	37	75	61	95
.3167808	185/584	37	73	50	80
.3167931	1462/4615	34	65	43	71
.3168000	198/625	33	50	48	100
.3168182	697/2200	34	55	41	80
.3168421	301/950	35	50	43	95
.3168539	141/445	30	50	47	89
.3168636	295/931	30	57	59	98
.3168755	430/1357	40	59	43	92
.3168902	1394/4399	34	53	41	83
.3169014	45/142	35	70	45	71

比值	分数	A	B	C	D
0.3165					
.3169086	1550/4891	25	67	62	73
.3169399	58/183	25	61	58	75
.3169492	187/590	34	59	55	100
.3169627	1749/5518	33	62	53	89
.3169740	2183/6887	37	71	59	97
.3169925	1054/3325	34	70	62	95
0.3170					
.3170103	123/388	41	60	45	97
.3170196	2021/6375	43	75	47	85
.3170303	901/2842	34	58	53	98
.3170489	318/1003	30	59	53	85
.3170570	1435/4526	35	62	41	73
.3170667	1189/3750	41	75	58	100
.3170825	1665/5251	37	59	45	89
.3170940	371/1170	35	65	53	90
.3171131	1551/4891	33	67	47	73
.3171219	476/1501	34	79	70	95
.3171414	1815/5723	33	59	55	97
.3171494	1927/6076	41	62	47	98
.3171636	1968/6205	41	73	48	85
.3171681	3015/9506	45	97	67	98
.3171760	301/949	35	65	43	73
.3172043	59/186	25	62	59	75
.3172131	387/1220	43	61	45	100
.3172264	1464/4615	24	65	61	71
.3172542	171/539	30	55	57	98
.3172613	329/1037	35	61	47	85
.3172684	2021/6370	43	65	47	98
.3172769	2773/8740	47	92	59	95
.3172996	376/1185	40	75	47	79
.3173077 *	33/104	30	65	55	80
.3173227	1830/5767	30	73	61	79
.3173256	1870/5893	34	71	55	83
.3173519	2555/8051	35	83	73	97
.3173684	603/1900	45	95	67	100
.3173784	1598/5035	34	53	47	95
.3173913	73/230	30	75	73	92
.3174129	319/1005	33	67	58	90
.3174229	1749/5510	33	58	53	95
.3174402	2257/7110	37	79	61	90
.3174480	1632/5141	34	53	48	97
.3174553	2006/6319	34	71	59	89
.3174684	627/1975	33	75	57	79
.3174786	1375/4331	25	61	55	71
.3174933	1530/4819	34	61	45	79

（续）

比值	分数	*A*	*B*	*C*	*D*
0.3175					
.3175057	555/1748	37	57	45	92
.3175177	2021/6365	43	67	47	95
.3175284	1480/4661	37	59	40	79
.3175403	315/992	35	62	45	80
.3175559	369/1162	41	70	45	83
.3175709	1961/6175	37	65	53	95
.3175873	2064/6499	43	67	48	97
.3176030	424/1335	40	75	53	89
.3176056	451/1420	41	71	55	100
.3176225	1368/4307	24	59	57	73
.3176256	1739/5475	37	73	47	75
.3176362	344/1083	40	57	43	95
.3176471*	27/85	30	50	45	85
.3176742	825/2597	30	53	55	98
.3176839	203/639	35	71	58	90
.3176923	413/1300	35	65	59	100
.3177049	969/3050	34	61	57	100
.3177063	820/2581	40	58	41	89
.3177174	2923/9200	37	92	79	100
.3177286	1880/5917	40	61	47	97
.3177412	2065/6499	35	67	59	97
.3177465	564/1775	47	71	48	100
.3177637	2211/6958	33	71	67	98
.3177749	497/1564	35	85	71	92
.3177778	143/450	33	75	65	90
.3177881	477/1501	45	79	53	95
.3177986	1357/4270	23	61	59	70
.3178082	116/365	24	60	58	73
.3178230	765/2407	34	58	45	83
.3178261	731/2300	34	50	43	92
.3178390	2065/6497	35	73	59	89
.3178694	185/582	37	60	50	97
.3178873	2257/7100	37	71	61	100
.3178976	1881/5917	33	61	57	97
.3179104	213/670	30	67	71	100
.3179259	1073/3375	37	75	58	90
.3179377	296/931	37	57	48	98
.3179487	62/195	25	65	62	75
.3179592	779/2450	41	75	57	98
.3179724	69/217	23	62	60	70
.3179879	1416/4453	24	61	59	73
0.3180					
.3180000	159/500	30	50	53	100
.3180100	1598/5025	34	67	47	75
.3180294	1517/4770	37	53	41	90
.3180393	1927/6059	41	73	47	83

比值	分数	*A*	*B*	*C*	*D*
0.3180					
.3180451	423/1330	45	70	47	95
.3180645	493/1550	34	62	58	100
.3180723	132/415	33	60	48	83
.3180886	1551/4876	33	53	47	92
.3181034	369/1160	41	58	45	100
.3181146	1505/4731	35	57	43	83
.3181287	272/855	34	57	48	90
.3181376	1961/6164	37	67	53	92
.3181538	517/1625	33	65	47	75
.3181617	720/2263	24	62	60	73
.3181818*	7/22	35	55	40	80
.3182000	1591/5000	37	50	43	100
.3182216	2183/6860	37	70	59	98
.3182257	330/1037	30	61	55	85
.3182574	957/3007	33	62	58	97
.3182796	148/465	37	62	40	75
.3182881	1770/5561	30	67	59	83
.3183230	205/644	41	70	50	92
.3183424	2343/7360	33	80	71	92
.3183484	1650/5183	30	71	55	73
.3183779	369/1159	41	61	45	95
.3183928	2607/8188	33	89	79	92
.3184127	1003/3150	34	70	59	90
.3184211	121/380	33	57	55	100
.3184314	406/1275	35	75	58	85
.3184402	2409/7565	33	85	73	89
.3184578	2255/7081	41	73	55	97
.3184661	1935/6076	43	62	45	98
.3184932	93/292	30	73	62	80
0.3185					
.3185127	2013/6320	33	79	61	80
.3185185	43/135	40	60	43	90
.3185350	287/901	35	53	41	85
.3185422	2491/7820	47	85	53	92
.3185631	2013/6319	33	71	61	89
.3185792	583/1830	33	61	53	90
.3185940	2565/8051	45	83	57	97
.3186012	1485/4661	33	59	45	79
.3186111*	1147/3600	37	80	62	90
.3186173	2627/8245	37	85	71	97
.3186441	94/295	30	59	47	75
.3186603	333/1045	37	55	45	95
.3186749	1645/5162	35	58	47	89
.3186764	1435/4503	35	57	41	79
.3186941	820/2573	40	62	41	83
.3187045	1968/6175	41	65	48	95

（续）

比值	分数	*A*	*B*	*C*	*D*
0.3185					
.3187123	792/2485	33	70	48	71
.3187285	371/1164	35	60	53	97
.3187403	2257/7081	37	73	61	97
.3187500	51/160	34	60	45	80
.3187633	299/938	23	67	65	70
.3187755	781/2450	33	75	71	98
.3187946	402/1261	30	65	67	97
.3187970	212/665	40	70	53	95
.3188136	1881/5900	33	59	57	100
.3188176	2211/6935	33	73	67	95
.3188304	1363/4275	47	90	58	95
.3188642	1763/5529	41	57	43	97
.3188764	1419/4450	33	50	43	89
.3188889	287/900	35	50	41	90
.3188985	1517/4757	37	67	41	71
.3189283	369/1157	41	65	45	89
.3189433	495/1552	33	80	75	97
.3189532	1560/4891	24	67	65	73
.3189598	969/3038	34	62	57	98
.3189655	37/116	37	58	40	80
.3189763	511/1602	35	89	73	90
0.3190					
.3190041	1640/5141	40	53	41	97
.3190051	2501/7840	41	80	61	98
.3190226	1880/5893	40	71	47	83
.3190299	171/536	30	67	57	80
.3190476	67/210	25	70	67	75
.3190587	1505/4717	35	53	43	89
.3190746	731/2291	34	58	43	79
.3190769	1037/3250	34	65	61	100
.3190937	1845/5782	41	59	45	98
.3190950	1763/5525	41	65	43	85
.3191095	172/539	40	55	43	98
.3191176	217/680	35	80	62	85
.3191260	2074/6499	34	67	61	97
.3191803	1947/6100	33	61	59	100
.3191851	188/589	40	62	47	95
.3192075	580/1817	40	79	58	92
.3192243	2074/6497	34	73	61	89
.3192407	370/1159	37	61	50	95
.3192477	1375/4307	25	59	55	73
.3192704	2013/6305	33	65	61	97
.3192771	53/166	30	60	53	83
.3192935	235/736	47	80	50	92
.3192982*	91/285	35	75	65	95
.3193174	1815/5684	33	58	55	98

比值	分数	*A*	*B*	*C*	*D*
0.3190					
.3193548	99/310	33	62	45	75
.3193596	1935/6059	43	73	45	83
.3193684	1517/4750	37	50	41	95
.3193841	1763/5520	41	60	43	92
.3193865	2145/6716	33	73	65	92
.3194341	429/1343	33	79	65	85
.3194521	583/1825	33	73	53	75
.3194588	2479/7760	37	80	67	97
.3194726	315/986	35	58	45	85
.3194779	1591/4980	37	60	43	83
.3194998	1763/5518	41	62	43	89
0.3195					
.3195238	671/2100	33	70	61	90
.3195423	363/1136	33	71	55	80
.3195628	1462/4575	34	61	43	75
.3195688	1927/6030	41	67	47	90
.3195830	2146/6715	37	79	58	85
.3195876	31/97	30	60	62	97
.3196000	799/2500	34	50	47	100
.3196100	295/923	25	65	59	71
.3196326	1392/4355	24	65	58	67
.3196435	825/2581	30	58	55	89
.3196581	187/585	34	65	55	90
.3196721	39/122	30	61	65	100
.3196848	2475/7742	33	79	75	98
.3196881	164/513	40	57	41	90
.3197050	1517/4745	37	65	41	73
.3197172	407/1273	37	67	55	95
.3197279	47/147	40	60	47	98
.3197624	1830/5723	30	59	61	97
.3197732	2256/7055	47	83	48	85
.3197785	2021/6320	43	79	47	80
.3197938	1551/4850	33	50	47	97
.3198210	2501/7820	41	85	61	92
.3198276	371/1160	35	58	53	100
.3198548	1938/6059	34	73	57	83
.3198596	2279/7125	43	75	53	95
.3198795	531/1660	45	83	59	100
.3198980	627/1960	33	60	57	98
.3199150	2257/7055	37	83	61	85
.3199221	493/1541	34	67	58	92
.3199280	533/1666	41	85	65	98
.3199438	1139/3560	34	80	67	89
.3199637	1763/5510	41	58	43	95
.3199719	455/1422	35	79	65	90
.3199767	1645/5141	35	53	47	97

（续）

比值	分数	A	B	C	D	比值	分数	A	B	C	D
0.3200						0.3205					
.3200000*	8/25	30	75	80	100	.3205274	1410/4399	30	53	47	83
.3200090	1425/4453	25	61	57	73	.3205393	2021/6305	43	65	47	97
.3200295	2173/6790	41	70	53	97	.3205455	1763/5500	41	55	43	100
.3200431	297/928	33	58	45	80	.3205622	1665/5194	37	53	45	98
.3200480	1333/4165	43	85	62	98	.3205802	1525/4757	25	67	61	71
.3200669	957/2990	33	65	58	92	.3205890	1241/3871	34	79	73	98
.3200843	2279/7120	43	80	53	89	.3206140	731/2280	34	57	43	80
.3200865	1925/6014	35	62	55	97	.3206250	513/1600	45	80	57	100
.3201035	371/1159	35	61	53	95	.3206297	387/1207	43	71	45	85
.3201111	2881/9000	43	90	67	100	.3206374	825/2573	30	62	55	83
.3201238	517/1615	33	57	47	85	.3206510	1517/4731	37	57	41	83
.3201302	590/1843	30	57	59	97	.3206628	329/1026	35	57	47	90
.3201377	186/581	30	70	62	83	.3206667	481/1500	37	75	65	100
.3201493	429/1340	33	67	65	100	.3206780	473/1475	33	59	43	75
.3201570	2365/7387	43	83	55	89	.3206897	93/290	30	58	62	100
.3201740	957/2989	33	61	58	98	.3207059	1363/4250	47	85	58	100
.3201787	430/1343	43	79	50	85	.3207225	2255/7031	41	79	55	89
.3201923	333/1040	37	65	45	80	.3207373	348/1085	24	62	58	70
.3202015	2479/7742	37	79	67	98	.3207547	17/53	34	53	45	90
.3202055	187/584	34	73	55	80	.3207661	1591/4960	37	62	43	80
.3202247	57/178	30	60	57	89	.3207831	213/664	30	80	71	83
.3202320	497/1552	35	80	71	97	.3207937	2021/6300	43	70	47	90
.3202614*	49/153	35	85	70	90	.3208138	205/639	41	71	50	90
.3202826	2765/8633	35	89	79	97	.3208232	265/826	35	59	53	98
.3202899	221/690	34	75	65	92	.3208333*	77/240	35	60	55	100
.3202986	901/2813	34	58	53	97	.3208354	2627/8188	37	89	71	92
.3203090	705/2201	30	62	47	71	.3208451	1139/3550	34	71	67	100
.3203168	1739/5429	37	61	47	89	.3208647	2256/7031	47	79	48	89
.3203505	329/1027	35	65	47	79	.3208835	799/2490	34	60	47	83
.3203620	354/1105	30	65	59	85	.3208944	2210/6887	34	71	65	97
.3203747	684/2135	24	61	57	70	.3208955	43/134	35	67	43	70
.3203758	1739/5428	37	59	47	92	.3209348	975/3038	30	62	65	98
.3203938	1139/3555	34	79	67	90	.3209393	164/511	40	70	41	73
.3204190	1927/6014	41	62	47	97	.3209492	1650/5141	30	53	55	97
.3204348	737/2300	33	75	67	92	.3209589	2343/7300	33	73	71	100
.3204411	1947/6076	33	62	59	98	.3209664	372/1159	30	61	62	95
.3204545	141/440	30	55	47	80	.3209794	1914/5963	33	67	58	89
.3204648	855/2668	30	58	57	92	.3209859	2279/7100	43	71	53	100
.3204819	133/415	35	75	57	83	0.3210					
0.3205						.3210046	703/2190	37	73	57	90
.3205010	1740/5429	30	61	58	89	.3210070	2257/7031	37	79	61	89
.3205065	2607/8134	33	83	79	98	.3210294	2183/6800	37	80	59	85
.3205248	342/1067	30	55	57	97	.3210396	2211/6887	33	71	67	97

（续）

比值	分数	A	B	C	D
0.3210					
.3210526	61/190	30	57	61	100
.3210781	2585/8051	47	83	55	97
.3210884	236/735	40	75	59	98
.3210976	901/2806	34	61	53	92
.3211186	333/1037	37	61	45	85
.3211268	114/355	24	60	57	71
.3211450	1739/5415	37	57	47	95
.3211573	888/2765	37	70	48	79
.3211667	1927/6000	41	60	47	100
.3211931	1023/3185	33	65	62	98
.3212001	2109/6566	37	67	57	98
.3212121	53/165	30	55	53	90
.3212154	592/1843	37	57	48	97
.3212341	177/551	30	58	59	95
.3212425	1665/5183	37	71	45	73
.3212534	2030/6319	35	71	58	89
.3212694	1802/5609	34	71	53	79
.3212823	2275/7081	35	73	65	97
.3212865	2747/8550	41	90	67	95
.3212982	792/2465	33	58	48	85
.3213058	187/582	34	60	55	97
.3213187	731/2275	34	65	43	70
.3213296	116/361	30	57	58	95
.3213402	1947/6059	33	73	59	83
.3213483	143/445	33	75	65	89
.3213675	188/585	40	65	47	90
.3213760	3055/9506	47	97	65	98
.3213909	305/949	25	65	61	73
.3213983	1517/4720	37	59	41	80
.3214141	1591/4950	37	55	43	90
.3214286*	9/28	30	70	60	80
.3214480	1776/5525	37	65	48	85
.3214754	1961/6100	37	61	53	100
.3214885	2108/6557	34	79	62	83
.3214987	1802/5605	34	59	53	95
0.3215					
.3215149	399/1241	35	73	57	85
.3215212	372/1157	30	65	62	89
.3215292	799/2485	34	70	47	71
.3215385	209/650	33	65	57	90
.3215465	2337/7268	41	79	57	92
.3215598	1575/4898	35	62	45	79
.3215686	82/255	40	60	41	85

比值	分数	A	B	C	D
0.3215					
.3215789	611/1900	47	95	65	100
.3216027	1517/4717	37	53	41	89
.3216086	2679/8330	47	85	57	98
.3216255	1575/4897	35	59	45	83
.3216374*	55/171	50	90	55	95
.3216522	2414/7505	34	79	71	95
.3216577	1855/5767	35	73	53	79
.3216720	708/2201	24	62	59	71
.3216807	957/2975	33	70	58	85
.3216880	930/2891	30	59	62	98
.3217031	544/1691	34	57	48	89
.3217060	2278/7081	34	73	67	97
.3217198	434/1349	35	71	62	95
.3217391	37/115	37	50	40	92
.3217493	1935/6014	43	62	45	97
.3217569	315/979	35	55	45	89
.3217742	399/1240	35	62	57	100
.3217768	297/923	33	65	45	71
.3217857	901/2800	34	70	53	80
.3218182	177/550	30	55	59	100
.3218353	1950/6059	30	73	65	83
.3218510	1551/4819	33	61	47	79
.3218557	888/2759	37	62	48	89
.3218667	1207/3750	34	75	71	100
.3219064	385/1196	35	65	55	92
.3219178	47/146	30	60	47	73
.3219251	301/935	35	55	43	85
.3219545	481/1494	37	83	65	90
.3219564	915/2842	30	58	61	98
.3219667	406/1261	35	65	58	97
.3219814*	104/323	40	85	65	95
.3219904	1003/3115	34	70	59	89
0.3220					
.3220141	275/854	25	61	55	70
.3220200	1575/4891	35	67	45	73
.3220339	19/59	25	59	57	75
.3220370	1739/5400	37	60	47	90
.3220497	1037/3220	34	70	61	92
.3220619	781/2425	33	75	71	97
.3220738	410/1273	41	67	50	95
.3220890	1881/5840	33	73	57	80
.3220974	86/267	40	60	43	89
.3221053	153/475	34	50	45	95

（续）

比值	分数	*A*	*B*	*C*	*D*
0.3220					
.3221348	2867/8900	47	89	61	100
.3221429	451/1400	41	70	55	100
.3221588	1749/5429	33	61	53	89
.3221774	799/2480	34	62	47	80
.3221853	1551/4814	33	58	47	83
.3222181	1749/5428	33	59	53	92
.3222408	1927/5980	41	65	47	92
.3222547	1435/4453	35	61	41	73
.3222857	282/875	47	70	48	100
.3223032	2211/6860	33	70	67	98
.3223230	888/2755	37	58	48	95
.3223388	215/667	40	58	43	92
.3223486	1927/5978	41	61	47	98
.3223684*	49/152	35	80	70	95
.3223834	1845/5723	41	59	45	97
.3223993	344/1067	40	55	43	97
.3224138	187/580	34	58	55	100
.3224269	1488/4615	24	65	62	71
.3224447	306/949	34	65	45	73
.3224490	79/245	30	75	79	98
.3224719	287/890	35	50	41	89
.3224835	2784/8633	48	89	58	97
.3224900	803/2490	33	83	73	90
0.3225					
.3225000	129/400	33	55	43	80
.3225152	159/493	30	58	53	85
.3225296	408/1265	34	55	48	92
.3225494	1665/5162	37	58	45	89
.3225564	429/1330	33	70	65	95
.3225733	1419/4399	33	53	43	83
.3225922	901/2793	34	57	53	98
.3226093	1815/5626	33	58	55	97
.3226230	492/1525	41	61	48	100
.3226345	1739/5390	37	55	47	98
.3226415	171/530	30	53	57	100
.3226472	2345/7268	35	79	67	92
.3226788	212/657	40	73	53	90
.3226920	374/1159	34	61	55	95
.3227068	1073/3325	37	70	58	95
.3227181	1591/4930	37	58	43	85
.3227459	315/976	35	61	45	80
.3227597	407/1261	37	65	55	97
.3227700	275/852	25	60	55	71

比值	分数	*A*	*B*	*C*	*D*
0.3225					
.3227848	51/158	34	60	45	79
.3228200	174/539	30	55	58	98
.3228261	297/920	33	50	45	92
.3228373	2881/8924	43	92	67	97
.3228483	2607/8075	33	85	79	95
.3228645	2385/7387	45	83	53	89
.3228720	2109/6532	37	71	57	92
.3228754	1060/3283	40	67	53	98
.3228921	1505/4661	35	59	43	79
.3228963	165/511	30	70	55	73
.3229091	444/1375	37	55	48	100
.3229391	901/2790	34	62	53	90
.3229653	2627/8134	37	83	71	98
.3229806	2475/7663	33	79	75	97
.3229917	583/1805	33	57	53	95
0.3230					
.3230031	740/2291	37	58	40	79
.3230107	1575/4876	35	53	45	92
.3230241	94/291	40	60	47	97
.3230333	2279/7055	43	83	53	85
.3230380	638/1975	33	75	58	79
.3230682	1710/5293	30	67	57	79
.3230769*	21/65	35	65	45	75
.3230987	684/2117	24	58	57	73
.3231140	2013/6230	33	70	61	89
.3231250	517/1600	33	60	47	80
.3231250	517/1600	33	60	47	80
.3231595	1927/5963	41	67	47	89
.3231719	1675/5183	25	71	67	73
.3231765	2747/8500	41	85	67	100
.3231948	1392/4307	24	59	58	73
.3231959	627/1940	33	60	57	97
.3232198	522/1615	45	85	58	95
.3232262	533/1649	41	85	65	97
.3232498	374/1157	34	65	55	89
.3232570	1850/5723	37	59	50	97
.3232653	396/1225	33	50	48	98
.3232801	1640/5073	40	57	41	89
.3232877	118/365	24	60	59	73
.3233083	43/133	43	70	50	95
.3233186	2120/6557	40	79	53	83
.3233352	1175/3634	47	79	50	92
.3233475	2666/8245	43	85	62	97

（续）

比值	分数	A	B	C	D
0.3230					
.3233735	671/2075	33	75	61	83
.3233775	1440/4453	24	61	60	73
.3233918	553/1710	35	90	79	95
.3233989	510/1577	34	57	45	83
.3234141	1815/5612	33	61	55	92
.3234175	935/2891	34	59	55	98
.3234444	2911/9000	41	90	71	100
.3234542	1517/4690	37	67	41	70
.3234633	1584/4897	33	59	48	83
.3234747	1914/5917	33	61	58	97
.3234973	296/915	37	61	40	75
0.3235					
.3235294*	11/34	30	60	55	85
.3235412	804/2485	24	70	67	71
.3235523	1665/5146	37	62	45	83
.3235557	2173/6716	41	73	53	92
.3235671	2275/7031	35	79	65	89
.3235786	387/1196	43	65	45	92
.3235871	1815/5609	33	71	55	79
.3235955	144/445	33	55	48	89
.3236145	1343/4150	34	83	79	100
.3236444	1325/4094	50	89	53	92
.3236535	1995/6164	35	67	57	92
.3236559	301/930	35	62	43	75
.3236842	123/380	41	57	45	100
.3236869	1935/5978	43	61	45	98
.3237079	2881/8900	43	89	67	100
.3237165	1425/4402	25	62	57	71
.3237342	1023/3160	33	79	62	80
.3237446	1947/6014	33	62	59	97
.3237522	1881/5810	33	70	57	83
.3237647	688/2125	43	75	48	85
.3237778	1457/4500	47	90	62	100
.3237854	2046/6319	33	71	62	89
.3237952	215/664	43	80	50	83
.3238095	34/105	34	75	70	98
.3238180	363/1121	33	59	55	95
.3238286	2419/7470	41	83	59	90
.3238453	603/1862	45	95	67	98
.3238602	1584/4891	33	67	48	73
.3238670	1665/5141	37	53	45	97
.3238806	217/670	35	67	62	100
.3238889	583/1800	33	60	53	90
.3238973	492/1519	41	62	48	98
.3239171	172/531	40	59	43	90
.3239323	402/1241	30	73	67	85
.3239503	2739/8455	33	89	83	95
.3239684	369/1139	41	67	45	85
.3239937	2278/7031	34	79	67	89
0.3240					
.3240188	1032/3185	43	65	48	98
.3240330	511/1577	35	83	73	95
.3240424	1802/5561	34	67	53	83
.3240489	477/1472	45	80	53	92
.3240803	969/2990	34	65	57	92
.3240943	1485/4582	33	58	45	79
.3241107	82/253	40	55	41	92
.3241226	2475/7636	33	83	75	92
.3241311	1632/5035	34	53	48	95
.3241379	47/145	30	58	47	75
.3241525	153/472	34	59	45	80
.3241758	59/182	25	65	59	70
.3241887	969/2989	34	61	57	98
.3242009	71/219	25	73	71	75
.3242059	296/913	37	55	40	83
.3242311	1128/3479	47	71	48	98
.3242434	975/3007	30	62	65	97
.3242454	333/1027	37	65	45	79
.3242587	1870/5767	34	73	55	79
.3242657	1645/5073	35	57	47	89
.3242938	287/885	35	59	41	75
.3243103	1881/5800	33	58	57	100
.3243338	925/2852	37	62	50	92
.3243534	301/928	35	58	43	80
.3243587	1530/4717	34	53	45	89
.3243748	2257/6958	37	71	61	98
.3243836	592/1825	37	73	48	75
.3243984	1065/3283	30	67	71	98
.3244068	957/2950	33	59	58	100
.3244176	376/1159	40	61	47	95
.3244305	413/1273	35	67	59	95
.3244403	1739/5360	37	67	47	80
.3244615	2109/6500	37	65	57	100
.3244782	171/527	30	62	57	85
.3244898	159/490	30	50	53	98

（续）

比值	分数	A	B	C	D
0.3245					
.3245000	649/2000	33	60	59	100
.3245109	282/869	30	55	47	79
.3245283	86/265	34	53	43	85
.3245614	37/114	37	57	40	80
.3245696	1037/3195	34	71	61	90
.3245833	779/2400	41	80	57	90
.3245902	99/305	33	61	45	75
.3245954	1845/5684	41	58	45	98
.3246114	2109/6497	37	73	57	89
.3246223	795/2449	30	62	53	79
.3246269	87/268	30	67	58	80
.3246392	3149/9700	47	97	67	100
.3246464	2479/7636	37	83	67	92
.3246586	2021/6225	43	75	47	83
.3246724	1462/4503	34	57	43	79
.3246774	2013/6200	33	62	61	100
.3246939	1591/4900	37	50	43	98
.3246962	1416/4361	48	89	59	98
.3247111	590/1817	40	79	59	92
.3247423	63/194	35	50	45	97
.3247520	1375/4234	25	58	55	73
.3247619	341/1050	33	70	62	90
.3247761	544/1675	34	67	48	75
.3247921	1914/5893	33	71	58	83
.3247973	1763/5428	41	59	43	92
.3248061	1968/6059	41	73	48	83
.3248212	318/979	30	55	53	89
.3248265	1591/4898	37	62	43	79
.3248437	2130/6557	30	79	71	83
.3248464	370/1139	37	67	50	85
.3248564	396/1219	33	53	48	92
.3248889	731/2250	34	50	43	90
.3248965	2747/8455	41	89	67	95
.3249062	1645/5063	35	61	47	83
.3249194	605/1862	33	57	55	98
.3249379	1961/6035	37	71	53	85
.3249576	957/2945	33	62	58	95
.3249784	376/1157	40	65	47	89
0.3250					
.3250000*	13/40	30	60	65	100
.3250255	1591/4895	37	55	43	89
.3250447	2183/6716	37	73	59	92
.3250639	1271/3910	41	85	62	92
.3250685	2491/7663	47	79	53	97
.3250774*	105/323	35	85	75	95
.3250869	1590/4891	30	67	53	73
.3250988	329/1012	35	55	47	92
.3251435	1416/4355	24	65	59	67
.3251470	940/2891	40	59	47	98
.3251572	517/1590	33	53	47	90
.3252104	1855/5704	35	62	53	92
.3252321	1927/5925	41	75	47	79
.3252513	550/1691	30	57	55	89
.3252688	121/372	33	62	55	90
.3252755	915/2813	30	58	61	97
.3252914	1591/4891	37	67	43	73
.3253012	27/83	33	55	45	83
.3253064	2256/6935	47	73	48	95
.3253200	1881/5782	33	59	57	98
.3253338	1925/5917	35	61	55	97
.3253425	95/292	25	60	57	73
.3253521	231/710	33	71	70	100
.3253846	423/1300	45	65	47	100
.3253968	41/126	41	70	50	90
.3254237	96/295	34	59	48	85
.3254347	2115/6499	45	67	47	97
.3254386	371/1140	35	57	53	100
.3254506	2257/6935	37	73	61	95
.3254600	2494/7663	43	79	58	97
.3254666	1517/4661	37	59	41	79
.3254750	925/2842	37	58	50	98
.3254902	83/255	30	85	83	90
0.3255					
.3255102	319/980	33	60	58	98
.3255349	2115/6497	45	73	47	89
.3255431	2173/6675	41	75	53	89
.3255714	2279/7000	43	70	53	100
.3255771	1763/5415	41	57	43	95
.3255853	1947/5980	33	65	59	92
.3255984	1333/4094	43	89	62	92
.3256140	464/1425	40	75	58	95
.3256232	1450/4453	25	61	58	73
.3256259	2211/6790	33	70	67	97
.3256523	1710/5251	30	59	57	89
.3256579*	99/304	45	80	55	95
.3256718	1927/5917	41	61	47	97
.3256942	1947/5978	33	61	59	98
.3257042	185/568	37	71	50	80
.3257143	57/175	24	60	57	70
.3257200	328/1007	40	53	41	95
.3257534	1189/3650	41	73	58	100
.3257732	158/485	30	75	79	97

（续）

比值	分数	A	B	C	D
0.3255					
.3257919*	72/221	30	65	60	85
.3257980	2623/8051	43	83	61	97
.3258197	159/488	30	61	53	80
.3258317	333/1022	37	70	45	73
.3258427	29/89	30	60	58	89
.3258590	901/2765	34	70	53	79
.3258723	495/1519	33	62	60	98
.3258750	2607/8000	33	80	79	100
.3258937	1650/5063	30	61	55	83
.3258996	1739/5336	37	58	47	92
.3259179	1802/5529	34	57	53	97
.3259259*	44/135	40	75	55	90
.3259606	1739/5335	37	55	47	97
.3259677	2021/6200	43	62	47	100
.3259919	2013/6175	33	65	61	95
.3259953	696/2135	24	61	58	70
0.3260					
.3260131	1247/3825	43	85	58	90
.3260246	1591/4880	37	61	43	80
.3260269	1770/5429	30	61	59	89
.3260458	1551/4757	33	67	47	71
.3260725	1961/6014	37	62	53	97
.3260978	1968/6035	41	71	48	85
.3261105	301/923	35	65	43	71
.3261224	799/2450	34	50	47	98
.3261364	287/880	35	55	41	80
.3261481	348/1067	30	55	58	97
.3261661	1881/5767	33	73	57	79
.3261842	2479/7600	37	80	67	95
.3261961	975/2989	30	61	65	98
.3262105	1435/4399	35	53	41	83
.3262179	2491/7636	47	83	53	92
.3262260	153/469	34	67	45	70
.3262366	1517/4650	37	62	41	75
.3262500	261/800	45	80	58	100
.3262556	799/2449	34	62	47	79
.3262712	77/236	35	59	55	100
.3262920	1591/4876	37	53	43	92
.3263044	2120/6497	40	73	53	89
.3263060	1749/5360	33	67	53	80
.3263158	31/95	30	57	62	100
.3263547	265/812	35	58	53	98
.3263590	1591/4875	37	65	43	75
.3263736	297/910	33	65	45	70
.3263757	172/527	40	62	43	85
.3263889	47/144	47	80	50	90
0.3260					
.3264000	204/625	34	50	48	100
.3264077	2655/8134	45	83	59	98
.3264493	901/2760	34	60	53	92
.3264556	1598/4895	34	55	47	89
.3264706	111/340	37	60	45	85
.3264815	1763/5400	41	60	43	90
.3264942	366/1121	30	59	61	95
0.3265					
.3265135	1947/5963	33	67	59	89
.3265263	1551/4750	33	50	47	95
.3265352	1457/4462	47	92	62	97
.3265696	1368/4189	24	59	57	71
.3265823	129/395	33	55	43	79
.3265979	792/2425	33	50	48	97
.3266102	1927/5900	41	59	47	100
.3266340	2064/6319	43	71	48	89
.3266362	1073/3285	37	73	58	90
.3266453	407/1246	37	70	55	89
.3266596	310/949	25	65	62	73
.3266667*	49/150	35	75	70	100
.3266829	2145/6566	33	67	65	98
.3267130	329/1007	35	53	47	95
.3267226	1598/4891	34	67	47	73
.3267263	511/1564	35	85	73	92
.3267405	413/1264	35	79	59	80
.3267517	1870/5723	34	59	55	97
.3267606	116/355	24	60	58	71
.3267669	2173/6650	41	70	53	95
.3267841	1763/5395	41	65	43	83
.3267857	183/560	30	70	61	80
.3268000	817/2500	43	75	57	100
.3268116	451/1380	41	75	55	92
.3268333	1961/6000	37	60	53	100
.3268352	1073/3283	37	67	58	98
.3268524	2135/6532	35	71	61	92
.3268698	118/361	30	57	59	95
.3268852	2822/8633	34	89	83	97
.3269006	559/1710	43	90	65	95
.3269076	407/1245	37	75	55	83
.3269350	528/1615	33	57	48	85
.3269397	1517/4640	37	58	41	80
.3269453	1416/4331	24	61	59	71
.3269618	325/994	25	70	65	71
.3269737	497/1520	35	80	71	95
.3269996	740/2263	37	62	40	73

（续）

比值	分数	*A*	*B*	*C*	*D*
0.3270					
.3270189	328/1003	40	59	41	85
.3270330	744/2275	24	65	62	70
.3270417	901/2755	34	58	53	95
.3270492	399/1220	35	61	57	100
.3270787	2911/8900	41	89	71	100
.3270872	1763/5390	41	55	43	98
.3271014	2257/6900	37	75	61	92
.3271240	720/2201	24	62	60	71
.3271321	1776/5429	37	61	48	89
.3271478	476/1455	34	75	70	97
.3271647	1927/5890	41	62	47	95
.3271739	301/920	35	50	43	92
.3271795	319/975	33	65	58	90
.3271923	444/1357	37	59	48	92
.3271961	1475/4508	50	92	59	98
.3272101	285/871	25	65	57	67
.3272152	517/1580	33	60	47	79
.3272343	465/1421	30	58	62	98
.3272364	984/3007	41	62	48	97
.3272451	215/657	43	73	50	90
.3272590	2173/6640	41	80	53	83
.3272727*	18/55	30	55	60	100
.3272838	2146/6557	37	79	58	83
.3272874	2021/6175	43	65	47	95
.3273098	2409/7360	33	80	73	92
.3273292	527/1610	34	70	62	92
.3273592	2064/6305	43	65	48	97
.3273810*	55/168	25	60	55	70
.3273929	1139/3479	34	71	67	98
.3274074	221/675	34	75	65	90
.3274194	203/620	35	62	58	100
.3274285	2255/6887	41	71	55	97
.3274397	1426/4355	23	65	62	67
.3274590	799/2440	34	61	47	80
.3274672	2419/7387	41	83	59	89
.3274845	2109/6440	37	70	57	92
.3274854*	56/171	35	45	40	95
.3274953	1739/5310	37	59	47	90
0.3275					
.3275091	2343/7154	33	73	71	98
.3275178	413/1261	35	65	59	97
.3275281	583/1780	33	60	53	89
.3275366	2279/6958	43	71	53	98
.3275567	1720/5251	40	59	43	89
.3275737	2256/6887	47	71	48	97
.3275773	1271/3880	41	80	62	97

比值	分数	*A*	*B*	*C*	*D*
0.3275					
.3275862	19/58	25	58	57	75
.3276047	305/931	30	57	61	98
.3276190	172/525	40	70	43	75
.3276316	249/760	30	80	83	95
.3276364	901/2750	34	55	53	100
.3276501	442/1349	34	71	65	95
.3276836	58/177	25	59	58	75
.3276931	2537/7742	43	79	59	98
.3277061	330/1007	30	53	55	95
.3277211	1927/5880	41	60	47	98
.3277311*	39/119	30	70	65	85
.3277427	2130/6499	30	67	71	97
.3277551	803/2450	33	75	73	98
.3277736	1749/5336	33	58	53	92
.3277778	59/180	25	60	59	75
.3277949	1598/4875	34	65	47	75
.3277984	2211/6745	33	71	67	95
.3278351	159/485	30	50	53	97
.3278481	259/790	37	79	70	100
.3278715	2021/6164	43	67	47	92
.3278750	2623/8000	43	80	61	100
.3278939	2150/6557	43	79	50	83
.3279016	986/3007	34	62	58	97
.3279264	1961/5980	37	65	53	92
.3279417	1845/5626	41	58	45	97
.3279570	61/186	25	62	61	75
.3279661	387/1180	43	59	45	100
.3279778	592/1805	37	57	48	95
.3279939	430/1311	40	57	43	92
0.3280					
.3280000	41/125	34	50	41	85
.3280051	513/1564	45	85	57	92
.3280160	329/1003	35	59	47	85
.3280320	2867/8740	47	92	61	95
.3280412	1591/4850	37	50	43	97
.3280461	455/1387	35	73	65	95
.3280702	187/570	34	57	55	100
.3280816	354/1079	30	65	59	83
.3280862	396/1207	33	71	60	85
.3281043	1485/4526	33	62	45	73
.3281132	1739/5300	37	53	47	100
.3281250*	21/64	35	60	45	80
.3281418	611/1862	47	95	65	98
.3281508	2385/7268	45	79	53	92
.3281646	1037/3160	34	79	61	80
.3281734	106/323	30	57	53	85

（续）

比值	分数	A	B	C	D
0.3280					
.3282082	555/1691	37	57	45	89
.3282165	2074/6319	34	71	61	89
.3282332	901/2745	34	61	53	90
.3282406	1375/4189	25	59	55	71
.3282557	1530/4661	34	59	45	79
.3282691	605/1843	33	57	55	97
.3283019	87/265	30	53	58	100
.3283180	1462/4453	34	61	43	73
.3283410	285/868	25	62	57	70
.3283582	22/67	30	67	55	75
.3283702	816/2485	34	70	48	71
.3283798	1591/4845	37	57	43	85
.3283859	177/539	30	55	59	98
.3284109	1023/3115	33	70	62	89
.3284161	423/1288	45	70	47	92
.3284337	1363/4150	47	83	58	100
.3284354	1207/3675	34	75	71	98
.3284507	583/1775	33	71	53	75
.3284592	1505/4582	35	58	43	79
.3284746	969/2950	34	59	57	100
.3284787	2278/6935	34	73	67	95
.3284876	1175/3577	47	73	50	98
0.3285					
.3284990	1880/5723	40	59	47	97
.3285068	363/1105	33	65	55	85
.3285239	296/901	37	53	40	85
.3285393	731/2225	34	50	43	89
.3285471	1739/5293	37	67	47	79
.3286017	1551/4720	33	59	47	80
.3286132	2135/6497	35	73	61	89
.3286229	2279/6935	43	73	53	95
.3286385	70/213	25	71	70	75
.3286517	117/356	45	89	65	100
.3286698	1480/4503	37	57	40	79
.3286920	779/2370	41	79	57	90
.3286989	1584/4819	33	61	48	79
.3287107	1517/4615	37	65	41	71
.3287172	451/1372	41	70	55	98
.3287449	406/1235	35	65	58	95
.3287514	287/873	41	90	70	97
.3287598	1845/5612	41	61	45	92
.3287651	2183/6640	37	80	59	83
.3287926	531/1615	45	85	59	95
.3288043	121/368	33	60	55	92
.3288107	1551/4717	33	53	47	89
.3288235	559/1700	43	85	65	100
0.3285					
.3288304	925/2813	37	58	50	97
.3288421	781/2375	33	75	71	95
.3288525	1003/3050	34	61	59	100
.3288564	1665/5063	37	61	45	83
.3288660	319/970	33	60	58	97
.3288889	74/225	37	50	40	90
.3289235	1815/5518	33	62	55	89
.3289356	1845/5609	41	71	45	79
.3289453	2074/6305	34	65	61	97
.3289617	301/915	35	61	43	75
.3289937	935/2842	34	58	55	98
0.3290					
.3290000	329/1000	35	50	47	100
.3290130	330/1003	30	59	55	85
.3290233	1425/4331	25	61	57	71
.3290323	51/155	34	62	45	75
.3290403	792/2407	33	58	48	83
.3290514	333/1012	37	55	45	92
.3290598*	77/234	35	65	55	90
.3290730	2343/7120	33	80	71	89
.3290816	129/392	43	60	45	98
.3290970	492/1495	41	65	48	92
.3291139	26/79	30	75	65	79
.3291228	469/1425	35	75	67	95
.3291324	1802/5475	34	73	53	75
.3291488	1075/3266	43	71	50	92
.3291704	369/1121	41	59	45	95
.3291866	344/1045	40	55	43	95
.3292071	984/2989	41	61	48	98
.3292260	855/2597	30	53	57	98
.3292526	511/1552	35	80	73	97
.3292623	1995/6059	35	73	57	83
.3292726	2784/8455	48	89	58	95
.3292796	2491/7565	47	85	53	89
.3293173	82/249	40	60	41	83
.3293316	1015/3082	35	67	58	92
.3293539	469/1424	35	80	67	89
.3293582	2679/8134	47	83	57	98
.3293785	583/1770	33	59	53	90
.3294011	363/1102	33	58	55	95
.3294118*	28/85	35	50	40	85
.3294320	957/2905	33	70	58	83
.3294521	481/1460	37	73	65	100
.3294643	369/1120	41	70	45	80
.3294845	799/2425	34	50	47	97
.3294991	888/2695	37	55	48	98

（续）

比值	分数	A	B	C	D
0.3295					
.3295318	549/1666	45	85	61	98
.3295359	781/2370	33	79	71	90
.3295547	407/1235	37	65	55	95
.3295589	1950/5917	30	61	65	97
.3295798	1961/5950	37	70	53	85
.3295918	323/980	34	60	57	98
.3296233	385/1168	35	73	55	80
.3296337	297/901	33	53	45	85
.3296507	925/2806	37	61	50	92
.3296703*	30/91	25	65	60	70
.3296824	301/913	35	55	43	83
.3296924	1147/3479	37	71	62	98
.3296970	272/825	34	55	48	90
.3297101	91/276	35	75	65	92
.3297192	1855/5626	35	58	53	97
.3297341	2046/6205	33	73	62	85
.3297414	153/464	34	58	45	80
.3297686	1881/5704	33	62	57	92
.3297826	1517/4600	37	50	41	92
.3297975	342/1037	30	61	57	85
.3298246	94/285	34	57	47	85
.3298271	1850/5609	37	71	50	79
.3298507	221/670	34	67	65	100
.3298730	2701/8188	37	89	73	92
.3298762	986/2989	34	61	58	98
.3298905	1054/3195	34	71	62	90
.3299248	1710/5183	30	71	57	73
.3299440	1590/4819	30	61	53	79
.3299658	1927/5840	41	73	47	80
.3299810	1739/5270	37	62	47	85
0.3300					
.3300000*	33/100	30	50	55	100
.3300115	2881/8730	43	90	67	97
.3300181	365/1106	35	79	73	98
.3300310	533/1615	41	85	65	95
.3300439	301/912	35	57	43	80
.3300508	2145/6499	33	67	65	97
.3300624	370/1121	37	59	50	95
.3301141	376/1139	40	67	47	85
.3301428	2035/6164	37	67	55	92
.3301498	1763/5340	41	60	43	89
.3301708	174/527	30	62	58	85
.3301887	35/106	35	53	45	90
.3302046	2146/6499	37	67	58	97
.3302125	3139/9506	43	97	73	98

比值	分数	A	B	C	D
0.3300					
.3302239	177/536	30	67	59	80
.3302647	287/869	35	55	41	79
.3302847	1914/5795	33	61	58	95
.3302900	615/1862	41	57	45	98
.3303063	2146/6497	37	73	58	89
.3303213	329/996	35	60	47	83
.3303325	2275/6887	35	71	65	97
.3303571	37/112	37	70	50	80
.3303787	410/1241	41	73	50	85
.3303920	1947/5893	33	71	59	83
.3303973	1763/5336	41	58	43	92
.3304211	3139/9500	43	95	73	100
.3304442	305/923	25	65	61	71
.3304494	1375/4161	25	57	55	73
.3304592	1763/5335	41	55	43	97
.3304944	1591/4814	37	58	43	83
.3304989	583/1764	53	90	55	98
0.3305					
.3305102	3239/9800	41	98	79	100
.3305204	235/711	47	79	50	90
.3305333	2479/7500	37	75	67	100
.3305417	1855/5612	35	61	53	92
.3305603	1947/5890	33	62	59	95
.3305717	399/1207	35	71	57	85
.3305843	2365/7154	43	73	55	98
.3306011	121/366	33	61	55	90
.3306079	930/2813	30	58	62	97
.3306246	2726/8245	47	85	58	97
.3306278	2607/7885	33	83	79	95
.3306452	41/124	40	62	41	80
.3306636	289/874	34	92	85	95
.3306667	124/375	34	75	62	85
.3306849	1207/3650	34	73	71	100
.3306852	333/1007	37	53	45	95
.3307036	1551/4690	33	67	47	70
.3307060	1972/5963	34	67	58	89
.3307185	1855/5609	35	71	53	79
.3307530	470/1421	40	58	47	98
.3307560	385/1164	35	60	55	97
.3307692	43/130	35	65	43	70
.3307859	2294/6935	37	73	62	95
.3307971	913/2760	33	90	83	92
.3308097	1005/3038	30	62	67	98
.3308201	2150/6499	43	67	50	97
.3308271*	44/133	40	70	55	95
.3308365	265/801	50	89	53	90

（续）

比值	分数	*A*	*B*	*C*	*D*
0.3305					
.3308458	133/402	35	67	57	90
.3308567	1425/4307	25	59	57	73
.3308855	2343/7081	33	73	71	97
.3309011	1950/5893	30	71	65	83
.3309133	2279/6887	43	71	53	97
.3309222	183/553	30	70	61	79
.3309289	1881/5684	33	58	57	98
.3309440	2170/6557	35	79	62	83
.3309545	371/1121	35	59	53	95
.3309639	2747/8300	41	83	67	100
.3309705	1961/5925	37	75	53	79
.3309821	610/1843	30	57	61	97
.3309859	47/142	35	70	47	71
0.3310					
.3310082	522/1577	45	83	58	95
.3310345	48/145	34	58	48	85
.3310502	145/438	25	60	58	73
.3310696	195/589	30	62	65	95
.3310781	1517/4582	37	58	41	79
.3310910	1575/4757	35	67	45	71
.3310997	1927/5820	41	60	47	97
.3311126	497/1501	35	79	71	95
.3311224	649/1960	33	60	59	98
.3311340	803/2425	33	75	73	97
.3311390	2666/8051	43	83	62	97
.3311513	860/2597	40	53	43	98
.3311620	1881/5680	33	71	57	80
.3311679	2345/7081	35	73	67	97
.3311750	1739/5251	37	59	47	89
.3311851	925/2793	37	57	50	98
.3312020	259/782	37	85	70	92
.3312145	990/2989	33	61	60	98
.3312217	366/1105	30	65	61	85
.3312349	684/2065	24	59	57	70
.3312374	1475/4453	25	61	59	73
.3312500	53/160	30	60	53	80
.3312645	3149/9506	47	97	67	98
.3312670	855/2581	30	58	57	89
.3312821	323/975	34	65	57	90
.3313035	2013/6076	33	62	61	98
.3313131	164/495	40	55	41	90
.3313253	55/166	30	60	55	83
.3313360	2046/6175	33	65	62	95
.3313655	1740/5251	30	59	58	89
.3314016	2173/6557	41	79	53	83
.3314059	2923/8820	37	90	79	98

比值	分数	*A*	*B*	*C*	*D*
0.3310					
.3314179	1961/5917	37	61	53	97
.3314286	58/175	24	60	58	70
.3314529	2409/7268	33	79	73	92
.3314583	1591/4800	37	60	43	80
.3314737	3149/9500	47	95	67	100
0.3315					
.3315068	121/365	33	73	55	75
.3315217	61/184	30	60	61	92
.3315276	306/923	34	65	45	71
.3315412	185/558	37	62	50	90
.3315663	688/2075	43	75	48	83
.3315789*	63/190	35	50	45	95
.3316041	1598/4819	34	61	47	79
.3316099	1860/5609	30	71	62	79
.3316171	1739/5244	37	57	47	92
.3316327	65/196	30	60	65	98
.3316419	915/2759	30	62	61	89
.3316532	329/992	35	62	47	80
.3316695	1927/5810	41	70	47	83
.3317091	885/2668	30	58	59	92
.3317239	2542/7663	41	79	62	97
.3317261	344/1037	40	61	43	85
.3317379	2010/6059	30	73	67	83
.3317647	141/425	30	50	47	85
.3317713	354/1067	30	55	59	97
.3317788	498/1501	30	79	83	95
.3317972	72/217	24	62	60	70
.3318078	145/437	30	57	58	92
.3318213	2414/7275	34	75	71	97
.3318466	372/1121	30	59	62	95
.3318608	2479/7470	37	83	67	90
.3318740	2350/7081	47	73	50	97
.3318786	1749/5270	33	62	53	85
.3318883	1914/5767	33	73	58	79
.3318966	77/232	35	58	55	100
.3319121	2491/7505	47	79	53	95
.3319212	1802/5429	34	61	53	89
.3319283	315/949	35	65	45	73
.3319485	799/2407	34	58	47	83
.3319654	2993/9016	41	92	73	98
.3319823	901/2714	34	59	53	92
.3319920	165/497	30	70	55	71
0.3320					
.3320040	333/1003	37	59	45	85
.3320151	1763/5310	41	59	43	90
.3320284	1357/4087	23	61	59	67

（续）

比值	分数	A	B	C	D	比值	分数	A	B	C	D
0.3320						0.3325					
.3320476	1980/5963	33	67	60	89	.3326010	1968/5917	41	61	48	97
.3320629	2701/8134	37	83	73	98	.3326087	153/460	34	50	45	92
.3320700	1139/3430	34	70	67	98	.3326201	1710/5141	30	53	57	97
.3320755	88/265	33	53	48	90	.3326350	2064/6205	43	73	48	85
.3321049	2343/7055	33	83	71	85	.3326415	1763/5300	41	53	43	100
.3321060	451/1358	41	70	55	97	.3326572	164/493	40	58	41	85
.3321234	183/551	30	58	61	95	.3326740	1850/5561	37	67	50	83
.3321333	2491/7500	47	75	53	100	.3326754	1517/4560	37	57	41	80
.3321429	93/280	30	70	62	80	.3327091	533/1602	41	89	65	90
.3321519	656/1975	41	75	48	79	.3327537	2679/8051	47	83	57	97
.3321629	473/1424	43	80	55	89	.3327612	1551/4661	33	59	47	79
.3321829	385/1159	35	61	55	95	.3327731	198/595	33	70	60	85
.3322001	684/2059	24	58	57	71	.3327793	1802/5415	34	57	53	95
.3322099	690/2077	23	62	60	67	.3327869	203/610	35	61	58	100
.3322157	2279/6860	43	70	53	98	.3327961	413/1241	35	73	59	85
.3322330	2013/6059	33	73	61	83	.3328100	212/637	40	65	53	98
.3322414	1927/5800	41	58	47	100	.3328230	1739/5225	37	55	47	95
.3322533	1128/3395	47	70	48	97	.3328336	222/667	37	58	48	92
.3322624	1241/3735	34	83	73	90	.3328652	237/712	30	80	79	89
.3322727	731/2200	34	55	43	80	.3328932	2773/8330	47	85	59	98
.3322785	105/316	35	60	45	79	.3328960	1776/5335	37	55	48	97
.3322859	423/1273	45	67	47	95	.3329106	525/1577	35	57	45	83
.3322989	1392/4189	24	59	58	71	.3329167	799/2400	34	60	47	80
.3323111	1517/4565	37	55	41	83	.3329298	275/826	35	59	55	98
.3323232	329/990	35	55	47	90	.3329372	1961/5890	37	62	53	95
.3323308	221/665	34	70	65	95	.3329506	290/871	25	65	58	67
.3323483	1462/4399	34	53	43	83	.3329753	310/931	30	57	62	98
.3323602	1480/4453	37	61	40	73	.3329897	323/970	34	60	57	97
.3323729	1961/5900	37	59	53	100	0.3330					
.3323799	581/1748	35	92	83	95	.3330000	333/1000	37	50	45	100
.3323854	935/2813	34	58	55	97	.3330144	348/1045	30	55	58	95
.3324006	2257/6790	37	70	61	97	.3330163	2451/7360	43	80	57	92
.3324373	371/1116	35	62	53	90	.3330465	387/1162	43	70	45	83
.3324453	2870/8633	41	89	70	97	.3330612	408/1225	34	50	48	98
.3324638	1147/3450	37	75	62	92	.3330715	424/1273	40	67	53	95
.3324742	129/388	43	60	45	97	.3330794	1749/5251	33	59	53	89
.3324812	2211/6650	33	70	67	95	.3330913	2294/6887	37	71	62	97
.3324867	1440/4331	24	61	60	71	.3331029	1927/5785	41	65	47	89
0.3325						.3331186	517/1552	47	80	55	97
.3325000	133/400	35	60	57	100	.3331250	533/1600	41	80	65	100
.3325086	2419/7275	41	75	59	97	.3331418	1739/5220	37	58	47	90
.3325232	1505/4526	35	62	43	73	.3331587	636/1909	48	83	53	92
.3325280	1927/5795	41	61	47	95	.3331727	2074/6225	34	75	61	83
.3325472	141/424	30	53	47	80	.3331765	708/2125	48	85	59	100
.3325556	2993/9000	41	90	73	100	.3332042	860/2581	40	58	43	89
.3325843	148/445	37	50	40	89	.3332145	935/2806	34	61	55	92

（续）

比值	分数	A	B	C	D
0.3330					
.3332298	1073/3220	37	70	58	92
.3332385	2343/7031	33	79	71	89
.3332500	1333/4000	43	80	62	100
.3332610	3071/9215	37	95	83	97
.3332653	1632/4897	34	59	48	83
.3332757	1927/5782	41	59	47	98
.3332863	2360/7081	40	73	59	97
.3333799	2385/7154	45	73	53	98
.3333928	1870/5609	34	71	55	79
.3334014	1632/4895	34	55	48	89
.3334066	1517/4550	37	65	41	70
.3334203	2555/7663	35	79	73	97
.3334291	1160/3479	40	71	58	98
.3334479	2911/8730	41	90	71	97
.3334737	792/2375	33	50	48	95
.3334830	1485/4453	33	61	45	73
0.3335					
.3335034	1961/5880	37	60	53	98
.3335240	583/1748	33	57	53	92
.3335430	1591/4770	37	53	43	90
.3335484	517/1550	33	62	47	75
.3335593	492/1475	41	59	48	100
.3335731	1855/5561	35	67	53	83
.3335971	2108/6319	34	71	62	89
.3336066	407/1220	37	61	55	100
.3336207	387/1160	43	58	45	100
.3336307	374/1121	34	59	55	95
.3336714	329/986	35	58	47	85
.3336864	315/944	35	59	45	80
.3336951	615/1843	41	57	45	97
.3337079	297/890	33	50	45	89
.3337237	285/854	25	61	57	70
.3337544	2378/7125	41	75	58	95
.3337553	2109/6319	37	71	57	89
.3337670	2822/8455	34	89	83	95
.3337900	731/2190	34	60	43	73
.3337957	1925/5767	35	73	55	79
.3338158	2537/7600	43	80	59	95
.3338251	1584/4745	33	65	48	73
.3338462	217/650	35	65	62	100
.3338571	2337/7000	41	70	57	100
.3338688	1247/3735	43	83	58	90
.3338824	1419/4250	33	50	43	85
.3338931	2585/7742	47	79	55	98
.3338987	1575/4717	35	53	45	89
.3339085	387/1159	43	61	45	95

比值	分数	A	B	C	D
0.3335					
.3339153	765/2291	34	58	45	79
.3339286	187/560	34	70	55	80
.3339367	369/1105	41	65	45	85
.3339555	1968/5893	41	71	48	83
.3339924	2365/7081	43	73	55	97
0.3340					
.3340003	2170/6497	35	73	62	89
.3340130	1802/5395	34	65	53	83
.3340278	481/1440	37	80	65	90
.3340351	476/1425	34	75	70	95
.3340733	301/901	35	53	43	85
.3341014	145/434	25	62	58	70
.3341158	427/1278	35	71	61	90
.3341256	984/2945	41	62	48	95
.3341379	969/2900	34	58	57	100
.3341628	940/2813	40	58	47	97
.3341772	132/395	33	60	48	79
.3342009	2183/6532	37	71	59	92
.3342137	1392/4165	48	85	58	98
.3342216	1505/4503	35	57	43	79
.3342341	2350/7031	47	79	50	89
.3342373	493/1475	34	59	58	100
.3342510	2064/6175	43	65	48	95
.3342672	1551/4640	33	58	47	80
.3343077	2173/6500	41	65	53	100
.3343228	901/2695	34	55	53	98
.3343333	1003/3000	34	60	59	100
.3343406	1881/5626	33	58	57	97
.3343603	1845/5518	41	62	45	89
.3343704	2257/6750	37	75	61	90
.3343773	1815/5428	33	59	55	92
.3344039	1770/5293	30	67	59	79
.3344130	413/1235	35	65	59	95
.3344231	1739/5200	37	65	47	80
.3344262	102/305	34	61	45	75
.3344444	301/900	35	50	43	90
.3344545	1591/4757	37	67	43	71
.3344633	296/885	37	59	40	75
.3344722	1860/5561	30	67	62	83
.3344857	387/1157	43	65	45	89
.3344964	2109/6305	37	65	57	97
0.3345					
.3345070	95/284	25	60	57	71
.3345161	1037/3100	34	62	61	100
.3345350	464/1387	40	73	58	95
.3345361	649/1940	33	60	59	97

（续）

比值	分数	A	B	C	D
0.3345					
.3345588*	91/272	35	80	65	85
.3345653	1720/5141	40	53	43	97
.3345833	803/2400	33	80	73	90
.3345994	1850/5529	37	57	50	97
.3346154	87/260	30	65	58	80
.3346290	1980/5917	33	61	60	97
.3346426	426/1273	30	67	71	95
.3346519	423/1264	45	79	47	80
.3346593	1935/5782	43	59	45	98
.3346682	585/1748	45	92	65	95
.3346939	82/245	40	50	41	98
.3347006	408/1219	34	53	48	92
.3347143	2343/7000	33	70	71	100
.3347190	2013/6014	33	62	61	97
.3347253	2565/7663	45	79	57	97
.3347368	159/475	30	50	53	95
.3347619	703/2100	37	70	57	90
.3347655	935/2793	34	57	55	98
.3347826	77/230	33	75	70	92
.3347957	1450/4331	25	61	58	71
.3348094	1739/5194	37	53	47	98
.3348225	2923/8730	37	90	79	97
.3348305	820/2449	40	62	41	79
.3348416	74/221	37	65	50	85
.3348457	369/1102	41	58	45	95
.3348750	2679/8000	47	80	57	100
.3348799	2021/6035	43	71	47	85
.3348989	1640/4897	40	59	41	83
.3349243	2035/6076	37	62	55	98
.3349296	1189/3550	41	71	58	100
.3349474	1591/4750	37	50	43	95
.3349562	344/1027	40	65	43	79
.3349719	477/1424	45	80	53	89
0.3350					
.3350019	870/2597	30	53	58	98
.3350105	799/2385	34	53	47	90
.3350358	328/979	40	55	41	89
.3350515	65/194	30	60	65	97
.3350575	583/1740	33	58	53	90
.3350750	1475/4402	25	62	59	71
.3350765	2627/7840	37	80	71	98
.3350943	444/1325	37	53	48	100
.3350987	696/2077	24	62	58	67
.3351119	1947/5810	33	70	59	83
.3351254	187/558	34	62	55	90
.3351449	185/552	37	60	50	92
0.3350					
.3351471	2279/6800	43	80	53	85
.3351588	306/913	34	55	45	83
.3351746	1881/5612	33	61	57	92
.3351801	121/361	33	57	55	95
.3352041	657/1960	45	98	73	100
.3352137	1961/5850	37	65	53	90
.3352232	473/1411	43	83	55	85
.3352467	2745/8188	45	89	61	92
.3352664	925/2759	37	62	50	89
.3352827	172/513	40	57	43	90
.3352941	57/170	30	60	57	85
.3353003	1591/4745	37	65	43	73
.3353098	1640/4891	40	67	41	73
.3353216	2867/8550	47	90	61	95
.3353308	1343/4005	34	89	79	90
.3353539	1881/5609	33	71	57	79
.3353602	2537/7565	43	85	59	89
.3353741	493/1470	34	60	58	98
.3353905	1739/5185	37	61	47	85
.3354148	376/1121	40	59	47	95
.3354217	696/2075	48	83	58	100
.3354281	427/1273	35	67	61	95
.3354430	53/158	30	60	53	79
.3354545	369/1100	41	55	45	100
.3354934	1139/3395	34	70	67	97
0.3355					
.3355037	1855/5529	35	57	53	97
.3355200	1739/5183	37	71	47	73
.3355263*	51/152	30	80	85	95
.3355375	1776/5293	37	67	48	79
.3355540	957/2852	33	62	58	92
.3355637	1003/2989	34	61	59	98
.3355834	348/1037	30	61	58	85
.3355932	99/295	33	59	45	75
.3356282	195/581	30	70	65	83
.3356406	2279/6790	43	70	53	97
.3356540	1591/4740	37	60	43	79
.3356564	2360/7031	40	79	59	89
.3356725	287/855	41	90	70	95
.3356808	143/426	33	71	65	90
.3356897	1947/5800	33	58	59	100
.3357143	47/140	35	50	47	98
.3357532	185/551	37	58	50	95
.3357653	2255/6716	41	73	55	92
.3357895	319/950	33	57	58	100
.3358067	1584/4717	33	53	48	89

（续）

比值	分数	A	B	C	D	比值	分数	A	B	C	D
0.3355						0.3360					
.3358209	45/134	35	67	45	70	.3364018	2485/7387	35	83	71	89
.3358283	2378/7081	41	73	58	97	.3364080	620/1843	30	57	62	97
.3358372	1073/3195	37	71	58	90	.3364211	799/2375	34	50	47	95
.3358514	1645/4898	35	62	47	79	.3364401	1480/4399	37	53	40	83
.3358634	177/527	30	62	59	85	.3364632	215/639	43	71	50	90
.3358704	2074/6175	34	65	61	95	.3364698	1037/3082	34	67	61	92
.3358929	1881/5600	33	70	57	80	.3364787	1462/4345	34	55	43	79
.3358978	2183/6499	37	67	59	97	.3364948	816/2425	34	50	48	97
.3359142	564/1679	47	73	48	92	.3364970	390/1159	30	61	65	95
.3359200	1645/4897	35	59	47	83	0.3365					
.3359260	1598/4757	34	67	47	71	.3365079	106/315	40	70	53	90
.3359536	2607/7760	33	80	79	97	.3365297	737/2190	33	73	67	90
.3359643	2256/6715	47	79	48	85	.3365557	940/2793	40	57	47	98
.3359722	2419/7200	41	80	59	90	.3365672	451/1340	41	67	55	100
.3359793	1947/5795	33	61	59	95	.3365824	1105/3283	34	67	65	98
.3359919	1980/5893	33	71	60	83	.3365949	172/511	40	70	43	73
0.3360						.3366221	2013/5980	33	65	61	92
.3360012	2183/6497	37	73	59	89	.3366275	2146/6375	37	75	58	85
.3360212	2542/7565	41	85	62	89	.3366516	372/1105	30	65	62	85
.3360507	371/1104	35	60	53	92	.3366606	371/1102	35	58	53	95
.3360572	329/979	35	55	47	89	.3367115	1927/5723	41	59	47	97
.3360656	41/122	40	61	41	80	.3367164	564/1675	47	67	48	100
.3360812	530/1577	30	57	53	83	.3367347	33/98	30	50	55	98
.3360920	731/2175	34	58	43	75	.3367370	1517/4505	37	53	41	85
.3361035	3195/9506	45	97	71	98	.3367470	559/1660	43	83	65	100
.3361111	121/360	33	60	55	90	.3367580	295/876	25	60	59	73
.3361204	201/598	30	65	67	92	.3367756	1598/4745	34	65	47	73
.3361446	279/830	45	83	62	100	.3368168	2385/7081	45	73	53	97
.3361630	198/589	33	62	60	95	.3368333	2021/6000	43	60	47	100
.3361725	1855/5518	35	62	53	89	.3368421 *	32/95	30	75	80	95
.3361756	2405/7154	37	73	65	98	.3368644	159/472	30	59	53	80
.3361937	1763/5244	41	57	43	92	.3368722	825/2449	30	62	55	79
.3362108	740/2201	37	62	40	71	.3368849	1739/5162	37	58	47	89
.3362319	116/345	40	75	58	92	.3368865	1517/4503	37	57	41	79
.3362411	424/1261	40	65	53	97	.3368984 *	63/187	35	55	45	85
.3362637	153/455	34	65	45	70	.3369072	817/2425	43	75	57	97
.3362705	1870/5561	34	67	55	83	.3369176	94/279	40	62	47	90
.3362772	495/1472	33	80	75	92	.3369410	1650/4897	30	59	55	83
.3362925	1591/4731	37	57	43	83	.3369565	31/92	30	60	62	92
.3363158	639/1900	45	95	71	100	.3369718	957/2840	33	71	58	80
.3363320	1645/4891	35	67	47	73	.3369763	185/549	37	61	50	90
.3363413	410/1219	40	53	41	92	.3369863	123/365	41	73	45	75
.3363462	1749/5200	33	65	53	80	0.3370					
.3363636	37/110	37	55	40	80	.3370019	888/2635	37	62	48	85
.3363712	406/1207	35	71	58	85	.3370221	335/994	25	70	67	71
.3363775	221/657	34	73	65	90	.3370253	213/632	30	79	71	80

（续）

比值	分数	A	B	C	D
0.3370					
.3370370*	91/270	35	75	65	90
.3370460	696/2065	24	59	58	70
.3370659	2378/7055	41	83	58	85
.3370763	1591/4720	37	59	43	80
.3370902	329/976	35	61	47	80
.3370968	209/620	33	62	57	90
.3371111	1517/4500	37	50	41	90
.3371222	1305/3871	45	79	58	98
.3371308	799/2370	34	60	47	79
.3371408	915/2714	30	59	61	92
.3371641	1995/5917	35	61	57	97
.3371739	1551/4600	33	50	47	92
.3371945	2911/8633	41	89	71	97
.3371997	407/1207	37	71	55	85
.3372140	2491/7387	47	83	53	89
.3372317	2451/7268	43	79	57	92
.3372365	144/427	24	61	60	70
.3372549	86/255	40	60	43	85
.3372727	371/1100	35	55	53	100
.3372789	2479/7350	37	75	67	98
.3372907	1591/4717	37	53	43	89
.3373192	1749/5185	33	61	53	85
.3373272	366/1085	24	62	61	70
.3373352	2585/7663	47	79	55	97
.3373467	1485/4402	33	62	45	71
.3373667	1645/4876	35	53	47	92
.3373930	1025/3038	41	62	50	98
.3374163	1763/5225	41	55	43	95
.3374336	1207/3577	34	73	71	98
.3374359	329/975	35	65	47	75
.3374532	901/2670	34	60	53	89
.3374684	1333/3950	43	79	62	100
.3374825	1925/5704	35	62	55	92
0.3375					
.3375000	27/80	33	55	45	80
.3375196	215/637	43	65	50	98
.3375286	295/874	30	57	59	92
.3375439	481/1425	37	75	65	95
.3375457	1015/3007	35	62	58	97
.3375604	559/1656	43	90	65	92
.3375681	186/551	30	58	62	95
.3375767	1485/4399	33	53	45	83
.3375851	2726/8075	47	85	58	95
.3376105	1947/5767	33	73	59	79
.3376250	2701/8000	37	80	73	100
.3376296	2279/6750	43	75	53	90
0.3375					
.3376423	1750/5183	25	71	70	73
.3376471	287/850	35	50	41	85
.3376592	2784/8245	48	85	58	97
.3376712	493/1460	34	73	58	80
.3376795	2046/6059	33	73	62	83
.3376871	1241/3675	34	75	73	98
.3377061	901/2668	34	58	53	92
.3377193*	77/228	35	60	55	95
.3377282	333/986	37	58	45	85
.3377395	1763/5220	41	58	43	90
.3377694	1802/5335	34	55	53	97
.3377848	430/1273	43	67	50	95
.3378151	201/595	30	70	67	85
.3378331	1927/5704	41	62	47	92
.3378498	1147/3395	37	70	62	97
.3378571	473/1400	43	70	55	100
.3378699	2135/6319	35	71	61	89
.3378799	2279/6745	43	71	53	95
.3378871	371/1098	35	61	53	90
.3378995	74/219	37	60	40	73
.3379103	1575/4661	35	59	45	79
.3379152	295/873	50	90	59	97
.3379324	1739/5146	37	62	47	83
.3379447	171/506	30	55	57	92
.3379501	122/361	30	57	61	95
.3379599	2021/5980	43	65	47	92
.3379744	1505/4453	35	61	43	73
.3379775	752/2225	47	75	48	89
.3379877	2590/7663	37	79	70	97
0.3380					
.3380102	265/784	50	80	53	98
.3380158	385/1139	35	67	55	85
.3380413	2537/7505	43	79	59	95
.3380468	765/2263	34	62	45	73
.3380581	477/1411	45	83	53	85
.3380702	1927/5700	41	57	47	100
.3381034	1961/5800	37	58	53	100
.3381094	1935/5723	43	59	45	97
.3381267	870/2573	30	62	58	83
.3381443	164/485	40	50	41	97
.3381555	187/553	34	70	55	79
.3381924	116/343	40	70	58	98
.3382022	301/890	35	50	43	89
.3382167	1870/5529	34	57	55	97
.3382252	1475/4361	50	89	59	98
.3382385	3149/9310	47	95	67	98

（续）

比值	分数	*A*	*B*	*C*	*D*
0.3380					
.3382485	1881/5561	33	67	57	83
.3382610	1739/5141	37	53	47	97
.3382667	2537/7500	43	75	59	100
.3382857	296/875	37	70	48	75
.3383193	2013/5950	33	70	61	85
.3383333	203/600	35	60	58	100
.3383397	2050/6059	41	73	50	83
.3383607	516/1525	43	61	48	100
.3383670	1927/5695	41	67	47	85
.3383771	2035/6014	37	62	55	97
.3383921	825/2438	30	53	55	92
.3383952	1961/5795	37	61	53	95
.3384511	2491/7360	47	80	53	92
.3384615*	22/65	30	65	55	75
.3384933	328/969	40	57	41	85
.3384985	1551/4582	33	58	47	79
0.3385					
.3385246	413/1220	35	61	59	100
.3385309	2627/7760	37	80	71	97
.3385372	1995/5893	35	71	57	83
.3385593	799/2360	34	59	47	80
.3385654	2006/5925	34	75	59	79
.3385845	2923/8633	37	89	79	97
.3385915	2726/8051	47	83	58	97
.3386201	427/1261	35	65	61	97
.3386336	1938/5723	34	59	57	97
.3386480	531/1568	45	80	59	98
.3386595	1632/4819	34	61	48	79
.3386728	148/437	37	57	48	92
.3386912	295/871	25	65	59	67
.3386957	779/2300	41	75	57	92
.3387097	21/62	35	62	45	75
.3387263	984/2905	41	70	48	83
.3387433	2275/6716	35	73	65	92
.3387560	354/1045	30	55	59	95
.3387746	1598/4717	34	53	47	89
.3387937	455/1343	35	79	65	85
.3387978	62/183	30	61	62	90
.3388128	371/1095	35	73	53	75
.3388235	144/425	33	55	48	85
.3388316	493/1455	34	60	58	97
.3388421	3055/9016	47	92	65	98
.3388510	348/1027	30	65	58	79
.3388609	470/1387	47	73	50	95
.3388747	265/782	50	85	53	92
.3388889	61/180	30	60	61	90

比值	分数	*A*	*B*	*C*	*D*
0.3385					
.3389085	385/1136	35	71	55	80
.3389234	2021/5963	43	67	47	89
.3389333	1271/3750	41	75	62	100
.3389412	2881/8500	43	85	67	100
.3389740	2544/7505	48	79	53	95
.3389801	1961/5785	37	65	53	89
.3389864	1739/5130	37	57	47	90
0.3390					
.3390112	816/2407	34	58	48	83
.3390218	1927/5684	41	58	47	98
.3390411	99/292	33	60	45	73
.3390499	1720/5073	40	57	43	89
.3390615	513/1513	45	85	57	89
.3390805	59/174	30	58	59	90
.3390893	2867/8455	47	89	61	95
.3390977	451/1330	41	70	55	95
.3391139	2679/7900	47	79	57	100
.3391560	1961/5782	37	59	53	98
.3391667	407/1200	37	60	55	100
.3391753	329/970	35	50	47	97
.3391900	1139/3358	34	73	67	92
.3392030	366/1079	30	65	61	83
.3392121	2385/7031	45	79	53	89
.3392222	3053/9000	43	90	71	100
.3392324	1591/4690	37	67	43	70
.3392356	1935/5704	43	62	45	92
.3392481	1128/3325	47	70	48	95
.3392606	1927/5680	41	71	47	80
.3392857	19/56	25	60	57	70
.3393035	341/1005	33	67	62	90
.3393103	246/725	41	58	48	100
.3393197	1247/3675	43	75	58	98
.3393350	2337/6887	41	71	57	97
.3393389	2279/6716	43	73	53	92
.3393597	901/2655	34	59	53	90
.3393829	187/551	34	58	55	95
.3393894	2279/6715	43	79	53	85
.3393985	2257/6650	37	70	61	95
.3394148	986/2905	34	70	58	83
.3394301	1763/5194	41	53	43	98
.3394397	315/928	35	58	45	80
.3394524	2145/6319	33	71	65	89
.3394649	203/598	35	65	58	92
.3394737	129/380	43	57	45	100
.3394864	423/1246	45	70	47	89

（续）

比值	分数	*A*	*B*	*C*	*D*
0.3395					
.3395088	2419/7125	41	75	59	95
.3395218	1207/3555	34	79	71	90
.3395253	329/969	35	57	47	85
.3395522	91/268	35	67	65	100
.3395570	1073/3160	37	79	58	80
.3395652	781/2300	33	75	71	92
.3395785	145/427	25	61	58	70
.3395931	217/639	35	71	62	90
.3396031	1968/5795	41	61	48	95
.3396107	2146/6319	37	71	58	89
.3396226	18/53	34	53	45	85
.3396252	2537/7470	43	83	59	90
.3396413	2405/7081	37	73	65	97
.3396639	2021/5950	43	70	47	85
.3396852	410/1207	41	71	50	85
.3396972	516/1519	43	62	48	98
.3397143	1189/3500	41	70	58	100
.3397195	1720/5063	40	61	43	83
.3397260	124/365	30	73	62	75
.3397468	671/1975	33	75	61	79
.3397590	141/415	30	50	47	83
.3397735	510/1501	34	57	45	79
.3397959	333/980	37	50	45	98
.3398098	2501/7360	41	80	61	92
.3398412	1584/4661	33	59	48	79
.3398519	1147/3375	37	75	62	90
.3398618	295/868	25	62	59	70
.3398693*	52/153	40	85	65	90
.3398756	1749/5146	33	62	53	83
.3398876	121/356	33	60	55	89
.3399043	1776/5225	37	55	48	95
.3399096	2257/6640	37	80	61	83
.3399209	86/253	40	55	43	92
.3399347	1665/4898	37	62	45	79
.3399381	549/1615	45	85	61	95
.3399638	188/553	40	70	47	79
.3399668	205/603	41	67	50	90
.3399760	1416/4165	48	85	59	98
0.3400					
.3400000	17/50	34	50	45	90
.3400098	696/2047	48	89	58	92
.3400193	1763/5185	41	61	43	85
.3400253	1880/5529	40	57	47	97
.3400381	1961/5767	37	73	53	79
.3400523	2210/6499	34	67	65	97
.3400621	219/644	30	70	73	92
0.3400					
.3400810*	84/247	30	65	70	95
.3401038	2294/6745	37	71	62	95
.3401070	318/935	30	55	53	85
.3401316	517/1520	33	57	47	80
.3401430	333/979	37	55	45	89
.3401538	2211/6500	33	65	67	100
.3401613	2109/6200	37	62	57	100
.3401767	1425/4189	25	59	57	71
.3401901	1968/5785	41	65	48	89
.3402062	33/97	30	50	55	97
.3402299	148/435	37	58	40	75
.3402437	2150/6319	43	71	50	89
.3402715	376/1105	40	65	47	85
.3402778*	49/144	35	80	70	90
.3402934	1972/5795	34	61	58	95
.3403010	407/1196	37	65	55	92
.3403131	1739/5110	37	70	47	73
.3403209	1591/4675	37	55	43	85
.3403648	2146/6305	37	65	58	97
.3403667	984/2891	41	59	48	98
.3403756	145/426	25	60	58	71
.3403922	434/1275	35	75	62	85
.3404039	2006/5893	34	71	59	83
.3404149	2035/5978	37	61	55	98
.3404212	1665/4891	37	67	45	73
.3404293	1935/5684	43	58	45	98
.3404397	511/1501	35	79	73	95
.3404525	1881/5525	33	65	57	85
.3404678	2911/8550	41	90	71	95
.3404762	143/420	33	70	65	90
.3404966	2345/6887	35	71	67	97
0.3405					
.3405088	174/511	30	70	58	73
.3405338	2475/7268	33	79	75	92
.3405573*	110/323	50	85	55	95
.3405680	1475/4331	25	61	59	71
.3405797	47/138	40	60	47	92
.3405921	1392/4087	24	61	58	67
.3406037	1749/5135	33	65	53	79
.3406214	296/869	37	55	40	79
.3406349	1073/3150	37	70	58	90
.3406403	3139/9215	43	95	73	97
.3406452	264/775	33	62	48	75
.3406593	31/91	25	65	62	70
.3406730	820/2407	40	58	41	83
.3407032	940/2759	40	62	47	89

（续）

比值	分数	A	B	C	D
0.3405					
.3407143	477/1400	45	70	53	100
.3407202	123/361	41	57	45	95
.3407322	3239/9506	41	97	79	98
.3407426	1395/4094	45	89	62	92
.3407500	1363/4000	47	80	58	100
.3407609	627/1840	33	60	57	92
.3407843	869/2550	33	85	79	90
.3407917	198/581	33	70	60	83
.3408153	2065/6059	35	73	59	83
.3408254	925/2714	37	59	50	92
.3408451	121/355	33	71	55	75
.3408627	2173/6375	41	75	53	85
.3408713	1025/3007	41	62	50	97
.3408763	708/2077	24	62	59	67
.3408930	481/1411	37	83	65	85
.3408989	1517/4450	37	50	41	89
.3409123	2414/7081	34	73	71	97
.3409207	1333/3910	43	85	62	92
.3409269	434/1273	35	67	62	95
.3409357	583/1710	33	57	53	90
.3409514	2745/8051	45	83	61	97
.3409571	969/2842	34	58	57	98
.3409771	342/1003	30	59	57	85
.3409874	297/871	33	65	45	67
0.3410					
.3410000	341/1000	33	60	62	100
.3410238	473/1387	43	73	55	95
.3410256	133/390	35	65	57	90
.3410549	957/2806	33	61	58	92
.3410585	986/2891	34	59	58	98
.3410826	2010/5893	30	71	67	83
.3410970	2021/5925	43	75	47	79
.3411285	1590/4661	30	59	53	79
.3411565	1003/2940	34	60	59	98
.3411684	2482/7275	34	75	73	97
.3411765	29/85	30	60	58	85
.3411864	2013/5900	33	59	61	100
.3411978	188/551	40	58	47	95
.3412226	2350/6887	47	71	50	97
.3412329	2491/7300	47	73	53	100
.3412373	1914/5609	33	71	58	79
.3412520	1968/5767	41	73	48	79
.3412564	201/589	30	62	67	95
.3412712	2035/5963	37	67	55	89
.3412784	315/923	35	65	45	71
.3413431	1591/4661	37	59	43	79
0.3410					
.3413532	2795/8188	43	89	65	92
.3413571	1645/4819	35	61	47	79
.3413693	354/1037	30	61	59	85
.3413793	99/290	33	58	45	75
.3413983	2173/6365	41	67	53	95
.3414091	2607/7636	33	83	79	92
.3414179	183/536	30	67	61	80
.3414600	2409/7055	33	83	73	85
.3414684	1665/4876	37	53	45	92
.3414808	1914/5605	33	59	58	95
.3414948	265/776	50	80	53	97
0.3415					
.3415011	1770/5183	30	71	59	73
.3415343	1763/5162	41	58	43	89
.3415385	111/325	37	65	45	75
.3415452	2343/6860	33	70	71	98
.3415582	2021/5917	43	61	47	97
.3415724	1147/3358	37	73	62	92
.3415789	649/1900	33	57	59	100
.3415917	2013/5893	33	71	61	83
.3416018	1625/4757	25	67	65	71
.3416087	344/1007	40	53	43	95
.3416184	2419/7081	41	73	59	97
.3416275	2183/6390	37	71	59	90
.3416436	370/1083	37	57	50	95
.3416600	424/1241	40	73	53	85
.3416667	41/120	40	60	41	80
.3416836	1855/5429	35	61	53	89
.3417117	1645/4814	35	58	47	83
.3417254	3149/9215	47	95	67	97
.3417465	1855/5428	35	59	53	92
.3417649	1189/3479	41	71	58	98
.3417722	27/79	33	55	45	79
.3417857	957/2800	33	70	58	80
.3418020	1305/3818	45	83	58	92
.3418079	121/354	33	59	55	90
.3418182	94/275	34	55	47	85
.3418367	67/196	35	70	67	98
.3418654	975/2852	30	62	65	92
.3418788	1947/5695	33	67	59	85
.3418900	1505/4402	35	62	43	71
.3418987	2701/7900	37	79	73	100
.3419097	2485/7268	35	79	71	92
.3419330	888/2597	37	53	48	98
.3419355	53/155	30	62	53	75
.3419456	1972/5767	34	73	58	79

（续）

比值	分数	A	B	C	D	比值	分数	A	B	C	D
0.3415						0.3425					
.3419833	369/1079	41	65	45	83	.3426525	1961/5723	37	59	53	97
.3419857	527/1541	34	67	62	92	.3426587	1776/5183	37	71	48	73
0.3420						.3426724	159/464	30	58	53	80
.3420000	171/500	33	55	57	100	.3426867	1551/4526	33	62	47	73
.3420168	407/1190	37	70	55	85	.3426966	61/178	30	60	61	89
.3420290	118/345	40	75	59	92	.3427083	329/960	35	60	47	80
.3420455	301/880	35	55	43	80	.3427230	73/213	30	71	73	90
.3420566	2405/7031	37	79	65	89	.3427353	2491/7268	47	79	53	92
.3421053*	13/38	30	60	65	95	.3427503	825/2407	30	58	55	83
.3421232	1505/4399	35	53	43	83	.3427709	2385/6958	45	71	53	98
.3421384	272/795	34	53	48	90	.3427835	133/388	35	60	57	97
.3421505	1591/4650	37	62	43	75	.3427952	1739/5073	37	57	47	89
.3421614	1925/5626	35	58	55	97	.3428094	205/598	41	65	50	92
.3421659	297/868	33	62	45	70	.3428249	1517/4425	37	59	41	75
.3422222	77/225	33	75	70	90	.3428449	1598/4661	34	59	47	79
.3422549	1023/2989	33	61	62	98	.3428571*	12/35	30	70	60	75
.3422645	396/1157	33	65	60	89	.3428769	1485/4331	33	61	45	71
.3422701	1749/5110	33	70	53	73	.3428879	1591/4640	37	58	43	80
.3422826	3149/9200	47	92	67	100	.3428983	2378/6935	41	73	58	95
.3422886	344/1005	40	67	43	75	.3429101	370/1079	37	65	50	83
.3423006	369/1078	41	55	45	98	.3429241	1025/2989	41	61	50	98
.3423353	3055/8924	47	92	65	97	.3429294	1763/5141	41	53	43	97
.3423469	671/1960	33	60	61	98	.3429412	583/1700	33	60	53	85
.3423662	518/1513	37	85	70	89	.3429535	915/2668	30	58	61	92
.3423913	63/184	35	50	45	92	.3429711	344/1003	40	59	43	85
.3424056	390/1139	30	67	65	85	.3429923	580/1691	30	57	58	89
.3424318	138/403	23	62	60	65	0.3430					
.3424421	990/2891	33	59	60	98	.3430047	1395/4067	45	83	62	98
.3424528	363/1060	33	53	55	100	.3430150	1925/5612	35	61	55	92
.3424706	2911/8500	41	85	71	100	.3430263	2607/7600	33	80	79	95
.3424759	462/1349	33	71	70	95	.3430429	1425/4154	25	62	57	67
0.3425						.3430734	1632/4757	34	67	48	71
.3425101	423/1235	45	65	47	95	.3430793	2030/5917	35	61	58	97
.3425169	1927/5626	41	58	47	97	.3431239	2021/5890	43	62	47	95
.3425265	1776/5185	37	61	48	85	.3431250	549/1600	45	80	61	100
.3425405	1947/5684	33	58	59	98	.3431373*	35/102	35	85	75	90
.3425491	2701/7885	37	83	73	95	.3431480	1247/3634	43	79	58	92
.3425564	1139/3325	34	70	67	95	.3431552	2993/8722	41	89	73	98
.3425669	371/1083	35	57	53	95	.3431727	1802/5251	34	59	53	89
.3425831	2679/7820	47	85	57	92	.3431794	639/1862	45	95	71	98
.3425926	37/108	37	60	50	90	.3431867	476/1387	34	73	70	95
.3426045	1860/5429	30	61	62	89	.3431992	1032/3007	43	62	48	97
.3426055	2451/7154	43	73	57	98	.3432229	2279/6640	43	80	53	83
.3426230	209/610	33	61	57	90	.3432282	185/539	37	55	50	98
.3426255	2409/7031	33	79	73	89	.3432381	901/2625	34	70	53	75
.3426423	319/931	33	57	58	98	.3432584	611/1780	47	89	65	100

（续）

比值	分数	A	B	C	D
0.3430					
.3432716	426/1241	30	73	71	85
.3432990	333/970	37	50	45	97
.3433099	195/568	30	71	65	80
.3433198	424/1235	40	65	53	95
.3433301	1763/5135	41	65	43	79
.3433367	2414/7031	34	79	71	89
.3433544	217/632	35	79	62	80
.3433735	57/166	30	60	57	83
.3433790	376/1095	40	73	47	75
.3434006	2365/6887	43	71	55	97
.3434088	2170/6319	35	71	62	89
.3434211	261/760	45	80	58	95
.3434278	533/1552	41	80	65	97
.3434434	385/1121	35	59	55	95
.3434599	407/1185	37	75	55	79
.3434722	1739/5063	37	61	47	83
.3434783	79/230	30	75	79	92
.3434903	124/361	30	57	62	95
0.3435					
.3435045	2623/7636	43	83	61	92
.3435185	371/1080	35	60	53	90
.3435312	2257/6570	37	73	61	90
.3435550	1927/5609	41	71	47	79
.3435714	481/1400	37	70	65	100
.3435789	816/2375	34	50	48	95
.3435886	1530/4453	34	61	45	73
.3436073	301/876	35	60	43	73
.3436194	2795/8134	43	83	65	98
.3436308	901/2622	34	57	53	92
.3436533	111/323	37	57	45	85
.3436647	1763/5130	41	57	43	90
.3436698	1740/5063	30	61	58	83
.3436759	1739/5060	37	55	47	92
.3437037	232/675	40	75	58	90
.3437075	2021/5880	43	60	47	98
.3437364	1575/4582	35	58	45	79
.3437500*	11/32	30	60	55	80
.3437801	2501/7275	41	75	61	97
.3437938	1961/5704	37	62	53	92
.3438002	1927/5605	41	59	47	95
.3438202	153/445	34	50	45	89
.3438291	2173/6320	41	79	53	80
.3438369	371/1079	35	65	53	83
.3438596*	98/285	35	75	70	95
.3438735	87/253	30	55	58	92
.3438756	1968/5723	41	59	48	97
.3439077	477/1387	45	73	53	95
.3439243	2035/5917	37	61	55	97
.3439325	530/1541	40	67	53	92
.3439389	1935/5626	43	58	45	97
.3439469	1037/3015	34	67	61	90
.3439565	885/2573	30	62	59	83
.3439655	399/1160	35	58	57	100
0.3440					
.3440000	43/125	34	50	43	85
.3440060	462/1343	33	79	70	85
.3440233	118/343	40	70	59	98
.3440283	2627/7636	37	83	71	92
.3440351	1961/5700	37	57	53	100
.3440527	888/2581	37	58	48	89
.3440644	171/497	30	70	57	71
.3440678	203/590	35	59	58	100
.3440774	427/1241	35	73	61	85
.3441026	671/1950	33	65	61	90
.3441071	1927/5600	41	70	47	80
.3441176*	117/340	45	85	65	100
.3441282	3071/8924	37	92	83	97
.3441429	2409/7000	33	70	73	100
.3441558	53/154	35	55	53	98
.3441667	413/1200	35	60	59	100
.3441827	1914/5561	33	67	58	83
.3442123	2257/6557	37	79	61	83
.3442164	369/1072	41	67	45	80
.3442263	2665/7742	41	79	65	98
.3442416	2451/7120	43	80	57	89
.3442623	21/61	35	61	45	75
.3442841	1551/4505	33	53	47	85
.3442933	2911/8455	41	89	71	95
.3443038	136/395	34	60	48	79
.3443056	2479/7200	37	80	67	90
.3443371	1961/5695	37	67	53	85
.3443478	198/575	33	50	48	92
.3443555	1333/3871	43	79	62	98
.3443888	2544/7387	48	83	53	89
.3443966	799/2320	34	58	47	80
.3444293	2773/8051	47	83	59	97
.3444370	517/1501	33	57	47	79
.3444465	1870/5429	34	61	55	89
.3444623	1073/3115	37	70	58	89
.3444721	969/2813	34	58	57	97
.3444765	2030/5893	35	71	58	83
.3444976*	72/209	30	55	60	95

（续）

比值	分数	A	B	C	D	比值	分数	A	B	C	D
0.3445						0.3450					
.3445099	935/2714	34	59	55	92	.3451505	516/1495	43	65	48	92
.3445153	2701/7840	37	80	73	98	.3451701	2537/7350	43	75	59	98
.3445287	318/923	30	65	53	71	.3451935	553/1602	35	89	79	90
.3445378	41/119	41	70	50	85	.3452010	2550/7387	30	83	85	89
.3445588	2343/6800	33	80	71	85	.3452107	901/2610	34	58	53	90
.3445745	1972/5723	34	59	58	97	.3452235	2255/6532	41	71	55	92
.3445783	143/415	33	75	65	83	.3452275	387/1121	43	59	45	95
.3446115	275/798	35	57	55	98	.3452381	29/84	25	60	58	70
.3446161	1517/4402	37	62	41	71	.3452465	1961/5680	37	71	53	80
.3446328	61/177	30	59	61	90	.3452632	164/475	40	50	41	95
.3446377	1189/3450	41	75	58	92	.3452660	1032/2989	43	61	48	98
.3446520	203/589	35	62	58	95	.3452882	2378/6887	41	71	58	97
.3446667	517/1500	33	50	47	90	.3453177	413/1196	35	65	59	92
.3446933	354/1027	30	65	59	79	.3453314	969/2806	34	61	57	92
.3447011	2537/7360	43	80	59	92	.3453370	374/1083	34	57	55	95
.3447222	1241/3600	34	80	73	90	.3453608	67/194	35	70	67	97
.3447257	817/2370	43	79	57	90	.3453823	1739/5035	37	53	47	95
.3447390	2146/6225	37	75	58	83	.3453947*	105/304	35	80	75	95
.3447454	1591/4615	37	65	43	71	.3453964	2701/7820	37	85	73	92
.3447581	171/496	30	62	57	80	.3454114	2183/6320	37	79	59	80
.3447727	1517/4400	37	55	41	80	.3454217	2867/8300	47	83	61	100
.3447761	231/670	33	67	70	100	.3454333	295/854	25	61	59	70
.3447876	1485/4307	33	59	45	73	.3454437	580/1679	40	73	58	92
.3447969	1935/5612	43	61	45	92	.3454545	19/55	30	55	57	90
.3448113	731/2120	34	53	43	80	.3454581	1776/5141	37	53	48	97
.3448511	1517/4399	37	53	41	83	.3454701	2021/5850	43	65	47	90
.3448637	329/954	35	53	47	90	.3454819	1147/3320	37	80	62	83
.3448804	1802/5225	34	55	53	95	0.3455					
.3449153	407/1180	37	59	55	100	.3455008	407/1178	37	62	55	95
.3449275	119/345	34	75	70	92	.3455056	123/356	41	60	45	89
.3449588	544/1577	34	57	48	83	.3455161	1938/5609	34	71	57	79
.3449696	1927/5586	41	57	47	98	.3455297	2257/6532	37	71	61	92
.3449821	385/1116	35	62	55	90	.3455357	387/1120	43	70	45	80
0.3450						.3455548	1065/3082	30	67	71	92
.3450035	1961/5684	37	58	53	98	.3455738	527/1525	34	61	62	100
.3450098	1763/5110	41	70	43	73	.3455809	348/1007	30	53	58	95
.3450164	315/913	35	55	45	83	.3455882	47/136	47	80	50	85
.3450292	59/171	30	57	59	90	.3456250	553/1600	35	80	79	100
.3450363	285/826	25	59	57	70	.3456270	328/949	40	65	41	73
.3450633	1363/3950	47	79	58	100	.3456522	159/460	30	50	53	92
.3450663	2343/6790	33	70	71	97	.3456579	2627/7600	37	80	71	95
.3450980*	88/255	40	75	55	85	.3456667	1037/3000	34	60	61	100
.3451224	888/2573	37	62	48	83	.3456790*	28/81	35	45	40	90
.3451316	2623/7600	43	80	61	95	.3456863	1763/5100	41	60	43	85
.3451389	497/1440	35	80	71	90	.3457006	792/2291	33	58	48	79
						.3457143	121/350	33	70	55	75

（续）

比值	分数	A	B	C	D
0.3455					
.3457223	493/1426	34	62	58	92
.3457377	2109/6100	37	61	57	100
.3457490	427/1235	35	65	61	95
.3457646	1845/5336	41	58	45	92
.3457833	2046/5917	33	61	62	97
.3457895	657/1900	45	95	73	100
.3457956	2784/8051	48	83	58	97
.3458062	1645/4757	35	67	47	71
.3458176	2650/7663	50	79	53	97
.3458294	369/1067	41	55	45	97
.3458529	221/639	34	71	65	90
.3458621	1003/2900	34	58	59	100
.3458696	1591/4600	37	50	43	92
.3458763	671/1940	33	60	61	97
.3459119	55/159	30	53	55	90
.3459338	1995/5767	35	73	57	79
.3459491	585/1691	45	89	65	95
.3459649	493/1425	34	57	58	100
.3459724	1980/5723	33	59	60	97
.3459826	1632/4717	34	53	48	89
.3459916	82/237	40	60	41	79
0.3460					
.3460094	737/2130	33	71	67	90
.3460346	2679/7742	47	79	57	98
.3460418	1425/4118	25	58	57	71
.3460509	517/1494	47	83	55	90
.3460616	2021/5840	43	73	47	80
.3460718	1947/5626	33	58	59	97
.3460821	371/1072	35	67	53	80
.3460884	407/1176	37	60	55	98
.3460972	235/679	47	70	50	97
.3461098	605/1748	33	57	55	92
.3461224	424/1225	48	75	53	98
.3461290	1073/3100	37	62	58	100
.3461447	1450/4189	25	59	58	71
.3461538*	9/26	35	65	45	70
.3461605	2006/5795	34	61	59	95
.3461747	638/1843	33	57	58	97
.3461923	2773/8010	47	89	59	90
.3461988	296/855	37	57	48	90
.3462202	2409/6958	33	71	73	98
.3462295	528/1525	33	61	48	75
.3462350	492/1421	41	58	48	98
.3462622	1598/4615	34	65	47	71
.3462687	116/335	30	67	58	75
.3462885	1880/5429	40	61	47	89

比值	分数	A	B	C	D
0.3460					
.3462963	187/540	34	60	55	90
.3463158	329/950	35	50	47	95
.3463522	470/1357	40	59	47	92
.3463660	2135/6164	35	67	61	92
.3463751	301/869	35	55	43	79
.3463889	1247/3600	43	80	58	90
.3464017	645/1862	43	57	45	98
.3464052	53/153	50	85	53	90
.3464334	1525/4402	25	62	61	71
.3464419	185/534	37	60	50	89
.3464644	1416/4087	24	61	59	67
.3464726	1881/5429	33	61	57	89
.3464819	325/938	25	67	65	70
.3464948	430/1241	43	73	50	85
0.3465					
.3465079	2183/6300	37	70	59	90
.3465204	1927/5561	41	67	47	83
.3465365	1881/5428	33	59	57	92
.3465738	2190/6319	30	71	73	89
.3466172	374/1079	34	65	55	83
.3466250	2773/8000	47	80	59	100
.3466498	1640/4731	40	57	41	83
.3466667*	26/75	40	75	65	100
.3466807	329/949	35	65	47	73
.3466929	2993/8633	41	89	73	97
.3467016	925/2668	37	58	50	92
.3467213	423/1220	45	61	47	100
.3467275	1139/3285	34	73	67	90
.3467391	319/920	33	60	58	92
.3467492*	112/323	35	85	80	95
.3467597	1739/5015	37	59	47	85
.3467666	370/1067	37	55	50	97
.3467797	1023/2950	33	59	62	100
.3467916	481/1387	37	73	65	95
.3468227	1037/2990	34	65	61	92
.3468279	3127/9016	53	92	59	98
.3468560	171/493	30	58	57	85
.3468750	111/320	37	60	45	80
.3468798	2279/6570	43	73	53	90
.3468908	1032/2975	43	70	48	85
.3469231	451/1300	41	65	55	100
.3469351	1947/5612	33	61	59	92
.3469591	348/1003	30	59	58	85
.3469765	2255/6499	41	67	55	97
.3469880	144/415	33	55	48	83

（续）

比值	分数	*A*	*B*	*C*	*D*
0.3470					
.3470100	795/2291	30	58	53	79
.3470403	1325/3818	50	83	53	92
.3470464	329/948	35	60	47	79
.3470588	59/170	30	60	59	85
.3470690	2013/5800	33	58	61	100
.3470769	564/1625	47	65	48	100
.3470911	2279/6566	43	67	53	98
.3471034	2109/6076	37	62	57	98
.3471111	781/2250	33	75	71	90
.3471248	495/1426	33	62	60	92
.3471303	2256/6499	47	67	48	97
.3471467	511/1472	35	80	73	92
.3471618	2795/8051	43	83	65	97
.3471837	376/1083	40	57	47	95
.3471916	2046/5893	33	71	62	83
.3472113	442/1273	34	67	65	95
.3472283	1591/4582	37	58	43	79
.3472372	2256/6497	47	73	48	89
.3472509	2021/5820	43	60	47	97
.3472571	2627/7565	37	85	71	89
.3472842	2257/6499	37	67	61	97
.3473118	323/930	34	62	57	90
.3473581	355/1022	35	73	71	98
.3473684*	33/95	30	50	55	95
.3473783	371/1068	35	60	53	89
.3473913	799/2300	34	50	47	92
.3474074	469/1350	35	75	67	90
.3474178	74/213	37	71	50	75
.3474444	3127/9000	53	90	59	100
.3474503	402/1157	30	65	67	89
.3474576	41/118	40	59	41	80
.3474747	172/495	40	55	43	90
.3474948	1505/4331	35	61	43	71
0.3475					
.3475261	1763/5073	41	57	43	89
.3475410	106/305	30	61	53	75
.3475538	888/2555	37	70	48	73
.3475693	765/2201	34	62	45	71
.3476027	203/584	35	73	58	80
.3476124	495/1424	33	80	75	89
.3476190	73/210	30	70	73	90
.3476387	1855/5336	35	58	53	92
.3476556	1950/5609	30	71	65	79
.3476734	396/1139	33	67	60	85
.3476786	1640/4717	40	53	41	89
.3477038	371/1067	35	55	53	97

比值	分数	*A*	*B*	*C*	*D*
0.3475					
.3477066	1645/4731	35	57	47	83
.3477215	2747/7900	41	79	67	100
.3477273	153/440	34	55	45	80
.3477596	1591/4575	37	61	43	75
.3477682	522/1501	45	79	58	95
.3477750	2665/7663	41	79	65	97
.3477941	473/1360	43	80	55	85
.3478000	1739/5000	37	50	47	100
.3478063	1530/4399	34	53	45	83
.3478412	2006/5767	34	73	59	79
.3478485	2021/5810	43	70	47	83
.3478632	407/1170	37	65	55	90
.3478704	2050/5893	41	71	50	83
.3478916	231/664	33	80	70	83
.3479122	2108/6059	34	73	62	83
.3479298	2479/7125	37	75	67	95
.3479532*	119/342	35	90	85	95
.3479592	341/980	33	60	62	98
.3479689	2013/5785	33	65	61	89
.3479894	1575/4526	35	62	45	73
0.3480					
.3480000	87/250	33	55	58	100
.3480268	2337/6715	41	79	57	85
.3480475	205/589	41	62	50	95
.3480597	583/1675	33	67	53	75
.3480670	2701/7760	37	80	73	97
.3480772	2109/6059	37	73	57	83
.3480908	2115/6076	45	62	47	98
.3481013	55/158	30	60	55	79
.3481132	369/1060	41	53	45	100
.3481319	792/2275	33	65	48	70
.3481494	2013/5782	33	59	61	98
.3481642	1925/5529	35	57	55	97
.3481742	2479/7120	37	80	67	89
.3481781	86/247	43	65	50	95
.3481968	2491/7154	47	73	53	98
.3482143*	39/112	30	70	65	80
.3482192	1271/3650	41	73	62	100
.3482353	148/425	37	50	40	85
.3482854	2275/6532	35	71	65	92
.3483023	318/913	30	55	53	83
.3483146	31/89	30	60	62	89
.3483333	209/600	33	60	57	90
.3483352	1517/4355	37	65	41	67
.3483462	495/1421	33	58	60	98
.3483568	371/1065	35	71	53	75

(续)

比值	分数	*A*	*B*	*C*	*D*
0.3480					
.3483660	533/1530	41	85	65	90
.3483830	2747/7885	41	83	67	95
.3483992	185/531	37	59	50	90
.3484062	470/1349	47	71	50	95
.3484163*	77/221	35	65	55	85
.3484483	2021/5800	43	58	47	100
.3484629	1927/5530	41	70	47	79
.3484708	376/1079	40	65	47	83
.3484932	636/1825	48	73	53	100
.3484985	1938/5561	34	67	57	83
0.3485					
.3485050	1830/5251	30	59	61	89
.3485214	1591/4565	37	55	43	83
.3485260	1927/5529	41	57	47	97
.3485393	1551/4450	33	50	47	89
.3485499	649/1862	33	57	59	98
.3485603	1961/5626	37	58	53	97
.3485736	1845/5293	41	67	45	79
.3485757	465/1334	30	58	62	92
.3485934	1995/5723	35	59	57	97
.3485991	2451/7031	43	79	57	89
.3486162	1247/3577	43	73	58	98
.3486339	319/915	33	61	58	90
.3486395	205/588	41	60	50	98
.3486562	1881/5395	33	65	57	83
.3486665	1425/4087	25	61	57	67
.3486842	53/152	30	57	53	80
.3487319	385/1104	35	60	55	92
.3487386	1645/4717	35	53	47	89
.3487537	1749/5015	33	59	53	85
.3487635	550/1577	30	57	55	83
.3487719	497/1425	35	75	71	95
.3487783	1927/5525	41	65	47	85
.3487941	188/539	40	55	47	98
.3487973	203/582	35	60	58	97
.3488060	2337/6700	41	67	57	100
.3488254	2064/5917	43	61	48	97
.3488583	1925/5518	35	62	55	89
.3488722	232/665	40	70	58	95
.3488844	172/493	40	58	43	85
.3489035	1591/4560	37	57	43	80
.3489060	590/1691	30	57	59	89
.3489247	649/1860	33	62	59	90
.3489388	559/1602	43	89	65	90
.3489703	305/874	30	57	61	92
.3489796	171/490	33	55	57	98
.3489944	2065/5917	35	61	59	97
.3489960	869/2490	33	83	79	90

比值	分数	*A*	*B*	*C*	*D*
0.3490					
.3490169	497/1424	35	80	71	89
.3490338	289/828	34	90	85	92
.3490385	363/1040	33	65	55	80
.3490550	2013/5767	33	73	61	79
.3490566	37/106	37	53	40	80
.3490675	2115/6059	45	73	47	83
.3490763	2173/6225	41	75	53	83
.3490909	96/275	34	55	48	85
.3491221	855/2449	30	62	57	79
.3491304	803/2300	33	75	73	92
.3491369	1517/4345	37	55	41	79
.3491549	2479/7100	37	71	67	100
.3491629	1147/3285	37	73	62	90
.3491662	2345/6716	35	73	67	92
.3491934	1710/4897	30	59	57	83
.3491968	1739/4980	37	60	47	83
.3492063*	22/63	40	70	55	90
.3492207	1927/5518	41	62	47	89
.3492413	3015/8633	45	89	67	97
.3492680	3149/9016	47	92	67	98
.3492896	1598/4575	34	61	47	75
.3492958	124/355	30	71	62	75
.3493135	3053/8740	43	92	71	95
.3493151	51/146	34	60	45	73
.3493361	342/979	30	55	57	89
.3493518	2021/5785	43	65	47	89
.3493648	385/1102	35	58	55	95
.3493750	559/1600	43	80	65	100
.3493756	1147/3283	37	67	62	98
.3493976	29/83	30	60	58	83
.3494118	297/850	33	50	45	85
.3494158	2542/7275	41	75	62	97
.3494312	1505/4307	35	59	43	73
.3494417	1815/5194	33	53	55	98
.3494505	159/455	30	65	53	70
.3494624	65/186	30	62	65	90
.3494737	166/475	34	85	83	95
0.3495					
.3495003	2623/7505	43	79	61	95
.3495077	497/1422	35	79	71	90
.3495182	1850/5293	37	67	50	79
.3495330	2021/5782	43	59	47	98
.3495392	1517/4340	37	62	41	70
.3495763	165/472	30	59	55	80
.3495854	1054/3015	34	67	62	90

（续）

比值	分数	A	B	C	D	比值	分数	A	B	C	D
0.3495						0.3500					
.3495951	1770/5063	30	61	59	83	.3501873	187/534	34	60	55	89
.3496115	315/901	35	53	45	85	.3502015	2173/6205	41	73	53	85
.3496218	1710/4891	30	67	57	73	.3502110	83/237	30	79	83	90
.3496296	236/675	40	75	59	90	.3502209	1189/3395	41	70	58	97
.3496564	407/1164	37	60	55	97	.3502262	387/1105	43	65	45	85
.3496703	1591/4550	37	65	43	70	.3502358	297/848	33	53	45	80
.3496802	164/469	40	67	41	70	.3502461	2064/5893	43	71	48	83
.3496907	848/2425	48	75	53	97	.3502582	407/1162	37	70	55	83
.3497015	2343/6700	33	67	71	100	.3502655	1517/4331	37	61	41	71
.3497059	1189/3400	41	80	58	85	.3502825	62/177	30	59	62	90
.3497180	434/1241	35	73	62	85	.3503020	406/1159	35	61	58	95
.3497278	1927/5510	41	58	47	95	.3503073	399/1139	35	67	57	85
.3497436	341/975	33	65	62	90	.3503425	1023/2920	33	73	62	80
.3497546	1995/5704	35	62	57	92	.3503516	2491/7110	47	79	53	90
.3497668	525/1501	35	57	45	79	.3503636	1927/5500	41	55	47	100
.3497895	2409/6887	33	71	73	97	.3503704	473/1350	43	75	55	90
.3498000	1749/5000	33	50	53	100	.3503827	2747/7840	41	80	67	98
.3498199	1457/4165	47	85	62	98	.3504013	2183/6230	37	70	59	89
.3498305	516/1475	43	59	48	100	.3504098	171/488	30	61	57	80
.3498418	2211/6320	33	79	67	80	.3504244	1032/2945	43	62	48	95
.3498551	1207/3450	34	75	71	92	.3504274	41/117	41	65	50	90
.3498662	1961/5605	37	59	53	95	.3504386	799/2280	34	57	47	80
.3498888	472/1349	40	71	59	95	.3504498	935/2668	34	58	55	92
.3498994	1739/4970	37	70	47	71	.3504615	1139/3250	34	65	67	100
.3499096	387/1106	43	70	45	79	.3504658	2257/6440	37	70	61	92
.3499391	2585/7387	47	83	55	89	.3504839	2173/6200	41	62	53	100
.3499628	470/1343	47	79	50	85	0.3505					
.3499729	645/1843	43	57	45	97	.3505085	517/1475	33	59	47	75
.3499779	792/2263	33	62	48	73	.3505263	333/950	37	50	45	95
0.3500						.3505435	129/368	43	60	45	92
.3500000*	7/20	35	50	45	90	.3505747	61/174	30	58	61	90
.3500105	1665/4757	37	67	45	71	.3505831	481/1372	37	70	65	98
.3500275	636/1817	48	79	53	92	.3505942	413/1178	35	62	59	95
.3500422	2074/5925	34	75	61	79	.3506048	1739/4960	37	62	47	80
.3500548	1598/4565	34	55	47	83	.3506154	2279/6500	43	65	53	100
.3500585	2993/8550	41	90	73	95	.3506301	473/1349	43	71	55	95
.3500887	592/1691	37	57	48	89	.3506375	385/1098	35	61	55	90
.3501006	174/497	30	70	58	71	.3506564	1950/5561	30	67	65	83
.3501124	779/2225	41	75	57	89	.3506705	1935/5518	43	62	45	89
.3501169	1947/5561	33	67	59	83	.3506771	492/1403	41	61	48	92
.3501276	549/1568	45	80	61	98	.3506973	855/2438	30	53	57	92
.3501395	1632/4661	34	59	48	79	.3507121	2832/8075	48	85	59	95
.3501490	1763/5035	41	53	43	95	.3507229	2911/8300	41	83	71	100
.3501553	451/1288	41	70	55	92	.3507353	477/1360	45	80	53	85
.3501749	901/2573	34	62	53	83	.3507463	47/134	35	67	47	70
.3501786	1961/5600	37	70	53	80	.3507692	114/325	30	65	57	75

（续）

比值	分数	*A*	*B*	*C*	*D*
0.3505					
.3507802	1776/5063	37	61	48	83
.3507937	221/630	34	70	65	90
.3508021	328/935	40	55	41	85
.3508065	87/248	30	62	58	80
.3508150	495/1411	33	83	75	85
.3508381	2679/7636	47	83	57	92
.3508458	1763/5025	41	67	43	75
.3508621	407/1160	37	58	55	100
.3508957	333/949	37	65	45	73
.3509075	406/1157	35	65	58	89
.3509250	1802/5135	34	65	53	79
.3509391	2485/7081	35	73	71	97
.3509524	737/2100	33	70	67	90
.3509584	531/1513	45	85	59	89
.3509677	272/775	34	62	48	75
.3509881	444/1265	37	55	48	92
0.3510					
.3510018	1927/5490	41	61	47	90
.3510112	781/2225	33	75	71	89
.3510204	86/245	40	50	43	98
.3510274	205/584	41	73	50	80
.3510436	185/527	37	62	50	85
.3510562	1961/5586	37	57	53	98
.3510843	1457/4150	47	83	62	100
.3510896	145/413	25	59	58	70
.3511111	79/225	30	75	79	90
.3511151	1968/5605	41	59	48	95
.3511379	2623/7470	43	83	61	90
.3511648	407/1159	37	61	55	95
.3511662	2409/6860	33	70	73	98
.3511797	387/1102	43	58	45	95
.3511905	59/168	25	60	59	70
.3512048	583/1660	33	60	53	83
.3512142	969/2759	34	62	57	89
.3512228	517/1472	47	80	55	92
.3512324	399/1136	35	71	57	80
.3512355	1720/4897	40	59	43	83
.3512518	477/1358	45	70	53	97
.3512640	2501/7120	41	80	61	89
.3512671	901/2565	34	57	53	90
.3512842	424/1207	40	71	53	85
.3512887	1363/3880	47	80	58	97
.3513036	795/2263	30	62	53	73
.3513131	1739/4950	37	55	47	90
.3513203	306/871	34	65	45	67
.3513333	527/1500	34	60	62	100
0.3510					
.3513483	3127/8900	53	89	59	100
.3513616	1845/5251	41	59	45	89
.3513699	513/1460	45	73	57	100
.3513790	344/979	40	55	43	89
.3513899	493/1403	34	61	58	92
.3513996	590/1679	40	73	59	92
.3514075	1860/5293	30	67	62	79
.3514170	434/1235	35	65	62	95
.3514337	1961/5580	37	62	53	90
.3514520	472/1343	40	79	59	85
.3514921	3239/9215	41	95	79	97
0.3515					
.3515000	703/2000	37	60	57	100
.3515152	58/165	30	55	58	90
.3515254	1037/2950	34	59	61	100
.3515432	2130/6059	30	73	71	83
.3515454	1763/5015	41	59	43	85
.3515700	2911/8280	41	90	71	92
.3515755	212/603	40	67	53	90
.3515982	77/219	35	73	55	75
.3516093	1584/4505	33	53	48	85
.3516393	429/1220	33	61	65	100
.3516663	1720/4891	40	67	43	73
.3516830	1003/2852	34	62	59	92
.3517007	517/1470	47	75	55	98
.3517241	51/145	34	58	45	75
.3517386	2013/5723	33	59	61	97
.3517548	1343/3818	34	83	79	92
.3517581	2501/7110	41	79	61	90
.3517655	528/1501	33	57	48	79
.3517755	3071/8730	37	90	83	97
.3517865	2491/7081	47	73	53	97
.3518033	1073/3050	37	61	58	100
.3518124	165/469	30	67	55	70
.3518182	387/1100	43	55	45	100
.3518307	615/1748	41	57	45	92
.3518558	1640/4661	40	59	41	79
.3518717	329/935	35	55	47	85
.3519028	2173/6175	41	65	53	95
.3519115	1749/4970	33	70	53	71
.3519231	183/520	30	65	61	80
.3519341	555/1577	37	57	45	83
.3519374	990/2813	33	58	60	97
.3519543	2035/5782	37	59	55	98
.3519635	1927/5475	41	73	47	75
.3519924	371/1054	35	62	53	85

（续）

比值	分数	A	B	C	D	比值	分数	A	B	C	D
0.3520						0.3525					
.3520000	44/125	33	50	48	90	.3526000	1763/5000	41	50	43	100
.3520125	2475/7031	33	79	75	89	.3526161	957/2714	33	59	58	92
.3520441	1085/3082	35	67	62	92	.3526263	1054/2989	34	61	62	98
.3520468	301/855	35	57	43	75	.3526419	901/2555	34	70	53	73
.3520599	94/267	40	60	47	89	.3526756	2109/5980	37	65	57	92
.3520652	3239/9200	41	92	79	100	.3526882	164/465	40	62	41	75
.3520796	1947/5530	33	70	59	79	.3527011	1815/5146	33	62	55	83
.3520968	2183/6200	37	62	59	100	.3527174	649/1840	33	60	59	92
.3521054	1363/3871	47	79	58	98	.3527309	1776/5035	37	53	48	95
.3521222	1037/2945	34	62	61	95	.3527383	1739/4930	37	58	47	85
.3521289	306/869	34	55	45	79	.3527482	430/1219	40	53	43	92
.3521432	649/1843	33	57	59	97	.3527586	1023/2900	33	58	62	100
.3521515	1023/2905	33	70	62	83	.3527841	925/2622	37	57	50	92
.3521657	187/531	34	59	55	90	.3527936	2109/5978	37	61	57	98
.3521966	473/1343	43	79	55	85	.3528154	495/1403	33	61	60	92
.3522101	2494/7081	43	73	58	97	.3528302	187/530	34	53	55	100
.3522173	1517/4307	37	59	41	73	.3528399	205/581	41	70	50	83
.3522337	205/582	41	60	50	97	.3528452	1947/5518	33	62	59	89
.3522388	118/335	24	60	59	67	.3528614	2343/6640	33	80	71	83
.3522472	627/1780	33	60	57	89	.3528698	2035/5767	37	73	55	79
.3522564	2451/6958	43	71	57	98	.3528951	451/1278	41	71	55	90
.3522802	533/1513	41	85	65	89	.3529102	2013/5704	33	62	61	92
.3522892	731/2075	34	50	43	83	.3529205	1003/2842	34	58	59	98
.3522963	1189/3375	41	75	58	90	.3529286	1645/4661	35	59	47	79
.3523093	328/931	41	57	48	98	.3529639	2739/7760	33	80	83	97
.3523238	235/667	40	58	47	92	.3529786	1665/4717	37	53	45	89
.3523308	2343/6650	33	70	71	95	.3529915	413/1170	35	65	59	90
.3523367	1440/4087	24	61	60	67	0.3530					
.3523636	969/2750	34	55	57	100	.3530041	1980/5609	33	71	60	79
.3523684	2135/6059	35	73	61	83	.3530055	323/915	34	61	57	90
.3523843	1005/2852	30	62	67	92	.3530193	2923/8280	37	90	79	92
.3523899	376/1067	40	55	47	97	.3530254	986/2793	34	57	58	98
.3523982	1947/5525	33	65	59	85	.3530442	1815/5141	33	53	55	97
.3524051	696/1975	48	79	58	100	.3530516	376/1065	40	71	47	75
.3524314	732/2077	24	62	61	67	.3530630	2046/5795	33	61	62	95
.3524421	1537/4361	53	89	58	98	.3530711	799/2263	34	62	47	73
.3524590	43/122	40	61	43	80	.3530774	1830/5183	30	71	61	73
.3524729	2701/7663	37	79	73	97	.3530860	2294/6497	37	73	62	89
0.3525						.3530979	530/1501	30	57	53	79
.3525000	141/400	33	55	47	80	.3531100	369/1045	41	55	45	95
.3525112	1881/5336	33	58	57	92	.3531202	232/657	40	73	58	90
.3525346	153/434	34	62	45	70	.3531365	2021/5723	43	59	47	97
.3525511	1914/5429	33	61	58	89	.3531632	1591/4505	37	53	43	85
.3525574	2378/6745	41	71	58	95	.3531690	1003/2840	34	71	59	80
.3525801	1551/4399	33	53	47	83	.3531929	1073/3038	37	62	58	98
.3525926	238/675	34	75	70	90	.3531987	2501/7081	41	73	61	97

（续）

比值	分数	A	B	C	D
0.3530					
.3532081	2257/6390	37	71	61	90
.3532338	71/201	30	67	71	90
.3532394	627/1775	33	71	57	75
.3532560	396/1121	33	59	60	95
.3532660	1855/5251	35	59	53	89
.3532968	1870/5293	34	67	55	79
.3533200	1591/4503	37	57	43	79
.3533333	53/150	30	50	53	90
.3533354	1160/3283	40	67	58	98
.3533575	1947/5510	33	58	59	95
.3533835	47/133	47	70	50	95
.3533889	975/2759	30	62	65	89
.3534050	493/1395	34	62	58	90
.3534247	129/365	43	73	45	75
.3534328	592/1675	37	67	48	75
.3534483	41/116	40	58	41	80
.3534626	638/1805	33	57	58	95
.3534680	2013/5695	33	67	61	85
0.3535					
.3535133	2108/5963	34	67	62	89
.3535223	2183/6175	37	65	59	95
.3535476	583/1649	53	85	55	97
.3535556	1591/4500	37	50	43	90
.3535714*	99/280	45	70	55	100
.3535806	553/1564	35	85	79	92
.3535953	477/1349	45	71	53	95
.3536295	1632/4615	34	65	48	71
.3536436	1155/3266	33	71	70	92
.3536733	2046/5785	33	65	62	89
.3536789	423/1196	45	65	47	92
.3536941	1575/4453	35	61	45	73
.3536990	2773/7840	47	80	59	98
.3537113	3431/9700	47	97	73	100
.3537192	2701/7636	37	83	73	92
.3537267	1139/3220	34	70	67	92
.3537376	1855/5244	35	57	53	92
.3537532	410/1159	41	61	50	95
.3537634	329/930	35	62	47	75
.3537697	427/1207	35	71	61	85
.3538012	121/342	33	57	55	90
.3538203	2320/6557	40	79	58	83
.3538364	558/1577	45	83	62	95
.3538512	1075/3038	43	62	50	98
.3538568	1023/2891	33	59	62	98
.3538732	201/568	30	71	67	80
.3538820	2279/6440	43	70	53	92

比值	分数	A	B	C	D
0.3535					
.3538932	1968/5561	41	67	48	83
.3539157	235/664	47	80	50	83
.3539326	63/178	35	50	45	89
.3539726	646/1825	34	73	57	75
.3539948	2747/7760	41	80	67	97
0.3540					
.3540000	177/500	33	55	59	100
.3540161	1763/4980	41	60	43	83
.3540392	2257/6375	37	75	61	85
.3540490	188/531	40	59	47	90
.3540630	427/1206	35	67	61	90
.3540670	74/209	37	55	50	95
.3540798	1189/3358	41	73	58	92
.3541096	517/1460	33	60	47	73
.3541176	301/850	35	50	43	85
.3541325	2378/6715	41	79	58	85
.3541376	1776/5015	37	59	48	85
.3541520	2013/5684	33	58	61	98
.3541601	1128/3185	47	65	48	98
.3541667*	17/48	30	80	85	90
.3541839	2146/6059	37	73	58	83
.3541923	2881/8134	43	83	67	98
.3541973	481/1358	37	70	65	97
.3542120	2607/7360	33	80	79	92
.3542182	1860/5251	30	59	62	89
.3542373	209/590	33	59	57	90
.3542647	2409/6800	33	80	73	85
.3542812	451/1273	41	67	55	95
.3542857	62/175	30	70	62	75
.3543128	2021/5704	43	62	47	92
.3543171	2257/6370	37	65	61	98
.3543647	410/1157	41	65	50	89
.3543700	3195/9016	45	92	71	98
.3543776	595/1679	34	73	70	92
.3544014	2013/5680	33	71	61	80
.3544061	185/522	37	58	50	90
.3544304	28/79	34	79	70	85
.3544444	319/900	33	60	58	90
.3544538	2109/5950	37	70	57	85
.3544576	330/931	33	57	60	98
.3544705	559/1577	43	83	65	95
0.3545					
.3545004	2501/7055	41	83	61	85
.3545138	915/2581	30	58	61	89
.3545151	106/299	40	65	53	92
.3545259	329/928	35	58	47	80

（续）

比值	分数	*A*	*B*	*C*	*D*
0.3545					
.3545351	3127/8820	53	90	59	98
.3545486	1025/2891	41	59	50	98
.3545614	2021/5700	43	57	47	100
.3545714	1241/3500	34	70	73	100
.3545773	1925/5429	35	61	55	89
.3546036	1995/5626	35	58	57	97
.3546125	1972/5561	34	67	58	83
.3546196	261/736	45	80	58	92
.3546337	1060/2989	40	61	53	98
.3546392	172/485	40	50	43	97
.3546692	1485/4187	33	53	45	79
.3546753	1961/5529	37	57	53	97
.3546911	155/437	30	57	62	92
.3547091	2030/5723	35	59	58	97
.3547170	94/265	34	53	47	85
.3547284	1763/4970	41	70	43	71
.3547352	221/623	34	70	65	89
.3547523	265/747	50	83	53	90
.3547605	585/1649	45	85	65	97
.3547667	1749/4930	33	58	53	85
.3547826	204/575	34	50	48	92
.3547865	2409/6790	33	70	73	97
.3548110	413/1164	35	60	59	97
.3548179	2747/7742	41	79	67	98
.3548387	11/31	30	62	55	75
.3548538	1517/4275	37	57	41	75
.3548611	511/1440	35	80	73	90
.3548745	1598/4503	34	57	47	79
.3548872	236/665	40	70	59	95
.3548980	1739/4900	37	50	47	98
.3549057	1881/5300	33	53	57	100
.3549321	1961/5525	37	65	53	85
.3549528	301/848	35	53	43	80
0.3550					
.3550050	2135/6014	35	62	61	97
.3550052	344/969	40	57	43	85
.3550239	371/1045	35	55	53	95
.3550429	1739/4898	37	62	47	79
.3550464	2867/8075	47	85	61	95
.3550562	158/445	30	75	79	89
.3550794	1475/4154	25	62	59	67
.3551020	87/245	33	55	58	98
.3551111	799/2250	34	50	47	90
.3551154	1739/4897	37	59	47	83
.3551370	1037/2920	34	73	61	80
.3551745	580/1633	40	71	58	92

比值	分数	*A*	*B*	*C*	*D*
0.3550					
.3551807	737/2075	33	75	67	83
.3551913	65/183	30	61	65	90
.3552000	222/625	37	50	48	100
.3552139	1802/5073	34	57	53	89
.3552176	1845/5194	41	53	45	98
.3552298	2666/7505	43	79	62	95
.3552357	1530/4307	34	59	45	73
.3552536	1961/5520	37	60	53	92
.3552632*	27/76	45	95	75	100
.3553196	1740/4897	30	59	58	83
.3553257	1271/3577	41	73	62	98
.3553640	371/1044	35	58	53	90
.3553824	1961/5518	37	62	53	89
.3553947	2701/7600	37	80	73	95
.3554118	3021/8500	53	85	57	100
.3554217	59/166	30	60	59	83
.3554267	429/1207	33	71	65	85
.3554435	1763/4960	41	62	43	80
.3554648	348/979	30	55	58	89
.3554708	2050/5767	41	73	50	79
.3554940	385/1083	35	57	55	95
0.3555					
.3555228	1207/3395	34	70	71	97
.3555257	2120/5963	40	67	53	89
.3555510	1739/4891	37	67	47	73
.3555556*	16/45	40	90	80	100
.3555827	2035/5723	37	59	55	97
.3555924	2146/6035	37	71	58	85
.3556034	165/464	30	58	55	80
.3556053	1272/3577	48	73	53	98
.3556160	915/2573	30	62	61	83
.3556391	473/1330	43	70	55	95
.3556687	2585/7268	47	79	55	92
.3556784	1995/5609	35	71	57	79
.3557057	2475/6958	33	71	75	98
.3557152	1584/4453	33	61	48	73
.3557280	3071/8633	37	89	83	97
.3557377	217/610	35	61	62	100
.3557555	1740/4891	30	67	58	73
.3557692	37/104	37	65	50	80
.3557806	2108/5925	34	75	62	79
.3558099	2021/5680	43	71	47	80
.3558333	427/1200	35	60	61	100
.3558633	1927/5415	41	57	47	95
.3558673	279/784	45	80	62	98
.3558824	121/340	33	60	55	85

（续）

比值	分数	A	B	C	D
0.3555					
.3558906	1015/2852	35	62	58	92
.3558984	1961/5510	37	58	53	95
.3559127	310/871	25	65	62	67
.3559155	1802/5063	34	61	53	83
.3559322	21/59	35	59	45	75
.3559414	656/1843	41	57	48	97
.3559494	703/1975	37	75	57	79
.3559551	792/2225	33	50	48	89
.3559701	477/1340	45	67	53	100
0.3560					
.3560024	602/1691	43	89	70	95
.3560137	518/1455	37	75	70	97
.3560345	413/1160	35	58	59	100
.3560511	1980/5561	33	67	60	83
.3560702	2537/7125	43	75	59	95
.3560755	3074/8633	53	89	58	97
.3561048	2867/8051	47	83	61	97
.3561226	1870/5251	34	59	55	89
.3561265	901/2530	34	55	53	92
.3561404	203/570	35	57	58	100
.3561497	333/935	37	55	45	85
.3561616	1763/4950	41	55	43	90
.3561691	2064/5795	43	61	48	95
.3561802	925/2597	37	53	50	98
.3561905	187/525	34	70	55	75
.3561991	1968/5525	41	65	48	85
.3562112	1147/3220	37	70	62	92
.3562295	2173/6100	41	61	53	100
.3562500	57/160	30	60	57	80
.3562616	2108/5917	34	61	62	97
.3562753*	88/247	40	65	55	95
.3562857	1247/3500	43	70	58	100
.3563025	212/595	40	70	53	85
.3563144	553/1552	35	80	79	97
.3563218	31/87	30	58	62	90
.3563255	2211/6205	33	73	67	85
.3563417	413/1159	35	61	59	95
.3563525	1739/4880	37	61	47	80
.3563574	1037/2910	34	60	61	97
.3563778	366/1027	30	65	61	79
.3563859	2623/7360	43	80	61	92
.3564130	2337/6557	41	79	57	83
.3564192	1935/5429	43	61	45	89
.3564306	2109/5917	37	61	57	97
.3564516	221/620	34	62	65	100
.3564815*	77/216	35	60	55	90
.3564945	1139/3195	34	71	67	90

比值	分数	A	B	C	D
0.3565					
.3565051	559/1568	43	80	65	98
.3565217	41/115	40	50	41	92
.3565455	1961/5500	37	55	53	100
.3565588	1003/2813	34	58	59	97
.3565937	603/1691	45	89	67	95
.3565980	935/2622	34	57	55	92
.3566129	2211/6200	33	62	67	100
.3566210	781/2190	33	73	71	90
.3566265	148/415	37	50	40	83
.3566448	1739/4876	37	53	47	92
.3566510	984/2759	41	62	48	89
.3566649	1972/5529	34	57	58	97
.3566678	2145/6014	33	62	65	97
.3567117	1241/3479	34	71	73	98
.3567213	544/1525	34	61	48	75
.3567251	61/171	30	57	61	90
.3567362	188/527	40	62	47	85
.3567604	533/1494	41	83	65	90
.3567672	2035/5704	37	62	55	92
.3567848	2064/5785	43	65	48	89
.3567985	370/1037	37	61	50	85
.3568119	385/1079	35	65	55	83
.3568214	2537/7110	43	79	59	90
.3568341	1073/3007	37	62	58	97
.3568383	2343/6566	33	67	71	98
.3568499	435/1219	30	53	58	92
.3568627*	91/255	35	75	65	85
.3568707	2623/7350	43	75	61	98
.3568854	495/1387	33	73	75	95
.3569205	1720/4819	40	61	43	79
.3569260	1881/5270	33	62	57	85
.3569412	1517/4250	37	50	41	85
.3569620	141/395	33	55	47	79
.3569699	1032/2891	43	59	48	98
.3569780	2320/6499	40	67	58	97
.3569932	1363/3818	47	83	58	92
0.3570					
.3570175	407/1140	37	57	55	100
.3570295	3149/8820	47	90	67	98
.3570376	969/2714	34	59	57	92
.3570526	848/2375	48	75	53	95
.3570627	1590/4453	30	61	53	73
.3570652	657/1840	45	92	73	100
.3570845	1749/4898	33	62	53	79
.3570896	957/2680	33	67	58	80
.3571233	2607/7300	33	73	79	100

（续）

比值	分数	*A*	*B*	*C*	*D*
0.3570					
.3571534	2409/6745	33	71	73	95
.3571574	1749/4897	33	59	53	83
.3571688	984/2755	41	58	48	95
.3571826	1927/5395	41	65	47	83
.3571949	1961/5490	37	61	53	90
.3572028	2130/5963	30	67	71	89
.3572195	1665/4661	37	59	45	79
.3572301	2925/8188	45	89	65	92
.3572464	493/1380	34	60	58	92
.3572912	860/2407	40	58	43	83
.3573034	159/445	30	50	53	89
.3573099	611/1710	47	90	65	95
.3573201	144/403	24	62	60	65
.3573310	407/1139	37	67	55	85
.3573407	129/361	43	57	45	95
.3573454	2773/7760	47	80	59	97
.3573733	1551/4340	33	62	47	70
.3573759	986/2759	34	62	58	89
.3573944	203/568	35	71	58	80
.3574150	2627/7350	37	75	71	98
.3574196	1845/5162	41	58	45	89
.3574318	2739/7663	33	79	83	97
.3574447	2115/5917	45	61	47	97
.3574483	1003/2806	34	61	59	92
.3574576	2109/5900	37	59	57	100
.3574902	2279/6375	43	75	53	85
0.3575					
.3575027	1632/4565	34	55	48	83
.3575139	1927/5390	41	55	47	98
.3575246	1271/3555	41	79	62	90
.3575281	1591/4450	37	50	43	89
.3575758	59/165	30	55	59	90
.3575862	1037/2900	34	58	61	100
.3575956	1749/4891	33	67	53	73
.3576087	329/920	35	50	47	92
.3576296	1207/3375	34	75	71	90
.3576366	2173/6076	41	62	53	98
.3576527	451/1261	41	65	55	97
.3576667	1073/3000	37	60	58	100
.3576923	93/260	30	65	62	80
.3577125	2108/5893	34	71	62	83
.3577628	371/1037	35	61	53	85
.3577708	2279/6370	43	65	53	98
.3577830	1517/4240	37	53	41	80
.3577919	1575/4402	35	62	45	71
.3578031	2013/5626	33	58	61	97

比值	分数	*A*	*B*	*C*	*D*
0.3575					
.3578113	2256/6305	47	65	48	97
.3578182	492/1375	41	55	48	100
.3578313	297/830	33	50	45	83
.3578437	2881/8051	43	83	67	97
.3578689	2183/6100	37	61	59	100
.3578822	2109/5893	37	71	57	83
.3578947	34/95	34	57	45	75
.3579044	1175/3283	47	67	50	98
.3579223	820/2291	40	58	41	79
.3579276	2867/8010	47	89	61	90
.3579365	451/1260	41	70	55	90
.3579545*	63/176	35	55	45	80
.3579661	528/1475	33	59	48	75
.3579832	213/595	30	70	71	85
0.3580					
.3580052	2491/6958	47	71	53	98
.3580225	2035/5684	37	58	55	98
.3580270	1880/5251	40	59	47	89
.3580359	1575/4399	35	53	45	83
.3580518	2279/6365	43	67	53	95
.3580645	111/310	37	62	45	75
.3580718	2065/5767	35	73	59	79
.3580952	188/525	40	70	47	75
.3581118	660/1843	33	57	60	97
.3581159	1551/4331	33	61	47	71
.3581333	1343/3750	34	75	79	100
.3581449	2170/6059	35	73	62	83
.3581534	481/1343	37	79	65	85
.3581735	1961/5475	37	73	53	75
.3581762	2773/7742	47	79	59	98
.3581901	3127/8730	53	90	59	97
.3582037	2050/5723	41	59	50	97
.3582143	1003/2800	34	70	59	80
.3582175	1881/5251	33	59	57	89
.3582375	187/522	34	58	55	90
.3582540	2257/6300	37	70	61	90
.3582746	407/1136	37	71	55	80
.3582827	2537/7081	43	73	59	97
.3582897	2120/5917	40	61	53	97
.3583021	287/801	41	89	70	90
.3583138	153/427	34	61	45	70
.3583333	43/120	40	60	43	80
.3583526	2010/5609	30	71	67	79
.3583710	396/1105	33	65	60	85
.3583750	2867/8000	47	80	61	100
.3583882	925/2581	37	58	50	89

（续）

比值	分数	*A*	*B*	*C*	*D*	比值	分数	*A*	*B*	*C*	*D*
0.3580						0.3590					
.3584016	1749/4880	33	61	53	80	.3590264	177/493	30	58	59	85
.3584270	319/890	33	60	58	89	.3590832	423/1178	45	62	47	95
.3584363	1247/3479	43	71	58	98	.3591011	799/2225	34	50	47	89
.3584746	423/1180	45	59	47	100	.3591121	1003/2793	34	57	59	98
.3584831	1815/5063	33	61	55	83	.3591331	116/323	30	57	58	85
.3584906	19/53	30	53	57	90	.3591436	2013/5605	33	59	61	95
0.3585						.3591549	51/142	34	60	45	71
.3585050	470/1311	40	57	47	92	.3591630	2832/7885	48	83	59	95
.3585134	2074/5785	34	65	61	89	.3591822	1950/5429	30	61	65	89
.3585187	3127/8722	53	89	59	98	.3591925	2491/6935	47	73	53	95
.3585309	1845/5146	41	62	45	83	.3591985	986/2745	34	61	58	90
.3585407	2565/7154	45	73	57	98	.3592085	236/657	40	73	59	90
.3585455	493/1375	34	55	58	100	.3592215	1938/5395	34	65	57	83
.3585567	1739/4850	37	50	47	97	.3592250	2021/5626	43	58	47	97
.3585847	3233/9016	53	92	61	98	.3592502	3239/9016	41	92	79	98
.3585965	511/1425	35	75	73	95	.3592552	328/913	40	55	41	83
.3586070	1802/5025	34	67	53	75	.3592713	2544/7081	48	73	53	97
.3586296	1947/5429	33	61	59	89	.3592824	2183/6076	37	62	59	98
.3586360	2419/6745	41	71	59	95	.3592989	369/1027	41	65	45	79
.3586466	477/1330	45	70	53	95	.3593220	106/295	30	59	53	75
.3586735	703/1960	37	60	57	98	.3593466	198/551	33	58	60	95
.3586813	816/2275	34	65	48	70	.3593568	1855/5162	35	58	53	89
.3586957	33/92	30	50	55	92	.3593727	2475/6887	33	71	75	97
.3587271	372/1037	30	61	62	85	.3593969	1025/2852	41	62	50	92
.3587383	2650/7387	50	83	53	89	.3594118	611/1700	47	85	65	100
.3587484	1995/5561	35	67	57	83	.3594152	2655/7387	45	83	59	89
.3587629	174/485	33	55	58	97	.3594274	1180/3283	40	67	59	98
.3587692	583/1625	33	65	53	75	.3594366	638/1775	33	71	58	75
.3587879	296/825	37	55	48	90	.3594459	1505/4187	35	53	43	79
.3588235	61/170	30	60	61	85	.3594643	2013/5600	33	70	61	80
.3588257	990/2759	33	62	60	89	.3594703	1710/4757	30	67	57	71
.3588362	333/928	37	58	45	80	.3594771*	55/153	50	85	55	90
.3588483	511/1424	35	80	73	89	.3594937	142/395	30	75	71	79
.3588592	1598/4453	34	61	47	73	0.3595					
.3588655	1860/5183	30	71	62	73	.3595025	925/2573	37	62	50	83
.3588796	1845/5141	41	53	45	97	.3595149	1927/5360	41	67	47	80
.3588889	323/900	34	60	57	90	.3595318	215/598	43	65	50	92
.3589004	2115/5893	45	71	47	83	.3595385	2337/6500	41	65	57	100
.3589267	1739/4845	37	57	47	85	.3595547	969/2695	34	55	57	98
.3589474	341/950	33	57	62	100	.3595568	649/1805	33	57	59	95
.3589552	481/1340	37	67	65	100	.3595692	434/1207	35	71	62	85
.3589744*	14/39	30	65	70	90	.3595890	105/292	35	60	45	73
.3589829	1073/2989	37	61	58	98	.3595970	1392/3871	48	79	58	98
.3589888	2542/7081	41	73	62	97	.3596154	187/520	34	65	55	80
.3589981	387/1078	43	55	45	98	.3596324	2074/5767	34	73	61	79
0.3590						.3596491	41/114	40	57	41	80
.3590135	1645/4582	35	58	47	79						

（续）

比值	分数	*A*	*B*	*C*	*D*
0.3595					
.3596754	2881/8010	43	89	67	90
.3596939	141/392	45	60	47	98
.3597045	2337/6497	41	73	57	89
.3597101	1241/3450	34	75	73	92
.3597183	2145/5963	33	67	65	89
.3597433	2747/7636	41	83	67	92
.3597489	2120/5893	40	71	53	83
.3597673	1175/3266	47	71	50	92
.3597959	1763/4900	41	50	43	98
.3598086	376/1045	40	55	47	95
.3598364	792/2201	33	62	48	71
.3598522	1850/5141	37	53	50	97
.3598592	511/1420	35	71	73	100
.3598673	217/603	35	67	62	90
.3598860	2146/5963	37	67	58	89
.3599207	2360/6557	40	79	59	83
.3599321	212/589	40	62	53	95
.3599428	1763/4898	41	62	43	79
.3599535	2479/6887	37	71	67	97
.3599578	1023/2842	33	58	62	98
.3599696	473/1314	43	73	55	90
0.3600					
.3600000	9/25	34	50	45	85
.3600163	1763/4897	41	59	43	83
.3600308	935/2597	34	53	55	98
.3600543	265/736	50	80	53	92
.3600663	2173/6035	41	71	53	85
.3600818	1584/4399	33	53	48	83
.3601048	825/2291	30	58	55	79
.3601114	1551/4307	33	59	47	73
.3601212	2021/5612	43	61	47	92
.3601256	1147/3185	37	65	62	98
.3601449	497/1380	35	75	71	92
.3601533	94/261	40	58	47	90
.3601634	1763/4895	41	55	43	89
.3601826	1972/5475	34	73	58	75
.3601889	2365/6566	43	67	55	98
.3602113	1023/2840	33	71	62	80
.3602151	67/186	30	62	67	90
.3602434	888/2465	37	58	48	85
.3602484	58/161	40	70	58	92
.3602726	370/1027	37	65	50	79
.3602833	1475/4094	50	89	59	92
.3602941*	49/136	35	80	70	85
.3602985	1207/3350	34	67	71	100
.3603138	2021/5609	43	71	47	79

比值	分数	*A*	*B*	*C*	*D*
0.3600					
.3603255	930/2581	30	58	62	89
.3603448	209/580	33	58	57	90
.3603505	329/913	35	55	47	83
.3603648	2173/6030	41	67	53	90
.3603652	671/1862	33	57	61	98
.3603793	342/949	30	65	57	73
.3603891	2482/6887	34	71	73	97
.3604000	901/2500	34	50	53	100
.3604085	2294/6365	37	67	62	95
.3604396	164/455	40	65	41	70
.3604520	319/885	33	59	58	90
.3604615	2343/6500	33	65	71	100
.3604742	1855/5146	35	62	53	83
.3604767	363/1007	33	53	55	95
.3604869	385/1068	35	60	55	89
0.3605					
.3605042	429/1190	33	70	65	85
.3605128	703/1950	37	65	57	90
.3605170	2343/6499	33	67	71	97
.3605442	53/147	40	60	53	98
.3605498	2623/7275	43	75	61	97
.3605556	649/1800	33	60	59	90
.3605709	2021/5605	43	59	47	95
.3605833	816/2263	34	62	48	73
.3605870	172/477	40	53	43	90
.3606013	2279/6320	43	79	53	80
.3606186	1749/4850	33	50	53	97
.3606280	2343/6497	33	73	71	89
.3606500	2064/5723	43	59	48	97
.3606615	1025/2842	41	58	50	98
.3606723	1073/2975	37	70	58	85
.3606832	2365/6557	43	79	55	83
.3606965	145/402	25	60	58	67
.3607102	3149/8730	47	90	67	97
.3607333	610/1691	30	57	61	89
.3607456	329/912	35	57	47	80
.3607571	1925/5336	35	58	55	92
.3607692	469/1300	35	65	67	100
.3607801	333/923	37	65	45	71
.3607872	495/1372	33	70	75	98
.3607990	289/801	34	89	85	90
.3608306	2537/7031	43	79	59	89
.3608491	153/424	34	53	45	80
.3608614	1927/5340	41	60	47	89
.3608696	83/230	34	85	83	92
.3608897	1947/5395	33	65	59	83

（续）

比值	分数	A	B	C	D
0.3605					
.3609004	1475/4087	25	61	59	67
.3609155	205/568	41	71	50	80
.3609299	3431/9506	47	97	73	98
.3609358	2345/6497	35	73	67	89
.3609589	527/1460	34	73	62	80
.3609720	2451/6790	43	70	57	97
.3609907	583/1615	33	57	53	85
0.3610					
.3610075	387/1072	43	67	45	80
.3610178	2795/7742	43	79	65	98
.3610448	2419/6700	41	67	59	100
.3610568	369/1022	41	70	45	73
.3610708	1740/4819	30	61	58	79
.3610860	399/1105	35	65	57	85
.3610997	2627/7275	37	75	71	97
.3611111*	13/36	30	60	65	90
.3611321	957/2650	33	53	58	100
.3611579	3431/9500	47	95	73	100
.3611842	549/1520	45	80	61	95
.3611940	121/335	33	67	55	75
.3611996	1927/5335	41	55	47	97
.3612083	1961/5429	37	61	53	89
.3612245	177/490	33	55	59	98
.3612381	1739/4814	37	58	47	83
.3612463	371/1027	35	65	53	79
.3612749	1961/5428	37	59	53	92
.3613006	2278/6305	34	65	67	97
.3613236	2173/6014	41	62	53	97
.3613445	43/119	43	70	50	85
.3613636	159/440	30	55	53	80
.3613720	885/2449	30	62	59	79
.3614130	133/368	35	60	57	92
.3614266	1591/4402	37	62	43	71
.3614379	553/1530	35	85	79	90
.3614493	1247/3450	43	75	58	92
.3614592	2279/6305	43	65	53	97
.3614734	2993/8280	41	90	73	92
0.3615					
.3615023	77/213	35	71	55	75
.3615440	1995/5518	35	62	57	89
.3615669	1763/4876	41	53	43	92
.3615797	2701/7470	37	83	73	90
.3615909	1591/4400	37	55	43	80
.3615984	371/1026	35	57	53	90
.3616097	1914/5293	33	67	58	79
.3616438	132/365	33	60	48	73

比值	分数	A	B	C	D
0.3615					
.3616533	315/871	35	65	45	67
.3616731	1591/4399	37	53	43	83
.3616780	319/882	55	90	58	98
.3616959	2491/6887	47	71	53	97
.3617135	2035/5626	37	58	55	97
.3617249	1015/2806	35	61	58	92
.3617308	1881/5200	33	65	57	80
.3617460	2279/6300	43	70	53	90
.3617647	123/340	41	60	45	85
.3617974	2021/5586	43	57	47	98
.3618076	1241/3430	34	70	73	98
.3618262	2544/7031	48	79	53	89
.3618421*	55/152	50	80	55	95
.3618474	901/2490	34	60	53	83
.3618644	427/1180	35	59	61	100
.3618687	2773/7663	47	79	59	97
.3618779	1927/5325	41	71	47	75
.3618892	1770/4891	30	67	59	73
.3619143	363/1003	33	59	55	85
.3619183	2030/5609	35	71	58	79
.3619426	2914/8051	47	83	62	97
.3619482	1189/3285	41	73	58	90
.3619565	333/920	37	50	45	92
.3619814	2923/8075	37	85	79	95
.3619853	2013/5561	33	67	61	83
0.3620					
.3620232	2183/6030	37	67	59	90
.3620266	2065/5704	35	62	59	92
.3620352	185/511	37	70	50	73
.3620637	2365/6532	43	71	55	92
.3620690	21/58	35	58	45	75
.3620833	869/2400	33	80	79	90
.3620924	533/1472	41	80	65	92
.3621006	2765/7636	35	83	79	92
.3621053	172/475	40	50	43	95
.3621188	1128/3115	47	70	48	89
.3621316	2494/6887	43	71	58	97
.3621422	1961/5415	37	57	53	95
.3621486	1881/5194	33	53	57	98
.3621575	423/1168	45	73	47	80
.3621667	2173/6000	41	60	53	100
.3621766	406/1121	35	59	58	95
.3621864	2021/5580	43	62	47	90
.3621993	527/1455	34	60	62	97
.3622148	3127/8633	53	89	59	97
.3622201	372/1027	30	65	62	79

（续）

比值	分数	*A*	*B*	*C*	*D*
0.3620					
.3622291*	117/323	45	85	65	95
.3622449	71/196	35	70	71	98
.3622527	238/657	34	73	70	90
.3622642	96/265	34	53	48	85
.3622807	413/1140	35	57	59	100
.3622881	171/472	30	59	57	80
.3622951	221/610	34	61	65	100
.3623119	1517/4187	37	53	41	79
.3623509	820/2263	40	62	41	73
.3623596	129/356	43	60	45	89
.3623711	703/1940	37	60	57	97
.3623932	212/585	40	65	53	90
.3623973	2074/5723	34	59	61	97
.3624096	752/2075	47	75	48	83
.3624232	2064/5695	43	67	48	85
.3624250	544/1501	34	57	48	79
.3624490	444/1225	37	50	48	98
.3624590	2211/6100	33	61	67	100
.3624733	170/469	34	67	70	98
.3624788	427/1178	35	62	61	95
.3624856	315/869	35	55	45	79
0.3625					
.3625000	29/80	30	60	58	80
.3625148	2145/5917	33	61	65	97
.3625185	1710/4717	30	53	57	89
.3625645	492/1357	41	59	48	92
.3625731	62/171	30	57	62	90
.3625844	376/1037	40	61	47	85
.3625850	533/1470	41	75	65	98
.3625970	888/2449	37	62	48	79
.3626158	2035/5612	37	61	55	92
.3626312	1935/5336	43	58	45	92
.3626374*	33/91	30	65	55	70
.3626506	301/830	35	50	43	83
.3626641	2679/7387	47	83	57	89
.3626667	136/375	34	50	48	90
.3626838	2146/5917	37	61	58	97
.3626992	387/1067	43	55	45	97
.3627243	1880/5183	40	71	47	73
.3627273	399/1100	35	55	57	100
.3627451	37/102	37	60	50	85
.3627551	711/1960	45	98	79	100
.3627772	1881/5185	33	61	57	85
.3628012	2409/6640	33	80	73	83
.3628070	517/1425	33	57	47	75
.3628192	1776/4895	37	55	48	89

比值	分数	*A*	*B*	*C*	*D*
0.3625					
.3628553	549/1513	45	85	61	89
.3628692	86/237	40	60	43	79
.3628763	217/598	35	65	62	92
.3628882	2337/6440	41	70	57	92
.3629002	1927/5310	41	59	47	90
.3629114	2867/7900	47	79	61	100
.3629213	323/890	34	60	57	89
.3629384	1749/4819	33	61	53	79
.3629538	3239/8924	41	92	79	97
.3629630*	49/135	35	75	70	90
.3629747	1147/3160	37	79	62	80
.3629864	2183/6014	37	62	59	97
0.3630					
.3630000	363/1000	33	50	55	100
.3630137	53/146	30	60	53	73
.3630168	799/2201	34	62	47	71
.3630321	2294/6319	37	71	62	89
.3630618	517/1424	47	80	55	89
.3630687	407/1121	37	59	55	95
.3630769	118/325	30	65	59	75
.3630952	61/168	35	60	61	98
.3631111	817/2250	43	75	57	90
.3631246	516/1421	43	58	48	98
.3631328	2360/6499	40	67	59	97
.3631429	1271/3500	41	70	62	100
.3631481	1961/5400	37	60	53	90
.3631818	799/2200	34	55	47	80
.3631934	969/2668	34	58	57	92
.3632075	77/212	35	53	55	100
.3632245	2726/7505	47	79	58	95
.3632319	1551/4270	33	61	47	70
.3632420	1591/4380	37	60	43	73
.3632463	1947/5360	33	67	59	80
.3632644	1598/4399	34	53	47	83
.3632754	732/2015	24	62	61	65
.3632911	287/790	41	79	70	100
.3633005	295/812	35	58	59	98
.3633065	901/2480	34	62	53	80
.3633153	1749/4814	33	58	53	83
.3633366	2975/8188	35	89	85	92
.3633598	2150/5917	43	61	50	97
.3633784	1665/4582	37	58	45	79
.3633880	133/366	35	61	57	90
.3634021	141/388	45	60	47	97
.3634085	145/399	35	57	58	98
.3634238	2021/5561	43	67	47	83

（续）

比值	分数	A	B	C	D
0.3630					
.3634349	656/1805	41	57	48	95
.3634483	527/1450	34	58	62	100
.3634556	1645/4526	35	62	47	73
.3634720	201/553	30	70	67	79
.3634847	1961/5395	37	65	53	83
.3634995	2173/5978	41	61	53	98
0.3635					
.3635052	1763/4850	41	50	43	97
.3635266	301/828	43	90	70	92
.3635375	1003/2759	34	62	59	89
.3635542	1207/3320	34	80	71	83
.3635595	1720/4731	40	57	43	83
.3635724	517/1422	47	79	55	90
.3635849	1927/5300	41	53	47	100
.3636045	1037/2852	34	62	61	92
.3636118	2686/7387	34	83	79	89
.3636207	2109/5800	37	58	57	100
.3636364*	4/11	30	55	60	90
.3636574	1575/4331	35	61	45	71
.3636687	1023/2813	33	58	62	97
.3636901	615/1691	41	57	45	89
.3636986	531/1460	45	73	59	100
.3637097	451/1240	41	62	55	100
.3637199	1584/4355	33	65	48	67
.3637288	1073/2950	37	59	58	100
.3637425	1870/5141	34	53	55	97
.3637619	2108/5795	34	61	62	95
.3637993	203/558	35	62	58	90
.3638060	195/536	30	67	65	80
.3638219	1961/5390	37	55	53	98
.3638333	2183/6000	37	60	59	100
.3638382	2294/6305	37	65	62	97
.3638462	473/1300	43	65	55	100
.3638596	1037/2850	34	57	61	100
.3638710	282/775	47	62	48	100
.3638803	1763/4845	41	57	43	85
.3638907	2211/6076	33	62	67	98
.3639021	2365/6499	43	67	55	97
.3639108	2170/5963	35	67	62	89
.3639216	464/1275	40	75	58	85
.3639344	111/305	37	61	45	75
.3639437	646/1775	34	71	57	75
.3639706*	99/272	45	80	55	85
.3639822	574/1577	41	83	70	95
.3639922	186/511	30	70	62	73

比值	分数	A	B	C	D
0.3640					
.3640145	2013/5530	33	70	61	79
.3640323	2257/6200	37	62	61	100
.3640400	328/901	40	53	41	85
.3640539	1189/3266	41	71	58	92
.3640653	1003/2755	34	58	59	95
.3640803	671/1843	33	57	61	97
.3640872	2790/7663	45	79	62	97
.3641270	1147/3150	37	70	62	90
.3641379	264/725	33	58	48	75
.3641609	2146/5893	37	71	58	83
.3641736	1972/5415	34	57	58	95
.3641766	429/1178	33	62	65	95
.3642016	1640/4503	40	57	41	79
.3642072	232/637	40	65	58	98
.3642330	444/1219	37	53	48	92
.3642500	1457/4000	47	80	62	100
.3642612	106/291	40	60	53	97
.3642757	259/711	37	79	70	90
.3643036	2035/5586	37	57	55	98
.3643077	592/1625	37	65	48	75
.3643439	2013/5525	33	65	61	85
.3643463	1073/2945	37	62	58	95
.3643601	595/1633	34	71	70	92
.3643750	583/1600	33	60	53	80
.3643797	1025/2813	41	58	50	97
.3643936	1881/5162	33	58	57	89
.3644068	43/118	40	59	43	80
.3644444	82/225	40	50	41	90
.3644578	121/332	33	60	55	83
.3644933	464/1273	40	67	58	95
0.3645					
.3645020	1914/5251	33	59	58	89
.3645066	495/1358	33	70	75	97
.3645224	187/513	34	57	55	90
.3645570	144/395	33	55	48	79
.3645702	1739/4770	37	53	47	90
.3645833*	35/96	35	80	75	90
.3645888	696/1909	48	83	58	92
.3646067	649/1780	33	60	59	89
.3646245	369/1012	41	55	45	92
.3646385	1720/4717	40	53	43	89
.3646552	423/1160	45	58	47	100
.3646739	671/1840	33	60	61	92
.3646757	1850/5073	37	57	50	89
.3646953	407/1116	37	62	55	90
.3647059	31/85	30	60	62	85

（续）

比值	分数	*A*	*B*	*C*	*D*	比值	分数	*A*	*B*	*C*	*D*
0.3645						0.3650					
.3647317	333/913	37	55	45	83	.3653251	118/323	30	57	59	85
.3647397	2795/7663	43	79	65	97	.3653358	2013/5510	33	58	61	95
.3647527	2109/5782	37	59	57	98	.3653571	1023/2800	33	70	62	80
.3647631	3149/8633	47	89	67	97	.3653745	1395/3818	45	83	62	92
.3647709	2046/5609	33	71	62	79	.3653750	2923/8000	37	80	79	100
.3647799	58/159	30	53	58	90	.3653916	1003/2745	34	61	59	90
.3647887	259/710	37	71	70	100	.3653960	1850/5063	37	61	50	83
.3647959	143/392	33	60	65	98	.3654066	319/873	55	90	58	97
.3648061	2013/5518	33	62	61	89	.3654168	1530/4187	34	53	45	79
.3648309	1305/3577	45	73	58	98	.3654422	1343/3675	34	75	79	98
.3648402	799/2190	34	60	47	73	.3654611	2021/5530	43	70	47	79
.3648611	2627/7200	37	80	71	90	.3654840	2050/5609	41	71	50	79
.3648684	2773/7600	47	80	59	95	.3654990	553/1513	35	85	79	89
.3648801	1947/5336	33	58	59	92	0.3655					
.3648881	212/581	40	70	53	83	.3655061	2257/6175	37	65	61	95
.3649123*	104/285	40	75	65	95	.3655172	53/145	30	58	53	75
.3649189	2923/8010	37	89	79	90	.3655272	2021/5529	43	57	47	97
.3649264	1363/3735	47	83	58	90	.3655422	1517/4150	37	50	41	83
.3649412	1551/4250	33	50	47	85	.3655556	329/900	35	50	47	90
.3649485	177/485	33	55	59	97	.3655665	1739/4757	37	67	47	71
.3649573	427/1170	35	65	61	90	.3655772	1935/5293	43	67	45	79
.3649718	323/885	34	59	57	90	.3656007	423/1157	45	65	47	89
.3649770	396/1085	33	62	48	70	.3656126	185/506	37	55	50	92
.3649886	319/874	33	57	58	92	.3656250*	117/320	45	80	65	100
0.3650						.3656250*	117/320	45	80	65	100
.3650000	73/200	35	70	73	100	.3656423	2701/7387	37	83	73	89
.3650312	2046/5605	33	59	62	95	.3656510	132/361	33	57	60	95
.3650423	2030/5561	35	67	58	83	.3656604	969/2650	34	53	57	100
.3650502	2183/5980	37	65	59	92	.3656838	1575/4307	35	59	45	73
.3650614	2585/7081	47	73	55	97	.3656876	1880/5141	40	53	47	97
.3650685	533/1460	41	73	65	100	.3657014	2109/5767	37	73	57	79
.3650943	387/1060	43	53	45	100	.3657277	779/2130	41	71	57	90
.3650976	318/871	30	65	53	67	.3657449	410/1121	41	59	50	95
.3651111	1643/4500	53	90	62	100	.3657471	1591/4350	37	58	43	75
.3651206	984/2695	41	55	48	98	.3657562	549/1501	45	79	61	95
.3651316	111/304	37	57	45	80	.3657675	2590/7081	37	73	70	97
.3651408	1037/2840	34	71	61	80	.3657754	342/935	30	55	57	85
.3651498	329/901	35	53	47	85	.3657904	2115/5782	45	59	47	98
.3651685	65/178	30	60	65	89	.3658019	1551/4240	33	53	47	80
.3651822	451/1235	41	65	55	95	.3658106	2279/6230	43	70	53	89
.3651852	493/1350	34	60	58	90	.3658209	2451/6700	43	67	57	100
.3652101	2173/5950	41	70	53	85	.3658326	424/1159	40	61	53	95
.3652751	385/1054	35	62	55	85	.3658435	1763/4819	41	61	43	79
.3652887	1025/2806	41	61	50	92	.3658462	1189/3250	41	65	58	100
.3652999	2655/7268	45	79	59	92	.3658627	986/2695	34	55	58	98
.3653120	1645/4503	35	57	47	79	.3658821	1881/5141	33	53	57	97

（续）

比值	分数	*A*	*B*	*C*	*D*
0.3655					
.3658947	869/2375	33	75	79	95
.3659024	2378/6499	41	67	58	97
.3659274	363/992	33	62	55	80
.3659379	318/869	30	55	53	79
.3659491	187/511	34	70	55	73
.3659794	71/194	35	70	71	97
0.3660					
.3660000	183/500	33	55	61	100
.3660131*	56/153	35	85	80	90
.3660151	2378/6497	41	73	58	89
.3660293	2795/7636	43	83	65	92
.3660578	481/1314	37	73	65	90
.3660714	41/112	41	70	50	80
.3660909	2183/5963	37	67	59	89
.3661044	2279/6225	43	75	53	83
.3661053	1739/4750	37	50	47	95
.3661232	2021/5520	43	60	47	92
.3661440	1938/5293	34	67	57	79
.3661538	119/325	34	65	70	100
.3661583	2257/6164	37	67	61	92
.3661680	1591/4345	37	55	43	79
.3661765	249/680	30	80	83	85
.3661856	888/2425	37	50	48	97
.3661972	26/71	30	71	65	75
.3662102	2380/6499	34	67	70	97
.3662235	1763/4814	41	58	43	83
.3662447	434/1185	35	75	62	79
.3662597	330/901	30	53	55	85
.3662728	341/931	33	57	62	98
.3662808	2405/6566	37	67	65	98
.3663096	1881/5135	33	65	57	79
.3663158	174/475	33	55	58	95
.3663594	159/434	30	62	53	70
.3663836	1855/5063	35	61	53	83
.3663927	2006/5475	34	73	59	75
.3664039	3021/8245	53	85	57	97
.3664068	517/1411	47	83	55	85
.3664224	550/1501	30	57	55	79
.3664350	369/1007	41	53	45	95
.3664650	424/1157	40	65	53	89
.3664717	188/513	40	57	47	90
.3664945	1632/4453	34	61	48	73
0.3665					
.3665008	221/603	34	67	65	90
.3665066	3053/8330	43	85	71	98
.3665187	578/1577	34	83	85	95

比值	分数	*A*	*B*	*C*	*D*
0.3665					
.3665465	2542/6935	41	73	62	95
.3665635	592/1615	37	57	48	85
.3665730	261/712	45	80	58	89
.3665899	1591/4340	37	62	43	70
.3666008	371/1012	35	55	53	92
.3666093	213/581	30	70	71	83
.3666240	2867/7820	47	85	61	92
.3666398	455/1241	35	73	65	85
.3666470	620/1691	30	57	62	89
.3666551	1060/2891	40	59	53	98
.3666667*	11/30	30	50	55	90
.3666758	2665/7268	41	79	65	92
.3667018	348/949	30	65	58	73
.3667416	816/2225	34	50	48	89
.3667511	2173/5925	41	75	53	79
.3667647	1247/3400	43	80	58	85
.3667836	2405/6557	37	79	65	83
.3667877	2021/5510	43	58	47	95
.3668134	1333/3634	43	79	62	92
.3668349	2544/6935	48	73	53	95
.3668385	427/1164	35	60	61	97
.3668630	2491/6790	47	70	53	97
.3668681	1032/2813	43	58	48	97
.3668776	1739/4740	37	60	47	79
.3668900	2409/6566	33	67	73	98
.3669154	295/804	25	60	59	67
.3669346	1598/4355	34	65	47	67
.3669355	91/248	35	62	65	100
.3669777	1927/5251	41	59	47	89
.3669889	1025/2793	41	57	50	98
0.3670					
.3670065	396/1079	33	65	60	83
.3670459	2065/5626	35	58	59	97
.3670862	1925/5244	35	57	55	92
.3671053	279/760	45	80	62	95
.3671208	1590/4331	30	61	53	71
.3671345	3139/8550	43	90	73	95
.3671467	2320/6319	40	71	58	89
.3671550	2030/5529	35	57	58	97
.3671727	387/1054	43	62	45	85
.3671831	2607/7100	33	71	79	100
.3671910	817/2225	43	75	57	89
.3672032	365/994	35	71	73	98
.3672072	2627/7154	37	73	71	98
.3672285	1961/5340	37	60	53	89
.3672360	473/1288	43	70	55	92

（续）

比值	分数	*A*	*B*	*C*	*D*
0.3670					
.3672469	2173/5917	41	61	53	97
.3672593	2479/6750	37	75	67	90
.3672844	2279/6205	43	73	53	85
.3672917	1763/4800	41	60	43	80
.3672961	1770/4819	30	61	59	79
.3673389	2805/7636	33	83	85	92
.3673469	18/49	33	55	60	98
.3673585	1947/5300	33	53	59	100
.3673711	1860/5063	30	61	62	83
.3673835	205/558	41	62	50	90
.3673936	2409/6557	33	79	73	83
.3674194	1139/3100	34	62	67	100
.3674280	370/1007	37	53	50	95
.3674545	2021/5500	43	55	47	100
.3674676	1927/5244	41	57	47	92
.3674759	1105/3007	34	62	65	97
0.3675					
.3675037	1961/5336	37	58	53	92
.3675214	43/117	43	65	50	90
.3675315	2479/6745	37	71	67	95
.3675387	1995/5428	35	59	57	92
.3675726	1961/5335	37	55	53	97
.3675756	1739/4731	37	57	47	83
.3676056	261/710	45	71	58	100
.3676422	2211/6014	33	62	67	97
.3676515	1207/3283	34	67	71	98
.3676575	2585/7031	47	79	55	89
.3676687	1749/4757	33	67	53	71
.3676776	885/2407	30	58	59	83
.3677037	1241/3375	34	75	73	90
.3677419	57/155	30	62	57	75
.3677536	203/552	35	60	58	92
.3677551	901/2450	34	50	53	98
.3677734	1584/4307	33	59	48	73
.3677791	1598/4345	34	55	47	79
.3677869	580/1577	30	57	58	83
.3677966	217/590	35	59	62	100
.3678179	2343/6370	33	65	71	98
.3678313	3053/8300	43	83	71	100
.3678443	1947/5293	33	67	59	79
.3678745	1665/4526	37	62	45	73
.3678824	3127/8500	53	85	59	100
.3678869	1015/2759	35	62	58	89
.3678963	369/1003	41	59	45	85
.3679144	344/935	40	55	43	85
.3679194	2046/5561	33	67	62	83
0.3675					
.3679452	1343/3650	34	73	79	100
.3679615	2065/5612	35	61	59	92
.3679804	1802/4897	34	59	53	83
.3679928	407/1106	37	70	55	79
0.3680					
.3680106	2784/7565	48	85	58	89
.3680593	2035/5529	37	57	55	97
.3680672	219/595	30	70	73	85
.3680769	957/2600	33	65	58	80
.3681034	427/1160	35	58	61	100
.3681068	2343/6365	33	67	71	95
.3681239	2021/5490	43	61	47	90
.3681307	1802/4895	34	55	53	89
.3681404	2623/7125	43	75	61	95
.3681542	363/986	33	58	55	85
.3681592	74/201	37	67	50	75
.3681683	2607/7081	33	73	79	97
.3681874	2405/6532	37	71	65	92
.3682028	799/2170	34	62	47	70
.3682105	1749/4750	33	50	53	95
.3682183	1147/3115	37	70	62	89
.3682335	2170/5893	35	71	62	83
.3682426	2064/5605	43	59	48	95
.3682540	116/315	40	70	58	90
.3682629	1961/5325	37	71	53	75
.3682910	1640/4453	40	61	41	73
.3683041	3149/8550	47	90	67	95
.3683051	2173/5900	41	59	53	100
.3683333	221/600	34	60	65	100
.3683383	2108/5723	34	59	62	97
.3683687	2590/7031	37	79	70	89
.3683752	2537/6887	43	71	59	97
.3683989	2623/7120	43	80	61	89
.3684111	1950/5293	30	67	65	79
.3684211	7/19	35	57	45	75
.3684322	1739/4720	37	59	47	80
.3684388	2183/5925	37	75	59	79
.3684810	2911/7900	41	79	71	100
0.3685					
.3685021	957/2597	33	53	58	98
.3685130	2109/5723	37	59	57	97
.3685229	2475/6716	33	73	75	92
.3685345	171/464	30	58	57	80
.3685393	164/445	40	50	41	89
.3685567	143/388	33	60	65	97
.3685714	129/350	43	70	45	75

（续）

比值	分数	A	B	C	D
0.3685					
.3685778	495/1343	33	79	75	85
.3685920	2610/7081	45	73	58	97
.3685985	1749/4745	33	65	53	73
.3686182	1870/5073	34	57	55	89
.3686275	94/255	40	60	47	85
.3686441	87/236	30	59	58	80
.3686456	1037/2813	34	58	61	97
.3686594	407/1104	37	60	55	92
.3686747	153/415	34	50	45	83
.3686957	212/575	48	75	53	92
.3687198	3053/8280	43	90	71	92
.3687285	1073/2910	37	60	58	97
.3687426	2173/5893	41	71	53	83
.3687500	59/160	30	60	59	80
.3687739	385/1044	35	58	55	90
.3687930	2035/5518	37	62	55	89
.3688038	1927/5225	41	55	47	95
.3688136	544/1475	34	59	48	75
.3688156	246/667	41	58	48	92
.3688525	45/122	35	61	45	70
.3688608	1457/3950	47	79	62	100
.3688785	1740/4717	30	53	58	89
.3688933	370/1003	37	59	50	85
.3689069	2278/6175	34	65	67	95
.3689240	888/2407	37	58	48	83
.3689304	2173/5890	41	62	53	95
.3689370	2183/5917	37	61	59	97
.3689516	183/496	30	62	61	80
.3689607	2627/7120	37	80	71	89
.3689679	1598/4331	34	61	47	71
.3689931	645/1748	43	57	45	92
0.3690					
.3690000	369/1000	41	50	45	100
.3690195	1720/4661	40	59	43	79
.3690267	2726/7387	47	83	58	89
.3690370	2491/6750	47	75	53	90
.3690476	31/84	35	60	62	98
.3690579	427/1157	35	65	61	89
.3690726	1938/5251	34	59	57	89
.3690785	2275/6164	35	67	65	92
.3690909	203/550	35	55	58	100
.3691012	2542/6887	41	71	62	97
.3691185	2479/6716	37	73	67	92
.3691324	2021/5475	43	73	47	75
.3691418	1914/5185	33	61	58	85
.3691542	371/1005	35	67	53	75
.3691571	1927/5220	41	58	47	90
.3691665	1590/4307	30	59	53	73
.3691820	2911/7885	41	83	71	95
.3691910	429/1162	33	70	65	83
.3692066	470/1273	47	67	50	95
.3692308*	24/65	30	65	60	75
.3692391	3397/9200	43	92	79	100
.3692494	305/826	35	59	61	98
.3692623	901/2440	34	61	53	80
.3692842	1914/5183	33	71	58	73
.3692857	517/1400	33	60	47	70
.3693032	1961/5310	37	59	53	90
.3693106	2491/6745	47	71	53	95
.3693285	407/1102	37	58	55	95
.3693428	2130/5767	30	73	71	79
.3693462	1870/5063	34	61	55	83
.3693632	1073/2905	37	70	58	83
.3693916	2544/6887	48	71	53	97
.3693987	1591/4307	37	59	43	73
.3694139	1645/4453	35	61	47	73
.3694158	215/582	43	60	50	97
.3694444	133/360	35	60	57	90
.3694497	1947/5270	33	62	59	85
.3694588	2867/7760	47	80	61	97
.3694815	1247/3375	43	75	58	90
.3694870	2773/7505	47	79	59	95
.3694952	344/931	43	57	48	98
0.3695					
.3695123	3190/8633	55	89	58	97
.3695252	2607/7055	33	83	79	85
.3695614	2115/5723	45	59	47	97
.3695681	2832/7663	48	79	59	97
.3695775	656/1775	41	71	48	75
.3695893	333/901	37	53	45	85
.3696017	1763/4770	41	53	43	90
.3696203	146/395	30	75	73	79
.3696345	1972/5335	34	55	58	97
.3696410	1802/4875	34	65	53	75
.3696629	329/890	35	50	47	89
.3696742	295/798	35	57	59	98
.3696893	583/1577	33	57	53	83
.3697019	2294/6205	37	73	62	85
.3697183	105/284	35	60	45	71
.3697324	2211/5980	33	65	67	92
.3697405	2109/5704	37	62	57	92
.3697479*	44/119	40	70	55	85

（续）

比值	分数	*A*	*B*	*C*	*D*
0.3695					
.3697632	203/549	35	61	58	90
.3697785	2337/6320	41	79	57	80
.3697868	399/1079	35	65	57	83
.3698246	527/1425	34	57	62	100
.3698276	429/1160	33	58	65	100
.3698361	564/1525	47	61	48	100
.3698454	287/776	41	80	70	97
.3698561	2211/5978	33	61	67	98
.3698903	371/1003	35	59	53	85
.3699085	3233/8740	53	92	61	95
.3699504	522/1411	45	83	58	85
.3699819	1023/2765	33	70	62	79
0.3700					
.3700000	37/100	37	50	45	90
.3700119	2485/6716	35	73	71	92
.3700190	195/527	30	62	65	85
.3700268	2074/5605	34	59	61	95
.3700488	682/1843	33	57	62	97
.3700569	2405/6499	37	67	65	97
.3700717	413/1116	35	62	59	90
.3700915	3195/8633	45	89	71	97
.3701095	473/1278	43	71	55	90
.3701198	3337/9016	47	92	71	98
.3701299	57/154	35	55	57	98
.3701389	533/1440	41	80	65	90
.3701467	429/1159	33	61	65	95
.3701708	2405/6497	37	73	65	89
.3701923*	77/208	35	65	55	80
.3701961	472/1275	40	75	59	85
.3702098	2135/5767	35	73	61	79
.3702532	117/316	45	79	65	100
.3702554	1551/4189	33	59	47	71
.3702778	1333/3600	43	80	62	90
.3702899	511/1380	35	75	73	92
.3703192	2146/5795	37	61	58	95
.3703349	387/1045	43	55	45	95
.3703416	477/1288	45	70	53	92
.3703571	1037/2800	34	70	61	80
.3703804	1363/3680	47	80	58	92
.3704082	363/980	33	50	55	98
.3704221	1325/3577	50	73	53	98
.3704323	1551/4187	33	53	47	79
.3704351	2120/5723	40	59	53	97
.3704524	2006/5415	34	57	59	95
.3704706	3149/8500	47	85	67	100
.3704819	123/332	41	60	45	83
.3704867	236/637	40	65	59	98

比值	分数	*A*	*B*	*C*	*D*
0.3705					
.3705185	2501/6750	41	75	61	90
.3705263	176/475	33	57	48	75
.3705367	1650/4453	30	61	55	73
.3705508	1749/4720	33	59	53	80
.3705594	1815/4898	33	62	55	79
.3705769	1927/5200	41	65	47	80
.3705882*	63/170	35	50	45	85
.3706117	1763/4757	41	67	43	71
.3706199	275/742	35	53	55	98
.3706282	2183/5890	37	62	59	95
.3706351	1815/4897	33	59	55	83
.3706522	341/920	33	60	62	92
.3706582	2337/6305	41	65	57	97
.3706740	407/1098	37	61	55	90
.3706897	43/116	40	58	43	80
.3707039	2923/7885	37	83	79	95
.3707052	205/553	41	70	50	79
.3707278	2343/6320	33	79	71	80
.3707406	816/2201	34	62	48	71
.3707723	2050/5529	41	57	50	97
.3707777	472/1273	40	67	59	95
.3707865	33/89	30	50	55	89
.3708116	498/1343	30	79	83	85
.3708548	2013/5428	33	59	61	92
.3708571	649/1750	33	70	59	75
.3708656	527/1421	34	58	62	98
.3708844	1363/3675	47	75	58	98
.3708873	372/1003	30	59	62	85
.3708955	497/1340	35	67	71	100
.3709091	102/275	34	55	48	80
.3709402	217/585	35	65	62	90
.3709524	779/2100	41	70	57	90
.3709602	792/2135	33	61	48	70
.3709789	2145/5782	33	59	65	98
.3709934	1632/4399	34	53	48	83
0.3710					
.3710000	371/1000	35	50	53	100
.3710050	1927/5194	41	53	47	98
.3710239	1598/4307	34	59	47	73
.3710415	2109/5684	37	58	57	98
.3710526	141/380	45	57	47	100
.3710645	495/1334	33	58	60	92
.3710843	154/415	33	75	70	83
.3710898	1815/4891	33	67	55	73
.3711030	2345/6319	35	71	67	89
.3711211	2655/7154	45	73	59	98

（续）

比值	分数	*A*	*B*	*C*	*D*
0.3710					
.3711340	36/97	33	55	60	97
.3711519	1073/2891	37	59	58	98
.3711579	1763/4750	41	50	43	95
.3711968	183/493	30	58	61	85
.3712132	2610/7031	45	79	58	89
.3712182	2773/7470	47	83	59	90
.3712274	369/994	41	70	45	71
.3712644	323/870	34	58	57	90
.3712716	473/1274	43	65	55	98
.3712815	649/1748	33	57	59	92
.3712854	1037/2793	34	57	61	98
.3712969	564/1519	47	62	48	98
.3713208	492/1325	41	53	48	100
.3713361	2065/5561	35	67	59	83
.3713520	1247/3358	43	73	58	92
.3713598	3239/8722	41	89	79	98
.3713748	986/2655	34	59	58	90
.3713768	205/552	41	60	50	92
.3713858	2479/6675	37	75	67	89
.3714002	374/1007	34	53	55	95
.3714065	1925/5183	35	71	55	73
.3714286*	13/35	30	70	65	75
.3714418	2414/6499	34	67	71	97
.3714530	2173/5850	41	65	53	90
.3714623	315/848	35	53	45	80
.3714815	1003/2700	34	60	59	90
.3714859	185/498	37	60	50	83
.3714980	2294/6175	37	65	62	95
0.3715					
.3715114	1025/2759	41	62	50	89
.3715189	1881/5063	33	61	57	83
.3715415	94/253	40	55	47	92
.3715464	901/2425	34	50	53	97
.3715632	473/1273	43	67	55	95
.3715753	217/584	35	73	62	80
.3715966	2211/5950	33	70	67	85
.3716098	2343/6305	33	65	71	97
.3716274	2190/5893	30	71	73	83
.3716490	1927/5185	41	61	47	85
.3716690	265/713	40	62	53	92
.3716846	1037/2790	34	62	61	90
.3716895	407/1095	37	73	55	75
.3717068	649/1746	55	90	59	97
.3717391	171/460	33	55	57	92
.3717452	671/1805	33	57	61	95
.3717647	158/425	30	75	79	85

比值	分数	*A*	*B*	*C*	*D*
0.3715					
.3717910	2491/6700	47	67	53	100
.3718118	1968/5293	41	67	48	79
.3718310	132/355	33	60	48	71
.3718437	1075/2891	43	59	50	98
.3718695	2747/7387	41	83	67	89
.3718943	2350/6319	47	71	50	89
.3719048	781/2100	33	70	71	90
.3719298	106/285	30	57	53	75
.3719409	1763/4740	41	60	43	79
.3719692	629/1691	37	89	85	95
.3719786	1739/4675	37	55	47	85
.3719887	1575/4234	35	58	45	73
0.3720					
.3720000	93/250	33	55	62	100
.3720050	295/793	25	61	59	65
.3720508	205/551	41	58	50	95
.3720755	493/1325	34	53	58	100
.3720890	2173/5840	41	73	53	80
.3720971	2115/5684	45	58	47	98
.3721063	1961/5270	37	62	53	85
.3721154	387/1040	43	65	45	80
.3721261	2881/7742	43	79	67	98
.3721393	374/1005	34	67	55	75
.3721538	2419/6500	41	65	59	100
.3721637	1591/4275	37	57	43	75
.3721707	1003/2695	34	55	59	98
.3721805*	99/266	45	70	55	95
.3721925	348/935	30	55	58	85
.3722015	399/1072	35	67	57	80
.3722111	2419/6499	41	67	59	97
.3722222	67/180	35	70	67	90
.3722313	1815/4876	33	53	55	92
.3722388	1247/3350	43	67	58	100
.3722506	2911/7820	41	85	71	92
.3722601	2021/5429	43	61	47	89
.3722804	462/1241	33	73	70	85
.3723011	1914/5141	33	53	58	97
.3723077	121/325	33	65	55	75
.3723270	296/795	37	53	48	90
.3723387	2256/6059	47	73	48	83
.3723592	423/1136	45	71	47	80
.3723653	159/427	30	61	53	70
.3723917	232/623	40	70	58	89
.3724184	559/1501	43	79	65	95
.3724408	2565/6887	45	71	57	97
.3724490	73/196	35	70	73	98

（续）

比值	分数	*A*	*B*	*C*	*D*
0.3720					
.3724570	238/639	34	71	70	90
.3724682	3071/8245	37	85	83	97
.3724900	371/996	35	60	53	83
0.3725					
.3725037	2257/6059	37	73	61	83
.3725189	2665/7154	41	73	65	98
.3725452	1935/5194	43	53	45	98
.3725579	820/2201	40	62	41	71
.3725672	402/1079	30	65	67	83
.3725806	231/620	33	62	70	100
.3726027	136/365	34	60	48	73
.3726316	177/475	33	55	59	95
.3726485	1763/4731	41	57	43	83
.3726587	1333/3577	43	73	62	98
.3726667	559/1500	43	75	65	100
.3726776	341/915	33	61	62	90
.3726923	969/2600	34	65	57	80
.3726977	344/923	40	65	43	71
.3727059	792/2125	33	50	48	85
.3727201	470/1261	47	65	50	97
.3727273	41/110	40	55	41	80
.3727361	1914/5135	33	65	58	79
.3727469	517/1387	33	57	47	73
.3727621	583/1564	53	85	55	92
.3727778	671/1800	33	60	61	90
.3728120	1640/4399	40	53	41	83
.3728316	2923/7840	37	80	79	98
.3728522	217/582	35	60	62	97
.3728571	261/700	45	70	58	100
.3728814	22/59	30	59	55	75
.3728933	531/1424	45	80	59	89
.3729175	1925/5162	35	58	55	89
.3729348	3431/9200	47	92	73	100
.3729508	91/244	35	61	65	100
.3729620	549/1472	45	80	61	92
.3729768	530/1421	40	58	53	98
.3729885	649/1740	33	58	59	90
.3729958	442/1185	34	75	65	79
0.3730					
.3730242	354/949	30	65	59	73
.3730337	166/445	34	85	83	89
.3730561	2135/5723	35	59	61	97
.3730882	2537/6800	43	80	59	85
.3730994	319/855	33	57	58	90
.3731070	3055/8188	47	89	65	92
.3731228	969/2597	34	53	57	98
0.3730					
.3731624	2183/5850	37	65	59	90
.3731835	2491/6675	47	75	53	89
.3731919	387/1037	43	61	45	85
.3731995	855/2291	30	58	57	79
.3732225	2021/5415	43	57	47	95
.3732331	1241/3325	34	70	73	95
.3732394	53/142	30	60	53	71
.3732836	2501/6700	41	67	61	100
.3732866	2451/6566	43	67	57	98
.3733044	688/1843	43	57	48	97
.3733104	1740/4661	30	59	58	79
.3733333*	28/75	35	75	80	100
.3733445	1776/4757	37	67	48	71
.3733677	2173/5820	41	60	53	97
.3733863	376/1007	40	53	47	95
.3734062	205/549	41	61	50	90
.3734177	59/158	30	60	59	79
.3734345	984/2635	41	62	48	85
.3734426	1139/3050	34	61	67	100
.3734527	1961/5251	37	59	53	89
.3734694	183/490	33	55	61	98
.3734768	2360/6319	40	71	59	89
.3734853	2065/5529	35	57	59	97
0.3735					
.3735001	2210/5917	34	61	65	97
.3735169	1763/4720	41	59	43	80
.3735747	2064/5525	43	65	48	85
.3735849	99/265	33	53	48	80
.3735955	133/356	35	60	57	89
.3736066	2279/6100	43	61	53	100
.3736219	915/2449	30	62	61	79
.3736264	34/91	34	65	70	98
.3736377	2537/6790	43	70	59	97
.3736537	451/1207	41	71	55	85
.3736579	2993/8010	41	89	73	90
.3736691	2211/5917	33	61	67	97
.3736842	71/190	35	70	71	95
.3736938	1645/4402	35	62	47	71
.3736982	1830/4897	30	59	61	83
.3737349	1551/4150	33	50	47	83
.3737374	37/99	37	55	50	90
.3737545	1763/4717	41	53	43	89
.3737557	413/1105	35	65	59	85
.3737705	114/305	30	61	57	75
.3737852	2923/7820	37	85	79	92
.3738012	1598/4275	34	57	47	75

（续）

比值	分数	A	B	C	D
0.3735					
.3738194	2256/6035	47	71	48	85
.3738636	329/880	35	55	47	80
.3738666	3010/8051	43	83	70	97
.3738756	1995/5336	35	58	57	92
.3738947	888/2375	37	50	48	95
.3739130	43/115	40	50	43	92
.3739178	2030/5429	35	61	58	89
.3739365	1802/4819	34	61	53	79
.3739486	1645/4399	35	53	47	83
.3739635	451/1206	41	67	55	90
.3739743	3555/9506	45	97	79	98
.3739785	1739/4650	37	62	47	75
.3739867	1015/2714	35	59	58	92
0.3740					
.3740000	187/500	34	50	55	100
.3740123	426/1139	30	67	71	85
.3740351	533/1425	41	75	65	95
.3740486	1032/2759	43	62	48	89
.3740683	2409/6440	33	70	73	92
.3740770	1925/5146	35	62	55	83
.3740942	413/1104	35	60	59	92
.3741143	792/2117	33	58	48	73
.3741176	159/425	30	50	53	85
.3741281	590/1577	30	57	59	83
.3741379	217/580	35	58	62	100
.3741573	333/890	37	50	45	89
.3741754	2666/7125	43	75	62	95
.3741935	58/155	30	62	58	75
.3742089	473/1264	43	79	55	80
.3742268	363/970	33	50	55	97
.3742394	369/986	41	58	45	85
.3742537	1003/2680	34	67	59	80
.3742593	2021/5400	43	60	47	90
.3742690*	64/171	40	90	80	95
.3742887	1776/4745	37	65	48	73
.3742987	2135/5704	35	62	61	92
.3743061	472/1261	40	65	59	97
.3743249	901/2407	34	58	53	83
.3743284	627/1675	33	67	57	75
.3743529	1591/4250	37	50	43	85
.3743557	581/1552	35	80	83	97
.3743741	1271/3395	41	70	62	97
.3744113	477/1274	45	65	53	98
.3744240	325/868	35	62	65	98
.3744292	82/219	40	60	41	73
.3744408	1925/5141	35	53	55	97
0.3740					
.3744607	434/1159	35	61	62	95
.3744656	1927/5146	41	62	47	83
.3744758	2679/7154	47	73	57	98
.3744876	3015/8051	45	83	67	97
0.3745					
.3745269	2870/7663	41	79	70	97
.3745614	427/1140	35	57	61	100
.3745763	221/590	34	59	65	100
.3745893	342/913	30	55	57	83
.3746032	118/315	40	70	59	90
.3746130	121/323	33	57	55	85
.3746377	517/1380	47	75	55	92
.3746479	133/355	35	71	57	75
.3746552	2173/5800	41	58	53	100
.3746686	1272/3395	48	70	53	97
.3746835	148/395	37	60	48	79
.3746889	1054/2813	34	58	62	97
.3747054	477/1273	45	67	53	95
.3747417	1632/4355	34	65	48	67
.3747475	371/990	35	55	53	90
.3747567	1155/3082	33	67	70	92
.3747731	413/1102	35	58	59	95
.3747845	1739/4640	37	58	47	80
.3747858	1968/5251	41	59	48	89
.3748034	2145/5723	33	59	65	97
.3748242	533/1422	41	79	65	90
.3748298	1927/5141	41	53	47	97
.3748388	2035/5429	37	61	55	89
.3748547	1935/5162	43	58	45	89
.3748556	1947/5194	33	53	59	98
.3748667	2109/5626	37	58	57	97
.3748846	406/1083	35	57	58	95
.3748903	427/1139	35	67	61	85
.3749079	2035/5428	37	59	55	92
.3749177	1139/3038	34	62	67	98
.3749438	3337/8900	47	89	71	100
.3749536	2021/5390	43	55	47	98
.3749584	2255/6014	41	62	55	97
.3749782	2146/5723	37	59	58	97
0.3750					
.3750000*	3/8	35	60	45	70
.3750212	2210/5893	34	71	65	83
.3750376	1247/3325	43	70	58	95
.3750452	1037/2765	34	70	61	79
.3750611	3071/8188	37	89	83	92
.3750748	1881/5015	33	59	57	85

（续）

比值	分数	A	B	C	D
0.3750					
.3750823	2279/6076	43	62	53	98
.3750852	1650/4399	30	53	55	83
.3750991	473/1261	43	65	55	97
.3751130	2074/5529	34	57	61	97
.3751174	799/2130	34	60	47	71
.3751289	2911/7760	41	80	71	97
.3751389	2701/7200	37	80	73	90
.3751506	2491/6640	47	80	53	83
.3751634	287/765	41	85	70	90
.3751724	272/725	34	58	48	75
.3751909	2211/5893	33	71	67	83
.3752122	221/589	34	62	65	95
.3752296	2451/6532	43	71	57	92
.3752358	1591/4240	37	53	43	80
.3752535	185/493	37	58	50	85
.3752727	516/1375	43	55	48	100
.3752860	164/437	41	57	48	92
.3753027	155/413	35	59	62	98
.3753110	1961/5225	37	55	53	95
.3753449	2585/6887	47	71	55	97
.3753521	533/1420	41	71	65	100
.3753623	259/690	37	75	70	92
.3753819	860/2291	40	58	43	79
.3753892	2773/7387	47	83	59	89
.3753963	592/1577	37	57	48	83
.3754167	901/2400	34	60	53	80
.3754275	1537/4094	53	89	58	92
.3754359	969/2581	34	58	57	89
.3754545	413/1100	35	55	59	100
.3754584	2867/7636	47	83	61	92
.3754745	2275/6059	35	73	65	83
.3754930	1333/3550	43	71	62	100
0.3755					
.3755020	187/498	34	60	55	83
.3755063	1947/5185	33	61	59	85
.3755155	1457/3880	47	80	62	97
.3755314	795/2117	30	58	53	73
.3755475	1972/5251	34	59	58	89
.3755597	2013/5360	33	67	61	80
.3755708	329/876	35	60	47	73
.3755840	3055/8134	47	83	65	98
.3756041	1632/4345	34	55	48	79
.3756158	305/812	35	58	61	98
.3756335	1927/5130	41	57	47	90
.3756443	583/1552	53	80	55	97
.3756512	1947/5183	33	71	59	73
0.3755					
.3756554	1003/2670	34	60	59	89
.3756705	1961/5220	37	58	53	90
.3756771	2150/5723	43	59	50	97
.3757062	133/354	35	59	57	90
.3757246	1037/2760	34	60	61	92
.3757315	2183/5810	37	70	59	83
.3757353	511/1360	35	80	73	85
.3757676	1591/4234	37	58	43	73
.3757803	301/801	43	89	70	90
.3758019	2109/5612	37	61	57	92
.3758079	407/1083	37	57	55	95
.3758215	2173/5782	41	59	53	98
.3758333	451/1200	41	60	55	100
.3758503	221/588	34	60	65	98
.3758608	1037/2759	34	62	61	89
.3758803	427/1136	35	71	61	80
.3759062	1763/4690	41	67	43	70
.3759193	2607/6935	33	73	79	95
.3759332	2115/5626	45	58	47	97
.3759370	1003/2668	34	58	59	92
.3759563	344/915	40	61	43	75
.3759696	2278/6059	34	73	67	83
.3759847	1575/4189	35	59	45	71
0.3760					
.3760000	47/125	34	50	47	85
.3760075	2006/5335	34	55	59	97
.3760204	737/1960	33	60	67	98
.3760274	549/1460	45	73	61	100
.3760369	408/1085	34	62	48	70
.3760488	493/1311	34	57	58	92
.3760684*	44/117	40	65	55	90
.3760849	390/1037	30	61	65	85
.3760928	2108/5605	34	59	62	95
.3761290	583/1550	33	62	53	75
.3761384	413/1098	35	61	59	90
.3761643	1575/4187	35	53	45	79
.3761667	2257/6000	37	60	61	100
.3761905	79/210	35	75	79	98
.3762000	1881/5000	33	50	57	100
.3762272	1073/2852	37	62	58	92
.3762500	301/800	43	80	70	100
.3762575	187/497	34	70	55	71
.3762677	371/986	35	58	53	85
.3762788	2170/5767	35	73	62	79
.3762887	73/194	35	70	73	97
.3763014	2747/7300	41	73	67	100

（续）

比值	分数	A	B	C	D
0.3760					
.3763158	143/380	33	57	65	100
.3763254	2378/6319	41	71	58	89
.3763518	522/1387	45	73	58	95
.3763593	2665/7081	41	73	65	97
.3763693	481/1278	37	71	65	90
.3763793	2183/5800	37	58	59	100
.3763859	1935/5141	43	53	45	97
.3764045	67/178	35	70	67	89
.3764065	1037/2755	34	58	61	95
.3764151	399/1060	35	53	57	100
.3764286	527/1400	34	70	62	80
.3764706*	32/85	30	75	80	85
.3764912	1073/2850	37	57	58	100
0.3765					
.3765005	2666/7081	43	73	62	97
.3765105	1776/4717	37	53	48	89
.3765177	2915/7742	53	79	55	98
.3765306	369/980	41	50	45	98
.3765786	328/871	40	65	41	67
.3765926	1271/3375	41	75	62	90
.3766032	969/2573	34	62	57	83
.3766071	2109/5600	37	70	57	80
.3766234	29/77	35	55	58	98
.3766342	1815/4819	33	61	55	79
.3766419	2380/6319	34	71	70	89
.3766507	1968/5225	41	55	48	95
.3766566	2501/6640	41	80	61	83
.3766844	1845/4898	41	62	45	79
.3767041	2183/5795	37	61	59	95
.3767123	55/146	30	60	55	73
.3767470	3127/8300	53	83	59	100
.3767613	1845/4897	41	59	45	83
.3767663	2773/7360	47	80	59	92
.3767798	344/913	40	55	43	83
.3767932	893/2370	47	79	57	90
.3767990	2173/5767	41	73	53	79
.3768147	1739/4615	37	65	47	71
.3768219	1060/2813	40	58	53	97
.3768257	387/1027	43	65	45	79
.3768519	407/1080	37	60	55	90
.3768650	2046/5429	33	61	62	89
.3768710	2115/5612	45	61	47	92
.3768750	603/1600	45	80	67	100
.3768868	799/2120	34	53	47	80
.3769023	2650/7031	50	79	53	89
.3769129	1995/5293	35	67	57	79
0.3765					
.3769231*	49/130	35	65	70	100
.3769344	1023/2714	33	59	62	92
.3769397	1749/4640	33	58	53	80
.3769695	1938/5141	34	53	57	97
.3769761	2623/6958	43	71	61	98
.3769863	688/1825	43	73	48	75
.3769953	803/2130	33	71	73	90
0.3770					
.3770115	164/435	40	58	41	75
.3770161	187/496	34	62	55	80
.3770253	1815/4814	33	58	55	83
.3770522	2021/5360	43	67	47	80
.3770710	1980/5251	33	59	60	89
.3770769	2451/6500	43	65	57	100
.3770909	1037/2750	34	55	61	100
.3771037	1927/5110	41	70	47	73
.3771123	1763/4675	41	55	43	85
.3771154	1961/5200	37	65	53	80
.3771349	2451/6499	43	67	57	97
.3771429	66/175	33	60	48	70
.3771536	1007/2670	53	89	57	90
.3771610	2378/6305	41	65	58	97
.3771683	2544/6745	48	71	53	95
.3771794	1947/5162	33	58	59	89
.3771930	43/114	40	57	43	80
.3772011	407/1079	37	65	55	83
.3772071	235/623	47	70	50	89
.3772165	2255/5978	41	61	55	98
.3772368	2867/7600	47	80	61	95
.3772489	2013/5336	33	58	61	92
.3772575	564/1495	47	65	48	92
.3772819	186/493	30	58	62	85
.3772915	638/1691	33	57	58	89
.3772987	595/1577	35	83	85	95
.3773196	183/485	33	55	61	97
.3773417	423/1121	45	59	47	95
.3773484	2832/7505	48	79	59	95
.3773552	2183/5785	37	65	59	89
.3773720	1054/2793	34	57	62	98
.3773751	2145/5684	33	58	65	98
.3773987	177/469	30	67	59	70
.3774099	1938/5135	34	65	57	79
.3774163	1972/5225	34	55	58	95
.3774331	2385/6319	45	71	53	89
.3774444	3397/9000	43	90	79	100
.3774510*	77/204	35	60	55	85

（续）

比值	分数	*A*	*B*	*C*	*D*
0.3770					
.3774603	1189/3150	41	70	58	90
.3774782	476/1261	34	65	70	97
0.3775					
.3775100	94/249	40	60	47	83
.3775241	430/1139	43	67	50	85
.3775744	165/437	33	57	60	92
.3775945	2747/7275	41	75	67	97
.3776018	2050/5429	41	61	50	89
.3776134	2655/7031	45	79	59	89
.3776250	3021/8000	53	80	57	100
.3776305	2279/6035	43	71	53	85
.3776408	429/1136	33	71	65	80
.3776570	3127/8280	53	90	59	92
.3776713	1025/2714	41	59	50	92
.3776786	423/1120	45	70	47	80
.3776905	2790/7387	45	83	62	89
.3777090	122/323	30	57	61	85
.3777268	329/871	35	65	47	67
.3777546	2537/6716	43	73	59	92
.3777619	530/1403	40	61	53	92
.3777823	1850/4897	37	59	50	83
.3778109	2537/6715	43	79	59	85
.3778171	855/2263	30	62	57	73
.3778261	869/2300	33	75	79	92
.3778393	682/1805	33	57	62	95
.3778476	481/1273	37	67	65	95
.3778802	82/217	40	62	41	70
.3778880	2666/7055	43	83	62	85
.3779210	469/1241	35	73	67	85
.3779367	370/979	37	55	50	89
.3779487	737/1950	33	65	67	90
.3779570	703/1860	37	62	57	90
0.3780					
.3780079	1241/3283	34	67	73	98
.3780220	172/455	40	65	43	70
.3780282	671/1775	33	71	61	75
.3780435	1739/4600	37	50	47	92
.3780738	369/976	41	61	45	80
.3780805	3053/8075	43	85	71	95
.3781250	121/320	33	60	55	80
.3781332	1584/4189	33	59	48	71
.3781609	329/870	35	58	47	75
.3781654	2255/5963	41	67	55	89
.3781790	2409/6370	33	65	73	98
.3781928	3139/8300	43	83	73	100
.3782064	1961/5185	37	61	53	85

比值	分数	*A*	*B*	*C*	*D*
0.3780					
.3782337	424/1121	40	59	53	95
.3782372	1665/4402	37	62	45	71
.3782548	1075/2842	43	58	50	98
.3782609	87/230	33	55	58	92
.3782712	477/1261	45	65	53	97
.3782840	2275/6014	35	62	65	97
.3783138	1584/4187	33	53	48	79
.3783331	2256/5963	47	67	48	89
.3783364	2679/7081	47	73	57	97
.3783521	1947/5146	33	62	59	83
.3783674	2795/7387	43	83	65	89
.3783839	1845/4876	41	53	45	92
.3784091	333/880	37	55	45	80
.3784247	221/584	34	73	65	80
.3784644	2021/5340	43	60	47	89
.3784708	1881/4970	33	70	57	71
.3784760	2409/6365	33	67	73	95
.3784906	1003/2650	34	53	59	100
.3784951	1665/4399	37	53	45	83
0.3785					
.3785148	525/1387	35	57	45	73
.3785211	215/568	43	71	50	80
.3785330	2183/5767	37	73	59	79
.3785393	2607/6887	33	71	79	97
.3785579	399/1054	35	62	57	85
.3785714	53/140	35	50	53	98
.3785780	410/1083	41	57	50	95
.3785961	329/869	35	55	47	79
.3786096	354/935	30	55	59	85
.3786251	705/1862	45	57	47	98
.3786567	2537/6700	43	67	59	100
.3786654	1640/4331	40	61	41	71
.3786780	888/2345	37	67	48	70
.3787201	1947/5141	33	53	59	97
.3787260	1855/4898	35	62	53	79
.3787481	2021/5336	43	58	47	92
.3787671	553/1460	35	73	79	100
.3787828	1139/3007	34	62	67	97
.3788033	1855/4897	35	59	53	83
.3788095	1591/4200	37	60	43	70
.3788191	2021/5335	43	55	47	97
.3788304	3239/8550	41	90	79	95
.3788533	2544/6715	48	79	53	85
.3788608	2993/7900	41	79	73	100
.3788749	330/871	30	65	55	67
.3788776	3713/9800	47	98	79	100

（续）

比值	分数	*A*	*B*	*C*	*D*
0.3785					
.3788889	341/900	33	60	62	90
.3788987	984/2597	41	53	48	98
.3789180	1632/4307	34	59	48	73
.3789351	975/2573	30	62	65	83
.3789474	36/95	33	55	60	95
.3789581	371/979	35	55	53	89
.3789749	2610/6887	45	71	58	97
.3789816	1749/4615	33	65	53	71
.3789911	2006/5293	34	67	59	79
0.3790					
.3790323	47/124	35	62	47	70
.3790357	2665/7031	41	79	65	89
.3790685	2108/5561	34	67	62	83
.3790761	279/736	45	80	62	92
.3790877	2701/7125	37	75	73	95
.3790960	671/1770	33	59	61	90
.3791063	3139/8280	43	90	73	92
.3791165	472/1245	40	75	59	83
.3791398	1763/4650	41	62	43	75
.3791476	2491/6570	47	73	53	90
.3791626	1947/5135	33	65	59	79
.3791667*	91/240	35	60	65	100
.3791779	2666/7031	43	79	62	89
.3792076	3053/8051	43	83	71	97
.3792339	1881/4960	33	62	57	80
.3792400	2046/5395	33	65	62	83
.3792483	2109/5561	37	67	57	83
.3792616	2414/6365	34	67	71	95
.3792680	1855/4891	35	67	53	73
.3792857	531/1400	45	70	59	100
.3793103	11/29	30	58	55	75
.3793250	2686/7081	34	73	79	97
.3793277	2257/5950	37	70	61	85
.3793539	2701/7120	37	80	73	89
.3793684	901/2375	34	50	53	95
.3793786	2491/6566	47	67	53	98
.3794030	1271/3350	41	67	62	100
.3794094	925/2438	37	53	50	92
.3794332	2343/6175	33	65	71	95
.3794510	2419/6375	41	75	59	85
.3794599	1925/5073	35	57	55	89
.3794881	2135/5626	35	58	61	97
0.3795					
.3795181	63/166	35	50	45	83
.3795322	649/1710	33	57	59	90
.3795564	1968/5185	41	61	48	85
.3795655	1590/4189	30	59	53	71
.3795782	342/901	30	53	57	85
.3795918	93/245	33	55	62	98
.3796043	1247/3285	43	73	58	90
.3796148	473/1246	43	70	55	89
.3796296	41/108	41	60	50	90
.3796642	407/1072	37	67	55	80
.3796688	986/2597	34	53	58	98
.3796960	2173/5723	41	59	53	97
.3797211	2805/7387	33	83	85	89
.3797251	221/582	34	60	65	97
.3797386	581/1530	35	85	83	90
.3797488	2419/6370	41	65	59	98
.3797571	469/1235	35	65	67	95
.3797682	1802/4745	34	65	53	73
.3797980	188/495	40	55	47	90
.3798113	2013/5300	33	53	61	100
.3798244	1860/4897	30	59	62	83
.3798333	2279/6000	43	60	53	100
.3798355	1247/3283	43	67	58	98
.3798541	1927/5073	41	57	47	89
.3798630	2773/7300	47	73	59	100
.3798773	2911/7663	41	79	71	97
.3798930	1776/4675	37	55	48	85
.3798969	737/1940	33	60	67	97
.3799197	473/1245	43	75	55	83
.3799276	1995/5251	35	59	57	89
.3799569	1763/4640	41	58	43	80
.3799815	410/1079	41	65	50	83
.3799857	1591/4187	37	53	43	79
0.3800					
.3800000	19/50	33	55	57	90
.3800265	860/2263	40	62	43	73
.3800471	2419/6365	41	67	59	95
.3800749	2537/6675	43	75	59	89
.3800905*	84/221	30	65	70	85
.3801093	1739/4575	37	61	47	75
.3801170*	65/171	50	90	65	95
.3801390	1914/5035	33	53	58	95
.3801498	203/534	35	60	58	89
.3801688	901/2370	34	60	53	79
.3801805	2064/5429	43	61	48	89
.3802094	1925/5063	35	61	55	83
.3802174	1749/4600	33	50	53	92
.3802506	516/1357	43	59	48	92
.3802632	289/760	34	80	85	95

（续）

比值	分数	A	B	C	D
0.3800					
.3802721	559/1470	43	75	65	98
.3802817	27/71	45	71	57	95
.3802903	1860/4891	30	67	62	73
.3803136	2013/5293	33	67	61	79
.3803340	205/539	41	55	50	98
.3803384	472/1241	40	73	59	85
.3803529	3233/8500	53	85	61	100
.3803647	2065/5429	35	61	59	89
.3803787	221/581	34	70	65	83
.3803855	671/1764	55	90	61	98
.3803993	2915/7663	53	79	55	97
.3804124	369/970	41	50	45	97
.3804225	2701/7100	37	71	73	100
.3804312	1147/3015	37	67	62	90
.3804665	261/686	45	70	58	98
.3804762	799/2100	34	60	47	70
.3804914	511/1343	35	79	73	85
0.3805					
.3805031	121/318	33	53	55	90
.3805061	406/1067	35	55	58	97
.3805229	2911/7650	41	85	71	90
.3805380	481/1264	37	79	65	80
.3805508	2211/5810	33	70	67	83
.3805621	325/854	35	61	65	98
.3805668	94/247	47	65	50	95
.3805901	2451/6440	43	70	57	92
.3806026	2021/5310	43	59	47	90
.3806325	3286/8633	53	89	62	97
.3806383	2135/5609	35	71	61	79
.3806452	59/155	30	62	59	75
.3806589	3397/8924	43	92	79	97
.3806697	2501/6570	41	73	61	90
.3806777	528/1387	33	57	48	73
.3807018	217/570	35	57	62	100
.3807069	517/1358	47	70	55	97
.3807229	158/415	30	75	79	83
.3807595	752/1975	47	75	48	79
.3807692*	99/260	45	65	55	100
.3807755	1640/4307	40	59	41	73
.3808050	123/323	41	57	45	85
.3808240	2542/6675	41	75	62	89
.3808300	1927/5060	41	55	47	92
.3808571	1333/3500	43	70	62	100
.3808824	259/680	37	80	70	85
.3808920	1802/4731	34	57	53	83
.3808955	638/1675	33	67	58	75

比值	分数	A	B	C	D
0.3805					
.3809099	427/1121	35	59	61	95
.3809150	1457/3825	47	85	62	90
.3809283	2257/5925	37	75	61	79
.3809419	1739/4565	37	55	47	83
.3809451	2475/6497	33	73	75	89
.3809607	2173/5704	41	62	53	92
.3809744	1650/4331	30	61	55	71
0.3810					
.3810127	301/790	43	79	70	100
.3810176	1947/5110	33	70	59	73
.3810345	221/580	34	58	65	100
.3810360	434/1139	35	67	62	85
.3810456	1363/3577	47	73	58	98
.3810639	1139/2989	34	61	67	98
.3810727	1961/5146	37	62	53	83
.3810861	407/1068	37	60	55	89
.3811037	2279/5980	43	65	53	92
.3811053	2255/5917	41	61	55	97
.3811236	848/2225	48	75	53	89
.3811442	473/1241	43	73	55	85
.3811475	93/244	30	61	62	80
.3811610	348/913	30	55	58	83
.3811684	2773/7275	47	75	59	97
.3811935	1054/2765	34	70	62	79
.3812091	990/2597	33	53	60	98
.3812207	406/1065	35	71	58	75
.3812281	2173/5700	41	57	53	100
.3812476	984/2581	41	58	48	89
.3812624	2108/5529	34	57	62	97
.3812656	2145/5626	33	58	65	97
.3813208	2021/5300	43	53	47	100
.3813312	3403/8924	41	92	83	97
.3813387	188/493	40	58	47	85
.3813481	413/1083	35	57	59	95
.3813596	1739/4560	37	57	47	80
.3813718	2035/5336	37	58	55	92
.3813846	2479/6500	37	65	67	100
.3814042	201/527	30	62	67	85
.3814244	2501/6557	41	79	61	83
.3814311	645/1691	43	57	45	89
.3814516	473/1240	43	62	55	100
.3814655	177/464	30	58	59	80
.3814753	1598/4189	34	59	47	71
0.3815					
.3815038	2537/6650	43	70	59	95
.3815194	2275/5963	35	67	65	89

（续）

比值	分数	*A*	*B*	*C*	*D*
0.3815					
.3815278	2747/7200	41	80	67	90
.3815416	1881/4930	33	58	57	85
.3815628	2173/5695	41	67	53	85
.3815789	29/76	30	57	58	80
.3816047	195/511	30	70	65	73
.3816134	1457/3818	47	83	62	92
.3816250	3053/8000	43	80	71	100
.3816327	187/490	34	50	55	98
.3816456	603/1580	45	79	67	100
.3816575	1598/4187	34	53	47	79
.3816867	792/2075	33	50	48	83
.3817014	1189/3115	41	70	58	89
.3817110	1749/4582	33	58	53	79
.3817195	2109/5525	37	65	57	85
.3817444	2915/7636	53	83	55	92
.3817544	544/1425	34	57	48	75
.3817647	649/1700	33	60	59	85
.3817734	155/406	35	58	62	98
.3817797	901/2360	34	59	53	80
.3817885	935/2449	34	62	55	79
.3817980	344/901	40	53	43	85
.3818126	1247/3266	43	71	58	92
.3818182*	21/55	35	55	45	75
.3818302	580/1519	40	62	58	98
.3818369	370/969	37	57	50	85
.3818462	1241/3250	34	65	73	100
.3818664	1870/4897	34	59	55	83
.3818841	527/1380	34	60	62	92
.3818890	1961/5135	37	65	53	79
.3819049	2482/6499	34	67	73	97
.3819238	2565/6716	45	73	57	92
.3819284	3149/8245	47	85	67	97
.3819444*	55/144	50	80	55	90
.3819620	1207/3160	34	79	71	80
.3819676	1720/4503	40	57	43	79
.3819806	513/1343	45	79	57	85
0.3820					
.3820080	2378/6225	41	75	58	83
.3820152	1763/4615	41	65	43	71
.3820423	217/568	35	71	62	80
.3820652	703/1840	37	60	57	92
.3820777	2409/6305	33	65	73	97
.3820929	1037/2714	34	59	61	92
.3820952	1003/2625	34	70	59	75
.3821053	363/950	33	50	55	95
.3821197	530/1387	30	57	53	73
.3821543	1075/2813	43	58	50	97
.3821596	407/1065	37	71	55	75
.3821839	133/348	35	58	57	90
.3821862	472/1235	40	65	59	95
.3822034	451/1180	41	59	55	100
.3822055	305/798	35	57	61	98
.3822222	86/225	40	50	43	90
.3822368	581/1520	35	80	83	95
.3822451	3337/8730	47	90	71	97
.3822612	1961/5130	37	57	53	90
.3822667	2867/7500	47	75	61	100
.3823012	2173/5684	41	58	53	98
.3823077	497/1300	35	65	71	100
.3823237	385/1007	35	53	55	95
.3823333	1147/3000	37	60	62	100
.3823529*	13/34	30	60	65	85
.3823600	1591/4161	37	57	43	73
.3823729	564/1475	47	59	48	100
.3823810	803/2100	33	70	73	90
.3823936	2211/5782	33	59	67	98
.3824111	387/1012	43	55	45	92
.3824176	174/455	30	65	58	70
.3824330	984/2573	41	62	48	83
.3824627	205/536	41	67	50	80
.3824742	371/970	35	50	53	97
.3824842	2485/6497	35	73	71	89
0.3825					
.3825079	363/949	33	65	55	73
.3825324	1003/2622	34	57	59	92
.3825424	2257/5900	37	59	61	100
.3825564	1272/3325	48	70	53	95
.3825704	2173/5680	41	71	53	80
.3825771	1054/2755	34	58	62	95
.3825994	2146/5609	37	71	58	79
.3826165	427/1116	35	62	61	90
.3826574	2255/5893	41	71	55	83
.3826667	287/750	41	75	70	100
.3826804	928/2425	48	75	58	97
.3826940	429/1121	33	59	65	95
.3827139	2183/5704	37	62	59	92
.3827210	1927/5035	41	53	47	95
.3827366	2993/7820	41	85	73	92
.3827532	2419/6320	41	79	59	80
.3827586	111/290	37	58	45	75
.3827672	462/1207	33	71	70	85
.3827770	1938/5063	34	61	57	83

（续）

比值	分数	A	B	C	D	比值	分数	A	B	C	D
0.3825						0.3830					
.3827920	2923/7636	37	83	79	92	.3833882	2211/5767	33	73	67	79
.3828000	957/2500	33	50	58	100	.3834037	1363/3555	47	79	58	90
.3828054	423/1105	45	65	47	85	.3834077	2491/6497	47	73	53	89
.3828250	477/1246	45	70	53	89	.3834239	1411/3680	34	80	83	92
.3828358	513/1340	45	67	57	100	.3834328	2120/5529	40	57	53	97
.3828523	451/1178	41	62	55	95	.3834545	2109/5500	37	55	57	100
.3828595	1845/4819	41	61	45	79	.3834826	1927/5025	41	67	47	75
.3828689	371/969	35	57	53	85	.3834915	2021/5270	43	62	47	85
.3828843	2501/6532	41	71	61	92	0.3835					
.3829015	2320/6059	40	73	58	83	.3835034	451/1176	41	60	55	98
.3829114	121/316	33	60	55	79	.3835111	935/2438	34	53	55	92
.3829314	1032/2695	43	55	48	98	.3835320	354/923	30	65	59	71
.3829446	2627/6860	37	70	71	98	.3835351	792/2065	33	59	48	70
.3829532	319/833	55	85	58	98	.3835526	583/1520	33	57	53	80
.3829630	517/1350	47	75	55	90	.3835616	28/73	34	73	70	85
.3829825	2183/5700	37	57	59	100	.3835723	990/2581	33	58	60	89
0.3830						.3835830	1972/5141	34	53	58	97
.3830040	969/2530	34	55	57	92	.3835861	430/1121	43	59	50	95
.3830102	2074/5415	34	57	61	95	.3836120	1147/2990	37	65	62	92
.3830189	203/530	35	53	58	100	.3836257	328/855	40	57	41	75
.3830252	2279/5950	43	70	53	85	.3836398	605/1577	33	57	55	83
.3830357	429/1120	33	70	65	80	.3836538	399/1040	35	65	57	80
.3830490	696/1817	48	79	58	92	.3836638	2419/6305	41	65	59	97
.3830846	77/201	35	67	55	75	.3836735	94/245	40	50	47	98
.3830869	3239/8455	41	89	79	95	.3836794	2365/6164	43	67	55	92
.3830973	1650/4307	30	59	55	73	.3836923	1247/3250	43	65	58	100
.3831076	1075/2806	43	61	50	92	.3837014	2745/7154	45	73	61	98
.3831169	59/154	35	55	59	98	.3837104	424/1105	40	65	53	85
.3831325	159/415	30	50	53	83	.3837404	1147/2989	37	61	62	98
.3831461	341/890	33	60	62	89	.3837513	2494/6499	43	67	58	97
.3831561	1333/3479	43	71	62	98	.3837573	1961/5110	37	70	53	73
.3831746	1207/3150	34	70	71	90	.3837703	1537/4005	53	89	58	90
.3831919	2257/5890	37	62	61	95	.3837966	649/1691	33	57	59	89
.3831991	333/869	37	55	45	79	.3838235	261/680	45	80	58	85
.3832103	986/2573	34	62	58	83	.3838301	940/2449	40	62	47	79
.3832308	2491/6500	47	65	53	100	.3838435	2257/5880	37	60	61	98
.3832392	407/1062	37	59	55	90	.3838475	423/1102	45	58	47	95
.3832522	1968/5135	41	65	48	79	.3838673	671/1748	33	57	61	92
.3832609	1763/4600	41	50	43	92	.3838776	1881/4900	33	50	57	98
.3832727	527/1375	34	55	62	100	.3839009	124/323	30	57	62	85
.3832910	2115/5518	45	62	47	89	.3839085	1880/4897	40	59	47	83
.3833125	2150/5609	43	71	50	79	.3839234	2006/5225	34	55	59	95
.3833187	2183/5695	37	67	59	85	.3839286	43/112	43	70	50	80
.3833556	2013/5251	33	59	61	89	.3839437	1363/3550	47	71	58	100
.3833735	1591/4150	37	50	43	83	.3839623	407/1060	37	53	55	100
.3833824	2607/6800	33	80	79	85	.3839709	1054/2745	34	61	62	90

（续）

比值	分数	*A*	*B*	*C*	*D*
0.3835					
.3839810	2747/7154	41	73	67	98
.3839881	518/1349	37	71	70	95
0.3840					
.3840000	48/125	34	50	48	85
.3840108	1710/4453	30	61	57	73
.3840343	1881/4898	33	62	57	79
.3840423	1598/4161	34	57	47	73
.3840605	2183/5684	37	58	59	98
.3840654	376/979	40	55	47	89
.3840970	285/742	35	53	57	98
.3841127	1881/4897	33	59	57	83
.3841333	2881/7500	43	75	67	100
.3841530	703/1830	37	61	57	90
.3841559	2701/7031	37	79	73	89
.3841747	1073/2793	37	57	58	98
.3841829	1025/2668	41	58	50	92
.3841924	559/1455	43	75	65	97
.3841972	1060/2759	40	62	53	89
.3842105	73/190	35	70	73	95
.3842245	1739/4526	37	62	47	73
.3842254	682/1775	33	71	62	75
.3842549	410/1067	41	55	50	97
.3842697	171/445	33	55	57	89
.3842826	533/1387	41	73	65	95
.3842912	1003/2610	34	58	59	90
.3842958	925/2407	37	58	50	83
.3843137 *	98/255	35	75	70	85
.3843168	495/1288	33	70	75	92
.3843310	2183/5680	37	71	59	80
.3843373	319/830	33	60	58	83
.3843750	123/320	41	60	45	80
.3843750	123/320	41	60	45	80
.3843888	261/679	45	70	58	97
.3843956	1749/4550	33	65	53	70
.3844055	986/2565	34	57	58	90
.3844242	464/1207	40	71	58	85
.3844262	469/1220	35	61	67	100
.3844378	1665/4331	37	61	45	71
.3844454	870/2263	30	62	58	73
.3844701	2035/5293	37	67	55	79
.3844854	2275/5917	35	61	65	97
0.3845					
.3845098	1961/5100	37	60	53	85
.3845339	363/944	33	59	55	80
.3845455	423/1100	45	55	47	100
.3845625	2795/7268	43	79	65	92
0.3845					
.3845663	603/1568	45	80	67	98
.3845839	1881/4891	33	67	57	73
.3845878	1073/2790	37	62	58	90
.3846053	2923/7600	37	80	79	95
.3846280	2337/6076	41	62	57	98
.3846414	2279/5925	43	75	53	79
.3846527	792/2059	33	58	48	71
.3846595	3355/8722	55	89	61	98
.3846774	477/1240	45	62	53	100
.3846895	799/2077	34	62	47	67
.3846962	1830/4757	30	67	61	71
.3847057	2294/5963	37	67	62	89
.3847430	232/603	40	67	58	90
.3847550	212/551	40	58	53	95
.3847637	399/1037	35	61	57	85
.3847665	1763/4582	41	58	43	79
.3847785	1815/4717	33	53	55	89
.3847866	1037/2695	34	55	61	98
.3847953	329/855	35	57	47	75
.3848321	1776/4615	37	65	48	71
.3848684 *	117/304	45	80	65	95
.3848791	2021/5251	43	59	47	89
.3848908	1075/2793	43	57	50	98
.3849017	2585/6716	47	73	55	92
.3849057	102/265	34	53	48	80
.3849346	1855/4819	35	61	53	79
.3849379	2479/6440	37	70	67	92
.3849524	2021/5250	43	70	47	75
.3849590	517/1343	47	79	55	85
.3849739	2726/7081	47	73	58	97
.3849765	82/213	40	60	41	71
.3849879	159/413	30	59	53	70
0.3850					
.3850000 *	77/200	35	50	55	100
.3850244	2679/6958	47	71	57	98
.3850267 *	72/187	30	55	60	85
.3850602	799/2075	34	50	47	83
.3850746	129/335	43	67	45	75
.3850766	578/1501	34	79	85	95
.3851012	2378/6175	41	65	58	95
.3851107	957/2485	33	70	58	71
.3851272	984/2555	41	70	48	73
.3851391	1980/5141	33	53	60	97
.3851471	1950/5063	30	61	65	83
.3851614	2279/5917	43	61	53	97
.3851718	213/553	30	70	71	79

（续）

比值	分数	A	B	C	D
0.3850					
.3851852*	52/135	40	75	65	90
.3851992	203/527	35	62	58	85
.3852055	703/1825	37	73	57	75
.3852321	913/2370	33	79	83	90
.3852459	47/122	35	61	47	70
.3852632	183/475	33	55	61	95
.3852657	319/828	55	90	58	92
.3853047	215/558	43	62	50	90
.3853107	341/885	33	59	62	90
.3853344	1855/4814	35	58	53	83
.3853552	1763/4575	41	61	43	75
.3853928	2021/5244	43	57	47	92
.3854000	1927/5000	41	50	47	100
.3854167	37/96	37	60	50	80
.3854251	476/1235	34	65	70	95
.3854545	106/275	30	55	53	75
.3854701	451/1170	41	65	55	90
0.3855					
.3855089	2655/6887	45	71	59	97
.3855337	549/1424	45	80	61	89
.3855439	2747/7125	41	75	67	95
.3855462	1147/2975	37	70	62	85
.3855619	470/1219	40	53	47	92
.3855670	187/485	34	50	55	97
.3855932	91/236	35	59	65	100
.3856209	59/153	50	85	59	90
.3856322	671/1740	33	58	61	90
.3856410	376/975	40	65	47	75
.3856462	1295/3358	37	73	70	92
.3856691	366/949	30	65	61	73
.3856760	2881/7470	43	83	67	90
.3856970	1591/4125	37	55	43	75
.3857092	1085/2813	35	58	62	97
.3857220	2145/5561	33	67	65	83
.3857353	2623/6800	43	80	61	85
.3857670	1881/4876	33	53	57	92
.3857840	711/1843	45	95	79	97
.3857884	1189/3082	41	67	58	92
.3858120	2257/5850	37	65	61	90
.3858209	517/1340	47	67	55	100
.3858425	387/1003	43	59	45	85
.3858462	627/1625	33	65	57	75
.3858571	2701/7000	37	70	73	100
.3858696	71/184	35	70	71	92
.3858824	164/425	40	50	41	85
.3858871	957/2480	33	62	58	80

比值	分数	A	B	C	D
0.3855					
.3859018	2146/5561	37	67	58	83
.3859100	986/2555	34	70	58	73
.3859447	335/868	35	62	67	98
.3859649*	22/57	40	60	55	95
.3859722	1860/4819	30	61	62	79
.3859783	3551/9200	53	92	67	100
0.3860					
.3860155	1739/4505	37	53	47	85
.3860294*	105/272	35	80	75	85
.3860353	481/1246	37	70	65	89
.3860512	2275/5893	35	71	65	83
.3860640	205/531	41	59	50	90
.3860759	61/158	30	60	61	79
.3860870	222/575	37	50	48	92
.3861017	1139/2950	34	59	67	100
.3861098	795/2059	30	58	53	71
.3861301	451/1168	41	73	55	80
.3861458	2135/5529	35	57	61	97
.3861611	2210/5723	34	59	65	97
.3861870	1739/4503	37	57	47	79
.3861993	1763/4565	41	55	43	83
.3862149	1003/2597	34	53	59	98
.3862222	869/2250	33	75	79	90
.3862348	477/1235	45	65	53	95
.3862375	348/901	30	53	58	85
.3862479	455/1178	35	62	65	95
.3862565	1720/4453	40	61	43	73
.3862712	2279/5900	43	59	53	100
.3862942	885/2291	30	58	59	79
.3863034	2623/6790	43	70	61	97
.3863235	2627/6800	37	80	71	85
.3863279	1475/3818	50	83	59	92
.3863358	2211/5723	33	59	67	97
.3863454	481/1245	37	75	65	83
.3863572	2747/7110	41	79	67	90
.3863731	930/2407	30	58	62	83
.3863844	2537/6566	43	67	59	98
.3863926	2726/7055	47	83	58	85
.3864091	580/1501	30	57	58	79
.3864169	165/427	30	61	55	70
.3864339	1749/4526	33	62	53	73
.3864444	1739/4500	37	50	47	90
.3864583	371/960	35	60	53	80
.3864726	2257/5840	37	73	61	80
.3864781	1995/5162	35	58	57	89
.3864971	395/1022	35	73	79	98

（续）

比值	分数	*A*	*B*	*C*	*D*
0.3865					
.3865085	2607/6745	33	71	79	95
.3865169	172/445	40	50	43	89
.3865385	201/520	30	65	67	80
.3865462	385/996	35	60	55	83
.3865563	1961/5073	37	57	53	89
.3865672	259/670	37	67	70	100
.3865800	1665/4307	37	59	45	73
.3865930	2030/5251	35	59	58	89
.3866123	1802/4661	34	59	53	79
.3866228	1763/4560	41	57	43	80
.3866490	585/1513	45	85	65	89
.3866667	29/75	33	55	58	90
.3866774	2409/6230	33	70	73	89
.3866931	1947/5035	33	53	59	95
.3867041	413/1068	35	60	59	89
.3867089	611/1580	47	79	65	100
.3867300	2279/5893	43	71	53	83
.3867572	1139/2945	34	62	67	95
.3867676	1175/3038	47	62	50	98
.3867754	427/1104	35	60	61	92
.3867925	41/106	40	53	41	80
.3868012	2491/6440	47	70	53	92
.3868104	610/1577	30	57	61	83
.3868791	2064/5335	43	55	48	97
.3868852	118/305	30	61	59	75
.3869048	65/168	35	60	65	98
.3869102	1271/3285	41	73	62	90
.3869249	799/2065	34	59	47	70
.3869270	2279/5890	43	62	53	95
.3869403	1037/2680	34	67	61	80
.3869478	1927/4980	41	60	47	83
.3869609	2665/6887	41	71	65	97
.3869940	2065/5336	35	58	59	92
0.3870					
.3870000	387/1000	43	50	45	100
.3870262	531/1372	45	70	59	98
.3870588	329/850	35	50	47	85
.3870665	413/1067	35	55	59	97
.3870753	581/1501	35	79	83	95
.3871091	1015/2622	35	57	58	92
.3871154	2013/5200	33	65	61	80
.3871404	3149/8134	47	83	67	98
.3871543	434/1121	35	59	62	95
.3871648	2021/5220	43	58	47	90
.3871730	2294/5925	37	75	62	79

比值	分数	*A*	*B*	*C*	*D*
0.3870					
.3871909	3053/7885	43	83	71	95
.3872060	2173/5612	41	61	53	92
.3872411	2337/6035	41	71	57	85
.3872671	1247/3220	43	70	58	92
.3873040	2050/5293	41	67	50	79
.3873107	2686/6935	34	73	79	95
.3873239	55/142	30	60	55	71
.3873406	820/2117	40	58	41	73
.3873939	1598/4125	34	55	47	75
.3874150	1139/2940	34	60	67	98
.3874445	611/1577	47	83	65	95
.3874474	1105/2852	34	62	65	92
.3874570	451/1164	41	60	55	97
.3874725	1763/4550	41	65	43	70
.3874773	427/1102	35	58	61	95
0.3875					
.3875000	31/80	30	60	62	80
.3875076	639/1649	45	85	71	97
.3875269	901/2325	34	62	53	75
.3875494	1961/5060	37	55	53	92
.3875626	2013/5194	33	53	61	98
.3875850	2279/5880	43	60	53	98
.3876000	969/2500	34	50	57	100
.3876056	688/1775	43	71	48	75
.3876227	2211/5704	33	62	67	92
.3876289	188/485	40	50	47	97
.3876571	2745/7081	45	73	61	97
.3876798	1995/5146	35	62	57	83
.3876896	2173/5605	41	59	53	95
.3876965	2294/5917	37	61	62	97
.3877119	183/472	30	59	61	80
.3877193	221/570	34	57	65	100
.3877327	354/913	30	55	59	83
.3877500	1551/4000	33	50	47	80
.3877934	413/1065	35	71	59	75
.3878007	2257/5820	37	60	61	97
.3878063	2010/5183	30	71	67	73
.3878165	2451/6320	43	79	57	80
.3878351	1881/4850	33	50	57	97
.3878495	1845/4757	41	67	45	71
.3878748	2911/7505	41	79	71	95
.3878843	429/1106	33	70	65	79
.3878947	737/1900	33	60	67	95
.3879032	481/1240	37	62	65	100
.3879361	656/1691	41	57	48	89
.3879544	715/1843	33	57	65	97

（续）

比值	分数	A	B	C	D
0.3875					
.3879599	116/299	40	65	58	92
.3879717	329/848	35	53	47	80
.3879823	2544/6557	48	79	53	83
0.3880					
.3880150	518/1335	37	75	70	89
.3880199	2183/5626	37	58	59	97
.3880289	376/969	40	57	47	85
.3880357	2173/5600	41	70	53	80
.3880525	799/2059	34	58	47	71
.3880568	1995/5141	35	53	57	97
.3880651	1073/2765	37	70	58	79
.3880897	1160/2989	40	61	58	98
.3881048	385/992	35	62	55	80
.3881143	2867/7387	47	83	61	89
.3881239	451/1162	41	70	55	83
.3881333	2911/7500	41	75	71	100
.3881353	2146/5529	37	57	58	97
.3881579	59/152	30	57	59	80
.3881818	427/1100	35	55	61	100
.3881863	2701/6958	37	71	73	98
.3881967	592/1525	37	61	48	75
.3882353*	33/85	30	50	55	85
.3882609	893/2300	47	75	57	92
.3882745	2914/7505	47	79	62	95
.3882825	2419/6230	41	70	59	89
.3882851	2108/5429	34	61	62	89
.3882960	1128/2905	47	70	48	83
.3883427	553/1424	35	80	79	89
.3883540	2501/6440	41	70	61	92
.3883621	901/2320	34	58	53	80
.3883895	1037/2670	34	60	61	89
.3883956	2537/6532	43	71	59	92
.3884077	583/1501	33	57	53	79
.3884211	369/950	41	50	45	95
.3884504	935/2407	34	58	55	83
.3884598	855/2201	30	62	57	71
.3884712	155/399	35	57	62	98
.3884840	533/1372	41	70	65	98
0.3885					
.3885081	1927/4960	41	62	47	80
.3885167	406/1045	35	55	58	95
.3885333	1457/3750	47	75	62	100
.3885409	2109/5428	37	59	57	92
.3885542	129/332	43	60	45	83
.3885572	781/2010	33	67	71	90
.3885714	68/175	34	60	48	70

比值	分数	A	B	C	D
0.3885					
.3885870	143/368	33	60	65	92
.3886091	1003/2581	34	58	59	89
.3886242	1305/3358	45	73	58	92
.3886297	1333/3430	43	70	62	98
.3886364	171/440	30	55	57	80
.3886538	2021/5200	43	65	47	80
.3886667	583/1500	33	50	53	90
.3886807	1037/2668	34	58	61	92
.3887006	344/885	40	59	43	75
.3887247	1710/4399	30	53	57	83
.3887278	2145/5518	33	62	65	89
.3887391	2451/6305	43	65	57	97
.3887535	2074/5335	34	55	61	97
.3887681	1073/2760	37	60	58	92
.3887931	451/1160	41	58	55	100
.3888107	1105/2842	34	58	65	98
.3888303	369/949	41	65	45	73
.3888355	3239/8330	41	85	79	98
.3888452	495/1273	33	67	75	95
.3888587	2150/5529	43	57	50	97
.3888807	2623/6745	43	71	61	95
.3889006	1850/4757	37	67	50	71
.3889090	1073/2759	37	62	58	89
.3889328	492/1265	41	55	48	92
.3889412	1653/4250	57	85	58	100
.3889655	282/725	47	58	48	100
.3889879	2183/5612	37	61	59	92
0.3890					
.3890023	3431/8820	47	90	73	98
.3890082	2173/5586	41	57	53	98
.3890384	1590/4087	30	61	53	67
.3890471	1776/4565	37	55	48	83
.3890659	2320/5963	40	67	58	89
.3890845	221/568	34	71	65	80
.3890858	549/1411	45	83	61	85
.3891028	2021/5194	43	53	47	98
.3891139	1537/3950	53	79	58	100
.3891189	658/1691	47	89	70	95
.3891286	451/1159	41	61	55	95
.3891379	2257/5800	37	58	61	100
.3891509	165/424	30	53	55	80
.3891566	323/830	34	60	57	83
.3891680	2479/6370	37	65	67	98
.3891852	2627/6750	37	75	71	90
.3891959	2183/5609	37	71	59	79
.3892405	123/316	41	60	45	79

（续）

比值	分数	A	B	C	D	比值	分数	A	B	C	D
0.3890						0.3895					
.3892606	2211/5680	33	71	67	80	.3898467	407/1044	37	58	55	90
.3892754	2294/5893	37	71	62	83	.3898734	154/395	33	75	70	79
.3892929	1927/4950	41	55	47	90	.3898841	370/949	37	65	50	73
.3893011	2256/5795	47	61	48	95	.3898895	3139/8051	43	83	73	97
.3893072	517/1328	47	80	55	83	.3899235	2345/6014	35	62	67	97
.3893333	146/375	34	75	73	85	.3899297	333/854	37	61	45	70
.3893360	387/994	43	70	45	71	.3899396	969/2485	34	70	57	71
.3893548	1207/3100	34	62	71	100	.3899517	1855/4757	35	67	53	71
.3893593	3403/8740	41	92	83	95	.3899651	2013/5162	33	58	61	89
.3893692	2747/7055	41	83	67	85	.3899810	615/1577	41	57	45	83
.3894014	1815/4661	33	59	55	79	.3899916	1395/3577	45	73	62	98
.3894133	3053/7840	43	80	71	98	0.3900					
.3894340	516/1325	43	53	48	100	.3900000*	39/100	45	75	65	100
.3894366	553/1420	35	71	79	100	.3900102	2686/6887	34	71	79	97
.3894737	37/95	37	57	45	75	.3900602	259/664	37	80	70	83
.3894836	2074/5325	34	71	61	75	.3900685	1139/2920	34	73	67	80
.3894928	215/552	43	60	50	92	.3900937	1457/3735	47	83	62	90
0.3895						.3901099	71/182	35	65	71	98
.3895000	779/2000	41	60	57	100	.3901224	1880/4819	40	61	47	79
.3895181	3233/8300	53	83	61	100	.3901361	1147/2940	37	60	62	98
.3895272	1763/4526	41	62	43	73	.3901469	2257/5785	37	65	61	89
.3895380	2867/7360	47	80	61	92	.3901602	341/874	33	57	62	92
.3895522	261/670	45	67	58	100	.3901687	2405/6164	37	67	65	92
.3895605	2739/7031	33	79	83	89	.3901818	1073/2750	37	55	58	100
.3895745	2115/5429	45	61	47	89	.3901919	183/469	30	67	61	70
.3895833	187/480	34	60	55	80	.3901965	2006/5141	34	53	59	97
.3895918	1632/4189	34	59	48	71	.3902092	3021/7742	53	79	57	98
.3896019	2975/7636	35	83	85	92	.3902176	2170/5561	35	67	62	83
.3896226	413/1060	35	53	59	100	.3902276	583/1494	53	83	55	90
.3896339	1075/2759	43	62	50	89	.3902397	2279/5840	43	73	53	80
.3896401	2046/5251	33	59	62	89	.3902488	1961/5025	37	67	53	75
.3896463	2115/5428	45	59	47	92	.3902798	265/679	50	70	53	97
.3896599	2555/6557	35	79	73	83	.3902924	3337/8550	47	90	71	95
.3896684	611/1568	47	80	65	98	.3903016	660/1691	33	57	60	89
.3896921	2911/7470	41	83	71	90	.3903077	2537/6500	43	65	59	100
.3897024	825/2117	30	58	55	73	.3903226	121/310	33	62	55	75
.3897143	341/875	33	70	62	75	.3903299	1881/4819	33	61	57	79
.3897233	493/1265	34	55	58	92	.3903494	2257/5782	37	59	61	98
.3897333	2923/7500	37	75	79	100	.3903704	527/1350	34	60	62	90
.3897402	585/1501	45	79	65	95	.3903846	203/520	35	65	58	80
.3897779	1632/4187	34	53	48	79	.3903870	3127/8010	53	89	59	90
.3898012	451/1157	41	65	55	89	.3904018	2050/5251	41	59	50	89
.3898053	3403/8730	41	90	83	97	.3904110	57/146	30	60	57	73
.3898173	1003/2573	34	62	59	83	.3904163	497/1273	35	67	71	95
.3898279	2491/6390	47	71	53	90	.3904439	2190/5609	30	71	73	79
.3898361	1189/3050	41	61	58	100	.3904589	3233/8280	53	90	61	92

（续）

比值	分数	A	B	C	D
0.3900					
.3904665	385/986	35	58	55	85
.3904762	41/105	40	60	41	70
.3904879	2537/6497	43	73	59	89
.3904955	2120/5429	40	61	53	89
0.3905					
.3905232	1739/4453	37	61	47	73
.3905263	371/950	35	50	53	95
.3905556	703/1800	37	60	57	90
.3905674	530/1357	40	59	53	92
.3905817	141/361	45	57	47	95
.3905946	1005/2573	30	62	67	83
.3905954	3713/9506	47	97	79	98
.3906122	957/2450	33	50	58	98
.3906180	2623/6715	43	79	61	85
.3906524	2006/5135	34	65	59	79
.3906650	611/1564	47	85	65	92
.3906905	2795/7154	43	73	65	98
.3906983	2747/7031	41	79	67	89
.3907104	143/366	33	61	65	90
.3907315	860/2201	40	62	43	71
.3907354	1881/4814	33	58	57	83
.3907478	1740/4453	30	61	58	73
.3907571	2173/5561	41	67	53	83
.3907717	957/2449	33	62	58	79
.3907865	1739/4450	37	50	47	89
.3907984	2183/5586	37	57	59	98
.3908177	2409/6164	33	67	73	92
.3908333	469/1200	35	60	67	100
.3908356	145/371	35	53	58	98
.3908515	1914/4897	33	59	58	83
.3908640	1968/5035	41	53	48	95
.3908722	1927/4930	41	58	47	85
.3908898	369/944	41	59	45	80
.3909091	43/110	40	55	43	80
.3909230	1025/2622	41	57	50	92
.3909334	2337/5978	41	61	57	98
.3909378	371/949	35	65	53	73
.3909639	649/1660	33	60	59	83
.3909654	1705/4361	55	89	62	98
.3909774*	52/133	40	70	65	95
.3909980	1720/4399	40	53	43	83
0.3910					
.3910112	174/445	33	55	58	89
.3910162	531/1358	45	70	59	97
.3910331	1003/2565	34	57	59	90
.3910378	1850/4731	37	57	50	83
0.3910					
.3910518	2491/6370	47	65	53	98
.3910725	1980/5063	33	61	60	83
.3910769	1271/3250	41	65	62	100
.3910946	1054/2695	34	55	62	98
.3911315	3149/8051	47	83	67	97
.3911384	1845/4717	41	53	45	89
.3911513	2555/6532	35	71	73	92
.3911638	363/928	33	58	55	80
.3911765	133/340	35	60	57	85
.3911913	2256/5767	47	73	48	79
.3912137	2627/6715	37	79	71	85
.3912186	2183/5580	37	62	59	90
.3912278	2890/7387	34	83	85	89
.3912418	2993/7650	41	85	73	90
.3912575	2542/6497	41	73	62	89
.3912801	2109/5390	37	55	57	98
.3913043	9/23	33	55	60	92
.3913208	1037/2650	34	53	61	100
.3913310	1914/4891	33	67	58	73
.3913430	1763/4505	41	53	43	85
.3913502	371/948	35	60	53	79
.3913590	2491/6365	47	67	53	95
.3913759	1189/3038	41	62	58	98
.3913928	2501/6390	41	71	61	90
.3914089	1139/2910	34	60	67	97
.3914314	402/1027	30	65	67	79
.3914448	2544/6499	48	67	53	97
.3914474*	119/304	35	80	85	95
.3914925	2623/6700	43	67	61	100
0.3915					
.3915016	1640/4189	40	59	41	71
.3915051	424/1083	40	57	53	95
.3915152	323/825	34	55	57	90
.3915452	1343/3430	34	70	79	98
.3915581	2013/5141	33	53	61	97
.3915663	65/166	30	60	65	83
.3915789	186/475	33	55	62	95
.3916114	2773/7081	47	73	59	97
.3916211	215/549	43	61	50	90
.3916256	159/406	30	58	53	70
.3916418	656/1675	41	67	48	75
.3916509	1032/2635	43	62	48	85
.3916584	1972/5035	34	53	58	95
.3916667	47/120	35	60	47	70
.3916759	2475/6319	33	71	75	89
.3916886	1640/4187	40	53	41	79

（续）

比值	分数	A	B	C	D
0.3915					
.3917051	85/217	34	62	70	98
.3917391	901/2300	34	50	53	92
.3917505	1947/4970	33	70	59	71
.3917647	333/850	37	50	45	85
.3917778	1763/4500	41	50	43	90
.3917982	2035/5194	37	53	55	98
.3918060	2343/5980	33	65	71	92
.3918303	2494/6365	43	67	58	95
.3918406	413/1054	35	62	59	85
.3918539	279/712	45	80	62	89
.3918750	627/1600	33	60	57	80
.3918851	3139/8010	43	89	73	90
.3919118	533/1360	41	80	65	85
.3919168	2337/5963	41	67	57	89
.3919444	1411/3600	34	80	83	90
.3919540	341/870	33	58	62	90
.3919635	2146/5475	37	73	58	75
.3919728	2881/7350	43	75	67	98
.3919916	372/949	30	65	62	73
0.3920					
.3920156	2013/5135	33	65	61	79
.3920335	187/477	34	53	55	90
.3920588	1333/3400	43	80	62	85
.3920826	1139/2905	34	70	67	83
.3920947	1855/4731	35	57	53	83
.3921127	696/1775	48	71	58	100
.3921164	3233/8245	53	85	61	97
.3921368	1147/2925	37	65	62	90
.3921810	1595/4067	55	83	58	98
.3921902	231/589	33	62	70	95
.3922000	1961/5000	37	50	53	100
.3922134	544/1387	34	57	48	73
.3922414	91/232	35	58	65	100
.3922547	2279/5810	43	70	53	83
.3922717	335/854	35	61	67	98
.3922807	559/1425	43	75	65	95
.3923089	2479/6319	37	71	67	89
.3923445	82/209	41	55	50	95
.3923541	195/497	30	70	65	71
.3923750	3139/8000	43	80	73	100
.3923933	423/1078	45	55	47	98
.3923977	671/1710	33	57	61	90
.3924051	31/79	30	60	62	79
.3924227	1968/5015	41	59	48	85

比值	分数	A	B	C	D
0.3920					
.3924286	2747/7000	41	70	67	100
.3924378	1972/5025	34	67	58	75
.3924740	2378/6059	41	73	58	83
.3924760	2170/5529	35	57	62	97
.3924949	387/986	43	58	45	85
0.3925					
.3925349	957/2438	33	53	58	92
.3925403	1947/4960	33	62	59	80
.3925553	2183/5561	37	67	59	83
.3925798	455/1159	35	61	65	95
.3925926	53/135	40	60	53	90
.3925975	594/1513	33	85	90	89
.3926196	1830/4661	30	59	61	79
.3926298	2035/5183	37	71	55	73
.3926362	1333/3395	43	70	62	97
.3926521	342/871	30	65	57	67
.3926630	289/736	34	80	85	92
.3926822	2565/6532	45	71	57	92
.3926887	333/848	37	53	45	80
.3926952	1645/4189	35	59	47	71
.3927110	3071/7820	37	85	83	92
.3927203	205/522	41	58	50	90
.3927322	2021/5146	43	62	47	83
.3927397	2867/7300	47	73	61	100
.3927586	1139/2900	34	58	67	100
.3927689	1749/4453	33	61	53	73
.3927837	2482/6319	34	71	73	89
.3928041	2380/6059	34	73	70	83
.3928082	1147/2920	37	73	62	80
.3928191	1105/2813	34	58	65	97
.3928441	3239/8245	41	85	79	97
.3928571*	11/28	30	60	55	70
.3928743	816/2077	34	62	48	67
.3928827	1645/4187	35	53	47	79
.3929230	2343/5963	33	67	71	89
.3929310	2279/5800	43	58	53	100
.3929476	2173/5530	41	70	53	79
.3929564	424/1079	40	65	53	83
.3929825*	112/285	35	75	80	95
.3929944	1739/4425	37	59	47	75
0.3930					
.3930085	371/944	35	59	53	80
.3930186	2173/5529	41	57	53	97
.3930337	1749/4450	33	50	53	89
.3930546	2773/7055	47	83	59	85
.3930713	590/1501	30	57	59	79

（续）

比值	分数	A	B	C	D
0.3930					
.3930769	511/1300	35	65	73	100
.3930946	1537/3910	53	85	58	92
.3931034	57/145	30	58	57	75
.3931142	2021/5141	43	53	47	97
.3931159	217/552	35	60	62	92
.3931336	3149/8010	47	89	67	90
.3931374	2555/6499	35	67	73	97
.3931516	620/1577	30	57	62	83
.3931648	2784/7081	48	73	58	97
.3931727	979/2490	33	83	89	90
.3931800	2479/6305	37	65	67	97
.3931962	497/1264	35	79	71	80
.3932203	116/295	30	59	58	75
.3932530	816/2075	34	50	48	83
.3932653	1927/4900	41	50	47	98
.3932780	901/2291	34	58	53	79
.3933032	2173/5525	41	65	53	85
.3933210	212/539	40	55	53	98
.3933333	59/150	33	55	59	90
.3933464	201/511	30	70	67	73
.3933731	3431/8722	47	89	73	98
.3933902	369/938	41	67	45	70
.3934189	2451/6230	43	70	57	89
.3934259	1927/4898	41	62	47	79
.3934490	3015/7663	45	79	67	97
.3934625	325/826	35	59	65	98
.3934701	2109/5360	37	67	57	80
.3934921	2479/6300	37	70	67	90
0.3935					
.3935062	1927/4897	41	59	47	83
.3935484	61/155	30	62	61	75
.3935558	342/869	30	55	57	79
.3935735	2021/5135	43	65	47	79
.3935800	1925/4891	35	67	55	73
.3935927	172/437	43	57	48	92
.3936000	246/625	41	50	48	100
.3936249	531/1349	45	71	59	95
.3936293	2385/6059	45	73	53	83
.3936594	2173/5520	41	60	53	92
.3936670	1927/4895	41	55	47	89
.3936842	187/475	34	50	55	95
.3936948	2585/6566	47	67	55	98
.3937318	2701/6860	37	70	73	98
.3937500*	63/160	35	40	45	100
.3937834	2065/5244	35	57	59	92
.3937990	1105/2806	34	61	65	92
0.3935					
.3938158	2993/7600	41	80	73	95
.3938294	217/551	35	58	62	95
.3938554	3551/9016	53	92	67	98
.3938798	1802/4575	34	61	53	75
.3938888	1650/4189	30	59	55	71
.3939335	2013/5110	33	70	61	73
.3939441	2537/6440	43	70	59	92
.3939499	2279/5785	43	65	53	89
.3939571	2021/5130	43	57	47	90
.3939683	1241/3150	34	70	73	90
.3939813	1139/2891	34	59	67	98
.3939890	1927/4891	41	67	47	73
0.3940					
.3940092	171/434	30	62	57	70
.3940241	2255/5723	41	59	55	97
.3940299	132/335	33	67	60	75
.3940352	1995/5063	35	61	57	83
.3940678	93/236	30	59	62	80
.3940769	1650/4187	30	53	55	79
.3940893	2867/7275	47	75	61	97
.3940991	374/949	34	65	55	73
.3941176	67/170	35	70	67	85
.3941300	188/477	40	53	47	90
.3941360	1640/4161	40	57	41	73
.3941543	2279/5782	43	59	53	98
.3941581	1147/2910	37	60	62	97
.3941667	473/1200	43	60	55	100
.3941879	2211/5609	33	71	67	79
.3941988	2256/5723	47	59	48	97
.3942079	2491/6319	47	71	53	89
.3942161	259/657	37	73	70	90
.3942286	1776/4505	37	53	48	85
.3942352	2585/6557	47	79	55	83
.3942623	481/1220	37	61	65	100
.3942688	399/1012	35	55	57	92
.3942752	427/1083	35	57	61	95
.3942908	442/1121	34	59	65	95
.3942990	3555/9016	45	92	79	98
.3943396	209/530	33	53	57	90
.3943615	1189/3015	41	67	58	90
.3943739	2173/5510	41	58	53	95
.3944000	493/1250	34	50	58	100
.3944304	779/1975	41	75	57	79
.3944444	71/180	35	70	71	90
.3944563	185/469	37	67	50	70
.3944692	2211/5605	33	59	67	95

（续）

比值	分数	A	B	C	D
0.3940					
.3944812	1015/2573	35	62	58	83
.3944859	2275/5767	35	73	65	79
0.3945					
.3945017	574/1455	41	75	70	97
.3945148	187/474	34	60	55	79
.3945409	159/403	30	62	53	65
.3945455	217/550	35	55	62	100
.3945578	58/147	40	60	58	98
.3945652	363/920	33	50	55	92
.3945801	1325/3358	50	73	53	92
.3945896	423/1072	45	67	47	80
.3945998	2046/5185	33	61	62	85
.3946137	2784/7055	48	83	58	85
.3946154	513/1300	45	65	57	100
.3946392	957/2425	33	50	58	97
.3946524	369/935	41	55	45	85
.3946575	2881/7300	43	73	67	100
.3946667	148/375	37	50	48	90
.3946761	2565/6499	45	67	57	97
.3946862	1025/2597	41	53	50	98
.3947011	581/1472	35	80	83	92
.3947059	671/1700	33	60	61	85
.3947205	1271/3220	41	70	62	92
.3947368*	15/38	35	70	75	95
.3947521	2046/5183	33	71	62	73
.3947566	527/1335	34	60	62	89
.3947809	1180/2989	40	61	59	98
.3947908	1925/4876	35	53	55	92
.3948002	820/2077	40	62	41	67
.3948148	533/1350	41	75	65	90
.3948156	396/1003	33	59	60	85
.3948273	2183/5529	37	57	59	97
.3948365	1147/2905	37	70	62	83
.3948461	3233/8188	53	89	61	92
.3948648	2030/5141	35	53	58	97
.3948718*	77/195	35	65	55	75
.3948770	1927/4880	41	61	47	80
.3948980	387/980	43	50	45	98
.3949130	295/747	50	83	59	90
.3949290	1947/4930	33	58	59	85
.3949438	703/1780	37	60	57	89
.3949483	344/871	40	65	43	67
.3949637	2337/5917	41	61	57	97
.3949724	2074/5251	34	59	61	89
.3949782	3445/8722	53	89	65	98

比值	分数	A	B	C	D
0.3950					
.3950000	79/200	35	70	79	100
.3950061	2278/5767	34	73	67	79
.3950239	2064/5225	43	55	48	95
.3950311	318/805	48	70	53	92
.3950376	2627/6650	37	70	71	95
.3950464	638/1615	33	57	58	85
.3950592	1935/4898	43	62	45	79
.3950725	1363/3450	47	75	58	92
.3950833	2491/6305	47	65	53	97
.3950909	2173/5500	41	55	53	100
.3951004	2145/5429	33	61	65	89
.3951131	2183/5525	37	65	59	85
.3951265	2108/5335	34	55	62	97
.3951399	1935/4897	43	59	45	83
.3951574	816/2065	34	59	48	70
.3951732	2145/5428	33	59	65	92
.3951807	164/415	40	50	41	83
.3951947	477/1207	45	71	53	85
.3952010	1927/4876	41	53	47	92
.3952071	1880/4757	40	67	47	71
.3952153	413/1045	35	55	59	95
.3952273	1739/4400	37	55	47	80
.3952399	2109/5336	37	58	57	92
.3952542	583/1475	33	59	53	75
.3952641	217/549	35	61	62	90
.3952653	1870/4731	34	57	55	83
.3952846	2146/5429	37	61	58	89
.3953013	387/979	43	55	45	89
.3953140	2109/5335	37	55	57	97
.3953171	1739/4399	37	53	47	83
.3953262	406/1027	35	65	58	79
.3953377	1645/4161	35	57	47	73
.3953574	1073/2714	37	59	58	92
.3953704	427/1080	35	60	61	90
.3953835	531/1343	45	79	59	85
.3954023	172/435	40	58	43	75
.3954107	1189/3007	41	62	58	97
.3954173	1881/4757	33	67	57	71
.3954268	2006/5073	34	57	59	89
.3954430	781/1975	33	75	71	79
.3954545	87/220	30	55	58	80
.3954642	558/1411	45	83	62	85
.3954710	2183/5520	37	60	59	92
.3954849	473/1196	43	65	55	92
.3954996	1037/2622	34	57	61	92

（续）

比值	分数	A	B	C	D
0.3955					
.3955102	969/2450	34	50	57	98
.3955172	1147/2900	37	58	62	100
.3955444	1740/4399	30	53	58	83
.3955479	231/584	33	73	70	80
.3955591	2494/6305	43	65	58	97
.3955817	1343/3395	34	70	79	97
.3955939	413/1044	35	58	59	90
.3956044 *	36/91	30	65	60	70
.3956140	451/1140	41	57	55	100
.3956173	2365/5978	43	61	55	98
.3956319	1105/2793	34	57	65	98
.3956364	544/1375	34	55	48	75
.3956471	3363/8500	57	85	59	100
.3956717	969/2449	34	62	57	79
.3956872	2257/5704	37	62	61	92
.3956951	2923/7387	37	83	79	89
.3957115	203/513	35	57	58	90
.3957219	74/187	37	55	50	85
.3957278	2501/6320	41	79	61	80
.3957433	1190/3007	34	62	70	97
.3957525	1938/4897	34	59	57	83
.3957739	2360/5963	40	67	59	89
.3957806	469/1185	35	75	67	79
.3957895	188/475	40	50	47	95
.3958106	2173/5490	41	61	53	90
.3958196	2405/6076	37	62	65	98
.3958374	2035/5141	37	53	55	97
.3958573	344/869	40	55	43	79
.3958730	1247/3150	43	70	58	90
.3959036	1643/4150	53	83	62	100
.3959142	1938/4895	34	55	57	89
.3959239	1457/3680	47	80	62	92
.3959649	2257/5700	37	57	61	100
.3959659	2925/7387	45	83	65	89
.3959839	493/1245	34	60	58	83
0.3960					
.3960000	99/250	33	50	48	80
.3960149	318/803	30	55	53	73
.3960214	2150/5429	43	61	50	89
.3960440	901/2275	34	65	53	70
.3960544	2911/7350	41	75	71	98
.3960573	221/558	34	62	65	90
.3960674	141/356	45	60	47	89
.3960943	1075/2714	43	59	50	92
.3961039	61/154	35	55	61	98
0.3960					
.3961067	2747/6935	41	73	67	95
.3961219	143/361	33	57	65	95
.3961340	1537/3880	53	80	58	97
.3961370	2256/5695	47	67	48	85
.3961616	1961/4950	37	55	53	90
.3961729	559/1411	43	83	65	85
.3961798	1763/4450	41	50	43	89
.3961887	2183/5510	37	58	59	95
.3962078	2006/5063	34	61	59	83
.3962241	3190/8051	55	83	58	97
.3962264	21/53	35	53	57	95
.3962366	737/1860	33	62	67	90
.3962745	2021/5100	43	60	47	85
.3962848 *	128/323	40	85	80	95
.3962999	407/1027	37	65	55	79
.3963066	2146/5415	37	57	58	95
.3963157	2345/5917	35	61	67	97
.3963333	1189/3000	41	60	58	100
.3963470	434/1095	35	73	62	75
.3963580	1023/2581	33	58	62	89
.3963855	329/830	35	50	47	83
.3963952	2881/7268	43	79	67	92
.3964173	1881/4745	33	65	57	73
.3964286	111/280	37	60	45	70
.3964384	1870/4717	34	53	55	89
.3964626	1457/3675	47	75	62	98
0.3965					
.3965095	1295/3266	37	71	70	92
.3965164	387/976	43	61	45	80
.3965330	366/923	30	65	61	71
.3965393	550/1387	30	57	55	73
.3965574	2419/6100	41	61	59	100
.3965747	2385/6014	45	62	53	97
.3965812	232/585	40	65	58	90
.3965885	186/469	30	67	62	70
.3965986	583/1470	53	75	55	98
.3966124	2365/5963	43	67	55	89
.3966245	94/237	40	60	47	79
.3966387	236/595	40	70	59	85
.3966693	2501/6305	41	65	61	97
.3966862	407/1026	37	57	55	90
.3967105	603/1520	45	80	67	95
.3967213	121/305	33	61	55	75
.3967277	2255/5684	41	58	55	98
.3967391	73/184	35	70	73	92
.3967485	1147/2891	37	59	62	98

（续）

比值	分数	*A*	*B*	*C*	*D*
0.3965					
.3967611*	98/247	35	65	70	95
.3967742	123/310	41	62	45	75
.3967807	986/2485	34	70	58	71
.3967914	371/935	35	55	53	85
.3968037	869/2190	33	73	79	90
.3968066	671/1691	33	57	61	89
.3968417	1935/4876	43	53	45	92
.3968451	3195/8051	45	83	71	97
.3968599	1643/4140	53	90	62	92
.3968727	533/1343	41	79	65	85
.3968788	1653/4165	57	85	58	98
.3968950	2173/5475	41	73	53	75
.3969036	564/1421	47	58	48	98
.3969072	77/194	35	50	55	97
.3969231	129/325	43	65	45	75
.3969302	2405/6059	37	73	65	83
.3969378	2074/5225	34	55	61	95
.3969625	1333/3358	43	73	62	92
.3969841	2501/6300	41	70	61	90
.3969868	1054/2655	34	59	62	90
0.3970					
.3970037	106/267	40	60	53	89
.3970149	133/335	35	67	57	75
.3970216	2666/6715	43	79	62	85
.3970281	1710/4307	30	59	57	73
.3970452	430/1083	43	57	50	95
.3970588*	27/68	45	85	75	100
.3970795	2257/5684	37	58	61	98
.3970944	164/413	40	59	41	70
.3971154	413/1040	35	65	59	80
.3971329	1025/2581	41	58	50	89
.3971369	1720/4331	40	61	43	71
.3971467	2923/7360	37	80	79	92
.3971607	2350/5917	47	61	50	97
.3971751	703/1770	37	59	57	90
.3972075	825/2077	30	62	55	67
.3972222*	143/360	55	90	65	100
.3972603	29/73	30	60	58	73
.3972713	495/1246	33	70	75	89
.3973013	265/667	40	58	53	92
.3973099	3397/8550	43	90	79	95
.3973196	1927/4850	41	50	47	97
.3973418	3139/7900	43	79	73	100
.3973592	2257/5680	37	71	61	80
.3973816	1032/2597	43	53	48	98
.3973881	213/536	30	67	71	80

比值	分数	*A*	*B*	*C*	*D*
0.3970					
.3974074	1073/2700	37	60	58	90
.3974185	585/1472	45	80	65	92
.3974285	3431/8633	47	89	73	97
.3974490	779/1960	41	60	57	98
.3974569	969/2438	34	53	57	92
.3974696	1665/4189	37	59	45	71
.3974848	1770/4453	30	61	59	73
0.3975					
.3975000	159/400	30	50	53	80
.3975092	1947/4898	33	62	59	79
.3975188	2275/5723	35	59	65	97
.3975252	2795/7031	43	79	65	89
.3975385	646/1625	34	65	57	75
.3975741	295/742	35	53	59	98
.3975758	328/825	40	55	41	75
.3975904	33/83	30	50	55	83
.3976293	369/928	41	58	45	80
.3976608*	68/171	40	90	85	95
.3976923	517/1300	47	65	55	100
.3977143	348/875	48	70	58	100
.3977296	1927/4845	41	57	47	85
.3977358	527/1325	34	53	62	100
.3977500	1591/4000	37	50	43	80
.3977612	533/1340	41	67	65	100
.3977688	1961/4930	37	58	53	85
.3977757	2146/5395	37	65	58	83
.3977919	1189/2989	41	61	58	98
.3978066	399/1003	35	59	57	85
.3978261	183/460	33	55	61	92
.3978495	37/93	37	62	50	75
.3978759	2585/6497	47	73	55	89
.3979104	1333/3350	43	67	62	100
.3979245	2109/5300	37	53	57	100
.3979297	2345/5893	35	71	67	83
.3979608	2537/6375	43	75	59	85
.3979833	1855/4661	35	59	53	79
.3979933	119/299	34	65	70	92
0.3980					
.3980117	3403/8550	41	90	83	95
.3980263	121/304	33	57	55	80
.3980430	2278/5723	34	59	67	97
.3980479	2610/6557	45	79	58	83
.3980714	2064/5185	43	61	48	85
.3980781	1947/4891	33	67	59	73
.3980977	3139/7885	43	83	73	95
.3981217	975/2449	30	62	65	79

（续）

比值	分数	A	B	C	D
0.3980					
.3981265	170/427	34	61	70	98
.3981447	1073/2695	37	55	58	98
.3981481	43/108	43	60	50	90
.3981900*	88/221	40	65	55	85
.3982051	3239/8134	41	83	79	98
.3982177	2279/5723	43	59	53	97
.3982329	2479/6225	37	75	67	83
.3982387	407/1022	37	70	55	73
.3982516	820/2059	40	58	41	71
.3982642	413/1037	35	61	59	85
.3982732	2537/6370	43	65	59	98
.3982919	513/1288	45	70	57	92
.3983051	47/118	35	59	47	70
.3983209	427/1072	35	67	61	80
.3983640	3555/8924	45	92	79	97
.3983677	1025/2573	41	62	50	83
.3983838	986/2475	34	55	58	90
.3983903	198/497	33	70	60	71
.3984111	2006/5035	34	53	59	95
.3984181	1763/4425	41	59	43	75
.3984421	2046/5135	33	65	62	79
.3984508	2109/5293	37	67	57	79
.3984615	259/650	37	65	70	100
.3984962	53/133	30	57	53	70
0.3985					
.3985087	481/1207	37	71	65	85
.3985169	1881/4720	33	59	57	80
.3985341	2773/6958	47	71	59	98
.3985446	3286/8245	53	85	62	97
.3985459	603/1513	45	85	67	89
.3985584	1880/4717	40	53	47	89
.3985714	279/700	45	70	62	100
.3985770	2745/6887	45	71	61	97
.3985860	2537/6365	43	67	59	95
.3986076	3149/7900	47	79	67	100
.3986254	116/291	40	60	58	97
.3986455	2590/6497	37	73	70	89
.3986689	3055/7663	47	79	65	97
.3986915	1950/4891	30	67	65	73
.3987022	553/1387	35	73	79	95
.3987069	185/464	37	58	50	80
.3987207	187/469	34	67	55	70
.3987414	697/1748	41	92	85	95
.3987500	319/800	33	60	58	80
.3987551	2050/5141	41	53	50	97
.3987704	1881/4717	33	53	57	89
0.3985					
.3987782	2350/5893	47	71	50	83
.3987879	329/825	35	55	47	75
.3988008	2993/7505	41	79	73	95
.3988095	67/168	35	60	67	98
.3988185	3713/9310	47	95	79	98
.3988304	341/855	33	57	62	90
.3988429	2275/5704	35	62	65	92
.3988508	2360/5917	40	61	59	97
.3988586	629/1577	37	83	85	95
.3988674	2747/6887	41	71	67	97
.3988764	71/178	35	70	71	89
.3988868	215/539	43	55	50	98
.3989011	363/910	33	65	55	70
.3989247	371/930	35	62	53	75
.3989427	3245/8134	55	83	59	98
.3989475	2805/7031	33	79	85	89
.3989629	2385/5978	45	61	53	98
.3989691	387/970	43	50	45	97
.3989754	1947/4880	33	61	59	80
.3989888	3551/8900	53	89	67	100
0.3990					
.3990000	399/1000	35	50	57	100
.3990196	407/1020	37	60	55	85
.3990297	658/1649	47	85	70	97
.3990502	3445/8633	53	89	65	97
.3990566	423/1060	45	53	47	100
.3990667	2993/7500	41	75	73	100
.3990850	3053/7650	43	85	71	90
.3991011	888/2225	37	50	48	89
.3991121	2607/6532	33	71	79	92
.3991228*	91/228	35	60	65	95
.3991280	2380/5963	34	67	70	89
.3991561	473/1185	43	75	55	79
.3991705	2021/5063	43	61	47	83
.3991781	1457/3650	47	73	62	100
.3991886	984/2465	41	58	48	85
.3992040	2006/5025	34	67	59	75
.3992210	410/1027	41	65	50	79
.3992408	2419/6059	41	73	59	83
.3992467	212/531	40	59	53	90
.3992857	559/1400	43	70	65	100
.3993027	1947/4876	33	53	59	92
.3993069	1037/2597	34	53	61	98
.3993151	583/1460	33	60	53	73
.3993391	3021/7565	53	85	57	89
.3993499	1720/4307	40	59	43	73

（续）

比值	分数	A	B	C	D	比值	分数	A	B	C	D
0.3990						0.4000					
.3993689	1139/2852	34	62	67	92	.4001458	549/1372	45	70	61	98
.3993808	129/323	43	57	45	85	.4001577	2030/5073	35	57	58	89
.3993889	915/2291	30	58	61	79	.4001712	2337/5840	41	73	57	80
.3994007	2666/6675	43	75	62	89	.4001777	1802/4503	34	57	53	79
.3994071	2021/5060	43	55	47	92	.4001874	427/1067	35	55	61	97
.3994382	711/1780	45	89	79	100	.4002041	1961/4900	37	50	53	98
.3994605	1925/4819	35	61	55	79	.4002301	1739/4345	37	55	47	79
.3994658	1645/4118	35	58	47	71	.4002463	325/812	35	58	65	98
.3994822	2623/6566	43	67	61	98	.4002579	2173/5429	41	61	53	89
.3994872	779/1950	41	65	57	90	.4002908	1927/4814	41	58	47	83
0.3995						.4003210	1247/3115	43	70	58	89
.3995000	799/2000	34	50	47	80	.4003316	2173/5428	41	59	53	92
.3995157	165/413	30	59	55	70	.4003451	464/1159	40	61	58	95
.3995442	2279/5704	43	62	53	92	.4003623	221/552	34	60	65	92
.3995713	1305/3266	45	71	58	92	.4003675	1961/4898	37	62	53	79
.3995844	2115/5293	45	67	47	79	.4003827	3139/7840	43	80	73	98
.3995876	969/2425	34	50	57	97	.4003914	1023/2555	33	70	62	73
.3996101	205/513	41	57	50	90	.4004110	2923/7300	37	73	79	100
.3996383	221/553	34	70	65	79	.4004444	901/2250	34	50	53	90
.3996491	1139/2850	34	60	67	95	.4004493	1961/4897	37	59	53	83
.3996599	235/588	47	60	50	98	.4004603	348/869	30	55	58	79
.3996858	2544/6365	48	67	53	95	.4004684	171/427	30	61	57	70
.3996958	2365/5917	43	61	55	97	.4004751	2360/5893	40	71	59	83
.3997106	2210/5529	34	57	65	97	.4004998	1763/4402	41	62	43	71
.3997701	1739/4350	37	58	47	75	0.4005					
.3997845	371/928	35	58	53	80	.4005074	1105/2759	34	62	65	89
.3998014	2013/5035	33	53	61	95	.4005228	2911/7268	41	79	71	92
.3998127	427/1068	35	60	61	89	.4005290	2120/5293	40	67	53	79
.3998246	2279/5700	43	57	53	100	.4005435	737/1840	33	60	67	92
.3998387	2479/6200	37	62	67	100	.4005549	2310/5767	33	73	70	79
.3998450	1032/2581	43	58	48	89	.4006024	133/332	35	60	57	83
.3998558	2773/6935	47	73	59	95	.4006129	1961/4895	37	55	53	89
.3998721	3127/7820	53	85	59	92	.4006426	2494/6225	43	75	58	83
.3998754	1925/4814	35	58	55	83	.4006693	2993/7470	41	83	73	90
.3999002	2405/6014	37	62	65	97	.4006818	1763/4400	41	55	43	80
.3999328	3569/8924	43	92	83	97	.4006912	1739/4340	37	62	47	70
.3999404	1343/3358	34	73	79	92	.4007246	553/1380	35	75	79	92
.3999665	2385/5963	45	67	53	89	.4007387	434/1083	35	57	62	95
0.4000						.4007519	533/1330	41	70	65	95
.4000000*	2/5	35	70	80	100	.4007569	3071/7663	37	79	83	97
.4000305	2623/6557	43	79	61	83	.4007729	1763/4399	41	53	43	83
.4000387	2065/5162	35	58	59	89	.4007843	511/1275	35	75	73	85
.4000786	3055/7636	47	83	65	92	.4008097*	99/247	45	65	55	95
.4000914	2627/6566	37	67	71	98	.4008176	2255/5626	41	58	55	97
.4001124	2135/5336	35	58	61	92	.4008333	481/1200	37	60	65	100
.4001442	555/1387	37	57	45	73	.4008387	2294/5723	37	59	62	97

（续）

比值	分数	A	B	C	D
0.4005					
.4008475	473/1180	43	59	55	100
.4008621	93/232	30	58	62	80
.4008667	370/923	37	65	50	71
.4008824	1363/3400	47	80	58	85
.4009023	1333/3325	43	70	62	95
.4009217	87/217	30	62	58	70
.4009405	1961/4891	37	67	53	73
.4009500	2279/5684	43	58	53	98
.4009703	3306/8245	57	85	58	97
.4009773	1395/3479	45	71	62	98
.4009954	1128/2813	47	58	48	97
0.4010					
.4010127	792/1975	33	50	48	79
.4010163	1815/4526	33	62	55	73
.4010417*	77/192	35	60	55	80
.4010563	1139/2840	34	71	67	80
.4010661	1881/4690	33	67	57	70
.4010870	369/920	41	50	45	92
.4010989	73/182	35	65	73	98
.4011146	3239/8075	41	85	79	95
.4011194	215/536	43	67	50	80
.4011433	2035/5073	37	57	55	89
.4011484	3074/7663	53	79	58	97
.4011609	2419/6030	41	67	59	90
.4011731	2257/5626	37	58	61	97
.4011765	341/850	33	60	62	85
.4011858	203/506	35	55	58	92
.4012048	333/830	37	50	45	83
.4012324	2279/5680	43	71	53	80
.4012452	1160/2891	40	59	58	98
.4012579	319/795	33	53	58	90
.4012825	2065/5146	35	62	59	83
.4012927	2173/5415	41	57	53	95
.4013158	61/152	30	57	61	80
.4013283	423/1054	45	62	47	85
.4013502	2378/5925	41	75	58	79
.4013559	592/1475	37	59	48	75
.4013654	2822/7031	34	79	83	89
.4013903	2021/5035	43	53	47	95
.4013958	2013/5015	33	59	61	85
.4014085	57/142	30	60	57	71
.4014241	2537/6320	43	79	59	80
.4014446	2501/6230	41	70	61	89
.4014473	2108/5251	34	59	62	89
.4014583	1927/4800	41	60	47	80
.4014728	1363/3395	47	70	58	97

比值	分数	A	B	C	D
0.4010					
.4014783	2064/5141	43	53	48	97
.4014876	2537/6319	43	71	59	89
0.4015					
.4015000	803/2000	33	75	73	80
.4015060	1333/3320	43	80	62	83
.4015239	1739/4331	37	61	47	71
.4015280	473/1178	43	62	55	95
.4015356	1935/4819	43	61	45	79
.4015464	779/1940	41	60	57	97
.4015615	2623/6532	43	71	61	92
.4015650	3233/8051	53	83	61	97
.4016002	2610/6499	45	67	58	97
.4016073	1749/4355	33	65	53	67
.4016227	198/493	33	58	60	85
.4016327	492/1225	41	50	48	98
.4016378	2109/5251	37	59	57	89
.4016582	3149/7840	47	80	67	98
.4016728	2065/5141	35	53	59	97
.4016854	143/356	33	60	65	89
.4016959	2795/6958	43	71	65	98
.4017094	47/117	47	65	50	90
.4017239	2610/6497	45	73	58	89
.4017322	603/1501	45	79	67	95
.4017548	1740/4331	30	61	58	71
.4017742	2491/6200	47	62	53	100
.4017823	1037/2581	34	58	61	89
.4017869	2923/7275	37	75	79	97
.4018033	2451/6100	43	61	57	100
.4018075	1645/4094	47	89	70	92
.4018175	2255/5612	41	61	55	92
.4018301	1537/3825	53	85	58	90
.4018443	1961/4880	37	61	53	80
.4018519	217/540	35	60	62	90
.4018576	649/1615	33	57	59	85
.4018727	1073/2670	37	60	58	89
.4018787	1968/4897	41	59	48	83
.4018929	2378/5917	41	61	58	97
.4019339	2494/6205	43	73	58	85
.4019356	2035/5063	37	61	55	83
.4019526	1935/4814	43	58	45	83
.4019608	41/102	41	60	50	85
.4019704	408/1015	34	58	48	70
.4019832	527/1311	34	57	62	92
.4019865	2145/5336	33	58	65	92
.4019957	564/1403	47	61	48	92

（续）

比值	分数	*A*	*B*	*C*	*D*
0.4020					
.4020324	2255/5609	41	71	55	79
.4020429	1968/4895	41	55	48	89
.4020482	3337/8300	47	83	71	100
.4020619	39/97	45	75	65	97
.4020690	583/1450	33	58	53	75
.4020900	885/2201	30	62	59	71
.4020998	2183/5429	37	61	59	89
.4021390	376/935	40	55	47	85
.4021505	187/465	34	62	55	75
.4021581	1938/4819	34	61	57	79
.4021891	2021/5025	43	67	47	75
.4021978	183/455	30	65	61	70
.4022109	473/1176	43	60	55	98
.4022177	399/992	35	62	57	80
.4022309	2380/5917	34	61	70	97
.4022375	2337/5810	41	70	57	83
.4022493	2146/5335	37	55	58	97
.4022581	1247/3100	43	62	58	100
.4022727	177/440	30	55	59	80
.4022770	212/527	40	62	53	85
.4022889	2320/5767	40	73	58	79
.4023085	2405/5978	37	61	65	98
.4023194	451/1121	41	59	55	95
.4023333	1207/3000	34	75	71	80
.4023392	344/855	40	57	43	75
.4023529	171/425	33	55	57	85
.4023717	1968/4891	41	67	48	73
.4023791	2537/6305	43	65	59	97
.4023890	2257/5609	37	71	61	79
.4023973	235/584	47	73	50	80
.4024074	2173/5400	41	60	53	90
.4024183	2130/5293	30	67	71	79
.4024291	497/1235	35	65	71	95
.4024490	493/1225	34	50	58	98
.4024561	1147/2850	37	57	62	100
.4024768 *	130/323	50	85	65	95
0.4025					
.4024978	2256/5605	47	59	48	95
.4025114	1763/4380	41	60	43	73
.4025316	159/395	30	50	53	79
.4025501	221/549	34	61	65	90
.4025668	1537/3818	53	83	58	92
.4025758	969/2407	34	58	57	83
.4025882	1711/4250	58	85	59	100
.4025974	31/77	35	55	62	98
.4026133	986/2449	34	62	58	79

比值	分数	*A*	*B*	*C*	*D*
0.4025					
.4026217	215/534	43	60	50	89
.4026427	2773/6887	47	71	59	97
.4026626	1845/4582	41	58	45	79
.4026688	513/1274	45	65	57	98
.4026762	2257/5605	37	59	61	95
.4026854	3149/7820	47	85	67	92
.4026955	1972/4897	34	59	58	83
.4027118	2881/7154	43	73	67	98
.4027322	737/1830	33	61	67	90
.4027611	671/1666	55	85	61	98
.4027804	2115/5251	45	59	47	89
.4027877	2832/7031	48	79	59	89
.4028000	1007/2500	53	75	57	100
.4028112	1003/2490	34	60	59	83
.4028169	143/355	33	71	65	75
.4028302	427/1060	35	53	61	100
.4028428	2409/5980	33	65	73	92
.4028601	1972/4895	34	55	58	89
.4028857	363/901	33	53	55	85
.4029235	1075/2668	43	58	50	92
.4029310	2337/5800	41	58	57	100
.4029474	957/2375	33	50	58	95
.4029639	3127/7760	53	80	59	97
.4029910	2021/5015	43	59	47	85
.4029991	430/1067	43	55	50	97
0.4030					
.4030172	187/464	34	58	55	80
.4030303	133/330	35	55	57	90
.4030357	2257/5600	37	70	61	80
.4030508	1189/2950	41	59	58	100
.4030646	605/1501	33	57	55	79
.4030759	2385/5917	45	61	53	97
.4030899	287/712	41	80	70	89
.4031250	129/320	43	60	45	80
.4031394	2183/5415	37	57	59	95
.4031540	2173/5390	41	55	53	98
.4031667	2419/6000	41	60	59	100
.4031778	406/1007	35	53	58	95
.4031895	1972/4891	34	67	58	73
.4032349	2867/7110	47	79	61	90
.4032609	371/920	35	50	53	92
.4032702	2343/5810	33	70	71	83
.4032787	123/305	41	61	45	75
.4033019	171/424	30	53	57	80
.4033116	682/1691	33	57	62	89
.4033181	705/1748	45	57	47	92

（续）

比值	分数	*A*	*B*	*C*	*D*	比值	分数	*A*	*B*	*C*	*D*
0.4030						0.4040					
.4033333	121/300	33	50	55	90	.4040230	703/1740	37	58	57	90
.4033469	1880/4661	40	59	47	79	.4040257	1947/4819	33	61	59	79
.4033629	2135/5293	35	67	61	79	.4040458	2257/5586	37	57	61	98
.4033720	1914/4745	33	65	58	73	.4040747	238/589	34	62	70	95
.4033904	2451/6076	43	62	57	98	.4040789	3071/7600	37	80	83	95
.4034008	2491/6175	47	65	53	95	.4041001	2050/5073	41	57	50	89
.4034235	2074/5141	34	53	61	97	.4041096	59/146	30	60	59	73
.4034450	2108/5225	34	55	62	95	.4041219	451/1116	41	62	55	90
.4034530	888/2201	37	62	48	71	.4041250	3233/8000	53	80	61	100
.4034639	2679/6640	47	80	57	83	.4041431	1073/2655	37	59	58	90
.4034722	581/1440	35	80	83	90	.4041538	2627/6500	37	65	71	100
.4034783	232/575	48	75	58	92	.4041621	369/913	41	55	45	83
.4034893	2544/6305	48	65	53	97	.4041708	407/1007	37	53	55	95
0.4035						.4041854	2337/5782	41	59	57	98
.4035296	2378/5893	41	71	58	83	.4042000	2021/5000	43	50	47	100
.4035385	2623/6500	43	65	61	100	.4042120	595/1472	35	80	85	92
.4035639	385/954	35	53	55	90	.4042169	671/1660	33	60	61	83
.4035691	3053/7565	43	85	71	89	.4042274	2773/6860	47	70	59	98
.4035890	1147/2842	37	58	62	98	.4042373	477/1180	45	59	53	100
.4036006	2623/6499	43	67	61	97	.4042466	990/2449	33	62	60	79
.4036095	492/1219	41	53	48	92	.4042593	2183/5400	37	60	59	90
.4036217	1003/2485	34	70	59	71	.4042715	530/1311	40	57	53	92
.4036364	111/275	37	55	45	75	.4042885	1037/2565	34	57	61	90
.4036530	442/1095	34	73	65	75	.4043011	188/465	40	62	47	75
.4036568	287/711	41	79	70	90	.4043103	469/1160	35	58	67	100
.4036789	1207/2990	34	65	71	92	.4043225	1665/4118	37	58	45	71
.4036878	2255/5586	41	57	55	98	.4043299	1961/4850	37	50	53	97
.4037191	1650/4087	30	61	55	67	.4043361	2555/6319	35	71	73	89
.4037281	1776/4399	37	53	48	83	.4043478	93/230	33	55	62	92
.4037351	1189/2945	41	62	58	95	.4043558	2655/6566	45	67	59	98
.4037538	925/2291	37	58	50	79	.4043726	2275/5626	35	58	65	97
.4037613	1739/4307	37	59	47	73	.4044118*	55/136	50	80	55	85
.4037801	235/582	47	60	50	97	.4044218	1189/2940	41	60	58	98
.4037975	319/790	33	60	58	79	.4044299	493/1219	34	53	58	92
.4038095	212/525	40	70	53	75	.4044355	1003/2480	34	62	59	80
.4038314	527/1305	34	58	62	90	.4044454	1947/4814	33	58	59	83
.4038356	737/1825	33	73	67	75	.4044737	1537/3800	53	80	58	95
.4038462*	21/52	30	65	70	80	.4044803	2257/5580	37	62	61	90
.4038603	3285/8134	45	83	73	98	.4044944	36/89	33	55	60	89
.4038668	376/931	47	57	48	98	0.4045					
.4038948	2074/5135	34	65	61	79	.4045128	1972/4875	34	65	58	75
.4039008	3127/7742	53	79	59	98	.4045161	627/1550	33	62	57	75
.4039139	1032/2555	43	70	48	73	.4045383	517/1278	47	71	55	90
.4039548	143/354	33	59	65	90	.4045570	799/1975	34	50	47	79
.4039706	2747/6800	41	80	67	85	.4045656	638/1577	33	57	58	83
.4039832	1927/4770	41	53	47	90	.4046053	123/304	41	57	45	80
.4039935	1740/4307	30	59	58	73						

（续）

比值	分数	*A*	*B*	*C*	*D*
0.4045					
.4046339	2183/5395	37	65	59	83
.4046442	2701/6675	37	75	73	89
.4046483	1950/4819	30	61	65	79
.4046592	469/1159	35	61	67	95
.4046653	399/986	35	58	57	85
.4047059	172/425	40	50	43	85
.4047175	2385/5893	45	71	53	83
.4047301	3337/8245	47	85	71	97
.4047472	1961/4845	37	57	53	85
.4047847	423/1045	45	55	47	95
.4047856	406/1003	35	59	58	85
.4048220	1763/4355	41	65	43	67
.4048252	1980/4891	33	67	60	73
.4048450	1855/4582	35	58	53	79
.4048611	583/1440	53	80	55	90
.4048739	2409/5950	33	70	73	85
.4048750	3239/8000	41	80	79	100
.4048863	2867/7081	47	73	61	97
.4048964	215/531	43	59	50	90
.4049057	1073/2650	37	53	58	100
.4049236	477/1178	45	62	53	95
.4049438	901/2225	34	50	53	89
.4049658	473/1168	43	73	55	80
.4049790	1155/2852	33	62	70	92
0.4050					
.4050093	2183/5390	37	55	59	98
.4050202	2501/6175	41	65	61	95
.4050302	2013/4970	33	70	61	71
.4050725	559/1380	43	75	65	92
.4050835	2279/5626	43	58	53	97
.4050872	1927/4757	41	67	47	71
.4051111	2790/6887	45	71	62	97
.4051233	427/1054	35	62	61	85
.4051383	205/506	41	55	50	92
.4051724	47/116	35	58	47	70
.4051807	3363/8300	57	83	59	100
.4051932	671/1656	55	90	61	92
.4052004	374/923	34	65	55	71
.4052339	511/1261	35	65	73	97
.4052419	201/496	30	62	67	80
.4052525	1003/2475	34	55	59	90
.4052632*	77/190	35	50	55	95
.4052795	261/644	45	70	58	92
.4052874	1763/4350	41	58	43	75
.4053100	2870/7081	41	73	70	97
.4053208	259/639	37	71	70	90
0.4050					
.4053587	469/1157	35	65	67	89
.4053818	2320/5723	40	59	58	97
.4053879	1881/4640	33	58	57	80
.4054104	2173/5360	41	67	53	80
.4054411	2146/5293	37	67	58	79
.4054508	3139/7742	43	79	73	98
.4054645	371/915	35	61	53	75
.4054795	148/365	37	60	48	73
.4054945	369/910	41	65	45	70
.4054983	118/291	40	60	59	97
0.4055					
.4055085	957/2360	33	59	58	80
.4055220	470/1159	47	61	50	95
.4055556	73/180	35	70	73	90
.4055690	335/826	35	59	67	98
.4055769	2109/5200	37	65	57	80
.4055981	2275/5609	35	71	65	79
.4056122	159/392	45	60	53	98
.4056190	462/1139	33	67	70	85
.4056250	649/1600	33	60	59	80
.4056604	43/106	40	53	43	80
.4056683	2419/5963	41	67	59	89
.4056842	1927/4750	41	50	47	95
.4056902	385/949	35	65	55	73
.4057018	185/456	37	57	50	80
.4057143	71/175	30	70	71	75
.4057416	424/1045	40	55	53	95
.4057537	1763/4345	41	55	43	79
.4057732	984/2425	41	50	48	97
.4057827	407/1003	37	59	55	85
.4057990	3149/7760	47	80	67	97
.4058085	517/1274	47	65	55	98
.4058233	2021/4980	43	60	47	83
.4058309	696/1715	48	70	58	98
.4058371	2795/6887	43	71	65	97
.4058529	1054/2597	34	53	62	98
.4058623	2257/5561	37	67	61	83
.4058708	1037/2555	34	70	61	73
.4058788	2665/6566	41	67	65	98
.4058876	455/1121	35	59	65	95
.4058964	1363/3358	47	73	58	92
.4059072	481/1185	37	75	65	79
.4059159	1139/2806	34	61	67	92
.4059363	930/2291	30	58	62	79
.4059484	3071/7565	37	85	83	89
.4059568	2726/6715	47	79	58	85
.4059722	2923/7200	37	80	79	90

（续）

比值	分数	*A*	*B*	*C*	*D*
0.4060					
.4060000	203/500	35	50	58	100
.4060311	1333/3283	43	67	62	98
.4060454	2109/5194	37	53	57	98
.4060705	495/1219	33	53	60	92
.4060831	1749/4307	33	59	53	73
.4060941	2279/5612	43	61	53	92
.4061117	1927/4745	41	65	47	73
.4061181	385/948	35	60	55	79
.4061303	106/261	40	58	53	90
.4061538	132/325	33	65	60	75
.4061654	2701/6650	37	70	73	95
.4061920	656/1615	41	57	48	85
.4061969	2150/5293	43	67	50	79
.4062212	1763/4340	41	62	43	70
.4062352	860/2117	40	58	43	73
.4062500*	13/32	30	60	65	80
.4062745	518/1275	37	75	70	85
.4062771	2343/5767	33	73	71	79
.4062893	323/795	34	53	57	90
.4063113	2279/5609	43	71	53	79
.4063527	371/913	35	55	53	83
.4063574	473/1164	43	60	55	97
.4063670	217/534	35	60	62	89
.4063785	2867/7055	47	83	61	85
.4063934	2479/6100	37	61	67	100
.4063957	610/1501	30	57	61	79
.4064228	2278/5605	34	59	67	95
.4064338	1175/2891	47	59	50	98
.4064359	2665/6557	41	79	65	83
.4064560	2405/5917	37	61	65	97
.4064739	1645/4047	35	57	47	71
.4064757	1632/4015	34	55	48	73
.4064957	1189/2925	41	65	58	90
0.4065					
.4065217	187/460	34	50	55	92
.4065401	1927/4740	41	60	47	79
.4065546	2419/5950	41	70	59	85
.4065574	124/305	30	61	62	75
.4065823	803/1975	33	75	73	79
.4065892	2135/5251	35	59	61	89
.4065979	986/2425	34	50	58	97
.4066239	2345/5767	35	73	67	79
.4066398	2021/4970	43	70	47	71
.4066576	2993/7360	41	80	73	92
.4066667	61/150	33	55	61	90
.4066901	231/568	33	71	70	80

比值	分数	*A*	*B*	*C*	*D*
0.4065					
.4067055	279/686	45	70	62	98
.4067321	290/713	40	62	58	92
.4067424	3149/7742	47	79	67	98
.4067479	434/1067	35	55	62	97
.4067583	3551/8730	53	90	67	97
.4067690	1935/4757	43	67	45	71
.4067836	1739/4275	37	57	47	75
.4067857	1139/2800	34	70	67	80
.4067982	371/912	35	57	53	80
.4068111	657/1615	45	85	73	95
.4068200	513/1261	45	65	57	97
.4068376	238/585	34	65	70	90
.4068598	688/1691	43	57	48	89
.4068657	1363/3350	47	67	58	100
.4068907	1925/4731	35	57	55	83
.4068966	59/145	30	58	59	75
.4069128	518/1273	37	67	70	95
.4069288	2173/5340	41	60	53	89
.4069643	2279/5600	43	70	53	80
.4069681	549/1349	45	71	61	95
0.4070					
.4070000	407/1000	37	50	55	100
.4070135	1416/3479	48	71	59	98
.4070175	116/285	30	57	58	75
.4070570	2065/5073	35	57	59	89
.4070653	1763/4331	41	61	43	71
.4071320	2135/5244	35	57	61	92
.4071429	57/140	35	50	57	98
.4071500	410/1007	41	53	50	95
.4071642	682/1675	33	67	62	75
.4071918	1189/2920	41	73	58	80
.4072006	2115/5194	45	53	47	98
.4072106	1073/2635	37	62	58	85
.4072231	2537/6230	43	70	59	89
.4072339	2173/5336	41	58	53	92
.4072476	472/1159	40	61	59	95
.4072600	1739/4270	37	61	47	70
.4072682	325/798	35	57	65	98
.4072761	2183/5360	37	67	59	80
.4072981	2623/6440	43	70	61	92
.4073102	2173/5335	41	55	53	97
.4073246	1457/3577	47	73	62	98
.4073324	2211/5428	33	59	67	92
.4073536	1961/4814	37	58	53	83
.4073648	354/869	30	55	59	79
.4073684	387/950	43	50	45	95

（续）

比值	分数	*A*	*B*	*C*	*D*
0.4070					
.4073770	497/1220	35	61	71	100
.4073923	1995/4897	35	59	57	83
.4073996	1938/4757	34	67	57	71
.4074074 *	11/27	40	60	55	90
.4074344	559/1372	43	70	65	98
.4074512	689/1691	53	89	65	95
.4074597	2021/4960	43	62	47	80
.4074726	3010/7387	43	83	70	89
.4074941	174/427	30	61	58	70
0.4075					
.4075117	434/1065	35	71	62	75
.4075342	119/292	34	73	70	80
.4075491	2451/6014	43	62	57	97
.4075587	399/979	35	55	57	89
.4075840	1881/4615	33	65	57	71
.4075904	1815/4453	33	61	55	73
.4076023	697/1710	41	90	85	95
.4076271	481/1180	37	59	65	100
.4076447	1845/4526	41	62	45	73
.4076634	2064/5063	43	61	48	83
.4076923	53/130	35	65	53	70
.4077094	550/1349	30	57	55	71
.4077193	581/1425	35	75	83	95
.4077497	1147/2813	37	58	62	97
.4077586	473/1160	43	58	55	100
.4077656	2867/7031	47	79	61	89
.4077758	451/1106	41	70	55	79
.4077941	2773/6800	47	80	59	85
.4077977	387/949	43	65	45	73
.4078071	1776/4355	37	65	48	67
.4078341	177/434	30	62	59	70
.4078431 *	104/255	40	75	65	85
.4078495	2255/5529	41	57	55	97
.4078610	2065/5063	35	61	59	83
.4078652	363/890	33	50	55	89
.4078806	2650/6497	50	73	53	89
.4078947	31/76	30	57	62	80
.4079051	516/1265	43	55	48	92
.4079193	2627/6440	37	70	71	92
.4079284	319/782	55	85	58	92
.4079516	472/1157	40	65	59	89
.4079602	82/201	41	67	50	75
.4079696	215/527	43	62	50	85
.4079842	2279/5586	43	57	53	98
.4079914	2665/6532	41	71	65	92

比值	分数	*A*	*B*	*C*	*D*
0.4080					
.4080000	51/125	34	50	48	80
.4080110	2679/6566	47	67	57	98
.4080238	3285/8051	45	83	73	97
.4080304	752/1843	47	57	48	97
.4080648	2115/5183	45	71	47	73
.4080751	2173/5325	41	71	53	75
.4080984	1925/4717	35	53	55	89
.4081104	473/1159	43	61	55	95
.4081187	935/2291	34	58	55	79
.4081256	442/1083	34	57	65	95
.4081448	451/1105	41	65	55	85
.4081495	3015/7387	45	83	67	89
.4081761	649/1590	33	53	59	90
.4081923	2870/7031	41	79	70	89
.4082112	2257/5529	37	57	61	97
.4082160	1739/4260	37	60	47	71
.4082278	129/316	43	60	45	79
.4082437	1139/2790	34	62	67	90
.4082627	1927/4720	41	59	47	80
.4082700	2419/5925	41	75	59	79
.4082828	2021/4950	43	55	47	90
.4083164	2013/4930	33	58	61	85
.4083333 *	49/120	35	60	70	100
.4083523	2337/5723	41	59	57	97
.4083607	2491/6100	47	61	53	100
.4083688	1054/2581	34	58	62	89
.4083835	1968/4819	41	61	48	79
.4083947	2773/6790	47	70	59	97
.4084070	1710/4187	30	53	57	79
.4084229	2279/5580	43	62	53	90
.4084299	1938/4745	34	65	57	73
.4084507	29/71	30	60	58	71
.4084615	531/1300	45	65	59	100
.4084832	2475/6059	33	73	75	83
.4084936	2145/5251	33	59	65	89
0.4085					
.4085000	817/2000	43	60	57	100
.4085145	451/1104	41	60	55	92
.4085224	1927/4717	41	53	47	89
.4085417	1961/4800	37	60	53	80
.4085626	2109/5162	37	58	57	89
.4085714	143/350	33	70	65	75
.4085826	2923/7154	37	73	79	98
.4085911	1189/2910	41	60	58	97
.4086124	427/1045	35	55	61	95
.4086345	407/996	37	60	55	83

（续）

比值	分数	*A*	*B*	*C*	*D*
0.4085					
.4086449	3290/8051	47	83	70	97
.4086501	2655/6497	45	73	59	89
.4086629	217/531	35	59	62	90
.4086687*	132/323	55	85	60	95
.4086841	2146/5251	37	59	58	89
.4086957	47/115	40	50	47	92
.4087254	2745/6716	45	73	61	92
.4087432	374/915	34	61	55	75
.4087457	1776/4345	37	55	48	79
.4087619	1073/2625	37	70	58	75
.4087737	410/1003	41	59	50	85
.4087912	186/455	30	65	62	70
.4088015	2183/5340	37	60	59	89
.4088076	984/2407	41	58	48	83
.4088220	2419/5917	41	61	59	97
.4088311	2074/5073	34	57	61	89
.4088438	1128/2759	47	62	48	89
.4088525	1247/3050	43	61	58	100
.4088608	323/790	34	60	57	79
.4088717	424/1037	40	61	53	85
.4088768	2257/5520	37	60	61	92
.4089130	1881/4600	33	50	57	92
.4089412	869/2125	33	75	79	85
.4089617	3021/7387	53	83	57	89
.4089674	301/736	43	80	70	92
.4089825	2914/7125	47	75	62	95
.4089862	355/868	35	62	71	98
0.4090					
.4090044	645/1577	43	57	45	83
.4090136	481/1176	37	60	65	98
.4090232	2747/6716	41	73	67	92
.4090280	2365/5782	43	59	55	98
.4090389	715/1748	33	57	65	92
.4090588	3477/8500	57	85	61	100
.4090837	2585/6319	47	71	55	89
.4090909*	9/22	30	55	60	80
.4090991	2275/5561	35	67	65	83
.4091079	2183/5336	37	58	59	92
.4091228	583/1425	33	57	53	75
.4091434	2479/6059	37	73	67	83
.4091468	1995/4876	35	53	57	92
.4091765	1739/4250	37	50	47	85
.4091935	2537/6200	43	62	59	100
.4092135	1972/4819	34	61	58	79
.4092166	444/1085	37	62	48	70
.4092296	1073/2622	37	57	58	92

比值	分数	*A*	*B*	*C*	*D*
0.4090					
.4092405	3233/7900	53	79	61	100
.4092559	451/1102	41	58	55	95
.4092742	203/496	35	62	58	80
.4092774	2294/5605	37	59	62	95
.4092916	1947/4757	33	67	59	71
.4093336	1763/4307	41	59	43	73
.4093594	901/2201	34	62	53	71
.4093878	1003/2450	34	50	59	98
.4094118	174/425	33	55	58	85
.4094233	2911/7110	41	79	71	90
.4094340	217/530	35	53	62	100
.4094374	1128/2755	47	58	48	95
.4094458	2150/5251	43	59	50	89
.4094567	407/994	37	70	55	71
0.4095					
.4095076	3127/7636	53	83	59	92
.4095238	43/105	40	60	43	70
.4095450	369/901	41	53	45	85
.4095455	901/2200	34	55	53	80
.4095714	2867/7000	47	70	61	100
.4095936	3074/7505	53	79	58	95
.4096019	1749/4270	33	61	53	70
.4096189	2257/5510	37	58	61	95
.4096296	553/1350	35	75	79	90
.4096429	1147/2800	37	70	62	80
.4096467	603/1472	45	80	67	92
.4096696	2542/6205	41	73	62	85
.4097015	549/1340	45	67	61	100
.4097136	329/803	35	55	47	73
.4097249	2115/5162	45	58	47	89
.4097268	615/1501	41	57	45	79
.4097501	2345/5723	35	59	67	97
.4097568	2881/7031	43	79	67	89
.4097938	159/388	45	60	53	97
.4098059	2006/4895	34	55	59	89
.4098239	2211/5395	33	65	67	83
.4098329	2109/5146	37	62	57	83
.4098542	1855/4526	35	62	53	73
.4098662	2451/5980	43	65	57	92
.4098814	1037/2530	34	55	61	92
.4099222	1950/4757	30	67	65	71
.4099305	2064/5035	43	53	48	95
.4099391	2021/4930	43	58	47	85
.4099531	2183/5325	37	71	59	75
.4099576	387/944	43	59	45	80
.4099737	2491/6076	47	62	53	98

（续）

比值	分数	*A*	*B*	*C*	*D*
0.4095					
.4099754	2170/5293	35	67	62	79
.4099924	1075/2622	43	57	50	92
0.4100					
.4100000	41/100	40	50	41	80
.4100147	1392/3395	48	70	58	97
.4100190	3233/7885	53	83	61	95
.4100370	2108/5141	34	53	62	97
.4100550	522/1273	45	67	58	95
.4100631	2665/6499	41	67	65	97
.4100670	1776/4331	37	61	48	71
.4100877	187/456	34	57	55	80
.4101010	203/495	35	55	58	90
.4101124	73/178	35	70	73	89
.4101291	413/1007	35	53	59	95
.4101415	1739/4240	37	53	47	80
.4101538	1333/3250	43	65	62	100
.4101695	121/295	33	59	55	75
.4101818	564/1375	47	55	48	100
.4101893	2665/6497	41	73	65	89
.4102041	201/490	45	75	67	98
.4102184	1935/4717	43	53	45	89
.4102315	2109/5141	37	53	57	97
.4102372	1643/4005	53	89	62	90
.4102528	2905/7081	35	73	83	97
.4102657	3397/8280	43	90	79	92
.4102823	407/992	37	62	55	80
.4102941	279/680	45	80	62	85
.4103012	940/2291	40	58	47	79
.4103226	318/775	48	62	53	100
.4103267	1947/4745	33	65	59	73
.4103432	2666/6497	43	73	62	89
.4103538	2378/5795	41	61	58	95
.4103636	2257/5500	37	55	61	100
.4103716	1005/2449	30	62	67	79
.4103774	87/212	30	53	58	80
.4104225	1457/3550	47	71	62	100
.4104348	236/575	48	75	59	92
.4104418	511/1245	35	75	73	83
.4104478	55/134	30	60	55	67
.4104620	3021/7360	53	80	57	92
.4104674	1247/3038	43	62	58	98
.4104870	2419/5893	41	71	59	83
.4104991	477/1162	45	70	53	83
0.4105					
.4105194	1881/4582	33	58	57	79
.4105263*	39/95	45	75	65	95

比值	分数	*A*	*B*	*C*	*D*
0.4105					
.4105422	2173/5293	41	67	53	79
.4105634	583/1420	33	60	53	71
.4105660	544/1325	34	53	48	75
.4105769	427/1040	35	65	61	80
.4105932	969/2360	34	59	57	80
.4105992	1720/4189	40	59	43	71
.4106238	2350/5723	47	59	50	97
.4106250	657/1600	45	80	73	100
.4106415	1914/4661	33	59	58	79
.4106548	370/901	37	53	50	85
.4106695	1147/2793	37	57	62	98
.4106935	1060/2581	40	58	53	89
.4106989	476/1159	34	61	70	95
.4107108	2109/5135	37	65	57	79
.4107177	2146/5225	37	55	58	95
.4107366	329/801	47	89	70	90
.4107468	451/1098	41	61	55	90
.4107595	649/1580	33	60	59	79
.4107705	2479/6035	37	71	67	85
.4107800	3239/7885	41	83	79	95
.4107851	518/1261	37	65	70	97
.4107953	1720/4187	40	53	43	79
.4108148	2773/6750	47	75	59	90
.4108333	493/1200	34	60	58	80
.4108372	1850/4503	37	57	50	79
.4108544	1938/4717	34	53	57	89
.4108736	1980/4819	33	61	60	79
.4108984	279/679	45	70	62	97
.4109162	1054/2565	34	57	62	90
.4109290	376/915	40	61	47	75
.4109357	3149/7663	47	79	67	97
.4109453	413/1005	35	67	59	75
.4109841	2013/4898	33	62	61	79
.4109890	187/455	34	65	55	70
.4109988	2115/5146	45	62	47	83
0.4110					
.4110204	1007/2450	53	75	57	98
.4110347	2451/5963	43	67	57	89
.4110368	2890/7031	34	79	85	89
.4110512	305/742	35	53	61	98
.4110631	2378/5785	41	65	58	89
.4110680	2013/4897	33	59	61	83
.4110825	319/776	55	80	58	97
.4111001	2911/7081	41	73	71	97
.4111111	37/90	37	60	50	75
.4111150	2345/5704	35	62	67	92

（续）

比值	分数	*A*	*B*	*C*	*D*
0.4110					
.4111541	2337/5684	41	58	57	98
.4112069	477/1160	45	58	53	100
.4112360	183/445	33	55	61	89
.4112500	329/800	35	50	47	80
.4112676	146/355	30	71	73	75
.4112764	1189/2891	41	59	58	98
.4113004	990/2407	33	58	60	83
.4113286	3551/8633	53	89	67	97
.4113402	399/970	35	50	57	97
.4113616	2701/6566	37	67	73	98
.4113924	65/158	30	60	65	79
.4114028	1003/2438	34	53	59	92
.4114088	476/1157	34	65	70	89
.4114159	555/1349	37	57	45	71
.4114437	2337/5680	41	71	57	80
.4114510	2623/6375	43	75	61	85
.4114668	2275/5529	35	57	65	97
.4114833	86/209	43	55	50	95
.4114872	2006/4875	34	65	59	75
0.4115					
.4115127	1537/3735	53	83	58	90
.4115238	2914/7081	47	73	62	97
.4115294	1749/4250	33	50	53	85
.4115409	649/1577	33	57	59	83
.4115617	477/1159	45	61	53	95
.4115653	2064/5015	43	59	48	85
.4115834	2537/6164	43	67	59	92
.4116129	319/775	33	62	58	75
.4116195	2501/6076	41	62	61	98
.4116348	559/1358	43	70	65	97
.4116466	205/498	41	60	50	83
.4116599	2542/6175	41	65	62	95
.4116700	1023/2485	33	70	62	71
.4116901	2923/7100	37	71	79	100
.4117034	2765/6716	35	73	79	92
.4117175	513/1246	45	70	57	89
.4117268	639/1552	45	80	71	97
.4117739	2623/6370	43	65	61	98
.4117949	803/1950	33	65	73	90
.4118052	2993/7268	41	79	73	92
.4118151	481/1168	37	73	65	80
.4118291	376/913	40	55	47	83
.4118381	2310/5609	33	71	70	79
.4118649	3145/7636	37	83	85	92
.4118721	451/1095	41	73	55	75
.4118774	215/522	43	58	50	90

比值	分数	*A*	*B*	*C*	*D*
0.4115					
.4118868	2183/5300	37	53	59	100
.4119166	2074/5035	34	53	61	95
.4119349	1139/2765	34	70	67	79
.4119476	1855/4503	35	57	53	79
.4119705	1060/2573	40	62	53	83
.4119838	2544/6175	48	65	53	95
.4119916	1175/2852	47	62	50	92
0.4120					
.4120073	3397/8245	43	85	79	97
.4120437	2867/6958	47	71	61	98
.4120482	171/415	33	55	57	83
.4120784	2627/6375	37	75	71	85
.4120974	2623/6365	43	67	61	95
.4121061	497/1206	35	67	71	90
.4121157	2279/5530	43	70	53	79
.4121377	455/1104	35	60	65	92
.4121538	2679/6500	47	65	57	100
.4121821	697/1691	41	89	85	95
.4121925	1927/4675	41	55	47	85
.4122049	2479/6014	37	62	67	97
.4122222	371/900	35	50	53	90
.4122346	1961/4757	37	67	53	71
.4122374	2257/5475	37	73	61	75
.4122731	477/1157	45	65	53	89
.4122807	47/114	40	57	47	80
.4122871	2275/5518	35	62	65	89
.4123126	1815/4402	33	62	55	71
.4123340	2173/5270	41	62	53	85
.4123442	2679/6497	47	73	57	89
.4123520	1776/4307	37	59	48	73
.4123567	1475/3577	50	73	59	98
.4123724	3233/7840	53	80	61	98
.4123945	1271/3082	41	67	62	92
.4123977	1763/4275	41	57	43	75
.4124315	2183/5293	37	67	59	79
.4124444	464/1125	48	75	58	90
.4124490	2021/4900	43	50	47	98
.4124748	205/497	41	70	50	71
.4124870	2385/5782	45	59	53	98
0.4125					
.4125000*	33/80	30	50	55	80
.4125157	2294/5561	37	67	62	83
.4125616	335/812	35	58	67	98
.4125653	2607/6319	33	71	79	89
.4125786	328/795	41	53	48	90
.4125938	1815/4399	33	53	55	83

（续）

比值	分数	A	B	C	D
0.4125					
.4126174	2021/4898	43	62	47	79
.4126427	470/1139	47	67	50	85
.4126496	1207/2925	34	65	71	90
.4126812	1139/2760	34	60	67	92
.4126923	1073/2600	37	65	58	80
.4126984*	26/63	40	70	65	90
.4127190	636/1541	48	67	53	92
.4127258	2627/6365	37	67	71	95
.4127363	2074/5025	34	67	61	75
.4127502	2784/6745	48	71	58	95
.4127623	1947/4717	33	53	59	89
.4127744	2501/6059	41	73	61	83
.4127789	407/986	37	58	55	85
.4127948	2923/7081	37	73	79	97
.4128000	258/625	43	50	48	100
.4128307	1139/2759	34	62	67	89
.4128421	1961/4750	37	50	53	95
.4128530	424/1027	40	65	53	79
.4128623	2279/5520	43	60	53	92
.4128703	2021/4895	43	55	47	89
.4128806	1763/4270	41	61	43	70
.4128857	455/1102	35	58	65	95
.4129231	671/1625	33	65	61	75
.4129561	2773/6715	47	79	59	85
.4129747	261/632	45	79	58	80
0.4130					
.4130000	413/1000	35	50	59	100
.4130120	2279/5518	43	62	53	89
.4130263	3139/7600	43	80	73	95
.4130400	2610/6319	45	71	58	89
.4130580	620/1501	30	57	62	79
.4130846	1749/4234	33	58	53	73
.4131012	2491/6030	47	67	53	90
.4131378	3239/7840	41	80	79	98
.4131646	816/1975	34	50	48	79
.4131690	1073/2597	37	53	58	98
.4131821	583/1411	53	83	55	85
.4131944*	119/288	35	80	85	90
.4132025	2485/6014	35	62	71	97
.4132079	2021/4891	43	67	47	73
.4132196	969/2345	34	67	57	70
.4132302	481/1164	37	60	65	97
.4132448	2365/5723	43	59	55	97
.4132546	2170/5251	35	59	62	89
.4132554	212/513	40	57	53	90
.4132771	1961/4745	37	65	53	73
0.4130					
.4132936	3053/7387	43	83	71	89
.4133065	205/496	41	62	50	80
.4133333	31/75	33	55	62	90
.4133510	3127/7565	53	85	59	89
.4133622	1720/4161	40	57	43	73
.4133735	3431/8300	47	83	73	100
.4133763	513/1241	45	73	57	85
.4133999	580/1403	40	61	58	92
.4134066	1881/4550	33	65	57	70
.4134172	986/2385	34	53	58	90
.4134301	1139/2755	34	58	67	95
.4134412	1175/2842	47	58	50	98
.4134497	3363/8134	57	83	59	98
.4134615	43/104	43	65	50	80
0.4135					
.4135043	2419/5850	41	65	59	90
.4135338*	55/133	50	70	55	95
.4135593	122/295	30	59	61	75
.4135654	689/1666	53	85	65	98
.4135840	682/1649	55	85	62	97
.4135994	2135/5162	35	58	61	89
.4136082	1003/2425	34	50	59	97
.4136210	2320/5609	40	71	58	79
.4136364*	91/220	35	55	65	100
.4136709	817/1975	43	75	57	79
.4136933	429/1037	33	61	65	85
.4137048	2747/6640	41	80	67	83
.4137131	1961/4740	37	60	53	79
.4137324	235/568	47	71	50	80
.4137447	295/713	40	62	59	92
.4137457	602/1455	43	75	70	97
.4137652	511/1235	35	65	73	95
.4137773	1802/4355	34	65	53	67
.4138063	1085/2622	35	57	62	92
.4138199	533/1288	41	70	65	92
.4138259	2173/5251	41	59	53	89
.4138365	329/795	35	53	47	75
.4138498	1763/4260	41	60	43	71
.4138577	221/534	34	60	65	89
.4138806	2773/6700	47	67	59	100
.4138862	2146/5185	37	61	58	85
.4139037	387/935	43	55	45	85
.4139161	464/1121	40	59	58	95
.4139392	1075/2597	43	53	50	98
.4139572	522/1261	45	65	58	97
.4139785	77/186	35	62	55	75
.4139863	1995/4819	35	61	57	79

（续）

比值	分数	*A*	*B*	*C*	*D*
0.4140					
.4140236	2911/7031	41	79	71	89
.4140351	118/285	30	57	59	75
.4140476	1739/4200	37	60	47	70
.4140587	860/2077	40	62	43	67
.4140741	559/1350	43	75	65	90
.4141414	41/99	41	55	50	90
.4141679	1105/2668	34	58	65	92
.4141944	3239/7820	41	85	79	92
.4142002	2491/6014	47	62	53	97
.4142123	2419/5840	41	73	59	80
.4142302	2451/5917	43	61	57	97
.4142529	901/2175	34	58	53	75
.4142857	29/70	35	50	58	98
.4143158	984/2375	41	50	48	95
.4143274	1845/4453	41	61	45	73
.4143421	3149/7600	47	80	67	95
.4143636	2279/5500	43	55	53	100
.4143720	3431/8280	47	90	73	92
.4143783	2173/5244	41	57	53	92
.4143898	455/1098	35	61	65	90
.4143986	472/1139	40	67	59	85
.4144086	1927/4650	41	62	47	75
.4144163	1995/4814	35	58	57	83
.4144330	201/485	45	75	67	97
.4144549	1015/2449	35	62	58	79
.4144578	172/415	40	50	43	83
.4144737*	63/152	35	40	45	95
.4144791	2021/4876	43	53	47	92
0.4145					
.4145001	1961/4731	37	57	53	83
.4145199	177/427	30	61	59	70
.4145325	696/1679	48	73	58	92
.4145395	2030/4897	35	59	58	83
.4145455	114/275	30	55	57	75
.4145641	2021/4875	43	65	47	75
.4145942	2784/6715	48	79	58	85
.4145996	585/1411	45	83	65	85
.4146067	369/890	41	50	45	89
.4146213	2365/5704	43	62	55	92
.4146299	2409/5810	33	70	73	83
.4146552	481/1160	37	58	65	100
.4146949	333/803	37	55	45	73
.4146990	1247/3007	43	62	58	97
.4147089	406/979	35	55	58	89
.4147296	1802/4345	34	55	53	79
.4147524	1968/4745	41	65	48	73
0.4145					
.4147595	2501/6030	41	67	61	90
.4148148*	56/135	35	75	80	90
.4148235	1763/4250	41	50	43	85
.4148282	1147/2765	37	70	62	79
.4148707	385/928	35	58	55	80
.4148754	3397/8188	43	89	79	92
.4148853	2135/5146	35	62	61	83
.4149032	2294/5529	37	57	62	97
.4149123	473/1140	43	57	55	100
.4149163	1363/3285	47	73	58	90
.4149278	517/1246	47	70	55	89
.4149362	1139/2745	34	61	67	90
.4149616	649/1564	55	85	59	92
0.4150					
.4150000	83/200	34	80	83	85
.4150101	1023/2465	33	58	62	85
.4150235	442/1065	34	71	65	75
.4150316	2623/6320	43	79	61	80
.4150394	3422/8245	58	85	59	97
.4150502	1241/2990	34	65	73	92
.4150595	2475/5963	33	67	75	89
.4150815	611/1472	47	80	65	92
.4150943	22/53	30	53	55	75
.4150973	2623/6319	43	71	61	89
.4151184	2279/5490	43	61	53	90
.4151349	1739/4189	37	59	47	71
.4151386	1947/4690	33	67	59	70
.4151470	1935/4661	43	59	45	79
.4151579	986/2375	34	50	58	95
.4151667	2491/6000	47	60	53	100
.4151899	164/395	40	50	41	79
.4152006	590/1421	40	58	59	98
.4152074	901/2170	34	62	53	70
.4152501	855/2059	30	58	57	71
.4152610	517/1245	47	75	55	83
.4152787	1870/4503	34	57	55	79
.4152889	2135/5141	35	53	61	97
.4153017	1927/4640	41	58	47	80
.4153061	407/980	37	50	55	98
.4153240	1160/2793	40	57	58	98
.4153332	1739/4187	37	53	47	79
.4153619	2255/5429	41	61	55	89
.4153736	1740/4189	30	59	58	71
.4153778	940/2263	40	62	47	73
.4153928	2337/5626	41	58	57	97
.4154237	2451/5900	43	59	57	100

（续）

比值	分数	*A*	*B*	*C*	*D*
0.4150					
.4154258	1395/3358	45	73	62	92
.4154386	592/1425	37	57	48	75
.4154503	1850/4453	37	61	50	73
.4154661	1961/4720	37	59	53	80
.4154799	671/1615	33	57	61	85
.4154930	59/142	30	60	59	71
0.4155					
.4155072	2867/6900	47	75	61	92
.4155163	2378/5723	41	59	58	97
.4155332	2108/5073	34	57	62	89
.4155366	2145/5162	33	58	65	89
.4155461	2256/5429	47	61	48	89
.4155556	187/450	34	50	55	90
.4155720	1740/4187	30	53	58	79
.4155797	1147/2760	37	60	62	92
.4155988	1881/4526	33	62	57	73
.4156082	3403/8188	41	89	83	92
.4156227	564/1357	47	59	48	92
.4156250	133/320	35	60	57	80
.4156357	2419/5820	41	60	59	97
.4156463	611/1470	47	75	65	98
.4156646	2627/6320	37	79	71	80
.4156667	1247/3000	43	60	58	100
.4156863	106/255	40	60	53	85
.4157088	217/522	35	58	62	90
.4157201	915/2201	30	62	61	71
.4157329	1855/4462	53	92	70	97
.4157389	2726/6557	47	79	58	83
.4157647	1767/4250	57	85	62	100
.4157706	116/279	40	62	58	90
.4157783	195/469	30	67	65	70
.4157906	1938/4661	34	59	57	79
.4158019	1763/4240	41	53	43	80
.4158069	2257/5428	37	59	61	92
.4158215	205/493	41	58	50	85
.4158630	2501/6014	41	62	61	97
.4158852	2173/5225	41	55	53	95
.4159016	2537/6100	43	61	59	100
.4159172	2451/5893	43	71	57	83
.4159251	888/2135	37	61	48	70
.4159420	287/690	41	75	70	92
.4159460	2405/5782	37	59	65	98
.4159664 *	99/238	45	70	55	85
.4159797	656/1577	41	57	48	83
.4159938	2679/6440	47	70	57	92

比值	分数	*A*	*B*	*C*	*D*
0.4160					
.4160126	265/637	50	65	53	98
.4160190	2623/6305	43	65	61	97
.4160338	493/1185	34	60	58	79
.4160643	518/1245	37	75	70	83
.4160702	1802/4331	34	61	53	71
.4160802	2365/5684	43	58	55	98
.4160870	957/2300	33	50	58	92
.4161290	129/310	43	62	45	75
.4161412	330/793	30	61	55	65
.4161703	2795/6716	43	73	65	92
.4161793	427/1026	35	57	61	90
.4161959	221/531	34	59	65	90
.4162287	1980/4757	33	67	60	71
.4162353	1769/4250	58	85	61	100
.4162500	333/800	37	50	45	80
.4162557	2279/5475	43	73	53	75
.4162689	2006/4819	34	61	59	79
.4162835	2173/5220	41	58	53	90
.4162853	2183/5244	37	57	59	92
.4163005	2937/7055	33	83	89	85
.4163249	1015/2438	35	53	58	92
.4163339	1147/2755	37	58	62	95
.4163394	530/1273	50	67	53	95
.4163539	2108/5063	34	61	62	83
.4163732	473/1136	43	71	55	80
.4163842	737/1770	33	59	67	90
.4163911	1763/4234	41	58	43	73
.4164103	406/975	35	65	58	75
.4164218	2409/5785	33	65	73	89
.4164286	583/1400	33	60	53	70
.4164358	451/1083	41	57	55	95
.4164557	329/790	35	50	47	79
.4164706	177/425	33	55	59	85
0.4165					
.4165052	1075/2581	43	58	50	89
.4165515	2109/5063	37	61	57	83
.4165552	2491/5980	47	65	53	92
.4165731	1855/4453	35	61	53	73
.4166008	527/1265	34	55	62	92
.4166078	2950/7081	50	73	59	97
.4166205	752/1805	47	57	48	95
.4166387	2479/5950	37	70	67	85
.4166534	2627/6305	37	65	71	97
.4166556	3127/7505	53	79	59	95
.4166667 *	5/12	35	70	75	90
.4166945	2491/5978	47	61	53	98

（续）

比值	分数	A	B	C	D
0.4165					
.4167010	2021/4850	43	50	47	97
.4167213	1271/3050	41	61	62	100
.4167272	2870/6887	41	71	70	97
.4167395	2385/5723	45	59	53	97
.4167623	363/871	33	65	55	67
.4167742	323/775	34	62	57	75
.4167984	2109/5060	37	55	57	92
.4168052	2257/5415	37	57	61	95
.4168252	1972/4731	34	57	58	83
.4168367	817/1960	43	60	57	98
.4168539	371/890	35	50	53	89
.4169014	148/355	37	60	48	71
.4169131	705/1691	45	57	47	89
.4169333	3127/7500	53	75	59	100
.4169355	517/1240	47	62	55	100
.4169492	123/295	41	59	45	75
.4169697	344/825	40	55	43	75
.4169841	2627/6300	37	70	71	90
.4169925	2773/6650	47	70	59	95
0.4170					
.4170013	623/1494	35	83	89	90
.4170082	407/976	37	61	55	80
.4170229	1073/2573	37	62	58	83
.4170259	387/928	43	58	45	80
.4170492	636/1525	48	61	53	100
.4170569	1247/2990	43	65	58	92
.4170690	2419/5800	41	58	59	100
.4170807	1343/3220	34	70	79	92
.4170909	1147/2750	37	55	62	100
.4171181	385/923	35	65	55	71
.4171311	2021/4845	43	57	47	85
.4171429	73/175	30	70	73	75
.4171642	559/1340	43	67	65	100
.4171717	413/990	35	55	59	90
.4171930	1189/2850	41	57	58	100
.4171964	1247/2989	43	61	58	98
.4172143	1968/4717	41	53	48	89
.4172414	121/290	33	58	55	75
.4172511	595/1426	34	62	70	92
.4172554	3071/7360	37	80	83	92
.4172813	396/949	33	65	60	73
.4172861	2414/5785	34	65	71	89
.4173038	1037/2485	34	70	61	71
.4173141	376/901	40	53	47	85
.4173214	2337/5600	41	70	57	80
.4173301	1363/3266	47	71	58	92
0.4170					
.4173503	2035/4876	37	53	55	92
.4173691	3763/9016	53	92	71	98
.4174045	1650/3953	30	59	55	67
.4174053	518/1241	37	73	70	85
.4174285	2146/5141	37	53	58	97
.4174359	407/975	37	65	55	75
.4174994	1880/4503	40	57	47	79
0.4175					
.4175221	1749/4189	33	59	53	71
.4175326	2210/5293	34	67	65	79
.4175439 *	119/285	35	75	85	95
.4175515	1927/4615	41	65	47	71
.4175593	2378/5695	41	67	58	85
.4175714	2923/7000	37	70	79	100
.4175926	451/1080	41	60	55	90
.4176205	2773/6640	47	80	59	83
.4176297	3397/8134	43	83	79	98
.4176471	71/170	35	70	71	85
.4176630	1537/3680	53	80	58	92
.4176724	969/2320	34	58	57	80
.4176785	860/2059	40	58	43	71
.4177035	1175/2813	47	58	50	97
.4177121	3363/8051	57	83	59	97
.4177215	33/79	30	50	55	79
.4177365	2115/5063	45	61	47	83
.4177580	1595/3818	55	83	58	92
.4177778	94/225	40	50	47	90
.4177898	155/371	35	53	62	98
.4177990	2183/5225	37	55	59	95
.4178068	2046/4897	33	59	62	83
.4178290	689/1649	53	85	65	97
.4178371	595/1424	35	80	85	89
.4178506	1147/2745	37	61	62	90
.4178571 *	117/280	45	70	65	100
.4178824	888/2125	37	50	48	85
.4178987	2120/5073	40	57	53	89
.4179104	28/67	34	67	70	85
.4179167	1003/2400	34	60	59	80
.4179284	1739/4161	37	57	47	73
.4179567 *	135/323	45	85	75	95
.4179775	186/445	33	55	62	89
0.4180					
.4180000	209/500	33	50	57	90
.4180444	885/2117	30	58	59	73
.4180623	1972/4717	34	53	58	89
.4180741	1411/3375	34	75	83	90

（续）

比值	分数	*A*	*B*	*C*	*D*
0.4180					
.4180791	74/177	37	59	50	75
.4180995	462/1105	33	65	70	85
.4181126	2747/6570	41	73	67	90
.4181237	1961/4690	37	67	53	70
.4181287*	143/342	55	90	65	95
.4181432	590/1411	50	83	59	85
.4181452	1037/2480	34	62	61	80
.4181554	2013/4814	33	58	61	83
.4181687	580/1387	30	57	58	73
.4181922	731/1748	43	92	85	95
.4181992	2183/5220	37	58	59	90
.4182066	2150/5141	43	53	50	97
.4182192	3053/7300	43	73	71	100
.4182274	2501/5980	41	65	61	92
.4182390	133/318	35	53	57	90
.4182458	2494/5963	43	67	58	89
.4183007*	64/153	40	85	80	90
.4183236	1073/2565	37	57	58	90
.4183503	2257/5395	37	65	61	83
.4183607	638/1525	33	61	58	75
.4183764	469/1121	35	59	67	95
.4183887	1802/4307	34	59	53	73
.4183998	1710/4087	30	61	57	67
.4184128	3195/7636	45	83	71	92
.4184211	159/380	45	57	53	100
.4184783	77/184	35	50	55	92
.4184932	611/1460	47	73	65	100
0.4185					
.4185149	434/1037	35	61	62	85
.4185162	660/1577	33	57	60	83
.4185333	3139/7500	43	75	73	100
.4185382	1025/2449	41	62	50	79
.4185529	1128/2695	47	55	48	98
.4185567	203/485	35	50	58	97
.4185885	2414/5767	34	73	71	79
.4186078	3127/7470	53	83	59	90
.4186236	2050/4897	41	59	50	83
.4186275	427/1020	35	60	61	85
.4186366	2745/6557	45	79	61	83
.4186466	1392/3325	48	70	58	95
.4186613	1032/2465	43	58	48	85
.4186693	2108/5035	34	53	62	95
.4186764	2170/5183	35	71	62	73
.4186965	636/1519	48	62	53	98
.4187097	649/1550	33	62	59	75
.4187241	2120/5063	40	61	53	83

比值	分数	*A*	*B*	*C*	*D*
0.4185					
.4187266	559/1335	43	75	65	89
.4187384	2257/5390	37	55	61	98
.4187455	1175/2806	47	61	50	92
.4187947	410/979	41	55	50	89
.4188034*	49/117	35	65	70	90
.4188172	779/1860	41	62	57	90
.4188531	2666/6365	43	67	62	95
.4188641	413/986	35	58	59	85
.4188679	111/265	37	53	45	75
.4188897	581/1387	35	73	83	95
.4189030	2482/5925	34	75	73	79
.4189130	1927/4600	41	50	47	92
.4189157	3477/8300	57	83	61	100
.4189406	261/623	45	70	58	89
.4189623	2479/5917	37	61	67	97
.4189723	106/253	40	55	53	92
.4189899	1037/2475	34	55	61	90
.4189954	2294/5475	37	73	62	75
0.4190					
.4190141	119/284	34	71	70	80
.4190278	3431/8188	47	89	73	92
.4190361	1739/4150	37	50	47	83
.4190476*	44/105	40	70	55	75
.4190718	1815/4331	33	61	55	71
.4190935	2173/5185	41	61	53	85
.4191033	215/513	43	57	50	90
.4191231	2275/5428	35	59	65	92
.4191277	1845/4402	41	62	45	71
.4191372	2050/4891	41	67	50	73
.4191597	1247/2975	43	70	58	85
.4192090	371/885	35	59	53	75
.4192279	1705/4067	55	83	62	98
.4192488	893/2130	47	71	57	90
.4192623	1023/2440	33	61	62	80
.4192685	470/1121	47	59	50	95
.4192771	174/415	33	55	58	83
.4193038	265/632	50	79	53	80
.4193182	369/880	41	55	45	80
.4193548	13/31	30	62	65	75
.4193750	671/1600	33	60	61	80
.4194135	1845/4399	41	53	45	83
.4194198	2501/5963	41	67	61	89
.4194332	518/1235	37	65	70	95
.4194491	2726/6499	47	67	58	97
.4194615	888/2117	37	58	48	73

（续）

比值	分数	A	B	C	D	比值	分数	A	B	C	D
0.4190						0.4200					
.4194652	1961/4675	37	55	53	85	.4201293	455/1083	35	57	65	95
.4194810	1180/2813	40	58	59	97	.4201450	2607/6205	33	73	79	85
.4194915	99/236	33	59	60	80	.4201614	2655/6319	45	71	59	89
0.4195						.4201695	2479/5900	37	59	67	100
.4195025	2108/5025	34	67	62	75	.4201817	1295/3082	37	67	70	92
.4195298	232/553	40	70	58	79	.4201875	2914/6935	47	73	62	95
.4195446	2211/5270	33	62	67	85	.4202046	1643/3910	53	85	62	92
.4195489	279/665	45	70	62	95	.4202067	366/871	30	65	61	67
.4195556	472/1125	48	75	59	90	.4202247	187/445	34	50	55	89
.4195705	2950/7031	50	79	59	89	.4202341	2405/5723	37	59	65	97
.4195783	2726/6497	47	73	58	89	.4202388	2745/6532	45	71	61	92
.4195876	407/970	37	50	55	97	.4202509	469/1116	35	62	67	90
.4195989	2385/5684	45	58	53	98	.4202635	925/2201	37	62	50	71
.4196057	2320/5529	40	57	58	97	.4202778	1513/3600	34	80	89	90
.4196162	984/2345	41	67	48	70	.4202926	2183/5194	37	53	59	98
.4196429	47/112	47	70	50	80	.4203013	530/1261	50	65	53	97
.4196564	3053/7275	43	75	71	97	.4203317	583/1387	33	57	53	73
.4196758	1139/2714	34	59	67	92	.4203390	124/295	30	59	62	75
.4196923	682/1625	33	65	62	75	.4203697	2365/5626	43	58	55	97
.4197015	703/1675	37	67	57	75	.4203797	1085/2581	35	58	62	89
.4197368	319/760	33	57	58	80	.4203947	639/1520	45	80	71	95
.4197549	2911/6935	41	73	71	95	.4204219	2491/5925	47	75	53	79
.4197583	1980/4717	33	53	60	89	.4204266	1025/2438	41	53	50	92
.4197652	429/1022	33	70	65	73	.4204422	1160/2759	40	62	58	89
.4197826	2279/5429	43	61	53	89	.4204545	37/88	37	55	50	80
.4197995	335/798	35	57	67	98	.4204613	711/1691	45	89	79	95
.4198077	2183/5200	37	65	59	80	.4204691	986/2345	34	67	58	70
.4198172	2021/4814	43	58	47	83	.4204918	513/1220	45	61	57	100
.4198600	2279/5428	43	59	53	92	0.4205					
.4198666	2832/6745	48	71	59	95	.4205128	82/195	41	65	50	75
.4198944	477/1136	45	71	53	80	.4205274	590/1403	40	61	59	92
.4199095	464/1105	40	65	58	85	.4205384	2109/5015	37	59	57	85
.4199350	1938/4615	34	65	57	71	.4205501	1850/4399	37	53	50	83
.4199416	1870/4453	34	61	55	73	.4205587	1927/4582	41	58	47	79
.4199609	1073/2555	37	70	58	73	.4205651	2679/6370	47	65	57	98
.4199708	2881/6860	43	70	67	98	.4205882*	143/340	55	85	65	100
.4199763	2485/5917	35	61	71	97	.4206349	53/126	50	70	53	90
.4199898	2475/5893	33	71	75	83	.4206522	387/920	43	50	45	92
0.4200						.4206593	957/2275	33	65	58	70
.4200000	21/50	35	50	57	95	.4206686	2479/5893	37	71	67	83
.4200206	407/969	37	57	55	85	.4206811	3397/8075	43	85	79	95
.4200596	423/1007	45	53	47	95	.4206946	1175/2793	47	57	50	98
.4200702	2993/7125	41	75	73	95	.4207032	1711/4067	58	83	59	98
.4200820	205/488	41	61	50	80	.4207090	451/1072	41	67	55	80
.4200920	2923/6958	37	71	79	98	.4207161	329/782	47	85	70	92
.4201222	1925/4582	35	58	55	79	.4207252	1961/4661	37	59	53	79

（续）

比值	分数	*A*	*B*	*C*	*D*
0.4205					
.4207436	215/511	43	70	50	73
.4207524	2360/5609	40	71	59	79
.4207650	77/183	35	61	55	75
.4207843	1073/2550	37	60	58	85
.4208466	1720/4087	40	61	43	67
.4208555	2135/5073	35	57	61	89
.4208680	2279/5415	43	57	53	95
.4208829	2479/5890	37	62	67	95
.4208861	133/316	35	60	57	79
.4208955	141/335	45	67	47	75
.4209283	2494/5925	43	75	58	79
.4209524	221/525	34	70	65	75
.4209626	1968/4675	41	55	48	85
.4209677	261/620	45	62	58	100
.4209780	594/1411	33	83	90	85
.4209904	2491/5917	47	61	53	97
0.4210					
.4210145	581/1380	35	75	83	92
.4210222	2183/5185	37	61	59	85
.4210273	2623/6230	43	70	61	89
.4210417	2021/4800	43	60	47	80
.4210526*	8/19	35	70	80	95
.4210627	2211/5251	33	59	67	89
.4210652	1763/4187	41	53	43	79
.4210821	2257/5360	37	67	61	80
.4210944	531/1261	45	65	59	97
.4210959	1537/3650	53	73	58	100
.4211340	817/1940	43	60	57	97
.4211429	737/1750	33	70	67	75
.4211470	235/558	47	62	50	90
.4211823	171/406	30	58	57	70
.4212022	1927/4575	41	61	47	75
.4212096	2542/6035	41	71	62	85
.4212245	516/1225	43	50	48	98
.4212329	123/292	41	60	45	73
.4212492	2030/4819	35	61	58	79
.4212963*	91/216	35	60	65	90
.4213075	174/413	30	59	58	70
.4213271	2343/5561	33	67	71	83
.4213655	2623/6225	43	75	61	83
.4213994	1855/4402	35	62	53	71
.4214070	1815/4307	33	59	55	73
.4214184	2365/5612	43	61	55	92
.4214286	59/140	35	50	59	98
.4214425	3015/7154	45	73	67	98
.4214458	1749/4150	33	50	53	83

比值	分数	*A*	*B*	*C*	*D*
0.4210					
.4214825	2064/4897	43	59	48	83
.4214852	2923/6935	37	73	79	95
.4214974	2494/5917	43	61	58	97
0.4215					
.4215190	333/790	37	50	45	79
.4215410	2544/6035	48	71	53	85
.4215493	2993/7100	41	71	73	100
.4215589	1271/3015	41	67	62	90
.4215686	43/102	43	60	50	85
.4215758	1739/4125	37	55	47	75
.4215909	371/880	35	55	53	80
.4215986	2479/5880	37	60	67	98
.4216176	2867/6800	47	80	61	85
.4216339	2405/5704	37	62	65	92
.4216438	2365/5609	43	71	55	79
.4216547	2064/4895	43	55	48	89
.4216590	183/434	30	62	61	70
.4216693	2627/6230	37	70	71	89
.4216796	708/1679	48	73	59	92
.4216943	2006/4757	34	67	59	71
.4217101	3477/8245	57	85	61	97
.4217204	1961/4650	37	62	53	75
.4217348	423/1003	45	59	47	85
.4217439	2665/6319	41	71	65	89
.4217736	585/1387	45	73	65	95
.4218000	2109/5000	37	50	57	100
.4218097	3431/8134	47	83	73	98
.4218182	116/275	30	55	58	75
.4218354	1333/3160	43	79	62	80
.4218519	1139/2700	34	60	67	90
.4218590	413/979	35	55	59	89
.4218750*	27/64	45	80	75	100
.4218852	1947/4615	33	65	59	71
.4219015	497/1178	35	62	71	95
.4219178	154/365	33	73	70	75
.4219298	481/1140	37	57	65	100
.4219368	427/1012	35	55	61	92
.4219996	2064/4891	43	67	48	73
0.4220					
.4220126	671/1590	33	53	61	90
.4220370	2279/5400	43	60	53	90
.4220588	287/680	41	80	70	85
.4220700	2773/6570	47	73	59	90
.4220779	65/154	35	55	65	98
.4220969	2170/5141	35	53	62	97

（续）

比值	分数	*A*	*B*	*C*	*D*	比值	分数	*A*	*B*	*C*	*D*
0.4220						0.4225					
.4221097	2501/5925	41	75	61	79	.4228200	2279/5390	43	55	53	98
.4221249	1927/4565	41	55	47	83	.4228267	715/1691	33	57	65	89
.4221306	3071/7275	37	75	83	97	.4228390	2666/6305	43	65	62	97
.4221491	385/912	35	57	55	80	.4228571	74/175	37	60	48	70
.4221748	198/469	33	67	60	70	.4228679	2256/5335	47	55	48	97
.4221873	1880/4453	40	61	47	73	.4228900	957/2263	33	62	58	73
.4222034	2491/5900	47	59	53	100	.4228981	2183/5162	37	58	59	89
.4222270	1968/4661	41	59	48	79	.4229068	2773/6557	47	79	59	83
.4222428	2278/5395	34	65	67	83	.4229167	203/480	35	60	58	80
.4222697	2173/5146	41	62	53	83	.4229383	1995/4717	35	53	57	89
.4222846	451/1068	41	60	55	89	.4229508	129/305	43	61	45	75
.4222910	682/1615	33	57	62	85	.4229594	969/2291	34	58	57	79
.4223047	1935/4582	43	58	45	79	.4229760	2257/5336	37	58	61	92
.4223077	549/1300	45	65	61	100	.4229864	2337/5525	41	65	57	85
.4223158	1003/2375	34	50	59	95	0.4230					
.4223271	2773/6566	47	67	59	98	.4230000	423/1000	45	50	47	100
.4223397	639/1513	45	85	71	89	.4230130	1272/3007	48	62	53	97
.4223744	185/438	37	60	50	73	.4230239	2146/5073	37	57	58	89
.4224119	1881/4453	33	61	57	73	.4230553	2257/5335	37	55	61	97
.4224282	2279/5395	43	65	53	83	.4230769*	11/26	30	60	55	65
.4224398	561/1328	33	80	85	83	.4230852	1972/4661	34	59	58	79
.4224638	583/1380	53	75	55	92	.4231166	410/969	41	57	50	85
.4224719	188/445	40	50	47	89	.4231262	2975/7031	35	79	85	89
.4224848	1180/2793	40	57	59	98	.4231557	413/976	35	61	59	80
.4224948	3685/8722	55	89	67	98	.4231743	2173/5135	41	65	53	79
0.4225						.4232068	1003/2370	34	60	59	79
.4225027	2745/6497	45	73	61	89	.4232258	328/775	41	62	48	75
.4225430	3074/7275	53	75	58	97	.4232612	2915/6887	53	71	55	97
.4225456	2294/5429	37	61	62	89	.4232932	527/1245	34	60	62	83
.4225877	1927/4560	41	57	47	80	.4232978	516/1219	43	53	48	92
.4226012	2255/5336	41	58	55	92	.4233112	3127/7387	53	83	59	89
.4226144	3233/7650	53	85	61	90	.4233247	657/1552	45	80	73	97
.4226234	1147/2714	37	59	62	92	.4233315	3901/9215	47	95	83	97
.4226293	1961/4640	37	58	53	80	.4233372	2565/6059	45	73	57	83
.4226592	2257/5340	37	60	61	89	.4233474	301/711	43	79	70	90
.4226695	399/944	35	59	57	80	.4233637	511/1207	35	71	73	85
.4226866	708/1675	48	67	59	100	.4233716	221/522	34	58	65	90
.4226966	1881/4450	33	50	57	89	.4233799	2365/5586	43	57	55	98
.4227119	1247/2950	43	59	58	100	.4233892	3233/7636	53	83	61	92
.4227236	2623/6205	43	73	61	85	.4233987	3239/7650	41	85	79	90
.4227254	2035/4814	37	58	55	83	.4234118	3599/8500	59	85	61	100
.4227528	301/712	43	80	70	89	.4234155	481/1136	37	71	65	80
.4227608	2006/4745	34	65	59	73	.4234295	1247/2945	43	62	58	95
.4227715	2822/6675	34	75	83	89	.4234381	1037/2449	34	62	61	79
.4227886	282/667	47	58	48	92	.4234536	1643/3880	53	80	62	97
.4228105	2747/6497	41	73	67	89	.4234634	3245/7663	55	79	59	97

（续）

比值	分数	A	B	C	D
0.4230					
.4234742	451/1065	41	71	55	75
.4234867	1749/4130	33	59	53	70
0.4235					
.4235029	2065/4876	35	53	59	92
.4235246	2074/4897	34	59	61	83
.4235294	36/85	33	55	60	85
.4235499	3410/8051	55	83	62	97
.4235867	2173/5130	41	57	53	90
.4236038	402/949	30	65	67	73
.4236066	646/1525	34	61	57	75
.4236232	2923/6900	37	75	79	92
.4236380	2294/5415	37	57	62	95
.4236453	86/203	40	58	43	70
.4236619	2145/5063	33	61	65	83
.4236667	1271/3000	41	60	62	100
.4236819	2451/5785	43	65	57	89
.4236897	2021/4770	43	53	47	90
.4236977	2074/4895	34	55	61	89
.4237097	2627/6200	37	62	71	100
.4237349	1189/2806	41	61	58	92
.4237443	464/1095	40	73	58	75
.4237607	2479/5850	37	65	67	90
.4237705	517/1220	47	61	55	100
.4237771	3422/8075	58	85	59	95
.4238014	495/1168	33	73	75	80
.4238123	2150/5073	43	57	50	89
.4238351	473/1116	43	62	55	90
.4238498	2257/5325	37	71	61	75
.4238594	2146/5063	37	61	58	83
.4238773	387/913	43	55	45	83
.4238924	2679/6320	47	79	57	80
.4239018	2451/5782	43	59	57	98
.4239130	39/92	45	75	65	92
.4239246	2385/5626	45	58	53	97
.4239437	301/710	43	71	70	100
.4239583	407/960	37	60	55	80
.4239675	1776/4189	37	59	48	71
0.4240					
.4240000	53/125	34	50	53	85
.4240118	2006/4731	34	57	59	83
.4240188	2701/6370	37	65	73	98
.4240318	427/1007	35	53	61	95
.4240442	2074/4891	34	67	61	73
.4240506	67/158	35	70	67	79
.4240724	2343/5525	33	65	71	85
.4240912	595/1403	34	61	70	92
0.4240					
.4241107	1073/2530	37	55	58	92
.4241197	2409/5680	33	71	73	80
.4241273	2345/5529	35	57	67	97
.4241379	123/290	41	58	45	75
.4241497	1247/2940	43	60	58	98
.4241701	1776/4187	37	53	48	79
.4241830	649/1530	55	85	59	90
.4242130	2183/5146	37	62	59	83
.4242360	2013/4745	33	65	61	73
.4242475	2537/5980	43	65	59	92
.4242640	2378/5605	41	59	58	95
.4242735	1241/2925	34	65	73	90
.4243004	2881/6790	43	70	67	97
.4243090	3285/7742	45	79	73	98
.4243176	171/403	30	62	57	65
.4243421	129/304	43	57	45	80
.4243519	2701/6365	37	67	73	95
.4243841	2360/5561	40	67	59	83
.4243860	2419/5700	41	57	59	100
.4244018	2501/5893	41	71	61	83
.4244102	1763/4154	41	62	43	67
.4244228	2923/6887	37	71	79	97
.4244344	469/1105	35	65	67	85
.4244403	455/1072	35	67	65	80
.4244863	2479/5840	37	73	67	80
0.4245					
.4245345	1938/4565	34	55	57	83
.4245614	121/285	33	57	55	75
.4245694	2046/4819	33	61	62	79
.4245844	2784/6557	48	79	58	83
.4245902	259/610	37	61	70	100
.4246011	825/1943	30	58	55	67
.4246180	2501/5890	41	62	61	95
.4246256	2183/5141	37	53	59	97
.4246429	1189/2800	41	70	58	80
.4246494	2150/5063	43	61	50	83
.4246575	31/73	30	60	62	73
.4246704	451/1062	41	59	55	90
.4246835	671/1580	33	60	61	79
.4246988	141/332	45	60	47	83
.4247132	2925/6887	45	71	65	97
.4247207	1749/4118	33	58	53	71
.4247299	1769/4165	58	85	61	98
.4247407	2867/6750	47	75	61	90
.4247586	2419/5695	41	67	59	85
.4247773	2623/6175	43	65	61	95

（续）

比值	分数	*A*	*B*	*C*	*D*
0.4245					
.4247863	497/1170	35	65	71	90
.4248015	1980/4661	33	59	60	79
.4248148	1147/2700	37	60	62	90
.4248193	1763/4150	41	50	43	83
.4248284	3713/8740	47	92	79	95
.4248366*	65/153	50	85	65	90
.4248476	2021/4757	43	67	47	71
.4248613	1914/4505	33	53	58	85
.4248756	427/1005	35	67	61	75
.4248897	1830/4307	30	59	61	73
.4249012	215/506	43	55	50	92
.4249091	2337/5500	41	55	57	100
.4249236	1947/4582	33	58	59	79
.4249271	583/1372	53	70	55	98
.4249357	3139/7387	43	83	73	89
.4249548	235/553	47	70	50	79
.4249607	3245/7636	55	83	59	92
.4249728	2345/5518	35	62	67	89
.4249822	2385/5612	45	61	53	92
0.4250					
.4250043	2451/5767	43	73	57	79
.4250062	1720/4047	40	57	43	71
.4250207	513/1207	45	71	57	85
.4250317	2350/5529	47	57	50	97
.4250404	3422/8051	58	83	59	97
.4250500	638/1501	33	57	58	79
.4250585	363/854	33	61	55	70
.4250673	2686/6319	34	71	79	89
.4250847	627/1475	33	59	57	75
.4251012*	105/247	35	65	75	95
.4251152	369/868	41	62	45	70
.4251923	2211/5200	33	65	67	80
.4252016	2109/4960	37	62	57	80
.4252085	2294/5395	37	65	62	83
.4252258	1271/2989	41	61	62	98
.4252446	2173/5110	41	70	53	73
.4252703	2006/4717	34	53	59	89
.4252832	2365/5561	43	67	55	83
.4252874	37/87	37	58	50	75
.4253204	1925/4526	35	62	55	73
.4253333	319/750	33	50	58	90
.4253401	2501/5880	41	60	61	98
.4253486	1037/2438	34	53	61	92
.4253612	265/623	50	70	53	89
.4253731	57/134	30	60	57	67
.4253785	590/1387	30	57	59	73

比值	分数	*A*	*B*	*C*	*D*
0.4250					
.4253947	3233/7600	53	80	61	95
.4253995	2050/4819	41	61	50	79
.4254181	636/1495	48	65	53	92
.4254251	2627/6175	37	65	71	95
.4254444	2585/6076	47	62	55	98
.4254570	2537/5963	43	67	59	89
.4254737	2021/4750	43	50	47	95
.4254914	671/1577	33	57	61	83
.4254955	1739/4087	37	61	47	67
0.4255					
.4255129	477/1121	45	59	53	95
.4255361	2183/5130	37	57	59	90
.4255533	423/994	45	70	47	71
.4255604	1272/2989	48	61	53	98
.4255670	1032/2425	43	50	48	97
.4255765	203/477	35	53	58	90
.4255898	469/1102	35	58	67	95
.4256030	1147/2695	37	55	62	98
.4256229	3485/8188	41	89	85	92
.4256378	3337/7840	47	80	71	98
.4256604	564/1325	47	53	48	100
.4256831	779/1830	41	61	57	90
.4256862	2993/7031	41	79	73	89
.4257028	106/249	40	60	53	83
.4257071	1189/2793	41	57	58	98
.4257228	427/1003	35	59	61	85
.4257402	1740/4087	30	61	58	67
.4257479	3145/7387	37	83	85	89
.4257623	1927/4526	41	62	47	73
.4257732	413/970	35	50	59	97
.4257768	370/869	37	55	50	79
.4257873	3015/7081	45	73	67	97
.4258065	66/155	33	62	60	75
.4258333	511/1200	35	75	73	80
.4258413	1025/2407	41	58	50	83
.4258491	2257/5300	37	53	61	100
.4258586	1054/2475	34	55	62	90
.4258789	1175/2759	47	62	50	89
.4258929	477/1120	45	70	53	80
.4259029	342/803	30	55	57	73
.4259220	2021/4745	43	65	47	73
.4259341	969/2275	34	65	57	70
.4259450	2479/5820	37	60	67	97
.4259897	495/1162	33	70	75	83
.4259986	1845/4331	41	61	45	71

（续）

比值	分数	A	B	C	D
0.4260					
.4260062	688/1615	43	57	48	85
.4260300	455/1068	35	60	65	89
.4260606	703/1650	37	55	57	90
.4260784	2173/5100	41	60	53	85
.4260933	2923/6860	37	70	79	98
.4260953	885/2077	30	62	59	67
.4261649	1189/2790	41	62	58	90
.4261843	2627/6164	37	67	71	92
.4262126	413/969	35	57	59	85
.4262165	2146/5035	37	53	58	95
.4262295	26/61	30	61	65	75
.4262422	549/1288	45	70	61	92
.4262500	341/800	33	60	62	80
.4262620	2795/6557	43	79	65	83
.4262673	185/434	37	62	50	70
.4262894	3149/7387	47	83	67	89
.4263043	1961/4600	37	50	53	92
.4263248	1247/2925	43	65	58	90
.4263493	2275/5336	35	58	65	92
.4263713	2021/4740	43	60	47	79
.4263848	585/1372	45	70	65	98
.4263866	2537/5950	43	70	59	85
.4264113	423/992	45	62	47	80
.4264224	2211/5185	33	61	67	85
.4264292	455/1067	35	55	65	97
.4264368	371/870	35	58	53	75
.4264668	1650/3869	30	53	55	73
.4264831	2013/4720	33	59	61	80
.4264946	3139/7360	43	80	73	92
.4264973	235/551	47	58	50	95
0.4265					
.4265060	177/415	33	55	59	83
.4265233	119/279	34	62	70	90
.4265278	3071/7200	37	80	83	90
.4265411	2491/5840	47	73	53	80
.4265528	2747/6440	41	70	67	92
.4265594	212/497	40	70	53	71
.4265918	1139/2670	34	60	67	89
.4266041	1363/3195	47	71	58	90
.4266247	407/954	37	53	55	90
.4266309	2544/5963	48	67	53	89
.4266381	2585/6059	47	73	55	83
.4266478	602/1411	43	83	70	85
.4266667*	32/75	40	75	80	100
.4266810	2773/6499	47	67	59	97
.4267241	99/232	33	58	60	80

比值	分数	A	B	C	D
0.4265					
.4267263	3337/7820	47	85	71	92
.4267380	399/935	35	55	57	85
.4267543	2013/4717	33	53	61	89
.4267631	236/553	40	70	59	79
.4267707	711/1666	45	85	79	98
.4267790	2279/5340	43	60	53	89
.4267990	172/403	40	62	43	65
.4268124	2773/6497	47	73	59	89
.4268205	592/1387	37	57	48	73
.4268403	2360/5529	40	57	59	97
.4268493	779/1825	41	73	57	75
.4268657	143/335	33	67	65	75
.4268765	1763/4130	41	59	43	70
.4268910	2867/6716	47	73	61	92
.4269115	1139/2668	34	58	67	92
.4269275	371/869	35	55	53	79
.4269406	187/438	34	60	55	73
.4269546	2867/6715	47	79	61	85
.4269603	795/1862	45	57	53	98
.4269737	649/1520	33	57	59	80
0.4270					
.4270109	430/1007	43	53	50	95
.4270214	1653/3871	57	79	58	98
.4270338	3055/7154	47	73	65	98
.4270415	319/747	55	83	58	90
.4270548	1247/2920	43	73	58	80
.4270588	363/850	33	50	55	85
.4270749	530/1241	50	73	53	85
.4270833	41/96	41	60	50	80
.4270990	2279/5336	43	58	53	92
.4271280	1395/3266	45	71	62	92
.4271403	469/1098	35	61	67	90
.4271531	1850/4331	37	61	50	71
.4271790	2279/5335	43	55	53	97
.4271945	1241/2905	34	70	73	83
.4272016	2183/5110	37	70	59	73
.4272059	581/1360	35	80	83	85
.4272269	1271/2975	41	70	62	85
.4272575	511/1196	35	65	73	92
.4272727	47/110	40	55	47	80
.4273030	385/901	35	53	55	85
.4273058	1881/4402	33	62	57	71
.4273347	2320/5429	40	61	58	89
.4273377	1435/3358	41	73	70	92
.4273455	747/1748	45	92	83	95
.4273565	603/1411	45	83	67	85

（续）

比值	分数	*A*	*B*	*C*	*D*
0.4270					
.4273684	203/475	35	50	58	95
.4273939	1763/4125	41	55	43	75
.4274013	574/1343	41	79	70	85
.4274138	2479/5800	37	58	67	100
.4274194	53/124	35	62	53	70
.4274411	2701/6319	37	71	73	89
.4274633	2590/6059	37	73	70	83
.4274796	2405/5626	37	58	65	97
.4274928	1925/4503	35	57	55	79
0.4275					
.4275000	171/400	33	55	57	80
.4275214	2501/5850	41	65	61	90
.4275298	1935/4526	43	62	45	73
.4275362	59/138	40	60	59	92
.4275630	1272/2975	48	70	53	85
.4275714	2993/7000	41	70	73	100
.4275862	62/145	30	58	62	75
.4275972	1881/4399	33	53	57	83
.4276078	2726/6375	47	75	58	85
.4276209	2378/5561	41	67	58	83
.4276316*	65/152	50	80	65	95
.4276673	473/1106	43	70	55	79
.4276912	1180/2759	40	62	59	89
.4277108	71/166	35	70	71	83
.4277168	429/1003	33	59	65	85
.4277446	2365/5529	43	57	55	97
.4277469	1927/4505	41	53	47	85
.4277689	533/1246	41	70	65	89
.4277778*	77/180	35	45	55	100
.4277890	2109/4930	37	58	57	85
.4278188	406/949	35	65	58	73
.4278261	246/575	41	50	48	92
.4278351	83/194	45	90	83	97
.4278533	3149/7360	47	80	67	92
.4278607	86/201	40	60	43	67
.4278689	261/610	45	61	58	100
.4278807	531/1241	45	73	59	85
.4278937	451/1054	41	62	55	85
.4278972	3445/8051	53	83	65	97
.4279121	1947/4550	33	65	59	70
.4279163	2146/5015	37	59	58	85
.4279294	1333/3115	43	70	62	89
.4279369	1927/4503	41	57	47	79
.4279518	888/2075	37	50	48	83
.4279790	1961/4582	37	58	53	79
.4279851	1147/2680	37	67	62	80

比值	分数	*A*	*B*	*C*	*D*
0.4280					
.4280069	2491/5820	47	60	53	97
.4280197	1995/4661	35	59	57	79
.4280392	2183/5100	37	60	59	85
.4280510	235/549	47	61	50	90
.4280660	363/848	33	53	55	80
.4280835	1128/2635	47	62	48	85
.4280882	2911/6800	41	80	71	85
.4281041	3010/7031	43	79	70	89
.4281124	533/1245	41	75	65	83
.4281204	1763/4118	41	58	43	71
.4281286	1105/2581	34	58	65	89
.4281560	3239/7565	41	85	79	89
.4281742	462/1079	33	65	70	83
.4281780	2021/4720	43	59	47	80
.4281927	969/2263	34	62	57	73
.4282069	3021/7055	53	83	57	85
.4282222	1927/4500	41	50	47	90
.4282258	531/1240	45	62	59	100
.4282534	2501/5840	41	73	61	80
.4282719	2451/5723	43	59	57	97
.4282828	212/495	40	55	53	90
.4283046	2064/4819	43	61	48	79
.4283122	236/551	40	58	59	95
.4283251	1739/4060	37	58	47	70
.4283433	2950/6887	50	71	59	97
.4283461	2173/5073	41	57	53	89
.4283582	287/670	41	67	70	100
.4283724	1845/4307	41	59	45	73
.4283935	344/803	40	55	43	73
.4284211	407/950	37	50	55	95
.4284395	464/1083	40	57	58	95
.4284503	2021/4717	43	53	47	89
.4284756	2555/5963	35	67	73	89
.4284912	3053/7125	43	75	71	95
0.4285					
.4285121	2065/4819	35	61	59	79
.4285223	1247/2910	43	60	58	97
.4285294	1457/3400	47	80	62	85
.4285460	2405/5612	37	61	65	92
.4285996	2170/5063	35	61	62	83
.4286234	3534/8245	57	85	62	97
.4286339	1961/4575	37	61	53	75
.4286726	1815/4234	33	58	55	73
.4286833	3285/7663	45	79	73	97
.4286899	517/1206	47	67	55	90
.4286957	493/1150	34	50	58	92

(续)

比值	分数	A	B	C	D
0.4285					
.4287139	430/1003	43	59	50	85
.4287187	2911/6790	41	70	71	97
.4287302	2701/6300	37	70	73	90
.4287444	2479/5782	37	59	67	98
.4287495	1032/2407	43	58	48	83
.4287646	2537/5917	43	61	59	97
.4287719	611/1425	47	75	65	95
.4287752	2405/5609	37	71	65	79
.4287921	3053/7120	43	80	71	89
.4288138	3286/7663	53	79	62	97
.4288179	497/1159	35	61	71	95
.4288538	217/506	35	55	62	92
.4288647	3551/8280	53	90	67	92
.4288725	407/949	37	65	55	73
.4288797	2385/5561	45	67	53	83
.4289157	178/415	34	83	89	85
.4289298	513/1196	45	65	57	92
.4289541	3363/7840	57	80	59	98
.4289572	2065/4814	35	58	59	83
.4289756	2881/6716	43	73	67	92
0.4290					
.4290019	1139/2655	34	59	67	90
.4290061	423/986	45	58	47	85
.4290323	133/310	35	62	57	75
.4290358	396/923	33	65	60	71
.4290476	901/2100	34	60	53	70
.4290733	2565/5978	45	61	57	98
.4290848	2030/4731	35	57	58	83
.4290909	118/275	30	55	59	75
.4291086	3538/8245	58	85	61	97
.4291260	3869/9016	53	92	73	98
.4291498	106/247	50	65	53	95
.4291605	1457/3395	47	70	62	97
.4291659	2475/5767	33	73	75	79
.4291902	2279/5310	43	59	53	90
.4292000	1073/2500	37	50	58	100
.4292111	2013/4690	33	67	61	70
.4292196	473/1102	43	58	55	95
.4292308	279/650	45	65	62	100
.4292599	1247/2905	43	70	58	83
.4292968	2790/6499	45	67	62	97
.4293078	583/1358	53	70	55	97
.4293249	407/948	37	60	55	79
.4293358	3290/7663	47	79	70	97
.4293478	79/184	35	70	79	92
.4293671	848/1975	48	75	53	79
0.4290					
.4293915	374/871	34	65	55	67
.4293952	3053/7110	43	79	71	90
.4294118	73/170	35	70	73	85
.4294290	2790/6497	45	73	62	89
.4294420	2255/5251	41	59	55	89
.4294466	2173/5060	41	55	53	92
.4294620	1860/4331	30	61	62	71
.4294828	2491/5800	47	58	53	100
.4294883	2409/5609	33	71	73	79
0.4295					
.4295068	984/2291	41	58	48	79
.4295228	387/901	43	53	45	85
.4295333	1850/4307	37	59	50	73
.4295425	1643/3825	53	85	62	90
.4295589	1305/3038	45	62	58	98
.4295728	1961/4565	37	55	53	83
.4295775	61/142	30	60	61	71
.4295880	1147/2670	37	60	62	89
.4296096	2542/5917	41	61	62	97
.4296325	2256/5251	47	59	48	89
.4296541	2211/5146	33	62	67	83
.4296686	3021/7031	53	79	57	89
.4296765	611/1422	47	79	65	90
.4296897	1537/3577	53	73	58	98
.4297010	1739/4047	37	57	47	71
.4297135	645/1501	43	57	45	79
.4297251	2501/5820	41	60	61	97
.4297463	3710/8633	53	89	70	97
.4297694	205/477	41	53	50	90
.4298130	2275/5293	35	67	65	79
.4298246*	49/114	35	60	70	95
.4298304	2585/6014	47	62	55	97
.4298387	533/1240	41	62	65	100
.4298533	2491/5795	47	61	53	95
.4298595	2479/5767	37	73	67	79
.4298725	236/549	40	61	59	90
.4298851	187/435	34	58	55	75
.4299048	2257/5250	37	70	61	75
.4299100	1147/2668	37	58	62	92
.4299156	1325/3082	50	67	53	92
.4299481	580/1349	30	57	58	71
.4299569	399/928	35	58	57	80
.4299680	2419/5626	41	58	59	97
.4299906	2294/5335	37	55	62	97
0.4300					
.4300000	43/100	40	50	43	80

（续）

比值	分数	A	B	C	D	比值	分数	A	B	C	D
0.4300						0.4305					
.4300153	2255/5244	41	57	55	92	.4306942	1855/4307	35	59	53	73
.4300278	464/1079	40	65	58	83	.4307143	603/1400	45	70	67	100
.4300439	1961/4560	37	57	53	80	.4307229	143/332	33	60	65	83
.4300512	3363/7820	57	85	59	92	.4307301	2537/5890	43	62	59	95
.4300662	2795/6499	43	67	65	97	.4307642	2610/6059	45	73	58	83
.4300847	203/472	35	59	58	80	.4307692 *	28/65	30	65	70	75
.4300874	689/1602	53	89	65	90	.4307832	473/1098	43	61	55	90
.4300959	2378/5529	41	57	58	97	.4307882	1749/4060	33	58	53	70
.4301124	957/2225	33	50	58	89	.4307992	221/513	34	57	65	90
.4301416	2035/4731	37	57	55	83	.4308198	2491/5782	47	59	53	98
.4301471 *	117/272	45	80	65	85	.4308268	1037/2407	34	58	61	83
.4301639	656/1525	41	61	48	75	.4308440	975/2263	30	62	65	73
.4301743	1802/4189	34	59	53	71	.4308478	2109/4895	37	55	57	89
.4301812	1947/4526	33	62	59	73	.4308756	187/434	34	62	55	70
.4301887	114/265	30	53	57	75	.4308999	2485/5767	35	73	71	79
.4301986	2795/6497	43	73	65	89	.4309237	1073/2490	37	60	58	83
.4302059	188/437	47	57	48	92	.4309262	549/1274	45	65	61	98
.4302422	3127/7268	53	79	59	92	.4309439	2050/4757	41	67	50	71
.4302690	2607/6059	33	73	79	83	.4309532	1189/2759	41	62	58	89
.4302817	611/1420	47	71	65	100	.4309701	231/536	33	67	70	80
.4303174	2183/5073	37	57	59	89	.4309831	434/1007	35	53	62	95
.4303300	1643/3818	53	83	62	92	.4309890	1961/4550	37	65	53	70
.4303529	1829/4250	59	85	62	100	0.4310					
.4303583	2030/4717	35	53	58	89	.4310036	481/1116	37	62	65	90
.4303710	2494/5795	43	61	58	95	.4310175	3071/7125	37	75	83	95
.4303775	2451/5695	43	67	57	85	.4310256	3337/7742	47	79	71	98
.4303966	2257/5244	37	57	61	92	.4310383	1972/4575	34	61	58	75
.4304082	2109/4900	37	50	57	98	.4310502	472/1095	40	73	59	75
.4304267	232/539	40	55	58	98	.4310714	1207/2800	34	70	71	80
.4304435	427/992	35	62	61	80	.4310777	172/399	40	57	43	70
.4304647	2501/5810	41	70	61	83	.4310924	513/1190	45	70	57	85
.4304676	2108/4897	34	59	62	83	.4311062	1968/4565	41	55	48	83
.4304860	2923/6790	37	70	79	97	.4311278	2867/6650	47	70	61	95
0.4305						.4311441	407/944	37	59	55	80
.4305108	2537/5893	43	71	59	83	.4311538	3053/7081	43	73	71	97
.4305406	2405/5586	37	57	65	98	.4311594	119/276	35	75	85	92
.4305455	592/1375	37	55	48	75	.4311673	2183/5063	37	61	59	83
.4305745	2211/5135	33	65	67	79	.4311864	636/1475	48	59	53	100
.4305839	2109/4898	37	62	57	79	.4312002	2109/4891	37	67	57	73
.4305882	183/425	33	55	61	85	.4312104	2451/5684	43	58	57	98
.4305964	2491/5785	47	65	53	89	.4312236	511/1185	35	75	73	79
.4306250	689/1600	53	80	65	100	.4312402	2747/6370	41	65	67	98
.4306435	2108/4895	34	55	62	89	.4312647	549/1273	45	67	61	95
.4306557	2627/6100	37	61	71	100	.4312736	342/793	30	61	57	65
.4306667	323/750	34	50	57	90	.4312773	888/2059	37	58	48	71
						.4313131	427/990	35	55	61	90

（续）

比值	分数	A	B	C	D
0.4310					
.4313157	1190/2759	34	62	70	89
.4313291	1363/3160	47	79	58	80
.4313386	1247/2891	43	59	58	98
.4313619	795/1843	45	57	53	97
.4313725*	22/51	40	60	55	85
.4313978	1003/2325	34	62	59	75
.4314183	2035/4717	37	53	55	89
.4314362	3055/7081	47	73	65	97
.4314626	2537/5880	43	60	59	98
.4314777	3139/7275	43	75	73	97
.4314859	2686/6225	34	75	79	83
0.4315					
.4315136	1739/4030	37	62	47	65
.4315714	3021/7000	53	70	57	100
.4315789	41/95	41	57	45	75
.4315895	429/994	33	70	65	71
.4316105	2881/6675	43	75	67	89
.4316327	423/980	45	50	47	98
.4316456	341/790	33	60	62	79
.4316667	259/600	37	60	70	100
.4316888	455/1054	35	62	65	85
.4316985	2623/6076	43	62	61	98
.4317269	215/498	43	60	50	83
.4317409	2666/6175	43	65	62	95
.4317486	2679/6205	47	73	57	85
.4317618	174/403	30	62	58	65
.4317703	2256/5225	47	55	48	95
.4317771	2867/6640	47	80	61	83
.4317907	1073/2485	37	70	58	71
.4318089	2115/4898	45	62	47	79
.4318408	434/1005	35	67	62	75
.4318519	583/1350	53	75	55	90
.4318551	1860/4307	30	59	62	73
.4318667	3239/7500	41	75	79	100
.4318816	2013/4661	33	59	61	79
.4318932	3139/7268	43	79	73	92
.4318971	2115/4897	45	59	47	83
.4319185	1272/2945	48	62	53	95
.4319269	3071/7110	37	79	83	90
.4319396	2345/5429	35	61	67	89
.4319617	2257/5225	37	55	61	95
.4319672	527/1220	34	61	62	80
.4319825	1972/4565	34	55	58	83
.4319923	451/1044	41	58	55	90
0.4320					
.4320151	1147/2655	37	59	62	90

比值	分数	A	B	C	D
0.4320					
.4320337	410/949	41	65	50	73
.4320528	3599/8330	59	85	61	98
.4320733	423/979	45	55	47	89
.4320833	1037/2400	34	60	61	80
.4320968	2679/6200	47	62	57	100
.4321257	990/2291	33	58	60	79
.4321429	121/280	33	60	55	70
.4321569	551/1275	57	85	58	90
.4321720	583/1349	33	57	53	71
.4321839	188/435	40	58	47	75
.4321865	1947/4505	33	53	59	85
.4322154	915/2117	30	58	61	73
.4322289	287/664	41	80	70	83
.4322368	657/1520	45	80	73	95
.4322581	67/155	30	62	67	75
.4322742	517/1196	47	65	55	92
.4322928	1925/4453	35	61	55	73
.4322995	2021/4675	43	55	47	85
.4323129	1271/2940	41	60	62	98
.4323216	527/1219	34	53	62	92
.4323276	1003/2320	34	58	59	80
.4323491	2665/6164	41	67	65	92
.4323636	1189/2750	41	55	58	100
.4323684	1643/3800	53	80	62	95
.4323784	649/1501	33	57	59	79
.4324138	627/1450	33	58	57	75
.4324189	2585/5978	47	61	55	98
.4324269	2115/4891	45	67	47	73
.4324378	2173/5025	41	67	53	75
.4324478	2279/5270	43	62	53	85
.4324561	493/1140	34	57	58	80
.4324667	682/1577	33	57	62	83
.4324762	2405/5561	37	67	65	83
.4324895	205/474	41	60	50	79
0.4325					
.4325114	1333/3082	43	67	62	92
.4325166	3195/7387	45	83	71	89
.4325267	2109/4876	37	53	57	92
.4325424	638/1475	33	59	58	75
.4325493	2501/5782	41	59	61	98
.4325843	77/178	35	50	55	89
.4325871	1739/4020	37	60	47	67
.4325956	215/497	43	70	50	71
.4326136	581/1343	35	79	83	85
.4326165	1207/2790	34	62	71	90
.4326389	623/1440	35	80	89	90

（续）

比值	分数	A	B	C	D
0.4325					
.4326531	106/245	40	50	53	98
.4326613	1073/2480	37	62	58	80
.4326667	649/1500	33	60	59	75
.4326812	376/869	40	55	47	79
.4327044	344/795	40	53	43	75
.4327074	553/1278	35	71	79	90
.4327188	3145/7268	37	79	85	92
.4327420	1927/4453	41	61	47	73
.4327485	74/171	37	57	50	75
.4327778	779/1800	41	60	57	90
.4327869	132/305	33	61	60	75
.4327979	3233/7470	53	83	61	90
.4328302	1147/2650	37	53	62	100
.4328358	29/67	30	60	58	67
.4328494	477/1102	45	58	53	95
.4328606	2350/5429	47	61	50	89
.4328684	3569/8245	43	85	83	97
.4328767	158/365	34	73	79	85
.4328947	329/760	47	80	70	95
.4329032	671/1550	33	62	61	75
.4329140	413/954	35	53	59	90
.4329181	2120/4897	40	59	53	83
.4329403	1175/2714	47	59	50	92
.4329492	1653/3818	57	83	58	92
.4329577	1537/3550	53	71	58	100
0.4330					
.4330337	1927/4450	41	50	47	89
.4330370	2923/6750	37	75	79	90
.4330469	2419/5586	41	57	59	98
.4330563	469/1083	35	57	67	95
.4330690	1802/4161	34	57	53	73
.4330805	1770/4087	30	61	59	67
.4330950	424/979	40	55	53	89
.4330986	123/284	41	60	45	71
.4331104	259/598	37	65	70	92
.4331258	1739/4015	37	55	47	73
.4331512	1189/2745	41	61	58	90
.4331644	2479/5723	37	59	67	97
.4331797	94/217	40	62	47	70
.4331955	2409/5561	33	67	73	83
.4332298	279/644	45	70	62	92
.4332508	2275/5251	35	59	65	89
.4332553	185/427	37	61	50	70
.4332744	1961/4526	37	62	53	73
.4332776	1815/4189	33	59	55	71
.4332908	3397/7840	43	80	79	98

比值	分数	A	B	C	D
0.4330					
.4333001	2173/5015	41	59	53	85
.4333122	2050/4731	41	57	50	83
.4333333*	13/30	30	60	65	75
.4333506	3355/7742	55	79	61	98
.4333580	2923/6745	37	71	79	95
.4333748	348/803	30	55	58	73
.4333763	3363/7760	57	80	59	97
.4333861	2739/6320	33	79	83	80
.4334016	423/976	45	61	47	80
.4334101	1881/4340	33	62	57	70
.4334239	319/736	55	80	58	92
.4334425	2911/6716	41	73	71	92
.4334492	2120/4891	40	67	53	73
.4334746	1023/2360	33	59	62	80
.4334846	1815/4187	33	53	55	79
.4334967	2565/5917	45	61	57	97
0.4335					
.4335125	2419/5580	41	62	59	90
.4335155	238/549	34	61	70	90
.4335294	737/1700	33	60	67	85
.4335354	1073/2475	37	55	58	90
.4335474	2701/6230	37	70	73	89
.4335579	708/1633	48	71	59	92
.4335650	2183/5035	37	53	59	95
.4335807	2337/5390	41	55	57	98
.4335979	2021/4661	43	59	47	79
.4336145	3599/8300	59	83	61	100
.4336364	477/1100	45	55	53	100
.4336538	451/1040	41	65	55	80
.4336744	2501/5767	41	73	61	79
.4336752	2537/5850	43	65	59	90
.4336957	399/920	35	50	57	92
.4337349	36/83	33	55	60	83
.4337572	2115/4876	45	53	47	92
.4337681	2993/6900	41	75	73	92
.4337987	901/2077	34	62	53	67
.4338221	2278/5251	34	59	67	89
.4338291	2275/5244	35	57	65	92
.4338362	2013/4640	33	58	61	80
.4338462	141/325	45	65	47	75
.4338869	2064/4757	43	67	48	71
.4339019	407/938	37	67	55	70
.4339181	371/855	35	57	53	75
.4339538	2914/6715	47	79	62	85
.4339593	2773/6390	47	71	59	90
.4339797	470/1083	47	57	50	95
.4339874	1305/3007	45	62	58	97
.4339950	1749/4030	33	62	53	65

（续）

比值	分数	A	B	C	D
0.4340					
.4340126	2279/5251	43	59	53	89
.4340303	602/1387	43	73	70	95
.4340385	2257/5200	37	65	61	80
.4340799	1880/4331	40	61	47	71
.4340946	2414/5561	34	67	71	83
.4340971	2065/4757	35	67	59	71
.4341176	369/850	41	50	45	85
.4341548	2255/5194	41	53	55	98
.4341720	3555/8188	45	89	79	92
.4341769	1870/4307	34	59	55	73
.4342105*	33/76	45	60	55	95
.4342169	901/2075	34	50	53	83
.4342365	1763/4060	41	58	43	70
.4342593	469/1080	35	60	67	90
.4342723	185/426	37	60	50	71
.4342910	2343/5395	33	65	71	83
.4343038	3431/7900	47	79	73	100
.4343108	1881/4331	33	61	57	71
.4343220	205/472	41	59	50	80
.4343434	43/99	43	55	50	90
.4343473	1128/2597	47	53	48	98
.4343688	3286/7565	53	85	62	89
.4343839	3363/7742	57	79	59	98
.4344042	2745/6319	45	71	61	89
.4344178	2537/5840	43	73	59	80
.4344262	53/122	35	61	53	70
.4344538	517/1190	47	70	55	85
.4344569	116/267	40	60	58	89
.4344726	1767/4067	57	83	62	98
.4344776	2911/6700	41	67	71	100
0.4345					
.4345000	869/2000	33	75	79	80
.4345263	1032/2375	43	50	48	95
.4345399	2257/5194	37	53	61	98
.4345486	1776/4087	37	61	48	67
.4345919	2279/5244	43	57	53	92
.4346000	2173/5000	41	50	53	100
.4346073	2479/5704	37	62	67	92
.4346237	2021/4650	43	62	47	75
.4346313	2623/6035	43	71	61	85
.4346519	2747/6320	41	79	67	80
.4346617	469/1079	35	65	67	83
.4346696	2006/4615	34	65	59	71
.4346939	213/490	45	75	71	98
.4347025	2360/5429	40	61	59	89

比值	分数	A	B	C	D
0.4345					
.4347207	2747/6319	41	71	67	89
.4347368	413/950	35	50	59	95
.4347500	1739/4000	37	50	47	80
.4348008	1037/2385	34	53	61	90
.4348210	984/2263	41	62	48	73
.4348315	387/890	43	50	45	89
.4348454	2109/4850	37	50	57	97
.4348641	464/1067	40	55	58	97
.4348718	424/975	40	65	53	75
.4349005	481/1106	37	70	65	79
.4349123	2479/5700	37	57	67	100
.4349254	1457/3350	47	67	62	100
.4349490	341/784	55	80	62	98
.4349643	1769/4067	58	83	61	98
.4349792	2405/5529	37	57	65	97
.4349937	2419/5561	41	67	59	83
0.4350					
.4350000	87/200	33	55	58	80
.4350282	77/177	35	59	55	75
.4350746	583/1340	33	60	53	67
.4350762	2255/5183	41	71	55	73
.4350877	124/285	30	57	62	75
.4350989	1914/4399	33	53	58	83
.4351300	3431/7885	47	83	73	95
.4351415	369/848	41	53	45	80
.4351648	198/455	33	65	60	70
.4351662	3403/7820	41	85	83	92
.4351852	47/108	47	60	50	90
.4352122	1938/4453	34	61	57	73
.4352293	2923/6716	37	73	79	92
.4352410	289/664	34	80	85	83
.4352459	531/1220	45	61	59	100
.4352612	2491/5723	47	59	53	97
.4352691	2256/5183	47	71	48	73
.4353218	2773/6370	47	65	59	98
.4353688	549/1261	45	65	61	97
.4353994	1995/4582	35	58	57	79
.4354067*	91/209	35	55	65	95
.4354430	172/395	40	50	43	79
.4354460	371/852	35	60	53	71
.4354621	2257/5183	37	71	61	73
.4354691	3337/7663	47	79	71	97
.4354802	1927/4425	41	59	47	75
.4354875	1961/4503	37	57	53	79
0.4355					
.4355056	969/2225	34	50	57	89

（续）

比值	分数	A	B	C	D	比值	分数	A	B	C	D
0.4355						0.4360					
.4355289	2030/4661	35	59	58	79	.4362245	171/392	45	60	57	98
.4355363	402/923	30	65	67	71	.4362319	301/690	43	75	70	92
.4355603	2021/4640	43	58	47	80	.4362473	1023/2345	33	67	62	70
.4355885	470/1079	47	65	50	83	.4362714	688/1577	43	57	48	83
.4355972	186/427	30	61	62	70	.4362869	517/1185	47	75	55	79
.4356164	159/365	33	55	53	73	.4362974	2993/6860	41	70	73	98
.4356313	1763/4047	41	57	43	71	.4363208	185/424	37	53	50	80
.4356397	2210/5073	34	57	65	89	.4363454	2173/4980	41	60	53	83
.4356540	413/948	35	60	59	79	.4363636*	24/55	30	55	60	75
.4356559	2451/5626	43	58	57	97	.4363775	2867/6570	47	73	61	90
.4356808	464/1065	40	71	58	75	.4363985	1139/2610	34	58	67	90
.4356884	481/1104	37	60	65	92	.4364255	2310/5293	33	67	70	79
.4357038	2365/5428	43	59	55	92	.4364437	2479/5680	37	71	67	80
.4357143	61/140	30	60	61	70	.4364548	261/598	45	65	58	92
.4357193	3074/7055	53	83	58	85	.4364706	371/850	35	50	53	85
.4357430	217/498	35	60	62	83	.4364828	2065/4731	35	57	59	83
.4357581	1845/4234	41	58	45	73	.4364987	1880/4307	40	59	47	73
.4357778	1961/4500	37	50	53	90	0.4365					
.4357854	2494/5723	43	59	58	97	.4365079*	55/126	50	70	55	90
.4358238	455/1044	35	58	65	90	.4365160	2135/4891	35	67	61	73
.4358264	472/1083	40	57	59	95	.4365325	141/323	45	57	47	85
.4358396	1739/3990	37	57	47	70	.4365543	2914/6675	47	75	62	89
.4358463	2405/5518	37	62	65	89	.4365591	203/465	35	62	58	75
.4358824	741/1700	57	85	65	100	.4365672	117/268	45	67	65	100
.4358922	2135/4898	35	62	61	79	.4365900	2279/5220	43	58	53	90
.4359107	2537/5820	43	60	59	97	.4366000	2183/5000	37	50	59	100
.4359606	177/406	30	58	59	70	.4366197	31/71	30	60	62	71
.4359722	3139/7200	43	80	73	90	.4366433	2867/6566	47	67	61	98
.4359812	2135/4897	35	59	61	83	.4366609	2537/5810	43	70	59	83
.4359926	235/539	47	55	50	98	.4366976	2211/5063	33	61	67	83
0.4360						.4367111	2491/5704	47	62	53	92
.4360075	2337/5360	41	67	57	80	.4367309	1881/4307	33	59	57	73
.4360181	2409/5525	33	65	73	85	.4367427	2451/5612	43	61	57	92
.4360317	2747/6300	41	70	67	90	.4367498	473/1083	43	57	55	95
.4360614	341/782	55	85	62	92	.4367698	1271/2910	41	60	62	97
.4360656	133/305	35	61	57	75	.4367800	3071/7031	37	79	83	89
.4360825	423/970	45	50	47	97	.4368141	2627/6014	37	62	71	97
.4360870	1003/2300	34	50	59	92	.4368235	3713/8500	47	85	79	100
.4361049	2911/6675	41	75	71	89	.4368341	287/657	41	73	70	90
.4361055	215/493	43	58	50	85	.4368421	83/190	45	90	83	95
.4361365	2479/5684	37	58	67	98	.4368479	1968/4505	41	53	48	85
.4361490	2623/6014	43	62	61	97	.4368584	1830/4189	30	59	61	71
.4361593	427/979	35	55	61	89	.4368692	2294/5251	37	59	62	89
.4361722	2279/5225	43	55	53	95	.4368768	2585/5917	47	61	55	97
.4361932	605/1387	33	57	55	73	.4368852	533/1220	41	61	65	100
.4362092	3337/7650	47	85	71	90	.4369115	232/531	40	59	58	90

（续）

比值	分数	*A*	*B*	*C*	*D*
0.4365					
.4369231	142/325	34	65	71	85
.4369283	1815/4154	33	62	55	67
.4369391	925/2117	37	58	50	73
.4369524	1147/2625	37	70	62	75
.4369565	201/460	45	75	67	92
.4369748*	52/119	40	70	65	85
.4369763	2451/5609	43	71	57	79
.4369863	319/730	33	60	58	73
0.4370					
.4370086	2501/5723	41	59	61	97
.4370208	399/913	35	55	57	83
.4370420	656/1501	41	57	48	79
.4370492	1333/3050	43	61	62	100
.4370553	3010/6887	43	71	70	97
.4370917	2074/4745	34	65	61	73
.4371002	205/469	41	67	50	70
.4371134	212/485	40	50	53	97
.4371269	2343/5360	33	67	71	80
.4371358	3901/8924	47	92	83	97
.4371667	2623/6000	43	60	61	100
.4372067	3074/7031	53	79	58	89
.4372233	2173/4970	41	70	53	71
.4372336	2257/5162	37	58	61	89
.4372370	1247/2852	43	62	58	92
.4372500	1749/4000	33	50	53	80
.4372727	481/1100	37	55	65	100
.4372881	129/295	43	59	45	75
.4373012	1925/4402	35	62	55	71
.4373333	164/375	41	50	48	90
.4373494	363/830	33	50	55	83
.4373610	590/1349	30	57	59	71
.4373659	2650/6059	50	73	53	83
.4373920	2784/6365	48	67	58	95
.4374012	2491/5695	47	67	53	85
.4374138	2537/5800	43	58	59	100
.4374269	374/855	34	57	55	75
.4374384	444/1015	37	58	48	70
.4374523	1147/2622	37	57	62	92
.4374690	1763/4030	41	62	43	65
.4374843	1739/3975	37	53	47	75
0.4375					
.4375000*	7/16	35	40	45	90
.4375113	2419/5529	41	57	59	97
.4375215	1271/2905	41	70	62	83
.4375439	1247/2850	43	57	58	100
.4375527	1037/2370	34	60	61	79

比值	分数	*A*	*B*	*C*	*D*
0.4375					
.4375645	424/969	40	57	53	85
.4375662	2064/4717	43	53	48	89
.4375911	901/2059	34	58	53	71
.4375995	1925/4399	35	53	55	83
.4376344	407/930	37	62	55	75
.4376404	779/1780	41	60	57	89
.4376471	186/425	33	55	62	85
.4376608	3233/7387	53	83	61	89
.4376712	639/1460	45	73	71	100
.4376786	2451/5600	43	70	57	80
.4376991	2610/5963	45	67	58	89
.4377082	657/1501	45	79	73	95
.4377218	2590/5917	37	61	70	97
.4377358	116/265	30	53	58	75
.4377556	1927/4402	41	62	47	71
.4377782	2065/4717	35	53	59	89
.4377912	2537/5795	43	61	59	95
.4378001	1003/2291	34	58	59	79
.4378181	3355/7663	55	79	61	97
.4378333	2627/6000	37	60	71	100
.4378414	3286/7505	53	79	62	95
.4378479	236/539	40	55	59	98
.4378589	2135/4876	35	53	61	92
.4378657	1272/2905	48	70	53	83
.4378895	1054/2407	34	58	62	83
.4379001	342/781	30	55	57	71
.4379070	1950/4453	30	61	65	73
.4379198	2021/4615	43	65	47	71
.4379303	1972/4503	34	57	58	79
.4379391	187/427	34	61	55	70
.4379545	1927/4400	41	55	47	80
.4379592	1073/2450	37	50	58	98
.4379685	2337/5336	41	58	57	92
.4379906	279/637	45	65	62	98
0.4380					
.4380000	219/500	45	75	73	100
.4380233	2145/4897	33	59	65	83
.4380541	1927/4399	41	53	47	83
.4380692	481/1098	37	61	65	90
.4380769	1139/2600	34	65	67	80
.4380972	2109/4814	37	58	57	83
.4381200	1855/4234	35	58	53	73
.4381333	1643/3750	53	75	62	100
.4381356	517/1180	47	59	55	100
.4381895	2701/6164	37	67	73	92
.4382044	2255/5146	41	62	55	83

（续）

比值	分数	*A*	*B*	*C*	*D*
0.4380					
.4382222	493/1125	34	50	58	90
.4382275	2146/4897	37	59	58	83
.4382477	2491/5684	47	58	53	98
.4382692	2279/5200	43	65	53	80
.4382759	1271/2900	41	58	62	100
.4383148	2320/5293	40	67	58	79
.4383302	231/527	33	62	70	85
.4383459	583/1330	33	57	53	70
.4383689	473/1079	43	65	55	83
.4383838	217/495	35	55	62	90
.4383851	2074/4731	34	57	61	83
.4383988	1128/2573	47	62	48	83
.4384065	2146/4895	37	55	58	89
.4384328	235/536	47	67	50	80
.4384615	57/130	30	60	57	65
.4384699	2006/4575	34	61	59	75
.4384880	638/1455	55	75	58	97
0.4385					
.4385027	82/187	41	55	50	85
.4385084	2881/6570	43	73	67	90
.4385309	3403/7760	41	80	83	97
.4385480	2537/5785	43	65	59	89
.4385572	1763/4020	41	60	43	67
.4385776	407/928	37	58	55	80
.4385876	1739/3965	37	61	47	65
.4385965*	25/57	50	90	75	95
.4386109	2665/6076	41	62	65	98
.4386207	318/725	48	58	53	100
.4386306	2255/5141	41	53	55	97
.4386540	2542/5795	41	61	62	95
.4386555	261/595	45	70	58	85
.4386667	329/750	47	75	70	100
.4387468	3431/7820	47	85	73	92
.4387640	781/1780	55	89	71	100
.4387719	2501/5700	41	57	61	100
.4387936	742/1691	53	89	70	95
.4388251	2256/5141	47	53	48	97
.4388436	592/1349	37	57	48	71
.4388621	3363/7663	57	79	59	97
.4388732	779/1775	41	71	57	75
.4388795	517/1178	47	62	55	95
.4388877	2115/4819	45	61	47	79
.4389103	1595/3634	55	79	58	92
.4389161	2867/6532	47	71	61	92
.4389350	2275/5183	35	71	65	73
.4389547	1075/2449	43	62	50	79
0.4385					
.4389616	2046/4661	33	59	62	79
.4389671	187/426	34	60	55	71
.4389831	259/590	37	59	70	100
.4389899	2173/4950	41	55	53	90
.4389991	2544/5795	48	61	53	95
0.4390					
.4390060	583/1328	53	80	55	83
.4390196	2257/5141	37	53	61	97
.4390431	2294/5225	37	55	62	95
.4390629	3055/6958	47	71	65	98
.4390845	1247/2840	43	71	58	80
.4391034	1763/4015	41	55	43	73
.4391052	530/1207	50	71	53	85
.4391202	559/1273	43	67	65	95
.4391386	469/1068	35	60	67	89
.4391505	2378/5415	41	57	58	95
.4391572	2501/5695	41	67	61	85
.4391667	527/1200	34	60	62	80
.4391803	2679/6100	47	61	57	100
.4391854	3127/7120	53	80	59	89
.4392060	177/403	30	62	59	65
.4392157*	112/255	35	75	80	85
.4392354	2183/4970	37	70	59	71
.4392473	817/1860	43	62	57	90
.4392694	481/1095	37	73	65	75
.4392857	123/280	41	60	45	70
.4393009	930/2117	30	58	62	73
.4393074	2385/5429	45	61	53	89
.4393231	2726/6205	47	73	58	85
.4393278	2013/4582	33	58	61	79
.4393436	2115/4814	45	58	47	83
.4393478	2021/4600	43	50	47	92
.4393662	3355/7636	55	83	61	92
.4393750	703/1600	37	60	57	80
.4393884	2385/5428	45	59	53	92
.4394068	1037/2360	34	59	61	80
.4394304	2006/4565	34	55	59	83
.4394446	2627/5978	37	61	71	98
.4394485	3538/8051	58	83	61	97
.4394636	1147/2610	37	58	62	90
.4394678	2345/5336	35	58	67	92
.4394948	1914/4355	33	65	58	67
.4394977	385/876	35	60	55	73
0.4395					
.4395117	396/901	33	53	60	85
.4395326	2257/5135	37	65	61	79

（续）

比值	分数	*A*	*B*	*C*	*D*
0.4395					
.4395371	2279/5185	43	61	53	85
.4395492	429/976	33	61	65	80
.4395712	451/1026	41	57	55	90
.4395829	2150/4891	43	67	50	73
.4395982	3195/7268	45	79	71	92
.4396078	1121/2550	57	85	59	90
.4396259	517/1176	47	60	55	98
.4396403	1271/2891	41	59	62	98
.4396774	1363/3100	47	62	58	100
.4396862	2074/4717	34	53	61	89
.4397069	660/1501	33	57	60	79
.4397284	259/589	37	62	70	95
.4397541	1073/2440	37	61	58	80
.4397580	2544/5785	48	65	53	89
.4397727	387/880	43	55	45	80
.4397981	610/1387	30	57	61	73
.4398097	2773/6305	47	65	59	97
.4398182	2419/5500	41	55	59	100
.4398416	2665/6059	41	73	65	83
.4398496 *	117/266	45	70	65	95
.4398639	3233/7350	53	75	61	98
.4398727	1935/4399	43	53	45	83
.4398793	2623/5963	43	67	61	89
.4398929	1643/3735	53	83	62	90
.4399123	1003/2280	34	57	59	80
.4399190	1739/3953	37	59	47	67
.4399253	2120/4819	40	61	53	79
.4399543	1927/4380	41	60	47	73
.4399610	2257/5130	37	57	61	90
.4399862	1272/2891	48	59	53	98
0.4400					
.4400000 *	11/25	40	50	55	100
.4400070	2501/5684	41	58	61	98
.4400412	855/1943	30	58	57	67
.4400749	235/534	47	60	50	89
.4400815	3239/7360	41	80	79	92
.4400853	1032/2345	43	67	48	70
.4401148	1073/2438	37	53	58	92
.4401210	2183/4960	37	62	59	80
.4401266	3477/7900	57	79	61	100
.4401471	2993/6800	41	80	73	85
.4401623	217/493	35	58	62	85
.4401720	1740/3953	30	59	58	67
.4402051	2146/4875	37	65	58	75
.4402277	232/527	40	62	58	85
.4402532	1739/3950	37	50	47	79

比值	分数	*A*	*B*	*C*	*D*
0.4400					
.4402810	188/427	40	61	47	70
.4402985	59/134	30	60	59	67
.4403169	2501/5680	41	71	61	80
.4403704	1189/2700	41	60	58	90
.4403822	1060/2407	40	58	53	83
.4404048	1175/2668	47	58	50	92
.4404138	3363/7636	57	83	59	92
.4404225	3127/7100	53	71	59	100
.4404284	329/747	47	83	70	90
.4404432	159/361	45	57	53	95
.4404545	969/2200	34	55	57	80
.4404762	37/84	37	60	50	70
.4404873	470/1067	47	55	50	97
0.4405					
.4405063	174/395	33	55	58	79
.4405152	1881/4270	33	61	57	70
.4405392	915/2077	30	62	61	67
.4405547	1938/4399	34	53	57	83
.4405614	3139/7125	43	75	73	95
.4405738	215/488	43	61	50	80
.4405760	2784/6319	48	71	58	89
.4406100	549/1246	45	70	61	89
.4406250	141/320	45	60	47	80
.4406328	2479/5626	37	58	67	97
.4406385	1325/3007	50	62	53	97
.4406496	1845/4187	41	53	45	79
.4406605	427/969	35	57	61	85
.4406742	1961/4450	37	50	53	89
.4406780	26/59	34	59	65	85
.4406948	888/2015	37	62	48	65
.4407207	2275/5162	35	58	65	89
.4407407 *	119/270	35	75	85	90
.4407500	1763/4000	41	50	43	80
.4407708	2173/4930	41	58	53	85
.4407785	2378/5395	41	65	58	83
.4407866	1995/4526	35	62	57	73
.4407953	2993/6790	41	70	73	97
.4408300	3293/7470	37	83	89	90
.4408403	2623/5950	43	70	61	85
.4408468	354/803	30	55	59	73
.4408602	41/93	41	62	50	75
.4408708	3139/7120	43	80	73	89
.4408774	2211/5015	33	59	67	85
.4408967	649/1472	55	80	59	92
.4409102	1802/4087	34	61	53	67
.4409151	2679/6076	47	62	57	98

（续）

比值	分数	*A*	*B*	*C*	*D*
0.4405					
.4409310	2747/6230	41	70	67	89
.4409352	1075/2438	43	53	50	92
.4409483	1023/2320	33	58	62	80
.4409639	183/415	33	55	61	83
.4409794	1711/3880	58	80	59	97
0.4410					
.4410101	2183/4950	37	55	59	90
.4410256	86/195	43	65	50	75
.4410377	187/424	34	53	55	80
.4410594	2881/6532	43	71	67	92
.4410738	2021/4582	43	58	47	79
.4410769	2867/6500	47	65	61	100
.4411019	2610/5917	45	61	58	97
.4411097	1749/3965	33	61	53	65
.4411306	2544/5767	48	73	53	79
.4411448	2867/6499	47	67	61	97
.4411538	1147/2600	37	65	62	80
.4411765*	15/34	35	70	75	85
.4411874	1189/2695	41	55	58	98
.4412313	473/1072	43	67	55	80
.4412551	2475/5609	33	71	75	79
.4412806	2867/6497	47	73	61	89
.4412916	451/1022	41	70	55	73
.4413043	203/460	35	50	58	92
.4413146	94/213	40	60	47	71
.4414035	629/1425	37	75	85	95
.4414251	731/1656	43	90	85	92
.4414474	671/1520	33	57	61	80
.4414575	2726/6175	47	65	58	95
.4414699	2655/6014	45	62	59	97
.4414802	513/1162	45	70	57	83
.4414873	1128/2555	47	70	48	73
.4414973	2064/4675	43	55	48	85
0.4415					
.4415126	2627/5950	37	70	71	85
.4415265	2337/5293	41	67	57	79
.4415385	287/650	41	65	70	100
.4415493	627/1420	33	60	57	71
.4415601	3555/8051	45	83	79	97
.4415907	533/1207	41	71	65	85
.4416043	3127/7081	53	73	59	97
.4416064	2870/6499	41	67	70	97
.4416196	469/1062	35	59	67	90
.4416328	1850/4189	37	59	50	71
.4416635	1147/2597	37	53	62	98
.4416667	53/120	35	60	53	70

比值	分数	*A*	*B*	*C*	*D*
0.4415					
.4416830	2257/5110	37	70	61	73
.4417112	413/935	35	55	59	85
.4417320	2479/5612	37	61	67	92
.4417423	2870/6497	41	73	70	89
.4417486	2021/4575	43	61	47	75
.4417582	201/455	30	65	67	70
.4417808	129/292	43	60	45	73
.4417910	148/335	37	60	48	67
.4418103	205/464	41	58	50	80
.4418206	2320/5251	40	59	58	89
.4418265	2419/5475	41	73	59	75
.4418438	1850/4187	37	53	50	79
.4418546	1763/3990	41	57	43	70
.4418803	517/1170	47	65	55	90
.4419048	232/525	40	70	58	75
.4419287	1054/2385	34	53	62	90
.4419476	118/267	40	60	59	89
.4419643*	99/224	45	70	55	80
.4419747	1710/3869	30	53	57	73
.4419784	697/1577	41	83	85	95
0.4420					
.4420046	1711/3871	58	79	59	98
.4420207	385/871	35	65	55	67
.4420760	477/1079	45	65	53	83
.4420909	2275/5146	35	62	65	83
.4421127	3139/7100	43	71	73	100
.4421227	1333/3015	43	67	62	90
.4421384	703/1590	37	53	57	90
.4421522	2679/6059	47	73	57	83
.4421569	451/1020	41	60	55	85
.4422175	1037/2345	34	67	61	70
.4422414	513/1160	45	58	57	100
.4422472	984/2225	41	50	48	89
.4422789	295/667	40	58	59	92
.4422990	1947/4402	33	62	59	71
.4423168	2795/6319	43	71	65	89
.4423347	629/1422	37	79	85	90
.4423412	1776/4015	37	55	48	73
.4423529	188/425	40	50	47	85
.4423618	472/1067	40	55	59	97
.4423729	261/590	45	59	58	100
.4423770	737/1666	55	85	67	98
.4423913	407/920	37	50	55	92
.4424104	580/1311	40	57	58	92
.4424176	2013/4550	33	65	61	70
.4424301	2294/5185	37	61	62	85

（续）

比值	分数	A	B	C	D
0.4420					
.4424488	1749/3953	33	59	53	67
.4424638	3053/6900	43	75	71	92
.4424742	1073/2425	37	50	58	97
.4424799	1927/4355	41	65	47	67
.4424861	477/1078	45	55	53	98
0.4425					
.4425000	177/400	33	55	59	80
.4425059	558/1261	45	65	62	97
.4425287	77/174	35	58	55	75
.4425490	2257/5100	37	60	61	85
.4425612	235/531	47	59	50	90
.4425703	551/1245	57	83	58	90
.4425882	1881/4250	33	50	57	85
.4426006	1947/4399	33	53	59	83
.4426230	27/61	45	61	57	95
.4426370	517/1168	47	73	55	80
.4426471	301/680	43	80	70	85
.4426601	2343/5293	33	67	71	79
.4426739	1139/2573	34	62	67	83
.4426786	2479/5600	37	70	67	80
.4427004	2623/5925	43	75	61	79
.4427075	2747/6205	41	73	67	85
.4427245 *	143/323	55	85	65	95
.4427419	549/1240	45	62	61	100
.4427536	611/1380	47	75	65	92
.4427657	2491/5626	47	58	53	97
.4427848	1749/3950	33	50	53	79
.4427869	2701/6100	37	61	73	100
.4427992	2183/4930	37	58	59	85
.4428234	2064/4661	43	59	48	79
.4428265	1855/4189	35	59	53	71
.4428413	399/901	35	53	57	85
.4428475	1972/4453	34	61	58	73
.4428571	31/70	30	60	62	70
.4428682	2279/5146	43	62	53	83
.4428839	473/1068	43	60	55	89
.4428984	2610/5893	45	71	58	83
.4429309	2146/4845	37	57	58	85
.4429805	975/2201	30	62	65	71
.4429885	1927/4350	41	58	47	75
0.4430					
.4430645	2747/6200	41	62	67	100
.4430730	2405/5428	37	59	65	92
.4430993	183/413	30	59	61	70
.4431239	261/589	45	62	58	95
.4431284	2170/4897	35	59	62	83

比值	分数	A	B	C	D
0.4430					
.4431438	265/598	50	65	53	92
.4431461	986/2225	34	50	58	89
.4431638	1961/4425	37	59	53	75
.4431671	3431/7742	47	79	73	98
.4431844	3869/8730	53	90	73	97
.4431925	472/1065	40	71	59	75
.4432018	2021/4560	43	57	47	80
.4432143	1241/2800	34	70	73	80
.4432159	2365/5336	43	58	55	92
.4432308	2881/6500	43	65	67	100
.4432588	3074/6935	53	73	58	95
.4432921	1325/2989	50	61	53	98
.4433095	434/979	35	55	62	89
.4433208	3551/8010	53	89	67	90
.4433333	133/300	35	50	57	90
.4433369	2046/4615	33	65	62	71
.4433466	2109/4757	37	67	57	71
.4433755	2627/5925	37	75	71	79
.4433881	513/1157	45	65	57	89
.4433962	47/106	40	53	47	80
.4434074	2993/6750	41	75	73	90
.4434389 *	98/221	35	65	70	85
.4434535	2337/5270	41	62	57	85
.4434694	2173/4900	41	50	53	98
.4434932	259/584	37	73	70	80
.4434983	1927/4345	41	55	47	79
0.4435					
.4435220	1763/3975	41	53	43	75
.4435312	1457/3285	47	73	62	90
.4435484	55/124	35	62	55	70
.4435894	3055/6887	47	71	65	97
.4436090	59/133	30	57	59	70
.4436181	2565/5782	45	59	57	98
.4436321	1881/4240	33	53	57	80
.4436364	122/275	34	55	61	85
.4436505	2173/4898	41	62	53	79
.4436567	1189/2680	41	67	58	80
.4436721	2170/4891	35	67	62	73
.4436834	583/1314	53	73	55	90
.4436986	3239/7300	41	73	79	100
.4437158	406/915	35	61	58	75
.4437411	2173/4897	41	59	53	83
.4437500	71/160	35	70	71	80
.4437564	430/969	43	57	50	85
.4437751	221/498	34	60	65	83
.4437880	2479/5586	37	57	67	98

（续）

比值	分数	*A*	*B*	*C*	*D*	比值	分数	*A*	*B*	*C*	*D*
0.4435						0.4445					
.4438014	1457/3283	47	67	62	98	.4445102	2255/5073	41	57	55	89
.4438169	2279/5135	43	65	53	79	.4445221	2544/5723	48	59	53	97
.4438291	561/1264	33	79	85	80	.4445344	549/1235	45	65	61	95
.4438424	901/2030	34	58	53	70	.4445432	2501/5626	41	58	61	97
.4438703	2491/5612	47	61	53	92	.4445473	3363/7565	57	85	59	89
.4438776	87/196	45	60	58	98	.4445631	2915/6557	53	79	55	83
.4439105	2679/6035	47	71	57	85	.4445783	369/830	41	50	45	83
.4439224	2173/4895	41	55	53	89	.4446047	1850/4161	37	57	50	73
.4439433	689/1552	53	80	65	97	.4446079	2115/4757	45	67	47	71
.4439537	2915/6566	53	67	55	98	.4446292	3477/7820	57	85	61	92
.4439750	2627/5917	37	61	71	97	.4446406	1763/3965	41	61	43	65
.4439759	737/1660	33	60	67	83	.4446721	217/488	35	61	62	80
0.4440						.4446878	406/913	35	55	58	83
.4440000	111/250	37	50	48	80	.4447001	3285/7387	45	83	73	89
.4440092	1927/4340	41	62	47	70	.4447073	752/1691	47	57	48	89
.4440191	464/1045	40	55	58	95	.4447257	527/1185	34	60	62	79
.4440299	119/268	34	67	70	80	.4447447	3127/7031	53	79	59	89
.4440353	603/1358	45	70	67	97	.4447458	656/1475	41	59	48	75
.4440523	3397/7650	43	85	79	90	.4447636	2013/4526	33	62	61	73
.4440789 *	135/304	45	80	75	95	.4447720	2565/5767	45	73	57	79
.4440910	1815/4087	33	61	55	67	.4447756	2537/5704	43	62	59	92
.4441008	1005/2263	30	62	67	73	.4447917	427/960	35	60	61	80
.4441077	2491/5609	47	71	53	79	.4448087	407/915	37	61	55	75
.4441292	2035/4582	37	58	55	79	.4448214	2491/5600	47	70	53	80
.4441367	481/1083	37	57	65	95	.4448276	129/290	43	58	45	75
.4441502	1845/4154	41	62	45	67	.4448355	3286/7387	53	83	62	89
.4441558	171/385	30	55	57	70	.4448583	2747/6175	41	65	67	95
.4441726	2542/5723	41	59	62	97	.4448692	2211/4970	33	70	67	71
.4441827	2451/5518	43	62	57	89	.4449044	2257/5073	37	57	61	89
.4442037	410/923	41	65	50	71	.4449225	517/1162	47	70	55	83
.4442308	231/520	33	65	70	80	.4449319	1927/4331	41	61	47	71
.4442353	944/2125	48	75	59	85	.4449367	703/1580	37	60	57	79
.4442495	2279/5130	43	57	53	90	.4449599	2494/5605	43	59	58	95
.4442607	1881/4234	33	58	57	73	.4449689	2074/4661	34	59	61	79
.4442652	2479/5580	37	62	67	90	.4449755	3445/7742	53	79	65	98
.4442786	893/2010	47	67	57	90	.4449954	3410/7663	55	79	62	97
.4442854	2173/4891	41	67	53	73	0.4450					
.4443169	387/871	43	65	45	67	.4450057	1938/4355	34	65	57	67
.4443333	1333/3000	43	60	62	100	.4450172	259/582	37	60	70	97
.4443750	711/1600	45	80	79	100	.4450369	1085/2438	35	53	62	92
.4443905	915/2059	30	58	61	71	.4450483	737/1656	55	90	67	92
.4444014	1147/2581	37	58	62	89	.4450581	2337/5251	41	59	57	89
.4444072	2650/5963	50	67	53	89	.4450704	158/355	34	71	79	85
.4444246	2491/5605	47	59	53	95	.4450877	2537/5700	43	57	59	100
.4444444 *	4/9	35	70	80	90	.4451043	2773/6230	47	70	59	89
.4444701	1925/4331	35	61	55	71	.4451128	296/665	37	57	48	70

（续）

比值	分数	A	B	C	D
0.4450					
.4451282	434/975	35	65	62	75
.4451429	779/1750	41	70	57	75
.4451721	2923/6566	37	67	79	98
.4451754	203/456	35	57	58	80
.4451863	2867/6440	47	70	61	92
.4452055	65/146	30	60	65	73
.4452234	3239/7275	41	75	79	97
.4452381	187/420	34	60	55	70
.4452542	2627/5900	37	59	71	100
.4452632	423/950	45	50	47	95
.4452681	1802/4047	34	57	53	71
.4452830	118/265	34	53	59	85
.4452869	2173/4880	41	61	53	80
.4453184	1189/2670	41	60	58	89
.4453265	1739/3905	37	55	47	71
.4453441*	110/247	50	65	55	95
.4453539	925/2077	37	62	50	67
.4453571	1247/2800	43	70	58	80
.4453704	481/1080	37	60	65	90
.4453782	53/119	50	70	53	85
.4453861	473/1062	43	59	55	90
.4454606	2679/6014	47	62	57	97
.4454808	2006/4503	34	57	59	79
0.4455					
.4455102	2183/4900	37	50	59	98
.4455172	323/725	34	58	57	75
.4455645	221/496	34	62	65	80
.4455718	2108/4731	34	57	62	83
.4455826	348/781	30	55	58	71
.4455856	2256/5063	47	61	48	83
.4456084	553/1241	35	73	79	85
.4456364	2451/5500	43	55	57	100
.4456497	1972/4425	34	59	58	75
.4456590	2120/4757	40	67	53	71
.4456818	1961/4400	37	55	53	80
.4456897	517/1160	47	58	55	100
.4456966	3599/8075	59	85	61	95
.4457185	2993/6715	41	79	73	85
.4457323	423/949	45	65	47	73
.4457357	2378/5335	41	55	58	97
.4457516	341/765	55	85	62	90
.4457661	2211/4960	33	62	67	80
.4457778	1003/2250	34	50	59	90
.4457926	1139/2555	34	70	67	73
.4458013	2665/5978	41	61	65	98
.4458063	1855/4161	35	57	53	73

比值	分数	A	B	C	D
0.4455					
.4458194	1333/2990	43	65	62	92
.4458498	564/1265	47	55	48	92
.4458719	2360/5293	40	67	59	79
.4458931	342/767	30	59	57	65
.4459044	1595/3577	55	73	58	98
.4459126	3071/6887	37	71	83	97
.4459203	235/527	47	62	50	85
.4459259	301/675	43	75	70	90
.4459363	2491/5586	47	57	53	98
.4459649	1271/2850	41	57	62	100
.4459653	2183/4895	37	55	59	89
.4459904	1763/3953	41	59	43	67
0.4460					
.4460028	318/713	48	62	53	92
.4460102	2627/5890	37	62	71	95
.4460215	1037/2325	34	62	61	75
.4460299	1938/4345	34	55	57	79
.4460474	2257/5060	37	55	61	92
.4460742	517/1159	47	61	55	95
.4460784*	91/204	35	60	65	85
.4460884	2623/5880	43	60	61	98
.4461115	1457/3266	47	71	62	92
.4461538	29/65	30	60	58	65
.4461967	481/1078	37	55	65	98
.4462087	2501/5605	41	59	61	95
.4462167	2294/5141	37	53	62	97
.4462264	473/1060	43	53	55	100
.4462645	2915/6532	53	71	55	92
.4462719	407/912	37	57	55	80
.4462857	781/1750	33	70	71	75
.4463158	212/475	40	50	53	95
.4463291	1763/3950	41	50	43	79
.4463406	2537/5684	43	58	59	98
.4463482	3074/6887	53	71	58	97
.4463565	2542/5695	41	67	62	85
.4463850	3655/8188	43	89	85	92
.4463855	741/1660	57	83	65	100
.4464041	2607/5840	33	73	79	80
.4464073	1870/4189	34	59	55	71
.4464158	2491/5580	47	62	53	90
.4464481	817/1830	43	61	57	90
.4464733	1247/2793	43	57	58	98
.4464777	3245/7268	55	79	59	92
0.4465					
.4465000	893/2000	47	60	57	100
.4465246	2409/5395	33	65	73	83

（续）

比值	分数	A	B	C	D	比值	分数	A	B	C	D
0.4465						0.4470					
.4465299	1023/2291	33	58	62	79	.4471735	1147/2565	37	57	62	90
.4465438	969/2170	34	62	57	70	.4471777	2345/5244	35	57	67	92
.4465517	259/580	37	58	70	100	.4472131	682/1525	33	61	62	75
.4465575	1855/4154	35	62	53	67	.4472203	1271/2842	41	58	62	98
.4465728	2378/5325	41	71	58	75	.4472289	928/2075	48	75	58	83
.4465816	2345/5251	35	59	67	89	.4472373	2064/4615	43	65	48	71
.4466033	3195/7154	45	73	71	98	.4472527	407/910	37	65	55	70
.4466140	1075/2407	43	58	50	83	.4472574	106/237	40	60	53	79
.4466205	1870/4187	34	53	55	79	.4472727	123/275	41	55	45	75
.4466292	159/356	45	60	53	89	.4473048	3145/7031	37	79	85	89
.4466549	2537/5680	43	71	59	80	.4473081	781/1746	55	90	71	97
.4466692	1160/2597	40	53	58	98	.4473203	1711/3825	58	85	59	90
.4467076	2544/5695	48	67	53	85	.4473333	671/1500	33	60	61	75
.4467221	2419/5415	41	57	59	95	.4473361	2183/4880	37	61	59	80
.4467312	369/826	41	59	45	70	.4473494	3713/8300	47	83	79	100
.4467381	2294/5135	37	65	62	79	.4473602	2881/6440	43	70	67	92
.4467687	2627/5880	37	60	71	98	.4473684*	17/38	40	80	85	95
.4467790	1935/4331	43	61	45	71	.4474029	1025/2291	41	58	50	79
.4467925	592/1325	37	53	48	75	.4474112	1927/4307	41	59	47	73
.4468220	2109/4720	37	59	57	80	.4474446	464/1037	40	61	58	85
.4468368	2013/4505	33	53	61	85	.4474540	413/923	35	65	59	71
.4468453	517/1157	47	65	55	89	.4474576	132/295	33	59	60	75
.4468627	2279/5100	43	60	53	85	.4474717	1938/4331	34	61	57	71
.4468750*	143/320	55	80	65	100	.4474893	2923/6532	37	71	79	92
.4468942	2108/4717	34	53	62	89	0.4475					
.4468977	2773/6205	47	73	59	85	.4475338	2350/5251	47	59	50	89
.4469227	2665/5963	41	67	65	89	.4475352	1271/2840	41	71	62	80
.4469370	518/1159	37	61	70	95	.4475588	495/1106	33	70	75	79
.4469468	1925/4307	35	59	55	73	.4475721	636/1421	48	58	53	98
.4469640	2385/5336	45	58	53	92	.4475891	427/954	35	53	61	90
.4469737	3397/7600	43	80	79	95	.4476190	47/105	40	60	47	70
.4469828	1037/2320	34	58	61	80	.4476712	817/1825	43	73	57	75
.4469880	371/830	35	50	53	83	.4477030	2183/4876	37	53	59	92
.4469978	603/1349	45	71	67	95	.4477096	518/1157	37	65	70	89
0.4470						.4477193	638/1425	33	57	58	75
.4470079	620/1387	30	57	62	73	.4477265	2501/5586	41	57	61	98
.4470252	3599/8051	59	83	61	97	.4477359	3431/7663	47	79	73	97
.4470353	671/1501	33	57	61	79	.4477632	3403/7600	41	80	83	95
.4470478	477/1067	45	55	53	97	.4477949	2183/4875	37	65	59	75
.4470695	984/2201	41	62	48	71	.4477955	2925/6532	45	71	65	92
.4470771	2585/5782	47	59	55	98	.4478178	236/527	40	62	59	85
.4470904	2666/5963	43	67	62	89	.4478343	1189/2655	41	59	58	90
.4471062	2109/4717	37	53	57	89	.4478462	2911/6500	41	65	71	100
.4471294	2905/6497	35	73	83	89	.4478649	451/1007	41	53	55	95
.4471464	901/2015	34	62	53	65	.4478737	3149/7031	47	79	67	89
						.4478844	434/969	35	57	62	85

（续）

比值	分数	*A*	*B*	*C*	*D*
0.4475					
.4478873	159/355	33	55	53	71
.4478992	533/1190	41	70	65	85
.4479167	43/96	43	60	50	80
.4479270	2701/6030	37	67	73	90
.4479419	185/413	37	59	50	70
.4479638 *	99/221	45	65	55	85
.4479782	986/2201	34	62	58	71
.4479933	2679/5980	47	65	57	92
0.4480					
.4480126	1995/4453	35	61	57	73
.4480330	1845/4118	41	58	45	71
.4480412	2173/4850	41	50	53	97
.4480529	2911/6497	41	73	71	89
.4480636	2256/5035	47	53	48	95
.4480672	1333/2975	43	70	62	85
.4480932	423/944	45	59	47	80
.4481013	177/395	33	55	59	79
.4481082	2120/4731	40	57	53	83
.4481312	1175/2622	47	57	50	92
.4481432	2679/5978	47	61	57	98
.4481640	3869/8633	53	89	73	97
.4481722	2832/6319	48	71	59	89
.4481818	493/1100	34	55	58	80
.4481928	186/415	33	55	62	83
.4482079	2501/5580	41	62	61	90
.4482436	957/2135	33	61	58	70
.4482502	602/1343	43	79	70	85
.4482622	2257/5035	37	53	61	95
.4482837	1972/4399	34	53	58	83
.4483146	399/890	35	50	57	89
.4483632	2479/5529	37	57	67	97
.4483782	2115/4717	45	53	47	89
.4483895	2993/6675	41	75	73	89
.4484000	1121/2500	57	75	59	100
.4484211	213/475	45	75	71	95
.4484286	3139/7000	43	70	73	100
.4484526	2275/5073	35	57	65	89
.4484615	583/1300	33	60	53	65
.4484848	74/165	37	55	50	75
0.4485					
.4485036	2173/4845	41	57	53	85
.4485147	2914/6497	47	73	62	89
.4485197	1015/2263	35	62	58	73
.4485305	2915/6499	53	67	55	97
.4486127	2021/4505	43	53	47	85
.4486175	1947/4340	33	62	59	70

比值	分数	*A*	*B*	*C*	*D*
0.4485					
.4486392	511/1139	35	67	73	85
.4486504	1363/3038	47	62	58	98
.4486639	319/711	55	79	58	90
.4486698	2867/6390	47	71	61	90
.4486792	1189/2650	41	53	58	100
.4486878	2479/5525	37	65	67	85
.4486957	258/575	43	50	48	92
.4487071	2655/5917	45	61	59	97
.4487179 *	35/78	35	65	75	90
.4487360	639/1424	45	80	71	89
.4487562	451/1005	41	67	55	75
.4487666	473/1054	43	62	55	85
.4487941	2419/5390	41	55	59	98
.4488119	2021/4503	43	57	47	79
.4488169	1802/4015	34	55	53	73
.4488923	1155/2573	33	62	70	83
.4489130	413/920	35	50	59	92
.4489237	1147/2555	37	70	62	73
.4489279	3015/6716	45	73	67	92
.4489552	752/1675	47	67	48	75
.4489706	3053/6800	43	80	71	85
.4489948	603/1343	45	79	67	85
.4489960	559/1245	43	75	65	83
0.4490					
.4490088	1880/4187	40	53	47	79
.4490332	1881/4189	33	59	57	71
.4490416	3397/7565	43	85	79	89
.4490598	2627/5850	37	65	71	90
.4490690	410/913	41	55	50	83
.4490942	2479/5520	37	60	67	92
.4491111	2021/4500	43	50	47	90
.4491228 *	128/285	40	75	80	95
.4491299	671/1494	55	83	61	90
.4491393	287/639	41	71	70	90
.4491525	53/118	35	59	53	70
.4491673	2832/6305	48	65	59	97
.4491848	1653/3680	57	80	58	92
.4492337	469/1044	35	58	67	90
.4492411	2279/5073	43	57	53	89
.4492477	1881/4187	33	53	57	79
.4492570	2479/5518	37	62	67	89
.4492686	1935/4307	43	59	45	73
.4492790	1776/3953	37	59	48	67
.4492941	3819/8500	57	85	67	100
.4492958	319/710	33	60	58	71
.4493088	195/434	30	62	65	70

（续）

比值	分数	A	B	C	D
0.4490					
.4493151	164/365	41	60	48	73
.4493383	2275/5063	35	61	65	83
.4493633	741/1649	57	85	65	97
.4493671	71/158	35	70	71	79
.4494041	2074/4615	34	65	61	71
.4494112	1870/4161	34	57	55	73
.4494231	2337/5200	41	65	57	80
.4494403	2409/5360	33	67	73	80
.4494701	1739/3869	37	53	47	73
.4494937	3551/7900	53	79	67	100
0.4495					
.4495000	899/2000	58	80	62	100
.4495238	236/525	40	70	59	75
.4495498	1947/4331	33	61	59	71
.4495614	205/456	41	57	50	80
.4496047	455/1012	35	55	65	92
.4496203	888/1975	37	50	48	79
.4496318	3053/6790	43	70	71	97
.4496374	558/1241	45	73	62	85
.4496510	451/1003	41	59	55	85
.4496703	1023/2275	33	65	62	70
.4496844	2565/5704	45	62	57	92
.4496861	2650/5893	50	71	53	83
.4496970	371/825	35	55	53	75
.4497172	1829/4067	59	83	62	98
.4497286	1740/3869	30	53	58	73
.4497393	2501/5561	41	67	61	83
.4497608	94/209	47	55	50	95
.4497738	497/1105	35	65	71	85
.4497890	533/1185	41	75	65	79
.4498039	1147/2550	37	60	62	85
.4498239	511/1136	35	71	73	80
.4498288	2627/5840	37	73	71	80
.4498504	2256/5015	47	59	48	85
.4498571	3149/7000	47	70	67	100
.4498702	2773/6164	47	67	59	92
.4498750	3599/8000	59	80	61	100
.4498883	3021/6715	53	79	57	85
.4498952	1073/2385	37	53	58	90
.4499093	2479/5510	37	58	67	95
.4499151	265/589	50	62	53	95
.4499309	2278/5063	34	61	67	83
.4499422	2337/5194	41	53	57	98
.4499473	427/949	35	65	61	73
.4499578	2666/5925	43	75	62	79
.4499652	1938/4307	34	59	57	73

比值	分数	A	B	C	D
0.4500					
.4500000	9/20	33	55	60	80
.4500381	590/1311	40	57	59	92
.4500499	2257/5015	37	59	61	85
.4500692	2925/6499	45	67	65	97
.4500772	1749/3886	33	58	53	67
.4501031	2183/4850	37	50	59	97
.4501284	2279/5063	43	61	53	83
.4501370	1643/3650	53	73	62	100
.4501685	935/2077	34	62	55	67
.4501916	235/522	47	58	50	90
.4501961	574/1275	41	75	70	85
.4502078	2925/6497	45	73	65	89
.4502283	493/1095	34	60	58	73
.4502424	1950/4331	30	61	65	71
.4502521	2679/5950	47	70	57	85
.4502632	1711/3800	58	80	59	95
.4502924*	77/171	35	45	55	95
.4503009	2170/4819	35	61	62	79
.4503279	2747/6100	41	61	67	100
.4503443	2485/5518	35	62	71	89
.4503529	957/2125	33	50	58	85
.4503632	186/413	30	59	62	70
.4503745	481/1068	37	60	65	89
.4503904	2365/5251	43	59	55	89
.4503953	2279/5060	43	55	53	92
.4504219	427/948	35	60	61	79
.4504321	2867/6365	47	67	61	95
.4504432	559/1241	43	73	65	85
.4504521	2491/5530	47	70	53	79
.4504614	1855/4118	35	58	53	71
.4504828	2006/4453	34	61	59	73
0.4505					
.4505000	901/2000	34	50	53	80
.4505336	2491/5529	47	57	53	97
.4505495	41/91	41	65	50	70
.4505676	2183/4845	37	57	59	85
.4505769	2343/5200	33	65	71	80
.4506024	187/415	34	50	55	83
.4506104	406/901	35	53	58	85
.4506766	2065/4582	35	58	59	79
.4506873	2623/5820	43	60	61	97
.4507121	2405/5336	37	58	65	92
.4507232	2337/5185	41	61	57	85
.4507338	215/477	43	53	50	90
.4507389	183/406	30	58	61	70
.4507530	2993/6640	41	80	73	83

（续）

比值	分数	A	B	C	D	比值	分数	A	B	C	D
0.4505						0.4515					
.4507602	1927/4275	41	57	47	75	.4515306	177/392	45	60	59	98
.4507686	1085/2407	35	58	62	83	.4515475	2451/5428	43	59	57	92
.4507865	1003/2225	34	50	59	89	.4515845	513/1136	45	71	57	80
.4507966	481/1067	37	55	65	97	.4516129	14/31	34	62	70	85
.4508106	2030/4503	35	57	58	79	.4516228	1475/3266	50	71	59	92
.4508197	55/122	35	61	55	70	.4516291	901/1995	34	57	53	70
.4508356	1160/2573	40	62	58	83	.4516432	481/1065	37	71	65	75
.4508475	133/295	35	59	57	75	.4516548	696/1541	48	67	58	92
.4508597	2491/5525	47	65	53	85	.4516746	472/1045	40	55	59	95
.4509034	574/1273	41	67	70	95	.4516756	930/2059	30	58	62	71
.4509091	124/275	34	55	62	85	.4516862	2585/5723	47	59	55	97
.4509234	2173/4819	41	61	53	79	.4516984	2726/6035	47	71	58	85
.4509421	2537/5626	43	58	59	97	.4517203	407/901	37	53	55	85
.4509615	469/1040	35	65	67	80	.4517395	3337/7387	47	83	71	89
.4509916	2365/5244	43	57	55	92	.4517775	2745/6076	45	62	61	98
0.4510						.4517895	1073/2375	37	50	58	95
.4510000	451/1000	41	50	55	100	.4518014	464/1027	40	65	58	79
.4510761	2494/5529	43	57	58	97	.4518145	1880/4161	40	57	47	73
.4510870	83/184	45	90	83	92	.4518234	2701/5978	37	61	73	98
.4511111	203/450	35	50	58	90	.4518308	1271/2813	41	58	62	97
.4511230	2109/4675	37	55	57	85	.4518433	1961/4340	37	62	53	70
.4511354	3139/6958	43	71	73	98	.4518503	2210/4891	34	67	65	73
.4511475	688/1525	43	61	48	75	.4518644	1333/2950	43	59	62	100
.4511668	522/1157	45	65	58	89	.4518707	3901/8633	47	89	83	97
.4511765	767/1700	59	85	65	100	.4518779	385/852	35	60	55	71
.4512000	282/625	47	50	48	100	.4518944	1968/4355	41	65	48	67
.4512075	3195/7081	45	73	71	97	.4519209	2035/4503	37	57	55	79
.4512334	1189/2635	41	62	58	85	.4519481	174/385	30	55	58	70
.4512741	2320/5141	40	53	58	97	.4519655	2150/4757	43	67	50	71
.4512821*	88/195	40	65	55	75	.4519754	1247/2759	43	62	58	89
.4512881	1927/4270	41	61	47	70	0.4520					
.4512967	2210/4897	34	59	65	83	.4520186	2911/6440	41	70	71	92
.4513060	2419/5360	41	67	59	80	.4520256	212/469	40	67	53	70
.4513234	1961/4345	37	55	53	79	.4520588	1537/3400	53	80	58	85
.4513746	2627/5820	37	60	71	97	.4520670	2537/5612	43	61	59	92
.4513889*	65/144	50	80	65	90	.4520833	217/480	35	60	62	80
.4514000	2257/5000	37	50	61	100	.4520871	2491/5510	47	58	53	95
.4514087	2211/4898	33	62	67	79	.4521073	118/261	40	58	59	90
.4514151	957/2120	33	53	58	80	.4521189	1643/3634	53	79	62	92
.4514314	1845/4087	41	61	45	67	.4521358	2064/4565	43	55	48	83
.4514474	3431/7600	47	80	73	95	.4521515	2627/5810	37	70	71	83
.4514644	2451/5429	43	61	57	89	.4521616	638/1411	55	83	58	85
.4514725	1763/3905	41	55	43	71	.4521868	610/1349	30	57	61	71
.4514925	121/268	33	60	55	67	.4521979	2294/5073	37	57	62	89
0.4515						.4522222	407/900	37	50	55	90
.4515009	2211/4897	33	59	67	83	.4522315	2665/5893	41	71	65	83

（续）

比值	分数	*A*	*B*	*C*	*D*
0.4520					
.4522417	232/513	40	57	58	90
.4522635	2108/4661	34	59	62	79
.4522662	469/1037	35	61	67	85
.4522763	2881/6370	43	65	67	98
.4522963	3053/6750	43	75	71	90
.4523088	2537/5609	43	71	59	79
.4523305	427/944	35	59	61	80
.4523422	2501/5529	41	57	61	97
.4523549	413/913	35	55	59	83
.4523944	803/1775	33	71	73	75
.4524012	2666/5893	43	71	62	83
.4524064	423/935	45	55	47	85
.4524297	1769/3910	58	85	61	92
.4524407	2345/5183	35	71	67	73
.4524451	1175/2597	47	53	50	98
.4524618	533/1178	41	62	65	95
.4524780	2109/4661	37	59	57	79
0.4525					
.4525146	3869/8550	53	90	73	95
.4525316	143/316	33	60	65	79
.4525598	2590/5723	37	59	70	97
.4525726	3149/6958	47	71	67	98
.4525758	940/2077	40	62	47	67
.4525926	611/1350	47	75	65	90
.4526182	2135/4717	35	53	61	89
.4526316	43/95	43	57	45	75
.4526408	1037/2291	34	58	61	79
.4526548	1850/4087	37	61	50	67
.4526697	2501/5525	41	65	61	85
.4527083	2173/4800	41	60	53	80
.4527246	1537/3395	53	70	58	97
.4527315	2337/5162	41	58	57	89
.4527426	1073/2370	37	60	58	79
.4527537	3239/7154	41	73	79	98
.4527632	2679/5917	47	61	57	97
.4527845	187/413	34	59	55	70
.4527854	2479/5475	37	73	67	75
.4528112	451/996	41	60	55	83
.4528166	1881/4154	33	62	57	67
.4528509	413/912	35	57	59	80
.4528661	2378/5251	41	59	58	89
.4528767	1653/3650	57	73	58	100
.4529091	2491/5500	47	55	53	100
.4529190	481/1062	37	59	65	90
.4529344	1968/4345	41	55	48	79
.4529412*	77/170	35	50	55	85
.4529524	1189/2625	41	70	58	75
.4529579	1271/2806	41	61	62	92
.4529915	53/117	50	65	53	90
.4529963	2419/5340	41	60	59	89
0.4530					
.4530120	188/415	40	50	47	83
.4530357	2537/5600	43	70	59	80
.4530451	2745/6059	45	73	61	83
.4530651	473/1044	43	58	55	90
.4530797	2501/5520	41	60	61	92
.4530911	2294/5063	37	61	62	83
.4531021	1855/4094	53	89	70	92
.4531085	430/949	43	65	50	73
.4531616	387/854	43	61	45	70
.4531907	2585/5704	47	62	55	92
.4532031	1995/4402	35	62	57	71
.4532129	2257/4980	37	60	61	83
.4532313	533/1176	41	60	65	98
.4532439	2501/5518	41	62	61	89
.4532530	1881/4150	33	50	57	83
.4532650	354/781	30	55	59	71
.4532757	1363/3007	47	62	58	97
.4532895	689/1520	53	80	65	95
.4533143	636/1403	48	61	53	92
.4533218	2627/5795	37	61	71	95
.4533358	2419/5336	41	58	59	92
.4533597	1147/2530	37	55	62	92
.4533735	3763/8300	53	83	71	100
.4533835	603/1330	45	70	67	95
.4533925	715/1577	33	57	65	83
.4534014	1333/2940	43	60	62	98
.4534118	1927/4250	41	50	47	85
.4534208	2419/5335	41	55	59	97
.4534310	3403/7505	41	79	83	95
.4534393	2795/6164	43	67	65	92
.4534545	1247/2750	43	55	58	100
.4534562	492/1085	41	62	48	70
.4534706	1189/2622	41	57	58	92
.4534759	424/935	40	55	53	85
.4534968	629/1387	37	73	85	95
0.4535					
.4535122	1995/4399	35	53	57	83
.4535236	2542/5605	41	59	62	95
.4535323	2279/5025	43	67	53	75
.4535385	737/1625	33	65	67	75
.4535484	703/1550	37	62	57	75

（续）

比值	分数	A	B	C	D	比值	分数	A	B	C	D
0.4535						0.4540					
.4535568	2544/5609	48	71	53	79	.4543411	2627/5782	37	59	71	98
.4535809	171/377	30	58	57	65	.4543535	3658/8051	59	83	62	97
.4535865	215/474	43	60	50	79	.4543638	682/1501	33	57	62	79
.4536039	2146/4731	37	57	58	83	.4543704	1180/2597	40	53	59	98
.4536264	1032/2275	43	65	48	70	.4543779	493/1085	34	62	58	70
.4536391	455/1003	35	59	65	85	.4543860	259/570	37	60	70	95
.4536493	2623/5782	43	59	61	98	.4543985	1968/4331	41	61	48	71
.4537037*	49/108	35	60	70	90	.4544247	1710/3763	30	53	57	71
.4537110	2867/6319	47	71	61	89	.4544335	369/812	41	58	45	70
.4537158	348/767	30	59	58	65	.4544367	2279/5015	43	59	53	85
.4537341	2491/5490	47	61	53	90	.4544494	2150/4731	43	57	50	83
.4537387	3477/7663	57	79	61	97	.4544686	3763/8280	53	90	71	92
.4537500	363/800	33	50	55	80	.4544811	1927/4240	41	53	47	80
.4537736	481/1060	37	53	65	100	0.4545					
.4538462	59/130	30	60	59	65	.4545098	1159/2550	57	85	61	90
.4538550	1972/4345	34	55	58	79	.4545259	2109/4640	37	58	57	80
.4538805	2544/5605	48	59	53	95	.4545746	1416/3115	48	70	59	89
.4538889	817/1800	43	60	57	90	.4545808	2337/5141	41	53	57	97
.4539020	2501/5510	41	58	61	95	.4545902	2773/6100	47	61	59	100
.4539069	517/1139	47	67	55	85	.4545965	3239/7125	41	75	79	95
.4539160	2950/6499	50	67	59	97	.4546072	2679/5893	47	71	57	83
.4539286	1271/2800	41	70	62	80	.4546233	531/1168	45	73	59	80
.4539496	2701/5950	37	70	73	85	.4546371	451/992	41	62	55	80
0.4540						.4546528	1925/4234	35	58	55	73
.4540094	385/848	35	53	55	80	.4546610	1073/2360	37	59	58	80
.4540439	3127/6887	53	71	59	97	.4546667	341/750	33	60	62	75
.4540557	2950/6497	50	73	59	89	.4547117	3233/7110	53	79	61	90
.4540678	2679/5900	47	59	57	100	.4547185	2867/6305	47	65	61	97
.4540943	183/403	30	62	61	65	.4547310	2451/5390	43	55	57	98
.4541039	935/2059	34	58	55	71	.4547523	3397/7470	43	83	79	90
.4541054	2627/5785	37	65	71	89	.4547849	518/1139	37	67	70	85
.4541247	2257/4970	37	70	61	71	.4547854	2585/5684	47	58	55	98
.4541391	2337/5146	41	62	57	83	.4548015	1776/3905	37	55	48	71
.4541573	2021/4450	43	50	47	89	.4548055	795/1748	45	57	53	92
.4541711	2537/5586	43	57	59	98	.4548246	1037/2280	34	57	61	80
.4541763	3355/7387	55	83	61	89	.4548292	2623/5767	43	73	61	79
.4541925	585/1288	45	70	65	92	.4548380	2120/4661	40	59	53	79
.4541992	2385/5251	45	59	53	89	.4548467	549/1207	45	71	61	85
.4542169	377/830	58	83	65	100	.4548707	1653/3634	57	79	58	92
.4542254	129/284	43	60	45	71	.4548839	3055/6716	47	73	65	92
.4542373	134/295	34	59	67	85	.4548872	121/266	33	57	55	70
.4542723	2419/5325	41	71	59	75	.4549020	116/255	40	60	58	85
.4542813	2345/5162	35	58	67	89	.4549153	671/1475	33	59	61	75
.4542857	159/350	33	55	53	70	.4549266	217/477	35	53	62	90
.4543103	527/1160	34	58	62	80	.4549398	944/2075	48	75	59	83
.4543264	2074/4565	34	55	61	83	.4549502	2146/4717	37	53	58	89

（续）

比值	分数	*A*	*B*	*C*	*D*
0.4545					
.4549630	3071/6750	37	75	83	90
.4549699	3021/6640	53	80	57	83
.4549772	2491/5475	47	73	53	75
0.4550					
.4550403	2257/4960	37	62	61	80
.4550499	410/901	41	53	50	85
.4550662	1271/2793	41	57	62	98
.4550794	2867/6300	47	70	61	90
.4551015	1860/4087	30	61	62	67
.4551120	2337/5135	41	65	57	79
.4551196	2378/5225	41	55	58	95
.4551252	1927/4234	41	58	47	73
.4551591	472/1037	40	61	59	85
.4551724	66/145	33	58	60	75
.4551781	2747/6035	41	71	67	85
.4551943	574/1261	41	65	70	97
.4552058	188/413	40	59	47	70
.4552239	61/134	30	60	61	67
.4552521	2050/4503	41	57	50	79
.4552592	3363/7387	57	83	59	89
.4552941	387/850	43	50	45	85
.4553002	3071/6745	37	71	83	95
.4553053	1961/4307	37	59	53	73
.4553221	1972/4331	34	61	58	71
.4553331	2365/5194	43	53	55	98
.4553431	3477/7636	57	83	61	92
.4553521	3233/7100	53	71	61	100
.4553846	148/325	37	60	48	65
.4553866	689/1513	53	85	65	89
.4554074	1537/3375	53	75	58	90
.4554243	424/931	48	57	53	98
.4554386	649/1425	33	57	59	75
.4554479	1881/4130	33	59	57	70
.4554812	885/1943	30	58	59	67
.4554955	3705/8134	57	83	65	98
0.4555					
.4555085	215/472	43	59	50	80
.4555179	2555/5609	35	71	73	79
.4555251	2494/5475	43	73	58	75
.4555556	41/90	41	60	50	75
.4555696	3599/7900	59	79	61	100
.4556107	2294/5035	37	53	62	95
.4556167	580/1273	30	57	58	67
.4556627	1891/4150	61	83	62	100
.4556733	1763/3869	41	53	43	73
.4556937	2345/5146	35	62	67	83

比值	分数	*A*	*B*	*C*	*D*
0.4555					
.4556962	36/79	33	55	60	79
.4557143	319/700	33	60	58	70
.4557229	1513/3320	34	80	89	83
.4557265	1333/2925	43	65	62	90
.4557450	3074/6745	53	71	58	95
.4557576	376/825	40	55	47	75
.4557863	3139/6887	43	71	73	97
.4558000	2279/5000	43	50	53	100
.4558190	423/928	45	58	47	80
.4558331	2993/6566	41	67	73	98
.4558424	671/1472	55	80	61	92
.4558528	1363/2990	47	65	58	92
.4558563	1802/3953	34	59	53	67
.4558724	2030/4453	35	61	58	73
.4558933	615/1349	41	57	45	71
.4559091	1003/2200	34	55	59	80
.4559189	2565/5626	45	58	57	97
.4559266	2881/6319	43	71	67	89
.4559596	2257/4950	37	55	61	90
.4559719	1947/4270	33	61	59	70
.4559859	259/568	37	71	70	80
0.4560					
.4560000	57/125	34	50	57	85
.4560127	2006/4399	34	53	59	83
.4560318	1032/2263	43	62	48	73
.4560545	2610/5723	45	59	58	97
.4560626	1749/3835	33	59	53	65
.4560741	2414/5293	34	67	71	79
.4561102	265/581	50	70	53	83
.4561234	473/1037	43	61	55	85
.4561404 *	26/57	40	60	65	95
.4561553	3735/8188	45	89	83	92
.4561699	2170/4757	35	67	62	71
.4561798	203/445	35	50	58	89
.4561856	177/388	45	60	59	97
.4562025	901/1975	34	50	53	79
.4562129	2537/5561	43	67	59	83
.4562212	99/217	33	62	60	70
.4562528	2065/4526	35	62	59	73
.4562573	3901/8550	47	90	83	95
.4562667	1711/3750	58	75	59	100
.4562804	2343/5135	33	65	71	79
.4562994	2365/5183	43	71	55	73
.4563356	533/1168	41	73	65	80
.4563459	2765/6059	35	73	79	83
.4563567	481/1054	37	62	65	85

（续）

比值	分数	A	B	C	D
0.4560					
.4563679	387/848	43	53	45	80
.4563768	3149/6900	47	75	67	92
.4563934	696/1525	48	61	58	100
.4563994	649/1422	55	79	59	90
.4564061	2832/6205	48	73	59	85
.4564151	2419/5300	41	53	59	100
.4564350	2745/6014	45	62	61	97
.4564363	3599/7885	59	83	61	95
.4564593	477/1045	45	55	53	95
.4564712	1767/3871	57	79	62	98
.4564813	2701/5917	37	61	73	97
.4564926	341/747	55	83	62	90
0.4565					
.4565000	913/2000	33	75	83	80
.4565068	1333/2920	43	73	62	80
.4565174	2294/5025	37	67	62	75
.4565323	940/2059	40	58	47	71
.4565739	3233/7081	53	73	61	97
.4566038	121/265	33	53	55	75
.4566106	1005/2201	30	62	67	71
.4566218	2479/5429	37	61	67	89
.4566275	2911/6375	41	75	71	85
.4566745	195/427	30	61	65	70
.4566845	427/935	35	55	61	85
.4567060	2479/5428	37	59	67	92
.4567232	2021/4425	43	59	47	75
.4567251	781/1710	55	90	71	95
.4567675	2747/6014	41	62	67	97
.4567751	1881/4118	33	58	57	71
.4568005	2173/4757	41	67	53	71
.4568273	455/996	35	60	65	83
.4568966	53/116	35	58	53	70
.4569110	1914/4189	33	59	58	71
.4569306	1968/4307	41	59	48	73
.4569389	2881/6305	43	65	67	97
.4569707	531/1162	45	70	59	83
.4569881	2109/4615	37	65	57	71
.4569953	2035/4453	37	61	55	73
0.4570					
.4570146	1935/4234	43	58	45	73
.4570187	2419/5293	41	67	59	79
.4570252	888/1943	37	58	48	67
.4570423	649/1420	33	60	59	71
.4570563	2565/5612	45	61	57	92
.4570755	969/2120	34	53	57	80
.4570938	799/1748	47	92	85	95
.4570980	2914/6375	47	75	62	85
.4571095	2350/5141	47	53	50	97
.4571150	469/1026	35	57	67	90
0.4570					
.4571292	1914/4187	33	53	58	79
.4571429 *	16/35	40	70	80	100
.4571524	2726/5963	47	67	58	89
.4571619	3431/7505	47	79	73	95
.4571692	1980/4331	33	61	60	71
.4571765	1943/4250	58	85	67	100
.4571871	1180/2581	40	58	59	89
.4572383	3149/6887	47	71	67	97
.4572549	583/1275	53	75	55	85
.4572662	3071/6716	37	73	83	92
.4572761	2451/5360	43	67	57	80
.4572908	530/1159	50	61	53	95
.4573034	407/890	37	50	55	89
.4573077	1189/2600	41	65	58	80
.4573231	2320/5073	40	57	58	89
.4573343	3071/6715	37	79	83	85
.4573449	2911/6365	41	67	71	95
.4573561	429/938	33	67	65	70
.4573770	279/610	45	61	62	100
.4574037	451/986	41	58	55	85
.4574213	3239/7081	41	73	79	97
.4574277	2294/5015	37	59	62	85
.4574568	1457/3185	47	65	62	98
.4574737	2173/4750	41	50	53	95
0.4575					
.4575000	183/400	33	55	61	80
.4575483	1870/4087	34	61	55	67
.4575736	1305/2852	45	62	58	92
.4575802	3139/6860	43	70	73	98
.4576040	2013/4399	33	53	61	83
.4576065	1128/2465	47	58	48	85
.4576271	27/59	45	59	57	95
.4576436	470/1027	47	65	50	79
.4576520	2183/4770	37	53	59	90
.4576663	2773/6059	47	73	59	83
.4576779	611/1335	47	75	65	89
.4576923	119/260	34	65	70	80
.4577129	1537/3358	53	73	58	92
.4577232	969/2117	34	58	57	73
.4577270	2485/5429	35	61	71	89
.4577465	65/142	30	60	65	71
.4577586	531/1160	45	58	59	100
.4577811	3074/6715	53	79	58	85
.4578024	2479/5415	37	57	67	95
.4578093	2257/4930	37	58	61	85
.4578164	369/806	41	62	45	65
.4578333	2747/6000	41	60	67	100

（续）

比值	分数	A	B	C	D
0.4575					
.4578360	1189/2597	41	53	58	98
.4578593	1972/4307	34	59	58	73
.4578947	87/190	45	57	58	100
.4579038	533/1164	41	60	65	97
.4579487	893/1950	47	65	57	90
.4579557	2173/4745	41	65	53	73
.4579733	583/1273	33	57	53	67
.4579909	1003/2190	34	60	59	73
0.4580					
.4580080	2405/5251	37	59	65	89
.4580357	513/1120	45	70	57	80
.4580562	2135/4661	35	59	61	79
.4580745	295/644	50	70	59	92
.4580756	1333/2910	43	60	62	97
.4580897	235/513	47	57	50	90
.4580952	481/1050	37	70	65	75
.4581186	711/1552	45	80	79	97
.4581281	93/203	30	58	62	70
.4581431	301/657	43	73	70	90
.4581536	531/1159	45	61	59	95
.4581576	2064/4505	43	53	48	85
.4581967	559/1220	43	61	65	100
.4582058	2993/6532	41	71	73	92
.4582263	2320/5063	40	61	58	83
.4582353	779/1700	41	60	57	85
.4582566	3233/7055	53	83	61	85
.4582686	3245/7081	55	73	59	97
.4582882	423/923	45	65	47	71
.4582968	522/1139	45	67	58	85
.4583189	1325/2891	50	59	53	98
.4583333*	11/24	35	60	55	70
.4583404	2701/5893	37	71	73	83
.4583501	1139/2485	34	70	67	71
.4583642	1855/4047	35	57	53	71
.4583796	413/901	35	53	59	85
.4584222	215/469	43	67	50	70
.4584388	2173/4740	41	60	53	79
.4584634	3819/8330	57	85	67	98
.4584651	1595/3479	55	71	58	98
.4584783	2109/4600	37	50	57	92
.4584980	116/253	40	55	58	92
0.4585					
.4585127	2343/5110	33	70	71	73
.4585513	2279/4970	43	70	53	71
.4585739	2701/5890	37	62	73	95
.4585832	2065/4503	35	57	59	79
.4586014	2210/4819	34	61	65	79
.4586086	1180/2573	40	62	59	83
.4586194	2405/5244	37	57	65	92
.4586307	2378/5185	41	61	58	85
.4586466	61/133	30	57	61	70
.4586667	172/375	43	50	48	90
.4586768	2170/4731	35	57	62	83
0.4585					
.4586919	533/1162	41	70	65	83
.4587135	1961/4275	37	57	53	75
.4587329	2679/5840	47	73	57	80
.4587571	406/885	35	59	58	75
.4587703	2537/5530	43	70	59	79
.4588000	1147/2500	37	50	62	100
.4588095	1927/4200	41	60	47	70
.4588235*	39/85	45	75	65	85
.4588322	2491/5429	47	61	53	89
.4588533	2537/5529	43	57	59	97
.4588571	803/1750	33	70	73	75
.4588889	413/900	35	50	59	90
.4589027	2183/4757	37	67	59	71
.4589167	2491/5428	47	59	53	92
.4589455	531/1157	45	65	59	89
.4589552	123/268	41	60	45	67
.4589789	2607/5680	33	71	79	80
.4589888	817/1780	43	60	57	89
0.4590					
.4590133	2419/5270	41	62	59	85
.4590250	2627/5723	37	59	71	97
.4590333	1776/3869	37	53	48	73
.4590374	2146/4675	37	55	58	85
.4590547	2360/5141	40	53	59	97
.4590571	185/403	37	62	50	65
.4590741	2479/5400	37	60	67	90
.4590777	1105/2407	34	58	65	83
.4590977	3053/6650	43	70	71	95
.4591095	2021/4402	43	62	47	71
.4591450	1815/3953	33	59	55	67
.4591484	399/869	35	55	57	79
.4591667	551/1200	57	80	58	90
.4591855	2537/5525	43	65	59	85
.4591981	1947/4240	33	53	59	80
.4592302	2923/6365	37	67	79	95
.4592506	1961/4270	37	61	53	70
.4592742	1139/2480	34	62	67	80
.4593039	3431/7470	47	83	73	90
.4593109	2173/4731	41	57	53	83
.4593182	2021/4400	43	55	47	80
.4593328	2451/5336	43	58	57	92
.4593645	2747/5980	41	65	67	92
.4593716	424/923	40	65	53	71
.4593848	2494/5429	43	61	58	89
.4593985	611/1330	47	70	65	95
.4594118	781/1700	55	85	71	100
.4594226	2021/4399	43	53	47	83
.4594419	708/1541	48	67	59	92
.4594497	2555/5561	35	67	73	83
.4594739	2585/5626	47	58	55	97
.4594828	533/1160	41	58	65	100
.4594937	363/790	33	50	55	79
.4594995	2479/5395	37	65	67	83

（续）

比值	分数	A	B	C	D
0.4595					
.4595070	261/568	45	71	58	80
.4595182	2747/5978	41	61	67	98
.4595268	369/803	41	55	45	73
.4595369	1925/4189	35	59	55	71
.4595750	3763/8188	53	89	71	92
.4595789	2183/4750	37	50	59	95
.4595890	671/1460	33	60	61	73
.4595960*	91/198	35	55	65	90
.4596167	3477/7565	57	85	61	89
.4596519	581/1264	35	79	83	80
.4596552	1333/2900	43	58	62	100
.4596745	1271/2765	41	70	62	79
.4596774	57/124	35	62	57	70
.4597015	154/335	33	67	70	75
.4597167	1980/4307	33	59	60	73
.4597403	177/385	30	55	59	70
.4597458	217/472	35	59	62	80
.4597564	1925/4187	35	53	55	79
.4597680	2537/5518	43	62	59	89
.4597826	423/920	45	50	47	92
.4597892	3053/6640	43	80	71	83
.4598039	469/1020	35	60	67	85
.4598095	1207/2625	34	70	71	75
.4598174	1007/2190	53	73	57	90
.4598488	1947/4234	33	58	59	73
.4598619	3397/7387	43	83	79	89
.4598673	2773/6030	47	67	59	90
.4598792	533/1159	41	61	65	95
.4598930	86/187	43	55	50	85
.4599084	803/1746	55	90	73	97
.4599227	3569/7760	43	80	83	97
.4599258	2479/5390	37	55	67	98
.4599575	649/1411	55	83	59	85
.4599807	477/1037	45	61	53	85
.4599856	638/1387	33	57	58	73
.4599951	1880/4087	40	61	47	67
0.4600					
.4600143	1927/4189	41	59	47	71
.4600185	2491/5415	47	57	53	95
.4600272	2365/5141	43	53	55	97
.4600382	2170/4717	35	53	62	89
.4600518	2666/5795	43	61	62	95
.4600611	1054/2291	34	58	62	79
.4600740	870/1891	30	61	58	62
.4600844	2726/5925	47	75	58	79
.4600905	2542/5525	41	65	62	85
.4600975	3021/6566	53	67	57	98
.4601194	848/1843	48	57	53	97
.4601293	427/928	35	58	61	80
.4601582	2385/5183	45	71	53	73
.4601754	2623/5700	43	57	61	100

比值	分数	A	B	C	D
0.4600					
.4601926	2867/6230	47	70	61	89
.4602041	451/980	41	50	55	98
.4602341	1927/4187	41	53	47	79
.4602398	1881/4087	33	61	57	67
.4602794	2109/4582	37	58	57	79
.4602871	481/1045	37	55	65	95
.4602978	371/806	35	62	53	65
.4603093	893/1940	47	60	57	97
.4603286	1961/4260	37	60	53	71
.4603388	2745/5963	45	67	61	89
.4603509	656/1425	41	57	48	75
.4603626	1295/2813	37	58	70	97
.4603774	122/265	34	53	61	85
.4603920	2255/4898	41	62	55	79
.4604040	2279/4950	43	55	53	90
.4604082	564/1225	47	50	48	98
.4604162	2146/4661	37	59	58	79
.4604356	2537/5510	43	58	59	95
.4604525	2544/5525	48	65	53	85
.4604615	2993/6500	41	65	73	100
.4604720	2790/6059	45	73	62	83
.4604860	2255/4897	41	59	55	83
0.4605					
.4605072	1271/2760	41	60	62	92
.4605243	3074/6675	53	75	58	89
.4605324	2993/6499	41	67	73	97
.4605485	2183/4740	37	60	59	79
.4605648	473/1027	43	65	55	79
.4605725	2494/5415	43	57	58	95
.4605818	2074/4503	34	57	61	79
.4605911	187/406	34	58	55	70
.4605962	1128/2449	47	62	48	79
.4606122	2257/4900	37	50	61	98
.4606250	737/1600	33	60	67	80
.4606426	1147/2490	37	60	62	83
.4606849	3363/7300	57	73	59	100
.4606902	2256/4897	47	59	48	83
.4607143	129/280	43	60	45	70
.4607280	481/1044	37	58	65	90
.4607590	2501/5428	41	59	61	92
.4607746	464/1007	40	53	58	95
.4607843	47/102	47	60	50	85
.4608003	2257/4898	37	62	61	79
.4608083	1505/3266	43	71	70	92
.4608333	553/1200	35	75	79	80
.4608470	2666/5785	43	65	62	89
.4608696	53/115	40	50	53	92
.4608784	2256/4895	47	55	48	89
.4608944	2257/4897	37	59	61	83
.4609132	2665/5782	41	59	65	98
.4609164	171/371	30	53	57	70
.4609836	703/1525	37	61	57	75

（续）

比值	分数	*A*	*B*	*C*	*D*
0.4610					
.4610136	473/1026	43	57	55	90
.4610366	1272/2759	48	62	53	89
.4610509	2255/4891	41	67	55	73
.4610827	2257/4895	37	55	61	89
.4610861	1333/2891	43	59	62	98
.4611015	2679/5810	47	70	57	83
.4611494	1003/2175	34	58	59	75
.4611684	671/1455	55	75	61	97
.4611771	3534/7663	57	79	62	97
.4611930	3286/7125	53	75	62	95
.4612048	957/2075	33	50	58	83
.4612342	583/1264	53	79	55	80
.4612500	369/800	41	50	45	80
.4612554	2256/4891	47	67	48	73
.4612727	2537/5500	43	55	59	100
.4612818	2627/5695	37	67	71	85
.4612865	1972/4275	34	57	58	75
.4612987	888/1925	37	55	48	70
.4613090	2784/6035	48	71	58	85
.4613430	1271/2755	41	58	62	95
.4613636	203/440	35	55	58	80
.4613764	657/1424	45	80	73	89
.4614118	1961/4250	37	50	53	85
.4614246	2183/4731	37	57	59	83
.4614286	323/700	34	60	57	70
.4614428	371/804	35	60	53	67
.4614597	1802/3905	34	55	53	71
.4614685	2030/4399	35	53	58	83
0.4615					
.4615110	1295/2806	37	61	70	92
.4615169	1643/3560	53	80	62	89
.4615275	3245/7031	55	79	59	89
.4615489	3397/7360	43	80	79	92
.4615694	1147/2485	37	70	62	71
.4615819	817/1770	43	59	57	90
.4615888	2115/4582	45	58	47	79
.4616071	517/1120	47	70	55	80
.4616176	3139/6800	43	80	73	85
.4616588	295/639	50	71	59	90
.4616801	2006/4345	34	55	59	79
.4616915	464/1005	40	67	58	75
.4616971	2911/6305	41	65	71	97
.4617060	1272/2755	48	58	53	95
.4617238	2491/5395	47	65	53	83
.4617537	495/1072	33	67	75	80
.4617579	2590/5609	37	71	70	79

比值	分数	*A*	*B*	*C*	*D*
0.4615					
.4617744	2108/4565	34	55	62	83
.4617958	2623/5680	43	71	61	80
.4618267	986/2135	34	61	58	70
.4618395	236/511	40	70	59	73
.4618519	1247/2700	43	60	58	90
.4618577	2337/5060	41	55	57	92
.4618652	2501/5415	41	57	61	95
.4618966	2679/5800	47	58	57	100
.4619241	1935/4189	43	59	45	71
.4619608	589/1275	57	85	62	90
.4619718	164/355	41	60	48	71
.4619934	2109/4565	37	55	57	83
0.4620					
.4620174	371/803	35	55	53	73
.4620302	2385/5162	45	58	53	89
.4620513	901/1950	34	60	53	65
.4620635	2911/6300	41	70	71	90
.4620707	1870/4047	34	57	55	71
.4620787	329/712	47	80	70	89
.4620874	518/1121	37	59	70	95
.4621129	2537/5490	43	61	59	90
.4621191	1653/3577	57	73	58	98
.4621447	1935/4187	43	53	45	79
.4621521	2491/5390	47	55	53	98
.4621667	2773/6000	47	60	59	100
.4621849 *	55/119	50	70	55	85
.4622120	1003/2170	34	62	59	70
.4622273	2013/4355	33	65	61	67
.4622511	2345/5073	35	57	67	89
.4622556	1537/3325	53	70	58	95
.4622718	2279/4930	43	58	53	85
.4622807	527/1140	34	57	62	80
.4622899	2035/4402	37	62	55	71
.4622951	141/305	45	61	47	75
.4623064	1343/2905	34	70	79	83
.4623188	319/690	55	75	58	92
.4623315	583/1261	53	65	55	97
.4623641	3403/7360	41	80	83	92
.4623729	682/1475	33	59	62	75
.4623970	1740/3763	30	53	58	71
.4624060	123/266	41	57	45	70
.4624194	2867/6200	47	62	61	100
.4624434	511/1105	35	65	73	85
.4624528	2451/5300	43	53	57	100
.4624692	2255/4876	41	53	55	92
.4624837	1769/3825	58	85	61	90

（续）

比值	分数	A	B	C	D
0.4620					
.4624923	3021/6532	53	71	57	92
.4624951	1190/2573	34	62	70	83
0.4625					
.4625302	574/1241	41	73	70	85
.4625397	1457/3150	47	70	62	90
.4625455	636/1375	48	55	53	100
.4625559	2378/5141	41	53	58	97
.4625732	2923/6319	37	71	79	89
.4625827	2726/5893	47	71	58	83
.4626051	2035/4399	37	53	55	83
.4626219	427/923	35	65	61	71
.4626292	1925/4161	35	57	55	73
.4626402	1938/4189	34	59	57	71
.4626743	564/1219	47	53	48	92
.4626801	1060/2291	40	58	53	79
.4626866	31/67	30	60	62	67
.4626984	583/1260	53	70	55	90
.4627087	1247/2695	43	55	58	98
.4627286	329/711	47	79	70	90
.4627451	118/255	40	60	59	85
.4627641	2585/5586	47	57	55	98
.4627692	752/1625	47	65	48	75
.4627941	2183/4717	37	53	59	89
.4628112	2881/6225	43	75	67	83
.4628183	1363/2945	47	62	58	95
.4628612	1938/4187	34	53	57	79
.4628794	2257/4876	37	53	61	92
.4628897	2925/6319	45	71	65	89
.4629032	287/620	41	62	70	100
.4629108	493/1065	34	60	58	71
.4629199	1392/3007	48	62	58	97
.4629395	1830/3953	30	59	61	67
.4629518	1537/3320	53	80	58	83
.4629665	2419/5225	41	55	59	95
0.4630					
.4630237	1271/2745	41	61	62	90
.4630343	2405/5194	37	53	65	98
.4630439	2650/5723	50	59	53	97
.4630542	94/203	40	58	47	70
.4630588	984/2125	41	50	48	85
.4630769	301/650	43	65	70	100
.4630942	2679/5785	47	65	57	89
.4630964	2378/5135	41	65	58	79
.4631098	1927/4161	41	57	47	73
.4631250	741/1600	57	80	65	100
.4631336	201/434	30	62	67	70

比值	分数	A	B	C	D
0.4630					
.4631481	2501/5400	41	60	61	90
.4631579*	44/95	40	50	55	95
.4631725	2006/4331	34	61	59	71
.4631915	3190/6887	55	71	58	97
.4631994	1995/4307	35	59	57	73
.4632353*	63/136	35	80	90	85
.4632462	3422/7387	58	83	59	89
.4632616	517/1116	47	62	55	90
.4632692	2409/5200	33	65	73	80
.4632768	82/177	41	59	50	75
.4632911	183/395	33	55	61	79
.4633005	1881/4060	33	58	57	70
.4633078	423/913	45	55	47	83
.4633152	341/736	55	80	62	92
.4633345	2679/5782	47	59	57	98
.4633621	215/464	43	58	50	80
.4633803	329/710	47	71	70	100
.4633880	424/915	40	61	53	75
.4633955	3551/7663	53	79	67	97
.4634100	2419/5220	41	58	59	90
.4634343	1147/2475	37	55	62	90
.4634383	957/2065	33	59	58	70
.4634721	590/1273	30	57	59	67
.4634859	476/1027	34	65	70	79
0.4635					
.4635077	2064/4453	43	61	48	73
.4635165	2109/4550	37	65	57	70
.4635384	731/1577	43	83	85	95
.4635478	1189/2565	41	57	58	90
.4635714	649/1400	33	60	59	70
.4635774	2501/5395	41	65	61	83
.4636027	3127/6745	53	71	59	95
.4636054	1363/2940	47	60	58	98
.4636194	497/1072	35	67	71	80
.4636287	2747/5925	41	75	67	79
.4636591	185/399	37	57	50	70
.4637002	198/427	33	61	60	70
.4637124	2773/5980	47	65	59	92
.4637159	901/1943	34	58	53	67
.4637255	473/1020	43	60	55	85
.4637500	371/800	35	50	53	80
.4637703	3149/6790	47	70	67	97
.4637887	3599/7760	59	80	61	97
.4638202	1032/2225	43	50	48	89
.4638336	513/1106	45	70	57	79
.4638380	481/1037	37	61	65	85

（续）

比值	分数	*A*	*B*	*C*	*D*
0.4635					
.4638462	603/1300	45	65	67	100
.4638554	77/166	35	50	55	83
.4638675	2773/5978	47	61	59	98
.4638902	1927/4154	41	62	47	67
.4639188	3658/7885	59	83	62	95
.4639456	341/735	55	75	62	98
.4639683	2923/6300	37	70	79	90
0.4640					
.4640000	58/125	34	50	58	85
.4640074	2501/5390	41	55	61	98
.4640199	187/403	34	62	55	65
.4640449	413/890	35	50	59	89
.4640643	2021/4355	43	65	47	67
.4641250	3713/8000	47	80	79	100
.4641509	123/265	41	53	45	75
.4641577	259/558	37	62	70	90
.4641711	434/935	35	55	62	85
.4641830	3551/7650	53	85	67	90
.4642322	2479/5340	37	60	67	89
.4642534	513/1105	45	65	57	85
.4642555	2747/5917	41	61	67	97
.4642857 *	13/28	30	60	65	70
.4643030	2881/6205	43	73	67	85
.4643258	1653/3560	57	80	58	89
.4643373	1927/4150	41	50	47	83
.4643571	697/1501	41	79	85	95
.4643963 *	150/323	50	85	75	95
.4644269	235/506	47	55	50	92
.4644596	477/1027	45	65	53	79
.4644658	3869/8330	53	85	73	98
.4644753	2275/4898	35	62	65	79
0.4645					
.4645416	1880/4047	40	57	47	71
.4645701	2275/4897	35	59	65	83
.4645802	2479/5336	37	58	67	92
.4645863	1325/2852	50	62	53	92
.4645977	2021/4350	43	58	47	75
.4646119	407/876	37	60	55	73
.4646236	3290/7081	47	73	70	97
.4646450	3233/6958	53	71	61	98
.4646575	848/1825	48	73	53	75
.4646673	2479/5335	37	55	67	97
.4646774	2881/6200	43	62	67	100
.4646880	3053/6570	43	73	71	90
.4647059	79/170	35	70	79	85
.4647388	2491/5360	47	67	53	80

比值	分数	*A*	*B*	*C*	*D*
0.4645					
.4647489	2795/6014	43	62	65	97
.4647600	455/979	35	55	65	89
.4647692	3021/6500	53	65	57	100
.4647773	574/1235	41	65	70	95
.4648128	2173/4675	41	55	53	85
.4648423	2565/5518	45	62	57	89
.4648670	3599/7742	59	79	61	98
.4648881	2701/5810	37	70	73	83
.4649123	53/114	35	57	53	70
.4649485	451/970	41	50	55	97
.4649619	1891/4067	61	83	62	98
.4649711	3053/6566	43	67	71	98
.4649838	3021/6497	53	73	57	89
.4649924	611/1314	47	73	65	90
0.4650					
.4650000	93/200	33	55	62	80
.4650107	1947/4187	33	53	59	79
.4650324	645/1387	43	57	45	73
.4650370	3139/6750	43	75	73	90
.4650588	3953/8500	59	85	67	100
.4650748	1305/2806	45	61	58	92
.4650759	4015/8633	55	89	73	97
.4650943	493/1060	34	53	58	80
.4651020	2279/4900	43	50	53	98
.4651201	2867/6164	47	67	61	92
.4651323	2021/4345	43	55	47	79
.4651401	2275/4891	35	67	65	73
.4651546	1128/2425	47	50	48	97
.4651741	187/402	34	60	55	67
.4651828	2278/4897	34	59	67	83
.4651923	2419/5200	41	65	59	80
.4652080	2360/5073	40	57	59	89
.4652222	4187/9000	53	90	79	100
.4652542	549/1180	45	59	61	100
.4652757	3055/6566	47	67	65	98
.4652920	2279/4898	43	62	53	79
.4652985	1247/2680	43	67	58	80
.4653144	1147/2465	37	58	62	85
.4653216	369/793	41	61	45	65
.4653425	3397/7300	43	73	79	100
.4653608	2257/4850	37	50	61	97
.4653846	121/260	33	60	55	65
.4653870	2279/4897	43	59	53	83
.4654088	74/159	37	53	50	75
.4654283	451/969	41	57	55	85
.4654628	2655/5704	45	62	59	92

（续）

比值	分数	A	B	C	D
0.4655					
.4655073	3239/6958	41	71	79	98
.4655172	27/58	45	58	57	95
.4655263	1769/3800	58	80	61	95
.4655399	2479/5325	37	71	67	75
.4655518	696/1495	48	65	58	92
.4655579	3555/7636	45	83	79	92
.4655653	2170/4661	35	59	62	79
.4655771	2279/4895	43	55	53	89
.4655932	2747/5900	41	59	67	100
.4656045	3127/6716	53	73	59	92
.4656067	1435/3082	41	67	70	92
.4656347	752/1615	47	57	48	85
.4656557	522/1121	45	59	58	95
.4656682	2021/4340	43	62	47	70
.4656974	1025/2201	41	62	50	71
.4657076	1392/2989	48	61	58	98
.4657297	2419/5194	41	53	59	98
.4657436	2590/5561	37	67	70	83
.4657690	3286/7055	53	83	62	85
.4657895	177/380	45	57	59	100
.4658069	2745/5893	45	71	61	83
.4658161	1935/4154	43	62	45	67
.4658333	559/1200	43	60	65	100
.4658411	2257/4845	37	57	61	85
.4658635	116/249	40	60	58	83
.4658722	430/923	43	65	50	71
.4659047	2405/5162	37	58	65	89
.4659091	41/88	41	55	50	80
.4659341	212/455	40	65	53	70
.4659537	2135/4582	35	58	61	79
.4659642	2211/4745	33	65	67	73
.4659744	2109/4526	37	62	57	73
.4659829	1363/2925	47	65	58	90
0.4660					
.4660020	2337/5015	41	59	57	85
.4660062	3763/8075	53	85	71	95
.4660150	2050/4399	41	53	50	83
.4660441	549/1178	45	62	61	95
.4660504	2773/5950	47	70	59	85
.4660714	261/560	45	70	58	80
.4660915	2701/5795	37	61	73	95
.4661017	55/118	35	59	55	70
.4661268	2360/5063	40	61	59	83
.4661446	3869/8300	53	83	73	100
.4661463	2747/5893	41	71	67	83
.4661654	62/133	30	57	62	70

比值	分数	A	B	C	D
0.4660					
.4661936	2365/5073	43	57	55	89
.4661984	531/1139	45	67	59	85
.4662090	2173/4661	41	59	53	79
.4662210	1325/2842	50	58	53	98
.4662282	2623/5626	43	58	61	97
.4662447	221/474	34	60	65	79
.4662651	387/830	43	50	45	83
.4662921	83/178	45	89	83	90
.4663359	658/1411	47	83	70	85
.4663636	513/1100	45	55	57	100
.4663696	3245/6958	55	71	59	98
.4663837	2747/5890	41	62	67	95
.4664000	583/1250	33	50	53	75
.4664407	688/1475	43	59	48	75
.4664523	3337/7154	47	73	71	98
.4664557	737/1580	33	60	67	79
.4664794	2491/5340	47	60	53	89
0.4665					
.4665012	188/403	40	62	47	65
.4665066	1943/4165	58	85	67	98
.4665217	1073/2300	37	50	58	92
.4665328	697/1494	41	83	85	90
.4665381	2419/5185	41	61	59	85
.4665493	265/568	50	71	53	80
.4665552	279/598	45	65	62	92
.4665826	370/793	37	61	50	65
.4665860	1927/4130	41	59	47	70
.4666045	2501/5360	41	67	61	80
.4666359	2021/4331	43	61	47	71
.4667113	1395/2989	45	61	62	98
.4667164	3127/6700	53	67	59	100
.4667329	470/1007	47	53	50	95
.4667494	1881/4030	33	62	57	65
.4667612	3293/7055	37	83	89	85
.4667682	2451/5251	43	59	57	89
.4667808	1363/2920	47	73	58	80
.4668033	1139/2440	34	61	67	80
.4668291	2491/5336	47	58	53	92
.4668367	183/392	45	60	61	98
.4668550	2479/5310	37	59	67	90
.4668571	817/1750	43	70	57	75
.4668731	754/1615	58	85	65	95
.4668791	2784/5963	48	67	58	89
.4669048	1961/4200	37	60	53	70
.4669166	2491/5335	47	55	53	97
.4669416	3397/7275	43	75	79	97

（续）

比值	分数	A	B	C	D	比值	分数	A	B	C	D
0.4665						0.4675					
.4669519	2183/4675	37	55	59	85	.4676471	159/340	45	60	53	85
.4669811	99/212	33	53	60	80	.4676617	94/201	40	60	47	67
.4669880	969/2075	34	50	57	83	.4676724	217/464	35	58	62	80
0.4670						.4676801	3538/7565	58	85	61	89
.4670082	2279/4880	43	61	53	80	.4676889	427/913	35	55	61	83
.4670412	1247/2670	43	60	58	89	.4676975	3055/6532	47	71	65	92
.4670512	3239/6935	41	73	79	95	.4677193	1333/2850	43	57	62	100
.4670612	1815/3886	33	58	55	67	.4677419	29/62	30	60	58	62
.4670833	1121/2400	57	80	59	90	.4677632	711/1520	45	80	79	95
.4670886	369/790	41	50	45	79	.4677663	3403/7275	41	75	83	97
.4671006	2655/5684	45	58	59	98	.4677934	2491/5325	47	71	53	75
.4671144	2365/5063	43	61	55	83	.4678078	2405/5141	37	53	65	97
.4671233	341/730	33	60	62	73	.4678161	407/870	37	58	55	75
.4671317	2210/4731	34	57	65	83	.4678436	371/793	35	61	53	65
.4671515	1927/4125	41	55	47	75	.4678733	517/1105	47	65	55	85
.4671769	2747/5880	41	60	67	98	.4678826	590/1261	50	65	59	97
.4672037	406/869	35	55	58	79	.4678853	2790/5963	45	67	62	89
.4672131	57/122	35	61	57	70	.4678992	1392/2975	48	70	58	85
.4672160	2665/5704	41	62	65	92	.4679104	627/1340	33	60	57	67
.4672395	435/931	45	57	58	98	.4679245	124/265	34	53	62	85
.4672515	799/1710	47	90	85	95	.4679277	3290/7031	47	79	70	89
.4672552	2911/6230	41	70	71	89	.4679394	2255/4819	41	61	55	79
.4672705	3869/8280	53	90	73	92	.4679456	1927/4118	41	58	47	71
.4672790	407/871	37	65	55	67	.4679750	2623/5605	43	59	61	95
.4673000	2115/4526	45	62	47	73	.4679990	1850/3953	37	59	50	67
.4673052	2537/5429	43	61	59	89	0.4680					
.4673203*	143/306	55	85	65	90	.4680063	885/1891	30	61	59	62
.4673431	737/1577	55	83	67	95	.4680169	2773/5925	47	75	59	79
.4673533	2405/5146	37	62	65	83	.4680365	205/438	41	60	50	73
.4673588	3286/7031	53	79	62	89	.4680519	901/1925	34	55	53	70
.4673787	2013/4307	33	59	61	73	.4680707	689/1472	53	80	65	92
.4674000	2337/5000	41	50	57	100	.4681041	2627/5612	37	61	71	92
.4674296	531/1136	45	71	59	80	.4681111	2679/5723	47	59	57	97
.4674503	517/1106	47	70	55	79	.4681324	2108/4503	34	57	62	79
.4674599	1925/4118	35	58	55	71	.4681362	2145/4582	33	58	65	79
.4674789	2494/5335	43	55	58	97	.4681465	2109/4505	37	53	57	85
.4674872	2279/4875	43	65	53	75	.4681633	1147/2450	37	50	62	98
0.4675						.4681694	1537/3283	53	67	58	98
.4675000	187/400	34	50	55	80	.4681928	1943/4150	58	83	67	100
.4675325*	36/77	30	55	60	70	.4682018	427/912	35	57	61	80
.4675439	533/1140	41	57	65	100	.4682203	221/472	34	59	65	80
.4675477	2795/5978	43	61	65	98	.4682262	2542/5429	41	61	62	89
.4675972	469/1003	35	59	67	85	.4682441	376/803	40	55	47	73
.4676305	2911/6225	41	75	71	83	.4682540	59/126	50	70	59	90
.4676429	990/2117	33	58	60	73	.4682648	3770/8051	58	83	65	97
						.4682731	583/1245	53	75	55	83

（续）

比值	分数	A	B	C	D
0.4680					
.4682847	3145/6716	37	73	85	92
.4682971	517/1104	47	60	55	92
.4683125	1271/2714	41	59	62	92
.4683190	2173/4640	41	58	53	80
.4683521	2501/5340	41	60	61	89
.4683568	2494/5325	43	71	58	75
.4683849	1363/2910	47	60	58	97
.4683929	2623/5600	43	70	61	80
.4684048	1060/2263	40	62	53	73
.4684254	2255/4814	41	58	55	83
.4684444	527/1125	34	60	62	75
.4684501	2294/4897	37	59	62	83
.4684644	3127/6675	53	75	59	89
.4684668	2585/5518	47	62	55	89
.4684932	171/365	33	55	57	73
0.4685					
.4685134	2537/5415	43	57	59	95
.4685230	387/826	43	59	45	70
.4685507	3233/6900	53	75	61	92
.4685714	82/175	41	60	48	70
.4685942	470/1003	47	59	50	85
.4686038	3306/7055	57	83	58	85
.4686168	2419/5162	41	58	59	89
.4686332	1128/2407	47	58	48	83
.4686415	2294/4895	37	55	62	89
.4686497	2773/5917	47	61	59	97
.4686667	703/1500	37	50	57	90
.4686809	636/1357	48	59	53	92
.4686869	232/495	40	55	58	90
.4687031	2501/5336	41	58	61	92
.4687139	2030/4331	35	61	58	71
.4687190	472/1007	40	53	59	95
.4687285	682/1455	55	75	62	97
.4687500*	15/32	35	70	75	80
.4687562	2378/5073	41	57	58	89
.4687671	1711/3650	58	73	59	100
.4687783	518/1105	37	65	70	85
.4687910	2501/5335	41	55	61	97
.4688109	481/1026	37	57	65	90
.4688409	2257/4814	37	58	61	83
.4688525	143/305	33	61	65	75
.4688600	2665/5684	41	58	65	98
.4688778	1032/2201	43	62	48	71
.4688940	407/868	37	62	55	70
.4689076	279/595	45	70	62	85
.4689212	2482/5293	34	67	73	79

比值	分数	A	B	C	D
0.4685					
.4689501	3149/6715	47	79	67	85
.4689684	3355/7154	55	73	61	98
.4689873	741/1580	57	79	65	100
0.4690					
.4690027	174/371	30	53	58	70
.4690247	2294/4891	37	67	62	73
.4690359	1333/2842	43	58	62	98
.4690710	2146/4575	37	61	58	75
.4690909	129/275	43	55	45	75
.4691047	372/793	30	61	62	65
.4691135	1815/3869	33	53	55	73
.4691176	319/680	55	80	58	85
.4691334	2409/5135	33	65	73	79
.4691378	2911/6205	41	73	71	85
.4691470	517/1102	47	58	55	95
.4691814	2923/6230	37	70	79	89
.4691910	1363/2905	47	70	58	83
.4691975	2064/4399	43	53	48	83
.4692274	1075/2291	43	58	50	79
.4692398	2006/4275	34	57	59	75
.4692494	969/2065	34	59	57	70
.4692639	1855/3953	35	59	53	67
.4692679	3596/7663	58	79	62	97
.4692771	779/1660	41	60	57	83
.4692857	657/1400	45	70	73	100
.4693182	413/880	35	55	59	80
.4693400	2610/5561	45	67	58	83
.4693730	1295/2759	37	62	70	89
.4693985	3551/7565	53	85	67	89
.4694118	399/850	35	50	57	85
.4694249	2065/4399	35	53	59	83
.4694271	975/2077	30	62	65	67
.4694367	2542/5415	41	57	62	95
.4694624	2183/4650	37	62	59	75
.4694784	423/901	45	53	47	85
.4694880	2485/5293	35	67	71	79
.4694960	177/377	30	58	59	65
0.4695					
.4695107	3819/8134	57	83	67	98
.4695238	493/1050	34	60	58	70
.4695402	817/1740	43	58	57	90
.4695562	455/969	35	57	65	85
.4695668	2623/5586	43	57	61	98
.4695906	803/1710	55	90	73	95
.4696053	3569/7600	43	80	83	95
.4696203	371/790	35	50	53	79

（续）

比值	分数	*A*	*B*	*C*	*D*
0.4695					
.4696356	116/247	30	57	58	65
.4696517	472/1005	40	67	59	75
.4696594	3599/7663	59	79	61	97
.4696704	2679/5704	47	62	57	92
.4696798	1247/2655	43	59	58	90
.4696869	705/1501	45	57	47	79
.4697120	473/1007	43	53	55	95
.4697479	559/1190	43	70	65	85
.4697646	3053/6499	43	67	71	97
.4697824	583/1241	53	73	55	85
.4697917	451/960	41	60	55	80
.4698019	1968/4189	41	59	48	71
.4698061	848/1805	48	57	53	95
.4698182	646/1375	34	55	57	75
.4698529	639/1360	45	80	71	85
.4698587	2993/6370	41	65	73	98
.4698684	2035/4331	37	61	55	71
.4698827	1802/3835	34	59	53	65
.4698883	1935/4118	43	58	45	71
.4698969	2279/4850	43	50	53	97
.4699092	3053/6497	43	73	71	89
.4699273	711/1513	45	85	79	89
.4699454	86/183	43	61	50	75
.4699605	1189/2530	41	55	58	92
0.4700					
.4700000	47/100	40	50	47	80
.4700263	1968/4187	41	53	48	79
.4700544	259/551	37	58	70	95
.4700738	2419/5146	41	62	59	83
.4700820	1147/2440	37	61	62	80
.4700855 *	55/117	50	65	55	90
.4700986	2146/4565	37	55	58	83
.4701071	2414/5135	34	65	71	79
.4701360	795/1691	45	57	53	89
.4701470	3071/6532	37	71	83	92
.4701613	583/1240	53	62	55	100
.4702034	3306/7031	57	79	58	89
.4702083	2257/4800	37	60	61	80
.4702213	2337/4970	41	70	57	71
.4702278	2993/6365	41	67	73	95
.4702500	1881/4000	33	50	57	80
.4702622	3139/6675	43	75	73	89
.4702899	649/1380	55	75	59	92
.4703064	3239/6887	41	71	79	97
.4703333	1411/3000	34	75	83	80
.4703448	341/725	33	58	62	75

比值	分数	*A*	*B*	*C*	*D*
0.4700					
.4703750	3763/8000	53	80	71	100
.4703818	2279/4845	43	57	53	85
.4703947 *	143/304	55	80	65	95
.4703985	2479/5270	37	62	67	85
.4704055	2726/5795	47	61	58	95
.4704403	374/795	34	53	55	75
.4704494	4187/8900	53	89	79	100
.4704575	3599/7650	59	85	61	90
.4704676	1147/2438	37	53	62	92
.4704819	781/1660	55	83	71	100
.4704918	287/610	41	61	70	100
0.4705					
.4705087	2784/5917	48	61	58	97
.4705189	399/848	35	53	57	80
.4705310	2419/5141	41	53	59	97
.4705449	639/1358	45	70	71	97
.4705641	2294/4875	37	65	62	75
.4705660	1247/2650	43	53	58	100
.4705882 *	8/17	35	70	80	85
.4706140	1073/2280	37	57	58	80
.4706168	969/2059	34	58	57	71
.4706468	473/1005	43	67	55	75
.4706865	2537/5390	43	55	59	98
.4707233	410/871	41	65	50	67
.4707278	595/1264	35	79	85	80
.4707407	1271/2700	41	60	62	90
.4707567	1972/4189	34	59	58	71
.4707885	2627/5580	37	62	71	90
.4707972	2120/4503	40	57	53	79
.4708310	1711/3634	58	79	59	92
.4708561	517/1098	47	61	55	90
.4708772	671/1425	33	57	61	75
.4708861	186/395	33	55	62	79
.4709012	1416/3007	48	62	59	97
.4709213	915/1943	30	58	61	67
.4709337	3127/6640	53	80	59	83
.4709748	430/913	43	55	50	83
.4709816	1972/4187	34	53	58	79
.4709981	2501/5310	41	59	61	90
0.4710					
.4710056	1925/4087	35	61	55	67
.4710274	1325/2813	50	58	53	97
.4710485	301/639	43	71	70	90
.4710646	2385/5063	45	61	53	83
.4710717	2923/6205	37	73	79	85
.4710808	2419/5135	41	65	59	79

（续）

比值	分数	A	B	C	D
0.4710					
.4711111	106/225	40	50	53	90
.4711353	3901/8280	47	90	83	92
.4711538*	49/104	35	65	70	80
.4711610	629/1335	37	75	85	89
.4711694	2337/4960	41	62	57	80
.4711779	188/399	40	57	47	70
.4711856	1995/4234	35	58	57	73
.4712000	589/1250	57	75	62	100
.4712079	671/1424	55	80	61	89
.4712187	2726/5785	47	65	58	89
.4712329	172/365	43	60	48	73
.4712500	377/800	58	80	65	100
.4712644	41/87	41	58	50	75
.4712809	1961/4161	37	57	53	73
.4713230	2679/5684	47	58	57	98
.4713257	2030/4307	35	59	58	73
.4713439	477/1012	45	55	53	92
.4713462	2451/5200	43	65	57	80
.4713636	1037/2200	34	55	61	80
.4713940	585/1241	45	73	65	85
.4714170	2911/6175	41	65	71	95
.4714286*	33/70	55	70	60	100
.4714632	1363/2891	47	59	58	98
.4714708	2074/4399	34	53	61	83
.4714777	3835/8134	59	83	65	98
.4714912	215/456	43	57	50	80
0.4715					
.4715227	2790/5917	45	61	62	97
.4715400	2419/5130	41	57	59	90
.4715477	2544/5395	48	65	53	83
.4715686	481/1020	37	60	65	85
.4715852	473/1003	43	59	55	85
.4715986	2773/5880	47	60	59	98
.4716141	1271/2695	41	55	62	98
.4716211	1155/2449	33	62	70	79
.4716267	374/793	34	61	55	65
.4716495	183/388	45	60	61	97
.4716778	2623/5561	43	67	61	83
.4717190	2135/4526	35	62	61	73
.4717300	559/1185	43	75	65	79
.4717603	3149/6675	47	75	67	89
.4717668	259/549	37	61	70	90
.4717779	3569/7565	43	85	83	89
.4718067	410/869	41	55	50	79
.4718310	67/142	35	70	67	71
.4718513	1802/3819	34	57	53	67

比值	分数	A	B	C	D
0.4715					
.4718644	696/1475	48	59	58	100
.4718706	671/1422	55	79	61	90
.4718906	2451/5194	43	53	57	98
.4719028	2914/6175	47	65	62	95
.4719161	2655/5626	45	58	59	97
.4719711	261/553	45	70	58	79
.4719852	1272/2695	48	55	53	98
0.4720					
.4720000	59/125	34	50	59	85
.4720301	3139/6650	43	70	73	95
.4720564	870/1843	45	57	58	97
.4720693	3431/7268	47	79	73	92
.4720751	1961/4154	37	62	53	67
.4720896	2275/4819	35	61	65	79
.4721006	2479/5251	37	59	67	89
.4721212	779/1650	41	55	57	90
.4721461	517/1095	47	73	55	75
.4721574	3239/6860	41	70	79	98
.4721845	348/737	30	55	58	67
.4721905	2479/5250	37	70	67	75
.4722024	1325/2806	50	61	53	92
.4722222*	17/36	40	80	85	90
.4722583	2911/6164	41	67	71	92
.4722939	2378/5035	41	53	58	95
.4722951	2881/6100	43	61	67	100
.4723315	3363/7120	57	80	59	89
.4723502	205/434	41	62	50	70
.4723678	2795/5917	43	61	65	97
.4723913	2173/4600	41	50	53	92
.4723982	522/1105	45	65	58	85
.4724082	2046/4331	33	61	62	71
.4724249	2784/5893	48	71	58	83
.4724550	2650/5609	50	71	53	79
.4724627	2565/5429	45	61	57	89
.4724712	369/781	41	55	45	71
.4724866	2035/4307	37	59	55	73
0.4725					
.4725015	799/1691	47	89	85	95
.4725109	2501/5293	41	67	61	79
.4725208	3869/8188	53	89	73	92
.4725301	1961/4150	37	50	53	83
.4725352	671/1420	33	60	61	71
.4725497	2565/5428	45	59	57	92
.4725800	2275/4814	35	58	65	83
.4725926	319/675	55	75	58	90
.4726389	3403/7200	41	80	83	90

（续）

比值	分数	A	B	C	D	比值	分数	A	B	C	D
0.4725						0.4730					
.4726665	1980/4189	33	59	60	71	.4733464	2655/5609	45	71	59	79
.4726755	2491/5270	47	62	53	85	.4733887	2108/4453	34	61	62	73
.4726894	2726/5767	47	73	58	79	.4734109	2279/4814	43	58	53	83
.4727122	2278/4819	34	61	67	79	.4734177	187/395	34	50	55	79
.4727273*	26/55	40	55	65	100	.4734431	2790/5893	45	71	62	83
.4727450	1457/3082	47	67	62	92	.4734524	1935/4087	43	61	45	67
.4727463	451/954	41	53	55	90	.4734589	553/1168	35	73	79	80
.4727619	1241/2625	34	70	73	75	.4734694	116/245	40	50	58	98
.4727700	1007/2130	53	71	57	90	.4734778	2294/4845	37	57	62	85
.4727823	469/992	35	62	67	80	0.4735					
.4727921	530/1121	50	59	53	95	.4735054	697/1472	41	80	85	92
.4728023	1947/4118	33	58	59	71	.4735160	1037/2190	34	60	61	73
.4728055	2747/5810	41	70	67	83	.4735273	2701/5704	37	62	73	92
.4728261	87/184	45	60	58	92	.4735395	689/1455	53	75	65	97
.4728370	235/497	47	70	50	71	.4735526	3599/7600	59	80	61	95
.4728814	279/590	45	59	62	100	.4735786	708/1495	48	65	59	92
.4728923	1980/4187	33	53	60	79	.4735923	1085/2291	35	58	62	79
.4728987	602/1273	43	67	70	95	.4736000	296/625	37	50	48	75
.4729072	2915/6164	53	67	55	92	.4736133	2109/4453	37	61	57	73
.4729197	2279/4819	43	61	53	79	.4736207	2747/5800	41	58	67	100
.4729429	638/1349	33	57	58	71	.4736318	476/1005	34	67	70	75
.4729560	376/795	40	53	47	75	.4736446	629/1328	37	80	85	83
.4729897	1147/2425	37	50	62	97	.4736509	2993/6319	41	71	73	89
0.4730						.4736627	1160/2449	40	62	58	79
.4730000	473/1000	43	50	55	100	.4736755	2870/6059	41	73	70	83
.4730228	2183/4615	37	65	59	71	.4736936	2665/5626	41	58	65	97
.4730321	649/1372	55	70	59	98	.4737288	559/1180	43	59	65	100
.4730584	1870/3953	34	59	55	67	.4737370	1416/2989	48	61	59	98
.4730769	123/260	41	60	45	65	.4737516	370/781	37	55	50	71
.4730934	2655/5612	45	61	59	92	.4737594	2320/4897	40	59	58	83
.4731132	1003/2120	34	53	59	80	.4737837	1003/2117	34	58	59	73
.4731414	3074/6497	53	73	58	89	.4737903	235/496	47	62	50	80
.4731512	3551/7505	53	79	67	95	.4738031	3355/7081	55	73	61	97
.4731579	899/1900	58	80	62	95	.4738284	3286/6935	53	73	62	95
.4731656	2257/4770	37	53	61	90	.4738462	154/325	33	65	70	75
.4731804	2867/6059	47	73	61	83	.4738713	1333/2813	43	58	62	97
.4732032	1139/2407	34	58	67	83	.4738824	1007/2125	53	75	57	85
.4732075	627/1325	33	53	57	75	.4738956	118/249	40	60	59	83
.4732338	2378/5025	41	67	58	75	.4739179	427/901	35	53	61	85
.4732448	1247/2635	43	62	58	85	.4739326	2109/4450	37	50	57	89
.4732725	363/767	33	59	55	65	.4739380	2064/4355	43	65	48	67
.4732759	549/1160	45	58	61	100	.4739530	464/979	40	55	58	89
.4733021	2021/4270	43	61	47	70	.4739583*	91/192	35	60	65	80
.4733124	603/1274	45	65	67	98	0.4740					
.4733209	2537/5360	43	67	59	80	.4740000	237/500	45	75	79	100
.4733318	2050/4331	41	61	50	71	.4740171	2773/5850	47	65	59	90

（续）

比值	分数	*A*	*B*	*C*	*D*
0.4740					
.4740293	2747/5795	41	61	67	95
.4740365	2337/4930	41	58	57	85
.4740741	64/135	40	75	80	90
.4740785	2405/5073	37	57	65	89
.4741071	531/1120	45	70	59	80
.4741284	2135/4503	35	57	61	79
.4741379	55/116	35	58	55	70
.4741472	2210/4661	34	59	65	79
.4741606	2881/6076	43	62	67	98
.4741676	413/871	35	65	59	67
.4741775	2378/5015	41	59	58	85
.4741864	1938/4087	34	61	57	67
.4742051	2923/6164	37	67	79	92
.4742169	984/2075	41	50	48	83
.4742471	2173/4582	41	58	53	79
.4742757	2701/5695	37	67	73	85
.4742915	2795/5893	43	71	65	83
.4743137	2419/5100	41	60	59	85
.4743169	434/915	35	61	62	75
.4743406	2320/4891	40	67	58	73
.4743510	3819/8051	57	83	67	97
.4743617	2211/4661	33	59	67	79
.4743789	611/1288	47	70	65	92
.4743858	2491/5251	47	59	53	89
.4744003	1325/2793	50	57	53	98
.4744077	2623/5529	43	57	61	97
.4744246	371/782	53	85	70	92
.4744444	427/900	35	60	61	75
.4744498	2479/5225	37	55	67	95
.4744587	2257/4757	37	67	61	71
.4744828	344/725	43	58	48	75
.4744898	93/196	45	60	62	98
0.4745					
.4745030	549/1157	45	65	61	89
.4745331	559/1178	43	62	65	95
.4745455	261/550	45	55	58	100
.4745652	2183/4600	37	50	59	92
.4745833	1139/2400	34	60	67	80
.4746124	3337/7031	47	79	71	89
.4746305	1927/4060	41	58	47	70
.4747026	2993/6305	41	65	73	97
.4747126	413/870	35	58	59	75
.4747232	986/2077	34	62	58	67
.4747368	451/950	41	50	55	95
.4747475	47/99	47	55	50	90
.4747642	2013/4240	33	53	61	80

比值	分数	*A*	*B*	*C*	*D*
0.4745					
.4747813	1845/3886	41	58	45	67
.4747917	2279/4800	43	60	53	80
.4748082	3713/7820	47	85	79	92
.4748160	2451/5162	43	58	57	89
.4748288	2773/5840	47	73	59	80
.4748393	3397/7154	43	73	79	98
.4748538	406/855	35	57	58	75
.4748711	737/1552	55	80	67	97
.4748753	2665/5612	41	61	65	92
.4749042	2479/5220	37	58	67	90
.4749104	265/558	50	62	53	90
.4749226	767/1615	59	85	65	95
.4749287	2832/5963	48	67	59	89
.4749380	957/2015	33	62	58	65
.4749474	1128/2375	47	50	48	95
.4749572	2494/5251	43	59	58	89
.4749727	2173/4575	41	61	53	75
.4749851	1595/3358	55	73	58	92
0.4750					
.4750000	19/40	35	60	57	70
.4750148	2405/5063	37	61	65	83
.4750191	2491/5244	47	57	53	92
.4750320	371/781	35	55	53	71
.4750406	2046/4307	33	59	62	73
.4750535	1333/2806	43	61	62	92
.4750621	2867/6035	47	71	61	85
.4750794	2993/6300	41	70	73	90
.4750936	2537/5340	43	60	59	89
.4750951	2747/5782	41	59	67	98
.4751131 *	105/221	35	65	75	85
.4751293	2665/5609	41	71	65	79
.4751365	1653/3479	57	71	58	98
.4751579	2257/4750	37	50	61	95
.4751807	986/2075	34	50	58	83
.4752371	451/949	41	65	55	73
.4752589	413/869	35	55	59	79
.4752688	221/465	34	62	65	75
.4752809	423/890	45	50	47	89
.4752964	481/1012	37	55	65	92
.4753086 *	77/162	35	45	55	90
.4753401	559/1176	43	60	65	98
.4753534	2623/5518	43	62	61	89
.4753560	434/913	35	55	62	83
.4753681	3551/7470	53	83	67	90
.4753939	1961/4125	37	55	53	75
.4754098	29/61	35	61	58	70

（续）

比值	分数	A	B	C	D	比值	分数	A	B	C	D
0.4750						0.4760					
.4754230	590/1241	50	73	59	85	.4761820	2679/5626	47	58	57	97
.4754369	2013/4234	33	58	61	73	.4762025	1881/3950	33	50	57	79
.4754498	2537/5336	43	58	59	92	.4762343	2585/5428	47	59	55	92
.4754561	2867/6030	47	67	61	90	.4762412	3127/6566	53	67	59	98
.4754683	533/1121	41	59	65	95	.4762473	1995/4189	35	59	57	71
.4754839	737/1550	33	62	67	75	.4762658	301/632	43	79	70	80
.4754910	2881/6059	43	73	67	83	.4762931	221/464	34	58	65	80
0.4755						.4763014	3477/7300	57	73	61	100
.4755294	2021/4250	43	50	47	85	.4763236	2726/5723	47	59	58	97
.4755389	2537/5335	43	55	59	97	.4763308	2747/5767	41	73	67	79
.4755496	3569/7505	43	79	83	95	.4763412	3010/6319	43	71	70	89
.4755592	574/1207	41	71	70	85	.4763491	715/1501	33	57	65	79
.4755733	477/1003	45	59	53	85	.4763596	2146/4505	37	53	58	85
.4755760	516/1085	43	62	48	70	.4763842	2108/4425	34	59	62	75
.4755912	1247/2622	43	57	58	92	.4763868	1271/2668	41	58	62	92
.4756000	1189/2500	41	50	58	100	.4764045	212/445	40	50	53	89
.4756410	371/780	35	60	53	65	.4764295	2183/4582	37	58	59	79
.4756467	2666/5605	43	59	62	95	.4764605	2773/5820	47	60	59	97
.4756610	1925/4047	35	57	55	71	.4764748	1995/4187	35	53	57	79
.4757296	3195/6716	45	73	71	92	.4764761	2542/5335	41	55	62	97
.4757384	451/948	41	60	55	79	0.4765					
.4757998	580/1219	40	53	58	92	.4765133	984/2065	41	59	48	70
.4758065	59/124	30	60	59	62	.4765268	1147/2407	37	58	62	83
.4758411	1881/3953	33	59	57	67	.4765351	2173/4560	41	57	53	80
.4758472	660/1387	33	57	60	73	.4765643	2064/4331	43	61	48	71
.4758551	473/994	43	70	55	71	.4765712	2146/4503	37	57	58	79
.4758813	513/1078	45	55	57	98	.4765808	407/854	37	61	55	70
.4758929	533/1120	41	70	65	80	.4766010	387/812	43	58	45	70
.4758974	464/975	40	65	58	75	.4766102	703/1475	37	59	57	75
.4759058	2627/5520	37	60	71	92	.4766434	2255/4731	41	57	55	83
.4759494	188/395	40	50	47	79	.4766509	2021/4240	43	53	47	80
.4759615*	99/208	45	65	55	80	.4766564	1705/3577	55	73	62	98
.4759694	2050/4307	41	59	50	73	.4766667*	143/300	55	75	65	100
.4759840	2745/5767	45	73	61	79	.4766791	511/1072	35	67	73	80
0.4760						.4767123	174/365	33	55	58	73
.4760131	2173/4565	41	55	53	83	.4767210	2867/6014	47	62	61	97
.4760234	407/855	37	57	55	75	.4767308	2479/5200	37	65	67	80
.4760300	1271/2670	41	60	62	89	.4767464	2491/5225	47	55	53	95
.4760436	2623/5510	43	58	61	95	.4767555	2451/5141	43	53	57	97
.4760679	925/1943	37	58	50	67	.4767677	236/495	40	55	59	90
.4760835	2120/4453	40	61	53	73	.4767802*	154/323	55	85	70	95
.4760870	219/460	45	75	73	92	.4767952	2065/4331	35	61	59	71
.4761194	319/670	33	60	58	67	.4768145	473/992	43	62	55	80
.4761414	3233/6790	53	70	61	97	.4768382	2419/5073	41	57	59	89
.4761466	2585/5429	47	61	55	89	.4768510	2544/5335	48	55	53	97
.4761552	1927/4047	41	57	47	71	.4768674	1845/3869	41	53	45	73

（续）

比值	分数	A	B	C	D
0.4765					
.4768889	1073/2250	37	50	58	90
.4769091	2623/5500	43	55	61	100
.4769231	31/65	30	60	62	65
.4769260	2501/5244	41	57	61	92
.4769388	2337/4900	41	50	57	98
.4769856	3285/6887	45	71	73	97
0.4770					
.4770000	477/1000	45	50	53	100
.4770250	3239/6790	41	70	79	97
.4770570	603/1264	45	79	67	80
.4770662	2257/4731	37	57	61	83
.4770909	656/1375	41	55	48	75
.4771067	3397/7120	43	80	79	89
.4771226	1950/4087	30	61	65	67
.4771335	2337/4898	41	62	57	79
.4771555	1295/2714	37	59	70	92
.4771725	3355/7031	55	79	61	89
.4771838	366/767	30	59	61	65
.4771930*	136/285	40	75	85	95
.4772031	2491/5220	47	58	53	90
.4772131	2911/6100	41	61	71	100
.4772198	1435/3007	41	62	70	97
.4772310	2337/4897	41	59	57	83
.4772353	3763/7885	53	83	71	95
.4772475	430/901	43	53	50	85
.4772646	1333/2793	43	57	62	98
.4772806	2773/5810	47	70	59	83
.4773126	2451/5135	43	65	57	79
.4773206	2494/5225	43	55	58	95
.4773303	2074/4345	34	55	61	79
.4773399	969/2030	34	58	57	70
.4773546	1855/3886	35	58	53	67
.4773587	3658/7663	59	79	62	97
.4773699	2679/5612	47	61	57	92
.4773777	517/1083	47	57	55	95
.4773989	602/1261	43	65	70	97
.4774259	2337/4895	41	55	57	89
.4774485	741/1552	57	80	65	97
.4774595	2150/4503	43	57	50	79
.4774818	986/2065	34	59	58	70
0.4775					
.4775100	1189/2490	41	60	58	83
.4775227	2475/5183	33	71	75	73
.4775824	2173/4550	41	65	53	70
.4775986	533/1116	41	62	65	90
.4776140	3403/7125	41	75	83	95

比值	分数	A	B	C	D
0.4775					
.4776190	1003/2100	34	60	59	70
.4776252	2679/5609	47	71	57	79
.4776471	203/425	35	50	58	85
.4776564	481/1007	37	53	65	95
.4776675	385/806	35	62	55	65
.4776995	407/852	37	60	55	71
.4777116	3290/6887	47	71	70	97
.4777328	118/247	30	57	59	65
.4777397	279/584	45	73	62	80
.4777542	451/944	41	59	55	80
.4777778	43/90	43	60	50	75
.4778164	2337/4891	41	67	57	73
.4778333	2867/6000	47	60	61	100
.4778689	583/1220	53	61	55	100
.4778802	1037/2170	34	62	61	70
.4779019	984/2059	41	58	48	71
.4779102	1363/2852	47	62	58	92
.4779167	1147/2400	37	60	62	80
.4779412*	65/136	50	80	65	85
.4779494	3403/7120	41	80	83	89
.4779661	141/295	45	59	47	75
.4779841	901/1885	34	58	53	65
0.4780					
.4780063	3021/6320	53	79	57	80
.4780581	2255/4717	41	53	55	89
.4780688	3139/6566	43	67	73	98
.4780820	3021/6319	53	71	57	89
.4780908	611/1278	47	71	65	90
.4781034	2773/5800	47	58	59	100
.4781099	2479/5185	37	61	67	85
.4781230	754/1577	58	83	65	95
.4781319	645/1349	43	57	45	71
.4781597	1850/3869	37	53	50	73
.4781699	1829/3825	59	85	62	90
.4781780	2257/4720	37	59	61	80
.4781919	603/1261	45	65	67	97
.4782037	2183/4565	37	55	59	83
.4782426	2275/4757	35	67	65	71
.4782456	1363/2850	47	57	58	100
.4782701	2256/4717	47	53	48	89
.4782944	2479/5183	37	71	67	73
.4783103	3363/7031	57	79	59	89
.4783333	287/600	41	60	70	100
.4783505	232/485	40	50	58	97
.4783929	2679/5600	47	70	57	80
.4783985	3477/7268	57	79	61	92

（续）

比值	分数	*A*	*B*	*C*	*D*	比值	分数	*A*	*B*	*C*	*D*
0.4780						0.4790					
.4784080	3534/7387	57	83	62	89	.4791569	1023/2135	33	61	62	70
.4784507	3397/7100	43	71	79	100	.4791738	1392/2905	48	70	58	83
.4784708	1189/2485	41	70	58	71	.4791830	610/1273	30	57	61	67
.4784821	2257/4717	37	53	61	89	.4791998	2108/4399	34	53	62	83
0.4785						.4792208	369/770	41	55	45	70
.4785000	957/2000	33	50	58	80	.4792304	2665/5561	41	67	65	83
.4785064	2627/5490	37	61	71	90	.4792671	497/1037	35	61	71	85
.4785160	2773/5795	47	61	59	95	.4792779	3053/6370	43	65	71	98
.4785448	513/1072	45	67	57	80	.4792863	2337/4876	41	53	57	92
.4785585	3705/7742	57	79	65	98	.4792998	3149/6570	47	73	67	90
.4785714	67/140	45	70	67	90	.4793123	2537/5293	43	67	59	79
.4785853	1475/3082	50	67	59	92	.4793182	2109/4400	37	55	57	80
.4785965	682/1425	33	57	62	75	.4793431	2773/5785	47	65	59	89
.4786070	481/1005	37	67	65	75	.4793532	1927/4020	41	60	47	67
.4786209	2832/5917	48	61	59	97	.4793750	767/1600	59	80	65	100
.4786413	930/1943	30	58	62	67	.4793814	93/194	45	60	62	97
.4786517	213/445	45	75	71	89	.4794030	803/1675	33	67	73	75
.4786603	2501/5225	41	55	61	95	.4794102	2666/5561	43	67	62	83
.4786655	2726/5695	47	67	58	85	.4794189	198/413	33	59	60	70
.4786792	2537/5300	43	53	59	100	.4794271	2109/4399	37	53	57	83
.4786910	629/1314	37	73	85	90	.4794355	1189/2480	41	62	58	80
.4787018	236/493	40	58	59	85	.4794667	899/1875	58	75	62	100
.4787194	1271/2655	41	59	62	90	.4794872	187/390	34	60	55	65
.4787281	2183/4560	37	57	59	80	.4794992	3485/7268	41	79	85	92
.4787736	203/424	35	53	58	80	0.4795					
.4788235	407/850	37	50	55	85	.4795082	117/244	45	61	65	100
.4788442	464/969	40	57	58	85	.4795238	1007/2100	53	70	57	90
.4788646	2345/4897	35	59	67	83	.4795322	82/171	41	57	50	75
.4788934	2337/4880	41	61	57	80	.4795470	3599/7505	59	79	61	95
.4789020	3053/6375	43	75	71	85	.4795567	1947/4060	33	58	59	70
.4789157	159/332	45	60	53	83	.4796062	341/711	55	79	62	90
.4789326	341/712	55	80	62	89	.4796226	1271/2650	41	53	62	100
.4789495	3538/7387	58	83	61	89	.4796296	259/540	37	60	70	90
.4789630	3233/6750	53	75	61	90	.4796435	2745/5723	45	59	61	97
0.4790						.4796544	3053/6365	43	67	71	95
.4790087	1643/3430	53	70	62	98	.4796992	319/665	33	57	58	70
.4790385	2491/5200	47	65	53	80	.4797160	473/986	43	58	55	85
.4790489	2881/6014	43	62	67	97	.4797345	3397/7081	43	73	79	97
.4790618	4187/8740	53	92	79	95	.4797564	2915/6076	53	62	55	98
.4790835	2279/4757	43	67	53	71	.4797802	2183/4550	37	65	59	70
.4790909	527/1100	34	55	62	80	.4797895	2279/4750	43	50	53	95
.4791020	2006/4187	34	53	59	79	.4798140	1961/4087	37	61	53	67
.4791188	2501/5220	41	58	61	90	.4798174	2627/5475	37	73	71	75
.4791304	551/1150	57	75	58	92	.4798387	119/248	34	62	70	80
.4791435	3021/6305	53	65	57	97	.4798519	3239/6750	41	75	79	90
.4791474	517/1079	47	65	55	83	.4798667	3599/7500	59	75	61	100

（续）

比值	分数	*A*	*B*	*C*	*D*
0.4795					
.4798793	477/994	45	70	53	71
.4798856	2350/4897	47	59	50	83
.4799048	1815/3782	33	61	55	62
.4799331	287/598	41	65	70	92
.4799528	407/848	37	53	55	80
.4799578	455/948	35	60	65	79
.4799686	611/1273	47	67	65	95
.4799930	2747/5723	41	59	67	97
0.4800					
.4800000	12/25	33	55	60	75
.4800348	3306/6887	57	71	58	97
.4800504	4187/8722	53	89	79	98
.4800725	265/552	50	60	53	92
.4800817	470/979	47	55	50	89
.4800937	205/427	41	61	50	70
.4801149	2173/4526	41	62	53	73
.4801489	387/806	43	62	45	65
.4801630	1767/3680	57	80	62	92
.4801694	1247/2597	43	53	58	98
.4801953	885/1843	45	57	59	97
.4802065	279/581	45	70	62	83
.4802402	2479/5162	37	58	67	89
.4802465	1325/2759	50	62	53	89
.4802600	1995/4154	35	62	57	67
.4802817	341/710	33	60	62	71
.4802950	2279/4745	43	65	53	73
.4803256	354/737	30	55	59	67
.4803371	171/356	45	60	57	89
.4803922*	49/102	35	60	70	85
.4804040	1189/2475	41	55	58	90
.4804142	2784/5795	48	61	58	95
.4804243	2491/5185	47	61	53	85
.4804286	3363/7000	57	70	59	100
.4804369	2419/5035	41	53	59	95
.4804511	639/1330	45	70	71	95
.4804634	2115/4402	45	62	47	71
.4804743	2350/4891	47	67	50	73
0.4805					
.4805195	37/77	37	55	50	70
.4805333	901/1875	34	50	53	75
.4805443	2013/4189	33	59	61	71
.4805573	3139/6532	43	71	73	92
.4805702	2832/5893	48	71	59	83
.4805818	3403/7081	41	73	83	97
.4805907	1139/2370	34	60	67	79
.4806097	2491/5183	47	71	53	73
0.4805					
.4806154	781/1625	33	65	71	75
.4806330	2035/4234	37	58	55	73
.4806818	423/880	45	55	47	80
.4806972	2565/5336	45	58	57	92
.4807065	1769/3680	58	80	61	92
.4807229	399/830	35	50	57	83
.4807407	649/1350	55	75	59	90
.4807515	2610/5429	45	61	58	89
.4807738	2013/4187	33	53	61	79
.4807911	2115/4399	45	53	47	83
.4808017	2279/4740	43	60	53	79
.4808149	1416/2945	48	62	59	95
.4808159	990/2059	33	58	60	71
.4808401	1305/2714	45	59	58	92
.4808468	477/992	45	62	53	80
.4808709	2275/4731	35	57	65	83
.4808822	3685/7663	55	79	67	97
.4808933	969/2015	34	62	57	65
.4809224	1147/2385	37	53	62	90
.4809437	265/551	50	58	53	95
.4809615	2501/5200	41	65	61	80
.4809783	177/368	45	60	59	92
0.4810					
.4810029	2494/5185	43	61	58	85
.4810235	1128/2345	47	67	48	70
.4810345	279/580	45	58	62	100
.4810642	1537/3195	53	71	58	90
.4810671	559/1162	43	70	65	83
.4810769	3127/6500	53	65	59	100
.4810971	649/1349	33	57	59	71
.4811526	2655/5518	45	62	59	89
.4811747	639/1328	45	80	71	83
.4811824	3337/6935	47	73	71	95
.4811905	2021/4200	43	60	47	70
.4812030*	64/133	40	70	80	95
.4812146	935/1943	34	58	55	67
.4812207	205/426	41	60	50	71
.4812412	2745/5704	45	62	61	92
.4812500*	77/160	35	50	55	80
.4812785	527/1095	34	60	62	73
.4812901	2701/5612	37	61	73	92
.4813014	2870/5963	41	67	70	89
.4813144	747/1552	45	80	83	97
.4813158	1829/3800	59	80	62	95
.4813433	129/268	43	60	45	67
.4813605	1769/3675	58	75	61	98

（续）

比值	分数	*A*	*B*	*C*	*D*	比值	分数	*A*	*B*	*C*	*D*
0.4810						0.4820					
.4813930	2419/5025	41	67	59	75	.4821848	2666/5529	43	57	62	97
.4814042	2537/5270	43	62	59	85	.4821961	3074/6375	53	75	58	85
.4814341	376/781	40	55	47	71	.4822222	217/450	35	60	62	75
.4814495	558/1159	45	61	62	95	.4822367	2294/4757	37	67	62	71
.4814594	3233/6715	53	79	61	85	.4822472	1073/2225	37	50	58	89
.4814815*	13/27	40	60	65	90	.4822818	558/1157	45	65	62	89
.4814943	1392/2891	48	59	58	98	.4823077	627/1300	33	60	57	65
0.4815						.4823221	1105/2291	34	58	65	79
.4815025	3397/7055	43	83	79	85	.4823279	1815/3763	33	53	55	71
.4815094	638/1325	33	53	58	75	.4823990	370/767	37	59	50	65
.4815171	2501/5194	41	53	61	98	.4824228	2923/6059	37	73	79	83
.4815268	1968/4087	41	61	48	67	.4824540	2021/4189	43	59	47	71
.4815417	2074/4307	34	59	61	73	.4824561*	55/114	50	60	55	95
.4815475	2701/5609	37	71	73	79	.4824728	3551/7360	53	80	67	92
.4815574	235/488	47	61	50	80	.4824859	427/885	35	59	61	75
.4815704	3410/7081	55	73	62	97	0.4825					
.4815789	183/380	45	57	61	100	.4825055	1972/4087	34	61	58	67
.4815919	2747/5704	41	62	67	92	.4825189	2360/4891	40	67	59	73
.4815993	1060/2201	40	62	53	71	.4825320	1395/2891	45	59	62	98
.4816327	118/245	40	50	59	98	.4825373	3233/6700	53	67	61	100
.4816870	434/901	35	53	62	85	.4825649	2491/5162	47	58	53	89
.4816977	2145/4453	33	61	65	73	.4825668	2256/4675	47	55	48	85
.4817163	2279/4731	43	57	53	83	.4825825	3685/7636	55	83	67	92
.4817334	2479/5146	37	62	67	83	.4826271	1139/2360	34	59	67	80
.4817500	1927/4000	41	50	47	80	.4826531	473/980	43	50	55	98
.4817726	2881/5980	43	65	67	92	.4826730	3886/8051	58	83	67	97
.4817938	3599/7470	59	83	61	90	.4826845	2021/4187	43	53	47	79
.4818182	53/110	35	55	53	70	.4826899	1938/4015	34	55	57	73
.4818293	1180/2449	40	62	59	79	.4826958	265/549	50	61	53	90
.4818512	531/1102	45	58	59	95	.4827130	2555/5293	35	67	73	79
.4818557	2337/4850	41	50	57	97	.4827238	1914/3965	33	61	58	65
.4818820	3431/7120	47	80	73	89	.4827273	531/1100	45	55	59	100
.4819010	2170/4503	35	57	62	79	.4827419	2993/6200	41	62	73	100
.4819223	2146/4453	37	61	58	73	.4827529	2911/6030	41	67	71	90
.4819298	2747/5700	41	57	67	100	.4827653	2479/5135	37	65	67	79
.4819427	387/803	43	55	45	73	.4827807	2257/4675	37	55	61	85
.4819524	1175/2438	47	53	50	92	.4827899	533/1104	41	60	65	92
.4819718	1711/3550	58	71	59	100	.4828070	688/1425	43	57	48	75
.4819945	174/361	45	57	58	95	.4828206	2150/4453	43	61	50	73
0.4820						.4828390	2279/4720	43	59	53	80
.4820040	2665/5529	41	57	65	97	.4828501	2365/4898	43	62	55	79
.4820513	94/195	40	60	47	65	.4828767	141/292	45	60	47	73
.4820896	323/670	34	60	57	67	.4828889	2173/4500	41	50	53	90
.4820957	2006/4161	34	57	59	73	.4828993	2485/5146	35	62	71	83
.4821246	472/979	40	55	59	89	.4829080	1003/2077	34	62	59	67
.4821429*	27/56	45	70	75	100	.4829231	3139/6500	43	65	73	100

（续）

比值	分数	A	B	C	D
0.4825					
.4829346	2745/5684	45	58	61	98
.4829474	1147/2375	37	50	62	95
.4829574	1927/3990	41	57	47	70
.4829721*	156/323	60	85	65	95
0.4830					
.4830049	1961/4060	37	58	53	70
.4830157	583/1207	53	71	55	85
.4830409	413/855	35	57	59	75
.4830508	57/118	35	59	57	70
.4830601	442/915	34	61	65	75
.4830696	3053/6320	43	79	71	80
.4830882	657/1360	45	80	73	85
.4830960	3901/8075	47	85	83	95
.4831108	615/1273	41	57	45	67
.4831266	1947/4030	33	62	59	65
.4831745	3245/6716	55	73	59	92
.4832090	259/536	37	67	70	80
.4832310	1023/2117	33	58	62	73
.4832359	2479/5130	37	57	67	90
.4832504	1457/3015	47	67	62	90
.4832746	549/1136	45	71	61	80
.4832787	737/1525	33	61	67	75
.4832864	2747/5684	41	58	67	98
.4833290	1870/3869	34	53	55	73
.4833496	2482/5135	34	65	73	79
.4833735	1003/2075	34	50	59	83
.4833861	611/1264	47	79	65	80
.4833967	2795/5782	43	59	65	98
.4834163	583/1206	53	67	55	90
.4834328	3239/6700	41	67	79	100
.4834563	2294/4745	37	65	62	73
.4834906	205/424	41	53	50	80
0.4835					
.4835088	689/1425	53	75	65	95
.4835165*	44/91	40	65	55	70
.4835341	602/1245	43	75	70	83
.4835412	2365/4891	43	67	55	73
.4835913	781/1615	55	85	71	95
.4836066	59/122	30	60	59	61
.4836232	3337/6900	47	75	71	92
.4836268	2747/5680	41	71	67	80
.4836364	133/275	35	55	57	75
.4836661	533/1102	41	58	65	95
.4837027	371/767	35	59	53	65
.4837349	803/1660	55	83	73	100
.4837500	387/800	43	50	45	80
0.4835					
.4837728	477/986	45	58	53	85
.4837779	671/1387	33	57	61	73
.4837910	2537/5244	43	57	59	92
.4838000	2419/5000	41	50	59	100
.4838235	329/680	47	80	70	85
.4838475	1333/2755	43	58	62	95
.4838829	2627/5429	37	61	71	89
.4839034	481/994	37	70	65	71
.4839338	497/1027	35	65	71	79
.4839486	603/1246	45	70	67	89
.4839623	513/1060	45	53	57	100
.4839720	2627/5428	37	59	71	92
0.4840					
.4840000	121/250	33	50	55	75
.4840163	2256/4661	47	59	48	79
.4840278	697/1440	41	80	85	90
.4840372	2911/6014	41	62	71	97
.4840453	1881/3886	33	58	57	67
.4840653	2491/5146	47	62	53	83
.4840824	517/1068	47	60	55	89
.4840983	2542/5251	41	59	62	89
.4841096	1767/3650	57	73	62	100
.4841446	3710/7663	53	79	70	97
.4841667	581/1200	35	75	83	80
.4841757	1025/2117	41	58	50	73
.4841892	1914/3953	33	59	58	67
.4842017	2881/5950	43	70	67	85
.4842189	3053/6305	43	65	71	97
.4842301	261/539	45	55	58	98
.4842647	3293/6800	37	80	89	85
.4842710	2109/4355	37	65	57	67
.4842767	77/159	35	53	55	75
.4843137	247/510	57	85	65	90
.4843284	649/1340	33	60	59	67
.4843444	495/1022	33	70	75	73
.4843874	2451/5060	43	55	57	92
.4843952	2623/5415	43	57	61	95
.4844200	1850/3819	37	57	50	67
.4844453	2585/5336	47	58	55	92
.4844585	1995/4118	35	58	57	71
.4844706	2059/4250	58	85	71	100
.4844791	2544/5251	48	59	53	89
0.4845					
.4845000	969/2000	34	50	57	80
.4845070	172/355	43	60	48	71
.4845238	407/840	37	60	55	70

（续）

比值	分数	A	B	C	D	比值	分数	A	B	C	D
0.4845						0.4850					
.4845288	689/1422	53	79	65	90	.4852113	689/1420	53	71	65	100
.4845455	533/1100	41	55	65	100	.4852273	427/880	35	55	61	80
.4845570	957/1975	33	50	58	79	.4852434	3239/6675	41	75	79	89
.4845727	2183/4505	37	53	59	85	.4852941*	33/68	45	60	55	85
.4845932	2013/4154	33	62	61	67	.4853012	1007/2075	53	75	57	83
.4845977	1054/2175	34	58	62	75	.4853061	1189/2450	41	50	58	98
.4846311	473/976	43	61	55	80	.4853261	893/1840	47	60	57	92
.4846491	221/456	34	57	65	80	.4853376	2135/4399	35	53	61	83
.4846575	1769/3650	58	73	61	100	.4853595	3713/7650	47	85	79	90
.4846727	585/1207	45	71	65	85	.4853823	1295/2668	37	58	70	92
.4846852	3149/6497	47	73	67	89	.4853855	2109/4345	37	55	57	79
.4847024	2915/6014	53	62	55	97	.4854111	183/377	30	58	61	65
.4847082	2409/4970	33	70	73	71	.4854281	533/1098	41	61	65	90
.4847273	1333/2750	43	55	62	100	.4854430	767/1580	59	79	65	100
.4847445	1271/2622	41	57	62	92	.4854460	517/1065	47	71	55	75
.4847458	143/295	33	59	65	75	.4854591	2337/4814	41	58	57	83
.4847799	1927/3975	41	53	47	75	.4854839	301/620	43	62	70	100
.4847879	2183/4503	37	57	59	79	.4854981	385/793	35	61	55	65
.4848340	2030/4187	35	53	58	79	0.4855					
.4848684	737/1520	55	80	67	95	.4855168	1475/3038	50	62	59	98
.4848790	481/992	37	62	65	80	.4855403	319/657	55	73	58	90
.4848869	2294/4731	37	57	62	83	.4855502	2537/5225	43	55	59	95
.4849034	803/1656	55	90	73	92	.4855613	2993/6164	41	67	73	92
.4849117	3021/6230	53	70	57	89	.4855750	2491/5130	47	57	53	90
.4849206	611/1260	47	70	65	90	.4856034	2378/4897	41	59	58	83
.4849315	177/365	33	55	59	73	.4856102	1333/2745	43	61	62	90
.4849462	451/930	41	62	55	75	.4856471	1032/2125	43	50	48	85
.4849624	129/266	43	57	45	70	.4856667	1457/3000	47	60	62	100
.4849718	2146/4425	37	59	58	75	.4856865	2494/5135	43	65	58	79
.4849950	3410/7031	55	79	62	89	.4857006	2021/4161	43	57	47	73
0.4850						.4857292	1855/3819	35	57	53	67
.4850065	372/767	30	59	62	65	.4857430	2419/4980	41	60	59	83
.4850187	259/534	37	60	70	89	.4857500	1943/4000	58	80	67	100
.4850287	2365/4876	43	53	55	92	.4857732	1178/2425	57	75	62	97
.4850361	470/969	47	57	50	85	.4858018	2378/4895	41	55	58	89
.4850461	3422/7055	58	83	59	85	.4858247	377/776	58	80	65	97
.4850746	65/134	30	60	65	67	.4858333	583/1200	53	60	55	100
.4850927	602/1241	43	73	70	85	.4858361	1595/3283	55	67	58	98
.4851022	2491/5135	47	65	53	79	.4858586	481/990	37	55	65	90
.4851111	2183/4500	37	50	59	90	.4858824	413/850	35	50	59	85
.4851196	2494/5141	43	53	58	97	.4858985	603/1241	45	73	67	85
.4851259	212/437	48	57	53	92	.4859137	1880/3869	40	53	47	73
.4851462	2074/4275	34	57	61	75	.4859177	3071/6320	37	79	83	80
.4851554	2108/4345	34	55	62	79	.4859322	2867/5900	47	59	61	100
.4851667	2911/6000	41	60	71	100	.4859447	2109/4340	37	62	57	70
.4852017	3705/7636	57	83	65	92	.4859848	3953/8134	59	83	67	98

（续）

比值	分数	*A*	*B*	*C*	*D*
0.4855					
.4859914	451/928	41	58	55	80
0.4860					
.4860025	1927/3965	41	61	47	65
.4860086	2501/5146	41	62	61	83
.4860153	2537/5220	43	58	59	90
.4860282	2035/4187	37	53	55	79
.4860501	3763/7742	53	79	71	98
.4860784	2479/5100	37	60	67	85
.4861423	649/1335	55	75	59	89
.4861501	2773/5704	47	62	59	92
.4861598	1247/2565	43	57	58	90
.4861721	1881/3869	33	53	57	73
.4861765	1653/3400	57	80	58	85
.4861909	2623/5395	43	65	61	83
.4861991	2378/4891	41	67	58	73
.4862069	141/290	45	58	47	75
.4862319	671/1380	55	75	61	92
.4862447	2881/5925	43	75	67	79
.4862493	3713/7636	47	83	79	92
.4862861	656/1349	41	57	48	71
.4863030	2006/4125	34	55	59	75
.4863230	3538/7275	58	75	61	97
.4863261	2294/4717	37	53	62	89
.4863515	2726/5605	47	59	58	95
.4863732	232/477	40	53	58	90
.4863850	518/1065	37	71	70	75
.4863924	1537/3160	53	79	58	80
.4864224	2257/4640	37	58	61	80
.4864407	287/590	41	59	70	100
.4864582	2784/5723	48	59	58	97
.4864694	3074/6319	53	71	58	89
.4864812	2501/5141	41	53	61	97
.4864912	2773/5700	47	57	59	100
0.4865					
.4865030	3190/6557	55	79	58	83
.4865072	2542/5225	41	55	62	95
.4865190	2021/4154	43	62	47	67
.4865979	236/485	40	50	59	97
.4866081	2380/4891	34	67	70	73
.4866155	2345/4819	35	61	67	79
.4866310*	91/187	35	55	65	85
.4866419	2623/5390	43	55	61	98
.4866667	73/150	35	70	73	75
.4866935	1207/2480	34	62	71	80
.4867017	3422/7031	58	79	59	89
.4867236	2108/4331	34	61	62	71

比值	分数	*A*	*B*	*C*	*D*
0.4865					
.4867347	477/980	45	50	53	98
.4867572	2867/5890	47	62	61	95
.4867664	423/869	45	55	47	79
.4867925	129/265	43	53	45	75
.4867968	424/871	40	65	53	67
.4868148	1643/3375	53	75	62	90
.4868173	517/1062	47	59	55	90
.4868282	462/949	33	65	70	73
.4868545	1037/2130	34	60	61	71
.4868750	779/1600	41	60	57	80
.4868750	779/1600	41	60	57	80
.4868900	2544/5225	48	55	53	95
.4869021	2881/5917	43	61	67	97
.4869183	2773/5695	47	67	59	85
.4869334	2385/4898	45	62	53	79
.4869403	261/536	45	67	58	80
.4869545	2109/4331	37	61	57	71
.4869618	803/1649	55	85	73	97
.4869732	1271/2610	41	58	62	90
.4869880	2021/4150	43	50	47	83
0.4870					
.4870087	731/1501	43	79	85	95
.4870185	2870/5893	41	71	70	83
.4870283	413/848	35	53	59	80
.4870385	620/1273	30	57	62	67
.4870497	2501/5135	41	65	61	79
.4870677	3239/6650	41	70	79	95
.4870909	2679/5500	47	55	57	100
.4871001	472/969	40	57	59	85
.4871117	737/1513	55	85	67	89
.4871209	2345/4814	35	58	67	83
.4871297	1003/2059	34	58	59	71
.4871429	341/700	33	60	62	70
.4871497	3355/6887	55	71	61	97
.4871667	2923/6000	37	75	79	80
.4871757	3286/6745	53	71	62	95
.4872073	3599/7387	59	83	61	89
.4872319	477/979	45	55	53	89
.4872581	3021/6200	53	62	57	100
.4872745	1972/4047	34	57	58	71
.4872785	2145/4402	33	62	65	71
.4872910	1457/2990	47	65	62	92
.4872951	1189/2440	41	61	58	80
.4873119	2170/4453	35	61	62	73
.4873272	423/868	45	62	47	70
.4873418	77/158	35	50	55	79

（续）

比值	分数	*A*	*B*	*C*	*D*
0.4870					
.4873563	212/435	40	58	53	75
.4873711	1891/3880	61	80	62	97
.4873913	1121/2300	57	75	59	92
.4874092	2013/4130	33	59	61	70
.4874224	3139/6440	43	70	73	92
.4874429	427/876	35	60	61	73
.4874540	1457/2989	47	61	62	98
.4874582	583/1196	53	65	55	92
.4874823	1032/2117	43	58	48	73
.4874866	2279/4675	43	55	53	85
0.4875					
.4875000*	39/80	45	60	65	100
.4875066	2790/5723	45	59	62	97
.4875244	2501/5130	41	57	61	90
.4875472	646/1325	34	53	57	75
.4875850	2867/5880	47	60	61	98
.4876141	374/767	34	59	55	65
.4876213*	2915/5978	53	61	55	98
.4876289	473/970	43	50	55	97
.4876530	2350/4819	47	61	50	79
.4876847	99/203	33	58	60	70
.4876948	1189/2438	41	53	58	92
.4877049	119/244	34	61	70	80
.4877185	2065/4234	35	58	59	73
.4877273	1073/2200	37	55	58	80
.4877358	517/1060	47	53	55	100
.4877589	259/531	37	59	70	90
.4877687	658/1349	47	71	70	95
.4877949	2378/4875	41	65	58	75
.4878012	3239/6640	41	80	79	83
.4878109	1961/4020	37	60	53	67
.4878296	481/986	37	58	65	85
.4878381	2146/4399	37	53	58	83
.4878481	1927/3950	41	50	47	79
.4878635	2030/4161	35	57	58	73
.4878846	2537/5200	43	65	59	80
.4879032	121/248	33	60	55	62
.4879133	2745/5626	45	58	61	97
.4879171	424/869	40	55	53	79
.4879365	1537/3150	53	70	58	90
.4879699	649/1330	33	57	59	70
.4879781	893/1830	47	61	57	90
.4879856	2173/4453	41	61	53	73
0.4880					
.4880000	61/125	33	55	61	75
.4880057	1363/2793	47	57	58	98

比值	分数	*A*	*B*	*C*	*D*
0.4880					
.4880202	387/793	43	61	45	65
.4880626	1247/2555	43	70	58	73
.4880785	348/713	48	62	58	92
.4880927	2275/4661	35	59	65	79
.4880952	41/84	41	60	50	70
.4881100	3551/7275	53	75	67	97
.4881194	2650/5429	50	61	53	89
.4881321	473/969	43	57	55	85
.4881595	1175/2407	47	58	50	83
.4881771	2911/5963	41	67	71	89
.4882042	2773/5680	47	71	59	80
.4882093	1325/2714	50	59	53	92
.4882150	3397/6958	43	71	79	98
.4882353	83/170	45	85	83	90
.4882591	603/1235	45	65	67	95
.4882688	2747/5626	41	58	67	97
.4882759	354/725	48	58	59	100
.4882899	1105/2263	34	62	65	73
.4883146	2173/4450	41	50	53	89
.4883193	1505/3082	43	67	70	92
.4883399	2115/4331	45	61	47	71
.4883650	1595/3266	55	71	58	92
.4883802	2795/5723	43	59	65	97
.4884144	1075/2201	43	62	50	71
.4884211	232/475	40	50	58	95
.4884314	2491/5100	47	60	53	85
.4884482	2537/5194	43	53	59	98
.4884784	2565/5251	45	59	57	89
.4884873	3649/7470	41	83	89	90
0.4885					
.4885043	1891/3871	61	79	62	98
.4885108	2211/4526	33	62	67	73
.4885305	1363/2790	47	62	58	90
.4885417	469/960	35	60	67	80
.4885526	3713/7600	47	80	79	95
.4885714	171/350	33	55	57	70
.4885801	3551/7268	53	79	67	92
.4885870	899/1840	58	80	62	92
.4886241	451/923	41	65	55	71
.4886364	43/88	43	55	50	80
.4886598	237/485	45	75	79	97
.4886655	2479/5073	37	57	67	89
.4886802	2914/5963	47	67	62	89
.4886869	2419/4950	41	55	59	90
.4886972	2832/5795	48	61	59	95
.4887218*	65/133	50	70	65	95

（续）

比值	分数	*A*	*B*	*C*	*D*
0.4885					
.4887338	2451/5015	43	59	57	85
.4887363	2278/4661	34	59	67	79
.4887474	2150/4399	43	53	50	83
.4887640	87/178	45	60	58	89
.4887768	1938/3965	34	61	57	65
.4888152	590/1207	50	71	59	85
.4888295	2013/4118	33	58	61	71
.4888407	2256/4615	47	65	48	71
.4888462	1271/2600	41	65	62	80
.4888571	1711/3500	58	70	59	100
.4888688	2701/5525	37	65	73	85
.4888889 *	22/45	40	45	55	100
.4889357	464/949	40	65	58	73
.4889509	2279/4661	43	59	53	79
.4889752	3149/6440	47	70	67	92
.4889946	3599/7360	59	80	61	92
0.4890					
.4890196	1247/2550	43	60	58	85
.4890295	1159/2370	57	79	61	90
.4890403	2655/5429	45	61	59	89
.4890574	2257/4615	37	65	61	71
.4890651	2035/4161	37	57	55	73
.4891228	697/1425	41	75	85	95
.4891341	2881/5890	43	62	67	95
.4891509	1037/2120	34	53	61	80
.4891566	203/415	35	50	58	83
.4892033	657/1343	45	79	73	85
.4892183	363/742	33	53	55	70
.4892308	159/325	45	65	53	75
.4892437	2911/5950	41	70	71	85
.4892513	660/1349	33	57	60	71
.4892793	1643/3358	53	73	62	92
.4892941	2925/5978	45	61	65	98
.4892960	2537/5185	43	61	59	85
.4893151	893/1825	47	73	57	75
.4893300	986/2015	34	62	58	65
.4893462	2021/4130	43	59	47	70
.4893584	3127/6390	53	71	59	90
.4893657	2623/5360	43	67	61	80
.4893813	530/1083	50	57	53	95
.4893920	2745/5609	45	71	61	79
.4894109	1271/2597	41	53	62	98
.4894325	2501/5110	41	70	61	73
.4894358	2108/4307	34	59	62	73
.4894515	116/237	40	60	58	79
.4894737	93/190	45	57	62	100

比值	分数	*A*	*B*	*C*	*D*
0.4890					
.4894849	2537/5183	43	71	59	73
.4894943	2120/4331	40	61	53	71
0.4895					
.4895016	1935/3953	43	59	45	67
.4895294	4161/8500	57	85	73	100
.4895419	2832/5785	48	65	59	89
.4895522	164/335	41	60	48	67
.4895833	47/96	47	60	50	80
.4896107	2050/4187	41	53	50	79
.4896307	2479/5063	37	61	67	83
.4896570	1870/3819	34	57	55	67
.4896680	2109/4307	37	59	57	73
.4896921	1829/3735	59	83	62	90
.4897076	4187/8550	53	90	79	95
.4897183	3477/7100	57	71	61	100
.4897260	143/292	33	60	65	73
.4897413	549/1121	45	59	61	95
.4897479	1457/2975	47	70	62	85
.4897555	741/1513	57	85	65	89
.4897778	551/1125	57	75	58	90
.4898113	649/1325	33	53	59	75
.4898342	3397/6935	43	73	79	95
.4898441	1037/2117	34	58	61	73
.4898734	387/790	43	50	45	79
.4898785	121/247	33	57	55	65
.4898893	2035/4154	37	62	55	67
.4899034	558/1139	45	67	62	85
.4899209	2479/5060	37	55	67	92
.4899371	779/1590	41	53	57	90
.4899543	1073/2190	37	60	58	73
.4899660	2881/5880	43	60	67	98
0.4900					
.4900070	2795/5704	43	62	65	92
.4900482	3053/6230	43	70	71	89
.4900834	1705/3479	55	71	62	98
.4900855	2867/5850	47	65	61	90
.4900981	2747/5605	41	59	67	95
.4901075	2279/4650	43	62	53	75
.4901408	174/355	33	55	58	71
.4901547	697/1422	41	79	85	90
.4901619	1968/4015	41	55	48	73
.4901786	549/1120	45	70	61	80
.4901895	2923/5963	37	67	79	89
.4901961 *	25/51	50	85	75	90
.4902174	451/920	41	50	55	92
.4902313	2183/4453	37	61	59	73

（续）

比值	分数	A	B	C	D
0.4900					
.4902368	1180/2407	40	58	59	83
.4902500	1961/4000	37	50	53	80
.4902606	1938/3953	34	59	57	67
.4903003	1845/3763	41	53	45	71
.4903093	1189/2425	41	50	58	97
.4903509	559/1140	43	57	65	100
.4903614	407/830	37	50	55	83
.4903692	611/1246	47	70	65	89
.4903826	2320/4731	40	57	58	83
.4903922	2501/5100	41	60	61	85
.4903955	434/885	35	59	62	75
.4904092	767/1564	59	85	65	92
.4904164	742/1513	53	85	70	89
.4904348	282/575	47	50	48	92
.4904418	3053/6225	43	75	71	83
.4904478	1643/3350	53	67	62	100
.4904824	1881/3835	33	59	57	65
0.4905					
.4905123	517/1054	47	62	55	85
.4905221	1475/3007	50	62	59	97
.4905357	2747/5600	41	70	67	80
.4905473	493/1005	34	60	58	67
.4905618	2183/4450	37	50	59	89
.4905842	3569/7275	43	75	83	97
.4905936	2686/5475	34	73	79	75
.4905983	287/585	41	65	70	90
.4906329	969/1975	34	50	57	79
.4906522	2257/4600	37	50	61	92
.4906557	2993/6100	41	61	73	100
.4906694	2419/4930	41	58	59	85
.4906785	3869/7885	53	83	73	95
.4906952	2294/4675	37	55	62	85
.4907162	185/377	37	58	50	65
.4907407	53/108	50	60	53	90
.4907631	611/1245	47	75	65	83
.4907722	2021/4118	43	58	47	71
.4907839	2210/4503	34	57	65	79
.4908046	427/870	35	58	61	75
.4908130	3713/7565	47	85	79	89
.4908153	2378/4845	41	57	58	85
.4908333	589/1200	57	80	62	90
.4908447	3190/6499	55	67	58	97
.4908515	1395/2842	45	58	62	98
.4908676	215/438	43	60	50	73
.4908823	2665/5429	41	61	65	89
.4908948	3127/6370	53	65	59	98
0.4905					
.4909091	27/55	45	55	57	95
.4909247	2867/5840	47	73	61	80
.4909483	1139/2320	34	58	67	80
.4909727	2665/5428	41	59	65	92
.4909949	3953/8051	59	83	67	97
.4909958	3190/6497	55	73	58	89
0.4910					
.4910060	737/1501	55	79	67	95
.4910167	2405/4898	37	62	65	79
.4910309	2491/5073	47	57	53	89
.4910448	329/670	47	67	70	100
.4910467	1947/3965	33	61	59	65
.4910611	2115/4307	45	59	47	73
.4910714*	55/112	50	70	55	80
.4911111	221/450	34	60	65	75
.4911170	2405/4897	37	59	65	83
.4911582	1972/4015	34	55	58	73
.4911985	2623/5340	43	60	61	89
.4912363	3139/6390	43	71	73	90
.4912605	2923/5950	37	70	79	85
.4912754	2365/4814	43	58	55	83
.4913080	2911/5925	41	75	71	79
.4913177	481/979	37	55	65	89
.4913333	737/1500	33	60	67	75
.4913462	511/1040	35	65	73	80
.4913694	427/869	35	55	61	79
.4913793	57/116	35	58	57	70
.4913889	1769/3600	58	80	61	90
.4914071	915/1862	45	57	61	98
.4914286	86/175	43	60	48	70
.4914384	287/584	41	73	70	80
.4914474	747/1520	45	80	83	95
.4914611	259/527	37	62	70	85
.4914787	1961/3990	37	57	53	70
0.4915					
.4915254	29/59	35	59	58	70
.4915385	639/1300	45	65	71	100
.4915667	2623/5336	43	58	61	92
.4915966*	117/238	45	70	65	85
.4916141	3195/6499	45	67	71	97
.4916223	2494/5073	43	57	58	89
.4916290	1850/3763	37	53	50	71
.4916512	265/539	50	55	53	98
.4916589	2623/5335	43	55	61	97
.4916667	59/120	35	60	59	70
.4917087	682/1387	33	57	62	73

（续）

比值	分数	A	B	C	D
0.4915					
.4917195	2405/4891	37	67	65	73
.4917312	2795/5684	43	58	65	98
.4917526	477/970	45	50	53	97
.4917651	2747/5586	41	57	67	98
.4918080	1711/3479	58	71	59	98
.4918380	2320/4717	40	53	58	89
.4918987	1943/3950	58	79	67	100
.4919355	61/124	30	60	61	62
.4919476	2627/5340	37	60	71	89
.4919723	2911/5917	41	61	71	97
.4919831	583/1185	53	75	55	79
.4919854	2701/5490	37	61	73	90
0.4920					
.4920000	123/250	41	50	45	75
.4920226	3053/6205	43	73	71	85
.4920424	371/754	35	58	53	65
.4920775	559/1136	43	71	65	80
.4920852	3233/6570	53	73	61	90
.4921212	406/825	35	55	58	75
.4921348	219/445	45	75	73	89
.4921432	2255/4582	41	58	55	79
.4921514	533/1083	41	57	65	95
.4921691	2294/4661	37	59	62	79
.4922220	2120/4307	40	59	53	73
.4922601	159/323	45	57	53	85
.4922755	1880/3819	40	57	47	67
.4922925	2491/5060	47	55	53	92
.4923077*	32/65	40	65	80	100
.4923188	3397/6900	43	75	79	92
.4923306	3306/6715	57	79	58	85
.4923361	2666/5415	43	57	62	95
.4923614	1128/2291	47	58	48	79
.4923810	517/1050	47	70	55	75
.4923850	3233/6566	53	67	61	98
.4924096	4087/8300	61	83	67	100
.4924194	3053/6200	43	62	71	100
.4924448	1271/2581	41	58	62	89
.4924528	261/530	45	53	58	100
.4924793	2914/5917	47	61	62	97
.4924854	3965/8051	61	83	65	97
0.4925					
.4925184	2337/4745	41	65	57	73
.4925788	531/1078	45	55	59	98
.4925933	2494/5063	43	61	58	83
.4926027	899/1825	58	73	62	100
.4926117	2867/5820	47	60	61	97
0.4925					
.4926304	869/1764	55	90	79	98
.4926483	2915/5917	53	61	55	97
.4926625	235/477	47	53	50	90
.4926700	2050/4161	41	57	50	73
.4927083	473/960	43	60	55	80
.4927190	2064/4189	43	59	48	71
.4927361	407/826	37	59	55	70
.4927669	2146/4355	37	65	58	67
.4927786	3139/6370	43	65	73	98
.4928013	3149/6390	47	71	67	90
.4928105	377/765	58	85	65	90
.4928235	4189/8500	59	85	71	100
.4928322	1272/2581	48	58	53	89
.4928420	3477/7055	57	83	61	85
.4928542	1207/2449	34	62	71	79
.4928839	658/1335	47	75	70	89
.4928854	1247/2530	43	55	58	92
.4928962	451/915	41	61	55	75
.4929443	2585/5244	47	57	55	92
.4929544	2064/4187	43	53	48	79
0.4930					
.4930000	493/1000	34	50	58	80
.4930137	3599/7300	59	73	61	100
.4930367	2726/5529	47	57	58	97
.4930609	3233/6557	53	79	61	83
.4930994	2108/4275	34	57	62	75
.4931148	752/1525	47	61	48	75
.4931271	287/582	41	60	70	97
.4931507	36/73	33	55	60	73
.4931590	2451/4970	43	70	57	71
.4931658	3139/6365	43	67	73	95
.4931818	217/440	35	55	62	80
.4931932	2065/4187	35	53	59	79
.4932322	2405/4876	37	53	65	92
.4932394	2590/5251	37	59	70	89
.4932481	3397/6887	43	71	79	97
.4932692	513/1040	45	65	57	80
.4932834	3819/7742	57	79	67	98
.4932939	2170/4399	35	53	62	83
.4932988	3239/6566	41	67	79	98
.4933110	295/598	50	65	59	92
.4933219	2881/5840	43	73	67	80
.4933687	186/377	30	58	62	65
.4933824	671/1360	55	80	61	85
.4933898	2911/5900	41	59	71	100
.4934211*	75/152	50	80	75	95

（续）

比值	分数	A	B	C	D	比值	分数	A	B	C	D
0.4930						0.4940					
.4934328	1653/3350	57	67	58	100	.4941250	3953/8000	59	80	67	100
.4934426	301/610	43	61	70	100	.4941353	1643/3325	53	70	62	95
.4934634	2378/4819	41	61	58	79	.4941532	2451/4960	43	62	57	80
.4934699	1927/3905	41	55	47	71	.4941613	2666/5395	43	65	62	83
.4934838	2537/5141	43	53	59	97	.4941719	2035/4118	37	58	55	71
.4934949	3869/7840	53	80	73	98	.4941777	2419/4895	41	55	59	89
0.4935						.4941950	2256/4565	47	55	48	83
.4935002	1025/2077	41	62	50	67	.4942044	469/949	35	65	67	73
.4935185	533/1080	41	60	65	90	.4942126	3245/6566	55	67	59	98
.4935404	3782/7663	61	79	62	97	.4942275	2911/5890	41	62	71	95
.4935520	2679/5428	47	59	57	92	.4942356	986/1995	34	57	58	70
.4935596	2414/4891	34	67	71	73	.4942529	43/87	43	58	50	75
.4935897*	77/156	35	60	55	65	.4942623	603/1220	45	61	67	100
.4936078	2278/4615	34	65	67	71	.4942688	2501/5060	41	55	61	92
.4936163	2745/5561	45	67	61	83	.4942955	3596/7275	58	75	62	97
.4936393	2173/4402	41	62	53	71	.4943103	2867/5800	47	58	61	100
.4936735	2419/4900	41	50	59	98	.4943170	2479/5015	37	59	67	85
.4936768	1054/2135	34	61	62	70	.4943383	2925/5917	45	61	65	97
.4936854	430/871	43	65	50	67	.4943485	3149/6370	47	65	67	98
.4936986	901/1825	34	50	53	73	.4943646	1272/2573	48	62	53	83
.4937140	1885/3818	58	83	65	92	.4943704	3337/6750	47	75	71	90
.4937211	747/1513	45	85	83	89	.4943840	2773/5609	47	71	59	79
.4937500	79/160	35	70	79	80	.4943966	1147/2320	37	58	62	80
.4937829	2343/4745	33	65	71	73	.4944140	2257/4565	37	55	61	83
.4938095	1037/2100	34	60	61	70	.4944341	533/1078	41	55	65	98
.4938245	2279/4615	43	65	53	71	.4944474	935/1891	34	61	55	62
.4938390	2565/5194	45	53	57	98	.4944563	2542/5141	41	53	62	97
.4938636	2173/4400	41	55	53	80	.4944700	1073/2170	37	62	58	70
.4938784	2380/4819	34	61	70	79	.4944850	2914/5893	47	71	62	83
.4939010	2146/4345	37	55	58	79	.4944947	2021/4087	43	61	47	67
.4939110	2109/4270	37	61	57	70	0.4945					
.4939271	122/247	30	57	61	65	.4945175	451/912	41	57	55	80
.4939608	3149/6375	47	75	67	85	.4945274	497/1005	35	67	71	75
.4939736	2623/5310	43	59	61	90	.4945419	2537/5130	43	57	59	90
.4939850	657/1330	45	70	73	95	.4945485	1769/3577	58	73	61	98
.4939894	1767/3577	57	73	62	98	.4945588	3363/6800	57	80	59	85
0.4940						.4945776	1961/3965	37	61	53	65
.4940000	247/500	57	75	65	100	.4946197	1333/2695	43	55	62	98
.4940088	2350/4757	47	67	50	71	.4946547	2915/5893	53	71	55	83
.4940196	1363/2759	47	62	58	89	.4946667	371/750	35	50	53	75
.4940604	2537/5135	43	65	59	79	.4947015	1914/3869	33	53	58	73
.4940678	583/1180	53	59	55	100	.4947079	3599/7275	59	75	61	97
.4940887	1003/2030	34	58	59	70	.4947174	2950/5963	50	67	59	89
.4941026	1927/3900	41	60	47	65	.4947269	2627/5310	37	59	71	90
.4941090	671/1358	55	70	61	97	.4947368	47/95	45	57	47	75
.4941176*	42/85	60	85	70	100	.4947589	236/477	40	53	59	90

（续）

比值	分数	*A*	*B*	*C*	*D*
0.4945					
.4947716	899/1817	58	79	62	92
.4947785	3127/6320	53	79	59	80
.4947881	3655/7387	43	83	85	89
.4948216	430/869	43	55	50	79
.4948276	287/580	41	58	70	100
.4948357	527/1065	34	60	62	71
.4948568	3127/6319	53	71	59	89
.4948795	1643/3320	53	80	62	83
.4948871	2565/5183	45	71	57	73
.4949057	2623/5300	43	53	61	100
.4949160	2385/4819	45	61	53	79
.4949479	3233/6532	53	71	61	92
.4949561	2257/4560	37	57	61	80
0.4950					
.4950000*	99/200	45	50	55	100
.4950172	2881/5820	43	60	67	97
.4950341	2542/5135	41	65	62	79
.4950372	399/806	35	62	57	65
.4950704	703/1420	37	60	57	71
.4950943	656/1325	41	53	48	75
.4951062	2074/4189	34	59	61	71
.4951271	2337/4720	41	59	57	80
.4951358	3410/6887	55	71	62	97
.4951515	817/1650	43	55	57	90
.4951795	2414/4875	34	65	71	75
.4951895	3397/6860	43	70	79	98
.4952107	517/1044	47	58	55	90
.4952381*	52/105	40	70	65	75
.4952545	574/1159	41	61	70	95
.4952562	261/527	45	62	58	85
.4952667	2145/4331	33	61	65	71
.4952809	1102/2225	57	75	58	89
.4952872	3363/6790	57	70	59	97
.4952953	3053/6164	43	67	71	92
.4953162	423/854	45	61	47	70
.4953327	2494/5035	43	53	58	95
.4953427	2074/4187	34	53	61	79
.4953500	3835/7742	59	79	65	98
.4953680	1925/3886	35	58	55	67
.4953917	215/434	43	62	50	70
.4953995	1023/2065	33	59	62	70
.4954069	3074/6205	53	73	58	85
.4954167	1189/2400	41	60	58	80
.4954348	2279/4600	43	50	53	92
.4954420	2337/4717	41	53	57	89
.4954512	2015/4067	62	83	65	98

比值	分数	*A*	*B*	*C*	*D*
0.4950					
.4954819	329/664	47	80	70	83
.4954976	2146/4331	37	61	58	71
0.4955					
.4955186	387/781	43	55	45	71
.4955602	2623/5293	43	67	61	79
.4955782	1457/2940	47	60	62	98
.4955920	2867/5785	47	65	61	89
.4956044	451/910	41	65	55	70
.4956197	3055/6164	47	67	65	92
.4956364	1363/2750	47	55	58	100
.4956621	3485/7031	41	79	85	89
.4956669	2345/4731	35	57	67	83
.4956758	2006/4047	34	57	59	71
.4956944	3569/7200	43	80	83	90
.4957047	2135/4307	35	59	61	73
.4957214	2491/5025	47	67	53	75
.4957483	583/1176	53	60	55	98
.4957627	117/236	45	59	65	100
.4957806	235/474	47	60	50	79
.4957983	59/119	50	70	59	85
.4958071	473/954	43	53	55	90
.4958242	1128/2275	47	65	48	70
.4958333*	119/240	35	75	85	80
.4958492	2867/5782	47	59	61	98
.4958692	2881/5810	43	70	67	83
.4958827	1927/3886	41	58	47	67
.4959064	424/855	40	57	53	75
.4959337	3293/6640	37	80	89	83
.4959403	2993/6035	41	71	73	85
.4959556	3127/6305	53	65	59	97
.4959839	247/498	57	83	65	90
0.4960					
.4960000	62/125	33	55	62	75
.4960122	2923/5893	37	71	79	83
.4960212	187/377	34	58	55	65
.4960346	688/1387	43	57	48	73
.4960440	2257/4550	37	65	61	70
.4960526	377/760	58	80	65	95
.4960789	1961/3953	37	59	53	67
.4961006	1972/3975	34	53	58	75
.4961111	893/1800	47	60	57	90
.4961187	2173/4380	41	60	53	73
.4961364	2183/4400	37	55	59	80
.4961538	129/260	43	60	45	65
.4961686	259/522	37	58	70	90
.4962146	3015/6076	45	62	67	98

（续）

比值	分数	A	B	C	D	比值	分数	A	B	C	D
0.4960						0.4965					
.4962406*	66/133	55	70	60	95	.4969439	1870/3763	34	53	55	71
.4962491	2183/4399	37	53	59	83	.4969534	2773/5580	47	62	59	90
.4962567	464/935	40	55	58	85	.4969697	82/165	41	55	50	75
.4962749	2065/4161	35	57	59	73	0.4970					
.4962868	1938/3905	34	55	57	71	.4970109	1829/3680	59	80	62	92
.4963235*	135/272	45	80	75	85	.4970315	2679/5390	47	55	57	98
.4963430	1968/3965	41	61	48	65	.4970370	671/1350	55	75	61	90
.4963516	2993/6030	41	67	73	90	.4970482	2610/5251	45	59	58	89
.4963680	205/413	41	59	50	70	.4970748	2294/4615	37	65	62	71
.4963834	549/1106	45	70	61	79	.4970760*	85/171	50	90	85	95
.4963880	481/969	37	57	65	85	.4970915	940/1891	40	61	47	62
.4964196	2773/5586	47	57	59	98	.4971112	2065/4154	35	62	59	67
.4964557	1961/3950	37	50	53	79	.4971154	517/1040	47	65	55	80
.4964731	915/1843	45	57	61	97	.4971429	87/175	33	55	58	70
.4964789	141/284	45	60	47	71	.4971490	1395/2806	45	61	62	92
.4964871	212/427	40	61	53	70	.4971628	1139/2291	34	58	67	79
0.4965						.4971698	527/1060	34	53	62	80
.4965081	2275/4582	35	58	65	79	.4971910	177/356	45	60	59	89
.4965192	2211/4453	33	61	67	73	.4972021	3021/6076	53	62	57	98
.4965278*	143/288	55	80	65	90	.4972136	803/1615	55	85	73	95
.4965392	1363/2745	47	61	58	90	.4972464	3431/6900	47	75	73	92
.4965614	3538/7125	58	75	61	95	.4972603	363/730	33	50	55	73
.4965709	2679/5395	47	65	57	83	.4972678	91/183	35	61	65	75
.4966044	585/1178	45	62	65	95	.4972826	183/368	45	60	61	92
.4966267	1325/2668	50	58	53	92	.4973081	2494/5015	43	59	58	85
.4966533	371/747	53	83	70	90	.4973494	1032/2075	43	50	48	83
.4966772	3139/6320	43	79	73	80	.4973559	1881/3782	33	61	57	62
.4966994	2784/5605	48	59	58	95	.4973656	472/949	40	65	59	73
.4967099	2491/5015	47	59	53	85	.4973811	2279/4582	43	58	53	79
.4967229	2501/5035	41	53	61	95	.4973881	1333/2680	43	67	62	80
.4967450	2747/5530	41	70	67	79	.4974057	2109/4240	37	53	57	80
.4967558	3139/6319	43	71	73	89	.4974223	3763/7565	53	85	71	89
.4967742	77/155	33	62	70	75	.4974315	581/1168	35	73	83	80
.4967816	3010/6059	43	73	70	83	.4974510	2537/5100	43	60	59	85
.4967851	3245/6532	55	71	59	92	.4974628	2745/5518	45	62	61	89
.4968006	2795/5626	43	58	65	97	0.4975					
.4968220	469/944	35	59	67	80	.4975134	2701/5429	37	61	73	89
.4968349	2747/5529	41	57	67	97	.4975446	1925/3869	35	53	55	73
.4968421	236/475	40	50	59	95	.4975637	2655/5336	45	58	59	92
.4968705	1032/2077	43	62	48	67	.4975657	511/1027	35	65	73	79
.4968750	159/320	45	60	53	80	.4975904	413/830	35	50	59	83
.4968867	399/803	35	55	57	73	.4976077*	104/209	40	55	65	95
.4969004	2565/5162	45	58	57	89	.4976266	629/1264	37	79	85	80
.4969101	1769/3560	58	80	61	89	.4976449	2747/5520	41	60	67	92
.4969231	323/650	34	60	57	65	.4976471	423/850	45	50	47	85
.4969309	1943/3910	58	85	67	92	.4976570	531/1067	45	55	59	97

（续）

比值	分数	*A*	*B*	*C*	*D*
0.4975					
.4976721	2993/6014	41	62	73	97
.4976896	2585/5194	47	53	55	98
.4977117	435/874	45	57	58	92
.4977230	2623/5270	43	62	61	85
.4977376*	110/221	50	65	55	85
.4977473	2320/4661	40	59	58	79
.4977698	558/1121	45	59	62	95
.4977833	2021/4060	43	58	47	70
.4977912	2479/4980	37	60	67	83
.4978145	1025/2059	41	58	50	71
.4978253	2747/5518	41	62	67	89
.4978497	1968/3953	41	59	48	67
.4978588	3139/6305	43	65	73	97
.4978744	1054/2117	34	58	62	73
.4978814	235/472	47	59	50	80
.4978947	473/950	43	50	55	95
.4978995	2726/5475	47	73	58	75
.4979202	2035/4087	37	61	55	67
.4979413	1935/3886	43	58	45	67
.4979879	495/994	33	70	75	71
0.4980					
.4980121	2881/5785	43	65	67	89
.4980265	2145/4307	33	59	65	73
.4980399	2795/5612	43	61	65	92
.4980615	1927/3869	41	53	47	73
.4980769	259/520	37	65	70	80
.4980867	781/1568	55	80	71	98
.4981132	132/265	33	53	60	75
.4981197	1457/2925	47	65	62	90
.4981421	2279/4575	43	61	53	75
.4981656	4345/8722	55	89	79	98
.4981850	3431/6887	47	71	73	97
.4981851	549/1102	45	58	61	95
.4982000	2491/5000	47	50	53	100
.4982143	279/560	45	70	62	80
.4982222	1121/2250	57	75	59	90
.4982278	984/1975	41	50	48	79
.4982407	708/1421	48	58	59	98
.4982540	3139/6300	43	70	73	90
.4982586	2146/4307	37	59	58	73
.4982705	2881/5782	43	59	67	98
.4982778	434/871	35	65	62	67
.4982906	583/1170	53	65	55	90
.4983077	3239/6500	41	65	79	100
.4983383	3149/6319	47	71	67	89
.4983477	754/1513	58	85	65	89
0.4980					
.4983571	455/913	35	55	65	83
.4983688	3819/7663	57	79	67	97
.4983844	3239/6499	41	67	79	97
.4983888	464/931	48	57	58	98
.4984018	2183/4380	37	60	59	73
.4984194	473/949	43	65	55	73
.4984314	1271/2550	41	60	62	85
.4984379	2074/4161	34	57	61	73
.4984534	1128/2263	47	62	48	73
.4984589	2911/5840	41	73	71	80
.4984820	2627/5270	37	62	71	85
0.4985					
.4985325	1189/2385	41	53	58	90
.4985378	3239/6497	41	73	79	89
.4985481	2747/5510	41	58	67	95
.4985635	2950/5917	50	61	59	97
.4985825	3869/7760	53	80	73	97
.4985915	177/355	33	55	59	71
.4985971	3021/6059	53	73	57	83
.4986523	185/371	37	53	50	70
.4986619	559/1121	43	59	65	95
.4986667	187/375	34	50	55	75
.4986957	1147/2300	37	50	62	92
.4987133	969/1943	34	58	57	67
.4987360	3551/7120	53	80	67	89
.4987500	399/800	35	50	57	80
.4987629	2419/4850	41	50	59	97
.4987928	2479/4970	37	70	67	71
.4988000	1247/2500	43	50	58	100
.4988235	212/425	40	50	53	85
.4988333	2993/6000	41	60	73	100
.4988375	2360/4731	40	57	59	83
.4988506	217/435	35	58	62	75
.4988616	1972/3953	34	59	58	67
.4989035	455/912	35	57	65	80
.4989247	232/465	40	62	58	75
.4989302	2565/5141	45	53	57	97
.4989390	1881/3770	33	58	57	65
.4989451	473/948	43	60	55	79
.4989667	2173/4355	41	65	53	67
0.4990					
.4990050	1003/2010	34	60	59	67
.4990584	265/531	50	59	53	90
.4990662	2405/4819	37	61	65	79
.4990821	3534/7081	57	73	62	97
.4990909	549/1100	45	55	61	100

（续）

比值	分数	*A*	*B*	*C*	*D*
0.4990					
.4991071	559/1120	43	70	65	80
.4991438	583/1168	53	73	55	80
.4991708	301/603	43	67	70	90
.4991874	2150/4307	43	59	50	73
.4992175	319/639	55	71	58	90
.4992333	2279/4565	43	55	53	83
.4992405	986/1975	34	50	58	79
.4992509	1333/2670	43	60	62	89
.4992776	2419/4845	41	57	59	85
.4992978	711/1424	45	80	79	89
.4993076	3245/6499	55	67	59	97
.4993606	781/1564	55	85	71	92
.4993695	396/793	33	61	60	65
.4993823	2021/4047	43	57	47	71
.4993964	1241/2485	34	70	73	71
.4994246	434/869	35	55	62	79
.4994378	2665/5336	41	58	65	92
.4994545	2747/5500	41	55	67	100
.4994629	465/931	45	57	62	98
0.4995					
.4995037	2013/4030	33	62	61	65
.4995131	513/1027	45	65	57	79
.4995215	522/1045	45	55	58	95
.4995314	533/1067	41	55	65	97
.4995402	2173/4350	41	58	53	75
.4995533	3355/6716	55	73	61	92
.4995588	3397/6800	43	80	79	85
.4995736	2343/4690	33	67	71	70
.4995845	2405/4814	37	58	65	83
.4995857	603/1207	45	71	67	85
.4996014	1880/3763	40	53	47	71
.4996190	2623/5250	43	70	61	75
.4996264	2006/4015	34	55	59	73
.4996469	3538/7081	58	73	61	97
.4996610	737/1475	33	59	67	75
.4997106	2590/5183	37	71	70	73
.4997188	2666/5335	43	55	62	97
.4997417	3869/7742	53	79	73	98
.4997579	1032/2065	43	59	48	70
.4997807	2279/4560	43	57	53	80
.4997984	2479/4960	37	62	67	80
.4998134	2679/5360	47	67	57	80
.4998413	3149/6300	47	70	67	90
.4998611	3599/7200	59	80	61	90
.4998671	1881/3763	33	53	57	71
.4998930	2337/4675	41	55	57	85

比值	分数	*A*	*B*	*C*	*D*
0.4995					
.4999251	3337/6675	47	75	71	89
0.5000					
.5000986	2537/5073	43	57	59	89
.5001151	2173/4345	41	55	53	79
.5001292	1935/3869	43	53	45	73
.5001408	3551/7100	53	71	67	100
.5001458	3431/6860	47	70	73	98
.5001718	2911/5820	41	60	71	97
.5001907	2623/5244	43	57	61	92
.5002041	2451/4900	43	50	57	98
.5002178	3445/6887	53	71	65	97
.5002614	3827/7650	43	85	89	90
.5002734	915/1829	30	59	61	62
.5002857	2627/5251	37	59	71	89
.5003046	3285/6566	45	67	73	98
.5003180	2360/4717	40	53	59	89
.5003636	688/1375	43	55	48	75
.5003810	2627/5250	37	70	71	75
.5003922	638/1275	55	75	58	85
.5004083	2451/4898	43	62	57	79
.5004412	3403/6800	41	80	83	85
.5004569	1643/3283	53	67	62	98
.5004695	533/1065	41	71	65	75
.5004819	2077/4150	62	83	67	100
.5004918	3053/6100	43	61	71	100
.5004988	1505/3007	43	62	70	97
0.5005					
.5005105	2451/4897	43	59	57	83
.5005195	1927/3850	41	55	47	70
.5005417	462/923	33	65	70	71
.5005549	451/901	41	53	55	85
.5005589	4030/8051	62	83	65	97
.5005800	3021/6035	53	71	57	85
.5005939	2950/5893	50	71	59	83
.5006061	413/825	35	55	59	75
.5006316	1189/2375	41	50	58	95
.5006547	1147/2291	37	58	62	79
.5006593	1139/2275	34	65	67	70
.5006748	371/741	35	57	53	65
.5006793	737/1472	55	80	67	92
.5006873	1457/2910	47	60	62	97
.5007042	711/1420	45	71	79	100
.5007085	1060/2117	40	58	53	73
.5007150	2451/4895	43	55	57	89
.5007445	3363/6716	57	73	59	92
.5007463	671/1340	33	60	61	67

（续）

比值	分数	A	B	C	D	比值	分数	A	B	C	D
0.5005						0.5010					
.5007610	329/657	47	73	70	90	.5014570	2065/4118	35	58	59	71
.5007749	2585/5162	47	58	55	89	.5014706	341/680	55	80	62	85
.5007769	2256/4505	47	53	48	85	.5014784	848/1691	48	57	53	89
.5008032	1247/2490	43	60	58	83	.5014852	2870/5723	41	59	70	97
.5008081	2479/4950	37	55	67	90	0.5015					
.5008197	611/1220	47	61	65	100	.5015000	1003/2000	34	50	59	80
.5008489	295/589	50	62	59	95	.5015373	2773/5529	47	57	59	97
.5008591	583/1164	53	60	55	97	.5015491	1457/2905	47	70	62	83
.5008791	2279/4550	43	65	53	70	.5015556	2257/4500	37	50	61	90
.5008854	1980/3953	33	59	60	67	.5015699	639/1274	45	65	71	98
.5009046	1938/3869	34	53	57	73	.5015806	476/949	34	65	70	73
.5009123	3569/7125	43	75	83	95	.5015904	2050/4087	41	61	50	67
.5009213	3534/7055	57	83	62	85	.5016000	627/1250	33	50	57	75
.5009434	531/1060	45	53	59	100	.5016061	2030/4047	35	57	58	71
.5009610	2867/5723	47	59	61	97	.5016667	301/600	43	60	70	100
.5009913	3285/6557	45	79	73	83	.5016878	1189/2370	41	60	58	79
.5009989	2257/4505	37	53	61	85	.5017007	295/588	50	60	59	98
0.5010						.5017083	2790/5561	45	67	62	83
.5010081	497/992	35	62	71	80	.5017212	583/1162	53	70	55	83
.5010293	1947/3886	33	58	59	67	.5017317	2173/4331	41	61	53	71
.5010417	481/960	37	60	65	80	.5017435	1295/2581	37	58	70	89
.5010593	473/944	43	59	55	80	.5017544*	143/285	55	75	65	95
.5010661	235/469	47	67	50	70	.5018045	3337/6650	47	70	71	95
.5010842	2542/5073	41	57	62	89	.5018109	1247/2485	43	70	58	71
.5010863	2537/5063	43	61	59	83	.5018391	2183/4350	37	58	59	75
.5010959	1829/3650	59	73	62	100	.5018750	803/1600	55	80	73	100
.5011111	451/900	41	50	55	90	.5018832	533/1062	41	59	65	90
.5011245	2451/4891	43	67	57	73	.5018868	133/265	35	53	57	75
.5011438	3286/6557	53	79	62	83	.5018966	2911/5800	41	58	71	100
.5011591	2378/4745	41	65	58	73	.5019231	261/520	45	65	58	80
.5011737	427/852	35	60	61	71	.5019286	2993/5963	41	67	73	89
.5011783	638/1273	33	57	58	67	.5019403	3363/6700	57	67	59	100
.5012142	1032/2059	43	58	48	71	.5019608*	128/255	40	75	80	85
.5012214	2257/4503	37	57	61	79	.5019714	2419/4819	41	61	59	79
.5012315	407/812	37	58	55	70	.5019883	2146/4275	37	57	58	75
.5012484	803/1602	55	89	73	90	0.5020					
.5012629	2183/4355	37	65	59	67	.5020096	2623/5225	43	55	61	95
.5013072	767/1530	59	85	65	90	.5020243	124/247	30	57	62	65
.5013333	188/375	40	50	47	75	.5020445	1105/2201	34	62	65	71
.5013605	737/1470	55	75	67	98	.5020477	3555/7081	45	73	79	97
.5013699	183/365	33	55	61	73	.5020615	2679/5336	47	58	57	92
.5013780	2365/4717	43	53	55	89	.5020716	1333/2655	43	59	62	90
.5013946	2337/4661	41	59	57	79	.5021053	477/950	45	50	53	95
.5013991	3763/7505	53	79	71	95	.5021183	2726/5429	47	61	58	89
.5014208	2294/4575	37	61	62	75	.5021429	703/1400	37	60	57	70
.5014467	2773/5530	47	70	59	79	.5021556	2679/5335	47	55	57	97

（续）

比值	分数	*A*	*B*	*C*	*D*
0.5020					
.5021767	1961/3905	37	55	53	71
.5021866	689/1372	53	70	65	98
.5022108	1363/2714	47	59	58	92
.5022177	2491/4960	47	62	53	80
.5022337	3710/7387	53	83	70	89
.5022541	2451/4880	43	61	57	80
.5022717	2211/4402	33	62	67	71
.5023296	2911/5795	41	61	71	95
.5023419	429/854	33	61	65	70
.5023551	2773/5520	47	60	59	92
.5023715	1271/2530	41	55	62	92
.5024138	1457/2900	47	58	62	100
.5024166	2183/4345	37	55	59	79
.5024588	4087/8134	61	83	67	98
.5024689	2544/5063	48	61	53	83
.5024772	1927/3835	41	59	47	65
.5024927	2419/4814	41	58	59	83
0.5025					
.5025029	1305/2597	45	53	58	98
.5025192	2294/4565	37	55	62	83
.5025372	2773/5518	47	62	59	89
.5025641*	98/195	35	65	70	75
.5025773	195/388	45	60	65	97
.5025862	583/1160	53	58	55	100
.5025974	387/770	43	55	45	70
.5026074	2795/5561	43	67	65	83
.5026217	671/1335	55	75	61	89
.5026297	2867/5704	47	62	61	92
.5026421	2378/4731	41	57	58	83
.5026513	2275/4526	35	62	65	73
.5026559	1798/3577	58	73	62	98
.5026661	2451/4876	43	53	57	92
.5026882	187/372	34	60	55	62
.5027086	464/923	40	65	58	71
.5027363	2021/4020	43	60	47	67
.5027569	1003/1995	34	57	59	70
.5027668	636/1265	48	55	53	92
.5027879	2074/4125	34	55	61	75
.5027979	3055/6076	47	62	65	98
.5028205	2585/5141	47	53	55	97
.5028302	533/1060	41	53	65	100
.5028416	2035/4047	37	57	55	71
.5028473	2914/5795	47	61	62	95
.5028812	4189/8330	59	85	71	98
.5028894	3655/7268	43	79	85	92
.5029088	3285/6532	45	71	73	92
0.5025					
.5029240	86/171	43	57	50	75
.5029412	171/340	45	60	57	85
.5029503	3239/6440	41	70	79	92
.5029825	2867/5700	47	57	61	100
.5029905	2607/5183	33	71	79	73
.5029954	2183/4340	37	62	59	70
0.5030					
.5030189	1333/2650	43	53	62	100
.5030252	2993/5950	41	70	73	85
.5030618	1643/3266	53	71	62	92
.5030702	1147/2280	37	57	62	80
.5030752	3599/7154	59	73	61	98
.5030981	2923/5810	37	70	79	83
.5031109	2345/4661	35	59	67	79
.5031526	399/793	35	61	57	65
.5031646	159/316	45	60	53	79
.5031979	2911/5785	41	65	71	89
.5032227	2108/4189	34	59	62	71
.5032308	1947/3869	33	53	59	73
.5032353	1711/3400	58	80	59	85
.5032593	3397/6750	43	75	79	90
.5032680*	77/153	35	45	55	85
.5032895*	153/304	45	80	85	95
.5033035	1295/2573	37	62	70	83
.5033142	1139/2263	34	62	67	73
.5033181	4399/8740	53	92	83	95
.5033310	3551/7055	53	83	67	85
.5033445	301/598	43	65	70	92
.5033624	2021/4015	43	55	47	73
.5033766	969/1925	34	55	57	70
.5033921	371/737	35	55	53	67
.5033967	741/1472	57	80	65	92
.5034073	2881/5723	43	59	67	97
.5034164	2726/5415	47	57	58	95
.5034358	1392/2765	48	70	58	79
.5034631	2108/4187	34	53	62	79
.5034965*	72/143	30	55	60	65
0.5035					
.5035088	287/570	41	57	70	100
.5035211	143/284	33	60	65	71
.5035269	928/1843	48	57	58	97
.5035377	427/848	35	53	61	80
.5035714	141/280	45	60	47	70
.5036323	3397/6745	43	71	79	95
.5036425	1037/2059	34	58	61	71
.5036638	2337/4640	41	58	57	80

（续）

比值	分数	A	B	C	D
0.5035					
.5036742	1645/3266	47	71	70	92
.5036841	2666/5293	43	67	62	79
.5037037*	68/135	40	75	85	90
.5037221	203/403	35	62	58	65
.5037281	2905/5767	35	73	83	79
.5037500	403/800	62	80	65	100
.5037559	1073/2130	37	60	58	71
.5037951	531/1054	45	62	59	85
.5038136	1189/2360	41	59	58	80
.5038202	1121/2225	57	75	59	89
.5038310	2170/4307	35	59	62	73
.5038384	1247/2475	43	55	58	90
.5038523	3139/6230	43	70	73	89
.5038729	2537/5035	43	53	59	95
.5038820	649/1288	55	70	59	92
.5038914	2784/5525	48	65	58	85
.5038986	517/1026	47	57	55	90
.5039130	1159/2300	57	75	61	92
.5039179	2701/5360	37	67	73	80
.5039344	1537/3050	53	61	58	100
.5039409	1023/2030	33	58	62	70
.5039508	574/1139	41	67	70	85
.5039583	2419/4800	41	60	59	80
.5039693	1968/3905	41	55	48	71
.5039779	1457/2891	47	59	62	98
0.5040					
.5040249	3569/7081	43	73	83	97
.5040431	187/371	34	53	55	70
.5040587	1925/3819	35	57	55	67
.5040816	247/490	57	75	65	98
.5041218	795/1577	45	57	53	83
.5041340	2378/4717	41	53	58	89
.5041508	2915/5782	53	59	55	98
.5041818	2773/5500	47	55	59	100
.5041929	481/954	37	53	65	90
.5042086	3055/6059	47	73	65	83
.5042339	2501/4960	41	62	61	80
.5042513	2135/4234	35	58	61	73
.5042644	473/938	43	67	55	70
.5042735	59/117	50	65	59	90
.5043011	469/930	35	62	67	75
.5043103	117/232	45	58	65	100
.5043478	58/115	40	50	58	92
.5043817	518/1027	37	65	70	79
.5043916	3905/7742	55	79	71	98
.5043983	2867/5684	47	58	61	98

比值	分数	A	B	C	D
0.5040					
.5044131	2686/5325	34	71	79	75
.5044231	2623/5200	43	65	61	80
.5044378	4187/8300	53	83	79	100
.5044837	3713/7360	47	80	79	92
0.5045					
.5045113	671/1330	33	57	61	70
.5045198	893/1770	47	59	57	90
.5045275	2173/4307	41	59	53	73
.5045632	387/767	43	59	45	65
.5045662	221/438	34	60	65	73
.5045824	1927/3819	41	57	47	67
.5046120	930/1843	45	57	62	97
.5046154	164/325	41	60	48	65
.5046320	1961/3886	37	58	53	67
.5046541	2006/3975	34	53	59	75
.5046658	2650/5251	50	59	53	89
.5046800	1995/3953	35	59	57	67
.5046948	215/426	43	60	50	71
.5047018	3596/7125	58	75	62	95
.5047233	374/741	34	57	55	65
.5047455	585/1159	45	61	65	95
.5047619	53/105	40	60	53	70
.5047685	2911/5767	41	73	71	79
.5047795	3010/5963	43	67	70	89
.5047945	737/1460	33	60	67	73
.5048077*	105/208	35	65	75	80
.5048249	3819/7565	57	85	67	89
.5048267	3190/6319	55	71	58	89
.5048571	1767/3500	57	70	62	100
.5048659	2542/5035	41	53	62	95
.5048756	2537/5025	43	67	59	75
.5048938	2115/4189	45	59	47	71
.5049028	2832/5609	48	71	59	79
.5049261	205/406	41	58	50	70
.5049412	1073/2125	37	50	58	85
.5049628	407/806	37	62	55	65
.5049751	203/402	35	60	58	67
.5049936	1972/3905	34	55	58	71
0.5050					
.5050058	2623/5194	43	53	61	98
.5050159	2064/4087	43	61	48	67
.5050491	3551/7031	53	79	67	89
.5050633	399/790	35	50	57	79
.5050725	697/1380	41	75	85	92
.5050842	2881/5704	43	62	67	92
.5051002	2773/5490	47	61	59	90

（续）

比值	分数	*A*	*B*	*C*	*D*
0.5050					
.5051228	3599/7125	59	75	61	95
.5051349	2115/4187	45	53	47	79
.5051370	295/584	50	73	59	80
.5051477	2993/5925	41	75	73	79
.5051701	3713/7350	47	75	79	98
.5051839	3021/5980	53	65	57	92
.5051923	2627/5200	37	65	71	80
.5052187	2275/4503	35	57	65	79
.5052500	2021/4000	43	50	47	80
.5052606	2065/4087	35	61	59	67
.5052738	2491/4930	47	58	53	85
.5052827	2726/5395	47	65	58	83
.5052887	2914/5767	47	73	62	79
.5052966	477/944	45	59	53	80
.5053394	1325/2622	50	57	53	92
.5053455	1938/3835	34	59	57	65
.5053608	2451/4850	43	50	57	97
.5053763	47/93	47	62	50	75
.5053879	469/928	35	58	67	80
.5054250	559/1106	43	70	65	79
.5054348	93/184	45	60	62	92
.5054386	2881/5700	43	57	67	100
.5054624	3285/6499	45	67	73	97
.5054717	2679/5300	47	53	57	100
.5054775	3599/7120	59	80	61	89
.5054987	3953/7820	59	85	67	92
0.5055					
.5055164	2795/5529	43	57	65	97
.5055385	1643/3250	53	65	62	100
.5055556*	91/180	35	60	65	75
.5055707	2405/4757	37	67	65	71
.5056040	406/803	35	55	58	73
.5056162	3286/6499	53	67	62	97
.5056410	493/975	34	60	58	65
.5056452	627/1240	33	60	57	62
.5056763	4187/8280	53	90	79	92
.5056926	533/1054	41	62	65	85
.5057143	177/350	33	55	59	70
.5057398	793/1568	61	80	65	98
.5057514	1363/2695	47	55	58	98
.5057719	3286/6497	53	73	62	89
.5058070	3397/6716	43	73	79	92
.5058307	2993/5917	41	61	73	97
.5058635	3149/6225	47	75	67	83
.5058706	2542/5025	41	67	62	75
.5058803	2925/5782	45	59	65	98

比值	分数	*A*	*B*	*C*	*D*
0.5055					
.5059250	1537/3038	53	62	58	98
.5059269	2006/3965	34	61	59	65
.5059477	638/1261	55	65	58	97
.5059864	2747/5429	41	61	67	89
0.5060					
.5060315	2475/4891	33	67	75	73
.5060796	2747/5428	41	59	67	92
.5060874	2120/4189	40	59	53	71
.5061070	2279/4503	43	57	53	79
.5061249	2479/4898	37	62	67	79
.5061321	1073/2120	37	53	58	80
.5061402	2679/5293	47	67	57	79
.5061538	329/650	47	65	70	100
.5061818	696/1375	48	55	58	100
.5061885	3599/7110	59	79	61	90
.5062138	611/1207	47	71	65	85
.5062189	407/804	37	60	55	67
.5062283	2479/4897	37	59	67	83
.5062687	848/1675	48	67	53	75
.5062929	885/1748	45	57	59	92
.5063018	3053/6030	43	67	71	90
.5063406	559/1104	43	60	65	92
.5063521	279/551	45	58	62	95
.5063922	2337/4615	41	65	57	71
.5064002	2255/4453	41	61	55	73
.5064116	2409/4757	33	67	73	71
.5064151	671/1325	33	53	61	75
.5064334	984/1943	41	58	48	67
.5064444	2279/4500	43	50	53	90
.5064655	235/464	47	58	50	80
.5064789	899/1775	58	71	62	100
0.5065					
.5065163	2021/3990	43	57	47	70
.5065292	737/1455	55	75	67	97
.5065481	2050/4047	41	57	50	71
.5065789*	77/152	55	80	70	95
.5066090	2108/4161	34	57	62	73
.5066247	2256/4453	47	61	48	73
.5066335	611/1206	47	67	65	90
.5066538	2627/5185	37	61	71	85
.5066582	799/1577	47	83	85	95
.5066771	645/1273	43	57	45	67
.5067004	3403/6716	41	73	83	92
.5067059	4307/8500	59	85	73	100
.5067227	603/1190	45	70	67	85
.5067416	451/890	41	50	55	89

（续）

比值	分数	A	B	C	D
0.5065					
.5067759	3403/6715	41	79	83	85
.5068056	3649/7200	41	80	89	90
.5068513	3477/6860	57	70	61	98
.5068614	2881/5684	43	58	67	98
.5068729	295/582	50	60	59	97
.5068794	2542/5015	41	59	62	85
.5068858	3239/6390	41	71	79	90
.5069014	3599/7100	59	71	61	100
.5069170	513/1012	45	55	57	92
.5069252	183/361	45	57	61	95
.5069399	767/1513	59	85	65	89
.5069630	1711/3375	58	75	59	90
.5069663	1128/2225	47	50	48	89
.5069817	472/931	48	57	59	98
0.5070					
.5070081	1881/3710	33	53	57	70
.5070171	3685/7268	55	79	67	92
.5070423	36/71	33	55	60	71
.5070755	215/424	43	53	50	80
.5071038	464/915	40	61	58	75
.5071121	3886/7663	58	79	67	97
.5071279	2419/4770	41	53	59	90
.5071429	71/140	45	70	71	90
.5071770	106/209	50	55	53	95
.5071910	2257/4450	37	50	61	89
.5071961	2925/5767	45	73	65	79
.5072183	2881/5680	43	71	67	80
.5072300	2701/5325	37	71	73	75
.5072595	559/1102	43	58	65	95
.5072727	279/550	45	55	62	100
.5072782	2544/5015	48	59	53	85
.5072946	2747/5415	41	57	67	95
.5073022	2501/4930	41	58	61	85
.5073388	3422/6745	58	71	59	95
.5073499	2485/4898	35	62	71	79
.5073638	689/1358	53	70	65	97
.5073840	481/948	37	60	65	79
.5074000	2537/5000	43	50	59	100
.5074728	747/1472	45	80	83	92
.5074940	3149/6205	47	73	67	85
0.5075					
.5075000	203/400	35	50	58	80
.5075188*	135/266	45	70	75	95
.5075269	236/465	40	62	59	75
.5075353	3233/6370	53	65	61	98
.5076023	434/855	35	57	62	75

比值	分数	A	B	C	D
0.5075					
.5076092	3569/7031	43	79	83	89
.5076190	533/1050	41	70	65	75
.5076389	731/1440	43	80	85	90
.5076488	3053/6014	43	62	71	97
.5076628	265/522	50	58	53	90
.5076833	2610/5141	45	53	58	97
.5076923*	33/65	45	65	55	75
.5077034	2109/4154	37	62	57	67
.5077128	2666/5251	43	59	62	89
.5077311	3021/5950	53	70	57	85
.5077427	1705/3358	55	73	62	92
.5077453	295/581	50	70	59	83
.5077940	1075/2117	43	58	50	73
.5078095	1333/2625	43	70	62	75
.5078247	649/1278	55	71	59	90
.5078431	259/510	37	60	70	85
.5078481	1003/1975	34	50	59	79
.5078571	711/1400	45	70	79	100
.5078907	2993/5893	41	71	73	83
.5079032	3149/6200	47	62	67	100
.5079148	3337/6570	47	73	71	90
.5079340	3233/6365	53	67	61	95
.5079365*	32/63	40	70	80	90
.5079739	1943/3825	58	85	67	90
.5079814	3055/6014	47	62	65	97
.5079918	2479/4880	37	61	67	80
0.5080					
.5080169	602/1185	43	75	70	79
.5080435	2337/4600	41	50	57	92
.5080460	221/435	34	58	65	75
.5080556	1829/3600	59	80	62	90
.5080655	4189/8245	59	85	71	97
.5080761	2485/4891	35	67	71	73
.5081340	531/1045	45	55	59	95
.5081364	2623/5162	43	58	61	89
.5081494	2993/5890	41	62	73	95
.5081818	559/1100	43	55	65	100
.5081928	2109/4150	37	50	57	83
.5081998	2665/5244	41	57	65	92
.5082147	464/913	40	55	58	83
.5082192	371/730	35	50	53	73
.5082278	803/1580	55	79	73	100
.5082615	3599/7081	59	73	61	97
.5082765	522/1027	45	65	58	79
.5082913	705/1387	45	57	47	73
.5083041	2173/4275	41	57	53	75

（续）

比值	分数	*A*	*B*	*C*	*D*
0.5080					
.5083333	61/120	35	60	61	70
.5083401	3139/6175	43	65	73	95
.5083492	2405/4731	37	57	65	83
.5083673	2491/4900	47	50	53	98
.5083905	1333/2622	43	57	62	92
.5084000	1271/2500	41	50	62	100
.5084277	2021/3975	43	53	47	75
.5084577	511/1005	35	67	73	75
.5084772	3239/6370	41	65	79	98
.5084932	928/1825	48	73	58	75
0.5085					
.5085128	2479/4875	37	65	67	75
.5085288	477/938	45	67	53	70
.5085749	2491/4898	47	62	53	79
.5085821	1363/2680	47	67	58	80
.5086022	473/930	43	62	55	75
.5086117	2451/4819	43	61	57	79
.5086207	59/116	35	58	59	70
.5086301	3713/7300	47	73	79	100
.5086367	1914/3763	33	53	58	71
.5086493	2911/5723	41	59	71	97
.5086586	1968/3869	41	53	48	73
.5086731	3431/6745	47	71	73	95
.5086788	2491/4897	47	59	53	83
.5086936	3306/6499	57	67	58	97
.5087037	2747/5400	41	60	67	90
.5087500	407/800	37	50	55	80
.5087719	29/57	35	57	58	70
.5088000	318/625	48	50	53	100
.5088333	3053/6000	43	60	71	100
.5088502	3306/6497	57	73	58	89
.5088650	3071/6035	37	71	83	85
.5088767	3239/6365	41	67	79	95
.5088866	2491/4895	47	55	53	89
.5088988	915/1798	30	58	61	62
.5089139	3397/6675	43	75	79	89
.5089218	3337/6557	47	79	71	83
.5089552	341/670	33	60	62	67
.5089796	1247/2450	43	50	58	98
.5089900	1925/3782	35	61	55	62
0.5090					
.5090136	2993/5880	41	60	73	98
.5090196	649/1275	55	75	59	85
.5090595	590/1159	50	61	59	95
.5090696	3901/7663	47	79	83	97
.5090789	3869/7600	53	80	73	95

比值	分数	*A*	*B*	*C*	*D*
0.5090					
.5091075	559/1098	43	61	65	90
.5091282	2482/4875	34	65	73	75
.5091400	2451/4814	43	58	57	83
.5091478	2115/4154	45	62	47	67
.5091735	2914/5723	47	59	62	97
.5091752	2747/5395	41	65	67	83
.5091874	1247/2449	43	62	58	79
.5092000	1273/2500	57	75	67	100
.5092120	2294/4505	37	53	62	85
.5092213	497/976	35	61	71	80
.5092335	2013/3953	33	59	61	67
.5092472	3139/6164	43	67	73	92
.5092593*	55/108	50	60	55	90
.5092764	549/1078	45	55	61	98
.5092914	2494/4897	43	59	58	83
.5093028	2491/4891	47	67	53	73
.5093506	1961/3850	37	55	53	70
.5093621	3074/6035	53	71	58	85
.5093897	217/426	35	60	62	71
.5094072	3953/7760	59	80	67	97
.5094192	649/1274	55	65	59	98
.5094340	27/53	45	53	57	95
.5094382	2294/4503	37	57	62	79
.5094470	2211/4340	33	62	67	70
.5094929	2120/4161	40	57	53	73
.5094995	2494/4895	43	55	58	89
0.5095					
.5095214	990/1943	33	58	60	67
.5095339	481/944	37	59	65	80
.5095488	3015/5917	45	61	67	97
.5095604	2585/5073	47	57	55	89
.5095890	186/365	33	55	62	73
.5095983	2867/5626	47	58	61	97
.5096054	3422/6715	58	79	59	85
.5096154	53/104	50	65	53	80
.5096386	423/830	45	50	47	83
.5096475	2747/5390	41	55	67	98
.5096682	2135/4189	35	59	61	71
.5096924	1972/3869	34	53	58	73
.5096983	473/928	43	58	55	80
.5097100	2021/3965	43	61	47	65
.5097163	2623/5146	43	62	61	83
.5097436	497/975	35	65	71	75
.5097688	3705/7268	57	79	65	92
.5097778	1147/2250	37	50	62	90
.5098039*	26/51	40	60	65	85

（续）

比值	分数	A	B	C	D
0.5095					
.5098127	3403/6675	41	75	83	89
.5098193	649/1273	33	57	59	67
.5098305	752/1475	47	59	48	75
.5098580	2405/4717	37	53	65	89
.5098734	1007/1975	53	75	57	79
.5098901	232/455	40	65	58	70
.5099116	2135/4187	35	53	61	79
.5099162	2494/4891	43	67	58	73
.5099346	3901/7650	47	85	83	90
.5099395	590/1157	50	65	59	89
.5099502	205/402	41	60	50	67
.5099595	3149/6175	47	65	67	95
.5099656	742/1455	53	75	70	97
0.5100					
.5100074	688/1349	43	57	48	71
.5100251	407/798	37	57	55	70
.5100393	2337/4582	41	58	57	79
.5100478	533/1045	41	55	65	95
.5100565	2257/4425	37	59	61	75
.5100939	2173/4260	41	60	53	71
.5101205	2117/4150	58	83	73	100
.5101315	1435/2813	41	58	70	97
.5101604	477/935	45	55	53	85
.5101695	301/590	43	59	70	100
.5101909	2378/4661	41	59	58	79
.5102120	2623/5141	43	53	61	97
.5102392	2666/5225	43	55	62	95
.5102545	2065/4047	35	57	59	71
.5102748	2210/4331	34	61	65	71
.5102857	893/1750	47	70	57	75
.5102966	2701/5293	37	67	73	79
.5103376	2419/4740	41	60	59	79
.5103515	1060/2077	40	62	53	67
.5103560	3770/7387	58	83	65	89
.5103704	689/1350	53	75	65	90
.5103844	1155/2263	33	62	70	73
.5104000	319/625	33	50	58	75
.5104082	2501/4900	41	50	61	98
.5104167*	49/96	35	60	70	80
.5104418	1271/2490	41	60	62	83
.5104478	171/335	33	55	57	67
.5104628	2537/4970	43	70	59	71
.5104869	1363/2670	47	60	58	89
0.5105					
.5105023	559/1095	43	73	65	75
.5105057	2211/4331	33	61	67	71
0.5105					
.5105364	533/1044	41	58	65	90
.5105628	3021/5917	53	61	57	97
.5105669	2585/5063	47	61	55	83
.5105769	531/1040	45	65	59	80
.5105853	410/803	41	55	50	73
.5106101	385/754	35	58	55	65
.5106166	2501/4898	41	62	61	79
.5106433	2183/4275	37	57	59	75
.5106538	2109/4130	37	59	57	70
.5106918	406/795	35	53	58	75
.5107018	2911/5700	41	57	71	100
.5107143*	143/280	55	70	65	100
.5107208	2501/4897	41	59	61	83
.5107280	1333/2610	43	58	62	90
.5107463	1711/3350	58	67	59	100
.5107632	261/511	45	70	58	73
.5107755	2773/5429	47	61	59	89
.5108082	2623/5135	43	65	61	79
.5108197	779/1525	41	61	57	75
.5108271	3397/6650	43	70	79	95
.5108359*	165/323	55	85	75	95
.5108614	682/1335	55	75	62	89
.5108750	4087/8000	61	80	67	100
.5108835	399/781	35	55	57	71
.5108915	2275/4453	35	61	65	73
.5109227	3555/6958	45	71	79	98
.5109295	2501/4895	41	55	61	89
.5109524	1073/2100	37	60	58	70
.5109653	2726/5335	47	55	58	97
.5109927	767/1501	59	79	65	95
0.5110					
.5110169	603/1180	45	59	67	100
.5110303	2108/4125	34	55	62	75
.5110405	3055/5978	47	61	65	98
.5110656	1247/2440	43	61	58	80
.5110897	530/1037	50	61	53	85
.5110956	2925/5723	45	59	65	97
.5111406	1927/3770	41	58	47	65
.5111501	2911/5695	41	67	71	85
.5111667	2655/5194	45	53	59	98
.5111765	869/1700	55	85	79	100
.5112083	935/1829	34	59	55	62
.5112281	1457/2850	47	57	62	100
.5112412	2183/4270	37	61	59	70
.5112573	2021/3953	43	59	47	67
.5112727	703/1375	37	55	57	75

（续）

比值	分数	A	B	C	D	比值	分数	A	B	C	D
0.5110						0.5115					
.5112782*	68/133	40	70	85	95	.5119728	3763/7350	53	75	71	98
.5112941	2173/4250	41	50	53	85	.5119798	406/793	35	61	58	65
.5113084	2419/4731	41	57	59	83	.5119906	3053/5963	43	67	71	89
.5113223	1829/3577	59	73	62	98	0.5120					
.5113333	767/1500	59	75	65	100	.5120339	3021/5900	53	59	57	100
.5113429	1961/3835	37	59	53	65	.5120428	574/1121	41	59	70	95
.5113474	2501/4891	41	67	61	73	.5120540	531/1037	45	61	59	85
.5113581	4187/8188	53	89	79	92	.5120554	2145/4189	33	59	65	71
.5113759	472/923	40	65	59	71	.5120766	3477/6790	57	70	61	97
.5113934	3905/7636	55	83	71	92	.5120914	1927/3763	41	53	47	71
.5114035	583/1140	53	57	55	100	.5120960	2773/5415	47	57	59	95
.5114342	3869/7565	53	85	73	89	.5121065	423/826	45	59	47	70
.5114493	3596/7031	58	79	62	89	.5121157	1416/2765	48	70	59	79
.5114551	826/1615	59	85	70	95	.5121348	2279/4450	43	50	53	89
.5114656	513/1003	45	59	57	85	.5121418	2109/4118	37	58	57	71
.5114848	1247/2438	43	53	58	92	.5121588	1032/2015	43	62	48	65
.5114919	2537/4960	43	62	59	80	.5121739	589/1150	57	75	62	92
0.5115						.5121840	3363/6566	57	67	59	98
.5115076	2867/5605	47	59	61	95	.5122078	986/1925	34	55	58	70
.5115311	2950/5767	50	73	59	79	.5122283	377/736	58	80	65	92
.5115385	133/260	35	60	57	65	.5122516	2655/5183	45	71	59	73
.5115544	2590/5063	37	61	70	83	.5122672	2255/4402	41	62	55	71
.5115599	1925/3763	35	53	55	71	.5122785	4047/7900	57	79	71	100
.5115652	2278/4453	34	61	67	73	.5122941	2146/4189	37	59	58	71
.5115897	2494/4875	43	65	58	75	.5123159	3827/7470	43	83	89	90
.5115964	3397/6640	43	80	79	83	.5123288	187/365	34	50	55	73
.5116239	2993/5850	41	65	73	90	.5124069	413/806	35	62	59	65
.5116341	1935/3782	43	61	45	62	.5124273	969/1891	34	61	57	62
.5116456	2021/3950	43	50	47	79	.5124413	2183/4260	37	60	59	71
.5116615	2479/4845	37	57	67	85	.5124498	638/1245	55	75	58	83
.5116669	3355/6557	55	79	61	83	.5124594	473/923	43	65	55	71
.5116769	2914/5695	47	67	62	85	.5124784	2074/4047	34	57	61	71
.5116928	2385/4661	45	59	53	79	.5124943	1128/2201	47	62	48	71
.5117293	3403/6650	41	70	83	95	0.5125					
.5117601	1980/3869	33	53	60	73	.5125177	1085/2117	35	58	62	73
.5117925	217/424	35	53	62	80	.5125253	2537/4950	43	55	59	90
.5118056	737/1440	55	80	67	90	.5125388	2146/4187	37	53	58	79
.5118280	238/465	34	62	70	75	.5125683	469/915	35	61	67	75
.5118525	583/1139	53	67	55	85	.5125792	2832/5525	48	65	59	85
.5118712	1272/2485	48	70	53	71	.5125939	1160/2263	40	62	58	73
.5118846	603/1178	45	62	67	95	.5126165	2255/4399	41	53	55	83
.5118990	1054/2059	34	58	62	71	.5126421	3021/5893	53	71	57	83
.5119249	2726/5325	47	71	58	75	.5126592	3422/6675	58	75	59	89
.5119387	2337/4565	41	55	57	83	.5126671	1457/2842	47	58	62	98
.5119497	407/795	37	53	55	75	.5126923	1333/2600	43	65	62	80
.5119643	2867/5600	47	70	61	80	.5127215	2257/4402	37	62	61	71

（续）

比值	分数	A	B	C	D
0.5125					
.5127273	141/275	45	55	47	75
.5127536	1769/3450	58	75	61	92
.5127551	201/392	45	60	67	98
.5127676	3233/6305	53	65	61	97
.5127820	341/665	33	57	62	70
.5127932	481/938	37	67	65	70
.5128016	2784/5429	48	61	58	89
.5128259	2419/4717	41	53	59	89
.5128438	2256/4399	47	53	48	83
.5128765	1175/2291	47	58	50	79
.5128870	3363/6557	57	79	59	83
.5128961	696/1357	48	59	58	92
.5129204	2501/4876	41	53	61	92
.5129252	377/735	58	75	65	98
.5129545	2257/4400	37	55	61	80
.5129825	731/1425	43	75	85	95
0.5130					
.5130000	513/1000	45	50	57	100
.5130256	2501/4875	41	65	61	75
.5130435	59/115	40	50	59	92
.5130712	2257/4399	37	53	61	83
.5130920	2665/5194	41	53	65	98
.5130978	2135/4161	35	57	61	73
.5131092	3053/5950	43	70	71	85
.5131182	2210/4307	34	59	65	73
.5131407	3534/6887	57	71	62	97
.5131579*	39/76	45	60	65	95
.5131682	1968/3835	41	59	48	65
.5132042	583/1136	53	71	55	80
.5132184	893/1740	47	58	57	90
.5132263	2173/4234	41	58	53	73
.5132409	407/793	37	61	55	65
.5132474	2867/5586	47	57	61	98
.5132626	387/754	43	58	45	65
.5132846	1333/2597	43	53	62	98
.5132895	3901/7600	47	80	83	95
.5133072	2623/5110	43	70	61	73
.5133172	212/413	40	59	53	70
.5133333*	77/150	35	50	55	75
.5133427	731/1424	43	80	85	89
.5133504	2211/4307	33	59	67	73
.5133642	2881/5612	43	61	67	92
.5133669	1325/2581	50	58	53	89
.5133814	1995/3886	35	58	57	67
.5133869	767/1494	59	83	65	90
.5134035	3658/7125	59	75	62	95
0.5130					
.5134062	517/1007	47	53	55	95
.5134328	172/335	43	60	48	67
.5134454	611/1190	47	70	65	85
.5134636	3337/6499	47	67	71	97
.5134941	2150/4187	43	53	50	79
0.5135					
.5135185	2773/5400	47	60	59	90
.5135340	2030/3953	35	59	58	67
.5135354	1271/2475	41	55	62	90
.5135542	341/664	55	80	62	83
.5135988	2115/4118	45	58	47	71
.5136082	2491/4850	47	50	53	97
.5136217	3337/6497	47	73	71	89
.5136264	2337/4550	41	65	57	70
.5136388	2881/5609	43	71	67	79
.5136471	2183/4250	37	50	59	85
.5136612	94/183	47	61	50	75
.5136816	413/804	35	60	59	67
.5137004	2006/3905	34	55	59	71
.5137143	899/1750	58	70	62	100
.5137193	3239/6305	41	65	79	97
.5137640	1829/3560	59	80	62	89
.5137845	205/399	41	57	50	70
.5137993	2867/5580	47	62	61	90
.5138158	781/1520	55	80	71	95
.5138365	817/1590	43	53	57	90
.5138587	1891/3680	61	80	62	92
.5138667	1927/3750	41	50	47	75
.5138965	3735/7268	45	79	83	92
.5139068	2790/5429	45	61	62	89
.5139241	203/395	35	50	58	79
.5139344	627/1220	33	60	57	61
.5139394	424/825	40	55	53	75
.5139624	2135/4154	35	62	61	67
.5139746	1416/2755	48	58	59	95
.5139826	533/1037	41	61	65	85
.5139944	2773/5395	47	65	59	83
0.5140					
.5140015	1395/2714	45	59	62	92
.5140086	477/928	45	58	53	80
.5140306	403/784	62	80	65	98
.5140449	183/356	45	60	61	89
.5140468	1537/2990	53	65	58	92
.5140584	969/1885	34	58	57	65
.5140722	2064/4015	43	55	48	73
.5140845	73/142	35	70	73	71

（续）

比值	分数	*A*	*B*	*C*	*D*
0.5140					
.5140900	2627/5110	37	70	71	73
.5141015	638/1241	55	73	58	85
.5141243	91/177	35	59	65	75
.5141304	473/920	43	50	55	92
.5141383	2491/4845	47	57	53	85
.5141755	2666/5185	43	61	62	85
.5142112	1972/3835	34	59	58	65
.5142174	1935/3763	43	53	45	71
.5142268	1247/2425	43	50	58	97
.5142410	1643/3195	53	71	62	90
.5142544	469/912	35	57	67	80
.5142612	2993/5820	41	60	73	97
.5142857	18/35	33	55	60	70
.5143137	2623/5100	43	60	61	85
.5143213	413/803	35	55	59	73
.5143396	1363/2650	47	53	58	100
.5143590	1003/1950	34	60	59	65
.5143739	2666/5183	43	71	62	73
.5144195	2747/5340	41	60	67	89
.5144303	2745/5336	45	58	61	92
.5144385	481/935	37	55	65	85
.5144643	2881/5600	43	70	67	80
.5144712	2773/5390	47	55	59	98
.5144762	2701/5250	37	70	73	75
.5144885	870/1691	45	57	58	89
0.5145					
.5145029	4399/8550	53	90	83	95
.5145161	319/620	33	60	58	62
.5145267	549/1067	45	55	61	97
.5145578	1891/3675	61	75	62	98
.5145833	247/480	57	80	65	90
.5145902	3139/6100	43	61	73	100
.5146045	2537/4930	43	58	59	85
.5146127	2923/5680	37	71	79	80
.5146199 *	88/171	40	45	55	95
.5146402	1037/2015	34	62	61	65
.5146478	3127/6076	53	62	59	98
.5146709	649/1261	55	65	59	97
.5147122	1207/2345	34	67	71	70
.5147500	2059/4000	58	80	71	100
.5147575	2494/4845	43	57	58	85
.5147864	470/913	47	55	50	83
.5147989	2035/3953	37	59	55	67
.5148130	1060/2059	40	58	53	71
.5148278	2795/5429	43	61	65	89
.5148402	451/876	41	60	55	73
0.5145					
.5148500	3363/6532	57	71	59	92
.5148585	2183/4240	37	53	59	80
.5148670	329/639	47	71	70	90
.5149016	2747/5335	41	55	67	97
.5149091	708/1375	48	55	59	100
.5149226	2795/5428	43	59	65	92
.5149451	2343/4550	33	65	71	70
.5149564	2479/4814	37	58	67	83
.5149834	464/901	40	53	58	85
.5149988	4189/8134	59	83	71	98
0.5150					
.5150146	1938/3763	34	53	57	71
.5150198	2726/5293	47	67	58	79
.5150282	2279/4425	43	59	53	75
.5150589	1180/2291	40	58	59	79
.5150685	188/365	40	50	47	73
.5150794	649/1260	55	70	59	90
.5150980	2627/5100	37	60	71	85
.5151111	1159/2250	57	75	61	90
.5151463	2993/5810	41	70	73	83
.5151583	2294/4453	37	61	62	73
.5151899	407/790	37	50	55	79
.5152121	2320/4503	40	57	58	79
.5152174	237/460	45	75	79	92
.5152355	186/361	45	57	62	95
.5152743	3053/5925	43	75	71	79
.5152763	2378/4615	41	65	58	71
.5152941	219/425	45	75	73	85
.5152968	2257/4380	37	60	61	73
.5153181	656/1273	41	57	48	67
.5153425	1881/3650	33	50	57	73
.5153509	235/456	47	57	50	80
.5153614	1711/3320	58	80	59	83
.5153846	67/130	35	65	67	70
.5154110	301/584	43	73	70	80
.5154229	518/1005	37	67	70	75
.5154536	517/1003	47	59	55	85
.5154795	3763/7300	53	73	71	100
.5154930	183/355	33	55	61	71
0.5155					
.5155011	715/1387	33	57	65	73
.5155056	1147/2225	37	50	62	89
.5155230	3869/7505	53	79	73	95
.5155548	2867/5561	47	67	61	83
.5155556	116/225	40	50	58	90
.5155881	2183/4234	37	58	59	73

（续）

比值	分数	*A*	*B*	*C*	*D*
0.5155					
.5156002	975/1891	30	61	65	62
.5156091	3551/6887	53	71	67	97
.5156250*	33/64	55	80	75	100
.5156250*	33/64	55	80	75	100
.5156371	1995/3869	35	53	57	73
.5156642	3901/7565	47	85	83	89
.5156701	2501/4850	41	50	61	97
.5156944	3713/7200	47	80	79	90
.5156986	657/1274	45	65	73	98
.5157096	476/923	34	65	70	71
.5157233	82/159	41	53	50	75
.5157414	2146/4161	37	57	58	73
.5157537	2881/5586	43	57	67	98
.5157817	2108/4087	34	61	62	67
.5157874	2679/5194	47	53	57	98
.5158103	261/506	45	55	58	92
.5158470	472/915	40	61	59	75
.5158556	1643/3185	53	65	62	98
.5158730*	65/126	50	70	65	90
.5159030	957/1855	33	53	58	70
.5159204	1037/2010	34	60	61	67
.5159347	2655/5146	45	62	59	83
.5159398	3431/6650	47	70	73	95
.5159608	4154/8051	62	83	67	97
.5159709	3053/5917	43	61	71	97
.5159837	2405/4661	37	59	65	79
0.5160					
.5160000	129/250	43	50	45	75
.5160243	1272/2465	48	58	53	85
.5160345	2993/5800	41	58	73	100
.5160662	530/1027	50	65	53	79
.5160784	658/1275	47	75	70	85
.5160942	2870/5561	41	67	70	83
.5161037	657/1273	45	67	73	95
.5161502	2365/4582	43	58	55	79
.5161588	559/1083	43	57	65	95
.5161899	3555/6887	45	71	79	97
.5162023	2501/4845	41	57	61	85
.5162120	1003/1943	34	58	59	67
.5162295	3149/6100	47	61	67	100
.5162500	413/800	35	50	59	80
.5162608	3286/6365	53	67	62	95
.5162728	2665/5162	41	58	65	89
.5162973	396/767	33	59	60	65
.5163089	3055/5917	47	61	65	97
.5163500	2337/4526	41	62	57	73

比值	分数	*A*	*B*	*C*	*D*
0.5160					
.5163655	1972/3819	34	57	58	67
.5163922	3355/6497	55	73	61	89
.5164103	1007/1950	53	65	57	90
.5164365	2655/5141	45	53	59	97
.5164456	1947/3770	33	58	59	65
.5164583	2479/4800	37	60	67	80
.5164665	1333/2581	43	58	62	89
.5164797	2993/5795	41	61	73	95
0.5165					
.5165121	1392/2695	48	55	58	98
.5165437	2451/4745	43	65	57	73
.5165629	2074/4015	34	55	61	73
.5165692	265/513	50	57	53	90
.5165937	3658/7081	59	73	62	97
.5165992	638/1235	33	57	58	65
.5166105	1073/2077	37	62	58	67
.5166228	3139/6076	43	62	73	98
.5166387	1537/2975	53	70	58	85
.5166667	31/60	35	60	62	70
.5166827	2679/5185	47	61	57	85
.5167027	2150/4161	43	57	50	73
.5167169	3431/6640	47	80	73	83
.5167320	3953/7650	59	85	67	90
.5167931	477/923	45	65	53	71
.5168000	323/625	34	50	57	75
.5168102	1860/3599	30	59	62	61
.5168152	1798/3479	58	71	62	98
.5168302	4161/8051	57	83	73	97
.5168821	2679/5183	47	71	57	73
.5168892	658/1273	47	67	70	95
.5169122	2491/4819	47	61	53	79
.5169399	473/915	43	61	55	75
.5169492	61/118	30	59	61	60
.5169565	1189/2300	41	50	58	92
.5169770	472/913	40	55	59	83
.5169893	3819/7387	57	83	67	89
0.5170					
.5170000	517/1000	47	50	55	100
.5170240	410/793	41	61	50	65
.5170399	531/1027	45	65	59	79
.5170455*	91/176	35	55	65	80
.5170886	817/1580	43	60	57	79
.5171084	1073/2075	37	50	58	83
.5171371	513/992	45	62	57	80
.5171455	558/1079	45	65	62	83
.5171821	301/582	43	60	70	97

（续）

比值	分数	A	B	C	D	比值	分数	A	B	C	D
0.5170						0.5175					
.5171930	737/1425	55	75	67	95	.5179665	2537/4898	43	62	59	79
.5172043	481/930	37	62	65	75	.5179982	590/1139	50	67	59	85
.5172218	3649/7055	41	83	89	85	0.5180					
.5172463	3599/6958	59	71	61	98	.5180134	2013/3886	33	58	61	67
.5172603	944/1825	48	73	59	75	.5180234	2170/4189	35	59	62	71
.5172676	1363/2635	47	62	58	85	.5180253	2256/4355	47	65	48	67
.5172932	344/665	43	57	48	70	.5180412	201/388	45	60	67	97
.5173258	2747/5310	41	59	67	90	.5180451	689/1330	53	70	65	95
.5173418	4087/7900	61	79	67	100	.5180822	1891/3650	61	73	62	100
.5173507	2773/5360	47	67	59	80	.5181175	2345/4526	35	62	67	73
.5173622	3397/6566	43	67	79	98	.5181301	2915/5626	53	58	55	97
.5173725	2993/5785	41	65	73	89	.5181442	3127/6035	53	71	59	85
.5173810	2173/4200	41	60	53	70	.5181677	3337/6440	47	70	71	92
.5173969	803/1552	55	80	73	97	.5181818	57/110	35	55	57	70
.5174063	1947/3763	33	53	59	71	.5182051	2021/3900	43	60	47	65
.5174191	2911/5626	41	58	71	97	.5182186*	128/247	40	65	80	95
.5174332	2419/4675	41	55	59	85	.5182327	2686/5183	34	71	79	73
.5174491	2491/4814	47	58	53	83	.5182549	2257/4355	37	65	61	67
.5174576	3053/5900	43	59	71	100	.5182708	2170/4187	35	53	62	79
.5174731	385/744	35	60	55	62	.5182840	2537/4895	43	55	59	89
.5174945	2115/4087	45	61	47	67	.5183019	2747/5300	41	53	67	100
0.5175						.5183122	3071/5925	37	75	83	79
.5175211	1595/3082	55	67	58	92	.5183190	481/928	37	58	65	80
.5175348	2494/4819	43	61	58	79	.5183323	3195/6164	45	67	71	92
.5175416	2021/3905	43	55	47	71	.5183362	3053/5890	43	62	71	95
.5175644	221/427	34	61	65	70	.5183714	522/1007	45	53	58	95
.5175734	1075/2077	43	62	50	67	.5183816	2665/5141	41	53	65	97
.5175758	427/825	35	55	61	75	.5183908	451/870	41	58	55	75
.5175926	559/1080	43	60	65	90	.5184117	3055/5893	47	71	65	83
.5176235	3363/6497	57	73	59	89	.5184181	2294/4425	37	59	62	75
.5176252	279/539	45	55	62	98	.5184448	2867/5530	47	70	61	79
.5176410	2993/5782	41	59	73	98	.5184603	660/1273	33	57	60	67
.5176471*	44/85	40	50	55	85	.5184783	477/920	45	50	53	92
.5176794	3953/7636	59	83	67	92	.5184975	3658/7055	59	83	62	85
.5177192	2279/4402	43	62	53	71	0.5185					
.5177490	3763/7268	53	79	71	92	.5185087	1961/3782	37	61	53	62
.5177551	2537/4900	43	50	59	98	.5185292	3596/6935	58	73	62	95
.5177881	3886/7505	58	79	67	95	.5185386	2867/5529	47	57	61	97
.5177966	611/1180	47	59	65	100	.5185529	559/1078	43	55	65	98
.5178268	305/589	30	57	61	62	.5185738	3127/6030	53	67	59	90
.5178780	2665/5146	41	62	65	83	.5185762	2666/5141	43	53	62	97
.5178921	3705/7154	57	73	65	98	.5185935	2050/3953	41	59	50	67
.5179245	549/1060	45	53	61	100	.5185998	4015/7742	55	79	73	98
.5179384	3869/7470	53	83	73	90	.5186095	2745/5293	45	67	61	79
.5179545	2279/4400	43	55	53	80	.5186207	376/725	47	58	48	75
.5179604	3403/6570	41	73	83	90	.5186404	473/912	43	57	55	80

（续）

比值	分数	*A*	*B*	*C*	*D*
0.5185					
.5186757	611/1178	47	62	65	95
.5187099	2911/5612	41	61	71	92
.5187179	2120/4087	40	61	53	67
.5187396	2173/4189	41	59	53	71
.5187500	83/160	45	80	83	90
.5187569	2337/4505	41	53	57	85
.5187755	1271/2450	41	50	62	98
.5188186	3074/5925	53	75	58	79
.5188253	689/1328	53	80	65	83
.5188506	2257/4350	37	58	61	75
.5188623	2627/5063	37	61	71	83
.5188679	55/106	35	53	55	70
.5188859	3819/7360	57	80	67	92
.5189140	2867/5525	47	65	61	85
.5189157	4307/8300	59	83	73	100
.5189329	603/1162	45	70	67	83
.5189406	3233/6230	53	70	61	89
.5189583	2491/4800	47	60	53	80
.5189655	301/580	43	58	70	100
.5189849	2679/5162	47	58	57	89
0.5190					
.5190007	1475/2842	50	58	59	98
.5190141	737/1420	33	60	67	71
.5190259	341/657	55	73	62	90
.5190626	3145/6059	37	73	85	83
.5190722	1007/1940	53	60	57	97
.5190812	2870/5529	41	57	70	97
.5190933	2542/4897	41	59	62	83
.5191392	2726/5251	47	59	58	89
.5191553	3835/7387	59	83	65	89
.5191837	636/1225	48	50	53	98
.5192118	527/1015	34	58	62	70
.5192175	2256/4345	47	55	48	79
.5192308*	27/52	45	65	75	100
.5192445	1457/2806	47	61	62	92
.5192453	688/1325	43	53	48	75
.5192797	2451/4720	43	59	57	80
.5192884	2773/5340	47	60	59	89
.5193054	2542/4895	41	55	62	89
.5193333	779/1500	41	50	57	90
.5193421	1705/3283	55	67	62	98
.5193577	2911/5605	41	59	71	95
.5193705	429/826	33	59	65	70
.5193841	2867/5520	47	60	61	92
.5194030	174/335	33	55	58	67
.5194070	1927/3710	41	53	47	70

比值	分数	*A*	*B*	*C*	*D*
0.5190					
.5194227	2915/5612	53	61	55	92
.5194476	2257/4345	37	55	61	79
.5194581	2109/4060	37	58	57	70
.5194932	533/1026	41	57	65	90
.5194969	413/795	35	53	59	75
0.5195					
.5195200	3074/5917	53	61	58	97
.5195264	2501/4814	41	58	61	83
.5195578	611/1176	47	60	65	98
.5195682	385/741	35	57	55	65
.5195833	1247/2400	43	60	58	80
.5195853	451/868	41	62	55	70
.5196099	2451/4717	43	53	57	89
.5196777	2773/5336	47	58	59	92
.5196881	1333/2565	43	57	62	90
.5197005	2915/5609	53	71	55	79
.5197140	2544/4895	48	55	53	89
.5197227	3149/6059	47	73	67	83
.5197301	2542/4891	41	67	62	73
.5197619	2183/4200	37	60	59	70
.5197751	2773/5335	47	55	59	97
.5197868	3901/7505	47	79	83	95
.5197995	1037/1995	34	57	61	70
.5198157	564/1085	47	62	48	70
.5198322	1363/2622	47	57	58	92
.5198407	3655/7031	43	79	85	89
.5198464	406/781	35	55	58	71
.5198607	3285/6319	45	71	73	89
.5198770	2537/4880	43	61	59	80
.5198930	2914/5605	47	59	62	95
.5199037	3239/6230	41	70	79	89
.5199076	2925/5626	45	58	65	97
.5199275	287/552	41	60	70	92
.5199367	1643/3160	53	79	62	80
.5199534	3127/6014	53	62	59	97
.5199656	3021/5810	53	70	57	83
0.5200					
.5200000*	13/25	40	50	65	100
.5200190	3286/6319	53	71	62	89
.5200461	2257/4340	37	62	61	70
.5200551	3397/6532	43	71	79	92
.5200721	2021/3886	43	58	47	67
.5200803	259/498	37	60	70	83
.5200913	1139/2190	34	60	67	73
.5201080	1927/3705	41	57	47	65
.5201238*	168/323	60	85	70	95

（续）

比值	分数	A	B	C	D
0.5200					
.5201326	3139/6035	43	71	73	85
.5201390	2544/4891	48	67	53	73
.5201592	1961/3770	37	58	53	65
.5202086	399/767	35	59	57	65
.5202186	476/915	34	61	70	75
.5202424	2146/4125	37	55	58	75
.5202674	3658/7031	59	79	62	89
.5202840	513/986	45	58	57	85
.5202895	2013/3869	33	53	61	73
.5203035	2537/4876	43	53	59	92
.5203111	602/1157	43	65	70	89
.5203196	2279/4380	43	60	53	73
.5203267	2867/5510	47	58	61	95
.5203596	984/1891	41	61	48	62
.5203652	741/1424	57	80	65	89
.5204103	2537/4875	43	65	59	75
.5204387	522/1003	45	59	58	85
.5204713	1767/3395	57	70	62	97
0.5205					
.5205128	203/390	35	60	58	65
.5205151	2385/4582	45	58	53	79
.5205311	2117/4067	58	83	73	98
.5205357	583/1120	53	70	55	80
.5205549	2064/3965	43	61	48	65
.5205638	3139/6030	43	67	73	90
.5205696	329/632	47	79	70	80
.5205811	215/413	43	59	50	70
.5205882	177/340	45	60	59	85
.5205985	2679/5146	47	62	57	83
.5206520	3290/6319	47	71	70	89
.5206650	2255/4331	41	61	55	71
.5206667	781/1500	55	75	71	100
.5207018	742/1425	53	75	70	95
.5207512	2773/5325	47	71	59	75
.5207639	2345/4503	35	57	67	79
.5208071	413/793	35	61	59	65
.5208333*	25/48	50	80	75	90
.5208524	1711/3285	58	73	59	90
.5208621	3021/5800	53	58	57	100
.5208711	287/551	41	58	70	95
.5208797	2108/4047	34	57	62	71
.5208959	2256/4331	47	61	48	71
.5209200	2378/4565	41	55	58	83
.5209257	2701/5185	37	61	73	85
.5209360	423/812	45	58	47	70
.5209533	2623/5035	43	53	61	95
0.5205					
.5209627	671/1288	55	70	61	92
.5209677	323/620	34	60	57	62
.5209765	2881/5530	43	70	67	79
.5209971	2320/4453	40	61	58	73
0.5210					
.5210169	1537/2950	53	59	58	100
.5210314	3233/6205	53	73	61	85
.5210390	1003/1925	34	55	59	70
.5210526*	99/190	45	50	55	95
.5210604	1769/3395	58	70	61	97
.5210707	2881/5529	43	57	67	97
.5211048	2679/5141	47	53	57	97
.5211111	469/900	35	60	67	75
.5211242	2911/5586	41	57	71	98
.5211594	899/1725	58	75	62	92
.5211667	3127/6000	53	60	59	100
.5211755	603/1157	45	65	67	89
.5212046	2925/5612	45	61	65	92
.5212121	86/165	43	55	50	75
.5212524	2747/5270	41	62	67	85
.5212727	2867/5500	47	55	61	100
.5212851	649/1245	55	75	59	83
.5213010	4087/7840	61	80	67	98
.5213115	159/305	45	61	53	75
.5213290	1271/2438	41	53	62	92
.5213362	2419/4640	41	58	59	80
.5213483	232/445	40	50	58	89
.5213636	1147/2200	37	55	62	80
.5213757	2183/4187	37	53	59	79
.5214172	986/1891	34	61	58	62
.5214317	1180/2263	40	62	59	73
.5214359	2542/4875	41	65	62	75
.5214459	3015/5782	45	59	67	98
.5214552	559/1072	43	67	65	80
.5214822	2294/4399	37	53	62	83
.5214912	1189/2280	41	57	58	80
0.5215					
.5215093	2170/4161	35	57	62	73
.5215206	4047/7760	57	80	71	97
.5215264	533/1022	41	70	65	73
.5215633	387/742	43	53	45	70
.5215873	1643/3150	53	70	62	90
.5216086	869/1666	55	85	79	98
.5216426	470/901	47	53	50	85
.5216613	1457/2793	47	57	62	98
.5216846	2911/5580	41	62	71	90

（续）

比值	分数	*A*	*B*	*C*	*D*
0.5215					
.5217137	2679/5135	47	65	57	79
.5217225	2726/5225	47	55	58	95
.5217610	2074/3975	34	53	61	75
.5217687	767/1470	59	75	65	98
.5217949	407/780	37	60	55	65
.5218003	371/711	53	79	70	90
.5218081	658/1261	47	65	70	97
.5218182	287/550	41	55	70	100
.5218310	741/1420	57	71	65	100
.5218369	2784/5335	48	55	58	97
.5218462	848/1625	48	65	53	75
.5218555	585/1121	45	59	65	95
.5218743	2350/4503	47	57	50	79
.5218803	3053/5850	43	65	71	90
.5218850	3422/6557	58	79	59	83
.5219015	1537/2945	53	62	58	95
.5219203	2881/5520	43	60	67	92
.5219351	3010/5767	43	73	70	79
.5219488	3139/6014	43	62	73	97
.5219643	2923/5600	37	70	79	80
.5219650	1105/2117	34	58	65	73
.5219935	2409/4615	33	65	73	71
0.5220					
.5220000	261/500	45	50	58	100
.5220159	984/1885	41	58	48	65
.5220453	1705/3266	55	71	62	92
.5220981	1075/2059	43	58	50	71
.5221095	2881/5518	43	62	67	89
.5221351	2064/3953	43	59	48	67
.5221675	106/203	40	58	53	70
.5221774	259/496	37	62	70	80
.5222050	3363/6440	57	70	59	92
.5222126	3021/5785	53	65	57	89
.5222222	47/90	47	60	50	75
.5222302	2173/4161	41	57	53	73
.5222575	4118/7885	58	83	71	95
.5222672	129/247	43	57	45	65
.5223214 *	117/224	45	70	65	80
.5223572	2021/3869	43	53	47	73
.5223720	969/1855	34	53	57	70
.5223772	4307/8245	59	85	73	97
.5224014	583/1116	53	62	55	90
.5224447	2479/4745	37	65	67	73
.5224535	477/913	45	55	53	83
.5224719	93/178	45	60	62	89
.5224836	3021/5782	53	59	57	98

比值	分数	*A*	*B*	*C*	*D*
0.5225					
.5225316	1032/1975	43	50	48	79
.5225365	2365/4526	43	62	55	73
.5225490	533/1020	41	60	65	85
.5225714	1829/3500	59	70	62	100
.5225788	3599/6887	59	71	61	97
.5226013	2451/4690	43	67	57	70
.5226093	705/1349	45	57	47	71
.5226154	3397/6500	43	65	79	100
.5226374	1189/2275	41	65	58	70
.5226452	1881/3599	33	59	57	61
.5226958	3397/6499	43	67	79	97
.5227216	4187/8010	53	89	79	90
.5227331	4047/7742	57	79	71	98
.5227451	1333/2550	43	60	62	85
.5227576	2745/5251	45	59	61	89
.5227687	287/549	41	61	70	90
.5227848	413/790	35	50	59	79
.5227891	1537/2940	53	60	58	98
.5228022	3015/5767	45	73	67	79
.5228169	928/1775	48	71	58	75
.5228512	1247/2385	43	53	58	90
.5228571	183/350	33	55	61	70
.5228675	2881/5510	43	58	67	95
.5229097	3127/5980	53	65	59	92
.5229333	1961/3750	37	50	53	75
.5229508	319/610	33	60	58	61
.5229616	558/1067	45	55	62	97
.5229750	3551/6790	53	70	67	97
.5229775	2993/5723	41	59	73	97
.5229870	1968/3763	41	53	48	71
.5229958	2479/4740	37	60	67	79
0.5230					
.5230263	159/304	45	57	53	80
.5230812	1881/3596	33	58	57	62
.5230928	2537/4850	43	50	59	97
.5231013	1653/3160	57	79	58	80
.5231103	2173/4154	41	62	53	67
.5231164	611/1168	47	73	65	80
.5231384	2747/5251	41	59	67	89
.5231507	3819/7300	57	73	67	100
.5231667	3139/6000	43	60	73	100
.5231840	3306/6319	57	71	58	89
.5232075	2773/5300	47	53	59	100
.5232312	3705/7081	57	73	65	97
.5232367	957/1829	33	59	58	62
.5232576	3431/6557	47	79	73	83

（续）

比值	分数	A	B	C	D
0.5230					
.5233065	2279/4355	43	65	53	67
.5233251	2109/4030	37	62	57	65
.5233590	885/1691	45	57	59	89
.5233750	4187/8000	53	80	79	100
.5233750	4187/8000	53	80	79	100
.5233871	649/1240	33	60	59	62
.5234082	559/1068	43	60	65	89
.5234510	3337/6375	47	75	71	85
.5234554	915/1748	45	57	61	92
.5234694	513/980	45	50	57	98
.5234940	869/1660	55	83	79	100
0.5235					
.5235325	990/1891	33	61	60	62
.5235628	3233/6175	53	65	61	95
.5235663	2255/4307	41	59	55	73
.5235903	455/869	35	55	65	79
.5236145	2173/4150	41	50	53	83
.5236190	3403/6499	41	67	83	97
.5236326	2537/4845	43	57	59	85
.5236446	3477/6640	57	80	61	83
.5236494	2491/4757	47	67	53	71
.5236747	2035/3886	37	58	55	67
.5236782	1139/2175	34	58	67	75
.5237092	497/949	35	65	71	73
.5237154	265/506	50	55	53	92
.5237443	1147/2190	37	60	62	73
.5237580	3869/7387	53	83	73	89
.5237705	639/1220	45	61	71	100
.5237802	3403/6497	41	73	83	89
.5237901	2565/4897	45	59	57	83
.5238006	2795/5336	43	58	65	92
.5238095*	11/21	40	60	55	70
.5238182	2881/5500	43	55	67	100
.5238285	2627/5015	37	59	71	85
.5238448	2120/4047	40	57	53	71
.5238624	472/901	40	53	59	85
.5238824	1711/3266	58	71	59	92
.5238988	559/1067	43	55	65	97
.5239080	2279/4350	43	58	53	75
.5239437	186/355	33	55	62	71
.5239462	4015/7663	55	79	73	97
.5239907	2479/4731	37	57	67	83
0.5240					
.5240041	513/979	45	55	57	89
.5240065	2914/5561	47	67	62	83
.5240306	2257/4307	37	59	61	73

比值	分数	A	B	C	D
0.5240					
.5240500	1972/3763	34	53	58	71
.5240602	697/1330	41	70	85	95
.5240950	2360/4503	40	57	59	79
.5241075	3685/7031	55	79	67	89
.5241237	1271/2425	41	50	62	97
.5241481	1769/3375	58	75	61	90
.5241603	2419/4615	41	65	59	71
.5241667	629/1200	37	75	85	80
.5241758	477/910	45	65	53	70
.5241935	65/124	30	60	65	62
.5241983	899/1715	58	70	62	98
.5242105	249/475	45	75	83	95
.5242308	1363/2600	47	65	58	80
.5242734	3337/6365	47	67	71	95
.5242781	2451/4675	43	55	57	85
.5242938	464/885	40	59	58	75
.5243187	2501/4770	41	53	61	90
.5243344	4234/8075	58	85	73	95
.5243408	517/986	47	58	55	85
.5243512	1475/2813	50	58	59	97
.5243610	3713/7081	47	73	79	97
.5243836	957/1825	33	50	58	73
.5243927	2655/5063	45	61	59	83
.5244005	3127/5963	53	67	59	89
.5244211	2491/4750	47	50	53	95
.5244326	2565/4891	45	67	57	73
.5244444	118/225	40	50	59	90
.5244971	3233/6164	53	67	61	92
0.5245					
.5245109	2279/4345	43	55	53	79
.5245344	3239/6175	41	65	79	95
.5245361	1272/2425	48	50	53	97
.5245704	3053/5820	43	60	71	97
.5245787	747/1424	45	80	83	89
.5246000	2623/5000	43	50	61	100
.5246154	341/650	33	60	62	65
.5246335	2183/4161	37	57	59	73
.5246356	3599/6860	59	70	61	98
.5246646	2542/4845	41	57	62	85
.5246726	3445/6566	53	67	65	98
.5246834	2030/3869	35	53	58	73
.5247036	531/1012	45	55	59	92
.5247195	2993/5704	41	62	73	92
.5247615	1155/2201	33	62	70	71
.5247723	2881/5490	43	61	67	90
.5248000	328/625	41	50	48	75

（续）

比值	分数	*A*	*B*	*C*	*D*	比值	分数	*A*	*B*	*C*	*D*
0.5245						0.5255					
.5248147	2337/4453	41	61	57	73	.5255176	2183/4154	37	62	59	67
.5248333	3149/6000	47	60	67	100	.5255273	2666/5073	43	57	62	89
.5248363	1363/2597	47	53	58	98	.5255487	2993/5695	41	67	73	85
.5248494	697/1328	41	80	85	83	.5255556	473/900	43	50	55	90
.5248576	3410/6497	55	73	62	89	.5256148	513/976	45	61	57	80
.5248737	2701/5146	37	62	73	83	.5256249	2923/5561	37	67	79	83
.5248800	2405/4582	37	58	65	79	.5256259	3569/6790	43	70	83	97
.5249022	2013/3835	33	59	61	65	.5256410	41/78	41	60	50	65
.5249141	611/1164	47	60	65	97	.5256593	1475/2806	50	61	59	92
.5249164	3139/5980	43	65	73	92	.5256831	481/915	37	61	65	75
.5249305	2832/5395	48	65	59	83	.5257207	930/1769	30	58	62	61
.5249351	2021/3850	43	55	47	70	.5257258	1829/3479	59	71	62	98
.5249485	1273/2425	57	75	67	97	.5257353*	143/272	55	80	65	85
.5249723	473/901	43	53	55	85	.5257473	2726/5185	47	61	58	85
0.5250						.5257988	4015/7636	55	83	73	92
.5250000*	21/40	60	80	70	100	.5258176	611/1162	47	70	65	83
.5250165	1595/3038	55	62	58	98	.5258394	3195/6076	45	62	71	98
.5250311	2108/4015	34	55	62	73	.5258528	2451/4661	43	59	57	79
.5250391	671/1278	55	71	61	90	.5258621	61/116	35	58	61	70
.5250526	1247/2375	43	50	58	95	.5258667	986/1875	34	50	58	75
.5250774	848/1615	48	57	53	85	.5259037	4030/7663	62	79	65	97
.5250877	2993/5700	41	57	73	100	.5259159	1938/3685	34	55	57	67
.5251018	387/737	43	55	45	67	.5259405	2950/5609	50	71	59	79
.5251152	2279/4340	43	62	53	70	.5259479	3010/5723	43	59	70	97
.5251509	261/497	45	70	58	71	.5259563	385/732	35	60	55	61
.5251595	741/1411	57	83	65	85	.5259757	2035/3869	37	53	55	73
.5251685	2337/4450	41	50	57	89	.5259981	2701/5135	37	65	73	79
.5251989	198/377	33	58	60	65	0.5260					
.5252054	2365/4503	43	57	55	79	.5260241	2183/4150	37	50	59	83
.5252525*	52/99	40	55	65	90	.5260459	2565/4876	45	53	57	92
.5252603	3431/6532	47	71	73	92	.5260606	434/825	35	55	62	75
.5252684	2006/3819	34	57	59	67	.5260741	3551/6750	53	75	67	90
.5252830	696/1325	48	53	58	100	.5261194	141/268	45	60	47	67
.5252941	893/1700	47	60	57	85	.5261538	171/325	33	55	57	65
.5253165	83/158	45	79	83	90	.5261603	1247/2370	43	60	58	79
.5253302	2665/5073	41	57	65	89	.5261759	1980/3763	33	53	60	71
.5253425	767/1460	59	73	65	100	.5261905	221/420	34	60	65	70
.5253550	259/493	37	58	70	85	.5262064	2279/4331	43	61	53	71
.5253589	549/1045	45	55	61	95	.5262438	1925/3658	35	59	55	62
.5253927	3445/6557	53	79	65	83	.5262452	2747/5220	41	58	67	90
.5254087	1189/2263	41	62	58	73	.5262745	671/1275	55	75	61	85
.5254174	1416/2695	48	55	59	98	.5262844	3534/6715	57	79	62	85
.5254540	3819/7268	57	79	67	92	.5262911	1121/2130	57	71	59	90
.5254701	1537/2925	53	65	58	90	.5263653	559/1062	43	59	65	90
0.5255						.5263793	3053/5800	43	58	71	100
.5255061	649/1235	33	57	59	65	.5263946	3869/7350	53	75	73	98

（续）

比值	分数	*A*	*B*	*C*	*D*
0.5260					
.5264014	2911/5530	41	70	71	79
.5264129	3139/5963	43	67	73	89
.5264151	279/530	45	53	62	100
.5264286	737/1400	33	60	67	70
.5264439	3245/6164	55	67	59	92
.5264578	2537/4819	43	61	59	79
.5264895	3190/6059	55	73	58	83
.5264967	2911/5529	41	57	71	97
0.5265					
.5265054	1023/1943	33	58	62	67
.5265263	2501/4750	41	50	61	95
.5265425	3422/6499	58	67	59	97
.5265658	2993/5684	41	58	73	98
.5265886	3149/5980	47	65	67	92
.5265985	2059/3910	58	85	71	92
.5266113	2345/4453	35	61	67	73
.5266667	79/150	35	70	79	75
.5266798	533/1012	41	55	65	92
.5266876	671/1274	55	65	61	98
.5267046	3422/6497	58	73	59	89
.5267068	2623/4980	43	60	61	83
.5267241	611/1160	47	58	65	100
.5267509	2294/4355	37	65	62	67
.5267606	187/355	34	50	55	71
.5267746	423/803	45	55	47	73
.5267879	2173/4125	41	55	53	75
.5268017	1769/3358	58	73	61	92
.5268216	3015/5723	45	59	67	97
.5268346	481/913	37	55	65	83
.5268775	1333/2530	43	55	62	92
.5269006	901/1710	53	90	85	95
.5269439	1457/2765	47	70	62	79
.5269548	1085/2059	35	58	62	71
.5269554	2385/4526	45	62	53	73
.5269779	1885/3577	58	73	65	98
.5269883	2021/3835	43	59	47	65
0.5270					
.5270046	2537/4814	43	58	59	83
.5270332	1160/2201	40	62	58	71
.5270392	2914/5529	47	57	62	97
.5270571	711/1349	45	71	79	95
.5270667	3953/7500	59	75	67	100
.5270811	2501/4745	41	65	61	73
.5271013	671/1273	33	57	61	67
.5271113	2790/5293	45	67	62	79
.5271248	583/1106	53	70	55	79

比值	分数	*A*	*B*	*C*	*D*
0.5270					
.5271505	1961/3720	37	60	53	62
.5271613	2494/4731	43	57	58	83
.5271786	611/1159	47	61	65	95
.5272201	2915/5529	53	57	55	97
.5272500	2109/4000	37	50	57	80
.5272727	29/55	35	55	58	70
.5272873	657/1246	45	70	73	89
.5273088	531/1007	45	53	59	95
.5273585	559/1060	43	53	65	100
.5273926	2320/4399	40	53	58	83
.5273973	77/146	35	50	55	73
.5274123	481/912	37	57	65	80
.5274208	2914/5525	47	65	62	85
.5274478	1643/3115	53	70	62	89
.5274627	1767/3350	57	67	62	100
.5274694	3658/6935	59	73	62	95
.5274845	3397/6440	43	70	79	92
.5274854	451/855	41	57	55	75
.5274987	1995/3782	35	61	57	62
0.5275					
.5275100	2627/4980	37	60	71	83
.5275347	1025/1943	41	58	50	67
.5275510	517/980	47	50	55	98
.5275630	3139/5950	43	70	73	85
.5275722	2210/4189	34	59	65	71
.5276018	583/1105	53	65	55	85
.5276371	2501/4740	41	60	61	79
.5276632	3710/7031	53	79	70	89
.5276833	2173/4118	41	58	53	71
.5276999	1505/2852	43	62	70	92
.5277108	219/415	45	75	73	83
.5277193	752/1425	47	57	48	75
.5277341	2350/4453	47	61	50	73
.5277442	3053/5785	43	65	71	89
.5277542	2491/4720	47	59	53	80
.5277637	3127/5925	53	75	59	79
.5277664	2585/4898	47	62	55	79
.5278109	2211/4189	33	59	67	71
.5278462	3431/6500	47	65	73	100
.5278579	2378/4505	41	53	58	85
.5278742	2585/4897	47	59	55	83
.5278846	549/1040	45	65	61	80
.5278986	1457/2760	47	60	62	92
.5279104	2544/4819	48	61	53	79
.5279274	3431/6499	47	67	73	97
.5279354	2419/4582	41	58	59	79

（续）

比值	分数	*A*	*B*	*C*	*D*
0.5275					
.5279452	1927/3650	41	50	47	73
.5279632	2294/4345	37	55	62	79
.5279891	1943/3680	58	80	67	92
0.5280					
.5280063	3337/6320	47	79	71	80
.5280199	424/803	40	55	53	73
.5280432	1271/2407	41	58	62	83
.5280559	2795/5293	43	67	65	79
.5280702	301/570	43	57	70	100
.5280797	583/1104	53	60	55	92
.5280924	2378/4503	41	57	58	79
.5281030	451/854	41	61	55	70
.5281060	1475/2793	50	57	59	98
.5281221	4047/7663	57	79	71	97
.5281330	413/782	59	85	70	92
.5281356	779/1475	41	59	57	75
.5281787	1537/2910	53	60	58	97
.5281872	2867/5428	47	59	61	92
.5282099	2275/4307	35	59	65	73
.5282328	2451/4640	43	58	57	80
.5282732	1392/2635	48	62	58	85
.5282895	803/1520	55	80	73	95
.5283122	2911/5510	41	58	71	95
.5283208	1054/1995	34	57	62	70
.5283251	429/812	33	58	65	70
.5283372	1128/2135	47	61	48	70
.5283582	177/335	33	55	59	67
.5283898	1247/2360	43	59	58	80
.5284148	530/1003	50	59	53	85
.5284161	3403/6440	41	70	83	92
.5284444	1189/2250	41	50	58	90
.5284587	1272/2407	48	58	53	83
.5284773	3127/5917	53	61	59	97
.5284944	2745/5194	45	53	61	98
0.5285					
.5285141	658/1245	47	75	70	83
.5285218	2585/4891	47	67	55	73
.5285338	602/1139	43	67	70	85
.5285417	2537/4800	43	60	59	80
.5285531	2064/3905	43	55	48	71
.5285764	3015/5704	45	62	67	92
.5286314	3905/7387	55	83	71	89
.5286409	2501/4731	41	57	61	83
.5286553	1891/3577	61	73	62	98
.5286738	295/558	50	62	59	90
.5287075	1943/3675	58	75	67	98
0.5285					
.5287259	2494/4717	43	53	58	89
.5287399	1435/2714	41	59	70	92
.5287500	423/800	45	50	47	80
.5287849	4565/8633	55	89	83	97
.5287948	2773/5244	47	57	59	92
.5288092	413/781	35	55	59	71
.5288161	3551/6715	53	79	67	85
.5288306	2623/4960	43	62	61	80
.5288462*	55/104	50	65	55	80
.5288566	1457/2755	47	58	62	95
.5288660	513/970	45	50	57	97
.5288795	2747/5194	41	53	67	98
.5288952	2590/4897	37	59	70	83
.5289064	2278/4307	34	59	67	73
.5289331	585/1106	45	70	65	79
.5289474	201/380	45	57	67	100
0.5290					
.5290216	319/603	55	67	58	90
.5290288	975/1843	45	57	65	97
.5290381	583/1102	53	58	55	95
.5290878	1537/2905	53	70	58	83
.5291228	754/1425	58	75	65	95
.5291329	2679/5063	47	61	57	83
.5291386	2279/4307	43	59	53	73
.5291777	399/754	35	58	57	65
.5291961	2021/3819	43	57	47	67
.5292121	2183/4125	37	55	59	75
.5292237	1159/2190	57	73	61	90
.5292308	172/325	43	60	48	65
.5292437	3149/5950	47	70	67	85
.5292546	3763/7110	53	79	71	90
.5292625	3337/6305	47	65	71	97
.5292727	2911/5500	41	55	71	100
.5292848	1961/3705	37	57	53	65
.5292949	533/1007	41	53	65	95
.5293329	3555/6716	45	73	79	92
.5293351	406/767	35	59	58	65
.5293914	3053/5767	43	73	71	79
.5294118*	9/17	40	80	90	85
.5294382	1178/2225	57	75	62	89
.5294466	2679/5060	47	55	57	92
.5294552	2867/5415	47	57	61	95
.5294935	2666/5035	43	53	62	95
0.5295					
.5295031	341/644	55	70	62	92
.5295082	323/610	34	60	57	61

（续）

比值	分数	*A*	*B*	*C*	*D*	比值	分数	*A*	*B*	*C*	*D*
0.5295						0.5300					
.5295441	2590/4891	37	67	70	73	.5302368	2911/5490	41	61	71	90
.5295461	3477/6566	57	67	61	98	.5302470	2726/5141	47	53	58	97
.5295567	215/406	43	58	50	70	.5302564	517/975	47	65	55	75
.5295729	3286/6205	53	73	62	85	.5302674	2479/4675	37	55	67	85
.5295775	188/355	47	60	48	71	.5302857	464/875	48	70	58	75
.5296024	1798/3395	58	70	62	97	.5303145	2108/3975	34	53	62	75
.5296062	3685/6958	55	71	67	98	.5303371	236/445	40	50	59	89
.5296161	2745/5183	45	71	61	73	.5303483	533/1005	41	67	65	75
.5296296*	143/270	55	75	65	90	.5303605	559/1054	43	62	65	85
.5296371	2627/4960	37	62	71	80	.5304072	1003/1891	34	61	59	62
.5296469	795/1501	45	57	53	79	.5304248	462/871	33	65	70	67
.5296698	2294/4331	37	61	62	71	.5304290	1595/3007	55	62	58	97
.5296804	116/219	40	60	58	73	.5304363	3015/5684	45	58	67	98
.5297099	1881/3551	33	53	57	67	.5304582	984/1855	41	53	48	70
.5297318	1363/2573	47	62	58	83	.5304653	3021/5695	53	67	57	85
.5297382	3055/5767	47	73	65	79	.5304825	2419/4560	41	57	59	80
.5297647	4503/8500	57	85	79	100	0.5305					
.5297767	427/806	35	62	61	65	.5305053	3139/5917	43	61	73	97
.5297890	3139/5925	43	75	73	79	.5305495	1207/2275	34	65	71	70
.5297977	969/1829	34	59	57	62	.5305660	703/1325	37	53	57	75
.5298122	2257/4260	37	60	61	71	.5305882	451/850	41	50	55	85
.5298182	1457/2750	47	55	62	100	.5305970	711/1340	45	67	79	100
.5298387	657/1240	45	62	73	100	.5306296	3127/5893	53	71	59	83
.5298527	2050/3869	41	53	50	73	.5306389	407/767	37	59	55	65
.5298592	1881/3550	33	50	57	71	.5306452	329/620	47	62	70	100
.5298729	2501/4720	41	59	61	80	.5306581	1653/3115	57	70	58	89
.5298913	195/368	45	60	65	92	.5306686	2881/5429	43	61	67	89
.5299014	2419/4565	41	55	59	83	.5307177	2773/5225	47	55	59	95
.5299296	301/568	43	71	70	80	.5307346	354/667	48	58	59	92
.5299435	469/885	35	59	67	75	.5307377	259/488	37	61	70	80
.5299798	2360/4453	40	61	59	73	.5307664	2881/5428	43	59	67	92
.5299895	4047/7636	57	83	71	92	.5307832	1457/2745	47	61	62	90
0.5300						.5307898	793/1494	61	83	65	90
.5300000	53/100	40	50	53	80	.5308017	629/1185	37	75	85	79
.5300092	574/1083	41	57	70	95	.5308099	603/1136	45	71	67	80
.5300222	715/1349	33	57	65	71	.5308235	1128/2125	47	50	48	85
.5300272	3901/7360	47	80	83	92	.5308341	2832/5335	48	55	59	97
.5300442	3599/6790	59	70	61	97	.5308530	585/1102	45	58	65	95
.5300752	141/266	45	57	47	70	.5308666	2726/5135	47	65	58	79
.5301117	2183/4118	37	58	59	71	.5308924	232/437	48	57	58	92
.5301370	387/730	43	50	45	73	.5308950	2337/4402	41	62	57	71
.5301477	2585/4876	47	53	55	92	.5309259	2867/5400	47	60	61	90
.5301621	1995/3763	35	53	57	71	.5309384	3355/6319	55	71	61	89
.5301847	2784/5251	48	59	58	89	.5309518	2170/4087	35	61	62	67
.5302099	2501/4717	41	53	61	89	.5309589	969/1825	34	50	57	73
.5302176	658/1241	47	73	70	85	.5309654	583/1098	53	61	55	90

（续）

比值	分数	A	B	C	D	比值	分数	A	B	C	D
0.5305						0.5315					
.5309859	377/710	58	71	65	100	.5318144	1914/3599	33	59	58	61
0.5310						.5318182 *	117/220	45	55	65	100
.5310000	531/1000	45	50	59	100	.5318310	944/1775	48	71	59	75
.5310082	4187/7885	53	83	79	95	.5318396	451/848	41	53	55	80
.5310588	2257/4250	37	50	61	85	.5318601	2479/4661	37	59	67	79
.5310734	94/177	47	59	50	75	.5318658	2537/4770	43	53	59	90
.5310843	1102/2075	57	75	58	83	.5319042	2109/3965	37	61	57	65
.5310945	427/804	35	60	61	67	.5319109	2867/5390	47	55	61	98
.5311026	2365/4453	43	61	55	73	.5319269	1891/3555	61	79	62	90
.5311140	2074/3905	34	55	61	71	.5319672	649/1220	33	60	59	61
.5311223	2210/4161	34	57	65	73	.5319838	657/1235	45	65	73	95
.5311301	2491/4690	47	67	53	70	.5319943	2993/5626	41	58	73	97
.5311364	2337/4400	41	55	57	80	0.5320					
.5311456	3658/6887	59	71	62	97	.5320000	133/250	35	50	57	75
.5311741	656/1235	41	57	48	65	.5320173	1105/2077	34	62	65	67
.5311798	1891/3560	61	80	62	89	.5320339	3139/5900	43	59	73	100
.5312189	3735/7031	45	79	83	89	.5320366	465/874	45	57	62	92
.5312261	2773/5220	47	58	59	90	.5320487	2623/4930	43	58	61	85
.5312500 *	17/32	45	80	85	90	.5320755	141/265	45	53	47	75
.5312571	2337/4399	41	53	57	83	.5320935	3233/6076	53	62	61	98
.5312821	518/975	37	65	70	75	.5320955	1003/1885	34	58	59	65
.5312925	781/1470	55	75	71	98	.5321174	671/1261	55	65	61	97
.5313283	212/399	40	57	53	70	.5321285	265/498	50	60	53	83
.5313627	737/1387	55	73	67	95	.5321457	3286/6175	53	65	62	95
.5313743	2405/4526	37	62	65	73	.5321574	1961/3685	37	55	53	67
.5313840	1363/2565	47	57	58	90	.5321954	3149/5917	47	61	67	97
.5313948	2065/3886	35	58	59	67	.5322165	413/776	59	80	70	97
.5314058	533/1003	41	59	65	85	.5322289	1767/3320	57	80	62	83
.5314180	2867/5395	47	65	61	83	.5322374	2914/5475	47	73	62	75
.5314286	93/175	33	55	62	70	.5322537	1972/3705	34	57	58	65
.5314607	473/890	43	50	55	89	.5322681	2565/4819	45	61	57	79
.5314815	287/540	41	60	70	90	.5322796	2795/5251	43	59	65	89
.5314919	3021/5684	53	58	57	98	.5323025	3477/6532	57	71	61	92
.5314966	3569/6715	43	79	83	85	.5323113	2257/4240	37	53	61	80
0.5315						.5323288	1943/3650	58	73	67	100
.5315278	3827/7200	43	80	89	90	.5323810	559/1050	43	70	65	75
.5315364	986/1855	34	53	58	70	.5324107	3770/7081	58	73	65	97
.5315528	2030/3819	35	57	58	67	.5324201	583/1095	53	73	55	75
.5316052	2666/5015	43	59	62	85	.5324564	4331/8134	61	83	71	98
.5316499	1537/2891	53	59	58	98	.5324675	41/77	41	55	50	70
.5316667	319/600	55	60	58	100	.5324806	3705/6958	57	71	65	98
.5316858	2173/4087	41	61	53	67	0.5325					
.5317559	427/803	35	55	61	73	.5325000	213/400	45	60	71	100
.5317706	2745/5162	45	58	61	89	.5325062	1073/2015	37	62	58	65
.5317949	1037/1950	34	60	61	65	.5325397	671/1260	55	70	61	90
.5318027	3127/5880	53	60	59	98	.5325509	3403/6390	41	71	83	90

（续）

比值	分数	*A*	*B*	*C*	*D*	比值	分数	*A*	*B*	*C*	*D*
0.5325						0.5330					
.5325843	237/445	45	75	79	89	.5334448	319/598	55	65	58	92
.5325933	2255/4234	41	58	55	73	.5334539	295/553	50	70	59	79
.5326213	2294/4307	37	59	62	73	.5334615	3053/5723	43	59	71	97
.5326389	767/1440	59	80	65	90	.5334712	2064/3869	43	53	48	73
.5326531	261/490	45	50	58	98	.5334759	2494/4675	43	55	58	85
.5326659	3139/5893	43	71	73	83	.5334895	1139/2135	34	61	67	70
.5326761	1891/3550	61	71	62	100	.5334988	215/403	43	62	50	65
.5327124	2345/4402	35	62	67	71	0.5335					
.5327210	464/871	40	65	58	67	.5335072	2046/3835	33	59	62	65
.5327407	1798/3375	58	75	62	90	.5335188	2109/3953	37	59	57	67
.5327640	3431/6440	47	70	73	92	.5335273	3485/6532	41	71	85	92
.5327869	65/122	30	60	65	61	.5335397	517/969	47	57	55	85
.5327961	3306/6205	57	73	58	85	.5335504	2950/5529	50	57	59	97
.5328230	2784/5225	48	55	58	95	.5335616	779/1460	41	60	57	73
.5328261	2451/4600	43	50	57	92	.5335821	143/268	33	60	65	67
.5328620	2035/3819	37	57	55	67	.5335864	3233/6059	53	73	61	83
.5328706	1305/2449	45	62	58	79	.5336067	2993/5609	41	71	73	79
.5329140	1271/2385	41	53	62	90	.5336233	1595/2989	55	61	58	98
.5329332	3285/6164	45	67	73	92	.5336332	2610/4891	45	67	58	73
.5329372	3139/5890	43	62	73	95	.5336463	341/639	55	71	62	90
.5329794	2610/4897	45	59	58	83	.5336927	198/371	33	53	60	70
.5329897	517/970	47	50	55	97	.5336999	3397/6365	43	67	79	95
0.5330						.5337108	1037/1943	34	58	61	67
.5330000	533/1000	41	50	65	100	.5337237	2279/4270	43	61	53	70
.5330328	3074/5767	53	73	58	79	.5337296	2065/3869	35	53	59	73
.5330657	2257/4234	37	58	61	73	.5337443	1645/3082	47	67	70	92
.5330853	2006/3763	34	53	59	71	.5338039	3403/6375	41	75	83	85
.5330994	2279/4275	43	57	53	75	.5338109	3055/5723	47	59	65	97
.5331183	2479/4650	37	62	67	75	.5338308	1073/2010	37	60	58	67
.5331325	177/332	45	60	59	83	.5338435	3139/5880	43	60	73	98
.5331357	3596/6745	58	71	62	95	.5338513	481/901	37	53	65	85
.5331852	3599/6750	59	75	61	90	.5338813	2923/5475	37	73	79	75
.5332000	1333/2500	43	50	62	100	.5338853	2773/5194	47	53	59	98
.5332258	1653/3100	57	62	58	100	.5339241	2109/3950	37	50	57	79
.5332362	1829/3430	59	70	62	98	.5339428	2745/5141	45	53	61	97
.5332623	2501/4690	41	67	61	70	.5339471	464/869	40	55	58	79
.5332659	2108/3953	34	59	62	67	.5339713	558/1045	45	55	62	95
.5332810	3397/6370	43	65	79	98	.5339850	3551/6650	53	70	67	95
.5333215	2993/5612	41	61	73	92	.5339875	2993/5605	41	59	73	95
.5333333*	8/15	35	70	80	75	0.5340					
.5333420	4087/7663	61	79	67	97	.5340130	2881/5395	43	65	67	83
.5333628	1207/2263	34	62	71	73	.5340220	2378/4453	41	61	58	73
.5333746	4307/8075	59	85	73	95	.5340376	455/852	35	60	65	71
.5333806	3763/7055	53	83	71	85	.5340570	1968/3685	41	55	48	67
.5333862	3363/6305	57	65	59	97	.5340685	3245/6076	55	62	59	98
.5334174	423/793	45	61	47	65	.5340909	47/88	47	55	50	80

（续）

比值	分数	*A*	*B*	*C*	*D*
0.5340					
.5341053	2537/4750	43	50	59	95
.5341326	2183/4087	37	61	59	67
.5341581	3886/7275	58	75	67	97
.5341775	4345/8134	55	83	79	98
.5341974	2679/5015	47	59	57	85
.5342123	2350/4399	47	53	50	83
.5342466	39/73	45	73	65	75
.5342672	2479/4640	37	58	67	80
.5342809	639/1196	45	65	71	92
.5343112	4189/7840	59	80	71	98
.5343318	2747/5141	41	53	67	97
.5343396	708/1325	48	53	59	100
.5343628	3149/5893	47	71	67	83
.5343750	171/320	45	60	57	80
.5343820	1189/2225	41	50	58	89
.5344130 *	132/247	55	65	60	95
.5344203	295/552	50	60	59	92
.5344347	2491/4661	47	59	53	79
.5344444	481/900	37	60	65	75
.5344633	473/885	43	59	55	75
.5344711	2380/4453	34	61	70	73
.5344828	31/58	30	58	62	60
.5344956	2146/4015	37	55	58	73
0.5345					
.5345083	2881/5390	43	55	67	98
.5345299	3127/5850	53	65	59	90
.5345502	410/767	41	59	50	65
.5345622	116/217	40	62	58	70
.5345667	549/1027	45	65	61	79
.5345767	3239/6059	41	73	79	83
.5345865	711/1330	45	70	79	95
.5346140	1475/2759	50	62	59	89
.5346350	3149/5890	47	62	67	95
.5346426	3403/6365	41	67	83	95
.5346681	2537/4745	43	65	59	73
.5346784	424/793	40	61	53	65
.5347222 *	77/144	35	45	55	80
.5347418	1139/2130	34	60	67	71
.5347908	2544/4757	48	67	53	71
.5348120	2773/5185	47	61	59	85
.5348259	215/402	43	60	50	67
.5348361	261/488	45	61	58	80
.5348708	1925/3599	35	59	55	61
.5348881	2867/5360	47	67	61	80
.5349020	682/1275	55	75	62	85
.5349192	2451/4582	43	58	57	79

比值	分数	*A*	*B*	*C*	*D*
0.5345					
.5349333	1003/1875	34	50	59	75
.5349439	620/1159	30	57	62	61
.5349455	2013/3763	33	53	61	71
.5349562	2747/5135	41	65	67	79
.5349733	2501/4675	41	55	61	85
.5349765	2279/4260	43	60	53	71
0.5350					
.5350054	3477/6499	57	67	61	97
.5350160	1505/2813	43	58	70	97
.5350367	2115/3953	45	59	47	67
.5350463	2832/5293	48	67	59	79
.5350661	3685/6887	55	71	67	97
.5350783	2494/4661	43	59	58	79
.5350877	61/114	35	57	61	70
.5351090	221/413	34	59	65	70
.5351293	3953/7387	59	83	67	89
.5351425	1972/3685	34	55	58	67
.5351579	1271/2375	41	50	62	95
.5351701	3477/6497	57	73	61	89
.5352013	3763/7031	53	79	71	89
.5352217	2173/4060	41	58	53	70
.5352321	2537/4740	43	60	59	79
.5352384	3053/5704	43	62	71	92
.5352748	1305/2438	45	53	58	92
.5352823	531/992	45	62	59	80
.5353061	2623/4900	43	50	61	98
.5353170	1925/3596	35	58	55	62
.5353333	803/1500	55	75	73	100
.5353414	1333/2490	43	60	62	83
.5353535	53/99	50	55	53	90
.5353846	174/325	33	55	58	65
.5353902	295/551	50	58	59	95
.5354001	3713/6935	47	73	79	95
.5354220	4187/7820	53	85	79	92
.5354430	423/790	45	50	47	79
.5354478	287/536	41	67	70	80
.5354776	2747/5130	41	57	67	90
.5354919	430/803	43	55	50	73
0.5355					
.5355247	2623/4898	43	62	61	79
.5355442	3149/5880	47	60	67	98
.5355669	3245/6059	55	73	59	83
.5355789	1272/2375	48	50	53	95
.5355940	2385/4453	45	61	53	73
.5356140	3053/5700	43	57	71	100
.5356341	2623/4897	43	59	61	83

（续）

比值	分数	*A*	*B*	*C*	*D*
0.5355					
.5356731	2320/4331	40	61	58	71
.5356777	4189/7820	59	85	71	92
.5356989	2491/4650	47	62	53	75
.5357143*	15/28	45	70	75	90
.5357218	2542/4745	41	65	62	73
.5357423	682/1273	33	57	62	67
.5357923	1961/3660	37	60	53	61
.5358000	2679/5000	47	50	57	100
.5358529	2623/4895	43	55	61	89
.5358845	3599/6716	59	73	61	92
.5359047	3015/5626	45	58	67	97
.5359494	2117/3950	58	79	73	100
.5359551	477/890	45	50	53	89
0.5360					
.5360031	1392/2597	48	53	58	98
.5360558	2074/3869	34	53	61	73
.5360743	2021/3770	43	58	47	65
.5360843	3053/5695	43	67	71	85
.5360853	1961/3658	37	59	53	62
.5361039	1032/1925	43	55	48	70
.5361199	1180/2201	40	62	59	71
.5361345	319/595	55	70	58	85
.5361433	2544/4745	48	65	53	73
.5361526	3233/6030	53	67	61	90
.5361945	2911/5429	41	61	71	89
.5361997	2170/4047	35	57	62	71
.5362113	4161/7760	57	80	73	97
.5362173	533/994	41	70	65	71
.5362353	2279/4250	43	50	53	85
.5362503	2537/4731	43	57	59	83
.5362933	2911/5428	41	59	71	92
.5363015	2120/3953	40	59	53	67
.5363441	1247/2325	43	62	58	75
.5363507	1505/2806	43	61	70	92
.5363636	59/110	35	55	59	70
.5363799	2993/5580	41	62	73	90
.5364014	3485/6497	41	73	85	89
.5364183	2585/4819	47	61	55	79
.5364355	611/1139	47	67	65	85
.5364509	2627/4897	37	59	71	83
.5364856	2360/4399	40	53	59	83
0.5365					
.5365000	1073/2000	37	50	58	80
.5365060	4453/8300	61	83	73	100
.5365297	235/438	47	60	50	73
.5365385	279/520	45	65	62	80
.5365539	2077/3871	62	79	67	98
.5365801	2501/4661	41	59	61	79
.5366082	2294/4275	37	57	62	75
.5366246	2337/4355	41	65	57	67
.5366375	3010/5609	43	71	70	79
.5366683	1105/2059	34	58	65	71
.5366917	3569/6650	43	70	83	95
.5367026	3239/6035	41	71	79	85
.5367089	212/395	40	50	53	79
.5367164	899/1675	58	67	62	100
.5367364	3901/7268	47	79	83	92
.5367530	1015/1891	35	61	58	62
.5367698	781/1455	55	75	71	97
.5367843	3422/6375	58	75	59	85
.5367897	2050/3819	41	57	50	67
.5368421*	51/95	45	75	85	95
.5368534	2491/4640	47	58	53	80
.5368914	2867/5340	47	60	61	89
.5369048	451/840	41	60	55	70
.5369113	2451/4565	43	55	57	83
.5369335	2784/5185	48	61	58	85
.5369409	2173/4047	41	57	53	71
.5369589	2419/4505	41	53	59	85
.5369712	3021/5626	53	58	57	97
.5369755	2585/4814	47	58	55	83
0.5370					
.5370205	602/1121	43	59	70	95
.5370302	2915/5428	53	59	55	92
.5370715	2021/3763	43	53	47	71
.5370924	3953/7360	59	80	67	92
.5371032	2555/4757	35	67	73	71
.5371069	427/795	35	53	61	75
.5371217	3053/5684	43	58	71	98
.5371309	3074/5723	53	59	58	97
.5371429	94/175	47	60	48	70
.5371476	3239/6030	41	67	79	90
.5371583	1395/2597	45	53	62	98
.5371720	737/1372	55	70	67	98
.5371820	549/1022	45	70	61	73
.5371949	2773/5162	47	58	59	89
.5371974	2419/4503	41	57	59	79
.5372057	1711/3185	58	65	59	98
.5372414	779/1450	41	58	57	75
.5372496	4399/8188	53	89	83	92
.5372603	1961/3650	37	50	53	73
.5372939	2867/5336	47	58	61	92

（续）

比值	分数	*A*	*B*	*C*	*D*
0.5370					
.5372984	533/992	41	62	65	80
.5373134	36/67	33	55	60	67
.5373170	2275/4234	35	58	65	73
.5373333	403/750	62	75	65	100
.5373406	295/549	50	61	59	90
.5373546	2726/5073	47	57	58	89
.5373611	3869/7200	53	80	73	90
.5373810	2257/4200	37	60	61	70
.5373946	2867/5335	47	55	61	97
.5374011	2378/4425	41	59	58	75
.5374286	1881/3500	33	50	57	70
.5374532	287/534	41	60	70	89
.5374559	2590/4819	37	61	70	79
.5374736	3055/5684	47	58	65	98
.5374833	803/1494	55	83	73	90
0.5375					
.5375124	2701/5025	37	67	73	75
.5375254	265/493	50	58	53	85
.5375556	2419/4500	41	50	59	90
.5375734	2747/5110	41	70	67	73
.5375808	2911/5415	41	57	71	95
.5375940*	143/266	55	70	65	95
.5376222	2365/4399	43	53	55	83
.5376277	3422/6365	58	67	59	95
.5376847	2183/4060	37	58	59	70
.5377049	164/305	41	60	48	61
.5377299*	848/1577	48	57	53	83
.5377358	57/106	35	53	57	70
.5377632	4087/7600	61	80	67	95
.5377921	3337/6205	47	73	71	85
.5378115	2482/4615	34	65	73	71
.5378151*	64/119	40	70	80	85
.5378418	2537/4717	43	53	59	89
.5378495	2501/4650	41	62	61	75
.5378596	2337/4345	41	55	57	79
.5378873	3819/7100	57	71	67	100
.5378995	589/1095	57	73	62	90
.5379126	603/1121	45	59	67	95
.5379409	2623/4876	43	53	61	92
.5379518	893/1660	47	60	57	83
.5379569	574/1067	41	55	70	97
.5379701	3705/6887	57	71	65	97
.5379989	984/1829	41	59	48	62
0.5380					
.5380141	1295/2407	37	58	70	83
.5380255	1139/2117	34	58	67	73

比值	分数	*A*	*B*	*C*	*D*
0.5380					
.5380513	2623/4875	43	65	61	75
.5380751	2035/3782	37	61	55	62
.5380906	558/1037	45	61	62	85
.5381209	2795/5194	43	53	65	98
.5381348	2914/5415	47	57	62	95
.5381443	261/485	45	50	58	97
.5382008	2064/3835	43	59	48	65
.5382126	2993/5561	41	67	73	83
.5382258	3337/6200	47	62	71	100
.5382353	183/340	45	60	61	85
.5382456	767/1425	59	75	65	95
.5382617	2279/4234	43	58	53	73
.5382906	3149/5850	47	65	67	90
.5382983	2790/5183	45	71	62	73
.5383146	2255/4189	41	59	55	71
.5383195	583/1083	53	57	55	95
.5383750	4307/8000	59	80	73	100
.5383838	533/990	41	55	65	90
.5383929	603/1120	45	70	67	80
.5384038	2867/5325	47	71	61	75
.5384160	2726/5063	47	61	58	83
.5384494	3403/6320	41	79	83	80
.5384829	1938/3599	34	59	57	61
.5384977	1147/2130	37	60	62	71
0.5385					
.5385084	1769/3285	58	73	61	90
.5385246	657/1220	45	61	73	100
.5385346	3403/6319	41	71	83	89
.5385396	531/986	45	58	59	85
.5385534	2256/4189	47	59	48	71
.5385593	1271/2360	41	59	62	80
.5385718	2255/4187	41	53	55	79
.5385859	1333/2475	43	55	62	90
.5385987	3021/5609	53	71	57	79
.5386185	3431/6370	47	65	73	98
.5386275	2747/5100	41	60	67	85
.5386580	2320/4307	40	59	58	73
.5386813	2451/4550	43	65	57	70
.5386885	1643/3050	53	61	62	100
.5387013	1037/1925	34	55	61	70
.5387228	793/1472	61	80	65	92
.5387334	1829/3395	59	70	62	97
.5387352	1363/2530	47	55	58	92
.5387733	2925/5429	45	61	65	89
.5387787	3397/6305	43	65	79	97
.5387921	2257/4189	37	59	61	71

（续）

比值	分数	*A*	*B*	*C*	*D*
0.5385					
.5387978	493/915	34	60	58	61
.5388106	2256/4187	47	53	48	79
.5388333	3233/6000	53	60	61	100
.5388364	1769/3283	58	67	61	98
.5388471	215/399	43	57	50	70
.5388725	2925/5428	45	59	65	92
.5389018	2542/4717	41	53	62	89
.5389201	1537/2852	53	62	58	92
.5389333	2021/3750	43	50	47	75
.5389534	4130/7663	59	79	70	97
.5389558	671/1245	55	75	61	83
.5389671	574/1065	41	71	70	75
.5389831	159/295	45	59	53	75
0.5390					
.5390031	1914/3551	33	53	58	67
.5390086	2501/4640	41	58	61	80
.5390342	2679/4970	47	70	57	71
.5390416	3431/6365	47	67	73	95
.5390494	2257/4187	37	53	61	79
.5390588	2291/4250	58	85	79	100
.5390741	2911/5400	41	60	71	90
.5390805	469/870	35	58	67	75
.5390924	986/1829	34	59	58	62
.5391246	3190/5917	55	61	58	97
.5391317	3713/6887	47	71	79	97
.5391379	3127/5800	53	58	59	100
.5391549	957/1775	33	50	58	71
.5391781	984/1825	41	50	48	73
.5392060	2173/4030	41	62	53	65
.5392157*	55/102	50	60	55	85
.5392405	213/395	45	75	71	79
.5392473	1003/1860	34	60	59	62
.5392630	2795/5183	43	71	65	73
.5392876	2059/3818	58	83	71	92
.5392982	1537/2850	53	57	58	100
.5393306	3819/7081	57	73	67	97
.5393443	329/610	47	61	70	100
.5393471	3139/5820	43	60	73	97
.5393812	767/1422	59	79	65	90
.5393892	2773/5141	47	53	59	97
.5394119	2183/4047	37	57	59	71
.5394265	301/558	43	62	70	90
.5394632	2030/3763	35	53	58	71
.5394913	403/747	62	83	65	90
0.5395					
.5395131	2881/5340	43	60	67	89
0.5395					
.5395570	341/632	55	79	62	80
.5395743	3245/6014	55	62	59	97
.5395833	259/480	37	60	70	80
.5395982	2337/4331	41	61	57	71
.5396096	470/871	47	65	50	67
.5396296	1457/2700	47	60	62	90
.5396423	3410/6319	55	71	62	89
.5396825*	34/63	40	70	85	90
.5397222	1943/3600	58	80	67	90
.5397422	1005/1862	45	57	67	98
.5397647	1147/2125	37	50	62	85
.5397717	3074/5695	53	67	58	85
.5397878	407/754	37	58	55	65
.5398010	217/402	35	60	62	67
.5398148	583/1080	53	60	55	90
.5398207	2108/3905	34	55	62	71
.5398333	3239/6000	41	75	79	80
.5398742	2146/3975	37	53	58	75
.5399068	3477/6440	57	70	61	92
.5399175	2881/5336	43	58	67	92
.5399543	473/876	43	60	55	73
.5399696	3195/5917	45	61	71	97
0.5400					
.5400000	27/50	45	50	57	95
.5400187	2881/5335	43	55	67	97
.5400458	236/437	48	57	59	92
.5400742	2911/5390	41	55	71	98
.5400768	2109/3905	37	55	57	71
.5400853	2405/4453	37	61	65	73
.5400961	2135/3953	35	59	61	67
.5401210	2679/4960	47	62	57	80
.5401297	2914/5395	47	65	62	83
.5401408	767/1420	59	71	65	100
.5401587	3403/6300	41	70	83	90
.5401662	195/361	45	57	65	95
.5402090	1189/2201	41	62	58	71
.5402299	47/87	47	58	50	75
.5402410	1121/2075	57	75	59	83
.5402740	986/1825	34	50	58	73
.5402754	3139/5810	43	70	73	83
.5402857	1891/3500	61	70	62	100
.5403226	67/124	35	62	67	70
.5403509*	154/285	55	75	70	95
.5403922	689/1275	53	75	65	85
.5404049	3337/6175	47	65	71	95
.5404117	2494/4615	43	65	58	71

（续）

比值	分数	A	B	C	D
0.5400					
.5404427	1343/2485	34	70	79	71
.5404545	1189/2200	41	55	58	80
.5404556	688/1273	43	57	48	67
.5404732	434/803	35	55	62	73
.5404882	1395/2581	45	58	62	89
0.5405					
.5405128	527/975	34	60	62	65
.5405359	3127/5785	53	65	59	89
.5405458	2773/5130	47	57	59	90
.5405680	533/986	41	58	65	85
.5405774	2378/4399	41	53	58	83
.5405926	3649/6750	41	75	89	90
.5406308	1457/2695	47	55	62	98
.5406355	3233/5980	53	65	61	92
.5406517	3285/6076	45	62	73	98
.5406633	1190/2201	34	62	70	71
.5406690	3071/5680	37	71	83	80
.5406780	319/590	33	59	58	60
.5406930	671/1241	55	73	61	85
.5407008	1003/1855	34	53	59	70
.5407175	2065/3819	35	57	59	67
.5407389	2210/4087	34	61	65	67
.5407519	1798/3325	58	70	62	95
.5407708	1333/2465	43	58	62	85
.5407919	2035/3763	37	53	55	71
.5408083	2074/3835	34	59	61	65
.5408247	2623/4850	43	50	61	97
.5408333	649/1200	55	60	59	100
.5408406	682/1261	55	65	62	97
.5408516	470/869	47	55	50	79
.5408591	2065/3818	59	83	70	92
.5408805	86/159	43	53	50	75
.5409434	2867/5300	47	53	61	100
0.5410					
.5410027	1392/2573	48	62	58	83
.5410301	2479/4582	37	58	67	79
.5410377	1147/2120	37	53	62	80
.5410653	3149/5820	47	60	67	97
.5410999	915/1691	45	57	61	89
.5411290	671/1240	33	60	61	62
.5411392	171/316	45	60	57	79
.5411476	2650/4897	50	59	53	83
.5411851	2201/4067	62	83	71	98
.5412030	3599/6650	59	70	61	95
.5412121	893/1650	47	55	57	90
.5412204	2173/4015	41	55	53	73
0.5410					
.5412297	2993/5530	41	70	73	79
.5412358	2146/3965	37	61	58	65
.5412536	3713/6860	47	70	79	98
.5412696	3010/5561	43	67	70	83
.5412794	990/1829	33	59	60	62
.5413043	249/460	45	75	83	92
.5413202	3190/5893	55	71	58	83
.5413333	203/375	35	50	58	75
.5413687	530/979	50	55	53	89
.5413840	399/737	35	55	57	67
.5413978	1007/1860	53	62	57	90
.5414101	2726/5035	47	53	58	95
.5414305	2006/3705	34	57	59	65
.5414454	2345/4331	35	61	67	71
.5414568	2795/5162	43	58	65	89
.5414747	235/434	47	62	50	70
.5414815	731/1350	43	75	85	90
.5414942	2747/5073	41	57	67	89
0.5415					
.5415068	3953/7300	59	73	67	100
.5415217	2491/4600	47	50	53	92
.5415289	2784/5141	48	53	58	97
.5415378	2451/4526	43	62	57	73
.5415586	3551/6557	53	79	67	83
.5415663	899/1660	58	80	62	83
.5415902	3835/7081	59	73	65	97
.5415959	319/589	33	57	58	62
.5416133	423/781	45	55	47	71
.5416388	3239/5980	41	65	79	92
.5416588	2867/5293	47	67	61	79
.5416667 *	13/24	35	60	65	70
.5416873	2183/4030	37	62	59	65
.5417195	2993/5525	41	65	73	85
.5417671	1349/2490	57	83	71	90
.5418044	1147/2117	37	58	62	73
.5418115	2650/4891	50	67	53	73
.5418224	1885/3479	58	71	65	98
.5418367	531/980	45	50	59	98
.5418579	2479/4575	37	61	67	75
.5418829	731/1349	43	71	85	95
.5419059	472/871	40	65	59	67
.5419287	517/954	47	53	55	90
.5419370	2255/4161	41	57	55	73
.5419672	1653/3050	57	61	58	100
.5419823	3363/6205	57	73	59	85

（续）

比值	分数	*A*	*B*	*C*	*D*	比值	分数	*A*	*B*	*C*	*D*
0.5420						0.5425					
.5420043	1271/2345	41	67	62	70	.5427989	799/1472	47	80	85	92
.5420096	2832/5225	48	55	59	95	.5428237	3245/5978	55	61	59	98
.5420181	3599/6640	59	80	61	83	.5428338	2655/4891	45	67	59	73
.5420412	1025/1891	41	61	50	62	.5428503	2255/4154	41	62	55	67
.5420455	477/880	45	55	53	80	.5428788	2146/3953	37	59	58	67
.5420580	2655/4898	45	62	59	79	.5428937	424/781	40	55	53	71
.5420853	4154/7663	62	79	67	97	.5429224	1189/2190	41	60	58	73
.5421008	1925/3551	35	53	55	67	.5429310	3149/5800	47	58	67	100
.5421616	2784/5135	48	65	58	79	.5429657	3431/6319	47	71	73	89
.5421739	1247/2300	43	50	58	92	.5429939	3290/6059	47	73	70	83
.5421774	752/1387	47	57	48	73	.5429988	4161/7663	57	79	73	97
.5422101	2993/5520	41	60	73	92	0.5430					
.5422230	3127/5767	53	73	59	79	.5430146	3055/5626	47	58	65	97
.5422256	2870/5293	41	67	70	79	.5430175	3869/7125	53	75	73	95
.5422446	430/793	43	61	50	65	.5430348	2183/4020	37	60	59	67
.5422535	77/142	35	50	55	71	.5430449	2479/4565	37	55	67	83
.5423077	141/260	45	60	47	65	.5430540	473/871	43	65	55	67
.5423277	3658/6745	59	71	62	95	.5430741	2074/3819	34	57	61	67
.5423611	781/1440	55	80	71	90	.5430890	2275/4189	35	59	65	71
.5423810	1139/2100	34	60	67	70	.5430970	2911/5360	41	67	71	80
.5423902	531/979	45	55	59	89	.5431250	869/1600	55	80	79	100
.5424067	2993/5518	41	62	73	89	.5431250	869/1600	55	80	79	100
.5424177	2257/4161	37	57	61	73	.5431403	2795/5146	43	62	65	83
.5424307	1272/2345	48	67	53	70	.5431530	472/869	40	55	59	79
.5424448	639/1178	45	62	71	95	.5431694	497/915	35	61	71	75
.5424522	3827/7055	43	83	89	85	.5431830	3239/5963	41	67	79	89
.5424601	1054/1943	34	58	62	67	.5431942	2993/5510	41	58	73	95
.5424901	549/1012	45	55	61	92	.5432099*	44/81	40	45	55	90
0.5425						.5432293	2419/4453	41	61	59	73
.5425170	319/588	55	60	58	98	.5432500	2173/4000	41	50	53	80
.5425287	236/435	40	58	59	75	.5432796	2021/3720	43	60	47	62
.5425612	2881/5310	43	59	67	90	.5432911	1073/1975	37	50	58	79
.5425876	2013/3710	33	53	61	70	.5433198	671/1235	33	57	61	65
.5425999	2350/4331	47	61	50	71	.5433255	232/427	40	61	58	70
.5426051	2337/4307	41	59	57	73	.5433613	3233/5950	53	70	61	85
.5426190	2279/4200	43	60	53	70	.5433735	451/830	41	50	55	83
.5426259	2145/3953	33	59	65	67	.5433782	2950/5429	50	61	59	89
.5426421	649/1196	55	65	59	92	.5433995	3149/5795	47	61	67	95
.5426591	3053/5626	43	58	71	97	.5434077	2679/4930	47	58	57	85
.5426667	407/750	37	50	55	75	.5434211	413/760	59	80	70	95
.5426901	464/855	40	57	58	75	.5434322	513/944	45	59	57	80
.5426960	2790/5141	45	53	62	97	.5434608	2701/4970	37	70	73	71
.5427056	1023/1885	33	58	62	65	0.5435					
.5427174	2109/3886	37	58	57	67	.5435028	481/885	37	59	65	75
.5427439	3422/6305	58	65	59	97	.5435224	4015/7387	55	83	73	89
.5427632*	165/304	55	80	75	95	.5435470	1891/3479	61	71	62	98

（续）

比值	分数	*A*	*B*	*C*	*D*
0.5435					
.5435693	2726/5015	47	59	58	85
.5435849	2881/5300	43	53	67	100
.5435897	106/195	40	60	53	65
.5435955	2419/4450	41	50	59	89
.5436145	1128/2075	47	50	48	83
.5436193	754/1387	58	73	65	95
.5436314	3551/6532	53	71	67	92
.5436404	2479/4560	37	57	67	80
.5436491	2491/4582	47	58	53	79
.5436567	1457/2680	47	67	62	80
.5436685	2795/5141	43	53	65	97
.5436782	473/870	43	58	55	75
.5436923	1767/3250	57	65	62	100
.5436957	2501/4600	41	50	61	92
.5437111	2183/4015	37	55	59	73
.5437255	2773/5100	47	60	59	85
.5437433	2542/4675	41	55	62	85
.5437500	87/160	45	60	58	80
.5437666	205/377	41	58	50	65
.5437778	2565/4717	45	53	57	89
.5438052	2278/4189	34	59	67	71
.5438433	583/1072	53	67	55	80
.5438554	2257/4150	37	50	61	83
.5438776	533/980	41	50	65	98
.5438907	2150/3953	43	59	50	67
.5439216	1387/2550	57	85	73	90
.5439434	3534/6497	57	73	62	89
.5439560*	99/182	45	65	55	70
0.5440					
.5440021	2077/3818	62	83	67	92
.5440128	3053/5612	43	61	71	92
.5440228	2867/5270	47	62	61	85
.5440439	2279/4189	43	59	53	71
.5440622	2451/4505	43	53	57	85
.5440816	1333/2450	43	50	62	98
.5440996	2665/4898	41	62	65	79
.5441080	1653/3038	57	62	58	98
.5441315	1159/2130	57	71	61	90
.5441632	3869/7110	53	79	73	90
.5441711	2544/4675	48	55	53	85
.5441892	3245/5963	55	67	59	89
.5442105	517/950	47	50	55	95
.5442228	3655/6716	43	73	85	92
.5442437	3555/6532	45	71	79	92
.5442615	2115/3886	45	58	47	67
.5442894	3355/6164	55	67	61	92

比值	分数	*A*	*B*	*C*	*D*
0.5440					
.5443077	1769/3250	58	65	61	100
.5443248	657/1207	45	71	73	85
.5443350	221/406	34	58	65	70
.5443388	3149/5785	47	65	67	89
.5443490	4118/7565	58	85	71	89
.5443691	2006/3685	34	55	59	67
.5443750	871/1600	65	80	67	100
.5443914	3538/6499	58	67	61	97
.5444022	3010/5529	43	57	70	97
.5444149	2666/4897	43	59	62	83
.5444331	533/979	41	55	65	89
.5444444*	49/90	35	60	70	75
.5444625	2345/4307	35	59	67	73
.5444809	2491/4575	47	61	53	75
.5444905	3286/6035	53	71	62	85
0.5445					
.5445037	2655/4876	45	53	59	92
.5445205	159/292	45	60	53	73
.5445565	2701/4960	37	62	73	80
.5445703	4087/7505	61	79	67	95
.5445920	287/527	41	62	70	85
.5446009	116/213	40	60	58	71
.5446115	2173/3990	41	57	53	70
.5446154	177/325	33	55	59	65
.5446374	2666/4895	43	55	62	89
.5446604	3055/5609	47	71	65	79
.5446667	817/1500	43	50	57	90
.5446922	3053/5605	43	59	71	95
.5447439	2021/3710	43	53	47	70
.5447506	3658/6715	59	79	62	85
.5447678	4399/8075	53	85	83	95
.5447781	2050/3763	41	53	50	71
.5447964	602/1105	43	65	70	85
.5448141	1392/2555	48	70	58	73
.5448343	559/1026	43	57	65	90
.5448436	2108/3869	34	53	62	73
.5448529	741/1360	57	80	65	85
.5448691	2623/4814	43	58	61	83
.5448783	2665/4891	41	67	65	73
.5448916*	176/323	55	85	80	95
.5449088	2360/4331	40	61	59	71
.5449188	4161/7636	57	83	73	92
.5449309	473/868	43	62	55	70
.5449420	1643/3015	53	67	62	90
0.5450					
.5450172	793/1455	61	75	65	97

（续）

比值	分数	A	B	C	D
0.5450					
.5450491	611/1121	47	59	65	95
.5450820	133/244	35	60	57	61
.5450949	689/1264	53	79	65	80
.5451021	2109/3869	37	53	57	73
.5451311	2911/5340	41	60	71	89
.5451366	2494/4575	43	61	58	75
.5451533	658/1207	47	71	70	85
.5451730	2993/5490	41	61	73	90
.5451837	549/1007	45	53	61	95
.5451899	4307/7900	59	79	73	100
.5452000	1363/2500	47	50	58	100
.5452080	603/1106	45	70	67	79
.5452445	1416/2597	48	53	59	98
.5452648	3397/6230	43	70	79	89
.5452899	301/552	43	60	70	92
.5452991	319/585	55	65	58	90
.5453066	1005/1843	45	57	67	97
.5453281	1961/3596	37	58	53	62
.5453358	2923/5360	37	67	79	80
.5453497	3782/6935	61	73	62	95
.5453586	517/948	47	60	55	79
.5453800	1995/3658	35	59	57	62
.5454035	3886/7125	58	75	67	95
.5454118	1159/2125	57	75	61	85
.5454416	3835/7031	59	79	65	89
.5454791	2021/3705	43	57	47	65
.5454875	1505/2759	43	62	70	89
0.5455					
.5455163	803/1472	55	80	73	92
.5455397	2911/5336	41	58	71	92
.5455481	1060/1943	40	58	53	67
.5455714	3819/7000	57	70	67	100
.5455809	2747/5035	41	53	67	95
.5455914	2537/4650	43	62	59	75
.5456053	329/603	47	67	70	90
.5456234	2350/4307	47	59	50	73
.5456346	3306/6059	57	73	58	83
.5456420	2911/5335	41	55	71	97
.5456540	3233/5925	53	75	61	79
.5456554	741/1358	57	70	65	97
.5456736	2491/4565	47	55	53	83
.5456929	1457/2670	47	60	62	89
.5456989	203/372	35	60	58	62
.5457090	585/1072	45	67	65	80
.5457430	1032/1891	43	61	48	62
.5457500	2183/4000	37	50	59	80
0.5455					
.5457618	1938/3551	34	53	57	67
.5457865	1943/3560	58	80	67	89
.5458056	2544/4661	48	59	53	79
.5458315	2501/4582	41	58	61	79
.5458377	518/949	37	65	70	73
.5458485	3905/7154	55	73	71	98
.5458824	232/425	40	50	58	85
.5459119	434/795	35	53	62	75
.5459155	969/1775	34	50	57	71
.5459259	737/1350	55	75	67	90
.5459352	826/1513	59	85	70	89
.5459701	1829/3350	59	67	62	100
.5459912	2867/5251	47	59	61	89
0.5460					
.5460048	451/826	41	59	55	70
.5460074	2065/3782	35	61	59	62
.5460294	3713/6800	47	80	79	85
.5460390	2378/4355	41	65	58	67
.5460633	2365/4331	43	61	55	71
.5460835	2210/4047	34	57	65	71
.5461019	1457/2668	47	58	62	92
.5461066	533/976	41	61	65	80
.5461538	71/130	35	65	71	70
.5461905	1147/2100	37	60	62	70
.5462043	2914/5335	47	55	62	97
.5462185*	65/119	50	70	65	85
.5462255	3285/6014	45	62	73	97
.5462470	1128/2065	47	59	48	70
.5462585	803/1470	55	75	73	98
.5462687	183/335	33	55	61	67
.5462795	301/551	43	58	70	95
.5462894	2915/5336	53	58	55	92
.5462963	59/108	50	60	59	90
.5463115	1333/2440	43	61	62	80
.5463308	2494/4565	43	55	58	83
.5463426	2405/4402	37	62	65	71
.5463768	377/690	58	75	65	92
.5463936	3015/5518	45	62	67	89
.5463961	2585/4731	47	57	55	83
.5464135	259/474	37	60	70	79
.5464583	2623/4800	43	60	61	80
.5464891	2257/4130	37	59	61	70
.5464983	476/871	34	65	70	67
0.5465					
.5465449	3053/5586	43	57	71	98
.5465546	2665/4876	41	53	65	92

（续）

比值	分数	A	B	C	D
0.5465					
.5465587*	135/247	45	65	75	95
.5465753	399/730	35	50	57	73
.5465909	481/880	37	55	65	80
.5466194	2773/5073	47	57	59	89
.5466529	2115/3869	45	53	47	73
.5466793	2881/5270	43	62	67	85
.5467152	2405/4399	37	53	65	83
.5467347	2679/4900	47	50	57	98
.5467436	2275/4161	35	57	65	73
.5467596	1333/2438	43	53	62	92
.5467672	2537/4640	43	58	59	80
.5467836*	187/342	55	90	85	95
.5467873	3021/5525	53	65	57	85
.5468026	590/1079	50	65	59	83
.5468254	689/1260	53	70	65	90
.5468571	957/1750	33	50	58	70
.5468718	2666/4875	43	65	62	75
.5468871	2117/3871	58	79	73	98
.5469030	3055/5586	47	57	65	98
.5469091	752/1375	47	55	48	75
.5469231	711/1300	45	65	79	100
.5469298	1247/2280	43	57	58	80
.5469556	530/969	50	57	53	85
.5469667	559/1022	43	70	65	73
0.5470					
.5470085*	64/117	40	65	80	90
.5470430	407/744	37	60	55	62
.5470492	3337/6100	47	61	71	100
.5470588	93/170	45	60	62	85
.5470696	2679/4897	47	59	57	83
.5470890	639/1168	45	73	71	80
.5470968	424/775	48	62	53	75
.5471178	2183/3990	37	57	59	70
.5471326	3053/5580	43	62	71	90
.5471515	2257/4125	37	55	61	75
.5471698	29/53	35	53	58	70
.5471756	3555/6497	45	73	79	89
.5471869	603/1102	45	58	67	95
.5472300	2914/5325	47	71	62	75
.5472727	301/550	43	55	70	100
.5472826	1007/1840	53	60	57	92
.5472932	2679/4895	47	55	57	89
.5472957	2378/4345	41	55	58	79
.5473098	295/539	50	55	59	98
.5473239	1943/3550	58	71	67	100
.5473364	1798/3285	58	73	62	90
0.5470					
.5473515	341/623	55	70	62	89
.5473579	549/1003	45	59	61	85
.5473684*	52/95	40	50	65	95
.5473896	1363/2490	47	60	58	83
.5474082	3770/6887	58	71	65	97
.5474227	531/970	45	50	59	97
.5474359	427/780	35	60	61	65
.5474576	323/590	34	59	57	60
.5474725	2491/4550	47	65	53	70
.5474801	1032/1885	43	58	48	65
.5474910	611/1116	47	62	65	90
0.5475					
.5475000	219/400	45	60	73	100
.5475129	3071/5609	37	71	83	79
.5475325	1054/1925	34	55	62	70
.5475543	403/736	62	80	65	92
.5475655	731/1335	43	75	85	89
.5475817	4189/7650	59	85	71	90
.5475959	2255/4118	41	58	55	71
.5476247	2294/4189	37	59	62	71
.5476464	477/871	45	65	53	67
.5476649	2275/4154	35	62	65	67
.5476695	517/944	47	59	55	80
.5476793	649/1185	55	75	59	79
.5477049	2279/4161	43	57	53	73
.5477243	2479/4526	37	62	67	73
.5477407	2679/4891	47	67	57	73
.5477454	413/754	35	58	59	65
.5477567	2747/5015	41	59	67	85
.5477671	969/1769	34	58	57	61
.5477922	2109/3850	37	55	57	70
.5478045	3306/6035	57	71	58	85
.5478388	1128/2059	47	58	48	71
.5478543	4047/7387	57	83	71	89
.5478642	2501/4565	41	55	61	83
.5478863	2294/4187	37	53	62	79
.5479032	3397/6200	43	62	79	100
.5479082	406/741	35	57	58	65
.5479300	1972/3599	34	59	58	61
.5479661	3233/5900	53	59	61	100
.5479876	177/323	45	57	59	85
0.5480					
.5480150	3658/6675	59	75	62	89
.5480178	2585/4717	47	53	55	89
.5480392	559/1020	43	60	65	85
.5480454	2173/3965	41	61	53	65

（续）

比值	分数	A	B	C	D
0.5480					
.5480702	781/1425	55	75	71	95
.5480816	2257/4118	37	58	61	71
.5480874	1003/1830	34	60	59	61
.5481100	319/582	55	60	58	97
.5481159	1891/3450	61	75	62	92
.5481319	1247/2275	43	65	58	70
.5481634	2925/5336	45	58	65	92
.5481818	603/1100	45	55	67	100
.5482109	2911/5310	41	59	71	90
.5482278	4331/7900	61	79	71	100
.5482587	551/1005	57	67	58	90
.5482662	585/1067	45	55	65	97
.5482759	159/290	45	58	53	75
.5482963	1947/3551	33	53	59	67
.5483237	4187/7636	53	83	79	92
.5483333	329/600	47	60	70	100
.5483529	4661/8500	59	85	79	100
.5484054	3869/7055	53	83	73	85
.5484198	3245/5917	55	61	59	97
.5484287	3403/6205	41	73	83	85
.5484396	2021/3685	43	55	47	67
.5484649	2501/4560	41	57	61	80
.5484886	3139/5723	43	59	73	97
.5484985	2064/3763	43	53	48	71
0.5485					
.5485175	407/742	37	53	55	70
.5485315	1961/3575	37	55	53	65
.5485380	469/855	35	57	67	75
.5485915	779/1420	41	60	57	71
.5485965	3127/5700	53	57	59	100
.5486246	1416/2581	48	58	59	89
.5486278	2279/4154	43	62	53	67
.5486352	2211/4030	33	62	67	65
.5486631	513/935	45	55	57	85
.5486651	2610/4757	45	67	58	71
.5486897	3685/6716	55	73	67	92
.5487009	4118/7505	58	79	71	95
.5487081	2867/5225	47	55	61	95
.5487288	259/472	37	59	70	80
.5487643	2065/3763	35	53	59	71
.5487714	737/1343	55	79	67	85
.5487759	1457/2655	47	59	62	90
.5487877	928/1691	48	57	58	89
.5488646	3819/6958	57	71	67	98
.5488791	3599/6557	59	79	61	83
.5488889	247/450	57	75	65	90

比值	分数	A	B	C	D
0.5485					
.5488964	3233/5890	53	62	61	95
.5489068	477/869	45	55	53	79
.5489202	2923/5325	37	71	79	75
.5489286	1537/2800	53	70	58	80
.5489502	2170/3953	35	59	62	67
.5489642	583/1062	53	59	55	90
.5489691	213/388	45	60	71	97
.5489754	2679/4880	47	61	57	80
0.5490					
.5490000	549/1000	45	50	61	100
.5490196 *	28/51	60	85	70	90
.5490278	3953/7200	59	80	67	90
.5490499	2485/4526	35	62	71	73
.5490649	2378/4331	41	61	58	71
.5490667	2059/3750	58	75	71	100
.5490781	3127/5695	53	67	59	85
.5490868	481/876	37	60	65	73
.5491061	2365/4307	43	59	55	73
.5491506	3782/6887	61	71	62	97
.5491566	2279/4150	43	50	53	83
.5491824	2183/3975	37	53	59	75
.5491885	4399/8010	53	89	83	90
.5492100	3337/6076	47	62	71	98
.5492337	2867/5220	47	58	61	90
.5492578	407/741	37	57	55	65
.5492727	3021/5500	53	55	57	100
.5492823	574/1045	41	55	70	95
.5492958	39/71	45	71	65	75
.5493311	657/1196	45	65	73	92
.5493506	423/770	45	55	47	70
.5493616	3055/5561	47	67	65	83
.5493789	1769/3220	58	70	61	92
.5493898	2881/5244	43	57	67	92
.5494081	2135/3886	35	58	61	67
.5494258	2679/4876	47	53	57	92
.5494737	261/475	45	50	58	95
.5494845	533/970	41	50	65	97
.5494983	1643/2990	53	65	62	92
0.5495					
.5495149	3285/5978	45	61	73	98
.5495229	2419/4402	41	62	59	71
.5495267	2380/4331	34	61	70	71
.5495392	477/868	45	62	53	70
.5495519	2146/3905	37	55	58	71
.5495627	377/686	58	70	65	98
.5495890	1003/1825	34	50	59	73

（续）

比值	分数	*A*	*B*	*C*	*D*
0.5495					
.5495968	1363/2480	47	62	58	80
.5496241	731/1330	43	70	85	95
.5496296	371/675	53	75	70	90
.5496352	3239/5893	41	71	79	83
.5496741	2108/3835	34	59	62	65
.5496822	1643/2989	53	61	62	98
.5496907	1333/2425	43	50	62	97
.5497076	94/171	47	57	50	75
.5497173	1653/3007	57	62	58	97
.5497291	2537/4615	43	65	59	71
.5497512	221/402	34	60	65	67
.5497727	2419/4400	41	55	59	80
.5498113	1457/2650	47	53	62	100
.5498299	3233/5880	53	60	61	98
.5498641	4047/7360	57	80	71	92
.5498716	2784/5063	48	61	58	83
.5498824	2337/4250	41	50	57	85
.5498977	2419/4399	41	53	59	83
.5499066	2650/4819	50	61	53	79
.5499348	2109/3835	37	59	57	65
.5499704	930/1691	45	57	62	89
0.5500					
.5500000*	11/20	35	50	55	70
.5500330	4161/7565	57	85	73	89
.5500371	742/1349	53	71	70	95
.5500516	533/969	41	57	65	85
.5500600	2291/4165	58	85	79	98
.5500736	747/1358	45	70	83	97
.5500752	1829/3325	59	70	62	95
.5501215	3397/6175	43	65	79	95
.5501266	2173/3950	41	50	53	79
.5501407	3127/5684	53	58	59	98
.5501528	1980/3599	33	59	60	61
.5501582	3477/6320	57	79	61	80
.5501672	329/598	47	65	70	92
.5501976	696/1265	48	55	58	92
.5502359	3149/5723	47	59	67	97
.5502453	3477/6319	57	71	61	89
.5502580	2666/4845	43	57	62	85
.5502732	1007/1830	53	61	57	90
.5502773	3869/7031	53	79	73	89
.5503043	1537/2793	53	57	58	98
.5503109	1947/3538	33	58	59	61
.5503156	3139/5704	43	62	73	92
.5503304	1416/2573	48	62	59	83
.5503513	235/427	47	61	50	70

比值	分数	*A*	*B*	*C*	*D*
0.5500					
.5503731	295/536	50	67	59	80
.5503756	2491/4526	47	62	53	73
.5504000	344/625	43	50	48	75
.5504155	2451/4453	43	61	57	73
.5504518	731/1328	43	80	85	83
.5504695	469/852	35	60	67	71
.5504778	1325/2407	50	58	53	83
0.5505					
.5505219	2479/4503	37	57	67	79
.5505282	3127/5680	53	71	59	80
.5505384	2914/5293	47	67	62	79
.5505675	2183/3965	37	61	59	65
.5505762	430/781	43	55	50	71
.5506118	495/899	33	58	60	62
.5506329	87/158	45	60	58	79
.5506494	212/385	40	55	53	70
.5506667	413/750	35	50	59	75
.5506811	2385/4331	45	61	53	71
.5506944	793/1440	61	80	65	90
.5507018	3139/5700	43	57	73	100
.5507071	1363/2475	47	55	58	90
.5507223	3431/6230	47	70	73	89
.5507274	2915/5293	53	67	55	79
.5507448	2773/5035	47	53	59	95
.5507509	3337/6059	47	73	71	83
.5507673	4307/7820	59	85	73	92
.5507865	2451/4450	43	50	57	89
.5508126	2542/4615	41	65	62	71
.5508150	3886/7055	58	83	67	85
.5508475	65/118	35	59	65	70
.5508621	639/1160	45	58	71	100
.5508656	2832/5141	48	53	59	97
.5508820	406/737	35	55	58	67
.5508889	2479/4500	37	60	67	75
.5508961	1537/2790	53	62	58	90
.5509109	3901/7081	47	73	83	97
.5509211	4187/7600	53	80	79	95
.5509338	649/1178	33	57	59	62
.5509442	2655/4819	45	61	59	79
.5509560	2795/5073	43	57	65	89
.5509798	3599/6532	59	71	61	92
0.5510					
.5510000	551/1000	57	60	58	100
.5510384	1247/2263	43	62	58	73
.5510463	869/1577	55	83	79	95
.5510567	2790/5063	45	61	62	83

（续）

比值	分数	A	B	C	D
0.5510					
.5510753	205/372	41	60	50	62
.5511032	3397/6164	43	67	79	92
.5511560	2074/3763	34	53	61	71
.5511727	517/938	47	67	55	70
.5511792	2337/4240	41	53	57	80
.5511853	3139/5695	43	67	73	85
.5512048	183/332	45	60	61	83
.5512459	2544/4615	48	65	53	71
.5512658	871/1580	65	79	67	100
.5512821	43/78	43	60	50	65
.5512986	2993/5429	41	61	73	89
.5513098	2294/4161	37	57	62	73
.5513285	913/1656	55	90	83	92
.5513374	639/1159	45	61	71	95
.5513462	2867/5200	47	65	61	80
.5513834	279/506	45	55	62	92
.5513876	2881/5225	43	55	67	95
.5514001	2993/5428	41	59	73	92
.5514241	697/1264	41	79	85	80
.5514261	638/1157	55	65	58	89
.5514496	2701/4898	37	62	73	79
.5514706*	75/136	50	80	75	85
.5514758	3905/7081	55	73	71	97
.5514907	3422/6205	58	73	59	85
.5514993	423/767	45	59	47	65
0.5515					
.5515093	2832/5135	48	65	59	79
.5515152*	91/165	35	55	65	75
.5515738	1139/2065	34	59	67	70
.5516084	1972/3575	34	55	58	65
.5516432	235/426	47	60	50	71
.5516677	3705/6716	57	73	65	92
.5516804	870/1577	45	57	58	83
.5517122	1595/2891	55	59	58	98
.5517357	3290/5963	47	67	70	89
.5517494	2255/4087	41	61	55	67
.5517808	1007/1825	53	73	57	75
.5518222	2135/3869	35	53	61	73
.5518408	2773/5025	47	67	59	75
.5518707	649/1176	55	60	59	98
.5518868	117/212	45	53	65	100
.5519048	1159/2100	57	70	61	90
.5519157	2881/5220	43	58	67	90
.5519355	1711/3100	58	62	59	100
.5519603	2337/4234	41	58	57	73
.5519831	2867/5194	47	53	61	98

比值	分数	A	B	C	D
0.5515					
.5519941	2256/4087	47	61	48	67
0.5520					
.5520186	711/1288	45	70	79	92
.5520442	2795/5063	43	61	65	83
.5520468	472/855	40	57	59	75
.5520599	737/1335	55	75	67	89
.5520687	3149/5704	47	62	67	92
.5520833	53/96	50	60	53	80
.5520907	779/1411	41	83	95	85
.5521008	657/1190	45	70	73	85
.5521244	2378/4307	41	59	58	73
.5521725	3355/6076	55	62	61	98
.5521794	3053/5529	43	57	71	97
.5521858	2021/3660	43	60	47	61
.5522105	2623/4750	43	50	61	95
.5522267	682/1235	33	57	62	65
.5522519	3139/5684	43	58	73	98
.5522689	1643/2975	53	70	62	85
.5522831	2419/4380	41	60	59	73
.5522904	639/1157	45	65	71	89
.5523139	549/994	45	70	61	71
.5523711	2679/4850	47	50	57	97
.5523810	58/105	40	60	58	70
.5523944	1961/3550	37	50	53	71
.5524122	1855/3358	53	73	70	92
.5524216	4015/7268	55	79	73	92
.5524345	295/534	50	60	59	89
.5524412	611/1106	47	70	65	79
.5524526	2275/4118	35	58	65	71
.5524561	3149/5700	47	57	67	100
.5524848	2279/4125	43	55	53	75
.5524877	2021/3658	43	59	47	62
0.5525					
.5525251	4234/7663	58	79	73	97
.5525411	3055/5529	47	57	65	97
.5525606	205/371	41	53	50	70
.5525770	3195/5782	45	59	71	98
.5525851	2501/4526	41	62	61	73
.5526087	1271/2300	41	50	62	92
.5526167	2925/5293	45	67	65	79
.5526316*	21/38	60	80	70	95
.5526408	3139/5680	43	71	73	80
.5526496	3233/5850	53	65	61	90
.5526582	2183/3950	37	50	59	79
.5526932	236/427	40	61	59	70
.5526952	3886/7031	58	79	67	89

（续）

比值	分数	A	B	C	D
0.5525					
.5527143	3869/7000	53	70	73	100
.5527239	2993/5415	41	57	73	95
.5527711	1147/2075	37	50	62	83
.5527783	3074/5561	53	67	58	83
.5527924	2623/4745	43	65	61	73
.5528017	513/928	45	58	57	80
.5528428	1653/2990	57	65	58	92
.5528486	1475/2668	50	58	59	92
.5528588	3713/6716	47	73	79	92
.5528736	481/870	37	58	65	75
.5528782	413/747	59	83	70	90
.5529295	2784/5035	48	53	58	95
.5529522	590/1067	50	55	59	97
.5529661	261/472	45	59	58	80
.5529851	741/1340	57	67	65	100
0.5530					
.5530193	2665/4819	41	61	65	79
.5530278	1653/2989	57	61	58	98
.5530435	318/575	48	50	53	92
.5530516	589/1065	57	71	62	90
.5530797	3053/5520	43	60	71	92
.5530990	4453/8051	61	83	73	97
.5531309	583/1054	53	62	55	85
.5531545	2867/5183	47	71	61	73
.5531573	2409/4355	33	65	73	67
.5531746	697/1260	41	70	85	90
.5531812	1139/2059	34	58	67	71
.5531868	2491/4503	47	57	53	79
.5532122	1705/3082	55	67	62	92
.5532164	473/855	43	57	55	75
.5532268	2666/4819	43	61	62	79
.5532681	1075/1943	43	58	50	67
.5532802	3053/5518	43	62	71	89
.5533063	410/741	41	57	50	65
.5533178	2610/4717	45	53	58	89
.5533333	83/150	45	75	83	90
.5533755	2623/4740	43	60	61	79
.5533871	3431/6200	47	62	73	100
.5533997	3337/6030	47	67	71	90
.5534137	689/1245	53	75	65	83
.5534240	2279/4118	43	58	53	71
.5534274	549/992	45	62	61	80
.5534420	611/1104	47	60	65	92
.5534641	2117/3825	58	85	73	90
.5534699	4187/7565	53	85	79	89
.5534836	2701/4880	37	61	73	80

比值	分数	A	B	C	D
0.5530					
.5534891	3363/6076	57	62	59	98
.5534977	4154/7505	62	79	67	95
0.5535					
.5535098	481/869	37	55	65	79
.5535198	574/1037	41	61	70	85
.5535556	2491/4500	47	50	53	90
.5535937	2665/4814	41	58	65	83
.5535959	3233/5840	53	73	61	80
.5536071	2494/4505	43	53	58	85
.5536295	511/923	35	65	73	71
.5536426	3055/5518	47	62	65	89
.5536689	913/1649	55	85	83	97
.5536752	3239/5850	41	65	79	90
.5536883	2537/4582	43	58	59	79
.5536986	2021/3650	43	50	47	73
.5537143	969/1750	34	50	57	70
.5537217	3355/6059	55	73	61	83
.5537313	371/670	53	67	70	100
.5537435	747/1349	45	71	83	95
.5537497	2385/4307	45	59	53	73
.5537775	3599/6499	59	67	61	97
.5538014	1333/2407	43	58	62	83
.5538099	705/1273	45	57	47	67
.5538315	2320/4189	40	59	58	71
.5538462	36/65	33	55	60	65
.5538642	473/854	43	61	55	70
.5538667	2077/3750	62	75	67	100
.5538847	221/399	34	57	65	70
.5538983	817/1475	43	59	57	75
.5539480	3599/6497	59	73	61	89
.5539906	118/213	40	60	59	71
0.5540					
.5540113	3149/5684	47	58	67	98
.5540299	928/1675	48	67	58	75
.5540385	2881/5200	43	65	67	80
.5540513	2701/4875	37	65	73	75
.5540835	3053/5510	43	58	71	95
.5540960	2320/4187	40	53	58	79
.5541212	558/1007	45	53	62	95
.5541353	737/1330	55	70	67	95
.5541475	481/868	37	62	65	70
.5541700	3422/6175	58	65	59	95
.5541791	3713/6700	47	67	79	100
.5541925	3569/6440	43	70	83	92
.5541973	3763/6790	53	70	71	97
.5542074	1416/2555	48	70	59	73

（续）

比值	分数	*A*	*B*	*C*	*D*
0.5540					
.5542222	1247/2250	43	50	58	90
.5542354	3965/7154	61	73	65	98
.5542453	235/424	47	53	50	80
.5542593	2993/5400	41	60	73	90
.5543054	2414/4355	34	65	71	67
.5543206	1995/3599	35	59	57	61
.5543529	1178/2125	57	75	62	85
.5543662	984/1775	41	50	48	71
.5543836	4047/7300	57	73	71	100
.5544014	3149/5680	47	71	67	80
.5544118	377/680	58	80	65	85
.5544189	3306/5963	57	67	58	89
.5544282	2623/4731	43	57	61	83
.5544465	611/1102	47	58	65	95
.5544762	2911/5250	41	70	71	75
.5544854	2015/3634	62	79	65	92
0.5545					
.5545230	3819/6887	57	71	67	97
.5545321	1505/2714	43	59	70	92
.5545355	2537/4575	43	61	59	75
.5545455	61/110	35	55	61	70
.5546000	2773/5000	47	50	59	100
.5546218*	66/119	55	70	60	85
.5546448	203/366	35	60	58	61
.5546653	2146/3869	37	53	58	73
.5546785	2881/5194	43	53	67	98
.5547009	649/1170	55	65	59	90
.5547729	2993/5395	41	65	73	83
.5547831	1995/3596	35	58	57	62
.5547881	1767/3185	57	65	62	98
.5548000	1387/2500	57	75	73	100
.5548070	3953/7125	59	75	67	95
.5548286	3901/7031	47	79	83	89
.5548387	86/155	43	60	48	62
.5548611	799/1440	47	80	85	90
.5548720	3337/6014	47	62	71	97
.5549419	2914/5251	47	59	62	89
.5549495	2747/4950	41	55	67	90
.5549699	737/1328	55	80	67	83
.5549804	3538/6375	58	75	61	85
0.5550					
.5550307	1175/2117	47	58	50	73
.5550421	3363/6059	57	73	59	83
.5550476	1457/2625	47	70	62	75
.5550562	247/445	57	75	65	89
.5550909	3053/5500	43	55	71	100
.5551142	559/1007	43	53	65	95
.5551191	2120/3819	40	57	53	67
.5551346	2784/5015	48	59	58	85
.5551429	1943/3500	58	70	67	100
.5551609	2501/4505	41	53	61	85
.5551800	3285/5917	45	61	73	97
.5551974	689/1241	53	73	65	85
.5552083	533/960	41	60	65	80
.5552239	186/335	33	55	62	67
.5552283	377/679	58	70	65	97
.5552381	583/1050	53	70	55	75
.5552743	658/1185	47	75	70	79
.5552941	236/425	40	50	59	85
.5552990	2405/4331	37	61	65	71
.5553365	1972/3551	34	53	58	67
.5553509	3015/5429	45	61	67	89
.5554049	2867/5162	47	58	61	89
.5554075	2501/4503	41	57	61	79
.5554187	451/812	41	58	55	70
.5554545	611/1100	47	55	65	100
.5554847	871/1568	65	80	67	98
.5554930	986/1775	34	50	58	71
.5554983	3233/5820	53	60	61	97
0.5555					
.5556284	2542/4575	41	61	62	75
.5556413	2881/5185	43	61	67	85
.5556452	689/1240	53	62	65	100
.5556650	564/1015	47	58	48	70
.5556827	1457/2622	47	57	62	92
.5556991	2150/3869	43	53	50	73
.5557121	3551/6390	53	71	67	90
.5557203	2623/4720	43	59	61	80
.5557307	4582/8245	58	85	79	97
.5557503	2537/4565	43	55	59	83
.5557778	2501/4500	41	50	61	90
.5557963	513/923	45	65	57	71
.5558123	3127/5626	53	58	59	97
.5558523	3538/6365	58	67	61	95
.5558633	602/1083	43	57	70	95
.5558734	2915/5244	53	57	55	92
.5558770	1537/2765	53	70	58	79
.5559113	2257/4060	37	58	61	70
.5559245	2679/4819	47	61	57	79
.5559776	3074/5529	53	57	58	97
.5559861	1435/2581	41	58	70	89

（续）

比值	分数	*A*	*B*	*C*	*D*
0.5560					
.5560109	407/732	37	60	55	61
.5560250	3290/5917	47	61	70	97
.5560506	3869/6958	53	71	73	98
.5560738	2623/4717	43	53	61	89
.5560920	2419/4350	41	58	59	75
.5561020	3053/5490	43	61	71	90
.5561212	2294/4125	37	55	62	75
.5561346	3735/6716	45	73	83	92
.5561497 *	104/187	40	55	65	85
.5561644	203/365	35	50	58	73
.5561667	3337/6000	47	60	71	100
.5561765	1891/3400	61	80	62	85
.5562212	1207/2170	34	62	71	70
.5562547	3713/6675	47	75	79	89
.5562573	2378/4275	41	57	58	75
.5562887	1349/2425	57	75	71	97
.5563094	410/737	41	55	50	67
.5563166	731/1314	43	73	85	90
.5563265	1363/2450	47	50	58	98
.5563380	79/142	35	70	79	71
.5563596	2537/4560	43	57	59	80
.5563801	3074/5525	53	65	58	85
.5564103	217/390	35	60	62	65
.5564286	779/1400	41	60	57	70
.5564544	3233/5810	53	70	61	83
.5564561	3021/5429	53	61	57	89
.5564706	473/850	43	50	55	85
.5564912	793/1425	61	75	65	95
0.5565					
.5565019	2679/4814	47	58	57	83
.5565537	1363/2449	47	62	58	79
.5565586	3021/5428	53	59	57	92
.5565678	2627/4720	37	59	71	80
.5566038	59/106	35	53	59	70
.5566191	3431/6164	47	67	73	92
.5566250	4453/8000	61	80	73	100
.5566430	2275/4087	35	61	65	67
.5566673	2726/4897	47	59	58	83
.5567033	2479/4453	37	61	67	73
.5567145	427/767	35	59	61	65
.5567319	2419/4345	41	55	59	79
.5567619	2923/5250	37	70	79	75
.5567732	1829/3285	59	73	62	90
.5567797	657/1180	45	59	73	100
.5567867	201/361	45	57	67	95
.5568000	348/625	48	50	58	100

比值	分数	*A*	*B*	*C*	*D*
0.5565					
.5568244	4047/7268	57	79	71	92
.5568273	2773/4980	47	60	59	83
.5568456	2542/4565	41	55	62	83
.5568841	1537/2760	53	60	58	92
.5568948	2726/4895	47	55	58	89
.5569087	1189/2135	41	61	58	70
.5569492	1643/2950	53	59	62	100
.5569892	259/465	37	62	70	75
.5569956	1891/3395	61	70	62	97
0.5570					
.5570196	3551/6375	53	75	67	85
.5570281	1387/2490	57	83	73	90
.5570368	2925/5251	45	59	65	89
.5570455	2451/4400	43	55	57	80
.5570621	493/885	34	59	58	60
.5570665	1147/2059	37	58	62	71
.5570850	688/1235	43	57	48	65
.5571121	517/928	47	58	55	80
.5571292	2911/5225	41	55	71	95
.5571429 *	39/70	45	70	65	75
.5571721	2451/4399	43	53	57	83
.5571795	2173/3900	41	60	53	65
.5572029	2255/4047	41	57	55	71
.5572152	2201/3950	62	79	71	100
.5572494	3363/6035	57	71	59	85
.5572837	2544/4565	48	55	53	83
.5573280	559/1003	43	59	65	85
.5573399	2950/5293	50	67	59	79
.5573549	413/741	35	57	59	65
.5573733	2419/4340	41	62	59	70
.5573925	1180/2117	40	58	59	73
.5574026	1073/1925	37	55	58	70
.5574138	3233/5800	53	58	61	100
.5574196	3655/6557	43	79	85	83
.5574410	3285/5893	45	71	73	83
.5574500	752/1349	47	57	48	71
.5574561	1271/2280	41	57	62	80
.5574658	4118/7387	58	83	71	89
.5574815	3763/6750	53	75	71	90
.5574871	3239/5810	41	70	79	83
.5574969	3127/5609	53	71	59	79
0.5575					
.5575232	4565/8188	55	89	83	92
.5575342	407/730	37	50	55	73
.5575583	2320/4161	40	57	58	73
.5575824	2537/4550	43	65	59	70

（续）

比值	分数	*A*	*B*	*C*	*D*
0.5575					
.5575894	1980/3551	33	53	60	67
.5576087	513/920	45	50	57	92
.5576217	2279/4087	43	61	53	67
.5576271	329/590	47	59	70	100
.5576415	2109/3782	37	61	57	62
.5576471	237/425	45	75	79	85
.5576628	2911/5220	41	58	71	90
.5576736	2867/5141	47	53	61	97
.5577033	2914/5225	47	55	62	95
.5577147	1435/2573	41	62	70	83
.5577250	657/1178	45	62	73	95
.5577830	473/848	43	53	55	80
.5578420	1003/1798	34	58	59	62
.5578650	3355/6014	55	62	61	97
.5578771	3658/6557	59	79	62	83
.5578947	53/95	45	57	53	75
.5579240	602/1079	43	65	70	83
.5579453	3139/5626	43	58	73	97
.5579747	1102/1975	57	75	58	79
.5579819	741/1328	57	80	65	83
.5579909	611/1095	47	73	65	75
0.5580					
.5580000	279/500	45	50	62	100
.5580079	986/1767	34	57	58	62
.5580268	3337/5980	47	65	71	92
.5580420	399/715	35	55	57	65
.5580508	2485/4453	35	61	71	73
.5580848	711/1274	45	65	79	98
.5581059	3477/6230	57	70	61	89
.5581170	2881/5162	43	58	67	89
.5581250	893/1600	47	60	57	80
.5581562	2337/4187	41	53	57	79
.5581897 *	259/464	37	58	70	80
.5582134	3337/5978	47	61	71	98
.5582160	1189/2130	41	60	58	71
.5582375	1457/2610	47	58	62	90
.5582496	944/1691	48	57	59	89
.5582736	3195/5723	45	59	71	97
.5582752	4402/7885	62	83	71	95
.5582888	522/935	45	55	58	85
.5583333	67/120	35	60	67	70
.5583459	3713/6650	47	70	79	95
.5583933	2405/4307	37	59	65	73
.5583955	2993/5360	41	67	73	80
.5584148	1085/1943	35	58	62	67
.5584291	583/1044	53	58	55	90
0.5580					
.5584416	43/77	43	55	50	70
.5584507	793/1420	61	71	65	100
.5584826	530/949	50	65	53	73
.5584938	1943/3479	58	71	67	98
.5584978	1160/2077	40	62	58	67
0.5585					
.5585232	711/1273	45	67	79	95
.5585315	2419/4331	41	61	59	71
.5585480	477/854	45	61	53	70
.5585735	2365/4234	43	58	55	73
.5586066	1363/2440	47	61	58	80
.5586735	219/392	45	60	73	98
.5586813	1271/2275	41	65	62	70
.5587002	533/954	41	53	65	90
.5587291	3306/5917	57	61	58	97
.5588235 *	19/34	40	80	95	85
.5588435	1643/2940	53	60	62	98
.5588508	603/1079	45	65	67	83
.5588591	3233/5785	53	65	61	89
.5588694	2867/5130	47	57	61	90
.5588903	3445/6164	53	67	65	92
.5589099	1333/2385	43	53	62	90
.5589325	754/1349	58	71	65	95
.5589474	531/950	45	50	59	95
0.5590					
.5590000	559/1000	43	50	65	100
.5590164	341/610	33	60	62	61
.5590296	1037/1855	34	53	61	70
.5590361	232/415	40	50	58	83
.5590469	2135/3819	35	57	61	67
.5590648	1363/2438	47	53	58	92
.5590691	2210/3953	34	59	65	67
.5590849	3397/6076	43	62	79	98
.5590903	4130/7387	59	83	70	89
.5591209	1272/2275	48	65	53	70
.5591512	1054/1885	34	58	62	65
.5591667	671/1200	55	60	61	100
.5591795	2726/4875	47	65	58	75
.5591868	2173/3886	41	58	53	67
.5591952	3363/6014	57	62	59	97
.5592105 *	85/152	50	80	85	95
.5592279	2115/3782	45	61	47	62
.5592567	1595/2852	55	62	58	92
.5592657	3534/6319	57	71	62	89
.5592751	2623/4690	43	67	61	70
.5593094	4503/8051	57	83	79	97

（续）

比值	分数	A	B	C	D
0.5590					
.5593371	3139/5612	43	61	73	92
.5593522	2832/5063	48	61	59	83
.5593692	603/1078	45	55	67	98
.5593900	697/1246	41	70	85	89
.5593982	2491/4453	47	61	53	73
.5594164	2109/3770	37	58	57	65
.5594444	1007/1800	53	60	57	90
.5594542	287/513	41	57	70	90
.5594828	649/1160	33	58	59	60
0.5595					
.5595109	2059/3680	58	80	71	92
.5595238	47/84	47	60	50	70
.5595294	1189/2125	41	50	58	85
.5595364	531/949	45	65	59	73
.5595533	451/806	41	62	55	65
.5595828	2146/3835	37	59	58	65
.5595890	817/1460	43	60	57	73
.5596176	3337/5963	47	67	71	89
.5596382	990/1769	33	58	60	61
.5596491	319/570	55	57	58	100
.5596838	708/1265	48	55	59	92
.5597227	3149/5626	47	58	67	97
.5597436	2183/3900	37	60	59	65
.5597723	295/527	50	62	59	85
.5597753	2491/4450	47	50	53	89
.5597923	3127/5586	53	57	59	98
.5597992	2565/4582	45	58	57	79
.5598086*	117/209	45	55	65	95
.5598394	697/1245	41	75	85	83
.5598523	2881/5146	43	62	67	83
.5598592	159/284	45	60	53	71
.5598963	3239/5785	41	65	79	89
.5599227	869/1552	55	80	79	97
.5599271	1537/2745	53	61	58	90
.5599492	3965/7081	61	73	65	97
.5599629	3021/5395	53	65	57	83
.5599655	649/1159	33	57	59	61
0.5600					
.5600000*	14/25	60	75	70	100
.5600122	1829/3266	59	71	62	92
.5600357	3139/5605	43	59	73	95
.5600496	2257/4030	37	62	61	65
.5600719	2494/4453	43	61	58	73
.5601085	2064/3685	43	55	48	67
.5601266	177/316	45	60	59	79
.5601353	2650/4731	50	57	53	83

比值	分数	A	B	C	D
0.5600					
.5601610	1392/2485	48	70	58	71
.5601913	2108/3763	34	53	62	71
.5602041	549/980	45	50	61	98
.5602260	2479/4425	37	59	67	75
.5602410	93/166	45	60	62	83
.5602716	330/589	33	57	60	62
.5602857	1961/3500	37	50	53	70
.5603038	3763/6716	53	73	71	92
.5603118	3953/7055	59	83	67	85
.5603448	65/116	35	58	65	70
.5603546	3477/6205	57	73	61	85
.5603799	413/737	35	55	59	67
.5603943	3127/5580	53	62	59	90
.5603968	2881/5141	43	53	67	97
.5604155	1025/1829	41	59	50	62
.5604328	2745/4898	45	62	61	79
.5604373	2666/4757	43	67	62	71
.5604494	1247/2225	43	50	58	89
.5604571	2109/3763	37	53	57	71
.5604824	3021/5390	53	55	57	98
.5604869	2993/5340	41	60	73	89
0.5605					
.5605000	1121/2000	57	60	59	100
.5605075	3534/6305	57	65	62	97
.5605263	213/380	45	57	71	100
.5605391	2537/4526	43	62	59	73
.5605473	2745/4897	45	59	61	83
.5605769	583/1040	53	65	55	80
.5606034	3233/5767	53	73	61	79
.5606258	430/767	43	59	50	65
.5606536	3397/6059	43	73	79	83
.5606557	171/305	45	61	57	75
.5607018	799/1425	47	75	85	95
.5607116	3782/6745	61	71	62	95
.5607227	3569/6365	43	67	83	95
.5607843*	143/255	55	75	65	85
.5608065	3477/6200	57	62	61	100
.5608412	2747/4898	41	62	67	79
.5608491	1189/2120	41	53	58	80
.5608684	2170/3869	35	53	62	73
.5608828	737/1314	55	73	67	90
.5609070	2993/5336	41	58	73	92
.5609334	649/1157	55	65	59	89
.5609453	451/804	41	60	55	67
.5609557	2747/4897	41	59	67	83
.5609836	1711/3050	58	61	59	100

（续）

比值	分数	*A*	*B*	*C*	*D*	比值	分数	*A*	*B*	*C*	*D*
0.5605						0.5615					
.5609931	2350/4189	47	59	50	71	.5618671	3551/6320	53	79	67	80
0.5610						.5618839	513/913	45	55	57	83
.5610046	3306/5893	57	71	58	83	.5618929	2256/4015	47	55	48	73
.5610080	423/754	45	58	47	65	.5619048	59/105	40	60	59	70
.5610184	639/1139	45	67	71	85	.5619272	2146/3819	37	57	58	67
.5610320	1457/2597	47	53	62	98	.5619406	3139/5586	43	57	73	98
.5610368	671/1196	55	65	61	92	.5619565	517/920	47	50	55	92
.5610526	533/950	41	50	65	95	.5619718	399/710	35	50	57	71
.5610568	2867/5110	47	70	61	73	.5619948	3685/6557	55	79	67	83
.5610695	2623/4675	43	55	61	85	0.5620					
.5610837	1139/2030	34	58	67	70	.5620133	2021/3596	43	58	47	62
.5610955	799/1424	47	80	85	89	.5620225	2501/4450	41	50	61	89
.5611189	2006/3575	34	55	59	65	.5620516	2115/3763	45	53	47	71
.5611420	3538/6305	58	65	61	97	.5620619	1363/2425	47	50	58	97
.5611765	477/850	45	50	53	85	.5620657	2993/5325	41	71	73	75
.5611921	885/1577	45	57	59	83	.5620833	1349/2400	57	80	71	90
.5612134	518/923	37	65	70	71	.5620857	1272/2263	48	62	53	73
.5612349	2745/4891	45	67	61	73	.5621042	3195/5684	45	58	71	98
.5612450	559/996	43	60	65	83	.5621420	2257/4015	37	55	61	73
.5612632	1333/2375	43	50	62	95	.5621569	2867/5100	47	60	61	85
.5612919	2294/4087	37	61	62	67	.5621662	4526/8051	62	83	73	97
.5613300	2279/4060	43	58	53	70	.5621986	583/1037	53	61	55	85
.5613460	1885/3358	58	73	65	92	.5622227	2914/5183	47	71	62	73
.5613682	279/497	45	70	62	71	.5622363	533/948	41	60	65	79
.5614191	3149/5609	47	71	67	79	.5623089	3127/5561	53	67	59	83
.5614272	2911/5185	41	61	71	85	.5623214	3149/5600	47	70	67	80
.5614407	265/472	50	59	53	80	.5623342	212/377	40	58	53	65
.5614612	3074/5475	53	73	58	75	.5623392	4154/7387	62	83	67	89
.5614796	2201/3920	62	80	71	98	.5623503	3053/5429	43	61	71	89
.5615449	2021/3599	43	59	47	61	.5623746	3363/5980	57	65	59	92
0.5615						.5623932	329/585	47	65	70	90
.5615672	301/536	43	67	70	80	.5624000	703/1250	37	50	57	75
.5615873	1769/3150	58	70	61	90	.5624242	464/825	40	55	58	75
.5615984	2881/5130	43	57	67	90	.5624448	3819/6790	57	70	67	97
.5616197	319/568	55	71	58	80	.5624539	3053/5428	43	59	71	92
.5616352	893/1590	47	53	57	90	.5624628	2832/5035	48	53	59	95
.5616541	747/1330	45	70	83	95	.5624746	2773/4930	47	58	59	85
.5616654	715/1273	33	57	65	67	0.5625					
.5617094	1643/2925	53	65	62	90	.5625000*	9/16	45	60	75	100
.5617433	232/413	40	59	58	70	.5625090	3901/6935	47	73	83	95
.5617602	2183/3886	37	58	59	67	.5625161	4355/7742	65	79	67	98
.5617831	3869/6887	53	71	73	97	.5625320	4399/7820	53	85	83	92
.5617869	4087/7275	61	75	67	97	.5625448	3139/5580	43	62	73	90
.5618136	1995/3551	35	53	57	67	.5625477	1475/2622	50	57	59	92
.5618198	3149/5605	47	59	67	95	.5625627	3363/5978	57	61	59	98
.5618546	2666/4745	43	65	62	73	.5625731	481/855	37	57	65	75

（续）

比值	分数	A	B	C	D	比值	分数	A	B	C	D
0.5625						0.5635					
.5625903	2337/4154	41	62	57	67	.5635172	2666/4731	43	57	62	83
.5626419	2726/4845	47	57	58	85	.5635593	133/236	35	59	57	60
.5626712	1643/2920	53	73	62	80	.5635665	2345/4161	35	57	67	73
.5626842	3245/5767	55	73	59	79	.5635821	944/1675	48	67	59	75
.5626866	377/670	58	67	65	100	.5636130	2627/4661	37	59	71	79
.5627187	3055/5429	47	61	65	89	.5636158	2494/4425	43	59	58	75
.5627548	2623/4661	43	59	61	79	.5636364	31/55	35	55	62	70
.5627692	1829/3250	59	65	62	100	.5636494	2360/4187	40	53	59	79
.5627941	3827/6800	43	80	89	85	.5636704	301/534	43	60	70	89
.5628014	2451/4355	43	65	57	67	.5637308	3149/5586	47	57	67	98
.5628223	2074/3685	34	55	61	67	.5637363	513/910	45	65	57	70
.5628577	2655/4717	45	53	59	89	.5637500	451/800	41	50	55	80
.5628750	4503/8000	57	80	79	100	.5637778	2537/4500	43	50	59	90
.5628832	3397/6035	43	71	79	85	.5638042	3053/5415	43	57	71	95
.5629098	2747/4880	41	61	67	80	.5638382	711/1261	45	65	79	97
.5629379	2491/4425	47	59	53	75	.5638655	671/1190	55	70	61	85
.5629614	2745/4876	45	53	61	92	.5638779	1995/3538	35	58	57	61
.5629746	2150/3819	43	57	50	67	.5639045	803/1424	55	80	73	89
0.5630						.5639098*	75/133	50	70	75	95
.5630065	4307/7650	59	85	73	90	.5639287	2911/5162	41	58	71	89
.5630291	3658/6497	59	73	62	89	.5639591	2923/5183	37	71	79	73
.5630769	183/325	33	55	61	65	.5639682	3337/5917	47	61	71	97
.5630858	781/1387	55	73	71	95	.5639779	3363/5963	57	67	59	89
.5630952	473/840	43	60	55	70	.5639942	3869/6860	53	70	73	98
.5631325	2337/4150	41	50	57	83	0.5640					
.5631521	2537/4505	43	53	59	85	.5640000	141/250	45	50	47	75
.5631701	2679/4757	47	67	57	71	.5640388	4307/7636	59	83	73	92
.5631884	1943/3450	58	75	67	92	.5640456	2030/3599	35	59	58	61
.5631995	1711/3038	58	62	59	98	.5640818	3477/6164	57	67	61	92
.5632068	3337/5925	47	75	71	79	.5640930	1505/2668	43	58	70	92
.5632238	3599/6390	59	71	61	90	.5641026*	22/39	40	60	55	65
.5632319	481/854	37	61	65	70	.5641096	2059/3650	58	73	71	100
.5632911	89/158	45	79	89	90	.5641273	585/1037	45	61	65	85
.5632971	2385/4234	45	58	53	73	.5641457	3685/6532	55	71	67	92
.5633059	2665/4731	41	57	65	83	.5641641	2585/4582	47	58	55	79
.5633212	2015/3577	62	73	65	98	.5641736	611/1083	47	57	65	95
.5633499	3397/6030	43	67	79	90	.5641987	602/1067	43	55	70	97
.5633562	329/584	47	73	70	80	.5642077	413/732	35	60	59	61
.5633716	2747/4876	41	53	67	92	.5642285	2183/3869	37	53	59	73
.5634022	2537/4503	43	57	59	79	.5642428	1032/1829	43	59	48	62
.5634091	2479/4400	37	55	67	80	.5642500	2257/4000	37	50	61	80
.5634286	493/875	34	50	58	70	.5642619	2542/4505	41	53	62	85
.5634483	817/1450	43	58	57	75	.5642705	3705/6566	57	67	65	98
.5634872	2747/4875	41	65	67	75	.5642857	79/140	45	70	79	90
0.5635						.5643369	3149/5580	47	62	67	90
.5635081	559/992	43	62	65	80	.5644022	2077/3680	62	80	67	92

（续）

比值	分数	A	B	C	D
0.5640					
.5644156	2173/3850	41	55	53	70
.5644330	219/388	45	60	73	97
.5644668	3139/5561	43	67	73	83
.5644776	1891/3350	61	67	62	100
0.5645					
.5645125	2542/4503	41	57	62	79
.5645212	1798/3185	58	65	62	98
.5645333	2117/3750	58	75	73	100
.5645540	481/852	37	60	65	71
.5645739	2365/4189	43	59	55	71
.5645933	118/209	50	55	59	95
.5646048	1643/2910	53	60	62	97
.5646067	201/356	45	60	67	89
.5646186	533/944	41	59	65	80
.5646465	559/990	43	55	65	90
.5646807	3431/6076	47	62	73	98
.5646880	371/657	53	73	70	90
.5647036	2915/5162	53	58	55	89
.5647059*	48/85	40	75	90	85
.5647152	3569/6320	43	79	83	80
.5647432	4453/7885	61	83	73	95
.5647541	689/1220	53	61	65	100
.5647681	2350/4161	47	57	50	73
.5647797	3422/6059	58	73	59	83
.5647940	754/1335	58	75	65	89
.5648012	767/1358	59	70	65	97
.5648305	1333/2360	43	59	62	80
.5648436	2365/4187	43	53	55	79
.5648487	3397/6014	43	62	79	97
.5648889	1271/2250	41	50	62	90
.5649020	2881/5100	43	60	67	85
.5649113	2006/3551	34	53	59	67
.5649462	2627/4650	37	62	71	75
.5649567	848/1501	48	57	53	79
.5649777	2665/4717	41	53	65	89
.5649922	3599/6370	59	65	61	98
0.5650					
.5650246	1147/2030	37	58	62	70
.5650300	3015/5336	45	58	67	92
.5650373	682/1207	55	71	62	85
.5650704	1003/1775	34	50	59	71
.5651341	295/522	50	58	59	90
.5651359	603/1067	45	55	67	97
.5651488	2867/5073	47	57	61	89
.5651629	451/798	41	57	55	70
.5651669	1947/3445	33	53	59	65

比值	分数	A	B	C	D
0.5650					
.5651833	4331/7663	61	79	71	97
.5651897	2666/4717	43	53	62	89
.5651977	2501/4425	41	59	61	75
.5652101	3363/5950	57	70	59	85
.5652553	1295/2291	37	58	70	79
.5652921	329/582	47	60	70	97
.5653017	2623/4640	43	58	61	80
.5653147	2021/3575	43	55	47	65
.5653333	212/375	40	50	53	75
.5653533	4161/7360	57	80	73	92
.5653623	3901/6900	47	75	83	92
.5653704	3053/5400	43	60	71	90
.5654045	657/1162	45	70	73	83
.5654135	376/665	47	57	48	70
.5654348	2035/3599	37	59	55	61
.5654360	3599/6365	59	67	61	95
.5654638	2993/5293	41	67	73	79
.5654795	1032/1825	43	50	48	73
.5654889	3713/6566	47	67	79	98
0.5655					
.5655087	2279/4030	43	62	53	65
.5655471	522/923	45	65	58	71
.5655634	3127/5529	53	57	59	97
.5655766	1643/2905	53	70	62	83
.5655932	3337/5900	47	59	71	100
.5656140	806/1425	62	75	65	95
.5656642	2257/3990	37	57	61	70
.5656775	2726/4819	47	61	58	79
.5656975	4047/7154	57	73	71	98
.5657198	1175/2077	47	62	50	67
.5657303	1007/1780	53	60	57	89
.5657402	2870/5073	41	57	70	89
.5657534	413/730	35	50	59	73
.5657778	1273/2250	57	75	67	90
.5658075	3710/6557	53	79	70	83
.5658409	434/767	35	59	62	65
.5658480	2419/4275	41	57	59	75
.5658596	2337/4130	41	59	57	70
.5658791	2491/4402	47	62	53	71
.5658943	3053/5395	43	65	71	83
.5659066	2035/3596	37	58	55	62
.5659184	2773/4900	47	50	59	98
.5659420	781/1380	55	75	71	92
.5659729	3127/5525	53	65	59	85
.5659794	549/970	45	50	61	97
0.5660					
.5660112	403/712	62	80	65	89

（续）

比值	分数	A	B	C	D
0.5660					
.5660481	4118/7275	58	75	71	97
.5660587	3569/6305	43	65	83	97
.5660981	531/938	45	67	59	70
.5661202	518/915	37	61	70	75
.5661364	2491/4400	47	55	53	80
.5661544	3021/5336	53	58	57	92
.5661667	3397/6000	43	75	79	80
.5661765*	77/136	55	80	70	85
.5661905	1189/2100	41	60	58	70
.5661972	201/355	45	71	67	75
.5662185	3074/5429	53	61	58	89
.5662447	671/1185	55	75	61	79
.5662605	3021/5335	53	55	57	97
.5663130	427/754	35	58	61	65
.5663228	1537/2714	53	59	58	92
.5663793	657/1160	45	58	73	100
.5664000	354/625	48	50	59	100
.5664193	3053/5390	43	55	71	98
.5664286	793/1400	61	70	65	100
.5664594	2915/5146	53	62	55	83
.5664723	1943/3430	58	70	67	98
.5664855	3127/5520	53	60	59	92
.5664964	2773/4895	47	55	59	89
0.5665					
.5665105	2419/4270	41	61	59	70
.5665455	779/1375	41	55	57	75
.5665635	183/323	45	57	61	85
.5665918	3782/6675	61	75	62	89
.5666008	2867/5060	47	55	61	92
.5666232	2173/3835	41	59	53	65
.5666252	455/803	35	55	65	73
.5666408	2925/5162	45	58	65	89
.5666667*	17/30	40	75	85	80
.5666908	3127/5518	53	62	59	89
.5667105	4307/7600	59	80	73	95
.5667169	3763/6640	53	80	71	83
.5667256	2565/4526	45	62	57	73
.5667904	611/1078	47	55	65	98
.5667952	3233/5704	53	62	61	92
.5668073	403/711	62	79	65	90
.5668158	2914/5141	47	53	62	97
.5668449	106/187	50	55	53	85
.5668550	301/531	43	59	70	90
.5668576	2870/5063	41	61	70	83
.5668680	657/1159	45	61	73	95
.5668826	2013/3551	33	53	61	67
0.5665					
.5668860	517/912	47	57	55	80
.5669231	737/1300	33	60	67	65
.5669371	559/986	43	58	65	85
.5669470	2494/4399	43	53	58	83
.5669597	2773/4891	47	67	59	73
.5669763	2747/4845	41	57	67	85
.5669870	1003/1769	34	58	59	61
0.5670					
.5670130	2183/3850	37	55	59	70
.5670257	3422/6035	58	71	59	85
.5670406	3286/5795	53	61	62	95
.5670773	4189/7387	59	83	71	89
.5671556	1972/3477	34	57	58	61
.5671714	2360/4161	40	57	59	73
.5671849	3685/6497	55	73	67	89
.5671937	287/506	41	55	70	92
.5672076	3705/6532	57	71	65	92
.5672170	481/848	37	53	65	80
.5672269*	135/238	45	70	75	85
.5672414	329/580	47	58	70	100
.5672552	1767/3115	57	70	62	89
.5672680	2201/3880	62	80	71	97
.5672956	451/795	41	53	55	75
.5673077	59/104	50	65	59	80
.5673239	1007/1775	53	71	57	75
.5673665	2135/3763	35	53	61	71
.5673913	261/460	45	50	58	92
.5674246	1073/1891	37	61	58	62
.5674303	4582/8075	58	85	79	95
.5674464	2911/5130	41	57	71	90
.5674603*	143/252	55	70	65	90
.5674781	2914/5135	47	65	62	79
.5674959	1711/3015	58	67	59	90
0.5675					
.5675085	2337/4118	41	58	57	71
.5675170	3337/5880	47	60	71	98
.5675472	752/1325	47	53	48	75
.5675847	2679/4720	47	59	57	80
.5675949	1121/1975	57	75	59	79
.5676056	403/710	62	71	65	100
.5676214	2279/4015	43	55	53	73
.5676287	1003/1767	34	57	59	62
.5676389	4087/7200	61	80	67	90
.5676535	2320/4087	40	61	58	67
.5676728	583/1027	53	65	55	79
.5676824	3074/5415	53	57	58	95

<div align="right">（续）</div>

比值	分数	A	B	C	D	比值	分数	A	B	C	D
0.5675						0.5680					
.5676910	3233/5695	53	67	61	85	.5684435	1333/2345	43	67	62	70
.5676976	826/1455	59	75	70	97	.5684636	2109/3710	37	53	57	70
.5677108	1178/2075	57	75	62	83	.5684823	1075/1891	43	61	50	62
.5677338	3139/5529	43	57	73	97	.5684912	2046/3599	33	59	62	61
.5677711	377/664	58	80	65	83	0.5685					
.5677948	2701/4757	37	67	73	71	.5685113	2784/4897	48	59	58	83
.5677987	2257/3975	37	53	61	75	.5685170	3431/6035	47	71	73	85
.5678322	406/715	35	55	58	65	.5685383	2501/4399	41	53	61	83
.5678404	2419/4260	41	60	59	71	.5685455	3127/5500	53	55	59	100
.5678479	657/1157	45	65	73	89	.5685693	767/1349	59	71	65	95
.5678571	159/280	45	60	53	70	.5685757	3445/6059	53	73	65	83
.5678990	3195/5626	45	58	71	97	.5685869	2201/3871	62	79	71	98
.5679144	531/935	45	55	59	85	.5686441	671/1180	33	59	61	60
.5679245	301/530	43	53	70	100	.5686594	3139/5520	43	60	73	92
.5679317	2993/5270	41	62	73	85	.5686747	236/415	40	50	59	83
.5679484	2378/4187	41	53	58	79	.5686756	3010/5293	43	67	70	79
.5679630	1475/2597	50	53	59	98	.5687039	2773/4876	47	53	59	92
.5679731	1855/3266	53	71	70	92	.5687082	1105/1943	34	58	65	67
.5679847	4453/7840	61	80	73	98	.5687215	2491/4380	47	60	53	73
0.5680						.5687264	451/793	41	61	55	65
.5680000	71/125	57	75	71	95	.5687436	2784/4895	48	55	58	89
.5680124	1829/3220	59	70	62	92	.5687500 *	91/160	65	80	70	100
.5680208	2405/4234	37	58	65	73	.5687896	3233/5684	53	58	61	98
.5680312	1457/2565	47	57	62	90	.5688205	2773/4875	47	65	59	75
.5680412	551/970	57	60	58	97	.5688679	603/1060	45	53	67	100
.5680602	3397/5980	43	65	79	92	.5688859	4187/7360	53	80	79	92
.5681230	3953/6958	59	71	67	98	.5688990	3245/5704	55	62	59	92
.5681271	1180/2077	40	62	59	67	.5689266	1007/1770	53	59	57	90
.5681425	3285/5782	45	59	73	98	.5689489	590/1037	50	61	59	85
.5681508	2501/4402	41	62	61	71	.5689555	2925/5141	45	53	65	97
.5681633	696/1225	48	50	58	98	.5689706	3869/6800	53	80	73	85
.5681941	1054/1855	34	53	62	70	.5689786	2256/3965	47	61	48	65
.5681980	3995/7031	47	79	85	89	.5689884	3431/6030	47	67	73	90
.5682116	2170/3819	35	57	62	67	.5689971	2173/3819	41	57	53	67
.5682261	583/1026	53	57	55	90	0.5690					
.5682377	2773/4880	47	61	59	80	.5690073	235/413	47	59	50	70
.5682503	3397/5978	43	61	79	98	.5690189	1653/2905	57	70	58	83
.5683155	1643/2891	53	59	62	98	.5690302	2881/5063	43	61	67	83
.5683333	341/600	55	60	62	100	.5690411	2077/3650	62	73	67	100
.5683534	3538/6225	58	75	61	83	.5690736	2451/4307	43	59	57	73
.5683623	3363/5917	57	61	59	97	.5690774	3596/6319	58	71	62	89
.5683730	2365/4161	43	57	55	73	.5690999	803/1411	55	83	73	85
.5683953	1392/2449	48	62	58	79	.5691218	4582/8051	58	83	79	97
.5684091	2501/4400	41	55	61	80	.5691347	638/1121	55	59	58	95
.5684248	1595/2806	55	61	58	92	.5691355	2021/3551	43	53	47	67
.5684323	3713/6532	47	71	79	92	.5691576	4189/7360	59	80	71	92

（续）

比值	分数	*A*	*B*	*C*	*D*
0.5690					
.5691684	2950/5183	50	71	59	73
.5691765	2419/4250	41	50	59	85
.5691901	3233/5680	53	71	61	80
.5691983	1349/2370	57	79	71	90
.5692088	2784/4891	48	67	58	73
.5692420	781/1372	55	70	71	98
.5692593	1537/2700	53	60	58	90
.5692958	2021/3550	43	50	47	71
.5693158	3195/5612	45	61	71	92
.5693308	2365/4154	43	62	55	67
.5693483	2385/4189	45	59	53	71
.5693674	513/901	45	53	57	85
.5693878	279/490	45	50	62	98
.5694141	2867/5035	47	53	61	95
.5694394	3149/5530	47	70	67	79
.5694512	2345/4118	35	58	67	71
.5694564	660/1159	33	57	60	61
.5695424	3149/5529	47	57	67	97
0.5695					
.5695521	3599/6319	59	71	61	89
.5695811	3127/5490	53	61	59	90
.5695896	3053/5360	43	67	71	80
.5696027	2050/3599	41	59	50	61
.5696095	671/1178	33	57	61	62
.5696429	319/560	55	70	58	80
.5696599	4187/7350	53	75	79	98
.5696673	2911/5110	41	70	71	73
.5696797	3397/5963	43	67	79	89
.5696915	3139/5510	43	58	73	95
.5696970	94/165	47	55	50	75
.5697283	2537/4453	43	61	59	73
.5697366	2790/4897	45	59	62	83
.5697500	2279/4000	43	50	53	80
.5697868	3074/5395	53	65	58	83
.5697981	649/1139	55	67	59	85
.5698085	3869/6790	53	70	73	97
.5698189	1416/2485	48	70	59	71
.5698477	3965/6958	61	71	65	98
.5698684	4331/7600	61	80	71	95
.5698795	473/830	43	50	55	83
.5698851	2479/4350	37	58	67	75
.5699126	913/1602	55	89	83	90
.5699196	2482/4355	34	65	73	67
.5699320	4189/7350	59	75	71	98
.5699548	3149/5525	47	65	67	85
.5699627	611/1072	47	67	65	80

比值	分数	*A*	*B*	*C*	*D*
0.5695					
.5699694	558/979	45	55	62	89
.5699839	3551/6230	53	70	67	89
.5699867	2993/5251	41	59	73	89
0.5700					
.5700000	57/100	35	50	57	70
.5700072	3953/6935	59	73	67	95
.5700268	639/1121	45	59	71	95
.5700353	2747/4819	41	61	67	79
.5700535	533/935	41	55	65	85
.5700809	423/742	45	53	47	70
.5700877	3705/6499	57	67	65	97
.5700952	2993/5250	41	70	73	75
.5701124	2537/4450	43	50	59	89
.5701754*	65/114	50	60	65	95
.5701853	3538/6205	58	73	61	85
.5702119	2745/4814	45	58	61	83
.5702174	2623/4600	43	50	61	92
.5702341	341/598	55	65	62	92
.5702544	1457/2555	47	70	62	73
.5702632	3705/6497	57	73	65	89
.5702674	2666/4675	43	55	62	85
.5702897	2146/3763	37	53	58	71
.5703154	1537/2695	53	55	58	98
.5703333	1711/3000	58	60	59	100
.5703410	3596/6305	58	65	62	97
.5703704*	77/135	35	45	55	75
.5704082	559/980	43	50	65	98
.5704249	1705/2989	55	61	62	98
.5704274	3337/5850	47	65	71	90
.5704355	2790/4891	45	67	62	73
.5704528	2255/3953	41	59	55	67
.5704710	3149/5520	47	60	67	92
.5704918	174/305	45	61	58	75
0.5705					
.5705022	3431/6014	47	62	73	97
.5705189	2419/4240	41	53	59	80
.5705409	2479/4345	37	55	67	79
.5705473	2867/5025	47	67	61	75
.5705782	671/1176	55	60	61	98
.5706085	497/871	35	65	71	67
.5706273	2747/4814	41	58	67	83
.5706411	2795/4898	43	62	65	79
.5706468	1147/2010	37	60	62	67
.5706654	1175/2059	47	58	50	71
.5706778	3149/5518	47	62	67	89
.5706859	3403/5963	41	67	83	89

（续）

比值	分数	*A*	*B*	*C*	*D*
0.5705					
.5707058	2256/3953	47	59	48	67
.5707273	3139/5500	43	55	73	100
.5707475	2993/5244	41	57	73	92
.5707576	2795/4897	43	59	65	83
.5707692	371/650	53	65	70	100
.5707843	2911/5100	41	60	71	85
.5707937	899/1575	58	70	62	90
.5708168	3599/6305	59	65	61	97
.5708368	689/1207	53	71	65	85
.5708502	141/247	45	57	47	65
.5708571	3710/6499	53	67	70	97
.5708861	451/790	41	50	55	79
.5709008	3245/5684	55	58	59	98
.5709244	3397/5950	43	70	79	85
.5709598	696/1219	48	53	58	92
.5709677	177/310	45	62	59	75
.5709908	559/979	43	55	65	89
0.5710					
.5710046	2501/4380	41	60	61	73
.5710244	3835/6716	59	73	65	92
.5710328	3710/6497	53	73	70	89
.5710425	4015/7031	55	79	73	89
.5710705	1595/2793	55	57	58	98
.5710769	928/1625	48	65	58	75
.5711095	767/1343	59	79	65	85
.5711207	265/464	50	58	53	80
.5711392	1128/1975	47	50	48	79
.5711575	301/527	43	62	70	85
.5711779	2279/3990	43	57	53	70
.5711982	2479/4340	37	62	67	70
.5712154	2679/4690	47	67	57	70
.5712308	3713/6500	47	65	79	100
.5712360	1271/2225	41	50	62	89
.5712698	3599/6300	59	70	61	90
.5712888	4087/7154	61	73	67	98
.5713002	2544/4453	48	61	53	73
.5713101	689/1206	53	67	65	90
.5713187	3713/6499	47	67	79	97
.5713274	2419/4234	41	58	59	73
.5713380	901/1577	53	83	85	95
.5713526	2150/3763	43	53	50	71
.5713574	2294/4015	37	55	62	73
.5713725	1457/2550	47	60	62	85
.5713924	2257/3950	37	50	61	79
.5714041	3337/5840	47	73	71	80
.5714578	2795/4891	43	67	65	73
0.5710					
.5714706	1943/3400	58	80	67	85
.5714839	1475/2581	50	58	59	89
.5714885	1363/2385	47	53	58	90
.5714972	2378/4161	41	57	58	73
0.5715					
.5715064	3149/5510	47	58	67	95
.5715294	4047/7081	57	73	71	97
.5715465	2077/3634	62	79	67	92
.5715686	583/1020	53	60	55	85
.5716156	2183/3819	37	57	59	67
.5716700	2030/3551	35	53	58	67
.5716849	2867/5015	47	59	61	85
.5716854	1272/2225	48	50	53	89
.5717105	869/1520	55	80	79	95
.5717228	3053/5340	43	60	71	89
.5717415	522/913	45	55	58	83
.5717526	2773/4850	47	50	59	97
.5717657	2665/4661	41	59	65	79
.5718004	3735/6532	45	71	83	92
.5718131	2337/4087	41	61	57	67
.5718310	203/355	35	50	58	71
.5718598	3410/5963	55	67	62	89
.5719328	3403/5950	41	70	83	85
.5719388	1121/1960	57	60	59	98
.5719588	1387/2425	57	75	73	97
.5719656	1065/1862	45	57	71	98
.5719803	2666/4661	43	59	62	79
.5719862	2491/4355	47	65	53	67
0.5720					
.5720157	2923/5110	37	70	79	73
.5720488	2108/3685	34	55	62	67
.5720974	611/1068	47	60	65	89
.5721063	603/1054	45	62	67	85
.5721212	472/825	40	55	59	75
.5721348	1273/2225	57	75	67	89
.5721514	3053/5336	43	58	71	92
.5721903	1395/2438	45	53	62	92
.5721997	424/741	40	57	53	65
.5722408	1711/2990	58	65	59	92
.5722492	1295/2263	37	62	70	73
.5722587	3053/5335	43	55	71	97
.5722667	1073/1875	37	50	58	75
.5722832	574/1003	41	59	70	85
.5722917	2747/4800	41	60	67	80
.5723077	186/325	33	55	62	65
.5723202	2109/3685	37	55	57	67

（续）

比值	分数	A	B	C	D
0.5720					
.5723426	2773/4845	47	57	59	85
.5723684	87/152	45	57	58	80
.5723851	2479/4331	37	61	67	71
.5724070	585/1022	45	70	65	73
.5724238	1972/3445	34	53	58	65
.5724323	1711/2989	58	61	59	98
.5724574	2623/4582	43	58	61	79
0.5725					
.5725096	4161/7268	57	79	73	92
.5725262	3055/5336	47	58	65	92
.5725455	3149/5500	47	55	67	100
.5725806	71/124	35	62	71	70
.5726190	481/840	37	60	65	70
.5726336	611/1067	47	55	65	97
.5726437	2491/4350	47	58	53	75
.5726751	2494/4355	43	65	58	67
.5727419	3551/6200	53	62	67	100
.5727459	559/976	43	61	65	80
.5727941	779/1360	41	80	95	85
.5728301	3445/6014	53	62	65	97
.5728732	3569/6230	43	70	83	89
.5728986	3953/6900	59	75	67	92
.5729114	2263/3950	62	79	73	100
.5729167*	55/96	50	60	55	80
.5729251	711/1241	45	73	79	85
.5729417	1190/2077	34	62	70	67
.5729555	3538/6175	58	65	61	95
0.5730					
.5730120	1189/2075	41	50	58	83
.5730263	871/1520	65	80	67	95
.5730481	2679/4675	47	55	57	85
.5730780	2035/3551	37	53	55	67
.5730937	1180/2059	40	58	59	71
.5731039	3763/6566	53	67	71	98
.5731092	341/595	55	70	62	85
.5731183	533/930	41	62	65	75
.5731429	1003/1750	34	50	59	70
.5731691	4234/7387	58	83	73	89
.5731795	795/1387	45	57	53	73
.5731852	3869/6750	53	75	73	90
.5732010	231/403	33	62	70	65
.5732158	2795/4876	43	53	65	92
.5732394	407/710	37	50	55	71
.5732641	2320/4047	40	57	58	71
.5732759	133/232	35	58	57	60
.5733026	2491/4345	47	55	53	79

比值	分数	A	B	C	D
0.5730					
.5733290	1767/3082	57	67	62	92
.5733716	2993/5220	41	58	73	90
.5733871	711/1240	45	62	79	100
.5734000	2867/5000	47	50	61	100
.5734266	82/143	41	55	50	65
.5734463	203/354	35	59	58	60
.5734926	2064/3599	43	59	48	61
0.5735					
.5735000	1147/2000	37	50	62	80
.5735075	1537/2680	53	67	58	80
.5735294*	39/68	45	60	65	85
.5735616	4187/7300	53	73	79	100
.5735714	803/1400	55	70	73	100
.5735883	3149/5490	47	61	67	90
.5736101	3869/6745	53	71	73	95
.5736264	261/455	45	65	58	70
.5736378	3190/5561	55	67	58	83
.5736765	3901/6800	47	80	83	85
.5737089	611/1065	47	71	65	75
.5737458	3431/5980	47	65	73	92
.5738039	3658/6375	59	75	62	85
.5738069	517/901	47	53	55	85
.5738183	2950/5141	50	53	59	97
.5738356	4189/7300	59	73	71	100
.5738571	3477/6059	57	73	61	83
.5738722	3422/5963	58	67	59	89
.5738841	4307/7505	59	79	73	95
.5738947	1363/2375	47	50	58	95
.5739247	427/744	35	60	61	62
.5739378	3431/5978	47	61	73	98
.5739484	423/737	45	55	47	67
.5739631	2491/4340	47	62	53	70
.5739711	516/899	43	58	48	62
.5739779	1769/3082	58	67	61	92
.5739931	2494/4345	43	55	58	79
.5739997	3285/5723	45	59	73	97
0.5740					
.5740206	1392/2425	48	50	58	97
.5740617	2585/4503	47	57	55	79
.5741085	3397/5917	43	61	79	97
.5741227	2405/4189	37	59	65	71
.5741454	2385/4154	45	62	53	67
.5741744	3286/5723	53	59	62	97
.5741763	3015/5251	45	59	67	89
.5742077	2627/4575	37	61	71	75
.5742341	731/1273	43	67	85	95

（续）

比值	分数	A	B	C	D
0.5740					
.5742492	2065/3596	35	58	59	62
.5742647	781/1360	55	80	71	85
.5742667	4307/7500	59	75	73	100
.5742824	2501/4355	41	65	61	67
.5742857	201/350	45	70	67	75
.5743079	2365/4118	43	58	55	71
.5743534	533/928	41	58	65	80
.5743622	4503/7840	57	80	79	98
.5743969	2405/4187	37	53	65	79
.5744136	2914/5073	47	57	62	89
.5744199	1015/1767	35	57	58	62
.5744292	629/1095	37	73	85	75
.5744444	517/900	47	50	55	90
.5744486	4402/7663	62	79	71	97
.5744633	2542/4425	41	59	62	75
.5744766	2881/5015	43	59	67	85
.5744888	590/1027	50	65	59	79
.5744995	2726/4745	47	65	58	73
0.5745					
.5745214	3901/6790	47	70	83	97
.5745271	2278/3965	34	61	67	65
.5745370	3195/5561	45	67	71	83
.5745637	2173/3782	41	61	53	62
.5745690	1333/2320	43	58	62	80
.5745893	2623/4565	43	55	61	83
.5746130	928/1615	48	57	58	85
.5746377	793/1380	61	75	65	92
.5746534	3233/5626	53	58	61	97
.5746988	477/830	45	50	53	83
.5747054	3658/6365	59	67	62	95
.5747460	396/689	33	53	60	65
.5747694	2679/4661	47	59	57	79
.5747793	2279/3965	43	61	53	65
.5748242	4087/7110	61	79	67	90
.5748588	407/708	37	59	55	60
.5748733	3290/5723	47	59	70	97
.5748807	3735/6497	45	73	83	89
.5749153	848/1475	48	59	53	75
.5749373	1147/1995	37	57	62	70
.5749529	3053/5310	43	59	71	90
.5749556	2911/5063	41	61	71	83
.5749939	2350/4087	47	61	50	67
0.5750					
.5750327	4399/7650	53	85	83	90
.5750487	295/513	50	57	59	90
.5750607	3551/6175	53	65	67	95

比值	分数	A	B	C	D
0.5750					
.5751055	1363/2370	47	60	58	79
.5751261	1711/2975	58	70	59	85
.5751506	3819/6640	57	80	67	83
.5751634*	88/153	40	45	55	85
.5751744	4453/7742	61	79	73	98
.5751837	2035/3538	37	58	55	61
.5751880*	153/266	45	70	85	95
.5752193	2623/4560	43	57	61	80
.5752577	279/485	45	50	62	97
.5752717	2117/3680	58	80	73	92
.5752964	2911/5060	41	55	71	92
.5753053	424/737	40	55	53	67
.5753190	3021/5251	53	59	57	89
.5753296	611/1062	47	59	65	90
.5753448	3337/5800	47	58	71	100
.5753521	817/1420	43	60	57	71
.5753815	3431/5963	47	67	73	89
.5754306	2773/4819	47	61	59	79
.5754717	61/106	35	53	61	70
0.5755					
.5755123	2275/3953	35	59	65	67
.5755274	682/1185	55	75	62	79
.5755481	2914/5063	47	61	62	83
.5755556	259/450	37	60	70	75
.5755746	2479/4307	37	59	67	73
.5755769	2993/5200	41	65	73	80
.5755938	4047/7031	57	79	71	89
.5756041	2501/4345	41	55	61	79
.5756158	2337/4060	41	58	57	70
.5756338	4087/7100	61	71	67	100
.5756469	1891/3285	61	73	62	90
.5756554	1537/2670	53	60	58	89
.5756824	232/403	40	62	58	65
.5757028	2867/4980	47	60	61	83
.5757085	711/1235	45	65	79	95
.5757224	3965/6887	61	71	65	97
.5757456	2915/5063	53	61	55	83
.5757869	1189/2065	41	59	58	70
.5758076	4189/7275	59	75	71	97
.5758347	2035/3534	37	57	55	62
.5758412	3337/5795	47	61	71	95
.5758514	186/323	45	57	62	85
.5758562	3363/5840	57	73	59	80
.5758910	2747/4770	41	53	67	90
.5759116	3285/5704	45	62	73	92

（续）

比值	分数	*A*	*B*	*C*	*D*
0.5755					
.5759524	2419/4200	41	60	59	70
.5759563	527/915	34	60	62	61
.5759808	3127/5429	53	61	59	89
0.5760					
.5759976	1891/3283	61	67	62	98
.5760162	2565/4453	45	61	57	73
.5760283	2773/4814	47	58	59	83
.5760377	3053/5300	43	53	71	100
.5760544	2117/3675	58	75	73	98
.5760634	799/1387	47	73	85	95
.5760766	602/1045	43	55	70	95
.5761290	893/1550	47	62	57	75
.5761392	3477/6035	57	71	61	85
.5761727	3869/6715	53	79	73	85
.5761949	3074/5335	53	55	58	97
.5762000	2881/5000	43	50	67	100
.5762295	703/1220	37	60	57	61
.5762391	3953/6860	59	70	67	98
.5762483	427/741	35	57	61	65
.5762673	2501/4340	41	62	61	70
.5762797	3445/5978	53	61	65	98
.5762887	559/970	43	50	65	97
.5763052	287/498	41	60	70	83
.5763158	219/380	45	57	73	100
.5763289	2537/4402	43	62	59	71
.5763621	4189/7268	59	79	71	92
.5763926	2173/3770	41	58	53	65
.5764045	513/890	45	50	57	89
.5764151	611/1060	47	53	65	100
.5764368	1003/1740	34	58	59	60
.5764466	3397/5893	43	71	79	83
.5764605	671/1164	55	60	61	97
.5764848	2378/4125	41	55	58	75
.5764912	1643/2850	53	57	62	100
0.5765					
.5765242	2279/3953	43	59	53	67
.5765319	2211/3835	33	59	67	65
.5765446	2109/3658	37	59	57	62
.5765528	3713/6440	47	70	79	92
.5765730	4307/7470	59	83	73	90
.5765819	975/1691	45	57	65	89
.5765909	2537/4400	43	55	59	80
.5766129	143/248	33	60	65	62
.5766169	1159/2010	57	67	61	90
.5766284	301/522	43	58	70	90
.5766387	3431/5950	47	70	73	85
.5766676	2170/3763	35	53	62	71

比值	分数	*A*	*B*	*C*	*D*
0.5765					
.5766823	737/1278	55	71	67	90
.5766917	767/1330	59	70	65	95
.5767059	2451/4250	43	50	57	85
.5767220	2537/4399	43	53	59	83
.5767402	3397/5890	43	62	79	95
.5767519	1037/1798	34	58	61	62
.5767863	3245/5626	55	58	59	97
.5767995	3053/5293	43	67	71	79
.5768064	3233/5605	53	59	61	95
.5768218	657/1139	45	67	73	85
.5768366	3337/5785	47	65	71	89
.5768535	319/553	55	70	58	79
.5768612	2867/4970	47	70	61	71
.5768750	923/1600	65	80	71	100
.5768834	559/969	43	57	65	85
.5769231*	15/26	35	65	75	70
.5769341	2006/3477	34	57	59	61
.5769444	2077/3600	62	80	67	90
.5769620	2279/3950	43	50	53	79
.5769974	3286/5695	53	67	62	85
0.5770					
.5770335	603/1045	45	55	67	95
.5770444	2745/4757	45	67	61	71
.5770819	4331/7505	61	79	71	95
.5771069	2294/3975	37	53	62	75
.5771359	3337/5782	47	59	71	98
.5771586	1885/3266	58	71	65	92
.5771739	531/920	45	50	59	92
.5771774	3055/5293	47	67	65	79
.5771930	329/570	47	57	70	100
.5772078	2183/3782	37	61	59	62
.5772420	2993/5185	41	61	73	85
.5772770	3074/5325	53	71	58	75
.5773022	2050/3551	41	53	50	67
.5773214	3233/5600	53	70	61	80
.5773427	2064/3575	43	55	48	65
.5773626	2627/4550	37	65	71	70
.5773707	2679/4640	47	58	57	80
.5773756	638/1105	55	65	58	85
.5774286	2021/3500	43	50	47	70
.5774407	2360/4087	40	61	59	67
.5774527	671/1162	55	70	61	83
.5774627	3869/6700	53	67	73	100
.5774700	3127/5415	53	57	59	95
.5774818	477/826	45	59	53	70

（续）

比值	分数	A	B	C	D
0.5775					
.5775424	1363/2360	47	59	58	80
.5775527	3422/5925	58	75	59	79
.5775602	767/1328	59	80	65	83
.5775862	67/116	35	58	67	70
.5776224	413/715	35	55	59	65
.5776691	3306/5723	57	59	58	97
.5776815	2666/4615	43	65	62	71
.5776886	3599/6230	59	70	61	89
.5776997	658/1139	47	67	70	85
.5777083	2773/4800	47	60	59	80
.5777209	2256/3905	47	55	48	71
.5777273	1271/2200	41	55	62	80
.5777406	2419/4187	41	53	59	79
.5777577	639/1106	45	70	71	79
.5777778*	26/45	40	50	65	90
.5778082	2109/3650	37	50	57	73
.5778331	464/803	40	55	58	73
.5778351	1121/1940	57	60	59	97
.5778586	2542/4399	41	53	62	83
.5778689	141/244	45	60	47	61
.5778947	549/950	45	50	61	95
.5778986	319/552	55	60	58	92
.5779097	2726/4717	47	53	58	89
.5779191	1272/2201	48	62	53	71
.5779259	3901/6750	47	75	83	90
.5779381	3285/5684	45	58	73	98
.5779592	708/1225	48	50	59	98
.5779661	341/590	33	59	62	60
.5779770	2257/3905	37	55	61	71
.5779861	2405/4161	37	57	65	73
0.5780					
.5780242	2867/4960	47	62	61	80
.5780392	737/1275	55	75	67	85
.5780632	585/1012	45	55	65	92
.5780660	2451/4240	43	53	57	80
.5781140	1643/2842	53	58	62	98
.5781429	4047/7000	57	70	71	100
.5781510	3477/6014	57	62	61	97
.5781818	159/275	45	55	53	75
.5781912	3139/5429	43	61	73	89
.5781952	1416/2449	48	62	59	79
.5782051	451/780	41	60	55	65
.5782252	3245/5612	55	61	59	92
.5782805	639/1105	45	65	71	85
.5782928	1023/1769	33	58	62	61
.5782977	3139/5428	43	59	73	92
0.5780					
.5783228	731/1264	43	79	85	80
.5783336	3422/5917	58	61	59	97
.5783501	1325/2291	50	58	53	79
.5783608	2491/4307	47	59	53	73
.5783708	2059/3560	58	80	71	89
.5783929	3239/5600	41	70	79	80
.5784143	3655/6319	43	71	85	89
.5784314	59/102	50	60	59	85
.5784367	1073/1855	37	53	58	70
.5784483	671/1160	33	58	61	60
.5784615	188/325	47	60	48	65
.5784929	737/1274	55	65	67	98
0.5785					
.5785037	549/949	45	65	61	73
.5785141	2881/4980	43	60	67	83
.5785211	1643/2840	53	71	62	80
.5785345	3245/5609	55	71	59	79
.5785495	2832/4895	48	55	59	89
.5785624	2294/3965	37	61	62	65
.5786090	990/1711	33	58	60	59
.5786182	1943/3358	58	73	67	92
.5786290	287/496	41	62	70	80
.5786371	3337/5767	47	73	71	79
.5786526	3410/5893	55	71	62	83
.5786641	2365/4087	43	61	55	67
.5786855	2210/3819	34	57	65	67
.5787044	3886/6715	58	79	67	85
.5787179	2257/3900	37	60	61	65
.5787356	1007/1740	53	58	57	90
.5787488	2914/5035	47	53	62	95
.5787683	3233/5586	53	57	61	98
.5788043	213/368	45	60	71	92
.5788177	235/406	47	58	50	70
.5788296	3363/5810	57	70	59	83
.5788462	301/520	43	65	70	80
.5788852	2451/4234	43	58	57	73
.5789077	1537/2655	53	59	58	90
.5789231	3763/6500	53	65	71	100
.5789252	2747/4745	41	65	67	73
.5789583	2790/4819	45	61	62	79
.5789916	689/1190	53	70	65	85
.5789957	1891/3266	61	71	62	92
0.5790					
.5790141	3195/5518	45	62	71	89
.5790227	2832/4891	48	67	59	73
.5790451	2183/3770	37	58	59	65

（续）

比值	分数	A	B	C	D
0.5790					
.5790573	2494/4307	43	59	58	73
.5790741	3127/5400	53	60	59	90
.5791001	399/689	35	53	57	65
.5791139	183/316	45	60	61	79
.5791646	2385/4118	45	58	53	71
.5791842	2059/3555	58	79	71	90
.5791855*	128/221	40	65	80	85
.5792105	2201/3800	62	80	71	95
.5792173	2146/3705	37	57	58	65
.5792350	106/183	40	60	53	61
.5793035	2911/5025	41	67	71	75
.5793055	4087/7055	61	83	67	85
.5793169	3053/5270	43	62	71	85
.5793333	869/1500	55	75	79	100
.5793443	1767/3050	57	61	62	100
.5793478	533/920	41	50	65	92
.5793563	522/901	45	53	58	85
.5793758	427/737	35	55	61	67
.5793907	3233/5580	53	62	61	90
.5794234	1025/1769	41	58	50	61
.5794416	2345/4047	35	57	67	71
.5794521	423/730	45	50	47	73
.5794643	649/1120	55	70	59	80
.5794667	2173/3750	41	50	53	75
0.5795					
.5795000	1159/2000	57	60	61	100
.5795148	215/371	43	53	50	70
.5795326	3596/6205	58	73	62	85
.5795359	2747/4740	41	60	67	79
.5795517	1060/1829	40	59	53	62
.5795596	1395/2407	45	58	62	83
.5795652	1333/2300	43	50	62	92
.5795933	1653/2852	57	62	58	92
.5796136	870/1501	45	57	58	79
.5796255	3869/6675	53	75	73	89
.5796491	826/1425	59	75	70	95
.5796610	171/295	45	59	57	75
.5796781	2881/4970	43	70	67	71
.5796861	3139/5415	43	57	73	95
.5796964	611/1054	47	62	65	85
.5797858	4331/7470	61	83	71	90
.5797980	287/495	41	55	70	90
.5798140	2993/5162	41	58	73	89
.5798276	3363/5800	57	58	59	100
.5798548	639/1102	45	58	71	95
.5798830	2479/4275	37	57	67	75

比值	分数	A	B	C	D
0.5795					
.5799007	2337/4030	41	62	57	65
.5799320	341/588	55	60	62	98
.5799481	671/1157	55	65	61	89
.5799689	747/1288	45	70	83	92
0.5800					
.5800000	29/50	35	50	58	70
.5800161	3599/6205	59	73	61	85
.5800332	3149/5429	47	61	67	89
.5800447	779/1343	41	79	95	85
.5800562	413/712	59	80	70	89
.5800792	1025/1767	41	57	50	62
.5800892	3770/6499	58	67	65	97
.5800995	583/1005	53	67	55	75
.5801222	2183/3763	37	53	59	71
.5801399	2074/3575	34	55	61	65
.5801484	3127/5390	53	55	59	98
.5801587	731/1260	43	70	85	90
.5801745	3658/6305	59	65	62	97
.5802156	915/1577	45	57	61	83
.5802490	3355/5782	55	59	61	98
.5802678	3770/6497	58	73	65	89
.5802798	871/1501	65	79	67	95
.5802882	2255/3886	41	58	55	67
.5802969	430/741	43	57	50	65
.5803187	2294/3953	37	59	62	67
.5803279	177/305	45	61	59	75
.5803571*	65/112	50	70	65	80
.5803653	1271/2190	41	60	62	73
.5804242	2627/4526	37	62	71	73
.5804586	2911/5015	41	59	71	85
.5804775	3015/5194	45	53	67	98
0.5805					
.5805038	530/913	50	55	53	83
.5805075	2585/4453	47	61	55	73
.5805207	602/1037	43	61	70	85
.5805455	1128/1943	47	58	48	67
.5805621	2479/4270	37	61	67	70
.5805947	371/639	53	71	70	90
.5805983	2795/4814	43	58	65	83
.5806349	1829/3150	59	70	62	90
.5806383	2747/4731	41	57	67	83
.5806452	18/31	33	55	60	62
.5806667	871/1500	65	75	67	100
.5806770	2350/4047	47	57	50	71
.5806890	3422/5893	58	71	59	83
.5807447	3010/5183	43	71	70	73

（续）

比值	分数	A	B	C	D
0.5805					
.5807595	1147/1975	37	50	62	79
.5807671	3074/5293	53	67	58	79
.5808039	708/1219	48	53	59	92
.5808219	212/365	40	50	53	73
.5808333	697/1200	41	75	85	80
.5808468	2881/4960	43	62	67	80
.5808602	2701/4650	37	62	73	75
.5808720	413/711	59	79	70	90
.5808989	517/890	47	50	55	89
.5809091	639/1100	45	55	71	100
.5809166	3245/5586	55	57	59	98
.5809335	585/1007	45	53	65	95
.5809382	3901/6715	47	79	83	85
.5809615	3021/5200	53	65	57	80
.5809722	4183/7200	47	80	89	90
.5809847	1711/2945	58	62	59	95
0.5810					
.5810568	2914/5015	47	59	62	85
.5811040	4453/7663	61	79	73	97
.5811103	806/1387	62	73	65	95
.5811266	1207/2077	34	62	71	67
.5811404	265/456	50	57	53	80
.5811765	247/425	57	75	65	85
.5812447	2064/3551	43	53	48	67
.5812500	93/160	45	60	62	80
.5812562	583/1003	53	59	55	85
.5812808	118/203	40	58	59	70
.5812963	3139/5400	43	60	73	90
.5813235	3953/6800	59	80	67	85
.5813310	3363/5785	57	65	59	89
.5813417	2773/4770	47	53	59	90
.5813506	2419/4161	41	57	59	73
.5813703	3233/5561	53	67	61	83
.5814085	1032/1775	43	50	48	71
.5814286	407/700	37	50	55	70
.5814381	3477/5980	57	65	61	92
.5814536	232/399	40	57	58	70
.5814851	603/1037	45	61	67	85
0.5815					
.5815100	2950/5073	50	57	59	89
.5815238	3053/5250	43	70	71	75
.5815263	2065/3551	35	53	59	67
.5815416	2867/4930	47	58	61	85
.5815563	4118/7081	58	73	71	97
.5815678	549/944	45	59	61	80
.5815991	531/913	45	55	59	83

比值	分数	A	B	C	D
0.5815					
.5816237	2665/4582	41	58	65	79
.5816304	2590/4453	37	61	70	73
.5816600	869/1494	55	83	79	90
.5816781	3397/5840	43	73	79	80
.5816901	413/710	35	50	59	71
.5817094	3015/5183	45	71	67	73
.5817583	3355/5767	55	73	61	79
.5817939	3055/5251	47	59	65	89
.5818045	3869/6650	53	70	73	95
.5818056	4189/7200	59	80	71	90
.5818420	1333/2291	43	58	62	79
.5818462	1891/3250	61	65	62	100
.5818841	803/1380	55	75	73	92
.5818859	469/806	35	62	67	65
.5819048	611/1050	47	70	65	75
.5819249	2479/4260	37	60	67	71
.5819377	2745/4717	45	53	61	89
.5819608	742/1275	53	75	70	85
.5819728	1711/2940	58	60	59	98
.5819915	2747/4720	41	59	67	80
0.5820					
.5820202	2881/4950	43	55	67	90
.5820423	1653/2840	57	71	58	80
.5820672	2337/4015	41	55	57	73
.5820896	39/67	45	67	65	75
.5821148	3782/6497	61	73	62	89
.5821333	2183/3750	37	50	59	75
.5821501	287/493	41	58	70	85
.5821723	3886/6675	58	75	67	89
.5821797	3953/6790	59	70	67	97
.5821892	3053/5244	43	57	71	92
.5822207	3445/5917	53	61	65	97
.5822420	2623/4505	43	53	61	85
.5822932	2006/3445	34	53	59	65
.5823245	481/826	37	59	65	70
.5823342	2380/4087	34	61	70	67
.5823529*	99/170	45	50	55	85
.5823617	2747/4717	41	53	67	89
.5823748	3139/5390	43	55	73	98
.5823913	2679/4600	47	50	57	92
.5824176	53/91	50	65	53	70
.5824314	3713/6375	47	75	79	85
.5824492	3239/5561	41	67	79	83
0.5825					
.5825006	2623/4503	43	57	61	79
.5825123	473/812	43	58	55	70

（续）

比值	分数	*A*	*B*	*C*	*D*
0.5825					
.5825488	2537/4355	43	65	59	67
.5825706	3055/5244	47	57	65	92
.5825864	455/781	35	55	65	71
.5826250	4661/8000	59	80	79	100
.5826250	4661/8000	59	80	79	100
.5826422	3021/5185	53	61	57	85
.5826484	638/1095	55	73	58	75
.5826585	2950/5063	50	61	59	83
.5826807	3869/6640	53	80	73	83
.5826901	2491/4275	47	57	53	75
.5827055	3403/5840	41	73	83	80
.5827322	2666/4575	43	61	62	75
.5827869	711/1220	45	61	79	100
.5828000	1457/2500	47	50	62	100
.5828340	3599/6175	59	65	61	95
.5828379	2255/3869	41	53	55	73
.5828627	2993/5135	41	65	73	79
.5828671	3021/5183	53	71	57	73
.5828751	742/1273	53	67	70	95
.5828916	2419/4150	41	50	59	83
.5829060	341/585	55	65	62	90
.5829304	2773/4757	47	67	59	71
.5829545	513/880	45	55	57	80
.5829824	4015/6887	55	71	73	97
0.5830					
.5830000	583/1000	53	50	55	100
.5830175	4154/7125	62	75	67	95
.5830303	481/825	37	55	65	75
.5830508	172/295	43	59	48	60
.5830696	737/1264	55	79	67	80
.5830871	2565/4399	45	53	57	83
.5830964	2256/3869	47	53	48	73
.5831073	1505/2581	43	58	70	89
.5831266	235/403	47	62	50	65
.5831480	2360/4047	40	57	59	71
.5831619	3685/6319	55	71	67	89
.5832184	2537/4350	43	58	59	75
.5832502	585/1003	45	59	65	85
.5832646	3534/6059	57	73	62	83
.5833017	1537/2635	53	62	58	85
.5833333*	7/12	60	80	70	90
.5833549	2257/3869	37	53	61	73
.5833724	2491/4270	47	61	53	70
.5833804	1032/1769	43	58	48	61
.5833918	2494/4275	43	57	58	75
.5833955	3127/5360	53	67	59	80

比值	分数	*A*	*B*	*C*	*D*
0.5830					
.5834308	2993/5130	41	57	73	90
.5834464	430/737	43	55	50	67
0.5835					
.5835034	3431/5880	47	60	73	98
.5835165	531/910	45	65	59	70
.5835281	3245/5561	55	67	59	83
.5835576	2385/4087	45	61	53	67
.5835714	817/1400	43	60	57	70
.5836108	2279/3905	43	55	53	71
.5836478	464/795	40	53	58	75
.5836631	2065/3538	35	58	59	61
.5836886	3149/5395	47	65	67	83
.5836969	2542/4355	41	65	62	67
.5837139	767/1314	59	73	65	90
.5837596	913/1564	55	85	83	92
.5837778	2627/4500	37	60	71	75
.5837895	2773/4750	47	50	59	95
.5838366	2030/3477	35	57	58	61
.5838571	4087/7000	61	70	67	100
.5838741	3599/6164	59	67	61	92
.5838895	2537/4345	43	55	59	79
.5838962	3285/5626	45	58	73	97
.5839175	1416/2425	48	50	59	97
.5839470	793/1358	61	70	65	97
0.5840					
.5840000	73/125	57	75	73	95
.5840088	2666/4565	43	55	62	83
.5840214	2405/4118	37	58	65	71
.5840407	344/589	43	57	48	62
.5840608	2074/3551	34	53	61	67
.5840739	1643/2813	53	58	62	97
.5840759	3015/5162	45	58	67	89
.5841026	1139/1950	34	60	67	65
.5841398	2173/3720	41	60	53	62
.5841561	2544/4355	48	65	53	67
.5841808	517/885	47	59	55	75
.5842301	3149/5390	47	55	67	98
.5842500	2337/4000	41	50	57	80
.5843062	3053/5225	43	55	71	95
.5843237	2065/3534	35	57	59	62
.5843251	2013/3445	33	53	61	65
.5843469	1105/1891	34	61	65	62
.5843590	2279/3900	43	60	53	65
.5843678	1271/2175	41	58	62	75
.5843835	2365/4047	43	57	55	71
.5844046	2773/4745	47	65	59	73

（续）

比值	分数	*A*	*B*	*C*	*D*
0.5840					
.5844101	4161/7120	57	80	73	89
.5844195	3901/6675	47	75	83	89
.5844298	533/912	41	57	65	80
.5844388	2291/3920	58	80	79	98
.5844568	737/1261	55	65	67	97
0.5845					
.5845070	83/142	45	71	83	90
.5845201	944/1615	48	57	59	85
.5845382	2911/4980	41	60	71	83
.5845622	2537/4340	43	62	59	70
.5845771	235/402	47	60	50	67
.5845919	3445/5893	53	71	65	83
.5846035	2263/3871	62	79	73	98
.5846113	2211/3782	33	61	67	62
.5846293	3233/5530	53	70	61	79
.5846491	1333/2280	43	57	62	80
.5846601	3819/6532	57	71	67	92
.5846792	2679/4582	47	58	57	79
.5846890	611/1045	47	55	65	95
.5847350	3233/5529	53	57	61	97
.5847701	407/696	37	58	55	60
.5847849	1645/2813	47	58	70	97
.5848276	424/725	48	58	53	75
.5848530	2726/4661	47	59	58	79
.5848659	3053/5220	43	58	71	90
.5848896	689/1178	53	62	65	95
.5849057	31/53	35	53	62	70
.5849203	1505/2573	43	62	70	83
.5849573	1711/2925	58	65	59	90
0.5850					
.5850000*	117/200	45	50	65	100
.5850211	2773/4740	47	60	59	79
.5850292	2501/4275	41	57	61	75
.5850403	2542/4345	41	55	62	79
.5850704	2077/3550	62	71	67	100
.5850889	3555/6076	45	62	79	98
.5851020	2867/4900	47	50	61	98
.5851198	464/793	40	61	58	65
.5851406	1457/2490	47	60	62	83
.5851584	3233/5525	53	65	61	85
.5851902	4307/7360	59	80	73	92
.5852321	1387/2370	57	79	73	90
.5852383	3021/5162	53	58	57	89
.5852490	611/1044	47	58	65	90
.5852747	2035/3477	37	57	55	61
.5852770	803/1372	55	70	73	98

比值	分数	*A*	*B*	*C*	*D*
0.5850					
.5852878	549/938	45	67	61	70
.5853051	470/803	47	55	50	73
.5853414	583/996	53	60	55	83
.5853528	3285/5612	45	61	73	92
.5853833	2451/4187	43	53	57	79
.5854037	377/644	58	70	65	92
.5854123	3074/5251	53	59	58	89
.5854349	2275/3886	35	58	65	67
.5854386	3337/5700	47	57	71	100
.5854460	1247/2130	43	60	58	71
.5854605	2867/4897	47	59	61	83
.5854892	3010/5141	43	53	70	97
0.5855					
.5855006	2544/4345	48	55	53	79
.5855060	1325/2263	50	62	53	73
.5855238	1537/2625	53	70	58	75
.5855310	1643/2806	53	61	62	92
.5855465	4189/7154	59	73	71	98
.5855738	893/1525	47	61	57	75
.5855805	3127/5340	53	60	59	89
.5856079	236/403	40	62	59	65
.5856164	171/292	45	60	57	73
.5856343	3139/5360	43	67	73	80
.5856659	3285/5609	45	71	73	79
.5856884	3233/5520	53	60	61	92
.5856997	2867/4895	47	55	61	89
.5857183	2108/3599	34	59	62	61
.5857770	2537/4331	43	61	59	71
.5858442	3286/5609	53	71	62	79
.5858757	1037/1770	34	59	61	60
.5858920	3015/5146	45	62	67	83
.5858987	590/1007	50	53	59	95
.5859107	341/582	55	60	62	97
.5859211	4453/7600	61	80	73	95
.5859341	1333/2275	43	65	62	70
.5859539	559/954	43	53	65	90
.5859589	1711/2920	58	73	59	80
.5859740	1128/1925	47	55	48	70
.5859864	4307/7350	59	75	73	98
.5859961	2109/3599	37	59	57	61
0.5860					
.5860195	3127/5336	53	58	59	92
.5860638	3953/6745	59	71	67	95
.5860731	2870/4897	41	59	70	83
.5860839	657/1121	45	59	73	95
.5861053	1392/2375	48	50	58	95

（续）

比值	分数	*A*	*B*	*C*	*D*
0.5860					
.5861176	2491/4250	47	50	53	85
.5861293	3127/5335	53	55	59	97
.5861426	4399/7505	53	79	83	95
.5861733	602/1027	43	65	70	79
.5861751	636/1085	48	62	53	70
.5861937	1537/2622	53	57	58	92
.5862338	2257/3850	37	55	61	70
.5862438	1645/2806	47	61	70	92
.5862469	3538/6035	58	71	61	85
.5862623	3286/5605	53	59	62	95
.5863003	4331/7387	61	83	71	89
.5863126	574/979	41	55	70	89
.5863179	1457/2485	47	70	62	71
.5863270	3705/6319	57	71	65	89
.5863388	1073/1830	37	60	58	61
.5863860	2145/3658	33	59	65	62
.5864242	2419/4125	41	55	59	75
.5864618	3015/5141	45	53	67	97
.5864662*	78/133	60	70	65	95
.5864850	2109/3596	37	58	57	62
0.5865					
.5865047	2173/3705	41	57	53	65
.5865169	261/445	45	50	58	89
.5865423	4402/7505	62	79	71	95
.5865497	1003/1710	34	57	59	60
.5865573	3290/5609	47	71	70	79
.5865964	779/1328	41	80	95	83
.5866107	2655/4526	45	62	59	73
.5866165	3901/6650	47	70	83	95
.5866403	4154/7081	62	73	67	97
.5866594	1073/1829	37	59	58	62
.5866667*	44/75	40	50	55	75
.5866820	511/871	35	65	73	67
.5867229	2784/4745	48	65	58	73
.5867330	1769/3015	58	67	61	90
.5867446	301/513	43	57	70	90
.5867514	3233/5510	53	58	61	95
.5867921	2870/4891	41	67	70	73
.5868028	747/1273	45	67	83	95
.5868235	1247/2125	43	50	58	85
.5868280	2183/3720	37	60	59	62
.5868354	1159/1975	57	75	61	79
.5868486	473/806	43	62	55	65
.5868565	2679/4565	47	55	57	83
.5868704	1037/1767	34	57	61	62
.5868960	2320/3953	40	59	58	67
0.5865					
.5869054	3245/5529	55	57	59	97
.5869191	341/581	55	70	62	83
.5869314	2542/4331	41	61	62	71
.5869759	658/1121	47	59	70	95
0.5870					
.5870253	371/632	53	79	70	80
.5870647	118/201	40	60	59	67
.5870866	3337/5684	47	58	71	98
.5871096	3835/6532	59	71	65	92
.5871154	3053/5200	43	65	71	80
.5871470	603/1027	45	65	67	79
.5871589	1829/3115	59	70	62	89
.5871658	549/935	45	55	61	85
.5872083	3397/5785	43	65	79	89
.5872180	781/1330	55	70	71	95
.5872331	2585/4402	47	62	55	71
.5872671	1891/3220	61	70	62	92
.5873303	649/1105	55	65	59	85
.5873418	232/395	40	50	58	79
.5873494	195/332	45	60	65	83
.5873684	279/475	45	50	62	95
.5873814	4087/6958	61	71	67	98
.5873932	2544/4331	48	61	53	71
.5873987	4130/7031	59	79	70	89
.5874074	793/1350	61	75	65	90
.5874211	2419/4118	41	58	59	71
.5874317	215/366	43	60	50	61
.5874384	477/812	45	58	53	70
.5874520	2294/3905	37	55	62	71
.5874636	403/686	62	70	65	98
0.5875					
.5875385	3819/6500	57	65	67	100
.5875552	2795/4757	43	67	65	71
.5875936	2747/4675	41	55	67	85
.5875957	2378/4047	41	57	58	71
.5876336	2585/4399	47	53	55	83
.5876491	4187/7125	53	75	79	95
.5876632	2115/3599	45	59	47	61
.5876738	2832/4819	48	61	59	79
.5876934	1595/2714	55	59	58	92
.5877016	583/992	53	62	55	80
.5877193	67/114	35	57	67	70
.5877529	1075/1829	43	59	50	62
.5877936	3053/5194	43	53	71	98
.5877958	472/803	40	55	59	73
.5878098	3819/6497	57	73	67	89

（续）

比值	分数	*A*	*B*	*C*	*D*
0.5875					
.5878182	3233/5500	53	55	61	100
.5878277	3139/5340	43	60	73	89
.5878428	793/1349	61	71	65	95
.5878623	649/1104	55	60	59	92
.5878736	2773/4717	47	53	59	89
.5879245	779/1325	41	53	57	75
.5879310	341/580	33	58	62	60
.5879452	1073/1825	37	50	58	73
.5879592	2881/4900	43	50	67	98
.5879725	1711/2910	58	60	59	97
.5879820	2867/4876	47	53	61	92
.5879874	558/949	45	65	62	73
0.5880					
.5880052	451/767	41	59	55	65
.5880618	4187/7120	53	80	79	89
.5880741	3649/6205	41	73	89	85
.5880808	2911/4950	41	55	71	90
.5881026	2867/4875	47	65	61	75
.5881148	287/488	41	61	70	80
.5881288	2923/4970	37	70	79	71
.5881535	2115/3596	45	58	47	62
.5881787	3055/5194	47	53	65	98
.5881857	697/1185	41	75	85	79
.5881993	2881/4898	43	62	67	79
.5882075	1247/2120	43	53	58	80
.5882525	2013/3422	33	58	61	59
.5882564	1643/2793	53	57	62	98
.5882698	1003/1705	34	55	59	62
.5882842	1416/2407	48	58	59	83
.5882940	1769/3007	58	62	61	97
.5883085	473/804	43	60	55	67
.5883194	2881/4897	43	59	67	83
.5883254	3074/5225	53	55	58	95
.5883427	4189/7120	59	80	71	89
.5883689	1295/2201	37	62	70	71
.5883786	3139/5335	43	55	73	97
.5884010	3551/6035	53	71	67	85
.5884097	2183/3710	37	53	59	70
.5884211	559/950	43	50	65	95
.5884383	682/1159	33	57	62	61
.5884512	2405/4087	37	61	65	67
.5884591	928/1577	48	57	58	83
.5884706	2501/4250	41	50	61	85
.5884966	2650/4503	50	57	53	79
0.5885					
.5885062	3195/5429	45	61	71	89

比值	分数	*A*	*B*	*C*	*D*
0.5885					
.5885267	2257/3835	37	59	61	65
.5885598	2881/4895	43	55	67	89
.5885944	3953/6716	59	73	67	92
.5885965	671/1140	33	57	61	60
.5886146	3195/5428	45	59	71	92
.5886275	1501/2550	57	85	79	90
.5886480	923/1568	65	80	71	98
.5886821	3953/6715	59	79	67	85
.5886869	1457/2475	47	55	62	90
.5887097	73/124	45	62	73	90
.5887179	574/975	41	65	70	75
.5887912	2679/4550	47	65	57	70
.5888023	4154/7055	62	83	67	85
.5888139	3053/5185	43	61	71	85
.5888202	2665/4526	41	62	65	73
.5888738	434/737	35	55	62	67
.5888889	53/90	50	60	53	75
.5888977	3713/6305	47	65	79	97
.5889292	649/1102	55	58	59	95
.5889724	235/399	47	57	50	70
.5889782	513/871	45	65	57	67
0.5890					
.5890000	589/1000	57	60	62	100
.5890525	2120/3599	40	59	53	61
.5890638	711/1207	45	71	79	85
.5890948	1653/2806	57	61	58	92
.5891043	638/1083	55	57	58	95
.5891133	671/1139	55	67	61	85
.5891702	4189/7110	59	79	71	90
.5892038	2183/3705	37	57	59	65
.5892476	3869/6566	53	67	73	98
.5892598	406/689	35	53	58	65
.5892857*	33/56	45	60	55	70
.5893220	3477/5900	57	59	61	100
.5893254	795/1349	45	57	53	71
.5893452	531/901	45	53	59	85
.5893585	2747/4661	41	59	67	79
.5893651	3713/6300	47	70	79	90
.5894073	2337/3965	41	61	57	65
.5894270	3055/5183	47	71	65	73
.5894382	2623/4450	43	50	61	89
.5894555	682/1157	55	65	62	89
.5894737*	56/95	60	75	70	95
.5894836	3139/5325	43	71	73	75
0.5895					
.5895082	899/1525	58	61	62	100

（续）

比值	分数	A	B	C	D
0.5895					
.5895189	3431/5820	47	60	73	97
.5895439	530/899	40	58	53	62
.5895522	79/134	43	67	79	90
.5895863	3363/5704	57	62	59	92
.5896069	885/1501	45	57	59	79
.5896503	2108/3575	34	55	62	65
.5896552	171/290	45	58	57	75
.5896667	1769/3000	58	60	61	100
.5896879	2173/3685	41	55	53	67
.5897004	3149/5340	47	60	67	89
.5897143	516/875	43	50	48	70
.5897177	585/992	45	62	65	80
.5897273	930/1577	45	57	62	83
.5897613	1705/2891	55	59	62	98
.5897945	4161/7055	57	83	73	85
.5898305	174/295	45	59	58	75
.5898585	2501/4240	41	53	61	80
.5898973	689/1168	53	73	65	80
.5899301	2109/3575	37	55	57	65
.5899394	2627/4453	37	61	71	73
.5899686	4505/7636	53	83	85	92
.5899844	377/639	58	71	65	90
.5899862	2993/5073	41	57	73	89
0.5900					
.5900000	59/100	35	50	59	70
.5900196	603/1022	45	70	67	73
.5900277	213/361	45	57	71	95
.5900564	3869/6557	53	79	73	83
.5900744	1189/2015	41	62	58	65
.5900815	3403/5767	41	73	83	79
.5900908	3835/6499	59	67	65	97
.5901205	2449/4150	62	83	79	100
.5901424	3149/5336	47	58	67	92
.5901826	517/876	47	60	55	73
.5902020	2542/4307	41	59	62	73
.5902056	2784/4717	48	53	58	89
.5902381	2479/4200	37	60	67	70
.5902530	3149/5335	47	55	67	97
.5902724	3835/6497	59	73	65	89
.5902778 *	85/144	50	80	85	90
.5903226	183/310	33	55	61	62
.5903337	513/869	45	55	57	79
.5903533	869/1472	55	80	79	92
.5903571	1653/2800	57	70	58	80
.5903689	2881/4880	43	61	67	80
.5903825	2701/4575	37	61	73	75
0.5900					
.5904412	803/1360	55	80	73	85
.5904556	3551/6014	53	62	67	97
.5904687	2255/3819	41	57	55	67
0.5905					
.5905023	3233/5475	53	73	61	75
.5905091	3422/5795	58	61	59	95
.5905180	3363/5695	57	67	59	85
.5905336	3431/5810	47	70	73	83
.5905707	238/403	34	62	70	65
.5906024	2451/4150	43	50	57	83
.5906303	4526/7663	62	79	73	97
.5906664	2544/4307	48	59	53	73
.5906826	2726/4615	47	65	58	71
.5906944	2501/4234	41	58	61	73
.5907112	407/689	37	53	55	65
.5907211	3285/5561	45	67	73	83
.5907306	752/1273	47	57	48	67
.5907407	319/540	55	60	58	90
.5907527	2747/4650	41	62	67	75
.5907842	2795/4731	43	57	65	83
.5908121	4154/7031	62	79	67	89
.5908532	2881/4876	43	53	67	92
.5909009	3286/5561	53	67	62	83
.5909091 *	13/22	35	55	65	70
.5909744	2881/4875	43	65	67	75
.5909810	747/1264	45	79	83	80
.5909924	2257/3819	37	57	61	67
0.5910					
.5910138	513/868	45	62	57	70
.5910747	649/1098	55	61	59	90
.5910751	1457/2465	47	58	62	85
.5911017	279/472	45	59	62	80
.5911207	3555/6014	45	62	79	97
.5911340	2867/4850	47	50	61	97
.5911488	3139/5310	43	59	73	90
.5911565	869/1470	55	75	79	98
.5911676	1767/2989	57	61	62	98
.5911765	201/340	45	60	67	85
.5911950	94/159	47	53	50	75
.5911966	2337/3953	41	59	57	67
.5912500	473/800	43	50	55	80
.5912580	2773/4690	47	67	59	70
.5912779	583/986	53	58	55	85
.5912882	638/1079	55	65	58	83
.5912953	3410/5767	55	73	62	79
.5913108	803/1358	55	70	73	97

（续）

比值	分数	*A*	*B*	*C*	*D*
0.5910					
.5913242	259/438	37	60	70	73
.5913265	1159/1960	57	60	61	98
.5913615	3149/5325	47	71	67	75
.5913725	754/1275	58	75	65	85
.5913796	3485/5893	41	71	85	83
.5914250	469/793	35	61	67	65
.5914374	3053/5162	43	58	71	89
.5914776	2790/4717	45	53	62	89
.5914928	737/1246	55	70	67	89
0.5915					
.5915298	3422/5785	58	65	59	89
.5915423	1189/2010	41	60	58	67
.5915517	3431/5800	47	58	73	100
.5915649	533/901	41	53	65	85
.5915831	4189/7081	59	73	71	97
.5915948	549/928	45	58	61	80
.5915982	3239/5475	41	73	79	75
.5916084	423/715	45	55	47	65
.5916202	3290/5561	47	67	70	83
.5916388	1769/2990	58	65	61	92
.5916456	2337/3950	41	50	57	79
.5916608	3363/5684	57	58	59	98
.5916667	71/120	45	60	71	90
.5917120	871/1472	65	80	67	92
.5917441	2867/4845	47	57	61	85
.5917869	2666/4505	43	53	62	85
.5918114	477/806	45	62	53	65
.5918249	3055/5162	47	58	65	89
.5918277	2665/4503	41	57	65	79
.5918519	799/1350	47	75	85	90
.5918623	1891/3195	61	71	62	90
.5918740	3569/6030	43	67	83	90
.5918767	2419/4087	41	61	59	67
.5919134	2679/4526	47	62	57	73
.5919244	689/1164	53	60	65	97
.5919481	2279/3850	43	55	53	70
.5919679	737/1245	55	75	67	83
0.5920					
.5920259	2747/4640	41	58	67	80
.5920497	2666/4503	43	57	62	79
.5920621	3431/5795	47	61	73	95
.5920775	3363/5680	57	71	59	80
.5921053*	45/76	45	60	75	95
.5921610	559/944	43	59	65	80
.5922097	3953/6675	59	75	67	89
.5922222	533/900	41	50	65	90

比值	分数	*A*	*B*	*C*	*D*
0.5920					
.5922420	2565/4331	45	61	57	71
.5922790	2378/4015	41	55	58	73
.5922906	799/1349	47	71	85	95
.5923016	754/1273	58	67	65	95
.5923077*	77/130	55	65	70	100
.5923188	4087/6900	61	75	67	92
.5923305	3599/6076	59	62	61	98
.5923529	1007/1700	53	60	57	85
.5923633	574/969	41	57	70	85
.5923695	295/498	50	60	59	83
.5923887	3658/6175	59	65	62	95
.5924016	2183/3685	37	55	59	67
.5924444	1333/2250	43	50	62	90
.5924514	4819/8134	61	83	79	98
.5924731	551/930	57	62	58	90
0.5925					
.5925000	237/400	45	60	79	100
.5925140	3071/5183	37	71	83	73
.5925170	871/1470	65	75	67	98
.5925376	2795/4717	43	53	65	89
.5925977	4307/7268	59	79	73	92
.5926087	1363/2300	47	50	58	92
.5926547	3534/5963	57	67	62	89
.5926860	470/793	47	61	50	65
.5927187	2263/3818	62	83	73	92
.5927318	473/798	43	57	55	70
.5927644	639/1078	45	55	71	98
.5927684	2623/4425	43	59	61	75
.5928640	3074/5185	53	61	58	85
.5928962	217/366	35	60	62	61
.5929123	1305/2201	45	62	58	71
.5929181	2294/3869	37	53	62	73
.5929432*	689/1162	53	70	65	83
.5929591	3655/6164	43	67	85	92
0.5930					
.5930070	424/715	40	55	53	65
.5930320	3149/5310	47	59	67	90
.5930474	3139/5293	43	67	73	79
.5930856	3431/5785	47	65	73	89
.5930952	2491/4200	47	60	53	70
.5931250	949/1600	65	80	73	100
.5931250	949/1600	65	80	73	100
.5931390	3337/5626	47	58	71	97
.5931551	2773/4675	47	55	59	85
.5931818	261/440	45	55	58	80
.5932549	3782/6375	61	75	62	85

（续）

比值	分数	A	B	C	D
0.5930					
.5932836	159/268	45	60	53	67
.5932877	4331/7300	61	73	71	100
.5933063	585/986	45	58	65	85
.5933167	2610/4399	45	53	58	83
.5933255	3538/5963	58	67	61	89
.5933373	3010/5073	43	57	70	89
.5933586	3127/5270	53	62	59	85
.5933761	3422/5767	58	73	59	79
.5933908	413/696	35	58	59	60
.5934286	2077/3500	62	70	67	100
.5934369	4087/6887	61	71	67	97
.5934503	2537/4275	43	57	59	75
.5934625	2451/4130	43	59	57	70
.5934798	4187/7055	53	83	79	85
.5934973	3596/6059	58	73	62	83
0.5935					
.5935199	403/679	62	70	65	97
.5935614	295/497	50	70	59	71
.5935673	203/342	35	57	58	60
.5936034	1392/2345	48	67	58	70
.5936264	2701/4550	37	65	73	70
.5936356	2108/3551	34	53	62	67
.5936650	3055/5146	47	62	65	83
.5936723	2627/4425	37	59	71	75
.5937107	472/795	40	53	59	75
.5937152	2135/3596	35	58	61	62
.5937333	4453/7500	61	75	73	100
.5937595	3901/6570	47	73	83	90
.5937996	4118/6935	58	73	71	95
.5938095	1247/2100	43	60	58	70
.5938533	3053/5141	43	53	71	97
.5938759	737/1241	55	73	67	85
.5939028	2065/3477	35	57	59	61
.5939172	2109/3551	37	53	57	67
.5939357	4897/8245	59	85	83	97
.5939496	1767/2975	57	70	62	85
.5939655	689/1160	53	58	65	100
.5939924	3599/6059	59	73	61	83
0.5940					
.5940026	2278/3835	34	59	67	65
.5940114	3551/5978	53	61	67	98
.5940206	2881/4850	43	50	67	97
.5940325	657/1106	45	70	73	79
.5940405	2173/3658	41	59	53	62
.5940845	2109/3550	37	50	57	71
.5940860	221/372	34	60	65	62
0.5940					
.5941101	464/781	40	55	58	71
.5941400	1095/1843	45	57	73	97
.5941509	3149/5300	47	53	67	100
.5941818	817/1375	43	55	57	75
.5941870	3782/6365	61	67	62	95
.5942134	1643/2765	53	70	62	79
.5942424	3055/5141	47	53	65	97
.5942529	517/870	47	58	55	75
.5942634	2279/3835	43	59	53	65
.5942674	2405/4047	37	57	65	71
.5943229	1005/1691	45	57	67	89
.5943548	737/1240	33	60	67	62
.5943590	1159/1950	57	65	61	90
.5943683	781/1314	55	73	71	90
.5944272*	192/323	60	85	80	95
.5944361	3953/6650	59	70	67	95
.5944456	2911/4897	41	59	71	83
.5944780	689/1159	53	61	65	95
.5944852	2350/3953	47	59	50	67
0.5945					
.5945000	1189/2000	41	50	58	80
.5945092	3010/5063	43	61	70	83
.5945153	4661/7840	59	80	79	98
.5945472	3053/5135	43	65	71	79
.5945701	657/1105	45	65	73	85
.5946199	2542/4275	41	57	62	75
.5946336	2881/4845	43	57	67	85
.5946527	2491/4189	47	59	53	71
.5946629	2117/3560	58	80	73	89
.5946726	2679/4505	47	53	57	85
.5946805	3555/5978	45	61	79	98
.5946939	1457/2450	47	50	62	98
.5947030	741/1246	57	70	65	89
.5947187	518/871	37	65	70	67
.5947304	3905/6566	55	67	71	98
.5947511	3286/5525	53	65	62	85
.5947581	295/496	50	62	59	80
.5947996	549/923	45	65	61	71
.5948148	803/1350	55	75	73	90
.5948333	3569/6000	43	75	83	80
.5948481	3995/6716	47	73	85	92
.5948617	301/506	43	55	70	92
.5948718	116/195	40	60	58	65
.5948827	279/469	45	67	62	70
.5948980	583/980	53	50	55	98
.5949173	1943/3266	58	71	67	92

（续）

比值	分数	*A*	*B*	*C*	*D*
0.5945					
.5949686	473/795	43	53	55	75
0.5950					
.5950443	3290/5529	47	57	70	97
.5950582	2914/4897	47	59	62	83
.5950877	848/1425	48	57	53	75
.5951044	2650/4453	50	61	53	73
.5951087	219/368	45	60	73	92
.5951267	3053/5130	43	57	71	90
.5951409	2915/4898	53	62	55	79
.5951493	319/536	55	67	58	80
.5951748	2911/4891	41	67	71	73
.5951807	247/415	57	75	65	83
.5951918	2451/4118	43	58	57	71
.5952081	472/793	40	61	59	65
.5952329	2747/4615	41	65	67	71
.5952381*	25/42	50	70	75	90
.5952624	2915/4897	53	59	55	83
.5952899	1643/2760	53	60	62	92
.5953013	2914/4895	47	55	62	89
.5953079	203/341	35	55	58	62
.5953162	1271/2135	41	61	62	70
.5953333	893/1500	47	50	57	90
.5953425	2173/3650	41	50	53	73
.5953613	3337/5605	47	59	71	95
.5953688	2494/4189	43	59	58	71
.5953767	3477/5840	57	73	61	80
.5954023	259/435	37	58	70	75
.5954114	3763/6320	53	79	71	80
.5954802	527/885	34	59	62	60
.5954967	3015/5063	45	61	67	83
0.5955					
.5955080	2784/4675	48	55	58	85
.5955166	611/1026	47	57	65	90
.5955299	826/1387	59	73	70	95
.5955421	2565/4307	45	59	57	73
.5955546	2867/4814	47	58	61	83
.5955592	2870/4819	41	61	70	79
.5955882*	81/136	45	80	90	85
.5956069	2115/3551	45	53	47	67
.5956153	3233/5428	53	59	61	92
.5956357	3139/5270	43	62	73	85
.5956532	2494/4187	43	53	58	79
.5957057	2275/3819	35	57	65	67
.5957197	4565/7663	55	79	83	97
.5957627	703/1180	37	59	57	60
.5957746	423/710	45	50	47	71
0.5955					
.5957845	1272/2135	48	61	53	70
.5957882	2914/4891	47	67	62	73
.5958128	2419/4060	41	58	59	70
.5958168	1054/1769	34	58	62	61
.5958333*	143/240	55	60	65	100
.5958442	1147/1925	37	55	62	70
.5958498	603/1012	45	55	67	92
.5958575	3596/6035	58	71	62	85
.5958655	2623/4402	43	62	61	71
.5958904	87/146	45	60	58	73
.5958998	4331/7268	61	79	71	92
.5959117	4402/7387	62	83	71	89
.5959488	559/938	43	67	65	70
.5959596	59/99	50	55	59	90
.5959770	1037/1740	34	58	61	60
.5959900	1189/1995	41	57	58	70
.5959989	2145/3599	33	59	65	61
0.5960					
.5960145	329/552	47	60	70	92
.5960236	4047/6790	57	70	71	97
.5960358	4661/7820	59	85	79	92
.5960821	639/1072	45	67	71	80
.5960995	2109/3538	37	58	57	61
.5961178	4453/7470	61	83	73	90
.5961364	2623/4400	43	55	61	80
.5961610	4814/8075	58	85	83	95
.5961778	1435/2407	41	58	70	83
.5961887	657/1102	45	58	73	95
.5962105	1416/2375	48	50	59	95
.5962273	2655/4453	45	61	59	73
.5962406	793/1330	61	70	65	95
.5962500	477/800	45	50	53	80
.5962719	2623/4399	43	53	61	83
.5962767	2146/3599	37	59	58	61
.5963005	3127/5244	53	57	59	92
.5963384	3355/5626	55	58	61	97
.5963516	1798/3015	58	67	62	90
.5963702	1643/2755	53	58	62	95
.5964259	801/1343	45	79	89	85
.5964481	2183/3660	37	60	59	61
.5964557	1178/1975	57	75	62	79
.5964691	473/793	43	61	55	65
.5964912*	34/57	50	75	85	95
.5964961	2145/3596	33	58	65	62
0.5965					
.5965098	1128/1891	47	61	48	62

（续）

比值	分数	*A*	*B*	*C*	*D*
0.5965					
.5965164	2911/4880	41	61	71	80
.5965753	871/1460	65	73	67	100
.5966134	3770/6319	58	71	65	89
.5966292	531/890	45	50	59	89
.5966818	3021/5063	53	61	57	83
.5967136	1271/2130	41	60	62	71
.5967320	913/1530	55	85	83	90
.5967391	549/920	45	50	61	92
.5967531	2279/3819	43	57	53	67
.5967611	737/1235	55	65	67	95
.5967914	558/935	45	55	62	85
.5968096	2993/5015	41	59	73	85
.5968227	3569/5980	43	65	83	92
.5968279	3763/6305	53	65	71	97
.5968388	2832/4745	48	65	59	73
.5968491	3599/6030	59	67	61	90
.5968598	2585/4331	47	61	55	71
.5969412	2537/4250	43	50	59	85
0.5970					
.5970106	2077/3479	62	71	67	98
.5970356	3021/5060	53	55	57	92
.5970452	3233/5415	53	57	61	95
.5970962	329/551	47	58	70	95
.5971311	1457/2440	47	61	62	80
.5971386	793/1328	61	80	65	83
.5971522	2726/4565	47	55	58	83
.5971831	212/355	40	50	53	71
.5972028	427/715	35	55	61	65
.5972137	3901/6532	47	71	83	92
.5972509	869/1455	55	75	79	97
.5972621	3534/5917	57	61	62	97
.5972727	657/1100	45	55	73	100
.5972851*	132/221	55	65	60	85
.5972967	2784/4661	48	59	58	79
.5973251	2501/4187	41	53	61	79
.5973361	583/976	53	61	55	80
.5973572	1537/2573	53	62	58	83
.5973783	319/534	55	60	58	89
.5973863	3337/5586	47	57	71	98
.5974227	1159/1940	57	60	61	97
.5974545	1643/2750	53	55	62	100
.5974576	141/236	45	59	47	60
.5974684	236/395	40	50	59	79
.5974790	711/1190	45	70	79	85
0.5975					
.5975332	3149/5270	47	62	67	85
.5975417	3403/5695	41	67	83	85
.5975485	585/979	45	55	65	89
.5975806	741/1240	57	62	65	100
.5976210	1457/2438	47	53	62	92
.5976293	2773/4640	47	58	59	80
.5976526	1273/2130	57	71	67	90
.5976902	4399/7360	53	80	83	92
.5977160	3245/5429	55	61	59	89
.5977267	2419/4047	41	57	59	71
.5977444	159/266	45	57	53	70
.5977604	3363/5626	57	58	59	97
.5977909	3139/5251	43	59	73	89
.5977954	2115/3538	45	58	47	61
.5978070	1363/2280	47	57	58	80
.5978153	602/1007	43	53	70	95
.5978300	1653/2765	57	70	58	79
.5978419	2881/4819	43	61	67	79
.5978462	1943/3250	58	65	67	100
.5978610	559/935	43	55	65	85
.5978865	1075/1798	43	58	50	62
.5978960	1023/1711	33	58	62	59
.5979167	287/480	41	60	70	80
.5979487	583/975	53	65	55	75
0.5980					
.5980143	2590/4331	37	61	70	71
.5980167	4161/6958	57	71	73	98
.5980287	3337/5580	47	62	71	90
.5980372	2925/4891	45	67	65	73
.5980634	3397/5680	43	71	79	80
.5980822	2183/3650	37	50	59	73
.5980978	2201/3680	62	80	71	92
.5981176	1271/2125	41	50	62	85
.5981432	451/754	41	58	55	65
.5981458	3355/5609	55	71	61	79
.5981747	2294/3835	37	59	62	65
.5981818	329/550	47	55	70	100
.5981944	4307/7200	59	80	73	90
.5982186	2485/4154	35	62	71	67
.5982390	2378/3975	41	53	58	75
.5982456	341/570	33	57	62	60
.5982587	481/804	37	60	65	67
.5982798	2365/3953	43	59	55	67
.5983146	213/356	45	60	71	89
.5983491	2537/4240	43	53	59	80
.5983607	73/122	45	61	73	90
.5983710	3306/5525	57	65	58	85

（续）

比值	分数	*A*	*B*	*C*	*D*	比值	分数	*A*	*B*	*C*	*D*
0.5980						0.5990					
.5983773	295/493	50	58	59	85	.5991011	1333/2225	43	50	62	89
.5983871	371/620	53	62	70	100	.5991071	671/1120	55	70	61	80
.5984085	1128/1885	47	58	48	65	.5991209	1363/2275	47	65	58	70
.5984177	1891/3160	61	79	62	80	.5991301	1653/2759	57	62	58	89
.5984286	4189/7000	59	70	71	100	.5991970	2537/4234	43	58	59	73
.5984370	3599/6014	59	62	61	97	.5992086	1060/1769	40	58	53	61
.5984509	3477/5810	57	70	61	83	.5992203	1537/2565	53	57	58	90
.5984635	2337/3905	41	55	57	71	.5992308	779/1300	41	60	57	65
.5984689	3127/5225	53	55	59	95	.5992516	3363/5612	57	61	59	92
0.5985						.5992559	2255/3763	41	53	55	71
.5985019	799/1335	47	75	85	89	.5992714	329/549	47	61	70	90
.5985124	3782/6319	61	71	62	89	.5993111	522/871	45	65	58	67
.5985242	3569/5963	43	67	83	89	.5993249	3551/5925	53	75	67	79
.5985428	1643/2745	53	61	62	90	.5993333	899/1500	58	60	62	100
.5985507	413/690	59	75	70	92	.5993752	2494/4161	43	57	58	73
.5985592	4819/8051	61	83	79	97	.5993852	585/976	45	61	65	80
.5985727	671/1121	33	57	61	59	.5994194	413/689	35	53	59	65
.5985840	2790/4661	45	59	62	79	.5994828	3477/5800	57	58	61	100
.5985882	1272/2125	48	50	53	85	0.5995					
.5986049	944/1577	48	57	59	83	.5995107	3431/5723	47	59	73	97
.5986275	3053/5100	43	60	71	85	.5995217	2256/3763	47	53	48	71
.5986368	3074/5135	53	65	58	79	.5995283	1271/2120	41	53	62	80
.5986542	2491/4161	47	57	53	73	.5995556	1349/2250	57	75	71	90
.5986737	2257/3770	37	58	61	65	.5995721	3363/5609	57	71	59	79
.5986842*	91/152	65	80	70	95	.5996381	2320/3869	40	53	58	73
.5987037	3233/5400	53	60	61	90	.5996567	2795/4661	43	59	65	79
.5987097	464/775	48	62	58	75	.5996721	1829/3050	59	61	62	100
.5987342	473/790	43	50	55	79	.5996806	4130/6887	59	71	70	97
.5987631	3195/5336	45	58	71	92	.5996946	3534/5893	57	71	62	83
.5987709	682/1139	55	67	62	85	.5996953	3149/5251	47	59	67	89
.5988060	1003/1675	34	50	59	67	.5997064	2451/4087	43	61	57	67
.5988584	2623/4380	43	60	61	73	.5997478	2378/3965	41	61	58	65
.5988701	106/177	40	59	53	60	.5997717	2627/4380	37	60	71	73
.5988764	533/890	41	50	65	89	.5997874	2257/3763	37	53	61	71
.5989045	3827/6390	43	71	89	90	.5998145	3233/5390	53	55	61	98
.5989130	551/920	57	60	58	92	.5998333	3599/6000	59	60	61	100
.5989542	2291/3825	58	85	79	90	.5998414	3782/6305	61	65	62	97
.5989831	1767/2950	57	59	62	100	.5998769	2925/4876	45	53	65	92
.5989906	4154/6935	62	73	67	95	.5998868	1060/1767	40	57	53	62
0.5990						.5999296	1705/2842	55	58	62	98
.5990037	481/803	37	55	65	73	0.6000					
.5990074	1207/2015	34	62	71	65	.6000000*	3/5	40	75	90	80
.5990196	611/1020	47	60	65	85	.6000524	2291/3818	58	83	79	92
.5990421	3127/5220	53	58	59	90	.6000596	2015/3358	62	73	65	92
.5990610	638/1065	55	71	58	75	.6000719	3337/5561	47	67	71	83
.5990834	2745/4582	45	58	61	79	.6001352	3551/5917	53	61	67	97

（续）

比值	分数	*A*	*B*	*C*	*D*
0.6000					
.6001489	806/1343	62	79	65	85
.6001565	767/1278	59	71	65	90
.6001826	3286/5475	53	73	62	75
.6001857	2585/4307	47	59	55	73
.6001994	602/1003	43	59	70	85
.6002083	2881/4800	43	60	67	80
.6002410	2491/4150	47	50	53	83
.6002522	476/793	34	61	70	65
.6002665	901/1501	53	79	85	95
.6002797	2146/3575	37	55	58	65
.6002915	2059/3430	58	70	71	98
.6003137	3827/6375	43	75	89	85
.6003175	1891/3150	61	70	62	90
.6003509	1711/2850	58	57	59	100
.6003707	3239/5395	41	65	79	83
.6003816	2832/4717	48	53	59	89
.6003852	1247/2077	43	62	58	67
.6004000	1501/2500	57	75	79	100
.6004310	3901/6497	47	73	83	89
.6004372	2747/4575	41	61	67	75
.6004958	3149/5244	47	57	67	92
0.6005					
.6005357	3363/5600	57	70	59	80
.6006087	3355/5586	55	57	61	98
.6006329	949/1580	65	79	73	100
.6006443	4661/7760	59	80	79	97
.6006579	913/1520	55	80	83	95
.6006808	2294/3819	37	57	62	67
.6006904	522/869	45	55	58	79
.6007026	513/854	45	61	57	70
.6007353	817/1360	43	80	95	85
.6007533	319/531	55	59	58	90
.6007656	3139/5225	43	55	73	95
.6007764	3869/6440	53	70	73	92
.6008112	3555/5917	45	61	79	97
.6008247	1457/2425	47	50	62	97
.6008256	2911/4845	41	57	71	85
.6008403*	143/238	55	70	65	85
.6008503	1272/2117	48	58	53	73
.6008617	3905/6499	55	67	71	97
.6008667	2773/4615	47	65	59	71
.6008780	3422/5695	58	67	59	85
.6009132	658/1095	47	73	70	75
.6009259	649/1080	55	60	59	90
.6009639	1247/2075	43	50	58	83
.6009697	2479/4125	37	55	67	75

比值	分数	*A*	*B*	*C*	*D*
0.6010					
.6010040	2993/4980	41	60	73	83
.6010204	589/980	57	60	62	98
.6010309	583/970	53	50	55	97
.6010372	3477/5785	57	65	61	89
.6010482	2867/4770	47	53	61	90
.6010574	2501/4161	41	57	61	73
.6010707	3705/6164	57	67	65	92
.6010753	559/930	43	62	65	75
.6010909	1653/2750	57	55	58	100
.6011940	1007/1675	53	67	57	75
.6011964	603/1003	45	59	67	85
.6012391	2135/3551	35	53	61	67
.6012545	671/1116	55	62	61	90
.6012821	469/780	35	60	67	65
.6012931	279/464	45	58	62	80
.6012955	3713/6175	47	65	79	95
.6013143	549/913	45	55	61	83
.6013333	451/750	41	50	55	75
.6013410	3139/5220	43	58	73	90
.6013466	2590/4307	37	59	70	73
.6013825	261/434	45	62	58	70
.6013896	2337/3886	41	58	57	67
.6013986	86/143	43	55	50	65
.6014448	2914/4845	47	57	62	85
.6014829	649/1079	55	65	59	83
.6014925	403/670	62	67	65	100
.6014981	803/1335	55	75	73	89
0.6015					
.6015132	477/793	45	61	53	65
.6015336	2275/3782	35	61	65	62
.6015390	1798/2989	58	61	62	98
.6015684	2378/3953	41	59	58	67
.6016000	376/625	47	50	48	75
.6016169	2679/4453	47	61	57	73
.6016512	583/969	53	57	55	85
.6016566	799/1328	47	80	85	83
.6016743	3953/6570	59	73	67	90
.6016949	71/118	45	59	71	90
.6017007	1769/2940	58	60	61	98
.6017413	2419/4020	41	60	59	67
.6017525	2747/4565	41	55	67	83
.6017926	470/781	47	55	50	71
.6018135	3053/5073	43	57	71	89
.6018395	3599/5980	59	65	61	92
.6018519*	65/108	50	60	65	90
.6018644	3551/5900	53	59	67	100

（续）

比值	分数	*A*	*B*	*C*	*D*
0.6015					
.6018667	2257/3750	37	50	61	75
.6018819	1855/3082	53	67	70	92
.6018868	319/530	55	53	58	100
.6019146	4087/6790	61	70	67	97
.6019298	3431/5700	47	57	73	100
.6019570	3445/5723	53	59	65	97
.6019737	183/304	45	57	61	80
.6019913	2479/4118	37	58	67	71
.6019991	1325/2201	50	62	53	71
0.6020					
.6020225	2679/4450	47	50	57	89
.6020253	1189/1975	41	50	58	79
.6020703	2501/4154	41	62	61	67
.6021127	171/284	45	60	57	71
.6021638	2449/4067	62	83	79	98
.6021858	551/915	57	61	58	90
.6022078	3055/5073	47	57	65	89
.6022446	3649/6059	41	73	89	83
.6022599	533/885	41	59	65	75
.6022727	53/88	50	55	53	80
.6022866	1475/2449	50	62	59	79
.6022978	1363/2263	47	62	58	73
.6023268	1139/1891	34	61	67	62
.6023629	3569/5925	43	75	83	79
.6023707	559/928	43	58	65	80
.6023750	4819/8000	61	80	79	100
.6023928	3021/5015	53	59	57	85
.6024123	2747/4560	41	57	67	80
.6024583	3431/5695	47	67	73	85
.6024907	2419/4015	41	55	59	73
0.6025					
.6025137	767/1273	59	67	65	95
.6025424	711/1180	45	59	79	100
.6025641	47/78	47	60	50	65
.6025714	2109/3500	37	50	57	70
.6025793	3551/5893	53	71	67	83
.6025912	2279/3782	43	61	53	62
.6025974	232/385	40	55	58	70
.6026322	2610/4331	45	61	58	71
.6026506	2501/4150	41	50	61	83
.6026558	590/979	50	55	59	89
.6026786*	135/224	45	70	75	80
.6026882	1121/1860	57	62	59	90
.6027451	1537/2550	53	60	58	85
.6027569	481/798	37	57	65	70
.6028112	1501/2490	57	83	79	90
0.6025					
.6028158	4453/7387	61	83	73	89
.6028261	2773/4600	47	50	59	92
.6028672	3953/6557	59	79	67	83
.6028862	3551/5890	53	62	67	95
.6029131	3477/5767	57	73	61	79
.6029453	2170/3599	35	59	62	61
.6029885	2623/4350	43	58	61	75
0.6030					
.6030000	603/1000	45	50	67	100
.6030137	2201/3650	62	73	71	100
.6030435	1387/2300	57	75	73	92
.6030522	3596/5963	58	67	62	89
.6030646	4526/7505	62	79	73	95
.6030790	901/1494	53	83	85	90
.6030928	117/194	45	50	65	97
.6031073	427/708	35	59	61	60
.6031349	2655/4402	45	62	59	71
.6031477	2491/4130	47	59	53	70
.6031627	801/1328	45	80	89	83
.6031716	3233/5360	53	67	61	80
.6032147	2627/4355	37	65	71	67
.6032349	3655/6059	43	73	85	83
.6032503	2784/4615	48	65	58	71
.6032567	3149/5220	47	58	67	90
.6032967	549/910	45	65	61	70
.6033088	3355/5561	55	67	61	83
.6033214	2870/4757	41	67	70	71
.6033392	2385/3953	45	59	53	67
.6033597	3053/5060	43	55	71	92
.6033972	3055/5063	47	61	65	83
.6034091	531/880	45	55	59	80
.6034161	1943/3220	58	70	67	92
.6034274	2993/4960	41	62	73	80
.6034358	3337/5530	47	70	71	79
.6034667	2263/3750	62	75	73	100
0.6035					
.6035008	793/1314	61	73	65	90
.6035294	513/850	45	50	57	85
.6035449	3337/5529	47	57	71	97
.6035463	2655/4399	45	53	59	83
.6035553	3599/5963	59	67	61	89
.6035654	711/1178	45	62	79	95
.6035789	2867/4750	47	50	61	95
.6036242	3431/5684	47	58	73	98
.6036274	3195/5293	45	67	71	79
.6036538	3139/5200	43	65	73	80

（续）

比值	分数	A	B	C	D
0.6035					
.6036824	2623/4345	43	55	61	79
.6036946	2451/4060	43	58	57	70
.6037152	195/323	45	57	65	85
.6037300	3658/6059	59	73	62	83
.6037363	2747/4550	41	65	67	70
.6037549	611/1012	47	55	65	92
.6037594	803/1330	55	70	73	95
.6037788	2173/3599	41	59	53	61
.6037975	477/790	45	50	53	79
.6038251	221/366	34	60	65	61
.6038380	1416/2345	48	67	59	70
.6038741	1247/2065	43	59	58	70
.6038788	2491/4125	47	55	53	75
.6039116	3551/5880	53	60	67	98
.6039216*	154/255	55	75	70	85
.6039621	3445/5704	53	62	65	92
.6039832	2881/4770	43	53	67	90
0.6040					
.6040128	3763/6230	53	70	71	89
.6040320	2337/3869	41	53	57	73
.6040375	4189/6935	59	73	71	95
.6040476	2537/4200	43	60	59	70
.6040672	2911/4819	41	61	71	79
.6040984	737/1220	33	60	67	61
.6041313	2135/3534	35	57	61	62
.6041553	1105/1829	34	59	65	62
.6041818	4161/6887	57	71	73	97
.6042000	3021/5000	53	50	57	100
.6042150	2867/4745	47	65	61	73
.6042440	1139/1885	34	58	67	65
.6042722	3819/6320	57	79	67	80
.6042825	2173/3596	41	58	53	62
.6042857	423/700	45	50	47	70
.6043003	3485/5767	41	73	85	79
.6043368	2146/3551	37	53	58	67
.6043534	472/781	40	55	59	71
.6043697	1798/2975	58	70	62	85
.6043779	2623/4340	43	62	61	70
.6043860	689/1140	53	57	65	100
.6043956*	55/91	50	65	55	70
.6044177	301/498	43	60	70	83
.6044286	2211/3658	33	59	67	62
.6044912	4307/7125	59	75	73	95
.6044980	3763/6225	53	75	71	83
0.6045					
.6045070	1073/1775	37	50	58	71
.6045290	3337/5520	47	60	71	92
.6045504	558/923	45	65	62	71
.6045918	237/392	45	60	79	98
.6046061	2494/4125	43	55	58	75
.6046735	4399/7275	53	75	83	97
.6046784	517/855	47	57	55	75
.6046946	2911/4814	41	58	71	83
.6046973	3965/6557	61	79	65	83
.6047349	1175/1943	47	58	50	67
.6047500	2419/4000	41	50	59	80
.6047863	1769/2925	58	65	61	90
.6048523	2867/4740	47	60	61	79
.6048583	747/1235	45	65	83	95
.6048739	3599/5950	59	70	61	85
.6048973	2915/4819	53	61	55	79
.6049053	2491/4118	47	58	53	71
.6049166	689/1139	53	67	65	85
.6049528	513/848	45	53	57	80
.6049872	4731/7820	57	85	83	92
0.6050					
.6050041	1475/2438	50	53	59	92
.6050228	265/438	50	60	53	73
.6050314	481/795	37	53	65	75
.6050838	3285/5429	45	61	73	89
.6050859	4402/7275	62	75	71	97
.6051054	2726/4505	47	53	58	85
.6051282	118/195	40	60	59	65
.6051364	377/623	58	70	65	89
.6051745	3953/6532	59	71	67	92
.6051942	2773/4582	47	58	59	79
.6051953	3285/5428	45	59	73	92
.6052174	348/575	48	50	58	92
.6052296	949/1568	65	80	73	98
.6052381	1271/2100	41	60	62	70
.6052559	4399/7268	53	79	83	92
.6052680	3286/5429	53	61	62	89
.6052995	2627/4340	37	62	71	70
.6053100	3397/5612	43	61	79	92
.6053178	1457/2407	47	58	62	83
.6053742	2726/4503	47	57	58	79
.6053795	1643/2714	53	59	62	92
.6053864	517/854	47	61	55	70
.6054002	3139/5185	43	61	73	85
.6054066	2665/4402	41	62	65	71

（续）

比值	分数	A	B	C	D
0.6050					
.6054237	893/1475	47	59	57	75
.6054307	3233/5340	53	60	61	89
.6054632	2150/3551	43	53	50	67
.6054773	3869/6390	53	71	73	90
.6054852	287/474	41	60	70	79
0.6055					
.6055256	2915/4814	53	58	55	83
.6055394	2077/3430	62	70	67	98
.6055718	413/682	35	55	59	62
.6055769	3149/5200	47	65	67	80
.6055882	2059/3400	58	80	71	85
.6056225	754/1245	58	75	65	83
.6056261	3337/5510	47	58	71	95
.6056687	2201/3634	62	79	71	92
.6056818	533/880	41	55	65	80
.6057143	106/175	40	50	53	70
.6057471	527/870	34	58	62	60
.6057730	3127/5162	53	58	59	89
.6057778	1363/2250	47	50	58	90
.6058101	2565/4234	45	58	57	73
.6058195	2665/4399	41	53	65	83
.6058503	4453/7350	61	75	73	98
.6058846	3233/5336	53	58	61	92
.6058902	2263/3735	62	83	73	90
.6059091	1333/2200	43	55	62	80
.6059231	2537/4187	43	53	59	79
.6059322	143/236	33	59	65	60
.6059377	3735/6164	45	67	83	92
.6059531	3074/5073	53	57	58	89
.6059701	203/335	35	50	58	67
.6059902	2610/4307	45	59	58	73
.6059981	3233/5335	53	55	61	97
0.6060					
.6060150	403/665	62	70	65	95
.6060345	703/1160	37	58	57	60
.6060468	2666/4399	43	53	62	83
.6060783	1037/1711	34	58	61	59
.6060873	3445/5684	53	58	65	98
.6061145	1705/2813	55	58	62	97
.6061164	1645/2714	47	59	70	92
.6061309	3658/6035	59	71	62	85
.6061360	731/1206	43	67	85	90
.6061644	177/292	45	60	59	73
.6061828	451/744	41	60	55	62

比值	分数	A	B	C	D
0.6060					
.6061905	1273/2100	57	70	67	90
.6062147	1073/1770	37	59	58	60
.6062619	639/1054	45	62	71	85
.6062698	2108/3477	34	57	62	61
.6062765	3149/5194	47	53	67	98
.6062921	1349/2225	57	75	71	89
.6063030	2501/4125	41	55	61	75
.6063555	3053/5035	43	53	71	95
.6063665	781/1288	55	70	71	92
.6064103	473/780	43	60	55	65
.6064327	1037/1710	34	57	61	60
.6064396	4897/8075	59	85	83	95
.6064516	94/155	47	60	48	62
.6064583	2911/4800	41	60	71	80
.6064845	3685/6076	55	62	67	98
.6064958	2745/4526	45	62	61	73
0.6065					
.6065141	689/1136	53	71	65	80
.6065217	279/460	45	50	62	92
.6065263	2881/4750	43	50	67	95
.6065598	4161/6860	57	70	73	98
.6066071	3397/5600	43	70	79	80
.6066176*	165/272	55	80	75	85
.6066265	1007/1660	53	60	57	83
.6066371	2870/4731	41	57	70	83
.6066482	219/361	45	57	73	95
.6066667*	91/150	65	75	70	100
.6066908	671/1106	55	70	61	79
.6067035	3403/5609	41	71	83	79
.6067204	2257/3720	37	60	61	62
.6067273	3337/5500	47	55	71	100
.6067527	611/1007	47	53	65	95
.6068005	3355/5529	55	57	61	97
.6068075	517/852	47	60	55	71
.6068329	3286/5415	53	57	62	95
.6068548	301/496	43	62	70	80
.6068998	3835/6319	59	71	65	89
.6069198	3596/5925	58	75	62	79
.6069277	403/664	62	80	65	83
.6069377	2747/4526	41	62	67	73
.6069610	715/1178	33	57	65	62
.6069724	2925/4819	45	61	65	79
.6069930	434/715	35	55	62	65

（续）

比值	分数	A	B	C	D	比值	分数	A	B	C	D
0.6070						0.6075					
.6070130	2337/3850	41	55	57	70	.6078471	3021/4970	53	70	57	71
.6070634	2183/3596	37	58	59	62	.6078629	603/992	45	62	67	80
.6070833	1457/2400	47	60	62	80	.6079038	1769/2910	58	60	61	97
.6070994	2993/4930	41	58	73	85	.6079515	3410/5609	55	71	62	79
.6071173	2542/4187	41	53	62	79	.6079602	611/1005	47	67	65	75
.6071429*	17/28	40	70	85	80	.6079812	259/426	37	60	70	71
.6071499	3074/5063	53	61	58	83	0.6080					
.6071654	2881/4745	43	65	67	73	.6080101	3355/5518	55	62	61	89
.6072165	589/970	57	60	62	97	.6080254	2485/4087	35	61	71	67
.6072439	1073/1767	37	57	58	62	.6080508	287/472	41	59	70	80
.6072874*	150/247	50	65	75	95	.6080645	377/620	58	62	65	100
.6073048	2544/4189	48	59	53	71	.6080670	799/1314	47	73	85	90
.6073083	1180/1943	40	58	59	67	.6080808	301/495	43	55	70	90
.6073337	2501/4118	41	58	61	71	.6080863	1128/1855	47	53	48	70
.6073446	215/354	43	59	50	60	.6080976	3139/5162	43	58	73	89
.6073525	4345/7154	55	73	79	98	.6081140	2773/4560	47	57	59	80
.6073770	741/1220	57	61	65	100	.6081334	3245/5336	55	58	59	92
.6073921	2350/3869	47	53	50	73	.6081374	3363/5530	57	70	59	79
.6074153	2867/4720	47	59	61	80	.6081538	3953/6500	59	65	67	100
.6074262	3599/5925	59	75	61	79	.6081667	3649/6000	41	75	89	80
.6074480	2773/4565	47	55	59	83	.6081886	2451/4030	43	62	57	65
.6074889	2320/3819	40	57	58	67	.6081967	371/610	53	61	70	100
0.6075						.6082111	1037/1705	34	55	61	62
.6075033	3190/5251	55	59	58	89	.6082353	517/850	47	50	55	85
.6075099	1537/2530	53	55	58	92	.6082616	1767/2905	57	70	62	83
.6075485	3477/5723	57	59	61	97	.6082830	705/1159	45	57	47	61
.6075622	3053/5025	43	67	71	75	.6082865	4331/7120	61	80	71	89
.6075716	658/1083	47	57	70	95	.6083143	1595/2622	55	57	58	92
.6076028	2925/4814	45	58	65	83	.6083333	73/120	45	60	73	90
.6076087	559/920	43	50	65	92	.6083395	817/1343	43	79	95	85
.6076190	319/525	55	70	58	75	.6083558	2257/3710	37	53	61	70
.6076265	1705/2806	55	61	62	92	.6083716	4898/8051	62	83	79	97
.6076564	3127/5146	53	62	59	83	.6083758	1075/1767	43	57	50	62
.6076779	649/1068	55	60	59	89	.6083854	682/1121	33	57	62	59
.6076880	1075/1769	43	58	50	61	.6083987	2405/3953	37	59	65	67
.6077333	2279/3750	43	50	53	75	.6084347	3953/6497	59	73	67	89
.6077404	3596/5917	58	61	62	97	.6084475	533/876	41	60	65	73
.6077586	141/232	45	58	47	60	.6084555	3195/5251	45	59	71	89
.6077899	671/1104	55	60	61	92	.6084881	1147/1885	37	58	62	65
.6078016	2867/4717	47	53	61	89	.6084960	530/871	50	65	53	67
.6078059	2881/4740	43	60	67	79	0.6085					
.6078167	451/742	41	53	55	70	.6085082	2117/3479	58	71	73	98
.6078322	2173/3575	41	55	53	65	.6085185	1643/2700	53	60	62	90

（续）

比值	分数	A	B	C	D	比值	分数	A	B	C	D
0.6085						0.6095					
.6085535	2419/3975	41	53	59	75	.6095085	3782/6205	61	73	62	85
.6085714	213/350	45	70	71	75	.6095238*	64/105	40	70	80	75
.6085950	2365/3886	43	58	55	67	.6095517	3127/5130	53	57	59	90
.6086370	451/741	41	57	55	65	.6095722	3477/5704	57	62	61	92
.6086758	1333/2190	43	60	62	73	.6095844	4503/7387	57	83	79	89
.6086885	3713/6100	47	61	79	100	.6095936	915/1501	45	57	61	79
.6087302	767/1260	59	70	65	90	.6096200	2294/3763	37	53	62	71
.6087503	4355/7154	65	73	67	98	.6096441	531/871	45	65	59	67
.6087737	3053/5015	43	59	71	85	.6096475	1643/2695	53	55	62	98
.6087814	3397/5580	43	62	79	90	.6096649	4731/7760	57	80	83	97
.6088512	3233/5310	53	59	61	90	.6096698	517/848	47	53	55	80
.6088636	2679/4400	47	55	57	80	.6097015	817/1340	43	60	57	67
.6088751	590/969	50	57	59	85	.6097092	2537/4161	43	57	59	73
.6088929	671/1102	55	58	61	95	.6097210	2120/3477	40	57	53	61
.6089044	1395/2291	45	58	62	79	.6097436	1189/1950	41	60	58	65
.6089069	752/1235	47	57	48	65	.6097648	1711/2806	58	61	59	92
.6089286	341/560	55	70	62	80	.6097669	2747/4505	41	53	67	85
.6089519	3306/5429	57	61	58	89	.6097762	3705/6076	57	62	65	98
.6089629	2378/3905	41	55	58	71	.6098239	658/1079	47	65	70	83
0.6090						.6098361	186/305	33	55	62	61
.6090020	2679/4399	47	53	57	83	.6098471	3431/5626	47	58	73	97
.6090086	2623/4307	43	59	61	73	.6098576	2784/4565	48	55	58	83
.6090323	472/775	48	62	59	75	.6098964	530/869	50	55	53	79
.6090641	1653/2714	57	59	58	92	.6099373	2627/4307	37	59	71	73
.6090726	3021/4960	53	62	57	80	.6099767	2360/3869	40	53	59	73
.6090825	3286/5395	53	65	62	83	.6099883	3139/5146	43	62	73	83
.6090909	67/110	45	55	67	90	0.6100					
.6091421	4331/7110	61	79	71	90	.6100000	61/100	45	50	61	90
.6091725	611/1003	47	59	65	85	.6100349	3149/5162	47	58	67	89
.6091768	2257/3705	37	57	61	65	.6100378	2747/4503	41	57	67	79
.6091954	53/87	40	58	53	60	.6100471	1943/3185	58	65	67	98
.6092391	1121/1840	57	60	59	92	.6100741	2059/3375	58	75	71	90
.6092593	329/540	47	60	70	90	.6100883	2419/3965	41	61	59	65
.6092677	1065/1748	45	57	71	92	.6101375	3551/5820	53	60	67	97
.6092810	4661/7650	59	85	79	90	.6102155	3596/5893	58	71	62	83
.6093103	1767/2900	57	58	62	100	.6102276	2494/4087	43	61	58	67
.6093230	549/901	45	53	61	85	.6102528	869/1424	55	80	79	89
.6093750*	39/64	65	80	75	100	.6102817	3965/6497	61	73	65	89
.6093750*	39/64	65	80	75	100	.6103030	1007/1650	53	55	57	90
.6093872	2337/3835	41	59	57	65	.6103448	177/290	45	58	59	75
.6094505	2773/4550	47	65	59	70	.6103499	4187/6860	53	70	79	98
.6094620	657/1078	45	55	73	98						
.6094915	899/1475	58	59	62	100						
.6094977	3337/5475	47	73	71	75						

（续）

比值	分数	*A*	*B*	*C*	*D*
0.6100					
.6103814	2881/4720	43	59	67	80
.6103896	47/77	47	55	50	70
.6103981	4661/7636	59	83	79	92
.6104444	2747/4500	41	60	67	75
.6104547	1705/2793	55	57	62	98
.6104608	2451/4015	43	55	57	73
.6104802	3763/6164	53	67	71	92
.6104851	3901/6390	47	71	83	90
0.6105					
.6105263	58/95	45	57	58	75
.6105356	3477/5695	57	67	61	85
.6105477	301/493	43	58	70	85
.6105911	2479/4060	37	58	67	70
.6105991	265/434	50	62	53	70
.6106294	2183/3575	37	55	59	65
.6106414	4189/6860	59	70	71	98
.6107143	171/280	45	60	57	70
.6107246	3599/5893	59	71	61	83
.6107366	2537/4154	43	62	59	67
.6107554	477/781	45	55	53	71
.6107696	2881/4717	43	53	67	89
.6107976	4005/6557	45	79	89	83
.6108067	3233/5293	53	67	61	79
.6108247	237/388	45	60	79	97
.6108597*	135/221	45	65	75	85
.6108824	2077/3400	62	80	67	85
.6108902	3534/5785	57	65	62	89
.6109015	1457/2385	47	53	62	90
.6109108	2542/4161	41	57	62	73
.6109290	559/915	43	61	65	75
.6109722	4399/7200	53	80	83	90
0.6110					
.6110000	611/1000	47	50	65	100
.6110357	3599/5890	59	62	61	95
.6110472	531/869	45	55	59	79
.6110657	2993/4898	41	62	73	79
.6110928	3713/6076	47	62	79	98
.6110955	2170/3551	35	53	62	67
.6111111*	11/18	40	45	55	80
.6111301	3569/5840	43	73	83	80
.6111604	4819/7885	61	83	79	95
.6111720	558/913	45	55	62	83

比值	分数	*A*	*B*	*C*	*D*
0.6110					
.6111905	2993/4897	41	59	73	83
.6112072	1767/2891	57	59	62	98
.6112281	871/1425	65	75	67	95
.6112412	261/427	45	61	58	70
.6112691	2365/3869	43	53	55	73
.6112950	3139/5135	43	65	73	79
.6113253	2537/4150	43	50	59	83
.6113685	3431/5612	47	61	73	92
.6113915	848/1387	48	57	53	73
.6114545	3363/5500	57	55	59	100
.6114733	469/767	35	59	67	65
.6114833	639/1045	45	55	71	95
.6114870	3705/6059	57	73	65	83
0.6115					
.6115385	159/260	45	60	53	65
.6115619	603/986	45	58	67	85
.6115817	3538/5785	58	65	61	89
.6116044	3995/6532	47	71	85	92
.6116158	1885/3082	58	67	65	92
.6116438	893/1460	47	60	57	73
.6116573	871/1424	65	80	67	89
.6116955	3431/5609	47	71	73	79
.6117147	1295/2117	37	58	70	73
.6117171	3477/5684	57	58	61	98
.6117333	1147/1875	37	50	62	75
.6117413	3074/5025	53	67	58	75
.6117512	531/868	45	62	59	70
.6117647*	52/85	40	50	65	85
.6117820	2077/3395	62	70	67	97
.6118207	4503/7360	57	80	79	92
.6118421	93/152	45	57	62	80
.6118519	413/675	59	75	70	90
.6118679	2650/4331	50	61	53	71
.6118761	711/1162	45	70	79	83
.6118908	3139/5130	43	57	73	90
.6119013	2108/3445	34	53	62	65
.6119103	1829/2989	59	61	62	98
.6119216	3901/6375	47	75	83	85
.6119316	3149/5146	47	62	67	83
.6119374	3127/5110	53	70	59	73
.6119718	869/1420	55	71	79	100

（续）

比值	分数	A	B	C	D
0.6120					
.6120690	71/116	45	58	71	90
.6120924	901/1472	53	80	85	92
.6120962	4453/7275	61	75	73	97
.6121127	2173/3550	41	50	53	71
.6121320	3431/5605	47	59	73	95
.6121479	3477/5680	57	71	61	80
.6121602	2950/4819	50	61	59	79
.6121716	2726/4453	47	61	58	73
.6121835	3869/6320	53	79	73	80
.6121916	2109/3445	37	53	57	65
.6122117	2256/3685	47	55	48	67
.6122222	551/900	57	60	58	90
.6122414	3551/5800	53	58	67	100
.6122500	2449/4000	62	80	79	100
.6122642	649/1060	55	53	59	100
.6122673	559/913	43	55	65	83
.6122804	3869/6319	53	71	73	89
.6123054	826/1349	59	71	70	95
.6123180	2565/4189	45	59	57	71
.6123356	3445/5626	53	58	65	97
.6123656	1139/1860	34	60	67	62
.6124051	2419/3950	41	50	59	79
.6124218	1272/2077	48	62	53	67
.6124696	3782/6175	61	65	62	95
.6124830	2257/3685	37	55	61	67
0.6125					
.6125176	871/1422	65	79	67	90
.6125301	1271/2075	41	50	62	83
.6125525	2479/4047	37	57	67	71
.6125683	1121/1830	57	61	59	90
.6125843	1363/2225	47	50	58	89
.6126029	1711/2793	58	57	59	98
.6126105	2565/4187	45	53	57	79
.6126344	2279/3720	43	60	53	62
.6126437	533/870	41	58	65	75
.6126531	1501/2450	57	75	79	98
.6126761	87/142	45	60	58	71
.6126857	4453/7268	61	79	73	92
.6126980	4526/7387	62	83	73	89
.6127369	3685/6014	55	62	67	97
.6127500	2451/4000	43	50	57	80
.6127696	3551/5795	53	61	67	95
.6127789	3021/4930	53	58	57	85
.6127896	3306/5395	57	65	58	83
.6127960	1475/2407	50	58	59	83
.6128130	4161/6790	57	70	73	97

比值	分数	A	B	C	D
0.6125					
.6128736	1333/2175	43	58	62	75
.6128830	3901/6365	47	67	83	95
.6128907	4745/7742	65	79	73	98
.6129386	559/912	43	57	65	80
.6129465	3655/5963	43	67	85	89
.6129611	3074/5015	53	59	58	85
.6129870	236/385	40	55	59	70
0.6130					
.6130016	3819/6230	57	70	67	89
.6130120	1272/2075	48	50	53	83
.6130224	2655/4331	45	61	59	71
.6130298	781/1274	55	65	71	98
.6130522	3053/4980	43	60	71	83
.6130597	1643/2680	53	67	62	80
.6130739	3245/5293	55	67	59	79
.6131429	1073/1750	37	50	58	70
.6131626	2059/3358	58	73	71	92
.6131868	279/455	45	65	62	70
.6131991	3410/5561	55	67	62	83
.6132075	65/106	45	53	65	90
.6132425	3149/5135	47	65	67	79
.6132539	4118/6715	58	79	71	85
.6132620	2867/4675	47	55	61	85
.6132895	4661/7600	59	80	79	95
.6133197	2993/4880	41	61	73	80
.6133409	1085/1769	35	58	62	61
.6133487	533/869	41	55	65	79
.6133581	1653/2695	57	55	58	98
.6133803	871/1420	65	71	67	100
.6133942	403/657	62	73	65	90
.6134320	1160/1891	40	61	58	62
.6134538	611/996	47	60	65	83
.6134599	711/1159	45	61	79	95
.6134737	1457/2375	47	50	62	95
.6134879	2911/4745	41	65	71	73
0.6135					
.6135057	427/696	35	58	61	60
.6135468	2491/4060	47	58	53	70
.6135626	1891/3082	61	67	62	92
.6135673	2623/4275	43	57	61	75
.6135788	2666/4345	43	55	62	79
.6136139	4345/7081	55	73	79	97
.6136232	2117/3450	58	75	73	92
.6136364*	27/44	45	55	75	100
.6136511	2832/4615	48	65	59	71
.6136842	583/950	53	50	55	95

（续）

比值	分数	A	B	C	D
0.6135					
.6137416	2385/3886	45	58	53	67
.6137679	2015/3283	62	67	65	98
.6138060	329/536	47	67	70	80
.6138199	3953/6440	59	70	67	92
.6138289	3551/5785	53	65	67	89
.6138402	3149/5130	47	57	67	90
.6138632	3445/5612	53	61	65	92
.6138909	4331/7055	61	83	71	85
.6139037	574/935	41	55	70	85
.6139188	741/1207	57	71	65	85
.6139332	423/689	45	53	47	65
.6139487	2993/4875	41	65	73	75
0.6140					
.6140595	2210/3599	34	59	65	61
.6141176	261/425	45	50	58	85
.6141270	3869/6300	53	70	73	90
.6141350	2911/4740	41	60	71	79
.6141474	3551/5782	53	59	67	98
.6141702	1595/2597	55	53	58	98
.6141888	2173/3538	41	58	53	61
.6142141	3431/5586	47	57	73	98
.6142466	1121/1825	57	73	59	75
.6143309	583/949	53	65	55	73
.6143373	2211/3599	33	59	67	61
.6144231	639/1040	45	65	71	80
.6144279	247/402	57	67	65	90
.6144629	2923/4757	37	67	79	71
0.6145					
.6145203	711/1157	45	65	79	89
.6145365	1505/2449	43	62	70	79
.6145717	1105/1798	34	58	65	62
.6145833	59/96	50	60	59	80
.6145865	4087/6650	61	70	67	95
.6146103	4030/6557	62	79	65	83
.6146291	2378/3869	41	53	58	73
.6146620	3010/4897	43	59	70	83
.6146663	4015/6532	55	71	73	92
.6146881	611/994	47	70	65	71
.6147009	1798/2925	58	65	62	90
.6147473	742/1207	53	71	70	85
.6147564	2183/3551	37	53	59	67
.6147679	1457/2370	47	60	62	79
.6147752	3337/5428	47	59	71	92
.6147899	1829/2975	59	70	62	85
.6148000	1537/2500	53	50	58	100
.6148392	3555/5782	45	59	79	98

比值	分数	A	B	C	D
0.6145					
.6148746	3431/5580	47	62	73	90
.6148840	2173/3534	41	57	53	62
.6148992	3995/6497	47	73	85	89
.6149132	602/979	43	55	70	89
.6149234	923/1501	65	79	71	95
.6149296	2183/3550	37	50	59	71
.6149494	2065/3358	59	73	70	92
.6149707	3886/6319	58	71	67	89
.6149789	583/948	53	60	55	79
0.6150					
.6150303	2537/4125	43	55	59	75
.6150410	826/1343	59	79	70	85
.6151041	2867/4661	47	59	61	79
.6151147	2279/3705	43	57	53	65
.6151316*	187/304	55	80	85	95
.6151365	2479/4030	37	62	67	65
.6151550	2679/4355	47	65	57	67
.6151685	219/356	45	60	73	89
.6151786	689/1120	53	70	65	80
.6152137	3599/5850	59	65	61	90
.6152225	2627/4270	37	61	71	70
.6152363	638/1037	55	61	58	85
.6152570	371/603	53	67	70	90
.6152775	2650/4307	50	59	53	73
.6152857	4307/7000	59	70	73	100
.6153033	2911/4731	41	57	71	83
.6153061	603/980	45	50	67	98
.6153201	2201/3577	62	73	71	98
.6153313	2665/4331	41	61	65	71
.6153443	2350/3819	47	57	50	67
.6153558	1643/2670	53	60	62	89
.6153707	3403/5530	41	70	83	79
.6154074	2077/3375	62	75	67	90
.6154161	3010/4891	43	67	70	73
.6154737	3190/5183	55	71	58	73
.6154762	517/840	47	60	55	70
.6154902	3139/5100	43	60	73	85
.6154993	413/671	35	55	59	61
0.6155					
.6155120	4087/6640	61	80	67	83
.6155177	2491/4047	47	57	53	71
.6155383	2773/4505	47	53	59	85
.6155622	2666/4331	43	61	62	71
.6155660	261/424	45	53	58	80
.6156010	2407/3910	58	85	83	92
.6156216	3397/5518	43	62	79	89

（续）

比值	分数	A	B	C	D	比值	分数	A	B	C	D
0.6155						0.6165					
.6156297	3285/5336	45	58	73	92	.6165141	3233/5244	53	57	61	92
.6156522	354/575	48	50	59	92	.6165306	3021/4900	53	50	57	98
.6156831	3015/4897	45	59	67	83	.6165591	2867/4650	47	62	61	75
.6156922	3233/5251	53	59	61	89	.6165708	2679/4345	47	55	57	79
.6157277	2623/4260	43	60	61	71	.6166038	817/1325	43	53	57	75
.6157448	3551/5767	53	73	67	79	.6166253	497/806	35	62	71	65
.6157451	657/1067	45	55	73	97	.6166365	341/553	55	70	62	79
.6157823	2263/3675	62	75	73	98	.6166823	658/1067	47	55	70	97
.6157895*	117/190	45	50	65	95	.6166884	473/767	43	59	55	65
.6158117	2773/4503	47	57	59	79	.6167113	2074/3363	34	57	61	59
.6158171	1643/2668	53	58	62	92	.6167204	3445/5586	53	57	65	98
.6158621	893/1450	47	58	57	75	.6167273	848/1375	48	55	53	75
.6158771	481/781	37	55	65	71	.6167373	2911/4720	41	59	71	80
.6159346	603/979	45	55	67	89	.6167481	3410/5529	55	57	62	97
.6159374	2914/4731	47	57	62	83	.6167607	3827/6205	43	73	89	85
.6159677	3819/6200	57	62	67	100	.6167677	3053/4950	43	55	71	90
.6159806	1272/2065	48	59	53	70	.6167824	3021/4898	53	62	57	79
.6159863	4331/7031	61	79	71	89	.6167910	1653/2680	57	67	58	80
0.6160						.6168033	301/488	43	61	70	80
.6160140	1054/1711	34	58	62	59	.6168254	1943/3150	58	70	67	90
.6160294	4189/6800	59	80	71	85	.6168539	549/890	45	50	61	89
.6160452	2726/4425	47	59	58	75	.6168776	731/1185	43	75	85	79
.6160625	3705/6014	57	62	65	97	.6168875	2747/4453	41	61	67	73
.6160758	2537/4118	43	58	59	71	.6169014	219/355	45	71	73	75
.6161049	329/534	47	60	70	89	.6169111	715/1159	33	57	65	61
.6161202	451/732	41	60	55	61	.6169288	4118/6675	58	75	71	89
.6161269	4661/7565	59	85	79	89	.6169404	3569/5785	43	65	83	89
.6161488	2915/4731	53	57	55	83	.6169524	3239/5250	41	70	79	75
.6162006	639/1037	45	61	71	85	.6169626	2015/3266	62	71	65	92
.6162222	2773/4500	47	50	59	90	.6169754	3431/5561	47	67	73	83
.6162424	2542/4125	41	55	62	75	0.6170					
.6162512	3337/5415	47	57	71	95	.6170038	2257/3658	37	59	61	62
.6162567	2881/4675	43	55	67	85	.6170153	2183/3538	37	58	59	61
.6162671	3599/5840	59	73	61	80	.6170924	2585/4189	47	59	55	71
.6162975	779/1264	41	79	95	80	.6171604	3021/4895	53	55	57	89
.6163063	2109/3422	37	58	57	59	.6171717	611/990	47	55	65	90
.6163362	3886/6305	58	65	67	97	.6171765	2623/4250	43	50	61	85
.6163570	4047/6566	57	67	71	98	.6171946	682/1105	55	65	62	85
.6163743	527/855	34	57	62	60	.6171987	2146/3477	37	57	58	61
.6163793	143/232	33	58	65	60	.6172468	3901/6320	47	79	83	80
.6163934	188/305	47	60	48	61	.6172691	1537/2490	53	60	58	83
.6164006	3127/5073	53	57	59	89	.6172811	2679/4340	47	62	57	70
.6164179	413/670	35	50	59	67	.6172899	1271/2059	41	58	62	71
.6164269	3685/5978	55	61	67	98	.6173093	1505/2438	43	53	70	92
.6164444	1387/2250	57	75	73	90	.6173445	3901/6319	47	71	83	89
.6164571	2255/3658	41	59	55	62	.6173677	455/737	35	55	65	67

（续）

比值	分数	*A*	*B*	*C*	*D*
0.6170					
.6173835	689/1116	53	62	65	90
.6173872	2585/4187	47	53	55	79
.6174035	4399/7125	53	75	83	95
.6174346	2479/4015	37	55	67	73
.6174359	602/975	43	65	70	75
.6174510	3149/5100	47	60	67	85
.6174771	2565/4154	45	62	57	67
0.6175					
.6175000	247/400	57	60	65	100
.6175083	3534/5723	57	59	62	97
.6175439*	176/285	55	75	80	95
.6175847	583/944	53	59	55	80
.6176180	3127/5063	53	61	59	83
.6176471*	21/34	60	80	70	85
.6176623	1189/1925	41	55	58	70
.6176651	3021/4891	53	67	57	73
.6176923	803/1300	55	65	73	100
.6177136	2183/3534	37	57	59	62
.6177503	2993/4845	41	57	73	85
.6177655	2914/4717	47	53	62	89
.6177756	1272/2059	48	58	53	71
.6177874	4015/6499	55	67	73	97
.6178082	451/730	41	50	55	73
.6178161	215/348	43	58	50	60
.6178279	603/976	45	61	67	80
.6178404	658/1065	47	71	70	75
.6178694	899/1455	58	60	62	97
.6178797	781/1264	55	79	71	80
.6178879	2867/4640	47	58	61	80
.6179270	2337/3782	41	61	57	62
.6179628	2360/3819	40	57	59	67
.6179800	2784/4505	48	53	58	85
.6179886	2501/4047	41	57	61	71
0.6180					
.6180235	3477/5626	57	58	61	97
.6180328	377/610	58	61	65	100
.6180500	767/1241	59	73	65	85
.6180723	513/830	45	50	57	83
.6180822	1128/1825	47	50	48	73
.6180914	3355/5428	55	59	61	92
.6180952	649/1050	55	70	59	75
.6181077	2881/4661	43	59	67	79
.6181589	2451/3965	43	61	57	65
.6182072	3538/5723	58	59	61	97
.6182187	3658/5917	59	61	62	97
.6182545	928/1501	48	57	58	79

比值	分数	*A*	*B*	*C*	*D*
0.6180					
.6182625	975/1577	45	57	65	83
.6182860	2590/4189	37	59	70	71
.6183288	1147/1855	37	53	62	70
.6183492	2150/3477	43	57	50	61
.6183562	2257/3650	37	50	61	73
.6183849	3599/5820	59	60	61	97
.6184314	1577/2550	57	85	83	90
.6184486	295/477	50	53	59	90
.6184615	201/325	45	65	67	75
.6184722	4453/7200	61	80	73	90
.6184751	2109/3410	37	55	57	62
0.6185					
.6185111	1537/2485	53	70	58	71
.6185229	2077/3358	62	73	67	92
.6185345	287/464	41	58	70	80
.6185357	3337/5395	47	65	71	83
.6185484	767/1240	59	62	65	100
.6185638	2679/4331	47	61	57	71
.6186228	3953/6390	59	71	67	90
.6186321	2623/4240	43	53	61	80
.6186441	73/118	45	59	73	90
.6186667	232/375	40	50	58	75
.6187143	4331/7000	61	70	71	100
.6187153	3901/6305	47	65	83	97
.6187266	826/1335	59	75	70	89
.6187500*	99/160	45	40	55	100
.6187560	3233/5225	53	55	61	95
.6187660	3139/5073	43	57	73	89
.6188024	3245/5244	55	57	59	92
.6188065	1711/2765	58	70	59	79
.6188324	1643/2655	53	59	62	90
.6188586	1247/2015	43	62	58	65
.6188748	341/551	33	57	62	58
.6188883	2405/3886	37	58	65	67
.6189184	3422/5529	58	57	59	97
.6189329	1798/2905	58	70	62	83
.6189461	3195/5162	45	58	71	89
.6189691	1501/2425	57	75	79	97
.6189923	2666/4307	43	59	62	73
.6189997	4307/6958	59	71	73	98
0.6190					
.6190164	944/1525	48	61	59	75
.6190476*	13/21	40	60	65	70
.6190574	3021/4880	53	61	57	80
.6191011	551/890	57	60	58	89
.6191095	3337/5390	47	55	71	98

（续）

比值	分数	*A*	*B*	*C*	*D*
0.6190					
.6191280	2201/3555	62	79	71	90
.6191633	2294/3705	37	57	62	65
.6192063	3901/6300	47	70	83	90
.6192481	2059/3325	58	70	71	95
.6192640	1363/2201	47	62	58	71
.6192721	2365/3819	43	57	55	67
.6193119	558/901	45	53	62	85
.6193219	3763/6076	53	62	71	98
.6193277	737/1190	55	70	67	85
.6193487	3233/5220	53	58	61	90
.6193665	3422/5525	58	65	59	85
.6194030	83/134	45	67	83	90
.6194332*	153/247	45	65	85	95
.6194511	3363/5429	57	61	59	89
.6194622	2419/3905	41	55	59	71
.6194805	477/770	45	55	53	70
.6194929	3445/5561	53	67	65	83
0.6195					
.6195087	2623/4234	43	58	61	73
.6195207	1060/1711	40	58	53	59
.6195455	1363/2200	47	55	58	80
.6195699	2881/4650	43	62	67	75
.6195753	671/1083	55	57	61	95
.6195869	930/1501	45	57	62	79
.6196517	2491/4020	47	60	53	67
.6196575	4161/6715	57	79	73	85
.6196813	3306/5335	57	55	58	97
.6196863	2726/4399	47	53	58	83
.6197034	585/944	45	59	65	80
.6197388	427/689	35	53	61	65
.6197581	1537/2480	53	62	58	80
.6197725	3705/5978	57	61	65	98
.6198113	657/1060	45	53	73	100
.6198413	781/1260	55	70	71	90
.6198830	106/171	40	57	53	60
.6198939	2337/3770	41	58	57	65
.6198990	1595/2573	55	62	58	83
.6199275	1711/2760	58	60	59	92
.6199881	3139/5063	43	61	73	83
0.6200					
.6200000	31/50	45	50	62	90
.6200354	2451/3953	43	59	57	67
.6200782	2378/3835	41	59	58	65
.6200975	2925/4717	45	53	65	89
.6201387	2950/4757	50	67	59	71
.6201522	1711/2759	58	62	59	89
.6201807	2059/3320	58	80	71	83

比值	分数	*A*	*B*	*C*	*D*
0.6200					
.6202067	2701/4355	37	65	73	67
.6202274	3655/5893	43	71	85	83
.6202446	913/1472	55	80	83	92
.6202564	2419/3900	41	60	59	65
.6202665	1769/2852	58	62	61	92
.6202789	4582/7387	58	83	79	89
.6202863	4030/6497	62	73	65	89
.6203008*	165/266	55	70	75	95
.6203390	183/295	45	59	61	75
.6203557	3139/5060	43	55	73	92
.6203724	2832/4565	48	55	59	83
.6203980	1247/2010	43	60	58	67
.6204218	559/901	43	53	65	85
.6204340	3431/5530	47	70	73	79
.6204566	3397/5475	43	73	79	75
.6204740	1885/3038	58	62	65	98
.6204788	3551/5723	53	59	67	97
0.6205					
.6205018	3190/5141	55	53	58	97
.6205063	2451/3950	43	50	57	79
.6205172	3599/5800	59	58	61	100
.6205349	3596/5795	58	61	62	95
.6205443	3534/5695	57	67	62	85
.6205462	3431/5529	47	57	73	97
.6205651	3953/6370	59	65	67	98
.6205926	4189/6750	59	75	71	90
.6205955	2501/4030	41	62	61	65
.6206089	265/427	50	61	53	70
.6206310	3285/5293	45	67	73	79
.6206823	2911/4690	41	67	71	70
.6206973	2795/4503	43	57	65	79
.6207143	869/1400	55	70	79	100
.6207372	3149/5073	47	57	67	89
.6207547	329/530	47	53	70	100
.6207561	4187/6745	53	71	79	95
.6207910	2747/4425	41	59	67	75
.6208200	3286/5293	53	67	62	79
.6208451	1102/1775	57	71	58	75
.6208571	2173/3500	41	50	53	70
.6208706	3195/5146	45	62	71	83
.6208929	3477/5600	57	70	61	80
.6209030	3713/5980	47	65	79	92
.6209052	2881/4640	43	58	67	80
.6209955	3431/5525	47	65	73	85
0.6210					
.6210101	1537/2475	53	55	58	90
.6210273	3869/6230	53	70	73	89

（续）

比值	分数	*A*	*B*	*C*	*D*
0.6210					
.6210448	4161/6700	57	67	73	100
.6210470	2337/3763	41	53	57	71
.6210596	3763/6059	53	73	71	83
.6210654	513/826	45	59	57	70
.6210832	2993/4819	41	61	73	79
.6211111	559/900	43	50	65	90
.6211293	341/549	55	61	62	90
.6211706	2494/4015	43	55	58	73
.6211777	3555/5723	45	59	79	97
.6212269	638/1027	55	65	58	79
.6212449	2585/4161	47	57	55	73
.6212467	3538/5695	58	67	61	85
.6212590	602/969	43	57	70	85
.6213033	2479/3990	37	57	67	70
.6213220	1457/2345	47	67	62	70
.6213315	3705/5963	57	67	65	89
.6213644	1175/1891	47	61	50	62
.6214286	87/140	45	60	58	70
.6214744	3195/5141	45	53	71	97
0.6215					
.6215261	3869/6225	53	75	73	83
.6215352	583/938	53	67	55	70
.6215525	3403/5475	41	73	83	75
.6215580	3431/5520	47	60	73	92
.6215847	455/732	35	60	65	61
.6216077	2405/3869	37	53	65	73
.6216495	603/970	45	50	67	97
.6216636	4402/7081	62	73	71	97
.6217009	212/341	40	55	53	62
.6217071	590/949	50	65	59	73
.6217283	2993/4814	41	58	73	83
.6217452	1767/2842	57	58	62	98
.6217799	531/854	45	61	59	70
.6218182	171/275	45	55	57	75
.6218324	319/513	55	57	58	90
.6218721	671/1079	55	65	61	83
.6218852	574/923	41	65	70	71
.6219035	477/767	45	59	53	65
.6219245	2275/3658	35	59	65	62
.6219301	1798/2891	58	59	62	98
.6219409	737/1185	55	75	67	79
.6219633	3149/5063	47	61	67	83
.6219721	2542/4087	41	61	62	67
.6219880	413/664	59	80	70	83
0.6220					
.6220096 *	130/209	50	55	65	95

比值	分数	*A*	*B*	*C*	*D*
0.6220					
.6220159	469/754	35	58	67	65
.6220657	265/426	50	60	53	71
.6221088	1829/2940	59	60	62	98
.6221262	3599/5785	59	65	61	89
.6221393	2501/4020	41	60	61	67
.6221609	3835/6164	59	67	65	92
.6221700	3710/5963	53	67	70	89
.6221818	1711/2750	58	55	59	100
.6222006	639/1027	45	65	71	79
.6222149	3770/6059	58	73	65	83
.6222222 *	28/45	60	75	70	90
.6222910	201/323	45	57	67	85
.6223214	697/1120	41	70	85	80
.6223320	3149/5060	47	55	67	92
.6223502	2701/4340	37	62	73	70
.6223629	295/474	50	60	59	79
.6223744	1363/2190	47	60	58	73
.6224044	1139/1830	34	60	67	61
.6224176	1416/2275	48	65	59	70
.6224615	2544/4087	48	61	53	67
.6224910	2419/3886	41	58	59	67
0.6225					
.6225000	249/400	45	75	83	80
.6225237	2294/3685	37	55	62	67
.6225456	3551/5704	53	62	67	92
.6225746	3337/5360	47	67	71	80
.6225989	551/885	57	59	58	90
.6226154	4047/6500	57	65	71	100
.6226471	2117/3400	58	80	73	85
.6226738	2911/4675	41	55	71	85
.6226761	2378/3819	41	57	58	67
.6226860	3431/5510	47	58	73	95
.6227112	4047/6499	57	67	71	97
.6227263	2773/4453	47	61	59	73
.6227447	1139/1829	34	59	67	62
.6227500	2491/4000	47	50	53	80
.6227778	1121/1800	57	60	59	90
.6228070	71/114	45	57	71	90
.6228311	682/1095	55	73	62	75
.6228752	2565/4118	45	58	57	71
.6228916	517/830	47	50	55	83
.6229029	4047/6497	57	73	71	89
.6229141	2501/4015	41	55	61	73
.6229318	2146/3445	37	53	58	65
.6229379	793/1273	61	67	65	95
.6229656	689/1106	53	70	65	79

（续）

比值	分数	*A*	*B*	*C*	*D*
0.6225					
.6229825	3551/5700	53	57	67	100
.6229983	4085/6557	43	79	95	83
0.6230					
.6230180	2279/3658	43	59	53	62
.6230604	2610/4189	45	59	58	71
.6230783	3445/5529	53	57	65	97
.6231183	1159/1860	57	62	61	90
.6231461	2773/4450	47	50	59	89
.6232000	779/1250	41	50	57	75
.6232394	177/284	45	60	59	71
.6232468	3555/5704	45	62	79	92
.6232609	2867/4600	47	50	61	92
.6233033	4087/6557	61	79	67	83
.6233155	2914/4675	47	55	62	85
.6233422	235/377	47	58	50	65
.6233550	3363/5395	57	65	59	83
.6233580	2610/4187	45	53	58	79
.6233708	1387/2225	57	75	73	89
.6233918	533/855	41	57	65	75
.6234014	2291/3675	58	75	79	98
.6234429	3053/4897	43	59	71	83
.6234472	803/1288	55	70	73	92
.6234694	611/980	47	50	65	98
.6234818*	154/247	55	65	70	95
0.6235					
.6235000	1247/2000	43	50	58	80
.6235417	2993/4800	41	60	73	80
.6235468	2950/4731	50	57	59	83
.6235632	217/348	35	58	62	60
.6235802	2745/4402	45	62	61	71
.6236257	2666/4275	43	57	62	75
.6236435	2701/4331	37	61	73	71
.6236559	58/93	40	60	58	62
.6236674	585/938	45	67	65	70
.6236842	237/380	45	60	79	95
.6236977	3053/4895	43	55	71	89
.6237143	2183/3500	37	50	59	70
.6237240	3055/4898	47	62	65	79
.6237344	4189/6716	59	73	71	92
.6237560	1943/3115	58	70	67	89
.6237736	1653/2650	57	53	58	100
.6238182	3431/5500	47	55	73	100
.6238273	4189/6715	59	79	71	85
.6238513	3055/4897	47	59	65	83
.6238636	549/880	45	55	61	80
.6239041	2135/3422	35	58	61	59

比值	分数	*A*	*B*	*C*	*D*
0.6235					
.6239332	3363/5390	57	55	59	98
.6239546	4402/7055	62	83	71	85
.6239625	4661/7470	59	83	79	90
0.6240					
.6240055	2745/4399	45	53	61	83
.6240345	2747/4402	41	62	67	71
.6240385	649/1040	55	65	59	80
.6240464	3763/6030	53	67	71	90
.6240680	3599/5767	59	73	61	79
.6240929	430/689	43	53	50	65
.6241012	2170/3477	35	57	62	61
.6241062	611/979	47	55	65	89
.6241218	533/854	41	61	65	70
.6241954	3782/6059	61	73	62	83
.6242077	3053/4891	43	67	71	73
.6242318	711/1139	45	67	79	85
.6242570	3886/6225	58	75	67	83
.6242690	427/684	35	57	61	60
.6242938	221/354	34	59	65	60
.6243108	2491/3990	47	57	53	70
.6243182	2747/4400	41	55	67	80
.6243421	949/1520	65	80	73	95
.6243560	1333/2135	43	61	62	70
.6243836	2279/3650	43	50	53	73
.6244253	2173/3480	41	58	53	60
.6244601	2747/4399	41	53	67	83
0.6245					
.6245017	2350/3763	47	53	50	71
.6245090	795/1273	45	57	53	67
.6245238	2623/4200	43	60	61	70
.6245441	2911/4661	41	59	71	79
.6245763	737/1180	33	59	67	60
.6245985	3306/5293	57	67	58	79
.6246109	3010/4819	43	61	70	79
.6246166	3055/4891	47	67	65	73
.6246467	1105/1769	34	58	65	61
.6246617	2077/3325	62	70	67	95
.6246753	481/770	37	55	65	70
.6246893	754/1207	58	71	65	85
.6247059	531/850	45	50	59	85
.6247361	3551/5684	53	58	67	98
.6247593	3245/5194	55	53	59	98
.6248288	3649/5840	41	73	89	80
.6248768	2537/4060	43	58	59	70
.6249064	3337/5340	47	60	71	89
.6249254	4187/6700	53	67	79	100

（续）

比值	分数	A	B	C	D
0.6245					
.6249545	3431/5490	47	61	73	90
.6249640	2173/3477	41	57	53	61
.6249825	4453/7125	61	75	73	95
0.6250					
.6250000*	5/8	45	60	75	90
.6250228	3422/5475	58	73	59	75
.6250627	1247/1995	43	57	58	70
.6251761	3551/5680	53	71	67	80
.6251877	2914/4661	47	59	62	79
.6251965	2784/4453	48	61	58	73
.6252073	377/603	58	67	65	90
.6252207	2479/3965	37	61	67	65
.6252262	2419/3869	41	53	59	73
.6252446	639/1022	45	70	71	73
.6252500	2501/4000	41	50	61	80
.6252597	1505/2407	43	58	70	83
.6252991	1829/2925	59	65	62	90
.6253182	3685/5893	55	71	67	83
.6253305	2365/3782	43	61	55	62
.6253369	232/371	40	53	58	70
.6253537	1105/1767	34	57	65	62
.6253748	3337/5336	47	58	71	92
.6253812	4307/6887	59	71	73	97
.6254000	3127/5000	53	50	59	100
.6254220	3149/5035	47	53	67	95
.6254747	3953/6320	59	79	67	80
.6254762	2627/4200	37	60	71	70
.6254920	3337/5335	47	55	71	97
0.6255					
.6255737	3953/6319	59	71	67	89
.6255869	533/852	41	60	65	71
.6255951	3285/5251	45	59	73	89
.6256148	3053/4880	43	61	71	80
.6256180	1392/2225	48	50	58	89
.6256367	737/1178	55	62	67	95
.6256485	3015/4819	45	61	67	79
.6256578	4399/7031	53	79	83	89
.6256684*	117/187	45	55	65	85
.6256889	4087/6532	61	71	67	92
.6257093	2867/4582	47	58	61	79
.6257181	1416/2263	48	62	59	73
.6257764	403/644	62	70	65	92
.6257856	3286/5251	53	59	62	89
.6258216	1333/2130	43	60	62	71
.6258438	649/1037	55	61	59	85
.6258562	731/1168	43	73	85	80
0.6255					
.6258803	711/1136	45	71	79	80
.6258857	1325/2117	50	58	53	73
.6259048	1643/2625	53	70	62	75
.6259080	517/826	47	59	55	70
.6259222	3139/5015	43	59	73	85
.6259328	671/1072	55	67	61	80
.6259472	2726/4355	47	65	58	67
.6259947	236/377	40	58	59	65
0.6260					
.6260246	611/976	47	61	65	80
.6260656	3819/6100	57	61	67	100
.6260845	4402/7031	62	79	71	89
.6260853	3245/5183	55	71	59	73
.6260997	427/682	35	55	61	62
.6261084	1271/2030	41	58	62	70
.6261280	3053/4876	43	53	71	92
.6261638	2623/4189	43	59	61	71
.6261792	531/848	45	53	59	80
.6262148	4897/7820	59	85	83	92
.6262564	3053/4875	43	65	71	75
.6262691	3886/6205	58	73	67	85
.6263043	2881/4600	43	50	67	92
.6263076	3233/5162	53	58	61	89
.6263636	689/1100	53	55	65	100
.6263699	1829/2920	59	73	62	80
.6264302	1095/1748	45	57	73	92
.6264629	2623/4187	43	53	61	79
.6264706	213/340	45	60	71	85
0.6265					
.6265321	869/1387	55	73	79	95
.6265381	3055/4876	47	53	65	92
.6265473	3290/5251	47	59	70	89
.6265629	2255/3599	41	59	55	61
.6266010	636/1015	48	58	53	70
.6266209	1643/2622	53	57	62	92
.6266566	4161/6640	57	80	73	83
.6266777	3782/6035	61	71	62	85
.6266901	3569/5695	43	67	83	85
.6267007	737/1176	55	60	67	98
.6267123	183/292	45	60	61	73
.6267339	497/793	35	61	71	65
.6267606	89/142	45	71	89	90
.6267742	1943/3100	58	62	67	100
.6267760	1147/1830	37	60	62	61
.6267884	2059/3285	58	73	71	90
.6268058	781/1246	55	70	71	89

（续）

比值	分数	A	B	C	D
0.6265					
.6268213	2108/3363	34	57	62	59
.6268264	2145/3422	33	58	65	59
.6268408	2256/3599	47	59	48	61
.6268706	1885/3007	58	62	65	97
.6268841	2537/4047	43	57	59	71
.6268935	3021/4819	53	61	57	79
.6269627	3953/6305	59	65	67	97
.6269663	279/445	45	50	62	89
0.6270					
.6270069	3710/5917	53	61	70	97
.6270380	923/1472	65	80	71	92
.6270588	533/850	41	50	65	85
.6270666	2655/4234	45	58	59	73
.6270833	301/480	43	60	70	80
.6270857	2255/3596	41	58	55	62
.6271592	2360/3763	40	53	59	71
.6271689	2747/4380	41	60	67	73
.6271831	4453/7100	61	71	73	100
.6271930*	143/228	55	60	65	95
.6271973	1891/3015	61	67	62	90
.6272531	870/1387	45	57	58	73
.6272593	2117/3375	58	75	73	90
.6272659	4187/6675	53	75	79	89
.6272941	1333/2125	43	50	62	85
.6272989	2183/3480	37	58	59	60
.6273092	781/1245	55	75	71	83
.6273210	473/754	43	58	55	65
.6273442	1037/1653	34	57	61	58
.6273469	1537/2450	53	50	58	98
.6273637	564/899	47	58	48	62
.6273707	2911/4640	41	58	71	80
.6273837	1645/2622	47	57	70	92
.6273878	2726/4345	47	55	58	79
.6274005	2679/4270	47	61	57	70
.6274214	2494/3975	43	53	58	75
.6274254	3363/5360	57	67	59	80
.6274510*	32/51	60	85	80	90
.6274603	3953/6300	59	70	67	90
.6274727	3965/6319	61	71	65	89
.6274854	1073/1710	37	57	58	60
0.6275					
.6275046	689/1098	53	61	65	90
.6275139	3713/5917	47	61	79	97
.6275447	3021/4814	53	58	57	83
.6275477	2925/4661	45	59	65	79
.6275655	4189/6675	59	75	71	89

比值	分数	A	B	C	D
0.6275					
.6275997	2565/4087	45	61	57	67
.6276418	2257/3596	37	58	61	62
.6276512	799/1273	47	67	85	95
.6276569	2451/3905	43	55	57	71
.6276667	2795/4453	43	61	65	73
.6276768	3869/6164	53	67	73	92
.6277242	4234/6745	58	71	73	95
.6277319	2585/4118	47	58	55	71
.6278401	2183/3477	37	57	59	61
.6278912	923/1470	65	75	71	98
.6279116	3127/4980	53	60	59	83
.6279163	3149/5015	47	59	67	85
.6279661	741/1180	57	59	65	100
.6279877	3074/4895	53	55	58	89
0.6280					
.6280172	1457/2320	47	58	62	80
.6280311	4118/6557	58	79	71	83
.6280394	2867/4565	47	55	61	83
.6280899	559/890	43	50	65	89
.6280958	4565/7268	55	79	83	92
.6281083	3410/5429	55	61	62	89
.6281196	2542/4047	41	57	62	71
.6281250	201/320	45	60	67	80
.6281550	1767/2813	57	58	62	97
.6281627	4171/6640	43	80	97	83
.6282051*	49/78	35	60	70	65
.6282240	1705/2714	55	59	62	92
.6282328	583/928	53	58	55	80
.6282353	267/425	45	75	89	85
.6282472	2491/3965	47	61	53	65
.6282772	671/1068	55	60	61	89
.6282876	1075/1711	43	58	50	59
.6283117	2419/3850	41	55	59	70
.6283159	2108/3355	34	55	62	61
.6283333	377/600	58	60	65	100
.6283418	3596/5723	58	59	62	97
.6283451	3569/5680	43	71	83	80
.6284161	4047/6440	57	70	71	92
.6284369	3337/5310	47	59	71	90
.6284615	817/1300	43	60	57	65
.6284848	1037/1650	34	55	61	60
.6284932	1147/1825	37	50	62	73
0.6285					
.6285013	3074/4891	53	67	58	73
.6285223	1829/2910	59	60	62	97
.6285377	533/848	41	53	65	80

（续）

比值	分数	*A*	*B*	*C*	*D*
0.6285					
.6285714*	22/35	40	50	55	70
.6286140	2109/3355	37	55	57	61
.6286349	2832/4505	48	53	59	85
.6286550	215/342	43	57	50	60
.6286765*	171/272	45	80	95	85
.6286885	767/1220	59	61	65	100
.6286966	574/913	41	55	70	83
.6287081	657/1045	45	55	73	95
.6287281	2867/4560	47	57	61	80
.6287481	3355/5336	55	58	61	92
.6287647	2881/4582	43	58	67	79
.6287736	1333/2120	43	53	62	80
.6288136	371/590	53	59	70	100
.6288192	3190/5073	55	57	58	89
.6288571	2201/3500	62	70	71	100
.6288732	893/1420	47	60	57	71
.6288995	3286/5225	53	55	62	95
.6289141	944/1501	48	57	59	79
.6289157	261/415	45	50	58	83
.6289461	1295/2059	37	58	70	71
0.6290					
.6290038	2494/3965	43	61	58	65
.6290323	39/62	45	62	65	75
.6290596	4087/6497	61	73	67	89
.6290878	731/1162	43	70	85	83
.6291525	928/1475	48	59	58	75
.6291824	2501/3975	41	53	61	75
.6292237	689/1095	53	73	65	75
.6292642	3763/5980	53	65	71	92
.6292810	2407/3825	58	85	83	90
.6292967	1190/1891	34	61	70	62
.6293103	73/116	45	58	73	90
.6293220	3713/5900	47	59	79	100
.6293333	236/375	40	50	59	75
.6293750	1007/1600	53	60	57	80
.6293860	287/456	41	57	70	80
.6294158	2726/4331	47	61	58	71
.6294284	2665/4234	41	58	65	73
.6294381	4503/7154	57	73	79	98
.6294747	3763/5978	53	61	71	98
0.6295					
.6295019	1643/2610	53	58	62	90
.6295285	2537/4030	43	62	59	65
.6295522	2109/3350	37	50	57	67
.6295605	3710/5893	53	71	70	83
.6295794	464/737	40	55	58	67

比值	分数	*A*	*B*	*C*	*D*
0.6295					
.6295944	3306/5251	57	59	58	89
.6296008	3233/5135	53	65	61	79
.6296226	3337/5300	47	53	71	100
.6296296*	17/27	50	75	85	90
.6296646	1333/2117	43	58	62	73
.6296651	658/1045	47	55	70	95
.6297143	551/875	57	70	58	75
.6297220	1767/2806	57	61	62	92
.6297322	682/1083	55	57	62	95
.6297460	2405/3819	37	57	65	67
.6297753	1121/1780	57	60	59	89
.6298000	3149/5000	47	50	67	100
.6298282	4582/7275	58	75	79	97
.6298387	781/1240	55	62	71	100
.6298612	4130/6557	59	79	70	83
.6298812	371/589	53	62	70	95
.6298913	1159/1840	57	60	61	92
.6298969	611/970	47	50	65	97
.6299145	737/1170	55	65	67	90
.6299191	2337/3710	41	53	57	70
.6299409	2773/4402	47	62	59	71
.6299699	4183/6640	47	80	89	83
0.6300					
.6300469	671/1065	55	71	61	75
.6300612	3190/5063	55	61	58	83
.6300696	3713/5893	47	71	79	83
.6301020	247/392	57	60	65	98
.6301099	2867/4550	47	65	61	70
.6301196	3477/5518	57	62	61	89
.6301342	3053/4845	43	57	71	85
.6301543	2491/3953	47	59	53	67
.6301989	697/1106	41	70	85	79
.6302144	3233/5130	53	57	61	90
.6302273	2773/4400	47	55	59	80
.6302521*	75/119	50	70	75	85
.6302682	329/522	47	58	70	90
.6303030*	104/165	40	55	65	75
.6303100	549/871	45	65	61	67
.6303213	3139/4980	43	60	73	83
.6303333	1891/3000	61	60	62	100
.6303529	2679/4250	47	50	57	85
.6303705	2773/4399	47	53	59	83
.6303773	2623/4161	43	57	61	73
.6303879	585/928	45	58	65	80
.6304435	3127/4960	53	62	59	80
.6304553	3337/5293	47	67	71	79

（续）

比值	分数	A	B	C	D
0.6300					
.6304985	215/341	43	55	50	62
0.6305					
.6305085	186/295	45	59	62	75
.6305287	4234/6715	58	79	73	85
.6305470	611/969	47	57	65	85
.6305641	3074/4875	53	65	58	75
.6305723	4187/6640	53	80	79	83
.6305869	3245/5146	55	62	59	83
.6306187	2385/3782	45	61	53	62
.6306329	2491/3950	47	50	53	79
.6306457	1885/2989	58	61	65	98
.6306667	473/750	43	50	55	75
.6306897	1829/2900	59	58	62	100
.6307257	2451/3886	43	58	57	67
.6307720	3538/5609	58	71	61	79
.6307934	803/1273	55	67	73	95
.6308735	4189/6640	59	80	71	83
.6308772	899/1425	58	57	62	100
.6308988	4345/6887	55	71	79	97
.6309132	2494/3953	43	59	58	67
.6309524	53/84	50	60	53	70
.6309607	3599/5704	59	62	61	92
.6309733	4661/7387	59	83	79	89
.6309932	737/1168	55	73	67	80
0.6310					
.6310160	118/187	50	55	59	85
.6310273	301/477	43	53	70	90
.6310490	2256/3575	47	55	48	65
.6310582	3763/5963	53	67	71	89
.6310714	1767/2800	57	70	62	80
.6310945	2537/4020	43	60	59	67
.6311062	2881/4565	43	55	67	83
.6311625	1037/1643	34	53	61	62
.6311718	3835/6076	59	62	65	98
.6311767	3551/5626	53	58	67	97
.6311856	2449/3880	62	80	79	97
.6312002	3245/5141	55	53	59	97
.6312221	3538/5605	58	59	61	95
.6312338	3658/5795	59	61	62	95
.6312655	1272/2015	48	62	53	65
.6313287	2257/3575	37	55	61	65
.6313411	4331/6860	61	70	71	98
.6313924	1247/1975	43	50	58	79
.6314035	3599/5700	59	57	61	100
.6314229	639/1012	45	55	71	92
.6314346	2993/4740	41	60	73	79
0.6310					
.6314396	2623/4154	43	62	61	67
.6314626	3713/5880	47	60	79	98
.6314815	341/540	55	60	62	90
.6314943	2747/4350	41	58	67	75
0.6315					
.6315493	1121/1775	57	71	59	75
.6315895	3139/4970	43	70	73	71
.6316224	3827/6059	43	73	89	83
.6316384	559/885	43	59	65	75
.6317172	3127/4950	53	55	59	90
.6317308	657/1040	45	65	73	80
.6317409	3901/6175	47	65	83	95
.6317606	549/869	45	55	61	79
.6317734	513/812	45	58	57	70
.6317857	1769/2800	58	70	61	80
.6317982	2881/4560	43	57	67	80
.6318267	671/1062	55	59	61	90
.6318396	2679/4240	47	53	57	80
.6318804	2537/4015	43	55	59	73
.6319231	1643/2600	53	65	62	80
.6319444*	91/144	65	80	70	90
.6319483	3422/5415	58	57	59	95
.6319613	261/413	45	59	58	70
.6319764	3431/5429	47	61	73	89
0.6320					
.6320000	79/125	57	75	79	95
.6320482	2623/4150	43	50	61	83
.6320667	682/1079	55	65	62	83
.6320755	67/106	45	53	67	90
.6320929	3431/5428	47	59	73	92
.6321200	2275/3599	35	59	65	61
.6321429	177/280	45	60	59	70
.6321569	806/1275	62	75	65	85
.6321818	3477/5500	57	55	61	100
.6321918	923/1460	65	73	71	100
.6322209	2747/4345	41	55	67	79
.6322321	3770/5963	58	67	65	89
.6322452	949/1501	65	79	73	95
.6322719	2065/3266	59	71	70	92
.6322807	901/1425	53	75	85	95
.6323250	3658/5785	59	65	62	89
.6323293	3149/4980	47	60	67	83
.6323383	1271/2010	41	60	62	67
.6323508	4355/6887	65	71	67	97
.6323887	781/1235	55	65	71	95
.6324025	2627/4154	37	62	71	67

（续）

比值	分数	A	B	C	D
0.6320					
.6324398	1392/2201	48	62	58	71
.6324605	3285/5194	45	53	73	98
.6324933	2585/4087	47	61	55	67
0.6325					
.6325536	649/1026	55	57	59	90
.6326092	2650/4189	50	59	53	71
.6326260	477/754	45	58	53	65
.6326358	2993/4731	41	57	73	83
.6326474	2275/3596	35	58	65	62
.6326667	949/1500	65	75	73	100
.6326840	2501/3953	41	59	61	67
.6326923	329/520	47	65	70	80
.6327247	901/1424	53	80	85	89
.6327273	174/275	45	55	58	75
.6327350	2679/4234	47	58	57	73
.6327512	3551/5612	53	61	67	92
.6328086	3819/6035	57	71	67	85
.6328358	212/335	40	50	53	67
.6328629	3139/4960	43	62	73	80
.6328711	2784/4399	48	53	58	83
.6328845	893/1411	47	83	95	85
.6329231	2726/4307	47	59	58	73
.6329285	469/741	35	57	67	65
.6329427	3835/6059	59	73	65	83
.6329536	2278/3599	34	59	67	61
0.6330					
.6330189	671/1060	55	53	61	100
.6330897	3551/5609	53	71	67	79
.6330986	899/1420	58	71	62	80
.6331050	2773/4380	47	60	59	73
.6331258	2542/4015	41	55	62	73
.6331500	806/1273	62	67	65	95
.6331646	2501/3950	41	50	61	79
.6331809	3599/5684	59	58	61	98
.6331868	2881/4550	43	65	67	70
.6332068	3337/5270	47	62	71	85
.6332315	2279/3599	43	59	53	61
.6332880	4661/7360	59	80	79	92
.6333381	4453/7031	61	79	73	89
.6333691	1769/2793	58	57	61	98
.6333819	869/1372	55	70	79	98
.6334119	2419/3819	41	57	59	67
.6334232	235/371	47	53	50	70
.6334512	2867/4526	47	62	61	73
.6334640	3555/5612	45	61	79	92
.6334783	1457/2300	47	50	62	92

比值	分数	A	B	C	D
0.6335					
.6334970	2451/3869	43	53	57	73
.6335172	3905/6164	55	67	71	92
.6335339	3053/4819	43	61	71	79
.6335415	3551/5605	53	59	67	95
.6335583	657/1037	45	61	73	85
.6335650	638/1007	55	53	58	95
.6336016	3149/4970	47	70	67	71
.6336103	3431/5415	47	57	73	95
.6336239	2544/4015	48	55	53	73
.6336268	3599/5680	59	71	61	80
.6336359	4118/6499	58	67	71	97
.6336720	2183/3445	37	53	59	65
.6336957	583/920	53	50	55	92
.6337167	2590/4087	37	61	70	67
.6337512	3286/5185	53	61	62	85
.6337597	2279/3596	43	58	53	62
.6337687	3397/5360	43	67	79	80
.6337784	3655/5767	43	73	85	79
.6338144	1537/2425	53	50	58	97
.6338310	4118/6497	58	73	71	89
.6338560	3355/5293	55	67	61	79
.6338798	116/183	40	60	58	61
.6339216	3233/5100	53	60	61	85
.6339490	3055/4819	47	61	65	79
.6339958	3286/5183	53	71	62	73
0.6340					
.6340278	913/1440	55	80	83	90
.6340502	1769/2790	58	62	61	90
.6340789	4819/7600	61	80	79	95
.6340909	279/440	45	55	62	80
.6341056	2655/4187	45	53	59	79
.6341333	1189/1875	41	50	58	75
.6341414	3139/4950	43	55	73	90
.6341497	4661/7350	59	75	79	98
.6341927	2337/3685	41	55	57	67
.6342264	1160/1829	40	59	58	62
.6342351	2790/4399	45	53	62	83
.6342500	2537/4000	43	50	59	80
.6342551	711/1121	45	59	79	95
.6342667	4757/7500	67	75	71	100
.6342780	470/741	47	57	50	65
.6342910	3422/5395	58	65	59	83
.6342986	3658/5767	59	73	62	79
.6343071	4234/6675	58	75	73	89
.6343152	4307/6790	59	70	73	97
.6343519	602/949	43	65	70	73

（续）

比值	分数	A	B	C	D	比值	分数	A	B	C	D
0.6340						0.6350					
.6343643	923/1455	65	75	71	97	.6353801	2173/3420	41	57	53	60
.6344086	59/93	40	60	59	62	.6353853	4015/6319	55	71	73	89
.6344178	741/1168	57	73	65	80	.6354057	603/949	45	65	67	73
.6344685	3074/4845	53	57	58	85	.6354598	767/1207	59	71	65	85
.6344945	4845/7636	57	83	85	92	.6354824	4130/6499	59	67	70	97
0.6345						.6354930	1128/1775	47	50	48	71
.6345029	217/342	35	57	62	60	0.6355					
.6345104	3953/6230	59	70	67	89	.6355000	1271/2000	41	50	62	80
.6345238	533/840	41	60	65	70	.6355956	2257/3551	37	53	61	67
.6345283	3363/5300	57	53	59	100	.6356054	2210/3477	34	57	65	61
.6345581	639/1007	45	53	71	95	.6356164	232/365	40	50	58	73
.6345890	4161/6557	57	79	73	83	.6356303	1891/2975	61	70	62	85
.6346074	3055/4814	47	58	65	83	.6356410	2479/3900	37	60	67	65
.6346154*	33/52	45	60	55	65	.6356742	2263/3560	62	80	73	89
.6346273	4087/6440	61	70	67	92	.6356780	4130/6497	59	73	70	89
.6346721	3445/5428	53	59	65	92	.6356964	3551/5586	53	57	67	98
.6347009	3713/5850	47	65	79	90	.6357143	89/140	45	70	89	90
.6347368	603/950	45	50	67	95	.6357527	473/744	43	60	55	62
.6347513	4402/6935	62	73	71	95	.6357746	2257/3550	37	50	61	71
.6347619	1333/2100	43	60	62	70	.6357759	295/464	50	58	59	80
.6347675	3290/5183	47	71	70	73	.6357877	3713/5840	47	73	79	80
.6348214	711/1120	45	70	79	80	.6358209	213/335	45	67	71	75
.6348271	2479/3905	37	55	67	71	.6358396	2537/3990	43	57	59	70
.6348397	871/1372	65	70	67	98	.6358696	117/184	45	50	65	92
.6348498	2135/3363	35	57	61	59	.6358788	2623/4125	43	55	61	75
.6348794	1711/2695	58	55	59	98	.6358930	737/1159	55	61	67	95
.6348881	3403/5360	41	67	83	80	.6359069	2405/3782	37	61	65	62
.6349387	2795/4402	43	62	65	71	.6359271	4503/7081	57	73	79	97
.6349752	4615/7268	65	79	71	92	.6359461	2077/3266	62	71	67	92
0.6350						.6359642	3763/5917	53	61	71	97
.6350088	2173/3422	41	58	53	59	.6359668	1457/2291	47	58	62	79
.6350211	301/474	43	60	70	79	.6359757	2832/4453	48	61	59	73
.6350324	2255/3551	41	53	55	67	.6359867	767/1206	59	67	65	90
.6350575	221/348	34	58	65	60	0.6360					
.6350685	1159/1825	57	73	61	75	.6360000	159/250	45	50	53	75
.6351090	2623/4130	43	59	61	70	.6360178	1003/1577	59	83	85	95
.6352113	451/710	41	50	55	71	.6360417	3053/4800	43	60	71	80
.6352273	559/880	43	55	65	80	.6360775	2627/4130	37	59	71	70
.6352740	371/584	53	73	70	80	.6360917	638/1003	55	59	58	85
.6352848	803/1264	55	79	73	80	.6361141	4171/6557	43	79	97	83
.6352941*	54/85	45	75	90	85	.6361186	236/371	40	53	59	70
.6353140	2256/3551	47	53	48	67	.6361429	4453/7000	61	70	73	100
.6353218	4047/6370	57	65	71	98	.6361616	3149/4950	47	55	67	90
.6353448	737/1160	55	58	67	100	.6361851	2915/4582	53	58	55	79
.6353717	2795/4399	43	53	65	83	.6361958	689/1083	53	57	65	95

（续）

比值	分数	A	B	C	D
0.6360					
.6362165	3538/5561	58	67	61	83
.6362291	3010/4731	43	57	70	83
.6362745	649/1020	55	60	59	85
.6362842	2911/4575	41	61	71	75
.6362869	754/1185	58	75	65	79
.6362988	3569/5609	43	71	83	79
.6363463	3337/5244	47	57	71	92
.6363812	3285/5162	45	58	73	89
.6363889	2291/3600	58	80	79	90
.6364045	1416/2225	48	50	59	89
.6364287	2666/4189	43	59	62	71
.6364366	793/1246	61	70	65	89
.6364583	611/960	47	60	65	80
.6364764	513/806	45	62	57	65
.6364939	2665/4187	41	53	65	79
0.6365					
.6365037	1653/2597	57	53	58	98
.6365297	697/1095	41	73	85	75
.6365444	2881/4526	43	62	67	73
.6365492	3431/5390	47	55	73	98
.6365750	1643/2581	53	58	62	89
.6365979	247/388	57	60	65	97
.6366234	2451/3850	43	55	57	70
.6366702	3021/4745	53	65	57	73
.6366819	4183/6570	47	73	89	90
.6366867	2867/4503	47	57	61	79
.6366995	517/812	47	58	55	70
.6367140	3139/4930	43	58	73	85
.6367327	2666/4187	43	53	62	79
.6367394	2773/4355	47	65	59	67
.6367676	3869/6076	53	62	73	98
.6367962	803/1261	55	65	73	97
.6368661	2650/4161	50	57	53	73
.6369118	4331/6800	61	80	71	85
.6369399	2914/4575	47	61	62	75
.6369478	793/1245	61	75	65	83
.6369597	2623/4118	43	58	61	71
.6369771	472/741	40	57	59	65
.6369863	93/146	45	60	62	73
0.6370					
.6370056	451/708	41	59	55	60
.6370178	4161/6532	57	71	73	92
.6370492	1943/3050	58	61	67	100
.6370669	3953/6205	59	73	67	85
.6370927	1271/1995	41	57	62	70

比值	分数	A	B	C	D
0.6370					
.6370968	79/124	45	62	79	90
.6371111	2867/4500	47	50	61	90
.6371472	3770/5917	58	61	65	97
.6371585	583/915	53	61	55	75
.6372434	2173/3410	41	55	53	62
.6372549*	65/102	50	60	65	85
.6372860	1005/1577	45	57	67	83
.6372955	3233/5073	53	57	61	89
.6373227	3685/5782	55	59	67	98
.6373346	2745/4307	45	59	61	73
.6373418	1007/1580	53	60	57	79
.6373529	2870/4503	41	57	70	79
.6373657	2255/3538	41	58	55	61
.6373993	2294/3599	37	59	62	61
.6374570	371/582	53	60	70	97
.6374663	473/742	43	53	55	70
.6374825	2279/3575	43	55	53	65
0.6375					
.6375000*	51/80	45	75	85	80
.6375362	4399/6900	53	75	83	92
.6375706	2257/3540	37	59	61	60
.6375806	3953/6200	59	62	67	100
.6375940	424/665	48	57	53	70
.6375951	4189/6570	59	73	71	90
.6376085	3306/5185	57	61	58	85
.6376286	1054/1653	34	57	62	58
.6376484	1128/1769	47	58	48	61
.6376608	2726/4275	47	57	58	75
.6376780	2911/4565	41	55	71	83
.6376936	741/1162	57	70	65	83
.6377119	301/472	43	59	70	80
.6377205	470/737	47	55	50	67
.6377591	4030/6319	62	71	65	89
.6377778	287/450	41	60	70	75
.6377989	2747/4307	41	59	67	73
.6378234	715/1121	33	57	65	59
.6378333	3827/6000	43	75	89	80
.6378498	4331/6790	61	70	71	97
.6378571	893/1400	47	60	57	70
.6378917	3074/4819	53	61	58	79
.6379001	2491/3905	47	55	53	71
.6379343	3397/5325	43	71	79	75
.6379393	1325/2077	50	62	53	67
.6379630	689/1080	53	60	65	90
.6379725	3713/5820	47	60	79	97

（续）

比值	分数	*A*	*B*	*C*	*D*
0.6375					
.6379836	4189/6566	59	67	71	98
0.6380					
.6380000	319/500	55	50	58	100
.6380597	171/268	45	60	57	67
.6380678	885/1387	45	57	59	73
.6380872	2255/3534	41	57	55	62
.6381174	3010/4717	43	53	70	89
.6381279	559/876	43	60	65	73
.6381404	3363/5270	57	62	59	85
.6381633	3127/4900	53	50	59	98
.6381663	2993/4690	41	67	73	70
.6382048	2773/4345	47	55	59	79
.6382390	2537/3975	43	53	59	75
.6382707	4503/7055	57	83	79	85
.6383041	2183/3420	37	57	59	60
.6383122	3782/5925	61	75	62	79
.6383266	473/741	43	57	55	65
.6383352	2914/4565	47	55	62	83
.6383599	3285/5146	45	62	73	83
.6383701	376/589	47	57	48	62
.6383772	2911/4560	41	57	71	80
.6383929*	143/224	55	70	65	80
.6384075	1363/2135	47	61	58	70
.6384238	3127/4898	53	62	59	79
.6384328	1711/2680	58	67	59	80
.6384615	83/130	45	65	83	90
.6384932	4661/7300	59	73	79	100
0.6385					
.6385246	779/1220	41	60	57	61
.6385471	4307/6745	59	71	73	95
.6385768	341/534	55	60	62	89
.6385965*	182/285	65	75	70	95
.6386102	2610/4087	45	61	58	67
.6386288	3819/5980	57	65	67	92
.6386531	2257/3534	37	57	61	62
.6386603	3337/5225	47	55	71	95
.6386684	2494/3905	43	55	58	71
.6387179	2491/3900	47	60	53	65
.6387447	2585/4047	47	57	55	71
.6387712	603/944	45	59	67	80
.6387879	527/825	34	55	62	60
.6388151	3127/4895	53	55	59	89
.6388424	3819/5978	57	61	67	98
.6388543	513/803	45	55	57	73
.6388592	4189/6557	59	79	71	83
.6388737	2337/3658	41	59	57	62
0.6385					
.6388795	3763/5890	53	62	71	95
.6389328	3233/5060	53	55	61	92
.6389401	2773/4340	47	62	59	70
.6389706	869/1360	55	80	79	85
.6389807	3285/5141	45	53	73	97
0.6390					
.6390008	793/1241	61	73	65	85
.6390351	1457/2280	47	57	62	80
.6390476	671/1050	55	70	61	75
.6390555	1705/2668	55	58	62	92
.6390706	3713/5810	47	70	79	83
.6390769	2077/3250	62	65	67	100
.6390977*	85/133	50	70	85	95
.6391134	2451/3835	43	59	57	65
.6391177	2405/3763	37	53	65	71
.6391430	2655/4154	45	62	59	67
.6391466	689/1078	53	55	65	98
.6391667	767/1200	59	60	65	100
.6391774	3015/4717	45	53	67	89
.6392199	590/923	50	65	59	71
.6392544	583/912	53	57	55	80
.6392720	3337/5220	47	58	71	90
.6393315	1645/2573	47	62	70	83
.6393443	39/61	45	61	65	75
.6393720	4154/6497	62	73	67	89
.6394410	2059/3220	58	70	71	92
.6394872	1247/1950	43	60	58	65
.6394969	2542/3975	41	53	62	75
0.6395					
.6395117	2881/4505	43	53	67	85
.6395161	793/1240	61	62	65	100
.6395321	2679/4189	47	59	57	71
.6395548	747/1168	45	73	83	80
.6395655	1943/3038	58	62	67	98
.6395931	4087/6390	61	71	67	90
.6396087	2419/3782	41	61	59	62
.6396423	2146/3355	37	55	58	61
.6396610	3245/5073	55	57	59	89
.6396825	403/630	62	70	65	90
.6397085	3599/5626	59	58	61	97
.6397274	657/1027	45	65	73	79
.6397421	3770/5893	58	71	65	83
.6397590	531/830	45	50	59	83
.6397788	3355/5244	55	57	61	92
.6397957	2881/4503	43	57	67	79
.6398376	2679/4187	47	53	57	79

（续）

比值	分数	*A*	*B*	*C*	*D*
0.6395					
.6398487	2537/3965	43	61	59	65
.6398693	979/1530	55	85	89	90
.6398987	3538/5529	58	57	61	97
.6399061	1363/2130	47	60	58	71
.6399221	3286/5135	53	65	62	79
.6399533	3290/5141	47	53	70	97
.6399660	3763/5880	53	60	71	98
.6399828	4453/6958	61	71	73	98
0.6400					
.6400000*	16/25	60	75	80	100
.6400419	3053/4770	43	53	71	90
.6400679	377/589	58	62	65	95
.6401119	3431/5360	47	67	73	80
.6401307	4897/7650	59	85	83	90
.6401538	4161/6500	57	65	73	100
.6401639	781/1220	55	61	71	100
.6401724	3713/5800	47	58	79	100
.6401760	2183/3410	37	55	59	62
.6402071	742/1159	53	61	70	95
.6402222	2881/4500	43	50	67	90
.6402523	4161/6499	57	67	73	97
.6402740	2337/3650	41	50	57	73
.6403509	73/114	45	57	73	90
.6403620	3538/5525	58	65	61	85
.6403756	682/1065	55	71	62	75
.6404167	1537/2400	53	60	58	80
.6404342	472/737	40	55	59	67
.6404396	1457/2275	47	65	62	70
.6404612	611/954	47	53	65	90
.6404710	2665/4161	41	57	65	73
.6404808	2291/3577	58	73	79	98
0.6405					
.6405458	1643/2565	53	57	62	90
.6405622	319/498	55	60	58	83
.6405674	3477/5428	57	59	61	92
.6405970	1073/1675	37	50	58	67
.6406429	558/871	45	65	62	67
.6406593	583/910	53	65	55	70
.6406873	4661/7275	59	75	79	97
.6407011	658/1027	47	65	70	79
.6407114	2666/4161	43	57	62	73
.6407248	3713/5795	47	61	79	95
.6407339	4505/7031	53	79	85	89
.6407365	2784/4345	48	55	58	79
.6407698	899/1403	58	61	62	92
.6407817	3705/5782	57	59	65	98

比值	分数	*A*	*B*	*C*	*D*
0.6405					
.6408240	1711/2670	58	60	59	89
.6408738	3139/4898	43	62	73	79
.6409244	3245/5063	55	61	59	83
.6409420	1769/2760	58	60	61	92
.6409704	1189/1855	41	53	58	70
0.6410					
.6410047	3139/4897	43	59	73	83
.6410190	2491/3886	47	58	53	67
.6410256*	25/39	50	65	75	90
.6410607	2345/3658	35	59	67	62
.6410936	3869/6035	53	71	73	85
.6410980	4087/6375	61	75	67	85
.6411097	2542/3965	41	61	62	65
.6411290	159/248	45	60	53	62
.6411517	913/1424	55	80	83	89
.6411565	377/588	58	60	65	98
.6411743	1769/2759	58	62	61	89
.6412500	513/800	45	50	57	80
.6412666	3139/4895	43	55	73	89
.6412821	2501/3900	41	60	61	65
.6413137	742/1157	53	65	70	89
.6413255	329/513	47	57	70	90
.6413600	3886/6059	58	73	67	83
.6413793	93/145	45	58	62	75
.6413999	4307/6715	59	79	73	85
.6414118	1363/2125	47	50	58	85
.6414246	3422/5335	58	55	59	97
.6414392	517/806	47	62	55	65
.6414474*	195/304	65	80	75	95
.6414747	696/1085	48	62	58	70
0.6415					
.6415189	3835/5978	59	61	65	98
.6415308	4526/7055	62	83	73	85
.6415503	2665/4154	41	62	65	67
.6415700	3596/5605	58	59	62	95
.6416013	4087/6370	61	65	67	98
.6416141	2544/3965	48	61	53	65
.6416252	3869/6030	53	67	73	90
.6416446	2419/3770	41	58	59	65
.6416465	265/413	50	59	53	70
.6416667*	77/120	55	60	70	100
.6416783	2294/3575	37	55	62	65
.6416910	2201/3430	62	70	71	98
.6417308	3337/5200	47	65	71	80
.6417544	1829/2850	59	57	62	100
.6417671	799/1245	47	75	85	83

（续）

比值	分数	A	B	C	D
0.6415					
.6417784	3782/5893	61	71	62	83
.6418323	3713/5785	47	65	79	89
.6418354	2378/3705	41	57	58	65
.6418511	319/497	55	70	58	71
.6418715	4047/6305	57	65	71	97
.6418750	1027/1600	65	80	79	100
.6419718	2279/3550	43	50	53	71
0.6420					
.6420534	913/1422	55	79	83	90
.6420765	235/366	47	60	50	61
.6421053	61/95	45	57	61	75
.6421174	558/869	45	55	62	79
.6421338	3551/5530	53	70	67	79
.6421369	2993/4661	41	59	73	79
.6421687	533/830	41	50	65	83
.6421846	341/531	55	59	62	90
.6422115	3055/4757	47	67	65	71
.6422500	3551/5529	53	57	67	97
.6422785	2537/3950	43	50	59	79
.6423178	3658/5695	59	67	62	85
.6423810	1349/2100	57	70	71	90
.6424096	1333/2075	43	50	62	83
.6424242	106/165	50	55	53	75
.6424276	1175/1829	47	59	50	62
.6424407	1653/2573	57	62	58	83
.6424484	3705/5767	57	73	65	79
.6424721	3337/5194	47	53	71	98
0.6425					
.6425094	3431/5340	47	60	73	89
.6425287	559/870	43	58	65	75
.6425455	1767/2750	57	55	62	100
.6425731	2747/4275	41	57	67	75
.6426291	3422/5325	58	71	59	75
.6426531	3149/4900	47	50	67	98
.6426554	455/708	35	59	65	60
.6426799	259/403	37	62	70	65
.6426926	3905/6076	55	62	71	98
.6427149	3551/5525	53	65	67	85
.6427203	671/1044	55	58	61	90
.6427698	2627/4087	37	61	71	67
.6427989	4731/7360	57	80	83	92
.6428077	2784/4331	48	61	58	71
.6428382	2419/3763	41	53	59	71
.6429245	1363/2120	47	53	58	80
.6429910	3431/5336	47	58	73	92
0.6430					
.6430187	2275/3538	35	58	65	61
.6430348	517/804	47	60	55	67
.6430468	3149/4897	47	59	67	83
.6430559	2542/3953	41	59	62	67
.6430656	3306/5141	57	53	58	97
.6430877	4582/7125	58	75	79	95
.6431115	3431/5335	47	55	73	97
.6431327	3835/5963	59	67	65	89
.6431452	319/496	55	62	58	80
.6431579	611/950	47	50	65	95
.6431728	2911/4526	41	62	71	73
.6431973	1891/2940	61	60	62	98
.6432377	3139/4880	43	61	73	80
.6432479	3763/5850	53	65	71	90
.6432749*	110/171	50	45	55	95
.6432857	4503/7000	57	70	79	100
.6432971	3551/5520	53	60	67	92
.6433095	3149/4895	47	55	67	89
.6433154	3710/5767	53	73	70	79
.6433255	2747/4270	41	61	67	70
.6433439	1416/2201	48	62	59	71
.6433735	267/415	45	75	89	83
.6433831	3233/5025	53	67	61	75
.6433962	341/530	55	53	62	100
.6434141	3053/4745	43	65	71	73
.6434389	711/1105	45	65	79	85
.6434859	731/1136	43	71	85	80
0.6435					
.6435028	1139/1770	34	59	67	60
.6435163	1325/2059	50	58	53	71
.6435303	3551/5518	53	62	67	89
.6435443	1271/1975	41	50	62	79
.6435609	1829/2842	59	58	62	98
.6435924	2501/3886	41	58	61	67
.6436364	177/275	45	55	59	75
.6436559	2993/4650	41	62	73	75
.6437037	869/1350	55	75	79	90
.6437247	159/247	45	57	53	65
.6437465	2275/3534	35	57	65	62
.6437827	2832/4399	48	53	59	83
.6437853	2279/3540	43	59	53	60
.6438237	1475/2291	50	58	59	79
.6438503	602/935	43	55	70	85
.6438666	1139/1769	34	58	67	61
.6438931	3685/5723	55	59	67	97

（续）

比值	分数	A	B	C	D	比值	分数	A	B	C	D
0.6435						0.6445					
.6438961	2479/3850	37	55	67	70	.6448571	2257/3500	37	50	61	70
.6439105	3886/6035	58	71	67	85	.6448783	2279/3534	43	57	53	62
0.6440						.6449198	603/935	45	55	67	85
.6440092	559/868	43	62	65	70	.6449739	4331/6715	61	79	71	85
.6440217	237/368	45	60	79	92	.6449821	3599/5580	59	62	61	90
.6440506	1272/1975	48	50	53	79	0.6450					
.6440566	2915/4526	53	62	55	73	.6450311	2077/3220	62	70	67	92
.6440928	3053/4740	43	60	71	79	.6450431	2993/4640	41	58	73	80
.6441176	219/340	45	60	73	85	.6450667	2419/3750	41	50	59	75
.6441365	3021/4690	53	67	57	70	.6450835	3477/5390	57	55	61	98
.6441492	2279/3538	43	58	53	61	.6450937	4615/7154	65	73	71	98
.6441809	869/1349	55	71	79	95	.6450980	329/510	47	60	70	85
.6441930	2790/4331	45	61	62	71	.6451138	4819/7470	61	83	79	90
.6442529	1121/1740	57	58	59	90	.6451311	689/1068	53	60	65	89
.6442552	3555/5518	45	62	79	89	.6451923	671/1040	55	65	61	80
.6442697	2867/4450	47	50	61	89	.6452434	4307/6675	59	75	73	89
.6442786	259/402	37	60	70	67	.6452572	2170/3363	35	57	62	59
.6442857	451/700	41	50	55	70	.6452830	171/265	45	53	57	75
.6443137	1643/2550	53	60	62	85	.6452869	3149/4880	47	61	67	80
.6443192	3431/5325	47	71	73	75	.6453189	2378/3685	41	55	58	67
.6443421	4897/7600	59	80	83	95	.6453475	2795/4331	43	61	65	71
.6443493	3763/5840	53	73	71	80	.6453623	4453/6900	61	75	73	92
.6443662	183/284	45	60	61	71	.6453888	3569/5530	43	70	83	79
.6444513	4187/6497	53	73	79	89	.6454076	3127/4845	53	57	59	85
.6444646	3551/5510	53	58	67	95	.6454284	3819/5917	57	61	67	97
.6444737	2449/3800	62	80	79	95	.6454545	71/110	45	55	71	90
.6444886	649/1007	55	53	59	95	.6454795	1178/1825	57	73	62	75
.6444958	3905/6059	55	73	71	83	0.6455					
0.6445						.6455206	1333/2065	43	59	62	70
.6445148	611/948	47	60	65	79	.6455422	2679/4150	47	50	57	83
.6445378	767/1190	59	70	65	85	.6455479	377/584	58	73	65	80
.6445607	4189/6499	59	67	71	97	.6455696	51/79	57	79	85	95
.6445714	564/875	47	50	48	70	.6455782	949/1470	65	75	73	98
.6445771	3239/5025	41	67	79	75	.6456147	3445/5336	53	58	65	92
.6445920	3397/5270	43	62	79	85	.6456364	3551/5500	53	55	67	100
.6446110	2494/3869	43	53	58	73	.6456604	1711/2650	58	53	59	100
.6446235	2320/3599	40	59	58	61	.6457221	4234/6557	58	79	73	83
.6446660	3233/5015	53	59	61	85	.6457357	689/1067	53	55	65	97
.6446830	4565/7081	55	73	83	97	.6457711	649/1005	55	67	59	75
.6447011	949/1472	65	80	73	92	.6457842	3010/4661	43	59	70	79
.6447305	2655/4118	45	58	59	71	.6457955	2135/3306	35	57	61	58
.6447423	3127/4850	53	50	59	97	.6458162	3149/4876	47	53	67	92
.6447591	4189/6497	59	73	71	89	.6458824	549/850	45	50	61	85
.6448087	118/183	40	60	59	61	.6459072	3827/5925	43	75	89	79
.6448333	3869/6000	53	60	73	100	.6459330*	135/209	45	55	75	95
.6448357	2747/4260	41	60	67	71	.6459376	3355/5194	55	53	61	98

（续）

比值	分数	A	B	C	D
0.6455					
.6459487	3149/4875	47	65	67	75
.6459608	4118/6375	58	75	71	85
.6459729	3569/5525	43	65	83	85
0.6460					
.6460152	2294/3551	37	53	62	67
.6460379	3685/5704	55	62	67	92
.6460606	533/825	41	55	65	75
.6461180	4161/6440	57	70	73	92
.6461394	3431/5310	47	59	73	90
.6461538*	42/65	60	65	70	100
.6461590	1943/3007	58	62	67	97
.6461749	473/732	43	60	55	61
.6461972	1147/1775	37	50	62	71
.6462056	3074/4757	53	67	58	71
.6462212	590/913	50	55	59	83
.6462500	517/800	47	50	55	80
.6462660	2925/4526	45	62	65	73
.6463030	2666/4125	43	55	62	75
.6463224	413/639	59	71	70	90
.6463608	817/1264	43	79	95	80
.6463896	2784/4307	48	59	58	73
.6463960	3901/6035	47	71	83	85
.6464146	2479/3835	37	59	67	65
.6464203	2501/3869	41	53	61	73
.6464549	3337/5162	47	58	71	89
.6464579	2911/4503	41	57	71	79
.6464678	2059/3185	58	65	71	98
.6464912	737/1140	55	57	67	100
.6464957	1891/2925	61	65	62	90
0.6465					
.6465054	481/744	37	60	65	62
.6465282	2365/3658	43	59	55	62
.6465636	3763/5820	53	60	71	97
.6465714	2263/3500	62	70	73	100
.6465753	236/365	40	50	59	73
.6466000	3233/5000	53	50	61	100
.6466463	3596/5561	58	67	62	83
.6466772	4087/6320	61	79	67	80
.6467308	3363/5200	57	65	59	80
.6467796	4087/6319	61	71	67	89
.6467958	434/671	35	55	62	61
.6468124	3551/5490	53	61	67	90
.6468220	3053/4720	43	59	71	80
.6468368	2914/4505	47	53	62	85
.6468569	3015/4661	45	59	67	79
.6468700	403/623	62	70	65	89
0.6465					
.6468889	2911/4500	41	60	71	75
.6469105	513/793	45	61	57	65
.6469298	295/456	50	57	59	80
.6469484	689/1065	53	71	65	75
.6469636	799/1235	47	65	85	95
.6469697	427/660	35	55	61	60
.6469796	2881/4453	43	61	67	73
.6469900	3869/5980	53	65	73	92
0.6470					
.6470130	2491/3850	47	55	53	70
.6470476	3397/5250	43	70	79	75
.6470837	4582/7081	58	73	79	97
.6471241	2914/4503	47	57	62	79
.6471579	1537/2375	53	50	58	95
.6471687	4503/6958	57	71	79	98
.6471858	3599/5561	59	67	61	83
.6472064	3869/5978	53	61	73	98
.6472185	477/737	45	55	53	67
.6472334	3053/4717	43	53	71	89
.6472458	611/944	47	59	65	80
.6472574	767/1185	59	75	65	79
.6472881	3819/5900	57	59	67	100
.6473118	301/465	43	62	70	75
.6473232	4897/7565	59	85	83	89
.6473462	2915/4503	53	57	55	79
.6473585	3431/5300	47	53	73	100
.6473877	3705/5723	57	59	65	97
.6474017	1333/2059	43	58	62	71
.6474057	549/848	45	53	61	80
.6474157	2881/4450	43	50	67	89
.6474779	3363/5194	57	53	59	98
0.6475					
.6475410	79/122	45	61	79	90
.6475458	1095/1691	45	57	73	89
.6475556	1457/2250	47	50	62	90
.6475806	803/1240	55	62	73	100
.6475954	781/1206	55	67	71	90
.6476190*	68/105	40	70	85	75
.6476427	261/403	45	62	58	65
.6476504	3735/5767	45	73	83	79
.6476574	3055/4717	47	53	65	89
.6476667	1943/3000	58	60	67	100
.6476764	3763/5810	53	70	71	83
.6476900	2173/3355	41	55	53	61
.6477193	923/1425	65	75	71	95
.6477430	3286/5073	53	57	62	89

(续)

比值	分数	A	B	C	D
0.6475					
.6477663	377/582	58	60	65	97
.6477778	583/900	53	50	55	90
.6477922	1247/1925	43	55	58	70
.6478398	3074/4745	53	65	58	73
.6478645	4399/6790	53	70	83	97
.6478697	517/798	47	57	55	70
.6478774	2747/4240	41	53	67	80
.6479096	2867/4425	47	59	61	75
.6479452	473/730	43	50	55	73
.6479885	451/696	41	58	55	60
0.6480					
.6480226	1147/1770	37	59	62	60
.6480328	3953/6100	59	61	67	100
.6480570	3819/5893	57	71	67	83
.6480730	639/986	45	58	71	85
.6481181	3995/6164	47	67	85	92
.6481344	2623/4047	43	57	61	71
.6481442	3021/4661	53	59	57	79
.6481742	923/1424	65	80	71	89
.6481905	3403/5250	41	70	83	75
.6482146	3431/5293	47	67	73	79
.6482157	4087/6305	61	65	67	97
.6482353	551/850	57	60	58	85
.6482480	481/742	37	53	65	70
.6482614	3710/5723	53	59	70	97
.6482759	94/145	47	58	48	60
.6483110	3685/5684	55	58	67	98
.6483231	2745/4234	45	58	61	73
.6483516	59/91	50	65	59	70
.6483889	1147/1769	37	58	62	61
.6483974	2650/4087	50	61	53	67
.6484515	4355/6716	65	73	67	92
.6484648	3337/5146	47	62	71	83
0.6485					
.6485075	869/1340	55	67	79	100
.6485232	1537/2370	53	60	58	79
.6485314	3290/5073	47	57	70	89
.6485374	2993/4615	41	65	73	71
.6485476	2255/3477	41	57	55	61
.6485632	2257/3480	37	58	61	60
.6485845	3551/5475	53	73	67	75
.6485876	574/885	41	59	70	75
.6486017	3363/5185	57	61	59	85
.6486446	4307/6640	59	80	73	83
.6486550	2773/4275	47	57	59	75
.6486567	2173/3350	41	50	53	67
0.6485					
.6486683	2679/4130	47	59	57	70
.6486940	3477/5360	57	67	61	80
.6487069	301/464	43	58	70	80
.6487302	4087/6300	61	70	67	90
.6487676	737/1136	55	71	67	80
.6487759	689/1062	53	59	65	90
.6487931	3763/5800	53	58	71	100
.6487955	2747/4234	41	58	67	73
.6488203	715/1102	33	57	65	58
.6488345	3869/5963	53	67	73	89
.6488352	752/1159	47	57	48	61
.6488520	3363/5183	57	71	59	73
.6488610	826/1273	59	67	70	95
.6488743	2565/3953	45	59	57	67
.6488812	377/581	58	70	65	83
.6488898	3127/4819	53	61	59	79
.6489436	2795/4307	43	59	65	73
.6489510	464/715	40	55	58	65
0.6490					
.6490000	649/1000	55	50	59	100
.6490223	3286/5063	53	61	62	83
.6490385*	135/208	45	65	75	80
.6490476	1363/2100	47	60	58	70
.6490858	923/1422	65	79	71	90
.6490955	3337/5141	47	53	71	97
.6491254	4453/6860	61	70	73	98
.6491968	3233/4980	53	60	61	83
.6492095	657/1012	45	55	73	92
.6492537	87/134	45	60	58	67
.6492675	4565/7031	55	79	83	89
.6492784	3149/4850	47	50	67	97
.6493056*	187/288	55	80	85	90
.6493183	3905/6014	55	62	71	97
.6493359	1711/2635	58	62	59	85
.6493470	2337/3599	41	59	57	61
.6493671	513/790	45	50	57	79
.6494001	3410/5251	55	59	62	89
.6494071	1643/2530	53	55	62	92
.6494545	893/1375	47	55	57	75
.6494685	4582/7055	58	83	79	85
.6494762	806/1241	62	73	65	85
.6494898	1273/1960	57	60	67	98
0.6495					
.6495238	341/525	55	70	62	75
.6495437	2491/3835	47	59	53	65
.6495638	3127/4814	53	58	59	83

（续）

比值	分数	A	B	C	D
0.6495					
.6495670	975/1501	45	57	65	79
.6495987	4047/6230	57	70	71	89
.6496148	2108/3245	34	55	62	59
.6496207	2655/4087	45	61	59	67
.6496799	2537/3905	43	55	59	71
.6497261	2135/3286	35	53	61	62
.6497569	3074/4731	53	57	58	83
.6497845	603/928	45	58	67	80
.6498124	3290/5063	47	61	70	83
.6498282	1891/2910	61	60	62	97
.6498539	3337/5135	47	65	71	79
.6498888	2337/3596	41	58	57	62
.6499419	3355/5162	55	58	61	89
.6499484	3149/4845	47	57	67	85
0.6500					
.6500000*	13/20	40	50	65	80
.6500502	1943/2989	58	61	67	98
.6500623	522/803	45	55	58	73
.6500820	1189/1829	41	59	58	62
.6501205	1349/2075	57	75	71	83
.6501326	2451/3770	43	58	57	65
.6501553	4187/6440	53	70	79	92
.6501667	3901/6000	47	75	83	80
.6501976	329/506	47	55	70	92
.6502167	2701/4154	37	62	73	67
.6502521	3869/5950	53	70	73	85
.6502670	1705/2622	55	57	62	92
.6502870	2832/4355	48	65	59	67
.6503030	1073/1650	37	55	58	60
.6503145	517/795	47	53	55	75
.6503259	2494/3835	43	59	58	65
.6503889	3596/5529	58	57	62	97
.6504208	1855/2852	53	62	70	92
.6504658	4189/6440	59	70	71	92
.6504754	3763/5785	53	65	71	89
.6504873	3337/5130	47	57	71	90
0.6505					
.6505030	3233/4970	53	70	61	71
.6505128	2537/3900	43	60	59	65
.6505585	2679/4118	47	58	57	71
.6505707	741/1139	57	67	65	85
.6505925	3953/6076	59	62	67	98
.6506706	2183/3355	37	55	59	61
.6507520	2726/4189	47	59	58	71
.6507721	3835/5893	59	71	65	83
.6508129	3763/5782	53	59	71	98

比值	分数	A	B	C	D
0.6505					
.6508333	781/1200	55	60	71	100
.6508597	3596/5525	58	65	62	85
.6508685	2623/4030	43	62	61	65
.6508772	371/570	53	57	70	100
.6509315	3599/5529	59	57	61	97
.6509390	2773/4260	47	60	59	71
.6509486	3534/5429	57	61	62	89
.6509603	2542/3905	41	55	62	71
0.6510					
.6510204	319/490	55	50	58	98
.6510345	472/725	48	58	59	75
.6510436	3431/5270	47	62	73	85
.6510628	2726/4187	47	53	58	79
.6510734	2881/4425	43	59	67	75
.6510776	3021/4640	53	58	57	80
.6511036	767/1178	59	62	65	95
.6511236	1159/1780	57	60	61	89
.6511429	2279/3500	43	50	53	70
.6511737	1387/2130	57	71	73	90
.6512281	928/1425	48	57	58	75
.6512712	1537/2360	53	59	58	80
.6512782	4331/6650	61	70	71	95
.6512949	2867/4402	47	62	61	71
.6513158*	99/152	45	40	55	95
.6513420	2451/3763	43	53	57	71
.6513628	4015/6164	55	67	73	92
.6513800	3139/4819	43	61	73	79
.6513859	611/938	47	67	65	70
.6514035	3713/5700	47	57	79	100
.6514192	3190/4897	55	59	58	83
.6514493	899/1380	58	60	62	92
.6514583	3127/4800	53	60	59	80
.6514725	2544/3905	48	55	53	71
.6514848	4234/6499	58	67	73	97
.6514917	3363/5162	57	58	59	89
0.6515					
.6515068	1189/1825	41	50	58	73
.6515236	4661/7154	59	73	79	98
.6515699	2345/3599	35	59	67	61
.6515823	2059/3160	58	79	71	80
.6515909	2867/4400	47	55	61	80
.6516117	3477/5336	57	58	61	92
.6516313	3655/5609	43	71	85	79
.6516418	2183/3350	37	50	59	67
.6517037	4399/6750	53	75	83	90
.6517103	3239/4970	41	70	79	71

（续）

比值	分数	A	B	C	D
0.6515					
.6517338	3477/5335	57	55	61	97
.6517390	2867/4399	47	53	61	83
.6517837	2832/4345	48	55	59	79
.6517949	1271/1950	41	60	62	65
.6518055	1769/2714	58	59	61	92
.6518175	1829/2806	59	61	62	92
.6518297	3705/5684	57	58	65	98
.6518519*	88/135	40	45	55	75
.6518610	2627/4030	37	62	71	65
.6518721	3569/5475	43	73	83	75
.6519546	517/793	47	61	55	65
.6519627	3355/5146	55	62	61	83
.6519764	1435/2201	41	62	70	71
.6519928	3599/5520	59	60	61	92
.6519956	2385/3658	45	59	53	62
0.6520					
.6520216	2419/3710	41	53	59	70
.6520260	2108/3233	34	53	62	61
.6520565	3139/4814	43	58	73	83
.6520690	1891/2900	61	58	62	100
.6521135	2345/3596	35	58	67	62
.6521193	2077/3185	62	65	67	98
.6521333	4891/7500	67	75	73	100
.6521512	2501/3835	41	59	61	65
.6521662	3658/5609	59	71	62	79
.6521868	4399/6745	53	71	83	95
.6522109	767/1176	59	60	65	98
.6522210	602/923	43	65	70	71
.6522291	3599/5518	59	62	61	89
.6522650	2491/3819	47	57	53	67
.6522727	287/440	41	55	70	80
.6522887	741/1136	57	71	65	80
.6523077	212/325	48	60	53	65
.6523411	3901/5980	47	65	83	92
.6523623	4819/7387	61	83	79	89
.6524179	3953/6059	59	73	67	83
.6524330	657/1007	45	53	73	95
.6524403	3195/4897	45	59	71	83
.6524485	5063/7760	61	80	83	97
.6524706	2773/4250	47	50	59	85
.6524876	2623/4020	43	60	61	67
0.6525					
.6525000	261/400	45	50	58	80
.6525056	3763/5767	53	73	71	79
.6525346	708/1085	48	62	59	70
.6525553	1711/2622	58	57	59	92

比值	分数	A	B	C	D
0.6525					
.6525675	3965/6076	61	62	65	98
.6525968	3355/5141	55	53	61	97
.6526087	1501/2300	57	75	79	92
.6526316	62/95	45	57	62	75
.6526459	481/737	37	55	65	67
.6526786	731/1120	43	70	85	80
.6527068	639/979	45	55	71	89
.6527419	4047/6200	57	62	71	100
.6528205	1273/1950	57	65	67	90
.6528564	2537/3886	43	58	59	67
.6529015	2419/3705	41	57	59	65
.6529175	649/994	55	70	59	71
.6529592	2350/3599	47	59	50	61
.6529725	3306/5063	57	61	58	83
.6529958	3869/5925	53	75	73	79
0.6530					
.6530100	781/1196	55	65	71	92
.6530333	3337/5110	47	70	71	73
.6530481	3053/4675	43	55	71	85
.6530736	1073/1643	37	53	58	62
.6531092	1943/2975	58	70	67	85
.6531313	3233/4950	53	55	61	90
.6531690	371/568	53	71	70	80
.6531760	3599/5510	59	58	61	95
.6532082	2993/4582	41	58	73	79
.6532156	518/793	37	61	70	65
.6532285	3905/5978	55	61	71	98
.6532372	3713/5684	47	58	79	98
.6532567	341/522	55	58	62	90
.6532692	3397/5200	43	65	79	80
.6533001	2623/4015	43	55	61	73
.6533371	2320/3551	40	53	58	67
.6533597	1653/2530	57	55	58	92
.6533703	3538/5415	58	57	61	95
.6533835	869/1330	55	70	79	95
.6533994	3431/5251	47	59	73	89
.6534247	477/730	45	50	53	73
.6534260	658/1007	47	53	70	95
.6534551	3149/4819	47	61	67	79
.6534759	611/935	47	55	65	85
0.6535					
.6535039	1175/1798	47	58	50	62
.6535211	232/355	40	50	58	71
.6535714	183/280	45	60	61	70
.6535844	4130/6319	59	71	70	89
.6536000	817/1250	43	50	57	75

（续）

比值	分数	A	B	C	D
0.6535					
.6536508	2059/3150	58	70	71	90
.6536885	319/488	55	61	58	80
.6537002	689/1054	53	62	65	85
.6537063	2337/3575	41	55	57	65
.6537166	2911/4453	41	61	71	73
.6537313	219/335	45	67	73	75
.6537356	455/696	35	58	65	60
.6537597	3782/5785	61	65	62	89
.6538012	559/855	43	57	65	75
.6538182	899/1375	58	55	62	100
.6538406	4503/6887	57	71	79	97
.6538462*	17/26	45	65	85	90
.6538787	3869/5917	53	61	73	97
.6538906	2832/4331	48	61	59	71
.6539337	2585/3953	47	59	55	67
.6539409	531/812	45	58	59	70
.6539583	3139/4800	43	60	73	80
.6539961	671/1026	55	57	61	90
0.6540					
.6540094	2773/4240	47	53	59	80
.6540476	2747/4200	41	60	67	70
.6540799	3551/5429	53	61	67	89
.6540989	1891/2891	61	59	62	98
.6541338	3149/4814	47	58	67	83
.6541353	87/133	45	57	58	70
.6541529	3363/5141	57	53	59	97
.6541754	4661/7125	59	75	79	95
.6542004	3551/5428	53	59	67	92
.6542077	2993/4575	41	61	73	75
.6542248	1595/2438	55	53	58	92
.6542339	649/992	55	62	59	80
.6542715	3431/5244	47	57	73	92
.6542997	2275/3477	35	57	65	61
.6543137	3337/5100	47	60	71	85
.6543636	3599/5500	59	55	61	100
.6543675	869/1328	55	80	79	83
.6543903	2914/4453	47	61	62	73
.6543984	3965/6059	61	73	65	83
.6544304	517/790	47	50	55	79
.6544444	589/900	57	60	62	90
.6544601	697/1065	41	71	85	75
.6544752	2881/4402	43	62	67	71
0.6545					
.6545718	451/689	41	53	55	65
.6545977	1139/1740	34	58	67	60

比值	分数	A	B	C	D
0.6545					
.6546149	2915/4453	53	61	55	73
.6546166	4183/6390	47	71	89	90
.6546348	4661/7120	59	80	79	89
.6546577	1272/1943	48	58	53	67
.6547131	639/976	45	61	71	80
.6547264	658/1005	47	67	70	75
.6547619*	55/84	50	60	55	70
.6547727	2881/4400	43	55	67	80
.6548023	1159/1770	57	59	61	90
.6548060	2650/4047	50	57	53	71
.6548167	3555/5429	45	61	79	89
.6548315	1457/2225	47	50	62	89
.6548514	1829/2793	59	57	62	98
.6548621	2256/3445	47	53	48	65
.6548717	3905/5963	55	67	71	89
.6548835	2501/3819	41	57	61	67
.6548851	2279/3480	43	58	53	60
.6549216	2881/4399	43	53	67	83
.6549282	3422/5225	58	55	59	95
.6549362	2773/4234	47	58	59	73
.6549745	1027/1568	65	80	79	98
.6549947	3685/5626	55	58	67	97
0.6550					
.6550030	4399/6716	53	73	83	92
.6550097	3053/4661	43	59	71	79
.6550349	657/1003	45	59	73	85
.6550357	826/1261	59	65	70	97
.6550510	3534/5395	57	65	62	83
.6550588	1392/2125	48	50	58	85
.6551005	4399/6715	53	79	83	85
.6551188	2950/4503	50	57	59	79
.6551310	2726/4161	47	57	58	73
.6551389	4717/7200	53	80	89	90
.6551524	2257/3445	37	53	61	65
.6551591	3397/5185	43	61	79	85
.6551852	1769/2700	58	60	61	90
.6551986	2590/3953	37	59	70	67
.6552343	3286/5015	53	59	62	85
.6552426	4187/6390	53	71	79	90
.6552502	3195/4876	45	53	71	92
.6552877	2745/4189	45	59	61	71
.6553082	3827/5840	43	73	89	80
.6553672	116/177	40	59	58	60
.6553846	213/325	45	65	71	75
.6554119	3397/5183	43	71	79	73

（续）

比值	分数	A	B	C	D
0.6550					
.6554286	1147/1750	37	50	62	70
.6554387	3055/4661	47	59	65	79
.6554501	2279/3477	43	57	53	61
.6554622*	78/119	60	70	65	85
.6554733	2479/3782	37	61	67	62
.6554930	2679/4087	47	61	57	67
0.6555					
.6555473	4402/6715	62	79	71	85
.6555556	59/90	50	60	59	75
.6556007	2745/4187	45	53	61	79
.6556303	3901/5950	47	70	83	85
.6556463	4819/7350	61	75	79	98
.6556586	1767/2695	57	55	62	98
.6556894	2449/3735	62	83	79	90
.6557250	2537/3869	43	53	59	73
.6557500	2623/4000	43	50	61	80
.6557627	3869/5900	53	59	73	100
.6557710	3551/5415	53	57	67	95
.6557809	3233/4930	53	58	61	85
.6557924	3538/5395	58	65	61	83
.6558002	3782/5767	61	73	62	79
.6558174	4453/6790	61	70	73	97
.6558385	747/1139	45	67	83	85
.6558650	3886/5925	58	75	67	79
.6558735	871/1328	65	80	67	83
.6558820	4845/7387	57	83	85	89
.6559420	2263/3450	62	75	73	92
.6559549	4307/6566	59	67	73	98
0.6560					
.6560193	4087/6230	61	70	67	89
.6560319	658/1003	47	59	70	85
.6560377	3477/5300	57	53	61	100
.6560655	3445/5251	53	59	65	89
.6560783	2747/4187	41	53	67	79
.6561033	559/852	43	60	65	71
.6561404*	187/285	55	75	85	95
.6561569	4183/6375	47	75	89	85
.6561856	1273/1940	57	60	67	97
.6562350	1363/2077	47	62	58	67
.6562848	590/899	40	58	59	62
.6563025	781/1190	55	70	71	85
.6563596	2993/4560	41	57	73	80
.6563823	1085/1653	35	57	62	58
.6564007	1769/2695	58	55	61	98
.6564103*	128/195	40	65	80	75
.6564450	2419/3685	41	55	59	67

比值	分数	A	B	C	D
0.6560					
.6564706	279/425	45	50	62	85
.6564799	1160/1767	40	57	58	62
0.6565					
.6565268	1705/2597	55	53	62	98
.6565417	3869/5893	53	71	73	83
.6565542	4047/6164	57	67	71	92
.6565591	3053/4650	43	62	71	75
.6565657*	65/99	50	55	65	90
.6566038	174/265	45	53	58	75
.6566176	893/1360	47	80	95	85
.6566287	3685/5612	55	61	67	92
.6566507	3431/5225	47	55	73	95
.6566781	767/1168	59	73	65	80
.6567391	3021/4600	53	50	57	92
.6567517	3886/5917	58	61	67	97
.6567575	5015/7636	59	83	85	92
.6567843	4187/6375	53	75	79	85
.6568037	3596/5475	58	73	62	75
.6568502	513/781	45	55	57	71
.6568605	2925/4453	45	61	65	73
.6568675	1363/2075	47	50	58	83
.6568761	3869/5890	53	62	73	95
.6569053	3477/5293	57	67	61	79
.6569184	1505/2291	43	58	70	79
.6569413	3445/5244	53	57	65	92
.6569799	3685/5609	55	71	67	79
.6569892	611/930	47	62	65	75
0.6570					
.6570008	793/1207	61	71	65	85
.6570149	2201/3350	62	67	71	100
.6570173	2542/3869	41	53	62	73
.6570598	2485/3782	35	61	71	62
.6570833	1577/2400	57	80	83	90
.6571038	481/732	37	60	65	61
.6571270	2365/3599	43	59	55	61
.6571514	2210/3363	34	57	65	59
.6571802	4526/6887	62	71	73	97
.6572000	1643/2500	53	50	62	100
.6572559	3655/5561	43	67	85	83
.6572797	3431/5220	47	58	73	90
.6573034	117/178	45	50	65	89
.6573150	3819/5810	57	70	67	83
.6573427	94/143	47	55	50	65
.6573471	3127/4757	53	67	59	71
.6573825	4154/6319	62	71	67	89
.6573935	2623/3990	43	57	61	70
.6574487	737/1121	55	59	67	95

（续）

比值	分数	*A*	*B*	*C*	*D*
0.6570					
.6574631	2405/3658	37	59	65	62
0.6575					
.6575223	3763/5723	53	59	71	97
.6575401	3074/4675	53	55	58	85
.6575456	793/1206	61	67	65	90
.6575597	2479/3770	37	58	67	65
.6575682	265/403	50	62	53	65
.6575758	217/330	35	55	62	60
.6575926	3551/5400	53	60	67	90
.6576138	4189/6370	59	65	71	98
.6576471	559/850	43	50	65	85
.6576663	682/1037	55	61	62	85
.6576752	2365/3596	43	58	55	62
.6576923	171/260	45	60	57	65
.6577320	319/485	55	50	58	97
.6577626	2881/4380	43	60	67	73
.6577962	3337/5073	47	57	71	89
.6578162	4187/6365	53	67	79	95
.6578431	671/1020	55	60	61	85
.6578531	2911/4425	41	59	71	75
.6578947*	25/38	50	60	75	95
.6579104	1102/1675	57	67	58	75
.6579235	602/915	43	61	70	75
.6579353	427/649	35	55	61	59
.6579741	3053/4640	43	58	71	80
.6579932	3869/5880	53	60	73	98
0.6580					
.6580000	329/500	47	50	70	100
.6580096	3015/4582	45	58	67	79
.6580189	279/424	45	53	62	80
.6580357	737/1120	55	70	67	80
.6580769	1711/2600	58	65	59	80
.6581197*	77/117	55	65	70	90
.6581304	4189/6365	59	67	71	95
.6581967	803/1220	55	61	73	100
.6582150	649/986	55	58	59	85
.6582404	4661/7081	59	73	79	97
.6582598	522/793	45	61	58	65
.6582880	969/1472	57	80	85	92
.6583099	2337/3550	41	50	57	71
.6583158	3127/4750	53	50	59	95
.6583333	79/120	45	60	79	90
.6583861	4161/6320	57	79	73	80
.6583966	3901/5925	47	75	83	79
.6584107	638/969	55	57	58	85
.6584483	3819/5800	57	58	67	100
0.6580					
.6584903	4161/6319	57	71	73	89
0.6585					
.6585125	2665/4047	41	57	65	71
.6585226	2291/3479	58	71	79	98
.6585311	2914/4425	47	59	62	75
.6585496	3705/5626	57	58	65	97
.6586441	1943/2950	58	59	67	100
.6586462	2491/3782	47	61	53	62
.6586624	4087/6205	61	73	67	85
.6587454	3770/5723	58	59	65	97
.6587596	2666/4047	43	57	62	71
.6588126	3551/5390	53	55	67	98
.6588235*	56/85	60	75	70	85
.6588333	3953/6000	59	60	67	100
.6588371	1711/2597	58	53	59	98
.6588710	817/1240	43	60	57	62
.6589347	767/1164	59	60	65	97
.6589435	711/1079	45	65	79	83
.6589513	1395/2117	45	58	62	73
.6589610	2537/3850	43	55	59	70
.6589714	2255/3422	41	58	55	59
0.6590					
.6590126	574/871	41	65	70	67
.6590164	201/305	45	61	67	75
.6590262	4399/6675	53	75	83	89
.6590717	781/1185	55	75	71	79
.6590805	2867/4350	47	58	61	75
.6590954	3337/5063	47	61	71	83
.6591935	4087/6200	61	62	67	100
.6591981	559/848	43	53	65	80
.6592085	4331/6570	61	73	71	90
.6592223	3306/5015	57	59	58	85
.6592636	1128/1711	47	58	48	59
.6592868	3901/5917	47	61	83	97
.6593191	3021/4582	53	58	57	79
.6593301	689/1045	53	55	65	95
.6593497	3995/6059	47	73	85	83
.6593647	602/913	43	55	70	83
.6593651	2077/3150	62	70	67	90
.6594118	1121/1700	57	60	59	85
.6594264	3886/5893	58	71	67	83
.6594427	213/323	45	57	71	85
.6594757	4402/6675	62	75	71	89
.6594862	3337/5060	47	55	71	92
0.6595					
.6595151	3074/4661	53	59	58	79

（续）

比值	分数	*A*	*B*	*C*	*D*
0.6595					
.6595558	2257/3422	37	58	61	59
.6596101	4331/6566	61	67	71	98
.6596386	219/332	43	60	73	83
.6596491	188/285	47	57	48	60
.6596849	3685/5586	55	57	67	98
.6596972	915/1387	45	57	61	73
.6597125	3763/5704	53	62	71	92
.6597642	2294/3477	37	57	62	61
.6597701	287/435	41	58	70	75
.6597959	3233/4900	53	50	61	98
.6598077	3431/5200	47	65	73	80
.6598389	2867/4345	47	55	61	79
.6598522	2679/4060	47	58	57	70
.6598742	2623/3975	43	53	61	75
.6599415	2257/3420	37	57	61	60
.6599524	4161/6305	57	65	73	97
.6599617	689/1044	53	58	65	90
.6599716	3713/5626	47	58	79	97
.6599807	3422/5185	58	61	59	85
0.6600					
.6600000*	33/50	55	50	60	100
.6600249	530/803	50	55	53	73
.6600484	1363/2065	47	59	58	70
.6600618	2565/3886	45	58	57	67
.6600653	3233/4898	53	62	61	79
.6600877	301/456	43	57	70	80
.6601244	3397/5146	43	62	79	83
.6601323	2795/4234	43	58	65	73
.6601399	472/715	40	55	59	65
.6601556	3819/5785	57	65	67	89
.6601677	3149/4770	47	53	67	90
.6601778	2747/4161	41	57	67	73
.6601924	3705/5612	57	61	65	92
.6602001	3233/4897	53	59	61	83
.6602381	2773/4200	47	60	59	70
.6602597	1271/1925	41	55	62	70
.6603077	1073/1625	37	50	58	65
.6603279	1007/1525	53	61	57	75
.6603943	737/1116	55	62	67	90
.6604478	177/268	45	60	59	67
.6604600	603/913	45	55	67	83
.6604699	3233/4895	53	55	61	89
.6604762	1387/2100	57	70	73	90
0.6605					
.6604981	3819/5782	57	59	67	98
.6605155	4331/6557	61	79	71	83

比值	分数	*A*	*B*	*C*	*D*
0.6605					
.6605293	574/869	41	55	70	79
.6605427	2337/3538	41	58	57	61
.6605456	3705/5609	57	71	65	79
.6605699	3431/5194	47	53	73	98
.6605967	1705/2581	55	58	62	89
.6606426	329/498	47	60	70	83
.6606469	2451/3710	43	53	57	70
.6606557	403/610	62	61	65	100
.6606662	4661/7055	59	83	79	85
.6607066	4582/6935	58	73	79	95
.6607427	2491/3770	47	58	53	65
.6607595	261/395	45	50	58	79
.6607792	1272/1925	48	55	53	70
.6607966	4015/6076	55	62	73	98
.6608089	2745/4154	45	62	61	67
.6608333	793/1200	61	60	65	100
.6608422	3782/5723	61	59	62	97
.6608485	2726/4125	47	55	58	75
.6608844	1943/2940	58	60	67	98
.6609290	2419/3660	41	60	59	61
.6609397	1885/2852	58	62	65	92
.6609596	3127/4731	53	57	59	83
.6609658	657/994	45	70	73	71
.6609952	2059/3115	58	70	71	89
0.6610					
.6610100	3233/4891	53	67	61	73
.6610169	39/59	45	59	65	75
.6610368	3953/5980	59	65	67	92
.6610834	1855/2806	53	61	70	92
.6611670	1643/2485	53	70	62	71
.6611842	201/304	45	57	67	80
.6612000	1653/2500	57	50	58	100
.6612069	767/1160	59	58	65	100
.6612579	3953/5978	59	61	67	98
.6612702	531/803	45	55	59	73
.6613444	3355/5073	55	57	61	89
.6613675	3869/5850	53	65	73	90
.6614035	377/570	58	57	65	100
.6614370	3710/5609	53	71	70	79
.6614458	549/830	45	50	61	83
.6614828	1829/2765	59	70	62	79
0.6615					
.6615038	4399/6650	53	70	83	95
.6615152	2183/3300	37	55	59	60
.6615261	4118/6225	58	75	71	83
.6615836	1128/1705	47	55	48	62

（续）

比值	分数	A	B	C	D
0.6615					
.6615909	2911/4400	41	55	71	80
.6616025	3658/5529	59	57	62	97
.6616071	741/1120	57	70	65	80
.6616180	3713/5612	47	61	79	92
.6616541*	88/133	55	70	80	95
.6617165	3431/5185	47	61	73	85
.6617268	1027/1552	65	80	79	97
.6617423	4345/6566	55	67	79	98
.6617647*	45/68	45	60	75	85
.6617744	3021/4565	53	55	57	83
.6617774	767/1159	59	61	65	95
.6617854	2350/3551	47	53	50	67
.6617978	589/890	57	60	62	89
.6618644	781/1180	55	59	71	100
.6618671	4183/6320	47	79	89	80
.6618768	2257/3410	37	55	61	62
.6619090	742/1121	53	59	70	95
.6619549	2201/3325	62	70	71	95
.6619631	3190/4819	55	61	58	79
.6619842	754/1139	58	67	65	85
0.6620					
.6620338	3763/5684	53	58	71	98
.6620370*	143/216	55	60	65	90
.6620814	3658/5525	59	65	62	85
.6621596	3477/5251	57	59	61	89
.6621990	2915/4402	53	62	55	71
.6622059	4503/6800	57	80	79	85
.6622161	3819/5767	57	73	67	79
.6622449	649/980	55	50	59	98
.6622727	1457/2200	47	55	62	80
.6622880	2773/4187	47	53	59	79
.6622989	2881/4350	43	58	67	75
.6623090	3901/5890	47	62	83	95
.6623555	2407/3634	58	79	83	92
.6623688	3596/5429	58	61	62	89
.6624055	4819/7275	61	75	79	97
.6624233	2914/4399	47	53	62	83
.6624294	469/708	35	59	67	60
.6624442	3713/5605	47	59	79	95
.6624561	944/1425	48	57	59	75
.6624747	2950/4453	50	61	59	73
.6624908	899/1357	58	59	62	92
0.6625					
.6625153	3245/4898	55	62	59	79
.6625468	1769/2670	58	60	61	89
.6626048	4187/6319	53	71	79	89

比值	分数	A	B	C	D
0.6625					
.6626154	4307/6500	59	65	73	100
.6626374	603/910	45	65	67	70
.6626645	2870/4331	41	61	70	71
.6626841	2385/3599	45	59	53	61
.6627173	4307/6499	59	67	73	97
.6627397	2419/3650	41	50	59	73
.6627607	3337/5035	47	53	71	95
.6627691	2494/3763	43	53	58	71
.6628038	2345/3538	35	58	67	61
.6628205	517/780	47	60	55	65
.6628422	2542/3835	41	59	62	65
.6628571	116/175	40	50	58	70
.6629353	533/804	41	60	65	67
.6629474	3149/4750	47	50	67	95
.6629620	2565/3869	45	53	57	73
.6629881	781/1178	55	62	71	95
0.6630					
.6630006	3195/4819	45	61	71	79
.6630357	3713/5600	47	70	79	80
.6630610	2881/4345	43	55	67	79
.6631422	4453/6715	61	79	73	85
.6631678	3538/5335	58	55	61	97
.6631841	1333/2010	43	60	62	67
.6632319	1416/2135	48	61	59	70
.6632369	2385/3596	45	58	53	62
.6632463	711/1072	45	67	79	80
.6632951	3410/5141	55	53	62	97
.6633065	329/496	47	62	70	80
.6633638	2544/3835	48	59	53	65
.6633952	2501/3770	41	58	61	65
.6634318	4717/7110	53	79	89	90
.6634426	4047/6100	57	61	71	100
.6634538	826/1245	59	75	70	83
.6634635	3245/4891	55	67	59	73
.6634961	3139/4731	43	57	73	83
0.6635					
.6635088	1891/2850	61	57	62	100
.6635540	2345/3534	35	57	67	62
.6636033	3827/5767	43	73	89	79
.6636288	801/1207	45	71	89	85
.6636364	73/110	45	55	73	90
.6636459	3149/4745	47	65	67	73
.6636620	1178/1775	57	71	62	75
.6636892	3195/4814	45	58	71	83
.6637324	377/568	58	71	65	80
.6637500	531/800	45	50	59	80

（续）

比值	分数	A	B	C	D
0.6635					
.6637609	533/803	41	55	65	73
.6638095	697/1050	41	70	85	75
.6638249	2881/4340	43	62	67	70
.6638384	1643/2475	53	55	62	90
.6638554	551/830	57	60	58	83
.6638838	1829/2755	59	58	62	95
.6639560	3021/4550	53	65	57	70
.6639683	4183/6300	47	70	89	90
.6639785	247/372	57	62	65	90
0.6640					
.6640000	83/125	57	75	83	95
.6640100	2666/4015	43	55	62	73
.6640506	2623/3950	43	50	61	79
.6640580	2291/3450	58	75	79	92
.6640701	682/1027	55	65	62	79
.6640813	3596/5415	58	57	62	95
.6640913	3782/5695	61	67	62	85
.6641026	259/390	37	60	70	65
.6641156	781/1176	55	60	71	98
.6641304	611/920	47	50	65	92
.6641604	265/399	50	57	53	70
.6641757	4355/6557	65	79	67	83
.6641935	2059/3100	58	62	71	100
.6642171	1175/1769	47	58	50	61
.6642307	3363/5063	57	61	59	83
.6642667	2491/3750	47	50	53	75
.6642857	93/140	45	60	62	70
.6643100	2537/3819	43	57	59	67
.6643335	2183/3286	37	53	59	62
.6643460	3149/4740	47	60	67	79
.6643697	3953/5950	59	70	67	85
.6643933	4189/6305	59	65	71	97
.6644103	3239/4875	41	65	79	75
.6644166	689/1037	53	61	65	85
.6644707	2925/4402	45	62	65	71
0.6645					
.6645586	2627/3953	37	59	71	67
.6645833	319/480	55	60	58	80
.6646015	2360/3551	40	53	59	67
.6646119	2911/4380	41	60	71	73
.6646245	3363/5060	57	55	59	92
.6646293	2501/3763	41	53	61	71
.6646353	3599/5415	59	57	61	95
.6646465	329/495	47	55	70	90
.6646649	3431/5162	47	58	73	89
.6646680	2993/4503	41	57	73	79
.6646782	2117/3185	58	65	73	98
.6646975	3713/5586	47	57	79	98
.6647173	341/513	55	57	62	90
.6647643	2679/4030	47	62	57	65
.6647727*	117/176	45	55	65	80
.6647766	3869/5820	53	60	73	97
.6647887	236/355	40	50	59	71
.6648159	2275/3422	35	58	65	59
.6648746	371/558	53	62	70	90
.6649152	2784/4187	48	53	58	79
.6649338	3965/5963	61	67	65	89
.6649427	4757/7154	67	73	71	98
.6649590	649/976	55	61	59	80
.6649689	1175/1767	47	57	50	62
.6649813	3551/5340	53	60	67	89
.6649905	3835/5767	59	73	65	79
0.6650					
.6650424	3139/4720	43	59	73	80
.6650464	1505/2263	43	62	70	73
.6650667	1247/1875	43	50	58	75
.6650909	1829/2750	59	55	62	100
.6651111	2993/4500	41	60	73	75
.6651289	2451/3685	43	55	57	67
.6651748	2378/3575	41	55	58	65
.6651911	1653/2485	57	70	58	71
.6652047	455/684	35	57	65	60
.6652084	2585/3886	47	58	55	67
.6652858	803/1207	55	71	73	85
.6652968	1457/2190	47	60	62	73
.6653115	4582/6887	58	71	79	97
.6653533	4897/7360	59	80	83	92
.6653765	1891/2842	61	58	62	98
.6654038	3337/5015	47	59	71	85
.6654135	177/266	45	57	59	70
.6654422	4891/7350	67	75	73	98
.6654545	183/275	45	55	61	75
.6654650	923/1387	65	73	71	95
.6654798	3551/5336	53	58	67	92
.6654891	2449/3680	62	80	79	92
0.6655					
.6655045	3245/4876	55	53	59	92
.6655251	583/876	53	60	55	73
.6655367	589/885	57	59	62	90
.6655923	826/1241	59	73	70	85
.6656045	3551/5335	53	55	67	97
.6656098	3149/4731	47	57	67	83

（续）

比值	分数	A	B	C	D	比值	分数	A	B	C	D
0.6655						0.6665					
.6656193	2542/3819	41	57	62	67	.6665000	1333/2000	43	50	62	80
.6656293	3422/5141	58	53	59	97	.6665314	1643/2465	53	58	62	85
.6656410	649/975	55	65	59	75	.6665431	3596/5395	58	65	62	83
.6656606	2867/4307	47	59	61	73	.6665685	2263/3395	62	70	73	97
.6656926	1139/1711	34	58	67	59	.6665857	2745/4118	45	58	61	71
.6657008	4365/6557	45	79	97	83	.6665979	3233/4850	53	50	61	97
.6657303	237/356	45	60	79	89	.6666154	4331/6497	61	73	71	89
.6658333	799/1200	47	75	85	80	.6667177	4355/6532	65	71	67	92
.6658375	803/1206	55	67	73	90	.6667314	3431/5146	47	62	73	83
.6658451	1891/2840	61	71	62	80	.6667394	3055/4582	47	58	65	79
.6658582	3569/5360	43	67	83	80	.6667737	2077/3115	62	70	67	89
.6658926	2294/3445	37	53	62	65	.6667925	1767/2650	57	53	62	100
.6659208	3869/5810	53	70	73	83	.6668376	3901/5850	47	65	83	90
.6659259	899/1350	58	60	62	90	.6668545	3551/5325	53	71	67	75
.6659394	2747/4125	41	55	67	75	.6668826	4118/6175	58	65	71	95
.6659491	3403/5110	41	70	83	73	.6669333	2501/3750	41	50	61	75
.6659649	949/1425	65	75	73	95	.6669643	747/1120	45	70	83	80
.6659848	2279/3422	43	58	53	59	.6669683	737/1105	55	65	67	85
0.6660						.6669929	2726/4087	47	61	58	67
.6660096	2365/3551	43	53	55	67	0.6670					
.6660301	2790/4189	45	59	62	71	.6670435	1180/1769	40	58	59	61
.6660632	4047/6076	57	62	71	98	.6670565	1711/2565	58	57	59	90
.6660920	1159/1740	57	58	61	90	.6670714	2747/4118	41	58	67	71
.6661290	413/620	59	62	70	100	.6670992	3599/5395	59	65	61	83
.6661430	848/1273	48	57	53	67	.6671111	1501/2250	57	75	79	90
.6661511	3015/4526	45	62	67	73	.6671161	4453/6675	61	75	73	89
.6661842	5063/7600	61	80	83	95	.6671329	477/715	45	55	53	65
.6661972	473/710	43	50	55	71	.6671462	3710/5561	53	67	70	83
.6662338	513/770	45	55	57	70	.6671554	455/682	35	55	65	62
.6662500	533/800	41	50	65	80	.6671730	3953/5925	59	75	67	79
.6662900	1769/2655	58	59	61	90	.6672237	2795/4189	43	59	65	71
.6663029	3053/4582	43	58	71	79	.6672419	2320/3477	40	57	58	61
.6663077	4331/6500	61	65	71	100	.6672478	2679/4015	47	55	57	73
.6663286	657/986	45	58	73	85	.6672859	3233/4845	53	57	61	85
.6663357	671/1007	55	53	61	95	.6673074	3819/5723	57	59	67	97
.6663529	1416/2125	48	50	59	85	.6673224	3053/4575	43	61	71	75
.6663571	2870/4307	41	59	70	73	.6673428	329/493	47	58	70	85
.6663743	2279/3420	43	57	53	60	.6673699	949/1422	65	79	73	90
.6663866	793/1190	61	70	65	85	.6673799	3431/5141	47	53	73	97
.6663978	2479/3720	37	60	67	62	.6674000	3337/5000	47	50	71	100
.6664070	3422/5135	58	65	59	79	.6674074	901/1350	53	75	85	90
.6664179	893/1340	47	60	57	67	.6674768	3021/4526	53	62	57	73
.6664263	2773/4161	47	57	59	73	0.6675					
.6664815	3599/5400	59	60	61	90	.6675000	267/400	45	75	89	80
.6664858	3685/5529	55	57	67	97	.6675214	781/1170	55	65	71	90

（续）

比值	分数	A	B	C	D
0.6675					
.6675424	2795/4187	43	53	65	79
.6675472	1769/2650	58	53	61	100
.6675725	737/1104	55	60	67	92
.6675799	731/1095	43	73	85	75
.6675853	3149/4717	47	53	67	89
.6676089	4015/6014	55	62	73	97
.6676445	3869/5795	53	61	73	95
.6676491	4757/7125	67	75	71	95
.6676617	671/1005	55	67	61	75
.6676743	3534/5293	57	67	62	79
.6676857	3713/5561	47	67	79	83
.6676976	1943/2910	58	60	67	97
.6677143	2337/3500	41	50	57	70
.6677180	3599/5390	59	55	61	98
.6677596	611/915	47	61	65	75
.6677713	806/1207	62	71	65	85
.6677985	1180/1767	40	57	59	62
.6678082	195/292	45	60	65	73
.6678788	551/825	57	55	58	90
.6678973	4161/6230	57	70	73	89
.6679245	177/265	45	53	59	75
.6679300	2291/3430	58	70	79	98
.6679795	3901/5840	47	73	83	80
0.6680					
.6680162*	165/247	55	65	75	95
.6680602	799/1196	47	65	85	92
.6680727	2059/3082	58	67	71	92
.6680791	473/708	43	59	55	60
.6681313	2585/3869	47	53	55	73
.6681465	602/901	43	53	70	85
.6681597	3431/5135	47	65	73	79
.6681704	1333/1995	43	57	62	70
.6681928	2773/4150	47	50	59	83
.6682212	1003/1501	59	79	85	95
.6682412	2405/3599	37	59	65	61
.6682609	1537/2300	53	50	58	92
.6683099	949/1420	65	71	73	100
.6683284	2279/3410	43	55	53	62
.6683480	530/793	50	61	53	65
.6683739	522/781	45	55	58	71
.6684271	2911/4355	41	65	71	67
.6684433	3010/4503	43	57	70	79
.6684568	2365/3538	43	58	55	61
.6684815	1105/1653	34	57	65	58
0.6685					
.6685644	4345/6499	55	67	79	97
.6686038	4717/7055	53	83	89	85

比值	分数	A	B	C	D
0.6685					
.6686111	2407/3600	58	80	83	90
.6686275	341/510	55	60	62	85
.6686538	3477/5200	57	65	61	80
.6686644	781/1168	55	73	71	80
.6687211	434/649	35	55	62	59
.6687382	3551/5310	53	59	67	90
.6687631	319/477	55	53	58	90
.6687702	4345/6497	55	73	79	89
.6687842	3053/4565	43	55	71	83
.6687888	4307/6440	59	70	73	92
.6687987	2405/3596	37	58	65	62
.6688109	3431/5130	47	57	73	90
.6688259	826/1235	59	65	70	95
.6688396	513/767	45	59	57	65
.6688468	1943/2905	58	70	67	83
.6688589	3763/5626	53	58	71	97
.6688710	1416/2117	48	58	59	73
.6688770	3127/4675	53	55	59	85
.6688889	301/450	43	60	70	75
.6689111	2881/4307	43	59	67	73
.6689930	671/1003	55	59	61	85
0.6690					
.6690722	649/970	55	50	59	97
.6690958	2479/3705	37	57	67	65
.6691176*	91/136	65	80	70	85
.6691456	3869/5782	53	59	73	98
.6691667	803/1200	55	60	73	100
.6691954	2911/4350	41	58	71	75
.6692134	2365/3534	43	57	55	62
.6692223	611/913	47	55	65	83
.6692308	87/130	45	60	58	65
.6692537	1121/1675	57	67	59	75
.6692564	603/901	45	53	67	85
.6692964	3139/4690	43	67	73	70
.6693056	4819/7200	61	80	79	90
.6693456	583/871	53	65	55	67
.6694263	3477/5194	57	53	61	98
.6694520	3445/5146	53	62	65	83
.6694601	4154/6205	62	73	67	85
.6694915	79/118	45	59	79	90
0.6695					
.6695175	3053/4560	43	57	71	80
.6695302	3819/5704	57	62	67	92
.6695536	1005/1501	45	57	67	79
.6695586	4399/6570	53	73	83	90
.6696091	531/793	45	61	59	65
.6696237	2491/3720	47	60	53	62

（续）

比值	分数	*A*	*B*	*C*	*D*
0.6695					
.6696429*	75/112	50	70	75	80
.6696705	2378/3551	41	53	58	67
.6697500	2679/4000	47	50	57	80
.6697626	649/969	55	57	59	85
.6698113	71/106	45	53	71	90
.6698592	1189/1775	41	50	58	71
.6698764	4661/6958	59	71	79	98
.6698851	1457/2175	47	58	62	75
.6699367	2117/3160	58	79	73	80
.6699561	611/912	47	57	65	80
.6699655	2911/4345	41	55	71	79
.6699819	741/1106	57	70	65	79
0.6700					
.6700000	67/100	45	50	67	90
.6700195	2065/3082	59	67	70	92
.6700383	2451/3658	43	59	57	62
.6700803	3337/4980	47	60	71	83
.6701149	583/870	53	58	55	75
.6701499	1475/2201	50	62	59	71
.6701974	1392/2077	48	62	58	67
.6702233	2701/4030	37	62	73	65
.6702347	3569/5325	43	71	83	75
.6703094	4355/6497	65	73	67	89
.6703682	1147/1711	37	58	62	59
.6703769	2650/3953	50	59	53	67
.6704234	2201/3283	62	67	71	98
.6704301	1247/1860	43	60	58	62
.6704403	533/795	41	53	65	75
.6704545	59/88	50	55	59	80
.6704884	4503/6716	57	73	79	92
0.6705					
.6705119	930/1387	45	57	62	73
.6705185	2263/3375	62	75	73	90
.6705323	2255/3363	41	57	55	59
.6705781	3886/5795	58	61	67	95
.6705882*	57/85	45	75	95	85
.6706122	1643/2450	53	50	62	98
.6706325	4453/6640	61	80	73	83
.6706433	2867/4275	47	57	61	75
.6706559	2914/4345	47	55	62	79
.6706819	3285/4898	45	62	73	79
.6706918	2666/3975	43	53	62	75
.6707373	2911/4340	41	62	71	70
.6707602	1147/1710	37	57	62	60
.6707862	4505/6716	53	73	85	92
.6707959	3953/5893	59	71	67	83
.6708091	2537/3782	43	61	59	62
.6708189	3285/4897	45	59	73	83
.6708296	752/1121	47	57	48	59
.6708434	1392/2075	48	50	58	83
.6708470	3477/5183	57	71	61	73
.6708955	899/1340	58	67	62	80
.6709461	3397/5063	43	61	79	83
.6709622	781/1164	55	60	71	97
.6709804	1711/2550	58	60	59	85
.6709890	3053/4550	43	65	71	70
0.6710					
.6710000	671/1000	55	50	61	100
.6710074	3710/5529	53	57	70	97
.6710231	3286/4897	53	59	62	83
.6710526*	51/76	60	80	85	95
.6710930	657/979	45	55	73	89
.6711270	2257/3363	37	57	61	59
.6711375	3953/5890	59	62	67	95
.6712032	2170/3233	35	53	62	61
.6712204	737/1098	55	61	67	90
.6712972	3286/4895	53	55	62	89
.6713235	913/1360	55	80	83	85
.6713333	1007/1500	53	50	57	90
.6713436	4402/6557	62	79	71	83
.6713450	574/855	41	57	70	75
.6713649	3763/5605	53	59	71	95
.6714047	803/1196	55	65	73	92
.6714286	47/70	47	50	70	98
.6714439	3139/4675	43	55	73	85
.6714552	3599/5360	59	67	61	80
.6714932	742/1105	53	65	70	85
0.6715					
.6715068	2451/3650	43	50	57	73
.6715305	4234/6305	58	65	73	97
.6715400	689/1026	53	57	65	90
.6715500	3713/5529	47	57	79	97
.6715789	319/475	55	50	58	95
.6716293	4015/5978	55	61	73	98
.6716590	583/868	53	62	55	70
.6716667	403/600	62	60	65	100
.6716923	2183/3250	37	50	59	65
.6717029	2623/3905	43	55	61	71
.6717135	2795/4161	43	57	65	73
.6717373	3886/5785	58	65	67	89
.6717514	1189/1770	41	59	58	60
.6717748	1885/2806	58	61	65	92

（续）

比值	分数	*A*	*B*	*C*	*D*
0.6715					
.6717978	4757/7081	67	73	71	97
.6718310	477/710	45	50	53	71
.6718399	3290/4897	47	59	70	83
.6718462	3286/4891	53	67	62	73
.6718860	3819/5684	57	58	67	98
.6719126	3074/4575	53	61	58	75
.6719643	3763/5600	53	70	71	80
.6719679	4183/6225	47	75	89	83
0.6720					
.6720339	793/1180	61	59	65	100
.6720362	3713/5525	47	65	79	85
.6720635	2117/3150	58	70	73	90
.6720706	4187/6230	53	70	79	89
.6720858	1943/2891	58	59	67	98
.6721014	371/552	53	60	70	92
.6721144	658/979	47	55	70	89
.6721170	781/1162	55	70	71	83
.6721341	3770/5609	58	71	65	79
.6721519	531/790	45	50	59	79
.6721861	3410/5073	55	57	62	89
.6722372	1247/1855	43	53	58	70
.6722789	3953/5880	59	60	67	98
.6722892	279/415	45	50	62	83
.6723024	4891/7275	67	75	73	97
.6723118	2501/3720	41	60	61	62
.6723347	2491/3705	47	57	53	65
.6723352	3835/5704	59	62	65	92
.6723451	1855/2759	53	62	70	89
.6723592	3819/5680	57	71	67	80
.6723834	2666/3965	43	61	62	65
.6723917	4189/6230	59	70	71	89
.6724138	39/58	45	58	65	75
.6724292	2256/3355	47	55	48	61
.6724398	893/1328	47	80	95	83
.6724731	3127/4650	53	62	59	75
0.6725					
.6725155	4331/6440	61	70	71	92
.6725641	2623/3900	43	60	61	65
.6726000	3363/5000	57	50	59	100
.6726137	754/1121	58	59	65	95
.6726449	3713/5520	47	60	79	92
.6726465	4087/6076	61	62	67	98
.6726600	1272/1891	48	61	53	62
.6726919	2419/3596	41	58	59	62
.6727126	4154/6175	62	65	67	95
.6727405	923/1372	65	70	71	98

比值	分数	*A*	*B*	*C*	*D*
0.6725					
.6727451	3431/5100	47	60	73	85
.6727823	3337/4960	47	62	71	80
.6728070	767/1140	59	57	65	100
.6728238	2914/4331	47	61	62	71
.6728322	3965/5893	61	71	65	83
.6728455	2795/4154	43	62	65	67
.6728773	4731/7031	57	79	83	89
.6728919	1189/1767	41	57	58	62
.6729167	323/480	57	80	85	90
.6729298	4047/6014	57	62	71	97
.6729443	2537/3770	43	58	59	65
0.6730					
.6730047	2867/4260	47	60	61	71
.6730147	3534/5251	57	59	62	89
.6730547	2915/4331	53	61	55	71
.6730594	737/1095	55	73	67	75
.6731092	801/1190	45	70	89	85
.6731343	451/670	41	50	55	67
.6731444	2494/3705	43	57	58	65
.6731557	657/976	45	61	73	80
.6731665	3901/5795	47	61	83	95
.6731876	585/869	45	55	65	79
.6732143	377/560	58	70	65	80
.6732646	4898/7275	62	75	79	97
.6732759	781/1160	55	58	71	100
.6733212	371/551	53	58	70	95
.6733404	639/949	45	65	71	73
.6733607	1643/2440	53	61	62	80
.6733844	3074/4565	53	55	58	83
.6733851	2773/4118	47	58	59	71
.6733977	767/1139	59	67	65	85
.6734082	899/1335	58	60	62	89
.6734328	1128/1675	47	50	48	67
.6734398	464/689	40	53	58	65
.6734538	4399/6532	53	71	83	92
.6734606	3139/4661	43	59	73	79
.6734940	559/830	43	50	65	83
0.6735					
.6735137	3410/5063	55	61	62	83
.6735160	295/438	50	60	59	73
.6735417	3233/4800	53	60	61	80
.6735829	3149/4675	47	55	67	85
.6735854	2726/4047	47	57	58	71
.6736092	4819/7154	61	73	79	98
.6736364	741/1100	57	55	65	100
.6736484	3763/5586	53	57	71	98

（续）

比值	分数	A	B	C	D
0.6735					
.6736842*	64/95	60	75	80	95
.6736948	671/996	55	60	61	83
.6737080	3285/4876	45	53	73	92
.6737313	2257/3350	37	50	61	67
.6737676	3827/5680	43	71	89	80
.6737764	3538/5251	58	59	61	89
.6737889	3658/5429	59	61	62	89
.6738140	3551/5270	53	62	67	85
.6738235	2291/3400	58	80	79	85
.6738339	3886/5767	58	73	67	79
.6738506	469/696	35	58	67	60
.6738568	781/1159	55	61	71	95
.6738657	3713/5510	47	58	79	95
.6739048	1769/2625	58	70	61	75
.6739181	2881/4275	43	57	67	75
.6739623	893/1325	47	53	57	75
.6739700	3599/5340	59	60	61	89
0.6740					
.6740134	4526/6715	62	79	73	85
.6740219	4307/6390	59	71	73	90
.6740394	3596/5335	58	55	62	97
.6740548	517/767	47	59	55	65
.6740741*	91/135	65	75	70	90
.6740756	3245/4814	55	58	59	83
.6740920	1392/2065	48	59	58	70
.6741097	2385/3538	45	58	53	61
.6741240	2501/3710	41	53	61	70
.6741338	4183/6205	47	73	89	85
.6741414	3337/4950	47	55	71	90
.6741715	2665/3953	41	59	65	67
.6741803	329/488	47	61	70	80
.6741961	2537/3763	43	53	59	71
.6742616	799/1185	47	75	85	79
.6742706	1271/1885	41	58	62	65
.6742761	3190/4731	55	57	58	83
.6742857	118/175	40	50	59	70
.6743197	793/1176	61	60	65	98
.6743302	3901/5785	47	65	83	89
.6743728	3763/5580	53	62	71	90
.6744245	2666/3953	43	59	62	67
.6744320	2345/3477	35	57	67	61
.6744753	3599/5336	59	58	61	92
0.6745					
.6745000	1349/2000	57	60	71	100
.6745338	4087/6059	61	73	67	83
.6745455	371/550	53	55	70	100
.6745731	711/1054	45	62	79	85
.6745882	2867/4250	47	50	61	85
.6746032*	85/126	50	70	85	90
.6746067	1501/2225	57	75	79	89
.6746169	5063/7505	61	79	83	95
.6746835	533/790	41	50	65	79
.6746939	1653/2450	57	50	58	98
.6747009	3835/5684	59	58	65	98
.6747073	2881/4270	43	61	67	70
.6747334	1645/2438	47	53	70	92
.6747547	3782/5605	61	59	62	95
.6747712	2581/3825	58	85	89	90
.6747784	4187/6205	53	73	79	85
.6747899	803/1190	55	70	73	85
.6748011	1272/1885	48	58	53	65
.6748159	2291/3395	58	70	79	97
.6748634	247/366	57	61	65	90
.6748727	795/1178	45	57	53	62
.6749015	1885/2793	58	57	65	98
.6749091	928/1375	48	55	58	75
.6749367	1333/1975	43	50	62	79
.6749694	1653/2449	57	62	58	79
.6749871	2623/3886	43	58	61	67
0.6750					
.6750000*	27/40	45	75	90	80
.6750216	781/1157	55	65	71	89
.6750337	2501/3705	41	57	61	65
.6750538	3139/4650	43	62	73	75
.6750820	2059/3050	58	61	71	100
.6751007	4189/6205	59	73	71	85
.6751072	3306/4897	57	59	58	83
.6751761	767/1136	59	71	65	80
.6752242	2183/3233	37	53	59	61
.6752874	235/348	47	58	50	60
.6753012	1121/1660	57	60	59	83
.6753052	3596/5325	58	71	62	75
.6753247*	52/77	40	55	65	70
.6753329	1065/1577	45	57	71	83
.6753585	518/767	37	59	70	65
.6753718	3905/5782	55	59	71	98
.6753830	3306/4895	57	55	58	89
.6754069	747/1106	45	70	83	79
.6754386*	77/114	55	60	70	95
.6754902	689/1020	53	60	65	85
0.6755					
.6755072	4661/6900	59	75	79	92

（续）

比值	分数	*A*	*B*	*C*	*D*
0.6755					
.6755248	2542/3763	41	53	62	71
.6755309	3658/5415	59	57	62	95
.6755448	279/413	45	59	62	70
.6756044	1537/2275	53	65	58	70
.6756061	3149/4661	47	59	67	79
.6756272	377/558	58	62	65	90
.6756452	4189/6200	59	62	71	100
.6756620	2679/3965	47	61	57	65
.6756704	3477/5146	57	62	61	83
.6757143	473/700	43	50	55	70
.6757265	3953/5850	59	65	67	90
.6757741	371/549	53	61	70	90
.6758343	4030/5963	62	67	65	89
.6758475	319/472	55	59	58	80
.6758700	2350/3477	47	57	50	61
.6758765	2911/4307	41	59	71	73
.6759354	3306/4891	57	67	58	73
.6759488	3010/4453	43	61	70	73
.6759837	2491/3685	47	55	53	67
0.6760					
.6760181	747/1105	45	65	83	85
.6760440	3869/5723	53	59	73	97
.6761084	549/812	45	58	61	70
.6761236	2407/3560	58	80	83	89
.6761381	4307/6370	59	65	73	98
.6761792	2867/4240	47	53	61	80
.6762422	871/1288	65	70	67	92
.6762521	3551/5251	53	59	67	89
.6762773	3190/4717	55	53	58	89
.6762911	2881/4260	43	60	67	71
.6762963	913/1350	55	75	83	90
.6763206	3713/5490	47	61	79	90
.6763276	3477/5141	57	53	61	97
.6763509	4819/7125	61	75	79	95
.6763636	186/275	45	55	62	75
.6763793	2832/4187	48	53	59	79
.6764113	671/992	55	62	61	80
.6764268	1363/2015	47	62	58	65
.6764793	2275/3363	35	57	65	59
0.6765					
.6765086	3139/4640	43	58	73	80
.6765333	2537/3750	43	50	59	75
.6765730	2914/4307	47	59	62	73
.6766010	2747/4060	41	58	67	70
.6766434	2419/3575	41	55	59	65
.6766600	3363/4970	57	70	59	71

比值	分数	*A*	*B*	*C*	*D*
0.6765					
.6766693	4307/6365	59	67	73	95
.6766769	3763/5561	53	67	71	83
.6767123	247/365	57	73	65	75
.6767554	559/826	43	59	65	70
.6767823	4661/6887	59	71	79	97
.6767978	2494/3685	43	55	58	67
.6768052	2915/4307	53	59	55	73
.6768258	4819/7120	61	80	79	89
.6768734	4399/6499	53	67	83	97
.6768788	2585/3819	47	57	55	67
.6769068	639/944	45	59	71	80
.6769231*	44/65	40	50	55	65
.6769823	4047/5978	57	61	71	98
0.6770					
.6770115	589/870	57	58	62	90
.6770498	1891/2793	61	57	62	98
.6770716	3015/4453	45	61	67	73
.6770833*	65/96	50	60	65	80
.6771053	2573/3800	62	80	83	95
.6771178	3477/5135	57	65	61	79
.6771292	3538/5225	58	55	61	95
.6771375	2867/4234	47	58	61	73
.6771548	3551/5244	53	57	67	92
.6772043	3149/4650	47	62	67	75
.6772128	1798/2655	58	59	62	90
.6772162	4087/6035	61	71	67	85
.6772308	2201/3250	62	65	71	100
.6772592	682/1007	55	53	62	95
.6772740	2405/3551	37	53	65	67
.6773109	403/595	62	70	65	85
.6773224	2479/3660	37	60	67	61
.6773350	4402/6499	62	67	71	97
.6773373	3195/4717	45	53	71	89
.6773823	590/871	50	65	59	67
.6774074	1829/2700	59	60	62	90
.6774436	901/1330	53	70	85	95
.6774590	1653/2440	57	61	58	80
0.6775					
.6775134	1395/2059	45	58	62	71
.6775281	603/890	45	50	67	89
.6775435	4402/6497	62	73	71	89
.6775731	3127/4615	53	65	59	71
.6775758	559/825	43	55	65	75
.6776256	742/1095	53	73	70	75
.6776371	803/1185	55	75	73	79
.6776615	3431/5063	47	61	73	83

（续）

比值	分数	*A*	*B*	*C*	*D*
0.6775					
.6776687	2279/3363	43	57	53	59
.6776915	3053/4505	43	53	71	85
.6777131	2679/3953	47	59	57	67
.6777485	2059/3038	58	62	71	98
.6778460	1435/2117	41	58	70	73
.6778571	949/1400	65	70	73	100
.6778667	1271/1875	41	50	62	75
.6778824	2881/4250	43	50	67	85
.6779221	261/385	45	55	58	70
.6779356	3770/5561	58	67	65	83
.6779530	2623/3869	43	53	61	73
.6779924	3053/4503	43	57	71	79
0.6780					
.6780148	1653/2438	57	53	58	92
.6780186	219/323	45	57	73	85
.6780352	3658/5395	59	65	62	83
.6780524	4526/6675	62	75	73	89
.6780632	3431/5060	47	55	73	92
.6780924	455/671	35	55	65	61
.6781095	1363/2010	47	60	58	67
.6781354	611/901	47	53	65	85
.6781538	1102/1625	57	65	58	75
.6781609	59/87	40	58	59	60
.6781735	3713/5475	47	73	79	75
.6781907	4453/6566	61	67	73	98
.6782126	2565/3782	45	61	57	62
.6782250	3286/4845	53	57	62	85
.6782278	2679/3950	47	50	57	79
.6782802	915/1349	45	57	61	71
.6782959	3869/5704	53	62	73	92
.6783505	329/485	47	50	70	97
.6783626	116/171	40	57	58	60
.6783745	2337/3445	41	53	57	65
.6783806	4189/6175	59	65	71	95
.6784000	424/625	48	50	53	75
.6784190	3021/4453	53	61	57	73
.6784366	3055/4503	47	57	65	79
.6784639	901/1328	53	80	85	83
.6784906	899/1325	58	53	62	100
0.6785					
.6785533	4015/5917	55	61	73	97
.6786070	682/1005	55	67	62	75
.6786172	530/781	50	55	53	71
.6786642	1829/2695	59	55	62	98
.6786765	923/1360	65	80	71	85
.6786852	4047/5963	57	67	71	89

比值	分数	*A*	*B*	*C*	*D*
0.6785					
.6786974	2501/3685	41	55	61	67
.6787330*	150/221	50	65	75	85
.6787460	2360/3477	40	57	59	61
.6787622	3685/5429	55	61	67	89
.6787744	2747/4047	41	57	67	71
.6788127	3819/5626	57	58	67	97
.6788764	3021/4450	53	50	57	89
.6788889	611/900	47	50	65	90
.6788954	5015/7387	59	83	85	89
.6789413	590/869	50	55	59	79
.6789539	2726/4015	47	55	58	73
0.6790					
.6790123*	55/81	50	45	55	90
.6790204	5185/7636	61	83	85	92
.6790506	658/969	47	57	70	85
.6790566	3599/5300	59	53	61	100
.6790854	3445/5073	53	57	65	89
.6791215	4453/6557	61	79	73	83
.6791270	2925/4307	45	59	65	73
.6791869	1537/2263	53	62	58	73
.6792096	3953/5820	59	60	67	97
.6792667	4187/6164	53	67	79	92
.6792846	2279/3355	43	55	53	61
.6793180	4582/6745	58	71	79	95
.6793679	3869/5695	53	67	73	85
.6793785	481/708	37	59	65	60
.6793939	1121/1650	57	55	59	90
.6794286	1189/1750	41	50	58	70
.6794461	4661/6860	59	70	79	98
.6794811	2881/4240	43	53	67	80
.6794872	53/78	50	60	53	65
0.6795					
.6795714	4757/7000	67	70	71	100
.6795810	4087/6014	61	62	67	97
.6795912	4189/6164	59	67	71	92
.6795977	473/696	43	58	55	60
.6796148	2117/3115	58	70	73	89
.6796172	3551/5225	53	55	67	95
.6796300	3233/4757	53	67	61	71
.6796425	3422/5035	58	53	59	95
.6796501	4118/6059	58	73	71	83
.6796760	923/1358	65	70	71	97
.6797235	295/434	50	62	59	70
.6797626	2405/3538	37	58	65	61
.6797826	3127/4600	53	50	59	92
.6798095	3569/5250	43	70	83	75

（续）

比值	分数	A	B	C	D
0.6795					
.6798213	913/1343	55	79	83	85
.6798475	4814/7081	58	73	83	97
.6798611	979/1440	55	80	89	90
.6798976	531/781	45	55	59	71
.6799058	4331/6370	61	65	71	98
.6799182	2993/4402	41	62	73	71
.6799547	3599/5293	59	67	61	79
.6799601	682/1003	55	59	62	85
.6799687	869/1278	55	71	79	90
0.6800					
.6800000	17/25	57	75	85	95
.6800935	3782/5561	61	67	62	83
.6801389	4897/7200	59	80	83	90
.6801619*	168/247	60	65	70	95
.6801733	3139/4615	43	65	73	71
.6801841	2365/3477	43	57	55	61
.6802260	602/885	43	59	70	75
.6802508	217/319	35	55	62	58
.6802682	3551/5220	53	58	67	90
.6802778	2449/3600	62	80	79	90
.6802935	649/954	55	53	59	90
.6802985	2279/3350	43	50	53	67
.6803519	232/341	40	55	58	62
.6803714	513/754	45	58	57	65
.6803846	1769/2600	58	65	61	80
.6804005	1767/2597	57	53	62	98
.6804266	3445/5063	53	61	65	83
.6804440	2881/4234	43	58	67	73
.6804702	3763/5530	53	70	71	79
.6804775	969/1424	57	80	85	89
0.6805					
.6805085	803/1180	55	59	73	100
.6805171	737/1083	55	57	67	95
.6805320	2405/3534	37	57	65	62
.6805536	4819/7081	61	73	79	97
.6805737	522/767	45	59	58	65
.6805932	3763/5529	53	57	71	97
.6806011	2491/3660	47	60	53	61
.6806056	944/1387	48	57	59	73
.6806316	3233/4750	53	50	61	95
.6806723*	81/119	45	70	90	85
.6806826	3869/5684	53	58	73	98
.6807692	177/260	45	60	59	65
.6808300	689/1012	53	55	65	92
.6808700	3819/5609	57	71	67	79
.6808913	3239/4757	41	67	79	71
0.6805					
.6809357	2911/4275	41	57	71	75
.6809524*	143/210	55	70	65	75
.6809732	2491/3658	47	59	53	62
.6809836	2077/3050	62	61	67	100
.6809950	3422/5025	58	67	59	75
0.6810					
.6810204	3337/4900	47	50	71	98
.6810884	4030/5917	62	61	65	97
.6811360	2950/4331	50	61	59	71
.6811620	3869/5680	53	71	73	80
.6811706	1769/2597	58	53	61	98
.6811842	2784/4087	48	61	58	67
.6812106	2701/3965	37	61	73	65
.6812166	2419/3551	41	53	59	67
.6812367	639/938	45	67	71	70
.6812715	793/1164	61	60	65	97
.6812763	1943/2852	58	62	67	92
.6812987	2623/3850	43	55	61	70
.6813168	4015/5893	55	71	73	83
.6813488	3233/4745	53	65	61	73
.6813559	201/295	45	59	67	75
.6813859	1003/1472	59	80	85	92
.6814085	2419/3550	41	50	59	71
.6814208	1247/1830	43	60	58	61
.6814286	477/700	45	50	53	70
.6814376	3337/4897	47	59	71	83
.6814873	4307/6320	59	79	73	80
0.6815					
.6815000	1363/2000	47	50	58	80
.6815336	871/1278	65	71	67	90
.6815517	3953/5800	59	58	67	100
.6815686	869/1275	55	75	79	85
.6815815	3534/5185	57	61	62	85
.6815907	2451/3596	43	58	57	62
.6815952	4307/6319	59	71	73	89
.6816306	4130/6059	59	73	70	83
.6816370	2565/3763	45	53	57	71
.6816495	1653/2425	57	50	58	97
.6816566	3835/5626	59	58	65	97
.6816767	3285/4819	45	61	73	79
.6817029	3763/5520	53	60	71	92
.6817160	3337/4895	47	55	71	89
.6817330	2911/4270	41	61	71	70
.6817360	377/553	58	70	65	79
.6817544	1943/2850	58	57	67	100
.6817647	1159/1700	57	60	61	85

（续）

比值	分数	*A*	*B*	*C*	*D*
0.6815					
.6817933	1247/1829	43	59	58	62
.6818182*	15/22	45	55	75	90
.6818445	3534/5183	57	71	62	73
.6818593	3770/5529	58	57	65	97
.6818713	583/855	53	57	55	75
.6818842	3286/4819	53	61	62	79
.6819030	731/1072	43	67	85	80
.6819352	1325/1943	50	58	53	67
.6819500	3763/5518	53	62	71	89
.6819643	3819/5600	57	70	67	80
.6819892	2537/3720	43	60	59	62
0.6820					
.6820000	341/500	55	50	62	100
.6820675	3233/4740	53	60	61	79
.6820932	2255/3306	41	57	55	58
.6821036	869/1274	55	65	79	98
.6821291	2294/3363	37	57	62	59
.6821398	3953/5795	59	61	67	95
.6821480	470/689	47	53	50	65
.6821918	249/365	45	73	83	75
.6822368	1037/1520	61	80	85	95
.6822513	2291/3358	58	73	79	92
.6822736	3337/4891	47	67	71	73
.6822963	3827/5609	43	71	89	79
.6823344	3905/5723	55	59	71	97
.6823402	3149/4615	47	65	67	71
.6823847	3285/4814	45	58	73	83
.6823899	217/318	35	53	62	60
.6823956	376/551	47	57	48	58
.6824096	1416/2075	48	50	59	83
.6824356	1457/2135	47	61	62	70
.6824531	3127/4582	53	58	59	79
.6824584	533/781	41	55	65	71
.6824658	2491/3650	47	50	53	73
0.6825					
.6825718	3705/5428	57	59	65	92
.6825924	1643/2407	53	58	62	83
.6826133	3239/4745	41	65	79	73
.6826190	2867/4200	47	60	61	70
.6826394	869/1273	55	67	79	95
.6826523	2790/4087	45	61	62	67
.6826560	3074/4503	53	57	58	79
.6826698	583/854	53	61	55	70
.6826981	2257/3306	37	57	61	58
.6827145	2666/3905	43	55	62	71
.6827861	3431/5025	47	67	73	75
0.6825					
.6828231	803/1176	55	60	73	98
.6828358	183/268	45	60	61	67
.6828846	3551/5200	53	65	67	80
.6829032	2117/3100	58	62	73	100
.6829060	799/1170	47	65	85	90
.6829222	3599/5270	59	62	61	85
.6829340	2337/3422	41	58	57	59
.6829401	3763/5510	53	58	71	95
.6829710	377/552	58	60	65	92
0.6830					
.6830049	2773/4060	47	58	59	70
.6830357*	153/224	45	70	85	80
.6830508	403/590	62	59	65	100
.6830617	4819/7055	61	83	79	85
.6830745	4399/6440	53	70	83	92
.6831111	1537/2250	53	50	58	90
.6831373	871/1275	65	75	67	85
.6831579	649/950	55	50	59	95
.6832080	1363/1995	47	57	58	70
.6832218	2655/3886	45	58	59	67
.6832877	1247/1825	43	50	58	73
.6833189	3953/5785	59	65	67	89
.6833571	3835/5612	59	61	65	92
.6833650	3233/4731	53	57	61	83
.6834225	639/935	45	55	71	85
.6834448	4087/5980	61	65	67	92
.6834930	1855/2714	53	59	70	92
0.6835					
.6835008	2585/3782	47	61	55	62
.6835404	2201/3220	62	70	71	92
.6835897	1333/1950	43	60	62	65
.6836207	793/1160	61	58	65	100
.6836364	188/275	47	55	48	60
.6836538	711/1040	45	65	79	80
.6836862	549/803	45	55	61	73
.6837037	923/1350	65	75	71	90
.6837069	2501/3658	41	59	61	62
.6837196	2419/3538	41	58	59	61
.6837556	2294/3355	37	55	62	61
.6837801	1505/2201	43	62	70	71
.6838115	3337/4880	47	61	71	80
.6838275	2537/3710	43	53	59	70
.6838622	4030/5893	62	71	65	83
.6838710	106/155	48	60	53	62
.6838757	2795/4087	43	61	65	67
.6838951	913/1335	55	75	83	89

（续）

比值	分数	A	B	C	D
0.6835					
.6839060	3901/5704	47	62	83	92
.6839229	2378/3477	41	57	58	61
.6839394	2257/3300	37	55	61	60
.6839635	2623/3835	43	59	61	65
0.6840					
.6840000	171/250	45	50	57	75
.6840297	3782/5529	61	57	62	97
.6840376	1457/2130	47	60	62	71
.6840457	3713/5428	47	59	79	92
.6840753	799/1168	47	73	85	80
.6840909	301/440	43	55	70	80
.6841476	3431/5015	47	59	73	85
.6841843	2747/4015	41	55	67	73
.6842105	13/19	45	57	65	75
.6842464	3010/4399	43	53	70	83
.6842723	583/852	53	60	55	71
.6843413	826/1207	59	71	70	85
.6843724	3337/4876	47	53	71	92
.6843750	219/320	45	60	73	80
.6844000	1711/2500	58	50	59	100
.6844116	2867/4189	47	59	61	71
.6844935	2419/3534	41	57	59	62
0.6845					
.6845128	3337/4875	47	65	71	75
.6845249	3782/5525	61	65	62	85
.6845652	3149/4600	47	50	67	92
.6845833	1643/2400	53	60	62	80
.6845992	649/948	55	60	59	79
.6846073	3905/5704	55	62	71	92
.6846184	1767/2581	57	58	62	89
.6846519	2449/3577	62	73	79	98
.6846667	1027/1500	65	75	79	100
.6846821	4814/7031	58	79	83	89
.6846939	671/980	55	50	61	98
.6847082	3403/4970	41	70	83	71
.6847385	2867/4187	47	53	61	79
.6847503	2537/3705	43	57	59	65
.6847761	1147/1675	37	50	62	67
.6848219	3596/5251	58	59	62	89
.6848255	4161/6076	57	62	73	98
.6848602	3551/5185	53	61	67	85
.6848790	3397/4960	43	62	79	80
.6849088	413/603	59	67	70	90
.6849159	3015/4402	45	62	67	71
.6849524	1798/2625	58	70	62	75
.6849576	3233/4720	53	59	61	80
0.6845					
.6849735	3355/4898	55	62	61	79
.6849945	3127/4565	53	55	59	83
0.6850					
.6850065	2627/3835	37	59	71	65
.6850187	1829/2670	59	60	62	89
.6850508	472/689	40	53	59	65
.6850720	3139/4582	43	58	73	79
.6850769	4453/6500	61	65	73	100
.6850877	781/1140	55	57	71	100
.6851133	3355/4897	55	59	61	83
.6851244	3551/5183	53	71	67	73
.6851339	742/1083	53	57	70	95
.6851449	1891/2760	61	60	62	92
.6851752	1271/1855	41	53	62	70
.6851989	2773/4047	47	57	59	71
.6852055	2501/3650	41	50	61	73
.6852273	603/880	45	55	67	80
.6852718	2345/3422	35	58	67	59
.6852848	4331/6320	61	79	71	80
.6853372	2337/3410	41	55	57	62
.6853741	403/588	62	60	65	98
.6853830	3015/4399	45	53	67	83
.6853881	1501/2190	57	73	79	90
.6854167	329/480	47	60	70	80
.6854281	3763/5490	53	61	71	90
.6854412	4661/6800	59	80	79	85
.6854545	377/550	58	55	65	100
.6854752	3195/4661	45	59	71	79
0.6855					
.6855238	3599/5250	59	70	61	75
.6855322	1829/2668	59	58	62	92
.6855721	689/1005	53	67	65	75
.6855944	2451/3575	43	55	57	65
.6856052	3053/4453	43	61	71	73
.6856316	711/1037	45	61	79	85
.6856471	1457/2125	47	50	62	85
.6856607	3658/5335	59	55	62	97
.6856725	469/684	35	57	67	60
.6856764	517/754	47	58	55	65
.6856879	3713/5415	47	57	79	95
.6857143*	24/35	60	70	80	100
.6857361	899/1311	58	57	62	92
.6857456	3127/4560	53	57	59	80
.6857862	2726/3975	47	53	58	75
.6857952	2665/3886	41	58	65	67
.6858057	4503/6566	57	67	79	98

（续）

比值	分数	A	B	C	D
0.6855					
.6858824	583/850	53	50	55	85
.6859015	3245/4731	55	57	59	83
.6859322	4047/5900	57	59	71	100
.6859362	795/1159	45	57	53	61
.6859524	2881/4200	43	60	67	70
0.6860					
.6860215	319/465	55	62	58	75
.6860344	3306/4819	57	61	58	79
.6860435	2679/3905	47	55	57	71
.6860525	1333/1943	43	58	62	67
.6860999	2542/3705	41	57	62	65
.6861111	247/360	57	60	65	90
.6861202	3139/4575	43	61	73	75
.6862238	2655/3869	45	53	59	73
.6862447	2255/3286	41	53	55	62
.6862500	549/800	45	50	61	80
.6862790	3021/4402	53	62	57	71
.6863082	3599/5244	59	57	61	92
.6863248	803/1170	55	65	73	90
.6863265	3363/4900	57	50	59	98
.6863462	3569/5200	43	65	83	80
.6863850	731/1065	43	71	85	75
.6863884	1891/2755	61	58	62	95
.6864052	5251/7650	59	85	89	90
.6864419	4582/6675	58	75	79	89
.6864507	4661/6790	59	70	79	97
.6864561	4891/7125	67	75	73	95
.6864662	913/1330	55	70	83	95
0.6865					
.6865022	473/689	43	53	55	65
.6865169	611/890	47	50	65	89
.6865378	3835/5586	59	57	65	98
.6865490	1128/1643	47	53	48	62
.6865909	3021/4400	53	55	57	80
.6865964	4559/6640	47	80	97	83
.6866068	3363/4898	57	62	59	79
.6866197	195/284	45	60	65	71
.6866397	848/1235	48	57	53	65
.6867031	377/549	58	61	65	90
.6867213	4189/6100	59	61	71	100
.6867329	1175/1711	47	58	50	59
.6867958	3901/5680	47	71	83	80
.6868290	2623/3819	43	57	61	67
.6868533	2257/3286	37	53	61	62
.6868916	2117/3082	58	67	73	92
.6869231	893/1300	47	60	57	65

比值	分数	A	B	C	D
0.6865					
.6869392	689/1003	53	59	65	85
.6869519	2585/3763	47	53	55	71
0.6870					
.6870027	259/377	37	58	70	65
.6870162	3905/5684	55	58	71	98
.6870276	3363/4895	57	55	59	89
.6870370	371/540	53	60	70	90
.6870520	4505/6557	53	79	85	83
.6870968	213/310	45	62	71	75
.6871345	235/342	47	57	50	60
.6871542	3477/5060	57	55	61	92
.6871650	4615/6716	65	73	71	92
.6871921	279/406	45	58	62	70
.6872146	301/438	43	60	70	73
.6872545	3149/4582	47	58	67	79
.6872642	1457/2120	47	53	62	80
.6872673	923/1343	65	79	71	85
.6872760	767/1116	59	62	65	90
.6872982	4897/7125	59	75	83	95
.6873059	3763/5475	53	73	71	75
.6873840	741/1078	57	55	65	98
.6874149	3534/5141	57	53	62	97
.6874386	4898/7125	62	75	79	95
.6874603	4331/6300	61	70	71	90
0.6875					
.6875000*	11/16	45	40	55	90
.6875158	2726/3965	47	61	58	65
.6875295	2911/4234	41	58	71	73
.6875926	3713/5400	47	60	79	90
.6876076	799/1162	47	70	85	83
.6876232	3139/4565	43	55	73	83
.6876364	1891/2750	61	55	62	100
.6876738	742/1079	53	65	70	83
.6876812	949/1380	65	75	73	92
.6877000	3869/5626	53	58	73	97
.6877125	1416/2059	48	58	59	71
.6877536	2881/4189	43	59	67	71
.6877809	4897/7120	59	80	83	89
.6879117	3551/5162	53	58	67	89
.6879170	928/1349	48	57	58	71
.6879372	3245/4717	55	53	59	89
.6879699	183/266	45	57	61	70
0.6880					
.6880412	3337/4850	47	50	71	97
.6880460	2993/4350	41	58	73	75
.6880640	3355/4876	55	53	61	92

（续）

比值	分数	A	B	C	D
0.6880					
.6880822	2881/4187	43	53	67	79
.6880893	2773/4030	47	62	59	65
.6881428	2275/3306	35	57	65	58
.6881930	3538/5141	58	53	61	97
.6882051	671/975	55	65	61	75
.6882181	3534/5135	57	65	62	79
.6882297	3596/5225	58	55	62	95
.6882353*	117/170	45	50	65	85
.6882591*	170/247	50	65	85	95
.6882653	1349/1960	57	60	71	98
.6883117	53/77	50	55	53	70
.6883181	4154/6035	62	71	67	85
.6883333	413/600	59	60	70	100
.6883562	201/292	45	60	67	73
.6883772	3139/4560	43	57	73	80
.6884236	559/812	43	58	65	70
.6884286	4819/7000	61	70	79	100
.6884668	2537/3685	43	55	59	67
0.6885					
.6885312	1711/2485	58	70	59	71
.6885776	639/928	45	58	71	80
.6885973	3569/5183	43	71	83	73
.6886288	2059/2990	58	65	71	92
.6886792	73/106	45	53	73	90
.6887513	3337/4845	47	57	71	85
.6888038	3599/5225	59	55	61	95
.6888085	2665/3869	41	53	65	73
.6888592	2059/2989	58	61	71	98
.6888732	4891/7100	67	71	73	100
.6889558	3431/4980	47	60	73	83
.6889792	4745/6887	65	71	73	97
0.6890					
.6890000	689/1000	53	50	65	100
.6890171	2867/4161	47	57	61	73
.6890669	2666/3869	43	53	62	73
.6890823	871/1264	65	79	67	80
.6890912	4845/7031	57	79	85	89
.6891047	4187/6076	53	62	79	98
.6891393	3363/4880	57	61	59	80
.6891496	235/341	47	55	50	62
.6891913	4355/6319	65	71	67	89
.6893086	2263/3283	62	67	73	98
.6893333	517/750	47	50	55	75
.6893390	3233/4690	53	67	61	70
.6893527	2279/3306	43	57	53	58
.6893771	2479/3596	37	58	67	62

比值	分数	A	B	C	D
0.6890					
.6893939*	91/132	35	55	65	60
.6893996	930/1349	45	57	62	71
.6894155	3869/5612	53	61	73	92
.6894338	4189/6076	59	62	71	98
.6894636	3599/5220	59	58	61	90
.6894780	4161/6035	57	71	73	85
0.6895					
.6895161	171/248	45	60	57	62
.6896028	2726/3953	47	59	58	67
.6896104	531/770	45	55	59	70
.6896242	3835/5561	59	67	65	83
.6896313	2993/4340	41	62	73	70
.6896686	1769/2565	58	57	61	90
.6896825	869/1260	55	70	79	90
.6897047	3363/4876	57	53	59	92
.6897275	329/477	47	53	70	90
.6897380	2870/4161	41	57	70	73
.6897843	3869/5609	53	71	73	79
.6897890	4087/5925	61	75	67	79
.6898010	2773/4020	47	60	59	67
.6898138	3149/4565	47	55	67	83
.6898236	2542/3685	41	55	62	67
.6898462	1121/1625	57	65	59	75
.6898585	585/848	45	53	65	80
.6898901	3139/4550	43	65	73	70
.6899194	1711/2480	58	62	59	80
.6899435	3053/4425	43	59	71	75
0.6900					
.6900110	5015/7268	59	79	85	92
.6900392	4399/6375	53	75	83	85
.6900505	3551/5146	53	62	67	83
.6900585	118/171	40	57	59	60
.6900749	737/1068	55	60	67	89
.6901111	1305/1891	45	61	58	62
.6901266	1363/1975	47	50	58	79
.6901781	2867/4154	47	62	61	67
.6901887	1829/2650	59	53	62	100
.6901961*	176/255	55	75	80	85
.6902281	2451/3551	43	53	57	67
.6902547	4526/6557	62	79	73	83
.6902758	2378/3445	41	53	58	65
.6903211	3074/4453	53	61	58	73
.6903421	3431/4970	47	70	73	71
.6903664	2544/3685	48	55	53	67
.6903780	4183/6059	47	73	89	83
.6903955	611/885	47	59	65	75

（续）

比值	分数	*A*	*B*	*C*	*D*
0.6900					
.6904225	2451/3550	43	50	57	71
0.6905					
.6905098	4402/6375	62	75	71	85
.6905185	4661/6750	59	75	79	90
.6905347	3655/5293	43	67	85	79
.6905613	3285/4757	45	67	73	71
.6905660	183/265	45	53	61	75
.6905791	799/1157	47	65	85	89
.6905922	3685/5336	55	58	67	92
.6905967	3819/5530	57	70	67	79
.6906061	2279/3300	43	55	53	60
.6906183	3239/4690	41	67	79	70
.6906350	2795/4047	43	57	65	71
.6906600	2773/4015	47	55	59	73
.6907715	3286/4757	53	67	62	71
.6907763	3782/5475	61	73	62	75
.6907865	1537/2225	53	50	58	89
.6908189	1392/2015	48	62	58	65
.6908278	3555/5146	45	62	79	83
.6908434	2867/4150	47	50	61	83
.6908665	295/427	50	61	59	70
.6908929	3869/5600	53	70	73	80
.6909003	1435/2077	41	62	70	67
0.6910					
.6910039	530/767	50	59	53	65
.6910304	4661/6745	59	71	79	95
.6910381	4187/6059	53	73	79	83
.6910518	2201/3185	62	65	71	98
.6910644	2993/4331	41	61	73	71
.6910692	2747/3975	41	53	67	75
.6910920	481/696	37	58	65	60
.6911015	3658/5293	59	67	62	79
.6911163	2365/3422	43	58	55	59
.6911429	2419/3500	41	50	59	70
.6911596	602/871	43	65	70	67
.6912243	638/923	55	65	58	71
.6912313	741/1072	57	67	65	80
.6912698	871/1260	65	70	67	90
.6913131	1711/2475	58	55	59	90
.6913323	4307/6230	59	70	73	89
.6913747	513/742	45	53	57	70
.6913858	923/1335	65	75	71	89
.6914596	4453/6440	61	70	73	92
0.6915					
.6915052	464/671	40	55	58	61
.6915205	473/684	43	57	55	60
.6915287	3551/5135	53	65	67	79

比值	分数	*A*	*B*	*C*	*D*
0.6915					
.6915385	899/1300	58	65	62	80
.6915508	3233/4675	53	55	61	85
.6915690	4897/7081	59	73	83	97
.6915947	4402/6365	62	67	71	95
.6916124	3290/4757	47	67	70	71
.6916836	341/493	55	58	62	85
.6916882	2405/3477	37	57	65	61
.6917102	4898/7081	62	73	79	97
.6917339	3431/4960	47	62	73	80
.6917526	671/970	55	50	61	97
.6917671	689/996	53	60	65	83
.6917895	1643/2375	53	50	62	95
.6918478	1273/1840	57	60	67	92
.6918856	4161/6014	57	62	73	97
.6918977	649/938	55	67	59	70
.6919403	1159/1675	57	67	61	75
.6919540	301/435	43	58	70	75
0.6920					
.6920188	737/1065	55	71	67	75
.6920821	236/341	40	55	59	62
.6920879	3149/4550	47	65	67	70
.6920986	3819/5518	57	62	67	89
.6921154	3599/5200	59	65	61	80
.6921367	2491/3599	47	59	53	61
.6921642	371/536	53	67	70	80
.6922027	3551/5130	53	57	67	90
.6922078	533/770	41	55	65	70
.6922414	803/1160	55	58	73	100
.6923333	2077/3000	62	60	67	100
.6923373	1798/2597	58	53	62	98
.6923729	817/1180	43	59	57	60
.6923816	2881/4161	43	57	67	73
.6924270	2679/3869	47	53	57	73
.6924399	403/582	62	60	65	97
.6924675	1333/1925	43	55	62	70
.6924883	295/426	50	60	59	71
0.6925					
.6925184	3286/4745	53	65	62	73
.6925373	232/335	40	50	58	67
.6925841	4819/6958	61	71	79	98
.6925926*	187/270	55	75	85	90
.6926044	4130/5963	59	67	70	89
.6926244	3869/5586	53	57	73	98
.6926316	329/475	47	50	70	95
.6927141	2491/3596	47	58	53	62
.6927239	3713/5360	47	67	79	80
.6927345	3995/5767	47	73	85	79

（续）

比值	分数	A	B	C	D	比值	分数	A	B	C	D
0.6925						0.6935					
.6927503	602/869	43	55	70	79	.6936854	3021/4355	53	65	57	67
.6927643	2451/3538	43	58	57	61	.6936982	4183/6030	47	67	89	90
.6927692	4503/6500	57	65	79	100	.6937255	1769/2550	58	60	61	85
.6928121	2747/3965	41	61	67	65	.6937862	4187/6035	53	71	79	85
.6928185	3965/5723	61	59	65	97	.6938095	1457/2100	47	60	62	70
.6928387	803/1159	55	61	73	95	.6938202	247/356	57	60	65	89
.6928758	4503/6499	57	67	79	97	.6938342	979/1411	55	83	89	85
.6928965	2263/3266	62	71	73	92	.6938462	451/650	41	50	55	65
.6929149	3599/5194	59	53	61	98	.6938636	3053/4400	43	55	71	80
.6929288	2832/4087	48	61	59	67	.6938899	1147/1653	37	57	62	58
.6929412	589/850	57	60	62	85	.6939010	603/869	45	55	67	79
.6929703	2494/3599	43	59	58	61	.6939286	1943/2800	58	70	67	80
.6929795	4047/5840	57	73	71	80	.6939736	737/1062	55	59	67	90
0.6930						.6939850	923/1330	65	70	71	95
.6930224	3953/5704	59	62	67	92	0.6940					
.6930380	219/316	45	60	73	79	.6940027	3055/4402	47	62	65	71
.6930818	551/795	57	53	58	90	.6940143	4661/6716	59	73	79	92
.6930891	4503/6497	57	73	79	89	.6940214	3053/4399	43	53	71	83
.6931034	201/290	45	58	67	75	.6940299	93/134	45	60	62	67
.6931234	4183/6035	47	71	89	85	.6940363	803/1157	55	65	73	89
.6931313	3431/4950	47	55	73	90	.6940476	583/840	53	60	55	70
.6931590	689/994	53	70	65	71	.6940928	329/474	47	60	70	79
.6931694	2537/3660	43	60	59	61	.6940988	3905/5626	55	58	71	97
.6931865	3337/4814	47	58	71	83	.6941098	1037/1494	61	83	85	90
.6932500	2773/4000	47	50	59	80	.6941538	1128/1625	47	50	48	65
.6932572	3763/5428	53	59	71	92	.6941601	4814/6935	58	73	83	95
.6932773 *	165/238	55	70	75	85	.6941889	2867/4130	47	59	61	70
.6933095	3886/5605	58	59	67	95	.6942169	2881/4150	43	50	67	83
.6933200	3477/5015	57	59	61	85	.6942594	4898/7055	62	83	79	85
.6933333 *	52/75	40	50	65	75	.6943182	611/880	47	55	65	80
.6933614	658/949	47	65	70	73	.6943403	3705/5336	57	58	65	92
.6933692	3869/5580	53	62	73	90	.6943636	3819/5500	57	55	67	100
.6934021	3363/4850	57	50	59	97	.6943855	3599/5183	59	71	61	73
.6934266	2479/3575	37	55	67	65	.6943964	4015/5782	55	59	73	98
.6934402	4757/6860	67	70	71	98	.6944093	2745/3953	45	59	61	67
.6934783	319/460	55	50	58	92	.6944189	3770/5429	58	61	65	89
.6934901	767/1106	59	70	65	79	.6944259	3127/4503	53	57	59	79
0.6935						.6944444 *	25/36	50	60	75	90
.6935000	1387/2000	57	60	73	100	.6944615	2257/3250	37	50	61	65
.6935088	3953/5700	59	57	67	100	.6944705	741/1067	57	55	65	97
.6935347	4087/5893	61	71	67	83	.6944760	3055/4399	47	53	65	83
.6935391	3596/5185	58	61	62	85	0.6945					
.6935955	2610/3763	45	53	58	71	.6945355	1271/1830	41	60	62	61
.6936155	3835/5529	59	57	65	97	.6945468	1885/2714	58	59	65	92
.6936280	3233/4661	53	59	61	79	.6945565	689/992	53	62	65	80
.6936765	4717/6800	53	80	89	85	.6945677	3286/4731	53	57	62	83

（续）

比值	分数	A	B	C	D
0.6945					
.6946060	2627/3782	37	61	71	62
.6946488	2077/2990	62	65	67	92
.6946774	4307/6200	59	62	73	100
.6946893	3074/4425	53	59	58	75
.6947005	603/868	45	62	67	70
.6947368*	66/95	55	50	60	95
.6947464	767/1104	59	60	65	92
.6947566	371/534	53	60	70	89
.6948250	913/1314	55	73	83	90
.6948276	403/580	62	58	65	100
.6948812	2077/2989	62	61	67	98
.6948889	3127/4500	53	50	59	90
.6949119	3551/5110	53	70	67	73
.6949215	3763/5415	53	57	71	95
.6949367	549/790	45	50	61	79
.6949758	3306/4757	57	67	58	71
.6949875	2773/3990	47	57	59	70
.6949982	3835/5518	59	62	65	89
0.6950					
.6950211	4118/5925	58	75	71	79
.6950303	2867/4125	47	55	61	75
.6950685	2537/3650	43	50	59	73
.6950820	212/305	48	60	53	61
.6951149	2419/3480	41	58	59	60
.6951176	3901/5612	47	61	83	92
.6951262	3965/5704	61	62	65	92
.6951515	1147/1650	37	55	62	60
.6951760	2666/3835	43	59	62	65
.6951872*	130/187	50	55	65	85
.6952082	885/1273	45	57	59	67
.6952320	1079/1552	65	80	83	97
.6952736	559/804	43	60	65	67
.6952830	737/1060	55	53	67	100
.6952875	4559/6557	47	79	97	83
.6953216	1189/1710	41	57	58	60
.6953608	1349/1940	57	60	71	97
.6954000	3477/5000	57	50	61	100
.6954077	742/1067	53	55	70	97
.6954271	806/1159	62	61	65	95
.6954609	3953/5684	59	58	67	98
.6954950	2501/3596	41	58	61	62
0.6955					
.6955316	2257/3245	37	55	61	59
.6956140	793/1140	61	57	65	100
.6956314	2914/4189	47	59	62	71
.6956677	1943/2793	58	57	67	98

比值	分数	A	B	C	D
0.6955					
.6956947	711/1022	45	70	79	73
.6957147	2419/3477	41	57	59	61
.6957382	3869/5561	53	67	73	83
.6957547	295/424	50	53	59	80
.6957576	574/825	41	55	70	75
.6957677	3403/4891	41	67	83	73
.6958194	4161/5980	57	65	73	92
.6958304	3905/5612	55	61	71	92
.6958442	2679/3850	47	55	57	70
.6958701	2915/4189	53	59	55	71
.6959184	341/490	55	50	62	98
.6959432	3431/4930	47	58	73	85
.6959507	3953/5680	59	71	67	80
.6959637	2914/4187	47	53	62	79
.6959746	657/944	45	59	73	80
0.6960					
.6960000	87/125	45	50	58	75
.6960073	767/1102	59	58	65	95
.6960443	4399/6320	53	79	83	80
.6960522	4161/5978	57	61	73	98
.6960651	513/737	45	55	57	67
.6960829	3021/4340	53	62	57	70
.6961066	3397/4880	43	61	79	80
.6961395	559/803	43	55	65	73
.6961545	4399/6319	53	71	83	89
.6961864	1643/2360	53	59	62	80
.6962142	754/1083	58	57	65	95
.6962248	793/1139	61	67	65	85
.6962366	259/372	37	60	70	62
.6962745	3551/5100	53	60	67	85
.6963077	2263/3250	62	65	73	100
.6963447	3410/4897	55	59	62	83
.6964148	4526/6499	62	67	73	97
.6964172	3285/4717	45	53	73	89
.6964286*	39/56	45	60	65	70
.6964384	1271/1825	41	50	62	73
.6964870	4897/7031	59	79	83	89
0.6965					
.6965190	2201/3160	62	79	71	80
.6965278	1003/1440	59	80	85	90
.6965414	4189/6014	59	62	71	97
.6965577	4047/5810	57	70	71	83
.6965723	2337/3355	41	55	57	61
.6966071	3901/5600	47	70	83	80
.6966153	5063/7268	61	79	83	92
.6966994	781/1121	55	59	71	95

（续）

比值	分数	*A*	*B*	*C*	*D*
0.6965					
.6967136	742/1065	53	71	70	75
.6967334	3306/4745	57	65	58	73
.6967407	1475/2117	50	58	59	73
.6967576	1891/2714	61	59	62	92
.6967655	517/742	47	53	55	70
.6967832	2491/3575	47	55	53	65
.6968205	3397/4875	43	65	79	75
.6968326*	154/221	55	65	70	85
.6968400	2117/3038	58	62	73	98
.6968519	3763/5400	53	60	71	90
.6968701	4453/6390	61	71	73	90
.6969256	3355/4814	55	58	61	83
.6969403	1435/2059	41	58	70	71
.6969608	2385/3422	45	58	53	59
.6969863	1272/1825	48	50	53	73
0.6970					
.6970339	329/472	47	59	70	80
.6970502	2623/3763	43	53	61	71
.6970588	237/340	45	60	79	85
.6970908	3139/4503	43	57	73	79
.6971667	4183/6000	47	75	89	80
.6971989	3410/4891	55	67	62	73
.6972104	3599/5162	59	58	61	89
.6972727	767/1100	59	55	65	100
.6972770	3713/5325	47	71	79	75
.6972941	2345/3363	35	57	67	59
.6973214	781/1120	55	70	71	80
.6973607	1189/1705	41	55	58	62
.6973684	53/76	45	57	53	60
.6974125	2291/3285	58	73	79	90
.6974177	3538/5073	58	57	61	89
.6974318	869/1246	55	70	79	89
.6974684	551/790	57	60	58	79
.6974772	3290/4717	47	53	70	89
.6974946	2255/3233	41	53	55	61
0.6975					
.6975000	279/400	45	50	62	80
.6975294	3021/4331	53	61	57	71
.6975369	708/1015	48	58	59	70
.6975591	1829/2622	59	57	62	92
.6975721	3965/5684	61	58	65	98
.6975787	2881/4130	43	59	67	70
.6976119	2337/3350	41	50	57	67
.6976224	2494/3575	43	55	58	65
.6976812	2407/3450	58	75	83	92
.6976902	1027/1472	65	80	79	92
0.6975					
.6977002	4399/6305	53	65	83	97
.6977058	517/741	47	57	55	65
.6977444	464/665	48	57	58	70
.6977586	4047/5800	57	58	71	100
.6977941	949/1360	65	80	73	85
.6978031	4161/5963	57	67	73	89
.6978267	2665/3819	41	57	65	67
.6978373	2291/3283	58	67	79	98
.6978495	649/930	55	62	59	75
.6978626	3363/4819	57	61	59	79
.6979661	2059/2950	58	59	71	100
.6979888	4130/5917	59	61	70	97
0.6980					
.6980051	3534/5063	57	61	62	83
.6980634	793/1136	61	71	65	80
.6980794	2726/3905	47	55	58	71
.6980885	2666/3819	43	57	62	67
.6981447	3763/5390	53	55	71	98
.6981481	377/540	58	60	65	90
.6981667	4189/6000	59	60	71	100
.6981761	4402/6305	62	65	71	97
.6981928	1159/1660	57	60	61	83
.6982540	4399/6300	53	70	83	90
.6982573	2925/4189	45	59	65	71
.6982772	4661/6675	59	75	79	89
.6983189	1537/2201	53	62	58	71
.6983607	213/305	45	61	71	75
.6983673	1711/2450	58	50	59	98
.6984127*	44/63	40	45	55	70
.6984242	2881/4125	43	55	67	75
.6984303	3782/5415	61	57	62	95
0.6985					
.6985098	4453/6375	61	75	73	85
.6985294*	95/136	50	80	95	85
.6985428	767/1098	59	61	65	90
.6985484	4331/6200	61	62	71	100
.6985658	2679/3835	47	59	57	65
.6985909	2925/4187	45	53	65	79
.6986325	4087/5850	61	65	67	90
.6986364	1537/2200	53	55	58	80
.6986525	1711/2449	58	62	59	79
.6986817	371/531	53	59	70	90
.6987143	4891/7000	67	70	73	100
.6987346	4307/6164	59	67	73	92
.6987500	559/800	43	50	65	80
.6987705	341/488	55	61	62	80

（续）

比值	分数	A	B	C	D	比值	分数	A	B	C	D
0.6985						0.6995					
.6987809	2350/3363	47	57	50	59	.6998288	4087/5840	61	73	67	80
.6988035	4030/5767	62	73	65	79	.6998905	639/913	45	55	71	83
.6988148	4717/6750	53	75	89	90	.6999308	4047/5782	57	59	71	98
.6988218	949/1358	65	70	73	97	.6999803	3551/5073	53	57	67	89
.6988623	3010/4307	43	59	70	73	0.7000					
.6988671	4565/6532	55	71	83	92	.7000000*	7/10	60	75	70	80
.6989583	671/960	55	60	61	80	.7000232	3015/4307	45	59	67	73
.6989744	1363/1950	47	60	58	65	.7000584	3599/5141	59	53	61	97
0.6990						.7000957	3658/5225	59	55	62	95
.6990011	3149/4505	47	53	67	85	.7001170	2993/4275	41	57	73	75
.6990369	871/1246	65	70	67	89	.7001672	4187/5980	53	65	79	92
.6990566	741/1060	57	53	65	100	.7002417	869/1241	55	73	79	85
.6990691	3905/5586	55	57	71	98	.7002715	3869/5525	53	65	73	85
.6990807	3422/4895	58	55	59	89	.7002825	2479/3540	37	59	67	60
.6991039	3901/5580	47	62	83	90	.7002857	2451/3500	43	50	57	70
.6991511	2059/2945	58	62	71	95	.7003124	2914/4161	47	57	62	73
.6991848	2573/3680	62	80	83	92	.7003401	2059/2940	58	60	71	98
.6992095	1769/2530	58	55	61	92	.7003704	1891/2700	61	60	62	90
.6992236	4503/6440	57	70	79	92	.7003774	928/1325	48	53	58	75
.6992410	737/1054	55	62	67	85	.7003922	893/1275	47	75	95	85
.6992481	93/133	45	57	62	70	.7004015	4187/5978	53	61	79	98
.6993116	3149/4503	47	57	67	79	.7004237	1653/2360	57	59	58	80
.6993277	4161/5950	57	70	73	85	.7004264	657/938	45	67	73	70
.6993437	1705/2438	55	53	62	92	.7004471	470/671	47	55	50	61
.6993534	649/928	55	58	59	80	.7004566	767/1095	59	73	65	75
.6993695	2773/3965	47	61	59	65	.7004900	3431/4898	47	62	73	79
.6993782	3599/5146	59	62	61	83	0.7005					
.6994135	477/682	45	55	53	62	.7005013	559/798	43	57	65	70
.6994434	377/539	58	55	65	98	.7005417	3233/4615	53	65	61	71
.6994667	2623/3750	43	50	61	75	.7005528	2915/4161	53	57	55	73
.6994872	682/975	55	65	62	75	.7005891	4757/6790	67	70	71	97
0.6995						.7006330	3431/4897	47	59	73	83
.6995342	901/1288	53	70	85	92	.7006397	1643/2345	53	67	62	70
.6995614	319/456	55	57	58	80	.7006579	213/304	45	57	71	80
.6995678	4047/5785	57	65	71	89	.7006783	2479/3538	37	58	67	61
.6995807	3337/4770	47	53	71	90	.7006875	1325/1891	50	61	53	62
.6995914	2911/4161	41	57	71	73	.7007360	4189/5978	59	61	71	98
.6995976	3477/4970	57	70	61	71	.7007663	1829/2610	59	58	62	90
.6996115	2881/4118	43	58	67	71	.7008065	869/1240	55	62	79	100
.6996383	3869/5530	53	70	73	79	.7008197	171/244	45	60	57	61
.6996524	3422/4891	58	67	59	73	.7008315	4130/5893	59	71	70	83
.6997143	2449/3500	62	70	79	100	.7008692	3306/4717	57	53	58	89
.6997241	4819/6887	61	71	79	97	.7008763	3599/5135	59	65	61	79
.6997649	3869/5529	53	57	73	97	.7008889	1577/2250	57	75	83	90
.6997778	3149/4500	47	50	67	90	.7009023	4661/6650	59	70	79	95
.6998208	781/1116	55	62	71	90	.7009058	3869/5520	53	60	73	92

（续）

比值	分数	A	B	C	D
0.7005					
.7009193	3431/4895	47	55	73	89
.7009258	3710/5293	53	67	70	79
.7009368	2993/4270	41	61	73	70
.7009747	1798/2565	58	57	62	90
.7009804*	143/204	55	60	65	85
0.7010					
.7010081	3477/4960	57	62	61	80
.7010195	3782/5395	61	65	62	83
.7010333	3053/4355	43	65	71	67
.7010786	455/649	35	55	65	59
.7010989	319/455	55	65	58	70
.7011598	3869/5518	53	62	73	89
.7011885	413/589	59	62	70	95
.7012028	2565/3658	45	59	57	62
.7012072	697/994	41	70	85	71
.7012308	2279/3250	43	50	53	65
.7013628	3551/5063	53	61	67	83
.7013765	4331/6175	61	65	71	95
.7014085	249/355	45	71	83	75
.7014163	3021/4307	53	59	57	73
.7014714	2479/3534	37	57	67	62
0.7015					
.7015595	3599/5130	59	57	61	90
.7015742	4234/6035	58	71	73	85
.7016129	87/124	45	60	58	62
.7016698	1891/2695	61	55	62	98
.7016901	2491/3550	47	50	53	71
.7017333	2915/4154	53	62	55	67
.7017513	4047/5767	57	73	71	79
.7017711	3685/5251	55	59	67	89
.7017787	3551/5060	53	55	67	92
.7018048	1711/2438	58	53	59	92
.7018265	1537/2190	53	60	58	73
.7018391	3053/4350	43	58	71	75
.7018533	871/1241	65	73	67	85
.7018868	186/265	45	53	62	75
.7019048	737/1050	55	70	67	75
.7019088	5185/7387	61	83	85	89
.7019487	3422/4875	58	65	59	75
.7019578	4661/6640	59	80	79	83
0.7020					
.7020095	2655/3782	45	61	59	62
.7020253	2773/3950	47	50	59	79
.7020450	4154/5917	62	61	67	97
.7020522	3763/5360	53	67	71	80
.7021438	2784/3965	48	61	58	65

比值	分数	A	B	C	D
0.7020					
.7021529	3555/5063	45	61	79	83
.7021633	4187/5963	53	67	79	89
.7021687	1457/2075	47	50	62	83
.7021771	2419/3445	41	53	59	65
.7021978	639/910	45	65	71	70
.7022118	3905/5561	55	67	71	83
.7022232	3127/4453	53	61	59	73
.7022337	4087/5820	61	60	67	97
.7022785	1387/1975	57	75	73	79
.7022989	611/870	47	58	65	75
.7023112	2279/3245	43	55	53	59
.7023374	2494/3551	43	53	58	67
.7023810	59/84	50	60	59	70
.7024096	583/830	53	50	55	83
.7024242	1159/1650	57	55	61	90
.7024353	923/1314	65	73	71	90
.7024572	4717/6715	53	79	89	85
.7024781	4819/6860	61	70	79	98
.7024987	4189/5963	59	67	71	89
0.7025					
.7025263	3337/4750	47	50	71	95
.7025352	1247/1775	43	50	58	71
.7025822	2993/4260	41	60	73	71
.7026306	3953/5626	59	58	67	97
.7026467	3053/4345	43	55	71	79
.7026738	657/935	45	55	73	85
.7026812	3538/5035	58	53	61	95
.7026966	3127/4450	53	50	59	89
.7027079	3685/5244	55	57	67	92
.7027295	1416/2015	48	62	59	65
.7027397	513/730	45	50	57	73
.7027950	2263/3220	62	70	73	92
.7028054	2405/3422	37	58	65	59
.7028261	3233/4600	53	50	61	92
.7028396	3886/5529	58	57	67	97
.7028632	4615/6566	65	67	71	98
.7028877	3286/4675	53	55	62	85
.7029178	265/377	50	58	53	65
.7029319	4891/6958	67	71	73	98
.7029449	549/781	45	55	61	71
.7029451	5251/7470	59	83	89	90
.7029560	975/1387	45	57	65	73
0.7030					
.7030075*	187/266	55	70	85	95
.7030303	116/165	40	55	58	60
.7030361	741/1054	57	62	65	85

（续）

比值	分数	A	B	C	D	比值	分数	A	B	C	D
0.7030						0.7040					
.7030612	689/980	53	50	65	98	.7040336	4189/5950	59	70	71	85
.7030738	3431/4880	47	61	73	80	.7040701	2491/3538	47	58	53	61
.7030928	341/485	55	50	62	97	.7040796	3538/5025	58	67	61	75
.7031070	611/869	47	55	65	79	.7040936	602/855	43	57	70	75
.7031447	559/795	43	53	65	75	.7041406	2925/4154	45	62	65	67
.7031944	5063/7200	61	80	83	90	.7041761	4030/5723	62	59	65	97
.7032164	481/684	37	57	65	60	.7042440	531/754	45	58	59	65
.7032280	4161/5917	57	61	73	97	.7042742	1829/2597	59	53	62	98
.7032412	2365/3363	43	57	55	59	.7042752	2784/3953	48	59	58	67
.7032666	3337/4745	47	65	71	73	.7043086	2501/3551	41	53	61	67
.7032836	1178/1675	57	67	62	75	.7043549	3445/4891	53	67	65	73
.7032967*	64/91	40	65	80	70	.7043590	2747/3900	41	60	67	65
.7033543	671/954	55	53	61	90	.7043835	3953/5612	59	61	67	92
.7033582	377/536	58	67	65	80	.7043860	803/1140	55	57	73	100
.7034247	1027/1460	65	73	79	100	.7044372	4731/6716	57	73	83	92
.7034277	472/671	40	55	59	61	.7044534	174/247	45	57	58	65
.7034445	3819/5429	57	61	67	89	.7044776	236/335	40	50	59	67
.7034545	3869/5500	53	55	73	100	0.7045					
.7034571	2747/3905	41	55	67	71	.7045070	2501/3550	41	50	61	71
.7034841	949/1349	65	71	73	95	.7045198	1247/1770	43	59	58	60
.7034919	3445/4897	53	59	65	83	.7045421	4731/6715	57	79	83	85
0.7035						.7045541	3713/5270	47	62	79	85
.7035040	261/371	45	53	58	70	.7045617	2950/4187	50	53	59	79
.7035741	3819/5428	57	59	67	92	.7045748	2726/3869	47	53	58	73
.7036437	869/1235	55	65	79	95	.7045833	1691/2400	57	80	89	90
.7036505	3431/4876	47	53	73	92	.7045886	4453/6320	61	79	73	80
.7036570	558/793	45	61	62	65	.7046536	2665/3782	41	61	65	62
.7036723	2491/3540	47	59	53	60	.7046552	4087/5800	61	58	67	100
.7036975	4187/5950	53	70	79	85	.7046816	3763/5340	53	60	71	89
.7037182	1798/2555	58	70	62	73	.7046859	3534/5015	57	59	62	85
.7037433	658/935	47	55	70	85	.7047001	4453/6319	61	71	73	89
.7037794	689/979	53	55	65	89	.7047359	3869/5490	53	61	73	90
.7037949	3431/4875	47	65	73	75	.7047636	3965/5626	61	58	65	97
.7038184	682/969	55	57	62	85	.7047844	3285/4661	45	59	73	79
.7038280	4615/6557	65	79	71	83	.7048101	1392/1975	48	50	58	79
.7038462	183/260	45	60	61	65	.7048193	117/166	45	50	65	83
.7038596	1003/1425	59	75	85	95	.7048426	2911/4130	41	59	71	70
.7038920	4015/5704	55	62	73	92	.7048670	2491/3534	47	57	53	62
.7039171	611/868	47	62	65	70	.7049041	1653/2345	57	67	58	70
.7039316	2059/2925	58	65	71	90	.7049231	2291/3250	58	65	79	100
.7039379	2449/3479	62	71	79	98	.7049989	3286/4661	53	59	62	79
.7039848	371/527	53	62	70	85	0.7050					
.7039855	1943/2760	58	60	67	92	.7050078	901/1278	53	71	85	90
0.7040						.7050314	1121/1590	57	53	59	90
.7040084	3337/4740	47	60	71	79	.7050980	899/1275	58	60	62	85
.7040239	2117/3007	58	62	73	97	.7051075	2623/3720	43	60	61	62

（续）

比值	分数	A	B	C	D
0.7050					
.7051282*	55/78	50	60	55	65
.7051370	2059/2920	58	73	71	80
.7051900	3655/5183	43	71	85	73
.7052099	3763/5336	53	58	71	92
.7052542	4161/5900	57	59	73	100
.7052632	67/95	45	57	67	75
.7052738	3477/4930	57	58	61	85
.7052786	481/682	37	55	65	62
.7053421	3763/5335	53	55	71	97
.7053549	2832/4015	48	55	59	73
.7053798	3055/4331	47	61	65	71
.7054250	3901/5530	47	70	83	79
.7054348	649/920	55	50	59	92
.7054835	3538/5015	58	59	61	85
.7054966	3658/5185	59	61	62	85
0.7055					
.7055061	2537/3596	43	58	59	62
.7055541	2655/3763	45	53	59	71
.7055670	1711/2425	58	50	59	97
.7055799	3705/5251	57	59	65	89
.7055871	3233/4582	53	58	61	79
.7055970	1891/2680	61	67	62	80
.7056490	3735/5293	45	67	83	79
.7056667	2117/3000	58	60	73	100
.7056863	3599/5100	59	60	61	85
.7056970	2911/4125	41	55	71	75
.7057143	247/350	57	70	65	75
.7057159	1247/1767	43	57	58	62
.7057333	5293/7500	67	75	79	100
.7057689	3658/5183	59	71	62	73
.7057931	2790/3953	45	59	62	67
.7058111	583/826	53	59	55	70
.7058419	1027/1455	65	75	79	97
.7058462	1147/1625	37	50	62	65
.7058571	3290/4661	47	59	70	79
.7058929	3953/5600	59	70	67	80
.7059213	3195/4526	45	62	71	73
.7059387	737/1044	55	58	67	90
.7059701	473/670	43	50	55	67
.7059829	413/585	59	65	70	90
.7059925	377/534	58	60	65	89
0.7060					
.7060256	1160/1643	40	53	58	62
.7060633	3901/5525	47	65	83	85
.7060656	4307/6100	59	61	73	100
.7060890	603/854	45	61	67	70

比值	分数	A	B	C	D
0.7060					
.7060995	4399/6230	53	70	83	89
.7061283	4897/6935	59	73	83	95
.7061483	781/1106	55	70	71	79
.7061576	2867/4060	47	58	61	70
.7061828	2627/3720	37	60	71	62
.7062649	4453/6305	61	65	73	97
.7062725	4898/6935	62	73	79	95
.7062760	3905/5529	55	57	71	97
.7062951	3422/4845	58	57	59	85
.7063073	2542/3599	41	59	62	61
.7063158	671/950	55	50	61	95
.7063291	279/395	45	50	62	79
.7063529	1501/2125	57	75	79	85
.7063688	4015/5684	55	58	73	98
.7063819	2745/3886	45	58	61	67
.7063916	3835/5429	59	61	65	89
.7064242	2914/4125	47	55	62	75
.7064516	219/310	45	62	73	75
.7064626	2077/2940	62	60	67	98
.7064823	4087/5785	61	65	67	89
.7064873	893/1264	47	79	95	80
.7064972	2501/3540	41	59	61	60
0.7065					
.7065321	3710/5251	53	59	70	89
.7065455	1943/2750	58	55	67	100
.7065728	301/426	43	60	70	71
.7065811	2201/3115	62	70	71	89
.7066270	949/1343	65	79	73	85
.7066542	754/1067	58	55	65	97
.7066703	2585/3658	47	59	55	62
.7067873	781/1105	55	65	71	85
.7068000	1767/2500	57	50	62	100
.7068254	4453/6300	61	70	73	90
.7068488	4087/5782	61	59	67	98
.7068630	2544/3599	48	59	53	61
.7068662	803/1136	55	71	73	80
.7068996	3965/5609	61	71	65	79
.7069074	4503/6370	57	65	79	98
.7069337	2294/3245	37	55	62	59
.7069590	3901/5518	47	62	83	89
.7069915	3337/4720	47	59	71	80
0.7070					
.7070042	4189/5925	59	75	71	79
.7070081	2623/3710	43	53	61	70
.7070175	403/570	62	57	65	100
.7070579	2795/3953	43	59	65	67

（续）

比值	分数	A	B	C	D	比值	分数	A	B	C	D
0.7070						0.7080					
.7071034	3713/5251	47	59	79	89	.7080758	3551/5015	53	59	67	85
.7071067	2378/3363	41	57	58	59	.7081021	638/901	55	53	58	85
.7071429*	99/140	45	35	55	100	.7081527	3431/4845	47	57	73	85
.7071466	4047/5723	57	59	71	97	.7081818	779/1100	41	55	57	60
.7071618	1333/1885	43	58	62	65	.7081897	1643/2320	53	58	62	80
.7071658	3306/4675	57	55	58	85	.7082115	2665/3763	41	53	65	71
.7071918	413/584	59	73	70	80	.7082192	517/730	47	50	55	73
.7072222	1273/1800	57	60	67	90	.7082324	585/826	45	59	65	70
.7072381	3713/5250	47	70	79	75	.7082397	1891/2670	61	60	62	89
.7073099	2419/3420	41	57	59	60	.7082636	2117/2989	58	61	73	98
.7073540	5146/7275	62	75	83	97	.7082768	522/737	45	55	58	67
.7074041	793/1121	61	59	65	95	.7082949	1537/2170	53	62	58	70
.7074275	781/1104	55	60	71	92	.7083085	4757/6716	67	73	71	92
.7074412	3337/4717	47	53	71	89	.7083333*	17/24	50	75	85	80
.7074527	636/899	48	58	53	62	.7083506	1705/2407	55	58	62	83
.7074627	237/335	45	67	79	75	.7083554	2679/3782	47	61	57	62
.7074799	3074/4345	53	55	58	79	.7084166	3190/4503	55	57	58	79
.7074941	3021/4270	53	61	57	70	.7084260	2867/4047	47	57	61	71
0.7075						.7084773	2666/3763	43	53	62	71
.7075235	2257/3190	37	55	61	58	0.7085					
.7075269	329/465	47	62	70	75	.7085343	3819/5390	57	55	67	98
.7075601	2059/2910	58	60	71	97	.7086401	1829/2581	59	58	62	89
.7075949	559/790	43	50	65	79	.7086538	737/1040	55	65	67	80
.7076000	1769/2500	58	50	61	100	.7086629	3763/5310	53	59	71	90
.7076157	3410/4819	55	61	62	79	.7086765	4819/6800	61	80	79	85
.7076251	1457/2059	47	58	62	71	.7086874	4087/5767	61	73	67	79
.7076404	3149/4450	47	50	67	89	.7087114	781/1102	55	58	71	95
.7076503	259/366	37	60	70	61	.7087460	3363/4745	57	65	59	73
.7076620	3953/5586	59	57	67	98	.7087640	1577/2225	57	75	83	89
.7076839	3905/5518	55	62	71	89	.7087706	1891/2668	61	58	62	92
.7076967	2501/3534	41	57	61	62	.7087780	2059/2905	58	70	71	83
.7077465	201/284	45	60	67	71	.7087928	2378/3355	41	55	58	61
.7077769	901/1273	53	67	85	95	.7088406	4891/6900	67	75	73	92
.7078059	671/948	55	60	61	79	.7088508	3596/5073	58	57	62	89
.7078324	1943/2745	58	61	67	90	.7088734	711/1003	45	59	79	85
.7078679	2915/4118	53	58	55	71	.7088889	319/450	55	50	58	90
.7078777	3819/5395	57	65	67	83	.7089035	3782/5335	61	55	62	97
.7079412	2407/3400	58	80	83	85	.7089444	4399/6205	53	73	83	85
.7079622	2623/3705	43	57	61	65	.7089642	2950/4161	50	57	59	73
.7079741	657/928	45	58	73	80	.7089838	2407/3395	58	70	83	97
.7079812	754/1065	58	71	65	75	.7089912	3233/4560	53	57	61	80
0.7080						0.7090					
.7080000	177/250	45	50	59	75	.7090077	2015/2842	62	58	65	98
.7080268	2117/2990	58	65	73	92	.7090517	329/464	47	58	70	80
.7080372	1295/1829	37	59	70	62	.7090909*	39/55	45	55	65	75
.7080519	1363/1925	47	55	58	70	.7091524	3355/4731	55	57	61	83

（续）

比值	分数	A	B	C	D
0.7090					
.7091673	2870/4047	41	57	70	71
.7091882	795/1121	45	57	53	59
.7092120	639/901	45	53	71	85
.7092899	3306/4661	57	59	58	79
.7093104	3055/4307	47	59	65	73
.7093164	2345/3306	35	57	67	58
.7093842	2419/3410	41	55	59	62
.7094118	603/850	45	50	67	85
.7094279	4402/6205	62	73	71	85
.7094421	3599/5073	59	57	61	89
.7094725	3685/5194	55	53	67	98
.7094857	2745/3869	45	53	61	73
0.7095					
.7095021	4047/5704	57	62	71	92
.7095070	403/568	62	71	65	80
.7095270	1065/1501	45	57	71	79
.7095577	2294/3233	37	53	62	61
.7095918	3477/4900	57	50	61	98
.7096059	2881/4060	43	58	67	70
.7096220	413/582	59	60	70	97
.7096386	589/830	57	60	62	83
.7096503	2537/3575	43	55	59	65
.7096610	4187/5900	53	59	79	100
.7097101	4897/6900	59	75	83	92
.7097202	4819/6790	61	70	79	97
.7097484	2257/3180	37	53	61	60
.7097744	472/665	48	57	59	70
.7098102	3965/5586	61	57	65	98
.7098252	4183/5893	47	71	89	83
.7098507	1189/1675	41	50	58	67
.7098551	2449/3450	62	75	79	92
.7098690	4661/6566	59	67	79	98
.7098816	3477/4898	57	62	61	79
.7099057	301/424	43	53	70	80
.7099608	4526/6375	62	75	73	85
.7099812	377/531	58	59	65	90
0.7100					
.7100026	2747/3869	41	53	67	73
.7100265	3477/4897	57	59	61	83
.7100478	742/1045	53	55	70	95
.7100855	2077/2925	62	65	67	90
.7101058	3422/4819	58	61	59	79
.7101152	2773/3905	47	55	59	71
.7101589	1475/2077	50	62	59	67
.7101786	4891/6887	67	71	73	97
.7101852	767/1080	59	60	65	90

比值	分数	A	B	C	D
0.7100					
.7102000	3551/5000	53	50	67	100
.7102347	3782/5325	61	71	62	75
.7102508	3596/5063	58	61	62	83
.7102963	2925/4118	45	58	65	71
.7103093	689/970	53	50	65	97
.7103166	3477/4895	57	55	61	89
.7103278	4615/6497	65	73	71	89
.7103589	3127/4402	53	62	59	71
.7103916	4717/6640	53	80	89	83
.7104167	341/480	55	60	62	80
.7104418	1769/2490	58	60	61	83
0.7105					
.7105040	4187/5893	53	71	79	83
.7105181	2263/3185	62	65	73	98
.7105495	3233/4550	53	65	61	70
.7105647	3901/5490	47	61	83	90
.7105735	793/1116	61	62	65	90
.7105965	5063/7125	61	75	83	95
.7106101	2679/3770	47	58	57	65
.7106234	4047/5695	57	67	71	85
.7106667	533/750	41	50	65	75
.7106818	3127/4400	53	55	59	80
.7107040	737/1037	55	61	67	85
.7107280	371/522	53	58	70	90
.7108051	671/944	55	59	61	80
.7108235	3021/4250	53	50	57	85
.7108288	1175/1653	47	57	50	58
.7108614	949/1335	65	75	73	89
.7108659	4187/5890	53	62	79	95
.7108793	477/671	45	55	53	61
.7108976	3477/4891	57	67	61	73
.7109117	1505/2117	43	58	70	73
.7109333	1333/1875	43	50	62	75
.7109390	3763/5293	53	67	71	79
.7109677	551/775	57	62	58	75
.7109782	3685/5183	55	71	67	73
0.7110					
.7110256	2773/3900	47	60	59	65
.7110423	689/969	53	57	65	85
.7110490	2542/3575	41	55	62	65
.7110664	1767/2485	57	70	62	71
.7110849	603/848	45	53	67	80
.7110955	5063/7120	61	80	83	89
.7111111 *	32/45	60	75	80	90
.7111990	2337/3286	41	53	57	62
.7112054	4189/5890	59	62	71	95

（续）

比值	分数	*A*	*B*	*C*	*D*
0.7110					
.7112572	3355/4717	55	53	61	89
.7112821	1387/1950	57	65	73	90
.7112933	781/1098	55	61	71	90
.7113027	3713/5220	47	58	79	90
.7113208	377/530	58	53	65	100
.7114144	2867/4030	47	62	61	65
.7114286	249/350	45	70	83	75
.7114659	2451/3445	43	53	57	65
.7114907	2291/3220	58	70	79	92
0.7115					
.7115028	767/1078	59	55	65	98
.7115139	3337/4690	47	67	71	70
.7115347	3658/5141	59	53	62	97
.7115966	2117/2975	58	70	73	85
.7116084	2544/3575	48	55	53	65
.7116228	649/912	55	57	59	80
.7116384	3149/4425	47	59	67	75
.7117143	2491/3500	47	50	53	70
.7118046	2623/3685	43	55	61	67
.7118093	657/923	45	65	73	71
.7118410	4118/5785	58	65	71	89
.7118681	3239/4550	41	65	79	70
.7118853	2881/4047	43	57	67	71
.7119320	2679/3763	47	53	57	71
.7119403	477/670	45	50	53	67
.7119734	3431/4819	47	61	73	79
.7119986	4047/5684	57	58	71	98
0.7120					
.7120260	3286/4615	53	65	62	71
.7120690	413/580	59	58	70	100
.7120926	3015/4234	45	58	67	73
.7120956	5063/7110	61	79	83	90
.7121212	47/66	47	55	50	60
.7121588	287/403	41	62	70	65
.7122103	2059/2891	58	59	71	98
.7122411	1891/2655	61	59	62	90
.7122482	3995/5609	47	71	85	79
.7122584	2911/4087	41	61	71	67
.7122951	869/1220	55	61	79	100
.7123563	2479/3480	37	58	67	60
.7123656	265/372	50	60	53	62
.7123887	4399/6175	53	65	83	95
.7124150	4189/5880	59	60	71	98
.7124528	944/1325	48	53	59	75
0.7125					
.7125000*	57/80	45	75	95	80
0.7125					
.7125114	3901/5475	47	73	83	75
.7125506*	176/247	55	65	80	95
.7125714	1247/1750	43	50	58	70
.7126128	4503/6319	57	71	79	89
.7126190	2993/4200	41	60	73	70
.7126543	3869/5429	53	61	73	89
.7126592	4757/6675	67	75	71	89
.7126833	826/1159	59	61	70	95
.7126980	2565/3599	45	59	57	61
.7127129	3431/4814	47	58	73	83
.7127856	3869/5428	53	59	73	92
.7128045	4331/6076	61	62	71	98
.7128165	901/1264	53	79	85	80
.7128745	4402/6175	62	65	71	95
.7128927	658/923	47	65	70	71
.7129167	1711/2400	58	60	59	80
.7129321	2784/3905	48	55	58	71
.7129531	3363/4717	57	53	59	89
.7129630*	77/108	55	60	70	90
.7129710	2479/3477	37	57	67	61
.7129870	549/770	45	55	61	70
0.7130					
.7130013	3965/5561	61	67	65	83
.7130522	3551/4980	53	60	67	83
.7130604	1829/2565	59	57	62	90
.7130845	3477/4876	57	53	61	92
.7131148	87/122	45	60	58	61
.7131661	455/638	35	55	65	58
.7131841	2867/4020	47	60	61	67
.7131868	649/910	55	65	59	70
.7132308	1159/1625	57	65	61	75
.7132371	2915/4087	53	61	55	67
.7132698	5015/7031	59	79	85	89
.7132925	2565/3596	45	58	57	62
.7133065	1769/2480	58	62	61	80
.7133231	3705/5194	57	53	65	98
.7133929	799/1120	47	70	85	80
.7134012	5185/7268	61	79	85	92
.7134091	3139/4400	43	55	73	80
.7134615	371/520	53	65	70	80
0.7135					
.7135046	1305/1829	45	59	58	62
.7135065	2747/3850	41	55	67	70
.7135338	949/1330	65	70	73	95
.7135640	4661/6532	59	71	79	92
.7135849	1891/2650	61	53	62	100

（续）

比值	分数	*A*	*B*	*C*	*D*
0.7135					
.7135872	2773/3886	47	58	59	67
.7136509	4015/5626	55	58	73	97
.7136600	4399/6164	53	67	83	92
.7136703	4307/6035	59	71	73	85
.7136782	1007/1411	53	83	95	85
.7137097	177/248	45	60	59	62
.7137218	3074/4307	53	59	58	73
.7137255*	182/255	65	75	70	85
.7137457	2077/2910	62	60	67	97
.7137968	3337/4675	47	55	71	85
.7138462	232/325	40	50	58	65
.7138554	237/332	45	60	79	83
.7138706	3685/5162	55	58	67	89
.7139153	826/1157	59	65	70	89
.7139303	287/402	41	60	70	67
.7139394	589/825	57	55	62	90
.7139942	2449/3430	62	70	79	98
0.7140					
.7140310	4005/5609	45	71	89	79
.7140417	3763/5270	53	62	71	85
.7140628	4118/5767	58	73	71	79
.7140722	2867/4015	47	55	61	73
.7141055	3397/4757	43	67	79	71
.7141359	4087/5723	61	59	67	97
.7141520	3053/4275	43	57	71	75
.7141724	2701/3782	37	61	73	62
.7142006	3596/5035	58	53	62	95
.7142497	2832/3965	48	61	59	65
.7142620	4307/6030	59	67	73	90
.7143173	3233/4526	53	62	61	73
.7143478	1643/2300	53	50	62	92
.7144000	893/1250	47	50	57	75
.7144466	2537/3551	43	53	59	67
.7144552	4819/6745	61	71	79	95
.7144686	558/781	45	55	62	71
.7144903	2993/4189	41	59	73	71
.7144968	3869/5415	53	57	73	95
0.7145					
.7145286	3782/5293	61	67	62	79
.7145612	741/1037	57	61	65	85
.7145714	2501/3500	41	50	61	70
.7145992	4234/5925	58	75	73	79
.7146084	949/1328	65	80	73	83
.7146199	611/855	47	57	65	75
.7146479	2537/3550	43	50	59	71
.7147222	2573/3600	62	80	83	90
.7147475	1769/2475	58	55	61	90
.7147619	1501/2100	57	70	79	90
.7147673	4453/6230	61	70	73	89
.7147917	3431/4800	47	60	73	80
.7147964	3599/5035	59	53	61	95
.7148194	574/803	41	55	70	73
.7148282	3953/5530	59	70	67	79
.7148370	3705/5183	57	71	65	73
.7148847	341/477	55	53	62	90
.7148883	2881/4030	43	62	67	65
.7149461	464/649	40	55	58	59
.7149575	3953/5529	59	57	67	97
.7149742	2077/2905	62	70	67	83
.7149883	3053/4270	43	61	71	70
0.7150					
.7150000*	143/200	55	50	65	100
.7150120	5063/7081	61	73	83	97
.7150685	261/365	45	50	58	73
.7150794	901/1260	53	70	85	90
.7151086	4345/6076	55	62	79	98
.7151353	2405/3363	37	57	65	59
.7151515	118/165	40	55	59	60
.7151552	1175/1643	47	53	50	62
.7151685	1273/1780	57	60	67	89
.7151786	801/1120	45	70	89	80
.7152174	329/460	47	50	70	92
.7152497	530/741	50	57	53	65
.7152642	731/1022	43	70	85	73
.7152918	711/994	45	70	79	71
.7153383	4757/6650	67	70	71	95
.7153518	671/938	55	67	61	70
.7153567	3149/4402	47	62	67	71
.7153660	2365/3306	43	57	55	58
.7153846	93/130	45	60	62	65
.7154312	4015/5612	55	61	73	92
.7154567	611/854	47	61	65	70
.7154751	3953/5525	59	65	67	85
.7154851	767/1072	59	67	65	80
0.7155					
.7155256	742/1037	53	61	70	85
.7155653	4234/5917	58	61	73	97
.7156211	3445/4814	53	58	65	83
.7156334	531/742	45	53	59	70
.7156818	3149/4400	47	55	67	80
.7157046	3819/5336	57	58	67	92
.7157265	4187/5850	53	65	79	90

（续）

比值	分数	*A*	*B*	*C*	*D*
0.7155					
.7157490	559/781	43	55	65	71
.7157757	549/767	45	59	61	65
.7157895*	68/95	60	75	85	95
.7158046	2491/3480	47	58	53	60
.7158139	4015/5609	55	71	73	79
.7158445	3149/4399	47	53	67	83
.7158547	2542/3551	41	53	62	67
.7159115	3397/4745	43	65	79	73
.7159175	1943/2714	58	59	67	92
.7159274	3551/4960	53	62	67	80
.7159408	3337/4661	47	59	71	79
0.7160					
.7160563	1271/1775	41	50	62	71
.7160684	4189/5850	59	65	71	90
.7160784	913/1275	55	75	83	85
.7160902	3685/5146	55	62	67	83
.7161041	3713/5185	47	61	79	85
.7161232	3953/5520	59	60	67	92
.7161436	4130/5767	59	73	70	79
.7161623	4307/6014	59	62	73	97
.7161790	4161/5810	57	70	73	83
.7162069	2077/2900	62	58	67	100
.7162189	3599/5025	59	67	61	75
.7162478	2451/3422	43	58	57	59
.7162671	4183/5840	47	73	89	80
.7162973	2747/3835	41	59	67	65
.7163171	2015/2813	62	58	65	97
.7163597	3306/4615	57	65	58	71
.7163672	1475/2059	50	58	59	71
.7163827	3953/5518	59	62	67	89
.7163978	533/744	41	60	65	62
.7164222	2491/3477	47	57	53	61
.7164815	3869/5400	53	60	73	90
0.7165					
.7165147	4087/5704	61	62	67	92
.7165992	177/247	45	57	59	65
.7166149	923/1288	65	70	71	92
.7166197	1272/1775	48	50	53	71
.7166254	3763/5251	53	59	71	89
.7167227	2773/3869	47	53	59	73
.7167339	711/992	45	62	79	80
.7167500	2867/4000	47	50	61	80
.7167619	3763/5250	53	70	71	75
.7167866	3685/5141	55	53	67	97
.7167957	2407/3358	58	73	83	92
.7168248	4154/5795	62	61	67	95

比值	分数	*A*	*B*	*C*	*D*
0.7165					
.7168405	481/671	37	55	65	61
.7168539	319/445	55	50	58	89
.7169025	4814/6715	58	79	83	85
.7169118*	195/272	65	80	75	85
.7169358	3285/4582	45	58	73	79
.7169521	4187/5840	53	73	79	80
.7169620	1416/1975	48	50	59	79
.7169686	3245/4526	55	62	59	73
.7169951	2911/4060	41	58	71	70
0.7170					
.7170175	4087/5700	61	57	67	100
.7170489	3596/5015	58	59	62	85
.7170585	2623/3658	43	59	61	62
.7170718	2537/3538	43	58	59	61
.7170769	4661/6500	59	65	79	100
.7171150	4345/6059	55	73	79	83
.7171279	3965/5529	61	57	65	97
.7171362	611/852	47	60	65	71
.7171541	1643/2291	53	58	62	79
.7171831	1273/1775	57	71	67	75
.7171873	4661/6499	59	67	79	97
.7172035	913/1273	55	67	83	95
.7172549	1829/2550	59	60	62	85
.7172691	893/1245	47	75	95	83
.7172850	2494/3477	43	57	58	61
.7173737	3551/4950	53	55	67	90
.7174004	1711/2385	58	53	59	90
.7174138	4161/5800	57	58	73	100
.7174229	3953/5510	59	58	67	95
.7174825	513/715	45	55	57	65
.7174938	3195/4453	45	61	71	73
0.7175					
.7175402	4819/6716	61	73	79	92
.7175592	2881/4015	43	55	67	73
.7175820	3763/5244	53	57	71	92
.7175998	2320/3233	40	53	58	61
.7176241	737/1027	55	65	67	79
.7176271	2117/2950	58	59	73	100
.7176362	3886/5415	58	57	67	95
.7177033*	150/209	50	55	75	95
.7177083	689/960	53	60	65	80
.7177340	1457/2030	47	58	62	70
.7177451	3705/5162	57	58	65	89
.7177596	2627/3660	37	60	71	61
.7177803	5135/7154	65	73	79	98
.7178108	3869/5390	53	55	73	98

（续）

比值	分数	*A*	*B*	*C*	*D*
0.7175					
.7178333	4307/6000	59	60	73	100
.7178430	4526/6305	62	65	73	97
.7178571	201/280	45	60	67	70
.7178834	2537/3534	43	57	59	62
.7178947	341/475	55	50	62	95
.7179487*	28/39	60	65	70	90
.7179619	1395/1943	45	58	62	67
.7179658	3233/4503	53	57	61	79
.7179803	583/812	53	58	55	70
0.7180					
.7180271	1645/2291	47	58	70	79
.7180640	4154/5785	62	65	67	89
.7180791	1271/1770	41	59	62	60
.7181041	2015/2806	62	61	65	92
.7181087	3569/4970	43	70	83	71
.7181520	2627/3658	37	59	71	62
.7181648	767/1068	59	60	65	89
.7181984	1180/1643	40	53	59	62
.7182258	4453/6200	61	62	73	100
.7182421	4331/6030	61	67	71	90
.7182514	3286/4575	53	61	62	75
.7182551	2585/3599	47	59	55	61
.7182692	747/1040	45	65	83	80
.7182971	793/1104	61	60	65	92
.7183099	51/71	57	71	85	95
.7183236	737/1026	55	57	67	90
.7183288	533/742	41	53	65	70
.7183960	3995/5561	47	67	85	83
.7184127	2263/3150	62	70	73	90
.7184444	3233/4500	53	50	61	90
.7184796	4234/5893	58	71	73	83
.7184850	1271/1769	41	58	62	61
.7185464	2867/3990	47	57	61	70
0.7185					
.7185574	3965/5518	61	62	65	89
.7185984	1333/1855	43	53	62	70
.7186301	2623/3650	43	50	61	73
.7186441	212/295	48	59	53	60
.7186512	682/949	55	65	62	73
.7186782	2501/3480	41	58	61	60
.7186854	3827/5325	43	71	89	75
.7186957	1653/2300	57	50	58	92
.7187137	1855/2581	53	58	70	89
.7187273	3953/5500	59	55	67	100
.7187451	4582/6375	58	75	79	85
.7187612	4015/5586	55	57	73	98

比值	分数	*A*	*B*	*C*	*D*
0.7185					
.7187683	2451/3410	43	55	57	62
.7188235	611/850	47	50	65	85
.7188379	767/1067	59	55	65	97
.7188543	2585/3596	47	58	55	62
.7188918	3010/4187	43	53	70	79
.7189169	1885/2622	58	57	65	92
.7189542*	110/153	50	45	55	85
0.7190					
.7190009	806/1121	62	59	65	95
.7190359	4087/5684	61	58	67	98
.7190503	1272/1769	48	58	53	61
.7190643	3074/4275	53	57	58	75
.7190769	2337/3250	41	50	57	65
.7191223	1147/1595	37	55	62	58
.7191316	530/737	50	55	53	67
.7191810	3337/4640	47	58	71	80
.7192000	899/1250	58	50	62	100
.7192090	1273/1770	57	59	67	90
.7192486	2795/3886	43	58	65	67
.7192740	4161/5785	57	65	73	89
.7192872	3431/4770	47	53	73	90
.7193093	2291/3185	58	65	79	98
.7193388	4047/5626	57	58	71	97
.7193583	3363/4675	57	55	59	85
.7193839	4717/6557	53	79	89	83
.7194093	341/474	55	60	62	79
.7194178	3905/5428	55	59	71	92
0.7195					
.7195341	803/1116	55	62	73	90
.7195423	4087/5680	61	71	67	80
.7195527	4118/5723	58	59	71	97
.7195658	2784/3869	48	53	58	73
.7195810	893/1241	47	73	95	85
.7196007	793/1102	61	58	65	95
.7196057	657/913	45	55	73	83
.7196296	1943/2700	58	60	67	90
.7196443	2590/3599	37	59	70	61
.7196472	4161/5782	57	59	73	98
.7196778	3127/4345	53	55	59	79
.7197200	2365/3286	43	53	55	62
.7197422	3015/4189	45	59	67	71
.7197595	4189/5820	59	60	71	97
.7198000	3599/5000	59	50	61	100
.7198248	3286/4565	53	55	62	83
.7198529	979/1360	55	80	89	85
.7198642	424/589	48	57	53	62

（续）

比值	分数	A	B	C	D
0.7195					
.7198743	4582/6365	58	67	79	95
.7199063	1537/2135	53	61	58	70
.7199362	2257/3135	37	55	61	57
.7199656	4183/5810	47	70	89	83
.7199767	3705/5146	57	62	65	83
0.7200					
.7200395	2914/4047	47	57	62	71
.7200472	3053/4240	43	53	71	80
.7200680	2117/2940	58	60	73	98
.7200860	3015/4187	45	53	67	79
.7200967	5063/7031	61	79	83	89
.7201361	5293/7350	67	75	79	98
.7201530	4331/6014	61	62	71	97
.7201613	893/1240	47	60	57	62
.7201849	2337/3245	41	55	57	59
.7201914	3763/5225	53	55	71	95
.7202341	4307/5980	59	65	73	92
.7202447	1295/1798	37	58	70	62
.7202500	2881/4000	43	50	67	80
.7202597	2773/3850	47	55	59	70
.7202840	3551/4930	53	58	67	85
.7202866	2915/4047	53	57	55	71
.7202966	3886/5395	58	65	67	83
.7203108	649/901	55	53	59	85
.7203240	4891/6790	67	70	73	97
.7203810	1891/2625	61	70	62	75
.7203947	219/304	45	57	73	80
.7204211	1711/2375	58	50	59	95
.7204433	585/812	45	58	65	70
.7204751	4307/5978	59	61	73	98
.7204885	531/737	45	55	59	67
0.7205					
.7205104	2993/4154	41	62	73	67
.7205189	611/848	47	53	65	80
.7205638	869/1206	55	67	79	90
.7205660	3819/5300	57	53	67	100
.7206061	1189/1650	41	55	58	60
.7206307	3245/4503	55	57	59	79
.7206540	4187/5810	53	70	79	83
.7206769	3705/5141	57	53	65	97
.7207010	658/913	47	55	70	83
.7207778	3410/4731	55	57	62	83
.7208812	3763/5220	53	58	71	90
.7209040	638/885	55	59	58	75
.7209091	793/1100	61	55	65	100
.7209483	1855/2573	53	62	70	83
0.7205					
.7209647	1943/2695	58	55	67	98
.7209983	4189/5810	59	70	71	83
0.7210					
.7210134	2419/3355	41	55	59	61
.7210723	3658/5073	59	57	62	89
.7211111	649/900	55	50	59	90
.7211166	2790/3869	45	53	62	73
.7211333	4047/5612	57	61	71	92
.7211450	781/1083	55	57	71	95
.7211538*	75/104	50	65	75	80
.7211745	3021/4189	53	59	57	71
.7211802	3422/4745	58	65	59	73
.7211985	4814/6675	58	75	83	89
.7212052	1891/2622	61	57	62	92
.7212245	1767/2450	57	50	62	98
.7212529	3431/4757	47	67	73	71
.7212579	2867/3975	47	53	61	75
.7213549	2449/3395	62	70	79	97
.7213608	4559/6320	47	79	97	80
.7213836	1147/1590	37	53	62	60
.7214116	4845/6716	57	73	85	92
.7214156	795/1102	45	57	53	58
.7214465	2015/2793	62	57	65	98
.7214912	329/456	47	57	70	80
0.7215					
.7215054	671/930	55	62	61	75
.7215311	754/1045	58	55	65	95
.7215399	3055/4234	47	58	65	73
.7215962	1537/2130	53	60	58	71
.7216092	3139/4350	43	58	73	75
.7216239	871/1207	65	71	67	85
.7216393	2201/3050	62	61	71	100
.7216663	3534/4897	57	59	62	83
.7217781	2257/3127	37	53	61	59
.7218045*	96/133	60	70	80	95
.7218333	4331/6000	61	60	71	100
.7218966	4187/5800	53	58	79	100
.7219251*	135/187	45	55	75	85
.7219409	1711/2370	58	60	59	79
.7219495	2059/2852	58	62	71	92
.7219612	3534/4895	57	55	62	89
.7219780	657/910	45	65	73	70
.7219924	4015/5561	55	67	73	83
0.7220					
.7220042	3127/4331	53	61	59	71
.7220091	3953/5475	59	73	67	75

（续）

比值	分数	A	B	C	D
0.7220					
.7220339	213/295	45	59	71	75
.7220408	1769/2450	58	50	61	98
.7220551	2881/3990	43	57	67	70
.7220896	2419/3350	41	50	59	67
.7221024	2679/3710	47	53	57	70
.7221978	1643/2275	53	65	62	70
.7222222*	13/18	50	45	65	100
.7222414	4189/5800	59	58	71	100
.7222456	5146/7125	62	75	83	95
.7222684	3477/4814	57	58	61	83
.7222874	4307/5963	59	67	73	89
.7223101	913/1264	55	79	83	80
.7223317	2565/3551	45	53	57	67
.7223356	1769/2449	58	62	61	79
.7224089	2795/3869	43	53	65	73
.7224205	4453/6164	61	67	73	92
.7224396	3139/4345	43	55	73	79
.7224561	2059/2850	58	57	71	100
.7224832	3538/4897	58	59	61	83
.7224927	742/1027	53	65	70	79
.7224965	3658/5063	59	61	62	83
0.7225					
.7225194	4187/5795	53	61	79	95
.7225352	513/710	45	50	57	71
.7225490	737/1020	55	60	67	85
.7226230	1102/1525	57	61	58	75
.7226622	4745/6566	65	67	73	98
.7226786	4047/5600	57	70	71	80
.7226908	3599/4980	59	60	61	83
.7227273	159/220	45	55	53	60
.7227528	2573/3560	62	80	83	89
.7227576	975/1349	45	57	65	71
.7227783	3538/4895	58	55	61	89
.7227929	4503/6230	57	70	79	89
.7228580	2337/3233	41	53	57	61
.7229171	3410/4717	55	53	62	89
0.7230					
.7230603	671/928	55	58	61	80
.7230904	4118/5695	58	67	71	85
.7231140	901/1246	53	70	85	89
.7231169	1392/1925	48	55	58	70
.7231435	1003/1387	59	73	85	95
.7231481	781/1080	55	60	71	90
.7232022	533/737	41	55	65	67
.7232143*	81/112	45	70	90	80
.7232258	1121/1550	57	62	59	75

比值	分数	A	B	C	D
0.7230					
.7232394	1027/1420	65	71	79	100
.7232719	3139/4340	43	62	73	70
.7232941	1537/2125	53	50	58	85
.7233143	3422/4731	58	57	59	83
.7233251	583/806	53	62	55	65
.7233695	3538/4891	58	67	61	73
.7233838	3010/4161	43	57	70	73
.7234735	2666/3685	43	55	62	67
0.7235					
.7235412	1798/2485	58	70	62	71
.7235849	767/1060	59	53	65	100
.7236538	3763/5200	53	65	71	80
.7236842*	55/76	50	40	55	95
.7236948	901/1245	53	75	85	83
.7237607	2117/2925	58	65	73	90
.7237684	4187/5785	53	65	79	89
.7237817	3713/5130	47	57	79	90
.7238184	781/1079	55	65	71	83
.7238278	3782/5225	61	55	62	95
.7238397	3431/4740	47	60	73	79
.7238655	4307/5950	59	70	73	85
.7239080	3149/4350	47	58	67	75
.7239216	923/1275	65	75	71	85
.7239478	2494/3445	43	53	58	65
0.7240					
.7240285	913/1261	55	65	83	97
.7240437	265/366	50	60	53	61
.7240533	2065/2852	59	62	70	92
.7241141	4189/5785	59	65	71	89
.7241294	2911/4020	41	60	71	67
.7241439	4187/5782	53	59	79	98
.7241667	869/1200	55	60	79	100
.7241803	1767/2440	57	61	62	80
.7241911	470/649	47	55	50	59
.7241959	3445/4757	53	67	65	71
.7242059	3306/4565	57	55	58	83
.7242315	801/1106	45	70	89	79
.7242475	4331/5980	61	65	71	92
.7242805	4731/6532	57	71	83	92
.7243070	3397/4690	43	67	79	70
.7244220	2726/3763	47	53	58	71
.7244302	2479/3422	37	58	67	59
.7244396	1325/1829	50	59	53	62
0.7245					
.7245211	1891/2610	61	58	62	90
.7245318	3869/5340	53	60	73	89

（续）

比值	分数	*A*	*B*	*C*	*D*
0.7245					
.7245418	3835/5293	59	67	65	79
.7245614	413/570	59	57	70	100
.7245763	171/236	45	59	57	60
.7245854	1005/1387	45	57	67	73
.7246028	1505/2077	43	62	70	67
.7246617	4819/6650	61	70	79	95
.7246706	1595/2201	55	62	58	71
.7246753	279/385	45	55	62	70
.7246939	3551/4900	53	50	67	98
.7246973	2993/4130	41	59	73	70
.7247411	3149/4345	47	55	67	79
.7247744	1767/2438	57	53	62	92
.7247799	2881/3975	43	53	67	75
.7248538	2479/3420	37	57	67	60
.7248571	2537/3500	43	50	59	70
.7248756	1457/2010	47	60	62	67
.7249231	1178/1625	57	65	62	75
.7249859	2565/3538	45	58	57	61
0.7250					
.7250311	2911/4015	41	55	71	73
.7250489	741/1022	57	70	65	73
.7250589	923/1273	65	67	71	95
.7250750	3869/5336	53	58	73	92
.7251147	4582/6319	58	71	79	89
.7251244	583/804	53	60	55	67
.7251297	4891/6745	67	71	73	95
.7251378	3551/4897	53	59	67	83
.7251648	3190/4399	55	53	58	83
.7251801	5135/7081	65	73	79	97
.7251852	979/1350	55	75	89	90
.7252014	2610/3599	45	59	58	61
.7252109	3869/5335	53	55	73	97
.7252241	2832/3905	48	55	59	71
.7252632	689/950	53	50	65	95
.7252747*	66/91	55	65	60	70
.7253338	4183/5767	47	73	89	79
.7254098	177/244	45	60	59	61
.7254348	3337/4600	47	50	71	92
.7254611	3422/4717	58	53	59	89
.7254815	4897/6750	59	75	83	90
0.7255					
.7255760	3149/4340	47	62	67	70
.7255947	1769/2438	58	53	61	92
.7256048	3599/4960	59	62	61	80
.7256296	2449/3375	62	75	79	90
.7256778	455/627	35	55	65	57

比值	分数	*A*	*B*	*C*	*D*
0.7255					
.7257051	4503/6205	57	73	79	85
.7257436	3538/4875	58	65	61	75
.7257473	3763/5185	53	61	71	85
.7257783	2914/4015	47	55	62	73
.7258228	2867/3950	47	50	61	79
.7258333	871/1200	65	60	67	100
.7258375	1885/2597	58	53	65	98
.7259452	2784/3835	48	59	58	65
.7259740	559/770	43	55	65	70
.7259797	2501/3445	41	53	61	65
0.7260					
.7260193	4897/6745	59	71	83	95
.7260309	2870/3953	41	59	70	67
.7260398	803/1106	55	70	73	79
.7261063	2773/3819	47	57	59	67
.7261364	639/880	45	55	71	80
.7261538	236/325	40	50	59	65
.7261711	4015/5529	55	57	73	97
.7262857	1271/1750	41	50	62	70
.7263014	3195/4399	45	53	71	83
.7263123	4331/5963	61	67	71	89
.7263353	2747/3782	41	61	67	62
.7263742	4189/5767	59	73	71	79
.7263946	3685/5073	55	57	67	89
.7264238	4745/6532	65	71	73	92
.7264486	4087/5626	61	58	67	97
.7264646	1798/2475	58	55	62	90
.7264706	247/340	57	60	65	85
.7264848	2263/3115	62	70	73	89
.7264957*	85/117	50	65	85	90
0.7265					
.7265060	603/830	45	50	67	83
.7265169	3233/4450	53	50	61	89
.7265728	3869/5325	53	71	73	75
.7265934	1653/2275	57	65	58	70
.7266010	295/406	50	58	59	70
.7266078	2881/3965	43	61	67	65
.7266968	803/1105	55	65	73	85
.7267248	4582/6305	58	65	79	97
.7267335	5146/7081	62	73	83	97
.7267738	5429/7470	61	83	89	90
.7267932	689/948	53	60	65	79
.7268091	2993/4118	41	58	73	71
.7268317	4345/5978	55	61	79	98
.7268452	3555/4891	45	67	79	73
.7268571	636/875	48	50	53	70

（续）

比值	分数	*A*	*B*	*C*	*D*
0.7265					
.7268791	2350/3233	47	53	50	61
.7269048	3053/4200	43	60	71	70
.7269068	3431/4720	47	59	73	80
.7269198	4307/5925	59	75	73	79
.7269333	1363/1875	47	50	58	75
.7269737 *	221/304	65	80	85	95
.7269795	2479/3410	37	55	67	62
0.7270					
.7270014	2679/3685	47	55	57	67
.7270707	3599/4950	59	55	61	90
.7270838	3149/4331	47	61	67	71
.7270974	754/1037	58	61	65	85
.7271127	413/568	59	71	70	80
.7272508	3021/4154	53	62	57	67
.7272900	3819/5251	57	59	67	89
.7273016	2291/3150	58	70	79	90
.7273077	1891/2600	61	65	62	80
.7273551	803/1104	55	60	73	92
.7273691	3431/4717	47	53	73	89
.7273810	611/840	47	60	65	70
.7273973	531/730	45	50	59	73
.7274286	1273/1750	57	70	67	75
.7274510	371/510	53	60	70	85
.7274652	2405/3306	37	57	65	58
.7274914	2117/2910	58	60	73	97
0.7275					
.7275098	558/767	45	59	62	65
.7275601	5293/7275	67	75	79	97
.7276119	195/268	45	60	65	67
.7276187	4015/5518	55	62	73	89
.7276639	3551/4880	53	61	67	80
.7276923	473/650	43	50	55	65
.7277040	767/1054	59	62	65	85
.7277154	1943/2670	58	60	67	89
.7277468	4047/5561	57	67	71	83
.7277985	3901/5360	47	67	83	80
.7278294	3685/5063	55	61	67	83
.7279027	4307/5917	59	61	73	97
.7279412 *	99/136	45	40	55	85
.7279518	3021/4150	53	50	57	83
.7279640	2585/3551	47	53	55	67
0.7280					
.7280392	3713/5100	47	60	79	85
.7280645	2257/3100	37	50	61	62
.7281167	549/754	45	58	61	65
.7281267	3953/5429	59	61	67	89

比值	分数	*A*	*B*	*C*	*D*
0.7280					
.7281421	533/732	41	60	65	61
.7281479	1891/2597	61	53	62	98
.7281690	517/710	47	50	55	71
.7281759	3445/4731	53	57	65	83
.7282303	1037/1424	61	80	85	89
.7282846	3337/4582	47	58	71	79
.7283105	319/438	55	60	58	73
.7283626	2491/3420	47	57	53	60
.7283974	3886/5335	58	55	67	97
.7284103	3551/4875	53	65	67	75
.7284153	1333/1830	43	60	62	61
.7284836	711/976	45	61	79	80
0.7285					
.7285000	1457/2000	47	50	62	80
.7285181	585/803	45	55	65	73
.7285402	2665/3658	41	59	65	62
.7285714 *	51/70	45	70	85	75
.7286252	3869/5310	53	59	73	90
.7286472	2747/3770	41	58	67	65
.7286598	1767/2425	57	50	62	97
.7286751	803/1102	55	58	73	95
.7287107	3363/4615	57	65	59	71
.7287222	3245/4453	55	61	59	73
.7287435	2117/2905	58	70	73	83
.7287500	583/800	53	50	55	80
.7287719	2077/2850	62	57	67	100
.7287879	481/660	37	55	65	60
.7287975	2303/3160	47	79	98	80
.7288841	4030/5529	62	57	65	97
.7289147	4399/6035	53	71	83	85
.7289308	1159/1590	57	53	61	90
.7289350	2950/4047	50	57	59	71
.7289650	979/1343	55	79	89	85
.7289810	3763/5162	53	58	71	89
.7289866	928/1273	48	57	58	67
0.7290					
.7290230	2537/3480	43	58	59	60
.7291543	4897/6716	59	73	83	92
.7291617	3053/4187	43	53	71	79
.7291704	4087/5605	61	59	67	95
.7291898	657/901	45	53	73	85
.7292135	649/890	55	50	59	89
.7292308	237/325	45	65	79	75
.7292398	1247/1710	43	57	58	60
.7292546	1037/1422	61	79	85	90
.7292628	4897/6715	59	79	83	85

（续）

比值	分数	*A*	*B*	*C*	*D*
0.7290					
.7292910	3055/4189	47	59	65	71
.7293032	2449/3358	62	73	79	92
.7293056	5251/7200	59	80	89	90
.7293478	671/920	55	50	61	92
.7293671	2881/3950	43	50	67	79
.7293989	3337/4575	47	61	71	75
.7294216	2623/3596	43	58	61	62
.7294521	213/292	45	60	71	73
.7294712	2745/3763	45	53	61	71
.7294845	1769/2425	58	50	61	97
.7294881	4161/5704	57	62	73	92
0.7295					
.7295137	1095/1501	45	57	73	79
.7295191	4399/6030	53	67	83	90
.7295547	901/1235	53	65	85	95
.7295597	116/159	40	53	58	60
.7295739	2911/3990	41	57	71	70
.7296394	3055/4187	47	53	65	79
.7296520	2537/3477	43	57	59	61
.7296687	969/1328	57	80	85	83
.7296804	799/1095	47	73	85	75
.7296932	3782/5183	61	71	62	73
.7296970	602/825	43	55	70	75
.7297076	3569/4891	43	67	83	73
.7297357	3286/4503	53	57	62	79
.7297653	3886/5325	58	71	67	75
.7298246*	208/285	65	75	80	95
.7298729	689/944	53	59	65	80
.7299250	2627/3599	37	59	71	61
.7299722	2360/3233	40	53	59	61
0.7300					
.7300027	2747/3763	41	53	67	71
.7300092	3953/5415	59	57	67	95
.7300203	3599/4930	59	58	61	85
.7300649	5063/6935	61	73	83	95
.7300699	522/715	45	55	58	65
.7301123	4745/6499	65	67	73	97
.7301370	533/730	41	50	65	73
.7302222	1643/2250	53	50	62	90
.7302260	517/708	47	59	55	60
.7302374	3538/4845	58	57	61	85
.7302521	869/1190	55	70	79	85
.7302997	658/901	47	53	70	85
.7303258	1457/1995	47	57	62	70
.7304110	1333/1825	43	50	62	73
.7304463	1653/2263	57	62	58	73

比值	分数	*A*	*B*	*C*	*D*
0.7300					
.7304598	1271/1740	41	58	62	60
.7304716	3965/5428	61	59	65	92
.7304762	767/1050	59	70	65	75
.7304985	2491/3410	47	55	53	62
0.7305					
.7305321	4503/6164	57	67	79	92
.7305376	3397/4650	43	62	79	75
.7305514	2451/3355	43	55	57	61
.7305577	930/1273	45	57	62	67
.7305764	583/798	53	57	55	70
.7306240	3290/4503	47	57	70	79
.7306299	4234/5795	58	61	73	95
.7306388	2585/3538	47	58	55	61
.7308234	2077/2842	62	58	67	98
.7308591	2501/3422	41	58	61	59
.7308671	4307/5893	59	71	73	83
.7309091	201/275	45	55	67	75
.7309229	3477/4757	57	67	61	71
.7309373	1505/2059	43	58	70	71
.7309654	3869/5293	53	67	73	79
.7309967	3337/4565	47	55	71	83
0.7310					
.7310345	106/145	48	58	53	60
.7310448	2449/3350	62	67	79	100
.7310870	3363/4600	57	50	59	92
.7311111	329/450	47	50	70	90
.7311354	3149/4307	47	59	67	73
.7312394	4307/5890	59	62	73	95
.7312500*	117/160	45	50	65	80
.7312734	781/1068	55	60	71	89
.7312865	2501/3420	41	57	61	60
.7313120	3835/5244	59	57	65	92
.7313227	3710/5073	53	57	70	89
.7313297	803/1098	55	61	73	90
.7313380	2077/2840	62	71	67	80
.7313783	1247/1705	43	55	58	62
.7313975	403/551	62	58	65	95
.7314620	3127/4275	53	57	59	75
.7314658	2585/3534	47	57	55	62
.7314770	3021/4130	53	59	57	70
0.7315					
.7315068	267/365	45	73	89	75
.7315187	2365/3233	43	53	55	61
.7315565	3431/4690	47	67	73	70
.7316000	1829/2500	59	50	62	100
.7316092	1273/1740	57	58	67	90

（续）

比值	分数	A	B	C	D
0.7315					
.7316418	2451/3350	43	50	57	67
.7316506	4087/5586	61	57	67	98
.7316652	848/1159	48	57	53	61
.7316797	5162/7055	58	83	89	85
.7316923	1189/1625	41	50	58	65
.7316999	2419/3306	41	57	59	58
.7317111	4661/6370	59	65	79	98
.7317384	2294/3135	37	55	62	57
.7317796	3705/5063	57	61	65	83
.7317982	3337/4560	47	57	71	80
.7318216	3905/5336	55	58	71	92
.7318267	1943/2655	58	59	67	90
.7318462	4757/6500	67	65	71	100
.7318670	2795/3819	43	57	65	67
.7318769	737/1007	55	53	67	95
.7318929	2405/3286	37	53	65	62
.7319048	1537/2100	53	60	58	70
.7319141	3713/5073	47	57	79	89
.7319328	871/1190	65	70	67	85
.7319721	2832/3869	48	53	59	73
.7319786	3422/4675	58	55	59	85
0.7320					
.7320000	183/250	45	50	61	75
.7320099	295/403	50	62	59	65
.7320370	3953/5400	59	60	67	90
.7320520	1295/1769	37	58	70	61
.7321026	3569/4875	43	65	83	75
.7321515	3015/4118	45	58	67	71
.7321649	3551/4850	53	50	67	97
.7321841	4757/6497	67	73	71	89
.7322134	741/1012	57	55	65	92
.7322253	793/1083	61	57	65	95
.7322726	2117/2891	58	59	73	98
.7322859	4661/6365	59	67	79	95
.7323220	2993/4087	41	61	73	67
.7323636	1007/1375	53	55	57	75
.7323674	2679/3658	47	59	57	62
.7324373	4087/5580	61	62	67	90
.7324830	4307/5880	59	60	73	98
.7324914	638/871	55	65	58	67
0.7325					
.7325397	923/1260	65	70	71	90
.7325704	4161/5680	57	71	73	80
.7325822	3901/5325	47	71	83	75
.7326019	2337/3190	41	55	57	58
.7326079	1885/2573	58	62	65	83
0.7325					
.7326618	1891/2581	61	58	62	89
.7327155	3953/5395	59	65	67	83
.7327273	403/550	62	55	65	100
.7327448	913/1246	55	70	83	89
.7327671	3710/5063	53	61	70	83
.7327957	1363/1860	47	60	58	62
.7328140	3763/5135	53	65	71	79
.7328197	2378/3245	41	55	58	59
.7328571	513/700	45	50	57	70
.7328835	4453/6076	61	62	73	98
.7329205	3551/4845	53	57	67	85
.7329555	4526/6175	62	65	73	95
0.7330					
.7330163	1079/1472	65	80	83	92
.7330303	2419/3300	41	55	59	60
.7330827*	195/266	65	70	75	95
.7331522	1349/1840	57	60	71	92
.7331667	4399/6000	53	75	83	80
.7332016	371/506	53	55	70	92
.7332075	1943/2650	58	53	67	100
.7333204	3770/5141	58	53	65	97
.7333333*	11/15	55	45	60	100
.7333472	3534/4819	57	61	62	79
.7333597	3713/5063	47	61	79	83
.7333952	3953/5390	59	55	67	98
.7334066	3337/4550	47	65	71	70
.7334179	4047/5518	57	62	71	89
.7334311	2501/3410	41	55	61	62
.7334855	4819/6570	61	73	79	90
0.7335					
.7335283	3763/5130	53	57	71	90
.7335443	1159/1580	57	60	61	79
.7335714	1027/1400	65	70	79	100
.7336105	2294/3127	37	53	62	59
.7336330	4897/6675	59	75	83	89
.7336395	639/871	45	65	71	67
.7336667	2201/3000	62	60	71	100
.7337063	2623/3575	43	55	61	65
.7337179	3053/4161	43	57	71	73
.7337681	5063/6900	61	75	83	92
.7337847	2059/2806	58	61	71	92
.7338267	3074/4189	53	59	58	71
.7338462	477/650	45	50	53	65
.7338776	899/1225	58	50	62	98
.7339037	3431/4675	47	55	73	85
.7339324	4819/6566	61	67	79	98

（续）

比值	分数	*A*	*B*	*C*	*D*
0.7335					
.7339590	3363/4582	57	58	59	79
.7339726	2679/3650	47	50	57	73
0.7340					
.7340376	3127/4260	53	60	59	71
.7340463	4187/5704	53	62	79	92
.7340619	403/549	62	61	65	90
.7340678	4331/5900	61	59	71	100
.7340917	2065/2813	59	58	70	97
.7341088	1767/2407	57	58	62	83
.7341556	3869/5270	53	62	73	85
.7341740	2911/3965	41	61	71	65
.7341869	2867/3905	47	55	61	71
.7341985	3055/4161	47	57	65	73
.7342593	793/1080	61	60	65	90
.7342690	3139/4275	43	57	73	75
.7343248	4345/5917	55	61	79	97
.7343271	3596/4897	58	59	62	83
.7343969	4189/5704	59	62	71	92
.7344231	3819/5200	57	65	67	80
.7344389	3233/4402	53	62	61	71
.7344828	213/290	45	58	71	75
.7344898	3599/4900	59	50	61	98
0.7345					
.7345040	4183/5695	47	67	89	85
.7345382	1829/2490	59	60	62	83
.7345614	4187/5700	53	57	79	100
.7346272	3596/4895	58	55	62	89
.7346667	551/750	57	50	58	90
.7347012	4118/5605	58	59	71	95
.7347447	590/803	50	55	59	73
.7347709	1363/1855	47	53	58	70
.7347897	3599/4898	59	62	61	79
.7347956	737/1003	55	59	67	85
.7348928	377/513	58	57	65	90
.7349057	779/1060	41	53	57	60
.7349306	2914/3965	47	61	62	65
.7349543	3053/4154	43	62	71	67
.7349552	574/781	41	55	70	71
.7349769	477/649	45	55	53	59
0.7350					
.7350042	2610/3551	45	53	58	67
.7350230	319/434	55	62	58	70
.7350820	1121/1525	57	61	59	75
.7351282	2867/3900	47	60	61	65
.7351532	5063/6887	61	71	83	97
.7351828	583/793	53	61	55	65

比值	分数	*A*	*B*	*C*	*D*
0.7350					
.7352113	261/355	45	50	58	71
.7352280	3596/4891	58	67	62	73
.7352400	3599/4895	59	55	61	89
.7352715	3819/5194	57	53	67	98
.7352941 *	25/34	50	60	75	85
.7353141	4331/5890	61	62	71	95
.7353280	639/869	45	55	71	79
.7353571	2059/2800	58	70	71	80
.7354049	781/1062	55	59	71	90
.7354125	731/994	43	70	85	71
.7354357	3055/4154	47	62	65	67
.7354735	2291/3115	58	70	79	89
.7354887	4891/6650	67	70	73	95
0.7355					
.7355397	2378/3233	41	53	58	61
.7355575	4189/5695	59	67	71	85
.7355769 *	153/208	45	65	85	80
.7356215	793/1078	61	55	65	98
.7356545	3782/5141	61	53	62	97
.7356970	913/1241	55	73	83	85
.7357456	671/912	55	57	61	80
.7357647	3127/4250	53	50	59	85
.7358182	4047/5500	57	55	71	100
.7358413	3599/4891	59	67	61	73
.7358491	39/53	45	53	65	75
.7358974	287/390	41	60	70	65
.7359140	1711/2325	58	62	59	75
.7359230	2065/2806	59	61	70	92
0.7360					
.7360149	4355/5917	65	61	67	97
.7360161	1829/2485	59	70	62	71
.7360643	4582/6225	58	75	79	83
.7360731	806/1095	62	73	65	75
.7360780	3397/4615	43	65	79	71
.7361081	3431/4661	47	59	73	79
.7361185	1392/1891	48	61	58	62
.7361446	611/830	47	50	65	83
.7361534	2419/3286	41	53	59	62
.7361751	639/868	45	62	71	70
.7362393	4307/5850	59	65	73	90
.7362500	589/800	57	60	62	80
.7363156	2650/3599	50	59	53	61
.7363667	2201/2989	62	61	71	98
.7363910	4897/6650	59	70	83	95
.7364027	2911/3953	41	59	71	67
.7364296	2537/3445	43	53	59	65

（续）

比值	分数	A	B	C	D
0.7360					
.7364407	869/1180	55	59	79	100
.7364815	3010/4087	43	61	70	67
0.7365					
.7365141	3782/5135	61	65	62	79
.7365414	2449/3325	62	70	79	95
.7365505	3190/4331	55	61	58	71
.7365646	4331/5880	61	60	71	98
.7366071*	165/224	55	70	75	80
.7366291	4187/5684	53	58	79	98
.7366525	3477/4720	57	59	61	80
.7366771	235/319	47	55	50	58
.7366922	3363/4565	57	55	59	83
.7367925	781/1060	55	53	71	100
.7368012	949/1288	65	70	73	92
.7368120	3869/5251	53	59	73	89
.7368320	3819/5183	57	71	67	73
.7368545	3139/4260	43	60	73	71
.7368749	3551/4819	53	61	67	79
.7368852	899/1220	58	61	62	80
.7368984	689/935	53	55	65	85
.7369120	2773/3763	47	53	59	71
.7369203	4465/6059	47	73	95	83
.7369299	1325/1798	50	58	53	62
.7369524	3869/5250	53	70	73	75
.7369810	4189/5684	59	58	71	98
.7369871	2407/3266	58	71	83	92
0.7370					
.7370000	737/1000	55	50	67	100
.7370111	3901/5293	47	67	83	79
.7370690	171/232	45	58	57	60
.7370833	1769/2400	58	60	61	80
.7371211	3477/4717	57	53	61	89
.7371395	2479/3363	37	57	67	59
.7371479	4187/5680	53	71	79	80
.7371616	2914/3953	47	59	62	67
.7371921	2993/4060	41	58	73	70
.7372001	2059/2793	58	57	71	98
.7372320	1891/2565	61	57	62	90
.7372881	87/118	45	59	58	60
.7372956	3337/4526	47	62	71	73
.7373134	247/335	57	67	65	75
.7373155	4345/5893	55	71	79	83
.7373626	671/910	55	65	61	70
.7373814	1943/2635	58	62	67	85
.7374146	2915/3953	53	59	55	67
.7374429	323/438	57	73	85	90
0.7370					
.7374484	5185/7031	61	79	85	89
.7374707	3149/4270	47	61	67	70
.7374897	899/1219	58	53	62	92
0.7375					
.7376167	4661/6319	59	71	79	89
.7376402	3551/4814	53	58	67	83
.7376506	2449/3320	62	80	79	83
.7376677	3245/4399	55	53	59	83
.7376910	869/1178	55	62	79	95
.7377215	1457/1975	47	50	62	79
.7377526	4819/6532	61	71	79	92
.7377721	2881/3905	43	55	67	71
.7377766	2867/3886	47	58	61	67
.7377956	3869/5244	53	57	73	92
.7378431	3763/5100	53	60	71	85
.7378495	3431/4650	47	62	73	75
.7378625	4453/6035	61	71	73	85
.7378810	2542/3445	41	53	62	65
.7379032	183/248	45	60	61	62
.7379295	3286/4453	53	61	62	73
.7379747	583/790	53	50	55	79
.7379928	2059/2790	58	62	71	90
.7379994	5135/6958	65	71	79	98
0.7380					
.7381050	3599/4876	59	53	61	92
.7381279	3233/4380	53	60	61	73
.7381356	871/1180	65	59	67	100
.7381847	4717/6390	53	71	89	90
.7381967	4503/6100	57	61	79	100
.7382190	4402/5963	62	67	71	89
.7382564	3599/4875	59	65	61	75
.7383085	742/1005	53	67	70	75
.7383204	2655/3596	45	58	59	62
.7383519	3835/5194	59	53	65	98
.7383576	2077/2813	62	58	67	97
.7383755	3827/5183	43	71	89	73
.7384270	1643/2225	53	50	62	89
.7384409	2747/3720	41	60	67	62
.7384615*	48/65	60	65	80	100
.7384743	4453/6030	61	67	73	90
0.7385					
.7385399	435/589	45	57	58	62
.7385486	1435/1943	41	58	70	67
.7385714	517/700	47	50	55	70
.7386364*	65/88	50	55	65	80
.7386646	4757/6440	67	70	71	92

（续）

比值	分数	*A*	*B*	*C*	*D*
0.7385					
.7386652	2623/3551	43	53	61	67
.7386881	2759/3735	62	83	89	90
.7387179	2881/3900	43	60	67	65
.7387647	3074/4161	53	57	58	73
.7387836	741/1003	57	59	65	85
.7388278	3290/4453	47	61	70	73
.7388732	2623/3550	43	50	61	71
.7388949	682/923	55	65	62	71
.7388972	2479/3355	37	55	67	61
.7389055	3713/5025	47	67	79	75
.7389456	869/1176	55	60	79	98
.7389937	235/318	47	53	50	60
0.7390					
.7390124	4355/5893	65	71	67	83
.7390270	2795/3782	43	61	65	62
.7390597	4087/5530	61	70	67	79
.7391118	3445/4661	53	59	65	79
.7391209	3363/4550	57	65	59	70
.7391730	3021/4087	53	61	57	67
.7391781	1349/1825	57	73	71	75
.7391933	4087/5529	61	57	67	97
.7392019	3149/4260	47	60	67	71
.7392157	377/510	58	60	65	85
.7392252	3053/4130	43	59	71	70
.7392546	4661/6305	59	65	79	97
.7392713	913/1235	55	65	83	95
.7393258	329/445	47	50	70	89
.7393484	295/399	50	57	59	70
.7393888	871/1178	65	62	67	95
.7394397	3431/4640	47	58	73	80
.7394667	2773/3750	47	50	59	75
.7394958*	88/119	55	70	80	85
0.7395					
.7395469	4015/5429	55	61	73	89
.7395602	2993/4047	41	57	73	71
.7396018	4161/5626	57	58	73	97
.7396336	767/1037	59	61	65	85
.7396831	4015/5428	55	59	73	92
.7397094	611/826	47	59	65	70
.7397285	4087/5525	61	65	67	85
.7397388	793/1072	61	67	65	80
.7397558	2726/3685	47	55	58	67
.7397807	742/1003	53	59	70	85
.7397917	3551/4800	53	60	67	80
.7398119	236/319	40	55	59	58

比值	分数	*A*	*B*	*C*	*D*
0.7395					
.7398218	4234/5723	58	59	73	97
.7398295	3819/5162	57	58	67	89
.7398352	2784/3763	48	53	58	71
.7398658	5293/7154	67	73	79	98
.7398922	549/742	45	53	61	70
.7399190	3835/5183	59	71	65	73
.7399443	2925/3953	45	59	65	67
.7399598	737/996	55	60	67	83
0.7400					
.7400096	1537/2077	53	62	58	67
.7400319	464/627	40	55	58	57
.7400531	279/377	45	58	62	65
.7401212	3053/4125	43	55	71	75
.7401434	413/558	59	62	70	90
.7401905	1943/2625	58	70	67	75
.7401996	2077/2806	62	61	67	92
.7402277	3901/5270	47	62	83	85
.7402622	3953/5340	59	60	67	89
.7403419	4331/5850	61	65	71	90
.7403846*	77/104	55	65	70	80
.7403986	4087/5520	61	60	67	92
.7404313	2747/3710	41	53	67	70
.7404390	4453/6014	61	62	73	97
.7404470	1027/1387	65	73	79	95
.7404785	3869/5225	53	55	73	95
0.7405					
.7405005	799/1079	47	65	85	83
.7405063	117/158	45	50	65	79
.7405905	4565/6164	55	67	83	92
.7405955	4154/5609	62	71	67	79
.7406061	611/825	47	55	65	75
.7406547	3190/4307	55	59	58	73
.7406669	4087/5518	61	62	67	89
.7407077	2491/3363	47	57	53	59
.7407229	1537/2075	53	50	58	83
.7407325	3337/4505	47	53	71	85
.7407613	2666/3599	43	59	62	61
.7407705	923/1246	65	70	71	89
.7408171	3953/5336	59	58	67	92
.7408602	689/930	53	62	65	75
.7408676	649/876	55	60	59	73
.7408805	589/795	57	53	62	90
.7408907	183/247	45	57	61	65
.7409412	3149/4250	47	50	67	85
.7409560	3953/5335	59	55	67	97

（续）

比值	分数	*A*	*B*	*C*	*D*
0.7405					
.7409867	781/1054	55	62	71	85
0.7410					
.7410000	741/1000	57	50	65	100
.7410184	2867/3869	47	53	61	73
.7410374	1943/2622	58	57	67	92
.7410615	3337/4503	47	57	71	79
.7411012	2665/3596	41	58	65	62
.7411126	4503/6076	57	62	79	98
.7411240	4154/5605	62	59	67	95
.7411402	481/649	37	55	65	59
.7411877	3869/5220	53	58	73	90
.7412587	106/143	50	55	53	65
.7412726	3355/4526	55	62	61	73
.7413043	341/460	55	50	62	92
.7413081	4307/5810	59	70	73	83
.7413646	3477/4690	57	67	61	70
.7413655	923/1245	65	75	71	83
.7413846	4819/6500	61	65	79	100
.7414297	2790/3763	45	53	62	71
.7414433	1798/2425	58	50	62	97
.7414469	4161/5612	57	61	73	92
.7414589	803/1083	55	57	73	95
.7414951	3422/4615	58	65	59	71
0.7415					
.7415556	3337/4500	47	50	71	90
.7415686	1891/2550	61	60	62	85
.7415808	1079/1455	65	75	83	97
.7415998	2494/3363	43	57	58	59
.7416096	4331/5840	61	73	71	80
.7417191	1769/2385	58	53	61	90
.7417330	4845/6532	57	71	85	92
.7417423	4087/5510	61	58	67	95
.7417582*	135/182	45	65	75	70
.7417702	3763/5073	53	57	71	89
.7417857	2077/2800	62	70	67	80
.7418129	2537/3420	43	57	59	60
.7418156	3195/4307	45	59	71	73
.7418435	4161/5609	57	71	73	79
.7418650	3055/4118	47	58	65	71
.7419252	2320/3127	40	53	58	59
.7419672	2263/3050	62	61	73	100
.7419878	1829/2465	59	58	62	85
0.7420					
.7420000	371/500	53	50	70	100
.7420243	4582/6175	58	65	79	95
.7420332	5146/6935	62	73	83	95
0.7420					
.7420635*	187/252	55	70	85	90
.7420904	2627/3540	37	59	71	60
.7421176	1577/2125	37	73	83	85
.7421298	3819/5146	57	62	67	83
.7421384	118/159	40	53	59	60
.7421667	4453/6000	61	60	73	100
.7422085	3596/4845	58	57	62	85
.7422184	2623/3534	43	57	61	62
.7422861	2117/2852	58	62	73	92
.7423098	4030/5429	62	61	65	89
.7423474	3953/5325	59	71	67	75
.7423729	219/295	45	59	73	75
.7424000	464/625	48	50	58	75
.7424208	3306/4453	57	61	58	73
.7424466	2015/2714	62	59	65	92
.7424569	689/928	53	58	65	80
.7424739	2491/3355	47	55	53	61
0.7425					
.7425094	793/1068	61	60	65	89
.7425665	949/1278	65	71	73	90
.7425862	4307/5800	59	58	73	100
.7425989	3286/4425	53	59	62	75
.7426108	603/812	45	58	67	70
.7426573	531/715	45	55	59	65
.7426722	4130/5561	59	67	70	83
.7426799	2993/4030	41	62	73	65
.7426887	3149/4240	47	53	67	80
.7427273	817/1100	43	55	57	60
.7427350	869/1170	55	65	79	90
.7427584	2795/3763	43	53	65	71
.7428070	2117/2850	58	57	73	100
.7428161	517/696	47	58	55	60
.7428277	3599/4845	59	57	61	85
.7428404	1271/1711	41	58	62	59
.7428516	3819/5141	57	53	67	97
.7428571*	26/35	40	50	65	70
.7428772	5293/7125	67	75	79	95
.7429052	3534/4757	57	67	62	71
.7429213	1653/2225	57	50	58	89
.7429291	3835/5162	59	58	65	89
.7429435	737/992	55	62	67	80
.7429536	4402/5925	62	75	71	79
.7429630	1003/1350	59	75	85	90
0.7430					
.7430402	3363/4526	57	62	59	73
.7430476	3901/5250	47	70	83	75

（续）

比值	分数	A	B	C	D
0.7430					
.7430660	3965/5336	61	58	65	92
.7430909	4087/5500	61	55	67	100
.7431500	3770/5073	58	57	65	89
.7431919	4503/6059	57	73	79	83
.7432052	793/1067	61	55	65	97
.7432184	3233/4350	53	58	61	75
.7432269	4307/5795	59	61	73	95
.7432352	3763/5063	53	61	71	83
.7432749	1271/1710	41	57	62	60
.7432836	249/335	45	67	83	75
.7433485	2291/3082	58	67	79	92
.7433681	2494/3355	43	55	58	61
.7434249	1272/1711	48	58	53	59
.7434511	4399/5917	53	61	83	97
.7434570	2585/3477	47	57	55	61
0.7435					
.7435028	658/885	47	59	70	75
.7435137	1003/1349	59	71	85	95
.7435185	803/1080	55	60	73	90
.7435821	2491/3350	47	50	53	67
.7436448	2077/2793	62	57	67	98
.7436679	3905/5251	55	59	71	89
.7436759	3763/5060	53	55	71	92
.7437107	473/636	43	53	55	60
.7437196	3819/5135	57	65	67	79
.7437321	3886/5225	58	55	67	95
.7437433	3477/4675	57	55	61	85
.7437461	3538/4757	58	67	61	71
.7437608	3010/4047	43	57	70	71
.7438095	781/1050	55	70	71	75
.7438596	212/285	48	57	53	60
.7438911	2405/3233	37	53	65	61
.7439130	1711/2300	58	50	59	92
.7439581	4402/5917	62	61	71	97
.7439759	247/332	57	60	65	83
.7439883	2537/3410	43	55	59	62
0.7440					
.7440000	93/125	45	50	62	75
.7440101	590/793	50	61	59	65
.7440385	3869/5200	53	65	73	80
.7440736	3233/4345	53	55	61	79
.7440887	3021/4060	53	58	57	70
.7441581	4331/5820	61	60	71	97
.7441667	893/1200	47	75	95	80
.7442029	1027/1380	65	75	79	92
.7442076	803/1079	55	65	73	83

比值	分数	A	B	C	D
0.7440					
.7442165	1705/2291	55	58	62	79
.7442290	806/1083	62	57	65	95
.7442529	259/348	37	58	70	60
.7442948	5251/7055	59	83	89	85
.7443077	2419/3250	41	50	59	65
.7443548	923/1240	65	62	71	100
.7443609*	99/133	45	35	55	95
.7443734	2679/3599	47	59	57	61
.7444776	1247/1675	43	50	58	67
0.7445					
.7445117	4307/5785	59	65	73	89
.7445238	3127/4200	53	60	59	70
.7445274	2993/4020	41	60	73	67
.7445573	513/689	45	53	57	65
.7445787	4189/5626	59	58	71	97
.7446009	793/1065	61	71	65	75
.7446178	3770/5063	58	61	65	83
.7446369	2881/3869	43	53	67	73
.7446488	4453/5980	61	65	73	92
.7446606	3905/5244	55	57	71	92
.7446655	2059/2765	58	70	71	79
.7446753	2867/3850	47	55	61	70
.7447281	671/901	55	53	61	85
.7447840	3534/4745	57	65	62	73
.7447917*	143/192	55	60	65	80
.7448001	4118/5529	58	57	71	97
.7448087	1363/1830	47	60	58	61
.7448421	1769/2375	58	50	61	95
.7449118	549/737	45	55	61	67
.7449309	3233/4340	53	62	61	70
.7449799	371/498	53	60	70	83
.7449944	2679/3596	47	58	57	62
.7449963	1005/1349	45	57	67	71
0.7450					
.7450533	979/1314	55	73	89	90
.7450593	377/506	58	55	65	92
.7450980*	38/51	50	75	95	85
.7451206	649/871	55	65	59	67
.7452121	3074/4125	53	55	58	75
.7452160	1363/1829	47	59	58	62
.7452390	3835/5146	59	62	65	83
.7453333	559/750	43	50	65	75
.7453394	4118/5525	58	65	71	85
.7453552	682/915	55	61	62	75
.7454225	2117/2840	58	71	73	80
.7454301	2773/3720	47	60	59	62

（续）

比值	分数	A	B	C	D
0.7450					
.7454411	4047/5429	57	61	71	89
.7454728	741/994	57	70	65	71
.7454831	949/1273	65	67	73	95
.7454930	5293/7100	67	71	79	100
0.7455					
.7455099	2449/3285	62	73	79	90
.7455155	3782/5073	61	57	62	89
.7455556	671/900	55	50	61	90
.7455696	589/790	57	60	62	79
.7455785	4047/5428	57	59	71	92
.7456140*	85/114	50	60	85	95
.7456270	3538/4745	58	65	61	73
.7456554	5063/6790	61	70	83	97
.7456989	1387/1860	57	62	73	90
.7457143	261/350	45	50	58	70
.7457192	871/1168	65	73	67	80
.7457343	2666/3575	43	55	62	65
.7457657	4183/5609	47	71	89	79
.7457971	2573/3450	62	75	83	92
.7458491	3953/5300	59	53	67	100
.7458917	2451/3286	43	53	57	62
.7459638	3835/5141	59	53	65	97
.7459770	649/870	55	58	59	75
0.7460					
.7460145	2059/2760	58	60	71	92
.7460294	5073/6800	57	80	89	85
.7460411	1272/1705	48	55	53	62
.7460798	4187/5612	53	61	79	92
.7461017	2201/2950	62	59	71	100
.7461475	4503/6035	57	71	79	85
.7461909	3869/5185	53	61	73	85
.7461988	638/855	55	57	58	75
.7462129	3596/4819	58	61	62	79
.7462228	2914/3905	47	55	62	71
.7462517	3285/4402	45	62	73	71
.7462589	1147/1537	37	53	62	58
.7462849	2059/2759	58	62	71	89
.7462963	403/540	62	60	65	90
.7463608	4717/6320	53	79	89	80
.7464115*	156/209	60	55	65	95
.7464362	4189/5612	59	61	71	92
.7464840	4087/5475	61	73	67	75
0.7465					
.7465039	3363/4505	57	53	59	85
.7465306	1829/2450	59	50	62	98
.7465636	869/1164	55	60	79	97

比值	分数	A	B	C	D
0.7465					
.7465672	2501/3350	41	50	61	67
.7465909	657/880	45	55	73	80
.7466063*	165/221	55	65	75	85
.7466667*	56/75	70	75	80	100
.7467043	793/1062	61	59	65	90
.7467241	4331/5800	61	58	71	100
.7467606	3285/4399	45	53	73	83
.7467718	4453/5963	61	67	73	89
.7467818	4757/6370	67	65	71	98
.7468182	1643/2200	53	55	62	80
.7468493	1363/1825	47	50	58	73
.7468591	4399/5890	53	62	83	95
.7468983	301/403	43	62	70	65
.7469643	4183/5600	47	70	89	80
.7469705	4130/5529	59	57	70	97
.7469758	741/992	57	62	65	80
0.7470					
.7470027	3053/4087	43	61	71	67
.7470116	4187/5605	53	59	79	95
.7470726	319/427	55	61	58	70
.7470825	3713/4970	47	70	79	71
.7470978	901/1206	53	67	85	90
.7471186	1102/1475	57	59	58	75
.7471795	1457/1950	47	60	62	65
.7472049	5146/6887	62	71	83	97
.7472932	3658/4895	59	55	62	89
.7473077	1943/2600	58	65	67	80
.7473197	3555/4757	45	67	79	71
.7473333	1121/1500	57	50	59	90
.7473617	2337/3127	41	53	57	59
.7473684	71/95	45	57	71	75
.7473810	3139/4200	43	60	73	70
.7473876	1645/2201	47	62	70	71
.7474308	1891/2530	61	55	62	92
.7474394	2773/3710	47	53	59	70
.7474645	737/986	55	58	67	85
.7474920	3055/4087	47	61	65	67
0.7475					
.7475113	826/1105	59	65	70	85
.7475155	2407/3220	58	70	83	92
.7475634	767/1026	59	57	65	90
.7475789	3551/4750	53	50	67	95
.7475880	2867/3835	47	59	61	65
.7476111	3599/4814	59	58	61	83
.7476489	477/638	45	55	53	58
.7476568	1037/1387	61	73	85	95

（续）

比值	分数	*A*	*B*	*C*	*D*
0.7475					
.7476767	2655/3551	45	53	59	67
.7476959	649/868	55	62	59	70
.7477273	329/440	47	55	70	80
.7477419	1159/1550	57	62	61	75
.7477987	1189/1590	41	53	58	60
.7478070	341/456	55	57	62	80
.7478334	3538/4731	58	57	61	83
.7478485	869/1162	55	70	79	83
.7478873	531/710	45	50	59	71
.7478972	3290/4399	47	53	70	83
.7479781	3422/4575	58	61	59	75
0.7480					
.7480357	4189/5600	59	70	71	80
.7480843	781/1044	55	58	71	90
.7481132	793/1060	61	53	65	100
.7481390	603/806	45	62	67	65
.7481541	4661/6230	59	70	79	89
.7481710	1943/2597	58	53	67	98
.7481884	413/552	59	60	70	92
.7482215	2419/3233	41	53	59	61
.7482436	639/854	45	61	71	70
.7482467	4161/5561	57	67	73	83
.7482818	871/1164	65	60	67	97
.7482919	4819/6440	61	70	79	92
.7483117	2881/3850	43	55	67	70
.7483703	574/767	41	59	70	65
.7483871	116/155	40	50	58	62
.7484034	4453/5950	61	70	73	85
.7484480	2773/3705	47	57	59	65
.7484596	2065/2759	59	62	70	89
.7484848	247/330	57	55	65	90
0.7485					
.7485423	1027/1372	65	70	79	98
.7485759	4731/6320	57	79	83	80
.7485876	265/354	50	59	53	60
.7486395	2201/2940	62	60	71	98
.7486603	4331/5785	61	65	71	89
.7486944	4731/6319	57	71	83	89
.7487021	4615/6164	65	67	71	92
.7487273	2059/2750	58	55	71	100
.7487529	4503/6014	57	62	79	97
.7487587	754/1007	58	53	65	95
.7487753	4891/6532	67	71	73	92
.7487997	3431/4582	47	58	73	79
.7488102	1416/1891	48	61	59	62
.7488235	1273/1700	57	60	67	85
.7488263	319/426	55	60	58	71
0.7485					
.7488557	3763/5025	53	67	71	75
.7489130	689/920	53	50	65	92
0.7490					
.7490107	1325/1769	50	58	53	61
.7490397	585/781	45	55	65	71
.7490488	4331/5782	61	59	71	98
.7490672	803/1072	55	67	73	80
.7490993	2911/3886	41	58	71	67
.7491379	869/1160	55	58	79	100
.7491561	3551/4740	53	60	67	79
.7491667	899/1200	58	60	62	80
.7492050	3534/4717	57	53	62	89
.7492496	3245/4331	55	61	59	71
.7493056	1079/1440	65	80	83	90
.7493435	3139/4189	43	59	73	71
.7493534	3477/4640	57	58	61	80
.7493706	2679/3575	47	55	57	65
.7493824	3337/4453	47	61	71	73
.7494286	2623/3500	43	50	61	70
.7494444	1349/1800	57	60	71	90
.7494505	341/455	55	65	62	70
.7494696	3886/5185	58	61	67	85
.7494949	371/495	53	55	70	90
0.7495					
.7495157	3869/5162	53	58	73	89
.7495525	4187/5586	53	57	79	98
.7495617	2565/3422	45	58	57	59
.7495697	871/1162	65	70	67	83
.7495763	1769/2360	58	59	61	80
.7495902	1829/2440	59	61	62	80
.7496166	3422/4565	58	55	59	83
.7496278	3021/4030	53	62	57	65
.7496887	602/803	43	55	70	73
.7497619	3149/4200	47	60	67	70
.7497843	869/1159	55	61	79	95
.7497917	3599/4800	59	60	61	80
.7498138	1007/1343	53	79	95	85
.7498488	2479/3306	37	57	67	58
.7498585	1325/1767	50	57	53	62
.7498713	1457/1943	47	58	62	67
.7498876	3337/4450	47	50	71	89
.7499105	4189/5586	59	57	71	98
.7499454	3431/4575	47	61	73	75
.7499586	4526/6035	62	71	73	85
0.7500					
.7500530	3538/4717	58	53	61	89
.7500741	5063/6750	61	75	83	90

（续）

比值	分数	*A*	*B*	*C*	*D*
0.7500					
.7500911	2059/2745	58	61	71	90
.7501253	2993/3990	41	57	73	70
.7501390	4047/5395	57	65	71	83
.7501923	3901/5200	47	65	83	80
.7502051	1829/2438	59	53	62	92
.7502283	1643/2190	53	60	62	73
.7502488	754/1005	58	67	65	75
.7502628	3569/4757	43	67	83	71
.7503490	3763/5015	53	59	71	85
.7503628	517/689	47	53	55	65
.7504043	1392/1855	48	53	58	70
.7504101	2745/3658	45	59	61	62
.7504240	2655/3538	45	58	59	61
.7504386	1711/2280	58	57	59	80
.7504928	2665/3551	41	53	65	67
0.7505					
.7505000	1501/2000	57	60	79	100
.7505464	2747/3660	41	60	67	61
.7505813	3551/4731	53	57	67	83
.7505882	319/425	55	50	58	85
.7506301	5063/6745	61	71	83	95
.7506385	3233/4307	53	59	61	73
.7506471	870/1159	45	57	58	61
.7507042	533/710	41	50	65	71
.7507201	2867/3819	47	57	61	67
.7507744	2666/3551	43	53	62	67
.7507911	949/1264	65	79	73	80
.7508349	4047/5390	57	55	71	98
.7508621	871/1160	65	58	67	100
.7509091	413/550	59	55	70	100
.7509340	603/803	45	55	67	73
.7509524	1577/2100	57	70	83	90
.7509568	2747/3658	41	59	67	62
.7509859	1333/1775	43	50	62	71
.7509971	4331/5767	61	73	71	79
0.7510					
.7510223	1653/2201	57	62	58	71
.7510804	869/1157	55	65	79	89
.7511420	3782/5035	61	53	62	95
.7511475	2291/3050	58	61	79	100
.7511684	4661/6205	59	73	79	85
.7511754	2077/2765	62	70	67	79
.7511936	1416/1885	48	58	59	65
.7512121	2479/3300	37	55	67	60
.7512386	2881/3835	43	59	67	65
.7512733	885/1178	45	57	59	62
0.7510					
.7513113	4154/5529	62	57	67	97
.7513441	559/744	43	60	65	62
.7513636	1653/2200	57	55	58	80
.7514170	928/1235	48	57	58	65
.7514493	1037/1380	61	75	85	92
.7514701	4345/5782	55	59	79	98
.7514925	1007/1340	53	60	57	67
0.7515					
.7515020	3127/4161	53	57	59	73
.7515056	2870/3819	41	57	70	67
.7515213	741/986	57	58	65	85
.7515344	3306/4399	57	53	58	83
.7515612	4453/5925	61	75	73	79
.7515882	3431/4565	47	55	73	83
.7517307	3149/4189	47	59	67	71
.7517448	754/1003	58	59	65	85
.7517742	4661/6200	59	62	79	100
.7518290	3905/5194	55	53	71	98
.7518461	3869/5146	53	62	73	83
.7518551	3445/4582	53	58	65	79
.7518727	803/1068	55	60	73	89
.7519608	767/1020	59	60	65	85
.7519704	3053/4060	43	58	71	70
0.7520					
.7520216	279/371	45	53	62	70
.7520408	737/980	55	50	67	98
.7520548	549/730	45	50	61	73
.7520898	3149/4187	47	53	67	79
.7521127	267/355	45	71	89	75
.7521311	1147/1525	37	50	62	61
.7521368 *	88/117	55	65	80	90
.7521461	4118/5475	58	73	71	75
.7521602	3569/4745	43	65	83	73
.7521994	513/682	45	55	57	62
.7522769	413/549	59	61	70	90
.7523305	3551/4720	53	59	67	80
.7523479	3685/4898	55	62	67	79
.7523585	319/424	55	53	58	80
.7523719	793/1054	61	62	65	85
.7524123	3431/4560	47	57	73	80
.7524284	3021/4015	53	55	57	73
.7524363	4015/5336	55	58	73	92
.7524631	611/812	47	58	65	70
.7524786	2201/2925	62	65	71	90
0.7525					
.7525015	3685/4897	55	59	67	83

（续）

比值	分数	A	B	C	D
0.7525					
.7525102	2773/3685	47	55	59	67
.7525355	371/493	53	58	70	85
.7525910	2832/3763	48	53	59	71
.7526000	3763/5000	53	50	71	100
.7526316*	143/190	55	50	65	95
.7526368	3782/5025	61	67	62	75
.7526529	3901/5183	47	71	83	73
.7527020	2925/3886	45	58	65	67
.7527684	3127/4154	53	62	59	67
.7527911	472/627	40	55	59	57
.7528249	533/708	41	59	65	60
.7529221	4187/5561	53	67	79	83
.7529412*	64/85	60	75	80	85
.7529477	4087/5428	61	59	67	92
0.7530					
.7530055	689/915	53	61	65	75
.7530364	186/247	45	57	62	65
.7531073	1333/1770	43	59	62	60
.7531222	4161/5525	57	65	73	85
.7531340	781/1037	55	61	71	85
.7531440	3713/4930	47	58	79	85
.7531662	2914/3869	47	53	62	73
.7531780	711/944	45	59	79	80
.7531996	4355/5782	65	59	67	98
.7532504	2665/3538	41	58	65	61
.7532620	4503/5978	57	61	79	98
.7532818	4189/5561	59	67	71	83
.7533445	901/1196	53	65	85	92
.7533646	2407/3195	58	71	83	90
.7533693	559/742	43	53	65	70
.7534128	3477/4615	57	65	61	71
.7534567	3869/5135	53	65	73	79
.7534785	2491/3306	47	57	53	58
.7534940	3127/4150	53	50	59	83
0.7535					
.7535005	4897/6499	59	67	83	97
.7535181	1767/2345	57	67	62	70
.7535331	1333/1769	43	58	62	61
.7535377	639/848	45	53	71	80
.7535865	893/1185	47	75	95	79
.7536544	4898/6499	62	67	79	97
.7537325	4897/6497	59	73	83	89
.7537356	2623/3480	43	58	61	60
.7537500	603/800	45	50	67	80
.7537671	2201/2920	62	73	71	80

比值	分数	A	B	C	D
0.7535					
.7538043	1387/1840	57	60	73	92
.7538139	3953/5244	59	57	67	92
.7538710	2337/3100	41	50	57	62
.7538784	1798/2385	58	53	62	90
.7538864	4898/6497	62	73	79	89
.7539020	2077/2755	62	58	67	95
.7539185	481/638	37	55	65	58
.7539326	671/890	55	50	61	89
.7539836	5063/6715	61	79	83	85
.7539906	803/1065	55	71	73	75
0.7540					
.7540000	377/500	58	50	65	100
.7540278	5429/7200	61	80	89	90
.7540659	3431/4550	47	65	73	70
.7540776	4161/5518	57	62	73	89
.7541030	2665/3534	41	57	65	62
.7541145	2291/3038	58	62	79	98
.7541243	3337/4425	47	59	71	75
.7541376	3782/5015	61	59	62	85
.7541538	2451/3250	43	50	57	65
.7541910	3869/5130	53	57	73	90
.7542268	1829/2425	59	50	62	97
.7542959	3819/5063	57	61	67	83
.7543054	657/871	45	65	73	67
.7543333	2263/3000	62	60	73	100
.7543379	826/1095	59	73	70	75
.7543710	1769/2345	58	67	61	70
.7544354	2679/3551	47	53	57	67
.7544547	2117/2806	58	61	73	92
.7544806	4757/6305	67	65	71	97
0.7545					
.7545073	3599/4770	59	53	61	90
.7545350	3286/4355	53	65	62	67
.7546056	3195/4234	45	58	71	73
.7546479	2679/3550	47	50	57	71
.7546816	403/534	62	60	65	89
.7547431	3819/5060	57	55	67	92
.7547458	4453/5900	61	59	73	100
.7547553	4087/5415	61	57	67	95
.7547705	3995/5293	47	67	85	79
.7547945	551/730	57	60	58	73
.7548178	4661/6175	59	65	79	95
.7548485	2491/3300	47	55	53	60
.7548583	4234/5609	58	71	73	79
.7548802	3055/4047	47	57	65	71

（续）

比值	分数	A	B	C	D
0.7545					
.7549020*	77/102	55	60	70	85
0.7550					
.7550052	3658/4845	59	57	62	85
.7550373	4047/5360	57	67	71	80
.7550842	4307/5704	59	62	73	92
.7550943	3965/5251	61	59	65	89
.7551230	737/976	55	61	67	80
.7551373	4814/6375	58	75	83	85
.7551496	1943/2573	58	62	67	83
.7551568	4503/5963	57	67	79	89
.7551724	219/290	45	58	73	75
.7552000	472/625	48	50	59	75
.7552212	3363/4453	57	61	59	73
.7552381	793/1050	61	70	65	75
.7552500	3021/4000	53	50	57	80
.7552727	2077/2750	62	55	67	100
.7553159	2451/3245	43	55	57	59
.7553889	806/1067	62	55	65	97
.7554023	1643/2175	53	58	62	75
.7554062	2585/3422	47	58	55	59
.7554417	590/781	50	55	59	71
.7554535	658/871	47	65	70	67
.7554728	5073/6715	57	79	89	85
.7554825	689/912	53	57	65	80
.7554922	4505/5963	53	67	85	89
.7554953	2784/3685	48	55	58	67
0.7555					
.7555394	5183/6860	71	70	73	98
.7555556*	34/45	60	75	85	90
.7556140	4307/5700	59	57	73	100
.7556225	3763/4980	53	60	71	83
.7556391	201/266	45	57	67	70
.7556572	3139/4154	43	62	73	67
.7557303	3363/4450	57	50	59	89
.7557424	3685/4876	55	53	67	92
.7557576	1247/1650	43	55	58	60
.7558419	4399/5820	53	60	83	97
.7558480	517/684	47	57	55	60
.7558696	3477/4600	57	50	61	92
.7558841	3886/5141	58	53	67	97
.7558974	737/975	55	65	67	75
.7559216	4819/6375	61	75	79	85
.7559358	3534/4675	57	55	62	85
.7559629	3835/5073	59	57	65	89
0.7560					
.7560093	2925/3869	45	53	65	73
0.7560					
.7560272	4453/5890	61	62	73	95
.7560414	657/869	45	55	73	79
.7560714	2117/2800	58	70	73	80
.7560760	1711/2263	58	62	59	73
.7561039	2911/3850	41	55	71	70
.7561224	741/980	57	50	65	98
.7561429	5293/7000	67	70	79	100
.7561648	4661/6164	59	67	79	92
.7561848	2537/3355	43	55	59	61
.7562304	4582/6059	58	73	79	83
.7562573	3233/4275	53	57	61	75
.7562716	3286/4345	53	55	62	79
.7562774	4307/5695	59	67	73	85
.7562893	481/636	37	53	65	60
.7563160	2365/3127	43	53	55	59
.7563574	2201/2910	62	60	71	97
.7564000	1891/2500	61	50	62	100
.7564103	59/78	50	60	59	65
.7564195	4183/5530	47	70	89	79
.7564312	3705/4898	57	62	65	79
.7564674	848/1121	48	57	53	59
.7564897	3905/5162	55	58	71	89
0.7565					
.7565033	2501/3306	41	57	61	58
.7565149	4819/6370	61	65	79	98
.7565455	4161/5500	57	55	73	100
.7565550	3953/5225	59	55	67	95
.7565693	3599/4757	59	67	61	71
.7565857	3705/4897	57	59	65	83
.7566485	2077/2745	62	61	67	90
.7567647	2573/3400	62	80	83	85
.7567709	4331/5723	61	59	71	97
.7567797	893/1180	47	59	57	60
.7567914	3538/4675	58	55	61	85
.7568067	4503/5950	57	70	79	85
.7568519	4087/5400	61	60	67	90
.7568562	2263/2990	62	65	73	92
.7568673	1295/1711	37	58	70	59
.7568831	1457/1925	47	55	62	70
.7568948	741/979	57	55	65	89
.7569124	657/868	45	62	73	70
.7569367	682/901	55	53	62	85
0.7570					
.7570281	377/498	58	60	65	83
.7570526	1798/2375	58	50	62	95
.7570850*	187/247	55	65	85	95

（续）

比值	分数	*A*	*B*	*C*	*D*
0.7570					
.7571094	2263/2989	62	61	73	98
.7571235	558/737	45	55	62	67
.7571429	53/70	53	50	70	98
.7571465	2993/3953	41	59	73	67
.7571922	658/869	47	55	70	79
.7572075	2679/3538	47	58	57	61
.7572327	602/795	43	53	70	75
.7572729	3410/4503	55	57	62	79
.7572798	4187/5529	53	57	79	97
.7573134	2537/3350	43	50	59	67
.7574326	2726/3599	47	59	58	61
.7574520	1855/2449	53	62	70	79
.7574561	3835/5063	59	61	65	83
0.7575					
.7575049	1943/2565	58	57	67	90
.7575138	3705/4891	57	67	65	73
.7575472	803/1060	55	53	73	100
.7575682	3053/4030	43	62	71	65
.7575758*	25/33	50	55	75	90
.7576067	3710/4897	53	59	70	83
.7576197	522/689	45	53	58	65
.7576415	4189/5529	59	57	71	97
.7576503	2773/3660	47	60	59	61
.7576592	2201/2905	62	70	71	83
.7576842	3599/4750	59	50	61	95
.7577247	1079/1424	65	80	83	89
.7577410	4307/5684	59	58	73	98
.7577510	4717/6225	53	75	89	83
.7577778	341/450	55	50	62	90
.7578281	4187/5525	53	65	79	85
.7578504	3596/4745	58	65	62	73
.7578652	1349/1780	57	60	71	89
.7578788	2501/3300	41	55	61	60
.7579051	767/1012	59	55	65	92
.7579162	742/979	53	55	70	89
.7579663	2117/2793	58	57	73	98
.7579957	711/938	45	67	79	70
0.7580					
.7580606	3127/4125	53	55	59	75
.7581194	2451/3233	43	53	57	61
.7581921	671/885	55	59	61	75
.7582064	3534/4661	57	59	62	79
.7582193	3713/4897	47	59	79	83
.7582560	4087/5390	61	55	67	98
.7582712	2544/3355	48	55	53	61
.7582831	1007/1328	53	80	95	83
0.7580					
.7583072	2419/3190	41	55	59	58
.7583333*	91/120	65	60	70	100
.7584091	3337/4400	47	55	71	80
.7584333	4047/5336	57	58	71	92
.7584803	559/737	43	55	65	67
.7584906	201/265	45	53	67	75
0.7585					
.7585019	5063/6675	61	75	83	89
.7585145	4187/5520	53	60	79	92
.7585191	4118/5429	58	61	71	89
.7585327	2378/3135	41	55	58	57
.7585361	3710/4891	53	67	70	73
.7585490	4015/5293	55	67	73	79
.7585714	531/700	45	50	59	70
.7585815	3337/4399	47	53	71	83
.7586275	3869/5100	53	60	73	85
.7586498	899/1185	58	60	62	79
.7586588	2059/2714	58	59	71	92
.7586694	3763/4960	53	62	71	80
.7587162	3286/4331	53	61	62	71
.7587814	2117/2790	58	62	73	90
.7587894	4187/5518	53	62	79	89
.7587952	3149/4150	47	50	67	83
.7588060	1271/1675	41	50	62	67
.7588389	3477/4582	57	58	61	79
.7588517	793/1045	61	55	65	95
.7588577	1435/1891	41	61	70	62
.7588768	4189/5520	59	60	71	92
.7589202	3233/4260	53	60	61	71
.7589286*	85/112	50	70	85	80
.7589454	403/531	62	59	65	90
.7589655	2201/2900	62	58	71	100
.7589775	1247/1643	43	53	58	62
0.7590					
.7590139	4526/5963	62	67	73	89
.7590643	649/855	55	57	59	75
.7590786	3658/4819	59	61	62	79
.7591027	4399/5795	53	61	83	95
.7591176	2581/3400	58	80	89	85
.7591274	3306/4355	57	65	58	67
.7591354	1475/1943	50	58	59	67
.7591519	4189/5518	59	62	71	89
.7592172	4345/5723	55	59	79	97
.7592378	4582/6035	58	71	79	85
.7592827	3599/4740	59	60	61	79
.7592917	4331/5704	61	62	71	92

（续）

比值	分数	*A*	*B*	*C*	*D*
0.7590					
.7593492	3127/4118	53	58	59	71
.7593900	4731/6230	57	70	83	89
.7594030	1272/1675	48	50	53	67
.7594378	1891/2490	61	60	62	83
.7594527	3053/4020	43	60	71	67
.7594720	4891/6440	67	70	73	92
0.7595					
.7595238	319/420	55	60	58	70
.7595458	4615/6076	65	62	71	98
.7595722	3551/4675	53	55	67	85
.7595798	3905/5141	55	53	71	97
.7596004	3422/4505	58	53	59	85
.7596204	4402/5795	62	61	71	95
.7596398	3290/4331	47	61	70	71
.7596884	3901/5135	47	65	83	79
.7597260	2773/3650	47	50	59	73
.7597403 *	117/154	45	55	65	70
.7597938	737/970	55	50	67	97
.7598246	4331/5700	61	57	71	100
.7598333	4559/6000	47	75	97	80
.7598441	3705/4876	57	53	65	92
.7598671	1829/2407	59	58	62	83
.7598911	4187/5510	53	58	79	95
.7599378	3422/4503	58	57	59	79
.7599502	611/804	47	60	65	67
0.7600					
.7600484	3139/4130	43	59	73	70
.7600806	377/496	58	62	65	80
.7600930	3596/4731	58	57	62	83
.7601043	583/767	53	59	55	65
.7601810 *	168/221	60	65	70	85
.7601923	3953/5200	59	65	67	80
.7602020	3763/4950	53	55	71	90
.7602339 *	130/171	50	45	65	95
.7602541	4189/5510	59	58	71	95
.7603376	901/1185	53	75	85	79
.7603774	403/530	62	53	65	100
.7603985	3053/4015	43	55	71	73
.7604149	4399/5785	53	65	83	89
.7604444	1711/2250	58	50	59	90
.7604733	2378/3127	41	53	58	59
.7604801	4118/5415	58	57	71	95
.7604917	4331/5695	61	67	71	85
0.7605					
.7605590	2449/3220	62	70	79	92
.7605779	737/969	55	57	67	85

比值	分数	*A*	*B*	*C*	*D*
0.7605					
.7606557	232/305	48	60	58	61
.7606723	2263/2975	62	70	73	85
.7606918	2419/3180	41	53	59	60
.7607059	3233/4250	53	50	61	85
.7607271	3599/4731	59	57	61	83
.7607407	1027/1350	65	75	79	90
.7607656	159/209	45	55	53	57
.7608333	913/1200	55	75	83	80
.7608607	3713/4880	47	61	79	80
.7608746	3306/4345	57	55	58	79
.7608966	611/803	47	55	65	73
.7609334	4402/5785	62	65	71	89
.7609524	799/1050	47	70	85	75
.7609645	4355/5723	65	59	67	97
.7609697	3139/4125	43	55	73	75
.7609808	3569/4690	43	67	83	70
0.7610					
.7610275	4503/5917	57	61	79	97
.7610705	3953/5194	59	53	67	98
.7611077	2501/3286	41	53	61	62
.7611578	3445/4526	53	62	65	73
.7611940	51/67	57	67	85	95
.7611966	4453/5850	61	65	73	90
.7612086	781/1026	55	57	71	90
.7612727	4187/5500	53	55	79	100
.7612903	118/155	40	50	59	62
.7613047	1027/1349	65	71	79	95
.7613283	2201/2891	62	59	71	98
.7613534	5063/6650	61	70	83	95
.7613739	4234/5561	58	67	73	83
.7613830	4030/5293	62	67	65	79
.7613933	2623/3445	43	53	61	65
.7614286	533/700	41	50	65	70
.7614470	3010/3953	43	59	70	67
.7614943	265/348	50	58	53	60
0.7615					
.7615183	3190/4189	55	59	58	71
.7615385 *	99/130	45	50	55	65
.7615982	3431/4505	47	53	73	85
.7616162	377/495	58	55	65	90
.7616364	4189/5500	59	55	71	100
.7616648	3477/4565	57	55	61	83
.7616683	767/1007	59	53	65	95
.7616768	4615/6059	65	73	71	83
.7617143	1333/1750	43	50	62	70
.7617371	649/852	55	60	59	71

（续）

比值	分数	*A*	*B*	*C*	*D*
0.7615					
.7617512	1653/2170	57	62	58	70
.7617663	2881/3782	43	61	67	62
.7618294	4814/6319	58	71	83	89
.7618537	3551/4661	53	59	67	79
.7618644	899/1180	58	59	62	80
.7618721	3337/4380	47	60	71	73
.7618820	3190/4187	55	53	58	79
.7618921	2867/3763	47	53	61	71
.7619048*	16/21	60	70	80	90
.7619168	3021/3965	53	61	57	65
.7619365	3431/4503	47	57	73	79
.7619634	4331/5684	61	58	71	98
0.7620					
.7620833	1829/2400	59	60	62	80
.7621513	2650/3477	50	57	53	61
.7622414	2911/3819	41	57	71	67
.7622490	949/1245	65	75	73	83
.7622632	3139/4118	43	58	73	71
.7622807	869/1140	55	57	79	100
.7622951	93/122	45	60	62	61
.7623490	3596/4717	58	53	62	89
.7623704	2573/3375	62	75	83	90
.7623915	3953/5185	59	61	67	85
.7624444	3431/4500	47	60	73	75
.7624496	4731/6205	57	73	83	85
.7624709	2950/3869	50	53	59	73
0.7625					
.7625175	2726/3575	47	55	58	65
.7625926	2059/2700	58	60	71	90
.7626207	4819/6319	61	71	79	89
.7626594	4187/5490	53	61	79	90
.7626733	3355/4399	55	53	61	83
.7626857	3953/5183	59	71	67	73
.7626962	826/1083	59	57	70	95
.7627397	1392/1825	48	50	58	73
.7627792	1537/2015	53	62	58	65
.7627883	4399/5767	53	73	83	79
.7628565	3397/4453	43	61	79	73
.7629032	473/620	43	50	55	62
.7629310	177/232	45	58	59	60
.7629440	3286/4307	53	59	62	73
.7629500	869/1139	55	67	79	85
.7629849	3599/4717	59	53	61	89
0.7630					
.7630237	4189/5490	59	61	71	90
.7630270	2914/3819	47	57	62	67
0.7630					
.7630762	3195/4187	45	53	71	79
.7631579	29/38	45	57	58	60
.7631841	767/1005	59	67	65	75
.7632203	4503/5900	57	59	79	100
.7632300	5293/6935	67	73	79	95
.7632676	2747/3599	41	59	67	61
.7632911	603/790	45	50	67	79
.7632994	4118/5395	58	65	71	83
.7633085	4402/5767	62	73	71	79
.7633181	1003/1314	59	73	85	90
.7633341	3306/4331	57	61	58	71
.7633423	1416/1855	48	53	59	70
.7633482	2745/3596	45	58	61	62
.7633808	3965/5194	61	53	65	98
.7633939	3149/4125	47	55	67	75
.7634051	3901/5110	47	70	83	73
.7634993	4355/5704	65	62	67	92
0.7635					
.7635210	4814/6305	58	65	83	97
.7635294	649/850	55	50	59	85
.7635634	4757/6230	67	70	71	89
.7635724	5429/7110	61	79	89	90
.7635849	4047/5300	57	53	71	100
.7635893	885/1159	45	57	59	61
.7636364*	42/55	60	55	70	100
.7636475	3735/4891	45	67	83	73
.7636612	559/732	43	60	65	61
.7636667	2291/3000	58	60	79	100
.7637500	611/800	47	50	65	80
.7638000	3819/5000	57	50	67	100
.7638728	3290/4307	47	59	70	73
.7638819	4526/5925	62	75	73	79
.7638889*	55/72	50	40	55	90
.7639043	2747/3596	41	58	67	62
.7639175	741/970	57	50	65	97
.7639445	2479/3245	37	55	67	59
.7639709	3363/4402	57	62	59	71
0.7640					
.7640074	2059/2695	58	55	71	98
.7640183	4183/5475	47	73	89	75
.7640404	1891/2475	61	55	62	90
.7640787	2795/3658	43	59	65	62
.7640984	4661/6100	59	61	79	100
.7641270	2407/3150	58	70	83	90
.7641714	3869/5063	53	61	73	83
.7641758	3477/4550	57	65	61	70

（续）

比值	分数	A	B	C	D
0.7640					
.7641910	2881/3770	43	58	67	65
.7642297	3021/3953	53	59	57	67
.7643140	4819/6305	61	65	79	97
.7643182	3363/4400	57	55	59	80
.7643725	944/1235	48	57	59	65
.7643836	279/365	45	50	62	73
.7643986	5561/7275	67	75	83	97
.7644265	4345/5684	55	58	79	98
.7644663	4505/5893	53	71	85	83
.7644919	3363/4399	57	53	59	83
0.7645					
.7645161	237/310	45	62	79	75
.7645333	2867/3750	47	50	61	75
.7645548	893/1168	47	73	95	80
.7645947	4047/5293	57	67	71	79
.7646245	3869/5060	53	55	73	92
.7646766	1537/2010	53	60	58	67
.7646916	3149/4118	47	58	67	71
.7647407	2581/3375	58	75	89	90
.7647489	4187/5475	53	73	79	75
.7647619	803/1050	55	70	73	75
.7648101	3021/3950	53	50	57	79
.7648315	5015/6557	59	79	85	83
.7648557	901/1178	53	62	85	95
.7649147	4526/5917	62	61	73	97
.7649206	4819/6300	61	70	79	90
.7649485	371/485	53	50	70	97
.7649648	869/1136	55	71	79	80
0.7650					
.7650010	3965/5183	61	71	65	73
.7650455	3445/4503	53	57	65	79
.7651089	3127/4087	53	61	59	67
.7651203	4453/5820	61	60	73	97
.7651501	4154/5429	62	61	67	89
.7651629	3053/3990	43	57	71	70
.7652911	2077/2714	62	59	67	92
.7653017	3551/4640	53	58	67	80
.7653226	949/1240	65	62	73	100
.7653302	649/848	55	53	59	80
.7653400	923/1206	65	67	71	90
.7653558	4087/5340	61	60	67	89
.7653959	261/341	45	55	58	62
.7654147	4891/6390	67	71	73	90
.7654286	2679/3500	47	50	57	70
.7654757	3685/4814	55	58	67	83

比值	分数	A	B	C	D
0.7655					
.7655236	826/1079	59	65	70	83
.7655528	4307/5626	59	58	73	97
.7655556	689/900	53	50	65	90
.7656125	2881/3763	43	53	67	71
.7656289	3074/4015	53	55	58	73
.7656369	4015/5244	55	57	73	92
.7656642	611/798	47	57	65	70
.7656716	513/670	45	50	57	67
.7656863	781/1020	55	60	71	85
.7657379	742/969	53	57	70	85
.7657534	559/730	43	50	65	73
.7657638	3534/4615	57	65	62	71
.7657804	4234/5529	58	57	73	97
.7657885	3953/5162	59	58	67	89
.7658046	533/696	41	58	65	60
.7658163	1501/1960	57	60	79	98
.7659073	975/1273	45	57	65	67
.7659295	4087/5336	61	58	67	92
.7659817	671/876	55	60	61	73
0.7660					
.7660162	3886/5073	58	57	67	89
.7660407	979/1278	55	71	89	90
.7660731	4087/5335	61	55	67	97
.7660920	1333/1740	43	58	62	60
.7661538	249/325	45	65	83	75
.7661858	4355/5684	65	58	67	98
.7662207	2291/2990	58	65	79	92
.7662338	59/77	50	55	59	70
.7662457	3337/4355	47	65	71	67
.7662921	341/445	55	50	62	89
.7663348	4234/5525	58	65	73	85
.7663440	5146/6715	62	79	83	85
.7663537	4897/6390	59	71	83	90
.7663571	3713/4845	47	57	79	85
.7663889	2759/3600	62	80	89	90
.7664147	3245/4234	55	58	59	73
.7664179	1027/1340	65	67	79	100
.7664395	4161/5429	57	61	73	89
.7664615	2491/3250	47	50	53	65
.7664653	2665/3477	41	57	65	61
.7664771	2291/2989	58	61	79	98
0.7665					
.7665108	2623/3422	43	58	61	59
.7665807	4161/5428	57	59	73	92
.7666139	969/1264	57	79	85	80

（续）

比值	分数	A	B	C	D
0.7665					
.7666306	3538/4615	58	65	61	71
.7666426	3190/4161	55	57	58	73
.7667254	871/1136	65	71	67	80
.7667377	1798/2345	58	67	62	70
.7667529	2666/3477	43	57	62	61
.7668675	1273/1660	57	60	67	83
.7668763	1829/2385	59	53	62	90
.7669173*	102/133	60	70	85	95
.7669591	2623/3420	43	57	61	60
0.7670					
.7670000	767/1000	59	50	65	100
.7670290	2117/2760	58	60	73	92
.7670455*	135/176	45	55	75	80
.7670968	1189/1550	41	50	58	62
.7671186	2263/2950	62	59	73	100
.7671283	4154/5415	62	57	67	95
.7671400	1891/2465	61	58	62	85
.7671451	481/627	37	55	65	57
.7672157	4891/6375	67	75	73	85
.7672269	913/1190	55	70	83	85
.7672581	4757/6200	67	62	71	100
.7673070	2117/2759	58	62	73	89
.7673162	5395/7031	65	79	83	89
.7673611*	221/288	65	80	85	90
.7673846	1247/1625	43	50	58	65
.7673926	2537/3306	43	57	59	58
.7674359	2993/3900	41	60	73	65
.7674626	4307/5612	59	61	73	92
.7674729	4030/5251	62	59	65	89
0.7675					
.7675117	4087/5325	61	71	67	75
.7675211	4731/6164	57	67	83	92
.7675291	3886/5063	58	61	67	83
.7675408	1083/1411	57	83	95	85
.7675876	3306/4307	57	59	58	73
.7676190	403/525	62	70	65	75
.7676425	2491/3245	47	55	53	59
.7676711	2726/3551	47	53	58	67
.7677083	737/960	55	60	67	80
.7677293	1180/1537	40	53	59	58
.7677586	4453/5800	61	58	73	100
.7678082	1121/1460	57	60	59	73
.7678179	4891/6370	67	65	73	98
.7678322	549/715	45	55	61	65
.7678443	1065/1387	45	57	71	73
.7678731	4307/5609	59	71	73	79

比值	分数	A	B	C	D
0.7675					
.7678817	5035/6557	53	79	95	83
.7678873	1363/1775	47	50	58	71
.7679345	1595/2077	55	62	58	67
.7679592	3763/4900	53	50	71	98
.7679842	1943/2530	58	55	67	92
0.7680					
.7680092	3337/4345	47	55	71	79
.7680299	4526/5893	62	71	73	83
.7680503	3053/3975	43	53	71	75
.7681131	3965/5162	61	58	65	89
.7681481	1037/1350	61	75	85	90
.7681569	4897/6375	59	75	83	85
.7681695	3953/5146	59	62	67	83
.7682280	3477/4526	57	62	61	73
.7682609	1767/2300	57	50	62	92
.7682667	2881/3750	43	50	67	75
.7682836	2059/2680	58	67	71	80
.7683137	4898/6375	62	75	79	85
.7683386	2451/3190	43	55	57	58
.7683562	5609/7300	71	73	79	100
.7683824*	209/272	55	80	95	85
.7683916	2747/3575	41	55	67	65
.7684052	4582/5963	58	67	79	89
.7684211	73/95	45	57	73	75
.7684297	3763/4897	53	59	71	83
.7684707	3422/4453	58	61	59	73
0.7685					
.7685000	1537/2000	53	50	58	80
.7685210	2832/3685	48	55	59	67
.7685535	611/795	47	53	65	75
.7685670	2494/3245	43	55	58	59
.7686550	3286/4275	53	57	62	75
.7686589	2585/3363	47	57	55	59
.7686747	319/415	55	50	58	83
.7687176	1037/1349	61	71	85	95
.7687267	5162/6715	58	79	89	85
.7687436	3763/4895	53	55	71	89
.7687879	2537/3300	43	55	59	60
.7688317	3705/4819	57	61	65	79
.7688940	3337/4340	47	62	71	70
.7689050	1271/1653	41	57	62	58
.7689166	3953/5141	59	53	67	97
.7689720	3658/4757	59	67	62	71
.7689888	1711/2225	58	50	59	89
0.7690					
.7690476	323/420	57	70	85	90

（续）

比值	分数	A	B	C	D
0.7690					
.7691078	2405/3127	37	53	65	59
.7691304	1769/2300	58	50	61	92
.7691382	3195/4154	45	62	71	67
.7691571	803/1044	55	58	73	90
.7691667	923/1200	65	60	71	100
.7691770	4402/5723	62	59	71	97
.7691979	3596/4675	58	55	62	85
.7692082	2623/3410	43	55	61	62
.7692593	2077/2700	62	60	67	90
.7692689	4661/6059	59	73	79	83
.7692884	1027/1335	65	75	79	89
.7693208	657/854	45	61	73	70
.7693548	477/620	45	50	53	62
.7693637	4897/6365	59	67	83	95
.7693723	3763/4891	53	67	71	73
.7693878	377/490	58	50	65	98
.7694475	3551/4615	53	65	67	71
0.7695					
.7695100	424/551	48	57	53	58
.7695208	4898/6365	62	67	79	95
.7695252	5429/7055	61	83	89	85
.7695385	2501/3250	41	50	61	65
.7695550	1643/2135	53	61	62	70
.7695906	658/855	47	57	70	75
.7696302	3705/4814	57	58	65	83
.7696798	4087/5310	61	59	67	90
.7696986	2911/3782	41	61	71	62
.7697279	2263/2940	62	60	73	98
.7697436	1501/1950	57	65	79	90
.7697494	4453/5785	61	65	73	89
.7697615	3905/5073	55	57	71	89
.7697923	4745/6164	65	67	73	92
.7698150	3953/5135	59	65	67	79
.7698182	2117/2750	58	55	73	100
.7698276	893/1160	47	58	57	60
.7698396	3599/4675	59	55	61	85
.7698591	3770/4897	58	59	65	83
.7698693	3710/4819	53	61	70	79
.7699502	3869/5025	53	67	73	75
.7699597	3819/4960	57	62	67	80
.7699722	4154/5395	62	65	67	83
.7699874	3053/3965	43	61	71	65
0.7700					
.7700000*	77/100	55	50	70	100

比值	分数	A	B	C	D
0.7700					
.7700565	1363/1770	47	59	58	60
.7700803	767/996	59	60	65	83
.7700855	901/1170	53	65	85	90
.7701053	1829/2375	59	50	62	95
.7701487	4453/5782	61	59	73	98
.7701736	754/979	58	55	65	89
.7702007	2993/3886	41	58	73	67
.7703030	1271/1650	41	55	62	60
.7703142	711/923	45	65	79	71
.7703644	4757/6175	67	65	71	95
.7703704*	104/135	65	75	80	90
.7703789	671/871	55	65	61	67
.7704261	1537/1995	53	57	58	70
.7704641	913/1185	55	75	83	79
0.7705					
.7705014	3965/5146	61	62	65	83
.7705224	413/536	59	67	70	80
.7705556	1387/1800	57	60	73	90
.7705653	3953/5130	59	57	67	90
.7706215	682/885	55	59	62	75
.7706689	1855/2407	53	58	70	83
.7706821	531/689	45	53	59	65
.7706865	2077/2695	62	55	67	98
.7706989	2867/3720	47	60	61	62
.7707103	4047/5251	57	59	71	89
.7707242	2501/3245	41	55	61	59
.7707547	817/1060	43	53	57	60
.7707562	2915/3782	53	61	55	62
.7707891	3995/5183	47	71	85	73
.7708035	3770/4891	58	67	65	73
.7708067	602/781	43	55	70	71
.7708571	1349/1750	57	70	71	75
.7709091	212/275	48	55	53	60
.7709168	3658/4745	59	65	62	73
.7709363	5146/6675	62	75	83	89
0.7710					
.7710347	4307/5586	59	57	73	98
.7710616	4503/5840	57	73	79	80
.7711066	3763/4880	53	61	71	80
.7711321	4087/5300	61	53	67	100
.7711610	2059/2670	58	60	71	89
.7712132	4399/5704	53	62	83	92
.7712204	2117/2745	58	61	73	90
.7712286	4187/5429	53	61	79	89

（续）

比值	分数	A	B	C	D	比值	分数	A	B	C	D
0.7710						0.7720					
.7712507	3965/5141	61	53	65	97	.7722158	3363/4355	57	65	59	67
.7712644	671/870	55	58	61	75	.7722807	2201/2850	62	57	71	100
.7712697	4161/5395	57	65	73	83	.7723005	329/426	47	60	70	71
.7712789	1767/2291	57	58	62	79	.7723071	4345/5626	55	58	79	97
.7712919	806/1045	62	55	65	95	.7723248	3053/3953	43	59	71	67
.7713639	1363/1767	47	57	58	62	.7723281	4661/6035	59	71	79	85
.7713707	4187/5428	53	59	79	92	.7723971	319/413	55	59	58	70
.7714041	901/1168	53	73	85	80	.7724320	4399/5695	53	67	83	85
.7714197	2494/3233	43	53	58	61	.7724535	2950/3819	50	57	59	67
.7714286*	27/35	45	70	90	75	.7724590	1178/1525	57	61	62	75
.7714855	3869/5015	53	59	73	85	0.7725					
0.7715						.7725367	737/954	55	53	67	90
.7715083	3596/4661	58	59	62	79	.7726190	649/840	55	60	59	70
.7715152	1273/1650	57	55	67	90	.7726251	3782/4895	61	55	62	89
.7715743	5293/6860	67	70	79	98	.7726667	1159/1500	57	50	61	90
.7715970	4189/5429	59	61	71	89	.7727029	4331/5605	61	59	71	95
.7716108	2419/3135	41	55	59	57	.7727127	2407/3115	58	70	83	89
.7716298	767/994	59	70	65	71	.7727185	4005/5183	45	71	89	73
.7716418	517/670	47	50	55	67	.7727763	2867/3710	47	53	61	70
.7716947	3397/4402	43	62	79	71	.7728308	3055/3953	47	59	65	67
.7717300	1829/2370	59	60	62	79	.7729045	793/1026	61	57	65	90
.7717544	4399/5700	53	60	83	95	.7729167	371/480	53	60	70	80
.7717832	3233/4189	53	59	61	71	.7729443	1457/1885	47	58	62	65
.7717949	301/390	43	60	70	65	.7729587	4402/5695	62	67	71	85
.7717974	3886/5035	58	53	67	95	.7729685	4661/6030	59	67	79	90
.7718091	3477/4505	57	53	61	85	0.7730					
.7718367	1891/2450	61	50	62	98	.7730073	4015/5194	55	53	73	98
.7718638	4307/5580	59	62	73	90	.7730217	2745/3551	45	53	61	67
.7718838	4118/5335	58	55	71	97	.7730415	671/868	55	62	61	70
.7718947	5015/6497	59	73	85	89	.7730769	201/260	45	60	67	65
.7718974	3763/4875	53	65	71	75	.7731034	1121/1450	57	58	59	75
.7719298*	44/57	55	45	60	95	.7731527	3139/4060	43	58	73	70
.7719565	3551/4600	53	50	67	92	.7731747	1885/2438	58	53	65	92
.7719852	4161/5390	57	55	73	98	.7731765	1643/2125	53	50	62	85
.7719973	4615/5978	65	61	71	98	.7731855	767/992	59	62	65	80
0.7720						.7731981	3658/4731	59	57	62	83
.7720307	403/522	62	58	65	90	.7732095	583/754	53	58	55	65
.7720369	5185/6716	61	73	85	92	.7732225	4187/5415	53	57	79	95
.7720633	2537/3286	43	53	59	62	.7732394	549/710	45	50	61	71
.7720871	603/781	45	55	67	71	.7732570	3782/4891	61	67	62	73
.7721154	803/1040	55	65	73	80	.7733434	1027/1328	65	80	79	83
.7721485	2911/3770	41	58	71	65	.7733478	3569/4615	43	65	83	71
.7721805	1027/1330	65	70	79	95	.7733929	4331/5600	61	70	71	80
.7722059	5251/6800	59	80	89	85	.7734003	2925/3782	45	61	65	62

（续）

比值	分数	A	B	C	D
0.7730					
.7734082	413/534	59	60	70	89
.7734177	611/790	47	50	65	79
.7734375*	99/128	45	40	55	80
0.7735					
.7735152	4819/6230	61	70	79	89
.7735417	3713/4800	47	60	79	80
.7735482	2784/3599	48	59	58	61
.7735821	5183/6700	71	67	73	100
.7735919	4189/5415	59	57	71	95
.7736077	639/826	45	59	71	70
.7736236	3021/3905	53	55	57	71
.7736358	3445/4453	53	61	65	73
.7736752	2263/2925	62	65	73	90
.7737113	1501/1940	57	60	79	97
.7737705	236/305	40	50	59	61
.7738000	3869/5000	53	50	73	100
.7738095*	65/84	50	60	65	70
.7738192	2867/3705	47	57	61	65
.7738346	2573/3325	62	70	83	95
.7738752	2666/3445	43	53	62	65
.7739393	4615/5963	65	67	71	89
.7739785	3599/4650	59	62	61	75
.7739931	3363/4345	57	55	59	79
0.7740					
.7740149	4891/6319	67	71	73	89
.7740846	4355/5626	65	58	67	97
.7741176	329/425	47	50	70	85
.7741331	826/1067	59	55	70	97
.7741365	4819/6225	61	75	79	83
.7741512	3534/4565	57	55	62	83
.7741573	689/890	53	50	65	89
.7742338	4345/5612	55	61	79	92
.7742389	1653/2135	57	61	58	70
.7742470	5141/6640	53	80	97	83
.7743491	803/1037	55	61	73	85
.7743821	2914/3763	47	53	62	71
.7744009	1325/1711	50	58	53	59
.7744546	2201/2842	62	58	71	98
.7744624	2881/3720	43	60	67	62
.7744718	4399/5680	53	71	83	80
0.7745					
.7745010	4307/5561	59	67	73	83
.7745253	979/1264	55	79	89	80
.7745455	213/275	45	55	71	75
0.7745					
.7745754	1505/1943	43	58	70	67
.7746154	1007/1300	53	60	57	65
.7746289	574/741	41	57	70	65
.7746450	3819/4930	57	58	67	85
.7747475	767/990	59	55	65	90
.7747642	657/848	45	53	73	80
.7747852	3337/4307	47	59	71	73
.7748418	4897/6320	59	79	83	80
.7748538	265/342	50	57	53	60
.7748754	3886/5015	58	59	67	85
.7749644	4897/6319	59	71	83	89
.7749891	3551/4582	53	58	67	79
0.7750					
.7750179	3245/4187	55	53	59	79
.7750274	3538/4565	58	55	61	83
.7750424	913/1178	55	62	83	95
.7750980	3953/5100	59	60	67	85
.7751072	5063/6532	61	71	83	92
.7751226	4898/6319	62	71	79	89
.7751762	3410/4399	55	53	62	83
.7752007	869/1121	55	59	79	95
.7752153	2790/3599	45	59	62	61
.7752837	3074/3965	53	61	58	65
.7752874	1349/1740	57	58	71	90
.7753312	4331/5586	61	57	71	98
.7753672	3431/4425	47	59	73	75
.7753873	901/1162	53	70	85	83
.7754237	183/236	45	59	61	60
.7754386*	221/285	65	75	85	95
.7754929	3658/4717	59	53	62	89
0.7755					
.7755179	2059/2655	58	59	71	90
.7755710	781/1007	55	53	71	95
.7755869	826/1065	59	71	70	75
.7756158	3149/4060	47	58	67	70
.7756303	923/1190	65	70	71	85
.7756358	1891/2438	61	53	62	92
.7756466	3599/4640	59	58	61	80
.7756643	2773/3575	47	55	59	65
.7757335	4891/6305	67	65	73	97
.7757407	4189/5400	59	60	71	90
.7757895	737/950	55	50	67	95
.7758259	4814/6205	58	73	83	85
.7758763	3763/4850	53	50	71	97

（续）

比值	分数	A	B	C	D	比值	分数	A	B	C	D
0.7755						0.7770					
.7758904	1416/1825	48	50	59	73	.7772000	1943/2500	58	50	67	100
.7758953	2015/2597	62	53	65	98	.7772420	806/1037	62	61	65	85
.7759305	3127/4030	53	62	59	65	.7772525	2795/3596	43	58	65	62
.7759434	329/424	47	53	70	80	.7772581	4819/6200	61	62	79	100
.7759887	2747/3540	41	59	67	60	.7772727	171/220	45	55	57	60
0.7760						.7773016	4897/6300	59	70	83	90
.7760157	4355/5612	65	61	67	92	.7773053	2925/3763	45	53	65	71
.7760563	551/710	57	60	58	71	.7773196	377/485	58	50	65	97
.7760928	870/1121	45	57	58	59	.7773279*	192/247	60	65	80	95
.7760983	1643/2117	53	58	62	73	.7773739	1711/2201	58	62	59	71
.7761649	4331/5580	61	62	71	90	.7773943	901/1159	53	61	85	95
.7761749	3551/4575	53	61	67	75	.7774061	3021/3886	53	58	57	67
.7763060	4161/5360	57	67	73	80	.7774262	737/948	55	60	67	79
.7763158	59/76	45	57	59	60	.7774510	793/1020	61	60	65	85
.7763492	4891/6300	67	70	73	90	.7774603	2449/3150	62	70	79	90
.7763793	4503/5800	57	58	79	100	0.7775					
.7764274	2747/3538	41	58	67	61	.7775327	4582/5893	58	71	79	83
.7764597	4189/5395	59	65	71	83	.7775420	4030/5183	62	71	65	73
.7764706*	66/85	55	50	60	85	.7775824	1769/2275	58	65	61	70
.7764950	3363/4331	57	61	59	71	.7775978	2881/3705	43	57	67	65
0.7765						.7776372	3074/3953	53	59	58	67
.7765499	2881/3710	43	53	67	70	.7776488	2679/3445	47	53	57	65
.7766046	2795/3599	43	59	65	61	.7776632	2263/2910	62	60	73	97
.7766102	2291/2950	58	59	79	100	.7776786	871/1120	65	70	67	80
.7766317	4819/6205	61	73	79	85	.7776886	969/1246	57	70	85	89
.7766770	3763/4845	53	57	71	85	.7777273	1711/2200	58	55	59	80
.7766852	4897/6305	59	65	83	97	.7777993	4015/5162	55	58	73	89
.7767033	1767/2275	57	65	62	70	.7778375	4345/5586	55	57	79	98
.7767296	247/318	57	53	65	90	.7778607	3127/4020	53	60	59	67
.7767402	915/1178	45	57	61	62	.7778689	949/1220	65	61	73	100
.7767790	1037/1335	61	75	85	89	.7778824	1653/2125	57	50	58	85
.7768089	4187/5390	53	55	79	98	.7778905	767/986	59	58	65	85
.7768333	4661/6000	59	60	79	100	.7779041	3422/4399	58	53	59	83
.7768438	4898/6305	62	65	79	97	.7779287	2291/2945	58	62	79	95
.7769076	3869/4980	53	60	73	83	.7779434	522/671	45	55	58	61
.7769811	2059/2650	58	53	71	100	.7779788	3010/3869	43	53	70	73
0.7770						.7779942	799/1027	47	65	85	79
.7770430	1645/2117	47	58	70	73	0.7780					
.7770492	237/305	45	61	79	75	.7780087	4118/5293	58	67	71	79
.7770667	1457/1875	47	50	62	75	.7780190	2867/3685	47	55	61	67
.7771144	781/1005	55	67	71	75	.7780884	4453/5723	61	59	73	97
.7771160	2479/3190	37	55	67	58	.7781072	3149/4047	47	57	67	71
.7771261	265/341	50	55	53	62	.7781218	754/969	58	57	65	85
.7771800	4189/5390	59	55	71	98	.7782278	1537/1975	53	50	58	79

（续）

比值	分数	*A*	*B*	*C*	*D*
0.7780					
.7782692	4047/5200	57	65	71	80
.7782860	3233/4154	53	62	61	67
.7783133	323/415	57	75	85	83
.7783279	4087/5251	61	59	67	89
.7783924	4503/5785	57	65	79	89
.7784708	3869/4970	53	70	73	71
.7784762	4087/5250	61	70	67	75
.7784858	2077/2668	62	58	67	92
0.7785					
.7785113	4717/6059	53	73	89	83
.7785311	689/885	53	59	65	75
.7785388	341/438	55	60	62	73
.7785924	531/682	45	55	59	62
.7786317	4154/5335	62	55	67	97
.7786640	781/1003	55	59	71	85
.7786738	869/1116	55	62	79	90
.7787281	3551/4560	53	57	67	80
.7787413	2784/3575	48	55	58	65
.7787843	2665/3422	41	58	65	59
.7787963	4503/5782	57	59	79	98
.7788168	4331/5561	61	67	71	83
.7788331	574/737	41	55	70	67
.7788427	4307/5530	59	70	73	79
.7788522	3705/4757	57	67	65	71
.7788571	1363/1750	47	50	58	70
.7789030	923/1185	65	75	71	79
.7789051	3685/4731	55	57	67	83
.7789645	3355/4307	55	59	61	73
.7789835	4307/5529	59	57	73	97
0.7790					
.7790017	2263/2905	62	70	73	83
.7790361	3233/4150	53	50	61	83
.7790766	1333/1711	43	58	62	59
.7791045	261/335	45	50	58	67
.7791667 *	187/240	55	75	85	80
.7791983	3596/4615	58	65	62	71
.7792135	1387/1780	57	60	73	89
.7792233	3953/5073	59	57	67	89
.7792398	533/684	41	57	65	60
.7792453	413/530	59	53	70	100
.7792711	3015/3869	45	53	67	73
.7792827	5063/6497	61	73	83	89
.7793177	731/938	43	67	85	70
.7793669	4087/5244	61	57	67	92

比值	分数	*A*	*B*	*C*	*D*
0.7790					
.7793878	3819/4900	57	50	67	98
.7793985	5183/6650	71	70	73	95
.7794184	3431/4402	47	62	73	71
.7794314	4661/5980	59	65	79	92
0.7795					
.7795322	1333/1710	43	57	62	60
.7795475	4307/5525	59	65	73	85
.7795951	4814/6175	58	65	83	95
.7796276	4355/5586	65	57	67	98
.7796721	1189/1525	41	50	58	61
.7796922	4661/5978	59	61	79	98
.7796992	1037/1330	61	70	85	95
.7797060	3819/4898	57	62	67	79
.7797170	1653/2120	57	53	58	80
.7797727	3431/4400	47	55	73	80
.7797938	1891/2425	61	50	62	97
.7797976	4161/5336	57	58	73	92
.7798361	4757/6100	67	61	71	100
.7798483	3599/4615	59	65	61	71
.7798606	3245/4161	55	57	59	73
.7798652	3819/4897	57	59	67	83
.7798858	4234/5429	58	61	73	89
.7799033	3710/4757	53	67	70	71
.7799438	4161/5335	57	55	73	97
.7799500	3431/4399	47	53	73	83
.7799584	2623/3363	43	57	61	59
0.7800					
.7800000 *	39/50	45	50	65	75
.7800106	1475/1891	50	61	59	62
.7800230	3397/4355	43	65	79	67
.7800295	2117/2714	58	59	73	92
.7800403	3869/4960	53	62	73	80
.7800939	4154/5325	62	71	67	75
.7801839	3819/4895	57	55	67	89
.7802176	4015/5146	55	62	73	83
.7802536	4307/5520	59	60	73	92
.7802758	4130/5293	59	67	70	79
.7803226	2419/3100	41	50	59	62
.7803448	2263/2900	62	58	73	100
.7804049	4819/6175	61	65	79	95
.7804104	4183/5360	47	67	89	80
.7804196	558/715	45	55	62	65
.7804433	2993/3835	41	59	73	65
.7804659	871/1116	65	62	67	90

（续）

比值	分数	*A*	*B*	*C*	*D*
0.7800					
.7804912	5561/7125	67	75	83	95
0.7805					
.7805236	3190/4087	55	61	58	67
.7805339	3713/4757	47	67	79	71
.7805364	4307/5518	59	62	73	89
.7805843	2565/3286	45	53	57	62
.7805986	3782/4845	61	57	62	85
.7806154	2537/3250	43	50	59	65
.7806802	4453/5704	61	62	73	92
.7807052	2015/2581	62	58	65	89
.7807203	737/944	55	59	67	80
.7807624	3953/5063	59	61	67	83
.7808458	3139/4020	43	60	73	67
.7808674	3763/4819	53	61	71	79
.7808777	2491/3190	47	55	53	58
.7809068	2773/3551	47	53	59	67
.7809414	4745/6076	65	62	73	98
.7809765	4015/5141	55	53	73	97
.7809864	2407/3082	58	67	83	92
0.7810					
.7810000	781/1000	55	50	71	100
.7810064	1102/1411	58	83	95	85
.7810181	4526/5795	62	61	73	95
.7810526	371/475	53	50	70	95
.7811268	2773/3550	47	50	59	71
.7811567	4187/5360	53	67	79	80
.7811748	3245/4154	55	62	59	67
.7812169	3685/4717	55	53	67	89
.7812253	3953/5060	59	55	67	92
.7812500*	25/32	50	60	75	80
.7812785	1711/2190	58	60	59	73
.7813187	711/910	45	65	79	70
.7813343	4345/5561	55	67	79	83
.7813483	3477/4450	57	50	61	89
.7813896	3149/4030	47	62	67	65
.7814042	2059/2635	58	62	71	85
.7814085	1387/1775	57	71	73	75
.7814988	3337/4270	47	61	71	70
0.7815					
.7815249	533/682	41	55	65	62
.7815299	4189/5360	59	67	71	80
.7815830	1027/1314	65	73	79	90
.7815888	3965/5073	61	57	65	89
.7816073	4717/6035	53	71	89	85

比值	分数	*A*	*B*	*C*	*D*
0.7815					
.7816162	3869/4950	53	55	73	90
.7816456	247/316	57	60	65	79
.7816697	4307/5510	59	58	73	95
.7816784	3763/4814	53	58	71	83
.7817057	1769/2263	58	62	61	73
.7817391	899/1150	58	50	62	92
.7817500	3127/4000	53	50	59	80
.7817975	4819/6164	61	67	79	92
.7818757	742/949	53	65	70	73
.7818890	803/1027	55	65	73	79
.7819021	4234/5415	58	57	73	95
.7819117	2585/3306	47	57	55	58
.7819277	649/830	55	50	59	83
.7819549*	104/133	65	70	80	95
.7819806	5251/6715	59	79	89	85
0.7820					
.7820591	5135/6566	65	67	79	98
.7821429	219/280	45	60	73	70
.7821538	1271/1625	41	50	62	65
.7822010	4087/5225	61	55	67	95
.7822554	4717/6030	53	67	89	90
.7822976	2077/2655	62	59	67	90
.7823200	3770/4819	58	61	65	79
.7823303	611/781	47	55	65	71
.7823682	2405/3074	37	53	65	58
.7823810	1643/2100	53	60	62	70
.7823913	3599/4600	59	50	61	92
.7824387	2201/2813	62	58	71	97
.7824599	3658/4675	59	55	62	85
.7824934	295/377	50	58	59	65
0.7825					
.7825079	3713/4745	47	65	79	73
.7825269	2911/3720	41	60	71	62
.7825820	3819/4880	57	61	67	80
.7825988	3445/4402	53	62	65	71
.7826531	767/980	59	50	65	98
.7827004	371/474	53	60	70	79
.7827189	3397/4340	43	62	79	70
.7827692	1272/1625	48	50	53	65
.7828087	3233/4130	53	59	61	70
.7828205	3053/3900	43	60	71	65
.7828755	2679/3422	47	58	57	59
.7829164	4757/6076	67	62	71	98
.7829545	689/880	53	55	65	80

（续）

比值	分数	*A*	*B*	*C*	*D*
0.7825					
.7829726	3835/4898	59	62	65	79
.7829851	2623/3350	43	50	61	67
0.7830					
.7830080	682/871	55	65	62	67
.7830909	4307/5500	59	55	73	100
.7831169	603/770	45	55	67	70
.7831826	4331/5530	61	70	71	79
.7832240	3819/4876	57	53	67	92
.7832479	2291/2925	58	65	79	90
.7832572	2573/3285	62	73	83	90
.7833243	4331/5529	61	57	71	97
.7833590	2542/3245	41	55	62	59
.7833846	1273/1625	57	65	67	75
.7834272	4453/5684	61	58	73	98
.7834525	767/979	59	55	65	89
.7834677	1943/2480	58	62	67	80
0.7835					
.7835314	923/1178	65	62	71	95
.7835968	793/1012	61	55	65	92
.7836158	1387/1770	57	59	73	90
.7836812	413/527	59	62	70	85
.7837130	2993/3819	41	57	73	67
.7837576	3233/4125	53	55	61	75
.7837736	2077/2650	62	53	67	100
.7837761	2773/3538	47	58	59	61
.7838184	2451/3127	43	53	57	59
.7838560	4399/5612	53	61	83	92
.7838942	4030/5141	62	53	65	97
.7839080	341/435	55	58	62	75
.7839271	4731/6035	57	71	83	85
.7839490	2950/3763	50	53	59	71
.7839583	3763/4800	53	60	71	80
.7839753	2544/3245	48	55	53	59
0.7840					
.7840045	2784/3551	48	53	58	67
.7840125	2501/3190	41	55	61	58
.7840369	5609/7154	71	73	79	98
.7840476	5141/6557	53	79	97	83
.7840741	2117/2700	58	60	73	90
.7840824	4187/5340	53	60	79	89
.7840932	3835/4891	59	67	65	73
.7841365	781/996	55	60	71	83
.7841530	287/366	41	60	70	61
.7841894	3710/4731	53	57	70	83
.7841967	3285/4189	45	59	73	71
0.7840					
.7842254	1392/1775	48	50	58	71
.7842767	1247/1590	43	53	58	60
.7842857	549/700	45	50	61	70
.7843088	3149/4015	47	55	67	73
.7843454	3397/4331	43	61	79	71
.7843643	913/1164	55	60	83	97
.7843810	2059/2625	58	70	71	75
.7843906	2201/2806	62	61	71	92
.7843956	3569/4550	43	65	83	70
.7844354	3286/4189	53	59	62	71
.7844617	3534/4505	57	53	62	85
0.7845					
.7845173	4307/5490	59	61	73	90
.7845713	3285/4187	45	53	73	79
.7845817	1435/1829	41	59	70	62
.7845890	2291/2920	58	73	79	80
.7846014	4331/5520	61	60	71	92
.7846154*	51/65	45	65	85	75
.7846633	2773/3534	47	57	59	62
.7846702	4187/5336	53	58	79	92
.7846753	3021/3850	53	55	57	70
.7847201	2537/3233	43	53	59	61
.7847294	5293/6745	67	71	79	95
.7847870	3869/4930	53	58	73	85
.7847953	671/855	55	57	61	75
.7848172	4187/5335	53	55	79	97
.7848350	4399/5605	53	59	83	95
.7848639	923/1176	65	60	71	98
.7848761	602/767	43	59	70	65
.7848858	4331/5518	61	62	71	89
.7849095	3901/4970	47	70	83	71
.7849576	741/944	57	59	65	80
0.7850					
.7850450	4189/5336	59	58	71	92
.7850505	1943/2475	58	55	67	90
.7850722	4891/6230	67	70	73	89
.7850943	4161/5300	57	53	73	100
.7851043	3953/5035	59	53	67	95
.7851131	4757/6059	67	73	71	83
.7851587	3735/4757	45	67	83	71
.7851765	3337/4250	47	50	71	85
.7851921	4189/5335	59	55	71	97
.7852784	2059/2622	58	57	71	92
.7853333	589/750	57	50	62	90
.7853411	5561/7081	67	73	83	97

（续）

比值	分数	*A*	*B*	*C*	*D*
0.7850					
.7853496	3538/4505	58	53	61	85
.7853702	4402/5605	62	59	71	95
.7853903	3290/4189	47	59	70	71
.7854167	377/480	58	60	65	80
.7854447	1457/1855	47	53	62	70
.7854569	3705/4717	57	53	65	89
.7854795	2867/3650	47	50	61	73
0.7855					
.7855288	2117/2695	58	55	73	98
.7855357	4399/5600	53	70	83	80
.7855750	403/513	62	57	65	90
.7856305	2679/3410	47	55	57	62
.7856408	3053/3886	43	58	71	67
.7856942	2790/3551	45	53	62	67
.7856950	2911/3705	41	57	71	65
.7857143*	11/14	45	35	55	90
.7857627	1159/1475	57	59	61	75
.7857655	3290/4187	47	53	70	79
.7858564	4345/5529	55	57	79	97
.7859155	279/355	45	50	62	71
.7859649*	224/285	70	75	80	95
0.7860					
.7860109	3596/4575	58	61	62	75
.7860169	371/472	53	59	70	80
.7860254	4331/5510	61	58	71	95
.7860353	4897/6230	59	70	83	89
.7860714	2201/2800	62	70	71	80
.7861326	4161/5293	57	67	73	79
.7861554	3055/3886	47	58	65	67
.7861667	4717/6000	53	75	89	80
.7861799	603/767	45	59	67	65
.7861958	2449/3115	62	70	79	89
.7862222	1769/2250	58	50	61	90
.7862469	949/1207	65	71	73	85
.7862666	2542/3233	41	53	62	61
.7862903	195/248	45	60	65	62
.7863454	979/1245	55	75	89	83
.7864253	869/1105	55	65	79	85
.7864407	232/295	48	59	58	60
.7864780	2501/3180	41	53	61	60
.7864919	3901/4960	47	62	83	80
0.7865					
.7865047	2914/3705	47	57	62	65

比值	分数	*A*	*B*	*C*	*D*
0.7865					
.7865053	3835/4876	59	53	65	92
.7865297	689/876	53	60	65	73
.7866525	3713/4720	47	59	79	80
.7866644	4731/6014	57	62	83	97
.7866707	2585/3286	47	53	55	62
.7867168	3139/3990	43	57	73	70
.7867746	583/741	53	57	55	65
.7868251	4503/5723	57	59	79	97
.7868695	4087/5194	61	53	67	98
.7868988	949/1206	65	67	73	90
.7869226	2419/3074	41	53	59	58
.7869458	639/812	45	58	71	70
0.7870					
.7870283	3337/4240	47	53	71	80
.7870370*	85/108	50	60	85	90
.7871022	2795/3551	43	53	65	67
.7871429	551/700	57	60	58	70
.7871585	2881/3660	43	60	67	61
.7872009	4047/5141	57	53	71	97
.7872500	3149/4000	47	50	67	80
.7872852	2291/2910	58	60	79	97
.7872984	781/992	55	62	71	80
.7873239	559/710	43	50	65	71
.7873470	3410/4331	55	61	62	71
.7874227	3819/4850	57	50	67	97
.7874545	4331/5500	61	55	71	100
.7874876	793/1007	61	53	65	95
0.7875					
.7875226	871/1106	65	70	67	79
.7875417	708/899	48	58	59	62
.7875587	671/852	55	60	61	71
.7875719	3422/4345	58	55	59	79
.7875888	2881/3658	43	59	67	62
.7876650	4355/5529	65	57	67	97
.7877327	3596/4565	58	55	62	83
.7877445	3021/3835	53	59	57	65
.7877481	913/1159	55	61	83	95
.7877759	464/589	48	57	58	62
.7878138	2573/3266	62	71	83	92
.7878301	3431/4355	47	65	73	67
.7878788*	26/33	40	55	65	60
.7879026	1003/1273	59	67	85	95
.7879167	1891/2400	61	60	62	80

（续）

比值	分数	*A*	*B*	*C*	*D*
0.7875					
.7879869	2650/3363	50	57	53	59
0.7880					
.7880039	3245/4118	55	58	59	71
.7880415	2201/2793	62	57	71	98
.7881207	4047/5135	57	65	71	79
.7881340	4118/5225	58	55	71	95
.7881436	3337/4234	47	58	71	73
.7881644	3010/3819	43	57	70	67
.7882051	1537/1950	53	60	58	65
.7882382	3190/4047	55	57	58	71
.7883513	4399/5580	53	62	83	90
.7883621	1829/2320	59	58	62	80
.7883899	3599/4565	59	55	61	83
.7884097	585/742	45	53	65	70
.7884793	1711/2170	58	62	59	70
0.7885					
.7885000	1577/2000	57	75	83	80
.7885122	4187/5310	53	59	79	90
.7885395	4087/5183	61	71	67	73
.7885662	869/1102	55	58	79	95
.7885811	1395/1769	45	58	62	61
.7885854	3551/4503	53	57	67	79
.7885965	899/1140	58	57	62	80
.7886403	2291/2905	58	70	79	83
.7886507	3127/3965	53	61	59	65
.7887356	3431/4350	47	58	73	75
.7887931	183/232	45	58	61	60
.7888710	4891/6200	67	62	73	100
.7888799	979/1241	55	73	89	85
.7889493	871/1104	65	60	67	92
.7889924	4745/6014	65	62	73	97
0.7890					
.7890547	793/1005	61	67	65	75
.7890928	3053/3869	43	53	71	73
.7891111	3551/4500	53	50	67	90
.7891933	1037/1314	61	73	85	90
.7892023	4897/6205	59	73	83	85
.7892098	3306/4189	57	59	58	71
.7892231	3149/3990	47	57	67	70
.7892308	513/650	45	50	57	65
.7892352	4355/5518	65	62	67	89
.7892544	3599/4560	59	57	61	80
.7893151	2881/3650	43	50	67	73
.7893634	4898/6205	62	73	79	85
0.7890					
.7893678	2747/3480	41	58	67	60
.7894118	671/850	55	50	61	85
.7894366	1121/1420	57	60	59	71
.7894460	4503/5704	57	62	79	92
0.7895					
.7895480	559/708	43	59	65	60
.7895636	4161/5270	57	62	73	85
.7895918	3869/4900	53	50	73	98
.7896097	3055/3869	47	53	65	73
.7896433	3431/4345	47	55	73	79
.7897140	3286/4161	53	57	62	73
.7897436*	154/195	55	65	70	75
.7897966	4505/5704	53	62	85	92
.7898659	530/671	50	55	53	61
.7899143	3869/4898	53	62	73	79
.7899254	2117/2680	58	67	73	80
.7899593	2911/3685	41	55	71	67
.7899787	741/938	57	67	65	70
.7899943	2795/3538	43	58	65	61
0.7900					
.7900000	79/100	45	60	79	75
.7900489	2747/3477	41	57	67	61
.7900756	3869/4897	53	59	73	83
.7901178	3422/4331	58	61	59	71
.7901961	403/510	62	60	65	85
.7902273	3477/4400	57	55	61	80
.7902397	923/1168	65	73	71	80
.7902891	4183/5293	47	67	89	79
.7903297	1798/2275	58	65	62	70
.7903509	901/1140	53	60	85	95
.7903564	377/477	58	53	65	90
.7903774	4189/5300	59	53	71	100
.7903984	3869/4895	53	55	73	89
.7904069	3477/4399	57	53	61	83
.7904306	826/1045	59	55	70	95
.7904468	513/649	45	55	57	59
0.7905					
.7905530	3431/4340	47	62	73	70
.7906000	3953/5000	59	50	67	100
.7906281	793/1003	61	59	65	85
.7906452	2451/3100	43	50	57	62
.7906753	3290/4161	47	57	70	73
.7906936	4503/5695	57	67	79	85
.7907216	767/970	59	50	65	97

（续）

比值	分数	*A*	*B*	*C*	*D*
0.7905					
.7907496	2479/3135	37	55	67	57
.7907580	5185/6557	61	79	85	83
.7907734	2914/3685	47	55	62	67
.7908040	3285/4154	45	62	73	67
.7908133	5251/6640	59	80	89	83
.7908333	949/1200	65	60	73	100
.7908440	4526/5723	62	59	73	97
.7908885	2795/3534	43	57	65	62
.7909091	87/110	45	55	58	60
.7909384	4661/5893	59	71	79	83
.7909877	4757/6014	67	62	71	97
0.7910					
.7910502	4331/5475	61	73	71	75
.7910874	4154/5251	62	59	67	89
.7911371	4731/5980	57	65	83	92
.7911877	413/522	59	58	70	90
.7912381	2077/2625	62	70	67	75
.7912736	671/848	55	53	61	80
.7912941	3363/4250	57	50	59	85
.7913413	4661/5890	59	62	79	95
.7913562	531/671	45	55	59	61
.7913802	2993/3782	41	61	73	62
.7914226	4189/5293	59	67	71	79
.7914449	4015/5073	55	57	73	89
0.7915					
.7915037	4453/5626	61	58	73	97
.7915377	767/969	59	57	65	85
.7915633	319/403	55	62	58	65
.7915727	4565/5767	55	73	83	79
.7915842	4402/5561	62	67	71	83
.7916456	3127/3950	53	50	59	79
.7916667*	19/24	50	75	95	80
.7916772	3139/3965	43	61	73	65
.7917344	3410/4307	55	59	62	73
.7917474	4087/5162	61	58	67	89
.7918072	1643/2075	53	50	62	83
.7918182	871/1100	65	55	67	100
.7919231	2059/2600	58	65	71	80
.7919540	689/870	53	58	65	75
.7919765	4047/5110	57	70	71	73
0.7920					
.7920077	1645/2077	47	62	70	67
.7920484	4582/5785	58	65	79	89
.7920648	4891/6175	67	65	73	95

比值	分数	*A*	*B*	*C*	*D*
0.7920					
.7920892	781/986	55	58	71	85
.7921198	5609/7081	71	73	79	97
.7921434	2077/2622	62	57	67	92
.7921678	2832/3575	48	55	59	65
.7922013	3149/3975	47	53	67	75
.7922105	3763/4750	53	50	71	95
.7922238	4503/5684	57	58	79	98
.7922857	2773/3500	47	50	59	70
.7923318	5063/6390	61	71	83	90
.7923949	3355/4234	55	58	61	73
.7924205	4161/5251	57	59	73	89
.7924472	2665/3363	41	57	65	59
.7924594	2291/2891	58	59	79	98
.7924731	737/930	55	62	67	75
.7924881	3819/4819	57	61	67	79
0.7925					
.7925134	741/935	57	55	65	85
.7925163	3770/4757	58	67	65	71
.7925373	531/670	45	50	59	67
.7925714	1387/1750	57	70	73	75
.7926327	3658/4615	59	65	62	71
.7926871	4661/5880	59	60	79	98
.7927446	2666/3363	43	57	62	59
.7927711	329/415	47	50	70	83
.7927817	4503/5680	57	71	79	80
.7928040	639/806	45	62	71	65
.7928333	4757/6000	67	60	71	100
.7928379	2059/2597	58	53	71	98
.7928721	1891/2385	61	53	62	90
.7928839	2117/2670	58	60	73	89
.7929553	923/1164	65	60	71	97
.7929870	3053/3850	43	55	71	70
0.7930					
.7930000	793/1000	61	50	65	100
.7930108	295/372	50	60	59	62
.7930364	4897/6175	59	65	83	95
.7930453	3763/4745	53	65	71	73
.7930612	1943/2450	58	50	67	98
.7931148	2419/3050	41	50	59	61
.7931205	4819/6076	61	62	79	98
.7931338	901/1136	53	71	85	80
.7931604	3363/4240	57	53	59	80
.7931984	4898/6175	62	65	79	95
.7932605	871/1098	65	61	67	90

（续）

比值	分数	A	B	C	D
0.7930					
.7932692*	165/208	55	65	75	80
.7933112	3819/4814	57	58	67	83
.7933321	4307/5429	59	61	73	89
.7933808	2565/3233	45	53	57	61
.7933851	1943/2449	58	62	67	79
.7934059	2623/3306	43	57	61	58
0.7935					
.7935065	611/770	47	55	65	70
.7935323	319/402	55	60	58	67
.7935471	3886/4897	58	59	67	83
.7935829	742/935	53	55	70	85
.7936073	869/1095	55	73	79	75
.7936223	3534/4453	57	61	62	73
.7936270	4234/5335	58	55	73	97
.7936410	3869/4875	53	65	73	75
.7936842	377/475	58	50	65	95
.7937437	4745/5978	65	61	73	98
.7937585	585/737	45	55	65	67
.7937751	3953/4980	59	60	67	83
.7938356	1159/1460	57	60	61	73
.7938713	3886/4895	58	55	67	89
.7938819	3763/4740	53	60	71	79
.7938992	2993/3770	41	58	73	65
.7939809	3245/4087	55	61	59	67
0.7940					
.7940351	2263/2850	62	57	73	100
.7940804	3139/3953	43	59	73	67
.7941176*	27/34	60	80	90	85
.7941573	1767/2225	57	50	62	89
.7941810	737/928	55	58	67	80
.7941992	3149/3965	47	61	67	65
.7942141	4118/5185	58	61	71	85
.7942308	413/520	59	65	70	80
.7942788	1305/1643	45	53	58	62
.7943201	923/1162	65	70	71	83
.7943368	533/671	41	55	65	61
.7944017	4030/5073	62	57	65	89
.7944444*	143/180	55	45	65	100
.7944517	4897/6164	59	67	83	92
.7944692	4453/5605	61	59	73	95
.7944972	4187/5270	53	62	79	85
0.7945					
.7945238	3337/4200	47	60	71	70
.7945508	1079/1358	65	70	83	97
0.7945					
.7945774	2491/3135	47	55	53	57
.7946139	2449/3082	62	67	79	92
.7946349	2666/3355	43	55	62	61
.7947322	4526/5695	62	67	73	85
.7947761	213/268	45	60	71	67
.7948485	2623/3300	43	55	61	60
.7948767	4189/5270	59	62	71	85
.7948938	3705/4661	57	59	65	79
.7949815	4087/5141	61	53	67	97
0.7950					
.7950239	4154/5225	62	55	67	95
.7950389	3782/4757	61	67	62	71
.7950562	1769/2225	58	50	61	89
.7951174	4234/5325	58	71	73	75
.7951261	4731/5950	57	70	83	85
.7951482	295/371	50	53	59	70
.7951834	3599/4526	59	62	61	73
.7952174	1829/2300	59	50	62	92
.7952978	2537/3190	43	55	59	58
.7953458	4819/6059	61	73	79	83
.7953552	2911/3660	41	60	71	61
.7953722	3953/4970	59	70	67	71
.7953846	517/650	47	50	55	65
.7953921	3763/4731	53	57	71	83
.7953995	657/826	45	59	73	70
.7954286	696/875	48	50	58	70
.7954438	5063/6365	61	67	83	95
.7954849	4757/5980	67	65	71	92
0.7955					
.7955224	533/670	41	50	65	67
.7955343	2494/3135	43	55	58	57
.7955504	3397/4270	43	61	79	70
.7956231	4399/5529	53	57	83	97
.7956250	1273/1600	57	60	67	80
.7956416	1643/2065	53	59	62	70
.7956897	923/1160	65	58	71	100
.7957404	4745/5963	65	67	73	89
.7957511	4757/5978	67	61	71	98
.7957647	1691/2125	57	75	89	85
.7957659	639/803	45	55	71	73
.7957854	2077/2610	62	58	67	90
.7958083	3835/4819	59	61	65	79
.7958209	1333/1675	43	50	62	67
.7958594	1653/2077	57	62	58	67

（续）

比值	分数	*A*	*B*	*C*	*D*	比值	分数	*A*	*B*	*C*	*D*
0.7955						0.7970					
.7958752	1505/1891	43	61	70	62	.7971264	1387/1740	57	58	73	90
.7959104	4087/5135	61	65	67	79	.7971429	279/350	45	50	62	70
.7959398	5293/6650	67	70	79	95	.7971715	4453/5586	61	57	73	98
.7959665	3710/4661	53	59	70	79	.7971973	3015/3782	45	61	67	62
0.7960						.7972091	4399/5518	53	62	83	89
.7960217	2201/2765	62	70	71	79	.7972152	3149/3950	47	50	67	79
.7960317	1003/1260	59	70	85	90	.7972458	3763/4720	53	59	71	80
.7960940	2405/3021	37	53	65	57	.7972642	3905/4898	55	62	71	79
.7961181	4717/5925	53	75	89	79	.7972747	2867/3596	47	58	61	62
.7961657	4402/5529	62	57	71	97	.7973325	2451/3074	43	53	57	58
.7961847	793/996	61	60	65	83	.7973635	2117/2655	58	59	73	90
.7961991	4399/5525	53	65	83	85	.7973719	4187/5251	53	59	79	89
.7962105	1891/2375	61	50	62	95	.7973846	5183/6500	71	65	73	100
.7962213	590/741	50	57	59	65	.7973875	2747/3445	41	53	67	65
.7962702	2263/2842	62	58	73	98	.7974181	803/1007	55	53	73	95
.7963054	3233/4060	53	58	61	70	.7974270	3905/4897	55	59	71	83
.7963235	1083/1360	57	80	95	85	.7974437	2870/3599	41	59	70	61
.7963636	219/275	45	55	73	75	.7974638	2201/2760	62	60	71	92
.7963801*	176/221	55	65	80	85	.7974790	949/1190	65	70	73	85
.7964427	403/506	62	55	65	92	.7974922	1272/1595	48	55	53	58
.7964481	583/732	53	60	55	61	0.7975					
0.7965						.7975000	319/400	55	50	58	80
.7965284	826/1037	59	61	70	85	.7975073	5183/6499	71	67	73	97
.7966061	3286/4125	53	55	62	75	.7975218	2832/3551	48	53	59	67
.7966265	1653/2075	57	50	58	83	.7975266	2773/3477	47	57	59	61
.7966772	1007/1264	53	79	95	80	.7975696	2494/3127	43	53	58	59
.7966862	4087/5130	61	57	67	90	.7975758	658/825	47	55	70	75
.7967421	4402/5525	62	65	71	85	.7975926	4307/5400	59	60	73	90
.7967521	4661/5850	59	65	79	90	.7976608	682/855	55	57	62	75
.7967619	4183/5250	47	70	89	75	.7976802	4814/6035	58	71	83	85
.7967742	247/310	57	62	65	75	.7977173	3285/4118	45	58	73	71
.7968070	549/689	45	53	61	65	.7977320	3869/4850	53	50	73	97
.7968310	2263/2840	62	71	73	80	.7977465	1416/1775	48	50	59	71
.7968391	2773/3480	47	58	59	60	.7977671	2501/3135	41	55	61	57
.7968652	1271/1595	41	55	62	58	.7977867	793/994	61	70	65	71
.7968835	2915/3658	53	59	55	62	.7977987	2537/3180	43	53	59	60
.7969203	4399/5520	53	60	83	92	.7978495	371/465	53	62	70	75
.7969388	781/980	55	50	71	98	.7978903	1891/2370	61	60	62	79
.7969647	1943/2438	58	53	67	92	.7978998	4331/5428	61	59	71	92
.7969758	3953/4960	59	62	67	80	.7979602	1643/2059	53	58	62	71
.7969907	3337/4187	47	53	71	79	.7979775	3551/4450	53	50	67	89
0.7970						0.7980					
.7970495	3782/4745	61	65	62	73	.7980287	4453/5580	61	62	73	90
.7970760	1363/1710	47	57	58	60	.7980606	5185/6497	61	73	85	89

（续）

比值	分数	*A*	*B*	*C*	*D*
0.7980					
.7981090	1435/1798	41	58	70	62
.7981164	4661/5840	59	73	79	80
.7981667	4615/5782	65	59	71	98
.7982242	3596/4505	58	53	62	85
.7982349	2623/3286	43	53	61	62
.7982456*	91/114	65	60	70	95
.7983193*	95/119	50	70	95	85
.7983318	4307/5395	59	65	73	83
.7983413	1829/2291	59	58	62	79
.7983562	1457/1825	47	50	62	73
.7983666	4399/5510	53	58	83	95
.7983824	5429/6800	61	80	89	85
.7983927	3477/4355	57	65	61	67
.7984085	301/377	43	58	70	65
.7984416	1537/1925	53	55	58	70
.7984832	737/923	55	65	67	71
.7984914	741/928	57	58	65	80
0.7985					
.7985097	2679/3355	47	55	57	61
.7985552	3869/4845	53	57	73	85
.7985714	559/700	43	50	65	70
.7985787	3596/4503	58	57	62	79
.7985859	3953/4950	59	55	67	90
.7986301	583/730	53	50	55	73
.7986441	1178/1475	57	59	62	75
.7987288	377/472	58	59	65	80
.7987837	3021/3782	53	61	57	62
.7988095	671/840	55	60	61	70
.7988177	4189/5244	59	57	71	92
.7988462	2077/2600	62	65	67	80
.7988634	3233/4047	53	57	61	71
.7988679	2117/2650	58	53	73	100
.7988901	3599/4505	59	53	61	85
.7989111	2201/2755	62	58	71	95
.7989315	1645/2059	47	58	70	71
.7989583	767/960	59	60	65	80
0.7990					
.7990050	803/1005	55	67	73	75
.7990724	4307/5390	59	55	73	98
.7991111	899/1125	58	50	62	90
.7991453*	187/234	55	65	85	90
.7991708	4819/6030	61	67	79	90
.7991803	195/244	45	60	65	61
.7992368	3770/4717	58	53	65	89

比值	分数	*A*	*B*	*C*	*D*
0.7990					
.7992611	649/812	55	58	59	70
.7992982	1139/1425	67	75	85	95
.7993103	1159/1450	57	58	61	75
.7993285	4047/5063	57	61	71	83
.7993711	1271/1590	41	53	62	60
.7993852	3901/4880	47	61	83	80
.7993952	793/992	61	62	65	80
.7994135	1363/1705	47	55	58	62
.7994239	3053/3819	43	57	71	67
.7994987	319/399	55	57	58	70
0.7995					
.7995480	3538/4425	58	59	61	75
.7995628	3658/4575	59	61	62	75
.7995670	2585/3233	47	53	55	61
.7996173	2925/3658	45	59	65	62
.7996369	4845/6059	57	73	85	83
.7997015	2679/3350	47	50	57	67
.7997347	603/754	45	58	67	65
.7997690	2077/2597	62	53	67	98
.7997778	3599/4500	59	50	61	90
.7998024	4047/5060	57	55	71	92
.7998081	2501/3127	41	53	61	59
.7998153	4331/5415	61	57	71	95
.7998517	1079/1349	65	71	83	95
.7998607	3445/4307	53	59	65	73
.7998937	3010/3763	43	53	70	71
.7999244	4234/5293	58	67	73	79
.7999476	3055/3819	47	57	65	67
0.8000					
.8000775	2065/2581	59	58	70	89
.8001923	4161/5200	57	65	73	80
.8002049	781/976	55	61	71	80
.8002051	3901/4875	47	65	83	75
.8002155	3713/4640	47	58	79	80
.8002301	3477/4345	57	55	61	79
.8002428	4615/5767	65	73	71	79
.8003156	4565/5704	55	62	83	92
.8003316	4345/5429	55	61	79	89
.8003636	2201/2750	62	55	71	100
.8003910	4503/5626	57	58	79	97
.8003972	806/1007	62	53	65	95
.8004412	4717/5893	53	71	89	83
.8004522	1416/1769	48	58	59	61
.8004678	3422/4275	58	57	59	75

（续）

比值	分数	A	B	C	D	比值	分数	A	B	C	D
0.8000						0.8015					
.8004843	1653/2065	57	59	58	70	.8015803	913/1139	55	67	83	85
0.8005						.8017225	4189/5225	59	55	71	95
.8005001	2881/3599	43	59	67	61	.8017808	3782/4717	61	53	62	89
.8005427	590/737	50	55	59	67	.8017949	3127/3900	53	60	59	65
.8005982	803/1003	55	59	73	85	.8018033	4891/6100	67	61	73	100
.8006289	1273/1590	57	53	67	90	.8018215	2201/2745	62	61	71	90
.8006903	928/1159	48	57	58	61	.8018285	3245/4047	55	57	59	71
.8007143	1121/1400	57	60	59	70	.8018745	5561/6935	67	73	83	95
.8007282	2419/3021	41	53	59	57	.8019267	4745/5917	65	61	73	97
.8007519	213/266	45	57	71	70	.8019474	4118/5135	58	65	71	79
.8007553	4453/5561	61	67	73	83	.8019580	2867/3575	47	55	61	65
.8007682	3127/3905	53	55	59	71	.8019707	3337/4161	47	57	71	73
.8008235	5251/6557	59	79	89	83	.8019900	806/1005	62	67	65	75
.8008439	949/1185	65	75	73	79	0.8020					
.8008614	3905/4876	55	53	71	92	.8020370	4331/5400	61	60	71	90
.8008772	913/1140	55	60	83	95	.8020640	3886/4845	58	57	67	85
.8009071	3355/4189	55	59	61	71	.8020833*	77/96	55	60	70	80
0.8010						.8021073	4187/5220	53	58	79	90
.8010115	4118/5141	58	53	71	97	.8021390*	150/187	50	55	75	85
.8010256	781/975	55	65	71	75	.8021625	2745/3422	45	58	61	59
.8010870	737/920	55	50	67	92	.8021735	4355/5429	65	61	67	89
.8011076	5063/6320	61	79	83	80	.8021930	1829/2280	59	57	62	80
.8011167	4161/5194	57	53	73	98	.8022333	3233/4030	53	62	61	65
.8011521	3477/4340	57	62	61	70	.8022375	4661/5810	59	70	79	83
.8011572	4154/5185	62	61	67	85	.8023213	4355/5428	65	59	67	92
.8011680	2881/3596	43	58	67	62	.8023333	2407/3000	58	75	83	80
.8012224	3015/3763	45	53	67	71	.8023529	341/425	55	50	62	85
.8012344	5063/6319	61	71	83	89	.8023877	4503/5612	57	61	79	92
.8012371	1943/2425	58	50	67	97	.8024007	869/1083	55	57	79	95
.8012712	1891/2360	61	59	62	80	.8024159	930/1159	45	57	62	61
.8012750	4399/5490	53	61	83	90	.8024691*	65/81	50	45	65	90
.8012897	3355/4187	55	53	61	79	.8024904	4189/5220	59	58	71	90
.8012970	4819/6014	61	62	79	97	0.8025					
.8013143	3658/4565	59	55	62	83	.8025072	4161/5185	57	61	73	85
.8013263	3021/3770	53	58	57	65	.8025157	638/795	55	53	58	75
.8013397	4187/5225	53	55	79	95	.8025731	3431/4275	47	57	73	75
.8013582	472/589	48	57	59	62	.8026316	61/76	45	57	61	60
.8013699	117/146	45	50	65	73	.8026899	5073/6320	57	79	89	80
.8014052	1711/2135	58	61	59	70	.8027290	2059/2565	58	57	71	90
.8014545	1102/1375	57	55	58	75	.8027441	4505/5612	53	61	85	92
.8014663	4154/5183	62	71	67	73	.8027469	2747/3422	41	58	67	59
0.8015						.8027804	4331/5395	61	65	71	83
.8015645	3074/3835	53	59	58	65	.8027972	574/715	41	55	70	65
.8015729	1325/1653	50	57	53	58	.8028637	3869/4819	53	61	73	79

（续）

比值	分数	*A*	*B*	*C*	*D*
0.8025					
.8028692	4757/5925	67	75	71	79
.8029508	2449/3050	62	61	79	100
0.8030					
.8030000	803/1000	55	50	73	100
.8030135	5063/6305	61	65	83	97
.8030303	53/66	50	55	53	60
.8030769	261/325	45	50	58	65
.8030853	885/1102	45	57	59	58
.8031609	559/696	43	58	65	60
.8031667	4819/6000	61	60	79	100
.8031818	1767/2200	57	55	62	80
.8032004	3363/4187	57	53	59	79
.8032164	2747/3420	41	57	67	60
.8032258	249/310	57	62	83	95
.8032864	1711/2130	58	60	59	71
.8032959	2291/2852	58	62	79	92
.8033055	5395/6716	65	73	83	92
.8033221	3337/4154	47	62	71	67
.8033457	4130/5141	59	53	70	97
.8033644	3534/4399	57	53	62	83
.8033898	237/295	45	59	79	75
.8034156	2117/2635	58	62	73	85
.8034252	1079/1343	65	79	83	85
.8034639	1067/1328	55	80	97	83
.8034703	4399/5475	53	73	83	75
.8034826	323/402	57	67	85	90
0.8035					
.8035129	3431/4270	47	61	73	70
.8035250	4331/5390	61	55	71	98
.8035448	4307/5360	59	67	73	80
.8035484	2491/3100	47	50	53	62
.8035714*	45/56	45	60	75	70
.8035892	806/1003	62	59	65	85
.8035994	1027/1278	65	71	79	90
.8036066	2451/3050	43	50	57	61
.8036207	4661/5800	59	58	79	100
.8036508	5063/6300	61	70	83	90
.8036975	3869/4814	53	58	73	83
.8037256	1769/2201	58	62	61	71
.8037467	901/1121	53	59	85	95
.8037736	213/265	45	53	71	75
.8038229	799/994	47	70	85	71
.8038278*	168/209	60	55	70	95
.8038412	3139/3905	43	55	73	71
0.8035					
.8038539	2795/3477	43	57	65	61
.8038596	2291/2850	58	57	79	100
.8039003	742/923	53	65	70	71
.8039547	4757/5917	67	61	71	97
.8039560	1829/2275	59	65	62	70
.8039832	767/954	59	53	65	90
0.8040					
.8040000	201/250	45	50	67	75
.8040127	3286/4087	53	61	62	67
.8040183	4402/5475	62	73	71	75
.8040752	513/638	45	55	57	58
.8040909	1769/2200	58	55	61	80
.8040964	3337/4150	47	50	71	83
.8041071	4503/5600	57	70	79	80
.8042340	3685/4582	55	58	67	79
.8042373	949/1180	65	59	73	100
.8042453	341/424	55	53	62	80
.8042596	793/986	61	58	65	85
.8042737	3538/4399	58	53	61	83
.8042843	826/1027	59	65	70	79
.8042963	5429/6750	61	75	89	90
.8043143	522/649	45	55	58	59
.8044643	901/1120	53	70	85	80
.8044792	2263/2813	62	58	73	97
0.8045					
.8045161	1247/1550	43	50	58	62
.8045397	638/793	55	61	58	65
.8045455	177/220	45	55	59	60
.8045699	2993/3720	41	60	73	62
.8046296	869/1080	55	60	79	90
.8046835	3127/3886	53	58	59	67
.8047269	2077/2581	62	58	67	89
.8048137	5183/6440	71	70	73	92
.8048472	3819/4745	57	65	67	73
.8048718	3139/3900	43	60	73	65
.8049198	3763/4675	53	55	71	85
.8049347	2773/3445	47	53	59	65
.8049704	4891/6076	67	62	73	98
.8049759	1003/1246	59	70	85	89
.8049853	549/682	45	55	61	62
0.8050					
.8050167	2407/2990	58	65	83	92
.8050682	413/513	59	57	70	90
.8051242	1037/1288	61	70	85	92

（续）

比值	分数	*A*	*B*	*C*	*D*
0.8050					
.8051546	781/970	55	50	71	97
.8051765	1711/2125	58	50	59	85
.8051923	4187/5200	53	65	79	80
.8052109	649/806	55	62	59	65
.8052304	3233/4015	53	55	61	73
.8052441	4453/5530	61	70	73	79
.8053208	2573/3195	62	71	83	90
.8053731	1349/1675	57	67	71	75
.8053850	1705/2117	55	58	62	73
.8053898	4453/5529	61	57	73	97
.8053991	3431/4260	47	60	73	71
.8054348	741/920	57	50	65	92
.8054645	737/915	55	61	67	75
.8054902	1027/1275	65	75	79	85
0.8055					
.8055718	2747/3410	41	55	67	62
.8055769	4189/5200	59	65	71	80
.8056000	1007/1250	53	50	57	75
.8056225	1003/1245	59	75	85	83
.8056317	5293/6570	67	73	79	90
.8056377	4087/5073	61	57	67	89
.8056962	1273/1580	57	60	67	79
.8058008	639/793	45	61	71	65
.8058350	801/994	45	70	89	71
.8058480	689/855	53	57	65	75
.8058741	2881/3575	43	55	67	65
.8059420	5561/6900	67	75	83	92
.8059729	4453/5525	61	65	73	85
.8059856	781/969	55	57	71	85
0.8060					
.8060000	403/500	62	50	65	100
.8060109	295/366	50	60	59	61
.8060417	3869/4800	53	60	73	80
.8060829	4161/5162	57	58	73	89
.8061101	2665/3306	41	57	65	58
.8061804	3835/4757	59	67	65	71
.8062249	803/996	55	60	73	83
.8062712	4757/5900	67	59	71	100
.8062966	3355/4161	55	57	61	73
.8063226	4234/5251	58	59	73	89
.8063333	2419/3000	41	50	59	60
.8063914	3886/4819	58	61	67	79
.8064020	3149/3905	47	55	67	71
.8064126	1333/1653	43	57	62	58
0.8060					
.8064171	754/935	58	55	65	85
.8064815	871/1080	65	60	67	90
.8064861	2263/2806	62	61	73	92
0.8065					
.8065075	4189/5194	59	53	71	98
.8065217	371/460	53	50	70	92
.8065543	4307/5340	59	60	73	89
.8066038	171/212	45	53	57	60
.8066788	3551/4402	53	62	67	71
.8066901	2291/2840	58	71	79	80
.8067029	4453/5520	61	60	73	92
.8067227 *	96/119	60	70	80	85
.8067347	3953/4900	59	50	67	98
.8067557	1027/1273	65	67	79	95
.8067742	2501/3100	41	50	61	62
.8067916	689/854	53	61	65	70
.8068493	589/730	57	60	62	73
.8069175	4526/5609	62	71	73	79
.8069728	949/1176	65	60	73	98
.8069820	3190/3953	55	59	58	67
.8069892	1501/1860	57	62	79	90
.8069953	4453/5518	61	62	73	89
0.8070					
.8070455	3551/4400	53	55	67	80
.8070641	3953/4898	59	62	67	79
.8070769	2623/3250	43	50	61	65
.8071589	4307/5336	59	58	73	92
.8072139	649/804	55	60	59	67
.8072157	5146/6375	62	75	83	85
.8072448	3053/3782	43	61	71	62
.8072905	3477/4307	57	59	61	73
.8072997	2610/3233	45	53	58	61
.8073102	4307/5335	59	55	73	97
.8073375	3763/4661	53	59	71	79
.8073477	901/1116	53	62	85	90
.8073684	767/950	59	50	65	95
.8073782	2867/3551	47	53	61	67
.8073989	2117/2622	58	57	73	92
.8074359	3149/3900	47	60	67	65
.8074510	2059/2550	58	60	71	85
.8074633	5561/6887	67	71	83	97
.8074933	4526/5605	62	59	73	95
0.8075					
.8075000	323/400	57	75	85	80

（续）

比值	分数	A	B	C	D
0.8075					
.8075217	4187/5185	53	61	79	85
.8075455	3596/4453	58	61	62	73
.8075587	3953/4895	59	55	67	89
.8075758	533/660	41	55	65	60
.8075949	319/395	55	50	58	79
.8076056	2867/3550	47	50	61	71
.8076401	4757/5890	67	62	71	95
.8076553	3355/4154	55	62	61	67
.8076923*	21/26	60	65	70	80
.8077075	4087/5060	61	55	67	92
.8077626	1769/2190	58	60	61	73
.8077715	3139/3886	43	58	73	67
.8078247	2581/3195	58	71	89	90
.8078273	2993/3705	41	57	73	65
.8078471	803/994	55	70	73	71
.8078788	1333/1650	43	55	62	60
.8078891	4895/6059	55	73	89	83
.8079074	4189/5185	59	61	71	85
.8079732	2655/3286	45	53	59	62
.8079777	871/1078	65	55	67	98
.8079903	3337/4130	47	59	71	70
0.8080					
.8080140	4154/5141	62	53	67	97
.8080224	4331/5360	61	67	71	80
.8080899	1798/2225	58	50	62	89
.8081140	737/912	55	57	67	80
.8081277	2784/3445	48	53	58	65
.8081503	4819/5963	61	67	79	89
.8081670	4453/5510	61	58	73	95
.8082143	2263/2800	62	70	73	80
.8082397	1079/1335	65	75	83	89
.8082500	3233/4000	53	50	61	80
.8083205	2623/3245	43	55	61	59
.8083842	4898/6059	62	73	79	83
.8084337	671/830	55	50	61	83
.8084839	5146/6365	62	67	83	95
.8084885	5429/6715	61	79	89	85
0.8085					
.8085892	4161/5146	57	62	73	83
.8085989	3705/4582	57	58	65	79
.8086854	689/852	53	60	65	71
.8087179	1577/1950	57	65	83	90
.8087640	3599/4450	59	50	61	89
.8087960	5609/6935	71	73	79	95
0.8085					
.8088235*	55/68	50	40	55	85
.8088263	4307/5325	59	71	73	75
.8088358	2911/3599	41	59	71	61
.8089063	3306/4087	57	61	58	67
.8089581	4154/5135	62	65	67	79
.8089697	3337/4125	47	55	71	75
.8089840	3782/4675	61	55	62	85
0.8090					
.8090136	4757/5880	67	60	71	98
.8090717	767/948	59	60	65	79
.8090813	4615/5704	65	62	71	92
.8091133	657/812	45	58	73	70
.8091429	708/875	48	50	59	70
.8091837	793/980	61	50	65	98
.8091981	3431/4240	47	53	73	80
.8092369	403/498	62	60	65	83
.8092504	2537/3135	43	55	59	57
.8093174	747/923	45	65	83	71
.8093596	1643/2030	53	58	62	70
.8093756	4161/5141	57	53	73	97
.8094000	4047/5000	57	50	71	100
.8094758	803/992	55	62	73	80
0.8095					
.8095040	3901/4819	47	61	83	79
.8095106	2911/3596	41	58	71	62
.8095238*	17/21	50	70	85	75
.8095833	1943/2400	58	60	67	80
.8096248	3819/4717	57	53	67	89
.8096364	4453/5500	61	55	73	100
.8096491	923/1140	65	57	71	100
.8096694	2914/3599	47	59	62	61
.8096794	3965/4897	61	59	65	83
.8096901	1855/2291	53	58	70	79
.8097255	5162/6375	58	75	89	85
.8097466	2077/2565	62	57	67	90
.8098039	413/510	59	60	70	85
.8098143	3053/3770	43	58	71	65
.8098361	247/305	57	61	65	75
.8098694	558/689	45	53	62	65
.8098870	2867/3540	47	59	61	60
.8099160	4819/5950	61	70	79	85
.8099472	2915/3599	53	59	55	61
0.8100					
.8100102	793/979	61	55	65	89

（续）

比值	分数	A	B	C	D
0.8100					
.8100410	3953/4880	59	61	67	80
.8101027	4731/5840	57	73	83	80
.8101061	4505/5561	53	67	85	83
.8102007	969/1196	57	65	85	92
.8102399	2263/2793	62	57	73	98
.8102757	3233/3990	53	57	61	70
.8102941	551/680	58	80	95	85
.8103213	4161/5135	57	65	73	79
.8103349	4234/5225	58	55	73	95
.8103614	3363/4150	57	50	59	83
.8104274	4399/5428	53	59	83	92
.8104391	4891/6035	67	71	73	85
.8104839	201/248	45	60	67	62
0.8105					
.8105263*	77/95	55	50	70	95
.8105882	689/850	53	50	65	85
.8106109	3835/4731	59	57	65	83
.8106229	2915/3596	53	58	55	62
.8106343	869/1072	55	67	79	80
.8106727	3965/4891	61	67	65	73
.8107055	3953/4876	59	53	67	92
.8107345	287/354	41	59	70	60
.8107527	377/465	58	62	65	75
.8108187	2773/3420	47	57	59	60
.8108307	4402/5429	62	61	71	89
.8108453	2542/3135	41	55	62	57
.8108718	3953/4875	59	65	67	75
.8109290	742/915	53	61	70	75
.8109801	2201/2714	62	59	71	92
.8109914	3763/4640	53	58	71	80
0.8110					
.8110164	2665/3286	41	53	65	62
.8110487	4331/5340	61	60	71	89
.8111019	979/1207	55	71	89	85
.8111197	4187/5162	53	58	79	89
.8111757	3905/4814	55	58	71	83
.8111928	1435/1769	41	58	70	61
.8112500	649/800	55	50	59	80
.8112620	2867/3534	47	57	61	62
.8112782	1079/1330	65	70	83	95
.8114113	4565/5626	55	58	83	97
.8114241	1037/1278	61	71	85	90
.8114333	4897/6035	59	71	83	85
.8114424	1007/1241	53	73	95	85
0.8110					
.8114706	2759/3400	62	80	89	85
.8114833	848/1045	48	55	53	57
0.8115					
.8115072	4189/5162	59	58	71	89
.8115493	2881/3550	43	50	67	71
.8115847	3713/4575	47	61	79	75
.8115990	4898/6035	62	71	79	85
.8116101	741/913	57	55	65	83
.8116438	237/292	45	60	79	73
.8116567	4331/5336	61	58	71	92
.8117124	1095/1349	45	57	73	71
.8117180	4087/5035	61	53	67	95
.8117485	4118/5073	58	57	71	89
.8117745	979/1206	55	67	89	90
.8118088	4331/5335	61	55	71	97
.8118182	893/1100	47	55	57	60
.8118522	3055/3763	47	53	65	71
.8118761	4717/5810	53	70	89	83
.8119048	341/420	55	60	62	70
.8119282	4615/5684	65	58	71	98
.8119595	3286/4047	53	57	62	71
.8119867	3658/4505	59	53	62	85
0.8120					
.8120968	1007/1240	53	60	57	62
.8121109	1435/1767	41	57	70	62
.8121457	1003/1235	59	65	85	95
.8122078	3127/3850	53	55	59	70
.8122535	5767/7100	73	71	79	100
.8122720	2449/3015	62	67	79	90
.8123473	3658/4503	59	57	62	79
.8123730	4399/5415	53	57	83	95
.8123995	3538/4355	58	65	61	67
.8124138	589/725	57	58	62	75
.8124157	602/741	43	57	70	65
.8124895	4814/5925	58	75	83	79
0.8125					
.8125000*	13/16	50	40	65	100
.8125105	4845/5963	57	67	85	89
.8125186	2726/3355	47	55	58	61
.8126286	5135/6319	65	71	79	89
.8126415	4307/5300	59	53	73	100
.8126506	1349/1660	57	60	71	83
.8126554	3596/4425	58	59	62	75
.8126685	603/742	45	53	67	70

（续）

比值	分数	*A*	*B*	*C*	*D*
0.8125					
.8126806	5063/6230	61	70	83	89
.8127054	742/913	53	55	70	83
.8127238	2925/3599	45	59	65	61
.8127975	1537/1891	53	61	58	62
.8128889	1829/2250	59	50	62	90
.8129197	2542/3127	41	53	62	59
.8129271	4402/5415	62	57	71	95
.8129479	3290/4047	47	57	70	71
0.8130					
.8130167	3835/4717	59	53	65	89
.8131624	4757/5850	67	65	71	90
.8131665	3965/4876	61	53	65	92
.8131965	2773/3410	47	55	59	62
.8132690	4891/6014	67	62	73	97
.8132832	649/798	55	57	59	70
.8133277	3869/4757	53	67	73	71
.8133487	3534/4345	57	55	62	79
.8134038	2925/3596	45	58	65	62
.8134355	4565/5612	55	61	83	92
.8134494	5141/6320	53	79	97	80
0.8135					
.8135417	781/960	55	60	71	80
.8135880	4814/5917	58	61	83	97
.8135979	2501/3074	41	53	61	58
.8136343	5335/6557	55	79	97	83
.8136417	4187/5146	53	62	79	83
.8136514	3445/4234	53	58	65	73
.8136578	5183/6370	71	65	73	98
.8136704	869/1068	55	60	79	89
.8137162	4307/5293	59	67	73	79
.8137313	1363/1675	47	50	58	67
.8137652	201/247	45	57	67	65
.8137931	118/145	48	58	59	60
.8138340	2059/2530	58	55	71	92
.8138418	2881/3540	43	59	67	60
.8138706	4565/5609	55	71	83	79
.8138824	4526/5561	62	67	73	83
.8139054	3149/3869	47	53	67	73
0.8140					
.8140303	4189/5146	59	62	71	83
.8140351	232/285	48	57	58	60
.8141139	4130/5073	59	57	70	89
.8141414	403/495	62	55	65	90
.8141847	3685/4526	55	62	67	73
0.8140					
.8142308	2117/2600	58	65	73	80
.8142405	2573/3160	62	79	83	80
.8142544	3713/4560	47	57	79	80
.8142657	2911/3575	41	55	71	65
.8142804	4345/5336	55	58	79	92
.8143019	2881/3538	43	58	67	61
.8143077	5293/6500	67	65	79	100
.8143694	5146/6319	62	71	83	89
.8144016	803/986	55	58	73	85
.8144256	3410/4187	55	53	62	79
.8144514	913/1121	55	59	83	95
.8144953	944/1159	48	57	59	61
0.8145					
.8145098	2077/2550	62	60	67	85
.8145263	3869/4750	53	50	73	95
.8145548	4757/5840	67	73	71	80
.8146112	1037/1273	61	67	85	95
.8146296	4399/5400	53	60	83	90
.8146474	901/1106	53	70	85	79
.8146667	611/750	47	50	65	75
.8146751	1943/2385	58	53	67	90
.8147159	3355/4118	55	58	61	71
.8147619	1711/2100	58	60	59	70
.8148148 *	22/27	55	45	60	90
.8148220	4189/5141	59	53	71	97
.8149398	1691/2075	57	75	89	83
.8149551	4087/5015	61	59	67	85
0.8150					
.8150226	4503/5525	57	65	79	85
.8150515	3953/4850	59	50	67	97
.8150794	1027/1260	65	70	79	90
.8150862	1891/2320	61	58	62	80
.8151049	2914/3575	47	55	62	65
.8151365	657/806	45	62	73	65
.8151714	2117/2597	58	53	73	98
.8151786	913/1120	55	70	83	80
.8151852	2201/2700	62	60	71	90
.8152074	1769/2170	58	62	61	70
.8152235	2881/3534	43	57	67	62
.8152727	1121/1375	57	55	59	75
.8152769	2679/3286	47	53	57	62
.8152921	949/1164	65	60	73	97
.8153127	1395/1711	45	58	62	59
.8153247	3139/3850	43	55	73	70

（续）

比值	分数	*A*	*B*	*C*	*D*
0.8155					
.8155120	1083/1328	57	80	95	83
.8155251	893/1095	47	73	95	75
.8155431	871/1068	65	60	67	89
.8156309	4331/5310	61	59	71	90
.8156863*	208/255	65	75	80	85
.8157219	4130/5063	59	61	70	83
.8157609	1501/1840	57	60	79	92
.8157741	4189/5135	59	65	71	79
.8157895	31/38	45	57	62	60
.8158333	979/1200	55	75	89	80
.8158824	1387/1700	57	60	73	85
.8158927	3953/4845	59	57	67	85
.8159274	4047/4960	57	62	71	80
.8159407	4402/5395	62	65	71	83
.8159549	5063/6205	61	73	83	85
.8159624	869/1065	55	71	79	75
.8159778	3534/4331	57	61	62	71
0.8160					
.8160440	3713/4550	47	65	79	70
.8160565	4503/5518	57	62	79	89
.8161232	901/1104	53	60	85	92
.8161544	4355/5336	65	58	67	92
.8161667	4897/6000	59	75	83	80
.8161793	4187/5130	53	57	79	90
.8161972	1159/1420	57	60	61	71
.8162055	413/506	59	55	70	92
.8162355	915/1121	45	57	61	59
.8163031	711/871	45	65	79	67
.8163074	871/1067	65	55	67	97
.8163218	3551/4350	53	58	67	75
.8163333	2449/3000	62	60	79	100
.8163522	649/795	55	53	59	75
.8163772	329/403	47	62	70	65
.8163934	249/305	57	61	83	95
.8164223	1392/1705	48	55	58	62
.8164647	2291/2806	58	61	79	92
.8164913	3337/4087	47	61	71	67
0.8165					
.8165692	4189/5130	59	57	71	90
.8165863	4234/5185	58	61	73	85
.8166410	530/649	50	55	53	59
.8166586	3363/4118	57	58	59	71
.8166976	2201/2695	62	55	71	98
.8167213	2491/3050	47	50	53	61
.8167738	2795/3422	43	58	65	59
.8167797	4819/5900	61	59	79	100
0.8165					
.8168064	3995/4891	47	67	85	73
.8168250	602/737	43	55	70	67
.8168302	2747/3363	41	57	67	59
.8168984	3819/4675	57	55	67	85
.8169231	531/650	45	50	59	65
0.8170					
.8170000	817/1000	43	50	57	60
.8171459	4661/5704	59	62	79	92
.8171642	219/268	45	60	73	67
.8171698	4331/5300	61	53	71	100
.8172414	237/290	57	58	79	95
.8172515	559/684	43	57	65	60
.8172612	3551/4345	53	55	67	79
.8172727	899/1100	58	55	62	80
.8172916	3422/4187	58	53	59	79
.8173077*	85/104	50	65	85	80
.8173175	2407/2945	58	62	83	95
.8173540	4757/5820	67	60	71	97
.8174000	4087/5000	61	50	67	100
.8174129	1643/2010	53	60	62	67
.8174442	403/493	62	58	65	85
.8174585	3596/4399	58	53	62	83
.8174844	4582/5605	58	59	79	95
0.8175					
.8175258	793/970	61	50	65	97
.8175665	5073/6205	57	73	89	85
.8175758	1349/1650	57	55	71	90
.8176044	901/1102	53	58	85	95
.8176205	5429/6640	61	80	89	83
.8176385	5609/6860	71	70	79	98
.8177049	1247/1525	43	50	58	61
.8177193	4661/5700	59	57	79	100
.8177499	4819/5893	61	71	79	83
.8177596	2993/3660	41	60	73	61
.8177660	3397/4154	43	62	79	67
.8177975	3869/4731	53	57	73	83
.8178404	871/1065	65	71	67	75
.8178599	3233/3953	53	59	61	67
.8178749	4118/5035	58	53	71	95
.8178930	4891/5980	67	65	73	92
.8179221	3149/3850	47	55	67	70
.8179296	4717/5767	53	73	89	79
.8179545	3599/4400	59	55	61	80
.8179800	737/901	55	53	67	85
0.8180					
.8180435	3763/4600	53	50	71	92

（续）

比值	分数	A	B	C	D	比值	分数	A	B	C	D
0.8180						0.8190					
.8181034	949/1160	65	58	73	100	.8194411	3431/4187	47	53	73	79
.8181053	1943/2375	58	50	67	95	.8194872	799/975	47	65	85	75
.8181176	3477/4250	57	50	61	85	0.8195					
.8181405	3599/4399	59	53	61	83	.8195016	3782/4615	61	65	62	71
.8181666	4891/5978	67	61	73	98	.8195145	3410/4161	55	57	62	73
.8182028	3551/4340	53	62	67	70	.8195178	3569/4355	43	65	83	67
.8182067	2993/3658	41	59	73	62	.8195578	4819/5880	61	60	79	98
.8182505	4331/5293	61	67	71	79	.8195652	377/460	58	50	65	92
.8182674	869/1062	55	59	79	90	.8196078 *	209/255	55	75	95	85
.8183433	3685/4503	55	57	67	79	.8196481	559/682	43	55	65	62
.8183695	793/969	61	57	65	85	.8197034	3869/4720	53	59	73	80
.8183871	2537/3100	43	50	59	62	.8197084	1855/2263	53	62	70	73
.8184080	329/402	47	60	70	67	.8197223	4015/4898	55	62	73	79
.8184309	3286/4015	53	55	62	73	.8197333	1537/1875	53	50	58	75
.8184372	4661/5695	59	67	79	85	.8197652	4189/5110	59	70	71	73
.8184810	3233/3950	53	50	61	79	.8198113	869/1060	55	53	79	100
0.8185						.8198312	1943/2370	58	60	67	79
.8185137	3139/3835	43	59	73	65	.8198897	4015/4897	55	59	73	83
.8185185 *	221/270	65	75	85	90	.8199030	3551/4331	53	61	67	71
.8185929	4526/5529	62	57	73	97	.8199190	5063/6175	61	65	83	95
.8186036	3705/4526	57	62	65	73	.8199275	2263/2760	62	60	73	92
.8186583	781/954	55	53	71	90	0.8200					
.8187273	4503/5500	57	55	79	100	.8200211	4661/5684	59	58	79	98
.8187608	4757/5810	67	70	71	83	.8200472	3477/4240	57	53	61	80
.8187779	2747/3355	41	55	67	61	.8201507	871/1062	65	59	67	90
.8188007	3127/3819	53	57	59	67	.8201724	4757/5800	67	58	71	100
.8188093	949/1159	65	61	73	95	.8201754 *	187/228	55	60	85	95
.8188449	4154/5073	62	57	67	89	.8202186	1501/1830	57	61	79	90
.8188889	737/900	55	50	67	90	.8202381	689/840	53	60	65	70
.8188963	4897/5980	59	65	83	92	.8202582	826/1007	59	53	70	95
.8189673	3886/4745	58	65	67	73	.8202750	2565/3127	45	53	57	59
.8189985	5561/6790	67	70	83	97	.8202947	3953/4819	59	61	67	79
0.8190						.8202986	4615/5626	65	58	71	97
.8190499	3431/4189	47	59	73	71	.8203077	1333/1625	43	50	62	65
.8190635	2449/2990	62	65	79	92	.8203209	767/935	59	55	65	85
.8191244	711/868	45	62	79	70	.8203474	1653/2015	57	62	58	65
.8191429	2867/3500	47	50	61	70	.8203560	1475/1798	50	58	59	62
.8191855	4526/5525	62	65	73	85	.8203712	3713/4526	47	62	79	73
.8192308	213/260	45	60	71	65	.8203758	4453/5428	61	59	73	92
.8193277 *	195/238	65	70	75	85	.8204114	1037/1264	61	79	85	80
.8193376	2449/2989	62	61	79	98	.8204622	4154/5063	62	61	67	83
.8193521	3819/4661	57	59	67	79	0.8205					
.8193738	4187/5110	53	70	79	73	.8205128 *	32/39	60	65	80	90
.8193878	803/980	55	50	73	98	.8205247	3534/4307	57	59	62	73
.8194030	549/670	45	50	61	67	.8205412	5185/6319	61	71	85	89
.8194271	658/803	47	55	70	73	.8205510	1102/1343	58	79	95	85

（续）

比值	分数	*A*	*B*	*C*	*D*
0. 8205					
. 8205829	901/1098	53	61	85	90
. 8205986	4661/5680	59	71	79	80
. 8206139	2914/3551	47	53	62	67
. 8206452	636/775	48	50	53	62
. 8206827	4087/4980	61	60	67	83
. 8206989	3053/3720	43	60	71	62
. 8207090	4399/5360	53	67	83	80
. 8207547	87/106	45	53	58	60
. 8208266	3555/4331	45	61	79	71
. 8208451	1457/1775	47	50	62	71
. 8208801	4757/5795	67	61	71	95
. 8208925	4047/4930	57	58	71	85
. 8209486	2077/2530	62	55	67	92
. 8209804	4187/5100	53	60	79	85
0. 8210					
. 8210046	899/1095	58	60	62	73
. 8210526*	78/95	60	50	65	95
. 8211213	3149/3835	47	59	67	65
. 8211268	583/710	53	50	55	71
. 8211366	4118/5015	58	59	71	85
. 8211467	3953/4814	59	58	67	83
. 8211568	1079/1314	65	73	83	90
. 8211968	1139/1387	67	73	85	95
. 8212093	3477/4234	57	58	61	73
. 8212187	2655/3233	45	53	59	61
. 8212309	4897/5963	59	67	83	89
. 8212366	611/744	47	60	65	62
. 8212635	533/649	41	55	65	59
. 8212687	2201/2680	62	67	71	80
. 8212903	1273/1550	57	62	67	75
. 8213196	4307/5244	59	57	73	92
. 8213725	4189/5100	59	60	71	85
. 8213822	5063/6164	61	67	83	92
. 8213908	3886/4731	58	57	67	83
. 8213986	4898/5963	62	67	79	89
. 8214156	2263/2755	62	58	73	95
. 8214534	3538/4307	58	59	61	73
. 8214687	3658/4453	59	61	62	73
0. 8215					
. 8215000	1643/2000	53	50	62	80
. 8215190	649/790	55	50	59	79
. 8215716	2666/3245	43	55	62	59
. 8216867	341/415	55	50	62	83
. 8216981	871/1060	65	53	67	100
. 8217424	5518/6715	62	79	89	85
. 8217527	5251/6390	59	71	89	90

比值	分数	*A*	*B*	*C*	*D*
0. 8215					
. 8218216	4331/5270	61	62	71	85
. 8218448	4161/5063	57	61	73	83
. 8218905	826/1005	59	67	70	75
. 8219212	3337/4060	47	58	71	70
. 8219429	3139/3819	43	57	73	67
0. 8220					
. 8220225	1829/2225	59	50	62	89
. 8220460	5183/6305	71	65	73	97
. 8220610	2832/3445	48	53	59	65
. 8221053	781/950	55	50	71	95
. 8221286	3901/4745	47	65	83	73
. 8221619	4845/5893	57	71	85	83
. 8221739	1891/2300	61	50	62	92
. 8221822	3195/3886	45	58	71	67
. 8222571	2623/3190	43	55	61	58
. 8222990	4757/5785	67	65	71	89
. 8223164	2911/3540	41	59	71	60
. 8223320	4161/5060	57	55	73	92
. 8223450	4615/5612	65	61	71	92
. 8223453	4453/5415	61	57	73	95
. 8223920	3445/4189	53	59	65	71
. 8223985	3422/4161	58	57	59	73
. 8224195	741/901	57	53	65	85
. 8224490	403/490	62	50	65	98
. 8224658	1501/1825	57	73	79	75
0. 8225					
. 8225000	329/400	47	50	70	80
. 8225137	3763/4575	53	61	71	75
. 8225806	51/62	57	62	85	95
. 8226891	979/1190	55	70	89	85
. 8226984	5183/6300	71	70	73	90
. 8227257	4757/5782	67	59	71	98
. 8227459	803/976	55	61	73	80
. 8227750	2117/2573	58	62	73	83
. 8227812	2911/3538	41	58	71	61
. 8228311	901/1095	53	73	85	75
. 8228540	1505/1829	43	59	70	62
. 8229111	3053/3710	43	53	71	70
. 8229528	4030/4897	62	59	65	83
. 8229715	781/949	55	65	71	73
0. 8230					
. 8230159	1037/1260	61	70	85	90
. 8230252	4897/5950	59	70	83	85
. 8230603	3819/4640	57	58	67	80
. 8231429	2881/3500	43	50	67	70
. 8231638	1457/1770	47	59	62	60

（续）

比值	分数	A	B	C	D
0.8230					
.8231933	2449/2975	62	70	79	85
.8232891	806/979	62	55	65	89
.8233083	219/266	45	57	73	70
.8233333	247/300	57	50	65	90
.8233720	923/1121	65	59	71	95
.8234122	3306/4015	57	55	58	73
.8234208	4015/4876	55	53	73	92
.8234501	611/742	47	53	65	70
0.8235					
.8235417	3953/4800	59	60	67	80
.8235589	1643/1995	53	57	62	70
.8235752	4234/5141	58	53	73	97
.8235897	803/975	55	65	73	75
.8236000	2059/2500	58	50	71	100
.8236292	1457/1769	47	58	62	61
.8236394	3965/4814	61	58	65	83
.8236863	5251/6375	59	75	89	85
.8237116	2925/3551	45	53	65	67
.8237607	4819/5850	61	65	79	90
.8237705	201/244	45	60	67	61
.8237828	4399/5340	53	60	83	89
.8238287	3886/4717	58	53	67	89
.8238397	781/948	55	60	71	79
.8238506	2867/3480	47	58	61	60
.8238571	5767/7000	73	70	79	100
.8238952	3710/4503	53	57	70	79
.8239118	2915/3538	53	58	55	61
.8239437	117/142	45	50	65	71
.8239525	4582/5561	58	67	79	83
.8239624	4030/4891	62	67	65	73
.8239919	4087/4960	61	62	67	80
0.8240					
.8240216	3053/3705	43	57	71	65
.8240437	754/915	58	61	65	75
.8241071	923/1120	65	70	71	80
.8241758*	75/91	50	65	75	70
.8242209	3015/3658	45	59	67	62
.8242376	1027/1246	65	70	79	89
.8242647	1121/1360	59	80	95	85
.8243077	2679/3250	47	50	57	65
.8243154	3763/4565	53	55	71	83
.8243446	2201/2670	62	60	71	89
.8244003	4399/5336	53	58	83	92
.8244080	2263/2745	62	61	73	90
.8244444	371/450	53	50	70	90
.8244626	5561/6745	67	71	83	95

比值	分数	A	B	C	D
0.8240					
.8244718	3551/4307	53	59	67	73
.8244782	869/1054	55	62	79	85
0.8245					
.8245025	3190/3869	55	53	58	73
.8245375	4234/5135	58	65	73	79
.8245548	4399/5335	53	55	83	97
.8245783	1711/2075	58	50	59	83
.8246211	2666/3233	43	53	62	61
.8246296	4453/5400	61	60	73	90
.8247126	287/348	41	58	70	60
.8247312	767/930	59	62	65	75
.8247953	4331/5251	61	59	71	89
.8248428	2623/3180	43	53	61	60
.8248656	4757/5767	67	73	71	79
.8248996	1027/1245	65	75	79	83
.8249467	3869/4690	53	67	73	70
.8249625	2201/2668	62	58	71	92
0.8250					
.8250000*	33/40	55	40	60	100
.8250248	4154/5035	62	53	67	95
.8250429	481/583	37	53	65	55
.8250958	4307/5220	59	58	73	90
.8251111	3713/4500	47	60	79	75
.8251172	4402/5335	62	55	71	97
.8251748	118/143	50	55	59	65
.8252193	3763/4560	53	57	71	80
.8253090	2537/3074	43	53	59	58
.8253411	2117/2565	58	57	73	90
.8253499	4187/5073	53	57	79	89
.8253623	1139/1380	67	75	85	92
.8253939	4453/5395	61	65	73	83
.8253968*	52/63	65	70	80	90
.8254069	3905/4731	55	57	71	83
.8254242	2870/3477	41	57	70	61
.8254852	4891/5925	67	75	73	79
.8254973	913/1106	55	70	83	79
0.8255					
.8255545	2494/3021	43	53	58	57
.8255778	2679/3245	47	55	57	59
.8256466	4565/5529	55	57	83	97
.8256566	4087/4950	61	55	67	90
.8256659	341/413	55	59	62	70
.8257176	3596/4355	58	65	62	67
.8257441	4189/5073	59	57	71	89
.8257948	3195/3869	45	53	71	73
.8258197	403/488	62	61	65	80

（续）

比值	分数	A	B	C	D
0.8255					
.8258350	5415/6557	57	79	95	83
.8258488	754/913	58	55	65	83
.8258611	3021/3658	53	59	57	62
.8258963	4331/5244	61	57	71	92
.8259109*	204/247	60	65	85	95
.8259184	4047/4900	57	50	71	98
.8259339	5395/6532	65	71	83	92
.8259509	3431/4154	47	62	73	67
0.8260					
.8260000	413/500	59	50	70	100
.8260274	603/730	45	50	67	73
.8260417	793/960	61	60	65	80
.8260606	1363/1650	47	55	58	60
.8260677	5609/6790	71	70	79	97
.8261033	4399/5325	53	71	83	75
.8261596	4453/5390	61	55	73	98
.8261726	4615/5586	65	57	71	98
.8262443	913/1105	55	65	83	85
.8262556	4047/4898	57	62	71	79
.8262712	195/236	45	59	65	60
.8263318	5429/6570	61	73	89	90
.8263441	1537/1860	53	60	58	62
.8263547	671/812	55	58	61	70
.8263757	871/1054	65	62	67	85
.8264064	3599/4355	59	65	61	67
.8264151	219/265	45	53	73	75
0.8265					
.8265000	1653/2000	57	50	58	80
.8265086	767/928	59	58	65	80
.8265276	2773/3355	47	55	59	61
.8266013	4891/5917	67	61	73	97
.8266643	4731/5723	57	59	83	97
.8266709	2585/3127	47	53	55	59
.8267383	2925/3538	45	58	65	61
.8267544	377/456	58	57	65	80
.8267620	4047/4895	57	55	71	89
.8268112	3127/3782	53	61	59	62
.8269076	2059/2490	58	60	71	83
.8269356	1271/1537	41	53	62	58
.8269801	4187/5063	53	61	79	83
.8269928	913/1104	55	60	83	92
0.8270					
.8270330	3763/4550	53	65	71	70
.8270609	923/1116	65	62	71	90
.8270677*	110/133	50	35	55	95
.8271478	2407/2910	58	60	83	97
0.8270					
.8272727*	91/110	65	55	70	100
.8272925	4565/5518	55	62	83	89
.8273305	781/944	55	59	71	80
.8273563	3599/4350	59	58	61	75
.8273751	4189/5063	59	61	71	83
.8274194	513/620	45	50	57	62
.8274382	4047/4891	57	67	71	73
.8274614	4345/5251	55	59	79	89
.8274704	4187/5060	53	55	79	92
0.8275					
.8275190	3819/4615	57	65	67	71
.8275320	3685/4453	55	61	67	73
.8275584	1027/1241	65	73	79	85
.8275936	3869/4675	53	55	73	85
.8276023	3538/4275	58	57	61	75
.8276180	3596/4345	58	55	62	79
.8276347	1767/2135	57	61	62	70
.8276712	3021/3650	53	50	57	73
.8276943	5015/6059	59	73	85	83
.8277612	2773/3350	47	50	59	67
.8277844	4898/5917	62	61	79	97
.8278323	928/1121	48	57	58	59
.8278351	803/970	55	50	73	97
.8278567	3905/4717	55	53	71	89
.8278716	2501/3021	41	53	61	57
.8279129	3233/3905	53	55	61	71
.8279260	3445/4161	53	57	65	73
.8279701	5429/6557	61	79	89	83
0.8280					
.8280069	4819/5820	61	60	79	97
.8280226	5561/6716	67	73	83	92
.8280397	3337/4030	47	62	71	65
.8280597	1387/1675	57	67	73	75
.8280702	236/285	48	57	59	60
.8280899	737/890	55	50	67	89
.8282051	323/390	57	65	85	90
.8282258	1027/1240	65	62	79	100
.8282692	4307/5200	59	65	73	80
.8283084	3599/4345	59	55	61	79
.8283151	4154/5015	62	59	67	85
.8283251	3363/4060	57	58	59	70
.8284369	4399/5310	53	59	83	90
.8284749	4661/5626	59	58	79	97
.8284775	3782/4565	61	55	62	83
.8284939	3053/3685	43	55	71	67

（续）

比值	分数	A	B	C	D
0. 8285					
. 8284994	657/793	45	61	73	65
. 8285660	4345/5244	55	57	79	92
. 8285879	2881/3477	43	57	67	61
. 8286421	2679/3233	47	53	57	61
. 8286894	803/969	55	57	73	85
. 8287212	3953/4770	59	53	67	90
. 8287516	3286/3965	53	61	62	65
. 8288301	5767/6958	73	71	79	98
. 8288995	4331/5225	61	55	71	95
. 8289744	3233/3900	53	60	61	65
. 8289831	4891/5900	67	59	73	100
0. 8290					
. 8290019	2201/2655	62	59	71	90
. 8290091	3355/4047	55	57	61	71
. 8290366	611/737	47	55	65	67
. 8291106	4745/5723	65	59	73	97
. 8292260	4307/5194	59	53	73	98
. 8292369	5162/6225	58	75	89	83
. 8292627	3599/4340	59	62	61	70
. 8293033	4047/4880	57	61	71	80
. 8293173	413/498	59	60	70	83
. 8293312	5146/6205	62	73	83	85
. 8293658	4355/5251	65	59	67	89
. 8293860	1891/2280	61	57	62	80
. 8294180	4731/5704	57	62	83	92
. 8294345	4503/5429	57	61	79	89
. 8294430	3127/3770	53	58	59	65
0. 8295					
. 8295238	871/1050	65	70	67	75
. 8295800	1363/1643	47	53	58	62
. 8295873	4503/5428	57	59	79	92
. 8296164	930/1121	45	57	62	59
. 8296296 *	112/135	70	75	80	90
. 8296896	3074/3705	53	57	58	65
. 8297109	4161/5015	57	59	73	85
. 8297604	658/793	47	61	70	65
. 8298029	4505/5429	53	61	85	89
. 8298063	2784/3355	48	55	58	61
. 8298193	551/664	58	80	95	83
. 8298701	639/770	45	55	71	70
. 8298867	4615/5561	65	67	71	83
. 8299558	4505/5428	53	59	85	92
. 8299678	4891/5893	67	71	73	83
. 8299836	4047/4876	57	53	71	92
0. 8300					
. 8300000	83/100	57	60	83	95

比值	分数	A	B	C	D
0. 8300					
. 8300310	3477/4189	57	59	61	71
. 8300725	2291/2760	58	60	79	92
. 8300794	3869/4661	53	59	73	79
. 8300995	3337/4020	47	60	71	67
. 8301205	689/830	53	50	65	83
. 8301277	5395/6499	65	67	83	97
. 8301538	1349/1625	57	65	71	75
. 8301695	2449/2950	62	59	79	100
. 8301961	2117/2550	58	60	73	85
. 8302174	3819/4600	57	50	67	92
. 8302419	2059/2480	58	62	71	80
. 8302745	5293/6375	67	75	79	85
. 8302932	3596/4331	58	61	62	71
. 8303085	915/1102	45	57	61	58
. 8303333	2491/3000	47	50	53	60
. 8303733	2291/2759	58	62	79	89
. 8303833	5395/6497	65	73	83	89
. 8303905	4891/5890	67	62	73	95
. 8304275	3477/4187	57	53	61	79
. 8304577	4717/5680	53	71	89	80
. 8304729	4355/5244	65	57	67	92
. 8304985	1416/1705	48	55	59	62
0. 8305					
. 8305164	1769/2130	58	60	61	71
. 8305417	4661/5612	59	61	79	92
. 8305660	2201/2650	62	53	71	100
. 8306433	3551/4275	53	57	67	75
. 8306465	4895/5893	55	71	89	83
. 8306654	4307/5185	59	61	73	85
. 8307210	265/319	50	55	53	58
. 8307287	4731/5695	57	67	83	85
. 8307519	2950/3551	50	53	59	67
. 8307836	4453/5360	61	67	73	80
. 8308000	2077/2500	62	50	67	100
. 8308271 *	221/266	65	70	85	95
. 8308544	5251/6320	59	79	89	80
. 8308621	4819/5800	61	58	79	100
. 8309135	2747/3306	41	57	67	58
. 8309278	403/485	62	50	65	97
. 8309952	5035/6059	53	73	95	83
0. 8310					
. 8310144	3285/3953	45	59	73	67
. 8310241	2759/3320	62	80	89	83
. 8310448	1392/1675	48	50	58	67
. 8311032	2795/3363	43	57	65	59
. 8311333	3337/4015	47	55	71	73

（续）

比值	分数	A	B	C	D
0.8310					
.8311556	4898/5893	62	71	79	83
.8311720	3397/4087	43	61	79	67
.8312074	4757/5723	67	59	71	97
.8312299	3886/4675	58	55	67	85
.8312369	793/954	61	53	65	90
.8312674	3286/3953	53	59	62	67
.8313333	1247/1500	43	50	58	60
.8313636	1829/2200	59	55	62	80
.8314092	4897/5890	59	62	83	95
.8314185	3763/4526	53	62	71	73
0.8315					
.8315118	913/1098	55	61	83	90
.8315294	1767/2125	57	50	62	85
.8315526	3658/4399	59	53	62	83
.8315946	558/671	45	55	62	61
.8316199	2993/3599	41	59	73	61
.8316645	4402/5293	62	67	71	79
.8316750	1003/1206	59	67	85	90
.8316981	1102/1325	57	53	58	75
.8317576	3431/4125	47	55	73	75
.8317697	3901/4690	47	67	83	70
.8317853	806/969	62	57	65	85
.8318033	2537/3050	43	50	59	61
.8318123	638/767	55	59	58	65
.8318182	183/220	45	55	61	60
.8318724	4745/5704	65	62	73	92
.8318987	1643/1975	53	50	62	79
.8319098	5162/6205	58	73	89	85
.8319192	2059/2475	58	55	71	90
.8319328*	99/119	45	35	55	85
.8319422	5183/6230	71	70	73	89
.8319483	901/1083	53	57	85	95
.8319609	3233/3886	53	58	61	67
.8319762	4189/5035	59	53	71	95
0.8320					
.8320234	3705/4453	57	61	65	73
.8320430	3869/4650	53	62	73	75
.8320513	649/780	55	60	59	65
.8321521	4814/5785	58	65	83	89
.8322000	4161/5000	57	50	73	100
.8322105	3953/4750	59	50	67	95
.8322206	2867/3445	47	53	61	65
.8322271	5893/7081	71	73	83	97
.8322632	1037/1246	61	70	85	89
.8322793	3290/3953	47	59	70	67
.8322884	531/638	45	55	59	58
0.8320					
.8323137	2993/3596	41	58	73	62
.8323214	4661/5600	59	70	79	80
.8323755	869/1044	55	58	79	90
.8324242	2747/3300	41	55	67	60
.8324378	4183/5025	47	67	89	75
.8324561	949/1140	65	57	73	100
.8324706	1769/2125	58	50	61	85
0.8325					
.8325062	671/806	55	62	61	65
.8325359	174/209	45	55	58	57
.8325527	711/854	45	61	79	70
.8325714	1457/1750	47	50	62	70
.8325843	741/890	57	50	65	89
.8326226	781/938	55	67	71	70
.8326260	3139/3770	43	58	73	65
.8326613	413/496	59	62	70	80
.8326807	5529/6640	57	80	97	83
.8327684	737/885	55	59	67	75
.8328358	279/335	45	50	62	67
.8328571	583/700	53	50	55	70
.8328846	4331/5200	61	65	71	80
.8329114	329/395	47	50	70	79
.8329225	4731/5680	57	71	83	80
.8329317	1037/1245	61	75	85	83
.8329651	1885/2263	58	62	65	73
.8329932	2449/2940	62	60	79	98
0.8330					
.8330164	4819/5785	61	65	79	89
.8330629	5135/6164	65	67	79	92
.8330849	559/671	43	55	65	61
.8330909	2291/2750	58	55	79	100
.8331086	5561/6675	67	75	83	89
.8331160	639/767	45	59	71	65
.8331462	3710/4453	53	61	70	73
.8331604	4015/4819	55	61	73	79
.8331714	3431/4118	47	58	73	71
.8331870	949/1139	65	67	73	85
.8332338	4187/5025	53	67	79	75
.8333333*	5/6	50	75	100	80
.8333603	5146/6175	62	65	83	95
.8334426	1271/1525	41	50	62	61
.8334486	4819/5782	61	59	79	98
.8334788	3819/4582	57	58	67	79
.8334906	1767/2120	57	53	62	80
0.8335					
.8335085	3965/4757	61	67	65	71

（续）

比值	分数	A	B	C	D
0.8335					
.8335681	3551/4260	53	60	67	71
.8336318	4189/5025	59	67	71	75
.8336667	2501/3000	41	50	61	60
.8336957	767/920	59	50	65	92
.8337079	371/445	53	50	70	89
.8337267	3886/4661	58	59	67	79
.8337900	913/1095	55	73	83	75
.8338044	1475/1769	50	58	59	61
.8338246	2263/2714	62	59	73	92
.8338362	3869/4640	53	58	73	80
.8338467	4331/5194	61	53	71	98
.8338710	517/620	47	50	55	62
.8338889	1501/1800	57	60	79	90
.8338951	4453/5340	61	60	73	89
.8339071	969/1162	57	70	85	83
.8339662	3953/4740	59	60	67	79
.8339762	4757/5704	67	62	71	92
0.8340					
.8340258	4015/4814	55	58	73	83
.8340816	4087/4900	61	50	67	98
.8340984	1272/1525	48	50	53	61
.8341404	689/826	53	59	65	70
.8341530	3053/3660	43	60	71	61
.8341927	3074/3685	53	55	58	67
.8342246 *	156/187	60	55	65	85
.8342500	3337/4000	47	50	71	80
.8342593	901/1080	53	60	85	90
.8342912	871/1044	65	58	67	90
.8342999	1007/1207	53	71	95	85
.8343284	559/670	43	50	65	67
.8343434	413/495	59	55	70	90
.8343528	3410/4087	55	61	62	67
.8343665	4307/5162	59	58	73	89
.8344074	4661/5586	59	57	79	98
.8344177	2565/3074	45	53	57	58
.8344330	4047/4850	57	50	71	97
.8344913	3363/4030	57	62	59	65
0.8345					
.8345070	237/284	45	60	79	71
.8345202	4453/5336	61	58	73	92
.8345389	923/1106	65	70	71	79
.8345614	4757/5700	67	57	71	100
.8345771	671/804	55	60	61	67
.8345926	4087/4897	61	59	67	83
.8346146	4234/5073	58	57	73	89
.8346617	4503/5395	57	65	79	83

比值	分数	A	B	C	D
0.8345					
.8346658	2610/3127	45	53	58	59
.8346767	4453/5335	61	55	73	97
.8346898	4615/5529	65	57	71	97
.8346995	611/732	47	60	65	61
.8347249	4399/5270	53	62	83	85
.8347368	793/950	61	50	65	95
.8347482	1475/1767	50	57	59	62
.8347994	4745/5684	65	58	73	98
.8348214 *	187/224	55	70	85	80
.8348475	2573/3082	62	67	83	92
.8348689	1178/1411	62	83	95	85
.8348953	4187/5015	53	59	79	85
.8349057	177/212	45	53	59	60
.8349199	3596/4307	58	59	62	73
.8349336	4087/4895	61	55	67	89
0.8350					
.8350324	901/1079	53	65	85	83
.8350489	3245/3886	55	58	59	67
.8350877 *	238/285	70	75	85	95
.8351515	689/825	53	55	65	75
.8351558	3055/3658	47	59	65	62
.8351697	5609/6716	71	73	79	92
.8352785	3149/3770	47	58	67	65
.8352972	3190/3819	55	57	58	67
.8353621	2745/3286	45	53	61	62
.8353873	949/1136	65	71	73	80
.8354232	533/638	41	55	65	58
.8354360	4503/5390	57	55	79	98
0.8355					
.8355294	3551/4250	53	50	67	85
.8355422	1387/1660	57	60	73	83
.8355527	3953/4731	59	57	67	83
.8355769	869/1040	55	65	79	80
.8356651	3763/4503	53	57	71	79
.8356989	1943/2325	58	62	67	75
.8357143 *	117/140	45	50	65	70
.8357367	1333/1595	43	55	62	58
.8358149	2077/2485	62	70	67	71
.8358264	4526/5415	62	57	73	95
.8359708	2747/3286	41	53	67	62
0.8360					
.8360507	923/1104	65	60	71	92
.8360656	51/61	57	61	85	95
.8362222	3763/4500	53	50	71	90
.8362406	5561/6650	67	70	83	95
.8362573 *	143/171	55	45	65	95

（续）

比值	分数	*A*	*B*	*C*	*D*
0.8360					
.8362731	4030/4819	62	61	65	79
.8362845	2881/3445	43	53	67	65
.8363268	3306/3953	57	59	58	67
.8363409	3337/3990	47	57	71	70
.8363538	4615/5518	65	62	71	89
.8364583	803/960	55	60	73	80
.8364943	2911/3480	41	58	71	60
.8364979	793/948	61	60	65	79
0.8365					
.8365422	4345/5194	55	53	79	98
.8365712	3445/4118	53	58	65	71
.8365827	3819/4565	57	55	67	83
.8366064	1065/1273	45	57	71	67
.8366826	2623/3135	43	55	61	57
.8367521	979/1170	55	65	89	90
.8367589	2117/2530	58	55	73	92
.8368323	3149/3763	47	53	67	71
.8368479	754/901	58	53	65	85
.8368950	4582/5475	58	73	79	75
.8369106	4757/5684	67	58	71	98
.8369620	1653/1975	57	50	58	79
.8369708	3835/4582	59	58	65	79
.8369863	611/730	47	50	65	73
0.8370					
.8370246	3477/4154	57	62	61	67
.8370412	1505/1798	43	58	70	62
.8370940	4897/5850	59	65	83	90
.8371195	3685/4402	55	62	67	71
.8371417	2015/2407	62	58	65	83
.8371642	5609/6700	71	67	79	100
.8372160	2911/3477	41	57	71	61
.8372650	2449/2925	62	65	79	90
.8372669	5073/6059	57	73	89	83
.8372881	247/295	57	59	65	75
.8373563	1457/1740	47	58	62	60
.8373748	5767/6887	73	71	79	97
0.8375					
.8375108	969/1157	57	65	85	89
.8375681	923/1102	65	58	71	95
.8376090	3363/4015	57	55	59	73
.8376325	5293/6319	67	71	79	89
.8376437	583/696	53	58	55	60
.8376904	3685/4399	55	53	67	83
.8377282	413/493	59	58	70	85
.8377452	4399/5251	53	59	83	89
.8377748	4307/5141	59	53	73	97
0.8375					
.8377778	377/450	58	50	65	90
.8378000	4189/5000	59	50	71	100
.8378141	2867/3422	47	58	61	59
.8378313	3477/4150	57	50	61	83
.8379048	4399/5250	53	70	83	75
.8379942	869/1037	55	61	79	85
0.8380					
.8380326	3953/4717	59	53	67	89
.8380503	533/636	41	53	65	60
.8380788	2914/3477	47	57	62	61
.8380892	3965/4731	61	57	65	83
.8380952*	88/105	55	70	80	75
.8381481	2263/2700	62	60	73	90
.8381586	4661/5561	59	67	79	83
.8381849	979/1168	55	73	89	80
.8381870	4087/4876	61	53	67	92
.8382353*	57/68	60	80	95	85
.8382514	767/915	59	61	65	75
.8383041	2867/3420	47	57	61	60
.8383165	4402/5251	62	59	71	89
.8383532	3869/4615	53	65	73	71
.8383648	1333/1590	43	53	62	60
.8383664	2915/3477	53	57	55	61
.8384181	742/885	53	59	70	75
.8384316	3015/3596	45	58	67	62
.8384675	4355/5194	65	53	67	98
.8384762	2201/2625	62	70	71	75
0.8385					
.8385274	4897/5840	59	73	83	80
.8386064	4453/5310	61	59	73	90
.8386288	1003/1196	59	65	85	92
.8386908	1435/1711	41	58	70	59
.8386986	2449/2920	62	73	79	80
.8387180	3245/3869	55	53	59	73
.8387500	671/800	55	50	61	80
.8387692	1363/1625	47	50	58	65
.8387780	2773/3306	47	57	59	58
.8388232	2623/3127	43	53	61	59
.8388635	4399/5244	53	57	83	92
.8389113	4161/4960	57	62	73	80
.8389247	3901/4650	47	62	83	75
.8389395	5063/6035	61	71	83	85
0.8390					
.8390159	4331/5162	61	58	71	89
.8390909	923/1100	65	55	71	100
.8390960	3713/4425	47	59	79	75

（续）

比值	分数	A	B	C	D	比值	分数	A	B	C	D
0.8390						0.8405					
.8391667	1007/1200	53	75	95	80	.8405172	195/232	45	58	65	60
.8391813	287/342	41	57	70	60	.8405766	3965/4717	61	53	65	89
.8391919	2077/2475	62	55	67	90	.8405914	3127/3720	53	60	59	62
.8393407	3819/4550	57	65	67	70	.8405965	5073/6035	57	71	89	85
.8393522	5183/6175	71	65	73	95	.8406061	1387/1650	57	55	73	90
.8393998	3021/3599	53	59	57	61	.8406193	923/1098	65	61	71	90
.8394355	2201/2622	62	57	71	92	.8406593*	153/182	45	65	85	70
.8394911	3431/4087	47	61	73	67	.8406730	4047/4814	57	58	71	83
.8394969	3337/3975	47	53	71	75	.8407500	3363/4000	57	50	59	80
0.8395						.8407625	2867/3410	47	55	61	62
.8395117	3782/4505	61	53	62	85	.8408521	671/798	55	57	61	70
.8395712	4307/5130	59	57	73	90	.8409136	4234/5035	58	53	73	95
.8395833	403/480	62	60	65	80	.8409239	2585/3074	47	53	55	58
.8396352	5063/6030	61	67	83	90	.8409699	4717/5609	53	71	89	79
.8396761	1037/1235	61	65	85	95	.8409836	513/610	45	50	57	61
.8397032	2263/2695	62	55	73	98	0.8410					
.8397333	3149/3750	47	50	67	75	.8410088	767/912	59	57	65	80
.8397403	3233/3850	53	55	61	70	.8410196	5015/5963	59	67	85	89
.8397849	781/930	55	62	71	75	.8410870	3869/4600	53	50	73	92
.8397881	2537/3021	43	53	59	57	.8411647	4189/4980	59	60	71	83
.8398008	4047/4819	57	61	71	79	.8411696	3596/4275	58	57	62	75
.8398119	2679/3190	47	55	57	58	.8411765*	143/170	55	50	65	85
.8398150	3995/4757	47	67	85	71	.8412292	657/781	45	55	73	71
.8398845	3782/4503	61	57	62	79	.8412425	975/1159	45	57	65	61
.8398907	1537/1830	53	60	58	61	.8412666	4118/4895	58	55	71	89
.8399015	341/406	55	58	62	70	.8412935	1691/2010	57	67	89	90
.8399229	871/1037	65	61	67	85	.8412998	4453/5293	61	67	73	79
.8399541	3658/4355	59	65	62	67	.8413242	737/876	55	60	67	73
0.8400						.8414089	4897/5820	59	60	83	97
.8400000*	21/25	60	50	70	100	.8414286	589/700	57	60	62	70
.8400424	793/944	61	59	65	80	.8414432	2542/3021	41	53	62	57
.8400616	2726/3245	47	55	58	59	.8414853	3286/3905	53	55	62	71
.8400876	767/913	59	55	65	83	0.8415					
.8401001	3021/3596	53	58	57	62	.8415434	5518/6557	62	79	89	83
.8401119	4503/5360	57	67	79	80	.8415808	2449/2910	62	60	79	97
.8401248	4845/5767	57	73	85	79	.8415948	781/928	55	58	71	80
.8401587	5293/6300	67	70	79	90	.8416141	3337/3965	47	61	71	65
.8401887	4453/5300	61	53	73	100	.8416246	4331/5146	61	62	71	83
.8402470	4355/5183	65	71	67	73	.8416422	287/341	41	55	70	62
.8403030	2773/3300	47	55	59	60	.8416499	4183/4970	47	70	89	71
.8403233	5510/6557	58	79	95	83	.8416629	3705/4402	57	62	65	71
.8403499	1537/1829	53	59	58	62	.8417191	803/954	55	53	73	90
.8403780	4891/5820	67	60	73	97	.8417280	4345/5162	55	58	79	89
.8404082	2059/2450	58	50	71	98	.8418033	1027/1220	65	61	79	100
.8404444	1891/2250	61	50	62	90	.8418244	4891/5810	67	70	73	83
.8404851	901/1072	53	67	85	80	.8418713	3599/4275	59	57	61	75

（续）

比值	分数	A	B	C	D
0. 8415					
. 8418872	3658/4345	59	55	62	79
. 8419139	4399/5225	53	55	83	95
. 8419355	261/310	45	50	58	62
. 8419546	4118/4891	58	67	71	73
. 8419580	602/715	43	55	70	65
0. 8420					
. 8420409	4819/5723	61	59	79	97
. 8420455	741/880	57	55	65	80
. 8421546	1798/2135	58	61	62	70
. 8421918	1537/1825	53	50	58	73
. 8422369	3705/4399	57	53	65	83
. 8423077	219/260	45	60	73	65
. 8423214	4717/5600	53	70	89	80
. 8423810	1769/2100	58	60	61	70
. 8423977	2881/3420	43	57	67	60
. 8424431	4331/5141	61	53	71	97
. 8424528	893/1060	47	53	57	60
. 8424880	4402/5225	62	55	71	95
0. 8425					
. 8425096	658/781	47	55	70	71
. 8425641	1643/1950	53	60	62	65
. 8425926 *	91/108	65	60	70	90
. 8425995	3410/4047	55	57	62	71
. 8426804	4087/4850	61	50	67	97
. 8427203	4399/5220	53	58	83	90
. 8427987	1855/2201	53	62	70	71
. 8428571	59/70	59	50	70	98
. 8429091	1159/1375	57	55	61	75
. 8429166	3445/4087	53	61	65	67
. 8429280	3397/4030	43	62	79	65
0. 8430					
. 8430096	4661/5529	59	57	79	97
. 8430248	3233/3835	53	59	61	65
. 8430286	913/1083	55	57	83	95
. 8431797	2726/3233	47	53	58	61
. 8432013	2065/2449	59	62	70	79
. 8432210	5529/6557	57	79	97	83
. 8432584	1501/1780	57	60	79	89
. 8432759	4891/5800	67	58	73	100
. 8432950	2201/2610	62	58	71	90
. 8433566	603/715	45	55	67	65
. 8434056	4745/5626	65	58	73	97
. 8434275	4331/5135	61	65	71	79
. 8434586	5609/6650	71	70	79	95
. 8434691	1595/1891	55	61	58	62
. 8434802	3713/4402	47	62	79	71
0. 8435					
. 8435341	5251/6225	59	75	89	83
. 8435501	4087/4845	61	57	67	85
. 8435897	329/390	47	60	70	65
. 8436199	4661/5525	59	65	79	85
. 8436330	901/1068	53	60	85	89
. 8436364	232/275	48	55	58	60
. 8436652	4355/5162	65	58	67	89
. 8437037	1139/1350	67	75	85	90
. 8437181	826/979	59	55	70	89
. 8437914	3819/4526	57	62	67	73
. 8438172	3139/3720	43	60	73	62
. 8438333	5063/6000	61	75	83	80
. 8438525	2059/2440	58	61	71	80
. 8438831	2773/3286	47	53	59	62
. 8438906	4503/5336	57	58	79	92
. 8439201	465/551	45	57	62	58
. 8439691	2407/2852	58	62	83	92
. 8439946	3127/3705	53	57	59	65
0. 8440					
. 8440035	4891/5795	67	61	73	95
. 8440162	4161/4930	57	58	73	85
. 8440252	671/795	55	53	61	75
. 8440411	3534/4187	57	53	62	79
. 8440487	4503/5335	57	55	79	97
. 8440678	249/295	57	59	83	95
. 8441133	2832/3355	48	55	59	61
. 8441315	899/1065	58	60	62	71
. 8441415	2291/2714	58	59	79	92
. 8441532	4187/4960	53	62	79	80
. 8441558 *	65/77	50	55	65	70
. 8441690	3337/3953	47	59	71	67
. 8442495	4331/5130	61	57	71	90
. 8442654	4505/5336	53	58	85	92
. 8442879	1079/1278	65	71	83	90
. 8443291	1139/1349	67	71	85	95
. 8443419	3477/4118	57	58	61	71
. 8443451	4345/5146	55	62	79	83
. 8443841	4661/5520	59	60	79	92
. 8443911	3869/4582	53	58	73	79
. 8444030	2263/2680	62	67	73	80
. 8444081	4130/4891	59	67	70	73
. 8444828	2449/2900	62	58	79	100
0. 8445					
. 8445098	4307/5100	59	60	73	85
. 8445447	2059/2438	58	53	71	92
. 8445614	2407/2850	58	60	83	95

（续）

比值	分数	A	B	C	D
0.8445					
.8445930	3538/4189	58	59	61	71
.8446086	3658/4331	59	61	62	71
.8446154	549/650	45	50	61	65
.8446901	4661/5518	59	62	79	89
.8447179	4118/4875	58	65	71	75
.8447826	1943/2300	58	50	67	92
.8447911	3195/3782	45	61	71	62
.8448101	3337/3950	47	50	71	79
.8448214	4731/5600	57	70	83	80
.8448357	3599/4260	59	60	61	71
.8448457	4819/5704	61	62	79	92
.8448637	403/477	62	53	65	90
.8448680	2881/3410	43	55	67	62
.8449715	4453/5270	61	62	73	85
.8449964	3538/4187	58	53	61	79
0.8450					
.8450350	3021/3575	53	55	57	65
.8450388	4897/5795	59	61	83	95
.8450483	3763/4453	53	61	71	73
.8450739	3431/4060	47	58	73	70
.8451284	5135/6076	65	62	79	98
.8451663	4345/5141	55	53	79	97
.8452114	4898/5795	62	61	79	95
.8452632	803/950	55	50	73	95
.8452871	3901/4615	47	65	83	71
.8452951	530/627	50	55	53	57
.8453423	3285/3886	45	58	73	67
.8453731	1416/1675	48	50	59	67
.8454237	1247/1475	43	50	58	59
.8454325	2795/3306	43	57	65	58
.8454386	4819/5700	61	57	79	100
.8454545	93/110	45	55	62	60
.8454624	4891/5785	67	65	73	89
.8454802	2993/3540	41	59	73	60
0.8455					
.8455000	1691/2000	57	75	89	80
.8455096	4745/5612	65	61	73	92
.8455386	4757/5626	67	58	71	97
.8455615	3953/4675	59	55	67	85
.8455996	1643/1943	53	58	62	67
.8456180	3763/4450	53	50	71	89
.8456338	1501/1775	57	71	79	75
.8456667	2537/3000	43	50	59	60
.8456831	3869/4575	53	61	73	75
.8458636	2914/3445	47	53	62	65
.8458904	247/292	57	60	65	73

比值	分数	A	B	C	D
0.8455					
.8459011	4891/5782	67	59	73	98
.8459168	549/649	45	55	61	59
.8459582	2993/3538	41	58	73	61
0.8460					
.8460094	901/1065	53	71	85	75
.8460377	1121/1325	57	53	59	75
.8461176	1798/2125	58	50	62	85
.8461290	2623/3100	43	50	61	62
.8461681	4582/5415	58	57	79	95
.8461809	4819/5695	61	67	79	85
.8462185	1007/1190	53	70	95	85
.8462530	5251/6205	59	73	89	85
.8462626	4189/4950	59	55	71	90
.8462745	1079/1275	65	75	83	85
.8462884	4355/5146	65	62	67	83
.8463115	413/488	59	61	70	80
.8464135	1003/1185	59	75	85	79
.8464231	5561/6570	67	73	83	90
.8464286	237/280	45	60	79	70
.8464996	4897/5785	59	65	83	89
0.8465					
.8465054	3149/3720	47	60	67	62
.8465331	2747/3245	41	55	67	59
.8465385	2201/2600	62	65	71	80
.8465567	3233/3819	53	57	61	67
.8465656	949/1121	65	59	73	95
.8466069	3306/3905	57	55	58	71
.8466203	3770/4453	58	61	65	73
.8466289	1645/1943	47	58	70	67
.8466555	5063/5980	61	65	83	92
.8466724	4898/5785	62	65	79	89
.8468000	2117/2500	58	50	73	100
.8468235	3599/4250	59	50	61	85
.8468900	177/209	45	55	59	57
.8469157	2993/3534	41	57	73	62
.8469697	559/660	43	55	65	60
.8469786	869/1026	55	57	79	90
0.8470					
.8470057	2065/2438	59	53	70	92
.8470320	371/438	53	60	70	73
.8470464	803/948	55	60	73	79
.8470588*	72/85	60	75	90	85
.8471115	4355/5141	65	53	67	97
.8471264	737/870	55	58	67	75
.8471726	4030/4757	62	67	65	71
.8471795	826/975	59	65	70	75

（续）

比值	分数	*A*	*B*	*C*	*D*	比值	分数	*A*	*B*	*C*	*D*
0.8470						0.8480					
.8471910	377/445	58	50	65	89	.8484898	5141/6059	53	73	97	83
.8472307	1392/1643	48	53	58	62	0.8485					
.8472892	2813/3320	58	80	97	83	.8485222	689/812	53	58	65	70
.8473214	949/1120	65	70	73	80	.8485753	3127/3685	53	55	59	67
.8473333	1271/1500	41	50	62	60	.8486210	4154/4895	62	55	67	89
.8474545	4661/5500	59	55	79	100	.8486512	3555/4189	45	59	79	71
.8474801	639/754	45	58	71	65	.8486578	4015/4731	55	57	73	83
.8474996	5135/6059	65	73	79	83	.8486667	1273/1500	57	50	67	90
0.8475						.8487065	4757/5605	67	59	71	95
.8475164	2201/2597	62	53	71	98	.8487225	3355/3953	55	59	61	67
.8475410	517/610	47	50	55	61	.8487363	4399/5183	53	71	83	73
.8475538	4331/5110	61	70	71	73	.8487871	3149/3710	47	53	67	70
.8475655	2263/2670	62	60	73	89	.8488208	3599/4240	59	53	61	80
.8476041	1079/1273	65	67	83	95	.8488469	3055/3599	47	59	65	61
.8476485	3010/3551	43	53	70	67	.8489130	781/920	55	50	71	92
.8476923	551/650	57	60	58	65	.8489279	871/1026	65	57	67	90
.8477011	295/348	50	58	59	60	.8489821	4087/4814	61	58	67	83
.8477248	3819/4505	57	53	67	85	.8489875	4402/5185	62	61	71	85
.8477279	3190/3763	55	53	58	71	0.8490					
.8477551	2077/2450	62	50	67	98	.8490045	4307/5073	59	57	73	89
.8477885	3431/4047	47	57	73	71	.8490722	2059/2425	58	50	71	97
.8477966	2501/2950	41	50	61	59	.8490783	737/868	55	62	67	70
.8478184	4819/5684	61	58	79	98	.8491315	1711/2015	58	62	59	65
.8478495	1577/1860	57	62	83	90	.8491417	4897/5767	59	73	83	79
.8479750	5695/6716	67	73	85	92	.8491609	4453/5244	61	57	73	92
0.8480						.8491837	4161/4900	57	50	73	98
.8480000	106/125	48	50	53	60	.8492157	4331/5100	61	60	71	85
.8480226	1501/1770	57	59	79	90	.8492901	4187/4930	53	58	79	85
.8480289	4453/5251	61	59	73	89	.8492958	603/710	45	50	67	71
.8481132	899/1060	58	53	62	80	.8493373	5767/6790	73	70	79	97
.8481283	793/935	61	55	65	85	.8493671	671/790	55	50	61	79
.8481715	3363/3965	57	61	59	65	.8493989	3886/4575	58	61	67	75
.8481905	4453/5250	61	70	73	75	.8494118	361/425	57	75	95	85
.8482009	2263/2668	62	58	73	92	.8494450	4745/5586	65	57	73	98
.8482143*	95/112	50	70	95	80	.8494643	4757/5600	67	70	71	80
.8482287	4717/5561	53	67	89	83	0.8495					
.8482587	341/402	55	60	62	67	.8495304	4161/4898	57	62	73	79
.8482745	4154/4897	62	59	67	83	.8495551	3055/3596	47	58	65	62
.8482912	3053/3599	43	59	71	61	.8495987	5293/6230	67	70	79	89
.8483599	4526/5335	62	55	73	97	.8496088	5429/6390	61	71	89	90
.8483992	901/1062	53	59	85	90	.8496226	4503/5300	57	53	79	100
.8484089	4399/5185	53	61	83	85	.8496732*	130/153	50	45	65	85
.8484211	403/475	62	50	65	95	.8496752	2747/3233	41	53	67	61
.8484277	1349/1590	57	53	71	90	.8496989	3245/3819	55	57	59	67
.8484649	3869/4560	53	57	73	80	.8497477	5893/6935	71	73	83	95
.8484848*	28/33	60	55	70	90	.8497890	1007/1185	53	75	95	79

（续）

比值	分数	A	B	C	D
0.8495					
.8498876	1891/2225	61	50	62	89
.8499325	3149/3705	47	57	67	65
.8499484	4118/4845	58	57	71	85
0.8500					
.8500000*	17/20	60	75	85	80
.8500236	3599/4234	59	58	61	73
.8500511	4161/4895	57	55	73	89
.8500645	4615/5429	65	61	71	89
.8500797	533/627	41	55	65	57
.8500928	2291/2695	58	55	79	98
.8501075	3953/4650	59	62	67	75
.8502024*	210/247	70	65	75	95
.8502110	403/474	62	60	65	79
.8502211	4615/5428	65	59	71	92
.8502764	3538/4161	58	57	61	73
.8502935	869/1022	55	70	79	73
.8503297	3869/4550	53	65	73	70
.8503489	3290/3869	47	53	70	73
.8503584	949/1116	65	62	73	90
.8503987	2666/3135	43	55	62	57
0.8505					
.8505782	2795/3286	43	53	65	62
.8506356	803/944	55	59	73	80
.8506667	319/375	55	50	58	75
.8506758	3965/4661	61	59	65	79
.8507353	1157/1360	65	80	89	85
.8507631	1505/1769	43	58	70	61
.8508428	3685/4331	55	61	67	71
.8508699	1027/1207	65	71	79	85
.8509244	5063/5950	61	70	83	85
.8509859	3021/3550	53	50	57	71
0.8510					
.8510097	5015/5893	59	71	85	83
.8511241	4505/5293	53	67	85	79
.8511696	2911/3420	41	57	71	60
.8511766	4015/4717	55	53	73	89
.8511905*	143/168	55	60	65	70
.8512295	2077/2440	62	61	67	80
.8512438	1711/2010	58	60	59	67
.8512478	3445/4047	53	57	65	71
.8512596	3886/4565	58	55	67	83
.8512764	767/901	59	53	65	85
.8513242	4661/5475	59	73	79	75
.8513472	5561/6532	67	71	83	92
.8513648	3431/4030	47	62	73	65
.8513924	3363/3950	57	50	59	79

比值	分数	A	B	C	D
0.8510					
.8514431	1003/1178	59	62	85	95
.8514583	4087/4800	61	60	67	80
0.8515					
.8515464	413/485	59	50	70	97
.8515663	1767/2075	57	50	62	83
.8515755	1027/1206	65	67	79	90
.8515933	4757/5586	67	57	71	98
.8516078	5429/6375	61	75	89	85
.8516545	3835/4503	59	57	65	79
.8516791	913/1072	55	67	83	80
.8516949	201/236	45	59	67	60
.8517092	1769/2077	58	62	61	67
.8517241	247/290	57	58	65	75
.8517261	1505/1767	43	57	70	62
.8518124	799/938	47	67	85	70
.8518318	3139/3685	43	55	73	67
.8518410	2915/3422	53	58	55	59
.8518944	742/871	53	65	70	67
.8519115	2117/2485	58	70	73	71
.8519278	2077/2438	62	53	67	92
.8519397	3953/4640	59	58	67	80
.8519608	869/1020	55	60	79	85
.8519774	754/885	58	59	65	75
0.8520					
.8520000	213/250	57	50	71	95
.8520468	1457/1710	47	57	62	60
.8521026	4154/4875	62	65	67	75
.8521764	3015/3538	45	58	67	61
.8521930	1943/2280	58	57	67	80
.8522059	1159/1360	61	80	95	85
.8522222	767/900	59	50	65	90
.8522546	2665/3127	41	53	65	59
.8522622	923/1083	65	57	71	95
.8522727*	75/88	50	55	75	80
.8523039	3422/4015	58	55	59	73
.8523392	583/684	53	57	55	60
.8523540	2263/2655	62	59	73	90
.8524252	826/969	59	57	70	85
0.8525					
.8525000	341/400	55	50	62	80
.8525126	2867/3363	47	57	61	59
.8525301	1769/2075	58	50	61	83
.8525744	2666/3127	43	53	62	59
.8525832	3713/4355	47	65	79	67
.8526050	5073/5950	57	70	89	85
.8526639	4161/4880	57	61	73	80

（续）

比值	分数	A	B	C	D	比值	分数	A	B	C	D
0.8525						0.8540					
.8526776	3901/4575	47	61	83	75	.8541261	3074/3599	53	59	58	61
.8526882	793/930	61	62	65	75	.8542492	5609/6566	71	67	79	98
.8527043	741/869	57	55	65	79	.8543566	4030/4717	62	53	65	89
.8527702	2201/2581	62	58	71	89	.8543716	3127/3660	53	60	59	61
.8528736	371/435	53	58	70	75	.8544035	5035/5893	53	71	95	83
.8528978	4047/4745	57	65	71	73	.8544592	4503/5270	57	62	79	85
.8529837	4717/5530	53	70	89	79	.8544844	3306/3869	57	53	58	73
.8529930	969/1136	57	71	85	80	0.8545					
0.8530						.8545148	5063/5925	61	75	83	79
.8530218	5293/6205	67	73	79	85	.8545259	793/928	61	58	65	80
.8530283	5183/6076	71	62	73	98	.8546217	4891/5723	67	59	73	97
.8530651	4453/5220	61	58	73	90	.8546296	923/1080	65	60	71	90
.8531409	1005/1178	45	57	67	62	.8546366	341/399	55	57	62	70
.8531835	1139/1335	67	75	85	89	.8546893	3782/4425	61	59	62	75
.8532308	2773/3250	47	50	59	65	.8547633	2925/3422	45	58	65	59
.8532468	657/770	45	55	73	70	.8548117	5605/6557	59	79	95	83
.8532638	4745/5561	65	67	73	83	.8548507	2291/2680	58	67	79	80
.8532856	2623/3074	43	53	61	58	.8548689	913/1068	55	60	83	89
.8533634	4161/4876	57	53	73	92	.8548980	4189/4900	59	50	71	98
.8533898	1007/1180	53	59	57	60	0.8550					
.8534047	2870/3363	41	57	70	59	.8550000	171/200	45	50	57	60
.8534826	3431/4020	47	60	73	67	.8550133	4187/4897	53	59	79	83
0.8535						.8550916	4526/5293	62	67	73	79
.8535065	1643/1925	53	55	62	70	.8552273	3763/4400	53	55	71	80
.8535385	1387/1625	57	65	73	75	.8552443	4183/4891	47	67	89	73
.8535519	781/915	55	61	71	75	.8552470	4189/4898	59	62	71	79
.8535632	3713/4350	47	58	79	75	.8552632*	65/76	50	40	65	95
.8536290	2117/2480	58	62	73	80	.8553438	5162/6035	58	71	89	85
.8536392	1079/1264	65	79	83	80	.8553535	2117/2475	58	55	73	90
.8536657	2911/3410	41	55	71	62	.8553626	4187/4895	53	55	79	89
.8536866	741/868	57	62	65	70	.8554121	4307/5035	59	53	73	95
.8537097	5293/6200	67	62	79	100	.8554396	574/671	41	55	70	61
.8537291	5609/6570	71	73	79	90	.8554606	3705/4331	57	61	65	71
.8537355	4331/5073	61	57	71	89	0.8555					
.8537557	4717/5525	53	65	89	85	.8555000	1711/2000	58	50	59	80
.8537743	5395/6319	65	71	83	89	.8555097	4565/5336	55	58	83	92
.8537975	1349/1580	57	60	71	79	.8555154	4731/5530	57	70	83	79
.8538136	403/472	62	59	65	80	.8555300	3713/4340	47	62	79	70
.8538410	5135/6014	65	62	79	97	.8555556*	77/90	55	45	70	100
.8538550	742/869	53	55	70	79	.8555839	3685/4307	55	59	67	73
.8538722	3021/3538	53	58	57	61	.8556410	3337/3900	47	60	71	65
.8539216	871/1020	65	60	67	85	.8556627	3551/4150	53	50	67	83
.8539623	2263/2650	62	53	73	100	.8556725	3658/4275	59	57	62	75
.8539860	3053/3575	43	55	71	65	.8556769	2585/3021	47	53	55	57
0.8540						.8556901	1767/2065	57	59	62	70
.8540659	1943/2275	58	65	67	70	.8557377	261/305	45	50	58	61

（续）

比值	分数	A	B	C	D
0.8555					
.8557518	5185/6059	61	73	85	83
.8557712	4189/4895	59	55	71	89
.8558016	3555/4154	45	62	79	67
.8558209	2867/3350	47	50	61	67
.8558333	1027/1200	65	60	79	100
.8558448	4898/5723	62	59	79	97
.8559289	4331/5060	61	55	71	92
0.8560					
.8560531	2581/3015	58	67	89	90
.8560622	4187/4891	53	67	79	73
.8560768	803/938	55	67	73	70
.8561905	899/1050	58	60	62	70
.8562025	1691/1975	57	75	89	79
.8562152	923/1078	65	55	71	98
.8562536	4402/5141	62	53	71	97
.8562896	4731/5525	57	65	83	85
.8563135	590/689	50	53	59	65
.8563462	4453/5200	61	65	73	80
.8563596	781/912	55	57	71	80
.8563910	1139/1330	67	70	85	95
.8564039	3477/4060	57	58	61	70
.8564289	1885/2201	58	62	65	71
.8564516	531/620	45	50	59	62
.8564711	4189/4891	59	67	71	73
.8564948	2077/2425	62	50	67	97
.8564952	4345/5073	55	57	79	89
0.8565					
.8565547	3953/4615	59	65	67	71
.8565588	4819/5626	61	58	79	97
.8565841	657/767	45	59	73	65
.8566154	1392/1625	48	50	58	65
.8566586	1769/2065	58	59	61	70
.8566745	1829/2135	59	61	62	70
.8566756	2881/3363	43	57	67	59
.8567123	3127/3650	53	50	59	73
.8567317	2679/3127	47	53	57	59
.8567465	3397/3965	43	61	79	65
.8568038	1083/1264	57	79	95	80
.8568134	4087/4770	61	53	67	90
.8568182	377/440	58	55	65	80
.8568333	5141/6000	53	75	97	80
.8568449	3286/3835	53	59	62	65
.8569048	3599/4200	59	60	61	70
.8569652	689/804	53	60	65	67
0.8570					
.8570130	3770/4399	58	53	65	83
0.8570					
.8570243	4130/4819	59	61	70	79
.8570281	1067/1245	55	75	97	83
.8570370	1157/1350	65	75	89	90
.8570652	1577/1840	57	60	83	92
.8571144	4307/5025	59	67	73	75
.8571660	5293/6175	67	65	79	95
.8572327	1363/1590	47	53	58	60
.8572541	4402/5135	62	65	71	79
.8572650	1003/1170	59	65	85	90
.8572770	913/1065	55	71	83	75
.8573078	3713/4331	47	61	79	71
.8573354	4453/5194	61	53	73	98
.8573626	3901/4550	47	65	83	70
.8573787	4154/4845	62	57	67	85
.8574153	4047/4720	57	59	71	80
.8574684	4891/5704	67	62	73	92
0.8575					
.8575049	4399/5130	53	57	83	90
.8575269	319/372	55	60	58	62
.8575509	4503/5251	57	59	79	89
.8575597	3233/3770	53	58	61	65
.8576241	3819/4453	57	61	67	73
.8576349	747/871	45	65	83	67
.8576441	1711/1995	58	57	59	70
.8576503	3139/3660	43	60	73	61
.8576667	2573/3000	62	75	83	80
.8576970	3538/4125	58	55	61	75
.8577143	1501/1750	57	70	79	75
.8577173	2773/3233	47	53	59	61
.8577713	585/682	45	55	65	62
.8578047	2407/2806	58	61	83	92
.8578616	682/795	55	53	62	75
.8578879	658/767	47	59	70	65
.8579144	2065/2407	59	58	70	83
.8579167	2059/2400	58	60	71	80
.8579318	4505/5251	53	59	85	89
.8579381	4161/4850	57	50	73	97
.8579606	4047/4717	57	53	71	89
.8579760	2501/2915	41	53	61	55
.8579918	4187/4880	53	61	79	80
0.8580					
.8580116	3245/3782	55	61	59	62
.8580324	689/803	53	55	65	73
.8580524	2291/2670	58	60	79	89
.8580702	4891/5700	67	57	73	100
.8580897	2201/2565	62	57	71	90

（续）

比值	分数	A	B	C	D
0.8580					
.8580952	901/1050	53	70	85	75
.8581192	3139/3658	43	59	73	62
.8581818	236/275	48	55	59	60
.8581868	4345/5063	55	61	79	83
.8582022	3819/4450	57	50	67	89
.8582418	781/910	55	65	71	70
.8582635	4814/5609	58	71	83	79
.8584016	4189/4880	59	61	71	80
.8584388	3596/4189	58	59	62	71
.8584615	279/325	45	50	62	65
.8584664	4355/5073	65	57	67	89
0.8585					
.8585203	4897/5704	59	62	83	92
.8585375	4661/5429	59	61	79	89
.8585948	1943/2263	58	62	67	73
.8586207	249/290	57	58	83	95
.8586854	1829/2130	59	60	62	71
.8587013	1653/1925	57	55	58	70
.8587183	2881/3355	43	55	67	61
.8587329	1003/1168	59	73	85	80
.8588488	3596/4187	58	53	62	79
.8588566	4582/5335	58	55	79	97
.8588710	213/248	45	60	71	62
.8588760	4814/5605	58	59	83	95
.8589829	5135/5978	65	61	79	98
0.8590					
.8590190	5429/6320	61	79	89	80
.8590770	4505/5244	53	57	85	92
.8591058	4189/4876	59	53	71	92
.8591228	4897/5700	59	60	83	95
.8591324	3763/4380	53	60	71	73
.8592050	3869/4503	53	57	73	79
.8592821	4189/4875	59	65	71	75
.8592982	2449/2850	62	57	79	100
.8593478	3953/4600	59	50	67	92
0.8595					
.8595259	979/1139	55	67	89	85
.8595357	5183/6030	71	67	73	90
.8595455	1891/2200	61	55	62	80
.8595653	3599/4187	59	53	61	79
.8595925	5063/5890	61	62	83	95
.8596014	949/1104	65	60	73	92
.8596429	2407/2800	58	70	83	80
.8596774	533/620	41	50	65	62
.8596987	913/1062	55	59	83	90
.8597409	3782/4399	61	53	62	83

比值	分数	A	B	C	D
0.8595					
.8597578	3053/3551	43	53	71	67
.8597681	4819/5605	61	59	79	95
.8597778	3869/4500	53	50	73	90
.8598063	3551/4130	53	59	67	70
.8598383	319/371	55	53	58	70
.8598601	3074/3575	53	55	58	65
.8598673	1037/1206	61	67	85	90
.8598771	4897/5695	59	67	83	85
.8598997	3431/3990	47	57	73	70
.8599130	4745/5518	65	62	73	89
0.8600					
.8600252	682/793	55	61	62	65
.8600527	4898/5695	62	67	79	85
.8600575	2993/3480	41	58	73	60
.8601620	4355/5063	65	61	67	83
.8601728	1095/1273	45	57	73	67
.8601787	4331/5035	61	53	71	95
.8602170	4757/5530	67	70	71	79
.8602275	3705/4307	57	59	65	73
.8602564	671/780	55	60	61	65
.8602941*	117/136	65	80	90	85
.8603210	3055/3551	47	53	65	67
.8603333	2581/3000	58	75	89	80
.8603726	4757/5529	67	57	71	97
.8603825	3149/3660	47	60	67	61
.8604211	4087/4750	61	50	67	95
.8604347	3286/3819	53	57	62	67
.8604695	4582/5325	58	71	79	75
.8604856	4891/5684	67	58	73	98
0.8605					
.8605016	549/638	45	55	61	58
.8605351	2573/2990	62	65	83	92
.8605634	611/710	47	50	65	71
.8606719	871/1012	65	55	67	92
.8607059	1829/2125	59	50	62	85
.8607306	377/438	58	60	65	73
.8607427	649/754	55	58	59	65
.8607463	5767/6700	73	67	79	100
.8607572	4661/5415	59	57	79	95
.8607748	711/826	45	59	79	70
.8607995	2993/3477	41	57	73	61
.8608485	3551/4125	53	55	67	75
.8608611	4399/5110	53	70	83	73
.8608805	3422/3975	58	53	59	75
.8609987	638/741	55	57	58	65

（续）

比值	分数	*A*	*B*	*C*	*D*
0.8610					
.8610075	923/1072	65	67	71	80
.8610915	4891/5680	67	71	73	80
.8611197	2784/3233	48	53	58	61
.8611285	2747/3190	41	55	67	58
.8611437	5135/5963	65	67	79	89
.8611615	949/1102	65	58	73	95
.8611860	639/742	45	53	71	70
.8612036	3363/3905	57	55	59	71
.8612172	3835/4453	59	61	65	73
.8612500	689/800	53	50	65	80
.8613251	559/649	43	55	65	59
.8613884	3710/4307	53	59	70	73
.8614000	4307/5000	59	50	73	100
.8614286	603/700	45	50	67	70
.8614481	2201/2555	62	70	71	73
.8614821	3290/3819	47	57	70	67
0.8615					
.8615041	1157/1343	65	79	89	85
.8615385*	56/65	60	65	70	75
.8615525	4717/5475	53	73	89	75
.8616667	517/600	47	50	55	60
.8616949	1271/1475	41	50	62	59
.8617171	2449/2842	62	58	79	98
.8617486	1577/1830	57	61	83	90
.8617754	4757/5520	67	60	71	92
.8617978	767/890	59	50	65	89
.8618182	237/275	57	55	79	95
.8618381	1416/1643	48	53	59	62
.8618905	4331/5025	61	67	71	75
.8618976	5723/6640	59	80	97	83
.8619090	3901/4526	47	62	83	73
.8619311	4526/5251	62	59	73	89
.8619565	793/920	61	50	65	92
.8619883	737/855	55	57	67	75
0.8620					
.8620046	4154/4819	62	61	67	79
.8620321	806/935	62	55	65	85
.8620600	3306/3835	57	59	58	65
.8620850	3713/4307	47	59	79	73
.8620877	4757/5518	67	62	71	89
.8620952	2263/2625	62	70	73	75
.8621333	3233/3750	53	50	61	75
.8621479	4897/5680	59	71	83	80
.8621575	1007/1168	53	73	95	80
.8622363	4087/4740	61	60	67	79
.8623118	3551/4118	53	58	67	71

比值	分数	*A*	*B*	*C*	*D*
0.8620					
.8623239	2449/2840	62	71	79	80
.8623439	3245/3763	55	53	59	71
.8623482	213/247	45	57	71	65
.8623729	1272/1475	48	50	53	59
.8624138	2501/2900	41	50	61	58
.8624294	3053/3540	43	59	71	60
.8624599	4565/5293	55	67	83	79
.8624968	3337/3869	47	53	71	73
0.8625					
.8625490	4399/5100	53	60	83	85
.8625731	295/342	50	57	59	60
.8625971	3886/4505	58	53	67	85
.8626437	1501/1740	57	58	79	90
.8626501	4453/5162	61	58	73	89
.8626924	4819/5586	61	57	79	98
.8627237	3953/4582	59	58	67	79
.8627273	949/1100	65	55	73	100
.8627397	3149/3650	47	50	67	73
.8627451*	44/51	55	45	60	85
.8627792	3477/4030	57	62	61	65
.8627928	3905/4526	55	62	71	73
.8628999	2077/2407	62	58	67	83
.8629169	3053/3538	43	58	71	61
.8629593	869/1007	55	53	79	95
.8629756	2790/3233	45	53	62	61
.8629944	611/708	47	59	65	60
.8629977	737/854	55	61	67	70
0.8630					
.8630268	901/1044	53	58	85	90
.8630508	1273/1475	57	59	67	75
.8630559	5609/6499	71	67	79	97
.8630816	2263/2622	62	57	73	92
.8631429	3021/3500	53	50	57	70
.8631481	4661/5400	59	60	79	90
.8631670	1003/1162	59	70	85	83
.8632075	183/212	45	53	61	60
.8632911	341/395	55	50	62	79
.8633124	2059/2385	58	53	71	90
.8633215	5609/6497	71	73	79	89
.8633286	4845/5612	57	61	85	92
.8633394	4757/5510	67	58	71	95
.8633556	3355/3886	55	58	61	67
.8634085	689/798	53	57	65	70
.8634409	803/930	55	62	73	75
.8634571	4161/4819	57	61	73	79
.8634703	1891/2190	61	60	62	73
.8634822	3055/3538	47	58	65	61

（续）

比值	分数	A	B	C	D
0.8635					
.8635093	5561/6440	67	70	83	92
.8635368	2759/3195	62	71	89	90
.8635556	1943/2250	58	50	67	90
.8636092	4331/5015	61	59	71	85
.8636201	4819/5580	61	62	79	90
.8636955	2655/3074	45	53	59	58
.8637113	4189/4850	59	50	71	97
.8637903	4845/5609	57	71	85	79
.8638333	5183/6000	71	60	73	100
.8638365	2747/3180	41	53	67	60
.8638766	4087/4731	61	57	67	83
.8638936	3053/3534	43	57	71	62
.8639523	870/1007	45	53	58	57
.8639584	1829/2117	59	58	62	73
0.8640					
.8640437	3953/4575	59	61	67	75
.8640643	3763/4355	53	65	71	67
.8640816	2117/2450	58	50	73	98
.8641096	1577/1825	57	73	83	75
.8641667	1037/1200	61	75	85	80
.8641935	2679/3100	47	50	57	62
.8642153	3596/4161	58	57	62	73
.8642322	923/1068	65	60	71	89
.8642987	949/1098	65	61	73	90
.8643137	1102/1275	58	75	95	85
.8643540	4161/4814	57	58	73	83
.8644068	51/59	57	59	85	95
.8644345	2117/2449	58	62	73	79
.8644595	3055/3534	47	57	65	62
0.8645					
.8645221	2795/3233	43	53	65	61
.8645283	2291/2650	58	53	79	100
.8646027	4189/4845	59	57	71	85
.8646110	4234/4897	58	59	73	83
.8646213	4030/4661	62	59	65	79
.8646766	869/1005	55	67	79	75
.8646929	3534/4087	57	61	62	67
.8647495	4661/5390	59	55	79	98
.8648594	4307/4980	59	60	73	83
.8648739	2573/2975	62	70	83	85
.8648801	4615/5336	65	58	71	92
.8649091	4757/5500	67	55	71	100
.8649254	1159/1340	57	60	61	67
.8649363	3599/4161	59	57	61	73
.8649454	871/1007	65	53	67	95
.8649642	4234/4895	58	55	73	89
0.8650					
.8650235	737/852	55	60	67	71
.8650422	923/1067	65	55	71	97
.8650575	3763/4350	53	58	71	75
.8651026	295/341	50	55	59	62
.8651786	969/1120	57	70	85	80
.8653017	803/928	55	58	73	80
.8653216	3431/3965	47	61	73	65
.8653333	649/750	55	50	59	75
.8653426	3965/4582	61	58	65	79
.8653846 *	45/52	45	60	75	65
.8654012	1003/1159	59	61	85	95
.8654143	3363/3886	57	58	59	67
.8654167	2077/2400	62	60	67	80
.8654701	5063/5850	61	65	83	90
0.8655					
.8655686	5518/6375	62	75	89	85
.8655962	2911/3363	41	57	71	59
.8656555	799/923	47	65	85	71
.8656684	4047/4675	57	55	71	85
.8656888	3010/3477	43	57	70	61
.8657407 *	187/216	55	60	85	90
.8658281	413/477	59	53	70	90
.8658898	4087/4720	61	59	67	80
.8659155	1537/1775	53	50	58	71
.8659365	3953/4565	59	55	67	83
.8659615	4503/5200	57	65	79	80
.8659711	1079/1246	65	70	83	89
0.8660					
.8660025	3477/4015	57	55	61	73
.8660529	3763/4345	53	55	71	79
.8661739	4453/5141	61	53	73	97
.8661765	589/680	62	80	95	85
.8662000	4331/5000	61	50	71	100
.8662201	4526/5225	62	55	73	95
.8663291	1711/1975	58	50	59	79
.8663462	901/1040	53	65	85	80
.8663793	201/232	45	58	67	60
.8663938	3599/4154	59	62	61	67
.8664008	869/1003	55	59	79	85
.8664405	4087/4717	61	53	67	89
.8664845	4757/5490	67	61	71	90
.8664883	2914/3363	47	57	62	59
0.8665					
.8665060	1798/2075	58	50	62	83
.8665708	4819/5561	61	67	79	83
.8665996	4307/4970	59	70	73	71

（续）

比值	分数	*A*	*B*	*C*	*D*
0.8665					
.8666093	1007/1162	53	70	95	83
.8666447	5251/6059	59	73	89	83
.8666667*	13/15	60	45	65	100
.8667224	5183/5980	71	65	73	92
.8667532	3337/3850	47	55	71	70
.8667856	2915/3363	53	57	55	59
.8668147	781/901	55	53	71	85
.8668189	1139/1314	67	73	85	90
.8668750	1387/1600	57	60	73	80
.8668860	3953/4560	59	57	67	80
.8668971	1003/1157	59	65	85	89
.8669474	2059/2375	58	50	71	95
.8669619	4503/5194	57	53	79	98
0.8670					
.8670124	5183/5978	71	61	73	98
.8670285	639/737	45	55	71	67
.8670498	2263/2610	62	58	73	90
.8670588	737/850	55	50	67	85
.8671268	1005/1159	45	57	67	61
.8671398	4399/5073	53	57	83	89
.8671491	3355/3869	55	53	61	73
.8671795	1691/1950	57	65	89	90
.8671860	4453/5135	61	65	73	79
.8671996	3905/4503	55	57	71	79
.8672111	2867/3306	47	57	61	58
.8672180	5767/6650	73	70	79	95
.8672289	3599/4150	59	50	61	83
.8672739	1333/1537	43	53	62	58
0.8675					
.8675602	3819/4402	57	62	67	71
.8676230	2117/2440	58	61	73	80
.8676602	2911/3355	41	55	71	61
.8676815	741/854	57	61	65	70
.8677049	5293/6100	67	61	79	100
.8677311	4402/5073	62	57	71	89
.8677778	781/900	55	50	71	90
.8678363	742/855	53	57	70	75
.8678609	4118/4745	58	65	71	73
.8678940	5893/6790	71	70	83	97
.8679545	3819/4400	57	55	67	80
0.8680					
.8680312	4453/5130	61	57	73	90
.8681034	1007/1160	53	58	57	60
.8681186	1435/1653	41	57	70	58
.8681519	3819/4399	57	53	67	83
.8681942	4130/4757	59	67	70	71
0.8680					
.8682555	2623/3021	43	53	61	57
.8682686	4047/4661	57	59	71	79
.8682796	323/372	57	62	85	90
.8683347	2117/2438	58	53	73	92
.8683468	4307/4960	59	62	73	80
.8683616	1537/1770	53	59	58	60
.8683948	871/1003	65	59	67	85
.8684211*	33/38	55	40	60	95
.8684271	3782/4355	61	65	62	67
.8684667	4503/5185	57	61	79	85
0.8685					
.8685128	4234/4875	58	65	73	75
.8685232	5146/5925	62	75	83	79
.8685345	403/464	62	58	65	80
.8685380	3713/4275	47	57	79	75
.8685544	2914/3355	47	55	62	61
.8685652	793/913	61	55	65	83
.8685880	3285/3782	45	61	73	62
.8686636	377/434	58	62	65	70
.8687783*	192/221	60	65	80	85
.8687879	2867/3300	47	55	61	60
.8688019	4503/5183	57	71	79	73
.8688584	4757/5475	67	73	71	75
0.8690					
.8690000	869/1000	55	50	79	100
.8690860	3233/3720	53	60	61	62
.8691038	737/848	55	53	67	80
.8691149	923/1062	65	59	71	90
.8691934	5183/5963	71	67	73	89
.8692169	3363/3869	57	53	59	73
.8692500	3477/4000	57	50	61	80
.8692675	4189/4819	59	61	71	79
.8692790	2773/3190	47	55	59	58
.8693566	4891/5626	67	58	73	97
.8693676	4399/5060	53	55	83	92
.8694253	1891/2175	61	58	62	75
.8694382	3869/4450	53	50	73	89
.8694497	2291/2635	58	62	79	85
.8694601	1079/1241	65	73	83	85
.8694737	413/475	59	50	70	95
.8694915	513/590	45	50	57	59
0.8695					
.8695175	793/912	61	57	65	80
.8695288	5185/5963	61	67	85	89
.8695375	2726/3135	47	55	58	57
.8695550	3713/4270	47	61	79	70

（续）

比值	分数	A	B	C	D	比值	分数	A	B	C	D
0.8695						0.8705					
.8695773	3127/3596	53	58	59	62	.8709524	1829/2100	59	60	62	70
.8695896	4661/5360	59	67	79	80	.8709627	5609/6440	71	70	79	92
.8696029	5015/5767	59	73	85	79	0.8710					
.8696787	4331/4980	61	60	71	83	.8710000	871/1000	65	50	67	100
.8696970	287/330	41	55	70	60	.8710924	5183/5950	71	70	73	85
.8697183	247/284	57	60	65	71	.8711323	5293/6076	67	62	79	98
.8697549	4187/4814	53	58	79	83	.8711949	3835/4402	59	62	65	71
.8697591	975/1121	45	57	65	59	.8712236	5162/5925	58	75	89	79
.8698312	3555/4087	45	61	79	67	.8712349	1157/1328	65	80	89	83
.8698359	1537/1767	53	57	58	62	.8712462	4845/5561	57	67	85	83
.8698507	1457/1675	47	50	62	67	.8713080	413/474	59	60	70	79
.8698795	361/415	57	75	95	83	.8713528	657/754	45	58	73	65
.8699101	1645/1891	47	61	70	62	.8713728	5135/5893	65	71	79	83
.8699313	5063/5820	61	60	83	97	.8713846	1416/1625	48	50	59	65
.8699605	2201/2530	62	55	71	92	.8713901	2263/2597	62	53	73	98
.8699892	803/923	55	65	73	71	.8714312	4731/5429	57	61	83	89
0.8700						.8714459	2881/3306	43	57	67	58
.8700000	87/100	45	50	58	60	.8714900	3445/3953	53	59	65	67
.8700911	5251/6035	59	71	89	85	0.8715					
.8701010	4307/4950	59	55	73	90	.8715029	2679/3074	47	53	57	58
.8701434	3337/3835	47	59	71	65	.8715253	4891/5612	67	61	73	92
.8701493	583/670	53	50	55	67	.8715847	319/366	55	60	58	61
.8701703	4189/4814	59	58	71	83	.8715909	767/880	59	55	65	80
.8702235	1207/1387	71	73	85	95	.8715962	3713/4260	47	60	79	71
.8702660	5561/6390	67	71	83	90	.8716180	1643/1885	53	58	62	65
.8703226	1349/1550	57	62	71	75	.8717647	741/850	57	50	65	85
.8703259	2537/2915	43	53	59	55	.8717949*	34/39	50	65	85	75
.8703354	3685/4234	55	58	67	73	.8718166	1027/1178	65	62	79	95
.8703846	2263/2600	62	65	73	80	.8718331	585/671	45	55	65	61
.8703899	826/949	59	65	70	73	.8718354	551/632	58	79	95	80
.8704230	4897/5626	59	58	83	97	.8718616	5695/6532	67	71	85	92
.8704258	3782/4345	61	55	62	79	.8719063	4615/5293	65	67	71	79
.8704433	1767/2030	57	58	62	70	.8719178	1273/1460	57	60	67	73
.8704687	3770/4331	58	61	65	71	.8719914	4891/5609	67	71	73	79
.8704918	531/610	45	50	59	61	0.8720					
0.8705						.8720126	2773/3180	47	53	59	60
.8705187	4565/5244	55	57	83	92	.8720412	2542/2915	41	53	62	55
.8705357*	195/224	65	70	75	80	.8720612	1595/1829	55	59	58	62
.8706008	2449/2813	62	58	79	97	.8721014	2407/2760	58	60	83	92
.8706819	4814/5529	58	57	83	97	.8721285	5429/6225	61	75	89	83
.8707022	1798/2065	58	59	62	70	.8721519	689/790	53	50	65	79
.8707547	923/1060	65	53	71	100	.8721867	3139/3599	43	59	73	61
.8708134*	182/209	65	55	70	95	.8721983	4047/4640	57	58	71	80
.8708333*	209/240	55	75	95	80	.8722172	4819/5525	61	65	79	85
.8708595	2077/2385	62	53	67	90	.8722917	4187/4800	53	60	79	80
.8708920	371/426	53	60	70	71	.8723118	649/744	55	60	59	62

（续）

比值	分数	A	B	C	D
0.8720					
.8723270	1387/1590	57	53	73	90
.8723363	4503/5162	57	58	79	89
.8723910	5141/5893	53	71	97	83
.8724175	2407/2759	58	62	83	89
.8724576	2059/2360	58	59	71	80
.8724848	3599/4125	59	55	61	75
.8724893	2867/3286	47	53	61	62
0.8725					
.8725944	4897/5612	59	61	83	92
.8726046	3233/3705	53	57	61	65
.8726137	4891/5605	67	59	73	95
.8726701	3886/4453	58	61	67	73
.8726790	329/377	47	58	70	65
.8727046	4895/5609	55	71	89	79
.8727083	4189/4800	59	60	71	80
.8727238	4505/5162	53	58	85	89
.8727273*	48/55	60	55	80	100
.8727410	1159/1328	61	80	95	83
.8727619	2291/2625	58	70	79	75
.8727726	2449/2806	62	61	79	92
.8728077	5723/6557	59	79	97	83
.8728261	803/920	55	50	73	92
.8728464	4661/5340	59	60	79	89
.8728571	611/700	47	50	65	70
.8729026	4526/5185	62	61	73	85
.8729143	3139/3596	43	58	73	62
.8729412	371/425	53	50	70	85
.8729508	213/244	45	60	71	61
.8729737	3285/3763	45	53	73	71
.8729897	2117/2425	58	50	73	97
0.8730					
.8730125	4118/4717	58	53	71	89
.8730159*	55/63	50	35	55	90
.8730303	2881/3300	43	55	67	60
.8730612	4897/5609	59	71	83	79
.8730709	5035/5767	53	73	95	79
.8731013	2759/3160	62	79	89	80
.8731343	117/134	45	50	65	67
.8731373	4453/5100	61	60	73	85
.8731497	5073/5810	57	70	89	83
.8731855	4331/4960	61	62	71	80
.8732584	1943/2225	58	50	67	89
.8732993	1027/1176	65	60	79	98
.8733237	4819/5518	61	62	79	89
.8733929	4891/5600	67	70	73	80
.8733981	3953/4526	59	62	67	73
.8734281	3195/3658	45	59	71	62
0.8735					
.8735007	4661/5336	59	58	79	92
.8735065	3363/3850	57	55	59	70
.8735765	5293/6059	67	73	79	83
.8736308	4307/4930	59	58	73	85
.8736566	3658/4187	59	53	62	79
.8736940	3763/4307	53	59	71	73
.8737300	602/689	43	53	70	65
.8737605	2291/2622	58	57	79	92
.8737705	533/610	41	50	65	61
.8737889	3337/3819	47	57	71	67
.8738208	741/848	57	53	65	80
.8738626	4898/5605	62	59	79	95
.8738906	4234/4845	58	57	73	85
.8739496*	104/119	65	70	80	85
.8739726	319/365	55	50	58	73
0.8740					
.8740099	4745/5429	65	61	73	89
.8740984	1333/1525	43	50	62	61
.8741071	979/1120	55	70	89	80
.8741407	1653/1891	57	61	58	62
.8741710	4745/5428	65	59	73	92
.8742246	4087/4675	61	55	67	85
.8742278	3538/4047	58	57	61	71
.8742455	869/994	55	70	79	71
.8742800	4402/5035	62	53	71	95
.8743024	3290/3763	47	53	70	71
.8743333	2623/3000	43	50	61	60
.8743503	3869/4425	53	59	73	75
.8743590	341/390	55	60	62	65
.8744643	4897/5600	59	70	83	80
.8744980	871/996	65	60	67	83
0.8745					
.8745211	913/1044	55	58	83	90
.8745263	2077/2375	62	50	67	95
.8745917	4819/5510	61	58	79	95
.8746082	279/319	45	55	62	58
.8746347	2993/3422	41	58	73	59
.8746429	2449/2800	62	70	79	80
.8746631	649/742	55	53	59	70
.8746853	3127/3575	53	55	59	65
.8747110	4161/4757	57	67	73	71
.8747170	1159/1325	57	53	61	75
.8748276	2537/2900	43	50	59	58
.8748370	671/767	55	59	61	65
.8749396	5429/6205	61	73	89	85
.8749495	4331/4950	61	55	71	90
.8749653	3149/3599	47	59	67	61

（续）

比值	分数	A	B	C	D
0.8750					
.8750000*	7/8	70	60	75	100
.8750486	4503/5146	57	62	79	83
.8750590	3705/4234	57	58	65	73
.8751055	1037/1185	61	75	85	79
.8751462	2993/3420	41	57	73	60
.8751667	5251/6000	59	75	89	80
.8751814	603/689	45	53	67	65
.8751945	5063/5785	61	65	83	89
.8752433	5395/6164	65	67	83	92
.8753052	4661/5325	59	71	79	75
.8753192	3770/4307	58	59	65	73
.8754229	4399/5025	53	67	83	75
.8754372	4505/5146	53	62	85	83
.8754478	4154/4745	62	65	67	73
.8754717	232/265	48	53	58	60
0.8755					
.8755565	4130/4717	59	53	70	89
.8755708	767/876	59	60	65	73
.8755818	4891/5586	67	57	73	98
.8755981	183/209	45	55	61	57
.8756952	3149/3596	47	58	67	62
.8757116	923/1054	65	62	71	85
.8758435	649/741	55	57	59	65
.8758730	2759/3150	62	70	89	90
.8758996	4503/5141	57	53	79	97
.8759507	5183/5917	71	61	73	97
.8759666	2832/3233	48	53	59	61
0.8760					
.8760000	219/250	57	50	73	95
.8760081	869/992	55	62	79	80
.8760199	4402/5025	62	67	71	75
.8760386	3901/4453	47	61	83	73
.8760495	3965/4526	61	62	65	73
.8760870	403/460	62	50	65	92
.8761111	1577/1800	57	60	83	90
.8761302	969/1106	57	70	85	79
.8761755	559/638	43	55	65	58
.8762203	4757/5429	67	61	71	89
.8762360	2747/3135	41	55	67	57
.8762549	4015/4582	55	58	73	79
.8762575	871/994	65	70	67	71
.8762712	517/590	47	50	55	59
.8763124	3422/3905	58	55	59	71
.8763713	2077/2370	62	60	67	79
.8763817	4757/5428	67	59	71	92
0.8765					
.8765233	4891/5580	67	62	73	90
.8765517	1271/1450	41	50	62	58
.8765584	5695/6497	67	73	85	89
.8766234*	135/154	45	55	75	70
.8767498	2881/3286	43	53	67	62
.8767919	2263/2581	62	58	73	89
.8768349	2449/2793	62	57	79	98
.8768505	4087/4661	61	59	67	79
.8768670	2407/2745	58	61	83	90
.8769378	4582/5225	58	55	79	95
.8769485	3713/4234	47	58	79	73
.8769841*	221/252	65	70	85	90
0.8770					
.8770505	5293/6035	67	71	79	85
.8771407	1178/1343	62	79	95	85
.8771685	4399/5015	53	59	83	85
.8772401	979/1116	55	62	89	90
.8772989	3053/3480	43	58	71	60
.8773126	901/1027	53	65	85	79
.8773333	329/375	47	50	70	75
.8773406	3233/3685	53	55	61	67
.8773585	93/106	45	53	62	60
.8773810	737/840	55	60	67	70
.8774401	3551/4047	53	57	67	71
.8774568	5893/6716	71	73	83	92
.8774695	3953/4505	59	53	67	85
0.8775					
.8775090	1705/1943	55	58	62	67
.8775281	781/890	55	50	71	89
.8775956	803/915	55	61	73	75
.8777174	323/368	57	60	85	92
.8777667	4402/5015	62	59	71	85
.8777843	4453/5073	61	57	73	89
.8778382	2745/3127	45	53	61	59
.8778481	1387/1580	57	60	73	79
.8778592	3953/4503	59	57	67	79
.8778736	611/696	47	58	65	60
.8778846	913/1040	55	65	83	80
.8779156	1769/2015	58	62	61	65
.8779310	1273/1450	57	58	67	75
0.8780					
.8780242	871/992	65	62	67	80
.8780420	3139/3575	43	55	73	65
.8780558	3053/3477	43	57	71	61
.8781054	3782/4307	61	59	62	73
.8781513*	209/238	55	70	95	85
.8781676	901/1026	53	57	85	90

(续)

比值	分数	A	B	C	D
0.8780					
.8781921	3886/4425	58	59	67	75
.8781971	4189/4770	59	53	71	90
.8782857	1537/1750	53	50	58	70
.8783125	5767/6566	73	67	79	98
.8783607	2679/3050	47	50	57	61
.8784314 *	224/255	70	75	80	85
.8784444	3953/4500	59	50	67	90
.8784746	5183/5900	71	59	73	100
.8784778	2747/3127	41	53	67	59
.8784857	4757/5415	67	57	71	95
0.8785					
.8785022	3355/3819	55	57	61	67
.8785543	3306/3763	57	53	58	71
.8786055	4234/4819	58	61	73	79
.8786172	3431/3905	47	55	73	71
.8786310	3055/3477	47	57	65	61
.8787037	949/1080	65	60	73	90
.8788481	885/1007	45	53	59	57
.8788802	4615/5251	65	59	71	89
.8789187	3869/4402	53	62	73	71
.8789308	559/636	43	53	65	60
.8789413	3819/4345	57	55	67	79
.8789796	4307/4900	59	50	73	98
0.8790					
.8790476	923/1050	65	70	71	75
.8791045	589/670	57	60	62	67
.8791156	3658/4161	59	57	62	73
.8792076	5015/5704	59	62	85	92
.8792157	1121/1275	59	75	95	85
.8792694	4814/5475	58	73	83	75
.8792846	590/671	50	55	59	61
.8793103	51/58	57	58	85	95
.8793182	3869/4400	53	55	73	80
.8793385	4307/4898	59	62	73	79
.8793548	1363/1550	47	50	58	62
.8794340	4661/5300	59	53	79	100
0.8795					
.8795286	2015/2291	62	58	65	79
.8795851	3477/3953	57	59	61	67
.8796026	1505/1711	43	58	70	59
.8796581	2573/2925	62	65	83	90
.8796849	3685/4189	55	59	67	71
.8797436	3431/3900	47	60	73	65
.8797735	6059/6887	73	71	83	97
.8797826	4047/4600	57	50	71	92
.8797980	871/990	65	55	67	90

比值	分数	A	B	C	D
0.8795					
.8798246	1003/1140	59	60	85	95
.8798630	3596/4087	58	61	62	67
.8798774	4307/4895	59	55	73	89
.8799314	513/583	45	53	57	55
.8799539	3819/4340	57	62	67	70
.8799660	5183/5890	71	62	73	95
0.8800					
.8800000 *	22/25	55	50	80	100
.8800395	4453/5060	61	55	73	92
.8800534	4615/5244	65	57	71	92
.8800847	2077/2360	62	59	67	80
.8800995	1769/2010	58	60	61	67
.8801051	3685/4187	55	53	67	79
.8801170	301/342	43	57	70	60
.8801332	793/901	61	53	65	85
.8801766	4187/4757	53	67	79	71
.8801993	3534/4015	57	55	62	73
.8802339	3763/4275	53	57	71	75
.8802374	4895/5561	55	67	89	83
.8802532	3477/3950	57	50	61	79
.8803056	1037/1178	61	62	85	95
.8803340	949/1078	65	55	73	98
.8803735	4526/5141	62	53	73	97
.8804000	2201/2500	62	50	71	100
.8804243	913/1037	55	61	83	85
.8804825	803/912	55	57	73	80
0.8805					
.8805083	5335/6059	55	73	97	83
.8805203	2911/3306	41	57	71	58
.8805338	5609/6370	71	65	79	98
.8806445	4154/4717	62	53	67	89
.8807640	4565/5183	55	71	83	73
.8807768	4898/5561	62	67	79	83
.8808190	4087/4640	61	58	67	80
.8808392	3149/3575	47	55	67	65
.8808451	3127/3550	53	50	59	71
.8808556	4118/4675	58	55	71	85
.8808743	806/915	62	61	65	75
.8809259	4757/5400	67	60	71	90
0.8810					
.8810637	3015/3422	45	58	67	59
.8811111	793/900	61	50	65	90
.8811414	3551/4030	53	62	67	65
.8811538	2291/2600	58	65	79	80
.8811644	2573/2920	62	73	83	80
.8811955	3538/4015	58	55	61	73

（续）

比值	分数	A	B	C	D	比值	分数	A	B	C	D
0.8810						0.8825					
.8812133	4503/5110	57	70	79	73	.8827806	1943/2201	58	62	67	71
.8812255	5609/6365	71	67	79	95	.8828039	806/913	62	55	65	83
.8812646	3763/4270	53	61	71	70	.8828171	3021/3422	53	58	57	59
.8813387	869/986	55	58	79	85	.8828843	5767/6532	73	71	79	92
.8813647	3410/3869	55	53	62	73	.8829040	377/427	58	61	65	70
.8814021	4526/5135	62	65	73	79	.8829130	3431/3886	47	58	73	67
.8814277	1457/1653	47	57	62	58	.8829225	1003/1136	59	71	85	80
.8814458	1829/2075	59	50	62	83	.8829412	1501/1700	57	60	79	85
.8814626	5183/5880	71	60	73	98	0.8830					
.8814815*	119/135	70	75	85	90	.8830303	1457/1650	47	55	62	60
0.8815						.8830645	219/248	45	60	73	62
.8815678	4161/4720	57	59	73	80	.8831818	1943/2200	58	55	67	80
.8815789	67/76	45	57	67	60	.8832388	4047/4582	57	58	71	79
.8816000	551/625	57	50	58	75	.8832536	923/1045	65	55	71	95
.8816092	767/870	59	58	65	75	.8833060	4307/4876	59	53	73	92
.8817302	2915/3306	53	57	55	58	.8833671	871/986	65	58	67	85
.8817424	4757/5395	67	65	71	83	.8833826	3886/4399	58	53	67	83
.8817825	3819/4331	57	61	67	71	.8834074	5963/6750	67	75	89	90
.8818713	754/855	58	57	65	75	.8834225	826/935	59	55	70	85
.8818947	4189/4750	59	50	71	95	.8834872	4307/4875	59	65	73	75
.8819984	5561/6305	67	65	83	97	0.8835					
0.8820						.8835000	1767/2000	57	50	62	80
.8820833	2117/2400	58	60	73	80	.8835131	2867/3245	47	55	61	59
.8821212	2911/3300	41	55	71	60	.8836406	767/868	59	62	65	70
.8821285	4161/4717	57	53	73	89	.8837030	4582/5185	58	61	79	85
.8821429	247/280	57	60	65	70	.8837553	4189/4740	59	60	71	79
.8821538	2867/3250	47	50	61	65	.8837719	403/456	62	57	65	80
.8821582	2665/3021	41	53	65	57	.8837883	5795/6557	61	79	95	83
.8821717	2291/2597	58	53	79	98	.8838163	3233/3658	53	59	61	62
.8822023	689/781	53	55	65	71	.8838327	3127/3538	53	58	59	61
.8822612	2263/2565	62	57	73	90	.8838608	2793/3160	57	79	98	80
.8823024	1027/1164	65	60	79	97	.8838776	4331/4900	61	50	71	98
.8823374	3337/3782	47	61	71	62	.8839041	2581/2920	58	73	89	80
.8823932	2581/2925	58	65	89	90	.8839286*	99/112	45	35	55	80
.8824025	4187/4745	53	65	79	73	.8839357	2201/2490	62	60	71	83
.8824176	803/910	55	65	73	70	0.8840					
.8824892	2666/3021	43	53	62	57	.8840440	4582/5183	58	71	79	73
0.8825						.8840476	3713/4200	47	60	79	70
.8825137	323/366	57	61	85	90	.8840955	3074/3477	53	57	58	61
.8825210	5251/5950	59	70	89	85	.8841089	1007/1139	53	67	95	85
.8825603	4757/5390	67	55	71	98	.8841642	603/682	45	55	67	62
.8825820	4307/4880	59	61	73	80	.8841924	2573/2910	62	60	83	97
.8826237	767/869	59	55	65	79	.8842105*	84/95	60	50	70	95
.8826493	4731/5360	57	67	83	80	.8842385	4331/4898	61	62	71	79
.8826979	301/341	43	55	70	62	.8843168	1139/1288	67	70	85	92
.8827160*	143/162	55	45	65	90	.8843284	237/268	45	60	79	67

（续）

比值	分数	A	B	C	D
0.8840					
.8843472	4565/5162	55	58	83	89
.8844091	4453/5035	61	53	73	95
.8844190	4331/4897	61	59	71	83
.8844334	3551/4015	53	55	67	73
.8844376	574/649	41	55	70	59
.8844485	4891/5530	67	70	73	79
.8844593	3705/4189	57	59	65	71
.8844663	3422/3869	58	53	59	73
.8844828	513/580	45	50	57	58
0.8845					
.8845000	1769/2000	58	50	61	80
.8845295	2773/3135	47	55	59	57
.8845902	1349/1525	57	61	71	75
.8846084	4891/5529	67	57	73	97
.8846784	3782/4275	61	57	62	75
.8847458	261/295	45	50	58	59
.8847804	4331/4895	61	55	71	89
.8848331	3127/3534	53	57	59	62
.8848537	5141/5810	53	70	97	83
.8848818	3705/4187	57	53	65	79
.8849315	323/365	57	73	85	75
.8849765	377/426	58	60	65	71
0.8850					
.8850000	177/200	45	50	59	60
.8850137	4187/4731	53	57	79	83
.8851107	4399/4970	53	70	83	71
.8851171	5293/5980	67	65	79	92
.8851406	1102/1245	58	75	95	83
.8851459	3337/3770	47	58	71	65
.8851718	979/1106	55	70	89	79
.8852489	4891/5525	67	65	73	85
.8852612	949/1072	65	67	73	80
.8853448	1027/1160	65	58	79	100
.8854118	3763/4250	53	50	71	85
.8854167*	85/96	50	60	85	80
.8854447	657/742	45	53	73	70
.8854839	549/620	45	50	61	62
0.8855					
.8855040	4331/4891	61	67	71	73
.8855335	4897/5530	59	70	83	79
.8855914	2059/2325	58	62	71	75
.8856044	3685/4161	55	57	67	73
.8856529	3710/4189	53	59	70	71
.8856936	4897/5529	59	57	83	97
.8857534	3233/3650	53	50	61	73
.8858216	4717/5325	53	71	89	75

比值	分数	A	B	C	D
0.8855					
.8858745	4898/5529	62	57	79	97
.8859238	3021/3410	53	55	57	62
.8859551	1577/1780	57	60	83	89
.8859729	979/1105	55	65	89	85
.8859829	5183/5850	71	65	73	90
0.8860					
.8860507	4891/5520	67	60	73	92
.8861087	1027/1159	65	61	79	95
.8861692	4453/5025	61	67	73	75
.8861881	3901/4402	47	62	83	71
.8862119	3053/3445	43	53	71	65
.8862447	5251/5925	59	75	89	79
.8863248	1037/1170	61	65	85	90
.8863348	4897/5525	59	65	83	85
.8863636*	39/44	45	55	65	60
.8863691	3713/4189	47	59	79	71
.8864257	5518/6225	62	75	89	83
.8864437	1007/1136	53	71	95	80
.8864532	3599/4060	59	58	61	70
.8864615	2881/3250	43	50	67	65
0.8865					
.8865157	3445/3886	53	58	65	67
.8865279	4047/4565	57	55	71	83
.8866120	649/732	55	60	59	61
.8866192	4731/5336	57	58	83	92
.8866397	219/247	45	57	73	65
.8866961	3819/4307	57	59	67	73
.8867168	1769/1995	58	57	61	70
.8867347	869/980	55	50	79	98
.8867879	3658/4125	59	55	62	75
.8868671	1121/1264	59	79	95	80
.8868828	2407/2714	58	59	83	92
.8868952	4399/4960	53	62	83	80
.8869096	3286/3705	53	57	62	65
0.8870					
.8870423	3149/3550	47	50	67	71
.8870482	589/664	62	80	95	83
.8870588	377/425	58	50	65	85
.8870763	4187/4720	53	59	79	80
.8871377	4897/5520	59	60	83	92
.8872146	1943/2190	58	60	67	73
.8872244	3139/3538	43	58	73	61
.8872308	5767/6500	73	65	79	100
.8872779	4345/4897	55	59	79	83
.8873188	2449/2760	62	60	79	92
.8873673	5767/6499	73	67	79	97

（续）

比值	分数	*A*	*B*	*C*	*D*
0.8870					
.8874510	2263/2550	62	60	73	85
.8874592	4897/5518	59	62	83	89
0.8875					
.8876227	5063/5704	61	62	83	92
.8876310	2117/2385	58	53	73	90
.8876588	4891/5510	67	58	73	95
.8877018	3905/4399	55	53	71	83
.8877161	3953/4453	59	61	67	73
.8877500	3551/4000	53	50	67	80
.8877743	1416/1595	48	55	59	58
.8877934	1891/2130	61	60	62	71
.8878040	4819/5428	61	59	79	92
.8878095	4661/5250	59	70	79	75
.8878274	2881/3245	43	55	67	59
.8878425	1037/1168	61	73	85	80
.8879362	4453/5015	61	59	73	85
.8879518	737/830	55	50	67	83
.8879595	4565/5141	55	53	83	97
.8879892	658/741	47	57	70	65
0.8880					
.8880069	5146/5795	62	61	83	95
.8880347	4505/5073	53	57	85	89
.8880412	4307/4850	59	50	73	97
.8880644	4189/4717	59	53	71	89
.8881010	5135/5782	65	59	79	98
.8881720	413/465	59	62	70	75
.8881928	1843/2075	57	75	97	83
.8882281	4331/4876	61	53	71	92
.8882456	5063/5700	61	60	83	95
.8882953	1829/2059	59	58	62	71
.8883146	3953/4450	59	50	67	89
.8883333	533/600	41	50	65	60
.8883664	4345/4891	55	67	79	73
.8884041	3869/4355	53	65	73	67
.8884103	4331/4875	61	65	71	75
.8884507	1577/1775	57	71	83	75
.8884682	2581/2905	58	70	89	83
.8884783	4087/4600	61	50	67	92
.8884872	3195/3596	45	58	71	62
0.8885					
.8885252	4615/5194	65	53	71	98
.8885561	4154/4675	62	55	67	85
.8885768	949/1068	65	60	73	89
.8886667	1333/1500	43	50	62	60
.8886869	4399/4950	53	55	83	90
.8887097	551/620	57	60	58	62
0.8885					
.8887477	4897/5510	59	58	83	95
.8887577	3763/4234	53	58	71	73
.8887755	871/980	65	50	67	98
.8888312	1711/1925	58	55	59	70
.8889292	2449/2755	62	58	79	95
.8889577	4307/4845	59	57	73	85
.8889971	913/1027	55	65	83	79
0.8890					
.8890120	4814/5415	58	57	83	95
.8890255	5063/5695	61	67	83	85
.8890411	649/730	55	50	59	73
.8890566	1178/1325	57	53	62	75
.8891384	4355/4898	65	62	67	79
.8891525	2623/2950	43	50	61	59
.8891667	1067/1200	55	75	97	80
.8891786	682/767	55	59	62	65
.8892121	3363/3782	57	61	59	62
.8892429	4745/5336	65	58	73	92
.8892727	4891/5500	67	55	73	100
.8892828	5518/6205	62	73	89	85
.8892929	2201/2475	62	55	71	90
.8893007	3599/4047	59	57	61	71
.8893200	4355/4897	65	59	67	83
.8893836	2597/2920	53	73	98	80
.8893936	4503/5063	57	61	79	83
.8894096	949/1067	65	55	73	97
.8894253	3869/4350	53	58	73	75
.8894505	4047/4550	57	65	71	70
0.8895					
.8895419	5146/5785	62	65	83	89
.8895480	3149/3540	47	59	67	60
.8895798	5293/5950	67	70	79	85
.8896114	5609/6305	71	65	79	97
.8896834	871/979	65	55	67	89
.8897887	4505/5063	53	61	85	83
.8898635	913/1026	55	57	83	90
.8898667	3337/3750	47	50	71	75
.8898824	1891/2125	61	50	62	85
.8899209	4503/5060	57	55	79	92
.8899354	4819/5415	61	57	79	95
.8899522	186/209	45	55	62	57
.8899749	3551/3990	53	57	67	70
.8899792	2993/3363	41	57	73	59
0.8900					
.8900535	4161/4675	57	55	73	85
.8900629	3538/3975	58	53	61	75

（续）

比值	分数	*A*	*B*	*C*	*D*
0.8900					
.8900675	923/1037	65	61	71	85
.8900862	413/464	59	58	70	80
.8901400	2925/3286	45	53	65	62
.8901899	2813/3160	58	79	97	80
.8903102	2784/3127	48	53	58	59
.8903175	5609/6300	71	70	79	90
.8903689	869/976	55	61	79	80
.8903969	3477/3905	57	55	61	71
.8904488	3869/4345	53	55	73	79
.8904762 *	187/210	55	70	85	75
0.8905					
.8905455	2449/2750	62	55	79	100
.8905660	236/265	48	53	59	60
.8906000	4453/5000	61	50	73	100
.8907814	5073/5695	57	67	89	85
.8908240	4757/5340	67	60	71	89
.8908925	4891/5490	67	61	73	90
.8909605	1577/1770	57	59	83	90
0.8910					
.8910112	793/890	61	50	65	89
.8910583	3149/3534	47	57	67	62
.8910798	949/1065	65	71	73	75
.8910993	4345/4876	55	53	79	92
.8911051	1653/1855	57	53	58	70
.8911228	2881/3233	43	53	67	61
.8911688	3431/3850	47	55	73	70
.8911770	4717/5293	53	67	89	79
.8912320	803/901	55	53	73	85
.8912363	1139/1278	67	71	85	90
.8912663	4582/5141	58	53	79	97
.8912821	869/975	55	65	79	75
.8912989	3534/3965	57	61	62	65
.8913684	2117/2375	58	50	73	95
.8913793	517/580	47	50	55	58
.8914518	657/737	45	55	73	67
.8914747	3869/4340	53	62	73	70
.8914815	2407/2700	58	60	83	90
.8914918	4757/5336	67	58	71	92
0.8915					
.8915385	1159/1300	57	60	61	65
.8915470	559/627	43	55	65	57
.8915759	3355/3763	55	53	61	71
.8916126	3710/4161	53	57	70	73
.8916211	979/1098	55	61	89	90
.8916278	4015/4503	55	57	73	79
.8916589	4757/5335	67	55	71	97

比值	分数	*A*	*B*	*C*	*D*
0.8915					
.8917232	3286/3685	53	55	62	67
.8918977	4183/4690	47	67	89	70
.8919114	3705/4154	57	62	65	67
.8919298	1271/1425	41	50	62	57
.8919686	4087/4582	61	58	67	79
.8919811	1891/2120	61	53	62	80
.8919854	4897/5490	59	61	83	90
0.8920					
.8920424	3363/3770	57	58	59	65
.8920574	4661/5225	59	55	79	95
.8920826	5183/5810	71	70	73	83
.8921569 *	91/102	65	60	70	85
.8921743	4526/5073	62	57	73	89
.8922222	803/900	55	50	73	90
.8922290	2790/3127	45	53	62	59
.8922518	737/826	55	59	67	70
.8922921	4399/4930	53	58	83	85
.8923170	1475/1653	50	57	59	58
.8923336	3713/4161	47	57	79	73
.8923417	6059/6790	73	70	83	97
.8924074	4819/5400	61	60	79	90
.8924180	871/976	65	61	67	80
.8924295	4845/5429	57	61	85	89
0.8925					
.8925940	4845/5428	57	59	85	92
.8926164	5561/6230	67	70	83	89
.8926901	3053/3420	43	57	71	60
.8927269	4161/4661	57	59	73	79
.8927528	3055/3422	47	58	65	59
.8927711	741/830	57	50	65	83
.8928087	658/737	47	55	70	67
.8928571 *	25/28	50	60	75	70
.8929039	3410/3819	55	57	62	67
.8929119	4661/5220	59	58	79	90
.8929733	2745/3074	45	53	61	58
.8929897	4331/4850	61	50	71	97
0.8930					
.8930000	893/1000	47	50	57	60
.8930521	3599/4030	59	62	61	65
.8931151	1855/2077	53	62	70	67
.8931338	5073/5680	57	71	89	80
.8931501	4355/4876	65	53	67	92
.8931774	2291/2565	58	57	79	90
.8932345	4819/5395	61	65	79	83
.8932452	1891/2117	61	58	62	73
.8932749	611/684	47	57	65	60

（续）

比值	分数	*A*	*B*	*C*	*D*
0. 8930					
. 8933272	3869/4331	53	61	73	71
. 8933464	913/1022	55	70	83	73
. 8934286	3127/3500	53	50	59	70
0. 8935					
. 8935970	949/1062	65	59	73	90
. 8936239	2747/3074	41	53	67	58
. 8937018	3363/3763	57	53	59	71
. 8937063	639/715	45	55	71	65
. 8937500 *	143/160	55	40	65	100
. 8937705	1363/1525	47	50	58	61
. 8938220	4731/5293	57	67	83	79
. 8938280	2795/3127	43	53	65	59
. 8938373	3713/4154	47	62	79	67
. 8939112	4331/4845	61	57	71	85
. 8939394	59/66	50	55	59	60
. 8939519	1079/1207	65	71	83	85
. 8939759	371/415	53	50	70	83
0. 8940					
. 8940046	3534/3953	57	59	62	67
. 8940333	4615/5162	65	58	71	89
. 8940631	4819/5390	61	55	79	98
. 8940988	5015/5609	59	71	85	79
. 8941176 *	76/85	60	75	95	85
. 8941670	4047/4526	57	62	71	73
. 8941767	4453/4980	61	60	73	83
. 8943396	237/265	57	53	79	95
. 8943613	3886/4345	58	55	67	79
. 8943794	3819/4270	57	61	67	70
. 8943917	5183/5795	71	61	73	95
. 8944292	4897/5475	59	73	83	75
. 8944664	2263/2530	62	55	73	92
0. 8945					
. 8945161	2773/3100	47	50	59	62
. 8945274	899/1005	58	60	62	67
. 8945412	5293/5917	67	61	79	97
. 8945616	806/901	62	53	65	85
. 8946119	4898/5475	62	73	79	75
. 8946545	3431/3835	47	59	73	65
. 8946667	671/750	55	50	61	75
. 8946835	1767/1975	57	50	62	79
. 8946932	1079/1206	65	67	83	90
. 8947504	3477/3886	57	58	61	67
. 8948052	689/770	53	55	65	70
. 8948387	1387/1550	57	62	73	75
. 8948519	3685/4118	55	58	67	71
. 8949079	826/923	59	65	70	71

比值	分数	*A*	*B*	*C*	*D*
0. 8945					
. 8949482	4234/4731	58	57	73	83
. 8949589	4030/4503	62	57	65	79
0. 8950					
. 8950164	3538/3953	58	59	61	67
. 8950342	3010/3363	43	57	70	59
. 8950664	4717/5270	53	62	89	85
. 8950928	5162/5767	58	73	89	79
. 8950980	913/1020	55	60	83	85
. 8952174	2059/2300	58	50	71	92
. 8952586	2077/2320	62	58	67	80
. 8952736	3599/4020	59	60	61	67
. 8952830	949/1060	65	53	73	100
. 8952903	4087/4565	61	55	67	83
. 8953079	3053/3410	43	55	71	62
. 8953688	522/583	45	53	58	55
. 8953917	1943/2170	58	62	67	70
. 8954969	5767/6440	73	70	79	92
0. 8955					
. 8955357	1003/1120	59	70	85	80
. 8955556	403/450	62	50	65	90
. 8955864	3551/3965	53	61	67	65
. 8956150	4187/4675	53	55	79	85
. 8956413	3596/4015	58	55	62	73
. 8956962	1769/1975	58	50	61	79
. 8957520	3901/4355	47	65	83	67
. 8958569	4757/5310	67	59	71	90
. 8958763	869/970	55	50	79	97
. 8958944	611/682	47	55	65	62
. 8959276 *	198/221	55	65	90	85
. 8959378	5183/5785	71	65	73	89
. 8959524	3763/4200	53	60	71	70
. 8959759	4453/4970	61	70	73	71
0. 8960					
. 8960224	5429/6059	61	73	89	83
. 8960428	4189/4675	59	55	71	85
. 8960461	3422/3819	58	57	59	67
. 8961194	1501/1675	57	67	79	75
. 8962127	5561/6205	67	73	83	85
. 8962719	4087/4560	61	57	67	80
. 8962835	1037/1157	61	65	85	89
. 8963462	4661/5200	59	65	79	80
. 8963885	3599/4015	59	55	61	73
. 8964026	5183/5782	71	59	73	98
. 8964670	4745/5293	65	67	73	79
. 8964789	1273/1420	57	60	67	71

（续）

比值	分数	A	B	C	D
0.8965					
.8965210	1005/1121	45	57	67	59
.8965952	711/793	45	61	79	65
.8966154	1457/1625	47	50	62	65
.8966705	781/871	55	65	71	67
.8967672	4161/4640	57	58	73	80
.8968000	1121/1250	57	50	59	75
.8968131	4615/5146	65	62	71	83
.8969231	583/650	53	50	55	65
.8969559	5893/6570	71	73	83	90
0.8970					
.8970339	2117/2360	58	59	73	80
.8970430	3337/3720	47	60	71	62
.8970724	2911/3245	41	55	71	59
.8970760	767/855	59	57	65	75
.8970944	741/826	57	59	65	70
.8971186	5293/5900	67	59	79	100
.8971506	3306/3685	57	55	58	67
.8971684	602/671	43	55	70	61
.8972222	323/360	57	60	85	90
.8972524	3886/4331	58	61	67	71
.8972567	5135/5723	65	59	79	97
.8972659	1083/1207	57	71	95	85
.8972917	4307/4800	59	60	73	80
.8973816	4661/5194	59	53	79	98
.8974359*	35/39	70	65	75	90
0.8975					
.8975410	219/244	45	60	73	61
.8975472	4757/5300	67	53	71	100
.8976044	4234/4717	58	53	73	89
.8976068	5251/5850	59	65	89	90
.8976190	377/420	58	60	65	70
.8976645	5035/5609	53	71	95	79
.8976853	4615/5141	65	53	71	97
.8977011	781/870	55	58	71	75
.8977230	4731/5270	57	62	83	85
.8977480	1475/1643	50	53	59	62
.8977823	4453/4960	61	62	73	80
.8978142	1643/1830	53	60	62	61
.8978261	413/460	59	50	70	92
.8979063	4503/5015	57	59	79	85
.8979381	871/970	65	50	67	97
.8979969	2914/3245	47	55	62	59
0.8980					
.8980317	3285/3658	45	59	73	62
.8980538	969/1079	57	65	85	83
.8980645	696/775	48	50	58	62
0.8980					
.8981217	4399/4898	53	62	83	79
.8981265	767/854	59	61	65	70
.8981818	247/275	57	55	65	75
.8982020	3397/3782	43	61	79	62
.8982418	4087/4550	61	65	67	70
.8982767	5890/6557	62	79	95	83
.8982950	6059/6745	73	71	83	95
.8983385	3190/3551	55	53	58	67
.8983673	2201/2450	62	50	71	98
.8983957*	168/187	60	55	70	85
.8984091	3953/4400	59	55	67	80
.8984314	2291/2550	58	60	79	85
.8984762	4717/5250	53	70	89	75
0.8985					
.8985632	3127/3480	53	58	59	60
.8985915	319/355	55	50	58	71
.8986004	6035/6716	71	73	85	92
.8986133	3953/4399	59	53	67	83
.8986418	5293/5890	67	62	79	95
.8986587	603/671	45	55	67	61
.8986721	4399/4895	53	55	83	89
.8986818	3477/3869	57	53	61	73
.8987461	2867/3190	47	55	61	58
.8988304	1537/1710	53	57	58	60
.8988479	3901/4340	47	62	83	70
.8988648	871/969	65	57	67	85
.8989076	4526/5035	62	53	73	95
.8989177	4402/4897	62	59	71	83
.8989392	4661/5185	59	61	79	85
.8989873	3551/3950	53	50	67	79
0.8990					
.8990000	899/1000	58	50	62	80
.8990315	3713/4130	47	59	79	70
.8990385*	187/208	55	65	85	80
.8990545	3233/3596	53	58	61	62
.8990672	4819/5360	61	67	79	80
.8990810	5185/5767	61	73	85	79
.8991071	1007/1120	53	70	95	80
.8991438	5251/5840	59	73	89	80
.8991667	1079/1200	65	75	83	80
.8991788	5146/5723	62	59	83	97
.8992850	4402/4895	62	55	71	89
.8992861	4661/5183	59	71	79	73
.8993170	3555/3953	45	59	79	67
.8993333	1349/1500	57	50	71	90
.8993385	3127/3477	53	57	59	61

（续）

比值	分数	*A*	*B*	*C*	*D*	比值	分数	*A*	*B*	*C*	*D*
0. 8990						0. 9005					
. 8993671	1421/1580	58	79	98	80	. 9008772	1027/1140	65	57	79	100
. 8993939	742/825	53	55	70	75	. 9009026	4891/5429	67	61	73	89
. 8993986	1645/1829	47	59	70	62	. 9009228	1855/2059	53	58	70	71
. 8994071	4399/4891	53	67	83	73	. 9009712	4731/5251	57	59	83	89
. 8994609	3337/3710	47	53	71	70	. 9009852	1829/2030	59	58	62	70
0. 8995						0. 9010					
. 8995857	5429/6035	61	71	89	85	. 9010685	4891/5428	67	59	73	92
. 8995960	4453/4950	61	55	73	90	. 9011299	319/354	55	59	58	60
. 8996101	923/1026	65	57	71	90	. 9011364	793/880	61	55	65	80
. 8996676	4331/4814	61	58	71	83	. 9012531	1798/1995	58	57	62	70
. 8996865	287/319	41	55	70	58	. 9013300	2914/3233	47	53	62	61
. 8997143	3149/3500	47	50	67	70	. 9013412	3965/4399	61	53	65	83
. 8997500	3599/4000	59	50	61	80	. 9013531	2065/2291	59	58	70	79
. 8997696	781/868	55	62	71	70	. 9013699	329/365	47	50	70	73
. 8998285	2623/2915	43	53	61	55	. 9013867	585/649	45	55	65	59
. 8998620	4565/5073	55	57	83	89	. 9014344	4399/4880	53	61	83	80
. 8999289	5063/5626	61	58	83	97	. 9014663	1537/1705	53	55	58	62
. 8999761	3770/4189	58	59	65	71	. 9014981	2407/2670	58	60	83	89
0. 9000						0. 9015					
. 9000000*	9/10	60	75	90	80	. 9015723	2867/3180	47	53	61	60
. 9000204	4402/4891	62	67	71	73	. 9016129	559/620	43	50	65	62
. 9001093	4118/4575	58	61	71	75	. 9016251	4161/4615	57	65	73	71
. 9001701	5293/5880	67	60	79	98	. 9016513	3713/4118	47	58	79	71
. 9002347	767/852	59	60	65	71	. 9016681	1027/1139	65	67	79	85
. 9002454	5135/5704	65	62	79	92	. 9017910	3021/3350	53	50	57	67
. 9002740	1643/1825	53	50	62	73	. 9018162	5015/5561	59	67	85	83
. 9003210	5609/6230	71	70	79	89	. 9018817	671/744	55	60	61	62
. 9003317	5429/6030	61	67	89	90	. 9019839	3819/4234	57	58	67	73
. 9003795	949/1054	65	62	73	85	0. 9020					
. 9004016	1121/1245	59	75	95	83	. 9020050	3599/3990	59	57	61	70
. 9004060	3770/4187	58	53	65	79	. 9020492	2201/2440	62	61	71	80
. 9004219	1067/1185	55	75	97	79	. 9020686	3445/3819	53	57	65	67
. 9004301	4187/4650	53	62	79	75	. 9020820	2773/3074	47	53	59	58
. 9004471	3021/3355	53	55	57	61	. 9021919	4898/5429	62	61	79	89
. 9004762	1891/2100	61	60	62	70	. 9022472	803/890	55	50	73	89
0. 9005						. 9022917	4331/4800	61	60	71	80
. 9005668	5561/6175	67	65	83	95	. 9023430	4814/5335	58	55	83	97
. 9005848*	154/171	55	45	70	95	. 9023529	767/850	59	50	65	85
. 9006000	4503/5000	57	50	79	100	. 9023581	2449/2714	62	59	79	92
. 9006416	5194/5767	53	73	98	79	. 9023707	4187/4640	53	58	79	80
. 9006748	3337/3705	47	57	71	65	. 9023915	3245/3596	55	58	59	62
. 9006965	4526/5025	62	67	73	75	. 9024345	4819/5340	61	60	79	89
. 9007075	3819/4240	57	53	67	80	. 9024925	4526/5015	62	59	73	85
. 9007158	3901/4331	47	61	83	71	0. 9025					
. 9007269	3965/4402	61	62	65	71	. 9025039	5767/6390	73	71	79	90
. 9008602	4189/4650	59	62	71	75	. 9025114	3953/4380	59	60	67	73

（续）

比值	分数	A	B	C	D
0.9025					
.9025424	213/236	45	59	71	60
.9025641*	176/195	55	65	80	75
.9025758	4345/4814	55	58	79	83
.9026599	1595/1767	55	57	58	62
.9027322	826/915	59	61	70	75
.9027719	2117/2345	58	67	73	70
.9027778*	65/72	50	40	65	90
.9027892	2201/2438	62	53	71	92
.9028017	4189/4640	59	58	71	80
.9028070	2573/2850	62	60	83	95
.9028408	3782/4189	61	59	62	71
.9029350	4307/4770	59	53	73	90
.9029744	4402/4875	62	65	71	75
0.9030					
.9030049	4087/4526	61	62	67	73
.9030435	2077/2300	62	50	67	92
.9030526	3195/3538	45	58	71	61
.9030702	2059/2280	58	57	71	80
.9031109	4819/5336	61	58	79	92
.9031169	3477/3850	57	55	61	70
.9031348	2881/3190	43	55	67	58
.9032131	4582/5073	58	57	79	89
.9032318	4891/5415	67	57	73	95
.9032454	4453/4930	61	58	73	85
.9032720	3782/4187	61	53	62	79
.9032802	4819/5335	61	55	79	97
.9033006	5063/5605	61	59	83	95
.9033493	944/1045	48	55	59	57
.9033898	533/590	41	50	65	59
.9034131	5135/5684	65	58	79	98
0.9035					
.9035996	5146/5695	62	67	83	85
.9036374	4745/5251	65	59	73	89
.9037145	4355/4819	65	61	67	79
.9037288	1333/1475	43	50	62	59
.9037726	1653/1829	57	59	58	62
.9037751	5626/6225	58	75	97	83
.9037866	5251/5810	59	70	89	83
.9038095	949/1050	65	70	73	75
.9038794	3658/4047	59	57	62	71
.9039179	969/1072	57	67	85	80
.9039484	5609/6205	71	73	79	85
.9039683	1139/1260	67	70	85	90
0.9040					
.9040323	1121/1240	57	60	59	62
.9040376	4814/5325	58	71	83	75

比值	分数	A	B	C	D
0.9040					
.9040493	1027/1136	65	71	79	80
.9040747	1065/1178	45	57	71	62
.9041071	5063/5600	61	70	83	80
.9042169	1501/1660	57	60	79	83
.9043127	671/742	55	53	61	70
.9043357	3233/3575	53	55	61	65
.9043499	3763/4161	53	57	71	73
.9044393	5073/5609	57	71	89	79
.9044828	2623/2900	43	50	61	58
0.9045					
.9045093	341/377	55	58	62	65
.9045245	4898/5415	62	57	79	95
.9045652	4161/4600	57	50	73	92
.9046185	901/996	53	60	85	83
.9046541	3596/3975	58	53	62	75
.9046774	5609/6200	71	62	79	100
.9047097	826/913	59	55	70	83
.9047324	2925/3233	45	53	65	61
.9047459	5395/5963	65	67	83	89
.9047619*	19/21	50	70	95	75
.9047863	5293/5850	67	65	79	90
.9048123	1711/1891	58	61	59	62
.9048333	5429/6000	61	75	89	80
.9048436	4745/5244	65	57	73	92
.9048851	3149/3480	47	58	67	60
.9049020	923/1020	65	60	71	85
.9049765	4819/5325	61	71	79	75
.9049936	3534/3905	57	55	62	71
.9049970	4582/5063	58	61	79	83
0.9050					
.9050079	4030/4453	62	61	65	73
.9050292	3869/4275	53	57	73	75
.9050549	2059/2275	58	65	71	70
.9051056	5141/5680	53	71	97	80
.9052000	2263/2500	62	50	73	100
.9052083	869/960	55	60	79	80
.9052511	793/876	61	60	65	73
.9053114	5335/5893	55	71	97	83
.9053237	2993/3306	41	57	73	58
.9053375	5767/6370	73	65	79	98
.9054026	4307/4757	59	67	73	71
.9054088	3599/3975	59	53	61	75
.9054545	249/275	57	55	83	95
0.9055					
.9055336	2291/2530	58	55	79	92
.9055380	5723/6320	59	79	97	80

（续）

比值	分数	*A*	*B*	*C*	*D*
0.9055					
.9055631	3337/3685	47	55	71	67
.9056180	403/445	62	50	65	89
.9056439	5183/5723	71	59	73	97
.9056684	4234/4675	58	55	73	85
.9057018	413/456	59	57	70	80
.9057229	3007/3320	62	80	97	83
.9057407	4891/5400	67	60	73	90
.9057534	1653/1825	57	50	58	73
.9057629	3835/4234	59	58	65	73
.9058739	3763/4154	53	62	71	67
.9058824*	77/85	55	50	70	85
.9058929	5073/5600	57	70	89	80
.9059227	4757/5251	67	59	71	89
.9059748	2881/3180	43	53	67	60
.9059859	2573/2840	62	71	83	80
0.9060					
.9060179	3538/3905	58	55	61	71
.9060322	3770/4161	58	57	65	73
.9060362	4503/4970	57	70	79	71
.9060487	5767/6365	73	67	79	95
.9060890	3869/4270	53	61	73	70
.9060952	4757/5250	67	70	71	75
.9061538	589/650	57	60	62	65
.9061919	3410/3763	55	53	62	71
.9063218	1577/1740	57	58	83	90
.9063356	5293/5840	67	73	79	80
.9064091	5162/5695	58	67	89	85
.9064386	901/994	53	70	85	71
.9064690	3363/3710	57	53	59	70
.9064815	979/1080	55	60	89	90
0.9065					
.9065329	3705/4087	57	61	65	67
.9065802	4891/5395	67	65	73	83
.9065934*	165/182	55	65	75	70
.9066330	4661/5141	59	53	79	97
.9066534	913/1007	55	53	83	95
.9066636	3905/4307	55	59	71	73
.9067227	1079/1190	65	70	83	85
.9067368	4307/4750	59	50	73	95
.9067470	3763/4150	53	50	71	83
.9068519	4897/5400	59	60	83	90
.9068716	1003/1106	59	70	85	79
.9068826*	224/247	70	65	80	95
.9069357	3596/3965	58	61	62	65
0.9070					
.9070340	5893/6497	71	73	83	89
0.9070					
.9070370	2449/2700	62	60	79	90
.9071154	4717/5200	53	65	89	80
.9071320	4757/5244	67	57	71	92
.9071795	1769/1950	58	60	61	65
.9071920	3431/3782	47	61	73	62
.9072142	4087/4505	61	53	67	85
.9072589	4187/4615	53	65	79	71
.9072917	871/960	65	60	67	80
.9073034	323/356	57	60	85	89
.9073216	979/1079	55	65	89	83
.9073446	803/885	55	59	73	75
.9073477	5063/5580	61	62	83	90
.9074212	4891/5390	67	55	73	98
.9074510	1157/1275	65	75	89	85
0.9075					
.9075188	1207/1330	71	70	85	95
.9075330	4819/5310	61	59	79	90
.9075630*	108/119	60	70	90	85
.9076122	1395/1537	45	53	62	58
.9076171	4087/4503	61	57	67	79
.9076289	2201/2425	62	50	71	97
.9076355	737/812	55	58	67	70
.9077563	3710/4087	53	61	70	67
.9078204	3053/3363	43	57	71	59
.9078629	4503/4960	57	62	79	80
.9078777	4898/5395	62	65	79	83
.9079463	4399/4845	53	57	83	85
.9079665	4331/4770	61	53	71	90
.9079835	4845/5336	57	58	85	92
0.9080					
.9080882*	247/272	65	80	95	85
.9081187	4161/4582	57	58	73	79
.9081340	949/1045	65	55	73	95
.9081356	2679/2950	47	50	57	59
.9082222	4087/4500	61	50	67	90
.9082661	901/992	53	62	85	80
.9083401	5609/6175	71	65	79	95
.9083888	4234/4661	58	59	73	79
.9084151	3055/3363	47	57	65	59
.9084337	377/415	58	50	65	83
.9084577	913/1005	55	67	83	75
.9084903	3713/4087	47	61	79	67
0.9085					
.9085145	1003/1104	59	60	85	92
.9085655	4402/4845	62	57	71	85
.9085770	4661/5130	59	57	79	90

（续）

比值	分数	*A*	*B*	*C*	*D*
0.9085					
.9086395	915/1007	45	53	61	57
.9086498	4307/4740	59	60	73	79
.9086606	5183/5704	71	62	73	92
.9086667	1363/1500	47	50	58	60
.9087199	2449/2695	62	55	79	98
.9087356	3953/4350	59	58	67	75
.9087755	4453/4900	61	50	73	98
.9088028	2581/2840	58	71	89	80
.9088255	4047/4453	57	61	71	73
.9088353	2263/2490	62	60	73	83
.9089161	3782/4161	61	57	62	73
0.9090					
.9090038	949/1044	65	58	73	90
.9090058	3886/4275	58	57	67	75
.9090196	1159/1275	61	75	95	85
.9091398	1691/1860	57	62	89	90
.9091466	4453/4898	61	62	73	79
.9091803	2773/3050	47	50	59	61
.9092388	2795/3074	43	53	65	58
.9092453	4819/5300	61	53	79	100
.9092857	1273/1400	57	60	67	70
.9093016	2747/3021	41	53	67	57
.9093333	341/375	55	50	62	75
.9093470	3551/3905	53	55	67	71
.9093808	3422/3763	58	53	59	71
.9093910	5510/6059	58	73	95	83
.9094184	1767/1943	57	58	62	67
.9094382	4047/4450	57	50	71	89
.9094502	5293/5820	67	60	79	97
0.9095					
.9095031	4814/5293	58	67	83	79
.9095082	1387/1525	57	61	73	75
.9096491	1037/1140	61	60	85	95
.9096888	3596/3953	58	59	62	67
.9097038	4453/4895	61	55	73	89
.9097181	4615/5073	65	57	71	89
.9097396	4717/5185	53	61	89	85
.9097814	3953/4345	59	55	67	79
.9098077	4731/5200	57	65	83	80
.9098542	2059/2263	58	62	71	73
.9098592	323/355	57	71	85	75
.9099502	1829/2010	59	60	62	67
.9099611	5609/6164	71	67	79	92
.9099671	4154/4565	62	55	67	83
.9099851	3053/3355	43	55	71	61

比值	分数	*A*	*B*	*C*	*D*
0.9100					
.9100000*	91/100	65	50	70	100
.9100298	4582/5035	58	53	79	95
.9100703	1943/2135	58	61	67	70
.9100796	3431/3770	47	58	73	65
.9100907	4717/5183	53	71	89	73
.9100966	5183/5695	71	67	73	85
.9101633	1003/1102	59	58	85	95
.9102692	913/1003	55	59	83	85
.9103529	3869/4250	53	50	73	85
.9103797	1798/1975	58	50	62	79
.9104306	4757/5225	67	55	71	95
.9104658	1505/1653	43	57	70	58
.9104882	1007/1106	53	70	95	79
0.9105					
.9105128	3551/3900	53	60	67	65
.9105254	5251/5767	59	73	89	79
.9105376	2117/2325	58	62	73	75
.9105510	3685/4047	55	57	67	71
.9105812	611/671	47	55	65	61
.9106522	4189/4600	59	50	71	92
.9106640	2263/2485	62	70	73	71
.9107042	3233/3550	53	50	61	71
.9107143*	51/56	60	70	85	80
.9107345	806/885	62	59	65	75
.9108062	531/583	45	53	59	55
.9108295	3953/4340	59	62	67	70
.9108937	3445/3782	53	61	65	62
.9109015	869/954	55	53	79	90
.9109649	2077/2280	62	57	67	80
0.9110					
.9110155	5293/5810	67	70	79	83
.9110834	3658/4015	59	55	62	73
.9111278	6059/6650	73	70	83	95
.9111392	3599/3950	59	50	61	79
.9113027	4757/5220	67	58	71	90
.9113253	1891/2075	61	50	62	83
.9114286	319/350	55	50	58	70
.9114943	793/870	61	58	65	75
0.9115					
.9115005	4161/4565	57	55	73	83
.9115149	4615/5063	65	61	71	83
.9115385	237/260	45	60	79	65
.9116734	3819/4189	57	59	67	71
.9117486	3337/3660	47	60	71	61
.9117725	3431/3763	47	53	73	71

（续）

比值	分数	A	B	C	D
0.9115					
.9117796	5395/5917	65	61	83	97
.9117895	4331/4750	61	50	71	95
.9118408	4582/5025	58	67	79	75
.9118578	5183/5684	71	58	73	98
.9119403	611/670	47	50	65	67
.9119782	1005/1102	45	57	67	58
0.9120					
.9120553	923/1012	65	55	71	92
.9120854	4015/4402	55	62	73	71
.9121089	3819/4187	57	53	67	79
.9121212	301/330	43	55	70	60
.9121331	4661/5110	59	70	79	73
.9122066	1943/2130	58	60	67	71
.9122424	3763/4125	53	55	71	75
.9122471	3337/3658	47	59	71	62
.9122807*	52/57	60	45	65	95
.9124294	323/354	57	59	85	90
.9124397	4731/5185	57	61	83	85
.9124652	2950/3233	50	53	59	61
0.9125					
.9125055	2065/2263	59	62	70	73
.9125333	1711/1875	58	50	59	75
.9125392	2911/3190	41	55	71	58
.9125616	741/812	57	58	65	70
.9125862	5293/5800	67	58	79	100
.9126187	3363/3685	57	55	59	67
.9126444	5767/6319	73	71	79	89
.9127074	4015/4399	55	53	73	83
.9127222	3953/4331	59	61	67	71
.9127266	5135/5626	65	58	79	97
.9127535	3285/3599	45	59	73	61
.9127869	1392/1525	48	50	58	61
.9128329	377/413	58	59	65	70
.9128450	4399/4819	53	61	83	79
.9128521	1037/1136	61	71	85	80
.9129670	2077/2275	62	65	67	70
.9129979	871/954	65	53	67	90
0.9130					
.9130075	1102/1207	58	71	95	85
.9130314	3286/3599	53	59	62	61
.9130803	4307/4717	59	53	73	89
.9130952	767/840	59	60	65	70
.9132486	4453/4876	61	53	73	92
.9132768	3233/3540	53	59	61	60
.9133736	5293/5795	67	61	79	95
.9133874	4503/4930	57	58	79	85
0.9130					
.9134143	3534/3869	57	53	62	73
.9134359	4453/4875	61	65	73	75
.9134503	781/855	55	57	71	75
.9134675	4402/4819	62	61	71	79
.9134796	1457/1595	47	55	62	58
0.9135					
.9135150	3285/3596	45	58	73	62
.9135274	1067/1168	55	73	97	80
.9135484	708/775	48	50	59	62
.9135831	3901/4270	47	61	83	70
.9135945	793/868	61	62	65	70
.9136194	4897/5360	59	67	83	80
.9136364	201/220	45	55	67	60
.9136590	4582/5015	58	59	79	85
.9137131	4331/4740	61	60	71	79
.9138060	2449/2680	62	67	79	80
.9138271	3245/3551	55	53	59	67
.9139216	4661/5100	59	60	79	85
.9139394	754/825	58	55	65	75
0.9140					
.9140648	3074/3363	53	57	58	59
.9140845	649/710	55	50	59	71
.9140954	4118/4505	58	53	71	85
.9141252	1139/1246	67	70	85	89
.9141428	3290/3599	47	59	70	61
.9142296	4189/4582	59	58	71	79
.9142367	533/583	41	53	65	55
.9142466	3337/3650	47	50	71	73
.9142857*	32/35	60	70	80	75
.9143275	3127/3420	53	57	59	60
.9143434	2263/2475	62	55	73	90
.9143529	1943/2125	58	50	67	85
.9143921	737/806	55	62	67	65
.9144163	2201/2407	62	58	71	83
.9144366	2597/2840	53	71	98	80
.9144482	3538/3869	58	53	61	73
0.9145					
.9145000	1829/2000	59	50	62	80
.9145136	2867/3135	47	55	61	57
.9145199	781/854	55	61	71	70
.9145320	3713/4060	47	58	79	70
.9145798	2666/2915	43	53	62	55
.9146709	5767/6305	73	65	79	97
.9146818	2573/2813	62	58	83	97
.9147368	869/950	55	50	79	95
.9147541	279/305	45	50	62	61

（续）

比值	分数	A	B	C	D
0.9145					
.9148077	4757/5200	67	65	71	80
.9148274	3233/3534	53	57	61	62
.9148594	1139/1245	67	75	85	83
.9148734	2891/3160	59	79	98	80
.9149055	1645/1798	47	58	70	62
.9149525	5293/5785	67	65	79	89
0.9150					
.9150000	183/200	45	50	61	60
.9150621	5893/6440	71	70	83	92
.9150912	2759/3015	62	67	89	90
.9151111	2059/2250	58	50	71	90
.9151398	949/1037	65	61	73	85
.9151913	4187/4575	53	61	79	75
.9153481	1157/1264	65	79	89	80
.9153599	4845/5293	57	67	85	79
.9153968	5767/6300	73	70	79	90
.9154272	5293/5782	67	59	79	98
.9154545	1007/1100	53	55	57	60
.9154705	574/627	41	55	70	57
0.9155					
.9155172	531/580	45	50	59	58
.9155515	5063/5530	61	70	83	79
.9156284	4189/4575	59	61	71	75
.9157007	869/949	55	65	79	73
.9157171	5063/5529	61	57	83	97
.9157385	1891/2065	61	59	62	70
.9157895	87/95	45	50	58	57
.9158645	4757/5194	67	53	71	98
.9159091	403/440	62	55	65	80
.9159176	4891/5340	67	60	73	89
.9159303	3835/4187	59	53	65	79
.9159593	1079/1178	65	62	83	95
.9159817	1003/1095	59	73	85	75
0.9160					
.9160073	1505/1643	43	53	70	62
.9161173	4030/4399	62	53	65	83
.9161463	1027/1121	65	59	79	95
.9162444	3074/3355	53	55	58	61
.9162869	5429/5925	61	75	89	79
.9163522	1457/1590	47	53	62	60
.9163801	5063/5525	61	65	83	85
.9163934	559/610	43	50	65	61
.9164000	2291/2500	58	50	79	100
.9164583	4399/4800	53	60	83	80
0.9165					
.9165094	1943/2120	58	53	67	80
0.9165					
.9165627	5141/5609	53	71	97	79
.9165839	923/1007	65	53	71	95
.9166042	4891/5336	67	58	73	92
.9166343	4717/5146	53	62	89	83
.9166667*	11/12	50	30	55	100
.9167284	3710/4047	53	57	70	71
.9167592	826/901	59	53	70	85
.9167760	4891/5335	67	55	73	97
.9167920	1829/1995	59	57	62	70
.9168421	871/950	65	50	67	95
.9168532	2867/3127	47	53	61	59
.9169279	585/638	45	55	65	58
.9169524	2407/2625	58	70	83	75
.9169636	2573/2806	62	61	83	92
0.9170					
.9170088	3127/3410	53	55	59	62
.9170412	4897/5340	59	60	83	89
.9170833	2201/2400	62	60	71	80
.9171663	4130/4503	59	57	70	79
.9171849	3245/3538	55	58	59	61
.9171877	6014/6557	62	79	97	83
.9171961	4187/4565	53	55	79	83
.9172101	5063/5520	61	60	83	92
.9172285	2449/2670	62	60	79	89
.9172998	3139/3422	43	58	73	59
.9173364	799/871	47	65	85	67
.9173599	5073/5530	57	70	89	79
.9174431	4234/4615	58	65	73	71
.9174542	4757/5185	67	61	71	85
.9174576	3190/3477	55	57	58	61
.9174697	3713/4047	47	57	79	71
0.9175					
.9175289	3015/3286	45	53	67	62
.9175426	5063/5518	61	62	83	89
.9175847	4331/4720	61	59	71	80
.9176119	1537/1675	53	50	58	67
.9176342	4189/4565	59	55	71	83
.9176471*	78/85	60	50	65	85
.9177286	4897/5336	59	58	83	92
.9177778	413/450	59	50	70	90
.9178363	3139/3420	43	57	73	60
.9179007	4897/5335	59	55	83	97
.9179080	2773/3021	47	53	59	57
.9179221	1767/1925	57	55	62	70
0.9180					
.9180015	2407/2622	58	57	83	92

（续）

比值	分数	*A*	*B*	*C*	*D*
0.9180					
.9180357	5141/5600	53	70	97	80
.9180527	2263/2465	62	58	73	85
.9180881	4898/5335	62	55	79	97
.9181034	213/232	45	58	71	60
.9181088	5146/5605	62	59	83	95
.9181443	4453/4850	61	50	73	97
.9181683	4331/4717	61	53	71	89
.9181900	5073/5525	57	65	89	85
.9182018	4187/4560	53	57	79	80
.9182230	3245/3534	55	57	59	62
.9182444	1067/1162	55	70	97	83
.9182540	1157/1260	65	70	89	90
.9183333	551/600	58	75	95	80
.9183369	4307/4690	59	67	73	70
.9184105	4345/4731	55	57	79	83
.9184270	4087/4450	61	50	67	89
.9184977	4891/5325	67	71	73	75
0.9185					
.9185111	913/994	55	70	83	71
.9185693	1207/1314	71	73	85	90
.9185885	3306/3599	57	59	58	61
.9185979	4717/5135	53	65	89	79
.9186404	4189/4560	59	57	71	80
.9186603 *	192/209	60	55	80	95
.9186667	689/750	53	50	65	75
.9187764	871/948	65	60	67	79
.9187857	4661/5073	59	57	79	89
.9188235	781/850	55	50	71	85
.9188525	1121/1220	57	60	59	61
.9188748	5063/5510	61	58	83	95
.9188811	657/715	45	55	73	65
.9188868	5415/5893	57	71	95	83
.9188956	1065/1159	45	57	71	61
.9189286	2573/2800	62	70	83	80
.9189550	4819/5244	61	57	79	92
.9189610	1769/1925	58	55	61	70
.9189655	533/580	41	50	65	58
.9189796	4503/4900	57	50	79	98
0.9190					
.9190395	2679/2915	47	53	57	55
.9190918	4453/4845	61	57	73	85
.9191375	341/371	55	53	62	70
.9191608	3286/3575	53	55	62	65
.9191781	671/730	55	50	61	73
.9191919 *	91/99	65	55	70	90
.9192174	4745/5162	65	58	73	89

比值	分数	*A*	*B*	*C*	*D*
0.9190					
.9192488	979/1065	55	71	89	75
.9192624	5135/5586	65	57	79	98
.9193103	1333/1450	43	50	62	58
.9193574	5723/6225	59	75	97	83
0.9195					
.9195082	5609/6100	71	61	79	100
.9195426	4503/4897	57	59	79	83
.9196244	4897/5325	59	71	83	75
.9196347	1007/1095	53	73	95	75
.9196667	2759/3000	62	75	89	80
.9197632	4505/4898	53	62	85	79
.9197727	4047/4400	57	55	71	80
.9198113	195/212	45	53	65	60
.9198925	1711/1860	58	60	59	62
.9199183	4503/4895	57	55	79	89
.9199407	1241/1349	73	71	85	95
.9199510	4505/4897	53	59	85	83
.9199818	4047/4399	57	53	71	83
0.9200					
.9200803	2291/2490	58	60	79	83
.9200913	403/438	62	60	65	73
.9202221	3149/3422	47	58	67	59
.9202410	3819/4150	57	50	67	83
.9202516	3658/3975	59	53	62	75
.9202797	658/715	47	55	70	65
.9203067	5162/5609	58	71	89	79
.9203509	2623/2850	43	50	61	57
.9203629	913/992	55	62	83	80
.9203779	682/741	55	57	62	65
.9204348	2117/2300	58	50	73	92
0.9205					
.9205242	4355/4731	65	57	67	83
.9205279	3139/3410	43	55	73	62
.9205508	869/944	55	59	79	80
.9205944	3965/4307	61	59	65	73
.9206004	4661/5063	59	61	79	83
.9206593	4189/4550	59	65	71	70
.9206706	4503/4891	57	67	79	73
.9207242	3763/4087	53	61	71	67
.9207602	3149/3420	47	57	67	60
.9208333 *	221/240	65	75	85	80
.9208707	3596/3905	58	55	62	71
.9209906	781/848	55	53	71	80
0.9210					
.9210526 *	35/38	70	60	75	95
.9210795	4505/4891	53	67	85	73

（续）

比值	分数	A	B	C	D
0.9210					
.9210923	4891/5310	67	59	73	90
.9211363	4345/4717	55	53	79	89
.9211462	4661/5060	59	55	79	92
.9211905	3869/4200	53	60	73	70
.9212500	737/800	55	50	67	80
.9212584	5183/5626	71	58	73	97
.9212752	1416/1537	48	53	59	58
.9213242	4731/5135	57	65	83	79
.9213303	2881/3127	43	53	67	59
.9213397	4814/5225	58	55	83	95
.9213699	3363/3650	57	50	59	73
.9214582	5561/6035	67	71	83	85
0.9215					
.9215000	1843/2000	57	75	97	80
.9215124	3534/3835	57	59	62	65
.9215420	4757/5162	67	58	71	89
.9215492	928/1007	48	53	58	57
.9216389	3599/3905	59	55	61	71
.9216534	3835/4161	59	57	65	73
.9217857	2581/2800	58	70	89	80
.9218456	979/1062	55	59	89	90
.9219288	803/871	55	65	73	67
0.9220					
.9220369	5251/5695	59	67	89	85
.9220513	899/975	58	60	62	65
.9220754	4745/5146	65	62	73	83
.9220866	4154/4505	62	53	67	85
.9222672	1139/1235	67	65	85	95
.9222812	3477/3770	57	58	61	65
.9222967	4819/5225	61	55	79	95
.9223118	3431/3720	47	60	73	62
.9223377	3551/3850	53	55	67	70
.9223720	1711/1855	58	53	59	70
.9224105	2449/2655	62	59	79	90
.9224370	3770/4087	58	61	65	67
.9224961	4154/4503	62	57	67	79
0.9225					
.9225554	3538/3835	58	59	61	65
.9225725	3658/3965	59	61	62	65
.9226695	871/944	65	59	67	80
.9226814	4845/5251	57	59	85	89
.9227459	4503/4880	57	61	79	80
.9227895	741/803	57	55	65	73
.9228205	3599/3900	59	60	61	65
.9228302	4891/5300	67	53	73	100
.9228512	2201/2385	62	53	71	90

比值	分数	A	B	C	D
0.9225					
.9228571	323/350	57	70	85	75
.9228856	371/402	53	60	70	67
.9229722	4745/5141	65	53	73	97
.9229885	803/870	55	58	73	75
0.9230					
.9230000	923/1000	65	50	71	100
.9230920	4717/5110	53	70	89	73
.9231111	2077/2250	62	50	67	90
.9231402	5609/6076	71	62	79	98
.9231557	901/976	53	61	85	80
.9231801	4819/5220	61	58	79	90
.9232065	3835/4154	59	62	65	67
.9232563	4355/4717	65	53	67	89
.9233951	5135/5561	65	67	79	83
.9234542	4331/4690	61	67	71	70
.9234604	3149/3410	47	55	67	62
.9234725	3053/3306	43	57	71	58
0.9235					
.9235029	4503/4876	57	53	79	92
.9235353	930/1007	45	53	62	57
.9235589	737/798	55	57	67	70
.9236095	3869/4189	53	59	73	71
.9236167	3422/3705	58	57	59	65
.9236318	3713/4020	47	60	79	67
.9236404	4161/4505	57	53	73	85
.9236735	2263/2450	62	50	73	98
.9236923	1501/1625	57	65	79	75
.9237143	3233/3500	53	50	61	70
.9237429	5015/5429	59	61	85	89
.9237931	2679/2900	47	50	57	58
.9238014	1079/1168	65	73	83	80
.9239216	1178/1275	62	75	95	85
.9239726	1349/1460	57	60	71	73
.9239968	3477/3763	57	53	61	71
0.9240					
.9240349	742/803	53	55	70	73
.9240437	1691/1830	57	61	89	90
.9240678	1363/1475	47	50	58	59
.9240774	3055/3306	47	57	65	58
.9240964	767/830	59	50	65	83
.9241509	2449/2650	62	53	79	100
.9242393	4526/4897	62	59	73	83
.9243333	2773/3000	47	50	59	60
.9243697*	110/119	50	35	55	85
.9244073	4757/5146	67	62	71	83
.9244718	5251/5680	59	71	89	80

（续）

比值	分数	A	B	C	D
0.9245					
.9246170	4526/4895	62	55	73	89
.9246667	1387/1500	57	50	73	90
.9246784	3953/4275	59	57	67	75
.9246973	3819/4130	57	59	67	70
.9247101	5183/5605	71	59	73	95
.9247425	4399/4757	53	67	83	71
.9247489	5063/5475	61	73	83	75
.9247649	295/319	50	55	59	58
.9247698	4118/4453	58	61	71	73
.9247978	3431/3710	47	53	73	70
.9248063	4895/5293	55	67	89	79
.9248387	2867/3100	47	50	61	62
.9248646	5293/5723	67	59	79	97
.9249513	949/1026	65	57	73	90
0.9250					
.9250104	4453/4814	61	58	73	83
.9250669	1037/1121	61	59	85	95
.9250915	3285/3551	45	53	73	67
.9250994	4187/4526	53	62	79	73
.9251152	803/868	55	62	73	70
.9251515	3053/3300	43	55	71	60
.9251842	4897/5293	59	67	83	79
.9251903	2795/3021	43	53	65	57
.9252381	1943/2100	58	60	67	70
.9253064	4757/5141	67	53	71	97
.9253933	2059/2225	58	50	71	89
.9254645	4234/4575	58	61	73	75
0.9255					
.9255413	4189/4526	59	62	71	73
.9256338	1643/1775	53	50	62	71
.9256566	2291/2475	58	55	79	90
.9256822	5767/6230	73	70	79	89
.9257200	4661/5035	59	53	79	95
.9257303	5609/6059	71	73	79	83
.9257576	611/660	47	55	65	60
.9257692	2407/2600	58	65	83	80
.9258182	1273/1375	57	55	67	75
.9258317	4731/5110	57	70	83	73
.9258445	5893/6365	71	67	83	95
.9258929	1037/1120	61	70	85	80
.9259452	3551/3835	53	59	67	65
.9259635	913/986	55	58	83	85
.9259797	638/689	55	53	58	65
0.9260					
.9260118	5194/5609	53	71	98	79
.9260459	3431/3705	47	57	73	65
0.9260					
.9260759	1829/1975	59	50	62	79
.9261311	1003/1083	59	57	85	95
.9261451	3599/3886	59	58	61	67
.9262366	4307/4650	59	62	73	75
.9262500	741/800	57	50	65	80
.9263158 *	88/95	55	50	80	95
.9263875	4757/5135	67	65	71	79
.9264171	4331/4675	61	55	71	85
.9264368	403/435	62	58	65	75
.9264996	3290/3551	47	53	70	67
0.9265					
.9265753	1691/1825	57	73	89	75
.9267068	923/996	65	60	71	83
.9267308	4819/5200	61	65	79	80
.9267368	2201/2375	62	50	71	95
.9267606	329/355	47	50	70	71
.9268333	5561/6000	67	75	83	80
.9268473	3763/4060	53	58	71	70
.9269759	1079/1164	65	60	83	97
.9269883	711/767	45	59	79	65
0.9270					
.9270440	737/795	55	53	67	75
.9270811	4399/4745	53	65	83	73
.9271429	649/700	55	50	59	70
.9272000	1159/1250	57	50	61	75
.9272260	1083/1168	57	73	95	80
.9272727	51/55	57	55	85	95
.9272904	4757/5130	67	57	71	90
.9273919	3819/4118	57	58	67	71
.9274311	639/689	45	53	71	65
.9274646	4130/4453	59	61	70	73
.9274918	4234/4565	58	55	73	83
0.9275					
.9275000	371/400	53	50	70	80
.9275622	4661/5025	59	67	79	75
.9275809	602/649	43	55	70	59
.9275873	6059/6532	73	71	83	92
.9276471	1577/1700	57	60	83	85
.9276730	295/318	50	53	59	60
.9276923	603/650	45	50	67	65
.9277083	4453/4800	61	60	73	80
.9278013	4819/5194	61	53	79	98
.9278554	5183/5586	71	57	73	98
.9279343	3953/4260	59	60	67	71
.9279453	5293/5704	67	62	79	92
.9279661	219/236	45	59	73	60
.9279755	3337/3596	47	58	71	62

（续）

比值	分数	A	B	C	D
0.9280					
.9280000	116/125	48	50	58	60
.9280342	5429/5850	61	65	89	90
.9280591	4399/4740	53	60	83	79
.9280835	4891/5270	67	62	73	85
.9280899	413/445	59	50	70	89
.9281108	3886/4187	58	53	67	79
.9281609	323/348	57	58	85	90
.9282199	2263/2438	62	53	73	92
.9282328	4307/4640	59	58	73	80
.9282486	1643/1770	53	59	62	60
.9284103	4526/4875	62	65	73	75
.9284416	4087/4402	61	62	67	71
.9284536	4503/4850	57	50	79	97
.9284907	3285/3538	45	58	73	61
0.9285					
.9285088	2117/2280	58	57	73	80
.9285246	1416/1525	48	50	59	61
.9285361	5626/6059	58	73	97	83
.9285486	2911/3135	41	55	71	57
.9285965	5293/5700	67	57	79	100
.9286296	3422/3685	58	55	59	67
.9286920	2201/2370	62	60	71	79
.9287037	1003/1080	59	60	85	90
.9287394	5135/5529	65	57	79	97
.9287490	1121/1207	59	71	95	85
.9287733	1643/1769	53	58	62	61
.9288057	4814/5183	58	71	83	73
.9288425	979/1054	55	62	89	85
.9288530	5183/5580	71	62	73	90
.9288636	4087/4400	61	55	67	80
.9288903	6035/6497	71	73	85	89
0.9290					
.9290230	3233/3480	53	58	61	60
.9290748	4087/4399	61	53	67	83
.9290931	3053/3286	43	53	71	62
.9291217	603/649	45	55	67	59
.9291997	4331/4661	61	59	71	79
.9292115	1037/1116	61	62	85	90
.9292220	4897/5270	59	62	83	85
.9292767	4047/4355	57	65	71	67
.9293173	1157/1245	65	75	89	83
.9293548	2881/3100	43	50	67	62
.9293785	329/354	47	59	70	60
.9294391	3596/3869	58	53	62	73
0.9295					
.9295056	2914/3135	47	55	62	57
.9295385	3021/3250	53	50	57	65
.9295644	1003/1079	59	65	85	83
.9296233	5429/5840	61	73	89	80
.9296564	5141/5530	53	70	97	79
.9297018	3055/3286	47	53	65	62
.9297619	781/840	55	60	71	70
.9297704	4819/5183	61	71	79	73
.9298557	4189/4505	59	53	71	85
.9299039	1645/1769	47	58	70	61
.9299331	5561/5980	67	65	83	92
.9299578	1102/1185	58	75	95	79
0.9300					
.9300000	93/100	45	50	62	60
.9301176	3953/4250	59	50	67	85
.9301613	5767/6200	73	62	79	100
.9301824	5609/6030	71	67	79	90
.9302145	3599/3869	59	53	61	73
.9302536	1027/1104	65	60	79	92
.9302687	4189/4503	59	57	71	79
.9303448	1349/1450	57	58	71	75
.9303922	949/1020	65	60	73	85
.9304444	4187/4500	53	60	79	75
.9304587	4402/4731	62	57	71	83
0.9305					
.9305010	4030/4331	62	61	65	71
.9305085	549/590	45	50	61	59
.9305495	2117/2275	58	65	73	70
.9305606	2573/2765	62	70	83	79
.9305764	3713/3990	47	57	79	70
.9305908	5135/5518	65	62	79	89
.9306215	4118/4425	58	59	71	75
.9307289	5146/5529	62	57	83	97
.9307512	793/852	61	60	65	71
.9308889	4189/4500	59	50	71	90
.9309198	4757/5110	67	70	71	73
.9309564	1645/1767	47	57	70	62
.9309707	3021/3245	53	55	57	59
0.9310					
.9310000	931/1000	57	75	98	80
.9310054	3306/3551	57	53	58	67
.9310238	3010/3233	43	53	70	61
.9310719	3431/3685	47	55	73	67
.9312104	5293/5684	67	58	79	98
.9312676	1653/1775	57	50	58	71
.9312773	3835/4118	59	58	65	71
.9313080	5518/5925	62	75	89	79

（续）

比值	分数	*A*	*B*	*C*	*D*
0.9310					
.9313914	3869/4154	53	62	73	67
.9313978	4331/4650	61	62	71	75
.9314154	4047/4345	57	55	71	79
.9314416	4891/5251	67	59	73	89
0.9315					
.9315152	1537/1650	53	55	58	60
.9315271	1891/2030	61	58	62	70
.9315508	871/935	65	55	67	85
.9315789	177/190	45	50	59	57
.9316190	4891/5250	67	70	73	75
.9316611	4717/5063	53	61	89	83
.9316667	559/600	43	50	65	60
.9316940	341/366	55	60	62	61
.9317308	969/1040	57	65	85	80
.9318662	5293/5680	67	71	79	80
.9318836	2914/3127	47	53	62	59
.9319419	1027/1102	65	58	79	95
.9319620	589/632	62	79	95	80
.9319915	4399/4720	53	59	83	80
0.9320					
.9320131	4565/4898	55	62	83	79
.9320266	5183/5561	71	67	73	83
.9320417	3127/3355	53	55	59	61
.9320755	247/265	57	53	65	75
.9322000	4661/5000	59	50	79	100
.9322464	2573/2760	62	60	83	92
.9322892	3869/4150	53	50	73	83
.9322973	6059/6499	73	67	83	97
.9323113	3953/4240	59	53	67	80
.9323232	923/990	65	55	71	90
.9323810	979/1050	55	70	89	75
.9323863	5185/5561	61	67	85	83
.9324713	649/696	55	58	59	60
.9324885	4047/4340	57	62	71	70
0.9325					
.9325704	3015/3233	45	53	67	61
.9326271	2201/2360	62	59	71	80
.9326487	3905/4187	55	53	71	79
.9326610	2867/3074	47	53	61	58
.9326850	4891/5244	67	57	73	92
.9327485	319/342	55	57	58	60
.9327561	5063/5428	61	59	83	92
.9327747	4898/5251	62	59	79	89
.9328543	4154/4453	62	61	67	73
.9329114	737/790	55	50	67	79
.9329412	793/850	61	50	65	85
0.9325					
.9329524	2449/2625	62	70	79	75
.9329811	3355/3596	55	58	61	62
0.9330					
.9330144*	195/209	65	55	75	95
.9330357*	209/224	55	70	95	80
.9330827	1241/1330	73	70	85	95
.9331050	4087/4380	61	60	67	73
.9331646	1843/1975	57	75	97	79
.9331768	5963/6390	67	71	89	90
.9331959	2263/2425	62	50	73	97
.9332203	4402/4717	62	53	71	89
.9332611	4307/4615	59	65	73	71
.9332758	3245/3477	55	57	59	61
.9333333*	14/15	60	45	70	100
.9333470	4565/4891	55	67	83	73
.9333928	3139/3363	43	57	73	59
.9334052	4331/4640	61	58	71	80
.9334328	3127/3350	53	50	59	67
.9334539	2581/2765	58	70	89	79
.9334831	2077/2225	62	50	67	89
0.9335					
.9335430	4453/4770	61	53	73	90
.9335529	4819/5162	61	58	79	89
.9336325	3953/4234	59	58	67	73
.9336364	1027/1100	65	55	79	100
.9336645	3195/3422	45	58	71	59
.9337469	3763/4030	53	62	71	65
.9338291	4897/5244	59	57	83	92
.9338983	551/590	57	59	58	60
.9339101	3886/4161	58	57	67	73
.9339243	1159/1241	61	73	95	85
.9339271	5767/6175	73	65	79	95
.9339383	2573/2755	62	58	83	95
0.9340					
.9340198	2449/2622	62	57	79	92
.9340260	1798/1925	58	55	62	70
.9340659*	85/91	50	65	85	70
.9341589	4526/4845	62	57	73	85
.9341667	1121/1200	59	75	95	80
.9342105	71/76	45	57	71	60
.9342466	341/365	55	50	62	73
.9342986	5162/5525	58	65	89	85
.9343489	4355/4661	65	59	67	79
.9344086	869/930	55	62	79	75
.9344234	5429/5810	61	70	89	83

（续）

比值	分数	*A*	*B*	*C*	*D*
0.9345					
.9345194	3782/4047	61	57	62	71
.9346218	5561/5950	67	70	83	85
.9346405*	143/153	55	45	65	85
.9346550	5893/6305	71	65	83	97
.9346774	1159/1240	57	60	61	62
.9347868	4845/5183	57	71	85	73
.9348052	3599/3850	59	55	61	70
.9348333	5609/6000	71	60	79	100
.9348413	4505/4819	53	61	85	79
.9348711	689/737	53	55	65	67
.9349727	1711/1830	58	60	59	61
.9349802	4731/5060	57	55	83	92
.9349954	5063/5415	61	57	83	95
0.9350					
.9350076	5510/5893	58	71	95	83
.9350562	4161/4450	57	50	73	89
.9350877	533/570	41	50	65	57
.9351020	2291/2450	58	50	79	98
.9351415	793/848	61	53	65	80
.9351630	2726/2915	47	53	58	55
.9352058	3363/3596	57	58	59	62
.9353440	4745/5073	65	57	73	89
.9353725	5963/6375	67	75	89	85
.9354013	2925/3127	45	53	65	59
.9354386	1333/1425	43	50	62	57
.9354508	913/976	55	61	83	80
.9354951	5395/5767	65	73	83	79
0.9355					
.9355938	5767/6164	73	67	79	92
.9356185	3139/3355	43	55	73	61
.9356343	1003/1072	59	67	85	80
.9356749	4582/4897	58	59	79	83
.9356861	4030/4307	62	59	65	73
.9358122	4505/4814	53	58	85	83
.9359091	2059/2200	58	55	71	80
.9359438	4661/4980	59	60	79	83
0.9360					
.9360572	4582/4895	58	55	79	89
.9360697	3763/4020	53	60	71	67
.9360766	4891/5225	67	55	73	95
.9360942	4453/4757	61	67	73	71
.9361055	923/986	65	58	71	85
.9361218	4118/4399	58	53	71	83
.9361740	5251/5609	59	71	89	79
.9362182	4565/4876	55	53	83	92
.9362342	5917/6320	61	79	97	80
0.9360					
.9363043	4307/4600	59	50	73	92
.9363663	3149/3363	47	57	67	59
.9363855	1943/2075	58	50	67	83
.9364103	913/975	55	65	83	75
.9364224	869/928	55	58	79	80
.9364439	3713/3965	47	61	79	65
.9364555	4819/5146	61	62	79	83
.9364667	3965/4234	61	58	65	73
0.9365					
.9365591	871/930	65	62	67	75
.9367478	3658/3905	59	55	62	71
.9368039	3869/4130	53	59	73	70
.9368227	4582/4891	58	67	79	73
.9369501	639/682	45	55	71	62
.9369732	4891/5220	67	58	73	90
0.9370					
.9371118	1207/1288	71	70	85	92
.9371914	4745/5063	65	61	73	83
.9371968	3477/3710	57	53	61	70
.9372154	2881/3074	43	53	67	58
.9372354	3763/4015	53	55	71	73
.9372514	5183/5530	71	70	73	79
.9372628	3705/3953	57	59	65	67
.9373406	2573/2745	62	61	83	90
.9373663	4819/5141	61	53	79	97
.9374005	1767/1885	57	58	62	65
.9374163	4898/5225	62	55	79	95
.9374317	3431/3660	47	60	73	61
.9374379	944/1007	48	53	59	57
.9374737	4453/4750	61	50	73	95
.9374878	4814/5135	58	65	83	79
0.9375					
.9375342	1711/1825	58	50	59	73
.9375926	5063/5400	61	60	83	90
.9376130	1037/1106	61	70	85	79
.9376667	2813/3000	58	75	97	80
.9376793	3596/3835	58	59	62	65
.9377094	4757/5073	67	57	71	89
.9377470	949/1012	65	55	73	92
.9378109	377/402	58	60	65	67
.9378270	4661/4970	59	70	79	71
.9378995	1027/1095	65	73	79	75
.9379394	3869/4125	53	55	73	75
.9379487	1829/1950	59	60	62	65
.9379599	5609/5980	71	65	79	92
.9379747	741/790	57	50	65	79

（续）

比值	分数	*A*	*B*	*C*	*D*
0. 9380					
. 9380995	5183/5525	71	65	73	85
. 9381226	4897/5220	59	58	83	90
. 9382099	2065/2201	59	62	70	71
. 9382318	5529/5893	57	71	97	83
. 9382737	5609/5978	71	61	79	98
. 9383142	2449/2610	62	58	79	90
. 9383411	3835/4087	59	61	65	67
. 9384016	2407/2565	58	57	83	90
. 9384763	3905/4161	55	57	71	73
0. 9385					
. 9385277	3710/3953	53	59	70	67
. 9385417	901/960	53	60	85	80
. 9385654	5561/5925	67	75	83	79
. 9385776	871/928	65	58	67	80
. 9385897	4845/5162	57	58	85	89
. 9385991	3149/3355	47	55	67	61
. 9386364	413/440	59	55	70	80
. 9387065	4717/5025	53	67	89	75
. 9387571	4154/4425	62	59	67	75
. 9388497	4130/4399	59	53	70	83
. 9388571	1643/1750	53	50	62	70
. 9389212	3551/3782	53	61	67	62
. 9389344	2291/2440	58	61	79	80
. 9389493	5183/5520	71	60	73	92
. 9389631	5415/5767	57	73	95	79
. 9389788	754/803	58	55	65	73
. 9389954	5141/5475	53	73	97	75
0. 9390					
. 9390948	3901/4154	47	62	83	67
. 9391443	3534/3763	57	53	62	71
. 9391813	803/855	55	57	73	75
. 9391990	4526/4819	62	61	73	79
. 9392405	371/395	53	50	70	79
. 9392606	1067/1136	55	71	97	80
. 9392866	3713/3953	47	59	79	67
. 9393116	1037/1104	61	60	85	92
. 9393657	1007/1072	53	67	95	80
. 9393762	4819/5130	61	57	79	90
. 9394444	1691/1800	57	60	89	90
. 9394515	4453/4740	61	60	73	79
0. 9395					
. 9395338	3869/4118	53	58	73	71
. 9395402	4087/4350	61	58	67	75
. 9395615	4757/5063	67	61	71	83
. 9396226	249/265	57	53	83	95
. 9396332	4047/4307	57	59	71	73

比值	分数	*A*	*B*	*C*	*D*
0. 9395					
. 9396520	5185/5518	61	62	85	89
. 9397047	2291/2438	58	53	79	92
. 9397177	4661/4960	59	62	79	80
. 9397353	3337/3551	47	53	71	67
. 9398344	5561/5917	67	61	83	97
. 9398446	4234/4505	58	53	73	85
. 9398974	4582/4875	58	65	79	75
. 9399087	5146/5475	62	73	83	75
. 9399241	5695/6059	67	73	85	83
. 9399825	4307/4582	59	58	73	79
0. 9400					
. 9400578	3905/4154	55	62	71	67
. 9401186	4757/5060	67	55	71	92
. 9401709 *	110/117	50	45	55	65
. 9401826	2059/2190	58	60	71	73
. 9402073	3538/3763	58	53	61	71
. 9402620	4234/4503	58	57	73	79
. 9402810	803/854	55	61	73	70
. 9403226	583/620	53	50	55	62
. 9403390	1387/1475	57	59	73	75
0. 9405					
. 9405769	4891/5200	67	65	73	80
. 9406214	4087/4345	61	55	67	79
. 9406339	5609/5963	71	67	79	89
. 9406404	3819/4060	57	58	67	70
. 9406534	5183/5510	71	58	73	95
. 9406993	3363/3575	57	55	59	65
. 9407141	4189/4453	59	61	71	73
. 9407500	3763/4000	53	50	71	80
. 9407895 *	143/152	55	40	65	95
. 9407960	1891/2010	61	60	62	67
. 9408105	5293/5626	67	58	79	97
. 9408320	3053/3245	43	55	71	59
. 9408385	6059/6440	73	70	83	92
. 9408889	2117/2250	58	50	73	90
. 9409201	1943/2065	58	59	67	70
. 9409639	781/830	55	50	71	83
. 9409888	590/627	50	55	59	57
0. 9410					
. 9410163	1037/1102	61	58	85	95
. 9410394	5251/5580	59	62	89	90
. 9411905	3953/4200	59	60	67	70
. 9412386	4453/4731	61	57	73	83
. 9412568	689/732	53	60	65	61
. 9413278	1829/1943	59	58	62	67
. 9413483	4189/4450	59	50	71	89

（续）

比值	分数	*A*	*B*	*C*	*D*
0.9410					
.9413907	5429/5767	61	73	89	79
.9414208	4307/4575	59	61	73	75
.9414484	611/649	47	55	65	59
.9414925	1577/1675	57	67	83	75
0.9415					
.9414951	869/923	55	65	79	71
.9415080	4845/5146	57	62	85	83
.9415217	4331/4600	61	50	71	92
.9416043	4402/4675	62	55	71	85
.9416078	3596/3819	58	57	62	67
.9416162	4661/4950	59	55	79	90
.9416635	4891/5194	67	53	73	98
.9416810	549/583	45	53	61	55
.9417051	4087/4340	61	62	67	70
.9417308	4897/5200	59	65	83	80
.9417715	3445/3658	53	59	65	62
.9417840	1003/1065	59	71	85	75
.9418367	923/980	65	50	71	98
.9419098	3551/3770	53	58	67	65
.9419231	2449/2600	62	65	79	80
.9419448	649/689	55	53	59	65
.9419676	3782/4015	61	55	62	73
0.9420					
.9420168	1121/1190	59	70	95	85
.9420606	3886/4125	58	55	67	75
.9420744	2407/2555	58	70	83	73
.9422085	913/969	55	57	83	85
.9422213	4615/4898	65	62	71	79
.9423636	5183/5500	71	55	73	100
.9423671	2747/2915	41	53	67	55
.9423933	3599/3819	59	57	61	67
.9424000	589/625	57	50	62	75
.9424137	4615/4897	65	59	71	83
.9424883	803/852	55	60	73	71
0.9425					
.9425000	377/400	58	50	65	80
.9426554	3337/3540	47	59	71	60
.9426901	806/855	62	57	65	75
.9427848	1862/1975	57	75	98	79
.9427988	923/979	65	55	71	89
.9428311	5162/5475	58	73	89	75
.9428571 *	33/35	55	35	60	100
.9429224	413/438	59	60	70	73
0.9430					
.9430112	2449/2597	62	53	79	98
.9430528	4819/5110	61	70	79	73
0.9430					
.9431078	3763/3990	53	57	71	70
.9431575	5293/5612	67	61	79	92
.9431882	3337/3538	47	58	71	61
.9432479	2759/2925	62	65	89	90
.9432980	4891/5185	67	61	73	85
.9433699	4731/5015	57	59	83	85
.9434322	4453/4720	61	59	73	80
.9434667	1769/1875	58	50	61	75
.9434830	4307/4565	59	55	73	83
.9434932	551/584	58	73	95	80
0.9435					
.9435248	969/1027	57	65	85	79
.9435484	117/124	45	50	65	62
.9435737	301/319	43	55	70	58
.9437288	1392/1475	48	50	58	59
.9437889	4399/4661	53	59	83	79
.9438356	689/730	53	50	65	73
.9439216	2407/2550	58	60	83	85
.9439655	219/232	45	58	73	60
0.9440					
.9440000	118/125	48	50	59	60
.9440322	4453/4717	61	53	73	89
.9440476	793/840	61	60	65	70
.9440559 *	135/143	45	55	75	65
.9440694	979/1037	55	61	89	85
.9440801	5183/5490	71	61	73	90
.9440909	2077/2200	62	55	67	80
.9441127	3953/4187	59	53	67	79
.9441426	5561/5890	67	62	83	95
.9442529	1643/1740	53	58	62	60
.9442558	3337/3534	47	57	71	62
.9442786	949/1005	65	67	73	75
.9443055	4154/4399	62	53	67	83
.9443242	3053/3233	43	53	71	61
.9443354	5293/5605	67	59	79	95
.9444325	4402/4661	62	59	71	79
.9444444 *	17/18	50	60	85	75
.9444552	4897/5185	59	61	83	85
0.9445					
.9445175	4307/4560	59	57	73	80
.9445453	5723/6059	59	73	97	83
.9445714	1653/1750	57	50	58	70
.9445813	767/812	59	58	65	70
.9445902	2881/3050	43	50	67	61
.9446480	4898/5185	62	61	79	85
.9447059	803/850	55	50	73	85

（续）

比值	分数	*A*	*B*	*C*	*D*
0.9445					
.9447423	2291/2425	58	50	79	97
.9447691	3233/3422	53	58	61	59
.9447800	1095/1159	45	57	73	61
.9447865	4757/5035	67	53	71	95
.9448043	3355/3551	55	53	61	67
.9448196	4897/5183	59	71	83	73
.9448622	377/399	58	57	65	70
.9448718	737/780	55	60	67	65
.9449020	4819/5100	61	60	79	85
.9449428	3055/3233	47	53	65	61
0.9450					
.9450125	4898/5183	62	71	79	73
.9450704	671/710	55	50	61	71
.9451411	603/638	45	55	67	58
.9451786	5293/5600	67	70	79	80
.9452204	4331/4582	61	58	71	79
.9452522	4161/4402	57	62	73	71
.9453216	3233/3420	53	57	61	60
.9454023	329/348	47	58	70	60
.9454098	5767/6100	73	61	79	100
.9454361	4661/4930	59	58	79	85
.9454545*	52/55	40	50	65	55
.9454639	3658/3869	59	53	62	73
0.9455					
.9455000	1891/2000	61	50	62	80
.9455206	781/826	55	59	71	70
.9455399	1007/1065	53	71	95	75
.9455798	4118/4355	58	65	71	67
.9456818	4161/4400	57	55	73	80
.9457014*	209/221	55	65	95	85
.9457172	4582/4845	58	57	79	85
.9457627	279/295	45	50	62	59
.9458275	5395/5704	65	62	83	92
.9458462	1537/1625	53	50	58	65
.9458560	3127/3306	53	57	59	58
.9458861	2989/3160	61	79	98	80
.9458968	4161/4399	57	53	73	83
.9459069	5893/6230	71	70	83	89
.9459916	1121/1185	59	75	95	79
0.9460					
.9460094	403/426	62	60	65	71
.9460206	5135/5428	65	59	79	92
.9461615	949/1003	65	59	73	85
.9461847	1178/1245	62	75	95	83
.9462147	4187/4425	53	59	79	75
.9462180	3290/3477	47	57	70	61

比值	分数	*A*	*B*	*C*	*D*
0.9460					
.9464552	5073/5360	57	67	89	80
.9464725	4615/4876	65	53	71	92
.9464912	1079/1140	65	60	83	95
0.9465					
.9465079	5963/6300	67	70	89	90
.9465266	3965/4189	61	59	65	71
.9465409	301/318	43	53	70	60
.9465517	549/580	45	50	61	58
.9465934	4307/4550	59	65	73	70
.9466050	4503/4757	57	67	79	71
.9466601	3869/4087	53	61	73	67
.9467391	871/920	65	50	67	92
.9467466	5529/5840	57	73	97	80
.9469333	3551/3750	53	50	67	75
.9469787	3965/4187	61	53	65	79
0.9470					
.9470219	3021/3190	53	55	57	58
.9470254	4505/4757	53	67	85	71
.9470572	3363/3551	57	53	59	67
.9472920	4565/4819	55	61	83	79
.9473035	3074/3245	53	55	58	59
.9473239	3363/3550	57	50	59	71
.9473333	1421/1500	58	75	98	80
.9474576	559/590	43	50	65	59
.9474778	5015/5293	59	67	85	79
.9474854	3410/3599	55	59	62	61
0.9475					
.9475010	4891/5162	67	58	73	89
.9475474	5293/5586	67	57	79	98
.9475758	3127/3300	53	55	59	60
.9476155	3835/4047	59	57	65	71
.9476427	3819/4030	57	62	67	65
.9477401	671/708	55	59	61	60
.9477560	4118/4345	58	55	71	79
.9477752	4047/4270	57	61	71	70
.9478697	1891/1995	61	57	62	70
.9479167*	91/96	65	60	70	80
.9479506	1457/1537	47	53	62	58
0.9480					
.9480000	237/250	57	50	79	95
.9480472	2573/2714	62	59	83	92
.9480603	4399/4640	53	58	83	80
.9480938	3233/3410	53	55	61	62
.9481132	201/212	45	53	67	60
.9481273	5063/5340	61	60	83	89
.9481409	969/1022	57	70	85	73

（续）

比值	分数	A	B	C	D
0.9480					
.9481540	1207/1273	71	67	85	95
.9482003	6059/6390	73	71	83	90
.9482353	403/425	62	50	65	85
.9482918	1027/1083	65	57	79	95
.9483352	826/871	59	65	70	67
.9483649	551/581	58	70	95	83
.9484018	2077/2190	62	60	67	73
.9484277	754/795	58	53	65	75
0.9485					
.9485543	4757/5015	67	59	71	85
.9485578	3190/3363	55	57	58	59
.9485663	5293/5580	67	62	79	90
.9486633	4897/5162	59	58	83	89
.9486758	5194/5475	53	73	98	75
.9487069	2201/2320	62	58	71	80
.9487404	4331/4565	61	55	71	83
.9487836	741/781	57	55	65	71
.9488304	649/684	55	57	59	60
.9488381	5063/5336	61	58	83	92
.9488470	2263/2385	62	53	73	90
.9488570	2449/2581	62	58	79	89
.9489204	4087/4307	61	59	67	73
.9489454	4814/5073	58	57	83	89
0.9490					
.9490000	949/1000	65	50	73	100
.9490235	2867/3021	47	53	61	57
.9490542	3763/3965	53	61	71	65
.9490946	4717/4970	53	70	89	71
.9491442	5767/6076	73	62	79	98
.9491667	1139/1200	67	75	85	80
.9492345	1178/1241	62	73	95	85
.9493492	3355/3534	55	57	61	62
.9494204	901/949	53	65	85	73
.9494253	413/435	59	58	70	75
.9494670	4453/4690	61	67	73	70
.9494858	3139/3306	43	57	73	58
0.9495					
.9495359	5626/5925	58	75	97	79
.9495479	5251/5530	59	70	89	79
.9497180	5893/6205	71	73	83	85
.9497268	869/915	55	61	79	75
.9497418	2759/2905	62	70	89	83
.9497807	4331/4560	61	57	71	80
.9498239	1079/1136	65	71	83	80
.9499310	4819/5073	61	57	79	89
.9499388	6205/6532	73	71	85	92

比值	分数	A	B	C	D
0.9500					
.9500000*	19/20	60	75	95	80
.9500120	3953/4161	59	57	67	73
.9500446	1065/1121	45	57	71	59
.9500640	742/781	53	55	70	71
.9501299	1829/1925	59	55	62	70
.9502262*	210/221	70	65	75	85
.9503232	5146/5415	62	57	83	95
.9504072	5251/5525	59	65	89	85
.9504219	901/948	53	60	85	79
.9504469	4891/5146	67	62	73	83
.9504583	4355/4582	65	58	67	79
.9504717	403/424	62	53	65	80
0.9505					
.9505178	826/869	59	55	70	79
.9505370	3363/3538	57	58	59	61
.9505983	5561/5850	67	65	83	90
.9506173*	77/81	55	45	70	90
.9506780	5609/5900	71	59	79	100
.9507981	5063/5325	61	71	83	75
.9508341	1083/1139	57	67	95	85
.9509259	1027/1080	65	60	79	90
0.9510					
.9510081	4717/4960	53	62	89	80
.9510417	913/960	55	60	83	80
.9510753	1769/1860	58	60	61	62
.9511285	5605/5893	59	71	95	83
.9511499	5335/5609	55	71	97	79
.9511586	4187/4402	53	62	79	71
.9511831	3819/4015	57	55	67	73
.9512121	3139/3300	43	55	73	60
.9512245	4661/4900	59	50	79	98
.9512564	5035/5293	53	67	95	79
.9512821	371/390	53	60	70	65
.9512864	2773/2915	47	53	59	55
.9513713	4891/5141	67	53	73	97
.9513834	2407/2530	58	55	83	92
.9514000	4757/5000	67	50	71	100
.9514400	4526/4757	62	67	73	71
.9514465	3782/3975	61	53	62	75
.9514607	2117/2225	58	50	73	89
0.9515					
.9515290	2925/3074	45	53	65	58
.9515464	923/970	65	50	71	97
.9515823	3007/3160	62	79	97	80
.9515909	4187/4400	53	55	79	80
.9516351	5529/5810	57	70	97	83

（续）

比值	分数	A	B	C	D
0.9515					
.9518186	2015/2117	62	58	65	73
.9518681	4331/4550	61	65	71	70
.9519126	871/915	65	61	67	75
.9519231*	99/104	55	65	90	80
.9519352	3763/3953	53	59	71	67
0.9520					
.9520455	4189/4400	59	55	71	80
.9521961	4661/4895	59	55	79	89
.9522300	4505/4731	53	57	85	83
.9522388	319/335	55	50	58	67
.9522619	4189/4399	59	53	71	83
.9522920	5609/5890	71	62	79	95
.9523100	639/671	45	55	71	61
.9523411	1139/1196	67	65	85	92
.9523715	4819/5060	61	55	79	92
.9524425	3685/3869	55	53	67	73
.9524830	4891/5135	67	65	73	79
0.9525					
.9525134	4453/4675	61	55	73	85
.9525301	3953/4150	59	50	67	83
.9525384	4897/5141	59	53	83	97
.9525606	1767/1855	57	53	62	70
.9526027	3477/3650	57	50	61	73
.9526582	3763/3950	53	50	71	79
.9526786	1067/1120	55	70	97	80
.9526902	1027/1078	65	55	79	98
.9527329	4898/5141	62	53	79	97
.9528112	949/996	65	60	73	83
.9528421	2263/2375	62	50	73	95
.9528509	869/912	55	57	79	80
.9528959	3965/4161	61	57	65	73
.9529557	3869/4060	53	58	73	70
.9529749	4661/4891	59	67	79	73
0.9530					
.9531961	4399/4615	53	65	83	71
.9532619	979/1027	55	65	89	79
.9532924	5429/5695	61	67	89	85
.9533204	3431/3599	47	59	73	61
.9533333*	143/150	55	50	65	75
.9533451	1083/1136	57	71	95	80
.9534113	4891/5130	67	57	73	90
.9534225	3705/3886	57	58	65	67
.9534286	3337/3500	47	50	71	70
.9534840	5063/5310	61	59	83	90
0.9535					
.9535559	657/689	45	53	73	65
0.9535					
.9535904	4130/4331	59	61	70	71
.9536388	1769/1855	58	53	61	70
.9536514	4897/5135	59	65	83	79
.9536577	2881/3021	43	53	67	57
.9537060	3770/3953	58	59	65	67
.9538306	4731/4960	57	62	83	80
.9539116	5609/5880	71	60	79	98
.9539801	767/804	59	60	65	67
.9539978	871/913	65	55	67	83
0.9540					
.9540254	4503/4720	57	59	79	80
.9541157	3431/3596	47	58	73	62
.9542424	3149/3300	47	55	67	60
.9543320	5893/6175	71	65	83	95
.9544304	377/395	58	50	65	79
.9544492	901/944	53	59	85	80
.9544811	4047/4240	57	53	71	80
.9544898	3901/4087	47	61	83	67
0.9545					
.9545017	3965/4154	61	62	65	67
.9545455*	21/22	60	55	70	80
.9545699	3551/3720	53	60	67	62
.9545809	4897/5130	59	57	83	90
.9546322	4503/4717	57	53	79	89
.9546419	3599/3770	59	58	61	65
.9546878	5183/5429	71	61	73	89
.9547092	1855/1943	53	58	70	67
.9547284	949/994	65	70	73	71
.9547500	3819/4000	57	50	67	80
.9547758	2449/2565	62	57	79	90
.9548523	2263/2370	62	60	73	79
.9548637	5183/5428	71	59	73	92
.9549258	3538/3705	58	57	61	65
.9549425	2077/2175	62	58	67	75
.9549451	869/910	55	65	79	70
0.9550					
.9550073	658/689	47	53	70	65
.9550439	871/912	65	57	67	80
.9550600	2784/2915	48	53	58	55
.9551230	4661/4880	59	61	79	80
.9551681	767/803	59	55	65	73
.9552209	4757/4980	67	60	71	83
.9552321	5185/5428	61	59	85	92
.9552381	1003/1050	59	70	85	75
.9553744	4453/4661	61	59	73	79
.9554098	1457/1525	47	50	62	61

（续）

比值	分数	*A*	*B*	*C*	*D*
0.9550					
.9554217	793/830	61	50	65	83
.9554361	5510/5767	58	73	95	79
.9554535	4161/4355	57	65	73	67
.9554686	3905/4087	55	61	71	67
.9554812	3713/3886	47	58	79	67
0.9555					
.9554983	5561/5820	67	60	83	97
.9555924	5767/6035	73	71	79	85
.9556205	3596/3763	58	53	62	71
.9556452	237/248	45	60	79	62
.9556667	2867/3000	47	50	61	60
.9557377	583/610	53	50	55	61
.9557576	1577/1650	57	55	83	90
.9558099	5429/5680	61	71	89	80
.9558337	4047/4234	57	58	71	73
.9558824 *	65/68	50	40	65	85
.9559065	4661/4876	59	53	79	92
.9559259	2581/2700	58	60	89	90
.9559361	4187/4380	53	60	79	73
.9559524	803/840	55	60	73	70
0.9560					
.9560168	3869/4047	53	57	73	71
.9560414	4154/4345	62	55	67	79
.9560488	4307/4505	59	53	73	85
.9561026	4661/4875	59	65	79	75
.9561072	4814/5035	58	53	83	95
.9561179 *	4118/4307	58	59	71	73
.9562069	2773/2900	47	50	59	58
.9563310	5015/5244	59	57	85	92
.9563847	5767/6030	73	67	79	90
.9563927	4189/4380	59	60	71	73
.9564178	3599/3763	59	53	61	71
.9564285	5795/6059	61	73	95	83
.9564735	4307/4503	59	57	73	79
.9564912	1363/1425	47	50	58	57
0.9565					
.9565068	2793/2920	57	73	98	80
.9565517	1387/1450	57	58	73	75
.9566532	949/992	65	62	73	80
.9566688	4526/4731	62	57	73	83
.9567417	3782/3953	61	59	62	67
.9568119	5162/5395	58	65	89	83
.9568233	5518/5767	62	73	89	79
.9568362	4234/4425	58	59	73	75
.9569156	4331/4526	61	62	71	73
.9569425	4845/5063	57	61	85	83
.9569565	2201/2300	62	50	71	92
0.9570					
.9570231	913/954	55	53	83	90
.9570533	3053/3190	43	55	71	58
.9571003	4819/5035	61	53	79	95
.9571111	4307/4500	59	50	73	90
.9571184	558/583	45	53	62	55
.9571560	5183/5415	71	57	73	95
.9572028	3422/3575	58	55	59	65
.9572103	3445/3599	53	59	65	61
.9572650 *	112/117	70	65	80	90
.9573160	5293/5529	67	57	79	97
.9574684	1891/1975	61	50	62	79
0.9575					
.9575099	969/1012	57	55	85	92
.9575254	1037/1083	61	57	85	95
.9576118	3705/3869	57	53	65	73
.9576344	4453/4650	61	62	73	75
.9576525	4161/4345	57	55	73	79
.9576676	4615/4819	65	61	71	79
.9576803	611/638	47	55	65	58
.9578424	3658/3819	59	57	62	67
.9578947 *	91/95	65	50	70	95
.9579116	5963/6225	67	75	89	83
.9579256	979/1022	55	70	89	73
.9579365	1207/1260	71	70	85	90
.9579832 *	114/119	60	70	95	85
0.9580					
.9580089	3445/3596	53	58	65	62
.9580224	1027/1072	65	67	79	80
.9583030	3953/4125	59	55	67	75
.9583080	3149/3286	47	53	67	62
.9583170	4897/5110	59	70	83	73
.9584345	3551/3705	53	57	67	65
.9584357	5073/5293	57	67	89	79
.9584626	4015/4189	55	59	73	71
0.9585					
.9585127	2449/2555	62	70	79	73
.9585714	671/700	55	50	61	70
.9585859	949/990	65	55	73	90
.9586466 *	255/266	75	70	85	95
.9586622	4615/4814	65	58	71	83
.9587307	5529/5767	57	73	97	79
.9587500	767/800	59	50	65	80
.9587558	4161/4340	57	62	73	70
.9588034	5609/5850	71	65	79	90
.9588336	559/583	43	53	65	55
.9588542	6059/6319	73	71	83	89

（续）

比值	分数	*A*	*B*	*C*	*D*
0. 9585					
. 9588768	5293/5520	67	60	79	92
. 9588983	2263/2360	62	59	73	80
. 9589080	3337/3480	47	58	71	60
. 9589205	4015/4187	55	53	73	79
. 9589333	1798/1875	58	50	62	75
. 9589406	5395/5626	65	58	83	97
. 9589744 *	187/195	55	65	85	75
0. 9590					
. 9590050	4819/5025	61	67	79	75
. 9590164	117/122	45	50	65	61
. 9590476	1007/1050	53	70	95	75
. 9590726	4757/4960	67	62	71	80
. 9590868	5251/5475	59	73	89	75
. 9591318	4154/4331	62	61	67	71
. 9592244	5293/5518	67	62	79	89
. 9593249	5684/5925	58	75	98	79
. 9593598	5335/5561	55	67	97	83
. 9593698	1157/1206	65	67	89	90
. 9593897	4087/4260	61	60	67	71
0. 9595					
. 9595082	4526/4717	62	53	73	89
. 9595238	403/420	62	60	65	70
. 9596204	5561/5795	67	61	83	95
. 9596349	4731/4930	57	58	83	85
. 9596384	4565/4757	55	67	83	71
. 9596517	3306/3445	57	53	58	65
. 9596617	1475/1537	50	53	59	58
. 9596983	4453/4640	61	58	73	80
. 9597203	3431/3575	47	55	73	65
. 9597333	3599/3750	59	50	61	75
. 9597354	3337/3477	47	57	71	61
. 9597603	1121/1168	59	73	95	80
. 9598039	979/1020	55	60	89	85
. 9598086	1003/1045	59	55	85	95
. 9599202	4814/5015	58	59	83	85
. 9599320	3953/4118	59	58	67	71
. 9599649	3285/3422	45	58	73	59
0. 9600					
. 9600000 *	24/25	60	50	80	100
. 9600088	4345/4526	55	62	79	73
. 9600484	793/826	61	59	65	70
. 9600629	3053/3180	43	53	71	60
. 9600746	2573/2680	62	67	83	80
. 9601085	3538/3685	58	55	61	67
. 9601276	602/627	43	55	70	57
. 9601852	1037/1080	61	60	85	90
0. 9600					
. 9601961	4897/5100	59	60	83	85
. 9602174	3886/4047	58	57	67	71
. 9602320	1159/1207	61	71	95	85
. 9602572	1643/1711	53	58	62	59
. 9602929	3410/3551	55	53	62	67
. 9603333	2881/3000	43	50	67	60
. 9603922	2449/2550	62	60	79	85
. 9604452	5609/5840	71	73	79	80
0. 9605					
. 9605263	73/76	45	57	73	60
. 9605544	901/938	53	67	85	70
. 9605634	341/355	55	50	62	71
. 9605870	2291/2385	58	53	79	90
. 9606171	5293/5510	67	58	79	95
. 9606918	611/636	47	53	65	60
. 9607044	5183/5395	71	65	73	83
. 9607158	2201/2291	62	58	71	79
. 9607280	1003/1044	59	58	85	90
. 9607547	1273/1325	57	53	67	75
. 9608187	1643/1710	53	57	62	60
. 9608571	3363/3500	57	50	59	70
. 9608866	737/767	55	59	67	65
. 9609172	4819/5015	61	59	79	85
. 9609833	6059/6305	73	65	83	97
. 9609992	5963/6205	67	73	89	85
0. 9610					
. 9610101	4757/4950	67	55	71	90
. 9610309	4661/4850	59	50	79	97
. 9610751	1037/1079	61	65	85	83
. 9611529	767/798	59	57	65	70
. 9611667	5767/6000	73	60	79	100
. 9611814	1139/1185	67	75	85	79
. 9612121	793/825	61	55	65	75
. 9612792	5561/5785	67	65	83	89
. 9613329	5395/5612	65	61	83	92
. 9613440	3233/3363	53	57	61	59
. 9613762	4331/4505	61	53	71	85
. 9613924	1519/1580	62	79	98	80
. 9614237	4187/4355	53	65	79	67
. 9614261	1645/1711	47	58	70	59
. 9614583	923/960	65	60	71	80
0. 9615					
. 9615301	4399/4575	53	61	83	75
. 9615385 *	25/26	50	60	75	65
. 9615678	6305/6557	65	79	97	83
. 9615955	5183/5390	71	55	73	98

（续）

比值	分数	A	B	C	D
0.9615					
.9616105	1027/1068	65	60	79	89
.9616471	4087/4250	61	50	67	85
.9617225	201/209	45	55	67	57
.9617460	6059/6300	73	70	83	90
.9618032	4331/4503	61	57	71	79
.9618227	781/812	55	58	71	70
.9618355	2117/2201	58	62	73	71
.9618470	5395/5609	65	71	83	79
.9618829	4189/4355	59	65	71	67
.9619883	329/342	47	57	70	60
0.9620					
.9620227	4661/4845	59	57	79	85
.9620434	4030/4189	62	59	65	71
.9620690	279/290	45	50	62	58
.9621538	3127/3250	53	50	59	65
.9621858	4402/4575	62	61	71	75
.9622183	4355/4526	65	62	67	73
.9622642	51/53	57	53	85	95
.9622727	2117/2200	58	55	73	80
.9623313	5135/5336	65	58	79	92
.9623377	741/770	57	55	65	70
.9623636	5293/5500	67	55	79	100
.9624444	4331/4500	61	50	71	90
.9624746	949/986	65	58	73	85
.9624915	4234/4399	58	53	73	83
0.9625					
.9625000*	77/80	55	40	70	100
.9625117	1027/1067	65	55	79	97
.9625287	4187/4350	53	58	79	75
.9625839	3010/3127	43	53	70	59
.9626186	5073/5270	57	62	89	85
.9628460	3965/4118	61	58	65	71
.9629630*	26/27	50	45	65	75
.9629885	4189/4350	59	58	71	75
0.9630					
.9630461	4717/4898	53	62	89	79
.9630597	2581/2680	58	67	89	80
.9630802	913/948	55	60	83	79
.9631579	183/190	45	50	61	57
.9631778	3819/3965	57	61	67	65
.9632086	4503/4675	57	55	79	85
.9632749	4118/4275	58	57	71	75
.9632768	341/354	55	59	62	60
.9633431	657/682	45	55	73	62
.9633562	2813/2920	58	73	97	80
.9633929	1079/1120	65	70	83	80
0.9635					
.9635093	1241/1288	73	70	85	92
.9635628*	238/247	70	65	85	95
.9635714	1349/1400	57	60	71	70
.9636722	3422/3551	58	53	59	67
.9637457	5609/5820	71	60	79	97
.9637931	559/580	43	50	65	58
.9638000	4819/5000	61	50	79	100
.9638214	1705/1769	55	58	62	61
.9639151	4087/4240	61	53	67	80
.9639437	1711/1775	58	50	59	71
0.9640					
.9640805	671/696	55	58	61	60
.9640967	4189/4345	59	55	71	79
.9641238	4891/5073	67	57	73	89
.9641667	1157/1200	65	75	89	80
.9641829	3015/3127	45	53	67	59
.9641973	5063/5251	61	59	83	89
.9642680	1943/2015	58	62	67	65
.9642795	5561/5767	67	73	83	79
.9642857*	27/28	60	70	90	80
.9643192	1027/1065	65	71	79	75
.9643813	5767/5980	73	65	79	92
.9643928	2573/2668	62	58	83	92
.9644028	2059/2135	58	61	71	70
.9644231	1003/1040	59	65	85	80
.9644839	869/901	55	53	79	85
0.9645					
.9645736	5146/5335	62	55	83	97
.9645813	2914/3021	47	53	62	57
.9646316	2291/2375	58	50	79	95
.9646930	4399/4560	53	57	83	80
.9647039	5767/5978	73	61	79	98
.9647160	1121/1162	59	70	95	83
.9647378	1067/1106	55	70	97	79
.9647465	4187/4340	53	62	79	70
.9647799	767/795	59	53	65	75
.9648094	329/341	47	55	70	62
.9648718	3763/3900	53	60	71	65
.9648971	4453/4615	61	65	73	71
.9649123*	55/57	50	30	55	95
0.9650					
.9650320	2263/2345	62	67	73	70
.9650746	3233/3350	53	50	61	67
.9652074	4189/4340	59	62	71	70
.9652811	4087/4234	61	58	67	73
.9653065	4897/5073	59	57	83	89

（续）

比值	分数	*A*	*B*	*C*	*D*
0.9650					
.9653509	2201/2280	62	57	71	80
.9654045	5609/5810	71	70	79	83
.9654127	5415/5609	57	71	95	79
.9654289	754/781	58	55	65	71
.9654460	5141/5325	53	71	97	75
.9654844	5063/5244	61	57	83	92
0.9655					
.9655036	4898/5073	62	57	79	89
.9655556	869/900	55	50	79	90
.9655738	589/610	57	60	62	61
.9656481	4582/4745	58	65	79	73
.9658333	1159/1200	61	75	95	80
.9659045	4731/4898	57	62	83	79
.9659072	5723/5925	59	75	97	79
0.9660					
.9660280	4891/5063	67	61	73	83
.9660819	826/855	59	57	70	75
.9661044	6014/6225	62	75	97	83
.9662067	3431/3551	47	53	73	67
.9662857	1691/1750	57	70	89	75
.9663793	1121/1160	57	58	59	60
.9664008	5695/5893	67	71	85	83
.9664247	1065/1102	45	57	71	58
0.9665					
.9664964	4731/4895	57	55	83	89
.9665308	4505/4661	53	59	85	79
.9665383	4015/4154	55	62	73	67
.9665632	4047/4187	57	53	71	79
.9666008	4891/5060	67	55	73	92
.9667037	871/901	65	53	67	85
.9667513	4187/4331	53	61	79	71
.9667580	5293/5475	67	73	79	75
.9668132	4399/4550	53	65	83	70
.9668181	4895/5063	55	61	89	83
.9668354	3819/3950	57	50	67	79
.9668459	1079/1116	65	62	83	90
.9668930	1139/1178	67	62	85	95
.9669077	3477/3596	57	58	61	62
.9669643	1083/1120	57	70	95	80
.9669776	5183/5360	71	67	73	80
0.9670					
.9670330*	88/91	55	65	80	70
.9670433	1027/1062	65	59	79	90
.9670690	5609/5800	71	58	79	100
.9671330	4355/4503	65	57	67	79
.9671610	913/944	55	59	83	80

比值	分数	*A*	*B*	*C*	*D*
0.9670					
.9671952	1769/1829	58	59	61	62
.9672500	3869/4000	53	50	73	80
.9672869	4731/4891	57	67	83	73
.9673344	3139/3245	43	55	73	59
.9673507	1037/1072	61	67	85	80
.9674055	742/767	53	59	70	65
.9674699	803/830	55	50	73	83
0.9675					
.9675052	923/954	65	53	71	90
.9675154	1102/1139	58	67	95	85
.9675897	4717/4875	53	65	89	75
.9676707	4819/4980	61	60	79	83
.9677778	871/900	65	50	67	90
.9677866	4897/5060	59	55	83	92
.9678652	4307/4450	59	50	73	89
.9679034	5609/5795	71	61	79	95
.9679087	5429/5609	61	71	89	79
.9679842	2449/2530	62	55	79	92
.9679901	3901/4030	47	62	83	65
0.9680					
.9680435	4453/4600	61	50	73	92
.9681283	4526/4675	62	55	73	85
.9681818	213/220	45	55	71	60
.9681877	3713/3835	47	59	79	65
.9682192	1767/1825	57	50	62	73
.9683079	1711/1767	58	57	59	62
.9683305	2813/2905	58	70	97	83
.9683479	3763/3886	53	58	71	67
.9683673	949/980	65	50	73	98
.9683871	1501/1550	57	62	79	75
0.9685					
.9685019	3782/3905	61	55	62	71
.9685056	4582/4731	58	57	79	83
.9685172	4030/4161	62	57	65	73
.9686117	2407/2485	58	70	83	71
.9686275*	247/255	65	75	95	85
.9686502	3337/3445	47	53	71	65
.9686567	649/670	55	50	59	67
.9686998	1207/1246	71	70	85	89
.9687628	4745/4898	65	62	73	79
.9688172	901/930	53	62	85	75
.9688679	1027/1060	65	53	79	100
.9689231	3149/3250	47	50	67	65
.9689412	2059/2125	58	50	71	85
.9689606	4745/4897	65	59	73	83
.9689826	781/806	55	62	71	65
.9689952	5063/5225	61	55	83	95

（续）

比值	分数	A	B	C	D
0.9690					
.9690909	533/550	41	50	65	55
.9691149	2573/2655	62	59	83	90
.9692090	3431/3540	47	59	73	60
.9692437	5767/5950	73	70	79	85
.9692722	1798/1855	58	53	62	70
.9692982*	221/228	65	60	85	95
.9693151	1769/1825	58	50	61	73
.9693565	949/979	65	55	73	89
.9693897	5162/5325	58	71	89	75
.9694545	1333/1375	43	50	62	55
.9694643	5429/5600	61	70	89	80
.9694672	4731/4880	57	61	83	80
.9694836	413/426	59	60	70	71
0.9695					
.9695015	1653/1705	57	55	58	62
.9695765	5609/5785	71	65	79	89
.9696177	4819/4970	61	70	79	71
.9696742	3869/3990	53	57	73	70
.9696970*	32/33	60	55	80	90
.9697436	1891/1950	61	60	62	65
.9697569	3431/3538	47	58	73	61
.9699234	5063/5220	61	58	83	90
0.9700					
.9700704	551/568	58	71	95	80
.9700809	3599/3710	59	53	61	70
.9702186	3551/3660	53	60	67	61
.9702625	4731/4876	57	53	83	92
.9702918	1829/1885	59	58	62	65
.9704225	689/710	53	50	65	71
.9704615	1577/1625	57	65	83	75
.9704741	4503/4640	57	58	79	80
0.9705					
.9705645	2407/2480	58	62	83	80
.9705803	3596/3705	58	57	62	65
.9705882*	33/34	55	40	60	85
.9705993	5183/5340	71	60	73	89
.9707490	3551/3658	53	59	67	62
.9707627	2291/2360	58	59	79	80
.9707851	1595/1643	55	53	58	62
.9708163	4757/4900	67	50	71	98
.9708546	3431/3534	47	57	73	62
.9708861	767/790	59	50	65	79
.9709052	901/928	53	58	85	80
.9709738	1037/1068	61	60	85	89

比值	分数	A	B	C	D
0.9710					
.9710363	4526/4661	62	59	73	79
.9710485	1241/1278	73	71	85	90
.9710843	403/415	62	50	65	83
.9711522	5723/5893	59	71	97	83
.9712127	4757/4898	67	62	71	79
.9712264	2059/2120	58	53	71	80
.9713115	237/244	45	60	79	61
.9713333	1457/1500	47	50	62	60
.9713801	4582/4717	58	53	79	89
.9713900	3599/3705	59	57	61	65
.9714002	4891/5035	67	53	73	95
.9714111	4757/4897	67	59	71	83
.9714286*	34/35	60	70	85	75
.9714451	5035/5183	53	71	95	73
.9714585	3710/3819	53	57	70	67
.9714789	2759/2840	62	71	89	80
0.9715					
.9715000	1943/2000	58	50	67	80
.9715089	5183/5335	71	55	73	97
.9715227	5015/5162	59	58	85	89
.9715266	2832/2915	48	53	59	55
.9715726	4819/4960	61	62	79	80
.9715789	923/950	65	50	71	95
.9716667	583/600	53	50	55	60
.9716932	5561/5723	67	59	83	97
.9716959	4154/4275	62	57	67	75
.9717647	413/425	59	50	70	85
.9718080	4757/4895	67	55	71	89
.9718391	1691/1740	57	58	89	90
.9718464	4453/4582	61	58	73	79
.9718644	2867/2950	47	50	61	59
.9719091	5605/5767	59	73	95	79
.9719399	4399/4526	53	62	83	73
0.9720					
.9720967	3658/3763	59	53	62	71
.9721076	5890/6059	62	73	95	83
.9721281	2581/2655	58	59	89	90
.9721384	4187/4307	53	59	79	73
.9721550	803/826	55	59	73	70
.9722222*	35/36	70	60	75	90
.9722275	5146/5293	62	67	83	79
.9722440	3713/3819	47	57	79	67
.9722689	1157/1190	65	70	89	85
.9723068	3195/3286	45	53	71	62
.9723361	949/976	65	61	73	80
.9724074	5251/5400	59	60	89	90

（续）

比值	分数	*A*	*B*	*C*	*D*
0. 9725					
. 9725253	2407/2475	58	55	83	90
. 9725522	6059/6230	73	70	83	89
. 9725806	603/620	45	50	67	62
. 9725919	4897/5035	59	53	83	95
. 9727905	4898/5035	62	53	79	95
. 9728337	2077/2135	62	61	67	70
. 9728767	3551/3650	53	50	67	73
. 9728916	323/332	57	60	85	83
. 9729391	5429/5580	61	62	89	90
. 9729825	2773/2850	47	50	59	57
0. 9730					
. 9730952	4087/4200	61	60	67	70
. 9731337	4745/4876	65	53	73	92
. 9731638	689/708	53	59	65	60
. 9732373	1891/1943	61	58	62	67
. 9732620 *	182/187	65	55	70	85
. 9732877	1421/1460	58	73	98	80
. 9733086	5251/5395	59	65	89	83
. 9733475	913/938	55	67	83	70
. 9734155	5529/5680	57	71	97	80
0. 9735					
. 9735043	1139/1170	67	65	85	90
. 9735354	4819/4950	61	55	79	90
. 9736287	923/948	65	60	71	79
. 9736453	3953/4060	59	58	67	70
. 9737140	3445/3538	53	58	65	61
. 9737457	5415/5561	57	67	95	83
. 9738437	3053/3135	43	55	71	57
. 9738752	671/689	55	53	61	65
. 9739348	1943/1995	58	57	67	70
. 9739496	1159/1190	61	70	95	85
. 9739583 *	187/192	55	60	85	80
0. 9740					
. 9740179	3149/3233	47	53	67	61
. 9740260 *	75/77	50	55	75	70
. 9740566	413/424	59	53	70	80
. 9741294	979/1005	55	67	89	75
. 9742417	4047/4154	57	62	71	67
. 9742857	341/350	55	50	62	70
. 9743522	3685/3782	55	61	67	62
. 9743833	1027/1054	65	62	79	85
. 9744120	3770/3869	58	53	65	73
. 9744292	1067/1095	55	73	97	75
. 9744534	4234/4345	58	55	73	79
. 9744731	4161/4270	57	61	73	70
. 9744817	611/627	47	55	65	57
0. 9745					
. 9745161	3021/3100	53	50	57	62
. 9745274	4897/5025	59	67	83	75
. 9745433	5015/5146	59	62	85	83
. 9746493	5767/5917	73	61	79	97
. 9747264	4898/5025	62	67	79	75
. 9747951	4757/4880	67	61	71	80
. 9748161	3445/3534	53	57	65	62
. 9748491	969/994	57	70	85	71
. 9748625	1241/1273	73	67	85	95
. 9749299	5561/5704	67	62	83	92
. 9749493	5293/5429	67	61	79	89
. 9749879	4015/4118	55	58	73	71
0. 9750					
. 9750000 *	39/40	60	40	65	100
. 9751174	2077/2130	62	60	67	71
. 9751290	5293/5428	67	59	79	92
. 9751607	3337/3422	47	58	71	59
. 9751712	1139/1168	67	73	85	80
. 9751807	4047/4150	57	50	71	83
. 9752503	5162/5293	58	67	89	79
. 9752742	4891/5015	67	59	73	85
. 9753991	5194/5325	53	71	98	75
. 9754310	2263/2320	62	58	73	80
. 9754369	2065/2117	59	58	70	73
. 9754667	1829/1875	59	50	62	75
. 9754809	4615/4731	65	57	71	83
0. 9755					
. 9755505	5626/5767	58	73	97	79
. 9755760	2117/2170	58	62	73	70
. 9755947	4757/4876	67	53	71	92
. 9756140	5561/5700	67	60	83	95
. 9756505	4087/4189	61	59	67	71
. 9757310	3337/3420	47	57	71	60
. 9757467	4345/4453	55	61	79	73
. 9757642	5395/5529	65	57	83	97
. 9757869	403/413	62	59	65	70
. 9758480	3596/3685	58	55	62	67
. 9758650	5782/5925	59	75	98	79
. 9759735	1178/1207	62	71	95	85
0. 9760					
. 9760718	979/1003	55	59	89	85
. 9760766 *	204/209	60	55	85	95
. 9761166	4087/4187	61	53	67	79
. 9761647	901/923	53	65	85	71
. 9761974	3363/3445	57	53	59	65
. 9762500	781/800	55	50	71	80

（续）

比值	分数	*A*	*B*	*C*	*D*
0.9760					
.9762633	5429/5561	61	67	89	83
.9763351	3053/3127	43	53	71	59
.9763713	1157/1185	65	75	89	79
.9764045	869/890	55	50	79	89
.9764595	1037/1062	61	59	85	90
.9764978	2950/3021	50	53	59	57
0.9765					
.9765351	4453/4560	61	57	73	80
.9765517	708/725	48	50	59	58
.9765638	5917/6059	61	73	97	83
.9766010	793/812	61	58	65	70
.9766102	2881/2950	43	50	67	59
.9766310	1003/1027	59	65	85	79
.9766621	3599/3685	59	55	61	67
.9766700	4898/5015	62	59	79	85
.9767606	1387/1420	57	60	73	71
.9767729	3953/4047	59	57	67	71
.9768064	1095/1121	45	57	73	59
.9768421	464/475	48	50	58	57
.9768474	5063/5183	61	71	83	73
.9769043	4399/4503	53	57	83	79
.9769747	3055/3127	47	53	65	59
0.9770					
.9771038	3286/3363	53	57	62	59
.9771365	4402/4505	62	53	71	85
.9771488	4661/4770	59	53	79	90
.9772803	5893/6030	71	67	83	90
.9773279	1207/1235	71	65	85	95
.9773551	1079/1104	65	60	83	92
.9773756*	216/221	60	65	90	85
.9774026	3763/3850	53	55	71	70
.9774118	2077/2125	62	50	67	85
.9774536	737/754	55	58	67	65
.9774576	5767/5900	73	59	79	100
.9774700	5293/5415	67	57	79	95
.9774848	4819/4930	61	58	79	85
0.9775					
.9775136	3782/3869	61	53	62	73
.9775556	4399/4500	53	60	83	75
.9775705	4402/4503	62	57	71	79
.9775828	1003/1026	59	57	85	90
.9776033	4234/4331	58	61	73	71
.9776101	3886/3975	58	53	67	75
.9777143	1711/1750	58	50	59	70
.9777542	923/944	65	59	71	80
.9777778*	44/45	55	50	80	90

比值	分数	*A*	*B*	*C*	*D*
0.9775					
.9779090	5135/5251	65	59	79	89
.9779245	5183/5300	71	53	73	100
.9779770	3819/3905	57	55	67	71
.9779924	4355/4453	65	61	67	73
0.9780					
.9780591	1159/1185	61	75	95	79
.9780952	1027/1050	65	70	79	75
.9782000	4891/5000	67	50	73	100
.9782222	2201/2250	62	50	71	90
.9782932	3290/3363	47	57	70	59
.9783505	949/970	65	50	73	97
.9783761	4615/4717	65	53	71	89
.9783992	5073/5185	57	61	89	85
.9784189	4307/4402	59	62	73	71
0.9785					
.9785924	3337/3410	47	55	71	62
.9786187	5767/5893	73	71	79	83
.9786304	2015/2059	62	58	65	71
.9786517	871/890	65	50	67	89
.9786813	4453/4550	61	65	73	70
.9786967	781/798	55	57	71	70
.9787503	3869/3953	53	59	73	67
.9787571	4331/4425	61	59	71	75
.9787768	5073/5183	57	71	89	73
.9787879	323/330	57	55	85	90
.9788338	4717/4819	53	61	89	79
.9788636	4307/4400	59	55	73	80
.9789130	4503/4600	57	50	79	92
.9789474	93/95	45	50	62	57
0.9790					
.9790493	5561/5680	67	71	83	80
.9790588	4161/4250	57	50	73	85
.9790720	6035/6164	71	67	85	92
.9790862	4307/4399	59	53	73	83
.9791171	5767/5890	73	62	79	95
.9791289	1079/1102	65	58	83	95
.9791356	657/671	45	55	73	61
.9791608	3477/3551	57	53	61	67
.9791802	1505/1537	43	53	70	58
.9792043	1083/1106	57	70	95	79
.9792143	5135/5244	65	57	79	92
.9792208	377/385	58	55	65	70
.9792308	1273/1300	57	60	67	65
.9792381	5141/5250	53	70	97	75
.9792719	3685/3763	55	53	67	71
.9793602	949/969	65	57	73	85

（续）

比值	分数	A	B	C	D	比值	分数	A	B	C	D
0.9790						0.9810					
.9794036	4565/4661	55	59	83	79	.9811053	2077/2117	62	58	67	73
.9794152	4187/4275	53	57	79	75	.9812146	6059/6175	73	65	83	95
.9794337	3286/3355	53	55	62	61	.9812256	3763/3835	53	59	71	65
.9794366	3477/3550	57	50	61	71	.9812632	4661/4750	59	50	79	95
.9794937	3869/3950	53	50	73	79	.9813120	2573/2622	62	57	83	92
0.9795						.9813679	4161/4240	57	53	73	80
.9795066	2581/2635	58	62	89	85	.9814090	1003/1022	59	70	85	73
.9796000	2449/2500	62	50	79	100	0.9815					
.9796404	3705/3782	57	61	65	62	.9815385	319/325	55	50	58	65
.9796642	5251/5360	59	67	89	80	.9815487	3245/3306	55	57	59	58
.9796970	3233/3300	53	55	61	60	.9816732	5785/5893	65	71	89	83
.9797170	2077/2120	62	53	67	80	.9817204	913/930	55	62	83	75
.9797381	3965/4047	61	57	65	71	.9817389	4731/4819	57	61	83	79
.9798192	4661/4757	59	67	79	71	.9817557	3713/3782	47	61	79	62
.9798830	4189/4275	59	57	71	75	.9818369	4757/4845	67	57	71	85
.9798851	341/348	55	58	62	60	.9819209	869/885	55	59	79	75
.9799031	4047/4130	57	59	71	70	.9819394	3534/3599	57	59	62	61
.9799658	5723/5840	59	73	97	80	.9819592	6205/6319	73	71	85	89
0.9800						0.9820					
.9800038	5146/5251	62	59	83	89	.9820037	5293/5390	67	55	79	98
.9800804	5609/5723	71	59	79	97	.9820743	767/781	59	55	65	71
.9800905	1083/1105	57	65	95	85	.9820896	329/335	47	50	70	67
.9801070	4582/4675	58	55	79	85	.9821285	4891/4980	67	60	73	83
.9801852	5293/5400	67	60	79	90	.9821429*	55/56	50	35	55	80
.9802065	1139/1162	67	70	85	83	.9822034	1159/1180	57	59	61	60
.9802508	3127/3190	53	55	59	58	.9822158	4087/4161	61	57	67	73
.9804208	3355/3422	55	58	61	59	.9822972	4661/4745	59	65	79	73
.9804762	2059/2100	58	60	71	70	.9823377	1891/1925	61	55	62	70
0.9805						.9823498	5510/5609	58	71	95	79
.9805423	3074/3135	53	55	58	57	.9823832	4015/4087	55	61	73	67
.9805621	4187/4270	53	61	79	70	.9823899	781/795	55	53	71	75
.9806259	658/671	47	55	70	61	.9824561*	56/57	60	45	70	95
.9807018	559/570	43	50	65	57	0.9825					
.9807151	4526/4615	62	65	73	71	.9825137	899/915	58	60	62	61
.9807305	3410/3477	55	57	62	61	.9826244	5429/5525	61	65	89	85
.9807692*	51/52	60	65	85	80	.9826667	737/750	55	50	67	75
.9807823	5767/5880	73	60	79	98	.9826958	1079/1098	65	61	83	90
.9808068	3015/3074	45	53	67	58	.9827437	1139/1159	67	61	85	95
.9808247	4757/4850	67	50	71	97	.9827751	1027/1045	65	55	79	95
.9808933	3953/4030	59	62	67	65	.9828501	2407/2449	58	62	83	79
.9808955	1643/1675	53	50	62	67	.9828638	4187/4260	53	60	79	71
.9809625	1855/1891	53	61	70	62	.9829317	979/996	55	60	89	83
.9809942	671/684	55	57	61	60	.9829656	6059/6164	73	67	83	92
0.9810						0.9830					
.9810304	4189/4270	59	61	71	70	.9831933*	117/119	65	70	90	85
.9810909	1349/1375	57	55	71	75	.9831951	4505/4582	53	58	85	79

（续）

比值	分数	A	B	C	D
0.9830					
.9832381	2581/2625	58	70	89	75
.9833450	5609/5704	71	62	79	92
.9833701	5795/5893	61	71	95	83
.9834525	4814/4895	58	55	83	89
.9834694	4819/4900	61	50	79	98
.9834915	5183/5270	71	62	73	85
0.9835					
.9835204	4118/4187	58	53	71	79
.9835334	2867/2915	47	53	61	55
.9837165	1027/1044	65	58	79	90
.9837761	5518/5609	62	71	89	79
.9837975	1943/1975	58	50	67	79
.9838362	913/928	55	58	83	80
.9838588	3901/3965	47	61	83	65
.9839130	2263/2300	62	50	73	92
.9839286	551/560	58	70	95	80
0.9840					
.9840125	3139/3190	43	55	73	58
.9840351	5609/5700	71	57	79	100
.9840719	4819/4897	61	59	79	83
.9840849	371/377	53	58	70	65
.9841046	4891/4970	67	70	73	71
.9841558	5963/6059	67	73	89	83
.9841818	3422/3477	58	57	59	61
.9841967	1121/1139	59	67	95	85
.9842623	1501/1525	57	61	79	75
.9842857	689/700	53	50	65	70
.9843182	4331/4400	61	55	71	80
.9844425	1139/1157	67	65	85	89
.9844740	4819/4895	61	55	79	89
0.9845					
.9845419	4331/4399	61	53	71	83
.9845579	3953/4015	59	55	67	73
.9845868	3705/3763	57	53	65	71
.9846154*	64/65	60	65	80	75
.9846441	4745/4819	65	61	73	79
.9846995	901/915	53	61	85	75
.9848193	4087/4150	61	50	67	83
.9848279	5063/5141	61	53	83	97
.9848485*	65/66	50	55	65	60
.9848676	781/793	55	61	71	65
.9848804	5146/5225	62	55	83	95
.9848990	5609/5695	71	67	79	85
.9849095	979/994	55	70	89	71
.9849206	1241/1260	73	70	85	90

比值	分数	A	B	C	D
0.9850					
.9850258	5723/5810	59	70	97	83
.9852040	4661/4731	59	57	79	83
.9852055	1798/1825	58	50	62	73
.9852791	4819/4891	61	67	79	73
.9853119	4897/4970	59	70	83	71
.9853229	1007/1022	53	70	95	73
.9853365	3763/3819	53	57	71	67
.9853571	2759/2800	62	70	89	80
.9853763	2291/2325	58	62	79	75
.9853949	3306/3355	57	55	58	61
.9854515	5893/5980	71	65	83	92
.9854839	611/620	47	50	65	62
0.9855					
.9855131	2449/2485	62	70	79	71
.9856078	5684/5767	58	73	98	79
.9856250	1577/1600	57	60	83	80
.9856471	4189/4250	59	50	71	85
.9856668	4745/4814	65	58	73	83
.9857372	5529/5609	57	71	97	79
.9858142	5073/5146	57	62	89	83
.9858238	2573/2610	62	58	83	90
.9859195	3431/3480	47	58	73	60
.9859838	1829/1855	59	53	62	70
0.9860					
.9860274	3599/3650	59	50	61	73
.9860533	4030/4087	62	61	65	67
.9860887	4891/4960	67	62	73	80
.9861033	5251/5325	59	71	89	75
.9861667	5917/6000	61	75	97	80
.9861799	3782/3835	61	59	62	65
.9862170	3363/3410	57	55	59	62
.9863184	793/804	61	60	65	67
.9863864	4130/4187	59	53	70	79
.9864184	4503/4565	57	55	79	83
.9864754	2407/2440	58	61	83	80
0.9865					
.9866071*	221/224	65	70	85	80
.9866630	3551/3599	53	59	67	61
.9866997	3190/3233	55	53	58	61
.9867702	3431/3477	47	57	73	61
.9867958	1121/1136	59	71	95	80
.9868051	5609/5684	71	58	79	98
.9868657	1653/1675	57	50	58	67
.9868760	3835/3886	59	58	65	67
.9868952	979/992	55	62	89	80
.9869396	5063/5130	61	57	83	90

（续）

比值	分数	A	B	C	D	比值	分数	A	B	C	D
0.9870						0.9885					
.9870501	5183/5251	71	59	73	89	.9885470	4402/4453	62	61	71	73
.9870768	3819/3869	57	53	67	73	.9885669	5015/5073	59	57	85	89
.9871343	4757/4819	67	61	71	79	.9886076	781/790	55	50	71	79
.9871473	3149/3190	47	55	67	58	.9886207	2867/2900	47	50	61	58
.9871658	923/935	65	55	71	85	.9886407	5135/5194	65	53	79	98
.9871795*	77/78	55	60	70	65	.9887490	5185/5244	61	57	85	92
.9872381	5183/5250	71	70	73	75	.9888128	4331/4380	61	60	71	73
.9872847	2407/2438	58	53	83	92	.9888963	4453/4503	61	57	73	79
.9872984	4897/4960	59	62	83	80	.9889163	803/812	55	58	73	70
.9873144	3658/3705	59	57	62	65	.9889782	4307/4355	59	65	73	67
.9873214	5529/5600	57	70	97	80	0.9890					
.9874310	5185/5251	61	59	85	89	.9890411	361/365	57	73	95	75
.9874861	3551/3596	53	58	67	62	.9890476	2077/2100	62	60	67	70
0.9875						.9891658	913/923	55	65	83	71
.9875228	3245/3286	55	53	59	62	.9891793	4845/4898	57	62	85	79
.9875467	793/803	61	55	65	73	.9892135	2201/2225	62	50	71	89
.9876190	1037/1050	61	70	85	75	.9892929	4897/4950	59	55	83	90
.9877245	4345/4399	55	53	79	83	.9893230	4355/4402	65	62	67	71
.9877744	3555/3599	45	59	79	61	.9893333	371/375	53	50	70	75
.9877783	2263/2291	62	58	73	79	.9893718	4189/4234	59	58	71	73
.9877966	1457/1475	47	50	62	59	.9893813	4845/4897	57	59	85	83
.9878573	3905/3953	55	59	71	67	.9894949	2449/2475	62	55	79	90
.9878733	4399/4453	53	61	83	73	0.9895					
.9879260	5073/5135	57	65	89	79	.9895556	4453/4500	61	50	73	90
.9879386	901/912	53	57	85	80	.9895884	4087/4130	61	59	67	70
.9879717	4189/4240	59	53	71	80	.9896154	2573/2600	62	65	83	80
0.9880						.9896503	3538/3575	58	55	61	65
.9880000	247/250	57	50	65	75	.9896659	4118/4161	58	57	71	73
.9880696	5963/6035	67	71	89	85	.9897727	871/880	65	55	67	80
.9880808	4891/4950	67	55	73	90	.9897855	969/979	57	55	85	89
.9881280	4661/4717	59	53	79	89	.9898403	682/689	55	53	62	65
.9881356	583/590	53	50	55	59	.9899160	589/595	62	70	95	85
.9881595	4757/4814	67	58	71	83	.9899425	689/696	53	58	65	60
.9882353*	84/85	60	50	70	85	.9899977	4355/4399	65	53	67	83
.9882500	3953/4000	59	50	67	80	0.9900					
.9882609	5893/5963	71	67	83	89	.9900685	2891/2920	59	73	98	80
.9883101	4819/4876	61	53	79	92	.9901149	4307/4350	59	58	73	75
.9883362	2881/2915	43	53	67	55	.9901309	4615/4661	65	59	71	79
.9883677	5183/5244	71	57	73	92	.9902129	4047/4087	57	61	71	67
.9884465	5561/5626	67	58	83	97	.9902516	3149/3180	47	53	67	60
.9884573	4453/4505	61	53	73	85	.9903116	3782/3819	61	57	62	67
0.9885						.9903568	1027/1037	65	61	79	85
.9885128	4819/4875	61	65	79	75	.9904094	4234/4275	58	57	73	75
.9885246	603/610	45	50	67	61	.9904202	5893/5950	71	70	83	85
.9885315	3534/3575	57	55	62	65	.9904762*	104/105	65	70	80	75
.9885417	949/960	65	60	73	80	.9904918	3021/3050	53	50	57	61

（续）

比值	分数	*A*	*B*	*C*	*D*
0.9905					
.9905195	5015/5063	59	61	85	83
.9905822	1157/1168	65	73	89	80
.9905914	737/744	55	60	67	62
.9907143	1387/1400	57	60	73	70
.9907268	3953/3990	59	57	67	70
.9907390	5135/5183	65	71	79	73
.9907810	3869/3905	53	55	73	71
.9907879	4087/4125	61	55	67	75
.9907967	3445/3477	53	57	65	61
.9908290	5510/5561	58	67	95	83
.9908935	5767/5820	73	60	79	97
.9909123	5561/5612	67	61	83	92
0.9910					
.9910417	4757/4800	67	60	71	80
.9911067	1003/1012	59	55	85	92
.9911985	5293/5340	67	60	79	89
.9912122	3835/3869	59	53	65	73
.9912500	793/800	61	50	65	80
.9912727	1363/1375	47	50	58	55
.9913337	2059/2077	58	62	71	67
.9914423	5561/5609	67	71	83	79
.9914567	4526/4565	62	55	73	83
0.9915					
.9915254	117/118	45	50	65	59
.9915691	2117/2135	58	61	73	70
.9915913	4717/4757	53	67	89	71
.9915982	5429/5475	61	73	89	75
.9916129	1537/1550	53	50	58	62
.9916448	4154/4189	62	59	67	71
.9916667*	119/120	70	75	85	80
.9918239	1577/1590	57	53	83	90
.9918966	5141/5183	53	71	97	73
.9919415	5293/5336	67	58	79	92
.9919481	3819/3850	57	55	67	70
.9919617	5183/5225	71	55	73	95
0.9920					
.9920091	869/876	55	60	79	73
.9920513	3869/3900	53	60	73	65
.9920650	5251/5293	59	67	89	79
.9920929	4015/4047	55	57	73	71
.9921185	4154/4187	62	53	67	79
.9921275	5293/5335	67	55	79	97
.9921499	5561/5605	67	59	83	95
.9922688	3337/3363	47	57	71	59
.9922892	2059/2075	58	50	71	83
.9923445	1037/1045	61	55	85	95

比值	分数	*A*	*B*	*C*	*D*
0.9920					
.9923704	5723/5767	59	73	97	79
.9923963	4307/4340	59	62	73	70
.9924721	4087/4118	61	58	67	71
.9924812*	132/133	55	35	60	95
0.9925					
.9925439	2263/2280	62	57	73	80
.9925499	4130/4161	59	57	70	73
.9925730	6014/6059	62	73	97	83
.9925773	2407/2425	58	50	83	97
.9925990	5767/5810	73	70	79	83
.9926108	403/406	62	58	65	70
.9926730	3658/3685	59	55	62	67
.9926923	2581/2600	58	65	89	80
.9927451	5063/5100	61	60	83	85
.9927593	5073/5110	57	70	89	73
.9928279	969/976	57	61	85	80
.9928494	4582/4615	58	65	79	71
.9928613	5146/5183	62	71	83	73
.9929119	5183/5220	71	58	73	90
0.9930					
.9930357	5561/5600	67	70	83	80
.9930556*	143/144	55	40	65	90
.9931685	3053/3074	43	53	71	58
.9932615	737/742	55	53	67	70
.9932867	3551/3575	53	55	67	65
.9932950	1037/1044	61	58	85	90
.9933063	4897/4930	59	58	83	85
.9933237	3422/3445	58	53	59	65
.9934286	3477/3500	57	50	61	70
.9934483	2881/2900	43	50	67	58
0.9935					
.9935091	2449/2465	62	58	79	85
.9936017	4814/4845	58	57	83	85
.9936082	4819/4850	61	50	79	97
.9936423	4845/4876	57	53	85	92
.9936479	1095/1102	45	57	73	58
.9936842	472/475	48	50	59	57
.9937343	793/798	61	57	65	70
.9937373	5395/5429	65	61	83	89
.9937903	4161/4187	57	53	73	79
.9938191	3055/3074	47	53	65	58
.9938333	5963/6000	67	75	89	80
.9938462	323/325	57	65	85	75
.9938967	2117/2130	58	60	73	71
.9939204	5395/5428	65	59	83	92
.9939504	1643/1653	53	57	62	58
.9939906	5293/5325	67	71	79	75

（续）

比值	分数	*A*	*B*	*C*	*D*
0. 9940					
. 9940928	1178/1185	62	75	95	79
. 9940991	4717/4745	53	65	89	73
. 9941243	4399/4425	53	59	83	75
. 9942224	2065/2077	59	62	70	67
. 9942456	5529/5561	57	67	97	83
. 9942922	871/876	65	60	67	73
. 9943103	5767/5800	73	58	79	100
. 9944586	4307/4331	59	61	73	71
. 9944654	3953/3975	59	53	67	75
. 9944891	4331/4355	61	65	71	67
0. 9945					
. 9945344	4731/4757	57	67	83	71
. 9946019	737/741	55	57	67	65
. 9946121	923/928	65	58	71	80
. 9946349	3337/3355	47	55	71	61
. 9947059	1691/1700	57	60	89	85
. 9947253	2263/2275	62	65	73	70
. 9947589	949/954	65	53	73	90
. 9947692	3233/3250	53	50	61	65
. 9948023	4402/4425	62	59	71	75
. 9949183	4503/4526	57	62	79	73
. 9949762	3763/3782	53	61	71	62
0. 9950					
. 9951344	3886/3905	58	55	67	71
. 9951603	1645/1653	47	57	70	58
. 9951682	5767/5795	73	61	79	95
. 9951807	413/415	59	50	70	83
. 9952126	3534/3551	57	53	62	67
. 9952153 *	208/209	65	55	80	95
. 9952381 *	209/210	55	70	95	75
. 9953358	1067/1072	55	67	97	80
. 9953601	4505/4526	53	62	85	73
. 9954545	219/220	45	55	73	60
. 9954930	1767/1775	57	50	62	71
0. 9955					
. 9955641	5162/5185	58	61	89	85
. 9956253	3869/3886	53	58	73	67
. 9956971	1157/1162	65	70	89	83
. 9957576	1643/1650	53	55	62	60
. 9957994	4030/4047	62	57	65	71
. 9958279	3819/3835	57	59	67	65
. 9958994	5586/5609	57	71	98	79
. 9959361	3431/3445	47	53	73	65
. 9959483	5162/5183	58	71	89	73
. 9959677	247/248	57	60	65	62
. 9959872	1241/1246	73	70	85	89
0. 9960					
. 9960278	1003/1007	59	53	85	95
. 9960390	6035/6059	71	73	85	83
. 9960870	2291/2300	58	50	79	92
. 9961039	767/770	59	55	65	70
. 9961194	3337/3350	47	50	71	67
. 9962353	2117/2125	58	50	73	85
. 9962779	803/806	55	62	73	65
. 9962898	4565/4582	55	58	83	79
. 9963020	3233/3245	53	55	61	59
. 9963066	1079/1083	65	57	83	95
. 9963333	2989/3000	61	75	98	80
. 9963391	3538/3551	58	53	61	67
. 9963588	3010/3021	43	53	70	57
. 9963834	551/553	58	70	95	79
. 9963947	5251/5270	59	62	89	85
. 9964103	1943/1950	58	60	67	65
. 9964933	1705/1711	55	58	62	59
0. 9965					
. 9965950	5561/5580	67	62	83	90
. 9966197	1769/1775	58	50	61	71
. 9967308	5183/5200	71	65	73	80
. 9967779	4331/4345	61	55	71	79
. 9967980	4047/4060	57	58	71	70
. 9968271	1885/1891	58	61	65	62
. 9968885	5767/5785	73	65	79	89
. 9969004	2573/2581	62	58	83	89
. 9969697	329/330	47	55	70	60
. 9969783	5609/5626	71	58	79	97
0. 9970					
. 9970053	4661/4675	59	55	79	85
. 9970495	4731/4745	57	65	83	73
. 9970760	341/342	55	57	62	60
. 9970944	2059/2065	58	59	71	70
. 9971154	1037/1040	61	65	85	80
. 9972746	4757/4770	67	53	71	90
. 9972851	1102/1105	58	65	95	85
. 9973118	371/372	53	60	70	62
. 9973810	4189/4200	59	60	71	70
. 9974057	5767/5782	73	59	79	98
. 9974182	1159/1162	61	70	95	83
. 9974482	3127/3135	53	55	59	57
. 9974843	793/795	61	53	65	75
0. 9975					
. 9975000	399/400	57	70	98	80
. 9976212	3355/3363	55	57	61	59
. 9976266	1261/1264	65	79	97	80

（续）

比值	分数	*A*	*B*	*C*	*D*
0.9975					
.9977038	869/871	55	65	79	67
.9978142	913/915	55	61	83	75
.9978300	2759/2765	62	70	89	79
.9978624	5135/5146	65	62	79	83
.9978822	5183/5194	71	53	73	98
.9979263	4331/4340	61	62	71	70
0.9980					
.9980139	1005/1007	45	53	67	57
.9980288	5063/5073	61	57	83	89
.9981013	1577/1580	57	60	83	79
.9981183	3713/3720	47	60	79	62
.9981432	3763/3770	53	58	71	65
.9981633	4891/4900	67	50	73	98
.9981818	549/550	45	50	61	55
.9983030	4118/4125	58	55	71	75
.9983051	589/590	57	59	62	60
.9983177	4154/4161	62	57	67	73
.9984222	5695/5704	67	62	85	92
.9984314	1273/1275	67	75	95	85
.9984615	649/650	55	50	59	65
0.9985					
.9985708	4891/4898	67	62	73	79
.9985849	2117/2120	58	53	73	80
.9986523	741/742	57	53	65	70
.9986792	5293/5300	67	53	79	100
.9987330	5518/5525	62	65	89	85
.9987562	803/804	55	60	73	67
.9987748	4891/4897	67	59	73	83
.9988329	5135/5141	65	53	79	97

比值	分数	*A*	*B*	*C*	*D*
0.9985					
.9988506	869/870	55	58	79	75
.9988694	1767/1769	57	58	62	61
.9989474	949/950	65	50	73	95
.9989624	4814/4819	58	61	83	79
0.9990					
.9990741	1079/1080	65	60	83	90
.9991228	1139/1140	67	60	85	95
.9991379	1159/1160	57	58	61	60
.9991664	3596/3599	58	59	62	61
.9991828	4891/4895	67	55	73	89
.9992869	5605/5609	59	71	95	79
.9993185	4399/4402	53	62	83	71
.9993875	4895/4898	55	62	89	79
.9994350	1769/1770	58	59	61	60
.9994536	1829/1830	59	60	62	61
.9994654	5609/5612	71	61	79	92
.9994909	5890/5893	62	71	95	83
0.9995					
.9995226	4187/4189	53	59	79	71
.9995560	4503/4505	57	53	79	85
.9995918	2449/2450	62	50	79	98
.9996143	5183/5185	71	61	73	85
.9996569	2914/2915	47	53	62	55
.9996957	3285/3286	45	53	73	62
.9997727	4399/4400	53	55	83	80
.9997958	4897/4898	59	62	83	79
.9998192	5529/5530	57	70	97	79
1.0000000*	1/1	60	75	100	80

注：1. 交换齿轮41个，齿数范围20～100，包括以下齿数：20、23、24、25、30、33、34、35、37、40、41、43、45、47、48、50、53、55、57、58、59、60、61、62、65、67、70、71、73、75、79、80、83、85、89、90、92、95、97、98、100（各1）。

2. 表中*A*、*C*为主动轮齿数，*B*、*D*为被动轮齿数，挂轮比 $i=(A/B)\times(C/D)$；表中"分数"即是实际挂轮比的简分数。

3. 齿数条件：$75\leqslant A+B\leqslant 145$，$C+D\leqslant 180$，$A+B-C\geqslant 25$，$C+D-B\geqslant 25$，$A+B+C+D\geqslant 210$。

4. 表中挂轮比小数值的有效位数为7位，对理论无误差的精确挂轮比，需要按分数验证。表中包含挂轮比0.0625～1.0000范围内挂轮组数据47500余组。比值带"＊"数据表示挂轮齿数全部为5的倍数。

表4-2　小比值挂轮表（0.0300～0.0625）

比值	分数	*A*	*B*	*C*	*D*
0.0300					
.0304348	7/230	20	115	21	120
.0318182	7/220	20	110	21	120
.0318841	11/345	20	115	22	120
.0324484	11/339	20	113	22	120
.0327103	7/214	20	107	21	120
.0332016	42/1265	20	110	21	115
.0333333	1/30	20	105	21	120
.0334783	77/2300	21	115	22	120

比值	分数	*A*	*B*	*C*	*D*
0.0300					
.0339233	23/678	20	113	23	120
.0340708	77/2260	21	113	22	120
.0341325	84/2461	20	107	21	115
.0342679	11/321	20	107	22	120
.0347366	420/12091	20	107	21	113
.0347826	4/115	20	105	21	115
.0348485	23/660	20	110	23	120
.0349206	11/315	20	105	22	120

（续）

比值	分数	A	B	C	D
0.0350					
.0350000	7/200	20	100	21	120
.0353982	4/113	20	105	21	113
0.0355					
.0356195	161/4520	21	113	23	120
.0357143	1/28	20	98	21	120
.0357578	88/2461	20	107	22	115
.0358255	23/642	20	107	23	120
.0359813	77/2140	21	107	22	120
0.0360					
.0360825	7/194	20	97	21	120
.0362319*	5/138	20	115	25	120
.0363636	2/55	20	105	21	110
.0363907	440/12091	20	107	22	113
.0364389	88/2415	20	105	22	115
0.0365					
.0365079	23/630	20	105	23	120
.0365217	21/575	20	100	21	115
.0365909	161/4400	21	110	23	120
.0366667	11/300	20	100	22	120
.0368421	7/190	20	95	21	120
.0368732	25/678	20	113	25	120
.0369373	96/2599	20	113	24	115
0.0370					
.0370072	46/1243	20	110	23	113
.0370839	88/2373	20	105	22	113
.0371681	21/565	20	100	21	113
.0372671	6/161	20	98	21	115
.0373156	253/6780	22	113	23	120
.0373832	4/107	20	107	22	110
.0374150	11/294	20	98	22	120
0.0375					
.0375457	462/12305	21	107	22	115
.0376168	161/4280	21	107	23	120
.0376513	84/2231	20	97	21	115
.0376812	13/345	20	115	26	120
.0378007	11/291	20	97	22	120
.0378788*	5/132	20	110	25	120
.0379267	30/791	20	98	21	113
.0379447	48/1265	20	110	24	115
0.0380					
.0380435	7/184	20	92	21	120
.0380952	4/105	20	105	22	110
.0381818	21/550	20	100	21	110
.0382102	462/12091	21	107	22	113
.0382609	22/575	20	100	22	115
.0383177	420/10961	20	97	21	113
0.0380					
.0383333	23/600	20	100	23	120
.0383481	13/339	20	113	26	120
.0384439	84/2185	20	95	21	115
.0384763	100/2599	20	113	25	115
0.0385					
.0385000	77/2000	21	100	22	120
.0385965	11/285	20	95	22	120
.0386163	48/1243	20	110	24	113
.0387168	35/904	21	113	25	120
.0387695	92/2373	20	105	23	113
.0387841	504/12995	21	113	24	115
.0388576	483/12430	21	110	23	113
.0388889	7/180	20	90	21	120
.0389381	22/565	20	100	22	113
.0389610	3/77	20	98	21	110
0.0390					
.0390085	96/2461	20	107	24	115
.0390417	44/1127	20	98	22	115
.0390824	46/1177	20	107	23	110
.0391244	84/2147	20	95	21	113
.0392523	21/535	20	100	21	107
.0392857	11/280	21	98	22	120
.0393258	7/178	20	89	21	120
.0393627	42/1067	20	97	21	110
.0393939	13/330	20	110	26	120
.0394081	253/6420	22	107	23	120
.0394442	88/2231	20	97	22	115
0.0395					
.0395189	23/582	20	97	23	120
.0395257*	10/253	20	110	25	115
.0395652	91/2300	21	115	26	120
.0396825*	5/126	20	105	25	120
.0396907	77/1940	21	97	22	120
.0396975	21/529	20	92	21	115
.0397327	220/5537	20	98	22	113
.0397516	32/805	20	105	24	115
.0397727	7/176	21	110	25	120
.0398268	46/1155	20	105	23	110
.0398419	252/6325	21	110	24	115
.0398551	11/276	20	92	22	120
.0399471	483/12091	21	107	23	113
0.0400					
.0400000	1/25	20	100	21	105
.0400154	104/2599	20	113	26	115
.0400534	30/749	20	98	21	107
.0401423	440/10961	20	97	22	113

（续）

比值	分数	A	B	C	D
0.0400					
.0401587	253/6300	22	105	23	120
.0401739	231/5750	21	100	22	115
.0401914	42/1045	20	95	21	110
.0402253	50/1243	20	110	25	113
.0402500	161/4000	21	100	23	120
.0402746	88/2185	20	95	22	115
.0403509	23/570	20	95	23	120
.0404002	105/2599	20	92	21	113
.0404551	32/791	20	105	24	113
.0404663	420/10379	20	97	21	107
.0404984	13/321	20	107	26	120
0.0405					
.0405263	77/1900	21	95	22	120
.0405471	252/6215	21	110	24	113
.0405605	55/1356	22	113	25	120
.0405797	14/345	20	90	21	115
.0406339	100/2461	20	107	25	115
.0407080	23/565	20	100	23	113
.0407407	11/270	20	90	22	120
.0407816	48/1177	20	107	24	110
.0408163	2/49	20	98	21	105
.0408850	231/5650	21	100	22	113
.0408879	35/856	21	107	25	120
.0409435	92/2247	20	105	23	107
.0409590	504/12305	21	107	24	115
.0409874	88/2147	20	95	22	113
0.0410					
.0410357	84/2047	20	89	21	115
.0410714	23/560	21	98	23	120
.0411067	52/1265	20	110	26	115
.0411215	22/535	20	100	22	107
.0411765	7/170	20	85	21	120
.0411985	11/267	20	89	22	120
.0412371	4/97	20	97	21	105
.0412698	13/315	20	105	26	120
.0412979	14/339	20	90	21	113
.0413182	84/2033	20	95	21	107
.0413531	500/12091	20	107	25	113
.0413636	91/2200	21	110	26	120
.0414079*	20/483	20	105	25	115
.0414164	462/11155	21	97	22	115
.0414493	143/3450	22	115	26	120
.0414948	161/3880	21	97	23	120
0.0415					
.0415020	21/506	20	92	21	110
.0415387	230/5537	20	98	23	113

比值	分数	A	B	C	D
0.0415					
.0415584	16/385	20	105	24	110
.0415879	22/529	20	92	22	115
.0416667	1/24	20	92	23	120
.0416839	504/12091	21	107	24	113
.0417193	33/791	21	98	22	113
.0417391	24/575	20	100	24	115
.0417620	420/10057	20	89	21	113
.0418182	23/550	20	100	23	110
.0418343	52/1243	20	110	26	113
.0418478	77/1840	21	92	22	120
.0419048	22/525	20	100	22	105
.0419607	220/5243	20	98	22	107
.0419670	460/10961	20	97	23	113
0.0420					
.0420000	21/500	21	100	22	110
.0420162	546/12995	21	113	26	115
.0421053	4/95	20	95	21	105
.0421408	100/2373	20	105	25	113
.0421494	462/10961	21	97	22	113
.0421687	7/166	20	83	21	120
.0421829	143/3390	22	113	26	120
.0422365	105/2486	21	110	25	113
.0422592	104/2461	20	107	26	115
.0422883	462/10925	21	95	22	115
.0423240	110/2599	20	92	22	113
.0423684	161/3800	21	95	23	120
.0423933	440/10379	20	97	22	107
.0424041	115/2712	23	113	25	120
.0424242	7/165	20	90	21	110
.0424779	24/565	20	100	24	113
0.0425					
.0425121	44/1035	20	90	22	115
.0425170	25/588	20	98	25	120
.0425926	23/540	20	90	23	120
.0426464	506/11865	22	105	23	113
.0426656	105/2461	20	92	21	107
.0427236	32/749	20	105	24	107
.0427434	483/11300	21	100	23	113
.0427600	44/1029	20	98	22	105
.0427778	77/1800	21	90	22	120
.0428207	252/5885	21	107	24	110
.0428349	55/1284	22	107	25	120
.0428505	92/2147	20	95	23	113
.0428571	3/70	21	98	22	110
.0429009	42/979	20	89	21	110
.0429094	528/12305	22	107	24	115

（续）

比值	分数	*A*	*B*	*C*	*D*
0.0425					
.0429553	25/582	20	97	25	120
.0429668	84/1955	20	85	21	115
.0429897	88/2047	20	89	22	115
0.0430					
.0430072	520/12091	20	107	26	113
.0430300	96/2231	20	97	24	115
.0430368	462/10735	21	95	22	113
.0430642	104/2415	20	105	26	115
.0430712	23/534	20	89	23	120
.0431115	46/1067	20	97	23	110
.0431373	11/255	20	85	22	120
.0431621	273/6325	21	110	26	115
.0431776	231/5350	21	100	22	107
.0432008	88/2037	20	97	22	105
.0432584	77/1780	21	89	22	120
.0432858	88/2033	20	95	22	107
.0432990	21/485	21	97	22	110
.0433333	13/300	20	100	26	120
.0433448	240/5537	20	98	24	113
.0434207	525/12091	21	107	25	113
.0434708	253/5820	22	97	23	120
.0434783	1/23	20	92	21	105
0.0435					
.0435606	23/528	23	110	25	120
.0436137	14/321	20	90	21	107
.0436157	69/1582	21	98	23	113
.0436364	12/275	20	100	24	110
.0436508	11/252	22	105	25	120
.0436673	231/5290	21	92	22	115
.0437272	84/1921	20	85	21	113
.0437500	7/160	20	80	21	120
.0437916	480/10961	20	97	24	113
.0438095	23/525	20	100	23	105
.0438261	126/2875	21	100	24	115
.0438596*	5/114	20	95	25	120
.0438680	230/5243	20	98	23	107
.0439091	483/11000	21	100	23	110
.0439260	273/6215	21	110	26	113
.0439359	96/2185	20	95	24	115
0.0440					
.0440021	84/1909	20	83	21	115
.0440191	46/1045	20	95	23	110
.0440587	33/749	21	98	22	107
.0440653	483/10961	21	97	23	113
.0441037	420/9523	20	89	21	107
.0441103	88/1995	20	95	22	105

比值	分数	*A*	*B*	*C*	*D*
0.0440					
.0441767	11/249	20	83	22	120
.0442105	21/475	20	95	21	100
.0442177	13/294	20	98	26	120
.0442478	5/113	20	92	23	113
.0443038	7/158	20	79	21	120
.0443203	460/10379	20	97	23	107
.0443656	50/1127	20	98	25	115
.0443860	253/5700	22	95	23	120
.0444087	276/6215	23	110	24	113
.0444444	2/45	20	90	21	105
0.0445					
.0445038	100/2247	20	105	25	107
.0445130	462/10379	21	97	22	107
.0445269	24/539	20	98	24	110
.0445483	143/3210	22	107	26	120
.0446018	126/2825	21	100	24	113
.0446377	77/1725	21	90	22	115
.0446735	13/291	20	97	26	120
.0446973	110/2461	20	92	22	107
.0447136	96/2147	20	95	24	113
.0447222	161/3600	21	90	23	120
.0447809	420/9379	20	83	21	113
.0448052	69/1540	21	98	23	110
.0448229	100/2231	20	97	25	115
.0448598	24/535	20	100	24	107
.0448980	11/245	21	98	22	105
.0449198	42/935	20	85	21	110
.0449438	4/89	20	89	21	105
.0449930	483/10735	21	95	23	113
0.0450					
.0450128	88/1955	20	85	22	115
.0450216	52/1155	20	105	26	110
.0450378	506/11235	22	105	23	107
.0450980	23/510	20	85	23	120
.0451392	462/10235	21	89	22	115
.0451508	250/5537	20	98	25	113
.0451645	92/2037	20	97	23	105
.0451815	504/11155	21	97	24	115
.0452247	161/3560	21	89	23	120
.0452311	46/1017	20	90	23	113
.0452533	92/2033	20	95	23	107
.0452671	483/10670	21	97	23	110
.0452941	77/1700	21	85	22	120
.0453030	299/6600	23	110	26	120
.0453608	22/485	20	97	22	100
.0453686	24/529	20	92	24	115

（续）

比值	分数	A	B	C	D
0.0450					
.0453968	143/3150	22	105	26	120
.0454277	77/1695	21	90	22	113
.0454545	1/22	20	92	23	110
.0454884	550/12091	22	107	25	113
0.0455					
.0455000	91/2000	21	100	26	120
.0455120	36/791	21	98	24	113
.0455487	22/483	20	92	22	105
.0456140	13/285	20	95	26	120
.0456163	500/10961	20	97	25	113
.0456349	23/504	23	105	25	120
.0456522	21/460	20	80	21	115
.0456906	44/963	20	90	22	107
.0457143	8/175	20	100	24	105
.0457393	460/10057	20	89	23	113
.0457666*	20/437	20	95	25	115
.0457753	240/5243	20	98	24	107
.0458095	88/1921	20	85	22	113
.0458182	63/1375	21	100	24	110
.0458333	11/240	20	80	22	120
.0459130	132/2875	22	100	24	115
.0459330	48/1045	20	95	24	110
.0459382	462/10057	21	89	22	113
.0459812	504/10961	21	97	24	113
0.0460					
.0460022	42/913	20	83	21	110
.0460177	26/565	20	100	26	113
.0460526	7/152	21	95	25	120
.0460614	69/1498	21	98	23	107
.0460974	88/1909	20	83	22	115
.0461153	92/1995	20	95	23	105
.0461327	504/10925	21	95	24	115
.0461402	52/1127	20	98	26	115
.0461637	506/10961	22	97	23	113
.0461716	120/2599	20	92	24	113
.0461847	23/498	20	83	23	120
.0462039	440/9523	20	89	22	107
.0462201	483/10450	21	95	23	110
.0462300	84/1817	20	79	21	115
.0462472	480/10379	20	97	24	107
.0462591	115/2486	23	110	25	113
.0462839	104/2247	20	105	26	107
.0462963*	5/108	20	90	25	120
.0463158	22/475	20	95	22	100
.0463548	110/2373	22	105	25	113
.0463768	16/345	20	90	24	115

比值	分数	A	B	C	D
0.0460					
.0463855	77/1660	21	83	22	120
.0464135	11/237	20	79	22	120
.0464286	13/280	21	98	26	120
.0464602	21/452	20	80	21	113
.0464852	572/12305	22	107	26	115
0.0465					
.0465234	184/3955	23	105	24	113
.0465363	483/10379	21	97	23	107
.0465608	44/945	20	90	22	105
.0465732	299/6420	23	107	26	120
.0465839	15/322	20	92	21	98
.0466159	104/2231	20	97	26	115
.0466472	16/343	20	98	24	105
.0466667	7/150	20	75	21	120
.0467290	5/107	20	92	23	107
.0467532	18/385	21	98	24	110
.0467687	55/1176	22	98	25	120
.0468165	25/534	20	89	25	120
.0468519	253/5400	22	90	23	120
.0468604	50/1067	20	97	25	110
.0468979	96/2047	20	89	24	115
.0469133	440/9379	20	83	22	113
.0469321	231/4922	21	92	22	107
.0469388	23/490	20	98	23	100
.0469492	504/10735	21	95	24	113
.0469568	260/5537	20	98	26	113
.0469867	46/979	20	89	23	110
.0469960	176/3745	22	105	24	107
0.0470					
.0470483	420/8927	20	79	21	113
.0470588	4/85	20	85	21	105
.0470840	88/1869	20	89	22	105
.0471014	13/276	20	92	26	120
.0471281	32/679	20	97	24	105
.0471355	506/10735	22	95	23	113
.0471910	21/445	20	89	21	100
.0471976	16/339	20	90	24	113
.0472209	96/2033	20	95	24	107
.0472352	252/5335	21	97	24	110
.0472509	55/1164	22	97	25	120
.0472634	462/9775	21	85	22	115
.0472727	13/275	20	100	26	110
.0472920	420/8881	20	83	21	107
.0473079	572/12091	22	107	26	113
.0473330	528/11155	22	97	24	115
.0473529	161/3400	21	85	23	120

（续）

比值	分数	*A*	*B*	*C*	*D*
0. 0470					
. 0473706	572/12075	22	105	26	115
. 0473783	253/5340	22	89	23	120
. 0474083	75/1582	21	98	25	113
. 0474227	23/485	20	97	23	100
. 0474308	12/253	20	92	24	110
. 0474409	520/10961	20	97	26	113
. 0474603	299/6300	23	105	26	120
. 0474783	273/5750	21	100	26	115
. 0474926	161/3390	21	90	23	113
0. 0475					
. 0475160	483/10165	21	95	23	107
. 0475543	35/736	21	92	25	120
. 0475560	575/12091	23	107	25	113
. 0475973	104/2185	20	95	26	115
. 0476190	1/21	20	90	21	98
. 0476289	231/4850	21	97	22	100
. 0476371	126/2645	21	92	24	115
. 0476667	143/3000	22	100	26	120
. 0476826	250/5243	20	98	25	107
. 0477273	21/440	20	80	21	110
. 0477674	46/963	20	90	23	107
. 0477922	92/1925	23	105	24	110
. 0478261	11/230	20	80	22	115
. 0478469 *	10/209	20	95	25	110
. 0478917	92/1921	20	85	23	113
. 0478971	525/10961	21	97	25	113
. 0479167	23/480	20	80	23	120
. 0479351	65/1356	25	113	26	120
. 0479452	7/146	20	73	21	120
. 0479751	77/1605	21	90	22	107
0. 0480					
. 0480000	6/125	21	100	24	105
. 0480185	624/12995	24	113	26	115
. 0480263	483/10057	21	89	23	113
. 0480549	21/437	21	95	25	115
. 0480641	36/749	21	98	24	107
. 0480999	462/9605	21	85	22	113
. 0481100	14/291	20	90	21	97
. 0481203	32/665	20	95	24	105
. 0481541	30/623	20	89	21	98
. 0481742	500/10379	20	97	25	107
. 0481928	4/83	20	83	21	105
. 0482090	572/11865	22	105	26	113
. 0482297	252/5225	21	95	24	110
. 0482375	26/539	20	98	26	110
. 0482456	11/228	22	95	25	120

比值	分数	*A*	*B*	*C*	*D*
0. 0480					
. 0482703	60/1243	20	110	30	113
. 0483041	460/9523	20	89	23	107
. 0483092 *	10/207	20	90	25	115
. 0483186	273/5650	21	100	26	113
. 0483314	42/869	20	79	21	110
. 0483782	88/1819	20	85	22	107
. 0484023	462/9545	21	83	22	115
. 0484211	23/475	20	95	23	100
. 0484315	88/1817	20	79	22	115
. 0484397	104/2147	20	95	26	113
. 0484472	39/805	21	98	26	115
. 0484619	115/2373	23	105	25	113
. 0484848	8/165	20	90	24	110
. 0484940	161/3320	21	83	23	120
0. 0485					
. 0485141	462/9523	21	89	22	107
. 0485232	23/474	20	79	23	120
. 0485596	504/10379	21	97	24	107
. 0485909	50/1029	20	98	25	105
. 0485981	26/535	20	100	26	107
. 0486111	7/144	21	90	25	120
. 0486316	231/4750	21	95	22	100
. 0486395	143/2940	22	98	26	120
. 0486505	420/8633	20	89	21	97
. 0486726	11/226	20	80	22	113
. 0486772	46/945	20	90	23	105
. 0486891	13/267	20	89	26	120
. 0486957	28/575	20	75	21	115
. 0487342	77/1580	21	79	22	120
. 0487523	506/10379	22	97	23	107
. 0487607	120/2461	20	92	24	107
. 0487879	161/3300	21	90	23	110
. 0488021	55/1127	20	92	22	98
. 0488520	100/2047	20	89	25	115
. 0488889	11/225	20	75	22	120
. 0489054	105/2147	21	95	25	113
. 0489467	546/11155	21	97	26	115
. 0489796	12/245	20	98	24	100
0. 0490					
. 0490196 *	5/102	20	85	25	120
. 0490296	48/979	20	89	24	110
. 0490457	460/9379	20	83	23	113
. 0490654	21/428	20	80	21	107
. 0490918	100/2037	20	97	25	105
. 0491049	96/1955	20	85	24	115
. 0491228	14/285	20	90	21	95

（续）

比值	分数	*A*	*B*	*C*	*D*
0. 0490					
. 0491322	184/3745	23	105	24	107
. 0491409	143/2910	22	97	26	120
. 0491493	26/529	20	92	26	115
. 0491573	35/712	21	89	25	120
. 0491740	253/5145	22	98	23	105
. 0491849	528/10735	22	95	24	113
. 0491884	100/2033	20	95	25	107
. 0491979	46/935	20	85	23	110
. 0492242	92/1869	20	89	23	105
. 0492428	504/10235	21	89	24	115
. 0492590	462/9379	21	83	22	113
. 0492754	17/345	20	115	34	120
. 0492887	440/8927	20	79	22	113
. 0492958	7/142	20	71	21	120
. 0493052	110/2231	20	92	22	97
. 0493281	312/6325	24	110	26	115
. 0493361	483/9790	21	89	23	110
. 0493458	132/2675	22	100	24	107
. 0493986	115/2328	23	97	25	120
. 0494092	46/931	20	95	23	98
. 0494382	22/445	20	89	22	100
. 0494565	91/1840	21	92	26	120
. 0494845	24/485	20	97	24	100
0. 0495					
. 0495238	26/525	20	100	26	105
. 0495440	440/8881	20	83	22	107
. 0495575	28/565	20	75	21	113
. 0495819	504/10165	21	95	24	107
. 0495899	260/5243	20	98	26	107
. 0496078	253/5100	22	85	23	120
. 0496219	105/2116	21	92	25	115
. 0496364	273/5500	21	100	26	110
. 0496747	84/1691	20	89	21	95
. 0496809	506/10185	22	97	23	105
. 0496865	420/8453	20	79	21	107
. 0497166	500/10057	20	89	25	113
. 0497391	143/2875	22	100	26	115
. 0497542	253/5085	22	90	23	113
. 0497608	52/1045	20	95	26	110
. 0497787	506/10165	22	95	23	107
. 0497938	483/9700	21	97	23	100
. 0498024	63/1265	21	92	24	110
. 0498130	546/10961	21	97	26	113
. 0498188	55/1104	22	92	25	120
. 0498333	299/6000	23	100	26	120
. 0498442	16/321	20	90	24	107
. 0498465	276/5537	23	98	24	113
. 0498866	22/441	20	90	22	98
. 0499055	132/2645	22	92	24	115
. 0499186	92/1843	20	95	23	97
. 0499740	96/1921	20	85	24	113
. 0499771	546/10925	21	95	26	115
0. 0500					
. 0500000	1/20	20	92	23	100
. 0500192	130/2599	20	92	26	113
. 0500298	84/1679	20	73	21	115
. 0500668	75/1498	21	98	25	107
. 0501012	520/10379	20	97	26	107
. 0501143	504/10057	21	89	24	113
. 0501253 *	20/399	20	95	25	105
. 0501475	17/339	20	113	34	120
. 0501558	161/3210	21	90	23	107
. 0501754	143/2850	22	95	26	120
. 0502008	25/498	20	83	25	120
. 0502174	231/4600	21	80	22	115
. 0502283	11/219	20	73	22	120
. 0502415	52/1035	20	90	26	115
. 0502881	96/1909	20	83	24	115
. 0503125	161/3200	21	80	23	120
. 0503432	22/437	20	92	22	95
. 0503529	264/5243	22	98	24	107
. 0503604	552/10961	23	97	24	113
. 0503834	46/913	20	83	23	110
. 0504043	480/9523	20	89	24	107
. 0504202	6/119	20	85	21	98
. 0504386	23/456	23	95	25	120
. 0504471	220/4361	20	89	22	98
. 0504944	240/4753	20	97	24	98
0. 0505					
. 0505002	525/10396	21	92	25	113
. 0505051 *	5/99	20	90	25	110
. 0505263	24/475	20	95	24	100
. 0505556	91/1800	21	90	26	120
. 0505689	40/791	20	105	30	113
. 0505772	92/1819	20	85	23	107
. 0506024	21/415	20	83	21	100
. 0506195	143/2825	22	100	26	113
. 0506329	4/79	20	79	21	105
. 0506494	39/770	21	98	26	110
. 0506838	63/1243	21	110	30	113
. 0507111	624/12305	24	107	26	115
. 0507193	483/9523	21	89	23	107

（续）

比值	分数	*A*	*B*	*C*	*D*	比值	分数	*A*	*B*	*C*	*D*
0.0505						0.0510					
.0507268	506/9975	22	95	23	105	.0514620	44/855	20	90	22	95
.0507542	286/5635	22	98	26	115	.0514706	7/136	21	85	25	120
.0507937	16/315	20	90	24	105	.0514811	252/4895	21	89	24	110
.0508032	253/4980	22	83	23	120	.0514980	483/9379	21	83	23	113
.0508061	104/2047	20	89	26	115	0.0515					
.0508421	483/9500	21	95	23	100	.0515152	17/330	20	110	34	120
.0508531	462/9085	21	79	22	115	.0515291	460/8927	20	79	23	113
.0508617	546/10735	21	95	26	113	.0515406	92/1785	20	85	23	105
.0508720	528/10379	22	97	24	107	.0515464	5/97	20	92	23	97
.0508850	23/452	20	80	23	113	.0515575	48/931	20	95	24	98
.0509091	14/275	20	75	21	110	.0515877	528/10235	22	89	24	115
.0509153	420/8249	20	73	21	113	.0516068	273/5290	21	92	26	115
.0509259	11/216	22	90	25	120	.0516224	35/678	21	90	25	113
.0509400	84/1649	20	85	21	97	.0516327	253/4900	22	98	23	100
.0509494	161/3160	21	79	23	120	.0516432	11/213	20	71	22	120
.0509672	440/8633	20	89	22	97	.0516478	105/2033	21	95	25	107
.0509804	13/255	20	85	26	120	.0516578	483/9350	21	85	23	110
0.0510						.0516770	208/4025	24	105	26	115
.0510145	88/1725	20	75	22	115	.0516854	23/445	20	89	23	100
.0510204	5/98	20	92	23	98	.0517053	520/10057	20	89	26	113
.0510280	273/5350	21	100	26	107	.0517338	276/5335	23	97	24	110
.0510555	104/2037	20	97	26	105	.0517391	119/2300	21	115	34	120
.0510725	50/979	20	89	25	110	.0517531	462/8927	21	79	22	113
.0511111	23/450	20	90	23	100	.0517647	22/425	20	85	22	100
.0511236	91/1780	21	89	26	120	.0517705	231/4462	21	92	22	97
.0511308	52/1017	20	90	26	113	.0517960	460/8881	20	83	23	107
.0511509*	20/391	20	85	25	115	.0518116	143/2760	22	92	26	120
.0511559	104/2033	20	95	26	107	.0518409	176/3395	22	97	24	105
.0511715	273/5335	21	97	26	110	.0518775	105/2024	21	92	25	110
.0511782	480/9379	20	83	24	113	.0519101	231/4450	21	89	22	100
.0511987	126/2461	21	92	24	107	.0519174	88/1695	20	75	22	113
.0512059	138/2695	23	98	24	110	.0519429	528/10165	22	95	24	107
.0512343	110/2147	22	95	25	113	.0519481*	4/77	20	105	30	110
.0512422	33/644	21	92	22	98	.0519588	126/2425	21	97	24	100
.0512775	572/11155	22	97	26	115	.0519849	55/1058	22	92	25	115
.0512946	105/2047	21	89	25	115	0.0520					
.0513120	88/1715	22	98	24	105	.0520000	13/250	21	100	26	105
.0513333	77/1500	21	75	22	120	.0520124	84/1615	20	85	21	95
.0513369	48/935	20	85	24	110	.0520212	462/8881	21	83	22	107
.0513644	32/623	20	89	24	105	.0520402	88/1691	20	89	22	95
.0513746	299/5820	23	97	26	120	.0520525	440/8453	20	79	22	107
.0513834	13/253	20	92	26	110	.0520562	100/1921	20	85	25	113
.0514019	11/214	20	80	22	107	.0520694	39/749	21	98	26	107
.0514206	552/10735	23	95	24	113	.0520833*	5/96	20	80	25	120
.0514286	9/175	21	98	24	100	.0520890	96/1843	20	95	24	97
.0514391	84/1633	20	71	21	115	.0521049	630/12091	21	107	30	113

（续）

比值	分数	A	B	C	D
0.0520					
.0521303	104/1995	20	95	26	105
.0521542	23/441	20	90	23	98
.0521649	253/4850	22	97	23	100
.0521739	6/115	20	92	24	100
.0521850	572/10961	22	97	26	113
.0522024	525/10057	21	89	25	113
.0522088	13/249	20	83	26	120
.0522388	7/134	20	67	21	120
.0522488	273/5225	21	95	26	110
.0522727	23/440	20	80	23	110
.0522928	65/1243	25	110	26	113
.0523039	42/803	20	73	21	110
.0523278	136/2599	20	113	34	115
.0523364	28/535	20	75	21	107
.0523495	420/8023	20	71	21	113
.0523570	572/10925	22	95	26	115
.0523810	11/210	20	70	22	120
.0524122	88/1679	20	73	22	115
.0524509	275/5243	22	98	25	107
.0524561	299/5700	23	95	26	120
.0524727	504/9605	21	85	24	113
0.0525					
.0525000	21/400	20	80	21	100
.0525114	23/438	20	73	23	120
.0525202	273/5198	21	92	26	113
.0525253	26/495	20	90	26	110
.0525441	253/4815	22	90	23	107
.0525739	48/913	20	83	24	110
.0525917	208/3955	24	105	26	113
.0525984	250/4753	20	97	25	98
.0526062	546/10379	21	97	26	107
.0526316	1/19	20	92	23	95
.0526416	276/5243	23	98	24	107
.0526549	119/2260	21	113	34	120
.0526809	506/9605	22	85	23	113
.0526919	46/873	20	90	23	97
.0527083	253/4800	22	80	23	120
.0527402	230/4361	20	89	23	98
.0527536	91/1725	21	90	26	115
.0527826	92/1743	20	83	23	105
.0528025	504/9545	21	83	24	115
.0528211	44/833	20	85	22	98
.0528343	96/1817	20	79	24	115
.0528604	231/4370	21	92	22	95
.0529025	483/9130	21	83	23	110
.0529101*	10/189	20	90	25	105
0.0525					
.0529245	504/9523	21	89	24	107
.0529344	46/869	20	79	23	110
.0529630	143/2700	22	90	26	120
.0529695	33/623	21	89	22	98
.0529916	550/10379	22	97	25	107
0.0530					
.0530120	22/415	20	83	22	100
.0530191	36/679	21	97	24	98
.0530303	7/132	21	90	25	110
.0530440	88/1659	20	79	22	105
.0530526	126/2375	21	95	24	100
.0530612	13/245	20	98	26	100
.0530973	6/113	20	70	21	113
.0531061	483/9095	21	85	23	107
.0531154	52/979	20	89	26	110
.0531345	506/9523	22	89	23	107
.0531401	11/207	22	90	25	115
.0531646	21/395	20	79	21	100
.0531843	552/10379	23	97	24	107
.0531969	104/1955	20	85	26	115
.0532265	598/11235	23	105	26	107
.0532387	60/1127	20	92	24	98
.0532632	253/4750	22	95	23	100
.0532657	84/1577	20	83	21	95
.0532839	460/8633	20	89	23	97
.0533106	500/9379	20	83	25	113
.0533333	4/75	20	90	24	100
.0533398	440/8249	20	73	22	113
.0533464	546/10235	21	89	26	115
.0533657	88/1649	20	85	22	97
.0533755	253/4740	22	79	23	120
.0534045	40/749	20	105	30	107
.0534292	483/9040	21	80	23	113
.0534500	55/1029	22	98	25	105
.0534579	143/2675	22	100	26	107
.0534759*	10/187	20	85	25	110
0.0535					
.0535045	100/1869	20	89	25	105
.0535156	462/8633	21	89	22	97
.0535294	91/1700	21	85	26	120
.0535450	253/4725	22	90	23	105
.0535581	143/2670	22	89	26	120
.0535652	154/2875	21	75	22	115
.0536082	26/485	20	97	26	100
.0536232	37/690	20	115	37	120
.0536261	105/1958	21	89	25	110

（续）

比值	分数	A	B	C	D
0. 0535					
. 0536367	132/2461	22	92	24	107
. 0536667	161/3000	21	75	23	120
. 0536873	91/1695	21	90	26	113
. 0537057	50/931	20	95	25	98
. 0537383	23/428	20	80	23	107
. 0537549	68/1265	20	110	34	115
. 0537590	650/12091	25	107	26	113
. 0537703	420/7811	20	73	21	107
. 0537772	42/781	20	71	21	110
. 0537875	120/2231	20	92	24	97
. 0538012	46/855	20	90	23	95
. 0538302	26/483	20	92	26	105
. 0538390	115/2136	23	89	25	120
. 0538462	7/130	20	65	21	120
. 0538669	140/2599	20	113	35	115
. 0538776	66/1225	22	98	24	100
. 0538885	88/1633	20	71	22	115
. 0539037	252/4675	21	85	24	110
. 0539216	11/204	22	85	25	120
. 0539326	24/445	20	89	24	100
. 0539503	506/9379	22	83	23	113
. 0539720	231/4280	21	80	22	107
. 0539906	23/426	20	71	23	120
. 0539979	52/963	20	90	26	107
0. 0540					
. 0540153	528/9775	22	85	24	115
. 0540260	104/1925	24	105	26	110
. 0540351	77/1425	21	90	22	95
. 0540480	480/8881	20	83	24	107
. 0540643	143/2645	22	92	26	115
. 0540806	55/1017	22	90	25	113
. 0540939	220/4067	20	83	22	98
. 0541055	483/8927	21	79	23	113
. 0541176	23/425	20	85	23	100
. 0541385	104/1921	20	85	26	113
. 0541466	506/9345	22	89	23	105
. 0541667	13/240	20	80	26	120
. 0541810	300/5537	20	98	30	113
. 0541973	184/3395	23	97	24	105
. 0542254	77/1420	21	71	22	120
. 0542495	30/553	20	79	21	98
. 0542594	100/1843	20	95	25	97
. 0542697	483/8900	21	89	23	100
. 0542773	92/1695	20	75	23	113
. 0542905	546/10057	21	89	26	113
. 0543040	552/10165	23	95	24	107

比值	分数	A	B	C	D
0. 0540					
. 0543478	5/92	20	92	25	100
. 0543636	299/5500	23	100	26	110
. 0543858	483/8881	21	83	23	107
. 0544057	92/1691	20	89	23	95
. 0544218	8/147	20	90	24	98
. 0544330	132/2425	22	97	24	100
. 0544788	104/1909	20	83	26	115
. 0544892	88/1615	20	85	22	95
0. 0545					
. 0545101	84/1541	20	67	21	115
. 0545171	35/642	21	90	25	107
. 0545455	3/55	20	70	21	110
. 0545571	598/10961	23	97	26	113
. 0545723	37/678	20	113	37	120
. 0545861	660/12091	20	107	33	113
. 0546046	520/9523	20	89	26	107
. 0546422	462/8455	21	89	22	95
. 0546516	440/8051	20	83	22	97
. 0546584	44/805	20	70	22	115
. 0546875	7/128	21	80	25	120
. 0547023	260/4753	20	97	26	98
. 0547064	68/1243	20	110	34	113
. 0547264	11/201	20	67	22	120
. 0547368	26/475	20	95	26	100
. 0547619	23/420	20	70	23	120
. 0547826	63/1150	21	80	24	115
. 0547945	4/73	20	73	21	105
. 0548088	420/7663	20	79	21	97
. 0548193	91/1660	21	83	26	120
. 0548287	88/1605	20	75	22	107
. 0548423	440/8023	20	71	22	113
. 0548523	13/237	20	79	26	120
. 0548864	483/8800	21	80	23	110
. 0549020	14/255	20	85	21	90
. 0549105	506/9215	22	95	23	97
. 0549199	24/437	20	92	24	95
. 0549442	714/12995	21	113	34	115
. 0549714	528/9605	22	85	24	113
. 0549828	16/291	20	90	24	97
0. 0550					
. 0550000	11/200	21	70	22	120
. 0550212	143/2599	22	92	26	113
. 0550332	240/4361	20	89	24	98
. 0550358	100/1817	20	79	25	115
. 0550775	32/581	20	83	24	105
. 0551113	572/10379	22	97	26	107

（续）

比值	分数	A	B	C	D
0.0550					
.0551297	525/9523	21	89	25	107
.0551370	161/2920	21	73	23	120
.0551515	91/1650	21	90	26	110
.0551622	187/3390	22	113	34	120
.0552026	252/4565	21	83	24	110
.0552221	46/833	20	85	23	98
.0552283	75/1358	21	97	25	98
.0552359	48/869	20	79	24	110
.0552632	21/380	20	80	21	95
.0552657	286/5175	22	90	26	115
.0552850	420/7597	20	71	21	107
.0553097	25/452	20	80	25	113
.0553169	528/9545	22	83	24	115
.0553265	161/2910	21	90	23	97
.0553383	184/3325	23	95	24	105
.0553704	299/5400	23	90	26	120
.0553797	35/632	21	79	25	120
.0554003	575/10379	23	97	25	107
.0554059	144/2599	24	113	30	115
.0554217	23/415	20	83	23	100
.0554430	520/9379	20	83	26	113
.0554570	125/2254	20	92	25	98
.0554748	420/7571	20	67	21	113
.0554761	504/9085	21	79	24	115
0.0555					
.0555109	69/1243	23	110	30	113
.0555188	84/1513	20	85	21	89
.0555439	264/4753	22	97	24	98
.0555556	1/18	20	90	23	92
.0555811	483/8690	21	79	23	110
.0555879	286/5145	22	98	26	105
.0556006	480/8633	20	89	24	97
.0556150	52/935	20	85	26	110
.0556258	44/791	20	70	22	113
.0556447	104/1869	20	89	26	105
.0556522	32/575	20	75	24	115
.0556627	231/4150	21	83	22	100
.0556818	49/880	21	110	35	120
.0556962	22/395	20	79	22	100
.0557056	598/10735	23	95	26	113
.0557522	63/1130	21	80	24	113
.0557643	460/8249	20	73	23	113
.0557712	273/4895	21	89	26	110
.0557914	92/1649	20	85	23	97
.0558022	88/1577	20	83	22	95
.0558419	65/1164	25	97	26	120
0.0555					
.0558539	52/931	20	95	26	98
.0558568	546/9775	21	85	26	115
.0558730	88/1575	20	75	22	105
.0558795	115/2058	23	98	25	105
.0558867	572/10235	22	89	26	115
.0559006	9/161	21	92	24	98
.0559390	624/11155	24	97	26	115
.0559481	483/8633	21	89	23	97
.0559627	84/1501	20	79	21	95
.0559735	253/4520	22	80	23	113
.0559761	525/9379	21	83	25	113
.0559925	299/5340	23	89	26	120
0.0560					
.0560000	7/125	20	75	21	100
.0560068	462/8249	21	73	22	113
.0560224*	20/357	20	85	25	105
.0560287	125/2231	20	92	25	97
.0560450	299/5335	23	97	26	110
.0560606	37/660	20	110	37	120
.0560748	6/107	20	70	21	107
.0560784	143/2550	22	85	26	120
.0561224	11/196	20	80	22	98
.0561404	16/285	20	90	24	95
.0561497	21/374	21	85	25	110
.0561610	572/10185	22	97	26	105
.0561798	5/89	20	89	23	92
.0561873	84/1495	20	65	21	115
.0562222	253/4500	22	75	23	120
.0562324	60/1067	20	97	30	110
.0562439	286/5085	22	90	26	113
.0562660	22/391	20	85	22	92
.0562771	13/231	25	105	26	110
.0562887	273/4850	21	97	26	100
.0563000	500/8881	20	83	25	107
.0563147	136/2415	20	105	34	115
.0563186	693/12305	21	107	33	115
.0563265	69/1225	23	98	24	100
.0563380	4/71	20	71	21	105
.0563482	312/5537	24	98	26	113
.0563725	23/408	23	85	25	120
.0563841	276/4895	23	89	24	110
.0563910	15/266	21	95	25	98
.0564103	11/195	20	65	22	120
.0564240	231/4094	21	89	22	92
.0564252	483/8560	21	80	23	107
.0564427	357/6325	21	110	34	115

（续）

比值	分数	A	B	C	D	比值	分数	A	B	C	D
0. 0560						0. 0570					
. 0564516	7/124	20	62	21	120	. 0571167	624/10925	24	95	26	115
. 0564579	504/8927	21	79	24	113	. 0571260	483/8455	21	89	23	95
. 0564706	24/425	20	85	24	100	. 0571358	460/8051	20	83	23	97
. 0564769	126/2231	21	92	24	97	. 0571743	104/1819	20	85	26	107
. 0564912	161/2850	21	90	23	95	. 0571818	84/1469	20	65	21	113
0. 0565						. 0572027	546/9545	21	83	26	115
. 0565008	176/3115	22	89	24	105	. 0572082	25/437	20	92	25	95
. 0565217	13/230	20	80	26	115	. 0572249	299/5225	23	95	26	110
. 0565388	115/2034	23	90	25	113	. 0572372	104/1817	20	79	26	115
. 0565527	230/4067	20	83	23	98	. 0572618	110/1921	22	85	25	113
. 0565602	147/2599	21	113	35	115	. 0572738	50/873	20	90	25	97
. 0565667	115/2033	23	95	25	107	. 0572852	46/803	20	73	23	110
. 0565830	462/8165	21	71	22	115	. 0572979	528/9215	22	95	24	97
. 0566292	126/2225	21	89	24	100	. 0573114	136/2373	20	105	34	113
. 0566372	32/565	20	75	24	113	. 0573209	92/1605	20	75	23	107
. 0566667	17/300	20	100	34	120	. 0573263	250/4361	20	89	25	98
. 0566820	506/8927	22	79	23	113	. 0573352	460/8023	20	71	23	113
. 0566893	25/441	20	90	25	98	. 0573723	100/1743	20	83	25	105
. 0567010	11/194	20	80	22	97	. 0573770	7/122	20	61	21	120
. 0567108	30/529	20	92	30	115	. 0573913	33/575	21	70	22	115
. 0567273	78/1375	24	100	26	110	. 0574038	88/1533	20	73	22	105
. 0567504	504/8881	21	83	24	107	. 0574188	440/7663	20	79	22	97
. 0567711	96/1691	20	89	24	95	. 0574297	143/2490	22	83	26	120
. 0567846	480/8453	20	79	24	107	. 0574374	39/679	21	97	26	98
. 0567986	33/581	21	83	22	98	. 0574627	77/1340	21	67	22	120
. 0568182*	5/88	20	80	25	110	. 0574701	552/9605	23	85	24	113
. 0568329	220/3871	20	79	22	98	. 0574765	630/10961	21	97	30	113
. 0568454	546/9605	21	85	26	113	0. 0575					
. 0568566	420/7387	20	83	21	89	. 0575000	23/400	20	80	23	100
. 0568758	572/10057	22	89	26	113	. 0575221	13/226	20	80	26	113
. 0568900	45/791	21	98	30	113	. 0575342	21/365	20	73	21	100
. 0569072	138/2425	23	97	24	100	. 0575374	50/869	20	79	25	110
. 0569170	72/1265	24	110	30	115	. 0575606	748/12995	22	113	34	115
. 0569291	624/10961	24	97	26	113	. 0575701	154/2675	21	75	22	107
. 0569358	55/966	22	92	25	105	. 0575844	462/8023	21	71	22	113
. 0569524	299/5250	23	100	26	105	. 0575949	91/1580	21	79	26	120
. 0569551	52/913	20	83	26	110	. 0576230	48/833	20	85	24	98
. 0569659	92/1615	20	85	23	95	. 0576324	37/642	20	107	37	120
. 0569756	506/8881	22	83	23	107	. 0576441	23/399	23	95	25	105
. 0569878	42/737	20	67	21	110	. 0576659	126/2185	21	92	24	95
0. 0570						. 0576752	65/1127	20	92	26	98
. 0570175	13/228	25	95	26	120	. 0577145	150/2599	20	92	30	113
. 0570284	299/5243	23	98	26	107	. 0577240	105/1819	21	85	25	107
. 0570652	21/368	20	80	21	92	. 0577320	28/485	20	75	21	97
. 0570776	25/438	20	73	25	120	. 0577500	231/4000	21	80	22	100
. 0571058	88/1541	20	67	22	115	. 0577626	253/4380	22	73	23	120

（续）

比值	分数	A	B	C	D
0. 0575					
. 0577740	68/1177	20	107	34	110
. 0577778	13/225	20	75	26	120
. 0577876	105/1817	20	79	21	92
. 0578090	600/10379	20	97	30	107
. 0578231	17/294	20	98	34	120
. 0578313	24/415	20	83	24	100
. 0578549	130/2247	25	105	26	107
. 0578582	275/4753	22	97	25	98
. 0578662	32/553	20	79	24	105
. 0578850	156/2695	24	98	26	110
. 0578947	11/190	20	80	22	95
. 0579173	500/8633	20	89	25	97
. 0579649	552/9523	23	89	24	107
. 0579710	4/69	20	90	24	92
. 0579832	69/1190	21	85	23	98
. 0579977	252/4345	21	79	24	110
0. 0580					
. 0580142	253/4361	22	89	23	98
. 0580169	55/948	22	79	25	120
. 0580252	714/12305	21	107	34	115
. 0580539	528/9095	22	85	24	107
. 0580608	506/8715	22	83	23	105
. 0580686	276/4753	23	97	24	98
. 0580752	105/1808	21	80	25	113
. 0581028	147/2530	21	110	35	115
. 0581053	138/2375	23	95	24	100
. 0581165	440/7571	20	67	22	113
. 0581276	624/10735	24	95	26	113
. 0581542	46/791	20	70	23	113
. 0581626	88/1513	20	85	22	89
. 0581818	16/275	20	75	24	110
. 0581889	480/8249	20	73	24	113
. 0582011	11/189	22	90	25	105
. 0582171	96/1649	20	85	24	97
. 0582278	23/395	20	79	23	100
. 0582503	520/8927	20	79	26	113
. 0582633	104/1785	20	85	26	105
. 0582698	130/2231	20	92	26	97
. 0583090	20/343	20	98	30	105
. 0583178	156/2675	24	100	26	107
. 0583333	7/120	20	60	21	120
. 0583386	92/1577	20	83	23	95
. 0583673	143/2450	22	98	26	100
. 0583806	504/8633	21	89	24	97
. 0583957	273/4675	21	85	26	110
. 0584071	33/565	21	70	22	113
0. 0580					
. 0584192	17/291	20	97	34	120
. 0584348	168/2875	21	75	24	115
. 0584416	9/154	21	98	30	110
. 0584795 *	10/171	20	90	25	95
. 0584980	74/1265	20	110	37	115
0. 0585					
. 0585128	144/2461	24	107	30	115
. 0585166	572/9775	22	85	26	115
. 0585526	483/8249	21	73	23	113
. 0585626	66/1127	22	92	24	98
. 0585810	483/8245	21	85	23	97
. 0585856	420/7169	20	67	21	107
. 0586123	506/8633	22	89	23	97
. 0586224	120/2047	20	89	24	92
. 0586276	88/1501	20	79	22	95
. 0586416	550/9379	22	83	25	113
. 0586466	39/665	21	95	26	98
. 0586735	23/392	20	80	23	98
. 0586854	25/426	20	71	25	120
. 0586960	325/5537	25	98	26	113
. 0587084	30/511	20	73	21	98
. 0587334	115/1958	23	89	25	110
. 0587413	42/715	20	65	21	110
. 0587875	96/1633	20	71	24	115
. 0588004	299/5085	23	90	26	113
. 0588104	525/8927	21	79	25	113
. 0588235	1/17	20	85	23	92
. 0588301	525/8924	21	92	25	97
. 0588549	552/9379	23	83	24	113
. 0588629	88/1495	20	65	22	115
. 0588745	68/1155	20	105	34	110
. 0588785	63/1070	21	80	24	107
. 0588913	460/7811	20	73	23	107
. 0588988	46/781	20	71	23	110
. 0589060	42/713	20	62	21	115
. 0589286	33/560	21	80	22	98
. 0589474	28/475	20	75	21	95
. 0589569	26/441	20	90	26	98
. 0589744	23/390	20	65	23	120
. 0589792	156/2645	24	92	26	115
. 0589888	21/356	20	80	21	89
. 0589971	20/339	20	75	25	113
0. 0590					
. 0590116	240/4067	20	83	24	98
. 0590208	88/1491	20	71	22	105
. 0590261	120/2033	20	95	30	107

（续）

比值	分数	*A*	*B*	*C*	*D*
0.0590					
.0590374	276/4675	23	85	24	110
.0590522	714/12091	21	107	34	113
.0590717	14/237	20	79	21	90
.0590793	231/3910	21	85	22	92
.0590909	13/220	20	80	26	110
.0591121	253/4280	22	80	23	107
.0591304	34/575	20	100	34	115
.0591366	100/1691	20	89	25	95
.0591549	21/355	20	71	21	100
.0591597	176/2975	22	85	24	105
.0591663	132/2231	22	92	24	97
.0591813	253/4275	22	90	23	95
.0592133	143/2415	22	92	26	105
.0592308	77/1300	21	65	22	120
.0592424	391/6600	23	110	34	120
.0592512	546/9215	21	95	26	97
.0592784	23/388	20	80	23	97
.0592911	276/4655	23	95	24	98
.0593012	650/10961	25	97	26	113
.0593137	420/7081	20	73	21	97
.0593220	7/118	20	59	21	120
.0593258	132/2225	22	89	24	100
.0593478	273/4600	21	80	26	115
.0593607	13/219	20	73	26	120
.0593651	187/3150	22	105	34	120
.0593804	69/1162	21	83	23	98
.0593897	253/4260	22	71	23	120
.0593977	286/4815	22	90	26	107
.0594162	230/3871	20	79	23	98
.0594286	52/875	24	100	26	105
.0594427	96/1615	20	85	24	95
.0594528	528/8881	22	83	24	107
.0594611	598/10057	23	89	26	113
.0594690	168/2825	21	75	24	113
.0594966	26/437	20	92	26	95
0.0595					
.0595079	312/5243	24	98	26	107
.0595238*	5/84	20	70	25	120
.0595294	253/4250	22	85	23	100
.0595361	231/3880	21	80	22	97
.0595523	572/9605	22	85	26	113
.0595593	100/1679	20	73	25	115
.0595833	143/2400	22	80	26	120
.0595991	330/5537	20	98	33	113
.0596097	504/8455	21	89	24	95
.0596199	480/8051	20	83	24	97

比值	分数	*A*	*B*	*C*	*D*
0.0595					
.0596273	48/805	20	70	24	115
.0596491	17/285	20	95	34	120
.0596591	21/352	21	80	25	110
.0596745	33/553	21	79	22	98
.0596853	110/1843	22	95	25	97
.0597015	4/67	20	67	21	105
.0597050	506/8475	22	75	23	113
.0597318	147/2461	21	107	35	115
.0597403	23/385	20	70	23	110
.0597758	48/803	20	73	24	110
.0597922	777/12995	21	113	37	115
.0598028	273/4565	21	83	26	110
.0598131	32/535	20	75	24	107
.0598280	480/8023	20	71	24	113
.0598389	52/869	20	79	26	110
.0598462	506/8455	22	89	23	95
.0598639	44/735	20	70	22	105
.0598717	84/1403	20	61	21	115
.0599023	552/9215	23	95	24	97
.0599251	16/267	20	89	24	90
.0599486	210/3503	20	62	21	113
.0599611	462/7705	21	67	22	115
.0599688	77/1284	22	107	35	120
.0599925	483/8051	21	83	23	97
0.0600					
.0600000	3/50	20	80	24	100
.0600130	92/1533	20	73	23	105
.0600240	50/833	20	85	25	98
.0600287	460/7663	20	79	23	97
.0600357	504/8395	21	73	24	115
.0600746	161/2680	21	67	23	120
.0600801	45/749	21	98	30	107
.0600991	546/9085	21	79	26	115
.0601093	11/183	20	61	22	120
.0601214	624/10379	24	97	26	107
.0601307	46/765	20	85	23	90
.0601375	35/582	21	90	25	97
.0601494	483/8030	21	73	23	110
.0601725	286/4753	22	97	26	98
.0601770	34/565	20	100	34	113
.0601869	161/2675	21	75	23	107
.0602019	483/8023	21	71	23	113
.0602105	143/2375	22	95	26	100
.0602340	520/8633	20	89	26	97
.0602410	5/83	20	83	23	92
.0602609	693/11500	21	100	33	115

（续）

比值	分数	*A*	*B*	*C*	*D*
0.0600					
.0602740	22/365	20	73	22	100
.0602773	100/1659	20	79	25	105
.0602899	104/1725	20	75	26	115
.0602968	65/1078	25	98	26	110
.0603448	7/116	20	58	21	120
.0603622	30/497	20	71	21	98
.0603750	483/8000	21	80	23	100
.0603801	575/9523	23	89	25	107
.0603865	25/414	20	90	25	92
.0603982	273/4520	21	80	26	113
.0604143	105/1738	21	79	25	110
.0604600	276/4565	23	83	24	110
.0604728	110/1819	22	85	25	107
.0604811	88/1455	20	75	22	97
.0604881	575/9506	23	97	25	98
0.0605					
.0605029	231/3818	21	83	22	92
.0605140	259/4280	21	107	37	120
.0605263	23/380	20	80	23	95
.0605394	110/1817	20	79	22	92
.0605502	460/7597	20	71	23	107
.0605590	39/644	21	92	26	98
.0605852	176/2905	22	83	24	105
.0606002	315/5198	21	92	30	113
.0606134	500/8249	20	73	25	113
.0606428	100/1649	20	85	25	97
.0606540	115/1896	23	79	25	120
.0606627	357/5885	21	107	34	110
.0606667	91/1500	21	75	26	120
.0606827	48/791	20	70	24	113
.0606927	552/9095	23	85	24	107
.0606995	630/10379	21	97	30	107
.0607143	17/280	21	98	34	120
.0607229	126/2075	21	83	24	100
.0607443	253/4165	22	85	23	98
.0607477	13/214	20	80	26	107
.0607595	24/395	20	79	24	100
.0607895	231/3800	21	80	22	95
.0608063	92/1513	20	85	23	89
.0608187	52/855	20	90	26	95
.0608407	55/904	22	80	25	113
.0608466	23/378	23	90	25	105
.0608614	65/1068	25	89	26	120
.0608696	7/115	20	60	21	115
.0608751	96/1577	20	83	24	95
.0609034	391/6420	23	107	34	120
0.0605					
.0609185	65/1067	25	97	26	110
.0609314	420/6893	20	61	21	113
.0609524	32/525	20	75	24	105
.0609639	253/4150	22	83	23	100
.0609673	624/10235	24	89	26	115
.0609848	161/2640	23	110	35	120
.0609873	572/9379	22	83	26	113
0.0610					
.0610006	506/8295	22	79	23	105
.0610223	462/7571	21	67	22	113
.0610329	13/213	20	71	26	120
.0610650	125/2047	20	89	25	92
.0610707	462/7565	21	85	22	89
.0610827	299/4895	23	89	26	110
.0610909	84/1375	21	75	24	110
.0610983	504/8249	21	73	24	113
.0611111	11/180	20	60	22	120
.0611280	504/8245	21	85	24	97
.0611392	483/7900	21	79	23	100
.0611628	546/8927	21	79	26	113
.0611725	72/1177	24	107	30	110
.0611765	26/425	20	85	26	100
.0611884	242/3955	22	105	33	113
.0612025	740/12091	20	107	37	113
.0612092	572/9345	22	89	26	105
.0612245	3/49	20	80	24	98
.0612370	100/1633	20	71	25	115
.0612500	49/800	21	100	35	120
.0612555	483/7885	21	83	23	95
.0612666	208/3395	24	97	26	105
.0612836	148/2415	20	105	37	115
.0612925	92/1501	20	79	23	95
.0613072	575/9379	23	83	25	113
.0613333	23/375	20	75	23	100
.0613408	506/8249	22	73	23	113
.0613483	273/4450	21	89	26	100
.0613569	104/1695	20	75	26	113
.0613705	506/8245	22	85	23	97
.0613811	24/391	20	85	24	92
.0613871	624/10165	24	95	26	107
.0614035	7/114	20	57	21	120
.0614051	340/5537	20	98	34	113
.0614152	46/749	20	70	23	107
.0614367	65/1058	25	92	26	115
.0614518	480/7811	20	73	24	107
.0614597	48/781	20	71	24	110

（续）

比值	分数	A	B	C	D
0.0610					
.0614704	250/4067	20	83	25	98
.0614796	546/8881	21	83	26	107
.0614907	99/1610	21	98	33	115
0.0615					
.0615041	220/3577	20	73	22	98
.0615166	520/8453	20	79	26	107
.0615302	115/1869	23	89	25	105
.0615385	4/65	20	65	21	105
.0615535	126/2047	21	89	24	92
.0615590	462/7505	21	79	22	95
.0615797	46/747	20	83	23	90
.0615942	17/276	20	92	34	120
.0616000	77/1250	21	75	22	100
.0616108	550/8927	22	79	25	113
.0616197	35/568	21	71	25	120
.0616316	275/4462	22	92	25	97
.0616495	299/4850	23	97	26	100
.0616601	78/1265	24	92	26	110
.0616667	37/600	20	100	37	120
.0616822	33/535	21	70	22	107
.0617036	92/1491	20	71	23	105
.0617111	44/713	20	62	22	115
.0617269	504/8165	21	71	24	115
.0617544	88/1425	20	75	22	95
.0617615	115/1862	23	95	25	98
.0617978	11/178	20	80	22	89
.0618060	462/7475	21	65	22	115
.0618182	17/275	20	100	34	110
.0618280	23/372	20	62	23	120
.0618438	483/7810	21	71	23	110
.0618474	77/1245	21	83	22	90
.0618557	6/97	20	80	24	97
.0618847	44/711	20	79	22	90
.0619013	84/1357	20	59	21	115
.0619195*	20/323	20	85	25	95
.0619300	550/8881	22	83	25	107
.0619416	104/1679	20	73	26	115
.0619469	7/113	20	60	21	113
.0619621	36/581	21	83	24	98
.0619718	22/355	20	71	22	100
.0619774	126/2033	21	95	30	107
0.0615					
.0619874	325/5243	25	98	26	107
.0619995	240/3871	20	79	24	98
0.0620					
.0620225	138/2225	23	89	24	100
.0620296	750/12091	25	107	30	113
.0620381	680/10961	20	97	34	113
.0620455	273/4400	21	80	26	110
.0620635	391/6300	23	105	34	120
.0620727	572/9215	22	95	26	97
.0620934	105/1691	21	89	25	95
.0621041	500/8051	20	83	25	97
.0621118*	10/161	20	70	25	115
.0621176	132/2125	22	85	24	100
.0621381	440/7081	20	73	22	97
.0621469	11/177	20	59	22	120
.0621552	552/8881	23	83	24	107
.0621739	143/2300	22	80	26	115
.0621891	25/402	20	67	25	120
.0622010	13/209	25	95	26	110
.0622080	253/4067	22	83	23	98
.0622423	483/7760	21	80	23	97
.0622530	63/1012	21	92	30	110
.0622592	598/9605	23	85	26	113
.0622716	460/7387	20	83	23	89
.0622917	299/4800	23	80	26	120
.0622972	96/1541	20	67	24	115
.0623053	20/321	20	75	25	107
.0623208	500/8023	20	71	25	113
.0623288	91/1460	21	73	26	120
.0623377	24/385	20	70	24	110
.0623583	55/882	22	90	25	98
.0623711	121/1940	22	97	33	120
.0623819	33/529	20	92	33	115
.0623870	69/1106	21	79	23	98
.0623983	115/1843	23	95	25	97
.0624149	504/8075	21	85	24	95
.0624220	50/801	20	89	25	90
.0624483	528/8455	22	89	24	95
.0624630	528/8453	22	79	24	107
.0624675	120/1921	20	85	30	113
.0625000*	1/16	20	80	25	100

注：1. 交换齿轮 50 个，齿数范围 20～120，相比表 4-1 增加齿数 21、22、26、105、107、110、113、115、120 共 9 种；齿数条件同表 4-1。

2. 表中 A、C 为主动轮齿数，B、D 为被动轮齿数，挂轮比 $i=(A/B)\times(C/D)$；表中"分数"即是实际挂轮比的简分数。

3. 表中挂轮比小数值的有效位数为 7 位，对理论无误差的精确挂轮比，需要按分数验证。表中包含挂轮比 0.0300～0.0625 范围内挂轮组数据 1300 余组。比值带"＊"数据表示挂轮齿数全部为 5 的倍数。

表 4-3　车铣设备比值挂轮表(0.0360 ~ 1.0000)

比值	分数	*A*	*B*	*C*	*D*
.0362319	5/138	20	115	25	120
.0378788	5/132	20	110	25	120
.0395257	10/253	20	110	25	115
.0396825	5/126	20	105	25	120
0.04					
.0414079	20/483	20	105	25	115
.0416667	1/24	20	100	25	120
.0432900	10/231	20	105	25	110
.0434783	1/23	20	100	25	115
.0438596	5/114	20	95	25	120
.0454545	1/22	20	100	25	110
.0457666	20/437	20	95	25	115
.0462963	5/108	20	90	25	120
.0474308	12/253	20	110	30	115
.0476190	1/21	20	100	25	105
.0478469	10/209	20	95	25	110
.0483092	10/207	20	90	25	115
.0490196	5/102	20	85	25	120
.0496894	8/161	20	105	30	115
0.05					
.0500000	1/20	20	100	30	120
.0501253	20/399	20	95	25	105
.0505051	5/99	20	90	25	110
.0507246	7/138	20	115	35	120
.0511509	20/391	20	85	25	115
.0519481	4/77	20	105	30	110
.0520833	5/96	20	80	25	120
.0521739	6/115	20	100	30	115
.0526316	1/19	20	95	25	100
.0529101	10/189	20	90	25	105
.0530303	7/132	20	110	35	120
.0534759	10/187	20	85	25	110
.0543478	5/92	20	80	25	115
.0545455	3/55	20	100	30	110
.0549199	24/437	20	95	30	115
.0553360	14/253	20	110	35	115
.0555556	1/18	20	90	25	100
.0560224	20/357	20	85	25	105
.0568182	5/88	20	80	25	110
.0571429	2/35	20	100	30	105
.0574163	12/209	20	95	30	110
.0579710	4/69	20	75	25	115
.0583333	7/120	20	100	35	120
.0584795	10/171	20	90	25	95
.0588235	1/17	20	85	25	100
.0592885	15/253	25	110	30	115
.0595238	5/84	20	70	25	120
0.06					
.0601504	8/133	20	95	30	105
.0606061	2/33	20	75	25	110
.0608696	7/115	20	100	35	115
.0613811	24/391	20	85	30	115
.0614035	7/114	20	95	35	120
.0619195	20/323	20	85	25	95
.0621118	10/161	20	70	25	115
.0625000	1/16	20	80	25	100
.0631579	6/95	20	95	30	100
.0653595	10/153	20	85	25	90
.0657895	5/76	20	80	25	95
.0666667	1/15	20	75	25	100
.0694444	5/72	20	80	25	90
0.07					
.0701754	4/57	20	75	25	95
.0705882	6/85	20	85	30	100
.0714286	1/14	20	70	25	100
.0735294	5/68	20	80	25	85
.0736842	7/95	20	95	35	100
.0740741	2/27	20	75	25	90
.0743034	24/323	20	85	30	95
.0750000	3/40	20	80	30	100
.0751880	10/133	20	70	25	95
.0769231	1/13	20	65	25	100
.0777778	7/90	20	90	35	100
.0784314	4/51	20	85	30	90
.0789474	3/38	25	95	30	100
0.08					
.0800000	2/25	20	75	30	100
.0818713	14/171	20	90	35	95
.0823529	7/85	20	85	35	100
.0833333	1/12	25	90	30	100
.0842105	8/95	20	75	30	95
.0857143	3/35	20	70	30	100
.0866873	28/323	20	85	35	95
.0875000	7/80	20	80	35	100
.0877193	5/57	25	90	30	95
.0882353	3/34	25	85	30	100
.0888889	4/45	20	75	30	90
0.09					
.0902256	12/133	20	70	30	95
.0915033	14/153	20	85	35	90
.0921053	7/76	25	95	35	100
.0923077	6/65	20	65	30	100
.0928793	30/323	25	85	30	95
.0933333	7/75	20	75	35	100

（续）

比值	分数	A	B	C	D	比值	分数	A	B	C	D
0.09						0.12					
.0935673	16/171	20	90	40	95	.1200000	3/25	20	75	45	100
.0937500	3/32	25	80	30	100	.1203008	16/133	20	70	40	95
.0941176	8/85	20	75	30	85	.1214575	30/247	25	65	30	95
.0947368	9/95	20	95	45	100	.1215278	35/288	25	80	35	90
.0952381	2/21	20	70	30	90	.1222222	11/90	20	90	55	100
.0971660	24/247	20	65	30	95	.1228070	7/57	25	75	35	95
.0972222	7/72	25	90	35	100	.1230769	8/65	20	65	40	100
.0980392	5/51	25	85	30	90	.1235294	21/170	30	85	35	100
.0982456	28/285	20	75	35	95	.1238390	40/323	25	85	40	95
.0986842	15/152	25	80	30	95	.1250000	1/8	25	60	30	100
.0990712	32/323	20	85	40	95	.1254902	32/255	20	75	40	85
0.10						.1260504	15/119	25	70	30	85
.1000000	1/10	25	75	30	100	.1263158	12/95	30	95	40	100
.1023392	35/342	25	90	35	95	.1269841	8/63	20	70	40	90
.1029412	7/68	25	85	35	100	.1272727	7/55	20	55	35	100
.1037037	14/135	20	75	35	90	.1282051	5/39	25	65	30	90
.1041667	5/48	25	80	30	90	.1285714	9/70	20	70	45	100
.1045752	16/153	20	85	40	90	.1286550	22/171	20	90	55	95
.1052632	2/19	25	75	30	95	.1286765	35/272	25	80	35	85
.1058824	9/85	20	85	45	100	.1294118	11/85	20	85	55	100
.1066667	8/75	20	75	40	100	.1295547	32/247	20	65	40	95
.1071429	3/28	25	70	30	100	.1296296	7/54	25	75	35	90
.1076923	7/65	20	65	35	100	0.13					
.1083591	35/323	25	85	35	95	.1300310	42/323	30	85	35	95
.1098039	28/255	20	75	35	85	.1307190	20/153	25	85	40	90
0.11						.1312500	21/160	30	80	35	100
.1102941	15/136	25	80	30	85	.1315789	5/38	25	60	30	95
.1105263	21/190	30	95	35	100	.1323529	9/68	25	85	45	100
.1111111	1/9	25	90	40	100	.1333333	2/15	30	90	40	100
.1114551	36/323	20	85	45	95	.1344538	16/119	20	70	40	85
.1122807	32/285	20	75	40	95	.1346154	7/52	25	65	35	100
.1125000	9/80	20	80	45	100	.1353383	18/133	20	70	45	95
.1127820	15/133	25	70	30	95	.1362229	44/323	20	85	55	95
.1133603	28/247	20	65	35	95	.1363636	3/22	25	55	30	100
.1142857	4/35	20	70	40	100	.1367521	16/117	20	65	40	90
.1143791	35/306	25	85	35	90	.1368421	13/95	20	95	65	100
.1151316	35/304	25	80	35	95	.1372549	7/51	25	75	35	85
.1153846	3/26	25	65	30	100	.1375000	11/80	20	80	55	100
.1157895	11/95	20	95	55	100	.1381579	21/152	30	80	35	95
.1166667	7/60	30	90	35	100	.1384615	9/65	20	65	45	100
.1169591	20/171	25	90	40	95	.1388889	5/36	25	70	35	90
.1176471	2/17	25	75	30	85	.1393189	45/323	25	85	45	95
.1184211	9/76	25	95	45	100	0.14					
.1185185	16/135	20	75	40	90	.1400000	7/50	30	75	35	100
.1190476	5/42	25	70	30	90	.1403509	8/57	25	75	40	95
.1196581	14/117	20	65	35	90	.1411765	12/85	30	85	40	100

（续）

比值	分数	*A*	*B*	*C*	*D*
0. 14					
. 1417004	35/247	25	65	35	95
. 1421053	27/190	30	95	45	100
. 1428571	1/7	25	70	40	100
. 1437908	22/153	20	85	55	90
. 1444444	13/90	20	90	65	100
. 1447368	11/76	25	95	55	100
. 1447964	32/221	20	65	40	85
. 1454545	8/55	20	55	40	100
. 1457490	36/247	20	65	45	95
. 1458333	7/48	25	60	35	100
. 1461988	25/171	25	90	50	95
. 1466667	11/75	20	75	55	100
. 1470588	5/34	25	70	35	85
. 1473684	14/95	30	75	35	95
. 1480263	45/304	25	80	45	95
. 1481481	4/27	25	75	40	90
. 1486068	48/323	30	85	40	95
. 1495726	35/234	25	65	35	90
0. 15					
. 1500000	3/20	30	70	35	100
. 1503759	20/133	25	70	40	95
. 1512605	18/119	20	70	45	85
. 1520468	26/171	20	90	65	95
. 1527778	11/72	25	90	55	100
. 1529412	13/85	20	85	65	100
. 1531100	32/209	20	55	40	95
. 1535088	35/228	25	60	35	95
. 1538462	2/13	25	65	40	100
. 1543860	44/285	20	75	55	95
. 1544118	21/136	30	80	35	85
. 1547988	50/323	25	85	50	95
. 1555556	7/45	35	90	40	100
. 1562500	5/32	25	70	35	80
. 1568627	8/51	25	75	40	85
. 1571429	11/70	20	70	55	100
. 1578947	3/19	30	70	35	95
. 1583710	35/221	25	65	35	85
. 1587302	10/63	25	70	40	90
. 1588235	27/170	30	85	45	100
. 1590909	7/44	25	55	35	100
0. 16					
. 1600000	4/25	30	75	40	100
. 1607143	9/56	25	70	45	100
. 1608187	55/342	25	90	55	95
. 1609907	52/323	20	85	65	95
. 1615385	21/130	30	65	35	100
0. 16					
. 1617647	11/68	25	85	55	100
. 1619433	40/247	25	65	40	95
. 1620370	35/216	25	60	35	90
. 1625000	13/80	20	80	65	100
. 1628959	36/221	20	65	45	85
. 1629630	22/135	20	75	55	90
. 1633987	25/153	25	85	50	90
. 1636364	9/55	20	55	45	100
. 1637427	28/171	35	90	40	95
. 1644737	25/152	25	80	50	95
. 1647059	14/85	30	75	35	85
. 1654135	22/133	20	70	55	95
. 1654412	45/272	25	80	45	85
. 1657895	63/380	35	95	45	100
. 1666667	1/6	25	60	40	100
. 1671827	54/323	30	85	45	95
. 1674641	35/209	25	55	35	95
. 1680672	20/119	25	70	40	85
. 1684211	16/95	30	75	40	95
. 1687500	27/160	30	80	45	100
. 1691729	45/266	25	70	45	95
. 1692308	11/65	20	65	55	100
. 1699346	26/153	20	85	65	90
0. 17					
. 1700405	42/247	30	65	35	95
. 1702786	55/323	25	85	55	95
. 1709402	20/117	25	65	40	90
. 1710526	13/76	25	95	65	100
. 1714286	6/35	30	70	40	100
. 1722488	36/209	20	55	45	95
. 1725490	44/255	20	75	55	85
. 1730769	9/52	25	65	45	100
. 1733333	13/75	20	75	65	100
. 1733746	56/323	35	85	40	95
. 1736111	25/144	25	80	50	90
. 1736842	33/190	30	95	55	100
. 1746032	11/63	20	70	55	90
. 1750000	7/40	25	50	35	100
. 1754386	10/57	25	60	40	95
. 1764706	3/17	30	70	35	85
. 1776316	27/152	30	80	45	95
. 1777778	8/45	30	75	40	90
. 1781377	44/247	20	65	55	95
. 1785714	5/28	25	70	40	80
. 1794872	7/39	30	65	35	90
. 1797386	55/306	25	85	55	90

（续）

比值	分数	A	B	C	D	比值	分数	A	B	C	D
0.18						0.19					
.1800000	9/50	30	75	45	100	.1968750	63/320	35	80	45	100
.1804511	24/133	30	70	40	95	.1973684	15/76	25	60	45	95
.1805556	13/72	25	90	65	100	.1981424	64/323	20	85	80	95
.1809211	55/304	25	80	55	95	.1984127	25/126	25	70	50	90
.1809955	40/221	25	65	40	85	.1985294	27/136	30	80	45	85
.1818182	2/11	25	55	40	100	.1988304	34/171	20	90	85	95
.1821862	45/247	25	65	45	95	.1990950	44/221	20	65	55	85
.1824561	52/285	20	75	65	95	0.20					
.1830065	28/153	35	85	40	90	.2000000	1/5	25	50	40	100
.1833333	11/60	30	90	55	100	.2008929	45/224	25	70	45	80
.1838235	25/136	25	80	50	85	.2009569	42/209	30	55	35	95
.1842105	7/38	30	60	35	95	.2012384	65/323	25	85	65	95
.1846154	12/65	30	65	40	100	.2016807	24/119	30	70	40	85
.1848739	22/119	20	70	55	85	.2019231	21/104	30	65	35	80
.1851852	5/27	25	60	40	90	.2020202	20/99	25	55	40	90
.1852941	63/340	35	85	45	100	.2022059	55/272	25	80	55	85
.1857143	13/70	20	70	65	100	.2024291	50/247	25	65	50	95
.1857585	60/323	25	85	60	95	.2026316	77/380	35	95	55	100
.1866667	14/75	35	75	40	100	.2030075	27/133	30	70	45	95
.1871345	32/171	20	90	80	95	.2031250	13/64	25	80	65	100
.1875000	3/16	25	60	45	100	.2031250	13/64	25	80	65	100
.1879699	25/133	25	70	50	95	.2036199	45/221	25	65	45	85
.1880342	22/117	20	65	55	90	.2037037	11/54	25	75	55	90
.1882353	16/85	30	75	40	85	.2039216	52/255	20	75	65	85
.1890756	45/238	25	70	45	85	.2043344	66/323	30	85	55	95
.1894737	18/95	30	75	45	95	.2045455	9/44	25	55	45	100
0.19						.2046784	35/171	25	90	70	95
.1900452	42/221	30	65	35	85	.2051282	8/39	30	65	40	90
.1900585	65/342	25	90	65	95	.2052632	39/190	30	95	65	100
.1904762	4/21	30	70	40	90	.2058824	7/34	30	60	35	85
.1909091	21/110	30	55	35	100	.2062500	33/160	30	80	55	100
.1909722	55/288	25	80	55	90	.2063492	13/63	20	70	65	90
.1911765	13/68	25	85	65	100	.2067669	55/266	25	70	55	95
.1913876	40/209	25	55	40	95	.2072368	63/304	35	80	45	95
.1923077	5/26	25	65	40	80	.2074074	28/135	35	75	40	90
.1925926	26/135	20	75	65	90	.2076923	27/130	30	65	45	100
.1928571	27/140	30	70	45	100	.2083333	5/24	25	60	45	90
.1929825	11/57	25	75	55	95	.2091503	32/153	20	85	80	90
.1941176	33/170	30	85	55	100	.2095238	22/105	20	70	55	75
.1943320	48/247	30	65	40	95	0.21					
.1944444	7/36	30	60	35	90	.2100000	21/100	30	50	35	100
.1950464	63/323	35	85	45	95	.2100840	25/119	25	70	50	85
.1954887	26/133	20	70	65	95	.2105263	4/19	25	50	40	95
.1960784	10/51	25	60	40	85	.2115385	11/52	25	65	55	100
.1964286	11/56	25	70	55	100	.2117647	18/85	30	75	45	85
.1964912	56/285	35	75	40	95	.2121212	7/33	30	55	35	90

（续）

比值	分数	*A*	*B*	*C*	*D*
0.21					
.2124183	65/306	25	85	65	90
.2136752	25/117	25	65	50	90
.2138158	65/304	25	80	65	95
.2138889	77/360	35	90	55	100
.2139037	40/187	20	55	50	85
.2142857	3/14	30	70	40	80
.2153110	45/209	25	55	45	95
.2153846	14/65	35	65	40	100
.2156863	11/51	25	75	55	85
.2163462	45/208	25	65	45	80
.2166667	13/60	25	75	65	100
.2167183	70/323	25	85	70	95
.2171053	33/152	30	80	55	95
.2171946	48/221	30	65	40	85
.2181818	12/55	30	55	40	100
.2182540	55/252	25	70	55	90
.2184874	26/119	20	70	65	85
.2186235	54/247	30	65	45	95
.2187500	7/32	35	80	45	90
.2192982	25/114	25	60	50	95
.2196078	56/255	35	75	40	85
0.22					
.2200000	11/50	30	75	55	100
.2205882	15/68	25	60	45	85
.2210526	21/95	30	50	35	95
.2222222	2/9	30	60	40	90
.2226721	55/247	25	65	55	95
.2229102	72/323	30	85	60	95
.2232143	25/112	25	70	50	80
.2250000	9/40	25	50	45	100
.2251462	77/342	35	90	55	95
.2255639	30/133	25	70	60	95
.2256410	44/195	20	65	55	75
.2256944	65/288	25	80	65	90
.2262443	50/221	25	65	50	85
.2264706	77/340	35	85	55	100
.2267206	56/247	35	65	40	95
.2268908	27/119	30	70	45	85
.2272727	5/22	25	55	45	90
.2280702	13/57	25	75	65	95
.2285714	8/35	30	70	40	75
.2287582	35/153	25	85	70	90
.2291667	11/48	25	60	55	100
.2294118	39/170	30	85	65	100
.2296651	48/209	30	55	40	95

比值	分数	*A*	*B*	*C*	*D*
0.23					
.2302632	35/152	25	80	70	95
.2307692	3/13	25	65	45	75
.2310924	55/238	25	70	55	85
.2314815	25/108	25	60	50	90
.2315789	22/95	30	75	55	95
.2316176	63/272	35	80	45	85
.2321429	13/56	25	70	65	100
.2321981	75/323	25	85	75	95
.2333333	7/30	30	45	35	100
.2339181	40/171	25	90	80	95
.2343750	15/64	25	80	75	100
.2343750	15/64	25	80	75	100
.2350427	55/234	25	65	55	90
.2352941	4/17	30	60	40	85
.2357143	33/140	30	70	55	100
.2368421	9/38	25	50	45	95
.2380952	5/21	25	70	60	90
.2383901	77/323	35	85	55	95
.2389706	65/272	25	80	65	85
.2392344	50/209	25	55	50	95
.2393162	28/117	35	65	40	90
.2394737	91/380	35	95	65	100
0.24					
.2400000	6/25	30	50	40	100
.2403846	25/104	25	65	50	80
.2406250	77/320	35	80	55	100
.2406250	77/320	35	80	55	100
.2406417	45/187	25	55	45	85
.2407407	13/54	25	75	65	90
.2410714	27/112	30	70	45	80
.2412281	55/228	25	60	55	95
.2414861	78/323	30	85	65	95
.2417582	22/91	20	65	55	70
.2423077	63/260	35	65	45	100
.2424242	8/33	30	55	40	90
.2426471	33/136	30	80	55	85
.2429150	60/247	25	65	60	95
.2430556	35/144	25	80	70	90
.2437500	39/160	30	80	65	100
.2443439	54/221	30	65	45	85
.2443609	65/266	25	70	65	95
.2444444	11/45	40	90	55	100
.2450980	25/102	25	60	50	85
.2454545	27/110	30	55	45	100
.2455357	55/224	25	70	55	80

（续）

比值	分数	*A*	*B*	*C*	*D*
0.24					
.2456140	14/57	35	60	40	95
.2461538	16/65	30	65	40	75
.2467105	75/304	25	80	75	95
.2470588	21/85	35	75	45	85
.2476190	26/105	20	70	65	75
.2476780	80/323	25	85	80	95
.2481203	33/133	30	70	55	95
.2485380	85/342	25	90	85	95
.2488688	55/221	25	65	55	85
0.25					
.2500000	1/4	25	50	45	90
.2516340	77/306	35	85	55	90
.2521008	30/119	25	70	60	85
.2525253	25/99	25	55	50	90
.2526316	24/95	30	50	40	95
.2527778	91/360	35	90	65	100
.2532895	77/304	35	80	55	95
.2533937	56/221	35	65	40	85
.2538462	33/130	30	65	55	100
.2545455	14/55	35	55	40	100
.2546296	55/216	25	60	55	90
.2549020	13/51	25	75	65	85
.2550607	63/247	35	65	45	95
.2564103	10/39	25	65	50	75
.2565789	39/152	30	80	65	95
.2566667	77/300	35	75	55	100
.2566845	48/187	30	55	40	85
.2571429	9/35	30	70	60	100
.2573099	44/171	40	90	55	95
.2573529	35/136	25	80	70	85
.2578947	49/190	35	95	70	100
.2579365	65/252	25	70	65	90
.2583732	54/209	30	55	45	95
.2588235	22/85	30	75	55	85
.2592593	7/27	35	60	40	90
.2596154	27/104	30	65	45	80
0.26					
.2600000	13/50	30	75	65	100
.2600619	84/323	30	85	70	95
.2604167	25/96	25	60	50	80
.2605263	99/380	45	95	55	100
.2614379	40/153	25	85	80	90
.2619048	11/42	30	70	55	90
.2625000	21/80	35	60	45	100
.2637363	24/91	20	65	60	70
.2644231	55/208	25	65	55	80

比值	分数	*A*	*B*	*C*	*D*
0.26					
.2647059	9/34	30	60	45	85
.2660819	91/342	35	90	65	95
.2666667	4/15	30	45	40	100
.2672065	66/247	30	65	55	95
.2673611	77/288	35	80	55	90
.2673797	50/187	25	55	50	85
.2676471	91/340	35	85	65	100
.2678571	15/56	25	70	60	80
.2679426	56/209	35	55	40	95
.2692308	7/26	35	65	40	80
.2696078	55/204	25	60	55	85
0.27					
.2700000	27/100	30	50	45	100
.2701754	77/285	35	75	55	95
.2706767	36/133	30	70	60	95
.2708333	13/48	25	75	65	80
.2714932	60/221	25	65	60	85
.2722222	49/180	35	90	70	100
.2724458	88/323	40	85	55	95
.2727273	3/11	30	55	45	90
.2731092	65/238	25	70	65	85
.2736842	26/95	30	75	65	95
.2745098	14/51	35	60	40	85
.2747253	25/91	25	65	50	70
.2750000	11/40	30	60	55	100
.2757353	75/272	25	80	75	85
.2763158	21/76	35	60	45	95
.2769231	18/65	30	65	45	75
.2773109	33/119	30	70	55	85
.2777778	5/18	25	60	50	75
.2785714	39/140	30	70	65	100
0.28					
.2800000	7/25	35	50	40	100
.2807018	16/57	30	45	40	95
.2812500	9/32	30	60	45	80
.2817337	91/323	35	85	65	95
.2820513	11/39	25	65	55	75
.2823529	24/85	30	75	60	85
.2828283	28/99	35	55	40	90
.2830882	77/272	35	80	55	85
.2840909	25/88	25	55	50	80
.2842105	27/95	30	50	45	95
.2843750	91/320	35	80	65	100
.2850679	63/221	35	65	45	85
.2851852	77/270	35	75	55	90
.2857143	2/7	30	70	60	90

（续）

比值	分数	A	B	C	D
0.28					
.2863636	63/220	35	55	45	100
.2864583	55/192	25	60	55	80
.2865497	49/171	35	90	70	95
.2867647	39/136	30	80	65	85
.2871795	56/195	35	65	40	75
.2875817	44/153	40	85	55	90
.2882353	49/170	35	85	70	100
.2884615	15/52	25	65	60	80
.2887701	54/187	30	55	45	85
.2888889	13/45	30	75	65	90
.2894737	11/38	30	60	55	95
0.29					
.2901786	65/224	25	70	65	80
.2911765	99/340	45	85	55	100
.2914980	72/247	30	65	60	95
.2916667	7/24	35	60	40	80
.2932331	39/133	30	70	65	95
.2933333	22/75	40	75	55	100
.2946429	33/112	30	70	55	80
.2947368	28/95	35	50	40	95
.2961538	77/260	35	65	55	100
.2967033	27/91	30	65	45	70
.2972136	96/323	30	85	80	95
.2973856	91/306	35	85	65	90
.2982456	17/57	30	90	85	95
.2986425	66/221	30	65	55	85
.2993421	91/304	35	80	65	95
.2994652	56/187	35	55	40	85
0.30					
.3000000	3/10	30	50	45	90
.3014354	63/209	35	55	45	95
.3019608	77/255	35	75	55	85
.3021978	55/182	25	65	55	70
.3025210	36/119	30	70	60	85
.3028846	63/208	35	65	45	80
.3033333	91/300	35	75	65	100
.3034056	98/323	35	85	70	95
.3040936	52/171	40	90	65	95
.3055556	11/36	30	60	55	90
.3058824	26/85	30	75	65	85
.3062500	49/160	35	80	70	100
.3065015	99/323	45	85	55	95
.3068182	27/88	30	55	45	80
.3070175	35/114	35	90	75	95
.3076923	4/13	35	65	40	70
.3078947	117/380	45	95	65	100

比值	分数	A	B	C	D
0.30					
.3087719	88/285	40	75	55	95
.3088235	21/68	35	60	45	85
.3093750	99/320	45	80	55	100
.3095238	13/42	25	70	65	75
0.31					
.3111111	14/45	35	45	40	100
.3117409	77/247	35	65	55	95
.3137255	16/51	30	85	80	90
.3142857	11/35	40	70	55	100
.3150000	63/200	35	50	45	100
.3159722	91/288	35	80	65	90
.3173077	33/104	30	65	55	80
.3176471	27/85	30	50	45	85
.3181818	7/22	35	55	40	80
.3192982	91/285	35	75	65	95
0.32					
.3200000	8/25	30	75	80	100
.3202614	49/153	35	85	70	90
.3208333	77/240	35	60	55	100
.3214286	9/28	30	70	60	80
.3216374	55/171	50	90	55	95
.3219814	104/323	40	85	65	95
.3223684	49/152	35	80	70	95
.3230769	21/65	35	65	45	75
.3235294	11/34	30	60	55	85
.3250000	13/40	30	60	65	100
.3250774	105/323	35	85	75	95
.3256579	99/304	45	80	55	95
.3257919	72/221	30	65	60	85
.3259259	44/135	40	75	55	90
.3266667	49/150	35	75	70	100
.3272727	18/55	30	55	60	100
.3273810	55/168	25	60	55	70
.3274854	56/171	35	45	40	95
.3277311	39/119	30	70	65	85
.3281250	21/64	35	60	45	80
.3290598	77/234	35	65	55	90
.3294118	28/85	35	50	40	85
.3296703	30/91	25	65	60	70
0.33					
.3300000	33/100	30	50	55	100
.3308271	44/133	40	70	55	95
.3315789	63/190	35	50	45	95
.3345588	91/272	35	80	65	85
.3355263	51/152	30	80	85	95
.3368421	32/95	30	75	80	95

（续）

比值	分数	A	B	C	D	比值	分数	A	B	C	D
0.33						0.36					
.3368984	63/187	35	55	45	85	.3636364	4/11	30	55	60	90
.3370370	91/270	35	75	65	90	.3639706	99/272	45	80	55	85
.3377193	77/228	35	60	55	95	.3645833	35/96	35	80	75	90
.3384615	22/65	30	65	55	75	.3649123	104/285	40	75	65	95
.3398693	52/153	40	85	65	90	.3656250	117/320	45	80	65	100
0.34						.3656250	117/320	45	80	65	100
.3400810	84/247	30	65	70	95	.3660131	56/153	35	85	80	90
.3402778	49/144	35	80	70	90	.3666667	11/30	30	50	55	90
.3405573	110/323	50	85	55	95	.3692308	24/65	30	65	60	75
.3421053	13/38	30	60	65	95	.3697479	44/119	40	70	55	85
.3428571	12/35	30	70	60	75	0.37					
.3431373	35/102	35	85	75	90	.3701923	77/208	35	65	55	80
.3437500	11/32	30	60	55	80	.3705882	63/170	35	50	45	85
.3438596	98/285	35	75	70	95	.3714286	13/35	30	70	65	75
.3441176	117/340	45	85	65	100	.3721805	99/266	45	70	55	95
.3444976	72/209	30	55	60	95	.3733333	28/75	35	75	80	100
.3450980	88/255	40	75	55	85	.3742690	64/171	40	90	80	95
.3453947	105/304	35	80	75	95	.3750000	3/8	35	60	45	70
.3456790	28/81	35	45	40	90	.3760684	44/117	40	65	55	90
.3461538	9/26	35	65	45	70	.3764706	32/85	30	75	80	85
.3466667	26/75	40	75	65	100	.3769231	49/130	35	65	70	100
.3467492	112/323	35	85	80	95	.3774510	77/204	35	60	55	85
.3473684	33/95	30	50	55	95	.3791667	91/240	35	60	65	100
.3479532	119/342	35	90	85	95	0.38					
.3482143	39/112	30	70	65	80	.3800905	84/221	30	65	70	85
.3484163	77/221	35	65	55	85	.3801170	65/171	50	90	65	95
.3492063	22/63	40	70	55	90	.3807692	99/260	45	65	55	100
0.35						.3818182	21/55	35	55	45	75
.3500000	7/20	35	50	45	90	.3819444	55/144	50	80	55	90
.3535714	99/280	45	70	55	100	.3823529	13/34	30	60	65	85
.3541667	17/48	30	80	85	90	.3843137	98/255	35	75	70	85
.3552632	27/76	45	95	75	100	.3848684	117/304	45	80	65	95
.3555556	16/45	40	90	80	100	.3850000	77/200	35	50	55	100
.3562753	88/247	40	65	55	95	.3850267	72/187	30	55	60	85
.3564815	77/216	35	60	55	90	.3851852	52/135	40	75	65	90
.3568627	91/255	35	75	65	85	.3859649	22/57	40	60	55	95
.3579545	63/176	35	55	45	80	.3860294	105/272	35	80	75	85
.3589744	14/39	30	65	70	90	.3882353	33/85	30	50	55	85
.3594771	55/153	50	85	55	90	0.39					
0.36						.3900000	39/100	45	75	65	100
.3602941	49/136	35	80	70	85	.3909774	52/133	40	70	65	95
.3611111	13/36	30	60	65	90	.3914474	119/304	35	80	85	95
.3618421	55/152	50	80	55	95	.3928571	11/28	30	60	55	70
.3622291	117/323	45	85	65	95	.3929825	112/285	35	75	80	95
.3626374	33/91	30	65	55	70	.3937500	63/160	35	40	45	100
.3629630	49/135	35	75	70	90	.3947368	15/38	35	70	75	95

（续）

比值	分数	A	B	C	D	比值	分数	A	B	C	D
0.39						0.42					
.3948718	77/195	35	65	55	75	.4218750	27/64	45	80	75	100
.3956044	36/91	30	65	60	70	.4230769	11/26	30	60	55	65
.3962848	128/323	40	85	80	95	.4248366	65/153	50	85	65	90
.3967611	98/247	35	65	70	95	.4251012	105/247	35	65	75	95
.3970588	27/68	45	85	75	100	.4266667	32/75	40	75	80	100
.3972222	143/360	55	90	65	100	.4276316	65/152	50	80	65	95
.3976608	68/171	40	90	85	95	.4277778	77/180	35	45	55	100
.3981900	88/221	40	65	55	85	.4298246	49/114	35	60	70	95
.3991228	91/228	35	60	65	95	0.43					
0.40						.4301471	117/272	45	80	65	85
.4000000	2/5	35	70	80	100	.4307692	28/65	30	65	70	75
.4008097	99/247	45	65	55	95	.4313725	22/51	40	60	55	85
.4010417	77/192	35	60	55	80	.4333333	13/30	30	60	65	75
.4024768	130/323	50	85	65	95	.4342105	33/76	45	60	55	95
.4038462	21/52	30	65	70	80	.4354067	91/209	35	55	65	95
.4044118	55/136	50	80	55	85	.4363636	24/55	30	55	60	75
.4052632	77/190	35	50	55	95	.4365079	55/126	50	70	55	90
.4062500	13/32	30	60	65	80	.4369748	52/119	40	70	65	85
.4074074	11/27	40	60	55	90	.4375000	7/16	35	40	45	90
.4078431	104/255	40	75	65	85	.4385965	25/57	50	90	75	95
.4083333	49/120	35	60	70	100	.4392157	112/255	35	75	80	85
.4086687	132/323	55	85	60	95	.4398496	117/266	45	70	65	95
.4090909	9/22	30	55	60	80	0.44					
0.41						.4400000	11/25	40	50	55	100
.4105263	39/95	45	75	65	95	.4407407	119/270	35	75	85	90
.4125000	33/80	30	50	55	80	.4411765	15/34	35	70	75	85
.4126984	26/63	40	70	65	90	.4419643	99/224	45	70	55	80
.4131944	119/288	35	80	85	90	.4427245	143/323	55	85	65	95
.4135338	55/133	50	70	55	95	.4434389	98/221	35	65	70	85
.4136364	91/220	35	55	65	100	.4440789	135/304	45	80	75	95
.4144737	63/152	35	40	45	95	.4444444	4/9	35	70	80	90
.4148148	56/135	35	75	80	90	.4453441	110/247	50	65	55	95
.4159664	99/238	45	70	55	85	.4460784	91/204	35	60	65	85
.4166667	5/12	35	70	75	90	.4468750	143/320	55	80	65	100
.4175439	119/285	35	75	85	95	.4468750	143/320	55	80	65	100
.4178571	117/280	45	70	65	100	.4473684	17/38	40	80	85	95
.4179567	135/323	45	85	75	95	.4479638	99/221	45	65	55	85
.4181287	143/342	55	90	65	95	.4487179	35/78	35	65	75	90
.4183007	64/153	40	85	80	90	.4491228	128/285	40	75	80	95
.4188034	49/117	35	65	70	90	0.45					
.4190476	44/105	40	70	55	75	.4502924	77/171	35	45	55	95
0.42						.4512821	88/195	40	65	55	75
.4205882	143/340	55	85	65	100	.4513889	65/144	50	80	65	90
.4210526	8/19	35	70	80	95	.4529412	77/170	35	50	55	85
.4212963	91/216	35	60	65	90	.4537037	49/108	35	60	70	90
.4218750	27/64	45	80	75	100	.4561404	26/57	40	60	65	95

（续）

比值	分数	A	B	C	D
0.45					
.4571429	16/35	40	70	80	100
.4583333	11/24	35	60	55	70
.4588235	39/85	45	75	65	85
.4595960	91/198	35	55	65	90
0.46					
.4621849	55/119	50	70	55	85
.4631579	44/95	40	50	55	95
.4632353	63/136	35	80	90	85
.4642857	13/28	30	60	65	70
.4643963	150/323	50	85	75	95
.4673203	143/306	55	85	65	90
.4675325	36/77	30	55	60	70
.4687500	15/32	35	70	75	80
0.47					
.4700855	55/117	50	65	55	90
.4703947	143/304	55	80	65	95
.4705882	8/17	35	70	80	85
.4711538	49/104	35	65	70	80
.4714286	33/70	55	70	60	100
.4722222	17/36	40	80	85	90
.4727273	26/55	40	55	65	100
.4739583	91/192	35	60	65	80
.4740741	64/135	40	75	80	90
.4751131	105/221	35	65	75	85
.4753086	77/162	35	45	55	90
.4759615	99/208	45	65	55	80
.4766667	143/300	55	75	65	100
.4767802	154/323	55	85	70	95
.4771930	136/285	40	75	85	95
.4779412	65/136	50	80	65	85
0.48					
.4803922	49/102	35	60	70	85
.4812030	64/133	40	70	80	95
.4812500	77/160	35	50	55	80
.4814815	13/27	40	60	65	90
.4821429	27/56	45	70	75	100
.4824561	55/114	50	60	55	95
.4829721	156/323	60	85	65	95
.4835165	44/91	40	65	55	70
.4852941	33/68	45	60	55	85
.4866310	91/187	35	55	65	85
.4875000	39/80	45	60	65	100
.4887218	65/133	50	70	65	95
.4888889	22/45	40	45	55	100
0.49					
.4901961	25/51	50	85	75	90

比值	分数	A	B	C	D
0.49					
.4910714	55/112	50	70	55	80
.4915966	117/238	45	70	65	85
.4923077	32/65	40	65	80	100
.4934211	75/152	50	80	75	95
.4935897	77/156	35	60	55	65
.4941176	42/85	60	85	70	100
.4950000	99/200	45	50	55	100
.4952381	52/105	40	70	65	75
.4958333	119/240	35	75	85	80
.4962406	66/133	55	70	60	95
.4963235	135/272	45	80	75	85
.4965278	143/288	55	80	65	90
.4970760	85/171	50	90	85	95
.4976077	104/209	40	55	65	95
.4977376	110/221	50	65	55	85
0.50					
.5017544	143/285	55	75	65	95
.5019608	128/255	40	75	80	85
.5025641	98/195	35	65	70	75
.5032680	77/153	35	45	55	85
.5032895	153/304	45	80	85	95
.5034965	72/143	30	55	60	65
.5037037	68/135	40	75	85	90
.5048077	105/208	35	65	75	80
.5055556	91/180	35	60	65	75
.5065789	77/152	55	80	70	95
.5075188	135/266	45	70	75	95
.5076923	33/65	45	65	55	75
.5079365	32/63	40	70	80	90
.5092593	55/108	50	60	55	90
.5098039	26/51	40	60	65	85
0.51					
.5104167	49/96	35	60	70	80
.5107143	143/280	55	70	65	100
.5108359	165/323	55	85	75	95
.5112782	68/133	40	70	85	95
.5131579	39/76	45	60	65	95
.5133333	77/150	35	50	55	75
.5146199	88/171	40	45	55	95
.5156250	33/64	55	80	75	100
.5156250	33/64	55	80	75	100
.5158730	65/126	50	70	65	90
.5170455	91/176	35	55	65	80
.5176471	44/85	40	50	55	85
.5182186	128/247	40	65	80	95
.5192308	27/52	45	65	75	100

（续）

比值	分数	A	B	C	D
0.52					
.5200000	13/25	40	50	65	100
.5201238	168/323	60	85	70	95
.5208333	25/48	50	80	75	90
.5210526	99/190	45	50	55	95
.5223214	117/224	45	70	65	80
.5238095	11/21	40	60	55	70
.5250000	21/40	60	80	70	100
.5252525	52/99	40	55	65	90
.5257353	143/272	55	80	65	85
.5288462	55/104	50	65	55	80
.5294118	9/17	40	80	90	85
.5296296	143/270	55	75	65	90
0.53					
.5312500	17/32	45	80	85	90
.5318182	117/220	45	55	65	100
.5333333	8/15	35	70	80	75
.5344130	132/247	55	65	60	95
.5347222	77/144	35	45	55	80
.5357143	15/28	45	70	75	90
.5368421	51/95	45	75	85	95
.5375940	143/266	55	70	65	95
.5378151	64/119	40	70	80	85
.5392157	55/102	50	60	55	85
.5396825	34/63	40	70	85	90
0.54					
.5403509	154/285	55	75	70	95
.5416667	13/24	35	60	65	70
.5427632	165/304	55	80	75	95
.5432099	44/81	40	45	55	90
.5439560	99/182	45	65	55	70
.5444444	49/90	35	60	70	75
.5448916	176/323	55	85	80	95
.5462185	65/119	50	70	65	85
.5465587	135/247	45	65	75	95
.5467836	187/342	55	90	85	95
.5470085	64/117	40	65	80	90
.5473684	52/95	40	50	65	95
.5490196	28/51	60	85	70	90
0.55					
.5500000	11/20	35	50	55	70
.5514706	75/136	50	80	75	85
.5515152	91/165	35	55	65	75
.5526316	21/38	60	80	70	95
.5546218	66/119	55	70	60	85
.5561497	104/187	40	55	65	85
.5571429	39/70	45	70	65	75
0.55					
.5588235	19/34	40	80	95	85
.5592105	85/152	50	80	85	95
.5598086	117/209	45	55	65	95
0.56					
.5600000	14/25	60	75	70	100
.5607843	143/255	55	75	65	85
.5625000	9/16	45	60	75	100
.5639098	75/133	50	70	75	95
.5641026	22/39	40	60	55	65
.5647059	48/85	40	75	90	85
.5661765	77/136	55	80	70	85
.5666667	17/30	40	75	85	80
.5672269	135/238	45	70	75	85
.5674603	143/252	55	70	65	90
.5687500	91/160	65	80	70	100
0.57					
.5701754	65/114	50	60	65	95
.5703704	77/135	35	45	55	75
.5729167	55/96	50	60	55	80
.5735294	39/68	45	60	65	85
.5751634	88/153	40	45	55	85
.5751880	153/266	45	70	85	95
.5769231	15/26	35	65	75	70
.5777778	26/45	40	50	65	90
.5791855	128/221	40	65	80	85
0.58					
.5803571	65/112	50	70	65	80
.5823529	99/170	45	50	55	85
.5833333	7/12	60	80	70	90
.5850000	117/200	45	50	65	100
.5864662	78/133	60	70	65	95
.5866667	44/75	40	50	55	75
.5892857	33/56	45	60	55	70
.5894737	56/95	60	75	70	95
0.59					
.5902778	85/144	50	80	85	90
.5909091	13/22	35	55	65	70
.5921053	45/76	45	60	75	95
.5923077	77/130	55	65	70	100
.5944272	192/323	60	85	80	95
.5952381	25/42	50	70	75	90
.5955882	81/136	45	80	90	85
.5958333	143/240	55	60	65	100
.5964912	34/57	50	75	85	95
.5972851	132/221	55	65	60	85
.5986842	91/152	65	80	70	95

（续）

比值	分数	A	B	C	D	比值	分数	A	B	C	D
0.60						0.63					
.6000000	3/5	40	75	90	80	.6383929	143/224	55	70	65	80
.6008403	143/238	55	70	65	85	.6385965	182/285	65	75	70	95
.6018519	65/108	50	60	65	90	.6390977	85/133	50	70	85	95
.6026786	135/224	45	70	75	80	0.64					
.6039216	154/255	55	75	70	85	.6400000	16/25	60	75	80	100
.6043956	55/91	50	65	55	70	.6410256	25/39	50	65	75	90
.6066176	165/272	55	80	75	85	.6414474	195/304	65	80	75	95
.6066667	91/150	65	75	70	100	.6416667	77/120	55	60	70	100
.6071429	17/28	40	70	85	80	.6432749	110/171	50	45	55	95
.6072874	150/247	50	65	75	95	.6459330	135/209	45	55	75	95
.6093750	39/64	65	80	75	100	.6461538	42/65	60	65	70	100
.6093750	39/64	65	80	75	100	.6476190	68/105	40	70	85	75
.6095238	64/105	40	70	80	75	.6490385	135/208	45	65	75	80
0.61						.6493056	187/288	55	80	85	90
.6108597	135/221	45	65	75	85	0.65					
.6111111	11/18	40	45	55	80	.6500000	13/20	40	50	65	80
.6117647	52/85	40	50	65	85	.6513158	99/152	45	40	55	95
.6136364	27/44	45	55	75	100	.6518519	88/135	40	45	55	75
.6151316	187/304	55	80	85	95	.6538462	17/26	45	65	85	90
.6157895	117/190	45	50	65	95	.6547619	55/84	50	60	55	70
.6175439	176/285	55	75	80	95	.6554622	78/119	60	70	65	85
.6176471	21/34	60	80	70	85	.6561404	187/285	55	75	85	95
.6187500	99/160	45	40	55	100	.6564103	128/195	40	65	80	75
.6190476	13/21	40	60	65	70	.6565657	65/99	50	55	65	90
.6194332	153/247	45	65	85	95	.6578947	25/38	50	60	75	95
0.62						.6581197	77/117	55	65	70	90
.6203008	165/266	55	70	75	95	.6588235	56/85	60	75	70	85
.6220096	130/209	50	55	65	95	0.66					
.6222222	28/45	60	75	70	90	.6600000	33/50	55	50	60	100
.6234818	154/247	55	65	70	95	.6616541	88/133	55	70	80	95
.6250000	5/8	45	60	75	90	.6617647	45/68	45	60	75	85
.6256684	117/187	45	55	65	85	.6620370	143/216	55	60	65	90
.6271930	143/228	55	60	65	95	.6647727	117/176	45	55	65	80
.6274510	32/51	60	85	80	90	.6680162	165/247	55	65	75	95
.6282051	49/78	35	60	70	65	.6691176	91/136	65	80	70	85
.6285714	22/35	40	50	55	70	.6696429	75/112	50	70	75	80
.6286765	171/272	45	80	95	85	0.67					
.6296296	17/27	50	75	85	90	.6705882	57/85	45	75	95	85
0.63						.6710526	51/76	60	80	85	95
.6302521	75/119	50	70	75	85	.6736842	64/95	60	75	80	95
.6303030	104/165	40	55	65	75	.6740741	91/135	65	75	70	90
.6319444	91/144	65	80	70	90	.6746032	85/126	50	70	85	90
.6346154	33/52	45	60	55	65	.6750000	27/40	45	75	90	80
.6352941	54/85	45	75	90	85	.6753247	52/77	40	55	65	70
.6372549	65/102	50	60	65	85	.6754386	77/114	55	60	70	95
.6375000	51/80	45	75	85	80	.6769231	44/65	40	50	55	65

（续）

比值	分数	*A*	*B*	*C*	*D*
0.67					
.6770833	65/96	50	60	65	80
.6787330	150/221	50	65	75	85
.6790123	55/81	50	45	55	90
0.68					
.6801619	168/247	60	65	70	95
.6806723	81/119	45	70	90	85
.6809524	143/210	55	70	65	75
.6818182	15/22	45	55	75	90
.6830357	153/224	45	70	85	80
.6857143	24/35	60	70	80	100
.6875000	11/16	45	40	55	90
.6882353	117/170	45	50	65	85
.6882591	170/247	50	65	85	95
.6893939	91/132	35	55	65	60
0.69					
.6901961	176/255	55	75	80	85
.6925926	187/270	55	75	85	90
.6932773	165/238	55	70	75	85
.6933333	52/75	40	50	65	75
.6944444	25/36	50	60	75	90
.6947368	66/95	55	50	60	95
.6951872	130/187	50	55	65	85
.6964286	39/56	45	60	65	70
.6968326	154/221	55	65	70	85
.6984127	44/63	40	45	55	70
.6985294	95/136	50	80	95	85
0.70					
.7000000	7/10	60	75	70	80
.7009804	143/204	55	60	65	85
.7030075	187/266	55	70	85	95
.7032967	64/91	40	65	80	70
.7051282	55/78	50	60	55	65
.7071429	99/140	45	35	55	100
.7083333	17/24	50	75	85	80
.7090909	39/55	45	55	65	75
0.71					
.7111111	32/45	60	75	80	90
.7125000	57/80	45	75	95	80
.7125506	176/247	55	65	80	95
.7129630	77/108	55	60	70	90
.7137255	182/255	65	75	70	85
.7150000	143/200	55	50	65	100
.7157895	68/95	60	75	85	95
.7169118	195/272	65	80	75	85
.7177033	150/209	50	55	75	95
.7179487	28/39	60	65	70	90
.7189542	110/153	50	45	55	85

比值	分数	*A*	*B*	*C*	*D*
0.72					
.7211538	75/104	50	65	75	80
.7218045	96/133	60	70	80	95
.7219251	135/187	45	55	75	85
.7222222	13/18	50	45	65	100
.7232143	81/112	45	70	90	80
.7236842	55/76	50	40	55	95
.7252747	66/91	55	65	60	70
.7264957	85/117	50	65	85	90
.7269737	221/304	65	80	85	95
.7279412	99/136	45	40	55	85
.7285714	51/70	45	70	85	75
.7298246	208/285	65	75	80	95
0.73					
.7312500	117/160	45	50	65	80
.7330827	195/266	65	70	75	95
.7333333	11/15	55	45	60	100
.7352941	25/34	50	60	75	85
.7355769	153/208	45	65	85	80
.7366071	165/224	55	70	75	80
.7384615	48/65	60	65	80	100
.7386364	65/88	50	55	65	80
.7394958	88/119	55	70	80	85
0.74					
.7403846	77/104	55	65	70	80
.7417582	135/182	45	65	75	70
.7420635	187/252	55	70	85	90
.7428571	26/35	40	50	65	70
.7443609	99/133	45	35	55	95
.7447917	143/192	55	60	65	80
.7450980	38/51	50	75	95	85
.7456140	85/114	50	60	85	95
.7464115	156/209	60	55	65	95
.7466063	165/221	55	65	75	85
.7466667	56/75	70	75	80	100
0.75					
.7521368	88/117	55	65	80	90
.7526316	143/190	55	50	65	95
.7529412	64/85	60	75	80	85
.7549020	77/102	55	60	70	85
.7555556	34/45	60	75	85	90
.7570850	187/247	55	65	85	95
.7575758	25/33	50	55	75	90
.7583333	91/120	65	60	70	100
.7589286	85/112	50	70	85	80
.7597403	117/154	45	55	65	70

（续）

比值	分数	A	B	C	D
0.76					
.7601810	168/221	60	65	70	85
.7602339	130/171	50	45	65	95
.7615385	99/130	45	50	55	65
.7619048	16/21	60	70	80	90
.7636364	42/55	60	55	70	100
.7638889	55/72	50	40	55	90
.7669173	102/133	60	70	85	95
.7670455	135/176	45	55	75	80
.7673611	221/288	65	80	85	90
.7683824	209/272	55	80	95	85
0.77					
.7700000	77/100	55	50	70	100
.7703704	104/135	65	75	80	90
.7714286	27/35	45	70	90	75
.7719298	44/57	55	45	60	95
.7734375	99/128	45	40	55	80
.7738095	65/84	50	60	65	70
.7754386	221/285	65	75	85	95
.7764706	66/85	55	50	60	85
.7773279	192/247	60	65	80	95
.7791667	187/240	55	75	85	80
0.78					
.7800000	39/50	45	50	65	75
.7812500	25/32	50	60	75	80
.7819549	104/133	65	70	80	95
.7846154	51/65	45	65	85	75
.7857143	11/14	45	35	55	90
.7859649	224/285	70	75	80	95
.7870370	85/108	50	60	85	90
.7878788	26/33	40	55	65	60
.7897436	154/195	55	65	70	75
0.79					
.7916667	19/24	50	75	95	80
.7932692	165/208	55	65	75	80
.7941176	27/34	60	80	90	85
.7944444	143/180	55	45	65	100
.7963801	176/221	55	65	80	85
.7982456	91/114	65	60	70	95
.7983193	95/119	50	70	95	85
.7991453	187/234	55	65	85	90
0.80					
.8020833	77/96	55	60	70	80
.8021390	150/187	50	55	75	85
.8024691	65/81	50	45	65	90
.8035714	45/56	45	60	75	70
.8038278	168/209	60	55	70	95
0.80					
.8067227	96/119	60	70	80	85
.8076923	21/26	60	65	70	80
.8088235	55/68	50	40	55	85
.8095238	17/21	50	70	85	75
0.81					
.8105263	77/95	55	50	70	95
.8125000	13/16	50	40	65	100
.8148148	22/27	55	45	60	90
.8156863	208/255	65	75	80	85
.8173077	85/104	50	65	85	80
.8185185	221/270	65	75	85	90
.8193277	195/238	65	70	75	85
.8196078	209/255	55	75	95	85
0.82					
.8201754	187/228	55	60	85	95
.8205128	32/39	60	65	80	90
.8210526	78/95	60	50	65	95
.8241758	75/91	50	65	75	70
.8250000	33/40	55	40	60	100
.8253968	52/63	65	70	80	90
.8259109	204/247	60	65	85	95
.8270677	110/133	50	35	55	95
.8272727	91/110	65	55	70	100
.8296296	112/135	70	75	80	90
0.83					
.8308271	221/266	65	70	85	95
.8319328	99/119	45	35	55	85
.8333333	5/6	50	75	100	80
.8342246	156/187	60	55	65	85
.8348214	187/224	55	70	85	80
.8350877	238/285	70	75	85	95
.8357143	117/140	45	50	65	70
.8362573	143/171	55	45	65	95
.8380952	88/105	55	70	80	75
.8382353	57/68	60	80	95	85
0.84					
.8400000	21/25	60	50	70	100
.8406593	153/182	45	65	85	70
.8411765	143/170	55	50	65	85
.8425926	91/108	65	60	70	90
.8441558	65/77	50	55	65	70
.8470588	72/85	60	75	90	85
.8482143	95/112	50	70	95	80
.8484848	28/33	60	55	70	90
.8496732	130/153	50	45	65	85

（续）

比值	分数	*A*	*B*	*C*	*D*
0.85					
.8500000	17/20	60	75	85	80
.8502024	210/247	70	65	75	95
.8511905	143/168	55	60	65	70
.8522727	75/88	50	55	75	80
.8552632	65/76	50	40	65	95
.8555556	77/90	55	45	70	100
0.86					
.8602941	117/136	65	80	90	85
.8615385	56/65	60	65	70	75
.8627451	44/51	55	45	60	85
.8653846	45/52	45	60	75	65
.8657407	187/216	55	60	85	90
.8666667	13/15	60	45	65	100
.8684211	33/38	55	40	60	95
.8687783	192/221	60	65	80	85
0.87					
.8705357	195/224	65	70	75	80
.8708134	182/209	65	55	70	95
.8708333	209/240	55	75	95	80
.8717949	34/39	50	65	85	75
.8727273	48/55	60	55	80	100
.8730159	55/63	50	35	55	90
.8739496	104/119	65	70	80	85
.8750000	7/8	70	60	75	100
.8766234	135/154	45	55	75	70
.8769841	221/252	65	70	85	90
.8781513	209/238	55	70	95	85
.8784314	224/255	70	75	80	85
0.88					
.8800000	22/25	55	50	80	100
.8814815	119/135	70	75	85	90
.8827160	143/162	55	45	65	90
.8839286	99/112	45	35	55	80
.8842105	84/95	60	50	70	95
.8854167	85/96	50	60	85	80
.8863636	39/44	45	55	65	60
0.89					
.8904762	187/210	55	70	85	75
.8921569	91/102	65	60	70	85
.8928571	25/28	50	60	75	70
.8937500	143/160	55	40	65	100
.8941176	76/85	60	75	95	85
.8959276	198/221	55	65	90	85
.8974359	35/39	70	65	75	90
.8983957	168/187	60	55	70	85
.8990385	187/208	55	65	85	80

比值	分数	*A*	*B*	*C*	*D*
0.90					
.9000000	9/10	60	75	90	80
.9005848	154/171	55	45	70	95
.9023641	176/195	55	65	80	75
.9027778	65/72	50	40	65	90
.9047619	19/21	50	70	95	75
.9058824	77/85	55	50	70	85
.9065934	165/182	55	65	75	70
.9068826	224/247	70	65	80	95
.9075630	108/119	60	70	90	85
.9080882	247/272	65	80	95	85
0.91					
.9100000	91/100	65	50	70	100
.9107143	51/56	60	70	85	80
.9122807	52/57	60	45	65	95
.9142857	32/35	60	70	80	75
.9166667	11/12	50	30	55	100
.9176471	78/85	60	50	65	85
.9186603	192/209	60	55	80	95
.9191919	91/99	65	55	70	90
0.92					
.9208333	221/240	65	75	85	80
.9210526	35/38	70	60	75	95
.9243697	110/119	50	35	55	85
.9263158	88/95	55	50	80	95
0.93					
.9330144	195/209	65	55	75	95
.9330357	209/224	55	70	95	80
.9333333	14/15	60	45	70	100
.9340659	85/91	50	65	85	70
.9346405	143/153	55	45	65	85
0.94					
.9401709	110/117	50	45	55	65
.9407895	143/152	55	40	65	95
.9428571	33/35	55	35	60	100
.9440559	135/143	45	55	75	65
.9444444	17/18	50	60	85	75
.9454545	52/55	40	50	65	55
.9457014	209/221	55	65	95	85
.9479167	91/96	65	60	70	80
0.95					
.9500000	19/20	60	75	95	80
.9502262	210/221	70	65	75	85
.9506173	77/81	55	45	70	90
.9519231	99/104	55	65	90	80
.9533333	143/150	55	50	65	75
.9545455	21/22	60	55	70	80

（续）

比值	分数	*A*	*B*	*C*	*D*
0.95					
.9558824	65/68	50	40	65	85
.9572650	112/117	70	65	80	90
.9578947	91/95	65	50	70	95
.9579832	114/119	60	70	95	85
.9586466	255/266	75	70	85	95
.9589744	187/195	55	65	85	75
0.96					
.9600000	24/25	60	50	80	100
.9615385	25/26	50	60	75	65
.9625000	77/80	55	40	70	100
.9629630	26/27	50	45	65	75
.9635628	238/247	70	65	85	95
.9642857	27/28	60	70	90	80
.9649123	55/57	50	30	55	95
.9670330	88/91	55	65	80	70
.9686275	247/255	65	75	95	85
.9692982	221/228	65	60	85	95
.9696970	32/33	60	55	80	90
0.97					
.9705882	33/34	55	40	60	85
.9714286	34/35	60	70	85	75
.9722222	35/36	70	60	75	90
.9732620	182/187	65	55	70	85
0.97					
.9739583	187/192	55	60	85	80
.9740260	75/77	50	55	75	70
.9750000	39/40	60	40	65	100
.9760766	204/209	60	55	85	95
.9773756	216/221	60	65	90	85
.9777778	44/45	55	50	80	90
0.98					
.9807692	51/52	60	65	85	80
.9821429	55/56	50	35	55	80
.9824561	56/57	60	45	70	95
.9831933	117/119	65	70	90	85
.9846154	64/65	60	65	80	75
.9848485	65/66	50	55	65	60
.9866071	221/224	65	70	85	80
.9871795	77/78	55	60	70	65
.9882353	84/85	60	50	70	85
0.99					
.9904762	104/105	65	70	80	75
.9916667	119/120	70	75	85	80
.9924812	132/133	55	35	60	95
.9930556	143/144	55	40	65	90
.9952153	208/209	65	55	80	95
.9952381	209/210	55	70	95	75
1.0000000	1/1	60	75	100	80

注：1. 交换齿轮齿数全部为 5 的倍数，挂轮比 $i<0.0625$ 时，齿数范围 20 ~ 120（21 种）；挂轮比 $i=0.0625\sim1$ 时，齿数范围 20 ~ 100（17 种）。优先采用齿数系列 25、30、35、40、45、50、55、60、70、80、90、100；其次为 25 ~ 100 范围内 5 的倍数齿数。齿数条件见表 4-1。本表包括了表 4-1、表 4-2 中所有 5 的倍数齿数的挂轮组。

2. 表中 *A*、*C* 为主动轮齿数，*B*、*D* 为被动轮齿数，挂轮比 $i=(A/B)\times(C/D)$；表中“分数”即是实际挂轮比的简分数。

3. 表中包含挂轮比 0.0360 ~ 1.0000 范围内挂轮组数据 1300 余组。

附　　录

附录 A　反渐开线函数表

表 A-1 可根据 invα = tanα − α 值直接查取对应的角度值，直接查表可精确到 15″以内，进行线性插值可以得到更精确的值（精确到 2″以内）。表中包括渐开线函数值范围为 invα = 0. 03500 ~ 0. 07000（对应角度值 α = 12. 3 − 32. 5°），可以满足通常计算需要。

表 A-1　反渐开线函数表

invα	α	invα	α	invα	α	invα	α
.003500	12°28′0″	.003675	12°40′6″	.003850	12°51′49″	.004025	13°3′11″
.003505	12°28′21″	.003680	12°40′27″	.003855	12°52′9″	.004030	13°3′30″
.003510	12°28′42″	.003685	12°40′47″	.003860	12°52′29″	.004035	13°3′50″
.003515	12°29′3″	.003690	12°41′7″	.003865	12°52′49″	.004040	13°4′9″
.003520	12°29′24″	.003695	12°41′28″	.003870	12°53′8″	.004045	13°4′28″
.003525	12°29′45″	.003700	12°41′48″	.003875	12°53′28″	.004050	13°4′47″
.003530	12°30′6″	.003705	12°42′8″	.003880	12°53′48″	.004055	13°5′6″
.003535	12°30′27″	.003710	12°42′29″	.003885	12°54′7″	.004060	13°5′25″
.003540	12°30′48″	.003715	12°42′49″	.003890	12°54′27″	.004065	13°5′44″
.003545	12°31′9″	.003720	12°43′9″	.003895	12°54′47″	.004070	13°6′3″
.003550	12°31′30″	.003725	12°43′30″	.003900	12°55′6″	.004075	13°6′22″
.003555	12°31′51″	.003730	12°43′50″	.003905	12°55′26″	.004080	13°6′41″
.003560	12°32′12″	.003735	12°44′10″	.003910	12°55′46″	.004085	13°7′0″
.003565	12°32′33″	.003740	12°44′30″	.003915	12°56′5″	.004090	13°7′19″
.003570	12°32′53″	.003745	12°44′50″	.003920	12°56′25″	.004095	13°7′38″
.003575	12°33′14″	.003750	12°45′10″	.003925	12°56′44″	.004100	13°7′57″
.003580	12°33′35″	.003755	12°45′31″	.003930	12°57′4″	.004105	13°8′16″
.003585	12°33′56″	.003760	12°45′51″	.003935	12°57′23″	.004110	13°8′35″
.003590	12°34′17″	.003765	12°46′11″	.003940	12°57′43″	.004115	13°8′54″
.003595	12°34′37″	.003770	12°46′31″	.003945	12°58′2″	.004120	13°9′13″
.003600	12°34′58″	.003775	12°46′51″	.003950	12°58′22″	.004125	13°9′32″
.003605	12°35′19″	.003780	12°47′11″	.003955	12°58′41″	.004130	13°9′51″
.003610	12°35′39″	.003785	12°47′31″	.003960	12°59′0″	.004135	13°10′9″
.003615	12°36′0″	.003790	12°47′51″	.003965	12°59′20″	.004140	13°10′28″
.003620	12°36′21″	.003795	12°48′11″	.003970	12°59′39″	.004145	13°10′47″
.003625	12°36′41″	.003800	12°48′31″	.003975	12°59′58″	.004150	13°11′6″
.003630	12°37′2″	.003805	12°48′51″	.003980	13°0′18″	.004155	13°11′25″
.003635	12°37′22″	.003810	12°49′11″	.003985	13°0′37″	.004160	13°11′43″
.003640	12°37′43″	.003815	12°49′31″	.003990	13°0′56″	.004165	13°12′2″
.003645	12°38′4″	.003820	12°49′50″	.003995	13°1′16″	.004170	13°12′21″
.003650	12°38′24″	.003825	12°50′10″	.004000	13°1′35″	.004175	13°12′40″
.003655	12°38′45″	.003830	12°50′30″	.004005	13°1′54″	.004180	13°12′58″
.003660	12°39′5″	.003835	12°50′50″	.004010	13°2′14″	.004185	13°13′17″
.003665	12°39′25″	.003840	12°51′10″	.004015	13°2′33″	.004190	13°13′36″
.003670	12°39′46″	.003845	12°51′30″	.004020	13°2′52″	.004195	13°13′54″

（续）

invα	α	invα	α	invα	α	invα	α
.004200	13°14′13″	.004435	13°28′33″	.004670	13°42′22″	.004905	13°55′43″
.004205	13°14′32″	.004440	13°28′51″	.004675	13°42′39″	.004910	13°56′0″
.004210	13°14′50″	.004445	13°29′9″	.004680	13°42′57″	.004915	13°56′17″
.004215	13°15′9″	.004450	13°29′27″	.004685	13°43′14″	.004920	13°56′34″
.004220	13°15′27″	.004455	13°29′45″	.004690	13°43′31″	.004925	13°56′50″
.004225	13°15′46″	.004460	13°30′2″	.004695	13°43′49″	.004930	13°57′7″
.004230	13°16′5″	.004465	13°30′20″	.004700	13°44′6″	.004935	13°57′24″
.004235	13°16′23″	.004470	13°30′38″	.004705	13°44′23″	.004940	13°57′41″
.004240	13°16′42″	.004475	13°30′56″	.004710	13°44′40″	.004945	13°57′57″
.004245	13°17′0″	.004480	13°31′14″	.004715	13°44′58″	.004950	13°58′14″
.004250	13°17′19″	.004485	13°31′32″	.004720	13°45′15″	.004955	13°58′31″
.004255	13°17′37″	.004490	13°31′50″	.004725	13°45′32″	.004960	13°58′47″
.004260	13°17′56″	.004495	13°32′7″	.004730	13°45′49″	.004965	13°59′4″
.004265	13°18′14″	.004500	13°32′25″	.004735	13°46′6″	.004970	13°59′20″
.004270	13°18′32″	.004505	13°32′43″	.004740	13°46′24″	.004975	13°59′37″
.004275	13°18′51″	.004510	13°33′1″	.004745	13°46′41″	.004980	13°59′54″
.004280	13°19′9″	.004515	13°33′18″	.004750	13°46′58″	.004985	14°0′10″
.004285	13°19′28″	.004520	13°33′36″	.004755	13°47′15″	.004990	14°0′27″
.004290	13°19′46″	.004525	13°33′54″	.004760	13°47′32″	.004995	14°0′43″
.004295	13°20′4″	.004530	13°34′12″	.004765	13°47′49″	.005000	14°0′60″
.004300	13°20′23″	.004535	13°34′29″	.004770	13°48′6″	.005010	14°1′33″
.004305	13°20′41″	.004540	13°34′47″	.004775	13°48′24″	.005020	14°2′6″
.004310	13°20′59″	.004545	13°35′5″	.004780	13°48′41″	.005030	14°2′39″
.004315	13°21′18″	.004550	13°35′22″	.004785	13°48′58″	.005040	14°3′12″
.004320	13°21′36″	.004555	13°35′40″	.004790	13°49′15″	.005050	14°3′45″
.004325	13°21′54″	.004560	13°35′58″	.004795	13°49′32″	.005060	14°4′18″
.004330	13°22′13″	.004565	13°36′15″	.004800	13°49′49″	.005070	14°4′51″
.004335	13°22′31″	.004570	13°36′33″	.004805	13°50′6″	.005080	14°5′23″
.004340	13°22′49″	.004575	13°36′50″	.004810	13°50′23″	.005090	14°5′56″
.004345	13°23′7″	.004580	13°37′8″	.004815	13°50′40″	.005100	14°6′29″
.004350	13°23′26″	.004585	13°37′26″	.004820	13°50′57″	.005110	14°7′1″
.004355	13°23′44″	.004590	13°37′43″	.004825	13°51′14″	.005120	14°7′34″
.004360	13°24′2″	.004595	13°38′1″	.004830	13°51′31″	.005130	14°8′6″
.004365	13°24′20″	.004600	13°38′18″	.004835	13°51′48″	.005140	14°8′39″
.004370	13°24′38″	.004605	13°38′36″	.004840	13°52′4″	.005150	14°9′11″
.004375	13°24′56″	.004610	13°38′53″	.004845	13°52′21″	.005160	14°9′44″
.004380	13°25′14″	.004615	13°39′11″	.004850	13°52′38″	.005170	14°10′16″
.004385	13°25′33″	.004620	13°39′28″	.004855	13°52′55″	.005180	14°10′49″
.004390	13°25′51″	.004625	13°39′46″	.004860	13°53′12″	.005190	14°11′21″
.004395	13°26′9″	.004630	13°40′3″	.004865	13°53′29″	.005200	14°11′53″
.004400	13°26′27″	.004635	13°40′20″	.004870	13°53′46″	.005210	14°12′25″
.004405	13°26′45″	.004640	13°40′38″	.004875	13°54′3″	.005220	14°12′57″
.004410	13°27′3″	.004645	13°40′55″	.004880	13°54′19″	.005230	14°13′30″
.004415	13°27′21″	.004650	13°41′13″	.004885	13°54′36″	.005240	14°14′2″
.004420	13°27′39″	.004655	13°41′30″	.004890	13°54′53″	.005250	14°14′34″
.004425	13°27′57″	.004660	13°41′47″	.004895	13°55′10″	.005260	14°15′6″
.004430	13°28′15″	.004665	13°42′5″	.004900	13°55′27″	.005270	14°15′38″

（续）

invα	α	invα	α	invα	α	invα	α
.005280	14°16′10″	.005780	14°41′55″	.006280	15°6′11″	.006780	15°29′10″
.005290	14°16′41″	.005790	14°42′25″	.006290	15°6′40″	.006790	15°29′37″
.005300	14°17′13″	.005800	14°42′55″	.006300	15°7′8″	.006800	15°30′4″
.005310	14°17′45″	.005810	14°43′25″	.006310	15°7′36″	.006810	15°30′31″
.005320	14°18′17″	.005820	14°43′55″	.006320	15°8′4″	.006820	15°30′58″
.005330	14°18′48″	.005830	14°44′24″	.006330	15°8′33″	.006830	15°31′24″
.005340	14°19′20″	.005840	14°44′54″	.006340	15°9′1″	.006840	15°31′51″
.005350	14°19′52″	.005850	14°45′24″	.006350	15°9′29″	.006850	15°32′18″
.005360	14°20′23″	.005860	14°45′54″	.006360	15°9′57″	.006860	15°32′44″
.005370	14°20′55″	.005870	14°46′23″	.006370	15°10′25″	.006870	15°33′11″
.005380	14°21′26″	.005880	14°46′53″	.006380	15°10′53″	.006880	15°33′38″
.005390	14°21′58″	.005890	14°47′23″	.006390	15°11′21″	.006890	15°34′4″
.005400	14°22′29″	.005900	14°47′52″	.006400	15°11′49″	.006900	15°34′31″
.005410	14°23′1″	.005910	14°48′22″	.006410	15°12′17″	.006910	15°34′57″
.005420	14°23′32″	.005920	14°48′51″	.006420	15°12′45″	.006920	15°35′24″
.005430	14°24′3″	.005930	14°49′21″	.006430	15°13′13″	.006930	15°35′50″
.005440	14°24′35″	.005940	14°49′50″	.006440	15°13′41″	.006940	15°36′17″
.005450	14°25′6″	.005950	14°50′19″	.006450	15°14′8″	.006950	15°36′43″
.005460	14°25′37″	.005960	14°50′49″	.006460	15°14′36″	.006960	15°37′10″
.005470	14°26′8″	.005970	14°51′18″	.006470	15°15′4″	.006970	15°37′36″
.005480	14°26′39″	.005980	14°51′47″	.006480	15°15′32″	.006980	15°38′2″
.005490	14°27′10″	.005990	14°52′17″	.006490	15°15′59″	.006990	15°38′29″
.005500	14°27′41″	.006000	14°52′46″	.006500	15°16′27″	.007000	15°38′55″
.005510	14°28′12″	.006010	14°53′15″	.006510	15°16′55″	.007010	15°39′21″
.005520	14°28′43″	.006020	14°53′44″	.006520	15°17′22″	.007020	15°39′47″
.005530	14°29′14″	.006030	14°54′13″	.006530	15°17′50″	.007030	15°40′14″
.005540	14°29′45″	.006040	14°54′43″	.006540	15°18′17″	.007040	15°40′40″
.005550	14°30′16″	.006050	14°55′12″	.006550	15°18′45″	.007050	15°41′6″
.005560	14°30′47″	.006060	14°55′41″	.006560	15°19′12″	.007060	15°41′32″
.005570	14°31′17″	.006070	14°56′10″	.006570	15°19′40″	.007070	15°41′58″
.005580	14°31′48″	.006080	14°56′39″	.006580	15°20′7″	.007080	15°42′24″
.005590	14°32′19″	.006090	14°57′8″	.006590	15°20′35″	.007090	15°42′51″
.005600	14°32′50″	.006100	14°57′37″	.006600	15°21′2″	.007100	15°43′17″
.005610	14°33′20″	.006110	14°58′5″	.006610	15°21′30″	.007110	15°43′43″
.005620	14°33′51″	.006120	14°58′34″	.006620	15°21′57″	.007120	15°44′9″
.005630	14°34′21″	.006130	14°59′3″	.006630	15°22′24″	.007130	15°44′35″
.005640	14°34′52″	.006140	14°59′32″	.006640	15°22′51″	.007140	15°45′0″
.005650	14°35′22″	.006150	15°0′1″	.006650	15°23′19″	.007150	15°45′26″
.005660	14°35′53″	.006160	15°0′29″	.006660	15°23′46″	.007160	15°45′52″
.005670	14°36′23″	.006170	15°0′58″	.006670	15°24′13″	.007170	15°46′18″
.005680	14°36′53″	.006180	15°1′27″	.006680	15°24′40″	.007180	15°46′44″
.005690	14°37′24″	.006190	15°1′55″	.006690	15°25′7″	.007190	15°47′10″
.005700	14°37′54″	.006200	15°2′24″	.006700	15°25′34″	.007200	15°47′36″
.005710	14°38′24″	.006210	15°2′52″	.006710	15°26′2″	.007210	15°48′1″
.005720	14°38′54″	.006220	15°3′21″	.006720	15°26′29″	.007220	15°48′27″
.005730	14°39′25″	.006230	15°3′49″	.006730	15°26′56″	.007230	15°48′53″
.005740	14°39′55″	.006240	15°4′18″	.006740	15°27′23″	.007240	15°49′19″
.005750	14°40′25″	.006250	15°4′46″	.006750	15°27′50″	.007250	15°49′44″
.005760	14°40′55″	.006260	15°5′15″	.006760	15°28′17″	.007260	15°50′10″
.005770	14°41′25″	.006270	15°5′43″	.006770	15°28′43″	.007270	15°50′36″

（续）

invα	α	invα	α	invα	α	invα	α
.007280	15°51′1″	.007780	16°11′51″	.008280	16°31′48″	.008780	16°50′55″
.007290	15°51′27″	.007790	16°12′16″	.008290	16°32′11″	.008790	16°51′17″
.007300	15°51′52″	.007800	16°12′40″	.008300	16°32′34″	.008800	16°51′40″
.007310	15°52′18″	.007810	16°13′5″	.008310	16°32′58″	.008810	16°52′2″
.007320	15°52′43″	.007820	16°13′29″	.008320	16°33′21″	.008820	16°52′25″
.007330	15°53′9″	.007830	16°13′53″	.008330	16°33′44″	.008830	16°52′47″
.007340	15°53′34″	.007840	16°14′18″	.008340	16°34′8″	.008840	16°53′9″
.007350	15°53′60″	.007850	16°14′42″	.008350	16°34′31″	.008850	16°53′32″
.007360	15°54′25″	.007860	16°15′6″	.008360	16°34′54″	.008860	16°53′54″
.007370	15°54′50″	.007870	16°15′31″	.008370	16°35′18″	.008870	16°54′17″
.007380	15°55′16″	.007880	16°15′55″	.008380	16°35′41″	.008880	16°54′39″
.007390	15°55′41″	.007890	16°16′19″	.008390	16°36′4″	.008890	16°55′1″
.007400	15°56′6″	.007900	16°16′43″	.008400	16°36′27″	.008900	16°55′23″
.007410	15°56′32″	.007910	16°17′7″	.008410	16°36′50″	.008910	16°55′46″
.007420	15°56′57″	.007920	16°17′32″	.008420	16°37′13″	.008920	16°56′8″
.007430	15°57′22″	.007930	16°17′56″	.008430	16°37′37″	.008930	16°56′30″
.007440	15°57′47″	.007940	16°18′20″	.008440	16°37′60″	.008940	16°56′52″
.007450	15°58′13″	.007950	16°18′44″	.008450	16°38′23″	.008950	16°57′15″
.007460	15°58′38″	.007960	16°19′8″	.008460	16°38′46″	.008960	16°57′37″
.007470	15°59′3″	.007970	16°19′32″	.008470	16°39′9″	.008970	16°57′59″
.007480	15°59′28″	.007980	16°19′56″	.008480	16°39′32″	.008980	16°58′21″
.007490	15°59′53″	.007990	16°20′20″	.008490	16°39′55″	.008990	16°58′43″
.007500	16°0′18″	.008000	16°20′44″	.008500	16°40′18″	.009000	16°59′5″
.007510	16°0′43″	.008010	16°21′8″	.008510	16°40′41″	.009010	16°59′28″
.007520	16°1′8″	.008020	16°21′32″	.008520	16°41′4″	.009020	16°59′50″
.007530	16°1′33″	.008030	16°21′56″	.008530	16°41′27″	.009030	17°0′12″
.007540	16°1′58″	.008040	16°22′20″	.008540	16°41′50″	.009040	17°0′34″
.007550	16°2′23″	.008050	16°22′44″	.008550	16°42′13″	.009050	17°0′56″
.007560	16°2′48″	.008060	16°23′8″	.008560	16°42′36″	.009060	17°1′18″
.007570	16°3′13″	.008070	16°23′31″	.008570	16°42′59″	.009070	17°1′40″
.007580	16°3′38″	.008080	16°23′55″	.008580	16°43′21″	.009080	17°2′2″
.007590	16°4′3″	.008090	16°24′19″	.008590	16°43′44″	.009090	17°2′24″
.007600	16°4′28″	.008100	16°24′43″	.008600	16°44′7″	.009100	17°2′46″
.007610	16°4′53″	.008110	16°25′7″	.008610	16°44′30″	.009110	17°3′8″
.007620	16°5′17″	.008120	16°25′30″	.008620	16°44′53″	.009120	17°3′30″
.007630	16°5′42″	.008130	16°25′54″	.008630	16°45′16″	.009130	17°3′51″
.007640	16°6′7″	.008140	16°26′18″	.008640	16°45′38″	.009140	17°4′13″
.007650	16°6′32″	.008150	16°26′41″	.008650	16°46′1″	.009150	17°4′35″
.007660	16°6′56″	.008160	16°27′5″	.008660	16°46′24″	.009160	17°4′57″
.007670	16°7′21″	.008170	16°27′29″	.008670	16°46′46″	.009170	17°5′19″
.007680	16°7′46″	.008180	16°27′52″	.008680	16°47′9″	.009180	17°5′41″
.007690	16°8′11″	.008190	16°28′16″	.008690	16°47′32″	.009190	17°6′2″
.007700	16°8′35″	.008200	16°28′40″	.008700	16°47′54″	.009200	17°6′24″
.007710	16°8′60″	.008210	16°29′3″	.008710	16°48′17″	.009210	17°6′46″
.007720	16°9′24″	.008220	16°29′27″	.008720	16°48′40″	.009220	17°7′8″
.007730	16°9′49″	.008230	16°29′50″	.008730	16°49′2″	.009230	17°7′30″
.007740	16°10′13″	.008240	16°30′14″	.008740	16°49′25″	.009240	17°7′51″
.007750	16°10′38″	.008250	16°30′37″	.008750	16°49′47″	.009250	17°8′13″
.007760	16°11′2″	.008260	16°31′1″	.008760	16°50′10″	.009260	17°8′35″
.007770	16°11′27″	.008270	16°31′24″	.008770	16°50′32″	.009270	17°8′56″

（续）

invα	α	invα	α	invα	α	invα	α
.009280	17°9′18″	.009770	17°26′40″	.010260	17°43′26″	.010750	17°59′40″
.009290	17°9′40″	.009780	17°27′1″	.010270	17°43′46″	.010760	17°59′59″
.009300	17°10′1″	.009790	17°27′22″	.010280	17°44′6″	.010770	18°0′19″
.009310	17°10′23″	.009800	17°27′42″	.010290	17°44′27″	.010780	18°0′38″
.009320	17°10′44″	.009810	17°28′3″	.010300	17°44′47″	.010790	18°0′58″
.009330	17°11′6″	.009820	17°28′24″	.010310	17°45′7″	.010800	18°1′17″
.009340	17°11′28″	.009830	17°28′45″	.010320	17°45′27″	.010810	18°1′37″
.009350	17°11′49″	.009840	17°29′6″	.010330	17°45′47″	.010820	18°1′56″
.009360	17°12′11″	.009850	17°29′26″	.010340	17°46′7″	.010830	18°2′16″
.009370	17°12′32″	.009860	17°29′47″	.010350	17°46′27″	.010840	18°2′35″
.009380	17°12′54″	.009870	17°30′8″	.010360	17°46′47″	.010850	18°2′54″
.009390	17°13′15″	.009880	17°30′29″	.010370	17°47′7″	.010860	18°3′14″
.009400	17°13′37″	.009890	17°30′49″	.010380	17°47′27″	.010870	18°3′33″
.009410	17°13′58″	.009900	17°31′10″	.010390	17°47′47″	.010880	18°3′53″
.009420	17°14′19″	.009910	17°31′31″	.010400	17°48′7″	.010890	18°4′12″
.009430	17°14′41″	.009920	17°31′51″	.010410	17°48′27″	.010900	18°4′31″
.009440	17°15′2″	.009930	17°32′12″	.010420	17°48′47″	.010910	18°4′51″
.009450	17°15′24″	.009940	17°32′33″	.010430	17°49′7″	.010920	18°5′10″
.009460	17°15′45″	.009950	17°32′53″	.010440	17°49′27″	.010930	18°5′30″
.009470	17°16′6″	.009960	17°33′14″	.010450	17°49′47″	.010940	18°5′49″
.009480	17°16′28″	.009970	17°33′35″	.010460	17°50′7″	.010950	18°6′8″
.009490	17°16′49″	.009980	17°33′55″	.010470	17°50′27″	.010960	18°6′27″
.009500	17°17′10″	.009990	17°34′16″	.010480	17°50′47″	.010970	18°6′47″
.009510	17°17′32″	.010000	17°34′36″	.010490	17°51′7″	.010980	18°7′6″
.009520	17°17′53″	.010010	17°34′57″	.010500	17°51′27″	.010990	18°7′25″
.009530	17°18′14″	.010020	17°35′17″	.010510	17°51′47″	.011000	18°7′44″
.009540	17°18′35″	.010030	17°35′38″	.010520	17°52′7″	.011010	18°8′4″
.009550	17°18′57″	.010040	17°35′58″	.010530	17°52′26″	.011020	18°8′23″
.009560	17°19′18″	.010050	17°36′19″	.010540	17°52′46″	.011030	18°8′42″
.009570	17°19′39″	.010060	17°36′39″	.010550	17°53′6″	.011040	18°9′1″
.009580	17°20′0″	.010070	17°36′60″	.010560	17°53′26″	.011050	18°9′21″
.009590	17°20′21″	.010080	17°37′20″	.010570	17°53′46″	.011060	18°9′40″
.009600	17°20′43″	.010090	17°37′41″	.010580	17°54′5″	.011070	18°9′59″
.009610	17°21′4″	.010100	17°38′1″	.010590	17°54′25″	.011080	18°10′18″
.009620	17°21′25″	.010110	17°38′22″	.010600	17°54′45″	.011090	18°10′37″
.009630	17°21′46″	.010120	17°38′42″	.010610	17°55′5″	.011100	18°10′56″
.009640	17°22′7″	.010130	17°39′2″	.010620	17°55′24″	.011110	18°11′15″
.009650	17°22′28″	.010140	17°39′23″	.010630	17°55′44″	.011120	18°11′35″
.009660	17°22′49″	.010150	17°39′43″	.010640	17°56′4″	.011130	18°11′54″
.009670	17°23′10″	.010160	17°40′3″	.010650	17°56′23″	.011140	18°12′13″
.009680	17°23′31″	.010170	17°40′24″	.010660	17°56′43″	.011150	18°12′32″
.009690	17°23′52″	.010180	17°40′44″	.010670	17°57′3″	.011160	18°12′51″
.009700	17°24′13″	.010190	17°41′4″	.010680	17°57′22″	.011170	18°13′10″
.009710	17°24′34″	.010200	17°41′25″	.010690	17°57′42″	.011180	18°13′29″
.009720	17°24′55″	.010210	17°41′45″	.010700	17°58′2″	.011190	18°13′48″
.009730	17°25′16″	.010220	17°42′5″	.010710	17°58′21″	.011200	18°14′7″
.009740	17°25′37″	.010230	17°42′25″	.010720	17°58′41″	.011210	18°14′26″
.009750	17°25′58″	.010240	17°42′46″	.010730	17°59′0″	.011220	18°14′45″
.009760	17°26′19″	.010250	17°43′6″	.010740	17°59′20″	.011230	18°15′4″

（续）

invα	α	invα	α	invα	α	invα	α
.011240	18°15′23″	.011710	18°30′1″	.012180	18°44′15″	.012650	18°58′7″
.011250	18°15′42″	.011720	18°30′20″	.012190	18°44′33″	.012660	18°58′24″
.011260	18°16′1″	.011730	18°30′38″	.012200	18°44′51″	.012670	18°58′42″
.011270	18°16′20″	.011740	18°30′56″	.012210	18°45′9″	.012680	18°58′59″
.011280	18°16′39″	.011750	18°31′15″	.012220	18°45′27″	.012690	18°59′16″
.011290	18°16′57″	.011760	18°31′33″	.012230	18°45′45″	.012700	18°59′34″
.011300	18°17′16″	.011770	18°31′51″	.012240	18°46′3″	.012710	18°59′51″
.011310	18°17′35″	.011780	18°32′10″	.012250	18°46′20″	.012720	19°0′9″
.011320	18°17′54″	.011790	18°32′28″	.012260	18°46′38″	.012730	19°0′26″
.011330	18°18′13″	.011800	18°32′46″	.012270	18°46′56″	.012740	19°0′43″
.011340	18°18′32″	.011810	18°33′5″	.012280	18°47′14″	.012750	19°1′1″
.011350	18°18′51″	.011820	18°33′23″	.012290	18°47′32″	.012760	19°1′18″
.011360	18°19′9″	.011830	18°33′41″	.012300	18°47′50″	.012770	19°1′35″
.011370	18°19′28″	.011840	18°33′60″	.012310	18°48′7″	.012780	19°1′53″
.011380	18°19′47″	.011850	18°34′18″	.012320	18°48′25″	.012790	19°2′10″
.011390	18°20′6″	.011860	18°34′36″	.012330	18°48′43″	.012800	19°2′27″
.011400	18°20′25″	.011870	18°34′54″	.012340	18°49′1″	.012810	19°2′45″
.011410	18°20′43″	.011880	18°35′13″	.012350	18°49′18″	.012820	19°3′2″
.011420	18°21′2″	.011890	18°35′31″	.012360	18°49′36″	.012830	19°3′19″
.011430	18°21′21″	.011900	18°35′49″	.012370	18°49′54″	.012840	19°3′37″
.011440	18°21′40″	.011910	18°36′7″	.012380	18°50′12″	.012850	19°3′54″
.011450	18°21′58″	.011920	18°36′26″	.012390	18°50′29″	.012860	19°4′11″
.011460	18°22′17″	.011930	18°36′44″	.012400	18°50′47″	.012870	19°4′28″
.011470	18°22′36″	.011940	18°37′2″	.012410	18°51′5″	.012880	19°4′46″
.011480	18°22′54″	.011950	18°37′20″	.012420	18°51′22″	.012890	19°5′3″
.011490	18°23′13″	.011960	18°37′38″	.012430	18°51′40″	.012900	19°5′20″
.011500	18°23′32″	.011970	18°37′56″	.012440	18°51′58″	.012910	19°5′37″
.011510	18°23′50″	.011980	18°38′15″	.012450	18°52′15″	.012920	19°5′55″
.011520	18°24′9″	.011990	18°38′33″	.012460	18°52′33″	.012930	19°6′12″
.011530	18°24′28″	.012000	18°38′51″	.012470	18°52′51″	.012940	19°6′29″
.011540	18°24′46″	.012010	18°39′9″	.012480	18°53′8″	.012950	19°6′46″
.011550	18°25′5″	.012020	18°39′27″	.012490	18°53′26″	.012960	19°7′3″
.011560	18°25′24″	.012030	18°39′45″	.012500	18°53′44″	.012970	19°7′20″
.011570	18°25′42″	.012040	18°40′3″	.012510	18°54′1″	.012980	19°7′38″
.011580	18°26′1″	.012050	18°40′21″	.012520	18°54′19″	.012990	19°7′55″
.011590	18°26′19″	.012060	18°40′39″	.012530	18°54′36″	.013000	19°8′12″
.011600	18°26′38″	.012070	18°40′57″	.012540	18°54′54″	.013010	19°8′29″
.011610	18°26′56″	.012080	18°41′15″	.012550	18°55′12″	.013020	19°8′46″
.011620	18°27′15″	.012090	18°41′33″	.012560	18°55′29″	.013030	19°9′3″
.011630	18°27′33″	.012100	18°41′51″	.012570	18°55′47″	.013040	19°9′20″
.011640	18°27′52″	.012110	18°42′9″	.012580	18°56′4″	.013050	19°9′37″
.011650	18°28′10″	.012120	18°42′27″	.012590	18°56′22″	.013060	19°9′55″
.011660	18°28′29″	.012130	18°42′45″	.012600	18°56′39″	.013070	19°10′12″
.011670	18°28′47″	.012140	18°43′3″	.012610	18°56′57″	.013080	19°10′29″
.011680	18°29′6″	.012150	18°43′21″	.012620	18°57′14″	.013090	19°10′46″
.011690	18°29′24″	.012160	18°43′39″	.012630	18°57′32″	.013100	19°11′3″
.011700	18°29′43″	.012170	18°43′57″	.012640	18°57′49″	.013110	19°11′20″

（续）

invα	α	invα	α	invα	α	invα	α
.013120	19°11′37″	.013590	19°24′47″	.014060	19°37′38″	.014530	19°50′12″
.013130	19°11′54″	.013600	19°25′4″	.014070	19°37′55″	.014540	19°50′28″
.013140	19°12′11″	.013610	19°25′20″	.014080	19°38′11″	.014550	19°50′44″
.013150	19°12′28″	.013620	19°25′37″	.014090	19°38′27″	.014560	19°50′59″
.013160	19°12′45″	.013630	19°25′53″	.014100	19°38′43″	.014570	19°51′15″
.013170	19°13′2″	.013640	19°26′10″	.014110	19°38′59″	.014580	19°51′31″
.013180	19°13′19″	.013650	19°26′27″	.014120	19°39′16″	.014590	19°51′47″
.013190	19°13′36″	.013660	19°26′43″	.014130	19°39′32″	.014600	19°52′3″
.013200	19°13′53″	.013670	19°26′60″	.014140	19°39′48″	.014610	19°52′18″
.013210	19°14′10″	.013680	19°27′16″	.014150	19°40′4″	.014620	19°52′34″
.013220	19°14′27″	.013690	19°27′33″	.014160	19°40′20″	.014630	19°52′50″
.013230	19°14′43″	.013700	19°27′49″	.014170	19°40′36″	.014640	19°53′6″
.013240	19°15′0″	.013710	19°28′6″	.014180	19°40′52″	.014650	19°53′22″
.013250	19°15′17″	.013720	19°28′22″	.014190	19°41′9″	.014660	19°53′37″
.013260	19°15′34″	.013730	19°28′39″	.014200	19°41′25″	.014670	19°53′53″
.013270	19°15′51″	.013740	19°28′55″	.014210	19°41′41″	.014680	19°54′9″
.013280	19°16′8″	.013750	19°29′12″	.014220	19°41′57″	.014690	19°54′25″
.013290	19°16′25″	.013760	19°29′28″	.014230	19°42′13″	.014700	19°54′40″
.013300	19°16′42″	.013770	19°29′45″	.014240	19°42′29″	.014710	19°54′56″
.013310	19°16′59″	.013780	19°30′1″	.014250	19°42′45″	.014720	19°55′12″
.013320	19°17′15″	.013790	19°30′17″	.014260	19°43′1″	.014730	19°55′27″
.013330	19°17′32″	.013800	19°30′34″	.014270	19°43′17″	.014740	19°55′43″
.013340	19°17′49″	.013810	19°30′50″	.014280	19°43′33″	.014750	19°55′59″
.013350	19°18′6″	.013820	19°31′7″	.014290	19°43′49″	.014760	19°56′14″
.013360	19°18′23″	.013830	19°31′23″	.014300	19°44′5″	.014770	19°56′30″
.013370	19°18′40″	.013840	19°31′40″	.014310	19°44′21″	.014780	19°56′46″
.013380	19°18′56″	.013850	19°31′56″	.014320	19°44′37″	.014790	19°57′1″
.013390	19°19′13″	.013860	19°32′12″	.014330	19°44′53″	.014800	19°57′17″
.013400	19°19′30″	.013870	19°32′29″	.014340	19°45′9″	.014810	19°57′33″
.013410	19°19′47″	.013880	19°32′45″	.014350	19°45′25″	.014820	19°57′48″
.013420	19°20′3″	.013890	19°33′1″	.014360	19°45′41″	.014830	19°58′4″
.013430	19°20′20″	.013900	19°33′18″	.014370	19°45′57″	.014840	19°58′20″
.013440	19°20′37″	.013910	19°33′34″	.014380	19°46′13″	.014850	19°58′35″
.013450	19°20′54″	.013920	19°33′51″	.014390	19°46′29″	.014860	19°58′51″
.013460	19°21′10″	.013930	19°34′7″	.014400	19°46′45″	.014870	19°59′6″
.013470	19°21′27″	.013940	19°34′23″	.014410	19°47′1″	.014880	19°59′22″
.013480	19°21′44″	.013950	19°34′39″	.014420	19°47′17″	.014890	19°59′38″
.013490	19°22′1″	.013960	19°34′56″	.014430	19°47′33″	.014900	19°59′53″
.013500	19°22′17″	.013970	19°35′12″	.014440	19°47′49″	.014910	20°0′9″
.013510	19°22′34″	.013980	19°35′28″	.014450	19°48′5″	.014920	20°0′24″
.013520	19°22′51″	.013990	19°35′45″	.014460	19°48′21″	.014930	20°0′40″
.013530	19°23′7″	.014000	19°36′1″	.014470	19°48′37″	.014940	20°0′55″
.013540	19°23′24″	.014010	19°36′17″	.014480	19°48′53″	.014950	20°1′11″
.013550	19°23′41″	.014020	19°36′33″	.014490	19°49′8″	.014960	20°1′26″
.013560	19°23′57″	.014030	19°36′50″	.014500	19°49′24″	.014970	20°1′42″
.013570	19°24′14″	.014040	19°37′6″	.014510	19°49′40″	.014980	20°1′58″
.013580	19°24′30″	.014050	19°37′22″	.014520	19°49′56″	.014990	20°2′13″

（续）

invα	α	invα	α	invα	α	invα	α
.015000	20°2′29″	.015940	20°26′15″	.016880	20°49′3″	.017820	21°10′59″
.015020	20°2′60″	.015960	20°26′44″	.016900	20°49′32″	.017840	21°11′26″
.015040	20°3′30″	.015980	20°27′14″	.016920	20°50′0″	.017860	21°11′54″
.015060	20°4′1″	.016000	20°27′44″	.016940	20°50′29″	.017880	21°12′21″
.015080	20°4′32″	.016020	20°28′13″	.016960	20°50′57″	.017900	21°12′48″
.015100	20°5′3″	.016040	20°28′43″	.016980	20°51′25″	.017920	21°13′16″
.015120	20°5′34″	.016060	20°29′12″	.017000	20°51′54″	.017940	21°13′43″
.015140	20°6′5″	.016080	20°29′42″	.017020	20°52′22″	.017960	21°14′10″
.015160	20°6′36″	.016100	20°30′12″	.017040	20°52′51″	.017980	21°14′38″
.015180	20°7′6″	.016120	20°30′41″	.017060	20°53′19″	.018000	21°15′5″
.015200	20°7′37″	.016140	20°31′10″	.017080	20°53′47″	.018020	21°15′32″
.015220	20°8′8″	.016160	20°31′40″	.017100	20°54′15″	.018040	21°15′60″
.015240	20°8′38″	.016180	20°32′9″	.017120	20°54′44″	.018060	21°16′27″
.015260	20°9′9″	.016200	20°32′39″	.017140	20°55′12″	.018080	21°16′54″
.015280	20°9′40″	.016220	20°33′8″	.017160	20°55′40″	.018100	21°17′21″
.015300	20°10′10″	.016240	20°33′37″	.017180	20°56′8″	.018120	21°17′48″
.015320	20°10′41″	.016260	20°34′7″	.017200	20°56′37″	.018140	21°18′15″
.015340	20°11′11″	.016280	20°34′36″	.017220	20°57′5″	.018160	21°18′43″
.015360	20°11′42″	.016300	20°35′5″	.017240	20°57′33″	.018180	21°19′10″
.015380	20°12′12″	.016320	20°35′34″	.017260	20°58′1″	.018200	21°19′37″
.015400	20°12′43″	.016340	20°36′4″	.017280	20°58′29″	.018220	21°20′4″
.015420	20°13′13″	.016360	20°36′33″	.017300	20°58′57″	.018240	21°20′31″
.015440	20°13′44″	.016380	20°37′2″	.017320	20°59′25″	.018260	21°20′58″
.015460	20°14′14″	.016400	20°37′31″	.017340	20°59′53″	.018280	21°21′25″
.015480	20°14′44″	.016420	20°38′0″	.017360	21°0′21″	.018300	21°21′52″
.015500	20°15′15″	.016440	20°38′29″	.017380	21°0′49″	.018320	21°22′19″
.015520	20°15′45″	.016460	20°38′58″	.017400	21°1′17″	.018340	21°22′46″
.015540	20°16′15″	.016480	20°39′27″	.017420	21°1′45″	.018360	21°23′13″
.015560	20°16′45″	.016500	20°39′56″	.017440	21°2′13″	.018380	21°23′40″
.015580	20°17′16″	.016520	20°40′25″	.017460	21°2′41″	.018400	21°24′6″
.015600	20°17′46″	.016540	20°40′54″	.017480	21°3′9″	.018420	21°24′33″
.015620	20°18′16″	.016560	20°41′23″	.017500	21°3′36″	.018440	21°25′0″
.015640	20°18′46″	.016580	20°41′52″	.017520	21°4′4″	.018460	21°25′27″
.015660	20°19′16″	.016600	20°42′21″	.017540	21°4′32″	.018480	21°25′54″
.015680	20°19′46″	.016620	20°42′50″	.017560	21°4′60″	.018500	21°26′20″
.015700	20°20′16″	.016640	20°43′19″	.017580	21°5′28″	.018520	21°26′47″
.015720	20°20′46″	.016660	20°43′48″	.017600	21°5′55″	.018540	21°27′14″
.015740	20°21′16″	.016680	20°44′16″	.017620	21°6′23″	.018560	21°27′41″
.015760	20°21′46″	.016700	20°44′45″	.017640	21°6′51″	.018580	21°28′7″
.015780	20°22′16″	.016720	20°45′14″	.017660	21°7′18″	.018600	21°28′34″
.015800	20°22′46″	.016740	20°45′43″	.017680	21°7′46″	.018620	21°29′1″
.015820	20°23′16″	.016760	20°46′11″	.017700	21°8′14″	.018640	21°29′27″
.015840	20°23′46″	.016780	20°46′40″	.017720	21°8′41″	.018660	21°29′54″
.015860	20°24′16″	.016800	20°47′9″	.017740	21°9′9″	.018680	21°30′20″
.015880	20°24′45″	.016820	20°47′37″	.017760	21°9′36″	.018700	21°30′47″
.015900	20°25′15″	.016840	20°48′6″	.017780	21°10′4″	.018720	21°31′13″
.015920	20°25′45″	.016860	20°48′34″	.017800	21°10′31″	.018740	21°31′40″

（续）

invα	α	invα	α	invα	α	invα	α
.018760	21°32′6″	.019700	21°52′30″	.020640	22°12′13″	.021580	22°31′19″
.018780	21°32′33″	.019720	21°52′56″	.020660	22°12′38″	.021600	22°31′43″
.018800	21°32′59″	.019740	21°53′21″	.020680	22°13′3″	.021620	22°32′7″
.018820	21°33′26″	.019760	21°53′47″	.020700	22°13′27″	.021640	22°32′31″
.018840	21°33′52″	.019780	21°54′12″	.020720	22°13′52″	.021660	22°32′55″
.018860	21°34′19″	.019800	21°54′38″	.020740	22°14′17″	.021680	22°33′18″
.018880	21°34′45″	.019820	21°55′3″	.020760	22°14′41″	.021700	22°33′42″
.018900	21°35′11″	.019840	21°55′29″	.020780	22°15′6″	.021720	22°34′6″
.018920	21°35′38″	.019860	21°55′54″	.020800	22°15′31″	.021740	22°34′30″
.018940	21°36′4″	.019880	21°56′20″	.020820	22°15′55″	.021760	22°34′54″
.018960	21°36′30″	.019900	21°56′45″	.020840	22°16′20″	.021780	22°35′18″
.018980	21°36′57″	.019920	21°57′11″	.020860	22°16′45″	.021800	22°35′42″
.019000	21°37′23″	.019940	21°57′36″	.020880	22°17′9″	.021820	22°36′5″
.019020	21°37′49″	.019960	21°58′1″	.020900	22°17′34″	.021840	22°36′29″
.019040	21°38′15″	.019980	21°58′27″	.020920	22°17′58″	.021860	22°36′53″
.019060	21°38′42″	.020000	21°58′52″	.020940	22°18′23″	.021880	22°37′17″
.019080	21°39′8″	.020020	21°59′17″	.020960	22°18′47″	.021900	22°37′41″
.019100	21°39′34″	.020040	21°59′43″	.020980	22°19′12″	.021920	22°38′4″
.019120	21°40′0″	.020060	22°0′8″	.021000	22°19′36″	.021940	22°38′28″
.019140	21°40′26″	.020080	22°0′33″	.021020	22°20′1″	.021960	22°38′52″
.019160	21°40′52″	.020100	22°0′58″	.021040	22°20′25″	.021980	22°39′15″
.019180	21°41′18″	.020120	22°1′24″	.021060	22°20′49″	.022000	22°39′39″
.019200	21°41′45″	.020140	22°1′49″	.021080	22°21′14″	.022020	22°40′3″
.019220	21°42′11″	.020160	22°2′14″	.021100	22°21′38″	.022040	22°40′26″
.019240	21°42′37″	.020180	22°2′39″	.021120	22°22′3″	.022060	22°40′50″
.019260	21°43′3″	.020200	22°3′4″	.021140	22°22′27″	.022080	22°41′14″
.019280	21°43′29″	.020220	22°3′29″	.021160	22°22′51″	.022100	22°41′37″
.019300	21°43′55″	.020240	22°3′55″	.021180	22°23′16″	.022120	22°42′1″
.019320	21°44′21″	.020260	22°4′20″	.021200	22°23′40″	.022140	22°42′24″
.019340	21°44′46″	.020280	22°4′45″	.021220	22°24′4″	.022160	22°42′48″
.019360	21°45′12″	.020300	22°5′10″	.021240	22°24′29″	.022180	22°43′11″
.019380	21°45′38″	.020320	22°5′35″	.021260	22°24′53″	.022200	22°43′35″
.019400	21°46′4″	.020340	22°5′60″	.021280	22°25′17″	.022220	22°43′58″
.019420	21°46′30″	.020360	22°6′25″	.021300	22°25′41″	.022240	22°44′22″
.019440	21°46′56″	.020380	22°6′50″	.021320	22°26′5″	.022260	22°44′45″
.019460	21°47′22″	.020400	22°7′15″	.021340	22°26′30″	.022280	22°45′9″
.019480	21°47′48″	.020420	22°7′40″	.021360	22°26′54″	.022300	22°45′32″
.019500	21°48′13″	.020440	22°8′5″	.021380	22°27′18″	.022320	22°45′56″
.019520	21°48′39″	.020460	22°8′30″	.021400	22°27′42″	.022340	22°46′19″
.019540	21°49′5″	.020480	22°8′55″	.021420	22°28′6″	.022360	22°46′43″
.019560	21°49′31″	.020500	22°9′19″	.021440	22°28′30″	.022380	22°47′6″
.019580	21°49′56″	.020520	22°9′44″	.021460	22°28′54″	.022400	22°47′29″
.019600	21°50′22″	.020540	22°10′9″	.021480	22°29′19″	.022420	22°47′53″
.019620	21°50′48″	.020560	22°10′34″	.021500	22°29′43″	.022440	22°48′16″
.019640	21°51′13″	.020580	22°10′59″	.021520	22°30′7″	.022460	22°48′39″
.019660	21°51′39″	.020600	22°11′24″	.021540	22°30′31″	.022480	22°49′3″
.019680	21°52′5″	.020620	22°11′48″	.021560	22°30′55″	.022500	22°49′26″

（续）

invα	α	invα	α	invα	α	invα	α
.022520	22°49′49″	.023460	23°7′47″	.024400	23°25′15″	.025340	23°42′15″
.022540	22°50′13″	.023480	23°8′10″	.024420	23°25′37″	.025360	23°42′36″
.022560	22°50′36″	.023500	23°8′33″	.024440	23°25′59″	.025380	23°42′57″
.022580	22°50′59″	.023520	23°8′55″	.024460	23°26′21″	.025400	23°43′19″
.022600	22°51′22″	.023540	23°9′18″	.024480	23°26′43″	.025420	23°43′40″
.022620	22°51′46″	.023560	23°9′40″	.024500	23°27′5″	.025440	23°44′2″
.022640	22°52′9″	.023580	23°10′3″	.024520	23°27′27″	.025460	23°44′23″
.022660	22°52′32″	.023600	23°10′25″	.024540	23°27′49″	.025480	23°44′44″
.022680	22°52′55″	.023620	23°10′48″	.024560	23°28′11″	.025500	23°45′6″
.022700	22°53′18″	.023640	23°11′10″	.024580	23°28′33″	.025520	23°45′27″
.022720	22°53′41″	.023660	23°11′33″	.024600	23°28′54″	.025540	23°45′48″
.022740	22°54′4″	.023680	23°11′55″	.024620	23°29′16″	.025560	23°46′9″
.022760	22°54′28″	.023700	23°12′18″	.024640	23°29′38″	.025580	23°46′31″
.022780	22°54′51″	.023720	23°12′40″	.024660	23°30′0″	.025600	23°46′52″
.022800	22°55′14″	.023740	23°13′3″	.024680	23°30′22″	.025620	23°47′13″
.022820	22°55′37″	.023760	23°13′25″	.024700	23°30′44″	.025640	23°47′34″
.022840	22°55′60″	.023780	23°13′47″	.024720	23°31′5″	.025660	23°47′56″
.022860	22°56′23″	.023800	23°14′10″	.024740	23°31′27″	.025680	23°48′17″
.022880	22°56′46″	.023820	23°14′32″	.024760	23°31′49″	.025700	23°48′38″
.022900	22°57′9″	.023840	23°14′55″	.024780	23°32′11″	.025720	23°48′59″
.022920	22°57′32″	.023860	23°15′17″	.024800	23°32′32″	.025740	23°49′20″
.022940	22°57′55″	.023880	23°15′39″	.024820	23°32′54″	.025760	23°49′41″
.022960	22°58′18″	.023900	23°16′2″	.024840	23°33′16″	.025780	23°50′3″
.022980	22°58′41″	.023920	23°16′24″	.024860	23°33′38″	.025800	23°50′24″
.023000	22°59′4″	.023940	23°16′46″	.024880	23°33′59″	.025820	23°50′45″
.023020	22°59′27″	.023960	23°17′8″	.024900	23°34′21″	.025840	23°51′6″
.023040	22°59′50″	.023980	23°17′31″	.024920	23°34′43″	.025860	23°51′27″
.023060	23°0′12″	.024000	23°17′53″	.024940	23°35′4″	.025880	23°51′48″
.023080	23°0′35″	.024020	23°18′15″	.024960	23°35′26″	.025900	23°52′9″
.023100	23°0′58″	.024040	23°18′37″	.024980	23°35′48″	.025920	23°52′30″
.023120	23°1′21″	.024060	23°18′60″	.025000	23°36′9″	.025940	23°52′51″
.023140	23°1′44″	.024080	23°19′22″	.025020	23°36′31″	.025960	23°53′12″
.023160	23°2′7″	.024100	23°19′44″	.025040	23°36′52″	.025980	23°53′33″
.023180	23°2′30″	.024120	23°20′6″	.025060	23°37′14″	.026000	23°53′54″
.023200	23°2′52″	.024140	23°20′28″	.025080	23°37′35″	.026020	23°54′15″
.023220	23°3′15″	.024160	23°20′51″	.025100	23°37′57″	.026040	23°54′36″
.023240	23°3′38″	.024180	23°21′13″	.025120	23°38′19″	.026060	23°54′57″
.023260	23°4′1″	.024200	23°21′35″	.025140	23°38′40″	.026080	23°55′18″
.023280	23°4′23″	.024220	23°21′57″	.025160	23°39′2″	.026100	23°55′39″
.023300	23°4′46″	.024240	23°22′19″	.025180	23°39′23″	.026120	23°56′0″
.023320	23°5′9″	.024260	23°22′41″	.025200	23°39′45″	.026140	23°56′21″
.023340	23°5′32″	.024280	23°23′3″	.025220	23°40′6″	.026160	23°56′42″
.023360	23°5′54″	.024300	23°23′25″	.025240	23°40′28″	.026180	23°57′3″
.023380	23°6′17″	.024320	23°23′47″	.025260	23°40′49″	.026200	23°57′24″
.023400	23°6′40″	.024340	23°24′9″	.025280	23°41′10″	.026220	23°57′45″
.023420	23°7′2″	.024360	23°24′31″	.025300	23°41′32″	.026240	23°58′6″
.023440	23°7′25″	.024380	23°24′53″	.025320	23°41′53″	.026260	23°58′27″

（续）

invα	α	invα	α	invα	α	invα	α
.026280	23°58′47″	.027220	24°14′55″	.028160	24°30′39″	.029100	24°46′1″
.026300	23°59′8″	.027240	24°15′15″	.028180	24°30′59″	.029120	24°46′20″
.026320	23°59′29″	.027260	24°15′36″	.028200	24°31′19″	.029140	24°46′40″
.026340	23°59′50″	.027280	24°15′56″	.028220	24°31′39″	.029160	24°46′59″
.026360	24°0′11″	.027300	24°16′16″	.028240	24°31′58″	.029180	24°47′18″
.026380	24°0′32″	.027320	24°16′37″	.028260	24°32′18″	.029200	24°47′38″
.026400	24°0′52″	.027340	24°16′57″	.028280	24°32′38″	.029220	24°47′57″
.026420	24°1′13″	.027360	24°17′17″	.028300	24°32′58″	.029240	24°48′16″
.026440	24°1′34″	.027380	24°17′37″	.028320	24°33′18″	.029260	24°48′36″
.026460	24°1′55″	.027400	24°17′58″	.028340	24°33′37″	.029280	24°48′55″
.026480	24°2′15″	.027420	24°18′18″	.028360	24°33′57″	.029300	24°49′14″
.026500	24°2′36″	.027440	24°18′38″	.028380	24°34′17″	.029320	24°49′33″
.026520	24°2′57″	.027460	24°18′58″	.028400	24°34′37″	.029340	24°49′53″
.026540	24°3′18″	.027480	24°19′19″	.028420	24°34′56″	.029360	24°50′12″
.026560	24°3′38″	.027500	24°19′39″	.028440	24°35′16″	.029380	24°50′31″
.026580	24°3′59″	.027520	24°19′59″	.028460	24°35′36″	.029400	24°50′50″
.026600	24°4′20″	.027540	24°20′19″	.028480	24°35′55″	.029420	24°51′10″
.026620	24°4′40″	.027560	24°20′39″	.028500	24°36′15″	.029440	24°51′29″
.026640	24°5′1″	.027580	24°20′59″	.028520	24°36′35″	.029460	24°51′48″
.026660	24°5′22″	.027600	24°21′20″	.028540	24°36′54″	.029480	24°52′7″
.026680	24°5′42″	.027620	24°21′40″	.028560	24°37′14″	.029500	24°52′26″
.026700	24°6′3″	.027640	24°21′60″	.028580	24°37′34″	.029520	24°52′46″
.026720	24°6′23″	.027660	24°22′20″	.028600	24°37′53″	.029540	24°53′5″
.026740	24°6′44″	.027680	24°22′40″	.028620	24°38′13″	.029560	24°53′24″
.026760	24°7′5″	.027700	24°23′0″	.028640	24°38′32″	.029580	24°53′43″
.026780	24°7′25″	.027720	24°23′20″	.028660	24°38′52″	.029600	24°54′2″
.026800	24°7′46″	.027740	24°23′40″	.028680	24°39′12″	.029620	24°54′21″
.026820	24°8′6″	.027760	24°24′0″	.028700	24°39′31″	.029640	24°54′41″
.026840	24°8′27″	.027780	24°24′20″	.028720	24°39′51″	.029660	24°54′60″
.026860	24°8′47″	.027800	24°24′40″	.028740	24°40′10″	.029680	24°55′19″
.026880	24°9′8″	.027820	24°25′0″	.028760	24°40′30″	.029700	24°55′38″
.026900	24°9′28″	.027840	24°25′20″	.028780	24°40′49″	.029720	24°55′57″
.026920	24°9′49″	.027860	24°25′40″	.028800	24°41′9″	.029740	24°56′16″
.026940	24°10′9″	.027880	24°26′0″	.028820	24°41′29″	.029760	24°56′35″
.026960	24°10′30″	.027900	24°26′20″	.028840	24°41′48″	.029780	24°56′54″
.026980	24°10′50″	.027920	24°26′40″	.028860	24°42′8″	.029800	24°57′13″
.027000	24°11′11″	.027940	24°27′0″	.028880	24°42′27″	.029820	24°57′32″
.027020	24°11′31″	.027960	24°27′20″	.028900	24°42′46″	.029840	24°57′51″
.027040	24°11′52″	.027980	24°27′40″	.028920	24°43′6″	.029860	24°58′10″
.027060	24°12′12″	.028000	24°28′0″	.028940	24°43′25″	.029880	24°58′29″
.027080	24°12′33″	.028020	24°28′20″	.028960	24°43′45″	.029900	24°58′48″
.027100	24°12′53″	.028040	24°28′40″	.028980	24°44′4″	.029920	24°59′7″
.027120	24°13′13″	.028060	24°28′60″	.029000	24°44′24″	.029940	24°59′26″
.027140	24°13′34″	.028080	24°29′20″	.029020	24°44′43″	.029960	24°59′45″
.027160	24°13′54″	.028100	24°29′40″	.029040	24°45′3″	.029980	25°0′4″
.027180	24°14′14″	.028120	24°29′59″	.029060	24°45′22″	.030000	25°0′23″
.027200	24°14′35″	.028140	24°30′19″	.029080	24°45′41″	.030020	25°0′42″

（续）

invα	α	invα	α	invα	α	invα	α
.030040	25°1′1″	.030980	25°15′42″	.031920	25°30′3″	.032860	25°44′6″
.030060	25°1′20″	.031000	25°16′0″	.031940	25°30′21″	.032880	25°44′24″
.030080	25°1′39″	.031020	25°16′19″	.031960	25°30′39″	.032900	25°44′42″
.030100	25°1′58″	.031040	25°16′37″	.031980	25°30′57″	.032920	25°44′60″
.030120	25°2′17″	.031060	25°16′56″	.032000	25°31′16″	.032940	25°45′17″
.030140	25°2′36″	.031080	25°17′14″	.032020	25°31′34″	.032960	25°45′35″
.030160	25°2′55″	.031100	25°17′33″	.032040	25°31′52″	.032980	25°45′53″
.030180	25°3′14″	.031120	25°17′51″	.032060	25°32′10″	.033000	25°46′10″
.030200	25°3′33″	.031140	25°18′10″	.032080	25°32′28″	.033020	25°46′28″
.030220	25°3′51″	.031160	25°18′28″	.032100	25°32′46″	.033040	25°46′46″
.030240	25°4′10″	.031180	25°18′47″	.032120	25°33′4″	.033060	25°47′4″
.030260	25°4′29″	.031200	25°19′5″	.032140	25°33′22″	.033080	25°47′21″
.030280	25°4′48″	.031220	25°19′23″	.032160	25°33′40″	.033100	25°47′39″
.030300	25°5′7″	.031240	25°19′42″	.032180	25°33′58″	.033120	25°47′57″
.030320	25°5′26″	.031260	25°20′0″	.032200	25°34′16″	.033140	25°48′14″
.030340	25°5′44″	.031280	25°20′19″	.032220	25°34′34″	.033160	25°48′32″
.030360	25°6′3″	.031300	25°20′37″	.032240	25°34′52″	.033180	25°48′49″
.030380	25°6′22″	.031320	25°20′55″	.032260	25°35′10″	.033200	25°49′7″
.030400	25°6′41″	.031340	25°21′14″	.032280	25°35′28″	.033220	25°49′25″
.030420	25°6′60″	.031360	25°21′32″	.032300	25°35′46″	.033240	25°49′42″
.030440	25°7′18″	.031380	25°21′51″	.032320	25°36′4″	.033260	25°49′60″
.030460	25°7′37″	.031400	25°22′9″	.032340	25°36′22″	.033280	25°50′18″
.030480	25°7′56″	.031420	25°22′27″	.032360	25°36′40″	.033300	25°50′35″
.030500	25°8′15″	.031440	25°22′46″	.032380	25°36′58″	.033320	25°50′53″
.030520	25°8′33″	.031460	25°23′4″	.032400	25°37′16″	.033340	25°51′10″
.030540	25°8′52″	.031480	25°23′22″	.032420	25°37′34″	.033360	25°51′28″
.030560	25°9′11″	.031500	25°23′41″	.032440	25°37′52″	.033380	25°51′45″
.030580	25°9′29″	.031520	25°23′59″	.032460	25°38′10″	.033400	25°52′3″
.030600	25°9′48″	.031540	25°24′17″	.032480	25°38′28″	.033420	25°52′20″
.030620	25°10′7″	.031560	25°24′35″	.032500	25°38′46″	.033440	25°52′38″
.030640	25°10′26″	.031580	25°24′54″	.032520	25°39′3″	.033460	25°52′56″
.030660	25°10′44″	.031600	25°25′12″	.032540	25°39′21″	.033480	25°53′13″
.030680	25°11′3″	.031620	25°25′30″	.032560	25°39′39″	.033500	25°53′31″
.030700	25°11′22″	.031640	25°25′48″	.032580	25°39′57″	.033520	25°53′48″
.030720	25°11′40″	.031660	25°26′7″	.032600	25°40′15″	.033540	25°54′6″
.030740	25°11′59″	.031680	25°26′25″	.032620	25°40′33″	.033560	25°54′23″
.030760	25°12′17″	.031700	25°26′43″	.032640	25°40′51″	.033580	25°54′41″
.030780	25°12′36″	.031720	25°27′1″	.032660	25°41′8″	.033600	25°54′58″
.030800	25°12′55″	.031740	25°27′20″	.032680	25°41′26″	.033620	25°55′15″
.030820	25°13′13″	.031760	25°27′38″	.032700	25°41′44″	.033640	25°55′33″
.030840	25°13′32″	.031780	25°27′56″	.032720	25°42′2″	.033660	25°55′50″
.030860	25°13′50″	.031800	25°28′14″	.032740	25°42′20″	.033680	25°56′8″
.030880	25°14′9″	.031820	25°28′32″	.032760	25°42′37″	.033700	25°56′25″
.030900	25°14′28″	.031840	25°28′51″	.032780	25°42′55″	.033720	25°56′43″
.030920	25°14′46″	.031860	25°29′9″	.032800	25°43′13″	.033740	25°57′0″
.030940	25°15′5″	.031880	25°29′27″	.032820	25°43′31″	.033760	25°57′18″
.030960	25°15′23″	.031900	25°29′45″	.032840	25°43′49″	.033780	25°57′35″

（续）

invα	α	invα	α	invα	α	invα	α
.033800	25°57′52″	.034740	26°11′22″	.035680	26°24′36″	.036620	26°37′34″
.033820	25°58′10″	.034760	26°11′39″	.035700	26°24′52″	.036640	26°37′51″
.033840	25°58′27″	.034780	26°11′56″	.035720	26°25′9″	.036660	26°38′7″
.033860	25°58′45″	.034800	26°12′13″	.035740	26°25′26″	.036680	26°38′24″
.033880	25°59′2″	.034820	26°12′30″	.035760	26°25′43″	.036700	26°38′40″
.033900	25°59′19″	.034840	26°12′47″	.035780	26°25′59″	.036720	26°38′56″
.033920	25°59′37″	.034860	26°13′4″	.035800	26°26′16″	.036740	26°39′13″
.033940	25°59′54″	.034880	26°13′21″	.035820	26°26′33″	.036760	26°39′29″
.033960	26°0′11″	.034900	26°13′38″	.035840	26°26′49″	.036780	26°39′45″
.033980	26°0′29″	.034920	26°13′55″	.035860	26°27′6″	.036800	26°40′2″
.034000	26°0′46″	.034940	26°14′12″	.035880	26°27′23″	.036820	26°40′18″
.034020	26°1′3″	.034960	26°14′29″	.035900	26°27′39″	.036840	26°40′35″
.034040	26°1′21″	.034980	26°14′46″	.035920	26°27′56″	.036860	26°40′51″
.034060	26°1′38″	.035000	26°15′3″	.035940	26°28′13″	.036880	26°41′7″
.034080	26°1′55″	.035020	26°15′20″	.035960	26°28′29″	.036900	26°41′24″
.034100	26°2′12″	.035040	26°15′37″	.035980	26°28′46″	.036920	26°41′40″
.034120	26°2′30″	.035060	26°15′54″	.036000	26°29′2″	.036940	26°41′56″
.034140	26°2′47″	.035080	26°16′11″	.036020	26°29′19″	.036960	26°42′12″
.034160	26°3′4″	.035100	26°16′28″	.036040	26°29′36″	.036980	26°42′29″
.034180	26°3′22″	.035120	26°16′45″	.036060	26°29′52″	.037000	26°42′45″
.034200	26°3′39″	.035140	26°17′2″	.036080	26°30′9″	.037020	26°43′1″
.034220	26°3′56″	.035160	26°17′18″	.036100	26°30′25″	.037040	26°43′18″
.034240	26°4′13″	.035180	26°17′35″	.036120	26°30′42″	.037060	26°43′34″
.034260	26°4′31″	.035200	26°17′52″	.036140	26°30′59″	.037080	26°43′50″
.034280	26°4′48″	.035220	26°18′9″	.036160	26°31′15″	.037100	26°44′6″
.034300	26°5′5″	.035240	26°18′26″	.036180	26°31′32″	.037120	26°44′23″
.034320	26°5′22″	.035260	26°18′43″	.036200	26°31′48″	.037140	26°44′39″
.034340	26°5′39″	.035280	26°18′60″	.036220	26°32′5″	.037160	26°44′55″
.034360	26°5′57″	.035300	26°19′17″	.036240	26°32′21″	.037180	26°45′11″
.034380	26°6′14″	.035320	26°19′33″	.036260	26°32′38″	.037200	26°45′28″
.034400	26°6′31″	.035340	26°19′50″	.036280	26°32′54″	.037220	26°45′44″
.034420	26°6′48″	.035360	26°20′7″	.036300	26°33′11″	.037240	26°46′0″
.034440	26°7′5″	.035380	26°20′24″	.036320	26°33′27″	.037260	26°46′16″
.034460	26°7′22″	.035400	26°20′41″	.036340	26°33′44″	.037280	26°46′33″
.034480	26°7′40″	.035420	26°20′58″	.036360	26°34′0″	.037300	26°46′49″
.034500	26°7′57″	.035440	26°21′14″	.036380	26°34′17″	.037320	26°47′5″
.034520	26°8′14″	.035460	26°21′31″	.036400	26°34′33″	.037340	26°47′21″
.034540	26°8′31″	.035480	26°21′48″	.036420	26°34′50″	.037360	26°47′37″
.034560	26°8′48″	.035500	26°22′5″	.036440	26°35′6″	.037380	26°47′53″
.034580	26°9′5″	.035520	26°22′22″	.036460	26°35′23″	.037400	26°48′10″
.034600	26°9′22″	.035540	26°22′38″	.036480	26°35′39″	.037420	26°48′26″
.034620	26°9′39″	.035560	26°22′55″	.036500	26°35′56″	.037440	26°48′42″
.034640	26°9′57″	.035580	26°23′12″	.036520	26°36′12″	.037460	26°48′58″
.034660	26°10′14″	.035600	26°23′29″	.036540	26°36′29″	.037480	26°49′14″
.034680	26°10′31″	.035620	26°23′45″	.036560	26°36′45″	.037500	26°49′30″
.034700	26°10′48″	.035640	26°24′2″	.036580	26°37′2″	.037520	26°49′46″
.034720	26°11′5″	.035660	26°24′19″	.036600	26°37′18″	.037540	26°50′3″

（续）

invα	α	invα	α	invα	α	invα	α
.037560	26°50′19″	.038500	27°2′49″	.039440	27°15′7″	.040950	27°34′24″
.037580	26°50′35″	.038520	27°3′5″	.039460	27°15′22″	.041000	27°35′2″
.037600	26°50′51″	.038540	27°3′21″	.039480	27°15′38″	.041050	27°35′40″
.037620	26°51′7″	.038560	27°3′37″	.039500	27°15′53″	.041100	27°36′18″
.037640	26°51′23″	.038580	27°3′52″	.039520	27°16′9″	.041150	27°36′55″
.037660	26°51′39″	.038600	27°4′8″	.039540	27°16′24″	.041200	27°37′33″
.037680	26°51′55″	.038620	27°4′24″	.039560	27°16′40″	.041250	27°38′11″
.037700	26°52′11″	.038640	27°4′40″	.039580	27°16′55″	.041300	27°38′48″
.037720	26°52′27″	.038660	27°4′56″	.039600	27°17′11″	.041350	27°39′26″
.037740	26°52′43″	.038680	27°5′11″	.039620	27°17′26″	.041400	27°40′3″
.037760	26°52′60″	.038700	27°5′27″	.039640	27°17′42″	.041450	27°40′41″
.037780	26°53′16″	.038720	27°5′43″	.039660	27°17′57″	.041500	27°41′18″
.037800	26°53′32″	.038740	27°5′59″	.039680	27°18′13″	.041550	27°41′56″
.037820	26°53′48″	.038760	27°6′14″	.039700	27°18′28″	.041600	27°42′33″
.037840	26°54′4″	.038780	27°6′30″	.039720	27°18′44″	.041650	27°43′11″
.037860	26°54′20″	.038800	27°6′46″	.039740	27°18′59″	.041700	27°43′48″
.037880	26°54′36″	.038820	27°7′2″	.039760	27°19′15″	.041750	27°44′25″
.037900	26°54′52″	.038840	27°7′17″	.039780	27°19′30″	.041800	27°45′3″
.037920	26°55′8″	.038860	27°7′33″	.039800	27°19′45″	.041850	27°45′40″
.037940	26°55′24″	.038880	27°7′49″	.039820	27°20′1″	.041900	27°46′17″
.037960	26°55′40″	.038900	27°8′5″	.039840	27°20′16″	.041950	27°46′54″
.037980	26°55′56″	.038920	27°8′20″	.039860	27°20′32″	.042000	27°47′31″
.038000	26°56′12″	.038940	27°8′36″	.039880	27°20′47″	.042050	27°48′8″
.038020	26°56′28″	.038960	27°8′52″	.039900	27°21′3″	.042100	27°48′45″
.038040	26°56′44″	.038980	27°9′7″	.039920	27°21′18″	.042150	27°49′23″
.038060	26°56′60″	.039000	27°9′23″	.039940	27°21′33″	.042200	27°49′60″
.038080	26°57′16″	.039020	27°9′39″	.039960	27°21′49″	.042250	27°50′37″
.038100	26°57′32″	.039040	27°9′54″	.039980	27°22′4″	.042300	27°51′13″
.038120	26°57′47″	.039060	27°10′10″	.040000	27°22′20″	.042350	27°51′50″
.038140	26°58′3″	.039080	27°10′26″	.040050	27°22′58″	.042400	27°52′27″
.038160	26°58′19″	.039100	27°10′41″	.040100	27°23′37″	.042450	27°53′4″
.038180	26°58′35″	.039120	27°10′57″	.040150	27°24′15″	.042500	27°53′41″
.038200	26°58′51″	.039140	27°11′13″	.040200	27°24′53″	.042550	27°54′18″
.038220	26°59′7″	.039160	27°11′28″	.040250	27°25′32″	.042600	27°54′54″
.038240	26°59′23″	.039180	27°11′44″	.040300	27°26′10″	.042650	27°55′31″
.038260	26°59′39″	.039200	27°11′60″	.040350	27°26′48″	.042700	27°56′8″
.038280	26°59′55″	.039220	27°12′15″	.040400	27°27′26″	.042750	27°56′45″
.038300	27°0′11″	.039240	27°12′31″	.040450	27°28′5″	.042800	27°57′21″
.038320	27°0′27″	.039260	27°12′46″	.040500	27°28′43″	.042850	27°57′58″
.038340	27°0′42″	.039280	27°13′2″	.040550	27°29′21″	.042900	27°58′34″
.038360	27°0′58″	.039300	27°13′18″	.040600	27°29′59″	.042950	27°59′11″
.038380	27°1′14″	.039320	27°13′33″	.040650	27°30′37″	.043000	27°59′47″
.038400	27°1′30″	.039340	27°13′49″	.040700	27°31′15″	.043050	28°0′24″
.038420	27°1′46″	.039360	27°14′4″	.040750	27°31′53″	.043100	28°1′0″
.038440	27°2′2″	.039380	27°14′20″	.040800	27°32′31″	.043150	28°1′37″
.038460	27°2′18″	.039400	27°14′35″	.040850	27°33′9″	.043200	28°2′13″
.038480	27°2′33″	.039420	27°14′51″	.040900	27°33′47″	.043250	28°2′49″

（续）

invα	α	invα	α	invα	α	invα	α
.043300	28°3′26″	.045650	28°31′19″	.048000	28°58′10″	.050350	29°24′4″
.043350	28°4′2″	.045700	28°31′54″	.048050	28°58′44″	.050400	29°24′36″
.043400	28°4′38″	.045750	28°32′29″	.048100	28°59′17″	.050450	29°25′9″
.043450	28°5′15″	.045800	28°33′4″	.048150	28°59′51″	.050500	29°25′41″
.043500	28°5′51″	.045850	28°33′39″	.048200	29°0′24″	.050550	29°26′13″
.043550	28°6′27″	.045900	28°34′13″	.048250	29°0′58″	.050600	29°26′46″
.043600	28°7′3″	.045950	28°34′48″	.048300	29°1′31″	.050650	29°27′18″
.043650	28°7′39″	.046000	28°35′23″	.048350	29°2′5″	.050700	29°27′51″
.043700	28°8′15″	.046050	28°35′58″	.048400	29°2′38″	.050750	29°28′23″
.043750	28°8′51″	.046100	28°36′32″	.048450	29°3′12″	.050800	29°28′55″
.043800	28°9′27″	.046150	28°37′7″	.048500	29°3′45″	.050850	29°29′27″
.043850	28°10′3″	.046200	28°37′42″	.048550	29°4′19″	.050900	29°29′60″
.043900	28°10′39″	.046250	28°38′16″	.048600	29°4′52″	.050950	29°30′32″
.043950	28°11′15″	.046300	28°38′51″	.048650	29°5′25″	.051000	29°31′4″
.044000	28°11′51″	.046350	28°39′25″	.048700	29°5′59″	.051050	29°31′36″
.044050	28°12′27″	.046400	28°39′60″	.048750	29°6′32″	.051100	29°32′8″
.044100	28°13′3″	.046450	28°40′34″	.048800	29°7′5″	.051150	29°32′40″
.044150	28°13′39″	.046500	28°41′9″	.048850	29°7′38″	.051200	29°33′12″
.044200	28°14′14″	.046550	28°41′43″	.048900	29°8′12″	.051250	29°33′45″
.044250	28°14′50″	.046600	28°42′18″	.048950	29°8′45″	.051300	29°34′17″
.044300	28°15′26″	.046650	28°42′52″	.049000	29°9′18″	.051350	29°34′49″
.044350	28°16′1″	.046700	28°43′26″	.049050	29°9′51″	.051400	29°35′21″
.044400	28°16′37″	.046750	28°44′1″	.049100	29°10′24″	.051450	29°35′53″
.044450	28°17′13″	.046800	28°44′35″	.049150	29°10′57″	.051500	29°36′25″
.044500	28°17′48″	.046850	28°45′9″	.049200	29°11′30″	.051550	29°36′56″
.044550	28°18′24″	.046900	28°45′43″	.049250	29°12′3″	.051600	29°37′28″
.044600	28°18′59″	.046950	28°46′18″	.049300	29°12′36″	.051650	29°38′0″
.044650	28°19′35″	.047000	28°46′52″	.049350	29°13′9″	.051700	29°38′32″
.044700	28°20′10″	.047050	28°47′26″	.049400	29°13′42″	.051750	29°39′4″
.044750	28°20′46″	.047100	28°48′0″	.049450	29°14′15″	.051800	29°39′36″
.044800	28°21′21″	.047150	28°48′34″	.049500	29°14′48″	.051850	29°40′8″
.044850	28°21′57″	.047200	28°49′8″	.049550	29°15′21″	.051900	29°40′39″
.044900	28°22′32″	.047250	28°49′42″	.049600	29°15′54″	.051950	29°41′11″
.044950	28°23′7″	.047300	28°50′16″	.049650	29°16′27″	.052000	29°41′43″
.045000	28°23′43″	.047350	28°50′50″	.049700	29°16′59″	.052050	29°42′14″
.045050	28°24′18″	.047400	28°51′24″	.049750	29°17′32″	.052100	29°42′46″
.045100	28°24′53″	.047450	28°51′58″	.049800	29°18′5″	.052150	29°43′18″
.045150	28°25′28″	.047500	28°52′32″	.049850	29°18′38″	.052200	29°43′49″
.045200	28°26′4″	.047550	28°53′6″	.049900	29°19′10″	.052250	29°44′21″
.045250	28°26′39″	.047600	28°53′40″	.049950	29°19′43″	.052300	29°44′53″
.045300	28°27′14″	.047650	28°54′14″	.050000	29°20′16″	.052350	29°45′24″
.045350	28°27′49″	.047700	28°54′48″	.050050	29°20′48″	.052400	29°45′56″
.045400	28°28′24″	.047750	28°55′21″	.050100	29°21′21″	.052450	29°46′27″
.045450	28°28′59″	.047800	28°55′55″	.050150	29°21′54″	.052500	29°46′59″
.045500	28°29′34″	.047850	28°56′29″	.050200	29°22′26″	.052550	29°47′30″
.045550	28°30′9″	.047900	28°57′3″	.050250	29°22′59″	.052600	29°48′2″
.045600	28°30′44″	.047950	28°57′36″	.050300	29°23′31″	.052650	29°48′33″

（续）

invα	α	invα	α	invα	α	invα	α
.052700	29°49′5″	.055050	30°13′16″	.057400	30°36′43″	.059750	30°59′27″
.052750	29°49′36″	.055100	30°13′47″	.057450	30°37′12″	.059800	30°59′55″
.052800	29°50′7″	.055150	30°14′17″	.057500	30°37′42″	.059850	31°0′24″
.052850	29°50′39″	.055200	30°14′47″	.057550	30°38′11″	.059900	31°0′52″
.052900	29°51′10″	.055250	30°15′18″	.057600	30°38′40″	.059950	31°1′21″
.052950	29°51′41″	.055300	30°15′48″	.057650	30°39′10″	.060000	31°1′49″
.053000	29°52′13″	.055350	30°16′18″	.057700	30°39′39″	.060050	31°2′18″
.053050	29°52′44″	.055400	30°16′49″	.057750	30°40′8″	.060100	31°2′46″
.053100	29°53′15″	.055450	30°17′19″	.057800	30°40′38″	.060150	31°3′15″
.053150	29°53′46″	.055500	30°17′49″	.057850	30°41′7″	.060200	31°3′43″
.053200	29°54′17″	.055550	30°18′19″	.057900	30°41′36″	.060250	31°4′12″
.053250	29°54′49″	.055600	30°18′49″	.057950	30°42′6″	.060300	31°4′40″
.053300	29°55′20″	.055650	30°19′20″	.058000	30°42′35″	.060350	31°5′8″
.053350	29°55′51″	.055700	30°19′50″	.058050	30°43′4″	.060400	31°5′37″
.053400	29°56′22″	.055750	30°20′20″	.058100	30°43′33″	.060450	31°6′5″
.053450	29°56′53″	.055800	30°20′50″	.058150	30°44′2″	.060500	31°6′33″
.053500	29°57′24″	.055850	30°21′20″	.058200	30°44′32″	.060550	31°7′2″
.053550	29°57′55″	.055900	30°21′50″	.058250	30°45′1″	.060600	31°7′30″
.053600	29°58′26″	.055950	30°22′20″	.058300	30°45′30″	.060650	31°7′58″
.053650	29°58′57″	.056000	30°22′50″	.058350	30°45′59″	.060700	31°8′26″
.053700	29°59′28″	.056050	30°23′20″	.058400	30°46′28″	.060750	31°8′55″
.053750	29°59′59″	.056100	30°23′50″	.058450	30°46′57″	.060800	31°9′23″
.053800	30°0′30″	.056150	30°24′20″	.058500	30°47′26″	.060850	31°9′51″
.053850	30°1′1″	.056200	30°24′50″	.058550	30°47′55″	.060900	31°10′19″
.053900	30°1′32″	.056250	30°25′20″	.058600	30°48′24″	.060950	31°10′48″
.053950	30°2′3″	.056300	30°25′50″	.058650	30°48′53″	.061000	31°11′16″
.054000	30°2′34″	.056350	30°26′20″	.058700	30°49′22″	.061050	31°11′44″
.054050	30°3′4″	.056400	30°26′50″	.058750	30°49′51″	.061100	31°12′12″
.054100	30°3′35″	.056450	30°27′19″	.058800	30°50′20″	.061150	31°12′40″
.054150	30°4′6″	.056500	30°27′49″	.058850	30°50′49″	.061200	31°13′8″
.054200	30°4′37″	.056550	30°28′19″	.058900	30°51′18″	.061250	31°13′36″
.054250	30°5′7″	.056600	30°28′49″	.058950	30°51′47″	.061300	31°14′4″
.054300	30°5′38″	.056650	30°29′19″	.059000	30°52′16″	.061350	31°14′32″
.054350	30°6′9″	.056700	30°29′48″	.059050	30°52′45″	.061400	31°15′0″
.054400	30°6′40″	.056750	30°30′18″	.059100	30°53′13″	.061450	31°15′28″
.054450	30°7′10″	.056800	30°30′48″	.059150	30°53′42″	.061500	31°15′56″
.054500	30°7′41″	.056850	30°31′17″	.059200	30°54′11″	.061550	31°16′24″
.054550	30°8′11″	.056900	30°31′47″	.059250	30°54′40″	.061600	31°16′52″
.054600	30°8′42″	.056950	30°32′17″	.059300	30°55′9″	.061650	31°17′20″
.054650	30°9′13″	.057000	30°32′46″	.059350	30°55′37″	.061700	31°17′48″
.054700	30°9′43″	.057050	30°33′16″	.059400	30°56′6″	.061750	31°18′16″
.054750	30°10′14″	.057100	30°33′46″	.059450	30°56′35″	.061800	31°18′44″
.054800	30°10′44″	.057150	30°34′15″	.059500	30°57′3″	.061850	31°19′12″
.054850	30°11′15″	.057200	30°34′45″	.059550	30°57′32″	.061900	31°19′40″
.054900	30°11′45″	.057250	30°35′14″	.059600	30°58′1″	.061950	31°20′7″
.054950	30°12′16″	.057300	30°35′44″	.059650	30°58′29″	.062000	31°20′35″
.055000	30°12′46″	.057350	30°36′13″	.059700	30°58′58″	.062050	31°21′3″

（续）

invα	α	invα	α	invα	α	invα	α
.062100	31°21′31″	.064100	31°39′48″	.066100	31°57′40″	.068100	32°15′8″
.062150	31°21′58″	.064150	31°40′15″	.066150	31°58′7″	.068150	32°15′34″
.062200	31°22′26″	.064200	31°40′42″	.066200	31°58′33″	.068200	32°15′60″
.062250	31°22′54″	.064250	31°41′10″	.066250	31°58′60″	.068250	32°16′26″
.062300	31°23′22″	.064300	31°41′37″	.066300	31°59′26″	.068300	32°16′52″
.062350	31°23′49″	.064350	31°42′4″	.066350	31°59′53″	.068350	32°17′17″
.062400	31°24′17″	.064400	31°42′31″	.066400	32°0′19″	.068400	32°17′43″
.062450	31°24′45″	.064450	31°42′58″	.066450	32°0′45″	.068450	32°18′9″
.062500	31°25′12″	.064500	31°43′25″	.066500	32°1′12″	.068500	32°18′35″
.062550	31°25′40″	.064550	31°43′52″	.066550	32°1′38″	.068550	32°19′1″
.062600	31°26′8″	.064600	31°44′19″	.066600	32°2′5″	.068600	32°19′26″
.062650	31°26′35″	.064650	31°44′46″	.066650	32°2′31″	.068650	32°19′52″
.062700	31°27′3″	.064700	31°45′13″	.066700	32°2′57″	.068700	32°20′18″
.062750	31°27′30″	.064750	31°45′39″	.066750	32°3′23″	.068750	32°20′44″
.062800	31°27′58″	.064800	31°46′6″	.066800	32°3′50″	.068800	32°21′9″
.062850	31°28′25″	.064850	31°46′33″	.066850	32°4′16″	.068850	32°21′35″
.062900	31°28′53″	.064900	31°47′0″	.066900	32°4′42″	.068900	32°22′1″
.062950	31°29′20″	.064950	31°47′27″	.066950	32°5′9″	.068950	32°22′26″
.063000	31°29′48″	.065000	31°47′54″	.067000	32°5′35″	.069000	32°22′52″
.063050	31°30′15″	.065050	31°48′21″	.067050	32°6′1″	.069050	32°23′18″
.063100	31°30′43″	.065100	31°48′47″	.067100	32°6′27″	.069100	32°23′43″
.063150	31°31′10″	.065150	31°49′14″	.067150	32°6′53″	.069150	32°24′9″
.063200	31°31′38″	.065200	31°49′41″	.067200	32°7′20″	.069200	32°24′35″
.063250	31°32′5″	.065250	31°50′8″	.067250	32°7′46″	.069250	32°25′0″
.063300	31°32′32″	.065300	31°50′34″	.067300	32°8′12″	.069300	32°25′26″
.063350	31°32′60″	.065350	31°51′1″	.067350	32°8′38″	.069350	32°25′51″
.063400	31°33′27″	.065400	31°51′28″	.067400	32°9′4″	.069400	32°26′17″
.063450	31°33′54″	.065450	31°51′55″	.067450	32°9′30″	.069450	32°26′42″
.063500	31°34′22″	.065500	31°52′21″	.067500	32°9′56″	.069500	32°27′8″
.063550	31°34′49″	.065550	31°52′48″	.067550	32°10′22″	.069550	32°27′33″
.063600	31°35′16″	.065600	31°53′15″	.067600	32°10′48″	.069600	32°27′59″
.063650	31°35′44″	.065650	31°53′41″	.067650	32°11′14″	.069650	32°28′24″
.063700	31°36′11″	.065700	31°54′8″	.067700	32°11′40″	.069700	32°28′50″
.063750	31°36′38″	.065750	31°54′35″	.067750	32°12′6″	.069750	32°29′15″
.063800	31°37′5″	.065800	31°55′1″	.067800	32°12′32″	.069800	32°29′41″
.063850	31°37′33″	.065850	31°55′28″	.067850	32°12′58″	.069850	32°30′6″
.063900	31°37′60″	.065900	31°55′54″	.067900	32°13′24″	.069900	32°30′31″
.063950	31°38′27″	.065950	31°56′21″	.067950	32°13′50″	.069950	32°30′57″
.064000	31°38′54″	.066000	31°56′47″	.068000	32°14′16″	.070000	32°31′22″
.064050	31°39′21″	.066050	31°57′14″	.068050	32°14′42″		

例：已知齿轮啮合角 α_{wt} 渐开线函数值为 $\text{inv}\alpha_{wt}=0.016974$，求啮合角。

查附表 A，可知

$\text{inv}\alpha_{wt}=0.016960$　$\alpha_{wt}=20°50'57''$；$\text{inv}\alpha_{wt}=0.016980$　$\alpha_{wt}=20°51'25''$

由插入法计算，可得

$\text{inv}\alpha_{wt}=0.016974032$ 时，

$$\alpha_{wt}=20°50'57''+14\times28''/20=20°50'57''+19.6''=20°51'17''$$

（验算：$\text{inv}20°51'17''=0.380958-0.363984=0.016974$）

附录 B　10～13200 整数因子分解表

表 B-1 列出了整数分解成 2 个数乘积的直观形式，表中包括因子范围 2～151 的所有方案。可方便地用于齿轮加工以及其他机械加工中手算选配挂轮等场合。表格后续有挂轮选配应用举例，可供参考。

表 B-1　整数因子分解表（10～13200）

10	=2×5
12	=2×6=3×4
14	=2×7
15	=3×5
16	=2×8=4×4
18	=2×9=3×6
20	=2×10=4×5
21	=3×7
22	=2×11
24	=2×12=3×8=4×6
25	=5×5
26	=2×13
27	=3×9
28	=2×14=4×7
30	=2×15=3×10=5×6
32	=2×16=4×8
33	=3×11
34	=2×17
35	=5×7
36	=2×18=3×12=4×9=6×6
38	=2×19
39	=3×13
40	=2×20=4×10=5×8
42	=2×21=3×14=6×7
44	=2×22=4×11
45	=3×15=5×9
46	=2×23
48	=2×24=3×16=4×12=6×8
49	=7×7
50	=2×25=5×10
51	=3×17
52	=2×26=4×13
54	=2×27=3×18=6×9
55	=5×11
56	=2×28=4×14=7×8
57	=3×19
58	=2×29
60	=2×30=3×20=4×15=5×12 =6×10
62	=2×31
63	=3×21=7×9
64	=2×32=4×16=8×8
65	=5×13
66	=2×33=3×22=6×11
68	=2×34=4×17
69	=3×23
70	=2×35=5×14=7×10
72	=2×36=3×24=4×18=6×12 =8×9
74	=2×37
75	=3×25=5×15
76	=2×38=4×19
77	=7×11
78	=2×39=3×26=6×13
80	=2×40=4×20=5×16=8×10
81	=3×27=9×9
82	=2×41
84	=2×42=3×28=4×21=6×14 =7×12
85	=5×17
86	=2×43
87	=3×29
88	=2×44=4×22=8×11
90	=2×45=3×30=5×18=6×15 =9×10
91	=7×13
92	=2×46=4×23
93	=3×31
94	=2×47
95	=5×19
96	=2×48=3×32=4×24=6×16 =8×12
98	=2×49=7×14
99	=3×33=9×11
100	=2×50=4×25=5×20=10×10
102	=2×51=3×34=6×17
104	=2×52=4×26=8×13
105	=3×35=5×21=7×15
106	=2×53
108	=2×54=3×36=4×27=6×18 =9×12
110	=2×55=5×22=10×11
111	=3×37
112	=2×56=4×28=7×16=8×14
114	=2×57=3×38=6×19
115	=5×23
116	=2×58=4×29
117	=3×39=9×13
118	=2×59
119	=7×17
120	=2×60=3×40=4×30=5×24 =6×20=8×15=10×12
121	=11×11
122	=2×61
123	=3×41
124	=2×62=4×31
125	=5×25
126	=2×63=3×42=6×21=7×18 =9×14
128	=2×64=4×32=8×16
129	=3×43
130	=2×65=5×26=10×13
132	=2×66=3×44=4×33=6×22 =11×12
133	=7×19
134	=2×67
135	=3×45=5×27=9×15
136	=2×68=4×34=8×17
138	=2×69=3×46=6×23
140	=2×70=4×35=5×28=7×20 =10×14
141	=3×47
142	=2×71
143	=11×13
144	=2×72=3×48=4×36=6×24 =8×18=9×16=12×12
145	=5×29
146	=2×73
147	=3×49=7×21
148	=2×74=4×37
150	=2×75=3×50=5×30=6×25 =10×15
152	=2×76=4×38=8×19
153	=3×51=9×17
154	=2×77=7×22=11×14
155	=5×31
156	=2×78=3×52=4×39=6×26 =12×13
158	=2×79
159	=3×53
160	=2×80=4×40=5×32=8×20 =10×16

（续）

161	=7×23
162	=2×81=3×54=6×27=9×18
164	=2×82=4×41
165	=3×55=5×33=11×15
166	=2×83
168	=2×84=3×56=4×42=6×28 =7×24=8×21=12×14
169	=13×13
170	=2×85=5×34=10×17
171	=3×57=9×19
172	=2×86=4×43
174	=2×87=3×58=6×29
175	=5×35=7×25
176	=2×88=4×44=8×22=11×16
177	=3×59
178	=2×89
180	=2×90=3×60=4×45=5×36 =6×30=9×20=10×18=12×15
182	=2×91=7×26=13×14
183	=3×61
184	=2×92=4×46=8×23
185	=5×37
186	=2×93=3×62=6×31
187	=11×17
188	=2×94=4×47
189	=3×63=7×27=9×21
190	=2×95=5×38=10×19
192	=2×96=3×64=4×48=6×32 =8×24=12×16
194	=2×97
195	=3×65=5×39=13×15
196	=2×98=4×49=7×28=14×14
198	=2×99=3×66=6×33=9×22 =11×18
200	=2×100=4×50=5×40 =8×25=10×20
201	=3×67
202	=2×101
203	=7×29
204	=2×102=3×68=4×51 =6×34=12×17
205	=5×41
206	=2×103
207	=3×69=9×23
208	=2×104=4×52=8×26=13×16
209	=11×19
210	=2×105=3×70=5×42=6×35 =7×30=10×21=14×15
212	=2×106=4×53
213	=3×71
214	=2×107
215	=5×43
216	=2×108=3×72=4×54=6×36 =8×27=9×24=12×18
217	=7×31
218	=2×109
219	=3×73
220	=2×110=4×55=5×44 =10×22=11×20
221	=13×17
222	=2×111=3×74=6×37
224	=2×112=4×56=7×32 =8×28=14×16
225	=3×75=5×45=9×25=15×15
226	=2×113
228	=2×114=3×76=4×57 =6×38=12×19
230	=2×115=5×46=10×23
231	=3×77=7×33=11×21
232	=2×116=4×58=8×29
234	=2×117=3×78=6×39 =9×26=13×18
235	=5×47
236	=2×118=4×59
237	=3×79
238	=2×119=7×34=14×17
240	=2×120=3×80=4×60=5×48 =6×40=8×30=10×24=12×20 =15×16
242	=2×121=11×22
243	=3×81=9×27
244	=2×122=4×61
245	=5×49=7×35
246	=2×123=3×82=6×41
247	=13×19
248	=2×124=4×62=8×31
249	=3×83
250	=2×125=5×50=10×25
252	=2×126=3×84=4×63=6×42 =7×36=9×28=12×21=14×18
253	=11×23
254	=2×127
255	=3×85=5×51=15×17
256	=2×128=4×64=8×32 =16×16
258	=2×129=3×86=6×43
259	=7×37
260	=2×130=4×65=5×52 =10×26=13×20
261	=3×87=9×29
262	=2×131
264	=2×132=3×88=4×66=6×44 =8×33=11×24=12×22
265	=5×53
266	=2×133=7×38=14×19
267	=3×89
268	=2×134=4×67
270	=2×135=3×90=5×54=6×45 =9×30=10×27=15×18
272	=2×136=4×68=8×34 =16×17
273	=3×91=7×39=13×21
274	=2×137
275	=5×55=11×25
276	=2×138=3×92=4×69=6×46 =12×23
278	=2×139
279	=3×93=9×31
280	=2×140=4×70=5×56=7×40 =8×35=10×28=14×20
282	=2×141=3×94=6×47
284	=2×142=4×71
285	=3×95=5×57=15×19
286	=2×143=11×26=13×22
287	=7×41
288	=2×144=3×96=4×72=6×48 =8×36=9×32=12×24=16×18
289	=17×17
290	=2×145=5×58=10×29
291	=3×97
292	=2×146=4×73
294	=2×147=3×98=6×49=7×42 =14×21
295	=5×59
296	=2×148=4×74=8×37
297	=3×99=9×33=11×27
298	=2×149
299	=13×23
300	=2×150=3×100=4×75 =5×60=6×50=10×30 =12×25=15×20
301	=7×43
302	=2×151
303	=3×101

（续）

304	=4×76=8×38=16×19
305	=5×61
306	=3×102=6×51=9×34
	=17×18
308	=4×77=7×44=11×28
	=14×22
309	=3×103
310	=5×62=10×31
312	=3×104=4×78=6×52=8×39
	=12×26=13×24
315	=3×105=5×63=7×45=9×35
	=15×21
316	=4×79
318	=3×106=6×53
319	=11×29
320	=4×80=5×64=8×40=10×32
	=16×20
321	=3×107
322	=7×46=14×23
323	=17×19
324	=3×108=4×81=6×54=9×36
	=12×27=18×18
325	=5×65=13×25
327	=3×109
328	=4×82=8×41
329	=7×47
330	=3×110=5×66=6×55
	=10×33=11×30=15×22
332	=4×83
333	=3×111=9×37
335	=5×67
336	=3×112=4×84=6×56=7×48
	=8×42=12×28=14×24
	=16×21
338	=13×26
339	=3×113
340	=4×85=5×68=10×34
	=17×20
341	=11×31
342	=3×114=6×57=9×38
	=18×19
343	=7×49
344	=4×86=8×43
345	=3×115=5×69=15×23
348	=3×116=4×87=6×58
	=12×29
350	=5×70=7×50=10×35
	=14×25
351	=3×117=9×39=13×27
352	=4×88=8×44=11×32
	=16×22
354	=3×118=6×59
355	=5×71
356	=4×89
357	=3×119=7×51=17×21
360	=3×120=4×90=5×72=6×60
	=8×45=9×40=10×36=12×30
	=15×24=18×20
361	=19×19
363	=3×121=11×33
364	=4×91=7×52=13×28
	=14×26
365	=5×73
366	=3×122=6×61
368	=4×92=8×46=16×23
369	=3×123=9×41
370	=5×74=10×37
371	=7×53
372	=3×124=4×93=6×62
	=12×31
374	=11×34=17×22
375	=3×125=5×75=15×25
376	=4×94=8×47
377	=13×29
378	=3×126=6×63=7×54=9×42
	=14×27=18×21
380	=4×95=5×76=10×38
	=19×20
381	=3×127
384	=3×128=4×96=6×64=8×48
	=12×32=16×24
385	=5×77=7×55=11×35
387	=3×129=9×43
388	=4×97
390	=3×130=5×78=6×65
	=10×39=13×30=15×26
391	=17×23
392	=4×98=7×56=8×49=14×28
393	=3×131
395	=5×79
396	=3×132=4×99=6×66=9×44
	=11×36=12×33=18×22
399	=3×133=7×57=19×21
400	=4×100=5×80=8×50
	=10×40=16×25=20×20
402	=3×134=6×67
403	=13×31
404	=4×101
405	=3×135=5×81=9×45
	=15×27
406	=7×58=14×29
407	=11×37
408	=3×136=4×102=6×68
	=8×51=12×34=17×24
410	=5×82=10×41
411	=3×137
412	=4×103
413	=7×59
414	=3×138=6×69=9×46
	=18×23
415	=5×83
416	=4×104=8×52=13×32
	=16×26
417	=3×139
418	=11×38=19×22
420	=3×140=4×105=5×84
	=6×70=7×60=10×42
	=12×35=14×30=15×28
	=20×21
423	=3×141=9×47
424	=4×106=8×53
425	=5×85=17×25
426	=3×142=6×71
427	=7×61
428	=4×107
429	=3×143=11×39=13×33
430	=5×86=10×43
432	=3×144=4×108=6×72
	=8×54=9×48=12×36
	=16×27=18×24
434	=7×62=14×31
435	=3×145=5×87=15×29
436	=4×109
437	=19×23
438	=3×146=6×73
440	=4×110=5×88=8×55
	=10×44=11×40=20×22
441	=3×147=7×63=9×49
	=21×21
442	=13×34=17×26
444	=3×148=4×111=6×74
	=12×37
445	=5×89
447	=3×149

（续）

448	=4×112=7×64=8×56	504	=4×126=6×84=7×72=8×63	551	=19×29
	=14×32=16×28		=9×56=12×42=14×36	552	=4×138=6×92=8×69
450	=3×150=5×90=6×75=9×50		=18×28=21×24		=12×46=23×24
	=10×45=15×30=18×25	505	=5×101	553	=7×79
451	=11×41	506	=11×46=22×23	555	=5×111=15×37
452	=4×113	507	=13×39	556	=4×139
453	=3×151	508	=4×127	558	=6×93=9×62=18×31
455	=5×91=7×65=13×35	510	=5×102=6×85=10×51	559	=13×43
456	=4×114=6×76=8×57		=15×34=17×30	560	=4×140=5×112=7×80
	=12×38=19×24	511	=7×73		=8×70=10×56=14×40
459	=9×51=17×27	512	=4×128=8×64=16×32		=16×35=20×28
460	=4×115=5×92=10×46	513	=9×57=19×27	561	=11×51=17×33
	=20×23	515	=5×103	564	=4×141=6×94=12×47
462	=6×77=7×66=11×42	516	=4×129=6×86=12×43	565	=5×113
	=14×33=21×22	517	=11×47	567	=7×81=9×63=21×27
464	=4×116=8×58=16×29	518	=7×74=14×37	568	=4×142=8×71
465	=5×93=15×31	520	=4×130=5×104=8×65	570	=5×114=6×95=10×57
468	=4×117=6×78=9×52		=10×52=13×40=20×26		=15×38=19×30
	=12×39=13×36=18×26	522	=6×87=9×58=18×29	572	=4×143=11×52=13×44
469	=7×67	524	=4×131		=22×26
470	=5×94=10×47	525	=5×105=7×75=15×35	574	=7×82=14×41
472	=4×118=8×59		=21×25	575	=5×115=23×25
473	=11×43	527	=17×31	576	=4×144=6×96=8×72=9×64
474	=6×79	528	=4×132=6×88=8×66		=12×48=16×36=18×32
475	=5×95=19×25		=11×48=12×44=16×33		=24×24
476	=4×119=7×68=14×34		=22×24	578	=17×34
	=17×28	529	=23×23	580	=4×145=5×116=10×58
477	=9×53	530	=5×106=10×53		=20×29
480	=4×120=5×96=6×80=8×60	531	=9×59	581	=7×83
	=10×48=12×40=15×32	532	=4×133=7×76=14×38	582	=6×97
	=16×30=20×24		=19×28	583	=11×53
481	=13×37	533	=13×41	584	=4×146=8×73
483	=7×69=21×23	534	=6×89	585	=5×117=9×65=13×45
484	=4×121=11×44=22×22	535	=5×107		=15×39
485	=5×97	536	=4×134=8×67	588	=4×147=6×98=7×84
486	=6×81=9×54=18×27	539	=7×77=11×49		=12×49=14×42=21×28
488	=4×122=8×61	540	=4×135=5×108=6×90	589	=19×31
490	=5×98=7×70=10×49		=9×60=10×54=12×45	590	=5×118=10×59
	=14×35		=15×36=18×30=20×27	592	=4×148=8×74=16×37
492	=4×123=6×82=12×41	544	=4×136=8×68=16×34	594	=6×99=9×66=11×54
493	=17×29		=17×32		=18×33=22×27
494	=13×38=19×26	545	=5×109	595	=5×119=7×85=17×35
495	=5×99=9×55=11×45=15×33	546	=6×91=7×78=13×42	596	=4×149
496	=4×124=8×62=16×31		=14×39=21×26	598	=13×46=23×26
497	=7×71	548	=4×137	600	=4×150=5×120=6×100
498	=6×83	549	=9×61		=8×75=10×60=12×50
500	=4×125=5×100=10×50	550	=5×110=10×55=11×50		=15×40=20×30=24×25
	=20×25		=22×25	602	=7×86=14×43

（续）

603	= 9 × 67
604	= 4 × 151
605	= 5 × 121 = 11 × 55
606	= 6 × 101
608	= 8 × 76 = 16 × 38 = 19 × 32
609	= 7 × 87 = 21 × 29
610	= 5 × 122 = 10 × 61
611	= 13 × 47
612	= 6 × 102 = 9 × 68 = 12 × 51
	= 17 × 36 = 18 × 34
615	= 5 × 123 = 15 × 41
616	= 7 × 88 = 8 × 77 = 11 × 56
	= 14 × 44 = 22 × 28
618	= 6 × 103
620	= 5 × 124 = 10 × 62 = 20 × 31
621	= 9 × 69 = 23 × 27
623	= 7 × 89
624	= 6 × 104 = 8 × 78 = 12 × 52
	= 13 × 48 = 16 × 39 = 24 × 26
625	= 5 × 125 = 25 × 25
627	= 11 × 57 = 19 × 33
629	= 17 × 37
630	= 5 × 126 = 6 × 105 = 7 × 90
	= 9 × 70 = 10 × 63 = 14 × 45
	= 15 × 42 = 18 × 35 = 21 × 30
632	= 8 × 79
635	= 5 × 127
636	= 6 × 106 = 12 × 53
637	= 7 × 91 = 13 × 49
638	= 11 × 58 = 22 × 29
639	= 9 × 71
640	= 5 × 128 = 8 × 80 = 10 × 64
	= 16 × 40 = 20 × 32
642	= 6 × 107
644	= 7 × 92 = 14 × 46 = 23 × 28
645	= 5 × 129 = 15 × 43
646	= 17 × 38 = 19 × 34
648	= 6 × 108 = 8 × 81 = 9 × 72
	= 12 × 54 = 18 × 36 = 24 × 27
649	= 11 × 59
650	= 5 × 130 = 10 × 65 = 13 × 50
	= 25 × 26
651	= 7 × 93 = 21 × 31
654	= 6 × 109
655	= 5 × 131
656	= 8 × 82 = 16 × 41
657	= 9 × 73
658	= 7 × 94 = 14 × 47
660	= 5 × 132 = 6 × 110 = 10 × 66
	= 11 × 60 = 12 × 55 = 15 × 44
	= 20 × 33 = 22 × 30
663	= 13 × 51 = 17 × 39
664	= 8 × 83
665	= 5 × 133 = 7 × 95 = 19 × 35
666	= 6 × 111 = 9 × 74 = 18 × 37
667	= 23 × 29
670	= 5 × 134 = 10 × 67
671	= 11 × 61
672	= 6 × 112 = 7 × 96 = 8 × 84
	= 12 × 56 = 14 × 48 = 16 × 42
	= 21 × 32 = 24 × 28
675	= 5 × 135 = 9 × 75 = 15 × 45
	= 25 × 27
676	= 13 × 52 = 26 × 26
678	= 6 × 113
679	= 7 × 97
680	= 5 × 136 = 8 × 85 = 10 × 68
	= 17 × 40 = 20 × 34
682	= 11 × 62 = 22 × 31
684	= 6 × 114 = 9 × 76 = 12 × 57
	= 18 × 38 = 19 × 36
685	= 5 × 137
686	= 7 × 98 = 14 × 49
688	= 8 × 86 = 16 × 43
689	= 13 × 53
690	= 5 × 138 = 6 × 115 = 10 × 69
	= 15 × 46 = 23 × 30
693	= 7 × 99 = 9 × 77 = 11 × 63
	= 21 × 33
695	= 5 × 139
696	= 6 × 116 = 8 × 87 = 12 × 58 = 24 × 29
697	= 17 × 41
700	= 5 × 140 = 7 × 100 = 10 × 70
	= 14 × 50 = 20 × 35 = 25 × 28
702	= 6 × 117 = 9 × 78 = 13 × 54
	= 18 × 39 = 26 × 27
703	= 19 × 37
704	= 8 × 88 = 11 × 64 = 16 × 44
	= 22 × 32
705	= 5 × 141 = 15 × 47
707	= 7 × 101
708	= 6 × 118 = 12 × 59
710	= 5 × 142 = 10 × 71
711	= 9 × 79
712	= 8 × 89
713	= 23 × 31
714	= 6 × 119 = 7 × 102 = 14 × 51
	= 17 × 42 = 21 × 34
715	= 5 × 143 = 11 × 65 = 13 × 55
720	= 5 × 144 = 6 × 120 = 8 × 90
	= 9 × 80 = 10 × 72 = 12 × 60
	= 15 × 48 = 16 × 45 = 18 × 40
	= 20 × 36 = 24 × 30
721	= 7 × 103
722	= 19 × 38
725	= 5 × 145 = 25 × 29
726	= 6 × 121 = 11 × 66 = 22 × 33
728	= 7 × 104 = 8 × 91 = 13 × 56
	= 14 × 52 = 26 × 28
729	= 9 × 81 = 27 × 27
730	= 5 × 146 = 10 × 73
731	= 17 × 43
732	= 6 × 122 = 12 × 61
735	= 5 × 147 = 7 × 105 = 15 × 49
	= 21 × 35
736	= 8 × 92 = 16 × 46 = 23 × 32
737	= 11 × 67
738	= 6 × 123 = 9 × 82 = 18 × 41
740	= 5 × 148 = 10 × 74 = 20 × 37
741	= 13 × 57 = 19 × 39
742	= 7 × 106 = 14 × 53
744	= 6 × 124 = 8 × 93 = 12 × 62
	= 24 × 31
745	= 5 × 149
747	= 9 × 83
748	= 11 × 68 = 17 × 44 = 22 × 34
749	= 7 × 107
750	= 5 × 150 = 6 × 125 = 10 × 75
	= 15 × 50 = 25 × 30
752	= 8 × 94 = 16 × 47
754	= 13 × 58 = 26 × 29
755	= 5 × 151
756	= 6 × 126 = 7 × 108 = 9 × 84
	= 12 × 63 = 14 × 54 = 18 × 42
	= 21 × 36 = 27 × 28
759	= 11 × 69 = 23 × 33
760	= 8 × 95 = 10 × 76 = 19 × 40
	= 20 × 38
762	= 6 × 127
763	= 7 × 109
765	= 9 × 85 = 15 × 51 = 17 × 45
767	= 13 × 59
768	= 6 × 128 = 8 × 96 = 12 × 64
	= 16 × 48 = 24 × 32

（续）

770	= 7 × 110 = 10 × 77 = 11 × 70 = 14 × 55 = 22 × 35
774	= 6 × 129 = 9 × 86 = 18 × 43
775	= 25 × 31
776	= 8 × 97
777	= 7 × 111 = 21 × 37
779	= 19 × 41
780	= 6 × 130 = 10 × 78 = 12 × 65 = 13 × 60 = 15 × 52 = 20 × 39 = 26 × 30
781	= 11 × 71
782	= 17 × 46 = 23 × 34
783	= 9 × 87 = 27 × 29
784	= 7 × 112 = 8 × 98 = 14 × 56 = 16 × 49 = 28 × 28
786	= 6 × 131
790	= 10 × 79
791	= 7 × 113
792	= 6 × 132 = 8 × 99 = 9 × 88 = 11 × 72 = 12 × 66 = 18 × 44 = 22 × 36 = 24 × 33
793	= 13 × 61
795	= 15 × 53
798	= 6 × 133 = 7 × 114 = 14 × 57 = 19 × 42 = 21 × 38
799	= 17 × 47
800	= 8 × 100 = 10 × 80 = 16 × 50 = 20 × 40 = 25 × 32
801	= 9 × 89
803	= 11 × 73
804	= 6 × 134 = 12 × 67
805	= 7 × 115 = 23 × 35
806	= 13 × 62 = 26 × 31
808	= 8 × 101
810	= 6 × 135 = 9 × 90 = 10 × 81 = 15 × 54 = 18 × 45 = 27 × 30
812	= 7 × 116 = 14 × 58 = 28 × 29
814	= 11 × 74 = 22 × 37
816	= 6 × 136 = 8 × 102 = 12 × 68 = 16 × 51 = 17 × 48 = 24 × 34
817	= 19 × 43
819	= 7 × 117 = 9 × 91 = 13 × 63 = 21 × 39
820	= 10 × 82 = 20 × 41
822	= 6 × 137
824	= 8 × 103
825	= 11 × 75 = 15 × 55 = 25 × 33
826	= 7 × 118 = 14 × 59
828	= 6 × 138 = 9 × 92 = 12 × 69 = 18 × 46 = 23 × 36
830	= 10 × 83
832	= 8 × 104 = 13 × 64 = 16 × 52 = 26 × 32
833	= 7 × 119 = 17 × 49
834	= 6 × 139
836	= 11 × 76 = 19 × 44 = 22 × 38
837	= 9 × 93 = 27 × 31
840	= 6 × 140 = 7 × 120 = 8 × 105 = 10 × 84 = 12 × 70 = 14 × 60 = 15 × 56 = 20 × 42 = 21 × 40 = 24 × 35 = 28 × 30
841	= 29 × 29
845	= 13 × 65
846	= 6 × 141 = 9 × 94 = 18 × 47
847	= 7 × 121 = 11 × 77
848	= 8 × 106 = 16 × 53
850	= 10 × 85 = 17 × 50 = 25 × 34
851	= 23 × 37
852	= 6 × 142 = 12 × 71
854	= 7 × 122 = 14 × 61
855	= 9 × 95 = 15 × 57 = 19 × 45
856	= 8 × 107
858	= 6 × 143 = 11 × 78 = 13 × 66 = 22 × 39 = 26 × 33
860	= 10 × 86 = 20 × 43
861	= 7 × 123 = 21 × 41
864	= 6 × 144 = 8 × 108 = 9 × 96 = 12 × 72 = 16 × 54 = 18 × 48 = 24 × 36 = 27 × 32
867	= 17 × 51
868	= 7 × 124 = 14 × 62 = 28 × 31
869	= 11 × 79
870	= 6 × 145 = 10 × 87 = 15 × 58 = 29 × 30
871	= 13 × 67
872	= 8 × 109
873	= 9 × 97
874	= 19 × 46 = 23 × 38
875	= 7 × 125 = 25 × 35
876	= 6 × 146 = 12 × 73
880	= 8 × 110 = 10 × 88 = 11 × 80 = 16 × 55 = 20 × 44 = 22 × 40
882	= 6 × 147 = 7 × 126 = 9 × 98 = 14 × 63 = 18 × 49 = 21 × 42
884	= 13 × 68 = 17 × 52 = 26 × 34
885	= 15 × 59
888	= 6 × 148 = 8 × 111 = 12 × 74 = 24 × 37
889	= 7 × 127
890	= 10 × 89
891	= 9 × 99 = 11 × 81 = 27 × 33
893	= 19 × 47
894	= 6 × 149
896	= 7 × 128 = 8 × 112 = 14 × 64 = 16 × 56 = 28 × 32
897	= 13 × 69 = 23 × 39
899	= 29 × 31
900	= 6 × 150 = 9 × 100 = 10 × 90 = 12 × 75 = 15 × 60 = 18 × 50 = 20 × 45 = 25 × 36 = 30 × 30
901	= 17 × 53
902	= 11 × 82 = 22 × 41
903	= 7 × 129 = 21 × 43
904	= 8 × 113
906	= 6 × 151
909	= 9 × 101
910	= 7 × 130 = 10 × 91 = 13 × 70 = 14 × 65 = 26 × 35
912	= 8 × 114 = 12 × 76 = 16 × 57 = 19 × 48 = 24 × 38
913	= 11 × 83
915	= 15 × 61
917	= 7 × 131
918	= 9 × 102 = 17 × 54 = 18 × 51 = 27 × 34
920	= 8 × 115 = 10 × 92 = 20 × 46 = 23 × 40
923	= 13 × 71
924	= 7 × 132 = 11 × 84 = 12 × 77 = 14 × 66 = 21 × 44 = 22 × 42 = 28 × 33
925	= 25 × 37
927	= 9 × 103
928	= 8 × 116 = 16 × 58 = 29 × 32
930	= 10 × 93 = 15 × 62 = 30 × 31
931	= 7 × 133 = 19 × 49
935	= 11 × 85 = 17 × 55
936	= 8 × 117 = 9 × 104 = 12 × 78 = 13 × 72 = 18 × 52 = 24 × 39 = 26 × 36
938	= 7 × 134 = 14 × 67
940	= 10 × 94 = 20 × 47
943	= 23 × 41
944	= 8 × 118 = 16 × 59

（续）

945	=7×135=9×105=15×63
	=21×45=27×35
946	=11×86=22×43
948	=12×79
949	=13×73
950	=10×95=19×50=25×38
952	=7×136=8×119=14×68
	=17×56=28×34
954	=9×106=18×53
957	=11×87=29×33
959	=7×137
960	=8×120=10×96=12×80
	=15×64=16×60=20×48
	=24×40=30×32
961	=31×31
962	=13×74=26×37
963	=9×107
966	=7×138=14×69=21×46
	=23×42
968	=8×121=11×88=22×44
969	=17×57=19×51
970	=10×97
972	=9×108=12×81=18×54
	=27×36
973	=7×139
975	=13×75=15×65=25×39
976	=8×122=16×61
979	=11×89
980	=7×140=10×98=14×70
	=20×49=28×35
981	=9×109
984	=8×123=12×82=24×41
986	=17×58=29×34
987	=7×141=21×47
988	=13×76=19×52=26×38
989	=23×43
990	=9×110=10×99=11×90
	=15×66=18×55=22×45
	=30×33
992	=8×124=16×62=31×32
994	=7×142=14×71
996	=12×83
999	=9×111=27×37
1000	=8×125=10×100=20×50
	=25×40
1001	=7×143=11×91=13×77
1003	=17×59
1005	=15×67
1007	=19×53
1008	=7×144=8×126=9×112
	=12×84=14×72=16×63
	=18×56=21×48=24×42
	=28×36
1010	=10×101
1012	=11×92=22×46=23×44
1014	=13×78=26×39
1015	=7×145=29×35
1016	=8×127
1017	=9×113
1020	=10×102=12×85=15×68
	=17×60=20×51=30×34
1022	=7×146=14×73
1023	=11×93=31×33
1024	=8×128=16×64=32×32
1025	=25×41
1026	=9×114=18×57=19×54
	=27×38
1027	=13×79
1029	=7×147=21×49
1030	=10×103
1032	=8×129=12×86=24×43
1034	=11×94=22×47
1035	=9×115=15×69=23×45
1036	=7×148=14×74=28×37
1037	=17×61
1040	=8×130=10×104=13×80
	=16×65=20×52=26×40
1043	=7×149
1044	=9×116=12×87=18×58
	=29×36
1045	=11×95=19×55
1048	=8×131
1050	=7×150=10×105=14×75
	=15×70=21×50=25×42
	=30×35
1053	=9×117=13×81=27×39
1054	=17×62=31×34
1056	=8×132=11×96=12×88
	=16×66=22×48=24×44
	=32×33
1057	=7×151
1058	=23×46
1060	=10×106=20×53
1062	=9×118=18×59
1064	=8×133=14×76=19×56
	=28×38
1065	=15×71
1066	=13×82=26×41
1067	=11×97
1068	=12×89
1070	=10×107
1071	=9×119=17×63=21×51
1072	=8×134=16×67
1073	=29×37
1075	=25×43
1078	=11×98=14×77=22×49
1079	=13×83
1080	=8×135=9×120=10×108
	=12×90=15×72=18×60
	=20×54=24×45=27×40
	=30×36
1081	=23×47
1083	=19×57
1085	=31×35
1088	=8×136=16×68=17×64
	=32×34
1089	=9×121=11×99=33×33
1090	=10×109
1092	=12×91=13×84=14×78
	=21×52=26×42=28×39
1095	=15×73
1096	=8×137
1098	=9×122=18×61
1100	=10×110=11×100=20×55
	=22×50=25×44
1102	=19×58=29×38
1104	=8×138=12×92=16×69
	=23×48=24×46
1105	=13×85=17×65
1106	=14×79
1107	=9×123=27×41
1110	=10×111=15×74=30×37
1111	=11×101
1112	=8×139
1113	=21×53
1116	=9×124=12×93=18×62
	=31×36
1118	=13×86=26×43
1120	=8×140=10×112=14×80
	=16×70=20×56=28×40
	=32×35
1121	=19×59
1122	=11×102=17×66=22×51
	=33×34

（续）

1125	=9×125=15×75=25×45
1127	=23×49
1128	=8×141=12×94=24×47
1130	=10×113
1131	=13×87=29×39
1133	=11×103
1134	=9×126=14×81=18×63
	=21×54=27×42
1136	=8×142=16×71
1139	=17×67
1140	=10×114=12×95=15×76
	=19×60=20×57=30×38
1143	=9×127
1144	=8×143=11×104=13×88
	=22×52=26×44
1147	=31×37
1148	=14×82=28×41
1150	=10×115=23×50=25×46
1152	=8×144=9×128=12×96
	=16×72=18×64=24×48
	=32×36
1155	=11×105=15×77=21×55
	=33×35
1156	=17×68=34×34
1157	=13×89
1159	=19×61
1160	=8×145=10×116=20×58
	=29×40
1161	=9×129=27×43
1162	=14×83
1164	=12×97
1166	=11×106=22×53
1168	=8×146=16×73
1170	=9×130=10×117=13×90
	=15×78=18×65=26×45
	=30×39
1173	=17×69=23×51
1175	=25×47
1176	=8×147=12×98=14×84
	=21×56=24×49
	=28×42
1177	=11×107
1178	=19×62=31×38
1179	=9×131
1180	=10×118=20×59
1183	=13×91
1184	=8×148=16×74=32×37
1185	=15×79
1188	=9×132=11×108=12×99
	=18×66=22×54=27×44
	=33×36
1189	=29×41
1190	=10×119=14×85=17×70
	=34×35
1192	=8×149
1196	=13×92=23×52=26×46
1197	=9×133=19×63=21×57
1199	=11×109
1200	=8×150=10×120=12×100
	=15×80=16×75=20×60
	=24×50=25×48=30×40
1204	=14×86=28×43
1206	=9×134=18×67
1207	=17×71
1208	=8×151
1209	=13×93=31×39
1210	=10×121=11×110=22×55
1212	=12×101
1215	=9×135=15×81=27×45
1216	=16×76=19×64=32×38
1218	=14×87=21×58=29×42
1219	=23×53
1220	=10×122=20×61
1221	=11×111=33×37
1222	=13×94=26×47
1224	=9×136=12×102=17×72
	=18×68=24×51=34×36
1225	=25×49=35×35
1230	=10×123=15×82=30×41
1232	=11×112=14×88=16×77
	=22×56=28×44
1233	=9×137
1235	=13×95=19×65
1236	=12×103
1239	=21×59
1240	=10×124=20×62=31×40
1241	=17×73
1242	=9×138=18×69=23×54
	=27×46
1243	=11×113
1245	=15×83
1246	=14×89
1247	=29×43
1248	=12×104=13×96=16×78
	=24×52=26×48=32×39
1250	=10×125=25×50
1251	=9×139
1254	=11×114=19×66=22×57
	=33×38
1258	=17×74=34×37
1260	=9×140=10×126=12×105
	=14×90=15×84=18×70
	=20×63=21×60=28×45
	=30×42=35×36
1261	=13×97
1264	=16×79
1265	=11×115=23×55
1269	=9×141=27×47
1270	=10×127
1271	=31×41
1272	=12×106=24×53
1273	=19×67
1274	=13×98=14×91=26×49
1275	=15×85=17×75=25×51
1276	=11×116=22×58
	=29×44
1278	=9×142=18×71
1280	=10×128=16×80=20×64
	=32×40
1281	=21×61
1284	=12×107
1287	=9×143=11×117=13×99
	=33×39
1288	=14×92=23×56=28×46
1290	=10×129=15×86=30×43
1292	=17×76=19×68=34×38
1295	=35×37
1296	=9×144=12×108=16×81
	=18×72=24×54=27×48
	=36×36
1298	=11×118=22×59
1300	=10×130=13×100=20×65
	=25×52=26×50
1302	=14×93=21×62=31×42
1305	=9×145=15×87
	=29×45
1308	=12×109
1309	=11×119=17×77
1310	=10×131
1311	=19×69=23×57
1312	=16×82=32×41
1313	=13×101
1314	=9×146=18×73
1316	=14×94=28×47

（续）

1320	= 10 × 132 = 11 × 120 = 12 × 110 = 15 × 88 = 20 × 66 = 22 × 60 = 24 × 55 = 30 × 44 = 33 × 40
1323	= 9 × 147 = 21 × 63 = 27 × 49
1325	= 25 × 53
1326	= 13 × 102 = 17 × 78 = 26 × 51 = 34 × 39
1328	= 16 × 83
1330	= 10 × 133 = 14 × 95 = 19 × 70 = 35 × 38
1331	= 11 × 121
1332	= 9 × 148 = 12 × 111 = 18 × 74 = 36 × 37
1333	= 31 × 43
1334	= 23 × 58 = 29 × 46
1335	= 15 × 89
1339	= 13 × 103
1340	= 10 × 134 = 20 × 67
1341	= 9 × 149
1342	= 11 × 122 = 22 × 61
1343	= 17 × 79
1344	= 12 × 112 = 14 × 96 = 16 × 84 = 21 × 64 = 24 × 56 = 28 × 48 = 32 × 42
1349	= 19 × 71
1350	= 9 × 150 = 10 × 135 = 15 × 90 = 18 × 75 = 25 × 54 = 27 × 50 = 30 × 45
1352	= 13 × 104 = 26 × 52
1353	= 11 × 123 = 33 × 41
1356	= 12 × 113
1357	= 23 × 59
1358	= 14 × 97
1359	= 9 × 151
1360	= 10 × 136 = 16 × 85 = 17 × 80 = 20 × 68 = 34 × 40
1363	= 29 × 47
1364	= 11 × 124 = 22 × 62 = 31 × 44
1365	= 13 × 105 = 15 × 91 = 21 × 65 = 35 × 39
1368	= 12 × 114 = 18 × 76 = 19 × 72 = 24 × 57 = 36 × 38
1369	= 37 × 37
1370	= 10 × 137
1372	= 14 × 98 = 28 × 49
1375	= 11 × 125 = 25 × 55
1376	= 16 × 86 = 32 × 43
1377	= 17 × 81 = 27 × 51
1378	= 13 × 106 = 26 × 53
1380	= 10 × 138 = 12 × 115 = 15 × 92 = 20 × 69 = 23 × 60 = 30 × 46
1386	= 11 × 126 = 14 × 99 = 18 × 77 = 21 × 66 = 22 × 63 = 33 × 42
1387	= 19 × 73
1390	= 10 × 139
1391	= 13 × 107
1392	= 12 × 116 = 16 × 87 = 24 × 58 = 29 × 48
1394	= 17 × 82 = 34 × 41
1395	= 15 × 93 = 31 × 45
1397	= 11 × 127
1400	= 10 × 140 = 14 × 100 = 20 × 70 = 25 × 56 = 28 × 50 = 35 × 40
1403	= 23 × 61
1404	= 12 × 117 = 13 × 108 = 18 × 78 = 26 × 54 = 27 × 52 = 36 × 39
1406	= 19 × 74 = 37 × 38
1407	= 21 × 67
1408	= 11 × 128 = 16 × 88 = 22 × 64 = 32 × 44
1410	= 10 × 141 = 15 × 94 = 30 × 47
1411	= 17 × 83
1414	= 14 × 101
1416	= 12 × 118 = 24 × 59
1417	= 13 × 109
1419	= 11 × 129 = 33 × 43
1420	= 10 × 142 = 20 × 71
1421	= 29 × 49
1422	= 18 × 79
1424	= 16 × 89
1425	= 15 × 95 = 19 × 75 = 25 × 57
1426	= 23 × 62 = 31 × 46
1428	= 12 × 119 = 14 × 102 = 17 × 84 = 21 × 68 = 28 × 51 = 34 × 42
1430	= 10 × 143 = 11 × 130 = 13 × 110 = 22 × 65 = 26 × 55
1431	= 27 × 53
1435	= 35 × 41
1440	= 10 × 144 = 12 × 120 = 15 × 96 = 16 × 90 = 18 × 80 = 20 × 72 = 24 × 60 = 30 × 48 = 32 × 45 = 36 × 40
1441	= 11 × 131
1442	= 14 × 103
1443	= 13 × 111 = 37 × 39
1444	= 19 × 76 = 38 × 38
1445	= 17 × 85
1449	= 21 × 69 = 23 × 63
1450	= 10 × 145 = 25 × 58 = 29 × 50
1452	= 11 × 132 = 12 × 121 = 22 × 66 = 33 × 44
1455	= 15 × 97
1456	= 13 × 112 = 14 × 104 = 16 × 91 = 26 × 56 = 28 × 52
1457	= 31 × 47
1458	= 18 × 81 = 27 × 54
1460	= 10 × 146 = 20 × 73
1462	= 17 × 86 = 34 × 43
1463	= 11 × 133 = 19 × 77
1464	= 12 × 122 = 24 × 61
1469	= 13 × 113
1470	= 10 × 147 = 14 × 105 = 15 × 98 = 21 × 70 = 30 × 49 = 35 × 42
1472	= 16 × 92 = 23 × 64 = 32 × 46
1474	= 11 × 134 = 22 × 67
1475	= 25 × 59
1476	= 12 × 123 = 18 × 82 = 36 × 41
1479	= 17 × 87 = 29 × 51
1480	= 10 × 148 = 20 × 74 = 37 × 40
1482	= 13 × 114 = 19 × 78 = 26 × 57 = 38 × 39
1484	= 14 × 106 = 28 × 53
1485	= 11 × 135 = 15 × 99 = 27 × 55 = 33 × 45
1488	= 12 × 124 = 16 × 93 = 24 × 62 = 31 × 48
1490	= 10 × 149
1491	= 21 × 71
1494	= 18 × 83
1495	= 13 × 115 = 23 × 65
1496	= 11 × 136 = 17 × 88 = 22 × 68 = 34 × 44
1498	= 14 × 107
1500	= 10 × 150 = 12 × 125 = 15 × 100 = 20 × 75 = 25 × 60 = 30 × 50
1501	= 19 × 79
1504	= 16 × 94 = 32 × 47
1505	= 35 × 43
1507	= 11 × 137
1508	= 13 × 116 = 26 × 58 = 29 × 52
1510	= 10 × 151
1512	= 12 × 126 = 14 × 108 = 18 × 84 = 21 × 72 = 24 × 63 = 27 × 56 = 28 × 54 = 36 × 42

（续）

1513	= 17 × 89
1515	= 15 × 101
1517	= 37 × 41
1518	= 11 × 138 = 22 × 69 = 23 × 66 = 33 × 46
1519	= 31 × 49
1520	= 16 × 95 = 19 × 80 = 20 × 76 = 38 × 40
1521	= 13 × 117 = 39 × 39
1524	= 12 × 127
1525	= 25 × 61
1526	= 14 × 109
1529	= 11 × 139
1530	= 15 × 102 = 17 × 90 = 18 × 85 = 30 × 51 = 34 × 45
1533	= 21 × 73
1534	= 13 × 118 = 26 × 59
1536	= 12 × 128 = 16 × 96 = 24 × 64 = 32 × 48
1537	= 29 × 53
1539	= 19 × 81 = 27 × 57
1540	= 11 × 140 = 14 × 110 = 20 × 77 = 22 × 70 = 28 × 55 = 35 × 44
1541	= 23 × 67
1545	= 15 × 103
1547	= 13 × 119 = 17 × 91
1548	= 12 × 129 = 18 × 86 = 36 × 43
1550	= 25 × 62 = 31 × 50
1551	= 11 × 141 = 33 × 47
1552	= 16 × 97
1554	= 14 × 111 = 21 × 74 = 37 × 42
1558	= 19 × 82 = 38 × 41
1560	= 12 × 130 = 13 × 120 = 15 × 104 = 20 × 78 = 24 × 65 = 26 × 60 = 30 × 52 = 39 × 40
1562	= 11 × 142 = 22 × 71
1564	= 17 × 92 = 23 × 68 = 34 × 46
1566	= 18 × 87 = 27 × 58 = 29 × 54
1568	= 14 × 112 = 16 × 98 = 28 × 56 = 32 × 49
1572	= 12 × 131
1573	= 11 × 143 = 13 × 121
1575	= 15 × 105 = 21 × 75 = 25 × 63 = 35 × 45
1577	= 19 × 83
1580	= 20 × 79
1581	= 17 × 93 = 31 × 51
1582	= 14 × 113
1584	= 11 × 144 = 12 × 132 = 16 × 99 = 18 × 88 = 22 × 72 = 24 × 66 = 33 × 48 = 36 × 44
1586	= 13 × 122 = 26 × 61
1587	= 23 × 69
1590	= 15 × 106 = 30 × 53
1591	= 37 × 43
1593	= 27 × 59
1595	= 11 × 145 = 29 × 55
1596	= 12 × 133 = 14 × 114 = 19 × 84 = 21 × 76 = 28 × 57 = 38 × 42
1598	= 17 × 94 = 34 × 47
1599	= 13 × 123 = 39 × 41
1600	= 16 × 100 = 20 × 80 = 25 × 64 = 32 × 50 = 40 × 40
1602	= 18 × 89
1605	= 15 × 107
1606	= 11 × 146 = 22 × 73
1608	= 12 × 134 = 24 × 67
1610	= 14 × 115 = 23 × 70 = 35 × 46
1612	= 13 × 124 = 26 × 62 = 31 × 52
1615	= 17 × 95 = 19 × 85
1616	= 16 × 101
1617	= 11 × 147 = 21 × 77 = 33 × 49
1620	= 12 × 135 = 15 × 108 = 18 × 90 = 20 × 81 = 27 × 60 = 30 × 54 = 36 × 45
1624	= 14 × 116 = 28 × 58 = 29 × 56
1625	= 13 × 125 = 25 × 65
1628	= 11 × 148 = 22 × 74 = 37 × 44
1632	= 12 × 136 = 16 × 102 = 17 × 96 = 24 × 68 = 32 × 51 = 34 × 48
1633	= 23 × 71
1634	= 19 × 86 = 38 × 43
1635	= 15 × 109
1638	= 13 × 126 = 14 × 117 = 18 × 91 = 21 × 78 = 26 × 63 = 39 × 42
1639	= 11 × 149
1640	= 20 × 82 = 40 × 41
1643	= 31 × 53
1644	= 12 × 137
1645	= 35 × 47
1647	= 27 × 61
1648	= 16 × 103
1649	= 17 × 97
1650	= 11 × 150 = 15 × 110 = 22 × 75 = 25 × 66 = 30 × 55 = 33 × 50
1651	= 13 × 127
1652	= 14 × 118 = 28 × 59
1653	= 19 × 87 = 29 × 57
1656	= 12 × 138 = 18 × 92 = 23 × 72 = 24 × 69 = 36 × 46
1659	= 21 × 79
1660	= 20 × 83
1661	= 11 × 151
1664	= 13 × 128 = 16 × 104 = 26 × 64 = 32 × 52
1665	= 15 × 111 = 37 × 45
1666	= 14 × 119 = 17 × 98 = 34 × 49
1668	= 12 × 139
1672	= 19 × 88 = 22 × 76 = 38 × 44
1674	= 18 × 93 = 27 × 62 = 31 × 54
1675	= 25 × 67
1677	= 13 × 129 = 39 × 43
1679	= 23 × 73
1680	= 12 × 140 = 14 × 120 = 15 × 112 = 16 × 105 = 20 × 84 = 21 × 80 = 24 × 70 = 28 × 60 = 30 × 56 = 35 × 48 = 40 × 42
1681	= 41 × 41
1682	= 29 × 58
1683	= 17 × 99 = 33 × 51
1690	= 13 × 130 = 26 × 65
1691	= 19 × 89
1692	= 12 × 141 = 18 × 94 = 36 × 47
1694	= 14 × 121 = 22 × 77
1695	= 15 × 113
1696	= 16 × 106 = 32 × 53
1700	= 17 × 100 = 20 × 85 = 25 × 68 = 34 × 50
1701	= 21 × 81 = 27 × 63
1702	= 23 × 74 = 37 × 46
1703	= 13 × 131
1704	= 12 × 142 = 24 × 71
1705	= 31 × 55
1708	= 14 × 122 = 28 × 61
1710	= 15 × 114 = 18 × 95 = 19 × 90 = 30 × 57 = 38 × 45
1711	= 29 × 59
1712	= 16 × 107
1715	= 35 × 49
1716	= 12 × 143 = 13 × 132 = 22 × 78 = 26 × 66 = 33 × 52 = 39 × 44
1717	= 17 × 101
1720	= 20 × 86 = 40 × 43
1722	= 14 × 123 = 21 × 82 = 41 × 42

（续）

1725	= 15 × 115 = 23 × 75 = 25 × 69
1728	= 12 × 144 = 16 × 108 = 18 × 96
	= 24 × 72 = 27 × 64 = 32 × 54
	= 36 × 48
1729	= 13 × 133 = 19 × 91
1734	= 17 × 102 = 34 × 51
1736	= 14 × 124 = 28 × 62 = 31 × 56
1738	= 22 × 79
1739	= 37 × 47
1740	= 12 × 145 = 15 × 116 = 20 × 87
	= 29 × 60 = 30 × 58
1742	= 13 × 134 = 26 × 67
1743	= 21 × 83
1744	= 16 × 109
1746	= 18 × 97
1748	= 19 × 92 = 23 × 76 = 38 × 46
1749	= 33 × 53
1750	= 14 × 125 = 25 × 70 = 35 × 50
1751	= 17 × 103
1752	= 12 × 146 = 24 × 73
1755	= 13 × 135 = 15 × 117 = 27 × 65
	= 39 × 45
1760	= 16 × 110 = 20 × 88 = 22 × 80
	= 32 × 55 = 40 × 44
1763	= 41 × 43
1764	= 12 × 147 = 14 × 126 = 18 × 98
	= 21 × 84 = 28 × 63 = 36 × 49
	= 42 × 42
1767	= 19 × 93 = 31 × 57
1768	= 13 × 136 = 17 × 104 = 26 × 68
	= 34 × 52
1769	= 29 × 61
1770	= 15 × 118 = 30 × 59
1771	= 23 × 77
1775	= 25 × 71
1776	= 12 × 148 = 16 × 111 = 24 × 74
	= 37 × 48
1778	= 14 × 127
1780	= 20 × 89
1781	= 13 × 137
1782	= 18 × 99 = 22 × 81 = 27 × 66
	= 33 × 54
1785	= 15 × 119 = 17 × 105 = 21 × 85
	= 35 × 51
1786	= 19 × 94 = 38 × 47
1788	= 12 × 149
1792	= 14 × 128 = 16 × 112 = 28 × 64
	= 32 × 56
1794	= 13 × 138 = 23 × 78 = 26 × 69
	= 39 × 46
1798	= 29 × 62 = 31 × 58
1800	= 12 × 150 = 15 × 120 = 18 × 100
	= 20 × 90 = 24 × 75 = 25 × 72
	= 30 × 60 = 36 × 50 = 40 × 45
1802	= 17 × 106 = 34 × 53
1804	= 22 × 82 = 41 × 44
1805	= 19 × 95
1806	= 14 × 129 = 21 × 86 = 42 × 43
1807	= 13 × 139
1808	= 16 × 113
1809	= 27 × 67
1812	= 12 × 151
1813	= 37 × 49
1815	= 15 × 121 = 33 × 55
1817	= 23 × 79
1818	= 18 × 101
1819	= 17 × 107
1820	= 13 × 140 = 14 × 130 = 20 × 91
	= 26 × 70 = 28 × 65 = 35 × 52
1824	= 16 × 114 = 19 × 96 = 24 × 76
	= 32 × 57 = 38 × 48
1825	= 25 × 73
1826	= 22 × 83
1827	= 21 × 87 = 29 × 63
1829	= 31 × 59
1830	= 15 × 122 = 30 × 61
1833	= 13 × 141 = 39 × 47
1834	= 14 × 131
1836	= 17 × 108 = 18 × 102 = 27 × 68
	= 34 × 54 = 36 × 51
1840	= 16 × 115 = 20 × 92 = 23 × 80 = 40 × 46
1843	= 19 × 97
1845	= 15 × 123 = 41 × 45
1846	= 13 × 142 = 26 × 71
1848	= 14 × 132 = 21 × 88 = 22 × 84
	= 24 × 77 = 28 × 66 = 33 × 56
	= 42 × 44
1849	= 43 × 43
1850	= 25 × 74 = 37 × 50
1853	= 17 × 109
1854	= 18 × 103
1855	= 35 × 53
1856	= 16 × 116 = 29 × 64 = 32 × 58
1859	= 13 × 143
1860	= 15 × 124 = 20 × 93 = 30 × 62
	= 31 × 60
1862	= 14 × 133 = 19 × 98 = 38 × 49
1863	= 23 × 81 = 27 × 69
1869	= 21 × 89
1870	= 17 × 110 = 22 × 85 = 34 × 55
1872	= 13 × 144 = 16 × 117 = 18 × 104
	= 24 × 78 = 26 × 72 = 36 × 52
	= 39 × 48
1875	= 15 × 125 = 25 × 75
1876	= 14 × 134 = 28 × 67
1880	= 20 × 94 = 40 × 47
1881	= 19 × 99 = 33 × 57
1885	= 13 × 145 = 29 × 65
1886	= 23 × 82 = 41 × 46
1887	= 17 × 111 = 37 × 51
1888	= 16 × 118 = 32 × 59
1890	= 14 × 135 = 15 × 126 = 18 × 105
	= 21 × 90 = 27 × 70 = 30 × 63
	= 35 × 54 = 42 × 45
1891	= 31 × 61
1892	= 22 × 86 = 43 × 44
1896	= 24 × 79
1898	= 13 × 146 = 26 × 73
1900	= 19 × 100 = 20 × 95 = 25 × 76
	= 38 × 50
1904	= 14 × 136 = 16 × 119 = 17 × 112
	= 28 × 68 = 34 × 56
1905	= 15 × 127
1908	= 18 × 106 = 36 × 53
1909	= 23 × 83
1911	= 13 × 147 = 21 × 91 = 39 × 49
1914	= 22 × 87 = 29 × 66 = 33 × 58
1917	= 27 × 71
1918	= 14 × 137
1919	= 19 × 101
1920	= 15 × 128 = 16 × 120 = 20 × 96
	= 24 × 80 = 30 × 64 = 32 × 60
	= 40 × 48
1921	= 17 × 113
1922	= 31 × 62
1924	= 13 × 148 = 26 × 74 = 37 × 52
1925	= 25 × 77 = 35 × 55
1926	= 18 × 107
1927	= 41 × 47
1932	= 14 × 138 = 21 × 92 = 23 × 84
	= 28 × 69 = 42 × 46
1935	= 15 × 129 = 43 × 45
1936	= 16 × 121 = 22 × 88 = 44 × 44
1937	= 13 × 149

（续）

1938	= 17 × 114 = 19 × 102 = 34 × 57	2016	= 14 × 144 = 16 × 126 = 18 × 112	2088	= 18 × 116 = 24 × 87 = 29 × 72
	= 38 × 51		= 21 × 96 = 24 × 84 = 28 × 72		= 36 × 58
1940	= 20 × 97		= 32 × 63 = 36 × 56 = 42 × 48	2090	= 19 × 110 = 22 × 95 = 38 × 55
1943	= 29 × 67	2020	= 20 × 101	2091	= 17 × 123 = 41 × 51
1944	= 18 × 108 = 24 × 81 = 27 × 72	2021	= 43 × 47	2093	= 23 × 91
	= 36 × 54	2023	= 17 × 119	2096	= 16 × 131
1946	= 14 × 139	2024	= 22 × 92 = 23 × 88 = 44 × 46	2100	= 14 × 150 = 15 × 140 = 20 × 105
1947	= 33 × 59	2025	= 15 × 135 = 25 × 81 = 27 × 75		= 21 × 100 = 25 × 84 = 28 × 75
1950	= 13 × 150 = 15 × 130 = 25 × 78		= 45 × 45		= 30 × 70 = 35 × 60 = 42 × 50
	= 26 × 75 = 30 × 65 = 39 × 50	2028	= 26 × 78 = 39 × 52	2106	= 18 × 117 = 26 × 81 = 27 × 78
1952	= 16 × 122 = 32 × 61	2030	= 14 × 145 = 29 × 70 = 35 × 58		= 39 × 54
1953	= 21 × 93 = 31 × 63	2032	= 16 × 127	2107	= 43 × 49
1955	= 17 × 115 = 23 × 85	2033	= 19 × 107	2108	= 17 × 124 = 31 × 68 = 34 × 62
1957	= 19 × 103	2034	= 18 × 113	2109	= 19 × 111 = 37 × 57
1958	= 22 × 89	2035	= 37 × 55	2112	= 16 × 132 = 22 × 96 = 24 × 88
1960	= 14 × 140 = 20 × 98 = 28 × 70	2037	= 21 × 97		= 32 × 66 = 33 × 64 = 44 × 48
	= 35 × 56 = 40 × 49	2040	= 15 × 136 = 17 × 120 = 20 × 102	2114	= 14 × 151
1961	= 37 × 53		= 24 × 85 = 30 × 68 = 34 × 60	2115	= 15 × 141 = 45 × 47
1962	= 18 × 109		= 40 × 51	2116	= 23 × 92 = 46 × 46
1963	= 13 × 151	2044	= 14 × 146 = 28 × 73	2117	= 29 × 73
1965	= 15 × 131	2046	= 22 × 93 = 31 × 66 = 33 × 62	2120	= 20 × 106 = 40 × 53
1968	= 16 × 123 = 24 × 82 = 41 × 48	2047	= 23 × 89	2121	= 21 × 101
1971	= 27 × 73	2048	= 16 × 128 = 32 × 64	2124	= 18 × 118 = 36 × 59
1972	= 17 × 116 = 29 × 68 = 34 × 58	2050	= 25 × 82 = 41 × 50	2125	= 17 × 125 = 25 × 85
1974	= 14 × 141 = 21 × 94 = 42 × 47	2052	= 18 × 114 = 19 × 108 = 27 × 76	2128	= 16 × 133 = 19 × 112 = 28 × 76
1975	= 25 × 79		= 36 × 57 = 38 × 54		= 38 × 56
1976	= 19 × 104 = 26 × 76 = 38 × 52	2054	= 26 × 79	2130	= 15 × 142 = 30 × 71
1978	= 23 × 86 = 43 × 46	2055	= 15 × 137	2132	= 26 × 82 = 41 × 52
1980	= 15 × 132 = 18 × 110 = 20 × 99	2057	= 17 × 121	2133	= 27 × 79
	= 22 × 90 = 30 × 66 = 33 × 60	2058	= 14 × 147 = 21 × 98 = 42 × 49	2134	= 22 × 97
	= 36 × 55 = 44 × 45	2059	= 29 × 71	2135	= 35 × 61
1984	= 16 × 124 = 31 × 64 = 32 × 62	2060	= 20 × 103	2136	= 24 × 89
1988	= 14 × 142 = 28 × 71	2064	= 16 × 129 = 24 × 86 = 43 × 48	2139	= 23 × 93 = 31 × 69
1989	= 17 × 117 = 39 × 51	2065	= 35 × 59	2140	= 20 × 107
1992	= 24 × 83	2067	= 39 × 53	2142	= 17 × 126 = 18 × 119 = 21 × 102
1995	= 15 × 133 = 19 × 105 = 21 × 95	2068	= 22 × 94 = 44 × 47		= 34 × 63 = 42 × 51
	= 35 × 57	2070	= 15 × 138 = 18 × 115 = 23 × 90	2144	= 16 × 134 = 32 × 67
1998	= 18 × 111 = 27 × 74 = 37 × 54		= 30 × 69 = 45 × 46	2145	= 15 × 143 = 33 × 65 = 39 × 55
2000	= 16 × 125 = 20 × 100 = 25 × 80	2071	= 19 × 109	2146	= 29 × 74 = 37 × 58
	= 40 × 50	2072	= 14 × 148 = 28 × 74 = 37 × 56	2147	= 19 × 113
2001	= 23 × 87 = 29 × 69	2074	= 17 × 122 = 34 × 61	2150	= 25 × 86 = 43 × 50
2002	= 14 × 143 = 22 × 91 = 26 × 77	2075	= 25 × 83	2156	= 22 × 98 = 28 × 77 = 44 × 49
2006	= 17 × 118 = 34 × 59	2077	= 31 × 67	2158	= 26 × 83
2009	= 41 × 49	2079	= 21 × 99 = 27 × 77 = 33 × 63	2159	= 17 × 127
2010	= 15 × 134 = 30 × 67	2080	= 16 × 130 = 20 × 104 = 26 × 80	2160	= 15 × 144 = 16 × 135 = 18 × 120
2013	= 33 × 61		= 32 × 65 = 40 × 52		= 20 × 108 = 24 × 90 = 27 × 80
2014	= 19 × 106 = 38 × 53	2085	= 15 × 139		= 30 × 72 = 36 × 60 = 40 × 54
2015	= 31 × 65	2086	= 14 × 149		= 45 × 48

（续）

2162	= 23 × 94 = 46 × 47
2163	= 21 × 103
2166	= 19 × 114 = 38 × 57
2170	= 31 × 70 = 35 × 62
2173	= 41 × 53
2175	= 15 × 145 = 25 × 87 = 29 × 75
2176	= 16 × 136 = 17 × 128 = 32 × 68 = 34 × 64
2178	= 18 × 121 = 22 × 99 = 33 × 66
2180	= 20 × 109
2183	= 37 × 59
2184	= 21 × 104 = 24 × 91 = 26 × 84 = 28 × 78 = 39 × 56 = 42 × 52
2185	= 19 × 115 = 23 × 95
2187	= 27 × 81
2190	= 15 × 146 = 30 × 73
2192	= 16 × 137
2193	= 17 × 129 = 43 × 51
2196	= 18 × 122 = 36 × 61
2200	= 20 × 110 = 22 × 100 = 25 × 88 = 40 × 55 = 44 × 50
2201	= 31 × 71
2204	= 19 × 116 = 29 × 76 = 38 × 58
2205	= 15 × 147 = 21 × 105 = 35 × 63 = 45 × 49
2208	= 16 × 138 = 23 × 96 = 24 × 92 = 32 × 69 = 46 × 48
2209	= 47 × 47
2210	= 17 × 130 = 26 × 85 = 34 × 65
2211	= 33 × 67
2212	= 28 × 79
2214	= 18 × 123 = 27 × 82 = 41 × 54
2220	= 15 × 148 = 20 × 111 = 30 × 74 = 37 × 60
2222	= 22 × 101
2223	= 19 × 117 = 39 × 57
2224	= 16 × 139
2225	= 25 × 89
2226	= 21 × 106 = 42 × 53
2227	= 17 × 131
2231	= 23 × 97
2232	= 18 × 124 = 24 × 93 = 31 × 72 = 36 × 62
2233	= 29 × 77
2235	= 15 × 149
2236	= 26 × 86 = 43 × 52
2240	= 16 × 140 = 20 × 112 = 28 × 80 = 32 × 70 = 35 × 64 = 40 × 56
2241	= 27 × 83
2242	= 19 × 118 = 38 × 59
2244	= 17 × 132 = 22 × 102 = 33 × 68 = 34 × 66 = 44 × 51
2247	= 21 × 107
2250	= 15 × 150 = 18 × 125 = 25 × 90 = 30 × 75 = 45 × 50
2254	= 23 × 98 = 46 × 49
2255	= 41 × 55
2256	= 16 × 141 = 24 × 94 = 47 × 48
2257	= 37 × 61
2260	= 20 × 113
2261	= 17 × 133 = 19 × 119
2262	= 26 × 87 = 29 × 78 = 39 × 58
2263	= 31 × 73
2265	= 15 × 151
2266	= 22 × 103
2268	= 18 × 126 = 21 × 108 = 27 × 84 = 28 × 81 = 36 × 63 = 42 × 54
2272	= 16 × 142 = 32 × 71
2275	= 25 × 91 = 35 × 65
2277	= 23 × 99 = 33 × 69
2278	= 17 × 134 = 34 × 67
2279	= 43 × 53
2280	= 19 × 120 = 20 × 114 = 24 × 95 = 30 × 76 = 38 × 60 = 40 × 57
2286	= 18 × 127
2288	= 16 × 143 = 22 × 104 = 26 × 88 = 44 × 52
2289	= 21 × 109
2291	= 29 × 79
2294	= 31 × 74 = 37 × 62
2295	= 17 × 135 = 27 × 85 = 45 × 51
2296	= 28 × 82 = 41 × 56
2299	= 19 × 121
2300	= 20 × 115 = 23 × 100 = 25 × 92 = 46 × 50
2301	= 39 × 59
2303	= 47 × 49
2304	= 16 × 144 = 18 × 128 = 24 × 96 = 32 × 72 = 36 × 64 = 48 × 48
2310	= 21 × 110 = 22 × 105 = 30 × 77 = 33 × 70 = 35 × 66 = 42 × 55
2312	= 17 × 136 = 34 × 68
2314	= 26 × 89
2318	= 19 × 122 = 38 × 61
2320	= 16 × 145 = 20 × 116 = 29 × 80 = 40 × 58
2322	= 18 × 129 = 27 × 86 = 43 × 54
2323	= 23 × 101
2324	= 28 × 83
2325	= 25 × 93 = 31 × 75
2328	= 24 × 97
2329	= 17 × 137
2331	= 21 × 111 = 37 × 63
2332	= 22 × 106 = 44 × 53
2336	= 16 × 146 = 32 × 73
2337	= 19 × 123 = 41 × 57
2340	= 18 × 130 = 20 × 117 = 26 × 90 = 30 × 78 = 36 × 65 = 39 × 60 = 45 × 52
2343	= 33 × 71
2345	= 35 × 67
2346	= 17 × 138 = 23 × 102 = 34 × 69 = 46 × 51
2349	= 27 × 87 = 29 × 81
2350	= 25 × 94 = 47 × 50
2352	= 16 × 147 = 21 × 112 = 24 × 98 = 28 × 84 = 42 × 56 = 48 × 49
2354	= 22 × 107
2356	= 19 × 124 = 31 × 76 = 38 × 62
2358	= 18 × 131
2360	= 20 × 118 = 40 × 59
2363	= 17 × 139
2365	= 43 × 55
2366	= 26 × 91
2368	= 16 × 148 = 32 × 74 = 37 × 64
2369	= 23 × 103
2370	= 30 × 79
2373	= 21 × 113
2375	= 19 × 125 = 25 × 95
2376	= 18 × 132 = 22 × 108 = 24 × 99 = 27 × 88 = 33 × 72 = 36 × 66 = 44 × 54
2378	= 29 × 82 = 41 × 58
2379	= 39 × 61
2380	= 17 × 140 = 20 × 119 = 28 × 85 = 34 × 70 = 35 × 68
2384	= 16 × 149
2385	= 45 × 53
2387	= 31 × 77
2392	= 23 × 104 = 26 × 92 = 46 × 52
2394	= 18 × 133 = 19 × 126 = 21 × 114 = 38 × 63 = 42 × 57
2397	= 17 × 141 = 47 × 51
2398	= 22 × 109

（续）

2400	= 16 × 150 = 20 × 120 = 24 × 100
	= 25 × 96 = 30 × 80 = 32 × 75
	= 40 × 60 = 48 × 50
2401	= 49 × 49
2403	= 27 × 89
2405	= 37 × 65
2407	= 29 × 83
2408	= 28 × 86 = 43 × 56
2409	= 33 × 73
2412	= 18 × 134 = 36 × 67
2413	= 19 × 127
2414	= 17 × 142 = 34 × 71
2415	= 21 × 115 = 23 × 105 = 35 × 69
2416	= 16 × 151
2418	= 26 × 93 = 31 × 78 = 39 × 62
2419	= 41 × 59
2420	= 20 × 121 = 22 × 110 = 44 × 55
2424	= 24 × 101
2425	= 25 × 97
2430	= 18 × 135 = 27 × 90 = 30 × 81
	= 45 × 54
2431	= 17 × 143
2432	= 19 × 128 = 32 × 76 = 38 × 64
2436	= 21 × 116 = 28 × 87 = 29 × 84
	= 42 × 58
2438	= 23 × 106 = 46 × 53
2440	= 20 × 122 = 40 × 61
2442	= 22 × 111 = 33 × 74 = 37 × 66
2444	= 26 × 94 = 47 × 52
2448	= 17 × 144 = 18 × 136 = 24 × 102
	= 34 × 72 = 36 × 68 = 48 × 51
2449	= 31 × 79
2450	= 25 × 98 = 35 × 70 = 49 × 50
2451	= 19 × 129 = 43 × 57
2457	= 21 × 117 = 27 × 91 = 39 × 63
2460	= 20 × 123 = 30 × 82 = 41 × 60
2461	= 23 × 107
2464	= 22 × 112 = 28 × 88 = 32 × 77
	= 44 × 56
2465	= 17 × 145 = 29 × 85
2466	= 18 × 137
2470	= 19 × 130 = 26 × 95 = 38 × 65
2472	= 24 × 103
2475	= 25 × 99 = 33 × 75 = 45 × 55
2478	= 21 × 118 = 42 × 59
2479	= 37 × 67
2480	= 20 × 124 = 31 × 80 = 40 × 62
2482	= 17 × 146 = 34 × 73
2484	= 18 × 138 = 23 × 108 = 27 × 92
	= 36 × 69 = 46 × 54
2485	= 35 × 71
2486	= 22 × 113
2489	= 19 × 131
2490	= 30 × 83
2491	= 47 × 53
2492	= 28 × 89
2494	= 29 × 86 = 43 × 58
2496	= 24 × 104 = 26 × 96 = 32 × 78
	= 39 × 64 = 48 × 52
2499	= 17 × 147 = 21 × 119 = 49 × 51
2500	= 20 × 125 = 25 × 100 = 50 × 50
2501	= 41 × 61
2502	= 18 × 139
2507	= 23 × 109
2508	= 19 × 132 = 22 × 114 = 33 × 76
	= 38 × 66 = 44 × 57
2511	= 27 × 93 = 31 × 81
2516	= 17 × 148 = 34 × 74 = 37 × 68
2520	= 18 × 140 = 20 × 126 = 21 × 120
	= 24 × 105 = 28 × 90 = 30 × 84
	= 35 × 72 = 36 × 70 = 40 × 63
	= 42 × 60 = 45 × 56
2522	= 26 × 97
2523	= 29 × 87
2525	= 25 × 101
2527	= 19 × 133
2528	= 32 × 79
2530	= 22 × 115 = 23 × 110 = 46 × 55
2533	= 17 × 149
2535	= 39 × 65
2537	= 43 × 59
2538	= 18 × 141 = 27 × 94 = 47 × 54
2540	= 20 × 127
2541	= 21 × 121 = 33 × 77
2542	= 31 × 82 = 41 × 62
2544	= 24 × 106 = 48 × 53
2546	= 19 × 134 = 38 × 67
2548	= 26 × 98 = 28 × 91 = 49 × 52
2550	= 17 × 150 = 25 × 102 = 30 × 85
	= 34 × 75 = 50 × 51
2552	= 22 × 116 = 29 × 88 = 44 × 58
2553	= 23 × 111 = 37 × 69
2555	= 35 × 73
2556	= 18 × 142 = 36 × 71
2560	= 20 × 128 = 32 × 80 = 40 × 64
2562	= 21 × 122 = 42 × 61
2565	= 19 × 135 = 27 × 95 = 45 × 57
2567	= 17 × 151
2568	= 24 × 107
2573	= 31 × 83
2574	= 18 × 143 = 22 × 117 = 26 × 99
	= 33 × 78 = 39 × 66
2575	= 25 × 103
2576	= 23 × 112 = 28 × 92 = 46 × 56
2580	= 20 × 129 = 30 × 86 = 43 × 60
2581	= 29 × 89
2583	= 21 × 123 = 41 × 63
2584	= 19 × 136 = 34 × 76 = 38 × 68
2585	= 47 × 55
2590	= 35 × 74 = 37 × 70
2592	= 18 × 144 = 24 × 108 = 27 × 96
	= 32 × 81 = 36 × 72 = 48 × 54
2596	= 22 × 118 = 44 × 59
2597	= 49 × 53
2599	= 23 × 113
2600	= 20 × 130 = 25 × 104 = 26 × 100
	= 40 × 65 = 50 × 52
2601	= 51 × 51
2603	= 19 × 137
2604	= 21 × 124 = 28 × 93 = 31 × 84
	= 42 × 62
2607	= 33 × 79
2610	= 18 × 145 = 29 × 90 = 30 × 87
	= 45 × 58
2613	= 39 × 67
2616	= 24 × 109
2618	= 22 × 119 = 34 × 77
2619	= 27 × 97
2620	= 20 × 131
2622	= 19 × 138 = 23 × 114 = 38 × 69
	= 46 × 57
2623	= 43 × 61
2624	= 32 × 82 = 41 × 64
2625	= 21 × 125 = 25 × 105 = 35 × 75
2626	= 26 × 101
2627	= 37 × 71
2628	= 18 × 146 = 36 × 73
2632	= 28 × 94 = 47 × 56
2635	= 31 × 85
2639	= 29 × 91
2640	= 20 × 132 = 22 × 120 = 24 × 110
	= 30 × 88 = 33 × 80 = 40 × 66
	= 44 × 60 = 48 × 55
2641	= 19 × 139

（续）

2645	= 23 × 115	2726	= 29 × 94 = 47 × 58	2809	= 53 × 53
2646	= 18 × 147 = 21 × 126 = 27 × 98	2727	= 27 × 101	2812	= 19 × 148 = 37 × 76 = 38 × 74
	= 42 × 63 = 49 × 54	2728	= 22 × 124 = 31 × 88 = 44 × 62	2813	= 29 × 97
2650	= 25 × 106 = 50 × 53	2730	= 21 × 130 = 26 × 105 = 30 × 91	2814	= 21 × 134 = 42 × 67
2652	= 26 × 102 = 34 × 78 = 39 × 68		= 35 × 78 = 39 × 70 = 42 × 65	2816	= 22 × 128 = 32 × 88 = 44 × 64
	= 51 × 52	2736	= 19 × 144 = 24 × 114 = 36 × 76	2820	= 20 × 141 = 30 × 94 = 47 × 60
2655	= 45 × 59		= 38 × 72 = 48 × 57	2821	= 31 × 91
2656	= 32 × 83	2737	= 23 × 119	2822	= 34 × 83
2660	= 19 × 140 = 20 × 133 = 28 × 95	2738	= 37 × 74	2825	= 25 × 113
	= 35 × 76 = 38 × 70	2739	= 33 × 83	2828	= 28 × 101
2662	= 22 × 121	2740	= 20 × 137	2829	= 23 × 123 = 41 × 69
2664	= 18 × 148 = 24 × 111 = 36 × 74	2744	= 28 × 98 = 49 × 56	2831	= 19 × 149
	= 37 × 72	2745	= 45 × 61	2832	= 24 × 118 = 48 × 59
2665	= 41 × 65	2747	= 41 × 67	2834	= 26 × 109
2666	= 31 × 86 = 43 × 62	2750	= 22 × 125 = 25 × 110 = 50 × 55	2835	= 21 × 135 = 27 × 105 = 35 × 81
2667	= 21 × 127	2751	= 21 × 131		= 45 × 63
2668	= 23 × 116 = 29 × 92 = 46 × 58	2752	= 32 × 86 = 43 × 64	2838	= 22 × 129 = 33 × 86 = 43 × 66
2670	= 30 × 89	2754	= 27 × 102 = 34 × 81 = 51 × 54	2840	= 20 × 142 = 40 × 71
2673	= 27 × 99 = 33 × 81	2755	= 19 × 145 = 29 × 95	2842	= 29 × 98 = 49 × 58
2675	= 25 × 107	2756	= 26 × 106 = 52 × 53	2844	= 36 × 79
2678	= 26 × 103	2759	= 31 × 89	2847	= 39 × 73
2679	= 19 × 141 = 47 × 57	2760	= 20 × 138 = 23 × 120 = 24 × 115	2848	= 32 × 89
2680	= 20 × 134 = 40 × 67		= 30 × 92 = 40 × 69 = 46 × 60	2849	= 37 × 77
2682	= 18 × 149	2765	= 35 × 79	2850	= 19 × 150 = 25 × 114 = 30 × 95
2684	= 22 × 122 = 44 × 61	2769	= 39 × 71		= 38 × 75 = 50 × 57
2686	= 34 × 79	2772	= 21 × 132 = 22 × 126 = 28 × 99	2852	= 23 × 124 = 31 × 92 = 46 × 62
2688	= 21 × 128 = 24 × 112 = 28 × 96		= 33 × 84 = 36 × 77 = 42 × 66	2856	= 21 × 136 = 24 × 119 = 28 × 102
	= 32 × 84 = 42 × 64 = 48 × 56		= 44 × 63		= 34 × 84 = 42 × 68 = 51 × 56
2691	= 23 × 117 = 39 × 69	2773	= 47 × 59	2860	= 20 × 143 = 22 × 130 = 26 × 110
2695	= 35 × 77 = 49 × 55	2774	= 19 × 146 = 38 × 73		= 44 × 65 = 52 × 55
2697	= 29 × 93 = 31 × 87	2775	= 25 × 111 = 37 × 75	2862	= 27 × 106 = 53 × 54
2698	= 19 × 142 = 38 × 71	2780	= 20 × 139	2867	= 47 × 61
2700	= 18 × 150 = 20 × 135 = 25 × 108	2781	= 27 × 103	2869	= 19 × 151
	= 27 × 100 = 30 × 90 = 36 × 75	2782	= 26 × 107	2870	= 35 × 82 = 41 × 70
	= 45 × 60 = 50 × 54	2783	= 23 × 121	2871	= 29 × 99 = 33 × 87
2701	= 37 × 73	2784	= 24 × 116 = 29 × 96 = 32 × 87	2875	= 23 × 125 = 25 × 115
2703	= 51 × 53		= 48 × 58	2877	= 21 × 137
2704	= 26 × 104 = 52 × 52	2788	= 34 × 82 = 41 × 68	2880	= 20 × 144 = 24 × 120 = 30 × 96
2706	= 22 × 123 = 33 × 82 = 41 × 66	2790	= 30 × 93 = 31 × 90 = 45 × 62		= 32 × 90 = 36 × 80 = 40 × 72
2709	= 21 × 129 = 43 × 63	2793	= 19 × 147 = 21 × 133 = 49 × 57		= 45 × 64 = 48 × 60
2712	= 24 × 113	2794	= 22 × 127	2881	= 43 × 67
2714	= 23 × 118 = 46 × 59	2795	= 43 × 65	2882	= 22 × 131
2716	= 28 × 97	2800	= 20 × 140 = 25 × 112 = 28 × 100	2883	= 31 × 93
2717	= 19 × 143		= 35 × 80 = 40 × 70 = 50 × 56	2884	= 28 × 103
2718	= 18 × 151	2805	= 33 × 85 = 51 × 55	2886	= 26 × 111 = 37 × 78 = 39 × 74
2720	= 20 × 136 = 32 × 85 = 34 × 80	2806	= 23 × 122 = 46 × 61	2888	= 38 × 76
	= 40 × 68	2808	= 24 × 117 = 26 × 108 = 27 × 104	2889	= 27 × 107
2725	= 25 × 109		= 36 × 78 = 39 × 72 = 52 × 54	2890	= 34 × 85

（续）

2891	= 49 × 59
2898	= 21 × 138 = 23 × 126 = 42 × 69 = 46 × 63
2900	= 20 × 145 = 25 × 116 = 29 × 100 = 50 × 58
2904	= 22 × 132 = 24 × 121 = 33 × 88 = 44 × 66
2905	= 35 × 83
2907	= 51 × 57
2910	= 30 × 97
2911	= 41 × 71
2912	= 26 × 112 = 28 × 104 = 32 × 91 = 52 × 56
2914	= 31 × 94 = 47 × 62
2915	= 53 × 55
2916	= 27 × 108 = 36 × 81 = 54 × 54
2919	= 21 × 139
2920	= 20 × 146 = 40 × 73
2921	= 23 × 127
2923	= 37 × 79
2924	= 34 × 86 = 43 × 68
2925	= 25 × 117 = 39 × 75 = 45 × 65
2926	= 22 × 133 = 38 × 77
2928	= 24 × 122 = 48 × 61
2929	= 29 × 101
2937	= 33 × 89
2938	= 26 × 113
2940	= 20 × 147 = 21 × 140 = 28 × 105 = 30 × 98 = 35 × 84 = 42 × 70 = 49 × 60
2943	= 27 × 109
2944	= 23 × 128 = 32 × 92 = 46 × 64
2945	= 31 × 95
2948	= 22 × 134 = 44 × 67
2950	= 25 × 118 = 50 × 59
2952	= 24 × 123 = 36 × 82 = 41 × 72
2958	= 29 × 102 = 34 × 87 = 51 × 58
2960	= 20 × 148 = 37 × 80 = 40 × 74
2961	= 21 × 141 = 47 × 63
2964	= 26 × 114 = 38 × 78 = 39 × 76 = 52 × 57
2967	= 23 × 129 = 43 × 69
2968	= 28 × 106 = 53 × 56
2970	= 22 × 135 = 27 × 110 = 30 × 99 = 33 × 90 = 45 × 66 = 54 × 55
2975	= 25 × 119 = 35 × 85
2976	= 24 × 124 = 31 × 96 = 32 × 93 = 48 × 62
2980	= 20 × 149
2982	= 21 × 142 = 42 × 71
2987	= 29 × 103
2988	= 36 × 83
2989	= 49 × 61
2990	= 23 × 130 = 26 × 115 = 46 × 65
2992	= 22 × 136 = 34 × 88 = 44 × 68
2993	= 41 × 73
2996	= 28 × 107
2997	= 27 × 111 = 37 × 81
3000	= 20 × 150 = 24 × 125 = 25 × 120 = 30 × 100 = 40 × 75 = 50 × 60
3002	= 38 × 79
3003	= 21 × 143 = 33 × 91 = 39 × 77
3007	= 31 × 97
3008	= 32 × 94 = 47 × 64
3009	= 51 × 59
3010	= 35 × 86 = 43 × 70
3013	= 23 × 131
3014	= 22 × 137
3015	= 45 × 67
3016	= 26 × 116 = 29 × 104 = 52 × 58
3020	= 20 × 151
3021	= 53 × 57
3024	= 21 × 144 = 24 × 126 = 27 × 112 = 28 × 108 = 36 × 84 = 42 × 72 = 48 × 63 = 54 × 56
3025	= 25 × 121 = 55 × 55
3026	= 34 × 89
3030	= 30 × 101
3034	= 37 × 82 = 41 × 74
3036	= 22 × 138 = 23 × 132 = 33 × 92 = 44 × 69 = 46 × 66
3038	= 31 × 98 = 49 × 62
3040	= 32 × 95 = 38 × 80 = 40 × 76
3042	= 26 × 117 = 39 × 78
3045	= 21 × 145 = 29 × 105 = 35 × 87
3048	= 24 × 127
3050	= 25 × 122 = 50 × 61
3051	= 27 × 113
3052	= 28 × 109
3053	= 43 × 71
3055	= 47 × 65
3058	= 22 × 139
3059	= 23 × 133
3060	= 30 × 102 = 34 × 90 = 36 × 85 = 45 × 68 = 51 × 60
3066	= 21 × 146 = 42 × 73
3068	= 26 × 118 = 52 × 59
3069	= 31 × 99 = 33 × 93
3071	= 37 × 83
3072	= 24 × 128 = 32 × 96 = 48 × 64
3074	= 29 × 106 = 53 × 58
3075	= 25 × 123 = 41 × 75
3078	= 27 × 114 = 38 × 81 = 54 × 57
3080	= 22 × 140 = 28 × 110 = 35 × 88 = 40 × 77 = 44 × 70 = 55 × 56
3081	= 39 × 79
3082	= 23 × 134 = 46 × 67
3087	= 21 × 147 = 49 × 63
3090	= 30 × 103
3094	= 26 × 119 = 34 × 91
3096	= 24 × 129 = 36 × 86 = 43 × 72
3100	= 25 × 124 = 31 × 100 = 50 × 62
3102	= 22 × 141 = 33 × 94 = 47 × 66
3103	= 29 × 107
3104	= 32 × 97
3105	= 23 × 135 = 27 × 115 = 45 × 69
3108	= 21 × 148 = 28 × 111 = 37 × 84 = 42 × 74
3111	= 51 × 61
3115	= 35 × 89
3116	= 38 × 82 = 41 × 76
3120	= 24 × 130 = 26 × 120 = 30 × 104 = 39 × 80 = 40 × 78 = 48 × 65 = 52 × 60
3124	= 22 × 142 = 44 × 71
3125	= 25 × 125
3127	= 53 × 59
3128	= 23 × 136 = 34 × 92 = 46 × 68
3129	= 21 × 149
3131	= 31 × 101
3132	= 27 × 116 = 29 × 108 = 36 × 87 = 54 × 58
3135	= 33 × 95 = 55 × 57
3136	= 28 × 112 = 32 × 98 = 49 × 64 = 56 × 56
3139	= 43 × 73
3144	= 24 × 131
3145	= 37 × 85
3146	= 22 × 143 = 26 × 121
3149	= 47 × 67
3150	= 21 × 150 = 25 × 126 = 30 × 105 = 35 × 90 = 42 × 75 = 45 × 70 = 50 × 63
3151	= 23 × 137

（续）

3154	= 38 × 83
3157	= 41 × 77
3159	= 27 × 117 = 39 × 81
3160	= 40 × 79
3161	= 29 × 109
3162	= 31 × 102 = 34 × 93 = 51 × 62
3164	= 28 × 113
3168	= 22 × 144 = 24 × 132 = 32 × 99
	= 33 × 96 = 36 × 88 = 44 × 72
	= 48 × 66
3171	= 21 × 151
3172	= 26 × 122 = 52 × 61
3174	= 23 × 138 = 46 × 69
3175	= 25 × 127
3180	= 30 × 106 = 53 × 60
3182	= 37 × 86 = 43 × 74
3185	= 35 × 91 = 49 × 65
3186	= 27 × 118 = 54 × 59
3190	= 22 × 145 = 29 × 110 = 55 × 58
3192	= 24 × 133 = 28 × 114 = 38 × 84
	= 42 × 76 = 56 × 57
3193	= 31 × 103
3195	= 45 × 71
3196	= 34 × 94 = 47 × 68
3197	= 23 × 139
3198	= 26 × 123 = 39 × 82 = 41 × 78
3200	= 25 × 128 = 32 × 100
	= 40 × 80 = 50 × 64
3201	= 33 × 97
3204	= 36 × 89
3210	= 30 × 107
3212	= 22 × 146 = 44 × 73
3213	= 27 × 119 = 51 × 63
3216	= 24 × 134 = 48 × 67
3219	= 29 × 111 = 37 × 87
3220	= 23 × 140 = 28 × 115
	= 35 × 92
	= 46 × 70
3224	= 26 × 124 = 31 × 104
	= 52 × 62
3225	= 25 × 129 = 43 × 75
3230	= 34 × 95 = 38 × 85
3232	= 32 × 101
3233	= 53 × 61
3234	= 22 × 147 = 33 × 98 = 42 × 77
	= 49 × 66
3237	= 39 × 83
3239	= 41 × 79
3240	= 24 × 135 = 27 × 120 = 30 × 108
	= 36 × 90 = 40 × 81 = 45 × 72
	= 54 × 60
3243	= 23 × 141 = 47 × 69
3245	= 55 × 59
3248	= 28 × 116 = 29 × 112 = 56 × 58
3249	= 57 × 57
3250	= 25 × 130 = 26 × 125 = 50 × 65
3255	= 31 × 105 = 35 × 93
3256	= 22 × 148 = 37 × 88 = 44 × 74
3264	= 24 × 136 = 32 × 102 = 34 × 96
	= 48 × 68 = 51 × 64
3266	= 23 × 142 = 46 × 71
3267	= 27 × 121 = 33 × 99
3268	= 38 × 86 = 43 × 76
3270	= 30 × 109
3275	= 25 × 131
3276	= 26 × 126 = 28 × 117 = 36 × 91
	= 39 × 84 = 42 × 78 = 52 × 63
3277	= 29 × 113
3278	= 22 × 149
3280	= 40 × 82 = 41 × 80
3283	= 49 × 67
3285	= 45 × 73
3286	= 31 × 106 = 53 × 62
3288	= 24 × 137
3289	= 23 × 143
3290	= 35 × 94 = 47 × 70
3293	= 37 × 89
3294	= 27 × 122 = 54 × 61
3296	= 32 × 103
3298	= 34 × 97
3300	= 22 × 150 = 25 × 132 = 30 × 110
	= 33 × 100 = 44 × 75 = 50 × 66
	= 55 × 60
3302	= 26 × 127
3304	= 28 × 118 = 56 × 59
3306	= 29 × 114 = 38 × 87 = 57 × 58
3311	= 43 × 77
3312	= 23 × 144 = 24 × 138 = 36 × 92
	= 46 × 72 = 48 × 69
3315	= 39 × 85 = 51 × 65
3317	= 31 × 107
3318	= 42 × 79
3320	= 40 × 83
3321	= 27 × 123 = 41 × 81
3322	= 22 × 151
3325	= 25 × 133 = 35 × 95
3328	= 26 × 128 = 32 × 104 = 52 × 64
3330	= 30 × 111 = 37 × 90 = 45 × 74
3332	= 28 × 119 = 34 × 98 = 49 × 68
3333	= 33 × 101
3335	= 23 × 145 = 29 × 115
3336	= 24 × 139
3337	= 47 × 71
3339	= 53 × 63
3344	= 38 × 88 = 44 × 76
3348	= 27 × 124 = 31 × 108
	= 36 × 93 = 54 × 62
3350	= 25 × 134 = 50 × 67
3354	= 26 × 129 = 39 × 86 = 43 × 78
3355	= 55 × 61
3358	= 23 × 146 = 46 × 73
3360	= 24 × 140 = 28 × 120 = 30 × 112
	= 32 × 105 = 35 × 96 = 40 × 84
	= 42 × 80 = 48 × 70 = 56 × 60
3362	= 41 × 82
3363	= 57 × 59
3364	= 29 × 116 = 58 × 58
3366	= 33 × 102 = 34 × 99 = 51 × 66
3367	= 37 × 91
3375	= 25 × 135 = 27 × 125 = 45 × 75
3379	= 31 × 109
3380	= 26 × 130 = 52 × 65
3381	= 23 × 147 = 49 × 69
3382	= 38 × 89
3384	= 24 × 141 = 36 × 94 = 47 × 72
3388	= 28 × 121 = 44 × 77
3390	= 30 × 113
3392	= 32 × 106 = 53 × 64
3393	= 29 × 117 = 39 × 87
3395	= 35 × 97
3397	= 43 × 79
3399	= 33 × 103
3400	= 25 × 136 = 34 × 100
	= 40 × 85 = 50 × 68
3402	= 27 × 126 = 42 × 81 = 54 × 63
3403	= 41 × 83
3404	= 23 × 148 = 37 × 92 = 46 × 74
3406	= 26 × 131
3408	= 24 × 142 = 48 × 71
3410	= 31 × 110 = 55 × 62
3416	= 28 × 122 = 56 × 61
3417	= 51 × 67
3420	= 30 × 114 = 36 × 95 = 38 × 90
	= 45 × 76 = 57 × 60

（续）

3422	= 29 × 118 = 58 × 59
3424	= 32 × 107
3425	= 25 × 137
3427	= 23 × 149
3429	= 27 × 127
3430	= 35 × 98 = 49 × 70
3431	= 47 × 73
3432	= 24 × 143 = 26 × 132 = 33 × 104
	= 39 × 88 = 44 × 78 = 52 × 66
3434	= 34 × 101
3440	= 40 × 86 = 43 × 80
3441	= 31 × 111 = 37 × 93
3444	= 28 × 123 = 41 × 84 = 42 × 82
3445	= 53 × 65
3450	= 23 × 150 = 25 × 138 = 30 × 115
	= 46 × 75 = 50 × 69
3451	= 29 × 119
3456	= 24 × 144 = 27 × 128 = 32 × 108
	= 36 × 96 = 48 × 72 = 54 × 64
3458	= 26 × 133 = 38 × 91
3465	= 33 × 105 = 35 × 99 = 45 × 77
	= 55 × 63
3468	= 34 × 102 = 51 × 68
3471	= 39 × 89
3472	= 28 × 124 = 31 × 112 = 56 × 62
3473	= 23 × 151
3475	= 25 × 139
3476	= 44 × 79
3477	= 57 × 61
3478	= 37 × 94 = 47 × 74
3479	= 49 × 71
3480	= 24 × 145 = 29 × 120 = 30 × 116
	= 40 × 87 = 58 × 60
3481	= 59 × 59
3483	= 27 × 129 = 43 × 81
3484	= 26 × 134 = 52 × 67
3485	= 41 × 85
3486	= 42 × 83
3488	= 32 × 109
3492	= 36 × 97
3496	= 38 × 92 = 46 × 76
3498	= 33 × 106 = 53 × 66
3500	= 25 × 140 = 28 × 125
	= 35 × 100 = 50 × 70
3502	= 34 × 103
3503	= 31 × 113
3504	= 24 × 146 = 48 × 73
3509	= 29 × 121
3510	= 26 × 135 = 27 × 130 = 30 × 117
	= 39 × 90 = 45 × 78
	= 54 × 65
3515	= 37 × 95
3519	= 51 × 69
3520	= 32 × 110 = 40 × 88 = 44 × 80
	= 55 × 64
3525	= 25 × 141 = 47 × 75
3526	= 41 × 86 = 43 × 82
3528	= 24 × 147 = 28 × 126 = 36 × 98
	= 42 × 84 = 49 × 72
	= 56 × 63
3531	= 33 × 107
3534	= 31 × 114 = 38 × 93 = 57 × 62
3535	= 35 × 101
3536	= 26 × 136 = 34 × 104 = 52 × 68
3537	= 27 × 131
3538	= 29 × 122 = 58 × 61
3540	= 30 × 118 = 59 × 60
3542	= 46 × 77
3549	= 39 × 91
3550	= 25 × 142 = 50 × 71
3551	= 53 × 67
3552	= 24 × 148 = 32 × 111 = 37 × 96
	= 48 × 74
3555	= 45 × 79
3556	= 28 × 127
3560	= 40 × 89
3562	= 26 × 137
3564	= 27 × 132 = 33 × 108 = 36 × 99
	= 44 × 81 = 54 × 66
3565	= 31 × 115
3567	= 29 × 123 = 41 × 87
3569	= 43 × 83
3570	= 30 × 119 = 34 × 105 = 35 × 102
	= 42 × 85 = 51 × 70
3572	= 38 × 94 = 47 × 76
3575	= 25 × 143 = 55 × 65
3576	= 24 × 149
3577	= 49 × 73
3584	= 28 × 128 = 32 × 112 = 56 × 64
3588	= 26 × 138 = 39 × 92 = 46 × 78
	= 52 × 69
3589	= 37 × 97
3591	= 27 × 133 = 57 × 63
3596	= 29 × 124 = 31 × 116 = 58 × 62
3597	= 33 × 109
3599	= 59 × 61
3600	= 24 × 150 = 25 × 144 = 30 × 120
	= 36 × 100 = 40 × 90 = 45 × 80
	= 48 × 75 = 50 × 72
	= 60 × 60
3604	= 34 × 106 = 53 × 68
3605	= 35 × 103
3608	= 41 × 88 = 44 × 82
3610	= 38 × 95
3612	= 28 × 129 = 42 × 86 = 43 × 84
3614	= 26 × 139
3616	= 32 × 113
3618	= 27 × 134 = 54 × 67
3619	= 47 × 77
3621	= 51 × 71
3624	= 24 × 151
3625	= 25 × 145 = 29 × 125
3626	= 37 × 98 = 49 × 74
3627	= 31 × 117 = 39 × 93
3630	= 30 × 121 = 33 × 110 = 55 × 66
3634	= 46 × 79
3636	= 36 × 101
3638	= 34 × 107
3640	= 26 × 140 = 28 × 130 = 35 × 104
	= 40 × 91 = 52 × 70 = 56 × 65
3645	= 27 × 135 = 45 × 81
3648	= 32 × 114 = 38 × 96 = 48 × 76
	= 57 × 64
3649	= 41 × 89
3650	= 25 × 146 = 50 × 73
3652	= 44 × 83
3654	= 29 × 126 = 42 × 87 = 58 × 63
3655	= 43 × 85
3657	= 53 × 69
3658	= 31 × 118 = 59 × 62
3660	= 30 × 122 = 60 × 61
3663	= 33 × 111 = 37 × 99
3666	= 26 × 141 = 39 × 94 = 47 × 78
3668	= 28 × 131
3672	= 27 × 136 = 34 × 108 = 36 × 102
	= 51 × 72 = 54 × 68
3675	= 25 × 147 = 35 × 105 = 49 × 75
3680	= 32 × 115 = 40 × 92 = 46 × 80
3683	= 29 × 127
3685	= 55 × 67
3686	= 38 × 97
3689	= 31 × 119
3690	= 30 × 123 = 41 × 90 = 45 × 82
3692	= 26 × 142 = 52 × 71

（续）

3696	=28×132=33×112=42×88	3784	=43×88=44×86	3885	=35×111=37×105
	=44×84=48×77=56×66	3792	=48×79	3886	=29×134=58×67
3698	=43×86	3795	=33×115=55×69	3888	=27×144=36×108=48×81
3699	=27×137	3796	=26×146=52×73		=54×72
3700	=25×148=37×100=50×74	3799	=29×131	3892	=28×139
3705	=39×95=57×65	3800	=38×100=40×95=50×76	3894	=33×118=59×66
3706	=34×109	3807	=27×141=47×81	3895	=41×95
3708	=36×103	3808	=28×136=32×119=34×112	3900	=26×150=30×130=39×100
3710	=35×106=53×70		=56×68		=50×78=52×75=60×65
3712	=29×128=32×116=58×64	3810	=30×127	3901	=47×83
3713	=47×79	3811	=37×103	3904	=32×122=61×64
3717	=59×63	3813	=31×123=41×93	3905	=55×71
3718	=26×143	3815	=35×109	3906	=31×126=42×93=62×63
3720	=30×124=31×120=40×93	3816	=36×106=53×72	3910	=34×115=46×85
	=60×62	3818	=46×83	3913	=43×91
3721	=61×61	3819	=57×67	3914	=38×103
3723	=51×73	3822	=26×147=39×98=42×91	3915	=27×145=29×135=45×87
3724	=28×133=38×98=49×76		=49×78	3916	=44×89
3725	=25×149	3825	=45×85=51×75	3920	=28×140=35×112=40×98
3726	=27×138=46×81=54×69	3827	=43×89		=49×80=56×70
3729	=33×113	3828	=29×132=33×116=44×87	3922	=37×106=53×74
3731	=41×91		=58×66	3924	=36×109
3735	=45×83	3834	=27×142=54×71	3926	=26×151
3737	=37×101	3835	=59×65	3927	=33×119=51×77
3738	=42×89	3836	=28×137	3930	=30×131
3740	=34×110=44×85=55×68	3838	=38×101	3933	=57×69
3741	=29×129=43×87	3840	=30×128=32×120=40×96	3936	=32×123=41×96=48×82
3744	=26×144=32×117=36×104		=48×80=60×64	3937	=31×127
	=39×96=48×78=52×72	3842	=34×113	3939	=39×101
3745	=35×107	3843	=61×63	3942	=27×146=54×73
3750	=25×150=30×125=50×75	3844	=31×124=62×62	3944	=29×136=34×116=58×68
3751	=31×121	3848	=26×148=37×104=52×74	3948	=28×141=42×94=47×84
3752	=28×134=56×67	3850	=35×110=50×77=55×70	3950	=50×79
3753	=27×139	3852	=36×107	3952	=38×104=52×76
3760	=40×94=47×80	3854	=41×94=47×82	3953	=59×67
3762	=33×114=38×99=57×66	3857	=29×133	3955	=35×113
3763	=53×71	3861	=27×143=33×117=39×99	3956	=43×92=46×86
3770	=26×145=29×130=58×65	3864	=28×138=42×92=46×84	3959	=37×107
3772	=41×92=46×82		=56×69	3960	=30×132=33×120=36×110
3773	=49×77	3869	=53×73		=40×99=44×90=45×88
3774	=34×111=37×102=51×74	3870	=30×129=43×90=45×86		=55×72=60×66
3775	=25×151	3871	=49×79	3965	=61×65
3776	=32×118=59×64	3872	=32×121=44×88	3968	=31×128=32×124=62×64
3780	=27×140=28×135=30×126	3874	=26×149	3969	=27×147=49×81=63×63
	=35×108=36×105=42×90	3875	=31×125	3973	=29×137
	=45×84=54×70=60×63	3876	=34×114=38×102=51×76	3975	=53×75
3782	=31×122=61×62		=57×68	3976	=28×142=56×71
3783	=39×97	3880	=40×97	3977	=41×97

（续）

3978	= 34 × 117 = 39 × 102 = 51 × 78
3984	= 48 × 83
3990	= 30 × 133 = 35 × 114 = 38 × 105
	= 42 × 95 = 57 × 70
3993	= 33 × 121
3995	= 47 × 85
3996	= 27 × 148 = 36 × 111 = 37 × 108
	= 54 × 74
3999	= 31 × 129 = 43 × 93
4000	= 32 × 125 = 40 × 100 = 50 × 80
4002	= 29 × 138 = 46 × 87 = 58 × 69
4004	= 28 × 143 = 44 × 91 = 52 × 77
4005	= 45 × 89
4012	= 34 × 118 = 59 × 68
4015	= 55 × 73
4017	= 39 × 103
4018	= 41 × 98 = 49 × 82
4020	= 30 × 134 = 60 × 67
4023	= 27 × 149
4025	= 35 × 115
4026	= 33 × 122 = 61 × 66
4028	= 38 × 106 = 53 × 76
4029	= 51 × 79
4030	= 31 × 130 = 62 × 65
4031	= 29 × 139
4032	= 28 × 144 = 32 × 126 = 36 × 112
	= 42 × 96 = 48 × 84 = 56 × 72
	= 63 × 64
4033	= 37 × 109
4040	= 40 × 101
4042	= 43 × 94 = 47 × 86
4046	= 34 × 119
4047	= 57 × 71
4048	= 44 × 92 = 46 × 88
4050	= 27 × 150 = 30 × 135 = 45 × 90
	= 50 × 81 = 54 × 75
4056	= 39 × 104 = 52 × 78
4059	= 33 × 123 = 41 × 99
4060	= 28 × 145 = 29 × 140 = 35 × 116
	= 58 × 70
4061	= 31 × 131
4064	= 32 × 127
4066	= 38 × 107
4067	= 49 × 83
4068	= 36 × 113
4070	= 37 × 110 = 55 × 74
4071	= 59 × 69
4074	= 42 × 97
4077	= 27 × 151
4080	= 30 × 136 = 34 × 120 = 40 × 102
	= 48 × 85 = 51 × 80 = 60 × 68
4081	= 53 × 77
4085	= 43 × 95
4087	= 61 × 67
4088	= 28 × 146 = 56 × 73
4089	= 29 × 141 = 47 × 87
4092	= 31 × 132 = 33 × 124 = 44 × 93
	= 62 × 66
4094	= 46 × 89
4095	= 35 × 117 = 39 × 105 = 45 × 91
	= 63 × 65
4096	= 32 × 128 = 64 × 64
4100	= 41 × 100 = 50 × 82
4104	= 36 × 114 = 38 × 108 = 54 × 76
	= 57 × 72
4107	= 37 × 111
4108	= 52 × 79
4110	= 30 × 137
4114	= 34 × 121
4116	= 28 × 147 = 42 × 98 = 49 × 84
4118	= 29 × 142 = 58 × 71
4120	= 40 × 103
4123	= 31 × 133
4125	= 33 × 125 = 55 × 75
4128	= 32 × 129 = 43 × 96 = 48 × 86
4130	= 35 × 118 = 59 × 70
4131	= 51 × 81
4134	= 39 × 106 = 53 × 78
4136	= 44 × 94 = 47 × 88
4140	= 30 × 138 = 36 × 115 = 45 × 92
	= 46 × 90 = 60 × 69
4141	= 41 × 101
4142	= 38 × 109
4144	= 28 × 148 = 37 × 112 = 56 × 74
4147	= 29 × 143
4148	= 34 × 122 = 61 × 68
4150	= 50 × 83
4154	= 31 × 134 = 62 × 67
4158	= 33 × 126 = 42 × 99 = 54 × 77
	= 63 × 66
4160	= 32 × 130 = 40 × 104 = 52 × 80
	= 64 × 65
4161	= 57 × 73
4165	= 35 × 119 = 49 × 85
4170	= 30 × 139
4171	= 43 × 97
4172	= 28 × 149
4173	= 39 × 107
4176	= 29 × 144 = 36 × 116 = 48 × 87
	= 58 × 72
4180	= 38 × 110 = 44 × 95 = 55 × 76
4181	= 37 × 113
4182	= 34 × 123 = 41 × 102 = 51 × 82
4183	= 47 × 89
4185	= 31 × 135 = 45 × 93
4186	= 46 × 91
4187	= 53 × 79
4189	= 59 × 71
4191	= 33 × 127
4192	= 32 × 131
4200	= 28 × 150 = 30 × 140 = 35 × 120
	= 40 × 105 = 42 × 100 = 50 × 84
	= 56 × 75 = 60 × 70
4205	= 29 × 145
4209	= 61 × 69
4212	= 36 × 117 = 39 × 108 = 52 × 81
	= 54 × 78
4214	= 43 × 98 = 49 × 86
4216	= 31 × 136 = 34 × 124 = 62 × 68
4218	= 37 × 114 = 38 × 111 = 57 × 74
4221	= 63 × 67
4223	= 41 × 103
4224	= 32 × 132 = 33 × 128 = 44 × 96
	= 48 × 88 = 64 × 66
4225	= 65 × 65
4228	= 28 × 151
4230	= 30 × 141 = 45 × 94 = 47 × 90
4232	= 46 × 92
4233	= 51 × 83
4234	= 29 × 146 = 58 × 73
4235	= 35 × 121 = 55 × 77
4240	= 40 × 106 = 53 × 80
4242	= 42 × 101
4247	= 31 × 137
4248	= 36 × 118 = 59 × 72
4250	= 34 × 125 = 50 × 85
4251	= 39 × 109
4255	= 37 × 115
4256	= 32 × 133 = 38 × 112 = 56 × 76
4257	= 33 × 129 = 43 × 99
4260	= 30 × 142 = 60 × 71
4263	= 29 × 147 = 49 × 87
4264	= 41 × 104 = 52 × 82
4266	= 54 × 79

（续）

4268	=44×97
4270	=35×122=61×70
4272	=48×89
4275	=45×95=57×75
4277	=47×91
4278	=31×138=46×93=62×69
4280	=40×107
4284	=34×126=36×119=42×102
	=51×84=63×68
4288	=32×134=64×67
4290	=30×143=33×130=39×110
	=55×78=65×66
4292	=29×148=37×116=58×74
4293	=53×81
4294	=38×113
4300	=43×100=50×86
4305	=35×123=41×105
4307	=59×73
4309	=31×139
4312	=44×98=49×88=56×77
4316	=52×83
4318	=34×127
4320	=30×144=32×135=36×120
	=40×108=45×96=48×90
	=54×80=60×72
4321	=29×149
4323	=33×131
4324	=46×94=47×92
4326	=42×103
4329	=37×117=39×111
4331	=61×71
4332	=38×114=57×76
4335	=51×85
4340	=31×140=35×124=62×70
4343	=43×101
4345	=55×79
4346	=41×106=53×82
4347	=63×69
4350	=29×150=30×145=50×87
	=58×75
4352	=32×136=34×128=64×68
4355	=65×67
4356	=33×132=36×121=44×99
	=66×66
4360	=40×109
4361	=49×89
4365	=45×97
4366	=37×118=59×74
4368	=39×112=42×104=48×91
	=52×84=56×78
4370	=38×115=46×95
4371	=31×141=47×93
4374	=54×81
4375	=35×125
4379	=29×151
4380	=30×146=60×73
4384	=32×137
4386	=34×129=43×102=51×86
4387	=41×107
4389	=33×133=57×77
4392	=36×122=61×72
4399	=53×83
4400	=40×110=44×100=50×88
	=55×80
4402	=31×142=62×71
4403	=37×119
4407	=39×113
4408	=38×116=58×76
4410	=30×147=35×126=42×105
	=45×98=49×90=63×70
4416	=32×138=46×96=48×92
	=64×69
4418	=47×94
4420	=34×130=52×85=65×68
4422	=33×134=66×67
4424	=56×79
4425	=59×75
4428	=36×123=41×108=54×82
4429	=43×103
4433	=31×143
4437	=51×87
4440	=30×148=37×120=40×111
	=60×74
4444	=44×101
4445	=35×127
4446	=38×117=39×114=57×78
4448	=32×139
4450	=50×89
4452	=42×106=53×84
4453	=61×73
4454	=34×131
4455	=33×135=45×99=55×81
4459	=49×91
4462	=46×97
4464	=31×144=36×124=48×93
	=62×72
4465	=47×95
4466	=58×77
4469	=41×109
4470	=30×149
4472	=43×104=52×86
4473	=63×71
4477	=37×121
4480	=32×140=35×128=40×112
	=56×80=64×70
4482	=54×83
4484	=38×118=59×76
4485	=39×115=65×69
4488	=33×136=34×132=44×102
	=51×88=66×68
4489	=67×67
4494	=42×107
4495	=31×145
4500	=30×150=36×125=45×100
	=50×90=60×75
4503	=57×79
4505	=53×85
4508	=46×98=49×92
4510	=41×110=55×82
4512	=32×141=47×96=48×94
4514	=37×122=61×74
4515	=35×129=43×105
4520	=40×113
4521	=33×137
4522	=34×133=38×119
4524	=39×116=52×87=58×78
4526	=31×146=62×73
4530	=30×151
4532	=44×103
4536	=36×126=42×108=54×84
	=56×81=63×72
4539	=51×89
4543	=59×77
4544	=32×142=64×71
4545	=45×101
4550	=35×130=50×91=65×70
4551	=37×123=41×111
4554	=33×138=46×99=66×69
4556	=34×134=67×68
4557	=31×147=49×93
4558	=43×106=53×86
4559	=47×97
4560	=38×120=40×114=48×95
	=57×80=60×76

（续）

4563	=39×117
4565	=55×83
4572	=36×127
4575	=61×75
4576	=32×143=44×104=52×88
4578	=42×109
4582	=58×79
4585	=35×131
4587	=33×139
4588	=31×148=37×124=62×74
4590	=34×135=45×102=51×90
	=54×85
4592	=41×112=56×82
4598	=38×121
4599	=63×73
4600	=40×115=46×100=50×92
4601	=43×107
4602	=39×118=59×78
4606	=47×98=49×94
4608	=32×144=36×128=48×96
	=64×72
4611	=53×87
4615	=65×71
4617	=57×81
4619	=31×149
4620	=33×140=35×132=42×110
	=44×105=55×84=60×77
	=66×70
4623	=67×69
4624	=34×136=68×68
4625	=37×125
4628	=52×89
4633	=41×113
4635	=45×103
4636	=38×122=61×76
4640	=32×145=40×116=58×80
4641	=39×119=51×91
4644	=36×129=43×108=54×86
4646	=46×101
4648	=56×83
4650	=31×150=50×93=62×75
4653	=33×141=47×99
4655	=35×133=49×95
4656	=48×97
4658	=34×137
4661	=59×79
4662	=37×126=42×111=63×74
4664	=44×106=53×88
4672	=32×146=64×73
4674	=38×123=41×114=57×82
4675	=55×85
4680	=36×130=39×120=40×117
	=45×104=52×90=60×78
	=65×72
4681	=31×151
4686	=33×142=66×71
4687	=43×109
4690	=35×134=67×70
4692	=34×138=46×102=51×92
	=68×69
4697	=61×77
4698	=54×87=58×81
4699	=37×127
4700	=47×100=50×94
4704	=32×147=42×112=48×98
	=49×96=56×84
4708	=44×107
4712	=38×124=62×76
4715	=41×115
4716	=36×131
4717	=53×89
4719	=33×143=39×121
4720	=40×118=59×80
4725	=35×135=45×105=63×75
4726	=34×139
4730	=43×110=55×86
4731	=57×83
4732	=52×91
4736	=32×148=37×128=64×74
4738	=46×103
4740	=60×79
4743	=51×93
4745	=65×73
4746	=42×113
4747	=47×101
4750	=38×125=50×95
4752	=33×144=36×132=44×108
	=48×99=54×88=66×72
4753	=49×97
4756	=41×116=58×82
4757	=67×71
4758	=39×122=61×78
4760	=34×140=35×136=40×119
	=56×85=68×70
4761	=69×69
4768	=32×149
4770	=45×106=53×90
4773	=37×129=43×111
4774	=62×77
4779	=59×81
4784	=46×104=52×92
4785	=33×145=55×87
4788	=36×133=38×126=42×114
	=57×84=63×76
4794	=34×141=47×102=51×94
4795	=35×137
4796	=44×109
4797	=39×123=41×117
4800	=32×150=40×120=48×100
	=50×96=60×80=64×75
4802	=49×98
4806	=54×89
4810	=37×130=65×74
4814	=58×83
4815	=45×107
4816	=43×112=56×86
4818	=33×146=66×73
4819	=61×79
4823	=53×91
4824	=36×134=67×72
4826	=38×127
4828	=34×142=68×71
4830	=35×138=42×115=46×105
	=69×70
4832	=32×151
4836	=39×124=52×93=62×78
4838	=41×118=59×82
4840	=40×121=44×110=55×88
4841	=47×103
4845	=51×95=57×85
4847	=37×131
4848	=48×101
4850	=50×97
4851	=33×147=49×99=63×77
4859	=43×113
4860	=36×135=45×108
	=54×90=60×81
4862	=34×143
4864	=38×128=64×76
4865	=35×139
4872	=42×116=56×87=58×84
4875	=39×125=65×75
4876	=46×106=53×92
4879	=41×119

（续）

4880	= 40 × 122 = 61 × 80	4982	= 47 × 106 = 53 × 94	5084	= 41 × 124 = 62 × 82
4884	= 33 × 148 = 37 × 132 = 44 × 111	4983	= 33 × 151	5085	= 45 × 113
	= 66 × 74	4984	= 56 × 89	5088	= 48 × 106 = 53 × 96
4888	= 47 × 104 = 52 × 94	4988	= 43 × 116 = 58 × 86	5092	= 38 × 134 = 67 × 76
4891	= 67 × 73	4992	= 39 × 128 = 48 × 104	5096	= 49 × 104 = 52 × 98 = 56 × 91
4895	= 55 × 89		= 52 × 96 = 64 × 78	5100	= 34 × 150 = 50 × 102 = 51 × 100
4896	= 34 × 144 = 36 × 136 = 48 × 102	4995	= 37 × 135 = 45 × 111		= 60 × 85 = 68 × 75
	= 51 × 96 = 68 × 72	4998	= 34 × 147 = 42 × 119 = 49 × 102	5103	= 63 × 81
4897	= 59 × 83		= 51 × 98	5104	= 44 × 116 = 58 × 88
4898	= 62 × 79	5000	= 40 × 125 = 50 × 100	5106	= 37 × 138 = 46 × 111 = 69 × 74
4899	= 69 × 71	5002	= 41 × 122 = 61 × 82	5109	= 39 × 131
4900	= 35 × 140 = 49 × 100	5004	= 36 × 139	5110	= 35 × 146 = 70 × 73
	= 50 × 98 = 70 × 70	5005	= 35 × 143 = 55 × 91 = 65 × 77	5112	= 36 × 142 = 71 × 72
4902	= 38 × 129 = 43 × 114 = 57 × 86	5014	= 46 × 109	5115	= 55 × 93
4905	= 45 × 109	5015	= 59 × 85	5117	= 43 × 119
4914	= 39 × 126 = 42 × 117	5016	= 38 × 132 = 44 × 114	5120	= 40 × 128 = 64 × 80
	= 54 × 91 = 63 × 78		= 57 × 88 = 66 × 76	5123	= 47 × 109
4917	= 33 × 149	5022	= 54 × 93 = 62 × 81	5124	= 42 × 122 = 61 × 84
4920	= 40 × 123 = 41 × 120 = 60 × 82	5025	= 67 × 75	5125	= 41 × 125
4921	= 37 × 133	5029	= 47 × 107	5130	= 38 × 135 = 45 × 114
4922	= 46 × 107	5031	= 39 × 129 = 43 × 117		= 54 × 95 = 57 × 90
4928	= 44 × 112 = 56 × 88 = 64 × 77	5032	= 34 × 148 = 37 × 136 = 68 × 74	5133	= 59 × 87
4929	= 53 × 93	5035	= 53 × 95	5134	= 34 × 151
4930	= 34 × 145 = 58 × 85	5037	= 69 × 73	5135	= 65 × 79
4932	= 36 × 137	5040	= 35 × 144 = 36 × 140 = 40 × 126	5136	= 48 × 107
4935	= 35 × 141 = 47 × 105		= 42 × 120 = 45 × 112 = 48 × 105	5141	= 53 × 97
4940	= 38 × 130 = 52 × 95 = 65 × 76		= 56 × 90 = 60 × 84 = 63 × 80	5143	= 37 × 139
4941	= 61 × 81		= 70 × 72	5145	= 35 × 147 = 49 × 105
4944	= 48 × 103	5041	= 71 × 71	5146	= 62 × 83
4945	= 43 × 115	5043	= 41 × 123	5148	= 36 × 143 = 39 × 132 = 44 × 117
4947	= 51 × 97	5044	= 52 × 97		= 52 × 99 = 66 × 78
4949	= 49 × 101	5046	= 58 × 87	5150	= 50 × 103
4950	= 33 × 150 = 45 × 110 = 50 × 99	5047	= 49 × 103	5151	= 51 × 101
	= 55 × 90 = 66 × 75	5049	= 51 × 99	5152	= 46 × 112 = 56 × 92
4953	= 39 × 127	5050	= 50 × 101	5159	= 67 × 77
4956	= 42 × 118 = 59 × 84	5054	= 38 × 133	5160	= 40 × 129 = 43 × 120 = 60 × 86
4958	= 37 × 134 = 67 × 74	5056	= 64 × 79	5162	= 58 × 89
4959	= 57 × 87	5060	= 44 × 115 = 46 × 110 = 55 × 92	5166	= 41 × 126 = 42 × 123 = 63 × 82
4960	= 40 × 124 = 62 × 80	5063	= 61 × 83	5168	= 38 × 136 = 68 × 76
4961	= 41 × 121	5066	= 34 × 149	5170	= 47 × 110 = 55 × 94
4964	= 34 × 146 = 68 × 73	5069	= 37 × 137	5175	= 45 × 115 = 69 × 75
4968	= 36 × 138 = 46 × 108 = 54 × 92	5070	= 39 × 130 = 65 × 78	5180	= 35 × 148 = 37 × 140 = 70 × 74
	= 69 × 72	5073	= 57 × 89	5183	= 71 × 73
4970	= 35 × 142 = 70 × 71	5074	= 43 × 118 = 59 × 86	5184	= 36 × 144 = 48 × 108 = 54 × 96
4972	= 44 × 113	5075	= 35 × 145		= 64 × 81 = 72 × 72
4977	= 63 × 79	5076	= 36 × 141 = 47 × 108 = 54 × 94	5185	= 61 × 85
4978	= 38 × 131	5080	= 40 × 127	5187	= 39 × 133 = 57 × 91
4980	= 60 × 83	5082	= 42 × 121 = 66 × 77	5192	= 44 × 118 = 59 × 88

（续）

5194	$=49\times106=53\times98$
5198	$=46\times113$
5200	$=40\times130=50\times104$
	$=52\times100=65\times80$
5202	$=51\times102$
5203	$=43\times121$
5206	$=38\times137$
5207	$=41\times127$
5208	$=42\times124=56\times93=62\times84$
5214	$=66\times79$
5215	$=35\times149$
5217	$=37\times141=47\times111$
5220	$=36\times145=45\times116$
	$=58\times90=60\times87$
5225	$=55\times95$
5226	$=39\times134=67\times78$
5229	$=63\times83$
5232	$=48\times109$
5236	$=44\times119=68\times77$
5238	$=54\times97$
5240	$=40\times131$
5243	$=49\times107$
5244	$=38\times138=46\times114$
	$=57\times92=69\times76$
5246	$=43\times122=61\times86$
5247	$=53\times99$
5248	$=41\times128=64\times82$
5250	$=35\times150=42\times125=50\times105$
	$=70\times75$
5251	$=59\times89$
5252	$=52\times101$
5253	$=51\times103$
5254	$=37\times142=71\times74$
5256	$=36\times146=72\times73$
5264	$=47\times112=56\times94$
5265	$=39\times135=45\times117=65\times81$
5270	$=62\times85$
5278	$=58\times91$
5280	$=40\times132=44\times120=48\times110$
	$=55\times96=60\times88=66\times80$
5282	$=38\times139$
5285	$=35\times151$
5289	$=41\times129=43\times123$
5290	$=46\times115$
5291	$=37\times143$
5292	$=36\times147=42\times126=49\times108$
	$=54\times98=63\times84$
5293	$=67\times79$
5300	$=50\times106=53\times100$
5301	$=57\times93$
5304	$=39\times136=51\times104=52\times102$
	$=68\times78$
5307	$=61\times87$
5310	$=45\times118=59\times90$
5311	$=47\times113$
5312	$=64\times83$
5313	$=69\times77$
5320	$=38\times140=40\times133$
	$=56\times95=70\times76$
5324	$=44\times121$
5325	$=71\times75$
5328	$=36\times148=37\times144=48\times111$
	$=72\times74$
5329	$=73\times73$
5330	$=41\times130=65\times82$
5332	$=43\times124=62\times86$
5334	$=42\times127$
5335	$=55\times97$
5336	$=46\times116=58\times92$
5340	$=60\times89$
5341	$=49\times109$
5343	$=39\times137$
5346	$=54\times99=66\times81$
5350	$=50\times107$
5353	$=53\times101$
5355	$=45\times119=51\times105=63\times85$
5356	$=52\times103$
5358	$=38\times141=47\times114=57\times94$
5360	$=40\times134=67\times80$
5364	$=36\times149$
5365	$=37\times145$
5368	$=44\times122=61\times88$
5369	$=59\times91$
5371	$=41\times131$
5372	$=68\times79$
5375	$=43\times125$
5376	$=42\times128=48\times112$
	$=56\times96=64\times84$
5382	$=39\times138=46\times117=69\times78$
5390	$=49\times110=55\times98=70\times77$
5394	$=58\times93=62\times87$
5395	$=65\times83$
5396	$=38\times142=71\times76$
5400	$=36\times150=40\times135=45\times120$
	$=50\times108=54\times100$
	$=60\times90=72\times75$
5402	$=37\times146=73\times74$
5405	$=47\times115$
5406	$=51\times106=53\times102$
5408	$=52\times104$
5412	$=41\times132=44\times123=66\times82$
5415	$=57\times95$
5418	$=42\times129=43\times126=63\times86$
5421	$=39\times139$
5424	$=48\times113$
5427	$=67\times81$
5428	$=46\times118=59\times92$
5429	$=61\times89$
5432	$=56\times97$
5434	$=38\times143$
5436	$=36\times151$
5439	$=37\times147=49\times111$
5440	$=40\times136=64\times85=68\times80$
5445	$=45\times121=55\times99$
5450	$=50\times109$
5451	$=69\times79$
5452	$=47\times116=58\times94$
5453	$=41\times133$
5454	$=54\times101$
5456	$=44\times124=62\times88$
5457	$=51\times107$
5459	$=53\times103$
5460	$=39\times140=42\times130=52\times105$
	$=60\times91=65\times84=70\times78$
5461	$=43\times127$
5467	$=71\times77$
5472	$=38\times144=48\times114$
	$=57\times96=72\times76$
5474	$=46\times119$
5475	$=73\times75$
5476	$=37\times148=74\times74$
5478	$=66\times83$
5480	$=40\times137$
5481	$=63\times87$
5487	$=59\times93$
5488	$=49\times112=56\times98$
5490	$=45\times122=61\times90$
5494	$=41\times134=67\times82$
5499	$=39\times141=47\times117$
5500	$=44\times125=50\times110=55\times100$
5502	$=42\times131$
5504	$=43\times128=64\times86$
5508	$=51\times108=54\times102=68\times81$
5510	$=38\times145=58\times95$

（续）

5512	= 52 × 106 = 53 × 104
5513	= 37 × 149
5518	= 62 × 89
5520	= 40 × 138 = 46 × 120 = 48 × 115
	= 60 × 92 = 69 × 80
5525	= 65 × 85
5529	= 57 × 97
5530	= 70 × 79
5535	= 41 × 135 = 45 × 123
5537	= 49 × 113
5538	= 39 × 142 = 71 × 78
5544	= 42 × 132 = 44 × 126 = 56 × 99
	= 63 × 88 = 66 × 84 = 72 × 77
5546	= 47 × 118 = 59 × 94
5547	= 43 × 129
5548	= 38 × 146 = 73 × 76
5550	= 37 × 150 = 50 × 111 = 74 × 75
5551	= 61 × 91
5555	= 55 × 101
5559	= 51 × 109
5560	= 40 × 139
5561	= 67 × 83
5562	= 54 × 103
5564	= 52 × 107
5565	= 53 × 105
5566	= 46 × 121
5568	= 48 × 116 = 58 × 96 = 64 × 87
5576	= 41 × 136 = 68 × 82
5577	= 39 × 143
5580	= 45 × 124 = 60 × 93 = 62 × 90
5586	= 38 × 147 = 42 × 133 = 49 × 114
	= 57 × 98
5587	= 37 × 151
5588	= 44 × 127
5589	= 69 × 81
5590	= 43 × 130 = 65 × 86
5593	= 47 × 119
5600	= 40 × 140 = 50 × 112 = 56 × 100
	= 70 × 80
5605	= 59 × 95
5607	= 63 × 89
5609	= 71 × 79
5610	= 51 × 110 = 55 × 102 = 66 × 85
5612	= 46 × 122 = 61 × 92
5616	= 39 × 144 = 48 × 117 = 52 × 108
	= 54 × 104 = 72 × 78
5617	= 41 × 137
5618	= 53 × 106
5621	= 73 × 77
5624	= 38 × 148 = 74 × 76
5625	= 45 × 125 = 75 × 75
5626	= 58 × 97
5628	= 42 × 134 = 67 × 84
5632	= 44 × 128 = 64 × 88
5633	= 43 × 131
5635	= 49 × 115
5640	= 40 × 141 = 47 × 120 = 60 × 94
5642	= 62 × 91
5643	= 57 × 99
5644	= 68 × 83
5650	= 50 × 113
5655	= 39 × 145 = 65 × 87
5656	= 56 × 101
5658	= 41 × 138 = 46 × 123 = 69 × 82
5661	= 51 × 111
5662	= 38 × 149
5664	= 48 × 118 = 59 × 96
5665	= 55 × 103
5668	= 52 × 109
5670	= 42 × 135 = 45 × 126 = 54 × 105
	= 63 × 90 = 70 × 81
5671	= 53 × 107
5673	= 61 × 93
5676	= 43 × 132 = 44 × 129 = 66 × 86
5680	= 40 × 142 = 71 × 80
5684	= 49 × 116 = 58 × 98
5687	= 47 × 121
5688	= 72 × 79
5694	= 39 × 146 = 73 × 78
5695	= 67 × 85
5696	= 64 × 89
5698	= 74 × 77
5699	= 41 × 139
5700	= 38 × 150 = 50 × 114 = 57 × 100
	= 60 × 95 = 75 × 76
5704	= 46 × 124 = 62 × 92
5712	= 42 × 136 = 48 × 119 = 51 × 112
	= 56 × 102 = 68 × 84
5715	= 45 × 127
5719	= 43 × 133
5720	= 40 × 143 = 44 × 130 = 52 × 110
	= 55 × 104 = 65 × 88
5723	= 59 × 97
5724	= 53 × 108 = 54 × 106
5727	= 69 × 83
5733	= 39 × 147 = 49 × 117 = 63 × 91
5734	= 47 × 122 = 61 × 94
5738	= 38 × 151
5740	= 41 × 140 = 70 × 82
5742	= 58 × 99 = 66 × 87
5750	= 46 × 125 = 50 × 115
5751	= 71 × 81
5754	= 42 × 137
5757	= 57 × 101
5760	= 40 × 144 = 45 × 128 = 48 × 120
	= 60 × 96 = 64 × 90 = 72 × 80
5762	= 43 × 134 = 67 × 86
5763	= 51 × 113
5764	= 44 × 131
5766	= 62 × 93
5767	= 73 × 79
5768	= 56 × 103
5772	= 39 × 148 = 52 × 111 = 74 × 78
5775	= 55 × 105 = 75 × 77
5776	= 76 × 76
5777	= 53 × 109
5778	= 54 × 107
5780	= 68 × 85
5781	= 41 × 141 = 47 × 123
5782	= 49 × 118 = 59 × 98
5785	= 65 × 89
5795	= 61 × 95
5796	= 42 × 138 = 46 × 126
	= 63 × 92 = 69 × 84
5800	= 40 × 145 = 50 × 116 = 58 × 100
5805	= 43 × 135 = 45 × 129
5808	= 44 × 132 = 48 × 121 = 66 × 88
5810	= 70 × 83
5811	= 39 × 149
5814	= 51 × 114 = 57 × 102
5820	= 60 × 97
5822	= 41 × 142 = 71 × 82
5824	= 52 × 112 = 56 × 104 = 64 × 91
5828	= 47 × 124 = 62 × 94
5829	= 67 × 87
5830	= 53 × 110 = 55 × 106
5831	= 49 × 119
5832	= 54 × 108 = 72 × 81
5838	= 42 × 139
5840	= 40 × 146 = 73 × 80
5841	= 59 × 99
5842	= 46 × 127
5846	= 74 × 79
5848	= 43 × 136 = 68 × 86

（续）

5850	= 39 × 150 = 45 × 130 = 50 × 117
	= 65 × 90 = 75 × 78
5852	= 44 × 133 = 76 × 77
5856	= 48 × 122 = 61 × 96
5858	= 58 × 101
5859	= 63 × 93
5863	= 41 × 143
5865	= 51 × 115 = 69 × 85
5871	= 57 × 103
5874	= 66 × 89
5875	= 47 × 125
5876	= 52 × 113
5880	= 40 × 147 = 42 × 140 = 49 × 120
	= 56 × 105 = 60 × 98 = 70 × 84
5883	= 53 × 111
5885	= 55 × 107
5886	= 54 × 109
5888	= 46 × 128 = 64 × 92
5889	= 39 × 151
5890	= 62 × 95
5891	= 43 × 137
5893	= 71 × 83
5895	= 45 × 131
5896	= 44 × 134 = 67 × 88
5900	= 50 × 118 = 59 × 100
5904	= 41 × 144 = 48 × 123 = 72 × 82
5913	= 73 × 81
5915	= 65 × 91
5916	= 51 × 116 = 58 × 102 = 68 × 87
5917	= 61 × 97
5920	= 40 × 148 = 74 × 80
5922	= 42 × 141 = 47 × 126 = 63 × 94
5925	= 75 × 79
5928	= 52 × 114 = 57 × 104 = 76 × 78
5929	= 49 × 121 = 77 × 77
5934	= 43 × 138 = 46 × 129 = 69 × 86
5936	= 53 × 112 = 56 × 106
5940	= 44 × 135 = 45 × 132 = 54 × 110
	= 55 × 108 = 60 × 99 = 66 × 90
5945	= 41 × 145
5950	= 50 × 119 = 70 × 85
5952	= 48 × 124 = 62 × 96 = 64 × 93
5959	= 59 × 101
5960	= 40 × 149
5963	= 67 × 89
5964	= 42 × 142 = 71 × 84
5967	= 51 × 117
5969	= 47 × 127
5974	= 58 × 103
5976	= 72 × 83
5977	= 43 × 139
5978	= 49 × 122 = 61 × 98
5980	= 46 × 130 = 52 × 115 = 65 × 92
5984	= 44 × 136 = 68 × 88
5985	= 45 × 133 = 57 × 105 = 63 × 95
5986	= 41 × 146 = 73 × 82
5989	= 53 × 113
5992	= 56 × 107
5994	= 54 × 111 = 74 × 81
5995	= 55 × 109
6000	= 40 × 150 = 48 × 125 = 50 × 120
	= 60 × 100 = 75 × 80
6003	= 69 × 87
6004	= 76 × 79
6006	= 42 × 143 = 66 × 91 = 77 × 78
6014	= 62 × 97
6016	= 47 × 128 = 64 × 94
6018	= 51 × 118 = 59 × 102
6020	= 43 × 140 = 70 × 86
6026	= 46 × 131
6027	= 41 × 147 = 49 × 123
6028	= 44 × 137
6030	= 45 × 134 = 67 × 90
6032	= 52 × 116 = 58 × 104
6035	= 71 × 85
6039	= 61 × 99
6040	= 40 × 151
6042	= 53 × 114 = 57 × 106
6045	= 65 × 93
6048	= 42 × 144 = 48 × 126 = 54 × 112
	= 56 × 108 = 63 × 96 = 72 × 84
6050	= 50 × 121 = 55 × 110
6052	= 68 × 89
6059	= 73 × 83
6060	= 60 × 101
6063	= 43 × 141 = 47 × 129
6068	= 41 × 148 = 74 × 82
6069	= 51 × 119
6072	= 44 × 138 = 46 × 132
	= 66 × 92 = 69 × 88
6075	= 45 × 135 = 75 × 81
6076	= 49 × 124 = 62 × 98
6077	= 59 × 103
6080	= 64 × 95 = 76 × 80
6083	= 77 × 79
6084	= 52 × 117 = 78 × 78
6090	= 42 × 145 = 58 × 105 = 70 × 87
6095	= 53 × 115
6096	= 48 × 127
6097	= 67 × 91
6099	= 57 × 107
6100	= 50 × 122 = 61 × 100
6102	= 54 × 113
6104	= 56 × 109
6105	= 55 × 111
6106	= 43 × 142 = 71 × 86
6109	= 41 × 149
6110	= 47 × 130 = 65 × 94
6111	= 63 × 97
6116	= 44 × 139
6118	= 46 × 133
6120	= 45 × 136 = 51 × 120 = 60 × 102
	= 68 × 90 = 72 × 85
6125	= 49 × 125
6132	= 42 × 146 = 73 × 84
6136	= 52 × 118 = 59 × 104
6138	= 62 × 99 = 66 × 93
6141	= 69 × 89
6142	= 74 × 83
6144	= 48 × 128 = 64 × 96
6148	= 53 × 116 = 58 × 106
6149	= 43 × 143
6150	= 41 × 150 = 50 × 123 = 75 × 82
6156	= 54 × 114 = 57 × 108 = 76 × 81
6157	= 47 × 131
6160	= 44 × 140 = 55 × 112 = 56 × 110
	= 70 × 88 = 77 × 80
6161	= 61 × 101
6162	= 78 × 79
6164	= 46 × 134 = 67 × 92
6165	= 45 × 137
6171	= 51 × 121
6174	= 42 × 147 = 49 × 126 = 63 × 98
6175	= 65 × 95
6177	= 71 × 87
6180	= 60 × 103
6188	= 52 × 119 = 68 × 91
6191	= 41 × 151
6192	= 43 × 144 = 48 × 129 = 72 × 86
6195	= 59 × 105
6200	= 50 × 124 = 62 × 100
6201	= 53 × 117
6204	= 44 × 141 = 47 × 132 = 66 × 94
6205	= 73 × 85

（续）

6206	= 58 × 107
6208	= 64 × 97
6210	= 45 × 138 = 46 × 135 = 54 × 115 = 69 × 90
6213	= 57 × 109
6215	= 55 × 113
6216	= 42 × 148 = 56 × 111 = 74 × 84
6222	= 51 × 122 = 61 × 102
6223	= 49 × 127
6225	= 75 × 83
6230	= 70 × 89
6231	= 67 × 93
6232	= 76 × 82
6235	= 43 × 145
6237	= 63 × 99 = 77 × 81
6240	= 48 × 130 = 52 × 120 = 60 × 104 = 65 × 96 = 78 × 80
6241	= 79 × 79
6248	= 44 × 142 = 71 × 88
6250	= 50 × 125
6251	= 47 × 133
6254	= 53 × 118 = 59 × 106
6255	= 45 × 139
6256	= 46 × 136 = 68 × 92
6258	= 42 × 149
6262	= 62 × 101
6264	= 54 × 116 = 58 × 108 = 72 × 87
6270	= 55 × 114 = 57 × 110 = 66 × 95
6272	= 49 × 128 = 56 × 112 = 64 × 98
6273	= 51 × 123
6278	= 43 × 146 = 73 × 86
6279	= 69 × 91
6283	= 61 × 103
6288	= 48 × 131
6290	= 74 × 85
6292	= 44 × 143 = 52 × 121
6298	= 47 × 134 = 67 × 94
6300	= 42 × 150 = 45 × 140 = 50 × 126 = 60 × 105 = 63 × 100 = 70 × 90 = 75 × 84
6302	= 46 × 137
6305	= 65 × 97
6307	= 53 × 119
6308	= 76 × 83
6313	= 59 × 107
6314	= 77 × 82
6318	= 54 × 117 = 78 × 81
6319	= 71 × 89
6320	= 79 × 80
6321	= 43 × 147 = 49 × 129
6322	= 58 × 109
6324	= 51 × 124 = 62 × 102 = 68 × 93
6325	= 55 × 115
6327	= 57 × 111
6328	= 56 × 113
6336	= 44 × 144 = 48 × 132 = 64 × 99 = 66 × 96 = 72 × 88
6342	= 42 × 151
6344	= 52 × 122 = 61 × 104
6345	= 45 × 141 = 47 × 135
6348	= 46 × 138 = 69 × 92
6350	= 50 × 127
6351	= 73 × 87
6360	= 53 × 120 = 60 × 106
6363	= 63 × 101
6364	= 43 × 148 = 74 × 86
6365	= 67 × 95
6370	= 49 × 130 = 65 × 98 = 70 × 91
6372	= 54 × 118 = 59 × 108
6375	= 51 × 125 = 75 × 85
6380	= 44 × 145 = 55 × 116 = 58 × 110
6384	= 48 × 133 = 56 × 114 = 57 × 112 = 76 × 84
6386	= 62 × 103
6390	= 45 × 142 = 71 × 90
6391	= 77 × 83
6392	= 47 × 136 = 68 × 94
6394	= 46 × 139
6396	= 52 × 123 = 78 × 82
6399	= 79 × 81
6400	= 50 × 128 = 64 × 100 = 80 × 80
6402	= 66 × 97
6405	= 61 × 105
6407	= 43 × 149
6408	= 72 × 89
6413	= 53 × 121
6417	= 69 × 93
6419	= 49 × 131
6420	= 60 × 107
6424	= 44 × 146 = 73 × 88
6426	= 51 × 126 = 54 × 119 = 63 × 102
6431	= 59 × 109
6432	= 48 × 134 = 67 × 96
6435	= 45 × 143 = 55 × 117 = 65 × 99
6438	= 58 × 111 = 74 × 87
6439	= 47 × 137
6440	= 46 × 140 = 56 × 115 = 70 × 92
6441	= 57 × 113
6448	= 52 × 124 = 62 × 104
6450	= 43 × 150 = 50 × 129 = 75 × 86
6460	= 68 × 95 = 76 × 85
6461	= 71 × 91
6464	= 64 × 101
6466	= 53 × 122 = 61 × 106
6468	= 44 × 147 = 49 × 132 = 66 × 98 = 77 × 84
6474	= 78 × 83
6477	= 51 × 127
6478	= 79 × 82
6480	= 45 × 144 = 48 × 135 = 54 × 120 = 60 × 108 = 72 × 90 = 80 × 81
6486	= 46 × 141 = 47 × 138 = 69 × 94
6489	= 63 × 103
6490	= 55 × 118 = 59 × 110
6493	= 43 × 151
6496	= 56 × 116 = 58 × 112
6497	= 73 × 89
6498	= 57 × 114
6499	= 67 × 97
6500	= 50 × 130 = 52 × 125 = 65 × 100
6510	= 62 × 105 = 70 × 93
6512	= 44 × 148 = 74 × 88
6517	= 49 × 133
6519	= 53 × 123
6525	= 45 × 145 = 75 × 87
6527	= 61 × 107
6528	= 48 × 136 = 51 × 128 = 64 × 102 = 68 × 96
6532	= 46 × 142 = 71 × 92
6533	= 47 × 139
6534	= 54 × 121 = 66 × 99
6536	= 76 × 86
6540	= 60 × 109
6545	= 55 × 119 = 77 × 85
6549	= 59 × 111
6550	= 50 × 131
6552	= 52 × 126 = 56 × 117 = 63 × 104 = 72 × 91 = 78 × 84
6554	= 58 × 113
6555	= 57 × 115 = 69 × 95
6556	= 44 × 149
6557	= 79 × 83
6560	= 80 × 82
6561	= 81 × 81

（续）

6565	= 65 × 101
6566	= 49 × 134 = 67 × 98
6570	= 45 × 146 = 73 × 90
6572	= 53 × 124 = 62 × 106
6576	= 48 × 137
6578	= 46 × 143
6579	= 51 × 129
6580	= 47 × 140 = 70 × 94
6586	= 74 × 89
6588	= 54 × 122 = 61 × 108
6592	= 64 × 103
6596	= 68 × 97
6600	= 44 × 150 = 50 × 132 = 55 × 120 = 60 × 110 = 66 × 100 = 75 × 88
6603	= 71 × 93
6604	= 52 × 127
6608	= 56 × 118 = 59 × 112
6612	= 57 × 116 = 58 × 114 = 76 × 87
6615	= 45 × 147 = 49 × 135 = 63 × 105
6622	= 77 × 86
6624	= 46 × 144 = 48 × 138 = 69 × 96 = 72 × 92
6625	= 53 × 125
6627	= 47 × 141
6630	= 51 × 130 = 65 × 102 = 78 × 85
6633	= 67 × 99
6634	= 62 × 107
6636	= 79 × 84
6640	= 80 × 83
6642	= 54 × 123 = 81 × 82
6643	= 73 × 91
6644	= 44 × 151
6649	= 61 × 109
6650	= 50 × 133 = 70 × 95
6655	= 55 × 121
6656	= 52 × 128 = 64 × 104
6660	= 45 × 148 = 60 × 111 = 74 × 90
6664	= 49 × 136 = 56 × 119 = 68 × 98
6666	= 66 × 101
6667	= 59 × 113
6669	= 57 × 117
6670	= 46 × 145 = 58 × 115
6672	= 48 × 139
6674	= 47 × 142 = 71 × 94
6675	= 75 × 89
6678	= 53 × 126 = 63 × 106
6681	= 51 × 131
6688	= 76 × 88
6693	= 69 × 97
6695	= 65 × 103
6696	= 54 × 124 = 62 × 108 = 72 × 93
6699	= 77 × 87
6700	= 50 × 134 = 67 × 100
6705	= 45 × 149
6708	= 52 × 129 = 78 × 86
6710	= 55 × 122 = 61 × 110
6713	= 49 × 137
6715	= 79 × 85
6716	= 46 × 146 = 73 × 92
6720	= 48 × 140 = 56 × 120 = 60 × 112 = 64 × 105 = 70 × 96 = 80 × 84
6721	= 47 × 143
6723	= 81 × 83
6724	= 82 × 82
6726	= 57 × 118 = 59 × 114
6728	= 58 × 116
6731	= 53 × 127
6732	= 51 × 132 = 66 × 102 = 68 × 99
6734	= 74 × 91
6741	= 63 × 107
6745	= 71 × 95
6750	= 45 × 150 = 50 × 135 = 54 × 125 = 75 × 90
6758	= 62 × 109
6760	= 52 × 130 = 65 × 104
6762	= 46 × 147 = 49 × 138 = 69 × 98
6764	= 76 × 89
6765	= 55 × 123
6767	= 67 × 101
6768	= 47 × 144 = 48 × 141 = 72 × 94
6771	= 61 × 111
6776	= 56 × 121 = 77 × 88
6780	= 60 × 113
6783	= 51 × 133 = 57 × 119
6784	= 53 × 128 = 64 × 106
6785	= 59 × 115
6786	= 58 × 117 = 78 × 87
6789	= 73 × 93
6790	= 70 × 97
6794	= 79 × 86
6795	= 45 × 151
6798	= 66 × 103
6800	= 50 × 136 = 68 × 100 = 80 × 85
6804	= 54 × 126 = 63 × 108 = 81 × 84
6806	= 82 × 83
6808	= 46 × 148 = 74 × 92
6811	= 49 × 139
6812	= 52 × 131
6815	= 47 × 145
6816	= 48 × 142 = 71 × 96
6820	= 55 × 124 = 62 × 110
6825	= 65 × 105 = 75 × 91
6831	= 69 × 99
6832	= 56 × 122 = 61 × 112
6834	= 51 × 134 = 67 × 102
6837	= 53 × 129
6840	= 57 × 120 = 60 × 114 = 72 × 95 = 76 × 90
6844	= 58 × 118 = 59 × 116
6848	= 64 × 107
6850	= 50 × 137
6853	= 77 × 89
6854	= 46 × 149
6858	= 54 × 127
6860	= 49 × 140 = 70 × 98
6862	= 47 × 146 = 73 × 94
6864	= 48 × 143 = 52 × 132 = 66 × 104 = 78 × 88
6867	= 63 × 109
6868	= 68 × 101
6873	= 79 × 87
6875	= 55 × 125
6880	= 80 × 86
6882	= 62 × 111 = 74 × 93
6885	= 51 × 135 = 81 × 85
6887	= 71 × 97
6888	= 56 × 123 = 82 × 84
6889	= 83 × 83
6890	= 53 × 130 = 65 × 106
6893	= 61 × 113
6897	= 57 × 121
6900	= 46 × 150 = 50 × 138 = 60 × 115 = 69 × 100 = 75 × 92
6901	= 67 × 103
6902	= 58 × 119
6903	= 59 × 117
6909	= 47 × 147 = 49 × 141
6912	= 48 × 144 = 54 × 128 = 64 × 108 = 72 × 96
6916	= 52 × 133 = 76 × 91
6930	= 55 × 126 = 63 × 110 = 66 × 105 = 70 × 99 = 77 × 90
6935	= 73 × 95
6936	= 51 × 136 = 68 × 102

（续）

6942	= 78 × 89
6943	= 53 × 131
6944	= 56 × 124 = 62 × 112
6946	= 46 × 151
6950	= 50 × 139
6952	= 79 × 88
6954	= 57 × 122 = 61 × 114
6955	= 65 × 107
6956	= 47 × 148 = 74 × 94
6958	= 49 × 142 = 71 × 98
6960	= 48 × 145 = 58 × 120 = 60 × 116 = 80 × 87
6962	= 59 × 118
6966	= 54 × 129 = 81 × 86
6968	= 52 × 134 = 67 × 104
6969	= 69 × 101
6970	= 82 × 85
6972	= 83 × 84
6975	= 75 × 93
6976	= 64 × 109
6984	= 72 × 97
6985	= 55 × 127
6987	= 51 × 137
6992	= 76 × 92
6993	= 63 × 111
6996	= 53 × 132 = 66 × 106
7000	= 50 × 140 = 56 × 125 = 70 × 100
7003	= 47 × 149
7004	= 68 × 103
7006	= 62 × 113
7007	= 49 × 143 = 77 × 91
7008	= 48 × 146 = 73 × 96
7011	= 57 × 123
7015	= 61 × 115
7018	= 58 × 121
7020	= 52 × 135 = 54 × 130 = 60 × 117 = 65 × 108 = 78 × 90
7021	= 59 × 119
7029	= 71 × 99
7030	= 74 × 95
7031	= 79 × 89
7035	= 67 × 105
7038	= 51 × 138 = 69 × 102
7040	= 55 × 128 = 64 × 110 = 80 × 88
7047	= 81 × 87
7049	= 53 × 133
7050	= 47 × 150 = 50 × 141 = 75 × 94
7052	= 82 × 86
7055	= 83 × 85
7056	= 48 × 147 = 49 × 144 = 56 × 126 = 63 × 112 = 72 × 98 = 84 × 84
7062	= 66 × 107
7068	= 57 × 124 = 62 × 114 = 76 × 93
7070	= 70 × 101
7072	= 52 × 136 = 68 × 104
7074	= 54 × 131
7076	= 58 × 122 = 61 × 116
7080	= 59 × 120 = 60 × 118
7081	= 73 × 97
7084	= 77 × 92
7085	= 65 × 109
7089	= 51 × 139
7095	= 55 × 129
7097	= 47 × 151
7098	= 78 × 91
7100	= 50 × 142 = 71 × 100
7102	= 53 × 134 = 67 × 106
7104	= 48 × 148 = 64 × 111 = 74 × 96
7105	= 49 × 145
7107	= 69 × 103
7110	= 79 × 90
7112	= 56 × 127
7119	= 63 × 113
7120	= 80 × 89
7124	= 52 × 137
7125	= 57 × 125 = 75 × 95
7128	= 54 × 132 = 66 × 108 = 72 × 99 = 81 × 88
7130	= 62 × 115
7134	= 58 × 123 = 82 × 87
7137	= 61 × 117
7138	= 83 × 86
7139	= 59 × 121
7140	= 51 × 140 = 60 × 119 = 68 × 105 = 70 × 102 = 84 × 85
7144	= 76 × 94
7150	= 50 × 143 = 55 × 130 = 65 × 110
7152	= 48 × 149
7154	= 49 × 146 = 73 × 98
7155	= 53 × 135
7161	= 77 × 93
7168	= 56 × 128 = 64 × 112
7169	= 67 × 107
7171	= 71 × 101
7176	= 52 × 138 = 69 × 104 = 78 × 92
7178	= 74 × 97
7182	= 54 × 133 = 57 × 126 = 63 × 114
7189	= 79 × 91
7191	= 51 × 141
7192	= 58 × 124 = 62 × 116
7194	= 66 × 109
7198	= 59 × 122 = 61 × 118
7200	= 48 × 150 = 50 × 144 = 60 × 120 = 72 × 100 = 75 × 96 = 80 × 90
7203	= 49 × 147
7205	= 55 × 131
7208	= 53 × 136 = 68 × 106
7209	= 81 × 89
7210	= 70 × 103
7215	= 65 × 111
7216	= 82 × 88
7220	= 76 × 95
7221	= 83 × 87
7224	= 56 × 129 = 84 × 86
7225	= 85 × 85
7227	= 73 × 99
7228	= 52 × 139
7232	= 64 × 113
7236	= 54 × 134 = 67 × 108
7238	= 77 × 94
7239	= 57 × 127
7242	= 51 × 142 = 71 × 102
7245	= 63 × 115 = 69 × 105
7248	= 48 × 151
7250	= 50 × 145 = 58 × 125
7252	= 49 × 148 = 74 × 98
7254	= 62 × 117 = 78 × 93
7257	= 59 × 123
7259	= 61 × 119
7260	= 55 × 132 = 60 × 121 = 66 × 110
7261	= 53 × 137
7268	= 79 × 92
7272	= 72 × 101
7275	= 75 × 97
7276	= 68 × 107
7280	= 52 × 140 = 56 × 130 = 65 × 112 = 70 × 104 = 80 × 91
7290	= 54 × 135 = 81 × 90
7293	= 51 × 143
7296	= 57 × 128 = 64 × 114 = 76 × 96
7298	= 82 × 89
7300	= 50 × 146 = 73 × 100
7301	= 49 × 149
7303	= 67 × 109

（续）

7304	= 83 × 88
7308	= 58 × 126 = 63 × 116 = 84 × 87
7310	= 85 × 86
7313	= 71 × 103
7314	= 53 × 138 = 69 × 106
7315	= 55 × 133 = 77 × 95
7316	= 59 × 124 = 62 × 118
7320	= 60 × 122 = 61 × 120
7326	= 66 × 111 = 74 × 99
7332	= 52 × 141 = 78 × 94
7336	= 56 × 131
7344	= 51 × 144 = 54 × 136 = 68 × 108 = 72 × 102
7345	= 65 × 113
7347	= 79 × 93
7350	= 49 × 150 = 50 × 147 = 70 × 105 = 75 × 98
7353	= 57 × 129
7360	= 64 × 115 = 80 × 92
7366	= 58 × 127
7367	= 53 × 139
7370	= 55 × 134 = 67 × 110
7371	= 63 × 117 = 81 × 91
7372	= 76 × 97
7373	= 73 × 101
7375	= 59 × 125
7378	= 62 × 119
7380	= 60 × 123 = 82 × 90
7381	= 61 × 121
7383	= 69 × 107
7384	= 52 × 142 = 71 × 104
7387	= 83 × 89
7392	= 56 × 132 = 66 × 112 = 77 × 96 = 84 × 88
7395	= 51 × 145 = 85 × 87
7396	= 86 × 86
7398	= 54 × 137
7399	= 49 × 151
7400	= 50 × 148 = 74 × 100
7410	= 57 × 130 = 65 × 114 = 78 × 95
7412	= 68 × 109
7416	= 72 × 103
7420	= 53 × 140 = 70 × 106
7424	= 58 × 128 = 64 × 116
7425	= 55 × 135 = 75 × 99
7426	= 79 × 94
7434	= 59 × 126 = 63 × 118
7436	= 52 × 143
7437	= 67 × 111
7440	= 60 × 124 = 62 × 120 = 80 × 93
7442	= 61 × 122
7446	= 51 × 146 = 73 × 102
7448	= 56 × 133 = 76 × 98
7450	= 50 × 149
7452	= 54 × 138 = 69 × 108 = 81 × 92
7455	= 71 × 105
7458	= 66 × 113
7462	= 82 × 91
7467	= 57 × 131
7469	= 77 × 97
7470	= 83 × 90
7473	= 53 × 141
7474	= 74 × 101
7475	= 65 × 115
7476	= 84 × 89
7480	= 55 × 136 = 68 × 110 = 85 × 88
7482	= 58 × 129 = 86 × 87
7488	= 52 × 144 = 64 × 117 = 72 × 104 = 78 × 96
7490	= 70 × 107
7493	= 59 × 127
7497	= 51 × 147 = 63 × 119
7500	= 50 × 150 = 60 × 125 = 75 × 100
7502	= 62 × 121
7503	= 61 × 123
7504	= 56 × 134 = 67 × 112
7505	= 79 × 95
7506	= 54 × 139
7519	= 73 × 103
7520	= 80 × 94
7521	= 69 × 109
7524	= 57 × 132 = 66 × 114 = 76 × 99
7526	= 53 × 142 = 71 × 106
7533	= 81 × 93
7535	= 55 × 137
7540	= 52 × 145 = 58 × 130 = 65 × 116
7544	= 82 × 92
7546	= 77 × 98
7548	= 51 × 148 = 68 × 111 = 74 × 102
7550	= 50 × 151
7552	= 59 × 128 = 64 × 118
7553	= 83 × 91
7560	= 54 × 140 = 56 × 135 = 60 × 126 = 63 × 120 = 70 × 108 = 72 × 105 = 84 × 90
7564	= 61 × 124 = 62 × 122
7565	= 85 × 89
7566	= 78 × 97
7568	= 86 × 88
7569	= 87 × 87
7571	= 67 × 113
7575	= 75 × 101
7579	= 53 × 143
7581	= 57 × 133
7584	= 79 × 96
7590	= 55 × 138 = 66 × 115 = 69 × 110
7592	= 52 × 146 = 73 × 104
7597	= 71 × 107
7598	= 58 × 131
7599	= 51 × 149
7600	= 76 × 100 = 80 × 95
7605	= 65 × 117
7611	= 59 × 129
7614	= 54 × 141 = 81 × 94
7616	= 56 × 136 = 64 × 119 = 68 × 112
7620	= 60 × 127
7622	= 74 × 103
7623	= 63 × 121 = 77 × 99
7625	= 61 × 125
7626	= 62 × 123 = 82 × 93
7630	= 70 × 109
7632	= 53 × 144 = 72 × 106
7636	= 83 × 92
7638	= 57 × 134 = 67 × 114
7644	= 52 × 147 = 78 × 98 = 84 × 91
7645	= 55 × 139
7650	= 51 × 150 = 75 × 102 = 85 × 90
7654	= 86 × 89
7656	= 58 × 132 = 66 × 116 = 87 × 88
7659	= 69 × 111
7663	= 79 × 97
7665	= 73 × 105
7668	= 54 × 142 = 71 × 108
7670	= 59 × 130 = 65 × 118
7672	= 56 × 137
7676	= 76 × 101
7680	= 60 × 128 = 64 × 120 = 80 × 96
7684	= 68 × 113
7685	= 53 × 145
7686	= 61 × 126 = 63 × 122
7688	= 62 × 124
7695	= 57 × 135 = 81 × 95
7696	= 52 × 148 = 74 × 104
7700	= 55 × 140 = 70 × 110 = 77 × 100

（续）

7701	=51×151	7840	=56×140=70×112=80×98	7979	=79×101
7704	=72×107	7844	=53×148=74×106	7980	=57×140=60×133=70×114
7705	=67×115	7847	=59×133		=76×105=84×95
7708	=82×94	7848	=72×109	7986	=66×121
7714	=58×133	7852	=52×151	7990	=85×94
7719	=83×93	7854	=66×119=77×102	7991	=61×131
7722	=54×143=66×117=78×99	7857	=81×97	7992	=54×148=72×111=74×108
7725	=75×103	7860	=60×131	7995	=65×123
7728	=56×138=69×112=84×92	7865	=55×143=65×121	7998	=62×129=86×93
7729	=59×131	7866	=57×138=69×114	8000	=64×125=80×100
7735	=65×119=85×91	7869	=61×129	8001	=63×127
7738	=53×146=73×106	7872	=64×123=82×96	8003	=53×151
7739	=71×109	7874	=62×127	8004	=58×138=69×116=87×92
7740	=60×129=86×90	7875	=63×125=75×105	8008	=56×143=77×104=88×91
7742	=79×98	7878	=78×101	8010	=89×90
7743	=87×89	7881	=71×111	8019	=81×99
7744	=64×121=88×88	7884	=54×146=73×108	8023	=71×113
7747	=61×127	7885	=83×95	8024	=59×136=68×118
7748	=52×149	7888	=58×136=68×116	8025	=75×107
7749	=63×123	7896	=56×141=84×94	8030	=55×146=73×110
7750	=62×125	7897	=53×149	8034	=78×103
7752	=57×136=68×114=76×102	7900	=79×100	8036	=82×98
7755	=55×141	7904	=76×104	8037	=57×141
7760	=80×97	7905	=85×93	8040	=60×134=67×120
7770	=70×111=74×105	7906	=59×134=67×118	8046	=54×149
7772	=58×134=67×116	7910	=70×113	8050	=70×115
7776	=54×144=72×108=81×96	7912	=86×92	8051	=83×97
7777	=77×101	7917	=87×91	8052	=61×132=66×122
7784	=56×139	7918	=74×107	8056	=76×106
7788	=59×132=66×118	7920	=55×144=60×132=66×120	8058	=79×102
7790	=82×95		=72×110=80×99=88×90	8060	=62×130=65×124
7791	=53×147	7921	=89×89	8062	=58×139
7797	=69×113	7923	=57×139	8064	=56×144=63×128=64×126
7800	=52×150=60×130=65×120	7930	=61×130=65×122		=72×112=84×96
	=75×104=78×100	7931	=77×103	8066	=74×109
7802	=83×94	7935	=69×115	8073	=69×117
7808	=61×128=64×122	7936	=62×128=64×124	8075	=85×95
7809	=57×137	7938	=54×147=63×126=81×98	8080	=80×101
7810	=55×142=71×110	7946	=58×137	8083	=59×137
7811	=73×107	7950	=53×150=75×106	8084	=86×94
7812	=62×126=63×124=84×93	7952	=56×142=71×112	8085	=55×147=77×105
7820	=68×115=85×92	7954	=82×97	8091	=87×93
7821	=79×99	7956	=68×117=78×102	8092	=68×119
7826	=86×91	7957	=73×109	8094	=57×142=71×114
7828	=76×103	7965	=59×135	8096	=88×92
7830	=54×145=58×135=87×90	7968	=83×96	8099	=89×91
7832	=88×89	7973	=67×119	8100	=54×150=60×135=75×108
7839	=67×117	7975	=55×145		=81×100=90×90

（续）

8103	= 73 × 111
8107	= 67 × 121
8112	= 78 × 104
8113	= 61 × 133
8118	= 66 × 123 = 82 × 99
8120	= 56 × 145 = 58 × 140 = 70 × 116
8122	= 62 × 131
8125	= 65 × 125
8127	= 63 × 129
8128	= 64 × 127
8132	= 76 × 107
8134	= 83 × 98
8136	= 72 × 113
8137	= 79 × 103
8140	= 55 × 148 = 74 × 110
8142	= 59 × 138 = 69 × 118
8148	= 84 × 97
8151	= 57 × 143
8154	= 54 × 151
8160	= 60 × 136 = 68 × 120 = 80 × 102 = 85 × 96
8162	= 77 × 106
8165	= 71 × 115
8170	= 86 × 95
8174	= 61 × 134 = 67 × 122
8175	= 75 × 109
8176	= 56 × 146 = 73 × 112
8178	= 58 × 141 = 87 × 94
8181	= 81 × 101
8184	= 62 × 132 = 66 × 124 = 88 × 93
8188	= 89 × 92
8190	= 63 × 130 = 65 × 126 = 70 × 117 = 78 × 105 = 90 × 91
8192	= 64 × 128
8195	= 55 × 149
8200	= 82 × 100
8201	= 59 × 139
8208	= 57 × 144 = 72 × 114 = 76 × 108
8211	= 69 × 119
8214	= 74 × 111
8216	= 79 × 104
8217	= 83 × 99
8220	= 60 × 137
8228	= 68 × 121
8232	= 56 × 147 = 84 × 98
8235	= 61 × 135
8236	= 58 × 142 = 71 × 116
8239	= 77 × 107
8240	= 80 × 103
8241	= 67 × 123
8245	= 85 × 97
8246	= 62 × 133
8249	= 73 × 113
8250	= 55 × 150 = 66 × 125 = 75 × 110
8253	= 63 × 131
8255	= 65 × 127
8256	= 64 × 129 = 86 × 96
8260	= 59 × 140 = 70 × 118
8262	= 81 × 102
8265	= 57 × 145 = 87 × 95
8268	= 78 × 106
8272	= 88 × 94
8277	= 89 × 93
8280	= 60 × 138 = 69 × 120 = 72 × 115 = 90 × 92
8281	= 91 × 91
8282	= 82 × 101
8284	= 76 × 109
8288	= 56 × 148 = 74 × 112
8294	= 58 × 143
8295	= 79 × 105
8296	= 61 × 136 = 68 × 122
8300	= 83 × 100
8305	= 55 × 151
8307	= 71 × 117
8308	= 62 × 134 = 67 × 124
8316	= 63 × 132 = 66 × 126 = 77 × 108 = 84 × 99
8319	= 59 × 141
8320	= 64 × 130 = 65 × 128 = 80 × 104
8322	= 57 × 146 = 73 × 114
8325	= 75 × 111
8330	= 70 × 119 = 85 × 98
8340	= 60 × 139
8342	= 86 × 97
8343	= 81 × 103
8344	= 56 × 149
8346	= 78 × 107
8349	= 69 × 121
8352	= 58 × 144 = 72 × 116 = 87 × 96
8357	= 61 × 137
8360	= 76 × 110 = 88 × 95
8362	= 74 × 113
8364	= 68 × 123 = 82 × 102
8366	= 89 × 94
8370	= 62 × 135 = 90 × 93
8372	= 91 × 92
8374	= 79 × 106
8375	= 67 × 125
8378	= 59 × 142 = 71 × 118
8379	= 57 × 147 = 63 × 133
8382	= 66 × 127
8383	= 83 × 101
8384	= 64 × 131
8385	= 65 × 129
8393	= 77 × 109
8395	= 73 × 115
8400	= 56 × 150 = 60 × 140 = 70 × 120 = 75 × 112 = 80 × 105 = 84 × 100
8410	= 58 × 145
8415	= 85 × 99
8418	= 61 × 138 = 69 × 122
8424	= 72 × 117 = 78 × 108 = 81 × 104
8428	= 86 × 98
8432	= 62 × 136 = 68 × 124
8436	= 57 × 148 = 74 × 114 = 76 × 111
8437	= 59 × 143
8439	= 87 × 97
8442	= 63 × 134 = 67 × 126
8446	= 82 × 103
8448	= 64 × 132 = 66 × 128 = 88 × 96
8449	= 71 × 119
8450	= 65 × 130
8453	= 79 × 107
8455	= 89 × 95
8456	= 56 × 151
8460	= 60 × 141 = 90 × 94
8463	= 91 × 93
8464	= 92 × 92
8466	= 83 × 102
8468	= 58 × 146 = 73 × 116
8470	= 70 × 121 = 77 × 110
8475	= 75 × 113
8479	= 61 × 139
8480	= 80 × 106
8484	= 84 × 101
8487	= 69 × 123
8493	= 57 × 149
8494	= 62 × 137
8496	= 59 × 144 = 72 × 118
8500	= 68 × 125 = 85 × 100
8502	= 78 × 109
8505	= 63 × 135 = 81 × 105
8509	= 67 × 127

（续）

8510	= 74 × 115
8512	= 64 × 133 = 76 × 112
8514	= 66 × 129 = 86 × 99
8515	= 65 × 131
8520	= 60 × 142 = 71 × 120
8526	= 58 × 147 = 87 × 98
8528	= 82 × 104
8532	= 79 × 108
8536	= 88 × 97
8540	= 61 × 140 = 70 × 122
8541	= 73 × 117
8544	= 89 × 96
8547	= 77 × 111
8549	= 83 × 103
8550	= 57 × 150 = 75 × 114 = 90 × 95
8554	= 91 × 94
8555	= 59 × 145
8556	= 62 × 138 = 69 × 124 = 92 × 93
8560	= 80 × 107
8568	= 63 × 136 = 68 × 126 = 72 × 119
	= 84 × 102
8576	= 64 × 134 = 67 × 128
8580	= 60 × 143 = 65 × 132 = 66 × 130
	= 78 × 110
8584	= 58 × 148 = 74 × 116
8585	= 85 × 101
8586	= 81 × 106
8588	= 76 × 113
8591	= 71 × 121
8600	= 86 × 100
8601	= 61 × 141
8607	= 57 × 151
8610	= 70 × 123 = 82 × 105
8611	= 79 × 109
8613	= 87 × 99
8614	= 59 × 146 = 73 × 118
8618	= 62 × 139
8624	= 77 × 112 = 88 × 98
8625	= 69 × 125 = 75 × 115
8631	= 63 × 137
8632	= 83 × 104
8633	= 89 × 97
8636	= 68 × 127
8640	= 60 × 144 = 64 × 135 = 72 × 120
	= 80 × 108 = 90 × 96
8642	= 58 × 149
8643	= 67 × 129
8645	= 65 × 133 = 91 × 95
8646	= 66 × 131
8648	= 92 × 94
8649	= 93 × 93
8652	= 84 × 103
8658	= 74 × 117 = 78 × 111
8662	= 61 × 142 = 71 × 122
8664	= 76 × 114
8667	= 81 × 107
8670	= 85 × 102
8673	= 59 × 147
8680	= 62 × 140 = 70 × 124
8686	= 86 × 101
8687	= 73 × 119
8690	= 79 × 110
8692	= 82 × 106
8694	= 63 × 138 = 69 × 126
8700	= 58 × 150 = 60 × 145 = 75 × 116
	= 87 × 100
8701	= 77 × 113
8704	= 64 × 136 = 68 × 128
8710	= 65 × 134 = 67 × 130
8712	= 66 × 132 = 72 × 121 = 88 × 99
8715	= 83 × 105
8720	= 80 × 109
8722	= 89 × 98
8723	= 61 × 143
8730	= 90 × 97
8732	= 59 × 148 = 74 × 118
8733	= 71 × 123
8736	= 78 × 112 = 84 × 104 = 91 × 96
8740	= 76 × 115 = 92 × 95
8742	= 62 × 141 = 93 × 94
8748	= 81 × 108
8750	= 70 × 125
8755	= 85 × 103
8757	= 63 × 139
8758	= 58 × 151
8760	= 60 × 146 = 73 × 120
8763	= 69 × 127
8768	= 64 × 137
8769	= 79 × 111
8772	= 68 × 129 = 86 × 102
8774	= 82 × 107
8775	= 65 × 135 = 75 × 117
8777	= 67 × 131
8778	= 66 × 133 = 77 × 114
8784	= 61 × 144 = 72 × 122
8787	= 87 × 101
8791	= 59 × 149
8798	= 83 × 106
8800	= 80 × 110 = 88 × 100
8804	= 62 × 142 = 71 × 124
8806	= 74 × 119
8811	= 89 × 99
8814	= 78 × 113
8816	= 76 × 116
8820	= 60 × 147 = 63 × 140 = 70 × 126
	= 84 × 105 = 90 × 98
8827	= 91 × 97
8829	= 81 × 109
8832	= 64 × 138 = 69 × 128 = 92 × 96
8833	= 73 × 121
8835	= 93 × 95
8836	= 94 × 94
8840	= 65 × 136 = 68 × 130 = 85 × 104
8844	= 66 × 134 = 67 × 132
8845	= 61 × 145
8848	= 79 × 112
8850	= 59 × 150 = 75 × 118
8855	= 77 × 115
8856	= 72 × 123 = 82 × 108
8858	= 86 × 103
8866	= 62 × 143
8874	= 87 × 102
8875	= 71 × 125
8880	= 60 × 148 = 74 × 120 = 80 × 111
8881	= 83 × 107
8883	= 63 × 141
8888	= 88 × 101
8890	= 70 × 127
8892	= 76 × 117 = 78 × 114
8896	= 64 × 139
8900	= 89 × 100
8901	= 69 × 129
8904	= 84 × 106
8905	= 65 × 137
8906	= 61 × 146 = 73 × 122
8908	= 68 × 131
8909	= 59 × 151
8910	= 66 × 135 = 81 × 110 = 90 × 99
8911	= 67 × 133
8918	= 91 × 98
8924	= 92 × 97
8925	= 75 × 119 = 85 × 105
8927	= 79 × 113
8928	= 62 × 144 = 72 × 124 = 93 × 96

（续）

8930	=94 × 95
8932	=77 × 116
8938	=82 × 109
8940	=60 × 149
8944	=86 × 104
8946	=63 × 142 =71 × 126
8954	=74 × 121
8960	=64 × 140 =70 × 128 =80 × 112
8961	=87 × 103
8964	=83 × 108
8967	=61 × 147
8968	=76 × 118
8970	=65 × 138 =69 × 130 =78 × 115
8976	=66 × 136 =68 × 132 =88 × 102
8978	=67 × 134
8979	=73 × 123
8988	=84 × 107
8989	=89 × 101
8990	=62 × 145
8991	=81 × 111
9000	=60 × 150 =72 × 125 =75 × 120
	=90 × 100
9006	=79 × 114
9009	=63 × 143 =77 × 117 =91 × 99
9010	=85 × 106
9016	=92 × 98
9017	=71 × 127
9020	=82 × 110
9021	=93 × 97
9024	=64 × 141 =94 × 96
9025	=95 × 95
9028	=61 × 148 =74 × 122
9030	=70 × 129 =86 × 105
9035	=65 × 139
9039	=69 × 131
9040	=80 × 113
9042	=66 × 137
9044	=68 × 133 =76 × 119
9045	=67 × 135
9047	=83 × 109
9048	=78 × 116 =87 × 104
9052	=62 × 146 =73 × 124
9060	=60 × 151
9064	=88 × 103
9072	=63 × 144 =72 × 126 =81 × 112
	=84 × 108
9075	=75 × 121
9078	=89 × 102
9085	=79 × 115
9086	=77 × 118
9088	=64 × 142 =71 × 128
9089	=61 × 149
9090	=90 × 101
9095	=85 × 107
9100	=65 × 140 =70 × 130 =91 × 100
9102	=74 × 123 =82 × 111
9108	=66 × 138 =69 × 132 =92 × 99
9112	=67 × 136 =68 × 134
9114	=62 × 147 =93 × 98
9116	=86 × 106
9118	=94 × 97
9120	=76 × 120 =80 × 114 =95 × 96
9125	=73 × 125
9126	=78 × 117
9130	=83 × 110
9135	=63 × 145 =87 × 105
9144	=72 × 127
9150	=61 × 150 =75 × 122
9152	=64 × 143 =88 × 104
9153	=81 × 113
9156	=84 × 109
9159	=71 × 129
9163	=77 × 119
9164	=79 × 116
9165	=65 × 141
9167	=89 × 103
9170	=70 × 131
9174	=66 × 139
9176	=62 × 148 =74 × 124
9177	=69 × 133
9179	=67 × 137
9180	=68 × 135 =85 × 108 =90 × 102
9184	=82 × 112
9191	=91 × 101
9196	=76 × 121
9198	=63 × 146 =73 × 126
9200	=80 × 115 =92 × 100
9202	=86 × 107
9204	=78 × 118
9207	=93 × 99
9211	=61 × 151
9212	=94 × 98
9213	=83 × 111
9215	=95 × 97
9216	=64 × 144 =72 × 128 =96 × 96
9222	=87 × 106
9225	=75 × 123
9230	=65 × 142 =71 × 130
9234	=81 × 114
9238	=62 × 149
9240	=66 × 140 =70 × 132 =77 × 120
	=84 × 110 =88 × 105
9243	=79 × 117
9246	=67 × 138 =69 × 134
9248	=68 × 136
9250	=74 × 125
9256	=89 × 104
9261	=63 × 147
9265	=85 × 109
9266	=82 × 113
9270	=90 × 103
9271	=73 × 127
9272	=76 × 122
9280	=64 × 145 =80 × 116
9282	=78 × 119 =91 × 102
9288	=72 × 129 =86 × 108
9292	=92 × 101
9295	=65 × 143
9296	=83 × 112
9300	=62 × 150 =75 × 124 =93 × 100
9301	=71 × 131
9306	=66 × 141 =94 × 99
9309	=87 × 107
9310	=70 × 133 =95 × 98
9312	=96 × 97
9313	=67 × 139
9315	=69 × 135 =81 × 115
9316	=68 × 137
9317	=77 × 121
9322	=79 × 118
9324	=63 × 148 =74 × 126 =84 × 111
9328	=88 × 106
9344	=64 × 146 =73 × 128
9345	=89 × 105
9348	=76 × 123 =82 × 114
9350	=85 × 110
9360	=65 × 144 =72 × 130 =78 × 120
	=80 × 117 =90 × 104
9362	=62 × 151
9372	=66 × 142 =71 × 132
9373	=91 × 103
9374	=86 × 109
9375	=75 × 125
9379	=83 × 113

（续）

9380	=67×140=70×134	9516	=78×122	9664	=64×151
9384	=68×138=69×136=92×102	9520	=68×140=70×136=80×119 =85×112	9672	=78×124=93×104
9387	=63×149			9675	=75×129
9393	=93×101	9522	=69×138	9676	=82×118
9394	=77×122	9523	=89×107	9680	=80×121=88×110
9396	=81×116=87×108	9525	=75×127	9682	=94×103
9398	=74×127	9536	=64×149	9685	=65×149
9400	=94×100	9540	=90×106	9690	=85×114=95×102
9401	=79×119	9545	=83×115	9694	=74×131
9405	=95×99	9546	=74×129=86×111	9696	=96×101
9408	=64×147=84×112=96×98	9548	=77×124	9700	=97×100
9409	=97×97	9555	=65×147=91×105	9701	=89×109
9416	=88×107	9558	=81×118	9702	=66×147=77×126=98×99
9417	=73×129	9559	=79×121	9709	=73×133
9424	=76×124	9563	=73×131	9711	=83×117
9425	=65×145	9568	=92×104	9715	=67×145
9430	=82×115	9570	=66×145=87×110	9717	=79×123
9432	=72×131	9576	=72×133=76×126=84×114	9718	=86×113
9434	=89×106	9579	=93×103	9720	=72×135=81×120=90×108
9435	=85×111	9581	=67×143	9724	=68×143
9438	=66×143=78×121	9585	=71×135	9727	=71×137
9440	=80×118	9588	=68×141=94×102	9728	=76×128
9443	=71×133	9590	=70×137	9729	=69×141
9447	=67×141	9591	=69×139	9730	=70×139
9450	=63×150=70×135=75×126 =90×105	9592	=88×109	9737	=91×107
		9594	=78×123=82×117	9744	=84×116=87×112
9452	=68×139	9595	=95×101	9750	=65×150=75×130=78×125
9453	=69×137	9600	=64×150=75×128=80×120 =96×100	9752	=92×106
9460	=86×110			9758	=82×119
9462	=83×114	9603	=97×99	9760	=80×122
9464	=91×104	9604	=98×98	9765	=93×105
9471	=77×123	9605	=85×113	9768	=66×148=74×132=88×111
9472	=64×148=74×128	9612	=89×108	9775	=85×115
9476	=92×103	9620	=65×148=74×130	9776	=94×104
9477	=81×117	9625	=77×125	9779	=77×127
9480	=79×120	9628	=83×116	9782	=67×146=73×134
9483	=87×109	9630	=90×107	9785	=95×103
9486	=93×102	9632	=86×112	9790	=89×110
9490	=65×146=73×130	9636	=66×146=73×132	9792	=68×144=72×136=96×102
9492	=84×113	9638	=79×122	9794	=83×118
9494	=94×101	9639	=81×119	9796	=79×124
9500	=76×125=95×100	9646	=91×106	9797	=97×101
9504	=66×144=72×132=88×108 =96×99	9648	=67×144=72×134	9798	=69×142=71×138
		9652	=76×127	9800	=70×140=98×100
9506	=97×98	9656	=68×142=71×136	9801	=81×121=99×99
9512	=82×116	9657	=87×111	9804	=76×129=86×114
9513	=63×151	9660	=69×140=70×138 =84×115=92×105	9810	=90×109
9514	=67×142=71×134			9815	=65×151

（续）

9825	= 75 × 131
9828	= 78 × 126 = 84 × 117 = 91 × 108
9831	= 87 × 113
9834	= 66 × 149
9840	= 80 × 123 = 82 × 120
9842	= 74 × 133
9844	= 92 × 107
9849	= 67 × 147
9855	= 73 × 135
9856	= 77 × 128 = 88 × 112
9858	= 93 × 106
9860	= 68 × 145 = 85 × 116
9864	= 72 × 137
9867	= 69 × 143
9869	= 71 × 139
9870	= 70 × 141 = 94 × 105
9875	= 79 × 125
9877	= 83 × 119
9879	= 89 × 111
9880	= 76 × 130 = 95 × 104
9882	= 81 × 122
9888	= 96 × 103
9890	= 86 × 115
9894	= 97 × 102
9898	= 98 × 101
9900	= 66 × 150 = 75 × 132 = 90 × 110 = 99 × 100
9906	= 78 × 127
9912	= 84 × 118
9916	= 67 × 148 = 74 × 134
9918	= 87 × 114
9919	= 91 × 109
9920	= 80 × 124
9922	= 82 × 121
9928	= 68 × 146 = 73 × 136
9933	= 77 × 129
9936	= 69 × 144 = 72 × 138 = 92 × 108
9940	= 70 × 142 = 71 × 140
9944	= 88 × 113
9945	= 85 × 117
9951	= 93 × 107
9954	= 79 × 126
9956	= 76 × 131
9960	= 83 × 120
9963	= 81 × 123
9964	= 94 × 106
9966	= 66 × 151
9968	= 89 × 112
9975	= 75 × 133 = 95 × 105
9976	= 86 × 116
9983	= 67 × 149
9984	= 78 × 128 = 96 × 104
9990	= 74 × 135 = 90 × 111
9991	= 97 × 103
9996	= 68 × 147 = 84 × 119 = 98 × 102
9999	= 99 × 101
10000	= 80 × 125 = 100 × 100
10001	= 73 × 137
10004	= 82 × 122
10005	= 69 × 145 = 87 × 115
10008	= 72 × 139
10010	= 70 × 143 = 77 × 130 = 91 × 110
10011	= 71 × 141
10028	= 92 × 109
10030	= 85 × 118
10032	= 76 × 132 = 88 × 114
10033	= 79 × 127
10043	= 83 × 121
10044	= 81 × 124 = 93 × 108
10050	= 67 × 150 = 75 × 134
10057	= 89 × 113
10058	= 94 × 107
10062	= 78 × 129 = 86 × 117
10064	= 68 × 148 = 74 × 136
10070	= 95 × 106
10074	= 69 × 146 = 73 × 138
10080	= 70 × 144 = 72 × 140 = 80 × 126 = 84 × 120 = 90 × 112 = 96 × 105
10082	= 71 × 142
10086	= 82 × 123
10087	= 77 × 131
10088	= 97 × 104
10092	= 87 × 116
10094	= 98 × 103
10098	= 99 × 102
10100	= 100 × 101
10101	= 91 × 111
10108	= 76 × 133
10112	= 79 × 128
10115	= 85 × 119
10117	= 67 × 151
10120	= 88 × 115 = 92 × 110
10125	= 75 × 135 = 81 × 125
10126	= 83 × 122
10132	= 68 × 149
10137	= 93 × 109
10138	= 74 × 137
10140	= 78 × 130
10143	= 69 × 147
10146	= 89 × 114
10147	= 73 × 139
10148	= 86 × 118
10150	= 70 × 145
10152	= 72 × 141 = 94 × 108
10153	= 71 × 143
10160	= 80 × 127
10164	= 77 × 132 = 84 × 121
10165	= 95 × 107
10168	= 82 × 124
10170	= 90 × 113
10176	= 96 × 106
10179	= 87 × 117
10184	= 76 × 134
10185	= 97 × 105
10191	= 79 × 129
10192	= 91 × 112 = 98 × 104
10197	= 99 × 103
10200	= 68 × 150 = 75 × 136 = 85 × 120 = 100 × 102
10201	= 101 × 101
10206	= 81 × 126
10208	= 88 × 116
10209	= 83 × 123
10212	= 69 × 148 = 74 × 138 = 92 × 111
10218	= 78 × 131
10220	= 70 × 146 = 73 × 140
10224	= 71 × 144 = 72 × 142
10230	= 93 × 110
10234	= 86 × 119
10235	= 89 × 115
10240	= 80 × 128
10241	= 77 × 133
10246	= 94 × 109
10248	= 84 × 122
10250	= 82 × 125
10260	= 76 × 135 = 90 × 114 = 95 × 108
10266	= 87 × 118
10268	= 68 × 151
10270	= 79 × 130
10272	= 96 × 107
10275	= 75 × 137
10281	= 69 × 149
10282	= 97 × 106
10283	= 91 × 113

（续）

10285	=85×121
10286	=74×139
10287	=81×127
10290	=70×147=98×105
10292	=83×124
10293	=73×141
10295	=71×145
10296	=72×143=78×132=88×117=99×104
10300	=100×103
10302	=101×102
10304	=92×112
10318	=77×134
10320	=80×129=86×120
10323	=93×111
10324	=89×116
10332	=82×126=84×123
10336	=76×136
10340	=94×110
10349	=79×131
10350	=69×150=75×138=90×115
10353	=87×119
10355	=95×109
10360	=70×148=74×140
10366	=71×146=73×142
10368	=72×144=81×128=96×108
10370	=85×122
10374	=78×133=91×114
10375	=83×125
10379	=97×107
10384	=88×118
10388	=98×106
10395	=77×135=99×105
10396	=92×113
10400	=80×130=100×104
10403	=101×103
10404	=102×102
10406	=86×121
10412	=76×137
10413	=89×117
10414	=82×127
10416	=84×124=93×112
10419	=69×151
10425	=75×139
10428	=79×132
10430	=70×149
10434	=74×141=94×111
10437	=71×147
10439	=73×143
10440	=72×145=87×120=90×116
10449	=81×129
10450	=95×110
10452	=78×134
10455	=85×123
10458	=83×126
10464	=96×109
10465	=91×115
10472	=77×136=88×119
10476	=97×108
10480	=80×131
10486	=98×107
10488	=76×138=92×114
10492	=86×122
10494	=99×106
10496	=82×128
10500	=70×150=75×140=84×125=100×105
10502	=89×118
10504	=101×104
10506	=102×103
10507	=79×133
10508	=71×148=74×142
10509	=93×113
10512	=72×146=73×144
10527	=87×121
10528	=94×112
10530	=78×135=81×130=90×117
10540	=85×124
10541	=83×127
10545	=95×111
10549	=77×137
10556	=91×116
10560	=80×132=88×120=96×110
10564	=76×139
10570	=70×151
10573	=97×109
10575	=75×141
10578	=82×129=86×123
10579	=71×149
10580	=92×115
10582	=74×143
10584	=72×147=84×126=98×108
10585	=73×145
10586	=79×134
10591	=89×119
10593	=99×107
10600	=100×106
10602	=93×114
10605	=101×105
10608	=78×136=102×104
10609	=103×103
10611	=81×131
10614	=87×122
10620	=90×118
10622	=94×113
10624	=83×128
10625	=85×125
10626	=77×138
10640	=76×140=80×133=95×112
10647	=91×117
10648	=88×121
10650	=71×150=75×142
10656	=72×148=74×144=96×111
10658	=73×146
10660	=82×130
10664	=86×124
10665	=79×135
10668	=84×127
10670	=97×110
10672	=92×116
10680	=89×120
10682	=98×109
10686	=78×137
10692	=81×132=99×108
10695	=93×115
10700	=100×107
10701	=87×123
10703	=77×139
10706	=101×106
10707	=83×129
10710	=85×126=90×119=102×105
10712	=103×104
10716	=76×141=94×114
10720	=80×134
10721	=71×151
10725	=75×143
10728	=72×149
10730	=74×145
10731	=73×147
10735	=95×113
10736	=88×122
10738	=91×118
10742	=82×131

（续）

10744	= 79 × 136
10750	= 86 × 125
10752	= 84 × 128 = 96 × 112
10764	= 78 × 138 = 92 × 117
10767	= 97 × 111
10769	= 89 × 121
10773	= 81 × 133
10780	= 77 × 140 = 98 × 110
10788	= 87 × 124 = 93 × 116
10790	= 83 × 130
10791	= 99 × 109
10792	= 76 × 142
10795	= 85 × 127
10800	= 72 × 150 = 75 × 144 = 80 × 135
	= 90 × 120 = 100 × 108
10804	= 73 × 148 = 74 × 146
10807	= 101 × 107
10810	= 94 × 115
10812	= 102 × 106
10815	= 103 × 105
10816	= 104 × 104
10823	= 79 × 137
10824	= 82 × 132 = 88 × 123
10829	= 91 × 119
10830	= 95 × 114
10836	= 84 × 129 = 86 × 126
10842	= 78 × 139
10848	= 96 × 113
10854	= 81 × 134
10856	= 92 × 118
10857	= 77 × 141
10858	= 89 × 122
10864	= 97 × 112
10868	= 76 × 143
10872	= 72 × 151
10873	= 83 × 131
10875	= 75 × 145 = 87 × 125
10877	= 73 × 149
10878	= 74 × 147 = 98 × 111
10880	= 80 × 136 = 85 × 128
10881	= 93 × 117
10890	= 90 × 121 = 99 × 110
10900	= 100 × 109
10902	= 79 × 138
10904	= 94 × 116
10906	= 82 × 133
10908	= 101 × 108
10912	= 88 × 124
10914	= 102 × 107
10918	= 103 × 106
10920	= 78 × 140 = 84 × 130
	= 91 × 120 = 104 × 105
10922	= 86 × 127
10925	= 95 × 115
10934	= 77 × 142
10935	= 81 × 135
10944	= 76 × 144 = 96 × 114
10947	= 89 × 123
10948	= 92 × 119
10950	= 73 × 150 = 75 × 146
10952	= 74 × 148
10956	= 83 × 132
10960	= 80 × 137
10961	= 97 × 113
10962	= 87 × 126
10965	= 85 × 129
10974	= 93 × 118
10976	= 98 × 112
10980	= 90 × 122
10981	= 79 × 139
10988	= 82 × 134
10989	= 99 × 111
10998	= 78 × 141 = 94 × 117
11000	= 88 × 125 = 100 × 110
11004	= 84 × 131
11008	= 86 × 128
11009	= 101 × 109
11011	= 77 × 143 = 91 × 121
11016	= 81 × 136 = 102 × 108
11020	= 76 × 145 = 95 × 116
11021	= 103 × 107
11023	= 73 × 151
11024	= 104 × 106
11025	= 75 × 147 = 105 × 105
11026	= 74 × 149
11036	= 89 × 124
11039	= 83 × 133
11040	= 80 × 138 = 92 × 120 = 96 × 115
11049	= 87 × 127
11050	= 85 × 130
11058	= 97 × 114
11060	= 79 × 140
11067	= 93 × 119
11070	= 82 × 135 = 90 × 123
11074	= 98 × 113
11076	= 78 × 142
11088	= 77 × 144 = 84 × 132 = 88 × 126
	= 99 × 112
11092	= 94 × 118
11094	= 86 × 129
11096	= 76 × 146
11097	= 81 × 137
11100	= 74 × 150 = 75 × 148
	= 100 × 111
11102	= 91 × 122
11110	= 101 × 110
11115	= 95 × 117
11118	= 102 × 109
11120	= 80 × 139
11122	= 83 × 134
11124	= 103 × 108
11125	= 89 × 125
11128	= 104 × 107
11130	= 105 × 106
11132	= 92 × 121
11135	= 85 × 131
11136	= 87 × 128 = 96 × 116
11139	= 79 × 141
11152	= 82 × 136
11154	= 78 × 143
11155	= 97 × 115
11160	= 90 × 124 = 93 × 120
11165	= 77 × 145
11172	= 76 × 147 = 84 × 133 = 98 × 114
11174	= 74 × 151
11175	= 75 × 149
11176	= 88 × 127
11178	= 81 × 138
11180	= 86 × 130
11186	= 94 × 119
11187	= 99 × 113
11193	= 91 × 123
11200	= 80 × 140 = 100 × 112
11205	= 83 × 135
11210	= 95 × 118
11211	= 101 × 111
11214	= 89 × 126
11218	= 79 × 142
11220	= 85 × 132 = 102 × 110
11223	= 87 × 129
11224	= 92 × 122
11227	= 103 × 109
11232	= 78 × 144 = 96 × 117
	= 104 × 108

（续）

11234	= 82 × 137	11397	= 87 × 131	11556	= 107 × 108
11235	= 105 × 107	11398	= 82 × 139	11557	= 91 × 127
11236	= 106 × 106	11400	= 76 × 150 = 95 × 120	11560	= 85 × 136
11242	= 77 × 146		= 100 × 114	11562	= 82 × 141 = 94 × 123
11248	= 76 × 148	11408	= 92 × 124	11564	= 98 × 118
11250	= 75 × 150 = 90 × 125	11413	= 101 × 113	11570	= 89 × 130
11252	= 97 × 116	11421	= 81 × 141	11571	= 87 × 133
11253	= 93 × 121	11424	= 84 × 136 = 96 × 119	11583	= 81 × 143 = 99 × 117
11256	= 84 × 134		= 102 × 112	11590	= 95 × 122
11259	= 81 × 139	11430	= 90 × 127	11592	= 84 × 138 = 92 × 126
11264	= 88 × 128	11433	= 103 × 111	11600	= 80 × 145 = 100 × 116
11266	= 86 × 131	11438	= 86 × 133	11610	= 86 × 135 = 90 × 129
11270	= 98 × 115	11439	= 93 × 123	11613	= 79 × 147
11280	= 80 × 141 = 94 × 120	11440	= 80 × 143 = 88 × 130	11615	= 101 × 115
11284	= 91 × 124		= 104 × 110	11616	= 88 × 132 = 96 × 121
11286	= 99 × 114	11445	= 105 × 109	11620	= 83 × 140
11288	= 83 × 136	11446	= 97 × 118	11622	= 78 × 149
11297	= 79 × 143	11448	= 106 × 108	11625	= 93 × 125
11300	= 100 × 113	11449	= 107 × 107	11627	= 77 × 151
11303	= 89 × 127	11454	= 83 × 138	11628	= 102 × 114
11305	= 85 × 133 = 95 × 119	11455	= 79 × 145	11639	= 103 × 113
11310	= 78 × 145 = 87 × 130	11466	= 78 × 147 = 91 × 126	11640	= 97 × 120
11312	= 101 × 112		= 98 × 117	11644	= 82 × 142
11316	= 82 × 138 = 92 × 123	11468	= 94 × 122	11645	= 85 × 137
11319	= 77 × 147	11473	= 77 × 149	11648	= 91 × 128 = 104 × 112
11322	= 102 × 111	11475	= 85 × 135	11655	= 105 × 111
11324	= 76 × 149	11476	= 76 × 151	11656	= 94 × 124
11325	= 75 × 151	11480	= 82 × 140	11658	= 87 × 134
11328	= 96 × 118	11481	= 89 × 129	11659	= 89 × 131
11330	= 103 × 110	11484	= 87 × 132 = 99 × 116	11660	= 106 × 110
11336	= 104 × 109	11495	= 95 × 121	11662	= 98 × 119
11340	= 81 × 140 = 84 × 135 = 90 × 126	11500	= 92 × 125 = 100 × 115	11663	= 107 × 109
	= 105 × 108	11502	= 81 × 142	11664	= 81 × 144 = 108 × 108
11342	= 106 × 107	11508	= 84 × 137	11676	= 84 × 139
11346	= 93 × 122	11514	= 101 × 114	11680	= 80 × 146
11349	= 97 × 117	11520	= 80 × 144 = 90 × 128	11682	= 99 × 118
11352	= 86 × 132 = 88 × 129		= 96 × 120	11684	= 92 × 127
11360	= 80 × 142	11524	= 86 × 134	11685	= 95 × 123
11368	= 98 × 116	11526	= 102 × 113	11692	= 79 × 148
11371	= 83 × 137	11528	= 88 × 131	11696	= 86 × 136
11374	= 94 × 121	11532	= 93 × 124	11700	= 78 × 150 = 90 × 130
11375	= 91 × 125	11534	= 79 × 146		= 100 × 117
11376	= 79 × 144	11536	= 103 × 112	11703	= 83 × 141
11385	= 99 × 115	11537	= 83 × 139	11704	= 88 × 133
11388	= 78 × 146	11543	= 97 × 119	11712	= 96 × 122
11390	= 85 × 134	11544	= 78 × 148 = 104 × 111	11716	= 101 × 116
11392	= 89 × 128	11550	= 77 × 150 = 105 × 110	11718	= 93 × 126
11396	= 77 × 148	11554	= 106 × 109	11726	= 82 × 143

（续）

11730	=85×138=102×115	11900	=85×140=100×119	12070	=85×142
11737	=97×121	11904	=93×128=96×124	12075	=105×115
11739	=91×129	11907	=81×147	12078	=99×122
11742	=103×114	11918	=101×118	12080	=80×151
11745	=81×145=87×135	11919	=87×137	12084	=106×114
11748	=89×132	11920	=80×149	12090	=93×130
11750	=94×125	11921	=91×131	12091	=107×113
11752	=104×113	11926	=89×134	12093	=87×139
11760	=80×147=84×140=98×120	11928	=84×142	12096	=84×144=96×126
	=105×112	11929	=79×151		=108×112
11766	=106×111	11931	=97×123	12099	=109×111
11770	=107×110	11934	=102×117	12100	=100×121=110×110
11771	=79×149	11938	=94×127	12103	=91×133
11772	=108×109	11948	=103×116	12104	=89×136
11776	=92×128	11952	=83×144	12118	=83×146
11778	=78×151	11954	=86×139	12120	=101×120
11780	=95×124	11956	=98×122	12125	=97×125
11781	=99×119	11960	=92×130=104×115	12126	=86×141=94×129
11782	=86×137	11968	=88×136	12136	=82×148
11786	=83×142	11970	=90×133=95×126	12138	=102×119
11790	=90×131		=105×114	12144	=88×138=92×132
11792	=88×134	11972	=82×146	12150	=81×150=90×135
11800	=100×118	11978	=106×113	12152	=98×124
11808	=82×144=96×123	11979	=99×121	12154	=103×118
11811	=93×127	11984	=107×112	12155	=85×143
11815	=85×139	11985	=85×141	12160	=95×128
11817	=101×117	11988	=81×148=108×111	12168	=104×117
11826	=81×146	11990	=109×110	12177	=99×123
11830	=91×130	11997	=93×129	12180	=84×145=87×140
11832	=87×136=102×116	12000	=80×150=96×125		=105×116
11834	=97×122		=100×120	12183	=93×131
11837	=89×133	12006	=87×138	12190	=106×115
11840	=80×148	12012	=84×143=91×132	12192	=96×127
11844	=84×141=94×126	12015	=89×135	12193	=89×137
11845	=103×115	12019	=101×119	12194	=91×134
11850	=79×150	12028	=97×124	12198	=107×114
11856	=104×114	12032	=94×128	12200	=100×122
11858	=98×121	12035	=83×145	12201	=83×147
11865	=105×113	12036	=102×118	12204	=108×113
11868	=86×138=92×129	12040	=86×140	12208	=109×112
11869	=83×143	12051	=103×117	12210	=110×111
11872	=106×112	12052	=92×131	12212	=86×142
11875	=95×125	12054	=82×147=98×123	12218	=82×149
11877	=107×111	12056	=88×137	12220	=94×130
11880	=88×135=90×132=99×120	12060	=90×134	12221	=101×121
	=108×110	12064	=104×116	12222	=97×126
11881	=109×109	12065	=95×127	12231	=81×151
11890	=82×145	12069	=81×149	12232	=88×139

（续）

12236	= 92 × 133
12240	= 85 × 144 = 90 × 136
	= 102 × 120
12250	= 98 × 125
12255	= 95 × 129
12257	= 103 × 119
12264	= 84 × 146
12267	= 87 × 141
12272	= 104 × 118
12276	= 93 × 132 = 99 × 124
12282	= 89 × 138
12284	= 83 × 148
12285	= 91 × 135 = 105 × 117
12288	= 96 × 128
12296	= 106 × 116
12298	= 86 × 143
12300	= 82 × 150 = 100 × 123
12305	= 107 × 115
12312	= 108 × 114
12314	= 94 × 131
12317	= 109 × 113
12319	= 97 × 127
12320	= 88 × 140 = 110 × 112
12321	= 111 × 111
12322	= 101 × 122
12325	= 85 × 145
12328	= 92 × 134
12330	= 90 × 137
12342	= 102 × 121
12348	= 84 × 147 = 98 × 126
12350	= 95 × 130
12354	= 87 × 142
12360	= 103 × 120
12367	= 83 × 149
12369	= 93 × 133
12371	= 89 × 139
12375	= 99 × 125
12376	= 91 × 136 = 104 × 119
12382	= 82 × 151
12384	= 86 × 144 = 96 × 129
12390	= 105 × 118
12400	= 100 × 124
12402	= 106 × 117
12408	= 88 × 141 = 94 × 132
12410	= 85 × 146
12412	= 107 × 116
12416	= 97 × 128
12420	= 90 × 138 = 92 × 135 = 108 × 115
12423	= 101 × 123
12426	= 109 × 114
12430	= 110 × 113
12432	= 84 × 148 = 111 × 112
12441	= 87 × 143
12444	= 102 × 122
12445	= 95 × 131
12446	= 98 × 127
12450	= 83 × 150
12460	= 89 × 140
12462	= 93 × 134
12463	= 103 × 121
12467	= 91 × 137
12470	= 86 × 145
12474	= 99 × 126
12480	= 96 × 130 = 104 × 120
12495	= 85 × 147 = 105 × 119
12496	= 88 × 142
12500	= 100 × 125
12502	= 94 × 133
12508	= 106 × 118
12510	= 90 × 139
12512	= 92 × 136
12513	= 97 × 129
12516	= 84 × 149
12519	= 107 × 117
12524	= 101 × 124
12528	= 87 × 144 = 108 × 116
12533	= 83 × 151
12535	= 109 × 115
12540	= 95 × 132 = 110 × 114
12543	= 111 × 113
12544	= 98 × 128 = 112 × 112
12546	= 102 × 123
12549	= 89 × 141
12555	= 93 × 135
12556	= 86 × 146
12558	= 91 × 138
12566	= 103 × 122
12573	= 99 × 127
12576	= 96 × 131
12580	= 85 × 148
12584	= 88 × 143 = 104 × 121
12596	= 94 × 134
12600	= 84 × 150 = 90 × 140
	= 100 × 126 = 105 × 120
12604	= 92 × 137
12610	= 97 × 130
12614	= 106 × 119
12615	= 87 × 145
12625	= 101 × 125
12626	= 107 × 118
12635	= 95 × 133
12636	= 108 × 117
12638	= 89 × 142
12642	= 86 × 147 = 98 × 129
12644	= 109 × 116
12648	= 93 × 136 = 102 × 124
12649	= 91 × 139
12650	= 110 × 115
12654	= 111 × 114
12656	= 112 × 113
12665	= 85 × 149
12669	= 103 × 123
12672	= 88 × 144 = 96 × 132 = 99 × 128
12684	= 84 × 151
12688	= 104 × 122
12690	= 90 × 141 = 94 × 135
12696	= 92 × 138
12700	= 100 × 127
12702	= 87 × 146
12705	= 105 × 121
12707	= 97 × 131
12720	= 106 × 120
12726	= 101 × 126
12727	= 89 × 143
12728	= 86 × 148
12730	= 95 × 134
12733	= 107 × 119
12740	= 91 × 140 = 98 × 130
12741	= 93 × 137
12744	= 108 × 118
12750	= 85 × 150 = 102 × 125
12753	= 109 × 117
12760	= 88 × 145 = 110 × 116
12765	= 111 × 115
12768	= 96 × 133 = 112 × 114
12769	= 113 × 113
12771	= 99 × 129
12772	= 103 × 124
12780	= 90 × 142
12784	= 94 × 136
12788	= 92 × 139
12789	= 87 × 147
12792	= 104 × 123
12800	= 100 × 128

（续）

12804	= 97 × 132
12810	= 105 × 122
12814	= 86 × 149
12816	= 89 × 144
12825	= 95 × 135
12826	= 106 × 121
12827	= 101 × 127
12831	= 91 × 141
12834	= 93 × 138
12835	= 85 × 151
12838	= 98 × 131
12840	= 107 × 120
12848	= 88 × 146
12852	= 102 × 126 = 108 × 119
12862	= 109 × 118
12864	= 96 × 134
12870	= 90 × 143 = 99 × 130 = 110 × 117
12875	= 103 × 125
12876	= 87 × 148 = 111 × 116
12878	= 94 × 137
12880	= 92 × 140 = 112 × 115
12882	= 113 × 114
12896	= 104 × 124
12900	= 86 × 150 = 100 × 129
12901	= 97 × 133
12905	= 89 × 145
12915	= 105 × 123
12920	= 95 × 136
12922	= 91 × 142
12927	= 93 × 139
12928	= 101 × 128
12932	= 106 × 122
12936	= 88 × 147 = 98 × 132
12947	= 107 × 121
12954	= 102 × 127
12960	= 90 × 144 = 96 × 135 = 108 × 120
12963	= 87 × 149
12969	= 99 × 131
12971	= 109 × 119
12972	= 92 × 141 = 94 × 138
12978	= 103 × 126
12980	= 110 × 118
12986	= 86 × 151
12987	= 111 × 117
12992	= 112 × 116
12994	= 89 × 146
12995	= 113 × 115
12996	= 114 × 114
12998	= 97 × 134
13000	= 100 × 130 = 104 × 125
13013	= 91 × 143
13015	= 95 × 137
13020	= 93 × 140 = 105 × 124
13024	= 88 × 148
13029	= 101 × 129
13034	= 98 × 133
13038	= 106 × 123
13050	= 87 × 150 = 90 × 145
13054	= 107 × 122
13056	= 96 × 136 = 102 × 128
13064	= 92 × 142
13066	= 94 × 139
13068	= 99 × 132 = 108 × 121
13080	= 109 × 120
13081	= 103 × 127
13083	= 89 × 147
13090	= 110 × 119
13095	= 97 × 135
13098	= 111 × 118
13100	= 100 × 131
13104	= 91 × 144 = 104 × 126 = 112 × 117
13108	= 113 × 116
13110	= 95 × 138 = 114 × 115
13112	= 88 × 149
13113	= 93 × 141
13125	= 105 × 125
13130	= 101 × 130
13132	= 98 × 134
13137	= 87 × 151
13140	= 90 × 146
13144	= 106 × 124
13152	= 96 × 137
13156	= 92 × 143
13158	= 102 × 129
13160	= 94 × 140
13161	= 107 × 123
13167	= 99 × 133
13172	= 89 × 148
13176	= 108 × 122
13184	= 103 × 128
13189	= 109 × 121
13192	= 97 × 136
13195	= 91 × 145
13200	= 88 × 150 = 100 × 132 = 110 × 120

注：最大因子为 151。

例：Y38 滚齿机用单头滚刀加工一批螺旋角为 $\beta = 9°22'$ 的斜齿轮，齿轮法向模数 m_n 分别为 5、4、3、2.5mm，用因素分解方法求滚齿差动挂轮，要求误差不大于 5×10^{-5}。

解：Y38 滚齿机差动挂轮计算式为

$$i_2 = \frac{25\sin\beta}{\pi m_n z_0} = \frac{7.95774715\sin\beta}{m_n z_0}$$

单头滚刀加工 $z_0 = 1$。

差动挂轮比：

$$i_2 = \frac{7.95774715 \times \sin 9°22'}{m_n} = \frac{1.29513903}{m_n} = \frac{a_2 \times c_2}{b_2 \times d_2}$$

各模数差动挂轮：

$$i_{2(m_n=5)} = \frac{1.29513903}{5} = 0.259027806 = \frac{2590.279806}{10000} \approx \frac{2590}{10000}$$

$$= 0.259 \quad（误差 -2.78 \times 10^{-5}）$$

$$= \frac{37 \times 70}{100 \times 100} = \frac{35 \times 37}{50 \times 100}$$

验算 $a_2+b_2-c_2=35+50-37>20$

$c_2+d_2-b_2=37+100-50>20$

$a_2+b_2=37+50>72$

$118<a_2+b_2+c_2+d_2=37+50+35+100=222<274$

因此方案可行（下同）。

$$i_{2(m_n=4)}=\frac{1.29513903}{4}=0.323784757=0.35\times\frac{925.099305}{1000}\approx\frac{35}{100}\times\frac{925}{1000}$$

$$=0.32375\quad(误差\ -3.48\times10^{-5})$$

$$=\frac{35}{100}\times\frac{25\times37}{25\times40}=\frac{35\times37}{40\times100}$$

$$i_{2(m_n=3)}=\frac{1.29513903}{3}=0.431713009=\frac{4300}{9960.32065}\approx\frac{4300}{9960}$$

$$=0.431726907\quad(误差\ 1.39\times10^{-5})$$

$$=\frac{43\times100}{83\times120}=\frac{43\times50}{60\times83}$$

$$i_{2(m_n=2.5)}=\frac{1.29513903}{2.5}=0.518055611=\frac{50}{97}\times\frac{1005.027886}{1000}\approx\frac{50}{97}\times\frac{1005}{20\times50}$$

$$=0.518041237\quad(误差\ -1.44\times10^{-5})$$

$$=\frac{50}{97}\times\frac{15\times67}{20\times50}=\frac{45\times67}{60\times97}$$

即 m_n 分别为5、4、3、2.5mm时的差动挂轮分别为

$$\frac{a_2\times c_2}{b_2\times d_2}=\left.\frac{35\times37}{50\times100}\right|_{m_n=5}、\left.\frac{35\times37}{40\times100}\right|_{m_n=4}、\left.\frac{43\times50}{60\times83}\right|_{m_n=3}、\left.\frac{45\times67}{60\times97}\right|_{m_n=2.5}$$

挂轮比误差均不大于 5×10^{-5}。

与查表法的比较：

直接查表法结果汇总

模数	计算值	查表比值	分数	A	B	C	D	误差
5	0.259027805	0.2590267	165/637	30	65	55	98	-1.1×10^{-6}
4	0.323784757	0.3237854	2046/6319	33	71	62	89	6.5×10^{-7}
3	0.431713009	0.4317269	215/498	43	60	50	83	1.4×10^{-5}
2.5	0.518055611	0.5180451	689/1330	53	70	65	95	-1.0×10^{-5}

因素分解计算法结果汇总

模数	计算值	实际比值	分数	A	B	C	D	误差
5	0.259027805	0.2590000	259/1000	35	50	37	100	-2.8×10^{-5}
4	0.323784757	0.3237500	259/800	35	40	37	100	-3.5×10^{-5}
3	0.431713009	0.4317269	215/498	43	60	50	83	1.4×10^{-5}
2.5	0.518055611	0.5180412	201/388	45	60	67	97	-1.4×10^{-5}

直接查表法误差 $6.5\times10^{-7}\sim1.4\times10^{-5}$，最大误差小于 2×10^{-5}，挂轮齿数15个（30、33、43、50、53、55、60、62、65、70、71、83、89、95、98），全部为41系列常用齿数。

因素分解法误差 $1.4\times10^{-5}\sim2.8\times10^{-5}$，最大误差小于 3×10^{-5}，涉及挂轮齿数11个（35、37、40、43、45、50、60、67、83、97、100），全部为41系列常用齿数。

由上可知，因素分解法得到的挂轮组精度与查表法近似。有些挂轮组数据可能是一致的（例子中第三组数据是相同的，第一组、第四组数据在通用挂轮表中均能查到）。其所涉及的挂轮齿数不见得会比查表法更多。因素分解法的缺点是计算的工作量较大一些，有时需要进行多次试算。

附录 C　企业介绍

中信重工机械股份有限公司

中信重工机械股份有限公司原名洛阳矿山机器厂，于国家“一五”期间兴建。1993 年并入中国中信集团公司，更名为中信重型机械公司。2008 年元月，改制成立中信重工机械股份有限公司（简称中信重工）。2012 年 7 月，沪市 A 股上市（中信重工 601608）。

中信重工是中国最大的重型机械制造企业之一，是中国最大的矿山机器制造企业，中国低速重载齿轮加工基地，中国大型铸锻和热处理中心，国家级理化检验认可单位和国家一级计量企业。通过 ISO9001 国际质量认证、军品质量认证和环境职业健康及安全管理体系认证，是国家首批确定的 50 家国际化经营企业之一。中信重工“洛矿”牌大型球磨机、大型减速机、大型辊压机、大型水泥回转窑四项产品荣获中国名牌称号。

中信重工拥有首批认定的国家级企业技术中心，2011 年度位列全国国家级技术中心第 3 位。所属的洛阳矿山机械工程设计研究院，是国内最大的矿山机械综合性技术开发研究机构，具有甲级机械工程设计和工程总承包资质。拥有国家重点实验室——矿山重型装备实验室。众多科研成果填补国内空白，达到国际先进水平。

中信重工可为矿山、冶金、有色、建材、电力、化工、环保和其他基础工业领域提供成套重大技术装备、工程成套服务。产品遍及国内各地，远销欧、美、澳等国际市场。

中信重工生产自主配套齿轮产品及各类大型齿轮产品。特大型硬齿面齿轮及开式齿轮的制造能力享誉国内外。先后从德国 RENK、丹麦 F. L. SMIDTH、法国 CITROEN 等公司引进了多种减速器的设计制造等成套技术。在多年来消化吸取国外先进技术的基础上，于 20 世纪 80 年代初在国内率先推出了大功率硬齿面行星齿轮减速器，先后设计开发了 ZZ、ZJ、MZL 等 10 余个系列硬齿面减速器，已生产各种中大型硬齿面齿轮箱 20000 余台，最大功率超过 10MW。多种齿轮产品填补国内空白，获国家及省部科技奖。

中信重工主要齿轮产品

（1）建材行业　MZL 系列（2500 ~ 6000kW 立磨用），JGF、MGF 系列（2000 ~ 5000kW 水泥磨中心传动）、MB 系列（2500 ~ 12000kW 水泥磨多点啮合边缘传动）、ZJ 系列（630 ~ 2500kW 磨机用行星减速机）、JPT 系列（200 ~ 2500kW 通用系列）等。

（2）冶金行业　各类棒、线、管、板主轧线及精整线传动齿轮箱，大型管棒材穿拔设备配套齿轮箱，大型转炉倾动装置，连铸、混料机减速机等。

（3）矿山、提升机配套产品　矿山采运减速机——PY 系列、YZ 系列等；矿山大型磨机减速机——PH 系列等（3000 ~ 12000kW）；矿井提升机减速机——ZZ 系列、ZK 系列、P2H 系列等。

（4）电力设备配套产品　火电厂中速磨煤机配套减速机系列——ZSJ（KV）系列（锥-平行轴传动）、MZL 系列（锥-行星传动）等；水轮发电机配套行星增速器 ZZDT 系列。

（5）轻工行业　榨糖设备配套主要产品系列有 TB 系列、TC 系列、TD 系列、ZT 系列（行星）、TGF 系列（中心传动）等。

地址：河南省洛阳市建设路 206 号　　邮编：471039
电话：（0379）64088888　　传真：（0379）64214680

网址：www. citichmc. com　　E－mail：citic_ hic@ citic. com

洛阳祥泽铸锻设备有限公司

洛阳祥泽铸锻设备有限公司位于河南省洛阳市孟津麻屯镇水泉，办事处设在涧西区建设路182号院。是一家集科研开发、产品设计、生产制造、安装调试、售后技术服务为一体的股份制公司。

公司具有大型铸锻件开发、设计、制造的能力。在经营管理和全面的技术开发及质量控制体系方面有着坚实的基础，并通过ISO 9001：2000认证。

公司在齿轮及齿轮加工设备、齿轮轴、曲轴、矿山冶金设备、挖掘设备配件、锻压设备，风、火、电等零部件的制造上均具有丰富的经验。我公司生产的产品广泛应用于冶金、矿山及水、火、风电等行业。

近期科技研发的项目如下：ϕ2. 3m弧齿磨齿机新技术研制。YK73600数控铣、磨齿一体机高新技术研制。轴承滚子高精度磨削技术及数控磨削机床研制。电渣重熔炉再生能源利用的项目开发等。

YK21200数控弧齿开槽、伞齿开槽及精铣机床是公司独创的新型高效齿轮加工设备，主要用于大型弧齿锥齿轮的粗开槽加工，以及直齿伞齿的开槽、精加工。该项技术已获国家实用新型专利（指状铣刀式螺旋锥齿轮加工装置，专利号：200820148311. 2）和发明专利（已公布，申请号：200810140883. 0）。

YK73600数控铣、磨齿一体机专用于铣削和磨削加工大型渐开线内外圆柱齿轮。控制系统采用美国GALIL公司的八轴智能运动控制单元和自行研发的数控铣齿-磨齿软件，在铣齿、磨齿过程中采用全闭环控制，实现了高精度加工。

地址：洛阳市建设路182号院内2038室　　邮编：471000
电话：0379－64969158　　传真：0379－64975086
网址：www. xiangze. cn　　E－mail：Lyxz@ yahoo. cn
联系人：张二牛　13703794783

祥泽公司研制的齿轮装备主要技术参数概览

YK21200数控弧齿、伞齿铣齿机

序号	项目名称	单位	数　值
1	最大加工齿轮直径	mm	ϕ2500
2	最大齿轮模数	mm	不限制
3	最大工件重量	kg	4500
4	最大加工齿宽	mm	弧齿锥齿轮：400 直斜伞齿及圆柱齿轮：800 圆柱人字齿：600
5	机床轮廓(长×宽×高)	mm	6500×2300×2600
6	机床净重	kg	22500

YK73600机床铣内齿示意图

YK73600数控铣、磨齿一体机

序号	项目名称	单位	数　值
1	加工齿轮最大直径	mm	铣、磨外齿：ϕ6000 磨内齿：　ϕ7000 铣内齿：　ϕ7500
2	工件最小齿顶直径	mm	1600
3	最大齿轮模数	mm	铣齿：40（内齿36） 磨齿：36（内齿30）
4	工件齿数		不限制
5	工件螺旋角		外齿：±45° 内齿：±25°
6	最大加工齿宽	mm	铣齿：700（内齿500） 磨齿：500
7	铣刀盘直径	mm	ϕ420
8	磨削砂轮(直径×厚度)	mm	ϕ400×100
9	工作台直径	mm	3000
10	工作台承重	kg	50000
11	机床轮廓(长×宽×高)	mm	12000×7000×5500
12	机床净重	kg	112500

洛阳市永基重载齿轮有限公司

洛阳市永基重载齿轮有限公司是一家从事中大型重载齿轮、减速机、联轴器及黑色、有色金属轧制设备生产加工的民营企业。已于2005年通过了ISO 9001：2000质量体系认证。公司占地面积20000m^2，拥有标准厂房9000m^2，办公及员工宿舍4000m^2，现有职工130余人，其中高、中级工程技术及管理人员20余人。现拥有各类滚齿机11台，可加工M1.5～M40，直径4000mm以内的直、斜齿轮；德国耐尔斯磨齿机5台，可加工M3～M34，直径2500mm以内的直、斜齿轮；插齿机5台，可加工M1.5～M16，内径1800mm以内的直齿轮；万能磨床3台，最大加工直径800mm，长度5000 mm；德国产1200齿轮综合检测仪1台。拥有ϕ200mm落地镗铣床2台、100t双梁起重机2台。还拥有ϕ130镗床、1250mm插床、1.25m×4m龙门铣、ϕ1.6～3.5m立车等相关配套设备140余台（套）。所有这些，都为实现设备系列配套、产品多元化，为企业发展，提高产品质量，提高劳动效率，奠定了强有力的物质基础。

近年来，公司依据自身的综合实力，在有关部门的支持下，实现了中国民营金属轧制行业制造的多个第一。凭借产品质量优，产品价格优，生产周期短，售后服务完善，赢得了社会各界用户的赞誉。

展望未来，我们将在“团结务实、诚信创新、精心制造、质量为本、周到服务、持续改进”的企业方针指引下，诚招国内外八方宾朋，共创美好明天，为壮大县域经济实力做出新的贡献。

永基重载齿轮有限公司金属轧制生产线设备部分业绩图例

图①

图②

图③

注：图①为武安红日集团3200宽厚板热轧机；图②为河南万达铝业有限公司铝板轧机；图③、图④为20辊1400钢板冷轧机；图⑤为4300轧机用换辊减速器牵引装置

图⑤

图④

地址：河南省洛阳市、洛新工业园（谷水西4km）
电话：0379－67312790（总机）、67312638（经营部）
联系人：刘汉宗　13837995565　刘立亭 13603968669
传真：0379－67312792　　邮箱：lyyjcl@126.com
网址：www.lyyjcl.com

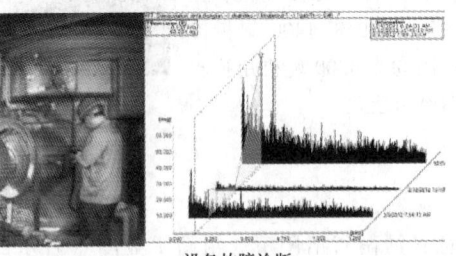

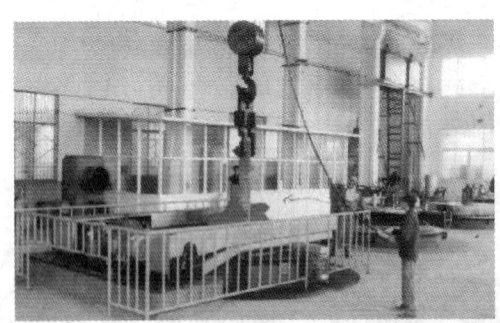

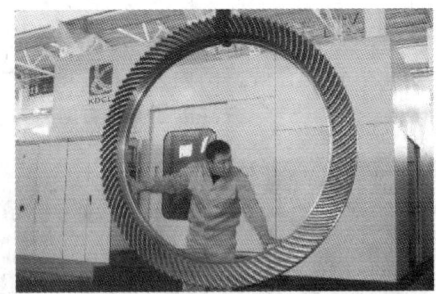

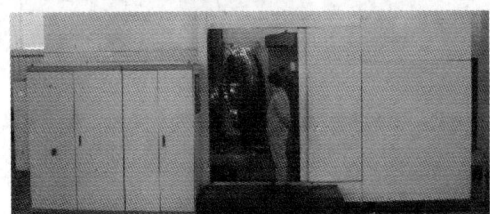

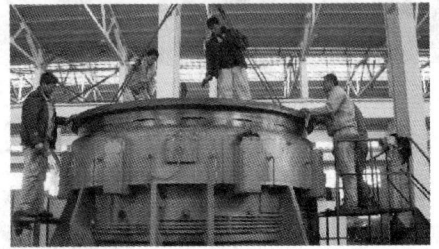

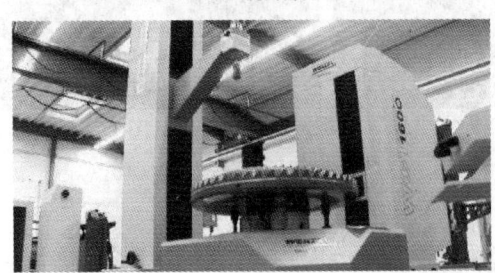

附录 D　产品介绍

YK73600 数控铣、磨齿一体机

本机床专用于铣削和磨削加工渐开线内外圆柱齿轮。渐开线齿轮在机械传动机构中是非常重要的零部件，其传统的加工方法包括展成法和成形法，其中大多数的加工机床以展成法为主。随着数控技术的发展，在机床中应用直线和圆光栅，提高机床的运动精度，使以前用于粗加工的铣刀盘完全可以用于精加工内外齿轮。本机床设计成铣削和磨削一体机，就是考虑到在成型加工中工作台的分度都采用单分度法，两种加工可以共用一个工作台，最大限度降低用户的设备成本。本机床的一些机构特点见下文。

机床内齿铣齿

X/Y 进给床身

床身调整垫铁间距短，刚性强，床身精度不易变化。伺服电动机驱动高刚性精密滚珠丝杠，用于驱动立柱大拖板（X 轴），大拖板运动方向配置了高精度光栅，在齿轮磨削时控制砂轮向上返程时沿 X 轴运动让刀的精度。立柱横向拖板（Y 轴）也采用了伺服电动机驱动滚珠丝杠方案，配备直线光栅反馈，一个作用是用于调整铣刀盘回转中心与工作台回转中心的准确对位，另一个是用于铣削斜齿轮时和回转台的联动控制。

回转台

工件回转台采用了伺服电动机双蜗杆驱动的技术，消除了蜗轮蜗杆反向间隙，提高了驱动精度；为提高承载能力，回转台采用液压卸荷技术，并应用公司自行研发的双光栅测量插补分度技术和可变阻尼驱动技术，大大提高了工作台的刚性、回转精度和分齿精度。

铣齿-磨齿双头架回转

铣齿和磨齿用两个头架安放在立柱上，头架回转及定位采用了公司研发的伺服电动机驱动180°模糊转位、精确定位和液压夹紧技术，实现了高可靠性铣齿-磨齿双头架交换，两套刀架的驱动机构相互独立，以实现不同的铣削、磨削加工。

铣齿头架

铣齿采用盘刀镶硬质合金刀片干式切削，效率高、污染小；铣削直齿时立柱导轨被液压机构锁紧，工件回转台在完成分度后也由液压机构锁紧，只有刀盘上下运动，可实现大进给量高效铣削加工；铣削斜齿时由工作台回转、刀盘上下联动完成加工，实现了齿轮粗铣开槽、精铣成型的大功率、高效率粗、精铣加工。

刀盘上下铣削运动采用了公司研发的高精度数字油缸双伺服电动机驱动技术，既完成了铣削运动又实现了刀架的配重。

铣刀盘架采用了自行设计的双刀盘结构，铣削内、外齿轮时只要把刀盘安装在内、外不同的位置，即可实现内、外齿的加工。

铣齿头架进给、回转机构

铣齿头架上下运动的固定导轨采用镶钢导轨，运动部件装配有进口高精度、重载滚动块；双数字油缸同步伺服驱动，既完成了重载荷切削，又实现了运动部件的配重。铣齿头架的螺旋角度回转采用伺服电动机驱动齿轮齿条机构，转到斜齿轮螺旋角后液压夹紧，具有控制方便、精度高、刚性高的特点。

磨齿头架

磨齿主轴电动机经同步带轮及后续传动，把动力传递到砂轮，保证了传动的平稳和精度，使头架实现正反向变速旋转；砂轮主轴及传动轴均采用高精度轴承多点支撑方式，既增加了刚性、又方便砂轮更换，可以完成单齿面或双齿面磨削。

砂轮头架采用了多重机械密封和接触式密封防护措施，防止切削液进入轴承、回转件内，以保证头架的使用寿命和精度。

砂轮可以使用高性能的 CBN 砂轮和一般普通砂轮，使用砂轮类型的不同主要会影响到修砂轮的频率。

砂轮头架润滑系统选用了稀油泵，可实现自动定时或连续给油。

砂轮磨削时采用高压大流量冷却装置，以防止和降低磨削时烧伤工件的事故发生。

磨齿头架进给、和回转机构

磨架进给机构采用单层整体结构，具有很高的刚性，磨架上下运动导轨为高精度滚动导轨，磨架进给机构由带减速装置的伺服电动机和经过精确预拉伸的精密滚珠丝杆副组成，具有很高的进给精度和灵敏度。

磨架上下运动侧安装了高精度光栅，在磨削斜齿轮时用光栅和工件回转台的联动控制齿轮的成形。

磨架在磨削斜齿轮和砂轮修型时都要绕自身轴线回转，此处采用了伺服电动机经减速器带动蜗轮蜗杆驱动磨架回转的控制模式，磨架回转使用了光栅控制，在砂轮修型和磨削斜齿轮时实现了很高的运动精度。

磨齿头架设计成背架式结构，磨削内、外齿轮时只要把背架转换 180°即可，其他机构一概不动，内外磨削齿加工转换方便快捷，定位准确且刚性好。

砂轮修型机构

砂轮修型采用金刚轮修整模式，砂轮架沿自身轴线高速回转，金刚轮上下运动，即可准确实现砂轮的成形修型过程。修型完成后砂轮架由液压油缸锁紧在定位盘架上，保证了磨削过程的位置度和刚性。

金刚轮主轴电动机选用大扭矩高速电动机，可以方便地调整速度，以应对于不同直径、不同材料的砂轮修型。金刚轮上下运动采用滚珠丝杠和滚动导轨，伺服电动机驱动的模式，可以设定砂轮修整周期。

金刚轮修型运动装有高精度光栅，在修型过程中与砂轮头架的回转光栅联动控制砂轮的修型。

伺服电动机及其控制系统

机床所有伺服电动机全部采用日本安川全数字交流伺服电动机，精度高、输出扭矩大，可靠性好。

机床主轴电动机采用了交流主轴变频电动机，功率大，变速精确，方便。

控制系统采用美国 GALIL 公司的多轴八轴智能运动控制单元和自行研发的数控铣齿 - 磨齿软件，在铣齿、磨齿过程中全闭环控制，实现了高精度加工。

系统采用 15 寸液晶显示器，软件编制了良好的人机交互界面，操作简单，编程方便；加工过程参数显示清楚，实时记录日期和加工工时，方便了生产管理。对于故障点带有自诊断功能，可以在技术维修服务人员没有到位的情况下，自行解决一些小的故障现象。

液压控制系统

液压系统使用国际上通用的名牌产品，磨齿冷却系统采用强力冷却方式，所选器件均采用国内外名牌产品。润滑系统采用国内名牌产品，根据部件运动要求控制间歇式润滑和连续润滑。

测量架系统（X1 轴，选配）

测量臂导轨采用进口直线导轨，由交流伺服电动机直接驱动滚珠丝杆前后运动与回转台转动联动，实现测量架的闭环位置控制。测量架采用直线导轨和滚珠丝杆传动，具有运动平稳、传动精度高、灵敏性好、定位准确等优点，从而大大提高测量系统的测量精度。

测量头装置采用英国雷尼绍（Renishaw）公司的精密测量系统，测量参数经软件解析，转换为砂轮修型和运动控制参数，以实现高精度的磨削和检测。此项是选配件，对要求磨削精度高的用户使用。

测量装置可以完成齿形误差、齿向误差、周节误差、齿厚误差等测量。

机床参数

1. 铣外齿加工范围

最大齿顶直径	6000	mm
最小齿顶直径	1600	mm
最大模数	40	mm
齿数	理论上无限制	
最大直齿宽度	700	mm
螺旋角	±25°	
工件最大重量	40	t

2. 铣内齿加工范围

最大内齿顶直径	7500	mm
最小内齿顶直径	1600	mm
最大模数	36	mm
齿数	理论上无限制	
最大直齿宽度	500	mm
螺旋角	±25°	

3. 铣齿加工参数

铣齿主轴功率	37	kW
刀盘转速范围	40 ~ 300	r/min
铣齿刀盘形式	镶合金刀片式盘刀	

铣刀盘直径	350 ~ 420	mm
切削方式	干式铣削	
4. 磨外齿加工范围		
最大齿顶直径	6000	mm
最小齿顶直径	1600	mm
最大模数	36	mm
齿数	理论上无限制	
最大直齿宽度	500	mm
螺旋角	±45°	
5. 磨内齿加工范围		
最大齿顶直径	7000	mm
最小齿顶直径	1600	mm
最大模数	30	mm
齿数	理论上无限制	
最大直齿宽度	500	mm
螺旋角	±25°	
6. 磨齿加工参数		
磨齿主轴功率	20	kW
砂轮转速	1000 ~ 3500	r/min
砂轮直径	400 ~ 350	mm
砂轮厚度	80 ~ 100	mm
砂轮修型	金刚轮修型方式	
金刚轮直径	160 ~ 220	
金刚轮转速	2200 ~ 7500	r/min
7. 工作台直径	**3000**	**mm**
工作台最大承重	50	t
8. 机床重量		
连辅助支撑在内：	112．5	t
9. 机床空间尺寸		
长×宽×高（mm）：	12000×7000×5500	

参考文献

[1] 成大先．机械设计手册：第1卷［M］．5版．北京：化学工业出版社，2008.

[2] 孟少农．机械加工工艺手册［M］．北京：机械工业出版社，1991.

[3] 上海市金属切削技术协会．金属切削手册［M］．3版．上海：上海科学技术出版社，2000.

[4] 任玉宝．实用齿轮加工手册［M］．西宁：青海人民出版社，1988.

[5] 李昂，王济宁．齿轮加工工艺、质量检测与通用标准规范全书［M］．北京：当代中国音像出版社，2003.

[6] 《齿轮制造手册》编委会．齿轮制造手册［M］．北京：机械工业出版社，1998.

[7] 《齿轮手册》编委会．齿轮手册［M］．1、2版．北京：机械工业出版社，1990、2000.

[8] 《机械工程手册》编委会．机械工程手册：第6卷［M］．北京：机械工业出版社，1982.

[9] 《机械工程手册》编委会．机械工程手册：补充本（二）［M］．北京：机械工业出版社，1988.

[10] 《现代机械传动手册》编委会．现代机械传动手册［M］．北京：机械工业出版社，1995.

[11] 《机械工程标准手册》编委会．机械工程标准手册：齿轮传动卷［M］．北京：中国标准出版社，2002.

[12] 中国标准出版社，全国齿轮标准化技术委员会．中国机械工业标准汇编：齿轮与齿轮传动卷［S］．北京：中国标准出版社，2005.

[13] 中国标准出版社，全国齿轮标准化技术委员会．中国机械工业标准汇编：刀具卷［S］．2版．北京：中国标准出版社，2005.

[14] 中国标准出版社，全国齿轮标准化技术委员会．中国机械工业标准汇编：量具量仪卷［S］．2版．北京：中国标准出版社，2005.

[15] 中国标准出版社，全国齿轮标准化技术委员会．中国机械工业标准汇编 数控机床卷［S］．北京：中国标准出版社，2004.

[16] 《渐开线齿轮行星传动的设计与制造》编委会．渐开线齿轮行星传动的设计与制造［M］．北京：机械工业出版社，2002.

[17] 秦川机床厂“七·二一”工人大学，西安交通大学机制教研室．磨齿工作原理［M］．北京：机械工业出版社，1977.

[18] 天津齿轮机床研究所．齿轮工手册［M］．天津：天津人民出版社，1976.

[19] 刘承启，等．新编铣工计算手册［M］．北京：机械工业出版社，2001.

[20] 尼曼 G，温特尔 H. 机械零件：第2卷［M］．余梦生，王承焘，高建华，译．北京：机械工业出版社，1995.

[21] 曾韬．螺旋锥齿轮设计与加工［M］．哈尔滨：哈尔滨工业大学出版社，1989.

[22] 梁桂明．螺旋锥齿轮的新齿形——分锥角综合变位原理［J］．齿轮，1981，2：19-34.

[23] 梁桂明，邓效忠，何兆旗．新型非零传动曲齿锥齿轮技术［J］．中国机械工程，1997，8（1）：97-101.

[24] 张华．弧齿锥齿轮的计算机辅助加工及高重合度加工参数设计［D］．洛阳：河南科技大学，2003

[25] 王利环，魏冰阳．准双曲面齿轮节锥参数设计的新方法［J］．河南科技大学学报（自然科学版），2008（2）.

[26] 孟庆睿，邓效忠，陈东．高齿制准双曲面齿轮的优化设计［J］．洛阳工学院学报，1999，20（3）：22-24.

[27] 邓效忠，杨宏斌，牛嗥．高齿弧齿锥齿轮的设计与性能试验［J］．中国机械工程，1999，10（8）：864-866.

[28] 杨宏斌．高齿制准双曲面齿轮的理论和实验研究［D］．西安：西北工业大学，2000.

[29]　北京齿轮厂．螺旋锥齿轮［M］．北京：科学出版社，1974.

[30]　Litvin F L. Gear Geometry and Applied Theory［M］．New Jersey：Prentice Hall，1994.

[31]　Litvin F L，Zhang Y. Local Synthesis and Toth Contact Analysis of Face -Milled Spiral Bevel Gears［A］．NASA CR4342，Chicago：NASA Lewis Research Center，1991.

[32]　Litvin F L，Gutman Y. Methods of Synthesis and Analysis of Hypoid Gear Drives of ‘Formate’ and ‘Helixform’，part 1-3［J］．ASME Journal of Mechanical Design，1981，103：83-113.

[33]　田行斌．弧齿锥齿轮啮合质量的计算仿真和控制［D］．西安：西北工业大学，2000.

[34]　徐万和．弧齿锥齿轮准双曲面加工工艺调试方法［M］．北京：科学出版社，1997.

[35]　魏冰阳，方宗德，等．传统机床与 Free-Form 型机床运动的等效转换［J］．机械科学与技术，2004，23（4）：425-428.

[36]　张华．基于四轴联动的准双曲面齿轮 HFM 法数字制造技术［D］．镇江：江苏大学，2008.

[37]　庄中．格里森弧齿锥齿轮磨齿技术的发展［J］．汽车工艺与材料，2004（9）：11-13.

[38]　Stadtfeld H J. The ultimate motion graph［J］．ASME Journal of Mechanical Design，2000，122（3）：317-322.

[39]　李天兴．螺旋锥齿轮误差测量软件的开发［D］．洛阳：河南科技大学，2004.

[40]　魏冰阳．螺旋锥齿轮研磨加工的理论与实验研究［D］．西安：西北工业大学，2005.

[41]　邓效忠．高重合度弧齿锥齿轮的设计理论及实验研究［D］．西安：西北工业大学，2002.

[42]　高建平，方宗德，杨宏斌．螺旋锥齿轮边缘接触分析［J］．航空动力学报，1998（3）．

[43]　方宗德，刘涛，邓效忠．基于传动误差设计的弧齿锥齿轮的啮合分析［J］．航空学报，2002，23（3）：226-230.

[44]　魏冰阳，周彦伟，方宗德，等．弧齿锥齿轮几何传动误差的设计与分析［J］．现代制造工程，2003（7）．

[45]　北京第一通用机械厂．机械工人切削手册［M］．6 版．北京：机械工业出版社，2004.

[46]　陈宏钧．机械加工技师综合手册［M］．北京：机械工业出版社，2006.

[47]　陈宏钧．机械工人切削技术手册［M］．北京：机械工业出版社，2005.

[48]　林慧国．袖珍世界钢号手册［M］．北京：机械工业出版社，2008.

[49]　卜炎主．实用轴承技术手册［M］．北京：机械工业出版社，2004.

[50]　樊东黎，徐跃明．热处理技术数据手册［M］．北京：机械工业出版社，2006.

[51]　刘泽九，贺士荃，刘晖．滚动轴承应用［M］．北京：机械工业出版社，2007.

[52]　李华．机械制造技术［M］．北京：机械工业出版社，1997.

[53]　李维钺．中外钢铁牌号速查手册［M］．2 版．北京：机械工业出版社，2007.

[54]　陈宏钧，等．典型零件机械加工实例［M］．北京：机械工业出版社，2004.

[55]　彭建声，等．模具技术问答［M］．北京：机械工业出版社，1996.

[56]　邱言龙．机床维修技术问答［M］．北京：机械工业出版社，2001.

[57]　张展，张弘松，张晓雅．行星差动传动装置［M］．北京：机械工业出版社，2008.

[58]　陈宏钧．铣工速查速算实用手册［M］．北京：中国标准出版社，2003.

[59]　周增文．机械加工工艺基础［M］．北京：中南大学出版社，2005.

[60]　熊万武，盛君豪．速查挂轮表［M］．北京：机械工业出版社，2004.

[61]　《齿轮制造工艺手册》编委会．齿轮制造工艺手册：滚、插、磨、剃、刨［M］．北京：机械工业出版社，2010.

[62]　周炳章．简明铣工齿轮工手册［M］．上海：上海科学技术出版社，2003.

[63]　张宝珠．制齿工速成与提高［M］．北京：机械工业出版社，2009.

[64]　李明．齿轮工实用手册［M］．杭州：浙江科学技术出版社，1996.